Peter Kurzweil

Das Vieweg Formel-Lexikon

Nachschlagewerke

Vieweg Lexikon Technik
herausgegeben von A. Böge

Das Techniker Handbuch
herausgegeben von A. Böge

Vieweg Handbuch Elektrotechnik
herausgegeben von W. Böge

Das Vieweg Einheiten-Lexikon
von P. Kurzweil

Das Vieweg Formel-Lexikon
von P. Kurzweil

Gabler Lexikon Logistik
von P. Klaus und W. Krieger

Gabler Wirtschaftsinformatik-Lexikon
herausgegeben von E. Stickel u. a.

Gabler Kompakt-Lexikon eBusiness
von Bernd W. Wirtz

Peter Kurzweil

Das Vieweg Formel-Lexikon

Basiswissen für Ingenieure,
Naturwissenschaftler und Mediziner

Die Deutsche Bibliothek – CIP-Einheitsaufnahme
Ein Titeldatensatz für diese Publikation ist bei
Der Deutschen Bibliothek erhältlich.

1. Auflage März 2002

Alle Rechte vorbehalten
© Friedr. Vieweg & Sohn Verlagsgesellschaft mbH, Braunschweig/Wiesbaden 2000, Softcover 2013

Der Vieweg Verlag ist ein Unternehmen der Fachverlagsgruppe BertelsmannSpringer.
www.vieweg.de

Konzeption und Layout des Umschlags: Ulrike Weigel, www.CorporateDesignGroup.de
Druck und buchbinderische Verarbeitung: Lengericher Handelsdruckerei, Lengerich
Gedruckt auf säurefreiem Papier

ISBN 3-528-03950-7 (Hardcover)
ISBN 978-3-658-00083-7 (Softcover)

Vorwort

Ein Maschinenbauingenieur in einem bedeutenden inländischen Unternehmen stand vor der Aufgabe, die Größe eines Stahltanks zur Beheizung einer Fabrikhalle mit Flüssiggas zu berechnen. In einem chemisch-physikalischen Tabellenwerk stieß er auf die Angabe der molaren Verbrennungsenthalpie in J/mol. Der Ingenieur war verwirrt, wollte er doch seiner Meinung nach schlichtweg den „Heizwert eines Kubikmeters" wissen. Die Bedeutung des Mols als SI-Einheit der Stoffmenge und die Umrechung auf das Volumen mit Hilfe der molaren Masse waren ihm im beruflichen Alltag nicht mehr geläufig.

Auf nahezu allen Gebieten der Natur- und Ingenieurwissenschaften boomt der Zuwachs an Erkenntnissen und Technologien. In den letzten Jahrzehnten sind die Studienpläne der überkommenen Ausbildungsrichtungen bis an die Grenze der Studierbarkeit angeschwollen. Mit Umwelttechnik, Mechatronik, Softwaresystemtechnik, Patentingenieurwesen, Medizintechnik u.s.w. sind neue interdisziplinäre Studiengänge entstanden, die den künftigen Ingenieuren ein breites Querschnittswissen abfordern.
Die traditionelle Zuordnung der Erkenntnisse in den Widerstreit von Natur- und Ingenieurwissenschaften verschwimmt offenkundig. Früher in den klassischen Disziplinen aufgehobene Prinzipien der Physik, Chemie, Verfahrenstechnik, Elektrotechnik und des Maschinenbaus verschmelzen zusehends zu übergeordneten Wissenspaketen.

Um das „Basiswissen des Ingenieurs" und die industriellen Anwendungen geht es in diesem Buch. Dieses Nachschlagewerk ist physikalisch-chemisch-technische Formelsammlung, Tabellenwerk und Datensammlung in einem. Es begleitet durch den Mikrokosmos der technischen Formeln und Begriffe. Studenten, Schüler, Lehrende und Praktiker, finden darin das einschlägige Grundlagen- und Spezialwissen der Natur- und Ingenieurwissenschaften schnell und sicher – sei es in Prüfungen oder bei der Begutachtung komplizierter Sachverhalte im industriellen Umfeld.
Rund 6000 Stichworteinträge schlagen die Brücke von den subatomaren Teilchen bis zum verfahrenstechnischen Reaktor. Das Lexikon ist in übersichtliche Abschnitte gegliedert, die den Teildisziplinen der naturwissenschaftlich-technischen Studiengänge an europäischen Hochschulen entsprechen.

1. Aufbau der Materie

2. Mechanik und Maschinenbau

3. Strömungsmechanik und mechanische Verfahren

4. Schwingungen und Wellen

5. Akustik und Schallschutz

6. Optik und Lichttechnik

7. Elektrotechnik und Technische Informatik

8. Thermodynamik, thermische Verfahren und Energietechnik

9. Analytische Chemie, Arbeits- und Umweltschutz

10. Stofftransport und Reaktionstechnik

11. Elektrochemie und Oberflächentechnik

12. Stichwortregister

Die übersichtliche Aufbereitung des Stoffes soll in lexikalischer Kürze schnelle Zugriffszeit und hohe Faktendichte gewährleisten. Im Vordergrund steht die praktische Anwendung naturwissenschaftlich-technischer Sachverhalte und Formeln; breite Herleitungen sind daher spärlich zu finden. Dennoch wird punktuell auf den nötigen Tiefgang nicht verzichtet, zumal die Studierenden im heutigen Hochschulbetrieb vielfach weder Zeit noch Muße finden, relevante Informationen aus prosaischen Lehrbüchern zu extrahieren.
Das umfangreiche Stichwortregister führt zielsicher von der Fragestellung zur technischen Erklärung im Registerteil des zugehörigen Fachkapitels. Englische Übersetzungen der international genormten Begriffe, Stoffdaten, Anwendungs- und Rechenbeispiele sollen alltägliche Kommunikationshindernisse in Praxis und Ausbildung abbauen helfen.

Das Werk setzt die neue Rechtschreibung um, die seit dem 1. August 1999 verbindlich ist. Dem humanistischen Bildungsideal läuft es zwar zuwider, doch endlich ist das umständliche „ph" abgeschafft! Wir lesen nun Grafik, Telefon, Polarografie, Fotometrie, Grafit – und: Foton? Nein, aller Modernität zum Trotz: gegen die international-englische Schreibweise wollen wir partout keine nationale Orthografie aufbringen. Wenngleich in den USA zaghaft der Drang zum „f" keimt, in diesem Lexikon steht weiterhin „Photon" und „Phonon". Und es bleibt bei „Differential" und „Potential".

Mein besonderer Dank gilt meinem verehrten Kollegen Prof. Dr. rer. nat. MATTHIAS MÄNDL, der das Manuskript sorgfältig durchgelesen und durch wertvolle Ergänzungen bereichert hat – besonders die Kapitel „Akustik" und „Optik".
Dem Verlag Vieweg, allen voran seinem ehemaligen Mitarbeiter Herrn WOLFGANG SCHWARZ, danke ich für die professionellen Hilfestellungen und die zügige Drucklegung des Werkes in der bewährten Qualität.

Die stetige Verbesserung des Werkes in den künftigen Auflagen sind Autor und Verlag ein besonderes Anliegen. Wir freuen uns daher über jede konstruktive Zuschrift.

Amberg, im Januar 2002

Prof. Dr. rer. nat. Peter Kurzweil

Fachhochschule Amberg-Weiden
FB Umwelttechnik/Maschinenbau
Kaiser-Wilhelm-Ring 23
92224 Amberg
p.kurzweil@fh-amberg-weiden.de

Benutzerhinweise

Stichwörter sind **fett**, Maßeinheiten aufrecht, Wörter lateinischer und griechischer Herkunft *kursiv*, fremdsprachige Begriffe *schräg* gedruckt. ℓ (Liter) steht zur Unterscheidung von l, 1 und I.

Neben ISO (Norm 32, 14 Teile), IUPAC und IUPAP wurden folgende neue und ältere Normen berücksichtigt:
- DIN 58122 (Formelzeichen, Größen und Einheiten)
- DIN 1301 T2 und T1 (SI-Einheiten und Einheiten außerhalb des SI-Systems)
- DIN 1302 (Mathematische Zeichen und Begriffe)
- DIN 1304 (Allgemeine Formelzeichen, Benennung von Größen)
- DIN 1338 (Formelschreibweise und Formelsatz)
- DIN 1355 (Zeit)
- DIN 5497 und DIN 13317 (Mechanik starrer Körper; Begrffe, Größen, Formelzeichen)
- DIN 1305 (Masse, Kraft, Gewicht, Last)
- DIN 1306 (Dichte)
- DIN 1310 (Zusammensetzung von Mischphasen)
- DIN 1311 (Schwingungslehre)
- DIN 1313 (physikalische Größen und Gleichungen; Begriffe, Schreibweisen)
- DIN 1314 (Druck)
- DIN 1315 (Winkel)
- DIN 1320 und DIN 1332 (Akustik)
- DIN 1342 (Viskosität)
- DIN 1341 (Wärmeübertragung)
- DIN 1345 (Thermodynamik)
- DIN 13345 (Thermodynamik und Kinetik chemischer Reaktionen)
- DIN 13346 (Temperatur, Temperaturdifferenz)
- DIN 4701 (Regeln für die Berechnung des Wärmebedarfs von Gebäuden)
- DIN 5031 (Strahlungsphysik im optischen Bereich, Lichttechnik)
- DIN 5496 (Temperaturstrahlung)
- DIN 5499 (Brennwert und Heizwert)
- DIN 8941 (Formelzeichen, Einheiten und Index in der Kältetechnik)
- DIN 1323 (Elektrische Spannung, Potential, Zweipolquelle, Elektromotorische Kraft)
- DIN 1324 (Elektrisches Feld)
- DIN 1325 (Magnetisches Feld)
- DIN 5483 (Zeitabhängige Größen)
- DIN 5489 und DIN 13222 (Elektrische Netze)
- DIN 5493 (Logarithmische Größenverhältnisse)
- DIN 40108 (Elektrische Energietechnik; Stromsysteme)
- DIN 40110 (Wechselstromgrößen)
- DIN 40146 T1 und T2 (Begriffe der Nachrichtenübertragung und Übertragungssysteme).
- DIN 25404 (Kerntechnik)
- DIN 32625 (Größen und Einheiten in der Chemie; Stoffmenge)
- DIN 4896 (Elektrolytlösungen)
- DIN 13312 (Navigation)

Griechisches Alphabet

A	α	Alpha	N	ν	Ny
B	β	Beta	Ξ	ξ	Xi
Γ	γ	Gamma	O	o	Omikron
Δ	δ	Delta	Π	π, ϖ	Pi
E	ε, ϵ	Epsilon	R	ϱ, ρ	Rho
Z	ζ	Zeta	Σ	σ, ς	Sigma
H	η	Eta	T	τ	Tau
Θ	ϑ, θ	Theta	Y, Υ	υ	Ypsilon
I	ι	Iota	Φ	φ, ϕ	Phi
K	κ	Kappa	X	χ	Chi
Λ	λ	Lambda	Ψ	ψ	Psi
M	μ	My	Ω	ω	Omega

Abkürzungen

*	siehe; weiterführendes Stichwort
Abh.	Abhängigkeit
allg.	allgemein
AO	Atomorbital
Bsp.	Beispiel
chem.	chemisch
CT	charge transfer
d.	durch; der, die, das
el., elektr.	elektrisch
engl.	englisch
exp.	experimentell
f.	für
frz.	französisch
griech.	griechisch
HG	Hauptgruppe
inf.	in Folge, auf Grund
int.	international
ital.	italienisch
kin.	kinetisch
krit.	kritisch
lat.	lateinisch
m.	mit
magn.	magnetisch
mech.	mechanisch
MO	Molekülorbital
nat.	natürlich
od.	oder
opt.	optisch
org.	organisch
phys.	physikalisch
port.	portugiesisch
quant.	quantitativ
rel.	relativ
span.	spanisch
spez.	spezifisch
syst.	systematisch
therm.	thermisch, thermodynamisch
theor.	theoretisch
u.	und
ü.	über
Üg.	Übergang
v.	von, vor
Verb.	Verbindung
vgl.	vergleiche, siehe
Vh.	Verhältnis
wg.	wegen
Zsh.	Zusammenhang
zul.	zulässig
zw.	zwischen

Inhaltsverzeichnis

1 Aufbau der Materie

Atomphysik – Periodensystem – Spektroskopie – Instrumentelle Analytik – Fotochemie –
chemische Bindung – Werkstoffe (Legierungen, Stahl, Polymere) –
Kristallografie – Festkörperphysik – Komplexchemie – Quantenmechanik
Kernphysik – Radioaktivität – Strahlenschutz – Radiochemie – Nuklearmedizin –
Elementarteilchen – Wechselwirkungen – Kernspektroskopie – Massenspektrometrie

Formelzeichen

Physikalische Größe	Symbol	Einheit	Basiseinheiten	Englische Bezeichnung
Massenzahl, Nukleonenzahl	A	–	$= 1$	mass number, nucleon number
(Radio-)Aktivität	A	Bq	$= \mathrm{s}^{-1}$	activity of a radioactive substance
Relative Atommasse	A_r	–	$= 1$	relative atomic mass
Erwartungswert	$\langle A \rangle, \bar{A}$	versch.		expectation value
Rotationskonstante	A, B, C	Hz	$= \mathrm{s}^{-1}$	rotational constant
– wellenzahlbezogen	$\tilde{A}, \tilde{B}, \tilde{C}$	m^{-1}		– in wavenumber
Spinkopplungskonstante	A	m^{-1}		spin orbit coupling constant
spezifische Aktivität	a	Bq/kg	$= \mathrm{kg}^{-1}\mathrm{s}^{-1}$	specific activity
Aktinität einer Strahlung Z	$a(Z)$			actinic effectivity
Hyperfeinkopplungskonstante (in Flüssigkeiten)	a, A	Hz	$= \mathrm{s}^{-1}$	hyperfine coupling constant (in liquids)
Gitterverschiebungsvektor	$\vec{a}, \vec{b}, \vec{c}$ $\vec{a}_1, \vec{a}_2, \vec{a}_3$	m		fundamental translation vector (for the crystal lattice)
Reziprokgitterverschiebungsvektor	$\vec{a}^*, \vec{b}^*, \vec{c}^*$ $\vec{b}_1, \vec{b}_2, \vec{b}_3$	m^{-1}		(circular) fundamental translation vector for the reciprocal lattice
Bohr-Radius	a_0	m		Bohr radius
Anomalie des magn. Moments				
– des Elektrons	a_e	–	$= 1$	electron magnetic moment anomaly
– des Myons	a_μ	–	$= 1$	muon magnetic moment anomaly
Debye-Waller-Faktor	$B, (D)$	–	$= 1$	Debye-Waller factor
Burgers-Vektor	$\vec{b}$	m		Burgers vector
(Vakuum-)Lichtgeschwindigkeit	c	m/s		speed of light (in vacuum)
Dissoziationsenergie	D, E_d	J	$= \mathrm{m}^2\mathrm{kg}\,\mathrm{s}^{-2}$	dissociation energy
– vom Grundzustand	D_0	J	$= \mathrm{m}^2\mathrm{kg}\,\mathrm{s}^{-2}$	– from the ground state
– vom Potentialminimum	D_e	J	$= \mathrm{m}^2\mathrm{kg}\,\mathrm{s}^{-2}$	– from the potential minimum
Energiedosis	D	$\mathrm{Gy} = \mathrm{J/kg} = \mathrm{m}^2\mathrm{s}^{-2}$		absorbed dose (of radiation)
Energiedosisleistung	$\dot{D}$	$\mathrm{Gy/s} = \mathrm{W/kg} = \mathrm{m}^2\mathrm{s}^{-3}$		absorbed dose rate
Äquivalentdosis	D_q	$\mathrm{Sv} = \mathrm{J/kg} = \mathrm{m}^2\mathrm{s}^{-2}$		dose equivalent (index)
Äquivalentdosisrate, -leistung	$\dot{D}_q$	$\mathrm{Sv/s} = \mathrm{W/kg} = \mathrm{m}^{-2}\mathrm{s}^{-3}$		dose equivalent rate
Kopplungskonstante, NMR	D_{AB}	Hz	$= \mathrm{s}^{-1}$	direct dipolar coupling constant
Fliehkraftkorrektur-Konstante	D_J, D_{JK}	m^{-1}		centrifugal distortion constant
Gitterebenenabstand	d	m		lattice plane spacing
Entartungsgrad	d	–	$= 1$	degeneracy
Halbwertdicke	$d_{1/2}$	m		half-value layer, thickness for half absorption
Gitterkonstante des Siliciumkristalls	d_{220}	m		lattice spacing of a silicon crystal
Teilchenenergie	E, W	$\mathrm{J} = \mathrm{N\,m} = \mathrm{W\,s} = \mathrm{m}^2\mathrm{kg}\,\mathrm{s}^{-2}$		particle energy
Hartree-Energie	E_h	J		Hartree energy
Bindungsenergie	E_b	J		binding energy
Ionisierungsenergie	E_i	J		ionization energy
Elementarladung	e	C	$= \mathrm{As}$	elementary charge
Faraday-Konstante	F	C/mol	$= \mathrm{A\,s/mol}$	Faraday constant
Rotationsenergieterm	F	m^{-1}		rotational term
Hyperfeinstruktur-Quantenzahl	F	–	$= 1$	hyperfine structure quantum number
Kraftkoordinate	F_{ij}	versch.		vibrational force coordinate
Kraftkonstante	f, k	$\mathrm{J/m}^2$	$= \mathrm{kg}\,\mathrm{s}^{-2}$	vibrational force constant
– mehratomiges Molekül	f_{ij}	versch.		for a polyatomic molecule

Physikalische Größe	Symbol	Einheit	Basiseinheiten	Englische Bezeichnung
Packungsanteil	f	–	$= 1$	packing fraction
Thermische Reaktornutzung	f	–	$= 1$	thermal effectivity of a reactor
Gravitationskonstante	G		$= \mathrm{m^3 kg^{-1} s^{-2}}$	Newtonian constant of gravitation
Reziprokgittervektor	$\vec{G}$	$\mathrm{m^{-1}}$		(circular) reciprocal lattice vector
Schwingungsenergieterm	G	$\mathrm{m^{-1}}$		vibrational term
Örtliche Fallbeschleunigung	g	$\mathrm{m/s^2}$	$= \mathrm{m\,s^{-2}}$	local acceleration of free fall
Entartungsgrad	g	–	$= 1$	degeneracy, statistical weight
Elektron-g-Faktor,	g_e	–	$= 1$	electron g-factor
Proton-g-Faktor	g_p	–	$= 1$	proton g-factor
Hamilton-Funktion	H	J	$= \mathrm{m^2 kg\,s^{-2}}$	Hamilton function
Hamilton-Operator	$\hat{H}$	J	$= \mathrm{m^2 kg\,s^{-2}}$	hamiltonian operator
Coulomb-Integral	H_AA	J	$= \mathrm{m^2 kg\,s^{-2}}$	coulomb integral
Resonanzintegral	H_AB	J	$= \mathrm{m^2 kg\,s^{-2}}$	resonance integral
Planck'sches Wirkungsquantum	h	J s	$= \mathrm{m^2 kg\,s^{-1}}$	Planck constant
Hauptachsen-Trägheitsmoment	$I_\mathrm{A}, I_\mathrm{B}, I_\mathrm{C}$	$\mathrm{kg\,m^2}$		principal moment of inertia
Kernspin-Quantenzahl	I, J	–	$= 1$	quantum number of nuclear spin
Spinkopplungskonstante, NMR	J_AB	Hz	$= \mathrm{s^{-1}}$	indirect spin-spin coupling constant
Ionendosis	J	C/kg	$= \mathrm{kg^{-1}\,s\,A}$	ion dose
Ionendosisrate, -leistung	j	A/kg	$= \mathrm{kg^{-1}\,A}$	ion dose rate
Teilchenstromdichte	j	$\mathrm{m^{-2} s^{-1}}$		particle flux density
Stromdichteoperator	$\hat{j}$	$\mathrm{A\,m^{-2}}$		current density of electrons
Josephson-Konstante	K_J	Hz/V		Josephson constant
Kerma	K	$\mathrm{Gy} = \mathrm{J/kg}$	$= \mathrm{m^2 s^{-2}}$	Kinetic energy released in matter
Kermarate, -leistung	$\dot{K}$	$\mathrm{Gy/s} = \mathrm{J\,kg^{-1} s^{-1}}$	$= \mathrm{m^2 s^{-3}}$	kerma rate
Vermehrungsfaktor	k	–	$= 1$	multiplication factor
Dimensionslose Kraftkoordinate	$k_\mathrm{rst...}$	$\mathrm{m^{-1}}$		dimensionless normal coordinate
Boltzmann-Konstante	k	J/K		Boltzmann constant
Bahndrehimpuls-Quantenzahl	l_i, L	–	$= 1$	quantum number of angular momentum
Molare Masse	M	kg/mol		molar mass
Molare Massenkonstante	M_u	kg/mol		molar mass constant
Übergangsdipolmoment	$\vec{M}, (\vec{R})$	C m		transition dipole moment
Wanderlänge	M	m		migration length
Wanderfläche	M^2	m		area of migration
Magnetquantenzahl	m, M	–	$= 1$	magnetic quantum number
Elektronenruhemasse	m_e	kg		electron rest mass
Protonenmasse	m_p	kg		proton mass
Neutronenmasse	m_n	kg		neutron mass
Atomare Masseneinheit	m_u, u	kg/mol		unified atomic mass constant
Neutronenzahl	N	–	$= 1$	neutron number
Avogadro-Konstante	N_A	$\mathrm{mol^{-1}}$		Avogadro constant
Zustandsdichte	N_E	$\mathrm{J^{-1} m^{-3}}$		density of states
Schwingungszustandsdichte	N_{ω}, g	$\mathrm{s\,m^{-3}}$		spectral density of vibrational modes
Akzeptordichte (in e. Halbleiter)	N_a	$\mathrm{m^{-3}}$		acceptor density (in a semiconductor)
Donordichte (Halbleiter)	N_d	$\mathrm{m^{-3}}$		donor density
Brechungsordnung	n	–	$= 1$	order of reflection
Neutronendichte	n	$\mathrm{m^{-3}}$		number concentration of neutrons
Ionendichte	$n_\oplus, n_\ominus$	$\mathrm{m^{-3}}$		number concentration of ions
Hauptquantenzahl	n	–	$= 1$	principal quantum number
Wahrscheinlichkeit(sdichte)	P	–	$= 1$	probability (density)
Impulsoperator	$\hat{p}$	$\mathrm{m^{-1} J s}$	$= \mathrm{m\,kg\,s^{-1}}$	momentum operator
Elektrisches Dipolmoment	$\vec{p}, \mu$	C m	$= \mathrm{m\,s\,A}$	electric dipole moment
Bremsnutzung	p	–	$= 1$	efficiency of retardation
Quadrupolmoment	$\vec{Q}$	$\mathrm{C\,m^2}$	$= \mathrm{m^2 s\,A}$	quadrupole moment
Kernquadrupolmoment	Q	$\mathrm{C\,m^2}$	$= \mathrm{m^2 s\,A}$	quadrupole moment of a nucleus
Zerfallsenergie e. Kernreaktion	Q	J	$= \mathrm{m^2 kg\,s^{-2}}$	disintegration energy of a nuclear reaction
Bremsdichte	q	$\mathrm{m^{-3} s^{-1}}$		density of retardation
Bewertungsfaktor (e. Dosis)	q	–	$= 1$	rating factor
Debye-Wellenzahl	q_D	$\mathrm{m^{-1}}$		Debye circular wavenumber
Gittervektor	$\vec{R}, \vec{R}_0$	m		lattice vector
Kernradius	R	m		radius of a nucleus
Molare Gaskonstante	R	$\mathrm{J\,mol^{-1} K^{-1}}$		molar gas constant
Von-Klitzing-Konstante	R_K	Ω		von Klitzing constant
Rydberg-Konstante	R_∞	$\mathrm{m^{-1}}$		Rydberg constant

Physikalische Größe	Symbol	Einheit	Basiseinheiten	Englische Bezeichnung
mittlere lineare Reichweite	$R, \bar{R}$	m		average linear range of action
mittlere Massenreichweite	R_ρ, R_m	kg/m^2		average range of action
– flächenbezogene				per unit area
Gleichgewichtsort	$\vec{r}_0, \vec{R}_0$	m		equilibrium position vector
Grundzustandsabstand	r_0	m		ground state distance
Gleichgewichtsabstand	r_e	m		interatomic equilibrium distance
Nullpunktabstand	r_z	m		zero-point average distance
Wahrscheinlichkeitsstromdichte	S	$m^{-2}s^{-1}$		probability current density
Überlappungsintegral	S_{AB}	–	$= 1$	overlap integral
lineares Bremsvermögen	S	J/m	$= m\,kg\,s^{-2}$	efficiency of linear retardation
atomares Bremsvermögen	S_a	$J\,m^2$	$= m^4\,kg\,s^{-2}$	efficiency of atomic retardation
Massenbremsvermögen	S_m	$J\,m^2 kg^{-1}$	$= m^4\,s^{-2}$	efficiency of retardation of mass
Fernordnungsparameter	s	–	$= 1$	long range order parameter
Hyperfeinkopplungskonstante	T	Hz	$= s^{-1}$	hyperfine coupling constant
– in Festkörpern				in solids
Gesamtenergieterm	T	m^{-1}		total term
elektronischer Energieterm	T_e	m^{-1}		electronic term
kinetische Energie-Operator	$\hat{T}$	J		kinetic energy operator
Reaktorzeitkonstante	T	s		time constant of reactor
Halbwertzeit	$T_{1/2}, t_{1/2}$	s		half life
Relaxationszeit				relaxation time
– longitudinal	T_1	s		longitudinal
– transversal	T_2	s		transverse
Atomare Masseneinheit	u, m_u	kg		unified atomic mass constant
Lethargie, log. Energiemaß	u	–	$= 1$	lethargy
(Orts-)Verschiebungsvektor	$\vec{u}$	m		displaycement vector
Bloch-Funktion	$u_k(\vec{r})$	$m^{-3/2}$		Bloch function
Schwingungsquantenzahl	υ	–	$= 1$	vibrational quantum number
mittl. Energieverlust je Ionenpaar	$W_i, (w)$	J	$= m^2 kg\,s^{-2}$	average loss of energy per ion pair
Quadrupol-Wechselwirkungs-energietensor	X	J	$= m^2 kg\,s^{-2}$	quadrupole interaction energy tensor
Ionendosis	X	C/kg	$= kg\,s\,A$	ion dose, exposure
Ionendosisleistung	$\dot{X}$	A/kg		ion dose power
Ordnungszahl, Kernladungszahl	Z	–	$= 1$	atomic number
Feinstrukturkonstante	α	–	$= 1$	fine structure constant
Rekombinationskoeffizient	α	m^3/s		coefficient of recombination
MADELUNG-Konstante	$\alpha, \mathcal{M}$	–	$= 1$	Madelung constant
Spinwellenfunktion	α, β	–	$= 1$	spin wave function
Quadrupolwechselwirkungstensor	χ	J		quadrupole interaction energy tensor
Trägheitsdefekt	Δ	$kg\,m^2$		inertial defect
Fliehkraftkorrekturkonstante	Δ_J, Δ_{JK}	m^{-1}		centrifugal distortion constants
Massenüberschuss, Massendefekt	Δm	kg		mass excess; mass defect
Relativer Massenüberschuss	Δ_r	–	$= 1$	relative mass excess
Chemische Verschiebung, NMR	δ	–	$= 1$	chemical shift
Elektrische Feldkonstante	ε_0	F/m		electric constant
Schnellspaltfaktor	ε	–	$= 1$	high-speed fission factor
Neutronenausbeute je Absorption	η_n	–	$= 1$	yield of neutrons
Halbwertsbreite, Niveaubreite	Γ	J	$= m^2 kg\,s^{-2}$	level width, half-power width
Spez. Gammastrahlenkonstante	Γ	$C\,m^2/kg$	$= m^2 kg^{-1} s\,A$	specific gamma-ray constant
Gyromagnetisches Verhältnis	γ			magnetogyric ratio
Grüneisen-Parameter	γ, Γ	–	$= 1$	Grüneisen parameter
Asymmetrie-Parameter	κ	–	$= 1$	asymmetry parameter
Verbleibwahrscheinlichkeit	Λ	–	$= 1$	rest propability
Compton-Wellenlänge	λ_C	m		Compton wavelength
Radioaktive Zerfallkonstante	λ	s^{-1}		decay (rate) constant
Linearer Schwächungskoeffizient	μ	–	$= 1$	rejection ratio
Atomarer Schwächungskoeffizient	μ_a	m^2		atomic rejection ratio
Massenschwächungskoeffizient	μ_m	m^2/kg		
Bohr-Magneton	μ_B	J/T	$= m^2 A$	Bohr magneton
Kernmagneton	μ_N	J/T	$= m^2 A$	nuclear magneton
Neutronenausbeute	ν	–	$= 1$	yield of neutrons
Übergangsfrequenz	ν	Hz	$= s^{-1}$	transition frequency
Larmor-Frequenz	ν_L	Hz	$= s^{-1}$	Larmor frequency
Übergangswellenzahl	$\tilde{\nu}$	m^{-1}		transition wavenumber
Anharmonizitätskonstante	ω	m^{-1}		vibrational anharmonicity constant
Harmonische Schwingungswellenzahl	ω	m^{-1}		harmonic vibration wavenumber
Debye-Kreisfrequenz	ω_D	s^{-1}		Debye circular frequency

Aufbau der Materie

Physikalische Größe	Symbol	Einheit	Basiseinheiten	Englische Bezeichnung
Larmor-Kreisfrequenz	ω_L	s^{-1}		Larmor circular frequency
Fluenz, Photonenraumbestrahlung	Φ	m^{-2}		radiated particles per unit area
Energiefluenz	Φ	J/m^2		radiated energy per unit area
Teilchenflussdichte, Photonenraumbestrahlungsstärke	φ	$m^{-2}s^{-1}$		particle flux density
Wellenfunktion	φ	$m^{-3/2}$		wavefunction
Energiefluenz, Raumbestrahlung	Ψ	J/m^2	$= kg\,s^{-2}$	energy fluence
Energieflussdichte. Raumbestrahlungsstärke	ψ	W/m^2	$= kg\,s^{-3}$	energy flux density
Wellenfunktion	ψ	$(m^{-3/2})$		wavefunction
Reaktivität	ϱ	–	$= 1$	reactivity
Quantenmech. Elektronendichte	ϱ	$C\,m^{-3}$	$= m^{-3}s\,A$	charge density of electrons
Wirkungsquerschnittsdichte	Σ	m^{-1}		effective cross-sectionial area density
Nahordnungsparameter	σ	–	$= 1$	short range order parameter
Symmetriezahl	σ	J^{-1}	$= m^{-2}kg^{-1}s^2$	symmetry number
Wirkungsquerschnitt	σ	m^2		effective collision cross section
Abschirmkonstante, NMR	σ_A	–	$= 1$	shielding constant
Relaxationszeit	τ	s		relaxation time
Quadrupolmoment	Θ	$C\,m^2$		quadrupole moment
Röntgenstreuwinkel	θ, ϑ	rad	$= 1$	Bragg angle
Magnetisierbarkeit	ξ	J/T^2	$= (A\,s\,m)^2/kg$	magnetizability
Coriolis-Konstante (für Rotationsspektren)	ζ	–	$= 1$	Coriolis zeta constant

α (alpha)

Alphateilchen, $^4_2$He-Strahlung. Unsich. Stellen kursiv.

$$
\begin{aligned}
m_\alpha \quad &= 6{,}644\ 655\ 98\cdot10^{-27} & \text{kg} \\
&= 4{,}001\ 506\ 174\ 7 & \text{u} \\
&= 7\ 294{,}299\ 508\cdot m_e \\
&= 3{,}972\ 599\ 6846\cdot m_p \\
&\mathrel{\hat{=}} 5{,}971\ 918\ 97\cdot10^{-10} & \text{J} \\
&\mathrel{\hat{=}} 3727{,}379\ 04 & \text{MeV} \\
M_\alpha \quad &= 4{,}001\ 506\ 174\ 7\cdot10^{-3} & \text{kg/mol}
\end{aligned}
$$

Absorptionskurve

Flussdichte-Schichtdicke-Kurve, zur Beurteilung der *Strahlenwirkung auf verschied. Absorber.

1) α-*Strahlung:* die relative Flussdichte Φ/Φ_0 klingt innerhalb der mittleren Reichweite R_m auf 50% ab. $\Phi(R)$ verläuft Z-förmig.

Die spezif. Ionisation dN/dx erreicht bei einer bestimmten Schichtdicke x ein Maximum.

2) *Protonenstrahlung:* analog α-Strahlung.

3) β-*Strahlung:* die Flussdichte $\lg \Phi$ (in $m^{-2}s^{-1}$) klingt mit steigender Massenbedeckung $x\varrho$ (in kg/m^2) linear (β-Stahler), dann krumm (Bremsstrahler) ab.

4 γ-*Strahlung:* die Flussdichte $\lg \Phi$ klingt mit steigender Schichtdicke x ($\approx$ cm) materialabhängig linear ab.

5) *Neutronenstrahlung:* die Flussdichte $\lg \Phi$ klingt mit steigender Schichtdicke x (einige dm in Paraffin) linear <u>ab</u> (schnelle Neutronen) bzw. erreicht ein Maximum (langsame Neutronen!).

AES Auger-Elektronen-Spektroskopie; Atomemissionspektroskopie (*OES)

Aktivierungsanalyse

Spurenanalytik chem. Elemente durch künstliche Kernumwandlung in ein radioaktives Isotop und Messung von dessen Strahlung.

Aktivität *Radioaktivität

Alkalimetall

Element der Gruppe 1 des *PSE (arab. *al kalja* = Pflanzenasche); sehr reaktionsfreudig, leicht ionisierbar, erreicht durch Abgabe seines Valenzelektrons die Edelgasschale; Basenbildner.

Allotropie

Kristallografie: Auftreten eines Stoffes in versch. Strukturen (*Modifikationen), je nach Temperatur und Druck; z. B. Kohlenstoff als Diamant, Grafit, Fullerene, Ruß. Allotropie des Eisens.

$$
\alpha\text{-Fe} \overset{769°C}{\rightleftharpoons} \overset{\text{Curie-}}{\underset{\text{punkt}}{}} \overset{911°C}{\rightleftharpoons} \gamma\text{-Fe} \overset{1392°C}{\rightleftharpoons} \delta\text{-Fe} \overset{1536°C}{\rightleftharpoons} \text{Schmelze}
$$

Äquivalentdosis

*Dosimetr. Größe im Strahlenschutz. Erfasst die *biologische Dosis*, d. h. die relative biolog. Wirksamkeit einer *Energiedosis auf ein lebendes Gewebe.

$$
\boxed{H = q\,D} \qquad Sv = J/kg
$$

D *Energiedosis für Gewebe (Gy = J/kg)
q biologischer Bewertungsfaktor (Dim. 1)

1:	für β-, γ-, Röntgenstrahlung
2 – 5:	für thermische (langsame) Neutronen
10:	α-Strahlung, schnelle Neutronen/Protonen
10 – 20:	für hochenergetische Ionen

Der *Bewertungsfaktor* oder *Qualitätsfaktor q* zur Beurteilung der biolog. Wirkung ist für versch. Strahlenarten, Energien und Bestrahlungsbedingungen so festgesetzt, dass gilt:

gleiche Äquivalentdosis = gleiches *Strahlenrisiko*

SI-Einheit:	1 Sv (SIEVERT) = 1 J/kg = 1 m^2/s^2
Veraltet!	1 rem = 0,01 Sv = 0,01 J/kg

Mittl. eff. Äquivalentdosis pro Kopf der Bevölkerung – durch natürl. und medizin. Strahlenbelastung – ca. 3 mSv pro Jahr. Vgl. *Strahlenbelastung.

Äquivalentdosisleistung

Äquivalentdosisrate. *Dosimetr. Größe, das Produkt aus Energiedosisrate und Bewertungsfaktor.

$$\dot{H} = \frac{H}{t} = \dot{D}\,q \qquad \mathrm{Sv/s = W/kg}$$

Äquivalentdosisleistung
= Dosis ohne Abschirmung $\Gamma_H\,A/r^2$
+ Schwächungsfaktor $e^{-\mu x}$
+ Dosisaufbaufaktor $B(x,E)$.

A Aktivität der Quelle. r Abstand. μx Relaxationslänge

Radionuklid	Dosisleistungskonstante Γ_H (nur für γ-Strahlung) $\mathrm{Sv\,m^2h^{-1}Bq^{-1}}$
I-131	$0{,}55 \cdot 10^{-13}$
Cs-137	$0{,}77 \cdot 10^{-13}$
Ra-226	$2{,}14 \cdot 10^{-13}$
Co-60	$3{,}36 \cdot 10^{-13}$
Na-24	$4{,}72 \cdot 10^{-13}$

1 rem/s [veraltet] = 0,01 Sv/s = 0,01 W/kg.
1 rem/a [veraltet] = 0,01 Sv/a = 0,01 J/(kg a).

Atomabsorptionsspektroskopie (AAS)

Instrumentelle Analysenmethode, bes. für Schwermetalle (wie Cd, Zn, Cu, Ni, Cr, Ag, …).

F-AAS   Flammen-AAS, *furnace* = Ofen
GF-AAS Grafitrohr-AAS, *grafite furnace*
HG-AAS Hydridtechnik
CV-AAS Kaltdampftechnik, *cold vapour*

1) Flammen-AAS. Die Analysenlösung wird im Acetylengas-Langbrenner verdampft u. ionisiert; das entsteh. Plasma absorbiert das eingestrahlte Licht einer Hohlkathodenlampe (für jedes Element charakter. Wellenlänge). Die Lichtschwächung ist proportional zur Konzentration (*Lambert-Beer-Gesetz).
Universell für Analysen im ppm-Bereich; keine Spurenanalytik wegen unvollständiger Zerstäubung und kurzer Aufenthaltsdauer in der Flamme.
Unter 190 nm nicht einsetzbar, weil Luftsauerstoff und Flammengase selbst absorbieren. Nicht direkt bestimmbar sind: Halogene, Se, C, gasförmige Elemente.
Die Probe muss gelöst vorliegen; komplexierte Metalle sind aufzuschließen.
Oxidationsstufen sind nicht unterscheidbar; daher As(V), Sb(V), Se(IV), Te(IV) u.s.w. – die schwach oder nicht absorbieren – vorher reduzieren.
2) Grafitrohr-AAS. Für Spurenanalytik, hohe Nachweisgrenzen. Mikrogramm-Mengen werden in einer Grafitrohrküvette 1–2 s lang flammenlos atomisiert, die Atomabsorption gemessen.
Feststoffe werden auf eine L'VOV-Plattform im Rohrinneren gegeben, die durch Wärmestrahlung von der Rohrwand aufheizt wird. Atomisierung erfolgt zeitverzögert, jedoch vorteilhaft in eine thermisch weitgehend stabilisierte Gasatmosphäre.
Spülgas Argon verhindert Abbrand des elektrisch beheizten Grafitrohrs (ca. 10 V, 500 A, 3000 K).
3) Hydridtechnik. Für Elementbestimmungen mit flüchtigen Hydriden (As, Sb, Bi, Se, Te, Sn u.a.). Die Probe wird hydriert (mit $NaBH_4$ oder $SnCl_2$); das Metallhydrid in einer beheizten Glasküvette atomisiert; die Atomabsorption gemessen.
Störendes Cu und Ni wird mit L-Cystein komplexiert oder die Hydride in salzsaurer Lösung ausgetrieben.
4) Kaltdampftechnik. Quecksilberbestimmung analog zur Hydridtechnik; Probe reduzieren, Hg-Dampf in eine Küvette austreiben, evt. in Goldgaze anreichern; Messen der Atomabsorption.
5) Untergrundkorrektur. Untergrundabsorption durch das Brenngas, Streuung an unverdampften Partikeln und Dissoziationskontinua der Alkalimetallverbindungen überdecken das Nutzsignal.
Korrektur der kontinuierlichen Untergrundabsorption durch abwechselnde Messung mit Linienstrahler (Hohlkathodenlampe) und Kontinuumstrahler (Deuterium- oder Halogenlampe).

    Nutzsignal = Linienstrahlung (mit Untergrund) –
Kontinuumsstrahlung (nur Untergrund)

Zeeman-Korrektur (bei GF-AAS); auch für diskontinuierlichen Untergrund (z. B. Rotationsfeinstruktur). Im pulsierend-starken Magnetfeld (0,8 T; 54 Hz) parallel zur Strahlungsrichtung spaltet die Absorptionslinie in zwei ±10 pm benachbarte Seitenlinien auf.

    Nutzsignal = Extinktion ohne Feld (mit U.)
    – Extinktion mit Feld (nur Untergrund)

6) Standardaddition. Der Analysenprobe werden bekannte Mengen eines *internen Standards* zugesetzt und die Extinktion E gemessen. Die Ausgleichsgerade $E = bx + a$ schneidet die x-Achse im Punkt $x_0 = -a/b$, der gesuchten Konzentration.

Atomares Einheitensystem

Hartree-System mit den Basiseinheiten: Bohrradius, Elektronenmasse, Umlaufzeit. Damit ist der Spindrehimpuls des Elektrons = $\hbar/2$ und der Bahndrehimpuls = $\hbar$ (erste Bohrbahn).
Die Energieeinheit heisst HARTREE.

$$E_\mathrm{h} = \frac{e^2}{4\pi\varepsilon_0 a_0} = 2R_\infty hc = \alpha^2 m_\mathrm{e}c^2$$

1 Hartree	$\hat{=} \{2R_\infty hc\}$ J	$= 4{,}359\ 743\ 81$ J
	$\hat{=} \{2R_\infty hc\ N_\mathrm{A}\}$	$= 2625{,}50$ kJ/mol
	$\hat{=} \dfrac{\{2R_\infty h\}}{\{c\}}$ kg	$= 4{,}850\ 869\ 19 \cdot 10^{-35}$ kg
	$\hat{=} \{2R_\infty\}\ \mathrm{m}^{-1}$	$= 219\ 474{,}631\ 3710$ cm^{-1}
	$\hat{=} \{2R_\infty c\}$ Hz	$= 6{,}579\ 683\ 920\ 735 \cdot 10^{15}$ Hz
	$\hat{=} \dfrac{\{2R_\infty hc\}}{\{k\}}$ K	$= 3{,}157\ 746\ 5 \cdot 10^{5}$ K
	$\hat{=} \dfrac{\{2R_\infty hc\}}{\{e\}}$ eV	$= 27{,}211\ 383\ 4$ eV
	$\hat{=} \dfrac{\{2R_\infty h\}}{\{m_\mathrm{u}c\}}$ u	$= 2{,}921\ 262\ 304 \cdot 10^{-8}$ u

Vgl. auch *natürliche Einheiten.

Atomare Masseneinheit (u)

(unified) atomic mass unit. Masse eines beliebigen Teilchens, Atoms oder Moleküls im Verhältnis zu $^1/_{12}$ der Masse des Kohlenstoff-12-Atoms. Ein ^{12}C-Atom wiegt per IUPAC-Definition 12 atomare Einheiten.

$$1\ \mathrm{u} = m_\mathrm{u} = \frac{m(^{12}\mathrm{C})}{12} = \frac{10^{-3}\ \mathrm{kg/mol}}{N_\mathrm{A}}$$

Tabelle 1.1 Atomares Einheitensystems nach HARTREE.

Größe	Atomare Einheit (a.u.)	Definition	Wert im SI-System
Länge	1 Bohr =	$a_0 = 4\pi\varepsilon_0\hbar^2/m_e e^2$	$\approx 5{,}291\,8\cdot10^{-11}$ m
Elektronenmasse	1 a.u. Masse =	m_e	$\approx 9{,}109\,4\cdot10^{-31}$ kg
Umlaufzeit	1 a.u. Zeit =	$\hbar/E_h$	$\approx 2{,}418\,9\cdot10^{-17}$ s
Geschwindigkeit	1 a.u. Geschwindigkeit =	$a_0 E_h/\hbar$	$\approx 2{,}187\,7\cdot10^6$ m/s
Lichtgeschwindigkeit	137,04 a.u. =	$c\hbar/a_0 E_h = \left\{\alpha^{-1}\right\}$ a.u.	$\approx 299\,792{,}5$ km/s
Kraft	1 a.u. Kraft =	E_h/a_0	$\approx 8{,}238\,7\cdot10^{-8}$ N
Impuls	1 a.u. Impuls =	$\hbar/a_0$	$\approx 1{,}992\,9\cdot10^{-24}$ N s
Energie	1 Hartree =	$E_h = \hbar^2/m_e a_0^2$	$\approx 4{,}359\,8\cdot10^{-18}$ J
Wirkung	1 a.u. Wirkung =	$\hbar$	$\approx 1{,}054\,6\cdot10^{-34}$ J s
Ladung	1 Elementarladung =	e	$\approx 1{,}602\,2\cdot10^{-19}$ C
Elektr. Strom	1 a.u. Strom =	$eE_h/\hbar$	$\approx 6{,}623\,6\cdot10^{-3}$ A
Ladungsdichte	1 a.u. Lad.d.=	e/a_0^3	$\approx 1{,}081\,2\cdot10^{12}$ C/m^3
Elektr. Potential	1 a.u. el.Pot. =	E_h/e	$\approx 27{,}211$ V
Elektrisches Feld	1 a.u. Feldstärke =	E_h/ea_0	$\approx 5{,}142\,2\cdot10^{11}$ V/m
El. Feldgradient	1 a.u. el.Feldgr. =	E_h/ea_0^2	$\approx 9{,}717\,4\cdot10^{21}$ V/m^2
Elektr. Dipolmoment	1 a.u. Dipolmoment =	ea_0	$\approx 8{,}478\,4\cdot10^{-30}$ C m
El. Quadrupolmoment	1 a.u. Quadr.moment =	ea_0^2	$\approx 4{,}486\,6\cdot10^{-40}$ C m^2
El. Polarisierbarkeit	1 a.u. Polarisierb. =	$e^2 a_0^2/E_h$	$\approx 1{,}648\,8\cdot10^{-41}$ C^{2}m^2/J
1. Hyperpolarisierbarkeit.	1 a.u. 1. Hypol. =	$e^3 a_0^3/E_h^2$	$\approx 3{,}206\,4\cdot10^{-53}$ C^{3}m^3/J^2
2. Hyperpolarisierbarkeit.	1 a.u. 2. Hypol. =	$e^4 a_0^4/E_h^3$	$\approx 6{,}235\,4\cdot10^{-65}$ C^{4}m^4/J^3
Magn. Flussdichte	1 a.u. Flussdichte =	$\hbar/ea_0^2$	$\approx 2{,}350\,5\cdot10^5$ T
Magn. Dipolmoment	1 a.u. Dipolmoment =	$e\hbar/m_e = 2\mu_B$	$\approx 1{,}854\,8\cdot10^{-23}$ J/T
Magnetisierbarkeit	1 a.u. Magnetisierb. =	$e^2 a_0^2/m_e$	$\approx 7{,}891\,0\cdot10^{-29}$ J/T^2
Permittivität	1 a.u. Permittivität =	$e^2/a_0 E_h$	$\approx 1{,}112\,7\cdot10^{-10}$ F/m

$$
\begin{aligned}
1\text{ u} \;&= \{m_u\}\text{ kg} &&= 1{,}660\,538\,73\cdot10^{-27}\text{ kg}\\
&\;\hat{=}\; \frac{\{m_u c^2\}}{\{e\}}\text{ eV} &&= 931{,}494\,013\text{ MeV}\\
&\;\hat{=}\; \{m_u c^2\}\text{ J} &&= 1{,}492\,417\,78\cdot10^{-10}\text{ J}\\
& &&= 8{,}98\,755\cdot10^{10}\text{ kJ/mol}\\
&\;\hat{=}\; \frac{\{m_u c\}}{\{h\}}\text{ m}^{-1} &&= 7{,}513\,006\,658\cdot10^{12}\text{ cm}^{-1}\\
&\;\hat{=}\; \frac{\{m_u c^2\}}{\{h\}}\text{ Hz} &&= 2{,}252\,342\,733\cdot10^{23}\text{ Hz}\\
&\;\hat{=}\; \frac{\{m_u c^2\}}{\{k\}}\text{ K} &&= 1{,}080\,952\,8\cdot10^{13}\text{ K}\\
&\;\hat{=}\; \frac{\{m_u c\}}{\{2R_\infty h\}} E_h &&= 3{,}423\,177\,709\cdot10^7\text{ Hartree}\\
1\text{ kg} &\;\hat{=}\; \{N_A\}\cdot10^3\text{ u} &&\hat{=}\; 6{,}022\,141\,99\cdot10^{26}\text{ u}
\end{aligned}
$$

Fälschlich wird u auch DALTON (Da) genannt.

Atombindung

auch: *kovalente Bindung, Elektronenpaarbindung* oder *homöopolare Bindung*. Ausbildung *gemeinsamer Elektronenpaare* (= bindende Molekülorbitale); bei der polaren Atombindung zum elektronegativeren Atom verschoben.

Nichtmetallatome (elektroneutral) → Molekül.

z. B.   H · + · $\overline{\text{Cl}}$| ⟶ H–$\overline{\text{Cl}}$|

Gerichtete *quantenmechanische Austauschkräfte* (Valenzkräfte); Bindungsenergie 1 bis 7 eV.

1) Stoffe mit Atombindung.

Moleküle sind flüchtig oder makromolekular; schlecht plastisch verformbar (Thermoplaste gut); niedrig schmelzend, Nichtleiter, meist farblos-durchsichtig, Beispiele: CO_2, H_2, Br_2, CH_4, Benzol, Stärke, Kunststoffe.

Atomgitter (Valenzkristalle): stabile, vierfach koordinierte, regelmäßige Raumstrukturen; diamant- oder glasartig; extrem hart, spröde, schlecht plastisch verformbar; sehr hohe Schmelz- und Siedepunkte, Nichtleiter, meist optisch durchsichtig. Beispiele mit Gitterenergie (kJ/mol): Diamant (718), SiC (1185), BN, Si, Ge, Quarz, Hartstoffe.

Gläser sind „unterkühlte Flüssigkeiten"; amorpher Molekül-Kristallverband mit ionischem Anteil (z. B. Na$^\oplus$ im Quarzglas).

Gemischte Atom- und Ionenbindung in *Komplexverbindungen*; z. B. $K_4[Fe(CN)_6]$.

2) Polare Atombindung.

*Atombindung, wobei das gemeinsame Elektronenpaar zum stärker nichtmetallischen (elektronegativeren) Atom verschoben ist, z. B. bei Chlorwasserstoff, Wasser, Ammoniak.

$$^{\delta+}\text{H} \rightarrow \overline{\text{Cl}}|^{\delta-}$$

Bei polaren Molekülen ist das *Dipolmoment* („Bindungsmoment") permanent, bei unpolaren induziert.

Polares Molekül	$\mu = q\,r$	C m
Unpolares Molekül	$\mu_i = \bar{\alpha}\,\varepsilon_0\,E$	

q Ladung (C), r Bindungslänge (m), μ Dipolmoment, $\alpha \approx 10^{-24}$ cm^3 Polarisierbarkeitsvolumen.

Quantenmechan. Beschreibung der *Polarität* durch Linearkombination einer fiktiven kovalenten Grenzstruktur (A–B) und einer fiktiven ionischen (A$^\ominus$B$^\oplus$).

$$\Psi_{AB} = a\,\Psi_{\text{kovalent}} + b\,\Psi_{\text{ionisch}}$$

a und b werden so variiert, dass die Energie des Moleküls minimal wird (*Näherungsmethoden).

PAULING-Näherung: Die Abweichung des Mittelwertes der gemessenen Bindungsenergien für A–A und B–B von der tatsächlichen Bindungsenergie ist ein Maß für den ionischen Anteil der Atombindung A–B.

$$E_{AB} - \frac{E_{AA} + E_{BB}}{2} \approx 126 \,\text{kJ/mol} \,(EN_A - EN_B)^2$$

EN = *Elektronegativität.

3) Theorie der Atombindung. Ein zweiatomiges Molekül wird als Feder-Masse-System beschrieben mit dem harmonischen Potential (bindendes *Molekülorbital). Vgl. *UV-Spektroskopie.

$$V(r - r_e) = \tfrac{1}{2} D \,(r - r_e)^2$$

Im Potentialminimum ist die Anziehungs- bzw. Abstoßungskraft $F(r) = 0$. Ein n-atomiges Molekül hat f Schwingungsfreiheitsgrade, deren Eigenenergien im Potentialdiagramm $V(r)$ als waagrechte Linien eingezeichnet werden.

D Dissoziationsenergie, r_e Gleichgewichtsabstand.

Atomemissionsspektroskopie (AES)

Anregung von Atomen in einem Plasma (Lichtbogen, Glimmentladung, Funkenentladung, Hohlkathode) und Analyse der Emissionslinien. Elektronen werden angeregt, besetzten höhere Schalen und fallen unter Lichtaussendung in tiefere Niveaus zurück.

FES Flammenemissionsspektroskopie
OES optische Emissionsspektroskopie, Spektralanalyse
ICP Induktiv gekoppeltes Plasma.
MIP Mikrowelleninduziertes Plasma

Anwendung: **Spektralanalyse** von Kohlenstoff und Legierungselementen im Stahl (mit OES). Eisen sendet rund 3000 Linien aus, Chrom 1000, die mit Referenzspektren verglichen werden. Die Helligkeit der Linien ist proportional zur Konzentration des Elementes in der Probe. Tiefenprofilanalyse durch schichtweisen Abtrag der Probenoberfläche (Kathodenzerstäubung).

Atomkern

Massezentrum des Atoms; s. Rutherford'sches *Atommodell. Aus gleichartigen Bausteinen aufgebaut, weil beim radioaktiven Zerfall gleichartige Tochterkerne entstehen (z. B. Blei- und Heliumatome aus Radiumatomen).

Atomkerndichte

Die Dichte der Kernsubstanz ist mit Kernmasse m_K (in kg) und Atomkernvolumen V_K:

$$\boxed{\varrho_K = \frac{m_K}{V_K} \approx 2 \cdot 10^{17} \,\frac{\text{kg}}{\text{m}^3}}$$

Atomkernradius

Abschätzung aus dem Radius eines Nucleons und der Massenzahl A.

$$\boxed{r_K = 1{,}4 \cdot 10^{-15} \,\text{m} \cdot \sqrt[3]{A}}$$

Atommasse

Relative Atommasse A_r (Dimension 1), auf die *atomare Masseneinheit u bezogene Masse eines Nuklids X. Vgl. Tabelle *Elemente.

$$A_r(X) = \frac{m(X)}{u} = \frac{m(X)}{{}^1/_{12}\,m({}^{12}C)}$$

Im *Periodensystem tabellierte Atommassen der Elemente sind *Durchschnittsmassen* der natürlichen Isotopenverteilung; daher Abweichung von der ganzzahligen *Massenzahl A. Beispiel: *Argon*.

Isotop	Häufigkeit H	Nuklidmasse A_r
Ar-36	0,337%	35,967 546 28
Ar-38	0,063%	37,962 732 16
Ar-40	99,600%	39,962 383 123 2
Atommasse $\bar{A}_r = \sum\limits_{i=1}^{3} H_i \, A_{r,i} =$		39,948

Die Isotopenverteilung in irdischem Material schwankt stark bei: Ar, B, He, C, Cu, Li, O, S, Si.

Geologisch außergewöhnliche Proben sind bekannt von: Ar, Ba, Cd, Ca, Dy, Er, Gd, He, Kr, La, Li, Lu, Nd, Ne, Os, Pd, Rb, Ru, Sm, O, Ag, N, Sr, Te, Th, U, H, Xe, Y, Zr.

Wegen Rüstungsanstrengungen der Atommächte ist käufliches Material einiger Elemente an best. Isotopen künstlich abgereichert: B, Kr, Li, Ne, U, H, Xe.

Ist die genaue Atommasse radioaktiver Elemente nicht bekannt, wird die Massenzahl des langlebigsten Isotops in eckigen Klammern angegeben.

Atommasse, absolute

In Kilogramm oder *atomaren Masseneinheiten angegebene Masse eines einzelnen Atoms.

$$m(X) = A_r(X) \cdot u$$

Beispiel: Ein Sauerstoff-16-Atom wiegt 16 u = $16 \cdot 1{,}67 \cdot 10^{-27}$ kg $\approx$ $2{,}7 \cdot 10^{-26}$ kg.

Atommodell, Bohr'sches

Nach der klassischen Elektrodynamik müssten Atome instabil und von variabler Größe sein.

Jede periodisch bewegte Ladung sendet die Strahlungsleistung $P = \frac{2}{3}\,\frac{p^2 \omega^4}{\varepsilon_0 c^3} = \frac{2}{3}\,\frac{e^2 \dot{v}^2}{\varepsilon_0 c^3}$ aus (HERTZscher Dipol). Das kreisende Elektron würde fortwährend Energie abstrahlen und sich spiralförmig dem Atomkern nähern.

p Dipolmoment, ω Kreisfrequenz, $\dot{v}$ Beschleunigung.

Dürfen sich Elektronen auf beliebigen Bahnen um den Atomkern bewegen, müsste jedes Atom eines Elementes verschieden groß sein.

Die BOHR-Postulate umgehen die klass. Widersprüche.

1. Elektronen kreisen auf ganz bestimmten, *diskreten* Bahnen umd den Atomkern.

    Hauptquantenzahl n = 1 … 7
= Nummer der Elektronenschale (K bis Q)
= Periode (im Periodensystem)

2. Der Bahndrehimpuls des Elektrons ist gequantelt. Die Bahnradien verhalten sich wie
$1 : 2^2 : 3^2 : 4^2 : 5^2 \dots$

3. Die Kreisbewegung ist strahlungslos. Der Übergang zw. den Bahnen erfolgt sprunghaft.

Im *Grundzustand* des Atoms besetzt jedes Elektron ein möglichst niedriges Energieniveau. Durch Energiezufuhr springen einzelne Elektronen auf höhere Energieniveaus; das Atom nimmt einen *angeregten Zustand* ein. Kehrt das Elektron in den Grundzustand zurück, tritt ei-

Aufbau der Materie

Das Bohr'sche Atommodell im Überblick.

1. Postulat: *Elektronenschalen.* Die Elektronen umkreisen den Atomkern strahlungslos auf diskreten Kreisbahnen; klassische Bewegungsgleichung ($\vec{v}_n = \vec{\omega}_n \times \vec{r}_n$).
r_n Radius. v_n Geschwindigkeit. ω_n Kreisfrequenz.

$$\text{COULOMB-Kraft} = \text{Zentrifugalkraft}$$

$$\frac{Z e^2}{4\pi \varepsilon_0 r_n^2} = m_\text{e}\, r_n\, \omega_n^2$$

2. Postulat: *Drehimpulsquantelung.* Bahndrehimpuls des Elektrons = ganzzahliges Vielfaches des Drehimpulsquantums $\hbar$ („h-quer").

$$|\vec{l}_n| = |\vec{r}_n \times (m\vec{v}_n)| = m_\text{e} r_n^2 \omega_n \stackrel{!}{=} n\hbar$$

$$\hbar = \frac{h}{2\pi} = 1{,}0545716 \cdot 10^{-34}\ \text{Js}$$

(1=2):

$$r_n = \frac{n^2 \hbar^2\, 4\pi \varepsilon_0}{Z e^2 m_\text{e}} = \frac{n^2 h^2 \varepsilon_0}{Z\pi e^2 m_\text{e}} = \underbrace{0{,}52917721 \cdot 10^{-10}\ \text{m}}_{\text{BOHRradius } r_0} \cdot \frac{n^2}{Z}$$

$$\omega_n = \frac{1}{(4\pi \varepsilon_0)^2}\, \frac{Z^2 e^4 m_\text{e}}{\hbar^3 n^3} = \frac{\pi Z^2 e^4 m_\text{e}}{2\varepsilon_0^2 h^3 n^3} = 2\pi \cdot 6{,}57968 \cdot 10^{-16}\ \text{s}^{-1} \cdot \frac{Z^2}{n^3}$$

$$v_n = \omega_n r_n = \frac{Z^2 e^2}{2 n h \varepsilon_0} = \frac{2{,}18769 \cdot 10^6 \cdot Z^2}{n}\ \text{m/s}$$

3. Postulat: *Energiequantelung.* Emission und Absorption von Licht durch Übergänge der Elektronen zw. den Kreisbahnen.

$$\Delta E = E_2 - E_1 = h\nu$$

PLANCKsches Wirkungsquantum:
$$h = 6{,}626069 \cdot 10^{-34}\ \text{Js}$$

Bahnenergie E_n = kinetische Energie E_kin des Elektrons + elektrostatische Anziehung zw. Kern und Elektron E_pot ($E_\text{pot}(\infty) = 0$, in endlichem Abstand vom Kern negativ.)
$Z = 1$ für das Wasserstoffatom.

$$E_\text{pot} = \int_\infty^{r_n} \frac{Z e^2}{4\pi \varepsilon_0 r^2}\, dr = -\frac{Z e^2}{4\pi \varepsilon_0 r_n} = -\frac{Z e^4 m_\text{e}}{4 n^2 \varepsilon_0 h^2}$$

$$E_\text{kin} = \tfrac{1}{2} m_\text{e} v_n^2 = \tfrac{1}{2} m_\text{e} r_n^2 \omega_n^2 = +\frac{Z e^4 m_\text{e}}{8 n^2 \varepsilon_0 h^2} \stackrel{!}{=} -\tfrac{1}{2} E_\text{pot}$$

Energieniveau:

$$E_n = E_\text{pot} + E_\text{kin} = -\frac{Z^2 e^4 m_\text{e}}{32\pi^2 \varepsilon_0^2 \hbar^2} \frac{1}{n^2} = -\frac{Z^2 e^4 m_\text{e}}{8 \varepsilon_0^2 h^2} \frac{1}{n^2}$$

$$= R_\infty h c$$

$$= -2{,}179872 \cdot 10^{-18}\ \text{J} \cdot \frac{1}{n^2}$$

$$= -13{,}605692\ \text{eV} \cdot \frac{1}{n^2}$$

Strahlungsenergie:

$$\Delta E = E_n - E_{n'} = \frac{Z^2 e^4 m_\text{e}}{32\pi^2 \varepsilon_0^2 \hbar^2} \left(\frac{1}{n'^2} - \frac{1}{n^2}\right) = \frac{Z^2 e^4 m_\text{e}}{8 \varepsilon_0^2 h^2} \left(\frac{1}{n'^2} - \frac{1}{n^2}\right)$$

$$= 2{,}179\,872 \cdot 10^{-18}\ \text{J} \cdot Z^2 \left(\frac{1}{n'^2} - \frac{1}{n^2}\right)$$

Strahlungsfrequenz:

$$\nu = \frac{\Delta E}{h} = \underbrace{\frac{e^4 m_\text{e}}{8 \varepsilon_0^2 h^3}}_{R = R_\infty c}\, Z^2 \left(\frac{1}{n'^2} - \frac{1}{n^2}\right)$$

$$= \underbrace{3{,}289\,841\,960\,4 \cdot 10^{15}\ \text{Hz}}_{\text{RYDBERG-Frequenz}} \cdot Z^2 \left(\frac{1}{n'^2} - \frac{1}{n^2}\right)$$

Wellenzahl:

$$\tilde{\nu} = \frac{\Delta E}{hc} = \frac{\nu}{c} = \underbrace{R_\infty}_{R/c}\, Z^2 \left(\frac{1}{n'^2} - \frac{1}{n^2}\right)$$

$$= \underbrace{1{,}097\,373\,156\,86 \cdot 10^7\ \text{m}^{-1}}_{\text{RYDBERG-Konstante}} \cdot Z^2 \left(\frac{1}{n'^2} - \frac{1}{n^2}\right)$$

RYDBERG-Konstante: des *Wasserstoffatoms* mit Relativbewegung von Elektron und Proton um den gemeinsamen Schwerpunkt (reduzierte Masse statt m_e):

$$R_\text{H} = \frac{R_\infty}{1 + m_\text{e}/m_\text{p}} = 109\,677{,}5810\ \text{cm}^{-1}$$

ne charakteristische Lichtstrahlung auf:

$\Delta E = E_2 - E_1 = h\,\nu$

Aufbau des Periodensystems nach Bohr.

Peri ode	Scha le	Elek tronen	Elemente
1	K	2	H, He
2	L	8	Li, Be, B, C, N, O, F, Ne
3	M	8	Na ... Ar
4	N	18	K ... Kr
5	O	18	Rb ... Xe
6	P	32	Cs ... Rn
7	Q	32	Fr ... Eka-Rn

Atommodell, quantenmechanisches

*Orbitalmodell, *MO-Theorie.

Atommodell, Rutherford'sches

Historisch! *Streuversuch:* α-Teilchen (Heliumkerne) treten überwiegend ungehindert durch dünne Aluminium- oder Goldfolien; ein geringer Teil wird stark abgelenkt oder reflektiert. Folgerungen:

1. Materie besteht überwiegend aus „leerem Raum"; die Masse ist im positiv geladenen *Atomkern konzentriert (Durchmesser ca. 10^{-14} m); nahezu masselose, negativ geladene *Elektronen* umkreisen den Kern in einer Elektronenhülle (ca. 10^{-10} m).

2. Nach außen ist das Atom ungeladen (elektrisch neutral). Die Zahl der *Elektronen Z* in der Hülle ist gleich der Zahl der *Protonen* (positiven Ladungen) im Atomkern. Vgl. *Elementsymbol.

3. Der Atomkern besteht aus *Nucleonen* (Protonen und Neutronen).

RUTHERFORD verstand Neutronen als „Kittsubstanz" der sich abstoßenden Protonen im Kern. Später: *Mesonenaustauschtheorie von YUKAWA.

Atommodell, Sommerfeld'sches

Veraltet! Erweiterung des BOHRschen *Atommodells um Ellipsenbahnen; erklärt die s-, p-, d- und f-Linien im Wasserstoff- und Alkalimetallspektrum.

große Halbachse:	$a = r_n$
kleine Halbachse:	$b = \dfrac{a(l+1)}{n}$
Hauptquantenzahl	n
Nebenquantenzahl:	$l = 0$ (größte Exzentrizität) bis
	$l = n - 1$ (Kreisbahn)

Die Ellipsenbahnen einer Schale unterscheiden sich geringfügig in der Energie – relativist. Massenzunahme des Elektrons bei hoher Bahngeschwindigkeit in Kernnähe.

Atomorbital

Einelektronen-Wellenfunktionen eines Atoms; vgl. *Orbitalmodell. Alle s-, p-, d-, f-Orbitale haben unabhängig von der Hauptquantenzahl dieselbe Form.

Atomradius

Der Radius der kernfernsten Elektronenbahn liegt in der Größenordnung von $0{,}1$ nm $= 10^{-10}$ m.

$$r_A \approx \tfrac{1}{2}\sqrt[3]{\dfrac{m_A}{\varrho}} \quad \text{m}$$

m_A Atommasse in kg. ϱ Dichte des Elements.

Auger-Elektronen-Spektroskopie

AES. Zerstörungsfreies Verfahren der Oberflächenanalytik, bes. für *leichte Elemente* (Li bis Zn); ab Zink mit geringer Intensität. Komplementär zu *EDX.

Folgeprozess der Emission von Elektronen (durch Strahlung od. Elektronenbeschuss ausgelöst); ein Elektron einer höheren Schale füllt das Loch; die Überschussenergie befreit ein Auger-Elektron, das die Probe mit best. kinet. Energie verlässt – im Gegensatz zur *Röntgenfluoreszenz.

	Primärprozess:
PES	Fotoelektronenspektroskopie:
	Fotoemission von Elektronen durch Röntgen- oder UV-Bestrahlung (XPS, UPS).
EDX	Elektronenstrahlmikroanalyse: Elektronenemission durch Elektronenbeschuss (1–25 keV)
	Folgeprozess:
AES	ein Elektron entweicht
RFA	charakteristische Röntgenstrahlung

Auger-Spektrum: Elektronenausbeute $\mathrm{d}N(E)/\mathrm{d}E$ in Abh. der kinet. Energie E_{kin}; elementspezif. Peaks. Wegen der früheren Lock-in-Messtechnik wird nicht $N(E)$ aufgetragen.

Die Energie der Auger-Elektronen hängt nicht von der Anregungsenergie des Photons od. Elektrons ab; nur von den Orbitalenergien des Atoms.

$$E(\mathrm{KL_1L_2}) \approx E(\mathrm{K}) - E(\mathrm{L_1}) - E^*(\mathrm{L_2})$$

E^* eff. Bindungsenergie des Auger-Elektrons.

Anwendung: Elementanalyse; Bindungszustand des Zentralatoms. Raster-AES (SAM = *scanning Auger microscopy*) zur Abbildung von Oberflächen und Tiefenprofilanalyse. Quantifizierung schwieriger als bei XPS, an Grenzflächen störende Matrixeffekte.

Austrittsarbeit

Festkörper: Differenz der Energie eines Elektrons zw. dem Vakuumpotential in hinreichend großem Abstand vor der Oberfläche und der *Fermienergie (= elektrochemisches Potential im Vakuum). Vgl. *Fotoeffekt.

$$W_A = E_{\mathrm{vac}} - E_F$$

Auswahlregel

In der Atomspektroskopie (z. B. *AAS) finden Elektronenübergänge im Atom nur zw. bestimmten erlaubten *Termsystemen statt.

Bahndrehimpulsquantenzahl	$\Delta L = \pm 1$
Spindrehimpulsquantenzahl	$\Delta S = 0$
res. Gesamtdrehimpulsquantenzahl	$\Delta J = 0, \pm 1$
	(wobei $\Delta J = 0$ für $0 \to 0$ verboten)

Interkombinationsverbot: wegen $\Delta S = 0$ sind Übergänge zw. Termen versch. Multiplizität nicht erlaubt. Atomspektren zeigen Serien, die zu Termsystemen unterschiedlicher Multiplizität gehören. Vgl. *Verschiebungssatz, *Drehimpuls.

Bahndrehimpuls L, *Drehimpuls

Baryon

„schweres" *Elementarteilchen (*Hadron) mit halbzahligem Spin J und Baryonenzahl $B = 1$; z. B. Proton,

Neutron, Nucleon.

Baryonenzahl

Eigenschaft der „schweren" Elementarteichen; bleibt bei Kernreaktionen erhalten, wenn Baryonen (Spin $^1/_2$) in ein Proton zerfallen.

$L = +1$: Elektron, $\mu^\ominus$-Myon, $\tau^\ominus$-Tauon;
e-, μ-, τ-Neutrino.

$L = -1$: Positron, $\mu^\oplus$-Myon, $\tau^\oplus$-Tauon;
e-, μ-, τ-Antineutrinos.

Bewertungsfaktor

Dosimetrie: Quotient aus *Äquivalentdosis und Energiedosis. Beschreibt die biologische Wirkung verschiedener Strahlenarten und -energien.

$$q = \frac{H}{D} \qquad \frac{\text{Sv}}{\text{Gy}}$$

Bindigkeit

Kovalenzbindigkeit, Valenz, „Wertigkeit" = Zahl der Elektronen mit ungepaartem Spin im Atom, die sich an einer *Atombindung beteiligen.

Element	Elektronenkonfiguration			Bindigkeit
	1s	2s	2p	
H	↑			1
He	↑↓			0
Li	[He]	↑		1
Be	[He]	↑↓		2 (nicht 0)
B	[He]	↑↓	↑	3 (nicht 1)
C	[He]	↑↓	↑ ↑	4 (nicht 2)
N	[He]	↑↓	↑ ↑ ↑	3 (und 5)
O	[He]	↑↓	↑↓ ↑ ↑	2 (nicht 6)
F	[He]	↑↓	↑↓ ↑↓ ↑	1

Elemente der 2. Periode des *Periodensystems: maximal 4-bindig. Bei Beryllium, Bor und Kohlenstoff nicht vom Grundzustand, sondern von einem (angeregten) Valenzzustand abgeleitet (*Hybridisierung).
Elemente der 3. Periode: höhere Bindigkeiten unter Nutzung von d-Orbitalen; z. B. 5-bindiger Phosphor $3s^1 3p^3 3d^1$.

Bindung, chemische

Zusammenhalt der Atome in Molekülen und Kristallgittern auf Grund inner- und zwischenmolekularer Kräfte; erklärt Struktur und Eigenschaften von Stoffen. Unter dem Zwang der gegenseitigen Anziehungs- und Abstoßungskräfte bilden Materieteilchen regelmäßige räumliche Einheiten, die *Kristalle*. Bei *amorphen* Stoffen liegt ein ungeordneter Teilchenverband vor (z. B. Flüssigkeiten, Gläser, Kunststoffe).
Beteiligt sind die Valenzelektronen (Außenelektronen) der Atome, die inneren abgeschlossenen Elektronenschalen sind unbeteiligt. Atome streben die stabile Edelgaskonfiguration an (*Oktettregel); dazu müssen sie Elektronen aufnehmen (= Reduktion) oder abgeben (= Oxidation).
Neben *Ionenbindung, *Atombindung, *Metallbindung gibt es Mischformen und *Nebenvalenzbindungen (*Van-der-Waals-Kräfte).

Bindungsordnung

Grad der *Atombindung, durch Bindigkeit und Zahl der gemeinsamen Elektronenpaare bestimmt.

$$BO = \frac{\text{bindende Elektronen} - \text{antibindende Elektronen}}{2}$$

σ-*Bindungen* entstehen durch Überlappung von s- oder p-AO in Bindungsichtung. π-*Bindungen* entstehen aus p-Orbitalen, die nicht in Bindungsrichtung stehen. (Vgl. *MO-Schema).

- *Einfachbindung* = σ-Bindung.
- *Doppelbindung*: eine σ- und eine π-Bindung,
- *Dreifachbindung*: eine σ- und zwei π-Bindungen.

Einfachbindung	3 H·	+	·N̄·	⟶	NH₃
Doppelbindung	·Ō·	+	·Ō·	⟶	Ō = Ō
Dreifachbindung	·N̄·	+	·N̄·	⟶	|N≡N|

Bindungswinkel

Wasser und Ammoniak wären nach der VB-Theorie rechteckig gebaut; das *Hybridisierungsmodell erklärt – durch die gegenseitige Abstoßung der freien Elektronenpaare – den tetraedrischen Molekülbau.

Biolumineszenz

Spezialfall der *Chemolumineszenz in Organismen und biologischen Systemen. Anwendung: Spurenanalytik von ATP, Metallen (Cooxidantien), PAK, TNT, Insektiziden u.v.m.

Bohr-Magneton

Elektronisches Elementarquantum des Magnetismus. Einheit des durch Elektronenumlauf erzeugten magnetischen Momentes.

1) Einheit des magnetischen Bahnmoments des Elektrons. Ein Elektron auf der 1. BOHR-Kreisbahn hat theoretisch den Bahndrehimpuls $L = m_e vr = \hbar$ und repäsentiert den Strom $I = ev = \frac{ev}{2\pi r}$ und ein *magnetisches Bahnmoment* $\mu_m = \pi r^2 I = \frac{evr}{2} = \gamma L$.

$$\mu_B = \frac{e\hbar}{2m_e} = \gamma \hbar = 9{,}274\,008\,99 \cdot 10^{-24}\ \text{J/T}$$
$$\;\hat{=}\; 5{,}788\,381\,749 \cdot 10^{-5}\ \text{eV/T}$$
$$\;\hat{=}\; 13{,}996\,246\,24 \cdot 10^{9}\ \text{Hz/T}$$
$$\;\hat{=}\; 46{,}686\,452l\ \text{m}^{-1}\text{T}^{-1}$$
$$\;\hat{=}\; 0{,}671\,713l\ \text{K/T}$$

$1\ \text{J/T} = 1\ \text{A m}^2$

$\gamma = e/2m_e$ gyromagnetisches Verhältnis; $\hbar = h/2\pi$.

2) <u>Nicht</u> das magnetische Moment des Elektrons selbst. Nach quantenelektrodynam. Rechnungen:

$$\mu_e = -1{,}001\,159\,652\,19 \cdot \mu_B$$

3) Das freie Elektron – als Fermion mit Spinquantenzahl $s = {}^1/_2$, Spindrehimpuls $|\vec{s}| = \hbar\sqrt{3}/2$ mit den z-Komponenten $s_z = \pm\hbar/2$ – hat auf Grund seiner Eigenrotation um die eigene Achse ein *magnetisches Spinmoment*, dessen experimenteller Wert gleich dem magnetischen Bahnmoment ist.

$$\mu_{\text{spin}} = \frac{e s_z}{m_e} = \frac{e\hbar}{2m_e} \stackrel{!}{=} \mu_e$$

Bohr-Radius
Radius der ersten Kreisbahn des Wasserstoffatoms im BOHRschen *Atommodell.

$$a_0 = \frac{\alpha}{4\pi R_\infty} = \frac{4\pi \varepsilon_0 \hbar^2}{m_e e^2} = 0{,}529\ 177\ 208\ 3 \cdot 10^{-10}\ \text{m}$$

α Feinstrukturkonstante, R_∞ Rydberg-Konstante.

Bragg-Gleichung
Kristallografie: Röntgen-, Elektronen- oder Neutronenstrahlen werden durch Beugungs- und Interferenzerscheinungen an den Netzebenen eines Kristallgitters (dreidimensionale periodische Anordnung von Erregungszentren) selektiv reflektiert.

$$\boxed{n\,\lambda = 2d\sin\vartheta_n}$$

n Brechungsordnung, λ Wellenlänge, *d* Netzebenenabstand, ϑ_n Glanzwinkel.

Bravais-Gitter
Kristallografie: Varianten der sieben *Kristallsysteme, von denen sich alle bekannten *Kristallgitter ableiten.

1. kubisch: würfelförmige *Elementarzelle mit 8, 14 oder 9 Atomen ($a = b = c, \alpha = \beta = \gamma = 90°$)
a) *primitiv:* ein Atom an jeder Würfelecke.
b) *flächenzentriert:* 8 (Würfelecken) + 6·1 Atom mittig auf jeder Würfelfläche.
c) *raumzentriert:* 8 (Würfelecken) + 1 Atom im Würfelzentrum.

2. tetragonal: quaderförmige Elementarzelle mit 8 oder 9 Atomen ($a = b \neq c, \alpha = \beta = \gamma = 90°$)
a) *primitiv:* ein Atom an jeder Ecke.
b) *raumzentriert:* 8 (Ecken) + 1 Atom im Raummittelpunkt.

3. orthorhombisch: Rechteckäule mit 8, 14, 10 oder 9 Atomen ($a \neq b = c, \alpha = \beta = \gamma = 90°$)
a) *primitiv:* ein Atom an jeder Ecke.
b) *flächenzentriert:* 8 (Ecken) + 6·1 Atom mittig auf jeder Seiten- und Deckfläche.
c) *basiszentriert:* 8 (Ecken) + 2 Atome auf zwei gegenüberliegenden Seitenflächen.
d) *raumzentriert:* 8 (Ecken) + 1 Atom im Raummittelpunkt.

4. hexagonal *(primitiv):* Sechsecksäule ($a = b \neq c$, $\alpha = \beta = 90°, \gamma = 120°$). 14 Atome verteilen sich auf die Grund- und Deckfläche: ein Atom an jeder Ecke + ein Atom im Flächenmittelpunkt.

5. rhomboedrisch *(primitiv):* schiefer Würfel ($a = b = c, \alpha = \beta = \gamma \neq 90°$) mit 8 Atomen an den acht Ecken.

6. monoklin: schiefer Quader mit 8 oder 10 Atomen ($a \neq b \neq c, \alpha = \gamma = 90°, \beta \neq 90°$). a) *primitiv:* 8 Atome an den Quaderecken. b) *basiszentriert:* 8 (Ecken) + 2 Atome auf zwei gegenüberliegenden Seitenflächen.

7. triklin: schiefe Rechtecksäule ($a \neq b \neq c, \alpha \neq \beta \neq \gamma \neq 90°; \neq 120°$) mit 8 Atomen an den acht Ecken.

Bremsvermögen
Strahlenschutz: Differentieller Energieverlust direktionisierender Strahlung in einem Absorbermaterial (der Ordnungszahl Z, mittleren Ionisierungsenergie E_I, Teilchendichte N/V, molaren Masse M).
Schwere z-fach geladene Teilchen i (z. B. α, p, d)

$$S = -\frac{dE}{dx} = \frac{Z z_i^2 e^4 (N/V)}{4\pi \varepsilon_0^2 m_e v_i^2} \ln\left(\frac{2m_e v_i^2}{E_I}\right)$$

$$= \frac{Z z_i^2 e^4 N_A m_i}{8\pi \varepsilon_0^2 m_e E_{\text{kin}} M} \ln\left(\frac{4m_e E_{\text{kin}}}{E_I m_i}\right)$$

Für Elektronen relativistische Rechnung:
$$S = -\frac{dE}{dx} = \frac{Z e^4 (N/V)}{8\pi \varepsilon_0^2 m_e v^2} \ln\left(\frac{m_e v^2 E_{\text{kin}}}{2E_I^2 (1-\beta)}\right) + f(\beta)$$

$\beta = v/c$.

Brutprozess
Kernphysik: In Uranerzlagerstätten läuft keine Kettenreaktion ab, weil die kritische Masse von U-235 nicht erreicht wird. Die 99,28% U-238 im Natururan können mittelschnelle Neutronen absorbieren und Plutonium „erbrüten"; Kernspaltung findet nicht statt.

$$^{238}\text{U} + {}^1_0\text{n} \xrightarrow{\gamma} [^{239}\text{U}] \xrightarrow{\beta\gamma} {}^{239}\text{Np}^* \xrightarrow{\beta\gamma} {}^{239}\text{Pu}^*$$

Gefahren des Plutoniums vermeidet das Brüten von spaltbarem U-233 in Kernreaktoren.

$$^{232}\text{Th} + {}^1_0\text{n} \xrightarrow{\gamma} [^{233}\text{Th}] \xrightarrow{\beta} {}^{233}\text{Pa} \xrightarrow{\beta} {}^{233}\text{U}$$

Chalkogene
„Erzbildner"; Elemente der Gruppe 16 (6. Hauptgruppe) des *Periodensystems; die meisten Erze (griech. *chalkos*) sind Oxide oder Sulfide.

Charge-transfer-Komplex
Komplexchemie: *CT-Komplex,* Donor-Akzeptor-Komplex. Spezif. *Wechselwirkung durch umkehrbare partielle Verschiebung von Elektronen zw.
- *n-Donor* (freies Elektronenpaar) <u>oder</u>
- π-*Donor* (π-Elektronensystem; z. B. Aromaten, Amine, Alkene, Ketone) <u>und</u>
- *Elektronenakzeptor:* Metall, Halogen, Nitroaromat
Erklärt Farbe und intensive Absorptionsbanden (charge-transfer-Banden) von π-Komplexen; auch „zwischenmolekulare Mesomerie".

Beispiele für CT-Komplexe:

Aromaten mit Iod: $[\text{ArH} + \text{I}_2 \leftrightarrow \text{ArH}^\oplus \text{I}_2^\ominus]$
Chloranil + Benz[*a*]anthracen
Chinhydron
Pikrate
Meisenheimer-Komplexe
Halogenverbindungen + Pyridin od. Dioxan
aromat. Aminosäuren + Riboflavin
Leitfähige Polymere:
7,7,8,8-Tetracyano-1,4-chinodimethan (TCNQ)
+ Tetrathiafulvalen (TTF)

Chelat
*Komplexverb. mit mehrzähn. Liganden. Ein *mehrzähniger Ligand* besetzt mehr als eine Bindungsstelle am Zentralatom, z. B. Ethylendiamin, Oxalat, Carbonat.

Häufig 5- und 6-gliedrige Ringe, die stabiler als Komplexe mit einzähnigen Liganden sind.

Chemolumineszenz

Chemilumineszenz. Lichtemission aus einem angeregten Zustand, der durch eine chem. Reaktion entstanden ist. Speziell die *Lumineszenz von (organ.) Leuchtstoffen.
1) *Direkte Chemolumineszenz:* weißer Phosphor, Singulett-Sauerstoff, Luminolreaktion.

$$2P + \tfrac{3}{2}O_2 \longrightarrow P_2O_3 \xrightarrow{O_2} P_2O_5 + h\nu$$

$$H_2O_2 + ClO^{\ominus} \xrightarrow{-OH^{\ominus}} H-O-OCl \xrightarrow{-HCl} {}^1O{=}O \longrightarrow O_2 + h\nu$$

$$\text{Luminol} + H_2O_2/OH^{\ominus} + \text{Hämin} \longrightarrow \text{violette C.}$$

Biolumineszenz des Leuchtkäfer-Luciferins (Glühwürmchen) unter Einwirkung von Sauerstoff, ATP und des Enzyms Luciferase.

$$R_2C(O-O)C{=}O \xrightarrow{-CO_2} R_2C{=}O^* \xrightarrow{-h\nu} R_2C{=}O$$

Anwendung: ATP-Nachweis in der Umwelt-, Lebensmittel-, Medizinanalytik; *Immunoassay.
2) *Energietransfer.* Das angeregte Molekül (z. B. Carbonylverbindung) überträgt Energie auf einen „Fluorophosphor" wie 9,10-Dibromanthracen (BA), der strahlend in den Grundzustand zurückkehrt.

$$R_2C{=}O^* + BA \longrightarrow R_2C{=}O + BA^* \ (\xrightarrow{-h\nu} BA)$$

3) *Chem. induzierte Elektronenaustausch-Chemolumineszenz* (CIELL, chemically induced electron exchange chemiluminescence). Chemoluminophor (z. B. α-Peroxylacton, Diaryloxalat/H_2O_2) und Elektronendonator (z. B. Rubren) tauschen Elektronen aus.

$$R_2C(O-O)C{=}O + R \longrightarrow R_2\dot{C}O-COO^{\ominus} + R^{\cdot\oplus}$$

$$\xrightarrow{-CO_2} R_2\dot{C}-O^{\ominus} + R^{\cdot\oplus} \longrightarrow R_2C{=}O + R^* \ (\xrightarrow{-h\nu} R)$$

Compton-Effekt

Atomphysik: Streuung eines Photons an einem freien oder schwach gebundenen Elektron (z. B. in Grafit). Beim Aufprall auf das Elektron verringert sich die Energie des Photons bzw. die Frequenz des Lichtes; die Wellenlänge nimmt zu. Das Photon saust mit unveränderter Lichtgeschwindigkeit mit dem Streuwinkel φ (gemessen zwischen Einfall- und Ausfallrichtung) davon; elastischer Stoß. Ein Beweis für die Teilchennatur elektromagnetischer Strahlung.

Impuls des Photons	$p_1 = h/\lambda_0$ (vorher),
	$p_2 = h/\lambda$ (nachher)
Impuls des Elektrons	$\Delta p = m_e v$
Energieabgabe	$h\nu = h\nu' + E_{kin}$
Wellenlängenzunahme	$\Delta\lambda = \lambda - \lambda_0 = \lambda_C(1 - \cos\varphi)$
	$= \frac{2h}{m_e c}\sin^2\frac{\varphi}{2}$
Compton-Wellenlänge	$\lambda_C = \frac{h}{m_e c} \approx 2{,}4\cdot 10^{-12}$ m

Compton-Wellenlänge

des Elektrons

$$\lambda_C = \frac{h}{m_e c} = \frac{\alpha^2}{2R_\infty} = 2{,}426\ 310\ 215\cdot 10^{-12}\ \text{m}$$

des Protons

$$\lambda_{C.p} = \frac{h}{m_p c} = 1{,}321\ 409\ 847\cdot 10^{-15}\ \text{m}$$

des Neutrons

$$\lambda_{C.n} = \frac{h}{m_n c} = 1{,}319\ 590\ 898\cdot 10^{-15}\ \text{m}$$

De-Broglie-Wellenlänge

Materiewellenlänge auf Grund des Dualismus von Teilchen und Welle.

Elektron

$$\lambda_e = \frac{h}{\sqrt{2m_e E_{kin}}} = \frac{h}{\sqrt{2m_e e\, U}} = \frac{h}{m_e v}$$

Für $U = 150$ V ist $\lambda_e = 1\cdot 10^{-10}$ m.
Für $E_{kin} = 1$ eV ist $\lambda_e = 1\cdot 10^{-9}$ m.

Neutron

$$\lambda_n = \frac{h}{\sqrt{2m_n E_{kin}}} = \frac{h}{m_n v}$$

Für $E_{kin} = 1$ eV ist $\lambda_n = 2{,}860\cdot 10^{-11}$ m.

Debye-Waller-Faktor

Kristallografie: beschreibt die Temperaturabhängigkeit der Intensität der an Phononen (Gitterschwingungen) gestreuten Strahlungsteilchen. Durch die thermisch angeregten Gitterschwingungen der Atome um die Gleichgewichtslage sind Beugungsamplituden (Reflexe) allgemein weniger intensiv. Daher Kristallstrukturanalyse bei tiefen Temperaturen!

Deuterium

Das schwere Wasserstoffatom (^{2}H, D) besteht aus einem Proton, einem Neutron und einem Elektron.
Relative Atommasse (unsichere Stellen kursiv)

$$A(^2H) = 2{,}014\ 101\ 777\ 99$$

Ionisierungsenergie

$$E_I(^2H) = 13{,}6021\ \text{eV} \mathrel{\hat=} 1{,}097\ 086\ 146\cdot 10^7\ \text{m}^{-1}$$

Deuteron

kurz: **d**. Kern des Deuteriums (schweres Wasserstoffatom, kurz: ^{2}H od. D).

m_d	$= 3{,}343\ 583\ 09\cdot 10^{-27}$	kg
	$= 2{,}013\ 553\ 212\ 71$	u
	$\mathrel{\hat=} 3{,}005\ 062\ 62\cdot 10^{-10}$	J
	$\mathrel{\hat=} 1875{,}612\ 762$	MeV
$M(d)$	$= 2{,}013\ 553\ 212\ 71\cdot 10^{-3}$	kg/mol
μ_d	$= 0{,}433\ 073\ 457$	J/T
	$= 0{,}466\ 975\ 455\ 6$	μ_B
	$= 0{,}857\ 438\ 228\ 4$	μ_N

Dosimetrie

Die Wirksamkeit ionisierender Strahlung (radioaktive Strahlung, Röntgenstrahlen, Neutronen) wird über die absorbierte Energe (Dosis) erfasst.
Physikalische Wirkung vgl. *Emergiedosis, biologische Wirkung vgl. *Äquivalentdosis.

Dosimetrische Größen

Dosisgrößen: *Äquivalentdosis, *Energiedosis, *Kerma, *Ionendosis.
Dosisleistungsgrößen: Differentialquotienten der Dosisgrößen nach der Zeit.

Energiedosisleistung:	$\dot{D} = \dfrac{dD}{dt}$	in Gy/s

Kermaleistung: $\dot{K} = \dfrac{dK}{dt}$ in Gy/s

Ionendosisleistung: $j = \dfrac{dJ}{dt}$ in A/kg

Äquivalentdosisleistung: $\dot{H} = \dfrac{dH}{dt}$ in Sv/s

Dosisbegiffe im Strahlenschutz: *Ortsdosis, *Personen-dosis, *Körperdosis.
Strahlenquellen: *Aktivität, *Dosisleistungskonstante, *Kenndosisleistung, *Flächendosisprodukt.

Dosisleistungskonstante

früher „spezifische Gammastrahlenkonstante"; kennzeichnet Strahlenquellen.

1) Strahlentherapie $\boxed{\Gamma_\delta = \dfrac{\dot{K}_\delta \cdot r^2}{A}}$ $\dfrac{\mathrm{Gy\,m^2}}{\mathrm{s\,Bq}}$

K_δ = Luft-Kermaleistung, die durch Photonen der Mindestenergie δ (z. B. 50 keV in Γ_{50}) im Abstand r von einer punktförm. Strahlenquelle der Aktivität A erzeugt würde, wenn die Strahlung nirgendwo absorbiert oder gestreut würde.
Γ_δ enthält Vernichtungsstrahlung (bei $\beta^\oplus$-Strahlern) und charakt. Röntgenstrahlung (K-Einfang, innere Konversion).

2) Strahlenschutz $\boxed{\Gamma_H = \dfrac{\dot{H}_x \cdot r^2}{A}}$ $\dfrac{\mathrm{Sv\,m^2}}{\mathrm{s\,Bq}}$

$\dot{H}_x$ = Photonen-*Äquivalentdosisleistung (Tabelle dort).
Energieschwelle für alle Nuklide: $E \geq 20$ keV.

Dosismessgeräte

Kernphysikalische *Strahlenmessgeräte im Strahlenschutz. Vgl. *Energiedosis.
1. *Ionisationskammer.* Gasgefüllter Kondensator; bei Auftreffen ionisierender Strahlung fließt Strom.
(1 Gray = 1 J/kg). Messbereich: 0,1 μGy bis 1000 Gy.
Anwendung: Personendosimeter.
2. *Geiger-Müller-Zählrohr.* Messung von Sekundärelektronen, die beim Auftreffen ionisierender Strahlung auf ein Gasteilchen im elektrischen Hochspannungsfeld entstehen.
Anwendung: universell, Personendosimeter.
3. *Filmdosimeter.* Schwärzung einer Fotoplatte.
Messbereich: 10^{-4} bis 10^5 Gy, je nach Belichtungszeit und Filmfläche.
Anwendung: amtliche Personendosimeter.
4. *Radiofotolumineszenz.* Messung der Lichtintensität hinter einem bestrahlten Glaskörper.
Messbereich: 10^{-8} bis 10 C/kg (Photonen).
5. *Thermolumineszenz.* Messung der Lichtintensität an einem beheizten Festkörper.
Messbereich: 10^{-5} bis 10 C/kg mit $CdSO_4$.
10^{-6} bis 0,1 C/kg mit CaF_2.

Drehimpuls, quantenmechanischer

Orbitaldrehimpuls oder Bahndrehimpuls.
1) Einzelelektron im Atomorbital. Nur solche Einstellungen von $\vec{l}$ sind erlaubt, für die die Projektion in z-Richtung ein ganzzahliges Vielfaches von $\hbar$ ist; insgesamt gibt es $2\ell + 1$ Werte.
bei raumfreier Achse

$\boxed{|\vec{l}| = \hbar \sqrt{\ell\,(\ell + 1)}}$

z-Komponente (raumfeste Achse)

$$l_z = m\,\hbar \quad (m = 0, \pm 1, \pm 2, \ldots, \pm \ell)$$

größter Bahndrehimpuls

$$l_{z,\mathrm{max}} = \ell\,\hbar$$

ℓ Bahndrehimpuls- oder Nebenquantenzahl,
m magnetische Quantenzahl (des Bahndrehimpulses).

2) Mehrelektronensystem (Atom, Molekül)
Resultierender Bahndrehimpuls.

$\boxed{|\vec{L}| = \sqrt{L\,(L + 1)}\,\hbar}$

in Richtung eines äußeren Magnetfeldes:

$\boxed{L_z = M_L\,\hbar}$ mit $M_L = -L, \ldots, + L$

L Resultierende Orbitaldrehimpulsquantenzahl.

Gesamtdrehimpuls = Summe der Bahn- und Spindrehimpulse aller Elektronen. Abgeschlossene Teilschalen (s^2, p^6, d^{10}, f^{14}) dürfen unberücksichtigt bleiben.

$\boxed{|\vec{J}| = |\vec{L} + \vec{S}| = \sqrt{J\,(J + 1)}\,\hbar}$

Für $L \geq S$: $(L - S), \ldots, (L + S)$
                     ($2S + 1$ Einstellungen)
Für $L < S$: $(S - L), \ldots, (S + L)$
                     ($2L + 1$ Einstellungen)

M_L resultierende magnetische Orbitaldrehimpuls-Quantenzahl
J resultierende Gesamtdrehimpuls-Quantenzahl
       (vgl. *Spin-Bahn-Kopplung)

3) Eigendrehimpuls vgl. *Spin, *Kernspin.

Drehimpulskopplung *Spin-Bahn-Kopplung

Drehimpulsquant

Zirkulationsquant, engl. *quantum of circulation.*

$$\frac{h}{2m_e} = 3{,}636\,947\,516\cdot10^{-4}\ \mathrm{m^2/s}$$

Drehimpulsquantenzahl

Orbitaldrehimpuls- oder *Bahndrehimpulsquantenzahl.*
Einzelelektron in einem Atomorbital

l = Nebenquantenzahl (0, 1, 2, 3)

N-Elektronensystem: die resultierende Quantenzahl ist immer ganzzahlig oder null.

$$L = \sum_{i=1}^{N} l_i, \left(\sum_{i=1}^{N} l_i\right) - 1, \ldots, 0$$

Drehimpuls	Operator	Quantenzahl	Z-Achse	z-Achse
Elektronenorbital	$\hat{L}$	L	M_L	Λ
– Einzelelektron	$\hat{l}$	l	m_l	λ
Elektronenspin	$\hat{S}$	S	M_S	Σ
– Einzelelektron	$\hat{s}$	s	m_s	σ
LS-Kopplung	$\hat{L}+\hat{S}$			$\Omega=\Lambda+\Sigma$
Kerndrehimpuls	$\hat{R}$	R		K_R, k_R
Kernspin	$\hat{I}$	I	M_I	
Innere	$\hat{l}$	l		K_l
Schwingungen				
– andere	$\hat{j}, \hat{\pi}$			l
Summe $R + L(+j)$	$\hat{N}$	N		K, k
Summe $N + S$	$\hat{J}$	J	M_J	K, k
Summe $J + I$	$\hat{F}$	F	M_F	

Dualismus Welle–Teilchen

Elektromagnetische Strahlung verhält sich je nach Versuchsbedingungen als Welle oder Teilchen. Jedes Teilchen hat auch Wellencharakter und jeder Welle kann ein Teilchen zugeordnet werden (*de Broglie). Jeder Strahl aus Teilchen gleicher Masse m und einheitlicher Geschwindigkeit v ist ebenso eine Materiewelle der Wellenlänge λ. Für makroskopische Körper ist λ extrem klein.

Edelgas

Element der Gruppe 18 (8. Hauptgruppe) des *Periodensystems; mit vollbesetzter Achterschale; reaktionsträge (inert), schwer ionisierbar.

EDX

Energiedispersive Röntgenmikroanalyse, *Elektronenstrahlmikrosonde*. Zerstörungsfreies Verfahren der *Oberflächenanalytik, speziell für schwere Elemente (ab Zink); ab Magnesium nur mit geringer Intensität; komplementär zur *AES einsetzbar.

Primäranregung der Probe durch Elektronenbeschuss (1 – 25 keV); im Folgeschritt Emission charakt. Röntgenstrahlung, deren Intensität ein Maß für die Elementkonzentration ist.

Eigenfunktion

Quantenmechanik: *Wellenfunktion Ψ zu ganz bestimmten Werten der Energie (Eigenwerte E) in der *Schrödinger-Gleichung

$$E\,\Psi = H\,\Psi$$

und folgenden Eigenschaften:

1. $\int \Psi^2\, dV = 1$, d. h. die Wahrscheinlichkeit ist Eins, das Teilchen irgendwo im Raum anzutreffen. $|\Psi(\vec{r})|^2$ ist ein Maß für die Wahrscheinlichkeit, das Teilchen am Ort $\vec{r}$ anzutreffen.

2. Ψ ist endlich und verschwindet in unendlichem Abstand.

3. Ψ ist stetig, differenzierbar und eindeutig.

Eindringtiefe

Kernphysik und Oberflächenanalytik: *Reichweite;* mittlere freie Weglänge, die ein Strahl von Sondenteilchen im Medium zurücklegt, bis seine Intensität auf $1/e$ = 37% abgefallen ist.

$$I = I_0\, e^{-d/\Lambda} \quad \text{und} \quad \Lambda = \frac{1}{(N/V)\,q}$$

N/V Teilchendichte, q Streuquerschnitt der Teilchen.

Elektronenenergie	Reichweite	
10 eV	$20 \cdot 10^{-10}$ m	(Ag)
20 eV	$10 \cdot 10^{-10}$ m	(Ag)
50 eV	ca. $5 \cdot 10^{-10}$ m	(Ag, Fe, Mo, Be, Au)
500 eV	ca. $10 \cdot 10^{-10}$ m	(Ag, Be)
2000 eV	ca. $20 \cdot 10^{-10}$ m	(W, Al, Mo)

Eisen-Kohlenstoff-Diagramm

Phasendiagramm des Systems Fe/C.

- *Stabiles System:* Kohlenstoff liegt in elementarer Form als *Grafit* vor; z. B. im Gusseisen.

- *Metastabiles System:* Kohlenstoff liegt in gebundener Form als *Zementit* Fe_3C vor; z. B. im Stahl.

Gefügename	Zusammensetzung
Ferrit	α-Fe/C-Mischkristall (<911 °C), 0 bis 0,02% Kohlenstoff
Austenit	γ-Fe/C-Mischkristall (>911 °C), 0 bis 2% Kohlenstoff
Zementit	Eisencarbid Fe_3C, Primärzementit: >6,67% C (aus Schmelze) Sekundärzementit: 0,8 bis 2% C (aus Austenit) Tertiärzementit: <0,02% C (aus Ferrit)
Perlit	Eutektoid bei 0,8% C; Ferrit + Zementit
Ledeburit	Eutektikum bei 4,3% C >723 °C: Austenit + Zementit <723 °C: Ferrit + Zementit

Eisenwerkstoffe Gusseisen und *Stahl nach DIN.

1) Unlegierter Baustahl. Warmgewalzt, nicht für *Wärmebehandlung vorgesehen. Geschweißte, genietete, geschraubte Bauteile. – Kennung S und E. Beispiele: S185, S355K2G4, S235JRG2, E295.

2) Wetterfester Baustahl. Durch Legierungszusatz (Oxidbildner: P, Cu, Cr, Ni, Mo) beständiger gegen atmosphärische Korrosion. – Zusatzsymbol W. Beispiele: S235JOW, S355J2G1W.

3) Schweißgeeigneter Feinkornstahl. Für hochbeanspruchte geschweißte Bauteile. Beispiele: S355 N, S460N, S420ML.

4) Vergütungsstahl. Maschinenbaustahl (0.2 bis 0,6% C), geeignet zum Härten. Im vergüteten Zustand zäh und zugfest. – Beispiele: C22, C45E, C60R, 28Mn6, 34CrMo4, 51CrV4.

5) Einsatzstahl. Baustahl mit $\leq$0,2% C mit aufgekohlter Randzone und gehärtet. – Beispiele: C10E, C15R, 16MnCr5, 20MoCr4.

6) Automatenstahl. Durch Zulegieren von Schwefel und Blei verbesserte Spanbarkeit (geringere Zähigkeit). – Beispiele: 9SMn28, 45SPb20.

7) Flacherzeugnisse, kaltgewalzt zum Kaltumformen. Für Bleche, Breitband, Spaltbandm Stäbe. – Beispiel: FePO1.

8) Nichtrostender Stahl. Ferritisch, martensitisch oder austenitischer Stahl mit $\geq$12% Chrom und $\leq$1,2% C. – Beispiele: X6Cr13, X5CrNi18-12.

Eisengusswerkstoffe

Gusseisen. Der hohe Kohlenstoffgehalt (>2%) liegt elementar als Lamellen-Grafit (Kürzel GJL) oder Kugelgrafit (GJS) vor. Legierungselemente (Si, P, Mn) beeinflussen die Lage des Eutektikums und die Grafitausscheidung.

Sättigungsgrad = Abweichung von der eutektischen Zusammensetzung (Ledeburit bei 4,23% C im metastabilen *Eisen-Kohlenstoff-Diagramm).

$$S_C = \frac{\%C}{4,23\% - 0,312\%\,Si - 0,33\%\,P + 0,066\%\,Mn}$$

untereutektisch $\quad S_C < 1$
übereutektisch $\quad S_C > 1$

1. *Weißes Gusseisen:* metastabiles System (d. h. Zementitausscheidung wie im Stahl); geringer Siliciumgehalt (ca. 1% Si).
Temperguss: Durch Wärmebehandlung (Tempern) zerfällt Zementit zu schwarzem Temperguss (Kennung GJMB), in entkohlender Atmosphäre zu weißem Temperguss (GJMW).
2. *Graues Gusseisen* (Grauguss)
a) Perlitisches Gusseisen: mittl. Si-Gehalt (2–3%)
b) Ferritisches Gusseisen: hoher Si-Gehalt (>3%)

Elektron
Neg. gelad. *Elementarteilch., Träger d. Elektrizität.

1) Elektron im elektrischen Feld
Kinetische Energie bei Beschleunigung im E-Feld

$$E_{kin} = \frac{m_e v^2}{2} = e\,U \qquad \text{J}$$

U Beschleunigungsspannung (V)

2) Elektron im Magnetfeld
Radius der Elektronenbahn bei Ablenkung im Magnetfeld durch die LORENTZ-Kraft

$$r = \frac{m_e v}{e\,B} = \frac{m_e}{e\,B}\sqrt{\frac{2E_{kin}}{m_e}} \qquad \text{m}$$

Geschwindigkeit (für $\vec{v}\perp\vec{B}$)

$$v = \sqrt{\frac{2e\,U}{m_e}} = \frac{e}{m_e}\,r\,B$$

Spezifische Ladung

$$\frac{e}{m_e} = \frac{2U}{r^2 B^2} \approx 1{,}759 \cdot 10^{11}\,\text{C/kg}$$

B magnet. Flussdichte $(\text{T} = \text{V s/m}^2 = \text{kg s}^{-2}\text{A}^{-1})$

3) Elektronenmasse. Ruhemasse, Energieäquivalent und Massenverhältnis (unsichere Stellen kursiv)

$$\begin{aligned}
m_e &= 9{,}109\,381\,88 \cdot 10^{-31} \quad \text{kg} \\
&= 0{,}000\,548\,579\,9110 \quad \text{u} \\
&= 5{,}485\,799\,110 \cdot 10^{-4} \quad \text{u} \\
&\hat{=} 0{,}510\,998\,902 \qquad\qquad \text{MeV} \\
&= 5{,}446\,170\,232 \cdot 10^{-4}\,m_p \\
&= 5{,}438\,673\,462 \cdot 10^{-4}\,m_p \\
&= 1{,}370\,933\,561\,1 \cdot 10^{-4}\,m_\alpha \\
M_e &= 5{,}485\,799\,110 \cdot 10^{-7} \quad \text{kg/mol}
\end{aligned}$$

4) Klassischer Elektronenradius.
Das Elektron ist eine Punktladung. In der klass. Theorie: Kugel mit Elementarladung e und eff. Feldenergie von der Größe der Ruheenergie des Elektrons.

$$\begin{aligned}
r_e &= \frac{e^2}{4\pi\,\varepsilon_0\,m_e c_0^2} = \frac{e^2\,\mu_0}{4\pi\,m_e} = \frac{\alpha^3}{4\pi\,R_\infty} = \alpha^2 a_0 \\
&= 2{,}817\,940\,285 \cdot 10^{-15}\,\text{m} \approx 2{,}818\,\text{fm}
\end{aligned}$$

c_0	Vakuumlichtgeschwindigkeit	m/s
m_e	Ruhemasse des Elektrons	kg
R_∞	Rydberg-Konstante	(m^{-1})
α	Sommerfeld-Feinstrukturkonstante	(Dim.1)
ε_0	elektrische Feldkonstante	(F/m)
μ_0	magnetische Feldkonstante	(H/m)

Elektronegativität (EN)
Chem. *Bindung: Nach PAULING Maß für den Nichtmetallcharakter eines Elementes und die Tendenz, Elektronen aufzunehmen u. Anionen zu bilden. Nach MULLIKAN dem Mittelwert aus Ionisierungsenergie und Elektronenaffinität proportional.
• Metalle sind *elektropositiv*: Ionisierungsenergie und Elektronenaffinität klein, bilden durch Elektronenabgabe positive Ionen (Kationen).
• Nichtmetalle sind *elektronegativ*: Ionisierungsenergie und Elektronenaffinität groß, bilden durch Elektronenaufnahme negative Ionen (Anionen).
Im PSE von links nach rechts (Metall → Nichtmetall) und von unten nach oben zunehmend. Am stärksten elektronegativ ist Fluor, am stärksten elektropositiv ist Francium.

Fluor	EN = 4,0
Nichtmetalle	EN >2,5
Halbmetalle	EN 1,8 bis 2,5
Metametalle	EN 1,6 bis 1,8
Metalle	EN <1,6
Cäsium	EN = 0,8

Mit steigender Differenz der Elektronegativitäten wird eine *Atombindung polarer. Der EN-Unterschied der Atome prägt den Typ der chem. *Bindung.

$\Delta EN = 0$:   symmetrische Atombindung (z. B. H_2, O_2, N_2, Cl_2).

$\Delta EN < 1{,}7$:   polare Atombindung (z. B. HCl, H_2O).

$\Delta EN > 1{,}7$:   Ionenbindung (z. B. NaCl, K_2O).

Elektronenaffinität
Chemische *Bindung: Energie, die bei Aufnahme eines Elektrons durch ein Atom oder Ion frei wird oder aufzuwenden ist. Bei Halogenen am größten (erreichen Edelgasschale), bei Alkalimetallen gering.

Elektronengasmodell
Erklärt Metallbindung und typ. Eigenschaften: elektr./therm. Leitfähigkeit, Duktilität, Metallglanz.
Im Metallgitter geben die Metallatome ihre Außenelektronen ab und werden zu pos. gelad. Atomrümpfen, die durch das quasi frei bewegliche *Elektronengas* zusammengehalten werden. Die Atomrümpfe schwingen infolge der Wärmebewegung um ihre Ruhelage.

Elektronenkonfiguration
Verteilung der Elektronen eines Atoms auf Schalen bzw. Orbitale. Jedes hinzu kommende Elektron besetzt ein mögl. niedriges Energieniveau. Vgl. *Pauli-Prinzip, *Hund'sche Regel.

Maximale Besetzung		
– einer Schale:	$2n^2$ Elektronen ($n = 1\dots 7$)	
– der Unterschalen:	s-Orbitale:	2 Elektronen
	p-Orbitale:	6 Elektronen
	d-Orbitale:	10 Elektronen
	f-Orbitale:	14 Elektronen

Die Reihenfolge der Auffüllung entspr. den s-, p-, d-, f-Niveaus steigender Energie; vgl. *Periodensystem.

Die Zahl der Elektronen im gleichen Energieniveau steht im Exponent des Termsymbols.

Fluor: $1s^2\,2s^2\,2p^7$. „eins s zwei, zwei s zwei, zwei p sieben".

Halb oder voll aufgefüllte d-Schalen sind energetisch bevorzugt: d^5s^1 statt d^4s^2 (Cr, Mo, W) und $d^{10}s^2$ statt d^9s^2 (Cu, Ag, Au).

$5d$- und $6d$-Niveaus werden einfach besetzt, bevor die $4f$- bzw. $5f$-Niveaus aufgefüllt werden.

Schema der Orbitalauffüllung.

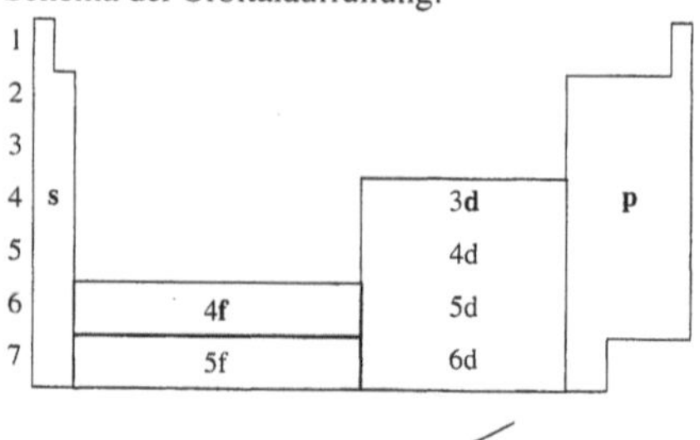

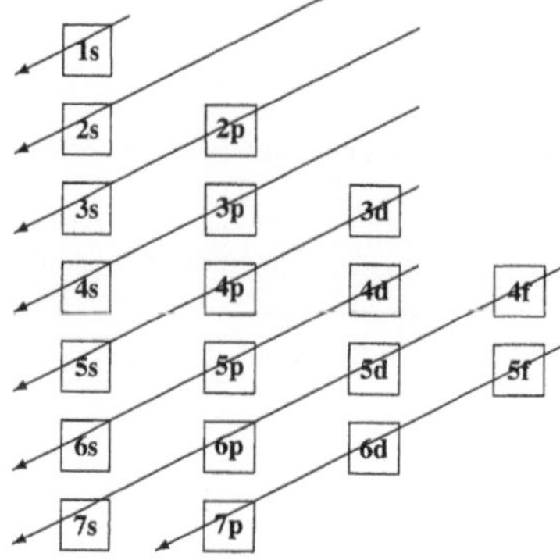

Elektronenmikroskopie s. Kap. Optik.

Elektronenspektroskopie

*UV/VIS-Spektroskopie, *Jablonski-Schema, *Opt. Sensoren, *Reflexionsspektroskopie, *Lumineszenzspektroskopie, *Opt. Aktivität, *Polarimetrie.

Elektronenspin

„Eigendrehimpuls", Eigenrotation des Elektrons um die eigene Achse; quantenmechan. unanschaulich. Folge ist das *magnet. Spinmoment* des Elektrons.

1) *Spindrehimpuls* des Elektrons: $\vec{s}$ kann nicht parallel zur z-Richtung (äußeres Magnetfeld) stehen und präzediert (wie der Bahndrehimpuls) um die z-Achse.

$$|\vec{s}| = \hbar \sqrt{s\,(s+1)} = \hbar \sqrt{\tfrac{3}{4}}$$

z-Komponente $\qquad\qquad s_z = m_s\,\hbar$

größter Spindrehimpuls $\qquad s_{z,\mathrm{max}} = s\,\hbar$

$\qquad\qquad\qquad s = {}^1\!/_2$ Spinquantenzahl.

Magnetische Spinquantenzahl $\qquad m_s = +{}^1\!/_2$ oder $-{}^1\!/_2$

für gleichsinnige (parallel) od. gegensinnige (antiparallel) Eigendrehung relativ zur Umlaufbahn.

2) N-Elektronensystem

$$\boxed{|\vec{S}| = \sqrt{S\,(S+1)}\,\hbar} \quad \text{mit } S = \sum_{i=1}^{N} s_i$$

In Richtung des äußeren Magnetfeldes:

$$\boxed{S_z = M_S\,\hbar} \quad \text{mit } M_S = 0,\ \pm 1,\ \dots,\ \pm S$$

S Gesamtspinquantenzahl. M_S result. magn. Spinquantenzahl.

Elektronenspinresonanz

ESR-Spektroskopie, paramagnetische Elektronenresonanz (EPR). Spektroskop. Methode zur Untersuchung *paramagnetischer* Stoffe, d. h. mit ungepaarten Elektronen (Radikale, Radikalionen, Sauerstoff, Methylen $\overline{C}H_2$, paramagnetische Komplexverbindung).

ESR	Elektronenspinresonanz
ENDOR	electron nuclear double-resonance
TRIPLE	electron nuclear triple resonance

1) Prinzip. Der paramagnetische Stoff absorbiert Mikrowellenstrahlung (1 mm – 10 cm; z. B. 10 GHz), wobei die *ZEEMAN-Niveaus angeregt werden. Im homogenen Magnetfeld – gekühlt zw. den Polen eines Elektromagnets ($H \approx 10^6$ A/m) – richten sich die Elektronenspins bzw. [antiparallel dazu die] magnetischen Momente der Radikale, die statistisch in der – von Gelöstsauerstoff freien – Probenlösung verteilt sind, parallel oder antiparallel aus. Im Mikrowellen-Hohlraumresonator (Cavity) werden Elektronen mit Spin $-{}^1\!/_2$ in den angeregten Zustand $+{}^1\!/_2$ angeregt (Boltzmann-Verteilung); die Feldstärke wird zeitlich variiert (Resonanzbedingung).

Wechselwirkungsenergie der magnet. Momente mit dem Magnetfeld: $E = \pm\tfrac{1}{2}\,g\,\mu_B\,B_0$

Termabstand: Anregungsenergie durch Radiowellen.

$$\boxed{\Delta E = E_2 - E_1 = g\,\mu_B\,B_0 = h\,\nu}$$

Auswahlregel: resultierende magnet. Quantenzahl bei WW der Elektronenspins mit einem Kernspin I (Hyperfeinstrukturaufspaltung). $\quad \Delta M_I = \pm 1$

Technisch: $B_0 \approx 350$ mT und $\nu \approx 10^{10}$ Hz ($\lambda = 3$ cm), entspr. Termabstand von ca. 3,5 J/mol.

μ_B Bohr-Magneton (J/T), g Landé-Faktor (g-Faktor).

2) ESR-Spektrum. Konventionell aufgetragen wird die erste Ableitung der Absorptionsintensität gegen die Feldstärke. Die Fläche unter dem (nicht abgeleiteten) ESR-Signal ist der Radikalkonzentration proportional, somit geeignet für thermodynamische und kinetische Studien.

3) g-Faktor (auch: LANDÉ-Faktor) liegt bei konstanter Mikrowellenfrequenz im Spektrenschwerpunkt – bei organischen Radikalen, wo das magnetische Bahnmoment weitgehend unterdrückt ist (geringe Spin-Bahn-WW), nahe dem Wert des freien Elektrons.

freies Elektron		2,002 3193
Methyl-	CH_3-	2,002 55
Triphenylmethyl-	Ph_3C-	2,002 588
Napthalin-Radikalanion		2,002 7528
Benzol-Radikalanion		2,002 85
Diphenylpicrylhydrazyl-		2,003 54
p-Benzosemichinon-Radikalanion		2,004 679
Dibutylnitroxid $(CH_3)_3C\text{–N}\,\dot{O}\,\text{–}C(CH_3)_3$		2,005 85
2,4,6-Tri-t-butylthiophenoxyl-		2,010 4
Cumylperoxyl-		2,015 5
Methylsulfonyl-		2,004 9

Elektronenkonfiguration der ungeladenen Atome im Grundzustand

Z	Element	K 1 s	L 2 $s\,p$	M 3 $s\,p\,d$	N 4 $s\,p\,d\,f$	O 5 $s\,p\,d\,f$	P 6 $s\,p\,d\,f$	Q 7 s	kurz:
1	H	**1**							
2	He	**2**							
3	Li	2	**1**						[He] $2s^1$
4	Be	2	**2**						
5	B	2	2 **1**						
6	C	2	2 **2**						
7	N	2	2 **3**						
8	O	2	2 **4**						
9	F	2	2 **5**						
10	Ne	2	2 **6**						
11	Na	2	2 6	**1**					[Ne] $3s^1$
12	Mg	2	2 6	**2**					
13	Al	2	2 6	2 **1**					
14	Si	2	2 6	2 **2**					
15	P	2	2 6	2 **3**					
16	S	2	2 6	2 **4**					
17	Cl	2	2 6	2 **5**					
18	Ar	2	2 6	2 **6**					
19	K	2	2 6	2 6 ..	**1**				[Ar] $4s^1$
20	Ca	2	2 6	2 6 ..	**2**				[Ar] $3d^1\,4s^2$
21	Sc	2	2 6	2 6 **1**	2				
22	Ti	2	2 6	2 6 **2**	2				
23	V	2	2 6	2 6 **3**	2				
24	**Cr**	2	2 6	2 6 **5!**	1				
25	Mn	2	2 6	2 6 **5**	2				
26	Fe	2	2 6	2 6 **6**	2				
27	Co	2	2 6	2 6 **7**	2				
28	Ni	2	2 6	2 6 **8**	2				
29	**Cu**	2	2 6	2 6 **10!**	1				
30	Zn	2	2 6	2 6 **10**	2				
31	Ga	2	2 6	2 6 10	2 **1**				
32	Ge	2	2 6	2 6 10	2 **2**				
33	As	2	2 6	2 6 10	2 **3**				
34	Se	2	2 6	2 6 10	2 **4**				
35	Br	2	2 6	2 6 10	2 **5**				
36	Kr	2	2 6	2 6 10	2 **6**				
37	Rb	2	2 6	2 6 10	2 6	**1**			[Kr] $5s^1$
38	Sr	2	2 6	2 6 10	2 6	**2**			
39	Y	2	2 6	2 6 10	2 6 **1** ..	2			[Kr] $4d^1\,5s^2$
40	Zr	2	2 6	2 6 10	2 6 **2** ..	2			
41	**Nb**	2	2 6	2 6 10	2 6 **4!** ..	1			
42	**Mo**	2	2 6	2 6 10	2 6 **5!** ..	1			
43	Tc	2	2 6	2 6 10	2 6 **5** ..	2			
44	**Ru**	2	2 6	2 6 10	2 6 **7!** ..	1			
45	**Rh**	2	2 6	2 6 10	2 6 **8!** ..	1			
46	**Pd**	2	2 6	2 6 10	2 6 **10!** ..	0			
47	**Ag**	2	2 6	2 6 10	2 6 **10!** ..	1			
48	Cd	2	2 6	2 6 10	2 6 **10** ..	2			
49	In	2	2 6	2 6 10	2 6 10 ..	2 **1**			
50	Sn	2	2 6	2 6 10	2 6 10 ..	2 **2**			
51	Sb	2	2 6	2 6 10	2 6 10 ..	2 **3**			
52	Te	2	2 6	2 6 10	2 6 10 ..	2 **4**			
53	I	2	2 6	2 6 10	2 6 10 ..	2 **5**			
54	Xe	2	2 6	2 6 10	2 6 10 ..	2 **6**			
55	Cs	2	2 6	2 6 10	2 6 10 ..	2 6	**1**		[Xe] $6s^1$
56	Ba	2	2 6	2 6 10	2 6 10 ..	2 6	**2**		
57	**La**	2	2 6	2 6 10	2 6 10 ..	2 6 **1** ..	2		
58	**Ce**	2	2 6	2 6 10	2 6 10 **1!**	2 6 **1** ..	2		[Xe] $4f^1\,5d^1\,6s^2$
59	Pr	2	2 6	2 6 10	2 6 10 **3**	2 6	2		
60	Nd	2	2 6	2 6 10	2 6 10 **4**	2 6	2		
61	Pm	2	2 6	2 6 10	2 6 10 **5**	2 6	2		
62	Sm	2	2 6	2 6 10	2 6 10 **6**	2 6	2		

Z	Element	K 1 s	L 2 s p	M 3 s p d	N 4 s p d f	O 5 s p d f	P 6 s p d f	Q 7 s
63	Eu	2	2 6	2 6 10	2 6 10 7	2 6	2	
64	**Gd**	2	2 6	2 6 10	2 6 10 **7!**	2 6 1 ..	2	
65	Tb	2	2 6	2 6 10	2 6 10 **9**	2 6	2	
66	Dy	2	2 6	2 6 10	2 6 10 **10**	2 6	2	
67	Ho	2	2 6	2 6 10	2 6 10 **11**	2 6	2	
68	Er	2	2 6	2 6 10	2 6 10 **12**	2 6	2	
69	Tm	2	2 6	2 6 10	2 6 10 **13**	2 6	2	
70	Yb	2	2 6	2 6 10	2 6 10 **14**	2 6	2	
71	Lu	2	2 6	2 6 10	2 6 10 14	2 6 **1** ..	2	
72	Hf	2	2 6	2 6 10	2 6 10 14	2 6 **2** ..	2	
73	Ta	2	2 6	2 6 10	2 6 10 14	2 6 **3** ..	2	
74	W	2	2 6	2 6 10	2 6 10 14	2 6 **4** ..	2	
75	Re	2	2 6	2 6 10	2 6 10 14	2 6 **5** ..	2	
76	Os	2	2 6	2 6 10	2 6 10 14	2 6 **6** ..	2	
77	Ir	2	2 6	2 6 10	2 6 10 14	2 6 **7** ..	2	
78	Pt	2	2 6	2 6 10	2 6 10 14	2 6 **9** ..	1	
79	**Au**	2	2 6	2 6 10	2 6 10 14	2 6 **10!** ..	1	
80	Hg	2	2 6	2 6 10	2 6 10 14	2 6 **10** ..	2	
81	Tl	2	2 6	2 6 10	2 6 10 14	2 6 10 ..	2	**1**
82	Pb	2	2 6	2 6 10	2 6 10 14	2 6 10 ..	2	**2**
83	Bi	2	2 6	2 6 10	2 6 10 14	2 6 10 ..	2	**3**
84	Po	2	2 6	2 6 10	2 6 10 14	2 6 10 ..	2	**4**
85	At	2	2 6	2 6 10	2 6 10 14	2 6 10 ..	2	**5**
86	Rn	2	2 6	2 6 10	2 6 10 14	2 6 10 ..	2	**6**
87	Fr	2	2 6	2 6 10	2 6 10 14	2 6 10 ..	2 6	**1**
88	Ra	2	2 6	2 6 10	2 6 10 14	2 6 10 ..	2 6	**2**
89	Ac	2	2 6	2 6 10	2 6 10 14	2 6 10 ..	2 6 **1** ..	2
90	Th	2	2 6	2 6 10	2 6 10 14	2 6 10 ..	2 6 **2** ..	2
91	Pa	2	2 6	2 6 10	2 6 10 14	2 6 10 **2!**	2 6 1 ..	2
92	U	2	2 6	2 6 10	2 6 10 14	2 6 10 **3**	2 6 1 ..	2
93	Np	2	2 6	2 6 10	2 6 10 14	2 6 10 **4**	2 6 1 ..	2
94	Pu	2	2 6	2 6 10	2 6 10 14	2 6 10 **6**	2 6	2
95	Am	2	2 6	2 6 10	2 6 10 14	2 6 10 **7**	2 6	2
96	Cm	2	2 6	2 6 10	2 6 10 14	2 6 10 **7**	2 6 1 ..	2
97	Bk	2	2 6	2 6 10	2 6 10 14	2 6 10 **9!**	2 6	2
98	Cf	2	2 6	2 6 10	2 6 10 14	2 6 10 **10**	2 6	2
99	Es	2	2 6	2 6 10	2 6 10 14	2 6 10 **11**	2 6	2
100	Fm	2	2 6	2 6 10	2 6 10 14	2 6 10 **12**	2 6	2
101	Md	2	2 6	2 6 10	2 6 10 14	2 6 10 **13**	2 6	2
102	No	2	2 6	2 6 10	2 6 10 14	2 6 10 **14**	2 6	2
103	Lr	2	2 6	2 6 10	2 6 10 14	2 6 10 **14**	2 6 **1** ..	2

4) Hyperfeinstruktur. Aufspaltung der ESR-Linien. Ungepaarte Elektronen wechselwirken mit den magnet. Momenten der Atomkerne, deren Kernspins sich ebenfalls (anti-)parallel zum äußeren Feld einstellen.

- *Dipol-Dipol-WW* zw. Elektron und Kern, anisotrop, winkelabhängig, in Lösung unbedeutend.
- *Fermicontact-WW:* isotrope Kopplung, durch Einfachbindungen vermittelt; wichtig in Lösungen.

Durch den magnetischen Kern eines Protons „sieht" ein Elektron je nach Orientierung ein größeres oder kleineres Feld; statt zwei Termen entstehen vier, statt einer ESR-Linie zwei.

Kern (selten)	Kernspin	ESR-Linien
^{1}H, (^{13}C), ^{19}F, ^{31}P, (^{203}Tl), ^{205}Tl	$^1/_2$	2
^{2}D, ^{14}N	1	3
^{35}Cl, (^{37}Cl), ^{75}As	$^3/_2$	4

a) *α-Kopplung* und *π-σ-Wechselwirkung:* zw. einem freien Elektron und dem benachbarten Proton oder π-Zentrum; z. B. im Methylradikal, Benzol-Radikalanion. Die ^{13}C-Hyperfeinstruktur ist (ohne Anreicherung) routinemäßig nicht beobachtbar.

McConnell-Gleichung	$a_H = Q_{CH}^H \varrho_C$
	$Q_{CH}^H = (-23 \pm 2) \cdot 10^{-4}$ T
Protonen-Kopplungskonstante	$a_H = -3{,}75 \cdot 10^{-4}$ T (Benzol)
Spindichte (π-Dichte je C-Atom)	$\varrho_C = 0{,}167$ (Benzol)

Die Temperaturabh. der Kopplungskonstanten zeigt Moleküldynamik und Konformationsänderungen.

b) *β-Kopplung = Hyperkonjugation.* Wechselwirkung zw. Radikalelektron und einem zwei σ-Bindungen entfernten Kern oder π-Zentrum; z. B. Ethylradikal, Toluol-Radikalanion.

c) Beispiele für ESR-Signale

freies Elektron + H-Kern	Dublett (1 : 1)
freies Elektron + 2 H	Triplett (1 : 2 : 1)
Methylradikal (3 H)	Quartett (1 : 3 : 3 : 1)
p-Benzosemichinon (4 H)	Quintett (1 : 4 : 6 : 4 : 1)
Benzol-Radikalanion (6 H)	Septett (1:6:15:20:15:6:1)
Ethyl-Radikal	Triplett (CH_2) von
	Quartetts (CH_3)
Biphenyl-Radikal	Nonett von Quintetts
	= drei überlagerte
	Quintetts (wie 1 : 2 : 1)
freies Elektron +	
N-Atom ($I = 1$)	Triplett (1 : 1 : 1)

Die ermittelten Kopplungskonstanten für die äquivalenten Kerne müssen insgesamt die Gesamtlänge des Spektrums bestätigen. Die Kerne können leider nicht Molekülpositionen zugeordnet werden.

5) Spinlabelling. Markierung diamagnetischer Moleküle (z. B. Proteine) mit Nitroxid-Radikalen; Reaktion des Proberadikals R· mit einem Nitron (*Spintrap:* 2-Methyl-2-nitroso-propan; α-Phenyl-N-t-butyl-nitron) zum Nitroxid $(CH_3)_3C–NO–R$. Aufklärung von Molekülbewegungen, Stabilisierung kurzlebiger Radikale (wie OH).
Beispiel: α-4-Pyridyl-N-oxid-t-butylnitron zeigt ein Triplett von Dubletts. Triplettaufspaltung a_N = $15 \cdot 10^{-4}$ T durch Kopplung des Radikalelektrons mit dem N-14-Kern; Dublettaufspaltung a_H = $1,67 \cdot 10^{-4}$ T durch β[zum N]-ständiges Proton, Dublettfeinstruktur $a_H = 0,36 \cdot 10^{-4}$ T durch OH-Proton.

6) ENDOR. Einschränkung der Linienzahl bei kompl. Molekülen (z. B. Chlorophyll, Anthracyclin), analog zur NMR. Bei konstantem Magnetfeld B_0 wird ein beliebiger ESR-Übergang mit einer Frequenz (ca. 10^{10} Hz) bis zur Sättigung angeregt; gleichz. werden variable Radiowellen (0 bis 30 MHz) eingestrahlt zur Relaxation und Entsättigung des ESR-Signals.

$$\nu_{ENDOR} = \left| \nu_n \pm \frac{a}{2} \right|$$

ν_n Kern-Larmor-Frequenz, a Kopplungskonstante.

- Zwei oder mehr äquivalente Kerne ergeben zwei Signale; die Zahl der koppelnden Kerne ist nicht aufklärbar.
- Die Lage der ENDOR-Linien ist typisch für die koppelnden Kerne (z. B. ^{1}H, ^{14}N, ^{31}P).

7) TRIPLE. Dreifachresonanz Elektron-Kern$_1$-Kern$_2$ bei Radikalen mit > 2 magnet. nicht äquivalenten Kernen. σ-π-WW und Hyperkonjugation durch Vorzeichen der Kopplungskonstanten unterscheidbar.

8) ESR-Linienverbreiterung. Scharfe Linien entsprechen langlebigen Besetzungszuständen. Bei Konformationswechsel (z. B. im Cyclohexylradikal) ändern sich die Linienbreiten temperarurabhängig.

Elektronenstrahlbeugung

Analog zur *Röntgenstrahlbeugung mit Elektronenstrahlen; Anwendung z. B. in Elektronenmikroskopen. Vgl. *Bragg-Gleichung.

Elektron-g-Faktor

Kenngröße bei der *Elektronenspinresonanz.

$$g_e = \frac{2\mu_e}{\mu_B} = -2(1 + a_e) = -2,0023193043737$$

Anomalie des magnetischen Moments

$$a_e = \frac{|g_e| - 2}{2} = \frac{|\mu_e|}{\mu_B} - 1 = 1,159\ 652\ 186\ 9 \cdot 10^{-3}$$

Bindungskorrektur für ein Elektron im Wasserstoffatom; Korrektur des relativistischen Wertes nach DIRAC um Strahlungs- und Rückstoßterme.

$$\frac{g_e(H)}{g_e} = 1 - 17,7053 \cdot 10^{-6}$$

μ_e magnetisches Moment des Elektrons.

Elektronvolt

Atomphys. Einheit: Energie, die eine *Elementarladung beim Durchlaufen einer Potentialdifferenz von 1 Volt im Vakuum gewinnt.

1 eV = 1 Elementarladung · 1 Volt	
$= \{e\}$ J	$= 1,602\ 176\ 462 \cdot 10^{-19}$ J
	$= 4,450 \cdot 10^{-26}$ kWh
$\hat{=} \{N_A\ e\}$ J/mol	$= 96\ 485,309(29)$ J/mol
$\hat{=} \frac{\{e\}}{\{hc\}}$ m^{-1}	$= 8065,544\ 77$ cm^{-1}
$\hat{=} \frac{\{e\}}{\{h\}}$ Hz	$= 2,417\ 989\ 491 \cdot 10^{14}$ Hz
$\hat{=} \frac{\{e\}}{\{k\}}$ K	$= 11\ 604,506$ K
$\hat{=} \frac{\{e\}}{\{c^2\}}$ kg	$= 1,782\ 661\ 731 \cdot 10^{-36}$ kg
$\hat{=} \frac{\{e\}}{\{m_u c^2\}}$ u	$= 1,073\ 544\ 206 \cdot 10^{-9}$ u
$\hat{=} \frac{\{e\}}{\{2R_\infty hc\}} E_h$	$= 0,036\ 749\ 326\ 0$ Hartree

Element

chemisches Element (lat. *elementum* = Baustein); Grundstoff, nicht in andere Stoffe zerlegbar; durch chemische Reaktionen nicht teilbar. Elemente bestehen aus Atomen gleicher *Ordnungszahl Z (Zahl der Elektronen); die *Massenzahl A (Zahl der Nucleonen = Protonen + Neutronen) kann unterschiedlich sein.

- *Reinelement* (mononuklides Element): aus Kernen gleicher Massenzahl A; kommt natürlich nur mit einem Nuklid vor. Wegen des Massendefekts dennoch keine geradzahligen Atommassen A_r. Dies sind: Al, As, Au, Be, Bi, Cs, Co, F, Ho, I, Mn, Na, Nb, P, Pr, Rh, Sc, Tb, Tm, Th, Y.
- *Mischelement:* Gemisch mehrerer *Isotope in natürlich-konstantem Mischungsverhältnis. Die relative *Atommasse ist eine Durchschnittsmasse. – Die meisten Elemente.

1) Elementhäufigkeit
Den größten Anteil an der *Erdrinde,*
Lithosphäre (Erdkruste bis 17 km Tiefe),
Hydrosphäre (Wasserhülle),
Atmosphäre (Lufthülle bis 15 km Höhe),
bilden die Elemente Sauerstoff und Silicium (74%). Aluminium, Eisen, Calcium, Natrium, Kalium, Magnesium, Titan und Wasserstoff machen 25% aus. Die restlichen Elemente zusammen weniger als 1%. Vgl. letzte Spalte der Tabelle.

2) Relative Atommassen
Ziffern in Klammern = Massenzahl des stabilsten Isotops; bei Dezimalzahlen die Standardabweichung der letzten Stelle. Radioaktive Elemente mit Stern gekennzeichnet. Letzte Spalte: Massenanteil des Elements an der Erdkruste.

Element	Symbol	Z	A_r (1995)	Anteil in g/t = mg/kg
Actinium*	Ac	89	(227)	$6 \cdot 10^{-8} = 60$ pg/kg
Aluminium	Al	13	26,981 538(2)	$81\,300 = 8{,}13\%$
Americium*	Am	95	(243)	
Antimon	Sb	51	121,760(1)	0,2
Argon	Ar	18	39,948(1)	0,04
Arsen	As	33	74,921 60(2)	
Astat*	At	85	(210)	2
Barium	Ba	56	137,327(7)	400
Berkelium*	Bk	97	(247)	
Beryllium	Be	4	9,012 182(3) 2	
Bismut	Bi	83	208,980 38(2)	0,2
Blei	Pb	82	207,2(1)	15
Bohrium*	Bh	107	(262)	
Bor	B	5	10,811(5)	3
Brom	Br	35	79,904(1)	3
Cadmium	Cd	48	112,411(8)	0,2
Caesium	Cs	55	132,905 45(2)	1
Calcium	Ca	20	40,078(4)	$36\,300 = 3{,}63\%$
Californium*	Cf	98	(251)	
Cer	Ce	58	140,116(1)	46
Chlor	Cl	17	35,452 7(9)	200
Chrom	Cr	24	51,996 1(6)	200
Cobalt	Co	27	58,933 200(9)	23
Curium*	Cm	96	(247)	
Dubnium*	Db	105	(262)	
Dysprosium	Dy	66	162,50(3)	5
Einsteinium*	Es	99	(254)	
Eisen	Fe	26	55,845(2)	$50\,000 = 5\%$
Eka-Platin*		110	(271)	
Eka-Gold*		111	(272)	
Eka-Quecksilber*		112		
Erbium	Er	68	167,26(3)	3
Europium	Eu	63	151,964(1)	1
Fermium*	Fm	100	(257)	
Fluor	F	9	18,998 403 2(5)	700
Francium*	Fr	87	(223)	$1 \cdot 10^{-17}$
Gadolinium	Gd	64	157,25(3)	6
Gallium	Ga	31	69,723(1)	15
Germanium	Ge	32	72,61(2)	2
Gold	Au	79	196,966 55(2)	0,005
Hafnium	Hf	72	178,49(2)	5
Hassium*	Hs	108	(265)	
Helium	He	2	4,002 602(2)	0,003
Holmium	Ho	67	164,930 32(2)	1
Indium	In	49	114,818(3)	0,1
Iod	I	53	126,904 47(3)	0,3
Iridium	Ir	77	192,217(3)	0,001
Kalium	K	19	39,098 3(1)	$25\,900 = 2{,}59\%$
Kohlenstoff	C	6	12,0107(8)	320
Krypton	Kr	36	83,80(1)	$2 \cdot 10^{-4}$
Kupfer	Cu	29	63,546(3)	45
Lanthan	La	57	138,905 5(2)	18
Lawrencium*	Lr	103	(262)	
Lithium	Li	3	6,941(2)	30
Lutetium	Lu	71	174,967(1)	0,8
Magnesium	Mg	12	24,305 0(6)	$20\,900 = 2{,}09\%$
Mangan	Mn	25	54,938 049(9)	$1\,000 = 0.1\%$
Mendelevium*	Md	101	(260)	
Meitnerium*	Mt	109	(266)	
Molybdän	Mo	42	95,94(1)	1
Natrium	Na	11	22,989 770(2)	$28\,300 = 2{,}83\%$
Neodym	Nd	60	144,24(3)	24
Neon	Ne	10	20,179 7(6)	0,005
Neptunium*	Np	93	237,048 2(1)	$4 \cdot 10^{-14}$
Nickel	Ni	28	58,693 4(2)	80
Niob	Nb	41	92,906 38(2)	24
Nobelium*	No	102	(259)	
Osmium	Os	76	190,23(3)	0,001
Palladium	Pd	46	105,42(1)	$0{,}01 = 0{,}000\,01\%$
Phosphor	P	15	30,973 761(2)	1 180
Platin	Pt	78	195,078(2)	0,005
Plutonium*	Pu	94	(244)	$2 \cdot 10^{-15}$
Polonium*	Po	84	(210)	$2 \cdot 10^{-10}$
Praseodym	Pr	59	140,907 65(2)	6
Promethium*	Pm	61	(145)	
Protactinium*	Pa	91	231,053 88(2)	$9 \cdot 10^{-7}$
Quecksilber	Hg	80	200,59(2)	0,5
Radium*	Ra	88	226,025 4(1)	$1 \cdot 10^{-6} = 1$ ng/kg
Radon*	Rn	86	222,017 6	$6 \cdot 10^{-12} = 6$ fg/kg
Rutherfordium*	Rf	104	(261)	
Rhenium	Re	75	186,207(1)	0,001
Rhodium	Rh	45	102,905 50(2)	$0{,}001 = 1$ µg/kg
Rubidium	Rb	37	85,467 8(3)	120
Ruthenium	Ru	44	101,07(2)	0,001
Samarium	Sm	62	150,36(3)	7
Sauerstoff	O	8	15,999 4(3)	$466\,000 = 46{,}6\%$
Scandium	Sc	21	44,955 910(8)	5
Schwefel	S	16	32,066(6)	520
Seaborgium*	Sg	106	(266)	
Selen	Se	34	78,96(3)	0,09
Silber	Ag	47	107,868 2(2)	0,1
Silicium	Si	14	28,085 5(3)	$277\,200 = 27{,}7\%$
Stickstoff	N	7	14,006 74(7)	46
Strontium	Sr	38	87,62(1)	450
Tantal	Ta	73	180,947 9(1)	2
Technetium*	Tc	43	98,906 252	
Tellur	Te	52	127,60(3)	0,002
Terbium	Tb	65	158,925 34(3)	0,9
Thallium	Tl	81	204,383 3(2)	1
Thorium*	Th	90	232,038 1(1)	$10 = 0{,}001\%$
Thulium	Tm	69	168,934 21(3)	0,2
Titan	Ti	22	47,867(1)	$4\,400 = 0{,}44\%$
Uran*	U	92	238,028 9(1) 2	
Vanadium	V	23	50,941 5(1)	$110 = 0{,}01\%$
Wasserstoff	H	1	1,007 94(7)	$1\,400 = 0{,}14\%$
Wolfram	W	74	183,84(1)	$1 = 0{,}0001\%$
Xenon	Xe	54	131,29(2)	$2{,}5 \cdot 10^{-5}$
Ytterbium	Yb	70	173,04(3)	3
Yttrium	Y	39	88,905 85(2)	40
Zink	Zn	30	65,39(2)	65
Zinn	Sn	50	118,710(7)	3
Zirconium	Zr	40	91,224(2)	160

3) Elementsymbol

Eindeutige Kennzeichnung chemischer Elemente und Teilchen; die Angabe der Ordnungszahl darf entfallen.

• Ordnungszahl Z: links unten vor dem Elementsymbol; Ordungsmerkmal des Periodensystems.

• Massenzahl A: links oben vor dem Elementsymbol; entspricht der gerundeten Atommasse.

• Neutronenzahl N = Differenz von Massenzahl und Kernladungszahl Z.

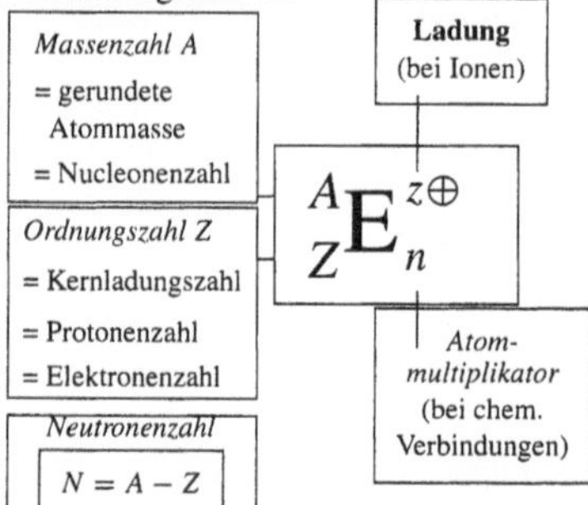

Seit BERZELIUS Kürzel aus einem oder zwei lat. Buchstaben; bezeichnet zugl. das Element und ein Atom dieses Elementes. Einige Elementnamen sind latein. Herkunft.

H	Wasserstoff	hydrogenium
N	Stickstoff	nitrogenium
S	Schwefel	sulfur
Fe	Eisen	ferrum
Pb	Blei	plumbum
O	Sauerstoff	oxygenium
Au	Gold	aurum
Ag	Silber	argentum
C	Kohlenstoff	carboneum
Cu	Kupfer	cuprum
Hg	Quecksilber	hydrargyrum, mercurium
Sb	Antimon	stibium
Sn	Zinn	stannum
Ti	Titan	titanium

Elementare Gase

Die gasförmigen Elemente kommen in der Natur molekular als zweiatomige Moleküle vor:

Wasserstoff H_2,

Sauerstoff O_2,

Halogene: F_2, Cl_2, Br_2, I_2.

In statu nascendi (im Zustand des Entstehens) bei chem. Reaktionen treten sie für Sekundenbruchteile atomar auf: $\langle H \rangle$, $\langle O \rangle$, $\langle Cl \rangle$.

Elementarladung

Quantum der Elektrizitätsmenge, Ladung eines Protons. Elektrische Ladung tritt in ganzzahligen Vielfachen der Elementarladung auf.

$$e = 1{,}602\ 176\ 462 \cdot 10^{-19}\ \text{C}$$

1 Coulomb wird von $1/e \approx 6{,}24151 \cdot 10^{18}$ Elektronen übertragen.

Spezifische Ladung des Elektrons

$$-\frac{e}{m_e} = -1{,}758\ 820\ 174 \cdot 10^{11}\ \text{C/kg}$$

Spezifische Ladung des Protons

$$\frac{e}{m_p} = +9{,}578\ 834\ 08 \cdot 10^{7}\ \text{C/kg}$$

Elementarlänge

Vermutete Naturkonstante einer prinzipiell nicht unterschreitbaren Grenze der Längenmessung; nach HEISENBERG Grenze, bis zu der heutige Theorien Gültigkeit haben ($l_e \approx 10^{-15}$ m).

Planck-Länge. Nach PLANCK ist unter 10^{-35} m die Struktur von Raum und Zeit nicht experimentell erforschbar.

$$l_P = \frac{\hbar}{m_P c} = \sqrt{\frac{hG}{2\pi c_0^3}} = 1{,}6160 \cdot 10^{-35}\ \text{m}$$

m_P *Planck-Masse.*

Elementarteilchen Bausteine der Matrie.

1) Einteilung

Bosonen:	ganzzahliger Spin J
	(z. B. Photonen und π-Mesonen).
Fermionen:	halbzahliger Spin J
	(z. B. Elektron, Proton, Neutron).
Leptonen	leichte Fermionen; schwache Wechselwirkung (radioaktiver β-Zerfall).
Hadronen	starke Wechselwirkung (Kernkräfte)
Mesonen	schwere Bosonen; Zerfall in Photonen, Elektronen und Neutrinos.
Baryonen	schwere Fermionen; Zerfall in Protonen oder Neutronen.

Wirkliche Elementarteilchen scheinen nur die *Leptonen* zu sein; Hadronen sind aus Quarks aufgebaut.

- *Elektron:* unteilbar, Träger des elektrischen Stromes. Freisetzung durch Glüh- oder Fotoemission aus Metallen, Stoßionisation, Zwillingsbildung und Zerstrahlung: $2\gamma \rightleftharpoons e^{\oplus} + e^{\ominus}$.
- *Elektronneutrino:* bei β-Zerfall, Kernreaktionen.
- *Myonneutrino:* in der kosmischen Strahlung, bei Prozessen in Teilchenbeschleunigern.
- *Myon:* bei der schwachen Wechselwirkung:

$$\mu^{\ominus} \longrightarrow e^{\ominus} + \bar{\nu}_e + \nu_\mu$$

$$\mu^{\oplus} \longrightarrow e^{\oplus} + \nu_e + \bar{\nu}_\mu$$

Bis auf das Photon und das neutrale Pi-Meson treten alle Elementarteilchen in Paaren von Teilchen und *Antiteilchen* mit entgegengesetzten elektrischen Ladungen und magnetische Momenten auf. Sie entstehen bei der *Paarbildung* paarweise aus energiereicher Strahlung zerstrahlen beim Zusammentreffen wieder.

Angeregte Atome emittieren Photonen, angeregte Hadronen emittieren Pionen.

2) Quarks. Feinstruktur der *Hadron*en.

- *Proton:* Quarkkombination uud, Ladung $^2/_3 + {}^2/_3 - {}^1/_3 = 1$.
- *Neutron:* Quarkkombination udd, Ladung $^2/_3 - {}^1/_3 - {}^1/_3 = 0$.

Name	Symbol	Ruhmasse (MeV)	Ladung (e)
up	u	310	$^2/_3$
down	d	310	$-^1/_3$
charm	c	1500	$^2/_3$
strange	s	505	$-^1/_3$
top/truth	t	40000	$^2/_3$
bottom/beauty	b	5000	$-^1/_3$

3) Erhaltungssätze. Ladungsartige Quantenzahlen bleiben bei Elementarteilchen-Reaktionen erhalten. Teilchen und Antiteilchen haben entgegengesetzte Ladung, aber sonst gleiche Quantenzahlen (B, S, C, I_3).

1. *Ladungserhaltung.* Die elektrische Ladung im abgeschlossenen System bleibt konstant. Auf beiden Seiten einer Reaktionsgleichung steht die gleiche Zahl von Ladungen.

Beispiel: $\pi^{\ominus} \rightarrow \mu^{\ominus} + \bar{\nu}_e$.

Um bei Teilchenmultipletts halbzahlige Ladungen zu vermeiden, wird die *Hyperladung Y* angegeben (= doppelte mittlere Ladung); z. B. $Y = 1$ für Nucleon und K-Meson, $Y = 0$ für das Pion; Antimultiplett mit negativem Vorzeichen.

2. *Leptonenzahl L* bleibt erhalten.

Beispiel: $\mu^{\oplus} \longrightarrow e^{\oplus} + \bar{\nu}_\mu + \nu_e$

L: $-1 = (-1) + (-1) + 1$.

3. *Baryonenzahl B* (= Massenzahl) bleibt erhalten; entspricht der Massenerhaltung.

Beispiel: $p + p \longrightarrow p + n + \pi^{\oplus}$

B: $1 + 1 = 1 + 1 + 0$.

Tabelle 1.2 Einteilung der Elementarteilchen.

Gruppe	Name und Symbol		Anti-teil-chen	Ruhe-masse (m_e)	La-dung (e)	Spin	Lebens-dauer (s)	Aufbau durch Quarks
Photonen	Photon	γ	–	0	0	1	stabil	–
Leptonen	Elektron	$e^{\ominus}$		1	–1	$^1/_2$	stabil	unteilbar
	Positron		$e^{\oplus}$	1	+1	$^1/_2$	stabil	–
	Myon	$\mu^{\ominus}$	$\mu^{\oplus}$	206,8	±1	$^1/_2$	2,2 μs	–
	Tau	$\tau^{\ominus}$	$\tau^{\oplus}$	3487	±1	$^1/_2$	0.3 ps	–
	e-Neutrino	ν_e	$\bar{\nu}_e$	<0.0002	0	$^1/_2$	stabil	–
	μ-Neutrino	ν_μ	$\bar{\nu}_\mu$	<0,4	0	$^1/_2$	instabil	–
	τ-Neutrino	ν_τ	$\bar{\nu}_\mu$	<500	0	$^1/_2$	instabil	–
Hadronen a) *Mesonen*	π-Mesonen	$\pi^{\oplus}$	$\pi^{\ominus}$	273,18	±1	0	26 ns	u$\bar{\text{d}}$ bzw. $\bar{\text{u}}$ d
	(Pionen)	π^0	–	264,20	0	0	83 as	($\bar{\text{u}}$-d$\bar{\text{d}}$)/$\sqrt{2}$
	η-Meson	η	η	1070,8	0	0	130 as	(u$\bar{\text{u}}$-d$\bar{\text{d}}$)/$\sqrt{2}$
	K-Mesonen	$K^{\oplus}$	$K^{\ominus}$	966,6	±1	0	12 ns	u$\bar{\text{s}}$ bzw. $\bar{\text{u}}$ s
		K^0	$\bar{K}^0$	974,2	0	0		d$\bar{\text{s}}$ bzw. $\bar{\text{d}}$ s
	D-Mesonen	$D^{\oplus}$	$D^{\ominus}$	966,6	±1	0	0,7 ps	$\bar{\text{d}}$ c bzw. d $\bar{\text{c}}$
		D^0	$\bar{D}^0$	974,2	0	0	instabil	$\bar{\text{u}}$ c bzw. u $\bar{\text{c}}$
	F-Mesonen	$F^{\oplus}$	$F^{\ominus}$		±1	0	instabil	c$\bar{\text{s}}$ bzw. $\bar{\text{c}}$ s
b) *Baryonen* – *Nucleonen*	Proton	p, $H^{\oplus}$	$\bar{p}$	1836,12	+1	$^1/_2$	stabil	duu
	Neutron	n	$\bar{n}$	1838,65	0	$^1/_2$	918 s	ddu
– *Hyperonen*	Σ-Hyperonen	$\Sigma^{\oplus}$	$\Sigma^{\ominus}$	2397,9	±1	$^1/_2$	80 ps	uus bzw. dds
		Σ^0	$\bar{\Sigma}^0$	2331,8	0	$^1/_2$	300 ps	dus = $\Lambda^0\Sigma^0$
	Xi-Hyperonen	$\Xi^{\ominus}$	–	2580,2	–1	$^1/_2$	170 ps	dss
		Ξ^0	$\bar{\Xi}^0$	2566	0	$^1/_2$	300 ps	uss
	Lambda-Hyperon	Λ^0		2182,9	0	$^1/_2$	190 ps	siehe Σ

4. *Seltsamkeit* (Strangeness) S bleibt erhalten bei Reaktionen mit starker und elektromagnetischer Wechselwirkung.

$$\boxed{S = Y - B}$$
Y Hyperladung
B Baryonenzahl

Das „seltsame" Quark s bedingt die Strangeness, d. h. die unerwartet lange Lebensdauer von Mesonen und Baryonen.
Beispiel: d$\bar{\text{s}}$ ($S = +1$), sd ($S = -1$), uus ($S = -1$), uss ($S = -2$), sss ($S = -3$).

5. *Charme C* und *Bottom b** bleiben erhalten bei elektromagnetischer und starker Wechselwirkung.

6. *Isospin*(betrag) I bleibt erhalten bei der starken Wechselwirkung; bei der elektromagnetischen WW nur die dritte Komponente I_3.

$$\boxed{I = \frac{\nu - 1}{2}} \quad \text{und} \quad \boxed{I_3 = Q - \frac{Y}{2}}$$

ν Multiplizität (= Zahl der Quarks),
Q elektrische Ladung, Y Hyperladung.

7. *Spin J*, der Eigendrehimpuls eines Teilchens.

8. *Parität P*: Vorhandensein eines Symmetriezentrums; Vorzeichenumkehr der Systemgrößen bei Inversion (Umkehr aller Raumkoordinaten).

Elementarzeit

Vom Licht benötigte Zeit, um die *Elementarlänge zurückzulegen. Kürzeste physikalisch sinnvolle Zeitspanne, die ein Signal mit Vakuumlichtgeschwindigkeit zum Durchlaufen der HEISENBERGschen *Elementarlänge benötigt.

$$t_e = \frac{l_e}{c_0} \approx 10^{-23}\,\text{s}$$

Planck-Zeit $t_P = \frac{l_P}{c_0} = 5,3906 \cdot 10^{-44}$ s

l_P Planck-Länge.

Elementarzelle

Kristallografie: Kleinstmögl. Darstellung der räuml. Anordnung der Teilchen im *Kristallgitter; wiederholb. Element der Atomanordnung; beschrieben durch Atomabstände längs der Koordinatenachsen und Winkel zw. den Kristallachsen. Vgl. *Bravais-Gitter.

Konventionelle Elementarzellen (BRAVAIS-Netze)

quadratisch	Gittervektoren $\vec{a}_1 \perp \vec{a}_2$
rechtwinklig (primitiv)	$\vec{a}_1 \perp \vec{a}_2$
rechteckig (zentriert)	$\vec{a}_1 \perp \vec{a}_2$ und $\vec{a}_2^{\,p}$ (schief)
hexagonal	$\vec{a}_1, \vec{a}_2$ (120°) und $\vec{a}_2^{\,p} \perp \vec{a}_2$
schiefwinklig	$\vec{a}_1, \vec{a}_2$ und $\vec{a}_2^{\,p}$ (schief)

Kenngrößen der Elementarzelle sind:
1. Gitterkonstanten a, b, c
2. Winkel des Kristallgitters α, β, γ
3. *Besetzungszahl* = Atome je Elementarzelle.
4. *Koordinationszahl* = Anzahl der nächsten Nachbarn eines Atoms.
5. *Packungsdichte* = Verhältnis des Volumens aller Ato-

me zum Volumen der gesamten Elementarzelle.

Emissionsspektroskopie *Atomemission,

Energieabsorptionskoeffizient
*Schwächungskoeffizient ohne Compton-Streuanteil.

Energieäquivalent
Spektroskopische Konversionsfaktoren. Umrechnung von Energie-, Masse- und Temperatureinheiten; vgl. *Elektronvolt.

Bezogen auf ein Teilchen

$$\frac{E}{J} = \frac{h\nu}{\mathrm{J\,s\,s^{-1}}} = \frac{hc\tilde{\nu}}{\mathrm{J\,s\,ms^{-1}\,m^{-1}}}$$

$$= \frac{kT}{\mathrm{J/K\cdot K}} = \frac{mc^2}{\mathrm{kg\,(m/s)^2}} = \frac{m(\lambda\nu)^2}{\mathrm{kg\,(m/s)^2}}$$

Bezogen auf die Stoffmenge

$$\frac{E_\mathrm{m}}{\mathrm{J/mol}} = \frac{N_\mathrm{A}\,E}{\mathrm{mol^{-1}\,J}}$$

Äquivalente Energie: der *atomaren Masseneinheit entsprechende Energiemenge.

$$m_\mathrm{u} = \frac{E}{c^2} = 931{,}5016\ \mathrm{MeV}/c^2$$

1 J	$\hat{=} \frac{1}{\{e\}}$ eV	$= 6{,}241\,509\,74{\cdot}10^{18}$ eV
	$\hat{=} \frac{1}{\{hc\}}$ m^{-1}	$= 5{,}034\,117\,62{\cdot}10^{22}$ cm^{-1}
	$\hat{=} \frac{1}{\{h\}}$ Hz	$= 1{,}509\,190\,50{\cdot}10^{15}$ Hz
	$\hat{=} \frac{1}{\{k\}}$ K	$= 7{,}242\,964{\cdot}10^{22}$ K
	$\hat{=} \frac{1}{\{c^2\}}$ kg	$= 1{,}112\,650\,056{\cdot}10^{-17}$ kg
	$\hat{=} \frac{1}{\{m_\mathrm{u}c^2\}}$ u	$= 6{,}700\,536\,62{\cdot}10^{9}$ u
	$\hat{=} \frac{1}{\{2R_\infty hc\}}$	$= 2{,}293\,712\,76{\cdot}10^{17}$ Hartree
	$\hat{=} \{N_\mathrm{A}\}$ J/mol	$= 6{,}022\,141\,99{\cdot}10^{20}$ kJ/mol
1 kJ/mol	$\hat{=} 0{,}010\,364\,27$ eV	
	$\hat{=} 83{,}593\,5$ cm^{-1}	
	$\hat{=} 2{,}506\,069{\cdot}10^{12}$ Hz	
	$\hat{=} 120{,}272$ K	
	$\hat{=} 1{,}660\,540{\cdot}10^{-21}$ J	
kT für $T = 1$ K	$\hat{=} 8{,}617\,342{\cdot}10^{-5}$ eV	
$h\nu$ für $\nu = 1$ Hz	$\hat{=} 4{,}135\,667\,27{\cdot}10^{-15}$ eV	
mc^2 für $m = 1$ kg	$\hat{=} 8{,}987\,551\,787\,37{\cdot}10^{16}$ J	
mc^2 (Elektron)	$\hat{=} 0{,}510\,999\,07$ MeV	
mc^2 (Neutron)	$\hat{=} 939{,}565\,65$ MeV	
λ für $h\nu = 1$ eV	$\hat{=} 1{,}239\,841\,9{\cdot}10^{-6}$ m	
$\tilde{\nu}$ für $h\nu = 1$ eV	$\hat{=} 8065{,}544\,77$ cm^{-1}	
ν für $h\nu = 1$ eV	$\hat{=} 2{,}417\,989\,491{\cdot}10^{14}$ Hz	

Energiedosis
*Dosimetrische Größe; absorbierte Energie je Masseneinheit des Bezugsmaterials mit der Dichte ϱ.

$$D = \frac{\mathrm{d}E}{\mathrm{d}m} = \frac{1}{\varrho}\frac{\mathrm{d}E}{\mathrm{d}V}$$

Die SI-Einheit GRAY ist definiert als Energiedosis, die bei Übertragung von 1 Joule Strahlungsenergie (zeitlich konstanter Energieflussdichte) auf 1 Kilogramm homogene Materie entsteht.

SI-Einheit: 1 Gy (GRAY) = J/kg = W s/kg = m^2/s^2
Veraltet!   1 rad (rd) = 0,01 J/kg = 0,01 Gy

Umrechnung der *Ionendosis I in Luft (Einheit: C/kg) in die Energiedosis in einem Material (für Röntgen- und

γ-Strahlung).

$$D = 34\ \frac{\mathrm{J}}{\mathrm{kg}} \cdot \frac{(\mu_\mathrm{e}/\varrho)_\text{Material}}{(\mu_\mathrm{e}/\varrho)_\text{Luft}} \cdot I$$

Speziell für Wasser und Weichteilgewebe

$$\frac{(\mu_\mathrm{e}/\varrho)_\text{Gewebe}}{(\mu_\mathrm{e}/\varrho)_\text{Luft}} = 1{,}1$$

μ_e Energieabsorptionskoeffizient, ϱ Dichte.

Relat. *biologische Wirksamkeit:* Vergleich einer best., gemessenen Strahlenwirkung gegen eine Röntgenstrahlung (z. B. 250 kV) oder Co-60-γ-Strahlung.

$$f = \frac{D_0\ \text{(Vergleichsstrahlung)}}{D_i\ \text{(zu bewertende Strahlung)}}$$

Energiedosisleistung
oder *Energiedosisrate,* zeitbezogene *Energiedosis.

$$\dot{D} = \frac{\mathrm{d}D}{\mathrm{d}t} = \frac{1}{\mathrm{d}t}\left(\frac{\mathrm{d}E}{\mathrm{d}m}\right)$$

SI-Einheit: Gy/s = W/kg = m^2/s^3
Veraltet: 1 rd/s = 0,01 W/kg = 0,01 Gy/s
             1 rd/h = 0,01 J/(kg h) = 0,01 Gy/h

Energiefluenz
Kernphysik: Energie aller Teilchen, die senkrecht auf die Fläche A auftreffen.

$$\Psi = \frac{N\,E_i}{A} = \frac{E}{A} \qquad \mathrm{J/m^2}$$

Energieflussdichte
Zeitbezogene *Energiefluenz.

$$\dot{\Psi} = \frac{\mathrm{d}\Psi}{\mathrm{d}t} = \frac{N\,E_i}{A\,t} = \frac{E}{A\,t} \qquad \mathrm{W/m^2}$$

Energiequantelung
Strahlungsenergie tritt als ganzzahliges Vielfaches von Strahlungsquanten $h\nu$ auf. Das Produkt der umgesetzten Energie mal Zeitdauer des Elementaraktes heißt PLANCKsches Wirkungsquantum h.

Energie eines Quants	$E = h\nu = hc\tilde{\nu} = \hbar\omega$
Strahlungsfrequenz	$\nu = \frac{c}{\lambda}$
Wellenzahl	$\tilde{\nu} = \frac{1}{\lambda}$
Wirkungsquantum	$h \approx 6{,}6261{\cdot}10^{-34}$ J s
h-quer	$\hbar = h/2\pi \approx 1{,}0546{\cdot}10^{-34}$ J s

Energieumwandlungskoeffizient
Für ionisierende Strahlung; analog z. *Schwächungsgesetz für transmittierte Röntgenstrahlung.

$$\mu_\mathrm{tr} = \tau_\mathrm{a} + \sigma_\mathrm{C} + \kappa_\mathrm{a} \qquad \mathrm{m^{-1}}$$

τ_a Foto-Umwandlungskoeffizient (m^{-1})
σ_C Compton-Umwandlungskoeffizient (m^{-1})
κ_a Paar-Umwandlungskoeffizient (m^{-1})

Entartung
*Atommodell: Orbitale mit verschiedenen Quantenzahlen, aber gleicher Energie; z. B. p_x-, p_y- und p_z-Orbital. Vgl. *Magnetquantenzahl.

Erdalkalimetall

Element der Gruppe 2 (2. Hauptgruppe) des *Perioden-systems; reaktionsfreudig, leicht ionisierbar; erreichen durch Abgabe zweier Valenzelektronen die Edelgas-schale; Basenbildner.

Erhaltungssätze

Im *abgeschlossenen System* (keinerlei Stoff- und Energieaustausch mit der Umgebung) gilt:

1. Die Summe der Energien ist konstant (*Energieerhaltung*).

2. Beim Fehlen äußerer Kräfte ist die Summe der Impulse konstant (*Impulserhaltung*).

3. Beim Fehlen äußerer Drehmomente ist die Summe der Drehmomente konstant (*Drehmomenterhaltung*).

4. Die Summe der positiven und negativen Ladungen ist konstant (*Ladungserhaltung*).

Vgl. *Elementarteilchen.

ESR *Elektronenspinresonanz.

Feinstruktur

Auf magnetischen Spin-Bahn-Wechselwirkungen beruhende Aufspaltung der Energieniveaus. Vgl. *Spin-Bahn-Kopplung, *Hyperfeinstruktur.

Feinstrukturkonstante

oder *Sommerfeld-Konstante*

$$\alpha = \frac{\mu_0 c_0 e^2}{2h} = \frac{e^2}{2\varepsilon_0 h\, c_0} = 7{,}297\ 352\ 533 \cdot 10^{-3}$$

Inverse Feinstruktur-Konstante

$$\alpha^{-1} = 137{,}035\ 999\ 76$$

FES = Flammenemissionsspektroskopie

Fermi-Energie

Festkörperphysik: elektrochemisches Potential eines Elektrons im Volumen, z. B. eines Halbleiters. Messbar über die Austrittsarbeit.

$$\boxed{E_\mathrm{F} = \mu - e\,\varphi}$$

Im *Elektronengasmodell* die Energie des höchsten besetzten Zustandes am absoluten Nullpunkt.

$$E_\mathrm{F} = (3\pi^2\, n)^{2/3}\, \frac{\hbar^2}{2m_\mathrm{e}}$$

Ein Elektron hat die Nullpunktsenergie $0{,}6 \cdot E_\mathrm{F}$ (z. B. 1,8 eV in Natrium), ein ideales Gas hingegen Null.

Parameter in der FERMI-DIRAC-Statistik (Besetzungswahrscheinlichkeit eines Zustandes):

$$f(E) = \frac{1}{e^{(E - E_\mathrm{F})/kT} + 1}$$

Für $T = 0$ Stufenfunktion, so dass E_F dem höchsten besetzten Zustand entspricht.

Trennt besetzte u. unbesetzte Zustände im *Bändermodell. Im therm. Gleichgewicht räumlich konstant und „durchgehend" (auch bei inhomogenen Systemen und Randschichten); im Ungleichgewicht ortsabhängig und mit der Stromdichte j verknüpft:

$$j = b\,n\, \frac{\mathrm{d}E_\mathrm{F}}{\mathrm{d}x} = b\,n\left[\underbrace{\frac{\mathrm{d}\mu}{\mathrm{d}x}}_{\text{Feldstrom}} - \underbrace{e\,\frac{\mathrm{d}\varphi}{\mathrm{d}x}}_{\text{Diffusionsstrom}} \right]$$

b	Elektronenbeweglichkeit	$(\mathrm{m^2 V^{-1} s^{-1}})$
e	Elementarladung	$(\mathrm{C = A\,s})$
m_e	Ruhemasse des Elektrons	(kg)
n	Elektronendichte (N/V)	$(\mathrm{m^{-3}})$
μ	chemisches Potential	(J)
φ	elektrisches Potential	(V).

Fermi-Kopplungskostante

Für elektroschwache Wechselwirkung.

$$\frac{G_\mathrm{F}}{(\hbar c)^3} = 1{,}166\ 39 \cdot 10^{-5}\ \mathrm{GeV^{-2}}$$

Festkörper

Fester Stoff; bestimmte Gestalt, mit Widerstand gg. Volumen- und Formänderung; Dichte und Kompressibilität ähnlich Flüssigkeiten; amorph oder kristallin. Polykristalline F. (Kristallkonglomerate) bestehen aus einer Vielzahl von Kristalliten. Vgl. chemische *Bindung.

Flächendosisprodukt

*Dosimetr. Größe für Strahlenquellen; in der Röntgendiagnostik zur Kontrolle der Strahlenexposition des Patienten; Flächenintegral der Luftkerma K_a über eine Schnittfläche A durch das Nutzstrahlenbündel.

$$\boxed{F = \int\limits_A K_\mathrm{a}\, \mathrm{d}A} \qquad \mathrm{Gy\ m^2}$$

Veraltet: $1\ \mathrm{R\ cm^2} = 0{,}87\ \mu\mathrm{Gy\ m^2} = 0{,}87\ \mathrm{cGy\ cm^2}$.

Flammenfärbung

Verbindungen leicht ionisierbarer Elemente färben die Bunsenflamme (*Linenspektrum). Ursubstanz mit Salzsäure anfeuchten, auf Magnesiarinne od. Platindraht im oberen Drittel der Bunsenflamme durch ein Spektroskop analysieren. Erdalkalisulfate vorher in der leuchtenden Flamme reduzieren. Sr- und Ba-Linien durch Zusatz von Magnesiumpulver deutlicher.

Lithium: dunkelrote Linie (671 nm), links von Na, rechts von K.

Natrium: gelbe Flamme, gelbe Linie (589 nm).

Kalium: dunkelrote Linie (768 nm) ganz links, durchs Cobaltglas rotviolette Flamme.

Calcium: orangerote Linien (622 nm) und grüne Linie (553 nm).

Strontium: viele hellrote Linien (um 604 nm).

Barium: viele grüne Linien (um 514 und 524 nm).

Kupfer: fahlgrüne Flamme.

Pb, As, Sb: fahlblaue Flamme.

Flammenionisationsdetektor

FID, *Gesamtkohlenwasserstoff-Analysator.* Gerät zur Analyse flüchtiger, kohlenstoffhalt. Stoffe. Das Probengas wird mit Brenngas (Wasserstoff) und Luft in einer Brennerdüse vermischt und verbrannt. Die Düse hängt am Pluspol einer Spannungsquelle, ein umgebendes Zylinderrohr am Minuspol. Aus Kohlenwasserstoffen im Messgas entstehen CH-Fragmente und $CHO^\oplus$-Ionen, die zum Minuspol sausen. Der verursachte Ionenstrom ist dem Kohlenstoffanteil proportional. Kalibrierung durch Vergleichsgase.

Fließinjektion (FI)

Kontinuierl. Probenzufuhr in ein Analysengerät (*AAS), indem ein gegeb. Volumen der Messlösung in eine Trägerflüssigkeit (z. B. Wasser) injiziert wird. Vorteile: automatierbar, reproduzierbar; Signalstabilität, definierter Zeitablauf. Online möglich sind Reagentienzugabe, Verdünnung, Mikrowellenaufschluss, Festphasenextraktion.

Fotoabsorptionskoeffizient   *Röntgen...

Fotoelektrischer Effekt

Fotoeffekt. Lichtquanten hoher Energie schlagen Elektronen aus elektr. Leitern. Beim Aufprall auf die Oberfläche gibt das Photon Energie an die Elektronen ab.

$$\underbrace{h\nu}_{\substack{\text{Licht-}\\\text{quant}}} = \underbrace{W_A}_{\substack{\text{Austritts-}\\\text{arbeit}}} + \underbrace{\frac{1}{2}m_e v^2}_{\substack{\text{kinetische}\\\text{Energie}}}$$

Fotoelektronenspektroskopie (PES)

1) Durch *Fotoeffekt* mit Röntgenstrahlen (XPS) oder Vakuum-UV-Licht (UPS) wird ein kernnahes Elektron herausgeschlagen (*Fotoemission*), dessen kinet. Energie gemessen wird. (Im Folgeprozess füllt ein Elektron von einem höheren Orbital das Loch; vgl. *AES, *RFA). Kinet. Energie des emitt. Elektrons: abh. von der Energie der anregenden Strahlung.

$$E_{kin} = h\nu - E_I = h\nu - E_b^F - \Phi$$

E_I Ionisierungsenergie $\hat{=}$ Bindungsenergie im Vakuumniveau = auf die Fermi-Energie bezogene Bindungsenergie (des Festkörpers) minus Austrittsarbeit Φ (des Spektrometers).

$$\text{hohe } E_{kin} \hat{=} \text{ geringe Bindungsenergie}$$

In der Praxis wird gegen e. Referenzprobe bekannter Bindungsenergie gemessen, so dass Φ nicht bekannt sein muss. Begleitend: *Auger-Elektronen (kinet. Energie jedoch <u>un</u>abhängig von Anregungsenergie) und niederenergetische Sekundärelektronen.

2) PES-Spektrum. Häufigkeit der emittierten Elektronen $N(E)$ gegen Bindungsenergie E_b; charakteristische Peaks (Rumpfniveaulinien) für jede unterscheidbare chemische Bindung des betrachteten Elementes (z. B. C–F, C–O, C–H im C-$1s$-Spektrum oder Si-Si, Si-O im Si-$2p$-Spektrum).

Schwache *Shake-up-Linien* aus Zweielektronenprozessen begleiten die Primärpeaks bei niedriger kinetischer Energie; z. B. $\pi \rightarrow \pi^*$-Anregung bei Aromaten. Beim Shake-up bleibt das zweite Elektron gebunden, beim *Shake-off* wird es ebenfalls emittiert.

Wegen der Spin-Bahn-Kopplung sind die Rumpfniveaulinien aufgespalten.

Bei höchster kinetische Energie (geringster Bindungsenergie) werden Elektronen aus dem Valenzbandbereich emittiert.

3) Aussagen. Elementanalyse; Bindungenergien; Bindungszustand, eff. Ladungsverteilung (einfacher als AES). Bei homogener Elementverteilung auch quantitat. Analyse. Zerstörungsfreies Tiefenprofil bei veränderl. Winkel zw. Detektor und Probennormale (abnehmende Austrittstiefe $z = l \cos\theta$) möglich.

Franck-Condon-Prinzip

Bei Schwingungsübergängen in der *UV/VIS-Spektroskopie verhalten sich die Atomkerne während der Elektronenanregung *nahezu starr* ($\Delta r \approx 0$). Weil die Elektronenanregung sehr schnell (ca. 10^{-15} s) im Vgl. zur Schwingung der Atomkerne ist, dürfen Elektronen- und Schwingungsanregung quantenmechan. separiert, d. h. getrennt gelöst werden (BORN-OPPENHEIMER-Näherung).

Der Gleichgewichtskernabstand r_e (am Minimum der Potentialkurve) im elektron. angeregten Zustand ist größer (bei Bindungslockerung) oder selten kleiner (bei Bindungsfestigung) als im Grundzustand r_0. Elektronenanregung erfolgt „senkrecht" in einen angeregten Schwingungzustand in der Potentialkurve des angeregten elektron. Zustandes – somit bleibt der Gleichgewichtsabstand während des Elektronensprungs gleich. Erst danach schwingen die Atomkerne.

Franck-Hertz-Versuch

Atomphysik: Nachweis der *Energiequantelung* in der atomaren Elektronenhülle. Beschleunigte Elektronen regen Gasatome (z. B. Hg-Dampf) durch Stöße in höhere Energieniveaus an; das Gas emittiert Strahlung der Frequenz ν. Der durch die Elektronen hervorgerufene Stromfluss, gegen die Beschleunigungsspanung U aufgetragen, zeigt charakteristische Minima bei den atomar wichtigen Energien (*Atommodell), wo die Elektronen das Hg-Atom anzuregen vermögen und somit nicht mehr zum Stromfluss beitragen.

$$eU = \Delta E = h\nu$$

Freiheitsgrad, spektroskopischer

Schwingungs- und Rotationszustände sind gequantelt, d. h. ein n-atomiges Molekül kann nur mit ganz bestimmten Eigenfrequenzen schwingen (z. B. bei IR-Bestrahlung). Vgl. Kap. Thermodynamik.

Gammaspektroskopie

Analyse der γ-Strahlung ($0,1$ pm; > 1 MeV) aus Kernumwandlungen. Vgl. *Röntgenspektroskopie.

Gammastrahlung (Linienspektrum) entsteht beim *radioaktiven Zerfall spezieller Nuklide (z. B. Ir-192, Co-60); sie können sich z. B. in einer Strahlerkapsel (Pb, W, U) befinden.

Gefüge

Grobstruktur eines Werkstoffes; im metallografischen Schliffbild sichtbar.

- *Einphasige Mikrobereiche:* Körner (Kristallite), Einschlüsse (Verunreinigungen), Ausscheidungen (bei Wärmebehandlung), Poren.
- *Strukturelle Baufehler:* Fehlstellen, Versetzungen, Korngrenzen, Seigerungen (Konzentrationsgradienten), Zwillingsbildung (unterschiedl. Kristallorientierungen). Die Korngröße bestimmt die Festigkeit eines Werkstoffs und andere Eigenschaften (Leitfähigkeit etc.).
- *Feinkorngefüge:* hohe Festigkeit und Härte, „glatte" Oberfläche (Vorteil beim Tiefziehen); z. B. in Feinkornstahl.

- *Grobkorngefüge:* vermind. Festigkeit (z. B. beim Schweißen), erhöhte Rissausbreitung, rauhe Oberfläche; z. B. Gussteil, gealterte Dispersionen.

g-Faktor

Landé-Faktor. Maß für die Zusammensetzung des magnetischen Gesamtmoments eines Mehrelektronenatoms $^{2S+1}L_J$ aus Orbital- und Spinanteilen.

$$g = 1 + \frac{J(J+1) + S(S+1) - L(L+1)}{2J(J+1)}$$

Reiner Bahnmagnetismus ($S = 0$, $J = L$):

$$|\vec{m}_L| = \sqrt{L(L+1)}\,\mu_B$$

Reiner Spinmagnetismus ($L = 0$, $J = S$):

$$|\vec{m}_S| = \sqrt{S(S+1)}\,\mu_B$$

m magn. Moment, *J* Quantenzahl für *Spin-Bahn-Kopplung.

Gesamtdrehimpuls und Gesamtmoment eines Atoms oder Moleküls setzen sich aus Bahn- und Spinanteil der Elektronen zusammen; dazu kommt der schwächere Beitrag des Kerns. Weil Bahn- und Spinmoment verschiedenes *gyromagnetisches Verhältnis haben, stehen Gesamtdrehimpuls J und *magnetisches Gesamtmoment μ gewöhnlich nicht parallel zueinander und das Verhältnis ihrer Beträge liegt zw. dem Bahnwert $e/2m$ und dem Spinwert e/m (*Magnetomechanische Anomalie*). Vgl. *Elektronenspinresonanz, *Elektron-g-Faktor, *Proton-g-Faktor, *Magnetisches Moment.

Gitter *Kristallgitter.

Gitterenergie

Wechselwirkungsenergie der Ionen im *Kristallgitter; spez. COULOMB-Kräfte der Anziehung od. Abstoßung zw. Kationen und Anionen; *Ionenbindung.

einzelnes Kation und Anion

$$E = \frac{z_\oplus z_\ominus e^2}{4\pi\varepsilon_0 r}\left(1 - \frac{1}{n}\right)$$

ein Mol Kationen und Anionen: Änderung der inneren Energie zw. isoliertem Ionengas und Ionenkristall (in kJ/mol).

$$\Delta U = \frac{z_\oplus z_\ominus e^2}{4\pi\varepsilon_0 r} N_A \,\alpha\left(1 - \frac{1}{n}\right)$$

Berechnung: *Born-Haber-Kreisprozess.

α Madelung-Konstante = Maß für die Wechselwirkung
  mit benachbarten Ionen; vom Gittertyp abhängig.
e Elementarladung
n Konstante (≥ 9, aus Kompressibilitätsmessungen),
r röntgenografischer Gleichgewichtsabstand von Kation und Anion
z Ionenwertigkeit.

Gitterfehler

Kristallgitterdefekt. Natürliche Baufehler in der regelmäßigen Anordnung der Gitterpunkte von *Kristallgittern. Üblicherweise statistisch verteilt; fehlerfreie Kristalle gibt es nicht.

1) Punktdefekt (Punktfehler).

- *Leerstelle* (SCHOTTKY-Defekt): ein Atom fehlt im regelmäßigen Aufbau des Gitters.
- *Zwischengitteratom* (Anti-SCHOTTKY-Defekt): ein Atom zuviel im Kristallgitter.
- *Frenkel-Paar:* Leerstelle und Zwischengitteratom nebeneinander.

- *Fremdstörstelle:* Fremdatome, die im Kristallgitter zusätzlich vorhanden sind (*Einlagerung*) oder reguläre Atome ersetzen (*Substitution*).

2) Liniendefekt (Linienfehler)

- *Stufenversetzung:* eine Atomlage fällt in Mitten der Kristallebene aus; die darüber- und darunterliegende Kristallebene wird deformiert. Mikroskopisch sichtbare Stufen bilden sich aus.
- *Schraubenversetzung:* Teilweiser Ausfall einer Kristallebene beim schraubenförmigen Aufbau eines Kristalls.

3) Flächendefekt (Flächenfehler)

- *Stapelfehler:* Unregelmäßigkeit im Schichtaufbau der Kristallebenen.
- *Kleinwinkelkorngrenze:* V-förmig zusammenlaufende Versetzungen.

Gitterkonstante

Kristallografie: Abstände der Atomschichten in den drei Achsrichtungen eines *Kristallgitters; Betrag der Basisvektoren $\vec{a}, \vec{b}, \vec{c}$ des Kristallgitters:

$$\vec{r} = x\,\vec{a} + y\,\vec{b} + z\vec{c}$$

x,y,z kartesische Koordinaten in der Elementarzelle.

Die kubische *Elementarzelle hat eine, das hexagonale und tetragonale System zwei Gitterkonstanten; vgl. *Kristallsystem.

Siliciumgitter: Gitterabstand und molares Volumen (22,5 °C, Vakuum), kubisches Diamantgitter.

a	$= 0{,}543\,102\,088$	nm	≈ 534 pm
$d_{220} = a/\sqrt{8}$	$= 0{,}192\,015\,584\,5$	nm	
$V_m = \dfrac{N_A a^3}{8}$	$= 12{,}058\,836\,9$	cm^3/mol	

Glas

Glaswerkstoffe sind amorphe Silicate: Ketten, Bänder, Schichten, Raumgitter aus SiO_4-Tetraedern, in das Metallionen (z. B. Al, Na) eingelagert sind.

Gyromagnetisches Verhältnis

auch: *Gyromagnetischer Koeffizient.*

1) ESR-Spektroskopie. Vh. des *magnetischen Moments $\vec{m}_l = \gamma_e \vec{l}$ (auch μ_l, in J/T = A m^2) zum *Bahndrehimpuls eines *Elektrons* $\vec{l}$ (in J s) in einem Orbital.

$$\gamma_e = \frac{|\vec{m}_l|}{|\vec{l}|} = \frac{\mu_B}{\hbar} = \frac{-e}{2m_e}$$

Ein *s*-Elektron ($l = 0$) hat keinen Bahndrehimpuls, kein magnetisches Bahnmoment, wohl aber ein magnetisches Spinmoment $\vec{m}_s = g_e\gamma_e\vec{s}$.

In Atomen koppeln und Bahn- und Spinmomente: vgl. *g-Faktor.

$\mu_B = e\hbar/2m_e$ Bohr-Magneton.

2) Freies Elektron

$$\gamma_e = \frac{2\,|\mu_e|}{\hbar} = \frac{|g|\,\mu_B}{\hbar} = 1{,}760\,859\,794 \cdot 10^{11}\ \mathrm{s^{-1}T^{-1}}$$

g$_e$ Elektron-g-Faktor, μ_B Bohr-Magneton
μ_e magnetisches Moment des Elektrons.

3) NMR-Spektroskopie. Verhältnis des magnetischen Moments $\vec{m}_I$ (auch Formelzeichen μ_I) zum Kernspindrehimpuls $\vec{I}$ eines *Atomkerns.*

$$\gamma_N = \frac{|\vec{m}_1|}{|\vec{I}|} = \frac{|\vec{m}_1|}{\hbar\sqrt{I(I+1)}}$$

I Kernspinquantenzahl

4) Für das Proton (unsichere Stellen kursiv)

$$\gamma_p = \frac{4\pi\,\mu_p}{h} = \frac{2\mu_p}{\hbar} = 2{,}675\ 222\ 12 \cdot 10^8\ \mathrm{s}^{-1}\mathrm{T}^{-1}$$

Mit Abschirmung in Wasser bei 25 °C:

$$\gamma'_p = 2\mu'_p/\hbar = 2{,}675\ 153\ 41 \cdot 10^8\ \mathrm{s}^{-1}\mathrm{T}^{-1}$$
$$\gamma'_p/2\pi \quad = 42{,}576\ 388\ 8\ \mathrm{MHz/T}$$

Einheit: $1\ \mathrm{s}^{-1}\mathrm{T}^{-1} = \mathrm{A\,m}^2/(\mathrm{J\,s}) = \mathrm{C/kg}$

5) Neutron

$$\gamma_n = \frac{2\,|\mu_n|}{\hbar} = 1{,}832\ 471\ 88 \cdot 10^8\ \mathrm{s}^{-1}\mathrm{T}^{-1}$$

h *Helion*, Kern des ^{3}He-Atoms.

Hadron

*Elementarteilchen mit starker *Wechselwirkung (z. B. Kernkräfte); Leptonenzahl $L = 0$. Einteilung in: *Baryonen (Spin halbzahlig) und *Mesonen (Spin ganzzahlig).

Halbmetall

Element im Übergangsbereich der Gruppe 3 bis 5 des *Periodensystems (B, Grafit, Si, Ge, schwarzer P, As, Sb, Se, Te); stehen den Nichtmetallen nahe.

Halbwertsbreite   *Linienbreite

Halbwertszeit

Mittlere Lebensdauer τ eines Prozesses, z. B. *radioaktiver Zerfall, multipliziert mit dem natürlichen Logarithmus von 2.

$$T_{1/2} = \tau \cdot \ln 2 \quad \mathrm{s}$$

Zeit, in der die Hälfte eines radioaktiven Stoffes zerfallen ist.

Aus $\quad \dfrac{N_0}{2} = N_0\,e^{-\lambda\,T_{1/2}} \quad$ folgt

$$T_{1/2} = \frac{\ln 2}{\lambda} \approx \frac{0{,}69315}{\lambda}$$

Nach 10-facher Halbwertszeit ist die *Aktivität auf $(1/2)^{10}$ des Ausgangswertes gesunken.

Halbwertszeit, biologische

Zeit, in der 50% der im Körper vorhandenen Aktivität ausgeschieden wird.

Halogen

Element der Gruppe 17 (7. Hauptgruppe) des *Periodensystems. „Salzbildner" (griech. *alas* = Salz), weil in den meisten Mineralien vorkommend. Sehr reaktionsfreudig; ein Elektron fehlt zur Edelgasschale (sieben Valenzelektronen); hohe *Elektronenaffinität* (Energie bei Aufnahme eines Elektrons); Säurebildner.

Hartree   Energieeinh. im *atom. Einheitensystem.

Hauptgruppe

Flanken des *Periodensystems (Gruppe 1,2 und 13–18, früher I–VIII). Gruppennummer
$\widehat{=}$ Zahl der Valenzelektronen (1 bis 8)
$\widehat{=}$ höchstmögliche Oxidationsstufe (max. 7).

Helium

Das Atom des Edelgases Helium besteht aus zwei Protonen, zwei Neutronen und zwei Elektronen.

Relative Atommasse (unsichere Stellen kursiv)

$$A(^4\mathrm{He}) = 4{,}002\ 603\ 249\ 7$$

Ionisierungsenergie

$$E_{1,1}(^4\mathrm{He}) = 24{,}5874\ \mathrm{eV} \,\widehat{=}\, 1{,}983\ 107\cdot 10^7\ \mathrm{m}^{-1}$$
$$E_{1,2}(^4\mathrm{He}) = 54{,}4178\ \mathrm{eV} \,\widehat{=}\, 4{,}389\ 089\cdot 10^7\ \mathrm{m}^{-1}$$

Helium-3

Das „leichte" Heliumatom besteht aus zwei Protonen, einem Neutron und zwei Elektronen.

Relative Atommasse (unsichere Stellen kursiv)

$$A(^3\mathrm{He}) = 3{,}016\ 029\ 309\ 70$$

Ionisierungsenergie

$$E_{1,1}(^3\mathrm{He}) = 24{,}5861\ \mathrm{eV} \,\widehat{=}\, 1{,}983002\cdot 10^7\mathrm{m}^{-1}$$
$$E_{1,2}(^3\mathrm{He}) = 54{,}4153\ \mathrm{eV} \,\widehat{=}\, 4{,}388892\cdot 10^7\mathrm{m}^{-1}$$

High-Spin-Komplex

Anlagerungskomplex. *Komplexverb. mit *polarer* bis elektrostat. Bindung zw. Zentralatom und elektronegat. Liganden (schwache Donorliganden). *Paramagnetisch* (ungepaarte Elektronen des Zentralatoms); weniger stabil als Low Spin-Komplexe; vgl. *Ligandenfeldtheorie.

1) Ion-Dipol-Komplex, stets elektrisch geladen! z. B. Hexaaquachrom(III) $[\mathrm{Cr(H_2O)_6}]^{3\oplus}$.

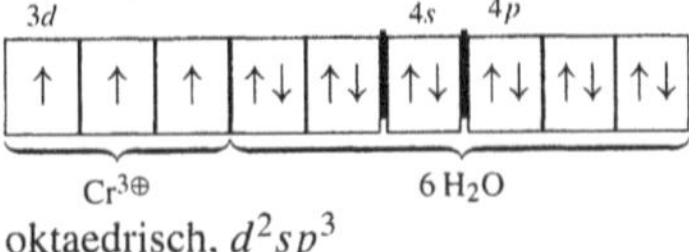

oktaedrisch, d^2sp^3

Weitere Beispiele:

$\mathrm{Mg(H_2O)_6^{2\oplus}}$	s^0, oktaedrisch (sp^3d^2)
$\mathrm{Fe(H_2O)_6^{2\oplus}}$	d^6, oktaedrisch (sp^3d^2)
$\mathrm{Cr(NH_3)_6^{3\oplus}}$	d^3, oktaedrisch (sp^3d^2)

2) Ion-Ion-Komplex, meist ungeladen; z. B. Tetrachloroaurat(III) $[\mathrm{AuCl_4}]^{\ominus}$.

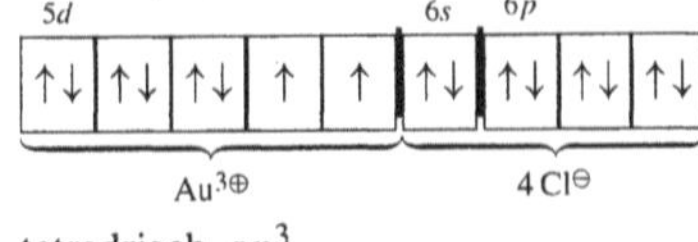

tetradrisch, sp^3

Weitere Beispiele:

$[\mathrm{Ag(CN)_2}]^{\ominus}$	d^{10}, linear (sp)
$[\mathrm{HgI_4}]^{2\ominus}$	d^{10}, tetraedrisch (sp^3)
$[\mathrm{BF_4}]^{\ominus}$	s^0, tetraedrisch (sp^3)
$[\mathrm{FeF_6}]^{3\ominus}$	d^5, oktaedrisch (d^2sp^3)
$[\mathrm{PtCl_6}]^{2\ominus}$	d^6, oktaedrisch (d^2sp^3)
$[\mathrm{Cr(CN)_6}]^{3\ominus}$	d^3, oktaedrisch (d^2sp^3)

HOMO   Highest Occupied Molecular Orbital, höchstes besetztes Molekülorbital.

Hund'sche Regel

Gesetz der größten Multiplizität: p-, d- und f-Orbitale werden immer zuerst einfach besetzt.

s-Orbitale haben 2 Elektronen,
p-Orbitale maximal 6,
d-Orbitale maximal 10,
f-Orbitale maximal 14 Elektronen.

Hybridisierung

„Vermischung" (Linearkombination) von Atomorbitalen nach PAULING und SLATER zu neuen, energiegleichen Misch- oder Hydridorbitalen, die z. B. *Bindungswinkel und Mehrfachbindungen erklären. Vgl. *VB-Theorie.

Hybridorbital

Elektronenpaarabstoßungsmodell, *VSEPR-Modell*, GILLESPIE-Modell, Tetraedermodell, **VB-Theorie**, Valenzbandtheorie. Bildliche Umsetzung der *Oktettregel. Vier Liganden ordnen sich in größtmögl. Abstand um das Zentralatom. Freie Elektronenpaare = *Lone pairs* (:) am Zentralatom werden wie Liganden behandelt; sie stoßen sich max. ab und die Bindungspaare (*Bound pairs*) nehmen die restl. Positionen ein. Die Abstoßung benachb. Elektronenpaare steigt in der Reihe:

bindend-bindend < bindend-frei < frei-frei,

und der *Tetraederwinkel* (109°28') wird kleiner.

- Elektronegat. Ligand: verkleinert Bindungswinkel.
- Doppelbindung: vergrößert Bindungswinkel.

Doppelbindungen haben trigonale Zentralatome, Dreifachbindungen lineare. Alle Atome und freien Elektronenpaare suchen den *größtmöglichen Abstand* voneinander. Daher weichen die Bindungswinkel manchmal vom Idealwert ab.

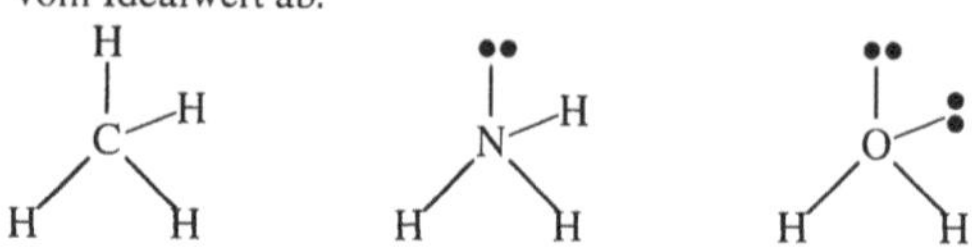

Tetraederwinkel sinkt

Hybridorbitale des Kohlenstoffatoms

4-Bindigkeit des Kohlenstoffs. Der $1s^2 2s^2 2p^2$-Grundzustand entspräche dem instabilen 2-bindigen Carben $|CH_2$. Stattdessen wird ein $2s$-Elektron in den $2p_z$-Zustand angehoben; die Anregungsenergie durch die Bindungsenergie überkompensiert; vier energiegleiche sp^3-Hybridorbitale entstehen.

Bei C=C-Doppelbindungen bilden die nichtbindenden p_z-Elektronen eine π-Wolke ober- und unterhalb der Bindungsebene.

Bei C≡C-Dreifachbindungen „verschmieren" die nichtbindenden p_y- und p_z-Elektronen zu einer tonnenförmigen π-Wolke um die Bindungsebene.

1) sp^3-Hybridisierung

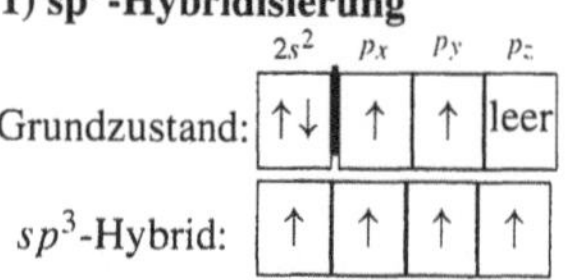

Grundzustand: $2s^2$ p_x p_y p_z | ↑↓ | ↑ | ↑ | leer |

sp^3-Hybrid: | ↑ | ↑ | ↑ | ↑ |

Einfachbindung = σ-Bindung.
C-Atom: tetragonal.
Bindungspartner: H, Halogen, C.
Winkel: tetraedrisch (109°28')

Beispiele: Methan CH_4, CCl_4, NH_3, H_2O. Alkane.

2) sp^2-Hybridisierung

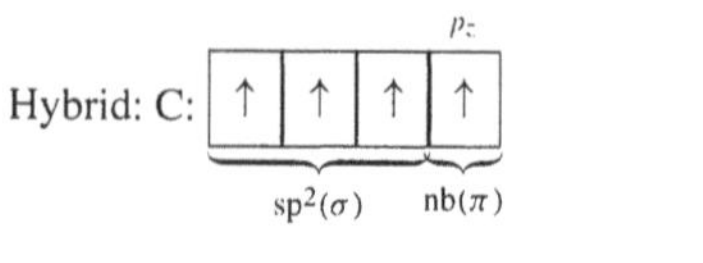

Hybrid: C: p_z | ↑ | ↑ | ↑ | ↑ |
$sp^2(\sigma)$ $nb(\pi)$

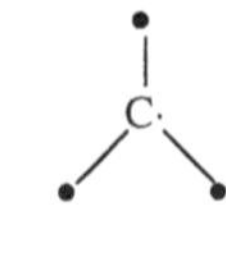

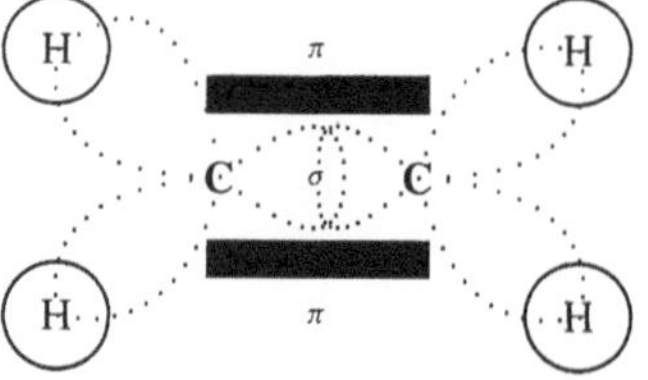

Doppelbindung = kombinierte σ-π-Bindung.
C-Atom: trigonal.
Bindungspartner: C mit C, O, N, S.
Winkel: planar (120°),
Beispiel: Ethen $CH_2{=}CH_2$, Ketone, $O{=}C{=}O$.

3) sp-Hybridisierung

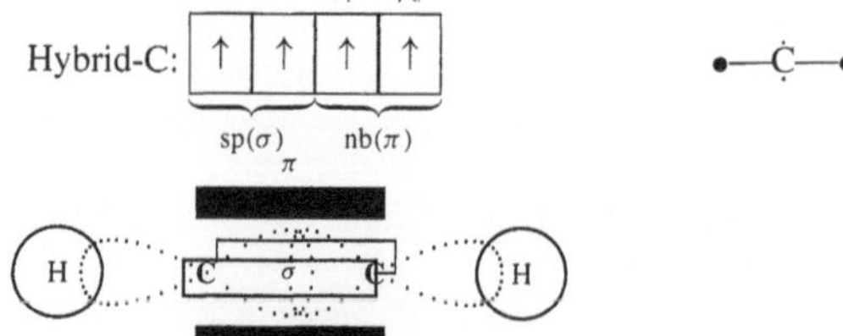

Hybrid-C: p_y p_z | ↑ | ↑ | ↑ | ↑ |
$sp(\sigma)$ $nb(\pi)$
π

Dreifachbindung = eine σ- und zwei π-Bindungen.
C-Atom: diagonal; Bindungspartner: C mit C, N.
Winkel: linear (180°)
Beispiel: Ethin HC≡CH, Nitrile, N≡N, HC≡N.

Hybridorbitale mit d-Elektronen

Die Elemente *ab der 3. Periode* befolgen die Oktettregel nicht mehr streng. Bindungselektronen der Liganden besetzen die *freien d-Orbitale* des Zentralatoms. Jede Hybridisierungsform bildet typ. *Molekülgeometrien*.

KZ	Hybrid	Geometrie
2	sp	**linear** (180°); z. B. CH≡CH, CO_2, HCN, $N_3^{\ominus}$, $HgCl_2$, $Cu(CN)_2^{\ominus}$, $BeCl_2$.
3	sp^2	**trigonal-planar** (120°): SO_3, $NO_3^{\ominus}$, $CO_3^{2\ominus}$, BCl_3, $HgI_3^{\ominus}$, $CdCl_3^{\ominus}$, COX_2, NO_2X, TeO_3. gewinkelt (+ freie Elektronenpaare): $SnCl_2$.
4	sp^3	**tetraedrisch** (109°28')

z.B. CH_4, $BF_4^{\ominus}$, $NH_4^{\oplus}$, $SO_4^{2\ominus}$, XeO_4, $HgI_4^{2\ominus}$.
— pyramidal: NH_3, PCl_3 (ein freies El.paar).
— gewinkelt: H_2O, SCl_2 (2 freie El.paare).

| 4 | sp^2d | **quadratisch** (90°): $PtCl_4^{2\ominus}$, $Ni(CN_4)^{2\ominus}$, u.a. Übergangsmetallkomplexe. |
| 5 | sp^3d | **trigonal-bipyramidal** (eq: 120°, ax: 90°) |

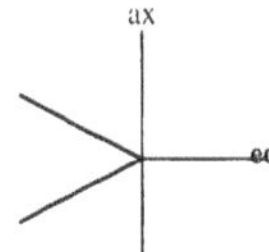

z. B. PF_5, PCl_5, $SbCl_5$, $Fe(CO)_5$.
verzerrt: ClF_3. (Die axialen Liganden sind
länger als die equatorialen).

6 sp^3d^2 **oktaedrisch** (90°)

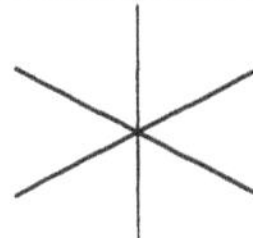

z. B. SF_6, $PF_6^\ominus$, $SiF_6^{2\ominus}$, $Te(OH)_6$, $XeO_6^{4\ominus}$, $MnCl_6^{3\ominus}$.
verzerrt: BrF_5 (quadr. bipyr.), XeF_4 (quadr.)

7 sp^3d^3 **pentagonal-bipyramidal**

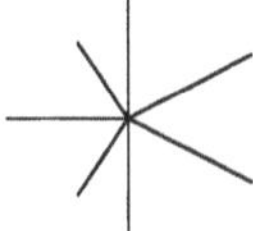

z. B. IF_7, $ZrF_7^{3\ominus}$, $V(CN)_7^{4\ominus}$, $Mo(CN)_7^{5\ominus}$.
verzerrt: XeF_5 (pent. plan.), XeF_6 (oktaed.),
$XeF_8^{2\ominus}$ (antikubisch).

8 sp^3d^4 quadratisch-antiprismatisch
z. B. $TaF_8^{3\ominus}$, $ZrF_8^{3\ominus}$, $Mo(CN)_8^{4\ominus}$, $W(CN)_8^{4\ominus}$

4 sd^3 tetraedrisch
z. B. $CrO_4^{2\ominus}$, $MnO_4^{2\ominus}$.

Hyperfeinstruktur

Aufspaltung und Verschiebung der opt. Spektrallinien durch *Hyperfeinwechselwirkung* zw. Elektronenhülle und Atomkernen. Bei Atomen mit magnet. Kernmoment (*Kernspin) im äußeren Magnetfeld zusätzlich zum *Zeeman-Effekt; vgl. *Elektronenspinresonanz.

ICP

ICP-OES. Optische *Atomemissionsspektroskopie mit induktiv gekoppeltem Plasma (*Inductively Coupled Plasma*). Flammenerzeugung mit Mikrowellenbrenner. Anwendung wie *AAS, jedoch empfindlicher.
Auch f. Elemente mit stabilen Oxiden (B, Be, Mg, Al, Hf, Ti, Zr, Selt. Erden) und Nichtmetalle (S, P, C).
flüssige Proben (Abwasser, Blut, organische Lösungen etc.) mit Argon als Entladungsgas.
Halogenbestimmung mit Helium als Trägergas.
Feststoffproben (Böden, Schlämme, Erze, Stäube, Keramiken etc.) vorher aufschließen (Säure, Schmelze, Mikrowellen).

Immunoassay

Spurenanalytik: optischer Test mit einer Antigen-Antikörper-Reaktion. Die *fotometrisch erfasste Substanz kann NAD/NADH (aus einer Enzymreaktion) oder ein Chemoluminophor (Luminol, Lucigenin, Diaryloxalat, Luciferin) sein.

RIA	Radioimmunoassay
LIA	Lumineszenz-Immunoassay
LEIA	Lumineszenz-Enzym-Immunoassay
LEMIT	Enzym verstärkter Lumineszenz-Immunoassay
	luminescent enzyme multiplied assay

LCIA	Lumineszenz-Cofaktor-Immunoassay

Infrarotspektroskopie

IR-Spektroskopie. Infrarotes Licht (λ = 780 nm – 1 mm) regt Molekülschwingungen und den *Raman-Effekt an. Vgl. *Schwingungsspektrum.

nahes Infrarot (NIR)	800 nm – 2,5 μm (Oberschwingungen)
mittleres Infrarot (MIR)	2,5 – 50 μm (Gerüstschwingungen)
fernes Infrarot (FIR)	50 – 1000 μm (Gerüstsschwg. + Rotation)
IR A	0,78 – 1,4 μm
IR B	1,4 – 3 μm
IR C	3 – 1000 μm

1) *IR-aktiv* sind Moleküle mit permanentem Dipolmoment (CO, HCl, NO) oder beim Schwingungsvorgang veränderlichem Dipolmoment.
IR-inaktiv sind H_2, Cl_2, N_2.
Gemessen wird wie bei der Fotometrie die Transmission T (Durchlässigkeit) bzw. Extinktion $A = -\lg T$ der Probe für Licht gegebener Wellenlänge. Je stärker die Dipolmomentänderung parallel zum Lichtvektor, umso stärker ist die Absorption $1 - T$.
Das *IR-Spektrum* zeigt die Extinktion A auf einer linearen Wellenzahlskala $\tilde{\nu}$. Die stärkste Bande wird auf den Wert 1 normiert.

2) FT-IR   *Fourier-Transformations-Infrarotspektroskopie.* Breitbandige IR-Strahlung aus einer Lichtquelle (Nernst-Stift, Metalldraht, Globar) fällt auf den Strahlteiler in einem *Interferometer; das entstehende Interferogramm passiert den Probenraum und trifft auf den Detektor. Durch Fourier-Transformation entsteht das Einkanalspektrum, das zu einer Referenz (ohne Probe) ins Verhältnis gesetzt wird.
Vorteile:
— kurze Messzeit (Multiplex- oder FELLGETT-Vorteil: gleichzeitige Erfassung aller Wellenlängen).
— hoher Strahlungsdurchsatz (JACQUINOT-Vorteil: kreisf. Aperturen statt lineare Gitterspalte).
— hohe Wellenzahlgenauigkeit (CONNES-Vorteil: <0,01 cm^{-1} bei Laserjustage des Interferometer-Spiegels möglich)

3) Probenpräparation
Feststoffe als KBr- oder Polyethylen-Pressling; in seltenen Fällen: Mineralöl-Verreibung (Nujol).
Gase in Langwegküvetten (10 cm bis 10 m).
Lösungsmittel als Film in Küvetten unterschiedlicher Dicke (ca. 0,1 mm).
Zum Lösen fester Proben eignen sich unpolare Lösungsmittel (CS_2, Alkane).
ATR-Technik für feste und flüssige Proben (vgl. Kap. Optik).

4) Anwendung
Strukturaufklärung; theoretische Schwingungsanalyse mit Hilfe von Punktgruppen; Untersuchung von H-Brücken; quantitative Analyse.

BADGER-Regel: Berechnung von Bindungslängen r aus Kraftkonstanten k.

$$k\,(r - A)^3 = B$$

A, B Konstanten.

Ionenbindung

heteropolare Bindung, elektrovalente Bindung.

1) *Salze* sind Ionenkristalle aus *Kationen* (= positiv geladene Metallionen) und *Anionen* (= negativ geladene Nichtmetallionen).

$$\text{Metallatom} \quad \text{Nichtmetall} \quad \text{Ionengitter}$$
(elektropositiv) + (elektronegativ) $\longrightarrow$ (Salz)

Übergang von Elektronen zw. Atomen unter Bildung von *Ionen* (Ausbildung Edelgasschale).

z. B. $\quad$ Na $\cdot$ + $\cdot\,\overline{\underline{\text{Cl}}}| \longrightarrow$ Na$^\oplus$ + $|\overline{\underline{\text{Cl}}}|^\ominus$

Elektrostatische COULOMB-Kräfte zw. verschieden großen Anionen und Kationen verhindern eine Verschiebung der Kristallgitterebenen.

Bindungsenergie (*Gitterenergie)

$$E_\text{B} = \frac{Q^2 \alpha}{4\pi \varepsilon_0 r} = 6 \text{ bis } 20 \text{ eV} \quad (\alpha \approx 1{,}75)$$

Ionenkristalle (Salze) sind spröde, hochschmelzend, plastisch nicht verformbar, *Elektrolyte* (Ionenleiter in Schmelze u. Lösung); meist farblos-durchsichtig.

2) Vorgänge bei der Bildung einer Ionenbindung: g gasförmig, f fest.

Metall	Nichtmetall
↓	↓
Sublimation	Bindung spalten
↓	↓
Metallatome (g)	Nichtmetallatome (g)
↓	↓
Ionisation	Elektronenaffinität
↓	↓
Metallionen (g)	Nichtmetallionen (g)
↘	↙

Ionengitter (f)
Gitterenergie wird frei

Beispiele mit Gitterenergie (kJ/mol):
NaCl (754), LiF (1005), CaO, NaOH,
Oxid- und Silicatkeramik.

3) Elektrostatisches Modell des Ionenkristalls. In einem Salz (wie NaCl) ziehen sich die Anionen und Kationen gegenseitig elektrostatisch an; erst bei geringem Abstand stoßen sich die Elektronenhüllen der Ionen ab. *Morse-Potential* (Anharmonischer Oszillator) der potentiellen Energie des Salzkristalls.

$$V(r) = D\left[1 - e^{-a \cdot (r - r_0)}\right]^2 \quad \text{mit} \quad a = \sqrt{\frac{N_A k}{2D}}$$

D Dissoziationsenergie (kJ/mol), a Konstante (m^{-1}),
r Anion-Kation-Abstand, r_0 Gleichgewichtsabstand,
k Federkostante (N/m), N_A Avogadro-Konstante (mol^{-1}).

Im spannungsfreien Zustand (Potentialminimum):

$$F = \left.\frac{\mathrm{d}V(r)}{\mathrm{d}r}\right|_{r_0} = \boxed{V'(r_0) = 0}$$

Die *elastische Dehnung* eines Salzkristalls ist nur begrenzt möglich. Die einwirkende Kraft F oder Spannung σ erzeugt im Kristall ein *Verformungspotential*

U – geometrisch als Schiefstellung der Potentialkurve sichtbar:

$$U = -F \cdot (r - r_0) = -\sigma r_0^2 (r - r_0)^2$$

Im gespannten Zustand wird die Kraft maximal: $V'(r) + U'(r) = 0$.

Beispiel: $r(\text{NaCl}) = 2{,}89 \cdot 10^{-10}$ m.

Elastizitätsmodul E, die auf die Bindungslänge r_0 bezogene Krümmung der Potentialkurve im Minimum.

$$E = \frac{\text{Krümmung}}{r_0} = \frac{1}{r_0} \frac{V''(x)}{(1 + V'(x)^2)^{3/2}}$$
$$= \frac{V''(r_0)}{r_0} = \frac{2Da^2}{r_0}$$

Für NaCl ergibt sich mit $D = 411$ kJ/mol, $r_0 = 2{,}82 \cdot 10^{-10}$ m, $k = 120$ N/m und $a = 9{,}38 \cdot 10^9$/m bei einer Verformung auf $r = 2{,}89 \cdot 10^{-10}$ m ein theoretischer E-Modul von $E = 2{,}56 \cdot 10^{35}$ Pa. Vorher bricht der spröde Kochsalzkristall!

Bruchdehnung A, der Wendepunkt der Potentialkurve.

Aus $V''(r) = 0$ folgt $r_\text{B} = r_0 + \dfrac{\ln 2}{a} \Rightarrow A = \dfrac{r_\text{B} - r_0}{r_0}$

Für NaCl ergibt sich mit $r_\text{B} = 3{,}60 \cdot 10^{-10}$ m eine theoretische Bruchdehnung von $A = 26\%$. Der Kristall bricht vorher!

Kompressionsmodul K:

$$K = \frac{E}{3(1 - 2\mu)} \quad \text{mit } \mu \approx 0{,}3$$

Dichte ϱ eines kubischen Gitters:

$$\varrho = \frac{M}{N_A \, r_0^3}$$

Für NaCl mit $M = (23 + 35.45)$ g/mol ist $\varrho = 2{,}2$ g/cm^3.

Ionendosis

*Dosisgröße. Durch Röntgen- oder Gammastrahlung erzeugte elektr. Ladung $\mathrm{d}Q$ der Ionen eines Vorzeichens je Massen- od. Volumeneinheit der durchstrahlten Luft (a = air). 1 cm^3 Luft bei Normalbedingungen wiegt 1,293 Milligramm ($\varrho_\text{a} = 1{,}293$ kg/m^3).

$$\boxed{I = \frac{\mathrm{d}Q}{\mathrm{d}m_\text{a}} = \frac{1}{\varrho_\text{a}}\frac{\mathrm{d}Q}{\mathrm{d}V}} \quad \text{C/kg}$$

Im Strahlenschutz:

$$1 \text{ C/kg (Luft)} \,\hat{=}\, 37{,}6 \text{ Gy (in Weichteilgewebe)}$$

Veraltet!

1 R (RÖNTGEN) = $2{,}580 \cdot 10^{-4}$ C/kg = 258 μC/kg
$\hat{=}\, 2{,}082 \cdot 10^9$ cm^{-3} Luft
$\hat{=}\, 1{,}610 \cdot 10^{12}$ g^{-1} Luft
$\hat{=}\, 8{,}69 \cdot 10^{-3}$ J/kg = 0,869 rad (Luft)
W_air $\quad$ = 33,7 eV/Ionenpaar

---

1) Punktförmige γ-Strahler: $\quad I = \Gamma \dfrac{At}{r^2}$

A Aktivität der Probe, r Abstand,
t Bestrahlungsdauer, Γ Gammastrahlenkonstante.

2) Standardionendosis J_s, *exposure*. An einem Punkt in einem beliebigen Material diejenige Ionendosis, die von einer Photonenstrahlung bei *Sekundärelektronen-Gleichgewicht* in Luft erzeugt würde, d. h. wenn die durch Sekundärelektronen aus dem Volumenelement hinein und hinaus transportierte (und nicht in Bremsstrahlung umgesetzte) Energie gleich groß ist.

3) Hohlraumionendosis J_c. Von einer Photonen- oder Elektronenstrahlung in einem luftgefüllten, von beliebigem Material umgebenen Hohlraum erzeugte Ionendosis, wenn die *Bragg-Gray-Bedingungen* erfüllt sind:
- der Hohlraum verändert nicht die Flussdichte, Energie und Richtungsverteilung der Elektronen der ersten Generation,
- der Energiebetrag der durch Photonen ausgelösten Sekundärionen ist verschwindend klein zu der auf den Hohlraum übertragenen Energie,
- die Flussdichte der Elektronen aller Generationen innerhalb des Hohlraumes hängt nicht vom Ort ab.

Ionendosisrate oder *Ionendosisleistung*

$$J = \frac{\text{Ionendosis}}{\text{Zeit}} \quad \frac{I}{t} \qquad \text{A/kg}$$

Veraltet!

1 R/s	$= 2{,}580 \cdot 10^{-4} \, C\,kg^{-1}s^{-1} \; (= A/kg)$
1 R/h	$= 2{,}580 \cdot 10^{-4} \, C\,kg^{-1}h^{-1}$

Ionisierung

Entfernung von Valenzelektronen aus der Elektronenhülle unter Aufwand der Ionisierungsenergie. Vgl. *Massenspektrometrie.

Ionisierungsenergie

Energie zur Abtrennung eines Valenzelektrons aus dem Atom: $X \longrightarrow X^\oplus + e^\ominus$. Bestimmung aus der Seriengrenze von Atomspektren oder durch Elektronenstoßversuche. Max. bei Edelgasen, minimal bei Alkalimetallen.
Stufenweise Ionisierung $X \rightarrow X^\oplus \rightarrow X^{2\oplus} \rightarrow \ldots$ erfordert zur Abtrennung weiterer Elektronen immer höhere Ionisierungsenergie.
Ionisierungsenergie des Wasserstoffatoms:
$H \rightarrow H^\oplus + e^\ominus$ (13,6 eV).

Isobar

*Nuklid mit gleicher Massenzahl ($A = $ const) und verschiedener Protonenzahl; z. B. ^{12}N und ^{12}C.

Isobarenregel

Mattauch-Regel. Zu ungeraden Massenzahlen gibt es einen, zu geraden Massenzahlen mehrere stabile *isobare Kerne. Kerne mit Odnungszahl $Z > 84$ sind instabil. *Stabilität der Atomkerne.

Isomer

Kernphysik: Atomkern mit unterschiedlichem Anregungzustand; z. B. $^{116}In^*$. Die Überschussenergie wird als γ-Strahlung abgegeben.

Isomorphie

Kristallografie: Stoffe desselben Typs ersetzen sich gegenseitig im Kristallgitter und bilden Mischkristalle; z. B. Alaune.

Isospin

Charakteristischer Vektor $\vec{I}$ von *Elementarteilchen (s. dort); bleibt erhalten bei der starken Wechselwirkung, bei der elektromagnetischen WW nur die dritte Komponente I_3. $I_3 = +^1/_2$ beim Proton.
$I_3 = -^1/_2$ beim Neutron.

Isoton

*Nuklid mit gleicher Neutronenzahl ($N = $ const) und gleicher Ordnungszahl ($Z = $ const), also das gleiche Element.

Isotop

[griech. *iso* = gleich, topos = Stelle, Platz].
Nuklid desselben Elements, gleiche chemische Eigenschaften, chemisch nicht trennbar;
gleiche Kernladungszahl Z;
verschiedene Neutronenzahl bzw. Massenzahl A.

Technisch wichtige Isotope

Symbol	relative Atommasse	Vorkommen in %	Kern-spin
^1H	1,007825	99,985	$^1/_2$
^2H	2,0140	0,0155	1
^7Li	7,01600	92,58	$^3/_2$
^{11}B	11,00931	80,3	$^3/_2$
^{12}C	12,0000	98,89	0
^{13}C	13,00335	1,108	$^1/_2$
^{14}N	14,003074	99,635	1
^{15}N	15,00011	0,365	$^1/_2$
^{16}O	15,99491	99,759	0
^{17}O	16,99913	0,037	$^1/_2$
^{18}O	17,99916	0,204	$^5/_2$
^{19}F	18,9984	100	$^1/_2$
^{23}Na	22,9898	100	$^3/_2$
^{28}Si	27,97693	92,21	0
^{29}Si	28,97649	4,70	$^1/_2$
^{31}P	30,97376	100	$^1/_2$
^{32}S	31,97207	95,0	0
^{33}S	32,97146	0,76	$^3/_2$
^{34}S	33,96786	4,22	0
^{35}Cl	34,96885	75,53	$^3/_2$
^{37}Cl	36,96590	24,47	$^3/_2$
^{79}Br	78,9183	50,54	$^3/_2$
^{81}Br	80,9163	49,46	$^3/_2$

Anwendung von Isotopen in der Technik:
Isotopenmarkierung chemischer Verbindungen,
geologische und biologische *Alterbestimmung,
*Aktivierungsanalyse,
Strahlungsquellen in Technik und Medizin.

Isotopenregel, Aston'sche

Elemente mit ungerader Ordnungzahl haben maximal zwei stabile Isotope; *Stabilität d. Atomkerne.

Isotopentrennung

Isotope haben geringfügig verschiedene physikalische Eigenschaften; chemisch nicht trennbar.
- *Gasdiffusion:* $^{235}UF_6$ diffundiert schneller als $^{238}UF_6$ durch eine Membran.
- *Gaszentrifuge:* schwere Moleküle (z. B. $^{238}UF_6$) wandern nach außen, die leichteren sammeln sich im Inneren des Drehzylinders. Anwendung: Anreicherung von U-235 für Kernbrennstäbe.
- *Trennrohrverfahren* (CLUSIUS-Rohr): schwere Moleküle sammeln sich im kälteren Teil des Heizdraht-Rohrs, leichtere im heißeren Teil (Thermodiffusion). Der Konvektionsstrom der Gasfüllung trägt die leichten Moleküle nach oben, die schweren nach unten.
- Elektrolyse von Wasser: schweres Wasser D_2O sam-

melt sich an, während leichtes H_2O bevorzugt zersetzt wird.

- fraktionierte Destillation von leichtem und schwerem Wasser.
- *Massenspektroskopie
- Spektroskopie: Spektrallinien und -banden der Isotope sind wenig gegeneinander verschoben.

Isotypie

Kristallografie: Zwei Stoffe kristallieren im gleichen Gittertyp; z. B. Kochsalz, CsF, AgCl, PbS.

Jablonski-Diagramm

JABLONSKI-Termschema. Darstellung der relevanten Elektronen-, Schwingungs- und Rotationszustände eines Moleküls und seiner angeregten Zustände – als waagrechte Linien in- und nebeneinander auf der Energieachse (Ordinate) aufgetragen. Pfeile symbolisieren Übergänge. *Elektronenspektroskopie.

lange Linien:	elektronische Zustände ($v = 0$, $j = 0$)
kurze Linien:	Schwingungsniveaus ($v = 0,1,2,\dots$) des Elektronenzustandes; die Abstände sinken mit zunehmender Schwingungsquantenzahl v.
kürzeste Linien:	Rotationsniveaus ($j = 0,1,2,\dots$); die Abstände wachsen mit der Rotationsquantenzahl j. Unübersichtlich, meist nicht gezeichnet.
Pfeil	Strahlungsübergang
– durchstrichen	verbotener Übergang
– Wellenlinie	strahlungsloser Übergang (Relaxation)

1) Anregung. UV/VIS-Licht hebt ein Elektron binnen 10^{-15} s vom Grundzustand $S_0(v = 0, j = 0)$ in einen angeregten Singulettzustand $S_i(v \neq 0, j \neq 0)$, der 10^{-11} bis 10^{-7} s stabil ist. Bei schweren Elementen (Quecksilber) ist direkte Anregung in einen Triplettzustand möglich, aber selten.

- *Singulett-Zustand* ($S_0, S_1, S_2, \dots$). Äußerste Elektronen mit *antiparallelem* Spin (im selben oder getrennten Orbitalen). Diamagnetisches Molekül, kein resultierendes Spinmoment; vgl. *MO-Theorie.
- *Triplett-Zustand* ($T_1, T_2, \dots$). Äußerste Elektronen mit *parallelem* Spin. Paramagnetisches Spinmoment.

Kein Grundzustand T_0 bei s-Orbitalen (PAULI-Prinzip). Tripletts sind energieärmer als Singuletts und bis zu Sekunden stabil.

2) Desaktivierung. Als konkurrierende Desaktivierungsprozesse treten auf:

- *Fluoreszenz:* Strahlungsemission mit Übergang in einen tieferen Singulettzustand: $S_{i+1} \rightarrow S_i$.

Im Fall vorausgehender Relaxation stets längerwellig als die Absorption.

Übergangsverbot: Spinumkehr ist verboten (unwahrscheinlich)! Vgl. *Auswahlregel.

- *Phosphoreszenz:* Strahlungsemission aus dem Triplettzustand ($T_1 \rightarrow S_0$). Voraus gehen Anregung, Intersystem Crossing, Schwingungsrelaxation.
- *Lumineszenz:* Überbegriff für Fluoreszenz und Phosphoreszenz.
- *Fotoreaktion:* das elektrisch angeregte Molekül reagiert zu Folgeprodukten.

- *Schwingungsrelaxation* = thermische Equilibrierung (vibrational relaxation): *strahlungslose Desaktivierung* im gleichen Elektronenzustand; also Änderung der Schwingungsquantenzahl.

Beispiel: $S_2(v = 3) \rightarrow S_2(v = 0)$.

- *Innere Umwandlung* (*internal conversion*, IC): strahlungslose Desaktivierung durch isoenergetische Änderung des Elektronenzustandes = Wechsel in eine tiefere Elektronenschale mit höherem Schwingungsniveau (ohne Energieänderung).

Beispiel: $S_2(v = 0) \rightarrow S_1(v = 5)$

Anschließend Schwingungsrelaxation möglich.

- *Interkombination* (*intersystem crossing*, ISC). Isoenergetische Umwandlung vom Singulett- in den Triplettzustand.

Beispiel: $S_1(v = 0) \rightarrow T_1(v = 1)$.

Anschließend Schwingungsrelaxation möglich.

Josephson-Konstante

Unsichere Ziffern kursiv.

$$K_J = \frac{2e}{h} = 483\,597{,}898 \cdot 10^9\ \text{Hz/V}$$

Konventioneller Wert (CIPM, 1. Januar 1990).

$$K_{J\text{-}90} = 483\,597{,}9\ \text{GHz/V}\quad [\text{exakt}]$$

Umrechnung von SI-Volt in konventionelle Volt V_{90} (auf Basis des JOSEPHSON-Effekts).

$$V_{90} = \frac{K_{J\text{-}90}}{K_J}\ V$$

Kenndosisleistung

*Dosimetrische Größe einer Strahlenquelle.

1) *Strahlendiagnostik* mit Röntgen- und Gammastrahlern: Luft-Kermaleistung $\dot{K}_{a\,100}$ (d. h. ≥ 100 keV), die ohne Streukörper in der Achse des Nutzstrahlenbündels im Abstand 1 Meter von der Quelle bei einer Feldgröße von 10 cm $\times$ 10 cm erzeugt wird.

2) *Strahlenschutz* mit Röntgen-/Gammastrahlern: Photonen-Äquivalentdosisleistung $\dot{H}_{x\,100}$.

3) Bei Röntgen-, Gamma- und Elektronenbestrahlungseinrichtungen: Maximalwert der Wasser-Energiedosisleistung $\dot{D}_{100}$, gemessen in einem Wasser- oder wasseräquivalenten Phantom mit ebener Eintrittsfläche (ohne Streukörper, Abstand 1 Meter, Feldgröße 10 cm $\times$ 10 cm).

Keramik

Nichtmetallische Werkstoffe: Porzellan, Steinzeug, Steingut, Schamotte u.a. Stabile Metall-Nichtmetall-Verbindungen der Elemente Mg, B, Al, C, Si, Ti, Zr, N, O u.a.; komplizierte Kristallgitter mit ionischen und kovalenten Anteilen und hoher Bindungsenergie.

- Oxide: SiO_2, Al_2O_3, TiO_2
- Carbide: SiC, WC
- Nitride: Si_3N_4, BN

Eigenschaften: hart, spröde, wenig zugfest; verschleißfest, hochtemperaturbeständig, chemisch beständig. Herstellung: durch Sintern von Pulvern.

	Normung von Keramiken und Gläsern
C	Keramik, z. B. C-110
HP	heißgepresste Keramik, z. B. HPSiN

Tabelle 1.3   Kernfusion: Mechanismen der Energieerzeugung in der Sonne. Bei den hohen Temperaturen liegen die Atome ionisiert in einem Plasma vor.

Proton-Proton-Zyklus bei ca. 10 Mio. °C

						Energie	Mittlere Dauer
$2\times\vert$	$^1_1\mathrm{H}^\oplus$	$+$	$^1_1\mathrm{H}^\oplus$	$\longrightarrow$	$^2_1\mathrm{D}^\oplus + {}^0_1\mathrm{e}^\oplus + \nu_e$	1,44 MeV	14 Mrd. Jahre
$2\times\vert$	$^1_1\mathrm{H}^\oplus$	$+$	$^2_1\mathrm{D}^\oplus$	$\longrightarrow$	$^3_2\mathrm{He}^{2\oplus}$	5,49 MeV	0,6 Sek.
	$^3_2\mathrm{He}^{2\oplus}$	$+$	$^3_2\mathrm{He}^{2\oplus}$	$\longrightarrow$	$^4_2\mathrm{He}^{2\oplus} + 2\,^1_1\mathrm{H}^\oplus$	12,85 MeV	1 Mio. Jahre
		$4\,^1_1\mathrm{H}^\oplus$		$\longrightarrow$	$^4_2\mathrm{He}^{2\oplus} + 2\,^0_1\mathrm{e}^\oplus + 2\,\nu_e$	$\boxed{26,72\ \text{MeV}}$	pro Heliumkern
						2580 GJ	pro mol Helium

Bethe-Weizsäcker-Zyklus (CNO-Zyklus) bei ca. 50 Mio. °C; Atomladungen vernachlässigt.

						Energie	Mittlere Dauer
$^1_1\mathrm{H}$	$+$	$^{12}_{6}\mathrm{C}$	$\longrightarrow$	$^{13}_{7}\mathrm{N}$		1,95 MeV	13 Mio. Jahre
		$^{13}_{7}\mathrm{N}$	$\longrightarrow$	$^{13}_{6}\mathrm{C} + {}^0_1\mathrm{e}^\oplus + \nu_e$		2,22 MeV	7 Minuten
$^1_1\mathrm{H}$	$+$	$^{13}_{6}\mathrm{C}$	$\longrightarrow$	$^{14}_{7}\mathrm{N}$		7,54 MeV	2,7 Mio. Jahre
$^1_1\mathrm{H}$	$+$	$^{14}_{7}\mathrm{N}$	$\longrightarrow$	$^{15}_{8}\mathrm{O}$		7,35 MeV	320 000 Jahre
		$^{15}_{8}\mathrm{O}$	$\longrightarrow$	$^{15}_{7}\mathrm{N} + {}^0_1\mathrm{e}^\oplus + \nu_e$		2,71 MeV	82 Sek.
$^1_1\mathrm{H}$	$+$	$^{15}_{7}\mathrm{N}$	$\longrightarrow$	$^4_2\mathrm{He} + {}^{12}_{6}\mathrm{C}$		4,96 MeV	11 000 Jahre
		$4\,^1_1\mathrm{H}$	$\longrightarrow$	$^4_2\mathrm{He} + 2\,^0_1\mathrm{e}^\oplus + 2\,\nu_e$		26,72 MeV	

Umrechnung: 1 MeV $\hat{=}$ $1{,}602\cdot10^{-13}$ J $\hat{=}$ $4{,}45\cdot10^{-20}$ kWh $\hat{=}$ 96 484 MJ/mol $\hat{=}$ 26 802 kWh/mol

---

S   gesinterte Keramik, z. B. SSiC
G   Glasisolierstoff, z. B. G-100

Kerma

kinetic energy relased in material, *dosimetrische Größe.

$$K = \frac{\mathrm{d}W_\mathrm{K}}{\mathrm{d}m} = \frac{1}{\varrho}\,\frac{\mathrm{d}W_\mathrm{K}}{\mathrm{d}V} \qquad \mathrm{Gy} = \mathrm{J/kg}$$

$\mathrm{d}W_\mathrm{K}$ = Summe der Anfangswerte der kinetischen Energien aller geladenen Teilchen, die von indirekt ionisierender Strahlung (Photonen, Neutronen) aus dem Material in einem Volumenelement $\mathrm{d}V$ freigesetzt werden. Das Bezugsmaterial ist anzugeben: K_a für Luft, K_w für Wasser.

Kermaleistung $\dot{K}$, *dosimetrische Größen.

Kernbindungsenergie

Dem *Massendefekt Δm (in kg) äquivalente Energie bei Bildung des Atomkernes aus den Elementarteilchen; zur Spaltung des Kernes aufzuwenden. Auffallend stabil sind die leichten Kerne mit gerader Massenzahl: He (2,5 MeV), Be (7 MeV), O (7 MeV), Mg (7,6 MeV), S (8 MeV), Ca (8 MeV).

$E_\mathrm{B} = \Delta m\, c_0^2$	J für Δm in kg
$E_\mathrm{B} = \Delta m\cdot931{,}49432$ MeV	für Δm in u
$E_\mathrm{B} = N_\mathrm{A}\,\Delta m\, c_0^2$	J/mol für Δm in kg

Äquivalente Energie pro Kilogramm bzw. atomare Masseneinheit Materie.

$$E_\mathrm{B} = 1\,\mathrm{kg}\cdot c_0^2 \;\Rightarrow\; 1\,\mathrm{kg} \hat{=} 8{,}987552\cdot10^{16}\ \mathrm{J}$$
$$E_\mathrm{B} = N_\mathrm{A}\,u\,c_0^2 \;\Rightarrow\; 1\,\mathrm{u} \hat{=} 1{,}4924\cdot10^{-10}\ \mathrm{J}$$
$$1\,\mathrm{u} \hat{=} 931{,}4812\ \mathrm{MeV}$$

Kernbindungsenergie je Nucleon

Auf die Massenzahl A bezogene Kernbindungsenergie E_B/A; ein Maß für die *Stabilität des Atomkernes. Die Kernbindungsenergie nimmt etwa linear mit der Nucleonenzahl zu.

- Leichte Elemente (H, He) haben eine geringe $E_\mathrm{B}/A < 5$ MeV.
- Die stabilsten Kerne haben 40–100 Nucleonen ($E_\mathrm{B}/A \approx 8{,}5$ MeV). Das Maximum liegt bei Massenzahlen um 50.
- Bei den schweren Elementen nimmt E_B/A wieder ab ($\sim$7 MeV); instabiler durch Abstoßung der Protonen (zun. Ordnungszahl).

Anwendung: *Kernenergie, -fusion, -spaltung.

Kernenergie

Kernenergie wird freigesetzt, wenn die mittlere Bindungsenergie je Nucleon wächst durch:
Verschmelzen leichter Kerne (Kernfusion),
Spaltung schwerer Kerne (Kernspaltung).

Kernfusion

Verschmelzen leichter Kerne zu schwereren. In der Sonne Helium zu 90% nach CNO-Zyklus und 10% nach Proton-Proton-Zyklus. Die Elementarschritte dauern sehr lange. Angesichts der riesigen Mengen Wasserstoff dennoch gewaltige Stoffumsätze. Pro Sekunde verschmelzen 600 Mio. t H_2 zu 595,5 Mio. t He. Strahlungsleistung der Sonne $3{,}72\cdot10^{23}$ kW od. 61 300 kW/m^2. Kernfusion erfordert Temperaturen über 10^8 K und eine Teilchendichte mal Einschlusszeit von ca. 10^{14} s/cm^3. Im *Fusionsreaktor* hält ein kreisförmiges Magnetfeld das Plasma von den Gefäßwänden fern. Grafit als Neutronenabsorber und Hitzeschild; Kühlmittel sind Lithium oder Kalium.

Kernfusionsreaktionen	Energiegewinn
$^2D + {}^3He \longrightarrow {}^4He + {}^1_1p$	18,35 MeV
$^2D + {}^3T \longrightarrow {}^4He + {}^1_0n$	17,61 MeV
$^1_1p + {}^{11}B \longrightarrow 3\,{}^4He$	8,7 MeV
$^2D + {}^2D \longrightarrow {}^3H + {}^1_1p$	4,03 MeV
$^2D + {}^2D \longrightarrow {}^3He + {}^1_0n$	3,27 MeV

Vgl. *Wasserstoffbombe, *Neutronenbombe.

Kern-g-Faktor

Proton-g-Faktor, engl. *proton g-factor*. Kenngröße bei der *Kernspinresonanz.

$$g_p = \frac{2\mu_p}{\mu_N} = 5{,}585\ 694\ 675$$

shielded proton g-factor, mit Abschirmung in Wasser bei 25 °C.

$$g_p' = \frac{2\mu_p'}{\mu_N} = 5{,}585\ 551\ 194$$

μ_p magn. Moment des Protons, μ_N Kernmagneton.

Kernmagneton

nuclear magneton. Einheit des magnetischen Spinmoments des Protons (oder Neutrons).

$$\mu_N = \frac{e\hbar}{2m_p} = 5{,}050\ 783\ 17 \cdot 10^{-27}\ \text{J/T}$$
$$= \mu_B/1836{,}152\ 6675$$
$$\hat{=}\ 3{,}152\ 451\ 238 \cdot 10^{-8}\ \text{eV/T}$$
$$\hat{=}\ 7{,}622\ 593\ 96\ \text{MHz/T}$$
$$\hat{=}\ 0{,}025\ 426\ 2366\ \text{m}^{-1}\text{T}^{-1}$$
$$\hat{=}\ 3{,}658\ 263\ 8 \cdot 10^{-4}\ \text{K/T}$$

Verhältnis von Kern- und Bohrmagneton

$$\frac{\mu_N}{\mu_B} = \frac{m_e}{m_p}$$

Wegen der winzigen und entgegengesetzten magnetischen Momente von Proton (2,97 μ_N) und Neutron (1,91 μ_N) ist der Beitrag der Atomkerne zu magnetischen Erscheinungen (z. B. Suszeptibilität) gegenüber der Elektronenhülle vernachlässigbar.

Kernmodell

Theoretische Beschreibung des Atomkerns.
1. *Tröpfchenmodell:* Anordnung der Nucleonen wie Moleküle in einem Wassertropfen.
2. *Schalenmodell:* Anordnung der Nucleonen in Schalen analog zur Elektronenhülle. Magische Zahlen: 2, 8, 20, 50, 82, 126.
Vgl. *Stabilität der Atomkerne.

Kernmoment *magnetisches Moment

Kernmoment-Wechselwirkungsenergie

*Kernspinresonanz

Kernreaktion

Ein Zielkern (Target) wird mit einem Teilchen (Projektil) beschossen; ein kurzlebiger *Compoundkern* entsteht, der binnen $< 10^{-15}$ s zum Produktkern und Produktteilchen zerfällt. *Streuung ist keine Kernumwandlung.
Kurznotation

Target A (Projektil a, Teilchen b) Produktkern B
Energieäußerung der Kernreaktion

$$\Delta E = [(m_A + m_a) - (m_B + m_b)]\ c^2$$

Typen von Kernreaktionen
1. *Austauschreaktion:* Ein Teilchen dringt ein, ein anderes tritt aus.
- α-Teilchen hoher Energie ($\approx$ MeV zur Überwindung der elektrostatischen Abstoßung); z. B. $^{14}N(\alpha,p)^{17}O$, $^{27}Al(\alpha,n)^{30}P$, $^9Be(\alpha,n)^{12}C$.
- Neutronen (≈ 1 eV; da ungeladen, genügen thermische); z. B. $^{19}F(n,e)^{20}Ne$.
- Deuteronen: das Target nimmt ein Nucleon auf und lässt das Neutron weiterfliegen; z. B. $^9Be(d,n)^{10}B$.
2. *Kernfotoeffekt* mit Gammaquanten, z. B. $^2D(\gamma,n)^1H$, $^9Be(\gamma,n)2\,{}^4He$.
3. *Einfangreaktion:* Ein Teilchen dringt ein, γ-Strahlung wird frei; z. B. (n, γ).
4. *Kernspaltung:* Zerfall des Atomkernes in Bruchstücke nach Teilchenbeschuss;
z. B. (n , f); (γ, f), f = Bruchstück.

Kernreaktor

Nach dem *Kühlmittel* – Wärmeabfuhr durch Wasser, Helium, Neon, Natrium, CO_2, Luft, schweres Wasser – werden unterschieden:
1. *Druckwasserreaktor,* Leichtwasserreaktor. Flüssiges Wasser unter hohem Druck im Primärkreislauf (Reaktor) erzeugt über einen Wärmetauscher Wasserdampf im Sekundärkreislauf zum Betrieb einer Dampfturbine. Brennstoff: angereichertes UO_2 in dünnen Stahlhüllen (97% U-238, 3% U-235). Mehrere Brennstäbe bilden ein Brennelement, das in einem Wasserbecken hängt (*Moderator).
2. *Siedewasserreaktor.* Veraltet! Wasserdampf aus dem Reaktor treibt eine Turbine direkt, kondensiert und fließt flüssig in den Reaktorkern zurück.
3. *Hochtemperaturreaktor,* Kugelhaufenreaktor. Experimentell! Heliumgas (1000 °C) überträgt Wärme von der Brennstoffschüttung auf die Kühlschlangen des Dampferzeugers (Sekundärkreislauf).
4. *Schneller Brüter:* Spaltzone (Brennstäbe mit angereichertem Uran) und Brutmantel (aus Natururan entsteht spaltbares Pu-239). Flüssiges Natrium als Kühlmittel im Primär- und Sekundärkreislauf.
Kontrollierte Kettenreaktion vgl. *Steuer- u. Regelstäbe, *Moderator, *Vermehrungsfaktor.
Umweltprobleme: Therm. Belastung der Gewässer, Klimaänderung durch Nasskühltürme, Atommülllager und -transporte, gasförm. Spaltprodukte, Radioisotope im Baumaterial durch Neutronenbestrahlung, Uranerzgewinnung, allgemeine Unfallgefahr.

Kernresonanzspektroskopie

NMR-Spektroskopie, Kernmagnetische Resonanzspektroskopie, *Nuclear Magnetic Resonance*.
Anregung magn. Übergänge in Atomkernen mit *Kernspin $I > 0$; z. B. ^1H, ^{13}C, ^{19}F, ^{31}P (alle $I = {}^1\!/_2$) u.a. Messung der Energieunterschiede (Kernmoment-Wechselwirkungsenergie) bei Absorption von Radiowellen (10 cm – 10 m) im äußeren Magnetfeld.
1) Larmor-Präzession. Im statischen Magnetfeld führt das magnetische Moment $\vec{m}_I$ (auch: $\vec{\mu}$) des Atomkerns eine Kreiselbewegung (LARMOR-Präzession) mit der

LARMOR-Frequenz (im MHz-Bereich)

$$\nu_0 = \frac{|m_\mathrm{I}|\, B}{I\, h} = \frac{g_\mathrm{N}\, \mu_\mathrm{N} B}{h} = \frac{\gamma_\mathrm{N} B}{2\pi}$$

aus, die spezifisch für den Atomkern ist.
Richtungsquantelung des magnetischen Moments $\vec{m}_\mathrm{I}$ im
äußeren Magnetfeld $\vec{B} = \mu\, \vec{H}$.

$$E = -|\vec{B}|\, |\vec{m}_\mathrm{I}|\, \cos\vartheta$$

Quantelung der z-Komponente des magnetischen Moments in Feldrichtung:

$$|\vec{m}_{\mathrm{I},z}| = |\vec{m}_\mathrm{I}|\, \cos\vartheta = m_\mathrm{I}\, g_\mathrm{N}\, \mu_\mathrm{N}$$

m_I magnetische Quantenzahl: $-I, \ldots, 0, \ldots, +I$.

Es gibt $2I + 1$ Präzessionseinstellungen zum äußeren
Magnetfeld; Kerne mit $I = {}^1\!/_2$ stellen sich in und gegen die Magnetfeldrichtung ein (wobei der Zustand in
Feldrichtung energieärmer ist).
Quantelung des Kernspinimpulses in z-Richtung

$$|\vec{I}_z| = m_\mathrm{I}\hbar$$

Auswahlregel: $\Delta m_\mathrm{I} = \pm 1$, d. h. es sind nur Übergänge
zw. benachbarten Energieniveaus erlaubt.

Technische Ausführung bei konstanter Frequenz ($\nu =$
60 oder 100 MHz, neueste Geräte 900 MHz) und variablem Magnetfeld.

$$\boxed{\Delta E = h\,\nu = g_\mathrm{N}\, \mu_\mathrm{N}\, |\vec{B}|}$$

Mit zunehmender Feldstärke steigt der Besetzungsunterschied (BOLTZMANN-Verteilung), und desto mehr Kerne werden angeregt. Das Umklappen der Präzessionsrichtung erzeugt einen messbaren *Kerninduktionsstrom*
(NMR-Signal).
Heutige Messtechnik: Auf den eingestrahlten Radiofrequenzimpuls registriert der Empfänger ein zeitlich exponentiell abklingendes Signal (Impulsinterferogramm)
$F(t)$, aus dem das NMR-Spektrum $f(\nu)$ durch Fourier-Transformation berechnet wird.

g_K	Kern-g-Faktor, empirische Größe	(Dim. 1)
I	Kernspinquantenzahl	(Dim. 1)
$\vec{m}$	magnetisches Moment	$(\mathrm{J/T} = \mathrm{A\,m^2})$
m_I	magnet. Kernspinquantenzahl, Orientierungsquantenzahl	
ϑ	Winkel: Feldrichtung – Achse des magn. Moments.	
γ	gyromagnetisches Verhältnis	$(\mathrm{s^{-1}T^{-1}})$
μ_K	Kernmagneton, Konstante	$(\mathrm{J/T})$.

2) Abschirmeffekt. Die Elektronenhülle („chemische
Umgebung", innermolekulare Felder) schwächt das
Magnetfeld am Ort des Atomkerns. Bindungselektronen z. B. der C–H–σ-Bindung haben ein zum angelegten
Magnetfeld $\vec{H}$ entgegengerichtetes magnetisches Moment.

$$H_\mathrm{eff} = H - \sigma\, H$$

H	magnetische Feldstärke
σ	Abschirmkonstante

Atomkerne in verschiedenen Bindungszuständen sind
durch die Resonanzfrequenz unterscheidbar; die Intensität des NMR-Signals ist der Zahl gleichartig gebundener
Kerne proportional.

3) chemische Verschiebung, engl. *chemical shift.* Die

NMR-Signale einer Substanz werden auf die Resonanzfeldstärke des zugesetzten „inneren" Tetramethylsilan-Standards $(CH_3)_4Si$ (TMS) mit zwölf gleichartig gebundenen H-Atomen (d. h. eine scharfe Linie bei 0 ppm) bezogen. Der Frequenzabstand $\Delta\nu$ zum TMS-Standard hängt
von der Magnetfeldstärke ab. Die NMR-Skala wird feld-
und geräteunabhängig durch die Definition:

$$\boxed{\delta = \frac{\text{Resonanzfequenz gegen TMS (in Hz)}}{\text{Betriebsfrequenz (in MHz)}}}$$

$$\delta = \frac{H - H_\mathrm{ref}}{H_\mathrm{ref}}$$

Einheit: $1\ \mathrm{ppm} = 10^{-6}\ \mathrm{MHz/MHz} = 1\ \mathrm{Hz/MHz}$.

Tau-Skala: $\quad \tau = (10 + \delta)\ \mathrm{ppm}$

δ ist Maß für die Stärke des Abschirmfeldes und wird
gegen den *TMS-Standard* gemessen.

	δ groß	δ klein
Larmor-Frequenz	groß	klein
Abschirmfeld ($\nu \sim B$)	schwach	stark
Atomkern	entschirmt	abgeschirmt
Signal bei	tiefem Feld	hohem Feld
Verschiebung	paramagnet.	diamagnetisch

4) Integration der Signale. Das Flächenintegral der
NMR-Peaks zeigt eine Stufenkurve. Die Stufenhöhe
entspricht dem Zahlenverhältnis der chemisch verschiedenen Atomkerne (z. B. Zahl gleichartiger Protonen
beim 1-H-NMR).

Integralfläche $\hat{=}$ Protonenzahl (bei ¹H-NMR)

Beispiel: Phenylessigsäure COOH : C_6H_5 : $CH_2 = 1 : 5 : 2$.

Acetylaceton: Keto- u. Enolform prozentual unterscheidbar.

5) Festkörper-NMR. Die Linien sind stark verbreitert.
Die direkte Spin-Spin-Kopplung ist in Lösungen und
Gasen durch die Molekülbewegung ausgemittelt, nicht
aber im Festkörper.

¹H-Kernresonanzspektroskopie

¹H-NMR. Die Protonenverschiebung dient zur Strukturaufklärung organischer Verbindungen.

Stoffklasse	δ_HH (vs. TMS)
Cyclopropane	0 bis 1
Thiol-SH	1 (Aliphat) ... 4 (Aromat)
Alkohol-OH	1,2 bis 5,3 (D_2O-austauschbar)
CH_3- an Metall	$<1,5$
CH_3- an C=C, C=X	1,8 bis 2,5
CH_3S-	2,0 bis 2,8
Alkine	2,2 bis 3,1
Methylamino-	2,8 bis 3,6
Amin-NH	3,5 bis 4,8
Methoxy-	3,4 bis 3,8
Ether	3,8 (-CH_2-O-) ... 5,6 (R_2CH-O-)
Acetal-CH	4,5 bis 6
Alkene	4,5 (+M) ... 6,8 (–M-Subst.)
Amid-NH	6 bis 8,5
Aromaten	5,8 (+M) ... 8,4 (–M-Subst.)
Heteroaromaten	6 (Überschuss) ... 9,7 (Mangel)
Phenol-OH	6 bis 10,2
Carbonsäure-OH	>9
Aldehyd	9,4 bis 10,6
Enol-OH	$>10,8$

1) Induktiver Effekt. Elektronegative Substituenten verringern die Elektronendichte am Nachbar-C-Atom; die chem. Verschiebung des Protons δ wird größer.

R–CH$_2$–R	1,26	δ(CH$_2$)
R–CH$_2$–SR	2,51	
R–CH$_2$–NHR	2,51	
R–CH$_2$–I	3,20	
R–CH$_2$–OR	3,42	
R–CH$_2$–Br	3,43	
R–CH$_2$–Cl	3,57	
R–CH$_2$–F	4,35	

2) Anisotropieeffekt. Das induzierte magnetische Sekundärfeld von π-Elektronen aus Doppel- und Dreifachbindungen kann das örtliche Magnetfeld am Ort des Atomkernes verstärken oder schwächen.

Alkin-H	2 ... 3	δ_H
Alken-H	4,5 ... 6,5	
Aromaten-H	um 7,3	
Aldehyd-H	über 8	

Der Benzolring wirkt wie eine Ringspule, deren Feld das äußere Magnetfeld verstärkt und die Protonen entschirmt. Bei [18]Annulen sind die äußeren zwölf Protonen entschirmt ($\delta_H = 8,9$), die inneren sechs abgeschirmt ($\delta_H = -1,8$).

3) Mesomerer Effekt.

Elektronendonor-Substituenten (+M-Effekt bei: CH$_3$O-, (CH$_3$)$_2$N- u.a.) erhöhen die Ladungsdichte in o- und p-Stellung eines Benzolringes; δ_H sinkt unter 7,3 (Abschirmung).

Elektronenakzeptor-Substituenten (–M-Effekt bei: CHO-, CN- u.a.) entschirmen die o- und p-Stellung. δ_H steigt über 7,3.

An konjugierten Mehrfachbindungen tritt durch Mesomerie Entschirmung am β-Proton auf, z. B. bei α,β-ungesättigten Carbonylverbindungen, 2-Cyclohexanon.

4) Wasserstoffbrücken. Das Brückenproton ist entschirmt, so dass Hydroxyverbindungen typische Assoziationsverschiebungen zeigen.

Alkohole	$\delta_H < 6$
Enole, Phenole, Carbonsäuren	$\delta_H = 9$ bis 17

Zwischenmolekulare H-Brücken zeigen eine konzentrations- und lösungsmittelabh. Verschiebung, innermolekulare H-Brücken nicht.

Durch Zusatz von Deuteriumoxid verschwindet das Signal (Deuteriumaustausch mit aciden Protonen).

5) Chiralität. Protonen unweit eines asymmetrischen C-Atoms sind unterscheidbar; z. B. CH$_2$-Gruppe in β-Acetoxybutansäure, Methyl-Protonen in L-Valin.

6) Dynamische Einflüsse. Ist die Rotation um Einfachbindungen durch Mesomerie, Tautomerie, sperrige Substituenten oder Ringe eingeschränkt, werden benachbarte Protonen – wie bei Alkenen – unterscheidbar.

Beispiel: N,N-Dimethylacetamid CH$_3$–CO–N(CH$_3$)$_2$ zeigt in der Kälte zwei Signale bei $\delta_H \approx 3$, weil eine N-Methylgruppe *cis*, die andere *trans* zum Carbonyl-O steht. Oberhalb $T_c = 80\,°$C koaleszieren die Signale zu einem, weil die Geschwindigkeitskonstante der C–N-Rotation („Austauschfrequenz") die Größenordnung der chemischen Verschiebung erreicht.

$$k_{\mathrm{r}} = \frac{kT}{h}\, e^{-\Delta G/RT} \approx \frac{\pi}{\sqrt{2}}\, \Delta \nu$$

ΔG freie molare Aktivierungsenthalpie.

7) Spin-Spin-Kopplung. Aufspaltung der NMR-Linien eines Atomkernes in *Multipletts*. Auf einen Atomkern wirkt neben dem äußeren Magnetfeld und innermolekularen Abschirmfeldern das Zusatzfeld chemisch gebundener Nachbarkerne. Die magnetischen Momente benachbarter Kerne (z. B. die H-Atome an benachbarten C-Atomen) treten über die bindenden Elektronenpaare der chemischen Bindung in magnetische Wechselwirkung.

N koppelnde Kerne mit Kernspin I erzeugen eine $(2NI + 1)$-fache Aufspaltung. (Beachte: Proton $I = \frac{1}{2}$, Deuterium $I = 1$). Die Intensitäten der Multiplettsignale entsprechen der Zahl energiegleicher Gesamtspineinstellungen.

Chemisch <u>und</u> magnetisch äquivalente Kerne spalten nicht auf (z. B. Methylprotonen untereinander). Funktionelle Gruppen spalten wegen des intermolekularen Protonenaustausches meist nicht auf (z. B. OH bei Alkoholen).

Auswertung von ^{1}H-NMR-Spektren

Nachbar-C-Atom ohne H-Atom:	Singulett
Nachbar-C-Atom hat ein H-Atom:	Dublett (1 : 1)
Nachbar-C-Atom hat 2 H-Atome:	Triplett (1: 2: 1)
Nachbar-C-Atom hat 3 H-Atome:	Quartett (1:3:3:1)
Kopplung zweier Deuterium-Atome:	Quintett (statt Dublett)
funktionelle Gruppe mit H-Atom:	Singulett

Beispiel: ^{1}H-NMR von Ethanol CH$_3$CH$_2$OH

Drei H-Atome der CH$_3$-Gruppe	
„sehen" zwei H-Atome der CH$_2$-Gruppe:	$\Rightarrow$ Triplett
Zwei H-Atome der CH$_2$-Gruppe	
„sehen" CH$_3$ und OH:	$\Rightarrow$ (Oktett)
sichtbar in Reinstethanol, sonst:	$\Rightarrow$ Quartett
Ein H-Atom der OH-Gruppe	
„sieht" zwei H-Atome der CH$_2$:	$\Rightarrow$ (Triplett)
sichtbar in Reinstethanol; sonst:	$\Rightarrow$ Singulett

8) Kopplungskonstante = Frequenzabstand der Multiplett-Linien. Unabhängig von der Flussdichte B_0 des äußeren Magnetfeldes.

unmittelbare Kopplung ^1J

geminale Kopplung ^2J: über zwei Bindungen.

vicinale Kopplung ^3J: über drei Bindungen.

Long range-Kopplung: Fernkopplung über > 3 Bindungen hinweg.

Kopplung	Kopplungskonstante (Hz)	
unmittelbar	^{13}C-H	$J_{CH} = 120 - 270$
geminal	>CH$_2$	$^2J_{HH} = 0$ bis 20
	Alken =CH$_2$	1,5 – 3 Hz
	Cyclohexan -CH$_2$	12 – 13 Hz
vicinal	>CH-CH<, -CH=CH-	$^3J_{HH} = 3$ bis 20
	Alkan (gemittelt, alle Konformere)	7 Hz
	60°-syn-Ethan	3 Hz
	180°-anti-Ethan	16 Hz
	Cyclohexan diequatorial	2,5 – 4 Hz
	CH(ax)-CH(eq)	2,5 – 4 Hz
	diaxial	12 – 13 Hz
	cis-Alken -CH=CH-	8 – 12 Hz

long range	trans-Alken -CH=CH-	12 – 17 Hz
	ortho-Benzol	6 – 9 Hz
	-CH$_2$-C≡C-H	$^4J_{HH}$ < 4
	Cyclohexan:	
	CH(eq)-CH$_2$-CH(eq)	1,5 – 3 Hz
	Allyl -CH-CR=CH-	1 – 2 Hz
	meta-Benzol	1 – 3 Hz
	para-Benzol	0,5 – 1 Hz

9) Dacheffekt. Bei *Spektren höherer Ordnung* liegen die Kopplungskonstanten in der Größenordnung der chemischen Verschiebung ($J_{AX}/(\nu_A - \nu_X) \geq 10\%$). Die innen liegenden Linien eines Multipletts erscheinen auf Kosten der äußeren intensiver; die theoretischen Intensitätsverhältnisse gelten nicht mehr.

^{1}H-Kernresonanz: spezielle Methoden

Neben 60-, 90 MHz-Geräten werden eingesetzt:

1. *Hochfeld-Kernresonanz:* Bei hoher Feldstärke (mit supraleitenden Magnetspulen: 18,8 T) sind 800 MHz Betriebsfrequenz möglich. Hohe Auflösung (weil $\Delta\nu \sim B_0$), Vereinfachung von Multipletts höherer Ordnung.

2. *Spin-Entkopplung* (Doppelresonanz). Aufhebung der Multiplettaufspaltung; das NMR-Signal erscheint im Mittel als Singulett, wenn der koppelnde Kern durch Anregung mit einem 2. Resonanzsignal nicht genügend lange in seinen Präzessionszuständen verweilen darf. Damit entfällt das Zusatzfeld auf den betrachteten Kern. Anstelle des entkoppelten Signals: Schwebungsinterferenz. Anwendung zur Lokalisierung der Kopplungspartner eines Kerns.

3. *Kern-Overhauser-Effekt* (NOE, nuclear Overhauser effect). Bei der Spin-Entkopplung eines Protons X ändern sich auch die Signalintensitäten räumlich naher Protonen A; umso mehr, je näher A und X sind. Anwendung zur näherungsweisen Bestimmung von Kernabständen im Molekül.

4. *2-dimensionale HH-Korrelationspektroskopie* (HH-COSY, correlation spectroscopy). Die *Konnektivitäten* (HH-Kopplungsbeziehungen) eines Moleküls werden im quadratischen δ_H-δ_H-Diagramm dargestellt; das ^{1}H-NMR wird auf die Diagonale projiziert (δ_H,δ_H); Kopplungen zweier Kerne als *Kreuzsignale* (δ_A,δ_X eingezeichnet, die orthogonal zur Diagonalen liegen.

^{13}C-Kernresonanzspektroskopie

^{13}**C-NMR.** C-13 kommt zu 1,1% natürlich vor, das magnetische Moment ist klein. Kopplungen ($^1J_{CC}$ = 30 – 150 Hz) werden nur in ^{13}C-angereicherten Proben beobachtet, was die Spektrenanalyse vereinfacht. Empfindlichere Messmethoden notwendig als die Puls-Fourier-Transformation.

1) Protonen-Breitbandentkopplung. Doppelresonanzverfahren, beseitigt störende Aufspaltungen durch CH-Multipletts; ^{13}C-Kerne erscheinen als *Singulett-Signale*. Zusätzlich Empfindlichkeitsgewinn durch Kern-Overhauser-Effekt; Signalintensitäten sind jedoch nicht auswertbar.

2) Subspektren. C, CH, CH$_2$ und CH$_3$ sind durch spezielle Impulssequenzen getrennt messbar. Ein CH-Subspektrum zeigt nur die CH-Fragmente; ein CH$_n$-Subspektrum zeigt CH und CH$_3$ mit positiver Amplitude, CH$_2$ mit negativer. Quartäre C-Atome fehlen (erscheinen im breitbandentkoppelten C-13-Spektrum).

3) CH-COSY, zweidimensionale Korrelationsspektroskopie; zeigt ^{13}C-NMR-Verschiebungen auf der x-Achse, ^{1}H-NMR-Verschiebungen auf der y-Achse. Die CH-Konnektivitäten der CH$_n$-Fragmente erscheinen als Kreuzsignalkonturen auf der Diagonalen.

4) C-13-Verschiebungen. Bei vergleichbarer Linienbreite größer als bei ^{1}H-NMR-Signalen (ca. 250 ppm gegenüber 15 ppm). Quartäre C-Atome und funktionelle Gruppen (-CN, -NCO) sind treffsicher zu erkennen. Induktive, mesomere und sterische Effekte haben starken Einfluss.

Stoffklasse	^{13}C-NMR-Verschiebung δ_C vs. TMS
Ketone	195 (konjugiert) ... >220
Aldehyde	185 (konjugiert) ... 205
Chinone	180 bis 195
Carbonsäuren	160 (konjugiert) ... 175
Thioharnstoffe	175 bis 185
Harnstoffe	150 bis 160
Oxime	155 bis 165
Carbonate	150 bis 158
Imine	150 bis 165
Isocyanide	135 bis 150
Cyanide	110 bis 118
Isothiocyanate	122 bis 138
Thiocyanate	110 bis 118
Isocyanate	115 bis 132
Cyanate	105 bis 122
Carbodiimide	115 bis 125
Heteroaromaten	98 (Überschuss) ... 165 (Mangel)
Aromaten	98 (+M) ... 155 (–M-Subst.)
(Cyclo-)Alkene	88 (+M) ... 138 (–M-Subst.)
(Cyclo-)Alkine	72 bis 85
(Cyclo-)Alkane	2 bis 52
R$_3$C–O-	72 bis 85
R$_3$C–N<	58 bis 75
R$_3$C–S-	45 bis 58
R$_3$C–Hal	38 (I) ... 80 (F)
R$_2$CH–O-	60 bis 78
R$_2$CH–N<	50 bis 68
R$_2$CH–S-	42 bis 58
R$_2$CH–Hal	18 (I) ... 68 (F)
RCH$_2$–O-	48 bis 65
RCH$_2$–N<	42 bis 58
RCH$_2$–S-	25 bis 38
RCH$_2$–Hal	<0 (I) ... 58 (F)
CH$_3$–O-	55 bis 62
CH$_3$–N<	25 bis 45
CH$_3$–S-	15 bis 28
CH$_3$–Hal	<0 (I) ... 45 (F)

5) CH-Kopplungskonstanten. Die Kopplung der C-13-Kerne mit unmittelbar gebundenen und weiter entfernten Protonen nimmt mit zunehmendem s-Anteil der Bindung zu.

Verbindung	J_{CH} (in Hz)
CH vicinal	$^3J_{CH}$ = 4 bis 12
CH geminal	$^2J_{CH}$ = 2 bis 50
Aldehyd	$^2J_{CH}$ = 25

Cyclohexan	123
sp^3-Ethan, Methan	125
Cyclopentan	128
Cyclobutan	134
Chlormethan	150
sp^2-Ethen	156
Cyclopropan	161
Dichlormethan	178
Trichlormethan	211
sp-Ethin	249

Kernspaltung

Zerfall schwerer Atomkerne ($A > 130$) in große Bruch-stücke; im Gegensatz zu *Kernreaktionen.

- *spontane Kernspaltung:* extrem schwere Kerne zer-platzen ohne vorherigen Absorption von Teilchen.
- *angeregte Kernspaltung:* der Kern fängt ein Neutron ein, der gebildete Compoundkern zerfällt.

Die *asymmetrische Spaltung* von U-235 liefert Produkte mit Massenzahlen 90–100 und 133–143, sowie durch-schnittlich 2,5 Neutronen. U-235 wird von schnellen und langsamen Neutronen gespalten (6,5 MeV), U-238 absorbiert mittelschnelle Neutronen (Spaltenergie 7,0 MeV; als Spaltstoff ungeeignet).

Asymmetrische Spaltung von Uran-235

$$^{235}_{92}U + ^1_0 n \longrightarrow \quad ^{90}_{36}Kr + \quad ^{143}_{56}Ba + 3\,^1_0 n$$

$\beta^{\ominus}\downarrow$ 32 s	$\beta^{\ominus}\downarrow$ 20 s
$^{90}_{37}$Rb	$^{143}_{57}$La
$\beta^{\ominus}\downarrow$ 2 min	$\beta^{\ominus}\downarrow$ 14 min
$^{90}_{38}$Sr	$^{143}_{58}$Ce
$\beta^{\ominus}\downarrow$ 29 a	$\beta^{\ominus}\downarrow$ 33 h
$^{90}_{39}$Y	$^{143}_{59}$Pr
$\beta^{\ominus}\downarrow$ 64 h	$\beta^{\ominus}\downarrow$ 14 d
$^{90}_{40}$Zr	$^{143}_{60}$Nd

Energieausbeute der Kernspaltung:	200 MeV
Energie der Spaltprodukte	
– kinetische Energie	167 MeV
– Neutrinos	10 MeV
– β-Strahlung	8 MeV
– γ-Strahlung	5 MeV
prompte γ-Strahlung	5 MeV
Neutronen	5 MeV

Kernspektrum

Linienspektrum bei Kernumwandlungen und radioakti-ven Vorgängen, wenn angeregte Kerne γ-Quanten aus diskreten Quantenzuständen abstrahlen. Vgl. *Reso-nanzabsorption, *Mößbauer-Effekt.

Kernspin

Kernspindrehimpuls. Mechanischer Eigendrehimpuls des Atomkerns um seine Achse (analog Elektronen-spin); quantenmechanisch nicht anschaulich. Die be-wegte Kernladung verleiht dem Atomkern ein magne-tisches Moment. In Richtung eines statischen äußeren Magnetfeldes gibt es ($2I + 1$) Einstellmöglichkeiten zw. 0 und $^{15}/_2$ ganz- und halbzahlig.

Kernspindrehimpuls	$\lvert \vec{I} \rvert = \hbar \sqrt{I(I+1)}$
– in z-Richtung	$\lvert \vec{I}_z \rvert = \hbar\, m_I$

magnetisches Moment	$\lvert \vec{m}_I \rvert = \gamma \lvert \vec{I} \rvert = g_N \mu_N \lvert \vec{I} \rvert / \hbar$
– in z-Richtung	$\lvert \vec{m}_{I,z} \rvert = \gamma \hbar\, m_I = g_N \mu_N m_I$
– Größtwert	$\lvert \vec{m} \rvert_{I,z.\max} = \gamma \hbar\, I = g_N \mu_N I$
Magnetquantenzahl	$m_I = 0, \pm 1, \pm 2, \ldots, \pm I$
Energie	$E = -\vec{m}_I\,\vec{H}$
– in z-Richtung	$E_z = \gamma \hbar\, m_I \lvert \vec{H} \rvert$

Technische Nutzung für *Kernspinresonanz.

I	Kernspinquantenzahl (Dim. 1)
m_I	magnetische Kernspin-Quantenzahl, Orientierungsquantenzahl
γ	*gyromagnetisches Verhältnis
$\hbar$	„h-quer", Planck'sches Konstante $h/2\pi$

Kernspinquantenzahl fälschlich „Kernspin".

uu-Kerne	$I = 1$	z. B. ^{2}D
gu- und ug-Kerne	$I = {}^1/_2$	z. B. ^{1}H, ^{13}C, ^{19}F, ^{31}P
gg-Kerne	$I = 0$	60% der stabilen Kerne

Kernzertrümmerung

Spallation. Durch energiereiche Projektile (> 100 MeV) zerfällt das Target in Protonen, Neutronen und einen leichten Restkern.

Beispiel: $^{238}U + \alpha \longrightarrow {}^{187}W + 20\,p + 35\,n$

Klitzing-Konstante *Von-Klitzing-Konstante

Kohlenstoffäquivalent

Kriterium für *Schweißbarkeit* von Stählen. Kohlenstoff-reiche Stähle sind nicht schmelzschweißbar wegen *Auf-härtung* (Martensitbildung) in der Schweißzone und Rissbildung beim Abkühlen. Legierungselemente ver-stärken diesen Effekt (Sondercarbide).

$$\text{CEV} = \%C + \frac{\%Mn}{6} + \frac{\%(Cr + Mo + V)}{5} + \frac{\%(Ni + Cu)}{15}$$

$< 0{,}45\%$	gut schweißbar
$< 0{,}60\%$	bedingt schweißgeeignet (mit Vorwärmen/Wärmebehandlung)
$> 0{,}60\%$	schwer schweißbar (mit austenitischen Elektroden)

Komplexverbindung

Eine *Koordinationsverbindung* besteht aus:

- *Zentralatom:* Metall, Halbmetall oder Nichtmetall; mit einem Elektronendefizit (sog. LEWIS-Säure),
- *Liganden:* durch *Atombindung mit dem Zentralatom verknüpfte Atome oder Atomgruppierungen mit freien Elektronenpaaren (= LEWIS-Basen).

1) Hybridisierung. Die einsamen Elektronenpaare der Liganden besetzen die freien d-Orbitale des Zentrala-toms, d. h. das bindene Elektronenpaar stammt ganz vom Liganden; das Zentralatom erreicht eine stabile Edelgaskonfiguration (18-Elektronen-Regel).
Eine stabile Bindung entsteht bei größtmögl. Überlap-pung der Orbitale längs der Symmtrieachse der Hybrid-orbitale. Die Liganden stoßen sich maximal ab und ord-nen sich symmetrisch um das Zentralatom.
Theorie vgl. *High-Spin-Komplex, *Low-Spin-Kom-plex, *Kristallfeld- und *Ligandenfeldtheorie.

2) Nomenklatur von Komplexverbindungen
1. *Liganden* alphabetisch aufzählen, Säurerestanionen mit Endung -o; bei Verbrückung zw. zwei Zentralato-

men mit Vorsatz μ-.

Anionisch		Neutral	
$Cl^{\ominus}$	chloro-		
$CN^{\ominus}$	cyano-	CO	carbonyl-
$F^{\ominus}$	fluoro-		
$H^{\ominus}$	hydrido-		
$OH^{\ominus}$	hydroxo-	H_2O	aqua-
$NO_2^{\ominus}$	nitro-	NO	nitrosyl-
$O^{2\ominus}$	oxo-	NH_3	ammin-

2. *Zahlwörter:* bei längerem Namen steht der Ligand in runden Klammern.

einfache Liganden		komplizierte Liganden
1	mono-	
2	di–	bis-
3	tri-	tris-
4	tetra-	tetrakis-
5	penta-	pentakis-
6	hexa-	hexakis-
7	hepta-	heptakis-
8	octa-	octakis-

3. Bei Komplexanionen: Endung - *at*.
4. *Oxidationsstufe* des Zentralatoms: als römische Zahl in runden Klammern.

Nomenklatur von Liganden und Radikalen

Gruppe	als Ligand (Komplexverbindungen)	als Substituent (organische Verb.)
H	Hydrido	
F	Fluoro	Fluor
OF		Fluoroxy
Cl	Chloro	Chlor
ClO	Hypochlorito	Chlorosyl
ClO_2	Chlorito	Chloryl
ClO_3	Chlorato	Perchloryl
ClO_4	Perchlorato	
Br	Bromo	Brom
I	Iodo	Iod
IO		Iodoso
IO_2		Iodyl
ICl_2		Dichloriod
O	Oxo	Oxo, Oxy, Oxido
O_2	Peroxo, Hyperoxo	Dioxy
O_3		Trioxy
H_2O	Aqua	Oxonio $H_2O^{\oplus}$
OH	Hydroxo	Hydroxy
OH_2	Hydroperoxo	Hydroperoxy
S	Thio, Sulfido	Thio -S-, Sulfido -S$^{\ominus}$, Thioxo S=
HS	Mercapto	Mercapto, Thiol
S_2	Disulfido	Dithio -S–S-
SO		Sulfinyl
SO_2	Schwefeldioxid	Sulfonyl
SO_3	Sulfito	Sulfonato -$SO_3^{\ominus}$
HSO_3	Hydrogensulfito	Sulfo $(HO)O_2S$-
H_2S		Sulfonio $H_2S^{\oplus}$-
S_2O_3	Thiosulfato-S, -O	
SO_4	Sulfato	Sulfonyldioxy –O-SO_2-O-
Se	Seleno	Seleno –Se–, Selenoxo Se=
SeO		Seleninyl
SeO_2		Selenonyl
SeO_3	Selenito	
SeO_4	Selenato	
Te	Telluro	Telluro
N	Nitrido	Nitrilo N≡
N_2	Distickstoff	Azo –N=N–, Azino =N–N=, Diazo =N_2, Diazonio -$N_2^{\oplus}$

Gruppe	als Ligand (Komplexverbindungen)	als Substituent (organische Verb.)
N_3	Azido	Azido
NH	Imido	Imino
NH_2	Amido	Amino
NH_3	Ammin	Ammonio $H_3N^{\oplus}$-
NHOH	Hydroxylamido-O, Hydroxylamido-N	Aminooxy -ONH_2, Hydroxyamino -NHOH
N_2H_3	Hydrazido	Hydrazino
N_2H_4	Hydrazin	
N_2H_5	Hydrazinium	
NO	Nitrosyl	Nitroso
NO_2	Nitro (Nitrito-N), Nitrito-O	Nitro -NO_2, Nitrosooxy –O-NO
NO_3	Nitrat	Nitrato
N_2O_2	Hyponitrito	
P	Phosphido	Phosphintriyl
H_2P	Dihydrogen-phosphido	Phosphino
PH_3	Phosphin	Phosphonio $H_3P^{\oplus}$–
PO		Phosphoroso OP–, Phosphoryl OP≡
PS		Thiophosphoryl
PH_2O_2	Phosphinato	
PHO_3	Phosphonato	
PO_4	Phosphato	
$P_2H_2O_5$	Diphosphonato	
P_2O_7	Diphosphato	
AsO_4	Arsenato	
CO	Carbonyl	Carbonyl
CS	Thiocarbonyl	Thiocarbonyl
COOH	Carboxyl	Carboxy
CO_2	Kohlenstoffdioxid	Carboxylato
CS_2	Kohlenstoffdisulfid	Dithiocarboxylato
H_2NCO	Carbamoyl	Carbamoyl
H_2NCO_2	Carbamato	Carbamoyloxy
CH_3O	Methoxo oder Methanolato	Methoxy
C_2H_5O	Ethoxo oder Ethanolato	Ethoxy
CH_3S	Methylthio oder Methanthiolato	Methylthio
C_2H_5S	Ethylthio oder Ethanthiolato	Ethylthio
CN	Cyano	Cyan –CN, Isocyan –NC
OCN	Cyanato-O, Isocyanato	Cyanato –OCN, Isocyanato –NCO
ONC	Fulminato	
SCN	Thiocyanato-S, Isothiocyanato = Thiocyanato-N	Thiocyanato –SCN, Isothiocyanato –NCS
SeCN	Selenocyanato, Isoselenocyanato	Selenocyanato –SeCN, Isoselenocyanato –NCSe
CO_3	Carbonato	Carbonyldioxy –O–CO–O–
HCO_3	Hydrogencarbonato	
CH_3CO_2	Acetato	Acetoxy
CH_3CO	Acetyl	Acetyl
C_2O_4	Oxalato	

Koordinationszahl

Komplexchemie: Anzahl der Liganden (Nachbaratome) um ein Zentralatom, die zu ihm einen mögl. kleinen und gleichmäßigen Abstand haben. Erklärt den räumlichen Bau eines Komplexions; vgl. *Hybridisierung.

KZ 4: Tetraeder, seltener: Quadrat,

KZ 6: Oktaeder,
KZ 8: Würfel.

Je größer das Zentralatom und je kleiner die Liganden sind, umso größer ist die maximale Koordinationszahl. Typische Koordinationszahlen:

2: Stickstoff im Nitrition $NO_2^{\ominus}$.

3: Schwefel in Sulfit $SO_3^{2\ominus}$,
N in Nitrat $NO_3^{\ominus}$ („großes" Sauerstoffatom).

4: Diamantgitter, Schwefel in $SO_4^{2\ominus}$,
N in Ammonium $NH_4^{\oplus}$ („kleines" H-Atom).

6: Kochsalzgitter

8: kubisch-raumzentriertes Gitter

12: dichteste Kugelpackung

Körperdosis

*Dosimetrische Größe im Strahlenschutz.

1) *Ganzkörperdosis* H_G: Mittelwert der Äquivalentdosis über Kopf, Rumpf, Oberarme und Oberschenkel bei einer als homogen angesehenen Strahlenexposition des Körpers.

2) *Teilkörperdosis* H_T: Mittelwert der Äquivalentdosis über das Volumen eines Körperteils oder Organs (bei Haut über die Fläche).

3) *Effektive Äquivalentdosis* oder *Effektivdosis* H_E: Summe der mit zugehörigen stochastischen Wichtungsfaktoren w_T multiplizierten mittleren Äquivalentdosen H_T relevanter Organe oder Gewebe:

$$H_E = \sum_T w_T \cdot H_T \qquad Sv = J/kg$$

Kristall

Festkörper mit einer best. äußeren Gestalt (*Morphologie*) und einem regelmäßigen molekul. Aufbau (*Struktur*). Stoffe mit gleicher oder ähnl. Kristallstruktur unterscheiden sich durch die *Gitterkonstanten*, d. h. die charakt. Abstände der Gitterpunkte. Manche Stoffe treten je nach Umgebungsbedingungen in mehreren *Modifikationen* (Erscheinungsformen) mit unterschiedl. Kristallstruktur auf.

• *Einkristall* (Monokristall): fehlerfreier Kristall mit regelmäßigem Aufbau aus identischen Elementarzellen. Der reale Einkristall zeigt *Gitterbaufehler und Verunreinigungen.

• *Mosaikkristall:* aus kleinen, perfekt ausgebildeten, gegenseitig um winzige Winkelbeträge verkippten Volumenanteilen zusammengesetzt.

• *Kristallaggregat* (Vielkristall, Polykristall): aus vielen Kristalliten aufgebauter Körper.

• *Kristallit* oder *Korn*: Kleinkristall von 1 nm bis 10 μm Größe (Korn: bis 1 cm); im losen Verband (Kristallpulver) oder miteinander verknüpft (*Gefüge).

Kristallfeldtheorie

Theorie der *Komplexverbindungen unter Annahme rein elektrostat. Bindungskräfte zw. punktförmigen Liganden (die sich abstoßen) und dem Zentralatom (das die Liganden anzieht). Ohne reale physikal. Bedeutung,

liefert aber qualitativ korrekte Aussagen ohne großen mathematischen Aufwand.
Verbesserung vgl. *Ligandenfeldtheorie.

Kristallgitter

Raumgitter, Kristallstruktur. Kristallografie: Die räumlich-regelmäßige Anordnung der Gitterbausteine im Festkörper; bestimmt die äußere Gestalt und Symmetrie des Kristalls. Man unterscheidet:
Atomgitter (z. B. Diamant),
Metallgitter (z. B. Gold),
Molekülgitter (z. B. Iod).
Einfache Gitter aus gleichart. Teilchen (z. B. Silber).
Zusammengesetzte Gitter: Überlagerung einfacher Gitter (z. B. Kochsalz).

Aufbau des Kristallgitters

1. *Symmetrieelemente:* Drehachse, Spiegelebene, Inversionszentrum, Drehspiegelebene.
2. *Kristallklassen* od. *Punktgruppen:* Kombination der 4 Symmetrieelemente zu 32 Klassen.
3. *Raumgruppe*n: 230 Typen zur Beschreibung der inneren Kristallstruktur einschließlich Translation.
4. *Elementarzelle* oder BRAVAIS-Gitter: kleinste wiederholbare Einheit eines Kristallgitters; insgesamt 14 verschiedene Typen, beschrieben durch die Atomabstände längs der Koordinatenachsen und der Winkel zw. den Kristallachsen.
• 7 *primitive Gitter:* nur die Eckpunkte sind besetzt.
• 7 *zentrierte Gitter:* neben den Eckpunkten sind Positionen im Inneren besetzt.
Die Eckpunkte der Elementarzellen im Kristall liegen auf einer Schar paralleler Netzebenen.
5. *Kristallsystem
6. *Netzebene* = Kristallgitterebene; enthält in regelmäßiger Anordnung die Kristallbausteine; definiert die *Gitterkonstanten als Achsenabschnitte auf den Kristallachsen; festgelegt durch drei Gitterpunkte, die nicht auf einer Geraden liegen.
Konvention: $\vec{a}$ nach vorn, $\vec{b}$ rechts, $\vec{c}$ oben.
7. *Weiß-Index:* Vielfaches der Gitterkonstanten a,b,c (= Achsenabschnitte auf den Basisvektoren).
8. *Miller-Index:* ganzzahlige Kehrwerte h,k,l der WEISS-Indices; räuml. Lage der Netzebenen.

Kristallgitter, reziprokes

Reziprokes Gitter. Analog zur vektoriellen Beschreibung des Kristallgitters $\vec{r} = u\vec{a} + v\vec{b} + w\vec{c}$ die vektor. Beschreibung des *Beugungsbildes.* Die BRAGG-Gleichung sagt nichts über die Orientierung der gebeugten Röntgenstrahlen, wohl aber die vektoriellen Netzebenenabstände.
Reziproker Netzebenenabstand (für $n = 1$)

$$s = \frac{1}{d} = \frac{2\sin\vartheta}{\lambda}$$

Vektoren des reziproken Gitters

$$\vec{s} = h\frac{\vec{b}\times\vec{c}}{V} + k\frac{\vec{c}\times\vec{a}}{V} + l\frac{\vec{a}\times\vec{b}}{V}$$
$$= h\vec{a}^* + k\vec{b}^* + l\vec{c}^*$$

$\vec{a}^*,\vec{b}^*,\vec{c}^*$ Basisvektoren des reziproken Gitters;
h,k,l Millersche Indices.

Kristallstrukturanalyse

Röntgen-, Elektronen-, Neutronenstrahlen werden an *Kristallgitterebenen, in Flüssigkeiten und Gasen gebeugt (gestreut) und interferieren miteinander.

- *Röntgenstrahlen:* Streuung v. a. an der Elektronenhülle von Kristall- und Molekülgittern; wg. geringer Streuintensität ungeeignet für leichte Atome (H, He, Li,...).
- *Elektronen:* Streuung v. a. an den Atomkernen; ungeeignet für leichte Atome.
- *Neutronen:* Streuung v. a. an den Atomkernen; auch für Wasserstoff.

Aus der gemess. Winkelabh. der Streumaxima werden die Atomabstände im Molekül oder Kristallgitter geschätzt (sehr genau) und eine Streukurve angenähert.

1) Röntgenstrukturanalyse (XRD), *X-ray diffraction,* Röntgenbeugung. An Kristallen spaltet ein Röntgenstrahl in versch. Winkelrichtungen auf (*Dispersion) und zeichnet ein diskontinierl. Beugungsmuster der Elementarzelle, aus dem durch FOURIER-Transformation ein mikroskop. Abbild berechnet wird.

a) *Laue-Verfahren* (historisch): polychromat. Röntgenstrahlung tritt durch einen Einkristall und erzeugt auf einer Fotoplatte punktförm. Reflexe; keine Aussage über Gitterkonstanten.

b) *Drehkristallverfahren:* der Einkristall wird im Strahlengang um eine Achse gedreht; monochromat. Röntgenstrahlung zeigt nach der BRAGG-Gleichung Röntgenreflexe nur unter def. Winkeln ϑ.

$$n\,\lambda = 2d\sin\vartheta = \Delta s$$

n Brechungsordnung, d Netzebenenabstand, ϑ Ein- und Ausfallwinkel, Δs Gangunterschied = Diff. der Wegstrecken zweier paralleler Strahlen, die an benachbar. Netzebenen gebeugt werden.

Jedes Atom im Kristall ist Ausgangspunkt einer Kugelwelle der Wellenlänge λ; durch Interferenz löschen sich die Wellen ungleicher Phase aus. Wellen gleicher Phase (Gangunterschied = $n\,\lambda$) verstärken sich zum Beugungsmaximum.

Nach SEEMANN, SCHIEBOLD, WEISSENBERG, BÖHM wird der Einkristall längs einer kristallograf. Achse gedreht; es entstehen in Schichtlinien angeordnete Reflexe, die bei bewegl. Film in Punktreflexe aufspalten.

c) *Debye-Scherrer-Verfahren,* Pulververfahren. Die regellos angeordn. Kristallite in der Probe erzeugen bei monochromat. Röntgenstrahlung (BRAGG-Gleichung) Beugungsringe auf einem zylinderförmig um die Probe gelegten Film; für Strukturen hoher Symmetrie. Anwendung: Gesteinanalyse; Festkörperreaktionen („Heizröntgenspektroskopie").

d) Das reziproke *Kristallgitter wird auf einem Röntgenfilm abgebildet oder mit einem Detektor (Zählrohr) registriert; es enthält die
Beugungsbild-Symmetrie ($\Rightarrow$ Kristallsystem),
Lage der Reflexe ($\Rightarrow$ Gitterkonstanten),
Intensität der Reflexe ($\Rightarrow$ Struktur).

2) Phasenproblem.
Fourier-Transformation des Beugungsbildes in ein Strukturbild.

$$\varrho(x,y,z) = \frac{1}{V}\sum_h\sum_k\sum_l \underline{F}_{hkl}\, e^{-2\pi i(hx+ky+lz)}$$

ϱ räumliche Elektronendichte.

Der (komplexe) *Strukturfaktor* einer an der Netzebene *hkl* gebeugten Welle ist der Reflexintensität proportional $|\underline{F}_{hkl}|^2 \sim I_{hkl}$, aber die Phasenwinkel α_{hkl} sind nicht einfach messbar.

$$\underline{F}_{hkl} = |\underline{F}_{hkl}|\, e^{i\alpha_{hkl}} = \sum_j f_j\, e^{2\pi i(hx_j+ky_j+lz_j)}$$

x, y, z kartes. Koordinaten. f_j Streubeitrag des j-ten Atoms.

3) Lösung des Phasenproblems

a) *Patterson-Synthese.* Fourier-Transformation mit den Beträgen der Strukturfaktoren, wobei $n(n-1)$ interatomare Vektoren, nicht aber die Struktur selbst erhalten werden. Anwendung z. B. f. metallorgan. Verbindungen. Für die Schweratome werden näherungsw. Phasenwinkel α_{hkl} berechnet und schrittw. weitere Atome durch Fourier-Transformation zum vollst. Strukturbild ergänzt.

b) *Direkte Fourier-Synthese.* Ist die stets positive Elektronendichte auf kugelförm. Atome konzentriert und deren Art und Zahl pro Elementarzelle bekannt, bestehen Wahrscheinlichkeitsbeziehungen zw. Strukturfaktoren und Phasenwinkeln.

c) Mit nichtlin. Fehlerquadratmethoden wird das Strukturbild verfeinert, d. h. die Phasen optimal an die Messwerte angepasst und zur Fourier-Synthese verwendet.
R-Wert: Maß für Genauigkeit der Strukturbestimmung.

$$R = \frac{\sum ||F_o| - |F_c||}{\sum |F_o|}$$

F_c berechnete, F_o gemessene Strukturfaktoren.

4) Neutronenbeugung. Anwendung wie XRD; mit genauer Lokalisierung von Wasserstoff- und Deuteriumatomen; Bestimmung der Spinorientierung.

Kristallsystem

Jede Raumgruppe und Kristallklasse gehört zu einem von sieben, nach Gitterkonstanten (Achsenabschnitten a,b,c) und Winkeln α,β,γ unterscheidbaren Typ. Varianten vgl. *Bravais-Gitter.

triklin	$a \neq b \neq c$	$\alpha \neq \beta \neq \gamma \neq 90°$
monoklin	$a \neq b \neq c$	$\alpha = \beta = 90°;\ \gamma \neq 90°$
rhombisch	$a \neq b \neq c$	$\alpha = \beta = \gamma = 90°$
hexagonal (trigonal)	$a = b \neq c$	$\alpha = \beta = 90°;\ \gamma = 120°$
rhomboedrisch	$a = b = c$	$\alpha = \beta = \gamma \neq 90°$
tetragonal	$a = b \neq c$	$\alpha = \beta = \gamma = 90°$
kubisch (regulär)	$a = b = c$	$\alpha = \beta = \gamma = 90°$

Kritische Masse

Mindestmasse an spaltbarer Substanz für das Zustandekommen einer Kettenreaktion (bei U-235: 50 kg = 2,6 Liter). Bei Atombomben durch Zusammenschießen unterkrit. Portionen mit konvent. Sprengstoff.

Kunststoff

Polymerwerkstoff aus Molekülen (*Atombindung, *Verformungsmodelle.)

Bezeichnung, chem. und therm. Beständigkeit von Kunststoffen.

Kunststoff		Beständigkeit gegen Schwefelsäure	Kalilauge	Thermische Beständigkeit
ACM	Acrylat-Kautschuk	⊖	⊖⊖	−25···+150°C
BR	Polybutadien-Kautschuk			−60···+100°C
CR	Chlorbutadien-Kautschuk	⊖⊖	⊖	−45···+100(130)°C
EAM	Ethylen-Acrylat-Kautschuk			−40···+150°C
ECO	Ethylenoxid-Epichlorhydrin-Kautschuk			−40···+140°C
EPDM	Ethylen-Propylen-Dien-Kautschuk	⊕	⊕	−50···+130°C
FKM	Fluor-Kautschuk	⊕	⊖⊖	−25···+200(230)°C
IIR	Butyl-Kautschuk	⊕	⊕	−40···+120°C
NBR	Acrylnitril-Butadien-Kautschuk	⊖⊖	⊖	−30···+100(130)°C
NEM	Hydrierter Acrylnitril-Butadien-Kautschuk			
NR	Naturkautschuk	⊖	⊖	−60···+80°C
SBR	Styrol-Butadien-Kautschuk	⊖	⊖	−50···+100°C
X-NBR	Carboxylierter Nitril-Kautschuk			
VMQ	Vinyl-Methyl-Polysiloxan	⊖⊖	⊖⊖	−60···+200(230)°C
FVMQ	Fluormethyl-Polysiloxan	⊖	⊖⊖	−80···+175(200)°C
PVMQ	Phenyl-Vinyl-Methyl-Polysiloxan			−60···+200(230)°C
AU	Polyester-Polyurethan	⊖⊖	⊖⊖	−30···+80(100)°C
EU	Polyether-Polyurethane			
CSM	Chlorsulfoniertes Polyethylen	⊕	⊕	−20···+120°C
ETFE	Ethylen-Tetrafluorethylen			
PFA	Perfluoralkoxy-Copolymerisat			
PTFE	Polytetrafluorethylen	⊕	⊕	−200···+260(327)°C
PA	Polyamid		⊕	bis 80–100 (120–170) °C
PI	Polyiimid			bis 260 (300) °C
POM	Acetalharz		⊕/⊖	bis 90 (160) °C
PP	Polypropylen		⊕	bis 100 (140) °C
PPO	Polyphenylenoxid		⊕	bis 90–120 (190) °C
PSU	Polysulfon			bis 150 °C
PES	Polyethersulfon	⊕	⊕	bis 200 °C
PPSU	Polyarylsulfon			bis 180 °C
PPS	Polyphenylensulfid			bis 255 °C
PVC	Polyvinylchlorid			

1) Thermoplast, *Plastomer*. Molekülknäuel, unvernetzt, fadenförmig, amorph oder teilkristallin. Oberhalb des *Glaspunktes* – Wendepunkt der Festigkeit-Temperatur-Kurve im Einfrier- bzw. Erweichungstemperaturbereich – Abnahme der Festigkeit (amorphe Thermoplaste: gegen null).
Schmelzbar (ca. 200 °C), quellbar, in best. Lösungsmitteln löslich; vielfältige Verarbeitungsmöglichkeiten.
Beispiele: Polyethylen (PE), Polypropylen (PP), Polyvinylchlorid (PVC), Polystyrol (PS), Polyamid (PA), Polyester, Polyacrylnitril (PAN), Polycarbonat (PC).

2) Elastomer. Räumlich weitmaschig vernetzt, teilkristallin, amorph; Oberhalb der Glastemperatur sprungh. Abfall der Festigkeit; geringe, aber konst. Festigkeit bis zur Zersetzungstemperatur. Nicht schmelzbar (Zersetzung), quellbar, lösungsmittel-beständig; Formgebung vor oder während Vernetzung (Vulkanisieren).
Beispiele: Buna, Kautschuk (BR, SBR, NBR), Siliconkautschuk (SIR), Polychloropren (CR), Polyurethan (PUR), Neopren.

3) Duromer Räumlich engmaschig vernetzt; kein Glaspunkt, wenig temperaturabhängige Festigkeit.
Nicht schmelzbar (Zersetzung), nicht quellbar, lösungsmittel-beständig. Formgebung, Pressen, Spritzgießen während der Vernetzung (Härtung).
Beispiele: Phenol- und Melaminharz (PF, UR, MF, UP), Epoxidharz (EP).

4) Gängige Abkürzungen und Eigenschaften von Polymeren vgl. Tabelle.

Ladungsquantelung

Elektrische Ladung als ganzzahliges Vielfaches N der Elementarladung e.

Elektrische Ladung $\boxed{Q = N\,e}$

Elementarladung $e \approx 1{,}602\ 177 \cdot 10^{-19}$ As

Larmor-Präzession

Eine rotierende elektrische Ladung mit einem mechanischen Drehimpuls – z. B. ein Elektron im Atom – hat ein magnetisches Moment, das sich im äußeren Magnetfeld nicht in Feldlinienrichtung, sondern wie ein rotierender Kreisel im anfänglichen Winkel zum Feld einstellt; vgl. *NMR.
Präzession bezeichnet eine Kreiselbewegung; auf den Schwerpunkt eines rotierenden Trägheitsellipsoids wirkt eine kippende Kraft, so dass das freie Ende des Kreisels eine Kreisbewegung auf einem Kegelmantel ausführt (die Kreiselspitze berührt den Boden).

LCAO

linear combination of atomic orbitals, Linearkombination von Atomorbitalen (*MO-Theorie).

Lebensdauer, mittlere

Spektroskopie und Kernphysik: Kehrwert der *Zerfallskonstante.

$$\boxed{\tau = \frac{1}{\lambda} = \frac{T_{1/2}}{\ln 2} \approx \frac{T_{1/2}}{0{,}69315}} \quad \text{s}$$

$T_{1/2}$ Halbwertszeit.

Legierung

Kristallgemisch oder Mischkristall mehrerer metallischer Komponenten.

1) Mischkristall = einphasige *feste Lösung* zweier mischbarer Metalle, homogenes Gefüge. Bei völliger Mischbarkeit linsenförmiges Zustandsschaubild $T(x)$.

- *Einlagerungsmischkristall:* verschiedene Atomradien $(r_A/r_B \leq 0{,}58)$.
- *Substitutionsmischkristall:* ähnliche Atomradien $(0{,}85 \leq r_A/r_B \leq 1{,}15)$; gleicher Gittertyp der Komponenten, geringe chemische Affinität. Nichtlineare Änderung der Eigenschaften.

2) Kristallgemisch, zweiphasige *intermediäre Kristalle* mit ionischen und kovalenten Bindungsanteilen. Die Komponenten (Metalle, Mischkristall, intermetallische Phasen) liegen nebeneinander vor. Heterogenes Gefüge; Eigenschaften ändern sich proportional zur Zusammensetzung.

Zustandsschaubild mit Soliduslinie (Horizontale) und und Liquiduslinie (V-förmig), die im *Eutektikum* zusammenstoßen.

3) Intermetallische Phasen. Hart und spröde; kompliziertes Kristallgitter; z. B. Zementit Fe_3C.

Zustandsschaubild: zwei Systeme mit Nichtmischbarkeit stoßen zusammen.

4) Nach der Verarbeitung:

a) *Knetlegierungen* – für Stangen, Bleche, Rohre, Drähte, Profile – haben ein homogenes Gefüge, sind gut kalt- oder warmumformbar, neigen bei Zerspanung zum Schmieren. Speziell: *Automatenlegierungen* sind Pb- oder S-haltig und besser mit guter Oberfläche zerspanbar.

b) *Gusslegierungen* – für Gussstücke – haben ein heterogenes Gefüge, sind (nah)eutektisch, gut gieß- und zerspanbar.

5) Gebräuchliche Legierungen (einige Bezeichnung veraltet).

Woodsches Metall: 50% Bismut, 25% Blei, 12,5% Zinn, 12,5% Cadmium; Leichtschmelzende Legierung (60°C); für elektrische Sicherungen.

Lipowitz-Metall: 50% Bismut, 26,7% Blei, 13,3% Zinn, 10% Cadmium; Schmelzpunkt: 70°C.

Rose's Metall: 50% Bismut, 25% Blei, 25% Zinn; Schmelzpunkt: 95°C.

Lötzinn (Weichlot): 25–90% Zinn, Rest Blei. Zum Löten von Kupfer, Messing, weichem Stahl, Neusilber, Zink, Blei, Zinn; Schmelzpunkt: 190–270°C.

Aluminium-Hartlot: 70% Aluminium, Zusätze von Kupfer, Nickel, Zink, Zinn, Cadmium. Zum Löten von Aluminium und Al-Legierungen, weichem Stahl; Schmelzpunkt: 540°C.

Hartlot (Schlaglot): 60–63% Kupfer, Rest Zink. Zum Löten von weichem Stahl; Schmelzpunkt: 900–915°C.

Neusilberlot: 35–65% Kupfer, 8–15% Nickel, Rest Zink. Zum Löten von Stahl, Gusseisen, Kupfer, Nickel; Schmelzpunkt: 870–1000°C.

Edelmetall-Lot: 42,5–62,5% Gold, 32,5–22,5% Silber, 15–25% Kupfer. Zum Löten von Gold, Aluminiumlegierungen; Schmelzpunkt: 1000°C.

Aluminiumbronze: 80–98% Kupfer, 20–2% Aluminium; fest, seewasserbeständig; für deutsche Münzen.

Britanniametall: 70–90% Zinn, 24–9% Antimon, 0–4% Kupfer, 0–5% Zink; für Tafelgeräte.

Bronze: 35–98% Kupfer, 65–2% Zinn; für Glockenguss, Lagerschalen, Armaturen, Motorenlager, Kanonenrohre.

Cromargan: Chrom-Eisen-Legierung; korrosionsbeständig; für Küchengeräte.

Deltametall: 54–59% Kupfer, 42–39% Zink, 0,5–2% Blei, 1–1.5% Eisen, 1% Mangan, wenig Nickel; Messing für Maschinenbau.

Duraluminium: 2,5–5,5% Kupfer, 0,2–1% Silicium, bis 1,2% Mangan, 0,2–2% Magnesium, Rest Aluminium; Aluminium-Knetlegierung.

Elektrometall: Magnesiumlegierung mit 0,1% Aluminium, 0,1% Zink, 1,0–2,2% Mangan, 0,3% Silicium, Rest Magnesium; Walzlegierung.

Goldamalgam: 10% Gold, 90% Quecksilber; für Feuervergoldung und Zahnfüllungen.

Hydronalium: 0,2–1% Silicium, 0,2–0,5% Mangan, 3–12% Magnesium, Rest Aluminium; seewasserbeständige Gusslegierung; für den Schiffsbau.

Krupp-Baustahl: 0,1–0,2% Kohlenstoff, 0,3–0,5% Silicium, 1,2–1,6% Mangan, 0,3–0,6% Kupfer; hochwertiger Baustahl.

V2A-Stahl: 0,1% Kohlenstoff, 18% Chrom, 8% Nickel, Rest Eisen; korrosionsbeständiger Stahl.

Letternmetall: 55–80% Blei, 26–12% Antimon, 0–22% Zinn; für Lettern und Schriftzeichen.

Magnalium: 70–98% Aluminium, 30–2% Magnesium; Aluminium-Guss- und Knetlegierung.

Manganin: 84–82% Kupfer, 12–15% Mangan, 2–4% Nickel; Widerstandslegierung.

Messing: Kupfer und Zink.
Messing (*Gelbguss*): 65–80% Kupfer, 35–20% Zink; für Maschinenteile.
Messing (*Weißguss*): 50–20% Kupfer, 50–80% Zink; sehr dehnbar und widerstandsfähig.
Messing (*Tombak*): 80% Kupfer, 20% Zink; für Schmuck.

Monelmetall: 65–70% Nickel, 25–30% Kupfer, Rest Eisen, Mangan, Silicium; für Rohre und Hausgeräte.

Neusilber (Alpaka, Argentan): 46–66% Kupfer, 31–19% Zink, 13–36% Nickel; korrosionsfest; für Essbestecke und Münzen.

Nirosta: 0,1–0,5% Kohlenstoff, 10–15% Chrom, 1–3% Nickel, Rest Eisen; korrosionsbeständiger Stahl; für Bestecke und Ventile.

Patentnickel: 75% Kupfer, 25% Nickel; Widerstandsmaterial.

Silumin: 12–13,5% Silicium, Rest Aluminium; Aluminium-Knetlegierung.

Weißmetall: 15–5% Antimon, 5–10% Zinn, 1% Kupfer, 73,5–78,5% Blei; für Lagerschalen.

Legierungselemente im Stahl

Zur Verbesserung der Werkstoffeigenschaften zugemischte Legierungsbestandteile.

1) Mischkristallbildner erhöhen die Festigkeit.

a) *Mischkristallverfestigung:* Durch Gitterverzerrung steigt Gleitwiderstand, Zugfestigkeit und Streckgrenze.
Ferritbildner: Cr, V, Mo (löslich in Ferrit).
Austenitbildner: Mn, Co, Ni (lösl. in Austenit).

b) Legierungselemente verschieben den *Perlitpunkt* (723 °C, 0,8% C) und den Sekundärzementitpunkt (1147 °C, 2% C) nach *links*; behindern die *C-Diffusion* aus dem abkühlenden Austenit, dass wenig Ferrit und viel *feinstreifiger Perlit* entsteht.
Stahl mit 10% Cr ist bei 0.3% C bereits perlitisch. Mit Mo, V, W bei noch geringerem C-Gehalt!

2) Carbidbildner. Die Carbide von *V, Nb, Ta; Ti, Zr; Cr, Mo, W* (4.–6. Gruppe im PSE) bilden intermetallische Phasen, härter als Zementit!

Mischcarbide: $(Fe,Mn)_3C$, $(Fe,Cr)_3C$;

Doppelcarbide: Fe_3W_3C, Fe_4Mo_2C;

Sondercarbide: $Cr_{23}C_6$, Cr_7C_3.

Vickers-Härte: TiC (3200), VC und NbC (2800), WC (2400), Cr_3C_2 (2150). Mo_2C (1500).

Erhöhen die *Warmfestigkeit*, verzögern die Koagulation von Ausscheidungen (= Hindernisse der Versetzungsbewegung).

V   macht: dauerfest, hart, warmfest, anlassbeständig.

Nb und Ta   als Carbidbildner verhindern die Ausscheidung (giftiger) Chromcarbide beim Schweißen, garantieren gute Schweißeignung, Schutz vor interkristalliner Korrosion in der Wärmeeinflusszone.

Cr   macht: hart, zugfest, warmfest, verschleiß-, korrosionsfest; spröde (Carbidbildner).

W   macht: warm-verschleißfest; schneidhaltig; anlassbeständig (behindert Martensitzerfall); schlecht zerspanbar, thermoschockempfindlich.

Hoher Carbidgehalt erfordert hohen C-Gehalt, um das Ferrit-Grundgefüge nicht zu entkohlen.

Druckwasserstofffester Stahl birgt die Gefahr der Carbidauflösung: $Fe_3C + 4H \xrightarrow{>200\,°C} 3\,Fe + CH_4$.

3) Nitridbildner. Feindisperse Nitride u. *Carbonitride* von *Al, B; Cr; V, Nb; Ti, Zr* bewirken hohe Oberflächenhärte nitriergehärt. Einsatzstähle, ferner:

- geringes Kornwachstum beim Glühen.
- Warmfeste Stähle: hohe Dehngrenze $R_{p0.2}$ ohne Zähigkeitsabfall, kleine Kriechrate $>600\,°C$.
- Mikrolegierte Stähle: hohe Streckgrenze.

Al   macht: zunderbeständig, oberflächenhart (schnelle Stickstoffdiffusion).

Ti   macht: korrosionsfest, schweißbar (vgl. Nb, Ta); walz- und tiefziehbar.

4) Austenitbildner. Mischkristallbildner wie *Ni, Mn, (Co, N)* erweitern das Austenitgebiet, verschieben den Haltepunkt A_3 ($\gamma \to \alpha$ bei 911 °C) nach unten, so dass unterkühlter Austenit bei Raumtemp. stabilisiert (kfz-Gitter) und Martensitbildung verhindert wird.

Mn   macht: zugfest, schlagfest, zäh (wenig Mn), verschleißfest, Durchhärtbarkeit, Perlitverfeinerung.

Co   macht: hart, warmfest, schneidhaltig, gegen Grobkornbildung bei hohen Temperaturen; spröde.

Ni   macht: fest, zäh, formbar, korrosionsbeständig, senkt Wärmedehnung; steigert Härtbarkeit und Zähigkeit.

5) Ferritbildner. Carbidbildner wie *Cr, Si, Mo, V, Ti, Al* verkleinern das Austenitgebiet oder schnüren es ab; verschieben die δ-γ-Umwandlung (1401 °C) zu tiefen Temperaturen (krz-Gitter).

Cr   macht: hart, zugfest, warmfest, verschleiß-, korrosionsfest; spröde.

Mo   macht: zug-, warm-, dauerfest (besser als Cr, Ni); korrosionsfest; schneidhaltig, Durchhärtbarkeit, gegen Anlasssprödigkeit. Schlecht schmiedbar (viel Mo).

6) Oxidbildner. Desoxidationsmittel wie *FeSi, FeMn, Al* binden Gelöst-Sauerstoff beim Gießen des „beruhigten" Stahles und erhöhen die Korrosionsbeständigkeit, vermindern Seigerungen.

Wetterfester Baustahl: mit Rostbildnern (Cr, Cu, V).

Si macht: elastisch-zugfest, korrosionsfest, fördert Grafitausscheidung (Grauguss), mindert Ummagnetisierungs- und Wirbelstromverluste; schlecht schweißbar (Silikathaut), spröde.

7) Grafitbildner. Cer und Kupfer erleichtern die Herstellung von Gusseisen.

Ce   bindet Schwefel (CeS), verhindert MnS-Ausscheidung bei Warmformgebung (Anisotropie).

Cu   wirkt grafitisierend (wie Si); stabilisiert Carbide; macht fest, korrosionsbeständig.

8) Nichtmetalle. Durch Erze, Zuschläge, Brennstoffe, feuerfeste Auskleidungen gelangen qualitätsmindernde Elemente ins Stahlgefüge: Phosphor, Schwefel, Sauerstoff, Stickstoff, Wasserstoff.

Sulfide, Phosphide, Oxide u.s.w. liegen als spröde Schlackenteilchen vor oder werden bei der Warmumformung zu Schlackenzeilen gestreckt (*Schmiedefaser*). Nützlich in kleinen Anteilen sind: Mangan und Silicium.

C   macht: fest, hart (max. bei 0,9%), härtbar ($>0,3\%$), schlecht schweiß- und schmiedbar, schlecht kaltform- und zerspanbar (Zementit).

S   macht: spröde, rotbrüchig (Heißbruch); bei *Automatenstahl* gute Zerspanbarkeit bei niedrigem Werkzeugverschleiß.

P   macht: zugfest, warmfest, korrosionsfest; kaltbrüchig, spröde.

N   macht: fest, spröde, wenig alterungsbeständig, schlecht tiefziehbar.

O   macht: rotbrüchig, nicht schmiedbar.

H   macht: Wasserstoffversprödung (Alterung), geringe Kerbschlagzähigkeit.

Lennard-Jones-Potential

6-12-Potential. Beschreibt die Kräfte in Ionenkristallen, Metallgittern oder bei VAN-DER-WAALS-Wechselwirkungen. Summe aus VAN DER WAALS-Potential (anziehende Wechselwirkung) und Abstoßungspotential zw. zwei Atomen.

$$V(r) = \underbrace{\frac{a}{r^{12}}}_{\text{Anziehung}} - \underbrace{\frac{b}{r^6}}_{\text{Abstoßung}}$$

Nicht verwechseln mit MORSE-Potential (*Schwingungsspektrum).

Lepton

altgriech. *leptos* „leicht". Unteilbares Elementarteilchen mit schwacher Wechselwirkung; unterliegt nicht der starken Kernkraft.

geladen (z. B. Elektron, Myon, Tauon),

ungeladen (Elektron-, Myon-, Tauon-Neutrino und deren Antiteilchen).

Leptonenzahl

Eigenschaft der „leichten" Elementarteilchen; bleibt bei Kernreaktionen erhalten.

$L = +1$:	Elektron, $\mu^\ominus$-Myon, $\tau^\ominus$-Tauon;
	e-, μ-, τ-Neutrino.
$L = -1$:	Positron, $\mu^\oplus$-Myon, $\tau^\oplus$-Tauon;
	e-, μ-, τ-Antineutrinos.
$L = 0$:	Hadronen (Mesonen, Baryonen)

Lichtgeschwindigkeit engl. *speed of light in vacuum* $c = 299\,792\,458$ m/s [exakt]

Ligandenfeldtheorie

Verbesserte Theorie der *Komplexverbindungen; berücksichtigt kovalente Bindungsanteile zw. Zentralatom und Liganden (durch Überlappung von Orbitalen); erklärt befried. Komplexe mit π-Elektronen, nichtpunktförm. Liganden und ungewöhnl. Oxidationsstufen.

Das von den Liganden (Dipolmoleküle oder Ionen) aufgebaute elektrostat. „Ligandenfeld" tritt in abstoßende Wechselwirkung mit den d-Orbitalen des Zentralatoms (die dadurch unterschiedl. Energie annehmen).

1) oktaedrischer Komplex

Energiereicher sind die zwei e_g-Orbitale ($d_{x^2-y^2}$, d_{z^2}); ihre maximale Elektronendichte weist in Richtung der Koordinatenachsen direkt auf die Liganden (p-Orbitale).

Energieärmer sind die drei t_{2g}-Orbitale (d_{xy}, d_{xz}, d_{yz}); sie liegen zw. den Koordinatenachsen, in größerem Abstand von den abstoßenden Liganden.

2) Die *Aufspaltungsenergie* ΔE_O zw. den t_{2g}- und e_g-Orbitalen – auch *Ligandenfeldstärkeparameter* genannt – liegt im sichtbaren Bereich.

Ligandenfeld-Stabilisierungsenergie (LFSE) = Energiedifferenz zw. d-Orbitalen (Zentralatom) und t_{2g}-Niveaus (Ligandenfeld).

Beispiel: Fe(II) in wässriger Lösung ist als HS-Komplex energetisch günstiger als LS. Die Aufspaltungsenergie beträgt $E = 124$ kJ, die Spinpaarungsenergie $E_{sp} = 210$ kJ.

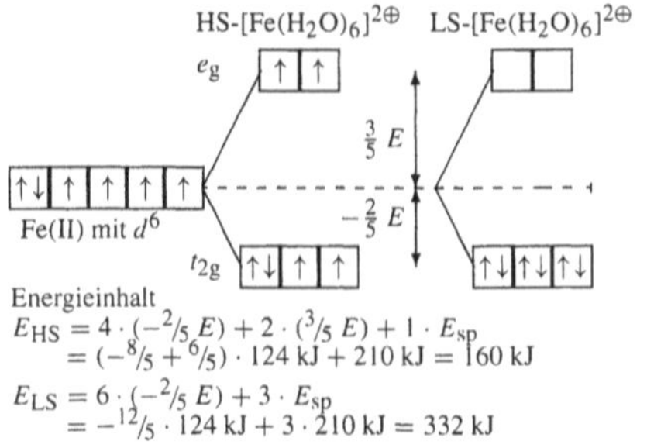

Energieinhalt
$$E_{HS} = 4 \cdot (-{}^2/_5 E) + 2 \cdot ({}^3/_5 E) + 1 \cdot E_{sp}$$
$$= (-{}^8/_5 + {}^6/_5) \cdot 124\,\text{kJ} + 210\,\text{kJ} = 160\,\text{kJ}$$
$$E_{LS} = 6 \cdot (-{}^2/_5 E) + 3 \cdot E_{sp}$$
$$= -{}^{12}/_5 \cdot 124\,\text{kJ} + 3 \cdot 210\,\text{kJ} = 332\,\text{kJ}$$

3) Spektrochemische Reihe. Farbige Komplexverbindungen erscheinen in der Komplementärfarbe des absorbierten Lichtes.

• *Ligandenfeld-Bande* im UV/VIS-Spektrum: bei Komplexionen mit teilbesetzten d- oder f-Niveaus. Ihre Frequenz hängt von der Stärke des Ligandenfeldes (= Aufspaltungsenergie) ab.

• *Charge-transfer-Bande:* kurzwelligste Bande bei allen Komplexionen im festen Zustand (<400 nm); entsteht durch Elektronenübertragung auf Nachbarliganden und -ionen.

4) High-Spin-Komplexe zeigen typisch:
schwaches Ligandenfeld: Aufspaltung $\Delta E <$ Spinpaarungsenergie. Anregung durch langwelliges Licht.
Farbvertiefung in der Reihe:
$$I^\ominus < Br^\ominus < SCN^\ominus, Cl^\ominus < N_3^\ominus < F^\ominus < -NCO^\ominus <$$

$$OH^\ominus < \text{Oxalat} < H_2O < ...$$
Zentralatom mit niedriger Oxidationsstufe.
$$Mn^{2\oplus} < Co^{2\oplus}, Ni^{2\oplus} < V^{2\oplus} < Fe^{3\oplus} < Cr^{3\oplus} <$$
$$Mn^{4\oplus} < Mo^{3\oplus} < Ru^{3\oplus} < Ir^{3\oplus} < Re^{4\oplus} < Pt^{4\oplus}$$
ionisch-instabil (elektronegative Liganden mit -I/+M-Effekt)

Absorptionsbereich	Farbe des Komplexes	
IR – rot	schwarz-grün	LS-Komplex
orange – gelb	blau	
g r ü n	r o t	↕
blau – violett	gelb	
UV	weiss	HS-Komplex

5) Low-Spin-Komplexe zeigen typisch:
starkes Ligandenfeld: Aufspaltung $\Delta E >$ Spinpaarungsenergie; Anregung durch energiereiches Licht.
Farberhöhung in der Reihe: $NH_3 <$ en $<$ dipy $<$
$$NO_2^\ominus < -CNO^\ominus, H^\ominus < CN^\ominus < CO$$
kleines, hochgeladenes Zentralatom
kovalent-stabil (Liganden mit +I/-M-Effekt)

Linienbreite

Halbwertsbreite. Maß für die mittl. Lebensdauer τ eines angeregten Zustandes gemäß Unschärferelation.

$$\boxed{\Gamma = \frac{\hbar}{\tau}} \qquad J = W\,s$$

$\hbar$ Planck-Wirkungsquantum, τ mittlere Lebensdauer.

Low-Spin-Komplex

Durchdringungskomplex.   Diamagnetisch.   Stabile *Atombindung mit starken Donorliganden (schwach elektronegativ) am Zentralatom; vgl. *Ligandenfeldtheorie.

Beispiel: Hexacyanoferrat(II) $[Fe(CN)_6]^{4\ominus}$

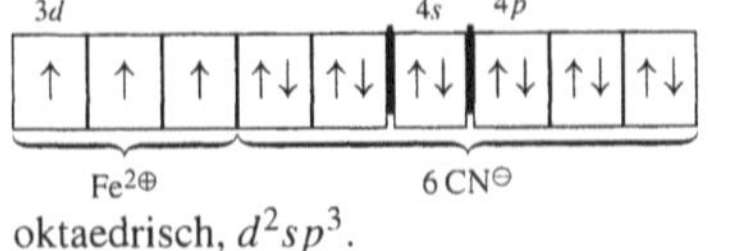

oktaedrisch, d^2sp^3.

Weitere Beispiele:

$[Ni(CO)_4]$	d^{10}, tetraedrisch (sp^3)
$[Cu(CN)_4]^{3\ominus}$	d^{10}, tetraedrisch (sp^3)
$[Ni(CN)_4]^{2\ominus}$	d^8, quadratisch planar (dsp^2)
$[Co(NH_3)_6]^{3\oplus}$	d^6, oktaedrisch (d^2sp^3)

LS-Kopplung

RUSSEL-SAUNDERS-Kopplung: *Spin-Bahn-Kopplung; Wechselwirkung zw. den Bahn- und Spindrehimpulsen aller Elektronen des Atoms (*Drehimpuls, *g-Faktor).

Lumineszenz

Strahlungsemission, die den schwarzen Strahler gleicher Temperatur übertrifft. Typisch bei *Leuchtstoffen.

	Anregungsenergie:
Fotolumineszenz:	niederenergetische Photonen
Kathodolumineszenz:	Kathodenstrahlen
Röntgenlumineszenz:	Röntgenstrahlen
Elektrolumineszenz:	elektrische Feldstärke
Chemolumineszenz:	chemische Reaktion

Aufbau der Materie

Man unterscheidet:

1. *Fluoreszenz:* Abklingzeit $< 10^{-8}$ s; Übergänge zw. Termen gleicher Spinmultiplizität.

Beispiel: $S_1 \rightarrow S_0$.

2. *Phosphoreszenz:* Abklingzeit $> 10^{-8}$ s; Übergänge zw. Termen verschiedener Spinmultiplizität.

Beispiel: $T_1 \rightarrow S_0$.

3. *Speicherleuchtstoff:* Lichtabgabe (absorbierte Energie) erst nach dem Erwärmen.

4. *Quenchen:* Unterbindung der Emission durch Abkühlen („Einfrieren").

1) Anorganische Isolatoren mit lokalisierten Elektronen.

Das Kristallgitter enthält kleine Anteile an Fremdionen. Schreibweise: Wirtsgitter:Aktivator.

Beispiel: Y_2O_2S : Eu, der Rotleuchtstoff in Farbfernsehröhren mit $Eu^{3\oplus}$ als Aktivator.

Teilschritte des Lumineszenzprozesse vgl. *Jablonski-Diagramm, *UV/VIS-Spektroskopie.

1. Die Lumineszenz-Ionenzentren schwingen um ihre Gleichgewichtslage; absorbierte und emittierte Strahlung sind *breitbandig*.

Lichtabsorption hebt ein Elektron des Leuchtzentrums vom Grund- in den angeregten Zustand. Durch Gitterschwingungen relaxiert der angeregte Schwingungszustand in die Gleichgewichtslage des angeregten elektronischen Zustands; jetzt ist Strahlungsemission möglich.

2. Die Emission wird bei hohen Temperaturen *gelöscht*, wenn vom elektronischen Anregungszustand ein energiegleicher Übergang in einen hohen Schwingungszustand des elektronischen Grundzustandes möglich ist („strahlungsloser Übergang").

3. *Sensibilisatoren.* Hat das Leuchtzentrum kein Energieniveau für die anregende Strahlung (z. B. Hg-Linie, 254 nm), kann es von einem angeregten Wirtsgitterbestandteil Energie aufnehmen durch:

Austauschwechselwirkung (bei überlappenden Orbitalen von Sensibilisator und Aktivator),

Coulomb-Wechselwirkung.

Beispiel: Rotleuchtstoff YVO_4 : Eu.

4. *Mehrphotonenprozesse* (*Upconversion*). Durch den Sensibilisator (z. B. $Y^{3\oplus}$) wird ein Leuchtstoff (z. B. $Ho^{3\oplus}$, $Tm^{3\oplus}$) langwellig zwei- oder dreifach hintereinander in einen hohen Anregungszustand gehoben; von dort ist kurzwellige Emission möglich (z. B. blaue Fluoreszenz nach IR-Einstrahlung).

2) Anorgan. Leiter (Speicherleuchtstoffe).

Erdalkali- und Zinksulfide und -selenide werden mit dem *Energiebändermodell* beschrieben. Das ZnS-Wirtsgitter ist mit Elektronendonatoren (Aktivatoren: $Ag^{\oplus}$, $Cu^{\oplus}$) und -akzeptoren ($Cl^{\ominus}$) dotiert.

1. *Fotoleitung:* Anregung eines Aktivator-Elektrons vom Valenz- ins Leitungsband, im Valenzband verbleibt ein Defektelektron.

2. Unter Energieabgabe wandert das angeregte Elektron zum unt. Rand des Leitungsbandes, das Defektelektron zum oberen Rand des Valenzbandes. Ein Aktivator in örtl. Nähe (z. B. $Ag^{\oplus}$ in der verbot. Zone) füllt das Elektronenloch; Gitterschwingungen folgen. Das Elektron im Leitungsband geht unter Emission in den Aktivatorterm über. (Formal rekombinieren Elektron und Loch, Licht wird emittiert.)

3. *Löschung:* Thermisch angeregte Elektronen aus dem Valenzband füllen den geleerten Aktivatorterm – die Lumineszenz bleibt bei hoher Temperatur aus.

4. *Auslesen.* Der Coaktivator („Elektronenfalle", z. B. $Cl^{\ominus}$) nimmt das ins Leitungsband gehobene Elektron auf; Gitterschwingungen folgen.

Unter Emission geht das Elektron in den Aktivatorterm über. Bei hinreich. Tiefe der Elektronenfalle bedarf das „Auslesen" der Einstrahlung der Energiedifferenz zum Leitungsband.

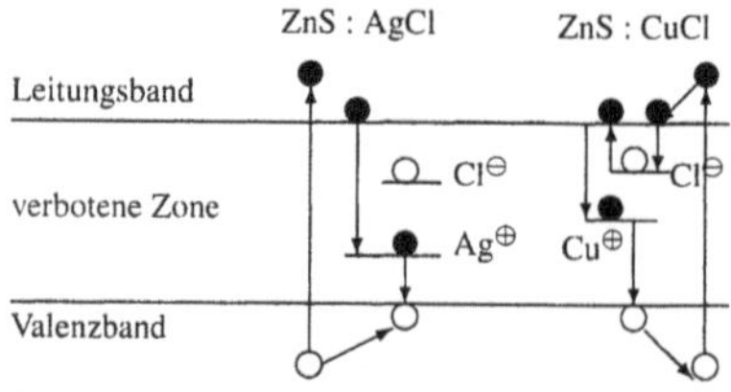

3) Festkörperlaser.

„Optisches Pumpen" mit einem Mehrelektronenprozess (siehe oben).

Im *Rubin-Laser* wird $Cr^{3\oplus}$ – im oktaedrischen *Ligandenfeld des α-Al_2O_3-Wirtsgitters – bei 556 nm vom Grundzustand $^4A_{2g}$ nach $^4T_{2g}$ angeregt und relaxiert strahlungslos in den metastabilen ^2E_g-Zustand, der bis zur Besetzungsinversion gefüllt wird. Licht von 694 nm stimuliert die Emission $^2E_g \rightarrow ^4A_{2g}$.

Neodym-YAG-Laser arbeiten nach einem Vier-Niveau-Schema mit geringer Pumpleistung.

Luminophor

Leuchtstoff oder „Phosphor"; zur *Lumineszenz fähiger Stoff.

1) Leuchtstofflampen.

Bei Niederdruck-Quecksilber-Gasentladungslampen wird der Leuchtstoff durch die Hg-Linien 254 und 185 nm angeregt.

$Ca_5(PO_4)_3(F,Cl)$: $Sb^{3\oplus}$,$Mn^{2\oplus}$	blau: Sb(III)
	gelborange: Mn(II)
Y_2O_3 : $Eu^{3\oplus}$	rot
$Ce(Mg,Al)_{12}O_{19}$: $Tb^{3\oplus}$	grün
$BaMg_2Al_{16}O_{27}$: $Eu^{2\oplus}$	blau

2) Röntgenleuchtstoffe.

Schweratome (mit hohem Einfangquerschnitt) absorbieren Röntgenquanten und erzeugen Sekundärelektronen.

1. *Fluoreszenzschirme* wandeln Röntgenstrahlung in sichtbares Licht; z. B. f. Gepäckdurchleuchtung.

Beispiel: $(Zn,Cd)S$: Ag, Gd_2O_2S : Tb

2. *Röntgenverstärkerschirme:* blau oder grün emittierende Leuchtstoffschirme vor und hinter einem blau oder grün-empfindl. Röntgenfilm verstärken das Abbild; z. B. medizin. Röntgendiagnostik.

3. *Röntgenspeicherfolien* wandeln Röntgenstrahlen in sichtb. Licht; der Speicherleuchtstoff wird mit Laserstrahl ausgelesen. Anwendung: digitale Radiografie.

4. In der Röntgen-*Computertomografie* rotiert eine Röntgenröhre mit kontinuierlichem Spektrum um den Patienten. Ein Kranz von Detektoren – Leuchtstoffkristall (schnell abklingend: $Bi_4Ge_3O_{12}$, $CdWO_4$) plus Fotodiode – registriert die Strahlungsintensität.

3) Kathodenstrahlröhren.

Der mit Elektronen bestrahlte Leuchtstoff erzeugt durch inelastische Streuung eine Kaskade von Sekundärelektronen und *Excitonen* (angeregte Elektronen-Loch-Paare), worauf der Aktivator Licht emittiert.

Leuchtstoffe in *Farbfernsehröhren*

Y_2O_2S : $Eu^{3\oplus}$ od. Y_2O_3 : $Eu^{3\oplus}$	rot
ZnS : $Cu^{\oplus}$	grün
ZnS : $Ag^{\oplus}$	blau

Durch additive Farbmischung nach der CIE-Normtafel sind alle Farben darstellbar.

CIE = Commission International de l'Eclairage,
ICE = International Commission of Illumination.

4) Leuchtstoffe zur Markierung und Codierung.

Leuchten im langwell. UV-Licht. Anwendung f. Briefmarken, Geldscheine, Ausweise, Wegweiser.

Y_2SiO_5 : Ce,Tb,Mn	hitzebeständig, Keramikzusatz; künstliche Zähne.
ZnS : Cu	gelbgrün nachleuchtend
(Zn,Cd)S : CuX	orange nachleuchtend

5) Organische Leuchtstoffe.

Bio- und Chemolumineszenz zeigen:
Luciferin-Luciferase-System (Leuchtkäfer)
Autoxidation von Luminol oder Lophin
Diphenylperoxid mit Elektronendonatoren (chemisch induziert).

LUMO Lowest Unoccupied Molecular Orbital. Niedrigstes unbesetztes Molekülorbital.

Magnetisches Moment

Allgemein: Stromstärke mal Flächenvektor.

$$\boxed{\vec{m} = I \cdot \vec{S}}$$

Der Betrag $|\vec{S}|$ ist von der Fläche bestimmt, die vom Stromweg (z. B. Elektronenbahn) eingeschlossen wird. $\vec{S}$ steht senkrecht auf der Fläche und liegt so, dass in seiner Richtung gesehen der Strom im Uhrzeigersinn fließt. Stromrichtung = Fluss positiver Teilchen.

1) Magnet. Moment des Bahndrehimpulses

Einzelelektron in einem Atomorbital (dem Bahndrehimpuls $\vec{l}$ entgegengerichtet).

Aus $\vec{H} = -\dfrac{e}{4\pi\, m_e r^3}\dfrac{1}{\vec{l}} = \dfrac{1}{2\pi r^3}\,\vec{m}_l$ mit

$\vec{m}_l = -\dfrac{e}{2m_e}\,\vec{l}$ und $|\vec{l}| = \hbar\sqrt{l(l+1)}$ folgt:

$$\boxed{|\vec{m}_l| = \gamma_e\,|\vec{l}| = \frac{\mu_B\,|\vec{l}|}{\hbar} = \mu_B\sqrt{l\,(l+1)}}$$

Einheit: $J/T = A\,m^2$

Richtungsquantelung: z-Komponente bei Wechselwirkung mit einem äußeren Magnetfeld.

$$\boxed{|\vec{m}_{l,z}| = m_l\,\mu_B = \gamma_e\hbar\,m_l}$$

mit $\quad m_l = -l, (-l+1), \ldots, 0, \ldots, l$

bahnmagnetisches Moment, Mehrelektronenatom

$$\boxed{|\vec{m}_L| = \sqrt{L(L+1)}\,\mu_B = \frac{|\vec{L}|}{\hbar}\,\mu_B}$$

$\vec{l}$	Orbital- oder Bahndrehimpuls
l	Bahndrehimpuls-, Nebenquantenzahl
$\vec{L}$	resultierender Bahndrehimpuls
L	res. Bahndrehimpulsquantenzahl
m_l	magnetische Quantenzahl von $\vec{l}$
μ_B	Bohr-Magneton: $\gamma_e\,\hbar$ (J/T)

2) Magnet. Moment des Spindrehimpulses

für ein Elektron in einem Atomorbital (dem Bahndrehimpuls $\vec{l}$ entgegengerichtet).

$$\boxed{|\vec{m}_s| = g_e\gamma_e\,|\vec{s}| = \frac{g_e\mu_B\,|\vec{s}|}{\hbar} = -g_e\mu_B\sqrt{s\,(s+1)}}$$

Richtungsquantelung: z-Komponente bei Wechselwirkung mit einem äußeren Magnetfeld.

$$\boxed{|\vec{m}_{s,z}| = g_e m_s \mu_B} \quad \text{mit} \quad m_s = \pm^1\!/_2 = \pm s$$

spinmagnetisches Moment, Mehrelektronenatom

$$\boxed{|\vec{m}_S| = \sqrt{S(S+1)}\,\mu_B}$$

$s = {}^1\!/_2$	Spinquantenzahl
S	resultierende Spinquantenzahl
m_s	magnetische Spinquantenzahl
$g_e \approx 2$	*Elektron-g-Faktor, Lande-Faktor
γ_e	*gyromagnetisches Verhältnis
	$\gamma = -e/(2m_e)$ in $s^{-1}T^{-1} = C/kg$

3) Resultierendes Gesamtmoment

Im Mehrelektronensystem koppeln Bahn- und Spinimpulse durch die erzeugenden Magnetfelder ($\vec{J} = \vec{L} + \vec{S}$). Messbar über die magnetische Suszeptibilität.

$$\boxed{|\vec{m}_J| = g\,\sqrt{J(J+1)}\,\mu_B = \frac{|\vec{J}|}{\hbar}\,\mu_B}$$

$\vec{J}$	resultiernder Gesamtdrehimpuls
J	res. Gesamtdrehimpuls-Quantenzahl
m_J	magnetische Quantenzahl von $\vec{J}$

4) Magnet. Moment des Kernspindrehimpulses (vgl. *Kernspin).

$$\boxed{\begin{aligned}|\vec{m}_I| &= g_N\gamma_N\,|\vec{I}| = \gamma_N\hbar\,\sqrt{I\,(I+1)} \\ &= g_N\mu_N\sqrt{I\,(I+1)}\end{aligned}}$$

in z-Richtung

$$|\vec{m}_{I,z}| = g_N\mu_N m_I = \gamma\,\hbar\,m_I$$

g_N	Kern-g-Faktor, empirische Größe.
$\vec{I}$	Kernspindrehimpuls (J s)
I	Kernspinquantenzahl
μ_N	Kernmagneton: $\gamma_N\,\hbar$ (J/T)

5) Magnet. Moment des Elektrons

$\mu_e = -928{,}476\,362\cdot10^{-26}$ J/T
$\qquad = -1{,}001\,159\,652\,186\,9\,\mu_B$ (Bohrmagneton)
$\qquad = -1838{,}281\,966\,0\,\mu_N$ (Kernmagneton)

6) Magnet. Moment des Protons

$\mu_p = 1{,}410\,606\,633\cdot10^{-26}$ J/T
$\qquad = 1{,}521\,032\,203\cdot10^{-3}\,\mu_B$
$\qquad = 2{,}792\,847\,329\,\mu_N$

Diamagnetische Abschirmkorrektur für Protonen in reinem Wasser, sphärischer Fall, 25 °C. Im NMR-Experiment wird die magnetische Flussdichte vielfach über die NMR-Frequenz $\nu = 2\mu_p' B/h$ der Protonen in Wasser kalibriert und ist somit abhängig von Reinheit, Koordination und Temperatur des Wassers.

$$\sigma_p' = 1 - \frac{\mu_p'}{\mu_p} = 25{,}687\cdot10^{-6}$$

Abschirmmoment des Protons, engl. *shielded proton magnetic moment*.

$$\mu_{p'} = 1{,}410\,570\,399\cdot10^{-26}\ \text{J/T}$$

7) Magnet. Moment des Neutrons

$\mu_n = -0{,}966\,236\,40\cdot10^{-26}$ J/T
$\qquad = -1{,}041\,875\,63\cdot10^{-3}\,\mu_B$
$\qquad = -1{,}913\,042\,72\,\mu_N$

Magnetochemie

Stoffe können ein äußeres Magnetfeld verstärken (*Ferromagnetika, *Paramagnetika) oder schwächen (*Diamagnetika).

Diamagnetika haben kein permanentes magnetisches Moment (Moleküle mit vollbesetzten Elektronenorbitalen, z. B. *Low-Spin-Komplexe); ein induziertes magnetisches Moment wirkt dem äußeren Feld entgegen.

Paramagnetika haben ein permanentes magnetisches Moment $\vec{m}$ und richten sich im äußeren Magnetfeld aus (ungepaarte Elektronen, z. B. *High-Spin-Komplexe, Radikale).

Induktionsflussdichte	$B = \mu_0 \mu_r\, H$
Permeabilität	
– Diamagnetika	$\mu < 1$ und $B < H$
– Paramagnetika	$\mu > 1$ und $B > H$
– Ferromagnetika	$\mu \gg 1$ und $B \gg H$
Magnet. Suszeptibilität	$\chi = \mu - 1$
– Diamagnetika	$\chi < 0$ (aus Feld gestoßen)
– Paramagnetika	$\chi > 0$ (ins Feld gezogen)
Spezif. Suszeptibilität	$\kappa = \chi / \varrho$
– Diamagnetika	$\kappa \approx -10^{-9}\,\mathrm{m}^3/\mathrm{kg}$
– Paramagnetika	$\kappa \approx +10^{-9} \ldots 10^{-6}\,\mathrm{m}^3/\mathrm{kg}$
Molsuszeptibilität	$\kappa_\mathrm{m} = \kappa\, M = \chi M/\varrho$
– Paramagnetika	$\kappa_\mathrm{m} = N_\mathrm{A}\, \mu_0 \vec{m}^2/(3kT)$
Magnetisches Moment (Paramagnetika)	$|\vec{m}_\mathrm{J}| = g\, \sqrt{J(J+1)}\, \mu_\mathrm{B}$

J Gesamtdrehimpulsquantenzahl (magnet. Bahn- und Spinmomente).

Magnetquantenzahl

magnetische Quantenzahl, beschreibt die Einstellmöglichkeiten m eines quantenmechanischen Drehimpulses $\vec{p}$ gegen ein äußeres Magnetfeld in z-Richtung (z. B. *Zeeman-Effekt).

magnetisches Moment (allgemein)	$|\vec{m}_\mathrm{z}| = m\, \mu_\mathrm{B}$
Drehimpuls (allgemein)	$|\vec{p}_\mathrm{z}| = m\, \hbar$

1) Atomorbital

magnetische Quantenzahl des	
– Bahndrehimpulses $|\vec{l}|$:	$m_\ell = 0, \pm 1, \pm 2, \ldots, \pm \ell$
– Spindrehimpulses $|\vec{s}|$:	$\pm {}^1\!/_2$
– Gesamtdrehimpulses $|\vec{j}|$:	$m_\mathrm{j} = 0, \pm {}^1\!/_2, \ldots, \pm (\ell + s)$

Die magnetische Quantenzahl m_l des Bahndrehimpulses beschreibt:

$(2\ell + 1)$ Einstellmöglichkeiten der Elektronenwolke im Magnetfeld.

Bahnneigungswinkel im BOHRschen Atommodell = Winkel zw. Rotationachse der Elektronenbahn und Magnetfeld $\vec{H}$.

$$\cos \delta = \frac{m_\ell}{\sqrt{\ell(\ell + 1)}}$$

ℓ Bahndrehimpuls- oder *Nebenquantenzahl:
für s-, p-, d- und f-Orbitale ($\ell = 0,1,2,3$).

2) Mehrelektronenatom

Resultierende magn. Quantenzahl des	
– Orbitaldrehimpulses $|\vec{L}|$:	$m_\mathrm{L} = 0, \pm 1, \pm 2, \ldots, \pm L$
– Spindrehimpulses $|\vec{S}|$:	$m_\mathrm{S} = 0, \pm 1, \pm 2, \ldots, \pm S$
– Gesamtdrehimpulses $|\vec{J}|$:	$m_\mathrm{J} = 0, \pm {}^1\!/_2, \ldots, \pm (L + S)$

3) Atomkern vgl. *Kernspin

Masse, reduzierte

Fiktive Masse im Schwerpunkt eines Systems aus zwei Teilchen.

$$\boxed{\mu = \frac{m_1 m_2}{m_1 + m_2}} \quad (\text{Dim.1})$$

Reduzierte Masse des H-Atoms

$$\mu = \frac{m_\mathrm{e} m_\mathrm{p}}{m_\mathrm{e} + m_\mathrm{p}} \approx 9{,}104 \cdot 10^{-31}\,\mathrm{kg}$$

Masse-Energie-Äquivalenz

Einstein'sche Masse-Energie-Relation. Energie (eines Körpers, einer Strahlung, eines Feldes etc.) und Masse sind äquivalent. Masse als besondere Form der Energie; Energieänderungen sind mit Masseänderungen verquickt.

$$\text{Energie} = \text{Masse} \cdot \text{Lichtgeschwindigkeit}^2$$

$$\boxed{E = m\, c^2} \qquad \mathrm{J} = \frac{\mathrm{kg}\, \mathrm{m}^2}{\mathrm{s}^2}$$

Bei chemischen Reaktionen bleibt die Masse erhalten!

$1\,\mathrm{kg}$		
	$\hat{=} \{c^2\}\ \mathrm{J}$	$= 8{,}987\ 551\ 787 \cdot 10^{16}\ \mathrm{J}$
	$\hat{=} \{c^2\, N_\mathrm{A}\}\ \mathrm{J/mol}$	$= 5{,}412\ 43 \cdot 10^{37}\ \mathrm{kJ/mol}$
	$\hat{=} \dfrac{\{c\}}{\{h\}}\ \mathrm{m}^{-1}$	$= 4{,}524\ 439\ 29 \cdot 10^{39}\ \mathrm{cm}^{-1}$
	$\hat{=} \dfrac{\{c^2\}}{\{h\}}\ \mathrm{Hz}$	$= 1{,}356\ 392\ 77 \cdot 10^{50}\ \mathrm{Hz}$
	$\hat{=} \dfrac{\{c^2\}}{\{k\}}\ \mathrm{K}$	$= 6{,}509\ 651 \cdot 10^{39}\ \mathrm{K}$
	$\hat{=} \dfrac{\{c^2\}}{\{e\}}\ \mathrm{eV}$	$= 5{,}609\ 589\ 21 \cdot 10^{35}\ \mathrm{eV}$
	$\hat{=} \dfrac{1}{\{m_\mathrm{u}\}}\ \mathrm{u}$	$= 6{,}022\ 141\ 99 \cdot 10^{26}\ \mathrm{u}$
	$\hat{=} \dfrac{\{c\}}{\{2R_\infty h\}}\ E_\mathrm{h}$	$= 2{,}061\ 486\ 22 \cdot 10^{34}\ \mathrm{Hartree}$

Masse-Energie-Umwandlungskoeffizient

Bei Röntgenstrahlung ist μ_tr/ϱ der in Sekundärelektronenenergie umgesetzte Anteil des *Massenschwächungskoeffizienten (DIN 6814). Bei Aluminium, Wasser, Luft, Kohlenstoff u.a. mit steigender Photonenenergie sinkend, lokales Maximum nahe 0,5 MeV (0,025 cm^2/g) und weiterer Abfall.

Massenbremsvermögen

*Bremsvermögen, bezogen auf die Dichte ϱ des Absorbermaterials. Eigenschaft eines Absorbers für energiereiche Teilchen (in MeV oder MeV cm^{-2}g^{-1}).

$$\boxed{S = \frac{\mathrm{d}E}{\mathrm{d}\xi} = \frac{1}{\varrho}\, \frac{\mathrm{d}E}{\mathrm{d}x}}$$

ξ mittlerer Lethargieverlust, ϱ Dichte.

Nimmt material- und teilchenabhängig mit steigender Teilchenenergie ab (bei ionisierender α-, p- und β-Strahlung) bzw. zu (bei β-Strahlung).

Massendefekt

Kernphysik: Die massenspektrometrisch gemessene Masse eines Atomkernes ist kleiner als die berechnete Summe der Protonen- und Neutronenmassen. Massendefekt = Differenz zw. theoretischer Nucleonenruhemasse und tatsächlicher Kernruhemasse.

$$\boxed{\Delta m = Z\, m_\mathrm{p} + N\, m_\mathrm{n} - m_\mathrm{kern}} \qquad \mathrm{kg}$$

Differenz zw. gemessener Atommasse m_a (in kg) und den Ruhemassen der Elementarteilchen, einschliesslich Elektronen.

$$\Delta m = Z\,(m_p + m_e) + N\,m_n - m_a \quad \text{kg}$$

$\Delta m > 0$: für stabile Kerne und unfreiwillig ablaufende Kernreaktionen.

$\Delta m < 0$: für instabile Kerne und spontan ablaufende Kernreaktionen.

Die *Kernbindungsenergie wird bei Bildung des Atomkerns aus den Nucleonen freigesetzt; sie ist aufzuwenden, um den Atomkern in Protonen und Neutronen zu zerlegen – ein Beweis für die Äquivalenz von Masse und Energie.

$$E_B = \Delta m\,c^2$$

m Masse: p = Proton, n = Neutron (kg od. u)
N Neutronenzahl = Massenzahl - Ordnungszahl
Z Ordnungszahl = Anzahl der Protonen

Massenreichweite

Strahlenschutz: *Reichweite* von Strahlung. Mit der Dichte des Absorbers multiplizierte Schichtdicke $R = x\,\varrho$ (in g/cm^2); nimmt material- und teilchenabhängig mit steigender Teilchenenergie zu.

für β-Strahlung (Elektronen oder Positronen)

$$0{,}05\ \text{MeV} < E_{max} < 5\ \text{MeV}$$

Energieverlust durch Bremsstrahlung

$$\Delta E = K\,Z^2\,(E + m_e c^2)$$

Anteil in Bremsstrahlung umgewandelte Teilchenenergie (in MeV)

$$p = 0{,}00033\,Z\,E_{max}$$

R_{max} maximale Reichweite (g/cm^2)
E_{max} maximale Teilchenenergie (MeV)
Z Ordnungszahl des Atoms

Massenschwächungskoeffizient

Für Röntgenstrahlung: μ/ϱ (in cm^2/g); Quotient des linearen *Schwächungskoeffizienten durch die Dichte des Absorbers; nimmt bei Blei, Kupfer, Aluminium, Wasser u.a. mit steig. Photonenenergie nichtlin. ab und steigt > 10 ... 100 MeV wieder an. Bei Gemischen: Gewichtung mit Massenanteilen der Komponenten.

Massenspektrometrie (MS)

Methode zur Bestimmung von Isotopen-, Atom- und Molekülmassen auf 10^{-7} u genau. Die Intensität der Linien entspricht der relativen Häufigkeit der Isotope und der natürlichen *Isotopenverteilung* der Elemente. Anwendung: Strukturaufklärung, Bestimmung von Summenformeln.

1) Probenzufuhr

Indirekte Zufuhr (flüchtige Stoffe, < 1 mg):
Verdampfen in ein evakuiertes Vorratsgefäß (ca. 100 Pa); über eine winzige Öffnung entweicht ein Molekularstrahl ins Hochvakuum der Ionenquelle (gute Reproduzierbarkeit).

Direktzufuhr (schwerflüchtige Stoffe, <0,1 mg) über ein Schleusensystem in die HV-Ionenquelle und Verdampfung dort (schlechte Reproduzierbarkeit, flüchtige Komponenten dominieren).

2) Ionisationsverfahren.

Ionisierung der Probe im Hochvakuum (10^{-4} Pa = 1 μbar) zu Radikalionen. Fragmentierung soll in der Ionisationskammer nicht stattfinden, damit das Molekülion detektierbar bleibt.

a) *Elektronenstoß:* mit Glühkathode (70 eV, W oder Re) senkrecht zum Dampfstrahl.

b) Lichtbogen oder Gasentladung

c) *Chemische Ionisation* (verdampfbare Proben). Reaktion mit Methan- oder Argonionen im Überschuss (ca. 100 Pa) erzeugt schonend Molekül- und Quasimolekülionen; unterdrückt vorzeitige Fragmentierung.

d) *Desorptionsionisation* (für thermisch zersetzliche Proben).

• *Felddesorptionstechnik:* Die Probe wird auf eine dünne Wolframdraht-Kathode mit aufgewachsenen Kohlenstoffnadeln („Emitter", ca. 10^8 V/cm) aufgetragen, das Lösungsmittel verdampft, die Substanz ionisiert und zur (ggf. erwärmten) Gegenelektrode beschleunigt. Polare Verbindungen bilden Quasimolekülionen $[MH]^{\oplus}$ und $[M\,Na]^{\oplus}$.

• *Ionendesorption* durch Teilchenbeschuss oder Bestrahlung; z. B. bei Biomolekülen. zwischenmolekulare Kräfte brechen, kovalente Bindungen widerstehen.

• *Laser-Desorption:* die gelöste Probe auf einem Metalltarget wird mit einem UV-Laser beschossen; z. B. für Peptidanalytik im 10^5 u-Bereich.

• *Fast-Atom-Bombardment* (FAB). Beschuss der gelösten Probe (in Glycerin od. 3-Nitrobenzylalkohol) mit Xenon-Atomstrahl (6–9 keV).
Bei Liquid-SIMS: $Cs^{\oplus}$-Ionen.

• *Plasmadesorption:* Ionisation durch Bruchstücke des ^{252}Cf-Zerfalls: ^{148}Ba$^{18\oplus}$ (79 MeV), ^{106}Tc$^{22\oplus}$ (104 MeV) bombardieren die Probe, z. B. Peptide (mit Nitrocellulose auf einem Metallplättchen fixiert). Beim TOF-MS dient das komplementäre Bruchstück der Nullzeit-Markierung.

• *Sprayverfahren* (Ionenverdampfung): bei GC-LC-Kopplung.

Elektronenstoß-ionisation	$M + e^{\ominus} \longrightarrow M^{\oplus\cdot} + 2e^{\ominus}$
	$M + e^{\ominus} \longrightarrow M^{2\oplus} + 3e^{\ominus}$ (selten)
	$M + e^{\ominus} \longrightarrow M^{\ominus\cdot}$ (selten)
Fragmentierung	$M^{\oplus\cdot} \longrightarrow F^{\oplus} + N\cdot$
	$M^{\oplus\cdot} \longrightarrow F^{\oplus} + N$ (neutral)
	$F^{\oplus\cdot} \longrightarrow G^{\oplus} + N\cdot$
Chemische	$CH_4 + e^{\ominus} \xrightarrow{-2e^{\ominus}} CH_4^{\oplus\cdot}$
Ionisation	$CH_4^{\oplus\cdot} \xrightarrow{CH_4} CH_5^{\oplus} + CH_3\cdot$
	$CH_4^{\oplus\cdot} \xrightarrow{-H\cdot} CH_3^{\oplus} \xrightarrow{CH_4} C_2H_5^{\oplus} + H_2$
Oniumionen	$CH_5^{\oplus} + M \longrightarrow [MH]^{\oplus} + CH_4$
Ladungs-übertragung	$Ar + e^{\ominus} \xrightarrow{-2e^{\ominus}} Ar^{\oplus\cdot} \xrightarrow{M} M^{\oplus\cdot} + Ar$

3) Fragmentierung.

Zerfall des Primärions in Bruchstücke. Siehe *Massenspektrum.

4) Massentrennung und Fokussierung.

Die ionisierte Probe wird durch ein Abstoßungspotential zw. Eintrittsspalt und Beschleunigungsblende (vor und hinter der Ionisationskammer) im elektrischen

Längsfeld und eine weitere Beschleunigungsblende in den Analysator beschleunigt. Im Hochvakuum wird die Streuung von Ionen an Gasmolekülen ausgeschlossen.

a) Magnetfeld-Massenspektrometer.

Ablenkung im senkr. magnet. Sektorfeld – ca. $20 \cdot 10^{-4}$ T; Ablenkwinkel $60°$, $90°$ oder $180°$ – nach dem Vh. von Ladung zu Masse Ze/m. Magnetfeld B oder (seltener) Beschleunigungsspannung U werden variiert, damit die Ionen auf der instrument. vorgegeb. Kreisbahn r auf den Kollektor treffen (sog. *massendispergierende Wirkung*). Das Magnetfeld bündelt den Ionenstrahl zudem (*Richtungsfokussierung*).

Ein *doppeltfokussierendes Massenspektrometer* hat hohes Auflösungsvermögen durch *Geschwindigkeitsfokussierung* – ein elektr. Sektorfeld bringt das eintretende Ionenbündel vor dem Magnetfeld auf gleiche Geschwindigkeit.

Translationsenergie des Ions:	$e\,U = \frac{1}{2}\,m\,v^2$
Magnetkraft = Zentrifugalkraft	$B\,e\,v = \dfrac{m\,v^2}{r}$
Geschwindigkeit des Ions:	$v = \sqrt{\dfrac{2\,e\,U}{m}} = \dfrac{B\,e\,r}{m}$
Ablenkkriterium	$\dfrac{m}{e} = \dfrac{B^2 r^2}{2\,U}$

b) Quadrupol-Massenspektrometer.

Preiswert, hohe Scangeschwindigkeit, einfache GC-MS-Kopplung; schlechteres Auflösungsvermögen als Magnetfeld-MS.

An je zwei parallelen Stabpaaren liegt eine Gleichspannung (entgegengesetzter Polarität) mit überlagerter Radiofrequenz.

$$U_{13} = +U + U_0 \cos\omega t$$
$$U_{24} = -U + U_0 \cos(\omega t + \pi)$$

Das *Quadrupol-Massenfilter* können nur Ionen einer bestimmten Masse durchfliegen. Stabpaar (1, 3) sperrt den Analysator für leichte Ionen, Stabpaar (2, 4) für schwere Ionen.

Gleichspannung und Wechselspannungsmplitude werden zeitlich erhöht.

c) Ionenfallen: die Ionen werden bis zur Detektion auf geschlossenen Bahnen gehalten.

d) TOF-MS = *Flugzeit-Massenspektrometer.* Schwere Ionen laufen durch ein feldfreies Rohr (hinter der Ionisationskammer) langsamer als leichte Ionen ($v \sim m^{-1}$). Am Detektor werden aufeinanderfolgende Massen innerhalb $<0,1\ \mu s$ aufgezeichnet.

Im Pulsbetrieb wiederholen sich Ionenerzeugung (Laser-, Plasma-, Cf-253-Desorption), Beschleunigung, zeitliche Trennung in kurzen Abständen.

5) Registrierung. Verstärkung und Detektion des auftreffenden Ionenstrahls, (z. B. durch Sekundärelektronenvervielfacher).

Teilchen gleicher Masse und Ladung treffen auf dieselbe Stelle des Detektors oder der Fotoplatte.

Massenspektrum

Normiertes Strichspektrum. Das Massenspektrum besteht aus charakteristischen Peaks: relative Intensität gegen m/z (in u).

1) Eichung. Perfluorierte Kohlenwasserstoffe oder Tris-(nonafluorbutyl)amin liefern Fragmentionen über einen weiten Massenbereich. Zur Überprüfung des *Auflösungsvermögens* $A = m/\Delta m > 10000$ werden Methylnaphthalin (m/z 142,07825) und Methylchinolin (142,06567) eingesetzt. Das Auflösungsvermögen ist durch Schließen der Spalte – auf Kosten der Intensität – einstellbar.

2) Molekülion. Das Ion $M^{\oplus \cdot}$ mit der höchsten Masse im Spektrum. Je nach Ionisierungsverfahren stattdessen $MH^{\oplus}$, Quasi-Molekülionen oder Zerfallsprodukt des Analytmoleküls (bei $<10\ \mu s$ kurzlebigen Molekülionen). Bei hohem Probendruck zusätzlich $[M + 1]$-Peaks, z. B. *Onium-Ionen* $[MH]^{\oplus}$ durch Anlagerung von H an N-, O-, S-Verbindungen.

- Die Intensität des Molekülspeaks steigt: mit fallender *Elektronenstoßenergie* (weniger Fragmentierung) und steigendem *Probendruck.*
- Das Molekülion enthält sämtliche chemischen Elemente der gefundenen Fragmente.
- Das Molekülion $M^{\oplus \cdot}$ ist *geradzahlig*, außer bei Verbindungen der Isotope H-2, C-13, N-15.
- zw. Molekülion und Fragmenten besteht eine sinnvolle Massendifferenz:

3:	Alkohole: $[M \text{ minus } CH_3]^{\oplus}$ und $[M \text{ minus } H_2O]^{\oplus \cdot}$ statt $M^{\oplus \cdot}$.

3 und 4: selten od. durch Dehydrierung im Einlass vorgetäuscht.

5 bis 13: nicht existent

14:	Carben (unwahrscheinlich); Gemisch zweier Homologer; CH_3- und C_2H_5-Abspaltung zw. den schwersten Fragmentionen.

3) Isotopenmuster. Satellitenpeaks um das Molekülion durch die natürliche Isopenverteilung.

Isotop	Intensität
^{13}C	[M+1]: 1,1% des ^{12}C-Peaks
^{34}S	[M+2]: 4,4% des ^{32}S-Peaks
$^{35}Cl : {}^{37}Cl$	$75,8\% : 24,2\% \approx 3 : 1$
$^{79}Br : {}^{81}Br$	$50,5\% : 49,5\% \approx 1 : 1$
$^{2}H,\ {}^{17}O,\ {}^{18}O,\ {}^{15}N$	vernachlässigbar

4) Fragmentierungsreaktionen.

Elektronenstoßinduzierte Bruchstückbildung in der Ionisationskammer; bevorzugt werden nichtbindende oder π-Elektronen ionisiert.

a) Einfache Bindungsspaltung

n-Alkane	$[R{-}CH_2CH_2{-}R']^{\oplus \cdot} \longrightarrow R{-}CH_2^{\oplus} + R'CH_2 \cdot$
	$R{-}CH_2CH_2^{\oplus} \longrightarrow R^{\oplus} + H_2C{=}CH_2$
	Fragmente: $C_4H_9^{\oplus}$ (m/z 57), $C_3H_7^{\oplus}$ (43)
	Homologe C_nH_{2n+1} mit abnehmender Intensität
i-Alkane	Ionenserie C_nH_{2n+1} intensiver als bei n-Alkanen, weniger olefinische Fragmente.
Cycloalkan	$H_2C[{-}(CH_2)_n{-}]CH_2 \xrightarrow{-e^{\ominus}}$
	$\cdot CH_2(CH_2)_nCH_2^{\oplus} \longrightarrow$
	$\cdot CH_2(CH_2)_{n-2}CH_2^{\oplus} + H_2C{=}CH_2$

α-Spaltung: an der übernächsten Bindung von einem Heteroatom aus.

Ether,	$R-CH_2-\dot{\underline{O}}^{\oplus}-R' \longrightarrow$
Alkohole	$R\cdot + [H_2C=\overset{\oplus}{\underline{O}}-R' \leftrightarrow H_2\overset{\oplus}{C}-\overline{\underline{O}}-R']$
	Fragment: $H_2C=\overset{\oplus}{O}H\ m/z$ 31
	Homologe Ionen: m/z 45, 59, 73, 87, 101, …
Amine	Fragment: $H_2C=\overset{\oplus}{N}H_2\ m/z$ 30
	Homologe Ionen: m/z 44, 58, 72, 86, 100, …
Thioether,	Fragment: $H_2C=\overset{\oplus}{S}H\ m/z$ 47
Thiole	Homologe Ionen: m/z 61, 75, 99, …
Carbonyl-	$R-CO-Y \xrightarrow{-Y\cdot} [R-C\equiv\overset{\oplus}{O}| \leftrightarrow R-\overset{\oplus}{C}=\overline{\underline{O}}]$
	$\longrightarrow R^{\oplus} + CO$
Allyl-	$R-CH=CH-CH_2-R \xrightarrow[-R\cdot]{-e^{\ominus}}$
	$[R-\overset{\oplus}{C}H-CH=CH_2 \leftrightarrow R-CH=CH-CH_2^{\oplus}]$
Benzyl-	$Ph-CH_2-X \xrightarrow[-X\cdot]{-e^{\ominus}}$
	$[^{\oplus}Ph=CH_2 \leftrightarrow Ph-CH_2^{\oplus} \rightleftharpoons C_7H_7^{\oplus}]$

Oniumspaltung: Folgereaktion der α-Spaltung bei Ethern, Thioethern, sec. und tert. Aminen. Der größere Rest wird bevorzugt eliminiert.

z. B. Amin	$(CH_3)_2CH-\overset{\oplus}{N}(CH_3)(CH_2) \longrightarrow$
	$H_2C=CH-CH_3 + H_2C=\overset{\oplus}{N}-CH_3$
Lacton, Lactam	$R_2C(-\overset{\oplus\cdot}{O}-CO-CH_2CH_2-) \longrightarrow$
	$R-C(=\overset{\oplus}{O}-CO-CH_2CH_2-) + R\cdot$
Acetal, Ketal	$RR'C(OR)(\overset{\oplus\cdot}{O}R) \longrightarrow$
	$R-\overset{\oplus}{C}(OR)(OR) + R'\cdot$

δ-*Spaltung.* Bei Chlor- und Bromalkanen (höher C_5) statt α-Spaltung unter Bildung stabiler ringförmiger Oniumionen.

Abspaltung von Heteroatomen und -funktionen. Bei Iodalkanen, Nitroalkanen, tert. Alkoholen.

b) Wasserstoffverschiebung.
MCLAFFERTY-Umlagerung bei ungesättigten Verbindungen mit einem γ-H-Atom über einen 6-gliedrigen Übergangszustand und Alkenabspaltung am Heteroatom.

Carbonylverb.	$R'CH_2-CHR''-CH_2-CO-R \longrightarrow$	
	$CH_2=CR-\overset{\oplus\cdot}{O}H + R'CH=CHR''$	
Aldehyde	$R = H$	(m/z 44)
Methylketon	$R = CH_3$	(m/z 58)
Ethylketone	$R = C_2H_5$	(m/z 72)
Carbonsäure	$R = OH$	(m/z 60)
Methylester	$R = OCH_3$	(m/z 74)
Ethylester	$R = OC_2H_5$	(m/z 88)
Säureamid	$R = NH_2$	(m/z 59)
Phenylalkan	$R'CH_2-CHR''-CH_2-Ph \longrightarrow$	
	$\cdot CH_2-C_6H_6^{\oplus} + R'CH=CHR''$	
		(m/z 92)

1,3- oder 1,4-Eliminierung von Wasser, Essigsäure, Halogenwasserstoff: bei Alkoholen, Acetaten, Alkylhalogeniden.

Eliminierung von $CH_3\cdot$ aus: Cyclohexan- oder Cyclohexen-Molekülionen.

H-Übertragung bei 1,2-disubstituierten Benzolen: *o*-Nitrotoluol zeigt beispielsweise eine OH-Abspaltung,

p-Nitrotoluol nicht.

c) Gerüstumlagerung   Abspaltung v. Neutralteilchen.

Nitroaromaten:	Nitro $\rightarrow$ Nitrit-Umlagerung;
	Abspaltung von NO· und CO;
Diphenyloxiran:	Wanderung eines Phenylrestes;
	Abspaltung von HCO·
Chinone:	C–C-Knüpfung unter CO-Abspaltung

Massenzahl

Nucleonenzahl. Summe aus Ordnungszahl (Protonenzahl) und Neutronenzahl eines Nuklids; links oben am *Elementsymbol angegeben.

$$A = Z + N \qquad \text{(Dim. 1)}$$

$\approx$ gerundete relative Atommasse des Nuklids.

Materiewelle

Atommodell: Beschleunigte Ladungträger können analog zum Photon als Materiewelle aufgefasst werden. Nach DE BROGLIE verhält sich ein Elektron im Atomorbital wie eine stehende Materiewelle. Der Umfang der Elektronenbahn ist ein ganzzahliges Vielfaches der Materiewellenlänge λ.

Teilchenenergie	$E = \frac{1}{2}mv^2 \overset{!}{=} h\nu$
Elektronenbahn	$2\pi r_n = n\lambda = \frac{nh}{m_e v_n}$
Materiewellenlänge (DE-BROGLIE-Beziehung)	$\lambda = \frac{h}{m_e v_n} = \frac{h}{p_n}$
klassische Rechnung	$\lambda = \frac{h}{\sqrt{2eU m_0}}$
relativistische Rechnung	$\lambda = \dfrac{\lambda_C}{\left(1+\frac{eU}{m_0 c^2}\right)\sqrt{1-\dfrac{1}{\left(1+\frac{eU}{m_0 c^2}\right)^2}}}$
Grenzfall hoher Spannung	$\lambda = \frac{hc}{eU}$
COMPTON-Wellenlänge	$\lambda_C = \frac{h}{m_0 c}$
Lichtgeschwindigkeit:	$c^2 = u\,v$

m_0	Ruhemasse
p	Impuls des Teilchens
U	Beschleunigungsspannung
u	Fortpflanzungs-, Phasengeschwindigkeit
v	Teilchengeschwindigkeit

Meson

„schweres" *Elementarteilchen (*Hadron) mit ganzzahligem Spin J und Baryonenzahl $B = 0$.

Mesonenaustauschtheorie

YUKAWA-Theorie. Das Neutron ist der Anregungszustand des *Nucleons, das Proton der Grundzustand.

$$^{1}_{0}n \longrightarrow {}^{1}_{1}p^{\oplus} + {}^{0}_{-1}e^{\ominus} + \bar{\nu} \qquad (\tau = 10{,}6\ \text{min})$$

Kernkräfte bis $2\cdot 10^{-15}$ m (Durchmesser des Nucleons) entstehen durch Austausch von Mesonen (Pionen) mit ca. 10^{24} Hz.

n-p-Kräfte:	$n \rightleftharpoons p^{\oplus} + \pi^{\ominus}$
	$p^{\oplus} \rightleftharpoons n + \pi^{\oplus}$
p-p-Kräfte	$p^{\oplus *} \rightleftharpoons p^{\oplus} + \pi^0$
n-n-Kräfte	$n + \pi^0 \rightleftharpoons n^*$

Metall

Die häufigsten Metalle der Erdrinde sind: Al (7,5%), Fe (4,7%), Mg (1,9%), Ti (0,58%), Zn (0,02%), Ni (0,02%), Cu (0,01%).

Leichtmetall:	Dichte <5 g/cm^3
Schwermetall:	Dichte ≥ 5 g/cm^3
Buntmetall:	Cu. Ni, Zn und Legierungen
Weißmetall:	Pb, Sn, Sb und Legierungen
Legierungsmetall:	höchstschmelzend: W, Mo, Ta
	hochschmelzend: Cr, Mn, V, Co.
	niedrigschmelzend: Cd, Bi
Edelmetall:	Ag, Au, Pt, Platinmetalle

Metallbindung

Metallatome (elektropositiv) bilden ein hochsymmetrisches Kristallgitter aus einer dichten Packung kugelförmig gedachter Atome.

Freie Valenzelektronen (*Elektronengas*) bewegen sich zw. positiv geladenen Atomrümpfen.

z.B. $\quad M \rightarrow M^{z\oplus} + z\,e^{\ominus}$

Ungerichtete COULOMB-Kräfte wirken zw. Elektronengas und Atomrümpfen. Bindungenergie 1 bis 5 eV. Vgl. *Elektronengasmodell, *Bändermodell, *Fermi-Dirac-Statistik.

Metallgitter

Metallgitter sind *duktil*, die Gitterebenen leicht verschiebbar, so dass Metalle elast. und plast. verformbar sind. Hohe Schmelz- und Siedepunkte; sehr gute Elektronenleiter und Wärmeleiter; optisch undurchsichtig (IR/VIS-Absorption, UV-durchlässig).

Beispiele mit Gitterenergien (kJ/mol):

Na (109), Fe (402), W (879), Halbmetalle, Legierungen.

Je stabiler das Kristallgitter ist, umso
- höher ist die *Gitterenergie* W_G,
- höher sind Härte, Schmelztemperatur T_m, Elastizitätsmodul E,
- kleiner ist die Wärmeausdehnung α.

Metalle haben große *Bruchdehnung*, Nichtmetalle kleine. Die größte *Dichte* ϱ hat Osmium.

	Minimum aller		Maximum aller	
	Elemente	Metalle	Elemente	Metalle
Dichte	H_2	Li	Os	
Gitterenergie	He	Cs	W (C)	
Schmelzpunkt	He	Cs	C	W
E-Modul	He	Cs	C	Os

Metallgittertypen

Das *raumzentrierte* Wolframgitter ist extrem hart, plastisch kaum verformbar, hochschmelzend.

Das *kubische* Gitter von Gold, Silber und Kupfer mit vier dicht besetzten Gleitebenen ist weich und hervorragend verformbar.

Das *hexagonale* Gitter mit nur einer dicht besetzten Gleitebene ist schlecht verformbar.

1) Kubisch dichteste Packung (kdP), *kubisch flächenzentriertes Gitter* (kfz) = *Goldstruktur.*

Schichtfolge: A B C A B C... (A Basisfläche, B in Tetraederlücken, C in Oktaederlücken).

Packungsdichte 74% ($0{,}74\,V = N_A \frac{4}{3}\pi r^3$), 4 Atome pro Elementarzelle (Besetzungszahl); Koordinationszahl 12; großer Zusammenhalt.

Elementarzelle: $a = b = c$ und $\alpha = \beta = \gamma = 90°$

Gleitebenen: 4 (Würfeldiagonalen) in 3 Gleitrichtungen; leicht plastisch verformbar (z. B. Strangpressen, Walzen, Ziehen). weich und schmiedbar, spanabhebend bearbeitbar (z. B. Bohren, Drehen, Fräsen, Sägen).

Beispiele: Al, Zinnpest (<13 °C), Pb. Ca (HB 13) Ni (HB 70), γ-Fe, Rh. Pt (HB 50), Cu. Ag. Au. Messing ($>37\%$ Zn).

2) Hexagonal dichteste Packung (hdP)

= *Magnesiumstruktur.* Schichtfolge A B A B... (B in Tetraederlücken). Packungsdichte 74%, 6 Atome pro Elementarzelle (Besetzungszahl), Koordinationszahl 12.

Elementarzelle: $a = b \neq c$; $\alpha = \beta = 90°$, $\gamma = 120°$.

1 Gleitebene (Sechseckseite) in 3 Gleitrichtungen; schwer plastisch verformbar, gut zerspanbar, gießbar.

Beispiele: festes He, feste Edelgase, Be, Ti, seltene Erdmetalle, Co (HB 125), Zn, Cd, Re (HB 250), Ru.

3) Kubisch raumzentriertes Gitter (krz)

= *Wolframstruktur;* innenzentriertes Würfelgitter, v. a. bei großen Atomen. Packungsdichte 68%, 2 Atome pro Elementarzelle (Besetzungszahl), Koordinationszahl 8; wenig gleitfreudig.

Elementarzelle: $a = b = c$; $\alpha = \beta = \gamma = 90°$.

Gleitebenen: 4 Raumdiagonalen (dicht besetzt) in 2 Richtungen. schlecht plastisch verformbar; sehr hart, eher spröde, bevorzugt spanlose Formgebung.

Typisch: V, Nb, Ta, Cr, Mo, W (HB >450), α-Fe, α-Messing (bis 37% Zn). – Untypisch: Alkalimetalle (wegen s^1 weich), Ba (HB 42).

4) Eisen-Kohlenstoff-Legierungen. Technisch wichtig für die Stahlherstellung sind (*Allotropie):

1. *Ferrit:* krz-α-Fe/C mit Oktaederlücken ($0.154\,R$) (an Würfelkanten) und Tetraederlücken ($0.291\,R$). C-Löslichkeit $<0.018\%$ C-Diffusion schnell (10^{-17}cm^2/s bei 800 °C).

2. *Austenit:* kfz-γ-Fe/C mit Oktaederlücken ($0.41\,R$) (an Würfelkanten). C-Löslichkeit $<2.1\%$ und C-Diffusion langsam.

3. *Cementit* (Fe$_3$C). Kohlenstoff in trigonal-prismatischen Lücken des hdP-Eisens.

Ledeburit = 49% Cementit + Austenit

Perlit = 12% Cementit + Ferrit

4. *Martensit:* tetragonal-verzerrtes α-Fe/C-Gitter.

Metametall

Elemente Be, Zn, Cd, Hg, Ga, In, Tl, Sn, Pb, Bi; stehen den Metallen nahe, zeigen aber z. T. halbleitende Eigenschaften.

Mikrowellenspektroskopie

Funk- und Radarwellen (1 mm – 10 cm) regen die *Rotation von Molekülen an; vgl. *IR-Spektroskopie.

Miller-Index

Kristallografie: Kennzeichnung der Richtungen und Ebenen im *Kristallgitter.

- *Kristallrichtung* $[abc]$ = Normalenvektor der Kristallebene. Indices bedeuten die Kehrwerte der Achsenabschnitte der Kristallrichtungen.

Beispiel: [213] definiert ein Dreieck mit den Seitenlängen $a/2$, b und $c/3$ (gemessen vom Koordinatenursprung).

- *Kristallebene* (abc); z. B. (213) ist durch die Richtungen [213] festgelegt.

(100)	Würfelfläche (yz-Ebene, x-Richtung)
(010)	Würfelfläche (xz-Ebene, y-Richtung)
(001)	Würfelfläche (xy-Ebene, z-Richtung)
(110)	Würfeldiagonale (Richtung der Winkelhalbierenden)
($1\bar10$)	Diagonalfläche an einer Würfelkante (negative y-Koordinate)
(111)	kfz-Gleitebene (Richtung der Raumdiagonalen)

MIP Mikrowelleninduziertes Plasma.

Moderator

Im *Kernreaktor: Grafit, Beryllium, Wasser, schweres Wasser u.a. bremsen freie schnelle Neutronen zu thermischen ab, die U-235 günstig spalten. Im Normalbetrieb Selbstregulation, d. h. mit zunehm. Temperatur sinkt die Bremswirkung des Moderators, damit die Spaltrate.

Beim schnellen Brüter kein Moderator, da nur schnelle Neutronen aus U-238 Plutonium erzeugen.

Modifikation

Kristallstruktur eines Stoffes bei gegebener Temperatur und Druck (vgl. *Allotropie).

- *Monotrope Umwandlung:* irreversibel von der thermodynamisch instabilen zur stabilen Modifikation.
- *Enantiotrope Umwandlung:* reversible Umwandlung zw. den Modifikationen.

Modikationen des Kohlenstoffs:

1. *Diamant.* Dreidimensionale Netzstruktur aus C_6-Sesseln (σ-Bindungen); alle C–C-Abstände gleich groß, kubisch. hohe Dichte (3,5 g/cm^3), elektrischer Isolator (lokalisierte Elektronen), höchste Wärmeleitfähigkeit aller Stoffe, farblos, glänzend wasserklar, stark lichtbrechend, sehr hart, spröde, chemisch inert, Schmelzpunkt >4000 °C (Schutzgas).

2. *Grafit.* Schichtstruktur aus ebenen C_6-Ringen (π-Bindungen) und VAN-DER-WAALS-Kräfte zw. den Schichten, hexagonal; Dichte 2,1 g/cm^3; metallische Leitfähigkeit: $\sigma_\| = 25000$ S/cm, $\sigma_\perp = 5$ S/cm, gute Wärmeleitfähigkeit oder Wärmeisolator: $\lambda_\| = 1740$ WK^{-1}m^{-1}, $\lambda_\perp = 8{,}2$ WK^{-1}m^{-1}, geringe therm. Ausdehnung: $\beta_\| = $ -0,2 ... +1,3·10^{-6}/K, $\beta_\perp = 20 ... 28$·10^{-6}/K. hitze-, thermoschock-, korrosionsbeständig, metallischer Glanz, Gleit- und Schmierstoff (z. B. Bleistift-, Tonerzusatz).

Molekülmasse

Relative Molekülmasse: Summe der relativen *Atommassen der Elemente eines Moleküls; mit Rücksicht auf die natürliche Isotopenverteilung.

Beispiel: Molekülmasse von Wasser
$M_r(H_2O) = 2 \cdot 1{,}008 + 15{,}9994 = 18{,}0154$.

Die *absolute Molekülmasse* von Wasser ist
$m(H_2O) = 18{,}0154$ u ≈ 3·10^{-26} kg.

Molekülorbital

Eine *Atombindung – das Molekülorbital (MO) – entsteht durch Überlappung (Lin.kombination) der Valenzelektronenorbitale zweier Atome (*Atomorbitale*, AO).

- *bindendes MO* (b): Addition zweier AO (anziehend), mit Elektronendichte zw. den Atomkernen.
- *antibindendes MO* (ab): Subtraktion zweier AO (abstoßend), keine Elektronendichte zw. den Atomkernen.
- *nichtbindendes MO* (nb) durch freie Elektronenpaare.

Vgl. *Bindungsordnung.

Moseley-Gesetz *Röntgenspektroskopie.

Mößbauer-Spektroskopie

*Resonanzabsorption von γ-Strahlung (ca. 100 nm, bis 150 keV) in Festkörpern (amorph, kristallin, Polymer, gefrorene Lösung). Die Resonanzlinien bilden die chem. Umgebung des Atomkerns (*Isomerieverschiebung*) ab.

MÖSSBAUER-Spektroskopie ist möglich bei: K, Cs; Ba; La, Lanthaniden (außer Ce); Ac, Actiniden; Hf, Ta, W; Tc, Re; Fe, Ru, Os; Ir; Ni, Pt; Au; Zn, Hg; Ge, Sn; Sb; Te; I; Kr, Xe.

Isotop	Energie (keV)	Kernspin $K \to K^*$	Lebensdauer (ns)	Halbwertbreite (mm/s)
Fe-57	14,4	$^1\!/_2 \to {}^3\!/_2$	140	0,19
Eu-151	21,6	$^5\!/_2 \to {}^7\!/_2$	14	1,33
Sn-119	23,9	$^1\!/_2 \to {}^3\!/_2$	26	0,64
I-129	27,7	$^7\!/_2 \to {}^5\!/_2$	24	0,59
Np-237	59,5	$^5\!/_2 \to {}^5\!/_2$	98	0,07
Au-197	77,3	$^3\!/_2 \to {}^1\!/_2$	2,7	1,88

1) Messprinzip. Ein Atomkern – z. B. Fe-57 durch β-Zerfall aus Co-57 im Rh-, Cu- oder Pd-Gastgitter – emittiert ein γ-Quant (mit dem Impuls $p = E_\gamma/c$), das ein anderer Fe-57-Kern absorbiert. Quelle und Absorber erleiden durch Ausstoß bzw. Aufprall des γ-Quants einen entgegenges. Rückstoß; der jedoch im Festkörper vernachlässigbar klein ist.

$$E_R = \frac{p^2}{2m} = \frac{E_\lambda^2}{2mc^2} \approx \frac{E^2}{2mc^2}$$

$E = E_\gamma + E_R$ freigesetzte Energie des Kernübergangs
E_γ　　　　Photonenenergie (keV)
E_R　　　　Rückstoßenergie (meV)
m　　　　Masse des freien Atomkerns
　　　　bzw. Masse des Festkörpers

Das MÖSSBAUER-Spektrometer besteht aus Geschwindigkeitsantrieb, Quelle, Absorber (Analysenprobe), Detektor (Proportionalzählrohr, Szintillations-, Halbleiterdetektor) und Vielkanalzähler.

1. Gitterschwingungen des Festkörpers werden durch Kühlung der Probe eingefroren (damit $E_\gamma = $ const bei Emission und Absorption).

2. Die Quelle wird elektromechanisch mit sägezahn- oder sinusförmig periodischer Geschwindigkeit (mm/s) zum Absorber hin- und wegbewegt.

Doppler-Effekt: $E_\gamma(v) = E_0 \left(1 \pm \frac{v}{c}\right)$

LAMB-MÖSSBAUER-Faktor = DEBYE-WALLER-Faktor. Bruchteil der Quanten, die ohne Energieverlust emittiert od. absorbiert werden.

$$f = e^{-k^2 \langle x^2 \rangle} \quad \text{mit} \quad k = \frac{E_\gamma}{\hbar c}$$

k Wellenzahl, $\langle x^2 \rangle$ mittl. Auslenkungsquadrat des Mößbaueratoms durch Festkörper-Gitterschwingungen.

Lorentz-Kurve: Linienform des Spektrums

$$I(v) = I_\infty - A \frac{W^2/4}{(v - v_0)^2 + W^2/4}$$

I Intensität der γ-Strahlung hinter dem Absorber,
I_∞ bei hoher Geschwindigkeit, A Tiefe der Resonanzlinie,
v_0 Geschwindigkeit bei stärkster Resonanzabsorption.

1

Halbwertbreite der Mößbauerlinie

$$W = \frac{2 c \, \Gamma}{E_\gamma} \quad \text{(mm/s)}$$

$\Gamma = \hbar/\tau$ natürliche Linienbreite.

2) Hyperfeinstruktur. Aufspaltung der Mößbauer--Linie durch die magn. *Hyperfeinwechselwirkung* der Atomkerne im Grund- und Anregungszustand mit dem umgebenden Magnetfeld des ferro- oder antiferromagnet. Festkörpers; analog zur ZEEMAN-Aufspaltung opt. Spektrallinien im äußeren Magnetfeld. Messgröße ist das Produkt $\mu \, B$.

$$E(m_{\mathrm{I}}) = -m_{\mathrm{I}} \frac{\mu}{I} B \quad \text{mit} \quad -I \le m_{\mathrm{I}} \le I$$

μ magn. Dipolmoment des Kernes. I Kernspin, B magnet. Hyperfeinfeld-Flussdichte.

Beispiel: Das magn. ^{57}Fe-Hyperfeinspektrum $I(v)$ zeigt 6 Linien: die Übergänge vom Grundzustand ($I = {}^{1}\!/_{2}$ mit $m_{\mathrm{I}} = \pm{}^{1}\!/_{2}$) zum Anregungszustand $I^* = {}^{2}\!/_{3}$ (14,4 keV) mit $m^* = \pm{}^{1}\!/_{2}$ und $\pm{}^{3}\!/_{2}$.

3) Quadrupolaufspaltung. Die elektr. *Quadrupolwechselwirkung* der nicht-kugelförm. Ladungsverteilung der Atomkerne und Elektronen ist ein Maß für die chem. Umgebung des Mößbauer-Kerns. Messgröße ist das Produkt $Q \, V_{zz}$.

$$E_{\mathrm{Q}}(m_{\mathrm{I}}) = \frac{e \, Q \, V_{zz}}{4I \, (2I - 1)} \left[3m_{\mathrm{I}}^2 - I(I + 1) \right]$$

$$\Delta E_{\mathrm{Q}} = \frac{e \, Q \, V_{zz}}{2}$$

e	Elementarladung	(C = A s)
Q	elektrisches Kern-Quadrupolmoment	(m^2)
V_{zz}	elektrischer Feldgradient $(\partial^2 V/\partial z^2)$	
	der Elektronenverteilung	(V/m^2).
	Im kubischen Gitter: $V_{zz} = 0$	

Beispiel: Die ^{57}Fe-Mößbauerlinie im Eisenkomplex im Na$_2$[Fe(CN)$_5$(NO)] · 2H$_2$O spaltet in zwei Linien auf ($m^* = |\pm{}^{1}\!/_{2}|$ und $|\pm{}^{3}\!/_{2}|$), weil der Komplex asymmetrisch gebaut ist. Der symmetrische Na$_4$[Fe(CN)$_6$] spaltet nicht auf.

---

4) Isomerieverschiebung. Verschiebung der Mößbauerlinie durch elektrostat. Wechselwirkung zw. Kernladung und Elektronenhülle; unabh. vom Kernspin; zeigt chem. Umgebung und Valenzzustand des Kernes (kernnahe *s*-Orbitale). Kernradius und Bindungsenergie in den angeregten Zuständen unterscheiden sich etwas vom Grundzustand.

$$\Delta E = \frac{2\pi}{3} Z \, e^2 \, \Delta(r^2) \, \Delta\varrho(0)$$

Z Kernladungszahl; $\Delta\varrho$ Elektronendichte-Unterschied in Absorber und Quelle am Kernort; $\Delta(r^2)$ Änderung des mittl. quadrat. Kernladungsradius.

Beispiel: Strukturaufklärung von Eisencarbonylen, Berliner Blau, Hämoglobin.

Isomerieverschiebung (mm/s)

−1	Fe(6+)	K$_2$FeO$_4$
−0,5	Fe(5+)	La$_2$LiFeO$_6$, kovalentes Fe(II)
0	Fe(4+)	SrFeO$_3$, Eisenmetall
+0,25		kovalentes Fe(III)
+0,5	Fe(3+)	Fe$_2$O$_3$, FeF$_3$, (CH$_3$)$_4$NFeCl$_4$
		kovalentes Fe(II)
+1	Fe(2+)	FeI$_2$, FeCl$_2$, [(CH$_3$)$_4$N]$_2$FeCl$_4$
+1,5		FeSO$_4$, FeF$_2$, FeBr$_2$
+2	Fe(+)	z. B. in NaCl

MO-Theorie

Die *Molekülorbital-Theorie* erklärt z. B.:

- Wasserstoff kommt molekular (H$_2$) vor. Durch Überlappung der zwei $1s$-Orbitale entsteht die stabile σ-Bindung.

- He$_2$ existiert nicht, weil es mit keinem *Energievorteil* verbunden wäre, vier s-Elektronen in σ und σ^*-MO zu setzen.

- Sauerstoff (O$_2$) ist ein *Biradikal* und paramagnetisch, weil ungepaarte Elektronen vorhanden sind. Die Bindungsordnung ist 2.

$$\text{Richtig:} \quad \overline{\underline{O}} \div \overline{\underline{O}} \qquad \text{Falsch:} \quad \overline{\underline{O}}{=}\overline{\underline{O}}$$

- Im *Stickstoff* (N$_2$) liegt eine Dreifachbindung vor (Bindungsordnung 3).

- Die *Halogene* kommen molekular vor; durch Überlappung der p$_z$-Orbitale entsteht eine Einfachbindung. Die Elementatome selbst sind extrem reaktiv.

1) Wasserstoffmolekül. Die beiden Atomorbitale der H-Atome überlagern sich durch Linearkombination (*LCAO) zum bindenden (b) und antibindenden (ab) Molekülorbital des H$_2$-Moleküls; die beiden *s*-Elektronen (1 und 2) teilen sich den gemeinsamen Aufenthaltsraum zw. den H-Atomen (σ-Bindung).

$$\underline{\Psi} = [\Psi_{\mathrm{A}}(1) + \Psi_{\mathrm{B}}(1)] \, [\Psi_{\mathrm{A}}(2) + \Psi_{\mathrm{B}}(2)]$$

---

1. Elektron	2. Elektron
$\Psi(1) = C_1 \Psi_{\mathrm{A}}(1) + C_2 \Psi_{\mathrm{B}}(1)$ bindend	$\Psi(2) = C_1 \Psi_{\mathrm{A}}(2) + C_2 \Psi_{\mathrm{B}}(2)$
$\Psi_{\oplus}(1) = \Psi_{\mathrm{A}}(1) + \Psi_{\mathrm{B}}(1)$ antibindend	$\Psi_{\oplus}(2) = \Psi_{\mathrm{A}}(2) + \Psi_{\mathrm{B}}(2)$
$\Psi_{\ominus}(2) = \Psi_{\mathrm{A}}(1) - \Psi_{\mathrm{B}}(1)$	$\Psi_{\ominus}(2) = \Psi_{\mathrm{A}}(2) - \Psi_{\mathrm{B}}(2)$

Die Glieder $\Psi_{\mathrm{A}}(1) + \Psi_{\mathrm{A}}(2)$ und $\Psi_{\mathrm{B}}(2) + \Psi_{\mathrm{B}}(2)$ entsprechen fiktiven ionischen Strukturen $H_{\mathrm{A}}^{\ominus}H_{\mathrm{B}}^{\oplus}$ und $H_{\mathrm{A}}^{\oplus}H_{\mathrm{B}}^{\ominus}$ – die auf Grund der interelektronischen Abstoßung unbedeutend sind. Die verfeinerte MO-Theorie mit Rücksicht auf interelektronischen Abstoßung und die *VB-Theorie mit ionischen Genzstrukturen liefern ähnliche Ergebnisse.

2) Sauerstoffmolekül. Die „Doppelbindung" in O$_2$ hat die Bindungsordnung $B\,O = \frac{6-2}{2} = 2$ (nur 2p betrachtet); es liegt ein Biradikal vor.

3) Homonucleare Moleküle (wie N$_2$,O$_2$, Halogene) werden aus den Atomorbitalen nahezu gleicher Energie zusammengesetzt.

$$\underline{\Psi} = C_{\mathrm{A}} \Psi_{\mathrm{A}} + C_{\mathrm{B}} \Psi_{\mathrm{B}}$$

4) Komplexe. Die e_g-Orbitale spalten in bindende (σ_d) und antibindene MO (σ_d^*) auf, die t_{2g}-Orbitale sind nichtbindend (d_ε). Besetzte antibindende Orbitale erklären instabile Komplexe. Vgl. *Ligandenfeldtheorie.

Multiplett

Gruppe von Spektrallinien, die Übergängen zw. Feinstrukturniveaus entspricht.

MO-Theorie: Sauerstoffmolekül

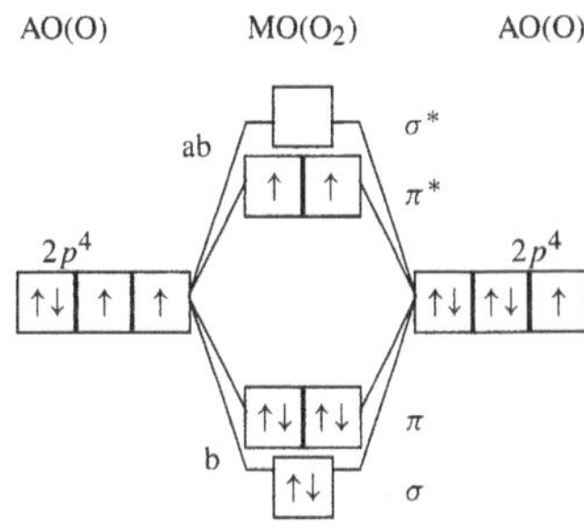

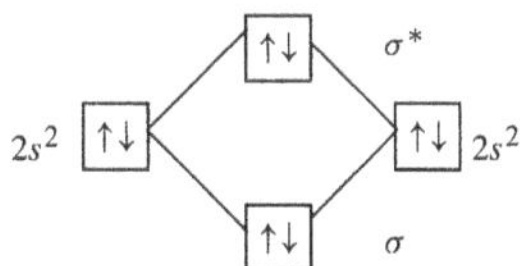

Multiplizität

Anzahl der zu einem Multiplett gehörenden Energieterme oder Spektrallinien; *NMR, *Term.

1 = Singulett	3 = Triplett	5 = Quintett
2 = Dublett	4 = Quadruplett	u.s.w.

Näherungsverfahren

Quantenmechanik: Die *Schrödinger-Gleichung für ein Mehrelektronensystem ist nicht exakt lösbar. Näherungsverfahren führen formal auf ein Einelektronenproblem zurück.

1) EWF-Näherung. Elektronenwechselwirkungsfreies Atom unter Vernachlässigung der gegenseitigen Elektronenabstoßung (2. Glied der Schrödinger-Gleichung).

Wellenfunktion des N-Elektronensystems = Produkt aus Einelektronenfunktionen

$$\underline{\Psi} = \prod_{i=1}^{N} \Psi_i(r_i, \vartheta_i, \varphi_i)$$

Die Lösungen von Ψ_i sind die Eigenfunktionen des *Wasserstoffatoms.

2) Abschirmfeldnäherung. Teilweise Berücks. der Elektron-Elektron-Abstoßung. Jedes Elektron sei im Kernfeld und im Durchschnittspotential aller übrigen Elektronen.

Die eff. pot. Energie des i-ten Elektrons hängt nur von der Radialkomponente (Kernabstand) ab.

$$E_{\mathrm{pot}} = \sum_{i=1}^{N} E_i(r_i)$$

Separation der *Schrödinger-Gleichung in N Gleichungen für Einelektronensysteme.

$$\Delta_i \Psi + \frac{8\pi\,m}{h^2}\left[E - E_i(r_i)\right]\Psi = 0$$

Die Lösungen von Ψ_i sind ähnlich den Eigenfunktionen des H-Atoms, aber Zustände gleicher Hauptquantenzahl und verschiedener Nebenquantenzahl unterscheiden sich in ihrer Energie.

3) Variationsmethode. Die Parameter einer Probefunktion werden solange varriiert, bis das System ein Energieminimum zeigt (z. B. *VB-Theorie, *MO-Theorie).

Natriumlinie

In der Bunsenflamme wird ein Bruchteil der Natriumatome einer Kochsalzprobe angeregt. Das charakteristische gelbe Leuchten (589,6 nm) entsteht, wenn Elektronen aus höheren Energieniveaus unter Energieabgabe in die frei gewordenen Plätze in dem niedrigeren Energieniveau springen.

	Grundzustand	Angeregter Zustand
Konfiguration	[Ne] $3s^1$	[Ne] $3p^1$
Termsymbol	$^2S_{1/2}$	$^2P_{1/2}$

Es gibt weitere angeregte Zustände. Vgl. *OES, *Termsymbol.

Natürliche Einheiten

Natural units (n.u.). Atomphysikalische Bezugsgrößen.

Geschwindigkeit	$c = 299\,792\,458$ m/s
n.u. Wirkung	$\hbar = 1{,}054\,571\,596{\cdot}10^{-34}$ J s
	$= 6{,}582\,118\,89$ eV s
n.u. Masse	$m_e = 9{,}109\,381\,88{\cdot}10^{-31}$ kg
n.u. Energie	$m_e c^2 = 8{,}187\,104\,14{\cdot}10^{-14}$ J
	$= 0{,}510\,998\,902$ MeV
n.u. Impuls	$m_e c = 2{,}730\,923\,98{\cdot}10^{-22}$ kg m/s
	$= 0{,}510\,998\,902$ MeV/c
n.u. Länge	$\lambda_C = \hbar/m_e c = 386{,}159\,2642{\cdot}10^{-15}$ m
n.u. Zeit	$\hbar/m_e c^2 = 1{,}288\,088\,6555{\cdot}10^{-21}$ s

Nebengruppe

Gruppe 3 bis 12 (früher 1 bis 8a–c) des *Periodensystems. Gruppennummer

$\widehat{=}$ Zahl der d-Elektronen − 2

$\widehat{=}$ höchste Oxidationsstufe (max. 8).

Nebenquantenzahl

oder *Bahndrehimpulsquantenzahl*; beschreibt im wellenmechanischen Atommodell die geometrische Gestalt des Orbitals.

Nebenquantenzahl: $l = 0, 1, \ldots n - 1$

Zahl der Knotenebenen durch den Kern, in der sich das Elektron nicht aufhalten darf.

n Hauptquantenzahl = Schalennummer

Neben-quanten-zahl	Energiezustand der Elektronen		Aussehen der Orbitale		
			Form		Knoten-ebenen
$l = 0$	s	(sharp)	Kugel	1-teilig	keine
$l = 1$	p	(principal)	Hantel	2-teilig	eine
$l = 2$	d	(diffuse)	Rosette	4-teilig	zwei
$l = 3$	f	(fundamental)		8-teilig	drei

Die s-, p-, d- und f-Orbitale einer Schale haben die gleiche Energie. Durch äußere Störungen wird die Entartung aufgehoben.

Neutron

*Elementarteilchen (Hadron, Baryon, *Nucleon) mit der Quarkkombination udd. Erzeugung durch Kernreaktionen, als freies Teilchen nicht beständig; Zerfall: $n \rightarrow p + e^{\ominus} + \bar{\nu}$.

Neutronenbeugung   *Röntgenstrahlbeugung.

Neutronenbombe

Eine *Wasserstoffbombe mit erhöhter Neutronenstrah-

Tabelle 1.4 Einteilung der Nuklide: Z Ordnungszahl, A Massenzahl, N Neutronenzahl.

Nuklid	Kennzeichen			Beispiele			
				Atom	Protonen	Neutronen	Häufigkeit
Isotope Nuklide	*Z gleich*	*A ungleich*	*N ungleich*	^{234}U	92	142	0,0057%
				^{235}U	92	143	0,72%
				^{238}U	92	146	99,27%
Isobare Nuklide	*Z ungleich*	*A gleich*	*N ungleich*	^{210}Tl	81	129	
				^{210}Pb	82	128	
				^{210}Bi	83	127	
				^{210}Po	84	126	
Isotone Nuklide	*Z ungleich*	*A ungleich*	*N gleich*	^{37}Cl	17	20	
				^{38}Ar	18	20	
				^{40}Ca	20	20	

lung. Zündung mit exotischen Spaltstoffen kleiner kritischer Masse (Cf-251, Cm-245), damit wenig radioaktive Spaltstoffe entstehen.

Neutronenmasse

Masseverhältnis und Energieäquivalent (unsichere Stellen kursiv).

$$
\begin{aligned}
m_n &= 1,674\,927\ 16\cdot10^{-27} & \text{kg} \\
&= 1,008\,664\,915\ 78 & \text{u} \\
&= 1,008\,664\,915\ 78\cdot10^{-3} & \text{kg/mol} \\
&\mathrel{\hat{=}} 939,565\ 330 & \text{MeV} \\
&\mathrel{\hat{=}} 1,505\,349\ 46 \text{ J} \\
&= 1838,683\ 6550\cdot m_e \\
&= 1,001\,378\,418\ 87\cdot m_p
\end{aligned}
$$

Neutronenzahl

Zahl der Neutronen im Atomkern = Differenz zw. Massenzahl A (Nucleonenzahl) und Ordnungszahl Z (Kernladungszahl, Protonenzahl).

$$\boxed{N = A - Z} \quad \text{(Dim.1)}$$

Neutron-g-Faktor $g_n = \dfrac{2\mu_n}{\mu_N} = -3,826\,085\ 45$

Nichteisenmetalle

Reinmetalle und Legierungen, ausgenommen Gusseisen und Stähle.

Reinmetalle:	Elementsymbol + Reinheitsgrad (in %) z. B. Al99,8
Legierungen:	Elementsymbol + Gehalt (in %) z. B. MgAl14Si1 = 85% Mg, 14% Al, 1% Si

Beispiele

Magnesiumlegierungen	z. B. EN-MC MgAl2Si
Alumiumknetlegierungen	
– nicht aushärtbar	AlMg1(B)
– kaltaushärtbar	AlCu4Mg1
– warmaushärtbar	AlZn5Mg3Cu0,5
Aluminiumgusslegierungen	
– warmaushärtbar	AlMg5(Si), AlSi10Mg
– Eutektikum	AlSi12
Titanlegierungen	Ti1Pd, TiAl4Mo4Sn2
Nickellegierungen	NiCu30Al, NiCr15Fe
Kupferlegierungen	
– Kupfer-Nickel	CuNi25, CuNi44Mn1
– Messing (CuZn)	CuZn39Pb1Al-C
– Zinnbronze (CuSn)	CuSn12-C
– Aluminiumbronze (CuAl)	CuAl10Ni3Fe2-C

NMR *Kernmagnetische Resonanz. Nuclear Magnetic Resonance.

Nucleon

Proton-Neutron-Paar. Proton und Neutron sind energetisch verschiedene Zustände des Nucleons. Vgl. *Mesonenaustauschtheorie.

Nucleonenzahl Näheres: *Massenzahl

Nuklid

Atomart mit bestimmter Protonen- und Neutronenzahl; z. B. ^{12}C, ^{234}U. Es gibt natürliche, künstliche, stabile und radioaktive Nuklide (Radionuklide). Die meisten Elemente sind *Mischelemente*, d. h. sie treten in der Natur als Gemisch mehrerer Isotope auf (= Nuklide, die sich in ihrer Atommasse bzw. Neutronenzahl unterscheiden). Leichte Kerne (wie Helium) enthalten etwa gleich viele Protonen und Neutronen, schwere Kerne (wie Uran) haben einen Neutronenüberschuss.

Anwendungen radioaktiver Nuklide:

- *Medizin:* Strahlentherapie; Diagnostik, Szintigrafie.
- *Biochemie:* Sterilisierung, Konservierung, Abwasserbehandlung; radioaktive Markierung.
- *Analytik:* RFA, EDX u.a. *spektroskopische Methoden.
- *Messtechnik:* Durchstrahlungs- und Rückstreuverfahren (Füllhöhe-, Dichte- und Dickebestimmung); Tracermethoden (Verweilzeitmessung).
- *Energietechnik:* Kernreaktor, Radionuklid-Batterie, Seebeck-Effekt.

Nullpunktenergie

Am absoluten Nullpunkt ist die Energie eines Systems nicht Null; z. B. für den harmonischen Oszillator: $E_0 = h\nu/2$.

Oberflächenanalytik

*Spektroskop. Methoden zur Untersuchung der Oberflächenstruktur und chem. Zusammensetzung; im Gegensatz zu „Volumenmethoden".

AES	Augerelektronenspektroskopie
AS	Atomstreuung
EELS	Elektronen-Energieverlust-Spektroskopie,

	electron energy loss spectroscopy
EPMA	Elektronenstrahlmikrosonde,
	electron probe microanalysis
GD-MS	Massenspektrometrie nach Glühentladung,
	glow discharge-mass spectrometry
LEED	Beugung langsamer Elektronen,
	low energy electron diffraction
NRA	Kernreaktionsanalyse,
	nuclear reaction analysis
IR	Infrarotspektroskopie
ISS	Ionenrückstreuspektroskopie,
	ion scattering spectroscopy
PIXE	Protoneninduzierte Röntgenemission,
	particle (proton) induced X-ray emission
RBS	Rutherford-Rückstreuspektroskopie,
	Rutherford back scattering
REM	Rasterelektronenmikroskopie,
SEM	Scanning Electron Microscopy
RFA	Röntgenfluoreszenzanalyse
RHEED	Beugung schneller Elektronen,
	reflection high energy electron diffraction
SAM	Raster-Auger-Elektronenmikroskopie,
	scanning Auger electron microscopy
SIMS	Sekundärionen-Massenspektrometrie
SNMS	Sekundärneutralteilchen-Massenspektrometrie
STEM	Raster-Transmissionselektronenmikroskop,
	scanning transmission electron microscopy
STM	Raster-Tunnelmikroskop,
	scanning tunneling microscopy
TEM	Transmissionselektronenmikroskopie
TOF-SIMS	Flugzeit-SIMS, Time of flight
UPS	Ultraviolett-Fotoelektronenspektroskopie
UV/VIS	Elektronenspektroskopie im UV-
	und sichtbaren Bereich
XRD	Röntgenbeugung, X-ray diffraction
XPS	Röntgen-Fotoelektronenspektroskopie,
	X-ray photoelectron spectroscopy

OES Optische Emissionsspektroskopie, Spektralanalyse; vgl. *Atomemission.

Oktettregel

Chemische *Bindung: Atome streben durch Elektronenaufnahme oder -abgabe die stabile Edelgasschale (vollbesetzte Achterschale) an. Die Zahl der Valenzelektronen bestimmt die Reaktionsfähigkeit der Elemente: *Edelgase, *Alkalimetalle, *Erdalkalimetalle, *Halogene. Anschaulich werden *von jedem Atom vier Bindungsstriche* (einschl. der freien Elektronenpaare) abgezählt.

$\overset{\mid}{\underset{\mid}{-C-}}$	$-\overline{N}-$	$\overline{\underline{O}}=$	$\mid\overline{\underline{Cl}}-$	
4-	3-	2-	1	-bindig
kein	1	2	3	freie Elektronenpaare

Orbital

Atommodell: Das Elektron im Orbital ist gleichwertig Teilchen oder stehende *Materiewelle. Die Intensität der Materiewelle an einem Ort ist ein Maß für die Aufenthaltswahrscheinlichkeit des Elektrons (in der Ladungswolke). In den Knotenflächen der Wellen sind Intensität und Aufenthaltswahrscheinlichkeit des Elektrons Null.
Orbital (*Elektronenwolke*) heißt derjenige Raumausschnitt, in dem sich ein Elektron mit
90%iger *Aufenthaltswahrscheinlichkeit* (Teilchenvorstellung) bzw.
90% der Elementarladung (Wellenvorstellung) befindet. Orbitale werden durch *Quantenzahlen beschrieben.

*Pauli-Prinzip: Ein Orbital kann maximal zwei Elektronen mit entgegengesetztem (antiparallelem) Spin aufnehmen.

☐   unbesetztes Orbital.

↑   Orbital mit einem Elektron.

↑↓   Orbital mit 2 Elektronen (antiparalleler Spin).

Beispiel: Das *s*-Orbital des Wasserstoffatoms ist eine Kugelschale von 14 pm Durchmesser. In Kernnähe und unendlicher Entfernung sind Aufenthaltswahrscheinlichkeit und Ladungsdichte nahe Null, im Abstand von 5,3 pm vom Kern am größten.

Ordnungszahl

oder *Kernladungszahl*, Protonenzahl eines Elementes. Links unten vor dem Elementsymbol vermerkt.

$$Z = A - N \qquad \text{(Dim. 1)}$$

A Massenzahl, *N* Neutronenzahl.

Ortsdosis

*Dosimetrische Größe im Strahlenschutz: Äquivalentdosis H für Weichteilgewebe, gemessen an einem bestimmten Ort.

Oxidationsstufe

früher: *Wertigkeit*; beschreibt die maximale Bindigkeit eines Elementes und hängt von der Zahl der *Valenzelektronen* (Außenelektronen) ab.
- Hauptgruppenelemente: die *s*- und *p*-Elektronen der äußersten Schale,
- Übergangsmetalle (Nebengruppenelemente): s- und d-Elektronen.
- Lanthanoide und Actinoide: die s-, d- und f-Elektronen.

Gruppe		Höchste Oxidationsstufe			
IUPAC	HG	zu Sauerstoff		zu Wasserstoff	
1	I.	1	(Na$_2$O)	1	(NaH)
2	II.	2	(MgO)	2	(MgH$_2$)
13	III.	3	(Al$_2$O$_3$)	3	(AlH$_3$)
14	IV.	4	(SiO$_2$)	4	(SiH$_4$)
15	V.	5	(P$_2$O$_5$)	3	(PH$_3$)
16	VI.	6	(SO$_3$)	2	(H$_2$S)
17	VII.	7	(Cl$_2$O$_7$)	1	(HCl)

Ausnahmen:
Sauerstoff: −2 (in Peroxiden: −1).
Wasserstoff: +1 (in Hydriden: −1).
Halogene: −1.
Edelgase, Elemente, elementare Gase: nullwertig.

Packungsanteil

Maß für die Bindungsstärke des Atomkernes.

$$f = \frac{B}{A\,u} \qquad \text{(Dim. 1)}$$

A Massenzahl (Dim. 1), *B* Massendefekt (kg),
u atomare Masseneinheit (kg).

Packungsdichte

Anteil der kugelförmig gedachten Atome oder Moleküle am Volumen des *Kristallgitters nahe des absoluten Nullpunkts, z.B. dichteste Kugelpackung

$$0{,}74\,V = N_A\,\tfrac{4}{3}\pi r^3 \quad \Rightarrow \quad 74\%$$

r aus Röntgen-, Elektronenstrahlbeugung, Viskositätsmessungen.

Parität

Eigenschaft von *Elementarteilchen und die Symmetrie der Wellenfunktion.

$P = +1$ (gerade):	$\Psi(-x, -y, -z) = +\Psi(x, y, z)$
$P = -1$ (ungerade):	$\Psi(-x, -y, -z) = -\Psi(x, y, z)$

Paschen-Back-Effekt

Spin-Bahn-Entkopplung. *Zeeman-Aufspaltung in der Größenordn. der Feinstruktur; im sehr starken Magnetfeld, wenn die Wechselwirkung der spin- und bahnmagnet. Momente mit dem äußeren Magnetfeld die Spin-Bahn-Kopplung übertreffen.

Pauli-Prinzip

Im Atom können nie zwei Elektronen in allen vier Quantenzahlen übereinstimmen; sie müssen sich mindestens im Spin unterscheiden; *Orbital.

Periode

Waagrechte Zeile des PSE = äußerste Elektronenschale = Hauptquantenzahl *n*.

Periodensystem der Elemente

PSE. Anordnung der *Elemente nach steigender Kernladungszahl und ähnlichen chem. Eigenschaften.

Im *Langperiodensystem* sind alle Elemente einer Periode in einer Zeile angeordnet; Haupt- und Nebengruppen bilden eigenständige Blöcke.

Im *Kurzperiodensystem* (veraltet) werden die Perioden und Gruppen in zwei Zeilen bzw. Spalten unterteilt. *Elementsymbole* vgl. chemische *Elemente.

Die Transaktinoide ohne IUPAC-Namen werden durch Zahlwortwurzeln benannt.

0 = nil, 1 = un, 2 = bi, 3 = tri, 4 = quad, 5 = pent, 6 = hex, 7 = sept, 8 = oct, 9 = enn.

Element 110 = Ununnilium = Eka-Platin,
Element 111 = Unununtium = Eka-Gold,
Element 112 = Ununbium = Eka-Quecksilber

---

1) Gruppen = senkrechte Spalten des PSE aus Elementen mit ähnlichen chemisch-physikalischen Eigenschaften. Die Unterteilung nach Haupt- und Nebengruppen ist veraltet, doch gebräuchlich.

Gruppe (IUPAC)	Gruppenbezeichnung
	Hauptgruppen
1	I. Alkalimetalle
2	II. Erdalkalimetalle = Berylliumgruppe
13	III. Borgruppe = Erdmetalle
14	IV. Kohlenstoffgruppe
15	V. Stickstoffgruppe
16	VI. Sauerstoffgruppe = Chalkogene
17	VII. Halogene
18	VIII. Edelgase
	Nebengruppen
3	3. Scandiumgruppe Seltenerdmetalle – Lanthanoide: La ... Yb – Actinoide: Ac ... No
4	4. Titangruppe
5	5. Vanadiumgruppe
6	6. Chromgruppe
7	7. Mangangruppe
8–10	8a–c. Eisenmetalle (Fe, Co, Ni) leichte Platinmetalle (Ru, Rh, Pd) schwere Platinmetalle (Os, Ir, Pt)
11	1. Kupfergruppe
12	2. Zinkgruppe

2) Härte. Im PSE links und an den Flanken der Nebengruppen stehen die weichen und niedrigschmelzenden Elemente mit wenigen Valenzelektronen. Die härtesten Elemente in der Mitte der Nebengruppen haben stabile $s^2 d^n$-Konfiguration. Die Alkalimetalle mit nur einem Valenzelektron sind weich und reaktionsfreudig. In den Hauptgruppen nimmt die Härte von oben nach unten ab.

sehr weich:	Cs > ··· > Li (s^1)
weich:	Hg > Cd > Zn
hart:	Ta > Nb > V ($s^2 d^3$)
sehr hart:	W > Mo > Cr ($s^2 d^4$)
härtest:	Diamant > ... > Pb weich.

3) Metalle und Nichtmetalle. Die meisten Elemente sind Metalle. Der Metallcharakter nimmt in den Gruppen von oben nach unten zu, in den Perioden von links nach rechts ab.

- Gruppen 1 und 2 (I – II): Metalle.
- Gruppen 13 bis 16 (III – VI): oben Nichtmetalle, Mitte Halbmetalle, unten Metalle.
- Gruppen 17 und 18 (VII – VIII): Nichtmetalle (Halogene, Edelgase).
- Alle Nebengruppenelemente (incl. Lanthanoide und Actinoide) sind Metalle.

Metalle stehen tendenziell links unten, Nichtmetalle rechts oben. zw. Metallen und Nichtmetallen sind platziert: *Halbmetalle, *Metametalle.

4) Säurebildner und Basenbildner. Die Oxide der Elemente und einige Elemente direkt reagieren mit Wasser zu Säuren oder Basen.

- *Nichtmetalloxide* bilden *Säuren*, färben Lackmus rot; z. B. CO_2, NO_2, SO_3.
- *Metalloxide* bilden *Basen* (Laugen), färben Lackmus blau. Mit steigender Oxidationsstufe nimmt der Säurecharakter zu, z. B. Na_2O, CaO, PbO_2.
- *Amphotere Oxide* bilden Säuren und Basen (je nach Reaktionspartner), z. B. Al_2O_3.

Für die Hauptgruppenelemente gilt:

In den Perioden steigt der Säurecharakter von links nach rechts (der Basencharakter sinkt).

In den Gruppen sinkt der Säurecharakter von oben nach unten (der Basencharakter steigt).

Beispiel: Schwefel als Nichtmetall bildet Säuren:

$$S \longrightarrow SO_2 \longrightarrow H_2SO_3 \longrightarrow H_2SO_4.$$

Calcium als Metall bildet Basen:

$$Ca \longrightarrow CaO \longrightarrow Ca(OH)_2.$$

Personendosis

*Dosimetrische Größe im Strahlenschutz; Äquivalentdosis *H* für Weichteilgewebe, gemessen an einer für die Strahlenexposition repräsentativen Stelle der Körperoberfläche.

Tabelle 1.5 Periodensystem der Elemente in Langperiodenform: Elementsymbole mit Ordnungszahl (oben) und Atommasse (unten), Periode n, Gruppen mit Konfiguration der Valenzelektronen (bei den Übergangsmetallen $(n-1)$d ns^2 beachten, bei den Lanthaniden/Actiniden $(n-2)$f $(n-1)$d ns^2).

n	s^1	s^2	d^1	d^2	d^3	d^4	d^5	d^6	d^7	d^8	d^9	d^{10}	p^1	p^2	p^3	p^4	p^5	p^6
1	H 1 1,008																		He 2 4,003
2	Li 3 6,941	Be 4 9,012												B 5 10,81	C 6 12,01	N 7 14,01	O 8 16,00	F 9 19,00	Ne 10 20,18
3	Na 11 22,99	Mg 12 24,30												Al 13 26,98	Si 14 28,09	P 15 30,97	S 16 32,07	Cl 17 35,45	Ar 18 39,95
4	K 19 39,10	Ca 20 40,08	Sc 21 44,96	Ti 22 47,88	V 23 50,94	Cr 24 52,00	Mn 25 54,94	Fe 26 55,85	Co 27 58,93	Ni 28 58,69	Cu 29 63,55	Zn 30 65,39	Ga 31 69,72	Ge 32 72,61	As 33 74,92	Se 34 78,96	Br 35 79,90	Kr 36 83,80
5	Rb 37 85,47	Sr 38 87,62	Y 39 88,91	Zr 40 91,22	Nb 41 92,91	Mo 42 95,94	Tc 43 98,91	Ru 44 101,07	Rh 45 102,91	Pd 46 106,42	Ag 47 107,87	Cd 48 112,41	In 49 114,82	Sn 50 118,71	Sb 51 121,76	Te 52 127,60	I 53 126,90	Xe 54 131,29
6	Cs 55 132,91	Ba 56 137,33	*	Hf 72 178,49	Ta 73 180,95	W 74 183,84	Re 75 186,21	Os 76 190,23	Ir 77 192,22	Pt 78 195,08	Au 79 196,97	Hg 80 200,59	Tl 81 204,38	Pb 82 207,2	Bi 83 208,98	Po 84 [210]	At 85 [210]	Rn 86 [222]
7	Fr 87 [223]	Ra 88 226,03	**	Rf 104 [261]	Db 105 [262]	Sg 106 [266]	Bh 107 [262]	Hs 108 [265]	Mt 109 [266]	Uun 110	Uuu 111	Uub 112						

n			f^1	f^2	f^3	f^4	f^5	f^6	f^7	f^8	f^9	f^{10}	f^{11}	f^{12}	f^{13}	f^{14}
6	*	La 57 138,91	Ce 58 140,12	Pr 59 140,91	Nd 60 144,24	Pm 61 [145]	Sm 62 150,36	Eu 63 151,96	Gd 64 157,25	Tb 65 158,93	Dy 66 162,50	Ho 67 164,93	Er 68 167,26	Tm 69 168,93	Yb 70 173,04	Lu 71 174,97
7	**	Ac 89 227,03	Th 90 232,04	Pa 91 231,04	U 92 238,03	Np 93 237,05	Pu 94 [244]	Am 95 [243]	Cm 96 [247]	Bk 97 [247]	Cf 98 [251]	Es 99 [252]	Fm 100 [257]	Md 101 [258]	No 102 [259]	Lr 103 [260]

Photon

Quantum des elektromagnetischen Feldes, das sich mit Lichtgeschwindigkeit fortbewegt. Je nach Experiment elementares *Lichtquant* (Teilchenvorstellung) oder kohärenter Wellenzug (= ohne abrupte Diskontinuitäten der Phasen). Erklärt *Strahlungsdruck, *Fotoeffekt, *Compton-Effekt.

Masse (Ruhemasse = 0). Ein Photon von der Sonne wiegt ca. 10^{-36} kg.

$$m = \frac{h\,\nu}{c_0^2} = \frac{E}{c_0^2} \quad \text{(kg)}$$

Energie (in J = W s)

$$E = m\,c_0^2 = h\,\nu = \frac{h\,c_0}{\lambda} = \frac{1{,}24\,\mu\text{m eV}}{\lambda}$$

Impuls

$$p = m\,c_0 = \frac{h\,\nu}{c_0} = \frac{h}{\lambda} \quad \text{(kg m/s)}$$

Fotoeffekt: äußerer lichtelektrischer Effekt

$$h\,\nu = W_A + \frac{m_e\,v^2}{2} \quad \text{(J)}$$

Lichtgeschwindigkeit

$$c = 299\,792\,458 \text{ m/s} \approx 300\,000 \text{ km/s}$$

W_A Austrittsarbeit = Auslöseenergie eines Elektrons aus einem Leiter (J).

Photonen-Äquivalentdosis

Strahlenschutz: *Dosimetrische Größe für Photonenstrahlung. Standardionendosis J_s mal $c = 0{,}01$ Sv/Röntgen.

$$H_x = c \cdot J_s = \frac{0{,}01 \text{ Sv}}{2{,}58 \cdot 10^{-4} \text{ C/kg}} \cdot J_s \quad \text{(Sv)}$$

Übergangslösung bis zur Einführung einheitlicher Messgrößen für alle Strahlenarten.

Planck'sche Masse

Mit der Planck-Länge (*Elementarlänge) verknüpfte Größe.

$$m_P = \sqrt{\frac{\hbar c}{G}} = 2{,}1767 \cdot 10^{-8} \text{ kg}$$

G Newtonsche Gravitationskonstante.

Planck'sches Wirkungsquantum

PLANCK-Konstante. Naturkonstante; *natürliche Einheit der Wirkung. Proportionalitätsfaktor zw. der Energie und der Frequenz eines *Quants ($E = h\nu$).

$$h = 6{,}626\,068\,76 \cdot 10^{-34} \text{ J s}$$
$$= 4{,}135\,667\,16 \cdot 10^{-15} \text{eVs}$$

Wirkungsquantum „h-quer":

$$\hbar = \frac{h}{2\pi} = 1{,}054\,571\,596 \cdot 10^{-34} \text{ J s}$$

Molare PLANCK-Konstante

$$N_A h = 3{,}990\,312\,689 \cdot 10^{-10} \text{ Js/mol}$$

Verknüpfung mit anderen Naturkonstanten

$$h = \frac{c M_e \alpha^2}{2 R_\infty N_A} = \frac{4}{K_J^2\, R_K}$$

Tabelle 1.6 Quantenzahlen des Atoms: δ Bahnneigungswinkel.

Quanten-zahl	Symbol	Wert	Spektroskopisches Symbol	Bedeutung	Drehimpuls
Haupt-	n	1,2,3,...	K, L, M, N, O, P, Q	Schalennummer: max. $2n^2$ Elektronen	
Neben-	l	$0,1,2,...,n-1$	s, p, d, f	Bahn- bzw. Orbitalform	$\lvert\vec{l}\rvert = \hbar\,\sqrt{l(l+1)}$
Magnet-	m	$0, \pm 1, \pm 2, \cdots \pm l$		räumliche Lage des Orbitals	$\cos\delta = \dfrac{m}{\sqrt{l(l+1)}}$
Spin-	s	$^1/_2$		Eigendrehsinn des Elektrons	$\lvert\vec{s}\rvert = \hbar\,\sqrt{s(s+1)}$

K_J Josephson-Konstante $(= 2e/h)$
M_e molare Masse des Elektrons
N_A Avogadro-Konstante
R_K Von-Klitzing-Konstante $(= h/e^2 = \mu_0 c/2\alpha)$
α Feinstrukturkonstante

Plasma

Ionisiertes Gas bei hohen Temperaturen: Atomrümpfe, freie Elektronen und Neutralteilchen.

Niederdruckplasma	$p < 1$ bar
Hochdruckplasma	$p > 1$ bar
Kaltes Plasma	$T < 10^5$ K
Heißes Plasma	$T > 10^6$ K
Dünnes Plasma	$c(e^\ominus) < 10^8$ cm^{-3}
Dichtes Plasma	$c(e^\ominus) > 10^{14}$ cm^{-3}
Stationäres Plasma	über längere Zeit
Impulsplasma	für einen Augenblick

Polarisierbarkeit von Ionen

Benachbarte Anionen und Kationen im *Kristallgitter deformieren infolge der gegenseit. elektrostat. Anziehungskräfte; die Ionenbindung wird schwächer, der kovalente Charakter nimmt zu. Je kleiner und höher geladen ein Kation ist, umso stärker wirkt es polarisierend; selbst ist es wenig polarisierbar. Die Polarisierbarkeit von Anionen wächst mit zunehm. Ionenradius.

Polymorphie

Kristallografie: Auftreten von Stoffen in verschiedenen Modifikationen; temperaturabhängiger Wechsel des Kristallgitters; z. B. α- und γ-Eisen. Das Kristallgitter hängt von der Größe der Atome und den Bindungskräften ab, die sich entsprechend der Wärmebewegung ändern. Vgl. *Allotropie.

Proton

Kern des Wasserstoffatoms. Elementarteilchen (Hadron, Baryon, *Nucleon) mit der Quarkkombination uud. Erzeugung z. B. in H_2-Gasentladeröhren.

Protonenmasse

Unsichere Stellen kursiv.

$$m_p = 1{,}672\,621\,58 \cdot 10^{-27} \quad \text{kg}$$
$$= 1{,}007\,276\,466\,88 \quad \text{u}$$
$$= 1836{,}152\,667\,5 \cdot m_e$$
$$= 0{,}998\,623\,478\,55 \cdot m_n$$
$$\hat{=} 938{,}271\,998 \quad \text{MeV}$$
$$\hat{=} 1{,}503\,277\,31 \cdot 10^{-10} \quad \text{J}$$
$$M_p = 1{,}007\,276\,466\,88 \cdot 10^{-3} \quad \text{kg/mol}$$

Proton-g-Faktor

Unsichere Stellen kursiv.

$$g_p = \frac{2\mu_p}{\mu_N} = 5{,}585\,694\,675$$

Anomalie des magnetischen Moments

$$a_p = \frac{g_p - 2}{2} = \frac{\mu_p}{\mu_N} - 1 \approx 1{,}793$$

Bindungskorrektur für das Proton im Wasserstoffatom; berücksichtigt die diamagnetische Abschirmung nach LAMB und massenabhängige Terme.

$$\frac{g_p(\text{H})}{g_p} = 1 - 17{,}7328 \cdot 10^{-6}$$

Quant

[engl.] *quantum*. Diskrete = kleinste unteilbare Einheit der Energie. Nach PLANCK:

$$E = h\nu$$

E Energie, h Planck-Wirkungsquantum, ν Strahlungsfrequenz.

Vgl. *Ladungsquantelung, *Energiequantelung.

Quantenzahl

Theoretische Größe zur Kennzeichnung quantenmechanischer Zustände in Teilchen. Vgl. *Drehimpuls, *Atommodell, *Pauli-Prinzip.

Quarks *Elementarteilchen.

Radioaktive Altersbestimmung

Bestimmung des Alters organ. und anorgan. Materialien aus der Restmenge von Radionukliden.

1) Radiocarbon-Methode. C-14 wird in der Atmosphäre aus N-14 mit Neutronen der Höhenstrahlung gebildet.

$$^{14}_{7}\text{N} + ^{1}_{0}\text{n} \longrightarrow ^{14}_{6}\text{C} + ^{1}_{1}\text{p} \quad \text{kurz: } ^{14}\text{N(n,p)}^{14}\text{C}$$

Unter ca. 10^{12} stabilen C-12-Atome befindet sich ein C-14-Atom, das zerfällt.

$$^{14}_{6}\text{C} \longrightarrow ^{14}_{7}\text{N} + ^{0}_{-1}\text{e} \quad (T = 5760 \text{ a})$$

In frischem Holz finden $15{,}3 \pm 0{,}1$ Zerfälle min^{-1}g^{-1} Kohlenstoff statt; mit dem Tod endet die C-14-Aufnahme und die Radioaktivität klingt langsam ab. Alter des organischen Materials

$$t = -\frac{1}{\lambda} \ln \frac{N}{N_0} \quad \text{mit} \quad \lambda = \frac{\ln 2}{T}$$

Die Restmenge N wird als Aktivität gemessen.

$N_0 = 15{,}3$ min^{-1}g^{-1} oder

$N_0 = 100\%$ Ausgangsmenge C-14.

Industrieeffekt: die Nutzung fossiler Brennstoffe ließ den C-14-Gehalt der Atmosphäre um 3% sinken; Kernwaffenexperimente erhöhen den C-14-Anteil andererseits.

2) Uran-Blei-Methode. Altersbestimmung von Mineralien aus dem Verhältnis ^{206}Pb/^{238}U oder ^{207}Pb/^{235}U, ^{208}Pb/^{232}Th, ^{208}Pb/^{206}Pb. Der Gehalt an Mutterisotopen nimmt seit Entstehung der Erde (vor ca. 6 Mrd. Jahren) unter Bildung stabiler Tochterisotope ab.
Mindestalter des Minerals

$$t \geq -\frac{1}{\lambda} \ln \frac{N}{N + N'}$$

N Restmenge Mutternuklid.
N' entstandene Menge Tochternuklid.

3) Kalium-Argon-Methode. Kalium-40 zerfällt mit $T = 1{,}28 \cdot 10^9$ a in Ca-40 und bildet durch Elektroneneinfang Argon-40 (das beim Schmelzen aus dem Mineral frei wird).

$$t \geq -\frac{1}{\lambda(\text{K--40})} \ln \frac{N(\text{K--40})}{N(\text{K--40}) + N(\text{Ar--40})}$$

4) Helium-Methode. 1 g Uran erzeugt mit seinen Zerfallsprodukten $1{,}17 \cdot 10^{-7}$ cm^3 Heliumgas pro Jahr, das beim Schmelzen des pulverisierten Erzes entweicht.
1 mol H $\hat{=}$ 22,4 ℓ Gas $\hat{=}$ $6{,}022 \cdot 10^{23}$ Atome (α-Zerfälle)

Radioaktives Gleichgewicht

In Zerfallsreihen wird das zerfallende Nuklid durch den Zerfall anderer Nuklide nachgeliefert, so dass sich ein Gleichgewicht der Mengenverhältnisse ausbildet. Die vorhand. Atommengen verhalten sich wie die Halbwertszeiten.

$$A_1 = A_2 = \cdots = A_n \quad \text{oder} \quad \frac{N_1}{T_1} = \frac{N_2}{T_2} = \cdots = \frac{N_n}{T_n}$$

oder $\lambda_1 N_1 = \lambda_2 N_2 = \cdots = \lambda_n N_n$

Ohne die langlebigen Ausgangsnuklide wie Th-232, U-235, U-238 würden die kurzlebigen Nuklide wie Bi-83 und Th-90 in natürlichen Zerfallsreihen nicht mehr existieren.

Radioaktive Strahlung

In natürlichen *Zerfallsreihen treten Alpha-, Beta- und Gammastrahlung auf. Instabile *Nuklide vgl. *Stabilitätslinie; *Strahlenwirkung.

1) α-Zerfall (Alphazerfall)

Zerfall:	$^A_Z\text{K} \longrightarrow \underbrace{^4_2\text{He}}_{\alpha} + ^{A-4}_{Z-2}\text{K}'$
Strahlung:	Heliumkerne (elektrisch geladen); Heliumgas entsteht durch Elektronenaufnahme vom Tochternuklidion (K')$^{2\ominus}$.
äquiv. Energie:	$\frac{\Delta E}{c^2} = m_\text{K} - (m_\alpha + m_{\text{K}'})$
Energieverteilung:	diskretes Linienspektrum; Gruppen der Energie $E(\text{K})$ und $E(\text{K}')$.
Reichweite:	Absorption durch Papier
Vorkommen:	schwere Kerne: $Z > 80$ (Abstoßung der Protonen)
Verschiebung:	im PSE zwei nach links.
Beispiel:	$^{226}_{88}\text{Ra} \longrightarrow ^{222}_{86}\text{Rn} + \alpha$

2) $\beta^\ominus$-Zerfall (Betazerfall)

Zerfall:	$^A_Z\text{K} \longrightarrow \underbrace{^0_{-1}\text{e}^\ominus}_{\beta^\ominus} + ^A_{Z+1}\text{K}' + \bar{\nu}_e$
Kernvorgang:	$^1_0\text{n} \longrightarrow ^1_1\text{p}^\oplus + ^0_{-1}\text{e}^\ominus + \bar{\nu}_e$ Das emittierte Elektron wird meist in die Hülle aufgenommen.
Strahlung:	Elektronen + Antineutrinos
äquiv. Energie:	$\frac{\Delta E}{c^2} = m_\text{K} - (m_{\text{K}'} + m_e)$
Spektrum:	kontinuierliche Energieverteilung mit Grenzenergie $E_{\max}$
Reichweite:	Absorption durch Metallfolie, Glas
Vorkommen:	Nuklide mit Neutronenüberschuss (unterhalb der *Stabilitätslinie)
Verschiebung:	im PSE eine Stelle nach rechts.
Beispiel:	$^{12}_5\text{N} \longrightarrow ^{12}_6\text{C} + \beta^\ominus + \bar{\nu}_e$

3) $\beta^\oplus$-Zerfall (Positronenzerfall)

Zerfall:	$^A_Z\text{K} \longrightarrow \underbrace{^0_1\text{e}^\oplus}_{\beta^\oplus} + ^A_{Z-1}\text{K}' + \nu_e$
Kernvorgang:	$^1_1\text{p}^\oplus \longrightarrow ^1_0\text{n} + ^0_1\text{e}^\oplus + \nu_e$ Zur Elektroneutralität wird ein Elektron abgegeben.
Strahlung:	Positronen + Neutrinos
äquiv. Energie:	$\frac{\Delta E}{c^2} = m_a(\text{K}) - m_a(\text{K}') - 2m_e$
Spektrum:	kontinuierliche Energieverteilung mit Grenzenergie $E_{\max}$
Vorkommen:	künstliche Kernumwandlung; Nuklide mit Protonenüberschuss bzw. Neutronenmangel (oberhalb der *Stabilitätslinie) $E_B > 2m_e c^2 = 1{,}022$ MeV (unterhalb *Elektroneneinfang).
Verschiebung:	im PSE eine Stelle nach links.
Beispiel:	$^{14}_8\text{O} \longrightarrow ^{14}_7\text{N} + \beta^\oplus + \nu_e$

4) Elektroneneinfang (EC)

Ein Elektron aus der Atomhülle wird eingefangen und im Atomkern zusammen mit einem Proton zu einem Neutron umgewandelt.

Vorgang:	$^A_Z\text{K} \longrightarrow ^A_{Z-1}\text{K}'$
Kernvorgang:	$^1_1\text{p} + ^0_{-1}\text{e}^\ominus \longrightarrow ^1_0\text{n} + \nu_e$
Strahlung:	charakt. Röntgenstrahlung
äquiv. Energie:	$\frac{\Delta E}{c^2} = m_\text{K} - m_{\text{K}'}$
Spektrum:	diskontinuierliche Energieverteilung, Linien bei $E(\text{K})$ und $E(\text{K}')$
Vorkommen:	stets wenn $m_\text{K} > m_{\text{K}'}$, Konkurrenz mit $\beta^\oplus$-Zerfall.
Verschiebung:	im PSE eine Stelle nach links.
Beispiel:	$^{40}_{19}\text{K} \longrightarrow ^{40}_{18}\text{Ar} + \nu_e$

5) γ-Zerfall

Ein angeregter Kern gibt „überschüssige" Energie als elektromagnetische Strahlung ab.

Zerfall:	$^A_Z K^* \longrightarrow {}^A_Z K + \gamma$
Strahlung:	Gammastrahlung (Photonen)
äquiv. Energie:	$\dfrac{\Delta E}{c^2} = m_{K^*} - m_{K'}$
Spektrum:	diskontinuierliche Energieverteilung; Linien bei $E(K^*)$ und $E(K)$
Vorkommen:	mit anderen Zerfallsarten
Reichweite:	Halbwertsdicke: 8 cm Aluminium
Verschiebung:	keine Verschiebung im PSE.
Beispiel:	$^{137}_{55}\text{Cs} \longrightarrow {}^{137}_{56}\text{Ba} + {}^{\ 0}_{-1}\beta^{\ominus} + \gamma$

6) Isomere Umwandlung (I.U.)

Zerfall:	$^{Am}_{Z} K^* \longrightarrow {}^A_Z K$ Kerne mit unterschiedlichem Anregungzustand
Strahlung:	Gammastrahlung, verzögert abgegeben
Spektrum:	diskontinuierlich, Linienspektrum
Verschiebung:	keine Verschiebung im PSE.
Beispiel:	$^{133m}\text{Xe} \longrightarrow {}^{133}\text{Xe} + \gamma$

7) Reichweite radioaktiver Strahlung

In Weichteilgewebe etwa wie in Wasser. Vgl. Umrechnungsfaktoren bei *Ionendosis.

Strahlenart	Energie	Reichweite (in Wasser)
α-Strahlen	5 MeV	40 μm
β-Strahlen	0,02 MeV	10 μm
	1 MeV	7 mm
γ-Strahlen	0,02 MeV	6,4 cm
	1 MeV	65 cm
Neutronen	1 MeV	20 cm
Rückstoßkerne	50 MeV	1 μm

Radioaktiver Zerfall

Atomumwandlung auf Grund von Vorgängen im Atomkern; unabh. von äußeren Einflüssen (Druck, Temperatur etc.). Neue Elemente entstehen; weitaus größerer Energiefreisatz als bei chem. Reaktionen.

1) Abhängiger Zerfall oder *genetisch verknüpfter* Zerfall (Mutter-Tochter-System). Zerfallsschema

$$A^* \longrightarrow B^* \longrightarrow C \longrightarrow \dots$$

Aktivität des Nuklids B

$$A_B = \frac{dN_B}{dt} = \underbrace{-\lambda_B N_B}_{\text{Zerfall}} + \underbrace{\lambda_A N_A}_{\text{Nachbildung}}$$

$$= \frac{\lambda_B}{\lambda_B - \lambda_A} A_{A,0} \left(e^{\lambda_A t} - e^{-\lambda_B t}\right)$$

$$= \frac{T_A A_{A,0}}{T_A - T_B} \left(e^{-\ln 2\, t/T_A} - e^{\ln 2\, t/T_B}\right)$$

Aktivität während der Gleichgewichtseinstellung

$$A_B = \frac{T_A A_A}{T_A - T_B} \left(1 - e^{-\ln 2 \left(T_B^{-1} - T_A^{-1}\right) t}\right)$$

Aktivität im Gleichgewicht

$$\boxed{\frac{A_A}{A_B} = 1 - \frac{T_B}{T_A}}$$

T Halbwertszeit.

Nachbildung von B aus A: $A_B = A_A \left(1 - e^{-\ln 2\, t/T_B}\right)$

$T_A < T_B$	Gesamtaktivität sinkt
$T_A \gg T_B$	Gesamtaktivität steigt bis Grenzwert

2) Unabhängiger Zerfall oder *genetisch nicht verknüpfter* Zerfall. Nuklid A zerfällt unabhängig von Nuklid B. Die Gesamtaktivität wird vom Nuklid mit der längsten Halbwertszeit bestimmt.

	Zerfall 1	Zerfall 2
Zerfallschema:	$A^* \longrightarrow C$	$B^* \longrightarrow D$
Aktivität:	$A_1 = \lambda_1 N_A$	$A_2 = \lambda_2 N_B$
Gesamtaktivität:	$\boxed{A = A_1 + A_2}$	

Radioaktives Zerfallsgesetz

Zeitgesetz 1. Ordnung für die Geschwindigkeit des radioakt. Zerfalls. $e^{-\lambda t}$ ist die Wahrscheinl. für einen instabilen Kern, das Alter t zu erreichen. Pro Zeiteinheit zerfallen gleiche Bruchteile λ der vorhandenen Kerne. Geschwindigkeitsgleichung, Aktivität:

$$-\frac{dN}{dt} = -\lambda N = A$$

Restmenge zur Zeit t

$$\boxed{N(t) = N_0\, e^{-\lambda t} = N_0\, 2^{-t/T}} \Leftrightarrow \boxed{\ln \frac{N(t)}{N_0} = -\lambda t}$$

Restmasse zur Zeit t: $\quad m(t) = N(t)\,\dfrac{M}{N_A}$

Halbwertszeit $\boxed{T = \dfrac{\ln 2}{\lambda} \approx \dfrac{0{,}693}{\lambda}}$

M	molare Masse des Nuklids	(g/mol)
N_0	Teilchenzahl zur Zeit $t = 0$	
$N(t)$	Teilchenzahl zur Zeit t	(Dim. 1)
λ	Zerfallskonstante	(s^{-1})

Halbwertszeiten und Zerfallsarten von Radionukliden: (Auswahl).
a Jahre, d Tage, h Stunden, m Minuten, s Sekunden.
EC = Elektroneneinfang,
SF = spontane Kernspaltung,
IT = isomerer Übergang. α Zerfall ($^4_2$He-Emission),
$\beta^{\ominus}$ Elektronenemission, $\beta^{\oplus}$ Positronenemission,
γ hochfrequente Strahlung.

Radioaktive Zerfallskonstante

Verhältnis der zur Zeit t zerfallenden Kerne zur Gesamtzahl N der vorhandenen instabilen Kerne.

$$\boxed{\lambda = -\frac{1}{N}\frac{dN}{dt} = \frac{\ln 2}{T}} \quad \text{s}^{-1}$$

Die Wahrscheinlichkeit, dass ein Atomkern binnen einer Sekunde zerfällt.

Radioaktive Zerfallsreihe

Zerfall uran- und thoriumhaltiger Erze über instabile Tochterkerne zu Blei. Zuordnung von Nukliden zu einer natürlichen Zerfallsreihe = Rest beim Teilen der Massenzahl durch Vier.

Radionuklide

Nuklid	Halbwertszeit	Zerfall
Ac-227	21,77 a	$\beta^{\ominus},\alpha,\gamma$
Ag-110m	249,9 d	$\beta^{\ominus},IT,\gamma$
Ag-111	7,45 d	$\beta^{\ominus},\gamma$
Al-26	$7,16\cdot10^5$ a	$\beta^{\oplus},EC,\gamma$
Am-241	432,6 a	α,SF,γ
Am-243	7370 a	α,SF,γ
As-76	26,4 h	$\beta^{\ominus},\gamma$
As-77	38,8 h	$\beta^{\ominus},\gamma$
At-210	8,3 h	α,EC,γ
Au-195	183 d	EC,γ
Au-198	2,69 d	$\beta^{\ominus},\gamma$
Au-199	3,14 d	$\beta^{\ominus},\gamma$
Ba-131	11,5 d	$\beta^{\oplus},EC,\gamma$
Ba-133	10,5 a	EC,γ
Be-7	53,29 d	EC,γ
Bi-210	5,01 d	$\beta^{\ominus},\alpha,\gamma$
Bk-247	1380 a	α,β
Bk-249	320 d	$\beta^{\ominus},\alpha,SF,\gamma$
Br-82	35,34 h	$\beta^{\ominus},\gamma$
C-14	5730 a	$\beta^{\ominus}$
Ca-41	$1,03\cdot10^5$ a	EC
Ca-45	163 d	$\beta^{\ominus},\gamma$
Ca-47	4,54 d	$\beta^{\ominus},\gamma$
Cd-109	453 d	EC
Cd-115m	44,8 d	$\beta^{\ominus},\gamma$
Ce-139	137,6 d	EC,γ
Ce-141	32,5 d	$\beta^{\ominus},\gamma$
Ce-144	284,8 d	$\beta^{\ominus},\gamma$
Cf-251	898 a	α,γ
Cf-252	2,64 a	α,SF,γ
Cf-254	60,5 d	α,SF
Cl-36	$3\cdot10^5$ a	$\beta^{\ominus},\beta^{\oplus},EC$
Cm-243	28,5 a	α,EC,γ
Cm-245	8500 a	α,γ
Cm-247	$1,56\cdot10^7$ a	α,γ
Co-58	70,78 d	$\beta^{\oplus},EC,\gamma$
Co-60	5,27 a	$\beta^{\ominus},\gamma$
Cr-51	27,7 d	EC,γ
Cs-134	2,06 a	$\beta^{\ominus},\beta^{\oplus},\gamma$
Cs-137	30,17 a	$\beta^{\ominus}$
Cu-64	12,7 h	$\beta^{\ominus},\beta^{\oplus},EC,\gamma$
Dy-159	144,4 d	EC,γ
Er-169	9,4 d	$\beta^{\ominus},\gamma$
Es-253	20,4 d	α,SF,γ
Es-254	275,7 d	α,γ
Eu-154	8,8 a	$\beta^{\ominus},EC,\gamma$
Eu-155	4,96 a	$\beta^{\ominus},\gamma$
F-18	109,7 m	$\beta^{\oplus},EC$
Fe-55	2,7 a	EC
Fe-59	45,1 d	$\beta^{\ominus},\gamma$
Fm-257	100,5 d	α,SF,γ
Fr-223	21,8 m	$\beta^{\ominus},\alpha,\gamma$
Ga-67	78,3 h	EC,γ
Ga-68	68,3 m	$\beta^{\oplus},EC,\gamma$
Gd-153	241,6 d	EC,γ
Ge-71	11,2 d	EC
H-3	12,32 a	$\beta^{\ominus}$
Hf-175	70 d	EC,γ
Hf-181	42,4 d	$\beta^{\ominus},\gamma$
Hg-197	64,1 h	EC,γ
Hg-203	46,59 d	$\beta^{\ominus},\gamma$
Ho-166	26,8 h	$\beta^{\ominus},\gamma$
I-125	60,14 d	EC,γ
I-131	8,02 d	$\beta^{\ominus},\gamma$
I-132	2,3 h	$\beta^{\ominus},\gamma$
In-114m	49,5 d	EC,IT,γ
Ir-192	74 d	$\beta^{\ominus},EC,\gamma$
K-40	$1,28\cdot10^9$ a	$\beta^{\ominus},\beta^{\oplus},EC,\gamma$
K-42	12,36 h	$\beta^{\ominus},\gamma$
Kr-85	10,76 a	$\beta^{\ominus},\gamma$
La-140	40,27 h	$\beta^{\ominus},\gamma$

Nuklid	Halbwertszeit	Zerfall
Lw-256	25,9 s	α
Lu-177	6,71 d	$\beta^{\ominus},\gamma$
Md-256	1,3 h	α,EC,γ
Mn-52	5,6 d	$\beta^{\oplus},EC,\gamma$
Mn-54	312,2 d	EC,γ
Mo-99	66 h	$\beta^{\ominus},\gamma$
N-13	9,96 m	$\beta^{\oplus}$
Na-22	2,6 a	$\beta^{\oplus},EC,\gamma$
Na-24	15.0 h	$\beta^{\ominus},\gamma$
Nb-94	$2,0\cdot10^4$ a	$\beta^{\ominus},\gamma$
Nb-95	34,97 d	$\beta^{\ominus},\gamma$
Nd-147	10,98 d	$\beta^{\ominus},\gamma$
Ni-59	$7,5\cdot10^4$ a	$\beta^{\oplus},EC$
Ni-63	100 a	$\beta^{\ominus}$
No-255	3,1 m	α,EC
Np-237	$2,14\cdot10^6$ a	α,γ
Os-191	15,4 d	$\beta^{\ominus}$
P-32	14,3 d	$\beta^{\ominus}$
P-33	25,3 d	$\beta^{\ominus}$
Pa-233	27 d	$\beta^{\ominus},\gamma$
Pb-202	$3\cdot10^5$ a	EC
Pb-210	22,3 a	$\beta^{\ominus},\alpha,\gamma$
Pd-103	16,96 d	EC,γ
Po-209	102 a	α,EC,γ
Po-210	138,38 d	α,γ
Pr-143	13,57 d	$\beta^{\ominus},\gamma$
Pt-193	50 a	EC
Pu-239	$2,41\cdot10^4$ a	α,SF,γ
Pu-241	14,4 a	$\beta^{\ominus},\alpha,\gamma$
Pu-242	$3,76\cdot10^5$ a	α,SF,γ
Pm-147	2,62 a	$\beta^{\ominus},\gamma$
Ra-226	$1,6\cdot10^3$ a	α,γ
Rn-222	3,83 d	α,γ
Re-186	90,64 h	$\beta^{\ominus},EC,\gamma$
Rb-84	32,8 d	$\beta^{\ominus},\beta^{\oplus},EC,\gamma$
Rb-86	18,7 d	$\beta^{\ominus},EC,\gamma$
Ru-103	39,35 d	$\beta^{\ominus},\gamma$
S-35	87,5 d	$\beta^{\ominus}$
Sb-122	2,7 d	$\beta^{\ominus},\beta^{\oplus},EC,\gamma$
Sb-124	60,3 d	$\beta^{\ominus},\gamma$
Sc-46	83,82 d	$\beta^{\ominus},\gamma$
Se-75	120 d	EC,γ
Si-31	2,62 h	$\beta^{\ominus},\gamma$
Sm-153	46,75 h	$\beta^{\ominus},\gamma$
Sr-85	64,9 d	EC,γ
Sr-89	50,5 d	$\beta^{\ominus},\gamma$
Sr-90	28,5 a	$\beta^{\ominus}$
Ta-182	114,43 d	$\beta^{\ominus},\gamma$
Tb-160	72,1 d	$\beta^{\ominus},\gamma$
Tc-97	$2,6\cdot10^6$ a	EC
Tc-99	$2,1\cdot10^5$ a	$\beta^{\ominus},\gamma$
Te-127	9,35 h	$\beta^{\ominus},\gamma$
Th-228	1,91 a	α,γ
Th-232	$1,4\cdot10^{10}$ a	α,SF,γ
Ti-44	47,3 a	EC,γ
Tl-201	73,1 h	EC,γ
Tl-204	3,78 a	$\beta^{\ominus},EC$
Tm-170	128,6 d	$\beta^{\ominus},EC,\gamma$
U-233	$1,59\cdot10^5$ a	α,γ
U-234	$2,45\cdot10^5$ a	α,SF,γ
U-235	$7,04\cdot10^8$ a	α,SF,γ
U-238	$4,47\cdot10^9$ a	α,SF,γ
V-48	15,97 d	$\beta^{\oplus},EC,\gamma$
W-185	75,1 d	$\beta^{\ominus},\gamma$
Xe-133	5,25 d	$\beta^{\ominus},\gamma$
Y-88	106,6 d	$\beta^{\oplus},EC,\gamma$
Y-90	64,1 h	$\beta^{\ominus},\gamma$
Yb-169	32 d	EC,γ
Zn-65	244 d	$EC,\gamma,\beta^{\oplus}$
Zn-113	115,1 d	EC,γ
Zr-95	64 d	$\beta^{\ominus},\gamma$

1. *Thorium-Zerfallsreihe:* $4n$-Reihe;
von Th-232 bis Pb-208 mit der Abfolge
$\alpha\ \beta\ \beta\ \alpha\ \alpha\ \alpha\ (\alpha\beta)\ (\beta\alpha)$.
2. *Neptunium-Zerfallsreihe:* $4n + 1$-Reihe;
von Np-237 bis Bi-209 mit der Abfolge
$\alpha\ \beta\ \alpha\ \alpha\ \beta\ \alpha\ \alpha\ \alpha\ (\beta\alpha)\ \beta$.
3. *Uran-Radium-Zerfallsreihe:* $4n + 2$-Reihe;
von U-238 bis Pb-206 mit der Abfolge
$\alpha\ \beta\ \beta\ \alpha\ \alpha\ \alpha\ \alpha\ (\alpha\beta)\ (\beta\alpha)\ \beta\ (\beta\alpha)$.
4. *Actinium-Zerfallsreihe:* $4n + 3$-Reihe;
von U-235 bis Pb-207 mit der Abfolge
$\alpha\ \beta\ \alpha\ (\beta\alpha)\ \alpha\ \alpha\ (\alpha\beta)\ (\beta\alpha)$.
Zahl der α- und β-Zerfälle zw. zwei Nukliden einer Zerfallsreihe.

$$n_\alpha = \frac{A_1 - A_2}{4} = \frac{Z_1 - Z_2 + n_\beta}{2}$$

$$n_\beta = |Z_1 - Z_2 - 2n_\alpha|$$

Natürliche Radionuklide außerhalb der Zerfallsreihen sind: ^{14}C, ^{40}K, ^{87}Pb, ^{115}In, ^{150}Nd.

Radioaktivität

Aktivität. *Dosimetrische Größe radioaktiver Strahlenquellen; Anzahl $-dN$ der radioaktiven Umwandlungen pro Zeitintervall dt.

$$A = -\frac{dN}{dt} = \lambda\,N = \frac{\ln 2 \cdot N}{T} = \frac{\lambda\,m_a N_A}{M}$$

Restaktivität eines Radionuklids mit der Halbwertzeit T nach der Zeit t:

$$A(t) = A(0)\,e^{-(\ln 2)\cdot t/T} \quad Bq = s^{-1}$$

Vgl. *radioaktives Zerfallsgesetz.

N	Teilchenzahl des Radionuklids	(Dim.1)
λ	rad. Zerfallskonstante	(s^{-1})

SI-Einheit: 1 Bq (BECQUEREL) = 1 Zerfall/Sekunde
Veraltet! 1 Ci (CURIE) = $3{,}7 \cdot 10^{10}$ Bq

Radioaktivität, natürliche

Die nicht anthropogene Radioaktivität in Umwelt und Lebensmitteln. Vgl. *Strahlenbelastung.

Quelle	Radionuklid	Aktivität		
Trinkwasser	^{3}H	20 bis	70	Bq/m^3
	^{40}K		200	Bq/m^3
	^{238}U		0,4	Bq/m^3
Grundwasser	^{3}H	40 bis	400	Bq/m^3
	^{40}K	4 bis	400	Bq/m^3
	^{238}U	1 bis	200	Bq/m^3
Oberflächen-	^{3}H	20 bis	100	Bq/m^3
gewässer	^{40}K	40 bis	2000	Bq/m^3
	^{238}U		$\leq$40	Bq/m^3
Milch	^{40}K		46	Bq/kg
Rindfleisch	^{40}K		116	Bq/kg
Hering	^{40}K		136	Bq/kg

Radioaktivität, spezifische

Auf die Masse bezogene Radioaktivität.

$$a = \frac{A}{m} \quad Bq/kg$$

A	Aktivität	$(Bq = s^{-1})$
m	Masse des Radionuklids	(kg)

Radiotoxizitätsklasse

Einteilungskategorien für die biologische Wirkung von Radionukliden. Die *Strahlenschutzverordnung* definiert *Freigrenzen*, oberhalb derer der Umgang mit radioaktiven Stoffen (z. B. Uran- und Thoriumverbindungen) anzeige- bzw. genehmigungspflichtig ist.

Klasse	Freigrenze	Beispiele mit zunehmender biologischer Halbwertszeit
1	3,7 kBq	Po-210, U-233, Pb-210, Sr-90
2	37 kBq	Na-22, Cs-137, I-131, Ce-144
3	370 kBq	Na-24, Rh-105, Cd-109, C-14
4	3,7 MBq	H-3, U-238, Sr-85

Radioaktive Abfälle aus dem genehmigungsfreien Umgang – z. B. für analytische und präparative Zwecke – müssen an die zuständige Landessammelstelle abliefert werden, wenn die spezifische Aktivität das 10^{-4}fache der Freigrenze in Gramm überschreitet.

Radioaktive Substanz	Spezifische Aktivität	Freigrenze (analyt.-präp. Zwecke)
natürliches Uran	25 kBq/g	5 MBq $\hat{=}$ 197 g
Uranylacetat-dihydrat	14 kBq/g	5 MBq $\hat{=}$ 352 g
naürliches Thorium	8 kBq/g	50 kBq $\hat{=}$ 6,2 g (100 g)
Thoriumdioxid	7 kBq/g	50 kBq $\hat{=}$ 7,05 g (114 g)

Raman-Spektroskopie

Infrarot-Streulichtspektrum, Ergänzung der IR-Schwingungsspektroskopie.
Unpolare Moleküle (wie O_2) haben kein Dipolmoment, sind *IR-inaktiv.* Im Streulicht sind nicht-IR-aktive Schwingungen sichtbar.
RAMAN-aktiv sind Schwingungen mit Änderung der *Polarisierbarkeit.* Bei anisotrop polarisierbare Molekülen: Rotations-Raman-Effekt.

Intensive IR-Linien:	polare Atomgruppen (O-H, C-F, C-O, Si-F)
Intensive Raman-Linien:	unpolare Atomgruppen (S-H, C-I, C-S, S-S, C=C, C≡C, Metall-Metall)

1) Raman-Effekt (C. V. RAMAN, Nobelpreis 1930). Die Probe wird (z. B. in einem Schmelzpunktröhrchen) mit intensivem, monochromatischem Laserlicht (VIS oder NIR) bestrahlt.

Neodym-YAG-Laser	1046 nm
Argon-Ionenlaser	488,0 nm, 514,5 nm
Krypton-Ionenlaser	647,1 nm
durchstimmbarer Farbstofflaser	
Quecksilberdampflampe mit Filter (veraltet)	

Das Molekül darf bei der eingestrahlten Frequenz nicht absorbieren, sonst überdeckt Fluoreszenz den Raman-Effekt. Das Streulicht wird in einem Monochromator (holografisches Gitter) spektral zerlegt – oder die FT-Raman-Spektroskopie eingesetzt. Als Detektor eignen sich Fotomultiplier und Diodenarrays.
Das seitlich austretende Streulicht zeigt zu beiden Seiten der Erregerlinie (= unverschobene RAYLEIGH-Streuung) symmetrisch gelegene, schwächere Linien.
1. *Stokes-Linien:* Unelastischer Stoß des einfallen-

den Photons mit einem Molekül unter Anregung von Rotations- und Schwingungsniveaus, wobei sich die Frequenz des Photons verringert. Kleinere Wellenzahl, d. h. langwellig (links) der Rayleigh-Streulinie.

2. *Anti-Stokes-Linie*n. Das angeregte Molekül gibt Rotations- oder Schwingungsenergie an das Photon ab; wenig intensiv. Größere Wellenzahl, d. h. kurzwellig (rechts) der Rayleigh-Streulinie.

Frequenz der Raman-Linien

$$\nu = \underbrace{\nu_0}_{\text{IR}} \pm \underbrace{\nu_{\text{vib}} \pm \nu_{\text{rot}}}_{\text{RAMAN}}$$

Auswahlregel: $\Delta j = \pm 2$

j Rotationsquantenzahl.

In Festkörpern, Flüssigkeiten und Gasen regt das eingestrahlte Licht einen spezifischen Elektronenübergang an; begleitende Schwingungsbanden sind von intensiven Raman-Grund- und Oberschwingungen begleitet (sog. *Resonanz-Raman-Effekt*). Gegen Reabsorption muss die Küvette extrem kurz sein.

2) Klassische Deutung des Raman-Effekts
Die Intensität der RAYLEIGH-Streulinie bei der eingestrahlten Frequenz ν_0 ist

$$I \sim \nu_0^4 \, |\mu|^2$$

und wird vom induz. Dipolmoment des Moleküls (in C m) bestimmt – das durch Wechselwirkung der Elektronenhülle mit dem elektr. Wechselfeld $\vec{E}$ des Lichtes entsteht; das Molekül strahlt wie ein Rundfunksender.

$$\mu = \alpha \, E = \alpha \, E_0 \, \cos(2\pi \nu_0 t)$$

Das Dipolmoment hängt von der Gleichgewichtspolarisierbarkeit α (in F m^2) ab:

$$\mu = \alpha_0 E_0 \cos 2\pi \nu_0 t$$
$$+ \frac{E_0 Q_i}{2} \frac{\partial \alpha}{\partial q_i} \, [\underbrace{\cos 2\pi (\nu_0 - \nu_i) t}_{\text{Stokes}} + \underbrace{\cos 2\pi (\nu_0 + \nu_i) t}_{\text{Anti−Stokes}}]$$

Mit der Molekülschwingung i ändert sich die Polarisierbarkeit:

$$\alpha_i = \alpha_0 + \frac{\partial \alpha}{\partial q_i} q_i + \dots$$

Normalkoordinaten des Moleküls

$$q_i = Q_i \, \cos(2\pi \nu_i t)$$

3) Polarisation des Streulichts. Unsymmetr. Moleküle haben eine anisotrope Polarisierbarkeit α. Wird linear polaris. Laserlicht eingestrahlt, so liegt das Raman-Streulicht nicht in derselben Schwingungsebene. Typisch in Flüssigkeiten, Gasen, orientierten Einkristallen.

$$\text{Depolarisationsgrad } \varrho = \frac{I_\perp}{I_\|}$$

I Intensität in($\|$) und senkrecht ($\perp$) zur Schwingungsebene des eingestrahlten Lichtes.

---

totalsymmetrische Schwingungen
– isotropes Molekül: totalpolarisierte Banden ($\varrho = 0$)
– anisotropes Molekül: polarisierte Banden ($0 \leq \varrho < {}^3/_4$)
antisymmetrische Schwingungen: depolarisierte Banden ($\varrho = {}^3/_4$)
Natürliches Licht: ersetze ${}^3/_4$ durch ${}^6/_7$

---

4) Anwendungen der Raman-Spektroskopie. Strukturaufklärung, evt. durch Vergleich mit Erwartungsspektren. Analytik von Aromaten, PAK, wässrigen Lösungen (geringe Ramanstreuung von Wasser!), gefärbten Proben (Komplexverbindungen), IR-inaktiven Gasen (H_2, N_2, O_2).

SERS   *surface enhanced raman spectroscopy*, oberflächenverstärkte Ramanspektroskopie, z. B. Katalysator- und Korrosionsstudien
CARS   *coherent anti-Stokes raman spectroscopy*, Gasanalytik in Verbrennungsflammen; mit Pulslaser und CCD-Kamera.

Reflexionsspektroskopie   s. Kap. Optik.

Relaxation
Zeitlich verzögerte Reaktion eines Systems auf eine äußere Einwirkung; z. B. Zurückkehren in den Gleichgewichtszustand.

Relaxationszeit
Charakteristische Zeitspanne τ für die Dauer eines Übergangs vom Nichtgleichgewichtszustand (nach äußerer Einwirkung) in den Gleichgewichtszustand.

$t < \tau$	quasistatische Zustandsänderung
$t > \tau$	nichtstatische Zustandsänderung
$\tau \approx 10^{-16}$ s	Druckausgleich in Gasen
$\tau > 1$ Jahr	Konzentrationsausgleich in Legierungen

Resonanzabsorption
Spektroskopie: Effekt, dass Atome oder Atomkerne bei einer bestimmten Frequenz sowohl absorbieren wie emittieren. Vgl. *Mößbauer-Effekt.

Röntgenabsorptionsspektrum
Ähnlich dem Röntgenemissionsspektrum, jedoch mit zunehmender Energie schwächer; an den Seriengrenzen sprunghafte *Röntgenabsorptionskante*n (mit Feinstruktur) wegen zusätzlicher Anregung und Ionisierung der tieferen Schalen.

Das Ordnungszahl(Energie)-Diagramm zeigt für jeden Übergang zw. zwei Schalen eine nichtlinear ansteigende Kurve; die Kurvenschar aller Übergänge kennzeichnet jedes Element eindeutig.

Anwendung: Energiezustände der Valenzelektronen; Üg. in unbesetzte Niveaus bzw. Leitungsbänder (*Bändermodell); Bindungszustand der Atome.

Absorption von Röntgenstrahlung: *Schwächungsgesetz, *Schwächungkoeffizient, *Massenschwächungskoeffizient, *Masse-Energie-Umwandlung.

Röntgenbremsstrahlung
Bremsstrahlung in der Röntgenröhre (Zweipol-, Kurzanoden- oder Hohlanodenröhre). Beim Aufprall von Elektronen (aus einer Wolfram-Glühkathode) auf eine gekühlte Anode („Anti-Kathode": Rh, W, Mo) wird kinetische Energie in elektromagnetische Strahlung (und 99% in Wärme) umgewandelt. (Die Elektronen werden durch Wechselwirkung mit den Feldern der Atomhülle abgelenkt und gebremst – und beschleunigte Ladungen strahlen).

Kontinuierl. Spektrum: mit oberer Grenzfrequenz.

$$\nu_{\text{max}} = \frac{c_0}{\lambda_{\text{max}}} = \frac{e \, U}{h} \quad \text{Hz}$$

Grenzwellenlänge je nach Röhrenspannung U.

$$\lambda_{\min} = \frac{h\,c}{e\,U} = \frac{1{,}239842\cdot 10^{-6}\ \text{V m}}{U}$$

Energie der einfallenden Elektronen	In Röntgenstrahlung umgesetze Anodenleistung (%)			
	Pb	Fe	Al	H_2O
10 keV	0,1	<0,1	<0,1	–
100 keV	1	0,2	0,1	<0,1
1 MeV	6	1,5	1	0,8
10 MeV	33	12	8	6
100 MeV	78	59	40	36

Röntgendurchstrahlungsprüfung

Zerstörungsfreies *Werkstoffprüfverfahren. Energiereiche Strahlung durchdringt feste Körper größtenteils geradlinig. Die Wechselwirkungen mit der Materie (Ionisation, fotochemische und biologische Wirkung) sind umso stärker, je höher die Dichte des Probekörpers ist.
*Schwächungsgesetz:

$$I = I_0\, e^{-\mu x}$$

I_0 Intensität der Strahlung (W = lm = cd sr)
I Intensität hinter dem Körper
μ *Schwächungs- oder Absorptionskoeffizient (proportional zur Dichte)
x Dicke des Körpers in Durchstrahlungsrichtung.

Typische Fehler bei *Schweißnähten* werden sichtbar: Risse, Hohlräume (Poren), Einschlüsse (Schlacken), Einbrandkerben (deck- oder wurzelseitig), Bindefehler, Überhöhungen, Versätze, unvollkommene Durchschweißung u.s.w.
Schwierig sind Aussagen über Tiefenlage und Ausdehnung der Fehler, besonders parallel zur Durchstrahlungsrichtung.

Röntgenfluoreszenz

Röntgenemissionsspektrum. Mit Röntgenstrahlen angeregte Atome emittieren *charakteristische Röntgenstrahlung* (elementspezifisches Linienspektrum).
Elektronen aus inneren Schalen werden entfernt, Elektronen aus höheren Schalen besetzen die Lücken; die Differenzenrgie wird als Röntgenstrahlung frei.

K_α	= Übergang K ← L-Schale (von L nach K)
K_β	= Übergang K ← M-Schale
L_α	= Übergang L ← M-Schale
L_β	= Übergang L ← N-Schale
L_γ	= Übergang L ← O-Schale

MOSELEY-Gesetz (Übergang $m \to n$)

$$\nu = R_\infty\, c_0\, (Z-a)^2 \left(\frac{1}{n^2} - \frac{1}{m^2} \right) \quad \text{Hz}$$

$$\tilde{\nu} = \frac{1}{\lambda} = R_\infty\,(Z-a)^2 \left(\frac{1}{n^2} - \frac{1}{m^2} \right) \quad \text{m}^{-1}$$

Frequenzen der K-Serie (Übergang $m \to$ K)

$$\nu = R\, c_0\, (Z-1)^2 \left(1 - \frac{1}{m^2} \right)$$

K_α-Linie (Üg. L → K) für Elemente $Z > 10$

$$\tilde{\nu} = R\,(Z-1)^2 \left(1 - \frac{1}{2^2} \right)$$

$\sqrt{1/\lambda}$ gegen Z ist eine Gerade.

$a \geq 1$ Abschirmkonstante (der Kernladung durch die inneren Elektronen; z. B. 7,4 für die L-Schale.
n, m Hauptquantenzahl ($m \geq n + 1$)
R Rydberg-Frequenz: $R = 3{,}290\cdot 10^{15}$ Hz
R_∞ Rydberg-Konstante = $R/c = 1{,}097\cdot 10^7$ m^{-1}
Z Ordnungszahl = Protonenzahl

Röntgenfluoreszenzanalyse (RFA)

Routineverfahren der chemischen Spuren- und Multielementanalytik; z. B. Filterstäube, Stahlschmelzen, Legierungen, Mineralien, Baustoffe, Futter-, Düngemittel, biologische Proben.

1) Energiedispersive Röntgenfluoreszenzanalyse (EDRFA). Aufbau des Spektrometers:
- Röntgenröhre oder Radionuklidquelle
- Filter oder Sekundärtargets zur Regelung der Intensität und Energieverteilung
- Probenkammer: evakuiert oder mit Helium gespült (um Absorption einzuschränken); mit Beryllium-Austrittsfenster.
- Halbleiterdetektor aus Si(Li).
- Impulshöhenanalysator (*Strahlenmessgeräte).

Mäßige Energieauflösung, lange Messzeit; keine Aussage über chemische Bindung.
Emissionslinien sollen nicht überlagern (z. B. bei Ti und V); denn zur Peakfläche einer Energie tragen <u>alle</u> Elemente in der Probe bei.

2) Wellenlängendispersive Röntgenfluoreszenzanalyse (WDRFA).
Sequenzspektrometer (Drehkristallmethode): Die Quelle bestrahlt das Präparat schräg. Der reflektierte Strahl durchläuft einen Kollimator; wird am *Analysator* (ebener Einkristall, drehbar) reflektiert; der *Detektor* misst monochromat. Strahlung unter dem BRAGG-Winkel ϑ zum Analysator (und 2ϑ zur Probe).
Mehrkanal-*Simultanspektrometer*: Ein hohlspiegel-förmig gekrümmter Einkristall (Analysator) fokussiert den Stahl auf den Detektor.

3) Eichfaktoren.
In *unendlich dünnen Proben* – homogenisiert durch Mahlen, Schmelzen oder Lösen – sind Röntgenabsorption und Streuung vernachlässigbar; Konzentrationseichung mit Standards.

$$\text{Masse}_i = \text{const}_i \cdot \text{Zählrate}_i$$

Bei *dünnen* Proben geht der effektive Schwächungskoeffizient μ_i ein.
$\mu_i\,d \ll 1$ (in praxi $\leq 0{,}3$).
Bei *unendlich dicken* Proben ist:
$\mu_i\,d \gg 1$ (in praxi ≤ 5).
Konzentration eines Elements in einer homogenen n-Element-Mischung:

$$c_i = a_{i0} + \sum_{j=1}^{n-1} b_{ij}\, I_j + a_{i1}\, I_i + a_{i2}\, I_i^2 + I_i \sum_{j=1}^{n-1} c_{ij}\, I_j$$

I_i, I_j Intensität bei charakt. Wellenlängen,
c_{ij} Konzentration der Eichstandards.

Röntgenspektroskopie

Zerstörungsfr. Verfahr. der Oberflächenanalytik mit Röntgenquanten (10 pm – 10 nm; 0,1 bis 100 keV).

1. Röntgenemissionsspektrum:
charakteristisches: *Röntgenfluoreszenz.
kontinuierliches: *Röntgenbremsstrahlung.
2. Röntgenabsorptionsspektrum

Anregung mit Röntgenstrahlen		Messgröße
RFA	Röntgenfluoreszenzanalyse	$h\nu$
EDRFA	– energiedispersive	
WDRFA	– wellenlängendispersive	
AES	Auger-Elektronen-Spektroskopie	$e^{\ominus}$
Ionisation mit Röntgenstrahlen		
XPS	*Fotoelektronenspektroskopie	$e^{\ominus}$
	X-ray photoelectron spectroscopy	
ESCA	electron spectroscopy for	$e^{\ominus}$
	chemical analysis	
Anregung mit Elektronen		
EDX	energiedispersive Röntgenanalyse,	$h\nu$
	Elektronenstrahlmikrosonde (EPMA)	
Anregung mit Protonen		
PIXE	protoneninduz. Röntgenemission	$h\nu$

Röntgenstrahlbeugung *Kristallstrukturanalyse
Röntgenstrahlreflexion
Brechzahl einer Grenzfläche für Röntgenstrahlen.

$$n = 1 - a\,\lambda^2 \approx 1$$

Für Quarz: $a = 7{,}2 \cdot 10^{14}\ \text{m}^{-2}$.
Bei sehr flachem Einfall tritt Totalreflexion auf.
TRFA = Röntgenfluoreszenzanalyse mit totalreflekt. Probenträger
(niedriger Streustrahlenuntergrund).

Röntgenstrahlung
Erzeugung von Röntgenstrahlung:
*Bremsstrahlung in der Röntgenröhre,
Fluoreszenzstrahlung (*Röntgenspektroskopie).
Radionuklidquelle (Fe-55, Cd-109, Am-241),
Synchrotronstrahlung,
elektroneninduzierte Emission,
protoneninduzierte Emission.

	Strahlstärke	
Radiopräparate	bis 10^8	Quanten $\text{s}^{-1}\text{sr}^{-1}$
Röntgenröhre	10^{12} bis 10^{14}	Quanten $\text{s}^{-1}\text{sr}^{-1}$

Nachweis von Röntgenstrahlung:
durch *energiedispersive Spektrometer*, Szintillationsdetektor, Zählrohr, Halbleiterdetektor.

Röntgenstreuung
Für den störenden kontinuierlichen Untergrund bei der Röntgenspektroskopie ursächlich.
1. *Inkohärente Streuung*
Elastische Streuung: Die einfallende Röntgenwelle beschleunigt Elektronen, die dann klassisch-elektrodynamisch eine Welle derselben Frequenz abstrahlen.
Unelastische Streuung: Das Röntgenquant stößt auf ein Elektron (*Compton-Effekt).
Eine Röntgenröhre zeigt eine Compton-Streu-Linie neben dem kontinuierlichen Bremsspektrum und den Emissionslinien des Anodenmaterials (z. B. Rh).

2. *Kohärente Streuung* am Kristallgitter: *Röntgenstrahlbeugung, *Röntgenstrukturanalyse.

Rotationsspektrum
Mikrowellenspektrum. Moleküle können quantenmech. nur bestimmte erlaubte Rotationszustände einnehmen. Bei Übergängen zw. diesen Zuständen werden Photonen im Mikrowellenbereich emittiert oder absorbiert.
Man misst das Absorptionsspektrum bei Molekülen mit permanentem Dipolmoment – hochverdünnt in der Gasphase unter vermindertem Druck (im *Hohlleiter* des MW-Spektrometers). Anregung durch monochromat. Mikrowellen (*Klystron:* 0,1 bis 10 cm), Registrierung mit Si- oder Ge-Detektoren, Aufzeichnung oszillografisch. Ein Kippgenerator zw. Klystron und Oszillograf bewirkt eine begrenzte Frequenzänderung im Sender.
Im elektr. Feld spalten Rotationslinien proportional zur angelegten Feldstärke und dem Dipolmoment der Moleküle auf (*Stark-Effekt),

1) Starrer Rotator
Quantelung der *Rotationsenergie* der inneren Molekülbewegung (aus der *Schrödinger-Gleichung) für ein zweiatomiges Molekül.

$$\boxed{E_{\text{rot}} = \frac{\hbar^2}{2J}\,j(j+1) = \frac{h^2}{8\pi^2\,\mu\,r^2}\,j(j+1)}$$

Rotationskonstante

$$\boxed{B = \frac{h}{8\pi^2\,J\,c}} = \frac{27{,}986 \cdot 10^{-40}\ \text{cm}^{-1}}{J}$$

Rotationsterme: $\qquad F_{(j)} = \dfrac{E_{\text{rot}}}{hc} = B\,j(j+1)$
Auswahlregel: $\qquad\qquad\qquad \Delta j = \pm 1$
Wellenzahl des Rotationsübergangs

$$\tilde{\nu}_{\text{rot}} = F_{(j+1)} - F_{(j)} = 2B\,(j \pm 1)$$

Entartung: Jede Rotationslinie ist *zweifach entartet*, weil die 2-atomige Hantel energet. gleichwertig in der horizontalen oder vertikalen Ebene rotieren kann.
Das Spektrum hat *äquidistante* Linien, aus denen die Rotationskonstante B gemessen werden kann.

Rotationsterme eines 2-atomigen Moleküls							
$j =$		0	1	2	3	4	5	6
F_j		0	$2B$	$6B$	$12\,B$	$20\,B$	$30\,B$	$42\,B$
$F_j - F_{j-1}$		–	$2B$	$4B$	$6\,B$	$8\,B$	$10\,B$	$12\,B$
c	Vakuumlichtgeschwindigkeit					(m/s)	
J	(Massen-)Trägheitsmoment					$(\text{kg}\,\text{m}^2)$	
r	Atomabstand im Molekül					(m)	
$j = 0{,}1{,}2\dots$	Rotationsquantenzahl					(Dim. 1)	
μ	reduzierte Masse					(kg)	

2) Nichtstarrer Rotator.
Bei höher angeregten Rotationszuständen werden Zentrifugalkräfte wichtig, die den Abstand der Massen vergrößern, wodurch die Rotationslinien zusammenrücken.

$$\tilde{\nu}_{\text{rot}} = \frac{E_{\text{rot}}}{hc} = B\,[1 - u\,j(j+1)]\,j(j+1) \qquad (u \ll 1)$$

3) Hantelmodell
für das zweiatomige lineare Molekül (zwei Massen m_1 und m_2 im Abstand r); quantenmechanisch unbrauchbar!
Atomabstand vom Schwerpunkt ($i = 1{,}2$)

$$r_i = \frac{m_i}{m_1 + m_2}\,r$$

Rotationsenergie $\sim$ Trägheitsmoment

$$E_{\text{rot}} = \tfrac{1}{2}\,m\,r^2\omega^2 = \tfrac{1}{2}\,J\,\omega^2$$

Trägheitsmoment

$$J = \sum_{i=1}^{2} m_i r_i^2 = \frac{m_1 m_2}{m_1 + m_2}\, r^2 = \mu\, r^2$$

4) Anwendung. Bestimmung von Bindungswinkeln und -abständen in einfachen Molekülen; Isotopenzusammensetzung; Dipolmomenten (mit STARK-Effekt).

Rotationsschwingungsspektrum

IR- und Mikrowellen-Spektrum von Molekülen im Gaszustand; in fester und flüssiger Phase nur Schwingungsbanden sichtbar. Bei Isotopen sind alle Linien verdoppelt (z. B. ^{35}Cl und ^{37}Cl im HCl-Spektrum).

Jeder Übergang im *Schwingungsspektrum ist von Rotationsübergängen begleitet ($\Delta j = \pm 1$).

Der 0–0-Übergang ist verboten ($\Delta j = 0$, reiner Schwingungsübergang).

Der Linienabstand sinkt mit zunehm. Wellenzahl, weil der mittl. Kernabstand im angeregten Schwingungszustand wächst (Rotationskonstante B kleiner).

Auswahlregel: $\Delta j = \pm 1$

Wellenzahl der Übergänge

$$\bar{\nu} = F_{(v+1)} - F_{(v)} \pm [F_{(j+1)} + F_{(j)}]$$

R-Zweig:	$\Delta j = +1$	Pluszeichen, hohe $\bar{\nu}$ (links)
		Anregungsenergie > Schwingungsenergie
Trennlinie:	$\Delta j = 0$	(rotationsverboten)
P-Zweig:	$\Delta j = -1$	Minuszeichen, niedr. $\bar{\nu}$ (rechts)
		Anregungsenergie < Schwingungsenergie

Rydberg-Konstante

Konstante des *Wasserstoffatoms.

$$R_\infty = \frac{R}{c} = \frac{m_e c \alpha^2}{2h} = 10\,973\,731{,}568\,549 \text{ m}^{-1}$$
$$\hat{=}\ 3{,}289\,841\,960\,368 \cdot 10^{15} \text{ Hz}$$
$$\hat{=}\ 13{,}605\,691\,72 \text{ eV}$$
$$\hat{=}\ 2{,}179\,871\,90 \cdot 10^{-18} \text{ J}$$

α Feinstrukturkonstante, R Rydberg-Frequenz.

Salz

Chem. Verbindung, die in fester Form als *Ionenkristall* vorliegt, d. h. als gepackte regelmäßige Anordnung von Kationen und Anionen im Kristallgitter.

Bildung von Salzen

1. Säure + Base	$\longrightarrow$	Salz + Wasser
2. Metalloxid + Säure	$\longrightarrow$	Salz + Wasser
3. Metall + Säure	$\longrightarrow$	Salz + Wasserstoff
4. Nichtmetalloxid + Base	$\longrightarrow$	Salz + Wasser
5. Metall + Nichtmetall	$\longrightarrow$	Salz
6. Metalloxid + Nichtmetalloxid	$\longrightarrow$	Salz

Beispiele

1. $HCl + NaOH$	$\longrightarrow$	$NaCl + H_2O$
2. $CuO + H_2SO_4$	$\longrightarrow$	$CuSO_4 + H_2O$
3. $Zn + 2\,HCl$	$\longrightarrow$	$ZnCl_2 + H_2 \uparrow$
4. $Ca(OH)_2 + CO_2$	$\longrightarrow$	$CaCO_3 + H_2O$
5. $2\,Na + Cl_2$	$\longrightarrow$	$2\,NaCl$
6. $CuO + SO_3$	$\longrightarrow$	$CuSO_4$

Scanning

„*Rastern*, Durchmustern"; systematisches Abtasten eines Informationsträgers mit Strahlen; z. B. durch Registrierung eines Spektrums.

Schrödinger-Gleichung

Quantenmechan. *Atommodell: Partielle Differentialgl.

für die *Wellenfunktion Ψ der Zustände eines Teilchens (z. B. Elektron im Wasserstoffatom).

1) Einelektronensystem

Zeitabhängige SCHRÖDINGER-Gleichung

$$\left[-\frac{\hbar^2}{2m}\Delta + E_{\text{pot}}(r)\right]\Psi(\vec{r},t) = i\hbar\,\frac{\partial}{\partial t}\,\Psi(\vec{r},t)$$

Zeitunabhängig

$$\left[\underbrace{-\frac{\hbar^2}{2m}\Delta}_{E_{\text{kin}}} + E_{\text{pot}}(r)\right]\Psi(\vec{r}) = E\,\Psi(\vec{r})$$

$$\underbrace{\phantom{\left[-\frac{\hbar^2}{2m}\Delta + E_{\text{pot}}(r)\right]}}_{H}$$

oder $\quad \Delta\Psi + \dfrac{8\pi m}{h^2}(E - E_{\text{pot}})\,\Psi = 0$

LAPLACE-Operator

$$\Delta = \frac{\partial^2}{\partial x^2} + \frac{\partial^2}{\partial y^2} + \frac{\partial^2}{\partial z^2} = \nabla^2$$

E	Gesamtenergie des Teilchens,
E_{kin}	kinetische Energie,
E_{pot}	potentielle Energie zw. Atomkern und Elektron (Coulomb-Potential)
H	Hamilton-Operator
m	Masse des Teilchens.

Exakte Lösung nur für das Wasserstoffatom. Schon beim Helium Näherungen nötig. Theoretisch gibt es unendlich viele Lösungen.

Den gesuchten *Eigenfunktionen* Ψ entsprechen ganz bestimmte *Eigenwerte* E der Energie unter folgenden Bedingungen:

- Die Wahrscheinlichkeit, das Teilchen irgendwo im Raum anzutreffen ist Eins: $\int \Psi^2\,dV = 1$.
- Ψ darf nicht unendlich werden und muss in unendlichem Abstand verschwinden.
- Ψ ist stetig, differenzierbar und eindeutig.
- $|\Psi(\vec{r})|^2$ ist ein Maß für die Wahrscheinlichkeit, ein Teilchen am Ort $\vec{r}$ anzutreffen.

2) Mehrelektronensystem

Zeitunabhängig für ein System mit N Elektronen

$$\sum_{i=1}^{N} \Delta_i \underline{\Psi} + \frac{8\pi m}{h^2}(E - E_{\text{pot}})\,\underline{\Psi} = 0$$

LAPLACE-Operator

$$\Delta\underline{\Psi} = \left(\frac{\partial^2}{\partial x^2} + \frac{\partial^2}{\partial y^2} + \frac{\partial^2}{\partial z^2}\right)\underline{\Psi} = \nabla^2\underline{\Psi}$$

Gesamtenergie des Systems = Summe der Energien aller Atomorbitale.

Wahrscheinlichkeit, alle Elektronen im zugehörigen Volumenelement anzutreffen.

$$dP = \underline{\Psi}^2\,dx_1\,dy_1\,dz_1 \ldots dx_N\,dy_N\,dz_N$$

Potentielle Energie = Kernanziehung + Elektronenabstoßung.

$$E_{\text{pot}} = \underbrace{-\sum_{i=1}^{N}\frac{ze^2}{4\pi\varepsilon_0 r_i}}_{\text{Elektron}-\text{Kern}-\text{WW}} + \underbrace{\sum_{i<k}^{N}\frac{e^2}{4\pi\varepsilon_0 r_{ik}}}_{\text{Elektron}-\text{Elektron}}$$

Lösung: *Näherungsverfahren.

$\underline{\Psi}$	Wellenfunktion des N-Elektronensystems
x_i, y_i, z_i	Koordinaten des i-ten Elektrons

Schwächungsgesetz

Absorption von Röntgen- und Gammastrahlung, abh. vom Material.

$$\Phi(x) = \Phi_0\, e^{-\mu x} = \Phi_0\, e^{-(\mu/\varrho)\, m''}$$

Anwendung: *Röntgendurchstrahlungsprüfung.

m''	Flächenbelegung $= x\varrho$
x	Schichtdicke des Absorbers
μ	linearer Schwächungskoeffizient
μ/ϱ	Massenschwächungskoeffizient
$\Phi(x)$	Photonenflussdichte nach dem Absorber
Φ_0	Photonenflussdichte vor dem Absorber
ϱ	Dichte des Absorbers

Schwächungskoeffizient

Kennzahl für Röntgen- und γ-Strahlenabsorber – nicht für Neutronen und direkt ionisierende Teilchen (die vollst. absorbiert werden könnten). Funktion der Photonenenergie und Ordnungszahl des Absorbers; proportional dem Wirkungsquerschnitt eines Teilprozesses: Fotoeffekt, Compton-Effekt, Paarbildung – die sich in der $\mu(E)$-Kurve (in m^{-1} und MeV) überlagern.

Gesamtschwächungskoeffizient

$$\mu = \tau + \mu_{C,abs} + \mu_{C,streu} + \kappa$$

Energieabsorptionskoeffizient: ohne den Streuanteil des Compton-Effekts.

$$\mu_e = \tau + \mu_{C,abs} + \kappa \;<\; \mu$$

τ *Fotoabsorptionskoeffizient:* Der Fotoeffekt ist maßgebend im niederenergetischen Bereich; die Strahlung schlägt Elektronen aus inneren Schalen der Absorberatome, Sekundärstrahlung (*RFA) geringeren Durchdringungsvermögens wird frei.

$$\tau \approx \tau_{Blei} \cdot 4\cdot 10^{-7}\, \varrho Z^4/A \sim \frac{Z^4}{E_\gamma^3}$$

μ_C *Compton-Schwächungskoeffizient* = Absorption + Streuung. Bedeutend bei mittleren Energien; ein Photon stößt elastisch auf ein ruhendes Elektron und wird gestreut.

$$\mu_C \approx \mu_{C,Blei} \cdot 0{,}22\, \varrho Z/A \sim \frac{\varrho}{E_\gamma}$$

κ *Paarbildungskoeffizient:* Paarbildung ist bedeutend im hochenergetischen Bereich.

$$\kappa \approx \kappa_{Blei} \cdot 2{,}7\cdot 10^{-3}\, \varrho Z^2/A \sim \varrho\, Z \ln E_\gamma$$

A Massenzahl, Z Ordnungszahl, ϱ Dichte (g/cm^3).

Schwingungsspektrum

Infrarotspektrum. Absorptionsspektrum bei Molekülen. Anregung von Schwingungsübergängen durch Wärme- und IR-Strahlung. Jede harmon. Schwingung liefert eine Absorptionsbande. Vgl. *Rotationsschwingungsspektrum, *Infrarotspektroskopie, *Elektronenspektrum.

1) Harmonischer Oszillator. Als Näherung für kleine Schwingungsamplituden geeignetes Modell eines zweiatomigen Hantelmoleküls (zwei Massen m_1 und m_2 im Federabstand r).

Rücktreibende Kraft der chemischen Bindung (HOOKEsches Gesetz)

$$F = m_{red}\, \frac{d^2 x}{dt^2} = -k\,(r - r_0)$$

Schwingungsamplitude

$$x = x_0\, \sin(2\pi\, \nu_{vib}\, t) \equiv r - r_0$$

Schwingungsfrequenz

$$\nu_{vib} = \frac{1}{2\pi}\,\sqrt{\frac{k}{m_{red}}} \approx 10^{13} \ldots 10^{14}\,\text{Hz}$$

Für m_2 groß und ortsfest: $m_{red} = m_1$

Potentielle Energie: Parabel mit Scheitel bei r_0

$$E_{pot} = -\int \vec{F}\, d\vec{r} = \frac{k}{2}\,(r - r_0)^2 = 2\pi^2 m_{red}\nu^2 (r - r_0)^2$$

Eigenwerte der Schwingungsenergie (aus der *Schrödinger-Gleichung)

$$E_{vib}(v) = h\, \nu_{vib}\left(v + \tfrac{1}{2}\right) = \frac{h}{2\pi}\sqrt{\frac{k}{m_{red}}}\left(v + \tfrac{1}{2}\right)$$

$v = 0, 1, 2, 3, \ldots$

Nullpunktsenergie

$$E_{vib}(v = 0) = \tfrac{1}{2}\, h\, \nu$$

Schwingungsenergieterm

$$F(v) = \frac{E_{vib}(v)}{hc} = \frac{v}{c}\left(v + \tfrac{1}{2}\right) = \tilde{\nu}\left(v + \tfrac{1}{2}\right)$$

Wellenzahl des Schwingungsübergangs

$$\tilde{\nu}_{vib} = \frac{E_{v+1} - E_v}{hc} = F_{(v+1)} - F_{(v)} = \frac{v}{c}$$

Auswahlregel: $\Delta v = \pm 1$

c	Vakuumlichtgeschwindigkeit	(m/s)
k	Federkonstante, Kraftkonstante	(kg/s^2)
m_{red}	reduzierte Masse	(kg)
r	Atomabstand im Molekül	(m)
r_0	Gleichgewichtsabstand	(m)
v	Schwingungsquantenzahl	(Dim. 1)

2) Anharmonischer Oszillator. Verbessertes Modell. Die rücktreibende Kraft ist bei Stauchung der Bindung (Abstoßung der Atome) größer als bei Dehnung um denselben Auslenkungsbetrag; die Termabstände sind nicht äquidistant. Bei starker Energiezufuhr dissoziiert das Molekül.

MORSE-Funktion (empirisch)

$$E_{pot} = E_{diss}\left(1 - e^{-a(r-r_0)}\right)^2 \qquad a = \frac{k}{2\,E_{diss}}$$

Reihenentwicklung

$$E_{pot} = E_{diss}\left[a^2(r - r_0)^2 - a^3(r - r_0)^3 \right.$$
$$\left. + \frac{7}{12}a^4(r - r_0)^2 - \ldots\right]$$

Eigenwerte der Schwingungsenergie (aus der *Schrödinger-Gleichung)

$$E_{vib} = h\, \nu\left(v + \tfrac{1}{2}\right) - \frac{h^2 \nu^2}{4 E_{diss}}\left(1 + \tfrac{1}{2}\right)^2$$

Auswahlregel: $\Delta v = \pm 1, \pm 2, \pm 3, \ldots$

v: $0 \to 1$: Grundschwingung
v: $0 \to 2$: erste Oberschwingung
v: $0 \to 3$: zweite Oberschwingung

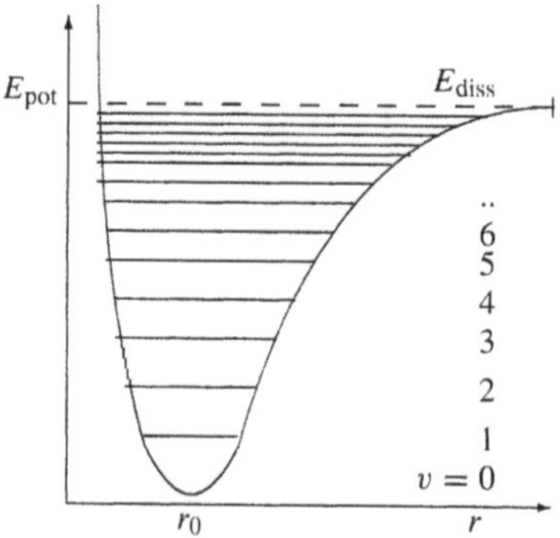

Schwingungstypen

Das Schwingungsspektrum von Molekülen entsteht als Überlagerung von Normalschwingungen.

IR-aktiv (ggf. RAMAN-inaktiv) sind Schwingungen, bei denen sich das *Dipolmoment* ändert. Antisymmetrische Schwingungen sind besonders intensiv.

RAMAN-aktiv (ggf. IR-inaktiv) sind Schwingungen mit Änderung der *Polarisierbarkeit.* Totalsymmetrische Schwingung sind besonders intensiv.

Bei Molekülen mit Inversionszentrum schließen s. IR- und RAMAN-Aktivität gegens. aus (*Alternativverbot*).

- *Normalschwingung* oder *Eigenschwingung:* ein N-atomiges Molekül hat $3N$ Freiheitsgrade.
- *Valenzschwingung* (v-Schwingung): periodische Änderung der Atomabstände in Bindungsrichtung.
- *Deformationsschwingung* (δ-Schwingung): periodische Änderung des Valenzwinkels durch Rocking, Twisting oder Wagging.

γ-Schwingung = Deformationsschw. aus der Ebene.

Molekül:	Zahl der Freiheitsgrade		
	gewinkelt	linear	cyclisch
Translation	3	3	3
Rotation	3	2	3
Schwingung	$3N-6$	$3N-5$	$3N-6$
– Valenz	$N-1$	$N-1$	N
– Deformation	$2N-5$	$2N-4$	$2N-6$

Schwingungen des Kohlendioxids O=C=O

v_s	→ o——•——o ←	RAMAN-aktiv
v_{as}	→ o——•—•——o ←	IR-aktiv
δ	↑o ——•—— ↑o	IR-aktiv
δ	⊕—— ⊖ ——⊕	IR-aktiv

Die funktionellen Gruppen eines Moleküls schwingen mit charakterist. Frequenzen, wobei das schwere Restmolekül praktisch ruht. Bei niedr. Molekülsymmetrie hat jede Molekül-Eigenschwingung eine Absorptionslinie. In Molekülen hoher Symmetrie fallen *entartete Schwingungen* auf die gleiche Absorptionslinie. Eine Valenzschwingung kann gegenüber einer Symmetrieachse oder Spiegelebene *symmetrisch* (s) oder *antisymmetrisch* (as) sein. Zu einer *Schwingungsrasse* gehören Schwingungen, die sich zu einer Symmetrieoperation gleich verhalten. Bei bekannter *Punktgruppe* kann man die Normalschwingungen den Schwingungsrassen zu-

ordnen.

Seltenerdmetalle

Lanthanoide. Metalle nach Lanthan (Ce bis Lu) in der 6. Periode des *Periodensystems. Die „Seltenen Erden" sind häufiger als der Name glauben macht.

Sicherheitsprinzip

bei *Kernreaktoren u. a. technischen Anlagen.

1. *Redundanz:* mehrere gleichartige, unabhängige Systeme (z. B. Notkühlung).

2. *Diversität:* verschiedene Systeme, die dasselbe bezwecken (z. B. flüssige Neutronenabsorber bei Ausfall der Steuerstäbe).

3. *Fail Safe:* bei Störung wirkt das System in die sichere Richtung (z. B. Abschalten des Reaktors bei Stromausfall).

Silicium

Relative Atommasse (unsichere Stellen kursiv)

$A(^{28})\text{Si} = 27{,}976\ 926\ 532\ 7$

$A(^{29})\text{Si} = 28{,}976\ 494\ 719$

$A(^{30})\text{Si} = 29{,}973\ 770\ 218$

Spektralapparat

Anordnung aus Strahlungsquelle, Monochromator, Probe, Registriervorrichtung. Vgl. Kap. Optik.

Spektrallinie

Monochromatische Strahlung, die beim Übergang zw. verschiedenen Energieniveaus emittiert (ausgesandt) oder absorbiert (verschluckt) wird.

Spektralanalyse *Atomemissionsspektroskopie.

Spektralfotometrie

Colorimetrie. Quantitative *UV/VIS-Spektroskopie bei fester Wellenlänge λ unter Anwendung des LAMBERT-BEER-Gesetzes.

Lambert'sches-Gesetz:	$\dfrac{dI}{I} = -\text{const} \cdot dx$
Beer'sches-Gesetz:	$\text{const} = \varepsilon\, c$
Lambert-Beer-Gesetz:	$\displaystyle\int_{I_0}^{I} \frac{dI}{I} = -\int_0^d \varepsilon\, c\, dx$

$$\boxed{A(\lambda) = \varepsilon(\lambda)\, c\, d}$$

Lichtintensität:	$I = I_0\, e^{-\varepsilon c d}$
Transmission:	$T = I/I_0$
Extinktion:	$E = -\lg T = \varepsilon_\lambda\, c\, d$

A Extinktion, ε molarer Extinktionskoeffizient, c molare Konzentration, d Schichtdicke der Küvette.

Routinemethode zur Konzentrationsbest. farbiger und UV-absorbierender Verbindungen. In opt. klaren Proben Korrelation der UV-Absorption mit *Summenparametern wie CSB und Permanganatzahl.

Ein Stoff erscheint in der Komplementärfarbe der absorbierten Lichtstrahlung. Weiße Körper reflektieren den sichtbaren Wellenlängenbereich (400 – 800 nm) vollständig, schwarze Körper absorbieren fast vollständig. Beim Durchgang durch ein Medium wird Licht teilweise reflektiert (zurückgeworfen), absorbiert (verschluckt) und transmittiert (durchgelassen). Je dicker die Schicht und je höher die Konzentration ist, umso geringer ist die Intensität des transmittierten Lichtes.

Das *Spektralfotometer* besteht aus Lichtquelle, Monochromator (Prisma, Gitter), Fotodetektor.

Das *Absorptionsspektrum* – Auftragung: Lichtschwächung gegen Wellenlänge – zeigt charakt. Maxima und Minima. Unbekannte Konzentrationen werden durch Interpolation aus einer *Eichkurve* bestimmt, wobei Standardlösungen mit denselben Reagentien, Volumina und Küvetten vermessen werden.

Spektroskopische Methoden

Verfahren zur Untersuchung der *Oberfläche, Stoff- und Struktureigenschaften von Materialien auf Grund von Wechselwirkungen zw. Strahlung und Materie.

- *Absorption:* ESR, NMR, Mikrowellen-, IR, UV/VIS, AAS, Mößbauer-, Röntgenspektrum.
- *Emission:* Lumineszenz (Fluoreszenz, Phosphoreszenz), Röntgenemission, Atomemission (ICP, OES), radioaktive Strahlung.
- *Streuung:* Diffraktion (XRD), Trübungsmessung, RAMAN.
- Reflexion
- *Brechung:* ORD, Circulardichroismus, Ellipsometrie.

1) Einteilung. Je nach *Spektralbereich* werden unterschiedliche Übergänge beobachtet.

Wellenlänge	
0,1 – 10 m	Kernresonanz: Anregung magnetischer Übergänge in Atomkernen mit Kernspin $I > 0$.
0,1 – 10 cm	Elektronenspinresonanz: Anregung ungepaarter Elektronen. Mikrowellen: Anregung der Molekülrotation.
< 1 mm	Infrarot (IR): Anregung von Molekülschwingungen, Raman-Effekt.
380 – 780 nm	Sichtbares Licht (VIS): Anregung von Elektronenübergängen.
200 – 400 mm	Ultraviolett (UV): Anregung von Elektronenübergängen, Emission, Atomabsorption, PAS.
0,01 – 10 nm	Röntgenstrahlung: Entfernung von Elektronen aus inneren Schalen
100 nm	Mößbauer-γ-Spektroskopie: Resonanzabsorption der Kerne.
0,1 pm	γ-Strahlung (>1 MeV): Kernumwandlungen.

Tiefenprofile werden durch *Sputtern*, d. h. Abtragen der Oberfläche mit hochenergetischen Elektronen- oder Ionenstrahlen (bei SIMS, Auger u.a.) angefertigt.

2) Abbildende Verfahren

1. *Elektronenmikroskopie

2. *Elektronenstrahlmikrosonde* (EPMA, electron probe microanalysis). Abrastern mit einem feingebündelten Elektronenstrahl; Analyse der vom Zielpunkt ausgehenden charakteristischen Röntgenstrahlung. Kartierung der Elementverteilung in der Probe.

- *energiedispersive Röntgenmikroanalyse* (EDX). Auflösung >1 nm vertikal, $\leq$1 μm lateral. Elementinformation >Na (mit Be-Fenster), Nachweisgrenze <1000 ppm; zerstörungsfrei.
- *wellenlängendispersive Röntgenmikroanalyse* (WDX). Auflösung 1 nm vertikal, 1 μm lateral. Elementinformation $\geq$Be (mit Be-Fenster), Nachweisgrenze 100 ppm; zerstörungsfrei.

3. *Fotoelektronen-Spektromikroskopie* (PES)

4. *Low energy electron diffraction* (LEED). Elektronenbeugung: Fotografie des Streumusters monoenerget.,

langsamer Elektronen (2–200 eV) auf der Probe. Informationstiefe 20 μm, 1 Atomlage.

5. *Electron energy loss spectroscopy* (EELS). Messung des Energieverlustes eines auf der Probe reflektierten Elektronenstrahls.

3) Element- und Oberflächenanalytik

1. *Röntgen-Fluoreszenz-Analyse* (RFA). Durch Elektronenbestrahlung angeregte charakt. Röntgenstrahlung. Auflösung 20 μm (vertikal, >1000 Atomlagen), 1000 μm = 1 mm (lateral). Elementinformation $\geq$F, Nachweisgrenze 0,1 ppm; zerstörungsfrei.

2. *Teilchen-* oder *Protonen-induzierte Röntgenemission* (PIXE). Auflösung 0,5 μm vertikal, 2 μm lateral. Elementinformation $\geq$Na (mit Be-Fenster), Nachweisgrenze 0,1 ppm; (zerstörungsfrei).

3. *Sekundär-Ionen-Massenspektrometrie* (SIMS). Beschuß der festen oder flüssigen Probe mit Ionen ($O_2^{\oplus}$, $O^{\ominus}$, $Cs^{\oplus}$, $O_2^{\ominus}$; mit 1 bis 15 keV); massenspektrometrische Analyse der abgetragenen Sekundärionen.

- *Statische SIMS.* Beschuss eines Oberflächenbereichs (0,1 cm^2), mit geringer Primärstromdichte (1 nA/cm^2); geringe Sputterrate (abgetragene Teilchen pro Sekunde). Aussagen über chem. Zusammensetzung der obersten Monolage. Auflösung 0,1–1 nm (vertikal), 1000 μm (lateral). Elementinformation $\geq$H, Bindungsinformation, Nachweisgrenze 1000 ppm; zerstörungsfrei.
- *Dynamische SIMS.* Primärionenstromdichten bis 1 A/cm^2, hohe Sputterrate; Feinfokussierung auf einige μm^2. Tiefenprofil-Analyse. Auflösung 1–10 nm (vertikal), 0,1–10 μm (lateral). Elementinformation $\geq$H, Nachweisgrenze $\leq$0,1 ppm; nicht zerstörungsfrei.
- *Abbildende SIMS.* Rasterbetrieb (MS-Ausgang steuert Helligkeit der Bildröhre) oder direkte Abbildung (ionenopt. Auflichtmikroskop).

4. *Ionenrückstreuung* (ISS). Auflösung 0,3–1 nm (vertikal), 100 μm (lateral). Elementinformation $\geq$Li, Nachweisgrenze 100–1000 ppm; zerstörungsfrei.

5. *Rutherford-Rückstreu-Spektroskopie* (RBS). Auflösung 3–20 nm (vertikal), 1–1000 μm (lateral). Elementinformation $\geq$C, Nachweisgrenze 100 ppm; zerstörungsfrei.

6. *Auger-Elektronen-Spektroskopie* (AES). Bei Bestrahlung der Probe mit hochenergetischen Elektronen fliegt ein kernnahes Elektron heraus; ein Elektron von einem höheren Niveau füllt das Loch; durch die Überschussenergie wird ein Sekundärelektron emittiert. Analyse der Energie der emittierten Auger-Elektronen. Auflös. 0,3–3 nm (5 Atomlagen, vertikal), 0,1–3 μm (lateral). Elementinform. $\geq$Li, Bindungsinformation, Nachweisgr. 1000 ppm; zerstörungsfrei.

7. *Fotoelektronenspektroskopie* PES). Ein kernnahes Elektron wird herausgeschlagen, ein Elektron von einem höheren Orbital füllt das Loch und emittiert ein Lichtquant.

Röntgen-Fotoelektronenspektroskopie (ESCA, XPS). Bestrahlung mit weicher Röntgenstrahlung (>100 eV);

äußerer Fotoeffekt; Analyse der Energie der emittierten Sekundär-Elektronen.

Auflösung 0,2–5 nm (5 Atomlagen, vertikal), 15–1000 μm (lateral). Elementinformation $\geq$He, Bindungsinformation, Nachweisgrenze 3000 ppm; zerstörungsfrei.

Ultraviolett-Fotoelektronenspektroskopie (UPS). Bestrahlung mit Vakuum-UV-Licht ($\leq$100 eV); Analyse der ausgelösten Fotoelektronen. Informationstiefe ca. 5 Atomlagen, laterale Auflösung 50 μm.

4) Strukturaufklärung und chemische Analyse

1. *Elektronenspinresonanz* (ESR). Anregung des Elektronenspins mit Mikrowellen; für Radikale und Ferromagnetika.

2. *Kernspinresonanz*-Spektroskopie (NMR). Anregung des Kernpins mit Radiowellen; für Kerne mit „ungesättigtem" Kernspin (^{1}H, ^{13}C u.a.).

3. MÖSSBAUER-Spektroskopie: γ-Kernfluoreszenzspektroskopie; v.a. Fe- u. Pt-Verbindungen.

4. *Infrarotspektroskopie* (IR). Absorption von IR-Licht. Bei hochporösen Proben stört i.a. der hohe Streuanteil.

5. *Ultraviolettspektroskopie* (UV). Absorption von UV-Licht; v. a. zur Untersuchung von Aromaten und Farbstoffen.

Spektrum

Allgemein: Folge von Intensitäts- oder Häufigkeitswerten einer Größe in Abhängigkeit einer anderen Größe (Frequenz, Energie, Masse, Impuls etc.).

Speziell: Spektrale Zusammensetzung elektromagnetischer Strahlung, die von einem Stoff, einer Strahlungsquelle oder -senke emittiert bzw. absorbiert wird, aus monochromatischen Komponenten. Auftragung der Strahlungsintensität gegen die Frequenz ν, Wellenlänge λ oder Wellenzahl $\tilde{\nu}$ einer Strahlung.

• *Kontinuierliches Spektrum:* enthält innerhalb eines Intervalls alle Wellenlängen oder Frequenzen, häufig in etwa gleicher Intensität.

• *Linienspektrum:* relativ scharfe Linien bestimmter Wellenlänge.

• *Bandenspektrum:* dicht beieinander liegende Linien, die zu einer Grenze konvergieren können; z. B. *UV/VIS-Spektrum.

• *Emissionsspektrum:* die Probe wird thermisch, durch Funkenentladung, Lichtbogen oder Hochfrequenzfelder angeregt (ionisiert) und die ausgesandte Strahlung spektral zerlegt (Prisma, Gitter); z. B. das Bogenspektrum von Gasen und Metalldämpfen.

• *Absorptionsspektrum:* die Probe verschluckt bestimmte Wellenlängen oder Banden aus dem Spektrum der Lichtquelle (Laser, Lampe); z. B. IR-, UV-, Atomabsorptionsspektrum.

• *Resonanzspektroskopie:* Die Probe wird mit einer best. Frequenz bestrahlt und emittiert diese Linie in alle Richtungen (Fluoreszenz, Streuung). Oftmals wird eine äußere Größe (Magnetfeld, Druck, Temperatur) verändert, bis Resonanz auftritt; z. B. NMR-, ESR-Spektrum organ. Verbindungen.

• *Energiegleiches Spektrum.* Die Strahlungsfunktion hat in gleichen Wellenlängenintervallen gleiche Strahlungsleistung: $S(\lambda) = $ const.

Ein *Molekülspektrum* kann Elektronen-, Schwingungs- und Rotationsspektrum sein.

Elektronenübergänge	UV/VIS-Bereich
Schwingungen:	kurzwelliges IR
Rotationen:	langwelliges IR

Spin

Spindrehimpuls. Eigenschaft von *Elementarteilchen. Vgl. *Elektronenspin, *Kernspin.

Spin-Bahn-Kopplung

Drehimpulskopplung. Im Atom tragen die Bahndrehimpulse l_i und die Spindrehimpulse s_i der einzelnen Elektronen zum Gesamtdrehimpuls J bei. Vgl. *Drehimpuls, *g-Faktor.

1) Russel-Saunders-Kopplung oder **LS-Kopplung**. Bei leichten Atomen ($Z < 50$) sind die magnet. Wechselwirkungen klein im Vgl. zu COULOMB-Kräften. Die Bahndrehimpulse der Elektronen koppeln zum *Gesamtbahndrehimpuls* L des Atoms, die Spindrehimpulse der Elektronen zum *Gesamtspindrehimpuls* S; dann kombinieren L und S durch magnet. Spin-Bahn-Wechselwirkungen zum Gesamtdrehimpuls J.

$$J = L + S = \sum_{i=1}^{N} l_i + \sum_{i=1}^{N} s_i$$

2) jj-Kopplung. Bei schweren Atomen ($Z > 75$) sind die magn. Spin-Bahn-Wechselwirkungen nicht klein im Vgl. zu COULOMB-Kräften. Bahndrehimpuls l_i und Spindrehimpuls s_i jedes Elektrons koppeln zum Gesamtdrehimpuls j_i des Elektrons; die j_i koppeln zum Gesamtdrehimpuls des Atoms.

$$J = \sum_{i=1}^{N} j_i = \sum_{i=1}^{N} (l_i + s_i)$$

Spinquantenzahl

Für ein Elektron stets $s = {}^{1}\!/_{2}$, vgl. *Pauli-Prinzip. Magnetische Spinquantenzahl

$$m_s = +{}^{1}\!/_{2} \text{ oder } -{}^{1}\!/_{2}$$

für gleichsinnige (parallel) oder gegensinnige (antiparallel) Eigendrehung relativ zur Umlaufbahn (*Elektronenspin).

N-Elektronensystem: die resultierende Spinquantenzahl ist geradzahlig bei gerader Elektronenzahl, ungeradzahlig bei ungerader.

$$S = \sum_{i=1}^{N} s_i$$

$s_i = {}^{1}\!/_{2}$ Spinquantenzahl des Einzelelektrons.

Sputtern

oder *Ionenätzen.* Abtrag einer Festkörperoberfläche durch Beschuss mit hochenergetischen Ionen (z. B. Argon) oder Elektronen; z. B. zum Reinigen von Oberflächen oder zur Aufnahme eines Tiefenprofils mit oberflächenanalytischen Methoden.

Stabilität der Atomkerne

Die 267 stabilen Nuklide liegen in der Nuklidkarte auf einem schmalen Diagonalstreifen (*Stabilitätslinie) und

haben meist geradzahlige Ordnungs- und/oder Neutronenzahl.

158 gg-Kerne:	Z gerade	N gerade	
53 gu-Kerne:	Z gerade	N ungerade	
50 ug-Kerne:	Z ungerade	N gerade	
6 uu-Kerne:	Z ungerade	N ungerade	

Magische Zahlen für Protonen und Neutronen sind besonders stabil; abgeschlossene Schalen im *Kernschalen-
modell*:

$$(2), 8, (14), 20, (28), 50, 82, 126.$$

Doppelt magische Kerne sind extrem stabil, weil man
sie aus Heliumkernen zusammengesetzt denken kann; z.
B. ^{16}O, ^{40}Ca.
Vgl. *Tröpfchenmodell, *Isotopenregel, *Isobarenregel,
*Kernbindungsenergie.

Stabilitätsdiagramm

Ordnungszahl-Neutronenzahl-Diagramm $Z(N)$ oder
$N(Z)$. Linien gleicher Kernbindungsenergie je Nucleon
E_B/A umschreiben das Gebiet der β-Stabilität.

Stabilitätslinie

Anordnung der stabilen Nuklide im *Stabilitätsdia-
gramm

$$Z_0(A) = \frac{A}{1,98 + 0,015\, A^{2/3}}$$

Rechts der Stabilitätslinie ($Z < Z_0$): $\beta^{\ominus}$-Zerfall;
links der Stabilitätslinie ($Z > Z_0$): $\beta^{\oplus}$-Zerfall.

$$\frac{N}{Z} \approx 1 + 0,15\, A^{2/3} \quad \text{und} \quad A < 250$$

Das E_B/A–Z_0-Diagramm hat ein Minimum bei mittleren Atommassen.
- Leichte Kerne (E_B/A groß): *Kernfusion* energetisch
vorteilhaft; Energiegewinn ca. 24 MeV.
- Für schwere Kerne (E_B/A mittel) ist *Kernspaltung*
vorteilhaft; Energiegewinn ca. 200 MeV.

E_B/A	Kernbindungsenergie je Nucleon
$A = N + Z$	Massenzahl
N	Neutronenzahl
Z	Ordnungszahl = Protonenzahl

Stahl

Durch das *Eisen-Kohlenstoff-Diagramm charakteri-
sierte Legierung.
1) Legierungselemente. Stähle mit hoher mechanischer, thermischer, Korrosions- und Verschleißfestigkeit
sind legiert und wärmebehandelt. Schädlich sind *beliebige* Kombinationen, z. B. beim Recycling von Stahl-
schrott. Die *Legierungselemente wirken nicht additiv,
sondern verstärkend oder neuartig.
- *Unlegierter Stahl* enthält nach DIN EN 10020 nicht
mehr als: 0,0008% B; 0,05% Ti, Nb, Zr, Seltene Erden;
0,08% Mo; 0,1% Al, Se, V, Bi, Co, Te, W; 0,3% Ni, Cr;
0,4% Cu, Pb; 0,5% Si; 1,65% Mn.
- *Niedrig legierter Stahl*: ein Element überschreitet den
Grenzwert.
- *Hoch legierter Stahl:* mehr als 5% Legierungselemente (ohne C).
- *Mikrolegierter Stahl:* C-arm; <1% V, Nb, Ti, N als

feinstverteilte intermetallische Phasen.
Die Legierungselemente bilden *Austausch-Mischkristal-
le* (mit Ferrit), *Mischcarbide* (allein oder mit Eisen), *intermetallische Phasen* oder *Schlacken* (mit Nichtmetallen).
2) Normung nach der Verwendung (DIN EN 10027).

Stähle	
S	Allgemeiner Stahlbau
	z. B. S235JRG2 mit $R_e = 235$ N/mm^2
E	Maschinenbau
B	Betonstahl
M	Elektroblech
	Zusatzsymbole:
	G = Gütegruppe
	J = Kerbschlagzäigigkeit
	N = normalgeglüht
	W = wetterfest
Eisengusswerkstoffe:	
G	Stahlguss
	z. B. GC25, GX8CrNi12
GJL	Gusseisen mit Lamellengrafit
	z. B. GJL-X200CrNi9-5
GJS	Gusseisen mit Kugelgrafit
	z. B. GJS-400-15 mit $R_m > 392$ N/mm^2, $A \geq 15\%$
GJM	Temperguss: W = weiß, B = schwarz
	z. B. GJMB-350-10

R_m Zugfestigkeit, A Bruchdehnung.

**3) Bezeichnung nach der chemischen Zusammenset-
zung.**

C	Unlegierter Stahl
	z. B. C15 mit 0,15% C
	Niedriglegierter Stahl
	z. B. 34Cr4 mit 0,34% C, (4/4 = 1)% Cr
	Zahlenfaktoren für Legierungselemente:
	1000: B
	100: C, N, P, S, Ce
	10: Al, Cu, Mo, Ta, Ti, V, Nb, Be, Zr
	4: W, Si, Mn, Cr, Co, Ni
X	Hochlegierter Stahl
	z. B. X8CrNi18-10 mit 0,08% C, 18% Cr, 10% Ni
HS	Schnellarbeitsstahl
	z. B. HS12-1-4-5 mit 12% W, 1% Mo, 4% V, 5% Co

4) Bezeichnung mit Werkstoffnummern. Beispiel:
1.0037 = S235JRG2.

X.	Werkstoffhauptgruppe
	1. = Stahl
XX	Gruppennummer
XX	Zählnummer

5) Beispiele: *Eisenwerkstoffe.

Stark-Effekt

Analog zum *Zeeman-Effekt spalten die Spektrallinien
der Atome im äußeren elektrischen Feld, das mit der
Elektronen- und Kernladung wechselwirkt, auf – ausgenommen für die s-Elektronen (Wasserstoff).

$$\text{Aufspaltung} \sim \text{Feldstärke } E^2.$$

Entdeckung in den „Kanalstrahlen" des Wasserstoffspektrums in Vakuum-Gasentladungsröhren mit einer

Lochplattenkathode.

Stern-Gerlach-Versuch

Nachweis der *Richtungsquantelung* in der atomaren Elektronenhülle. Ein Atomstrahl durchläuft ein inhomogenes Magnetfeld; je nach Einstellung der atomaren Magnete (*magnetisches Moment) zum äußeren Feld werden die Atome aufgetrennt.

Steuer- und Regelstäbe

Im *Kernreaktor: Borstahl oder Cadmium fangen überschüssige langsame (thermische) Neutronen ab, je tiefer sie ins Reaktorinnere geschoben werden. U-238 absorbiert schnelle Neutronen.

$$^{113}_{48}\text{Cd} + ^{1}_{0}\text{n} \longrightarrow ^{114}_{48}Cd + \gamma$$

$$^{10}_{5}\text{B} + ^{1}_{0}\text{n} \longrightarrow ^{11}_{5}B + \gamma$$

Strahlenbelastung

Die Ganzkörper-Strahlenbelastung in Deutschland wird im wesentlichen von Radon-220 bestimmt. Die Einheit der *Äquivalentdosis ist Sievert.

$$1 \text{ Sv} = 1 \text{ J/kg} = [\text{früher}] \ 100 \text{ rem}$$

Äquivalentdosis	mSv/a
Gesamte Strahlenbelastung	ca. 4
1) Natürliche Strahlenbelastung	ca. 2,4
a) äußere Strahlenbelastung	*0,84*
kosmische Strahlung	0,35
terrestrische Strahlung	
– Boden (K-40, U-238, Th-232)	0,47
– Luft (Rn-220, Rn-222)	0,02
b) innere Strahlenbelastung	*0,26*
Körpersubstanz (aus Nahrung)	
H-3	0,000 02
C-14	0,016
K-40 (v. a. Knochen)	0,19
Rb-87	0,003
Po-210 (Knochen)	0,14
Rn-220, Rn-222	0,02
Ra-226, Ra-228 (Knochen)	0,72
H-3	0,000 8
Lunge (aus Atemluft)	
Rn-220	1,75
Rn-222	1,30
2) Künstliche Strahlenbelastung	*ca. 1,6*
Medizinisches Röntgen	ca. 1,5
Strahlendiagnostik	
(I-131, Tc-99, Au-198)	ca. 0,01
Fernsehgeräte	<0,007
berufliche Strahlenexposition	<0,001
Kerntechnische Anlagen	<0,01
Reaktorunfall Tschernobyl	< 0.02

Strahlendosis

Maß für die biolog. *Strahlenwirkung, z. B. durch erzeugte *Radikale* (Molekülbruchstücke).
somatische Strahlenschäden: in Körperzellen.
genetische Strahlenschäden: am Erbgut.
Strahlenschäden bei *Ganzkörperbestrahlung* mit γ-Strahlen.

• *Schwellendosis* (0,25 Sv = 25 rem): Lymphozytenzahl sinkt binnen 2 Tagen, Normalisierung nach 1 Woche.
• *subletale Dosis* (1 Sv = 100 rem):
1. Woche: Blutbildstörung, rasche Normalisierung.

3. Woche: Unwohlsein, Appetitmangel, Haarausfall, wunder Rachen.
4. Woche: Kräfteverfall, Spermienproduktion sinkt.
• *mittlere letale Dosis* (4 Sv = 400 rem):
1. Tag: Übelkeit, Erbrechen.
2. Tag: Lymphozytenschwund auf 1000/mm^3.
3. Woche: Unwohlsein, Appetitmangel, Haarausfall; Entzündung des Rachens und Dünndarms.
4. Woche: Kräfteverfall, Sterilität, 50% Todesfälle.
• *letale Dosis* (7 Sv = 700 rem):
1-2 Stunden: Übelkeit, Erbrechen.
2. Tag: Lymphozytenschwund auf Null.
2. Woche: Entzündungen im Mund- und Rachenraum, innere Blutungen, hohes Fieber.
Vgl. *Radiotoxizitätsklasse, *Dosimetrie.

Strahlengrenzwert

Grenzwerte der Strahlendosis; beruflich bedingte effektive Körperdosis pro Person im Jahr.

Ganzkörper-Äquivalentdosis (mSv/a)	
Strahlenschutzbereiche	
– außerbetriebliche Überwachung	0,3
– betrieblicher Überwachungsbereich	5
– Kontrollbereich	15
– Sperrbereich	3 mSv/h
beruflich strahlenexponierte Personen	
der Kategorie A oder B	
– Ganzkörper, Knochenmark	15 oder 50
– Hände, Füße, Unterarme, -schenkel	200 oder 600
– Knochen, Schilddrüse	100 oder 300
– andere Organe	50 oder 150

Strahlenmessgerät

Messgerät für ionisierende und Röntgenstrahlung.
1) Szintillationsdetektor, Szintillationszähler. Radioakt. Strahlen regen Leuchtstoffe wie ZnS, NaI(Tl), CsI(Tl) zur Emission von Lichtblitzen an, die mit Fotomultiplier (SEV) gezählt werden. Gute zeitliche, schlechte spektrale Auflösung.
2) Impulshöhenanalysator = *energiedispersives Spektrometer.* In Verb. mit Szintillationsdetektor oder Zählrohr eingesetzt. Stromimpulse werden der Größe nach sortiert und in einzelnen Registern (Kanälen) gezählt, die best. Energieintervallen ensprechen.
In z. B. 1024 Kanälen mit 10^6 Impulsen Fassungsvermögen werden ca. 40000 Impulse/Sekunde sequentiell (zeitlich nacheinander) verarbeitet. Zeitlich überlappende Impulse werden vom *Pile-up-Rejector* verworfen. Lange Messzeiten nötig! Mäßige Energieauflösung.
3) Wellenlängen-dispersives Spektrometer.
Hervorragende Wellenlängen- und Energieauflösung ($\sim$eV) durch Interferenzmessung am Kristallgitter; geringe Apertur und erfasste Strahlungsintensität.
4) Halbleiterdetektor. Gleichrichter mit *p-n*-Übergang – wie Si(Li) – bei tiefen Temperaturen. Das einfallende Quant erzeugt ein Fotoelektron, das beim Abbremsen eine Ladungsträgerlawine (Stromimpuls) auslöst. 1 keV erzeugt ca. 270 (Si) oder 340 (Ge) Elementarladungen. Gute spektrale, schlechte zeitliche Auflösung.
5) *Zählrohr, *Dosimeter

6) Ionisationskammer: auftreffende Strahlen erzeugen im elektr. Feld Gasionen und steuern den Sättigungsstrom der auf die Kathode auftreffenden Ionen.

7) Wilson-Nebelkammer: übersättiger Wasserdampf – durch eine Kolbenbewegung plötzlich expandiert – kondensiert an Gasionen, mit denen das Teilchen kollidiert und zeichnet die Flugbahn als Nebelspur nach.

α-Strahlen: kurze, dicke Spuren einheitlicher Länge.

β-Strahlen: lange, dünne, im Magnetfeld: gekrümmte Spuren.

γ-Strahlen: faserige Spur.

8) Blasenkammer: für schwach ionisierende Teilchen. Eine siedende Flüssigkeit (fl. H_2, N_2) überhitzt sich bei plötzlicher Expansion; Dampfbläschen zeichnen für Millisekunden die Flugbahn des Teilchens nach.

Strahlenschutz

*Schwächungsgesetz, *Dosismessung, *Strahlenwirkung, *Strahlenbelastung.

Strahlenwirkung

Wechselwirkung radioaktiver Strahlung mit Materie. Vgl. *Absorptionskurve.

Physikalische Strahlenwirkung: Radioaktive Strahlung schwärzt Fotoplatten, ionisiert Gase, erzeugt Wärme, regt zur Fluoreszenz an, ozonisiert Sauerstoff, wandelt weißen in roten Phosphor um. Radioaktive Substanzen leuchten im Dunkeln.

Biologische Strahlenwirkung: *Strahlendosis.

1) α-Strahlung. Direkt ionisierend; befreit Elektronen aus *kernfernen* Schalen (z. B. M), Elektronen einer höheren Schale (z. B. N) füllen das Loch unter Emission von Sekundärstrahlung; geringe Eindringtiefe in den Absorber.

$$E_\alpha = E_0 - E_e - E_B \quad \text{und} \quad E_S = E_2 - E_1$$

E_0 Energie der α-Strahlung
E_α Energie nach Ionisation oder Anregung
E_c Energie des befreiten Elektrons (Ionisation)
E_B Bindungsenergie des Elektrons
E_S Energie der Sekundärstrahlung

2) β-Strahlung. Direkt ionisierende *Elektronenstrahlung* ($\beta^\ominus$) oder *Positronenstrahlung* ($\beta^\oplus$). Die Eindringtiefe fällt rasch mit steigender Dichte des Absorbers. Energie:

$$E_p = E_0 - E_e - E_B \quad \text{und} \quad E_S = E_2 - E_1$$

Formelzeichen wie α-Strahlung.

Anregung von Elektronen aus *kernnahen* Schalen (z. B. K $\rightarrow$ M), Elektronen einer höheren Schale (z. B. L) füllen das Loch unter Emission von Sekundärstrahlung.

$$E_\beta = E_0 - (E_K - E_M) \quad \text{und} \quad E_S = E_L - E_K$$

Ionisation $E_\beta = E_0 - E_B - E_e$
Bremsstrahlung $E_\beta = E_0 - E_{brems}$
Vernichtungsstrahlung: $e^\oplus + e^\ominus \rightarrow 2\gamma$

$$E_\gamma = m_e c^2$$

3) Gammastrahlung. Indirekt ionisierend.

Fotoeffekt: Befreiung von Elektronen aus *kernnahen* Schalen (z. B. K), Elektronen einer höheren Schale (z. B. L) füllen das Loch unter Emission von Sekundärstrahlung.

$$E_e = E_\gamma - E_B \quad \text{und} \quad E_S = E_2 - E_1$$

COMPTON-Effekt: Befreiung eines Elektrons unter Streuung (Winkel φ) und Energieverlust des Gammaquants.

$$E_e = E_\gamma - E'_\gamma \quad \text{und}$$

$$E'_\gamma = \frac{E_\gamma}{1 + E_\gamma\, q}; \qquad q = \frac{1 - \cos\varphi}{m_e\, c^2}$$

Paarbildung: Erzeugung eines Elektron-Proton-Paares beim Auftreffen auf einen Atomkern.

$$E_e = E_\gamma - 2m_e\, c^2$$

RAYLEIGH-Streuung am Atomkern (wichtig < 10 keV). *Schwächungsgesetz

4) Neutronenstrahlung. Indirekt ionisierend.

elastische Streuung (n,n) an Rückstoßkern (R)

$$E_n = E_0 - E_R$$

inelastische Streuung (n,n'), wobei zusätzlich γ-Stahlung emittiert wird.

Absorption (n,γ) mit γ-Emission.

Reaktionen: (n, p), (n, α), (n, 2n), (n, np).

Strahlungsdruck

Absorption und Reflexion von Strahlung zeigen, dass Photonen Masse und Impuls haben.

Masse des Photons $m = \dfrac{h\nu}{c^2} = \dfrac{h}{c\lambda}$

Impuls des Photons $p = mc = \dfrac{h\nu}{c} = \dfrac{h}{\lambda}$

Streukoeffizient   *Schwächungskoeffizient.

Streuung von Teilchen

Kernphysik: Anregung eines Targetnuklids durch Teilchenbeschuss ohne *Kernumwandlung.

1. *elastische Streuung:* Zusammenprall Teilchen + Kern, ohne Energieaustausch; z. B. (n , n).

2. *inelastische Streuung:* Zusammenprall von Teilchen und Kern mit Anregung des Kernes; z. B. (n , n').

3. *inelastischer Stoß:* Energiereiche Teilchen schlagen aus dem Kern Teilchen heraus; z. B. (n , 2n); (d, 2n).

Historische Streuexperimente	
Rutherford 1911	α-Strahlen an Goldfolie: Entdeckung des Atomkerns
Laue 1912	Röntgenbeugung an Kristallen: Entdeckung der Kristallstruktur
Compton 1923	Röntgenstrahlen an Grafit: Teilcheneigenschaft von Strahlen
Davisson/Germer 1926	Elektronenbeugung an Kristallen: Welleneigenschaft von Elektronen
Hofstadter 1954	Elektronenbeschuss von Protonen: Struktur der Protonen (Quarks)
Perutz 1963	Röntgenstrukturanalyse des Hämoglobins

Streuung von Licht: vgl. Kap. Optik.

Symmetrieelemente

Kristallografie: Charakteris. des Molekülbaus und Einordnung in Punktgruppen. Tabelliert werden diej. Symmetrieoperationen, die das Molekül in sich selbst überführen. Wichtig für *Schwingungsspektroskopie.

Drehachse C_n	Drehung um $n = 2$ (180°), $n = 3$ (120°), $n = 6$ (60°)
Spiegelebene σ	Spiegelung an einer Ebene
Drehspiegelachse S_n	Drehung wie C_n, dann Spiegelung $\sigma \perp C_n$
Inversionszentrum	Spigelung im Schwerpunkt: $i = S_2$ und $\sigma \perp C_2$

Beispiel: Bortrifluorid BF_3 ist trigonal planar. Durch das B-Atom in der horizontalen Dreiecksebene σ_h sticht die C_3-Achse. Durch die drei zweizähligen B–F-Achsen C_2 gehen vertikale Spiegelebenen σ_v. Dies entspricht Punktgruppe D_{3h}.

Target

„Ziel"; Medium, dessen Atome Streuzentren für einen Primärstrahl bilden; z. B. bei Kernumwandlungen oder Streuexperimenten.

Teilchenbeschleuniger

Für unfreiwillige „künstliche" Kernreaktionen und zur Überwindung der elektrostatischen Abstoßungskräfte des Atomkerns sind beschleunigte Teilchen notwendig.

1. *Linearbeschleuniger:* hintereinander angeordnete evakuierte Rohre, zunehmender Länge ($\sim$ Teilchengeschwindigkeit) mit abwechselnder Aufladung durch Hochfrequenzfelder.

2. *Zyklotron:* In zwei halbkreisförmigen, durch einen Spalt getrennten Hohlelektroden in einer Hochvakuumkammer werden die Teilchen im elektromagnetischen Wechselspannungsfeld (10 MHz) auf einer Spiralbahn beschleunigt, bis sie durch das Austrittsfenster auf den Zielkern treffen. Der Bahnradius wächst mit zunehmender Beschleunigung, die Umlaufdauer bleibt konstant.

3. *Synchrozyklotron* (Synchrotron). Steuerung des Magnetfeldwechsels im Einklang mit dem relativistischen Massenzuwachs des Teilchens, d. h. synchron zur Teilchengeschwindigkeit.

Term

Feinstrukturterm. Energiezustand eines Atoms mit gegeb. Quantenzahlen L, S, J (*Termmultiplizität).

Termsymbol: $\boxed{^{2S+1}L_J}$

Für $L = 0,1,2,3$ steht S, P, D, F.

Am *energieärmsten* ist der Term mit der

1. größten *Multiplizität (bei gegebener Elektronenkonfiguration),

2. größten Orbitaldrehimpuls-Quantenzahl L (bei gleicher Multiplizität),

3. kleinsten (größten) Gesamtdrehimpuls-Quantenzahl J bei weniger (bzw. mehr) als halb besetzter Schale.

Atome mit gerader Valenzelektronenzahl bilden ungerade Termmultipletts, Atome mit ungerader Valenzelektronenzahl gerade Termmultipletts.

Atom	Feinstrukturterme
Edelgas	volle Valenzschale: $S = 0$, $J = L = 0,1,2,3,\ldots$ Singulett: $^1S_0$, $^1P_1$, $^1D_2$, $^1F_3,\ldots$
Alkalimetall	einzelnes Valenzelektron Singulett: $^1S_{1/2}$ für $L = 0$ $S = {}^1/_2$, $J = L \pm {}^1/_2$, $L = 1,2,3,\ldots$ Dublett: $^2P_{1/2}$, $^2P_{3/2}$, $^2D_{3/2}$, $^2D_{5/2}$, $^2F_{5/2}$, $^2F_{7/2},\ldots$
Erdalkalimetall	zwei Valenzelektronen $S = {}^1/_2 - {}^1/_2 = 0$, $J = L = 0,1,2,\ldots$ Singulett: $^1S_0$, $^1P_1$, $^1D_2$, $^1F_3,\ldots$ $S = {}^1/_2 + {}^1/_2 = 1$, $J = (L-1, L, L+1)$ Triplett: $^3S_1$, $^3P_0$, $^3P_1$, $^3P_2$, $^3D_1$, $^3D_2$, $^3D_3$, $^3F_2,\ldots$
3. Hauptgruppe	Dubletts und Quartetts ($S = {}^1/_2$ und $^3/_2$).
4. Hauptgruppe	Singuletts, Tripletts, Quintetts ($S = 0, 1, 2$).

Termmultiplizität

Multiplizität der Spektralterme. Aufspaltung der Wechselwirkungsenergie der magnetischen Momente eines Atoms

$$E = C\,\mu_B^2\,[J(J+1) - L(L+1) - S(S+1)]$$

in *Feinstrukturterme (*LS-Kopplung).

Termmultiplizität:	$2S+1$	falls $L \geq S$
	$2L+1$	falls $L < S$

Bei Z Valenzelektronen ist die maximale Multiplizität $Z + 1$.

C Konstante für L-S-Wechselwirkung.

μ_B Bohr-Magneton.

Termsymbol

Spektralterm. Kurzschreibweise f. die Elektronenkonfiguration eines Atomes oder Moleküls im Grund- od. Anregungszustand.

Lithium: [He] $2s^1$ erhält Termsymbol S,
Drehimpulsquantenzahl $L = 0$ (für s-Orbital),
Spinquantenzahl $S = {}^1/_2$ (ein Elektron),
Spinmultiplizität $2S + 1 = 2 \cdot {}^1/_2 + 1 = 2$ (Dublett),
Gesamtdrehimpulsquantenzahl $J = L + S = {}^1/_2$
Termsymbol: $^{2S+1}L_J = {}^2S_{1/2}$.
Beryllium: [He] $2s^2$ entspricht $^1S_{1/2}$.
Natrium:
Grundzustand: [Ne] $3s^1$ entspricht $^2S_{1/2}$.
Ein angeregter Zustand ist [Ne] $3p^1$.
Dublett: $m = 2 \cdot {}^1/_2 + 1 = 2$
Gesamtdrehimpulsquantenzahl: $J = L \pm S = 1 \pm {}^1/_2 = {}^1/_2$ und $^3/_2$
(anderer Zustand).

Termschema   *Jablonski-Diagramm.

Textur

Kristallografie: Ausrichtung der *Kristallgitter-Achsen an Vorzugsrichtungen bei Bearbeitung (Gießen, Walzen, Ziehen etc.); auch in hochreinen Werkstoffen. Erklärt anisotrope Eigenschaften.

Thomson-Querschnitt

*Wirkungsquerschnitt schneller Elektronen (z. B. mit Atomen).

$$\sigma_e = \frac{8\pi r_e^2}{3} = 0{,}665\ 245\ 854 \cdot 10^{-28}\ \text{m}^2$$

Transfermiumelement

Die kurzlebigen Elemente nach Fermium mit den IUPAC-Namen:

Element 104	Rutherfordium (Rf)
Element 105	Dubnium (Db)
Element 106	Seaborgium (Sg)
Element 107	Bohrium (Bh)
Element 108	Hassium (Hs), nach Bundesland Hessen
Element 109	Meitnerium (Mt)

Die Elemente 110 bis 112 sind noch nicht endgültig benannt. Vgl. *Periodensystem.

Transurane

Die schweren Elemente nach Uran, künstlich erzeugt durch Kernumwandlung.

Projektil	Beispiel
Neutronen	$^{238}_{92}U + {}^1_0n \xrightarrow{\gamma} {}^{239}_{92}U \xrightarrow{\beta^{\ominus}} {}^{239}_{93}Np \xrightarrow{\beta^{\ominus}} {}^{239}_{94}Pu$
α-Teilchen	$^{239}_{94}Pu + {}^4_2He \longrightarrow {}^{242}_{96}Cm + {}^1_0n$
schwere	$^{238}U + {}^{12}C \longrightarrow {}^{244}Cf + 6\,{}^1_0n$
Ionen	$^{238}U + {}^{14}N \longrightarrow {}^{264}Es + 6\,{}^1_0n$
	$^{238}U + {}^{16}O \longrightarrow {}^{250}Fm + 4\,{}^1_0n$

Triadenregel

Historisch! Nach DÖBEREINER (1829) sind Cl/Br/J; S/Se/Te; Ca/Sr/Ba; Li/Na/K Elemente mit ähnlichen phys.-chem. Eigenschaften (*Periodensystem). Die Atommasse des mittleren Elementes enspricht ungefähr dem arithmetischen Mittel der beiden anderen.

Tröpfchenmodell

Der Atomkern ist umso stabiler, je dichter die Nucleonen zu einer Kugel (mit geringer Oberfläche) gepackt sind. Leichte Kerne besitzen eine geringe „Oberflächenspannung". Bei schweren Kernen wirkt die elektrostatische Abstoßung der Protonen destabilisierend. Mittelschwere Kerne sind am stabilsten.

    (stabiler)   gg > gu, ug > uu   (instabiler)

Übergangsmoment

Quantenmechanisches Maß für die Stärke der Elektronenanregung und Änderung der Ladungsverteilung; vgl. *UV/VIS-Spektroskopie.

$$R = \int \psi^* \,\hat{\mu}\, \psi \, d\tau$$

ψ Wellenfunktion des Grundzustandes,
ψ^* Anregungszustandes, $d\tau$ Volumenelement.

Übergangswahrscheinlichkeit

Quadrat des *Übergangsmomentes; Absorptionsvermögen einer Substanz; klassisch die Oszillatorstärke innerhalb einer Absorptionsbande.

$$f = R^2 = \int \varepsilon(\nu) \, d\nu$$

ε Extinktionskoeffizient.

Überstruktur

Kristallografie: Wechselwirkung der Oberfläche mit einer Komponente aus einer zweiten Phase (Adsorbatüberstruktur).

Unschärferelation

Heisenberg'sche Unschärferelation. Größen von der Dimension einer Wirkung (Energie mal Zeit) können infolge des Welle-Teilchen-Dualismus prinzipiell nicht genau bestimmt werden. Es ist unmöglich, für ein Teilchen gleichzeitig den Aufenthaltsort und die Geschwindigkeit (Betrag und Richtung) anzugeben. Das Produkt der Ungenauigkeiten (Unbestimmtheiten) von Ort und Impuls (oder Energie und Zeit) ist stets größer als das Elementarquantum $\hbar$.

$$\boxed{\Delta x\, \Delta p \geq \hbar} \quad \Leftrightarrow \quad \boxed{\Delta E\, \Delta t \geq \hbar}$$

$$\hbar = \frac{h}{2\pi} = 1.054\,572\,67 \cdot 10^{-34}\ \text{Js}$$

Ein bestimmtes Teilchen kann durch eine Messung prinzipiell nicht exakt lokalisiert werden. Messen bedeutet immer „Stören".

- Je genauer man den Ort bestimmt, umso ungenauer wird die Impulsmessung und umgekehrt.
- Bei makroskopischen Körpern ist die Unschärfe vernachlässigbar klein.

UV/VIS-Spektroskopie

Elektronenspektroskopie. Absorptionsspektroskopie im sichtbaren und ultravioletten Spektralbereich für gasförmige, flüssige und feste Proben.

Sichtbares Licht	VIS	380–780 nm
Ultraviolett	UV A	315–400 nm
	UV B	280–315 nm
	UV C	200–280 nm
	VUV	100–200 nm

Anregung von Elektronenübergängen im Molekül; gleichzeitig werden Schwingungs- und Rotationsniveaus angeregt (*Bandenspektrum*).

1) Bandenspektrum. Erlaubte Elektronenübergänge nach den Auswahlregeln (*MO-Theorie):

$\sigma \to \sigma^*$ kurzwellig; Einfachbindungen
$\pi \to \pi^*$ bei Doppelbindungen im Molekül;
    kaum abhängig vom Lösungsmittel
$n \to \pi^*$ langwellig-schwach, Schulter der π-π^*-Üg.;
    starke Lösungsmittelabhängigkeit.

Bandenintensität (Fläche unter der Bande) = Maß für die Wahrscheinlichkeit des Elektronenübergangs; dem Quadrat des *Übergangsmomentes (Änderung der Ladungsverteilung) proportional.

2) Schwingungsfeinstruktur.
Für Schwingungsübergänge gilt das FRANCK-CONDON-Prinzip: Die Atomkerne verhalten sich während der Elektronenanregung *nahezu starr* ($\Delta r \approx 0$). Weil die Elektronenanregung sehr schnell (ca. 10^{-15} s) ist, dürfen Elektronen- und Schwingungsanregung quantenmechanisch separiert, d. h. getrennt gelöst werden (BORN-OPPENHEIMER-Näherung).
Beispiel: Die fingerförmige Absorptionsbande des Benzols entspricht den Übergängen $0 \to 0$ (verboten) bis $0 \to 5$ vom elektronischen Grundzustand ($v = 0$) in den angeregten elektronischen Zustand mit Schwingungsniveau v. Übergang $0 \to 2$ ist am intensivsten, weil sich dabei die Kernabstände nicht ändern (FRANK-CONDON-Prinzip). Bei Tetracen ist der $0 \to 0$ bzw. $0 \to 1$-Übergang am wahrscheinlichsten.
Konfigurationskoordinaten-Diagramm. Jeder elektron. Zustand wird durch einen anharmon. Oszillator $E_{pot}(r)$

mit den Schwingungsniveaus v und Wellenfunktionen $|\psi|^2$ dargestellt; zw. den Potentialkurven werden Übergänge als Pfeile eingezeichnet.

Der Gleichgewichtsabstand r_e ist im angeregten Zustand größer als im Grundzustand (vgl. jedoch *Frank-Condon-Prinzip*). Ein Molekül kann durch Lichtabsorption im elektronischen Grundzustand nicht dissoziieren; es muss erst in einen angeregten Zustand überführt werden und zerfällt dann durch Schwingungen ($v \to \infty$).

3) Rotationsfeinstruktur.
Nur im Gaszustand bei hoher spektraler Auflösung sichtbar. Die Rotationslinien verdichten sich an der kurz- und langwelligen Seite einer Schwingungs-Teilbande zu *Bandenkanten*, weil der Atomkernabstand sich während des Elektronenübergangs vergrößern oder verkleinern kann.

R-Zweig:	Auswahlregel	$\Delta j = +1$
P-Zweig:		$\Delta j = -1$
Q-Zweig:		$\Delta j = 0$

4) Farbe. Ein Stoff erscheint in der Komplementärfarbe des absorb. Spektralbereiches des sichtbaren Lichts.

Wellenlänge	Lichtfarbe	Komplementärfarbe
400 – 435 nm	violett	gelb-grün
435 – 480	blau	gelb
480 – 490	grün-blau	orange
490 – 500	blau-grün	rot
500 – 560	grün	rot-violett
560 – 580	gelb-grün	violett
580 – 595	gelb	blau
595 – 610	orange	grün-blau
610 – 680	rot	blau-grün
680 – 700	rot-violett	grün

5) Lösungsmitteleinfluss. Wechselwirkung nichtbindender und π^*-Elektronen mit polaren Lösungsmitteln.

• *Blauverschiebung* (blue shift) der n-π^*-Absorptionsbande mit zunehmender Polarität des Lösungmittels.

• *Rotverschiebung* (red shift, positive *Solvatochromie*) der π-π^*-Absorptionsbande mit zunehmender Polarität des Lösungmittels.

6) Apparatives. Das Spektrometer besteht aus Lichtquelle (VIS: W-Draht; UV: H_2/D_2), Monochromator, Probenraum, Detektor.

Beim *Zweistrahlverfahren* befinden sich Probe und Referenz in getrennten Strahlengängen und werden gleichzeitig gemessen („Flimmermethode"); z. B. eine rotierende Scheibe lässt das Messlicht abwechselnd auf Probe und Referenz fallen.

Beim *Einstrahlverfahren* werden Probe und Vergleichsküvette (Abgleich auf Transmission 100%) im gleichen Strahlengang nacheinander gemessen.

Schnelle Simultanspektroskopie ist möglich mit *Optischen Vielkanalanalysatoren* (OMA, *Polychromator*), Diodenarray, CCD.

7) Anwendung. Absorptionsspektrum verd. Lösungen (*Spektralfotometrie*), Strukturaufklärung organ. Verbindungen; reaktionskinet. Studien, *Derivativspektroskopie* (abgeleitete Spektren); Bestimmung von pK-

Werten (Titrationsspektrum); Chromatografie-Detektor.

Van-der-Waals-Kräfte
Zwischenmolekulare Kräfte oder *Nebenvalenzbindungen* zw. isolierten Atomen und Molekülen mit permanentem oder induziertem Dipolmoment.

Speziell: *Wechselwirkungen, deren Energie mit der 6. Potenz des Molekülabstandes abnimmt ($E \sim r^{-6}$); Bindungsenergie 0,01 bis 0.1 eV.

Typische Eigenschaften: Isolatoren, leicht komprimierbar, niedriger Schmelzpunkt, farblos.

Beispiele: Edelgaskristalle, Wasserstoff, Sauerstoff, Molekülkristalle, Polymere.

VB-Theorie
Valence bond-Theorie, Valenzbandtheorie, = *Hybrisierungsmodell*. Erklärt die kovalente Bindung durch Linearkombination von Atomorbitalen zu energiegleichen Hybridorbitalen.

VB-Theorie: Wasserstoffmolekül
1. Schritt: Linearkombination von Atomorbitalen (LCAO).

Eigenfunktionen zweier fiktiver Grenzstrukturen des H_2-Moleküls (H_A–H_B) als Produkt der Atomfunktionen. Elektron 1 befindet sich beim Kern H_A, Elektron 2 beim Kern H_B.

$$\underline{\Psi}_1 = \Psi_A(1)\,\Psi_B(2) \quad E_{pot} \approx \frac{-e^2}{4\pi\varepsilon_0}\left(\frac{1}{r_{A.1}} + \frac{1}{r_{B.2}}\right)$$

Elektron 1 beim Kern H_B, Elektron 2 bei H_A.

$$\underline{\Psi}_2 = \Psi_A(2)\,\Psi_B(1) \quad E_{pot} \approx \frac{-e^2}{4\pi\varepsilon_0}\left(\frac{1}{r_{A.2}} + \frac{1}{r_{B.1}}\right)$$

Die *Energieeigenwerte* zu $\underline{\Psi}_1$ und $\underline{\Psi}_2$ sind gleich groß der Summe der Energie der nicht-wechselwirkenden Atome.

Austauschentartung: $\quad E = E_A + E_B = 2E_H$

Jede *Linearkombination* der Eigenfunktionen ist ebenfalls Lösung der *Schrödinger-Gleichung*. Austausch der nicht unterscheidbaren Elektronen ändert nichts am wahrscheinlichsten Zustand des Gesamtsystems.

$$\underline{\Psi} = C_1\underline{\Psi}_1 + C_2\underline{\Psi}_2 \quad \Rightarrow$$
$$(C_1\underline{\Psi}_1 + C_2\underline{\Psi}_2)^2 = (C_2\underline{\Psi}_1 + C_1\underline{\Psi}_2)^2$$
$$\text{mit } \frac{C_1}{C_2} = \pm 1$$

Zwei *Zustandsfunktionen* sind in nullter Näherung die einzigen Lösungen zum gleichen Energieeigenwert $2E_H$.

symmetrisch-anziehend (antiparallele Spins)
$$\underline{\Psi}_\oplus = \underline{\Psi}_1 + \underline{\Psi}_2 = \Psi_A(1)\,\Psi_B(2) + \Psi_A(2)\,\Psi_B(1)$$
antisymmetrisch-abstoßend (parallele Spins)
$$\underline{\Psi}_\ominus = \underline{\Psi}_1 - \underline{\Psi}_2 = \Psi_A(1)\,\Psi_B(2) - \Psi_A(2)\,\Psi_B(1)$$

2. Schritt: Variationsmethode.
Die Entartung der Energieeigenwerte wird aufgehoben und Integrale, deren Wert vom Atomabstand r_{AB} abhängt, eingeführt.

$$E_\oplus = 2E_\mathrm{H} + \frac{C + A}{1 + S}$$

$$E_\ominus = 2E_\mathrm{H} + \frac{C - A}{1 - S}$$

Coulomb-Integral C = Energie der klassischen elektrostatischen Wechselwirkung.

Austausch-Integral A = Energie der quantenmechanischen Wechselwirkung (Austauschenergie); Hauptanteil der kovalenten Bindungsenergie. Die Spinpaarungsenergie des bindenden symmetrischen Zustandes ist sehr klein dagegen.

Überlappungsintegral = grobes Maß für die räumliche Überlappung der Orbitale.

$$S = \int \int \Psi_\mathrm{A}(1) \, \Psi_\mathrm{B}(1) \, \Psi_\mathrm{A}(2) \, \Psi_\mathrm{B}(2) \, d\tau_1 \, d\tau_2$$

Bindungsenergie = Energie am Potentialminimum (einschließlich der Nullpunktsenergie) beim Gleichgewichtsabstand r_0.

Bild: VB-Theorie der *Atombindung: C Coulombintegral, E potentielle Energie für Anziehung ($\oplus$) und Abstoßung ($\ominus$).

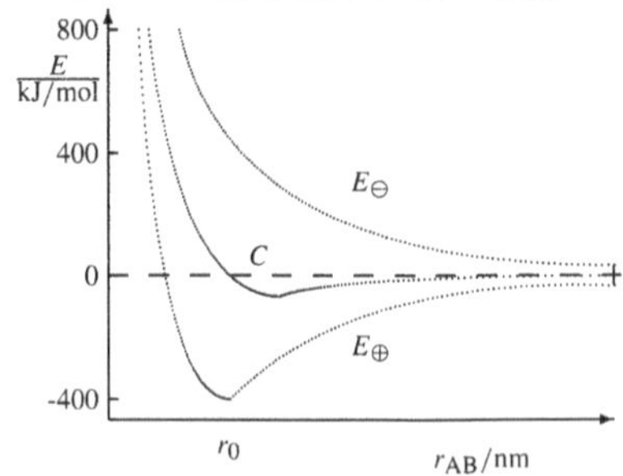

Vermehrungsfaktor

Neutronenmultiplikationsfaktor bei der Kernspaltung von Uran.

$$k = \frac{\text{entstehende n}}{\text{absorbierte n}} = \begin{cases} & \overline{\text{Kettenreaktion}} \\ > 1 & \text{unkontrolliert} \\ = 1 & \text{gesteuert} \\ < 1 & \text{keine} \end{cases}$$

Bei U-235 sind theor. $k = 2{,}07$ therm. Neutronen (ca. 0,01 eV) weiterhin nutzbar, der Rest geht durch Brutreaktion $^{235}\mathrm{U}(n,\gamma)^{239}\mathrm{U}$ (Betazerfall weiter zu Np-239 und Pu-239) verloren. Im realen Betrieb ferner Leckagen und Neutronenverluste durch Begrenzungen des Reaktorkerns.

Verschiebungssatz, spektroskopischer

Das Linienspektrum eines 1-fach (2-fach, 3-fach,...) ionisierten Atoms ist analog dem Spektrum des neutralen Atoms, das im Periodensystem eine Stelle (2, 3,... Stellen) vor ihm steht.

Verschiebungssatz von Soddy-Fajans

Für den radioaktiven Zerfall.

1) Das durch α-*Zerfall* (= Heliumemission) entstandene Tochternuklid steht im Periodensystem *zwei* Stellen *links* vom Ausgangsnuklid.

$$^A_Z\mathrm{K} \longrightarrow \underbrace{^4_2\mathrm{He}}_{\alpha} + {}^{A-4}_{Z-2}\mathrm{K}'$$

2) Das durch $\beta^\ominus$-*Zerfall* (= Elektronenemission) entstandene Tochternuklid (*Isobar) steht im Periodensystem *eine* Stelle *rechts* vom Ausgangsnuklid.

$$^A_Z\mathrm{K} \longrightarrow \underbrace{^{0}_{-1}\mathrm{e}^\ominus}_{\beta^\ominus} + {}^{A}_{Z+1}\mathrm{K}' + \bar{\nu}_\mathrm{e}$$

3) Das durch $\beta^\oplus$-*Zerfall* (= Positronenemission) entstandene Tochternuklid (*Isobar) steht im Periodensystem *eine* Stelle *links* vom Ausgangsnuklid.

$$^A_Z\mathrm{K} \longrightarrow \underbrace{^0_1\mathrm{e}^\oplus}_{\beta^\oplus} + {}^{A}_{Z-1}\mathrm{K}' + \nu_\mathrm{e}$$

Verwachsung

Kristallografie: „Zusammenwachsen" von Kristallen gleicher oder unterschiedlicher Art.

- *unregelmäßige:* im kristallinen Haufwerk, Gestein.

- *regelmäßige:*

– Parallelverwachsung: die einander entsprechenden Gittergeraden zweier Einkristalle sind parallel.

– Zwilling: zwei Einkristalle verwachsen in verschiedene Orientierung.

– *Epitaxie:* orientiertes Kristallwachstum auf einer kristallinen Unterlage.

VIS-Spektoskopie *UV/VIS

Von-Klitzing-Konstante

„*Klitzing-Konstante*". Vgl. *Quanten-Hall-Effekt. Unsichere Stellen kursiv.

$$R_\mathrm{K} = \frac{h}{e^2} = \frac{\mu_0 c}{2\alpha} = 25\,812{,}807\,572 \; \Omega$$

Kehrwert der VON-KLITZING-Konstante

$$\frac{1}{R_\mathrm{K}} = \frac{e^2}{h} = 3{,}874\,045\,848{\cdot}10^{-5} \; \mathrm{S}$$

Konventionelle VON-KLITZING-Konstante (CIPM, 1. Januar 1990).

$$R_{\mathrm{K}-90} = 25\,812{,}807 \; \Omega \; [\text{exakt}]$$

Konventionelle Widerstandseinheit Ω_{90} (auf Basis des Quanten-HALL-Effekts).

$$\Omega_{90} = \frac{R_\mathrm{K}}{R_{\mathrm{K}-90}} \; \Omega$$

Ein Ω_{90} ist exakt das $i/R_{\mathrm{K}-90}$-fache des Widerstandes des i-ten Quanten-HALL-Plateaus.

Wärmebehandlung

Kontrolliert. Erwärmen („Anlassen") und Abkühlen von Stählen u. a. Werkstoffen mit dem Ziel, Festigkeit u. a. Werkstoffeigenschaften zu verbessern.

1) Glühverfahren. Wärmebehandlung von Stahl mit langsamer Abkühlung.

1. *Normalglühen* ($>800\,°\mathrm{C}$, im Austenitgebiet): beseitigt grobkörniges und unregelmäßiges Gefüge.

2. *Grobkornglühen* (1050 bis $1300\,°\mathrm{C}$): verbessert die Spanbarkeit untereutektoider Stähle ($<0{,}8\%$ C).

3. *Spannungsarmglühen* (um $550\,°\mathrm{C}$): reduziert Eigenspannungen.

4. *Glühen auf kugelige Carbide* (um $723\,°\mathrm{C}$). Zementeinformung verbessert Span- u. Umformbarkeit.

5. *Rekristallisationsglühen:* bei 40% der Schmelztemperatur; für alle Metalle und Legierungen; Abbau der Verfestigung nach Kaltumformung.

2) Härten. Wärmebehandlung von Stahl mit schneller Abkühlung (Abschrecken) aus dem Austenitgebiet; Bildung von *Martensit* (tetragonal verzerrter α-Fe/C-Mischkristall) und *Bainit* (Zwischenstufe, α-Fe/C-Mischkristall mit eingelagerten Carbiden).

Das *ZTU-Diagramm* (Zeit-Temperatur-Umwandlung) zeigt erzielbare Härte und Gefügezusammensetzung in Abhängigkeit der Abkühldauer.

Abschrecken:	Austenit → Martensit
schnelles Abkühlen:	Austenit → Ferrit → Perlit
	→ Bainit → Martensit
langsames Abkühlen:	Austenit → Ferrit (kein Martensit)

3) Vergüten. Wärmebehandlung von Stahl mit Anlassen ($>550\,°C$) nach dem Härten.

4) Ausscheidungshärten. Wärmebehandlung der Nichteisenmetalle in drei Schritten; z. B. bei Aluminiumlegierungen und Legierungssystemen mit teilweiser Mischbarkeit im festen Zustand.

1. *Lösungsglühen:* Ausscheidungen (Segregationen) lösen sich auf; homogener Mischkristall entsteht.

2. *Abschrecken:* übersätt. Mischkristall entsteht.

3. *Auslagern:* Beim warm oder kalt Lagern bilden sich Ausscheidungen (meist intermetallische Phasen); Härte und Festigkeit steigen.

Wasserstoffatom

Das leichte Wasserstoffatom (^{1}H) besteht aus einem Proton und einem Elektron; vgl. *Deuterium.

Relative Atommasse (unsichere Stellen kursiv)

$$A(^1\mathrm{H}) = 1{,}007\ 825\ 032\ \mathit{14}$$

Ionisierungsenergie

$$E_1(^1\mathrm{H}) = 13{,}5984\ \mathrm{eV} \mathrel{\hat{=}} 1{,}096\ 787\ 717 \cdot 10^7\ \mathrm{m}^{-1}$$

Potentielle Energie zw. Atomkern und Elektron

$$E_{\mathrm{pot}} = \frac{-e^2}{4\pi\varepsilon_0 r} \ \text{mit } r = \sqrt{x^2 + y^2 + z^2}$$

SCHRÖDINGER-Gleichung

$$\Delta\Psi + \frac{8\pi^2 m_{\mathrm{e}}}{h^2}\left(E - E_{\mathrm{pot}}\right)\Psi = 0$$

in Polarkoordinaten (r,ϑ,φ)

$$\frac{\partial^2\Psi}{\partial r^2} + \frac{2}{r}\frac{\partial\Psi}{\partial r} + \frac{1}{r^2\sin\vartheta}\frac{\partial}{\partial\vartheta}\left(\sin\vartheta\,\frac{\partial\Psi}{\partial\vartheta}\right)$$
$$+ \frac{1}{r^2\sin^2\vartheta}\frac{\partial^2\Psi}{\partial\varphi^2} + \frac{8\pi^2 m_{\mathrm{e}}}{h^2}\left(E + \frac{e^2}{4\pi\varepsilon r}\right)\Psi = 0$$

Separationsansatz: Die unanschauliche Gesamteigenfunktion Ψ wird in einen Winkelanteil und einen radiusabhängigen Anteil zerlegt.

$$\Psi(r,\vartheta,\varphi) = \underbrace{R(r)}_{\text{radiusabh.}} \cdot \underbrace{\Theta(\vartheta)\cdot\Phi(\varphi)}_{\text{winkelabh.}}$$

Der winkelabhängige Teil beschreibt die Richtung der chemischen Bindung und liefert die anschaulichen *Atomorbitale (s, p, d und f).

Der radiusabhängige Teil beschreibt die ortliche Elektronendichte bei einem Schnitt durch das Atomorbital.

Wasserstoffatom: Spektrum

Emissions-Linienspektrum; die Elektronen in der Atomhülle nehmen bestimmte Energiezustände (Energiniveaus, Energiestufen) ein; sonst würde man ein kontinuierliches Spektrum beobachten.

J. J. BALMER erkannte den empirischen Zusammenhang zw. den Wellenlängen der Wasserstofflinien; mit der RYDBERG-Konstante R_∞ ausgedrückt:

$$\lambda = \frac{n^2}{n^2 - 4}\,\frac{4}{R_\infty}$$
$$\tilde{\nu} = \frac{1}{\lambda} = R_\infty\left(\frac{1}{n'^2} - \frac{1}{n^2}\right)$$
$$R_\infty \approx 109\,737\ \mathrm{cm}^{-1}$$

An Seriengrenze (Ionisierungsenergie) im Absorptions- und Emissionsspektrum schließt ein *Kontinuum* an, weil die freigesetzten Elektronen beliebig kinet. Energie aufnehmen.

Serie	Linien des Wasserstoffspektrums		
	Übergang	λ / nm	Farbe
LYMAN	1 → 5	94	Ultraviolett
	1 → 4	97	
	1 → 3	103	
	1 → 2	122	
BALMER	2 → 7	397	violett (H_ε)
	2 → 6	410,3	violett (H_δ)
	2 → 5	434,2	violett (H_γ)
	2 → 4	486,2	grün-blau (H_β)
	2 → 3	656,4	rot (H_α)
PASCHEN	3 → 7	1005	Infrarot
	3 → 6	1094	
	3 → 5	1282	
	3 → 4	1875	
BRACKETT	4 → 7	2165	Infrarot
	4 → 6	2625	
	4 → 5	4051	
PFUND	5 → 7	4652	Infrarot
	5 → 6	7458	

1) Serienformeln des Wasserstoffspektrums. Das Absorptionsspektrum zeigt praktisch nur die LYMAN-Serie.

1. LYMAN-Serie: im UV-Bereich
$(m = n + 1 = 2,3,4,\ldots)$

$$\tilde{\nu} = R_{\mathrm{H}}\left(1 - \frac{1}{m^2}\right) \qquad (\mathrm{m}^{-1})$$

Wellenlänge der ersten Linie: $\lambda_2 = 121{,}57$ nm

2. BALMER-Serie: im sichtbaren Bereich
$(m = n + 1 = 3,4,5,\ldots)$

$$\tilde{\nu} = \frac{1}{\lambda} = R_{\mathrm{H}}\left(\frac{1}{2^2} - \frac{1}{m^2}\right) \qquad (\mathrm{m}^{-1})$$

Wellenlänge der ersten Linie: $\lambda_3 = 656{,}3$ nm

3. PASCHEN-Serie: im Infrarot-Bereich
$(m = n + 1 = 4,5,6,\ldots)$

$$\tilde{\nu} = R_{\mathrm{H}}\left(\frac{1}{3^2} - \frac{1}{m^2}\right) \qquad (\mathrm{m}^{-1})$$

Wellenlänge der ersten Linie: $\lambda_3 = 1875{,}1$ nm
Energieniveauschema des H-Atoms.
UV = Ultraviolettbereich, VIS = sichtbarer Spektralbereich, IR = Infrarot, n = Hauptquantenzahl.

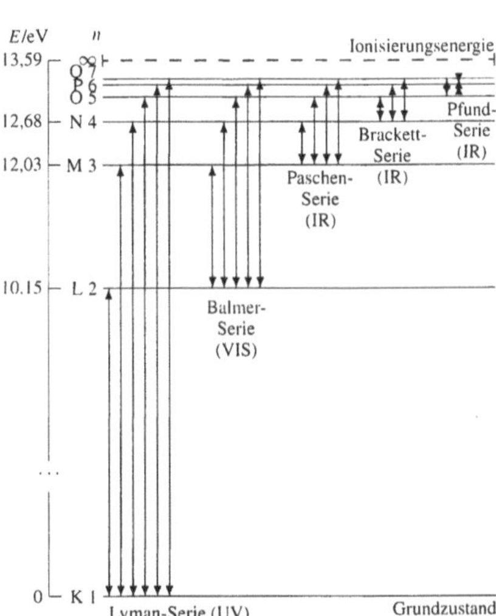

4. BRACKETT-Serie: im Infrarot-Bereich
($m = n + 1 = 5, 6, 7, \dots$)

$$\tilde{\nu} = R_H \left(\frac{1}{4^2} - \frac{1}{m^2} \right) \qquad (\mathrm{m}^{-1})$$

Wellenlänge der ersten Linie: $\lambda_4 = 4051$ nm

5. PFUND-Serie: im Infrarot-Bereich
($m = n + 1 = 6, 7, 8, \dots$)

$$\tilde{\nu} = R_H \left(\frac{1}{5^2} - \frac{1}{m^2} \right) \qquad (\mathrm{m}^{-1})$$

Wellenlänge der ersten Linie: $\lambda_5 = 7458$ nm

2) Wasserstoffähnliche Atome sind

a) $He^\oplus$, $Li^{2\oplus}$, $Be^{3\oplus}$, $B^{4\oplus}$ u.s.w.

b) Li, $Be^\oplus$, $B^{2\oplus}$, $C^{3\oplus}$, $N^{4\oplus}$ u.s.w.

c) Na, $Mg^\oplus$, $Al^{2\oplus}$, $Si^{3\oplus}$, $P^{4\oplus}$ u.s.w.

Linienspektrum des Wasserstoffatoms

$$\nu = \frac{e^4 m_e}{8\varepsilon_0^2 h^3} \left(\frac{1}{n^2} - \frac{1}{m^2} \right)$$
$$= R_H c_0 \left(\frac{1}{n^2} - \frac{1}{m^2} \right) \qquad \mathrm{Hz}$$

Linienspektren der Alkalimetalle.

$$\nu = R_i c_0 Z^2 \left(\frac{1}{n^2} - \frac{1}{m^2} \right) \qquad \mathrm{Hz}$$

$$\tilde{\nu} = R_i Z^2 \left(\frac{1}{n^2} - \frac{1}{m^2} \right) \qquad \mathrm{m}^{-1}$$

Umrechnung der RYDBERG-Konstante

$$R_i = \frac{R_\infty}{1 + \frac{m_e}{m_{kern}}} = \frac{e^4}{8\varepsilon_0^2 c h^3} \mu \qquad \mathrm{m}^{-1}$$

Reduzierte Masse (anstelle der Elektronenmasse)

$$\mu = \frac{m_e \, m_{kern}}{m_e + m_{kern}}$$

h — Planck'sches Wirkungsquantum (J s)
n, m — Hauptquantenzahl der niedrigeren/höheren Elektronenbahn
m_e — Ruhemasse des Elektrons (kg)
R_H — Rydberg-Konstante für das H-Atom:
$1,096\ 775\ 8 \cdot 10^7\ \mathrm{m}^{-1}$
R_∞ — Rydberg-Konstante ohne Eigenbewegung des Kerns (für unendliche Kernmasse):
$R_\infty = 1,097\ 373\ 15 \cdot 10^7\ \mathrm{m}^{-1}$
Z — Ordnungszahl = Protonenzahl (Dim. 1)
ν — Strahlungsfrequenz (Hz)
$\tilde{\nu}$ — Repetenz = Wellenzahl (m^{-1})

Wasserstoffbindungsparameter

Kennzahl für die innermolekularen Kräfte in einem Lösungsmittel; beschreibt die Stärke von Wasserstoffbrückenbindungen in Lösungsmitteln; gemessen als Verschiebung der O-D–Schwingungsfrequenz im IR-Spektrum von Deuteromethanol im untersuchten Lösungsmittel.

Wasserstoffbombe

Thermonukleare Bombe, „H-Bombe". Die „Dreiphasenbombe" ist eine Atombombe mit Plutoniumkern (erzeugt Fusionstemperaturen und Neutronen), Uranmantel (für die Kettenreaktion) und Fusionsschicht. Die Kernspaltung dient als Zünder und erzeugt die erforderlichen Temperaturen für die Kernfusion in der LiD-Schicht.

LiD-Schicht:
$$^6\mathrm{Li} + {}^1_0\mathrm{n} \longrightarrow {}^4\mathrm{He} + {}^3\mathrm{T}$$
$$^2\mathrm{D} + {}^3\mathrm{T} \longrightarrow {}^4\mathrm{He} + {}^1_0\mathrm{n}$$

Wasserstoffbrückenbindung

Chemische *Bindung: Spezifische *Wechselwirkung zw. dem Wasserstoffatom eines *Protonendonators* (an einer polaren *Atombindung wie OH- oder NH-) und dem freien Elektronenpaar eines *Protonenakzeptors* (elektronegatives Atom, z. B. O, N, S, Halogen).

Allgemein: $^{\delta\oplus}\mathrm{H}\text{–}\mathrm{X} \cdots \mathrm{H}\text{–}\mathrm{X}^{\delta\ominus}$

4-Elektronen-3-Zentren-Bindung: partiell ionisch + quantenmechanische Austauschkräfte.

Erklärt die hohen Verdampfungsenthalpien, Siede- und Schmelzpunkte von Wasser, Alkoholen, Carbonsäuren; die geringe Dichte von *Eis* („luftige" Eisstruktur); die Wasserlöslichkeit polarer Verbindungen; die „Rotverschiebung" (Intensitätszunahme und Verbreiterung) von IR-Banden.

• *Intermolekular:* Eis (50 kJ/mol bei 298 K), H$\cdots$OH in Wasser (22), H$\cdots$NH in NH_3 (17), HCl$\cdots$HCl (5), HF$\cdots$HF (19), Essigsäuredimere (62), Methanoltrimere (52).

• *Intramolekular:* o-Nitrophenol, Salicylsäure, Biopolymere (Eiweiße, Zucker, Nucleinsäuren).

Wasserstoffmolekül

Die quantenmechanische Berechnung der *Atombindung ist nur mit *Näherungsverfahren möglich (*VB-Theorie, *MO-Theorie).

Potentielle Energie des H_2-Moleküls (zwei Protonen + zwei Elektronen)

$$E_{pot} = \frac{-e^2}{4\pi\varepsilon_0} \left(\underbrace{\frac{1}{r_{A,1}} + \frac{1}{r_{B,1}} + \frac{1}{r_{A,2}} + \frac{1}{r_{B,2}}}_{\text{Anziehung}} - \underbrace{\frac{1}{r_{AB}} - \frac{1}{r_{12}}}_{\text{Abstoßung}} \right)$$

$r_{A,i}$ Abstand des Elektrons i vom Atomkern H_A.

Tabelle 1.7 Die fundamentalen Wechselwirkungen (WW) und ihre Austauschteilchen. Elektromagnetische und schwache WW werden auch als elektroschwache Kraft zusammengefasst.

Grundkraft	Reichweite (m)	Relative Stärke	Träger	Ruhemasse (GeV/c^2)	Spin	Ladung (e)
Gravitation	∞	10^{-41}	Graviton?	0	2	0
Elektromagnetismus	∞	0,01	Photon	0	1	0
Schwache WW (β-Zerfall)	$\ll 10^{-16}$	10^{-14}	intermediäre Bosonen (Weakonen)			
			$W^{\oplus}$	81	1	$+1$
			$W^{\ominus}$	81	1	-1
			Z^0	93	1	0
Starke WW (Kernkräfte)	$< 10^{-15}$	1	Gluonen,	0	1	0
			Hadronen (π^+,π^-,π^0)	0,14		

Wechselwirkungen

Überbegriff für Kräfte zw. Teilchen.

1) *Fundamentale Wechselwirkungen* der Materie werden durch *Austauschteilchen* vermittelt (vgl. Tabelle).

2) Starke chemische Wechselwirkungen: *Austauschwechselwirkungen* (Atombindung), COULOMB-WW (bei Ionen- und Metallbindung).

3) *Zwischenmolekulare Kräfte* (schwache chemische WW) sind spezif. od. unspezif. Wechselwirkungen; schwächer, aber von größerer Reichweite als *chem. Bindungen. Damit lässt sich erklären:

- *Kohäsion* (Zusammenhalt der Materie), z. B. Widerstand gegen Zerschneiden und Zerreißen, Viskosität, Oberflächenspannung, reale Gase, Zersetzung von Polymeren beim Verdampfen.
- *Adhäsion* (Haftung an Grenzflächen), z. B. Klebstoffe, Waschmittel, Farbstoffe.
- *Hydratation* und *Solvatation* beim Lösen von Salzen und bei Ionenreaktionen.

Wechselwirkungen, spezifische

stehen wegen ihrer hohen Bindungsenergie (bis 50 kJ/mol) der echten *chemischen Bindung nahe. Sie sind absättigbar und liegen in stöchiometrischen Molekülassoziaten (z. B. Wasser) und Molekülkristallen (z. B. Eis) vor. Beispiele: *Wasserstoffbrückenbindung, *Charge-Transfer-Komplex.

Wechselwirkungen, unspezifische

Kräfte zw. kurzzeitig oder dauernd geladenen Teilchen.

1) Elektrostatische Wechselwirkungen.

Coulomb-Kräfte (Ionenkräfte) zw. Anion – Kation oder Ion – Dipol; weitreichend in Ionenkristallen, Lösungen und Schmelzen; bei Hydraten, Amminsalzen, Kolloiden. *Keesom-Kräfte* (Orientierungskräfte) zw. permanenten Dipolen (polaren Molekülen); nicht weitreichend.

Ion-Ion-Kräfte	$E_{\mathrm{pot}} = -\dfrac{z_{\oplus} z_{\ominus} e^2}{4\pi \varepsilon_0 r}$
Ion-Dipol-Kräfte	$\overline{E_{\mathrm{pot}}} = -\dfrac{z^2 e^2 \mu^2}{3kT r^4}\dfrac{1}{(4\pi \varepsilon_0)^2}$
Dipol-Dipol-Kräfte	$\overline{E_{\mathrm{pot}}} = -\dfrac{2\mu_1^2 \mu_2^2}{3kT r^6}\dfrac{1}{(4\pi \varepsilon_0)^2}$

$\bar{E}$ temperaturabh. Mittelwert der Wechselwirkungsenergie, μ permanentes Dipolmoment, k Boltzmann-Konstante.

2) Induktions-WW = *Debye-Kräfte*. Das elektrische Feld eines Ions oder eines Permanentdipols induziert in einem frei beweglichen Molekül (mit der Polarisierbarkeit α) ein Dipolmoment μ.

Beispiele: Moleküle mit π-Elektronenwolken und polarisierbaren Gruppen (z.B. Nitroaromaten, Pikrate).

Ion – induzierter Dipol	$\overline{E_{\mathrm{pot}}} = -\dfrac{\alpha z^2 e^2}{2r^4}\dfrac{1}{4\pi \varepsilon_0}$
Dipol – induzierter Dipol	$\overline{E_{\mathrm{pot}}} = -\dfrac{2\alpha \mu^2}{6}\dfrac{1}{4\pi \varepsilon_0}$

3) Dispersions-WW = *London-Kräfte*. Anziehende Kräfte zw. induzierten Dipolen in jedweder Materie; temperaturunabhängige quantenmechanische Ladungsfluktuation bei polaren und unpolaren Molekülen. Erklären Abweichungen vom idealen Gasgesetz, und dass sich Chlor, CO_2 und Argon leichter verflüssigen lassen als Wasserstoff und Helium. Reichweite: $\sim r^{-6}$ (Anziehung) bzw. $\sim r^{-12}$ (Abstoßung).

Beispiele mit Wechselwirkungenergie (kJ/mol): CH_4 (7,4), Benzol (10), Grafit, Alkane, krist. Iod (7,5), flüss. Edelgase, Cl_2, N_2.

Anziehungskräfte	$E_{\mathrm{pot}} = -\dfrac{3}{2}\dfrac{\alpha_1 \alpha_2}{r^6}\dfrac{E_{\mathrm{i},1}\,E_{\mathrm{i},2}}{E_{\mathrm{i},1}+E_{\mathrm{i},2}}$
Additivität	$E_{\mathrm{ABC}} = E_{\mathrm{AB}} + E_{\mathrm{AC}} + E_{\mathrm{BC}}$

Abstoßende Kräfte überwiegen unterhalb des Gleichgewichtsabstandes; beim Gleichgewichtabstand r_0 heben sich Anziehung und Abstoßung auf.

Anziehung + Abstoßung	Dispersions-WW überwiegen

$$E_{\mathrm{pot}} = -\frac{A}{r^m} + B\,e^{-r/C} \qquad E_{\mathrm{pot}} = E_{\mathrm{pot,min}}\left[\left(\frac{r_0}{r}\right)^{12} - 2\left(\frac{r_0}{r}\right)^6\right]$$

A, B, C, m Konstanten, E_i Ionisierungsenergie, μ Dipolmoment, α Polarisierbarkeit, T abs. Temperatur, r Molekülabstand, V potentielle Energie. Die Reichweite der Kräfte ist $-dV/dr$.

Wechselwirkung: Materie-Strahlung

Atome (typisch 10^{-10} m) und Moleküle (10^{-8} m) können durch ihre Wechselwirkungen mit elektromagnetischer Strahlung in einem weiten Frequenzbereich untersucht werden. Die Wellenlänge λ der „beobachtenden" Strahlung muss kleiner als die aufzulösende Struktur und die Energie $E = hc/\lambda$ entsprechend groß sein.

Struktur	Wellenlänge	Wellenart
Festkörper	10 km ... 1 m	Rundfunkwellen
	1 m ... 1 mm	Mikrowellen
Molekül	1 mm ... 1 μm	Infrarot
	770 .. 390 nm	Sichtb. Licht
	400 ... 10 nm	Ultraviolett
Atom	10 nm ... 1 pm	Röntgenstrahlen
	<1 pm	γ-Strahlen
Elementarteilchen	10 fm = 10^{-14} m	
Quarks	0,1 fm = 10^{-16} m	

Wellenfunktion

Durch die *Schrödinger-Gleichung gegebene Zustandsfunktion eines Teilchens (z. B. Elektron im Wasserstoffatom); ist ortsabhängig und physikalisch nicht interpretierbar (vgl. *Atomorbitale, *Eigenfunktion).

$$\Psi(x,t) = a\, e^{i\,(p_x x - E t)/\hbar} =$$
$$= a\, e^{i\,(k_x x - \omega t)}$$

Amplitude	$a = |\Psi(x,t)|$
Energie	$E = \hbar\,\omega$
Impuls	$p_x = \hbar\,k_x$
Wellenvektor	$k_x = \frac{p_x}{\hbar}$

Wellenfunktion, Quadrat

Das Quadrat der Wellenfunktion $|\Psi(x,y,z)|^2\,dV$ beschreibt nach BORN die *Aufenthaltswahrscheinlichkeit* des Teilchens am Ort (x,y,z) in einem bestimmten Volumenelement dV.

$$|\Psi(x,y,z)|^2 = \Psi\,\Psi^* = \frac{\partial P}{\partial V}$$

Werkstoff

Material, dessen fester Aggregatzustand technologisch und wirtschaftlich nutzbare Eigenschaften besitzt. Nach der elektrischen Leitfähigkeit werden *Werkstoffgruppen* unterschieden.

Werkstoffauswahl

Anforderungs- und Eigenschaftsprofil sind ökonomisch in Einklang zu bringen.

1. *Eigenschaftsprofil.* Umfasst alle Werkstoffeigenschaften des Bauteiles. Werkstoffkennwerte sind schwierig übertragbar; spiegeln höhere Stabilität vor als im Anwendungssystem gemessen.

Durch die techn. Anwendung vorgegeben, z.B. im Maschinen-, Geräte-, Fahrzeug-, Apparatebau, Bauwesen, Elektro-, Energie-, Kerntechnik, Chemie-, Bio-, Umwelt- und Medizintechnik, Glas-, Keramik-, Textil-, Papier-, Fototechnik.

2. *Anforderungsprofil.* Umfasst die Summe aller Beanspruchungen (Festigkeit, Korrosion, Reibung und Verschleiß, Temperatur) an das Bauteil im System „Gerät oder Maschine".

Örtlich unterschiedliche Anforderungen stellen: Korrosion, Abrieb (in Oberflächen- und Randschichten) und Festigkeitsbeanspruchung (im Bauteilinneren).

Kriterien für die Werkstoffauswahl sind Werkstoffeigenschaften und wirtschaftl. Gesichtspunkte.

- *Gebrauchsverhalten:* Konstruktive Maßnahmen für Funktion, technische Anforderungen und Sicherheit des Bauteils (volumenproportionale Werkstoffeigenschaften), Fertigung und Qualitätssicherung.

- *Betriebsunterhaltung:* Lebensdauer (Standzeit, Laufleistung, Lastspiele), Schadensanalyse.

- *Wirtschaftlichkeit:* niedrige Kosten für Rohstoffe und Fertigung (massen- und energieproportionale Eigenschaften),

- *Umweltverträglichkeit:* Herstellung, Verarbeitung, Regeneration (Aufarbeitung), Wiederverwertung (Recycling), Entsorgung.

Werkstoffe mit typischen Eigenschaften

Chemisch beständig:	Edelmetalle, Porzellan
Druckfest:	Gusseisen
Feuerfest:	Ton, Schamotte
Formfest:	Stahl
Hitzebeständig:	Keramik, Grafit, Hartstoffe (Oxidkeramik, Nitride, Carbide)
Konservierend:	Zinn (Weißblech)
Korrosionsbeständig:	Edelmetalle, Nickellegierungen
Leichtbau:	Al, Ti, Mg, Zn, Kunststoffe
Reaktortechnik:	Beryllium, Zirkonium.
Verschleißfest:	Oberflächenbeschichtungen, Diamantschichten.
Zugfest:	faserverstärkte Kunststoffe und Stahlbeton.

Werkstoffkunde

Werkstoffkunde – anwendungsnah: Werkstofftechnik, grundlagennah: Werkstoffwissenschaft – betrachtet Aufbau, Eigenschaften, Gewinnung und Verarbeitung (*Werkstofftechnologie*) und Prüfung von Werkstoffen.

Wirkung

Produkt aus Energie mal Zeit: $H = E\,t$ (in J s).

Wirkungsquerschnitt

Wahrscheinlichkeit σ für eine *Kernreaktion, d. h. dass das Teilchen (Projektil) einen Atomkern X auf der Querschnittsfläche des Targets trifft. (Gilt auch für andere Streuprozesse.)

$$\underbrace{\frac{\text{Trefferzahl}}{\text{Zeit}}}_{dN/dt} = \underbrace{\frac{\text{Teilchenzahl}}{\text{Fläche}\cdot\text{Zeit}}}_{\Phi} \cdot \underbrace{\frac{\text{Wahrscheinlichkeit}}{\text{eines Treffers}}}_{N_X\,\sigma}$$

Gesamt-Wirkungsquerschnitt als Summe der partiellen Wirkungsquerschnitte aller Kernreaktionen.

$$\sigma = \sum_{i=1}^{n} \sigma_i$$

Φ Projektilflussdichte.

$$1\ \text{b (BARN)} = 10^{-28}\ \text{m}^2 = 10^{-24}\ \text{cm}^2 = 0{,}0001\ \text{pm}^2 = 100\ \text{fm}^2$$

Wirkungsquerschnittsdichte

Produkt aus Teilchenzahldichte n (Neutronenzahldichte) und Wirkungsquerschnitt σ.

$$\boxed{\Sigma = \sigma\,n} \qquad \text{m}^{-1} = \frac{\text{m}^2}{\text{m}^3}$$

XPS *Fotoelektronenspektroskopie.

Zählrate

$$\text{Zählrate} = \frac{\text{Anzahl zählbarer Ereignisse}}{\text{Beobachtungszeitraum}}$$

Veraltet! 1 cps (counts per second) = s^{-1}

1 cpm (counts per minute) = min^{-1}

1 cph (counts per hour) = h^{-1}

Tabelle 1.8 Einteilung der Werkstoffe in Werkstoffgruppen. Bei Keramik wird Silicat- und Oxidkeramik unterschieden. Hartstoffe sind nichtoxidische Keramik wie Carbide, Nitride, Silicide.

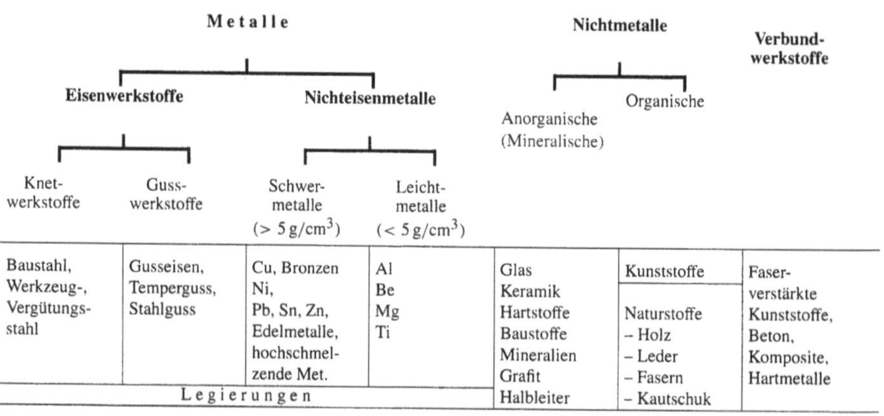

Baustahl, Werkzeug-, Vergütungsstahl	Gusseisen, Temperguss, Stahlguss	Cu, Bronzen Ni, Pb, Sn, Zn, Edelmetalle, hochschmelzende Met.	Al Be Mg Ti	Glas Keramik Hartstoffe Baustoffe Mineralien Grafit Halbleiter	Kunststoffe Naturstoffe – Holz – Leder – Fasern – Kautschuk	Faserverstärkte Kunststoffe, Beton, Komposite, Hartmetalle
	Legierungen					

Zählrohr

oder *Ionisationsdetektor*. *Strahlenmessgerät in Form eines Zylinderkondensators (mit Spannungsquelle und Löschwiderstand). Eintretende Teilchen ionisieren das Füllgas (Argon, Luft), die befreiten Elektronen werden zum Anodendraht (Wolfram, Stahl) beschleunigt, wo sie durch Stoßionisation des Füllgases eine *Sekundärlawine* (Multiplikationsfaktor bis 10^6) auslösen.

- *Proportionalzähler*: Zählrate ~ Primärionisation ~ Betriebsspannung. Stark ionisierende α-Teilchen und schwach ionisierende β-Teilchen sind unterscheidbar; hohe zeitliche Auflösung (50000 s^{-1}), geringe Energieauflösung.

- *Auslösezähler* (GEIGER-MÜLLER-Zählrohr): reiner Nachweisdetektor für ionisierende Teilchen, ohne Unterscheidung nach der Energie. Er arbeitet im Plateaubereich des Kennlinie: die Zählrate ist unabhängig von Primärlawine und Betriebsspannung.

Totzeit: Zeit der Unempfindlichkeit gegen neu eintretende Teilchen; abh. von Entladungsdauer und der Zeit zum Spannungsaufbau zw. Gehäuse und Anodendraht. Ein Ar$^{\oplus}$-Ion braucht ca. 200 μs zur Kathode, Erholungszeit 100 μs.

Nulleffekt: Zählrate (Impulse/Zeit) der Umgebungsstrahlung ohne Anwesenheit des Strahlers.

Zählrohr für Neutronen

Mangels Ladung sind Ionisationsdetektoren nicht direkt einsetzbar; Nachweis mit Bor-, Lithium- oder Paraffinschichten, aus denen die Neutronenstrahlung geladene Teilchen freisetzt.

$$^6\text{Li}(n,\alpha)^3\text{T}, \quad ^{10}\text{B}(n,\alpha)^7\text{Li}, \quad \text{H}^{\oplus}(\text{Stöße}).$$

Zerfallskonstante

Kehrwert der mittl. Lebensdauer eines Prozesses.

$$\boxed{\lambda = \frac{1}{\tau}} \ \text{s}^{-1}$$

Vgl. *radioaktive Zerfallkonstante.

Zeeman-Effekt

Aufspaltung der Emissions- und Absorptions-Spektrallinien eines Atoms im äußeren Magnetfeld in $(2l + 1)$ bzw. $(2J + 1)$ [bei LS-Kopplung] äquidistante Linien – ausgenommen für die s-Elektronen. Die Energieunterschiede der Drehimpulseinstellungen sind sehr klein (ca. 10^{-5} eV $\ll kT$). Im elektr. Feld analog *Stark-Effekt.

Das s-Orbital ist kugelsymmetrisch. Wäre die Bohr-Kreisbahn richtig, müsste sich das ebene Wasserstoffatom im Magnetfeld ausrichten; das umlaufende Elektron würde einen Kreisstrom induzieren und die s-Spektrallinie aufspalten.

1) Feinstruktur durch *Spin-Bahn-Kopplung.
Wechselwirkung des magnetischen Gesamtmoments mit dem äußeren Feld.

$$E = -|\vec{B}|\,|\vec{m}_J|\cos\delta = -|\vec{B}|\,\vec{m}_{J,z} = -|\vec{B}|\,g\,M_J\,\mu_B$$

magnetisches Gesamtmoment in z-Richtung

$$\vec{m}_{J,z} = g\,M_J\,\mu_B$$

Resultierende magnetische Quantenzahl

$$M_J = -J, (-J+1), \ldots, 0, \ldots, (J-1), J$$

2) Hyperfeinstruktur. Kopplung von Spin-Bahn- und Kerndrehimpulsen. Die Magnetfelder des Elektronenspins und des Atomkerns treten in Wechselwirkung.

Die Hyperfeinstruktur verschwindet im sehr starken äußeren Feld (einige V s m^{-2}); Spin- und Bahndrehimpuls orientieren sich dann unabhängig voneinander (Spin-Bahn-Entkopplung, *Paschen-Back-Effekt).

Vgl. *Magnetquantenzahl, *ESR.

Zustandsdiagramm

Phasendiagramm Auftragung der Zusammensetzung eines Stoffsystems (z. B. *Legierung).

y-Achse: Temperatur

x-Achse: Molenbruch der Komponente A (vom Ursprung nach rechts: $x_A = 1 \ldots 0$) bzw. B ($x_B = 0 \ldots 1$).

1) System mit vollständiger Mischbarkeit. Vollständige Mischbarkeit der Komponenten im festen und flüssigen Zustand; z. B. bei *Mischkristall*-Legierungen (Messing). Linsenförmiges Zustandsschaubild $T(x)$ mit

- *Soliduskurve* (untere Linie ⌣). Phasenübergang: fest $\rightleftharpoons$ Zweiphasengebiet. Zusammensetzung der festen Phase aus Mischkristallen AB.

- *Zweiphasengebiet* fest + flüssig (Inneres der Linse). Schmelzbereich der Mischung.
- *Liquiduskurve* (obere Linie ⌒). Phasenübergang: Zweiphasengebiet ⇌ Schmelze. Zusammensetzung der Schmelze.

Es gibt auch Kurven mit Schmelzpunktminimum oder -maximum; z. B. bei Bildung von Verbindungen.

System mit teilweiser Mischbarkeit. System mit *beschränkter Mischkristallbildung*. Eine schräg ansteigende Löslichkeitskurve trennt trennt das Mischkristallgebiet ab; z. B. Ferritgebiet im Eisen-Kohlenstoff-Diagramm.

2) System mit vollständiger Unlöslichkeit. Völlige Unmischbarkeit der Komponenten; z. B. *Kristallgemisch*-Legierungen wie Ledeburit im Eisen-Kohlenstoff-Diagramm.

$T(x)$-Diagramm mit Minimum (Eutektikum). Form eines liegenden K.

- *Soliduskurve* (untere Linie, Horizontale). Phasenübergang: Kristallgemisch (A+B) ⇌ Zweiphasengebiet. Zusammensetzung der Mischung aus Kristallen der reinen Komponenten $A + B$.
- *Liquiduskurve* (obere Linie ∨). Phasenübergang: Zweiphasengebiet ⇌ Schmelze.

- *Eutektikum:* Zusammentreffen von Solidus- und Liquiduskurve in einem Punkt. Niedrigster Schmelz- und Erstarrungspunkt der Mischung; bei allen anderen Temperaturen hat die Mischung einen Schmelzbereich!
- Zweiphasengebiet

a) links des Eutektikums: Schmelze + A.

b) rechts des Eutektikums: Schmelze + B.

c) unterhalb Eutektikum = Soliduslinie: A + B

System mit intermetallischer Phase. Zwei liegend-K-förmige $T(x)$-Diagramme stoßen aneinander. Beispiel: Ledeburit- bzw. Zementitpunkt im Eisen-Kohlenstoff-Diagramm.

3) System mit Dystektikum. Mit unzersetzt (kongruent) schmelzender Verbindung; Aneinanderreihung zweier eutektischer Systeme (dystektischer Punkt am Maximum der gemeinsamen mittleren Liquiduskurve).

4) System mit Peritektikum. Nonvariantes Gleichgewicht bei Abkühlen einer Mischkristall-Schmelze in einer Dreiphasenreaktion Schmelze + Mischkristall 1 + Mischkristall 2. Häufig bei Komponenten mit stark unterschiedlichen Schmelzpunkten oder bei Bildung einer zersetzlichen (inkonkruent schmelzenden) Verbindung. Formal: auf den Kopf gestelltes eutektisches System.

Aufbau der Materie

2   Mechanik und Maschinenbau

Klassische und technische Mechanik – Navigation – Statik – Festigkeitslehre – Kinematik – Kinetik – Dynamik – Gravitation – Himmelsmechanik – Relativistische Dynamik – mechanische Werkstoffprüfung – Bruchmechanik – Maschinenelemente – Werkzeugmaschinen – Fertigungstechnik – Schweißtechnik – Umformtechnik – Qualitätssicherung

Formelzeichen

Physikalische Größe	Symbol	Einheit	Basiseinheiten	Englische Bezeichnung
Fläche, Querschnitt	A	m^2		area, cross-sectional area
Beschleunigung(svektor)	$\vec{a}$	m/s^2	$= m\,s^{-2}$	acceleration (vector)
spezifische Fläche	a	m^{-1}		specific area
Breite	b	m		breadth
Ausbreitungsgeschwindigkeit einer Welle	c	m/s		speed of propagation, propagation velocity (vector)
Richtgröße, Dämpfungsgrad	D	N/m	$= kg\,s^{-2}$	directional quantity
Direktionsmoment, winkelbezogenes Rückstellmoment	D	$N\,m/rad$	$= kg\,m^2 s^{-2}$	angular force constant, directional couple
Abstand; Durchmesser; Dicke	d	m		distance; diameter; thickness
relative Dichte	d	–	$= 1$	relative density
Energie	E, W	$J = N\,m$	$= W\,s = m^2 kg\,s^{-2}$	energy
kinetische Energie	E_{kin}, W_k	J		kinetic energy
potentielle Energie	E_{pot}, W_p	J		potential energy
Elastizitätsmodul	E	$Pa = N\,m^{-2}$	$= m^{-1} kg\,s^{-2}$	modulus of elasticity, Young's modulus
Volumenänderung bei Verformung	e, θ	–	$= 1$	dilatation, volume strain, bulk strain
Exzentrizität	e	m		eccentricity
Kraft(vektor)	$\vec{F}$	N	$= m\,kg\,s^{-2}$	force
Gewicht(skraft)	$\vec{F}_G, (\vec{G})$	N	$= m\,kg\,s^{-2}$	weight-force
Frequenz	f, ν	Hz	$= s^{-1}$	frequency
Kennfrequenz, Eigenfrequenz	f_0, ν_0	Hz	$= s^{-1}$	characteristic frequency
Eigenfrequenz bei Dämpfung	f_d, ν_d	Hz	$= s^{-1}$	charact. attenuation frequency
Durchbiegung, Durchhang	f	m		deflection
Schubmodul, Schermodul	G	$Pa = N\,m^{-2}$	$= m^{-1} kg\,s^{-2}$	shear modulus
Gravitationskonstante	G	$N\,m^2 kg^{-2}$		gravitational constant
Fallbeschleunigung	$\vec{g}$	m/s^2	$= m\,s^{-2}$	gravitational acceleration
Drehstoß	H	$N\,m\,s$	$= kg\,m^2\,s^{-1}$	angular impulse
Hamilton-Funktion	H	$J = N\,m$	$= m^2 kg\,s^{-2}$	Hamilton function
Höhe ü. d. Meeresspiegel	H	m		height above sea-level
Höhe	h	m		height
Flächenmoment 1. Grades	H	m^3		1st order moment of inertia
Flächenmoment 2. Grades („Flächenträgheitsmoment")	I	m^4		areal moment of inertia, 2nd order moment of inertia
– axiales	I_x, I_y, I_a			axial moment of inertia
– polares	I_p			polar moment of inertia
Massenstromdichte	I	$kg\,m^{-2} s^{-1}$		mass flow density
Kraftstoß	I	$N\,s$	$= kg\,m\,s^{-1}$	impulse
Trägheitsradius	i, r_i	m		radius of inertia
Massenmoment 2. Grades („Massenträgheitsmoment")	J	$kg\,m^2$		moment of inertia
– axiales	J_x, J_y, J_a	$kg\,m^2$		axial moment of inertia
Kompressionsmodul	K	$Pa = N\,m^{-2}$	$= m^{-1} kg\,s^{-2}$	bulk modulus, compression modulus
Federkonstante, Kraftkonstante	k, D	$N/m = J/m^2$	$= kg\,s^{-2}$	spring constant, force constant
Kreiswellenzahl, Kreisrepetenz	k	rad/m	$= m^{-1}$	phase coefficient (wave number)
Drehimpuls(vektor)	$\vec{L}$	$N\,m\,s$	$= m^2 kg\,s^{-1}$	angular momentum, action
Lagrange-Funktion	L	J	$= m^2 kg\,s^{-2}$	Lagrange function
Länge	l	m		length
Drehmoment(vektor)	$\vec{M}$	$N\,m$	$= m^2\,kg\,s^{-2}$	torque, moment of a force

Physikalische Größe	Symbol	Einheit	Basiseinheiten	Englische Bezeichnung
Torsionsmoment, Drillmoment	M_T, T	N m	$= \mathrm{m^2\,kg\,s^{-2}}$	torsion torque
Biegemoment	M_b	N m	$= \mathrm{m^2\,kg\,s^{-2}}$	bending moment, $\sim$ strain
Masse	m	kg		mass
Massenstrom, -durchsatz	$\dot{m}$, q_m	kg/s		mass flow (rate)
Massenbelag, längenbezog. Masse	m'	kg/m		mass per unit length
Massenbedeckung	m'', ϱ_A	$\mathrm{kg/m^2}$		surface density, mass coating
Drehzahl, Umdrehungsfrequenz	n, f	$\mathrm{s^{-1}}$		number of revolutions
Leistung	P	W	$= \mathrm{J/s} = \mathrm{m^2\,kg\,s^{-3}}$	power
Impuls(vektor)	$\vec{p}$	N s	$= \mathrm{m\,kg\,s^{-1}}$	momentum (vector)
Druck	p	$\mathrm{Pa} = \mathrm{N\,m^{-2}} = \mathrm{m^{-1}\,kg\,s^{-2}}$		pressure
absoluter Druck	p_abs	$\mathrm{Pa} = \mathrm{N\,m^{-2}} = \mathrm{m^{-1}\,kg\,s^{-2}}$		absolute pressure
Atmosphären-, Umgebungsdruck	p_amb	$\mathrm{Pa} = \mathrm{N\,m^{-2}} = \mathrm{m^{-1}\,kg\,s^{-2}}$		atmospheric $\sim$, ambient pressure
Überdruck	p_e	$\mathrm{Pa} = \mathrm{N\,m^{-2}} = \mathrm{m^{-1}\,kg\,s^{-2}}$		excess pressure
(Kreis-)Querschnitt	q	$\mathrm{m^2}$		cross-sectional area, circular section
Normalkoordinate	Q_r	$\mathrm{kg^{1/2}m}$		normal coordinates
– dimensionslose	q_r	–	$= 1$	$\sim$, dimensionless
Allgemeine Koordinate	q	versch.		generalized coordinate
Ortsvektor	$\vec{r}$	m		position vector
Ruck	r, h	$\mathrm{m/s^3}$		jerk
Radius; Abstand	r	m		radius; distance
Polarkoordinaten	(r, φ)	(m, rad)		angular coordinates
Zylinderkoordinaten	(r, φ, z)	(m, rad, m)		cylindrical coordinates
Kugelkoordinaten	(r, ϑ, φ)	(m, rad, rad)		spherical polar coordinates
Oberfläche	S	$\mathrm{m^2}$		surface area
spezifische Oberfläche	S_m, s	$\mathrm{m^2/kg}$	$= \mathrm{m^2\,kg^{-1}}$	specific surface area
Weg(-länge)	s	m		path (length)
Bogenlänge	s	m		length of arc
Periodendauer	T	$\mathrm{s^{-1}}$		period (of vibration)
Zeit	t	s		time
kartesische Koordinaten;	x, y, z	m		cartesian space coordinates;
Verschiebung; Ausschlag; Auslenkung				shift; deflection; compliance
Volumen	V	$\mathrm{m^3}$		volume
Volumenstrom, -durchfluss	$\dot{V}$, q_V	$\mathrm{m^3}$		volume flow (rate)
spezifisches Volumen	v, V_s	$\mathrm{m^3/kg}$		specific volume
Geschwindigkeitsvektor	$\vec{v}$, $\dot{\vec{r}}$	m/s		velocity (vector)
Geschwindigkeit(sbetrag)	v	m/s		speed
Arbeit; Energie	W	J	$= \mathrm{m^2\,kg\,s^{-2}}$	work; energy
Widerstandsmoment	W	$\mathrm{m^3}$		section modulus
Energiedichte	w	$\mathrm{J/m^3}$	$= \mathrm{m^{-1}\,kg\,s^{-2}}$	energy density
spezifische Arbeit	Y	J/kg	$= \mathrm{m^2\,s^{-2}}$	specific work
Auslenkung	y	m		elongation
ebener Winkel	$\alpha, \beta, \gamma, \ldots$	rad	$= 1$	plane angle
Winkelbeschleunigung	α	$\mathrm{rad/s^2}$	$= \mathrm{s^{-2}}$	angular acceleration
Dämpfungskoeffizient, -belag	α	$\mathrm{m^{-1}}$		damping factor, attenuation constant
Druckkoeffizient	β	Pa/K	$= \mathrm{m^{-1}\,kg\,s^{-2}\,K^{-1}}$	pressure coefficient
Phasenkoeffizient, -belag	β	rad/m	$= \mathrm{m^{-1}}$	phase-change coefficient
isothermische Kompressibilität	χ_T, κ	$\mathrm{Pa^{-1}}$	$= \mathrm{m\,s^2/kg}$	isothermal compressibility
isentropische Kompressibilität	χ_S, κ	$\mathrm{Pa^{-1}}$	$= \mathrm{m\,s^2/kg}$	isentropic compressibility
Abklingkoeffizient	δ	$\mathrm{s^{-1}}$		decay constant, damping coefficient
Dehnung, rel. Längenänderung	ε	–	$= 1$	linear strain, relative elongation
Querdehnung	ε_q	–	$= 1$	lateral elongation, extension
Wirkungsgrad, Leistungsverhältnis	η	–	$= 1$	efficiency
Schiebung, Scherung	γ	–	$= 1$	shear strain
Ausbreitungskoeffizient	γ	$\mathrm{m^{-1}}$		propagation constant
Wichte, spezif. Gewicht	γ	$\mathrm{N/m^3}$		gravity
Wellenlänge	λ	m		wavelength
reduzierte Masse	μ	kg		reduced mass
Reibungszahl	μ, (f)	–	$= 1$	friction coefficient
Poisson-Zahl	μ, v	–	$= 1$	Poisson number
Frequenz	v, (f)	Hz	$= \mathrm{s^{-1}}$	frequency
Wellenzahl, Repetenz	$\tilde{v}$, (σ)	$\mathrm{m^{-1}}$		wavenumber
Winkelgeschwindigkeit	$\vec{\omega}$	rad/s	$= \mathrm{s^{-1}}$	angular velocity
Kreisfrequenz, Pulsatanz	ω	rad/s	$= \mathrm{s^{-1}}$	circular frequency, angular frequ.
Kennkreisfrequenz	ω_0	$\mathrm{s^{-1}}$		angular natural frequency
Eigenkreisfrequenz bei Dämpfung	ω_d	$\mathrm{s^{-1}}$		damping $\sim$

Physikalische Größe	Symbol	Einheit	Basiseinheiten	Englische Bezeichnung
Resonanzkreisfrequenz	ω_m	s^{-1}		resonant $\sim$
Ebener Winkel, Phasenwinkel	φ	rad	$= 1$	plane angle
Potential, Arbeitsfunktion	φ	J	$= m^2 kg\, s^{-2}$	potential (energy), work function
Leistungsdichte	φ	W/m^3	$= m^{-1} kg\, s^{-3}$	power density
Dichte	ϱ,ϱ_m	$kg\, m^{-3}$		density, mass density
Normdichte	ϱ_0	$kg\, m^{-3}$		density at standard conditions
Normal-, Zug-, Druckspannung	σ	Pa	$= m^{-1} kg\, s^{-2}$	normal stress, axial stress
Ankling-, Wuchskoeffizient	σ	s^{-1}		damping coefficent
Schubspannung	τ	$Pa = N/m^2$	$= m^{-1} kg\, s^{-2}$	shear stress, tangential stress
Zeitkonstante	τ	s		time constant
Teilung	τ	m		graduation, division ratio
Drillung, Verwindung	Θ, κ	rad/m	$= m^{-1}$	twist
Volumenänderung, Dilatation	ϑ, e	–	$= 1$	volume strain, bulk strain
Dämpfungsgrad	ϑ	–	$= 1$	degree of damping
Verschiebung; Ausschlag; Auslenkg.	ξ, η, ζ	m		shift; deflection; compliance
Arbeitsgrad, Energieverhältnis	ζ	–	$= 1$	efficiency

Abscherung *Scherung.

Achsen und Wellen

Belastungsgrößen (Auflagerkräfte, Quer- und Längskräfte, Biege- und Torsionsmomente) siehe *Biegemoment, *Drehmoment, *Biegefestigkeit, *Flächenmoment, *Festigkeitshypothese, *Verdrehfestigkeit.

1) Spannungen für Kreisquerschnitt.

Biegespannung
$$\sigma_b = \frac{32\, M_b}{\pi d^3}$$

Torsionsspannung (Welle)
$$\tau_t = \frac{16\, M_t}{\pi d^3}$$

Vergleichsspannung (Welle)
$$\sigma_v = \sqrt{\sigma_b^2 + 3\tau_t^2} = \frac{M_v}{W}$$

Vergleichsmoment
$$M_v = \sqrt{M_b^2 + \tfrac{3}{4} M_t^2}$$

W Widerstandsmoment gegen Biegung (m³ oder mm³).

2) Dauer- und Gestaltfestigkeit. Vgl. *dynam. Beanspruchung, *Sicherheit, zul. *Spannung. Kerbwirkungszahlen f. Achsen und Wellen aus Tabellenwerken.

3) Formänderung. Berechnung der *Biegelinie; Kraftgrößenverfahren oder Satz von *Castigliano.

Absoluter Verdrehwinkel
$$\varphi = \frac{M_t l}{G I_p} = \frac{32\, M_t l}{\pi d^4 G}$$

Relativer Verdrehwinkel
$$\vartheta = \frac{\varphi}{l} = \frac{M_t}{G I_p}$$

4) Biegekritische Drehzahl.

Aufgesetzte Scheibe
$$n_{kb} = \frac{1}{2\pi} \sqrt{\frac{g}{f}}$$

f stat. Durchbiegung der Welle durch Eigengewicht der Scheibe (auch bei senkrecht oder schräg gelagerter Welle).
g Fallbeschleunigung   (m/s²).

Mehrere Scheiben (DUNKERLEY-Näherung)
$$n_{kb} \approx \frac{1}{2\pi} \sqrt{\frac{g}{f_0 + f_1 + f_2 + \dots}}$$

f_0 stat. Durchbiegung der Welle durch ihr Eigengewicht.
$f_1, f_2, \dots$ durch die Eigengewichte der Scheiben.

5) Torsionskritische Drehzahl.

Aufgesetzte Scheibe (Torsionspendel)
$$n_{kt} = \frac{1}{2\pi} \sqrt{\frac{R_t}{J}}$$

Zwei aufgesetzte Scheiben

$$n_{kt} = \frac{1}{2\pi} \sqrt{R_t \left(\frac{1}{J_1} + \frac{1}{J_2} \right)}$$

Torsionsfedersteifigkeit der Welle (Nm)

$$R_t = \frac{I_p G}{l}$$

G Gleitmodul; I_p polares Flächen(trägheits)moment (m⁴)
l torsionsbeanspr. Länge der Welle; J Massen(trägheits)moment (kg m².

Arbeit, mechanische

Arbeit = Kraft · Weg = Leistung · Zeit

1) Arbeit als *Wegintegral* der Kraft.

$$W = \int_{s_1}^{s_2} dW = \int_{s_1}^{s_2} \vec{F}(\vec{s})\, d\vec{s}$$

Arbeit einer Kraft längs einer Kurve C bei der Bewegung eines Massenpunktes m (Linienintegral).
$$W = m \int_C \underbrace{P\,dx + Q\,dy + R\,dz}_{\text{totales Differential}}$$
$$= m\, [\varphi(x_1, y_1, z_1) - \varphi(x_0, y_0, z_0)]$$

Die Arbeit ist wegunabhängig, wenn der Integrand das totale Differential der Potentialfunktion $\varphi(x,y,z)$ des Kraftfeldes ist.

2) Arbeit als *Skalarprodukt* des Kraftvektors und des Ortsvektors

$$W = \vec{F} \cdot \vec{s} = |\vec{F}|\, |\vec{s}|\, \cos(\vec{F}, \vec{s})$$

In differentieller Schreibweise:
$$dW = \vec{F}\, d\vec{s} = |\vec{F}|\, |d\vec{s}|\, \cos(\vec{F}, d\vec{s})$$

Eine Kraft, die senkrecht auf das Wegelement $d\vec{s}$ wirkt, verrichtet keine Arbeit!

3) *Hubarbeit* gegen die Gewichtskraft
$$W_{12} = F_G h = m\, g\, h$$

4) Arbeit auf reibungsfreier schiefer Ebene gegen die Hangabtriebskraft
$$W_{12} = F_H s = m\, g\, \sin\alpha\, \frac{h}{\sin\alpha} = m\, g\, h$$

5) Festkörper-*Reibungsarbeit* gegen die Reibungskraft F_R
$$W_{12} = F_R s = \mu\, F_N s = \mu\, m\, g\, s$$

6) *Beschleunigungsarbeit* ohne Reibung gegen die Trägheitskraft = Zuwachs an kinet. Energie bei der gleichmäßig beschleunigten *Translation*.

$$W = \int\limits_{s_1}^{s_2} F(s)\, ds = \int\limits_{s_1}^{s_2} m\, \frac{dv}{dt}\, ds = m \int\limits_{v_1}^{v_2} v\, dv$$

$$= \frac{1}{2}\, m\, (v_2^2 - v_1^2)$$

Geradlinig gleichförmige Bewegung:

$$\boxed{W = F\,s = P\,t} \qquad \mathrm{J = N\,m = W\,s}$$

7) *Rotation:*

gleichförmig:

$$\boxed{W = M\,\varphi}$$

gleichm. beschleunigt:

$$\boxed{W = J\, \frac{\omega^2 - \omega_0^2}{2}}$$

J	Trägheitsmoment	$(\mathrm{kg\, m^2}($
M	Drehmoment	$(\mathrm{N\,m})$
v_0	Anfangsgeschwindigkeit	$(\mathrm{m/s})$
ω_0	Anfangswinkelgeschwindigkeit	$(\mathrm{rad/s})$

8) Verformungsarbeit einer Spiralfeder gegen die Rückstellkraft = Zuwachs elast. Energie

$$W_{12} = \int\limits_{s_1}^{s_2} F(s)\, ds = -c \int\limits_{0}^{l} x\, dx = \tfrac{1}{2}\, c\, l^2$$

9) Hubarbeit gegen die Gravitationskraft, z. B. Zentralgestirn und Satellit.

$$W_{12} = \vec{F}_{\mathrm{g}}\, \vec{r} = G\, m_1 m_2 \left(\frac{1}{r_1} - \frac{1}{r_2} \right)$$

c	Federsteifigkeit	$(\mathrm{N/m = kg/s^2})$
G	Gravitationskonstante	$(\mathrm{N\,m^2 kg^{-2}})$

Arbeit, spezifische

Massenbezogene Arbeit:

$$\boxed{Y = \frac{W}{m}} \qquad \frac{\mathrm{J}}{\mathrm{kg}}$$

Arbeitssatz

1. Fassung: Die Arbeit, die bei der Verschiebung eines Massenpunktes von den eingeprägten Kräften verrichtet wird, ist gleich der Änderung der kinet. Energie.

$$W = \int\limits_{\vec{r}_1}^{\vec{r}_2} \vec{F}\, d\vec{r} = E_{\mathrm{kin},2} - E_{\mathrm{kin},1} = \frac{m\, \Delta v^2}{2}$$

2. Fassung: Die Arbeit W_{oP}, die bei Verschiebung eines Massenpunktes von nichtkonservativen Kräften (Kräfte ohne *Potential) verrichtet wird, ist gleich der Änderung der mechan. Energie.

$$W_{\mathrm{oP}} = \int\limits_{\vec{r}_1}^{\vec{r}_2} \vec{F}_{\mathrm{oP}}\, d\vec{r} = (E_{\mathrm{kin},2} - E_{\mathrm{kin},1}) + (E_{\mathrm{pot},2} - E_{\mathrm{pot},1})$$

Massenpunktsystem. Die Summe der Arbeiten, die von allen äußeren und inneren Kräften ohne Potential an den Massenpunkten verrichtet wird, ist gleich der Änderung der gesamten mechan. Energie des Systems.

$$W_{\mathrm{oP}} = \sum_{i=1}^{N} W_{\mathrm{oP},i} = (E_{\mathrm{kin},2} - E_{\mathrm{kin},1}) + (E_{\mathrm{pot},2} - E_{\mathrm{pot},1})$$

Astronomische Breite

Engl. *astronomic latitude*. Winkel φ_{a} (in rad), den die Lotrichtung durch den betrachteten Punkt mit einer Normalebene zur Rotationsachse der Erde bildet. Zählung wie *geograf. Breite.

Astronomische Entfernungsangaben

Astronom. Längeneinheiten sind gesetzl. nicht gesichert. SI-Einheit ist das Meter.

1) Astronomische Einheit (AE), *astronomical unit* (AU). Mittlere Entfernung zw. Erde und Sonne; Radius der nicht gestörten Kreisbahn, auf der sich ein Körper von vernachlässigbarer Masse mit einer siderischen Winkelgeschwindigkeit von 0,017 202 098 950 Radiant pro Tag um die Sonne bewegt.

$$1\ \mathrm{AE} = 1,495\ 978\ 70 \cdot 10^{11}\ \mathrm{m}$$

2) Lichtjahr. Entfernung, die das Licht im Vakuum in einem tropischen Jahr zurücklegt.

$$1\ \mathrm{lj} = 63\ 239,7\ \mathrm{AE} = 9,460\ 53 \cdot 10^{12}\ \mathrm{km}$$

3) Parallaktischer Winkel, *parallactic angle*. Winkel am Gestirn zw. dem Vertikalkreis in Richtung zum Zenit und dem Stundenkreis in Richtung zum oberen Pol. Ein *Parsec* (pc, = Astron, Siriometer, Parallaxensekunde) entspricht der Entfernung, von der aus die astronom. Einheit unter einem Winkel von einer Winkelsekunde erscheint. Der Abstand Erde–Sonne und das ferne Gestirn bilden ein rechtwinkliges Dreieck. Je weiter das Himmelsobjekt entfernt ist, umso kleiner ist der Parallaxenwinkel φ.

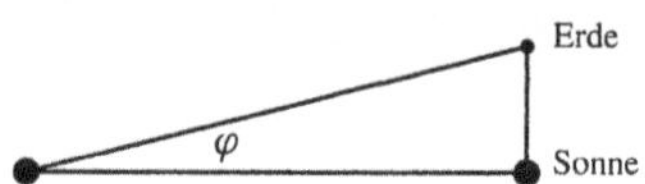

$$1\ \mathrm{Parsec} = \frac{1\ \mathrm{AE}}{\sin(1")} = 206\ 264,8\ \mathrm{AE}$$
$$= 3,0857 \cdot 10^{13}\ \mathrm{km} = 3,26164\ \mathrm{lj}$$

Astronomische Länge

Engl. *astronomic longitude*. Winkel λ_{a} (in rad), den die astronom. Meridianebene durch den betrachteten Punkt (= Ebene durch die Lotrichtung und eine Gerade parallel zur Rotationsachse der Erde) mit der Ebene des Nullmeridians bildet. Zählung wie *geograf. Länge.

Axiom der Bewegungslehre

Die Summe der auf einen Körper wirkenden äußeren Kräfte F_{a} verursacht eine Impulsänderung. Gesamtenergie und Gesamtimpuls eines abgeschlossenen Systems (= ohne äußere Kräfte) bleiben konstant. Vgl. *Newton-Axiom, *Energieerhaltung, *Impulserhaltung, *Drehimpulserhaltung.

Azimut (az)

Engl. *azimuth*. Winkel am Zenit zw. dem Nullmeridian und einem Vertikalkreis, gezählt vom Nullmerdian aus über Ost, Süd, West nach Nord (von 000° bis 360°).
z.B.: $\alpha_{\mathrm{Az}} = 234,5° = \mathrm{N}\,125,5°\mathrm{W} = \mathrm{S}\,54,5°\mathrm{W}$.

Bahnkurve

*Ortsvektor, *Translation, *Fall, *Wurf, *Rotation, *Weg.

Belastungsfälle

1. *Zug bzw. Druck*: *Spannung, *Dehnung.
2. *Scherung:* *Schubspannung, *Schiebung.
3. *Biegung:* *Biegemoment, *Dehnung.
4. *Torsion:* *Schubspannung, *Schiebung.
5. Zusammengesetzte Beanspruchung: *Festigkeitshypothese.

Belastungsmodell *Last.

Beschleunigung

Geschwindigkeitsänderung pro Zeitspanne.

$$\vec{a} = \frac{d\vec{v}}{dt} = \frac{d^2\vec{r}}{dt^2} \quad \mathrm{m\,s^{-2}}$$

Eine negative Beschleunigung heißt *Verzögerung*.

1) Allgemeine Bewegung eines Punktes

Vektor (schief zur Bahnkurve)

$$\vec{a} = \begin{pmatrix} a_x(t) \\ a_y(t) \\ a_z(t) \end{pmatrix} = \begin{pmatrix} \ddot{x} \\ \ddot{y} \\ \ddot{z} \end{pmatrix} = \ddot{\vec{r}}$$

Betrag

$$a = |\vec{a}| = \dot{v} = \frac{d|\vec{v}|}{dt} = \sqrt{a_x^2 + a_y^2 + a_z^2}$$

mittlere Beschleunigung

$$\vec{a}_m = \frac{\Delta \vec{v}}{\Delta t}$$

a) Natürliche Koordinaten   Das Koordinatensystem bewegt sich mit dem betr. Punkt längs der Bahn s.

$$\vec{a} = \dot{v}\,\vec{e}_t + v\dot{\varphi}\,\vec{e}_n$$

Tangentialbeschleunigung

$$\vec{a}_t(s) = |\vec{a}|\,\vec{e}_t$$

Normalbeschleunigung

$$\vec{a}_n(s) = |\vec{v}|\,\frac{d\vec{e}_t}{dt} = \frac{|\vec{v}|^2}{R}\,\vec{e}_n$$

Krümmung der Bahnkurve (im Bahnpunkt)

$$K = \frac{1}{R} = \sqrt{\left(\frac{\partial^2 x}{\partial s^2}\right)^2 + \left(\frac{\partial^2 y}{\partial s^2}\right)^2 + \left(\frac{\partial^2 z}{\partial s^2}\right)^2}\Bigg|_P$$

Winkelgeschwindigkeit: $\omega = \dot{\varphi} = v/R$

$\vec{e}_t$ Einheits-Tangentialvektor der Bahnkurve in P.
$\vec{e}_r$ radialer Einheits-Normalenvektor (senkrecht auf der Bahnkurve) im Punkt $P(x, y, z)$.
R Augenblicklicher Krümmungsradius der Bahn (bzgl. des momentanen Drehpols).

b) Polarkoordinaten (r, φ)

$$\vec{a}(t) = (\ddot{r} - r\dot{\varphi}^2)\,\vec{e}_r + (2\dot{r}\dot{\varphi} + r\ddot{\varphi})\,\vec{e}_\varphi$$

Radialbeschleunigung $a_r = \ddot{r} - r\dot{\varphi}^2$

Zirkularbeschleunigung $a_\varphi = 2\dot{r}\dot{\varphi} + r\ddot{\varphi}$

c) Zylinderkoordinaten (r, φ, z)

$$\vec{a} = (\ddot{r} - r\dot{\varphi}^2)\,\vec{e}_r + (2\dot{r}\dot{\varphi} + r\ddot{\varphi})\,\vec{e}_\varphi + \ddot{z}\vec{e}_z$$

2) Kreisbewegung $(r(t) = r = \text{const})$

Der Beschleunigungsvektor $\vec{a}$ steht schief zur Kreisbahn, die Normalbeschleunigung $\vec{a}_n$ zeigt zum Drehmittelpunkt, die Tangentialbeschleunigung $\vec{a}_t$ horizontal zur Bahnkurve.

$$\vec{a} = -r\omega^2\vec{e}_r + r\dot{\omega}\vec{e}_\varphi = \dot{v}\vec{e}_t + v\dot{\varphi}\vec{e}_n$$

$$a = \sqrt{a_t^2 + a_n^2} = r\,\sqrt{\alpha^2 + \omega^4} \quad \frac{\mathrm{m}}{\mathrm{s}^2}$$

$$\tan\varphi = \frac{a_n}{a_t} = \frac{\omega^2}{\alpha}$$

Tangentialbeschleunigung

$$a_t = a_\varphi = \dot{v} = r\dot{\omega} = r\alpha$$

Zentripetalbeschleunigung

$$a_r = -r\dot{\varphi}^2 = -r\omega^2$$

Gleichförmige Kreisbewegung: $a_t = 0$, aber $a_n \neq 0$.

a_t, a_n	Tangential-, Normalbeschleunigung	(m/s²)
r	Radius der Kreisbahn	(m)
α	Winkelbeschleunigung	(rad/s²)
ω	Winkelgeschwindigkeit	(rad/s)
φ	Winkel zw. $\vec{a}$ und $\vec{a}_t$	(rad)

3) Translation

horizontale Bahn ohne Reibung

$$a = \frac{F}{m} \quad \frac{\mathrm{m}}{\mathrm{s}^2}$$

geneigte Bahn ohne Reibung

$$a = g\,\sin\alpha = g\,\frac{h}{l}$$

geneigte Bahn mit Gleitreibung

$$a = g\,(\sin\alpha - \mu\,\cos\alpha) = g\left(\frac{h}{l} - \frac{b}{l}\right)$$

b Basis, h Höhe, l Länge,
α Winkel des Steigungsdreiecks, μ Gleitreibungszahl.

Beschleunigungskraft

Horizontale Bewegung ohne Reibung

$$F_a = m\,a \quad N = \frac{\mathrm{kg\,m}}{\mathrm{s}^2}$$

Vertikale Bewegung ohne Reibung
(nach oben +, unten −)

$$F_a = m\,g\,\frac{g \pm a}{g} = m\,g\left(1 \pm \frac{a}{g}\right)$$

Beschleunigungsleistung

Antriebskraft mal mittlere Geschwindigkeit.

$$P_a = F_a\,\frac{v_0 + v}{2} \quad N = \frac{\mathrm{kg\,m}}{\mathrm{s}^2}$$

Beschleunigungswiderstand

Antriebskraft minus Fahrwiderstandskraft.

$$F_a = m\,a = m\,\frac{v - v_0}{t} = F - F_W \quad N = \frac{\mathrm{kg\,m}}{\mathrm{s}^2}$$

Biegefestigkeit

Biegemoment (beim Bruch) je Widerstandsmoment.

$$\sigma_{bB} = \frac{M_{bB}}{W} \quad \mathrm{N/mm^2}$$

Biegekritische Drehzahl

oder *kritische Drehfrequenz*. Anwendung: *Achsen.

$$n_k = \frac{30}{\pi}\,\sqrt{\frac{c}{m}} \quad \mathrm{min^{-1}}$$

c Federsteifigkeit (N/m), m Masse (kg).

Biegemoment

Biegespannung mal Widerstandsmoment (in N m).

$$M_b = \int_A \sigma(y)\, y\, dA = \frac{\sigma_z \int_A y^2\, dA}{e_z} = \frac{\sigma_d \int_A y^2\, dA}{e_d}$$

$$\boxed{M_b = \frac{\sigma_z I_x}{e_z} = \frac{\sigma_d I_x}{e_d} = \sigma_z W_{xz} - \sigma_d W_{xd}}$$

Vorzeichenregel:

M_b negativ: Zugzone oben liegend

M_b positiv: Zugzone unten liegend.

e_z, e_d	Randfaserabstand auf der Zug- bzw. Druckseite vom Lastangriffspunkt	(mm)
I	Flächen(trägheits)moment	(mm^4)
W	Widerstandsmoment	(mm^3)
σ_z, σ_d	Zug- bzw. Druckspannung	(N/mm^2)

1) Freiträger der Länge l (einseitig befestigt, dort $M_{b,max}$) mit Einzellast F am Trägerende

$$\boxed{M_{b,max} = \text{Last } F \cdot \text{Trägerlänge } l} \quad \text{N mm}$$

Max. *Durchbiegung* $\quad s = \dfrac{l^3 F}{3 E I_a}$

Freiträger mit mehreren Einzellasten

$$M_{b,max} = F_1 l_1 + F_2 l_2 + F_3 l_3 + \ldots$$

Freiträger mit *Streckenlast q* (in N/mm), die über die ganze Länge l des Trägers wirkt.

$$\boxed{M_{b,max} = \frac{F l}{2} = \frac{q l^2}{2}} \quad s = \frac{l^3 F}{8 E I_a}$$

2) Stützträger (beidseitig gelagert auf A und B) mit Punktlast dazwischen (dort $M_{b,max}$)

$$F_A = \frac{b}{l} F \quad \text{und} \quad F_B = \frac{a}{l} F$$

$$\boxed{M_{b,max} = \frac{a b F}{l}} \quad s = \frac{a^2 b^2 F}{3 l E I_a}$$

Stützträger mit Streckenlast q

$$\boxed{M_{b,max} = \frac{F l}{8} = \frac{q l^2}{8}} \quad s \approx \frac{l^3 F}{77 \cdot E I_a}$$

3) Achse oder Welle. Kreisquerschnitt, auf Biegung beansprucht.

$$\boxed{M_b = W \sigma_{b,zul} = \frac{d^3 \pi}{32} \sigma_{b,zul}}$$

Erforderlicher Durchmesser

$$d \approx 2{,}17 \cdot \sqrt[3]{\frac{M_b}{\sigma_{b,zul}}}$$

W	axiales Widerstandsmoment	(mm^3)
$\sigma_{b,zul}$	zulässige Biegespannung	(N/mm^2)

Biegemoment, zulässiges

$$\boxed{M_{b,zul} = W \sigma_{b,zul} = W \frac{\sigma_{bB}}{\nu}} \quad \text{N mm}$$

W	Widerstandsmoment	(mm^3)
$\sigma_{b,zul}$	zulässige Biegespannung	(N/mm^2)
σ_{bB}	Biegefestigkeit	(N/mm^2)
ν	Sicherheit gegen Bruch	(Dim.1)

Biegeradius

Kleinster zulässiger Biegeradius, je nach Werkstoff und Umformtemperatur.

$$r_1 \geq 5s \Rightarrow r_2 = r_1 + s/2$$

$$r_1 < 5s \Rightarrow r_2 = r_1 + s/3$$

Kaltumformen von Stahlblechen: $r_1 \approx 3s$

r_1	Innenradius der Krümmung	(m)
r_2	Radius der neutralen Faser (Werkstückmitte)	(m)
s	Dicke des Biegestückes	(m)

Biegespannung

Für Zug- oder Druckbeanspruchung:

$$\boxed{\sigma_b = \frac{M_b}{W} = \frac{M_b\, e}{I}} \quad \text{N mm}^2$$

e	Randfaserabstand: zw. Biegeachse und Flächenaußenkante (mm)	
M_b	vorhandenes Biegemoment	(N mm)
W	Widerstandsmoment	(mm^3)

Die maximale Biegespannung heißt *Randspannung*.

Biegesteifigkeit

Produkt aus Elastizitätsmodul und Flächen(trägheits)moment.

$$\boxed{B = E I} \quad \text{N mm}^2$$

E	Elastizitätsmodul	(N/mm^2)
I	Flächenmoment 2. Grades	(mm^4)

Biegeumformen

Zug-Druck-Umformverfahren in der Fertigungstechnik. Beim *Biegen im V-Gesenk* wird der Blech-, Draht- oder Rohrrohling durch einen Biegestempel in eine Mulde (Gesenk) gedrückt, wobei eine V-förmige Kaltverformung auftritt.

Biegemoment (Fließen des Werkstoffs)

$$M_b = \frac{F_b d}{4} = \frac{R_m b s^2}{4}$$

Rückfederungsfaktor

$$k = \frac{\alpha_2}{\alpha_1} = \frac{r_{i,1} + s/2}{r_{i,2} + s/2} < 1$$

Kleinster Biegeradius

$$r_{min} = c\, s$$

b	Breite des Biegeteils
c	Mindestrundungsfaktor nach Oehler (für Biegevorgänge quer zur Walzrichtung)
d	Öffnungsbreite des Gesenks
s	Blechdicke des Biegeteils
R_m	Zugfestigkeit des Biegeteils
r_i	Innenradius: 1 = Werkzeug, 2 = Blech
α	Biegewinkel: Werkzeug, 2 = fertiges Blech

Mindestrundungsfaktor nach OEHLER
für Biegevorgänge quer zur Walzrichtung
(parallel zu Walzrichtung: mit $s/2$ multiplizieren)

Kupfer	0,25
CuZn 28	0,3
Rostfrei-austenit. Stahl; Aluminiumbronze; Tiefziehblech	0,5
Zinnbronze; Stahlblech; Al weich	0,6
Rostfreier-mart.ferrit. Stahl; AlSi weich	0,8
Al halbhart	0,9
AlMg 3, AlMn, AlCu (weich)	1,0
AlMgSi, AlCuMg (weich); AlMn hart	1,2
AlMg 3 halbhart	1,3

AlCuNi geglüht	1,4
AlCuMg presshart	1,5
Al hart, AlMg 7 weich	2,0
AlMg 9 weich	2,2
AlMgSi ausgehärtet	2,5
AlMg 7 halbhart; MgAl 6; AlCu, AlCuMg (ausgehärtet)	3,0
AlCuNi ungeglüht	3,5
AlMg 9 halbhart; MgMn	5,0
AlSi hart	6,0

Biegeversuch *Werkstoffkennwerte

Biegung

Elementarer Belastungsfall bei Einwirkung eines Biegemoments auf ein Volumenelement; z. B. bei Achsen, Kragbalken. Vgl. auch *Flächenmoment.

Bei Biegungsbeanspruchung um die x-Achse wächst das Biegemoment vom Lastangriffspunkt ($M_b = 0$) zur Einspannstelle (M_b maximal) an.

Theoretische Voraussetzungen:

1. Gerader oder schwach gekrümmter Stab.

2. BERNOULLI-Hypothese: Stabquerschnitte bleiben bei Biegebeanspruchung eben. (Bei Querkraftbiegung näherungsweise erfüllt.) $\Rightarrow$

3. Normalspannung ($\sigma_b = \sigma_z$) und Dehnung sind linear über den Querschnitt verteilt.

4. Es gibt die *neutrale Faser* oder *Spannungsnulllinie* als eine dehnungsfreie, neutrale Schicht im Stab.

1) Biegung eines Stabes (reine Biegung).

Resultierendes Biegemoment

$$M_b = \sqrt{M_x^2 + M_y^2}$$

Querkraftbiegung liegt vor, wenn gilt

$$F_Q = \frac{dM_b}{dz} \neq 0$$

2) Allgemeine, schiefe oder zweiachsige Biegung. In einem beliebigen Schwerpunktkoordinatensystem x,y ist die *Biegespannung*.

$$\sigma_b(x,y) = \frac{(M_x I_y - M_y I_{xy})y + (M_x I_{xy} - M_y I_x)x}{I_x I_y - I_{xy}^2}$$

Die *größte Biegespannung* wirkt an den Orten der Querschnittskontur mit dem größen Abstand (x_0, y_0) zur Spannungsnulllinie.

$$|\sigma_b|_{max} = |\sigma_b(x_0, y_0)|$$

Spannungsnulllinie (SNL, neutrale Faser)

$$y = \frac{-M_x I_{xy} + M_y I_x}{M_x I_y - M_y I_{xy}} x$$

Berechnung der *Formänderung bei schiefer Biegung*

1. Überlagerung zweier Hauptachsenbiegungen.

2. Überlagerungsverfahren: Addition der Formänderungen aller Einzelbelastungen an einer Stelle im Tragwerk (Superpositionsprinzip).

3. Satz von *Castigliano.

a) Biegung um zwei Hauptträgheitsachsen x,y (d. h. $M_x \neq 0$, $M_y \neq 0$, $I_{xy} = 0$). Gilt für jede schiefe Biegung, sofern die Hauptträgheitsmomente bekannt sind. Überlagerung der Spannungsverteilungen für gerade Biegung um die x- und y-Achse.

Biegespannung $\qquad \sigma_b(x,y) = \dfrac{M_x}{I_x} y - \dfrac{M_y}{I_y} x$

Spannungsnulllinie $\qquad y = \dfrac{M_y I_x}{M_x I_y} x$

b) Gerade Biegung. Der resultierende Biegemomentvektor fällt mit einer Hauptträgheitsachse des Querschnittes zusammen; z.B. Biegung eines Kragbalkens mit $I_x = bh^3/12$.

Biegung um Hauptträgheitsachse	x-Achse	y-Achse
Biegemoment	$M_x \neq 0$ $M_y = 0$	$M_y \neq 0$ $M_x = 0$
Biegespannung	$\sigma_b(y) = \dfrac{M_x\, y}{I_x}$	$\sigma_b(x) = -\dfrac{M_y\, x}{I_y}$
Max. Biegespannung	$\|\sigma_b\|_{max} = \dfrac{\|M_b\|_{max}}{I_x}\|y\|_{max}$	$= \dfrac{\|M_b\|_{max}}{W_b}$
Axiales Flächenmoment	$I_x = \int_A y^2\, dA$	$I_y = \int_A x^2\, dA$
Dehnung	$\varepsilon = \dfrac{\sigma}{E}$	
Widerstandsmoment	$W_b = W_x = \dfrac{I_x}{\|y\|_{max}}$	
Spannungsnulllinie	x-Achse ($y = 0$)	y-Achse ($x = 0$)

Formänderung bei gerader Biegung.

Differentialgleichung der *Biegelinie* (bzw. elast. Linie) für *gerade Biegung* um die x-Achse.

$$\boxed{E\, I_x\, v'' = -M_b} \quad \text{und} \quad \boxed{[E\, I_x\, v'']'' = q(z)}$$

Lösung

$$E\, I\, v(x) = -\int\left[\int M_b(z)\, dz\right] dz + C_1 z + C_2$$

$v(z)$	Durchbiegung, Durchsenkung; Verschiebung senkrecht zur Stabachse (z-Achse).
v'	Neigung der Stabachse: $v' = dv/dz$
M_b	Biegemoment $M_b = M_x$
$E\, I$	Biegesteifigkeit
$q(x)$	Intensität der Streckenlast

3) Biegung von Stützträgern

Verlauf der elast. Linie (*Durchbiegung*) bei ebener Biegung eines Balkens auf zwei Lagern.

	Abstand zw. Krafteinwirkungspunkt
a	– und Lager A
b	– und Lager B
l	Abstand der Lager (Stützen)
l_l	Überstand links von Lager A
l_r	Überstand rechts von Lager B
z_1	Koordinate vom Lager A nach rechts
z_2	Koordinate vom Lager B nach links

a) Punktlast zw. den Lagern

$$v = \frac{Fab}{6EIl}\, bz_1 \left(1 + \frac{l}{b}\right) \qquad -l_l \leq z_1 \leq 0$$

$$v = \frac{Fab}{6EIl}\, bz_1 \left(1 + \frac{l}{b} - \frac{z_1^2}{ab}\right) \qquad 0 \leq z_1 \leq a$$

$$v = \frac{Fab}{6EIl}\, az_2 \left(1 + \frac{l}{a} - \frac{z_2^2}{ab}\right) \qquad 0 \leq z_2 \leq b$$

$$v = \frac{Fab}{6EIl}\, az_2 \left(1 + \frac{l}{a}\right) \qquad -l_r \leq z_2 \leq 0$$

b) Punktlast am linken Balkenende.

$$v = \frac{-Fz_1 l_l^2}{6EI}\left[\frac{2l}{l_l} - \frac{3z_1}{l_l} - \left(\frac{z_1}{l_l}\right)^2\right] \qquad -l_l \leq z_1 \leq 0$$

$$v = \frac{-Fz_1 l_l^2}{6EI}\left[\frac{2l}{l_l} - \frac{3z_1}{l_l} + \frac{z_1^2}{l\, l_l}\right] \qquad 0 \leq z_1 \leq l$$

$$v = \frac{-Fz_1 l_l^2}{6EI}\left[\frac{l_l^2}{l_l}\left(1 - \frac{z_1}{l}\right)\right] \qquad l \leq z_1 \leq (l + l_r)$$

c) Streckenlast zw. den Lagern

$$v = \frac{q l^4}{24\, EI}\cdot \lambda \qquad -l_l \leq z_1 \leq 0$$

$$v = \frac{ql^4}{24\,EI} \cdot (\lambda - 2\lambda^3 + \lambda^4) \qquad 0 \le z_1 \le l$$

$$v = \frac{ql^4}{24\,EI} \cdot (1 - \lambda) \qquad l \le z_1 \le (l + l_r)$$

$$\lambda = z/l$$

d) Streckenlast am linken Balkenende

$$v = \frac{ql^2 l_1^2}{24\,EI} \left[\varrho^2 (1 + \kappa)^4 - 4(1 + \varrho)\lambda - \varrho^2 \right] \qquad l_1 \le z_1 \le 0$$

$$v = \frac{ql^2 l_1^2}{24\,EI}\, 2\big[(1 - \lambda^3) + \lambda - 1\big] \qquad 0 \le z_1 \le l$$

$$v = \frac{ql^2 l_1^2}{24\,EI}\, 2(\lambda - 1) \qquad l \le z_1 \le (l + l_r)$$

$$\lambda = z_1/l$$
$$\kappa = z_1/l_1$$
$$\varrho = l_1/l$$

4) Biegung von Freiträgern

Verlauf der elast. Linie (Durchbiegung) bei ebener Biegung eines einseitig befestigten Balkens.

a) Punktlast im Abstand l von der Wand.

$$v = \frac{Fl^3}{3EI} \left(1 - \frac{3\lambda}{2}\right) \qquad -l_1 \le z \le 0$$

$$v = \frac{Fl^3}{3EI} \left(1 - \frac{3\lambda}{2} + \frac{\lambda^3}{2}\right) \qquad 0 \le z \le l$$

$$\lambda = z/l$$

b) Streckenlast $q(z)$ im Abstand l von der Wand.

$$v = \frac{ql^4}{24\,EI}\, (3 - 4\lambda) \qquad -l_1 \le z \le 0$$

$$v = \frac{ql^4}{24\,EI} \left(3 - 4\lambda + \lambda^4\right) \qquad 0 \le z \le l$$

$$\lambda = z/l$$

l_1	Balkenlänge links vom Krafteinwirkungspunkt ($z < 0$); fern der Wand.
z	horizontale Koordinate (längs Balken) vom Krafteinwirkungspunkt zur Wand

5) Schichtbalken: Inhomogener Träger

Spannungsnulllinie und Schwerpunktachse fallen nicht zusammen. Beliebiges Koordinatensystem $\bar{x}, \bar{y}$, d. h. die Koordinatenachsen müssen nicht durch den Schwerpunkt gehen.

Gerade Biegung um die x-Achse;

$$M_b = M_x, \quad F_L = 0, \quad E = E(\bar{y})$$

Spannungsverteilung

$$\sigma_b(\bar{y}) = \frac{M_b}{I(\bar{y})}\, \bar{y}$$

Flächen(trägheits)moment

$$I(\bar{y}) = \frac{1}{E(\bar{y})} \int_A E(\bar{y})\, \bar{y}^2 \, \mathrm{d}A$$

Zweischichtbalken mit Rechteckquerschnitt
Koordinate der Spannungsnulllinie

$$\bar{y}_N = a = \frac{E_2 h_2^2 - E_1 h_1^2}{2(E_1 h_1 + E_2 h_2)}$$

Spannungsverteilung (mit Spannungssprung an der Schichtgrenze)

$$\sigma_{b,i} = \frac{M_b}{I_i(\bar{y})}\, \bar{y} \qquad I_i(\bar{y}) = \frac{1}{E_i} \int_A E(\bar{y})\, \bar{y}^2 \, \mathrm{d}A$$

$$\int_A E(\bar{y})\, \bar{y}^2 \, \mathrm{d}A = \frac{b}{3} \Big[E_2(h_2^3$$
$$+ 3ah_2^2 + 3a^2 h_2) + E_1(h_1^3 + 3h_1^2 a + 3h_1 a^2)\Big]$$

Schicht 1: $a \le \bar{y} \le (a + h_1)$
Schicht 2: $-(h_2 - a) \le \bar{y} \le a$

h_1, h_2 Höhe der Schicht 1 bzw. 2; b Breite des Schichtverbunds.

6) Stark gekrümmter Stab (Träger)

Spannungsnulllinie und Schwerpunktachse x sind auch bei Längslast $F_L = 0$ verschieden; Biegeverlauf nichtlinear.

Voraussetzung

Profilhöhe $h \le$ Radius der Schwerpunktsschicht R.

Biegemoment: $M_b = M_x$
Spannungsverteilung

$$\sigma_z(y) = \frac{F_L}{A} + \frac{M_b}{AR} + \frac{M_b R}{Z}\, \frac{y}{y + R}$$

Koordinate der Spannungsnulllinie

$$y_N = \frac{F_L R^2 Z + M_b Z R}{F_L R Z + M_b Z + M_b R^2 A}$$

Hilfsgröße

$$Z = \int_A \frac{y^2}{1 + y/R} \, \mathrm{d}A$$

Rechteckprofil: $\kappa = H/2R$

$$Z = -AR^2 + BR^3 \ln\frac{1 + \kappa}{1 - \kappa}$$

Kreisprofil: $\lambda = R/r_0$

$$Z = AR^2 \Big[2\lambda \left(\lambda - \sqrt{\lambda^2 - 1}\right) - 1 \Big]$$

A	Querschnitt des Profilstabes
B, H	Breite, Höhe des Rechteckprofils
r_0	Radius des Kreisprofils
x, y	Schwerpunktkoordinaten (Hauptträgheitsachsen).

Biegung plus Zug/Druck

Zusammengesetzte Beanspruchung, Überlagerung von Zug/Druck und Biegung um zwei Hauptträgheitsachsen.
Spannungsverteilung

$$\sigma_{ges}(x, y) = \frac{F_L}{A} + \left[\frac{M_x}{I_x}\, y - \frac{M_y}{I_y}\, x \right]$$

Spannungsnulllinie (gegen die Hauptträgheitsachsen geneigt, nicht durch den Schwerpunkt)

$$y = \left(\frac{M_y I_x}{M_x I_y} \right) x - \frac{F_L I_x}{M_x A}$$

F_L Längskraft, M Biegemoment, I Flächenmoment.

Bohren

Spanendes Fertigungsverfahren mit kreisförmiger Schnittbewegung des Werkzeugs (Bohrer) ins Volle.

Schnittgeschwindigkeit	$v_c = \pi d_w n_c$
Vorschubgeschwindigkeit	$v_f = z\, f_z\, n_c$
Anschnittweg	$l_{a,\alpha} = \dfrac{a_p}{\tan\alpha} = \dfrac{d_w}{2\tan(\sigma/2)}$
Schnittzeit	$t_c = \dfrac{l_f}{v_f} = \dfrac{l_w + a_p/\tan\alpha}{f\, n_c}$
Vorschub	$f = z\, f_z$
Zeitspanungsvolumen	$Q = \pi d_w^2 f n_c / 4$

d_w	Bohrdurchmesser	(mm)
l_w	Bohrtiefe	(mm)
l_f	Vorschubweg	(mm)
f_z	Vorschub je Schneide	(mm)
n_c	Drehzahl der Bohrspindel	(min^{-1})
v_f	axiale Vorschubgeschwindigkeit	(mm/min)
z	Anzahl der Schneiden	
α	Einstellwinkel $= \sigma/2$	
σ	Winkel der Bohrerspitze	

Bolzenverbindung

Durch einen querliegenden Vollzylinder (Bolzen) zusammengehaltene konzentrische Anordnung von Teilen (z.B. Gabel und Stange).

Biegespannung am Bolzen $\qquad \sigma_b = \dfrac{8F(1 - b/2)}{\pi d^3}$

Flächenpressung Bolzen-Stange $\qquad p = \dfrac{F}{b\,d}$

Flächenpressung Bolzen-Gabel $\qquad p = \dfrac{F}{2\,d\,s}$

b	belastete Strecke auf dem Bolzen innen (durch Stange)
d	Bolzendurchmesser
F	Querkraft auf den Bolzen
s	belastete Strecke auf dem Bolzen außen (durch Gabel)

Ähnlich: vgl. *Stiftverbindung.

Bremse

Für die Backenbremse

- *Außenbackenbremse:* einfache Backenbremse; der an einem Hebel befestigte Bremsbelag drückt auf die Bremstrommel.

a Hebelarm 1 = Länge des Bremshebels,
b Hebelarm 2 = Abstand Hebellager–Trommel,
c Dicke des Bremsbelags.

- *Innenbacken-Trommelbremse* (Simplexbremse): zwei nierenförmige Bremsbacken im Inneren der Bremstrommel, die durch Hebelkraft auseinanderscheren.

a Hebelarm 1 = Länge einer Bremsbacke; *b* Hebelarm 2 = *a*/2;
c Bremsbackenbreite ≈ Bremstrommelradius.

Drehrichtungen

1 = Reibungskraft in Richtung der *aufwärts* laufenden Bremstrommel,

2 = Reibungskraft in Richtung der *abwärts* laufenden Bremstrommel.

Kraft am Hebel

$$\boxed{F_h = F_{R1,2}\,\frac{b}{a}\left(\frac{1}{\mu} \mp \frac{c}{b}\right)} \quad N$$

Reibungskraft

$$F_{R1} = \mu\,F_{N1} \qquad F_{R2} = \mu\,F_{N2}$$

Umfangskraft = Summe der Reibungskräfte

$$F_u = \sum_i F_{R,i}$$

Normalkraft = Anpresskraft

$$F_{N1,2} = F_h\,\frac{a}{b \mp \mu c}$$

Bremsmoment

$$M_{Br} = F_u\,r = \mu\,r\sum_i F_{N,i}$$

μ	Reibungszahl	(Dim. 1)
r	Radius der Bremstrommel	(m)

Brinell-Härte (HB) Siehe *Härteprüfung

Bruch

Gewaltbruch durch stat. od. schlagart. Beanspruchung.
Schwingbruch durch zyklische Beanspruchung.

Bruchbild

Ein zäher Werkstoff neigt zum **Verformungsbruch:**

- duktiler Bruch durch Schubspannungen,
- mit Einschnürung, starke plast. Verformung.
- Bruchaussehen: *samtig–matt–faserig,* zerklüftet–wabenartig.
- *Scherbruch* (= Schrägbruch unter 45°), z. B. bei AlCuMg.

- *Einschnürbruch*, z. B. bei Elektrokupfer.
- *Trichterbruch* (Krater-Kegel- oder Cup-and-Cone--Bruch); z. B. AlMgSi bricht von innen nach außen, der äußere Ringquerschnitt schert im Winkel von 45° ab.
- Besonders bei Feinkorngefüge: *transkristalliner Bruch* (durch die Körner, weil viele Gleitebenen statist. günstig zur Kraftrichtung).

Ein spröder Werkstoff neigt zum *Sprödbruch*:

- *Trennungsbruch* durch Normalspannungen,
- ohne erkennbare plast. Verformung.
- Bruchaussehen: *kristallin–glitzernd,* fast glatt, ebene Spaltflächen.
- Spezielle Bruchbilder: Bruchwinkel 90°, z. B. bei gehärtetem Stahl, GG-Gusseisen.
- Besonders bei Grobkorngefüge: *interkristalliner Bruch* (längs der Korngrenzen).

Bruchdehnung

Maß für die *Zerreißgrenze* eines Werkstoffs. „Dehnung bis zum Bruch" im *Spannung-Dehnung-Diagramm. A = Gleichmaßdehnung ε_g (bis zur Zugfestigkeit R_m) + Einschnürdehnung ε_e.

$$\boxed{A_n = \frac{L_u - L_0}{L_0}} \quad 1 = 100\%$$

Messlängenverhältnis $n = L_0/d_0$
(bei Proportionalstäben 5 oder 10).

Brucheinschnürung *Werkstoffkenngrößen.

Bruchmechanik

Eine *linear-elast. Bruchmechanik* liegt bei spröden Werkstoffen vor, wenn Spannungsspitzen nicht durch plast. Verformung abgebaut werden. Zähe Werkstoffe verformen sich vor dem Bruch plastisch (dauerhaft).

1) Spannungsintensitätsfaktor (Index I = Rissöffnung senkrecht zur Normalspannung).

$$K_I = \sigma_n\alpha_k\sqrt{\pi a}$$

Bruchkriterium

$$K_I > K_{Ic} = \sigma_{nc}\alpha_k\sqrt{\pi a}$$

a Risslänge, α_k Rissformfaktor,
K_{Ic} Bruchzähigkeit = Widerstand gg. instabile Rissausbreitung.

2) Kraft-Kerbaufweitungs-Diagramm. Durch 3-Punkt-Biegeprobe und Kompaktzug-Probe bestimmtes $K_Q(y)$-Diagramm; zur Ermittlung der *Bruchzähigkeit.*

$$K_{Ic} \approx K_Q \ \text{falls} \ a,(h - a),b \geq \frac{5}{2}\left(\frac{K_Q}{R_{p0.2}}\right)^2$$

b Probenbreite, *h* Probenhöhe, K_Q Bruchzähigkeit.

3) Kennzahlen für den Versagensfall durch Verformung oder Bruch.

Formzahlen berücksichtigen Kerben (Rillen, Bohrungen) und Querschnittsänderungen (Absätze, Kröpfungen) gegenüber glatten Stäben.

Grenzspannungen müssen in der Praxis unterschritten werden.

Nennspannung	
– Zug	$\sigma_n = F/A$
– Biegung	$\sigma_n = M_b/W_b$
– Torsion	$\tau_n = M_t/W_t$

Grenzspannung $\qquad \sigma_{max} = \alpha_k\,\sigma_n$

zulässige Spannung $\qquad \sigma_{zul} = \sigma_{max}/\nu$

$\qquad\qquad\qquad\qquad \tau_{zul} = \tau_{max}/\nu$

Sicherheitsfaktor $\qquad \nu = 1{,}2$ bis 4 (zäh)

$\qquad\qquad\qquad\qquad \nu = 2$ bis 10 (spröde)

Formzahl $\qquad\qquad \alpha_k = 1$ bis 4

$\qquad\qquad\qquad\qquad$ für Flach- und Rundstäbe

(je nach Durchmesser und Radius der Kerbe)

Bruchzähigkeit *Werkstoffkenngrößen.

Castigliano-Satz

Satz von Castigliano. Zur Berechnung von *Formänderungsenergien.

1. Die Verschiebung v eines Stabes an der Kraftangriffsstelle in Richtung der Kraft ist gleich der partiellen Ableitung der äußeren Arbeit W_a nach der Kraft.

$$\frac{\partial W_a}{\partial F_j} = v_j$$

2. Die Neigung des Stabes am Angriffspunkt eines Momentes in Richtung des Momentes ist gleich der partiellen Ableitung der äußeren Arbeit nach dem Moment.

$$\frac{\partial W_a}{\partial M_j} = v_j' = \varphi_j$$

$i = x$ oder y, Hauptträgheitsachse.

In der Praxis werden äußere Arbeit und Formänderungsarbeit gleichgesetzt.

$$W_a = W_F$$

Zur Berechnung von Formänderungen an Stellen ohne äußere Kräfte oder Momente werden als Hilfsbelastungen $F = 0$ bzw. $M = 0$ angetragen.

1) *Verschiebung* für isotherme Belastung ($j = x, y$)

$$v_j = \frac{\partial W_F}{\partial F_j} = \sum_{i=1}^{m} \int_{l_i} \left[\frac{F_{L,i}}{(EA)_i} \frac{\partial F_{L,i}}{\partial F_j} + \frac{M_{x,i}}{(EI_x)_i} \frac{\partial M_{x,i}}{\partial F_j} \right.$$
$$\left. + \frac{M_{y,i}}{(EI_y)_i} \frac{\partial M_{y,i}}{\partial F_j} + \frac{M_{t,i}}{(GI_t)_i} \frac{\partial M_{t,i}}{\partial F_j} \right] dz_i$$

Neigung der Stabachse

$$v_j' = \frac{\partial W_F}{\partial M_j} = \sum_{i=1}^{m} \int_{l_i} \left[\frac{F_{L,i}}{(EA)_i} \frac{\partial F_{L,i}}{\partial M_j} + \frac{M_{x,i}}{(EI_x)_i} \frac{\partial M_{x,i}}{\partial M_j} \right.$$
$$\left. + \frac{M_{y,i}}{(EI_y)_i} \frac{\partial M_{y,i}}{\partial M_j} + \frac{M_{t,i}}{(GI_t)_i} \frac{\partial M_{t,i}}{\partial M_j} \right] dz_i$$

m Anzahl der Bereiche, l_i Bereichslängen.

2) Satz von *Menabrea.

Coriolis-Beschleunigung

Ablenkung eines Körpers, der sich geradlinig auf einer drehenden Kreisscheibe mit der Geschwindigkeit v nach außen bewegt.

Geschwindigkeit im rotierenden Koordinatensystem S' (Winkelgeschwindigkeit ω).

$$\boxed{\vec{v}' = \vec{v} - \vec{\omega} \times \vec{r}}$$

$\vec{v}$ Geschwindigkeit bei ruhender Scheibe.

Beschleunigungsvektor im rotierenden Koordinatensystem S' ($\vec{a}$ bei ruhender Scheibe).

$$\boxed{\begin{aligned} \vec{a}' = \frac{d\vec{v}'}{dt} &= \vec{a} - 2\,\vec{\omega} \times \vec{v}' - \vec{\omega} \times (\vec{\omega} \times \vec{r}) \\ &= \vec{a} + \underbrace{2\,\vec{v}' \times \vec{\omega}}_{\text{Coriolis}} + \underbrace{\vec{\omega}^2\,\vec{R}}_{\text{Zentripetal}} \end{aligned}}$$

$\vec{R}$ Abstand des Körpers von der Drehachse = Komponente des Ortsvektors $\vec{r}$, die senkrecht zur Winkelgeschwindigkeit $\vec{\omega}$ steht. Beachte: $\vec{\omega} \times \vec{v} = -\vec{v} \times \vec{\omega}$.

Geschwindigkeit v' des Körpers auf Grund der Coriolis-Kraft

$$v'\,\omega\,t^2 = \tfrac{1}{2}\,a_C\,t^2 \;\Rightarrow\; \boxed{a_C = 2\,v'\,\omega} \quad \text{m/s}^2$$

Ablenkung in Drehrichtung: $y = v'\,t$

Coriolis-Kraft

Scheinkraft im rotierenden Bezugssystem auf einen mitbewegten Beobachter, dessen Geschwindigkeitsvektor nicht parallel zur Drehachse liegt. Die *Zentrifugalkraft treibt ihn radial nach außen von der Drehachse weg, die Coriolis-Kraft treibt ihn schräg von der Drehachse ab; $\vec{F}_C$ ist senkrecht zur Drehachse (Winkelgeschwindigkeit $\vec{\omega}$) und senkrecht zur Bahngeschwindigkeit $\vec{v}'$.

$$\boxed{\vec{F}_C = +m\,\vec{a}_C = +2m\,(\vec{v}' \times \vec{\omega})} \quad \text{N}$$

Betrag der Coriolis-Kraft

$$F_C = 2m\,v'\,\omega\,\sin(\vec{v}', \vec{\omega})$$

Bedeutung: Nachweis der Erdrotation mit dem FOUCAULT-Pendel, spiralförmige Krümmung von Hoch- und Tiefdruckgebieten, Belastung von Lagern und Führungen bei Maschinenteilen.

Coriolisparameter

Produkt aus Winkelgeschwindigkeit der Erdrotation ω und Sinus der geograf. Breite φ; Azimutalkomponente der Winkelgeschwindigkeit, mit der sich die Erde unter einem schwingenden Körper wegdreht.

$$\boxed{f = 2\omega \sin\varphi = \frac{2\pi}{T_E} \sin\varphi} \quad \frac{\text{rad}}{\text{s}}$$

D'Alembert-Prinzip

Im geradlinig gleichmäßig beschleunigten Bezugssystem addieren sich *Trägheitskraft* $\vec{F}_T$ und resultierende Kraft $\vec{F}_{res}$ aller Wechselwirkungskräfte auf den Körper vektoriell zu Null.

1) *Dynamisches Kräftegleichgewicht* für einen Körper im bewegten Bezugssystem S':

$$\boxed{F_{res} + F_T = \sum_{i=1}^{n} \vec{F}_i - m\,\vec{a} = 0}$$

Alle auf einen Körper wirkenden Kräfte F_i und die *Massenträgheitskraft* $F_a = ma$ haben zusammen den Wert Null (im Kräftegleichgewicht).

2) *Kinetostatische Methode*, die Überführung eines dynam. Problems in ein statisches.

1. Geeignete Bezugskoordinaten wählen.

2. Freischneiden des betrachteten Massenpunktes (Körpers); Äußere Kräfte und d'Alembert'sche Trägheitskräfte (gegen die Koordinatenrichtungen) einzeichnen.

3. Gleichgewichtsbedingungen und Bewegungsgleichungen aufstellen.

4. Bewegungsgleichungen lösen.

Dauerfestigkeit

oder *Dauerschwingfestigkeit*. Maß für die Festigkeit eines Bauteiles bei dynam. Beanspruchung im *Dauerschwingversuch*. Period. Spannungsänderung um eine stat. Mittelspannung σ_m, die bis zum Erreichen der festgelegten Bruchschwingspielzahl N ohne Bruch und unzulässige Verformung ertragen wird.

$$\boxed{\sigma_D = \sigma_{max}\,\nu} \quad N/mm^2$$

Sicherheit für Dauerfestigkeitsnachweis für Lastwechselzahlen $N > 2\cdot 10^6$.

$$\frac{1}{\nu^2} = \left(\frac{\sigma_{a,zd}}{\sigma_D} + \frac{\sigma_{a,b}}{\sigma_{D,b}}\right)^2 + \left(\frac{\tau_a}{\tau_D}\right)^2$$

σ_{max} — größte auftretende Spannung　(N/mm^2)
　　　　vorhandene Ausschlagspannung:
$\sigma_{a,zd}$ — für Normalbeanspruchung (Zug/Druck)
$\sigma_{a,b}$ — für Normalbeanspruchung (Biegung)
τ_a — für Tangentialbeanspruchung
σ_D — Bauteildauerfestigkeit (auch σ_{ADK}),
　　　　Gestaltfestigkeit bei Normalspannung.

1) Sonderfälle

a) *Wechselfestigkeit:* Dauerfestigkeit bei Mittelspannung $\sigma_m = 0$.

b) *Schwellfestigkeit:* Dauerfestigkeit bei gegebener Mittelspannung σ_m (Zug- oder Druck) und der Amplitude $\sigma_a = \sigma_m$.

Normgerechte Angabe: $\sigma_{D(N)} = \sigma_m \pm \sigma_a$

　　Beispiel: $\sigma_{D(10^7)} = (113 \pm 141)\ N/mm^2$

2) Wöhler-Kurve. Für konstant vorgegebene Mittelspannung σ_m konvergiert die variabel eingestellte Spannungsamplitude σ_a, aufgetragen gegen $\lg N$, gegen die Dauerfestigkeit σ_D (bei krz-Metallen) bzw. gegen Null (bei kfz-Metallen). Man kann daraus grob die Lebensdauer eines Bauteiles bei gegebener Schwingbeanspruchung ablesen.

3) Smith-Diagramm oder *Dauerfestigkeitsschaubild:* $\sigma(\sigma_m)$ für variable Mittelspannung σ_m. Die Grenzlinien der maximalen Ober- und Unterspannung definieren den ellipsenförmigen Bereich der Dauerschwingfestigkeit.

Dauerschwingversuch

Schwingende Beanspruchung eines Bauteiles durch eine sinusförmige periodische Zug-Druck-Belastung der Amplitude σ_a (Ausschlagspannung), die der Mittelspannung statisch σ_m überlagert ist.

Konstante Mittelspannung:	$\sigma_m = \frac{\sigma_{max} + \sigma_{min}}{2} = \text{const}$
Konstante Unterspannung:	$\sigma_{min} = \text{const}$
Konstante Oberspannung:	$\sigma_{max} = \text{const}$
Konstantes Spannungsvh.:	$\kappa_\sigma = \frac{\sigma_{min}}{\sigma_{max}} = \text{const}$
Spannungsamplitude	$\sigma_a = \pm(\sigma_{max} - \sigma_{min})/2$
Schwingbreite	$2\sigma_a = \sigma_{max} - \sigma_{min}$
Schwingspiel	L = eine Zug-Druck-Belastung („Wellenlänge")
Ruhegrad	$r = \sigma_m/\sigma_{max}$

1) Beanspruchungsfälle

1. *Schwellbereich:* konstante Amplitude, aber zun. Mittelspannung (Zug oder Druck).

2. *Wechselbereich:* Übergang der Mittelspannung zw. Druck- und Zugbelastung.

2) Beanspruchung mit konstanter Mittelspannung.

Bauteildauerfestigkeit

$$\sigma_D = \sigma_W - \psi_{\sigma K}\,\sigma_{mv}$$

$\psi_{\sigma K}$　　Faktor der Mittelspannungsempfindlichkeit
σ_W　　Bauteil-Wechselfestigkeit; auch σ_{-1K}
σ_{mv}　　Vergleichsmittelspannung

3) Konstantes Vh. von Unter- und Oberspannung.

Spannungsverhältnis

$$\kappa_{\sigma v} = \frac{\sigma_{mv} - \sigma_a}{\sigma_{mv} + \sigma_a}$$

Vergleichsmittelspannung

$$\sigma_{mv} = \sqrt{(\sigma_m^{zd} + \sigma_m^{b})^2 + 3\tau_m^2}$$

$$\tau_{mv} = \frac{\sqrt{3}\,\sigma_{mv}}{3}$$

Bauteildauerfestigkeit

$$\sigma_D = \frac{\sigma_W}{1 + \psi_{\sigma K}\dfrac{1 + \kappa_{\sigma v}}{1 - \kappa_{\sigma v}}}$$

$\sigma_{\sigma v}$ Vergleichsspannungsverhältnis

Faktor der Mittelspannungsempfindlichkeit

$$\psi_{\sigma K} = \frac{\sigma_W}{2\sigma_B - \sigma_W}$$

σ_B Bruchfestigkeit bei Normalbeanspruchung.

Bauteil-Wechselfestigkeit

$$\sigma_W = \frac{\sigma_W'(d)}{K}$$

Werkstoff-Wechselfestigkeit für Bauteildurchmesser

$$\sigma_W'(d) = K_1(d)\,\sigma_{W,S}$$

$K_1(d)$　　technologischer Größeneinflussfaktor:
　　　　= 0,75 ... 1: für Vergütungs- und Einsatzstähle.
　　　　= 1: für allgemeine und hochfeste Baustähle.
$\sigma_{W,S}$　　Wechselfestigkeit des Werkstoffes.

Gesamteinflussfaktor

$$K = \frac{1}{K_V K_A}\left(K_\sigma' + \frac{1}{K_{F\sigma}} - 1\right)$$

Anisotropie-Einflussfaktor bei Beanspruchung (Zug, Druck, Biegung) senkrecht zur Walzrichtung

$$K_A = 0,8 \text{ bis } 0,9$$

Oberflächenverfestigungs-Einflussfaktor bei Vorbehandlung

$$K_V = 1,1 \text{ bis } 3,0$$

K_A　　Anisotropie-Einflussfaktor:
$K_{F\sigma}$　　Oberflächenrauheit-Einflussfaktor
K_V　　Oberflächenverfestigung-Einflussfaktor
K_σ'　　Gestalteinflussfaktor = *Kerbwirkungszahl

4) *Kerbwirkungszahl, *Fließen, zulässige *Spannung.

Dehngeschwindigkeit

Engl. *rate of elongation, rate of extension*. Zeitliche Änderung der *Dehnung $\dot{\varepsilon}$ (in s^{-1}).

Dehnung

Verformungsart mit Form- und Volumenänderung bei Einwirkung einer Normalspannung. Kennzahl *Elastizitätsmodul.

Relative Längenänderung während der plastischen Verformung; z. B. beim Zugversuch.

$$\boxed{\varepsilon = \frac{\Delta l}{l_0} = \frac{l - l_0}{l_0} = \frac{l}{l_0} - 1} \quad 1 = 100\%$$

Im elastischen Bereich

$$\boxed{\varepsilon = \frac{\sigma}{E} = \alpha\,\sigma = \frac{F}{E\,S_0} = m\,\varepsilon_q = \frac{\varepsilon_q}{\mu}}$$

HOOKE'sches Gesetz

$$\sigma = \frac{F}{S_0} = E\,\frac{\Delta l}{l} = E\,\varepsilon$$

Die *wahre Dehnung* bezieht die Querschnittsänderung ein.

$$\varphi = -\ln(S/S_0)$$

Komponenten des *Verzerrungstensors.

E	Elastizitätsmodul	(N/mm^2)
F	Zugkraft	(N)
l, l_0	Länge; Ausgangslänge	(m)
m	Poisson-Konstante	(Dim. 1)
S_0	Ausgangsquerschnitt	(m^2)
α	Dehnungskoeffizient $(= 1/E)$	(mm^2/N)
ε_q	Querdehnung, Querkürzung	(Dim. 1)
μ	Poisson-Zahl $(= 1/m)$	(Dim. 1)
σ	Zugspannung	(N/mm^2)

Dehnungskoeffizient

Dehnungszahl. Nachgiebigkeit. Kehrwert des Elastizitätsmoduls.

$$\alpha = \frac{1}{E} = \frac{\varepsilon}{\sigma} \quad \text{mm}^2/\text{N}$$

Dehnungsmessstreifen

*Kraft-, *Längen- und Winkelmessung.

Deklination

„Abweichung". Mittelpunktswinkel δ, eines Stundenkreises vom Himmelsäquator zu einem Deklinationsparallel, gezählt von $00°$ bis $90°$, nördlich des Himmelsäquators (Zusatzzeichen: N, Vorzeichen: plus) bzw. südlich (Zusatzzeichen: S, Vorzeichen: minus).
Beispiel: $\delta = 21°19,3'$ N. Vgl. Elektrizitätslehre.

Dichte

Massendichte. Auf das Volumen bezogene Masse. Gleiche Volumina verschiedener Materialien wiegen unterschiedlich viel; sie unterscheiden sich in der Dichte.

$$\frac{\text{Masse}}{\text{Volumen}} \quad \boxed{\varrho = \frac{m}{V}} \quad \frac{\text{kg}}{\text{m}^3} = 10^{-3}\frac{\text{g}}{\text{cm}^3}$$

Weil es ideal homogene Stoffportionen nicht gibt, ist die Dichte eine ortsabhängige Funktion; sie ist ferner temperaturabhängig, bei Gasen auch druckabhängig. Bei inhomogenen Stoffportionen ist das Hohl- und Zwischenraumvolumen wichtig.
1) Normdichte (bei Gasen)
2) *Schüttdichte, Fülldichte* und *Klopfdichte*: bei körnigen und pulverförmigen Stoffen.

$$\varrho = \frac{m}{V_\text{fest} + V_\text{leer}}$$

3) *Pressdichte* und *Sinterdichte*: bei verarbeiteten körnigen und pulverförmigen Stoffen.
4) *Feststoffdichte*: bei porenhaltigen Stoffen der Quotient Masse durch Feststoffvolumen (= Gerüststoffvolumen ohne Hohlräume).
5) *Rohdichte*: bei porösen Stoffen der Quotient Masse durch Volumen, einschließlich der Hohlräume, z. B. bei Baustoffen.
6) *Röntgendichte*

$$\frac{\text{Einheiten/Elementarzelle} \cdot \text{molare Masse}}{\text{Avogadro-Konstante} \cdot \text{Elementarzellvolumen}}$$

$$\boxed{\varrho_\text{R} = \frac{Z\,M}{N_\text{A}\,V_\text{e}}}$$

7) Nicht das antiquierte *spezifische Gewicht* = Wichte (= Gewichtskraft/Volumen) anstelle der Dichte verwenden!

Dichte, mittlere

Bei Stoffgemischen od. zusammenges. Körpern die addierten Dichten im Vh. der Volumenanteile der Komponenten.

$$\text{Mittlere Dichte } \bar{\varrho} = \frac{\text{Gesamtmasse } m_\text{ges}}{\text{Gesamtvolumen } V_\text{ges}}$$

$$\bar{\varrho} = \frac{\sum\limits_{i=1}^{n} \varrho_i V_i}{V_\text{ges}} = \frac{m_\text{ges}}{\sum\limits_{i=1}^{n} \dfrac{m_i}{\varrho_i}} = \left[\sum_{i=1}^{n} \frac{m_i}{m_\text{ges}\varrho_i}\right]^{-1}$$

Dichte, relative

Dichtezahl. Größenverhältnis der Dimension 1.

$$\frac{\text{Dichte von Stoff 2}}{\text{Dichte von Stoff 1}} \quad \boxed{d = \frac{\varrho_2}{\varrho_1} = \frac{m_2}{m_1}}$$

Bezugsdichte für
Gase: trockene Luft im Normzustand.

$$\varrho_\text{L}(0°\text{C}, 1013\text{ mbar}) = 1{,}2930\text{ g}/\ell$$

Flüssigkeiten und Festkörper: Wasser von $4\,°\text{C}$, $15\,°\text{C}$, $17{,}5\,°\text{C}$ oder $20\,°\text{C}$:

$$\varrho_\text{w}(20°\text{C}) = 0{,}9982\text{ g}/\text{m}\ell$$

Dichtemessgerät

1) Pyknometer. Geeichtes Volumengefäß zur Vergleichswägung gegen Wasser (Dichte ϱ_w) bei konstanter Temperatur T.
a) Für Flüssigkeiten:

$$\boxed{\varrho_\text{x} = \frac{m_\text{x}}{V_\text{x}} = \frac{m_\text{f} - m_0}{m_1 - m_0} \cdot \varrho_\text{w}(T)}$$

Für $\leq 0{,}1\%$ genaue Messungen Luftauftrieb korrigieren:

$$\varrho_\text{x} = \frac{m_\text{x}}{m_\text{ref}}\left[\varrho_\text{w} - \varrho_\text{Luft}\right] + \varrho_\text{Luft} \approx \frac{m_\text{x}}{m_\text{ref}}\varrho_\text{w}$$

b) Für Feststoffe:

$$\boxed{\varrho_\text{x} = \frac{m_\text{x}}{V_\text{x}} = \frac{m_\text{x}\,\varrho_\text{w}(T)}{m_\text{x} + m_1 - m_\text{f}}}$$

m_x	Masse der Probe (Einwaage).
m_0	Masse des leeren Pyknometers.
m_1	Masse: Pyknometer + Wasser.
m_f	Masse: Pyknometer + Flüssigkeit bzw. Pyknometer + Wasser + Festprobe

2) Aräometer.
Skalenaräometer: der spindelförmige, unten beschwerte Glaskörper mit Skala ragt umso weiter aus der Messflüssigkeit heraus, je größer der Auftrieb ist. Anwendung: Fettgehalt der Milch, Alkoholgehalt von Getränken, Kühlflüssigkeiten u.s.w.
Senkwaage oder *Gewichtsaräometer.* Das „spezifische Gewicht" (Wichte γ) fester Körper wird als Auftrieb beim Eintauchen in Wasser gemessen.

$$V_\text{w}\varrho_\text{w}g = V_\text{w}\gamma = m\,g$$

V_w Volumen des verdrängten Wassers.

3) Hydrostatische Waage. Balkenwaage, deren Gegengewicht der Probekörper im Messfluid ist.

Fester Körper. Gewichtsunterschied ΔF_G des Körpers (K) in Luft (L) und Flüssigkeit (fl).

$$\varrho_K = \varrho_{fl}\,\frac{m}{m - m'} = \frac{\varrho_{fl}\,F_{G,fl}}{F_{G,L} - F_{G,fl}}$$

Falls Fluid dichter als Körper ($\varrho_K < \varrho_{fl}$):

$$\varrho_K = \varrho_{fl}\,\frac{m}{m + m'_H - (m' - m'_H)}$$

m Masse des festen Körpers oder Prüfkörpers,
m' scheinbare Masse in der Flüssigkeit,
m'_H scheinbare Masse eines Referenzkörpers.

Flüssigkeit. Gewichtsunterschied eines Probekörpers (K) in Luft (L) und Flüssigkeit (fl).

$$\varrho_{fl} = \varrho_K \left(1 - \frac{F_{G,fl}}{F_{G,L}}\right)$$

Probekörper (K) in Luft (L) und zwei Flüssigkeiten unterschiedlicher Dichte (1 und 2).

$$\varrho_{fl1} = \varrho_{fl2}\,\frac{F_{G,L} - F_{G,fl1}}{F_{G,L} - F_{F,fl2}}$$

Direktionsmoment

Winkelbezogenes Rückstellmoment.

$$\boxed{D = M_T/\varphi} \quad \frac{\mathrm{N\,m}}{\mathrm{rad}}$$

M_T Torsionsmoment, Drillmoment; φ Torsionswinkel.

Distanz

Entfernung in der **Seefahrt**:

• *Distanz durchs Wasser* (DdW, d_W), engl. *distance to steam, distance steamed*: vom Schiff relativ zum Wasser zurückzulegende oder zurückgelegte Strecke.

• *Distanz über Grund* (DüG, d_G, engl. *distance to make good, distance made good*), vom Schiff über Grund zurückzulegende oder zurückgelegte Strecke.

• Betrag der Stromversetzung (DSt, d_{St}), engl. *drift distance*, Distanz vom Loggeort (ohne Rücksicht auf die Strömung) bis zum Koppelort (mit Rücksicht auf die Strömung) bzw. zum beobachteten Ort.

In der **Luftfahrt**:

• *Ground Distance* d_G, Distanz über Grund in Nautical Miles (1 NM = 1,852 km).

• *Still Air Distance* d_L, Distanz in der Luft: Distanz relativ zur Luft in Nautical Air Miles (NAM).

In der **Navigation**:

• *Orthodrome*, orthodromische Distanz, Großkreisdistanz. Kürzeste Verbindungslinie zweier Punkte auf der Erdoberfläche bzw. dem Großkreis (Kreis auf der Himmelskugel mit Zentrum im Erdmittelpunkt).

• *Loxodrome*. Verbindungslinie zweier Punkte auf der Erdoberfläche, die alle Meridiane unter gleichem Winkel schneidet. „Kursgleiche", engl. *rhumb line*.
Vgl. *Kurs, *Ortsbestimmung.

Drehbewegung *Rotation.

Drehen

Spanendes Fertigungsverfahren für rotationssymmetr. Werkstücke. Beim *Längs-Runddrehen* führt das Werkstück die umlaufender Schnittbewegung aus, das Werkzeug quer dazu die Vorschub- und Zustellbewegung.

1) Längsrunddrehen (Langdrehen)

Anschnittweg	$l_{a,\alpha} = a_p/\tan\alpha$
Vorschubweg	$l_f = l_c + l_a + l_ü$
Anzahl der Schnitte	$i = z/a_p$
Schnittgeschwindigkeit	$v_c = \pi d_w n_c$
Vorschubgeschwindigkeit	$v_f = f\,n_c$ (axial)
Zeitspanungsvolumen	$Q = a_p f v_c$
Schnittzeit (Hauptnutzungszeit)	$t_c = i l_f/v_f$

a_p Schnitttiefe, d_w Werkstück-(Dreh)-Durchmesser, f Vorschub, l Weg (a = Anlauf, ü = Überlauf), n_c Drehzahl. z Bearbeitungszugabe, α Einstellwinkel.

2) Plandrehen

Hauptnutzungszeit	
– konstante Drehzahl	$t_c = \dfrac{\pi d_{w,a}}{f\,v_c}\,i l_f$
– konst. Schnittgeschw.	$t_c = \dfrac{\pi(d_{w,a} + d_{w,i})}{2 f\,v_c}\,i l_f$
Vorschubweg	
– für Kreisringfläche	$\dfrac{d_{w,a} - d_{w,i}}{2} + l_a + l_ü$
– volle Planfläche	$\dfrac{d_{w,a} + d_{w,i}}{2} + l_a$

Drehimpuls

Drall, Bewegungsgröße der Rotation; engl. *angular momentum, moment of momentum.* Generelle Eigenschaft eines bewegten Materiepunktes oder eines starren Körpers.

1) Vektorprodukt aus Ortsvektor und Impuls des Körpers auf der Bahnkurve; bezogen auf einen beliebigen Punkt (Drehachse).

$$\boxed{\vec{L} = \vec{r} \times \vec{p} = \vec{r} \times (m\,\vec{v})}$$

$\vec{L}$ steht senkrecht auf $\vec{r}$ und $\vec{v}$; und zeigt in Richtung der Drehachse.
Für ein N-Punktmassensystem (Bezugspunkt 0)

$$\vec{L}_0 = \sum_{i=1}^{N} \vec{L}_{i0} = \sum_{i=1}^{N} (\vec{r}_{i0} \times m_i \vec{v}_i)$$

2) Skalarprodukt aus Massenträgheitsmoment und Winkelgeschwindigkeit

$$\boxed{\vec{L} = \int \omega\,dJ}$$

a) Für konstante Kreisfrequenz: $\vec{L} = J\,\vec{\omega}$
b) Für einen Massenpunkt (auf Kreisbahn: $\vec{v} \perp \vec{r}$).
$$L = |\vec{L}| = m\,r\,v = m\,r^2\,\omega$$

c) Gesamtdrehimpuls eines Systems materieller Punkte bzgl. der Achse durch den Schwerpunkt (Kreisbewegung).
$$\vec{L} = \sum_i m_i\,\vec{r}_i \times (\vec{\omega} \times \vec{r}_i) = J\,\vec{\omega}$$

$$L = |\vec{L}| = \sum_{i=1}^{N} m_i r_i^2\,\vec{\omega}_i = \sum_{i=1}^{N} J_i\,\vec{\omega}_i$$

d) Massen(trägheits)moment einer Punktmasse bzw. eines starren Körpers für Kreisbewegung ($\omega = v/r$)
$$J = m\,r^2 \quad \text{bzw.} \quad J = \sum_i m_i r_i^2$$

3) Produkt aus Drehmoment und Zeit

$$\boxed{\vec{L} = \int \vec{M}\,dt} \quad \mathrm{J\,s = N\,m\,s} = \frac{\mathrm{kg\,m^2}}{\mathrm{s}}$$

J	Massen(trägheits)moment bezgl. der Drehachse durch den Schwerpunkt	(kg m^2)
p	Impuls, Bewegungsgröße	(kg m/s)
$\vec{r}_i$	Ortsvektor Schwerpunkt – Massenpunkt i in einem körperfesten Koordinatensystem.	
$\vec{v}$	(Umfangs-)Geschwindigkeit d. Schwerp.	(m/s)
ω	Winkelgeschwindigkeit	(rad/s)

Drehimpulsänderung

Drehimpulssatz der Rotation. Bei Einwirkung eines Drehmomentes M, ändert sich der Drehimpuls L. Die zeitliche Änderung des Drehimpulses ist gleich dem Drehmoment der äußeren Kräfte auf den Körper. Das Moment der an einem Massenpunkt angreifenden resultierenden Kraft (bezüglich ein beliebigen raumfesten Punktes) ist gleich der zeitlichen Änderung des Gesamtdrehimpulses (bzgl. des Punktes).

$$\vec{M} = \frac{\mathrm{d}}{\mathrm{d}t}(\vec{r} \times m\vec{v}) = \frac{\mathrm{d}}{\mathrm{d}t}(\vec{r} \times \vec{p}) = \frac{\mathrm{d}\vec{L}}{\mathrm{d}t} = \dot{\vec{L}}$$

Drehmomentenstoß

$$\Delta \vec{L} = \vec{L}(t_2) - \vec{L}(t_1) = \int_{t_1}^{t_2} \vec{M}\,\mathrm{d}t$$

Konstantes äußeres Drehmoment: $\Delta \vec{L} = \vec{M}_0\,\Delta t$.

Drehimpulserhaltung für $\vec{M} = 0$

$$\vec{L} = \vec{r} \times \vec{p} = \text{const}$$

Rotierender Körper

$$\vec{L} = J\,\vec{\omega} = \int \vec{M}_a(t)\,\mathrm{d}t$$

N-Massenpunktsystem (Bezugspunkt 0)

$$\vec{L}_0 = \sum_{i=1}^{N} \vec{L}_{i0} = \sum_{i=1}^{N} (\vec{r}_{i0} \times m_i \vec{v}_i)$$

$$\vec{M}_0 = \sum_{i=1}^{N} \vec{M}_{i0} = \sum_{i=1}^{N} (\vec{r}_{i0} \times \vec{F}_{a,i}) = \frac{\mathrm{d}\vec{L}}{\mathrm{d}t} = \dot{\vec{L}}_0$$

Drehimpulserhaltung: $M_0 = \text{const}$, $L_0 = \text{const}$

L Drehimpuls des Körpers oder Gesamtdrehimpuls des Systems materieller Punkte. M Gesamtdrehmoment der äußeren Kräfte.

Drehimpulserhaltung

Der Drehimpuls bleibt erhalten, wenn kein Drehmoment wirkt. Das bedeutet ferner: Die Lage der Drehachse bleibt erhalten.

1) Ist die Vektorsumme aller an einem System angreifenden äußeren Drehmomente null, dann bleibt der Drehimpuls konstant.

$$\vec{L} = \sum_{i=1}^{N} \vec{L}_i = \text{const} \quad \Leftrightarrow \quad \mathrm{d}\vec{L} = 0 \text{ für } \vec{M}_{a,\text{res}} = 0$$

Die Summe der auf einen Körper wirkenden äußeren Momente M_a verursacht eine Drehimpulsänderung. Gesamtenergie und Gesamtdrehimpuls eines abgeschlossenen Systems bleiben konstant.

$$\sum_{i=1}^{N} J_i\,\vec{\omega}_i(t_1) = \sum_{i=1}^{N} J_i\,\vec{\omega}_i(t_2)$$

2) In einem Zentralkraftsystem bleibt die Flächengeschwindigkeit konstant (Flächensatz, 2. Keplersches Gesetz).

3) Präzession eines *Kreisel.

Drehmaschine Werkzeugmaschine.

1) Vorschubantrieb mit Leit- und Zugspindel. Der Vorschubmotor wird nach max. Lastmoment, Eilganggeschwindigkeit und Hochlaufzeit ausgewählt.

Übersetzungsverhältnis

$$i_L = \frac{h_L}{h_W} \qquad \frac{\text{Leitspindel}}{\text{Hauptspindel}}$$

$$i_Z = i_V i_S = \frac{d_0\pi}{f} \qquad \frac{\text{Zahnstange}}{\text{Hauptspindel}}$$

Vorschubgeschwindigkeit

$$v_f = h_W n_I = h_L n_{II}$$

Lastmoment des Motors $\qquad \boxed{M_L = \frac{M_{sp}}{i\,\eta_G}}$

Drehmoment an der Vorschubspindel

$$M_{sp} = \frac{h_{sp}(F_R + F_f)}{2\pi\,\eta_{sp}} = \frac{M_R + M_f}{\eta_{sp}}$$

Reibkraft zwischen Schlitten und Führungsbahn

$$F_R = \mu\,m_{ges}g$$

Erforderliche Drehzahl für Eilganggeschwindigkeit

$$n_M = \frac{v_E\,i}{h_{sp}}$$

Beschleunigungsmoment beim Hochlaufen

$$M_B = M_M - M_R = J_{ges}\frac{\mathrm{d}\omega}{\mathrm{d}t} \approx J_{ges}2\pi\frac{\Delta n}{\Delta t}$$

Gesamtmassenmoment des Antriebes (Motorwelle)

$$J_{ges} = J_M + J_{Z,M} + \frac{1}{i^2}\left(J_{Z,sp} + J_{sp} + \frac{m_{ges}h_{sp}^2}{4\pi^2}\right)$$

$$= J_M + J_{Z,M} + \frac{1}{i^2}\left(J_{Z,sp} + J_{sp} + J_T\right)$$

Hochlaufzeit auf Eilganggeschwindigkeit: in der Praxis <200 ms; aus zwei Teilhochlaufzeiten (Drehzahlbereichen) mit konstant angenommenem Motordrehmoment berechnet.

$$\Delta t = \Delta t_1 + \Delta t_2 = J_{ges}2\pi\left(\frac{\Delta n_1}{M_{B1}\,\eta} + \frac{\Delta n_2}{M_{B2}\,\eta}\right)$$

Beschleunigungsmoment: $M_{B,i} = M_{M,i} - M_R$

d_0	Ritzeldurchmesser des Zahnstangenantriebes
F_f	max. Vorschubkraft aus Zerspanungsprozess
f	Vorschub
h_L	Steigung der Leitspindel
h_W	(Gewinde-)Steigung am Werkstück
h_{sp}	Spindelsteigung
i	Übersetzungsvh. Vorschubmotor/Gewindespindel
i_S	Übersetzungsvh. im Werkzeugschlitten
J	Massen(trägheits)moment: M = Motor, Z = Zahnscheibe, sp = Spindel, T = Tisch (mit Werkzeug/Werkstück)
M_M	Motormoment
M_R	Reibmoment an der Spindel
M_f	Spindelmoment aus Vorschubkraft
m_{ges}	bewegte Masse: Schlitten + Werkstück bzw. -zeug
n	Drehzahl: I = Haupt-, II = Leitspindel
η	Wirkungsgrad des Vorschubgetriebes
η_G	– Kraftübertragung zw. Vorschubmotor und Gewindespindel
η_{sp}	– Gewindespindel
μ	Reibungskoeffizient der Schlittenführung

2) Stufenloser Hauptantrieb. Der Motor soll die erforderliche Schnittleistung P_c in einem bestimmten Drehzahlbereich bereitstellen.

Das Drehmoment ist bei kleinen Drehzahlen maximal (konstant), die Leistung ist bei bei großen Drehzahlen maximal (konstant).

Erforderl. mechanische Motorleistung $P_{M,erf} = \dfrac{P_{c,max}}{\eta_{MW}}$

Drehzahlbereich des Hauptspindelmotors

$$B_M = B_{P,const} \cdot B_{M,const} = \frac{n_{M,max}}{n_{M,min}}$$

Motor mit

a) konst. Leistung: $B_{p,const} = n_{M,max}/n_{M,nenn}$

b) konst. Drehmoment: $B_{M,const} = n_{M,nenn}/n_{M,min}$

Technolog. erforderl. Drehzahlbereich $B_c = \dfrac{n_{c,max}}{n_{c,min}}$

Falls $B_M < B_c$: Schaltgetriebe vorsehen.

n	Drehzahl: c = Hauptspindel, M = Motor	
$P_{c,max}$	max. Schnittleistung	
η_{MW}	ges. mechan. Wirkungsgrad	

3) Hauptnutzungszeit b. Drehen

a) *Langdrehen* (längs eines eingespannten Zylinders)

$$t_h = \frac{l_f\, i}{v_f} = \frac{(l_c + l_{a,1} + l_{a,2})\, i}{f\, n} \qquad \text{(min)}$$

b) *Plandrehen* mit konstanter Drehzahl n

$$t_h = \frac{\pi\, d_1\, l_f\, i}{f\, v_f} \qquad \text{(min)}$$

mit konstanter Schnittgeschwindigkeit v_c

$$t_h = \frac{\pi\, d_m\, l_f\, i}{f\, v_c} \qquad \text{(min)}$$

Plandrehen einer Kreisringfläche

$$l_f = \frac{d_1 - d_2}{2} + l_{a,1} + l_{a,2} \qquad \text{(min)}$$

Plandrehen einer vollen Planfläche

$$l_f = \frac{d_1}{2} + l_{a,1} \qquad \text{(min)}$$

4) Drehen eines Kegels

Kegelverjüngung

$$C = \frac{D - d}{d} = 2\tan\frac{\alpha}{2} \qquad \text{(Dim. 1)}$$

Reitstockverstellung

$$V_R = \frac{C\, L_w}{2} = \frac{(D - d)\, L_w}{2L} \le \frac{L_w}{50} \qquad \text{(mm)}$$

Supportverstellung (Oberschlitten)

$$\tan\frac{\alpha}{2} = \frac{D - d}{2L} \qquad \text{(Dim. 1)}$$

$d_{1,2}$	Außen- bzw. Innendurchmesser	(mm)
d_m	mittlerer Durchmesser	(mm)
D,d	großer, kleiner Kegeldurchmesser	(mm)
f	Vorschub je Umdrehung	(mm)
i	Anzahl der Schnitte	(Dim. 1)
L	Länge des Kegelstumpfes	(mm)
L_w	gesamte Werkstücklänge	(mm)
$l_{a,1/2}$	Anlauf bzw. Überlauf	(mm)
l_c	Länge der Bearbeitsfläche	(mm)
l_f	Vorschubweg	(mm)
n	Drehzahl	(min^{-1})
v_c	Schnittgeschwindigkeit	(mm/min)
v_f	Vorschubgeschwindigkeit	(mm/min)
α	Kegelwinkel	(rad)

Drehmoment

Auch: *Kraftmoment*. Ursache der *Rotation. Vgl. *Moment einer Kraft.

1) Drehmomentvektor

Das Vektorprodukt der Kraft $\vec{F}$ und des senkrechten Abstands $\vec{r}$ der Wirkungslinie vom Drehpunkt (= Ortsvektor zum Angriffspunkt der Kraft). Wirken mehrere Drehmomente, ist das resultierende Drehmoment einzusetzen.

$$\vec{M} = \vec{r} \times \vec{F} = \begin{vmatrix} \vec{e}_x & \vec{e}_y & \vec{e}_z \\ r_x & r_y & r_z \\ F_x & F_y & F_z \end{vmatrix}$$

$$\boxed{\begin{aligned} M_x &= r_y\, F_z - r_z\, F_y = M\cos\alpha \\ M_y &= r_z\, F_x - r_x\, F_z = M\cos\beta \\ M_z &= r_x\, F_y - r_y\, F_x = M\cos\gamma \\ M &= \sqrt{M_x^2 + M_y^2 + M_z^2} \end{aligned}}$$

$\vec{e}$ Einheitsvektor.

$\vec{M}$ steht senkrecht auf der Ebene, die von $\vec{r}$ und $\vec{F}$ aufgespannt wird; es ist der axiale Vektor in der Drehachse und weist bei Rechtsdrehung nach vorn (Schraubenregel).

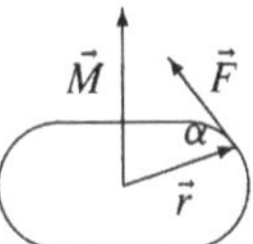

Drehmoment = Ableitung des Drehimpulses $\boxed{\vec{M} = \dot{\vec{L}}}$

Moment eines Kräftepaares: zwei gleich große, antiparallele Kräfte $\vec{F}$, $-\vec{F}$ im Abstand $\vec{s}$.

$$\vec{M} = \vec{s} \times \vec{F} \qquad \text{bzw.} \qquad M = F\, s$$

2) Betrag des Drehmomentvektors.

Kraftarm im Winkel $\angle(\vec{r},\vec{F})$ zum Hebelarm

$$M = |\vec{M}| = \pm|\vec{r}|\,|\vec{F}|\,\sin(\vec{r},\vec{F})$$

Kraftarm senkrecht auf Hebelarm ($\vec{F} \perp r$)

$$\boxed{M = \pm F\, r} \qquad \text{N m}$$

$+$ für Linksdrehung (Gegenuhrzeiger)

$-$ für Rechtsdrehung (Uhrzeiger)

3) Anwendung

Gleichmäßig beschleunigte *Rotation

$$M = J\,\alpha = J\,\frac{\omega}{t}$$

Arbeitsspindel einer Werkzeugmaschine

$$M = \frac{F_c\, d}{2}$$

d	Werkstück-/Werkzeugdurchmesser (m)	
F, F_c	Kraft, Schnittkraft	(N)
J	Massen(trägheits)moment des Körpers	(kg m^2)
r	Hebelarm, Radius	(m)
t	Zeit	(s)
α	Winkelbeschleunigung	(rad/s^2)
ω	Winkelgeschwindigkeit	(rad/s)

Drehmoment, ideelles

Vergleichsmoment, ideelles Moment. Auf Biegung und Torsion beanspruchter Kreisquerschnitt, z. B. einer Achse oder Welle.

$$\boxed{M_V = \sqrt{M_b^2 + 0,75 \cdot (\alpha_0\, M_t)^2}} \qquad \text{N mm}$$

Erforderlicher Durchmesser

$$d \approx 2{,}17 \cdot \sqrt[3]{\frac{M_V}{\sigma_{b,zul}}}$$

M_b	Biegemoment	(N mm)
M_t	Torsionsmoment	(N mm)
α_0	Anstrengungsverhältnis	(Dim. 1)
$\sigma_{b,zul}$	zulässige Biegespannung	(N/mm^2)

Drehmoment, Torsionsmoment

Drehmoment zur Torsion von Körpern im elast. Bereich, das proportional zum Drehwinkel ansteigt; z. B. bei Drehfedern.

$$\vec{M}_t = c^* \, \vec{\varphi}$$

1) Energieerhaltung der Rotation

$$\tfrac{1}{2} J \, \omega^2 + \tfrac{1}{2} c^* \, \varphi^2 = \text{const}$$

Torsionsarbeit = Spannarbeit einer Drehfeder

$$W_t = \int\limits_{\varphi_1}^{\varphi_2} \vec{M}(\varphi) \, \mathrm{d}\vec{\varphi} = \tfrac{1}{2} c^* (\varphi_2^2 - \varphi_1^2)$$

potentielle Energie der Rotation

$$E_{\text{pot,rot}} = \tfrac{1}{2} c^* \, \varphi^2$$

Winkelrichtgröße, Richtmoment, Drehfederkonstante (analog Kraftkonstante bei Translation)

$$c^* = \left| \frac{M}{\varphi} \right| \quad \text{N m/rad}$$

2) Achse oder Welle

Kreisquerschnitt, auf Torsion beansprucht.

$$M_t = W_p \, \tau_{t,\text{zul}} = \frac{d^3 \pi}{16} \, \tau_{t,\text{zul}} \quad \text{N mm}$$

Erforderlicher Durchmesser

$$d \approx 1{,}71 \cdot \sqrt[3]{\frac{M_t}{\tau_{t,\text{zul}}}}$$

J	Massen(trägheits)moment	(kg mm^2)
W_p	polares Widerstandsmoment	(mm^3)
φ_1, φ_2	Ausgangs- und Enddrehwinkel der Drehbeschleunigung	(rad)
$\tau_{t,\text{zul}}$	zulässige Torsionsspannung	(N/mm^2)

Drehmomentensatz

Wirken mehrere Kräfte auf einen drehbaren Körper, so ist das resultierende Drehmoment gleich der Summe der einzelnen Drehmomente.

• Wirken die Drehmomente in der gleichen Ebene, dürfen die Drehmomentbeträge algebraisch addiert werden: linksdrehende Momente tragen negatives, rechtsdrehende positives Vorzeichen.

• Bei Drehmomenten in verschiedenen Ebenen sind die Drehachsen nicht parallel; das resultierende Moment ergibt sich durch Vektoradditon der Einzelmomente.
Momentensatz für Kräfte in der Ebene

$$M_{\text{res}} = \sum_i^n M_i = F_{\text{res}} \, l_{res} = \sum_i^n F_i \, l_i$$

Gleichgewichtsbedingung

$$M_{\text{res}} = \sum_i^n M_i = 0 \quad \text{N m}$$

l	rechtwinkliger Abstand der Wirkungslinie der Kraft vom Bezugspunkt	(m)

Drehstoß

Momentenstoß, engl. *angular impulse*, Drehimpulsänderung.

$$\vec{H} = \Delta \vec{L} = \int \vec{M} \, \mathrm{d}t = \vec{L}(t_2) - \vec{L}(t_1)$$

$$\frac{\text{kg m}^2}{\text{s}} = \text{N m s}$$

Für konstantes Drehmoment: $H = M \, \Delta t$
Drehimpulserhaltung bei *Kupplungsvorgang*

$$L = \text{const} \Rightarrow J_1 \omega_1 + J_2 \omega_2 = J_1 \omega_1' + J_2 \omega_2'$$

Drehwinkel

$$\frac{\text{Bogenlänge}}{\text{Radius}} = \text{Kreisfrequenz} \cdot \text{Zeit}$$

Gleichförmige Drehbewegung:
$$\varphi = \frac{s}{r} = \omega \, t$$

Gleichmäßig beschleunigt:
$$\varphi = \frac{\alpha \, t^2}{2}$$

Drehzahl

Besser: *Umdrehungsfrequenz*.
1) Zahl der Umdrehungen N pro Zeitspanne t.

$$n = \frac{N}{t} = \frac{1}{T} = \frac{\bar{\omega}}{2\pi} = \nu \quad \text{s}^{-1}$$

T Umlaufzeit, Dauer einer Umdrehung (s); ω Winkelgeschwindigkeit (rad/s).

2) Werkzeugmaschinen

Kleinste und größte technolog. erforderl. Drehzahl

$$n_{\min} = \frac{v_{\min}}{\pi \, d_{\max}} \quad \text{und} \quad n_{\max} = \frac{v_{\max}}{\pi \, d_{\min}}$$

Drehzahlbereich und Stufensprung

$$B = \frac{n_{\max}}{n_{\min}} \quad \text{und} \quad \varphi = \sqrt[z-1]{B}$$

Drehzahlüberdeckung bei Getriebekombination

$$k = \frac{B_0}{\varphi} \quad \frac{\text{stufenloses Getriebe}}{\text{Stufengetriebe}}$$

B_0	Drehzahlbereich: stufenloses Getriebe
$d_{\max}$	maximaler Werkzeug- bzw. Werkstückdurchmesser (m; mm)
$v_{\min}$	minimale Schnittgeschwindigkeit (m/s; m/min)

Drehzahlstufung

Bei Werkzeugmaschinen.

1) Arithmetische Drehzahlstufung, z. B. für Leitspindelantrieb von Drehmaschinen (da Gewindesteigungen ebenfalls arithm. gestuft). Bei kleinen Drehzahlen und großen Werkstückdurchmessern sind Drehzahl- und Geschwindigkeitsabfall sehr groß.

Abtriebsdrehzahl (min^{-1})

– kleinste	n_1
– nächste	$n_2 = n_1 + a$
– größte	$n_z = n_{z-1} + a = n_1 + (z-1)a$
Zahl der Drehzahlstufen	z
Arithm. Stufenschritt	$a = \dfrac{n_z - n_1}{z - 1}$
Drehzahlabfall	$p_i = \dfrac{n_i - n_{i-1}}{n_i} \cdot 100\%$
Geschwindigkeitsabfall	$p_v = p_i$

2) Geometrische Drehzahlstufung, z. B. für Hauptspindel- und Vorschubantriebe. Genormt ist die Grundreihe R 20 mit dem Stufensprung $\varphi = \sqrt[20]{10} = 1{,}12$.

Abtriebsdrehzahl (min^{-1})

– kleinste	n_1
– zweite	$n_2 = n_1 \varphi$
– dritte	$n_3 = n_2 \varphi = n_1 \varphi^2$
– größte	$n_z = n_{z-1} \varphi = n_1 \varphi^{z-1}$
Zahl der Drehzahlstufen	z
Drehzahlbereich	$B = \dfrac{n_z}{n_1} = \dfrac{n_{\max}}{n_{\min}}$
Stufensprung	$a = \sqrt[z-1]{B} = \sqrt[z-1]{\dfrac{n_{\max}}{n_{\min}}} = \sqrt[z-1]{\dfrac{n_z}{n_1}}$

Drehzahlabfall $\qquad p_i = \dfrac{n_i - n_{i-1}}{n_i} = \dfrac{\varphi - 1}{\varphi}$

Geschwindigkeitsabfall $\quad p_v = p_i$

Drillung *Torsionswinkel

Drillwiderstand = *Torsionsträgheitsmoment.

Druck

Flächenbezogene Kraft, Druckspannung.

$$\text{Druck} = \frac{\text{Normalkraft}}{\text{Fläche}\ (\perp)} \qquad \boxed{p = \frac{F}{A}}$$

$$\text{Einheit: Pa} = \frac{\text{N}}{\text{m}^2} = \frac{\text{kg}}{\text{m s}^2} = 10^{-6}\,\frac{\text{N}}{\text{mm}^2}$$

Näheres s. Kap. Strömung.

Druckbeanspruchung

Typ. Beanspruchung eines Stabes beim Druckversuch mit der Längskraft F_L. Der Querschnitt A der Probe wächst. Stäbe sind *knickgefährdet.

Spannungsverteilung $\quad \sigma_z(z) = \dfrac{F_\text{L}(z)}{A(z)}$

Anwendung: *Flächenpressung.

Druckfestigkeit

Maß für die maximale Druckbeanspruchung.

$$\boxed{\sigma_\text{bB} = \frac{F_\text{max}}{S_0} = \sigma_\text{d,zul}\ \nu} \qquad \text{N/mm}^2$$

F_max	Höchstkraft beim Bruch	(N)
S_0	Ausgangsquerschnitt der Druckprobe	(m²)
$\sigma_\text{d,zul}$	zulässige Druckspannung	(N/mm²)
ν	Sicherheit gegen Bruch	(1 = 100%)

Druckspannung

$$\boxed{\sigma_\text{d} = \frac{\text{Druckkraft}\ F}{\text{Spannungsquerschnitt}\ S} \le \sigma_\text{dB}}$$

Zulässige Druckspannung (in N/mm²)

$$\boxed{\sigma_\text{d,zul} = \frac{\text{Druckfestigkeit}\ \sigma_\text{dB}}{\text{Sicherheit gegen Bruch}\ \nu}}$$

Druckversuch *Werkstoffkenngrößen

Duktilität

Verformungsfähigkeit auf Dehnung oder Streckung ohne Schädigung und Rissbildung.

Durchbiegung

Näheres vgl. *Biegemoment, *Biegung.

$$f \sim \frac{\text{Biegemoment}\ M_\text{b}}{\text{Biegesteifigkeit}\ B} \quad \text{(mm)}$$

Biegesteifigkeit:

$$B = E\,I$$

E Elastizitätsmodul, I Flächenmoment 2. Grades.

Dynamik des starren Körpers

*Energie, *Drehimpuls, *Massenmoment.

Ebene, geneigte

Schiefe Ebene.

1) Die *Gewichtskraft* $\vec{F}_\text{G}$ eines Körpers (Vektor senkrecht zum Erdmittelpunkt) wird im Kräfteparallelogramm in die *Hangabtriebskraft* $\vec{F}_\text{H}$ (parallel zur Ebene) und die *Normalkraft* $\vec{F}_\text{n}$ (rechtwinklig zur Ebene) zerlegt.

Steigung der Ebene

$$\sin\alpha = h/l \quad \text{oder}\quad \tan\alpha = h/b$$

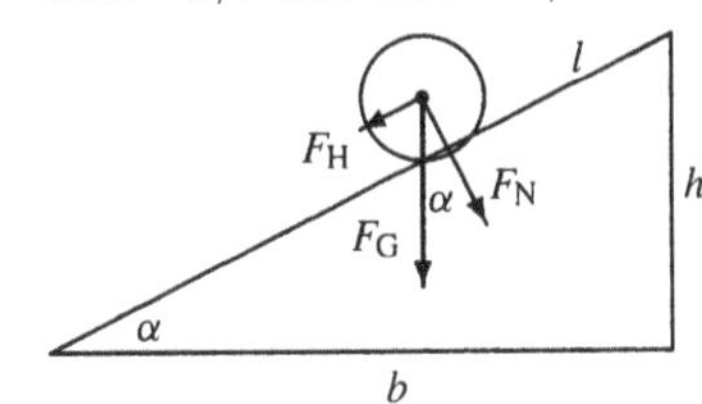

Sinussatz für Steigungsdreieck

$$\boxed{\begin{aligned}\frac{F_1}{F_\text{G}} &= \frac{\sin(\alpha + \varrho)}{\sin(90° - \varrho)} = \frac{\sin(\alpha + \varrho)}{\cos\varrho} \\[4pt] \frac{F_2}{F_\text{G}} &= \frac{\sin(\alpha - \varrho)}{\sin(90° + \varrho)} = \frac{\sin(\alpha - \varrho)}{\cos\varrho}\end{aligned}}$$

ϱ	Reibungswinkel (zw. F_N und $F_\text{N} + F_\text{R}$).
F_1	resultierende Kraft aus F_G und F_R,
F_2	resultierende Kraft aus F_G und F_H.

Hangabtriebskraft = Steigungswiderstand: parallel zum fallenden Fahrweg.

$$\boxed{F_\text{H} = F_\text{G} - F_\text{N} = F_\text{G}\,\sin\alpha = m\,g\,\sin\alpha = m\,g\,\frac{h}{l}}$$

Normalkraft: senkrecht zur Hangabtriebskraft und zum Fahrweg.

$$\boxed{F_\text{N} = F_\text{G}\cos\alpha = m\,g\,\cos\alpha = \frac{m\,g\,b}{l}}$$

Reibungskraft: entgegengesetzt parallel zur Fahrtrichtung und Hangabtriebskraft.

$$\boxed{F_\text{R} = \mu\,F_\text{N} = \mu\,m\,g\,\cos\alpha}$$

Gleitreibungszahl

$$\boxed{\mu = \tan\varrho = \frac{F_\text{R}}{F_\text{N}}}$$

Reibungswinkel ϱ = Winkel zw. Normalkraft $\vec{F}_\text{N}$ und Reibungswiderstandskraft $\vec{F}_\text{W} = \vec{F}_\text{N} + \vec{F}_\text{R}$.

Haltekraft: wirkt in Richtung der Reibungskraft, entgegengesetzt zur Hangabtriebskraft.

$$\boxed{F_\text{B} = F_\text{H} - F_\text{R} = m\,g\,(\sin\alpha - \mu\cos\alpha)}$$

Parallelkomponente der Haltekraft ($\parallel$ Grundlinie)

$$\boxed{F_\text{B,p} = m\,g\,\tan(\alpha - \varrho)}$$

Der Körper bleibt in Ruhe, wenn

$$(\alpha - \varrho) \le 0 \quad \Leftrightarrow \quad \sin\alpha - \mu\cos\alpha \le 0$$

Zugkraft (zum Hinaufziehen des Körpers): entgegengesetzt parallel zur Hangabtriebskraft.

$$\boxed{\begin{aligned}F_\text{Z} &= F_\text{H} + F_\text{R} = F_\text{H} + \mu\,F_\text{N} \\ &= m\,g\,(\sin\alpha + \mu\cos\alpha)\end{aligned}}$$

Parallelkomponente der Zugkraft ($\parallel$ Grundlinie)

$$\boxed{F_\text{Z,p} = m\,g\,\tan(\alpha + \varrho)}$$

b,l,h	Grundline, Länge, Höhe der Ebene (m)	
α	Steigungswinkel der Ebene	(rad)
μ	Reibungskoeffizient	(Dim. 1)

2) Spezialfälle

Reibungsfreies Gleiten. Die Geschwindigkeit, mit der ein Körper die schiefe Ebene hinab gleitet ist:

$$v = gt\,\sin\alpha = \sqrt{2gl\sin\alpha} = \sqrt{2\,g\,h}$$

$$t = \sqrt{\frac{2\,h}{g\,\sin^2\alpha}} \quad \text{s}$$

Gleitende Bewegung mit Reibung

$$v = \sqrt{2\,g\,h\,(1 - \mu\,\cot\alpha)} \quad \text{m/s}$$

$$t = \sqrt{\frac{2\,h}{g\,\sin^2\alpha\,(1 - \mu\,\cot\alpha)}} \quad \text{s}$$

Rollender Vollzylinder ohne Reibung

$$v = \sqrt{\tfrac{4}{3}\,g\,h} \quad \text{(m/s)} \qquad t = \sqrt{\frac{3\,h}{g\,\sin^2\alpha}} \quad \text{(s)}$$

Rollende Bewegung eines Vollzylinders mit Reibung

$$v = \sqrt{\tfrac{4}{3}\,g\,h\,(1 - \mu\,\cot\alpha)} \quad \text{m/s}$$

$$t = \sqrt{\frac{3\,h}{g\,\sin^2\alpha\,(1 - \mu\,\cot\alpha)}} \quad \text{s}$$

h	zurückgelegte Höhendifferenz	(m)
α	Steigungswinkel der Ebene	(rad)
μ	Gleitreibungszahl	(Dim. 1)

3) Anwendungsbeispiele

a) *Rollendes Fass.* Die Geschwindigkeit eines die schiefe Ebene hinab rollenden Fasses mit Radius r berechnet sich nach dem Energieerhaltungssatz und $v = \omega r$ zu (J Trägheitsmoment; ω Kreisfrequenz; x, y Koordinaten des Fasses):

$$\underbrace{mgh}_{\text{Energie}} = \underbrace{mgy}_{\text{Lage}} + \underbrace{\tfrac{1}{2}mv^2}_{\text{Bewegung}} + \underbrace{\tfrac{1}{2}J\omega^2}_{\text{Rotation}} \quad \Rightarrow$$

$$v = \sqrt{\frac{2g(h - y)}{1 + J/mr^2}} = \sqrt{\frac{2gx\sin\alpha}{1 + J/mr^2}}$$

b) *Keil.* Zwei mit der Grundfläche zusammengefügte geneigte Ebenen bilden einen Keil ($\triangle$). Die auf den Keilrücken ausgeübte Kraft F lässt sich in zwei Normalkräfte F_n (senkrecht auf den Flanken) aufspalten.

$$F_n = \frac{F}{s r} = \frac{F}{2\sin\alpha}$$

s	Länge einer Flanke, Seitenfläche	
r	Breite des Keilrückens, Oberseite	
α	halber Keilwinkel	

c) *Schraube.* Um eine Achse gewickelte geneigte Ebene. Beim Drehen der Schraube mit der Kraft F_1 wirkt in Achsrichtung die Kraft F_2 ($F_1 \perp F_2$).

$$\frac{F_1}{F_2} = \frac{h}{2\pi r} = \tan\alpha$$

Wirkt F_1 im Abstand x von der Drehachse, gilt:

$$\frac{F_1}{F_2} = \frac{h}{2\pi x}$$

h Ganghöhe der Schraube, α Neigungswinkel, r mittl. Gewinderadius.

Ekliptik

Scheinbare jährliche Sonnenbahn an der Himmelskugel durch die 12 Sternbilder des Tierkreises; steht mit einem Winkel von 23,5° schief zum Himmelsäquator und bildet mit ihm zwei Schnittpunkte (Frühlings- und Herbstpunkt).

Elastizitätsmodul

E-Modul, mechan. Werkstoffkenngröße:

$$E = \frac{\text{Spannung } \sigma}{\text{Dehnung } \varepsilon} \quad \text{kN/mm}^2 = \text{GPa}$$

Kehrwert des Dehnungskoeffizienten α, linearer Anstieg im elast. Bereich des Spannung-Dehnung-Diagramms $\sigma(\varepsilon)$. Maß für die Steifigkeit oder Starrheit des Kristallgitters gegenüber Zugbeanspruchung, vergleichbar einer Federkonstante. Durch Formänderung gespeicherte elastische Energie pro Volumeneinheit. Proportionalitätsfaktor des HOOKEschen Gesetzes.

$$E = \frac{1}{\alpha} = \frac{\sigma}{\varepsilon} = \frac{F\,l_0}{S_0\,\Delta l} = 2\,G\,(1 + \mu)$$

Für Stahl: $E \approx 2{,}6 \cdot G$

$$1\,\text{N/mm}^2 = 10^{-3}\,\text{kN/mm}^2 = 10^{-6}\,\text{N/m}^2 =$$
$$1\,\text{MPa} = 0{,}1\,\text{kN/cm}^2 = 10^6\,\frac{\text{kg}}{\text{s}^2\,\text{m}} = 10^{-3}\,\text{GPa}$$

F	Normalzug- oder Druckkraft	(N)
G	Schubmodul	(N/mm^2)
l_0	Ausgangslänge des Probestabes	(m)
Δl	Längenänderung	(m)
S_0	Ausgangsquerschnitt der Probe	(m^2)
ε	Dehnung	(Dim. 1)
μ	Poisson-Zahl	(Dim. 1)
σ	mechanische Spannung	(N/mm^2)

Elastizitätsmodul (20 °C) in N/mm^2

Eis (–4 °C)	9 900
Blei	14 000 … 17 000
Mg, rein	39 000 … 40 000
Mg-Legierungen	42 000 … 44 000
Al, rein	64 000 … 72 000
Quarzglas	76 000
Gold	81 000
Al-Legierung	66 000 … 83 000
Gusseisen	73 000 … 102 000
Messing (CuZn)	78 000 … 98 000
Rotguss	88 000 … 90 000
Tombak	98 000 … 100 000
Bronze (CuSn)	107 000 … 113 000
Kupfer	122 000 … 123 000
– kaltverformt	126 000
Neusilber	122 000 … 125 000
Nickelin	127 000 … 130 000
CrNi 18 8	195 000
Nickel	210 000
Stahlguss, unleg.	196 000 … 210 000
Flussstahl	196 000 … 215 000
Federstahl	205 000 … 215 000
Molybdän	450 000

Elastostatik

Modellierung mehrachsiger Spannungszustände durch Lösung der 15 *Feldgleichungen*

– 3 Gleichgewichtsbedingungen

– 6 Verzerrungs-Verschiebungs-Beziehungen

Tabelle 2.1 Energieumwandlung nach E. JUSTI.

	Mechanische Energie	Thermische Energie	Licht-Energie	Elektrische Energie	Chemische Energie
Mechanische Energie	Einfache Maschinen	Reibungswärme, Wärmepumpe, Kühlschrank	Triboluminenszenz	Generator, Mikrofon, Magneto-hydrodynamik	
Thermische Energie	Wärmekraft-maschine	Absorptions-kältemaschine	Glühlampe	Seebeck-Effekt, thermoion. Diode	endotherme Reaktion
Licht-energie	Radiometer	Lichtabsorption	Fluoreszenz	Fotozelle, Sperrschicht	Fotosynthese, Fotolyse
Elektrische Energie	Elektromotor, Elektroosmose	Peltier-Effekt, Thomson-Effekt	Leuchtstoffröhre, Spektrallampe	Akkumulator, Pumpspeicherwerk	Elektrolyse, Elektrodialyse
Chemische Energie	Osmose, Muskel	Exotherme Reaktion	Chemolumineszenz, Leuchtkäfer	Batterie, Brennstoffzelle	Brennstoff-elemente

– 6 verallgemeinertes Hooke-Gesetz $\varepsilon_i(\sigma_i,\sigma_j,\sigma_k)$ für 15 *Feldgrößen*:
– 3 Verschiebungen v_i
– 6 Spannungen σ_i,τ_{ij}
– 6 Verzerrungen (Komponenten des Verzerrungstensors: $\varepsilon_i,\gamma_{ij}$) unter Beachtung der Randbedingungen.
1) Vereinfachungen
a) *Ebener Spannungszustand* (ESZ), *Scheibenzustand*: Die Spannungskomponenten σ_i,τ_{ij} senkrecht zur Scheibenebene sind vernachlässigbar klein.
b) *Ebener Verzerrungszustand* (EVZ). Die Verzerrungskomponenten $\varepsilon_i - I,\gamma_{ij}$ senkrecht zu parallelen Ebenen sind vernachlässigbar klein.
c) *Rotationssymmetrischer Spannungszustand*: Belastung, Geometrie und Randbedingungen sind rotationssymmetr. zu einer Achse und unabh. vom Polarwinkel.
2) *Kesselgleichung, *Rotierende Scheibe, dickwandiges *Rohr.

Energie
Die Fähigkeit eines Systems, *Arbeit zu verrichten. SI-Einheit ist das *Joule; andere Einheiten nicht zulässig.

$$1\,\mathrm{J} = 1\,\mathrm{W\,s} = 1\,\mathrm{N\,m} = \mathrm{kg}\cdot\mathrm{m}^2\cdot\mathrm{s}^{-2}$$

1) Kinetische Energie, *Bewegungsenergie*. Bei beliebiger Bewegung eines Massenpunktes überlagern sich Translation und Rotation – jeweils bezogen auf den *Schwerpunkt.
Translationsenergie

$$\boxed{E_{\mathrm{kin,trans}} = \tfrac{1}{2}\,m\,v^2} \quad (\mathrm{J} = \mathrm{N\,m})$$

Rotation

$$\boxed{E_{\mathrm{kin,rot}} = \frac{1}{2}\left(\sum_i m_i\,r_i^2\right) = \tfrac{1}{2}\,J\,\omega^2} \quad (\mathrm{J} = \mathrm{N\,m})$$

Gesamtenergie

$$E_{\mathrm{kin}} = E_{\mathrm{kin,trans}} + E_{\mathrm{kin,rot}}$$

m	Masse des Körpers bzw. Massenpunktes i	(kg)
r_i	Abstand des Massenpunktes i von der Drehachse durch den Schwerpunkt	(m)
v	Geschwindigkeit des Schwerpunktes	(m/s)
J	Trägheitsmoment bezgl. der Drehachse durch den Schwerpunkt	(kg m^2)
ω	Winkelgeschwindigkeit der Rotation	(rad/s)

2) Potentielle Energie, Lageenergie, z. B. eines gegen die Schwerkraft gehaltenen Körpers:

$$\boxed{W_{\mathrm{pot}} = F_{\mathrm{G}}\,h = m\,g\,h} \quad \mathrm{J} = \frac{\mathrm{kg\,m}^2}{\mathrm{s}^2}$$

g Fallbeschleunigung, h Höhe, m Masse.
Potentielle Energie einer Feder

$$E_{\mathrm{pot}} = \tfrac{1}{2}cx^2$$

c Federkonstante, x Federweg.
3) Mechanische Energie. Summe aus kinet. und potent. Energie (vgl. *Arbeit).

$$E = E_{\mathrm{kin}} + E_{\mathrm{pot}} = \tfrac{1}{2}\,m\,v^2 + \left(\tfrac{1}{2}\,c\,s^2 + m\,g\,h\right)$$

c Federsteifigkeit.

Energiebedeckung
Fälschlich „Energiedichte". Nach DIN für ein zweidimensionales Kontinuum (z. B. Platte, Kugelschale):

$$\text{Energiebedeckung} = \frac{\text{Energie } W}{\text{Fläche } A}$$

Energiebelag
Nach DIN für ein eindimensionales Kontinuum, ohne Richtungsinformation:

$$\text{Energiebelag} = \frac{\text{Energie } W}{\text{Länge } l}$$

Energieerhaltung
Energiesatz der Mechanik. In einem *abgeschlossenen System (verrichtet keine äußere Arbeit), in dem nur konservative Kräfte wirken, bleibt der Energieinhalt zeitlich und räumlich konstant.
In einem *konservativen Kraftfeld* – wo die Kräfte ein *Potential besitzen, und die Kräfte ohne Potential null sind: $\vec{F}_{\mathrm{oP}} = \vec{0}$; d. h. die verrichtete Arbeit wegunabhängig ist – bleibt die mechan. Energie als *Summe aus kinet. und potent. Energie konstant*. (Die Reibungskraft ist keine konservative Kraft.)
Energie kann nicht erzeugt und vernichtet, sondern nur von einer Form in die andere umgewandelt oder zw. Teilen eines Systems ausgetauscht werden. Es gibt kein *perpetuum mobile* erster Art, also eine Maschine, die ohne äußere Energiezufuhr dauernd Arbeit verrichtet. Vgl. Tabelle.
Erhaltung der mechanischen Energie:

$$\boxed{E_{\text{kin}} + E_{\text{pot}} = \text{const}} \quad \Leftrightarrow \quad \mathrm{d}E_{\text{kin}} = -\mathrm{d}E_{\text{pot}}$$

für zwei Zeitpunkte t und t' (ohne Reibung)

$$\tfrac{1}{2}m_1(v_1^2 - v_1'^2) + \tfrac{1}{2}m_2(v_2^2 - v_2'^2) + \dots$$
$$+ \tfrac{1}{2}c_1(s_1^2 - s_1'^2) + \tfrac{1}{2}c_2(s_2^2 - s_2'^2) + \dots$$
$$+ m_1 g(h_1 - h_1') + m_2 g(h_2 - h_2') + \dots = 0$$

Konservatives N-Punktmassensystem ($W_{\text{oP}} = 0$)

$$E_{\text{kin.2}} + E_{\text{pot.2}} = E_{\text{kin.1}} + E_{\text{pot.1}} = \text{const}$$

Erde

Gravitationskraft auf der Erdoberfläche

$$F_{\text{G}} = G\,\frac{m_{\text{E}}\,m}{r_{\text{E}}^2} = m\,g$$

Erdmasse

$$m_{\text{E}} = g\,\frac{r_{\text{E}}^2}{G} = \frac{4\pi^2\,r_{\text{E,M}}^3}{G\,T_{\text{M}}^2} \approx 5{,}977 \cdot 10^{14}\,\text{kg}$$

Zentrifugalbeschleunigung
a) der Erddrehung um die eigene Achse

$$|a_{\text{n}}| = \frac{4\pi^2\,r_{\text{E}}}{T^2} \approx 0{,}0338\ \text{m/s}^2$$

b) der Erdbahn um die Sonne

$$|a_{\text{n}}| = \frac{4\pi^2\,r_{\text{E,S}}}{T_{\text{E,S}}^2} \approx 0{,}0059\ \text{m/s}^2$$

Erdradius

Mittlerer	r_{E}	$= 6371\ \text{km}$
Äquatorradius	$r_{\text{E,Ä}}$	$= 6378{,}160\ \text{km}$
Polradius	$r_{\text{E,P}}$	$= 6356{,}775\ \text{km}$

Rotationsdauer der Erde = 1 Tag

$$T = 1\ \text{d} = 23\ \text{h}\ 56\ \text{min}\ 3{,}95\ \text{s} = 86163{,}95\ \text{s}$$

Geschwindigkeit der *Erdrotation:*

$$\omega = 360°/T = 7{,}27 \cdot 10^{-5}\ \text{rad/s}$$

Umlaufdauer um die Sonne = siderische Umlaufzeit

$$T_{\text{E,S}} = 365\ \text{d}\ 5\ \text{h}\ 48\ \text{min}\ 46\ \text{s} = 3{,}1556926 \cdot 10^7\ \text{s}$$

Erdweite: mittlerer Abstand Erde/Sonne = große Bahnhalbachse = Ellipsenparameter.

$$r_{\text{E,S}} = 149\,504\,200\ \text{km}$$

Numerische Exzentrizität der Ellipsenbahn

$$\varepsilon = 0{,}017$$

Enfernung Erde–Mond $\quad r_{\text{E,M}} = 3{,}84 \cdot 10^8\ \text{m}$
Mittlere Dichte der Erde $\quad \varrho_{\text{E}} = 5514\ \text{kg/m}^3$

G Gravitationskonstante ($\text{N}\,\text{m}^2/\text{kg}^2 = \text{m}^3\text{kg}^{-1}\text{s}^{-2}$)
T_{M} Umlaufzeit des Mondes um die Erde (s).

Erhaltungssätze der Mechanik

*Energie-, *Impuls-, *Drehimpuls-, *Drehmomenterhaltung.

Fachwerk

Zusammengesetzes *Tragwerk: System aus Fachwerkstäben, die in Gelenken (= Knoten) reibungsfrei miteinander verbunden sind.

1) Statische Bestimmtheit. Sämtliche Gelenk- und Schnittreaktionen werden aus Gleichgewichtsbedingungen ermittelt.

$$\boxed{n = 2k - s - t}$$

$n > 0$ System mit n Freiheitsgraden
$n = 0$ statisch bestimmt
$n < 0$ $|n|$-fach statisch unbestimmt

Ein ebenes und stat. bestimmtes Fachwerk zw. zwei horizonalen Balken besteht aus s Stäben und k Knotenpunkten.

$$s = 2k - 3$$

k Anzahl der Gelenke (Knoten)
s Anzahl der Fachwerkstäbe
t Anzahl der Stützstäbe/Lagerreaktionen

2) Stab- und Längskräfte werden ermittelt:

a) *Knotenschnittverfahren:* Freischneiden und Gleichgewichtsbedingungen an jedem Gelenk/Knoten als zentrales Kraftsystem.

b) *Schnittverfahren nach Ritter:* Schnittführung, dass allg. Kraftsysteme entstehen; z. B. Schnitt dreier Stäbe, deren Wirkungslinien keinen gemeinsamen Schnittpunkt besitzen.

c) *Energetische Verfahren* bei stat. unbest. Fachwerken; vgl. Satz von *Castigliano.

Räumliche Tragwerke werden in drei ebene Aufgaben zerlegt (drei senkrecht aufeinanderstehende Ebenen).

Fahrt *Geschwindigkeit

Fall, freier

Gleichmäßig beschleunigte *Translation ohne Anfangsgeschwindigkeit mit Fallbeschleunigung g.

1) Kräfte. Auf den fallenden Körper wirken
- die Erdanziehung (Gewichtskraft $F_{\text{G}} = mg$),
- die Luftreibungskraft $F_{\text{R}} = -\gamma\,v^2$ (turbulente Strömung, NEWTON-Reibungsgesetz).
- somit eine Gesamtkraft $m\dot{v} = mg - \gamma v^2$.

Die Fallgeschwindigkeit nähert sich mit zunehmender Zeit einer Grenzgeschwindigkeit v_∞. Beim geöffnetem *Fallschirm* ist die innere *Fluidreibung* grob $F_{\text{R}} = -\beta\,v$ wie in laminarer Strömung (STOKES-Reibungsgesetz).

ungebremst
$$\boxed{F_{\text{G}} = mg = m\,\frac{\mathrm{d}v}{\mathrm{d}t}}$$

mit Luftreibung
$$\boxed{m\,\frac{\mathrm{d}v}{\mathrm{d}t} = mg - \gamma v^2}$$

Fallschirm geöffnet
$$\boxed{m\,\frac{\mathrm{d}v}{\mathrm{d}t} = mg - \beta v}$$

2) Fallgeschwindigkeit und Grenzgeschwindigkeit (für $\dot{v} = 0$)

a) Freier Fall ungebremst: Theoret. Grenze ist die Lichtgeschwindigkeit.

$$\boxed{v = \int_0^t g\,\mathrm{d}t = g\,t = \sqrt{2\,g\,h}}$$

b) Fall mit Luftreibung: beim freien Fall eines Menschen ohne Fallschirm ist nach 7 Sekunden:

$$v(t) = v_\infty \tanh(at) \quad \text{mit } a = \sqrt{\frac{\gamma\,g}{m}} \Rightarrow$$

$$v_\infty = \sqrt{\frac{m\,g}{\gamma}} \approx 55\ \text{m/s}$$

c) Fallschirm geöffnet

$$v(t) = v_\infty + (v_0 + v_\infty) \cdot e^{-\beta t/m}$$

$$v_\infty = \frac{mg}{\beta} = \lim_{t \to \infty} v(t)$$

3) Fallhöhe und Fallzeit. Die Fallstrecke steigt mit dem Quadrat der Fallzeit (5 m nach 1 s, 20 m nach 2 s, 45 m nach 3 s, usw.). Im Vakuum fallen alle Körper gleich schnell.

ungebremst
$$\boxed{h = \int_0^t v\,dt = \frac{vt}{2} = \frac{gt^2}{2}}$$

$$t = \sqrt{\frac{2h}{g}}$$

mit Luftreibung
$$h(t) = \frac{v_\infty}{a} \ln[\cosh at]$$
$$t = \frac{m}{2\gamma v_\infty} \ln \frac{v_\infty + v_t}{v_\infty - v_t}$$

Fallschirm geöffnet
$$h(t) = h_0 + v_\infty t + \frac{m}{\beta} \cdot$$
$$(v_0 - v_\infty)(1 - e^{-\beta t/m})$$

4) Fallbeschleunigung

umgebremst
$$\boxed{g = \frac{dv}{dt} = \frac{d^2 h}{dt}}$$

mit Luftreibung
$$a(t) = \frac{a v_\infty}{\cosh^2 at}$$

Fallschirm
$$a(t) = \frac{\beta}{m}(v_\infty - v_0)\, e^{-\beta t/m}$$

5) Anwendungsbeispiele

a) Die *Tiefe eines Brunnens* berechnet sich aus der Zeit, bis der Aufschlag eines hineingeworfenen Steines hörbar wird (c Schallgeschwindigkeit): $t = \sqrt{2h/g} + h/c$ oder als Näherung $h = gt^2/2$.

b) Auf einen *Fallschirmspringer* wirkt zum Zeitpunkt der Entfaltung des Schirmes die Kraft $F = mg - \beta v_t = g(1 - v_\infty^{ohne}/v_\infty^{mit})$, die sich aus den Grenzgeschwindigkeiten bei ungeöffnetem und geöffneten Schirm zusammensetzt.

c) Der *Abwurf von Hilfsgütern* aus einem Flugzeug (Geschwindigkeit v) muss um die Zeit $t = \sqrt{2h/g}$ vor Erreichen des Zieles ausgelöst werden; das Abwurfgut legt in dieser Zeit den Weg $s = vt$ zurück.

Fallbeschleunigung

1) Normalfallbeschleunigung. International vereinbarter, ortsunabhängiger Standardwert der Fallbeschleunigung der geograf. Breite $\varphi = 45°\,32'\,33''$ auf Meereshöhe.

$$\boxed{g_n = 9{,}80665 \ \text{m/s}^2}$$

2) Örtliche Fallbeschleunigung, *Erdbeschleunigung* oder *Gravitationsfeldstärke* der Erdmasse. Ortsabhängige Größe des freien Falls auf der Erdoberfläche aufgrund der Schwerkraft, die einen Körper in Richtung des Erdmittelpunktes beschleunigt. Schwankt minimal mehrfach täglich je nach Mond- und Sonneneinfluss. Gravitationsfeldstärke der Erdmasse m_E (ohne Coriolis- und Reibungskräfte).

$$\boxed{g = G \frac{m_E}{r_E^2}} \qquad \frac{\text{m}}{\text{s}^2} = \frac{\text{N}}{\text{kg}}$$

In Abhängigkeit der geograf. Breite φ auf Meereshöhe (wegen der *Geoidform der Erde).

$$\boxed{g \approx 9{,}832 - 0{,}052 \cos^2 \varphi}$$

3) Fallbeschleunigung in großer Höhe

$$g(h) = \frac{g_0}{\left(1 + \dfrac{h}{r_E}\right)^2} \quad \text{mit} \ \ r_E \approx 6371 \ \text{km}$$

Örtliche Fallbeschleunigung.

Äquator (0°)	9,780 49	m/s^2
Rom	9,803 67	m/s^2
45° Breite	9,806 16	m/s^2
München	9,807 33	m/s^2
Nürnberg	9,809	m/s^2
Paris	9,809 43	m/s^2
Stockholm	9,818 43	m/s^2
Nord-/Südpol (90°)	9,832 21	m/s^2

F. auf Himmelskörpern.

*Mond	1,62	m/s^2	Merkur	3,62	m/s^2
Mars	3,75	m/s^2	Pluto	7,9	m/s^2
Venus	8,49	m/s^2	Uranus	9,40	m/s^2
Saturn	11,1	m/s^2	Neptun	14,7	m/s^2
Jupiter	26	m/s^2	*Sonne	274	m/s^2

Feder

Elastisches Maschinenelement.

1) Blattfeder. Elast. Rechteckblech.

a) Blattfeder der Länge l, einseitig eingespannt

Federsteifigkeit
$$c = \frac{\text{Tragkraft } F}{\text{Durchbiegung } f} \ \ (\text{N/mm})$$

Tragkraft
$$F = \frac{W \sigma_{b,\text{zul}}}{l} \qquad (\text{N})$$

Geschichtete Blattfedern
(n Federblätter)
$$F = \frac{W \sigma_{b,\text{zul}}}{l} n \qquad (\text{N})$$

Biegespannung
$$\sigma_b = \frac{6Fl}{bh^2} = \frac{6Fl}{nb_1 h^2}$$

Federweg = Durchbiegung
$$f = \frac{q F l^2}{3 E I} = \frac{4q F l^3}{nb_1 E h^3}$$

Faktor je nach Zahl der Federblätter

i	1	2	3	4	5	6
q	1	1,16	1,24	1,28	1,31	1,34

b) *Dreieckfeder* (Dicke s), einseitig eingespannt mit der Breite b (parallel zur Wand).

Federsteifigkeit
$$c = \frac{b s^3 E}{6 l^3} \quad (\text{N/mm})$$

Durchbiegung
$$f = \frac{F l^3}{2 E I} = \frac{l^2 \sigma_{b,\text{zul}}}{s\,E} \approx \text{mm}$$

c) *Rechteckfeder* (Dicke s), einseitig eingespannt mit der Breite b (parallel zur Wand).

$$c = \frac{b s^3 E}{4 l^3}; \qquad f = \frac{F l^3}{3 E I} = \frac{2 l^2 \sigma_{b,\text{zul}}}{3 s E}$$

d) *Trapezfeder* (Dicke s), einseitig eingespannt mit der breiteren Seite b_1.

$$c = \frac{b_1 s^3 E}{4 k l^3}; \qquad f = \frac{k F l^3}{3 E I} = \frac{2 k l^2 \sigma_{b,\text{zul}}}{3 s E}$$

b	Breite des Federblattes	
E	Elastizitätsmodul	(N/mm^2)
h	Dicke des Federblattes	
I	Flächen(trägheits)moment	(mm^4)
k	Beiwert (1 ... 1,5) je nach Breitenverhältnis	
W	Widerstandsmoment	(mm^3)

2) Drehstabfeder. Torsionsspannung, Drehwinkel und Federrate bei Verwindung eines Zylinderstabes.

$$\tau_t = \frac{16\,M_t}{\pi\,d^3}, \qquad \varphi = \frac{32\,M_t l}{\pi\,d^4 G}, \qquad c^* = \frac{M_t}{\varphi}$$

3) Druckfeder. Zylindr. Schraubendruckfeder; spiralförmig aufgewickelter Draht.

Zahl der federnden Windungen

$$N = \frac{G\,d^4 s}{8\,d_m^3\,F} \qquad \text{(Dim.1)}$$

Gesamtwindungszahl

   Kaltgeformte Federn: $\quad N_{ges} = N + 2$

   Warmgeformte Federn: $\quad N_{ges} = N + 1{,}5$

Summe der Mindestabstände zw. federnden Windungen

$$S_{ges} = N\,x\,d$$

Drahtdurchmesser

$$d = \sqrt[3]{\frac{8\,d_m\,F}{\pi\,\tau_v}} \qquad \text{(m)}$$

Blocklänge bei plangeschliffenen Enden

   Kaltgeformte Federn: $\quad l_b \approx N_{ges}d$

   Warmgeformte Federn: $\quad l_b \approx (N_{ges} - 0{,}3)\,d$

Federsteifigkeit, Federkonstante, Federrate

$$c = \frac{\Delta F}{\Delta s} = \frac{G\,d^4}{8\,d_m^3\,N} \qquad \text{(N/mm)}$$

Federkraft

$$F = \frac{G\,d^4 s}{8\,d_m^3\,N} = \frac{\pi\,\tau_i\,d^3}{8\,d_m} \qquad \text{(N)}$$

Federweg der belasteten Feder

$$f = \frac{8\,d_m^3\,N\,F}{G\,d^4} \qquad \text{(m)}$$

Federspannarbeit

$$W_f = \frac{F\,s}{2} = \frac{c\,s^2}{2} \qquad \text{(N mm)}$$

Frequenz der Federeigenschwingung

$$\nu_e = \frac{d}{2\pi\,N\,d_m^2}\sqrt{\frac{G}{2\varrho}} \qquad (\text{Hz} = s^{-1})$$

Torsionsspannung, ideelle Schubspannung

$$\tau_t = \frac{8k d_m F}{\pi\,d^3} = \frac{k\,G\,d\,s}{\pi\,N\,d_m^2} \qquad (\text{N/mm}^2)$$

d_m	mittlerer Windungsdurchmesser	(m)
G	Schubmodul	(N/mm^2)
k	Beiwert der Spannungserhöhung durch Drahtkrümmung	
ϱ	Dichte des Federstahls	(kg/m^3)

4) Tellerfeder

Kraft einer Einzelfeder

$$F = \frac{4E}{(1 - \nu^2)}\,\frac{f\,t}{k_1 D_a^2}\left[(h_0 - f)\left(h_0 - \frac{f}{2}\right) + t^2\right]$$

Kombination von Tellerfedern

$$F_{ges} = n\,F, \qquad f_{ges} = i\,f$$

D_a	Außendurchmesser (Tellerrand)	
D_i	Innendurchmesser (Tellerboden)	
E	Elastizitätsmodul,	
f	Federweg, Durchbiegung	
h_0	Höhe Horizontale bis Tellerboden	
i	Anzahl wechselsinnig geschichteter Federn	
n	Anzahl gleichgerichteter Tellerfedern	
	(analog Tellerstapel im Haushalt)	
t	Dicke des Federblechs	
ν	Poisson-Zahl	

5) Flachformfeder

Am Freiträger *einseitig eingespannt*, Einzelkraft am Ende.

$$\sigma_b = \frac{6\,F\,l}{b\,s^2}; \qquad F = \frac{E\,b\,s^3\,f}{4\,l^3}$$

Auf zwei Stützen *frei aufliegend*, Einzelkraft in der Mitte.

$$\sigma_b = \frac{3\,F\,l}{2\,b\,s^2}; \qquad F = \frac{4\,E\,b\,s^3\,f}{l^3}$$

Auf zwei Stützen *einseitig eingespannt*, Einzelkraft in der Mitte.

$$\sigma_b = \frac{9\,F\,l}{8\,b\,s^2}; \qquad F = \frac{64\,E\,b\,s^3\,f}{7\,l^3}$$

b	Federbreite	(mm)
F	Federkraft	(N)
f	Federweg, Durchbiegung	(mm)
l	wirksame Federlänge	(mm)
s	Federdicke	(mm)
σ_b	max. vorhandene Biegespannung	(N/mm^2)

6) Zugfeder

Federkraft nach Verformung

$$F = \frac{G\,d^4 s}{8\,d_m^3\,N} \qquad \text{(N)}$$

Federsteifigkeit

$$c = \frac{\Delta F}{\Delta s} = \frac{G\,d^4}{8\,d_m^3\,N} \qquad \text{(N/mm)}$$

Federspannarbeit

$$W_f = \frac{(F_0 + F)\,s}{2} = \frac{c\,(s^2 - s_0^2)}{2} \qquad \text{(N mm)}$$

d Drahtdurchmesser, d_m mittl. Windungsdurchmesser, G Schubmodul, N Anzahl d. federnden Windungen, s Federweg (0 = Ausgangszustand).

Federarbeit

Federspannarbeit, Formänderungsarbeit.

$$\boxed{\; W_f = \int\limits_1^2 \vec{F}\,d\vec{s} = \frac{F\,s}{2} = \frac{c\,s^2}{2} \;} \quad \text{N mm}$$

Bei vorhandener Anfangsverformung

$$W_f = \frac{F_0 + F}{2}\,(s - s_0) = \frac{c}{2}\,(s^2 - s_0^2)$$

c	Federsteifigkeit	(N/mm)
F	Federspann-, Verformungskraft	(N)
s	Federspannweg, Verformungsweg	(mm)

Federsteifigkeit

Auch: *Federkonstante* oder *Federrate*. Proportionalitätsfaktor des *HOOKEschen Gesetzes.

$$\boxed{\; c = -\frac{\text{Spannkraft } F}{\text{Spannweg } s} \;} \quad \frac{\text{N}}{\text{m}} = \frac{\text{kg}}{\text{s}^2}$$

Festkörper zeigen innerhalb ihrer Deformationsgrenzen *elastisches Verhalten*. Der äußeren, deformierenden Kraft wirkt die elast. Kraft (Federkraft) entgegen. Je härter die Feder ist, umso größer ist die Federkonstante (Richtgröße).

Für gekoppelte Federn:

– Parallele Federn: $\quad c = c_1 + c_2 + \dots$

– Serienschaltung: $\quad \dfrac{1}{c} = \dfrac{1}{c_1} + \dfrac{1}{c_2} + \dots$

Festigkeit

Maß für den Widerstand eines Werkstoffes gegen Verformung oder Bruch durch äußere oder innere Spannungen. Vgl. *Biege-, Druck-, Knick-, Scher-, Verdreh-, Zugfestigkeit; stat. Festigkeit.

Festigkeitshypothese

Festigkeits-, Bruch- und Versagenshypothesen liefern beanspruchungs- und schädigungsäquivalente einachsige Referenz- oder *Vergleichsspannungen* σ_v (z. B. die *zulässige Spannung* σ_{zul}). Die zusammenges. Beanspruchung darf die zulässige Vergleichsbeanspruchung nicht überschreiten. Bauteilbeanspruchung und -schädigung erfolgt durch mehrachsigen Spannungszustand.

1) Gleichartige Spannungen

zusammengesetzte Festigkeit aus zuläss. Zug- (z), Biege- (b), Druck- (d), Schub- (s), Torsionsspannung (t).

$$\sigma_{max} = \sigma_{z,zul} + \sigma_{b,zul} = \sigma_{d,zul} + \sigma_{b,zul}$$
$$\tau_{max} = \tau_{s,zul} + \tau_{t,zul}$$

2) Formeln für Stäbe

a) Hauptnormalspannungshypothese. Hauptnormalspannung für sprödbruchgefährdete Stäbe.

$$\sigma_{v1} := \sigma_1 = \frac{\sigma}{2} + \sqrt{\left(\frac{\sigma}{2}\right)^2 + \tau^2}$$

$\sigma = \sigma_z$ Spannung durch Längskraft und/oder Biegung
$\tau = \tau_{yz}$ Spannung durch Torsion und/oder Querkraft

b) Hauptdehnungshypothese. Maximale Hauptdehnung als Versagensursache.

$$\sigma_{v2} := \varepsilon_1 E = \frac{(1-\nu)\sigma}{2} + (1+\nu)\sqrt{\left(\frac{\sigma}{2}\right)^2 + \tau^2}$$

c) Hauptschubspannungshypothese. Für verformungsbruchgefährdete Bauteile.

$$\sigma_{v3} := 2\tau_{max} = \sqrt{\sigma^2 + 4\tau^2}$$

d) Hypothese der Gestaltänderungsarbeit. Gestaltänderungsenergiehypothese nach HUBER, V. MISES, HENCKY. Maßgebend für das Versagen ist die Gestaltänderungsenergie als Teil der Formänderungsenergie.

$$\sigma_{v4} = \sqrt{\sigma^2 + 3\tau^2}$$

Speziell: *reine Schubbeanspruchung*

$$\sigma_{v4} = \sqrt{\sigma^2 + 3(\alpha_0\tau)^2}$$
$$\alpha_0 = \frac{\sigma_{zul}}{\sqrt{3}\,\tau_{zul}}$$
$$M_v = \sqrt{M_b^2 + 0,75 \cdot \alpha_0^2 M_t^2}$$

Grafische Interpretation als *Bruchgrenzkurve:* Die zulässige Beanspruchung liegt innerhalb eines Kreises im Diagramm τ/τ_{zul} gegen σ/σ_{zul}.

$$\left(\frac{\sigma}{\sigma_{zul}}\right)^2 + \left(\frac{\tau}{\tau_{zul}}\right)^2 = 1$$

Erforderliches *Widerstandsmoment*

$$W_b = \frac{\text{ideelles Moment } M_v}{\text{zuläss. Biegespannung } \sigma_{b,zul}} \quad mm^3$$

e) Hypothese von Bach Für Normal- und Schubspannungen

$$\sigma_v = 0,35 \cdot \sigma \pm 0,65 \cdot \sqrt{\sigma^2 + 4\alpha_0^2\tau^2}$$
$$M_v = 0,35 \cdot M_b + 0,65 \cdot \sqrt{M_b^2 + \alpha_0^2 M_t^2}$$
$$\alpha_0 = \frac{\sigma_{zul}}{1,3 \cdot \tau_{zul}}$$

f) Hypothese von Mohr für Normal- und Schubspannungen

$$\sigma_v = \sqrt{\sigma^2 + 4\alpha_0^2\tau^2}$$
$$M_v = \sqrt{M_b^2 + \alpha_0^2 M_t^2}$$
$$\alpha_0 = \frac{\sigma_{zul}}{2\tau_{zul}}$$

σ_v	ideelle Spannung = Vergleichsspannung	(N/mm²)
α_0	Anstrengungsverhältnis	(Dim.1)
M_b	vorhandenes Biegemoment	(N mm)
M_t	vorhandenes Torsionsmoment	(N mm)
M_v	ideelles Moment = Vergleichsmoment	(N mm)

3) Formeln für Achsen und Wellen

Biegemoment. Maximale Beanspruchung auf dem Rand des Querschnittes (in z-Richtung).

$$M_b = \sqrt{M_{bx}^2 + M_{by}^2}$$

Vergleichsspannung

$$\sigma_{v4} = \frac{1}{W_b}\sqrt{M_b^2 + \tfrac{3}{4}(\alpha_0 M_t)^2} = \frac{M_v}{W_b}$$

Widerstandsmoment

$$W_b = \frac{\pi\, d_a^3(1-\lambda^4)}{32} = \frac{\pi\,(d_a^4 - d_i)^4}{32\,d_a}$$

Vergleichsmoment

$$M_v = \sqrt{M_b^2 + \tfrac{3}{4}\alpha_0^2 M_t^2}$$

Erforderlicher Außendurchmesser

$$d_{a\,erf} \geq \sqrt[3]{\frac{32\,M_v}{(1-\lambda^4)\pi\,\sigma_{zul}}}$$

$\lambda = d_i/d_a$ Verhältnis von Innen- zu Außendurchmesser.

4) Mehrachsiger Spannungzustand nach der Hypothese der Gestaltänderungsarbeit.

$$\sigma_{v4} = \sqrt{\frac{(\sigma_x - \sigma_y)^2 + (\sigma_x - \sigma_z)^2 + (\sigma_y - \sigma_z)^2}{2} + 3(\tau_{xy}^2 + \tau_{xz}^2 + \tau_{yz}^2)}$$
$$= \sqrt{\frac{(\sigma_1 - \sigma_2)^2 + (\sigma_1 - \sigma_3)^2 + (\sigma_2 - \sigma_3)^2}{2}}$$

$\sigma_1 < \sigma_2 < \sigma_3$ Hauptnormalspannungen.

Flächenlast

Flächenbezogene Zug- oder Druckbeanspruchung.

$$q = \frac{\text{Kraft } F}{\text{Fläche } A} \quad N/m^2$$

Flächenmoment

Im rechtwinkligen kartes. Koordinatensystem:

Flächenmoment	
0. Ordnung	Flächeninhalt
1. Ordnung	statisches Moment
2. Ordnung	Flächen(trägheits)moment
n-ter-Ordnung	$\int_{(A)} (x^a y^b)\, dA$
	a, b natürliche Zahlen: $a + b = n$

Mechanik

Flächenmoment 1. Grades

*Statisches Moment einer Fläche A (in m^3). Produkt aus Fläche und Abstand zw. Flächenschwerpunkt und Bezugsachse.

$$S_x = \int\limits_{(A)} y \, \mathrm{d}A = 0 \quad \text{und} \quad S_y = \int\limits_{(A)} x \, \mathrm{d}A = 0$$

x, y Koordinaten mit Ursprung im Flächenschwerpunkt.

Flächenmoment 2. Grades

früher *Flächenträgheitsmoment*. Nicht verwechseln mit *statischem Moment, *Massenmoment.

Man unterscheidet für kartes. Koordinaten x und y *mit Ursprung im Flächenschwerpunkt*.

1) *Axiales Fläche(trägheits)moment*. Axiales (= äquatoriales) Flächenmoment 2. Grades.

$$\boxed{\begin{aligned} I_x = I_{xx} &= \int\limits_A y^2 \, \mathrm{d}A \\ I_y = I_{xy} &= \int\limits_A x^2 \, \mathrm{d}A \end{aligned}} \quad \text{mm}^4$$

2) *Deviationsmoment* oder *Zentrifugalmoment*.

$$\boxed{I_{xy} = -\int\limits_A xy \, \mathrm{d}A} \quad \text{mm}^4$$

3) *Polares Fläche(trägheits)moment*. Polares Flächenmoment 2. Grades, bezogen auf den Schwerpunkt.

$$\boxed{I_\mathrm{p} = I_{xx} + I_{yy} = \int\limits_A r^2 \, \mathrm{d}A} \quad \text{mm}^4$$

4) Axiales (äquatoriales) Widerstandsmoment

$$\boxed{W = \frac{I}{e}} \quad \text{mm}^3$$

5) Liegt der Koordinatenursprung nicht im Flächenschwerpunkt, dann vgl. *Steiner-Satz.

dA	Flächenteil	(mm^2)
e	Randfaserabstand = Abstand Biegeachse zur Flächenaußenkante	(mm)
r	Radius = Abstand Flächenelement–Ursprung	

Fläche(trägheits)moment, axiales

Äquatoriales Flächenmoment 2. Grades bezgl. einer Koordinatenachse x, y durch den Flächenschwerpunkt.

1) Beliebige Fläche
in rechtwinkligen Koordinaten

$$\boxed{\begin{aligned} I_x &= \int\limits_A y^2 \, \mathrm{d}A = \int\limits_{x_1}^{x_2} \int\limits_{g_1(x)}^{g_2(x)} y^2 \, \mathrm{d}y \, \mathrm{d}x \\ I_y &= \int\limits_A x^2 \, \mathrm{d}A = \int\limits_{x_1}^{x_2} \int\limits_{g_1(x)}^{g_2(x)} x^2 \, \mathrm{d}y \, \mathrm{d}x \end{aligned}}$$

in Polarkoordinaten

$$I_x = \int\limits_{\varphi_1}^{\varphi_2} \int\limits_{g_1(\varphi)}^{g_2(\varphi)} r^3 \sin^2 \varphi \, \mathrm{d}r \, \mathrm{d}\varphi$$

$$I_y = \int\limits_{\varphi_1}^{\varphi_2} \int\limits_{g_1(\varphi)}^{g_2(\varphi)} r^3 \cos^2 \varphi \, \mathrm{d}r \, \mathrm{d}\varphi$$

2) Ebene Fläche
Fläche zw. Funktion $y = f(x)$ und x- bzw. y-Achse.

$$I_x = \int\limits_A y^2 \, \mathrm{d}A = \frac{1}{3} \int\limits_{x_1}^{x_2} y^3 \, \mathrm{d}x$$

$$I_y = \int\limits_A x^2 \, \mathrm{d}A = \int\limits_{x_1}^{x_2} x^2 \, y \, \mathrm{d}x$$

Fläche zw. zwei Kurven $y = f(x)$ und $g(x)$

$$I_x = \frac{1}{3} \int\limits_{x_1}^{x_2} \left[f(x)^3 - g(x)^3 \right] \, \mathrm{d}x$$

$$I_y = \int\limits_{x_1}^{x_2} x^2 \, [f(x) - g(x)] \, \mathrm{d}x$$

3) Ebener Kurvenbogen
beschrieben durch die Funktion $y = f(x)$

$$I_x = \pi \int\limits_{x_1}^{x_2} y^2 \sqrt{1 + y'^2} \, \mathrm{d}x = \frac{A \, x}{2\pi}$$

$$I_y = \pi \int\limits_{x_1}^{x_2} x^2 \sqrt{1 + y'^2} \, \mathrm{d}x$$

A Mantelfläche des Rotationskörpers (um x-Achse).

Parameterform: $x = \varphi(t); \; y = \psi(t)$

$$I_x = \pi \int\limits_{t_1}^{t_2} \psi^2 \sqrt{\dot{\varphi}^2 + \dot{\psi}^2} \, \mathrm{d}t$$

$$I_y = \pi \int\limits_{t_1}^{t_2} \varphi^2 \sqrt{\dot{\varphi}^2 + \dot{\psi}^2} \, \mathrm{d}t$$

Polarkoordinaten: $r = f(\varphi)$

$$I_x = \pi \int\limits_{\varphi_1}^{\varphi_2} r^2 \sin^2 \varphi \sqrt{r^2 + \left(\frac{\mathrm{d}x}{\mathrm{d}\varphi} \right)^2} \, \mathrm{d}\varphi$$

$$I_y = \pi \int\limits_{\varphi_1}^{\varphi_2} r^2 \cos^2 \varphi \sqrt{r^2 + \left(\frac{\mathrm{d}x}{\mathrm{d}\varphi} \right)^2} \, \mathrm{d}\varphi$$

4) Zusammengesetzte Fläche.
a) Festlegung eines Koordinatensystems x, y.

b) Flächenmomente $I_{\mathrm{S},i}$ der n Teilflächen in ihren Teilschwerpunktskoordinatensystemen berechnen.

c) Transformation auf das gewählte Koordinatensystem mit dem *Satz von Steiner.*

$$\begin{aligned} I_{xx,i} &= I_{xx,\mathrm{S},i} + (y_\mathrm{S} - y_{\mathrm{S},i})^2 A_i \\ I_{yy,i} &= I_{yy,\mathrm{S},i} + (x_\mathrm{S} - x_{\mathrm{S},i})^2 A_i \\ I_{xy,i} &= I_{xy,\mathrm{S},i} - (x_\mathrm{S} - x_{\mathrm{S},i})(y_\mathrm{S} - y_{\mathrm{S},i}) A_i \end{aligned}$$

$x_\mathrm{S}, y_\mathrm{S}, z_\mathrm{S}$ Koordinaten des Flächenschwerpunktes im frei gewählten Koordinatensystem.

d) Summation der Flächenmomente I_i der Teilflächen; ausgesparte Flächen mit umgekehrtem Vorzeichen.

5) Drehung des Koordinatensystems. Drehtransformation der kartes. Koordinaten x, y (mit Ursprung im Flächenschwerpunkt) um den Winkel φ.

$$\begin{aligned} u &= +x \cos \varphi + y \sin \varphi \\ v &= -x \sin \varphi + y \cos \varphi \end{aligned}$$

Axiales und zentrifugales Fläche(trägheits)moment nach Drehung

$$I_{uu} = \frac{I_{xx} + I_{yy}}{2} + \frac{I_{xx} - I_{yy}}{2} \cos 2\varphi + I_{xy} \sin 2\varphi$$

$$I_{vv} = \frac{I_{xx} + I_{yy}}{2} - \frac{I_{xx} - I_{yy}}{2} \cos 2\varphi - I_{xy} \sin 2\varphi$$

$$I_{uv} = -\frac{I_{xx} - I_{yy}}{2} \sin 2\varphi + I_{xy} \sin 2\varphi$$

6) Hauptträgheitsmoment. Maximales I_1 bzw. minimales I_2 axiales Fläche(trägheits)moment durch die Hauptträgheitsachsen.

$$I_{1,2} = \frac{I_{xx} + I_{yy}}{2} \pm \sqrt{\left(\frac{I_{xx} - I_{yy}}{2}\right)^2 + I_{xy}^2}$$

Das Deviationsmoment verschwindet: $I_{uv}(\varphi_0) = 0$.
Hauptträgheitsachsen bei den Drehwinkeln φ_0:

$$\tan 2\varphi_0 = \frac{2I_{xy}}{I_{xx} - I_{yy}} \quad \text{und} \quad \tan \varphi_0 = \frac{I_{xy}}{I_{xx} - I_2}$$

1. *Symmetrieachsen* sind stets Hautträgheitsachsen.
2. Für eine Fläche mit $I_{xx} = I_{yy} = I_{xy} = 0$ sind alle *Schwerpunktachsen* Hauptträgheitsachsen. Die Flächen(trägheits)momente sind invariant gegenüber der Drehung des Koordinatensystems.
3. Die Flächenmomente sind Komponenten des Trägheitstensors.

Flächen(trägheits)moment, polares
Polares Flächenmoment 2. Grades.

$$I_{\mathrm{p}} = \int\limits_{(A)} r^2 \, \mathrm{d}A = I_{\mathrm{x}} + I_{\mathrm{y}}$$

in rechtwinkligen Koordinaten

$$I_{\mathrm{p}} = \int\limits_{x_1}^{x_2} \int\limits_{g_1(x)}^{g_2(x)} (x^2 + y^2) \, \mathrm{d}y \, \mathrm{d}x$$

in Polarkoordinaten

$$I_{\mathrm{p}} = \int\limits_{\varphi_1}^{\varphi_2} \int\limits_{g_1(x)}^{g_2(x)} r^3 \, \mathrm{d}r \, \mathrm{d}\varphi$$

Flächen(trägheits)moment, zentrifugales
Deviationsmoment oder *Zentrifugales Flächenmoment 2. Grades* bezüglich der Koordinatenachsen x, y durch den Flächenschwerpunkt.

$$I_{xy} = -\int\limits_{(A)} x \, y \, \mathrm{d}A$$

Behandlung zusammengesetzter Flächen und Drehung des Koordinatensystems analog zum axialen *Flächenmoment.

Flächenmoment, Spezialfälle
für einfache Geometrien.

Flächenschwerpunkt im kartes. Bezugssystem:	$\bar{x}_{\mathrm{S}}, \bar{y}_{\mathrm{S}}$
Axiales Flächenmoment	
– bzgl. Koordinatenursprung im Schwerpunkt:	I_x, I_y
– bzgl. Bezugskoordinatensystem:	$I_{\bar{x}}, I_{\bar{y}}$
– bzgl. einer beliebigen Achse:	I_A
Polares Flächenmoment:	I_{p}
Axiales Widerstandsmoment für Biegung:	W_{b}
– bzgl. der Hauptträgheitsachsen	
Axiales Widerstandsmoment für Torsion:	W_{t}

Ist mindestens eine Achse des gewählten Koordinatensystems eine Symmetrieachse (Hauptträgheitsachse), wird das Deviationsmoment null.

1) Kreisquerschnitt. Bezogen auf die Koordinatenachsen x, y (durch den Kreismittelpunkt = Schwerpunkt).

a) Kreisfläche

$$I_x = I_y = \frac{\pi d^4}{64} = \frac{\pi r^4}{4}$$
$$I_{\mathrm{p}} = \frac{\pi d^4}{32} = \frac{\pi r^4}{2}$$
$$W_{\mathrm{b},x} = W_{\mathrm{b},y} = \frac{\pi d^3}{32} = \frac{\pi r^3}{4}$$
$$W_{\mathrm{t}} = 0{,}196 \, d^3$$

r Radius, d Durchmesser.

b) Halbkreis

$$\bar{y}_{\mathrm{S}} = \frac{4r}{3\pi}$$
$$I_x = r^4\left(\frac{\pi}{8} - \frac{8}{9\pi}\right) \approx 0{,}11 \, r^4$$
$$I_y = \pi r^4/8$$
$$I_{\bar{x}} = I_{\bar{y}} = \pi r^4/8$$
$$W_{\mathrm{b},x} = \frac{r^3}{24}\left(\frac{9\pi^2 - 64}{3\pi - 4}\right) \approx 0{,}191 \, r^3$$
$$W_{\mathrm{b},y} = \pi r^3/8$$

c) Viertelkreis

$$\bar{x}_{\mathrm{S}} = \bar{y}_{\mathrm{S}} = \frac{4r}{3\pi}$$
$$I_x = I_y = r^4\left(\frac{\pi}{16} - \frac{4}{9\pi}\right) \approx 0{,}0549 \, r^4$$
$$I_{xy} = r^4\left(\frac{4}{9\pi} - \frac{1}{8}\right) \approx 0{,}0165 \, r^4$$
$$I_{\bar{x}} = I_{\bar{y}} = \pi r^4/16$$
$$I_{\overline{xy}} = -r^4/8$$

2) Kreisring, a) Allgemein.

$$I_x = I_y = \frac{\pi (D^4 - d^4)}{64} = \frac{\pi (R^4 - r^4)}{4}$$
$$W_{\mathrm{b},x} = W_{\mathrm{b},y} = \frac{\pi (D^4 - d^4)}{32 \, D} = \frac{\pi (R^4 - r^4)}{4 \, R}$$
$$W_{\mathrm{t}} = \frac{0{,}196 \, (D^4 - d^4)}{D}$$

r Innen-, R Außenradius, d Innen-, D Außendurchmesser.

b) Dünnwandiger Kreisring

$$I_x = I_y \approx \pi R^3 \delta \quad (\delta \ll R)$$
$$W_{\mathrm{b},x} = W_{\mathrm{b},y} \approx \pi R^2 \delta$$

c) Kreisringsektor

$$I_{\bar{x}} = \frac{B}{8}\left[(\alpha_2 - \alpha_1) - \frac{\sin 2\alpha_2 - \sin 2\alpha_1}{2}\right]$$
$$I_{\bar{y}} = \frac{B}{8}\left[(\alpha_2 - \alpha_1) + \frac{\sin 2\alpha_2 - \sin 2\alpha_1}{2}\right]$$
$$I_{\overline{xy}} = \frac{B}{16}\left[\cos\alpha_2 - \cos\alpha_1\right]$$

$B = R_{\mathrm{a}}^4 - R_{\mathrm{i}}^4$ Breite in der 4. Potenz
α_1, α_2 Ausgangs- und Endwinkel ab $\bar{x}$-Achse (rad).

3) Elliptischer Querschnitt

$$I_{\mathrm{x}} = \frac{\pi a b^3}{4} \qquad I_{\mathrm{y}} = \frac{\pi a^3 b}{4} \qquad I_{\mathrm{p}} = \frac{\pi a^3 b^3}{16 \, (a^2 + b^2)}$$
$$W_{\mathrm{b},y} = \frac{\pi a b^2}{4} \qquad W_{\mathrm{b},x} = \frac{\pi a^2 b}{4}$$

a kleiner Durchmesser längs x-Achse; b großer längs y-Achse.

Elliptischer Ring

$$I_{\mathrm{x}} = \frac{\pi (a^3 b - a_0^3 b_0)}{64}$$
$$W_{\mathrm{b},x} = \frac{\pi (a^3 b - a_0^3 b_0)}{32 \, a} \qquad W_{\mathrm{t}} = \frac{\pi (ab^3 - a_0 b_0^3)}{16 \, b}$$

a, b Außendurchmesser; a_0, b_0 Innendurchmesser.

4) Rechteckquerschnitt (z. B. Balken). Bezogen auf die Koordinatenachsen x, y (durch den Schwerpunkt) bzw. den Ursprung eines kartes. Koordinatensystems $\bar{x}, \bar{y}$ (linke untere Ecke).

$$\bar{x}_{\mathrm{S}} = b/2 \qquad\qquad \bar{y}_{\mathrm{S}} = h/2$$
$$I_x = \frac{b h^3}{12} = \frac{A h^2}{12} \qquad I_y = \frac{b^3 h}{12} = \frac{A b^2}{12}$$
$$I_{\bar{x}} = \frac{b h^3}{3} \qquad\qquad I_{\bar{y}} = \frac{b^3 h}{3} \qquad\qquad I_{\overline{xy}} = -\frac{b^2 h^2}{4}$$

$$I_\mathrm{A} = \frac{b\,h^3}{3} = \frac{A\,h^2}{3} \quad \text{längs } h$$

$$I_\mathrm{B} = \frac{b\,(H^3 - e_1^3)}{3} = I_x + A\,e_2^2 \quad \text{längs } H$$

$$W_{\mathrm{b},x} = \frac{b\,h^2}{6} = \frac{A\,h}{6} = \frac{I_x}{h/2}$$

$$W_{\mathrm{b},y} = \frac{b^2\,h}{6} = \frac{A\,b}{6} = \frac{I_x}{b/2}$$

$$W_\mathrm{t} = x\,b^2\,h$$

b Breite, h Höhe, $A = hb$ Fläche, $e = h/2$ Randfaserabstand.
Hilfsgrößen $H = h + e_1$, $e_2 = h/2 + e_1$;
Linie A = Außenkante des Flächenelements;
Linie B = Außenkante mit Rand.

Rechteckquerschnitt mit durchgehendem Loch

oder *parallele Platten*; Kastenprofil.

$$I_x = \frac{b\,(H^3 - h^3)}{12} \qquad W_{\mathrm{b},x} = \frac{b\,(H^3 - h^3)}{6\,H}$$

$$I_y = \frac{b^3\,(H - h)}{12} \qquad W_{\mathrm{b},y} = \frac{b^2\,(H - h)}{6}$$

h Lochhöhe bzw. Plattenabstand (x-Achse), H Gesamthöhe,
b Breite (y-Achse).

5) Quadratischer Querschnitt

$$I_x = I_y = I_\mathrm{A} = I_\mathrm{B} = \frac{h^4}{12} \quad I_\mathrm{C} = \frac{h^4}{3}$$

$$W_{\mathrm{b},x} = W_{\mathrm{b},y} = \frac{h^3}{6}$$

$$W_1 = W_2 = \frac{\sqrt{2}\,h^3}{12}$$

h Höhe = Breite; Linie A, B = Diagonalen; C = Außenkante.

Quadratisches Kastenprofil.

Quadratischer Querschnitt mit quadrat. Loch.

$$I_x = I_y = I_\mathrm{A} = I_\mathrm{B} = \frac{H^4 - h^4}{12}$$

$$W_{\mathrm{b},x} = W_{\mathrm{b},y} = \frac{H^4 - h^4}{6\,H}$$

$$W_\mathrm{A} = W_\mathrm{B} = \frac{\sqrt{2}\,(H^4 - h^4)}{12\,H}$$

h Lochhöhe, H Gesamthöhe (x- und y-Achse);
Linie A, B = Diagonalen.

Raute   der Seitenlänge a

$$I_x = 0{,}083\,a^4 \qquad W_{\mathrm{b},x} = 0{,}118\,a^3$$

$$I_\mathrm{p} = 0{,}140\,a^4 \qquad W_\mathrm{t} = 0{,}208\,a^3$$

6) Hexagonaler Querschnitt stehend

$$I_x = I_y = \frac{5\sqrt{3}\,R^4}{16} \approx 0{,}060\,d^4$$

$$I_\mathrm{p} = 0{,}115\,d^4$$

$$W_{\mathrm{b},x} \approx 0{,}5413 \cdot R^3 = 0{,}104 \cdot d^3$$

$$W_{\mathrm{b},y} \approx 0{,}625 \cdot R^3 = 0{,}120 \cdot d^3$$

$$W_\mathrm{t} \approx 0{,}188\,d^3$$

d Durchmesser, R Seitenlänge des Sechsecks.

Hexagonaler Querschnitt liegend

$$I_x = I_y = \frac{5\sqrt{3}\,R^4}{16} \approx 0{,}060\,d^4$$

$$I_\mathrm{p} = 0{,}115\,d^4$$

$$W_{\mathrm{b},x} \approx 0{,}120\,d^2$$

$$W_\mathrm{t} \approx 0{,}188\,d^2$$

7) Dreieck.
Koordinatenursprung im Schwerpunkt bzw. $\bar{x}$-Achse = Grundlinie, $\bar{y}$-Achse = Höhe.

$$\bar{x}_\mathrm{S} = (b_2 - b_1)/3 \qquad \bar{y}_\mathrm{S} = H/3$$

$$I_x = B\,H^3/36 \qquad I_y = \frac{H\,B\,(b^2 - b_1 b_2)}{36}$$

$$I_{xy} = \frac{H^2\,(b^2 - b_1^2)}{72} \qquad I_{\bar{x}} = B\,H^3/12$$

$$I_{\bar{y}} = \frac{H\,(b_1^3 + b_2^3)}{12} \qquad I_{\overline{xy}} = -\frac{H^2\,(b_1^2 - b_2^2)}{72}$$

$B = b_1 + b_2$ Grundlinie, H Höhe,
b_1 Abstand auf der Grundlinie bis zur maximalen Höhe.

Rechtwinkliges Dreieck.
Koordinatenursprung im Schwerpunkt bzw. linke untere Ecke.

$$\bar{x}_\mathrm{S} = B/3, \qquad \bar{y}_\mathrm{S} = H/3$$

$$I_x = B\,H^3/36, \quad I_y = H\,B^3/26, \quad I_{xy} = B^2\,H^2/72$$

$$I_{\bar{x}} = B\,H^3/12, \quad I_{\bar{y}} = H\,B^3/12, \quad I_{\overline{xy}} = -B^2\,H^2/24$$

$b = b_1 + b_2$ Grundlinie, h Höhe,
b_1 Abstand auf der Grundlinie bis zur maximalen Höhe.

8) Trapez

$$I_x = \frac{h^3(a^2 + 4ab + b^2)}{36\,(a + b)} \qquad W_{\mathrm{b},x} = \frac{h^2(a^2 + 4ab + b^2)}{12\,(2a + b)}$$

a Grundlinie, b Decklinie, h Höhe.

9) Buchstabenförmiger Querschnitt.
Zusammengesetzte Querschnitte.

Form	Breite		Höhe	
	außen	innen	außen	innen
□	B	b	H	h
I	B	je $b/2$	H	h
⊏	B	b	H	h
Z (Doppel-L)	B	je b	H	h

$$I_x = \frac{B\,H^3 - b\,h^3}{12} \qquad W_{\mathrm{b},x} = \frac{B\,H^3 - b\,h^3}{6\,H}$$

Form	Längsbalken		Querbalken	
+	B	H	je $b/2$	h
H	je $B/2$	H	b	h
⊣	B	H	b	h

$$I_x = \frac{B\,H^3 + b\,h^3}{12} \qquad W_{\mathrm{b},x} = \frac{B\,H^3 + b\,h^3}{6\,H}$$

10) I-Profil

$$I_x = \frac{1}{12}\left[B\,H^3 - (B - b)h^3\right]$$

$$I_y = \frac{1}{12}\left[B^3(H - h) + b^3 h\right]$$

$$W_{\mathrm{b},x} = 2I_x/H$$

$$W_{\mathrm{b},y} = 2I_y/B$$

11) T-Profil.
Ursprung des Bezugskoordinatensystems mittig unten bei $(B/2, H = 0)$.

$$\bar{y}_\mathrm{S} = \frac{B\,H^2 - (B - b)(H - h)^2}{2A}$$

$$A = B\,H - b(H - h)$$

$$I_x = I_{\bar{x}} - A\,\bar{y}_\mathrm{S}^2$$

$$I_y = I_{\bar{y}} = \frac{1}{12}\left(B^3 H - b^3(H - h)\right)$$

$$I_{\bar{x}} = \frac{1}{3}\left[B\,H^3 - (B - b)(H - h)^3\right]$$

$$W_{\mathrm{b},x} = I_x/\bar{y}_\mathrm{S}$$

$$W_{\mathrm{b},y} = 2I_y/B$$

h Höhe des Querbalkens, H Höhe des T

12) ⊓-Profil.
Ursprung des Bezugskoordinatensystems mittig unten bei $(B/2, H = 0)$.

$$\bar{y}_\mathrm{S} = \frac{2B\,H^2 - b\,h^2}{2A}$$

$$A = B\,H - b\,h$$

$$I_x = I_{\bar{x}} - A\,\bar{y}_\mathrm{S}^2$$

$$I_y = I_{\bar{y}} = \frac{1}{12}\left(B^3 H - b^3 h\right)$$

$$I_{\bar{x}} = \frac{1}{3}\left[B\,H^3 - b^3 h\right]$$

$$W_{\mathrm{b},x} = I_x/\bar{y}_\mathrm{S}$$

$$W_{\mathrm{b},y} = 2I_y/B$$

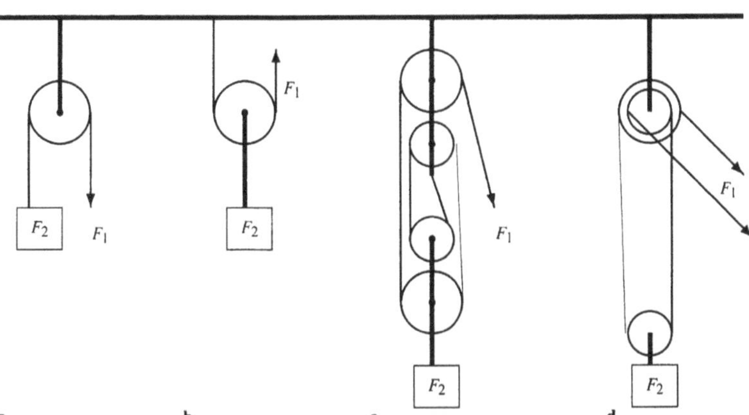

Abbildung 2.1 **a** Feste Rolle, – **b** lose Rolle, – **c** Flaschenzug, – **d** Differentialflaschenzug.

Flächenpressung

Flächendruck. Druckspannungsverteilung in der Berührungsfläche zweier Körper, die gegeneinander gepresst werden.

$$p = \frac{\text{Normalkraft } F_\text{N}}{\text{Berührungsfläche } A} \quad \text{N/m}^2$$

Für *gekrümmte Kontaktflächen* (z. B. Zylindermantel) wird näherungsw. die auf die Ebene projizierte Fläche $A_\perp$ eingesetzt.

1) Hertz'sche Pressung

Spannungsverteilung bei Kontaktproblemen.

a) *Punktpressung:* Flächenpressung zw. zwei Kugeln (oder Kugel gegen Ebene) in N/mm^2.

$$p_{\max} = 0{,}388 \sqrt[3]{\frac{F E^2}{R^2}} = 0{,}616 \sqrt[3]{\frac{F E^2}{d_1^2} \left(1 + \frac{d_1}{d_2}\right)^2}$$

b) *Linienpressung:* Flächenpressung zw. zwei Zylindern (oder Walze gegen Ebene) in N/mm^2.

$$p_{\max} = 0{,}418 \sqrt[3]{\frac{F E}{R l}} = 0{,}591 \sqrt{\frac{F E}{l d_1} \left(1 + \frac{d_1}{d_2}\right)}$$

c) Elastizitätsmodul der Berührungsfläche

$$E = \frac{2 E_1 E_2}{E_1 + E_2} \quad (\text{N/mm}^2)$$

d) Effektiv wirksamer Radius

$$R = \frac{R_1 R_2}{R_1 + R_2} \quad (\text{m})$$

F	Anpresskraft	(N)
l	Zylinderlänge	(m)
d_1, d_2	Durchmesser der Zylinder bzw. Kugeln (mm)	

2) Lochleibungsdruck

Flächenpressung an gewölbten Flächen, z. B. zwei durch eine Schraube zusammengehaltene Blechplatten, die in der Blechebene auf Zug beansprucht werden.

$$\sigma_l = \frac{F}{n\, d\, s} \quad \text{N/mm}^2$$

F	Kraft im Bauteil	(N)
d	Bohrungsdurchmesser	(mm)
n	Zahl der beanspruchten Nieten oder Passschrauben	(Dim.1)
s	(kleinste) Blechdicke	(mm)

3) *Bolzen, *Stift, *Passfeder, *Keilwellenverbindung, *Pressverbindung, *Ringfeder-Spannverbindung, *Kegelverbindung.

Flaschenzug

Der Flaschenzug besteht aus $n/2$ übereinander angeordneten festen und $n/2$ losen Rollen. Das Seil ist einseitig am Träger der festen Rollen befestigt und führt abwechselnd um eine feste und eine lose Rolle. Die Last hängt schwebend an der untersten der losen Rollen und verteilt sich somit auf n „Seile".

$$\text{Kraft } F_1 = \frac{\text{Last } F_2}{\text{Rollenzahl } n}$$

1) *Feste Rolle + lose Rolle* (mit Last).

Seilweg: feste Rolle $\rightarrow$ lose Rolle $\rightarrow$ Decke

$$\text{Zugkraft } F_1 = \text{halbe Last } F_2/2$$

2) Flaschenzug mit *Schnecke und Schneckenrad.*

$$F_1 = F_2 i = F_2 \frac{z_2 d_4}{2 d_1 z_1} \quad \text{N}$$

F_1	aufzuwendende Kraft	(N)
F_2	Tragkraft = Last	(N)
d_1	Durchmesser: treibendes Kettenrad	(mm)
d_4	Durchmesser: getriebenes Kettenrad	(mm)
i	Übersetzung bei Getrieben	(Dim.1)
z_1	Zähnezahl des treibenden Schneckenrades	(Dim.1)
z_2	Gangzahl der getriebenen Schnecke	(Dim.1)

3) *Differentialflaschenzug:* Über eine große feste Rolle führt das Seil zu einer losen Rolle, an der die Last F_2 hängt, und von dort zu einer kleinen festen Rolle, deren Drehachse mit der großen festen Rolle zusammenfällt. Die verbundenen Seilenden nehmen die Zugkraft F_1 auf.

$$F_1 = F_2 i = F_2 \frac{d_1 - d_2}{2 d_1} \quad \text{N}$$

$$s_2 = s_1 i = s_1 \frac{d_1 - d_2}{2 d_1} \quad \text{m}$$

d_1, d_2	großer bzw. kleiner Kettenraddurchmesser	(mm)
i	Kraftübersetzungsverhältnis	(Dim.1)
s_1, s_2	Kraftweg; Lastweg	(m)

4) *Faktorenflaschenzug:* mehrere parallele gleich große Rollen (oder mehrere untereinander befestigte Rollen mit abnehmendem Durchmesser) – jeweils symmetr. bei Kraftarm und Lastarm. Seilführung fortlaufend zw. Kraftrolle und Lastrolle.

$$F_1 = \frac{F_2}{n} \qquad s_2 = \frac{s_1}{n} \qquad i = \frac{s_2}{s_1}$$

n Gesamtzahl der Rollen = Zahl der tragenden Seilquerschnitte:
i Kraftübersetzungsverhältnis.

5) *Potenzflaschenzug:* eine feste Rolle und nachfolgend lose Rollen (jeweils mit Seil an der Decke und der vorausgehenden Rolle befestigt). Die Zugkraft wirkt über die feste Rolle auf die erste lose Rolle. Die Last hängt an der untersten Rolle.

$$F_1 = \frac{F_2}{2^n} \qquad s_2 = \frac{s_1}{2^n} \qquad i = \frac{s_2}{s_1}$$

n Zahl der losen Rollen.

Fließgrenze

engl. *yield point.*

1) Rheologie: kleinste Schubspannung τ, oberhalb derer sich ein plast. Stoff wie eine Flüssigkeit verhält.

2) *Spannung-Dehnung-Diagramm.

3) Bauteilfließgrenze für Zug (z), Druck (d), Biegung (b) bei Normal- (σ) und Tangentialbeanspruchung (τ) in Abh. des Bauteildurchmessers d bei dynam. Beanspruchung (vgl. *Dauerfestigkeit).

$$\sigma_{\text{FK,zd}} = K_{1\text{F}}(d)\,\gamma_\text{F}\,R_\text{e}$$
$$\sigma_{\text{FK,b}} = K_{1\text{F}}(d)\,K_{2\text{F}}(d)\,\gamma_\text{F}\,\sigma_{\text{bF}}$$
$$\tau_{\text{FK}} = K_{1\text{F}}(d)\,K_{2\text{F}}(d)\,\tau_\text{F}$$

γ_F Faktor für die Erhöhung der Streckgrenze.
σ_{bF} Biegefließgrenze des Werkstoffes)
τ_F Torsionsfließgrenze des Werkstoffes.

Technologischer Größeneinflussfaktor

$$K_{1\text{F}}(d) = 1 - 0{,}05 \cdot \frac{\lg(d/7{,}5\ \text{mm})}{\lg 20}$$

Vergütungs- und Einsatzstähle: $K_{1\text{F}}(d) = K_1(d)$.

$K_1(d)$ technol. Größeneinflussfaktor des Werkstoffes.

Geometrischer Größeneinflussfaktor

$$K_{2\text{F}}(d) = 1 - \left(1 - \frac{R_\text{e}}{\sigma_{\text{bF}}}\right)\frac{\lg(d/7{,}5\ \text{mm})}{\lg 20}$$

R_e Streckgrenze, σ_{bF} Biegefließgrenze.

4) *Sicherheit für Fließen.* Für den Nachweis gegen Überschreiten der Fließgrenze.

$$\frac{1}{\nu^2} = \left(\frac{\sigma_{\text{zd}}}{\sigma_{\text{FK,zd}}} + \frac{\sigma_\text{b}}{\sigma_{\text{FK,b}}}\right)^2 + \left(\frac{\tau_{\max}}{\tau_{\text{FK}}}\right)^2$$

        vorhandene maximale Spannung:
σ_{zd} – Zug-, Druck-Normalbeanspruchung
σ_b – Biege-Normalbeanspruchung
$\tau_{\max}$ – Tangentialbeanspruchung
σ_{FK} Bauteil-Fließgrenze bei Normalbeanspruchung
τ_{FK} Bauteil-Torsionsfließgrenze

Fließkurve

Technolog. Werkstoffprüfverfahren für die *Kaltumformbarkeit.* Formänderungsfestigkeit k_f gegen die logarithm. bleibende Formänderung φ.

$$k_\text{f} = \frac{F}{S} = \text{const}\,\varphi^n$$

$$\varphi = \int\limits_{L_0}^{L} \frac{\mathrm{d}L}{L_0} = \ln\frac{L}{L_0} = \ln(1+\varepsilon)$$

$$r = \frac{\varphi_\text{b}}{\varphi_\text{s}}$$

L_0 Ausgangslänge
n Verfestigungsexponent
r senkrechte Anisotropie
S aktuell vorhandener Probenquerschnitt
ε Dehnung: $\Delta L/L_0$
φ wahre Dehnung, Umformgrad
      b = in der Breite. s = in der Blechdicke

Prüfung des *Umformverhaltens* von Feinblechen: Zugversuch (mit Kenngröße r), Doppelfaltversuch, Tiefungsversuch nach ERICHSEN, Näpfchenziehversuch.

Fließpressen

Druckumformverfahren in der Fertigungstechnik. Der Werkstoff wird durch ein sich verjüngendes Rohr gepresst. Als Schmiermittel dienen Mineröle, Fette, Metallstearate (für Nichteisenmetalle); Phosphatzwischenschicht (5–10 μm für Stahl) bzw. Oxalatschicht (bei nichtrostenden Stählen) als Schmiermittelträger.

1) Voll-Vorwärts-Fließpressen

$$\begin{aligned} F_{\text{ges}} &= F_{\text{id}} + F_\gamma + F_\text{R} + F_z \\ &= A_0 k_{\text{fm}}\varphi_{\max}\left(1 + \frac{2\bar{\alpha}}{3\varphi_{\max}} + \frac{\mu}{\cos\alpha\,\sin\alpha}\right) + \\ &\quad + \pi d_0 h_\text{k}\mu k_{\text{fo}} \end{aligned}$$

Formänderungsarbeit

$$W_{\text{ges}} = \frac{V\varphi_{\max}k_{\text{fm}}}{\eta_\text{F}}$$

2) Hohl-Rückwärts-Fließpressen (Napfen)

$$F_{\text{ges}} = F_1 + F_2$$

1. Schritt: Stauchen des Rohlings unter dem Stempel.

$$F_1 = \frac{\pi d_1^2 k_{\text{f},1}}{4}\left(1 + \frac{\mu d_1}{3 h_1}\right)$$

2. Schritt: Ringzylinder auf Wanddicke s umformen.

$$F_2 = \frac{\pi d_1^2 k_{\text{f},2}}{4}\left[1 + \frac{h_1}{s}\left(\frac{1}{4} + \frac{\mu}{2}\right)\right]$$

d_0 Zylinderdurchmesser (Rohling)
d_1 Innendurchmesser des Napfes
F_{id} ideelle Umformkraft
F_γ Kraft für innere Schiebung
F_R Reibungskraft im Matrizentrichter
F_z Reibungskraft im Zylinder
h_0 Höhe des Rohlings
h_1 Bodenhöhe (des Napfes)
h_K Restkopfhöhe
k_{fm} mittlere Fließspannung
k_{fo} Fließspannung an Zylinderwand
V umgeformtes Volumen
α halber Öffnungswinkel (Matrizentrichter)
η_F Formänderungswirkungsgrad
μ Reibungskoeffizient: ca. 0,1
$\varphi_{\max}$ größter Umformgrad

Formänderung   *Verformung.

Formänderungsenergie

Für linear elastisches Werkstoffverhalten:

$$W_\text{F} = \int\limits_{(V)} W_\text{F}^* \,\mathrm{d}V \qquad (\text{J}=\text{Nm})$$

Formänderungsenergiedichte (für eine Normal- und Schubspannungskomponente)

$$W_F^* = \int\limits_{(\varepsilon)} \sigma(\varepsilon)\, d\varepsilon = \frac{\sigma^2}{2E} \qquad (\mathrm{N/m^2})$$

$$W_F^* = \int\limits_{(\gamma)} \tau(\gamma)\, d\gamma = \frac{\tau^2}{2G}$$

In Stabtragwerken sind Biege- und Torsionsarbeiten wichtig, in Fachwerkstäben und Seilen die Längskraftarbeit.

1) Zug/Druck-Beanspruchung im Stab. Spezialfall ($\diamond$) für konstanten Querschnitt A und Längskraft F_L.

$$W_{F.z/d} = \int\limits_{(l)} \frac{F_L^2}{2EA}\, dz \overset{\diamond}{=} \frac{F_L^2 l}{2EA}$$

$$W_{F,z/d}^* = \frac{\sigma_{z/d}^2}{2E} = \frac{F_L^2}{2A(z)\, EA(z)}$$

EA Zugsteifigkeit; z = Zug, d = Druck.
W_F Formänderungsenergie, W_F^* -energiedichte.

2) Biegung. Reine gerade Biegung im Stab.

$$W_{F,b} = \int\limits_{(l)} \frac{M_b^2}{2EI_x}\, dz$$

$$W_{F,b}^* = \frac{\sigma_b^2}{2E} = \frac{M_b^2}{2I_x\, EI_x}\, y^2$$

Biegung um zwei Hauptträgheitsachsen (Stab)

$$W_{F,b} = \int\limits_{(l)} \left(\frac{M_x^2}{2EI_x} + \frac{M_y^2}{2EI_y} \right) dz$$

EI_x Biegesteifigkeit, I_x Flächen(trägheits)moment.

3) Torsion im Stab.

$$W_{F,t} = \int\limits_{(l)} \frac{M_t^2}{2GI_t}\, dz \quad \text{und} \quad W_{F,t}^* = \frac{\tau_t^2}{2G}$$

GI_t Torsionssteifigkeit.

4) Querschubkraft im Stab (in y-Richtung).

$$W_{F,s} = \kappa \int\limits_{(l)} \frac{F_Q^2}{2GA}\, dz \quad \text{und} \quad W_{F,s}^* = \frac{\tau_s^2}{2G}$$

Schubverteilungszahl

$$\kappa = \frac{A}{I_x^2} \int\limits_{(A)} \left(\frac{S_{x,\text{rest}}}{b(y_R)} \right)^2 dA$$

Rechteck: $\kappa = 6/5$; Kreis $\kappa = 10/9$.

$b(y_R)$ Schichtbreite
y_R Koordinate in der die Schubspannung wirkt.
$S_{x,\text{rest}}$ statisches Moment der Restfläche.
GA Schubsteifigkeit.

5) Satz von *Castigliano.

Fräsen

Spanendes Fertigungsverfahren mit meist mehrzähnigen Werkzeugen und kreisförmiger Schnittbewegung; für nahezu beliebig geformte Werkstücke.

1) Umfangs-Planfräsen. Der Walzenfräskopf läuft im Gleich- od. Gegenlauf über die Werkstückoberfläche.

Hublänge	$l_H = l_w + l_a + l_{\ddot{u}}$
Anlaufweg	$l_a = \sqrt{Da_e - a_e^2}$
Schnittgeschwindigkeit	$v_c = \pi D n_c$
Vorschubgeschwindigkeit (tangential)	$v_f = z f_z n_c$
Schnittzeit	$t_c = (l_w + l_a)/v_f$
Hauptnutzungszeit	$t_h = l_H/v_f$
Vorschub je Zahn	$f_z = f/z$
Schnittvorschub	$f_c \approx f_z \sin\varphi$
Zeitspanungsvolumen	$Q = a_e a_p v_f$
Mittl. Spanungsdicke	$h_m = 0{,}5 \cdot f_z \sin\varphi$

a_e Arbeitseingriff (Frästiefe)
a_p Schnittbreite
D Fräserdurchmesser
l_a Anlaufweg (vor dem Fräsen)
l_w Werkstücklänge
φ Einstellwinkel: Vertikale – Fräserachse – Werkstückoberkante

2) Stirn-Planfräsen. Die Achse des Scheibenfräskopfes steht senkrecht auf dem Werkstück. Wirtschaftlicher als Umfangsfräsen: mehr Zähne im Eingriff ($a_e/D = 0{,}65$ statt 0,25); kleinere Schnittleistung, Schneiden werden mehr geschont.

Hublänge	$l_H = l_w + l_a + l_{\ddot{u}}$
An- und Überlauflaufweg	$l_a + l_{\ddot{u}} = D$
Schnittgeschwindigkeit	$v_c = \pi D n_c$
Vorschubgeschwindigkeit (tangential)	$v_f = z f_z n_c$
Schnittzeit	$t_c = (l_w + l_H)/v_f$
Hauptnutzungszeit	$t_h = l_H/v_f$
Vorschub je Zahn	$f_z = f/z$
Schnittvorschub	$f_c \approx f_z \sin\varphi$
Zeitspanungsvolumen	$Q = a_e a_p v_f$
Mittl. Zerspankraft	$F_c = z_e F_{c,\text{zahn}} = \dfrac{z\,\Delta\varphi}{360°}\dfrac{a_e}{\sin\alpha} h_m k_{cm}$
Mittl. Spanungsdicke	$h_m = 0{,}88 \cdot f_z \sin\varphi$

a_e Arbeitseingriff (aktive Fräsbreite)
a_p Schnitttiefe
k_c spezifische Schnittkraft
z_e Zähnezahl im Eingriff.

3) Spezialfälle

a) *Schruppen* mit Scheiben- und Walzenfräser oder Schlichten mit Walzenfräsern

$$l_f = l_c + 2l_z + l_{a,1} + l_{a,2}$$
$$l_{a,1} = \sqrt{a_p\,(d_f - a_p)} + e$$

Schlichten mit Scheibenfräser

$$l_f = l_c + 2(l_z + l_{a,1})$$
$$l_{a,1} = l_{a,2} = \sqrt{a_p\,(d_f - a_p)} + e$$

b) Schruppen mit *Messerkopf* und *Stirnfräser*
– Fräser in Mitte Werkstück

$$l_f = l_c + 2l_z + l_{a,1} + l_{a,2} + \frac{d_f}{2} - \frac{\sqrt{d_f^2 - b^2}}{2}$$

– Fräser außer Mitte Werkstück

$$l_f = l_c + 2l_z + l_{a,1} + l_{a,2} + \frac{d_f}{2}$$

Schlichten mit Messerkopf und Stirnfräser
– Fräser in Mitte Werkstück

$$l_f = l_c + 2l_z + l_{a,1} + l_{a,2} + d_f$$

c) *Langgewinde-* und *Schneckenfräsen*

$$l_f = l_c + l_{a,1} + l_{a,2}$$
$$i = h/a_p$$
$$v_f = n\, f_z\, z_f$$

$$t_h = \frac{i\,G\,l_f}{P\,n_w} = \frac{l_f\,\sqrt{\pi^2 d_w^2 + P^2}}{v_f\,P}$$

h Profilhöhe, G Gangzahl, P Steigung, l_c Länge des Gewindes.

d) Verzahnung eines *Schneckenrades:*

z_f Gangzahl des Fräsers.

$$t_h = \frac{l_f\, i\, z_w}{n\, f_w\, z_f} = \frac{l_f\, i}{n\, f_f} \qquad (\text{min})$$

Radialfräsen: h Zahnhöhe, Schnitttiefe.

$$l_\mathrm{f} = h + l_\mathrm{a,1}$$

Tangentialfräsen:

φ Anschnittwinkel, l_c Zylinderlänge des Fräsers

$$l_\mathrm{f} = l_\mathrm{c} + \frac{d_\mathrm{w}}{2}\,\tan\frac{\varphi}{2} + \frac{a_\mathrm{p}}{\tan\varphi} = l_\mathrm{a,1} + l_\mathrm{a,2}$$

e) Verzahnung eines *Stirnrades*
Geradverzahnung:

b Breite des Werkstücks.

$$l_\mathrm{f} = b + l_\mathrm{a,1} + l_\mathrm{a,2}$$

Schrägverzahnung:

β Schrägungswinkel; h Zahnhöhe, Schnitttiefe.

$$l_\mathrm{f} = \frac{b + l_\mathrm{a,1} + l_\mathrm{a,2}}{\cos\beta}$$
$$l_\mathrm{a,1} = \sqrt{h\,(d_\mathrm{w} - h)} + e$$
$$f_\mathrm{w} = \frac{f_\mathrm{f}\,z_\mathrm{w}}{z_\mathrm{f}}$$
$$t_\mathrm{h} = \frac{\pi\,d_\mathrm{f}\,i\,l_\mathrm{f}\,z_\mathrm{w}}{f_\mathrm{w}\,v_\mathrm{c}\,z_\mathrm{f}} = \frac{l_\mathrm{f}\,i\,z_\mathrm{w}}{n\,f_\mathrm{w}\,z_\mathrm{f}}$$

a_p	Schnitttiefe, Spantiefe	(mm)
b	Breite des Fräsers	(mm)
d	Durchmesser: Fräser f, Werkstück w	(mm)
e	Kleinstabstand des Fräsers	(mm)
f_f	Vorschub je Fräserumdrehung	(mm)
f_z	Vorschub je Fräserzahn	(mm)
f_w	Vorschub je Werkzeugumdrehung	(mm)
i	Anzahl der Schnitte	(Dim. 1)
$l_\mathrm{a,1/2}$	Anlauf bzw. Überlauf des Fräsers	(mm)
l_c	Länge des Werkstücks	(mm)
l_f	Vorschubweg (Arbeitsweg)	(mm)
l_z	Bearbeitungszugabe	(mm)
v_f	Vorschubgeschwindigkeit	(mm/min)
n	Drehzahl des Fräsers	(min^{-1})
n_w	Drehzahl des Werkstückes	(min^{-1})
z	Zähnezahl: Fräser f, Werkstück w	

Freiheitsgrad

Die Lage eines starren Körpers im Raum ist durch sechs
Freiheitsgrade eindeutig beschrieben:
drei Freiheitsgrade der Translation und
drei Freiheitsgrade der Rotation
in die Raumrichtungen.

Frequenz

Vorgänge, Ereignisse, Schwingungen, Drehungen N etc.
pro Zeiteinheit t. Kehrwert der Periodendauer.

$$\boxed{\nu \equiv f = \frac{N}{t} = \frac{1}{T}} \quad \mathrm{Hz} = \mathrm{s}^{-1}$$

Galilei-Transformation

Dynamik: In geradlinig gleichmäßig gegeneinander beschleunigten Bezugssystemen seien die Geschwindigkeiten klein gegen die Lichtgeschwindigkeit, dann ist
die absolute Zeitkoordinate $t = t'$ unabhängig vom Koordinatensystem. Beim Übergang zu einem Interialsys-
tem mit geringerer Relativgeschwindigkeit sind Längen,
Zeiten und Beschleunigungen invariant (unverändert).
Geschwindigkeiten ändern sich nach Betrag und Richtung.

Ruhendes Bezugssystem S	Beschleunigtes Bezugssystem S'
$\vec{r} = \vec{r}' + \vec{r}_\mathrm{s} = \vec{r}' + \frac{1}{2}\,\vec{a}_\mathrm{s}t^2$	$\vec{r}' = \vec{r} - \vec{r}_\mathrm{s} = \vec{r} - \frac{1}{2}\,\vec{a}_\mathrm{s}t^2$
$\vec{v} = \vec{v}' + \vec{v}_\mathrm{s} = \vec{v}' + \vec{a}_\mathrm{s}t^2$	$\vec{v}' = \vec{v} - \vec{v}_\mathrm{s} = \vec{v} - \vec{a}_\mathrm{s}t^2$

$$\vec{a} = \vec{a}' + \vec{a}_\mathrm{s} \qquad\qquad \vec{a}' = \vec{a} - \vec{a}_\mathrm{s}$$

$\vec{r},\vec{r}_\mathrm{s}$	Ortsvektoren im System S
$\vec{v},\vec{v}_\mathrm{s}$	Geschwindigkeitsvektoren
$\vec{a},\vec{a}_\mathrm{s}$	Beschleunigungsvektoren
Index s	Schwerpunkt des bewegten Körpers

$x = x' + v\,t'$	$x' = x - v\,t$
$y = y'$	$y' = y$
$z = z'$	$z' = z$

v Geschwindigkeit des Systems S' relativ zu S
t Zeit(punkt) eines Ereignisses im System S

Geodätische Breite

geodetic latitude. Winkel φ oder B (in rad), den die El-
lipsoidnormale durch den betrachteten Punkt auf dem
Ellipsoid mit der Ebene des geodät. Äquators bildet.
Zählung wie *geograf. Breite.

Geodätische Länge

geozentrische Länge, engl. *geodetic longitude.* Winkel λ
od. L (in rad), den die geodät. Meridianebene durch den
betrachteten Punkt (= Ebene durch die Ellipsoidnorma-
le und die Rotationsachse des Ellipsoids) mit der Ebene
des Nullmeridians auf dem Ellipsoid bildet. Zählung wie
*geograf. Länge.

Geografische Breite

engl. *latitude* (Lat). Winkel φ (in rad), den die Normale
durch den betrachteten Punkt auf der Bezugsfläche (die
Erdkugel mit Umfang 21 600 sm) mit der *Äquatorebe-
ne* bildet; in der See- und Luftfahrt Zählung polwärts
von 00° bis 90° auf der Nordhalbkugel (Zusatzzeichen:
N, Vorzeichen: plus) und Südhalbkugel (S, Vorzeichen:
minus). Beispiel: $\varphi = 08°03'\mathrm{S}$.

Geografische Länge

engl. *longitude* (Lon). Winkel λ (in rad), den die Meridianebene durch den betrachteten Punkt auf der Bezugsfläche (Erdkugel) mit der Ebene des *Nullmeridians* bildet; in der See- und Luftfahrt Zählung halbkreisig vom
Nullmeridian 000° nach Osten (Zusatzzeichen: E, Vorzeichen: plus) oder Westen (W, Vorzeichen: minus).
Beispiel: $\lambda = 008°03,2'\mathrm{E}$.
Länge in Zeit (λiZ, λ in Z), engl. *longitude in time* (λ
in t), geograf. Länge, geteilt durch die Winkelgeschwin-
digkeit 15°/h.

Geoid

Bezugsfläche für geodätische Höhenmessungen. Aus
dem Schwerefeld der Erde abgeleitete mathemat. ver-
einfachte Erdfigur, deren Oberfläche senkrecht zu den
Feldlinien des Gravitationsfeldes verläuft.

Geometrische Abplattung

Geophysik der Erdkugel:

$$\boxed{f = \frac{a - b}{a}} \quad \text{(Dimension 1)}$$

a Äquatorradius des Erdellipsoides = große Halbachse der Meridianellipse,
b kleine Halbachse der Meridianellipse (des Rotationsellipsoides).

Polkrümmungsradius des Rotationsellipsoides:
$c = a^2/b.$

Geopotentielle Tendenz

Zeitliche Änderung des Schwerepotentials:

$$\chi = \frac{\mathrm{d}W}{\mathrm{d}t} \qquad \frac{\mathrm{J}}{\mathrm{kg\,s}}$$

Geozentrische Breite

Engl. *geocentric latitude*. Winkel φ_c (in rad) am Mittelpunkt eines Referenzellipsoids zw. der Äquatorialebene und der Verbindungslinie vom Mittelpunkt des Referenzellipsoids zum betrachteten Punkt auf dem Ellipsoid.

Geschwindigkeit

Zeitliche Änderung des Ortsvektors.
Geschwindigkeitsvektor (tangential zur Bahnkurve).

$$\vec{v} = \begin{pmatrix} v_x(t) \\ v_y(t) \\ v_z(t) \end{pmatrix} = \begin{pmatrix} \dot{x} \\ \dot{y} \\ \dot{z} \end{pmatrix} = \dot{\vec{r}}$$

$$\vec{v} = v_x \vec{e}_x + v_y \vec{e}_y + v_z \vec{e}_z = \dot{x}(t)\,\vec{e}_x + \dot{y}(t)\,\vec{e}_y + \dot{z}(t)\,\vec{e}_z$$

Betrag

$$v = |\vec{v}| = \frac{\mathrm{d}|\vec{r}|}{\mathrm{d}t} = \frac{\mathrm{d}s}{\mathrm{d}t}$$

$$= \sqrt{v_x^2 + v_y^2 + v_z^2} = \sqrt{\dot{x}^2 + \dot{y}^2 + \dot{z}^2}$$

Momentangeschwindigkeit

$$v(t) = \frac{\mathrm{d}s}{\mathrm{d}t} = \dot{s} = \int_{t_0}^{t_1} a(t)\,\mathrm{d}t$$

s zurückgelegter Weg, *a* Beschleunigung.

mittlere Geschwindigkeit

$$\vec{v}_{\mathrm{m}} = \frac{\Delta\vec{r}}{\Delta t} = \frac{\vec{r}(t+\Delta t) - \vec{r}(t)}{\Delta t}$$

Betrag der mittleren Geschwindigkeit

$$\bar{v} = \frac{\sum\limits_i^n s_i}{\sum\limits_i^n t_i} = \frac{s_1 + s_2 + \cdots + s_n}{t_1 + t_2 + \cdots + t_n}$$

1) Natürliche Koordinaten. Das Koordinatensystem bewegt sich mit dem betr. Punkt längs der Bahn s.

Beschleunigung: $\vec{a} = \dot{v}\,\vec{e}_t + v\dot{\varphi}\,\vec{e}_n$
Tangentialkomponente: $\vec{v}_t(s) = v(t)\,\vec{e}_t$
Winkelgeschwindigkeit: $\omega = \dot{\varphi} = v/R$

$\vec{e}_t$ Einheits-Tangentialvektor der Bahnkurve in P.
R augenblicklicher Krümmungsradius der Bahn.

2) Polarkoordinaten (r,φ). Für ebene Bewegung.

Momentangeschwindigkeit: $\vec{v}(t) = \dot{\vec{r}}(t) = \dot{r}\,\vec{e}_r + r\dot{\varphi}\,\vec{e}_\varphi$
Radialkomponente: $v_r = \dot{r}$
Zirkularkomponente: $v_\varphi = r\dot{\varphi} = r\omega$
    $= \dot{x}(t)\,\vec{e}_x + \dot{y}(t)\,\vec{e}_y + \dot{z}(t)\,\vec{e}_z$

Kreisbahnbewegung
– Geschwindigkeit: $\vec{v} = r\dot{\varphi}\,\vec{e}_\varphi = r\omega\,\vec{e}_\varphi$
– Tangentialgeschwindigkeit: $v_t = v_\varphi = r\,\omega$

3) Zylinderkoordinaten (r,φ,z).

$$\vec{v} = \dot{r}\,\vec{e}_r + r\dot{\varphi}\,\vec{e}_\varphi + \dot{z}\,\vec{e}_z$$

Ortsvektor: $\vec{r} = r\,\vec{e}_r + z\,\vec{e}_z$
Bei Rotation um eine feste Achse: $\vec{v} = R\,\omega\,\vec{e}_\varphi$

R Abstand des Punktes von der Drehachse.

4) Anwendung. *Translation, *Rotation.

Geschwindigkeit, absolute

Absolutgeschwindigkeit eines Körpers, der sich in einem bewegten System selbst vorwärts ($+$) oder rückwärts ($-$) bewegt.

$$\vec{c} = \vec{u} \pm \vec{v} \qquad (\mathrm{m/s})$$

u Führungsgeschwindigkeit des Systems   (m/s)
v Relativgeschwindigkeit des Körpers   (m/s)
α Winkel zw. $\vec{u}$ und $\vec{v}$ ($^\circ$,rad)

Absolute Austrittsgeschwindigkeit eines *Wassertropfens* (der Zentrifugalgeschwindigkeit v) auf der Schaufel einer *Kreiselpumpe* (Umfangsgeschwindigkeit u).

$$c = \sqrt{u^2 + v^2 - 2uv \cos(180^\circ - \alpha)}$$

Geschwindigkeit, kosmische

1. Kosmische Geschwindigkeit. Ein ballistischer Körper (antriebsloser Flugkörper, Satellit, Planet), langsamer als v_{k1}, fällt auf einer ellipt. Bahnkurve auf den Zentralkörper (Erde, Sonne) zurück. Nur in der Näherung einer konstanten Gravitationskraft: *Wurfparabel. Energiebilanz bei Kreisbewegung um einen Zentralkörper:

$$\tfrac{1}{2}\, m\, v_0^2 = \tfrac{1}{2}\, G\, \frac{m\,M}{r_0} \quad \Rightarrow$$

$$v_{k1} = v_0 = \sqrt{G\,\frac{M}{r_0}} \qquad \mathrm{m/s}$$

Erdoberfläche: $v_{k1} = \sqrt{r_E g_0} = 7{,}909$ km/s

Im Übergangsbereich: elliptische Umlaufbahn oder speziell: Kreisbahn.

2. Kosmische Geschwindigkeit $= *Fluchtgeschwindigkeit*. Bahngeschwindigkeit, um das Gravitationsfeld der Zentralmasse auf einer parabel- oder hyperbelförmigen Bahnkurve zu verlassen.
Energiebilanz bei parabol. Bewegung um Zentralkörper:

$$\tfrac{1}{2}\, m\, v_0^2 = G\, \frac{m\,M}{r_0} \quad \Rightarrow$$

$$v_{k2} = v_0 = \sqrt{2G\,\frac{M}{r_0}} \qquad \mathrm{m/s}$$

Erdoberfläche: $v_{k2} = \sqrt{2}\, v_{k1} \approx 11{,}2$ km/s

G Gravitationskonstante ($\mathrm{N\,m^2 kg^{-2} = m^3 kg^{-1} s^{-2}}$),
M Masse des Zentralkörpers
v_0 Geschwindigkeit im Bahnscheitel (r_0).

Geschwindigkeit, Luft- und Wasserfahrzeuge

1) *Geschwindigkeit durchs Wasser*, engl. *velocity through water* (Seefahrt). Aufgrund des Schiffsantriebes und des Windes relativ zum Wasser.

$$\vec{v}_{Wa} = \vec{v}_E + \vec{v}_{Wi}$$

Fahrt durchs Wasser (FdW), engl. *speed through the water* (STW). Betrag der Geschwindigkeit durchs Wasser $|\vec{v}_{Wa}|$.

2) *Geschwindigkeit über Grund*, engl. *velocity over the ground* (Seefahrt), *Ground Speed* (Luftfahrt). Geschwindigkeit bezüglich des Erdbodens oder Meeresgrundes, im voraus oder nach einer Fahrzeit ermittelt.

$$\vec{v}_G = \vec{v}_{Wa} + \vec{v}_{St}$$

Fahrt über Grund (FüG), engl. *speed over the ground* (SOG), Luftfahrt: *ground speed*. Betrag der Geschwindigkeit über Grund $|\vec{v}_G|$.

3) *Eigengeschwindigkeit* $\vec{v}_E$ aufgrund des eigenen Antriebs in Rechtsvorausrichtung ohne Rücksicht auf Wind, Seegang und Strom.

True Air Speed (TAS, v_E), Betrag der Eigengeschwindigkeit eines Flugzeugs relativ zur Luft.

Effective True Air Speed (TAS$_{\text{eff}}$), Betrag der Komponente der Eigengeschwindigkeit in Richtung der Fortbewegung über Grund.

Getriebe

Stufensprung

$$\varphi = \sqrt[z-1]{\frac{n_{\max}}{n_{\min}}} \qquad (\text{Dim.}1)$$

$n_{\max}$ größte und $n_{\min}$ kleinste Drehzahl,
z Zahl der verschiedenen Drehzahlen.

Fahrgeschwindigkeit des Fahrzeugs

$$v = \frac{2\pi\, r\, n}{i} \quad \text{m/s}$$

Fahrwiderstand auf einer geneigten Ebene

$$F_F = F_R + F_W + F_H \quad \text{N}$$

Fahrwiderstandsleistung $\quad P_F = F_F\, v$
Antriebskraft des Fahrzeugs

$$F = \frac{M\, i\, \eta}{r} = F_F + F_a$$

F_a	Beschleunigungskraft	(N)
F_R	Reibungskraft, Rollwiderstand	(N)
F_W	Luftwiderstand	(N)
F_H	Hangabtriebskraft, Steigungswiderstand	(N)
i	Übersetzung zw. Motor und Rad	(Dim.1)
M	Drehmoment des Motors	(N m)
n	Motordrehzahl	(s^{-1})
r	dynamisch wirksamer Reifenradius	(m)
v	Geschwindigkeit	(m/s)
η	Wirkungsgrad der Kraftübersetzung	(Dim.1)

1) *Kurbelgetriebe
2) Rädergetriebe: *Zahnradgetriebe.
3) Riementrieb. *Keil-, *Zahnriemengetriebe.
4) Kettengetriebe. *Rollenkettengetriebe.
5) *Schneckengetriebe
6) *Drehmaschine, *Drehzahl.

Gewicht

1. anstatt Wägewert (fälschlich „Masse")
   zur Angabe von Wägeergebnissen,
2. anstatt „Gewichtskraft",
3. anstatt „Wäge- oder Gewichtsstück".

Gewichtskraft

oder *Schwerkraft*

„Gewicht" = Masse · Fallbeschleunigung

$$F_G = m\, g \qquad \text{N} = \frac{\text{kg m}}{\text{s}^2}$$

Masse m, Fallbeschleunigung g

Gewindereibungszahl

$$\mu' = \frac{\text{Reibungszahl}}{\text{Flankenwinkel}} \frac{\mu}{\cos(\beta/2)} \qquad (\text{Dim.}1)$$

Gewindesteigungswinkel

$$\tan\alpha = \frac{\text{Gewindesteigung}}{\text{Flankendurchmesser}} \frac{P}{d_2} \qquad (\text{Dim.}1)$$

Gleitlager

Verschleißgleitlager, Radialgleitlager; z. B. drehender Massivzylinder (Achse) in einem ölgeschmierten Gehäuse.

Mittlere Flächenpressung $\quad p = \dfrac{F}{b\, d}$
Lageroberfläche für zylindr. Gehäuse

$$A \approx \frac{\pi}{2}(D_H^2 - D^2) + \pi D_H B_H$$

Lageroberfläche für Stehlager

$$A \approx \pi H \left(B_H + \frac{H}{2}\right)$$

Im Maschinenverband: $A \approx 15 \ldots 20\, Db$
Reibleistung an der Achse

$$R_R = \mu\, F\, \pi\, d\, n$$

Durch Konvektion abgeführter Wärmestrom

$$P_A = \alpha A (T_L - T_{\text{amb}})$$

Durch Schmierstoff abgeführter Wärmestrom

$$P_Q = \varrho\, c_p\, \dot{m}\, \Delta T$$

Wärmebilanz
Drucklos geschmiertes Lager: $\quad P_R = P_A$
Druckgeschmiertes Lager: $\quad P_R = P_Q$

B_H	Gehäusebreite
b	Breite des Lagers, z. B. querbeanspruchte Länge der Achse
D	Lagerinnendurchmesser
D_H	Gehäuseaußendurchmesser
d	Durchmesser der Achse
H	Gesamthöhe des Stehlagers
$\dot{m}$	Schmierstofdurchsatz
n	Drehzahl
T	Temperatur des Lagers
ΔT	Erwärmung des Schmierstoffes
μ	Gleitreibungskoeffizient
ϱ	Dichte des Schmierstoffes.

Gleitung *Schiebung.

Goldene Regel der Mechanik

Mechanische Maschinen ändern die Größe der zu verrichtenden Arbeit (Produkt aus Kraft und Weg) nicht. Wohl aber kann die aufzuwendende Kraft verkleinert werden, wenn der Weg dafür größer wird. Was an Kraft gespart wird, muss im gleichen Verhältnis an Weg aufgewendet werden.

$$F_1 s_1 = F_2 s_2$$

Beispiele:. *Rolle, *Flaschenzug, *Hebel, *Ebene.

Gravitation

Massenanziehung oder *Schwerkraft;* die gegenseitige Anziehung von Körpern.

Potentielle Energie eines starren Körpers oder Systems von N Punktmassen im Schwerefeld der Erde

$$E_{\text{pot}} = \sum_{i=1}^{N} m_i\, g\, h_i = m\, g\, h_s$$

h_i Höhenkoordinate des Punktes i; h_s des Schwerpunktes.

Gravitationsarbeit

oder *Hubarbeit*

$$W_{12} = -\int_{r_1}^{r_2} \vec{F}_G\, d\vec{r} = +\int_{r_1}^{r_2} G\, \frac{m_1 m_2}{r_{12}}\, dr_{12}$$

Unabhängig vom Weg $(1 \rightarrow 2)$.

$$W_{12} = G\, m_1 m_2 \left(\frac{1}{r_1} - \frac{1}{r_2}\right)$$

Potentielle Energie = Gravitationsarbeit, die bei Annäherung der Massen frei wird.

$$E_{\text{pot}} = F_{\text{G}}\, r = -G\,\frac{m_1 m_2}{r}$$

Gravitationsfeldstärke

Gradient des *Gravitationspotentials; zusammengefasste, ortsbezogene Wirkung der Massenanziehungskräfte $\vec{F}_{\text{G}}$ aller umgebenden Körper i, unabhängig von der Masse m_0 des Probekörpers.

$$\boxed{\begin{aligned} \vec{g}(r) &= -\operatorname{grad}\varphi_{\text{G}}(\vec{r}) = \\ &= \frac{\vec{F}_{\text{G},0}}{m_0} = -G \sum_{i=1}^{N} \frac{m_i}{r_{i,0}^2}\,\frac{\vec{r}_{i,0}}{|\vec{r}_{i,0}|} \end{aligned}} \quad \frac{\text{m}}{\text{s}^2} = \frac{\text{N}}{\text{kg}}$$

Erdoberfläche: *Fallbeschleunigung*.

$$g = G\,\frac{m_{\text{E}}}{r_{\text{E}}^2} \approx 9{,}81\ \text{m/s}^2$$

Gravitationsgesetz

NEWTONsches Gravitationsgesetz

Gravitationskraft $\sim$ Abstand^{-2}

$$\boxed{|\vec{F}_{\text{G}}| = G\,\frac{m_1 m_2}{(\vec{r}_{12})^2}}\quad \text{N}$$

Vgl. *Gravitationskraft.

Gravitationskonstante

NEWTONsche Gravitationskonstante

$$G = 6{,}673\cdot 10^{-11}\ \frac{\text{N m}^2}{\text{kg}^2} = \frac{\text{m}^3}{\text{kg s}^2}$$

geozentrische Gravitationskonstante oder *terrestrische Gravitationskonstante*. Produkt aus Gravitationskonstante G und Erdmasse M (einschließlich Atmosphäre):

$$\boxed{\mu = G \cdot M}\quad \frac{\text{m}^3}{\text{s}^2}$$

Gravitationskraft

Massenanziehungskraft, die ein *beliebiger Körper* oder Raumbereich der Masse m und örtlichen Dichte $\varrho(x,y,z)$ nach dem NEWTONschen Gesetz auf einen Massenpunkt P(x_0,y_0,z_0) der Masse 1 ausübt.

$$\boxed{\begin{aligned} \vec{F}_{\text{x}} &= \gamma \int_{x_1}^{x_2}\int_{g_1(x)}^{g_2(x)}\int_{h_1(x,y)}^{h_2(x,y)} \frac{x-x_0}{r^3}\,\varrho(x,y,z)\,\mathrm{d}z\,\mathrm{d}y\,\mathrm{d}x \\ \vec{F}_{\text{y}} &= \gamma \int_{x_1}^{x_2}\int_{g_1(x)}^{g_2(x)}\int_{h_1(x,y)}^{h_2(x,y)} \frac{y-y_0}{r^3}\,\varrho(x,y,z)\,\mathrm{d}z\,\mathrm{d}y\,\mathrm{d}x \\ \vec{F}_{\text{z}} &= \gamma \int_{x_1}^{x_2}\int_{g_1(x)}^{g_2(x)}\int_{h_1(x,y)}^{h_2(x,y)} \frac{z-z_0}{r^3}\,\varrho(x,y,z)\,\mathrm{d}z\,\mathrm{d}y\,\mathrm{d}x \end{aligned}}$$

mit $r = \sqrt{(x-x_0)^2 + (y-y_0)^2 + (z-z_0)^2}$

γ Konstante.

Massenanziehungskraft einer Punktmasse = *Gradient des Gravitationspotentials

$$\boxed{F_{\text{G}}(\vec{r}) = -m_0 \operatorname{grad}\varphi_{\text{G}}(\vec{r})}\quad \text{N} = \frac{\text{kg m}}{\text{s}^2}$$

Resultierende Massenanziehungskraft auf die Masse m_0 im Ort $\vec{r}_0$, die von N Massen umgeben ist.

$$\boxed{\vec{F}_{\text{G0}} = -m_0 G \sum_{i=1}^{N} \frac{m_i}{r_{i0}^2}\,\frac{\vec{r}_{i0}}{|\vec{r}_{i0}|}}\quad \text{N}$$

Minuszeichen, weil Gravitationskräfte und Abstandsvektoren $\vec{r}$ antiparallel gerichtet sind.

Gravitationspotential

NEWTONsches Gravitationspotential. Beiträge der umgebenden Körper, bezogen auf den Ort $\vec{r}$ und die Masse m_0 des Probekörpers.

$$\boxed{\varphi_{\text{G}} = \mp\frac{G m}{r} = \mp \sum_{i=1}^{N} \frac{G m_i}{r_i}}\quad \frac{\text{J}}{\text{kg}} = \frac{\text{N m}}{\text{kg}} = \frac{\text{m}^2}{\text{s}^2}$$

$\oplus$ positiv: Entfernung (Energieaufwand),

$\ominus$ negativ: Anziehung (Energie wird frei).

Auf *Äquipotentialflächen* ist das Gravitationspotential einer räuml. Massenverteilung konstant.

Potentielle Energie des Körpers

$$\boxed{E_{\text{pot}}(\vec{r}) = m_0\,\varphi_{\text{G}}(\vec{r})}$$

Normalhöhe. In der Geophysik nach MOLODENSKY.

$$\boxed{H_{\text{N}} = \frac{W_0 - W}{\gamma_{\text{m}}}}\quad \text{m}$$

W_0 Schwerepotential (Geopotential) im Höhennullpunkt,
γ_{m} Normalschwere in halber Normalhöhe.

Gravitationslichtablenkung

Ein den Sonnenrand tangierender Lichtstrahl eines fernen Sterns erfährt eine Ablenkung von $8{,}46\cdot 10^{-6}$ rad $= 1{,}745$ Bogensekunden zur Sonne hin.

$$\boxed{L_{\text{A}} = \frac{4 G m}{d\, c_0^2}}\quad (\text{Dim.}\,1)$$

c_0 Lichtgeschwindigkeit im Vakuum (m/s)
d Abstand Beobachter – Sonnenmittelpunkt (m)
G Gravitationskonstante (N m^2/kg^2)
m Masse des ablenkenden Körpers (Sonne) (kg)

Gravitationsradius

$$\boxed{a = \mp\frac{G m}{c_0^2}}\quad \text{m}$$

c_0 Vakuumlichtgeschwindigkeit.

Härte

Widerstand geg. Eindringen eines härteren Körpers.

Härteprüfung

Das Prüfverfahren wird nach dem Werkstoff ausgewählt (vgl. Tabelle): Eindring-, Ritz-, Rückprall- und Zerspanungshärteprüfung. Keines der konventionellen Prüfverfahren ist zugleich schnell und einfach, scharf in der Darstellung von Härteunterschieden und für weichste bis härteste Werkstoffe geeignet.

1) Statische Krafteinwirkung.
Der Eindringkörper drückt in definierter Zeitspanne mit bekannter Prüfkraft in die Probe (dreiachsiger Spannungszustand). Eindringtiefe maximal $^1/_{10}$ der Probendicke, um Rückwand- und Auflageeinflüsse auszuschließen.

$$\boxed{\text{Härtewert} = \frac{\text{Prüfkraft}}{\text{Eindruckgröße}}}$$

Tabelle 2.2 Statische Härteprüfverfahren. Faktor 0,102 entspricht der Umrechnung 1 kp = 9,81 N.

Brinell	Vickers	Knoop	Rockwell	Universalhärte
Messgröße: Eindruckdurchmesser d			Messgröße: Eindrucktiefe h	
HBS Stahlkugel HBW Hartmetallkugel	Diamantpyramide (136°)	rhombische Diamantpyramide	HRC Diamantkegel (120°) HRB Stahlkugel ($^{2.54}/_{16}$ mm)	„Härte unter Last": Kraft-Eindringtiefe-Kurve
$H B$ (siehe Text)	$HV \approx 0,1891 \dfrac{F}{d^2}$ $h = \dfrac{d}{7,0006}$	$HK \approx 1,451 \dfrac{F}{d^2}$ $h = \dfrac{d}{30,514}$	Messwert: HR	$HVL = \dfrac{F}{26,43\,h^2}$
d Eindruckdurchmesser (mm), F Prüfkraft (N), h Eindringtiefe (mm), t Einwirkdauer (s).				
Ergebnisangabe: x HB 0,102·F/t 285 HBW 10/3000/35	x HV 0,102·F/t 860 HV 50/25	x HK 0,102·F/t 750 HK 0,5/30	30 HRC	
Messbereiche:	Ultramikro: <0,01 Mikrohärte: <0,1 Kleinlast: 0,2...3 Makrohärte: 5...100	— keine Mikrohärte Kleinlast ≤ 1 –		
Grenzen der Methode $F_{max} = 29420$ N $D_{max} = 10$ mm $d_{max} = 6$ mm Max. 450 HB Max. 650 HBW	$F_{max} = 981$ N $d_{max} \approx 1$ mm Max. 100 HV			
Probendicke: h Eindringtiefe				
$d_P \geq \dfrac{8 \cdot 0,102 \cdot F}{\pi D \cdot HB}$			$d_P \geq 10\ldots15\,h$	

a) Vickers-Härte.

Opt. Abmessung der Eindruckdiagonalen d einer Diamantpyramide (in mm). Eindringtiefe, Druckkraft F und Härte sind proportional.

$$HV = 0,102 \frac{F}{A} = 0,189 \frac{F}{d^2}$$

Normgerechte Härteangabe:

(1) Härtewert HV,   (2) Prüfkraft · 0,102,

(3) Belastungszeit (in s).

Beispiel: 700 HV 50/30 bedeutet, dass mit einer Eindruckkraft von 50/0,102 = 490 N und einer Eindruckdauer von 30 s ein Härtewert von 700 ermittelt wurde.

Anwendung für nahezu alle techn. Werkstoffe (Blei: 3 HV, Hartmetall: 1500 HV). Im Makrobereich weitgehend belastungsunabhängig. Wegen des kleinen Eindrucks nahezu „zerstörungsfrei".

b) Brinell-Härte oder *Kugeldruckhärte*.

Opt. Abmessung des Eindruckdurchmessers d einer Kugel (Durchmesser D):

$$HB = \frac{0,102 \cdot 2F}{\pi D (D - \sqrt{D^2 - d^2})}$$

F	Prüfkraft	(N)
D	Durchmesser der Kugel	(mm)
d	Eindruckdurchmesser	(mm)

Normgerechte Härteangabe:

(1) Härtewert HB, (2) Kugeldurchmesser (mm), (3) Prüfkraft · 0,102, (4) Belastungszeit (in s).

Beispiel: 80 HB 2,3/160/20 bedeutet, dass mit einer Kugel von 2,3 mm Durchmesser, einer Eindruckkraft von 160/0,102 = 1568 N und einer Eindruckdauer von 20 s ein Härtewert von 280 ermittelt wurde.

Anwendung: Für weiche bis mittelharte Werkstoffe oder bei Gefügebestandteilen unterschiedlicher Härte. Zum Vergleich der Ergebnisse mit verschiedenen Kugeln muss die Belastung $0,102\ F/D^2$ konstant sein. Prüfkräfte zw. 0,24 und 0,6·D und nicht über 350 HB. Ermittlung von Anhaltswerten für die Zugfestigkeit, z. B. von wärmebehandelten Teilen.

c) Rockwell-Härte.

Automatisierbares Prüfverfahren für Serienmessungen, weniger trennscharf als HB und HV. Messung in drei Schritten:

• Vorlast: 98,1 N für ca. 5 s, sodann Messuhr auf Null stellen.

• Prüfkraft: 1373,4 N (HRC) oder 882,9 N (HRB) für ca. 10 s.

• Nachdruck (wie Vorlast).

Nachteile: empfindlich gegenüber „schlechter" Auflage, Beschädigung des Diamanten schlecht feststellbar.

2) Dynamische Krafteinwirkung

a) dynam.-plast. Verfahren: *Schlaghärteprüfung*.

b) dynam.-elast. Verfahren: *Rücksprunghärteprüfung*; z. B. bei der Kunststoffprüfung die SHORE-Härte (HS) aus der Rücksprunghöhe eines Fallhammers mit Stahlkugel oder Diamantkegel.

3) Abschätzung der Zugfestigkeit. Härte und Zugfestigkeit R_m (in N/mm^2) – nicht aber Streck- oder Dehngrenze – sind proportional.

Für Stähle:	$R_m \approx 3,5$ HB
Grauguss:	$R_m \approx ($HB $- 40)/6$

Umrechnung: $\dfrac{HB}{HV} = 0{,}95$

DIN 50150 gibt eine *Umwertetabelle* für:
unlegierte und niedrig legierte Stähle,
Stahlguss: warmgeformt od. wärmebehandelt.
Ungeeignet ist die DIN-Tabelle für: hochlegierte, v. a. austenit. Stähle, kaltverfestigte Stähle, Nichteisenmetalle, Gusseisen.

Hebel

Starrer, um eine Achse drehbarer Körper.

1. *Einseitiger Hebel.* In einem Drehpunkt gelagerte Stange. F_2 wirkt am freien Ende, F_1 näher am Drehpunkt.

2. *Zweiseitiger* oder *ungleicharmiger Hebel:* an einem Drehpunkt gelagerte Stange („Wippe"). F_1, F_2 wirken an den freien Hebelenden.

3. *Winkelhebel:* zwei Stangen, im Drehpunkt unter einem Winkel verbunden.

Kraftarm l_1 und Lastarm l_2 werden *rechtwinklig* zur Wirkungslinie der Kräfte F_1 bzw. F_2 als Abstand vom Drehpunkt gemessen (d. h. in der Horizontalen oder Vertikalen). Am Hebelarm wirkt das *Drehmoment $\vec{M} = \vec{r} \times \vec{F}$.

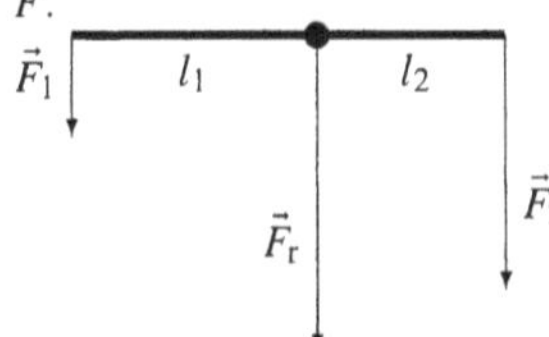

Parallele Kräfte besitzen keinen Schnittpunkt. Zur Konstruktion des Kräftepolygons werden daher entgegengesetzt gerichtete (antiparallele) Hilfskräfte gleicher Größe eingeführt, die sich gegenseitig aufheben und z. B. senkrecht auf den parallelen Kraftvektoren stehen. Die Resultierenden jedes Parallelogrammes aus Parallel- und Hilfsvektor addieren sich zur Resultierenden der parallelen Vektoren.

Hebelgesetz

Der Abstand l der Kraft von der Resultierenden ist umgekehrt proportional zur Größe der Kraft F. Die Wirkungslinie der Resultierenden teilt den Abstand beider Kräfte im umgekehrten Verhältnis zur Größe der Kräfte.

$$\boxed{\text{Kraft} \cdot \text{Kraftarm} = \text{Last} \cdot \text{Lastarm}}$$

$$\boxed{\dfrac{F_1}{F_2} = \dfrac{l_2}{l_1}}$$

F_1	Kraft, N	l_1	Kraftarm, m
F_2	Last, N	l_2	Lastarm, m

Kraftarm und Lastarm sind stets die <u>senkrechten</u> Abstände der Kräfte vom Drehpunkt. Dies gilt auch für den *Winkelhebel*, bei dem die beiden Hebelarme einen Winkel von < 180° bilden.

Himmelskoordinaten

Astronom. Navigation: Punkte, Linien und Winkel an der Himmelskugel.

1) Frühlingspunkt, *Widderpunkt,* engl. *aries, vernal equinox.* Stellung der Sonne am Himmel bei Frühlingsanfang (20./21. März) im Schnittpunkt des Himmelsäquators mit der nordwärts aufsteigenden scheinbaren Sonnenbahn (Ekliptik).

2) Herbstpunkt, engl. *autumnal equinox, libra.* Schnittpunkt von Himmelsäquator und Ekliptik (südwärts absinkende scheinbare Sonnenbahn) am 21./22. oder 23. September.

3) Himmelsäquator, engl. *celestial equator.* Großkreis der Himmelskugel, dessen Ebene senkrecht zur Erdachse steht.

4) Nadir. Schnittpunkt der nach unten (durch den Erdmittelpunkt und die gegenüber liegende Erdhalbkugel) verlängerten Lotlinie des Beobachters mit der Himmelskugel. Nicht sichtbar!

5) Pol

● *Himmelspol,* engl. *celestial pole,* Schnittpunkt der Erdachse mit der Himmelskugel.

● *Himmelsnordpol,* engl. *celestial north pole,* Himmelspol im Zenit des Erdnordpols.

● *Himmelssüdpol,* engl. *celestial south pole,* Himmelspol im Zenit des Erdsüdpols.

● *Oberer Pol,* engl. *elevated pole,* Himmelspol oberhalb des wahren Horizonts.

● *Unterer Pol,* engl. *depressed pole,* Himmelspol unterhalb des wahren Horizonts.

6) Zenit, engl. *zenith.* Schnittpunkt der nach oben verlängerten Lotlinie des Beobachters mit der Himmelskugel. Anschaulich: der Beoachter blickt exakt senkrecht zum Standpunkt auf der Erdoberfläche nach oben.

7) Rektaszension, engl. *right ascension* (α, RA), „gerade Aufsteigung", Differenz zw. Vollkreis und Sternwinkel β.

$$\alpha = 360° - \beta$$

Sternwinkel (β, SHA), engl. *sidereal hour angle.* Winkel am oberen Pol zw. den Stundenkreisen durch Frühlingspunkt und Gestirn (gezählt ab Frühlingspunkt von 000° bis 360° scheinbaren Drehsinn der Himmelskugel).

8) Großkreis, engl. *great circle.* Kreis auf der Himmelskugel mit Zentrum im Erdmittelpunkt.

9) Horizont

● *Wahrer Horizont,* engl. *celestial horizon,* Großkreis der Himmelskugel, dessen Ebene senkrecht zum Lot des Beobachters durch den Erdmittelpunkt geht. Nicht sichtbar!

● *Scheinbarer Horizont, sensible horizon,* Kreis der Himmelskugel, dessen Ebene senkrecht zum Lot durch das Auge des Beobachters geht.

● *Künstlicher Horizont,* engl. *artificial horizon,* Hilfsmittel zur Darstellung des scheinbaren Horizonts.

Hobeln

Spanendes Fertigungsverfahren zur Bearbeitung von langen, schmalen Plan- und Profilflächen mit einem Schneidwerkzeug (Schnellarbeitsstahl).

Anschnittweg	$l_\alpha = \dfrac{a_\mathrm{p}}{\tan \alpha}$
Mittl. Arbeitsgeschwindigkeit	$v_\mathrm{m} = \dfrac{2\bar{v}_\mathrm{c}\bar{v}_\mathrm{r}}{\bar{v}_\mathrm{c} + \bar{v}_\mathrm{r}}$
Doppelhubfrequenz	$n = \dfrac{v_\mathrm{m}}{2 l_\mathrm{H}}$
Schnittzeit	$t_\mathrm{c} = \dfrac{l_\mathrm{f}}{f\, n}$

2

Mechanik

Hauptnutzungszeit	$t_H = \dfrac{b_H}{f\,n} = \dfrac{b_H}{v_c}$
Schnittgeschwindigkeit	$v_c = n\,f$

a_p	Schnitttiefe	
b_H	Hubbreite	
f	Vorschub	(mm)
l_H	Hublänge	
v_c	Vorschub-, Schnittgeschwindigkeit	(mm/min)
v_r	Rückhubgeschwindigkeit	

Höhe

Vertikale Entfernung von der Eroberfläche oder einem anderen Bezugspunkt.

1) *Wahre Höhe,* engl. *(true) altitude.* Mittelpunktswinkel eines Vertikalkreises vom wahren *Horizont zu einem Höhenparallel (= Kreis der Himmelskugel parallel zum wahren Horizont).

$h = -07°31{,}4'$ (unter dem wahren Horizont).

2) *Scheinbare Höhe,* engl. *apparent altitude.* Winkel am Auge des Beobachters zw. der Ebene des scheinbaren Horizontes und dem Lichtstrahl Gestirn–Auge.

$$h_s = h' + R$$

h' Höhe über dem scheinbaren Horizont, R Refraktion, astronom. Strahlenbrechung = Winkel am Auge des Beobachters zw. der Linie Gestirn–Auge und dem Lichtstrahl Gestirn–Auge.

3) *Altitude* (ALT). Höhe über Normalnull (Luftfahrt).

Höhenbestimmung, trigonometrische

Bei Entfernungen über 400 m sind Erdkrümmung und Lichtbrechung zu berücksichtigen.

1) Horizontale Standlinie.

Horiz. Entfernung: Standpunkt – Zielpunkt

$$a = C\,l\,\cos^2\alpha$$

Höhendifferenz: Zielpunkt – Instrument

$$h = \tfrac{1}{2}\,C\,l\,\sin 2\alpha$$

Im Baugewerbe werden kleine Höhenunterschiede von einem Punkt mit bekannter Höhe über dem Meeresspiegel mit $\alpha = 0$ direkt als Skalendifferenz l „nivelliert" und auf einen Punkt mit bekannter Höhe ü. N. N. bezogen. ·

C Gerätekonstante des Nivelliergeräts (meist 100)
l Lattenabschnitt = Differenz der Ablesewerte
α Höhenwinkel (Anstieg Standlinie – Zielpunkt)

2) Ansteigende Standlinie

Höhenunterschied h in einem Gelände, das über eine bekannte ansteigende Standlinie (Länge s) im Winkel β (gegen den gedachten horizontalen Untergrund) ansteigt, und von dort auf einer gedachten Verbindungslinie im Winkel γ zum Zielpunkt.

$$h = s\,\sin\alpha = \frac{s\,\sin\varepsilon\,\sin\alpha}{\sin\sigma} = \frac{s\,\sin(\gamma-\beta)\,\sin\alpha}{\sin(\gamma-\alpha)}$$

Abstand Standpunkt – Zielpunkt: Geradlinige Entfernung vom Anfangspunkt der Standlinie zum oben gelegenen Zielpunkt (Hypothenuse des Steigungsdreiecks).

$$x = s\,\frac{\sin\varepsilon}{\sin\sigma}$$

Winkel zw. Standlinie und Verbindungslinie (Seite des Steigungsdreiecks)

$$\varepsilon = \beta + (180° - \gamma)$$

Differenz der Höhenwinkel $\quad \sigma = \gamma - \alpha$

h Höhe (zw. Standpunkt und Zielpunkt)
α Höhenwinkel (Anstieg Standpunkt – Zielpunkt)
β Anstieg der Standlinie
γ Höhenwinkel (Anstieg: Ende Standlinie – Zielpunkt)

Hooke'sches Gesetz

Grundgesetz der elastischen Verformung.

1) Federkraft = Federsteifigkeit · Auslenkung

$$\boxed{\vec{F}_{el} = -k\,\vec{s}} \qquad N = \frac{kg\,m}{s^2}$$

2) HOOKE'sches Gesetz für Spannung

$$\sigma = E\,\varepsilon \quad \text{mit} \quad \varepsilon = \frac{\Delta l}{l}$$

Anwendung: *Spannung-Dehnung-Diagramm.

3) HOOKE'sches Gesetz für Schub

$$\tau = G\,\gamma \quad \text{mit} \quad G = \frac{E}{2(1+\nu)}$$

Hooke'sches Gesetz, verallgemeinertes

Normalspannung:

Komponenten des *Spannungstensors ($i = x,y,z$)

$$\boxed{\sigma_i = \frac{E}{1+\nu}\left(\varepsilon_i + \frac{\nu\,e}{1-2\nu}\right) - \frac{E\,\alpha_{th}\Delta T}{1-2\nu}}$$

Verzerrung (Dehnung), Komponenten des *Verzerrungstensors ($i,j,k = x,y,z$)

$$\varepsilon_i = \frac{\sigma_i - \nu(\sigma_j + \sigma_k)}{E} + \alpha_{th}\Delta T$$

α_{th} therm. Längenausdehnungskoeffizient.

Schiebung, Komponenten des *Verzerrungstensors ($i,j = x,y,z$)

$$\gamma_{ij} = \frac{\tau_{ij}}{G}$$

Volumendehnung (Dilatation)

$$e = \frac{\Delta V}{V} = \varepsilon_x + \varepsilon_y + \varepsilon_z$$

Querkontraktionszahl

$$\nu = \left|\frac{\varepsilon_{quer}}{\varepsilon_z}\right| \qquad (0 < \nu < \tfrac{1}{2})$$

Hubraumleistung

$$P_H = \frac{\text{Nennleistung } P}{\text{Hubraum } V_H} \qquad (kW/dm^3 = MW/m^3)$$

Hydrodynamisches Lager

Radialgleitlager, wobei sich die rotierende Welle (W) in einem umgebenden Rohr (Lager L) befindet und von einer Flüssigkeit (Schmierfilm) umströmt wird.

REYNOLDS-Zahl für laminare Strömung

$$Re = \frac{\pi\,D\,n\,s}{2\,\nu} \le 41{,}3\sqrt{\frac{D}{s}}$$

SOMMERFELD-Zahl

$$So = \frac{\psi_{eff}^2\,F}{D\,b\,\eta_{eff}\omega_{eff}}$$

Lagerspiel und relative Exzentrizität

$$s = D - d, \qquad \varepsilon = \frac{2e}{s}$$

Mittleres relatives Lagerspiel

$$\psi_m = \frac{\psi_{max} + \psi_{min}}{2}$$
$$= \frac{D_{max} - d_{min}}{2D} + \frac{D_{min} - d_{max}}{2D}$$

Thermische Änderung des rel. Lagerspiels

$$\Delta\psi = (\alpha_L - \alpha_W)(T_{eff} - T_{amb})$$

Effektives relatives Lagerspiel

$$\psi_{eff} = \psi_m + \Delta\psi$$

Hydrodynam. effekt. Winkelgeschwindigkeit

$$\omega_{eff} = \omega_L + \omega_W$$

Minimale Schmierfilmdicke

$$h_0 = \frac{D-d}{2} - e = \frac{D\psi_{\text{eff}}(1-\varepsilon)}{2}$$

Richtwerte für die Schmierfilmdicke h_0

Wellendurchmesser	Gleitgeschwindigkeit v_W (m/s)				
d (mm)	<1	<3	<10	<30	>30
24 ... 63	3	4	5	7	10
63 ... 160	4	5	7	9	12
160 ... 400	6	7	9	11	14
400 ... 1000	8	9	11	13	16
1000 ... 2500	10	12	14	16	18

D	Durchmesser des Strömungsrohres
d	Durchmesser der rotierenden Welle
e	Abstand der Kreismittelpunkte von Rohr und Welle
F	Radialkraft
n	Drehzahl
T_{amb}	Umgebungstemperatur (20 °C)
T_{eff}	Schmierfilmtemperatur
v_W	Gleitgeschwindigkeit der Welle
α	Längenausdehnungskoeffizient
η_{eff}	dynamische Viskosität des Schmiermittels (Pa s)
v	kinematische Viskosität des Schmiermittels (m/s)

Impuls

Bewegungsgröße der Translation; engl. *momentum*.

$$p = m\,v = \frac{L}{r} \qquad \mathrm{N\,s} = \frac{\mathrm{kg\,m}}{\mathrm{s}}$$

Impulsvektor allgemein

$$\vec{p} = \int \vec{v}\,\mathrm{d}m$$

Für Translationsbewegung und $m = \mathrm{const}$:

$$\vec{p} = m\,\vec{v} = \int \vec{F}_a(t)\,\mathrm{d}t$$

N-Punktmassensystem (S = Schwerpunkt)

$$\vec{p} = \frac{\mathrm{d}}{\mathrm{d}t}\sum_{i=1}^{N} m_i\vec{r}_i = \frac{\mathrm{d}}{\mathrm{d}t}(m\,\vec{r}_S) = m\,\vec{v}_S$$

Impuls eines Strahlungsquants der Energie $E = h\nu$

$$p = \frac{h}{\lambda} = \frac{h\,\nu}{c_0} = \frac{E}{c_0}$$

c_0	Vakuumlichtgeschwindigkeit	(m/s)
m	Masse des bewegten Körpers	(kg)
v	Momentangeschwindigkeit	(m/s)
L	Drehimpuls	(kg m²/s)
r	Abstand vom Drehpunkt	(m)
λ	Wellenlänge	(m)

Impulsänderung

Impulssatz. Der *Kraftstoß* (Antrieb, Kraftimpuls, engl. *impulse*), das Produkt aus Kraft und Wirkzeit; die Wirkung einer Kraft im Zeitintervall Δt auf einen Körper, wobei sich dessen Impuls ändert.

$$\vec{I} = \int_{t_1}^{t_2} \vec{F}_a(t)\,\mathrm{d}t = \vec{p}_2 - \vec{p}_1 \qquad \mathrm{N\,s} = \frac{\mathrm{kg\,m}}{\mathrm{s}}$$

Für konstante Kraft

$$\Delta\vec{p} = \vec{F}\,\Delta t = m\,[\vec{v}(t_2) - \vec{v}(t_1)]$$

Impulserhaltung

Der (vektorielle) Gesamtimpuls eines Systems bleibt zeitlich konstant, sofern keine resultierende äußere Kraft auf das System einwirkt. Oder: Im abgeschlossenen System, d. h. wenn keine äußeren Kräft wirken, ist die Summe der Impulse konstant. Der Schwerpunkt bewegt sich gleichförmig und geradlinig.

1) Gesamtimpuls in einem System N materieller Punkte oder eines starren Körpers.

$$\vec{p} = \sum_{i=1}^{N} \vec{p}_i = m v_S = \mathrm{const} \qquad \Leftrightarrow$$

$$\mathrm{d}\vec{p}(t) = 0,\ \text{falls}\ \vec{F}_{a,\text{res}} = \sum_{i=1}^{N} \vec{F}_{a,i} = 0$$

Ist die Resultierende der äußeren Kräfte null, dann ist die Geschwindigkeit des Schwerpunktes konstant.

$$\boxed{\ \vec{F}_{a,\text{res}} = 0 \quad \Leftrightarrow \quad \vec{v}_s = \mathrm{const}\ }$$

Für Translationsbewegung

$$\boxed{\ \Delta p = 0 = m\,v_0 = m\,v(t)\ }$$

2) Summe der äußeren Kräfte = Impulsänderung. Die inneren Kräfte kompensieren sich nach dem *3. Newton-Axiom.

$$\boxed{\ \vec{F}_a = \sum_{i=1}^{N} \vec{F}_{a,i} = \frac{\mathrm{d}}{\mathrm{d}t}\sum_{i=1}^{N} \vec{p}_i = \frac{\mathrm{d}\vec{p}}{\mathrm{d}t}\ }$$

3) *Schwerpunktsatz, *Raketengleichung.

Inertialsystem

System, in dem die Gesetze der klass. Mechanik gelten. Bewegt sich mit konstanter Geschwindigkeit $v \ll c$ gegen ein Bezugssystem; Licht breitet sich unabhängig von der Relativbewegung zw. Lichtquelle und Beobachter nach allen Richtungen mit derselben Geschwindigkeit aus. Es gibt kein bevorzugtes Bezugssystem, d. h. Geschwindigkeiten sind nicht absolut messbar.

Kegelverbindung

Welle-Nabe-Verbindung mit kegeligem Wellenende. Erforderliche Einpresskraft

$$F_e \approx \frac{2M_t \sin(\varrho + \alpha/2)}{\mu\,D_m}$$

Flächenpressung

$$p = \frac{F_e}{\pi\,D_m l\,\tan(\varrho + \alpha/2)}$$

D_m	mittlerer Durchmesser
l	axiale Länge des kegeligen Wellenendes
M_t	Drehmoment (drehende Welle)
α	Kegelöffnungswinkel
μ	Gleireibwert: $= \tan\varrho$

Keil

Keilneigung ($h' = 0$ bei Keil mit Spitze)

$$\frac{1}{y} = \frac{h - h'}{l} \qquad (\text{Dim.1})$$

h,h' große bzw. kleine Höhe, l Länge des Keils.

Keilvolumen

$$V = \frac{a_1 + 2a_2}{6}\,b\,h \qquad (\mathrm{m}^3)$$

b Breite der Grundfläche, h Höhe, a_1,a_2 obere (Spitze) bzw. untere Seitenlänge (Grundfläche).

Keilkraft

Schlagkraft zum Eintreiben eines Keils

  a) ohne Reibung

$$\boxed{\ F = \frac{b}{l}\,F_N = 2F_N \sin\frac{\alpha}{2}\ } \quad \mathrm{N}$$

  b) mit Reibung

$$\boxed{F = 2\sqrt{F_N^2 + F_R^2}\,\sin\left(\frac{\alpha}{2} - \varrho\right)} \quad \text{N}$$

$$\boxed{\mu = \tan\varrho} \quad \text{rad}$$

Kraftaufwand zum Bewegen eines Körpers längs einer symmetr. *Keilnut*

$$F_B = 2\,F_R = 2\mu\,F_N = \frac{\mu\,F}{\sin(\alpha/2)}$$

b, l	Keilbreite, Keilwangenlänge	(m)
F_N	Normalkraft, Wangenkraft $\perp l$	(N)
F_R	Reibungskraft ($\parallel$)	(N)
α	Keilwinkel: Dreieckspitze l-b-l	(rad)
μ	Reibungszahl	(Dim. 1)
ϱ	Reibungswinkel	(rad)

Keilriemengetriebe

Riemengetriebe

1) Einfacher Riementrieb: ein Rad treibt über einen Riemen ein zweites an; der Riemen kann offen (ungekreuzt) oder gekreuzt sein

$$\boxed{n_1 d_1 = n_2 d_2} \quad \text{und} \quad \boxed{i = \frac{d_2}{d_1}}$$

Riemengeschwindigkeit

$$v = \pi d_1 n_1 = \pi d_2 n_2$$

Achsabstand

$$a = p + \sqrt{p^2 - q} \quad \text{mit} \quad \begin{cases} p = \dfrac{l_2}{4} - \dfrac{\pi(d_1 + d_2)}{8} \\[2mm] q = \dfrac{(d_2 - d_1)^2}{8} \end{cases}$$

Richtwert für den Achsabstand

$$0{,}7\,(d_1 + d_2) < a < 2(d_1 + d_2)$$

Länge des Treibriemens L im Steigungsdreieck: freie Riemenlänge t zw. den Rädern $\to$ Achsabstand $a \to$ Höhe $R - r$ auf dem großen Rad ($\perp t$). α Winkel zw. Riementangente t und Achsabstand a.

$$t^2 = a^2 - (R - r)^2 \quad \text{und} \quad \cos\alpha = \frac{R - r}{a} \quad \Rightarrow$$

$$L = \underbrace{2\sqrt{a^2 - (R - r)^2}}_{2t} + \underbrace{R\,(2\pi - 2\alpha)}_{K} + \underbrace{2\,\alpha\,r}_{k}$$

Riemenwirklänge

$$l_2 \approx 2a + \frac{\pi(d_1 + d_2)}{2} + \frac{(d_2 - d_1)^2}{4a}$$

Riemeninnenlänge

$$l_1 = l_2 - \Delta l = l_2 - 2\pi(h_1 - h_2)$$

Umschlingungswinkel

$$\cos\frac{\beta}{2} = \frac{d_2 - d_1}{2a}$$

Achsabstandsverstellung

zum Spannen: $\qquad x \geq 0{,}03\,l_2$

zum Auflegen: $\qquad y \geq 0{,}015\,l_2$

Biegefrequenz

$$f = \frac{v\,z_3}{l_3}$$

d_1, d_2	Wirkdurchmesser der Radscheiben	(mm)
k, K	Krümmung (Bogenlänge) des kleinen bzw. großen Rades	
n_1, n_2	Umdrehungsfrequenz, Drehzahl	(s^{-1})
r, R	Radius der kleinen, großen Scheibe	
i	Übersetzungsverhältnis	(Dim. 1)
z_3	Zahl der umlaufenden Scheiben	

2) Leistung und Kräfte.

Anzahl der Keilriemen $\qquad z = \dfrac{P\,c_2}{P_N\,c_1 c_3}$

Umfangskraft $\quad F_u = \dfrac{P}{v} = \dfrac{2M_t}{d_1} = |F_1 - F_2|$

Kraft im ziehenden Trum (Treibrad)

$$F_1 = F_2 e^{\mu\beta} = F_u\left(\frac{e^{\mu\beta}}{e^{\mu\beta} - 1}\right)$$

Kraft im gezogenen Trum

$$F_2 = \frac{F_u}{e^{\mu\beta} - 1}$$

Wellenkraft

$$F_W = F_2 + F_1 = F_u\,\frac{\sqrt{e^{2\mu\beta} + 1 - 2e^{\mu\beta}\cos\beta}}{e^{\mu\beta} - 1}$$

Bei hoher Riemengeschwindigkeit: Fliehkraft berücksichtigen!

P	zu übertragende Leistung
P_N	Nennleistung des Einzelriemens
c_1	Winkelfaktor
c_2	Betriebsfaktor
c_3	Längenfaktor
d_1	Wirkdurchmesser der treibenden Scheibe
β	Umschlingungswinkel

3) Doppelter Riementrieb: ein Rad treibt über einen Riemen ein zweites Rad an, auf dessen Achse sich ein drittes kleineres Rad befindet, das über einen zweiten Riemen ein viertes Rad antreibt.

Übersetzungsverhältnis

$$\boxed{i = i_1\,i_2 = \frac{d_2 d_4}{d_1 d_3}} \quad \text{(Dim.1)}$$

1, 3 = treibendes Rad; 2, 4 = getriebenes Rad

Drehzahl

$$\boxed{n_1 = i\,n_4 = n_4\,\frac{d_2 d_4}{d_1 d_3}} \quad (\text{s}^{-1})$$

Raddurchmesser des Treibrades

$$d_1 = \frac{d_2 d_4}{d_3\,i} = \frac{n_4}{n_1}\,\frac{d_2 d_4}{d_3} \quad \text{(mm)}$$

übertragene Leistung

$$P = F_u\,v_u = \pi\,d\,n\,F_u \quad \text{(W)}$$

Riemenbreite $\sim$ übertragene Kraft

$$d = \frac{F_u}{\sigma\,s} \quad \text{(mm)}$$

σ Riemenspannung, s Riemendicke.

Riemenlänge

$$L = \frac{\pi\,d_1\alpha_1}{360°} + \frac{\pi\,d_2\alpha_2}{360°} + 2a\,\cos\beta \quad \text{(mm)}$$

a	Achsabstand
α	Umschlingungswinkel = Öffnungswinkel des Riemens vom Rad weg (in Grad)
β	Neigungswinkel des Riemens zw. zwei Rädern (Grad)

Kraft im ziehenden Trum

$$\boxed{F_1 = \sigma_{z,\text{zul}}\,S = \frac{2\,M}{d}} \quad \text{(N)}$$

$\sigma_{z,\text{zul}}$	zulässige Riemenspannung	(N/mm^2)
M	übertragenes Drehmoment	(N mm)
d	Raddurchmesser	(mm)
S	Riemenquerschnitt	(mm^2)

Trumkraftverhältnis

$$m = \frac{\text{Kraft im ziehenden Trum } F_1}{\text{Kraft im gezogenen Trum } F_2}$$

Riemenspannung

$$\sigma = \frac{F_1}{S} + v^2 \varrho + \frac{E\,s}{d_{\min}} \quad \text{N/mm}^2$$

$d_{\min}$	kleinster Scheibendurchmesser.
E	Elastizitätsmodul des Riemenwerkstoffs.
s	Riemendicke.
v	Riemengeschwindigkeit.
ϱ	Dichte des Riemenwerkstoffs.

Nutzkraft = übertragbare Umfangskraft

$$F_n = \sigma\,S = F_u \quad \text{N}$$

Erfahrungswerte für Lederriemen	
Scheibendurchmesser d	Riemendicke s
bis 100 mm	3 mm
bis 150 mm	3,5 bis 4 mm
bis 200 mm	4 mm
bis 250 mm	5 mm

Keilwellenverbindung

Welle-Nabe-Verbindung. Hutförmige Vollkörper mit geraden Flanken (Rechteck-Keile auf dem Umfang einer Welle), die in einen umgebenden Körper (Nabe) greifen.
Flächenpressung

$$p = \frac{8M_t}{3d_m i\,h\,l_t} \quad \text{mit}$$

$$h = \frac{d_2 - d_1}{2} - 2g, \quad d_m = \frac{d_1 + d_2}{2}$$

b	Breite eines Keils
d_1	Durchmesser der Welle ohne Keil
d_2	Durchmesser der Welle incl. Keilhöhe
g	Höhe der Rundung am Keilboden und Keildach
i	Anzahl der Keile
l_t	tragende Keillänge

Kepler'sche Gesetze

Beschreibung der Planetenbewegung.
1) *Bahnensatz:* Die Planetenbahnen sind Ellipsen, im gemeinsamen Brennpunkt steht die Sonne.
2) *Flächensatz* der Zentralbewegung: Der Radiusvektor von der Sonne zum Planeten überstreicht in gleichen Zeiten gleiche Flächen A.

$$\frac{\Delta A}{\Delta t} = \text{const}$$

$$\Delta A = \Delta A_1 = \Delta A_2 = \frac{v\,r}{2} = \text{const}$$

$$v\,r = v_1 r_1 = v_2 r_2 = \text{const}$$

v Umlaufgeschwindigkeit.

3) *Zeitensatz:* Die Quadrate der Umlaufzeiten zweier Planeten verhalten sich wie die dritten Potenzen der großen Halbachsen ihrer Bahnen.

$$\frac{T_1^2}{T_2^2} = \frac{a_1^3}{a_2^3} \;\Rightarrow\; \frac{a_3}{T^2} = \text{const}$$

Umlaufzeit e. Planeten im Sonnensystem

$$T = \sqrt{\frac{a^3}{a_E^3}}\;T_E^2$$

T_E Umlaufzeit der Erde, a große Halbachse der Ellipsenbahn.

4) Geometrie der Planetenbahn als *Ellipse* mit zwei Brennpunkten auf der x-Achse.

Kurvengleichung	$\dfrac{x^2}{y} = \dfrac{y^2}{b^2} = 1$
Tangente in P	$\dfrac{x_P\,x_t}{a^2} + \dfrac{y_P\,y_t}{b^2} = 1$

Normale in P	$y_n - y_P = \dfrac{a^2\,y_P}{b^2\,x_P}(x_n - x_P)$
Exzentrizität	$e = \sqrt{a^2 - b^2}$
– numerische	$\varepsilon = e/a$
Fläche	$A = a\,b\,\pi$
Umfang	$U \approx \dfrac{3}{2}\pi\,(a + b) - \pi\,\sqrt{a\,b}$
Scheitelgleichung	$y^2 = 2p\,x - \dfrac{p}{a}x^2$

a große Halbachse: Abstand Brennpunkt bis $y(0)$.
b kleine Halbachse = Länge Ursprung bis $y(0)$.
p kleine Halbachse im Brennpunkt.

Kerbschlagarbeit

Arbeit zum Durchschlagen der Probe mit einem Fallhammer beim *Kerbschlagebiegeversuch.

$$W_v = m\,g\,\Delta h \quad \text{J} = \text{N m}$$

Kerbschlagarbeit-Temperatur-Diagramm   Viele

Metalle verhalten bei Raumtemperatur zäh, brechen aber bei tiefen Temperaturen spröde.
Das $W_v(T)$-Diagramm zeigt:
1. Tieflage (Sprödbruch-Bereich, „glitzernd"),
2. Steilabfall (Bereich des Mischbruches),
3. Hochlage (Verformungsbruch, „matt").
Die *Übergangstemperatur* $T_ü$ ist definiert:
- bei einer bestimmten Kerbschlagarbeit,
  z. B. S238JR mit $W_v(\text{ISO-V}) = 27$ J (20 °C).
- bei 50% der Kerbschlagarbeit der Hochlage,
- bei z. B. 50% Anteil matter oder faseriger Bruchfläche (FATT-Definition).

Kerbschlagbiegeversuch

Dynam. Methode der zerstörenden *Werkstoffprüfung mit schlagartiger Beanspruchung. Wichtigste Ergänzung des *Zugversuches. Liefert Vergleichswerte (keine Kennwerte!) für die *Versprödungsneigung* eines Werkstoffes.
1) *Messprinzip.* Eine mittig gekerbte Normprobe wird durch den Schlag eines Pendelhammers gebrochen – oder durch die Widerlager der Prüfmaschine gezogen. Die V-Kerbe (bei Metallen) bzw. U-Kerbe (bei Kunststoffen) ist der Schlagrichtung abgewandt, um Querkontraktion weitgehend auszuschließen. Messgröße ist die verbrauchte Schlagarbeit oder *Kerbschlagarbeit* W_v (früher A_v).

$$W_v = m\,g\,L\,(\cos\beta - \cos\alpha) \approx m\,g\,(H - h)$$

Arbeitsvermögen des Pendelschlagwerks z. B.

$$W_1 = m\,g\,H = (300 \pm 10)\ \text{J.}$$

m	Masse des Pendelhammers
g	örtliche Fallbeschleunigung am Messort.
H	Fallhöhe des Hammers (m),
h	Steighöhe des Pendelhammers (m),
L	Pendellänge = Abstand Drehachse – Auftreffpunkt Hammer (m).
W_v	verbrauchte Schlagarbeit (J).
α	Fallwinkel des Pendelhammers.
β	Pendelsteigwinkel nach dem Schlag.

Normalprobe:	55 mm lang, 10 mm breit, 10 mm hoch
U-Kerbprobe:	5 mm tief, Radius 1 mm
V-Kerbprobe:	2 mm tief, 45°, Radius 0,25 mm

Tabelle 2.3 Auswertung des Kerbschlagarbeit-Temperatur-Diagramms.

spröder Werkstoff hohe Übergangstemperatur	*duktil-zäher Werkstoff* niedrige Übergangstemperatur
• Legierungselemente: C, P, N, H, Si, S im Stahl. • Martensit im Gefüge. • Grobkorngefüge • kaltverformt, gealtert, Anlasssprödigkeit. • Versuchsbedingungen: scharfe, tiefe Kerbe; hohe Schlaggeschwindigkeit; mehrachsiger Spannungszustand.	• Legierungselemente: Al, Nb, Ti, V, Zr, B, Ni im Stahl. • Austenitisches Gefüge. • Feinkorn-, Vergütungsgefüge. • Verarbeitung: vakuumentgast, -umgeschmolzen. • Versuchsbedingungen: großer Kerbradius, geringe Probenbreite.

2) Die *Kerbschlagarbeit* korreliert mit dem Verformungsweg (Durchbiegung s). $W_v \sim \int F \, ds$.

W_v groß $\Rightarrow$ zäh-duktiles Verhalten,

W_v klein $\Rightarrow$ sprödes Verhalten.

3) Beurteilung des *Bruchaussehens:

Scherbruchanteil: $\boxed{\dfrac{S_s}{S} = \dfrac{S - S_t}{S}}$ in %

Breitung: $\Delta B = B - B_0$ in mm

S gesamte Bruchfläche,
S_s Scherbruchfläche (duktil-matte Außenzone),
S_t Trennbruchfläche (spröd-kristalline Innenzone),
B Breite der Kerbprobe nach dem Schlag,
B_0 Breite der Probe (ISO-V, ISO-U, DVM: 10 mm).

Kerbschlagzähigkeit

Veraltet! Quotient aus Schlagarbeit und Kerbquerschnitt S_0 (ISO-V: 0,8 cm^2, ISO-U: 0,5 cm^2).

$$\boxed{a_k = \frac{\text{Kerbschlagarbeit } W_v}{\text{Prüfquerschnitt } S_0}} \quad \text{J/cm}^2$$

Kerbwirkung

Festigkeitslehre: An sprunghaften Querschnittsänderungen (Kerben, Bohrungen, Einsprünge, Ausbuchtungen, Einstiche etc.) wird das Werkstück erhöht beansprucht.

1. Die Maximalspannung σ_{max} ist örtlich höher als die berechnete Nennspannung σ_n.

$$\sigma_{max} = \alpha_K \, \sigma_n$$

α_K Formzahl oder Kerbfaktor.
2. Mehrachsiger Spannungszustand im Kerbbereich.
3. Für Risse ($\alpha_k > 10$) versagt die Spannung als Beanspruchungsmaß. Vgl. *Bruchmechanik.

Kerbwirkungszahl

Experimentell bestimmter Gestalteinflussfaktor $K_\sigma\,(d_B)$ bei der dynam. Beanspruchung (vgl. *Dauerfestigkeit); abh. vom Bauteildurchmesser d bzw. Bezugsdurchmesser d_B. Anwendung: *Fließgrenze.

$$K_\sigma(d) = \frac{K_\sigma(d_B)\, K_3(d_B)}{K_3(d)} = K_\sigma'\, K_2(d)$$

K_2, K_3 geometr. Größeneinflussfaktor (Tabellenwerte).
Einflussfaktor der Oberflächenrauheit

$$\tilde{K}_{F\sigma} = \frac{K_{F\sigma}(R_z)}{K_{F\sigma}(R_{zB})}, \qquad \tilde{K}_{F\tau} = 0{,}575 \cdot \tilde{K}_{F\sigma} + 0{,}425$$

R_z mittlere Rauhtiefe des Bauteils, R_{zB} des Bezugsquerschnittes.

Kesselgleichung

Festigkeitslehre: *Membrantheorie*. Dünnwandiger *Behälter unter Innendruck*. Spezialfall der *Elastostatik für einen geschlossenen Behälter unter isothermer Innendruckbelastung. Die Wanddicke sei klein gegenüber den Krümmungsradien. Der Einheitsvektor der Schalenmittelfäche $\vec{e}_n$ ist nach außen gerichtet. Radialspannungen sind vernachlässigbar.

1) Allgemeine Kesselgleichung

$$\boxed{\frac{\sigma_\varphi}{\varrho_2} + \frac{\sigma_\vartheta}{\varrho_1} = \frac{p}{h}}$$

2) Geschlossener Behälter (über Rotationsachse)

$$\sigma_\vartheta = \frac{p\,r}{2h\sin\vartheta} = \frac{p\varrho_2}{2h}$$
$$\sigma_\varphi = \frac{p\varrho_2}{2h}\left(2 - \frac{\varrho_2}{\varrho_1}\right)$$

h	Wanddicke	(m)
p	Innendruck, Membranspannung	(Pa = N/m^2)
R	Radius des Kessels	(m)
σ_ϑ	– Meridianspannung	(N/m^2)
σ_φ	– Umfangsspannung, Ringspannung	(N/m^2)
ϱ_i	Radien der Hauptkrümmungskreise	

a) Kugelkessel $(\varrho_1 = \varrho_2 = R)$

$$\sigma_\vartheta = \sigma_\varphi = \frac{p\,R}{2h}$$

b) Zylinderkessel $(\varrho_1 = \infty,\ \varrho_2 = R)$

$$\sigma_\vartheta = \sigma_{\text{längs}} = \frac{p\,R}{2h}$$
$$\sigma_\varphi = 2\sigma_{\text{längs}} = \frac{p\,R}{h}$$

c) Kegelkessel $(\varrho_1 = \infty,\ \varrho_2 = \kappa z)$

$$\sigma_\vartheta = \frac{p\,\kappa\,z}{2h}; \qquad \sigma_\varphi = \frac{p\,\kappa\,z}{h} = 2\sigma_\vartheta; \qquad \kappa = \frac{\tan\alpha}{\cos\alpha}$$

z Koordinate ab Spitze, α halber Öffnungswinkel des Kegels.

3) Torusbehälter, über der Rotationsachse offener Behälter.

$$\sigma_\vartheta = \frac{p\,(r^2 - R_0^2)}{2rh\sin\vartheta} = \frac{p\varrho_2}{2h}\left[1 - \left(\frac{R_0}{r}\right)^2\right]$$
$$\sigma_\varphi = \frac{p\varrho_2}{2h}\left\{2 - \frac{\varrho_2}{r_0}\left[1 - \left(\frac{R_0}{r}\right)^2\right]\right\}$$

r_0 Rohrradius, R_0 Ringradius (Torus), h Wanddicke,
ϑ Winkel zw. Vertikaler und ϱ_2 (Krümmungsradius).

Kinematik

Bewegungslehre. *Weg, *Geschwindigkeit, *Beschleunigung, *Krümmung, *Translation, *Rotation, *Freier Fall, *Wurf, *Relativbewegung.

Kinetik

*Axiom der Bewegungslehre, *Energieerhaltung, *Impulserhaltung, *Newton-Axiom

Kippen von Trägern

Ein Träger kippt bei Einwirkung eines Kippmomentes, z. B. durch Belastung in der Ebene aus Trägerlängsachse und Hautträgheitsachse s_2, wobei das Flächenmoment $I_x = I_1 > I_y = I_2$ ist.

Kippsicherheit

$$\nu_k = \frac{\text{Standmoment } \sum M_s}{\text{Kippmoment } \sum M_k} > 1 \qquad \text{(Dim.1)}$$

Standmoment (Standkraft zum Erdmittelpunkt)

$$M_s = F_s\, a$$

Kippmoment: Kippkraft ‖ Unterlage

$$M_k = F_k\, b$$

a,b rechtwinkl. Abstand der Kraftwirkungslinie von der Kippkante (Unterlage).

Klebe- und Lötverbindung

Abscherspannung zum Lösen der Verbindung (Kraft parallel zu den Schichten).

$$\tau_a = \frac{\text{Kraft } F}{\text{Klebefläche } S} \le \tau_{a,\text{zul}} \qquad \text{N/mm}^2$$

Bei Rohrsteckverbindungen: $S = \pi\, d\, l$

Knickfestigkeit

Widerstand prismat., gerader oder schwach gekrümmter Stäbe gegen eine stauchende Verformung (*Knickung*). Bei axialer Druckbelastung oberhalb der zulässigen Knickspannung $\sigma_{k,\text{zul}}$ knickt der Stab seitlich aus.

1) Elastischer Bereich

EULER-Hyperbel für größere Schlankheitsgrade λ.

Knickspannung $\sigma_K \le$ Proportionalgrenze R_p

Knickkraft nach EULER

$$F_K = \frac{\pi^2 E\, I_{\min}}{l_K^2} \qquad \text{N}$$

Knickspannung

$$\sigma_K = \frac{F_K}{A} = \frac{\pi^2 E\, I_{\min}}{l_K^2\, A} = \frac{\pi^2 E}{\lambda^2} \qquad \text{N/mm}^2$$

Schlankheitsgrad

$$\lambda = \frac{l_K}{i_{\min}} = l_K \sqrt{\frac{A}{I_{\min}}} \qquad \text{(Dim.1)}$$

kleinster *Trägheitsradius*

$$i_{\min} = \sqrt{\frac{I_{\min}}{A}} \qquad \text{(mm)}$$

kleinstes erforderliches *Flächenmoment* 2. Grades (Flächenträgheitsmoment) längs der Knickachse.

$$I_{\min} = \frac{\nu_K\, F\, l_K^2}{\pi^2 E} \qquad (\text{mm}^4)$$

Knicksicherheit: $\nu_K = F_K / F$

Zulässige Knickspannung $\sigma_{K,\text{zul}} = \dfrac{\sigma_K}{\nu}$

Grenzschlankheitsgrad beim Übergang vom der EULER-Hyperbel zur TETMAJER-Geraden

$$\lambda_0 = \pi \frac{E}{R_p} \qquad \text{(Dim.1)}$$

A	Stabquerschnitt	(mm^2)
E	Elastizitätsmodul	(N/m^2)
F	im Stab wirkende Druckkraft	(N)
$I_{\min} = I_2$	minimales Hauptträgheitsmoment	(mm^4)
l_K	Knicklänge	(mm)
R_p	Proportionalgrenze	(N/mm^2)
λ	Schlankheitsgrad	(Dim.1)
ν_K	Knicksicherheit	(Dim.1)

2) Unelastisches Knicken.

TETMAJER-Gerade für kleine Schlankheitsgrade zw. Quetschgrenze und Grenzschlankheitsgrad $\lambda_Q < \lambda < \lambda_P$, wo die EULER-Hyperbel nicht gilt.

Knickspannung bei unelast. Knickung

$$\sigma_K = k_3 \lambda_0^2 + k_2 \lambda_0 + k_1 \qquad \text{N/mm}^2$$

λ_0 Grenzschlankheitsgrad. k Beiwert.

Schlankheitsgrad der *Quetschgrenze* σ_Q

$$\lambda_Q = \pi \sqrt{\frac{E}{\sigma_Q}} < \lambda$$

Kennwerte für die Tetmajer-Gerade.

Werkstoff	k (in MPa = N/mm^2)			λ_0
	k_1	k_2	k_3	
Nadelholz	29,3	−0,194	0	> 100
St 37	304	−1,12	0	> 105
	284	−0,8	0	$\ge$ 100
St 50, St 60	328,5	−0,61	0	> 89
St 52	578	−3,74	0	$\ge \sqrt{E/R_e}$
Stahl bis 5% Ni	461,0	−2,25	0	> 86
Grauguss GG 25	760,9	−11,77	0,052	> 80

3) Kein Knicken. Für Schlankheitsgrade unterhalb der Quetschgrenze $\lambda < \lambda_Q$ erfolgt kein Knicken.

4) Omega-Verfahren. Im Stahlbau zur Berechnung der Knickbeanspruchung.

Omegaspannung

$$\sigma_\omega = \frac{F\,\omega}{A} \le \sigma_{\text{zul}} \qquad (\text{N/mm}^2)$$

Knickzahl nach DIN 4114

$$\omega = \frac{A\,\sigma_\omega}{F} = \frac{\sigma_{\text{zul}}}{\sigma_{d,\text{zul}}} = \frac{\sigma_{\text{zul}}\,\nu_K}{\sigma_K} \qquad \text{(Dim.1)}$$

zulässige Druckspannung, vom Schlankheitsgrad abhängig

$$\sigma_{d,\text{zul}} = \frac{\sigma_K}{\nu_K} \qquad (\text{N/mm}^2)$$

Knickzahl für das Omegaverfahren.

λ	ω für St 37	ω für St 52
20	1,04	1,06
40	1,14	1,19
60	1,30	1,41
80	1,55	1,79
100	1,90	2,53
120	2,43	3,65
140	3,31	4,96
160	4,32	6,48
180	5,47	8,21
200	6,75	10,13
200	8,17	12,26

Knickformel, Euler'sche

Für den Schlankheitsgrad ≥ 100.

Freie *Knicklänge* l_K eines *einseitig eingespann*ten Stabes (Länge l); bei Krafteinwirkung F längs der Stabachse schert das freie Ende aus.

$$l_K = 2\, l$$

*beidseitig gelenkig gelager*ter Stab; Ausbauchung bei axialer Krafteinwirkung.

$$l_K = l$$

*einseitig eingespannt*er und am anderen Ende *gelenkig geführ*ter Stab.

$$l_K = l/\sqrt{2}$$

*beidseitig eingespannt*er Stab; bei axialer Krafteinwirkung Ausbauchung in Stabmitte.

$$l_K = l/2$$

vorhandene Tragkraft

$$F = \frac{F_K}{v_K} = \frac{\pi^2 E I}{l_K^2 v_K}$$

Knickspannung für schlanke Stäbe

$$\sigma_K = \frac{\pi^2 E}{\lambda^2} \approx \frac{10 \, E \, I_a}{l_K^2 \, A}$$

Kompressibilität

Kehrwert des *Kompressionsmoduls

$$\kappa = \frac{1}{K} \qquad \mathrm{Pa}^{-1}$$

Kompression

*Verformungsart mit Volumenänderung bei allseitiger Druckbelastung (Dimension 1).
Relative Volumenänderung

$$\vartheta = \frac{\Delta V}{V} = 3\varepsilon \, (1 - 2\mu) = -\frac{V \, \Delta p}{K} = -\kappa \, V \, \Delta p$$

K Kompressionsmodul, κ Kompressibilität.

Kompressionsmodul

Auf die relative Volumenänderung bezogener Druck:

$$K = \frac{1}{\kappa} = -\frac{\Delta p \, V}{\Delta V} = -\frac{p}{\vartheta} = \frac{\sigma}{\vartheta} \qquad \frac{\mathrm{N}}{\mathrm{m}^2}$$

Für Werkstoffe

$$K = \frac{E}{3 \, (1 - 2\mu)} \qquad (\text{Dim.} 1)$$

p Druck, σ Normalspannung, κ Kompressibilität,
$\vartheta = \Delta V / V$ Volumendilatation; $0 < \mu < 0{,}5$ Poisson-Zahl.

Korngrenzeneffekte

Fließvorgänge, elastische und plastische Verformung sind *Diffusionsprozess*e, und zwar:
- spannungsinduziert (abhängig von der Beanspruchungsgeschwindigkeit) und
- temperaturabhängig (thermisch aktiviert).

Ihr Zeitverhalten beschreiben Begriffe wie:
- Viskoelastizität (Anelastizität) und
- Viskoplastizität („Kriechen") und Spannungsrelaxation (z. B. Schraubverbindungen)

Korngrenzeneffekte sind ursächlich für Kriechen und Rekristallisation.

1) Kriechen. Langsame zeitliche Verformung von Werkstücken durch die *Korngrenzengleitung*; besonders stark unter 45° zur Zug- oder Druckrichtung (dann wirkt die maximale Schubspannung). Ausscheidungen, Einkristalle, „stengelige" Kristallgefüge behindern den Kriechprozess.

2) Rekristallisation. Durch Wärmebehandlung (Anlassen, Vergüten) stellt sich eine neue Verteilung von Körnern und Korngrenzen ein. Zahnräder und Kugellager von höchster Härte, hochverschleißfest und hochdruckfest, bestehen z. B. aus 200 °C-vergütetem Martensit.

Hochzähe, hoch wechselbelastbare Wellen werden bei 600 °C vergütet.

Kraft

Kräfte sind *Ursache* von Bewegungsabläufen und durch ihre Wirkungen definiert, z. B. Impulsänderung $\dot{p}$, Deformation.
Definition: vgl. *Newton-Axiome.
Beispiele: Gravitationskraft, magnet. und elektr. Kräfte, starke Wechselwirkung (Anziehung der Nukleonen im Atomkern), schwache Wechselwirkung (β-Zerfall).
Krafteinheit. Abgeleitete SI-Einheit ist das NEWTON; festgelegt durch die Kraft, die einem Körper der Masse 1 Kilogramm die Beschleunigung 1 Meter/Sekundequadrat erteilt.

$$1 \, \mathrm{N} = 1 \, \mathrm{kg \, m/s^2} = 10^5 \, \mathrm{cm \, g/s^2}$$

Kräfteüberlagerung

Kraftzusammensetzung. Kräfte sind vektorielle Größen, die bildlich durch gerichtete Pfeile (Vektoren) dargestellt werden; sie sind bestimmt durch *Betrag* (Länge des Pfeiles), *Richtung* (Spitze des·Pfeiles) und *Lage* (Ausgangspunkt des Pfeiles).

1) Superpositionsprinzip. Zwei Kräfte $\vec{F}_1$ und $\vec{F}_2$ die am gleichen Massenpunkt m angreifen, setzen sich zur Diagonalen $\vec{F}_{res}$ (Resultierende) des von ihnen gebildeten Parallelogramms zusammen. Mehrere Kräfte bilden ein Kräftepolygon. Die Resultierende hat die gleiche Wirkung auf die Masse wie die Summe der Einzelkräfte.

$$\vec{F}_{res} = \vec{F}_1 + \vec{F}_2 + \vec{F}_3 + \ldots$$

2) Parallele Kräfte.
Kräfte mit *gleicher Wirkungslinie* und gleichem ($+$) oder entgegengesetzten ($-$) Richtungssinn addieren sich betragsmäßig.

$$|\vec{F}_{res}| = |\vec{F}_1| \pm |\vec{F}_2| \pm |\vec{F}_3| \pm \ldots$$

Für $\vec{F}_2 = -\vec{F}_1$ gilt $|\vec{F}_{res}| = 0$.
Hebelgesetz

$$F_{res} = F_1 \pm F_2 \pm \cdots = F_1 l_1 + F_2 l_2 + \ldots$$

$$l_{res} = \frac{F_1 l_1 + F_2 l_2 + \ldots}{F_{res}}$$

3) Kräfteparallelogramm.
Die Resultierende zweier Kräfte ist die Diagonale des Parallelogramms. Für senkrechte Kräfte gilt der PYTHAGORAS-Satz.
Kräfte mit gemeinsamem Angriffspunkt, die den Winkel β einschließen.
a) $\beta = 90°$

$$\begin{aligned} |\vec{F}_{res}| &= \sqrt{|\vec{F}_1|^2 + |\vec{F}_2|^2} \\ \tan\alpha &= \frac{F_2}{F_1} \end{aligned} \qquad \text{falls } \vec{F}_1 \perp \vec{F}_2$$

Richtung der resultierenden Kraft:
$$|\vec{F}_{res}| \sin\varphi_{1,res} = |\vec{F}_2| \sin\varphi_{12}$$
$$|\vec{F}_{res}| \sin\varphi_{2,res} = |\vec{F}_1| \sin\varphi_{12}$$
b) β beliebig (*Cosinussatz*)

Tabelle 2.4 Addieren und Zerlegen von Kräften.

	Kräfte	Richtung
Kräfte-addition	$F_x = F_1 \cos\varphi_{1x} + F_2 \cos\varphi_{2x}$ $F_y = F_1 \sin\varphi_{1x} + F_2 \sin\varphi_{2x}$ $F_{res} = \sqrt{F_x^2 + F_y^2} =$ $= \sqrt{F_1^2 + F_2^2 + 2F_1 F_2 \cos(\varphi_{2x} - \varphi_{1x})}$	$\tan\varphi_{res,x} = \dfrac{F_1 \sin\varphi_{1x} + F_2 \sin\varphi_{2x}}{F_1 \cos\varphi_{1x} + F_2 \cos\varphi_{2x}}$ $\varphi_{12} = \varphi_{2x} - \varphi_{1x}$
Kräfte-zerlegung	$F_1 = F\,\dfrac{\sin(\varphi_{2x} - \varphi_{res,x})}{\sin(\varphi_{2x} - \varphi_{1x})}$ $F_2 = F\,\dfrac{\sin(\varphi_{res,x} - \varphi_{1x})}{\sin(\varphi_{2x} - \varphi_{1x})}$	$\varphi_{1x} = \varphi_{res,x} - \arccos\dfrac{F^2 - F_1^2 - F_2^2}{2FF_1}$ $\varphi_{2x} = \varphi_{res,x} + \arccos\dfrac{F^2 - F_1^2 + F_2^2}{2FF_2}$

$\vec{F}$ Kraftvektor, $\vec{F}_{res}$ resultierender Kraftvektor, $F = |\vec{F}|$ Betrag des Kraftvektors (N),

φ_{ij} Winkel zw. Kraftvektor $\vec{F}_i$ und $\vec{F}_j$,

φ_{ix} Winkel zw. Kraftvektor $\vec{F}_i$ und x-Achse des Koordinatensystems durch den gemeins. Ausgangspunkt der Kräfte.

$$F_{res} = \sqrt{F_1^2 + F_2^2 + 2F_1 F_2 \cos\beta}$$
$$= \sqrt{F_1^2 + F_2^2 - 2F_1 F_2 \cos(180° - \beta)}$$
$$\sin\alpha = \frac{F_2}{F_{res}} \sin\beta$$

Kräfteparallelogramm.

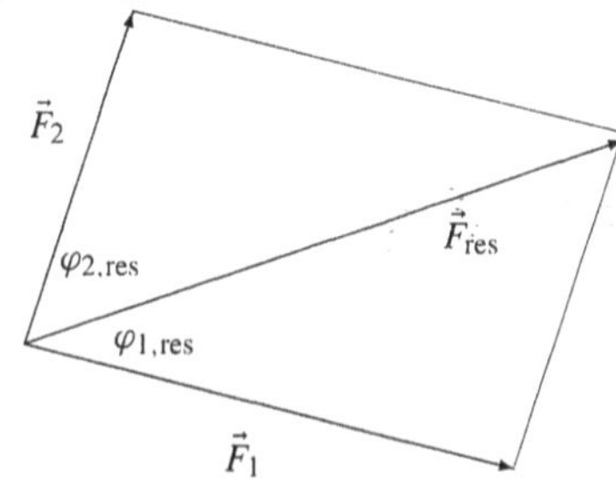

4) Kräftepolygon. Kräfte mit *gemeinsamem Angriffspunkt* bilden ein *Kräftepolygon* (Kraftvieleck). Im Kräftegleichgewicht (geschlossenes Krafteck) heben sich die Kräfte in ihrer Gesamtwirkung auf.

$$F_{res,x} = \sum_i F_{x,i} = F_{res} \cos\alpha$$
$$F_{res,y} = \sum_i F_{y,i} = F_{res} \sin\alpha$$
$$F_{res} = \sqrt{\left(\sum_i F_{x,i}\right)^2 + \left(\sum F_{y,i}\right)^2}$$
$$= \sqrt{F_{res,x}^2 + F_{res,y}^2}$$
$$\tan\alpha_{res} = \frac{F_{res,y}}{F_{res,x}}$$

α Winkel zw. x-Achse und Resultierender.

5) Seileck, *Seilpolygon.* Kräfte mit *verschiedenen Angriffspunkten* verschiebt man auf ihren Wirkungslinien bis zu einem gemeinsamen Schnittpunkt und bildet dann das Kräftepolygon. Die Krafteck-Konstruktion liefert Betrag und Richtung der Resultierenden, nicht aber deren Lage.

Graf. Bestimmung der Resultierenden $\vec{F}_{res}$ aus n Kräften $\vec{F}_i$, deren Wirkungslinien durch die Ecken eines beliebigen Polygons in beliebiger Richtung laufen.

a) *Kräfteplan* (Krafteck, Poleck). Die Kraftvektoren $\vec{F}_i$ werden durch Parallelverschiebung in *x*- und *y*-Richtung aneinander gehängt und $\vec{F}_{res}$ eingezeichnet (vom Anfangspunkt von $\vec{F}_1$ bis zum Endpunkt von $\vec{F}_n$). Hilfsweise werden „Polstrahlen" von den Anfangs- und Endpunkten der Vektoren $\vec{F}_i$ zu einem frei gewählten, entfernten Punkt (Pol) gezeichnet.

b) *Lageplan* (Seileck). Durch Parallelverschiebung der Kraftvektoren mit ihren Polstrahlen (evt. verlängern) vom Kräfteplan zu den tatsächlichen Wirkungslinien entsteht der Lageplan.

Die Wirkungslinie von $\vec{F}_{res}$ geht durch den Schnittpunkt des ersten (von $\vec{F}_1$) und des letzten Seilstrahls (von $\vec{F}_n$).

6) Kraftzusammensetzung im Raum

$$F_{res,x} = \sum_i F_{x,i} = F_{res} \cos\alpha$$
$$F_{res,y} = \sum_i F_{y,i} = F_{res} \cos\beta$$
$$F_{res,z} = \sum_i F_{z,i} = F_{res} \cos\gamma$$
$$F_{res} = \sqrt{F_{res,x}^2 + F_{res,y}^2 + F_{res,z}^2}$$

α Winkel zw. x-Achse und Resultierender,
β Winkel zw. y-Achse und Resultierender,
γ Winkel zw. z-Achse und Resultierender.

Kraftmessgerät
oder *Dynamometer*
1. *Federelement:* Federlänge proportional der Kraft (Hooke-Gesetz).
2. *Dehnungsmessstreifen:* Elektr. Widerstand proportional zur Dehnung ε. $\dfrac{\Delta R}{R} \sim \dfrac{\Delta l}{l} = \varepsilon$.
3. *Piezosensor:* an Kristallen ohne Symmetriezentrum (z. B. Quarz) bei Verformung gemessene Oberflächenladung, proportional zur Kraft: $\Delta Q \sim F$.
4. *Glasfasersensor:* Bei Belastung (Verbiegung) reflektiert ein lichtleitendes Glasfaserkabel „Leckwellen" zur Lichtquelle.

Kraftmoment *Drehmoment.

Kraftstoß *Impulsänderung.

Kraftsystem

Statik: In einem *ebenen zentralen* Kraftsystem spannen

die Wirkungslinien aller Kräfte eine gemeinsame Ebene auf und besitzen einen gemeinsamen Schnittpunkt. Im Gleichgewicht wird die resultierende Kraft Null. Vgl. *Kraftzusammensetzung, *Kraftzerlegung.

In einem *ebenen allgemeinen* Kraftsystem spannen die Wirkungslinien aller Kräfte eine gemeinsame Ebene auf, besitzen aber keinen gemeinsamen Schnittpunkt. Vgl. *Moment einer Kraft.

Kraftzerlegung

Kraftkomponenten im kartes. Koordinatensystem

$$\vec{F} = F_x \vec{e}_x + F_y \vec{e}_y$$

$$\boxed{F_x = F \cos\alpha} \quad \text{und} \quad \boxed{F_y = F \sin\alpha}$$

$$F_x = F \sin\beta \quad \text{und} \quad F_y = F \cos\beta$$

$\vec{e}$ Einheitsvektor in Richtung der Koordinatenachse.
F_x, F_y rechtwinklige Komponenten der Kraft.
α Winkel zw. x-Achse und Kraftpfeil.
$\beta = 90° - \alpha$ Winkel zw. y-Achse und Kraftpfeil.

Zerlegung in zwei Kräfte beliebiger Richtung

$$\boxed{\begin{aligned} F_1 &= F \cos\alpha - F_2 \cos\beta \\ F_2 &= F \frac{\sin\alpha}{\sin\beta} \end{aligned}}$$

α Winkel zw. $\vec{F}_1$ und $\vec{F}$,
β Winkel zw. $\vec{F}_1$ und $\vec{F}_2$.

Zerlegung in zwei parallele Kräfte im Abstand l_1, l_2 (vgl. *Hebel)

$$\boxed{\begin{aligned} F_1 &= F \frac{l_2}{l_1 + l_2} \\ F_2 &= F - F_1 = F \left(1 - \frac{l_2}{l_1 + l_2}\right) \end{aligned}}$$

Zerlegung in drei Komponenten, deren Wirkungslinien sich nicht in einem Punkt schneiden (Kräftevieleck): grafisch.

Kreisel

Um eine Achse rotierender starrer Kegelkörper; sucht seine Richtung beizubehalten. Ein konstantes Drehmoment $\vec{M}$, senkrecht zur Kreiselachse, verursacht die *Präzession* (Zwangsdrehung), wobei der Drehimpulsvektor $\vec{L}$ sich auf dem kürzesten Weg parallel zu $\vec{M}$ einzustellen versucht. Die Drehachse drängt senkrecht zur beabsichtigten Schwenkrichtung davon, der Kreisel kippt um den Winkel α und „eiert" mit der Präzessionsfrequenz ω_P um die Vertikale.

Präzessionsfrequenz: Winkelgeschwindigkeit der Kreiselachse auf Grund des Drehmoments.

$$\boxed{\omega_P = \frac{M}{L \sin\alpha} = \frac{mgs}{J\omega}} \quad \text{rad/s}$$

Drehmoment: aufgrund der Zwangsdrehung vom Kreisel auf die Umgebung ausgeübt

$$\boxed{\vec{M} = \vec{L} \times \vec{\omega}_P} \quad \text{N m}$$

M Drehmoment senkrecht zur Kreiselachse,
s Abstand Schwerpunkt – Drehpunkt am Boden (Kegelspitze)
α Neigung der Drehachse gegen die Vertikale
ω Winkelgeschwindigkeit des Kreisels,
ω_P Winkelgeschwindigkeit der Präzession.

Kupplung

Kupplungsdrehmoment für das Anfahren ohne Last

$$M_{tK,0} = \frac{J_L \, M_{tA}}{J_A + J_L}$$

Kupplungsdrehmoment für das Anfahren unter Last

$$M_{tK} = M_{tK,0} + \frac{J_A \, M_{tL}}{J_A + J_L} = \frac{J_L \, M_{tA} + J_A \, M_{tL}}{J_A + J_L}$$

Torsionskritische Drehzahl

$$n_{kt} = \frac{1}{2\pi i} \sqrt{\frac{R_t(J_A + J_L)}{J_A J_L}}$$

M_{tA} Drehmoment der Antriebsmaschine
M_{tL} Drehmoment d. Arbeitsmaschine
i Anzahl d. Schwingungen pro Umdrehung
J_A Massen(trägheits)moment der Antriebsmaschine
J_L Massen(trägheits)moment der Arbeitsmaschine
R_t Torsionsfedersteife der elast. Kupplung

1) Maximaldrehmoment bei elastischer Kupplung

(nach Herstellerangaben)
bei beidseitigen Drehmomentenstößen

$$M_{K,max} \geq \left(\frac{J_L M_{tAS}}{J_A + J_L} + \frac{J_A M_{tLS}}{J_A + J_L}\right) S S_2 S_t$$

bei einseitigen Drehmomentenstößen

a) antriebsseitige Schwingungserregung

$$M_{K,max} \geq \left(\frac{J_L M_{tAS}}{J_A + J_L}\right) S S_2 S_t$$

b) lastseitige Schwingungserregung

$$M_{K,max} \geq \left(\frac{J_L M_{tLS}}{J_A + J_L}\right) S S_2 S_t$$

bei periodischem Wechseldrehmoment

a) antriebsseitige Schwingungserregung

$$M_{K,max} \geq \left(\frac{J_L M_{tAi}}{J_A + J_L}\right) V S_2 S_t$$

b) lastseitige Schwingungserregung

$$M_{K,max} \geq \left(\frac{J_A M_{tLi}}{J_A + J_L}\right) V S_2 S_t$$

Vergrößerungsfaktor

$$V \approx \frac{1}{\left|(n/n_{kt})^2 - 1\right|}$$

Durchfahren des Resonanzbereichs

$$V = V_R \approx \frac{2\pi}{\psi}$$

M_t maximales Stoßmoment auf der:
     AS = Antriebsseite, LS = Lastseite
     i = erregendes Drehmoment
n Drehzahl: kt = torsionskritisch
S Anfahrstoßfaktor: ca. 1,8
S_2 Anlauffaktor:
     $S_2 = 1$ für 120 Anläufe je Stunde
     $S_2 = 1,3$ für (120 bis 240) Anläufe/h
S_t Temperaturfaktor
ψ verhältnismäßige Dämpfung (Herstellerangabe)

Werkstoff	Temperaturfaktor S_t bei			
	bis 30 °C	bis 40 °C	bis 60 °C	bis 80 °C
NBR	1	1	1	1,2
Naturgummi	1	1,1	1,4	1,8
PUR	1	1,2	1,5	—

2) Schaltbare Reibkupplung.

Kreisscheibe der Breite $b = (d_2 - d_1)/2$ und Innen- und Außendurchmesser der Reibfläche d_1, d_2.

schaltbares Drehmoment (Herstellerangabe)

$$M_{Ks} \geq \frac{2\pi(n_A - n_L)J_L}{t_R} + M_{tL}$$

zulässige Schaltarbeit (Herstellerangabe)

$$W = \pi\, t_\mathrm{R}(n_\mathrm{A} - n_\mathrm{L})\, M_\mathrm{Ks}$$

J_L Massen(trägheits)moment d. Arbeitsmaschine
n Drehzahl: A = Antrieb, L = Lastseite
t_R Rutschzeit

übertragenes Drehmoment

$$M = F_\mathrm{R}\, r_\mathrm{m}\, z \quad (\mathrm{N\,m})$$

Normalkraft F_N = Schaltkraft F_s
Reibungskraft

$$F_\mathrm{R} = \mu\, F_\mathrm{N} = \mu\, F_\mathrm{s} = \mu\, p_\mathrm{m}\, A \quad (\mathrm{N})$$

Mittlerer wirksamer Radius

$$r_\mathrm{m} = \frac{d_1 + d_2}{2} \quad (\mathrm{m})$$

Mittl. Flächenpressung = Schaltkraft/Reibfläche

$$p_\mathrm{m} = \frac{F_\mathrm{s}}{A} \quad (\mathrm{N/m^2})$$

Reibfläche

$$A = 2\pi\, r_\mathrm{m}\, b = \frac{\pi}{4}\left(d_2^2 - d_1^2\right) \quad (\mathrm{m^2})$$

z Anzahl der Reibflächenpaare (m), μ Gleitreibungszahl.

Kurbelgetriebe

Schubkurbel: ein Kurbelrad bewegt über eine Schubstange (Pleuelstange) einen Kolben.

1) Kinematik

Cosinussatz im Dreieck: Kurbelradradius $r \to$ Schubstange $l \to$ Horizontale x (Kolbenweg).

$$l^2 = x^2 + r^2 - 2xr\,\cos(180° - \varphi) \quad\Rightarrow$$

$$x = -r\,\cos\varphi + \sqrt{r^2\cos^2\varphi + l^2 - r^2} =$$

$$= -r\,\cos\varphi + \sqrt{l^2 - r^2\sin^2\varphi}$$

Kolbenweg

$$s = r\,(1 - \cos\varphi) \pm l\,(1 - \cos\beta)$$
$$\approx r\,(1 - \cos\varphi) \pm \frac{\lambda}{2}\, r\,\sin^2\varphi$$

Hub $s_\mathrm{max} = 2\,r \quad (\mathrm{m})$
Drehwinkel der Kurbel $\varphi = \omega\, t \quad (\mathrm{rad})$
Geschwindigkeit des Kolbens

$$v = v_\mathrm{u}\,\frac{\sin(\varphi \pm \beta)}{\cos\beta} \approx v_\mathrm{u}\left(\sin\varphi \pm \frac{\lambda}{2}\sin 2\varphi\right)$$

Beschleunigung des Kolbens

$$a = \frac{v_\mathrm{u}^2}{r}\left[\frac{\sin(\varphi + \beta)}{\cos\beta} \pm \lambda\,\frac{\cos^2\varphi}{\cos^3\beta}\right]$$
$$\approx \frac{v_\mathrm{u}^2}{r}\,(\cos\varphi \pm \lambda\,\cos 2\varphi)$$

maximale Beschleunigung am Totpunkt

$$a_\mathrm{max} = \frac{v_\mathrm{u}^2}{r}\,(1 \pm \lambda)$$

Pleuel- oder Kurbelverhältnis

$$\lambda = \frac{r}{l} \approx \frac{1}{3} \dots \frac{1}{6}$$

r Radius des Kurbelrades,
φ Drehwinkel der Kurbel,
β Pleuel- oder Schubstangenwinkel (zw. Rad und Kolben),
λ Pleuel- oder Kurbelverhältnis.

2) Kinetik

Drehmoment = Tangentialkraft · Kurbelradius

$$M = F_\mathrm{t} \cdot r$$

Kurbelkraft, Normalkraft, Pleuelstangenkraft

$$F_\mathrm{K} = F\,\frac{\cos(\varphi \pm \beta)}{\cos\beta} = F_\mathrm{S}\,\cos(\varphi \pm \beta)$$
$$F_\mathrm{N} = F\,\tan\beta$$
$$F_\mathrm{S} = \frac{F}{\cos\beta}$$

Tangentialkraft

$$F_\mathrm{t} = F\,\frac{\sin(\varphi \pm \beta)}{\cos\beta} = F_\mathrm{S}\,\sin(\varphi \pm \beta)$$

Kurbelschwinge

Eine Schwinge (einseitiger Hebel) ist über einen Zapfen mit dem Außenradius eines Rades beweglich verbunden. Mittlere und maximale Arbeitsgeschwindigkeit: Vorlauf (+), Rücklauf (−)

$$v_\mathrm{a} = \frac{2\pi\, s\, n}{\alpha} \qquad v_\mathrm{a,max} = \frac{\omega\, l\, r}{e \pm r}$$

Vor- und Rücklaufwinkel

$$\beta = \alpha\,\frac{v_\mathrm{a}}{v_\mathrm{r}} \qquad \alpha = \frac{2\pi}{1 + \dfrac{v_\mathrm{a}}{v_\mathrm{r}}}$$

Hublänge: maximaler Hebelweg

$$s = 2\,l\,\sin\gamma$$

e Abstand Hebeldrehpunkt – Radmitte   (m)
n Umdrehungsfrequenz = Drehzahl   ($\mathrm{s^{-1}}$)
α Vorlaufwinkel, Linksbewegung des Hebels   (rad)
β Rücklaufwinkel, Rechtsbewegung des Hebels   (rad)
γ Schwingwinkel = Auslenkung des Hebels   (rad)

Kurs

Bewegungsrichtung eines Fahrzeuges gegen die Nord-Süd-Richtung. In der Horizontalebene gemessener Winkel, im Uhrzeigersinn von 000° (Nordrichtung) bis 360° gezählt, in ganzen Graden dreistellig geschrieben.
Beispiel: N 035° O, „von Nord 35 Grad nach Ost".

1) Heading. Der augenblicklich anliegende Ist-Kurs (Seefahrt).

2) Cross track distance, *Bahnabweichung* (Seefahrt: XTD, Luftfahrt: XTK). Ständig berechnete Distanz des Fahrzeugs von der Soll-Kurslinie (Abweichung nach links: L, rechts: R).

3) Track angle error, *Kursabweichung* (Luftfahrt: TKE). Ständig berechneter augenblickl. Winkelunterschied zw. Soll- und Istkurs (Abweichung nach links: L, rechts: R).

4) Nordrichtung. Bezugsrichtung für den Kurs.
- Geograf. Nordrichtung: *True North* (TN), rechtweisend Nord (rwN).
- Magnet. Nordrichtung: *Magnetic North* (MN), missweisend Nord (mwN), in Richtung der Horizontalkomponente des erdmagnet. Feldes.
- Magnetkompass-Nord (MgN), *Compass North* (CN).
- Kreiselkompass-Nord (MgN), *Gyro North* (GyN), nur Seefahrt.
- Gitter-Nord (GiN), *Grid North* (GN): In der Projektionsebene die Richtung der Gitterlinien parallel zum Bezugsmerdian mit dessen nördlicher Orientierung.

5) Peilung. In der Horizontalebene gemessener Winkel; von der Bezugsrichtung „Nord" aus im Uhrzeigersinn von 000° bis 360° gezählt.

6) Rechtsvorausrichtung (rv), engl. *dead ahead*. In die Horizontalebene projizierte, nach vorn orientierte Richtung der Fahrzeuglängsachse (nur Seefahrt).

7) Loxodromischer Kurs. Winkel zw. richtungsweisend Nord (True North) und der Loxodrome von A nach B.

8) Beschickung. Korrekturen bei Bestimmung von Kursen und Peilungen, z. B. Deklination und Deviation.

Kursbestimmung

*Kurs, *Ortsbestimmung, *Himmelskoordinaten.

1) Navigation eines Flugzeugs bei Seitenwind.

resultierende Geschwindigkeit (Sinussatz im Kräfteparallelogramm)

$$\sin(\alpha_3 - \alpha_1) = \sin(\alpha_1 + \alpha_w)\,\frac{v_w}{v_l}$$

$$\boxed{v = v_l\,\frac{\sin(180° - \alpha_w - \alpha_3)}{\sin(\alpha_1 + \alpha_w)}}$$

Kurskorrektur: $\alpha_2 - \alpha_1$

Reisezeit: $t = s/v$

Rechenbeispiel
$\vec{v}$ Resultierende Geschwindkeit (i. Bsp. 627,9 km/h)
$\vec{v}_l$ mittlere Geschwindigkeit des Fahrzeugs (z. B. 576 km/h)
$\vec{v}_w$ Windgeschwindigkeit (z. B. 20 m/s)
α_1 Ursprüngl. Kurs: Winkel zw. Standort und Ziel = Winkel zw. $\vec{v}$ und Nord (z. B. N23,5°O).
α_2 korrigierter Kurs: Winkel zw. $\vec{v}_l$ und Nord (i. Bsp. 28,25°O).
α_w Kurs des Windes = Winkel gegen Nordrichtung (z. B. N18°W)
s Entfernung Fahrzeug – Ziel (z. B. 480 km)

2) Ortsbestimmung eines Schiffes (S) gegen zwei bekannte Landmarken, z. B. 1 = Leuchtturm, 2 = Kirchturm (Abstand d).

Abstand Schiff – Landmarke 1 (*Sinussatz)

$$\beta_1 = 180° - (\alpha_1 + \gamma); \quad d_1 = d\,\frac{\sin\beta_1}{\sin(\alpha_1 + \alpha_2)}$$

Abstand Schiff – Landmarke 2

$$\beta_2 = \gamma - \alpha_2; \quad d_2 = d\,\frac{\sin\beta_2}{\sin(\alpha_1 + \alpha_2)}$$

Kurs, wenn das Schiff im Abstand x an Marke 1 vorbeifahren soll. Rechtwinkliges Dreieck: S $\rightarrow$ 1 $\rightarrow$ x.

$$\sin\varphi = \frac{x}{d_2} \quad\Rightarrow\quad \text{Kurs: } \alpha_1 + \alpha_3$$

Rechenbeispiel
d Abstand der Landmarken lt. Seekarte (z. B. 33,25 km)
d_1, d_2 Abstand der Landmarken vom Schiff (i. Bsp. 21,49 km und 27,77 km)
α_1, α_2 Peilung der Landmarke gegen Nordrichtung (z. B. S55,3°O und S28.5°W)
α_3 Winkel zw. Schiff–Landmarke und Schiff–Zielpunkt (i. Bsp. 15,47°)
β_1, β_2 Winkel zw. d und Strecke Schiff–Landmarke 1 bzw. 2. (i. Bsp. 40° und 56,2°).
γ Richtung der Entfernung d lt. Seekarte (z. B. N84,7°O)

Lager

Lager- und Verbindungsmodelle in der Statik.

1) Ebene Lager. Zur Berechnung des freigeschnittenen Modells genügen die Kraft $\vec{F}$ – mit den Komponenten F_x (horizontal) und F_y (vertikal) und ein Moment $\vec{M}$.

a) *Einwertige Lager:* Pendelstütze ($\vec{F} - \vec{F}'$), Rollenlager/Loslager ($\vec{F}$ im Winkel α).

b) *Zweiwertige Lager:* Festlager (F_x, F_y), Gleithülse ($F_y, \vec{M}$), ebenes Gelenk ($F_x - F_x', F_y - F_y'$).

c) *Dreiwertige Lager:* Einspannung ($F_x, \vec{F}_y, M$).

2) Räumliche Lager. Zur Berechnung des freigeschnittenen Modells genügt die Kraft $\vec{F}$ – mit den Komponenten F_x, F_y und F_z – und das Moment $\vec{M}$.

a) *Einwertige Lager:* Rollenlager (F_z).

b) *Dreiwertige Lager:* Festlager (F_x, F_y, F_z).

c) *Sechswertige Lager:* Einspannung (F_x, F_y, F_z und M_x, M_y, M_z)

3) Maschinenelemente:

a) *Radialgleitlager:* Verschleißgleitlager (*Gleitlager), *Hydrodynamische Lager.

b) *Wälzlager.

Längenänderung

bei *Stauchung* (Druck, negative Dehnung)

$$\boxed{\Delta l_d = l_0 - l = \varepsilon_d\,l_0} \quad \text{m}$$

bei *Dehnung* (Zug)

$$\boxed{\Delta l = l - l_0 = \varepsilon\,l_0 = \alpha\,\sigma\,l_0 = l_0\,\frac{\sigma}{E}} \quad \text{m}$$

E Elastizitätsmodul, l_0 Ausgangslänge,
α Dehnungskoeffizient (Nachgiebigkeit).
ε relative Dehnung; σ mechan. Spannung.

Längen- und Winkelmessung

Technik der Abstands- und Höhenmessung.

1) Diskontinuierliche Verfahren

a) *Vergleichslängen:* Laufrad, Meterstab, Maßband, Lineal, Mikrometerschraube etc.

b) *Inkrementale Messsysteme:* opt. Hell-Dunkel-Erkennung (Fotodetektor) oder magnet. Abtastung (Hallsonde, Wiegand-Sensor, Feldplatte) eines Rastermaßstabs aus abwechselnd gleichgroßen Teilstücken Δx von unterscheidbarer Farbe oder Magnetismus. Längs des Weges von N Teilungsperioden werden N Impulse digital gezählt ($NT = 2N\,\Delta x$). Richtungsinformation durch zwei um $T/4$ versetzte Abtaster. Absolute Codierung mit Gray-Code (Vier Hell/Dunkel-Zonen = Zahlen 0 bis 9).

c) Faseropt. Sensoren, optoelektron. Positionsdetektoren.

d) Moderne Zweifrequenz-Laser-*Interferometer* korrigieren automatisch Luftdruck, -temperatur und -feuchte.

2) Kontinuierliche Verfahren

a) *Flugzeitmethode* (Laufzeitmethode): für große Entfernungen; Zeitmessung bis zum Widereintreffen von am Objekt reflektierten Laser-, Infrarot- oder Mikrowellen. Anwendung: Laserradar, Wolkenhöhe, Entfernung des Mondes, Ultraschall-Autofokus-Kameras.

b) *Differentialtransformator* (LVDT), *Linear Variable Differential Transformer.*
Eine Primärspule und zwei Sekundärspulen auf einer Hülse, durch einen darin verschiebbaren Kern gekoppelt. Streng linear zum Weg ändert sich die Differenz der Ausgangsspannungen der Sekundärspulen.

c) *Kapazitiver Wegaufnehmer.* Plattenkondensator: isolierte Messelektrode im Metallgefäß (Gegenelektrode). Kapazität prop. zum Füllstand des Dielektrikums. – Drehkondensator als kapazitiver *Winkelaufnehmer.*

d) *Induktiver Wegaufnehmer:* Die Strecke, die ein Eisenkern in eine Spule eintaucht, wird über eine nichtlineare

Induktivität-Weg-Kurve ermittelt (Tauchanker-Geber).

e) *Differential-Querankergeber:* zur Messung kleiner Wege ($\sim$ Induktivität); zwei getrennte, parallele Spulen mit dazu senkrechtem gemeinsamen Eisenkern. Anwendung: Dehnungssensor, Ventilstellung.

f) *Potentiometer-Wegaufnehmer.* Der Ort des Schleifers auf einer geraden oder kreisförmigen Widerstandsbahn wird über den relativen Spannungsabfall elektr. erfasst; nicht verschleißfrei.

g) *Wirbelstromverfahren:* *Schichtdicke

h) *Dehnungsmessstreifen* (DMS): Dehnung (Stauchung) erhöht (senkt) den Widerstand eines aufgeklebten Leiterstreifens.

i) *Piezosensoren

k) *Absorption ionisierender Strahlung* zur Dickemessung: Das Medium schwächt die Ausgangsintensität I_0 auf $I = I_0 e^{-\mu d}$. Der Absorptionskoeffizient μ hängt von der Materialdichte ab.

Last Begriffsdefinitionen:

1. Größe von der Art einer Masse,
   z. B. Traglast eines Kranes;
2. eine Kraft, z. B. Windlast;
3. eine Leistung, z. B. Blindlast;
4. ein Gegenstand, der getragen wird.

1) Belastungsmodelle in der Statik. Nach der Ausdehnung und Geometrie des Gebietes der mechan. Wechselwirkung werden unterschieden: Punkt-, Strecken-, Flächen-, Volumenlast.

2) Einzelkraft: Punktlast

3) Streckenlast. Linienkraft, z. B. auf die Länge bezogenes Eigengewicht von Stäben. Wird als statisch äquivalente Ersatzkraft (Einzelkraft) berechnet. Der Betrag der Streckenlast entspricht der Fläche der Streckenlast über der Länge.

$$F_q = \int_0^l q(s)\, ds$$

Lage der Wirkungslinie (durch den Schwerpunkt der Fläche F_q)

$$s_q = \frac{1}{F_q} \int_0^l q(s)\, s\, ds$$

q Intensität der Last; l Länge des Stabes; s Weg

Sonderfall: *Rechtecklast* (q = const)

$$F_q = q\, l \quad \text{und} \quad s_q = l/2$$

Sonderfall: *Dreieckslast*

$$q(s) = \frac{q_{max} s}{l}, \quad F_q = \frac{q_{max} l}{2}, \quad s_q = \frac{2l}{3}$$

4) Flächenlast; z.B. Schneelasten auf Flächentragwerken und Dächern, Druckverteilung an Stauwerken, Behälter unter Innen- und Außendruck, umströmte zwei- und dreiachsige Konstruktionen, Karosserien.

5) Volumenlast. Beispiele: Trägheitskräfte, z. B. Fliehkräfte in rotierenden Konstruktionen und Rotoren infolge Radialbeschleunigung.

Leistung Pro Zeitspanne verrichtete Arbeit.

1) Mechanische Leistung. Momentanleistung: zum Zeitpunkt t für ein unendlich kurzes Zeitintervall dt.

$$\boxed{P(t) = \frac{dW}{dt}} \qquad W = J/s = N\,m\,s^{-1}$$

Bei konstanter Kraft:

$$\boxed{P(t) = \vec{F}\,\frac{d\vec{s}}{dt} = \vec{F}\,\vec{v}}$$

Mittlere Leistung: gesamte, in der Zeitspanne $t = t_2 - t_1$ verrichtete Arbeit.

$$\bar{P} = \frac{\Delta W}{\Delta t} = \frac{1}{t_2 - t_1} \int_{t_1}^{t_2} P(t)\, dt$$

Spezialfall: Geradlinige Bewegung $P = \dfrac{W}{t} = F\,v$

Spezialfall: Rotierende Bewegung $P = W\,v = M\,\omega$

Wirkungsgrad $\eta = \dfrac{P_{ab}}{P_{zu}}$

M	Drehmoment	(N m)
v	Drehzahl, Umdrehungsfequenz	(s^{-1})
ω	Winkelgeschwindigkeit	(rad/s = s^{-1})

2) Effektive Leistung. Am Schwungrad einer Kolbenkraftmaschine abgenommene *DIN-Leistung*. Hilfseinrichtungen (Lüfter, Wasserpumpe, Benzinpumpe etc.) werden vom Motor mit angetrieben.

$$P_{eff} = P_i - P_v = \eta\, P_i \quad (W)$$

P_{eff}	effektive Leistung (abgegebene Leistung)
P_i	indizierte Leistung (zugeführte Leistung)
P_v	Verlustleistung

Indizierte Leistung beim

a) *Hubkolbenmotor* $P_i = \dfrac{W_i\, v_K\, z}{N}$

b) *Kreiskolbenmotor* $P_i = \dfrac{W_i\, v_E\, z}{N}$

Die *indizierte Arbeit* je Arbeitsspiel W_i = Fläche zw. Kompressions- und Expansionskurve im $p(V)$-Diagramm.

c) Indizierte Leistung (Antriebsleistung) einer Werkzeugmaschine.

$$P_i = \frac{\text{Schnittleistung } P_{eff}}{\text{Wirkungsgrad } \eta}$$

W_i	indizierte Arbeit je Arbeitsspiel	(J = N m)
v_k	Umdrehungsfrequenz der Kurbelwelle (s^{-1})	
v_E	Umdrehungsfrequenz der Exzenterwelle (s^{-1})	
N	Anzahl der Umdrehungen je Arbeitsspiel	
z	Anzahl der Zylinder bzw. Kammern	

Lorentz-Transformation

Die Vakuum-Lichtgeschwindigkeit c_0 in einem Inertialsystem ist konstant in alle Richtungen und unabhängig von der Bewegung der Lichtquelle. Die Orts- und Zeitkoordinaten relativ zueinander bewegter Bezugssysteme S und S' sind verschieden.

$$x = \frac{x' + v\,t'}{\sqrt{1 - \beta^2}} \qquad\qquad x' = \frac{x - v\,t}{\sqrt{1 - \beta^2}}$$

$$y = y' \qquad\qquad\qquad\qquad y' = y$$
$$z = z' \qquad\qquad\qquad\qquad z' = z$$

$$t = \frac{t' + \dfrac{v\,x'}{c_0^2}}{\sqrt{1 - \beta^2}} \qquad t' = \frac{t - \dfrac{v\,x}{c_0^2}}{\sqrt{1 - \beta^2}} = \frac{t - \dfrac{\beta\,x}{c_0}}{\sqrt{1 - \beta^2}}$$

Für $t = t'$ und $\beta = v/c_0 \ll 1$:

$$x = x' + v\,t \qquad\qquad x' = x - v\,t$$

v Geschwindigkeit von System S', gemessen in S.
t Zeit(punkt) eines Ereignisses im System S.

Masse

Die orts<u>un</u>abhängige Eigenschaft eines Körpers, auf Bewegungsänderungen *träge* zu reagieren und auf andere Körper *anziehend* zu wirken (Gravitation). Experimentell besteht kein Unterschied zw. träger und schwerer Masse.

Maß für die Teilchenmenge in einem Körper. Die Addition der Massen entspricht der Addition von Stoffmengen.

$$m_1 + m_2 + \cdots = n_1 M_1 + n_2 M_2 + \ldots$$

M molare Masse (kg/mol), *n* Stoffmenge (mol).

Zur Abgrenzung: *Gewicht, *Last.

Die SI-Einheit *Kilogramm* ist als einzige Basiseinheit durch einen materiellen Prototyp des Bureau International des Poids et Mesures (BIPM) als PtIr-Zylinder von 39 mm Höhe und 39 mm Durchmesser festgelegt. Bis 1964 gleichwertig mit der Masse von einem Liter Wasser bei 4 °C und Atmosphärendruck.

$$1 \text{ kg} = 1000 \text{ g} = {}^1\!/_{1000} \text{ t}$$

Masse, bewegte
Relativistische Massenzunahme

$$m = \frac{m_0}{\sqrt{1 - \dfrac{v^2}{c_0^2}}} = \frac{m_0}{\sqrt{1 - \beta^2}} \qquad (\text{kg})$$

Energie eines bewegten Körpers

$$E = m\,c_0^2 = \frac{m_0 c_0^2}{\sqrt{1 - \dfrac{v^2}{c_0^2}}} \qquad (\text{J})$$

Impuls eines bewegten Körpers

$$p = m\,v = \frac{m_0 v}{\sqrt{1 - \dfrac{v^2}{c_0^2}}} \qquad (\text{N s} = \text{kg m/s})$$

c_0	Lichtgeschwindigkeit im Vakuum	(m/s)
E	gesamte Energie des Körpers	(J)
m, m_0	Masse; Ruhemasse	(kg)
v	Geschwindigkeit	(m/s)

Masse, reduzierte
Ersatzmasse im einheitlichen Abstand r von der Drehachse mit gleichem Massenträgheitsmoment wie der betrachtete Körper.

$$m_{\text{red}} = \frac{\text{Massen(trägheits)moment } J}{\text{Radius } r^2} \qquad (\text{kg})$$

Zylinder (am Umfang)	$m_{\text{red}} = m/2$
Hohlzylinder (am äußeren Umfang)	$m_{\text{red}} = \dfrac{m}{2}\left(1 + \dfrac{r_i^2}{r_a^2}\right)$
Kugel (am Äquator)	$m_{\text{red}} = 0{,}4 \cdot m$
Kegel (am Grundkreisumfang)	$m_{\text{red}} = 0{,}3 \cdot m$

Massebestimmung
Wägung. Vergleich der Schwerkraft („Gewicht") von Körpern gegen geeichte Massennormale.

---

1) Mechanische Waage, z. B. die *Balkenwaage.* Vergleich von Gewichtskräften auf Basis des Newtonschen Aktionsprinzips.

$$\boxed{\frac{m_1}{m_2} = \frac{a_1}{a_2}}$$

Bei Wägungen in Luft wird eine scheinbar geringere Masse gemessen. Die Korrektur des Luftauftriebs ist zu addieren.

$$\frac{\varrho_L/\varrho - \varrho_L'/\varrho_n}{1 - \varrho_L/\varrho} \cdot 1000 \text{ mg/g Wägelast}$$

Zur amtlichen Eichung dienen Wägestücke der Dichte 8000 kg/m^3, die dem Eichkörper bei 20 °C und einer Luftdichte von 1,2 kg/m^3 das Gegengewicht halten.

ϱ	Dichte des Wägegutes (g/cm^3).
ϱ_L	Dichte der Luft bei Barometerstand, Temperatur und Feuchte,
ϱ_L'	Dichte der Luft bei der Eichung,
ϱ_n	Dichte des Eichnormals.

Luftauftriebkorrektur bei genauen Wägungen: Vakuummasse = abgelesene Wägemasse + Korrekturwert. Eichnormal 8,0 g/cm^3, Luft 1,2 g/ℓ.

ϱ Wägegut (g/cm^3)	Korrektur (mg/g = ‰)	ϱ (g/cm^3)	Korr. (mg/g)
0,5	+2,26	2,0	+0,45
0,75	+1,45	3,0	+0,25
1,0	+1,05	5,0	+0,09
1,25	+0,81	10	−0,03
1,5	+0,65	20	−0,09

2) Federwaagen (Dynamometer) messen Gewichtskräfte nach dem Hookeschen Gesetz.

3) Elektronische Waagen. Das Wägegut liegt auf der Lastzelle (*oberschalige Lastübertragung*) oder hängt an einem Wägebalken (*unterschalige Lastübertragung*). Die Messgenauigkeit hängt ab von Auftrieb, Fallbeschleunigung, Lage und Temperatur (Wägeelektronik).

a) *Elektromagnetische Kraftkompensation:*
Eine stromdurchflossene Spule im Luftspalt eines Permanent-Topfmagneten hält mit der Gegenkraft $F = IlB$ (l Spulendrahtlänge) die Waagschale im Schwebegleichgewicht. Beim Aufgeben des Wägegutes steuert eine mit der Trägersäule bewegte Blende den Lichtdurchsatz eines fotoelektr. Positionsgebers, dieser über einen Regler den Spulenstrom I, der als Spannungsabfall RI an einem Präzisionswiderstand gemessen wird und der Wägelast proportional ist.

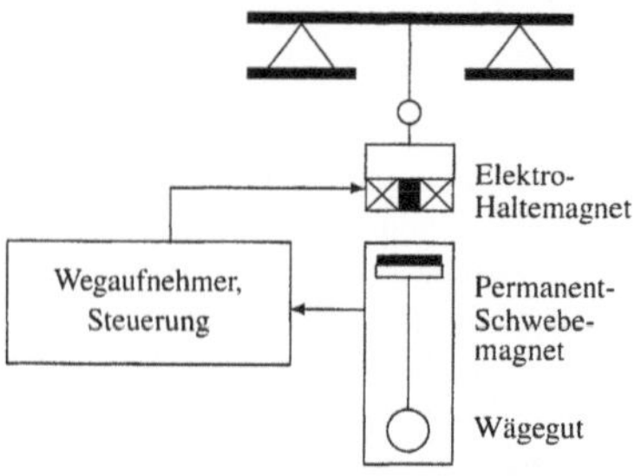

Prinzip der Magnetschwebewaage.

b) Die *Drehmomentkompensation* bei Mikrowaagen arbeitet wie ein Drehspulinstrument, dessen Spule mit dem Waagebalken verbunden ist. Der Spulenstrom wird so gesteuert, dass der Balken in horizontaler Soll-Lage verbleibt. Strom und Wägelast (Drehmoment) sind proportional.

c) *Kreisel-Wägezelle.* Ein kardanisch aufgehängter Kreisel dreht sich langsam um die senkrechte Systemachse, wenn eine vertikale Kraft auf ihn wirkt. Die Präzessionsfrequenz (quarzgesteuerte Zeitmessung für einen Kreiselumlauf) ist der Kraft proportional, $F = \text{const} \cdot \omega$. Direkt, temperaturunabhängig, kompensations- und verzögerungsfrei, überlastsicher. Anwendung: Gold- und Geldwaage (bis 15 kg), Kfz-Waage (bis 40 t), Eichwaagen.

d) Verfahren zur Signalauswertung
1. *Pulsbreitenmodulation.* Eine Spule wird von einem rechteckförmigen Strom konstanter Frequenz v und Amplitude I_0 durchflossen. Die variable Pulsbreite t_p (Regelgröße) bestimmt den mittleren Strom $I = I_0 v t_p$.
2. *Schwingsaitenprinzip.* Spannkraft F u. Schwingfrequenz v einer Saite versorgen einen Kraft/Frequenz-Messwandler: $v_n = \frac{n}{2l}\sqrt{F/\mu}$ (n Schwingungsordnung, l Saitenlänge, μ Saitenmasse/Länge).

4) Wägewert. Der durch Auftriebskräfte verfälschte Wert der Masse bei der Wägung in einem Fluid F (Flüssigkeit oder Gas).

$$W = m\,\frac{1 - \varrho_F/\varrho}{1 - \varrho_F/\varrho_G} \quad \text{kg}$$

Der *konventionelle Wägewert* wird für $\varrho_F = 1{,}2$ kg/m^3 (Luft) und $\varrho_G = 8000$ kg/m^3 bei 20 °C berechnet.

ϱ Dichte des Wägegutes, ϱ_G Gewichtsstücke.

Massenbedeckung
Flächenbezogene Masse: $m'' = m/A$ (kg/m^2).

Massenbelag
Massenbehang. Längenbezogene Masse:
$m' = m/l$ (kg/m).

Massendrehkraft
Mittlere Drehkraft aus einem Drehmoment.

$$F_{mt} = \frac{\text{Drehmoment } M}{\text{Radius } r} \quad (\text{N})$$

Massenmittelpunkt = *Schwerpunkt.

Massenmoment 1. Grades
*Statisches Moment im Schwerpunkt (S) einer kontinuierlich verteilten Masse. Produkt aus Abstand l des Massepunktes von der Achse und der Masse m.

$$M = \int l\,dm = \varrho \int_V l\,dV = l_s\,m \quad \text{kg m}$$

Massenmoment 2. Grades
Trägheitsmoment, früher: *Massenträgheitsmoment* J (in kg m^2), „Drehmasse". Erfasst die *Trägheit eines starren, ausgedehnten Körpers gegen Rotation. Summe aller Punktmassen eines Körpers multipliziert mit dem Quadrat ihres Abstandes von einer starren Bezugsachse A. Nicht verwechseln mit *stat. Moment und *Flächenmoment.

Massenverteilung:

diskret $$J_A = \sum_{i=1}^{N} m_i\,r_{A.i}^2 = J_S + m\,r_{SA}^2$$

kontinuierlich $$J_A = \int_m r^2\,dm = \int_V \varrho(r)\,r^2\,dV$$

Bei nicht starrer Achse ist J ein Tensor.

r Abstand des Massenelementes dm von der Drehachse.
r_{SA} Abstand zw. beliebiger Drehachse (A) und Schwerpunktachse (S); parallel.

Dreht sich ein Körper um eine feste Achse, so haben seine versch. Masseteilchen versch. Geschwindigkeiten und kinet. Energien.
Kinetische Energie des rotierenden Körpers

$$W_{kin} = \frac{\omega^2}{2}\int m\,x^2\,dx = \frac{\omega^2}{2}\,J_A \quad \left(J = \frac{\text{kg m}^2}{\text{s}^2}\right)$$

Axiales Massenmoment bezüglich der Drehachse A (z. B. Koordinatenachsen).

$$J_A = \int m x^2\,dm \quad (\text{kg m}^2)$$

*Steiner-Satz: um beliebige Achse.

x Abstand von der Drehachse A.

Massenmoment, axiales
Axiales Trägheitsmoment
1) Beliebiger Körper. Massenmoment bezgl. der x-, y- und z-Achse (Schwerpunktachsen) in kg m^2.

$$J_x = \int_{x_1}^{x_2}\int_{g_1(x)}^{g_2(x)}\int_{h_1(x,y)}^{h_2(x,y)} (y^2 + z^2)\,\varrho(x,y,z)\,dz\,dy\,dx$$

$$J_y = \int_{x_1}^{x_2}\int_{g_1(x)}^{g_2(x)}\int_{h_1(x,y)}^{h_2(x,y)} (z^2 + x^2)\,\varrho(x,y,z)\,dz\,dy\,dx$$

$$J_z = \int_{x_1}^{x_2}\int_{g_1(x)}^{g_2(x)}\int_{h_1(x,y)}^{h_2(x,y)} (x^2 + y^2)\,\varrho(x,y,z)\,\underbrace{dz\,dy\,dx}_{dV}$$

oder

$$J_x = \int_{(m)} (y^2 + z^2)\,dm$$
$$J_y = \int_{(m)} (x^2 + z^2)\,dm$$
$$J_z = \int_{(m)} (x^2 + y^2)\,dm$$

m Masse des Körpers, $\varrho = \varrho(x,y,z)$ Dichteverteilung, x,y,z Koordinaten des Körpers (bzgl. Schwerpunkt).

Diskret

$$J_x = \sum_i (y_i^2 + z_i^2)\,m_i$$
$$J_y = \sum_i (z_i^2 + x_i^2)\,m_i \quad (\text{kg m}^2)$$
$$J_z = \sum_i (x_i^2 + y_i^2)\,m_i$$

2) Satz von Steiner. Massenträgheitsmoment um eine Achse A im Abstand s, parallel zur Schwerpunktachse S.

$$J_A = J_S + m\,s^2$$

Axiale Massenträgheitsmomente (um beliebige Achse)

$$J_{\bar{x}} = J_x + m\,(\bar{y}_S^2 + \bar{z}_S^2)$$
$$J_{\bar{y}} = J_y + m\,(\bar{x}_S^2 + \bar{z}_S^2)$$
$$J_{\bar{z}} = J_z + m\,(\bar{x}_S^2 + \bar{y}_S^2)$$

Für die Deviationsmomente:

$$J_{\overline{xy}} = J_{xy} - m\,\bar{x}_S\,\bar{y}_S$$
$$J_{\overline{yz}} = J_{yz} - m\,\bar{y}_S\,\bar{z}_S$$
$$J_{\overline{zx}} = J_{zx} - m\,\bar{z}_S\,\bar{y}_S$$

x, y, z Koordinaten mit Ursprung im Schwerpunkt,
$\bar{x}, \bar{y}, \bar{z}$ beliebiges Bezugskoordinatensystem
$\bar{x}_S, \bar{y}_S, \bar{z}_S$ Schwerpunktskoordinaten im Bezugskoordinatensystem.

3) Rotationskörper.

a) Allgemeiner Rotationskörper

$$J_A = \int\limits_V r^2\,\mathrm{d}m = \int\limits_V r^2 \varrho\,\mathrm{d}V$$

r Abstand von der Drehachse, V Volumen, ϱ Dichte.

b) Drehung einer Fläche, beschrieben durch die Funktion $f(x)$ um die x- bzw. y-Achse.

$$J_x = \int \varrho \cdot (x^2 + y^2)\,\mathrm{d}V = \frac{\pi\varrho}{2} \int\limits_{x_1}^{x_2} y^4\,\mathrm{d}x$$

$$J_y = \int \varrho \cdot (x^2 + z^2)\,\mathrm{d}V = \frac{\pi\varrho}{2} \int\limits_{y_1}^{y_2} x^4\,\mathrm{d}y$$

c) Rotationskörper um die x-Achse

$$J_x = \frac{\pi\varrho}{2} \int\limits_{x_1}^{x_2} [f(x)]^4\,\mathrm{d}x$$
$$m = \pi\varrho \int\limits_{x_1}^{x_2} [f(x)]^2\,\mathrm{d}x$$

d) Massenmoment einer (räumlichen) Fläche.

$$J_x = \int\limits_{x_1}^{x_2} \int\limits_{g_1(x)}^{g_2(x)} y^2\,\varrho(x,y)\,\mathrm{d}y\,\mathrm{d}x$$

$$J_y = \int\limits_{x_1}^{x_2} \int\limits_{g_1(x)}^{g_2(x)} x^2\,\varrho(x,y)\,\underbrace{\mathrm{d}y\,\mathrm{d}x}_{\mathrm{d}A}$$

Massen(trägheits)moment, Hauptachsen-

Hauptträgheitsmoment = Trägheitsmoment um Schwerpunktachsen. Der Rotationskörper sei um die z-Achse gebaut und rotiere um die x-, y- oder z-Achse. Koordinatenursprung ist der Schwerpunkt. Bei homogenen Körpern sind Symmetrieachsen immer Hauptachsen!

a) Stab mit beliebigem Querschnitt A und Länge $l \gg r$. Koordinatenursprung im Schwerpunkt.

$$J_x = J_y = \frac{m\,l^2}{12}, \quad J_z = 0, \quad m = \varrho\,l\,A$$

Koordinatenursprung an Stabanfang

$$J_{\bar{x}} = J_{\bar{y}} = \frac{m\,l^2}{3}$$

b) Prismatischer Körper (beliebig geformt, Dicke H, Querschnitt A). Drehachse = z-Achse.

$$J_z = \frac{m\,(I_{xx} + I_{yy})}{A} = \varrho\,H\,(I_{xx} + I_{yy})$$
$$m = \varrho\,A\,H$$

Quader (Seitenlängen a,b,c längs x,y,z-Achse)

$$J_x = \frac{m\,(b^2 + c^2)}{12}$$
$$J_y = \frac{m\,(a^2 + c^2)}{12}$$
$$J_z = \frac{m\,(a^2 + b^2)}{12}$$
$$m = \varrho\,a\,b\,c$$

Rechteck-Pyramide (Seiten a,b, Höhe h längs z-Achse)

$$J_z = \frac{m\,(a^2 + b^2)}{20}$$
$$J_y = \frac{m\left(b^2 + \dfrac{3}{4}h^2\right)}{20}$$
$$J_x = \frac{m\left(a^2 + \dfrac{3}{4}h^2\right)}{20}$$
$$m = \frac{\varrho\,a\,b\,h}{3}$$

c) Kegel (kreisrund mit Spitze längs z-Achse; Radius r, Höhe h.) Koordinatenursprung im Schwerpunkt bzw. bei $\bar{z}_S$ im Basiskreismittelpunkt.

$$J_z = \frac{3}{10}\,m\,r^2$$
$$J_y = J_z = \frac{3\,m}{5}\left(\frac{r^2}{4} + h^2\right)$$
$$m = \frac{\pi\,r^2\,\varrho\,h}{3}$$
$$\bar{z}_S = h/4$$

Kreiskegelstumpf (Höhe h längs z-Achse)

$$J_z = \frac{3}{10}\,m\,\frac{r_2^5 - r_1^5}{r_2^3 - r_1^3}$$
$$m = \frac{\pi\,\varrho\,h}{3}\,(r_2^2 + r_1 r_2 + r_1^2)$$

d) Zylinder mit Höhe h längs der z-Achse.
Vollzylinder

$$J_z = \tfrac{1}{2}\,m\,r^2$$
$$J_x = J_y = \tfrac{1}{4}\,m\,r^2 + \tfrac{1}{12}\,m\,h^2$$
$$m = \pi\,r^2\,\varrho\,h$$

Dünne **Kreisscheibe** ($h \ll r$) um z-Achse

$$J_z = \tfrac{1}{2}\,m\,r^2$$
$$J_x = J_y = \tfrac{1}{4}\,m\,r^2$$
$$m = \pi\,r^2\,\varrho\,h$$

e) Rohr, Hohlzylinder (Höhe l längs z-Achse; r_i Innenradius, r_a Außenradius).

$$J_z = \tfrac{1}{2}\,m\,(r_a^2 + r_i^2)$$
$$J_x = J_y = \tfrac{1}{4}\,m\left(r_a^2 + r_i^2 + \tfrac{1}{3}l^2\right)$$
$$m = \pi\,(r_a^2 - r_i^2)\,\varrho\,l$$

Dünnwandiger **Hohlzylinder** ($r_i \approx r_a$)

$$J_z = m\,r^2$$
$$J_x = J_y = \tfrac{1}{4}\,m\left(2r^2 + \tfrac{1}{3}l^2\right)$$
$$m = \pi\,r^2\,\varrho\,l$$

Kreistorus (Luftloch mit Radius r um die z-Achse; R Rohrinnenradius)

$$J_z = \frac{m\,(4r^2 + 3R^2)}{4}$$
$$J_x = J_y = \frac{m\,(4r^2 + 5R^2)}{8}$$
$$m = 2\pi^2\,r^2\,r\,\varrho$$

Dünner Ring, dünner Reifen (r Radius des Luftlochs, A Querschnitt des Reifens).

$$J_z = m\,r^2$$
$$J_x = J_y = \tfrac{1}{2}\,m\,r^2$$
$$m = 2\pi\,\varrho\,r\,A$$

f) Kugel, massiv

$$J_x = J_y = J_z = \tfrac{2}{5} m r^2$$
$$m = \tfrac{4}{3} \pi r^3 \varrho$$

dünne Kugelschale

$$J_x = J_y = J_z = \tfrac{2}{3} m r^2$$

Halbkugel (Wölbung längs z-Achse)

$$J_x = J_y = \tfrac{83}{320} m r^2$$
$$J_z = \tfrac{2}{5} m r^2$$
$$m = \tfrac{2}{3} \pi r^3 \varrho$$

Hohlkugel

$$J_x = J_y = J_z = \tfrac{2}{5} m \frac{r_a^5 - r_i^5}{r_a^3 - r_i^3}$$
$$m = \tfrac{4}{3} \pi (r_a^3 - r_i^3) \varrho$$

Massen(trägheits)moment, zentrifugales

Deviationsmoment oder *Zentrifugalmoment*.

$$J_{xy} = - \int\limits_{(m)} x\,y \, \mathrm{d}m$$

$$J_{xz} = - \int\limits_{(m)} x\,z \, \mathrm{d}m$$

$$J_{yz} = - \int\limits_{(m)} y\,z \, \mathrm{d}m$$

Massen(trägheits)moment, polares

Polares Trägheitsmoment bezüglich eines Bezugspunktes, z. B. des Ursprungs des kartes. Koordinatensystems.

$$J_p = \int r^2 \, \mathrm{d}m = \int\limits_{x_1}^{x_2} \int\limits_{g_1(x)}^{g_2(x)} (x^2 + y^2) \, \varrho(x,y) \, \mathrm{d}y \, \mathrm{d}x$$

$$J_p = \sum_i (x_i^2 + y_i^2 + z_i^2) \, m_i \quad (\mathrm{kg\,m^2})$$

Bezüglich des Ursprungs (mit $r^2 = x^2 + y^2$)

$$J_p = J_x + J_y$$

r Abstand vom Bezugspunkt P.

Menabrea-Satz

Satz von Menabrea für ein statisch unbestimmtes Tragwerk. Die partielle Ableitung der äußeren Arbeit bzw. Formänderungsenergie nach den statisch Unbestimmten ist null.

$$\frac{\partial W_a}{\partial X_p} = \frac{\partial W_F}{\partial X_p} = 0 \quad \text{für} \quad 1 \le p \le |n|$$

$|n|$ Grad der statischen Unbestimmtheit,
X_p statische Unbestimmte; unbekannte Lager-, Fesselungs- oder Schnittreaktionen, die nicht aus Gleichgewichtsbedingungen zugänglich sind.

Meridian

Längenkreis auf der Erdkugel.

1) *oberer Meridian* (oM), *upper branch*, Stundenkreis durch den Zenit des Beobachters.

2) *unterer Meridian* (uM), *lower branch*, Stundenkreis durch den Nadir des Beobachters.

3) *Nordmeridian* (NM), *north meridian*, Vertikalkreis (= halber Großkreis senkrecht zum wahren *Horizont, vom Zenit zum Nadir) durch den Nordpunkt (000°).

4) *Nullmeridian,* Anfangsmeridian. Kartograf. Bezugsmeridian; Längenkreis der Sternwarte Greenwich, der auch durch West-Frankreich, Ost-Spanien, Algerien, Ghana verläuft.

5) *Stundenkreis*, engl. *hour circle*, heißt der halbe Großkreis senkrecht zum Himmelsäquator, vom oberen Pol zum unteren Pol. Der *Greenwicher Stundenkreis* ist die Projektion des Nullmeridians auf die Himmelskugel.

Meridianhöhe

culmination, Höhe eines Gestirns beim Durchgang durch den oberen Meridian.

Meridiangrad

Die 360 Längengrade (Meridiane) der Erdkugel bilden vierundzwanzig, je 15° breite Zeitzonen.

1 Meridiangrad = 60 Seemeilen = 111,12 km

Metergewicht

Veraltet! Für Profile und Rohre:

$$\frac{\text{Gewichtskraft}}{\text{Länge}} \quad (\mathrm{N/m})$$

Metermasse

Veraltet! Längenbezog. Masse für Profile und Rohre:

$$\frac{\text{Masse}}{\text{Länge}} \quad (\mathrm{kg/m})$$

Moment

*Drehmoment, *Massenmoment, *Flächenmoment, *statisches Moment.

Moment einer Kraft

Momentenvektor, Symbol: Doppelpfeil $\longrightarrow\!\!\!\!\!\rightarrow$

1) Ebenes allgemeines Kraftsystem

$$\vec{M} = \vec{r} \times \vec{F} = \begin{vmatrix} \vec{e}_x & \vec{e}_y & \vec{e}_z \\ r_x & r_y & r_z \\ F_x & F_y & F_z \end{vmatrix}$$
$$= (r_x F_y - r_y F_x)\, \vec{e}_z = M_z \vec{e}_z$$

Kraftvektor $\quad \vec{F} = F_x \vec{e}_x + F_y \vec{e}_y$

Ortsvektor des Kraftangriffspunktes (bezogen auf den Ursprung des Koordinatensystems)

$$\vec{r} = r_x \vec{e}_x + r_y \vec{e}_y$$

z-Komponente des Momentenvektors

$$M_z = r_x F_y - r_y F_x$$

Betrag des Vektorproduktes

$$M_z = |\vec{M}| = |\vec{r}||\vec{F}| \sin(\alpha - \beta) = F l$$

a) *Rechte-Hand-Regel.* Zeigen die gekrümmten Finger der rechten Hand in die vom Moment bewirkte Drehrichtung (Drehpfeil), dann weist der abgespreizte Daumen in Richtung des Momentenvektors (Doppelpfeil). Vorzeichen: M_z ist positiv $\Rightarrow \vec{M}$ bewirkt Linksdrehung in der x, y-Ebene (mathemat. positive Richtung).

b) *Parallelverschiebung einer Kraft.* Wird eine Kraft F parallel zu ihrer Wirkungslinie um den Abstand l verschoben, muss die veränderte Momentenwirkung durch ein *Versetzungsmoment* oder *Verschiebungsmoment* ausgeglichen werden.

$$M_v = F l$$

c) *Resultierendes Moment* aus N Einzelkräften (bezogen auf den Koodinatenursprung bzw. einen frei wählbaren Momentenbezugspunkt).

$$\vec{M}_{\text{res}} = \sum_{i=1}^{N} \vec{M}_i = \sum_{i=1}^{N} (\vec{r}_i \times \vec{F}_i) = \sum_{i=1}^{N} M_{z,i}\vec{e}_z$$

$$= \sum_{i=1}^{N} (r_{x,i}F_{y,i} - r_{y,i}F_{x,i})\vec{e}_z = M_{\text{res},z}\vec{e}_z$$

$$= \vec{r}_{\text{res}} \times \vec{F}_{\text{res}}$$

Kraftvektoren $\quad \vec{F}_i = F_{x,i}\vec{e}_x + F_{y,i}\vec{e}_y$
resultierender Kraftvektor

$$\vec{F}_{\text{res}} = F_{\text{res},x}\vec{e}_x + F_{\text{res},y}\vec{e}_y$$

Ortsvektoren $\quad \vec{r}_i = r_{x,i}\vec{e}_x + r_{y,i}\vec{e}_y$
Ortsvektor der Resultierenden (bzgl. Koordinatenursprung)

$$\vec{r}_{\text{res}} = r_{\text{res},x}\vec{e}_x + r_{\text{res},y}\vec{e}_y$$

Geradengleichung: *Wirkungslinie* d. Resultierenden

$$y = \frac{F_{\text{res},y}}{F_{\text{res},x}}x - \frac{M_{\text{res},z}}{F_{\text{res},x}}$$

Gleichgewichtsbedingung im ebenen allgemeinen Kraftsystem

$$\vec{F}_{\text{res}} = \vec{0} \text{ und } \sum_{i=0}^{N} F_{x,i} = \sum_{i=0}^{N} F_{y,i} = 0$$

$$\vec{M}_{\text{res}} = \vec{0} \text{ und } \sum_{i=0}^{N} M_i = \sum_{i=0}^{N} M_{z,i} = 0$$

2) Räumliches allgemeines Kraftsystem

$$\vec{M} = \vec{r} \times \vec{F} = \begin{vmatrix} \vec{e}_x & \vec{e}_y & \vec{e}_z \\ r_x & r_y & r_z \\ F_x & F_y & F_z \end{vmatrix}$$

$$= \begin{pmatrix} M_x \\ M_y \\ M_z \end{pmatrix} = \begin{pmatrix} r_yF_z - r_zF_y \\ r_zF_x - r_xF_z \\ r_xF_y - r_yF_x \end{pmatrix}$$

$$= M_x\vec{e}_x + M_y\vec{e}_y + M_z\vec{e}_z$$

a) *Resultierendes Moment* aus N Einzelkräften. Anders als im ebenen Kraftsystem stehen $\vec{M}_{\text{res}}$ und $\vec{F}_{\text{res}}$ stehen i. Allg. nicht senkrecht aufeinander!

$$\vec{M}_{\text{res}} = \sum_{i=1}^{N} \vec{M}_i = \sum_{i=1}^{N} (\vec{r}_i \times \vec{F}_i)$$

Kraftvektoren $\quad \vec{F}_i = F_{x,i}\vec{e}_x + F_{y,i}\vec{e}_y + F_{z,i}\vec{e}_z$
Ortsvektoren $\quad \vec{r}_i = r_{x,i}\vec{e}_x + r_{y,i}\vec{e}_y + r_{z,i}\vec{e}_z$
Gleichgewichtsbedingung

$$\vec{F}_{\text{res}} = \vec{0} \text{ und } \vec{M}_{\text{res}} = \vec{0}$$

$$\sum_{i=0}^{N} F_{x,i} = \sum_{i=0}^{N} F_{y,i} = \sum_{i=0}^{N} F_{z,i} = 0$$

$$\sum_{i=0}^{N} M_{x,i} = \sum_{i=0}^{N} M_{y,i} = \sum_{i=0}^{N} M_{z,i} = 0$$

b) *Resultierende Kraft* im räumlichen Kraftsystem
$$\vec{F}_{\text{res}} = F_{\text{res},x}\vec{e}_x + F_{\text{res},y}\vec{e}_y + F_{\text{res},z}\vec{e}_z$$

Komponenten

$$F_{\text{res},x} = \sum_{i=1}^{N} F_i \cos\alpha_i$$

$$F_{\text{res},y} = \sum_{i=1}^{N} F_i \cos\beta_i$$

$$F_{\text{res},z} = \sum_{i=1}^{N} F_i \cos\gamma_i$$

Betrag der Resultierenden

$$F_{\text{res}} = |F_{\text{res}}| = \sqrt{F_{\text{res},x}^2 + F_{\text{res},y}^2 + F_{\text{res},z}^2}$$

Richtung der Resultierenden

$$\cos\alpha_{\text{res}} = \frac{F_{\text{res},x}}{F_{\text{res}}} \qquad \cos\beta_{\text{res}} = \frac{F_{\text{res},y}}{F_{\text{res}}};$$

$$\cos\gamma_{\text{res}} = \frac{F_{\text{res},z}}{F_{\text{res}}}$$

Gleichgewichtsbedingung: $\vec{F}_{\text{es}} = \vec{0}$

$\alpha_i, \beta_i, \gamma_i$ Winkel der Wirkungslinien von den Kräften F_i zu den Koordinatenachsen.

Mond

Physikalische und astronomische Daten:

Mondmasse $\qquad m_M = 0{,}0549\, m_E = 7{,}352 \cdot 10^{22}$ kg

Mondradius $\qquad r_M = 0{,}272\, r_E = 1738$ km

Mittlere Dichte $\qquad \varrho_M = 0{,}61\, \varrho_E = 3342\,\text{kg/m}^3$

Fallbeschleunigung auf der Oberfläche

$$g_M = \frac{G\,M}{R^2} \approx \frac{g_E}{6} \approx 1{,}62 \text{ m/s}^2$$

Zentrifugalbeschleunigung auf der Mondbahn

$$|a_n| = \frac{4\pi^2 r}{T^2} \approx 0{,}00271 \text{ m/s}^2$$

Rotationsdauer des Mondes (um sich selbst)

$$T_{R.M} = 1{,}84 \cdot 10^6\, s$$

Umlaufdauer um die Erde

$$T_{U,M} = 28\,\text{d} = 2{,}360580 \cdot 10^6 \text{ s}$$

Große Bahnhalbachse (Bahnradius um die Erde)

$$a_M = 3{,}844 \cdot 10^5 \text{ km}$$

Ellipsenparameter: $\qquad p_M = 3{,}832 \cdot 10^5$ km
Numerische Exzentrizität der Ellipsenbahn

$$\varepsilon_M = 0{,}0549$$

Entfernung Erde–Mond: $\quad r_{E,M} = 3{,}84 \cdot 10^8\,\text{m}$

G Gravitationskonstante $\hfill$ (N m^2/kg^2)
M Mondmasse: $7{,}35 \cdot 10^{22}$ kg
r Abstand Mondmittelpunkt – Erdmittelpunkt $\hfill$ (m)
R Mondradius: 1 738 000 km
T Umlaufzeit des Mondes um die Erde: $2{,}36 \cdot 10^6$ s

Nabe

Der zentrale Teil eines Rades, der auf die Welle aufgeschoben wird.

Nachgiebigkeit *Dehnungskoeffizient.

Navigation

Maßnahmen zur Führung von Land-, See- oder Luftfahrzeugen, insbesondere im Hinblick auf den momentanen und späteren Aufenthaltsort.

Vgl. *Deklination, *Distanz, *Geschwindigkeit, *geograf. Breite, *Himmelskoordinaten, *Kurs, *Zeit.

Newton'sche Axiome

In der Dynamik:

1) Trägheitsgesetz, 1. Newton-Axiom. Kräfte sind *Ursache* von Bewegungsabläufen. Ein *Inertialsystem* – die Erde nur bei Vernachlässigung der Erdrotation – ist ein Bezugssystem, in dem gilt: *Ohne äußere Krafteinwirkung verharrt ein Körper in Ruhe oder behält seine Geschwindigkeit nach Betrag und Richtung bei.*

Impuls $\vec{p} = m\,\vec{v} = \text{const}$

2) Aktionsgesetz oder *Grundregel der Mechanik*, Bewegungsgesetz, 2. Newton-Axiom, *Bewegungsgleichung*, kinetisches Grundgesetz. Die zeitliche Änderung der Bewegungsgröße (Impuls) ist gleich der resultierenden Kraft.

$$\vec{F} = \frac{\mathrm{d}\vec{p}}{\mathrm{d}t} = \frac{\mathrm{d}(m\vec{v})}{\mathrm{d}t} = m\,\frac{\mathrm{d}\vec{v}}{\mathrm{d}t} + \vec{v}\,\frac{\mathrm{d}m}{\mathrm{d}t}$$

Spezialfall: Unter Einwirkung der Kraft $\vec{F}$ erfährt ein Körper mit konst. Masse m eine Beschleunigung $\vec{a}$.

$$\underbrace{\text{Kraft}}_{\text{Ursache}} = \underbrace{\frac{\text{Impuls-}}{\text{änderung}} = \text{Masse} \cdot \text{Beschleunigung}}_{\text{Wirkung}}$$

$$\vec{F} = \dot{\vec{p}} = m\frac{\mathrm{d}\vec{v}}{\mathrm{d}t} = m\,\vec{a} \qquad \left(\mathrm{N} = \frac{\mathrm{kg}\,\mathrm{m}}{\mathrm{s}^2}\right)$$

Die Beschleunigung a eines Körpers der Masse $m = \text{const}$ ist der einwirkenden Kraft F proportional und erfolgt in der Richtung der Kraft. Kraft und die erzielte Beschleunigung sind proportional und für jeden Körper eine konstante Größe, die Masse.
Masse ist ein Maß für die Trägheit, d. h. den Widerstand gegen eine Bewegungsänderung.
Wirken mehrere Kräfte auf den Körper ein, gilt die Newton'sche Bewegungsgleichung für die *resultierende Kraft* (*Kräfteparallelogramm).

3) Wechselwirkungsgesetz oder *Reaktionsprinzip*. Wirkt ein Körper auf einen anderen mit einer Kraft $\vec{F}$, so wirkt der andere mit der betragsmäßig gleichen Kraft $\vec{F}'$ in entgegengesetzte Richtung zurück. Oder: Die von zwei Körpern aufeinander ausgeübten Kräfte sind stets gleich groß und einander entgegengerichtet. Kräfte treten nur paarweise auf.

$$F_{12} = -F_{21}$$

Kraft = Gegenkraft
Wirkung = Gegenwirkung
Aktion = Reaktion *(actio = reactio)*
Aktionskraft = Reaktionskraft

• Für Translation

$$\underbrace{\sum \vec{F}_{\mathrm{a}}(\vec{r})}_{\text{Ursache}} = \underbrace{\dot{\vec{p}} \overset{\star}{=} m\,\vec{a} = m\,\frac{\mathrm{d}^2\vec{r}}{\mathrm{d}t^2}}_{\text{Wirkung}}$$

Falls $m \neq 0 = \text{const}$, $\vec{F}$ konservative Kraft.
• Für Rotation

$$\underbrace{\sum \vec{M}_{\mathrm{a}}(\vec{r})}_{\text{Ursache}} = \underbrace{\dot{\vec{L}} = J\,\vec{\alpha} = m\,\frac{\mathrm{d}^2\vec{\varphi}}{\mathrm{d}t^2}}_{\text{Wirkung}}$$

Normalbeschleunigung

Radialbeschleunigung oder *Zentripetalbeschleunigung* $\vec{a}_{\mathrm{n}}$ weist bei der Umfangsbewegung (*Rotation) zum Drehpunkt.

$$a_{\mathrm{n}} = \frac{v^2}{r} = r\,\omega^2 = v\,\omega \qquad \mathrm{m/s^2}$$

r Radius des Rotationskörpers   (m)
v Umfangsgeschwindigkeit   (m/s)
ω Winkelgeschwindigkeit   (rad/s)

Normalfallbeschleunigung

Erdbeschleunigung (vgl. *Fallbeschleunigung)

$$g_{\mathrm{n}} = 9{,}806\,65\ \mathrm{m\,s^{-2}}\ [\text{exakt}]$$

Normalspannung

Mechan. *Spannung in Zug- oder Druckrichtung.

Nutation

Schwanken der Erdachse um eine Mittellage. Ursache: Anziehung des Mondes auf die abgeplattete Erdkugel. Vgl. *Zeit.

Ortsbestimmung

Aus der Bahnkurve eines Objektes mit bekannter Masse und Beschleunigung lassen sich Geschwindigkeit und Standort relativ zu einem bekannten Ausgangsort ableiten (*Trägheitsnavigation*),
1) GPS, *Global Positioning System*. Geograf. Ortsbestimmung durch geostationäre Navigationssatelliten, die gleichzeitig Funksignale (1,575 GHz, 20 W) senden. Aus der Signallaufzeit zur Erde wird die Entfernung mindestens dreier Satelliten ermittelt, das Signal des vierten Satelliten gibt die Zeit vor. Nach dem Prinzip der dreidimensionalen Kreuzpeilung ist der geograf. Ort auf 1 m genau bestimmbar.
Differential-GPS. Zur cm-genauen Positionsbestimmung im Flugverkehr ist die Peilung einer Bodenstation an exakt bekanntem Ort nötig, die Fehler der Borduhr und atmosphär. Störungen (geladene Teilchen, Wolken) ausgleicht.
2) Standort O_{b}, engl. *fix*, „beobachteter Ort" durch ein Ortsbestimmungsverfahren.
3) Koppelort O_{k} – Luftfahrt: *dead reckoning position* (DR-Pos), Seefahrt: *estimated position*, früher „Besteckort" – durch Zeichnung oder Rechnung ermittelter Ort eines Fahrzeuges, von einem bekannten Ort ausgehend unter Berücksichtigung aller vorhersehbaren Einflüsse einschließlich Luft- und Meeresströmung.
4) Loggeort O_{l}, engl. *dead reckoning position*. Seefahrt: vorausberechneter Ort eines Fahrzeuges, ohne Berücksichtigung des Stroms (z. B. Meeresströmung).

Ortsvektor

Charakterisiert den Aufenthaltsort eines Körpers auf einer Bahnkurve, gemessen von einem Bezugspunkt (Ursprung).
1) Translationsbewegung
Bahnkurve bei Translation

$$\vec{r} = \begin{pmatrix} x(t) \\ y(t) \\ z(t) \end{pmatrix}$$

Tabelle 2.5 Mond und Planeten unseres Sonnensystems: $1\ \mathrm{AE} = 1.496 \cdot 10^8$ km.

	Entfernung von der Sonne (AE)	Radius (km)	Masse $(10^{24}\ \mathrm{kg})$	Mittl. Dichte $(\mathrm{g/cm^3})$	Druck an der Oberfläche (im Inneren)	Temperatur / K der Oberfläche (der Wolkenhülle)	Zahl der Monde
Merkur	0,38	2439	0,33022	5,43	$> 10^{12}$ bar	650 (Tag), 95	0
Venus	0,72	6052	4,8690	5,24	90	730	0
Erde	1	6378,14	5,9742	5,515	1	250–310	1
Mond	–	1738	0,073483	3,34	$\sim 2 \cdot 10^{-14}$	370 (Tag), 120	–
Mars	1,52	3393,4	0,64191	3,94	~ 0.07	200–245	2
Jupiter	5,20	71398	1898,8	1,33	$(< 10^6)$	(~ 140)	16
Saturn	9,5	60000	568,5	0,70	$(> 10^6)$	(~ 100)	17
Uranus	19,2	25400	86,625	1,30	$(> 10^6)$	(~ 55)	5
Neptun	30,0	24300	102,78	1,76	$(> 10^6)$	(~ 55)	2
Pluto	39,5	1500	0,015	1,1	~ 0.001	~ 55	1

Tangentialkomponente: Einheitsvektor im Punkt P, tangential auf der Bahnkurve.

$$\vec{e}_t(s) = \left.\frac{d\vec{r}}{ds}\right|_P$$

Normalkomponente (Radialkomponente): Einheitsvektor im Punkt P ($\perp$ Bahnkurve).

$$\vec{e}_r(s) = R\left.\frac{\partial^2 \vec{r}}{\partial s^2}\right|_P$$

R Krümmungsradius der Bahnkurve.

2) Rotationsbewegung

Bahnkurve bei Kreisbewegung

$$\vec{r} = \begin{pmatrix} r\cos\omega t \\ r\sin\omega t \end{pmatrix}$$

Zykloide

$$\vec{r} = \begin{pmatrix} r\,(\omega t - \sin\omega t) \\ r\,(1 - \cos\omega t) \end{pmatrix}$$

Passfeder

Welle-Nabe-Verbindung. Mitnehmerverbindung ohne Anzug zw. Zylinderstab (Welle) und umgebenden Körper (Nabe).

Flächenpressung Paßfeder–Welle bzw. -Nabe

$$p_W = \frac{2M_t}{d_1 t_1 l_t} \qquad p_N = \frac{2M_t}{d_1 (h - t_1) l_t}$$

h	Höhe der Passfeder
l_t	tragende Federlänge
M_t	Torsionsmoment (drehende Welle)
t_1	Höhe der Passfeder, bis zur der die Welle eindringt.

Planetenbewegung

Planeten sind Himmelskörper, die sich um einen Fixstern bewegen. Daten des Sonnensystems vgl. Tabelle, *Sonne, *Mond, *Fallbeschleunigung.

1) Energiesatz der Mechanik

$$\tfrac{1}{2}m v^2 - G\frac{m\,M}{r} = \tfrac{1}{2}m v_0^2 - G\frac{m\,M}{r_0}$$

Drehimpulssatz (*2. Kepler-Gesetz)

$$|\vec{L}| = m\left|\vec{r} \times \frac{d\vec{r}}{dt}\right| = \underbrace{m\,r^2 \frac{d\varphi}{dt}}_{2\,C} = \text{const}$$

Flächengeschwindigkeit (in $\mathrm{m^2/s}$)

$$C = \frac{dA}{dt} = \tfrac{1}{2}r^2\frac{d\varphi}{dt} = \frac{r^2\omega}{2} = \frac{r\,v}{2} = \frac{L}{2m}$$

dA Fläche, die der Ortsvektor $\vec{r}$ der Bahnkurve bei einer Drehung um $d\varphi$ überstreicht.

2) *Bahnkurve.* Polargleichung der Kegelschnitte; Betrag des Radiusvektors des Planeten (*1. Kepler-Gesetz)

$$r(\varphi) = \frac{p}{1 - \varepsilon\cos\varphi}$$

Kegelschnitt-Parameter (Ellipsenparameter)

$$p = \frac{b^2}{a} = a(1 - \varepsilon^2) = \frac{4\,C^2}{G\,M}$$

numerische Exzentrizität

$$\varepsilon = \sqrt{1 - \frac{p}{a}} = \frac{2\,C}{G\,M}\sqrt{v_0^2 - \frac{2G\,M}{r_0} + \frac{G^2 M^2}{4C^2}}$$

3) *Kepler'sches Gesetz* für Ellipsenbahn

$$A = \pi a b = \pi a^2 \sqrt{1 - \varepsilon^2} = \frac{2\pi a^2 C}{\sqrt{G\,M\,a}} = C\,T$$

$$\frac{T^2}{a^3} = \frac{4\pi^2}{G\,M} = k_z$$

4) *Gesamtenergie* der Planetenbewegung auf Ellipsenbahn

$$E_{ges} = \tfrac{1}{2}m v_0^2 - G\frac{m\,M}{r_0} = -G\frac{m\,M}{2\,a}$$

a	große Halbachse der Ellipsenbahn	(m)
b	kleine Halbachse der Ellipsenbahn	(m)
G	Gravitationskonstante	$(\mathrm{m^3 kg^{-1} s^{-2}})$
k_z	Zentralkörperkonstante	$(\mathrm{m^3/s^2})$
	Erde: $1{,}01 \cdot 10^{13}\ \mathrm{m^3/s^2}$	
	Sonne: $3{,}36 \cdot 10^{18}\ \mathrm{m^3/s^2}$	
m	Masse des Planeten	(kg)
M	Masse der Sonne (Zentralkörper)	(kg)
T	Umlaufdauer auf der Ellipsenbahn	(s)
r_0	Bahnort, z. B. Ellipsenscheitel	(m)
v_0	Geschwindigkeit des Planeten bei r_0	(m/s)

Poisson-Konstante

$$m = \frac{1}{\text{Poisson-Zahl}} \qquad (\text{Dim.1})$$

Poisson-Zahl

Querkontraktionszahl bzw. *Querdehnungszahl.* Verkürzung (negative Querdehnung = Querkontraktion) oder Verlängerung quer zur Probenachse. Stoffkonstante; Maß für die Anisotropie des Kristallgitters; verknüpft Elastizitäts- und Schubmodul.

$$\mu\ (\text{oder } \nu) = -\frac{\text{Querdehnung } \varepsilon_q}{\text{Längsdehnung } \varepsilon} \qquad (\text{Dim.1})$$

$$\boxed{E = 2\,(1 + \mu)\,G} \quad \text{mit} \quad 0 < \mu < 0,5$$

In inkompressiblen Medien: $\mu = 0,5$.

Potential

Wenn die mechan. Arbeit der eingeprägten Kräfte vom Weg unabhängig ist, besitzen diese *konservativen Kräfte* (Potentialkräfte) ein Potential φ.

$$F_x = -\frac{\partial \varphi}{\partial x}, \quad F_y = -\frac{\partial \varphi}{\partial y}, \quad F_z = -\frac{\partial \varphi}{\partial z}$$

Pressverbindung

Welle-Nabe-Verbindung. Zwei konzentr. Rohre (I = inneres Rohr, Welle; A = äußeres Rohr, Nabe) für elastische Verformung.

1) Kleinste erforderliche *Pressung* $\quad p_{min} = \dfrac{2 M_t S_H}{\pi\,\mu\,D_F^2 l_F}$

Größe zulässige Pressung $\quad p_{max} = R_e \dfrac{1 - (D_F/D_{Aa})^2}{1 + (D_{Ii}/D_F)^2}$

Theoret. und praktisches *Übermaß*

$$Z = p\,D_F\,(K_A + K_I) \quad \text{und} \quad U = Z + G$$

Glättung $\quad G \approx 0,8\,(R_{zAi} + R_{zIa})$

Passtoleranz = prakt. Größt- minus Kleinstübermaß

$$T = U_{max} - U_{min}$$

Toleranz der Bohrung und der Welle

$$T_B = (0,5 \dots 0,6)\,T \quad \text{und} \quad T_W = T - T_B$$

D_{Aa}	Außendurchmesser der Nabe
D_F	Fügedurchmesser (Welle außen)
D_{Ii}	Innendurchmesser der Welle (Loch)
K	durchmesser- und werkstoffabh. Tabellenwerte
l_F	Fügelänge
M_t	Torsionsmoment (drehende Welle)
R_e	Streckgrenze
R_z	Rautiefe (i = innen, a = außen)
S_H	Haftsicherheit: 1,8 … 2,0
μ	Gleitreibungskoeffizient

2) Schrumpfpressverbindung. Erwärmungstemperatur für das Außenteil.

$$T_A = \frac{U_{max} + S_K}{\alpha_A\,D_F} + T_{amb}$$

S_K	Einführungsspiel: $= (0,5 \dots 1)\,U_{max}$
U_{max}	vorhandenes Größtübermaß
α	thermischer Längenausdehnungskoeffizient

3) Längspressverbindung. Einpresskraft

$$F_e = \pi\,\mu\,p_{max}\,l_F D_F$$

l_F Fügelänge, p_{max} größtmögl. vorh. Fugenpressung;
μ Haftreibungskoeffizient

Qualitätskennzahl

Für die *statistische Prozessregelung* bei normalverteilten Merkmalen.

Prozessfähigkeitsindex $\quad c_p = \dfrac{T}{6\sigma} = \dfrac{X_{max} - X_{min}}{6\sigma}$

Kritischer Prozessfähigkeitsindex (mit Aussage zur Prozesslage)

$$c_{pk} = \min\left(\frac{\mu - X_{min}}{3\sigma}, \frac{X_{max} - \mu}{3\sigma}\right)$$

T Toleranz; X Grenzwert: max = oberer, min = unterer
μ Sollwert, wahrer Wert; σ Standardabweichung

$c_p = c_{pk}$	zentrierter Prozess
$c_p > c_{pk}$	nicht zentrierter Prozess
$c_p = c_{pk} = 1$	99,73% der Teile innerhalb der Toleranz ($T = 6\sigma$)
$c_p = c_{pk} = 1,33$	99,994% der Teile innerhalb der Toleranz ($T = 8\sigma$)

Qualitätsmanagement

Techn. und organisator. Maßnahmen zur Qualitätssicherung im Rahmen eines *Qualitätsmanagementsystems* (QMS); Verwirklichung der Qualitätspolitik, Ziele und Verantwortungen durch: Qualitätsplanung, -lenkung, -verbesserung, Darlegung des QM-Systems.

Qualität. Gesamtheit von Merkmalen und Merkmalswerten einer Einheit hinsichtlich ihrer Eignung, festgelegte Erfordernisse zu erfüllen.

Einheit = einzeln beschriebene oder betrachtete Systemkomponente (Tätigkeit, Prozess, Produkt, Organisation, Person).

Qualitätskreis. Begriffsmodell zusammenwirkender Tätigkeiten, von der Festlegung der Erfordernisse bis zur Bewertung der Qualität.

Qualitätsmanagementsystem

Organisationsstruktur, Verfahren, Prozesse und Mittel zur Verwirklichung des QM (DIN ISO 9001 ff).

1. Verantwortung der Leitung
2. QM-System
3. Vertragsprüfung
4. Designlenkung,
5. Lenkung der Dokumente und Daten
6. Beschaffung
7. Lenkung vom Kunden beigestellter Produkte
8. Kennzeichnung, Rückverfolgbarkeit v. Produkten
9. Prozesslenkung
10. Prüfungen
11. Prüfmittelüberwachung
12. Prüfstatus
13. Lenkung fehlerhafter Produkte
14. Korrektur- und Vorbeugungsmaßnahmen
15. Handhabung, Lagerung, Verpackung, Versand
16. Lenkung von Qualitätsaufzeichnungen
17. Interne Qualitätsaudits
18. Schulungen
19. Wartung
20. Statistische Methoden
21. Qualitätsbezogene Wirtschaftlichkeit
22. Produktsicherheit
23. Marketing

Qualitätsprüfung

Stichprobensystem für die Entscheidung über die Annahme eines Loses (z. B, Wareneingangskontrolle).

1. Entnahme einer Stichprobe vom Umfang n (aus dem Los vom Umfang N)

2. Prüfen: Festellen der Anzahl der fehlerhaften Einheiten x in der Stichprobe.

Normalverteilte Merkmale (Streuung unbekannt)

Annahme des Loses: $\quad x + ks \leq X_{max}$ (oberer Grenzwert)

$\quad\quad\quad\quad\quad\quad\quad\quad\quad x - ks \geq X_{min}$ (unterer Grenzwert)

$$s^2 = \frac{1}{n-1}\sum(x_i - \bar{x})^2$$

Rückweisung: $\quad x + ks > X_{max}$

$\quad\quad\quad\quad\quad\quad\quad x - ks < X_{min}$

Qualitative Merkmale

Annahme des Loses: $x \leq c$ (Annahmezahl)
Rückweisung: $x > c$

---

k Annahmefaktor, s Standardabweichung.

Querdehnung

*Verformung mit Form- und Volumenänderung in Querrichtung bei Druckbelastung.
Relative Änderung des Durchmessers

$$\varepsilon_q = \frac{\Delta d}{d_0} = -\mu \frac{\Delta l}{l_0} = -\mu \varepsilon \quad \text{(Dim.1)}$$

Relative Volumenänderung (*Dilatation*)

$$e = \frac{\Delta V}{V} = \varepsilon (1 - 2\mu) \quad \text{(Dim.1)}$$

$0 < \mu < 0{,}5$ Poisson-Zahl.

Querkontraktion

Querkürzung bei Zugbelastung.

$$\boxed{\varepsilon_q = \frac{\Delta d}{d_0} = \frac{d}{d_0} - 1 = \frac{\varepsilon}{m} = \mu\,\varepsilon} \quad \text{(Dim.1)}$$

d_0 Ausgangsdurchmesser, μ Poisson-Zahl, m Poisson-Konstante.

Querkontraktionszahl *Poisson-Zahl

Querkraft *Schub, *Biegung.

Querschnittsänderung

Änderung der Querschnittsfläche S, bezogen auf den Ausgangsquerschnitt S_0 der Probe.

---

beim Zugversuch	beim Druckversuch
$\Delta S_B = S_0 - S_u$	$\Delta S_d = S - S_0$
$q = \dfrac{\Delta S}{S_0}$	$q_d = \dfrac{\Delta S_d}{S_0}$
$Z = \dfrac{\Delta S_B}{S_0}$	$Z_d = \dfrac{\Delta S_B}{S_0}$

S_u kleinster Querschnitt nach Bruch (B); q Einschnürung, Z Brucheinschnürung (%).

Radialbeschleunigung *Winkelbeschleunigung

Raketengleichung

Bewegungsänderung mit zeitlich abnehmender Masse; speziell: bei konstant angenommener Schwerkraft auf die Rakete ($g(h) = $ const) und ohne Luftwiderstand.
Raketenimpuls: $\vec{p} = m(t) \cdot \vec{v}(t)$
Impulssatz für die Raketenbewegung

$$\boxed{\vec{F}_a = \frac{d\vec{p}}{dt} = m \frac{dv}{dt} - \vec{v}_{rel} \frac{dm}{dt} = m\,\vec{a} - \vec{F}_{schub}}$$

Schubkraft, entgegengesetzt zu $\vec{v}_{rel}$.

$$F_{schub} = \dot{m}\,v_{rel} + p_e A$$
$$= \dot{m}\,v_{rel} + (p_m - p_{amb})\,A$$

Strahlgeschwindigkeit = Ausströmgeschwindigkeit der Treibgase bezüglich der Rakete; sei konstant während der Brennzeit.

$$v_{rel} = \sqrt{\frac{2\kappa}{\kappa - 1}\,\frac{R\,T_1}{M}\left[1 - \left(\frac{p_m}{p_1}\right)^{(\kappa-1)/\kappa}\right]}$$

v_T Absolutgeschwindigkeit der Treibgase.
Massenstrom: sei konstant während der Brennzeit.

$$\frac{dm}{dt} = \dot{m} = -\Phi_m = \frac{m_{leer} - m_0}{t}$$

Die Raketenmasse sinkt linear mit der Zeit.

$$m(t) = m_0 - \Phi_m t = m_0 + \dot{m}\,t$$

Raketenbeschleunigung

$$a(t) = \frac{\Phi_m}{m_0 - \Phi_m t}\,v_{rel} - g_0 \quad \text{und} \quad a(t_\infty) = 0$$

Raketengeschwindigkeit zur Zeit t (mit Anfangsgeschwindigkeit v_0) bzw. bei Brennschluss t_∞ (nach Start von Erdoberfläche $v_0 = 0$)

$$v(t) = v_{rel}\,\ln\frac{m_0}{m_0 - \Phi_m t} - g_0 t + v_0$$
$$v(t_\infty) = v_{rel}\,\ln\frac{m_0}{m_{leer}} - g_0 t_\infty + v_0$$

Raketensteighöhe

$$h(t) = \frac{v_{rel}(m_0 - \Phi_m t)}{\Phi_m} \cdot \left[\frac{m_0}{m_0 - \Phi_m t} - 1 - \right.$$
$$\left. - \ln\left(\frac{m_0}{m_0 - \Phi_m t}\right)\right] - \tfrac{1}{2}g_0 t^2 + v_0 t$$

$$h(t_\infty) = \frac{v_{rel}\,m_{leer}}{\Phi_m} \cdot \left[\frac{m_0}{m_{leer}} - 1 - \right.$$
$$\left. - \ln\left(\frac{m_0}{m_{leer}}\right)\right] - \tfrac{1}{2}g_0 t_\infty^2 + v_0 t_\infty$$

$$h(t > t_\infty) = h(t_\infty) + \frac{v^2(t_\infty)}{2 g_0}$$

A	Mündungsquerschnitt der Ausströmdüse	(m^2)
g_0	Fallbeschleunigung an Erdoberfläche	(m/s^2)
M	molare Masse des Treibstoffes	(kg/mol)
$\dot{m}$	Massenstrom Verbrennungsgas	(kg/s)
m_{leer}	Masse der Rakete ohne Treibstoff	(kg)
m_0	Startmasse der Rakete	(kg)
p_{amb}	Außen- oder Umgebungsdruck	(Pa)
p_e	Überdruck in der Düsenmündung	(Pa)
p_m	Druck in der Düsenmündung	(Pa)
p_1	Druck in der Brennkammer	(Pa)
R	molare Gaskonstante	(J mol^{-1}K^{-1})
T_1	Temperatur in der Brennkammer	(K)
t	Zeitpunkt nach der Zündung	(s)
t_∞	Brennschluss	(s)
κ	Isentropenexponent	(Dim. 1)

Räumen

Spanendes Fertigungsverfahren mit einer mehrschneidigen Räumnadel, deren Rundschneiden mit zunehmendem Durchmesser hintereinander gestapelt sind. Geeignet für die Massenfertigung komplizierter Geometrien.

Hublänge	$l_H = l_w + l_a + l_ü + l_z$
Schnittzeit	$t_c = (l_w + l_z)/v_c$
Hauptnutzungszeit	$t_h = \dfrac{2 l_H i}{v_{cm}} = l_f i \left(\dfrac{1}{v_c} + \dfrac{1}{v_r}\right)$
Zeitspanungsvolumen	$Q = A\,v_c$
Spanungsquerschnitt	$A = z_e h_z b$
Spanungsbreite	$b = \pi\,d_w$
Eingriffzähnezahl	$z_e = l_w / t$
Mittl. Räumgeschwindigkeit	$v_{cm} = \dfrac{2\,v_c\,v_r}{v_c + v_r}$

---

i	Anzahl der Schnitte (Zähnezahl/Schnitttiefe)	
l	Weg: a = Anlauf, ü = Überlauf	
l_f	Hublänge	(mm)
l_w	Werkstücklänge	(mm)
l_z	Zahnungslänge (wirksame Länge der Nadel)	
v_c	Arbeitsgeschwindigkeit	(mm/min)
v_r	Rücklaufgeschwindigkeit	(mm/min)

Reibung

Im mechan. Kontakt stehende Körper lassen sich gegenseitig nur bewegen, wenn Reibungswiderstandskräfte überwunden werden.

$$\boxed{F_W = \sqrt{F_R^2 + F_N^2}} \quad N$$

F_R	Reibungskraft (Reaktionskraft), entgegen der Bewegungsrichtung, tangiert die Unterlage.	
F_N	Normalkraft ($\perp$ Unterlage)	(F)

Tabelle 2.6 Reibung, Luftreibung und Umströmung.

äußere Reibung (Festkörperreibung)	innere Reibung (laminare Flüssigkeitsreibung) STOKES-Reibungsgesetz	turbulente Reibung (Luftreibung) NEWTON-Reibungsgesetz
$F_R = \mu\,F_N$	$F_R = b\,v$	$F_R = d\,v^2$
	Laminare Umströmung einer Kugel	„Luftwiderstand"
F_N Normalkraft	$b = 6\pi\,\eta\,r$	$d = \tfrac{1}{2}c_w\varrho A$
μ Reibungszahl μ_R Rollreibungszahl μ_G Gleitreibungszahl μ_H Haftreibungszahl	b Zähigkeitkoeffizient η Viskosität r Kugelradius	d Luftreibungskoeffizient c_w Widerstandsbeiwert ϱ Dichte A Anströmfläche

1) Haftreibung (Haftung). Reibungswiderstand bis zum Einsetzen der Bewegung.

Haftreibungskraft (empirisch)

$$F_{R0} \geq \mu_0\,F_N \qquad \text{N}$$

Haftreibungszahl $\mu_0 = \tan\varrho_0$

ϱ_0 halber Öffnungswinkel des Haftreibungskegels.

2) Gleitreibung. Reibungswiderstand bei Relativbewegung der Reibpartner.

COULOMB-Reibungsgesetz

$$F_R = \mu\,F_N \qquad \text{N}$$

Gleitreibungszahl $\mu = \tan\varrho = \dfrac{F_R}{F_N}$

Reibungswinkel ϱ = Winkel zw. Normalkraft $\vec{F}_N$ und Reibungswiderstandskraft $\vec{F}_W = \vec{F}_N + \vec{F}_R$.

ϱ halber Öffnungswinkel des Gleitreibungskegels.

3) Rollreibung. Rad auf horizontaler Fahrbahn.

$$F_{RR} = \mu_R\,m\,g = \frac{f}{r}\,F_N \qquad \text{N}$$

Für Gleiten ist: $\mu_0 < f/r$
Für Rollen ist: $\mu_0 > f/r$

f	Reibungsarm = Hebelarm der Rollreibung, halber Abstand d. Berührungslinie Rad–Boden in Bewegungsrichtung (theoretisch ein Punkt)
r	Radius des Rollkörpers (mm)

Rollkörper	Rollbahn	Reibungsarm f (in mm)
Grauguss	Stahl	0,5
Stahl	Stahl	0,5
Grauguss	Grauguss	0,5
Holz	Holz	5
Stahl	Stahl	0,005 bis 0,01

4) Reibung in Führungen. z. B. Trapezkeil in Dreiecksmulde.

$$F_A = \mu'\,F_Q = \frac{\mu\,F_Q}{\sin\delta}$$

F_A	Vorschubkraft
F_Q	Betriebslast der Führung
δ	Neigungswinkel der Prismenwange (Keil) zur Vertikalen Reibungskoeffizient für
μ'	– Flachbahnführung
μ	– Prismenführung

5) Gewindereibung. Moment zum Anziehen bzw. Lösen und axiale Kraft bei einer Verbindung aus Gewindebolzen und Mutter.

Bewegungsgewinde (Flachgewinde)

$$M_A = F_Q r_m \tan(\varrho + \alpha) \qquad M_L = F_Q r_m \tan(\varrho - \alpha)$$

Befestigungsgewinde: wie oben, jedoch ϱ' einsetzen.

$$\tan\varrho' = \frac{\mu}{\cos\beta}$$

F_Q	axiale Kraft (Betriebslast)
M_A	Moment zum Heben der Last; Anzugsmoment
M_L	Moment zum Absenken der Last; Lösemoment
α	Neigungswinkel des Gewindes
β	halber Öffnungswinkel d. Gewindeflanken

6) Seilreibung. Haftreibung eines Seiles auf einer festen Rolle.

$$F_{S2} = F_{S1}e^{\mu_0\alpha} \quad \text{und} \quad F_{S2} > F_{S1}$$

F_S	Seilkraft
α	Umschlingungswinkel

7) Anwendung: *Ebene.

8) Fluidreibung: vgl. *Fall, Tabelle und Kap. Strömungsmechanik.

Reibungsarbeit

$$W_R = F_R\,s = \mu\,F_N\,s \qquad \text{J} = \text{N m}$$

Für Rollreibung: $\mu = f/r$

Mittlere Reibungszahl bei 20 °C.

Werkstoffpaarung		Haftreibungszahl μ_0		Gleitreibungszahl μ	
		trocken	geschmiert	trocken	geschmiert
Stahl	Eis	0,027	–	0,014	—
Holz	Eis	–	–	0,035	—
Stahl	Stahl	0,15	0,10	0,10	0,05
Stahl	Weissmetall	–	–	0,20	0,04
Stahl	Grauguss	0,20	0,10	0,16	0,05
Stahl	Bronze	0,27	0,11	0,18	0,07
Bronze	Bronze	0,28	0,11	0,2	0,06
Bronze	Grauguss	0,28	0,16	0,21	0,08
Grauguss	Grauguss	–	0,16	–	0,12
Leder	Grauguss	0,55	0,22	0,28	0,12
Holz	Holz	0,65	0,16	0,35	0,05
Holz	Metall	0,5	0,1	0,3	0,05
Stahl	Polyamid	–	–	0,35	0,10
Bremsbelag	Stahl	–	–	0,55	0,4
Gummi	Asphalt	0,7	–	0,4	0,15

Reibungsleistung

Geradlinige Bewegung:

$$P_R = \frac{W_R}{t} = F_R\,v \qquad (\text{W})$$

Rotierende Bewegung:

$$P_R = W_R = M_R\,\omega \qquad (\text{W})$$

n Umdrehungsfrequenz, M_R Reibungsmoment.

Reibungsmoment

Tragzapfen (Querlager): Zylinder in Mulde.

$$\boxed{M_R = \mu\, F_N\, r} \quad \text{N m}$$

Spurzapfen (Längslager): Auf Unterlage fixierter Zylinder.

$$M_R = \tfrac{1}{2}\,\mu\, F_N\,(r_1 + r_2)$$
$$M_R = \tfrac{2}{3}\,\mu\, F_N\, r_1 \quad \text{bei } r_2 = 0 \qquad (\text{N m})$$

r_1, r_2 Außen- und Innenradius des Lagers (mm)

Reibungswinkel

Winkel ϱ zw. Normalkraft $\vec{F}_N$ und resultierender Reibungswiderstandskraft $\vec{F}_W = \vec{F}_N + \vec{F}_R$. (*Ebene)

Reibungszahl

Koeffizient μ für Festkörperreibung, b für Flüssigkeitsreibung, d für Luftreibung (vgl. Tabelle). Verhältnis von Reibungskraft zu Normalkraft:

$$\boxed{\mu = \frac{F_R}{F_N} = \tan \varrho} \quad (\text{Dim. 1})$$

ϱ Reibungswinkel.

Die Reibungskraft wirkt parallel zur Berührungsfläche zweier relativ zueinander bewegter Körper; sie ist der Bewegung entgegengerichtet und stets kleiner als die Normalkraft..

- *Haftreibung* tritt auf, wenn ein Körper auf einer Unterlage aus der Ruhe in Bewegung gesetzt wird.
- *Gleitreibung* wirkt bremsend auf bereits bewegte Körper (kleiner als Haftreibung).
- *Rollreibung* wirkt bremsend auf bereits rollende Körper (kleiner als Gleitreibung).

Reißlänge

Traglänge. Länge, die bei vertikaler Aufhängung infolge des Eigengewichts zum Zerreißen eines prismat. Stabes führt.

$$\boxed{l_r = \frac{R_m}{\varrho\, g}} \quad \text{m}$$

g Fallbeschleunigung (m/s^2)
R_m Zugfestigkeit (N/m^2)
ϱ Dichte des Stabes (kg/m^3)

Relativbewegung

Beschreibung der Absolutbahn in einem (bewegten) körperfesten Koordinatensystem x', y', z' gegenüber einem raumfesten Koordinatensystem x, y, z.

Ortsvektor $\quad \vec{r} = \vec{R} + \vec{r}'$

$\vec{r}'$ Relativbahn (gegenüber x', y', z')
$\vec{R}$ Führungsbahn (gegenüber x, y, z)

Führungsgeschwindigkeit $\quad \vec{v}_F = \dot{\vec{R}} + \vec{\omega} \times \vec{r}'$
Relativgeschwindigkeit Zeitableitung gegenüber dem bewegten Koordinatensystem.

$$\vec{v}_{rel} = \dot{\vec{R}} + \frac{d'\,\vec{r}}{dt}$$

Absolutgeschwindigkeit gegenüber (x, y, z)

$$\vec{v} = \vec{v}_F + \vec{v}_{rel} = \dot{\vec{R}} + \omega \times \vec{r}' + \vec{v}_{rel}$$

Absolutbeschleunigung gegenüber (x, y, z)

$$\vec{a} = \vec{a}_F + \vec{a}_{rel} + \vec{a}_c$$

Führungsbeschleunigung

$$\vec{a}_F = \ddot{\vec{R}} + \dot{\vec{\omega}} \times \vec{r}' + \vec{\omega} \times (\vec{\omega} \times \vec{r}')$$

Relativbeschleunigung: Zeitableitung gegenüber dem bewegten Koordinatensystem. $\vec{a}_{rel} = \dfrac{d'\,\vec{v}_{rel}}{dt} = \dfrac{d'^2\,\vec{r}'}{dt^2}$

CORIOLIS-Beschleunigung $\quad \vec{a}_C = 2(\vec{\omega} \times \vec{v}_{rel})$

Relativistische Dynamik

Mit steigender Geschwindigkeit *relativist. Massenzunahme; vgl. *Energie, *Impuls, *Kraft.

Relativistische Energie

EINSTEINsche Masse-Energie-Beziehung

$$\boxed{E = m\, c_0^2} \quad \text{J} = \frac{\text{kg m}^2}{\text{s}^2}$$

Ruheenergie $\quad E_0 = m_0\, c_0^2 \quad (\text{J})$
Gesamtenergie einer bewegten Masse

$$\boxed{E_0 = \frac{E_0}{\sqrt{1 - \beta^2}} = \frac{m_0\, c_0^2}{\sqrt{1 - (v/c_0)^2}} = \gamma m_0 c_0^2}$$

kinetische Energie e. bewegten Masse

$$E_{kin} = (m - m_0)\, c_0^2 =$$
$$= m_0\, c_0^2 \left(\frac{1}{\sqrt{1 - (v/c_0)^2}} - 1 \right) \quad (\text{J})$$

Relativistische Geschwindigkeit

Relativistisches Additionstheorem. Bei der Addition von Geschwindigkeiten darf die Lichtgeschwindigkeit nicht überschritten werden.

$$u_x = \frac{u_x' + v}{1 + \dfrac{v}{c^2}\, u_x'} \qquad u_x' = \frac{u_x - v}{1 - \dfrac{v}{c^2}\, u_x}$$

$$u_y = \frac{u_y'}{\gamma \left(1 + \dfrac{v}{c^2}\, u_x' \right)} \qquad u_y' = \frac{u_y}{\gamma \left(1 - \dfrac{v}{c^2}\, u_x \right)}$$

$$u_z = \frac{u_z'}{\gamma \left(1 + \dfrac{v}{c^2}\, u_x' \right)} \qquad u_z' = \frac{u_z}{\gamma \left(1 - \dfrac{v}{c^2}\, u_x \right)}$$

$$\gamma = \frac{1}{\sqrt{1 - (v/c)^2}}$$

Spezialfall für $\beta \ll 1$ bzw. $v \ll c$:
$$u = u' + v \qquad\qquad u' = u - v$$

u, u' Geschwindigkeit im System S bzw. S'.
v Geschwindigkeit von System S' relativ zu S.
c Lichtgeschwindigkeit.

Relativistischer Impuls

Impulsvektor

$$\boxed{\vec{p} = m(v) \cdot \vec{v} = \frac{m_0}{\sqrt{1 - (v/c)^2}}\, \vec{v} = \gamma\, m_0\, \vec{v}}$$

Impulsbetrag

$$\boxed{p = \sqrt{\frac{E^2}{c^2} - m_0^2\, c^2}}$$

Relativistische Kraft

$$\vec{F} = \dot{\vec{p}} = \frac{d}{dt}\left[\frac{m_0\, \vec{v}}{\sqrt{1 - (v/c)^2}} \right] = \begin{pmatrix} m_0\, \gamma^3\, a_x \\ m_0\, \gamma\, a_y \\ m_0\, \gamma\, a_z \end{pmatrix}$$

mit
$$\gamma = \frac{1}{\sqrt{1 - (v/c)^2}}$$

v Relativgeschwindigkeit, c Lichtgeschwindigkeit.

Relativistische Längenänderung

Längenkontraktion. Ein relativ zu einem Beobachter bewegter Körper erscheint verkürzt – ausgenommen senkrecht zur Bewegungsrichtung liegende Längen.

$$l = l' \sqrt{1 - \beta^2} \quad \Leftrightarrow \quad l' = \frac{l}{\sqrt{1 - \beta^2}}$$

l Länge einer ruhenden Strecke in System S.
l' Länge einer ruhenden Strecke in System S'.
v Geschwindigkeit von System S' relativ zu S.
$\beta = v/c_0$ Relativgeschwindigkeit/Lichtgeschwindigkeit

Relativistische Massenzunahme

Ein Körper der Ruhemasse m_0, der sich mit der Geschwindigkeit v in einem *Inertialsystem bewegt, erfährt einen relativist. Massenzuwachs.

$$m = \frac{m_0}{\sqrt{1 - \beta^2}} = \frac{m_0}{\sqrt{1 - (v/c_0)^2}} = \gamma \, m_0$$

m_0 Ruhemasse bei $v = 0$.

Relativistische Zeitdehnung

Zeitdilatation. In einem System, das relativ zu einem Beobachter bewegt wird, läuft die Zeit langsamer.

$$t_1' - t_2' = \frac{t_1 - t_2 - \dfrac{v}{c_0^2}(x_1 - x_2)}{\sqrt{1 - \beta^2}}$$

Zeitspanne eines mit bewegter Uhr gemessenen Vorganges gegenüber der mit ruhender Uhr gemessenen Zeitspanne Δt.

$$\Delta t' = \Delta t \sqrt{1 - \beta^2}$$

Zwei Ereignisse: verschiedene Orte, gleiche Zeit

$$t_1 = t_2 \qquad t_1' - t_2' = -\frac{v(x_1 - x_2)}{c_0^2 \sqrt{1 - \beta^2}}$$

Zwei Ereignisse: gleicher Ort, verschied. Zeiten

$$x_1 = x_2 \qquad t_1' - t_2' = \frac{t_1 - t_2)}{\sqrt{1 - \beta^2}}$$

Relativitätstheorie

Allgemeine: *Intertialsystem, *Relativist. Effekte, *Relativist. Dynamik, *Elektrodynamik, *Doppler-Effekt, *Kosmolog. Rotverschiebung.
Spezielle: *Lorentz-, *Galilei-Transformation.

Ringfederspannverbindung

Welle-Nabe-Verbindung. Eine Feder in der Fuge zwischen einer Nabe und einer Welle. Bezugzustand für Herstellerangaben ist eine Fugenpressung von $p_{100} = 100$ MPa.

Übertragbares Drehmoment $M_t = M_{t(100)} f_p f_i$

Übertragbare Axialkraft $F_a = F_{a(100)} f_p f_i$

Erforderliche Spannkraft $F = F_0 + F_{(100)} f_p$

Pressungsfaktor für
a) zähe Werkstoffe $f_p = \dfrac{0,6\, R_{p0.2}}{p_{(100)}}$

b) spröde Werkstoffe $f_p = \dfrac{0,6\, R_m}{p_{(100)}}$

F_0 Kraft z. Überbrückung des Passungsspiels
f_p Pressungsfaktor
R_m Zugfestigkeit
$R_{p0.2}$ 0,2%-Dehngrenze

Spannelemente	1	2	3	4
Faktor f_i	1	1,55	1,85	2,02

Rohrspannung

Spezialfall der *Elastostatik. Ebener Rotationssymmetr. Spannungszustand für ein *dickwandiges langes Rohr* ($\sigma_z = 0$).

Belastungen:	p_i	Innendruck
	p_a	Außendruck
Geometrie:	R_i	Innenradius
	R_a	Außenradius $\lambda = R_i/R_a$

Verschiebung (in radialer Richtung)

$$v_r(r) = \frac{(1+\nu)R_a \lambda}{E(1-\lambda^2)}\left\{ p_i \lambda \left[\frac{R_a}{r} \right. \right.$$
$$\left. + \frac{(1-2\nu)r}{R_a} \right] - p_a \left[\frac{R_i}{r} + \frac{(1-2\nu)r}{R_i} \right] \Big\}$$

Dehnung in radialer Richtung und im Umfang

$$\varepsilon_r(r) = \frac{\mathrm{d}v_r}{\mathrm{d}r} \quad \text{und} \quad \varepsilon_\varphi = \frac{v_r}{r}$$

Spannungsverteilung

$$\sigma_r(r) = \frac{\lambda^2}{1-\lambda^2}\left\{ p_i\left[1 - \left(\frac{R_a}{r}\right)^2\right] - \frac{p_a}{\lambda^2}\left[1 - \left(\frac{R_i}{r}\right)^2\right]\right\}$$

$$\sigma_\varphi(r) = \frac{\lambda^2}{1-\lambda^2}\left\{ p_i\left[1 + \left(\frac{R_a}{r}\right)^2\right] - \frac{p_a}{\lambda^2}\left[1 + \left(\frac{R_i}{r}\right)^2\right]\right\}$$

Rohrenden beidseitig eingespannt ($\varepsilon_z = 0$)

$$\sigma_z = \nu(\sigma_r + \sigma_\varphi) = \frac{2\nu(\lambda^2 p_i - p_a)}{1 - \lambda^2}$$

Dickes Rohr unter Innendruck. Mit $\lambda = {}^1\!/_2$, d. h. $R_i = R$ und $R_a = 2R$.

$$\sigma_r(r) = \frac{p_i}{3}\left[1 - \left(\frac{2R_i}{r}\right)^2\right]$$

$$\sigma_\varphi(r) = \frac{p_i}{3}\left[1 + \left(\frac{2R_i}{r}\right)^2\right]$$

$$v_r = \frac{p_i R(1+\nu)}{3E}\left[\left(\frac{4R_i}{r}\right) + \frac{(1-2\nu)r}{R_i}\right]$$

E Elastizitätsmodul, $\nu \approx 1/3$ Querkontraktionszahl.

Verbundene Rohre. Press- oder Schrumpfverbindung zweier Rohre mit gleichem Elastizitätsmodul und gleicher Querkontraktionszahl.
Übermaß vor Montage

$$\Delta R = R_{a1} - R_{a2} \qquad (R_{a1} > R_{a2})$$

Schrumpfmaß

$$\varepsilon = \frac{\Delta R}{R} \qquad (R \approx R_{a1} \approx R_{a2})$$

Abhängigkeit vom Pressdruck

$$\varepsilon = \frac{p}{E}\left(\frac{R_{a2}^2 + R^2}{R_{a2}^2 - R^2} + \frac{R^2 + R_{i1}^2}{R^2 - R_{i1}^2} \right)$$

Rolle

1) Feste Rolle. Eine an der Drehachse befestigte Rolle führt ein Seil. Die Last hängt an einem freie Seilende. Der Rollendurchmesser wirkt als zweiseitiger gleicharmiger Hebel.

Zugkraft F_1 = Last F_2

Resultierende Zugkraft (*Bolzenkraft*) an der Rolle. Cosinussatz für Dreieck: Last $F_2 \rightarrow$ Zugkraft $F_1 \rightarrow$ Resultierende F_r.

$$F_r = \sqrt{F_1^2 + F_2^2 - 2F_1 F_2 \cos\gamma}$$

γ Umschlingungswinkel (Winkel zw. F_1 und F_2).

Im reibungsfreien Fall ist $F_1 = F_2$:

$$F_r = 2\,F_2\,\sin\frac{\gamma}{2}$$

2) Lose Rolle. Die Last hängt an der Drehachse einer seilführenden Rolle; ein Ende des Seiles is befestigt, am anderen zieht die Kraft. Der Rollendurchmesser wirkt als einseitiger Hebel.

$$F_1\,2r = F_2 r \qquad \text{Zugkraft } F_1 = \text{halbe Last } F_2/2$$

Rollenkettengetriebe

Kettengetriebe. Mit einem treibenden Zahnrad (1 = Ritzel), Kette und angetriebenem Zahnrad (2); z. B. beim Fahrrad.

Anzahl der Kettenglieder

$$N = \frac{2a}{t} + \frac{z_1 + z_2}{2} + \frac{t}{a}\left(\frac{z_2 - z_1}{2}\right)^2$$

Achsabstand

$$a = \frac{t}{4}\left(N - \frac{z_1 + z_2}{2}\right) + \frac{t}{4}\sqrt{\left(N - \frac{z_1 + z_2}{2}\right)^2 - 2\left(\frac{z_2 - z_1}{\pi}\right)^2}$$

Richtwert: $a = (30 \ldots 50)\,t$

Kettengröße für Leistung P	$P_D = P\,f_B\,f_z$
Dynamische Zugkraft	$F_d = F_u\,f_B$
Fliehzugkraft	$F_f = q\,v^2$
Gesamtzugkraft	$F_{ges} = F_d + F_f$

a	Achsabstand
F_u	Umfangskraft
f_B	Betriebsfaktor; Herstellerangabe: 1 ... 2.
f_z	Zähnezahlfaktor
P_D	Diagrammleistung
q	Längenbezogene Masse der Kette
t	Kettenteilung
v	Geschwindigkeit der Kette
z_1	Zähnezahl des Ritzels (Antrieb)
z_2	Zähnezahl des Rades

Rotation

Drehbewegung eines starren Körpers um eine feste Achse. Bei Rotation auf Kreisbahn auch: *Umfangsbewegung* oder *Kreisbeweegung*. Alle Körperpunkte bewegen sich auf konzentr. Kreisbahnen um die Achse und haben zu gleichen Zeiten die gleiche Winkelgeschwindigkeit und -beschleunigung.

1) Allgemeine ebene Bewegung in Polarkoordinaten. Der Massenpunkt ist charakterisiert durch die Koordinaten (r,φ) oder den Ortsvektor $\vec{r}$ und den Polarwinkel φ (gemessen im mathemat. Urzeigersinn „links" von der x-Achse).

Ortsvektor:	$\vec{r}(t) = r(t)\,\vec{e}_r(t)$
– Einheitsvektor:	$\vec{e}_r = \vec{r}/|\vec{r}|$
– Kreisbewegung:	$r(t) = r = \text{const}$

Geschwindigkeit:	$\vec{v}(t) = \dot{\vec{r}}(t) = \dot{r}\,\vec{e}_r + r\,\dot{\varphi}\,\vec{e}_\varphi$
– Radialkomponente:	$v_r = \dot{r}$
– Zirkularkomponente:	$v_\varphi = r\,\dot{\varphi} = r\omega$
Beschleunigung:	$\vec{a} = (\ddot{r} - r\dot{\varphi}^2)\vec{e}_r + (2\dot{r}\dot{\varphi} + r\ddot{\varphi})\vec{e}_\varphi$
– Radialkomponente:	$a_r = \ddot{r} - r\dot{\varphi}^2$
– Zirkularkomponente:	$a_\varphi = 2\dot{r}\dot{\varphi} + r\ddot{\varphi}$
– Tangentialkomponente:	$a_t = \dot{v}$
– Normalkomponente:	$a_n = v\dot{\varphi} = v^2/R$ (zum Drehpol)
Winkelgeschwindigkeit:	$\omega = \dot{\varphi} = v/R$
Winkelbeschleunigung:	$\alpha = \dot{\omega} = \ddot{\varphi}$
Zentripetalbeschlg.:	$-r\dot{\varphi}^2 = -r\omega^2$
Coriolis-Beschleunigung:	$2\dot{r}\dot{\varphi} = 2\dot{r}\omega$

$\vec{e}_x$	Einheitsvektor (längs der x-Achse),
$\vec{e}_t$	Einheitsvektor der Tangente der Bahnkurve,
$\vec{e}_n$	Einheitsvektor senkrecht zur Bahnkurve,
R	Augenblickl. Krümmungsradius der Bahn (bezüglich des momentanen Drehpols).

2) Spezialfall: Kreisbewegung
Rotation um eine feste Achse auf einer Kreisbahn. Ein fester Punkt auf einer drehenden Scheibe (Rad, Kreis) beschreibt die Bahnkurve einer *Zykloide*.

Ortsvektor:	$\vec{r} = r\,\vec{e}_r$
Kurvengleichung:	$x = r\,\cos\varphi(t) + x_s$
	$y = r\,\sin\varphi(t) + y_s$
	$r = \sqrt{x^2 + y^2} = \text{const}$
Tangente durch P	$x_t\,x_P + y_t\,y_P = r^2$
– Steigung	$-x_P/y_P$
– Länge	$|r\,y_P/x_P|$
Normale durch P	$y_n\,x_P + y_n\,x_P = 0$
– Steigung	y_P/x_P
– Länge	r (Radiusvektor)
Fläche	$A = 2\pi\,r^2$
Weg auf der Bahn	$s = r\,\varphi$
Drehwinkel	$\varphi = \varphi_{grad}\dfrac{2\pi}{360°}$
Geschwindigkeit:	$\vec{v} = r\,\dot{\varphi}\,\vec{e}_\varphi = r\,\omega\,\vec{e}_\varphi$
– tangential:	$\vec{v}_t = v_\varphi = r\,\omega$
Beschleunigung:	$\vec{a} = -r\,\omega^2\,\vec{e}_r + r\,\dot{\omega}\,\vec{e}_\varphi$
– radial:	$\vec{a}_r = -r\,\omega^2$
– tangential:	$\vec{a}_t = a_\varphi = r\,\alpha = r\,\dot{\omega}$
Winkelgeschwindigkeit	$\omega = \dot{\varphi} = \dfrac{d\varphi}{dt}$
Winkelbeschleunigung	$\alpha = \dot{\omega} = \dfrac{d\omega}{dt}$
Arbeit	$W = \int M\,d\varphi$
Leistung	$P = \dfrac{dW}{dt} = m\,\omega$
kinetische Energie	$E_{kin} = \frac{1}{2}\,J_A\,\omega^2$

x_s, y_s Koordinaten des Kreismittelpunkts.
r Radius der Kreisbahn, P = Punkt auf der Kreisbahn.

a) Drehwinkel

$$\boxed{\varphi = \varphi_0 + \int_{t_0}^{t} \omega\,dt'} \quad \text{rad}$$

Gleichmäßig beschleunigt

$$\varphi = \varphi_0 + \omega_0\,(t - t_0) + \tfrac{1}{2}\alpha(t - t_0)^2$$

Für $\varphi_0 = 0, t_0 = 0$: $\quad\boxed{\varphi = \omega_0 t + \tfrac{1}{2}\alpha t^2}$

Gleichförmig ($\omega = $ konst.)

$$\varphi = \varphi_0 + \omega_0(t - t_0)$$

Für $\varphi_0 = 0, t_0 = 0$: $\quad\boxed{\varphi = \omega t}$

b) Winkelgeschwindigkeit, momentane

$$\omega(t) = \frac{d\varphi}{dt} = \dot{\varphi} = \omega_0 + \int_{t_0}^{t} \alpha \, dt'$$

gleichmäßig beschleunigt

$$\omega = \omega_0 + \alpha \, (t - t_0)$$

Für $\varphi_0 = 0, t_0 = 0$:

$$\omega = \omega_0 + \alpha t = \sqrt{\omega_0^2 + 2\alpha\varphi}$$

Gleichförmig: $\omega = \omega_0 = 2\pi f = \text{const}$

Mittlere Winkelgeschwindigkeit

$$\bar{\omega} = \frac{1}{\Delta t} \int_0^{\Delta t} d\varphi = \frac{\Delta \varphi}{\Delta t} \qquad \text{rad/s}$$

gleichmäßig beschleunigt

$$\bar{\omega} = \frac{\omega_0 + \omega}{2} = \omega_0 + \frac{\alpha t}{2} = \frac{\varphi}{t}$$

Gleichförmig für $\varphi_0 = 0, t_0 = 0$:

$$\bar{\omega} = \frac{\varphi}{t}$$

c) Winkelbeschleunigung

$$\bar{\alpha} = \frac{d\bar{\omega}}{dt} = \frac{d^2\varphi}{dt^2} = \dot{\bar{\omega}} \qquad \text{rad/s}^2$$

Gleichmäßig beschleunigt: $\alpha = \alpha_0 = \text{const}$
Gleichförmig: $\alpha = 0$

Mittlere Winkelbeschleunigung $\bar{\alpha} = \dfrac{\Delta \omega}{\Delta t}$

d) Bahngeschwindigkeit (in einem Bahnpunkt)

$$\vec{v}_t = \vec{\omega} \times \vec{r} \qquad \text{m/s}$$

Gleichmäßig beschleunigt: $v_t = r \, [\omega_0 + \alpha(t - t_0)]$
Gleichförmig ($\omega = \text{konst.}$): $v_t = r\omega$
In Zylinderkoordinaten (r, φ, z)

$$\vec{v} = \dot{r}\vec{e}_r + r\dot{\varphi}\vec{e}_\varphi + \dot{z}\vec{e}_z = \omega R \, \vec{e}_\varphi$$

e Einheitsvektor, R Abstand Kreismittelpunkt – Bahnpunkt.

e) Beschleunigung (in einem Bahnpunkt)

$$\vec{a} = \dot{\vec{\omega}} \times \vec{r} + \vec{\omega} \times (\vec{\omega} \times \vec{r}) \qquad (\text{m/s}^2)$$

In Zylinderkoordinaten

$$\vec{a} = \dot{\omega} R \, \vec{e}_\varphi - \omega^2 R \, \vec{e}_r$$

f) Zentripetalbeschleunigung = Radialbeschleunigung zum Kreismittelpunkt hin, zwingt die Bewegung in die Kreisbahn.

$$\vec{a}_r = \vec{\omega} \times \vec{v} = -\omega^2 \vec{r} \qquad \text{m/s}^2$$

Gleichmäßig beschleunigt $a_r = r \, [\omega_0 + \alpha \, (t - t_0)]^2$

Gleichförmig ($\omega = \text{konst.}$) $a_r = r\omega^2 = \dfrac{v_t^2}{r}$

g) Tangentialbeschleunigung

$$\vec{a}_t = \vec{\alpha} \times \vec{r}$$

Gleichmäßig beschleunigt: $a_t = \alpha \, r$
Gleichförmig: $a_t = 0$

3) Drehmoment. *Dynamisches Grundgesetz der Rotation.* Kinetisches Grundgesetz. Analog zur Newtonschen Grundgleichung. Äußeres Moment um die feste z-Achse = Gesamtdrehmoment der äußeren Kräfte; analog der Kraft bei der Translation.

$$\vec{M} = J \, \vec{\alpha} = \vec{\omega} \, \frac{dJ}{dt} = \frac{d\vec{L}}{dt} = \vec{r} \times \vec{F}$$

J Trägheitsmoment, α Drehwinkel.
Spezialfall: starrer Körper ($J = \text{const}$).

$$\vec{M}_z = J_z \, \frac{d\vec{\omega}}{dt} = J \, \frac{d^2\varphi}{dt^2}$$

$$M_z = J_z \, \dot{\omega} = J_z \, \ddot{\varphi}$$

Axiales Massen(trägheits)moment (analog der Masse bei der Translation)

$$J_z = \sum_i \Delta m_i \, r_i^2$$

$$J_z = \int_m r^2 \, dm = \int_m (x^2 + y^2) \, dm$$

Kinetostatische Methode

$$M_z + M_T = M_z - J_z \ddot{\varphi} = 0$$

M_T d'Alembertsches Trägheitsmoment.

4) Euler-Gleichung der Rotation eines starren Körpers um eine feste z-Achse.
Drehimpulssatz bezgl. des körperfesten (sich drehenden) Bezugssystems

$$\vec{M}_0 = \frac{d\vec{L}}{dt} = \frac{d'\vec{L}_0}{dt} + \vec{\omega} \times \vec{L}_0$$

Komponenten (Euler-Gleichung)

$$\begin{pmatrix} M_{0x} \\ M_{0y} \\ M_{0z} \end{pmatrix} = \begin{pmatrix} J_{xz}\dot{\omega} - J_{yz}\omega^2 \\ J_{yz}\dot{\omega} + J_{xz}\omega^2 \\ J_z\dot{\omega} \end{pmatrix}$$

M_{0x}, M_{0y} = Kreiselmomente ($\perp$ Drehachse).
Drehimpuls für ein körperfestes kartes. Koordinatensystem mit Ursprung 0

$$\vec{L}_0 = \omega J_{xz}\vec{e}_z + \omega J_{yz}\vec{e}_y + \omega J_z\vec{e}_z$$

Spezialfall: Drehachse = Hauptträgheitsachse

$$\vec{M}_z = J_z \, \dot{\omega} \, \vec{e}_z$$

Drehimpuls: analog Impuls bei Translation.

$$\vec{L}_z = J_z \, \omega \, \vec{e}_z = J_z\vec{\omega}$$

5) Analogie Rotation– Translation

Translation (x-Richtung)	Rotation (z-Richtung)
Weg x	Winkel φ
Geschwindigkeit $v = \dot{x}$	Winkelgeschwindigkeit $\omega = \dot{\varphi}$
Beschleunigung $a = \dot{v} = \ddot{x}$	Winkelbeschleunigung $\alpha = \dot{\omega} = \ddot{\varphi}$
Kraft F_x	Moment M_z
Masse m	Massen(trägheits)moment J_z
Kinetisches Grundgesetz	
$F_x = m\ddot{x}$	$M_z = J_z \ddot{\varphi}$
Kinetostatische Methode	
$F_x + F_T = 0$	$M_z + M_T = 0$
d'Alembertsche Trägheitskraft	d'Alembertsches Trägheitsmoment
$|F_T| = m\ddot{x}$	$|M_T| = J_z \ddot{\varphi}$
Kinetische Energie	

$$E_{\text{kin}} = \tfrac{1}{2} m v^2 \qquad\qquad E_{\text{kin}} = \tfrac{1}{2} J_z \omega^2$$

Arbeitssatz

$$W = \int F_x\, dx = \Delta E_{\text{kin}} \qquad W = \int M_z\, d\varphi = \Delta E_{\text{kin}}$$

Leistung $P = F_x v \qquad\qquad P = M_z \omega$

Impuls $p = m v \qquad\qquad$ Drehimpuls $L_z = J_z \omega$

Impulssatz $F_x = \dot{p} \qquad\qquad$ Drehimpulssatz $M_z = \dot{L}_z$

Rotation + Translation

Kinematik des starren Körpers: Überlagerung von Translation (von A nach P) und gleichzeitige Rotation um die momentane Drehachse M (Schwerpunkt S).

1) Räumliche Bewegung. *Euler'sche Beziehungen:* Grundformeln der Starrkörperdynamik.

$$\vec{r}_P = \vec{r}_A + \vec{r}_{AP}$$
$$\vec{v}_P = \vec{v}_A + \vec{\omega} \times \vec{r}_{AP}$$
$$\vec{a}_P = \vec{a}_A + \underbrace{\dot{\vec{\omega}} \times \vec{r}_{AP} + \vec{\omega} \times (\vec{\omega} \times \vec{r}_{AP})}_{\text{Rotation}}$$

$\vec{r}_A$ Ortsvektor von einem starren Ursprung aus,
$\vec{r}_{AP}$ Abstand der Punkte A und P.

2) Ebene Bewegung eines starren Körpers (von A nach P, gegenüber einem raumfesten Koordinatensystem). Drehtransformation der Einheitsvektoren

$$\vec{e}_r = +\cos\varphi\, \vec{e}_x + \sin\varphi\, \vec{e}_y$$
$$\vec{e}_\varphi = -\sin\varphi\, \vec{e}_x + \cos\varphi\, \vec{e}_y$$

Ortsvektor

$$\vec{r}_P = (x_A + r_{AP}\cos\varphi)\, \vec{e}_x + (y_A + r_{AP}\sin\varphi)\, \vec{e}_y$$

Gesamtgeschwindigkeit (in P)

$$\vec{v}_P = (\dot{x}_A - r_{AP}\sin\varphi)\, \vec{e}_x + (\dot{y}_A + r_{AP}\cos\varphi)\, \vec{e}_y$$

Gesamtbeschleunigung (in P)

$$\vec{a}_P = (\ddot{x}_A - r_{AP}\omega^2 \cos\varphi - r_{AP}\dot{\omega}\sin\varphi)\, \vec{e}_x$$
$$+ (\ddot{y}_A - r_{AP}\omega^2 \sin\varphi + r_{AP}\dot{\omega}\cos\varphi)\, \vec{e}_y$$

a) Kinetostatische Methode: kinetische Gleichgewichtsbedingungen.

$$\rightarrow: \qquad 0 = F_{\text{res},x} - m\ddot{x}_S$$
$$\uparrow: \qquad 0 = F_{\text{res},x} - m\ddot{x}_S$$
$$(S): \qquad 0 = M_{\text{res},z} - J_S \ddot{\varphi}$$

b) Arbeit und Energie

Energieerhaltung bei Rotation mit Translation.

$$\boxed{\tfrac{1}{2} m v^2 + \tfrac{1}{2} J_A \omega^2 + E_{\text{pot}} = \text{const}}$$

Kinetische Energie

$$E_{\text{kin}} = \tfrac{1}{2} m v_S^2 + \tfrac{1}{2} J_S\, \omega^2$$

Arbeit bei Bewegung von Ausgangslage 1 $(\vec{r}_{S,1}, \varphi_1)$ nach Endlage 2 $(\vec{r}_{S,2}, \varphi_2)$.

$$W = \int_{\vec{r}_{S,1}}^{\vec{r}_{S,2}} \vec{F}_{\text{res}}\, d\vec{r} + \int_{\varphi_1}^{\varphi_2} M_{\text{res},z}\, d\varphi$$

Arbeitssatz (1. Fassung)

$$W = E_{\text{kin},2} - E_{\text{kin},1}$$

2. Fassung für (konservative) Kräfte und Momente ohne Potential.

$$W_{\text{oP}} = (E_{\text{kin},2} + E_{\text{pot}_2}) - (E_{\text{kin},1} + E_{\text{pot},1})$$

Energiesatz (für $W_{\text{oP}} = 0$)

$$(E_{\text{kin},2} + E_{\text{pot},1}) = (E_{\text{kin},1} + E_{\text{pot},1}) = E_{\text{kin}} + E_{\text{pot}}$$

c) Impuls- und Drehimpulssatz für ein Zeitintervall $t_2 - t_1$ mit den zeitabhängigen Geschwindigkeiten $\dot{x}(t_i), \dot{y}(t_i), \dot{\varphi}(t_i)$ (im Schwerpunkt S).

$$\int_{t_1}^{t_2} F_{\text{res},x}(t)\, dt = m\, \dot{x}_{S,2} - m\, \dot{x}_{S,1}$$

$$\int_{t_1}^{t_2} F_{\text{res},y}(t)\, dt = m\, \dot{y}_{S,2} - m\, \dot{y}_{S,1}$$

$$\int_{t_1}^{t_2} M_{\text{res},z}(t)\, dt = J_S\, \dot{\varphi}_2 - J_S\, \dot{\varphi}_1$$

3) Ebene Bewegung eines Systems starrer Körper, z. B. ein *Getriebe*. **Zwangsbedingungen.** Der Zwangslauf des Systems durch geometr. Bindungen begrenzt die Bewegungsfreiheit.

Zahl der Zwangsbedingungen = Zahl der gewählten Bewegungskoordinaten – Zahl der Freiheitsgrade.

Beispiele:

- Rollbedingung eines Rades (Radius r)

$$x_S = \varphi\, r$$

- Abrollen zweier Räder im Eingriff mit r_1, r_2 ohne Schlupf

$$\varphi_1 r_1 = \varphi_2 r_2$$

- Starre Verbindung zweier geradlinig bewegter Körper

$$x_{S,1} = q y X_{S,2}$$

a) Kinetostatische Methode. Die kinetischen Gleichgewichtsbedingungen werden an jedem starren Körper des Systems aufgestellt.

b) Arbeit und Energie

Kinetische Energie

$$E_{\text{kin}} = \sum_{i=1}^{N} \left(\tfrac{1}{2} m_i v_{S,i}^2 + \tfrac{1}{2} J_{S,i}\, \omega_i^2 \right)$$

Arbeitssatz (1. Fassung); Die eingeprägten Kräfte und Momente verändern die kinetische Energie des Systems.

$$W = \sum_{i=1}^{N} \left(\int_{\vec{r}_{S1,i}}^{\vec{r}_{S2,i}} \vec{F}_{\text{res},i}\, d\vec{r}_i + \int_{\varphi_{1,i}}^{\varphi_{2,i}} \vec{M}_{\text{res},i}\, d\varphi_i \right)$$
$$= E_{\text{kin},2} - E_{\text{kin},1}$$

2. Fassung für Arbeit ohne *Potential.

$$W_{\text{oP}} = (E_{\text{kin},2} + E_{\text{pot}_2}) - (E_{\text{kin},1} + E_{\text{pot},1})$$

Rotationsenergie

Arbeitssatz der Rotation. Bei Drehung eines starren Körpers um eine feste Achse verrichtet das resultierende Moment eine Arbeit, wodurch sich die kinet. Energie zw. Anfangs- und Endlage ändert.

$$W_{\text{rot}} = \int_{\varphi_1}^{\varphi_2} M_z\, d\varphi = E_{\text{kin},2} - E_{\text{kin},1}$$

Wegelement $d\vec{s} = d\vec{\varphi} \times \vec{r}$
Winkelelement $d\vec{\varphi} = \vec{\omega}\, dt$
Spezialfall: konstantes Drehmoment parallel zur Winkeländerung
$$W_{\text{rot}} = M\, (\varphi_2 - \varphi_1)$$

Beschleunigungsarbeit gegen das Drehmoment der Trägheitskraft

$$W_{\text{rot}} = \int_{\varphi_1}^{\varphi_2} \vec{J}\,\vec{\alpha}\,\mathrm{d}\varphi = \tfrac{1}{2}\,J\,(\vec{\omega}_2^2 - \vec{\omega}_1^2)$$

kinetische Energie der Rotation

$$\boxed{E_{\text{kin.rot}} = \tfrac{1}{2}\,J\,\omega^2}$$

Rotationsleistung

Drehleistung, Momentanleistung der Drehbewegung.

$$P_{\text{rot}} = \frac{\mathrm{d}W}{\mathrm{d}t} = \vec{M}\,\vec{\omega} = \vec{F}\,\vec{v} = \frac{M\,v}{r}$$

Drehmoment um die Achse z

$$M_z = \frac{P}{2\pi f}$$

F Kraft, f Drehzahl, v Umfangsgeschwindigkeit.

Satellit

Erdbeschleunigung in großer Höhe h

$$g(h) = \frac{g_0}{\left(1 + \dfrac{h}{r_{\text{E}}}\right)^2} \quad \text{mit } r_{\text{E}} \approx 6371 \text{ km}$$

Umlaufdauer eines Erdsatelliten auf einer Kreisbahn in der Höhe h

$$T(h) = 2\pi \sqrt{\frac{r_{\text{E}}}{g_0}\left(1 + \frac{h}{r_{\text{E}}}\right)^3} = 5060\,(1 + h/r_{\text{E}})^{3/2}\text{ s}$$

Bahnradius des Erdsatelliten

$$r = \sqrt[3]{\frac{r_{\text{E}}^2\,g_0}{4\pi^2}\,T^2} = 21600\,T^{2/3}\,\frac{\text{m}}{\text{s}^{2/3}}$$

Bahngeschwindigkeit des Erdsatelliten

$$v(h) = \sqrt{\frac{r_{\text{E}}\,g_0}{1 + h/r_{\text{E}}}} = \frac{7910\,\text{m/s}}{\sqrt{1 + h/r_{\text{E}}}}$$

$$v(T) = \sqrt[3]{\frac{2\pi\,r_{\text{E}}^2\,g_0}{T}} = \frac{136000}{\sqrt[3]{T}}\,\frac{\text{m}}{\text{s}^{2/3}}$$

Höhe eines Erd-Synchronsatelliten über der Erdoberfläche

$$h_{\text{syn}} = \sqrt[3]{\frac{r_{\text{E}}^2\,g_0\,T_{\text{E}}^2}{4\pi^2}} - r_{\text{E}} = 35800 \text{ km}$$

2. kosmische Geschwindigkeit

$$v_{\text{k2}} = \sqrt{2\,r_{\text{E}}\,g_0} = 11{,}2 \text{ km/s}$$

Scheibe, rotierende

Ebener rotationssymmetrischer *Spannungszustand mit $\sigma_z = 0$.

Verschiebung (in radialer Richtung)

$$v_r(r) = A_1 r^{\lambda_1} + A_2 r^{\lambda_2} - \frac{\varrho\omega^2(1 - \nu^2)\,r^3}{E(8 + 3n + \nu n)}$$

$$\lambda_{1,2} = -\frac{n}{2} \pm \sqrt{\frac{n^2}{4} - \nu n + 1}$$

Dehnung in radialer Richtung und im Umfang

$$\varepsilon_r(r) = \frac{\mathrm{d}v_r}{\mathrm{d}r} \quad \text{und} \quad \varepsilon_\varphi = \frac{v_r}{r}$$

1) Scheibe mit konstanter Dicke ($n = 0$, $h = h_0$)

$$\sigma_r = \frac{\varrho\,\omega^2}{8}\left(B_1 - \frac{B_2}{r^2} - (3 + \nu)r^2\right)$$

$$\sigma_\varphi = \frac{\varrho\,\omega^2}{8}\left(B_1 + \frac{B_2}{r^2} - (1 + 3\nu)r^2\right)$$

$$B_1 = \frac{8E}{\varrho\omega^2(1 - \nu)}\,A_1$$

$$B_2 = \frac{8E}{\varrho\omega^2(1 + \nu)}\,A_2$$

A_1, A_2 Integrationskonstanten (aus Randbedingungen)
ν Querkontraktionszahl
ϱ Dichte der Scheibe
ω Winkelgeschwindigkeit

2) Rotierende Vollscheibe. Die Normalspannungen σ nehmen mit zunehmendem radialen Abstand r ab (Radius R).

$$\sigma_r(r) = \frac{\varrho\,\omega^2(3 + \nu)R^2}{8}\left[1 - \left(\frac{r}{R}\right)^2\right]$$

$$\sigma_\varphi(r) = \frac{\varrho\,\omega^2(3 + \nu)R^2}{8}\left[1 - \frac{1 + 3\nu}{3 + \nu}\left(\frac{r}{R}\right)^2\right]$$

R Scheibenradius. $\nu \approx 1/3$ Poisson-Zahl.

Laval'sche Scheibe. Für eine rotierende Scheibe gleicher Festigkeit ist die Profilfunktion der *Scheibendicke*:

$$\sigma_r(r) = \sigma_\varphi(r) = \sigma_0 = \text{const} \quad (R_\text{i} \leq r \leq R_\text{a}).$$

$$h(r) = h_0 e^{-\varrho\omega^2(r^2 - R_\text{i}^2)/(2\sigma_0)}$$

h_0 Scheibendicke am Innenrand.

Scherfestigkeit

Abscherfestigkeit

$$\boxed{\tau_{\text{aB}} = \frac{F_{\max}}{S_0}} \quad \text{N/mm}^2$$

Mittelharter Stahl: $\tau_{\text{aB}} \approx 0{,}8 \cdot R_\text{m}$

$F_{\max}$ Querkraft, R_m Zugfestigkeit, S_0 Ausgangsquerschnitt.

Scherspannung

Allgemein

$$\boxed{\tau_\text{a} = \frac{\text{Scherkraft } F}{\text{Scherquerschnitt } S}} \quad \text{N/mm}^2$$

Zulässige Scherspannung

$$\boxed{\tau_{\text{a,zul}} = \frac{\text{Scherspannung } \tau_\text{a}}{\text{Sicherheit gegen Bruch } \nu_\text{B}}} \quad \text{N/mm}^2$$

Mittelharter Stahl: $\tau_{\text{a,zul}} \approx 0{,}8 \cdot \sigma_{\text{z,zul}}$

Scherung

Abscherung. Nicht verwechseln mit *Schub.

1) Formänderung (ohne Volumenänderung) durch Einwirkung einer Tangentialkraft, meist in Verbindung mit Biegung.

Normalspannung:	$\sigma = 0$
Schubspannung:	$\tau_{yz} = -\dfrac{F_z}{A} = -\tau_{zy}$ (sonst $\tau = 0$)
Dehnung:	$\varepsilon = 0$
Schiebung:	$\gamma_{yz} = \tau_{yz}/G$, sonst $\gamma = 0$

Berechnungsfälle: Scherglieder, Nieten, Abscherung von Bolzen, Trennen oder Stanzen von Blechen.

2) Querkraft. Auf einen *Bolzen* zw. zwei Platten oder Blechen, die in entgegengesetzte Richtung auf Zug belastet werden, wirkt eine Querkraft F_Q (paarweise Kräfte auf parallelen Wirkungslinien senkrecht zur Stabachse bzw. quer zur Bolzenlängsachse).

Mittlere Abscherspannung

$$\tau_\text{a} = \frac{F_\text{Q}}{A} = \frac{F_\text{Q}}{U\,h} \quad (\text{N/mm}^2)$$

A kraftübertragende Fläche, U Rondenumfang, h Plattendicke.

3) Scherkraft

einschnittig: zwei durch n Verbindungselemente (Nieten oder Schrauben) verbundene Bleche mit Zugbeanspruchung in der Blechebene.

$$F = n\,A\,\tau_{a\,\text{zul}} \quad \text{(N)}$$

mehrschnittig: m übereinanderliegende, durch n Nieten oder Schrauben verbundene Bleche.

$$F = m\,n\,A\,\tau_{a\,\text{zul}} \quad \text{(N)}$$

Ausschneiden: Stanzen eines Bleches mit einem Stempel durch eine Matrize

$$F \approx k\,U\,d\,\tau_{aB} \quad \text{mit } k \approx 1{,}7 \quad \text{(N)}$$

Scherquerschnitt

$$A = U\,d \quad \text{Kreis: } A = \pi\,D\,d$$

A	Scherquerschnitt	(mm^2)
D	Stempeldurchmesser	
d	Blechdicke	(m)
k	Beiwert des Reibungswiderstandes: $k = 1{,}7$	
m	Scherflächen pro Verbindungselement	
U	Umfang = Länge der Schnittlinie	(m)
$\tau_{a\,\text{zul}}$	zulässige Scherspannung	(N/mm^2)
τ_{aB}	Scherfestigkeit	(N/mm^2)

Schiebung

Verschiebung (im elastischen Bereich) – im Gegensatz zur: *Gleitung* (Verzerrung) im plastischen Bereich. Die Verformung eines Würfels durch eine Querkraft zu einer schiefen Säule.

Verschiebungswinkel γ

$$\boxed{\tan\gamma = \frac{s}{l}}$$

Elastischer Bereich: kleiner Verschiebewinkel.

Verschiebungsvektor

$$\vec{v}(x,y) = v_x(x,y)\,\vec{e}_x + v_y(x,y)\,\vec{e}_y$$

$$\tan\gamma \approx \gamma = \beta\,\tau_s = \frac{\tau_s}{G}$$

Anwendung: vgl. *Schub.

G	Schubmodul	(N/mm^2)
l	Abstand zweier parallel zueinander verschobener Flächen ($\perp$ Kraft)	(m)
s	Verschiebestrecke (in Kraftrichtung)	(m)
β	Schubkoeffizient	(mm^2/N)
τ_s	Schubspannung	(N/mm^2)

Schlankheitsgrad

Maß für Stäbe, vgl. *Knickung.

$$\boxed{\lambda = \frac{s_k}{i} = \frac{s_k}{\sqrt{I/S}}} \quad (\text{Dim.}1)$$

I	Flächenmoment 2. Grades	(mm^4)
i	(kleinster!) Trägheitsradius	(mm)
S	Querschnitt des Knickstabes	(mm^2)
s_k	Knicklänge	(mm)

Schleifen

Spanendes Fertigungsverfahren mit geometr. unbestimmten Schneiden; Trennen mit einem vielschneidigen Werkzeug. Eine Vielzahl gebundener Schleifkörner tragen das Werkstück (W) ab.

1) Allgemeines

Schnittgeschwindigkeit = Schleifgeschwindigkeit

$$v_c = v_s = \pi\,d_s\,n_s$$

Zeitspanvolumen $\quad Q = A_{kt}v_f = a_p a_e v_f$

Vorschubgeschwindigkeit beim Außenrund-Einstechschleifen

$$v_f = \pi\,d_w\,n_w$$

Tangential-Schleifkraft (F_t' = breitenbezogen)

$$F_t \le k_c A_{kt} \quad \text{bzw.} \quad F_t' \le h_{ch}k_c \approx \frac{Q'\,k_c}{v_c}$$

k_c spezifische Schleifkraft (je nach Werkstoff).

Unverformte Spandicke (auf dem Werkstück)

$$h_{ch} \approx \frac{v_f a_e}{v_c} = \frac{Q'}{v_c}$$

Reibungskoeffizient $\quad \mu = \dfrac{F_n}{F_t} = 2\ldots3$

Schnittleistung $\quad P_c = f_t v_c = \eta_M P_M$

P_M Motorleistung. η_M Motorwirkungsgrad.

Verschleißquotient

$$G = \frac{\text{abgetragens Werkstoffvolumen } V_w}{\text{Scheibenverschleißvolumen } V_s}$$

2) Kosten

Schleifkosten für die Werkstückbearbeitung = schleifzeitabhängige Kosten K_c + werkzeugabh. Kosten K_w.

$$K = \underbrace{k_{pl}\,t_{ges} = k_{pl}\,(t_c + t_n)}_{K_c} + \underbrace{\frac{V_s\,k_w}{m_T} + K_d}_{K_w}$$

Abrichtkosten

$$K_d = \frac{k_{pl}t_{ges,d} + V_{s,d}k_w}{m_T} + \frac{K_{w,d}}{m_{T,d}}$$

Zeit für das Abrichten je Werkstück

$$t_{ges,d} = t_d + t_{n,d}$$

k_{pl}	Platzkostensatz
k_w	Kosten je Schleifscheiben-Volumeneinheit
m_T	Standzahl der gefertigten Werkstücke zw. zwei Abrichtungen der Schleifscheibe.
$m_{T,d}$	Abrichtstandzahl (= Abrichtvorgänge je Abrichtwerkzeug)
t_c	Schnittzeit
t_n	Nebennutzungszeit, $t_{n,d}$ je Abrichtvorgang.
V_s	Scheibenverlustvolumen.

Spez. Schleifkraft für Schleifgeschwindigkeit 40 m/s; Körnung 90.

Werkstoff	k_c (kN/mm^2)	
Mg-Legierung	4,79	gering
Rotguss, Al-Guss	10,94	↑
Messing	13,33	
GG 26	18,98	
GTW, GTS	19,32	
GS 45	26,33	
GS 52	29,24	
15 NiCrMoV geglüht	29,75	
St 37, St 42	30,41	
Gussbronze	30,44	
15 NiCrMoV vergütet	32,83	
St 50, C 35	34,03	
16 MnCr 5	35,91	
St 60	36,08	
Ck 60, C 60	36,42	
Ck 45, C 45; 50 CrV 4	37,96	
34 CrMo 4	38,30	
St 70; 18 CrN	38,65	
15 CrMo 5	39,16	↓
42 CrMo 4	42,75	hoch

3) Plan-Umfangs-Längsschleifen.

Flachschleifen mit *Umfangschleifscheibe*; Schleifen mit dem Scheibenumfang. Faktor (2) für Zustellen nach jedem Doppelhub.

Eingriffquerschnitt	$A_e = a_e a_p = a_e f_a$	(mm^2)
Arbeitsweg	$l_H = l_w + l_{\ddot u,1} + l_{\ddot u,2}$	
Zeitspanvolumen	$Q = A_e v_f = a_e f_a v_f$	(mm^3/s)
Mittl. Zeitspanvolumen	$\bar Q = \dfrac{Q\,l_w b_w}{(2)\,l_H b_H}$	(mm^3/s)
Hauptnutzungszeit	$t_h = (2)\,t_c \dfrac{l_H b_H}{l_w b_w}$	(s)

Schleifzeit $\qquad t_\mathrm{c} = \dfrac{V_\mathrm{wi}}{Q} = (2)\,\dfrac{z_\mathrm{w} l_\mathrm{w} b_\mathrm{w}}{a_\mathrm{e} f_\mathrm{a} v_\mathrm{f}}$

4) Plan-Seiten-Längsschleifen. Flachschleifen mit *Stirnschleifscheibe* (Seitenfläche). Faktor (2) für Zustellen nach jedem Doppelhub.

Eingriffquerschnitt $\qquad A_\mathrm{w} = a_\mathrm{e} a_\mathrm{p} = f_\mathrm{r} a_\mathrm{p}$

Zeitspanvolumen $\qquad Q = A_\mathrm{e} v_\mathrm{f} = f_\mathrm{r} a_\mathrm{p} v_\mathrm{f}$

Mittl. Zeitspanvolumen $\qquad \bar{Q} = \dfrac{Q\,l_\mathrm{w} b_\mathrm{w}}{(2)\,l_\mathrm{H} b_\mathrm{H}}$

Hauptnutzungszeit $\qquad t_\mathrm{h} = (2)\,t_\mathrm{c}\,\dfrac{l_\mathrm{H} b_\mathrm{H}}{l_\mathrm{w} b_\mathrm{w}}$

Schleifzeit $\qquad t_\mathrm{c} = \dfrac{V_\mathrm{wi}}{Q} = (2)\,\dfrac{z_\mathrm{w} l_\mathrm{w} b_\mathrm{w}}{f_\mathrm{r} a_\mathrm{p} v_\mathrm{f}}$

5) Rundschleifen. Das Werkstück wird eingespannt (Einstechschleifen) und dreht sich beim Schleifen mit. Beim Innenrundschleifen befindet sich die Schleifscheibe in einem Hohlraum des Werkstückes.

- Außenrund-Längsschleifen

$$A_\mathrm{e} = a_\mathrm{e} a_\mathrm{p} = f_\mathrm{a} a_\mathrm{w}$$
$$Q = A_\mathrm{e} v_\mathrm{f} = a_\mathrm{e} \pi d_\mathrm{w} f_\mathrm{a} n_\mathrm{w}$$
$$\bar{Q} = \frac{Q\,l_\mathrm{w} v_\mathrm{f}}{l_\mathrm{H}} = \text{const}$$
$$t_\mathrm{h} = \frac{(2)\,z_\mathrm{w} b_\mathrm{H}}{a_\mathrm{p} a_\mathrm{e} n_\mathrm{w}}$$
$$t_\mathrm{c} = \frac{(2)\,z_\mathrm{w} l_\mathrm{w}}{a_\mathrm{e} f_\mathrm{a} n_\mathrm{w}}$$

- Außenrund-Einstechschleifen

$$A_\mathrm{e} = a_\mathrm{e} a_\mathrm{p} = f_\mathrm{r} b_\mathrm{w}$$
$$Q = A_\mathrm{e} v_\mathrm{f} = \pi d_\mathrm{w} f_\mathrm{r} b_\mathrm{w} n_\mathrm{w}$$
$$t_\mathrm{c} = \frac{V_\mathrm{w}}{Q} = \frac{z_\mathrm{w}}{b_\mathrm{w} f_\mathrm{r}}$$

- Innenrund-Längsschleifen

$$A_\mathrm{e} = a_\mathrm{e} a_\mathrm{p} = f_\mathrm{a} a_\mathrm{e}$$
$$Q = A_\mathrm{e} v_\mathrm{f} = a_\mathrm{e} \pi d_\mathrm{w} f_\mathrm{a} n_\mathrm{w}$$
$$\bar{Q} = \frac{Q\,l_\mathrm{w}}{l_\mathrm{H}}$$
$$t_\mathrm{h} = \frac{t_\mathrm{c} l_\mathrm{H}}{l_\mathrm{w}}$$
$$t_\mathrm{c} = \frac{z_\mathrm{w} d_\mathrm{w} \pi l_\mathrm{w}}{Q}$$

- Innenrund-Einstechschleifen

$$A_\mathrm{e} = a_\mathrm{e} a_\mathrm{p} = f_\mathrm{r} l_\mathrm{w}$$
$$Q = A_\mathrm{e} v_\mathrm{f} = \pi d_\mathrm{w} f_\mathrm{r} l_\mathrm{w} n_\mathrm{w}$$
$$t_\mathrm{c} = t_\mathrm{h} = \frac{z_\mathrm{w}}{a_\mathrm{e} n_\mathrm{w}}$$

a_e	Eingriffsdicke	
a_p	Eingriffdicke, Spantiefe, Zustellung	(mm)
b	Breite: w = Werkstück, H = Arbeitsweg	
d	Durchmesser: s = Scheibe, w = Werkstück	(mm)
f	Vorschub je Doppelhub od. Umdrehung	(mm)
i	Anzahl der Schnitte	(Dim.1)
l	Länge: s = Schleifscheibe, c = Werkstück	
$l_\mathrm{a,1/2}$	Anlauf/Überlauf Schleifscheibe	(mm)
l_H	Arbeitsweg	(mm)
l_z	Werkstück- bzw. Schleifzugabe	(mm)
v_f	Vorschubgeschwindigkeit	(mm/min)
v_w	Umfangsgeschwindigkeit d. Werkstückes	(mm/min)
n_w	Drehzahl des Werkstückes	(min^{-1})

Schmiedehammer

Fallhammer $\qquad W = F_\mathrm{G} h = m g h = \dfrac{m v^2}{2}$
$$v = \sqrt{2 g h}$$

Blattfederhammer $\qquad v = \sqrt{2 a h}$

Presslufthammer $\qquad v = a t$

Schmiedelänge: Volumen V des angeschmiedeten Teils pro Ausgangsquerschnitt: $l = V/A$.

a	Beschleunigung des Hammers	$(\mathrm{m/s^2})$
F_G	Gewichtskraft des „Bären"	(N)
h	Fallhöhe	(m)
m	Masse des Hammers	(kg)
t	Fallzeit des Hammers	(s)
v	Auftreffgeschwindigkeit	(m/s)
W	Schlagarbeit, Energie je Schlag	(J = N m)
W_f	Federspannarbeit, Federenergie	(J = N m)

Schmieden

Druckumformverfahren in der Fertigungstechnik durch Krafteinwirkung mittels Pressenstößel (*Bär* mit Obersattel) und *Schabotte* (Unterbau mit Untersattel). Schmiedbar sind Stähle mit 0,05 bis 1,7% C.

1) *Freiformschmieden* ohne begr. Werkzeugflächen.

2) *Gesenkschmieden* mit gegeneinander bewegten Hohlformen. Der Formänderungswiderstand k_w wächst zum Ende des Schmiedevorgangs aufs 12fache des Anfangswertes (je nach Gesenk, Temperatur, Umformgeschwindigkeit).

Erforderliche Umformkraft zum Stauchen im Gesenk
$$F = A_\mathrm{d} k_\mathrm{w} = \frac{A_\mathrm{d} k_\mathrm{f}}{\eta_\mathrm{F}}$$

Umformungsarbeit beim Stauchen zwischen ebenen Bahnen
$$W = \frac{V\,\varphi_\mathrm{h}\,k_\mathrm{fm}}{\eta_\mathrm{F}}$$

Reckkraft für Rechteckquerschnitt
$$F = A_\mathrm{d} k_\mathrm{f}\left(1 + \frac{\mu b}{2h} + \frac{h}{4b}\right)$$

A_d	gedrückte Fläche (Projektion).
b,h	Breite, Höhe des Schmiedstücks
k_f	Fließspannung, m = mittlere
η_F	Formänderungswirkungsgrad
μ	Reibungskoeffizient zw. Schmiedestück u. Wekzeug

Schneckengetriebe

Schneckentrieb aus: 1 = Schnecke, 2 = Schneckenrad.

Axialteilung	Abstand zweier Zähne auf der Schnecke.
	$p_\mathrm{x} = m\,\pi$
Normalteilung	rechtwinkliger Zahnabstand.
	$p_\mathrm{n} = p_\mathrm{x}\cos\gamma_\mathrm{m}$
Modul	$m = h_\mathrm{a}$
Normalmodul	$m_\mathrm{n} = m\cos\gamma_\mathrm{m}$
Kopfhöhe	$h_\mathrm{a} = m$
Fußhöhe	$h_\mathrm{f} = m + c = 1{,}2 \cdot m$
Zahnhöhe	$h = 2m + c$
Kopfspiel	$c = m/5$
Achsabstand	$a = (d_\mathrm{m,1} + d_2)/2$
Übersetzung	$\boxed{\;i = \dfrac{n_1}{n_2} = \dfrac{z_2}{z_1}\;}$

Zylinderschnecke	Schneckenrad
$p_\mathrm{z} = p_\mathrm{x} z_1$	$d_2 = m z_2$
$d_\mathrm{m,1} = \dfrac{z_1 m}{\tan\gamma_\mathrm{m}}$	$d_\mathrm{a,2} = d_2 + 2m$
$d_\mathrm{a,1} = d_\mathrm{m,1} + 2m$	$d_\mathrm{f,2} = d_2 - 2(m + c)$
$d_\mathrm{f,1} = d_\mathrm{m,1} + 2(m + c)$	$r_\mathrm{k} = \dfrac{d_\mathrm{m,1}}{2} - m$

d_a Kopfkreisdurchmesser, d_f Fußkreisdurchmesser, $d_\mathrm{m,1}$ Mittenkreisdurchmesser, n Drehzahl, p_z Steigungshöhe (Abstand über alle inneren Zähne d. Schnecke), r_k Kopfkreisradius, z Zähnezahl, γ_m Steigungswinkel.

Schneiden

Fertigungstechnik: *Trennverfahren* durch Zerteilen. Blechroh- und Fertigteile werden durch *Scherschneiden* mit parallelen oder schrägen Schneiden hergestellt.

Tabelle 2.7 Richtwerte für spezifische Schnittkraft k, Hauptwert $k_{c\,1.1}$ und Werkstoffkonstante m.

Werkstoff	$k_{c\,1.1}$ N/mm²	m	Spezifische Schnittkraft k in N/mm² für Spanungsdicke h (in mm)								
			für Hartmetallwerkzeuge mit Spanwinkel $\gamma_0 = +6°$								
St 50-2	1500	0,3	3200	2995	2600	2430	2130	1845	1605	1500	1305
C 35, C 45	1450	0,27	2870	2700	2380	2240	1990	1750	1540	1450	1275
C 60	1690	0,22	2945	2805	2530	2410	2185	1970	1775	1690	1525
9 S 20	1690	0,18	2190	2105	1935	1855	1715	1575	1445	1390	1275
9 MnCr 5	1400	0,30	2985	2795	2425	2270	1990	1725	1495	1400	1215
18 CrNi 8	1450	0,27	2870	2700	2380	2240	1990	1750	1540	1450	1275
X 210 Cr 12	1720	0,26	3315	3130	2770	2615	2330	2060	1825	1720	1520
			für Hartmetallwerkzeuge mit Spanwinkel $\gamma_0 = +2°$								
GG-20	825	0,33	1900	1765	1510	1405	1215	1035	890	825	705
GG-30	900	0,42	2600	2365	1945	1740	1470	1205	990	900	740
			für Hartmetallwerkzeuge mit Spanwinkel $\gamma_0 = +8°$								
CuZn 37	1180	0,15	1725	1665	1555	1500	1405	1310	1220	1180	1100
CuZn 40 Pb 2	500	0,32	1120	1045	900	835	725	625	535	500	430

Bei schrägen Schneiden (vgl. Haushaltsschere) ist die Schneidlinie verkürzt, die Schneidkraft verringert sich. Formfehler am Schnittteil sind Kanteneinzug, Einrisse, Grate.

Maximale Schneidkraft $\quad F_{max} = l_s s\, k$

Bei stumpfen Schneiden: bis $1{,}6 \cdot F_{max}$

Idealer Schneidspalt (Abstand der Schneiden) für glatte Schnittkanten, wenn die Anrisse im Schnittteil direkt aufeinander zulaufen: $\quad u = 0{,}09 \cdot s$.

k	Scherfestigkeit: ca. $0{,}8\,R_m$
l_s	Länge der Schnittlinie
s	Blechdicke

Schnittgeschwindigkeit

Bohren, Drehen, Fräsen, Schleifen

$$v_c = \pi\, d\, n$$

d	Durchmesser: Bohrer, Drehteil, Fräserspindel, Schleifscheibe	(mm)
n	Umdrehungsfrequenz, Drehzahl	(s^{-1})

Hobeln, Stoßen, Räumen

$$v_c = \frac{\text{Hublänge } l_f}{\text{Laufzeit } t_c}$$

mittlere Schnittgeschwindigkeit pro Doppelhub (h = hin, r = rück).

$$\bar{v}_c = \frac{2\, l_f}{t_c} = \frac{2\, v_{c,h}\, v_{c,r}}{v_{c,h} + v_{c,r}}$$

d Durchmesser: Bohrer, Drehteil, Fräserspindel $\quad$ (mm)
n Umdrehungsfrequenz, Drehzahl $\quad$ (s^{-1})

Schnittkraft

auch: *Schnittwiderstand*.

$$F_c = \frac{\text{spezifische}}{\text{Schnittkraft } k_c} \cdot \frac{\text{Spanungs-}}{\text{querschnitt } A}$$

Spezifische Schnittkraft

$$k_c = k\, C_1\, C_2 = \frac{k_{c\,1.1}}{h^m}\, C_1\, C_2 \quad \text{N/mm}^2$$

$k_{c\,1.1}$ Hauptwert der spezifischen Schnittkraft,
k Spanungsdicke (mm), m Werkstoffkonstante.

v_c (mm/min)	10...30	31...80	81...400	> 400
C_1 (Dim.1)	1,3	1,1	1,0	0,9

C_2 (Dim.1)	Fräsen	Drehen	Bohren
	0,8	1,0	1,2

Schnittleistung

Drehen, Stirnfräsen $\quad P_c = Q\, k_c = F_c\, v_c \quad$ (W)

Bohren $\quad\quad\quad\quad P_c = Q\, k_c = \dfrac{F_c\, v_c}{2} \quad$ (W)

F_c	Schnittkraft	(N)
k_c	spezifische Schnittkraft	(N/m^2)
Q	Zeitspanungsvolumen	(m^3/s)
v_c	Schnittgeschwindigkeit	(m/s)

Schnittreaktionen

Statik: Rechner.-modellmäßige Behandlung von Belastungsfällen (vgl. *Last, *Lager u. Verbindungen). Die Bereichsgrenzen – innerhalb derer Schnittreaktionen stetig sind – hängen von Geometrie (Stabende, Knick, Verzweigung, Krümmungsänderung) und Belastung (Einleitungsstellen von Kräften, Momenten, Streckenlasten) ab.

1) Ebener Stab. Die Belastung wird am Stab- oder Gelenkende (Schnittufer, z Koordinate der Schnittstelle) reduziert auf:

F_L Längs- bzw. Normalkraft
F_Q Querkraft (bewirkt Durchsenkung),
M_b Schnittmoment, Biegemoment.

2) Streckenlast. Die Intensität der Streckenlast $q(z)$ wirke senkrecht zur z-Achse (Koordinate der Schnittstelle).

$$\frac{dF_Q}{dz} = -q(z), \quad \frac{dM}{dz} = F_Q, \quad \frac{d^2 M}{dz^2} = -q(z)$$

In Bereichen ohne Streckenbelastung sind die Schnittkräfte konstant. Ist die Querkraft null, erreicht das Moment einen Extremwert.

3) Räumlich beanspruchter Stab.

Schnittkräfte	F_L	Längskraft
	F_{Qx}, F_{Qy}	Querkräfte
Schnittmomente	$M_x = M_{bx}$	Biegemomente
	$M_y = M_{by}$	
	$M_t = M_z$	Torsionsmoment
Beziehungen	$F_{Qy} = \dfrac{dM_x}{dz}$ und $F_{Qx} = -\dfrac{dM_y}{dz}$	

4) Tragwerke. Beispiele für Querkraft und Moment.

a) *Horizontaler Stab auf zwei Lagern* (A und B, Abstand $l = a+b$) mit Druckkraft F dazwischen (Abstand a von Träger A).

$$F_A = Fb/l, \quad F_B = Fa/l,$$

$$M_1 = F_A z_1, \quad M_2 = F_B z_2, \quad M_{max} = Fab/l$$

z_1 Koordinate der Schnittstelle (von A nach B),
z_2 von B nach A.

b) *Horizontaler Stab auf zwei Lagern* (A und B, Abstand l) mit *Krafteinwirkung links von A* (Abstand l_1).

$$F_A = F(1 + l_1/l), \quad F_B = Fl_1/l,$$

$$M_1 = -Fz_1, \quad M_2 = F_B z_2, \quad |M|_{max} = Fl_1$$

c) *Horizontaler Stab auf zwei Lagern* (A und B, Abstand l) mit *Streckenlast* dazwischen.

$$F_A = F_B = \frac{ql}{2}, \quad F_Q = ql\left(\frac{1}{2} - \frac{z}{l}\right),$$

$$M = \frac{qz(1-z)}{2}, \quad |M|_{max} = \frac{ql^2}{8}$$

z Koordinate der Schnittstelle (von A nach B).

d) *Horizontaler Stab auf zwei Lagern* (A und B, Abstand l) mit *Streckenlast links von A* (Abstand l_1).

$$F_A = ql_1\left(1 + \frac{l_1}{2l}\right), \quad F_B = \frac{ql_1^2}{2l}$$

$$F_{Q1} = -qz_1, \quad F_{Q2} = F_B$$

$$|M|_{max} = \frac{ql^2}{2}, \quad F_1 = \frac{-qz_1^2}{2}, \quad M_2 = -F_B z_2$$

e) *Horizontaler Stab, einseitig eingespannt* mit Druckkraft F im Abstand l von der Wand A.

$$F_A = F, \quad F_Q = -F$$

$$M_A = Fl, \quad M = -Fz, \quad |M_{max}| = Fl$$

z Koordinate vom Krafteinwirkungspunkt zur Wand.

f) *Horizontaler Stab, einseitig eingespannt* mit *Streckenlast* (Stablänge l von der Wand A).

$$F_A = ql, \quad F_Q = -qz$$

$$M_A = \frac{ql^2}{2}, \quad M = -\frac{qz^2}{2}, \quad |M_{max}| = \frac{ql^2}{2}$$

z Koordinate in Richtung Wand.

Schraube

Man unterscheidet folgende Schraubverbindungen:
1. Bewegungsschraube (Schraube mit Mutter),
2. Befestigungsschraube (Schraube zum Befestigen).

1) Kräfte am Gewinde. Für die schiefe Ebene der Gewindesteigung (Winkel α) wird das Kräfteparallelogramm aufgestellt (für Anziehen und Lösen).

$$F_W = F_R + F_N = F_u + F_{VM}$$

ϱ Reibungswinkel zw. Resultierender F_W und Normalkraft F_N.
$\varrho + \alpha$ Winkel zw. F_W und F_{VM}; α Winkel zw. F_N und F_{VM}

Umfangskraft beim Anziehen (+) und Lösen (−)

$$F_u = F_{VM}\tan(\alpha \pm \varrho')$$

Reduzierte Reibungszahl

$$\mu' = \tan\varrho' = \frac{\mu}{\cos\beta}$$

β halber Winkel der Gewindeflanken = Winkel zw. axialer Kraft (längs Gewindeachse) und senkrechter Kraft (auf Gewindeflanke).

Montagevorspannkraft (längs Gewindeachse)

$$F_{VM} = F_W + F_u = F_V + \Delta F_V$$

Vorspannkraftverlust durch den Setzvorgang

$$\Delta F_V = f\,\frac{c_S\,c_B}{c_S + c_B}$$

Gewindeanzugsmoment

$$M_G = F_{VM}\left[\frac{d_2}{2}\tan(\alpha + \varrho') + \mu r_A\right]$$

c_B	Federsteifigkeit des Bauteils
c_S	Federsteifigkeit der Schraube
F_V	Vorspannkraft
f	Setzbetrag (Tabellenwert)
r_A	Radius für Anlagereibmoment: $\approx 0{,}7\,d$
μ	Haftreibwert
ϱ'	reduzierter Reibungswinkel

2) Bewegungsschraube = Schaube mit Mutter.

a) Zug-/Druckspannung $\sigma_{z,d} = \dfrac{\text{Kraft } F}{\text{Kerndurchmesser } A_3}$

Torsionsspannung $\quad \tau_t = \dfrac{16\,M_t}{d_3^3}$

Vergleichsspannung $\quad \sigma_v = \sqrt{\sigma_{z,d}^2 + 3\tau_t^2}$

Fließsicherheit $\quad S_F = \dfrac{\sigma_E}{\sigma_v}$

Flankenpressung $\quad p = \dfrac{F}{\pi d_2 H_1 n}$

Gewindesteigung P (eingängiges Gewinde) bzw. *Teilung* P (mehrgängiges Gewinde)

$$\boxed{\tan\alpha = \frac{P}{\pi\,d_2}} \quad \text{(Dim.1)}$$

Höhe einer *Schraubenmutter*

$$m = N\,P = \frac{F\,P}{\pi\,p_{zul}\,d_2\,H_1} \quad \text{(mm)}$$

Mittelharter Stahl: $m \approx 0{,}8 \cdot d$
Vorschubgeschwindigkeit eines Gewindetriebs
= Drehzahl · Gewindesteigung: $\quad v_f = n\,P \quad$ (m/s)
Wirkungsgrad bei Umwandlung von Dreh- in Längsbewegung

$$\eta = \frac{\tan\alpha}{\tan(\alpha + \varrho')} \quad \text{mit} \quad \tan\varrho' = \frac{\mu}{\cos\beta}$$

b) Knickung bei Druckspindeln: Schlankheitsgrad.

$$\lambda = \frac{l_K}{i} = \begin{cases} \geq l_{lim} & \text{nach Euler} \\ < l_{lim} & \text{nach Tetmajer} \end{cases}$$

c) Dynam. Beanspruchung: *Achsen und Wellen.

d	Nenndurchmesser des Gewindes	(mm)
d_2	Flankendurchmesser	(mm)
d_3	Kerndurchmesser	(mm)
F	axiale Schraubenkraft	(N)
H_1	Flankenüberdeckung: $d - d_3$	(mm)
N	Gangzahl = tragende Gewindegänge	(Dim.1)
P	Steigung des Gewindes	(mm)
p_{zul}	zulässige Flächenpressung	(N/mm²)
i	Trägheitsradius	
α	Steigungswinkel des Gewindes	(rad)
ϱ'	Reduzierte Rebungszahl	(Dim. 1)

d) Schraube mit **Flachgewinde**: beim Heben = Anziehen (+) und Senken = Lösen (−).

$$M = F_S\,r = F_u\,r_2 = \frac{F_u\,d_2}{2}$$

$$F_u = F\tan(\alpha \pm \varrho) < F_S$$

$$M_{RG} = F_u\,r_2 = \frac{F\tan(\alpha \pm \varrho)}{2}$$

e) Schraube mit **Spitzgewinde** oder *Trapezgewinde* (Aussehen „kegelförmig" mit Flankenwinkel β). Heben = Anziehen (+) und Senken = Lösen (−).

$$\mu' = \frac{\mu}{\cos(\beta/2)} = \tan\varrho'$$

$$F_u = F\,\tan(\alpha \pm \varrho') \quad \text{und} \quad M_{RG} = F_u\,d_2/2$$

$$\eta_h = \frac{\tan\alpha}{\tan(\alpha + \varrho')} \quad \text{und} \quad \eta_s = \frac{\tan(\alpha - \varrho')}{\tan\alpha}$$

d_2, r_2	Flankendurchmesser, -radius	(mm)
F	axiale Schraubenkraft	(N)
F_N	Normalkraft	(N)
F_S	Kraft am Schraubenschlüssel	(N)
F_u	Umfangskraft am Flankendurchmesser	(N)
M	zur Bewegung notw. Drehmoment	(N mm)
M_{RG}	Gewindereibungsmoment	(N mm)
r	Hebellänge des Schraubenschlüssels	(mm)
α	Gewindesteigungswinkel (zw. $\bar{F}_N$ und Schaubenachse)	
	$=$ zw. $\bar{F}_u$ und Gewindesteigung)	(rad)
β	Flankenwinkel ($2\beta = $ Öffnungsw. zw. zwei Gewindegängen)	
ϱ, ϱ'	Reibungswinkel; Gewindereibungswinkel	(rad)
η_h, η_s	Schraubenwirkungsgrad beim Senken	
	bzw. Lösen	(1 = 100%)
μ, μ'	Reibungszahl; Gewindereibungszahl	(Dim.1)

3) Längsbelastete Befestigungsschraube.

Längsbeanspruchte vorgespannte Schraube.

Schraubenzusatzkraft $\quad F_{Sz} = F_B\,\dfrac{c_S}{c_B + c_S}$

Federsteifigkeit der Schraube S (der grob kegelförmige Druckkörper wird auf einen Hohlzylinder mit gleichem Verformungsverhalten zurückgeführt)

$$c_S = \frac{E_S}{l_1/A_1 + l_2/A_2 + \dots}$$

l_i Längen, A_i Querschnitte.

Federsteifigkeit des Bauteils (B)

$$c_B = \frac{A_Z E_B}{l_B}$$

Querschnittsfläche des Hohlzylinders mit Werkstofffaktor a (Stahl 10, GG 8, Al 6)

$$D_A \geq 3D_a: \qquad A_Z = \frac{\pi}{4}\left[\left(D_a + \frac{l_B}{a}\right)^2 - D_i^2\right]$$

$$D_A < D_a: \qquad A_Z = \frac{\pi}{4}\left(D_A^2 - D_i^2\right)$$

$$D_a < D_A < 3D_a: \; A_Z \approx \frac{\pi}{4}\left(D_a^2 - D_i^2\right) + \frac{\pi}{8}\left(\frac{D_a l_B}{5} + \frac{l_B^2}{a^2}\right)$$

Auslegung von Schraube und Mutter

Spannungsquerschnitt (Schraube) $\quad A_S = \dfrac{\pi}{4}\left(\dfrac{d_2 + d_3}{2}\right)^2$

Spannungsausschlag $\qquad \sigma_a = \dfrac{F_{Sz}}{2A_S}$

Vorhandene Zugspannung $\qquad \sigma_z = \dfrac{F_{max}}{A_S}$

Torsionsspannung (Schraube) $\qquad \tau_t = \dfrac{M_t}{\pi d_3^3/16}$

Vergleichsspannung (Schraube) $\qquad \sigma_v = \sqrt{\sigma_z^2 + 3\tau_t^2}$

Gewindedrehmoment $\qquad M_t = F_{VM}\,\dfrac{d_2}{2}\tan(\alpha + \varrho')$

Flächenpressung am Gewinde $\qquad p_G = \dfrac{F}{\pi\,i\,d_2\,H_1}$

Kopfauflagepressung $\qquad = $ Grenzflächenpressung

$$p = p_G = \frac{F_{max}}{A_p}$$

Erforderliche Mutterhöhe $\qquad m_{erf} = \dfrac{F\,P}{\pi\,p_{zul}\,d_2\,H_1}$

Sicherheit
– gegen Fließen $\qquad S_F = \dfrac{R_{p0.2}}{\sigma_v}$

– gegen Dauerbruch $\qquad S_D = \dfrac{\sigma_{ADK}}{\sigma_a}$

A_p Berührungsfäche zw. Schraubenkopf und Bauteil.
d_2 Flankendurchmesser, d_3 Kerndurchmesser
σ_{ADK} Gestaltfestigkeit bei Normalspannung.

4) Querbeanspruchte Befestigungsschraube.

Berechnung der Festigkeit wie längsbeanspruchte Schraube mit Vorspannung.

Erforderliche Längskraft $\quad F_{max} = \dfrac{S_q\,F_q}{\mu}$

S_q	Rutschsicherheit: meist 1,1	
μ	Gleitreibungskoeffizient	

a) Querbelastete Passschraube: vorhandene Scherspannung und vorh. Flächenpressung am Schraubenschaft.

$$\tau_a = \frac{4\,F}{n\,m\,\pi\,d^2} \quad \text{und} \quad p = \frac{F}{d\,s\,n} \qquad \text{(N/mm}^2\text{)}$$

b) Querbelastete Durchsteckschraube: vorhandene Zugspannung in der Schraube und Spannungsquerschnitt.

$$\sigma_z = \frac{F}{\mu_0\,A_s} \qquad \text{N/mm}^2$$

$$A_s = \frac{\pi}{4}\left(\frac{d_2 + d_3}{2}\right)^2 \qquad \text{mm}^2$$

d	Schaftdurchmesser der Schraube	(mm)
d_2	Flankendurchmesser	(mm)
d_3	Kerndurchmesser des Gewindebolzens	(mm)
F	axiale Schraubenkraft	(N)
H_1	Flankenüberdeckung	(mm)
i	Anzahl der Gewindegänge	(Dim.1)
m	Anzahl Schnittflächen pro Schraube	(Dim.1)
n	Anzahl der Schrauben	(Dim.1)
P	Gewindesteigung	(mm)
s	kleinste Blechdicke	(mm)
μ_0	Haftreibungszahl	(Dim.1)

Schrumpfmaß

Dimensionen eines Schrumpfringes.

$$\lambda = \frac{d_m\,\sigma_{z,zul}}{E} = d_2 - d_1$$

$$\Delta T = \frac{T_2 - T_1}{T_m\,\alpha_l}$$

d_1	Schrumpfring-Innendurchmesser	(mm)
d_2	Wellendurchmesser	(mm)
d_m	mittlerer Schrumpfdurchmesser	(mm)
E	Elastizitätsmodul	(N/mm^2)
ΔT	erforderliche Temperaturdifferenz	(K)
α_l	therm. Längenausdehnungskoeffizient	(K^{-1})
λ	Schrumpfmaß	(mm)
$\sigma_{z,zul}$	zulässige Zugspannung	(N/mm^2)

Schub

Querkraftschub. Die Querkraft F_Q (in y-Richtung) auf einen Körper verursacht eine gerade *Biegung (um die x-Achse). Vorstellungshilfe: Das Wölben und Abknicken einer Spielkarte.

Querkraft:	$F_Q = F_{Q,y}$
Biegemoment:	$M_b = M_x \neq 0$
Gleitwinkel:	$\gamma := \gamma_{zy} = \gamma_{yz}$
Schubspannung:	$\gamma_s := \gamma_{zy} = \gamma_{yz}$
Hauptträgheitsachsen:	xy

Die Schubspannung τ_s wirkt zw. den Schichten und tangential zum Querschnitt. Ober- und Unterkante des Querschnitts seien schubspannungsfrei.

1) Einfach zusammengesetzter Querschnitt.

Schubspannungsverteilung im Querschnitt.

$$\tau_s(y_R) = \frac{F_Q\,S_{x,rest}}{I_x\,b(y_R)}$$

Statisches Moment der Restfläche (bzgl. x-Achse)

$$S_{x.\text{rest}} = \int\limits_{A_{\text{rest}}} y \, \mathrm{d}A = \int\limits_{y_R}^{e} b(y)\, y \, \mathrm{d}y = y_{S.\text{rest}} A_{\text{rest}}$$

b	Schichtbreite
y_R	Koordinate der Schicht, in der Schubspannung wirkt.
y_S	Koordinate des Scherpunktes
rest	Restfläche, in der die Schubspannung nicht wirkt.

Rechteck   mit $A = H B$

$$S_{x.\text{rest}}(y_R) = B \int\limits_{y_R}^{H/2} y \, \mathrm{d}y = \frac{B}{2}\left[\left(\frac{H}{2}\right)^2 - y_R^2\right]$$

Schubspannungsverteilung: parabolischer Verlauf in y-Richtung.

$$\tau_s(y_R) = \frac{3F_Q}{2A}\left[1 - \left(\frac{2y_R}{H}\right)^2\right]$$

für $-H/2 \leq y_R \leq H/2$
Maximale Schubspannung (in der neutralen Schicht)

$$\tau_{s,\text{max}} = \frac{3\tau_{sm}}{2} = \frac{3F_Q}{A}$$

Formänderung: *Gleitung* in der Schicht y_R. Bei Stäben ist die Durchsenkung meist vernachlässigbar.

$$\gamma(y_R) = \frac{F_Q \, S_{x,\text{rest}}}{G \, I_x \, b(y_R)}$$

2) Dünnwandiges Profil.
Beanspruchungskenngröße *Schubfluss* $t(s)$ analog zur *Torsion in Abhängigkeit der Wanddicke $\delta(s)$ entlang der mittleren Wandungslinie s.

a) Geschlossenes Profil   (einzellig)

$$t(s) = \tau_s \, \delta(s) = -\frac{F_Q}{I_x}\left[S_x(s) - \frac{\oint \dfrac{S_x(s)}{\delta(s)}\,\mathrm{d}s}{\oint \dfrac{\mathrm{d}s}{\delta(s)}}\right]$$

$$S_x(s) = \int\limits_{(s)} \delta(s)\, y \, \mathrm{d}s$$

b) Offenes Profil.   Näherung: schmaler Steg (Höhe h).

$$t(s) = -\frac{F_Q}{I_x} S_x(s) \approx \frac{F_Q}{h}$$

3) Schubmittelpunkt. Ein Torsionsmoment bei Querkraftbiegung tritt nur dann *nicht* auf, wenn die Wirkungslinie durch den Schubmittelpunkt T verläuft (der auf den Symmetrieachsen des Scherschnittes liegt). Dünnwandig offenes Profil

$$x_T = -\frac{1}{I_x} \int\limits_0^L S_x(s)\, r(s)\, \mathrm{d}s$$

$$y_T = +\frac{1}{I_y} \int\limits_0^L S_y(s)\, r(s)\, \mathrm{d}s$$

Dünnwandiges ⊔-Profil

$$x_T = \frac{4B^2(3B + H)}{(2B + H)(6B + H)}$$

B	Breite des Profils (x-Richtung)
H	Höhe des Profils (y-Richtung)
h	Wanddicke
L	Länge der mittleren Wandungslinie
S_x, S_y	stat. Momente d. Restflächen bzgl. x-, y-Achse.

Schubkoeffizient
oder *Schubzahl* (in mm²/N)

$$\boxed{\beta = \frac{1}{G} = \frac{\gamma}{\tau_s} = \frac{2(m+1)}{E\,m} = \frac{2\alpha(m+1)}{m}}$$

Schubmodul
Torsionsmodul oder *Gleitmodul*. Maß für die Steifigkeit des Kristallgitters bei Schubbeanspruchung (*Scherung).

$$G = \frac{\text{Schubspannung } \tau}{\text{Schiebung } \gamma}$$

$$\boxed{G = \frac{1}{\beta} = \frac{\mathrm{d}\tau}{\mathrm{d}\gamma} = \frac{m\,E}{2(m+1)} = \frac{E}{2(1+\mu)}}$$

Wertebereich: $E/3 < G < E/2$
Einheit: $1\,\text{kN/mm}^2 = 1\,\text{GPa}$
Schubspannung: $\tau = G\,\gamma$

Komplexe Definition:

Schubmodul: $\underline{G}(\omega) = \frac{\tau}{\underline{\gamma}} = G' + \mathrm{i}\,G''$

Speichermodul $G' = \operatorname{Re}\underline{G}$
Verlustmodul $G'' = \operatorname{Im}\underline{G}$
dynam. Schubmodul $|\underline{G}| = \sqrt{(G')^2 + (G'')^2}$
Verlustwinkel: $\delta(\omega) = \arctan\dfrac{G''}{G'}$
Schubspannung: $\underline{\tau}(\omega,t) = \hat{\tau}\,\mathrm{e}^{\mathrm{i}\,\omega t}$
Schergradient: $\underline{\gamma}(\omega,t) = \hat{\gamma}(\omega)\cdot\mathrm{e}^{\mathrm{i}\,(\omega t - \delta)}$

G	Schubmodul	(N/mm²)
E	Elastizitätsmodul	(N/mm²)
m	Poisson-Konstante	(Dim.1)
α	Dehnungskoeffizient	(mm²/N)
γ	Schiebung	(rad)
μ	Poisson-Zahl	(Dim.1)
τ_s	Schubspannung für Scherung oder Torsion	(N/mm²)

Schubmodul.

Werkstoff	G (N/mm² = MPa)	
Grauguss	28 000 ... 39 000	
Rotguss	31 000	
Messing	34 000	
Kupfer	41 000	
Bronze	44 000	
Flussstahl	79 000	
Stahlguss	81 000	↓
Federstahl	83 000	steif

Schubspannung
Die zur Fläche A tangential wirkende Komponente der Kraft F; Spannung senkrecht zur *Normalspannung.

$$\tau = \frac{\text{Tangentialkraft } \mathrm{d}F_t}{\text{Fläche } \mathrm{d}A}$$

für Scherung (τ_a Scherung)

$$\boxed{\tau_s = \frac{F_t}{A} = \tau_a = G\,\gamma}$$

für Torsion (τ_t Torsionsspannung)

$$\boxed{\tau_s = \frac{M_t}{W_p} = \tau_t = G\,\gamma}$$

vgl. *Spannungstensor.

G	Schubmodul	(N/mm²)
M_t	Verdrehmoment	(N mm)

W_p	polares Widerstandsmoment	(mm^3)
γ	Schiebung	(Dim. 1)

Schweißnaht

Das ferritisch-perlitische Gefüge bildet bei schneller Abkühlung unerwünschten Martensit (Versprödung). Der Temperaturverlauf über die Schweißnaht ist im Schliffbild sichtbar.

1) *Grundwerkstoff* (im Schliff: grau) aus Ferrit (hell) und Perlit (dunkel).

2) Nach Kaltverformung sichtbar:

• *Alterungszone* (200–300 °C): Zähigkeitsabfall, Sprödbruchgefahr.

• *Kristallerholungszone* (500–600 °C): verbessertes Verformungsvermögen.

• *Rekristallisationszone* (650–750 °C): zunehmend feinkörnig bei hohem Verformungsgrad.

3) *Wärmeeinflusszone* (hell) beiderseits der Schweißnaht:

• *Perlitzerfallszone* (723–850 °C): körniger Zementit; Festigkeit und Korngröße wie Grundwerkstoff.

• *Feinkornzone* (850–1000 °C): ferritisch-perlitisch. Wie beim Normalglühen kristallisiert bei $\sim$920 °C das Gefüge um (Ferrit $\rightarrow$ Austenit $\rightarrow$ Ferrit); weich und verformungsfähig.

• *Grobkornzone* (1000–1450 °C): ferritisch–wenig perlitisch; Nahtübergang; grobkörnig durch Überhitzen (schnelles Abkühlen); hart, fest, weniger zäh.

4) *Gusszone* (Gusszone, > 1500 °C):

• *Aufschmelzzone:* ferritisch-perlitisch; geschmolzender Grundwerkstoff mit Schlackeeinschlüssen (schwarz).

• *Schweißgutzone* („Schweißnaht").

Schweißverbindung

Schweißnahtquerschnitt $\qquad A_{SN} = \sum\limits_i a_i\, l_i$

Statischer Nachweis: $\qquad\qquad l = L$

Zeit- und Dauerfestigkeitsnachweis: $\quad l = L - 2a$

1) Aneinandergeschweißte Platten (Platte $\parallel$ Platte) oder (Platte $\perp$ Platte).

Zugspannung $\qquad\qquad \sigma_{SN} = \dfrac{F_n}{A_{SN}}$

Schubspannung $\qquad\quad \tau_{SN} = \dfrac{F_t}{A_{SN}}$

Biegespannung (T-Stück) $\;\sigma_{b,SN} = \dfrac{M_b}{W_{b,SN}}$

Bei Druckkraft ($\parallel$ Schweißnaht) im Abstand l

$$\sigma_{b,SN} = \frac{F\,l}{W_{b,SN}}$$

$$\tau_{SN} = \frac{F}{A_{SN}}$$

a	Schweißnahtdicke
F_n	Normalkraft ($\perp$ Naht)
F_t	Tangentialkraft ($\parallel$ Naht)
L	tatsächliche Nahtlänge
l	Abstand der Druckkraft von der Naht
M_t	Drehmoment
W_b	Widerstandsmoment der Schweißnaht

2) Zylinder auf Platte.

Torsionsspannung (bei Verdrehbelastung)

$$\tau_{t,SN} = \frac{M_t}{W_{t,SN}}$$

Torsions- und Biegebelastung

$$\sigma_{SN} = \frac{F\,l}{W_{b,SN}}, \qquad \tau_{SN} = \frac{F}{A_{b,SN}}, \qquad \tau_{t,SN} = \frac{M_t}{W_{t,SN}}$$

Bei Stoßbelastung F, M_b, M_t mit der Stoßzahl $\varphi = 1\ldots 3$ multiplizieren.

Für Zeit- und Dauerfestigkeitsnachweis Ober- und Unterspannungen berechnen.

3) Sicherheitsnachweis b. Schweißnaht

Einzelsicherheit bei Normalbeanspruchung

$$S_\sigma = \frac{\sigma_{zul}\, c}{\sigma_{max}} = S_{erf}$$

Einzelsicherheit bei Tangentialbeanspruchung

$$S_\tau = \frac{\tau_{zul}\, c}{\tau_{max}} = S_{erf}$$

Statische Beanspruchung: $\qquad S_{erf} = 1{,}5$

Dynamische Beanspruchung: $\quad S_{erf} = 1{,}2$

Gesamtsicherheit: mehrachsiger Spannungszustand

$$\frac{1}{S_v^2} = \frac{1}{S_{\sigma x}^2} + \frac{1}{S_{\sigma y}^2} \pm \frac{1}{S_{\sigma x} S_{\sigma y}} + \frac{1}{S_{\tau.xy}^2}$$

c	Wertigkeitsfaktor: Bedeutung für die Gesamtkonstruktion: $1{,}0 \ldots 1{,}15$
σ_{zul}	ertragbare Normalspannung
τ_{zul}	ertragbare Tangentialspannung

Schwellfestigkeit

Bei mittelharten Stählen

$$\boxed{\sigma_{sch} \approx \tfrac{2}{3}\, \sigma_B} \qquad \text{N/mm}^2$$

σ_B statische Festigkeit.

Schwerpunkt

Massenmittelpunkt eines Körpers.

$$\text{Schwerpunkt} \;\hat{=}\; \frac{\text{statisches Moment}}{\text{Länge, Fläche od. Volumen}}$$

Der gedachte Angriffspunkt der resultierenden Gewichtskraft über die Teilkräfte aller Massenelemente liegt im Schwerpunkt $\vec{r}_s = (x_s, y_s, z_s)$ aller Massenelemente (auch außerhalb des Körpers).

$$\vec{M} = \sum_i \vec{M}_i = \vec{r}_s \times \vec{F}_G = \sum_i \vec{r}_{s,i}\, m_i\, \vec{g}$$

1) Koordinaten des Schwerpunktes eines *beliebigen homogenen Körpers* oder Raumbereichs in rechtwinkligen Koordinaten. Der Ursprung des Bezugskoordinatensystems (x, y, z) darf frei gewählt werden, d. h. er muss nicht im Schwerpunkt liegen.

$$\vec{r}_S = \frac{1}{m} \sum_{i=1}^{N} m_i\, \vec{r}_i$$

a) für diskrete

Massenelemente	Volumenelemente
$x_s = \dfrac{1}{m} \sum x_{s,i}\, m_i$	$x_s = \dfrac{1}{V} \sum x_{s,i}\, V_i$
$y_s = \dfrac{1}{m} \sum y_{s,i}\, m_i$	$y_s = \dfrac{1}{V} \sum y_{s,i}\, V_i$
$z_s = \dfrac{1}{m} \sum z_{s,i}\, m_i$	$z_s = \dfrac{1}{V} \sum z_{s,i}\, V_i$

b) für differentielle

Massenelemente	Volumenelemente
$x_s = \dfrac{1}{m} \int x_s\, dm$	$x_s = \dfrac{1}{V} \int x_s\, dV$
$y_s = \dfrac{1}{m} \int y_s\, dm$	$y_s = \dfrac{1}{V} \int y_s\, dV$
$z_s = \dfrac{1}{m} \int z_s\, dm$	$z_s = \dfrac{1}{V} \int z_s\, dV$

Volumenschwerpunkt. Explizit für beliebiges Volumen.

$$x_S = \frac{\int\limits_V x\,dV}{V} = \frac{1}{V}\int\limits_{x_1}^{x_2}\int\limits_{g_1(x)}^{g_2(x)}\int\limits_{h_1(x,y)}^{h_2(x,y)} x\,dz\,dy\,dx$$

$$= \frac{\int\limits_V x\,\varrho\,dV}{m} = \frac{1}{m}\int\limits_{x_1}^{x_2}\int\limits_{g_1(x)}^{g_2(x)}\int\limits_{h_1(x,y)}^{h_2(x,y)} x\,\varrho\,dz\,dy\,dx$$

$$y_S = \frac{\int\limits_V y\,dV}{V} = \frac{1}{V}\int\limits_{x_1}^{x_2}\int\limits_{g_1(x)}^{g_2(x)}\int\limits_{h_1(x,y)}^{h_2(x,y)} y\,dz\,dy\,dx$$

$$= \frac{\int\limits_V y\,\varrho\,dV}{m} = \frac{1}{m}\int\limits_{x_1}^{x_2}\int\limits_{g_1(x)}^{g_2(x)}\int\limits_{h_1(x,y)}^{h_2(x,y)} y\,\varrho\,dz\,dy\,dx$$

$$z_S = \frac{\int\limits_V z\,dV}{V} = \frac{1}{V}\int\limits_{x_1}^{x_2}\int\limits_{g_1(x)}^{g_2(x)}\int\limits_{h_1(x,y)}^{h_2(x,y)} z\,dz\,dy\,dx$$

$$= \frac{\int\limits_V z\,\varrho\,dV}{m} = \frac{1}{m}\int\limits_{x_1}^{x_2}\int\limits_{g_1(x)}^{g_2(x)}\int\limits_{h_1(x,y)}^{h_2(x,y)} z\,\varrho\,\underbrace{dz\,dy\,dx}_{dV}$$

Masse des Körpers

$$m = \int\limits_V \varrho\,dV = \int\limits_{x_1}^{x_2}\int\limits_{g_1(x)}^{g_2(x)}\int\limits_{h_1(x,y)}^{h_2(x,y)} \varrho\,dz\,dy\,dx$$

$\varrho = \varrho(x,y,z)$ Dichteverteilung.

2) Schwerpunkt einfacher Körper

a) Halbkugel

$$x_s = y_s = r \qquad z_s = \frac{3\,r}{8}$$

z_s Abstand vom Kugelmittelpunkt, r Kugelradius.

b) Kugelsegment (Kugelabschnitt, Kugelkappe)

$$x_s = y_s = \frac{a}{2} \qquad\qquad z_s = \frac{3\,(2r-h)^2}{4\,(3r-h)}$$

$$a = 2\,\sqrt{h\,(2r-h)} \qquad\qquad h = r - \sqrt{r^2 - (a/2)^2}$$

z_s Abstand vom Kugelmittelpunkt, a Sehnenlänge.

c) Kugelsektor (Kugelausschnitt)

$$x_s = y_s = \frac{a}{2} \qquad\qquad z_s = \frac{3\,(2r-h)}{8}$$

$$a = 2\,\sqrt{h\,(2r-h)} \qquad\qquad h = r - \sqrt{r^2 - (a/2)^2}$$

z_s Abstand vom Kugelmittelpunkt, a Sehnenlänge, h Höhe.

d) Kegel

$$x_s = y_s = r \qquad z_s = \frac{h}{4} = \frac{\sqrt{s^2 - r^2}}{4}$$

z_s Abstand von der Grundfläche,
h Höhe, r Radius der Grundfläche, s Seitenlänge.

e) Kegelstumpf (Kegel ohne Spitze)

$$x_s = y_s = r \qquad\qquad z_s = \frac{h}{4}\,\frac{d_1^2 + 2d_1 d_2 + 3d_2^2}{d_1^2 + d_1 d_2 + d_2^2}$$

z_s Abstand von der Grundfläche, h Höhe,
d_1 Durchmesser der Grundfläche, d_2 der Deckfläche.

f) Keil (mit Spitze)

$$z_s = \frac{h}{2}\,\frac{a_1 + a_2}{a_1 + 2a_2}$$

z_s Abstand von der Grundfläche, h Höhe
a_1 kleine Keilbreite (Spitze), a_2 große Keilbreite.

g) Prisma (Dreiecksäule)

$$z_s = \frac{h}{2}$$

z_s Abstand von der Grundfläche, h Höhe.

h) Pyramide

$$z_s = \frac{h}{4} = \frac{3\,V}{4\,A}$$

z_s Abstand von der Grundfläche A, h Höhe.

i) Pyramidenstumpf

$$z_s = \frac{h}{4}\,\frac{A_1 + 2\sqrt{A_1 A_2} + 3A_2}{A_1 + A_2 + \sqrt{A_1 A_2}}$$

$$h = \frac{3\,V}{A_1 + A_2 + \sqrt{A_1 A_2}}$$

z_s Abstand von der Grundfläche A_1,
A_2 Deckfläche, h Höhe.

k) Tetraeder

$$z_s = \frac{h}{2} = \frac{\sqrt{6}\,a}{6}$$

z_s Abstand von der Grundfläche, h Höhe.

l) Zylinder

$$z_s = \frac{h}{2}$$

z_s Abstand von der Grundfläche, h Höhe.

m) Zylinder, schief abgeschnitten

$$z_s = \frac{h + h_1}{4} + \frac{r^2 \tan^2\alpha}{4\,(h + h_1)}$$

h mittlere Höhe, h_1 kleinste Höhe, r Zylinderradius
z_s Abstand von Grundfläche,
α Neigungswinkel: schräge Deckfläche gegen horizontale Grundfläche.

3) Rotationskörper

Schwerpunkt (x_s, y_s) eines homogenen *Rotationskörpers* um die x-Achse.

$$x_s = \frac{M}{V} = \frac{\int\limits_a^b x\,y^2\,dx}{\int\limits_a^b y^2\,dx} \qquad y_s = 0$$

Vgl. Guldin'sche Regel (*Volumen).

Schwerpunkt von Flächen

Flächenschwerpunkt.

1) Koordinaten des Schwerpunktes einer *beliebigen Fläche A* in rechtwinkligen Koordinaten. Der Ursprung des Bezugskoordinatensystems (x,y,z) darf frei gewählt werden, d. h. er muss nicht im Schwerpunkt liegen.

$$x_S = \frac{\displaystyle\int_A x\,\mathrm{d}A}{A} = \frac{1}{A}\int_{x_1}^{x_2}\int_{g_1(x)}^{g_2(x)} x\,\mathrm{d}y\,\mathrm{d}x$$

$$= \frac{\displaystyle\int_V x\,\varrho\,\mathrm{d}A}{m} = \frac{1}{m}\int_{x_1}^{x_2}\int_{g_1(x)}^{g_2(x)} x\,\varrho(x,y)\,\mathrm{d}y\,\mathrm{d}x$$

$$y_S = \frac{\displaystyle\int_A y\,\mathrm{d}A}{A} = \frac{1}{A}\int_{x_1}^{x_2}\int_{g_1(x)}^{g_2(x)} y\,\mathrm{d}y\,\mathrm{d}x$$

$$= \frac{\displaystyle\int_V y\,\varrho\,\mathrm{d}A}{m} = \frac{1}{m}\int_{x_1}^{x_2}\int_{g_1(x)}^{g_2(x)} y\,\varrho(x,y)\,\underbrace{\mathrm{d}y\,\mathrm{d}x}_{\mathrm{d}A}$$

Masse der Fläche (aus Punktmassen)

$$m = \int_A \varrho(x,y)\,\mathrm{d}A = \int_{x_1}^{x_2}\int_{g_1(x)}^{g_2(x)} \varrho(x,y,z)\,\mathrm{d}y\,\mathrm{d}x$$

$\varrho = \varrho(x,y,z)$ örtliche Dichte.

2) Zusammengesetzte Flächen.
1. Bezugskoordinatensystem frei festgelegen.
2. n Teilflächen mit bekanntem Schwerpunkt bilden.
3. Summation über die Teilflächen.

$$x_S = \frac{1}{A}\sum_{i=1}^{n} x_{S,i}A_i,\quad y_S = \frac{1}{A}\sum_{i=1}^{n} y_{S,i}A_i,\quad A = \sum_{i=1}^{n} A_i$$

Grafische Schwerpunktbestimmung durch *Seileckkonstruktion:* die Gesamtfläche A_{ges} wird in Rechteck-Teilflächen A_i mit bekannter Schwerpunktlage (x_1,y_1) zerlegt.

$$x_S \approx \frac{A_1 x_1 + A_2 x_2 + \cdots + A_n x_n}{A_{\text{ges}}}$$

$$y_S \approx \frac{A_1 y_1 + A_2 y_2 + \cdots + A_n y_n}{A_{\text{ges}}}$$

3) Fläche unter einer Kurve, begrenzt durch die Funktion $f(x)$ zw. zwei Punkten und der x-Achse.

$$x_S = \frac{M_y}{A} = \frac{\displaystyle\int_{x_1}^{x_2} x\,y\,\mathrm{d}x}{\displaystyle\int_{x_1}^{x_2} y\,\mathrm{d}x}$$

$$y_S = \frac{M_x}{A} = \frac{\displaystyle\int_{x_1}^{x_2} y\,\sqrt{1+y'^2}\,\mathrm{d}x}{\displaystyle\int_{x_1}^{x_2} \sqrt{1+y'^2}\,\mathrm{d}x} = \frac{\displaystyle\int_a^b y^2\,\mathrm{d}x}{2\displaystyle\int_a^b y\,\mathrm{d}x}$$

4) Fläche zwischen zwei Kurven, begrenzt durch die Funktionen $f(x)$ und $g(x)$.

$$x_S = \frac{M_y}{A} = \frac{\displaystyle\int_{x_1}^{x_2} x\,[f(x)-g(x)]\,\mathrm{d}x}{\displaystyle\int_{x_1}^{x_2} [f(x)-g(x)]\,\mathrm{d}x}$$

$$y_S = \frac{M_x}{A} = \frac{\displaystyle\int_{x_1}^{x_2} x\,[f(x)^2 - g(x)^2]\,\mathrm{d}x}{2\displaystyle\int_{x_1}^{x_2} [f(x)-g(x)]\,\mathrm{d}x}$$

M_x statisches Moment bei Rotation um die x-Achse.
M_y statisches Moment bei Rotation um die y-Achse.

5) Schwerpunkt einfacher Flächen
a) *Dreieck, Schwerpunkt* durch drei Raumpunkte
$$x_S = \frac{x_1 + x_2 + x_3}{3}$$
$$x_S = \frac{y_1 + y_2 + y_3}{3}$$
$$z_S = \frac{z_1 + z_2 + z_3}{3}$$
Durch drei Punktmassen
$$x_S = \frac{m_1 x_1 + m_2 x_2 + m_3 x_3}{m_1 + m_2 + m_3}$$
$$y_S = \frac{m_1 y_1 + m_2 y_2 + m_3 y_3}{m_1 + m_2 + m_3}$$
$$z_S = \frac{m_1 z_1 + m_2 z_2 + m_3 z_3}{m_1 + m_2 + m_3}$$
b) Halbkreis vom Radius r
$$x_S = r \qquad y_S = \frac{4r}{3\pi}$$
c) Kreissegment (Kreisabschnitt)
$$x_S = \frac{a}{2} \qquad y_S = \frac{h}{2}$$
$$a = 2r\,\sin\frac{\alpha}{2} = 2\sqrt{2hr - h^2}$$
$$h = r\left(1 - \cos\frac{\alpha}{2}\right) = \frac{a}{2}\tan\frac{\alpha}{4}$$

y_S Abstand von Grundlinie a (Sehnenlänge),
h Höhe, r Kreisradius, α Zentriwinkel.

d) Kreissektor (Kreisausschnitt)
$$x_S = \frac{a}{2} \qquad y_S = \frac{2\,r\,a}{3\,b}$$
$$a = 2r\,\sin\frac{\alpha}{2} = 2\sqrt{2hr - h^2} \qquad b = \frac{\pi\,r\,\alpha}{180°}$$

y_S Abstand von Kreismittelpunkt, a Sehnenlänge
h Höhe des Kreissegments, b Kreisbogenlänge,
r Radius, α Zentriwinkel.

e) Parabel (liegend)
$$x_S = \frac{3a}{5} \qquad y_S = \frac{3b}{8}$$

a Scheitelhöhe (Grundlinie, x-Wert),
b Öffnungsweite (Höhe, y-Wert).

f) Trapez
$$x_S = \frac{a}{2} \qquad y_S = \frac{h}{2}$$

a lange Grundlinie, b kurze Oberseite, h Höhe.

Schwerpunkt von Linien

Linienschwerpunkt. Koordinaten des Schwerpunktes (x_S,y_S,z_S) eines Kurvenstücks zw. zwei Punkten, beschrieben durch die Funktion $f(x)$. Der Ursprung des Bezugskoordinatensystems (x,y,z) darf frei gewählt werden, d. h. er muss nicht im Schwerpunkt liegen.

$$x_S = \frac{M_y}{L} = \frac{1}{L} \int\limits_{(C)} x\,\mathrm{d}s = \frac{\displaystyle\int\limits_{x_1}^{x_2} x\sqrt{1+y'^2}\,\mathrm{d}x}{\displaystyle\int\limits_{x_1}^{x_2}\sqrt{1+y'^2}\,\mathrm{d}x}$$

$$y_S = \frac{M_x}{L} = \frac{1}{L} \int\limits_{(C)} y\,\mathrm{d}s = \frac{\displaystyle\int\limits_{x_1}^{x_2} y\sqrt{1+y'^2}\,\mathrm{d}x}{\displaystyle\int\limits_{x_1}^{x_2}\sqrt{1+y'^2}\,\mathrm{d}x}$$

M_x — statisches Moment bei Rotation um die x-Achse,
M_y — statisches Moment bei Rotation um die y-Achse,
L — Bogenlänge, Länge des Kurvenstücks
s — Koordinate entlang der Linie.

Spezialfälle

Kartes. Koordinaten des Schwerpunktes eines gebrochenen *Linienzuges* aus n Geradenstücken.

$$x_S = \frac{\displaystyle\sum_{i=1}^{n} l_i x_i}{\displaystyle\sum_{i=1}^{n} l_i} = \frac{l_1 x_1 + l_2 x_2 + \dots}{l_1 + l_2 + \dots}$$

$$y_S = \frac{\displaystyle\sum_{i=1}^{n} l_i y_i}{\displaystyle\sum_{i=1}^{n} l_i} = \frac{l_1 y_1 + l_2 y_2 + \dots}{l_1 + l_2 + \dots}$$

Gerade im Raum zwischen zwei Punkten

$$x_S = \frac{x_1 + x_2}{2} \qquad y_S = \frac{y_1 + y_2}{2} \qquad z_S = \frac{z_1 + z_2}{2}$$

Dreieck (z. B. Röhrendreieck)

$$y_S = \frac{h\,(b+c)}{2\,(a+b+c)}$$

a Grundlinie, b,c Seiten, h Höhe.

Halbkreisbogen (z. B. Rohrbogen)

$$y_S = \frac{2\,r}{\pi}$$

r Kreisradius.

Kreisbogen beliebiger Länge

$$y_S = \frac{r\,s}{b} \quad \text{(ab Kreismittelpunkt)}$$

r Kreisradius, s Sehnenlänge, b Bogenlänge.

Schwerpunktkoordinaten

Ortsvektor des Schwerpunkts N diskreter Punktmassen

$$\vec{r}_S = \frac{\displaystyle\sum_{i=1}^{N} m_i\,\vec{r}_i}{m}$$

Ortsvektor des Schwerpunktes eines starren Körpers mit homogener Dichte

$$\vec{r}_S = \frac{1}{V} \iiint\limits_{V} \vec{r}\,\mathrm{d}V$$

Schwerpunktsatz

Bewegungsgleichung des Massenpunktsystems. Der Schwerpunkt eines Systems N materieller Punkte oder eines starren Körpers bewegt sich so, als sei im Schwerpunkt die Gesamtmasse m des Körpers vereinigt, und als würden alle äußeren Kräfte $F_{i,\mathrm{a}}$ im Schwerpunkt (S) angreifen. (Vgl. *Impulssatz). Die Resultierende aller äußeren Kräfte auf einen Körper der Masse m lässt sich im Schwerpunkt $\vec{r}_S$ des Körpers zusammenfassen.

$$\sum_{i=1}^{N} \vec{F}_{i,\mathrm{a}} = m\,\frac{\mathrm{d}^2\vec{r}_S}{\mathrm{d}t^2} = m\,\ddot{\vec{r}}_S$$

a) NEWTONsches Grundgesetz für die Bewegung eines Systems von N Punktmassen.

$$F_\mathrm{a} = m\,a_\mathrm{s} = m\,\sqrt{a_x^2 + a_y^2 + a_z^2}$$

$\vec{a}_\mathrm{s}$ Beschleunigung des Schwerpunktes.

b) Ortsvektor: *Schwerpunktkoordinaten.

c) Schwerpunktgeschwindigkeit

$$\vec{v}_\mathrm{s}(t) = \frac{\mathrm{d}\vec{r}_\mathrm{s}(t)}{\mathrm{d}t} = \frac{\displaystyle\sum_{i=1}^{N} m_i\,v_i(t)}{m} = \frac{\vec{p}}{m} = \frac{\displaystyle\sum_{i=1}^{N} \vec{p}_i(t)}{m}$$

m Gesamtmasse der N Punktmassen.

d) Schwerpunktsbeschleunigung: $\vec{a}_\mathrm{s} = \dfrac{\mathrm{d}\vec{v}_\mathrm{s}}{\mathrm{d}t}$

Schwingende Beanspruchung

Periodische Beanspruchung eines Bauteils zw. einem oberen und unteren Spannungswert (σ_0 und σ_u).

1) *Dauerschwingfestigkeit* σ_D ist die größte um eine gegebene Mittelspannung schwingende Spannung, bei der gerade noch nicht Bruch oder Verformung auftritt.

2) *Wechselfestigkeit* σ_W: Dauerschwingfestigkeit bei Mittelspannung $\sigma_\mathrm{m} = 0$; period. Belastung mit entgegengesetzt gleich großen Grenzwerten ($\sigma_0 = -\sigma_\mathrm{u}$).

Wechselfestigkeit σ_W und Bruchfestigkeit σ_B

Zug–Druck	
Stahl	$\sigma_\mathrm{W} = (0{,}30$ bis $0{,}45)\,\sigma_\mathrm{B}$
NE-Metall	$\sigma_\mathrm{W} = (0{,}20$ bis $0{,}40)\,\sigma_\mathrm{B}$
Biegung	
Stahl	$\sigma_\mathrm{W} = (0{,}40$ bis $0{,}45)\,\sigma_\mathrm{B}$
NE-Metall	$\sigma_\mathrm{W} = (0{,}30$ bis $0{,}50)\,\sigma_\mathrm{B}$

Schwungrad

Massen(trägheits)moment

$$J = \frac{\pi}{32}\,\varrho\,b\,(D^4 - d^4) \qquad (\mathrm{kg\,m^2})$$

Arbeitsüberschuss: Differenz der Rotationsenergien bei zwei Drehzahlen n.

$$W = W_\mathrm{max} - W_\mathrm{min} = \frac{J}{2}\left(\omega_\mathrm{max}^2 - \omega_\mathrm{min}^2\right) = J\,\delta\,\omega_\mathrm{m}^2$$

Mittlere Winkelgeschwindigkeit

$$\omega_\mathrm{m} = \frac{\omega_\mathrm{max} + \omega_\mathrm{min}}{2} \qquad (\mathrm{s^{-1}})$$

Ungleichförmigkeitsgrad: Auf den Mittelwert bezogene Drehzahldifferenz.

$$\delta = \frac{\omega_\mathrm{max} - \omega_\mathrm{min}}{\omega_\mathrm{m}} = \frac{n_\mathrm{max} - n_\mathrm{min}}{n_\mathrm{m}} \qquad (\mathrm{s^{-1}})$$

b Breite des Schwungkranzes,
D Außen-, d Innendurchmesser, ϱ Dichte.

Mechanik

Seileck *Kräftepolygon.

Seilgleichung

Seil oder Kette, an zwei Punkten aufgehängt.

$$y = \frac{a}{2}\left(e^{x/a} + e^{-x/a}\right) = a\,\cosh\left(\frac{x}{a}\right)$$

Am Minimum Parabel: $y \approx \frac{1}{2a}\,x^2 + a$

Länge des Bogens (Seillänge): $l = a\,\sinh\left(\frac{x}{a}\right)$

Seilkraft

Hängende Last F_G an zwei ungleich langen Seilen (1 und 2) unter den Winkeln α und β gegen die horizontale Verbindungslinie der Seilenden.

Zugkräfte auf das Seil (Sinussatz)

$$F_1 = F_G\,\frac{\cos\beta}{\sin(\alpha+\beta)} \qquad\qquad F_2 = F_G\,\frac{\cos\alpha}{\sin(\alpha+\beta)}$$

Seiltrieb

kleinster zulässiger Seildurchmesser

$$d_{\min} = \text{const}\,\sqrt{F} = \sqrt{\frac{4\,\nu\,F}{\pi\,\chi\,R_m}} \qquad \text{(mm)}$$

Sicherheit auf Zug

$$\nu = \frac{R_m}{\sigma_{z,\text{vorh}}} = \frac{A_m\,R_m}{F} = \frac{\pi\,\chi\,d^2\,R_m}{4\,F} \qquad (1 = 100\%)$$

Füllfaktor

$$\chi = \frac{A_m}{A_u} \qquad (1 = 100\%)$$

Größte Seilzugkraft

$$F_{\max} = \frac{\pi\,i\,d^2\,\sigma_{z,\text{zul}}}{4} \qquad \text{(N)}$$

d	Durchmesser des Einzeldrahts	(mm)
F	gegebener größter Seilzug	(N)
i	Anzahl der Drähte im Seil	(Dim.1)
R_m	Zugfestigkeit des Seils	(N/mm²)
A_m	metallischer Seilquerschnitt	(m²)
$\sigma_{z,\text{zul}}$	zulässige Zugspannung	(N/mm²)
$\sigma_{z,\text{vorh}}$	vorhandene Zugspannung	(N/mm²)

Sicherheit gegen Bruch

statische Beanspruchung

$$\nu = \frac{\sigma_B}{\sigma_{\text{zul}}} = \frac{\tau_B}{\tau_{\text{zul}}} \qquad \text{(Dim.1)}$$

dynamische Beanspruchung

$$\nu = \frac{\sigma_B}{\sigma_{n.\max}} \qquad \text{(Dim.1)}$$

σ Normalspannung, τ Schubspannung; zul = zulässig, B = Bruch.

Zulässige *Spannung, *Dauerfestigkeit, *Fließen.

Sicherheit (Richtwerte)	Maschinenbau	Stahlbau
Verformungsbruch	1,3 bis 2	1,5 bis 1,7
Trennbruch	2 bis 4	2,2 bis 2,6
Dauerbruch	2,5 bis 3,5	—
Knicken, Einbeulen	5 bis 12	3 bis 4

Sonne

Sonnenmasse

$$m_S = \frac{g_0\,r_S^2}{G} = \frac{4\pi^2 r^3}{G\,t_E^2} \approx 1{,}983\cdot10^{30}\ \text{kg}$$

Sonnenradius: $r_S = 6{,}96\cdot10^5$ km

Mittlere Sonnendichte: $\varrho_S = 1410\,\text{kg/m}^3$

Schwerebeschleunigung auf Sonnenoberfläche

$$g_0 = \frac{G\,m_S}{r_S^2} \approx 273{,}98\ \text{m/s}^2$$

r	Mittelpunktsabstand Sonne–Erde,
r_E	Umlaufzeit der Erde um die Sonne.

Sonnenhöhe

Länge b des Schattens, den ein senkrechter Stab der Länge s auf den horizontalen Erdboden wirft.

$$\tan\varphi = \frac{s}{b}$$

φ Winkel der Sonnenstrahlen gegen die Horizontale.

Spanen

Zerspanen. Trennverfahren in der Fertigungstechnik. Vom Werkstück werden Späne durch eine Werkzeugschneide mechanisch abgetrennt.

1) Kräfte

Spanungsquerschnitt $A = a_p f = bh$

Zeitspanungsvolumen $Q_w = A v_c = \pi \bar{d}\,a_p v_f$

Zerspankraft (in Flugrichtung der Späne)

$$F = \sqrt{F_a^2 + F_p^2} = \sqrt{F_c^2 + F_f^2 + F_p^2}$$

Schnittleistung, Vorschub- und Gesamtleistung

$$P_c = v_c F_c; \qquad P_f = v_f F_f; \qquad P_{\text{ges}} = P_c + P_f$$

Spezifische *Schnittkraft* k_c: werkstoffabhängig.

Je dünner der Span, desto höher die Schnittkraft!

$$F_c = k_c a_p f = k_c bh = k_{c,1.1}bh^{1-m}$$

$$\lg k_c = -k_{c,1.1}\lg h$$

a_p	Schnitttiefe
b	Spanungsbreite $= a_p/\sin\kappa$
$\bar{d}$	mittlerer Werkstückdurchmesser
F_a	Aktivkraft $= F_f + F_c$ (Arbeitsebene)
F_c	Schnittkraft ($\perp F_p \perp F_f$)
F_f	Vorschubkraft (Andruck des Werkstückes)
F_p	Passivkraft ($\perp F_f$, drückt Werkzeug weg)
f	Vorschub je Umdrehung
h	Spanungsdicke $= f \sin\kappa$
$k_{c,1.1}$	spezifische Schnittkraft für $b = h = 1$ mm
m	Exponent: Steigung der $\log k_c\,(h)$-Kurve
v_c	Schnittgeschwindigkeit
v_f	Vorschubgeschwindigkeit
κ	Einstellwinkel Werkstück/Werkzeug

2) Standzeitkriterien.

Maßgeblich für den Werkzeugverschleiß ist die Schnittgeschwindigkeit.

Gemessene *Verschleißkurven* zeigen die Verschleißmarkenbreite VB gegen die Schnittzeit t_c bei verschiedenen Schnittgeschwindigkeiten v_c.

Beispiel: Standzeit $T_{VB0.1;200} = 60$ min

Für die zulässige Verschleißmarkenbreite [z. B.] $VB = 0{,}1$ mm zeigt das *Standzeit*diagramm $T\,(v_c)$ eine hyperbolisch abfallende Kurve.

TAYLOR-Gleichung: $v_c T^{-1/k} = c_1$

Die logarithmierte Gleichung ist eine Gerade mit vom Schneidstoff-Werkstoff-Paar, aber nicht der Schnittgeschwindigkeit abhängigen Parametern.

$$\lg T = -k\,\lg v_c + \lg c_1$$

c_1	Schnittgeschwindigkeit bei $T = 1$ min
k	Steigung der Taylor-Geraden

3) Kostenoptimierung.

Das Kostenoptimum $K_{F,\min}$ liegt bei einer mittleren Schnittgeschwindigkeit v_{opt}. Fertigungskosten je Werkstück

$$K_F = K_{ML}t_h + \frac{(K_{ML}t_W + K_{WT})t_h}{T}$$

Hauptzeit für Drehen

$$t_h = \frac{\pi d_W l_f}{f\,v_c}$$

Kostenoptimale Standzeit

$$T_{K,opt} = -(k+1)\left(t_W + \frac{K_{WT}}{K_{ML}}\right)$$

Zeitoptimale Standzeit

$$T_{t,opt} = -(k+1)\,t_W$$

d_W	Werkstückdurchmesser
K_{ML}	Maschinen- und Lohnkostensatz
K_{WT}	Werkzeugkosten je Standzeit
k	Steigung der Taylor-Gerade
l_f	Vorschubweg
T	Standzeit des Werkzeugs
t_W	Werkzeugwechselzeit
t_h	Hauptzeit

Spangebendes Verfahren

Spanendes Fertigungsverfahren:
Mit geometrisch bestimmten Schneiden: *Drehen, *Bohren, *Fräsen, *Hobeln, *Räumen,
Mit geometrisch unbestimmten Schneiden: *Schleifen.

Spannung, mechanische

Querschnittsbezogene Werkstoffbeanspruchung. Differentialquotient Kraft durch Fläche.
Die SI-Einheit PASCAL ist definiert durch die gleichmäßig auf eine Fläche von einem Meterquadrat wirkende Kraft 1 Newton.

$1\,\mathrm{Pa} = 10^{-5}\,\mathrm{bar} = 0{,}01\,\mathrm{mbar} = 1\,\mathrm{N/m^2} = 1\,\mu\mathrm{N/mm^2}$
$1\,\mathrm{MPa} = 10\,\mathrm{bar} = 1\,\mathrm{MN/m^2} = 1\,\mathrm{N/mm^2}$

---

1) Normalspannung. σ (in $\mathrm{N/mm^2} = \mathrm{MPa}$), engl. *stress*, Komponente des Spannungsvektors in Normalenrichtung, die senkrecht zur Fläche A einwirkt. *Zugspannungen* sind positive, *Druckspannungen* negative Normalspannungen.

$$\sigma = \frac{\text{Normalkraft } F_n}{\text{Querschnittsfläche } S_0}$$

2) Mechanische Nennspannung. Kraft F pro Restquerschnitt S eines durch eine Kerbe geschwächten Bauteils.

$$\boxed{\sigma_n = \frac{F}{S}} \quad \mathrm{N/mm^2}$$

3) Wahre Spannung. Kraft pro verformte Querschnittsfläche $S(t)$ zur Zeit t während des DIN-Zugversuchs.

4) Mittelspannung bei *schwingender Beanspruchung.

$$\boxed{\sigma_m = \frac{\sigma_o + \sigma_u}{2}} \quad \mathrm{N/mm^2}$$

σ_o Oberspannung, σ_u Unterspannung.

Arten der mechanischen Spannung.

	vorhanden	zulässig	Bruchspannung (statische Festigkeit)
Zug	$\sigma_{z,vorh}$	$\sigma_{z,zul}$	R_m
Druck	$\sigma_{d,vorh}$	$\sigma_{d,zul}$	σ_{dB}
Biegung	$\sigma_{b,vorh}$	$\sigma_{b,zul}$	σ_{dB}
Abscherung	$\tau_{a,vorh}$	$\tau_{a,zul}$	τ_{aB}
Torsion	$\tau_{t,vorh}$	$\tau_{t,zul}$	τ_{tB}
Schub	$\tau_{s,vorh}$	$\tau_{s,zul}$	τ_{sB}

Spannung, zulässige

Grundlage der Bauteilbewertung: Die maximale vorhandene Spannung darf die zulässige Spannung nicht überschreiten.

$$\sigma_{vorh} \leq \sigma_{zul} \quad \text{und} \quad \tau_{vorh} \leq \tau_{zul}$$

Zulässige Spannungen werden aus Werkstoffkenngrößen —
Streckgrenze R_e für zäh-duktile Werkstoffe,
Zugfestigkeit R_m für spröde Werkstoffe —
abgeleitet, mit *Sicherheitsbeiwerten $S > 1$* versehen.

1) Zähe Werkstoffe. Zulässige Spannung für statische (zügige) Beanspruchung.

$$\sigma_{zul}(\tau_{zul}) = \frac{\sigma_F(\tau_F)}{S_F}$$

Fließgrenze für Zugbeanspruchung = Streckgrenze oder 0,2%-Dehngrenze.

$$\sigma_F = R_e \text{ oder } R_{p0.2}$$

Quetschgrenze (für Druckbeanspruchung)

$$\sigma_F = \sigma_{dF}$$

Biegefließgrenze (für Biegebeanspruchung)

$$\sigma_F = \sigma_{bF}$$

Torsionsfließgrenze (für Torsionsbeanspruchung)

$$\tau_F = \tau_{tF}$$

S_F	Sicherheit gegenüber Fließen	(Dim. 1)
σ_F	Fließgrenze für Normalbeanspruchung	
τ_F	Fließgrenze für Tangentialbeanspruchung	

Sicherheit gegen Fließen (Richtwerte).

Beanspruchung	Zug/Druck	Biegung	Torsion
statisch	1,65 ... 1,95	1,90 ... 2,50	1,50 ... 1,75
schwellend	1,85 ... 2,50	2,40 ... 3,35	1,65 ... 2,35
wechselnd	2,40 ... 3,35	3,25 ... 4,60	2,25 ... 3,25

2) Spröde Werkstoffe. Die zulässige Spannung ergibt sich aus Festigkeitswerten (siehe Werkstoffnormen).

$$\sigma_{zul}(\tau_{zul}) = \frac{\sigma_B(\tau_B)}{S_B}$$

Zugfestigkeit (bei Zugbeanspruchung)	$\sigma_F = R_m$
Druckfestigkeit (Druckbeanspruchung)	$\sigma_F = \sigma_{dB}$
Biegefestigkeit (Biegebeanspruchung)	$\sigma_F = \sigma_{bB}$
Abscherfestigkeit (Abscherbeanspruchung)	$\tau_B = \tau_{aB}$
Torsionsfestigkeit (Torsionsbeanspruchung)	$\tau_B = \tau_{tB}$

S_B	Sicherheit gegenüber Bruch
σ_B	Bruchfestigkeit bei Normalbeanspruchung
τ_B	Bruchfestigkeit bei Tangentialbeanspruchung

Spannung-Dehnung-Diagramm

$\sigma(\varepsilon)$ liefert im DIN-*Zugversuch* Kennwerte zu Verformungseigenschaften von Werkstoffen.

1) Hooke'sches Gesetz (elastischer Bereich). Proportionalität von Spannung σ und Dehnung ε.

$$\sigma_z = E\,\varepsilon_z = E\,\frac{\Delta l}{l} = \frac{F}{A_0} \leq \sigma_P$$

Querdehnung beim Rundstab

$$\varepsilon_q = -\nu\,\varepsilon_z = \frac{\Delta d}{d} < 0$$

Querkontraktionszahl

$$\nu = \left|\frac{\varepsilon_q}{\varepsilon_z}\right| < 0{,}5$$

Volumendehnung (inkompressibler Werkstoff)

$$e = \frac{\Delta V}{V_0} = \varepsilon_x + \varepsilon_y + \varepsilon_z = \varepsilon_z(1 - 2\nu)$$

Es ist: $e = 0$ für $\nu = 0{,}5$.
HOOKE'sches Gesetz für Schub

$$\tau = G\,\gamma \quad \text{mit} \quad G = \frac{E}{2(1+\nu)}$$

A_0 Ausgangsquerschnitt
d_0 Ausgangsdurchmesser
F Längskraft im Probestab
G Gleit- oder Schubmodul
Δl Längenänderung
σ_P Proportionalitätsgrenze.

2) Thermische Dehnung (bei Temperaturänderung)

$$\varepsilon_{th} = \alpha_{th}\,\Delta T = \alpha_{th}\,(T_{end} - T_{start})$$

Gesamtdehnung eines Zugstabes

$$\varepsilon_{ges} = \varepsilon_{el} + \varepsilon_{th} = \frac{\sigma_z}{E} + \alpha_{th}\,\Delta T$$

Temperaturspannung: thermische Spannung bei vollständiger Dehnungsbehinderung.

$$\sigma_z = \sigma_{th} = -E\,\alpha_{th}\,\Delta T$$

α_{th} linearer thermischer Audehnungskoeffizient.

3) Elastizitätsgrenze.
Max. Spannung für rein-elast. Dehnung = Beginn der Gefügeänderung durch Gleitprozesse. Nur durch Überschreitung bestimmbar, nicht DIN-konform.
Technische Elastizitätsgrenze = Spannung bei nichtproportionalen Dehnung $\varepsilon_p = 0.01\%$.
Proportionalitätsgrenze = maximale Spannung σ_P am Ende des linearen Anstiegs der Spannung-Dehnung-Kurve. Schwierig zu bestimmen.
Vgl. *Elastizitätsmodul, *Nachgiebigkeit,
*Schubmodul, *Querkontraktionszahl.

4) Fließgrenze. Beginn der irreversiblen (plastischen) Verformung. Schwierig zu bestimmen, nicht DIN-konform. Der Werkstoff dehnt sich, die Lastaufnahme geht zurück.

5) Streckgrenze.
obere Streckgrenze R_{eH} = Beginn des Fließens mit nachfolgend schubweiser Wiederverfestigung.
Eine *ausgeprägte Streckgrenze* oder *natürliche Streckgrenze* liegt bei Spannungskonstanz oder merklichem Spannungsabfall vor.
untere Streckgrenze R_{eL} = Ende des Fließens und Beginn der Verfestigung.
0,2%-Dehngrenze $R_{p0.2}$ = bei Entlastung bleibende nichtproportionale Dehnung $\varepsilon_p = 0.2\%$.
$\hat{=}$ *Ersatzstreckgrenze* für Werkstoffe ohne ausgeprägte Streckgrenze.

6) Zugfestigkeit R_m
Maximale Spannung bei Höchstlast, wenn die Gleichmaßdehnung ε_g erreicht wird.

$$\boxed{R_m = \frac{\text{Maximalkraft } F_m}{\text{Ausgangsquerschnitt } S_0}}\;\; N/mm^2$$

$\hat{=}$ Beginn der Einschnürung (Querschnittsabnahme) und Spannungszunahme durch einen mehrachsigen Spannungszustand
$\hat{=}$ Maß für die *Festigkeitsgrenze* des Werkstoffs.
Reißfestigkeit σ_R = (nicht genormte) Spannung im Augenblick des Bruches.

$$\boxed{\sigma_R = \frac{\text{Zugkraft beim Bruch } F_m}{\text{Reißquerschnitt } S_R}}\;\; N/mm^2$$

7) Bruchdehnung A
Dehnung der Messlänge L_0 bis zum Bruch (L_u)
$\hat{=}$ Maß für die *Zerreißgrenze* des Werkstoffs.

$$\boxed{\begin{aligned} A &= \frac{\text{Längenänderung } L_u - L_0}{\text{Ausgangslänge } L_0} = \\ &= \text{Gleichmaßdehnung } \varepsilon_g \text{ bis } R_m \\ &\quad +\text{Einschnürdehnung } \varepsilon_e \end{aligned}}$$

Die Bruchdehnung hängt von den Ausmaßen des Zugstabes ab. Der DIN-*Proportionalstab* hat daher ein bestimmtes Messlängenverhältnis

$$\frac{\text{Ausgangslänge } L_0}{\text{Ausgangsdurchmesser } D_0} = 5 \text{ oder } 10$$

Es wird A_5 und A_{10} unterschieden.

8) Gleichmaßdehnung A_g = Dehnung, bis zum Einsetzen der Einschnürung (bei R_m). Die elastische Dehnung wird subtrahiert. Vom Messlängenverhältnis unabhängig; bedeutsam zur Beurteilung der Verformbarkeit, z. B. beim Tiefziehen.

9) Brucheinschnürung.
Kenngröße zur Abschätzung von Versagensfällen, z. B. Sprödbruchneigung.

$$\boxed{Z = \frac{\text{Querschnittsänderung bis Bruch } S_0 - S_u}{\text{Ausgangsquerschnitt } S_0}}\;\%$$

10) Wahres Spannung-Dehnung-Diagramm
Auf den tatsächlichen Querschnitt bezogenes Diagramm.
wahre Spannung $= \dfrac{\text{Kraft } F}{\text{verformter Querschnitt } S}$ und
wahre Dehnung $\varphi = -\ln S/S_0$.

Die Spannung steigt bis zum Bruch kontinuierlich an (kein Abfall während Einschnürdehnung).

HOLLOMON-Gleichung $\boxed{\sigma = k\,\varphi^n}$

k Verfestigungskoeffizient.

11) Bauteilbewertung. Vgl. zulässige *Spannung.

Spannungsquerschnitt
Bei Schrauben:

$$\boxed{A_s = \frac{\pi}{4}\left(\frac{d_F + d_K}{2}\right)^2}\;\; mm^2$$

d_F Flankendurchmesser (mm)
d_K Kerndurchmesser des Getriebebolzens (mm)

Spannungstensor
Die symmetrische Matrix der Spannungen in einem würfelfömrigen Volumenelement bei Einwirkung einer Kraft $\vec{F}$ auf die räumliche Fläche A.

$$\sigma = \frac{\vec{F}}{A} = \begin{pmatrix} \sigma_x & \tau_{xy} & \tau_{xz} \\ \tau_{yx} & \sigma_y & \tau_{yz} \\ \tau_{zx} & \tau_{zy} & \sigma_z \end{pmatrix}$$

1) *Normalspannungen* in die Raumrichtungen (auf den Würfelflächen)

$$\sigma_x = \frac{dF_{n,i}}{dA_x} = \frac{E}{1+\mu}\left(\varepsilon_x + \frac{\mu\varepsilon}{1-2\mu}\right)$$

$$\sigma_y = \frac{dF_{n,i}}{dA_y} = \frac{E}{1+\mu}\left(\varepsilon_y + \frac{\mu\varepsilon}{1-2\mu}\right)$$

$$\sigma_z = \frac{dF_{n,i}}{dA_z} = \frac{E}{1+\mu}\left(\varepsilon_z + \frac{\mu\varepsilon}{1-2\mu}\right)$$

2) *Schubspannungen*, paarweise senkrecht auf σ_i (in den Würfelflächen)

$$\tau_{xy} = \tau_{yx} = \frac{dF_{t,x}}{dA_x} = G\,\gamma_{xy}$$

$$\tau_{xz} = \tau_{zx} = \frac{dF_{t,y}}{dA_y} = G\,\gamma_{xz}$$

$$\tau_{yz} = \tau_{zy} = \frac{dF_{t,z}}{dA_z} = G\,\gamma_{yz}$$

μ Poisson-Zahl, $\varepsilon = \Delta l/l$ Dehnung.

Symmetrie des Spannungstensors. Gesetz der Gleichheit zugeordneter Schubspannungen.

$$\tau_{ij} = \tau_{ji} \quad (i,j = x,y,z), \text{ wobei } i \neq j$$

3) Durch geeignete Drehung des Koordinatensystems werden die Nebenglieder Null und in der Diagonalen stehen die *Hauptspannungen* $\sigma_1, \sigma_2, \sigma_3$ in die Hauptrichtungen 1, 2 und 3. Damit ergibt sich die *mittlere mechanische Spannung*.

$$\boxed{\sigma_m = \frac{\sigma_1 + \sigma_2 + \sigma_3}{3}}$$

Spannungsvektor

Spannungszustand in der Fläche mit der Flächennormalen $\vec{n}$.

$$\boxed{\vec{S} = \frac{d\vec{F}}{dA} = \sigma\,\vec{e}_n + \tau\,\vec{e}_t} \quad \text{N mm}^{-2}$$

Normalspannung ($\perp$ Fläche) $\sigma = dF_n/dA$
Schubspannung ($\parallel$ Fläche) $\tau = dF_t/dA$

Spannungszustand, einachsiger

Durch Einwirkung einer Verformungskraft entstandener Zustand; z. B. bei *Zugstab*, Seil, Kette, Stütze, Kolbenstange, Druckspindel.

1) Beanspruchung eines Stabes mit Zugkraft F_x, die im Flächenschwerpunkt des Querschnitts A angreift.

Normalspannung $\sigma_x = dF/dA$
       $\sigma_y = \sigma_z = 0$
Schubspannung $\tau_{xy} = \tau_{xz} = \tau_{yz} = 0$
Dehnung $\varepsilon_x = \sigma_x/E$
       $\varepsilon_y = \varepsilon_z = 0$
Schiebung $\gamma = 0$

2) In der Fläche $A(\varphi)$ wirkt die größte Schubspannung $\tau(\varphi)$. Der Zugstab gleitet in einem Winkel von ca. $\varphi = 45°$ ab, bis er bricht.

$$\sigma_0 = \sigma_x = F/A$$

$$\sigma(\varphi) = \frac{F_n(\varphi)}{A(\varphi)} = \frac{F}{A}\cos^2\varphi$$

$$= \sigma_0 \cos^2\varphi = \frac{\sigma_0}{2}[1 + \cos 2\varphi]$$

$$\tau(\varphi) = \frac{F_t(\varphi)}{A(\varphi)} = \frac{F}{A}\sin\varphi\cos\varphi = -\frac{\sigma_0}{2}\sin 2\varphi$$

MOHR*scher Spannungskreis:* $\sigma_\varphi(\tau_\varphi)$-Diagramm.

$$\boxed{\left(\sigma(\varphi) - \frac{\sigma_0}{2}\right)^2 + \tau^2(\varphi) = \left(\frac{\sigma_0}{2}\right)^2 + \underbrace{\tau_0^2}_{=0}}$$

Mittelpunkt: $M(\sigma_0/2;\ 0)$
Radius: $r = \sigma_0/2$

3) *Gesetz der Gleichheit zugeordneter Schubspannungen.* Schubspannungen an zueinander senkrechten Schnittflächen sind betragsmäßig gleich und haben unterschiedliche Richtung zur Fächentangente.

$$\tau\left(\varphi + \frac{\pi}{2}\right) = -\tau(\varphi)$$

A Querschnittsfläche des Zugstabes
$A(\varphi)$ Fläche unter Winkel φ schräg durch den Zugstab
F_n Normalkraft ($\perp$ auf Fläche A_+)
F_t Tangentialkraft ($\parallel$ Fläche A_+)
φ Winkel zw. Normalkraft und Zugkraft
σ_0 Nennspannung (ungestörter Querschnitt)

Spannungszustand, zweiachsiger

Überlagerung von einachsigem Zug σ_0 und ebenem Schub τ_0.

$$\sigma(\varphi) = \frac{\sigma_0}{2} + \frac{\sigma_0}{2}\cos 2\varphi - \tau_0\sin 2\varphi$$

$$\tau(\varphi) = \frac{\sigma_0}{2}\sin 2\varphi + \tau_0\cos 2\varphi$$

MOHR*scher Spannungskreis:* $\sigma_\varphi(\tau_\varphi)$-Diagramm.

$$\boxed{\left(\sigma(\varphi) - \frac{\sigma_0}{2}\right)^2 + \tau^2(\varphi) = \left(\frac{\sigma_0}{2}\right)^2 + \tau_0^2}$$

*Hauptnormalspannung*en = Hauptspannungen. Maximale und minimale Normalspannungen an senkrecht aufeinander stehenden Schnittflächen, die schubspannungsfrei sind.

$$\sigma_{1,2} = \frac{\sigma_0}{2} \pm \sqrt{\left(\frac{\sigma_0}{2}\right)^2 + \tau_0^2} = \frac{\sigma_0}{2} \pm \tau_{max}$$

$$\tan(2\varphi_0) = -\frac{2\tau_0}{\sigma_0}$$

Hauptschubspannung

$$\tau_{max} = \sqrt{\left(\frac{\sigma_0}{2}\right)^2 + \tau_0^2}$$

$$\tan(2\varphi_1) = -\frac{\sigma_0}{2\tau_0} = -\frac{1}{\tan(2\varphi_0)}$$

φ_0 Neigungswinkel der schubspannungsfreien Schnittflächen.

Spannungszustand, mehrachsiger

Bei komplizierten Verformungen z. B. *Zugversuch, *Kerbwirkung, *Verschiebung, *Verzerrung.

Spannungszustand, räumlicher

Normalspannung in die Raumrichtungen

$$\sigma_x = \frac{E}{1+\mu}\left(\varepsilon_x + \frac{\mu\varepsilon}{1-2\mu}\right)$$

$$\sigma_y = \frac{E}{1+\mu}\left(\varepsilon_y + \frac{\mu\varepsilon}{1-2\mu}\right)$$

$$\sigma_z = \frac{E}{1+\mu}\left(\varepsilon_z + \frac{\mu\varepsilon}{1-2\mu}\right)$$

Dehnung in die Raumrichtungen

$$\varepsilon_x = \frac{1}{E}\left[\sigma_x - \mu(\sigma_y + \sigma_z)\right]$$

$$\varepsilon_y = \frac{1}{E}\left[\sigma_y - \mu(\sigma_z + \sigma_x)\right]$$

$$\varepsilon_z = \frac{1}{E}\left[\sigma_z - \mu(\sigma_x + \sigma_y)\right]$$

Schubspannung

$$\tau_{xy} = G\,\gamma_{xy}$$
$$\tau_{xz} = G\,\gamma_{xz}$$
$$\tau_{yz} = G\,\gamma_{yz}$$

Schiebung

$$\gamma_{xy} = \tau_{xy}/G$$
$$\gamma_{xz} = \tau_{xz}/G$$
$$\gamma_{yz} = \tau_{yz}/G$$

μ Poisson-Zahl, $\varepsilon = \Delta l/l$ Dehnung.

Spannungszustand, rotationssymmetrischer

Spezialfall der *Elastostatik. Geometrie, Belastung und Randbedingungen sind rotationssymmetrisch zu einer Achse und unabhängig vom Polarwinkel.

Zylinderkoordinaten	r, φ, z
Feldgrößen	
– Verschiebungen	v_r, v_φ, v_z
– Hauptnormalspannungen	$\sigma_r, \sigma_\varphi, \sigma_z$
– Verzerrungen (Dehnungen)	$\varepsilon_r, \varepsilon_\varphi, \varepsilon_z$

1) Vergleichspannung

$$\sigma_{v4} = \sqrt{\sigma_r^2 + \sigma_\varphi^2 + \sigma_z^2 - (\sigma_r\sigma_\varphi + \sigma_r\sigma_z + \sigma_\varphi\sigma_z)}$$

2) Verzerrungs-Verschiebungs-Beziehungen

$$\varepsilon_r = \frac{\partial v_r}{\partial r}; \quad \varepsilon_\varphi = \frac{v_r}{r}, \quad \varepsilon_z = \frac{\partial v_z}{\partial z}$$

3) HOOKE'sches Gesetz für Rotationssymmetrie

$$\begin{pmatrix} \varepsilon_r \\ \varepsilon_\varphi \\ \varepsilon_z \end{pmatrix} = \frac{1}{E} \begin{pmatrix} \sigma_r - \nu(\sigma_\varphi + \sigma_z) + \alpha_{th}\Delta T \\ \sigma_\varphi - \nu(\sigma_r + \sigma_z) + \alpha_{th}\Delta T \\ \sigma_z - \nu(\sigma_r + \sigma_\varphi) + \alpha_{th}\Delta T \end{pmatrix}$$

$$\begin{pmatrix} \sigma_r \\ \sigma_\varphi \\ \sigma_z \end{pmatrix} = \frac{E}{(1+\nu)(1-2\nu)} \cdot$$

$$\begin{pmatrix} \varepsilon_r(1-\nu) + \nu(\varepsilon_\varphi + \varepsilon_z) + (1+\nu)\alpha_{th}\Delta T \\ \varepsilon_\varphi(1-\nu) + \nu(\varepsilon_r + \varepsilon_z) + (1+\nu)\alpha_{th}\Delta T \\ \varepsilon_z(1-\nu) + \nu(\varepsilon_r + \varepsilon_\varphi) + (1+\nu)\alpha_{th}\Delta T \end{pmatrix}$$

ν Querkontraktionszahl.

4) Speziell: *Rotierende Scheibe, *Rohrspannung.

Spanung *Spanen.

Spanungsquerschnitt

Drehen	$A = a\,f$
Bohren	$A = a\,f/2$
Stirnfräsen	$A = a\,h\,z_e$

a Schnitttiefe, f Vorschub, h Spanungsdicke, z_e Zahl der Schneiden im Eingriff.

Spanungsvolumen pro Zeit

Auch: *Zeitspanungsvolumen.*

Drehen	$Q = A\,v_c = a\,f\,v_c$
Bohren	$Q = A\,v_c/2 = d\,f\,v_c/4$
Stirnfräsen	$Q = a\,a_e\,v_f$

a Schnitttiefe, a_e Arbeitseingriff (Breite der gefrästen Fläche), f Vorschub, v_e Schnittgeschwindigkeit, v_d Vorschubgeschwindigkeit.

Speichermodul

Realteil des komplex definierten Schubmoduls G.

Spule, mechanische

oder: *Wickel.*

Rundspule: auf einen Zylinder (Durchmesser D) aufgewickelter Draht (Dicke d). Erforderliche Drahtlänge:

$$l = \frac{\pi\,N\,(D+d)}{2} \quad (m)$$

Rechteckspule: auf einen Quader (Längen l_1, l_2) aufgewickelter Draht. Erforderliche Drahtlänge:

$$l = l_m\,N = N\,(2l_1 + 2l_2 + \pi h)$$

b Breite des Wickels, D Durchmesser Spule, d Spulenkörper, d_1 Drahtdurchmesser, $h = (D-d)/2$ Wickelhöhe, $N = N_1\,z$ Windungszahl, $N_1 = b/d_1$ einer Lage, l_m mittl. Windungslänge, $z = h/d_1$ Anzahl Lagen.

Stabwerk

Zusammenges. *Tragwerk: System aus miteinander verbundenen Stäben – im Gegensatz zum *Fachwerk ohne Gelenke (Knoten).

1) Statische Bestimmtheit. Sämtliche Lager- und Verbindungsreaktionen werden aus Gleichgewichtsbedingungen ermittelt.

$$\boxed{n = 2k - a - v}$$

$n > 0$ System mit n Freiheitsgraden
$n = 0$ statisch bestimmt
$n < 0$ $|n|$-fach statisch unbestimmt

k Anzahl starrer Körper
a Anzahl der Lagerreaktionen
v Anzahl der Verbindungsreaktionen

2) Lager- und Verbindungsreaktionen. Ein Tragwerk ist im Gleichgewicht, wenn jedes Teilsystem (starrer Körper) für sich im Gleichgewicht ist.

3) Beispiel: *Dreigelenkbogen*, zusammengesetztes Tragwerk aus:
1a. Senkrechter Stab. Im Festlager (B) wirken am Stab die Kräfte F_{Bx} (horizontal, Zug) und F_{By} (vertikal, Druck).
1b. Waagrechter Stab (Länge $4a$, Einheit mit 1a) mit Flächenlast $F_q = 4qa$.
An der Verbindungstelle zu 2 (ebenes Gelenk G) wirken die Kräfte F_{Gx} und F_{Gy}.
2. Einseitig fest gelagerter Viertelkreisbogen (Radius $3a$). Im Lager (C) wirken die Kräfte F_{Cx} (horizontal, Zug am Stab) und F_{Cy} (vertikal, Druck).

Lösung: Bedingung für statische Bestimmtheit erfüllt.

$$k = 2, a = 4, v = 3 \Rightarrow n = 0$$

Gleichgewichtsbedingungen (vgl. *Moment)

Körper 1: $\rightarrow 0 = F_{Bx} + F_{Gx}$
$\quad\quad \leftarrow 0 = F_{By} + F_{Gy} - F_q$
$\quad\quad \hookrightarrow 0 = F_{Gy} \cdot 4a + F_{Gy} \cdot 3a - F_q \cdot 2a$

Körper 2: $\rightarrow 0 = -F_{Gx} + F_{Cx}$
$\quad\quad \leftarrow 0 = -F_{Gy} + F_{Cy}$
$\quad\quad \hookrightarrow 0 = (F_{Gx} + F_{Gy}) \cdot 3a$

Lösung $\quad F_{Bx} = -F_{Cx} = F_{Cy} =$
$\quad\quad = -F_{Gx} = (8/7)\,qa$
$\quad\quad F_{By} = (20/7)\,qa$

Standfestigkeit

Standsicherheit. Ein Körper ist in jeder beliebigen Lage im stat. Gleichgewicht (standfest), wenn sein Schwerpunkt oder Massenmittelpunkt lotrecht oberhalb seiner Grundfläche liegt. Der Körper kippt, sobald das Moment der angreifenden Kraft F (in Höhe h über der Grundfläche) größer wird als das Standmoment (b Abstand Kippkante–Schwerpunktslot).

$$\boxed{\text{Standmoment } F_G\,b = \text{Kippmoment } F\,h}$$

Starrer Körper

Modell in der Statik.

1) Einachsiges Modell. Gegen die Ausdehnung in eine Raumrichtung (Längsrichtung) ist die maximale Ausdehnung in die anderen beiden Raumrichtungen vernachlässigbar.

a) *Fachwerkstab:* überträgt Kräfte in Richtung der Stabachse.

b) *Balken oder Träger:* überträgt beliebige Kräfte und Momente.

2) Zweiachsiges Modell. Die Dicke des Modellkörpers sei sehr viel kleiner als die Ausdehnung in anderen Raumrichtungen.

a) *Scheibe:* Belastungen in der Mittelebene (auf den schmalen Seitenflächen).
b) *Platte:* Belastungen senkrecht zur Mittelebene.
c) *Schale:* doppelt gekrümmte Mitelebene.
3) Dreiachsiges Modell. z. B. Vollraum, Halbraum, Quader, Zylinder, Kugel.

Statik

Teilgebiet der Mechanik; untersucht die Bedingungen, unter denen sich Körper bei Einfluss von Kräften im Gleichgwicht befinden.
Kräfte am starren Körper sind linienflüchtig; d. h. Kräfte können längs ihrer Wirkungslinie beliebig verschoben werden (*Kräftepolygon).
Freimachen: Ein Körper wird lösgelöst von seiner Umgebung betrachtet. Anstelle mechan. Verbindungs- oder Berührungsstellen treten Kräfte, die am Körper angreifen.
Vgl. *Moment, *Starrer Körper, *Lager, *Belastung, *Tragwerk, *Schnittreaktionen, *Reibung.

Statische Gleichgewichtsbedingung

Ein starrer Körper ist im stat. Gleichgewicht, wenn die Resultierende aller einwirkenden Kräfte und Drehmomente Null ist.

$$\sum_i \vec{F}_{\mathrm{a},i} = 0 \quad \text{und} \quad \sum_i \vec{M}_{\mathrm{a},i} = 0$$

Für Kräfte in einer Ebene ist die Gleichgewichtsbedingung erfüllt, wenn Kraft- und Seileck geschlossen sind.

$$\sum \vec{F}_x = 0 \qquad \sum \vec{F}_y = 0$$
$$\sum_i F_i \sin\alpha_i = 0 \qquad \sum_i F_i \cos\alpha_i = 0$$

Statisches Moment

Wichtig für die Berechnung des *Schwerpunktes von Körpern, Flächen und Linien.
1) Linienmoment = statisches Moment eines homogenen ebenen *Kurvenstückes* im kartes. Koordinatensystem ($l\,x$ bzw. $l\,y$).
Beschrieben durch die Funktion $y = f(x)$

$$\begin{aligned}
M_x &= \pi \int_{x_1}^{x_2} y \sqrt{1 + y'^2}\,\mathrm{d}x = \frac{A}{2\pi} \\
M_y &= \pi \int_{x_1}^{x_2} x \sqrt{1 + y'^2}\,\mathrm{d}x
\end{aligned} \qquad \mathrm{m}^2$$

A Mantelfläche e. Rotationskörpers um x-Achse.

Parameterform: $x = \varphi(t)$; $y = \psi(t)$

$$M_x = \pi \int_{t_1}^{t_2} \psi \sqrt{\dot\varphi + \dot\psi}\,\mathrm{d}t$$
$$M_y = \pi \int_{t_1}^{t_2} \varphi \sqrt{\dot\varphi + \dot\psi}\,\mathrm{d}t$$

Polarkoordinaten: $r = f(\varphi)$

$$V_x = \pi \int_{\varphi_1}^{\varphi_2} r \sin\varphi \sqrt{r^2 + \left(\frac{\mathrm{d}r}{\mathrm{d}\varphi}\right)^2}\,\mathrm{d}\varphi$$
$$V_y = \pi \int_{\varphi_1}^{\varphi_2} r \cos\varphi \sqrt{r^2 + \left(\frac{\mathrm{d}x}{\mathrm{d}\varphi}\right)^2}\,\mathrm{d}\varphi$$

2) Flächenmoment 1. Grades
= statisches Moment einer Fläche.
a) Homogenes *ebenes Flächenstück* unter einer Kurve oder zw. zwei Kurven.
begrenzt durch die Funktion $y = f(x)$ und die x- bzw. y-Achse.

$$\begin{aligned}
M_x &= \frac{1}{2} \int_{x_1}^{x_2} y^2\,\mathrm{d}x \\
M_y &= \frac{1}{2} \int_{x_1}^{x_2} x\,y\,\mathrm{d}x
\end{aligned} \qquad \mathrm{m}^3$$

begrenzt durch zwei Kurven $y = f(x)$ und $g(x)$

$$M_x = \frac{1}{2} \int_{x_1}^{x_2} \left[f(x)^2 - g(x)^2 \right] \mathrm{d}x$$
$$M_y = \frac{1}{2} \int_{x_1}^{x_2} x\,\left[f(x) - g(x) \right] \mathrm{d}x$$

b) *beliebige (räumliche) Fläche*
allgemein in rechtwinkligen Koordinaten

$$M_x = \int_A x\,\mathrm{d}A = \int_{x_1}^{x_2} \int_{g_1(x)}^{g_2(x)} y\,\mathrm{d}y\,\mathrm{d}x$$
$$M_y = \int_A y\,\mathrm{d}A = \int_{x_1}^{x_2} \int_{g_1(x)}^{g_2(x)} x\,\mathrm{d}y\,\mathrm{d}x$$

allgemein in Polarkoordinaten

$$M_x = \int_{\varphi_1}^{\varphi_2} \int_{g_1(\varphi)}^{g_2(\varphi)} r^2 \sin\varphi\,\mathrm{d}r\,\mathrm{d}\varphi$$
$$M_y = \int_{\varphi_1}^{\varphi_2} \int_{g_1(\varphi)}^{g_2(\varphi)} r^2 \sin\varphi\,\mathrm{d}r\,\mathrm{d}\varphi$$

c) eines Volumens: *Rotationskörper* um die x-Achse (bezogen auf die zur x-Achse senkrechte Ebene).

$$M_{xy} = \pi \int_{x_1}^{x_2} x\,y^2\,\mathrm{d}x \qquad \mathrm{m}^4$$

3) Massenmoment 1. Grades *Massenmoment.
4) Kraftmoment = statisches Moment einer Kraft = *Drehmoment.
5) Statisches Moment *eines Kräftepaars* $M = F\,l$ mit l Abstand zw. den Kräften (z. B. Hebel).

Steifigkeit

Maß für den Widerstand des Kristallgitters gegen Verformung.

Zug/Druck-Beanspruchung:	$E\,A$	Zugsteifigkeit
Biegung:	$E\,I_x$	Biegesteifigkeit
Torsion:	$G\,I_t$	Torsionssteifigkeit
Querschubkraft:	$G\,A$	Schubsteifigkeit

Anwendung: vgl. *Formänderungsenergie.

Steiner'scher Satz

Trägheitsmomente sind für kartes. Koordinaten *mit Ursprung im Schwerpunkt* (S) definiert. Für kartes. Koordinaten x, y, z mit beliebig gewähltem Koordinatenursprung gilt der *Satz von Steiner.*
1) *Axiales Flächenmoment 2. Grades*

$$I_x = I_{xx} = I_{xx,\mathrm{S}} + y_{\mathrm{S}}^2 A$$
$$I_y = I_{yy} = I_{yy,\mathrm{S}} + x_{\mathrm{S}}^2 A \qquad m^4$$

2) *Deviationsmoment* oder *Zentrifugales Flächenmoment 2. Grades*

$$I_{xy} = I_{xy,\mathrm{S}} - x_{\mathrm{S}} y_{\mathrm{S}}^2 A$$

3) *Flächenmoment 2. Grades* eines rotierenden Körpers.

$$I_{\mathrm{D}} = \int_A x_{\mathrm{D}}^2 \, dA = I_{\mathrm{S}} + A \, a^2 \qquad m^4$$

4) Das *Trägheitsmoment* (Massenmoment 2. Grades) J_{D} eines Körpers bezüglich einer beliebigen Drehachse D ist gleich seinem Trägheitsmoment J_{S} bezüglich der zu D parallelen Achse durch den Schwerpunkt S, vermehrt um das Produkt aus seiner Masse und dem Quadrat des Abstandes a beider Achsen.

$$J_{\mathrm{D}} = \int_m (x + a)^2 \, dm = J_{\mathrm{S}} + m \, a^2 \qquad kg\,m^2$$

Flächenmoment 2. Grades bezogen
I_{D} – auf Drehachse D parallel zur Schwerlinie (mm^4)
I_{S} – auf die Linie durch den Schwerpunkt (mm^4)

Trägheitsmoment bezogen
J_{D} – auf eine Achse D parallel zur Schwerlinie $(kg\,m^2)$
J_{S} – auf den Schwerpunkt (Schwerachse) $(kg\,m^2)$

A Fläche (m^2)
a Achsabstand: Scherachse – Drehachse (m)
x_{D} kartesische Koordinate der Drehachse D
x_{S} kartesische Koordinate des Schwerpunktes S im frei gewählten Koordinatensystem

Stiftverbindung

Vgl. *Bolzenverbindung.
1) Steckstift. Senkrecht aus einer Unterlage stehender Vollzylinder.

Biegespannung am Steckstift $\sigma_{\mathrm{b}} = \dfrac{32\,F\,h}{\pi\,d^3}$

Flächenpressung am Steckstift $p_{\max} = \dfrac{F(6h + 4s)}{d\,s^2}$

2) Radialstift. Quer durch den Durchmesser zweier konzentr. Rundkörper – außen: Nabe (N), innen: Welle (W) – laufender Vollzylinder.

Scherspannung in Radialstift $\tau = \dfrac{4M_{\mathrm{t}}}{\pi\,D_{\mathrm{W}}\,d^2}$

Mittlere Flächenpressung
a) Radialstift–Nabe $p_{\mathrm{N}} = \dfrac{4M_{\mathrm{t}}}{(D_{\mathrm{N}}^2 - D_{\mathrm{W}}^2)\,d}$

b) Radialstift–Welle $p_{\mathrm{W}} = \dfrac{6M_{\mathrm{t}}}{D_{\mathrm{W}}^2\,d}$

Stiftdurchmesser $d \approx (0{,}2 \dots 0{,}3)\,D_{\mathrm{W}}$

3) Längsstift. Parallel zur Bauteillängsachse an der Berührungsfläche zw. Nabe (N) und Welle (W) laufender Vollzylinder.

Mittlere Flächenpressung
Längsstift–Welle bzw. -Nabe $p = \dfrac{4M_{\mathrm{t}}}{D\,d\,l}$

Stiftdruchmesser $d \approx (0{,}15 \dots 0{,}2)\,D$

D Durchmesser von Nabe oder Welle
M_{t} Trsionsmoment (an der Nabe)

Stirnabschreckversuch

Jominy-Probe. Um die *Härtbarkeit* eines Einsatz- oder Vergütungsstahles zu prüfen, wird
1. die Probe (Ø 25 mm, 100 mm lang) auf Härtetemperatur erwärmt,
2. an einer Stirnfläche durch einen aufsteigenden Wasserstrahl abgeschreckt,
3. zwei gegenüberliegende Mantelseiten bis 0,45 mm nass angeschliffen,
4. die ROCKWELL- oder VICKERS-Härte in festgelegten Abständen gemessen.
Die Stirnabschreck-Härtekurve zeigt den Härteverlauf der Rundprobe in Abhängigkeit vom Abstand zur abgeschreckten Stirnfläche (Einhärtungstiefe).
Normung: J35-15 bedeutet: Härte 35 HRC im Abstand 15 mm von der Stirnfläche.

Stoß

Beim Stoßprozess berühren sich die Stoßpartner kurzzeitig und ändern dabei ihren Bewegungszustand und ggf. ihre Form.
• *Elastischer Stoß* = Stoß ohne Energieverlust in der Stoßzeit.
• *Inelastischer Stoß* = Stoß mit Energieumwandlung in der Stoßzeit.
Nach der Stoßgeometrie
• *Gerader Stoß:* Die Geschwindigkeitsvektoren liegen auf einer Geraden.
• *Schiefer Stoß:* Die Geschwindigkeitsvektoren liegen in einer Ebene und schließen einen Winkel ein.
• *Zentraler Stoß:* Die Schwerpunkte der Stoßpartner liegen auf der Stoßnormale (= Normalen zur Berührungsebene durch den Berührungspunkt).
• *Exzentrischer Stoß:* Die Schwerpunkte liegen nicht auf der Stoßnormalen; es tritt Rotation auf.
Kompression unter Zunahme der Formänderung. *Restitution* unter völligem oder teilweisem Rückgang der Formänderung.

1) Allgemeiner Stoß
Impulserhaltung für N zusammenstoßende Körper:

$$m_1\vec{v}_1 + m_2\vec{v}_2 + \cdots + m_N\vec{v}_N$$
$$= m_1\vec{v}_1' + m_2\vec{v}_2' + \cdots + m_N\vec{v}_N'$$

Näherungsweise auch für die Zeit kurz vor und kurz nach dem Stoß, wenn äußere Kräfte wirken.
Energiesatz der Mechanik

$$\tfrac{1}{2}m_1(v_{1x}^2 + v_{1y}^2) + \tfrac{1}{2}m_2(v_{2x}^2 + v_{2y}^2)$$
$$= \tfrac{1}{2}m_1(v_{1x}'^2 + v_{1y}'^2) + \tfrac{1}{2}m_2(v_{2x}'^2 + v_{2y'}^2) + \Delta W$$

v_i Geschwindigkeit des Körpers i v o r dem Stoß.
v_i' Geschwindigkeit n a c h dem Stoß.
$v_x . v_y$ Geschwindigkeiskomponenten
ΔW Energieverlust (Verformung, Reibung).

2) Ideal elastischer Stoß, *elastisch-gerader-zentraler Stoß.* Die Stoßpartner ändern ihre Geschwindigkeit, werden nicht deformiert ($\vec{v}_1 \parallel \vec{v}_2$ und $\Delta W = 0$). Kompression gleich Restitution ($k = 1$).
Geschwindigkeit nach dem Stoß

$$v_1' = 2\frac{m_1 v_1 + m_2 v_2}{m_1 + m_2} - v_1$$
$$= \frac{(m_1 - m_2)v_1 + m_2 v_2}{m_1 + m_2}$$
$$= v_1 - \frac{2m_2}{m_1 + m_2}(v_1 - v_2)$$

$$v_2' = 2\frac{m_1 v_1 + m_2 v_2}{m_1 + m_2} - v_2$$
$$= \frac{2m_1 v_1 + (m_2 - m_1)v_2}{m_1 + m_2}$$
$$= v_2 + \frac{2m_1}{m_1 + m_2}(v_1 - v_2)$$

Spezialfälle:

a) Gleich große Massen: „Austausch" der Geschwindigkeiten

$$\vec{v}_1' = \vec{v}_2 \text{ und } \vec{v}_2' = \vec{v}_1$$

b) Stoß gegen feste Wand: $m_2 \gg m_1$ und $\vec{v}_1' = -\vec{v}_1$

3) Elastisch-schiefer-zentraler Stoß.
Die Stoßpartner ändern Geschwindigkeit und Bewegungsrichtung ohne Deformation ($\Delta W = 0$).
Geschwindigkeit nach dem Stoß

$$v_{1x}' = v_{1x}$$
$$v_{1y}' = \frac{(m_1 - m_2)v_{1y} + 2m_2 v_{2y}}{m_1 + m_2}$$
$$v_{2x}' = v_{2x}$$
$$v_{2y}' = \frac{2m_1 v_{1y} + (m_2 - m_1)v_{2y}}{m_1 + m_2}$$

Spezialfälle:

a) Gleiche Massen $m_1 = m_2$ und ein Stoßpartner in Ruhe ($v_2 = 0$):

$$v_1^2 = v_1'^2 + v_2'^2 \text{, d. h. } \vec{v}_1' \perp \vec{v}_2'$$

b) Stoß gegen feste Wand ($m_2 \gg m_1$), analog zum Reflexiongesetz in der Optik.

$$v_{1y}' = -v_{1y}$$
$$\beta_1' = \tan\frac{v_{1y}'}{v_{1x}'} = \tan\frac{v_{1y}}{v_{1x}} = \beta_1$$

4) Ideal plastischer Stoß. *Inelastisch-gerader-zentraler Stoß mit Kopplung.* Unter vollständiger Umwandlung von kinet. Energie in *Formänderungsarbeit* ΔW und ohne Auseinanderbewegung nach dem Stoß. Keine Restitution ($k = 0$).
Gemeinsame Geschwindigkeit nach dem Stoß (im Augenblick größter Zusammendrückung)

$$\boxed{v' = v_1' = v_2' = \frac{m_1 v_1 + m_2 v_2}{m_1 + m_2}}$$

Formänderungsarbeit = Verlust an kinet. Energie

$$\boxed{\Delta W = \frac{1}{2}\frac{m_1 m_2}{m_1 + m_2}(v_1 - v_2)^2}$$

Spezialfall: Stößt ein Körper 1 einen ruhenden Körper 2 gleicher Masse unelastisch, wird die Hälfte der kinet. Energie in Verformungs- und Reibungsarbeit umgewandelt.

5) Inelastisch-gerader-zentraler Stoß ohne Kopplung
oder *teilelastischer Stoß:* unter Umwandlung von kinet. Energie in *Formänderungsarbeit* ΔW (gegeben); die Stoßpartner ändern ihre Geschwindigkeit und werden deformiert.

$$v_1' = \frac{m_1 v_1 + m_2 v_2 - m_2(v_1 - v_2)k}{m_1 + m_2}$$
$$= v_1 - \frac{m_2}{m_1 + m_2}(k + 1)(v_1 - v_2)$$

$$v_2' = \frac{m_1 v_1 + m_2 v_2 + m_1(v_1 + v_2)k}{m_1 + m_2}$$
$$= v_2 + \frac{m_1}{m_1 + m_2}(k + 1)(v_1 - v_2)$$

Stoßzahl = Verhältnis der Impulsverluste während der Restitution und Kompression (NEWTONsche Stoßhypothese).

$$k = \frac{v_2' - v_1'}{v_1 - v_2} = \sqrt{1 - \frac{2(m_1 + m_2)}{m_1 m_2 (v_1 - v_2)^2}\,\Delta E}$$

Geschwindigkeitsdifferenz nach dem Stoß

$$v_2' - v_1' = k(v_1 - v_2)$$

Energieverlust = *Dissipation* durch plast. Formänderung mit Erwärmung.

$$\Delta E = \frac{1}{2}\xi\,(m_1 v_1^2 + m_2 v_2^2)$$
$$= \frac{1 - k^2}{2}\frac{m_1 m_2}{m_1 + m_2}(v_1 - v_2)^2$$

Relativer Stoßenergieverlust ξ
Relativer Stoßenergieübertrag: $\eta = 1 - \xi$

	Stoßfaktor
teilelastischer Stoß	$0 < k < 1$
vollkommen elastischer Stoß	$k = 1$
vollkommen unelastischer Stoß	$k = 0$
Stahl bei 20 °C	$k \approx 0{,}7$
Kupfer bei 200 °C	$k \approx 0{,}3$

6) Drehstoß, *Kupplungsstoß* bei Berührung zweier rotierender Körper. Ideal plastisch ($k = 0$).
Gemeinsame Winkelgeschwindigkeit (nachher)

$$\omega' = \frac{J_1 \omega_1 + J_2 \omega_2}{J_1 + J_2}$$

Energieverlust

$$\Delta E = \frac{J_1 J_2}{2(J_1 + J_2)}(\omega_1 - \omega_2)^2$$

Stoßen

Spanendes Fertigungsverfahren. Formeln wie *Hobeln.

Strangpressen

Druckumformverfahren in der Fertigungstechnik. Der Werkstoff – Aluminium, Al-Legierungen, Kupfer, Zink, Zinn, Stahl – wird mit einem Pressstempel durch die Öffnung (Matrize) eines Presszylinder gedrückt.

Gesamtkraft	$F_{ges} = F_{id} + F_R + F_\gamma$
Ideelle Umformkraft	$F_{id} = A_0 k_f \varphi_{max}$
Reibungskraft zwischen Block und Zylinder	$F_R = \mu k_f d_z \pi \left(h - \frac{d_z - d_1}{2}\right)$
Kraft f. innere Schiebung	$F_\gamma = \frac{3}{2} A_0 k_{fm} \tan\alpha$

d_1	Strangdurchmesser
d_z	Presszylinderdurchmesser
h	Restblockhöhe
k_f	Fließspannung, Umformfestigkeit (m = mittlere)
α	halber Öffnungswinkel (Matrizentrichter)
μ	Reibungskoeffizient zw. Block und Zylinder
φ_{max}	größter Umformgrad

Streckgrenze

Mechan. *Werkstoffkenngröße R_e (in N/mm^2 = MPa) beim DIN-Zugversuch. Maß für die Fließgrenze und Beginn der plast. Verformung.

Obere Streckgrenze R_{eH}: Im *Spannung-Dehnung-Diagramm der Beginn des Fließens, begleitet von schubweiser Wiederverfestigung.

Untere Streckgrenze R_{eL}: Ende des Fließens, Beginn der Verfestigung (Anstieg der Spannung-Dehnung-Kurve).

Hall-Petch-Gleichung für niedriglegierte Stähle: $\leq 20\,°\text{C}$ die Abhängigkeit der Streckgrenze von der Korngröße:

$$R_{\text{eL}} = R_{\text{e0}}(T,\dot{\varepsilon}) + \text{const} \cdot \sqrt{\frac{1}{d_{\text{Korn}}}}$$

untere Reibungsspannung Korngrenzen-
Streckgrenze (Achsenabschnitt) widerstand

Tangentialbeschleunigung

$$a_{\text{t}} = \alpha\,r = \frac{\mathrm{d}v_{\text{u}}}{\mathrm{d}t} \quad \text{m/s}^2$$

α Winkelbeschleunigung (m/s^2)
r Radius der Drehbewegung (m)
v_{u} Umfangsgeschwindigkeit (m/s)

Teilung

Lochabstand bei Einbringen von n Löchern in ein Werkstück der Länge l.

$$x = \frac{l - 2a}{n - 1}$$

a Randabstand vor dem 1. und nach dem letzten Loch.

Lochkreis: Einbringen von n Löchern in eine Kreisscheibe.

$$x = 2r\,\sin\frac{180°}{n}$$

x Teilungsstrecke, Sehnenlänge;
r Radius, Lochabstand vom Kreismittelpunkt.

Tiefziehen

Zug-Druck-Umformverfahren in der Fertigungstechnik. Ein Blech (Platine, Ronde) wird zw. Niederhalter und Matrize (Ziehring) fixiert; durch Aufdruck des Stempels entsteht der Ziehkörper. Anwendung: Blechumformung, Herstellung von Kfz-Karosserien, Haushaltsgeräten. Niederhalterkraft auf die Platine (Pl), um Faltenbildung im Flansch zu vermeiden.

$$F_{\text{Nh}} = p\,(A_{\text{Pl}} - A_{\text{St}}) = p\,A_{\text{Flansch}}$$

Erforderlicher Niederhalterdruck (N/mm^2)

$$p = \frac{R_{\text{m}}}{400}\left[(\beta - 1)^2 + \frac{d_{\text{St}}}{200\,s}\right]$$

Maximale Ziehkraft: Kraft auf den Stempel (St)

$$F_{\text{St}} = n\,U\,s\,R_{\text{m}} \quad \text{mit} \quad n = 1 - \frac{1}{2\beta}$$

$$F_{\text{St}} = \pi\,d_{\text{St}}s\left[1,1\frac{k_{\text{fm}}(\ln\beta - 0,25)}{\eta_{\text{F}}}\right]$$

Bodenabreißkraft

$$F_{\text{ab}} \approx \pi\,d_{\text{St}}\,s\,R_{\text{m}} > F_{\text{St}}$$

Ziehverhältnis

$$\beta = \frac{\text{Zuschnittdurchmesser } D}{\text{Stempeldurchmesser } d} < 2$$

U Länge der Ziehkante, s Blechdicke, R_{m} Zugfestigkeit, n Beiwert.

Werkstoff	Niederhalterdruck p (in N/mm^2)
Aluminiumblech	1,17
Zinkblech	1,47
AlCu, AlMg, AlCuMg	1,47
Neusilber	1,76
Kupfer	1,96
Messing, weich	1,96
Messing, hart	2,35
Tiefziehstahlblech	2,45
Weißblech	2.94

Zuschnitt beim Tiefziehen

Zuschnittdurchmesser D (der Platine) für oben offene Näpfe mit Kreisquerschnitt d und Höhe h des zylindr. Teils.

Zylindernapf ohne Bodenrundung $D = \sqrt{d^2 + 4\,d\,h}$
Halbkugelnapf $D = \sqrt{2\,d^2}$
Zyl. mit Halbkugel-Boden $D = \sqrt{2\,d^2 + 4\,d\,h}$

d Durchmesser, h Zylinderhöhe.

Topf: Zylindernapf mit Bodenrundung.

$$D = \sqrt{4\,d_2\,h + 2\pi\,r\,d_1 + d_1^2}$$

Durchmesser d_1 des geraden Bodens, Gesamtdurchmesser d_2, h Zylinderhöhe über dem Bodenradius r.

Kesselnapf: Zylindernapf mit gewölbtem Boden.

$$D = \sqrt{d_2 + 4\,(h_1^2 + d\,h_2)}$$

d Durchmesser, h_1 Wölbhöhe, h_2 Höhe des zylindr. Teils.

Kegelförmiger Napf

$$D = \sqrt{d_1^2 + 2\,l\,(d_1 + d_2)}$$

d_1 Boden-, d_2 Öffnungsdurchmesser, l Mantellänge.

Torsion

Elementarer Belastungsfall: Einwirkung eines Torsionsmoments M_{t} auf ein zylindr. Volumenelement (in Richtung der Stablängsachse z), wobei eine Verdrehung des Materials in der $x\,y$-Ebene bewirkt wird.

De-Saint-Venant-Hypothese: Der Torsionsstab sei aus infinitesimal schmalen Scheiben zusammengesetzt, die die ursprüngliche Querschnittsform beibehalten. Kreis-, und Kreisringquerschnitte und dünnwandig geschlossene Tangentenpolygon-Profile bleiben eben und wölbfrei.

Verwölbungen (örtliche Verschiebungen in Richtung der Stablängsachse) seien nicht behindert.

Torsionsmoment:	$M_{\text{t}} = M_z$ (Stabachse)
Normalspannung:	$\sigma = 0$
Schubspannung:	$\tau_{\text{xz}} = -\dfrac{M_{\text{t}}\,z}{I_{\text{t}}} = -\tau_{\text{zx}}$
	sonst $\tau = 0$
Max. Torsionsspannung	$\boxed{\tau_{\text{t,max}} = \dfrac{M_{\text{t}}}{W_{\text{t}}}}$
Spannungsverteilung (im Kreisquerschnitt)	$\tau_{\text{t}}(r) = \dfrac{M_{\text{t}}}{I_{\text{p}}}\,r$
Dehnung:	$\varepsilon = 0$
Schiebung:	$\gamma_{\text{xz}} = \tau_{\text{xz}}/G$, sonst $\gamma = 0$
Flächenmoment:	$I_{\text{t}} = \frac{1}{32}\,\pi\,r^4$ (Stab)

1) Rechteckquerschnitt (wölbfrei). Die maximale Torsionsschubspannung τ_{max} tritt in der Mitte der längeren Ränder auf (d. h. an Anfang und Ende der kleinen Flächenhalbierenden).

$$I_t \approx c_1 \, n \, b^4$$

$$W_t \approx \frac{c_1}{c_2} \, n \, b^3$$

$$c_1 = \frac{1}{3}\left(1 - \frac{0,63}{n} + \frac{0,052}{n^5}\right)$$

$$c_2 = 1 - \frac{0,65}{1 + n^3}$$

I_t	Torsionsträgheitsmoment	(m^4)
W_t	Torsionswiderstandsmoment	(m^3)
$n = h/b$	Hilfsgröße: Höhe/Breite	

2) Kreisquerschnitt (wölbfrei).

$$I_t = \frac{\pi d_a^4}{32} = \frac{\pi r_a^4}{2}; \quad W_t = \frac{\pi d_a^3}{16} = \frac{\pi r_a^3}{2}$$

Kreisringquerschnitt (wölbfrei)

$$I_t = \frac{\pi d_a^4}{32}(1 - \lambda^4) = \frac{\pi r_a^4}{2}(1 - \lambda^4)$$

$$W_t = \frac{\pi d_a^3}{16}(1 - \lambda^4) = \frac{\pi r_a^3}{2}(1 - \lambda^4)$$

$$\lambda = \frac{d_i}{d_a} = \frac{r_i}{r_a}$$

d_i, d_a Innen- und Außendurchmesser,
r_i, r_a Innen- und Außenradius.

Ellipsenquerschnitt (wölbfrei). Die maximale Torsionsschubspannung τ_{max} tritt in der Mitte der längeren Ränder auf (d. h. an Anfang und Ende der kleinen Halbachse).

$$I_t = \frac{\pi a^3 b^3}{a^2 + b^2}, \quad W_t = \frac{\pi a b^2}{2}$$

a, b große und kleine Halbachse

3) Band: dünnwandig geschlossenes Profil (einzellig). Bei dünnwandigen Querschnitten sei die Wanddicke $\delta(s)$ vernachlässigbar klein gegen die Länge der mittleren Wandungslinie. Beanspruchungskenngröße ist der *Schubfluss* t. Für das Torsionswiderstandsmoment 1. BREDT'scher Satz, für das Torsionsträgheitsmoment 2. BREDT'scher Satz (hier für n Wandstücke konstanter Wanddicke δ_i).

$$t(s) = \tau_t(s)\,\delta(s) = \frac{M_t}{2A_m} = \text{const}$$

$$I_t = \frac{4A_m^2}{\oint \dfrac{ds}{\delta(s)}} = \frac{4A_m^2}{\displaystyle\sum_{i=1}^{n}\frac{l_i}{\delta_i}}$$

$$W_t = 2A_m\,\delta_{min}$$

A_m	von mittlerer Wandungslänge umschlossene Fläche.
l_i	Längen der Wandstücke der Dicke δ_i
s	Koordinate: Lage auf der Kontur
δ	Wanddicke

Dünnwandig offenes Profil (offenes Band). Die Beanspruchungskenngröße *Schubfluss* wird mit veränderlicher Wanddicke $\delta(s)$ berechnet. Das Torsionsträgheitsmoment in offenen Profilen ist viel kleiner als in vergleichbaren, geschlossenen Profilen.

$$I_t = \frac{\kappa}{3}\sum_{i=1}^{n} l_i\,\delta_i^3; \quad W_t = I_t/\delta_{max}$$

κ geometrieabh. Korrekturfaktor für Torsionsbehinderungen.
  Rechteckprofil: $\kappa = 1$; I-Profil: $\kappa = 1.3$
  T- und ⊔-Profil: $\kappa = 1.12$

Torsion + Querkraftschub

Zusammengesetzte Beanspruchung, Überlagerung von Torsionsspannung τ_t und Schubspannung τ_s.
Für einen *Kreisquerschnitt* bei Querkrafteinwirkung (aus 90°-Richtung).

1. Quadrant (90°): $\tau_{ges,1} = \tau_t$
2. Quadrant (180°): $\tau_{ges,1} = \tau_t + \tau_s$
3. Quadrant (270°): $\tau_{ges,1} = \tau_t$
4. Quadrant (0°): $\tau_{ges,1} = \tau_t - \tau_s$

Torsionsfestigkeit

Verdrehfestigkeit (in N/mm^2)

$$\tau_{tB} = \frac{\text{Torsionsmoment beim Bruch } M_{tB}}{\text{polares Widerstandmoment } W_p}$$

Torsionsfließgrenze *Werkstoffkenngrößen.

Torsionsmoment

Verdrehmoment. *Drehmoment

$$M_t = \text{Kraft } F \cdot \text{Kraftarm } r \qquad N\,mm$$

Torsionsspannung

Tangentialspannung oder *Verdrehspannung*.

$$\tau_t = \frac{\text{Torsionsmoment } M_t}{\text{polares Widerstandmoment } W_p} \qquad N/mm^2$$

zulässiges Torsionsmoment

$$M_{t,zul} = W_p\,\tau_{t,zul}$$

Torsionssteifigkeit

Das Produkt $G\,I_t$ aus Schubmodul und Torsionsträgheitsmoment.

Torsionsträgheitsmoment

Drillwiderstand I_t, kleiner als das polare Trägheitsmoment I_p (bei Kreis- und Kreisringquerschnitt gleich).

Torsionswinkel

Verdrehwinkel des Querschnittes (in rad).

$$\varphi = \frac{M_t\,l}{G\,I_p} = \frac{l\,W_t\,\tau}{G\,I_p}$$

Zylinderstab $\varphi = \dfrac{2l\,M}{\pi\,G\,r^4} = c^*\,M$

Winkelrichtgröße $c^* = \dfrac{\pi\,G\,r^4}{2l}$

Stabbereich: $\varphi = \displaystyle\int_{(z)} \frac{M_t(z)}{G\,I_t(z)}\,dz$

n-teiliger Wellenstrang $\varphi_{ges} = \displaystyle\sum_{i=1}^{n} \frac{M_{t,i}\,l_i}{(G I_t)_i}$

G Schubmodul, $G\,I_t$ Torsionssteifigkeit,
I_p polares Flächenmoment 2. Grades,
l Stablänge (Teillänge), M_t Torsionsmoment.

Torsionswinkel, spezifischer

Drillung oder *spezifischer Verdrehwinkel*. Ableitung des Verdrehwinkels nach der Stablängsachse z; speziell (∗) für einen Stabbereich.

$$\vartheta = \frac{d\varphi}{dz} \overset{*}{=} \frac{M_t}{F\,I_t}$$

φ Verdrehwinkel des Querschnittes.

Torsionversuch *Werkstoffkennwerte

2

Träger

Auflagerkraft (Stützkraft), um eine Last F auf zwei Stützen A und B zu tragen.

$$F_\mathrm{A} = \sum_i \frac{F_i\, b_i}{l} \quad \text{und} \quad F_\mathrm{B} = \sum_i \frac{F_i\, a_i}{l}$$

a, b — Entfernung der Last vom Lager B bzw. A
F_i — Belastungskräfte
l — Stützweite, Trägerlänge

a) Freiträger: vgl. *Biegemoment

b) Träger rechtwinklig an der Wand befestigt, mit *Halterung*; schräge Strebe (S) zur Wand im Winkel α über dem Träger (T).

$$F_\mathrm{d,T} = F_\mathrm{G} \cot\alpha \quad \text{und} \quad F_\mathrm{z,S} = \frac{F_\mathrm{G}}{\sin\alpha}$$

c) Täger rechtwinklig an der Wand befestigt, mit *Stütze:* schräge Strebe (S) zur Wand im Winkel α unter dem Träger (T).

$$F_\mathrm{z,T} = F_\mathrm{G} \cot\alpha \quad \text{und} \quad F_\mathrm{z,S} = \frac{F_\mathrm{G}}{\sin\alpha}$$

F_d — Druckkraft in Richtung Wand, (N)
F_G — Last am freien Ende des Trägers (N)
F_z — Zugkraft aus der Wand heraus (N)

Trägheit

Widerstand eines Körpers gegen eine Bewegungsänderung. Es ist Eigenschaft jeder Masse, träge und – infolge der Gravitation – schwer zu sein. (Experimentell kein Unterschied zw. träger und schwerer Masse nachweisbar.)

Trägheitskraft

Kraftvektor entgegengesetzt parallel zur Beschleunigung, wirkt im beschleunigten Bezugssystem auf alle Massen.

beschleunigende Kraft im ruhenden System

$$\vec{F} = m\,\vec{a}$$

im gleichmäßig bewegten System

$$\vec{F}' = m\,\vec{a}' = m\,\vec{a} - m\,\vec{a}_\mathrm{s}$$

Trägheitskraft (nur im bewegten Bezugssystem)

$$\vec{F}_\mathrm{t} = -m\,\vec{a}_\mathrm{s}$$

Zentrifugalkraft. Trägheitskraft im rotierenden System; wirkt vom Drehpunkt weg, muss durch eine Radialkraft kompensiert werden.

$$\vec{F}_\mathrm{z} = \frac{m\,v^2}{r} = m\omega^2 r$$

Coriolis-Kraft. Trägheitskraft senkrecht zur Bahngeschwindigkeit und Rotationsachse eines bewegten Körpers.

$$\vec{F}_\mathrm{C} = 2mv\,\omega\,\sin(v,\omega)$$

$\vec{a}_\mathrm{s}$ Beschleunigung des bewegten Koordinatensystems S' in Bezug auf das ruhende System S.

Trägheitsmoment

*Massenmoment, *Flächenmoment.

Trägheitsradius

einer Fläche

$$i = \sqrt{\frac{I}{S}} \quad \mathrm{m}$$

eines Körpers

$$i = \sqrt{\frac{J}{m}} \quad \mathrm{m}$$

I — Flächenmoment 2. Grades — (m^4)
J — Massen(trägheits)moment — $(\mathrm{kg\,m}^2)$
m — Masse — (kg)
S — Flächenquerschnitt — (m^2)

Trägheitstensor

Axiale Massen(trägheits)momente und Deviationsmomente sind die Komponenten des symmetr. Trägheitstensors (Tensor 2. Stufe).

$$J = \begin{pmatrix} J_x & J_{xy} & J_{xz} \\ J_{xy} & J_y & J_{yz} \\ J_{xz} & J_{yz} & J_z \end{pmatrix}$$

Zur Änderung der Koordinaten bei Drehung vgl. *Flächenträgheitsmoment.

Für die *Hauptträgheitsachsen* – drei aufeinander senkrecht stehende Achsen in einem beliebigen Bezugspunkt – sind die Deviationsmeonehte null; die zugehörigen axialen Massenmomente nehmen Extremwerte an und heißen *Hauptträgheitsmomente* ($J_1 > J_2 > J_3$).

Tragwerk

1) *Einfaches Tragwerk:* Modellierung aus einem starren Körper und Lagern.

2) *Zusammengesetzes Tragwerk:* Modellierung aus mehreren starren Körpern, Verbindungen und Lagern; z. B. *Fachwerk, *Stabwerk.

Translation

Geradlinige Bewegung. Alle Körperpunkte bewegen sich auf kongruenten Bahnen und haben zu gleichen Zeiten gleiche Geschwindigkeiten und Beschleunigungen. Bei der *ebenen Bewegung* liegen die Bahnen aller Körperpunkte in zueinander parallelen Ebenen.

1) Vgl. *Newton-Axiom, *Energieerhaltung, *Impulserhaltung.

Ortsvektor	$\vec{r}(t) = x(t)\vec{e}_x + y(t)\vec{e}_y + z(t)\vec{e}_z$
Geschwindigkeit	$\vec{v}(t) = \dot{\vec{r}}$
– Komponenten	$\vec{v}(t) = v_x\vec{e}_x + v_y\vec{e}_y + v_z\vec{e}_z$
	$\quad = \dot{x}(t)\,\vec{e}_x + \dot{y}(t)\,\vec{e}_y + \dot{z}(t)\,\vec{e}_z$
– Betrag	$v = \sqrt{v_x^2 + v_y^2 + v_z^2} = \sqrt{\dot{x}^2 + \dot{y}^2 + \dot{z}^2}$
– Tangential~	$\vec{v}_\mathrm{t} = v(t)\,\vec{e}_\mathrm{t}$
Beschleunigung	$\vec{a}(t) = \dot{\vec{v}} = \ddot{\vec{r}} = \dot{v}\,\vec{e}_\mathrm{t} + v\,\dot{\varphi}\,\vec{e}_\mathrm{n}$
– Komponenten	$\vec{a}(t) = a_x\vec{e}_x + a_y\vec{e}_y + a_z\vec{e}_z$
	$\quad = \ddot{x}(t)\,\vec{e}_x + \ddot{y}(t)\,\vec{e}_y + \ddot{z}(t)\,\vec{e}_z$
– Betrag	$a = \sqrt{a_x^2 + a_y^2 + a_z^2} = \sqrt{\ddot{x}^2 + \ddot{y}^2 + \ddot{z}^2}$
– Tangential~	$a_\mathrm{t} = \dot{v}$
– Normalkomponente	$a_\mathrm{n} = v^2/R$
Winkelgeschwindigkeit	$\omega = \dot{\varphi} = v/R$ (im momentanen Drehpol)

$\vec{e}_x$ — Einheitsvektor (auf der x-Achse),
$\vec{e}_\mathrm{t}$ — Einheitsvektor auf der Bahntangente
$\vec{e}_\mathrm{n}$ — Einheitsvektor senkrecht zur Bahntangente
R — momentaner Krümmungsradius der Bahn.

2) Superpositionsprinzip. Die Komponenten auch komplizierter Bewegungen stören sich nicht gegenseitig; sie werden getrennt berechnet und vektoriell addiert. Vgl. *Geschwindigkeit, *Beschleunigung.

3) Zurückgelegter Weg = Fläche unter der Geschwindigkeit-Zeit-Kurve.

$$s = s_0 + \int_{t_0}^{t} v \, dt'$$

Gleichmäßig beschleunigte Bewegung (a = const). Geschwindigkeit wächst in gleichen Zeitabschnitten konstant. Vorzeichen der Beschleunigung positiv, der Verzögerung negativ.

$$s = s_0 + v_0 \, (t - t_0) + \tfrac{1}{2} a \, (t - t_0)^2$$

Für $s_0 = 0$, $t_0 = 0$: $\quad \boxed{s = v_0 t + \tfrac{1}{2} a t^2 = \bar{v} \, t}$

Gleichförmige Bewegung (v = const), in gleichen Zeitabschnitten gleiche Wege.

$$s = s_0 + v \, (t - t_0)$$

Für $s_0 = 0$, $t_0 = 0$: $\quad \boxed{s = vt}$

a_0, v_0 Anfangsbeschleunigung, -geschwindigkeit; s_0, t_0 Anfangsweg, Startzeit.

4) Momentangeschwindigkeit

$$\vec{v} = \frac{d\vec{s}}{dt} = \dot{\vec{s}} = \vec{v}_0 + \int_{t_0}^{t} \vec{a} \, dt'$$

Gleichmäßig beschleunigt: $\quad v = v_0 + a \, (t - t_0)$

Für $s_0 = 0$, $t_0 = 0$: $\quad \boxed{v = v_0 + at = \sqrt{v_0^2 + 2as}}$

Gleichförmig: $v = v_0$

5) Mittlere Geschwindigkeit

$$\bar{v} = \frac{1}{\Delta t} \int_{0}^{\Delta t} ds = \frac{\Delta s}{\Delta t}$$

Gleichmäßig beschleunigt: $\quad \boxed{\bar{v} = v_0 + \frac{at}{2}}$

Gleichförmig: $\quad \bar{v} = \frac{s}{t} = \text{const}$

6) Momentanbeschleunigung

$$\boxed{\vec{a} = \frac{d\vec{v}}{dt} = \frac{d^2\vec{s}}{dt^2} = \dot{\vec{v}} = \ddot{\vec{s}}}$$

Gleichmäßig beschleunigt: $a = a_0 = \text{const}$.
Gleichförmig: $a = 0$

Mittlere Beschleunigung: $\quad \bar{a} = \frac{1}{\Delta t} \int_{0}^{\Delta t} dv = \frac{\Delta v}{\Delta t}$

Zeitintervall: $\Delta t = t - t_0$

7) Kraft, Energie, Leistung

Beschleunigende Kraft	$\vec{F} = m \, \vec{a} = \dfrac{d\vec{p}}{dt} = \dot{\vec{p}}$
Impuls	$\vec{p} = m \, \vec{v}$
Kraftkonstante (Feder)	$c = \left\lvert \dfrac{F}{s} \right\rvert$
Arbeit	$W = \int_{1}^{2} \vec{F} \, d\vec{s}$
Hubarbeit	$W = mgh$
Reibarbeit	$W = \mu \, F_N \, s$
Spannarbeit (Feder)	$W = \tfrac{1}{2} c s^2$
kinetische Energie	$E_{kin} = \tfrac{1}{2} m v^2$
potentielle Energie	$E_{pot} = W = - \int_{1}^{2} \vec{F} \, d\vec{s}$
Leistung	$P = \dfrac{dW}{dt} = \vec{F} \, \vec{v}$

8) Analogie von Translation und Rotation

Translation	Rotation
Weg $\vec{s}$	Winkel $\vec{\varphi}$
Geschwindigkeit $\vec{v}$	Winkelgeschwindigkeit $\vec{\omega}$
Beschleunigung $\vec{a}$	Winkelbeschleunigung $\vec{\alpha}$
Masse m	Trägheitsmoment J
Kraft $\vec{F}$	Drehmoment $\vec{M}$
Impuls $\vec{p}$	Drehimpuls $\vec{L}$
Kraftkonstante c	Winkelrichtgröße c^*

Übersetzung

Übersetzungsverhältnis eines Räder-, Riemen-, Schneckengetriebes.

a) einfache Übersetzung

$$\boxed{i = \frac{n_1}{n_2} = \frac{d_2}{d_1} = \frac{z_2}{z_1}} \quad \text{(Dim.1)}$$

b) mehrfache Übersetzung

$$\boxed{i = \frac{n_1}{n_2} \frac{n_2}{n_3} \frac{n_3}{n_4} \cdot \cdots = i_1 i_2 i_3 \cdot \cdots = \frac{n_a}{n_e}}$$

1,3,...	treibende Räder	
2,4,...	getriebene Räder	
d	Durchmesser	(Dim.1)
n	Umdrehungsfrequenz	(s^{-1})
n_a	– am Anfang des Kraftflusses	
n_a	– am Ende des Kraftflusses	
z	Zähnezahl	(Dim.1)

Übersetzung von Kräften

Kraftübersetzungsverhältnis, z. B. bei Flaschenzug, Hebel, hydraulische Presse.

$$\boxed{i = \frac{\text{aufgewendete Kraft } F_1}{\text{Tragkraft } F_2}} \quad \text{(Dim.1)}$$

Umfangsgeschwindigkeit

Bahngeschwindigkeit auf einer Kreisbahn.

gleichförmige Bewegung: $\quad \boxed{v_u = r \, \omega = \pi \, d \, f} \quad$ m/s

gleichmäßig beschleunigt: $\quad \boxed{v_u = a_t \, t = \alpha \, r \, t} \quad$ m/s

d, r	Durchmesser; Radius	(m)
a_t	Tangentialbeschleunigung	(m/s²)
f	Umdrehungsfrequenz, Drehzahl	(s^{-1})
t	Zeit	(s)
α	Winkelbeschleunigung	(rad/s²)
ω	Winkelgeschwindigkeit	(rad/s)

Umfangskraft

Seilreibungskraft, z. B. bei Bremsband, Riemen, Seil um eine Rolle.

$$\boxed{F_u = \frac{M_R}{r} = \frac{P}{v_u} = F_1 - F_2 = F_1 \frac{\chi - 1}{\chi}} \quad \text{N}$$

Reibungsmoment $\quad M_R = F_u \, r \quad$ (N m)
Spannkraft im ziehenden (1), gezogenen Trum (2).

$$F_1 = F_u \frac{\chi}{\chi - 1} = F_2 \, \chi$$

$$F_2 = F_u \frac{1}{\chi - 1}$$

Trumkraftverhältnis (Spannungsverhältnis)

$$\chi = \frac{F_1}{F_2} = e^{\mu \alpha} > 1$$

P	mechanische Leistung	(W)
α	Umschlingungswinkel: Seil ums Rad	(rad)
μ	Reibungszahl	(Dim.1)

Mechanik

Umformung

Grundverfahren der Fertigungstechnik.

1) Kenngrößen

a) Volumenkonstanz

$$V = h_0 b_0 l_0 = h_1 b_1 l_1 = \text{const}$$

Absolute *Formänderung*

$$\Delta h = h_1 - h_0; \quad \Delta b = b_1 - b_0; \quad \Delta l = l_1 - l_0$$

Bezogene Formänderung

$$\varepsilon_h = \frac{\Delta h}{h_0}; \quad \varepsilon_b = \frac{\Delta b}{b_0}; \quad \varepsilon_l = \frac{\Delta l}{l_0}$$

Formänderungsverhältnis

$$\gamma = \frac{h_1}{h_0}; \quad \beta = \frac{b_1}{b_0}; \quad \lambda = \frac{l_1}{l_0}$$

b) *Umformgrad* = logarithm. Formänderung

$$\varphi_h = \ln \frac{h_1}{h_0}; \quad \varphi_b = \ln \frac{b_1}{b_0}; \quad \varphi_l = \ln \frac{l_1}{l_0}$$

Summe der Umformgrade ist null.

$$\varphi_h + \varphi_b + \varphi_l = 0$$

wahre Dehnung = Umformgrad in Längenrichtung (beim Zugversuch)

$$\varphi_l = \int_{l_0}^{l_1} \frac{dl}{l} = \ln \frac{l_1}{l_0} = \ln \frac{l_0 + \Delta l}{l_0} = \ln(1 + \varepsilon_l)$$

c) *Umformfestigkeit* (Formänderungsfestigkeit, *Fließspannung*)

$$k_f = \frac{\text{einachsige Umformkraft } F}{\text{wahrer Querschnitt } A_1}$$

Berechnung aus *Fließkurven* $k_f(\varphi_{max})$.

Ideelle *Umformarbeit*

$$W_{id} = V \int_0^{\varphi_1} k_f \, d\varphi = V \, K_{fm} \varphi 1$$

Mittlere Fließspannung

$$k_{fm} = \frac{1}{\varphi_1} \int_0^{\varphi_1} k_f \, d\varphi \approx \frac{k_{f0} + f_{f1}}{2}$$

V umgeformes Werkstoffvolumen.

Formänderungswirkungsgrad (stationäre Umformung)

$$\eta_F = \frac{W_{id}}{W_{ges}} = \frac{F_{id}}{F_{ges}} \approx 0{,}4 \ldots 0{,}8$$

Umformkraft

Walzen, Stauchen, Recken: $\quad F_{id} = A_d k_f$
Fließpressen, Draht-, Tiefziehen: $\quad F_{id} = A \, k_{fm} \, \varphi_{max}$

A Kraftangriffsfläche, A_d gedrückte Fläche.

d) Adiabatische Temperaturzunahme nach SIEBEL

$$\Delta T = \frac{k_{fm} \, \varphi_{max}}{\varrho \, c}$$

c spezifische Wärme, φ_{max} größter Umformgrad, ϱ Werkstoffdichte.

2) Warmumformung.

Die Fließspannung k_f sinkt mit steigender Temperatur und steigt mit zunehmender Umformgeschwindigkeit $\dot\varphi$.

Umformgeschwindigkeit:	$\dot\varphi = \dfrac{d\varphi}{dt} = \dfrac{\text{Formänderung}}{\text{Zeit}}$
Formänderungsfestigkeit:	$k_f(T) = b \, \dot\varphi + a$
Hydraulische Presse:	0,4 bis 6 s^{-1}
Exzenterpresse:	5 bis 40 s^{-1}
Gegenschlaghammer:	40 bis 200 s^{-1}

3) Druckumformung. *Walzen, *Schmieden, *Strangpressen, *Fließpressen.

4) Zug-Druck-Umformung. *Ziehen (Drahtziehen), *Tiefziehen.

5) Biegeumformung. *Biegen.

6) Trennen. *Schneiden (Zerteilen), *Spanen (Drehen, Bohren, Senken, Reiben, Fräsen, Hobeln, Stoßen, Räumen, Schleifen).

Verformung

Kennzahlen der *Formänderung*.

Verformung	Kennzahl
Dehnung	Elastizitätsmodul E
Querdehnung	Poisson-Zahl μ
Kompression	Kompressionsmodul K
Scherung	Schubmodul G

1) Elastische Verformung. Die elast.-reversible Verformung eines Werkstoffs verläuft auf einer Geraden im Spannungs-Dehnungs-Diagramm $\sigma(\varepsilon)$. Vgl. *Elastizitätsmodul, *Hooke'sches Gesetz.
Verformungsenergie für die elast. Längen- bzw. Volumenänderung

$$W = A \int \sigma(\varepsilon) \, d\varepsilon = V \int \sigma(e) \, de$$

$\varepsilon = \Delta l / l$ Dehnung
$e = \Delta V / V$ Volumendilatation

2) Plastische Verformung. Die plastische, dauerhaftirreversible Verformung eines Werkstoffes folgt einer *Hysteresekurve* im Spannungs-Dehnungs-Diagramm. Formänderung durch Abgleiten von Atomlagen auf dicht besetzten Gleitebenen (ideales Gitter) und Bewegung von Versetzungen (reales Gitter).
Arbeit, die im Körper verbleibt

$$W = V \left(\int_P^Q \sigma \, d\varepsilon + \int_Q^P \sigma \, d\varepsilon \right)$$

P Punkt bei maximaler Spannung und Dehnung,
Q Punkt bei maximalem Druck und Stauchung.

Verlustdichte = Fläche der Hysteresekurve

$$w = \frac{W}{V} = \int \sigma \, d\varepsilon$$

Verformungsmodell für Kunststoffe

Analog *Ersatzschaltbild elektr. Bauteile.

1) *Federglied:* elastisches Verhalten

$$\text{HOOKE'sches Gesetz:} \quad \sigma = \varepsilon_{el} \, E_0$$

2) *Dämpfungsglied:* viskoses oder plast. Verhalten

$$\text{NEWTON-Modell:} \quad \sigma = \frac{d\varepsilon}{dt} \, \eta_0$$

3) *Maxwell-Modell:* elast.-viskoses (plastisches) Verhalten; Feder + Dämpfungsglied in Serie.

$$\dot\sigma + \frac{\sigma}{\tau} = E \, \dot\varepsilon \quad \text{und} \quad \varepsilon = \varepsilon_{el} + \varepsilon_v$$

4) *Voigt-Kelvin-Modell:* viskoelastisches (relaxierendes) Verhalten; Parallelschaltung von Feder und Dämpfungsglied.

$$\sigma = \sigma_1 + \sigma_2 \quad \text{und} \quad \varepsilon_r = \frac{(1 - e^{-t/\tau}) \, \sigma_0 \, u(t)}{E_r}$$

5) *Burger-Modell:* Feder + Voigt-Kelvin-Glied + Dämpfungsglied.

$$\varepsilon = \varepsilon_0 + \varepsilon_r = \left[\frac{1}{E_0} + \frac{t}{\eta_0} + \frac{1}{E_r}\left(1 - e^{-t/\tau}\right) \right] \sigma_0\, u(t)$$

$u(t)$	Geschwindigkeitsverhalten	(s^{-1})
ε_r	Relaxationsdehnung	(Dim. 1)
η_0	statische Viskosität (Pa s $=$ N m^{-2}s)	
η_r	dynamische Viskosität der Relaxation	
σ	Spannung	$(\mathrm{N/m^2})$
τ	Relaxationszeit	(s)

Vergleichsspannung *Festigkeitshypothese.

Verlustfaktor, mechanischer
Quotient aus *Verlustmodul G'' und Speichermodul G' (G Schubmodul).

$$\tan\delta = \frac{G''}{G'} = \frac{\operatorname{Im} G}{\operatorname{Re} \underline{G}}$$

Verlustmodul
Imaginärteil des komplex definierten *Schubmoduls.

Verschiebung $=$ Längenänderung; *Verzerrung.

Versetzungsbewegung
Theorie der plast. Verformung von Metallen. Auf äußere Krafteinwirkung hin werden die Gleitebenen längs der kristallograf. Achsen gegeneinander verschoben, und zwar bevorzugt an den dichtest belegten Ebenen. Ausscheidungen und Fremdatome wirken als Barriere, Gitterbaufehler (z. B. Versetzungen) erleichtern die Gleitbewegung.

a) Das *Korninnere* wird von Gleitsystem und Subkorngrenzen bestimmt; freie Versetzungen (= Kleinwinkelkorngrenzen) reduzieren Gitterverspannungen im Korngrenzbereich.

b) An den *Korngrenzen* wirkt die schroff wechselnde Kristallorientierung als Gleitebenen-Barriere und Hindernis für die Versetzungsbewegung. Jede Verkippung und Verdrehung erhöht die Energie der Korngrenze; der *Versetzungsstau* baut eine Rückspannung auf.

Verzerrung
Komponente des Verzerrungstensors, beschreibt den Verzerrungszustand (durch *Dehnung*, Gleitung oder Schiebung).

Verschiebungsvektor
$\hat{=}$ Längenänderung $\vec{v}(x,y) = v_x(x,y)\,\vec{e}_x + v_y(x,y)\,\vec{e}_y$

Dehnungen $\qquad \varepsilon_x = \dfrac{\partial v_x}{\partial x}$ und $\varepsilon_y = \dfrac{\partial v_y}{\partial y}$

Gleitung $\qquad \gamma_{xy} = \alpha + \beta \approx \dfrac{\partial v_y}{\partial x} + \dfrac{\partial v_x}{\partial y}$

Drehung des Koordinatensystems (um Winkel φ)

$$\varepsilon(\varphi) = \frac{\varepsilon_x + \varepsilon_y}{2} - \frac{\varepsilon_x - \varepsilon_y}{2}\cos 2\varphi + \tfrac{1}{2}\gamma_{xy}\sin 2\varphi$$

$$\tfrac{1}{2}\varepsilon(\varphi) = -\frac{\varepsilon_x - \varepsilon_y}{2}\sin 2\varphi - \tfrac{1}{2}\gamma_{xy}\sin 2\varphi$$

Hauptdehnungen für Richtungen verschwindender Gleitung φ_0

$$\varepsilon_{1,2} = \frac{\varepsilon_x + \varepsilon_y}{2} \pm \sqrt{\left(\frac{\varepsilon_x - \varepsilon_y}{2}\right)^2 + \left(\frac{\gamma_{xy}}{2}\right)^2}$$

$$\tan 2\varphi_0 = \frac{\gamma_{xy}}{\varepsilon_x - \varepsilon_y}$$

Verzerrungstensor
Analog zum *Spannungstensor für die Verformung in einem würfelförmigen Volumenelement bei Einwirkung einer Kraft $\vec{F}$.

$$\begin{pmatrix} 2\varepsilon_x & \gamma_{xy} & \gamma_{xz} \\ \gamma_{yx} & 2\varepsilon_y & \gamma_{yz} \\ \gamma_{zx} & \gamma_{zy} & 2\varepsilon_z \end{pmatrix}$$

Dehnung $=$ Ableitung der Verschiebung in die Raumrichtungen; verallg. HOOKE'sches Gesetz

$$\varepsilon_x = \frac{\partial v_x}{\partial x} = \frac{1}{E}\left[\sigma_x - \mu(\sigma_y + \sigma_z)\right]$$

$$\varepsilon_y = \frac{\partial v_y}{\partial y} = \frac{1}{E}\left[\sigma_y - \mu(\sigma_z + \sigma_x)\right]$$

$$\varepsilon_z = \frac{\partial v_z}{\partial z} = \frac{1}{E}\left[\sigma_z - \mu(\sigma_x + \sigma_y)\right]$$

Volumendehnung $\qquad e = \varepsilon_x + \varepsilon_y \varepsilon_z$
Schiebung

$$\gamma_{xy} = \frac{\partial v_x}{\partial y} + \frac{\partial v_y}{\partial x} = \frac{\tau_{xy}}{G}$$

$$\gamma_{xz} = \frac{\partial v_x}{\partial z} + \frac{\partial v_z}{\partial x} = \frac{\tau_{xz}}{G}$$

$$\gamma_{yz} = \frac{\partial v_y}{\partial z} + \frac{\partial v_z}{\partial y} = \frac{\tau_{yz}}{G}$$

μ Poisson-Zahl, $\varepsilon = \Delta l / l$ Dehnung.

Volumen
Das Produkt aus Grundfläche und Höhe.

Fläche $\cdot$ Länge $\qquad \boxed{V = A\,l} \qquad \mathrm{m^3}$

1) Beliebiger Körper
In rechtwinkligen Koordinaten

$$\boxed{V = \int_V \mathrm{d}V = \int_{x_1}^{x_2} \int_{g_1(x)}^{g_2(x)} \int_{h_1(x,y)}^{h_2(x,y)} \mathrm{d}z\,\mathrm{d}y\,\mathrm{d}x}$$

in Zylinderkoordinaten

$$V = \int_{\varphi_1}^{\varphi_2} \int_{g_1(\varphi)}^{g_2(\varphi)} \int_{h_1(r,\varphi)}^{h_2(r,\varphi)} \underbrace{r\,\mathrm{d}z\,\mathrm{d}r\,\mathrm{d}\varphi}_{\mathrm{d}V}$$

in Kugelkoordinaten

$$V = \int_{\varphi_1}^{\varphi_2} \int_{g_1(\varphi)}^{g_2(\varphi)} \int_{h_1(\vartheta,\varphi)}^{h_2(\vartheta,\varphi)} \underbrace{r^2 \sin\vartheta\,\mathrm{d}r\,\mathrm{d}\vartheta\,\mathrm{d}\varphi}_{\mathrm{d}V}$$

2) Zylinder mit beliebiger Grundfläche A, Länge l.
In rechtwinkligen Koordinaten

$$\boxed{V = l\int_A \mathrm{d}A = l\int_{x_1}^{x_2} \int_{g_1(x)}^{g_2(x)} \mathrm{d}y\,\mathrm{d}x}$$

In Polarkoordinaten

$$V = l\int_{\varphi_1}^{\varphi_2} \int_{g_1(\varphi)}^{g_2(\varphi)} \underbrace{r\,\mathrm{d}r\,\mathrm{d}\varphi}_{\mathrm{d}A}$$

3) Drehkörper
a) Das Volumen eines *Rotationskörpers* (um die x-Achse) ist gleich der erzeugenden Fläche A mal dem Weg des Schwerpunktes (1. GULDIN'sche Regel).

$$\boxed{V_x = \pi \int_a^b y^2\,\mathrm{d}x = 2\pi\,M_x = 2\pi\,A\,y_s}$$

M_x statisches Moment (Linienmoment).

b) Die *Mantelfläche* eines Rotationskörpers (um die x-Achse) ist gleich der erzeugenden Linie (Länge l) mal dem Weg des Schwerpunktes (2. GULDIN'sche Regel).

$$S_x = 2\pi \int_a^b y\sqrt{1 + y'^2}\, dx = 2\pi\, M_x = 2\pi\, y_s\, l$$

M_x statisches Moment. Flächenmoment:
y_s Schwerpunktkoordinate.

Volumendilatation

Relative Volumenänderung, *Volumendehnung* oder Volumenkontraktion (Dimension 1).

$$e := \vartheta = \frac{\Delta V}{V} = \varepsilon_x + \varepsilon_y \varepsilon_z$$

Walzen

Druckumformverfahren in der Fertigungstechnik; Längs- Quer- und Schrägwalzen; *Umformen des Werkstoffes zw. zwei Walzen.
Arbeit des Walzenpaares (ohne Verluste)

$$W_{id} = 2F_{t,id}l_1 = k_{fm}V\,\varphi$$

größter Umformgrad im Walzspalt

$$\varphi_{max} = \varphi_h = \ln\frac{h_1}{h_0}$$

verlustfreie Umfangskraft je Walze

$$F_{t,id} = \frac{k_{fm}A_1\varphi_{max}}{2}$$

tatsächliche Umfangskraft der Walze

$$F_t = \frac{F_{t,id}}{\eta_F}$$

Formänderungswirkungsgrad beim Walzen

$$\eta_F = \frac{F_{id}}{F_{ges}} = 0,4 \text{ bis } 0,7$$

Endquerschnitt des Walzgutes

$$A_1 = b_m h_1 = \frac{V}{l_1}$$

Drehmoment je Walze (r Radius)

$$M = F_t r = \frac{k_{fm}A_1\varphi_h r}{2\eta_F} = \alpha F_W$$

Erforderliche Walzleistung

$$P = 2\omega M = \frac{v_u A_1\varphi_h k_{fm}}{\eta_F}$$

Winkelgeschwindigkeit der Walze

$$\omega = \frac{v_u}{r} = 2\pi n$$

Vertikale *Walzkraft* (Result. der Normalspannungen)

$$F_W = \frac{A_d k_f}{\eta_F}$$

Gedrückte Fläche und gedrückte Länge

$$A_d = b_m l_d = \frac{(b_0 + b_1)\sqrt{r\,\Delta h}}{2} \quad \text{und}$$
$$l_d = \sqrt{r\,\Delta h}$$

Hebelarm = Hälfte der gedrückten Länge

$$a = l_d/2$$

b_m	mittlere Breite des Walzgutes	
k_{fm}	mittlere Fließspannung	
n	Drehzahl der Walze mit Radius r	(s^{-1})
φ_h	Umformgrad der Walzguthöhe	(Dim. 1)

Wälzlager

Überbegriff für z. B. *Kugellager* und *Rollenlager*.
1) Dynamische Tragfähigkeit.
Dynamische Äquivalentlast
   a) für konstante Drehzahl und Belastungsgrößen

$$P = X F_r + Y F_a$$

   b) für veränderliche Drehzahl und Belastung

$$P = \sqrt[p]{\frac{q_1 n_1 F_1^p + \cdots + \ldots q_i n_i F_i^p}{q_1 n_1 + \cdots + q_i n_i}}$$

X Radialfaktor. Y Axialfaktor, F_r Radialkraft,
F_a Axialkraft, q Wirkdauer der Kraft F bei Drehzahl n.

Nominelle Lebensdauer $L = \left(\dfrac{C}{P}\right)^p$

  Dynamische Tragzahl C
  Lebensdauerexponent $p = 3$ (Kugellager)
                            $p = {}^{10}/_3$ (Rollenlager)

Modifizierte Lebensdauer

$$L_{na} = a_1 a_2 a_3 L = a_1 a_{23} L$$

$a_2 \approx 1$ Werkstoffbeiwert, a_3 Schmierungsbeiwert (aus Tabellen).

a_1 Beiwert für die Erlebenswahrscheinlichkeit $P(L)$

$P(L)$	90%	95%	97%	99%
a_1	1,00	0,62	0,44	0,21

Der Beiwert für Werkstoff und Schmierung a_{23} ist tabelliert in Abhängigkeit der relativen Viskosität des Schmierstoffes für:
Bereich I: höchste Sauberkeit im Schmierspalt, nicht zu hohe Belastung.
Bereich II: gute Sauberkeit, geeignete Additive im Schmierstoff.
Bereich III: ungünstige Betriebsbedingungen, Verunreinigungen im Schmierspalt.
2) Statische Tragfähigkeit.
Belastungskennzahl

$$f_S = \frac{\text{statische Tragzahl } C_0}{\text{statische äquivalente Lagerbelastung } P_0}$$

Laufgüteanforderung hoch: $f_S > 1,5$
Laufgüteanforderung mittel: $f_S > 0,8 \ldots 1,5$
Laufgüteanforderung gering: $f_S = 0,5 \ldots 0,8$

Statische Äquivalentlast $P_0 = X_0 F_{r0} + Y_0 F_{a0}$

Wechselfestigkeit

Kennzahl für *Schwingende Beanspruchung.
Bei mittelharten Stählen

$$\boxed{\sigma_W \approx \frac{\sigma_B}{3}} \quad N/mm^2$$

σ_B statische Festigkeit (Bruch).

Weg

Abstand (*Bogenlänge s) von einem Ausgangspunkt zur Zeit t; nur für winzige Zeitunterschiede gleich dem vektoriellen Abstand $\Delta \vec{r}$ zweier Punkte auf der Bahnkurve (*Ortsvektor).

$$ds = \sqrt{\dot{x}^2 + \dot{y}^2 + \dot{z}^2}$$

Weglänge *Bogenlänge, *Translation.
Wegstrecke Abstand zw. zwei Punkten im Raum

$$d = \sqrt{(x_1 - x_2)^2 + (y_1 - y_2)^2 + (z_1 - z_2)^2}$$

Tabelle 2.8 Werkstoffkennwerte für die Konstruktion. Prüfverfahren sind der Zugversuch (DIN 50 145), Druckversuch (DIN 50 106), Biegeversuch und Verdrehversuch (DIN 50 110), Zeitstandversuch (DIN 50 118), Schwingungsbeanspruchung (DIN 50 100).

Beanspruchung	**Fließen** (duktiler Werkstoff)		**Bruch** (spröder Werkstoff)	
Zug (statisch)	0,2%-Dehngrenze	$R_{p0,2}$	Zugfestigkeit	$R_m = F_m/S_0$
	Techn. Elastizitätsgrenze	$R_{p0.01}$	Gleichmaßdehnung	A_g (bis R_m)
	obere Streckgrenze	R_{eH}	Bruchdehnung	$A_n = \Delta l_r/l_0$
	untere Streckgrenze	R_{eL}		(Index $n = l_0/d$)
	Streckgrenzenverhältnis	R_{eH}/R_{eL}	Brucheinschnürung	$Z = \Delta S/S_0$
Druck (statisch)	Druckfließgrenze (Quetschgrenze)	σ_{dF}	Druckfestigkeit	$\sigma_{dB} = F_b/S_0$
	0,2%-Stauchgrenze	$\sigma_{d0,2}$	Bruchstauchung	$\varepsilon_{dB} = \Delta l_{dB}/l_0$
	wahre Spannung	$\sigma_d(\varepsilon_d, S)$	Bruchausbauchung	$\psi_{dB} = \Delta S_{dB}/S_0$
Biegung	Biegefließgrenze	$\sigma_{bF}, \sigma_{b0,2}$	Biegefestigkeit	$\sigma_{bB} = M_b/w$
			Biegemoment	M_b
Verdrehung	Torsionsfließgrenze	τ_F	Verdrehfestigkeit	τ_B
Standzeit Zug ($T > T_k$)	Zeitdehngrenze	$R_{p0,2/t/T}$ t in Std. T in °C	Zeitstandfestigkeit Zeitbruchdehnung Zeitbrucheinschnürung	$R_{m/t/T}$
			Bruchzähigkeit	K_{IC}
			kritische Risslänge	a
			Kerbschlagzähigkeit	a_k
Zug ($T < T_k$)	Warmstreckgrenze	$R_{p0.2/T}$	Warmfestigkeit	$R_{m/T}$
	Kristallerholungs-temperatur	T_k		
Schwingung	Ober-, Unterspannung	σ_o, σ_u	Zug-Druck-Wechselfestigkeit	σ_w
	Schwingbreite	$\sigma_o - \sigma_u$	Dauerschwing-festigkeit	σ_D
	Spannungsverhältnis	$R = \sigma_u/\sigma_o$	Schwellfestigkeit	σ_{sch}
			Mittelspannungs-empfindlichkeit	
			Bruchschwing-spielzahl	N
Versagensart	Fließbeginn		Trennbruch, Ermüdungsbruch (Schwingung)	

Tabelle 2.9 Einteilung der Werkstoffprüfverfahren.

	W e r k s t o f f p r ü f u n g			
Zerstörende				*Zerstörungsfreie*
Mechanische	Metallografie (Gefügeuntersuchung)	Chem.-physikalische Methoden		
• *statisch:* Zug-, Zeitstand-, Druck-, Biege-, Torsions-, Tiefungsversuch. • *dynamisch:* Kerbschlagbiege-, Dauerschwingversuch. • *technologisch:* Falt-, Bördelversuch. • *Härteprüfung:* Brinell, Vickers, Rockwell. • *Sonderprüfung:* Verschleiß, Zerspanbarkeit.	• *optische Mikroskopie* an geätzen und ungeätzen Proben. • *Elektronenmikroskopie* (REM, TEM) und *Mikroanalyse* (EDX). • *Makroskopie:* Bruchbeurteilung, Schwefelabdruck, Makroätzung. • *Röntgenfeinstruktur* (XRD).	• *chemische Analytik:* Tüpfelprobe, Funkenprobe, Spektralanalyse. • *Physikalische Methoden:* Schichtdicke, Dichte, Wärmeausdehnung, Leitfähigkeit, Magnetismus. • *Korrosionsprüfung:* Witterungs-, Seewasser-, Chemikalien-, Zunderbeständigkeit.		• *Innenfehleranalyse:* Ultraschallprüfung, Röntgengrobstruktur. • *Außenfehleranalyse* (Rissprüfung) Magnetpulver-, Penetrationsprüfung. • *Spannungsanalyse:* Reißlackprüfung, Dehnungsmessstreifen, Spannungsoptik, Holografie. • Magnetische Verwechslungsprüfung

Welle-Nabe-Verbindung

*Passfeder, *Keilwellenverbindung, *Pressverbindung, *Ringfeder-Spannverbindung, *Kegelverbindung.

Werkstoffkenngrößen

Größen der mechan. Werkstoffprüfung, Anhaltswerte für die Konstruktion im Maschinen- und Anlagenbau. Vgl. Tabelle und Stichworte: *Bruchdehnung, *Elastizitätsmodul, *Härte, *Querkontraktionszahl, *Schubmodul, *Streckgrenze, *Zugfestigkeit.

Werkstoffprüfung

Grundlegend für Werkstoffentwicklung, Qualitätskontrolle, Schadensanalyse. Aussagen über die Tauglichkeit eines Werkstoffes oder Bauteils für vorgegebene Beanspruchungsfälle.

1) *Mechanische Werkstoffprüfung* oder *zerstörende Werkstoffprüfung:* liefert statist. Werkstoffkennwerte im Standardversuch; zur Beurteilung von Bauteilen und Konstruktionen ungeeignet.

2) *Zerstörungsfreie Werkstoffprüfung* – auch fehlersuchende Materialprüfung oder *Defektoskopie* – deckt verborgene Materialeigenschaften und Materialverwechslungen auf.

3) *Technologische Prüfverfahren:* Eignungstest eines Werkstoffes für bestimmte Fertigungsverfahren oder Verwendungszwecke; z. B. Prüfung der Umform-, Schweiß-, Span-, Härtbarkeit. Vgl. *Fließkurve, *Stirnabschreckversuch.

Widerstandsmoment

Größe zur Berechnung der *Biegung und *Torsion. Spezialfälle vgl. *Flächenmoment.

äquatoriales Widerstandsmoment

(axiales Widerstandsmoment)

$$W_{\text{erf}} = \frac{M_{\text{b,vorh}}}{\sigma_{\text{b,zul}}} \qquad W_{\text{vorh}} = \frac{I}{e} \qquad \text{mm}^3$$

polares Widerstandsmoment

$$W_{\text{p,erf}} = \frac{M_{\text{t}}}{\tau_{\text{t,zul}}} \qquad W_{\text{p,vorh}} = \frac{I_{\text{p}}}{R} \qquad \text{mm}^3$$

e	größter Randabstand	(mm)
I, I_{p}	(polares) Flächenmoment 2. Grades	(mm^4)
$M_{\text{b,vorh}}$	vorhandenes Biegemoment	(N mm)
R	größter Radius des Drehkörpers	(mm)
$\sigma_{\text{b,zul}}$	zuässige Biegespannung	(N mm^2)

Winde

Auch: *Wellrad* oder *Stufenrolle.*

einfache Seilwinde: Zylinder mit Kurbel und Seil.

$$F_1 = F_2 \frac{d}{2r} \qquad \text{N}$$

Winde mit *Rädervorgelege:* Kurbel auf der Achse eines Zahnrades (1), Achse mit zwei Zahnrädern, Winde mit Zahnrad.

$$F_1 = F_2 \frac{d}{2r} i_{\text{v}} \qquad \text{N}$$

Differentialwinde: Die Seilenden sind mit zwei unterschiedlich großen Zylindern auf der Kurbelachse verbunden.

$$F_1 = F_2 \frac{d_1 + d_2}{4r} \qquad \text{N}$$

F_1	aufgewandte Kraft an der Kurbel	(N)
F_2	wirksame Kraft; Tragkraft, Last	(N)
d	Durchmesser der Seiltrommel	(mm)
d_1	– große Trommel	(mm)
d_2	– kleine Trommel	(mm)
I_{v}	Übersetzungsverhältnis des Rädervorgeleges	
r	Kurbelradius	(mm)

Winkelbeschleunigung

1) $\dfrac{\text{Winkelgeschwindigkeitsänderung}}{\text{Zeitänderung}}$

$$\alpha = \frac{\text{d}\omega}{\text{d}t} \qquad \frac{\text{rad s}^{-1}}{\text{s}} = \text{s}^{-2}$$

Positiv für Beschleunigung, negativ für Verzögerung.

2) *Zentripetal-* oder *Radialbeschleunigung* a_{r} = radiale Komponente von $\vec{a}$; ändert die Richtung, aber nicht den Betrag der Bahngeschwindigkeit v_{t}.

Aus $\dfrac{\Delta s}{r} = \dfrac{v_{\text{t}} \Delta t}{r} = \dfrac{\Delta v_{\text{t}}}{v_{\text{t}}}$ folgt $\underline{a_{\text{r}} = v_{\text{t}}^2/r}$

Aus $|\vec{a}_{\text{r}}| = \dfrac{\text{d}v_{\text{t}}}{\text{d}t} = \sqrt{-\ddot{x}^2 + \ddot{y}^2}$ folgt $\underline{a_{\text{r}} = \omega^2 r}$

Winkelgeschwindigkeit

Vektor $\vec{\omega}$, senkrecht auf der Drehebene bei *Rotation.

$$\frac{\text{Winkeländerung}}{\text{Zeitänderung}} \qquad \omega = \frac{\text{d}\varphi}{\text{d}t} \qquad \frac{\text{rad}}{\text{s}} = \text{s}^{-1}$$

$\vec{\omega}$ zeigt bei Rechtsdrehung nach oben, bei Linksdrehung nach unten.

Rechte-Hand-Regel: $\vec{\omega}$ = Daumen, Bahngeschwindigkeit $\vec{v}$ = Finger der Faust.

Winkelrichtgröße

$$-\frac{\text{Drehmoment}}{\text{Auslenkwinkel}} \qquad k^* = -\left|\frac{\vec{M}}{\varphi}\right| \qquad \text{J} = \text{N m}$$

Wirkungsgrad, mechanischer

Auch: *Gütegrad.* Verhältnis von Nutzarbeit zu zugeführter Arbeit; auch andere Definitionen üblich.

Arbeits- bzw. Energieverhältnis

$$\eta = \frac{W_{\text{n}}}{W_{\text{a}}} = \frac{\displaystyle\int_{t_0}^{t_1} P_{\text{ab}}\, \text{d}t}{\displaystyle\int_{t_0}^{t_1} P_{\text{zu}}\, \text{d}t} < 1 \qquad (1 = 100\%)$$

Leistungswirkungsgrad, Leistungsverhältnis

$$\eta = \frac{\text{Nutzleistung } P_{\text{n}}}{\text{Leistungsaufwand } P_{\text{a}}} = \frac{P_{\text{ab}}}{P_{\text{zu}}} < 1$$

Verlustleistung $\quad P_{\text{v}} = P_{\text{zu}} - P_{\text{ab}}$

Gesamtwirkungsgrad aus Einzelwirkungsgraden

$$\eta_{\text{ges}} = \eta_1\, \eta_2\, \eta_3, \ldots$$

n = Nutz, a = Aufwand, ab = abgegeben; zu = zugeführt, V = Verlust.

Wurf

Schräger Wurf: unter dem Abwurfwinkel α' gegen die Horizontale (Erdoberfläche). Freier Fall in senkrechter Richtung und gleichförmige Translation unter dem Steigungswinkel $\alpha(t)$ überlagern sich.

Senkrechter Wurf nach oben: gleichmäßig verzögerte Bewegung mit Anfangsgeschwindigkeit v_0 und Beschleunigung $-g$.

1) Kräftegleichgewicht: $m\vec{g} = m\dot{\vec{v}}$

2) Geschwindigkeitsvektor

Allgemein: Schräger Wurf

$$\vec{v}(t) = \begin{pmatrix} v_0 \cos\alpha(t) \\ v_0 \sin\alpha(t) - gt \end{pmatrix}$$

Waagrechter Wurf, $\alpha' = 0°$: $\vec{v} = \begin{pmatrix} v_0 \\ gt \end{pmatrix}$

Senkrechter Wurf nach oben oder unten, ohne Luftwiderstand.

$$\vec{v} = \begin{pmatrix} 0 \\ v_0 \mp gt \end{pmatrix}$$

3) Geschwindigkeit

Schräger Wurf

$$v = |\vec{v}| = \sqrt{v_x^2 + v_y^2} = \sqrt{v_0^2 - 2gy}$$

Waagrechter Wurf, $\alpha' = 0°$.

$$v = \sqrt{v_0^2 + g^2 t^2}$$

Senkrechter Wurf nach oben oder unten (+)

$$v = v_0 \mp gt$$

4) Ortsvektor

Schräger Wurf

$$\vec{r}(t) = \begin{pmatrix} v_0 \cos\alpha(t) \\ v_0 \sin\alpha(t) - \frac{1}{2}gt^2 \end{pmatrix}$$

Waagrechter Wurf, $\alpha' = 0°$.

$$\vec{r} = \begin{pmatrix} v_0 t \\ \frac{1}{2}gt^2 \end{pmatrix}$$

Senkrechter Wurf nach oben oder unten

$$\vec{r} = \begin{pmatrix} 0 \\ y \end{pmatrix}$$

5) Bahnkurve

Schräger Wurf: Wurfparabel

$$x = v_0 \cos\alpha\, t$$

$$y = v_0 \sin\alpha\, t - \frac{gt^2}{2}$$

$$y = x \tan\alpha(t) - \frac{g}{2v_0^2 \cos^2\alpha(t)}\, x^2$$

Krümmungsradius: $R = \dfrac{v_x^2}{g}$

Waagrechter Wurf, $\alpha = 0$: $y = -\dfrac{g}{2v_0^2}x^2$

Senkrechter Wurf nach oben oder unten

$$y = h_0 + v_0 t \mp \tfrac{1}{2}gt^2 = h_0 + \frac{(v_0 + v)\,t}{2}$$

6) Bahnwinkel

Schräger Wurf $\qquad \boxed{\tan\alpha(t) = \dfrac{v_y}{v_x}}$

Waagrechter Wurf, $\alpha' = 0°$: $\tan\alpha = \dfrac{gt}{v_0}$

Senkrechter Wurf nach oben oder unten (+)

$$\alpha = \pm 90°$$

7) Wurfhöhe (Steighöhe)

Schräger Wurf $\qquad y_{\max} = \dfrac{v_0^2 \sin^2\alpha}{2g}$

Im Scheitel: $\quad v_y = 0,\ v = v_x$

Maximale Wurfhöhe bei Abwurfwinkel 90° (ohne Luftreibung).

Waagrechter Wurf: $\quad y_{\max} = \dfrac{g t_{\max}^2}{2}$

Senkrechter Wurf nach oben oder unten (−)

$$y_{\max} = h_0 \pm \frac{v_0^2}{2g}$$

Scheitel: $v_y = 0$

8) Wurfzeit

Schräger Wurf: $\qquad t_{\text{steig}} = \dfrac{v_0 \sin\alpha}{g} = t_{\text{fall}}$

Waagrechter Wurf: $\quad t = \sqrt{\dfrac{2 y_{\max}}{g}}$

Senkrechter Wurf nach oben oder unten

$$t_{\text{steig}} = \pm\frac{v_0}{g}; \quad t = \frac{v_0 + \sqrt{v_0^2 + 2g h_0}}{g}$$

9) Wurfweite

Schräger Wurf: $\qquad x_{\max} = \dfrac{v_0^2 \sin 2\alpha}{g}$

Maximale Wurfweite bei Abwurfwinkel 45°.

Waagrechter Wurf: $\quad x = v_0 t = \sqrt{\dfrac{2y}{g}}$

10) Beschleunigung

Radial $\qquad\qquad a_r = |\vec{a}_r| = g \cos\alpha$

Tangential $\qquad\quad a_t = |\vec{a}_t| = g \sin\alpha$

y	Höhenkoordinate, x horizontale Entfernung,
y_{max}	maximale Steighöhe (Umkehrpunkt, $v = 0$),
t_{steig}	Zeit zum Erreichen von y_{max},
v_0	Anfangsgeschwindigkeit des Körpers,
h_0	Höhe vor Abwurf.

Zähigkeit

Verformungsfähigkeit bzw. plastisches Formänderungsvermögen bis zum Bruch. Ein *zäher Werkstoff* verformt sich makroplast. bis zum Bruch (meist Gleitbruch); ein *spröder Werkstoff* zeigt keine Verformung vor dem Bruch (meist Spaltbruch).

Zahnrad

Stirnrad

1) Stirnrad mit gerader Außenverzahnung (Geradstirnrad, $\beta = 0°$). Nebeneinander angeordnete Zahnräder mit ineinander greifenden Zähnen: 1 = treibendes Zahnrad, 2 = getriebenes Zahnrad.

Modul $\qquad \boxed{m = \dfrac{p}{\pi} = \dfrac{d}{z} = h_a} \quad$ mm

Teilung = Abstand zweier Zähne (auf dem Teilkreisdurchmesser)

$$\boxed{p = \pi\, m} \quad \text{mm}$$

Zähnezahl $\boxed{z = \dfrac{d}{m} = \dfrac{d_a - 2m}{m}}$

Typische Durchmesser des Zahnrades

Teilkreis (Mitte – Zahnkopf) $\quad d = m\,z = \dfrac{z\,p}{\pi}$

Kopfkreis (Mitte – außen) $\qquad d_a = d + 2m = m\,(z+2)$

Fußkreis (Mitte – Zahn) $\qquad d_f = d - 2\,(m+c)$

Typische Höhen des Zahnrades

Zahnhöhe $\qquad\qquad\qquad\qquad h = 2\,m + c$

Zahnkopfhöhe ($\approx {}^{1}\!/_{2}$ Zahnhöhe) $\quad h_a = m$

Zahnfußhöhe $\qquad\qquad\qquad\quad h_f = m + c$

Achsabstand

$$a = \frac{d_1 + d_2}{2} = \frac{m\,(z_1 + z_2)}{2}$$

Kopfspiel = Abstand der Zähne beim Ineinandergreifen zweier Zahnräder (in mm).

$$c = 0,1\,m \text{ bis } 0,3\,m, \text{ meist } c = 0,167\,m$$

2) Stirnrad mit gerader Innenverzahnung. In einem großen Zahnrad laufendes kleineres Zahnrad.

$$
\begin{aligned}
d_a &= d - 2\,m = m\,(z-2)\\
d_f &= d + 2\,(m+c)\\
z &= \frac{d}{m} = \frac{d_a + 2m}{m}\\
a &= \frac{d_2 - d_1}{2} = \frac{m\,(z_2 - z_1)}{2}
\end{aligned}
$$

d_1 Teilkreisdurchmesser des innenlaufenden, kleinen Zahnrades.
d_2 Teilkreisdurchmesser des großen Zahnrades.
a Achsabstand = Abstand der Zahnradmittelpunkte.

Hypozykloide: ein Punkt rollt auf der Innenseite eines Kreises und zeichnet dabei den Weg eines Dreiecks mit gerundeten Seiten.

$$
\begin{aligned}
x &= (a-b)\cos\!\left(\frac{b}{a}\,t\right) + b\cos\!\left(\frac{a-b}{a}\,t\right)\\
y &= (a-b)\sin\!\left(\frac{b}{a}\,t\right) - b\cos\!\left(\frac{a-b}{a}\,t\right)
\end{aligned}
$$

oder

$$
\begin{aligned}
x &= (a-b)\cos\varphi + b\cos\!\left(\frac{a-b}{a}\,\varphi\right)\\
y &= (a-b)\sin\varphi - b\cos\!\left(\frac{a-b}{a}\,\varphi\right)
\end{aligned}
$$

Spezialfälle:
Für $b = a/4$: *Astroide* (Sternlinie, 4 Ecken).
Für $b = {}^{1}\!/_{2}$: *Gerade*.

a Radius des festen Kreises, b Radius des rollenden Kreises,
t Wälzwinkel (rollend. Rad), φ Drehwinkel (bzgl. fester Kreis).

3) Stirnrad mit Schrägverzahnung und parallelen Achsen (Schrägstirnrad).
Nebeneinander angeordnete Zahnräder.
1 = treibend, mit linkssteigendem Gewinde (Schrägungswinkel β_1),
2 = getrieben, rechtssteigendes Gewinde (β_2).
Stirnmodul m_t und *Normalmodul* m_n

$$m_t = \frac{m_n}{\cos\beta} = \frac{p_t}{\pi} \qquad m_n = m_t\cos\beta = \frac{p_n}{\pi}$$

Stirnteilung (Teilkreisteilung; Abstand zweier Schrägzähne an der Radaußenkante) und *Normalteilung* (rechtwinkliger Abstand)

$$p_t = \pi\,m_t = \frac{\pi\,m_n}{\cos\beta} \qquad p_n = \pi\,m_n = p_t\cos\beta$$

Grundkreisdurchmesser (Rad ohne Zähne)

$$d_b = d\cos\alpha_t = z\,m_t\cos\alpha_t$$

Teilkreisdurchmesser (bis mittlere Zahnhöhe) und Kopfkreisdurchmesser (volle Zahnhöhe)

$$d = m_t\,z = \frac{z\,m_n}{\cos\beta} \qquad\qquad d_a = d + 2\,m_n$$

Stirneingriffswinkel $\quad \tan\alpha_t = \dfrac{\tan\alpha_n}{\cos\beta}$

DIN-Bezugsprofil: $\alpha_n = 20°$
Zähnezahl und Achsabstand

$$z = \frac{d}{m_t} = \frac{\pi\,d}{p_t} \qquad\qquad a = \frac{d_1 + d_2}{2}$$

Verzahnunggrößen (Zahnhöhe, Zahnfußhöhe, Kopfspiel) wie *Stirnrad mit Geradverzahnung.

Zahnkopfhöhe	$h_{aP} = m_n$
Zahnfußhöhe	$h_{fP} = m_n + c$
Profilhöhe	$h_P = h_{aP} + h_{fP} = 2m_n + c$
DIN-Bezugsprofil	$h_{fP} = h_{a0} = 1{,}25\,m_n = m_n + c$

4) Kegelrad mit gerader Verzahnung. Die Zähne weisen im Winkel δ von der Radachse weg.
1 = treibendes Kegelrad (stehend),
2 = getriebenes Kegelrad (liegend).
Teilkreisdurchmesser

$$d_1 = m\,z_1 \qquad d_2 = m\,z_2$$

Außendurchmesser

$$d_{a,1} = d_1 + 2\,m\cos\delta_1 \qquad d_{a,2} = d_2 + 2\,m\cos\delta_2$$

Achsenwinkel = Summe der Teilkreiswinkel = Winkel zw. den Zahnradachsen

$$\delta_\Sigma = \delta_1 + \delta_2$$

i Übersetzungsverhältnis.

Teilkreiswinkel (Radachse – Profilmittellinie d)

$$\tan\delta_1 = \frac{d_1}{d_2} = \frac{z_1}{z_2} = \frac{1}{i}$$

$$\tan\delta_2 = \frac{d_2}{d_1} = \frac{z_2}{z_1} = i$$

Kegelwinkel (Radachse – Außenkante d_a)

$$\tan\gamma_1 = \frac{z_1 + 2\cos\delta_1}{z_2 - 2\sin\delta_1} \qquad \tan\gamma_2 = \frac{z_2 + 2\cos\delta_2}{z_1 - 2\sin\delta_2}$$

Verzahnungsgrößen (Zahnhöhe, Zahnfußhöhe, Kopfspiel) wie *Stirnrad mit Geradverzahnung.

Teilkreisdurchmesser	
– äußerer	$d_e = z\,m_e$
– mittlerer	$d_m = d_e - b\sin\delta_i$
Zahnbreite	$b \le b_{max} = R_e/3$
Äußere Teilkegellänge	$R_e = d_e/(2\sin\delta_i)$
Kopfkreisdurchmesser	$d_{ae} = d_e + 2h_{ae}\cos\delta_i$
Äußere Zahnkopflänge	$h_{ae} = m_e$ (Nullverzahnung)
Kopfwinkel	$\tan\vartheta_a = h_{ae}/R_e$
Kopfkegelwinkel	$\delta_a = \delta_i + \vartheta_a$
Ersatzstirnrad	
– mittl. Teilkreisdurchm.	$d_{vm} = d_m/\cos\delta_i$
– Zähnezahl	$z_v = z/\cos\delta_i$
– Modul	$m_{vm} = M_m = d_{vm}/z_v = d_m/z$

Zahnradgetriebe

Rädergetriebe oder *Vorgelege*. Aus einem treibenden Rad (1 = Ritzel) und einem getriebenen Rad (2).

1) Stirnradgetriebe mit einfacher Übersetzung: Ein Zahnrad 1 treibt ein Zahnrad 2 an.

$$z_1 n_1 = z_2 n_2 \quad \text{und} \quad \boxed{i = \frac{n_1}{n_2} = \frac{z_2}{z_1} = \frac{\omega_1}{\omega_2} = \frac{M_{t,2}}{M_{t,1}}}$$

Zähnezahlverhältnis

$$u = \frac{z_2(Rad)}{z_1(Ritzel)}$$

Achsabstand

$$a = a_d \frac{\cos \alpha_t}{\cos \alpha_{wt}}$$

Nullachsabstand

$$a_d = \frac{d_1 + d_2}{2} = \frac{m_n}{\cos \beta} \frac{(z_1 + z_2)}{2}$$

Prakt. Grenzzähnezahl

$$z'_{gt} \approx 14 \cos^3 \beta$$

Mindestprofilverschiebungsfaktor

$$x = \frac{14 - z_n}{17}$$

Zähnezahl des Ersatzstirnrades

$$z_n \approx \frac{z}{\cos^3 \beta}$$

Summe der Profilverschiebungsfaktoren

$$x_1 + x_2 = \frac{\operatorname{inv} \alpha_{wt} - \operatorname{inv} \alpha_t}{2 \tan \alpha_n}(z_1 + z_2)$$

Evolventenfunktion: $\operatorname{inv} \alpha = \tan \alpha - \alpha$

Zahndicke

a) im Stirnschnitt am Durchmesser d_y

$$s_{yt} = d_y \left(\frac{s_t}{d} + \operatorname{inv} \alpha_t - \operatorname{inv} \alpha_{yt} \right)$$

$$\cos \alpha_{yt} = \frac{d}{d_y} \cos \alpha_t$$

b) auf Teilkreis im Stirnschnitt

$$s_t = \frac{s_n}{\cos \beta} = m_t \left(\frac{\pi}{2} + 2x \tan \alpha_t \right)$$

c) auf Teilkreis im Normalschnitt

$$s_n = m_n \left(\frac{\pi}{2} + 2x \tan \alpha_n \right)$$

Zahnweite

$$W_k = m_n \cos \alpha_n \left[\left(k - \tfrac{1}{2} \right) \pi + k \operatorname{inv} \alpha_t + 2x \tan \alpha_n \right]$$

Messzähnezahl

$$k \approx \frac{\alpha_n^\circ}{180^\circ} z_n + \tfrac{1}{2}$$

a_n	Nullachsabstand
m_n	Normalmodul
z_n	Zähnezahl
α_n	Normaleingriffswinkel
α_t	Stirneingriffswinkel
α_{yt}	– am Durchmesser d_y
α_{wt}	Betriebseingriffswinkel

Verzahnung	Profilverschiebungsfaktoren	
	$z_1 + z_2$	$x_1 + x_2$
gut ausgeglichen	20	+0,7 ... +0,9
	>60	0 ... +0,6
hohe Profilüberdeckung	20	+0,5 ... +0,7
	>50	0 ... –0,4
hohe Zahnfuß- und	20	+0,9 ... +1,0
Flankentragfähigkeit	>60	+0,6 ... +1,2

Kopfkreisdurchmesser	$d_a = d + 2m_n(1 + x)$
bei Kopfkürzung:	$d_a = d + 2m_n(1 + x) - 2km_n$
Fußkreisdurchmesser	$d_f = d - 2(h_{a0} - xm_n)$
Vorhandenes Kopfspiel	$c = a - \dfrac{d_a + d_f}{2}$
Kopfkürzung	$km_n = a_d + (x_1 + x_2)m_n - a$
Gesamtüberdeckung	$\varepsilon_\gamma = \varepsilon_\alpha + \varepsilon_\beta$
Sprungüberdeckung	$\varepsilon_\beta = \dfrac{b \sin \beta}{\pi m_n}$

Profilüberdeckung

$$\varepsilon_\alpha = \frac{\sqrt{d_{a1}^2 - d_{b1}^2}}{2\pi m_t \cos \alpha_t} + \frac{\sqrt{d_{a2}^2 - d_{b2}^2}}{2\pi m_t \cos \alpha_t} - \frac{a \sin \alpha_{wt}}{\pi m_t \cos \alpha_t}$$

2) Stirnradgetriebe mit doppelter Übersetzung. Ein Zahnrad 1 treibt ein Zahnrad 2, das auf gleicher Achse ein (kleineres) Zahnrad 3 trägt, das Zahnrad 4 antreibt.

$$\frac{z_1 n_1}{z_2} = \frac{z_4 n_4}{z_3} \qquad \text{und} \qquad i = \frac{n_1}{n_4} = \frac{z_2 z_4}{z_1 z_3}$$

i Übersetzungsverhältnis, n Umdrehungsfrequenz (Drehzahl),
z Zähnezahl; 1, 3 = treibende Räder; 2, 4 = getriebene Räder.

3) Kräfte im Stirnradgetriebe. In der Praxis darf statt dem Betriebswälzkreis der Teilkreis verwendet werden. Umfangskraft am Betriebswälzkreis (d_w)

$$f_{u1} = F_{u2} = F_u = \frac{2M_{t1}}{d_{w1}} = \frac{2M_{t2}}{d_{w2}}$$

Normal-, Radial-, Axialkraft am Betriebswälzkreis

$$F_n = F_{n1} = F_{n2} = \frac{F_u}{\cos \beta_w \cos \alpha_{wn}}$$

$$F_r = F_{r1} = F_{r2} = \frac{F_u}{\tan \alpha_{wn} \cos \beta_w}$$

$$F_a = F_{a1} = F_{a2} = F_u \tan \beta_w$$

Für Teilkreis: $\qquad d_w \approx d; \; \beta_w \approx \beta; \; \alpha_{wn} \approx \alpha_n$

Für Geradstirnräder: $\qquad \beta = 0°$ und $\alpha_n = \alpha = 20°$

M_t	Drehmoment
d_w	Betriebswälzkreisdurchmesser
α_{wn}	Normaleingriffswinkel am Betriebswälzkreis
β_w	Schrägungswinkel am Betriebswälzkreis

4) Tragfähigkeit im Stirnradgetriebe.

Zahnfußnennspannung und Zahnfußspannung

$$\sigma_{F0} = \frac{F_u}{b m_n} Y_{Fa} Y_{Sa} Y_\varepsilon Y_\beta$$

$$\sigma_F = \sigma_{F0} K_A K_v K_{F\beta} K_{F\alpha}$$

Grundschrägungswinkel

$$\cos \beta_b = \frac{\sin \alpha_n}{\sin \alpha_t} \frac{\text{Normaleingriffswinkel}}{\text{Stirneingriffswinkel}}$$

Überdeckungsfaktor und Schrägungsfaktor

$$Y_\varepsilon = \frac{1}{4} + \frac{3}{4} \frac{\cos^2 \beta_b}{\varepsilon_\alpha}$$

$$Y_\beta = 1 - \varepsilon_\beta \frac{\beta}{120°}$$

Dynamikfaktor

$$K_v = 1 + \left(\frac{x K_1 b}{K_A F_u + y} \right) \frac{zv}{100} \sqrt{\frac{u^2}{1 + u^2}}$$

Faktoren	x	y
Geradverzahnung	1,123	0,0193
Schrägverzahnung	1	0,0087

Verzahnungsqualität (nach DIN)						
6	7	8	9	10	11	12
$K_1 =$ 8,5	13,6	21,8	30,7	47,7	68,2	109,1

Zulässige Zahnfußbiegespannung

$$\sigma_{FP} = \frac{\sigma_{F,lim}}{S_{F,lim}} Y_{ST} Y_{NT} Y_{\delta relT} Y_{RrelT} Y_X$$

Lebensdauerfaktor für Dauerfestigkeit

$Y_{NT} = 1$	für $\geq 3 \cdot 10^6$ Lastwechsel
$Y_{NT} < 1$	für $< 3 \cdot 10^6$ Lastwechsel

Relative Stützziffer

$Y_{\delta relT} \approx 1$	für $1,5 < Y_{Sa} < 2$
$Y_{\delta relT} = 0,95$	für $Y_{Sa} < 1,5$

Relativer Oberflächenfaktor

$Y_{RrelT} \approx 1$	für $R_z \leq 16 \, \mu m$
$Y_{RrelT} = 0,9$	für $R_z > 16 \, \mu m$

Flankenpressung (0 = Nenn, zul = zulässige)

$$\sigma_{H0} = Z_H Z_E Z_\varepsilon Z_\beta \sqrt{\frac{F_u}{bd_1} \frac{(u+1)}{u}}$$

$$\sigma_H = \sigma_{H0}\sqrt{K_A K_v K_{H\beta} K_{H\alpha}}$$

$$\sigma_{H.zul} = \frac{\sigma_{H,lim}}{S_{H,min}} Z_{NT} Z_L Z_v Z_R Z_W Z_X$$

Elastizitätsfaktor	$Z_E = \sqrt{0{,}175 \dfrac{2E_1 E_2}{E_1 + E_2}}$

Zonenfaktor

a) für Geradstirnräder

$$Z_H = \sqrt{\frac{2}{\cos^2 \alpha \, \tan \alpha_w}}$$

b) für Schrägstirnräder

$$Z_H = \sqrt{\frac{2 \cos \beta_b \cos \alpha_{wt}}{\cos^2 \alpha_t \, \sin \alpha_{wt}}}$$

Überdeckungsfaktor

a) für Geradstirnräder

$$Z_\varepsilon = \sqrt{\frac{4 - \varepsilon_\alpha}{3}}$$

b1) für Schrägstirnräder ($\varepsilon_\beta < 1$)

$$Z_\varepsilon = \sqrt{\frac{(4 - \varepsilon_\alpha)(1 - \varepsilon_\beta)}{3} + \frac{\varepsilon_\beta}{\varepsilon_\alpha}}$$

b2) für Schrägstirnräder ($\varepsilon_\beta \geq 1$) $\quad Z_\varepsilon = \sqrt{\dfrac{1}{\varepsilon_\alpha}}$

Schrägungsfaktor $\qquad\qquad Z_\beta = \sqrt{\cos \beta}$

Werkstoffpaarungsfaktor (mit Brinell-Härte *HB* für weicheren Radwerkstoff)

$$Z_W = 1{,}2 - \frac{HB - 130}{1700}$$

b	Zahnbreite
E	Elasizitätsmodul
F_u	Umfangskraft
K_A	Anwendungsfaktor: 1,0 ... 2,25
$K_{F\alpha}$	Stirnfaktor (Tabellenwert)
$K_{F\beta}$	Breitenfaktor: 1,06 ... 3,6
$K_{H\alpha}$	Stirnfaktor
$K_{H\beta}$	Breitenfaktor
K_v	Dynamikfaktor
m_n	Normalmodul
$S_{D.min}$	Mindestsicherheit: 1 ... 1,4 ... 1,6 ... 3
u	Zähnezahlverhältnis
v	Unfangsgeschwindigkeit am Teilkreis
Y_{Fu}	Formfaktor (Tabellenwert): 1,9 ... 3,6
Y_{Sa}	Spannungskorrekturfaktor: 1,4 ... 2,3
Y_{ST}	Spannungskorrekturfaktor: 2
Y_X	Werkstofffaktor: 0,7 ... 1,0
Z_L	Schmierfaktor: 0,85 ... 1,15
Z_{NT}	Lebensdauerfaktor für $\sigma_{H,lim}$; werkstoffabhängig: 1,0 ... 1,6 für unendlich viele Lastspiele: $Z_{NT} \to 1$
Z_R	Rauheitsfaktor: 0,8 ... 1,1
Z_v	Geschwindigkeitsfaktor: 0,9 ... 1,2
Z_X	Größenfaktor
z	Zähnezahl
α_w	Betriebseingriffswinkel
β_b	Grundschrägungswinkel
ε_α	Profilüberdeckung
ε_β	Sprungüberdeckung
σ_{FP}	Zahnfuß-Biegenenndauerfestigkeit

5) Kräfte im Geradkegelradgetriebe.

Umfangskraft $\qquad F_u = F_{u1} = F_{u2} = \dfrac{2M_t}{d_m}$

Normalkraft $\qquad F_n = F_{n1} = F_{n2} = \dfrac{F M_u}{\cos \alpha}$

Radialkraft ($i = 1,2$) $\; F_{r,i} = F_u \tan \alpha \cos \delta_i$

Axialkraft ($i = 1,2$) $\; F_{a,i} = F_u \tan \alpha \sin \delta_i$

Tragfähigkeitsberechnung: analog Stirnrad, wobei Ersatz-Stirnräder zugrunde gelegt werden.

Zahnriemengetriebe

Ein Treibrad (1) mit Noppen treibt über einen Zahnriemen ein zweites Rad (2) an.

Riemengeschwindigkeit

$$v = t z_1 n_1 = t z_2 n_2$$

Rechnerische Riemenlänge

$$L_W \approx 2a + \frac{t(z_1 + z_2)}{2} + \frac{[t(z_2 - z_1)/\pi]^2}{4a}$$

Achsabstand

$$a \approx \frac{1}{4}\left[L_W - \frac{t(z_1 + z_2)}{2} \right]$$

$$+ \frac{1}{4}\sqrt{\left[l_W - \frac{t(z_1 + z_2)}{2} \right]^2 - 2\left[\frac{t(z_2 - z_2)}{\pi} \right]^2}$$

Richtwert $\quad 0{,}2\,t(z_1 + z_2) < a < 0{,}7\,t(z_1 + z_2)$

Achsabstandverstellung zum Spannen $\qquad \Delta a \geq \dfrac{L_W}{100}$

Wirkdurchmesser $\qquad d_W = \dfrac{t\,z}{\pi}$

Umschlingungswinkel $\quad \beta_1 = 2 \arccos\left[\dfrac{t(z_2 - z_1)}{2\pi a}\right]$

Eingreifende Zähnezahl $\quad z_e = \dfrac{z_1 \beta_1}{360°}$

Erford. Riemenbreite $\qquad b \geq \dfrac{P C}{P_{spec} z_e}$

P	zu übertragende Leistung
P_{spec}	übertragbare Leistung pro Riemenbreite
t	Teilung des Antriebsriemens

Zeit

Basisgröße des SI-Systems mit der Einheit *Sekunde*.

$$1\,s = {}^1\!/_{60}\,min = {}^1\!/_{3600}\,h \approx 31{,}7 \cdot 10^{-9}\,a$$

Eine Sekunde ist festgelegt als das 9 192 631 770-fache der Periodendauer der Strahlung beim Übergang zwischen den beiden Hyperfeinstruktur-Niveaus des Grundzustandes des ^{133}Cs-Atoms.

Ursprüngliche Definition als $^1\!/_{86400}$ des mittleren Sonnentages; später der 31 556 925,9 747te Teil des differentiellen tropischen Sonnenjahres zum 31. Dezember 1899, 12 Uhr Weltzeit.

1) Sonnenzeit. Einteilung des Tages nach dem Sonnenstand: *wahre Sonnenzeit* nach dem Stundenwinkel der Sonne plus 12 Stunden (im Laufe des Jahres veränderlich) und *mittlere Sonnenzeit*, die sich um maximal 16,4 Minuten unterscheiden.

2) Weltzeit, *Universal Time* (UT1); mittlere Sonnenzeit, bezogen auf den Null-Meridian von Greenwich und den mittleren Sonnentag mit 86 400 *Sekunden, beginnend um 0 Uhr.

$$UT1 \approx UTC + DUT1$$

3) Korrigierte Weltzeit (UT2) Um Polhöhenschwankungen und mittlere jahreszeitliche Rotationsschwankungen bereinigte Zeit UT0, damit dem Drehwinkel der Erde proportional; wichtig für See- und Satellitennavigation.

4) Internationale Atomzeit (TAI, IAT) auf Basis der Sekunde-Definition, unabhängig von der Erddrehung gemittelte Atomzeit der weltweiten Atomuhren und Wasserstoffmaser.

5) Koordinierte Weltzeit (UTC, *coordinated universal time*) unterscheidet sich von TAI um einige Schaltsekunden und wird alle paar Monate an die Erdrotation angepasst und als Zeitzeichen im Rundfunk weltweit „koordiniert" ausgesendet.

6) Mitteleuropäische Zeit MEZ = UTC + 1

7) Ortszeit. Auf den Meridian des Beobachtungsortes bezogene Zeit, im Gegens. zur Zonenzeit und Weltzeit.

8) Sonnenzirkel, *Sonnenzyklus.* Alle 28 Jahre wiederholen sich Datum und Wochentag in derselben Reihenfolge. Unterbrechungen in den vollen Jahrhunderten, die kein Schaltjahr sind.

Zeitgleichung

Abweichung zw. wahrer Ortszeit (WOZ) und mittlerer Ortszeit (MOZ):

$$e = \text{WOZ} - \text{MOZ}$$

Mittlere Ortszeit (MOZ), engl. *local mean time* (LMT); Zeitwinkel der mittleren Sonne (1 h $\hat{=}$ 15°), gezählt von 0 bis 24 Uhr, beginnend mit dem Durchgang der Sonne durch den unteren Meridian („Mitternacht").

Wahre Ortszeit (WOZ), engl. *local apparent time* (LAT); Zeitwinkel der wahren Sonne.

Zeitmessung

1) Pendeluhr. Bei kleiner Auslenkung ist die Schwingungsperiode des Pendels prakt. unabhängig von der Amplitude.

2) Quarzuhr. Eine elektr. Wechselspannung verformt period. einen stimmgabelförmigen, flachen Quarzkristall geringfügig (piezoelektr. Effekt). Die in den Schaltkreis rückgekoppelte Schwingungsfrequenz (normal 32 768 Hz) hängt von der Form und Größe des Kristalles ab und wird mit einem digitalen Frequenzteiler ermittelt. Genauigkeit: 0,1 ms/Tag.

3) Atomuhr. Durch elektromagnet. Felder werden die *Hyperfeinstrukturniveaus von Atomen angeregt. Die Resonanzfrequenz ν_0 ist mit einer Unschärfe behaftet, die abhängt von der relativen Bewegung und Geschwindigkeit der Atome (DOPPLER-Effekt 1. Ordnung), dem DOPPLER-Effekt 2. Ordnung (ein angeregtes, schnell bewegtes Atom sendet eine andere Frequenz aus als ein ruhendes), der Verweildauer der Atome im Messgerät (Stoßprozesse), von Streufeldern aus der Umgebung und der Wärmestrahlung.

a) Atomstrahl-Resonanz. Atome treten aus einer Kammer durch eine enge Blende und bilden einen Strahl, der nacheinander einen Magneten (Fokussierung, Trennung nach der Energie), einen Mikrowellen-Hohlraum (Anregung im HF-Feld) und einen weiteren Magneten durchläuft, sodann auf einen Detektor trifft. Der gemessene Strom steuert durch Rückkopplung die Mikrowellenfrequenz auf die Resonanzfrequenz der Atome ein, so dass möglichst viele Atome auf den Detektor treffen. Das eingestrahlte Mikrowellenfeld wird durch einen Frequenzteiler in Messpulse gewandelt, die "gezählt" werden.

b) Optisch gepumpte Cäsium-Atomuhr. Ein Strahl von ^{133}Cs-Atomen wird durch einen Laser auf ein bestimmtes Energieniveau angeregt, tritt in einen Mikrowellen-Hohlraum (Resonanzanregung der Hyperfeinstrukturniveaus im HF-Feld) und absorbiert beim Austritt das Licht eines zweiten Lasers, dessen Remission auf einen Fotodetektor trifft (oder einen heißen Metalldraht, an dem Cäsium ionisiert wird). Der Detektorstrom steuert das HF-Feld des Resonators (9192,631770 MHz). Ein Frequenzteiler wandelt die Mikrowellen in zählbare Messpulse. Genauigkeit: 10^{-12} bis 10^{-14} = ca. 86,4 bis 1,3 Nanosekunden/Tag, zeitstabil.

c) Rubidium-Atomuhr. Kommerziell. In einem gasgefüllten Glasgefäß wird Rubidium-87 mit einer Dampfentladungslampe angeregt und ein HF-Feld von 6835 MHz eingestrahlt. Die absorbierte Lichtmenge wird mit einem Fotodetektor gemessen. Genauigkeit: 10^{-10}, Eichung mit dem ^{133}Cs-Frequenzstandard.

d) Wasserstoffmaser. Aus einer Quelle tretende H-Atome (erzeugt durch Radiofrequenz-Entladung) passieren einen Magneten (Fokussierung) und treten in einen tiefgekühlten Resonanzhohlraum-Speicher mit superfluidem Helium als Gefäßbeschichtung, wo sie Mikrowellenstrahlung von 1420 MHz emittieren und weitere Atome zur spontanen Emission stimulieren. Der durch das Mikrowellenfeld erzeugte Wechselstrom wird mit einer Drahtschleife im Hohlraum gemessen. Frequenzteiler und Digitalzähler zeigen die verflossene Zeit an. Genauigkeit: 10^{-9} bis 10^{-15}, geringe Zeitstabilität.

4) Teilchenfallen als mögliche künftige Verfahren zur Zeitmessung.

a) Ionenfallen. Ionen im Vakuum werden durch statische, elektr. und magnet. Felder (PENNING-Falle) oder ein oszillierendes elektr. Feld (PAUL-Falle) festgehalten und zur Resonanz angeregt, z. B. ^{199}Hg-Ionen (40,5 GHz, UV-Resonanz) oder ^{9}Be-Ionen.

b) Atomfallen. Durch sechs Laserstrahlen wird ein Atomverband im Vakuum abgekühlt und festgehalten. In diesem „optischen Sirup" absorbieren Teilchen, die sich dem Laserstrahl entgegenbewegen, einen Teil des Impulses der Laser-Photonen und werden dadurch langsamer und kälter. Die vertikalen Strahlen stoßen die Atome kurz nach oben in einen Mikrowellen-Resonanzhohlraum, von dort fallen sie aufgrund der Schwerkraft in den Kreuzungsbereich der Laserstrahlen zurück. Ein Diagnoselaser regt die Atome zur Fluoreszenz an, die von einem Fotodetektor gemessen wird. Ein Frequenzteiler erzeugt Zählimpulse.

5) GPS. An Bord der geostationären Navigationssatelliten des *Global Positioning Systems* befinden sich Atomuhren. Zwei Personen, die vom selben Satelliten Signale empfangen, können ihre Uhren auf wenige Nanosekunden synchronisieren (*Längenmessung).

6) Relativistische Effekte der Zeitmessung. Die Gravitation verformt Raum und Zeit. Weil die Schwerkraft mit wachsender Entfernung abnimmt, vergeht die Zeit in großer Höhe rascher als auf Meereshöhe; auf dem Mt. Everest 30 μs pro Jahr. Gangunterschied der Atomuhren: $1{,}06 \cdot 10^{-16}$ pro Meter Höhendifferenz (Rotverschiebung).

Zeitstandverhalten

Bei erhöhten Temperaturen und hohen Spannungen zeigen Werkstoffe:

- *Kriechen*: gleichbleibende Verformung bei konstanter Belastung und Spannung.
- *Relaxation*: Nachlassen der Spannungen bei konstanter Verformung.

Zeitstandversuch *Werkstoffkennwerte

Zeitunterschied

Seefahrt: *zone description* (ZD), Abweichung zwischen *Zonenzeit (ZZ) und Weltzeit (UTC).

$$ZU = ZZ - UTC.$$

Zenit *Himmelskoordinaten

Zenitwinkel

Winkelgröße der Sonne:

$$\zeta = \frac{\pi}{2} - \gamma \quad \text{rad}$$

γ Höhenwinkel.

Zentrifugalkraft

Scheinkraft im rotierenden Bezugssystem, die einen mitbewegten Beobachter radial nach außen von der Drehachse wegtreibt.

$$\vec{F}_{zf} = +m\,\vec{\omega}\,\vec{r} = -\vec{F}_{zp} \quad \text{N}$$

$\vec{r}$ Ortsvektor des Körpers auf der Kreisbahn.

Zentripetalbeschleunigung

Radialkomponente der *Winkelbeschleunigung.

Zentripetalkraft

Entgegengesetzt gleich der *Zentrifugalkraft.

$$\vec{F}_{zp} = -m\,\vec{\omega}\,\vec{r} = -\vec{F}_{zf} \quad \text{N}$$

Ziehen

Zug-Druck-Umformverfahren in der Fertigungstechnik; *Drahtziehen*. Das Rohmaterial wird durch einen Hartmetallring gezogen.

Gesamtziehkraft

$$\begin{aligned}
F_{ges} &= F_{id} + F_{R.ax} + F_\gamma \\
&= A_1 k_{fm} \left[\varphi_{max} \left(1 + \frac{\mu}{\tan\alpha} \right) + \frac{2}{3}\tan\alpha \right]
\end{aligned}$$

Ideelle Umformkraft $\quad F_{id} = A_1 k_{fn} \varphi_{max}$

größter Umformgrad $\quad \varphi_{max} = \ln \frac{A_1}{A_0}$

Reibungsanteil $\quad F_R = \mu F_D \approx \mu f_{fm} A_1 \varphi_{max}$

Axiale Reibungskraft $\quad F_{D.ax} = \dfrac{\mu F_D}{\tan\alpha} = \dfrac{\mu k_{fm} A_1 \varphi_{max}}{\tan\alpha}$

Schiebungsverluste $\quad F_\gamma = \dfrac{2 A_1 k_{fm} \tan\alpha}{3}$

A_0, A_1 Ausgangs-, Endquerschnitt
F_D Druckkraft
k_{fm} mittlere Fließspannung
α halber Öffnungswinkel des Ziehrings
μ Reibungskoeffizient

Zugbeanspruchung

Typische Beanspruchung eines Stabes beim *Zugversuch mit der Längskraft F_L. Der Querschnitt A des Stabes verjüngt sich vor dem Bruch.

Spannungsverteilung (ohne Kerbwirkungen)

$$\sigma_z(z) = \frac{F_L(z)}{A(z)}$$

1) Konstante Längskraft, Stab mit konstantem Querschnitt.

Isotherme Längenänderung $\quad \Delta l = \left[\dfrac{F_L}{EA} + \alpha_{th}\,\Delta T \right] l_0$

– i-ter Fachwerkstab $\quad \Delta l_i = \dfrac{F_{S.i}\, l_i}{E_{A.i}}$

Querdehnung $\quad \varepsilon_q = -\nu \varepsilon_z = -\nu \left[\dfrac{F_L d_0}{EA} + \alpha_{th}\Delta T \right]$

Isotherme Durchmesseränderung
bei Kreisquerschnitt $\quad \Delta d = -\nu \dfrac{F_L d_0}{EA}$

EA Zugsteifigkeit = Elastizitätsmodul mal Fläche
F_L Längskraft (in z-Richtung)
l_0 Anfangslänge
α_{th} thermischer Längenausdehnungskoeffizient
ν Querkontraktionszahl.

2) Veränderliche Längskraft. Hängender Stab mit stetig veränderlichem Querschnitt. Längenänderung zw. Aufhängung ($z = 0$) und z.

$$\Delta l = v_z(z) - v_z(0) = \int_0^z \left[\frac{F_L(\bar{z})}{EA(\bar{z})} + \alpha_{th}\Delta T \right] d\bar{z}$$

v Verschiebung; z Längskoordinate (Stablänge)

3) Dehnung unter Eigengewicht, prismatischer Stab.

$$v_z(z) = \frac{\varrho g l^2}{E} \left[\frac{z}{l} - \frac{1}{2}\left(\frac{z}{l}\right)^2 \right]$$

$$\Delta l = v_z(l) = \frac{F_G l}{2EA} = \frac{mgl}{2EA}$$

m Stabmasse, l Stablänge, ϱ Dichte

4) Anwendung: *Spannungszustand, *Spannung-Dehnung-Diagramm, *Reißlänge, *Fachwerk.

Zugfestigkeit

Mechan. Werkstoffkenngröße; Maß für die *Festigkeitsgrenze* eines Werkstoffs. Beim DIN-Zugversuch die maximale Spannung R_m (in N/mm^2 = MPa) bei Höchstlast, wenn die Gleichmaßdehnung ε_g erreicht wird und die Zugprobe einzuschnüren beginnt.

$$R_m = \frac{F_{max}}{S_0} = \sigma_{z,zul}\,\nu \quad \text{N/mm}^2$$

F_{max} maximale Zugkraft bei der Streckgrenze (N)
S_0 Anfangsquerschnitt der Zugprobe (mm^2)
$\sigma_{z,zul}$ zulässige Zugspannung (N/mm^2)
ν Sicherheit gegen Bruch (1 = 100%)

Zugsteifigkeit

Produkt $E \cdot A$ aus Elastizitätsmodul und Querschnittsfläche.

Zugversuch

Beurteilung der Festigkeits- und Zähigkeitseigenschaften eines Werkstoffes. In einer hydraulisch oder elektromechan. betriebenen Prüfmaschine wird ein Normzugstab langsam bis zum Bruch gedehnt. Man misst die Verlängerung in Abhängigkeit der Zugkraft. Ergebnis ist das *Spannung-Dehnung-Diagramm.
Beispiel: Zugprobe A 13 × 120 nach DIN 50 125 als Rundprobe mit glatten Zylinderköpfen zum Einspannen in Beißbacken.

3 Strömungslehre und mechanische Verfahren

Hydromechanik – Aeromechanik – Fluidstatik – Fluiddynamik – Rheologie – Hydraulik –
Strömungsmaschinen – Pumpen – Turbinen –
Strömungswiderstand – Ähnlichkeitsgesetze – Grenzflächen – Druck – Viskosität –
Oberflächenspannung – Druckmessgeräte –
Grundoperationen der mechanischen Verfahrenstechnik

Formelzeichen

Physikalische Größe	Symbol	Einheit	Basiseinheiten	Englische Bezeichnung
Geschwindigkeitsgefälle	D	s^{-1}		gradient of velocity
Massenstromdichte	I	$\mathrm{kg\,m}^{-2}\mathrm{s}^{-1}$		mass flow density
Fluss (einer Größe x)	J_x	versch.		flux (of a quantity x)
Staudinger-Funktion	J	$= \mathrm{m}^3\mathrm{kg}^{-1}$		Staudinger function
Staudinger-Index	J_0, $[\eta]$	$= \mathrm{m}^3\mathrm{kg}^{-1}$		Staudinger index
Stromdichte (einer Größe x)	j_x	versch.		flow rate (of a quantity x)
(charakteristische) Länge	l	m		(characteristic) length
Massenstrom, -durchsatz	$\dot{m}$, q_m	kg/s		mass flow (rate)
Sedimentationskoeffizient	s	s		sedimentation coefficient
Volumen	V	m^3		volume
Volumenstrom, -durchfluss	$\dot{V}$, q_V	m^3		volume flow rate
spezifisches Volumen	v, V_s	m^3/kg		specific volume
Strömungsgeschwindigkeit	v, $\vec{v}$	m/s		velocity of fluid flow
Van-der-Waals-Konstante	β, B, λ	J	$= \mathrm{m}^2\mathrm{kg\,s}^{-2}$	van der Waals constant
dynamische Viskosität	η, (μ)	Pa s	$= \mathrm{m}^{-1}\mathrm{kg\,s}^{-1}$	dynamic viscosity
Porosität	ϵ, P	–	$= 1$	porosity
kinematische Viskosität	ν	m^2/s	$= \mathrm{m}^2\mathrm{s}^{-1}$	kinematic viscosity
Fließvermögen	φ	$(\mathrm{Pa\,s})^{-1} = \mathrm{m\,kg}^{-1}\mathrm{s}$		fluidity
Oberflächendruck	π, π^s	N/m	$= \mathrm{kg\,s}^{-2}$	surface pressure
Kontaktwinkel	θ	rad	$= 1$	contact angle
Filmspannung	Σ_f	N/m		film tension
Oberflächenspannung,	σ, (γ)	$\mathrm{N/m} = \mathrm{J/m}^2 = \mathrm{kg\,s}^{-2}$		surface tension,
Grenzflächenspannung				interfacial tension
Oberflächenbelegungsgrad	θ	–	$= 1$	surface coverage

Adhäsion

Adhäsionskräfte (Anhangskräfte) zw. a) festen, b) festen und flüssigen, c) festen und gasförm. Körpern. Vgl. *Oberflächen-, *Grenzflächenspannung.

Advektion

In Meteorologie u. Geophysik das Produkt aus Windgeschwindigkeit $\vec{v}$ und dem Gradienten einer skalaren Größe G:

$$A_G = -\vec{v} \cdot \nabla G.$$

Aerodynamisches Paradoxon

Ein Fluidstrom, der senkr. durch das Loch einer Kreisscheibe auf eine zweite Kreisplatte trifft, erzeugt einen Sog. Durch die hohe Strömungsgeschwindigkeit v nimmt der statische Druck ab (*Bernoulli-Gleichung); der Luftdruck drückt die Platten aneinander.

Aerostatik

Für Gase in Ruhe: *Boyle-Mariotte-Gesetz, *Druck (Schweredruck), *Barometr. Höhenformel.

Ähnlichkeitsgesetze

Geometrische und *hydromechanische Ähnlichkeit* zur Beschreibung von Strömungsvorgängen an unterschiedl. Körpern mit Kennzahlen der Dimension 1. Vgl. *Reynolds-Zahl.

Anemometer

Temperaturempfindl. Messgeräte für *Strömungsgeschwindigkeiten und Teilchengrößen in Gasen u. Flüssigkeiten.

1) Hitzdraht-Anemometer. Ein elektr. beheizter Platindraht kühlt in der Strömung ab und ändert seinen Widerstand. Der Strom, um den Draht auf konstante Temperatur T zu heizen, korreliert mit der Strömungsgeschwindigkeit: $I^2 R / \Delta T \sim \sqrt{v}$.

2) Laser-Doppler-Anemometer. Ein stationärer Fotodetektor empfängt aufgrund des DOPPLER-Effektes das höher- oder niederfrequentere Streulicht von Teilchen, die im strömenden Fluid mitgeführt und von einem stationären Laserstrahl beleuchtet werden. Wegen der geringen Empfindlichkeit käuflicher Fotosensoren werden zwei parallele Laserstrahlen gleicher Intensität (He/Ne-, Ar-, Diodenlaser) über eine Linse fokussiert und die Schwebungsfrequenz des Interferenzmusters gemessen (Zweistrahlverfahren). Das Fluid strömt senkr. durch das Schnittvolumen der gebündelten Strahlen (ca. $100\,\mu\text{m} \cdot 1$ mm) und erzeugt eine der *Strömungsgeschwindigkeit* proportionale Modulationsfrequenz ν_1, die herausgefiltert wird. Um die *Strömungsrichtung* zu erfassen, wird die Frequenz ν eines Laserstrahls verändert:

$$\nu_\perp = (\nu_1 - \nu_2)d \quad (d \text{ Dicke des Strahls}).$$

Der Detektor erfasst vorwärts gestreutes Licht (Rückstreuung ist weniger intensiv).

3) Phasendoppleranemometer.

Mehrere Fotodetektoren in unterschiedl. Raumwinkel erlauben aus dem Phasenverlauf der Signale (unterschiedl. Laufzeit) die Teilchengröße zu bestimmen. Anwendung: Sprays, Spühtrockenprodukte.

Archimedes-Zahl

Analog zur *GRASHOF-Zahl für freie Konvektion.

$$Ar = \frac{g l^3 \varrho \, \Delta\varrho}{\eta^2} = \frac{g l^3 \, \Delta\varrho}{\nu^2 \varrho} = \frac{g l^3}{\nu^2}\left(\frac{\varrho}{\varrho_\infty} - 1\right)$$
$$= Ga \frac{\varrho}{\Delta\varrho} = \frac{\text{Auftriebskraft}}{\text{Trägheitskraft}}$$

g	Fallbeschleunigung	(m/s^2)
l	charakteristische Länge	(m)
ϱ	Dichte des Fluids	(kg/m^3)
η	dynamische Viskosität	(Pa s)
ν	kinematische Viskosität	(m^2/s)

Aufdruck

Kraft (entgegen der Schwerkraft) auf einen Schwimmkörper in einem bedruckten Gefäß.

$$\boxed{F_\text{a} = h \varrho g A} \quad \text{N}$$

A	Aufdruckfläche	(m^2)
h	Eintauchtiefe des Körpers	(m)
ϱ	Dichte des Fluids	(kg/m^3)

Auftrieb

Auftriebskraft F_A = scheinbarer Gewichtsverlust eines Körpers beim Eintauchen in Flüssigkeiten oder Gase = Gewichtskraft der verdrängten Fluidvolumens = Differenz der Druckkräfte auf der Oberseite (1) und Unterseite (2) des Körpers.

$$\boxed{\begin{aligned} F_\text{A} &= A(p_2 - p_1) = A \varrho_\text{fl}\, g\,(h_2 - h_1) \\ &= \varrho_\text{fl}\, g\, V_\text{verd} = m_\text{verd}\, g = F_\text{G,verd} \\ &= \varrho_\text{fl}\, g\, V_\text{K} = m_\text{K}\, g\, \varrho_\text{fl}/\varrho_\text{K} \end{aligned}}$$

Die Auftriebskraft greift im Schwerpunkt der verdrängten Flüssigkeitsmenge an, die Gewichtskraft im Schwerpunkt des Körpers (K).

1) Hydrostatische Waage. Messung der Auftriebskraft mit einer Balkenwaage als Gewichtsunterschied zw. dem Körper (K) in Luft (L) und der Flüssigkeit (fl).

$$F_\text{A} = F_\text{G.L} - F_\text{G.fl} = (\varrho_\text{L} - \varrho_\text{fl})\, g\, V_\text{K}$$
$$= \frac{\varrho_\text{L} - \varrho_\text{fl}}{\varrho_\text{K}}\, m_\text{K}\, g$$

Geeignet zur *Dichtebestimmung.

2) Gasballon (B)

Auftriebskraft	$F_\text{A} = (\varrho_\text{L} - \varrho_\text{g})\, g\, V_\text{B}$
Steigkraft	$F_\text{S} = F_\text{A} - F_\text{G} = F_\text{A} - m_\text{B}\, g$

ϱ_L	Dichte der Luft in Flughöhe	(kg/m^3)
ϱ_g	Dichte des Füllgases	(kg/m^3)

3) Schwimmkörper (K)

Auftriebskraft

$$F_\text{A} = \varrho_\text{fl}\, g\, V_\text{K}$$

Tauchgewichtskraft (zum Erdmittelpunkt)

$$\boxed{F_\text{T} = F_\text{G} - F_\text{A} = m_\text{K}\, g - \varrho_\text{fl}\, g\, V_\text{K}}$$

ϱ_fl Dichte des Fluids (kg/m^3)

$F_\text{A} > m_\text{K}\, g$	Körper schwimmt (steigt)
$F_\text{A} = m_\text{K}\, g$	Körper schwebt
$F_\text{A} < m_\text{K}\, g$	Körper sinkt

4) Tragflügel.

dynamische Auftriebskraft

$$\boxed{F_\text{A} = c_\text{A} \frac{\varrho}{2} v^2 A} \quad \text{N}$$

Auftriebsbeiwert

$$\boxed{c_\text{A} = \frac{F_\text{A}}{A\, p_\text{dyn}} = \frac{2\, F_\text{A}}{\varrho\, v^2 A}} \quad (\text{Dim.1})$$

A	senkrecht angeströmte Fläche	(m^2)
p_dyn	Staudruck, dynamischer Druck	$(\text{Pa} = \text{N/m}^2)$
v	Anströmgeschwindigkeit	(m/s)
ϱ	Dichte des Strömungsmediums	(kg/m^3)

Ausfluss

Ausströmen von Fluiden aus Behältnissen für **Inkompressible Fluide.**

1. TORRICELLI-Formel: Anwendung der *Bernoulli-Gl.

$$v_2 = \sqrt{\frac{\varrho(p_1 - p_2)/2 + 2g(z_1 - z_2)}{1 - (A_2/A_1)^2}}$$

Spezialfall für $p_1 = p_2$ und $A_1 \gg A_2$

$$v_2 = \sqrt{2g(z_1 - z_2)}$$

$z_1 - z_2$	Fluidhöhe über dem Ausfluss
p_1	Druck über dem Fluid
p_2	Umgebungsdruck
A_1	Fluidoberfläche
A_2	Ausflussquerschnitt.

2. *Gefäß mit kleiner Bodenöffnung:*

$$\boxed{\dot{V} = A\, v = A\, \mu\, \sqrt{2gh}} \quad \text{m}^3/\text{s}$$

A	Querschnitt der Öffnung	(m^2)
h	Höhe des Flüssigkeitsspiegels	(m)
$\dot{V}$	Volumenstrom	(m^3/s)
v	Strömungsgeschwindigkeit	(m/s)
$\mu = \varphi \alpha$	Ausflusszahl	(Dim.1)
$\varphi = 0{,}97$	Geschwindigkeitsziffer für Wasser	
$\alpha = 0{,}61$	Kontraktionszahl für scharfkantige Ausflussform.	

3. *Gefäß mit kleiner Seitenöffnung*

$$\boxed{\dot{V} = A\, v = A\, \mu\, \sqrt{2gh}} \quad \text{für } h \approx \text{const.}$$

Horizontale Wegstrecke bis zum Auftreffpunkt des Fluids auf den Boden (Wurfparabel)

Tabelle 3.1   Zahlenwerte der Normatmosphäre in Abhängigkeit der Höhe über dem Meeresspiegel.

Höhe über NN m	Temperatur °C	Druck mbar	Dichte kg/m³	Sättigungsdruck mbar	Siedepunkt des Wassers °C
0	15	1013	1,226	17	100
500	11,8	955	1,168	13,7	98
1000	8,5	899	1,112	11	97
2000	2	795	1,007	7	93
4000	−11	616	0,819	2,4	87
8000	−37	356	0.525	0.13	74
15000	−56,5	120	0,194	–	51
30000	−56,5	44	0,02	–	15

$$s = \mu \sqrt{h\, h_2}$$

Mit äußerem Druck auf den Flüssigkeitsspiegel, z.B. Spritze

$$\dot{V} = A\, v = A\, \mu \sqrt{2\left(gh + \frac{p_a}{\varrho}\right)}$$

h Höhe Flüssigkeitsspiegel – Öffnung.
h_2 Höhe Öffnung – Gefäßboden.

4. *Gefäß mit großer Seitenöffnung.* Volumenstrom aus Rechteckquerschnitt.

$$\dot{V} = A\, v = \mu\, \tfrac{2}{3} b\, \sqrt{2g\,(h_u^3 - h_o^3)}$$

b horizontale Breite der Öffnung
h_o Höhe Flüssigkeitsspiegel – Oberkante Öffnung.
h_u Höhe Flüssigkeitsspiegel – Unterkante Öffnung.

5. *Wehr:* Volumenstrom durch Überfall

$$\dot{V} = \tfrac{2}{3} b\, h\, \mu\, \sqrt{2gh}$$

h Wasserhöhe über Staumauer, b Mauerbreite.

6. *Trennschieber:* Volumenstrom unter einer Trennwand ins Unterwasser

$$\dot{V} = d\, b\, \mu\, \sqrt{2\, g\, \Delta h}$$

d Höhe der Schieberöffnung   (m)
Δh Höhenunterschied vor u. hinter Schieber   (m)
μ Ausflusszahl   (Dim.1)

Ausflusszahl

Kennzahl für Öffnungen.

$$\mu = \alpha\, \varrho \qquad (\text{Dim.1})$$

Kreisöffnung
scharfkantig-rau: $\mu = 0{,}62 \ldots 0{,}64$
glatt: $\mu = 0{,}97 \ldots 0{,}99$

α Einschnür-, Kontraktionszahl: < 1
φ Geschwindigkeitszahl: < 1

Ausströmen von Gasen

für **Kompressible Fluide** Massenstrom bei konstantem Druckunterschied (in kg/s)

$$\dot{m} = A \sqrt{\frac{2\kappa\, p_1\, \varrho_1}{\kappa - 1}\left[\left(\frac{p_2}{p_1}\right)^{2/\kappa} - \left(\frac{p_2}{p_1}\right)^{(\kappa+1)/\kappa}\right]}$$

Geschwindigkeit bei konst. Ausström-Druckunterschied:
DE-SAINT-VENANT-Gleichung

$$v_2 = \sqrt{\frac{2\kappa}{\kappa - 1}\, \frac{p_1}{\varrho_1}\left[1 - \left(\frac{p_2}{p_1}\right)^{(\kappa+1)/\kappa}\right]} \quad \text{m/s}$$

A Strömungsquerschnitt der Düse   (m²)
p_1, p_2 Druck vor/nach Düse   (Pa)
ϱ_1 Dichte im Behälter 1, vor Düse   (kg/m³)
κ Isentropenexponent   (Dim.1)

Für ein ideales Gas: $p_1/\varrho_1 = RT_1$.
Maximale Ausströmgeschwindigkeit für $p_2 = 0$.
Schallgeschwindigkeit für ideales Gas (isentrop)

$$c = \sqrt{\frac{\mathrm{d}p}{\mathrm{d}\varrho}} = \sqrt{\kappa\, R\, T}$$

MACH-Zahl

$$Ma = v/c$$

p_1 Druck über dem Fluid   (Pa)
p_2 Umgebungsdruck   (Pa)
R spezifische Gaskonstante $(\mathrm{J\,kg^{-1}\,K^{-1}})$
T absolute Temperatur   (K)
κ Isentropenexponent   (Dim. 1)

Austauschkoeffizient

Produkt aus der Dichte des Fluids und dem turbulenten Diffusionskoeffizienten:

$$A = \varrho\, D \qquad \frac{\mathrm{kg}}{\mathrm{m\,s}} = \mathrm{N\,s}$$

Barometrische Höhenformel

Der Schweredruck p (= Druck der Gassäule über der Bezugsebene) sinkt mit zunehmender Höhe exponentiell (für konstante Temperatur).
An der Erdoberfläche verringert sich der Luftdruck alle 8 m um 100 Pa = 1 mbar. In 5539 m Höhe ist der Luftdruck halb so groß wie auf der Erdoberfläche. In 400 m ü. NN ist der Normalluftdruck 964 mbar.

$$p(h) = p_0\, \mathrm{e}^{\frac{\varrho_0 T_0 gh}{p_0 T}} = p_0\, 10^{-h/h_\infty} \quad \mathrm{Pa} = \frac{\mathrm{N}}{\mathrm{m}^2}$$

$$h_\infty = 18\,400\,\mathrm{m}$$

$p^0 = 101325$ Pa Jahresmitteldruck auf Meereshöhe.
Internationale Höhenformel: berücksichtigt Temperaturabnahme bis zur Tropopause (11 km Höhe).

$$p = p_0\left(1 - \frac{6{,}5 \cdot h}{288\,\mathrm{km}}\right)^{5{,}255}$$

Luftdichte

$$\varrho_L(h) = 1{,}2255\,\frac{\mathrm{kg}}{\mathrm{m}^3}\left(1 - \frac{6{,}5 \cdot h}{288\,\mathrm{km}}\right)^{4{,}255}$$

Bedeckung

Auf die Fläche bezogene Größe, z. B. Massenbedeckung; *nicht* „Flächengewicht". $m'' = m/A$.

Benetzung

Eine Flüssigkeit benetzt einen Körpers, wenn

1. Adhäsionskräfte > Kohäsionkräfte
2. Die Flüssigkeit breitet sich auf der Oberfläche des festen Körpers aus.
3. Randwinkel: $0 \le \theta \le \pi/2$
4. Grenzflächenspannung: $\sigma_{12} \cos\theta = \sigma_{13} - \sigma_{23}$

1 = Gasraum, 2 = Flüssigkeit, 3 = Festkörper.

Keine Benetzung liegt vor, wenn:
1. Adhäsion < Kohäsion
2. Flüssigkeit zieht sich tropfenförmig zusammen.
3. Randwinkel: $\pi/2 < \theta \le \pi$

Benetzungswinkel

Randwinkel (θ in Grad oder rad) zw. Tropfenrand und Oberfläche, wenn ein Flüssigkeitstropfen auf einer ebenen festen od. flüssigen Oberfläche in einer durch die Schwerkraft leicht verformten Kugelgestalt (minimale Oberfläche und Oberflächenenergie) verharrt. Vgl. *Oberflächenspannung. Mikroskopisch wirken unmittelbar an der Benetzungsline – im sog. CORE-Bereich von <1 nm Breite – Van-der-Waals- und elektrostat. Kräfte auf die Krümmung der Flüssigkeitsoberfläche.

Definition des Randwinkels θ: $\vec{F}_\mathrm{A}$ Adhäsionskräfte, $\vec{F}_\mathrm{K}$ Kohäsionskräfte, h Höhe der Flüssigkeitssäule.

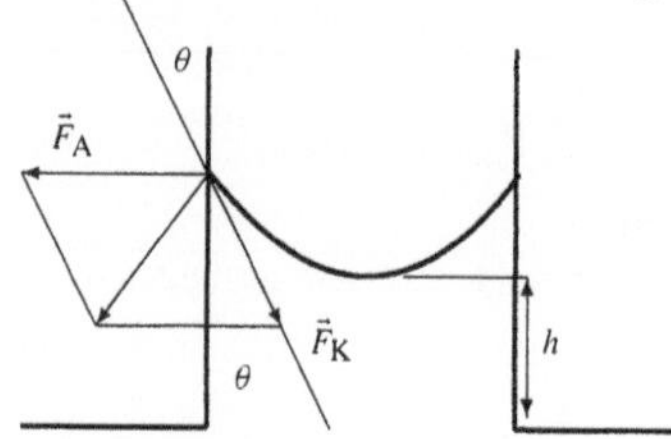

vollständige Benetzung (Spreitung):	$\theta = 0°$
teilweise Benetzung:	$\theta < 90°$
Nichtbenetzung:	$\theta \ge 90°$
vollständige Nichtbenetzung:	$\theta = 180°$

Messung des Benetzungswinkels:
1. Ausmessung des Meniskus im Gegenlicht mittels eines Fernrohrs mit Gradeinteilung im Okular.
2. Interferenzmessung der vom Tropfen reflektierten Laserstrahlen (Konstruktion des Tropfenprofils).

Bernoulli-Gleichung

Für reibungsfreie, stationäre Strömung gilt:

$$v\,\mathrm{d}v = \frac{1}{\varrho}\,\mathrm{d}p + g\,\mathrm{d}h = 0$$

g	örtliche Fallbeschleunigung	$(\mathrm{m/s^2})$
h	geodätische Höhe = Abstand	
	Rohrmittelpunkt–Erdboden	(m)
v	Strömungsgeschwindigkeit	$(\mathrm{m/s})$
V	Strömungsvolumen	$(\mathrm{m^3})$
ϱ	Dichte des Fluids	$(\mathrm{kg/m^3})$

1) Herleitung für inkompressible Fluide.

Energieerhaltungssatz der Strömungsmechanik

$$\underbrace{\frac{m\,p}{\varrho}}_{\text{Druck-energie}} + \underbrace{\frac{1}{2}mv^2}_{\substack{\text{kinetische}\\\text{Energie}}} + \underbrace{m\,g\,h}_{\substack{\text{potentielle}\\\text{Energie}}} = \text{const}$$

auf den Druck umgerechnet: BERNOULLI-Gleichung.

$$\underbrace{p_\mathrm{a}}_{\substack{\text{statischer}\\\text{Druck}\\\text{(Betriebs-}\\\text{druck)}}} + \underbrace{\frac{1}{2}\varrho v^2}_{\substack{\text{dynamischer}\\\text{Druck}\\\text{(Staudruck)}}} + \underbrace{\varrho\,g\,h}_{\substack{\text{geodätischer}\\\text{Druck}\\\text{(Schweredruck)}}} = \text{const}$$

An jedem Ort für eine Stromlinie ist die Summe aus hydrostatischem Druck (= statischem Druck + Schweredruck) und dynamischem Druck konstant.

2) Anwendung auf inkompressible Fluide

1. *Reales Fluid* (mit Flüssigkeitsreibung)

$$p_1 + \frac{1}{2}\varrho v_1^2 + \varrho\,g\,h_1$$
$$= p_2 + \frac{1}{2}\varrho v_2^2 + \varrho\,g\,h_2 + \underbrace{\varrho\,g\,h_\mathrm{v}}_{p_\mathrm{v}}$$

p_v Druckverlust d. Fluidreibung, h_v Verlusthöhe.

2. *Horizontales Rohr* mit konstantem Querschnitt, stationäre Strömung: Der Gesamtdruck p (gemessen im Staurohr) ist die Summe aus statischen Druck p_a (gemessen im Steigrohr) und dynamischem Druck p_dyn (Staudruck) für $h = \text{const}$.

$$p = p_\mathrm{a} + p_\mathrm{dyn} = \text{const} \qquad \mathrm{Pa}$$

Kompressibles Fluid im horizontalen Rohr

$$\begin{aligned} p &= p_\mathrm{a} + p_\mathrm{dyn} + \Delta p_\mathrm{dyn} \\ &= p_\mathrm{a} + p_\mathrm{dyn} + \frac{1}{4}\,p_\mathrm{dyn}\left(\frac{v}{c}\right)^2 \\ &= p_\mathrm{a} + p_\mathrm{dyn}\left(1 + \frac{1}{4}Ma^2\right) \end{aligned}$$

Ma Mach-Zahl (Dim.1)

3. *Geneigtes Rohr* mit veränderlichem Querschnitt, stationäre Strömung, inkompressibles Fluid.
Energiegleichung

$$W = p_\mathrm{a}V + \frac{1}{2}\varrho V v^2 + V\varrho g h = \text{const}$$

Druckgleichung

$$p_\mathrm{a} + \frac{1}{2}\varrho v^2 + \varrho g h = \text{const}$$

Druckhöhengleichung

$$\frac{p_\mathrm{a}}{\varrho g} + \frac{v^2}{2g} + h = \text{const}$$

4. *Staurohr:* Gesamtdruck- u. Strömungsgeschwindigkeit-Messung ($h = \text{const}$, $v_2 = 0$).

$$p_2 = p_\mathrm{ges} = \frac{\varrho v_1^2}{2} + p_1 \quad\text{und}\quad v_1 = \sqrt{\frac{2(p_\mathrm{ges} - p_1)}{\varrho}}$$

5. *Ausfluss
6. Strömende Bewegung auf Kreisbahn. Der Potentialwirbel zeigt eine Geschwindigkeitsverteilung, der Druck ist eine Funktion des Radius r der Kreisbahn.

$$v\,r = \text{const}$$

$$p(r) = p_1 + \frac{\varrho\,r_1^2 v_1^2}{2}\left(\frac{1}{r_1^2} - \frac{1}{r^2}\right)$$

3) Kompressible Fluide

1. BERNOULLI-Gleichung für kompressible Fluide

$$\frac{v_2^2 - v_1^2}{2} + \int_1^2 \frac{\mathrm{d}p}{\varrho} + g(z_2 - z_1) = 0$$

z geodätische Höhe.

2. Bei *Gasen* Dichteänderung ($v > 0{,}3\,c$) beachten!

c Schallgeschwindigkeit im Fluid (m/s)

3. Anwendung: *Ausfluss.

BET-Methode

Adsorptionsverfahren zur *Oberflächenmessung.

1) Physikalische Gasabsorption von Stickstoff, Argon, Krypton oder Kohlenmonoxid auf der porösen Probenoberfläche in einer volumetrischen Adsorptionsapparatur unter Kühlung bei verschiedenen Drücken. Die spezifische Oberfläche ergibt sich mit dem Platzbedarf eines adsorbierten Moleküls, z. B. $q = 16{,}2{\cdot}10^{-20}$ m^2 (Stickstoff) und der Stoffmenge der monomolekularen Adsorbatschicht n_m.

Spezifische Oberfläche des Trägers

$$ S_\mathrm{m} = \frac{n_\mathrm{m} N_\mathrm{A} q}{m_\mathrm{A}} = \frac{V_\mathrm{ad}}{V_\mathrm{ad,m}} \frac{q}{m_\mathrm{A}} \qquad \frac{\mathrm{m}^2}{\mathrm{kg}} $$

V_ad molares Volumen der Adsorbatschicht

$V_\mathrm{ad.m}$ der adsorbierten Monoschicht

BRUNAUER-EMMET-TELLER-Isotherme = BET-Isotherme, im relativen Druckbereich $0{,}05 \geq p/p_\mathrm{s} < 0{,}35$.

$$ \underbrace{\frac{p/p_\mathrm{s}}{V_\mathrm{ad}(1 - p/p_\mathrm{s})}}_{y} = \underbrace{\frac{1}{V_\mathrm{ad,m}C}}_{a} + \underbrace{\frac{C-1}{V_\mathrm{ad,m}C}}_{b} \underbrace{\frac{p}{p_\mathrm{s}}}_{x} $$

mit $\quad V_\mathrm{ad,m} = \dfrac{1}{a+b} \quad$ und $\quad C = \dfrac{a+b}{a}$

2) **B-Punkt-Methode.** Auftragung der adsorbierten Stoffmenge n_ad gegen p/p^0 führt zu einer Kurve mit zwei Knickpunkten, deren mittleres Teilstück (ab dem „B-Punkt") linear ist; dort gilt $n \approx n_\mathrm{m}$.

Einpunktmethode. Für die meisten Sorbenten (N$_2$, Ar, Kr) ist $C \approx 60 \gg 1$ und für großen Relativdruck $p/p_\mathrm{s} \approx 0{,}25$ gilt vereinfacht:

$$ V_\mathrm{ad,m} = V_\mathrm{ad}(1 - p/p_\mathrm{s}) $$

p_s Sättigungsdruck

3) **Mikroporenmethode.** Auftragung der Sorbatmenge n gg. die mittl. Schichtdicke $\bar{d}$ liefert bei nicht porösen Stoffen eine Ursprungsgerade mit der Oberfläche als Steigung; bei mikroporösen Stoffen nimmt die Steigung mit zunehm. Füllung der Poren (Belegung der Porenwände) ab. Wasser füllt Poren ab 0,2 nm, Benzol ab 1,6 nm.

Anwendung auch zur Bestimmung des Porenvolumens und der Porengrößenverteilung von Mikroporen.

Betriebsüberdruck, zulässiger

Maximal zulässiger Überdruck $p_\mathrm{e,zul}$ (in bar), der bei erhöhten Betriebstemperaturen im Rohrleitungssystem herrschen darf; vgl. *Nenndruck.

Bingham-Zahl

Kennzahl in der Rheologie:

$$ Bm = \frac{\tau_\mathrm{y}\, l}{\eta_\infty\, v} = \frac{\text{Fließgrenze}}{\text{Schubviskosität}} $$

Bowenverhältnis

Verhältnis der Wärmestromdichten von fühlbarer zu latenter Wärme in der Atmosphäre.

$$ Bo = \frac{q_\mathrm{s}}{q_\mathrm{l}} = \frac{\text{Wärmeleitung} + \text{Konvektion}}{\text{latente Wärme}} $$

Boyle-Mariotte-Gesetz

In der Aerostatik für ideale Gase:

$$ p\,V = \text{const} \qquad \text{oder} \qquad p_1 V_1 = p_2 V_2 $$

Carman-Kozeny-Gleichung

*Oberflächenmessung.

Darcy-Gesetz *Druckabfall.

Dispergieren *Verteilen.

Drag-Koeffizient *Schubspannungsbeiwert

Druck

Definiert als flächenbezogene Kraft:

$$ \frac{\text{Normalkraft}}{\text{Fläche } (\perp)} \qquad p = \frac{F}{A} \qquad \mathrm{Pa} = \frac{\mathrm{N}}{\mathrm{m}^2} = \frac{\mathrm{kg}}{\mathrm{m\,s}^2} $$

Absolutdruck, absoluter Druck.

$p_\mathrm{abs} = 0$ im absoluten Vakuum

Differenzdruck, früher: „Überdruck" oder „Unterdruck"; atmosphärische Druckdifferenz.

$p_\mathrm{e} = p_\mathrm{abs} - p_\mathrm{amb}$

Umgebungsdruck, Atmosphärendruck, am Untersuchungsort herrschender Luftdruck.

$p_\mathrm{amb} \approx 1$ bar

---

1 bar $= 10^5$ Pa $= 1000$ mbar $= 1000$ hPa
      $= 100$ kPa $= {}^1\!/_{10}$ MPa $= 10^6\,\mu$bar
      $= 10^5$ N/m^2 $= 10$ N/cm^2 $= 0{,}1$ N/mm^2
      $= $ [veraltet] $^{100}\!/_{9.80665}$ mWS $= 10{,}19716$ mWS
      $\approx 0{,}2$ t/m^2 $\approx 1{,}02$ kg/cm^2 $\approx 10{,}2$ g/mm^2
      $= $ [veraltet] $^{760}\!/_{101325}$ mmHg $= 750{,}062$ mmHg

Veraltete Einheiten!

1 atm $= 101\,325$ Pa $= 1{,}013\,25$ bar
1 at $= 10$ mWS $= 98\,066{,}5$ Pa $= 980{,}665$ mbar
1 mmHg$= 133{,}322$ Pa $= $ [früher] 1 Torr
        (Millimeter Quecksilbersäule)
1 mWS $= 9806{,}65$ Pa $= 98{,}0665$ mbar
        (Meter Wassersäule)
1 dyn/cm^2 $= 0{,}1$ Pa $= 10^{-6}$ bar
1 psi $= 1$ lb/in^2 $= 6894{,}8$ Pa $= 68{,}9476$ mbar

---

1) Dynamischer Druck

Staudruck oder *kinetischer Druck* oder *hydrodynamischer Druck.* Gesamtdruck minus statischer Druck; gemessen mit einem PRANDTL-Staurohr.

$$ p_\mathrm{dyn} = \frac{\varrho\, v^2}{2} \qquad \mathrm{Pa} = \mathrm{N/m}^2 $$

2) Geodätischer Druck = *Schweredruck, Gewichtsdruck.* Flächenbezogene Gewichtskraft der Flüssigkeitssäule. In ruhenden Flüssigkeiten von der Gefäßform unabhängig, nur die Füllhöhe ist entscheidend (*hydrostatisches Paradoxon*).

$$ p_\mathrm{geo} = \frac{m\,g}{A} = \varrho\,g\,h \qquad \mathrm{Pa} = \mathrm{N/m}^2 $$

Im Gasen vgl. *barometrische Höhenformel.

A	Bodenfläche	(m^2)
h	Höhe der Flüssigkeitssäule	(m)
ϱ	Dichte des Fluids	$(\mathrm{kg/m}^3)$

3) Hydrostatischer Druck, Ruhedruck. Gesamtdruck in einem ruhenden, inkompressiblen Fluid; da dynamischer Druck null.

Statischer Druck p_a plus Schweredruck p_geo.

$$ p_\mathrm{hyd} = p_\mathrm{a} + \varrho\, g\, h \qquad \mathrm{Pa} = \mathrm{N/m}^2 $$

a) In eingeschlossenen inkompressiblen Fluiden ist der hydrostat. Druck – durch Druckkräfte F von den Gefäßwandungen (Fläche A) oder den Luftdruck – überall gleich, also unabh. von der Gefäßform. Die hydrostat. *Druckkraft wirkt senkrecht zu den Begrenzungen des Fluids.

b) Ist das Fluid der Schwerkraft unterworfen – z. B. in Flüssigkeitssäulen – wirkt zusätzlich der Schweredruck der höheren Fluidschichten. Boden-, Seiten- und Aufdruck sind in gleicher Tiefe ebenso groß wie der Schweredruck.

Absoluter Druck einer Flüssigkeitssäule:

$$ p_\mathrm{hyd} = p_\mathrm{amb} + \varrho\, g\, h $$

p_amb atmosphär. Luftdruck auf den Flüssigkeitsspiegel.

c) In Gasen: vgl. *barometrische Höhenformel.

4) Statischer Druck (in Strömungen).

a) Druck p_a, den Manometer od. Druckmesssonden anzeigen, wenn das Fluid tangential an den seitlich angebrachten Messöffnungen vorbeiströmt; im einfachsten Fall ein offenes Steigrohr am waagrechten Strömungsrohr. Je schneller das Fluid fließt, umso kleiner ist der statische Druck.

$$ p_\mathrm{a} + p_\mathrm{dyn} = \mathrm{const} $$

In ruhender Flüssigkeit oder bei stationärer Strömung im waagrechten Rohr gleich dem hydrostat. Druck. Vgl. *Bernoulli-Gleichung.

b) Kolbendruck. Äußerer Druck, *Pressdruck* durch Krafteinwirk. auf einen Stempel. Je kleiner die Kolbenfläche und je größer die Kraft, umso größer der Druck.

$$ p_\mathrm{a} = \frac{F_1}{A_1} = \frac{F_2}{A_2} \qquad \mathrm{Pa} = \mathrm{N/m}^2 \qquad \frac{F_1}{F_2} = \frac{A_1}{A_2} = \frac{d_1^2}{d_2^2} $$

Vgl. *hydraulische Presse (Hebebühne, Wagenheber, Druckwandler, hydraulische Bremsen).

5) Gesamtdruck. Mit in Strömungsrichtung angebrachtem Manometer (PITOT-Rohr) gemessener Druck:

Gesamtdruck = Staudruck + statischer Druck.

Druckabfall

Druckverlust in einem Fluid.

1) Schüttschicht. *Darcy-Gesetz* für Druckabfall in einer Schüttschicht und Durchströmung im Staurohr. Ein gepackter disperser Feststoff oder ein Filter wird von oben nach unten von einem Fluid der Geschwindigkeit $\bar{v} = \dot{V}/A$ durchströmt. Mit einem U-Rohr-Manometer misst man den Druckabfall, mit einem Rotameter den Volumenstrom.

Ideales Fluid: $\quad \Delta p = \dfrac{\dot{V}\, d\, \eta}{A\, \alpha} = \dfrac{\eta\, d\, \bar{v}}{\alpha}$

Kompressibles Fluid

$$ \Delta p \left(1 + \frac{\Delta p}{2\,p_2} \right) = \frac{\dot{V}\, d}{A} \left(\frac{\eta}{\alpha} + \frac{\varrho\, \dot{V}}{\beta A} \right) $$

A	Querschnitt der Schicht	(m^2)
d	Höhe der Schüttschicht	(m)
Δp	Druckabfall	(Pa)
$\dot{V}$	Volumenstrom	$(\mathrm{m}^3/\mathrm{s})$
$\bar{v}$	Strömungsgeschwindigkeit	$(\mathrm{m/s})$
ϱ	Dichte des Fluids	$(\mathrm{kg/m}^3)$
η	Viskosität des Fluids	$(\mathrm{Pa\,s})$
α, β	Durchströmbarkeitskoeffizienten	$(\mathrm{m}^2, \mathrm{m})$

2) Aerozyklon. Staubbeladenes Gas tritt tangential in ein zylindrisches, nach unten konisches Gehäuse, wobei sich der Staub an der Innenwand abscheidet.

$$ \Delta p \approx \frac{c\,\varrho_\mathrm{g}\,\dot{V}^2}{d^4} \cdot \qquad \mathrm{Pa} = \mathrm{N/m}^2 $$

c	Beiwert: 100 bis 200	$(\mathrm{Dim.\,1})$
d	Durchmesser des Zyklons	(m)
$\dot{V}$	Volumenstrom, Durchfluss	$(\mathrm{m}^3/\mathrm{s})$
ϱ_g	Dichte des Gases	$(\mathrm{kg/m}^3)$

3) Druckverlust in Rohren. Für laminare und turbulente Strömung:

$$ \Delta p = h_\mathrm{v}\,\varrho\, g = \lambda\, \frac{l}{d}\, \frac{\varrho v^2}{2} \qquad \mathrm{Pa} = \mathrm{N/m}^2 $$

d	Rohrinnendurchmesser	(m)
h_v	Verlusthöhe	(m)
g	örtliche Fallbeschleunigung	$(\mathrm{m/s}^2)$
l	Länge der Rohrleitung	(m)
v	Strömungsgeschwindigkeit	$(\mathrm{m/s})$
λ	Rohrverlustzahl	$(\mathrm{Dim.\,1})$
ϱ	Dichte des Fluids	$(\mathrm{kg/m}^3)$

Rohrleitungssystem. Für technische Rohrelemente sind Druckverlustbeiwerte ζ tabelliert.

$$ \Delta p = \left(\lambda\, \frac{l}{d} + \sum_i \zeta_i \right) \frac{v^2 \varrho}{2} \qquad \mathrm{Pa} = \mathrm{N/m}^2 $$

Rohrverlustzahl

HAGEN-POISEUILLE-Gesetz: für technische glatte Rohre im laminaren Bereich.

$$ \lambda = \frac{Re}{64} \qquad \text{für } Re < 2320 $$

BLASIUS-Formel: für technische glatte Rohre im turbulenten Bereich.

$$ \lambda = \frac{0{,}3164}{\sqrt[4]{Re}} \qquad \text{für } 2320 < Re < 10^5 $$

COLEBROOK-MOODY-Formel: für raue Rohre im turbulenten Bereich (k Rauigkeit).

$$ \lambda^{-1/2} = 2 \log\left(\frac{2{,}51}{Re\,\sqrt{\lambda}} + 0{,}27\, \frac{k}{d} \right) $$

NIKURADSE-Formel

$$ \lambda = 0{,}0032 + \frac{0{,}221}{Re^{0{,}237}} \qquad \text{für } 10^5 < Re < 10^8 $$

KONAKOV-Formel

$$ \lambda = (1{,}8 \cdot Re - 1{,}5)^{-2} \qquad \text{für } 3000 < Re < 10^8 $$

REYNOLDS-Zahl

$$ Re = \frac{\varrho\, v\, d}{\eta} $$

Druckbehälter

zulässige *Wanddicke*

$$s = \frac{F}{2\,l\,\sigma_{z,zul}} = \frac{d\,p}{2\,\sigma_{z,zul}} \quad \text{(m)}$$

gegebene Druckkraft

$$F = d\,l\,p = A\,\sigma_{z,zul} \quad \text{(N)}$$

Schnittfläche

$$A = 2\,l\,s \quad \text{(m}^2)$$

d Behälter- oder Rohrdurchmesser (m)
l Behälter- oder Rohrlänge (m)
p Innendruck des Behälters oder Rohres (Pa)
$\sigma_{z,zul}$ zulässige Zugspannung (N/mm^2)

Druckdifferenz

Differenzdruck. Unterschied zwischen zwei Drücken $\Delta p = p_{1,2} = p_1 - p_2$. In der Technik missverständlich „Druck" genannt.

Druckenergie

Volumenarbeit eines unter Druck stehenden Volumens.

$$\boxed{W = p\,V} \quad \text{J} = \text{N\,m}$$

Druckgefälle

Dynamische Größe: Auf die Rohrlänge bezogener Druckverlust in Hauptströmungsrichtung.

$$\boxed{\Pi = -\frac{\partial p}{\partial x}} \quad \text{Pa/m} = \text{N/m}^3$$

Druckhöhe

oder *statische Höhe* (vgl. *Bernoulli-Gleichung)

$$\boxed{h = \frac{p}{\varrho\,g}} \quad \text{m}$$

g Fallbescheunigung   (m/s^2)
p hydrostatischer Druck   (Pa)
ϱ Dichte des Fluids   (kg/m^3)

Druckkraft

Durch einen Druck auf eine Fläche ausgeübte Kraft.

$$\boxed{F = p\,A = \sigma_d\,S} \quad \text{N}$$

Boden-, Seiten- und Aufdruck sind in der gleichen Tiefe ebenso groß wie der Schweredruck.

p hydrostatischer Druck =
     Betriebsdruck + Schweredruck   (Pa = N/m^2)
A druckbeaufschlagte Fläche   (m^2)
S Spannungsquerschnitt   (m^2)
σ_d vorhandene Druckspannung   (N/mm^2)

1) Seitendruckkraft auf senkrechte Wand, greift nicht im Flächenschwerpunkt (S), sondern im darunter liegenden Druckmittelpunkt (D) an. Die bedruckte Seitenfläche A kann auch eine Teilfläche sein.

$$F_D = \varrho g \int\limits_{h_1}^{h_2} h\,\mathrm{d}A = \varrho\,g\,\underbrace{h_S\,A}_{M_S} = \frac{\varrho\,g\,I}{e}$$

A bedruckte Seitenfläche   (m^2)
h Tiefe ab Flüssigkeitsspiegel   (m)
h_S – zum Flächenschwerpunkt: $h_S = h/2$
h_D – zum Druckmittelpunkt: $h_D = 2h/3$
M_S statisches Moment   (m^3)

Flächenträgheitsmoment

$$I = \int\limits_{h_1}^{h_2} h^2\,\mathrm{d}A = e\,h_S\,A \quad \text{(m}^4)$$

Abstand Druckmittelpunkt – Flächenschwerpunkt

$$e = \frac{I}{h_S\,A} = \frac{I}{M_S} \quad \text{(m)}$$

Kippmoment der Seitendruckkraft

$$M = \frac{F_D\,h}{3} \quad \text{(N\,m)}$$

2) Seitendruckkraft auf eine Rechteckplatte ($A = ab$, b Breite, a Höhe) in einer Schleusenwand. Der Flächenschwerpunkt der Platte liegt h_S Meter unter dem Wasserspiegel.

$$F_D = \varrho\,g\,h_S\,A = \frac{\varrho\,g\,I}{e}$$

$$I = \frac{ba^3}{12}$$

$$e = \frac{I}{h_S\,A} = \frac{a^2}{12\,h_S}$$

3) Seitendruckkraft auf gekrümmte Wand. Die resultierende Kraft greift im Druckmittelpunkt an. Die Druckkraft in die Tiefe h entspricht dem Gewicht der Flüssigkeitssäule über der Wandfläche.

$$F_{res} = \sqrt{F_x^2 + F_y^2}$$

$$F_x = \varrho\,g \int\limits_{h_1}^{h_2} h\,\mathrm{d}A_x = \varrho\,g\,h_s\,A_x$$

$$F_z = m\,g = \varrho\,g\,V$$

A_x gedrückte Fläche: Projektion in x-Richtung
F_x Druckkraft in horizontale Richtung
F_z Druckkraft in vertikale Richtung
h_s Abstand Schwerpunkt–Fluidspiegel
V Volumen Flüssigkeit über gekrümmter Wand

4) Senkrechte Trennwand der Breite b zwischen zwei Gewässern. Seitendruckkraft beidseitig der Wand (1 = oberer, 2 = unterer Flüssigkeitsspiegel), D = Druckmittelpunkt, B = Gefäßboden.

$$F_D = \tfrac{1}{2}\,\varrho\,g\,(h_1^2 - h_2^2)\,b$$

$$h_D = h_1 - h_{DB} = h_1 - \frac{h_1^2 + h_1 h_2 + h_2^2}{3\,(h_1 + h_2)}$$

$$M = \frac{F_D\,h}{3}$$

M Kippmoment der Seitendruckkraft (N\,m).

5) Schräge Wand (Anstieg α). Die Tiefe des Flächenschwerpunktes h_S und des Druckmittelpunktes h_D wird senkrecht vom oberen Flüssigkeitsspiegel gemessen; h_S' und d_S' als Länge auf der schrägen Wand.

$$F_D = h_S\,\varrho\,g\,A = \varrho\,g\,h_S'\,\sin\alpha\,A$$

$$h_D' = \frac{I_x}{A\,h_S'} = h'S + e \quad \text{mit} \quad e = \frac{I_S}{A\,h_S'}$$

Druckliniengefälle

$$L = \frac{\text{Verlusthöhe } h_V}{\text{Rohrlänge } l} \quad \text{(Dim.1)}$$

Druckmessgeräte: Barometer

Messgeräte für den Luftdruck.

1) Quecksilberbarometer. Gefäßbarometer nach TORRICELLI. Ein vollst. mit Quecksilber gefülltes, einseitig verschlossenes Rohr taucht mit dem offenen Ende in ein Hg-Reservoir. Durch die Schwerkraft fließt ein Teil des Quecksilbers aus; zwischen Rohrende und Hg-Spiegel entsteht ein Vakuum. Der hydrostat. Druck der Quecksilbersäule $p = \varrho g h$ korreliert mit dem auf das Vorratsgefäß wirkenden Außendruck (101 325 Pa = 760 mmHg

Tabelle 3.2 Druckkorrektur von Quecksilberbarometern bei versch. Temperaturen.

Tempe-ratur in °C	Messingskala p in mbar						Glasskala p in mbar					
	900	930	960	990	1020	1050	900	930	960	990	1020	1050
5	0,7	0,8	0,8	0,8	0,8	0,9	0,8	0,8	0,8	0,9	0,9	0,9
10	1,5	1,5	1,6	1,6	1,7	1,7	1,6	1,6	1,7	1,7	1,8	1,8
12	1,8	1,8	1,9	1,9	2,0	2,1	1,9	1,9	2,0	2,1	2,1	2,2
15	2,2	2,3	2,3	2,4	2,5	2,6	2,3	2,4	2,5	2,6	2,6	2,7
18	2,6	2,7	2,8	2,9	3,0	3,1	2,8	2,9	3,0	3,1	3,2	3,3
20	2,9	3,0	3,1	3,2	3,3	3,4	3,1	3,2	3,3	3,4	3,5	3,6
22	3,2	3,3	3,4	3,5	3,7	3,8	3,4	3,5	3,6	3,8	3,9	4,0
25	3,7	3,8	3,9	4,0	4,1	4,3	3,9	4,0	4,1	4,3	4,4	4,5
27	4,0	4,1	4,2	4,3	4,5	4,6	4,2	4,3	4,5	4,6	4,7	4,9
29	4,2	4,4	4,5	4,7	4,8	4,9	4,5	4,6	4,8	4,9	5,1	5,2
30	4,4	4,5	4,7	4,8	5,0	5,1	4,7	4,8	5,0	5,1	5,3	5,4
35	5,1	5,3	5,5	5,6	5,8	6,0	5,4	5,6	5,8	6,0	6,1	6,3

bei 0 °C). Mit Wasser gefüllte Barometer müssten rund 10 m lang sein.

2) Heberbarometer. Ein mit Quecksilber gefülltes, ungleichschenkeliges, einseitig verschlossenes U-Rohr. Auf das offene Ende des kürzeren Schenkels wirkt der Atmosphärendruck.

3) Aneroidbarometer. Dosen-, Metall- oder Federbarometer nach LEIBNIZ und VIDI. Über eine luftleere Metalldose gespannte Membran, deren außendruckabhängige Verformung über eine Feder auf einen Skalenzeiger oder eine Schreibtrommel übertragen wird.

4) Siedebarometer = Hypsometer. Gefäß mit Wasser oder Halogenkohlenwasserstoff, über dessen Siedepunkt der Luftdruck ermittelt wird; früher zur Temperaturmessung im Hochgebirge und in der Stratosphäre. Grundlage ist die barometrische Höhenformel und die KIRCHHOFF-RANKINE-Gleichung:

$$p = p_0 e^{-\varrho_0 g h / p_0} \quad \text{und} \quad \lg p = A - \frac{B}{T_S}$$

Druckmessgeräte: Barometerkorrektur

Der abgelesene Stand h eines Quecksilberbarometes – gemessen ab Vorratsspiegel mit einem verschiebbaren Maßstab oder der *reduzierten Teilung* $p = p'(1 + q_{Rohr}/q_{Vorrat})$ – wird bezogen auf Normtemperatur (0 °C) und die örtliche Fallbeschleunigung g und korrigiert um die thermische Ausdehnung h' von Skala und Quecksilber:

$$\Delta h' = h \frac{(\gamma - \alpha) t}{1 + \alpha' t} \quad \text{(mm)}$$

$$\Delta p' = p \frac{(\gamma - \alpha) t}{1 + \alpha' t} \quad \text{(Pa)}$$

und bei Säuleninnendurchmessern von <1 cm um die Kapillardepression h'':

$$\Delta h'' = \frac{4 \sigma_{Hg} \cos \theta}{g d (\varrho_{Hg} - \varrho_{Luft})}$$

α	Längenausdehnungszahl der Skala: $18{,}4 \cdot 10^{-6}$ K^{-1} (Messing), $16 \cdot 10^{-6}$ K^{-1} (V2A-Stahl)
α'	Längenausdehnungszahl von Glas: $8{,}5 \cdot 10^{-6}$ K^{-1} (Glas)
γ	Volumenausdehnung von Quecksilber: $1{,}81\,792 \cdot 10^{-4} + 0{,}175 \cdot 10^{-9} t + 0{,}035\,116 \cdot 10^{-9} t^2$ K^{-1}
σ	Oberflächenspannung von Quecksilber: 0,465 N/m
θ	Kontaktwinkel: 140° (Hg/Glas), 0° (Wasser/Glas)
t	Celsius-Temperatur: $t/°C = (T - 273{,}15)/K$

1 mmHg = $\frac{101325}{760}$ Pa = 133,322 Pa = 1,33322 mbar

Druckmessgeräte: Manometer

Messgeräte für den Druck in Fluiden.

1) Quecksilbermanometer. U-Rohr zur Differenzdruckmessung. Fluid A wirkt mit dem hydrostatischen Druck $\varrho g h$ auf einen Schenkel, der Atmosphärendruck auf den anderen.

$$p_A = (h_{Hg} \varrho_{Hg} - h_A \varrho_A) g \overset{\text{Gase}}{\approx} \varrho_{Hg} g h_{Hg}$$

g	örtliche Fallbeschleunigung
h_A, h_B	Höhe der Fluidsäule
h_{Hg}	Höhenunterschied
p_A	Druck des Fluids
ϱ_A	Dichte des Fluids
ϱ_{Hg}	Dichte von Quecksilber

Quecksilber (Hg) als Sperrflüssigkeit für Vakuum und große Druckdifferenzen; für kleine Druckdifferenzen auch Alkohol, Wasser oder CCl$_4$.

2) *Differentielles U-Rohr an Rohrverjüngung:* Differenzdruckmessung davor (Ort A) und dahinter (B).

$$p_A - p_B = [h_{Hg}(\varrho_{Hg} - \varrho_A) + h_A \varrho_A - h_B \varrho_B] g$$

3) *U-Rohr zwischen zwei Vorratsbehältern* (A und B) desselben Fluids F, die nur durch das Manometer verbunden sind. Das Manometerfluid (z. B. Quecksilber) ist dichter als F:

$$p_A - p_B = (h - h_0) \left(\varrho_{Hg} - \varrho_F + \frac{A_{Hg}}{A_F} \varrho_{Hg} \right) g$$

A_{Hg}	Querschnitt des U-Rohres (m^2)
A_F	Querschnitt der Vorratsbehälter (m^2)
h	Höhenunterschied des Quecksilberspiegels mit bedruckten Vorratsbehältern (drucklos h_0).
ϱ_F	Dichte des Fluids (g/cm^3)
ϱ_{Hg}	Dichte des Manometerfluids

4) *Geneigte Säule oder geneigtes U-Rohr.* Der abgelesene Skalenstand h'_{Hg} wird mit der Manometer-Neigung gegen die Horizontale φ zum effektiven Höhenunterschied $h'_{Hg} \sin \varphi$ verrechnet und in die obigen Gleichungen statt h_{Hg} eingesetzt.

5) *Metallmanometer* (Röhrenfedermanometer, BOURDONsche Röhre).

Druckmessung in Strömungen

Theorie vgl. *Bernoulli-Geichung.

1. *Drucksonde:* Rohr mit angeschlossenem Manometer (gegen Atmosphärendruck); zur Bestimmung des statischen Drucks.

2. *Pitot-Rohr:* Staurohr mit angeschlossenem Manometer (gegen Atmosphärendruck); zur Bestimmung der Summe statischer Druck + Staudruck.

$$p = p_{\text{stat}} + \tfrac{1}{2}\varrho v^2$$

3. *Prandtl-Staurohr:* mit angeschlossenem Manometer (gegen statischen Druck) zur Bestimmung von Staudruck und Strömungsgeschwindigkeit.

$$p_{\text{dyn}} = \tfrac{1}{2}\varrho v^2 \quad \text{und} \quad v = \sqrt{\frac{2\,p_{\text{dyn}}}{\varrho}}$$

Druckverlustzahl
Verhältnis statischer zu dynamischer Druck.

$$\boxed{\zeta = \frac{2\,(\Delta p)_v}{\varrho\,\bar{v}^2}} \quad \text{(Dim. 1)}$$

Δp Druckverlust bei linearem Druckverlauf,
$\bar{v}$ Strömungsgeschwindigkeit (Flächenmittelwert),
ϱ Dichte des Fluids.

Durchfluss
Durchsatz. Synonym „-strom" bei fließenden oder geförderten Mengen wie z. B.:

Speisewasserdurchfluss $\dot{V} = dV/dt$,
Dampfdurchsatz $\dot{m} = dm/dt$.

1) Kontinuitätsgleichung. Durchflussgleichung für inkompressible Fluide:

$$\boxed{\dot{V} = A_1 v_1 = A_2 v_2 = \text{const}} \quad \text{m}^3/\text{s}$$

Strömungsgeschwindigkeit hinter Rohrverengung

$$v_2 = \frac{\dot{V}}{A_2} = \frac{1}{\sqrt{1 - \left(\dfrac{A_2}{A_1}\right)^2}}\,\sqrt{\frac{2}{\varrho}\,(p_1 - p_2)}$$

Durchfluss

$$\dot{V} = \frac{A_2}{\sqrt{1 - \left(\dfrac{A_2}{A_1}\right)^2}}\,\sqrt{\frac{2}{\varrho}\,(p_1 - p_2)} = v_2 A_2$$

Massenstrom

$$\dot{m} = \varrho\,\dot{V} = \frac{A_2}{\sqrt{1 - \left(\dfrac{A_2}{A_1}\right)^2}}\,\sqrt{2\,\varrho\,(p_1 - p_2)}$$

A_1, A_2 Strömungsquerschnitte   (m²)
v_1, v_2 Strömungsgeschwindigkeit vor/hinter
       der Rohrverengung   (m/s)

2) *Bandförderer*

$$\boxed{\dot{m} = A\,v\,\varrho_s = c\,b^2\,v\,\varrho_s} \quad \text{kg/s}$$

Bei einem Anstellwinkel der seitlichen Tragrollen von ca. 20° ist $c \approx 0{,}08$.

A Querschnittsfläche der Schüttung   (m²)
b Bandbreite   (m)
v Bandgeschwindigkeit   (m/s)
ϱ_s Schüttdichte des Fördergutes   (kg/m³)

3) *Schneckenförderer*

$$\boxed{\dot{m} = \frac{d^2\pi}{4}\,h\,\alpha\,\varrho_s\,f} \quad \text{kg/s}$$

d Durchmesser der Förderschnecke   (m)
f Umdrehungsfrequenz   (s⁻¹)
h Ganghöhe der Förderschnecke   (m)

α Füllgrad der Förderschnecke   Dim. 1
ϱ_s Schüttdichte des Fördergutes   (kg/m³)

Durchmesser, lichter
Für eine Rohrleitung folgt aus $\dot{V} = v\,A$

$$d_i = 2\sqrt{\frac{\dot{V}}{\pi\,v}}$$

$\dot{V}$ Volumenstrom, v Strömungsgeschwindigkeit.

Durchströmbarkeitskoeffizient
oder *Durchlässigkeit* α (in m²). Mit der Porosität einer Schicht verknüpfte Größe. Bei Durchströmung eines porösen Mediums dem Druckabfall Δp und der spezifischen Oberfläche S_V indirekt proportionale Größe (DARCY-Gesetz).

$$\alpha = \frac{\epsilon^3}{k\,S_V^2(1 - \epsilon)^2} = \frac{\dot{V}\,d\,\eta}{A\,\Delta p} = \frac{\eta\,d\,\bar{v}}{\Delta p}$$

k Kozeny-Konstante (ca. 5 m²/m²), ϵ Hohlraumanteil;
ϱ Dichte und η Viskosität des Strömungsmittels,
$\dot{V}$ Volumenstrom, v Strömungsgeschwindigkeit.

Durchströmung   *Druckabfall.

Elektrophoretisches Potential
Sedimentationspotential = Potentialdifferenz bei Bewegung geladener, dispergierter Teilchen (Kolloide) im ruhenden Dispersionsmedium $\hat{=}$ Umkehrung der Elektrophorese.

Emulgieren
Tröpfchenartiges Verteilen einer dispersen Phase in einer flüssigen Dispersionsphase; zugesetzte oberflächenaktive Stoffe (Emulgatoren) adsorbieren an der Tröpfchenoberfläche, erniedrigen die Grenzflächenspannung und stoßen durch ihre gleichsinnige Ladung die Tröpfchen voneinander ab.

Energielinienhöhe
Bei stationärer Rohrströmung durch eine fallende Rohrleitung mit verjüngendem Querschnitt (vgl. *Bernoulli-Gleichung).

$$\boxed{\begin{aligned} h_{\text{ges}} &= h_{\text{geo}1} + h_{\text{stat}1} + h_{\text{dyn}1} \\ &= h_{\text{geo}2} + h_{\text{stat}2} + h_{\text{dyn}2} + h_v \end{aligned}}$$

h_{geo} geodätische Höhe in Rohrmitte,
       bezogen z. B. auf den Erdboden   (m)
h_{stat} statische Höhe   (m)
h_{dyn} dynamische Höhe, Geschwindigkeitshöhe   (m)
h_v Verlusthöhe   (m)

Energiestrom
Energiestromstärke. Dynamische Größe des Strömungsfeldes.

$$\boxed{P = \dot{E}_{\text{kin}} = \int_A \left(\tfrac{1}{2}\varrho\,v^2\right) \cdot (\vec{v} \cdot \vec{n})\,dA} \quad \text{W}$$

ϱ Dichte des Fluids, $\bar{v}$ Strömungsgeschwindigkeit,
A Fläche, $\vec{n}$ Flächennormale.

Energiestromdichte
oder *mechanische Leistungsdichte.* Flächenbezogene Leistung des Strömungsfeldes.

$$\boxed{S = \frac{P}{A}} \quad \frac{\text{W}}{\text{m}^2} = \frac{\text{N}}{\text{m}\,\text{s}} = \frac{\text{kg}}{\text{s}^3}$$

Enstrophie

Quadratisches Mittel der *Wibelgröße (Vorticity)

$$E_\zeta = \tfrac{1}{2}\,\overline{\zeta^2} \qquad \text{s}^{-2}$$

Entrainmentkoeffizient

Meteorologie und Geophysik: relative Änderung des Massenflusses M in Strömungsrichtung z.

$$E = \frac{1}{M} \cdot \frac{\partial M}{\partial z} \qquad \text{m}^{-1}$$

Euler-Zahl

Kennzahl für die Fluidreibung

$$Eu = \frac{\Delta p}{\varrho v^2} = \frac{\text{Druckkraft}}{\text{Trägheitskraft}}$$

Exzessgröße

Beschreibung von Grenz- und Oberflächen unter Einbezug der oberflächennahen Wechselwirkungen ins Volumen (Oberflächenrelaxation etc.). Integrierte Abweichung der Grenzflächeneigenschaften von den ideal gedachten, homogenen Eigenschaften der beiden aneinander grenzenden Phasen. Oberflächenkonzentration:

$$\underbrace{\Gamma_{\text{exc}}}_{\text{Fläche}} = \int\limits_{-\infty}^{\infty} \underbrace{\left(c_{\text{tot}}(t) - c^b - c^g\right)}_{\text{Volumen}}\, dz$$

in mol/m^2. g = Gasraum, b = Festkörper (Bulk), c Konzentration

Filtration

Mechan. *Stofftrennverfahren (fest – flüssig) nach der Teilchengröße durch eine porösen Schicht, die die flüssige Dispersionsphase (molekulare Teilchengröße) durch lässt, die feste disperse Phase zurückhält.

1) *Elementargesetz der Filtration.* Der Filtrierwiderstand R (in $\text{Pa s/m} = \text{kg s}^{-1}\text{m}^{-2}$) von Filter u. Filterkuchen ist im Wesentl. der Kuchenwiderstand R_K.

$$\frac{dV_F}{dt} = \frac{\Delta p\, A}{R}$$

Empirische Filtergleichung

$$V_F^2 + 2\,V\,K_1 = K_2\,t$$

h Höhe der Schicht, ϱ Dichte, η Viskosität.

Filterkennlinie
$$\underbrace{\frac{t\,\Delta p}{V}}_{y} = \underbrace{\frac{\alpha\,\varphi\,\eta}{2A^2}}_{bx}\,V + \underbrace{\frac{\beta\,\eta}{A}}_{a}$$

Durchgesetztes Flüssigkeitsvolumen nach der Zeit t (bei konstanter Druckdifferenz) in m^3

$$V = -\frac{\beta\,A}{\alpha\,\varphi}\left(1 - \sqrt{1 + \frac{2\alpha\varphi\,\Delta p}{\eta\,\beta^2}\,t}\right)$$

Filtrationsgeschwindigkeit: pro Zeiteinheit durch die Filterfläche A tretendes Filtratvolumen V_F.

$$v = \frac{1}{A}\,\frac{dV_F}{dt} = \frac{\Delta p}{R}$$

Druckverlust (körnige Schüttung, laminare Strömung)

$$\Delta p = \alpha\,\eta\,v\,h \qquad \text{Pa} = \text{N/m}^2$$

Höhe des Filterkuchens am Ende der Filtration

$$h = \frac{\varphi\,V}{A} \qquad \text{(m)}$$

A	Filterfläche	(m^2)
t	Filtrationszeit	(s)
V	Volumen der Trübe	(m^3)
v	Strömungsgeschwindigkeit	(m/s)
α	experimentelle Konstante	(m^{-2})
β	experimentelle Konstante	(m^{-1})
η	dynamische Viskosität	(Pa s)
φ	Volumenanteil des Feststoffs	(Dim. 1)

2) Filtermaterialien

Filtertyp	Widerstand und Porenweite S = Filtermaterial, K = Kuchen		
Lose Schicht (Sand, Kies, Koks, Kohle, Schlacke)	$R_S \gg R_K$	150 μm
Filtergewebe (Baumwolle, Fasern, Metallgewebe)	$R_S \ll R_K$	< 1 μm
Poröse Filter (Keramik, Glas, Kieselgur, Sintermetall)		1... 100 μm

Filterhilfsstoffe lockern schleimige und dichte Rückstände, verringern den Filtrationswiderstand; z. B. Glaswolle, Holzmehl, Kieselgur, Aktivkohle.
Flockungshilfsmittel verbessern die Filtrierbarkeit kolloider Dispersionsphasen; z. B. Polymerelektrolyte wie Polyacrylamid.

3) Filtrationsapparate

Diskontinuierliche Filterapparate

Kies-, Sandfilter	offener Behälter mit waagrechter Filterfläche; hydrostatischer Druck
Filternutsche	Siebplatte mit Filtertuch; Vakuum- oder Druckfiltration
Kerzenfilter	poröse Hohlkerze taucht in die Suspension; Vakuum oder Druck
Blattfilter	Rohrrahmen mit Filtertuch; Vakuum- oder Druckfiltration
Filterpresse	Rahmen- und Kammerfilterpresse; Druckfiltration

Kontinuierliche Filterapparate

Bandfilter	endlos umlaufendes Filterband od. -nutsche; Vakuumfiltration
Trommelzellenfilter	Ansaugen, Trockensaugen, Waschen, nacheinander in tuchbespannten Trommeln; Vakuumfiltration
Innenzellenfilter	ähnlich Trommelzelle mit Ansaugen von innen; Vakuumfiltration

4) Elektrofilter

Abscheidungsgrad

$$\eta = 1 - e^{-A\,v\,t/V} \qquad \text{(Dim. 1)}$$

A	aktive Elektrodenfläche	(m^2)
t	Durchströmzeit	(s)
V	Volumen des Filterraums	(m^3)
v	Wanderungsgeschwindigkeit der Staubpartikel im elektr. Feld	(m/s)

Flotation

Mechan. *Stofftrennverfahren (fest – fest) in Komponenten gleicher Benetzbarkeit. Anhaftende Gasblasen befördern schlecht benetzbare Teilchen zur Flüssigkeitsoberfläche, gut benetzbare sinken zu Boden. Die Flotationszelle ist ein Rührwerksbehälter mit mechan. oder pneumat. Rührung, in dem das feinkörnige Stoffgemisch mit Sammlern hydrophobiert und durch die von unten eingeführte Druckluft getrennt wird.

Sammler sind oberflächenaktive Flotationshilfsstoffe mit polaren Gruppen.

Anionenaktive Sammler

Alkylsulfate	für Carbonate, Sulfate
Alkylsulfonate	für Erdalkaliphosphate
Carbonsäurederivate	
Dithiokohlensäurederivate	für Buntmetallsulfide

Kationenaktive Sammler

Alkylammoniumsalze	Silicate, Oxide, Alkalisalze

Regler sind zum Sammlerion gleich oder entgegenges. geladen; wirken unterstützend bzw. passivierend.

Schäumer unterstützen die Feinverteilung der Luft in der Flotationsflüssigkeit; z. B. Fettalkohole, Phenole, Terpenderivate.

Fluid

Überbegriff für Flüssigkeiten und Gase.

1) Ideales Fluid oder NEWTON-Fluid, hat folgende Eigenschaften:

- Inkompressibel = volumenbeständig, linear rein viskos.
- Schubspannung τ und Geschwindigkeitsgefälle D sind direkt proportional: $\tau = \eta D$.
- In laminarer Strömung sind die Normalspannungen in x- und y-Richtung und senkrecht dazu gleich groß.
- Die Beschleunigungskräfte sind klein gegen die Reibungkräfte (*schleichende Bewegung*). Die elastische Verformung des Fluids (bei zeitlich veränderlicher Schubspannung) ist klein und beeinflusst das Geschwindigkeitsgefälle nicht.

2) Reales Fluid. Besitzt eine gewisse Scherelastizität, reale Gase sind zudem kompressibel.

Fluidität

Fluiditätskoeffizient. Kehrwert der dynamischen Viskosität.

$$\boxed{\varphi = \frac{1}{\eta}} \quad \mathrm{Pa^{-1}s^{-1}} = \frac{\mathrm{m}^2}{\mathrm{N\,s}} = \frac{\mathrm{m\,s}}{\mathrm{kg}}$$

Fluiddynamik

Grundgleichungen der Fluiddynamik:
*Kontinuitätsgleichung, *Bernoulli-Gleichung.
Anwendung: *Druckmessung, *Ausfluss.

Fluidstatik

Vgl. *Viskosität, *Grenzflächenspannung, *Druck, *Druckkraft, *Auftrieb, *Barometrische Höhenformel.

Grundgleichung der Fluidstatik

Allgemein	$\dfrac{\mathrm{d}p}{\mathrm{d}z} + \varrho g = 0$
Inkompressible Fluide	$p_1 = p_2 + \varrho g\,(z_2 - z_1)$
Kompressible Fluide	$p = p_0 e^{-\varrho_0 g z / p_0}$

Praktische Anwendung

U-Rohr-Manometer	$p_1 = p_2 + \varrho g\,\Delta z$
Barometer	$p_1 = \varrho g\,\Delta z$
Hydraulische Presse	$F_1/F_2 = A_1/A_2$ für $z_1 \approx z_2$
Auftrieb	$F_\mathrm{A} = \varrho_\mathrm{F}\, g\, V_\mathrm{K}$
Thermischer Auftrieb:	$\Delta p = (\varrho - \varrho')\, g\, z$

g Fallbeschleunigung. p Druck. z Höhenkoordinate. ϱ Dichte.

F = Fluid, K = Körper.

Fördern

Stoffförderung. Transport von Gütern durch Fahrzeuge, Pipelines, Förder- und *Dosiereinrichtungen.

1) Fördern von Feststoffen

Rutsche, Hubrad, Aufzug, Förderrinne, -schwemme, -schnecke, -band, Pendelbecherwerk, Gabelstapler, Saug- und Druckluftförderer. Vgl. *Durchfluss.

2) Fördern von Flüssigkeiten

notwendiger Rohrdurchmesser $d = 2\sqrt{\dfrac{\dot V}{\pi\, v}}$

$\dot V$ Volumenstrom, v Strömungsgeschwindigkeit.

Rohrwandstärke: je nach Durchmesser, Betriebsdruck, Materialfestigkeit.

Druckverlust in Rohrleitungen

$$\Delta p = \lambda\,\frac{l}{d}\,\varrho\,\frac{v^2}{2} = \tfrac{1}{2}\,\xi\,\varrho\,v^2$$

Widerstandszahl und Rohrreibungszahl

$$\xi = \lambda\,\frac{l}{d} \quad \text{mit } \lambda = f(Re)$$

Flüssigkeitsförderer (Pumpen)

1. *Kolbenpumpe:* Scheiben-, Tauch-, Membrankolbenpumpe. Verschmutzungsempfindlich (Ventile), pulsierende Förderung; Förderhöhe bis 70 m, Wirkungsgrad bis 90%.
Förderleistung = Hubvolumen × Hubzahl

2. *Kreiselpumpe:* Schleuder-, Turbinenpumpe.
Verschmutzungsunempfindlich, rotierendes Laufrad, gleichmäßige Förderung, Anfahrfüllung notwendig; Förderhöhe bis 25 m, Wirkungsgrad bis 75%.

3. *Rotationspumpe:* Zahnrad-, Kreiskolben-, Verdrängerpumpe. Geeignet für zähe, schmierige Fluide; mit hoher Drehzahl rotierender Verdränger, stetige Förderung; Wirkungsgrad bis 60%.
Förderleistung ~ Drehzahl.

4. *Treibmittelpumpe:* Wasserstrahl-, Dampfstrahl-, Druckgaspumpe, Injektor (Druckpumpe), Ejektor (Saugpumpe), Mammutpumpe, Pulsometer.
Geeignet für verschmutzte, aggressive und heiße Fluide; pulsierende oder stetige Förderung; Förderhöhe bis 60 m, Wirkungsgrad bis 30%.

3) Fördern von Gasen

1. *Kolbenverdichter:* Einstufen-, Mehrstufenkompressor, Membranverdichter; analog Kolbenpumpe: Ansaugen, Verdichten, Drücken. Leistung bis 2300 m³/h.

2. *Kreiselverdichter:* Ventilator, Kreiselgebläse, Turboverdichter; rotierendes Laufrad; Leistung bis 10000 m³/h.

3. *Rotationsverdichter:* Drehkolben-, Drehschieber-verdichter, Flüssigkeitsringpumpe; rotierender Verdrängerkörper.

4. *Treibmittelverdichter:* Dampf- und Wasserstrahlvakuumpumpe.

4) Dosieren.

Fördern von Gütern mit Dosiereinrichtungen.

a) Feststoffe

1. Volumen: Zellenrad, Förderband, Tellerspeiser.
2. Masse: Chargenwaage, Dosierbandwaage.

b) Flüssigkeiten und Gase

1. gravimetrisch: Waage
2. volumetrisch: Pipetten, Büretten, Maßgefäß, Kippmesser
3. dynamisch

- *Flügelrad:* Zahl der Umdrehungen in Abhängigkeit der Strömungsgeschwindigkeit.
- *Rotamesser:* Höhenlage des Schwimmers in Abhängigkeit der *Strömungsgeschwindigkeit.
- *Durchfluss-, Ausflussmesser:* Druckabfall an Drosselgerät (Düse, Blende, Venturidüse).
- *Dosierpumpe:* z. B. Kolbenpumpe

5) Kompressoren

Druckerzeugung. Erzeugung von Überdruck für Druckreaktionen, zur Gas- und Flüssigkeitsförderung, Gasverflüssigung, Verdichten von Gasen.

Niederdruck	< 10 bar	Rotationskompressor
Mitteldruck	< 80 bar	Turbokompressor
Hochdruck	> 80 bar	Kolbenkompressor

6) Vakuumpumpen. Erzeugung von Unterdruck zur Evakuierung von Behältern, Fördern von Fluiden; Verdampfung, Destillation und Trocknung; Filtration, Kristallisation und Desorption.

Grobvakuum	Kolbenpumpe
<1000 mbar	Schieberpumpe
	Wasserringpumpe
	Ejektor (Saugpumpe)
Feinvakuum	zweistufige Kolbenpumpe
<6 mbar	Ölluftpumpe
	Quecksilberpumpe
Hochvakuum	Diffusionspumpe
<1,3 μbar	(Hg, Öl)

Formgebung

Beim *Stückigmachen* wird kompaktes oder poröses Material mit hoher Formfestigkeit, best. Korngröße oder Form erzeugt.

1. *Granulieren* (Ø 0,5 bis 20 mm), Wälzen angefeuchteter Pulver in rotierenden Trommeln oder Schnecken (Trommel, Schneckenmischer).

2. *Brickettieren* und *Tablettieren.* Zusammendrücken kleiner Teilchen, evt. mit Bindemittelzusatz: Stempel-, Strang-, Walzen-, Ringwalzenpresse.

3. *Sintern:* „Zusammenbacken" feinkörniger Teilchen beim Erhitzen: Schacht-, Drehrohrofen, Sinterpfanne, Sinterband.

4. *Sinterrösten:* Rösten der erhitzten Mischung im Aufwind (Luftstrom von oben) oder Saugzug: DWIGHT-LLYOD-Apparat.

Formgebung von Polymeren

Bei der *Polymerverarbeitung* erfolgt die Formgebung im dünnflüssigen, gelösten, plastischen oder festen Zustand durch Druck, drucklose und spanabhebende Verfahren. Zusatzstoffe (Weichmacher, Stabilisatoren, Magerungsmittel, Pigmente etc.) werden eingearbeitet.

1. *Pressen:* zwischen Gesenk und Stempel unter Druck- und Wärmeeinwirkung (z. B. Pheno-, Aminoplast-, Polyester-Formteile und Tafeln).

2. *Spritzguss:* Plastizieren unter Druck- und Wärmeeinwirkung (Schnecke, Kolben); Ausdrücken über Düsen in den gekühlten Werkzeughohlraum (z. B. Polystyrol-Formteile).

3. *Extrudieren:* Plastizieren im erhitzten Schneckengang, Schmelzen im Extruderkopf, Ausdrücken, Erstarren an Luft oder im Wasserbad (z. B. PVC-, PE-Rohre, Folien).

4. *Kalandrieren:* Plastizieren im Extruder oder Kneter; Formen zwischen mehreren Walzen; Kühlwalzen, Aufwickeln. (z. B. PVC, PE, Folien, Beschichtungen).

5. *Tiefziehen:* Ziehen von Folien (z. B. zu PVC-Bechern) in IR- oder HF-beheizten Trommeln unter Vakuum- oder Drucklufteinwirkung.

6. *Schweißen:* Verbinden durch Temperatur- und Druckeinwirkung (z. B. PVC, PE, PP)

7. *Blasen:* Eindrücken von Luft in einen schlauchartigen, extrudierten oder spritzgegossenen Rohling (z. B. PVC-Flaschen).

8. *Gießen:* Formgießen, Foliengießen (Walzen), Schleudergießen (rotierende Trommel); z. B. Epoxid-, Polyesterharz-Formteile, Folien.

9. *Schäumen:* für Schaumstoffe, Polster, Schwimmkörper.
- Schaumschlagverfahren (z. B. Pheno-, Aminoplaste)
- Treibgasverfahen (z. B. PE, PVC, PS)
- Druckgasverfahren: Einbringen eines Gases (z. B. Pentan), das sich im Polymeren ausdehnt (z. B. PSE).

10. *Kleben:* Verbinden von Polymerteilen mit Klebstoffen (Haftkleber: Kautschuk; Festkleber: Epoxidharze)

11. *Beschichten und Imprägnieren:* z. B. von Geweben, Leder, Metall mit PVC, PVA, Kautschuk.

12. *Sprühen:* Aufbringen dünner Schichten, z. B. Korrosionsschutz, Imprägnierung von Holz und Fasern.

13. *Tauchen* in Polymerlösungen und -schmelzen.

14. *Wirbelsintern:* Aufschmelzen von Polymerteilchen in der Wirbelschicht auf erhitzte Werkstücke; z. B. Korrosionsschutz.

15. Spanabhebende Fertigung: Sägen, Bohren, Fräsen, Drehen, Schnitzen.

Froude-Zahl

Kennzahl für die Ähnlichkeit von Strömungen unter Schwerkrafteinfluss, z. B. beim Fördern von Sand, Bewegen von Wasserfahrzeugen.

$$Fr = \frac{v^2}{gl} = \frac{v}{\sqrt{l\,g}} = \frac{\text{Trägheitskraft}}{\text{Schwerkraft}}$$

$$Fr^* = \frac{v^2 \varrho}{g\,l\,\Delta\varrho} = Fr\,\frac{\varrho}{\Delta\varrho}$$

Die charakteristische Länge l ist z. B. Rohrdurchmesser, Kugeldurchmesser, Plattenlänge.

Galilei-Zahl

Kennzahl für Strömung im Schwerefeld und Auftrieb in Fluiden. Vh. der Schwerkraft zur Trägheitskraft.

$$Ga = \frac{l^3 g \varrho^2}{\eta^2} = \frac{l^3 g}{v^2} = \frac{Re^2}{Fr} = \frac{\text{Schwerkraft}}{\text{innere Reibung}}$$

Gasreinigung

1) Mechanische *Stofftrennverfahren (fest – Gas).*

- *Trennkammer:* feste Teilchen verlieren beim Aufprall auf Prallwände kinetische Energie und sinken wegen ihrer Trägheit ab.

- *Aerozyklon:* staubbeladene Gase treten tangential in ein Zylindergehäuse mit konischem Boden; Staub scheidet sich an den Innenwänden ab; das Gas entweicht durch das Austrittsrohr; vgl. *Stromklassieren.*

2) *Elektroabscheidung.* Schwebstoffabscheidung im elektr. Feld; Staubteilchen werden durch eine Sprühkathode (Draht, Band) ionisiert und an einer positiv gelad. Niederschlagselektrode (Platte, Rohr, Netz) abgeschieden; z. B. Platten-, Röhrenelektrofilter.

3) Membranfilter: vgl. *Filtration.

Geschwindigkeitsgefälle

oder *Schergeschwindigkeit* in einem Fluid.

$$\frac{\text{Strömungsgeschwindigkeit}}{\text{Abstand zur Wand}} \qquad \boxed{D = \dot{\gamma} = \frac{dv_x}{dy}} \;\; \text{s}^{-1}$$

Geschwindigkeitshöhe

Herleitung vgl. *Bernoulli-Gleichung.

$$h_{\text{dyn}} = \frac{\text{Strömungsgeschwindigkeit}}{\text{Fallbeschleunigung}} \; \frac{v^2}{2\,g} \quad (\text{m})$$

Geschwindigkeitspotential

Kinematische Größe Φ (in m²/s), beschreibt die Strömungsgeschwindigkeit.

$$\vec{v} = \nabla\Phi.$$

Komplexes Geschwindigkeitspotential

$$\underline{X} = \Phi + i\,\Psi \qquad \frac{m^2}{s}$$

Φ Geschwindigkeitspotential, Ψ Stromfunktion.

Gleitzahl

Verhältnis von Widerstandskraft zu Querkraft bzw. von Widerstandsbeiwert zu Quertriebsbeiwert:

$$\varepsilon = \frac{F_W}{F_Q} = \frac{c_W}{c_Q} \qquad \text{(Dimension 1)}$$

Auftrieb beim Tragflügel.

$$\varepsilon = \frac{\text{Luftwiderstand } F_W}{\text{Auftriebskraft } F_A} \qquad \text{(Dim. 1)}$$

Graetz-Zahl

Kennzahl für *stationäre Strömung* mit konstanten Verweilzeiten τ in Rohrstücken; Kehrwert der *Fourier*-Zahl für Wärmeleitung.

$$Gz = \frac{l^2}{a\,\tau} = Fo^{-1}$$

a Temperaturleitzahl.

Grashof-Zahl

Kennzahl für *freie Konvektion* (durch Dichteunterschiede im Fluid)

$$Gr = \frac{l^3 g\,\gamma\,\Delta T\,\varrho^2}{\eta^2} = \frac{l^3 g\,\gamma\,\Delta T}{\nu^2}$$
$$= \gamma\,\Delta T\,Ga = \frac{\text{Auftrieb}}{\text{innere Reibung}}$$

g	Fallbeschleunigung	(m/s^2)
γ	Volumenausdehnungskoeffizient	(K^{-1})
η	dynamische Viskosität	$(Pa\,s)$
ν	kinematische Viskosität	(m^2/s)
ϱ	Dichte	(kg/m^3)

Grenzflächenspannung

Die Arbeit zur isotherm-isobaren Vergrößerung der Grenzfläche zwischen zwei Phasen, von denen wenigstens eine kondensiert ist.

$$\sigma_{ij} \qquad \frac{J}{m^2} = \frac{N}{m} = \frac{kg}{s^2}$$

- σ_{12} ist die Grenzflächenspannung zwischen Umgebung (Dampf) und Flüssigkeit; stets positiv und der Verdampfungsenthalpie ΔH_V proportional.
- σ_{13} ist die Grenzflächenspannung zwischen Umgebung (Dampf) und Festkörper: stets positiv!
- σ_{23} ist die Grenzflächenspannung zwischen Flüssigkeit und Festkörper: auch negativ, wenn die Vergrößerung der Kontaktfläche energetisch günstiger ist; umso kleiner, je besser die Stoffe löslich sind.

Young-Gleichung:

Haftspannung $\sim$ Benetzungswinkel

$$\sigma_{13} - \sigma_{23} = \sigma_{12}\cos\theta$$

1 = Dampfphase, 2 = Flüssigkeit, 3 = Festkörper.

Adhäsionsenergie (flüssig/fest) in J/m^2

$$W_A = \sigma_{12} + \sigma_{13} - \sigma_{23} = \sigma_{12}\,(1 + \cos\theta)$$

Kohäsionsenergie (flüssig/flüssig) in J/m^2

$$W_K = (\sigma_{12} + \sigma_{12} - \sigma_{22}) = 2\,\sigma_{12}$$

$$\textit{Druck in einer Gasblase} = \frac{\text{Dehnungskraft } \Delta W/\Delta r}{\text{Blasenoberfläche}}$$

$$p = \frac{\sigma\,[4\pi\,(r+\Delta r)^2 - 4\pi r^2]}{(4\pi r^2)\,\Delta r} \overset{\Delta r^2 \to 0}{\approx} \frac{2\sigma_{12}}{r}$$

$$\textit{Kapillar-Steighöhe} = \frac{\text{hydrostat. Druck}}{\text{Dichte} \cdot \text{Fallbeschlg.}}$$

$$h = \frac{p}{\varrho g} = \frac{2\sigma\cos\theta}{\varrho\,g\,r}$$

Näheres vgl. *Oberflächenspannungsmessung.

Genzflächenspannung in N/m = J/m^2.
Gegen Luft *Oberflächenspannung genannt.

gegen Luft σ_{12} (20 °C)

Zinn (400 °C)	0,539
$Pb_{95.5}Sn_{2.5}Ag_2$ (400 °C)	0,479
Quecksilber	0,471
Blei (400 °C)	0,439
Kochsalz	0,345
Glimmer	0,31
Glasschmelzen	0,2–0,4
Salzschmelzen	0,05–0,3
Salzsäure, 10%	0,073
Wasser, rein	
– 0 °C	0,0756
– 20 °C	0,07196
– 50 °C	0,0678
– 100 °C	0,0588
Glycerin	0,0634
Schwefelsäure	0,0551
Polymere	$\approx$0,05
Seifenlösung	$\approx$0,04
Benzol	0,0289
Essigsäure	0,0274
Chloroform	0,0273
Hexadecan	0,0276
Tetrachlorkohlenstoff	0,0268
Dodecan	0,0254
Cyclohexan	0,025
Decan	0,0239
Methanol	0,0226
Ethanol	0,0223
Aceton	0,0223
Octan	0,0218
Heptan	0,0203
organ. Lösungsmittel	$\approx$0,02
Hexan	0,0184
Diethylether	0,0171

gegen Wasser

n-Octan	0,058
CCl_4	0,0451
Benzol	0,035
Nitrobenzol	0,026
Diethylether	0,0107
Essigsäurethylester	0,0029
n-Butanol	0,0016

Grenzschicht

Bereich der Dicke δ bei der Umströmung von Körpern, innerhalb dessen die Strömungsgeschwindigkeit von $v = 0$ auf den vollen Wert ansteigt.

Laminare Grenzschicht, z. B. im vorderen halbkugelförmigen Teil eines Stromlinienkörpers.

$$\delta_l = 5\sqrt{\frac{\nu\,l}{v}}$$

Turbulente Grenzschicht, z. B. im hinteren kegelförmigen Teil eines Stromlinienkörpers.

$$\delta_t = 0{,}37 \sqrt[5]{\frac{v\, l^4}{\nu}}$$

ν kinematische Viskosität (m²/s), v Strömungsgeschwindigkeit.

Hagen-Poisseuille-Gesetz

Für laminare Strömung von Fluiden im Rohr. Es bildet sich ein parabolisches Strömungsprofil aus. In der Rohrmitte ist die Strömungsgeschwindigkeit maximal. Strömungsgeschwindigkeit

$$v(r) = \frac{p_1 - p_2}{4\,\eta\, l}\,(R^2 - r^2)$$

Volumenstrom durch ein Rohr

$$\dot{V} = A\,v = \frac{\pi\,R^4\,(p_1 - p_2)}{8\,\eta\, l} = \frac{\pi\,g\,L\,d^4}{128\,\nu} \quad \text{m}^3/\text{s}$$

Massenstrom

$$\dot{m} = \varrho\,\dot{V} = \frac{\varrho\,\pi\,R^4\,(p_1 - p_2)}{8\,\eta\, l}$$

Druckliniengefälle

$$L = \frac{h_v}{l} = \frac{\Delta p}{\varrho\,g\,l} \quad \text{(Dim.1)}$$

Druckverlust: reibungsbehaftete Strömung

$$\Delta p = \tfrac{1}{2}\varrho\bar{v}^2\,\frac{l}{d}\,\frac{64}{Re}$$

Reibungskraft

$$F_R = 8\pi\,\eta\, l\, v_m$$

mittlere Geschwindigkeit

$$v_m = \frac{\dot{V}}{A} = \frac{\dot{V}}{\pi\,R^2} = \frac{v(0)}{2}$$

d	Rohrdurchmesser	(m)
g	Fallbeschleunigung	(m/s²)
h_v	Verlusthöhe	(m)
l	Länge der Rohrleitung	(m)
Δp	Druckabfall zw. Rohreingang	
	und -ausgang	(Pa = N/m²)
R	Rohrradius	(m)
r	Abstand von der Rohrwand	
η	dynamische Viskosität	(Pa s)
ν	kinematische Viskosität	(m²/s)
ϱ	Dichte des Fluids	(kg/m³)

Halbbreite

Seitliche Entfernung vom Maximum der Strömungsgeschwindigkeit bis zu dem Punkt, an dem die Geschwindigkeit auf den halben Wert zurückgegangen ist.

Hydraulischer Durchmesser

Äquivalenter Durchmesser, gleichwertiger Durchmesser. Verhältnis des durchströmten Querschnitts A oder Volumens V zum benetzten Umfang U oder Oberfläche S. Das Vierfache des hydraulischen Radius.

$$d_h = \frac{4\,A}{U} = \frac{6\,V}{S} \quad \text{m}$$

Rohr mit Kreisquerschnitt

$$d_h = 4\,r_h = \frac{4\pi r^2}{2\pi r} = d$$

Rohr mit Rechteckquerschnitt

$$d_h = 4\,r_h = \frac{2ab}{a+b}$$

r_h	hydraulischer Radius	(m)
A	durchströmter Querschnitt	(m²)
U	benetzter Umfang	(m)
a,b	Seitenlängen des Rohres	(m)

Hydraulische Presse

Prinzip der kommunizierenden Röhren: zwei Rohre (1 und 2) mit unterschiedl. Querschnitt (A_1, A_2), die durch ein Flüssigkeitsreservoir verbunden sind und in denen sich je ein Stempel zur Kraftaufnahme befindet.

1 = Druckzylinder, 2 = Hubzylinder.

Drückt eine Kraft F den Flüssigkeitsspiegel in einem Rohr, steigt er entsprechend im anderen an.

1) ohne Reibungsverlust

hydrostatisches Grundgesetz: die Kräfte auf Druck- und Presskolben stehen im Vh. der Kolbenflächen.

$$\frac{F_1}{F_2} = \frac{A_1}{A_2}$$

Kolbendruck (Pressdruck)

$$p = \frac{F_1}{A_1} = \frac{F_2}{A_2} \quad (\text{Pa} = \text{N/m}^2)$$

Kolbenkraft

$$F_1 = F_2 i_F = \frac{F_2}{i_s} = p\,A_1$$
$$F_2 = F_1 i_s = \frac{F_2}{i_F} = p\,A_2$$

Kolbenweg

$$s_1 = s_2 i_s = \frac{s_2}{i_F}$$
$$s_2 = s_1 i_F = \frac{s_1}{i_s}$$

Übersetzungsverhältnis: F = Kraft, s = Hub.

$$i_s = \frac{s_1}{s_2} = \frac{A_2}{A_1} = \frac{F_2}{F_1} = \frac{1}{i_F} \quad \text{(Dim.1)}$$
$$i_F = \frac{1}{i_s}$$

Druckenergie: Volumenarbeit

$$W = p\,A_1\,s_1 = p\,A_2\,s_2 = p\,V \quad (\text{J} = \text{N m})$$

2) mit Reibungsverlust ($i = 1, 2$)

$$p = \frac{F_1 - F_{R,1}}{A_1} = \frac{F_2 - F_{R,2}}{A_2}$$
$$F_i = p\,A_i \pm F_{R,i}$$
$$F_{R,i} = \mu\,\pi\,d_i h_i\,p$$

1 = Druckkolben, 2 = Presskolben

d_1, d_2	Kolbendurchmesser	(m)
F_R	Reibungskraft	(N)
h	Dichtungshöhe an Zylinderwand	(m)
μ	Reibungszahl	(Dim.1)

Hydraulischer Radius

Ein Viertel des *hydraulischen Durchmessers.

$$r_h = \frac{\text{Abflussquerschnitt } A}{\text{benetzter Umfang } U}$$

$$r_h = \frac{\text{durchströmtes Volumen } V}{\text{benetzte Oberfläche } S}$$

Rohr mit Kreisquerschnitt

$$r_h = \frac{\pi r^2}{2\pi r} = \frac{r}{2} = \frac{d}{4}$$

Rohr mit Rechteckquerschnitt

$$r_h = \frac{ab}{2(a+b)}$$

Für eine Schüttschicht

$$\bar{r}_h = \frac{2\,\epsilon}{S_V(1-\epsilon)}$$

ϵ	Porosität	(Dim.1)
S_V	spezifische Oberfläche	(m⁻¹)

Hydrodynamik und Aerodynamik

Grundgleichungen für bewegte Flüssigkeiten und Gase vgl. *Navier-Stokes-Gleichung, *Bernoulli-Gleichung, *Strömungswiderstand.

Hydrodynamisches Paradoxon

An einer Rohrverengung herrscht Unterdruck. Mit steigender Strömungsgeschwindigkeit nimmt der statische Druck p_{stat} ab; es entstehen *Saugeffekte*.

$$\text{BERNOULLI} \qquad p_{stat} + \tfrac{1}{2}\varrho\, v^2 = \text{const}$$

Aus $p_1 - p_2 = \varrho(v_2^2 - v_1^2)/2$ und der Kontinuitätsgleichung ($v_2 > v_1$) folgt $p_2 < p_1$.

1. *Zerstäuber:* Durch eine Düse strömende Luft verteilt Flüssigkeitsströpfchen, die aus einem Steigrohr unter Einfluss des Luftdrucks nachgeliefert werden.

2. *Wasserstrahlpumpe.* Ein aus einem Hahn ausströmender Wasserstrahl erzeugt einen Sog.

3. *Aerodynamisches Paradoxon, *Magnus-Effekt, *Venturi-Rohr

Hydrostatik

Flüssigkeiten in Ruhe: vgl. *Druck (Kolbendruck, Schweredruck), *Auftrieb.

Flüssigkeiten sind gestaltlos; ihre Oberfächen stehen immer senkrecht zu einer einwirkenden Kraft. Der Flüssigkeitsspiegel ist unabhängig von der Gefäßform, stets waagrecht und in verbundenen Gefäßen gleich hoch. An jeder Stelle der Flüssigkeit wirkt ein *Druck p.

Impuls

Geschwindigkeitsänderungen strömender Medien – z. B. beim Verzögern, Beschleunigen oder Umlenken – bewirken Impulsänderungen, die nach dem *Impulssatz Kräfte ergeben. Der Impulsvektor zeigt in Richtung des Flächenvektors $\vec{A}$ (der nach außen gerichtet ist).

$$\boxed{\vec{I} = \int\limits_V \varrho\, \vec{v}\, \mathrm{d}V} \qquad \frac{\text{kg\,m}}{\text{s}} = \text{N\,s}$$

ϱ Dichte des Fluids, $\vec{v}$ Strömungsgeschwindigkeit, V Volumen.

Impulsmomentensatz

Strömungsdrehimpuls. Ein Masseteilchen auf einer gekrümmten Bahn übt entsprechend seiner Umfangsgeschwindigkeit $\vec{v}_u$ eine Umfangskraft $\mathrm{d}\vec{F}_u = \varrho\vec{v}_u\dot{V}$ bzw. ein Teildrehmoment $\mathrm{d}\vec{M} = \vec{r} \times \mathrm{d}\vec{F}_u$ auf die Drehachse aus. Die Strömung übt insgesamt ein Drehmoment aus; wichtig bei *Strömungsmaschinen*.

$$M_{ges} = \sum \mathrm{d}M = \int\limits_S \vec{r} \times \vec{v}\, \mathrm{d}\dot{m}$$

Anwendung

1. *Turbinenleitrad:* dem Laufrad vorgeschaltet; die Strömung wird von der Geschwindigkeit v_1 auf v_2 beschleunigt. Drehmoment auf das Leitrad:

$$M = \dot{L} = M_2 - M_1 = \dot{m}(r_2 v_{u2} - r_1 v_{u1})$$

Bei *Pumpen* ist das Leitrad dem Laufrad zur Druckerhöhung nachgeschaltet.

2. Drehmoment auf das *Turbinenlaufrad*

$$M = \dot{m}(r_1 c_{u1} - r_2 c_{u2}) \text{ mit } \vec{c} = \vec{v} + \vec{v}_u$$

Bei *Pumpen* werden die Indices 1 und 2 vertauscht.

3. Leistung einer Turbine

$$P = M\,\omega = \dot{m}g\,H_F = \varrho g\,\dot{V}\,H_F$$

4. *Euler'sche Turbinengleichung.* Für ein rotierendes Flügelgitter (Laufrad einer radialen Turbomaschine) gilt für unendlich viele unendlich dünne Schaufeln für die *Fallhöhe einer Turbine* ohne Reibung:

$$\boxed{H_F = \frac{1}{g}\left(c_{u1} v_{u1} - c_{u2} v_{u2}\right)}$$

Für die *Förderhöhe einer Pumpe* (z. B. Radialkreiselpumpe) werden die Indices 1 und 2 vertauscht.

5. Für drehimpulsfreie Strömung

Turbine $c_{u2} = 0$ $H_F = c_{u1} v_{u1}/g$

Pumpe $c_{u1} = 0$ $H_F = c_{u2} v_{u2}/g$

c_u	absolute Strömungsgeschwindigkeit am Laufradumfang, bezogen auf die ruhende Umgebung
r	Radius des Turbinenrades
v	Strömungsgeschwindigkeit des Mediums
v_u	Umfangsgeschwindigkeit am Laufrad

Impulssatz

Für einen beliebigen Strömungsraum ist die Summe des äußeren Kräfte (z. B. Druck- od. Schwerkräfte von außen) gleich der Summe der Impulskräfte $\varrho v\dot{V}$ (nach außen). Der Impulsstrom über die Oberfläche S ist gleich der Summe aller äußeren Kräfte.

$$\sum \vec{F}_a = \frac{\mathrm{d}\vec{p}}{\mathrm{d}t} = \sum \varrho\vec{v}\frac{\mathrm{d}V}{\mathrm{d}t} = \int\limits_S \varrho\, v^2\, \mathrm{d}\vec{A}$$

Anwendungen

1. *Wasserkraftmaschine.* Ein Düsenstrahl, der auf eine feste Wand prallt, wird so umgelenkt, dass er parallel zur Wand abströmt.

$$F_x = \varrho v\dot{V} = \varrho v^2 A$$

Bewegt sich die Wand mit einer Geschwindigkeit u in Strahlrichtung, nimmt die Kraft ab.

$$F_x = \varrho A(v - u)^2$$

2. *Rohrkrümmer* (gekrümmtes Rohr im Winkel α). Am Eintritt 1 wirken in Strömungsrichtung – bzw. am Austritt 2 gegen die Strömungsrichtung – die Druckkraft $F_{p,1/2} = p_{1/2}A$ und die Impulskraft $F_{I,1/2} = \varrho v^2$. Resultierende Kraft

$$\begin{aligned} R_{res} &= (F_{I1} + F_{p1}) + (F_{I2} + F_{p2}) \\ &= \frac{\pi d^2}{2}(p_1 + \varrho v^2)\sin\frac{\alpha}{2} \end{aligned}$$

Kraft auf die Flanschschrauben

$$F = P_{p1} + F_{I1} = \frac{\pi d^2}{4}(p_1 + \varrho v^2)$$

3. Druckverlust e. CARNOT-Diffusors

$$\Delta p = \varrho v_1^2 \frac{A_1}{A_2}\left(1 - \frac{A_1}{A_2}\right)$$

4. Druckänderung bei stetiger Querschnittsänderung (vgl. *Bernoulli-Gleichung)

$$\Delta p = \frac{\varrho v_1^2}{2}\left(1 - \left(\frac{A_1}{A_2}\right)^2\right)$$

5. Schub eines Strahltriebwerks

$$F\,s = \dot{m}\,(v_{Düse} - v_{Flug})$$

A_2	Austrittsquerschnitt	(m²)
F_a	äußere Kraft	(N)
v	Strömungsgeschwindigkeit	(m/s)
ϱ	Dichte des Fluids	(kg/m³)

Impulsstrom

Impulsstromstärke; dynamische Größe.

$$\vec{Q}_1 \equiv \dot{\vec{I}} = \int_A \varrho\,\vec{v}\,(\vec{v}\cdot\vec{n})\,\mathrm{d}A \qquad \mathrm{N}$$

ϱ Dichte des Fluids, $\vec{v}$ Strömungsgeschwindigkeit,
A Fläche, $\vec{n}$ Flächennormale.

Index * kritische Kennzahl.

Index Δ Differenz... (z. B. Differenzdruck p_Δ).

Index ∞ ungestört, in großem Abstand von einer Wand oder einem Hindernis.

Kanalfaktor

Vh. der Messstrahlleistung im Windkanal zur Antriebsleistung des Getriebes.

$$k = \frac{p_{\mathrm{dyn}}\,A\,v}{P} = \frac{\varrho\,A\,v^3}{2P} \qquad (\mathrm{Dim.\,1})$$

A	Querschnitt der Messstrecke	(m^2)
P	Gebläseantriebsleistung	$(\mathrm{W} = \mathrm{N\,m/s})$
p_{dyn}	Staudruck, dynamischer Druck	$(\mathrm{Pa} = \mathrm{N/m}^2)$
v	Luftgeschwindigkeit im Messstrahl	$(\mathrm{m/s})$
ϱ	Dichte der Luft	$(\mathrm{kg/m}^3)$

Kapillarität

In einer engen Röhre (Kapillare) steht eine benetzende Flüssigkeit höher und eine nicht benetzende tiefer als nach dem Gesetz der verbundenen Gefäße zu erwarten. Adhäsionskräfte $\vec{F}_{\mathrm{A}}$ (zwischen Gefäßwand und Flüssigkeit) und Kohäsionskräfte $\vec{F}_{\mathrm{K}}$ (im Flüssikeitsinneren) verursachen den Randwinkel θ zwischen Gefäßwand und Flüssigkeitsoberfläche. Die Resultierende steht senkrecht auf der Fluidoberfläche.
Kapillaraktive Stoffe erniedrigen die *Oberflächenspannung mit zunehmender Konzentration (z. B. organische Stoffe, Tenside), *kapillar<u>in</u>aktive* erhöhen die Oberflächenspannung mit zunehmender Konzentration (z. B. anorganische Salze). *Gibbs-Isotherme. Vgl. *Oberflächenspannung.

Kapillarviskosimeter

*Viskositätsmessung, *Diffusionskoeffizient, *Oberflächenspannungsmessung.

Kapitza-Zahl

für *Filmströmung* und Fluid-*Filmkondensation*.

$$Ka = \frac{g\,\eta^4}{\varrho\,\sigma^3} = \frac{We^3}{Fr\,Re^4}$$

g Fallbeschleunigung, η dynamische Viskosität,
ϱ Dichte, σ Oberflächenspannung.

Kármán-Zahl

Verhältnis der Mischungshöhe z_* zur Höhe über Grund z. Anwendung vgl. *Rauigkeitshöhe.

$$Ka = \frac{z_*}{z} \qquad (\mathrm{Dim.\,1})$$

Klassieren

Feststellen der Häufigkeitsverteilung bei einer Gesamtheit von gleichartigen Elementen nach bestimmten Merkmalen und (gedankliche) Zuordnung in vorgegebene oder vereinbarte Klassen.

Beispiele: Trennen nach Stoffklassen oder Werkstoffkennwerten, *Sieben, *Sichten, *Stromklassieren. Abgrenzung: vgl. *Sortieren.

Knudsen-Zahl

Kennzahl für Vakuumströmung

$$Kn = \frac{\bar{s}}{l} = \frac{\text{mittlere freie Weglänge}}{\text{charakteristische Länge}}$$

l = z. B. Porendurchmesser.

Kohäsion

Kohäsionskräfte (Zusammenhangkräfte) sind Folge der Anziehung der Teilchen untereinander; sie treten innerhalb fester und flüssiger Körper auf, in Gasen erst bei Abkühlung oder hohem Druck.
Um ein Teilchen aus dem Phaseninneren an die Oberfläche zu bringen, muss Energie aufgewendet werden.
Folge der Kohäsion ist die *Oberflächenspannung*. Bei Teilchen im Flüssigkeitsinneren heben sich die nach allen Seiten gleich großen Kohäsionskräfte auf; bei den Molekülen nahe der Oberfläche bleibt eine nach innen gerichtete Restkraft übrig.

Kohäsive Energiedichte

Maß für die innermolekularen Kräfte in einem reinen Lösungsmittel.

$$e = \frac{\Delta H_{\mathrm{verd}} - RT}{V}$$

Die Energiedichte einer Mischung ergibt sich als geometrisches Mittel der Lösungsmittelenergien.

$$e_{\mathrm{AB}} = \sqrt{e_{\mathrm{AA}} e_{\mathrm{BB}}} = \delta^2$$

Kompressibilität

In der Hydrostatik (ruhende Flüssigkeiten): Kehrwert des *Kompressionsmoduls. Verhältnis der relativen Volumenänderung zur erforderlichen Druckänderung.

$$\kappa = \frac{1}{K} = -\frac{\Delta V}{V\,\Delta p} = \frac{\Delta\varrho}{\varrho\,\Delta p} \qquad \mathrm{Pa}^{-1}$$

Volumenänderung: $\mathrm{d}V = -\kappa\,V\,\mathrm{d}p$

Stoff	Kompressibilität κ in $10^{-6}\,\mathrm{Pa}^{-1}$
Hg	0,039
Glycerin	0,21
Nitrobenzol	0,45
Wasser	0,47
Rizinusöl	0,48
Olivenöl	0,63
Brom	0,67
Essigsäure	0,83
Petroleum	0,83
Terpentinöl	0,83
Paraffin	0,85
Benzol	0,87
Xylol	0,87
Toluol	0,91
CCl_4	1,15
$CHCl_3$	1,16
Ethanol	1,18
Methanol	1,21
Aceton	1,28
Pentan	1,45
H_2SO_4	2,85

Kontinuitätsgleichung

Durchströmungsgleichung, Durchflussgleichung, Konti-Satz. Massenerhaltungssatz d. Strömungsmechanik.

1) Im *Strömungsfeld ohne Quellen oder Senken der Transportgröße (Masse) ist die Transportfeldstärke (Strömungsgeschwindigkeit) nach der *Laplace-Gleichung:

$$\operatorname{div} \vec{v} = \frac{\partial \vec{v}}{\partial x} + \frac{\partial \vec{v}}{\partial y} + \frac{\partial \vec{v}}{\partial z} = 0$$

Massenstromdichte

$$\vec{j} = \varrho\, \vec{v}$$

Massenstrom: pro Zeiteinheit durch eine beliebig gekrümmte, geschlossene Oberfläche A fließende Masse m bei veränderlicher Strömungsgeschwindigkeit v (keine parallelen Stromlinien).

$$\dot{m} = \oint \vec{j}\, \mathrm{d}A = \oint \varrho\, \vec{v}\, \mathrm{d}A$$

Quelle: $\dot{m} > 0$
Senke: $\dot{m} < 0$
Stationäre Strömung: $\dot{m} = 0$

Die Änderung des Massenstroms ist gleich dem Skalarprodukt aus Massenstromdichte und Flächenelement

$$\mathrm{d}\dot{m} = \vec{j}\, \mathrm{d}A = |\vec{j}| \cdot |\vec{A}|\, \cos\alpha$$

$\vec{j}$	Massenstromdichtevektor, zeigt durch die Fläche dA	$(\mathrm{kg\,s^{-1}m^{-2}})$
α	Winkel zw. $\vec{j}$ (oder $\vec{v}$) und dem Normalenvektor der Fläche dA	
ϱ	Dichte des Fluids	$(\mathrm{kg/m^3})$

2) Kompressibles Fluid, d. h. veränderliche Dichte $\varrho_1 \neq \varrho_2$, *stationäre Strömung* (d. h. der Massenstrom durch ein Volumenelement bleibt konstant).

$$\boxed{\dot{m} = \frac{\mathrm{d}m}{\mathrm{d}t} = A_1 v_1 \varrho_1 = A_2 v_2 \varrho_2 = A\, v\, \varrho = \mathrm{const}}$$

$A_{1,2}$	Strömungsquerschnitt vor/hinter Rohrverengung	$(\mathrm{m^2})$
$\dot{m}$	Massenstrom	$(\mathrm{kg/s})$
$v_{1,2}$	Strömungsgeschwindigkeit vor/hinter Rohrverengung	$(\mathrm{m/s})$

3) Inkompressibles Fluid, d. h. konstante Dichte, stationäre Strömung.

$$\dot{V} = \frac{\mathrm{d}V}{\mathrm{d}t} = \frac{\dot{m}}{\varrho} = A\, v = \mathrm{const}$$

$$\boxed{\dot{V} = A_1 v_1 = A_2 v_2 = \mathrm{const}}$$

4) Anwendungen: vgl. *Durchfluss.

Kontinuumsströmung

*Oberflächenmessung, *Knudsen-Zahl

Kraftdichte

Dynamische Größe in der Strömungsmechanik, volumenbezogene Kraft.

$$\boxed{\vec{f} = \frac{\mathrm{d}\vec{F}}{\mathrm{d}V}} \qquad \frac{\mathrm{N}}{\mathrm{m^3}} = \frac{\mathrm{kg}}{\mathrm{m^2 s^2}}$$

Kreiselpumpe

Turbopumpe. Berechnung wie *Turboverdichter.
Spezifische Drehzahl

$$n_\mathrm{q} = n\, \frac{\dot{V}^{1/2}}{H^{3/4}}$$

Pumpe	$n_\mathrm{q}\ (\mathrm{min^{-1}})$	Druckzahl ψ
Radialpumpe	10 … 50	1,3 … 0,7
Diagonalpumpe	50 … 150	0,7 … 0,25
Axialpumpe	150 … 400	0,4 … 0,1

Spezif. Förderarbeit (d = Druckseite, s = Saugseite)

$$Y = \frac{p_\mathrm{d,ges} - p_\mathrm{s,ges}}{\varrho}$$

Förderhöhe der Pumpe

$$H = \frac{\text{spez. Förderarbeit } Y}{\text{Fallbeschleuigung } g}$$

Anlagenförderhöhe (a = Austritt, oberes Reservoir)

$$H_\mathrm{a} = H_\mathrm{stat} + H_\mathrm{dyn}$$

Stat. Förderhöhe (e = Eintritt, a = Austritt)

$$H_\mathrm{stat} = \frac{p_\mathrm{a} - p_\mathrm{e}}{\varrho} + (z_\mathrm{a} - z_\mathrm{e})$$

Dynamische Förderhöhe

$$H_\mathrm{dyn} = \frac{v_\mathrm{a}^2 - v_\mathrm{e}^2}{2g} + \frac{\zeta\, v_\mathrm{ref}^2}{2g}$$

v_ref Bezugsgeschwindigkeit.

Gesamtwiderstandsbeiwert

$$\zeta = \sum_i \lambda_i \frac{l_i}{d_i} \left(\frac{v_i}{v_\mathrm{ref}}\right)^2 + \sum_j \zeta_j \left(\frac{v_j}{v_\mathrm{ref}}\right)^2$$

λ Rohrreibungszahl, d Rohrdurchmesser, l Rohrlänge.

Förderleistung

$$P = \dot{m}\, Y = \varrho g \dot{V} H = \dot{V}(p_\mathrm{d,ges} - p_\mathrm{s,ges})$$

Kupplungsleistung bei N gleichen Stufen

$$P_\mathrm{K} = N P_\mathrm{R} + P_\mathrm{mec}$$

P_R Laufradleistung, P_mec mechan. Verlustleistung.

Pumpenwirkungsgrad

$$\eta = \frac{\text{Förderleistung } P}{\text{Kupplungsleistung } P_\mathrm{K}}$$

Drehzahlabhängige Förderparameter

$$\frac{\dot{V}_2}{\dot{V}_1} = \frac{n_2}{n_1}; \qquad \frac{H_2}{H_1} = \frac{n_2^2}{n_1^2}; \qquad \frac{1 - \eta_2}{1 - \eta_1} = \left(\frac{n_1}{n_2}\right)^{0.1}$$

Erforderliche Gesamthaltedruckhöhe

$$NPSHR = \sigma\, H$$

Vorhandene Gesamthaltedruckhöhe

$$NPSHA = \frac{p_\mathrm{s,ges} - p_\mathrm{F}}{\varrho\, g} \geq NPSHR$$

p_F Dampfdruck der Förderflüssigkeit.

Kavitationsempfindlichkeit

$$\sigma = \frac{7{,}5 \cdot 10^{-4}}{\eta_\mathrm{h}^3} \left(\frac{n_\mathrm{q}}{\mathrm{min^{-1}}}\right)^{4/3}$$

n_q spezifische Drehzahl, η_h hydraulischer Wirkungsgrad

Länge, äquivalente

oder *gleichwertige Rohrlänge*

$$\boxed{l_\mathrm{g} = \sum_i \frac{\zeta_i\, d_i}{\lambda_i}}$$

d	Rohrdurchmesser	(m)
ζ	Druckverlustzahl, Widerstandsbeiwert	(Dim.1)
λ	Reibungsverlustzahl, Rohrreibungszahl	(Dim.1)

Fluidmechanik

Laplace-Gleichung

Für das Strömungsfeld: Ursache der Strömung ist der Gradient des Geschwindigkeitspotentials Φ. Die Transportgröße (Masse) bleibt in einem abgegrenzten Raumteil erhalten; somit gilt für die Transportfeldstärke (Strömungsgeschwindigkeit) die Kontinuitätsbedingung, wobei die zweite Zeile LAPLACE-Gleichung genannt wird.

$$\Delta\Phi = \operatorname{div}\vec{v} = -\operatorname{div}\operatorname{grad}\Phi$$

$$= \frac{\partial^2\Phi}{\partial x^2} + \frac{\partial^2\Phi}{\partial y^2} + \frac{\partial^2\Phi}{\partial z^2} = 0$$

Kontinuitätsgleichung

$$\vec{j} = \varrho\,\vec{v} \quad \text{und} \quad j = \frac{\dot{m}}{A} = \varrho\,v$$

$\vec{j}$	Massenstromdichte	$(\mathrm{kg\,s^{-1}m^{-2}})$
$\dot{m}$	Massendurchsatz	$(\mathrm{kg/s})$
$\vec{v}$	Strömungsfeldstärke =	
	Strömungsgeschwindigkeit	$(\mathrm{m/s})$
Φ	Geschwindigkeitspotential	$(\mathrm{m^2/s})$
ϱ	Dichte des Fluids	$(\mathrm{kg/m^3})$.

Lückengrad *Porosität.

Mach-Zahl

Kennzahl für kompressible Strömung. Auf die Schallgeschwindigkeit bezog. örtl. Strömungsgeschwindigkeit. MACH-Kegel: die einhüllende Wellenfront der MACH-Wellen hinter einem Überschall-Flugkörper.

$$\boxed{Ma = \frac{v}{c} = \frac{1}{\sin\mu}} \quad (\text{Dim.}\,1)$$

In Luft von 20 °C:
$Ma = 1 \;\hat{=}\; 340\,\mathrm{m/s} \approx 1200\,\mathrm{km/h}$
$Ma = 2 \;\hat{=}\; 680\,\mathrm{m/s} \approx 2400\,\mathrm{km/h}$

μ	halber Öffnungswinkel des Mach-Kegels	(rad)
v	Flug- bzw. Strömungsgeschwindigkeit	(m/s)
c	Schallgeschwindigkeit	(m/s)

Magnus-Effekt

Quertrieb eines seitlich angeströmten Rotationskörpers. Durch Rotation eines Zylinders (in Strömungsrichtung) nimmt die Strömungsgeschwindigkeit v an der Oberseite zu; dadurch nimmt der statische Druck ab (*Bernoulli-Gleichung), so dass eine Querkraft (nach oben) entsteht.

dynamische Querkraft (Auftrieb)

$$\boxed{F_\mathrm{A} = F_\mathrm{u} - F_\mathrm{o}} \quad \mathrm{N}$$

für einen rotierenden Zylinder der Länge l

$$\boxed{F_\mathrm{A} = 2\pi\,r\,v_\mathrm{u}\,\varrho\,v\,l} \quad \mathrm{N}$$

Theoretischer Höchstwert: $v_\mathrm{u} = 2v$
Praktisch erreicht: $F_\mathrm{A} \approx 2/3 \cdot F_\mathrm{A,max}$

F_o	Querkraft mit Geschwindigkeitsaddition,	
	Druckkraft auf den Körper von oben	(N)
F_u	Querkraft mit Geschwindigkeitssubtraktion,	
	Druckkraft auf den Körper von unten	(N)
v	Anströmgeschwindigkeit	(m/s)
v_u	Umfangsgeschwind. d. Rotationskörpers	(m/s)

Mahlen *Zerkleinern.

Maschenweite

Normung von Siebböden.

Siebreihen und Maschenweiten.

DIN 4188 (mm)	ASTM E11-70 (mesh)	ASTM E161-70 (mesh)	BS 410:1969 (μm)	Tyler (mesh)
0,022		22		
0,032		32		
	400	38	38	400
0,045	325	45	45	325
0,063	230	63	63	250
0,09	170	90	90	170
0,125	120	125	125	115
0,18	80		180	80
0,25	60		250	60
0,355	45		355	42
0,5	35		500	32
0,71	25		710	24
1	18		1 000	16
1,18	16		1 180	14
1,4	14		1 400	12
2	10		2 000	9
2,8	7		2 800	7
4	5		4 000	5
5,6	3,5"		5 600	3,5

1) DIN 4188-Siebreihe (1957): „lichte Maschenweite in mm" auf Basis der Maschenweite 1 mm und dem Siebskalenkoeffizient $\sqrt[4]{2}$.
Früher: Siebnummer = Maschen/cm od. cm².
2) IMM-Siebreihe (Institution of Mining and Metallurgy), ASTM-Siebreihe (American Society of Testing Materials) USBS (Bureau of Standards).

Siebnummer = Maschen/Inch = mesh

3) Tyler-Siebreihe (USA, Südafrika u. a.): „Siebnummer = Maschen je inch" auf Basis von 2000 Maschen je inch $\hat{=}$ 0,074 mm lichte Maschenweite, Siebskalenkoeffizient $\sqrt{2}$, für Zwischensiebe $\sqrt[4]{2}$.

Massenstrom

Massendurchsatz, auch „Massenstromstärke". Pro Zeiteinheit durchgesetzte oder durchfließende Masse. Vgl. *Kontinuitätsbedingung.

$$\boxed{\dot{m} = \frac{\mathrm{d}m}{\mathrm{d}t} = \int_A \varrho\,(\vec{v}\cdot\vec{n})\,\mathrm{d}A} \quad \frac{\mathrm{kg}}{\mathrm{s}}$$

ϱ Dichte des Fluids, $\vec{v}$ Strömungsgeschwindigkeit, $\vec{n}$ Flächennormale, A Querschnittsfläche.

Anwendung: vgl. *Durchsatz.

Massenstromdichte

Transportflussdichte, Auf die Querschnittsfläche bezogener Massenstrom.

$$\boxed{j = \frac{\dot{m}}{A_\perp} = \varrho\,v} \quad \frac{\mathrm{kg}}{\mathrm{m^2\,s}} = \frac{\mathrm{Pa\,s}}{\mathrm{m}}$$

$A_\perp$ zur Strömung senkrechte Fläche, ϱ Dichte, v Strömungsgeschwindigkeit.

Analog sind definiert

$$j = \frac{\text{Transportgröße }\Phi}{\text{Zeit}\cdot\text{Fläche}}$$

Strömungsfeld:	$\Phi = $ Masse	$\vec{j} = \varrho\,\vec{v}$
Temperaturfeld:	$\Phi = $ Wärmemenge	$\vec{j} = \lambda\,\vec{E}_\mathrm{w}$
Elektrisches Feld:	$\Phi = $ Ladung	$\vec{j} = \kappa\,E$

Mengen

Vermischen fester Stoffe durch freien Fall, Aufwirbeln oder Umschaufeln; vgl. *Mischen.

Mischen

Gleichmäßiges *Verteilen verschiedener Stoffe; speziell durch *Rühren.

Mischung Gas – Gas

Diffusion
Konvektion   Strahlmischer
                 Düsen
                 Ventilator
                 Propeller
                 Einbauten: Prallblech, Füllkörper

Mischung Gas – flüssig

Absorption   Gaswäsche
Sättigung   Waschflasche
Verschäumen   Schlagbesen
                 Schnellrührer
                 Siebbodenkolonne
                 Düsenrohr

Mischung Gas – fest

Verstäuben   Düsen (Aerosol, Aerogel)
Wirbelung   Wirbelbett, -rinne
                 Wirbelschichtreaktor

Mischung flüssig – flüssig

Lösen   mechanisches Rührwerk
                 pneumatisches Rührwerk
                 (Injektor, Düse, Lochrohr)
Emulgieren   Rührwerk
                 Turbomischer
                 Homogenisator

Mischung flüssig – fest

Lösen,   Lösekessel mit Rührwerk
Sättigen   Schneckenlöser (Förderschnecke)
                 Mammutrührwerk
Suspendieren   Rührwerk, Homogenisator
Anteigen   Arm-, Schaufel-, Schneckenkneter
                 Walzenstuhl
                 Planeten-, Kreiselmischer

Mischung fest – fest

Mengen   Tellermischer
                 Schaufelmischer
                 Mischtrommel
                 Kollergang
                 Schleudermühle
                 Kugelmühle

Mischungsgeschwindigkeit

zeitliche Änderung des Mischungsgrades.

$$\frac{\mathrm{d}M}{\mathrm{d}t} = \mathrm{const} \cdot (1 - M)$$

Mischungsgrad

Maß für den Grad der Verteilung beim *Mischen.

Momentenbeiwert

In der Strömungsmechanik:

$$c_\mathrm{M} = \frac{M}{l\, p_\mathrm{k}\, A} \qquad \text{(Dim. 1)}$$

M Moment aufgrund der Querkraft (durch die Strömung hervorgerufene Kraft quer zur Strömung) um die Vorderkante des angeströmten Profils,

p_k Staudruck = kinetischer Druck, l Länge des Profils,

A Projektion der tragenden Fläche (z. B. Breite mal Länge eines Flügels.

Navier-Stokes-Gleichung

Grundgleichung der Hydro- und Aerodynamik für ideal-reibungsfreie, laminare und turbulente Strömung von inkompressiblen Medien.

$$\varrho\, \frac{\mathrm{d}v}{\mathrm{d}t} = f_\mathrm{V} \quad -\mathrm{grad}\, p \quad +\eta\, \Delta v$$

| Beschleunigungskraft | äußere Kraftdichte | Druckkraftdichte | Reibungskraftdichte |

Kraftdichte = volumenbezogene Kraft.
η dynamische Viskosität, Δ Laplace-Operator.

1) Ideal-reibungsfreie Strömung

$$\varrho\, \frac{\mathrm{d}v}{\mathrm{d}t} = -\mathrm{grad}\, p$$

BERNOULLI-Gleichung: $p + \frac{1}{2}\varrho\, v^2 + \varrho\, g\, h = \mathrm{const}$

2) Laminare Strömung

$$\varrho\, \frac{\mathrm{d}v}{\mathrm{d}t} = -\mathrm{grad}\, p + \eta\, \Delta v$$

Rohr $\dot{V} = \dfrac{\pi r^4 (p_1 - p_2)}{8\eta l}$

Kugel $F_\mathrm{R} = 6\pi\, \eta\, r\, v$

Platte $v = \dfrac{p_1 - p_2}{2\pi\, l}\, (d^2 - x^2)$

3) Turbulente Strömung

$$\varrho\, \frac{\mathrm{d}v}{\mathrm{d}t} = -\mathrm{grad}\, p + \eta\, \Delta v$$

Strömungswiderstand $F_\mathrm{W} = \frac{1}{2} c_\mathrm{W}\, \varrho\, A\, v^2$

Strömungsleistung $P = F_\mathrm{W}\, v$

Reynolds-Zahl $Re = \frac{\varrho\, v\, l}{\eta} = \frac{l\, v}{\nu}$

Nenndruck

Kenngröße (Dimension 1) für druckbelastete Rohrleitungsteile gleicher Ausführung und Anschlussmaße; entspricht dem maximal zuläss. Betriebsüberdruck (in bar) bei 20 °C.

Übliche Nenndruckstufen:
1; 1,6; 2,5; 4, 6,
10, 16, 25, 40, 63,
100, 160, 250, 400, 630,
1000, 1600, 2500, 4000, 6300

Nennweite

Kenngröße DN eines Rohrleitungssystem aus zueinander passenden Rohren, Formstücken und Armaturen. Entspricht dem lichten *Durchmesser (in mm).

Übliche Nennweiten:
3, 4, 5, 6, 8, 10, 15, 20, 25, 32, 40, 50, 65, 80,
100, 125, 150, 200, 250, 300, 350, 400, 450,
500, 600, 700, 800, 900,
1000, 1200, 1400, 1600, 1800,
2000, 2200, 2400, 2600, 2800,
3000, 3200, 3400, 3600, 3800, 4000.

Newton'sches Reibungsgesetz   *Viskosität.

Newton-Zahl

Kennzahl, z. B. für *Rührer.

$$Ne = \frac{F}{\varrho\, v^2 l^2} = \frac{P}{\varrho\, v^3 l^2}$$

F Kraft, P Leistung, v Geschwindigkeit.

Oberfläche

Grenzfläche zw. Fluiden (Festkörper od. Flüssigkeit) und Gasen. Die tatsächl. oder geometr. Fläche eines Körpers zum umgebenden Medium.

$$\frac{\text{Volumenänderung}}{\text{Längenänderung}} \qquad \boxed{S = \frac{\mathrm{d}V(\vec{r})}{\mathrm{d}\vec{r}}} \qquad \mathrm{m}^2$$

Für poröse Körper zusätzl. Hilfsgrößen notwendig.
Die *äußere Oberfläche* umfasst die geometrische Form und Makrorauigkeit, die *innere Oberfläche* zusätzlich die Porosität und Mikrorauigkeit.
Die Eigenschaften von Oberfläche und Volumenmaterial können sich drastisch unterscheiden (z. B. elektrischer Widerstand, Reibung, Haftung, katalytische Aktivität).

Oberfläche, spezifische

Massenbezogene Oberfläche (m^2/kg)

$$\frac{\text{Oberfläche (speziell: einer Kugel)}}{\text{Masse (einer Kugel)}}$$

$$\boxed{S_\mathrm{m} = \frac{S}{m} = \frac{S_\mathrm{V}}{\varrho} = \left(\frac{4\pi r^2}{m} = \frac{3}{\varrho\, r} \right)}$$

Schüttschicht der Schüttdichte $\varrho' \approx (1 - \epsilon)\varrho$

$$S_\mathrm{m} = \frac{S_\mathrm{V}}{\varrho'} = \left(\frac{3(1 - \epsilon)}{\varrho'\, r} \right)$$

r Kugelradius, ϱ Dichte, V_K Kornvolumen.
A Schüttquerschnitt, *h* Schütthöhe, ϵ Lückengrad.

Oberfläche, volumenbezogene

$$\frac{\text{Oberfläche (speziell: einer Kugel)}}{\text{Volumen (einer Kugel)}}$$

$$\boxed{S_\mathrm{V} = \frac{S}{V} = \left(\frac{4\pi\, r^2}{{}^4\!/_3\pi\, r^3} = \frac{3}{r} \right)} \qquad \mathrm{m}^{-1}$$

Schüttschicht: $\dfrac{\text{Füllgrad} \cdot \text{Oberfläche}}{\text{Feststoffvolumen}}$

$$S_\mathrm{V} = \frac{(1 - \epsilon)\, S}{V_\mathrm{f}} = \left(\frac{3(1 - \epsilon)}{r} \right)$$

Oberflächendruck

zweidimensionaler Druck, Differenz der freien Energiedichten (Oberflächenspannungen) vor und nach Adsorption von Teilchen an der Grenzfläche.

$$\varphi = \sigma_0 - \sigma$$

Oberflächenenergie

Zur Erzeugung oder Vergrößerung von Oberflächen aufzuwendende Energie gegen die Anziehungskraft zwischen den Teilchen.

$$W = \sigma\, \Delta A$$

gesamte Oberlächenenergie

$$U_\sigma = \sigma + T\, \frac{\mathrm{d}\sigma}{\mathrm{d}T}$$

Oberflächenspannung = spezifische freie Oberflächenenergie, auch: *Kapillaritätskonstante*. Arbeit (freie Energie), um die Oberfläche um einem Quadratmeter zu vergrößern.

$$\sigma = \frac{\mathrm{d}W}{\mathrm{d}A} = \frac{\mathrm{d}F}{\mathrm{d}A} \qquad (\mathrm{J/m}^2 = \mathrm{N/m})$$

Oberflächenmessung

Bestimmung der geometrischen oder spezifischen Oberfläche.

1) Durchströmungs- oder Permeabilitätsverfahren. Messung des Druckabfalls in einer durchströmten *Schüttschicht*.
1. *Druckabfall (Durchströmung).
2. Die *spezifische Oberfläche* S_V bestimmt sich für zwei Grenzfälle in Abhängigkeit der KNUDSEN-Zahl.

$$Kn = \frac{\text{mittl. freie Weglänge } \lambda}{\text{Porendurchmesser } d_\mathrm{p}}$$

(Mittlere freie Weglänge von Luft bei Atmosphärendruck $\lambda \approx 0{,}1\ \mu\mathrm{m}$.)

a) *Kontinuumsströmung* ($Kn \ll 1$, d.h.
mittlere freie Weglänge klein gegen den Porendurchmesser). Das DARCY-Gesetz mit dem Hohlraumanteil ϵ und der *Durchlässigkeit*

$$\alpha = \frac{\epsilon^3}{k\, S_\mathrm{V}^2 (1 - \epsilon)^2}\ (\text{in } \mathrm{m}^2)$$

liefert die CARMAN-KOZENY-Gleichung:

$$\boxed{S_\mathrm{V} = \sqrt{\frac{1}{k}\, \frac{\epsilon^3}{(1 - \epsilon)^2}\, \frac{1}{\eta}\, \frac{A\, \Delta p}{d\, \dot{V}}}} \qquad \frac{\mathrm{m}^2}{\mathrm{m}^3}$$

mit der Anwendungsgrenze: $Re \leq 1$.
Vorausgesetzt sind eine gleichmäßige Zufallsmischung der Partikel, konstanter Hohlraumanteil ϵ in der Packung, konstante Dichte ϱ und Viskosität η des Strömungsmittels.
Die KOZENY-Konstante liegt bei $k \approx 5\ \mathrm{m}^2/\mathrm{m}^2$.

b) *Knudsen-Diffusion* ($Kn \gg 1$), d. h. mittlere freie Weglänge groß gegenüber dem Porendurchmesser. Das Testgas diffundiert durch die Poren, Temperatur T und Molmasse M bestimmen die Gasbewegung. Mit dem Diffusionsstrom $\dot{n}_\mathrm{d}$ (in mol/s) und der Gaskonstante R ergibt sich die volumenbezogene Oberfläche der Schicht.

$$\boxed{S_\mathrm{V} = \frac{24}{13}\sqrt{\frac{2}{\pi}} \cdot \epsilon^2\, \frac{1}{\sqrt{MRT}}\, \frac{A}{d}\, \frac{\Delta p}{\dot{n}_\mathrm{d}}}$$

2) Oberflächenmessung mit Sorptionsverfahren. Aufbringen von Teilchen genau bekannter Größe (z. B. Stickstoff, Argon, Zinkionen, Pyridin) und Bestimmung der adsorbierten Menge.
1. *BET-Methode
2. *Gravimetrische Verfahren*, z. B. Massenänderung bei der Sorption; Quarzmikrowaage.
3. *Thermometrische Verfahren*, z. B. Messung der Sorptionswärme mit dem Mikrokalorimeter.
4. *Zinkadsorption* (nach KOZAWA). Die Probenoberfläche taucht mind. 12–16 Stunden in eine Lösung von 0,5 mol/ℓ NH_4Cl + 0,001 mol/ℓ ZnO. Die nicht absorbierte Rest-$Zn^{2\oplus}$-Konzentration wird gegen 0,000 25-molare EDTA titriert. Ein adsorbiertes Zinkion entspricht 170 nm^2.
5. *Oberflächenacidität.* Pyridin, NH_3 und Amine chemisorbieren selektiv auf sauren Brönsted- und Lewis-Oberflächenzentren und können IR-spektroskopisch (ca.

$1450\ \mathrm{cm}^{-1}$ LPy, ca. $1550\ \mathrm{cm}^{-1}$ BPy) oder durch Titration in nicht-wässrigen Lösungsmitteln bestimmt werden.

6. *Kapazitäts- od. Ladungsmessung.* Die Kapazität bzw. Oberflächenladung einer Schicht in einem Elektrolyten steigt proportional zur Oberfläche ($C = \varepsilon d / A$). Durch Vgl. mit plangeschliffenen oder bekannten Oberflächen wird die Oberflächenrauigkeit $\alpha = C_{\mathrm{rau}} / C_{\mathrm{glatt}}$ bestimmt.

7. *Thiele-Modul.

3) Spektroskop. Verfahren zur Oberflächenmessung

1. Fotometrie, vgl. *Lambert-Beer-Gesetz.

2. *Laserbeugung.* Kleine Partikel streuen eingestrahltes Laserlicht mit charakteristischen Beugungsmustern (Streulicht-Intensität gegen Streuwinkel). Kugelförmige Teilchen sind umso kleiner, je größer die helle Kreisscheibe und der Streuwinkel beim ersten Beugungsminimum (dunkler Ring) erscheinen.

3. *Rasterelektronenmikroskopie* (REM). Mit dem sichtbaren Partikel- bzw. Porendurchmesser wird die Oberfläche S berechnet: $\bar{d}_{\mathrm{pore}} = 4 V_{\mathrm{pore}} / S$.

4. *Röntgenkleinwinkelstreuung.* Ermittlung der „wahren" Kristallgrößen; geeignet v.a. für Einkristalle.

Oberflächenspannung

Grenzflächenspannung Fluid/Luft. Flächenbezog. Arbeit (Oberflächenenergiedichte), um eine Flüssigkeit gegen molekulare Bindungskräfte in feinste Tröpfchen zu dispergieren und Teilchen aus dem Flüssigkeitsinneren an die Oberfläche zu transportieren. Kraft, mit der sich ein Flüssigkeitsstreifen von 1 m Breite in der Oberfläche zusammenzieht.

$$\frac{\text{Oberflächendehnungsarbeit}}{\text{Oberflächenänderung}}$$

$$\boxed{\sigma = \frac{\mathrm{d}W}{\mathrm{d}A}} \qquad \frac{\mathrm{J}}{\mathrm{m}^2} = \frac{\mathrm{N}}{\mathrm{m}} = \frac{\mathrm{kg}}{\mathrm{s}^2}$$

- Zwischen zwei Phasen: *Grenzflächenspannung.
- σ sinkt mit steigender Temperatur.
- Benetzende Flüssigkeiten haben eine niedr. Oberflächenspannung, nicht benetzende eine hohe. Unter überkritischen Bedingungen keine Benetzung.
- „Harte" Festkörper mit kovalenten, ionischen oder metallischen Bindungen haben hohe Grenzflächenenergien (0,5–5 N/m),
  „weiche" Festkörper mit Van-der-Waals- oder anderen schwachen Bindungen niedrige.

Technische Bedeutung
- Vgl. *Grenzflächenspannung, *Kapillarität.
- Tropfen- und Filmkondensation (letztere überträgt einen zehnfach höherem Wärmestrom)
- Trocknung (Filme trocknen schneller als Tropfen).

Zahlenwerte: *Grenzflächenspannung.

Oberflächenspannung, molare

Auf die molare Masse bezogene Oberflächenspannung.

$$\sigma_{\mathrm{m}} = \sigma \left(\frac{M}{\varrho} \right)^{2/3} = \sigma\, V_{\mathrm{m}}^{2/3}$$

Temperaturabhängigkeit (EÖTVÖS-Regel).

$$\sigma_{\mathrm{m}}(T) \approx 2{,}12 \cdot 10^{-7}\,\mathrm{J/K} \cdot [T_{\mathrm{k}} - (T + 6)]$$

für nicht assoziierte Flüssigkeiten (bei Wasser, Alkohol kleiner).

M molare Masse, ϱ Dichte, V_{m} molares Volumen.

Oberflächenspannungsmessung

Messmethoden für Oberflächen- und Grenzflächenspannung.

1) Tensiometer. Messung der Tropfengröße mit einer Präzisionsspritze. Mit variabler Auspressgeschwindigkeit tropft das Testfluid aus. Eine Lichtschranke ermittelt die Tropfgeschwindigkeit. Mit „Umkehrkanülen" auch aufsteigende Tropfen messbar.

2) Blasendruckmethode. Messung des maximalen Drucks zum Auspressen einer kugelförmigen Gasblase aus einer Kapillare (Radius r) in eine Flüssigkeit; Korrektur des hydrostatischen Drucks und des Auftriebs der Blase notwendig.

$$\sigma = r\, p / 2$$

3) Benetzungswaage. Messung der Benetzungskraft, um ein dünnes Plättchen in eine Flüssigkeit zu tauchen oder herauszuziehen (Federwaage, Piezo-Kraftaufnehmer). Die an das Plättchen „aufspringende" Flüssigkeit hat das Gewicht F_{G}.

4) Lenard-Bügel, *Drahtbügelmethode.* Messung der Kraft F, um die bewegliche Oberseite eines Drahtrechtecks senkrecht aus einer Flüssigkeit zu ziehen. Im Augenblick des Flüssigkeitsabrisses:

$$\sigma = \frac{\Delta W}{\Delta A} = \frac{F\, \Delta s}{2l\, \Delta s} = \frac{F}{2l}$$

Senkrechtes Herausziehen eines Kreisringes

$$\sigma = \frac{F}{2\pi\, d}$$

$A = \Delta s\, l$ Fläche der Flüssigkeitslamelle
d Ringdurchmesser   (m)
F Kraft zur Dehnung der Oberfläche =
           Gewichtskraft der Flüssigkeitslamelle
l Länge des Messdrahtes = Breite
           des Drahtrechtecks (ca. 1–3 cm)
$2l$ Randlänge der Flüssigkeitshaut auf
           Vorder- und Rückseite des Bügels
Δs Abstand Messdraht – Flüssigkeitsoberfläche
ΔW Änderung der Oberflächenenergie

5) *Benetzungswinkelmessung

6) Kapillar-Steigrohr: kapillare Steighöhe (Kapillaraszension) bzw. Sinktiefe (Kapillardepression) in einem Haarröhrchen (Radius r, Abstand h Meniskus – Flüssigkeitsspiegel außen).

$$\boxed{h = \frac{p}{\varrho\, g} = \frac{2\sigma\, \cos\theta}{g\, r\, \varrho}} \qquad \mathrm{m}$$

Randwinkel: Wasser/Glas: $\theta = 0°$
                Quecksilber/Glas: $140°$.

Oberflächenspannung: $\sigma = r h \varrho g / 2$

7) Spreitung = vollständige Benetzung eines flüssigkeitsbedeckten Festkörpers, unterhalb der krit. Oberflächenspannung $\hat{=}$ Abszissenschnittpunkt der Adhäsions-/Kohäsionsenergie ($W_{\mathrm{A}} - W_{\mathrm{K}}$) $\leftrightarrow$ σ_{12}-Kurve für einen Träger mit verschiedenen Flüssigkeiten.

Beispiel: Teflon $\sigma_{\mathrm{k}} < 0{,}025$ N/m.

Öffnungsverhältnis

einer Düse, Blende oder eines Venturi-Rohres.

Fluidmechanik

$$\boxed{m = \frac{d^2}{D^2}} \quad (\text{Dim.1})$$

d	Durchmesser der Normblende	(mm)
D	Durchmesser des Strömungsquerschnitts vor Verengung	(mm)

Porengröße

Mittl. Ausdehnung der mikroskop. Hohlräume in durchlässigen Medien, z. B. Pulvern, Schüttschichten, Filtern. Bestimmung der Porengrößenverteilung.

1) Glasperlentest. Bestimmung der grössten Pore, die Glaskugeln best. Größe noch durchtreten lässt.

2) Kapillardruckmethode. Nicht benetzende Flüssigkeiten, z. B. Quecksilber in der *Quecksilber-Porosimetrie*, werden durch äußeren Druck p in die poröse Probe gedrückt. Poren werden als zylindrisch angenommen.

$$\boxed{p = \frac{2\sigma \cos\theta}{r_p}}$$

θ Randwinkel, σ Oberflächenspannung, r_p Porenradius.

Porosimetrie	p (bar)	r_p (μm)
Hochdruck	1 – 2000	0,003 – 7,5
Niederdruck	0,04 – 2	3 – 200

3) Luftblasentest. Die Probe in einer benetzenden Flüssigkeit wird einseitig mit Luft von ansteig. „Blasendurchpressdruck" p beaufschlagt.

$$\boxed{d_{P,\text{eff}} = \frac{4\sigma}{\Delta p} = \frac{4\sigma}{p_L - \varrho g h}}$$

$d_{P,\text{eff}}$	effektiver Porendurchmesser,
Δp	Differenzdruck beim erstmaligen Austritt von Blasen,
p_L	Luftdruck, σ Oberflächenspannung des Fluids,
$\varrho g h$	Druck der Flüssigkeitssäule über der Probenoberfläche.

Nominale Porenweite mit dem Vorfaktor 0,2 (spratziges Pulver) bis 0,4 (kugelförm. Teilchen). Wasser als Benetzungsflüssigkeit für Poren von 1–200 μm.

4) Kapillarkondensationsmethode. An porösen Oberflächen tritt bei großem Relativdruck p/p_s neben der Gasadsorption die Kapillarkondensation in den Poren auf. Die Sorptionsisotherme verläuft dann meist als Hysterese; der Desorptionsast wird mit der KELVIN-Gleichung ausgewertet (anwendbar für Mesoporen 0,6–20 nm).

$$\boxed{\frac{p}{p_s} = -\frac{V_m}{RT}\frac{2\sigma \cos\theta}{r_p}}$$

Der gefundene Porenradius r_p ist um die mittlere Schichtdicke der Sorbatschicht zu klein.

V_m	Kondensatvolumen	(m^3/mol)
p	Dampfdruck im Hohlraum	(Pa)
p_s	Sättigungsdampfdruck Kondensat	(Pa)
r_p	Zylinder-Porenradius	(m)
R	molare Gaskonstante	(J mol^{-1}K^{-1})
T	absolute Temperatur	(K)
σ	Oberflächenspannung des Kondensats	
θ	Randwinkel Kondensat–Feststoff	(rad)

5) *Mikroporenmethode:* vgl. *BET

6) *Oberflächenmessung.

Porenvolumen

Bei der *Permeametrie* wird das Porenvolumen poröser Körper (mit zylindrisch angenommenen Poren) durch eine Dichtemessung mit dem *Pyknometer* bestimmt. Die exakt abgewogene Probe verdrängt ein bestimmtes Volumen eines bekannten Eichfluides gegebener Dichte (Quecksilber, Toluol, Helium).

$$\boxed{V_{S,\text{pore}} = \frac{1}{\varrho_{\text{Tol}}} - \frac{1}{\varrho_{\text{He}}} = \frac{\bar{d}_{\text{pore}} S_{\text{pore}}}{4m}}$$

m	Masser der Pulverprobe
$V_{S,\text{pore}}$	spezifisches Gesamt-Porenvolumen (m^3/kg)
S_{pore}	Porenoberfläche (theoretisch: $2\pi r h$)
ϱ_{Tol}	„Toluoldichte" von Poren und Gerüst
ϱ_{He}	„Heliumdichte" der Gerüstsubstanz

Porosität, äußere

Der *Lückengrad* einer Schüttung.

$$\frac{\text{Hohlraumvolumen}}{\text{Schüttvolumen}} \qquad \boxed{\epsilon = \frac{V_\epsilon}{V} = 1 - \frac{V_f}{V}}$$

Feststoffvolumen = Schüttvolumen·Füllgrad

$$\boxed{V_f = A\, h\, (1 - \epsilon) = N\, V_k}$$

Hohlraumvolumen = Schüttvolumen·Lückengrad

$$\boxed{V_\epsilon = A\, h\, \epsilon}$$

N Zahl der Teilchen mit Kugelvolumen V_K.

Pumpe

Arbeitsmaschine zum *Fördern flüssiger Medien von einem niedrigen Energieniveau h_e (Eintritt) zu einem höheren h_a (Austritt). Auf den Flüssigkeitsspiegel von Eintritts- und Austrittsgefäß wirkt der Atmosphärendruck.

1) Förderhöhe einer Pumpe (in m)

$$h_A = (h_a - h_e) + \frac{p_a - p_e}{\varrho\, g} + \frac{v_a^2 - v_e^2}{2g} + h_v$$

$$= \underbrace{(h_a - h_e) + \frac{p_a - p_e}{\varrho\, g}}_{\text{statischer Anteil}}$$

$$+ \underbrace{\frac{\left(\dfrac{\dot{V}}{A_a}\right)^2 - \left(\dfrac{\dot{V}}{A_e}\right)^2}{2g} + h_v}_{\text{dynamischer Anteil}}$$

geodätische Förderhöhe

$$h_{\text{geo}} = h_s + h_d$$

manometrische Förderhöhe

$$h_{\text{man}} = h_{\text{geo}} + h_v + h_{\text{dyn}}$$

h_a	Austrittshöhe: Erdboden – Flüssigkeitsspiegel in Gefäß B (m)	
h_e	Eintrittshöhe: Erdboden – Flüssigkeitsspiegel in Gefäß A (m)	
h_d	geodätische Druckhöhe (Pumpe – Zielbehälter)	
h_{dyn}	Geschwindigkeitshöhe, dynamische Höhe	
h_s	geodätische Saughöhe (Reservoir – Pumpe)	
h_v	Reibungs-Verlusthöhe	
p	Druck am Austritt (a) bzw.	
	Druck am Eintritt (e)	(Pa = N/m^2)
$\dot{V}$	Förderstrom	(m^3/s)
v	Strömungsgeschwindigkeit	(m/s)

2) Volumenstrom einer Pumpe

$$\boxed{\dot{V} = V f \lambda} \quad \text{m}^3/\text{s}$$

V	Flüssigkeitsvolumen bei einer Umdrehung	(m^3)
f	Umdrehungsfrequenz, Drehzahl	(s^{-1})
λ	Liefergrad der Pumpe	(Dim.1)

einfach wirkende *Hubkolbenpumpe*

$$\dot{V} = \frac{\pi}{4} d^2 s \lambda = z_K A s f \lambda$$

doppeltwirkende Hubkolbenpumpe

$$\dot{V} = z_K (A_D + A_K) s f \lambda$$

A	wirksame Kolbenfläche	(m^2)
A_D	Fläche des Kolbendeckels	(m^2)
A_K	Kolbenfläche an der Kurbelseite	(m^2)
d	Kolbendurchmesser	(m)
s	Kolbenhub	(m)
z_K	Anzahl der Kolben	(Dim.1)

Zahnradpumpe

$$\dot{V} = \frac{\pi}{4} (d_a^2 - d_f^2) b f \lambda \approx \pi m^2 b z_z f \lambda$$

b	Zahnbreite	(m)
m	Modul	(m)
z_z	Zähnezahl des Zahnrades	(Dim.1)

Zellenpumpe oder *Radialkolbenpumpe*

$$\dot{V} = 2Ae z_K f \lambda$$

A	wirksame Kolbenfäche	(m^2)
e	Exzentrizität	(m)

Kreiselpumpe. Näheres vgl. *Impulsmomentensatz.

$$\dot{V} = \frac{P_K \eta}{\varrho g h}$$

P_K	Antriebsleistung an der Kupplung	(W)
h	Förderhöhe	(m)
η	Gesamtwirkungsgrad	(Dim.1)

3) Typen von Pumpen: vgl. *Fördern.

Pumpenkennlinie

Förderhöhe h in Abhängigkeit vom Förderstrom
$\dot{V} = Av$, nicht linear ansteigende Kurve.

- statischer Anteil: vom Förderstrom unabhängig.
- dynamischer Anteil: eine Funktion des Förderstroms.

Pumpenleistung

effektive (abgegebene) Leistung $\sim$ Förderhöhe h

$$P_{eff} = \dot{V} \varrho g h = \dot{m} g h \qquad W$$

indizierte (zugeführte) Leistung

$$P_i = \frac{\dot{V} \varrho g h}{\eta} = \frac{\dot{m} g h}{\eta}$$

Förderhöhe im stationären Zustand

$$h = h_{geo} + \frac{p_a - p_e}{\varrho g} + \frac{v_a^2 - v_e^2}{2 g} + \frac{\Delta p}{\varrho g}$$

h_{geo}	geodätische Höhendiff., Ortshöhendifferenz zw. Flüssigspiegeln Reservoir – Zielbehälter
p_e, p_a	Druck am Eintritt/Austritt $(Pa = N/m^2)$
Δp	Druckverlust in Rohrleitung $(Pa = N/m^2)$
v_e, v_a	Strömungsgeschw. am Eintritt/Austritt (m/s)
η	Wirkungsgrad der Pumpenanlage (Dim. 1)
e	Eintritt: am Querschnitt des Reservoirs (vor der Pumpe)
a	Austritt: am Querschnitt des Zielbehälter (hinter der Pumpe)

Quertriebsbeiwert

Auftriebsbeiwert.

$$c_Q = \frac{F_Q}{p_k A} \qquad \text{(Dimension 1)}$$

F_Q Querkraft = durch die Strömung hervorgerufene Kraft quer zur Strömung,
p_k Staudruck = kinetischer Druck,
A Projektion der tragenden Fläche (z. B. Länge mal Breite eines Tragflügels).

Rauigkeitshöhe

Meteorologie und Geophysik:

$$z_0 = z\, e^{-v_h \cdot Ka/u_*}$$

z Höhe ü. Grund, v_h horizontale Windgeschwindigkeit,
$u_* = (\tau/\varrho)^{1/2}$ Schubspannungsgeschwindigkeit,
Ka Kármán-Zahl.

Reibungsverlusthöhe

Widerstandshöhe im nicht horizontalen Rohr (vgl.
*Bernoulli-Gleichung).

$$h_v = \frac{\Delta p_{stat}}{\varrho g} = L\, l = \lambda \frac{l}{d} \frac{v^2}{2 g} \qquad m$$
$$= h_{geo1} + h_{stat1} - (h_{geo2} + h_{stat2})$$

g	Fallbeschleunigung	m/s^{-2}
h_{geo}	geodätische Höhe	(m)
h_{stat}	statische Druckhöhe	(m)
L	Drucklieniengefälle	(Dim.1)
l, d	Länge und Durchmesser des Rohres	(m)
Δp_{stat}	statischer Druckverlust	$(Pa = N/m^2)$
v	Strömungsgeschwindigkeit	(m/s)
λ	Reibungsverlustzahl	(Dim.1)
ϱ	Dichte des Fluids	(kg/m^3)

Reibungsverlustzahl *Rohrreibungszahl.

Reynolds-Zahl

Kennzahl für hydromechanische Ähnlichkeit der Strömung bei äußeren Druck- und Reibungskräften. Vh. der Trägheitskräfte (Impuls) zu den Zähigkeitskräften (innere Reibung) des Strömungsmediums.

$$Re = \frac{\varrho v l}{\eta} = \frac{l v}{\nu} = \frac{Pe}{Pr} \qquad \text{(Dim.1)}$$

Die *charakteristische Länge l* ist der Rohr- oder Kugeldurchmesser oder die Länge einer Platte.

l	charakteristische Länge	(m)
	Aerodynamik: Profiltiefe, Dicke, Durchmesser	
	Hydraulik: Innendurchmesser des Rohres	
v	Strömungsgeschwindigkeit	(m/s)
η	dynamische Viskosität	(Pa s)
ν	kinematische Viskosität	(m^2/s)
ϱ	Dichte des Fluids	(kg/m^3)

1) Rohr mit beliebigem Querschnitt

$$Re = \frac{\varrho v d_h}{\eta} = \frac{4 v r_h}{\nu} \qquad \text{(Dim.1)}$$

d_h hydraulischer Durchmesser, r_h hydr. Radius.

2) Kritische Reynolds-Zahl. Reynolds-Zahl, oberhalb der die Strömung turbulent wird.

$$Re_k = 2320 \qquad \text{(Dim.1)}$$

	Strömung	Profil
$Re < 2320$	laminare Strömung	parabolisch
$Re > 2320$	Übergangsbereich	
$Re > 10000$	turbulent	propfenförmig

Geometrie	Re_{krit}	Beiwert
Rohr, kreisrund	2320	$\lambda = \frac{64}{Re}$
Kugel	$1,7 \cdot 10^5$ bis $4 \cdot 10^5$	$c_W = \frac{12}{Re}$
Platte	$3,2 \cdot 10^5$ bis 10^6	$c_W = \frac{1,328}{\sqrt{Re}}$

Fluidmechanik

Richardson-Zahl

Verhältnis von statischer Stabilität zur vertikalen Windscherung der mittleren Windgeschwindigkeit in Strömungsrichtung.

$$Ri = \frac{\dfrac{g}{\Theta}\dfrac{\partial \Theta}{\partial z}}{\left(\dfrac{\partial \bar{v}_t}{\partial z}\right)^2} \qquad \text{(Dimension 1)}$$

(Θ) potentielle Temperatur, z Höhe über Grund,
v Windgeschwindigkeit (Metereologie, Geophysik).

Rohrleitungen: Kennzeichnung

Farbanstrich von Rohrleitungen und Schildern. Bei brennbaren Gasen und Flüssigkeiten weist eine rote Pfeilspitze des Kennzeichnungsschildes (mit Gruppenkennzahl) in die Strömungsrichtung.

Gruppe 0	Sauerstoff, Pressluft	blau
Gruppe 1	Wasser	grün
Gruppe 2	Dampf	rot
Gruppe 3	Druckluft	grau
	G a s e	
Gruppe 4	– brennbar	gelb; rote Spitze
Gruppe 5	– nicht brennbar	gelb; gelbe Spitze
Gruppe 6	Säuren	orange
Gruppe 7	Basen	violett
	F l ü s s i g k e i t e n	
	Öle, Pasten, Teer	
Gruppe 8	– brennbar	braun; rote Spitze
Gruppe 9	– nicht brennbar	schwarz oder braun

Rohrrauigkeit

Relative Rauhheit, Wandrauhigkeit

$$k_{\text{rel}} = \frac{K}{d} \qquad \text{(Dim. 1)}$$

d Rohrinnendurchmesser (mm),
K mittlere Rauhheitshöhe = äquivalente Rohrrauhheit (mm)
= absolute Rauhheit.

Rohrreibungszahl

Reibungsverlustzahl od. *Rohrwiderstandszahl*. Beiwert des Strömungswiderstands durch innere Fluidreibung bei laminarer oder turbulenter Strömung im kreisrunden Rohr.

$$\lambda = \left(-\frac{\partial p}{\partial z}\right)_p \cdot \frac{2\,d_h}{\varrho\,\bar{v}^2} \qquad \text{(Dim. 1)}$$

$-\partial p/\partial z$　rohrlängenbezogener Druckverlust,
z　　　　Koordinate in Strömungsrichtung,
d_h　　　*hydraulischer Durchmesser,
$\bar{v}$　　　Strömungsgeschwindigkeit (Flächenmittelwert).

1) Laminare Grenzschicht

glattes Rohr ($Re < 2320$)

$$\lambda = \frac{64}{Re} \qquad \text{(Dim. 1)}$$

rauhes Rohr

$$\lambda = \left(\frac{1}{1{,}138 - 2\lg k_{\text{rel}}}\right)^2 \quad \text{mit} \quad k_{\text{rel}} = \frac{100}{Re}$$

2) Turbulente Grenzschicht ($Re \geq 2320$);

$\lambda = f(Re, k_{\text{rel}})$ aus Rohrreibungsdiagramm.
BLASIUS-Formel: hydraulisch glattes Rohr für $2320 < Re < 10^5$.

$$\lambda = \frac{0{,}3164}{\sqrt[4]{Re}}$$

PRANDTL-KARMAN-Formel: hydraulisch glattes Rohr

$$\frac{1}{\sqrt{\lambda}} = 2\lg\left(\frac{Re\sqrt{\lambda}}{2{,}3\,l}\right) \quad \text{und} \quad c_W \approx \frac{0{,}309}{\lg(Re/7)^2}$$

NIKURADSE-Formel: hydraulisch rauhes Rohr

$$\frac{1}{\sqrt{\lambda}} = 2\lg\frac{d}{k} + 1{,}14$$

COLEBROOK-Formel: Übergangsgebiet hydraulisch glattes → rauhes Rohr

$$\frac{1}{\sqrt{\lambda}} = -2\lg\left(\frac{2{,}5\,l}{Re\sqrt{\lambda}} + 0{,}27\frac{k}{d}\right)$$

d Rohrdurchmesser, k Rohrrauigkeit.

Rossbygeschwindigkeit

*Phasengeschwindigkeit der Rossbywellen.

$$c_{\text{Ro}} = \bar{u} - \beta\left(\frac{\lambda}{2\pi}\right)^2 \qquad \frac{\text{m}}{\text{s}}$$

$\bar{u}$ Zonalgeschwindigkeit = mittl. Westkomponente der Windgeschwindigkeit auf einem Breitenparallel; β Rossbyparameter, λ Wellenlänge.

Rossbyparameter

Gradient des *Coriolis-Parameters:

$$\beta = \frac{\partial f}{\partial y} \qquad \frac{\text{rad}}{\text{m s}}$$

y nach Norden gerichtete Ortskoordinate.

Rühren

*Mischen; Verteilen der Phasen im turbulenten Scherfeld des Rührers. Einflussgrößen: Geometrie von Rührorgan, Behälter, Bewehrung; Füllstand, Phasenverhältnis, Viskositäten, Dichten, Grenzflächeneffekte.

Rührerleistung ~ NEWTON-Zahl

$$P = Ne\,\varrho\,f^3\,d^5$$

mittl. Partikeldurchmesser der dispergierten Phase
SAUTER-Durchmesser ~ WEBER-Zahl

$$\bar{d}_{P,32} = \frac{\sum N_i\,d_{P,i}^3}{\sum N_i\,d_{P,i}^2} = K\,We^{-0.6}\,d = \beta\,d$$

$$\beta = \frac{\text{Behälterdurchmesser}}{\text{Rührerdurchmesser}}\;\frac{D}{d} = K \cdot We^{-0.6}$$

Kesselkonstante

$$K = \frac{k\,Ne^{0.4}}{\alpha^{0.4}\,\beta^{1.2}}$$

$$\alpha = \frac{\text{Füllstand}}{\text{Behälterdurchmesser}}$$

f	Drehzahl	s^{-1}
k	systemspezifische Konstante z. B. $k(\text{VC in } H_2O) = 0{,}14$	
ϱ	mittlere Dichte	kg/m^3

Tangentiale Rührströmung

Blattrührer	niederviskose Flüssigkeiten
Balkenrührer	mittelviskose Flüssigkeiten
Kreuzbalkenrührer	
Ankerrührer	
Gitterrührer	

Axiale Rührströmung

Propellerrührer	Emulgieren. Suspendieren
Impellerrührer	dto.

Radiale Rührströmung

Scheibenrührer
Turbinenrührer   Emulgieren, Suspendieren

Komplizierte Rührströmung

Planetenrührer   Pasten, Brei
Kreiselmischer   Vermengen, Kneten.
(Flügelrührer)   Anteigen, Emulgieren

Schichtdicke

Dicke d einer Schicht auf einem Träger der Fläche A. Abh. von *Bedeckung* m/A (in kg/m^2, nicht „Flächenmasse") und Dichte ϱ (in kg/m^3) der Schicht. Bei porösen Schichten: ε Hohlraumanteil und ϱ_f Dichte des Schichtmaterials.

$$\boxed{\frac{m}{A} = \varrho\, d = \varrho_f\, d\, (1 - \epsilon)}$$

Schichtdickemessung

Bestimmung der Dicke von Beschichtungen oder Oberflächenschichten.
1. *Wägung* der Größe m/A.
2. *Abstandsmessung:* *Längenmessung zwischen zwei beweglichen Stempeln.
3. *Mechanisches Abtasten* mit Diamantkugeln an elektrischen Wegaufnehmern.
4. *Magnetinduktives Verfahren:* Messung des Spannungsabfalls in einer mit Wechselstrom (<kHz) durchflossenen Spule, die senkrecht auf das Werkstück aufgesetzt wird ($U \sim d$). Zerstörungsfrei; für nicht-magnet. Schichten auf *ferromagnetischen* Trägern (z. B. Zn, Cr, Cu, Al, Cd, Lacke, Kunststoffe, Email auf Stahl). Kalibrierung mit Eichfolien auf unbeschichtetem Träger.
5. *Wirbelstromverfahren.* Impedanzmessung an einer mit hochfrequentem Wechselstrom (MHz) durchflossene Spule, die auf das Werkstück aufgesetzt wird ($\omega L \sim d$). Im Träger werden Wirbelströme induziert, die umso tiefer in die Probe eindringen, je niedriger die Messfrequenz ist. Anwendung für Isolatoren auf *nichtmagnetischen* Leitern; z. B. Lacke, Kunststoffe, Gummi auf Aluminium, Kupfer oder Messing; Eloxalschichten auf Aluminium.
6. *Widerstandsmessung* am konstant-stromdurchflossenen Prüfling; bei bekanntem spezifischen Widerstand des Materials ($R = \varrho d/A$).
7. *Röntgenfluoreszenz.* Gold, Silber, Zinn, Nickel, Legierungen u.v.m. werden durch Röntgenstrahlen zur Emission charakteristischer Strahlung angeregt. Vgl. Kap. „Aufbau der Materie".
8. *Beta-Rückstreuverfahren.* Messung der Zählrate der von der Probe rückgestreuten Elektronen aus radioaktiven Strahlern.

$$X_n = \frac{X_{\text{Probe}} - X_{\text{Träger}}}{X_{\text{Sättigungsdicke}} - X_{\text{Träger}}} \sim \lg d$$

Die Eindringtiefe wächst mit der Energie des Strahlers: ^{109}Cd $< ^{14}$C $< ^{107}$Pm $< ^{104}$Tl $< ^{90}$Sr. Weil die Zahl der Rückstreu-Elektronen von der Dichte abhängt, sind Träger und Beschichtung deutlich unterscheidbar. Anwendung: Kupfer auf Kunststoffen; Lötzinn, Gold auf Leiterbahnen, Lacke auf Metallen. Messgenauigkeit 2–10%.

9. *Ultraschall.* Mit der Laufzeitmethode werden Rohrleitungen im Bereich 0,25 bis 300 mm geprüft. Vgl. Kap. „Akustik".
35 GHz-Mikrowellen-Interferometer für metallische Beschichtungen auf Kunststoffen (5 bis 250 nm).

Schubspannung

In der Rheologie: Spannung zwischen zwei benachbarten Flüssigkeitsschichten unterschiedlicher Strömungsgeschwindigkeit.

Schubspannung = Viskosität · Geschwindigkeitsgef.

$$\boxed{\tau = \eta\, D} \quad \text{Pa} = \frac{\text{N}}{\text{m}^2} = \frac{\text{kg}}{\text{m s}^2}$$

Schubspannungsbeiwert

Drag coefficient. Für Mehrphasenströmung das Verhältnis von Gravitation zu kinetischer Energie.

$$C_{\text{D}} = \frac{\tau}{\varrho\, v^2} = \left(\frac{v_*}{v}\right)^2 \quad \text{(Dim. 1)}$$

v horizontale Strömungsgeschwindigkeit (m/s)
v_* Schubspannungsgeschwindigkeit   (m/s)
ϱ Dichte des Fluids (Luft)   (kg/m^3)
τ Schubspannung   (N/m^2)

Schubspannungsgeschwindigkeit

In der Rheologie, Meteorologie und Geophysik. Anwendung vgl. *Rauigkeitshöhe.

$$\boxed{v_* = \sqrt{\frac{\tau}{\varrho}}} \quad \frac{\text{m}}{\text{s}}$$

τ Schubspannung, ϱ Dichte des Fluids.

Schüttkegel

Volumen und Höhe z. B. eines Sandhaufens.

$$V = \frac{\pi}{3}\, r^2 h \quad \text{und} \quad h = r\, \tan\alpha = r\, \cot\frac{\gamma}{2}$$

α Schütt- od. Böschungswinkel (Anstieg gegen den horizontalen Erdboden): Sand ca. 33°, Vulkankegel ca. 36°.
γ Winkel an der Kegelspitze.

Schüttschicht

Vgl. *Porosität, *Oberfläche, *Knudsen-Zahl.
Teilchenzahl in einer Schüttschicht =

$$\frac{\text{Feststoffvolumen}}{\text{Mittleres Kornvolumen}} \quad \boxed{N = \frac{A\, h\, (1 - \epsilon)}{V_k}}$$

Schwebekörperdurchflussmesser

*Volumenstrommessung.

Sedimentation

Mechan. *Stofftrennverfahren (fest – flüssig) nach der Dichte. Feste Teilchen setzen sich unter Einfluss der Schwerkraft ab; die überstehende Flüssigkeit klärt sich. *Absetzgeschwindigkeit* kugelförmiger Teilchen ($d <$ 0,05 cm) in ruhender oder wirbelfrei strömender Flüssigkeit. Vgl. *Sinkgeschwindigkeit.

$$v = \frac{d^2\, (\varrho' - \varrho)\, g}{18\, \eta} \quad \text{für } Re = 0,001 \text{ bis } 0,5$$

Absetzleistung: Volumen der pro Zeiteinheit geklärten Suspensionsflüssigkeit.

$$V = \text{const} \cdot A\, v$$

Sedimentationsapparate
1. *Klärbecken:* flacher Behälter, langs. Durchfluss.

2. Einkammer-DORR-*Eindicker:* Rührarme befördern den Schlamm zur Behälterbodenmitte, wo er mit Pumpen abgezogen wird; Ablauf der klaren Flüssigkeit über Randrinnen.

3. *Mehrkammerdekantierer:* Serienschaltung von Absetzkammern.

4. *Gegenstromdekantierer:* Serienschaltung von Eindickern; Suspension und Waschwasser fließen entgegengesetzt.

Sichten

Windsichten. Mechanisches *Stofftrennverfahren (fest – fest) mittels Luftstrom in Anteile gleicher Absetzgeschwindigkeit v (Gleichfälligkeitsklassen).

$$v = \text{const} \sqrt{\frac{d \, \varrho}{\varrho_\mathrm{L}}}$$

ϱ Dichte des Feststoffs, ϱ_L der Luft (Strömungsmedium).

Anwendung: trockenes, feinkörn. Material (<1 mm).

Feinsichten	40 bis 100 μm
Grobsichten	100 bis 1000 μm

- *Vibrationssichter:* Luft strömt durch ein Vibratorsieb und trennt die Feinteile vom aufgewirbelten Sichtgut ab; z. B. Steinkohle (0,1 bis 10 mm).
- *Schleudersichter:* Fein- und Grobsichten. Sichtgut wird von einem rotierenden Teller aufgewirbelt; ein Luftstrom reißt die Feinteile in einen äußeren Hohlkegel; grobe Partikel sinken innen nach unten ab.
- *Spiralsichter:* Feinsichten durch eine rotierende Luftströmung (Ausnutzung der Zentrifugalkraft).
- *Rieselsichter:* Trennung über Walzen und Jalousien, dann im Luftstrom.

Sieben

Mechanische *Stofftrennung fest – fest nach der Teilchengröße in Kornklassen.

Apparat	Aufgabegut
Siebrost	grobes Material
Bandsieb	universell
Trommelsieb	Korn <10 cm
Schwingsieb	feines Material
Luftstrahlsieb	fein, schmierend, klebend
Vibratorsieb	fein, klebend

1) Siebanalyse.

Durchgangs- (D) oder Rückstandsmengen (R) werden mit genormten Prüfsieben bestimmt; in geeigneten Diagrammen (Körnungsnetzen) verläuft die *Körnungskurve* linear.

a) GGS-Verteilung

Potenzgesetz von GATES, GAUDIN, SCHUMANN. Für Zwangszerkleinerung, Brechen, Mahlen.

Körnungsnetz: $\lg D$ über $\lg d$

b) RRS-Verteilung

Exponentialgesetz von ROSIN, RAMMLER, SPERLING. Für Gewinnungszerkleinerung (Kohleförderung) od. Tropfengrößenverteilung beim Zerstäuben.

Körnungsnetz: $\lg(1/R)$ über $\lg d$

c) Normalverteilung GAUSS-Verteilung.

Durch Wachstumsprozesse entstandene Körnung; Kristalle, Agglomerate, Getreide, Samen.

Körnungsnetz: $D = \varphi(t)$ über d; $\quad t = (d - d_\mathrm{z})/\sigma$.

d_z Zentralwert, σ Standardabweichung.

d) LN-Verteilung

logarithmische Normalverteilung

Anwendung: Granulate, Agglomerate, elektrolytische Abscheidungen, Zerstäubungstrocknung.

Körnungsnetz:

$D = \varphi(t)$ über d mit $t = -(\lg d - \lg d_\mathrm{z})/\sigma$.

2) Korngrößenverteilung

ROSIN-RAMMLER-Gleichung: Im RRSB-Körnungsnetz ist $\bar{d}_\mathrm{k}$ der Abszissenwert unter dem Schnittpunkt der RRSB-Geraden bei $R = 36{,}8\%$.

Siebrückstand: Massenanteil Rückstand auf einem Siebboden.

$$R = 100 \, e^{-(d_\mathrm{k}/\bar{d}_\mathrm{k})^n}$$

d_k mittlerer Korndurchmesser (Siebboden- oder Maschenweite)

$\bar{d}_\mathrm{k}$ Körnungsparameter: statist. Mittelwert aller d_k

Siebleistung

Aufgabemasse pro Siebfläche und Zeit (in kg m^{-2}s^{-1}). Einflussgrößen: offene Siebfläche, Sieböffnung, Unterkorn, Feuchtigkeit des Aufgabegutes, Siebkennzahl (Bewegungsvorgang).

Sinkgeschwindigkeit

Absetzgeschwindigkeit. Relative Geschwindigkeit zwischen dem Korn eines Schüttgutes und dem umgebenden Fluid; z. B. in Stromklassieren, Windsichtern, Sedimentation.

Für ein kugelförmiges Korn

$$v = \sqrt{\frac{4 \, d_\mathrm{k} \, g \, (\varrho_\mathrm{k} - \varrho_\mathrm{F})}{3 \, w_\mathrm{k} \, \varrho_\mathrm{F}}} \quad \text{m/s}$$

Im Realfall für viele Körner ist v kleiner.

Widerstandzahl

$$w_\mathrm{k} = \begin{cases} 24/Re & \text{für } Re > 1 \\ 16/\sqrt{Re} & \text{für } Re = 5 \text{ bis } 1000 \\ 0{,}44 & \text{für } Re = 1000 \text{ bis } 3 \cdot 10^5 \end{cases}$$

$\varrho_\mathrm{F}, \varrho_\mathrm{k}$ Dichte des Fluids; des Feststoffs   (kg/m^3)

d_k Korndurchmesser   (m)

w_k Widerstandzahl des Korns   (Dim.1)

Sortieren

Auslesen.

1) Einteilen und (räumliches) Trennen eines Kollektivs oder Gemisches aus verschiedenartigen Bestandteilen; z. B. nach Stoffarten, nach Größe und Form, Filtrieren, Zentrifugieren, Flotation.

Absetzgeschwindigkeit $\sim$ Dichte des Stoffes

$$\frac{v_\mathrm{A}}{v_\mathrm{B}} = \frac{\varrho_\mathrm{A} - \varrho}{\varrho_\mathrm{B} - \varrho}$$

ϱ Dichte der Spülflüssigkeit.

1. *Setzen:* Aufwirbeln im abwechseln auf- und abwärts gerichteten Wasserstrom.

Grobvorsetzer:	3 bis 25 mm
Feinvorsetzer:	1 bis 3 mm

2. *Schwerflüssigkeitssortieren:* Trennflüssigkeit mit einer Dichte zwischen Schwimm- und Sinkgut; Teilchengröße 5 bis 150 mm.

3. *Herdsortieren:* leichtes Gut fließt mit Spülwasserströmung ab, schweres sinkt auf Herdflächen und wird mitgeführt. Teilchengröße: < 2 mm.

2) Sortieren im elektrischen Feld

Mechanisches *Stofftrennverfahren (fest – fest) auf Grund unterschiedlicher Polarisierbarkeit (Permittivität, Leitfähigkeit) der Komponenten.

- *elektrostatischer Kammerscheider:* elektrische Aufladung durch Reibung; Trennung nach elektrischer Leitfähigkeit im homogenen elektrischen Feld.
- *Walzenscheider:* elektrische Aufladung der Partikel durch Elektronenbeschuss; Abscheidung an einer positiv geladenen Walze.

3) Sortieren im magnetischen Feld

Mechanisches *Stofftrennverfahren (fest – Gas) auf Grund unterschiedlicher magnetischer Eigenschaften (Permeabilität) der Komponenten im Feld eines Gleichstromelektromagneten.

Feldstärke $\sim$ Windungszahl, Stromstärke, Spulenlänge

$$H = \frac{N\,I}{l}$$

Ziehende Kraft im Magnetfeld $\sim$ Suszeptibilität

$$F = \text{const} \cdot \chi$$

- *Haftverfahren.* Trennung eines Gemenges auf einer rotierenden Magnetfläche; magnetische Teilchen bleiben haften, unmagnetische fallen ab.
- *Aushebeverfahren.* magnetische Teilchen werden aus einem fließenden Gemenge ausgesondert.

Spannung, rheologische

Quotient Kraft durch Fläche, zerlegbar in die Komponenten Normalspannung σ und Schubspannung τ. Die an einem Volumenelement angreifenden Spannungen bilden einen symmetrischen Tensor.

Spültechnik

Entfernung ausgeschleppter Badbestandteile von einem Werkstück, Beenden der chemischen Reaktion der Wirkstoffe, Unterbindung der Einschleppung in nachfolgende Bäder. Gesetzlich gefordert ist die mehrstufige Spültechnik, z. B. durch eine Dreifachkaskade von Spülbehältern. Ein Spülbad mit Spritzeinrichtung gilt als 2-stufiges System. *Standspülen* sind nicht, *Fliessspülen* kontinuierlich durchflossen.

1) Standspüle.

Konzentration eines Stand-Spülbades

$$c(t) = c_0 \left[1 - \left(\frac{V_B}{V_B + \dot{V}_{ex}} \right)^t \right]$$

2) Fließspüle.

Gleichgewichtskonzentration bei Fließspülen (einzeln oder Kaskade).

$$c_n = c_0 \left(\frac{\dot{V}_{ex}}{\dot{V}} \right)^n$$

V_B	Badvolumen
$\dot{V}_{ex}$	Ausschleppungsvolumen, normiert auf 1 h
$\dot{V}$	Spülwasserdurchsatz
t	Betriebszeit

Spülsystem	Spülwasser-durchsatz (m^3/h)	Abwasser-menge (m^3/h)
Fließspüle	100	100
Standspüle + Fließspüle	7,78	7,78
2fach-Kaskade	1	1
Standspüle + 2er-Kaskade	0,402	0,402
3fach-Kaskade	0,215	0,215
Zweifachkaskade +	4,05	0,114
Fließspüle	1,1	0,116
	0,45	0,204

Spülbad 1 m^3, $c_0 = 10\,\text{mol}/\ell$, Spülkriterium 10^4.

Ausschleppung 10 ℓ/h, Standspülwechsel 8 h.

3) Spülkriterium. Wirkungsgrad einer Spüleinrichtung; Quotient der Stoffkonzentration im Wirkbad und im n-ten Spülbecken (technisch 10^3 bis 10^7).

$$k = \frac{c_0}{c_n} \qquad 1 = 100\%$$

Staudinger-Funktion

Kennzahl für Polymerlösungen.

1) Früher: *Viskositätszahl*

$$\frac{\text{Viskositätsänderung}}{\text{Massenkonzentration}} \qquad J = \frac{1}{\beta_i}\left(\frac{\eta - \eta_0}{\eta_0} \right) \qquad \frac{m^3}{kg}$$

2) *Massenanteil-Viskositätszahl*

$$\frac{\text{Viskositätsänderung}}{\text{Massenanteil}}$$

$$\varrho\,J = \frac{1}{w_i}\left(\frac{\eta - \eta_0}{\eta_0} \right) = \frac{1}{w_i}\left(\frac{m_i}{m_i + m_0} \right)$$

0 = Lösungsmittel, J Staudinger-Funktion.

Staudinger-Index

Kennzahl für Polymerlösungen.

1) *Grenzviskositätszahl:* Schätzwert für Staudinger-Funktion J für unendliche Verdünnung

$$J_0 = \lim_{\beta_i \to 0,\, \tau \to 0} \left(\frac{1}{\beta_i} \cdot \frac{\eta - \eta_0}{\eta_0} \right) \qquad \frac{m^3}{kg}$$

2) *Massenanteil-Grenzviskositätszahl*
= Dichte $\varrho \cdot$ Staudingerindex

$$\varrho\,J_0 = \lim_{\varrho_i \to 0,\, \tau \to 0} \left(\frac{1}{w_i} \cdot \frac{\eta - \eta_0}{\eta_0} \right)$$

Staudruck

Dynamischer *Druck oder kinetischer Druck.

$$p_{dyn} = \tfrac{1}{2}\varrho v_\infty^2 \qquad \text{Pa}$$

ϱ Dichte des Fluids, v_∞ Anströmgeschwindigkeit.

Staurohr *Druckabfall.

Stofftrennung

Mischungen (Gemenge) sind durch physikalische Methoden trennbar, Reinstoffe nicht. Trennung nach der Korngröße oder Dichte; durch Schwerkraft, Druck, Vakuum, Zentrifugalkraft.

Mechanische Verfahren	
fest – fest	Sieben
	Sichten
	Stromklassieren

3

Tabelle 3.3 Physikalische Trennverfahren zur Gemischanalyse.

	Trenneigenschaft	Aggregatzustand		
		fest	flüssig	gasförmig
Fest	Dichte	Sedimentation, Aufschlämmen, Windsichten.	Sedimentation, Zentrifugieren, Dekantieren.	Sedimentation, Zyklonieren.
	Benetzbarkeit	Flotation		
	Teilchengröße	Sieben	Filtration	Filtration
	Löslichkeit	Extraktion	Kristallisation	
	Magnetismus	Magnetscheiden		
	Elektrische Ladung			Elektrofiltration
	Siedetemperatur		Destillation, Trocknen.	
Flüssig	Dichte		Zentrifugieren, Abscheiden.	Zyklonieren, Sedimentation.
	Siedetemperatur		Destillation	
	Löslichkeit		Extraktion	Gaswäsche, Austreiben
Gasförmig	Siedetemperatur Teilchengröße Teilchenmasse			Kondensation, Absorption Diffusion Gaszentrifuge

fest – flüssig	Sortieren Flotation Filtration Sedimentation Zentrifugieren	
fest – Gas	Prallwände Aerozyklon	
Elektrische Verfahren		
fest – fest	Sortieren im elektr. Feld Magnetscheiden	
fest – Gas	Elektroabscheidung	
Thermische Verfahren		
fest – flüssig	Verdampfen Trocknen Kristallisieren Feststoffextraktion	
flüssig – flüssig	Destillation, Rektifikation Extraktion Adsorption, Absorption	
Membranverfahren		
flüssig – fest	Dialyse Umkehrosmose	
Gas – Gas	Permeation	

Stokes-Gesetz

Sedimentation einer Kugel (K) oder kugelförmiger Teilchen in einem Fluid (F). Laminare Strömung = kleine Reynolds-Zahlen (*Re* < 1) und nicht zu kleiner Kugeldurchmesser d_k.
Sinkgeschwindigkeit

$$v = \frac{2\,g\,r^2\,(\varrho_k - \varrho_F)}{9\,\eta} \quad \text{m/s}$$

STOKESsche Reibungskraft auf die Kugel in Fallrichtung

$$F_R = 6\pi\,\eta\,r\,v \quad \text{N}$$

Viskosität des Fluids

$$\eta = \frac{2\,g\,r^2\,(\varrho_k - \varrho_F)}{9\,v}$$

r Kugelradius
ϱ Dichte der Kugel (k), des Fluids (F) (kg/m^3)

Strom

Zeitbezogene Größe für Strömungen durch einen gegebenen Querschnitt.

Massenstrom $\dot{m} = dm/dt$,
Volumenstrom $\dot{V} = dV/dt$.

Stromdichte *Massenstromdichte

Stromfunktion

Kinematische Größe des Strömungsfeldes.

1) Imaginärteil des komplexen Geschwindigkeitspotentials: $\Psi = \text{Im}\,\underline{X}$ (in m^2/s). Daraus ergeben sich die kartesischen Koordinaten der Strömungsgeschwindigkeit. $u = \partial\Psi/\partial y$ und $v = -\partial\Psi/\partial x$ und $w = 0$ für div $\vec{v} = 0$ (ebene Strömung).

2) *Montgomery-Stromfunktion*. In der Meteorologie und Geophysik:

$$\Psi_M = g\,z + c_p\,T \qquad \frac{J}{kg} = \frac{m^2}{s^2}$$

z Höhe über Grund, g Fallbeschleunigung,
c_p spez. Wärmekapazität, T Temperatur.

Stromgeschwindigkeit

velocity of the current. Geschwindigkeit $\vec{v}_{St}$ der Gewässerströmung in der Seefahrt, aus Unterlagen oder nachträglich ermittelt.
Drift heißt der Betrag $|\vec{v}_{St}|$.
Versetzungsgeschwindigkeit durch Wind $\vec{v}_{Wi}$.

Stromklassieren

Mechanisches *Stofftrennverfahren (fest – fest) durch ein flüssiges Strömungsmedium in Anteile gleicher Absetzgeschwindigkeit (Gleichfälligkeitsklassen). Berechnung vgl. *Durchfluss.

Apparat	Trennprinzip
Spitzkasten	Strömungsgeschwindigkeit sinkt in Durchflussrichtung
Rechenklassierer	geneigter Behälter mit Grobgutaustrag über Spiralen od. Rechen
Stromapparat	aufwärtsgerichteter Wasserstrom
Hydrozyklon	tangentiales Einströmen in einen Rohrzylinder; schwere Teilchen setzen sich spiralförmig ab, leichte entfliehen durch das senkrechte Ausgangsrohr.

Strömung, ideale

Ideale Fluide sind *inkompressibel* und strömen *reibungsfrei*. Es gelten der Massenerhaltungssatz (*Kontinuitätsgleichung) und der Energieerhaltungssatz (*Bernoulli-Gleichung). Es bestehen Analogien zur Wärme- und Elektrizitätslehre: *Flussdichte, *Strömungspotential.

Strömung, kompressible

Bei *Gasen* ist bei Strömungsgeschwindigkeiten $v > 0,3\,c$ die Dichteänderung nicht vernachlässigbar.
BERNOULLI-Gleichung

$$\tfrac{1}{2}v^2 + \int \tfrac{1}{\varrho}\,\mathrm{d}p = \text{const}$$

Adiabatische Strömung idealer Gase

$$\frac{p}{\varrho^\kappa} = \text{const}$$

$$\tfrac{1}{2}v^2 + \frac{\kappa}{\kappa - 1}\,\frac{p}{\varrho} = \text{const}$$

Ideale Gase

$$\tfrac{1}{2}v^2 + c_p\,T = \text{const}$$

$$\kappa = \frac{c_p}{c_V} = \frac{c_p}{c_p - R_\mathrm{i}}$$

Strömung, laminare

Strömung mit *innerer Reibung,* wobei die einzelnen Flüssigkeitsschichten (Laminate) mit verschiedener Geschwindigkeit übereinander gleiten, ohne sich zu vermischen. Es entsteht ein Geschwindigkeitsgefälle $\mathrm{d}y/\mathrm{d}x$.

Reibungskraft

$$\boxed{F_\mathrm{R} = \eta\,A\,\frac{\mathrm{d}v}{\mathrm{d}x} = \tau\,A}$$

Schubspannung

$$\tau = \frac{F_\mathrm{R}}{A} = \eta\,\frac{\mathrm{d}v}{\mathrm{d}x}$$

A Berührungsfläche (‖ Strömungsrichtung), η dynam. Viskosität.

Anwendung

1. *Viskosität, *Grenzschicht, *Bernoulli-Gleichung.
2. *Laminare Röhrströmung:* *Hagen-Poisseuille-Gesetz.
3. *Laminare Umströmung e. Kugel:* *Stokes-Gesetz.
4. *Laminare Strömung zw. zwei parallelen Platten:*

Strömungsprofil	$v(y) = \dfrac{p_1 - p_2}{2\eta\,l}\,(a^2 - x^2)$
Volumenstrom	$\dot{V} = A\,v = \dfrac{2b\,(p_1 - p_2)\,a^3}{3\eta\,l}$
Massenstrom	$\dot{m} = \varrho\,\dot{V}$
Reibungskraft	$F_\mathrm{R} = 6\eta\,l\,b\,v_\mathrm{m}/a$
mittlere Geschwindigkeit	$v_\mathrm{m} = \dfrac{\dot{V}}{2a\,b}$

$2a$ Plattenabstand, b Plattenbreite, l Plattenlänge, p_1 Druck am Eingang, p_2 Druck am Ausgang.

Strömung, turbulente

Strömung mit *Wirbeln* und einem *Strömungswiderstand. Vgl. *Grenzschicht, *Druckverlust.

Strömungsdoppelbrechung

*Doppelbrechung fadenförmiger *Kolloide bei starker Strömung; infolge Orientierung der Teilchen.

Strömungsfeld

Vektorfeld, beschreibt die Geschwindigkeitsvektoren $\vec{v}(\vec{r},t)$ der strömenden Masseteilchen an jedem Ort $\vec{r}$ zu jeder Zeit t. Die Tangenten an die *Stromlinien* des Strömungsfeldes zeigen in jedem Raumpunkt die Richtung der Strömungsgeschwindigkeit. Die tats. Bewegung der Masseteilchen auf den *Bahnlinien* kann durch Farbstoffe, Rauch- oder Schwebstoffe sichtbar gemacht werden. Im *stationären* Strömungsfeld fallen Strom- und Bahnlinien zusammen, nicht aber im *instationären* Strömungsfeld.

Je mehr Stromlinien durch ein geschloss. Raumgebiet (sog. *Stromröhre*) gehen, umso größer ist die Stromdichte durch die durchströmte Querschnittsfläche. Eine *Quelle* ist eine Stromröhre, aus der mehr Teilchen heraus fließen als hinein. Eine *Senke* ist eine Stromröhre, in die mehr Teilchen hinein fließen als heraus.
Theoretische Beschreibung: *Laplace-Gleichung.

Strömungsgeschwindigkeit

Lineargeschwindigkeit einer Strömung, wichtig für Impuls-, Wärme-, Stofftransport in bewegten Medien.
Transportfeldstärke des Strömungsfeldes = Gradient des *Geschwindigkeitspotentials. Vgl. *Kontinuitätsbedingung.

$$\vec{v} = -\mathrm{grad}\,\Phi$$

Inkompressibles Fluid

$$\boxed{v = \frac{\dot{V}}{A}} \quad \mathrm{m/s}$$

$\dot{V}$ Volumenstrom, A Strömungsquerschnitt.
Änderung des Strömungsquerschnitts

$$v_1 = v_2\,\frac{A_2}{A_1}$$

Messung der Strömungsgeschwindigkeit
siehe *Volumenstrommessung.

Strömungsleistung

Vom Durchfluss und Strömungswiderstand abhängige Größe. Für Rohre ist die *Rohrreibungszahl λ, für sonstige Körper der Widerstandsbeiwert c_W tabelliert.

$$P = \dot{m}\,g\,h = F_\mathrm{W}\,v = \frac{c_\mathrm{W}\,\varrho\,A\,v^3}{2} \quad (\mathrm{W})$$

F_W Strömungswiderstand (N).

Strömungspotential

1) Potentialdifferenz bei Durchströmung einer Kapillare oder eines Porensystems, während Ionen an der Wand spezifisch adsorbiert und die freibeweglichen Gegenionen fortgerissen werden.
$\hat{=}$ Umkehrung der Elektroosmose.
Auf Nicht-Elektronenleitern (Ionenaustauscher, Glas etc.) haften aus wässriger Lösung bevorzugt Anionen, Kationen bleiben im Elektrolyten; dadurch bildet sich

die elektrolytische Doppelschicht aus.

2) Vgl. *Laplace-Gleichung.

Strömungswiderstand

Summe aus Reibungskraft und Druckwiderstand.

$$R_h = \frac{\Delta p}{\dot V} \qquad \frac{\mathrm{Pa\,s}}{\mathrm{m}^3} = \frac{\mathrm{kg}}{\mathrm{s\,m}^4}$$

Strömungswiderstandskraft, z. B. *Luftwiderstand*.

$$F_W = c_W\, A\, p_{dyn} = \tfrac{1}{2}\, c_W\, A\, \varrho\, v^2 \qquad (N)$$

Kraft auf eine *schräge Fläche* (Winkel α gegen Windrichtung).

$$F_W = c_W\, A\, p_{dyn} \sin\alpha = c_W\, A\, \frac{\varrho}{2}\, v^2 \sin\alpha$$

Fahrzeug der Geschwindigkeit u bei Gegenwind $(+)$ bzw. Rückenwind $(-)$

$$F_W = c_W\, \frac{\varrho\,(u^2 \pm v)^2}{2}\, A$$

A	Stirnfläche = senkrechte Anströmfläche (m^2)
c_W	Widerstandsbeiwert (Dim.1)
p_{dyn}	Staudruck, dynamischer Druck (Pa = N/m^2)
Δp	Druckdifferenz vor/hinter dem umströmten Körper
$\dot V$	Volumenstrom (m^3/s)
v	Strömungsgeschwindigkeit, (m/s)
	ungestörte Anströmgeschwindigkeit
ϱ	Dichte des strömenden Fluids (kg/m^3)

Strömungswiderstandsbeiwert

cw-Wert, Widerstandsbeiwert. Proportionalitätsfaktor c_W zwischen Druckabfall und Widerstandskraft; von der Form des umströmten Körpers abhängig.

$$c_W = \frac{F_W}{p_{dyn} A} \qquad (Dim.\ 1)$$

F_W Strömungswiderstandskraft, p_{dyn} Staudruck,
A Schattenfläche in Anströmrichtung.

1) Speziell: *Luftwiderstandsbeiwert*

Körper	c_W
Platte	1,1 bis 1,3
laminare Grenzschicht	$c_W = \dfrac{1,328}{\sqrt{Re}}$
turbulente Grenzschicht	
– hydraulisch glatt	$c_W = \dfrac{0,0745}{\sqrt[5]{Re}}$
– hydraulisch rauh (für $Re\,k/l \geq 100$)	$c_W = \dfrac{0,418}{\left[2 + \lg(l/k)\right]^{2.53}}$
ebene Kreisplatte	1,0 bis 1,4
langer Zylinder	
– für $Re > 5{\cdot}10^5$	0,35
– für $Re > 500$	1,2
Kugel	
– für $Re > 10^6$	0,18
– für $Re = 10^3 \ldots 10^5$	0,45
Hohlkugel	
– von Außenseite angeströmt	0,3 bis 0,5
– von Hohlseite angeströmt	1,3 bis 1,5
Halbkugel vorn	
– mit Boden	0,4
– ohne Boden	0,34
Halbkugel hinten	
– mit Boden	1,2
– ohne Boden	1,3
Kegel mit Halbkugel (hinten)	0,16 bis 0,2
Halbkugel (vorn) mit Kegel	0,07 bis 0,09
Stromlinienkörper (Tragflügel)	
– von vorn angeströmt	0,055 bis 0,085
– von hinten angeströmt	0,15 bis 0,20
Rennwagen	0,15 bis 0,2
Limousine, geschlossener Pkw	0,25 bis 0,6
Lastwagen	0,6 bis 1,0
Cabriolet, offener Pkw	0,7 bis 0,9

k Rauhigkeit. l Plattenlänge.

2) Für Rohre *Rohrreibungszahl.

Strouhal-Zahl

Kennzahl für Wirbel.

$$Sr = \frac{f\,l}{v} \qquad (Dim.1)$$

f	Frequenz, Anzahl der Wirbel pro Sekunde	(s^{-1})
l	charakt. Länge, analog Nusselt-Zahl	(m)
v	Strömungsgeschwindigkeit	(m/s)

Tragflügel

Dynamischer Auftrieb. Am umströmten Tragflügel mit Anstellwinkel $\alpha < 15°$ wirkt auf der Unterseite ein Überdruck (geringere Strömungsgeschwindigkeit), auf der Oberseite ein Unterdruck (höhere Strömungsgeschwindigkeit).

dynamische Auftriebskraft

$$F_A = c_A\, p_{dyn}\, A = \tfrac{1}{2} c_A\, \varrho\, A\, v^2$$

Luftwiderstand am Tragflügel

$$F_W = c_W\, p_{dyn}\, A = \tfrac{1}{2} c_W\, \varrho\, A\, v^2$$

Resultierende Kraft = Luftkanalresultierende

$$|\vec{F}_{res}| = |\vec{F}_A| + |\vec{F}_W| = c_M\, p_{dyn}\, A$$

Normalkraft $(\perp A)$ und Tangentialkraft (in A)

$$F_N = c_N\, p_{dyn}\, A$$

$$F_T = c_T\, p_{dyn}\, A$$

Flügeldrehmoment: Drehmoment am Tragflügel

$$\begin{aligned}
M_t &= F_N s = c_N\, p_{dyn}\, A\, s \\
&= c_M p_{dyn} A\, l = \tfrac{1}{2} c_M \varrho\, A\, v^2 l \\
&= \tfrac{1}{2} \varrho\, A\, v^2 r\, (c_A \cos\alpha + c_W \sin\alpha)
\end{aligned}$$

Momentenbeiwert. Beiwert der Luftkraftresultierenden = geometrisches Mittel aus Normalkraftbeiwert und Tangentialkraftbeiwert.

$$\begin{aligned}
c_M &= \sqrt{c_A^2 + c_W^2} = \sqrt{c_N^2 + c_T^2} \quad (Dim.1) \\
c_N &= +c_A \cos\alpha + c_W \sin\alpha \\
c_T &= -c_A \sin\alpha + c_W \cos\alpha
\end{aligned}$$

Fluggleitzahl

$$\varepsilon = \frac{F_W}{F_A} = \frac{c_W}{c_A}$$

Druckpunktlage (wo F_{res} angreift)

$$s = l\,\frac{c_M}{c_N} \approx l\,\frac{c_M}{c_A}$$

$A = bl$	Grundfläche des Tragflügels	
b	Spannweite, Flügellänge	
c_A	Auftriebsbeiwert	(Dim.1)
c_W	Widerstandsbeiwert	(Dim.1)
l	Länge des Flügelprofils	(m)
α	Anstellwinkel = Neigung der Tragfläche	(rad)

Trennkorndichte

Dichte, bei der ein Feststoff in einem Fluid nicht mehr absinkt (z. B. beim Sortieren).

$$\varrho_{\mathrm{s}} = \varrho_{\mathrm{F}} + \frac{18\,\eta\,v}{g\,d_{\mathrm{k}}^2} \qquad \text{für } Re < 1$$

$$\varrho_{\mathrm{s}} = \varrho_{\mathrm{F}} + \frac{12\,\varrho_{\mathrm{F}}\sqrt{v}}{g}\left(\frac{v}{d_{\mathrm{k}}}\right)^{1,5} \qquad \text{für } 5 < Re < 10^3$$

$$\varrho_{\mathrm{s}} = \varrho_{\mathrm{F}} + \frac{0,33\,\varrho_{\mathrm{F}}\,v^2}{g\,d_{\mathrm{k}}}\left(\frac{v}{d_{\mathrm{k}}}\right)^{1,5},\ 10^3 < Re < 3\cdot10^5$$

d_{k}	Korndurchmesser	(m)
v	Sinkgeschwindigkeit	(m/s)
η	dynamische Viskosität des Fluids	(Pa s)
ν	kinematische Viskosität des Fluids	(m²/s)
ϱ_{s}	Dichte des Feststoffes	(kg/m³)
ϱ_{F}	Dichte des Fluids	(kg/m³)

Trennkorngröße

Durchmesser, bei dem ein kugelförmiges Korn infolge der Widerstandskraft in einem Fluid in der Schwebe bleibt (z. B. beim Windsichten, Stromklassieren).

$$d_{\mathrm{k}} = \sqrt{\frac{18\,\eta\,v}{(\varrho_{\mathrm{s}} - \varrho_{\mathrm{F}})\,g}} \qquad \text{für } Re < 1$$

$$d_{\mathrm{k}} = v\left[\frac{12\,\varrho_{\mathrm{F}}\sqrt{v}}{(\varrho_{\mathrm{s}} - \varrho_{\mathrm{F}})\,g}\right]^{2/3} \quad \text{für } 5 < Re < 10^3$$

$$d_{\mathrm{k}} = \frac{0,33\,\varrho_{\mathrm{F}}\,v^2}{(\varrho_{\mathrm{s}} - \varrho_{\mathrm{f}})\,g} \quad \text{für } 10^3 < Re < 3\cdot10^5$$

Turbine *Wasserturbine, *Windturbine.

Turbinengleichung *Impulsmomentensatz.

Turbopumpe *Kreiselpumpe.

Turboverdichter

Kreiselverdichter. Laufradpumpe mit rückwärtsgekrümmten Schaufeln.

1) Auslegung der Verdichterstufe.
Förderstrom

$$\dot{V} = \frac{\dot{m}}{\varrho} = \frac{\lambda_{\mathrm{d}}\dot{m}_{\mathrm{i}}}{\varrho} = \frac{\pi\varphi d^2 v_{\mathrm{u}}}{4}$$

EULER'sche Turbinengleichung $\hat{=}$ Drehimpulssatz für Kontrollraum zw. Laufradeintritt (1) und -austritt (2). Spezifische Laufradarbeit

$$Y_{\mathrm{R}} = v_{\mathrm{u2}}c_{\mathrm{u2}} - v_{\mathrm{u1}}c_{\mathrm{u1}}$$

Spezifische Förderarbeit

$$Y = \eta_{\mathrm{h}}Y_{\mathrm{R}} = \Delta h_{\mathrm{s}} = \frac{\psi\,v_{\mathrm{u}}^2}{2} = \frac{\psi\,Ma_{\mathrm{u}}^2}{2}\,\kappa\,RT$$

Laufradleistung

$$P_{\mathrm{i}} = \dot{m}_{\mathrm{i}}Y_{\mathrm{R}}$$

Radseitenreibungsleistung (bei Radiallaufrad)

$$P_{\mathrm{r}} = \frac{\mu_{\mathrm{R}}\varrho d^3 \omega^3}{2}$$

c	Absolute Strömungsgeschwindigkeit: $\vec{c} = \vec{v} + \vec{v}_{\mathrm{u}}$	
d	Laufrad-Außendurchmesser	
Δh_{s}	isentrope Enthalpiediff., Verdichterstufe (J/kg)	
$\dot{m}$	Massenstrom: i = innerer	
Ma_{u}	auf Umfangsgeschw. bezog. Mach-Zahl	
T	Fluidtemperatur (am Eintritt, in Ruhe)	
v_{u}	Umfangsgeschwindigkeit: $v_{\mathrm{u}} = \omega\,r$	
η_{h}	hydraulischer Wifkungsgrad	
κ	Insentropenexponent des Fluids	
λ_{d}	Dichtheitsgrad	
μ_{R}	Reibungsbeiwert: 0,002 ... 0,02	
ϱ	Fluiddichte im Ruhezustand am Laufradeintritt	

	radial	axial
Druckzahl ψ	<1,5	<0,3 ... 1
Lieferzahl φ	0,005 ... 0,1	0,01 ... 0,2
Umfangs-Mach-Zahl Ma_{u}	<1 ... 1,5	<0,65 ... 1,2
Umfangsgeschwindg. v_{u}	<450 m/s	<450 m/s

2) Kennwerte des Verdichters
(d = Druckseite, s = Saugseite)

Förderstrom $\qquad \dot{V} = \dfrac{\dot{m}}{\varrho_{\mathrm{s}}}$

Ruhedruckverhältnis

$$\pi = \frac{\text{Ruhedruck Druckseite } p_{\mathrm{d}}}{\text{Ruhedruck Saugseite } p_{\mathrm{s}}}$$

Vergleichsleistung

$$P_{\mathrm{V}} = \dot{m}\,Y_{\mathrm{V}}$$

Spezifische Vergleichsarbeit (s = Saugseite in Ruhe)

ungekühlter Verdichter $\quad Y_{\mathrm{V}} = RT_{\mathrm{s}}\dfrac{\kappa}{\kappa-1}\left(\pi^{(\kappa-1)/\kappa} - 1\right)$

gekühlter Verdichter $\quad Y_{\mathrm{V}} = RT_{\mathrm{s}}\ln\pi$

Kupplungsleistung bei N Stufen

$$P_{\mathrm{K}} = \sum_{i=1}^{N}(\dot{m}_{\mathrm{i},i}Y_{\mathrm{R}.i} + P_{\mathrm{r}.i}) + P_{\mathrm{mec}}$$

Verdichterwirkungsgrad

$$\eta = \frac{\text{Verleichsleistung } P_{\mathrm{V}}}{\text{Kupplungsleistung } p_{\mathrm{K}}}$$

Turbulenzfaktor

Verhältnis der krtischen REYNOLDS-Zahlen einer Kugel bei laminarer Strömung (L) und im Messstrahl eines Windkanals (K).

$$t = \frac{Re_{\mathrm{krit\,L}}}{Re_{\mathrm{krit.K}}}$$

Überdruck

Atmosphärische Druckdifferenz:

$$p_{\mathrm{e}} = p_{\mathrm{abs}} - p_{\mathrm{amb}} \qquad \text{Pa}$$

p_{abs} absoluter Druck,

p_{amb} umgebender Atmosphärendruck.

Vakuum

Einteilung des Unterdrucks.

Grobvakuum	100 Pa bis 1 bar	1 bis 1013 mbar
Feinvakuum	0,1 bis 100 Pa	1 μbar bis 1 mbar
Hochvakuum	10 μPa bis 0,1 Pa	10^{-7} bis 10^{-3} mbar
Ultrahochvakuum	<10 μPa	< 10^{-7} mbar

Venturi-Prinzip

An einer Rohrverengung tritt in einem angekoppelten Heberrohr eine *Saugwirkung* gegenüber dem Umgebungsdruck auf, wenn $p_{\mathrm{stat},2} < p_{\mathrm{amb}}$.

$$\underbrace{p_{\mathrm{stat},1} + p_{\mathrm{dyn},1}}_{\text{weites Rohr (links)}} = \underbrace{p_{\mathrm{stat},2} + p_{\mathrm{dyn},2}}_{\text{enges Rohr (rechts)}}$$

Statischer Druck im engen Rohrabschnitt

$$p_{\mathrm{stat},2} = p_{\mathrm{stat},1} + \frac{\varrho}{2}\left(v_1^2 - v_2^2\right)$$

p_{amb} absoluter Atmosphärendruck, Umgebungsdruck auf das Flüssigkeitsreservoir, in das das Heberrohr taucht.

Venturi-Rohr

Rohrabschnitte nach DIN 1952.
1. weiter Rohrabschnitt 1 (Durchmesser D, Länge $0,304\,d$),
2. abgerundete Rohrverengung,
3. gerader enger Rohrabschnitt (Durchmesser d, Länge $0,7\,d$, Messstelle 2 bei $0,3\,d$),

4. Rohrerweiterung mit konst. Öffnungswinkel φ. Strömungsgeschw. im engen Rohrabschnitt d

$$v_2 = \sqrt{\frac{2\,\Delta p}{\varrho\,(1 + \zeta - m^2)}} \quad \text{m/s}$$

Öffnungsverhältnis

$$m = \frac{A_2}{A_1} = \frac{d^2}{D^2}$$

Volumenstrom

$$\dot V = v_2\,A_2$$

A_1	Strömungsquerschnitt des weiten Rohres	(m^2)
A_2	Strömungsquerschnitt der Messstelle	
	im Venturi-Rohr	(m^2)
m	Öffnungsverhältnis	(Dim.1)
Δp	statischer Druckabfall	$(\text{Pa} = \text{N/m}^2)$
ζ	Widerstandsbeiwert d. Venturi-Rohres	(Dim.1)

Verlusthöhe

Für reale Fluide (mit innerer Reibung): Höhe h_v, um die der Zufluss angehoben werden muss, um am Ausfluss denselben Druck wie im reibungsfreien Fall zu erreichen.

$$p_\mathrm{v} = \varrho\,g\,h_\mathrm{v} \Rightarrow \boxed{h_\mathrm{v} = \frac{p_\mathrm{v}}{\varrho\,g}}$$

gerade Rohrleitung mit Durchmesser d

$$h_\mathrm{v} = \lambda\,\frac{l\,v^2}{2\,d\,g}$$

p_v	Druckverlust infolge innerer Fluidreibung
λ	Rohrreibungszahl (Dim.1)

Verteilen

Die Verteilung von *Gasen* erfolgt durch Lochrohre, poröse Körper (Fritten) oder Düsen; vgl. *Mischen.
Bei *Flüssigkeiten* sind die Kohäsionskräfte zu überwinden: durch Druck, Schwerkraft, Zentrifugalkraft.
1. *Zerstäuben*
- Düsen mit Flüssigkeitsdruck oder Pressgas
- Rotierende Scheiben (Teller-, Scheibenzerstäuber)
- Rotierende Wellen (Dreh-, Teller-, STRÖDER-, Feldwäscher)
2. *Tropfenbildung*
- Lochboden
- Brause
- Überlaufrohrböden
- Verteilerspinne
3. *Rieselflächenbildung*
- Füllkörperturm
- Bodenturm

Viskosität

Zähigkeit, *Scherviskosität*. Die Eigenschaft eines Fluids (Flüssigkeit oder Gas), sich bei Einwirken einer Spannung zu verformen – oder: bei einer Verformung eine Spannung aufzunehmen, die von der Verformungsgeschwindigkeit abhängt. Die Viskosität ist abhängig von Temperatur und Druck.
Polymerschmelzen u. a. sind keine NEWTON-Fluide (η nicht konstant).

Viskosität, dynamische

NEWTONsches Reibungsgesetz für laminare Strömung.

$$\text{Dyn. Viskosität} = \frac{\text{Schubspannung}}{\text{Geschwindigkeitsgefälle}}$$

$$\boxed{\eta = \frac{\tau}{D}} \quad \text{Pa s} = \frac{\text{N s}}{\text{m}^2} = \frac{\text{kg}}{\text{m s}}$$

Schubspannung

$$\tau = \eta\,\frac{\mathrm{d}v}{\mathrm{d}z} = \frac{F}{A}$$

F Kraft, A Fläche, v Strömungsgeschwindigkeit,
z Koordinate senkrecht zur Strömungsrichtung.

1) SI-Einheit ist Pascal-Sekunde; definiert für ein laminar strömendes, homogenes Fluid, in dem zwischen zwei ebenen, parallelen Schichten im Abstand 1 Meter ein Geschwindigkeitsunterschied von 1 m/s und eine Schubspannung von 1 Pascal herrscht.

1 Pa s	$= 1000\ \text{mPa s} = 10\ \text{dPa s}$
	$= 1\ \text{N s m}^{-2} = 1\ \text{kg m}^{-1}\,\text{s}^{-1}$

Veraltete Einheiten!

1 P (Poise)	$= 0,1\ \text{Pa s} = 1\ \text{dPa s}$
1 cP	$= 0,01\ \text{P} = 0,001\ \text{Pa s} = 1\ \text{mPa s}$

2) Ideales Gas (einf. Theorie) $\quad \eta = Dm\,\dfrac{N}{V} = \sqrt{\dfrac{1}{18}}\,\dfrac{m\,v}{A_\sigma}$

Ideales Gas (verbesserte Theorie) $\quad \eta = 0{,}499\,\bar{s}\,v\,m\,\dfrac{N}{V}$

A_σ	Stoßquerschnitt	(m^2)
C_V	Wärmekapazität	(J K^{-1})
N/V	Teilchendichte	(m^{-3})
v	Translationsgeschwindigkeit	(m/s)
$\bar{s}$	mittlere freie Weglänge	$(\text{m}).$

3) Die Viskosität ist nicht druckabhängig, wenn die Gefäßdimensionen sehr groß gegen die mittlere freie Weglänge der Moleküle sind.
4) Temperaturabhängigkeit.

Flüssigkeiten $\qquad \eta = A\,e^{E_\mathrm{A}/T}$
Gase $\qquad\qquad \eta = \eta_0\,\sqrt{T/T_0} \sim \sqrt{T}$

E_A Aktivierungsenergie.

Viskosität, kinematische

Wegen der Dimension m^2/s als „Diffusionkoeffizient des Impulses" aufzufassen, jedoch Größenordnung: $v \approx 0{,}01\ \text{m}^2/\text{s}$ gegenüber $D \approx 10^{-5}\ \text{cm}^2/\text{s}$.

$$\frac{\text{Viskosität}}{\text{Dichte}} \quad \boxed{v = \frac{\eta}{\varrho}} \quad \frac{\text{m}^2}{\text{s}}$$

Veraltete Einheiten!

1 St (Stokes)	$= 1\ \text{cm}^2\,\text{s}^{-1} = 10^{-4}\ \text{m}^2/\text{s}$
1 cSt	$= 0,01\ \text{St} = 1\ \text{mm}^2\,\text{s}^{-1} = 10^{-6}\ \text{m}^2/\text{s}$

Dynamische Viskosität η und kinematische Viskosität v (101325 Pa)

Stoff	η	v
	$10^{-6}\ \text{Pa s} = \mu\text{Pa s}$	$\text{mm}^2/\text{s} = 10^{-6}\ \text{m}^2/\text{s}$
Propan (0 °C)	7,7	3,8
H_2 (0 °C)	8,4	94,1
Ethan (0 °C)	8,7	6,4
Ethen (0 °C)	9,3	7,5
CH_4 (0 °C)	10,1	14,3
SO_2 (0 °C)	11,7	4,0
H_2S (0 °C)	11,7	7,5
HCl (0 °C)	13,0	8,1
CO_2 (0 °C)	13,8	7,0
N_2 (0 °C)	16,4	13,3
CO (0 °C)	16,7	13,5
Luft (–100 °C)	11,77	5,829
Luft (–20 °C)	16,22	11,78
Luft (0 °C)	17,24	13,52
Luft (20 °C)	18,24	15,35
Luft (60 °C)	20,14	19,27
Luft (100 °C)	21,94	23,51

Luft (200 °C)	26,09	35,47
Luft (500 °C)	36,62	81,35
Luft (1000 °C)	50,82	1859
NO (0 °C)	18,1	13,3
He (0 °C)	18,9	104,5
O_2 (0 °C)	19,5	13,5
Xe (0 °C)	21,2	3,6
Kr (0 °C)	23,5	6,3
Ne (0 °C)	30,1	33,3
Wasser (0.01 °C)	1791,4	1,792
Wasser (20 °C)	1002,7	1,004
Wasser (25 °C)	893,7	
Wasser (40 °C)	653,1	0,658
Wasser (60 °C)	466,8	0,475
Wasser (80 °C)	355,0	0,365
Wasser (100 °C)	282,2	0,294
Wasser (150 °C)	181,9	0,198
Essigsäure (20 °C)	123	1,17
Terpentinöl (20 °C)	147	1,72
Hg (20 °C)	156	0,12
HCOOH (20 °C)	180	1,45
Nitrobenzol (20 °C)	200	1,68
Pentan (20 °C)	234	0,37
Aceton (20 °C)	330	0,41
$CHCl_3$ (20 °C)	580	0,37
Toluol (20 °C)	590	0,68
Xylol (20 °C)	590	0,70
Methanol (20 °C)	594	0,75
Benzol (20 °C)	647	0,74
Ölivenöl (20 °C)	810	0,88
CCl_4 (20 °C)	972	0,62
Rizinusöl (20 °C)	985	1,932
Ethanol (20 °C)	1179	1,50
Glycerin (20 °C)	1485	1,175
Hg (20 °C)	1552	
H_2SO_4 (20 °C)	27000	15

Viskosität, relative

Viskositätsverhältnis (Dimension 1)

$$\frac{\text{Viskosität der Lösung}}{\text{Viskosität des Lösungsmittels}} \qquad \boxed{\eta_r = \frac{\eta}{\eta_0}}$$

Viskosität, spezifische

Viskositätsänderung. Auf das Lösemittel bezogene Viskositätserhöhung in Lösungen.

$$\eta_s = \eta_r - 1 = \frac{\eta - \eta_0}{\eta_0}$$

Nach STAUDINGER gilt in homologen Reihen:

$$\lim_{\psi \to 0} \frac{\eta_s}{V} = \text{const} \cdot P = \text{const}' \cdot M$$

ψ Teilchenvolumen je mℓ Lösung, P Polymerisationsgrad.

Viskositätsmessung

Viskosimeter sind Geräte zur Messung der Zähigkeit von Flüssigkeiten und Gasen.

1) Kugelfallviskosimeter, vgl. *Stokes-Gesetz.

$$\boxed{\eta = \frac{2(\varrho_K - \varrho_F)r^2 g}{9v} = K\,(\varrho_K - \varrho_F)\,t}$$

K Konstante für mechanische Eigenschaften der Kugel (m^2/s^2),
t Laufzeit (s), v Sinkgeschwindigkeit (m/s),
η dynamische Viskosität des Fluids (Pa s),
ϱ_K Dichte der Kugel, ϱ_F der Probe (kg/m^3).

2) Kapillarviskosimeter. HAGEN-POISEUILLE-Gleichung.

$$\dot{V} = \frac{\pi r^4 \Delta p}{8\,\eta\,l} \quad \Leftrightarrow \quad \eta = \text{const} \cdot \varrho\,t$$

$\dot{V} = \Delta V/\Delta t$ Volumenstrom (m^3/s), Δp Druckdifferenz (Pa),
l Rohrlänge, r Rohr-, Kapillarradius, η dynam. Viskosität (Pa s).

3) Rotationsviskosimeter, COUETTE-Viskosimeter. Ein rotierender äußerer Zylinder übt durch Flüssigkeitsreibung auf einen innen befindlichen Zylinder ein Drehmoment $M \sim \eta$ aus.

4) *Laserspektroskopie (Kap. Optik).

Viskositätszahl

*Staudinger-Funktion, *Staudinger-Index.

Volumen, spezifisches

Auf die Masse bezogenes Volumen.

$$\frac{\text{Volumen}}{\text{Masse}} = \frac{1}{\text{Dichte}} \qquad \boxed{V_s = \frac{V}{m} = \frac{1}{\varrho}} \quad \frac{\text{m}^3}{\text{kg}}$$

Volumenausdehnungskoeffizient

Hydrostatik: Ruhende Flüssigkeiten und Gase dehnen sich proportional zur Temperaturerhöhung aus. Tabellenwerte: Kap. Analytische Chemie.

$$\boxed{\frac{\Delta V}{V} = \gamma\,\Delta T} \quad \text{und} \quad \boxed{\varrho = \frac{m}{V} = \frac{\varrho_0}{1 + \gamma\,\Delta T}}$$

Ideale Gase: $\quad \gamma = \dfrac{1}{T_n} = \dfrac{1}{273{,}15\,\text{K}}$

Volumenstrom

Pro Zeiteinheit durch einen Querschnitt A fließendes Volumen eines Fluids, der Strömungsgeschwindigkeit v proportional; vgl. *Kontinuitätsbedingung.

$$\text{Durchfluss} = \frac{\text{durchströmtes Volumen}}{\text{Zeit}}$$

$$\boxed{\dot{V} = \frac{\mathrm{d}V}{\mathrm{d}t} = \frac{\dot{m}}{\varrho}} \quad \frac{\text{m}^3}{\text{s}}$$

$\dot{m}$ Massenstrom, ϱ Dichte des Fluids.

Zeitbezogenes Volumen, das in Richtung der Flächennormalen $\vec{n}$ durch die Fläche A strömt.

$$\boxed{\dot{V} = \int_A \vec{v} \cdot \vec{n}\,\mathrm{d}A} \quad \frac{\text{m}^3}{\text{s}}$$

Volumenstrommessung

Durchflussmessung, Strömungsgeschwindigkeit v durch den Querschnitt A.

$$\dot{V} = v\,A \quad \text{und} \quad \dot{m} = \varrho\,\dot{V}$$

1) *Anemometer.

2) Schwebekörperdurchflussmesser, *Rotameter*:
Messgerät mit einem pfropfenförmigen, in der Strömung rotierenden Schwebekörper in einem senkrecht durchströmten Messrohr. Die Steighöhe des Schwebekörpers ist – mit einer Messgenauigkeit von ca. 2% vom Messwert – dem Massenstrom $\dot{m}$ bzw. Volumenstrom $\dot{V}$ proportional.

3) Magnetisch-induktiver Durchflussmesser.
Ein elektr. leitfähiges Fluid strömt durch ein innen mit PFTE oder Keramik isoliertes unmagnet. Rohr (Edelstahl) mit Innendurchmesser d. Stromdurchflossene Feldspulen an der Rohraußenseite erzeugen ein magnet. Feld B. Durch die im Rohr strömenden Ladungsträger wird quer zur Strömungsrichtung eine der Strömungsgeschwindigkeit $\bar{v}$ proportionale Spannung $U = \text{const} \cdot \bar{v}Bd$ induziert, die mit Platin-Elektroden vom

Fluid abgegriffen wird. Schwankungen von Temperatur, Magnetfeld, REYNOLDS-Zahl und Strömungsprofil beeinflussen die Messgenauigkeit (ca. 0,25% vom Messwert).

4) Ultraschall-Durchflussmesser, v.a. für nichtleitende Medien: Reinstwasser, Abwasser, Freon, Ammoniak, Brom, Ester, flüss. Schwefel, kryogene Flüssigkeiten bis –200 °C; Genauigkeit ca. 0,5% vom Messwert.

5) Turbinen-Flussmesser. Volumenstrommessung mit Hilfe der Rotationsgeschwindigkeit eines im Strömungsrohr bewegten Propellers.

6) Wirbeldurchflussmesser. Für Gase, Dämpfe und niedrigviskose oder nichtleitende Flüssigkeiten; Genauigkeit ca. 1% vom Messwert.

Das Fluid umströmt einen Störkörper so, dass sich an dessen Kanten wechselseitig Wirbel ablösen. Die Drehfrequenz der Wirbel $f = Sr/(a\upsilon)$ ist mit der STROUHAL-Zahl Sr, Strömungsgeschwindigkeit υ und Breite a der „KÁRMÁN-Wirbelstraße" verknüpft und wird gemessen:

a) mit beheizten Thermistoren in Umgebung des Störkörpers (Abkühlung $\sim \upsilon$)

b) induktiv: Ultraschallschranke. Mengenmessung durch Impulszählung. Druckschwankungen werden mit Dehnungsmessstreifen erfasst.

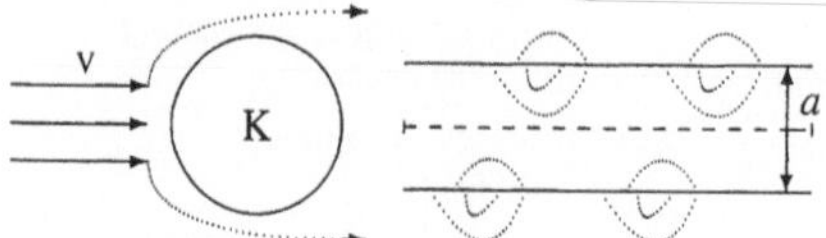

7) Coriolis-Massendurchflussmesser, v.a. für pumpfähige Medien; Genauigkeit: ca. 0,2% vom Messwert. Das Fluid strömt durch ein U-Rohr, das durch eine Erregerspule am Scheitelpunkt in Resonanz-Schwingungen versetzt wird. Das strömende Fluid widersetzt sich der dadurch auftretenden Beschleunigung senkrecht zur Strömungsrichtung mit einer dazu entgegengesetzten CORIOLIS-Kraft, so dass sich die Rohrleitungsschleife verspannt. Der Winkel der Messrohrauslenkung von der Horizontalen ist proportional zum Massendurchfluss. Bei bekanntem Rohrvolumen kann auch die Dichte des Mediums bestimmt werden, denn die Resonanzfrequenz der schwingenden Rohrschleife hängt von der Masse des Systems ab.

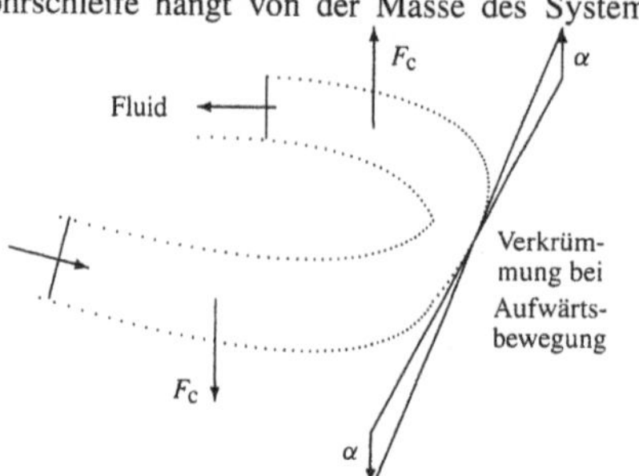

8) Pitot-Rohr. Ein U-Rohr-Manometer an der Rohrwandung misst den statischen Druck p_{st} gegen den Atmosphärendruck, ein Staurohr-U-Manometer den dynamischen Druck p_{dyn}. Die Druckhöhendifferenz Δh ist direkt ablesbar, wenn das Staurohr-Manometer gegen den statischen Druck (Eingang des anderen Manometers) misst.

Langsame Strömung

$$\upsilon = C \sqrt{\frac{2(p_{dyn} - p_{st})}{\varrho}}$$

Schnelle Strömung (>60 m/s)

$$\upsilon = C \sqrt{\frac{2c_p}{\frac{c_V}{\frac{c_p}{c_V} - 1}} \left(\frac{p_{st}}{\varrho}\right) \left[\left(\frac{p_{dyn}}{p_{st}}\right)^{1-\frac{c_V}{c_p}} - 1\right]}$$

Konstante $C \approx 1$ ist von der REYNOLDSzahl abhängig.

9) Volumenstrommessung mit Drosselgeräten

1. *Venturi-Düse:* Rohrverengung mit Manometer (Δp_{stat} vor und hinter der Verengung)

2. *Einlaufdüse:* Rohrverjüngung mit angeschlossenem Manometer (Δp_{stat} gegen Atmosphärendruck).

3. Blende: Differenzdruckmessung Δp_{stat} im Rohr vor und hinter einer einschiebbaren Spaltblende.

BERNOULLI-Gleichung incl. Reibungs- und Kompressionsverlusten (in N m/m^3 = Pa).

$$\boxed{p_1 + \tfrac{1}{2}\varrho_1 \upsilon_1^2 = p_2 + \tfrac{1}{2}\varrho_2 \upsilon_2^2 + \frac{W_R + W_K}{\Delta V}}$$

Expansionszahl = auf die kinetische Energie bezogene Kompressionsverluste.

$$\varepsilon = \sqrt{1 - \frac{W_K/\Delta V}{\frac{1}{2}\varrho_2 \upsilon_2^2}} \qquad (\text{Dim. 1})$$

Durchflusszahl = auf die kinetische Energie bezogene Reibungsverluste.

$$\alpha = \sqrt{1 - \frac{W_R/\Delta V}{\frac{1}{2}\varrho_2 \upsilon_2^2}} \qquad (\text{Dim. 1})$$

Strömungsgeschwindigkeit an der Drosselstelle.

$$\upsilon_2 = \alpha\,\varepsilon \sqrt{\frac{2(p_1 - p_2)}{\varrho_2 \left(1 - \alpha^2\,\varepsilon^2\,\dfrac{\varrho_2 A_2^2}{\varrho_1 A_1^2}\right)}} \qquad (\text{m/s})$$

Volumenstrom an der Drosselstelle.

$$\dot{V} = A_2\,\upsilon_2 = \alpha\,\varepsilon\,A_2 \sqrt{\frac{2(p_1 - p_2)}{\varrho_2 \left(1 - \alpha^2\,\varepsilon^2\,\dfrac{\varrho_2 A_2^2}{\varrho_1 A_1^2}\right)}}$$

Korrekturfaktorprodukt: $\alpha\,\varepsilon$,
für VENTURI-Rohre $\alpha\,\varepsilon = 1$,
für Normdrosseln: in DIN 1952 tabelliert.

1 =   Eintrittstelle (vor der Drosselstelle)
2 =   Austrittstelle (hinter der Drosselstelle)

Vorticityadvektion

Produkt aus Windgeschwindigkeit $\vec{\upsilon}$ und dem Gradienten der Wirbelgröße (Vorticity) ζ.

$$\boxed{A_T = -\vec{\upsilon} \cdot \nabla \zeta} \qquad (\text{in s}^{-2})$$

Wasserturbine

Verbreitete Turbinentypen sind

1. *Pelton-Turbine* od. *Freistrahlturbine.* Laufrad mit tangential beaufschlagten becherförm. Schaufeln. Langsamläufer (≤ 20 min^{-1}), hohe Nutzfallhöhe (50 bis 2000 m), mittelgroße Leistung: bis 300 MW.

2. *Francis-Turbine.* Radial od. diagonal durchströmtes Laufrad. Langsam-, Normal- od. Schnellläufer (20 ... 130 min^{-1}), mittelgroße Nutzfallhöhe (20 bis 700 m), hohe Leistung: bis 750 MW.

3. *Kaplan-Turbine.* Axial durchströmtes Laufrad. Schnellläufer (100 ... 270 min^{-1}), geringe Nutzfallhöhe (3 bis 80 m), geringe Leistung: bis 200 MW.

1) Turbinenleistung. Vgl. *Impulsmomentensatz. Nutzfallhöhe für Energieumwandlung

$$H_n = H_{geo} - \frac{g v^2}{2} + H_V = 1 \dots 2000 \text{ m}$$

Theoret. und erreichbare Turbinenleistung: effektive (= abgegebene) Leistung von Wasserkräften.

$$P_{th} = \dot{m} \, g \, H_n = \varrho \, g \, \dot{V} \, H_n = \dot{V} \, p$$

$$P_T = \eta_T \, P_{th} \leq 750 \text{ MW}$$

$\dot{m}$ Massenstrom, p Druck, $\dot{V}$ Volumenstrom,
v Abströmgeschwindigkeit des Wassers am Stufenaustritt,
ϱ Dichte des Wassers.

2) Wirkungsgrad. Hydraulische Verluste in der Turbine, *Spaltverluste* (nicht an der Energieumwandlung beteiligter Volumenstrom) und Reibungsverluste an Radseiten und Lagern begrenzen den Wirkungsgrad.

Gesamte Turbine:	$\eta_T = \eta_{hy} \, \eta_v \, \eta_{mec}$
Hydraulische Verluste:	$\eta_{hy} = 1 - (\Sigma \, H_{hy,i})/H_n$
Spaltverluste:	$\eta_v = 1 - \Delta \dot{V}/\dot{V}$
Mechan. Wirkungsgrad:	$\eta_{mec} = 1 - \Delta P/P_{th}$

3) Turbinendrehzahl bei direkter Kopplung mit einem Drehstromgenerator.

$$n = \frac{50 \text{ Hz}}{\text{Polpaarzahl}} = 62{,}5 \dots 3000 \text{ min}^{-1}$$

Spezifische Drehzahl

$$n_q = n \, \frac{(\dot{V}/\dot{V}_M)^{1/2}}{(H_n/H_{nM})^{3/4}}$$

$\dot{V}_M = 1$ m^3/s und $H_{nM} = 1$ m; Volumenstrom und Fallhöhe e. Modellturbine.

Langsamläufer	n_q	≤ 30 min^{-1}
Normalläufer		$30 \dots 70$ min^{-1}
Schnellläufer		> 70 min^{-1}

Weber-Zahl

Kennzahl für Strömung an freien Oberflächen (Blasenbildung), Zerstäubung von Flüssigkeiten.

$$We = \frac{\varrho \, v^2 \, l}{\sigma} = \sqrt[3]{Ka \, Fr \, Re^4} = \frac{\text{Trägheitskraft}}{\text{Grenzflächenkraft}}$$

ϱ	Dichte des Fluids	(kg/m^3)
v	Strömungsgeschwindigkeit	(m/s)
l	charakteristische Länge	(m)
ϱ	Dichte des Fluids	(kg/m^3)
σ	Grenzflächenspannung	(N/m).

Windgeschwindigkeit

v (m/s), in der Meteorologie und Geophysik:
Ageostrophischer Wind: $\vec{v}_{ag} = \vec{v} - \vec{v}_g$.
Geostrophischer Wind, der Gradientwind bei geradlinigem Isobarenverlauf in Höhe H

$$|\vec{v}_g| = -\frac{1}{\varrho f} \, \nabla_H \, p \times \vec{k}$$

k vertikaler Einsvektor.

Gradientwind: antizyklonal (+) od. zyklonal (−):

$$|\vec{v}_G| = -\frac{f r_T}{2} \pm \sqrt{\left(\frac{f r_T}{2}\right)^2 - \frac{r_T}{\varrho} \frac{\partial p}{\partial n}}$$

f Coriolisparameter (s^{-1}), r_T Radius der Trajektorie am Aufpunkt. ϱ Dichte der Luft.

Isallobarischer Wind: der durch Druckänderungen hervorgerufene Wind:

$$\vec{v}_{is} = \vec{k} \times \frac{1}{f} \frac{\partial \vec{v}_g}{\partial t} = -\frac{1}{\varrho f^2} \nabla_H \frac{\partial p}{\partial t}$$

Thermischer Wind: die vektorielle Windgeschwindigkeitsdifferenz des geostrophischen Windes auf den Geopotentialflächen W_2 und W_1 (bei konstantem Druck p):

$$\vec{v}_{th} = \frac{1}{f} \vec{k} \times \nabla_p (W_2 - W_1)$$

Zyklostrophischer Wind: der Gradientwind bei verschwindender Coriolisbeschleunigung.

Windkraft *Strömungswiderstand.

Windrichtung

Richtung, aus der der Wind kommt; der Richtung der Luftströmung entgegengesetzt. Zum Beispiel ein Ostwind (Windrichtung 090°) wird durch den Vektor $\vec{u}$ seiner Strömungsgeschwindigkeit in Richtung 270° angegeben. In der Seefahrt werden unterschieden:

- *Wind über Grund* (wahrer Wind) $\vec{u}_G$: Vektor der Luftströmungsgeschwindigkeit über Grund.
- *Fahrtwind* $\vec{u}_F \approx \vec{u}_G$: durch die Geschwindigkeit des Schiffes über Grund entstandene Luftströmung; je nach Form des Schiffes und seiner Aufbauten abhängig vom Messort.
- *Wind an Bord* (scheinbarer Wind): $\vec{u}_B \approx \vec{u}_G + u_F$.
- *Wind über dem Wasser* $\vec{u}_{Wa} = \vec{u}_G - \vec{v}_{St}$: Vektor der Luftströmungsgeschwindigkeit relativ zum Wasser; die Stromgeschwindigkeit $\vec{v}_{St}$ wird als Erwartungswert oder nachträglich ermittelt.

Windstärke

Einteilung der Windgeschwindigkeit nach Kennziffern (vgl. Tabelle nächste Seite).

Windturbine Windrad.

1) Verbreitete Bautypen sind:

a) Propellerturbine mit axialer Durchströmung des Flügelgitters. Flügel mit horizont. Achsanordnung. Windanpassung durch Blattverstellung.
Leistungsbeiwert 0,40 bis 0,48; Rotordurchmesser 10 bis 100 m; nutzbare Windgeschwindigkeit 3 bis 30 m/s; Drehzahl 18 bis 120 min^{-1}; Nennleistung 15 bis 3000 kW.
Einblattrotor für hohe Drehzahlen, *Zweiblattrotor* für höchste Nennleistung, *Dreiblattrotor* für größten nutzbaren Windgeschwindigkeitsbereich und höchsten Leistungsbeiwert. *Vierblattrotor* (Holländermühle) technisch überholt.

b) Darrieus-Turbine. Vert. Achsanordnung, radiale Durchströmung des Flügelgitters (2 bis 3 Flügel). Windanpassung durch Anfahrmotor.

Tabelle 3.4 Windstärke auf der BEAUFORT-Skala im Binnenland; Seegang: Obere v Windgeschwindigkeit, h Wellenhöhe, λ Wellenlänge.

Wind-stärke	Bezeichnung	v (km/h)	v (m/s)	Auswirkungen des Windes	h (m)	λ (m)
0	still	< 1	$\leq$0,2	*Land:* Windstille, Rauch steigt gerade empor *See:* spiegelglatt (Stufe 0).		
1	leiser Zug	5	1,5	*Land:* Windrichtung durch Zug des Rauches angezeigt *See:* gekräuselt-ruhig (Stufe 1); kleine Kräuselwellen ohne Schaum-kämme.	0,25	5
2	leichte Brise	11	3,3	*Land:* Wind am Gesicht fühlbar, Blätter säuseln, Windfahne bewegt sich *See:* schwach bewegt (Stufe 2); Kurze, ausgeprägte Wellen mit glasigen Kämmen		
3	schwache Brise	19	4,5	*Land:* bewegt Blätter und Zweige, streckt einen Wimpel *See:* Kämme beginnen sich zu brechen, vereinzelt weiße Schaumköpfe.	1	25
4	mäßige Brise	28	7,9	*Land:* hebt Staub und loses Papier, bewegte Zweige und Äste *See:* leicht bewegt (Stufe 3); kleine lange Wellen, vielfach Schaumköp-fe.	2	50
5	frische Brise	38	10,7	*Land:* kleine Laubbäume schwanken, Schaumkämme auf Seen *See:* mäßig bewegt (Stufe 4); mäßig lange Wellen, überall Schaumköp-fe.	4	75
6	starker Wind	49	13,8	*Land:* starke Äste in Bewegung, Pfeifen in Freileitungen *See:* grober Seegang (Stufe 5), große Wellen, deren Kämme sich bre-chen und Schaumflecken hinterlassen.	6	100
7	steifer Wind	61	17,1	*Land:* Bäume in Bewegung, Gehen beeinträchtigt *See:* sehr grober Seegang (Stufe 6); Wellen türmen sich; weißer Schaum bildet Streifen in Windrichtung.	7	135
8	stürmisch. Wind	74	20,7	*Land:* Zweige brechen von den Bäumen, sehr erschwertes Gehen *See:* hoher Seegang (Stufe 7); hohe Wellenberge mit langen Kämmen, ausgeprägte Schaumstreifen.		
9	Sturm	88	24,4	*Land:* kleine Schäden an Häusern und Dächern *See:* „rollend", hohe Wellenberge, dichte Schaumstreifen, Gischt beein-trächtigt Sicht.	10	200
10	schwerer Sturm	102	28,4	*Land:* Bäume entwurzelt, bedeutende Schäden an Häusern *See:* sehr hoher Seegang (Stufe 8); stoßartig rollend, sehr hohe Wellen-berge; lange überbrechende Kämme; See weiß durch Schaum, Gischt beeinträchtigt Sicht.	12	250
11	orkanart. Sturm	117	32,6	*Land:* weithin Sturmschäden *See:* schwerer Seegang (Stufe 9); riesige Wellenberge	>12	>250
12	Orkan	133	36,9	*Land:* schwere Sturmschäden *See:* Schaum und Gischt erfüllen die Luft, See vollständig weiß, Fern-sicht unmöglich.		
13	Orkan	149	41,4			
14	Orkan	166	46,1			
15	Orkan	183	50,9			
16	Orkan	201	56,0			
17	Orkan	>201	>56,0			

Leistungsbeiwert 0,48; Rotordurchmesser 12 bis 65 m; nutzbare Windgeschwindigkeit 4 bis 22 m/s; Drehzahl 20 bis 100 min^{-1}; Nennleistung 30 bis 4000 kW.

2) Auslegung. Am Windrad fällt die Strömungsgeschwindigkeit ab, die Stromlinien weiten auf. Geschwindigkeitsabminderungsbeiwert

$$\zeta = \frac{\text{Zuströmgeschwindgkeit } v_{zu}}{\text{Abströmgeschwinidgkeit } v_{ab}} \longrightarrow \frac{1}{3}$$

Mittlere-axiale und optimale ($\rightarrow$) Strömungsgeschwindigkeit in Windradebene

$$\bar{v} = \frac{v_{zu} + v_{ab}}{2} = \frac{(1 + \zeta)c_{zu}}{2} \rightarrow \frac{2c_{zu}}{3}$$

Schnelllaufzahl

$$\lambda = \frac{\text{Umfangsgeschwindigkeit}}{\text{Zuströmgeschwindigkeit}}$$

Langsamläufer:	$\lambda < 2$
Mittelschnellläufer:	$\lambda \approx 2\dots 4$
Schnellläufer:	$\lambda > 4$

Luftvolumenstrom durch die Windradfläche

$$\dot{V} = \frac{\dot{M}}{\varrho} = \bar{v}\,A = \frac{(1 + \zeta)v_{zu}A}{2}$$

Durchströmte Windradfläche $\sim$ Radaußendurchmesser

$$A = \frac{\pi d^2}{4}$$

Zuströmende Windleistung (auf Windradfläche)

$$P_W = \frac{\dot{m}v_{zu}^2}{2} = \frac{\varrho A v_{zu}^3}{2}$$

Theoret. Windturbinenleistung (verlustfrei)

$$P_{th} = \frac{\dot{m}(v_{zu}^2 - v_{ab}^2)}{2} = \frac{\varrho \dot{V}(v_{zu}^2 - v_{ab}^2)}{2}$$
$$= \frac{\varrho A \bar{v}(v_{zu}^2 - v_{ab}^2)}{2} = \frac{P_W(1 + \zeta)(1 - \zeta^2)}{2}$$

Max. theoret. Windturbinenleistung

$$P_{max} = \frac{16}{27}P_W \quad \text{für } \zeta = \frac{1}{3}$$

Effektive Windturbinenleistung

$$P_{eff} = \eta_{eff}P_{th} = c_p P_W$$

$\eta_{eff} \approx 0{,}7 \dots 0{,}9$ effektiver Wirkungsgrad.

Leistungsbeiwert = aerodynamischer Gesamtwirkungsgrad der Windturbine

$$c_\mathrm{p} = \frac{\text{Turbinenleistung } P_\mathrm{eff}}{\text{Windleistung } P_\mathrm{W}} \rightarrow \tfrac{16}{27} = 59{,}3\%$$

Achsschub: vom Wind ausgeübte Axialkraft.

$$F_\mathrm{ax} = \dot{m}(v_\mathrm{zu} - v_\mathrm{ab}) = \frac{\varrho A (v_\mathrm{zu}^2 - v_\mathrm{ab}^2)}{2}$$
$$= \frac{\varrho A v_\mathrm{zu}^2 (1 - \zeta^2)}{2}$$

Maximalwert: bei $v_\mathrm{ab} = 0$

Theoret. Maximalwert: bei $\zeta = {}^1\!/_3$

Wirbelgröße

Vorticity.

$$\boxed{\zeta = \vec{k} \cdot \nabla \times \vec{v}} \quad (\mathrm{s}^{-1})$$

Absolute Vorticity: $\eta = \zeta + f$

Potentielle Vorticity: $\zeta_\mathrm{p} = \eta_\Theta \, \mathrm{d}\Theta / \mathrm{d}p$

f Coriolisparameter, $\vec{k}$ vertikaler Einsvektor, p Luftdruck.
$\vec{v}$ Strömungs- bzw. Windgeschwindigkeit, Θ potentielle Temperatur,
η Viskosität.

Wirbelschicht

Ein Gas durchströmt eine Schüttschicht feinkörniger Feststoffe von unten nach oben. Bei ausreichender Strömungsgeschwindigkeit, wirbeln die Teilchen auf.

	Strömungs-geschwindigkeit	Reibungs-kraft
Festbett	$<$ Wirbelpunkt	$<$ Schwerkraft
Fließbett	$=$ Wirbelpunkt	$=$ Schwerkraft
Flugstaubwolke	$>$ Wirbelpunkt	$>$ Schwerkraft

Wirbelvektor

Kinematische Größe der Strömungsmechanik:

$$\boxed{\omega = \frac{\mathrm{rot}\,\vec{v}}{2}} \quad \mathrm{s}^{-1}$$

$\vec{v}$ Vektor der Strömungsgeschwindigkeit.

Zähigkeit *Viskosität.

Zentrifugieren

Mechanisches *Stofftrennverfahren (fest – flüssig) nach der Dichte unter Einfluss der Zentrifugalkraft in rotierenden Trommeln (Zentrifuge).

Zentrifugalkraft oder *Fliehkraft* auf einen rotierenden Körper, der Zentripetalkraft entgegengesetzt.

$$\boxed{F_\mathrm{z} = \frac{m\, v_\mathrm{u}^2}{r} = m\, r\, \omega^2 = -F_\mathrm{r}} \quad \mathrm{N}$$

Zentrifugalbeschleunigung auf einen Massepunkt auf der Kreisbahn

$$a_\mathrm{z} = \frac{v_\mathrm{u}^2}{r} = 2\pi^2 d\, f^2 \quad (\mathrm{m/s}^2)$$

hydrodynamische Druckdifferenz

$$\Delta p = a_\mathrm{z}\, \varrho\, h \quad (\mathrm{Pa = N/m}^2)$$

Absetzgeschwindigkeit z. B. eines Schlammes, im Schwerefeld (vgl. Sedimentation).

$$v_\mathrm{z} = \frac{d_\mathrm{k}^2\, (\varrho' - \varrho)\, a_\mathrm{z}}{18\, \eta} = Z\, v$$

Trennfaktor: die Trennzeit hängt ab von Zentrifugalkraft, Dichteunterschied, Viskosität der Flüssigkeit.

$$Z = \frac{\text{Zentrifugalkraft}}{\text{Schwerkraft}} = \frac{a_\mathrm{z}}{g}$$

Beschleunigungsziffer: charakteristische Kenngröße für die Leistungsfähigkeit der Zentrifuge

$$z = \frac{a_\mathrm{z}}{g} = \frac{2\pi^2 d\, f^2}{g} \quad (\text{Dim.1})$$

d Durchmesser der Zentrifuge (Kreisbahn), d_k Korndurchmesser,
g Fallbeschleunigung, h Höhe der Fluidschicht, m Masse,
f Umdrehungsfrequenz (Drehzahl), r Radius.
v_u Umfangsgeschwindigkeit, η dynamische Viskosität.
ϱ Dichte des Fluids, ϱ_s Feststoffes, ω Winkelgeschwindigkeit.

Vollmantelzentrifugen

Überlaufzentrifuge	diskontinuierlich; Feststoff setzt s. an der Wand ab; Klärflüssigkeit steigt hoch u. fließt über Rand ab. für: Suspension, Schlamm. $Z = 1000$ bis 3000
Schneckenaustragzentrifuge	kontinuierlich; konische Trommel, in der mit gleicher Drehrichtung eine Schneckentrommel läuft. Abfluss der Flüssigkeit am weiten Ende; Abtransport des Feststoffs durch Schnecke am engen Ende. Suspension; $Z = 300$ bis 2000
Schälzentrifuge	diskontinuierlich; Rückstandentfernung mit Schälmesser. Für: Suspensionen
Röhrenzentrifuge	kontinuierlich; Zulauf am Boden; schwere Komponente steigt die Wand aufwärts, leichte Komponente steigt innen hoch. Für: Emulsionen, Suspensionen. $Z = 15000$ bis 50000

Siebzentrifugen

stehende	diskontinuierlich; Trommelsieb mit Filtergewebe bespannt. Flüssigkeit wird abgeschleudert, Feststoff bleibt zurück. Für: Fest-Flüssig-Mischungen Waschen, Trocknen, Filtrieren
Siebschälzentrifuge	halbkontinuierlich; nach Filtration bei halber Drehzahl Enfernung des Filterkuchens mit Schälmesser. Für: Fest-Flüssig-Mischungen; Waschen, Trocknen, Filtrieren
Schubzentrifuge	kontinuierlich; waagrechte Trommel, in der ein axial beweglicher Schubboden den Filterkuchen zur Öffnung fördert. Für: Festkristall-Flüssig-Mischung; Filtrieren, Reinigen

---

Zerkleinern

Schaffen einer bestimmten Korngröße eines Materials. Der Energieaufwand E wächst proportional zur neugebildeten Feststoffoberfläche S und Oberflächenspannung σ:

$$S \sim (0{,}06 \text{ bis } 3) \cdot E \quad \text{bzw.} \quad E = \Delta S \cdot \sigma$$

Zerkleinerung	MOHS-Härte	
Hart-	$5 \ldots 10$	(Erz, Gestein, Schlacken)
Mittelhart-	$2 \ldots 5$	(Kalk, Gips, Kohle)
Weich-	bis 1	(Ton, Polymere, Getreide)

Zerkleinerungsgrad

Verhältnis der Durchmesser von Aufgabegut und zerkleinertem Gut.

$$n = \frac{d_1}{d_2} \qquad (1 = 100\%)$$

d_1 größter Korndurchmesser <u>vor</u> Zerkleinerung.
d_2 größter Korndurchmesser <u>nach</u> Zerkleinerung.

Zerkleinerungsverfahren

Mühlen arbeiten durch Druck, Reibung, Schlag, Stoß, Reißen oder Schneiden; n Zerkleinerungsgrad.

Grobzerkleinerung (>50 mm, $n = 3$ bis 6)

Kegelbrecher	50 bis 70 t/h	hart
Backenbrecher	10 bis 30 t/h	hart
Walzenbrecher	40 bis 60 t/h	mittelhart

Mittelzerkleinerung (5 bis 50 mm, $n = 4$ bis 10)

Kollergang		hart, mittelhart
Hammermühle	8 bis 12 t/h	mittelhart
Schlagmühle	4 bis 6 t/h	mittelhart
Brechschnecke		mittelhart

Feinzerkleinerung (0,1 bis 5 mm, $n = 10$ bis 50)

Pochwerk	hart
Kugelmühle	hart, mittelhart

Walzwerk	5 bis 8 t/h	hart, mittelhart
Luftstrahlmühle	0,5 bis 1 t/h	mittelhart
Mahlgang		mittelhart, weich
Schlagstiftmühle	6 bis 8 t/h	mittelhart, weich

Feinstzerkleinerung (0,1 mm, $n = 50$)

Walzenstühle		hart, mittelhart
Schwingmühle	1,5 – 2,5 t/h	mittelhart
Kolloidmühle		mittelhart
Schlagstiftmühle		mittelhart, weich

Weichzerkleinerung (zäh, elastisch)

Schneiden	Scheiben, Schnitzel
Schleifen	Fasern, Brei

Zirkulation

Kinematische Größe der Strömungsmechanik:

$$\Gamma = \oint_C \vec{v}\, \mathrm{d}\vec{s} \qquad \frac{\mathrm{m}^2}{\mathrm{s}}$$

$\mathrm{d}\vec{s}$ Linienelement der geschlossenen Kurve C.

4 Schwingungen und Wellen

**Schwingungslehre – Maschinendynamik – Schwingungsanalyse –
Schwingungsspektroskopie – Harmonischer und anharmonischer Oszillator –
Schwingkreis – Wellenausbreitung**

Formelzeichen siehe Kapitel „Mechanik, Elektrotechnik, Optik".

Abklingkoeffizient

Kehrwert der Abkling- oder Relaxationszeit; negativer
Ankling- oder Wuchskoeffizient.

$$\boxed{\delta = \frac{1}{\tau} = -\sigma} \quad \text{s}^{-1}$$

Realteil der komplexen *Kreisfrequenz (in s^{-1}).

$$\delta = \operatorname{Re} \underline{p} = -\sigma > 0$$

für einen exponentiell schwindenden (abklingenden) Sinusvorgang.
Beispiel: die zeitliche Abnahme eines Ausschlags:

$$\zeta = \zeta_0 e^{-\delta t} = \zeta_0 e^{-t/\tau}.$$

Für einen freien gedämpften linearen Oszillator:

$$\delta = \frac{b}{2a}$$

b Dämpfungskoeffizient, a Speicherkoeffizient.

Abklingzeit

Zeitkonstante e. freien gedämpft. linearen Oszillators:

$$\boxed{\tau = \frac{1}{\delta}} \quad \text{s}$$

δ Abklingkoeffizient.

Amplitude

Scheitelwert, der größte Augenblickswert $\hat{x}$ einer *Sinusgröße x oder sinusverwandten Schwingung.
1) Maximaler Wert der Auslenkung; z. B.
$\cos(\omega t + \varphi_0) = 1 \quad \Rightarrow \quad x(t) = \hat{x}.$
2) Komplexe Amplitude. Der ruhende *Zeiger $\underline{\hat{x}}$, erhalten durch Division der Zeigerdarstellung einer Sinusgrö-
ße $\underline{x}(t)$ durch den Zeitfaktor $e^{i\,\omega t}$.

$$\underline{\hat{x}} = \frac{\underline{x}(t)}{e^{i\,\omega t}} = \underline{x}(t)\,e^{-i\,\omega t} = \hat{x}\,e^{i\,\varphi_0} = \hat{x} \angle \varphi_0$$

z. B. Magnetischer Fluss $\underline{\hat{\Phi}}$.

i = imaginäre Einheit, in der Elektrotechnik mit j abgekürzt;
ω Kreisfrequenz = Drehgeschwindigkeit des Zeigers;
φ_0 Nullphasenwinkel; $\hat{x}$ Amplitude,
$\angle$ Versorsymbol (= e^i).

3) Komplexe Amplitude eines Vektors

$$\underline{\vec{a}} = \underline{\hat{a}}_x(t)\,\vec{e}_x + \underline{\hat{a}}_y(t)\,\vec{e}_y + \underline{\hat{a}}_z(t)\,\vec{e}_z =$$

$$= \begin{pmatrix} \hat{a}_x e^{i\,\varphi_x} \\ \hat{a}_y e^{i\,\varphi_y} \\ \hat{a}_z e^{i\,\varphi_z} \end{pmatrix} \cdot \begin{pmatrix} \vec{e}_x \\ \vec{e}_y \\ \vec{e}_z \end{pmatrix}$$

Real- und Imaginärteil von $\underline{\vec{a}}$ sind Vektoren, die im dreidimensionalen Raum durch ruhende orientierte Strecken
dargestellt werden und einen Winkel $0 \leq \gamma \leq \pi$ einschließen.

Amplitudenspektrum

Darstellung einer Gesamtheit von Schwingungen.
1) Linienspektrum, Auftragung der Amplituden $\hat{x}_n$ der
Teilschwingungen über ihrer Frequenz f_n oder Ordnungszahl n. Dabei wird eine periodische Schwingung
mathematisch in Teilschwingungen (Teiltöne) zerlegt
(sog. **harmonische Analyse** oder in der Akustik *Klanganalyse*):

$$\boxed{\underline{\hat{x}}_n = \hat{x}_n\,e^{i\,\omega_{0n}} = \frac{2}{T}\int\limits_0^T x(t)\,e^{-i\,2\pi n f_1 t}\,\mathrm{d}t}$$

Das Linienspektrum ist <u>unabhängig</u> von der Wahl der
Anfangszeitpunkte t_{0n} der Teilschwingungen. Um den
Zeitverlauf der periodischen Schwingung zu bestimmen, ist die zusätzliche Angabe der Nullphasenwinkel
erforderlich.
2) Kontinuierliches Spektrum, Auftragung des Be-
trages der *Spektralfunktion $|\underline{X}(\omega)|$ über der Kreisfre-
quenz ω. Anwendung typischerweise bei einmaligen
Vorgängen oder Rauschvorgängen.
Verdeutlichung: Man stelle sich eine Pulsschwingung
vor, deren Periodendauer T ständig zunimmt. Die Spektrallinien des Amplitudenspektrums rücken immer mehr
zusammen und werden kürzer. Multipliziert man die
Amplituden $\hat{x}_n$ mit T erhält man eine spektrale Verteilung, die durch Normierung mit $1/2$ (o. ä.) das komplexe
Amplitudenspektrum $|\underline{X}|$ ergibt.
3) Komplexes Amplitudenspektrum.
Zusammenfassung von *Amplituden- und *Phasenwinkelspektrum.

Anklingkoeffizient

Wuchskoeffizient σ, Realteil der komplexen *Kreisfrequenz Re $\underline{p}$ für einen exponentiell wachsenden (anklin-
genden) Sinusvorgang.
Beispiel: $u(t) = \hat{u} e^{\sigma t} \cos \omega t.$

Augenblickswert

Momentane Auslenkung $x(t)$ einer Schwingung zum
Zeitpunkt t.

Ausbreitungsgeschwindigkeit
*Phasengeschwindigkeit.

Ausbreitungskoeffizient
Längenbezogenes Ausbreitungsmaß.

$$\underline{\gamma} = \alpha + i\,\beta = \frac{\underline{\Gamma}}{l}$$

Gedämpfte Sinuswelle:

$$u(x,t) = \mathrm{Re}\left\{\underline{\hat{u}}\,e^{i\,\omega t \pm \underline{\gamma}\,x}\right\}$$

$\alpha = \mathrm{Re}\,\underline{\gamma}$ Dämpfungskoeffizient (dB/m),
$\beta = \mathrm{Im}\,\underline{\gamma}$ Phasenkoeffizient (rad/m),
$\underline{\Gamma}$ Ausbreitungsmaß, l Länge.

Ausbreitungsmaß *Komplexes Dämpfungsmaß.*

$$\underline{\Gamma} = A + i\,B$$

A Dämpfungsmaß (dB), B Phasenmaß (rad).

Autokorrelationsfunktion
Integral des Produktes des Zeitverlaufes $x(t)$ mit dem um $-\tau$ verschobenen Zeitverlauf $x(t+\tau)$ dividiert durch eine ausreichend lange Beobachtungszeit Δt (vgl. *Leistungsspektralfunktion).

$$\varphi(\tau) = \lim_{\Delta t \to \infty} \frac{1}{\Delta t} \int\limits_{\Delta t} x(t)\,x(t+\tau)\,\mathrm{d}\tau$$

Beugung
Eine gebeugte Welle – ohne scharfe Abgrenzung zur diffus reflektierten Welle – ist eine sekundäre Welle, die beim Auftreffen einer Primärwelle auf ein begrenztes Gebiet mit anderen Eigenschaften als am Rand des Kontinuums entsteht und an Orte gelangt, die nur durch Abbiegen der ursprünglichen Ausbreitungsrichtung erreicht werden können. (Vgl. Kapitel „Optik").

Brechung
Eine gebrochene Welle ist eine sekundäre Flächen- oder Raumwelle, die bei Auftreffen einer geraden oder ebenen Welle auf die Grenzfläche zweier Kontinua (im zweiten Kontinuum) ausgelöst wird.
Anschaulich: Ein Lichtstrahl wird beim Auftreffen auf eine Glaswand gebrochen. In einem inhomogenen Kontinuum erfolgt die Brechung stetig und es können gekrümmte Strahlen auftreten. (Vgl. Kapitel „Optik").

Dämpfung
engl. *attenuation*. Eigenschaft, dass eine Zustandsgröße am Ausgang eines Übertragungsgliedes kleiner ist als am Eingang; z. B. Abnahme der Amplitude einer *Schwingung. Vgl. Kapitel „Elektrotechnik".

Dämpfungsfaktor
Kehrwert der *Übertragungsfunktion für gleichartige Signale.

$$D = \frac{1}{H} = \frac{\text{Eingangssignal } S_1}{\text{Ausgangssignal } S_2} \quad \text{(Dim. 1)}$$

Dämpfungsgrad
In der Schwingungslehre ϑ, in der Mechanik D für einen freien gedämpften linearen Oszillator.

$$\vartheta = \frac{\delta}{\omega_0} = \frac{d}{2} \quad \text{(Dim. 1)}$$

ω_0 Kennkreisfrequenz, δ Abklingkoeffizient, d Verlustfaktor.

Dämpfungskoeffizient
Kennzahl b (oder α) für die Verlustglieder (Dämpfungselemente), die den Energieinhalt eines Oszillators vermindern, z. B. durch Abstrahlung von Wärme oder Licht, näherungsweise auch für Flüssigkeitsreibung (vgl. auch *Ausbreitungskoeffizient).
Freier gedämpfter linearer Schwinger (engl. *damped oscillator*):

$$a\ddot{x} + b\dot{x} + cx = 0$$

$$b > 2\sqrt{ac} \quad \text{stark gedämpft, „Kriechen"}$$
$$b = 2\sqrt{ac} \quad \text{aperiodischer Grenzfall}$$
$$b < 2\sqrt{ac} \quad \text{schwach gedämpft}$$
$$b \ll 2\sqrt{ac} \quad \text{sehr schwach gedämpft}$$

a, c Speicherkoeffizienten.

Dämpfungsmaß Logarithmisches Verhältnis.

$$\text{Dämpfungsmaß} = \log \frac{\text{Eingangsgröße}}{\text{Ausgangsgröße}}$$

Spannungsdämpfungsmaß:

$$a_{\mathrm{U}} = 20\,\lg\left|\frac{U_1}{U_2}\right| \text{ dB}$$

Leistungsdämpfungsmaß a_{P} in der Akustik:

$$a_{\mathrm{p}} = 20\,\lg\left|\frac{p_1}{p_2}\right| \text{ dB}$$

p Schalldruck, U elektr. Spannung.

Dämpfungsmaß, komplexes *Ausbreitungsmaß.

Dekrement, logarithmisches
Veraltet! In der Schwingungslehre zur Angabe des *Dämpfungsgrades ϑ einer freien Schwingung; Verhältnis zweier um eine Schwingungsdauer T auseinanderliegender Ausschläge.

$$\Lambda = \delta T = \ln\frac{\hat{x}_n}{\hat{x}_{n+1}} = \frac{2\pi\delta}{\sqrt{1-\delta^2}} = 2\pi\vartheta\,\frac{\omega_0}{\omega_{\mathrm{d}}}$$

Schwach gedämpft: $\Lambda \approx 2\pi\delta$

δ Abklingkoeffizient, ω_{d} Eigenkreisfrequenz

Dispersion *Gruppengeschwindigkeit.

Doppler-Effekt
Ein Beobachter nimmt das Herannahen einer Schall- oder Lichtquelle als Frequenzerhöhung, die Entfernung als Frequenzerniedrigung wahr. (Vgl. Kap. „Akustik, Optik").

Eigenfrequenz
Frequenz, mit der sich die Zustandsgrößen x nicht oder schwach gedämpft sinusförmig ändern.
Freier ungedämpfter Schwinger: $f_0 = 1/T_0$.
Freier gedämpfter linearer Oszillator.

$$f_{\mathrm{d}} = \frac{\omega_{\mathrm{d}}}{2\pi} = f_0\sqrt{1 - \left(\frac{\delta}{\omega_0}\right)^2}$$
$$= f_0\sqrt{1 - \frac{b^2}{4ac}} \quad < f_0$$

f_0 Eigenfrequenz des ungedämpften Schwingers (Kennfrequenz),
ω Kreisfrequenz, δ Abklingkoeffizient,
a, c Speicherkoeffizienten, b Dämpfungskoeffizient

Eigenfunktion

Eigenform. Durch Bezug auf e. ausgezeichneten Wert normierte Ortsabhängigkeit d. Eigenvorganges.

Eigenkreisfrequenz

Imaginärteil eines exponentiell an- oder abklingenden Sinusvorgangs: Im $\underline{p} = \pm\omega_d$ (s^{-1}, rad/s)
Gedämpfter Schwinger:

$$\boxed{\omega_d = \sqrt{\omega_0^2 - \delta^2} = 2\pi f_d}$$

ω_0 Kennkreisfrequenz, δ Abklingkoeffizient,
f_d Eigenfrequenz

Eigenschwingung

Liegt vor, wenn der Eigenvorgang nicht oder schwach gedämpft sinusförmig verläuft.

Eigenschwingung, entdämpfte

Selbsterregte Schwingung; benötigt zur zur Deckung der periodischen Verluste eine äußere Energiezufuhr, die vernachlässigbar gegenüber den zwischen den Energiespeichern ausgetauschten Energiebeträgen ist.

Eigenspur

Räumliche Periodizität am Rand einer Eigenwelle.

Eigenvorgang

Diejenigen freien Zustandsänderungen eines allseitig begrenzten Kontinuums, die sich multiplikativ in eine Orts- und eine Zeitabhängigkeit aufspalten lassen.

Eigenwelle

oder *räumlich freie Welle*. Entspringt einer äußeren, örtlich konzentrierten, sinusförmigen Einwirkung. Im allseitig begrenzten Kontinuum wird von Eigenschwingungen gesprochen, im wenigstens teilweise u̲n̲begrenzten Kontinuum von Eigenwellen.

Elektromagnetische Wellen

*Frequenz und Kap. Elektrotechnik.

Elongation = Auslenkung aus der Ruhelage.

Energiedichte von Wellen

Volumenbezogene Energie des Mediums, durch das eine Welle läuft (vgl. *Intensität).
elastische Wellen

$$w = \frac{dE}{dV} = \tfrac{1}{2}\varrho\,\hat{y}^2\,\omega^2 = \tfrac{1}{2}\varrho\,\hat{v}^2$$

elektromagnetische Wellen

$$w = \tfrac{1}{2}\varepsilon_r\varepsilon_0\hat{E}^2 = \tfrac{1}{2}\mu_r\mu_0\hat{H}^2$$

Wellenfläche	Energiedichte	Amplitude
eben	$w = \text{const}$	$\hat{y} = \text{const}$
Zylinder	$w \sim r^{-1}$	$\hat{y} \sim r^{-1/2}$
Kugel	$w \sim r^{-2}$	$\hat{y} \sim r^{-1}$

Energieerhaltung bei Schwingungen

$$\begin{aligned}
E &= E_{\text{pot}}(t) + E_{\text{kin}}(t) = \text{const}\\
&= \tfrac{1}{2}c\,\hat{y}^2\sin^2(\omega_0 t) + \tfrac{1}{2}c\,\hat{y}^2\cos^2(\omega_0 t)\\
&= \tfrac{1}{2}c\,\hat{y}^2 = \tfrac{1}{2}m\,\omega_0^2\,\hat{y}^2 = \tfrac{1}{2}m\,\hat{v}^2
\end{aligned}$$

c Federkonstante, $\hat{v}$ Maximalgeschwindigkeit,
$\hat{y}$ Amplitude, ω_0 Kreisfrequenz.

Energietransport in Wellen

*Wellenamplitude, *Wellenwiderstand, *Energiedichte, *Intensität.

Feder-Masse-System

Schwingungssystem aus starrem Körper und Feder.

1) Erzwungene mechanische Schwingung.

Einem mechanischen System (*Resonator*) wird von einem *äusseren Erreger* eine periodische Kraft F_E aufgezwungen. Nach der Einschwingdauer schwingt das System mit der Frequenz des Erregers ω_E.

Kräfte beim Feder-Masse-System

Federkraft	$F_{\text{ela}} = -c\,y$
Reibungskraft	$F_R = -b\,v$
Erregende Kraft	$F_E = \hat{F}_E\cos(\omega_E t)$

Differentialgleichung

$$\ddot{y} + 2D\omega_0\dot{y} + \omega_0^2 y = \frac{\hat{F}_E}{m}\cos(\omega_E t)$$

Amplitude der erzwungenen Schwingung

$$y = \underbrace{\hat{y}_0\,e^{-\delta t}\cos(\omega_d t)}_{\text{Resonator}} + \underbrace{\hat{y}\cos(\omega_E t)}_{\text{Erreger}}$$

Im *stationären Zustand* ist der Resonatorterm Null. Der Zeiger der Auslenkung des Schwingers rotiert mit der Frequenz der erregenden Kraft, jedoch um die Phasenverschiebung γ verzögert.

$$y = \underbrace{\hat{y}\,e^{j(\omega_E t - \gamma)}}_{\text{Schwinger}} + \underbrace{F_E\,e^{j\omega_E t}}_{\text{Erreger}}$$

Amplituden-Resonanzfunktion

$$\begin{aligned}
\hat{y} &= \frac{\hat{F}_E}{m\,\sqrt{(\omega_0^2 - \omega_E^2)^2 + (2D\omega_0\omega_E)^2}}\\[2mm]
&= \frac{\hat{F}_E}{c\,\sqrt{(1-\eta^2)^2 + (2D\eta)^2}}
\end{aligned}$$

Resonanzamplitude: Resonanzkatastrophe, $D \to 0$

$$\hat{y}_r = \frac{\hat{F}_E}{2cD\sqrt{1-D^2}} = \frac{\hat{y}_{\text{stat}}}{2D\sqrt{1-D^2}}$$

Ab der *Grenzdämpfung* $D_{\text{gr}} = 1/\sqrt{2}$ tritt keine Resonanzüberhöhung im $\hat{y}(\eta)$-Diagramm mehr ein.

η normierte Frequenz.

Güte des Schwingkreises

$$Q = \frac{1}{2D} = \frac{\hat{y}_r}{\hat{y}_{\text{stat}}}$$

Phasen-Resonanzfunktion

$$\tan\gamma = \frac{2D\omega_E\,\omega_0}{(\omega_0^2 + \omega_E^2)} = \frac{2D\eta}{1-\eta^2}$$

Die $\gamma(\eta)$-Kurve verläuft S-förmig und erreicht für $D = 0$ eine Rechteckstufe.

2) Anregungsfälle

quasistatisch	$\eta \approx 1$, $\omega_E \ll \omega_0$, $\gamma = 0$, $\hat{y}_{\text{stat}} = \hat{F}_E/c$
	Schwinger kann dem Erreger folgen.
hochfrequent	$\eta \gg 1$, $\omega_E \gg \omega_0$, $\gamma \to \pi$, $\hat{y} \to 0$
	Schwinger und Erreger gegenphasig.
Resonanzfall	
– ungedämpft	$\eta \approx 1$, $\omega_E \approx \omega_0$,
	$D = 0$, $\gamma = \pi/2$, $\hat{y} \to \infty$
– mit Dämpfung	$\eta < 1$, $D > 0$, $\hat{y} \to \text{max}$
– überkritische Dämpfung	$D \geq \sqrt{2}/2$, $\hat{y} < \hat{F}_E/c$

4

$b = 2m\delta$ Dämpfungskoeffizient $\qquad$ (kg/s)
c $\qquad$ Federkonstante $\qquad$ (N/m)
$D = \delta/\omega_0$ Dämpfungsgrad $\qquad$ (Dim. 1)
$\hat{y}_{stat}$ $\qquad$ Amplitude bei quasistatischer Anregung
γ $\qquad$ Phasenverschiebung zw. Schwingungssystem und Erreger
$\delta = D\omega_0$ Abklingkoeffizient $\qquad$ (s^{-1})
$\eta = \omega_E/\omega_0$ Frequenzverhältnis, normierte Frequenz

3) Freie gedämpfte Schwingung
Masse, gekoppelt mit Feder und Dämpfungsglied.

a) Differentialgleichung
1. *geschwindigkeitsunabhängige Reibungskraft*

$$F_R = \mu\, F_N \;\Leftrightarrow\; m\ddot{y} \pm \mu F_N + cy = 0$$

Substitution: $y_0 = \dfrac{\mu F_N}{c}$ und $y := y \pm y_0$

$$\boxed{\ddot{y} + \frac{c}{m}\, y = 0}$$

Lösung siehe b) und c) mit $b = 0$.

2. *Zur Geschwindigkeit proportionale viskose Reibungskraft* (STOKESsches Reibungsgesetz)

$$F_R = b\,v \;\Leftrightarrow\; m\ddot{y} + b\dot{y} + cy = 0$$

$$\boxed{\ddot{y} + \frac{b}{m}\,\dot{y} + \frac{c}{m}\,y = 0}$$

Lösung siehe b) und c).

3. *geschwindigkeitsabhängige Luftreibungskraft* (NEWTONsches Reibungsgesetz)

$$F_R = k\,v^2 \;\Leftrightarrow\; m\ddot{y} + k\dot{y}^2 + cy = 0$$

$$\boxed{\ddot{y} + \frac{k}{m}\,\dot{y}^2 + \frac{c}{m}\,y = 0}$$

b) Schwingfall (geschwindigkeitsproport. Reibung).
Dämpfungsgrad und Abklingkoeffizient

$$D = \frac{\delta}{\omega_0} < 1 \quad\text{und}\quad \omega_0 > \delta$$

Zeitliche Auslenkung

$$y(t) = \hat{y}_0\, e^{-\delta t}\, \cos(\omega_d\, t + \varphi_0)$$

Funktionsgraf $y(t)$: Sinusschwingung mit zeitlich exponentiell abnehmender Amplitude (konstantes Amplitudenverhältnis).

Die Kreisfrequenz der gedämpften Schwingung ω_d ist kleiner als ω_0 der ungedämpften (analog $T_d > T_0$).

gedämpft:	$\omega_d = \sqrt{\dfrac{c}{m} - \left(\dfrac{b}{2m}\right)^2} = \sqrt{\omega_0^2 - \delta^2}$
	$= \omega_0\sqrt{1 - D^2}$
ungedämpft:	$\omega_0 = \sqrt{\dfrac{c}{m}}$
Abklingkoeffizient	$\delta = \dfrac{b}{2m} = \dfrac{\ln(\hat{y}_i/\hat{y}_{i+1})}{T_d} = \dfrac{\Lambda}{T_d}$
Amplitudenverhältnis	$\dfrac{\hat{y}_i}{\hat{y}_{i+1}} = e^{\delta\, T_d} = k$
Dämpfungsgrad	$D = \dfrac{\delta}{\omega_0} = \dfrac{b}{2m\,\omega_0} = \dfrac{b}{2\sqrt{mc}}$
Güte	$Q = \dfrac{1}{d} = \dfrac{1}{2D} = \dfrac{m\,\omega_0}{b} = \dfrac{\sqrt{mc}}{b}$
Potentielle Energie	$E_{pot} = \frac{1}{2}\,c\,y^2$
Kinetische Energie	$E_{kin} = \frac{1}{2}\,m\,\dot{y}^2$

c) Kriechfall (geschwindigkeitsproport. Reibung).
Dämpfungsgrad und Abklingkoeffizient

$$D = \frac{\delta}{\omega_0} > 1 \quad\text{und}\quad \omega_0 < \delta$$

Zeitliche Auslenkung

$$y(t) = \hat{y}_1\, e^{(-\delta + \sqrt{\delta^2 - \omega_0^2})\, t} + \hat{y}_2\, e^{(-\delta - \sqrt{\delta^2 - \omega_0^2})\, t}$$

$$y(t) = \hat{y}_1\, e^{-\omega_0\left(D - \sqrt{D^2 - 1}\right) t} + \hat{y}_2\, e^{-\omega_0\left(D + \sqrt{D^2 - 1}\right) t}$$

ω_d ist imaginär.

$y(t)$ klingt monoton ab; keine Schwingung.

d) Aperiodischer Grenzfall (für geschwindigkeitsproportionale Reibung). Es tritt gerade eben keine Schwingung mehr auf.
Dämpfungsgrad und Abklingkoeffizient

$$D = \frac{\delta}{\omega_0} = 1 \quad\text{und}\quad \omega_0 = \delta$$

Zeitliche Auslenkung

$$y(t) = (\hat{y}_1 + \hat{y}_2\, t)\, e^{-\delta t} = (\hat{y}_1 + \hat{y}_2\, t)\, e^{-\omega_0 D t}$$

$\omega_d = 0$.

$y(t)$ klingt innerhalb T_0 auf Null ab.

4) Freie ungedämpfte Schwingung
Horizontal bewegliche Masse an einer Zugfeder.
Kraft-Momenten-Ansatz

$$F = m\,a \quad\Rightarrow\quad -c\,y = m\,\frac{d^2 y}{dt^2}$$

Differentialgleichung

$$\ddot{y} + \frac{c}{m}\,y = 0$$

Lösung: Eigenkreisfrequenz.

$$\omega_0 = 2\pi f_0 = \sqrt{\frac{c}{m}}$$

c Federkonstante (N/m).

5) Analogie mechanischer und elektromagnetischer Schwingungen.
Mechan. Äquivalent einer Induktivität ist die Feder; eines elektr. Kondensators der Massenpunkt auf einem schwingenden Körper.

Zweidrahtleitung	Schwingende Saite
Spannung	Transversalgeschwindigkeit
Länge/Induktivität	Masse
Ladung	Saitenspannung
Strom	Impuls
Ladungserhaltung	Transversalkraft
Widerstand	Reibungskoeffizient

Flächenwelle
Welle in einem 2-dimensionalen Kontinuum.

Fourier-Analyse
Bei der Überlagerung von Schwingungen (mit ganzzahligen Frequenzverhältnissen, in gleiche Raumrichtung) kann das periodisch wiederkehrende Muster in eine Reihe von Sinus- und Cosinus-Schwingungen mit Gewichtungsfaktoren (FOURIER-Koeffizienten) zerlegt werden.
Periodische Wechselgröße (im Zeitbereich):

$$y(t) = \frac{a_0}{2} + \sum_{k=1}^{\infty} a_k \cos(k\omega t) + \sum_{k=1}^{\infty} b_k \cos(k\omega t)$$

FOURIER-Koeffizienten: Das Amplitudenspektrum (im Frequenzbereich) zeigt $b_k(\omega)$.

Tabelle 4.1 Frequenzbereiche und Wellenlängen elektromagnetischer Wellen.

Bezeichnung	Wellenlänge	Frequenz	Int. Abk.	Verwendung
Niederfrequenz	∞–30 km	0–10 kHz	nf	Regeltechnik, Induktivheizung
techn. Wechselstrom	18 000 km	$16\frac{2}{3}$ Hz	–	elektrische Bahnen
	6000 km	50 Hz	–	allgemeine Energieversorgung
Tonfrequenz	18 800–15 km	16–20 000 Hz	af	Audioelektrik
Radiowellen				
Längstwellen	30–10 km	10–30 kHz	vlf	Überseetelegrafie. Boden-Unterwasser-Verbindungen
Langwellen	10–1 km	30–300 kHz	lf	Telegrafie, Presse- und Wetterdienst, Rundfunk
Mittelwellen	1000–182 m	300–1650 kHz	mf	Radio, Flug-, Schiffsfunk
Grenzwellen	182–100 m	1,650–3 MHz	–	Küstenfunk
Kurzwellen	100–10 m	3–30 MHz	hf	Überseetelegrafie, Radio, Flug-, Amateurfunk
Ultrakurzwellen	10–1 m	30–300 MHz	vhf	TV, Radio, Flug-, Polizeifunk,
Dezimeterwellen	1 m–1 dm	300–3000 MHz	uhf	TV, Richt-, Satellitenfunk
Zentimeterwellen	10–1 cm	3–30 GHz	shf	Radar, Richtfunk, Maser
Millimeterwellen	10–1 mm	30–300 GHz	ehf	dto.
Mikrowellen	1–0,1 mm	300–3000 GHz	ehf	dto.
Licht				
Infrarot	1 mm–0,78 μm	$3 \cdot 10^{11}$–$3,8 \cdot 10^{14}$	ir	IR-Nachrichtentechnik, Laser
sichtbares Licht	0,78–0,36 μm	$3,8 \cdot 10^{14}$–$8,3 \cdot 10^{14}$ Hz	–	Lichttelefonie und elektische od. optische Entfernungsmessung
Ultraviolett	0,36–0,01 μm	$8,3 \cdot 10^{14}$–$3 \cdot 10^{16}$ Hz	uv	Lasertechnik, Entfernungsmessung
Röntgenstrahlung				
– weich	60–0,10 nm	$\cdot 10^{15}$–$3 \cdot 10^{18}$ Hz	–	Röntgendiagnostik, Röntgentherapie
– mittel	0,01–0,001 nm	$3 \cdot 10^{19}$–$3 \cdot 10^{20}$ Hz	–	Materialprüfung
– hart	0,001–10^{-8} nm	$3 \cdot 10^{20}$–$3 \cdot 10^{25}$ Hz	–	Kernreaktionen
Gammastrahlung	0,4–10^{-4} nm	$8 \cdot 10^{17}$–$3 \cdot 10^{21}$ Hz	γ	Strahlentherapie, Analytik Kernreaktionen, Höhenstrahlung

$$a_0 = \frac{2}{T} \int_0^T y(t)\, \mathrm{d}t$$

$$a_k = \frac{2}{T} \int_0^T y(t)\, \cos(k\omega t)\, \mathrm{d}t$$

$$b_k = \frac{2}{T} \int_0^T y(t)\, \sin(k\omega t)\, \mathrm{d}t$$

für $k = 1,2,3,\ldots$.

Fourier-Synthese

Erzeugung beliebiger Kurvenformen durch Interferenz von Schwingungen mit ganzzahligen Frequenzverhältnissen in gleiche Raumrichtung.

Frequenz

Periodenfrequenz (f oder ν in Hertz). Zeitbezogene Größe für periodische, ortsfeste Vorgänge; speziell für Schwingungs- und Umdrehungsvorgänge.

$$\text{Periodenfrequenz } f = \frac{\text{Periodenzahl } N}{\text{Zeit } t}$$

Der Kehrwert der *Periodendauer $f = 1/T$.
Frequenzbereiche: vgl. Tabelle.

1 Hz (HERTZ) = 1 s^{-1}.

Grenzschichtwelle

Längs einer Grenzschicht geführte Welle.

Gruppengeschwindigkeit

Geschwindigkeit der Einhüllenden eines Wellenpaketes; Geschwindigkeit des Energie- und Informationstransportes. Ausbreitungsgeschwindigkeit der Hüllkurve einer Gruppe frequenzbenachbarter Wellen (eines *Wellenpaketes*), und damit die Ausbreitungsgeschwindigkeit der mittleren Leistung. In Medien mit Dispersion ungleich der *Phasengeschwindigkeit c: Differentialquotient der Kreisfrequenz ω nach dem *Phasenkoeffizienten β.

$$c_{\mathrm{gr}} = \frac{\mathrm{d}\omega}{\mathrm{d}\beta} = c - \lambda\, \frac{\mathrm{d}c}{\mathrm{d}\lambda} \qquad \frac{\mathrm{m}}{\mathrm{s}}$$

Im optischen Medium ist: $c_{\mathrm{gr}} = c_0 / n_{\mathrm{gr}}$.

normale Dispersion	$c_{\mathrm{gr}} < c$	$\frac{\mathrm{d}c}{\mathrm{d}\lambda} > 0$
keine Dispersion	$c_{\mathrm{gr}} = c$	$\frac{\mathrm{d}c}{\mathrm{d}\lambda} = 0$
anomale Dispersion	$c_{\mathrm{gr}} > c$	$\frac{\mathrm{d}c}{\mathrm{d}\lambda} < 0$

c_0 Lichtgeschwindigkeit im Vakuum, n_{gr} Gruppenbrechzahl.

Gruppenlaufzeit

Im optischen Medium:

$$t_{\mathrm{gr}} = \frac{s}{c_{\mathrm{gr}}} = \frac{s\, n_{\mathrm{gr}}}{c_0} \qquad \mathrm{s}$$

c_{gr} Gruppengeschwindigkeit, n_{gr} Gruppenbrechzahl, s Weg.

Güte, elastische

Verhältnis der max. kinet. Energiedichte w zur Abnahme Δw der Energiedichte beim Fortschreiten der Welle um eine Wellenlänge.

$$\boxed{Q = \frac{2\pi\,w}{\Delta w}} \quad (\text{Dim. 1})$$

Der Kehrwert $1/Q$ heißt Anelastizitätsgrad.

Halbwertsbreite

Breite der symmetrischen, glockenförmigen Resonanzkurve bei $^1/_{\sqrt{2}} \approx 0{,}707$ des Höchstwertes; Kehrwert der *Güte.

$$\Gamma = \begin{cases} & \text{für Abszisse:} \\ \delta/\pi & \text{Frequenz} \quad\quad f \\ 2\vartheta & \text{Verstimmung} \quad \varepsilon \\ 2\vartheta & \text{Winkelfrequenz} \; \omega \end{cases}$$

δ Abklingkoeffizient, ϑ Dämpfungsgrad = halber Verlustfaktor $d/2$.

Harmonische Analyse

(in der Akustik) *Klanganalyse*. Eine periodische Schwingung kann man mathematisch in Teilschwingungen (Teiltöne) zerlegen.

$$\underline{\hat{x}}_n = \hat{x}_n\, e^{i\,\omega_{0n}} = \frac{2}{T} \int_0^T x(t)\, e^{-i\,2\pi n f_1 t}\, dt$$

Das *Amplitudenspektrum* oder „*Linienspektrum*" ist die Auftragung der Amplituden $\hat{x}_n$ der Teilschwingungen über ihrer Frequenz f_n oder Ordnungszahl n; es ist unabhängig von der Wahl der Anfangszeitpunkte t_{0n} der Teilschwingungen. Um den Zeitverlauf der periodischen Schwingung zu bestimmen, ist die zusätzliche Angabe der Nullphasenwinkel erforderlich.

Das *Phasenwinkelspektrum*, kurz *Phasenspektrum*, ist die Auftragung der Nullphasenwinkel φ_{0n} der Teilschwingungen über ihrer Frequenz f_n oder Ordnungszahl n.

Komplexes Amplitudenspektrum heißt die Zusammenfassung von Amplituden- und Phasenspektrum.

Harmonische Schwingung *Sinusschwingung.

Harmonische Synthese

(in der Akustik) *Tonsynthese*.

1) Eine periodische Schwingung kann man durch eine FOURIER-Reihe als Summe von n Sinusschwingungen der Periodendauern $T_n = T_1/n$ (oder Frequenzen $f_n = n f_1$) zusammensetzen. Die Summanden sind harmonische Schwingungen und die Frequenzen stehen im Verhältnis ganzer Zahlen ($n = 1, 2, 3, \dots$).

$$\begin{aligned} x(t) - \overline{x(t)} &= \sum_{n=1}^{\infty} \hat{x}_n \cos(2\pi n f_1 t + \varphi_{0n}) \\ &= \sum_{n=1}^{\infty} \mathrm{Re}\left\{ \underline{\hat{x}}_n\, e^{i\,2\pi n f_1 t} \right\} \end{aligned}$$

In dieser Gleichung dürfen beliebig viele Summanden (= Teilschwingungen) ausfallen, so dass praktisch jedes Frequenzgemisch, sogar mit nicht harmonischen Anteilen, beschrieben werden kann.

2) Oberschwingungen. Die *Teilschwingung* (Akustik: *Teilton*), die zur *Ordnungszahl n* gehört, heißt n-te Teilschwingung (n-ter Teilton) oder n-te *Harmonische*, früher: $(n-1)$-te *Oberschwingung*. Jedoch für $n > 1$ übergeordneter Begriff Oberschwingungen.

3) Grundschwingung (Akustik: *Grundton*); die erste Teilschwingung (der tiefste Teilton) mit der Periodendauer T_1 und der *Grundfrequenz* f_1.

Als *Bezugsfrequenz* f_B der harmonischen Synthese wird z. B. bei nichtlinearen Schwingungen statt f_1 die Erregerfrequenz verwendet.

4) Sub- und Superharmonische. Neben Teilschwingungen $f_n = n f_\mathrm{B}$ mit ganzzahliger Ordnung n (*Superharmonische*) treten *Subharmonische* ($n = 1/q$) und *Super-Subharmonische* ($n = p/q$) auf, wobei $1/q$ ein Stammbruch von n und p/q ein Vielfaches sind.

Impuls

Impulsförmige Schwingung. Ein gegenüber der Beobachtungsdauer (charakteristische Zeit) kurzer Schwingungsvorgang. Der einseitige Impuls heißt *Stoß*.

Intensität von Wellen

oder *Energiestromdichte*. Flächenbezogene Leistung des Mediums, durch das eine Welle läuft.

elastische mechanische Welle

$$I = w\,c = \tfrac{1}{2} c \varrho \omega^2\, \hat{y}^2 \quad (\text{W/m}^2)$$

elektromagnetische Wellen

$$I = \tfrac{1}{2}\sqrt{\frac{\varepsilon_\mathrm{r}\varepsilon_0}{\mu_\mathrm{r}\mu_0}}\, \hat{E}^2 = \tfrac{1}{2}\sqrt{\frac{\mu_\mathrm{r}\mu_0}{\varepsilon_\mathrm{r}\varepsilon_0}}\, \hat{H}^2$$

Energieerhaltung bei *Reflexion und *Transmission

$$I = I_\varrho + I_\tau$$

Das *Superpositionsprinzip* für die vektoriellen Elongationen $\vec{y} = \vec{y}_1 + \vec{y}_2 + \vec{y}_3 + \dots$

gilt nicht für die Intensitäten, da

$$I \sim |\vec{y}|^2 = (|\vec{y}_1| + |\vec{y}_2| + |\vec{y}_3| + \dots)^2$$

c Ausbreitungsgeschwindigkeit, w Energiedichte, $\hat{y}$ Amplitude = Auslenkung, ϱ Dichte des Mediums.

Interferenz von Wellen

Überlagerung von Wellen. Innerhalb des linear-elastischen Bereichs überlagern sich Schwingungen ungestört (= Superpositionsprinzip). Die resultierende Welle ist in jedem Punkt die Summe der Auslenkungen aller beteiligten Wellen (Nachweis der Wellennatur).

1) Wellen gleicher Frequenz bzw. Wellenlänge

Zwei Wellen gleicher Amplitude $\hat{y}$ in die gleiche Ausbreitungsrichtung

$$\begin{aligned} y_1 &= \hat{y}\,\cos(\omega t - kx) \\ y_2 &= \hat{y}\,\cos(\omega t - kx + \varphi) \\ &= \hat{y}\,\cos\left(\omega t - kx + \frac{2\pi s}{\lambda}\right) \\ \hline y(x,t) &= 2\hat{y}\,\cos\frac{\varphi}{2}\,\cos\left(\omega t - kx + \frac{\varphi}{2}\right) \\ &= 2\hat{y}\,\cos\frac{\pi s}{\lambda}\,\cos\left(\omega t - kx + \frac{\pi s}{\lambda}\right) \end{aligned}$$

$k = 2\pi/T$ Wellenzahl.

Der *Gangunterschied* ist mit der Phasendifferenz φ der Wellen über $s = \frac{\varphi}{2\pi}\,\lambda$ verknüpft.

Konstruktive Interferenz (Verstärkung)	destruktive Interferenz (Auslöschung)
$s = m\,\lambda$	$s = (2m+1)\,\frac{\lambda}{2}$
$\varphi = 2\pi\,m$	$\varphi = (2m+1)\,\pi$
Ordnungszahl	$m = 0, \pm 1, \pm 2 \dots$

2) Stehende Wellen. Interferenz zweier Wellen gleicher Frequenz, Wellenlänge und Amplitude, die sich entgegen laufen. Überlagerung von einlaufenden und reflektierten Wellen; z. B. bei einem einseitig befestigten Seil.

1. Im Abstand $\lambda/2$ entstehen ortsfeste *Schwingungsknoten* und *-bäuche*.

$$\sin kx = \sin \frac{2\pi x}{\lambda} = 0 \quad \Rightarrow x = 0, \frac{\lambda}{2}, \frac{3\lambda}{2}, \dots$$

2. *Reflexion* am dichteren Medium (Wand, festes Ende): Phasensprung $\varphi = \pi$, Gangunterschied $s = \lambda/2$, Schwingungsknoten an der Grenzfläche. Die resultierende Amplitude ist:

$$\begin{aligned}
y_1 &= \hat{y}\,\cos(\omega t - kx) \\
y_2 &= \hat{y}\,\cos(\omega t - kx + \varphi) \\
    &= \hat{y}\,\cos\left(\omega t + kx + \frac{2\pi s}{\lambda}\right) \\
\hline
y(x,t) &= -2\hat{y}\,\sin\omega t\,\sin kx \\
    &= 2\hat{y}\,\cos\left(\omega t + \frac{\varphi}{2}\right)\cos\left(kx + \frac{\varphi}{2}\right) \\
    &= 2\hat{y}\,\cos\left(\omega t + \frac{\pi s}{\lambda}\right)\cos\left(kx + \frac{\pi s}{\lambda}\right)
\end{aligned}$$

s Gangunterschied, *k* Wellenzahl.

3. Reflexion an einem dünneren Medium (loses Ende): kein Phasensprung ($\varphi = 0$, $s = 0$), Schwingungsbauch an der Grenzfläche.

Stehende Wellen sind Eigenschwingungen eines Kontinuums: $f_n = (n+1)\,f_0$ mit $n = 0,1,2,\dots$
Für Saiten: $f_0 = c/2l$.

3) Schwebung. Bei Überlagerung von Wellen mit nahezu gleicher Frequenz und gleicher Amplitude $\hat{y}$. Die resultierende Amplitude schwillt an und ab.

$$y_{\text{res}}(x,t) = 2\hat{y}\,\cos\left[\frac{\Delta\omega}{2}\left(\frac{x}{c} - t\right)\right]\cos\left[\frac{\omega_1 + \omega_2}{2}\left(\frac{x}{c} - t\right)\right]$$

Gruppengeschwindigkeit (eines Wellenpakets)

$$c_{\text{gr}} = \frac{\mathrm{d}\omega}{\mathrm{d}k} = c - \lambda\frac{\mathrm{d}c}{\mathrm{d}\lambda}$$

c Phasengeschwindigkeit = Ausbreitungsgeschwindigkeit.
$f = 1/T$ Frequenz, $k = 2\pi/T$ Wellenzahl, T Periodendauer, x Ort, λ Wellenlänge, $\omega = 2\pi f$ Kreisfrequenz.

Kanalwelle Zwischen zwei Wänden geführte Welle.

Kantenwelle Längs einer Kante geführte Randwelle.

Kennfrequenz

Eigenfrequenz f_0 (in Hz) eines Oszillators im ungedämpften Zustand.

Kennkreisfrequenz

Eigenkreisfrequenz ω_0 (in s^{-1}, rad/s) eines Oszillators im ungedämpften Zustand: $\omega_0 = 2\pi f_0$.

Kippschwingung

Lade- oder Relaxationsschwingung, bei der (beim Überschreiten eines Schwellenwertes durch eine Zustandsgröße) ein Element des Schwingers eine plötzliche Änderung erfährt.
Beispiele: Zündung einer Gasentladung, Übergang von Haft- zu Gleitreibung.

Kontinuum

Schwingungsfähiges System, dessen Eigenschaften stetige Funktionen des Ortes sind.
homogen: ortsunabhängige Eigenschaften,
inhomogen: ortsabhängige Eigenschaften,

isotrop: richtungsunabhängige Eigenschaften,
anisotrop: richtungsabhängige Eigenschaften.

Die geometrischen Begrenzungen des Kontinuums durch Punkte, Linien oder Flächen nennt man den *Rand* des Kontinuums. Die geometrische Trennung zwischen zwei Kontinua heißt *Grenze*. Am Rand herrschen für einzelne Zustandsgrößen spezielle Beziehungen oder Festwerte, die *Randbedingungen*. An der Grenze zweier Kontinua herrschen für einzelne Zustandsgrößen *Grenzbedingungen*. Die *Anfangsbedingungen* definieren die Werte der Zustandsgrößen im Anfangszeitpunkt der Beobachtung oder Beschreibung, z. B. im Zeitpunkt $t = 0$. Für jede unabhängige Energieart gibt es exakt eine Anfangsbedingung.

Kontinuum, schwingendes

Ein schwingendes Kontinuum setzt mindestens zwei Energiearten voraus: z. B. elektrische und magnetische Energie, potentielle und kinetische Energie.

1) Feldgleichungen beschreiben die Beziehungen zwischen den Zustandsgrößen. Beispiele: MAXWELLsche Gleichungen, NEWTONsche Gleichung, HOOKEsches Gesetz. Sind die Feldgleichungen linear (z. B. im Grenzfall kleiner Amplituden), sind die Energiegrößen proportional zu den Quadraten der zugeordneten Zustandsgrößen oder ihrer Ableitungen (z. B. potentielle Energie $\sim$ Dehnung^2).

2) Wellengleichungen sind partielle Differentialgleichungen mit nur einer Zustandsgröße, die sich aus den Feldgleichungen ableiten. Die *gewöhnliche* Wellengleichung enthält hinsichtlich des Ortes nur die zweite Ableitung.

1-dimensional: $\qquad c^2\,\dfrac{\partial^2 u}{\partial x^2} = \dfrac{\partial^2 u}{\partial t^2}$

2-dimensional: $\qquad c^2\left(\dfrac{\partial^2 p}{\partial x^2} + \dfrac{\partial^2 p}{\partial y^2}\right) = \dfrac{\partial^2 p}{\partial t^2}$

3-dimensional: $\qquad c^2\,\Delta\varphi = \dfrac{\partial^2 \varphi}{\partial t^2}$

Kreisfrequenz

Winkelfrequenz, Pulsatanz, Einheitswinkelfrequenz. Das 2π-fache der Periodenfrequenz f:

$$\boxed{\omega = 2\pi f = 2\pi/T} \qquad s^{-1}$$

Betrachtet man die Sinusschwingung als Projektion eines rotierenden Zeigers, dann sind die Zahlenwerte von Winkelgeschwindigkeit (in rad/s) und Kreisfrequenz (in s^{-1}) gleich.

Kreisfrequenz, komplexe

Komplexer Anklingkoeffizient oder *Wuchskoeffizient.* ($\underline{p}$ oder $\underline{s}$) eines exponentiell wachsenden Sinusvorgangs:

$$\boxed{\underline{p} = \sigma + \mathrm{j}\,\omega = -\delta + \mathrm{j}\,\omega} \qquad s^{-1}$$

Konjugiert komplexe Kreisfrequenz:

$$\boxed{\underline{p}^* = \sigma - \mathrm{j}\,\omega}$$

σ Anklingkoeffizient = Wuchskoeffizient,
δ Abklingkoeffizient, ω Kreisfrequenz.

Schwingungen und Wellen

Kreiswellenzahl

*Phasenkoeffizient einer ungedämpften Sinuswelle.

Ladeschwingung

bzw. *Relaxationsschwingung*. Selbsterregte Schwingung; der Lade- bzw. der Entladevorgang (Relaxationsvorgang) eines der Energiespeicher bestimmt die Periodendauer.

Leistungsspektralfunktion

Kurz *Leistungsspektrum*. FOURIER-Transformierte der *Autokorrelationsfunktion φ.

$$\Phi(\omega) = \mathcal{F}\{\varphi(\tau)\} = \int\limits_{-\infty}^{\infty} \varphi(\tau)\, e^{-i\,\omega\tau}\, d\tau$$

Anschaulich: quadrierte Amplituden der *Spektralfunktion dividiert durch die Beobachtungszeit.

$$\Phi(\omega) = \lim_{\Delta t \to \infty} \frac{1}{\Delta t}\, |\underline{X}(\omega)|^2$$

Der Grenzübergang besagt, dass die Beobachtungszeit wenigstens so lang sein muss, dass sich der berechnete Φ-Wert im Rahmen der gegebenen Fehlergrenze bei längeren Zeiten nicht ändert.

Lissajous-Figuren

Überlagerung von zueinander senkrechten Schwingungen mit ganzzahligen Frequenzverhältnissen.

1) *Schwingungen mit gleicher Frequenz.*
Ausgangsschwingungen

$$\begin{aligned} x(t) &= \hat{x}\,\sin(\omega t) \\ y(t) &= \hat{y}\,\sin(\omega t + \varphi) \end{aligned}$$

Überlagerte Schwingung: Ellipse

$$\frac{y^2}{\hat{y}^2} + \frac{x^2}{\hat{x}^2} - \frac{2xy}{\hat{x}\,\hat{y}}\cos\varphi = \sin^2\varphi$$

Phasenverschiebung

$$\sin\varphi = \frac{y(0)}{\hat{y}} = \frac{x(0)}{\hat{x}}$$

2) *Schwingungen ungleicher Frequenz* überlagern sich zu geschlossenen Kurven; z. B.
Ellipse ($\Delta\varphi = \pi/2$, $\hat{x} \neq \hat{y}$),
Lemniskate ($\Delta\varphi = 0$, $\omega_1 = \omega_2/2$)

Longitudinalwelle

Mindestens eine maßgebende Zustandsgröße ist ein Vektor, dessen Richtung mit der Ausbreitungsrichtung zusammen fällt.
Beispiel: Schallwellen in Gasen und Flüssigkeiten.

Mitnahme

Erscheinung, dass ein *selbst- und fremderregter Schwinger* einer äußeren periodischen Erregung ausgesetzt ist, so dass er schließlich mit der Erregerfreqenz f_e (oder bei Untertonerregung: einem Stammbruch davon) schwingt, wobei Form und Scheitelwert der Schwingung nahezu einer selbsterregten Schwingung der Frequenz f_e entsprechen.

Nullphasenwinkel

Anfangsphase. Anfangslage des schwingenden Systems zur Zeit $t = 0$. Der bei Schwingungsbeginn auftretende Phasenwinkel φ_0.

Für eine Sinusschwingung

$$y(t) = \hat{y}\,\cos(\omega t + \varphi_0)$$

ist der Nullphasenwinkel

$$\varphi_0 = \arccos\frac{y(0)}{\hat{y}} \quad \begin{cases} > 0 & \text{voreilend} \\ < 0 & \text{nacheilend} \end{cases}$$

Betrachtet man die Sinusschwingung als Projektion eines rotierenden Zeigers, dann ist der Nullphasenwinkel gleich dem Drehwinkel der Ausgangsstellung des Zeigers vor der Drehung zum Zeitpunkt $t = 0$ (gemessen gegen x-Achse eines kartes. Koordinatensystems).

• Positiver Nullphasenwinkel oder *Voreilung* bedeutet Verschiebung der Sinuswelle in negativer Richtung der Zeitachse.

• Negativer Nullphasenwinkel oder *Nacheilung* bedeutet Verschiebung der Sinuswelle in positiver Richtung der Zeitachse.

Im Zeigerdiagramm ist der voreilende (nacheilende) Zeiger gegenüber dem Bezugszeiger im Linkssinn (Rechtssinn) um den Winkel $\pm\varphi$ gedreht.

Nullphasenzeit

Vereinfacht: Die Zeit nächst $t = 0$, bei der die Schwingung ihren Scheitelwert erreicht. $t_0 = \varphi_0/\omega$

φ_0 Nullphasenwinkel.

Oberflächenwelle

Längs einer freien Oberfläche geführte Welle.

Oszillator, fremderregter

Vgl. fremderregte *Schwingung, *erzwungene Schwingung, *parametrisch erregte Schwingung, *Mitnahme.

Oszillator, harmonischer

oder *linearer Schwinger* ohne Dämpfung.
Schwingungsdauer, Periodendauer

$$T = \frac{1}{f} = 2\pi\,\sqrt{\frac{m}{c}} \quad \text{(s)}$$

Schwingungsfrequenz

$$f = \frac{\omega}{2\pi} = \frac{1}{2\pi}\,\sqrt{\frac{c}{m}} \quad (\text{Hz} = \text{s}^{-1})$$

Kreisfrequenz

$$\omega = 2\pi\, f = \sqrt{\frac{c}{m}} \quad (\text{s}^{-1})$$

Elongation: Augenblickswert des Ausschlages

$$x = \hat{x}\,\sin(\omega t + \varphi) \quad \text{(m)}$$

potentielle und kinetische Energie des Schwingers

$$W_\text{pot} = \frac{c\,x^2}{2}; \quad W_\text{kin} = \frac{m\,v^2}{2} \quad (\text{J} = \text{N m})$$

Schwingungsenergie (in J = N m)

$$W = W_\text{pot} + W_\text{kin} = \frac{c\,x^2}{2} + \frac{m\,v^2}{2} = \text{const}$$

Kraftgesetz

$$F = -c\,x$$

c	Federsteifigkeit	(N/m = kg/s^2)
m	Masse des Schwingers	(kg)
v	Geschwindigkeit der bewegten Masse	(m/s)

Oszillator, selbsterhaltender

Erreicht bei selbsterregter Schwingung einen stationären Zustand.

Pendel

Schwingungssystem aus einer beweglichen Masse und einem Pendelarm.

1) Mathematisches Pendel.

Freie ungedämpfte *harmonische Schwingung* einer Punktmasse m an einem masselosen, unelastischen Faden. Das *Sekundenpendel* ($T = 1$ s für hin und her) ist $l = 0{,}2485$ m lang.

Kraft-Momenten-Ansatz

$$F = m\,a \quad \Rightarrow \quad -m\,g\,\beta = m\,l\,\frac{\mathrm{d}^2\beta}{\mathrm{d}t^2}$$

Differentialgleichung

$$\ddot{\beta} + \frac{g}{l}\,\beta = 0$$

Lösung für kleine Auslenkung: Eigenkreisfrequenz.

$$\omega_0 = 2\pi f_0 = \sqrt{\frac{g}{l}}$$

Schwingungsdauer (masse_un_abhängig!)

$$\boxed{T = 2\pi\,\sqrt{\frac{l}{g}}} \quad \text{s}$$

l Pendellänge, g örtliche Fallbeschleunigung,
β Auslenkung (rad).

Korrekturfaktoren für größere Auslenkung	
1°	1,000 02
5°	1,000 48
10°	1,001 91
30°	1,017 41
45°	1,039 97

2) Federpendel.
Einseitig eingespannter zylindrischer Stab oder eine Masse m an einem Faden aufgehängt.

Federkraft (HOOKE'sches Gesetz)

$$F(x) = -c\,x$$

Eigenkreisfrequenz und Schwingungsdauer

$$\omega_0 = \sqrt{\frac{c}{m}}; \quad \boxed{T = 2\pi\,\sqrt{\frac{m}{c}} = \frac{1}{f}}$$

c Federsteifigkeit (N/m = kg/s^2), f Frequenz.

3) Physikalisches Pendel oder *physisches Pendel*.
Ein beliebig geformter Körper an einem Drehpunkt aufgehängt. Freie ungedämpfte Drehschwingung einer beliebig geformten Masse um eine beliebige Achse A (im Abstand r vom Schwerpunkt S).

Kraft-Momenten-Ansatz

$$M = J_{\mathrm{A}}\,\alpha \quad \Rightarrow \quad -m\,g\,r\,\varphi = J_{\mathrm{A}}\,\frac{\mathrm{d}^2\varphi}{\mathrm{d}t^2}$$

Differentialgleichung

$$\ddot{\varphi} + \frac{m\,g\,r}{J_{\mathrm{A}}}\,\varphi = 0$$

Lösung: Eigenkreisfrequenz.

$$\omega_0 = 2\pi f_0 = \sqrt{\frac{m\,g\,r}{J_{\mathrm{A}}}}$$

Schwingungsdauer

$$\boxed{T = 2\pi\,\sqrt{\frac{J_{\mathrm{a}}}{m\,g\,r}} = 2\pi\,\sqrt{\frac{l_{\mathrm{red}}}{g}}} \quad \text{s}$$

Drehmoment

$$M = -m\,g\,r\,\sin\varphi \approx -m\,g\,r\,\varphi$$

Reduzierte Pendellänge

$$l_{\mathrm{red}} = \frac{J_{\mathrm{A}}}{m\,r}$$

r	Abstand Drehpunkt – Schwerpunkt	(m)
J_{A}	Massenträgheitsmoment um	
	die Drehachse A	(kg m^2)
l_{red}	reduzierte Länge, korrespond. Pendellänge,	
	Abstand Drehpunkt – Schwingmittelpunkt	(m)
M	Drehmoment	(N m)
φ	Auslenkung	(rad).

4) Torsionspendel oder *Drehfederpendel*, Drehpendel.
Verdrehen eines einseitig eingespannten Drahtes, an dem ein Körper befestigt ist. Freie ungedämpfte Drehschwingung einer Punktmasse an einem verdrehten Draht oder der Drehachse einer *Spiralfeder*.

Kraft-Momenten-Ansatz

$$M = J_{\mathrm{A}}\,\alpha \quad \Rightarrow \quad -c^*\,\varphi = J_{\mathrm{A}}\,\frac{\mathrm{d}^2\varphi}{\mathrm{d}t^2}$$

Differentialgleichung

$$\ddot{\varphi} + \frac{c^*}{J_{\mathrm{A}}}\,\varphi = 0$$

Lösung: Eigenkreisfrequenz.

$$\omega_0 = 2\pi f_0 = \sqrt{\frac{c^*}{J_{\mathrm{A}}}}$$

Schwingungsdauer

$$\boxed{T = 2\pi\,\sqrt{\frac{J_{\mathrm{A}}}{c^*}}} \quad \text{Nm}$$

Drehmoment

$$\boxed{M = c^*\,\varphi} \quad \text{s}$$

c^*	Winkelrichtgröße, Richtmoment;	
	Direktionsmoment, winkelbezogenes Rückstell-	
	moment, Drehfederkonstante	(N m/rad)
α	Winkelbeschleunigung	
φ	Auslenkung, Drehwinkel	(rad)

5) Flüssigkeitspendel.
Freie ungedämpfte Schwingung der Flüssigkeitsäulen in beiden Schenkeln eines U-Rohrs (Querschnitt A).

Kraft-Momenten-Ansatz

$$F = m\,a \quad \Rightarrow \quad -2A\,\varrho\,g\,y = m\,\frac{\mathrm{d}^2 y}{\mathrm{d}t^2}$$

Differentialgleichung

$$\ddot{y} + \frac{2A\,\varrho\,g}{m}\,y = 0 \quad \Rightarrow \quad \ddot{y} + \frac{2g}{l}\,y = 0$$

Lösung: Eigenkreisfrequenz.

$$\omega_0 = 2\pi f_0 = \sqrt{\frac{2A\,\varrho\,g}{m}} = \sqrt{\frac{2g}{l}}$$

m Gesamtmasse der Flüssigkeit,
l Höhe der schwingenden Flüssigkeitssäule,
y Auslenkung, ϱ Dichte.

Periodendauer

Schwingungsdauer. Kleinste Zeitspanne T (in s) zwischen zwei aufeinander folgenden, gleichen Schwingungszuständen; z. B. Abstand zweier Maxima oder Minima. Der kürzeste Zeitabschnitt, innerhalb dessen sich eine Schwingung periodisch wiederholt.

Bei einer Sinusschwingung z. B. der zeitliche Abstand zwischen Wellenberg und Wellental (oder den Nulldurchgängen jeweils zu Beginn des Wellentales bzw. Wellenberges).

$$T = \frac{1}{f} = \frac{\lambda}{c} = \frac{2\pi}{\omega} \qquad \text{s}$$

Periodizität

Eigenschaft aller Schwingungen, dass bestimmte Zustände in konstanten Zeitabständen wiederkehren. Beschreibung durch Sinus- und Cosinusfunktionen.

Phase

Der augenblickliche Schwingungszustand eines Systems mit m Freiheitsgraden, das einer Differentialgleichung m-ter Ordnung genügt und durch m Größen beschrieben wird (z. B. eine abhängige Variable x und ihre $(m-1)$-ten zeitlichen Ableitungen).

Augenblicklicher Zustand einer Schwingung, bestimmt durch zwei Schwingungsgrößen (Weg und Zeit). Fälschlich für: *Phasenverschiebung, *Phasenwinkel.

Phasengeschwindigkeit

Ausbreitungsgeschwindigkeit einer Welle oder eines Zustandes konstanter Phase $\omega t - kx + \varphi_0 = \text{const}$. Konstante in der *Wellengleichung.

1) Quotient aus Winkelfrequenz ω und Phasenkoeffizient β; die Geschwindigkeit, mit der sich bestimmte Phasen (z. B. Nulldurchgänge) einer dispergierenden Welle (d. h. $\lambda/T = \omega/\beta \neq \text{const}$) fortbewegen; vgl. *Gruppengeschwindigkeit.

$$c_{ph} = \frac{\omega}{\beta} \qquad \text{m/s}$$

Normale Dispersion: $\qquad c_{ph} \sim \lambda$
Anomale Dispersion: $\qquad c_{ph} \sim \lambda^{-1}$.

2) Quotient aus Wellenlänge λ und Periodendauer T.

$$c = \frac{\lambda}{T} = f\lambda \qquad \text{m/s}$$

Hierbei wird c als unabhängig von der Frequenz f angenommen.

Longitudinalwellen

– in Gasen $\qquad\qquad c = \sqrt{\dfrac{\kappa\, p}{\varrho}}$

– in Flüssigkeiten $\qquad c = \sqrt{\dfrac{K}{\varrho}}$

– in Stäben $\qquad\qquad c = \sqrt{\dfrac{E}{\varrho}}$

Torsionswellen

– in Rundstäben $\qquad c = \sqrt{\dfrac{G}{\varrho}}$

Transversalwellen

– Saite, Seilwelle $\qquad c = \sqrt{\dfrac{F}{A\varrho}} = \sqrt{\dfrac{F\,l}{m}} = \sqrt{\sigma\varrho}$

Elektromagn. Wellen

– im Vakuum $\qquad\qquad c = \sqrt{\dfrac{1}{\varepsilon_0\mu_0}}$

– in Materie $\qquad\qquad c = \sqrt{\dfrac{1}{\varepsilon_0\varepsilon_r\mu_0\mu_r}}$

– auf Leitungen $\qquad\quad c = \sqrt{\dfrac{1}{C'\,L'}}$

A Saitenquerschnitt, C' längenbezogene Kapazität,
E Elastizitätsmodul, F Spannkraft, G Schubmodul,
K Kompressionsmodul, L' längenbezog. Induktivität, p Druck,
κ Isentropenexponent, ϱ Dichte, σ Seilspannung.

Phasenkoeffizient

Imaginärteil des komplexen *Ausbreitungskoeffizienten

$\beta = \text{Im}\,\gamma$ einer gedämpften Sinuswelle; bei einer ungedämpften Sinuswelle auch *Kreiswellenzahl k genannt.
Dispergierende Welle. Eine Welle, bei der Winkelfrequenz ω und Phasenkoeffizient β einander proportional sind. Für die Zerlegung des weißen Lichtes in einem Prisma gilt speziell:

$$\frac{\lambda}{T} = \frac{\omega}{\beta} \neq \text{const}.$$

Phasenraum

Auftragung der m charakteristischen Größen eines Schwingungssystems in einem m-dimensionalen Koordinatensystem. Bei einem System 2. Ordnung spricht man von der *Phasenebene*.
Die *Phasenkurve* beschreibt den Verlauf der Schwingung im Phasenraum: Eine Sinusschwingung erscheint als Ellipse oder Kreis, eine abklingende oder anschwellende Schwingung als spiralige Kurve.

Phasenwinkel

Summe der Phasenlage eines Punktes zur Zeit t und des *Nullphasenwinkels φ_0.

$$\varphi = \omega\,t + \varphi_0$$

Phasenwinkelspektrum

Kurz: *Phasenspektrum.* Auftragung der *Nullphasenwinkel φ_{0n} der Teilschwingungen über ihrer Frequenz f_n oder Ordnungszahl n.

Phasenzeit

Dem *Phasenwinkel entsprechende Zeit einer Sinusschwingung. $t = \varphi/\omega$ (s).

Polarisation

Schwingungslehre: Spezielle Kombination der maßgebenden, d. h. die Leistungsübertragung bestimmenden Zustandsgrößen nach ihren Amplitudenverhältnissen, Phasendifferenzen und Richtungen (auch gegenüber der Wellenausbreitung). *Transversalwelle.

Pulsatanz *Kreisfrequenz.

Rand-Nahfeld, quasistationäres

Bei einer 1-dimensionalen Welle gleichphasig schwingendes vom Rand aus abnehmendes Feld.

Randwelle

Längs einer Wand geführte Welle, wobei die Amplitude mit der Entfernung vom Rand abnimmt.

Raumwelle

Welle in einem 3-dimensionalen Kontinuum, zur Unterscheidung von einer Oberflächenwelle.

Rauschen

Schwankungsvorgang oder *Rauschvorgang.* Eine ständige, aber nicht periodische Schwingung, die bei hinreichend großer Beobachtungszeit Δt eine nahezu gleiche spektrale Amplitudenverteilung bei statistisch schwankenden Nullphasenwinkeln aufweist.

Reflexion

Reflektierte Wellen sind *sekundäre Wellen*, die entstehen, wenn eine (primäre) Welle auf den Rand eines Kontinuums trifft. Vgl. Kapitel „Optik".

1) *Reguläre Reflexion*, wenn der Rand des Kontinuums nicht oder schwach gekrümmt ist und die Randbedingungen überall die gleichen sind.

2) *Diffuse Reflexion* oder *Streuung*, wenn der Rand des Kontinuums rau, d. h. an vielen Stellen mit Radien vergleichbar der Wellenlänge gekrümmt ist, so dass auch eine gerichtete primäre Welle sekundäre Wellen auslöst, die sich weitgehend allseitig ausbreiten.

Reflexionsfaktor

1) Bei *elektromagnetischen Wellen:* Verhältnis der Wellenwiderstände in Medium 1 und 2

- der elektrischen Feldstärke

$$r_\mathrm{e} = \frac{\hat{E}_\varrho}{\hat{E}} = \frac{Z_2 - Z_1}{Z_1 + Z_2} = \frac{n_1 - n_2}{n_1 + n_2}$$

- der magnetischen Feldstärke

$$r_\mathrm{m} = \frac{\hat{H}_\varrho}{\hat{H}} = \frac{Z_1 - Z_2}{Z_1 + Z_2} = \frac{n_2 - n_1}{n_1 + n_2}$$

2) Bei *elastischen Wellen* u. Schallwellen

$$r = \frac{\hat{y}_\varrho}{\hat{y}} = \frac{Z_1 - Z_2}{Z_1 + Z_2}$$

ohne Index: einfallende Welle; Index ϱ: reflektierte Welle; n Brechzahl.

Reflexionsgrad

Quadrat des Reflexionsfaktors.

$$\varrho = \frac{I_\varrho}{I} = \left(\frac{Z_1 - Z_2}{Z_1 + Z_2}\right)^2$$

I Intensität, Z Wellenwiderstand in Medium 1 oder 2.

Relaxationsschwingung

Selbsterregte Schwingung; der Entladevorgang (Relaxationsvorgang) eines der Energiespeicher bestimmt die Periodendauer.

Repetenz *Wellenzahl.

Resonanz

Mitschwingen eines schwingungsfähigen Systems bei Einwirkung von periodisch veränderlichen Kräften oder Feldern, deren Frequenz nahezu gleich der Eigenfrequenz des Systems ist. Formeln vgl. *Feder-Masse-System, erzwungene *Schwingung.

Resonanzfrequenz

Auch *Gipfelfrequenz* bzw. *Talfrequenz*, die Frequenz f_r, bei der die *Übertragungsfunktion eines Schwingungssystems bei Annäherung der Erregerfrequenz an die Eigenfrequenz f_d den größten (oder kleinsten) Wert erreicht. Fremderreger gedämpfter linearer Oszillator:

$$f_\mathrm{r} = f_0 \sqrt{1 - 2\vartheta^2} \ll f_\mathrm{d}$$

ϑ Dämpfungsgrad, $2\vartheta = d$ Verlustfaktor, f_0 Kennfrequenz.

Resonanzkatastrophe

Einem Schwingungssystem wird durch einen *Erreger* eine Erregerfrequenz aufgezwungen. Sind Erreger- und Eigenfrequenz (nahezu) gleich, tritt *Resonanz* ein. Bei ungedämpfter Schwingung wächst die Amplitude auf einen unendlich großen Wert an; bei gedämpfter Schwingung auf einen Maximalwert, der größer sein kann als die Amplitude des Erregers. Formeln vgl. *Feder-Masse-System.

Resonanzkurve

Zeigt den Betrag der Resonanzfunktion in Abhängigkeit der Verstimmung ε (oder von $\Delta\Omega$); sie verläuft glockenförmig mit einem parabolischen Gipfel.

Schallwellen s. Kap. Akustik.

Schwebung

*Interferenz, *Schwingungsüberlagerung.

Schwingkreis

Parallelschaltung von Kondensator und Spule.

- ungedämpft: Schwingkreis ohne Widerstand

$$u_\mathrm{L} + u_\mathrm{C} = 0 = L\,\frac{\mathrm{d}i}{\mathrm{d}t} + \frac{q}{C}$$

- gedämpft: Schwingkreis mit Widerstand R; die Amplituden von Stom und Spannung nehmen ab.

$$u_\mathrm{L} + u_\mathrm{C} + u_\mathrm{R} = 0 = L\,\frac{\mathrm{d}i}{\mathrm{d}t} + \frac{q}{C} + i\,R$$

i Strom, q elektrische Ladung.

1) Freie ungedämpfte elektrische Schwingung (LC-Parallelschaltung). Ein geladener Kondensator (ohne äußere Spannungsversorgung) speist eine Spule. Differentialgl. des ungedämpften Schwingkreises.

$$\boxed{\ddot{q} + \frac{1}{LC}\,q = 0}\qquad \text{oder}\qquad \begin{aligned}\frac{\mathrm{d}^2 q}{\mathrm{d}t^2} + \frac{q}{LC} &= 0\\[4pt] \frac{\mathrm{d}^2 i}{\mathrm{d}t^2} + \frac{i}{LC} &= 0\\[4pt] \frac{\mathrm{d}^2 u_\mathrm{C}}{\mathrm{d}t^2} + \frac{u_\mathrm{C}}{LC} &= 0\end{aligned}$$

$$\text{Lösung}\qquad \begin{aligned}q(t) &= \hat{q}\,\cos(\omega_0 t + \varphi_{0\mathrm{q}})\\ i(t) &= \hat{i}\,\cos(\omega_0 t + \varphi_{0\mathrm{i}})\\ u_\mathrm{C}(t) &= \hat{u}_\mathrm{C}\,\cos(\omega_0 t + \varphi_{0\mathrm{u}})\end{aligned}$$

Resonanz: Eigenkreisfrequenz.

$$\omega_0 = 2\pi f_0 = \sqrt{\frac{1}{LC}}$$

Kapazitive und induktive Spannung

$$u_\mathrm{C} + u_\mathrm{L} = \frac{q}{C} + L\,\frac{\mathrm{d}^2 q}{\mathrm{d}t^2} = 0$$

2) Freie gedämpfte Schwingung. Stromkreis mit Spule, Kondensator und ohmscher Widerstand. Differentialgleichung

$$L\ddot{q} + \dot{q}R + \frac{q}{C} = 0$$

$$\text{oder}\quad \frac{\mathrm{d}^2 i}{\mathrm{d}t^2} + \frac{R}{L}\,\frac{\mathrm{d}i}{\mathrm{d}t} + \frac{1}{LC}\,i = 0$$

Kreisfrequenz der gedämpften Schwingung ω_d

$$\omega_\mathrm{d} = \sqrt{\frac{1}{LC} - \left(\frac{R}{2L}\right)^2}$$

Kreisfrequenz der ungedämpften Schwingung

$$\omega_0 = \sqrt{\frac{1}{LC}}$$

Abklingkoeffizient (in s^{-1})

$$\delta = \frac{R}{2L} = D\omega_0$$

Dämpfungsgrad (Dim. 1)

$$D = \frac{\delta}{\omega_0} = \frac{R}{2}\sqrt{\frac{C}{L}}$$

Güte (Dim. 1)

$$Q = \frac{1}{d} = \frac{1}{2D} = \frac{1}{R}\sqrt{\frac{L}{C}}$$

Elektrische und magnetische Energie

$$E_{el} = \frac{q^2}{2C} \quad \text{und} \quad E_{magn} = \tfrac{1}{2} L\, i^2$$

3) Analogie mechanischer und elektromagnetischer Schwingungen.

mechanische Schwingung	elektromagnetische Schwingung
Masse m	Induktivität L
Dämpfungskonstante b	Widerstand R
Federkonstante c	Elastanz $1/C$
Auslenkung y	Ladung q
Geschwindigkeit v	Strom i
Federkraft $F = c\,y$	Spannung $u_C = q/C$

4) Erzwungene elektrische Schwingung.

Einem elektrischen System (*Resonator*) wird von einem *äußeren Erreger* eine periodische Spannung aufgezwungen. Nach der Einschwingdauer schwingt das System mit der Frequenz des Erregers ω_E.

Elektrischer RCL-Reihenschwingkreis

$$\text{Anregung} \quad u_0 = \hat{u}_0\,\cos(\omega_E\, t)$$

Differentialgleichung

$$\frac{d^2 i}{dt^2} + \frac{R}{L}\frac{di}{dt} + \frac{1}{LC}\,i = -\frac{\hat{u}_0\,\omega_E}{L}\,\sin(\omega_E\, t) \quad \Leftrightarrow$$

$$\frac{d^2 i}{dt^2} + 2D\omega_0 \frac{di}{dt} + \omega_0^2 i = -\frac{\hat{u}_0\,\omega_E}{L}\,\sin(\omega_E\, t)$$

Stromamplitude der erzwungenen Schwingung

$$\hat{i} = \frac{\hat{u}_0}{\sqrt{R^2 + [\omega_E L - 1/(\omega_E C)]^2}}$$

$$= \frac{\hat{u}_0\,\eta}{\omega_0 L\,\sqrt{(2D\eta)^2 + (\eta^2 - 1)^2}}$$

$$\text{Resonanzamplitude} \quad \hat{I}_r = \frac{\hat{u}_0}{R}$$

Spannungsverlauf am Widerstand (r = Resonanz)

$$u_R = i\,R = \hat{u}_R\,\cos(\omega_E\, t - \gamma)$$

$$\hat{u}_R = \hat{i}\,R \qquad u_{R,r} = \hat{u}_0$$

Spannung am Kondensator (r = Resonanz)

$$\hat{u}_C = \frac{\hat{u}_0}{\sqrt{(2D\eta)^2 + (\eta^2 - 1)^2}}$$

$$\hat{u}_{C,r} = \frac{\hat{u}_0}{2D\,\sqrt{1 - D^2}}$$

$$\text{Güte} \quad \frac{\hat{u}_{C,r}}{\hat{u}_0} = \frac{1}{2D\,\sqrt{1 - D^2}} \approx \frac{1}{2D} = Q$$

Spannung an der Spule (r = Resonanz)

$$\hat{u}_L = \frac{\hat{u}_0\,\eta^2}{\sqrt{(2D\eta)^2 + (\eta^2 - 1)^2}}$$

$$\hat{u}_{L,r} = \frac{\hat{u}_0}{2D\,\sqrt{1 - D^2}}$$

Oberhalb der *Grenzdämpfung* oder überkritischen Dämpfung $D \geq \sqrt{2}/2$ tritt keine Resonanzüberhöhung in der $\hat{u}(\eta)$-Kurve mehr auf, d. h. das „Resonanzmaximum" fehlt.

Phasenwinkel zw. Erregerspannung und Strom

$$u_0(t) = \hat{u}_0\,\cos\omega_E t$$

$$i(t) = \hat{i}\,\cos(\omega_E t - \gamma)$$

$$\tan\gamma = \frac{\omega_E^2 - \omega_0^2}{\omega_E\,R/L} = \frac{\eta^2 - 1}{2D\eta}$$

$D = \delta/\omega_0$ Dämpfungsgrad (*gedämpfte Schwingung)
$\hat{u}$ Spannungsamplitude
γ Phasenverschiebung zw. Schwingungssystem und Erreger
δ Abklingkoeffizient (*gedämpfte Schwingung)
$\eta = \omega_E/\omega_0$ Frequenzverhältnis, normierte Frequenz
ω_0 Eigenkreisfrequenz des Schwingkreises
ω_E Kreisfrequenz der Erregerspannung

Schwingung, einfache

Ein *einfacher Schwinger* wird durch den Zeitverlauf einer einzigen Zustandsgröße x beschrieben, z. B. Ausschlag oder Geschwindigkeit (Feder-Masse-System), Ladung oder Stromstärke (LC-Schwingkreis).

Schwingung, (einfache freie) ungedämpfte

Ein (einfacher) *freier Schwinger* arbeitet ohne äußere Energiezufuhr; er wird einmalig aus der Ruhelage entfernt und sich selbst überlassen.

Ein freier *ungedämpfter Schwinger* – ohne äußere Energiezufuhr, *einmalig aus der Ruhelage entfernt und sich selbst überlassen* – führt *Eigenschwingungen* mit der konstanten *Eigenfrequenz* $f_0 = 1/T_0$ aus; ursächlich dafür ist der periodische Energieaustausch zwischen zwei Schwingungsenergiespeichern (z. B. im Feder-Masse-System die kinetische Energie des starren Körpers und die potentielle Energie der Feder; im LC-Schwingkreis die elektrische Energie des Kondensators und die magnetische Energie der Spule).

Freie ungedämpfte Schwingung mit einem Freiheitsgrad. *Harmonische Schwingung* (Sinusschwingung). Die Zustandsgrößen y ändern sich sinusförmig mit der *Eigenfrequenz* $f_0 = \omega_0/2\pi$, die Energieanteile W sinusförmig mit der doppelten Eigenfrequenz.

Schwingungsdifferentialgleichung

$$\boxed{\ddot{y} + \omega_0^2\, y = 0}$$

y Schwingungsgröße: Weg, Winkel, Ausschlag, Ladung;
$\ddot{y}$ Beschleunigung, Stromänderung.
m Speicherkoeffizient Masse (auch Induktivität),
c Speicherkoeffizient (z. B. Federsteife, Kehrwert der Kapazität).

Energieanteile

$$W_{el} = \tfrac{1}{2} c x^2, \qquad W_{kin} = \tfrac{1}{2} m \dot{x}^2$$

Weg-Zeit-Gleichung (allgemeine Lösung)

$$y(t) = \hat{y}\,\cos(\omega_0 t + \varphi_0) = A_1 \cos(\omega_0 t) + A_2 \sin(\omega_0 t)$$

Geschwindigkeit-Zeit-Gleichung

$$v(t) = -\hat{y}\,\omega_0\,\sin(\omega_0 t + \varphi_0)$$

Beschleunigungs-Zeit-Gleichung

$$a(t) = -\hat{y}\,\omega_0^2\,\cos(\omega_0 t + \varphi_0)$$

Eigenkreisfrequenz

Längsschwinger	$\omega_0 = \sqrt{c/m}$
Torsionsschwinger (Drehpendel)	$\omega_0 = \sqrt{c^*/J}$
Mathemat. Pendel	$\omega_0 = \sqrt{g/l}$
Physikal. Pendel	$\omega_0 = \sqrt{mgl/J_A}$

Ersatzsteifigkeit bei gekoppelten Federn

Parallelschaltung:	für gleiche Federwege: $c = c_1 + c_2 + c_3 + \cdots + c_N$
Reihenschaltung:	für gleiche Federkräfte: $\dfrac{1}{c} = \dfrac{1}{c_1} + \dfrac{1}{c_2} + \dfrac{1}{c_3} + \cdots + \dfrac{1}{c_N}$

Vgl. *Feder-Masse-System, *Pendel, *Schwingkreis.

Schwingung, (einfache freie) gedämpfte

Ein (einfacher freier) *gedämpfter Schwinger* (engl. *damped oscillator*) hat außer den Energiespeichern Verlustelemente (Dämpfungsglieder), die den Energieinhalt vermindern, z. B. durch Abstrahlung von Wärme oder Licht.

Dämpfung (engl. *attenuation*) bezeichnet, dass eine Zustandsgröße am Ausgang eines Übertragungsgliedes kleiner ist als am Eingang.

DGL mit Dämpfungsglied: $\quad a\ddot{x} + F(x,\dot{x}) + cx = 0$

Ein Dämpfungsglied, das nur von $\dot{x}$ abhängt, heißt *Dämpfungskennlinie $F(\dot{x})$*.

Ist $F(\dot{x}) = b\dot{x}$ eine Gerade durch den Nullpunkt, heißt b *Dämpfungskoeffizient*.

Normalfall bei ohmschen Widerständen. In der Mechanik näherungsweise für Flüssigkeitsreibung, nicht für Gasreibung und trockene Reibung.

Freier gedämpfter linearer Schwinger mit einem Freiheitgrad.

Reibungskräfte bremsen die freie Schwingung. Vgl. *Feder-Masse-System.

1) Geschwindigkeitsproportionale Reibung (Dämpfungskraft), Stokes'sche Reibung.

$$F_\mathrm{R} = -b\,v$$

b Dämpfungskonstante, Dämpfungskoeffizient; beim Federschwinger: Reibungskonstante.

Differentialgleichung

$$\ddot{y} + \frac{b}{m}\,\dot{y} + \frac{c}{m}\,y = 0 \;\Leftrightarrow\; \ddot{y} + 2\delta\,\dot{y} + \omega_0^2\,y = 0$$

c Speicherkoeffizient.

Ort-Zeit-Funktion	$y = \hat{y}\mathrm{e}^{\delta t}\cos\omega t$
Kreisfrequenz	$\omega = \sqrt{\omega_0^2 - \delta^2}$
Abklingkoeffizient	$\delta = \dfrac{b}{2m} = \dfrac{\Lambda}{T_\mathrm{d}}$
Abklingzeit, Zeitkonstante	$\tau = \dfrac{1}{\delta}$

Dämpfungsgrad (Lehr'sches Dämpfungsmaß)
$$D \equiv \vartheta = \frac{\delta}{\omega_0} = \frac{b}{2m\,\omega_0} = \frac{b}{2\sqrt{mc}}$$

Verlustfaktor, mechanischer $\quad d = 2D = \dfrac{b}{m\,\omega_0} = \dfrac{b}{\sqrt{mc}}$

Güte $\quad Q = \dfrac{1}{d} = \dfrac{1}{2D} = \dfrac{m\,\omega_0}{b} = \dfrac{\sqrt{mc}}{b}$

Amplitudenverhältnis $\quad \dfrac{\hat{y}_i}{\hat{y}_{i+1}} = \mathrm{e}^{\delta T_\mathrm{d}} = k$

n-te Amplitude $\quad \dfrac{\hat{y}_i}{\hat{y}_{i+n}} = k^n$

logarithmisches Dekrement
$$\Lambda = \ln\frac{\hat{y}_n}{\hat{y}_{n+1}} = \ln\frac{y(t)}{y(t+T_\mathrm{d})} = \delta\,T_\mathrm{d} = \frac{2\pi D}{\sqrt{1-D^2}} = 2\pi D\,\frac{\omega_0}{\omega_\mathrm{d}}$$
– Schwach gedämpft: $\quad \Lambda \approx 2\pi D$

b	Dämpfungskoeffizient	(kg/s)
c	Federkonstante	(N/m = kg/s²)
k	Amplitudenverhältnis	
T_d	Schwingungsdauer der gedämpften Schwingung	
$\hat{y}_i$	Amplitude i	
ω_0	Kreisfrequenz der ungedämpften Schwingung.	

2) Lösungsfall: **schwache Dämpfung** ($D < 1$ bzw. $\omega_0^2 > \delta^2$). Schwingfall mit exponentiell abklingender

Amplitude. Einhüllende sind die Graphen der Funktionen $\pm C\mathrm{e}^{-\delta t}$ (Hüllkurven).

$$y(t) = \mathrm{e}^{-\delta t}(A_1\cos\omega t + A_2\sin\omega t)$$
$$= \mathrm{e}^{-\delta t}C\sin(\omega t + \varphi_0)$$

C Anfangsamplitude: $y(t=0)$.

Schwingungsdauer (zw. zwei Maxima)
$$T_\mathrm{d} = \frac{2\pi}{\omega} = \frac{2\pi}{\omega_0\sqrt{1-D^2}} > T_0$$

Abklingen der Elongation in einer Periode
$$\frac{y(t+T_\mathrm{d})}{y(t)} = \mathrm{e}^{\delta T_\mathrm{d}}$$

logarithmisches Dekrement
$$\Lambda = \ln\frac{\hat{y}_i}{\hat{y}_{i+1}} = \delta\,T_\mathrm{d} = \frac{2\pi D}{\sqrt{1-D^2}}$$

Dämpfungsgrad (zwischen zwei Maxima)
$$D = \frac{\Lambda}{\sqrt{4\pi^2 + \Lambda^2}}$$

Eigenfrequenz
$$f_0 = \frac{\omega_d}{2\pi} = f_0\sqrt{1-\left(\frac{\delta}{\omega_0}\right)^2} = f_0\sqrt{1-\left(\frac{b^2}{4ac}\right)^2}$$

ω_0 Eigenkreisfrequenz des ungedämpften Schwingers ($\omega_\mathrm{d} < \omega_0$).

3) Lösungsfall: **aperiodischer Grenzfall** ($D = 1$ bzw. $\omega_0^2 = \delta^2$). Exponentiell abklingende Bewegung in die Ausgangslage.

$$y(t) = \mathrm{e}^{-\delta t}(B_1 + B_2 t)$$

4) Lösungsfall: **starke Dämpfung** ($D > 1$, $\omega_0^2 < \delta^2$). *Kriechfall*. Keine Schwingung, *aperiodischer Vorgang*.

$$y(t) = \mathrm{e}^{-\delta t}(B_1\mathrm{e}^{\kappa t} + B_2\mathrm{e}^{-\kappa t})$$

mit $\quad \kappa = \sqrt{\delta^2 - \omega_0^2} = \omega_0\sqrt{D^2 - 1}$

Schwingung, (einf. freie) nichtlineare

Ein (einfacher freier) *nichtlinearer Schwinger* folgt einer nichtlinearen Differentialgleichung, wobei die Speicherkoeffizienten von den Zustandsgrößen abhängen.

z. B. eine Zustandsgröße: $\quad \ddot{x} + F(x) = 0$

z. B. *Pendel*: $\quad a\ddot{x} + c\sin x = 0$

Schwingung, fremderregte

(Fremderregte) *erzwungene Schwingung* oder *quellenerregte Schwingung*. Ein fremderregter Oszillator (Resonator) ist einer äußeren Erregung (*Erregung*) ausgesetzt. Nach einer Einschwingzeit schwingt das System nicht mehr mit der Eigenkreisfrequenz ω_0, sondern mit der Frequenz ω des Erregers (*Erregerfrequenz*).

1) Einem Schwingungssystem wird durch einen *Erreger* eine Erregerfrequenz aufgezwungen. Sind Erreger- und Eigenfrequenz gleich, tritt *Resonanz* ein. Die äußere Quelle verändert die Eigenschaften des Schwingers nicht. *Quellenerregung* wird in der Differentialgleichung durch eine *Erregungsfunktion* (auch *Quellenfunktion*, früher: Störfunktion) erfasst; z. B.:

$$F_\mathrm{Q}(t) = a\ddot{x} + F_1(\dot{x}) + F_2(x)$$

$$F_\mathrm{Q}(t) = \hat{F}_\mathrm{Q}\cos(\varphi_\mathrm{Q} + \omega t)$$

Amplitude, Orts-Zeit-Funktion

$$y = \hat{y}\cos(\omega t + \alpha)$$

Phasendifferenz zw. Resonator und Erreger

$$\tan \alpha = \frac{2\omega\delta}{\omega_0^2 - \omega^2}$$

Amplitudenverhältnis Resonator – Erreger

$$\frac{\hat{y}}{\hat{z}} = \frac{\omega_0^2}{\sqrt{(\omega_0 - \omega^2)^2 + (2\omega\delta)^2}}$$

Speziell für den Federschwinger

$$\omega_0^2 = \frac{c}{m} \quad \text{und} \quad \delta = \frac{b}{2m}$$

Resonanz: Eigenfrequenz des Systems und Erregerfrequenz stimmen überein; bei schwach gedämpften System kann es zur *Resonanzkatastrophe* (bis zu Zerstörung des Schwingers) kommen.

$$\omega = \omega_0 \quad \text{und} \quad \frac{\hat{y}}{\hat{z}} \to \infty$$

Anwendung: *Feder-Masse-System, *Schwingkreis.

2) Erzwungene gedämpfte Schwingung mit einem Freiheitsgrad. Fremderregter *gedämpfter linearer Schwinger* mit sinusförmiger Erregung. Die inhomogene Differentialgleichung

$$F_Q(t) = a\ddot{x} + b\dot{x} + cx$$

hat eine partikuläre Lösung, die sich immer aus Sinusschwingungen zusammensetzen lässt.

Zeigergleichung: $\quad \underline{F}_Q = [(c - a\Omega^2) + \mathrm{i}\,\Omega b]\,\underline{x}$

mit $\qquad x = \mathrm{Re}\left\{\hat{\underline{x}}\,\mathrm{e}^{\mathrm{i}\,\Omega t}\right\}.$

Vgl. *Übertragungsfaktor, *Resonanz, *Verstimmung, *Halbwertsbreite.

Erzwungene gedämpfte mechanische Schwingung

$$\ddot{y} = 2\delta\dot{y} + \omega_0^2 q = y_0 \sin \Omega t$$

Erregerart	Kraft	Federfuß-punkt	Unwucht
δ	$\dfrac{b}{2m}$	$\dfrac{b}{2m}$	$\dfrac{b}{2(m + m_1)}$
ω_0	$\sqrt{\dfrac{c}{m}}$	$\sqrt{\dfrac{c}{m}}$	$\sqrt{\dfrac{c}{m + m_1}}$
y_0	$\dfrac{\hat{F}}{m}$	$\dfrac{c\,\hat{u}}{m}$	$\dfrac{m_1 r_0 \Omega^2}{m + m_1}$

b Dämpfungskonstante, c Federkonstante,
$\hat{F}$ Amplitude der Krafterregung, m Schwingermasse,
m_1 Unwuchtmasse, r_0 Unwuchtradius,
$\hat{u}$ Amplitude der Wegerregung am Federfußpunkt,
Ω Erregerkreisfrequenz.

Lösung = freie gedämpfte Schwingung (homogene DGL) + stationäre Dauerschwingung (inhom. DGL).

$$y = y_{\mathrm{hom}} + y_{\mathrm{inhom}}$$

Partikuläre Lösung: Dauerschwingung

$$y_{\mathrm{inhom}} = \hat{y}_{\mathrm{inhom}} \sin(\Omega t - \psi)$$

Amplitude der Dauerschwingung

$$\hat{y}_{\mathrm{inhom}} = \frac{y_0}{\sqrt{(\omega_0^2 - \Omega^2)^2 + (2\delta\Omega)^2}}$$
$$= \frac{y_0}{\omega_0\sqrt{(1 - \eta^2)^2 + (2D\eta)^2}} = \frac{y_0}{\omega_0^2} V_1$$

Phasenwinkel der Dauerschwingung

$$\tan \psi = \frac{2\delta\Omega}{\omega_0^2 - \Omega^2} = \frac{2D\eta}{1 - \eta^2}$$

Abstimmungsverhältnis, Frequenzverhältnis

$$\eta = \frac{\Omega}{\omega_0} \quad \frac{\text{Erregerfrequenz}}{\text{Eigenfrequenz}}$$

Vergrößerungsfunktion: Verhältnis der Ausgangsgröße (Schwingungsamplitude) zur Eingangsgröße (Erregeramplitude) bei Kraft- und Federfußpunkterregung.

$$V_1 = \frac{1}{\sqrt{(1 - \eta^2)^2 + (2D\eta)^2}}$$

Resonanzamplitude für $0 < D < {}^1\!/_2$

$$V_{1.\max} = V_1(\eta_{\mathrm{res}}) = \frac{1}{2D\sqrt{1 - D^2}}$$

mit $\quad \eta_{\mathrm{res}} = \sqrt{1 - 2D^2}$

3) Erzwungene nichtlineare Schwingung.
Eine periodisch veränderliche Größe wirkt fortwährend auf einen nichtlinearen Oszillator ein, so dass sich allmählich eine periodische Schwingung einstellt.
Bei *Untertonerregung* ist die Frequenz f ein Stammbruch der Erregerfrequenz f_e:

$$\boxed{\; f = \frac{f_e}{n} \;} \quad (n = 1, 2, 3 \ldots).$$

Bei Änderung der Erregung stellt sich
- vorrübergehend eine *Übergangsschwingung*,
- beim Einschalt- oder Einschwingvorgang eine *Einschaltschwingung*,
- beim Abschalt- oder Ausschwingvorgang eine *Ausschaltschwingung* ein.

Die Differenz von Einschwingvorgang und erzwungener Schwingung heißt *Ausgleichsvorgang* (dazu: Ausgleichsschwingung).

4) Erzwungene und parametrisch erregte Schwingung. Periodische Quellenerregung und eine parametrische Erregung.

$$\ddot{x} + \omega_0^2 (\Omega_1 t)\, x = F_Q(\Omega_2 t).$$

Schwingung, gekoppelte

Zwei Schwinger, die elastisch über Reibung oder aufgrund der Trägheit miteinander gekoppelt sind, tauschen Energie aus. Nur in den *Fundamentalschwingungen* bei gleich- und gegenphasiger Schwingung wird keine Energie ausgetauscht.

Elastisch gekoppelte Feder-Masse-Schwinger oder **gekoppeltes Pendel.**
Eigenfrequenz der gleichphasigen Schwingung: Koppelglied nicht wirksam.

$$f_1 = f_0 = \frac{1}{2\pi} \sqrt{\frac{c}{m}}$$

Eigenfrequenz der gegenphasigen Schwingung: Koppelglied zwischen den Massen bleibt in Ruhe.

$$f_2 = \frac{1}{2\pi} \sqrt{\frac{c + 2c_{12}}{m}}$$

Schwebungsfrequenz der Masse 1 oder 2.

$$f_s = f_2 - f_1$$

Kopplungsgrad

$$k = \frac{c_{12}}{c + c_{12}} = \frac{T_1^2 - T_2^2}{T_1^2 + T_2^2} = \frac{f_2^2 - f_1^2}{f_1^2 + f_2^2}$$

c Federkonstante der Federn an Masse 1 und 2
c_{12} Federkonstante der Kopplungsfeder
f_0 Frequenz der ungedämpften Schwingung.

Schwingung, harmonische

Vgl. *Sinusschwingung, hamonischer *Oszillator, *Harmonische Synthese.

Schwingung, orts- und zeitabhängige

Begriffe nach DIN 1311 T 2, z. B. rheo-nichtlinear für eine *parametrisch erregte Schwingung.

Orts-abhän-gigkeit	Zeitabhängigkeit	
	sklero-	rheo- (parametrisch)
-linear	$\dfrac{d^2 y}{dt^2} + \omega_0^2 y = 0$	$\dfrac{d^2 y}{dt^2} + \omega_0^2(t)\, y = 0$
-nichtlinear	$\dfrac{d^2 y}{dt^2} + \omega_0^2(y)\, y = 0$	$\dfrac{d^2 y}{dt^2} + \omega_0^2(y,t)\, y = 0$

Schwingung, parametrische

Zeitabhängige Schwingung; Systemparameter (z. B. Eigenfrequenz) hängen von der Zeit ab. Das System kann zusätzliche Energie aufnehmen, die mit dem doppelten der Eigenfrequenz zugeführt wird. Z.B. Pendel mit periodisch bewegtem Aufhängepunkt.

Schwingung, parametrisch erregte

Erzwungene Schwingung; hat einen periodisch zeitabhängigen Speicherkoeffizienten; er schwingt i. a. nicht periodisch. Man unterscheidet:

Parametrisch linear: $\ddot{x} + \omega_0^2(t) \cdot x = 0$
nichtlinear: $\ddot{x} + \omega_0^2(x,t) \cdot x = 0.$

Die Stärke der Erregung und die Anfangsbedingungen bestimmen eine Mittelstellung zwischen erzwungenen und freien Schwingungen eines linearen Schwingers.

Schwingung, periodische

Fällt durch das fortgesetzte Auftreten eines bestimmten Vorgangs der Schwingungsdauer $T = 1/f$ auf. Schwingungsgröße allgemein:

$$\boxed{x(t) = x(t + nT)}$$

t Zeit, T Periodendauer, $n = 1,2,3,\dots$ ganze Zahl.

Pulsschwingung heißt ein periodischer Vorgang, dessen Augenblickswert x innerhalb einer Periodendauer T nur während eines Zeitabschnittes $\tau < T$ von Null verschiedene Werte annimmt.

Schwingung, selbsterregte

Ein selbsterregter Oszillator deckt Energieverluste aus e. statischen Energiequelle im Takt s. Schwingung.

• Ein *selbsterhaltender Schwinger* erreicht bei selbsterregter Schwingung einen stationären Zustand.

• Eine *entdämpfte Eigenschwingung* benötigt zur Deckung der periodischen Verluste eine äußere Energiezufuhr, die sehr gering gegenüber den zwischen den Energiespeichern ausgetauschten Energiebeträgen ist.

• Bei einer *Ladeschwingung* bzw. *Relaxationsschwingung* bestimmt der Lade- bzw. der Entladevorgang (Relaxationsvorgang) eines der Energiespeicher die Periodendauer.

• Eine *Kippschwingung* ist eine Lade- oder Relaxa-tionsschwingung, bei der (beim Überschreiten eines Schwellenwertes durch eine Zustandsgröße) ein Element des Schwingers eine plötzliche Änderung erfährt. Beispiele: Zündung einer Gasentladung, Übergang von Haft- zu Gleitreibung.

Schwingung, sinusverwandte

Eine Schwingung mit zeitlich langsam veränderlicher Amplitude $\hat{x}(t)$ und/oder nur näherungsweise linear-zeitabhängigem Phasenwinkel

$$\varphi(t) \approx \omega t + \varphi_0.$$

Eine sinusverwandte Schwingung mit zeitlich kleiner werdender Amplitude heißt *abklingende Schwingung*.

Schwingung von begrenzter Dauer

Liegt, dem allgemeinen Sprachgebrauch folgend vor, wenn die Größe x nur in einem begrenzten Zeitintervall $t_0 < t < t_1$ von Null verschiedene Werte und wenigstens zwei Extremwerte aufweist.

Schwingungsüberlagerung

Überlagerung von Schwingungen. Schwingungssysteme führen meist mehrere Schwingungen gleichzeitig aus, wobei sich Richtung, Amplitude, Phase und Frequenz unterscheiden können. Innerhalb des linear-elastischen Bereichs überlagern sich Schwingungen ungestört: das *Superpositionsprinzip gilt für die Auslenkungen, nicht für die Intensitäten.

1. Mit gleicher Frequenz:
Gleiche Raumrichtung: Resultierende Amplitude und Phase.
Senkrechte Raumrichtung: Ellipse
2. Mit unterschiedlicher Frequenz:
Gleiche Raumrichtung: Schwebung.
Senkrechte Raumrichtung: Lissajous-Figuren.

1) Schwingungen gleicher Raumrichtung
Ausgangsschwingungen

$$y_1(t) = \hat{y}_1 \cos(\omega_1 t + \varphi_{01}) = \hat{y}_1\, e^{j\,(\omega_1 t + \varphi_{01})}$$
$$y_2(t) = \hat{y}_2 \cos(\omega_2 t + \varphi_{02}) = \hat{y}_2\, e^{j\,(\omega_2 t + \varphi_{02})}$$

Resultierende Schwingung

$$\begin{aligned}
y(t) &= y_1(t) + y_2(t) \\
&= 2\hat{y} \cos\left(\frac{(\omega_1 - \omega_2)t}{2} + \frac{\varphi_1 - \varphi_2}{2}\right) \\
&\quad \cdot \cos\left(\frac{(\omega_1 + \omega_2)t}{2} + \frac{\varphi_1 + \varphi_2}{2}\right)
\end{aligned}$$

Spezialfall: gleiche Frequenz ($\omega_1 = \omega_2$)

$$\begin{aligned}
y(t) &= 2\hat{y} \cos\frac{\varphi}{2} \cos\left(\omega t + \frac{\varphi_1 + \varphi_2}{2}\right) \\
&= \hat{y}_{\text{res}} \cos(\omega t + \varphi') = \hat{y}_{\text{res}}\, e^{j\,(\omega t + \varphi')}
\end{aligned}$$

Phasendifferenz der Wellen

$$\varphi = \Delta\varphi = \varphi_{01} - \varphi_{02}$$

– maximale Verstärkung: $\varphi = 0,\ \pm 2\pi,\ \pm 4\pi, \dots$
– für Auslöschung: $\varphi = \pm\pi,\ \pm 3\pi,\ \pm 5\pi, \dots$
Amplitude und Phasenwinkel

$$\hat{y}_{\text{res}} = \sqrt{\hat{y}_1^2 + 2\hat{y}_1\hat{y}_2 \cos(\varphi_{01} - \varphi_{02}) + \hat{y}_2^2}$$

$$\tan\varphi = \frac{\hat{y}_1 \sin\varphi_{01} + \hat{y}_2 \sin\varphi_{02}}{\hat{y}_1 \cos\varphi_{01} + \hat{y}_2 \cos\varphi_{02}}$$

2) Überlagerte Schwingung. Überlagerung in gleiche Raumrichtung bei großen Frequenzunterschieden. Die

4 Schwingungen und Wellen

schnellere Schwingung überlagert sich dem perodischen Verlauf der langsameren Schwingung.

3) Schwebung. Überlagerung zweier Schwingungen mit ungefähr gleicher Frequenz (in gleiche Raumrichtung) ergibt eine periodisch anschwellende oder abklingende Amplitude. Die Orts-Zeit-Kurve zeigt eine Folge von Schwingungsbäuchen und Knoten.

Resultierende Amplitde

$$y(t) = y_1(t) + y_2(t) = \hat{y}\,\cos(\omega_1 t) + \hat{y}\,\cos(\omega_2 t)$$

$$y(t) = 2\hat{y}\,\cos\frac{(\omega_1 - \omega_2)t}{2}\,\cos\frac{(\omega_1 + \omega_2)t}{2}$$

mit $\varphi = \varphi_{01} = \varphi_{02}$.

Schwebungsdauer (= zeitlicher Abstand der z. B. Schwebungsmaxima) und Schwebungsfrequenz

$$T_{\mathrm{s}} = \frac{2\pi}{\Delta\omega} = \frac{T_1 T_2}{T_2 - T_1} \qquad f_{\mathrm{s}} = f_1 - f_2$$

Schwingungsdauer und Frequenz der überlagerten Schwingung

$$T = \frac{2T_1 T_2}{T_2 - T_1} \qquad f = \frac{f_1 + f_2}{2}$$

Sinusschwingung

= *harmonische Schwingung*. Die Orts-Zeit-Kurve ist eine Cosinus- oder Sinusfunktion.

1) DIN 1311 T1. Ein periodischer Vorgang, dessen Zeitabhängigkeit einer Cosinusfunktion folgt, deren Argument eine lineare Funktion der Zeit ist.

$$\boxed{\begin{aligned} x(t) &= \hat{x}\,\cos\underbrace{(\omega t + \varphi_0)}_{\varphi} \\ &= A_1\cos(\omega t) + A_2\sin(\omega t) \end{aligned}}$$

x Sinusgröße, $\hat{x}$ Amplitude, ω Kreisfrequenz, t Zeit, φ Phasenwinkel, φ_0 Nullphasenwinkel (bei $t = 0$).

Amplitude	$\hat{x} = \sqrt{A_1^2 + A_2^2}$
Nullphasenwinkel	$\tan\varphi_0 = A_1 / A_2$
Kreisfrequenz	$\omega = 2\pi/T = 2\pi f$

2) Differentialgleichung der harmonischen Schwingung.

$$\ddot{x} + \omega^2 x = 0$$

Anwendung: ungedämpfte *Schwingungen (Feder, Pendel, Drehpendel).

3) Komplex-arithmetische Schreibweise:

$$x(t) = \mathrm{Re}\left\{\hat{x}\,\mathrm{e}^{\mathrm{i}\,(\omega t + \varphi_0)}\right\} = \mathrm{Re}\left\{\underline{\hat{x}}\,\mathrm{e}^{\mathrm{i}\,\omega t}\right\} = \mathrm{Re}\,\underline{x}$$

$\underline{\hat{x}}$ komplexe Amplitude = Zeiger der Sinusgröße.

Addition und Subtraktion zweier Sinusschwingungen gleicher Frequenz, sowie deren Integration und Differentiation, führt wieder zu Sinusschwingungen. In der Akustik wird die Sinusschwingung auch *Ton* genannt.

Sinuswelle

Sinusschwingung, deren Zeitverlauf multiplikativ vom Ortsverlauf abgetrennt werden kann (auch Eigenschwingung).

$$u(x,t) = \mathrm{Re}\left\{\underline{\hat{u}}\,\exp\left[\mathrm{i}\,2\pi\left(\frac{t}{T} \pm \frac{x}{\lambda}\right)\right]\right\} =$$

$$= \underline{\hat{u}}\,\cos\left[2\pi\left(\frac{t}{T} \pm \frac{x}{\lambda}\right) + \varphi\right]$$

λ Wellenlänge = Länge der räumlichen Periode der Welle.

Sinuswelle, gedämpfte

*Ausbreitungskoeffizient, *Phasenkoeffizient.

Spektralfunktion

Zum Zeitverlauf $x(t)$ gehörige FOURIER-Transformierte.

$$\underline{X}(\omega) = \int_{-\infty}^{\infty} x(t)\,\mathrm{e}^{-\mathrm{i}\,\omega t}\,\mathrm{d}t$$

Superpositionsprinzip

Innerhalb des elastischen Bereichs überlagern sich Schwingungen ungestört (*Interferenz).

Transmissionfaktor

Maß für die elektromagnetische „Durchlässigkeit" eines Mediums.

1) Bei *elektromagnetischen Wellen:* Verhältnis der Wellenwiderstände in Medium 1 und 2.

● der elektrischen Feldstärke

$$t_{\mathrm{e}} = \frac{\hat{E}_\tau}{\hat{E}} = \frac{2Z_2}{Z_1 + Z_2} = \frac{2n_1}{n_1 + n_2}$$

● der magnetischen Feldstärke

$$t_{\mathrm{m}} = \frac{\hat{H}_\tau}{\hat{H}} = \frac{2Z_1}{Z_1 + Z_2} = \frac{2n_2}{n_1 + n_2}$$

2) Bei *elastischen Wellen*

$$t = \frac{\hat{y}_\tau}{\hat{y}} = \frac{2Z_1}{Z_1 + Z_2}$$

Ohne Index: einfallende Welle; τ: transmitterte Welle; n Brechzahl.

Transmissionsgrad

Elektromagnetische „Durchlässigkeit" eines Mediums.

$$\tau = 1 - \varrho = \frac{I_\tau}{I} = \frac{4Z_1 - Z_2}{(Z_1 + Z_2)^2}$$

I Intensität, Z Wellenwiderstand in Medium 1 oder 2.

Transversalwelle

Die maßgebenden Zustandsgrößen sind Vektoren, die senkrecht zur Ausbreitungsrichtung gerichtet sind. Beispiele: Elektromagnetische Welle, Torsionswelle eines Stabes.

1) Elliptisch polarisierte Transversalwelle (sinusförmig). Die zueinander senkrechten Komponenten einer vektoriellen Zustandsgröße sind gegeneinander phasenverschoben. Bei *Zirkularpolarisation* beide Komponenten gleich und um 0° in der Phase verschoben.

2) Linear polarisierte Transversalwelle. Die vektoriellen Zustandsgrößen behalten ihre Richtung während der Ausbreitung bei.

Übertragungsfaktor

Abhängigkeit des Übertragungsfaktors von der Erregerfrequenz.

$$\frac{\text{Zeiger einer Zustandsgröße } \underline{x}}{\text{Zeiger der Quellengröße } \underline{F}_{\mathrm{Q}}}$$

Verlustfaktor

Für einen freien gedämpften linearen Oszillator.

$$d = 2\vartheta$$

ϑ Dämpfungsgrad

Verstärkungsfaktor

*Übertragungsfunktion f. gleichartige Größen.

Verstimmung
einer Frequenz f_1 gegen eine Frequenz f_2; Für fremderregte Oszillatoren:

$$\varepsilon = \tfrac{1}{2}\left(\frac{f_1}{f_2} - \frac{f_2}{f_1}\right) \approx \frac{\Delta f}{f_1} \approx \frac{\Delta f}{f_2}$$

Die Näherung gilt für kleine Frequenzunterschiede ($\Delta f = f_1 - f_2$). Speziell: Verstimmung der Erregerfrequenz gegen die Kennfrequenz (gleich oder grob gleich der Gipfelfrequenz):

$$\varepsilon = \tfrac{1}{2}\left(\frac{\Omega}{\omega_0} - \frac{\omega_0}{\Omega}\right) \approx \frac{\Delta\Omega}{\omega_0}.$$

Welle
Räumliche und zeitliche Zustandsänderung in einem Kontinuum, bei der eine einsinnige örtliche Verlagerung eines bestimmten Zustandes auftritt. Der Wellenbegriff umfasst Vorgänge aller Art. Die schwingenden Elemente (Teilchen oder Felder) sind in der Welle gekoppelt und übertragen den Schwingungsvorgang auf benachbarte Elemente. Anschaulich: sich im Raum ausbreitende Schwingung.
1) Räumlich sich ausbreitender Erregungszustand mit Energietransport. Elastische Wellen sind an ein schwingungsfähiges System gekoppelt, elektromagnetische Wellen benötigen kein Übertragungsmedium.
1. *Transversalwelle* oder *Querwelle:* Schwingungsrichtung $\perp$ Ausbreitungsrichtung. Beispiel: Torsions- und Biegewellen in Festkörpern, elektromagnetische Wellen, Seilwellen, Wasserwellen, Oberflächenwellen an Grenzflächen.
2. *Longitudinalwelle* oder *Längswelle:* Schwingungsrichtung $\parallel$ Ausbreitungsrichtung.
Beispiel: Schallwellen, elastische Wellen in Fluiden und Festkörpern.
2) Einfache Welle. Eine Ortskoordinate beschreibt die Ortsabhängigkeit vollständig, z. B. gerade Wellen, Kreiswellen; ebene Wellen, Zylinderwellen, Kugelwellen.
- zweifache Welle: zwei Ortskoordinaten notwendig.
- dreifache Welle: drei Ortskoordinaten.

3) Erzwungene Welle. Ihre räumliche und zeitliche Periodizität ist Folge einer äußeren, raum-zeitlich periodischen Einwirkung (Erregung). Die aufgezwungene Verteilung am Rand des Kontinuums heißt *Erregungsspur*; zu beobachten beispielsweise beim Einfall einer Luftschallwelle auf eine Wand. *Spuranpassung* oder *Koinzidenz*, engl. *coincidence*, nennt man die raum-zeitliche Übereinstimmung von Erregungsspur und Eigenspur. (Resonanz ist die Übereinstimmung der zeitlichen Periodizität von Erregung und Eigenschwingung.)
4) Freie Welle. Eine räumlich <u>und</u> zeitlich freie Welle entsteht nach Aufhören jeder äußeren Einwirkung auf das Kontinuum als Folge der Anfangsbedingungen.
5) Geführte Welle. Welle, die sich <u>in</u> einem 2- oder 3-dimensionalen Kontinuum nur entlang von Grenzflächen oder -linien ausbreitet.
6) Harmonische Welle. Räumliche und zeitliche Abhängigkeit der schwingenden Größe durch harmonische Funktionen gegeben.
in x-Richtung laufende Welle

$$y(x,t) = \hat{y}\cos\left[2\pi\left(\frac{t}{T} - \frac{x}{\lambda}\right) + \varphi_0\right]$$
$$= \hat{y}\cos(\omega t - kx + \varphi_0)$$

Gegen die x-Richtung laufende Welle

$$y(x,t) = \hat{y}\cos(\omega t + kx + \varphi_0)$$

Phasengeschwindigkeit

$$c = \frac{\lambda}{T} = \lambda f = \frac{\omega}{k}$$

Schnelle

$$v = \frac{\mathrm{d}y}{\mathrm{d}t} - \hat{y}\,\omega\sin(\omega t - kx + \varphi_0)$$
$$= -\hat{v}\,\sin(\omega t - kx + \varphi_0)$$

y Elongation, Auslenkung.

Wellenamplitude
Ebene Welle: Energiedichte und Amplitude in Ausbreitungsrichtung bleiben konstant.
Andere Wellenformen: Amplitude nimmt in Ausbreitungsrichtung ab, weil sich die Energie auf immer größere Flächen verteilt.

Wellenfront
Fläche gleicher Phase, zur bildlichen Darstellung einer Welle; z. B. Kugelfläche (bei Kugelwellen), Ebene durch die Wellenberge oder Wellentäler (bei ebenen Wellen).

Wellengleichung
Die Auslenkung $y(x,t)$ der Teilchen erfolgt bei der *Transversalwelle* senkrecht zur Ausbreitungsrichtung $\vec{c}$ (y = nach oben und unten), bei der *Longitudinalwelle* in Richtung von $\vec{c}$ (y = vor und zurück).

Allgemein

$$\Delta y - \frac{1}{c^2}\frac{\partial^2 y}{\partial t^2} = 0$$

– LAPLACE-Operator

$$\Delta = \frac{\partial^2}{\partial x^2} + \frac{\partial^2}{\partial y^2} + \frac{\partial^2}{\partial z^2}$$

1-dimensionale Welle

$$\frac{1}{c^2}\frac{\partial^2 y}{\partial t^2} - \frac{\partial^2 y}{\partial x^2} = 0$$

– Phasengeschwindigkeit: $c^2 = \omega^2/k^2$
– Wellenzahl: $k = 2\pi/T$

Lösung der Wellengleichung: allgemein erfüllt jede Funktion $y = f(t - x/c)$ die Wellengleichung; z. B.:

$$y(x,t) = y_0\cos(\omega t \mp kx)$$
$$= y_0\cos 2\pi\left(\frac{t}{T} \mp \frac{x}{\lambda}\right)$$
$$= y_0\cos\omega\left(t \mp \frac{x}{c}\right)$$

c Ausbreitungsgeschwindigkeit der Welle,
t Zeit seit Beginn der Wellenerregung, T Schwingungsdauer,
x Abstand vom Erregerzentrum, y Auslenkung, y_0 Amplitude,
ω Kreisfrequenz.

Wellenumformung
Auftreten von sekundären Wellen aufgrund sonstiger Randbedingungen.
Beispiel: Bei einem Stab mit exzentrisch aufgesetztem Körper werden durch eine primäre longitudinale Welle sekundäre Biegewellen ausgelöst.

Wellenpaket *Gruppengeschwindigkeit.

Wellenwiderstand
Maß für die Übertragungseigenschaften des Mediums.

1) Bei *elektromagnetischen Wellen:* die Impedanz nach dem OHMschen Gesetz.

Leitungen	$\underline{Z} = \dfrac{U}{I}$
– verlustfrei:	$Z_0 = \sqrt{\dfrac{L'}{C'}}$
– verlustbehaftet:	$\underline{Z} = \sqrt{\dfrac{R' + j\,\omega L'}{G' + j\,\omega C'}}$
Freier Raum:	$\underline{Z} = \dfrac{E}{H}$
– verlustfrei:	$Z_0 = \sqrt{\dfrac{\mu_0}{\varepsilon_0}} = 376{,}7\,\Omega$
– verlustbehaftet:	$Z_0 = \dfrac{\mu_0 \mu_r}{\varepsilon_0 \varepsilon_r - j\,\kappa/\omega}$

2) Bei *Schallwellen:* das Verhältnis von Schallwechseldruck und Schallschnelle.

$$Z = \frac{\hat{p}}{\hat{v}} = \varrho\, c$$

$C' = C/l$	längenbezogene Kapazität	(F/m)
c	Schallgeschwindigkeit	(m/s)
$G' = L/l$	längenbezogener Querleitwert	(S/m)
$L' = L/l$	längenbezogene Induktivität	(H/m)
$R' = L/l$	längenbezogener Widerstand	(Ω/m)
κ	elektrische Leitfähigkeit	(S/m)
ϱ	Dichte des Mediums	(kg/m^3)

Wellenzahl

neuerdings: *Repetenz.* Kehrwert der Wellenlänge.

$$\boxed{\sigma = \frac{1}{\lambda}} \quad \mathrm{m}^{-1}$$

Wuchskoeffizient

*Anklingkoeffizient, *Kreisfrequenz.

Zeitverlauf

Zeitlicher Verlauf einer physikalischen Größe, z. B. Schwingungsgröße eines freien gedämpften linearen Oszillators:

$$x = X\mathrm{e}^{-\delta t} \cos(\omega_d t + \varphi)$$

Ein einfacher Schwinger wird durch den Zeitverlauf einer einzigen Zustandsgröße x beschrieben, z. B. Ausschlag oder Geschwindigkeit (Feder-Masse-System), Ladung oder Stromstärke (LC-Schwingkreis).

5 Akustik und Schallschutz

Technische Akustik – Schallwellen – Physiologische Akustik – Schallbewertung – Bauakustik – Schalldämmung – Lärmschutz – Ultraschallwerkstoffprüfung

Formelzeichen

Physikalische Größe	Symbol	Einheit	Basiseinheiten	Englische Bezeichnung
Äquivalente Schallabsorptionsfläche	A	m^2		equivalent area of absorption
Schallgeschwindigkeit	c	m/s	$= m\,s^{-1}$	sound velocity
Schallstärke, Schallintensität	I, J	W/m^2	$= kg\,s^{-3}$	sound intensity, sound energy per unit area
Schalldruckpegel	L_p	dB		sound level
Schallleistungspegel	L_P, L_W	–	$= 1$	acoustic power level
Lautstärkepegel	L_N	phon	$= 1$	loudness level
Lautheit	N	sone	$= 1$	loudness
Schallleistung	P, P_a	W	$= m^2 kg\,s^{-3}$	acoustic power
Schalldruck	p	Pa	$= N\,m^{-2}$ $= m^{-1}\,kg\,s^{-2}$	sound pressure, sonic $\sim$, acoustic pressure
Schallfluss	q	m^3/s		acoustic flux
Schalldämmmaß, -zahl	R	–	$= 1$	sound reduction factor
Nachhallzeit	T	s		reverberation time
Schallenergiedichte	w, E	J/m^3	$= m^{-1} kg\,s^{-2}$	acoustic energy density
Mechanische Impedanz	Z_m	N s/m	$= kg\,s^{-1}$	mechanical impedance
Spezifische Schallimpedanz,	Z_S, Z	Pa s/m	$= N\,s\,m^{-3}$	acoustic impedance,
Kenn- oder Feldimpedanz			$= m^{-2} kg\,s^{-1}$	field impedance
Akustische Impedanz,	Z_a	Pa s/m^3	$= N\,s\,m^{-5}$	acoustic impedance
Flussimpedanz			$= m^{-4} kg\,s^{-1}$	
Schallabsorptionsgrad	α_a, α	–		acoustic absorption factor
Schalldissipationsgrad	δ	–	$= 1$	acoustic dissipation factor
Schallreflexionsgrad	ϱ	–	$= 1$	acoustic reflection factor
Schalltransmissionsgrad	τ	–	$= 1$	acoustic transmission factor
Elektroakust. Übertragungsfaktor	τ, T	–	$= 1$	transmission factor
Schallausschlag	ξ	m		displacement of sound

Absorptionsfläche, äquivalente

Fläche mit Schallabsorptionsgrad 1, die bei allseitig gleichmäßiger Schallverteilung u. vernachlässigter Randbeugung den gleichen Anteil an Schallleistung absorbiert wie die gesamte Oberfläche des Raumes, einschließlich darin befindlicher Gegenstände. Charakterisiert Schallabsorptionseigenschaften eines Raumes; beeinflusst Schallleistungspegel und Nachhallzeit.

$$A = \sum_{i=1}^{n} A_i\,\bar{\alpha}_i = \frac{k\,V}{T} \quad m^2$$

Einschließlich der äquivalenten Absorptionsflächen A' der Einzelgegenstände und Personen im Raum.

$$A_{ges} = A + \sum_i A_i'$$

$\bar{\alpha}_i$ mittlerer Schallabsorptionsgrad der Oberfläche A_i im Raum.

k Proportionalitätsfaktor, T Nachhallzeit, V Volumen des Raumes.

Akustik

Lehre vom *Schall, umfasst alle Erscheinungen, die einem Beobachter über das Ohr zugänglich sind; physikalische, physiologische und psychologische Probleme des Hörens.

Bandfilter

Zur Bestimmung des *Schallfrequenzspektrums* (Frequenzabhängigkeit des Schallpegels) wird das Spannungssignal des elektroakustischen Schallwandlers durch elektrische Filter zwischen der *oberen* f_o und *unteren Grenzfrequenz* f_u um die *Bandmittenfrequenz* f_m verstärkt.

$$f_m = \sqrt{f_o\,f_u}$$

Ein *Terzfilter* umfasst die Frequenzen 16, 20, 25, 31,5, 40, 50, 63, 80, 100 Hz u.s.w.; ein *Oktavfilter* die Frequenzen 16, 31,5, 63, 125, 250, 500, 1000 Hz u.s.w.

Terzfilter (Auswahl)		$f_0/f_u = 2^{1/3}$	
$\frac{f_m}{Hz}$	$\frac{f_u}{Hz}$	$\frac{f_0}{Hz}$	$\frac{\Delta_A^*}{dB}$
16	14,1	17,8	+56,7
50	44,7	56.2	+30.2
100	89,1	112	+19,1
500	447	562	+ 3,2
1000	891	1122	0
5000	4467	5623	−0,5
10000	8913	11220	+2,5
20000	17780	22390	+9,3
Oktavfilter (Auswahl)		$f_0/f_u = 2$	
16	11	22	+56,7
63	44	88	+26,2
125	88	177	+16,1
500	355	710	+ 3,2
1000	710	1420	0
4000	2840	5680	−1,0
16000	11360	22720	+6,6

Δ_A^* Schallpegelabschwächung bei A-Bewertung.

Beurteilungspegel

Umfassende objektive Grösse zur Beurteilung der Geräuschbelästigung am Immissionsort. Grundlage ist der A-bewertete energieäquivalente Dauerschalldruckpegel mit Zuschlägen bei schmalbandigen und impulsartigen Anteilen am maßgeblichen Immissionsort. Je nach Geräuschgruppe unterschiedlich bestimmt für Arbeitslärm, Nachbarschaftslärm, Baulärm, haustechnische Anlagen, Verkehrsgeräusche, Fluglärm.

Für **Verkehrslärm** definiert DIN 4109 T5 den maßgeblichen Außenlärmpegel oder Beurteilungspegel L_{Verkehr}(Strasse und Schiene). Gemessen werden der A-bewertete mittlere Schalldruckpegel L_m und mittlere Maximalpegel L_{max} in 1% der Messzeit; wobei L_{max} in guter Näherung dem Mittelwert aus allen Pegelspitzen entspricht.

$L_{max} - L_m < 10$ dB(A): $L_{\text{Verkehr}} = L_m$

$L_{max} - L_m > 10$ dB(A): $L_{\text{Verkehr}} = L_{max} - 10$ dB(A)

Messzeiten für Strassenverkehr: 7 – 9 und 16 - 18 Uhr; in 1 m Abstand von Gebäudefronten, in 1,2 oder 0,5 m Höhe vor geöffnetem Fenster.

Bewertungskurve A

Physiologische Akustik: Bewertungsfaktor-Frequenz-Diagramm $\Delta^*(f)$ (DIN 45633) der Lautstärkeempfindlichkeit des menschlichen Ohres im Bereich unterhalb 90 phon. Näheres vgl. *Schallpegel.

Bewertungskurve C

Bewertungsfaktor-Frequenz-Diagramm $\Delta^*(f)$ der Lautstärkeempfindlichkeit des menschlichen Ohres im Bereich der Schmerzgrenze (>100 phon).

Dezibel

Dimensionslose Größe für das logarithmische Verhältnis zweier gleichartiger Leistungsgrößen.

$$1\ dB = \frac{\ln 10}{20} \approx 0,115\ 129\ Np$$

dB (A) mit der Filterkurve A bewerteter Schallpegel, statt [früher] Phon.

Doppler-Effekt, akustischer

Ein Beobachter nimmt das Herannahen einer Schallquelle mit steigender Frequenz, die Entfernung von der Schallquelle mit fallender Frequenz wahr.

Relativbewegung			
Quelle Q		Empfänger E	
ruht		hin	$\leftarrow \bullet$	$f_E = f_Q \left(1 + \frac{v_E}{c}\right)$
ruht		weg	$\bullet \rightarrow$	$f_E = f_Q \left(1 - \frac{v_E}{c}\right)$
hin	$\bullet \rightarrow$	ruht		$f_E = \dfrac{f_Q}{1 - v_Q/c}$
weg	$\leftarrow \bullet$	ruht		$f_E = \dfrac{f_Q}{1 + v_Q/c}$
hin	$\bullet \rightarrow$	hin	$\leftarrow \bullet$	$f_E = f_Q \dfrac{c + v_E}{c - v_Q}$
weg	$\leftarrow \bullet$	weg	$\bullet \rightarrow$	$f_E = f_Q \dfrac{c - v_E}{c + v_Q}$
hin	$\bullet \rightarrow$	weg	$\bullet \rightarrow$	$f_E = f_Q \dfrac{c - v_E}{c - v_Q}$

c	Schallgeschwindigkeit	(m/s)
f	Schallfrequenz	(Hz)
v	Geschwindigkeit	(m/s)

Echolot

Meerestiefe, berechnet aus der Schalllaufzeit t vom Sender über den Meeresboden zum Echoempfänger.

$$h = t \sqrt{\left(\frac{c}{2}\right)^2 - \left(\frac{v}{2}\right)^2} \quad (m)$$

c	Schallgeschwindigkeit im Wasser	(m/s)
v	Geschwindigkeit des Schiffes	(m/s)

Feldimpedanz *Schallwiderstand.

Flussimpedanz *Schallwiderstand.

Genauigkeitsklasse

Einteilung für Schallpegelmesser nach DIN 60651, die vorgeschriebene Präzisionsbedingungen erfüllen müssen

Typ 0: genaueste Geräte, unter Laborbedingungen als MessOnormal nutzbar.

Typ 1: Präzisionstyp für allgemeine Laboraufgaben und Feldmessungen.

Typ 2: für allgemeine Felduntersuchungen.

Typ 3: für orientierende Messungen.

Hallradius

Raumakustik: Der Abstand von einer Schallquelle, innerhalb dessen die Schallintensität wie im freien Schallfeld abnimmt.

$$R_H = \frac{k_H}{4} \sqrt{\frac{A}{\pi}} \quad (m)$$

A äquivalente Schallabsorptionsfläche.

Hallradiusfaktor k_H in Rechteckräumen		
Schallquelle Aufstellungsort	Kugel- schallquelle	Zylinder- schallquelle
Raumzentrum	1	$\sqrt{2}$
Wand-/Deckenmitte	$\sqrt{2}$	2
Wand-/Deckenkante	2	$2\sqrt{2}$
3-dim. Raumecke	$2\sqrt{2}$	—

Hallraumverfahren

Bestimmung des *Schallleistungspegels L_W im Diffusfeld in einem allseits gut reflektierendem Raum aus Schalldruckpegel und *Absorptionsfläche des Raumes.

Hörsamkeit

Maß für das Verhältnis der Schallintensitäten und Laufzeiten von *Direktschall* (geradlinig einfallend) und indirektem Schall (gestreuter Schall). Abhängig vom *Nachhall*, d. h. der Zeitspanne, in der die Schallenergie nach einem Schallpegelsprung abnimmt.

Hörschwelle

Physiologische Akustik: Der bei beidohrigem Hören und frontalem Einfall der ebenen Schallwelle gerade noch wahrgenommene Schalldruck p_0 bzw. Schalldruckpegel L_p einer Frequenz (Ton) oder eines Frequenzbereiches (Rauschen schmaler Bandbreite).

f / kHz	0,02	0,06	0,12	0,25	1	2	4	8	16
L_p / dB	65	35	20	10	5	0	–5	15	25

Das menschliche Ohr „hört" Schallwellen zwischen 16 Hz und 20 kHz, wenn der Effektivwert des Schalldrucks über 20 μPa liegt. Die obere Grenzfrequenz der Hörbereichs lässt mit zunehmendem Alter nach.

Hüllflächenverfahren

Bestimmung des *Schallleistungspegels L_W im freien Schallfeld aus der Immission auf einer Hüllfläche in der Umgebung der Quelle. Aus dem auf der Hüllfläche S gemittelten Schalldruckpegel $\overline{L_p}$ ergibt sich

$$L_W = \overline{L_p} + L_S = \overline{L_p} + 10\log\frac{S}{S_0}$$

mit $S_0 = 1\ \text{m}^2$.

Als Hüllflächen werden in der Praxis meist Kugelflächen, Halbkugelflächen über schallharter Bodenfläche oder Quaderoberflächen verwendet.

Kammerton

Normstimmton, standard pitch. Eingestrichenes a (440 Hz), internat. Stimmton für Musikinstrumente.

Körperschall

Bauakustik: Ausbreitung von Schall im Inneren oder auf der Oberfläche von Festkörpern mit Schallfrequenzen im Hörbereich > 15 Hz.

1) Methoden der Körperschalldämmung

1. *Abstrahlgrad-Reduktion* durch Flächenverminderung und Schallinterferenz-Auslöschung (kleinflächige Unterteilung, Lochung, Aussteifung; gegenphasige Anregung benachbarter Abstrahlflächen).

2. *geometrische Körperschalldämmung:* Senkung der Körperschalldichte (große Entfernung zw. Schallquelle und Empfangsraum, kleine Körperschall-Strahlungsfläche).

3. *Körperschalldissipation:* „Vernichtung" durch innere Reibung und Stoßstellen-Dämmung (Entdröhnen mit Sand, Polymeren, Nagelverbindungen, viskoelastische Unterlagen).

4. *Körperschallreflexion* an Grenzflächen mit hohen Schallkennimpedanz-Unterschieden (Luftschichten in mehrschaligen Trennbauteilen, Sperrmassen, Federelemente, Blei-, Gummiplatten).

2) Körperschall-Isolierwirkungsgrad.

Maß für die Verminderung der Körperschall erzeugenden Kraftamplitude $\hat{F}_L$, bezogen auf die Amplitude der erregenden Kraft des Schallgebers $\hat{F}_E$. Die *elastische Lagerung* eines Schallgebers (z. B. Maschine auf federnder Bodenplatte) ist wirkungsvoll, wenn die Resonanzfrequenz ω_0 des Feder-Masse-Systems weit unterhalb der erregenden Körperschallfrequenz ω liegt.

$$\omega_0 = \sqrt{c/m} \ll \omega$$

c	Federsteifigkeit
D	Dämpfungsgrad
m	Masse des Körpers
ω	Körperschall-Erregerkreisfrequenz
ω_0	Resonanzkreisfrequenz des Feder-Masse-Systems

Dämpfungsfreier Isolierwirkungsgrad

$$\eta = \frac{\left(\dfrac{\omega}{\omega_0}\right)^2 - 2}{\left(\dfrac{\omega}{\omega_0}\right)^2 - 1} \quad \text{für } D = 0$$

Isolierwirkungsgrad für *viskoelastische Dämpfung* (einfach-elastische Lagerung der Maschine).

$$\eta = 1 - \sqrt{\frac{1 + 4D^2\,(\omega/\omega_0)^2}{\left[1 - (\omega/\omega_0)^2\right]^2 + 4D^2\,(\omega/\omega_0)^2}}$$

Für $\eta > 90\%$ muss die Resonanzfrequenz der Lagerung weniger als ein Viertel der Erregerfrequenz sein. Die *doppelelastische Lagerung* ist wirkungsvoller.

Lärm

Allgemeine Geräusche mit primär breitbandigem Spektrum, insbesondere aber mit schmalbandigen, tonalen Überhöhungen und Einbrüchen, deren Geräuschstärke als störend empfunden wird

Lärmschutz vgl. *Schalldämmung, *Schalldämmmaß.

Lautheit

oder *Schallempfindungsstärke*. Proportionales Maß für die Stärke der Schallwahrnehmung.

Der Lautheit $S = 1$ sone entspricht die Lautstärke $L_S = 40$ phon.

$$\boxed{S = 2^{0,1\,(L_S - 40\,\text{phon})}} \quad \text{sone}$$

L_S Lautstärke in phon.

Eine Verdoppelung der Lautheit ergibt eine Zunahme des Laustärkepegels um 10 phon (im Bereich von 20 bis 120 phon).

Lautstärke

Physiologische Akustik: Maßstab für das Lautheitsempfinden des Ohres; Stärke des vom Gehörorgan wahrgenommenen Schalles und seine Wiedergabe. Durch den effektiven *Schalldruck* p_{eff} definiert als:

$$L_S(1\ \text{kHz}) = 20\lg\frac{p_{\text{eff}}}{20\,\mu\text{Pa}}\ \text{phon}$$

Die Zahlenwerte von Schalldruckpegel L_N (in dB) und Lautstärke (in phon) bei der Schallfrequenz 1000 Hz sind definitionsgemäß gleich.

- Lautstärke L_S (in phon) bei Bezugsfrequenz 1 kHz.
- Schalldruckpegel L_N (in dB) bei $f \neq 1$ kHz.
- $L_S(f \neq 1000\ \text{Hz}) = L_N + \text{Dämpfungswert}$.

5

Gleiche Schallpegel unterschiedlicher Frequenz rufen unterschiedliche Schallempfindung hervor. Lautstärke L_S und Lautstärkepegel L_N werden subjektiv durch *Hörvergleich* mit dem Schalldruckpegel $L_p^*(1000\,\text{Hz})$ einer 1000 Hz-Vergleichsschallquelle bestimmt.

Normalschall ist eine ebene fortschreitende Schallwelle der Frequenz 1000 Hz, die von vorn auf den Kopf der Empfängerperson auftrifft. Die Lautstärke des Normalschalls ist 0 phon, wenn der gemessene Schalldruck p gleich dem Hörschwellendruck p_0 (Bezugsschalldruck) wird.

Die Wahrnehmungsauflösung des menschlichen Ohres ist $\Delta L_s \approx 1$ phon.

Lautstärkepegel

Maß für das *subjektive* Schallempfinden; nicht direkt für die Stärke der Wahrnehmung. Gleich dem Schalldruckpegel des als gleich laut beurteilten Normschalles (1000 Hz). Vgl. *Bewertungsfaktor.

$$\boxed{L_N = 20\,\lg\frac{p}{p_0} = 10\,\lg\frac{I}{I_0}} \quad \text{phon}$$

p Schalldruck (Pa), I Schallintensität (W/m^2).

Bezugsschalldruck:	$p_0 = 20\,\mu\text{Pa} = 2\cdot10^{-5}\,\text{N/m}^2$
	$= 2\cdot10^{-10}\,\text{bar} = 200\,\text{pbar} = 0{,}2\,\text{nbar}$
Hörschwelle:	$I_0 = 10^{-12}\,\text{W/m}^2 = 1\,\text{pW/m}^2$

Im *Schalldruckpegel-Schallfrequenz-Diagramm* $L_p(f)$ werden Kurven gleicher Lautstärkepegel L_N eingezeichnet (von Hörschwelle ca. 0 phon bis Schmerzgrenze 130 phon); auf diesen wird die gleiche Lautheit empfunden (d. h. gleiche Schallempfindung wie 1 kHz-Normalschall).

Das menschliche Ohr ist bei ca. 4 kHz am empfindlichsten; bei tiefen und hohen Frequenzen lässt die Empfindlichkeit nach.

Hörschwelle	4 dB (1 kHz) = 4 phon
Blätterrauschen	10 phon
Flüsterlautstärke	20 phon
Wohngeräusche	30 phon
Leise Radiomusik	40 phon
Zimmerlautstärke	50 phon
Unterhaltungslautstärke	60 phon
Verkehrslärm	70 phon
Starker Verkehrslärm	80 phon
Presslufthammer	90 phon
Sirene, Nietlärm	100 phon
Flugzeugtriebwerk	120 phon
Schmerzschwelle	130 phon

Mach-Kegel

Eine Schallquelle, die sich mit *Überschallgeschwindigkeit* bewegt, sendet Kugelwellen aus, deren Einhüllende einen Kegel bilden.

$$\sin\alpha = \frac{c}{v} = \frac{1}{Ma}$$

MACH-Winkel α = halber Öffnungswinkel des Kegels.

Nachhallzeit

Zeitspanne, in der die mittlere Schallenergiedichte in einem Raum auf ein Millionstel abfällt; die Zeitdauer, in der der Schalldruckpegel um 60 dB abfällt.

$$\boxed{T^* = \frac{24\,\ln 10}{c}\,\frac{V}{A} \approx \frac{0{,}163\,\text{s/m}\cdot V}{A}}$$

Die *Schallenergie* klingt nach Ausschalten der Schallquelle exponentiell ab.

$$E(t) = E(0)\,\text{e}^{-cAt/(4V)}$$

A	äquivalente Schallabsorptionsfläche
c	Schallgeschwindigkeit
V	Raumvolumen

Oktave

*Tonhöhenintervall. Tonraum zwischen dem Grundton und dem achten Ton der diatonischen Tonleiter (mit der doppelten Freqenz des Grundtones); somit das Frequenzverhältnis $f/f_0 = 2$.

1 oct = (lg 2) dec = 3 terz = 1200 cent.

Pegel   *Schallpegel

Phon

Hinweiswort für den *Lautstärkepegel. 1 Phon entspricht ungefähr der Hörschwelle des menschlichen Ohres bei der Frequenz 1 Kilohertz.

1 phon = 1 dB $\approx$ 1,122faches Schalldruckverhältnis

Raumakustik

Die *akustische Behaglichkeit* in einem Raum bestimmen: der *Schallleistungspegel des diffusen Schallfeldes, und die *Hörsamkeit im Raum. Vgl. *Absorptionsfläche, *Nachhallzeit, *Hallradius.

Resonanzüberhöhung

In der Akustik Synonym für *Güte.

Blindintensität   *Schallintensität.

Schall

Mechanische Schwingungen und Wellen eines elastischen Mediums. Es gilt das *Superpositionsprinzip* (Schalldrücke verschiedener Quellen überlagern sich additiv). Bei *nichtkohärenten Schallquellen* ist das zeitliche Produkt der verschiedenen Schallwechselamplituden null. Bei *Stoßwellen* treten nicht lineare Wechselwirkungen auf.

Schallabsorption

Durch innere Reibung, *Dissipation* (= unvollständige isentrope Kompression) und *Relaxation* (= Anregung innerer Molekülfreiheitsgrade) wird Schallenergie absorbiert; Schalldruckamplitude und Schallintensität fallen ab.

$$\boxed{I(r) = I(r_0)\,\text{e}^{-\alpha(r-r_0)}}$$

I Schallintensität, r, r_0 Ortsabstand, α Dämpfungskoeffizient der Schallabsorption.

1) Poröser Schallabsorber. Breitbandiger Absorber zur Schallpegel- und Hallminderung; S-förmige Schallabsorptionsgrad-Frequenz-Kurve $\alpha_s(f)$. Dämpfungsmaterial an der Decke, selbsttragend oder abgehängt. Dissipation der Schallenergie durch viskose Strömungsverluste am Dämpfungsmaterial; innere Reibung bei Faserdeformation.

Charakteristische Absorberfrequenz: $f_0 \approx \dfrac{c}{4d}$

c	Schallgeschwindigkeit,
d	Dicke der Materialschicht (Luftschicht).

2) Plattenschwinger. Schmalbandiger Resonanzabsorber für Tiefenschlucker und Luftschalldämmung; $\alpha_S(f)$-Kurve mit Maximum. Feder-Masse-System, eine mit Federn an der Decke befestigte Platte; Dissipation der Schallenergie durch innere Reibung in Platte und Luftschicht, evt. zus. Dämpfungsmaterial.

$$f_0 = \frac{1}{2\pi} \sqrt{\frac{\kappa \, p_0}{d \, m}}$$

m	Masse der Platte
d	Dicke der Luftschicht zw. Platte und Decke
p_0	Schalldruck
$\kappa = c_\mathrm{p}/c_\mathrm{V}$	Wärmekapazitätsverhältnis der Luft.

3) Helmholtz-Resonator. Besonders schmalbandiger Resonanzabsorber für selektive Schallabsorption (Maschinenlärm), Tür- und Fensterfugen. $\alpha_s(f)$-Kurve mit engem Maximum. An der Decke befestigte Hohlraumformen. Dissipation der Schallenergie durch nicht adiabatische Kompression des Hohlraumvolumens, Reibungsverluste im Resonatorhals (Hohlraumöffnung), evt. zusätzliches Dämpfungsmaterial.

$$f_0 = \frac{c}{2\pi} \sqrt{\frac{A}{V\,l}}$$

A Querschnitt der Halsöffnung, l Halstiefe,
V Hohlraumvolumen.

Schallabsorptionsgrad

Verhältnis der nichtreflektierten Schallleistung zur auftreffenden Schallleistung (Dimension 1).

$$\alpha_s = \frac{P_\alpha}{P} = \frac{I_\alpha}{I} = \delta_s + \tau_s$$

Energieerhaltungssatz

$$\alpha_s + \varrho_s + \tau_s = 1$$

Speziell: vollständige Absorption, keine Transmission.

$$\alpha_s = 1 - \varrho_s = 1 - \left(\frac{Z_2 - Z_1}{Z_1 + Z_2}\right)^2$$

δ	Schalldissipationsgrad	(Dim.1)
ϱ	Schallreflexionsgrad	(Dim.1)
τ	Schalltransmissionsgrad	(Dim.1)
I_α	absorbierte Schallintensität	(W/m^2)
P	einfallende Schallleistung	(W)
Z	Schallkennimpedanz des Mediums 1,2	(Ω)

Mittlerer Schallabsorptionsgrad. In der Raumakustik: Summe aller Schallabsorptionsgrade α_i unter dem Einfallswinkel δ.

$$\bar{\alpha}_i = 2 \int_0^{\pi/2} \alpha_i(\delta) \, \cos\delta \, \sin\delta \, \mathrm{d}\delta \quad \text{m}^2$$

Schallabsorptionsvermögen

*Absorptionsfläche, *Nachhallzeit.

Schalldämmung

Maßnahmen zur Verminderung der Geräuschbelästigung; Luft- und Körperschalldämmung.

Schalldämmmaß

früher: *Schallisolationsmaß.* Zehnfacher dekad. Logarithmus des Kehrwertes des Schalltransmissionsgrades.
1) Luftschalldämmmaß (in dB). Verhältnis der Schallleistungen zw. Empfangsraum (2) und Senderaum (1). Maß für den Schallschutz einer Wand im diffusen Schallfeld.

$$\boxed{R = 10 \lg \frac{P_1}{P_2} = 10 \lg \frac{1}{\tau_s} = \Delta L_\mathrm{p} + 10 \lg \frac{S}{A}} \quad \text{dB}$$

Massengesetz für biegeweiche Trennwand

$$R = 20 \lg \left(\frac{\pi \, f \, m'}{Z}\right) - 3 \text{ dB}$$

A	äquivalente Schallabsorptionsfläche des Empfangsraumes	(m^2)
ΔL_p	Schalldruckpegel-Differenz: (1)–(2)	(dB)
m'	flächenbezogene Masse: $m' = \varrho d$	(kg/m^2)
P_1	auftreffende Schallleistung (Raum 1)	(W)
P_2	Schallleistung, die eine Wand durchdringt (Raum 2)	(W)
S	Fläche der Trennwand	(m^2)
Z	Schallkennimpedanz der Luft: $410 \text{ kg m}^{-2}\text{s}^{-1}$	
τ	Luft-Schalltransmissionsgrad	(Dim.1)

2) Norm-Trittschallpegel. Über die Deckenkonstruktion übertragener Trittschall; mit einem Hammerwerk (Schlagfrequenz 10 Hz) auf dem Fußboden des Senderaumes ausgelöst und im Empfangsraum terzweise gemessen und um die Schallabsorption korrigiert.

$$\boxed{L_\mathrm{n} = L_\mathrm{mes} + 10 \lg \frac{A}{A_0} \text{ dB}}$$

A	äquivalente Schallabsorptionsfläche des Empfangsraumes
A_0	Normbezugsfläche 10 m^2 d. Trittschallabsorption
L_mes	gemessener Trittschallpegel im Empfangsraum

Schalldissipationsgrad

Vh. der durch Energiewandlung (meist Wärme) verlorenen Schallleistung zur auftreffenden Schallleistung.

Schalldruck

Durch die Schallschwingung hervorgerufener Wechseldruck. Analog zum mechanischen Druck in der Strömungsmechanik die Druckänderung im homogenen kompressiblen Medium durch Kompression oder Dilatation der Moleküle.

$$\boxed{p = -\varrho \frac{\mathrm{d}\Phi}{\mathrm{d}t} = \varrho \, c \, v = v \, Z = q \, Z_\mathrm{a} = \frac{F_\mathrm{n}}{A}} \quad \text{Pa} = \frac{\text{N}}{\text{m}^2}$$

A	Flächenelement der Begrenzungsfläche	
c	Schallgeschwindigkeit	(m/s)
F_n	Normalkraft auf die Begrenzungsfläche	(N)
q	Schallfluss	(m^3/s)
v	Schallschnelle	(m/s)
Z	Feldimpedanz, Kennimpedanz	(Pa s/m)
Z_a	Flussimpedanz, akust. Impedanz	(Pa s/m^3)
Φ	Schallschnellepotential	(m^2/s)
ϱ	Dichte des Mediums	(kg/m^3)

Wellengleichung der Schalldruckausbreitung am Ort $\vec{r}$ zur Zeit t (für kleine Dichtegradienten und Schnelleänderungen).

$$\frac{\partial^2 p(\vec{r},t)}{\partial t^2} = c^2 \left(\frac{\partial^2}{\partial x^2} + \frac{\partial^2}{\partial y^2} + \frac{\partial^2}{\partial z^2}\right) p(\vec{r},t)$$

Schallwechseldruck: eindimensionale Lösung der Wellengleichung bei *sinusförmiger Erregung*

$$p(x,t) = p_\mathrm{stat} + \hat{p} \cos\left[2\pi f \left(t - \frac{x}{c}\right)\right]$$

Effektivwert des Schallwechseldrucks für harmonische Schallwellen

$$p_\mathrm{eff} = \sqrt{\frac{1}{\Delta t} \int_0^{\Delta t} p^2(r,t) \, \mathrm{d}t} = \frac{\hat{p}}{\sqrt{2}}$$

f	Frequenz des Erregers, Lautsprechers	(Hz)
p_stat	statischer Gasdruck	(Pa = N/m^2)
$\hat{p}$	Schalldruckamplitude	(Pa = N/m^2)

Schallquelle	Schallwechseldruckamplitude
Platte (eben)	$\hat{p} = \hat{p}_0$
Stab (linienförmig)	$\hat{p} = \hat{p}(r_0)\,\sqrt{r_0/r}$
Kugel (punktförmig)	$\hat{p} = \hat{p}(r_0)\,r_0/r$

Schalldruckpegel

Logarithmisches Größenverhältnis aus Schalldruck und einer Bezugsgröße gleicher Dimension.

$$L_{\mathrm{p}} = 20 \lg \frac{p}{p_0} = 10 \lg \frac{p^2}{p_0^2} \quad \mathrm{dB}$$

Bezugsschalldruck (Hörschwellendruck)

$$p_0 = 2{\cdot}10^{-5}\,\mathrm{Pa} = 20\,\mu\mathrm{Pa} \quad \text{(in Luft)}$$
$$p_0 = 1\,\mu\mathrm{Pa} \ \text{(in anderen Medien)}$$

Spezialfall bei 1000 Hz: *Lautstärkepegel.

Schalldruckpegelbewertung *Schallpegel.

Schalldurchgang

Schalltransmission durch Wände. Vgl. *Schalltransmissionsgrad, *Schalldämmmaß, *Spuranpassung.

Schallempfindung

Unterscheidung in der physiologischen Akustik.
1. *Empfindung* ist der Bewußtseinsinhalt, der von einem Reiz versacht wird (Elementarerlebnis), und dessen Intensität von der Reizstärke, -qualität und Art des Rezeptors abhängt.
2. *Wahrnehmung* ist ein Bewusstseinsinhalt, der durch Kombination mehrerer Empfindungen mit Erinnerungsdaten synthetisiert wird.
Kenngrößen: *Lautstärke, *Lautheit, *A-Bewertung, *Äquivalenter Dauerschallpegel, *Hörschwelle, *Schmerzgrenze, *Beurteilungspegel.

Schallenergie

Kinet. u. pot. Energie des Schalles in einem Medium.

Schallenergiedichte, räumliche

Schalldichte, räumliche Dichte der Schallenergie, Energiedichte einer Schallwelle, Schallenergie im Raumvolumen.

$$w = \frac{\mathrm{d}E}{\mathrm{d}V} = \frac{I}{c} = \tfrac{1}{2}\varrho v^2 = \frac{\hat{p}^2}{2\varrho\,c^2} \quad (\mathrm{J/m^3})$$

c	Schallgeschwindigkeit	(m/s)
I	Schallintensität	(W/m²)
p	Schalldruck	(Pa)
v	Schallschnelle	(m/s)
ϱ	Dichte des Ausbreitungsmediums	(kg/m³)

Schallfeld, diffuses

In der Raumakustik: Das Schallfeld punkt- und kugelförmiger Schallquellen erscheint in Räumen durch Vielfach-Reflexion an Wänden diffus. Nur im Nahfeld der Schallquelle überwiegt Direktschall und der Schallintensitätsverlauf des freien Schallfeldes. Vgl. *Schallleistung, *Schalltransmissionsgrad, *Schalldämmmaß, *Hallradius.

Schallfeld, freies

Verdoppelung des Abstandes zur Schallquelle bewirkt eine Schallintensitätsabnahme von $\Delta L_{\mathrm{I}} = 6\,\mathrm{dB}$ (Kugelschallquelle) bzw. 3 dB (Zylinderschallquelle).

Schallfluss

Produkt aus Schallschnelle und Querschnittsfläche senkrecht zur Schwingungsrichtung.

$$q = v\,A = \frac{p}{Z_{\mathrm{a}}} \quad \frac{\mathrm{m^3}}{\mathrm{s}}$$

p Schalldruck, Z_{a} akustische Impedanz.

Schallfrequenz

Frequenz f örtlicher Druckschwankungen, die durch periodische Erregung von Druckstörungen im Medium ausgelöst werden (z. B. Lautsprechermembran).
1) Infraschall: 0 bis 15 Hz. Lager- und Bauwerksschwingungen, Körperschall, Erdbebenwellen.
Schallgeber: mechanische Rüttler.
Aufnehmer: Piezosensoren, Dehnungsmessstreifen.
2) Hörschall: 16 Hz bis 20 kHz.
Audiotechnik, Lärmschutz, Raumakustik.
Schallgeber: Pfeifen, Sirenen, Musikinstrumente; Lautsprecher (*Schallwandler).
Schallaufnehmer: Mikrofone.
3) Ultraschall: 20 kHz Hz bis 10 GHz.
Werkstoffprüfung, Verfahrens-, Fertigungstechnik.
Schallgeber: Pfeifen, Sirenen, Pneumatik; Lautsprecher (elektrostriktiv, piezoelektrisch, elektrostatisch).
Schallaufnehmer: Mikrofone, Piezosensoren.
4) Hyperschall: 10 GHz bis 10 THz.
Spektroskopie, Molekularkinetik.
Schallgeber und -aufnehmer: Josephson-Kontakte, piezoelektrisch gekoppelte Mikrowellen-Resonatoren.

Schallgeschwindigkeit

Ausbreitungsgeschwindigkeit c = Phasengeschwindigkeit der Schallwelle (Druckstörungen, Longitudinalwelle). Nicht verwechseln mit *Schallschnelle!

$$c = \lambda\,f \quad \frac{\mathrm{m}}{\mathrm{s}} = \mathrm{Hz\,m}$$

1) In festen Stoffen. Näherung für seitlich begrenzte Festkörper und dünnste Stäbe.

$$c = \sqrt{\frac{E}{\varrho}\,\frac{1-\nu}{(1+\nu)(1-2\nu)}} \approx \sqrt{\frac{E}{\varrho}}$$

ν Querkontraktionszahl, E Elastizitätsmodul, ϱ Dichte.

2) In Flüssigkeiten und Gasen

$$c = \sqrt{\frac{K}{\varrho}}$$

K Kompressionsmodul (N/m²), ϱ Dichte (kg/m³).

3) In Gasen. LAPLACE-Formel, isentrope Schallausbreitung.

$$c = \sqrt{\kappa\,R_{\mathrm{B}}\,T} = \sqrt{\frac{p\,\kappa}{\varrho}}$$

p	Gasdruck	(Pa = N/m²)
R_{B}	spezifische Gaskonstante	(J kg⁻¹ K⁻¹)
κ	Adiabatenexponent: $\kappa = c_p/c_V$	(Dim. 1)

4) In Luft (bei −20 bis +50 °C)

$$c_{\mathrm{L}} = 331{,}5\,\frac{\mathrm{m}}{\mathrm{s}}\sqrt{1 + \frac{\vartheta}{273{,}15°\mathrm{C}}} \approx c_{20} + \frac{0{,}6\,\vartheta}{°\mathrm{C}}$$

ϑ Celsius-Temperatur (°C).

Feststoffe (20 °C)	c (m/s)
Kork	480
Pb	1320
Sn	2530
Ag	2640
Messing	3200
Cu	3550
Eis	3200
Holz, Eiche	3380
Mauerwerk	3500
Ton, gebrannt	3650
Zn	3700
Beton	4000
Holz, Tanne	4180
Mg	4600
Ni	4800
Stahl	4900 ... 5050
Al	5100
Fe	5100
Glas	5300 ... 5500

Flüssigkeiten (20 °C)	c (m/s)
fl. N_2 (−196 °C)	900
Benzin	1170
Ethanol	1190
Benzol	1330
Petroleum	1330
Wasser (20 °C)	1407
Wasser (5 °C)	1400
Wasser (20 °C)	1485
Wasser (25 °C)	1457
konz. HCl	1520
konz. NaCl	1660
Glycerin (Glycerol)	1923

Gase (0 °C, 101325 Pa)	c (m/s)
CO_2	258
Ar	308
O_2	316
Luft (−20 °C)	319,5
Luft (0 °C)	331,8
Luft (+20 °C)	343,8
Luft, trocken, 100 °C	387
N_2	378
Wasserdampf, 130 °C	450
Leuchtgas	453
He	981
H_2	1270

5) Entfernung eines Gewitters. Ein *Blitz* wird unter dem Winkel α gegen den horizontalen Erdboden beobachtet und die Zeit bis zur Wahrnehmung des *Donners* gemessen.

$$ s = c_\mathrm{S}\, t \quad \text{und} \quad h = c_\mathrm{S}\, t \sin\alpha $$

$c_\mathrm{S} \approx 333$ m/s Schallgeschwindigkeit
s Entfernung des Gewitters
h Höhe des Blitzes über Grund
α Winkel Standlinie–Blitz (Steigungsdreieck)

Schallintensität

Schallenergieflussdichte, flächenbezogene Schallleistung; früher: Schallleistungsdichte, *Schallstärke*.
Quotient (in W/m²) aus komplexer Schallleistung $\underline{S}$ und der zur Richtung des Energietransportes senkrechten Fläche $A_\perp$ oder: Produkt aus Schalldruck $\underline{p}$ und Schallschnelle $\underline{v}$.

$$ \underline{J} = \frac{\underline{S}}{A_\perp} = \tilde{p}\tilde{v}(\cos\varphi + \mathrm{i}\sin\varphi) $$

Der Realteil Re $\underline{J}$ heißt Wirkintensität, der Imaginärteil Im $\underline{J}$ Blindintensität.
Harmonische Schallwelle:

$$ \begin{aligned} I &= \frac{P}{A} = \frac{1}{A}\frac{\mathrm{d}E}{\mathrm{d}t} = w\,c \\ &= p_\mathrm{eff} v_\mathrm{eff} = \frac{p_\mathrm{eff}^2}{Z} \\ &= \frac{\hat{p}\,\hat{v}}{2} = \frac{\hat{p}^2}{2\varrho c} = \frac{\varrho c \hat{v}^2}{2} \end{aligned} \qquad (\mathrm{W/m^2}) $$

In Luft

$$ I \approx 0{,}04\,\frac{\mathrm{kg}}{\mathrm{m^2\,s}} \cdot v^2 $$

c	Schallgeschwindigkeit	(m/s)
P	Schallleistung	(W)
p_eff	effektiver Schalldruck: $\hat{p}/\sqrt{2}$	(Pa)
$\hat{p}$	Schalldruckamplitude	(Pa = N/m²)
v	Schallschnelle	(m/s)
W	Schallenergie	(J)
w	Energiedichte	(W/m³)
v_eff	Effektivwert der Schallschnelle	(m/s)
Z	Schallkennimpedanz	(Pa s/m)
ϱ	Dichte des Mediums	(kg/m³)

Schallquelle	Schallintensität
Platte (eben)	$I = P/A$
Stab (linienförmig)	$I = \dfrac{P/l}{2\pi r}$
Kugel (punktförmig)	$I = \dfrac{P}{4\pi r^2}$

Schallintensitätspegel

Logarithmiertes Verhältnis der Schallintensität.

$$ L_\mathrm{I} = 10 \lg \frac{I}{I_0} \quad \mathrm{dB} $$

Bezugsschallintensität (Hörschwelle)

$$ I_0 = 1\ \mathrm{pW/m^2} = 10^{-12}\ \mathrm{W/m^2} $$

Schallleistung

oder *Schallenergiefluss*. In der Zeitspanne t (abgegebene, durchtretende oder aufgenommene) Schallenergie E. Auf die Fläche auftreffende Schallintensität.

$$ P = \frac{\mathrm{d}E}{\mathrm{d}t} = p\,q = I\,A \quad \mathrm{W} $$

A Fläche, I Schallintensität,
p Schalldruck, q Schallfluss.

Absorbierte Schallleistung in der Raumakustik:

$$ P_\mathrm{ges} = \frac{1}{4} I_\mathrm{diffus}\, A_\mathrm{eq} \quad \mathrm{W} $$

I_diffus Schallintensität des diffusen Schallfeldes,
A_eq äquivalente Schallabsorptionsfläche.

Schallquelle	Spezifische Schallleistung		
Platte (eben)	$P_\mathrm{A} = P/A$	in W/m²
Stab (linienförmig)	$P_\mathrm{l} = P/l$	in W/m
Kugel (punktförmig)	P	in W

Schallleistungspegel

Invariante Kenngröße einer Schallquelle; erlaubt Abschätzung der Schallemission und Vergleich der Geräuschabstrahlung von Maschinen u.a. Messung nach

Akustik

dem Hüllflächen- oder Hallraumverfahren. Logarithmiertes Verhältnis der Schallleistung.

$$L_W = 20 \lg \frac{P}{P_0} = 10 \lg \frac{P^2}{P_0^2} \quad \mathrm{dB}$$

Bezugsschallleistung

$$P_0 = 1\,\mathrm{pW} = 10^{-12}\,\mathrm{W}$$

Schallleistungspegel des diffusen Schallfeldes

$$L_{\mathrm{diffus}} = L_W - 10 \lg \frac{A_{\mathrm{eq}}}{4 A_0}\,\mathrm{dB}$$

A_{eq} äquivalente Schallabsorptionsfläche
A_0 Normbezugsfläche 1 m² der Luftschallabsorption
L_W Schallleistungspegel.

Schallmessung

Schallpegelmessgeräte bestehen aus: *Schallwandler (Mikrofon), Messbereichsumschalter, Übersteuerungsanzeige, Frequenzbewertungsfiltern (*Bandfilter), Effektivwertgleichrichter mit Anstiegs- und Abfallzeitkonstante und Wurzelglied (*Zeitbewertung), Logarithmierschaltung und Anzeige. Einteilung nach *Genauigkeitsklassen; unterliegen der Eich- und Kalibrierpflicht.

Schallpegel

Das logarithmierte Verhältnis einer *Schallfeldgröße* (Effektivwert) oder *Schallenergiegröße* (zeitlicher Mittelwert) zu einer gleichartigen Bezugsgröße; bei einer Frequenz oder in einem Frequenzbereich.

Schallpegel-Definitionen mit Bezugsgröße

Schalldruckpegel	$L_p = 20 \lg \dfrac{p_{\mathrm{eff}}}{20\mu\mathrm{Pa}}\,\mathrm{dB}$
Schallschnellepegel	$L_v = 20 \lg \dfrac{v_{\mathrm{eff}}}{5\cdot 10^{-8}\,\mathrm{m/s}}\,\mathrm{dB}$
Schallintensitätspegel	$L_I = 10 \lg \dfrac{I}{10^{-12}\,\mathrm{W/m^2}}\,\mathrm{dB}$
Schallleistungspegel	$L_P = 10 \lg \dfrac{P}{10^{-12}\,\mathrm{W}}\,\mathrm{dB}$
Umrechnung:	$p_{\mathrm{eff}} = z\,v_{\mathrm{eff}}, \quad I = \dfrac{p_{\mathrm{eff}}^2}{Z}, \quad P = A\,I$

1) A-bewerteter Schallpegel. Physiologische Akustik: Schalldruckpegel, bei dem der Schalldruck frequenzabhängig bewertet wird, z. B. auf den Kurven gleicher Lautstärkepegel. Messtechnische Näherung für die Lautstärkeempfindung des menschlichen Ohres (umgeht die komplizierte phon-Messung). Zu den terz- oder oktavweise gemessenen Schallpegeln L_i wird der frequenzabhängige Bewertungsfaktor Δ_i^* der Bewertungskurve A nach DIN 45633 addiert (Zahlenwerte vgl. *Bandfilter).

$$L_A = 10 \lg \left[\sum_{i=1}^{n} 10^{0.1\,(L_i + \Delta_{A,i}^*)} \right]\,\mathrm{dB(A)}$$

2) Äquivalenter Schallpegel, *äquivalenter Dauerschallpegel* L_{eq}, Maß für die Belastung des Gehörs durch Schallenergie von Geräuschemissionen im Bezugszeitraum z. B. $t_B = 8$ h.

$$L_{\mathrm{eq}} = 10 \lg \left[\frac{1}{t_B} \sum_{i=1}^{n} t_i\, 10^{0.1\,L_{A,i}} \right]\,\mathrm{dB(A)}$$

L_A A-bewerteter Schallpegel im Zeitintervall t_i.

3) Gesamter Schallpegel von n Schallquellen:

$$L = 10 \lg \left(\sum_{i=1}^{n} 10^{0.1\,L_{I,i}} \right)\,\mathrm{dB}$$

$L_{I,i}$ Schallintensitätspegel.

4) Schallpegel-Additionstabelle für die sukzessive Addition: entsprechend der Pegeldifferenz $\Delta L = L_1 - L_2$ wird zum größeren Pegel L_1 der Zuschlag L_z addiert.

ΔL dB	L_z dB	ΔL dB	L_z dB	ΔL dB	L_z dB
0,0	3,0	4,0	1,5	8,0	0,6
0,5	2,8	4,5	1,3	9,0	0,5
1,0	2,5	5,0	1,2	10,0	0,4
1,5	2,3	5,5	1,1	12,0	0,3
2,0	2,1	6,0	1,0	14,0	0,2
2,5	1,9	6,5	0,9	16,0	0,1
3,0	1,8	7,0	0,8	≥ 20	0,0
3,5	1,6	7,5	0,7		

Schallpegeldifferenz

Im freien Schallfeld nimmt bei doppeltem Abstand zur Schallquelle der Schalldruck um ΔL ab.

Schallquelle	Schallpegeldifferenz $L_1 - L_2$	ΔL für $r_2 = 2 r_1$
Platte (eben)	0	0
Stab (linienförmig)	$10 \lg \dfrac{r_2}{r_1}$	3 dB
Kugel (punktförmig)	$20 \lg \dfrac{r_2}{r_1}$	6 dB

Schallreflexion

Echo. Zeit für den vom Schall zurückgelegten Weg (hin und zurück).

$$t = \frac{2 l}{c} \quad \mathrm{s}$$

c Schallgeschwindigkeit,
l Entfernung der reflektierenden Wand.

Schallreflexionsfaktor

Komplexes Verhältnis einer Feldgröße einer reflektierten ebenen Welle zur auftreffenden Welle (Dim. 1).
Bei Luft- und Wasserschall:

$$r = \frac{\text{reflektierter Schalldruck } p_r}{\text{auffallender Schalldruck } p_a}$$

Bei Körperschall:

$$r = \frac{\text{reflektierte Schallschnelle } v_r}{\text{auftreffende Schallschnelle } v_a}$$

Schallreflexionsgrad

Auf die einfallende Schallintensität bezogene reflektierte Schallintesität (Dimension 1).

$$\varrho = \frac{I_\varrho}{I} = \left(\frac{Z_2 - Z_1}{Z_2 + Z_1} \right)^2 = 1 - \delta - \tau$$

δ Schalldissipationsgrad, τ Schalltransmissionsgrad.
Z Schallkennimpedanz des Mediums 1 bzw 2.

Schallschnelle

Momentanwert der Geschwindigkeit der schwingenden Teilchen (Wechselgeschwindigkeit). Auslenkungsgeschwindigkeit der Moleküle unter Wirkung der

Kompressions- und Dilatatationskräfte der Druckströmung dp. Nicht verwechseln mit *Schallgeschwindigkeit!

$$v = \frac{\mathrm{d}s}{\mathrm{d}t} = \frac{F}{z} + \frac{p}{Z} + \xi\,\omega \qquad \mathrm{m/s}$$

p	Schalldruck	$(\mathrm{Pa} = \mathrm{N/m^2})$
Z	Feldimpedanz, Kennimpedanz	$(\mathrm{Pa\,s/m})$
z	mechanische Impedanz	$(\mathrm{N\,s/m} = \mathrm{kg/s})$
ξ (xi)	Schallausschlag = Amplitude der Schallschwingung (m)	
ω	Kreisfrequenz	$(\mathrm{s^{-1}})$

Hydrodynamisches Grundgesetz

$$\frac{\partial v(x,t)}{\partial t} = -\frac{1}{\varrho}\,\frac{\partial p(x,t)}{\partial x} \qquad \frac{\mathrm{m}}{\mathrm{s^2}} = \frac{\mathrm{Pa\,m^2}}{\mathrm{kg}}$$

Zusammenhang mit Schallimpedanz Z

$$v(x,t) = \frac{p(x,t)}{Z} = \frac{p(x,t)}{\varrho\,c} \qquad \frac{\mathrm{m}}{\mathrm{s}}$$

Ebene, eindimensionale, harmonische Schallwelle mit sinusförmiger Schallerregung

$$v(x,t) = \frac{\hat{p}}{\varrho\,c}\cos\left[2\pi f\left(t - \frac{x}{c}\right)\right]$$

Effektivwert der Schallschnelle (ebene harmonische Schallwelle)

$$v_{\mathrm{eff}} = \sqrt{\frac{1}{\Delta t}\int_0^{\Delta t} v^2(r,t)\,\mathrm{d}t} = \frac{\hat{v}}{\sqrt{2}}$$

Schallschnellepotential

Potential Φ der Wechselgeschwindigkeit der Schallausbreitung: $\vec{v} = +\mathrm{grad}\,\Phi$

Schalltransmissionsgrad

Auf die einfallende Schallintensität bezogene transmittierte Schallintensität.

$$\tau_{\mathrm{s}} = \frac{I_{\mathrm{T}}}{I} = \left(\frac{4Z_1 Z_2}{Z_1 + Z_2}\right)^2 \qquad 1 = 100\%$$

Energieerhaltungssatz (ohne Schallabsorption)

$$\varrho_{\mathrm{s}} + \tau_{\mathrm{s}} = 1$$

Winkelabhängigkeit beim *Schalldurchgang

$$\tau_{\mathrm{s}}(\delta) = \frac{1}{1 + \left(\dfrac{\pi\,m'\,f\,\cos\delta}{Z_{\mathrm{L}}}\right)^2}$$

Diffuse Schalleinstrahlung: bei Vielfachreflexion, gleichmäßig über alle Einfallswinkel verteilt, ist im Mittel $\cos^2\delta = 0{,}5$.

$$\bar{\tau}_{\mathrm{s}} = 2\left(\frac{Z}{\pi\,m'\,f}\right)^2$$

für senkrechten Einfall $\delta = 0$ und $\pi m'\,f/Z \gg 1$.

m'	$= \varrho s$ flächenbezog. Masse der Trennwand $(\mathrm{kg/m^2})$
Z	Schallkennimpedanz des Mediums 1 bzw. 2
Z_{L}	Schallkennimpedanz der Luft: $410\ \mathrm{kg\,m^{-2}s^{-1}}$
δ	Einfallswinkel der Schallwelle (rad)

Schallwandler

Elektroakustischer Wandler. *Mikrofon* (Schallempfänger) und *Lautsprecher* (Schallgeber) wandeln den Schallwechseldruck $p(x,t)$ über eine Membran in ein elektrisches Signal um.

1) Elektrostatischer Wandler. Messzelle mit elektrisch leitender Membran und Gegenelektrode.

1. *Kondensatormikrofon:* mit äußerer Polarisationsspannung an der Mikrofonkapsel.
2. *Elektretmikrofon:* permanente elektrische Polarisation an der Mikrofonkapsel.
Anwendung: Schallpegelmesser, Studio-, Tiefton-, Ansteckmikrofon, breitbandige Kopfhörer.

2) Elektrodynamischer Wandler.
1. *Tauchspulenmikrofon:* Membran, gekoppelt mit einer Schwingspule im Topfmagnet; z. B. Richt-, Studiomikrofon.
2. Lautsprecher und Kopfhörer.
3. *Bändchenmikrofon:* Metallfolie in einem Topfmagnet, im Primärkreis eines Trafos; z. B. Studiomikrofon für höchste Lautstärkepegel, Vokal-, Blechbläsermikrofon.

3) Elektromagnetischer Wandler. Membran vor einem Elektromagneten; z. B. Lautsprecher, Telefonhörer, Hörgeräte.

4) Piezoelektrischer Wandler. Ein Kristallplättchen setzt mechanische Verformung in elektrische Schwingungen um. Anwendung: Kristall-, Keramik-, Körperschall-, Wasserschallmikrofon, Beschleunigungsaufnehmer.

5) Piezoresistiver Wandler. Gleichstromkondensator mit Kohlegrieß-Dielektrikum und Serienwiderstand zum Spannungsabgriff. Anwendung: *Kohlemikrofon.*

Schallwelle

Schallausbreitung in Gasen, Flüssigkeiten und Festkörpern durch longitudinale Kompressions- und Dilatationswellen (Longitudinalwelle, Längswelle). Schwingungsrichtung $\vec{u}$ und Ausbreitungsrichtung $\vec{c}$ fallen zusammen.

Elongation = Auslenkung in Ausbreitungsrichtung

$$s(x,t) = \hat{s}\cos(\omega t \mp kx) = \hat{s}\cos 2\pi\left(\frac{t}{T} \mp \frac{x}{\lambda}\right)$$

x Ort (vor = Druck, zurück = Zug), T Periodendauer.

Ausbreitungsgeschwindigkeit

$$c = \lambda f = \frac{\omega}{k}$$

Schallschnelle = Verschiebungsgeschwindigkeit

$$v = \frac{\mathrm{d}s}{\mathrm{d}t} = -\omega s_0 \sin(\omega t - kx) = v_0 \sin(\omega t - kx)$$

Kreisfrequenz

$$\omega = 2\pi f = \frac{2\pi}{T}$$

Wellenzahl: Betrag des Wellenzahlvektors

$$k = \frac{2\pi}{\lambda}$$

Schalldruck

$$p = \varrho c v = \varrho c^2 k s_0 \sin(kx - \omega t)$$

Schallintensität, Schallstärke

$$I = \tfrac{1}{2}\varrho c(\omega s_0)^2$$

Schallwellen an Grenzflächen

An der Grenzfläche zweier Medien mit unterschiedlicher Schallkennimpedanz Z wird die einfallende Schallwelle teilweise reflektiert und teilweise in Medium 2 transmittiert (und absorbiert). *Schallreflexionsgrad, -transmissionsgrad, -absorptionsgrad.

Schallwellenlänge

Räumlicher Abstand zweier benachbarter Stellen mit gleicher Druckphase (z. B. Druckmaximum).

$$\lambda = \frac{c}{f} \qquad \mathrm{m} = \frac{\mathrm{m/s}}{\mathrm{Hz}}$$

Schallwiderstand

Schallimpedanz. Komplexer Quotient aus den Zeigern einer dynamischen und einer kinematischen Feldgröße, deren Produkt eine Leistung oder Intensität ergibt.

1) Spezifische Schallimpedanz oder **Kennimpedanz** oder **Feldimpedanz.** Impedanz in einer ebenen fortschreitenden Welle; kennzeichnet die Übertragungseigenschaften eines Schallmediums. Im verlustfreien Medium auch *Wellenwiderstand* genannt. Maß für die Geschwindigkeit, mit der die Moleküle eines Mediums auf eine Druckstörung reagieren.

$$Z = \frac{\hat{p}}{\hat{v}} = \varrho\, c \qquad \frac{\mathrm{kg}}{\mathrm{m}^2\,\mathrm{s}} = \frac{\mathrm{Pa\,s}}{\mathrm{m}}$$

c	Schallgeschwindigkeit im Medium	(m/s)
$\hat{p}$	Schalldruckamplitude	(Pa = N/m^2)
$\hat{v}$	Schallschnelleamplitude	(m/s)
ϱ	Dichte des Mediums	(kg/m^3)

2) Akustische Impedanz oder **Flussimpedanz.**

$$Z_\mathrm{a} = \frac{\text{Schalldruck } p}{\text{Schallfluss } q} \qquad \frac{\mathrm{Pa\,s}}{\mathrm{m}^3}$$

Veraltet! akustisches Ohm
$1\,\Omega = 10^5\ \mathrm{Pa\,s/m}^3 = 1\ \mathrm{bar\,m}^{-3}\mathrm{s}{-}1 = 1\ \mu\mathrm{bar\,cm}^{-3}\mathrm{s}^{-1}$

Medium	Kennimpedanz (bei 101325 Pa) Z in kg m^{-2}s^{-1}
Luft, trocken, –20 °C	445
Luft, trocken, 0 °C	427
Luft, trocken, 20 °C	416
Luft, trocken, 100 °C	366
Wasserstoff, 0 °C	113
Wasserdampf, 130 °C	243
Wasser, 0 °C	$1{,}40\cdot10^6$
Wasser, 20 °C	$1{,}48\cdot10^6$
Glycerol	$2{,}46\cdot10^6$
Holz	$2{,}70\cdot10^6$
Eis	$2{,}94\cdot10^6$
Beton	$8{,}4\cdot10^6$
Glas	$13{,}0\cdot10^6$
Stahl	$39\cdot10^6$

3) Mechanische Impedanz.
Quotient aus Kraft und Schallschnelle.
Veraltet! Mechanisches Ohm
$1\ \mathrm{mech.}\ \Omega = 10^{-3}\ \mathrm{N\,s/m} = 0{,}001\ \mathrm{kg/s} = 1\ \mathrm{g/s}$

4) Schallstrahlungsimpedanz. Impedanz des Mediums an der Oberfläche eines Schallstrahlers.

5) Strömungswiderstand, *Strömungsresistanz.* Quotient aus der Differenz der Drücke Δp und Strömungsgeschwindigkeiten Δv vor und hinter einem porösen Schalldämmstoff, der von einem konstanten Luft-Gleichstrom durchflossen wird.

Schmerzgrenze, akustische

Physiologische Akustik: Das menschliche Ohr empfindet Schmerz bei Schalldrücken oberhalb $p_{\mathrm{eff}} = 20\ \mathrm{Pa}$ oder Schallpegeln über $L = 120\ \mathrm{dB}$.

Schnelle = Schallschnelle.

Sone

Fonometrische Einheit der *Lautheit* S als proportionales Maß für die Stärke der Wahrnehmung.

Das Sone ist festgelegt durch einen Schall oberhalb der Hörgrenze mit einem Lautstärkepegel von 40 dB, wobei eine Verdopplung der Lautheit im Bereich 20–120 dB eine Zunahme des Lautstärkepegels um 10 dB (10 phon) ergibt.

$$S = 2^{0,1\,(L_\mathrm{S}-40)}\ \text{sone.}$$

Lautstärke $L_\mathrm{S} = 40\ \mathrm{dB} \,\hat{=}\, $ Lautheit $S = 1$ sone.

Spuranpassung

Beim *Schalldurchgang:* Eine Schallwelle, die im Winkel δ (zur Normalen) auf eine Trennwand auftrifft, erregt resonant eine *Biegewelle* – wenn die Wellenlängenkomponente der Schallwelle parallel zur Plattenebene $\lambda_\mathrm{s} = \lambda/\sin\delta$ mit der Wellenlänge der Biegewelle $\lambda_\mathrm{B} = c_\mathrm{B}/f$ übereinstimmt.

Ausbreitungsgeschwindigkeit der *Biegewelle:* frequenzabhängig (anomale Dispersion).

$$c_\mathrm{B} = \sqrt[4]{\frac{4\pi^2 f^2 B}{m'}} \qquad \mathrm{m/s}$$

Biegesteifigkeit der Trennwand (in J = N m)

$$B = \frac{E\,s^3}{12\,(1-\mu^2)}$$

Spuranpassungs-Schallwellenlänge

$$\lambda_\mathrm{s} = \frac{c_\mathrm{B}}{f} = \left(\frac{4\pi^2 B}{f^2 m'}\right)^{1/4}$$

Spuranpassungsfrequenz bei Eintrittswinkel δ

$$f_\mathrm{s} = \frac{c}{\lambda} = \frac{c}{\lambda_\mathrm{s}\sin\delta} = \frac{c^2}{2\pi\,\sin^2\delta}\sqrt{\frac{m'}{B}}$$

Untere Grenzfrequenz der Spuranpassung (für $\delta = 90°$), ab der im diffusen Schallfeld wegen der Spuranpassung erhöhte *Schalltransmission* durch eine ebene Platte einsetzt, so dass das Schalldämmmaß erheblich vom theoretischen Massengesetz abweicht.

$$f_\mathrm{s,lim} = \frac{c^2}{2\pi}\sqrt{\frac{m'}{B}}$$

Für *Luftschallanregung* $c = 340\ \mathrm{m/s}$ ($\mu \approx 0$):

$$f_\mathrm{s,lim,L} = \frac{64000\ (\mathrm{m/s})^2}{s}\sqrt{\frac{\varrho}{E}}$$

c	Schallgeschwindigkeit	(m/s)
E	Elastizitätsmodul der Platte	(N/mm^2)
f	Schallfrequenz	(Hz)
$m' = \varrho s$	flächenbezogene Masse der Trennwand	(kg/m^2)
s	Dicke der Platte	(m)
μ	Querkontraktionszahl der Platte	(Dim.1)
ϱ	Dichte der Platte	(kg/m^3)

Strömungsgeräusche

Umwandlung von Strömungsenergie in Schallenergie im Hörbereich.

1) Freistrahlgeräusch. Sehr breitbandig mit Richtcharakteristik in Ausströmrichtung. Wechseldruckerzeugende Wirbel um den turbulenten Freistrahl an Düsenöffnungen.

2) Hiebtöne. Schmalbandig; asymm. Wirbelablösung bei umströmten Körpern, Ventillatoren, Propellern.

3) Kavitationsgeräusch.
Prasselnd-breitbandig; Druckschwankungen durch Implosion von Dampfblasen an Strömungsengpässen, z. B. an Profilen, Kanten, Turbinenschaufeln.

Kavitation entsteht durch hohe Strömungsgeschwindigkeit $\Rightarrow$ niedriger dynamischer Druck $<$ Sättigungsdampfdruck des Fluids $\Rightarrow$ Fluid verdampft an Keimen und kondensiert schlagartig wieder bei Druckanstieg hinter der Strömungskante.

4) Strömungsrauschen. Breitbandig; Druckschwankungen im Turbulenzbereich einer Rohrströmung oder hinter umströmten Körpern.

Tonerzeugung Grundlage von Musikinstrumenten.

1) Gespannte Saite. Grundschingung einer

longitudinal schwingenden Saite $f_0 = \dfrac{1}{2l}\sqrt{\dfrac{E}{\varrho}}$

l Länge, *E* Elastizitätsmodul, ϱ Dichte.

transversal schwingenden Saite $f_0 = \dfrac{1}{2l}\sqrt{\dfrac{F}{S\varrho}}$

S Querschnitt, *F* Spannkraft.

2) Pfeife

a) *Beidseitig offene Luftsäule* (offene Pfeife)

$$l = \frac{n+1}{2}\,\lambda_n \qquad f_n = \frac{n+1}{2}\,\frac{c}{l} = (n+1)\,f_0$$

$n = 0$	Grundton	1 Schwingungskoten
$n = 1$	1. Oberton	2 Schwingungskoten
$n = 2$	2. Oberton	3 Schwingungskoten

b) *Einseitig geschlossene Luftsäule*

$$f_0 = \frac{c}{4l} \qquad \mathrm{Hz = s^{-1}}$$

l	Pfeifenlänge	(m)
f	Tonfrequenz	$(\mathrm{Hz = s^{-1}})$
c	Schallgeschwindigkeit	(m/s)

Tonintervall

Intervalle der diatonischen Tonleiter: Die subjektive Klangempfindung ist konsonant (K) oder dissonant (D).

Intervall	f_2/f_1	Halb töne		Ton	f (Hz)
Prime	1:1	0	K	c	24
kleine Sekunde	16:15	1	D		
große Sekunde	9:8; 10:9	2	D	d	27
kleine Terz	6:5	3	K		
große Terz	5:4	4	K	e	30
Quarte	4:3	5	K	f	32
Quinte	3:2	7	K	g	36
kleine Sexte	8:5	8	K		
große Sexte	5:3	9	K	a	40
kleine Septime	9:5; 16:9	10	D		
große Septime	15:8	11	D	h	45
Oktave	2:1	12	K	c'	48

In der musikalischen Akustik wird der Frequenzbereich der Schallempfindung logarithmisch in Oktaven unterteilt; die Verdoppelung der Tonfrequenz entspricht einem Oktavschritt.

Die Oktave wird in zwölf Tonintervalle mit ganzzahligen Frequenzverhältnissen unterteilt (vgl. Tabelle). Die „wohltemperierte" *chromatische Stimmung*, zur Zeit J. S. BACHs eingeführt, unterteilt die Oktave in zwölf exakt gleiche Halbtonschritte (Frequenzverhältnis $\sqrt[12]{2}$).

Tonleiter

Intervallmaß

$$F = 1200\,\mathrm{lb}\,\frac{f_2}{f_1} \qquad \mathrm{cent}$$

f_2 obere, f_1 untere Frequenz.

Übertragungsfaktor

Elektroakustischer Übertragungsfaktor

$$T = \frac{\text{Ausgangsschalldruck } p_2}{\text{Eingangsspannung } U_1}$$

Übertragungsmaß, elektroakustisches

Schallstrahler (Lautsprecher) mit Eingangsspannung U_1, Schalldruck p_2 in z. B. einem Meter Abstand.

$$G_{\mathrm{pU}} = 20\,\lg\left|\frac{p_2/\mathrm{Pa}}{U_1/\mathrm{V}}\right|\,\mathrm{dB(Pa/V)}.$$

Schallaufnehmer (Mikrofon) mit wirksamer Schalldruck p_1 (z. B. in Mikrofonebene) und erzeugte Spannung U_2.

$$G_{\mathrm{Up}} = 20\,\lg\left|\frac{U_2/\mathrm{mV}}{p_1/\mathrm{Pa}}\right|\,\mathrm{dB(mV/Pa)}.$$

Ultraschall

Schall oberhalb des Hörbereichs (29 kHz bis 10 GHz) für mannigfache technische Anwendungen.

1. *kurze Wellenlänge* $\lambda < 1{,}5$ cm; geradlinige Ausbreitung. Echolot, Werkstoffprüfung, Medizin, Sonar.

2. *hohe Intensität* $I \sim \omega$ bei $\omega > 100$ kHz. Materialabtrag durch Kavitation: Ultraschallreinigung, -bohren, -schneiden; Massage, Entgasen von Schmelzen, Emulgieren.

Ultraschallerzeugung

1. *mechanisch* (bis 200 kHz): elastische Schwingungen, Stimmgabel, Lochsirene, Pfeife.

2. *Magnetostriktion* (bis 50 kHz): resonante Längenänderung eines ferromagnetischen Stabes im magnetischen Wechselfeld einer HF-Spule.

3. *Elektrostriktion* (bis 10 MHz, *inverser Piezoeffekt*): resonante Dickenschwingung eines Keramikplättchens (Quarz, BaTiO$_3$) beim Anlegen hochfrequenter Wechselspannung. Die Eigenfrequenz beträgt $f_0 \approx 2{,}87/d$ MHz (*d* Dicke des Plättchens in mm).

4. *Mikrowellenresonator* (bis 10 GHz): resonante Ankopplung eines heliumgekühlten Quarzstabes am Mikrowellen-Koaxialresonator.

Ultraschallprüfung

Zerstörungsfreie Werkstoffprüfung. Zum Auffinden von *Volumenfehlern* im Inneren des Prüflings. Anders als bei der Schallausbreitung, treten im Festkörper Longitudinal- und Transversalwellen auf. Ultraschall wird an Hindernissen und Rissen im Prüfling reflektiert. Je größer der Fehler ist, umso kleiner muss die Messfrequenz sein (0,1 bis 8 MHz).

$$c = \lambda\,f$$

c Schallgeschwindigkeit, λ Wellenlänge, *f* Frequenz.

Tabelle 5.1 Grundlagen der Ultraschallmessung.

Longitudinalwellen (Druckwellen, Kompressionswellen, Dichtewellen)	*Transversalwellen* (Scherwellen)
• Teilchen schwingen in Ausbreitungsrichtung der Welle. • Zug- und Druckkräfte. • Teilchendichte schwankt in Abh. des E-Moduls des Mediums. • Vorkommen: feste, flüssige, gasförmige Körper.	• Teilchen schwingen senkrecht zur Ausbreitungsrichtung der Welle. • Schubspannungen. • Vorkommen nur in Festkörpern. • Wichtig bei Winkelprüfköpfen.

$$c_\mathrm{l} = \sqrt{\frac{E}{\varrho} \cdot \frac{1-\mu}{(1+\mu)(1-2\mu)}}$$

E Elastizitätsmodul ($\mathrm{N/mm^2}$)

ϱ Dichte ($\mathrm{g/cm^3}$)

μ Querkontraktionszahl (ca. 0,3)

Schallgeschwindigkeit c_l (in m/s)	Al	Fe	Pb	H_2O
	6300	6000	2160	1500

$$c_\mathrm{t} = \sqrt{\frac{G}{\varrho}} = \sqrt{\frac{E}{\varrho} \cdot \frac{1}{2(1+\mu)}}$$

G Schubmodul ($\mathrm{N/mm^2}$)

ϱ Dichte ($\mathrm{g/cm^3}$)

Grobe Näherung $c_t \approx \frac{c_l}{2}$

Schall wird an der Grenzfläche zweier Medien im Verhältnis der Schallwiderstände reflektiert:

$$Z = \varrho c = \frac{p^2}{2I}$$

p Schalldruck, I Schallintensität, Z Schallimpedanz.

Tabelle 5.2 Ultraschallprüfung: Messfrequenz für unterschiedliche Werkstoffe.

Werkstoff	Eignung	f/MHz	Bemerkungen
Schmiede- und Walzstahl	⊕⊕	4–10	1 MHz (schwere Schmiedestücke)
Stahlguss	⊕	1–2	Mn-Hartstahl nur mit Durchstrahlungsverfahren
austenitische Stähle	⊖		stark streuend, anisotrop
Grauguss (GG)	⊖⊖	<1	$R_\mathrm{m} > 160\ \mathrm{N/mm^2}$, stark streuend, Störechos.
Gusseisen (GGG)	⊕	1–6	c nimmt ab, falls nicht durchgehend sphärolitisch erstarrt.
Temperguss	⊕	1–6	
Aluminium(legierung)	⊕⊕		hoher Si-Gehalt ungünstig
Kupfer(legierung)	⊕		stark anisotrop, Rotguss ⊖⊖, Bronze ⊕
Sintermetalle	⊕		starker Einfluss der Porosität

Impuls-Echo-Verfahren, Impuls-Laufzeit-Verfahren.
a) Der *Normalprüfkopf* wird senkrecht auf den Prüfling aufgesetzt und mit Hilfe eines Gels (oder Ölfilms) angekoppelt. Ein Luftspalt ist undurchlässig für Ultraschall; an der Grenzfläche Wasser/Metall überwiegt die Reflexion ins Metallinnere. Auf dem Oszilloskop erscheint der *Sendeimpuls* und ein *Rückwandimpuls* (durch Totalreflexion). Ihr zeitlicher Abstand entspricht der Dicke des Prüflings. In der Praxis benützt man die Entfernung zweier aufeinanderfolgender Rückwandechos.
Ein Werkstofffehler (größer als $\lambda/2$ und quer zur Schallausbreitungsrichtung) erzeugt ein zusätzliches Echo. Je ausgedehnter die Fehlstelle ist, umso größer ist die Amplitude des Fehlerechos.
Sprungabstand (zwischen Prüfkopf und Fehler = zwischen Impuls und Echo)

$$S = 2d \tan \beta$$

d Blechdicke,
β Einfallwinkel der Schallwelle = Reflexionswinkel am Blechboden.

b) Der *Winkelprüfkopf* eignet sich v. a. zur Prüfung von Schweißnähten (senkrechtes Anschallen von schräg im Werkstück liegenden Fehlern). Typische Prüflinge sind: Beton, Gussteile (GG, GGG), Schweißnähte und Bleche.

Verschiebungsvolumen

Produkt aus Schallschnelle und Querschnittsfläche senkrecht zur Schwingungsrichtung.

Zeitbewertung

Anstiegs- und Abfallzeitkonstante $\tau_\mathrm{an/ab}$ bei Gleichrichtung und Effektivwertbildung der Mikrofonwechselspannung bei *Schallpegelmessern; bestimmt den gemessenen Pegel bei kurzen Schallereignissen

FAST: entspricht dem Gehörempfinden (kurze Impulse werden leiser empfunden), $\tau_\mathrm{an} = 125$ ms; häufig verwendet.

SLOW: $\tau_\mathrm{an} = 1000$ ms; leicht ablesbar, reagiert nicht auf kurzzeitige Spitzen, gut für gleichmässige breitbandige Geräusche, besonders bei tiefen Frequenzen.

MAX: wie FAST, aber Abfallzeitkonstante 3 s zum besseren Ablesen.

IMP: $\tau_\mathrm{an} = 35$ ms, $\tau_\mathrm{ab} = 1500$ ms; folgt schnellen Anstiegen, leicht ablesbar, aber dadurch fehlerhaft! Zur Bestimmung des Impulszuschlags $L_\mathrm{zu} = L_\mathrm{IMP} - L_\mathrm{FAST}$, da impulshaltiger Lärm als lästiger empfunden wird als gleichmäßiger.

PEAK: Spitzenwertgleichrichter mit $\tau_\mathrm{an} < 100\ \mu$s und $\tau_\mathrm{ab} = 3$ s für Knall und Schießgeräusche.

6 Optik und Lichttechnik

Fotometrie – Wellenoptik – Quantenoptik – Lichttechnik – Strahlungsphysik – Wärmestrahlung –
optische Instrumente – Lichtausbreitung –
Mikroskopie – Metallografie – optische Werkstoffprüfung – Fotografie –
optische Aktivität – Polarimetrie – Laser

Formelzeichen

Physikalische Größe	Symbol	Einheit	Basiseinheiten	Englische Bezeichnung
Extinktion, Absorbanz	A	–	$= 1$	(decadic) absorbance
Absorptionskoeffizient, dekadischer	a, K	m^{-1}		decadic absorption coefficient
Einstein-Koeffizient				Einstein transition propability
– für spontane Emission	A_{nm}	s^{-1}		– spontaneous emission
– für stimulierte Absorption	B_{mn}	s/kg	$= \mathrm{kg\,s}^{-1}$	– stimulated absorption
– für stimulierte Emission	B_{nm}	s/kg	$= \mathrm{kg\,s}^{-1}$	– stimulated emission
natürlich-logarithm. Absorbanz	B	–	$= 1$	napierian absorbance
Lichtgeschwindigkeit	c	m/s	$= \mathrm{m\,s}^{-1}$	speed of light
– im Vakuum	c_0	m/s	$= \mathrm{m\,s}^{-1}$	– in vacuum
1. Planck-Strahlungskonstante	c_1	$\mathrm{W\,m}^2$	$= \mathrm{kg\,s}^{-3}$	first radiation constant
2. Strahlungskonstante	c_2	K m		second radiation constant
Brechwert von Linsen	D	dpt	$= \mathrm{m}^{-1}$	refractive power of a lens
Beleuchtungsstärke(vektor)	$\vec{E}, E_v$	$\mathrm{lx} = \mathrm{lm\,m}^{-2}$	$= \mathrm{m}^{-2}\mathrm{cd}$	illuminance (vector)
Bestrahlungsstärke	E, E_e	$\mathrm{W\,m}^{-2}$	$= \mathrm{kg\,s}^{-3}$	irradiance, radiant flux received
Spektrale Bestrahlungsstärke	E_λ	$\mathrm{W\,m}^{-3}$	$= \mathrm{m}^{-1}\mathrm{kg\,s}^{-3}$	spectral irradiance
Brennweite	f	m		focal distance
Kenn-, Eigenfrequenz	f_0, ν_0	Hz	$= \mathrm{s}^{-1}$	characteristic frequency
Eigenfrequenz bei Dämpfung	f_d, ν_d	Hz	$= \mathrm{s}^{-1}$	char. attenuation frequency
Grundschwingungsgehalt	f_u, g	–	$= 1$	fundamental factor, fraction of first harmonic
Belichtung	H, H_v	lx s	$= \mathrm{m}^{-2}\mathrm{s\,cd}$	lumination, exposition
Bestrahlung	H, H_e	$\mathrm{J/m}^2$	$= \mathrm{kg\,s}^{-2}$	radiant energy density
Plancksches Wirkungsquantum	h	J s	$= \mathrm{m}^2\mathrm{kg\,s}^{-1}$	Planck constant
– „h quer"	$\hbar$	J s		h bar
Lichtstärke, -intensität	I, I_v	cd	Basiseinheit	luminous intensity
Strahlungsintensität, Strahlstärke	I, I_e	$\mathrm{W\,sr}^{-1}$	$= \mathrm{m}^2\mathrm{kg\,s}^{-3}$	radiant intensity
Spektrale Strahlstärke	I_λ	$\mathrm{W\,m}^{-1}\mathrm{sr}^{-1}$	$= \mathrm{m\,kg\,s}^{-3}$	spectral radiant intensity
Fotometr. Strahlungsäquivalent	K	lm/W	$= \mathrm{kg}^{-1}\mathrm{m}^{-2}\mathrm{s}^3\mathrm{cd}$	luminous efficiency
– für Tagsehen	$K(\lambda)$	lm/W	$= \mathrm{kg}^{-1}\mathrm{m}^{-2}\mathrm{s}^3\mathrm{cd}$	for day light
– Maximum für Tagsehen	$K_m(\lambda)$	lm/W	$= \mathrm{kg}^{-1}\mathrm{m}^{-2}\mathrm{s}^3\mathrm{cd}$	maximum for daylight
– Maximum für Nachtsehen	$K_m'(\lambda)$	lm/W	$= \mathrm{kg}^{-1}\mathrm{m}^{-2}\mathrm{s}^3\mathrm{cd}$	maximum for darkness
Wellenvektor	$\vec{k}, (\vec{q})$	m^{-1}		propagation vector, circular wave vector
Absorptionszahl	k	–	$= 1$	absorption index
Leuchtdichte	L, L_v	$\mathrm{cd/m}^2$		luminance, radiant intensity per unit area
Strahldichte	L, L_e	$\mathrm{W\,m}^{-2}\mathrm{sr}^{-1}$	$= \mathrm{kg\,s}^{-3}$	radiance
Spektrale Strahldichte	L_λ	$\mathrm{W\,m}^{-3}\mathrm{sr}^{-1}$	$= \mathrm{m}^{-1}\mathrm{kg\,s}^{-3}$	spectrum radiation density
Spezifische Ausstrahlung	M, M_e	$\mathrm{W\,m}^{-2}$	$= \mathrm{lm/m}^2 = \mathrm{kg\,s}^{-3}$	radiant exitance, emitted radiant flux
spektrale spezif. Ausstrahlung	M_λ	$\mathrm{W\,m}^{-3}$	$= \mathrm{m}^{-1}\mathrm{kg\,s}^{-3}$	spectral radiant exitance
Brechungsindex, Brechzahl	n	–	$= 1$	refractive index
komplexer Brechungsindex	$\underline{n}$		$= 1$	complex refractive index
Brechungsordnung	n	–	$= 1$	order of reflection
Strahlungsleistung, -fluss	P, Φ_e	W	$= \mathrm{m}^2\mathrm{kg\,s}^{-3}$	radiant power
Komplexe Kreisfrequenz	p, s	s^{-1}		complex frequency
Lichtmenge	Q, Q_v	lm s	$= \mathrm{s\,cd\,sr}$	luminous energy, quantity of light
Strahlungsenergie, -menge	Q_e, W	J	$= \mathrm{m}^2\mathrm{kg\,s}^{-2}$	radiant energy
Molrefraktion	R, R_m	$\mathrm{m}^3/\mathrm{mol}$	$= \mathrm{m}^3\mathrm{mol}^{-1}$	molar refraction
Energiestromdichtevektor	$\vec{S}$	$\mathrm{W\,m}^{-2}$	$= \mathrm{kg\,s}^{-3}$	Poynting vector
(absolute) Empfindlichkeit	s	–	$= 1$	absolute sensitivity

Physikalische Größe	Symbol	Einheit	Basiseinheiten	Englische Bezeichnung
Durchlässigkeit, Transmission(sgrad)	T, τ	–	$= 1$	transmittance, transmission factor
Farbtemperatur	T	K	Basiseinheit	color temperature
spektrale Helligkeitsempfindlichkeit	$V(\lambda)$	–		brightness sensation for daylight
spektrale Helligkeitsempfindlichkeit	$V'(\lambda)$			brightness sensation for darkness
Austrittsarbeit	W_A	J	$= \mathrm{m}^2\mathrm{kg}\,\mathrm{s}^{-2}$	work function
Strahlungsenergie	W, Q	$\mathrm{J} = \mathrm{Ws}$	$= \mathrm{m}^2\mathrm{kg}\,\mathrm{s}^{-2}$	radiant energy
Strahlungsenergiedichte	w, (ϱ)	$\mathrm{J/m}^3$	$= \mathrm{m}^{-1}\mathrm{kg}\,\mathrm{s}^{-2}$	radiant energy density
spektrale Strahlungsenergiedichte				spectral radiant energy density
– wellenlängenbezogen	w_λ	$\mathrm{J/m}^4$	$= \mathrm{m}^{-2}\mathrm{kg}\,\mathrm{s}^{-2}$	– in terms of wavelength
– frequenzbezogen	w_ν	$\mathrm{J}\,\mathrm{m}^{-3}\mathrm{Hz}^{-1}$	$= \mathrm{m}^{-1}\mathrm{kg}\,\mathrm{s}^{-1}$	– in terms of frequency
– wellenzahlbezogen	$w_{\tilde{\nu}}$	$\mathrm{J/m}^2$	$= \mathrm{kg}\,\mathrm{s}^{-2}$	– in terms of wavenumber
Optischer Drehwinkel	α	rad	$= 1$	angle of optical rotation
Absorptionsgrad	α	–	$= 1$	absorptance, absorption factor
Absorptionskoeffizient, natürlicher	α	m^{-1}		napierian absorption coefficient
Phasenkoeffizient, -belag	β	m^{-1}		phase-change coefficient
Dämpfungskoeffizient	β, b	kg/s		damping coefficient
Abklingkoeffizient	δ	1/s	$= \mathrm{s}^{-1}$	decay constant
Emissionsgrad	ε	–	$= 1$	emittance
Ausstrahlungswinkel	ε	rad	$= 1$	angle of radiation or emission
Molarer Absorptionskoeffizient	ε	$\mathrm{m}^2/\mathrm{mol}$		molar decadic absorption coefficient
Lichtausbeute	η, η_e	lm/W	$= \mathrm{m}^{-2}\mathrm{kg}^{-1}\,\mathrm{s}^3\mathrm{cd}$	light efficiency, light yield
Beleuchtungswirkungsgrad	η_B	–	$= 1$	efficiency of illumination
Interflexionswirkungsgrad	η_{ik}	–	$= 1$	interflexion efficiency
Wirkungsgrad einer Leuchte	η_L, η_{LB}	–	$= 1$	efficiency of a luminaire
Raumwirkungsgrad	η_R	–	$= 1$	spatial efficiency
Ausbreitungskoeffizient	γ	m^{-1}		propagation factor
Molarer nat. Absorptionskoeffizient	κ	$\mathrm{m}^2/\mathrm{mol}$		molar napierian absorption coefficient
Logarithmisches Dekrement	Λ	–	$= 1$	logarithmic decrement
Wellenlänge	λ	m		wavelength
Frequenz	ν	Hz	$= \mathrm{s}^{-1}$	frequency
Wellenzahl	$\tilde{\nu}$	m^{-1}		wavenumber
Schwingungsordnung	ν, n	–	$= 1$	order of harmonics
Raumwinkel	Ω, (ω)	sr	$= 1$	solid angle
Kreisfrequenz, Pulsatanz	ω	rad/s	$= \mathrm{s}^{-1}$	circular frequency, pulsatance
Kennkreisfrequenz	ω_0	rad/s	$= \mathrm{s}^{-1}$	characteristic frequency
Eigenfrequenz	ω_d	rad/s	$= \mathrm{s}^{-1}$	inherent frequency
vektorieller Raumwinkel	$\vec{\Omega}$	sr	$= 1$	solid angle vector
Lichtstrom	Φ, Φ_V	lm	$= \mathrm{cd}\,\mathrm{sr}$	luminous flux
Strahlungsfluss, -leistung	Φ, P	W	$= \mathrm{m}^2\mathrm{kg}\,\mathrm{s}^{-3}$	radiant flux, radiated power
spektraler Strahlungsfluss	Φ_λ	W/m	$= \mathrm{m}\,\mathrm{kg}\,\mathrm{s}^{-3}$	spectrum radiant flux
Quantenausbeute	φ	–	$= 1$	quantum yield, photochemical yield
Strahldichte	ψ_Ω	$\mathrm{W/m}^2$	$= \mathrm{kg}\,\mathrm{s}^{-3}$	radiant flux density
Reflexionsgrad	ϱ	–	$= 1$	reflectance, reflection factor
Strahlungsenergiedichte	(ϱ), w	$\mathrm{J/m}^3$	$= \mathrm{m}^{-1}\mathrm{kg}\,\mathrm{s}^{-2}$	spectral radiant energy density
Stefan-Boltzmann-Konstante	σ, σ_B	$\mathrm{W}\,\mathrm{m}^{-2}\mathrm{K}^{-4}$	$= \mathrm{kg}\,\mathrm{s}^{-3}\mathrm{K}^{-4}$	Stefan-Boltzmann constant
Mittlere Lebensdauer (e. Teilchens)	τ	s		mean life (of a particle)
Relaxationszeit, Zeitkonstante	τ	s		relaxation time, time constant
Transmissionsgrad	τ	–	$= 1$	transmittance, transmission factor
Spektrale optische Dicke, ~ Tiefe	$\tilde{\tau}_\lambda$	–	$= 1$	spectral film thickness
Dämpfungsgrad	ϑ	–	$= 1$	degree of damping

Abbe-Refraktometer

Gerät zur Bestimmung der *Brechzahl von Flüssigkeiten. Totalreflexion tritt auf, wenn Licht eine Phasengrenze von größerer n_1 in Richtung kleinerer Brechzahl ($= 1$) durchstrahlt und der Einfallwinkel $\sin\beta > 1/n_1$ ist. Kontaktiert ein zweites Medium der Brechzahl n_2 die Phasengrenze, verschiebt sich die Totalreflexion zu einem größeren Winkel – der gemessen und in die gesuchte Brechzahl skaliert wird.

Abbe-Zahl

Maß für die *Dispersion (Dimension 1).

$$\nu_d = \frac{n_d - 1}{n_F - n_C} = \frac{1}{\theta_{rel}} \qquad \nu_e = \frac{n_e - 1}{n_{F'} - n_{C'}}$$

n_d Brechzahl für *Fraunhoferlinie d
θ_{rel} relative Dispersion

Stoff	Abbe-Zahl (20 °C, 10325 Pa)	
	ν_d	ν_e
CaF$_2$	95,4	94,7
SiO$_2$	67,7	68,4
Borkronglas BK7	64,0	64,2
Ethanol	55,8	56,8
Wasser	55,6	55,8
Plexiglas M222	52	52

NaCl	43,2	42,5
Flintglas F2	36,4	36,1
Polystyrol	31	31
Benzol C_6H_6	30,1	30,1
Schwerflintglas	26,1	25,9
CS_2	18,4	18,3

Abbildungsfehler

Bildfehler in jedem optischen System, in dem nicht nur paraxiale Strahlen auftreten. Abweichungen von der ideal punktförmigen Wiedergabe eines Objektpunktes.

1) Chromatische Aberration. *Farbfehler* im polychromatischen Licht aufgrund der Dispersion im Linsenmaterial; unscharfes Bild mit farbigen Rändern. – Abhilfe: Kombination aus Kronglas-Sammellinse und Flintglas-Zerstreuungsline (sog. *Achromat*).

2) Sphärische Aberration oder rotationssymmetrischer *Öffnungsfehler*. Ein Punkt auf der optischen Achse wird als Zerstreuungsscheibchen abgebildet; je nach Öffnung und Form des Systems; unabhängig von der Blende. – Abhilfe: Kombination von Sammel- und Zerstreuungslinse (sog. *Aplanat*).

3) Astigmatismus (Zweischalenfehler) und *Bildfeldwölbung*. Wegen unterschiedlicher Brechungsbedingungen (Flächenkrümmungen) – je nach Blendenlage, aber unabhängig von der Öffnung – wird ein ebenes Objekt als zwei gekrümmte Bildschalen abgebildet; ein Punkt außerhalb der optischen Achse als zwei zueinander senkrechte Bildstriche; bei einem Kreuz erscheinen senkrechter und waagrechter Arm getrennt nacheinander scharf. Abhilfe: Linsenkombination, Blendenlage (sog. *Anastigmat*).

Bei magnetischen Elektronenlinsen gibt es weiterhin den *anisotropen* (inf. Bilddrehung) und den *axialen Astigmatismus* (Abweichung des abbildenden Feldes von der Rotationssymmetrie durch das inhomogene Polschuhmaterial).

4) Koma. Ein Punkt außerhalb der optischen Achse wird als ovale Figur mit kometenhaftem Schweif abgebildet. – Abhilfe: Abblenden.

5) Verzeichnung. Ein Quadrat wird tonnen- oder kissenförmig abgebildet, wenn die Blende zu weit im Gegenstands- bzw. Bildraum liegt. – Abhilfe: Blende in der Linsenebene (sog. *orthoskopisches Objektiv*)

Abbildungsmaßstab

Vergrößerungen und Verkleinerungen erfolgen längenbezogen.

$$\beta = \frac{\text{Bildgröße } B}{\text{Gegenstandsgröße } G}$$

50%ige Verkleinerung bedeutet Halbierung der Länge und Breite des Bildes, also Viertelung der Fläche (z. B. DIN A4 $\to$ A 6).

Aberration

Aberrationswinkel

$$\tan \alpha = \frac{v}{c_0}$$

Aberrationskonstante = Betrag des Aberrationswinkels für Sterne im Pol der Ekliptik.

$$\alpha = 99{,}236436 \cdot 10^{-6} \text{ rad}$$

v	Geschwindigkeit des Beobachters	(m/s)
c_0	Lichtgeschwindigkeit	(m/s)

Absorbance engl. für: *Extinktion $\lg(I_0/I)$.

Absorptionsgrad

Reflexionsgrad, Absorptionsgrad und Transmissionsgrad sind Stoffkennzahlen, die sich auf den *auftreffenden* Lichtstrom (auf ein optisch klares Medium) beziehen.

1) Die Differenz von Transmissionsgrad τ und Reflexionsgrad ϱ zu eins.

$$\frac{\text{absorbierter Strahlungsfluss}}{\text{einfallender Strahlungsfluss}}$$

$$\alpha = \frac{\Phi_a}{\Phi} = \frac{\int \Phi_\lambda\, \alpha(\lambda)\, d\lambda}{\int \Phi_\lambda\, d\lambda} = 1 - \tau - \varrho$$

$$= \frac{(1 - \bar{\varrho}_1)(1 + \bar{\varrho}_2 \tau_i)}{1 - \bar{\varrho}_1 \bar{\varrho}_2 \tau_i^2} \alpha_i$$

Speziell: Einfallswinkel $\zeta_1 < 45°$

$$\alpha(\lambda) \approx \frac{1 + \bar{\varrho}\, \tau_i}{1 - \bar{\varrho}}\, P(\lambda)\, \alpha_i$$

P	Reflexionsfaktor	(Dim. 1)
Φ_u	absorbierte Strahlungsleistung	(W)
ϱ	Reflexionsgrad, $\bar{\varrho}$ Fesnel'scher	(Dim. 1)
α_i	Reinabsorptionsgrad	(Dim. 1)
τ	Transmissionsgrad	(Dim.1)

2) Spektraler Absorptionsgrad, definiert für *monochromatische* Strahlung.

$$\alpha(\lambda) = \frac{\Phi_{\lambda,a}}{\Phi_\lambda} = -\frac{1}{\Phi_\lambda}\frac{d\Phi_\lambda}{dx} \qquad m^{-1}$$

3) Spektraler Reinabsorptionsgrad. Im *Inneren* eines optisch klaren Mediums absorbierter Strahlungsfluss, bezogen auf den *eingedrungenen* Strahlungsfluss.

$$\alpha_i(\lambda) = \frac{\Phi_{e\lambda,in} - \Phi_{e\lambda,ex}}{\Phi_{e\lambda,in}} = 1 - \frac{\Phi_{e\lambda,ex}}{\Phi_{e\lambda,in}} = 1 - \tau_i(\lambda)$$

Im optisch klaren Stoff tritt nur an den Grenzflächen Reflexion auf. Reinabsorptions- und Reintransmissiongrad ergänzen sich zu eins.

$$\alpha_i(\lambda) + \tau_i(\lambda) = 1$$

Nicht verwechseln mit der Extinktion!

Absorptionskoeffizient

Charakterisiert einen *Volumenstrahler*, analog zum *Emissionskoeffizenten.

1) Spektraler Absorptionskoeffizient oder *natürlicher Absorptionskoeffizient* (m^{-1}). Verminderung der Strahlungsenergie eines quasi-parallelen Strahlenbündels beim Durchgang durch ein Schichtdickenelement.

$$\frac{\text{natürliches Absorptionsmaß}}{\text{Schichtdicke}}$$

$$a_n(\lambda) = \frac{A_n(\lambda)}{d} = \frac{1}{d} \ln \frac{1}{\tau_i(\lambda)}$$

Volumenstrahler (mit erzwungener Emission)

$$a(\lambda) = -\frac{1}{\Phi_\lambda}\frac{d\Phi_\lambda}{dx} = -\frac{1}{I_\lambda}\frac{dI_\lambda}{dx} = -\frac{1}{L_\lambda}\frac{dL_\lambda}{dx}$$

Volumenstrahler ohne erzwungene Emission.

$$a'(\lambda, T) = \frac{a(\lambda, T)}{1 - e^{-c_2/(\lambda T)}}$$

Optik

$1/a'$ mittlere freie Weglänge des Lichtquants.

Spektrale optische Dicke

$$\tilde{\tau}(\lambda) = \int\limits_0^d a(x,\lambda)\,dx$$

2) Spektraler (dekadischer) Absorptionskoeffizient oder **Extinktionsmodul**.

$$\frac{\text{dekadisches Absorptionsmaß}}{\text{Schichtdicke}}$$

$$a(\lambda) = \frac{A(\lambda)}{d} = \frac{1}{d}\lg\frac{1}{\tau_i(\lambda)}$$

Für ein trübes Medium:

$$a(\lambda) = -\frac{1}{L_\lambda}\frac{dL_{\lambda,\text{abs}}}{dd}\quad \text{mit}\quad L_\lambda = \frac{dL}{d\lambda}$$

3) Molarer dekadischer Absorptionskoeffizient oder **Extinktionskoeffizient** ($\text{mol}^{-1}\text{m}^2$), bezogener dekadischer spektraler Absorptionskoeffizient, engl. *molar decadic absorption coefficient, molar absorptivity, specific molar absorbance*. Proportionalitätsfaktor im *Lambert-Beer-Gesetz, der Konzentration des gelösten Stoffes proportional.

$$\frac{\text{spektraler Absorptionskoeffizient}}{\text{Stoffmengenkonzentration}}$$

$$\boxed{\varepsilon(\lambda) \equiv \kappa(\lambda) = \frac{a(\lambda)}{c} = \frac{1}{c\,d}\lg\frac{1}{\tau_i(\lambda)} = \frac{A(\lambda)}{c\,d}}$$

4) Molarer natürlicher Absorptionskoeffizient

$$\frac{\text{natürlich. Absorptionskoeffizient}}{\text{Stoffmengenkonzentration}}$$

$$\kappa_n(\lambda) = \frac{a_n(\lambda)}{c} = \frac{1}{cd}\ln\frac{1}{\tau_i(\lambda)}$$

5) Bezogener dekadischer Absorptionkoeffizient

$$\frac{\text{spektraler Absorptionskoeffizient}}{\text{Massenkonzentration}}$$

$$\kappa'(\lambda) = \frac{a(\lambda)}{\beta} = \frac{1}{\beta d}\lg\frac{1}{\tau_i(\lambda)}\quad (\text{m}^2/\text{kg})$$

6) Bezogener natürlicher Absorptionskoeffizient

$$\frac{\text{natürlich. Absorptionskoeffizient}}{\text{Massenkonzentration}}$$

$$\kappa'_n(\lambda) = \frac{a_n(\lambda)}{\beta} = \frac{1}{\beta d}\ln\frac{1}{\tau_i(\lambda)}\quad (\text{m}^2/\text{kg})$$

Absorptionsmaß

1) Molares dekadisches: *Extinktion.
2) Natürliches spektrales Absorptionsmaß

$$A_n(\lambda) = \ln\frac{1}{\tau_i(\lambda)}$$

Albedo

Kurzwelliger solarer Reflexionsgrad der Erdoberfläche.

$$\boxed{\varrho_s = \frac{M_R}{E_G}}\quad (\text{Dim. 1})$$

M_R spezifische Ausstrahlung der Erdoberfläche durch Wärmestrahlung (Temperaturstrahlung),
E_G *Globalstrahlung.

Apertur, numerische

Maß für das *Auflösungsvermögen.

Objektiv:	$A_N = n\,\sin\alpha$
Gitter:	$A_N = \frac{\lambda}{\Delta\lambda} = m\,N$

Menschliches Auge: $A_N \approx 1'$ (0,3 mm in 1 m Abstand)

m Ordnungszahl der Interferenz
N Anzahl der Gitterspalte
n Brechzahl des Mediums zw. Objekt und Objektiv
α halber Öffnungswinkel.

Apertur, offene

Beim Prisma die Breite des Eintrittsbündels (senkrecht dazu gemessen).

ASA

American Standards Association. Arithmetisch geteilte Skala der Lichtempfindlichkeit von Fotomaterial gegen weißes Licht. Eine Verdoppelung der Sensitivität entspricht einer Verdoppelung des ASA-Wertes (auf der logarithmischen DIN-Skala eine Zunahme um drei).

ASA	12	25	50	100	200	400	800	3200
DIN	12	15	18	21	24	27	30	36

Für die gleiche Schwärzung des Filmmaterials muss man einen 12-ASA-Film eine Sekunde, einen 800-ASA-Film $^1/_{64}$ Sekunde belichten. Mit zunehmender Empfindlichkeit sinkt die Körnung, und damit das Auflösungsvermögen des Filmes. Feinkörnige Filme trennen bis zu 120 Linien pro Millimeter auf, höchstempfindliches Material nur 50/mm.

ATR

abgeschwächte Totalreflexion. Absorbiert das zweite Medium, wird Totalreflexion nie exakt erreicht, wenn auf eine Phasengrenze unterschiedlicher Brechzahlen Licht im richtigen Winkel auffällt (vgl. *Abbe-Refraktometer).
Anwendung: Zusatz zur IR-Spektroskopie, Bestimmung von Absorptionskoeffizienten $\kappa(\lambda)$ lichtundurchlässiger Stoffe.

Auflösungsvermögen

Auflösungsgrenze. Beugung an Blenden, Fassungen und Linsen begrenzt das Auflösungsvermögen optischer Instrumente; Gegenstandspunkte werden als kleine, sich überlagernde Scheibchen abgebildet.

x_{min} kleinster Abstand zweier Objektpunkte, die noch unterschieden werden.

σ_{min} kleinster Sehwinkel, unter dem zwei Objektpunkte erscheinen müssen, um getrennt wahrgenommen zu werden.

1) Fernrohr. Zwei strahlende Punkte werden aufgelöst, wenn sie unter dem Winkel σ_{min} erscheinen (RAYLEIGH-Kriterium).

$$\boxed{\sigma \geq 1{,}22\,\frac{\lambda}{d}}\quad \text{m}$$

λ Lichtwellenlänge, d Objektivdurchmesser.

2) Mikroskop. Zwei Strukturelemente (Objektpunkte) im Abstand x_{min} werden im Bild noch getrennt wahrgenommen.

Kriterium: $x \geq 0{,}61\,\dfrac{\lambda}{A_N} = x_{\text{min}}$ (m)

Abbe-Formel für nicht selbstleuchtende, durchstrahlte Objekte $x \geq \lambda/A_N = x_{\text{min}}$

Auflösungsvermögen: $d = \dfrac{\lambda}{n\,\sin\alpha}$

Elektronenmikroskop
$(\lambda = 0{,}3 \text{ nm}, \sigma = 0{,}3°)$ $d = 0{,}6\, C^{1/4}\, \lambda^{3/4}$

numerische Apertur: $A_N = n \sin \sigma$

C	Konstante der sphärischen Aberration.
λ	Wellenlänge des Lichtes in Luft,
n	Brechzahl des Mediums zw. Objekt und Objektiv (z. B. Immersionsflüssigkeiten bis 1,5).
σ	halber gegenstandseitiger Öffnungswinkel des abbildenden Lichtkegels.

3) Gitter. Grenze, mit der zwei Peaks verschiedener Wellenlänge optisch noch aufgelöst werden können.

$$\frac{d\lambda}{d(d\lambda)} = m\, p \quad \Rightarrow \quad \Delta\lambda = \frac{\lambda}{m}$$

m Beugungsordnung, p Strichzahl.

4) Prisma. Effektive Basislänge, Dispersion, Spaltbreite der Beobachtungsplatte bestimmen die Auflösung.

$$\frac{d\lambda}{d(d\lambda)} = b\, \frac{dn}{d\lambda}$$

b durchstrahlte Basislänge, $dn/d\lambda$ Dispersion.

Auge

Das normalsichtige Auge fokussiert einen entfernten Gegenstandspunkt auf einen Punkt der Netzhaut. Durch *Akkomodation* – Veränderung der Krümmung der Augenlinse – werden unterschiedlich weit entfernte Gegenstände scharf abgebildet. Das *kurzsichtige* Auge fokussiert die Strahlen schon vor der Netzhaut; der Fernpunkt liegt im Endlichen; Korrektur durch Zerstreuungslinsen. Das *weitsichtige* Auge fokussiert die Strahlen hinter der Netzhaut; Korrektur durch Sammellinsen.

Ausstrahlung, spezifische

Strahlungsphysikalische Größe des Senders; auf die Senderfläche bezogene Strahlungsleistung des Senders. Anwendung: *Strahlungsgesetz.

$$\boxed{M_e = \frac{d\Phi_e}{dA_{1\perp}}} \quad \text{W/m}^2 = \text{lm m}^{-2}$$

Falls Strahldichte L für alle Richtungen gleich:

$$M = L \int \cos\vartheta\, d\Omega = \pi\, L\, \Omega_0 \quad (\Omega_0 = 1\ \text{sr})$$
Halbraum

spektrale spezifische Ausstrahlung

$$\frac{\text{spezifische Ausstrahlung}}{\text{Wellenlänge}} \quad \boxed{M_\lambda = \frac{dM}{d\lambda}} \quad \text{W m}^{-3}$$

spezifische Photonenausstrahlung

$$\frac{\text{abgestrahlter Photonenstrom}}{\text{strahlende Fläche}} \quad \boxed{M_p = \frac{d\Phi_p}{dA_\perp}} \quad \frac{1}{\text{s m}^2}$$

Beleuchtungsanlage

Abschätzung der Kosten

$$K = n\left[\frac{k_1 K_1 + k_2 K_2}{m} + \right.$$
$$\left. + t_B \left(K_e\, P + \frac{K_3 + K_4}{t_L} \right) + \frac{K_R}{m} \right]$$

K_1, K_2	Kosten einer Leuchte + Montage	(Euro)
K_3, K_4	Kosten einer Lampe + Wartungskosten	
K_e	Energiekosten	(Euro/kWh)
K_R	jährliche Reinigungskosten je Leuchte	(Euro)
k_1, k_2	Kapitaldienst für K: Verzinsung und Abschreibung	(%)
n, m	Zahl aller Lampen; Lampen je Leuchte	
P	Leistungsaufnahme einer Lampe inkl. Vorschaltgerät	(kW)
t_L, t_B	Nutzlebensdauer der Lampe; jährliche Benutzungsdauer	(h)

Planungsfaktor

$$p = \frac{1}{\text{Verminderungsfaktor } v} \quad (\text{Dim.}1)$$

Verminderungsfaktor auf Grund Verschmutzung und Alterung von Leuchten

	Grad der Verschmutzung und Alterung		
	normal	erhöht	hoch
p	1,25	1,43	1,67
v	0,8	0,7	0,6

Beleuchtungsstärke

In der Lichttechnik E_v (in Lux). In der Strahlungsphysik **Bestrahlungsstärke** E_e (in W/m^2). Auf die Empfängerfläche fallende Strahlungsleistung.

$$\frac{\text{auffallender Lichtstrom}}{\text{beleuchtete Fläche}} \quad \boxed{E = \frac{d\Phi}{dA_2}} \quad \text{lx} = \frac{\text{W}}{\text{m}^2}$$

Abgeleitete SI-Einheit ist *Lux (lx)*; festgelegt durch den Lichtstrom 1 Lumen, der gleichmäßig verteilt auf die Fläche 1 m^2 fällt.

$$1\ \text{lx} = \text{lm/m}^2 = \text{cd sr/m}^2 = \text{W/m}^2$$
$$= [\text{veraltet}]\ 10^{-4}\ \text{Phot} = 10^{-4}\ \text{sb sr}$$

1) Fotometrisches Entfernungsgesetz

$$E_e = \frac{I_e(\xi_1)}{r^2} \cos\xi_2\, \Omega_0$$

Fotometrisches Grundgesetz

$$dE = L\, \frac{dA_1 \cos\xi_1 \cos\xi_2}{r^2} = L\, d\Omega_2 \cos\xi_2$$
$$E = \int\limits_{(\Omega_2)} L \cos\xi_2\, d\Omega_2$$

$d\Omega_2$ ist der Raumwinkel, unter dem die strahlende Fläche dA_1 (Strahler) vom dA_2 (Empfänger) aus gesehen wird.

I	Lichtstärke (cd = lm/sr), Strahlstärke (W/sr)
L	Leuchtdichte (lm m^{-1}sr^{-1}), Strahldichte (W m^{-2}sr^{-1})
r	Abstand Quelle – Empfänger
Ω	Raumwinkel: $\Omega_0 = 1$ sr
ξ_1	Austrahlungswinkel (zur Sendernormale)
ξ_2	Lichteinfallwinkel (zur Empfängernormale)

2) Für kugelförmige Teilchen mit infinitesimalem Durchmesser verschwindet der Faktor $\cos\xi_2$ und man erhält die *Raumbestrahlungsstärke* E_0 und die *Raumbestrahlung* H_0.

3) Spektrale Bestrahlungsstärke.

$$\frac{\text{Bestrahlungsstärke}}{\text{Wellenlänge}} \quad \boxed{E_\lambda = \frac{dE}{d\lambda}} \quad \text{W m}^{-3}$$

Bestrahlungsstärke für einen Wellenlängebereich.

$$E = \int\limits_{\lambda_1}^{\lambda_2} E_\lambda(\lambda)\, d\lambda$$

4) Zylindrische Beleuchtungsstärke. Mittel der vertikalen Beleuchtungsstärken.

$$\boxed{\begin{aligned} E_z &= \frac{1}{\pi} \int\limits_{4\pi} L\, d\Omega_2 \cos\xi_2 \\ &= \frac{1}{2\pi} \int\limits_{2\pi} E_v\, d\varphi = \bar{E}_v \end{aligned}}$$

ξ_2	Lichteinfallwinkel (senkrecht zur optischen Achse),
φ	Winkel in der Ebene senkr. zur opt. Achse,
E_v	Beleuchtungsstärke auf Ebene der optischen Achse.

6
Optik

Empfohlene Beleuchtungsstärken für Allgemein- und Arbeitsplatzbeleuchtung.

Ansprüche	Allgemein		Arbeitsplatz	
	kurz-zeitig (Lux)	länger (Lux)	kurz-zeitig (Lux)	länger (Lux)
minimal	30	60	–	–
gering	60	120	–	–
mäßig	120	250	250	500
hoch	250	500	500	1000
sehr hoch	600	1000	1000	2000
extrem	–	–	4000	4000–8000

Beleuchtungsvektor

Bestrahlungsvektor, Energiestromdichte.

$$\vec{E} = (\vec{g}) = \int_{4\pi} L \, \mathrm{d}\vec{\Omega} \qquad \mathrm{lx} = \mathrm{W\,m^{-2}}$$

Beleuchtungswirkungsgrad

Maß für die Verluste einer Leuchtquelle (Dim. 1).

$$\eta_B = \eta_{LB} \, \eta_R = \frac{\Phi_N}{\Phi}$$

Beleuchtungsstärke auf der ebenen Fläche A

$$E_v = \frac{\Phi_v \, \eta_B}{A} = \frac{\Phi_v \, \eta_B}{\Omega \, r^2} \qquad (\mathrm{lx})$$

r	Abstand von der Lichtquelle	
η_{LB}	Leuchtenbetriebswirkungsgrad	(Dim.1)
η_R	Raumwirkungsgrad	(Dim.1)
Ω	Raumwinkel	(sr)
Φ_N	auf die Nutzfläche fallender Lichtstrom	(lm)
Φ	Lichtstrom (aller Lampen)	(lm)

Belichtung

oder *Bestrahlung*. Vorgang, bei dem eine lichtempfindliche Schicht dem Licht ausgesetzt ist. Quotient aus auftreffender Strahlungsenergie und Empfängerfläche.

$$\text{Beleuchtungsstärke} \cdot \text{Zeit} \qquad H = \int E \, \mathrm{d}t = \frac{Q}{A}$$

Abgeleitete SI-Einheit ist *Luxsekunde*.

$$\mathrm{lx\,s} = \mathrm{W\,m^{-2}s} = \mathrm{J/m^2} = \mathrm{lm\,s/m^2} = \mathrm{cd\,sr\,s/m^2}$$
$$= [\text{veraltet}] \; 10^{-4} \mathrm{sb\,sr\,s}$$

E	Bestrahlungsstärke	(W/m^2)
Q	Strahlungsenergie	(J = W s)
t	Bestrahlungsdauer	(s)
A	bestrahlte Fläche	(m^2)

Bestrahlung... *Beleuchtung

Beugung

engl. *Diffraction*. Abweichung von der geradlinigen Ausbreitung einer Strahlung (ausgenommen durch Reflexion, Refraktion oder Streuung).

1) Hugens'sches Prinzip. Jeder Punkt einer Wellenfront ist Ausgangspunkt einer neuen Elementarwelle. Die resultierende Wellenfront entsteht als äußere Einhüllende durch Interferenz der Elementarwellen. Elementarwellen breiten sich im homogenen Medium mit derselben Geschwindigkeit wie die ursprüngliche Welle aus; in der Ebene als Kreiswelle, im Raum als Kugelwelle.

Die Wellenfornt einer Wasserwelle denke man sich aus überlagernden Halbkreiswellen zusammengesetzt.

Je nach Spaltbreite b werden Beugungserscheinungen sichtbar.

$b \gg \lambda$ Wellenausbreitung mit geradlinigen Rändern. Beim breiten Spalt bzw. Hindernis tritt ein geradlinig und parallel begrenztes Wellenbündel durch bzw. vorbei; die Ränder werfen Schatten.

$b \approx n\lambda$ (z. B. $n = 3$). Beugung an Spalt oder Hindernis: die Amplitude zeigt Maxima und Minima (unterscheidbare Sektoren in der andeutungsweisen Kreiswelle).

$b \ll \lambda$ Vom punktförmigen Erregungszentrum (am engen Spalt oder Hindernis) geht eine Kreis- oder Kugelwelle aus.

2) Beugung am Gitter. Ein *Beugungsgitter* oder *optisches Gitter* ist eine regelmäßige Anordnung beugender Elemente im Abstand der Gitterkonstante. Mit parallelem Licht beleuchtet, erzeugt es in großem Abstand helle und dunkle *Interferenzstreifen, deren Intensität nach außen abnimmt. Die Intensitätsmaxima sind umso schärfer, je größer die Zahl der Spalte (interferierenden Lichtwellen) ist.

Die Beugungsverteilung als Gesamtheit der abgebeugten Teilwellen (Reflexe) zeigt Intensitätsmaxima (BRAGGsche Reflexionsbedingung).

$$2d \, \sin\alpha = k \, \lambda$$

Intensität in Richtung α

$$\frac{I_\alpha}{I_0} = \underbrace{\frac{\sin^2\left(\dfrac{\pi b}{\lambda}\sin\alpha\right)}{\left(\dfrac{\pi b}{\lambda}\sin\alpha\right)^2}}_{\text{Spalt}} \frac{\sin^2\left(p\,\dfrac{\pi d}{\lambda}\sin\alpha\right)}{\sin^2\left(\dfrac{\pi d}{\lambda}\sin\alpha\right)}$$

b	Spaltbreite	(m)
d	Gitterkonstante = Abstand zweier Spaltmitten	(m)
k	Beugungsordnung (0, ±1, ±2,...)	
I_0	Intensität der Vorwärtsrichtung ($\alpha = 0$)	
p	Zahl der interferienden Spalte	
α	Winkel größter Verstärkung	(rad)
λ	Wellenlänge	(m)

3) Beugung am Spalt

FRAUNHOFER'sche Betrachtungsweise: Eine ebene Welle, die auf einen engen Spalt fällt, erzeugt auf einer entfernten Wand helle und dunkle *Interferenzstreifen (parallel zum Spalt). Aus dem *Beugungsbild* wird der *Intensitätsverlauf* (I/I_0 gegen x) gemessen.

Intensität in Richtung α

$$I_\alpha = I_0 \frac{\sin^2\left(\dfrac{\pi b}{\lambda}\sin\alpha\right)}{\left(\dfrac{\pi b}{\lambda}\sin\alpha\right)^2} = I_0 \frac{\sin^2 x}{x^2}$$

Gangunterschied

$$\Delta s = k \, \frac{\lambda}{2} = b \, \sin\alpha \qquad \mathrm{m}$$

Ordnungszahl	k gerade:	Helligkeitsminima
	k ungerade:	Helligkeitsmaxima
Spaltbreite	$b \gg \lambda$:	scharfe Schatten
	$b \approx \lambda$ und $b < \lambda$:	kein Minimum

4) Beugung an Lochblende. Bei Beugung einer ebenen Welle an einer *Lochblende* entstehen rotationssymmetrische helle und dunkle Ringe um das helle AIRY-Beugungsscheibchen (Mittelmaximum mit 83,8% des Lichtstroms). Begrenzt das Auflösungsvermögen optischer Geräte, indem durch Beugung an Linsenrändern und Blenden jeder Punkt als Beugungscheibchen abgebildet wird. Dunkle Ringe treten unter den Winkeln α auf.

$$\sin\alpha_i = k_i\,\frac{\lambda}{d}$$

d Durchmesser der Lochblende.
$k_1 = 1{,}22;\ k_2 = 2{,}232;\ k_3 = 3{,}238$ u.s.w.

5) Beugung an Kristallgittern. An den Gitterebenen (Netzebenen) von Kristallgittern kommt es durch die regelmäßige Anordnung der Atome zur Verstärkung oder Auslöschung von Röntgenstrahlen. BRAGG-Gleichung für konstruktive Interferenz:

$$2d\,\sin\theta = k\,\lambda \qquad \text{mit } k = 1,2,3,\ldots$$

d Netzebenenabstand (m)
λ Wellenlänge der Röntgenstrahlung (m)
θ Glanzwinkel (rad)

Blende

Begrenzt den Querschnitt der durchlaufenden Strahlen in einem optischen System.
Die *Eintrittspupille* (Blende vor dem optische System) definiert den objektseitigen *Aperturwinkel, die *Austrittspupille* (Bild der Eintrittspupille) den bildseitigen Aperturwinkel.

Brechkraft

Kehrwert der Brennweite optischer Linsen oder Brillengläser; bei divergenten Linsen für Kurzsichtige mit negativem Vorzeichen.

$$\frac{1}{\text{Brennweite}} \quad \frac{1}{f} \quad (\text{dpt} = \text{m}^{-1})$$

Gesetzliche Einheit ist die *Dioptrie* oder *Brechkrafteinheit* (BKE); definiert als Brechwert eines optischen Systems mit der Brennweite 1 Meter und in einem Medium der Brechzahl 1.

Brechung

Fällt ein Lichtstrahl auf eine Grenzfläche zwischen zwei verschiedenen Stoffen, wird ein Teil des Strahls reflektiert, der andere durchquert die Grenzfläche mit geänderter Richtung; er wird gebrochen.

1) Optische Platte. Parallelversetzung des ausfallenden zum einfallenden Lichtstrahl bei Lichtdurchgang durch eine *planparallele Platte*.

$$\Delta x = \frac{d\,\sin(\varepsilon_1 - \varepsilon_1')}{\cos\varepsilon_1'} \quad \text{m}$$

Einfallwinkel = Ausfallwinkel: $\varepsilon_1 = \varepsilon_2'$ und $\varepsilon_1' = \varepsilon_2$

Alle *Winkel* werden zur Flächennormalen (Lotrechten) des optischen Körpers (in rad) gemessen.

ε_1 außenliegender Einfallwinkel (Luft – Körper)
ε_1' innenliegender Ausfallwinkel (in Körper)
ε_2 innenliegender Einfallwinkel (in Körper)
ε_2' außenliegender Ausfallwinkel (Körper – Luft)

2) optisches Prisma.

Prismenwinkel $\alpha = \varepsilon_1' + \varepsilon_2$

Ablenkungswinkel d. Prismas $\delta = \varepsilon_1 + \varepsilon_2' - \alpha$

Brechzahl e. Prismas $n = \dfrac{\sin\dfrac{\delta + \alpha}{2}}{\sin(\alpha/2)}$

3) Brechung an Kugelflächen
Schnittweitengleichung (ABBE'sche Invariante)

$$n\left(\frac{1}{r} - \frac{1}{s}\right) = n'\left(\frac{1}{r} - \frac{1}{s'}\right)$$

n Brechzahl im Gegenstandsraum
n' Brechzahl im Bildraum
s Abstand zur Kugeloberfläche (Scheitel)
     positiv: innerhalb der Kugelfläche nach rechts
     negativ: außerhalb der Kugelfläche nach links

Brechungsgesetz

Abhängigkeit des Ausfallswinkels vom Einfallwinkel bei der Brechung.

1) Snellius'sches Brechungsgesetz. Die Brechzahl n im Medium 1 bzw. 2 bestimmt den Einfallwinkel α_1 bzw. *Brechungswinkel* α_2 (jeweils gegen die Senkrechte).

$$\frac{\text{Einstrahlwinkel}}{\text{Ausfallwinkel}} \sim \frac{\text{Brechzahl im Medium 1}}{\text{Brechzahl im Medium 2}}$$

$$\frac{\sin\alpha_1}{\sin\alpha_2} = \frac{n_1}{n_2} = n = \frac{c_1}{c_2}$$

Ablenkungswinkel

$$\delta = \alpha - \alpha'$$

c Lichtgeschwindigkeit, n Brechzahl

2) Brewster'sches Brechungsgesetz. Nach Reflexion an einer Oberfläche schwingt der $\vec{E}$-Vektor der Lichtwelle vorwiegend senkrecht zur Einfallsebene. Vollständige Polarisation tritt auf, wenn reflektierter und gebrochener Strahl senkrecht aufeinander stehen; d. h. beim Einfallwinkel = *Polarisationswinkel* (gemessen gegen die Lotrechte; bei Glas 57°):

$$\alpha_P = \arctan n$$

n Brechzahl, α_P Polarisations- oder Brewster-Winkel.

Polarisationswinkel α und Brechwinkel α' addieren sich zu 90°; ebenso gebrochener und reflektierter Strahl.

$$\tan\alpha = \frac{n_2}{n_1} = \frac{\sin\alpha}{\sin\alpha'} = \frac{\sin\alpha}{\sin(90° - \alpha)} = \frac{\sin\alpha}{\cos\alpha}$$

Brechungsindex   *Brechzahl.

Brechwert

Bei optischen Linsen der Quotient aus Brechzahl und Brennweite.

1) Brechwert von Linsen. Kehrwert der in Metern gemessenen Brennweite f in einem Umgebungsmedium der Brechzahl $n = 1$.

$$D = \frac{\text{Brechzahl } n}{\text{Brennweite } f} \quad \text{dpt} = \text{m}^{-1}$$

     D positiv: Sammellinse
     D negativ: Zerstreuungslinse.

Dicke Linse

$$D = (n-1)\left(\frac{1}{r_1} \pm \frac{1}{r_2}\right) \mp \frac{(n-1)^2}{n}\,\frac{d}{r_1 r_2}$$

r Radius der brechenden Fläche, d Dicke.

Brechzahl relativ zu Luft bei 20°C (293 K).

	434 nm	589,3 nm n_D (Natriumlicht)	656 nm n_C
Flüssigkeiten			
fl. NH_3		1,325	
Methanol	1,3362	1,3290	1,3277
D_2O		1,32844	1,3312
Wasser	1,3404	1,33299	1.3312
Ether		1,3529	
Ethanol	1,3700	1,3617	1,3605
Heptan		1,3754	
k. H_2SO_4		1,43	
Glycerin		1,455	
CCl_4	1,4729	1,4676	1,4579
Toluol	1,5170	1,4955	1,4911
Benzol	1,5236	1,5014	1,4965
Pyridin		1,5094	
Anilin		1,5862	
CS_2	1,6748	1,62774	1,6182
Feststoffe			
LiF		1,3917	
CaF_2		1,43383	
Quarzglas		1,4584	
KCl	1,5050	1,4904	1,4973
Plexiglas		1,491	
Kronglas		1,50988	
NaCl		1,54426	
Polyethylen		1,51	
Quarz		1,54	
Glimmer		1,58	
Polystyrol		1,588	
Flintglas		1,6259	
Al_2O_3		1,64	
KI	1,7035	1,6664	1,6581
AgCl		2,071	
Diamant		2,4173	
Gase			
Vakuum		1,0	
Helium		1,000 034	
Wasserstoff		1,000 139	
Sauerstoff		1,000 271	
Luft		1,000 292	
Stickstoff		1,000 297	
Ammoniak		1,000 37	
Kohlendioxid		1,000 45	
Chlor		1,000 781	

Brechzahl doppeltbrechender Stoffe bei 589,3 nm relativ zu Luft bei 20°C (293 K).

	o	ao
Eis, 0°C	1,3091	1,3105
Quarz	1,54422	1,55332
Calciumfluorid	1,65838	1,48642
Korund	1,768	1,760

Dünne Linse

$$D = (n - 1)\left(\frac{1}{r_1} \pm \frac{1}{r_2}\right)$$

Doppellinse: zwei verbundene Linsen

$$D = D_1 + D_2 = \frac{n}{f_1} + \frac{n}{f_2}$$

Zwei Linsen im Abstand e

$$D = D_1 + D_2 - eD_1D_2 = \frac{n}{f_1} + \frac{n}{f_2} - \frac{e}{f_1 f_2}$$

2) Wellenausbreitung. In der Nachrichtentechnik für die troposphärische Ausbreitung von Funkwellen.

$$N = (n - 1) \cdot 10^6 \quad \text{(Dim. 1)}$$

Modifizierter Brechwert:

$$M = (n' - 1) \cdot 10^6 = N + \left(\frac{h}{r_E} \cdot 10^6\right)$$

n Brechzahl, n' modifizierte Brechzahl, r_E Erdradius, h Höhe der Antenne.

Brechzahl

Früher: **Brechungsindex.**

1) Quotient der Ausbreitungsgeschwindigkeiten im Vakuum und im Medium.

$$n(\lambda) = \frac{c_0}{c(\lambda)} \quad \text{(Dim. 1)}$$

2) Maxwell-Gleichung für Frequenzen im Mikrowellenbereich ($> 10^{11}$ Hz).

$$n^2 = \varepsilon_r \mu_r$$

3) Gruppenbrechzahl („Gruppenindex") eines optischen Mediums.

$$n_{gr} = \frac{c_0}{c_{gr}} = n - \lambda \frac{dn}{d\lambda} \quad \text{(Dim. 1)}$$

4) Modifizierte Brechzahl für die troposphärische Ausbreitung von Funkwellen.

$$n' = n + \frac{h}{r_E} \quad \text{(Dim. 1)}$$

h Höhe der Antenne über der Erde, R_E Erdradius.

Brechzahldifferenz, relative

In der optischen Nachrichtentechnik:

$$\Delta = \frac{n_1^2 - n_2^2}{2n_1^2} \quad \text{(Dim. 1)}$$

n_1 größte Brechzahl des Kernmaterials, n_2 Brechzahl des Mantelmaterials.

Brennweite

Abstand der gekrümmten optischen Fläche vom Brennpunkt.

Sphärischer Spiegel (Hohlspiegel)
für achsnahe Strahlen $\quad f = \frac{r}{2}$

Dünne Linse $\quad f = \dfrac{r_1 r_2}{(n - 1)(r_2 - r_1)}$

Doppellinse $\quad f = \dfrac{f_1 f_2}{f_1 + f_2}$

Zwei Linsen im Abstand e $\quad f = \dfrac{f_1 f_2}{f_1 + f_2 - e}$

$r_{1,2}$ Radius der vorderen/hinteren Linsenkrümmung.

Brewster'sches Gesetz *Brechungsgesetz.

Detektor

Empfänger eines Spektrometers; z. B.:
1. thermischer Detektor
2. *Quantendetektor:* Fotomultipier = Sekundärelektronenvervielfacher.

Diabatie, spektrale

Zum Kehrwert der Extinktion proportionale Größe.

$$\Theta(\lambda) = \lg \frac{10}{A(\lambda)} = 1 - \lg\left(\lg \frac{1}{\tau_i(\lambda)}\right)$$

Dichroismus

Dichroitische Substanzen absorbieren bei der *Doppelbrechung den ordentlichen und außerordentlichen Strahl unterschiedlich stark.

Moderne *Polarisationsfolien* sind Kunststoffe mit parallel ausgerichteten Makromolekülen (mechanisches Recken), die mit dichroitischen Farbstoffen eingefärbt werden.

Dispersion

Abhängigkeit der Brechzahl $n(\lambda)$ eines Mediums von der Wellenlänge. Licht unterschiedlicher Wellenlänge wird unterschiedlich stark gebrochen.

1. *Reguläre Dispersion.* Gruppengeschwindigkeit wächst mit zunehmender Wellenlänge ($c_{gr} \sim \lambda$).

2. *Inverse Dispersion.* Gruppengeschwindigkeit sinkt mit zunehmender Wellenlänge.

Ein **Prisma** hat für jede Wellenlänge einen anderen Ablenkungswinkel.

Brechungsgesetz von SNELLIUS $\sin \alpha = n(\lambda) \sin \beta$

Mittlere Dispersion oder *Grunddispersion:* Differenz der Brechzahlen des Prismas für die FRAUNHOFER-Linien F und C.

$$\boxed{\vartheta = n_F - n_C} \quad \text{(Dim.1)}$$

Relative Dispersion: bezügl. FRAUNHOFER-Linie d.

$$\boxed{\vartheta_{rel} = \frac{n_F - n_C}{n_d - 1}}$$

resultierende Dispersion

$$\boxed{\Theta = \delta_H - \delta_C = (n_H - n_C)\gamma}$$

spezifische Dispersion $\qquad \boxed{\theta_{sp} = n_H - n_C}$

Abbe -Zahl $\qquad\qquad \nu = \dfrac{n_d - 1}{n_F - n_C} = \dfrac{1}{\vartheta_{rel}}$

δ	Ablenkung durch ein Prisma (zw. Eintritts- und Austrittsstrahl)	(rad)
γ	brechender Winkel des Prisma = Winkel der Prismenspitze	(rad)
α	Einfallwinkel zur Normalen	(rad)
β	Ausfallwinkel zur Normalen	(rad)
F,C,d,H	Fraunhofer-Linien.	

Doppelbrechung

Doppelbrechende Stoffe (z. B. Kalkspat, *dichroitische Folien) zerlegen natürliches Licht in einen *ordentlichen* und *außerordentlichen* Strahl, die senkrecht zueinander linear polarisiert sind und sich mit unterschiedlicher Geschwindigkeit ausbreiten.

Anwendung: Erzeugung von linear *polarisiertem Licht (z. B. in Turmalin, das einen Strahl absorbiert, so dass das durchgehende Licht polarisiert ist).

1) Lambda-Viertel-Platte. Ein doppeltbrechender Kristall wird so geschliffen, dass ordentlicher und außerordentlicher Strahl parallel verlaufen. Erzeugt *zirkularpolarisiertes Licht.*

Gangunterschied zwischen den senkrecht zueinander polarisierten Teilstrahlen am Ende des Kristalls $\Delta s = d(n_o - n_{ao})$. Dicke eines $\lambda/4$-Plättchens

$$\boxed{d = \frac{\lambda}{4(n_o - n_{ao})}(2k + 1)} \quad \text{mit } k = 0,1,2,\dots$$

n_o, n_{ao} Brechzahl für den ordentlichen und außerordentlichen Strahl.

	Gangunterschied
Elliptisch-polarisiertes Licht	Δs beliebig
Zirkular-polarisiertes Licht	$\Delta s = (2k + 1)\lambda/4$
Linear-polarisiertes Licht	$\Delta s = \lambda/2$ (Schwingungsebene um 90° gedreht)

2) Elektrische Doppelbrechung.
Doppelbrechung optisch isotroper Stoffe im elektrischen Feld. Zwischen gekreuzten Polarisatoren lässt sich mit der angelegten Spannung der Lichtdurchgang des Stoffes steuern. Bei einem Gangunterschied $\Delta s = \lambda/2$ zwischen ordentlichem und außerordentlichem Strahl wird die Polarisationsebene um 0° gedreht und das Licht vom zweiten Polarisator durchgelassen. Vgl. *Kerr-Effekt, *Pockels-Effekt.

3) Mechanische Doppelbrechung oder *Spannungsdoppelbrechung.* Viele optisch isotrope Gläser und Kunststoffe werden unter elastischer Verformung doppeltbrechend; Spannungsverläufe werden zwischen gekreuzten Polaisiationsfiltern untersucht.

Isoklinen (dunkel) verbinden Punkte gleicher Hauptspannung σ_{max}. Orte gleicher Hauptspannungsdifferenz $\Delta\sigma$ oder Hauptschubspannung τ_{max} liegen auf den *Isochromaten* und erscheinen farbig (bei weißem Licht).

Doppler-Effekt, optischer

Beim Doppler-Effekt des Lichtes ist allein die Relativbewegung zwischen zwischen Lichtquelle und Empfänger wichtig – bei Schallwellen hingegen auch die Richtung relativ zum Übertragungsmedium Luft. Die Bewegung der Quelle zum Beobachter wirkt wie eine Vergrößerung der Ausbreitungsgeschwindigkeit (Frequenzerhöhung).

1) longitudinaler Doppler-Effekt: Empfänger bewegt sich längs der Lichtstrahlen.

bei Annäherung $\quad f_E = f_Q \sqrt{\dfrac{c + v}{c - v}} = f_Q \sqrt{\dfrac{1 + \beta}{1 - \beta}}$

bei Entfernung $\quad f_E = f_Q \sqrt{\dfrac{c - v}{c + v}} = f_Q \sqrt{\dfrac{1 - \beta}{1 + \beta}}$

2) transversaler Doppler-Effekt: Empfänger bewegt sich senkrecht zum Lichtstrahl.

$$f_E = f_Q \sqrt{1 - (v/c)^2} = f_Q \sqrt{1 - \beta^2}$$

$\beta = v/c$ bezogene Relativgeschwindigkeit.

3) Linienverbreiterung. Durch die thermische Bewegung in verschiedene Richtungen mit verschiedenen Geschwindkeiten haben die strahlenden Teilchen verschiedene DOPPLER-Verschiebungen; bei gleichzeitiger Beobachtung resultiert eine verbreiterte Spektrallinie.

4) Rückstoß. Bei der Emission eines Quants entsteht durch den Rückstoß eine Doppler-Verschiebung. Bei angeregten Atomkernen in einem Kristallgitter ist rückstoßfreie Emission möglich (MÖSSBAUER-Effekt).

Durchlässigkeit *Transmissionsgrad

Elektronenmikroskopie

Verfahren zur Abbildung von Oberflächen mit enormer Tiefenschärfe.

1) Rasterelektronenmikroskopie (REM, SEM).

Elektronen kann man im elektrischen Feld beschleunigen (10 bis 50 kV) und durch elektromagnetische Linsen (Spule mit Eisenkern) auf 10 nm bündeln; Vergrößerungen bis 30000-fach sind Routine. Die Primärelektronen schlagen beim Auftreffen auf die Probe energiearme *Sekundärelektronen* (aus inneren Atomschalen) heraus und verlassen die Probe ohne großen Energieverlust als *Rückstreuelektronen* wieder. Durch Abrastern mit einem feingebündelten Elektronenstrahl erzeugte Sekundärelektronen bestimmen die Helligkeit des Objektpunktes am Fluoreszenzschirm. Informationstiefe >5 Atomlagen.

- Rückstreuelektronen (≥ 10 keV, Tiefeninformation ~ 100 nm, geringere Auflösung)
- Sekundärelektronen ($\leq 0{,}05$ keV, Tiefeninformation ~ 10 nm, höhere Auflösung).
- Bei μm-dünnen Proben treten die Primärelektronen durch (Transmissionselektronen).

Das Loch in der inneren Schale wird von einem Elektron einer höheren Bahn aufgefüllt, dabei wird *charakteristische Röntgenstrahlung* frei (typisch für jedes Element), sog. EDX = *energiedispersive Röntgenmikrosonde* für alle Elemente schwerer als Natrium, Tiefeninformation ca. 1 μm.

2) Aufbau eines Elektronenmikroskops.

1. Elektronenquelle (ca. 100 bis 400 kV) mit Wolfram-Haarnadelkathode, LaB_6-Spitzenkathode oder Feldemissionskathode.

U (kV)	80	100	120	200	500	1000
λ (pm)	4,17	3,70	3,35	2,51	1,42	0,87

2. Wehnelt-Zylinder (Metallkappe mit Blende)
3. Kondensorsystem
4. oberer Polschuh der „Objektivlinse" (stromdurchflossene Ringspule), und Hilfsspulen (zur Kompensierung von Linsenfehlern); evt. XRD-Detektor eingebaut.
5. Probenraum mit Goniometer (Probentisch)
6. unterer Polschuh mit Hilfsspulen
7. Projektorsystem (zur Bildvergrößerung)
8. Beobachtungskammer mit ZnS-Leuchtschirm und Bleiglasscheiben (Strahlenschutz)
9. Fotofilm, Videokamera oder EELS-Spektrometer.

Elektronenquelle, Objektivlinse im Probenraum, Beobachtungskammer und Innenrohr werden evakuiert (10^{-3} bis 10^{-4} Pa; Rotations- plus Öldiffusionspumpen, Ionengetter- und Turbomolekularpumpen).

3) Transmissionselektronenmikroskop (TEM).

Beim *Durchstrahlungsmikroskop* wird die Probe möglichst dünn auf ein 400 mesh-Kupfernetz mit einem Überzug aus poröser Kohlefolie aufgebracht. Durch Interferenz der gebeugten Elektronenstrahlen entsteht ein kontrastreiches Bild. Auflösung 100 nm vertikal, 10 μm lateral.

REM	Rasterelektronenmikroskop,
	SEM, scanning electron microscope
TEM	Durchstrahlungs-Elektronenmikroskop,
	transmission electron microscope
	HRTEM = high resolution TEM

CTEM	hochauflösendes konventionelles TEM
STEM	Transmissions-Rasterelektronenmikroskop
(AEM)	Analytisches Elektronenmikroskop:
	REM mit EDX- oder EELS-Zusatz

4) Rastertunnelmikroskop (STM).

Elektronen können eine dünne Potentialbarriere (Phasengrenze) durchtunneln, auch wenn ihre kinetische Energie nicht ausreicht. Eine feine Metallspitze (W oder Pt-Ir) wird durch Piezoelemente in geringstem Abstand rasterförmig über die Probenoberfläche geführt. Der Tunnelstrom wird konstant eingeregelt und das Regelsignal als Kontrastbild dargestellt (Abbild der Oberfläche und Elektronendichteverteilung).
Auflösung: >1 pm vertikal, $>0{,}1$ nm lateral.
Anwendung: leitfähige Proben, Festkörper, Lösungen; kein Vakuum erforderlich.

5) Rasterkraftmikroskop (SFM), *scanning force microscope*.

Eine feine, elastisch gelagerte Silicium-Spitze wird rasterförmig über die Probenoberfläche geführt und die Verbiegung der Zunge – durch anziehende oder abstoßende Wechselwirkungen – mit einem Abstandssensor (Fotodiode) gemessen.
Auflösung: >1 pm vertikal, $>0{,}1$ nm lateral.
Anwendung: auch Isolatoren, Polymere, biologische Proben, Lösungen. Ohne Vakuum.

6) Feld-Emissions-Mikroskop (FEM).

Aus einer hochnegativ geladenen Metallspitze im starken Feld austretende Elektronen bilden die Probe ab. Informationstiefe 15 nm, ~ 5 Atomlagen.

7) Feldionisationsmikroskop (FIM).

Im starken $\vec{E}$-Feld an einer gekühlten Metallspitze wird ionisiertes H_2 oder He auf einen Leuchtschirm beschleunigt; Auflösung atomarer Größenordnung, Einzelheiten exponierter Kristallflächen. Informationstiefe 1 μm, 1 Atomlage.

Emissionsgrad

Die *Oberfläche* strahlungsundurchlässiger Körper wird mit dem Schwarzen Körper gleicher Temperatur verglichen.

1) (Gerichteter) **spektraler Emissionsgrad.** Die spektrale Strahldichte eines Temperaturstrahlers in einer vorgegebenen Richtung, im Vergleich zum schwarzen Strahler (Index S) bei gleicher Temperatur.

$$\varepsilon(\lambda, T, \vartheta, \varphi) = \frac{L_{e\lambda}(T, \vartheta, \varphi)}{L_{e\lambda,S}(T, \vartheta, \varphi)} < 1$$

φ Zenitwinkel, ϑ Azimuthwinkel.
Für die Richtung der Flächennormalen ($\vartheta = 0$):

$$\varepsilon(\lambda, T)_n = \frac{L_{\lambda,n}}{L_{\lambda,S}}$$

Kirchhoff'sches Strahlungsgesetz. Spektraler Emissionsgrad und Absorptionsgrad α sind gleich (für jede Temperatur und Wellenlänge, in eine bestimmte Ausstrahlungsrichtung und eine in gleicher Richtung einfallende Strahlung).

$$\varepsilon(\lambda, T, \vartheta, \varphi) = \alpha(\lambda, T, \vartheta, \varphi)$$

Bei Gültigkeit des Lambert'schen Gesetzes sind ε, α und ϱ unabhängig von der Richtung.

2) (Gerichteter) **Bandemissionsgrad** ε_b Integration des Emissionsgrades über einen größeren Wellenlängenbereich.
Gesamtemissionsgrad ε_t mit den Integrationsgrenzen $\lambda = 0$ bis ∞.

$$\varepsilon(T,\vartheta,\varphi) = \frac{\int L_\lambda \, \mathrm{d}\lambda}{\int L_{\lambda,\mathrm{S}} \, \mathrm{d}\lambda}$$

3) Halbräumlicher Emissionsgrad

Die spezifische Ausstrahlung eines Temperaturstrahlers im Verhältnis zum Schwarzen Strahler.

$$\varepsilon(T) = \frac{M}{M_\mathrm{S}}$$

Beim *grauen Strahler* ist (näherungsweise) für alle Wellenlängen $\varepsilon(\lambda) = $ const.
Emissionsgrad technischer Oberflächen bei 20 °C.

Esmissionsgrad für Gesamtstrahlung ε
und in Richtung der Flächennormale $\varepsilon_\perp$

Oberfläche	T	$\varepsilon_\perp$	ε
Au, poliert	230 °C	0,018	
Cu, poliert		0,03	
Messing	25 °C	0,035	
Al, walzblank	20 °C	0,04	0,05
Ag		0,05 bis 0,1	
– blank		0,02	
Cr, poliert	150 °C	0,058	0,071
Cu		0,1 bis 0,25	
Mg		0,1 bis 0,45	
Fe, poliert	100 °C	0,17	
Al, oxidiert	20 °C	0,20	
Al-Bronze		0,20 – 0,40	
Zink, grau oxidiert		0,23 – 0,28	
Fe, verzinkt	25 °C	0,25	
Stahl, poliert		0,26	
Ni		0,3 bis 0,4	
Pt		0,3 bis 0,4	
Stahl, roh		0,35 bis 0,95	
Wolfram		0,4	0,5
Messing, oxidiert	200 °C	0,61	
Eisen, verrostet		0,61 – 0,85	
– angerostet	20 °C	0,65	
Ton		0,75	
Kupfer, oxidiert		0,78	
Seide, Baumwolle		0,78	
Emaille-Lack		0,85 – 0,95	
Holz (Buche, Eiche)		0,89 – 0,93	
Kunststoffe	20 °C	–	0,90
Dachpappe	20 °C	0,91 – 0,93	
Ziegelstein		0,92	
Menninge (100 °C)		0,93	
Porzellan		0,93	
Glas	20 °C	0,94	
Buchenholz	25 °C	0,94	0,90
Mauerwerk	20 °C	–	0,93
Beton	20 °C	–	0,94
Lacke, Farben	100 °C	0,92 bis 0,97	
Heizkörperlack		0,93	
Wasser	20 °C	0,95	
Eisoberfläche	0 °C	0,96	
schwarzer Lack	80 °C	0,97	
Schwarzer Körper		1,0	

Emissionskoeffizient

Volumenstrahler emittieren Temperaturstrahlung aus dem Körperinneren, wobei nicht (wie beim Oberflächenstrahler) jedes Volumenelement gleich viel spektrale Energie absorbiert wie emittiert.

1) Emissionskoeffizient eines Volumenstrahlers ($\mathrm{W\,m^{-3}sr^{-1}}$)

$$\tilde{\varepsilon} = \int_0^\infty \tilde{\varepsilon}_\lambda \, \mathrm{d}\lambda = \frac{\mathrm{d}^2\Phi}{\mathrm{d}V\,\mathrm{d}\Omega} = \frac{\mathrm{d}I}{\mathrm{d}V} = \frac{\mathrm{d}L}{\mathrm{d}x}$$

2) Spektraler Emissionskoeffizient. Spektrale Dichte des Emissionskoeffizienten ($\mathrm{W\,m^{-4}sr^{-1}}$)

$$\frac{\text{Emissionskoeffizient}}{\text{Wellenlänge}} \qquad \tilde{\varepsilon}_\lambda = \frac{1}{4\pi\,\Omega_0}\frac{\mathrm{d}\Phi_\lambda}{\mathrm{d}V} = \frac{\mathrm{d}\tilde{\varepsilon}}{\mathrm{d}\lambda}$$

3) *Kirchhoff'sches Strahlungsgesetz* für das lokale thermische Gleichgewicht (Strahlungsgleichgewicht nicht erfüllt).

$$\tilde{\varepsilon}_\lambda(\lambda,T) = a(\lambda,T)\,L_{\lambda,\mathrm{S}}(\lambda,T)$$

4) *Strahlungstransportgleichung.* Für einen Volumenstrahler sind Emissionskoeffizient und Absorptionskoeffizient Ortsfunktionen im Inneren des Mediums. Messbar ist nur die Strahldichte an der Oberfläche des Mediums. Die spektrale (Dichte der) Strahldichte $L_\lambda(x)$ am Ort x im Medium berechnet man mit der Differentialgleichung:

$$\frac{\mathrm{d}L_\lambda(x)}{\mathrm{d}x} = \tilde{\varepsilon}_\lambda(x) - a(\lambda,x)\,L_\lambda(x)$$

Für den Sonderfall, dass längs der Richtung x die Temperatur konstant ist, folgt durch Integration von $x = 0$ bis d (Schichtdicke):

$$\begin{aligned} L_\lambda(T) &= \left[1 - \mathrm{e}^{-a(\lambda,T)\cdot d}\right] L_{\lambda,\mathrm{S}}(T) \\ &= a(\lambda,T,d)\,L_{\lambda,\mathrm{S}}(T) \end{aligned}$$

$a(\lambda,T,d)$ spektraler Absorptionsgrad des Mediums.

Empfindlichkeit des Auges
*Hellempfindlichkeitsgrad, *Lichtstrom.

Energiedichte *Strahlungsenergie

Energiefluenz *Raumbestrahlung

Energieflussdichte *Raumbeleuchtungsstärke, *Leuchtdichte

Energiestromdichte *Beleuchtungsvektor.

Evaneszentfeldsensor

Optischer Sensor. Durch innere Totalreflexion kann ein *Glasfaserleiter* Licht einschließen. Wegen des Tunneleffektes haben Photonen im optischen dünneren Medium außerhalb dieses Kastens eine exponentiell abklingende Aufenthaltwahrscheinlichkeit (quergedämpftes oder *evaneszentes Feld*). Änderungen der Brechungzahl oder Absorption im Außenraum (*Superstrat*, Analyt) wirken auf das elektrische Feld im *Lichtwellenleiter.

1) Intrinsischer Fasersensor, *Modenkoppler.* An der Glasfaserwand haften Fluorophore oder Rezeptormoleküle. Fluoreszenz- und Anregungslicht haben verschiedene Frequenz und sind nebeneinander beobachtbar. Die „geführte" Strahlung nimmt ganz bestimmte Schwingungsmoden an.

Optik

1. Beim *Schichtwellenleiter* ist auf ein cm-großes, flaches Glassubstrat eine μm-hohe Schicht aufgedampft; das Licht wird an der einen Schmalseite eingestrahlt und gegenüber analysiert.

2. Beim *Streifenwellenleiter* läuft die μm-breite Wellenleiterschicht zentral durch den optischen Baustein. Bei Anregungsstrahlung mit zwei Polarisationsebenen werden beide Moden im Wellenleiter geführt, die – wegen unterschiedlicher Ausbreitungsgeschwindigkeit und effektiver Brechzahl (je nach Superstrat) – sich am Ausgang in der Phase unterscheiden: *transversal elektrische* (TE) und *transversal magnetische* (TM) *Moden*. MACH-ZEHNDER-Anordnung: Der Wellenleiter gabelt sich in einen Referenzarm und eine sensitive Polymerschicht (mit Rezeptormaterial) auf. Die Phasendifferenz der resultierenden Intensität wird an der hinteren Vereinigungsstelle gemessen. – Anwendung: Gas- und Flüssigkeitssensoren, Chromatografie-Detektor.

2) Gitterkoppler. Wellenleiter mit Reflexionsgitter, über das Licht ein- oder ausgekoppelt wird. Anwendung: Immunosensor.

3) Oberflächenplasmonenresonanz. Die Unterseite eines Dreieckprismas ist mit einem 50 nm-dünnem Silberfilm bedampft und wird von der Analysenlösung umströmt. Auf das Prisma fällt polarisiertes Licht mit definierten Einfallswinkeln und Wellenlängen. Ladungsdichtefluktuationen im Silber-Elektronengas – sog. longitudinale Oberflächenwellen oder *Plasmonen* – schwächen die gemessene Intensität des an der Silberschicht reflektierten Strahls. Je nach Brechzahl der Lösung verschiebt sich die Wellenlänge dieser Plasmonenresonanz (und das Reflexionsvermögen). – Anwendung: Immunosensoren, kinetische Untersuchungen.

Dispersion des Plasmons
– im Prisma:

$$k_x = k \sin \Phi = \frac{\omega}{c} \sqrt{\varepsilon_0} \, \sin \Phi$$

– im Metall (1):

$$k_x = \frac{\omega}{c} \sqrt{\frac{\varepsilon_1 \varepsilon_0}{\varepsilon_1 + \varepsilon_0}}$$

k Wellenzahl, Φ Winkel zw. Prismenspitze und Einfallstrahl.

4) Weißlicht-Vielfachreflexion. Eine dünne Schicht auf einem Wellenleiter wird senkrecht bestrahlt. Die an den Phasengrenzen der Schicht (zu einer μm-dünnen Polymermembran) reflektierten Strahlen interferieren.

$$I(\lambda) = I_1 + I_2 + 2I_1 I_2 \sqrt{\cos\left(\frac{4\pi n d}{\lambda}\right) + \delta}$$

d Schichtdicke, n Brechzahl, nd optische Schichtdicke,
δ Phasensprung vom optisch dünneren ins dichtere Medium,
λ Wellenlänge.

Interferenzbild und optische Dicke nd ändern sich mit dem angrenzenden Analyten, der mit eingelagerten Rezeptormolekülen in der Polymerschicht wechselwirkt. – Anwendung: Kohlenwasserstoff-Sensor (mit Polysiloxanmembran), Immunosensor, Schichtdickebestimmung.

Extinktion

oder **spektrales dekadisches Absorptionsmaß**, engl. (spectral internal) *absorbance*. Negativer dekadischer Logarithmus des spektralen Reintransmissionsgrades τ_i eines optisch klaren Mediums. Die $A(\lambda)$-Kurve ist Grundlage der UV/VIS-Spektralfotometrie.

Nach dem LAMBERT-BEER-Gesetz.

$$\boxed{A(\lambda) = -\lg \tau_i(\lambda) = \lg \frac{\Phi_{e\lambda,\text{in}}}{\Phi_{e\lambda,\text{ex}}} = \kappa(\lambda)\,c\,d}$$

(Dim.1)

Veraltete Schreibweise

$$E = -\lg \tau = \lg \frac{\Phi_e}{\Phi_a} = \varepsilon\,c\,d$$

Früheres Symbol $E = A(\lambda)$ nicht mit Bestrahlungsstärke verwechseln! Früheres Symbol $\varepsilon_\lambda = \kappa(\lambda)$ nicht mit Emissionskoeffizient verwechseln!

c	Stoffmengenkonzentration der Lösung	(mol/ℓ)
d	Schichtdicke	(cm)
κ, ε	molarer Absorptionskoeffizient, molarer Extinktionskoeffizient	(ℓ/(cm · mol))
$\Phi_{e,\text{in}}$	eindringende spektrale Strahlungsleistung	(W)
$\Phi_{e,\text{ex}}$	durchgelassener Lichtstrom	(lm)
τ_i	spektraler Reintransmissionsgrad, Durchlässigkeit, „Transmission"	(Dim.1)

Extinktionskoeffizient *Absorptionskoeffizient.

Extinktionsmodul *Absorptionskoeffizient.

Faraday-Effekt

oder **Magnetorotation.** Drehung der *Polarisationsebene des eingestrahlten Lichtes durch eine Substanz im longitudinalen Magnetfeld. Technische Anwendung bei der Modulation von Licht bis über 200 MHz.

$$\text{Drehwinkel} \quad \alpha = V\,d\,H$$

d Schichtdicke, H Magnetfeldstärke, V Verdet-Konstante.

Farbe

Gesichtsempfindung, die die Unterscheidung zweier struktureloser Bezirke durch das Auge erlaubt; im Gegensatz zur Struktur-, Raum- und Glanzempfindung.

- *Bunte Farbe:* Gelb, Rot, Grün, Blau etc.
- *Unbunte Farben:* Schwarz, Weiß, Grautöne.
- *Spektralfarbe:* monochromatische Farbe.
- *Mischfarbe:* polychromatische Farbe.
- *Komplementärfarbe:* zu weißem Licht ergänzende Farbe.

Farbenkreis

Anordnung von neun Spektralfarben und der Nichtspektralfarbe Magenta (Purpur) auf den Sektoren einer Kreisscheibe.
Gelb – gelbgrün – grün – blaugrün (cyan) – eisblau – blau – violett – magenta – rot – orange
Gegenüberliegende Farben sind komplementär; jede Farbe ist Mischfarbe der beiden Nachbarn.

Farbmesszahl

Kennzeichnet die *physiologische Farbvalenz*, mit der das Auge den physikalischen Farbreiz spektral bewertet. *Farbgleichung* für den physikalischen Farbreiz, der durch das Auge durch eine physiologische Farbvalenz $\vec{F}$ bewertet wird. Die Primärvalenzen sind Basisvektoren des Farbraums.

$$\vec{F} = R_F\,\vec{R} + G_F\,\vec{G} + B_F\,\vec{B}$$

$\vec{R}, \vec{G}, \vec{B}$ Primärvalenzen von Rot, Grün, Blau.
R_F, G_F, B_F Farbwerte.

Farbmetrik

Zahlenmäßige Beschreibung der Farbempfindung.

Farbmetrisches Grundgesetz von RICHTER. Das helladaptierte trichromatische Auge bewertet die einfallende Strahlung nach drei voneinander unabhängigen spektralen Wirkungsfunktionen – spektrale Empdindlichkeitskurven $\bar{p}(\lambda)$ für Rot, $\bar{d}(\lambda)$ Grün, $\bar{t}(\lambda)$ Blau – linear und stetig; die Einzelwirkungen addieren sich zu einer untrennbaren Gesamtwirkung.

Die *Zapfen* der menschlichen Netzhaut unterscheiden rot, grün, blau und sind für Helligkeit relativ unempfindlich (Farbstoff Iodopsin). Die *Stäbchen* sind helligkeitsempfindlich (Farbstoff Rhodopsin).

Strahlungsleistung od. -fluss	$\Phi_e = \dfrac{\mathrm{d}W}{\mathrm{d}t}$
spektraler Strahlungsfluss	$\Phi_{e,\lambda} = \dfrac{\mathrm{d}\Phi_e}{\mathrm{d}\lambda}$
Licht- oder Strahlstärke	$I_{e,\lambda} = \dfrac{\mathrm{d}\Phi_{e,\lambda}}{\mathrm{d}\Omega}$
Leucht- oder Strahldichte	$L = \dfrac{\mathrm{d}I_{e,\lambda}}{\mathrm{d}A \cos \varepsilon}$
relative spektrale Strahlungsverteilung	$S_\lambda = C\,\Phi_{e,\lambda}$
	$S_\lambda = 100\,\dfrac{L_{e,\lambda}(\lambda,T)}{L_{e,\lambda}(560,T)}$
– Normierungsfaktor	$S(\lambda = 560\ \mathrm{nm}) \equiv 100$
Farbreizfunktion	
– beleuchteter Körper	$\varphi_\lambda = S_\lambda\,\mu_\lambda$
– durchleuchteter Körper	$\varphi_\lambda = S_\lambda\,\tau_\lambda$
– Lichtquelle	$\varphi_\lambda = S_\lambda$

τ Transmissionsgrad, μ Remissionsgrad.

Farbmischung

Überlagerung der Sinneseindrücke zweier Farben zu einer Mischfarbe.

1) Additive Farbmischung. Die Farben zweier Lichtquellen mischen sich additiv; die Einzelempfindungen der spektralen Anteile addieren sich. Zwei komplementäre Farben addieren sich zu weißem Licht.

$$\text{magenta} + \text{gelb} + \text{cyan} = \text{weiß}$$

2) Subtraktive Farbmischung. Druck- und Malfarben mischen sich subtraktiv; die Farbempfindung entspricht der Restfarbe des reflektierten Lichtes = Komplementärfarbe des absorbierten Spektralbereichs.

$$\text{rot} + \text{grün} + \text{blau} = \text{schwarz}$$

Farbtemperatur

Diejenige Temperatur T_f des Schwarzen Strahlers, die den gleichen Farbeindruck hervorruft wie der betrachtete Strahler. Nicht jeder Strahler hat eine Farbtemperatur.

Farbvalenz

Wertigkeit der Strahlung (des Farbreizes) für die additive Farbmischung im Auge und die Farbempfindung. *Farbgleichung* aus den spektralen Empfindlichkeitenskurven des Zapfenapparates (rot $\bar{p}$, grün $\bar{d}$, blau $\bar{t}$) in der menschlichen Netzhaut, einschließlich der spektralen Bewertung im Gehirn (vgl. *Farbmesszahl).

$$\vec{F} = P\,\vec{P} + D\,\vec{D} + T\,\vec{T}$$

$$P = k \int\limits_{380\ \mathrm{nm}}^{700\ \mathrm{nm}} \varphi_\lambda\,\bar{p}(\lambda)\,\mathrm{d}\lambda$$

$$D = k \int\limits_{380\ \mathrm{nm}}^{700\ \mathrm{nm}} \varphi_\lambda\,\bar{d}(\lambda)\,\mathrm{d}\lambda$$

$$T = k \int\limits_{380\ \mathrm{nm}}^{700\ \mathrm{nm}} \varphi_\lambda\,\bar{t}(\lambda)\,\mathrm{d}\lambda$$

P,D,T Erregungsstärke bei einem Farbreiz φ_λ.

Fermat'sches Prinzip

Licht breitet sich geradlinig aus. Ein Lichtstrahl befolgt den Weg, für dessen Überbrückung die kürzeste Zeit benötigt wird.

$$L = \int\limits_a^B n\,\mathrm{d}s \longrightarrow \min$$

L optische Weglänge zw. zwei Punkten (A, B); n Brechzahl.

Fernrohr

Stronimisches oder KEPLER'sches Fernrohr. Optisches Instrument aus zwei Linsen (Objektiv und Okular); vergrößert den Sehwinkel weit entfernter Objekte.

Vergrößerung $\qquad V = f_{ob}/f_{ok}$

Auflösungsvermögen $\qquad \sigma_{\min} = 1{,}22\,\lambda/d$

d Objektivdurchmesser, f Brennweite, λ Lichtwellenlänge.

Fluenz *Photonenraumbestrahlung

Flüssigkristall

SCHADT-HELFRICH-Drehzelle. Eine ca. 10 μm dicke Schicht nematischer Flüssigkristallmoleküle zwischen zwei transparenten Elektroden, deren orientierte Oberflächen um 90° verdreht sind (wie Polarisator und Analysator). Beim Anlegen einer Spannung richten sich die Moleküle in Längsrichtung aus, so dass durchtretendes Licht nicht mehr polarisiert wird und die Zelle sperrt (Dunkel). Im stromlosen Zustand wird der $\vec{E}$-Vektor des Lichtes um 90° gedreht.

Fotoapparat

Das *Objektiv* entwirft ein Bild des Gegenstandes auf den lichtempfindlichen Film. Der Lichtstrom wird durch eine Irisblende geregelt.

relative Öffnung: Maß für einfallenden Lichstrom.

$$\frac{D}{f} = \frac{1}{k}$$

Schärfentiefe: vordere u. hintere Gegenstandsweite

$$g_{1,2} = \frac{g\,f^2}{f^2 \mp u'\,k\,(g + f')}$$

zulässige *Unschärfe*

$$u' = \text{Formatdiagonale}/1000$$

Hauptreihe der Blendenzahlen k (DIN 4522)								
1	1,4	2,8	4	5,6	8	11	16	22

D	Durchmesser der Blende, Eintrittspupille	(m)
f'	Brennweite des Objektivs	(m)
g	nominelle Gegenstandsweite	(m)
k	Blendenzahl	(Dim.1)

Fotometrie

Messverfahren auf Basis der Lichtschwächung in einem Medium. Vgl. *Lambert-Beer-Gesetz, *Extinktionskoeffizient, *optische Aktivität, *Strahlungsmessgeräte.

Fotometrische Bewertung

In der Lichttechnik werden strahlungsphysikalische Größen für unterschiedliche Lichtverhältnisse angegeben.

- *Tagsehen*: fotopischer Bereich, für $L > 100$ cd/m^2.

$$L = K_\mathrm{m} \int L_{\mathrm{e}\lambda} \, V(\lambda) \, \mathrm{d}\lambda$$

- *Adaptionsbereich*: mesopischer Bereich, äquivalente Leuchtdichte $L = 10^{-5}$ bis 100 cd/m^2.

$$L_\mathrm{eq} = K_\mathrm{m,eq} \int L_{\mathrm{e}\lambda} \, V_\mathrm{eq}(\lambda) \, \mathrm{d}\lambda$$

- *Nachtsehen*: skotopischer Bereich, für $L' < 10^{-5}$ cd/m^2.

$$L' = K'_\mathrm{m} \int L_{\mathrm{e}\lambda} \, V'(\lambda) \, \mathrm{d}\lambda$$

Darin bedeuten:

K_m Maximalwert des fotometrischen **Strahlungsäquivalent**s.

$$K_\mathrm{m} = 683 \text{ lm/W} \qquad \text{(Tagsehen)}$$

$$K_\mathrm{m,eq} = \frac{683 \text{ lm/W}}{V_\mathrm{eq}(555 \text{ nm})} \qquad \text{(Übergang)}$$

$$K'_\mathrm{m} = 1699 \text{ lm/W} \qquad \text{(Nachtsehen)}.$$

$V(\lambda)$ Spektraler Hellempfindlichkeitsgrad.

$$V(555 \text{ nm}) = 1 \quad \text{(Tagsehen)},$$
$$V'(555 \text{ nm}) = 0{,}402 \text{ (Nachtsehen)}.$$

Fotometrische Größen

Für elektromagnetische Strahlung, Wärmestrahlung, Licht und Zusammenhänge der Fotometrie und geometrischen Optik.

Strahlungsphysikalische und radiologische Größen tragen die Einheit „Watt";

lichttechnische Größen die Einheit „Candela".

Größen für Ausstrahlung tragen den Index 1;

Größen für Einstrahlung den Index 2.

Fotometrisches Entfernungsgesetz

Mit zunehmender Entfernung $(1 \to 2)$ nimmt die Bestrahlungsstärke ab.

$$\boxed{\frac{E_\mathrm{e,1}}{E_\mathrm{e,2}} = \frac{r_1^2}{r_2^2}}$$

Bestrahlungsstärke = auf den Empfänger fallende Strahlungsleistung pro Empfängerfläche; im Abstand r von der Lichtquelle (größer als fotometrische Grenzentfernung) und Einfallwinkel ε_2 (zur Normalen auf der Sendefläche gemessen).

$$\boxed{E_\mathrm{e} = \frac{I_\mathrm{e}(\varepsilon_1) \, \cos \varepsilon_2}{r^2} \, \Omega_0} \quad \text{W/m}^2$$

I_e Strahlstärke = Strahlungsfluss/Raumwinkel   (W/sr)
E_e Bestrahlungsstärke   (W/m^2)
r Abstand vom Strahler   (m)

Fotometrische Grenzentfernung

Kleinster Abstand zw. Sender und Empfänger, bei dessen Unterschreitung die Beziehungen strahlungsphysikalischer Größen differentiell formuliert und über Sende- und Empfängerfläche integriert werden müssen. Faustregel:

fotometrische Grenzentfernung = 10fache größte Ausdehnung von Sender bzw. Empfänger.

Fotometrisches Grundgesetz

Grundbeziehung zw. strahlungsphysikalischen Größen.

$$\boxed{\Phi_\mathrm{e} = L_\mathrm{e} \, \frac{A_1 \cos \varepsilon_1 \, A_2 \cos \varepsilon_2}{r^2} \, \Omega_0} \quad \text{W}$$

L_e Strahldichte des Senders (W m^{-1}sr^{-1})
r Abstand Sender–Empfänger
ε_2 Winkel zw. Strahlrichtung und Empfängernormale
ε_1 Winkel zw. Strahlrichtung und Sendernormale
Φ_e Strahlungsleistung vom Sender auf den Empfänger
Ω_0 Raumwinkel: 1 sr

Fraunhofer-Linien

Wichtige Absorptionslinien im Sonnenspektrum.

A'	760,82 nm	rot	He
A	759,38 nm	rot	O
a	718,45 nm	rot	H$_2$O
B	686,72 nm	rot	O
C	656,28 nm	rot	H
C'	643,8 nm		
D$_1$	589,59 nm	gelb	Na
D	589,3 nm		
d	587,60 nm	gelb	He
e	546,1 nm		
E	527,03 nm	grün	Fe
b	517,27 nm	grün	Mg
F'	480,0 nm		
F	486,13 nm	blau	H
g	435,60 nm	blau	Hg
G	430,77 nm	ultramarin	Ca
h	404,70 nm	violett	Hg
H	396,85 nm	violett	Ca

Frequenz

Der Energie einer Strahlung proportionale Größe.

$$\nu = \frac{c}{\lambda} = \frac{E}{h} \quad (\text{Hz} = \text{s}^{-1})$$

SI-Einheit ist *Hertz*. Umrechung; unsichere Stellen kursiv.

1 Hz $\hat{=} \{h\}$ J	$= 6{,}626\,068\,76 \cdot 10^{-34}$ J
$\hat{=} \{h\,N_\mathrm{A}\}$ J/mol	$= 3{,}990\,3 \cdot 10^{-10}$ kJ/mol
$\hat{=} \frac{\{h\}}{\{c^2\}}$ kg	$= 7{,}372\,495\,78 \cdot 10^{-51}$ kg
$\hat{=} \frac{1}{\{c\}}$ m^{-1}	$= 3{,}335\,640\,952 \cdot 10^{-11}$ cm^{-1}
$\hat{=} \frac{\{h\}}{\{k\}}$ K	$= 4{,}799\,237\,4 \cdot 10^{-11}$ K
$\hat{=} \frac{\{h\}}{\{e\}}$ eV	$= 4{,}135\,667\,27 \cdot 10^{-15}$ eV
$\hat{=} \frac{\{h\}}{\{m_\mathrm{u} c^2\}}$ u	$= 4{,}439\,821\,637 \cdot 10^{-24}$ u
$\hat{=} \frac{1}{\{2R_\infty c\}} E_\mathrm{h}$	$= 1{,}519\,829\,846\,003$ Hartree

Gainfaktor

Gibt den Reflexionsgrad von Leinwänden an.

Gefügeuntersuchung   *Metallografie.

Gitter

*Monochromator. Optischer Körper mit vielen schmalen, parallelen, äquidistanten Spalten (Linien) in gleicher Ebene. Die auftreffende Strahlungsfont wird gebeugt (Interferenzbild in Transmission) und an den Furchen reflektiert (Interferenzbild in Reflexion).

1. Mechanisch geritzte Gitter

2. *Holografisches Gitter.* Zwei Laserstrahlen erzeugen auf einem fotoaktiven Material Interferenzbilder, woraus im Entwicklungsbad streulichtfreie Furchen hervorgehen.

3. *Reflexionsgitter* werden – als preiswerter Ersatz für Prismen – im UV/VIS-Bereich eingesetzt. Die Dispersion ist nahezu linear.

Jede Wellenlänge hat ihr Interferenzbild – eine Folge von Maxima und Minima an unterschiedlichen Orten auf der Beobachtungsplatte hinter dem Gitter.

Gangunterschied der Strahlen zweier benachbarter Spalte für maximale Intensität.

$$\Delta s = m\,\lambda = a + b = d\,(\sin\alpha + \sin\beta)$$

$$\sin\alpha + \sin\beta = \frac{m}{d}\,\lambda = m\,N\,\lambda$$

Auflösungsvermögen

$$R = \frac{\lambda}{\Delta\lambda} = \frac{m\,B}{d} = m\,n$$

B	Breite des Lichtbündel = Apertur
d	Gitterkonstante = Furchenabstand $\hat{=}$ Schärfe des Interferenzbildes
m	Ordnungszahl der Interferenz: Zahl der Maxima und Minima.
	$m = 0$: reflektierter Strahl
N	Zahl der Furchen pro Länge
n	Gesamtstrichzahl = Gitterspalte mal interferierende Strahlenbündel
α	Einfallwinkel auf den Spalt
β	Ausfallwinkel am Spalt
λ	Wellenlänge

Glanz

Helligkeits-Kontrast-Phänomen, das entsteht, wenn eine Gesichtsfeldstelle gleichzeitig für beide Auge eine merklich verschiedene Helligkeit hat.

Größenklasse, astronomische

Lat. *magnitudo* (^{m}, mag) für die *scheinbare Helligkeit* von Sternen.

$$\{m_1\} - \{m_2\} = -2{,}5\,\lg(E_1/E_2)$$

m_1, m_2 Größenklassen; E_1, E_2 gemessene Beleuchtungsstärken.

Hellempfindlichkeitsgrad

Spektrale Empfindlichkeit des menschlichen Auges eines Standardbeobachters für die sichtbaren Lichtwellenlängen. Berechnung lichttechnischer Größen vgl. *Lichtstrom, *fotometrische Bewertung.

Spektraler Hellempfindlichkeitsgrad $V(\lambda)$	
λ in nm	$V(\lambda)$ für Tagsehen
380	$3{,}900 \cdot 10^{-5}$
400	$3{,}960 \cdot 10^{-4}$
420	$4{,}000 \cdot 10^{-3}$
450	$0{,}0380$
500	$0{,}323\,000$
520	$0{,}710\,000$
540	$0{,}954\,000$
555	$1{,}000\,000$
600	$0{,}631\,000$
620	$0{,}381\,000$
650	$0{,}107\,000$
700	$4{,}102 \cdot 10^{-3}$
720	$1{,}047 \cdot 10^{-3}$
750	$1{,}200 \cdot 10^{-4}$
780	$1{,}499 \cdot 10^{-5}$

Holografie

Das Licht eines Lasers wird in einem Strahlteiler in zwei Teilstrahlen zerlegt: ein Teilstrahl beleuchtet über einen Spiegel das Objekt, der Referenzstrahl wird über einen Spiegel mit mit dem vom Objekt reflektierten Licht auf einer Fotoplatte zur Interferenz gebracht.

Das Hologramm (Interferenzmuster) enthält alle Informationen zur Form des Objekts. Zur Wiedergabe wird es mit dem Referenzstrahl beleuchtet; für das Auge entsteht ein dreidimensionales Bild.

Technische Anwendung: Bildarchivierung, optische Datenspeicher, holografische Beugungsgitter, holografisches Korrelation (Formerkennung), Interferenzholografie (Verformungsänderungen während Werkstoffprüfung).

Huygens-Fresnel'sches Prinzip

Jeder Punkt einer Welle ist ein Streuzentrum und Ausgangspunkt von Kugelwellen, die sich zur neuen Wellenfront (z. B. Linie der Wellenberge) überlagern. Näheres vgl. *Beugung.

Index e

energetisch, Kennzeichnung einer strahlungsphysikalischen oder radiometrischen Größe, die mit objektiven Messgeräten bestimmt wird.

Index v

visuell, Kennzeichnung einer fotometrischen oder lichttechnischen Größe, deren Eindruck auf das menschliche Auge beschrieben wird.

Intensität

oder *Energiestromdichte* einer Strahlung. Die pro Zeiteinheit durch eine Einheitsfläche durchtretende Energie.

$$\text{Intensität} = \frac{\text{Strahlungsleistung}}{\text{Strahlerfläche}}$$

$$\text{Lichtstärke}\qquad I_v = \frac{d\Phi_v}{d\Omega_1} = \frac{d^2 Q_v}{dt\,d\Omega_1}\qquad \text{(cd)}$$

$$\text{Strahlstärke}\qquad I_e = \frac{d\Phi_e}{d\Omega_1} = \frac{d^2 Q_e}{dt\,d\Omega_1}\qquad \text{(W/sr)}$$

Q_v Lichtmenge (lm s), Q_e Strahlungsenergie (J = Ws), Φ_v Lichtstrom (lm), Φ_e Strahlungsleistung (W), Ω Raumwinkel.

Energiestromdichte einer elektromagnetischen Strahlung

$$S = w\,c = \tfrac{1}{2}\,(DE + BH)\,c$$

w Energiedichte, c Lichtgeschwindigkeit.

Interferenz

Überlagerung *kohärenter* Wellen gleicher Frequenz in Abhängigkeit des *Gangunterschieds*. Kohärentes Licht hat feste Phasenbeziehungen bei der Überlagerung; z. B. Laserstrahlung und Licht, das durch Aufspaltung eines Wellenzuges entstanden ist.

1) Destruktive Interferenz (Auslöschung) bei ungeradzahligem Vielfachen der halben Wellenlänge. Gangunterschied und Phasendifferenz:

$$\left.\begin{aligned} \Delta s &= \left(m + \tfrac{1}{2}\right)\lambda \\ \text{und}\quad \Delta\varphi &= \left(m + \tfrac{1}{2}\right)2\pi \end{aligned}\right\} \quad m = 0,1,2,\ldots$$

2) Konstruktive Interferenz (Verstärkung) bei geradzahligem Vielfachen der halben Wellenlänge.

$$\left.\begin{array}{l} \Delta s = m\,\lambda \\ \text{und}\quad \Delta\varphi = 2\pi\,m \end{array}\right\}\quad m = 0,1,2,\dots$$

3) Umrechnung: Gangunterschied – Phasendifferenz

$$\Delta\varphi = 2\pi\,\frac{\Delta s}{\lambda} = \frac{2\pi}{\lambda}\,nl$$

l geometrischer Weg, n Brechzahl.

Zusätzlicher Phasensprung beim Übergang
1. zum dichteren Medium (z. B. Luft-Glas): $\Delta\varphi = \pi$.
2. zum dünneren Medium (z. B. Glas-Luft): $\Delta\varphi = 0$.

4) Interferenz an Doppelspalt und Gitter.

$$\Delta s = d \sin\alpha$$

d Spaltabstand, α Beugungswinkel.

5) Interferenz an planparalleler Platte. Durch Vielfachreflexion von Lichtwellen: Bei schrägem Auffall von Licht kann oberhalb und unterhalb einer Glasplatte mittels einer Linse ein Interferenzbild fokussiert werden.
Verstärkung: Bedingung für Helligkeit oben, Dunkelheit unten bei Gangunterschied

$$\Delta s = 2d\,\sqrt{n^2 - \sin^2\varepsilon} + \frac{\lambda}{2}$$

$$\boxed{2d\,\sqrt{n^2 - \sin^2\varepsilon} = \left(m + \tfrac{1}{2}\right)\lambda}\ ;\quad m = 0,1,2,\dots$$

Auslöschung: Bedingung für Dunkelheit oben, Helligkeit unten

$$\boxed{2d\,\sqrt{n^2 - \sin^2\varepsilon} = (m + 1)\,\lambda}\ ;\quad m = 0,1,2,\dots$$

d Plattendicke, m Ordnung der Interferenz, n Brechungsindex, λ Wellenlänge, ε Einfallswinkel.

6) Interferenzfarben dünner Schichten: Seifenblasen, Ölfilme, Aufdampfschichten, Oxidschichten, reflexmindernde Schichten, Effektlacke u.s.w. bei Beleuchtung mit weißem Licht.
Auslöschung der reflektierten Strahlen

$$\boxed{d = \frac{\lambda\,(2m + 1)}{4n_2}}$$

$$\boxed{n_2 = \sqrt{n_1 n_3}}\quad m = 0,1,2,\dots$$

d Dicke der Schicht
n_1 Brechzahl der Luft (Medium oberhalb der Schicht)
n_2 Brechzahl der Schicht
n_3 Brechzahl des Mediums unterhalb der Schicht

7) Interferenzstreifen am Keil. FIZEAU-Streifen bei schrägem Lichteinfall auf einen lichtdurchlässigen Keil: helle und dunkle Interferenzstreifen an Orten gleicher Dicke d des optischen Mediums.

Abstand zweier Streifen $\hat{=}$ Keilhöhe von $\lambda/2$

Anwendung: *Newton-Ringe, *Interferenzmikroskop, Oberflächenprüfung von Optikteilen (Passfehler), Rauhigkeitsmessung.

8) Interferenzstreifen: Newton-Ringe. Interferenz am Luftkeil, der dadurch ensteht, dass eine kugelförmige Glasplatte (Uhrglas mit der runden Seite) auf einer ebenen Platte aufliegt. In der Mitte des Uhrglases herrscht

im reflektierten Licht Dunkelheit (Phasensprung Luft-Glas: π), im durchgehenden Licht Helligkeit (doppelter Phasensprung).

$$2d - \frac{\lambda}{2} = m\lambda \quad \text{und} \quad r_{\max}^2 = \left(m + \tfrac{1}{2}\right)\lambda R$$

d Höhe des Luftspalts (Abstand Uhrglaswand von Unterlage),
$r_{\max}$ Radius eines Helligkeitringes, R Krümmungsradius des Uhrglases.

Interferenzfilter

*Monochromator. Filter mit Wellenlängenselektion in einem engen Wellenlängenbereich; z. B. metallbedampftes Quarzplättchen. An dünnen Schichten mit unterschiedlichen Brechzahlen tritt Vielfachreflexion auf; nur „monochromatisches" Licht tritt durch.

Interferenzmikroskop

Die Oberfläche des Prüflings wird mit FIZEAU-Streifen überlagert (vgl. Interferenzstreifen am Keil), deren Form Unebenheiten im Bereich von Bruchteilen der Wellenlänge anzeigen.

Interferometer

Gerät zur Messung von Längen, Winkeln, Brechzahlen und Wellenlängen.

1) Michelson-Interferometer. Licht einer Quelle wird durch den Strahlteiler in zwei Teilstrahlen zerlegt und durch Reflexion an Spiegeln zur Interferenz gebracht. Mit einem Fernohr beobachtet man am Strahlteiler:
• HAIDINGER-Ringe: Interferenzen gleicher Neigung an der Spiegelplatte der Dicke d (vgl. Interferenz an an dünnen Schichten).
• FIZEAU-Streifen, wenn ein Spiegel leicht gekippt wird (vgl. Interferenz am Keil).
Bei Verschiebung eines Spiegels um $\lambda/2$ wandert ein neuer Interferenzstreifen durch das Bild (für genaue Längenmessung).

2) Laserinterferometrie. Mit speziellen Kryptonlampen oder Lasern kann das Meter jederzeit an jedem Ort mit einer relativen Unsicherheit von $\pm 10^{-9}$ realisiert werden als die Länge der Strecke, die Licht im Vakuum im Zeitintervall von $^1/_{299\,792\,458}$ Sekunde zurücklegt.
Ein Laserstrahl wird durch eine Linse aufgeweitet, in zwei Teilstrahlen zerlegt, die jeweils durch ein Prisma in den Strahlteiler reflektiert werden, so dass senkrecht zur Messtischebene Interferenzringe entstehen, die von zwei gegeneinander versetzen Fotodetektoren gezählt werden. Durch Verschiebung des der Lichtquelle gegenüber liegenden Prismas um den Weg s ändert sich die Zahl der Hell-Dunkel-Übergänge m und die Wellenlänge λ gemäß $s = m\,\lambda/2$.
Ein Meter ist der Abstand von $2/\lambda$ Interferenzmustern, wenn die Interferenzen von eine halbe Wellenlänge auseinander liegenden sichtbaren Lichtwellen im Vakuum betrachtet werden ($\lambda = c/\nu$).

Absorber	Übergang	Komponente	Wellenlänge (fm)
CH_4	ν_3, P(7)	$F_2^{(2)}$	3392 231 397,0
$^{127}I_2$	17-1, P(62)	o	576 294 760,3
$^{127}I_2$	11-5, R(127)	i	632 991 398,1
$^{127}I_2$	9-2, R(47)	o	611 970 769,8
$^{127}I_2$	43-0, P(13)	a_3	514 673 466,2

Interferometrische Realisierung des Meters.

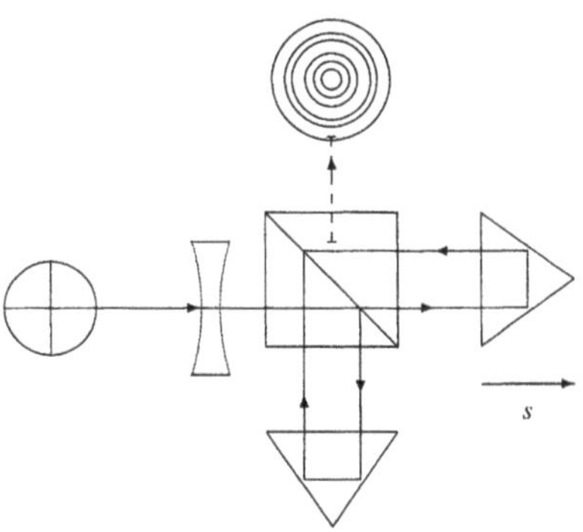

Kerr-Effekt

*Doppelbrechung optisch isotroper Stoffe (Flüssigkeiten, Gase) im transversalen elektrischen Feld von $E \approx 10^6\,\mathrm{V/m}$ senkrecht zur Ausbreitungsrichtung des Lichtes. Modulierbar bis 200 MHz. (Vgl. auch *Pockels-Effekt.)

$$\frac{\Delta n}{n} = K \cdot E^2$$

Feldabhängigkeit: $|n_\mathrm{o} - n_\mathrm{ao}| \sim E^2$
Gangunterschied zw. ordentlichem und außerordentlichem Strahl beim Durchlaufen der Länge l

$$\Delta s = \lambda\, l\, K\, E^2$$

n Brechungsindex, E Feldstärke, K Kerr-Konstante.

	KERR-Konstante
Nitrobenzol:	$K = 2{,}48 \cdot 10^{-12}\,\mathrm{m/V^2}$ bei $\lambda = 589\,\mathrm{nm}$
Festkörper:	ca. $10^{-11}\,\mathrm{m/V^2}$
Gase:	ca. $10^{-9}\,\mathrm{m/V^2}$

Kohärenz

Zwischen *kohärenten* Wellen liegt eine feste Phasenbeziehung vor. Wellen gleicher Frequenz, die in Phase sind, verstärken sich durch Interferenz oder löschen sich aus. Von makroskopischen Quellen ausgehende Strahlung ist normalerweise nicht kohärent, weil sie von vielen einzelnen, unabhängig voneinander strahlenden Atomen ausgesandt wird; die Phase schwankt regellos von Atom zu Atom. In Lasern emittieren Atome mit fester, nicht statistisch von Atom zu Atom schwankender Phasenbeziehung; die Strahlung ist kohärent. Strahlung von baugleichen Lasern ist interferenzfähig.

Kohärenzbedingung

Bei Strahlung einer ausgedehnten Lichtquelle wird *Interferenz beobachtet, wenn:

$$2b\,\sin\sigma \ll \lambda$$

b	Größe der Strahlungsquelle	(m)
λ	Wellenlänge	(m)
σ	halber Öffnungswinkel der Strahlung	(rad)

Kohärenzlänge

Der größte Gangunterschied zweier Wellen, bei denen *Interferenz beobachtet wird; mittlere Länge der einzelnen Wellenzüge.

$$l \approx c\,\tau \approx \frac{c}{\Delta f}$$

Die Länge eines emittierten Wellenpaketes; z. B. innerhalb eines Emissionsvorganges von 10^{-8} s ca. 3 Meter. Erzeugt eine Interferenzanordnung Gangunterschiede größer als die Interferenzlänge, verschwinden die Interferenzen.

c	Lichtgeschwindigkeit	(m/s)
τ	Lebensdauer angeregter Zustände	(s)
Δf	spektrale Bandbreite der Strahlung	(Hz)

Lichtquelle	Kohärenzlänge l	Frequenzbandbreite Δf
He-Ne-Laser	2 km	150 kHz
GaAlAs-Laser	150 m	2 MHz
Kr-Lampe, 77 K	80 cm	375 MHz
Spektrallampe, 20 °C	20 cm	1,5 GHz
weißes Licht	ca. 1,5 μm	ca. 200 THz

Komplementär

Zwei komplementäre Größen oder Begriffe ergänzen sich zu einer übergeordneten Gesamtgröße. Bei der additiven *Farbmischung ergänzen sich Farbe und Komplementärfarbe zu weiß.

Korngröße, optische

Mittlere *Korngrößen* werden bei 100-facher Vergrößerung durch Vergleich des Gefüges mit ASTM-Schemabildern (American Society for Testing Materials) bestimmt.

$$\bar{d} = \sqrt{\bar{A}} = \frac{A_0}{n\,V^2}$$

$\bar{A}$ mittlere Kornquerschnittsfläche,
A_0 Beobachtungsfläche (auf Schliffbild kreisförmig
  längs Korngrenzen markiert),
n Zahl der Körner im Beobachtungsgebiet, V Vergrößerung.

Die Menge plastischer (zusammenhängender) und spröder (körniger) nichtmetallische Einschlüsse wird mit einer vierwertigen Skala beschrieben (vgl. Stahl-Eisen-Prüfblatt Nr. 1570-8.71 und 1572-8.71).
Korngrößenskalen.

ASTM-Korngrößenrichtreihe (1 : 100).

Nr.	Körner je in^2	Körner je mm^2	Kornfläche $\bar{A}$ in $\mu\mathrm{m}^2$
-1 (grob)	0,25	4	
0	0,5	8	
1	1	16	62 000
2	2	32	31 000
3	4	64	15 600
4	8	128	7 800
5	16	256	3 900
6 (fein)	32	512	1 950
7	64	1024	980
8	128	2048	490
9	256	4096	
10	512	8192	
11	1024	16384	
12	2048	32768	

Kreiswellenzahl

Neuerdings: *Kreisrepetenz*. Zum Kehrwert der Wellenlänge proportionale Größe; vgl. *Phasenkoeffizient.

$$k = \frac{2\pi n}{\lambda} = 2\pi n \sigma \qquad \frac{\text{rad}}{\text{m}}$$

n Brechzahl λ Wellenlänge, σ Wellenzahl.

Kubelka-Munck-Funktion

Zur Berechnung der diffusen *Reflexion im optisch trüben Medium; vgl. *Reflexionsspektroskopie.
Lösung der Strahlungstransportgleichung für Vielfach-
streuung an einer dicken, homogen diffus bestrahlten,
planparallel begrenzten Schicht.

$$\frac{\mathrm{d}L_\lambda(\psi = 0)}{\mathrm{d}z} =$$
$$-[K(\lambda) + S(\lambda)]\, L_\lambda(0°) + S(\lambda)\, L_\lambda(180°)$$
$$\frac{\mathrm{d}L_\lambda(\psi = 180°)}{\mathrm{d}z} =$$
$$+[K(\lambda) + S(\lambda)]\, L_\lambda(180°) + S(\lambda)\, L_\lambda(0°)$$

z Weg in der Schichtnormalen.

Analog zum Lambert-Beer-Gesetz proportional zur
Konzentration eines absorbierenden Stoffes in einer
streuenden Probe ($K \sim \varepsilon\, c$).

$$F(R_\infty) = \frac{I\,[1 - R_\infty]^2}{2R_\infty} = \frac{K}{S}$$

mit den Hilfsgrößen

$$R_\infty = A - B$$
$$K = 2\, a(\lambda) \qquad \text{KM-Absorptionskoeffizient}$$
$$S = \frac{3\, s(\lambda) - a(\lambda)}{4} \qquad \text{KM-Streukoeffizient}$$
$$A = (K + S)/2$$
$$B = \sqrt{A^2 - 1}$$

Diffuse Reflexion und Transmission

$$R_{\text{diff}} = \frac{\sinh(B\,S\,d)}{A\,\sinh(B\,S\,d) + B\,\cosh(B\,S\,d)}$$
$$T_{\text{diff}} = \frac{B}{A\,\sinh(B\,S\,d) + B\,\cosh(B\,S\,d)} \to 0$$

s(λ) Spektraler Steukoeffizient (siehe Tabelle dort).

Lambert-Beer-Gesetz

Grundgesetz der Spektralfotometrie zur Konzentrationsbestimmung farbiger Stoffe im UV/VIS-Spektro-
meter. Die stoffspezifischen *Absorptionskoeffizienten
sind der Konzentration des gelösten Stoffes proportional.
Die *Extinktion* (spektrales Absorptionsmaß, engl. *absorbance*) ist:

$$A(\lambda) = \varepsilon(\lambda)\, c\, d = \varepsilon(\lambda)\, d\, \frac{m}{M\, V}$$

Kombiniertes BOUGER-LAMBERT-BEER-Gesetz für
den spektralen Reintransmissionsgrad („Transmission").

$$\tau_i(\lambda) = 10^{-\varepsilon(\lambda)\cdot c\cdot d} \quad \text{und} \quad A(\lambda) = -\lg \tau_i$$

c   Stoffmengenkonzentration   (mol/ℓ = kmol/m³)
d   Schichtdicke der Küvette   (m)

m   gelöste Stoffmasse   (kg)
M   Molare Masse   (g/mol = kg/kmol)
V   Messvolumen   (m³, ℓ)
ε molarer Extinktionskoeffizient   (mol^{-1}m^{-1})

Lambert'sches Gesetz

BOUGER-LAMBERT-Gesetz. Der wellenlängenabhängige spektrale Reintransmissionsgrad nimmt mit wachsender Dicke *d* der durchstrahlten Schicht ab:

$$\tau_i(\lambda) = \tau_{i,0}(\lambda)^{d/d_0}$$

Für Strahlung, die unter dem Winkel ζ_1 (aus Medium 1)
auf eine planparallele Platte (Medium 2) auftrifft:

$$\frac{\lg \tau_{i,\zeta}(\lambda)}{\lg \tau_{i,0}(\lambda)} = \frac{d}{d_0} \frac{1}{\sqrt{1 - \left(\dfrac{\sin \zeta_1}{n_2/n_1}\right)^2}}$$

d_0 Bezugsschichtdicke.

Laser

Lichtverstärkung durch stimulierte Emission von Strahlung, *light amplification by stimulated emission of ra-
diation*.
1) Prinzip. Elektronen in einem Absorber (z. B. Cr-
dotierter Rubinkristall) werden durch Zufuhr von Lich-
tenergie (Pumpen mit einer Blitzlampe) in ein Anregungsniveau gehoben. Photonen wechselwirken auf
dreierlei Weise mit Atomen:
1. *Absorption:* Die Energie des Photons hebt ein Elektron auf einen höheren Energiezustand.
2. *Spontane Emission:* Ein Elektron springt von einem
angeregten Zustand in den Grundzustand unter Aussen-
dung von Energie (Photonen).
3. *Stimulierte Emission* beim Laser. Eine Lichtwelle
(ein Photon) induziert die Emission von Licht (eines
Photon) der gleichen Wellenlänge; dabei wird die aus-
lösende Lichtwelle phasenrichtig verstärkt, es entsteht
eine *kohärente* Welle.

Laserbedingungen

1. *Besetzungsinversion* zwischen Grundzustand 1 und
angeregtem Zustand 2 ($N_2 > N_1$) durch *optisches Pumpen*; bis das Anregungsniveau stärker besetzt ist als das
Grundniveau. Starke Bestrahlung beim Festkörperlaser,
Stöße durch Gasentladung beim Gaslaser, *pn*-Übergang
beim Halbleiterlaser.

$$\frac{N_2}{N_1} = \mathrm{e}^{-\frac{E_2 - E_1}{kT}}$$

N Besetzungszahl des Energieniveaus *E*,
k Boltzmann-Konstante, *T* absolute Temperatur.

2. *Rückkopplung:* Die erzeugten Photonen durchlaufen
das gepumpte Gebiet mehrmals. Ausbildung stehender
Wellen in einem Resonator zwischen zwei Spiegeln (am
Strahlaustritt halbdurchlässig).
Q-Switching für Pulslaser (bis 10 GW über 1 ns). Die
Resonatorgüte wird während des Pumpens künstlich
niedrig gehalten und zur Pulsentladung erhöht.
2) Laseranwendungen. Laserlicht ist monochroma-
tisch, kohärent, scharf gebündelt und energiereich.
Optische Messtechnik: Interferometrie, Holografie,
Spektroskopie, Laser-Radar.

Materialbearbeitung: Schweißen, Bohren, Schneiden, Abtragen; Trimmen von Widerständen.
Nachrichtentechnik: Glasfasertechnik, Datenspeicherung, Compact-Disc.
Medizin: Chirurgie, Krebstherapie, Zahntechnik.
Typen technischer Laser.

	wichtigste Wellenlänge λ in nm	max. Leistung: cw = Dauerstrich p = Puls
Gaslaser		
CO_2	10600	cw: 100 kW, p: 1 TW
Kr	647,1	cw: 10 W
He-Ne	632,8	cw: 0,05 W
Ar	514,5	cw: 100 W
N_2	337,1	cw: 5 kW
He-Cd	325...441,6	cw: 0,05 W
Excimer		
– Xe*F	350	
– Kr*F	248	
– Ar*F	193	p: 20 MW
Flüssiglaser		
Farbstoffe	360...1300	cw: 10 W, p: 1 MW
Festkörperlaser		
Halbleiter	600 ... 40000	cw: 0,1 W, p: 10 kW
Rubin	694,3	cw: 1 W, p: 1 GW
Nd-YAG	1064	cw: 100 W, p: 1 GW

3) Halbleiterlaser. In der aktiven Zone zwischen n- und p-Schicht entsteht bei bestimmter Flussspannung eine Besetzungsinversion; die Rückkopplung der Laserwelle erfolgt an den spiegelnden Spaltflächen des Kristalls (beim FABRY-PEROT-Laser) oder durch ein senkrecht eingeätztes Gitter (beim DFB-Laser, DFB = distributed feed back).

1. *InGaAsP-Laser* (FABRY-PEROT-Laser). Kennlinie: Oberhalb des Schwellenstromes (ca. 20 bis 50 mA bei 25 °C bis 70 °C) setzt der Laserbetrieb ein; die Strahlungsleistung steigt nahezu linear mit steigendem Strom ($\Phi_e \sim I_F$); die Wellenlänge hängt von der Größe des Bandgaps E_g des Halbleiters ab.
Spektrum: mehrere sehr scharfe Linien (= longitudinale Schwingungsmoden) mit einer Einhüllenden um 1300 nm, Halbwertsbreite $\Delta\lambda = 3{,}8$ nm. Für die stehenden Wellen im Laserresonator gilt:

$$n\,L = m\,\frac{\lambda}{2} \quad \text{mit } m = 1,2,3,\dots$$

L Resonator-Länge, n Brechungsindex d. Kristalls, m Ordnungzahl, λ Wellenlänge.

2. Beim *Einmodenlaser* (*Single-Mode-Laser*) – als spezielle Bauform des FABRY-PEROT- und DFB-Lasers – ist die Linienbreite der einzelnen Moden $\Delta f \approx 20$ MHz und $\Delta\lambda \approx 0{,}11$ pm.

Mischkristalle		
– ternäre	$Ga_x Al_{1-x} As$	690 ... 870 nm
– quarternäre	$In_x Ga_{1-x} As_y P_{1-y}$	920 ... 1650 nm
Bleizinnselenid	$Pb_x Sn_{1-x} Se$	4 ... 40 μm

Laserspektroskopie
Spektroskopie mit Laserlicht.

1) Laserlichtstreuung. Von einem Fluid rückgestreutes Licht eines Lasers zeigt die RAYLEIGH-Hauptlinie (Intensität I_R, Frequenz ω_0) und zwei schwächere BRILLOUIN-Seitenlinien (Intensität I_B, Frequenz $\omega_0 \pm \omega_B$); deren Abstand ist proportional zur Schallgeschwindigkeit: $\omega_B = cq$. Lokale Fluktuationen der thermodynamischen Zustandgrößen wirken auf den Brechungsindex n und führen zu einer Linienverbreiterung. Konventionelle FABRY-PEROT-Interferometer lösen die Linienbreiten nicht genügend auf.

2) Photonen-Korrelationsspektroskopie (PKS). Man wertet den Frequenz- und den Zeitbereich des Streulichtspektrums aus. Die durch Fourier-Transformation gewonnene Kreuzkorrelationsfunktion $G(\tau)$ drückt den zeitlichen Mittelwert des Produktes zweier Intensitäten $I(t)$ zu unterschiedlichen Zeiten aus; sie verläuft exponentiell abfallend.

$$G(\tau) = \langle I(0) \cdot I(t) \rangle = \lim_{T \to \infty} \frac{1}{T} \int_0^T I(t)\, I(t+\tau)\,\mathrm{d}t$$

$$= \underbrace{(I_{R,0} + I_{B,0} + I_R + I_B)}_{\text{Untergrund}}$$

$$+ \underbrace{I_R^2\, e^{-2\tau/\tau_R}}_{\substack{\text{Rayleigh} \\ \text{homodyn}}} + \underbrace{2 I_{R,0} I_R\, e^{-\tau/\tau_R}}_{\substack{\text{Rayleigh} \\ \text{heterodyn}}} +$$

$$+ \underbrace{I_B^2\, e^{-2\tau/\tau_B}}_{\substack{\text{Brillouin} \\ \text{homodyn}}} + \underbrace{2 I_{B,0} I_B\, e^{-\tau/\tau_B}}_{\substack{\text{Brillouin} \\ \text{heterodyn}}}$$

I Streulichtintensität,
$I_{R,0}$ Intensität der zugemischten Frequenz ω_0,
$I_{B,0}$ Intensität der zugemischten Frequenz $\omega_0 \pm \omega_B$,
τ Messzeit, τ_R charakterist. Abklingzeit des Rayleigh-Signals.

Heterodyntechnik. Das von einem Argon-Laser eingestrahlte Licht tritt unter dem Streuwinkel θ aus dem Fluid aus. Streulicht und kohärentes Laserlicht werden überlagert, in zwei Strahlen aufgeteilt und auf zwei Fotomultiplier gelenkt. Dadurch werden störende Signalanteile durch Nachpulse und Totzeiten der Fotomultiplier vermieden. Die elektrischen Signale beider Stränge werden verstärkt und gefiltert (Diskriminator) und einer der Strahlen wird zeitlich verzögert; sodann speisen beide Signale die Eingänge zweier Korrelatoren. Wählt man die Heterodynintensität groß, sind die Homodynanteile vernachlässigbar.
Bei der *Homodyntechnik* wird kein Laserlicht überlagert, sondern das reine Streusignal aus dem Fluid detektiert.

3) Anwendungen der Laser-PKS-Spektroskopie, beschränken sich auf Temperaturen im Bereich des kritischen Punktes, weil sich der Signalkontrast zu hohen Temperaturen hin verschlechtert.

1. Bestimmung der *Temperaturleitfähigkeit a* aus der Abfallzeit τ_R des RAYLEIGH-Signals im Heterodynverfahren. Anpassung der Messdaten an die Korrelationsfunktion $G(\tau)$, Vernachlässigung der BRILLOUIN-Anteile.

2. Binärer *Diffusionskoeffizient D_{12}* von Fluidgemischen mit ähnlicher Brechzahl (sonst a nicht messbar).

Optik

Tabelle 6.1 Laserspektroskopie: Kennzahlen und Messgrößen.

Streuung	Ursache	Linienbreite	Kennzahl
BRILLOUIN	Druckfluktuation	$\Delta\omega_B \sim D_S q^2$	$D_S = \dfrac{1}{q^2\,\tau_B}$ Schalldämpfung
RAYLEIGH	Temperaturfluktuation	$\Delta\omega_{R1} \sim aq^2$	$a = \dfrac{1}{q^2\,\tau_R}$ Temperaturleitfähigkeit
RAYLEIGH	Konzentrationsfluktuation	$\Delta\omega_{R2} \sim D_{12}q^2$	D_{12} Diffusionskoeffizient

Streuvektor: $q = \dfrac{4\pi n}{\lambda_0}\sin\dfrac{\theta}{2}$; LANDAU-PLACZEK-Signalkontrast: $S = \dfrac{I_R}{2I_B} = \dfrac{c_p - c_V}{c_V}$

$$G(\tau) = (I_0 - I_{s1} + I_{s2})^2 + {} $$
$$+ \underbrace{2I_{s1}I_0\,e^{-\tau/\tau_{c1}}}_{\text{Temperatureffekt}} + \underbrace{2I_{s2}I_0\,e^{-\tau/\tau_{c2}}}_{\text{Konzentrationseffekt}}$$
$$\Rightarrow \quad a = \frac{1}{q^2\tau_{s1}}; \quad D_{12} = \frac{1}{q^2\tau_{s2}}$$

3. *Schalldämpfung* D_s: Bestimmung aus der charakteristischen Abfallzeit der BRILLOUIN-Signale τ_B im Heterodynverfahren.

4. *Viskositätsmessung* η: Dem Fluid werden runde Makro-Streuteilchen bekannter Größe zugefügt und der Diffusionskoeffizient D_{12} bei 90° Streuwinkel im Homodynverfahren gemessen. Mit der STOKES-EINSTEIN-Gleichung gilt: $D_{12} = \dfrac{kT}{6\pi\,\eta r}$. Der Brechungsindex des Fluides muss bekannt sein.

5. *Schallgeschwindigkeit* c aus dem Frequenzabstand zwischen RAYLEIGH- und BRILLOUIN-Linien. Das überlagerte Heterodyn-Lasersignal wird mittels eines akusto-optischen Modulators – durch Probieren – frequenzverschoben, bis die störende Schwebung in der Korrelationsfunktion verschwindet, wenn: $\omega_B = qc$.

6. *Spezifische Wärme.* Mit Dichte ϱ, Temperatur T, isothermer Kompressibilität χ_T, isentroper Kompressibilität χ_s und bekannter Druckableitung $\partial p/\partial T$ ergibt sich durch Messung des LANDAU-PLACZEK-Verhältnisses S und der Schallgeschwindigkeit c:

$$\frac{\chi_T}{\chi_s} = \frac{c_p}{c_V}; \quad c^2 = \frac{1}{\varrho\,\chi_s}; \quad c_p(S+1)c_V$$

Leuchtdichte

Auf die Projektionsfläche des Senders oder Empfängers bezogener Lichtstrom. Energieflussdichte-Richtungsverteilung; in der Lichttechnik mit *fotometrischer Bewertung.

$$\frac{\text{ab- oder aufgestrahlte Leistung}}{\text{Fläche} \cdot \text{Raumwinkel}}$$

Lichttechik: Leuchtdichte L_v ($\mathrm{lm\,sr^{-1}m^{-2}} = \mathrm{cd/m^2}$)
Strahlungsphysik: **Strahldichte** L_e ($\mathrm{W\,sr^{-1}m^{-2}}$)

$$\boxed{L = \frac{dI}{dA_i\cos\xi} = \frac{d^2\Phi}{dA_i\,d\Omega_i\,\cos\xi_i}}$$

Strahler ($i = 1$), Empfänger ($i = 2$);

ξ Winkel Strahlungsrichtung–Flächennormale.

Lichteinfall senkrecht zur leuchtenden Fläche A
$$L = \frac{I}{A} = \frac{\Phi}{A\,\Omega}$$

I	Lichtstärke (cd = lm/sr) bzw. Strahlstärke	(W/sr)
Φ	Lichtstrom (lm) bzw. Strahlungsfluss	(W)
Ω	Raumwinkel	(sr)

Spektrale Strahldichte bzw. Leuchtdichte.

$$\frac{\text{Strahldichte}}{\text{Wellenlänge}} \quad \boxed{L_\lambda = \frac{dL}{d\lambda}} \quad \mathrm{W\,m^{-3}sr^{-1}}$$

Anwendung: Planck'sches *Strahlungsgesetz.

Leuchtdichteverteilung

Im Innenraum einer Beleuchtungsanlage.
Leuchtdichte $\sim$ Beleuchtungsstärke

$$\boxed{L = \frac{\varrho\,E}{\pi}} \quad \mathrm{cd/m^2}$$

Gleichmäßigkeit der Beleuchtungsstärke

$$g_1 = \frac{E_{\min}}{\bar{E}} \quad (\text{Dim.}1)$$

$\bar{E}$	mittlere Beleuchtungsstärke	(lx)
Φ_v	Lichtstrom	(lm)
ϱ	Reflexionsgrad	(Dim.1)

Leuchtenbetriebswirkungsgrad

$$\eta_{LB} = \frac{\text{abgegebener Lichtstrom } \Phi_N}{\text{aufgenommener Lichtstrom } \Phi} \quad (\mathrm{lm/lm} = 1)$$

Licht, sichtbares

VIS-Bereich. Elektromagnetische Strahlung im Wellenlängenbereich 380 nm (violett) bis 780 nm (rot).

Lichtausbeute

Quotient aus Lichtstrom und Wirkleistung (Leistungsaufnahme der Quelle).

$$\boxed{\eta = \frac{\Phi_v}{P}} \quad \frac{\mathrm{lm}}{\mathrm{W}} = 1$$

Lichtempfindlichkeit *ASA

Lichtgeschwindigkeit

Ausbreitungsgeschwindigkeit (Phasengeschwindigkeit) des Lichtes.
Lichtgeschwindigkeit im Vakuum.

$$c = \frac{1}{\sqrt{\varepsilon_0\,\mu_0}} = 299\ 792\ 458 \ \mathrm{m/s} \ [\text{exakt}].$$

Im optischen Medium stets kleiner als im Vakuum.

$$\boxed{c = \frac{c_0}{n} = \lambda\,\nu = \frac{c_0}{\sqrt{\varepsilon_r\,\mu_r}}} \quad \mathrm{m/s}$$

n	Brechzahl des Mediums	(Dim.1)
ε_0	elektrische Feldkonstante	(F/m)
ε_r	Permittivitätszahl	(Dim.1)
μ_0	magnetische Feldkonstante	(H/m)
μ_r	Permeabilitätszahl	(Dim.1)
λ	Wellenlänge	(m)
ν	Frequenz	(Hz)

Lichtmenge

Lichttechnische Größe Q_v mit *fotometrischer Bewertung. Analog: strahlungsphysikalische Größe **Strahlungsenergie** = Strahlungsmenge Q_e (ohne Bewertung). Durch elektromagnetische Strahlung übertragene Energie; Integral der Strahlungsleistung.

Strahlungsenergie = Strahlungsfluss · Strahlungsdauer

$$Q_e \equiv W = \int \Phi_e \, dt = \int Q_{e\lambda} \, d\lambda$$

Einheit: $J = W\,s$

Lichtmenge = Lichtstrom · Strahlungsdauer

$$Q_v = \int \Phi_v \, dt = K_m \int Q_{e\lambda} \, V(\lambda) \, d\lambda$$

$lm\,s = cd\,sr\,s = $ [veraltet] $cm^2 sb\,sr\,s$

Eine *Lumensekunde* ist festgelegt durch die Ausstrahlung des Lichtstromes 1 Lumen für eine Sekunde.

Lichtquelle

Im UV/VIS-Bereich

1) Wolframdrahtlampe. Glühbirne, *Temperaturstrahler; kontinuierliches Spektrum im sichtbaren Bereich (>300 nm).

2) Halogenlampe. Zugesetztes Iod verhindert, dass sich verdampftes Wolfram am kühlen Glaskolben schwarz niederschlägt. Pupurner Schimmer, weil Iod im UV absorbiert.

3) Deuteriumlampe. Für UV-Bereich ($180 - 400$ nm); kontinuierliches Spektrum durch Rekombination $2D \rightarrow D_2$ an kalten Flächen bei 450 bis 900 Pa. Im VIS-Bereich folgen die BALMER-Serie u.a. (z. T. zur Kalibrierung genutzt).

4) Quecksilberdampflampe. Hochdruck-Gasentladungslampe; Linienspektrum. Anregung von Gasatomen durch Elektronenstoß.

5) *Laser.

6) Im IR-Bereich: Metalldraht, NERNST-Stift, Globar.

Lichtstärke

oder *Lichtintensität* I_v (in der Lichttechnik) und **Strahlstärke** oder *Strahlungsintensität* I_e (in der Strahlungsphysik; ohne *fotometrische Bewertung) charakterisieren einen Sender. Quotient aus Lichtstrom Φ_v bzw. Strahlungsfluss Φ_e in eine Raumrichtung ε_1 (gegen die Flächennormale gemessen) und dem durchstrahlten Raumwinkel Ω.

Lichtstärke
$$I_v(\varepsilon_1) = \frac{d\Phi_v}{d\Omega} \qquad cd = lm/sr$$

Strahlstärke
$$I_e(\varepsilon_1) = \frac{d\Phi_e}{d\Omega} \qquad W/sr$$

1) Candela. Die SI-Einheit *Candela* ist definiert durch monochromatisches Licht von 540 GHz = 555 nm (Empfindlichkeitsmaximum des Auges) der Intensität $1/683$ W/sr.

1 cd entspricht der Lichtstärke eines schwarzen Strahlers von $1/600\,000$ m² Oberfläche bei der Temperatur des unter Normaldruck (101 325 Pa) erstarrenden Platins (*Farbtemperatur:* 2042,5 K) senkrecht zu seiner Oberfläche.

Veralteter *Kerzenprototyp:* Weißes Licht der Wolfram-Vakuumlampe (2360 K).

2) Lambert-Strahler.

$$I(\varepsilon_1) = I(0) \cos \varepsilon_1$$

ε_1 Winkel zw. Strahlrichtung und Sendernormale

3) Spektrale Strahlstärke

$\dfrac{\text{Strahlstärke}}{\text{Wellenlänge}}$ $I_\lambda = \dfrac{dI}{d\lambda}$ $(W\,m^{-1}sr^{-1})$

Lichtstrom

Lichttechnische Größe mit *fotometrischer Bewertung (Index v). Analog: strahlungsphysikalische Größe **Strahlungsfluss** oder *Strahlungsleistung* (ohne Bewertung, Index e). Abgestrahlte Energie pro Zeiteinheit; durch elektromagnetische Strahlung übertragene Leistung; Ableitung der Strahlungsenergie.

Lichtstrom = Lichtstärke · durchstrahlt. Raumwinkel

$$\Phi_v = \dot{Q}_v = \int I_v \, d\Omega = \int E_v \, dA$$

Einheit: $lm = cd\,sr$

Strahlungsfluss = Strahlstärke · Raumwinkel

$$\Phi_e = \dot{Q}_e = \int I_e \, d\Omega = \int E_e \, dA$$

Einheit: $W = J/s$

A strahlende Fläche (in Richtung der Flächennormalen)
E Beleuchtungsstärke (lx = lm/m²), Bestrahlungsstärke (W/m²)
I Lichtstärke (cd = lm/sr), Strahlstärke (W/sr)
Q Lichtmenge (lm s), Strahlungsmenge (J = W s)
Ω Raumwinkel   (sr)

1) Visueller Lichtstrom. Das menschliche Auge ist nicht für alle Lichtwellenlängen gleich empfindlich. Der Lichtstrom Φ_v wird aus dem Strahlungsfluss Φ_e berechnet durch *fotometrische Bewertung.

Lichtstrom für monochromatisches Licht (Maß für die Helligkeitsempfindung).

$$\Phi_v = K_m \, \Phi_e \, V(\lambda)$$

Lichtstrom für spektral breitbandiges Licht

$$\Phi_v = K_m \int_{380\,nm}^{780\,nm} \Phi_{e\lambda}(\lambda) \, V(\lambda) \, d\lambda$$

     Maximalwert des fotometrischen Strahlungsäquivalents
K_m für Tagsehen: 683 lm/W.
K'_m für Nachtsehen: 1699 lm/W.

     Spektraler Hellempfindlichkeitsgrad:
$V(\lambda)$ für Tagsehen (2°-Gesichtsfeld)
$V'(\lambda)$ für Nachtsehen (10°-Gesichtsfeld)

2) Lumen. Abgeleitete SI-Einheit des Lichtstromes; festgelegt als der von einer punktförmigen Lichtquelle der Intensität 1 cd pro Raumwinkeleinheit gleichmäßig nach allen Richtungen emittierte Strahlungsfluss.

$1\,lm = 1\,cd\,sr = $ [veraltet] $1\,cm^2 sb\,sr$
$1\,lm/cm^2 = 10000\,lx = $ [veraltet] 1 Phot

3) Strahlungsleistung von Himmelskörpern nach dem STEFAN-BOLTZMANN-Gesetz

$$\Phi_e = \sigma \, A \, T^4 = 4\pi r^2 \, \sigma \, T^4$$

Sonne: $\Phi_e = 3{,}861 \cdot 10^{23}$ kW

Lichttechnische Größen

*Index v zur Abgrenzung von strahlungsphysikalischen Größen (Index e).

Lichtmenge	Q_v	lm s
Lichtstrom	Φ_v	lm
Spez. Lichtausstrahlung	M_v	lm/m^2
Lichtstärke	I_v	cd = lm/sr
Leuchtdichte	L_v	cd/m^2
Beleuchtungsstärke	E_v	lx = lm/m^2
Belichtung	H_v	lx s

Lichtwellenleiter

Ein Glasfaser-*Kern* (K) ist von einem *Mantel* (M) mit kleinerer Brechzahl n umgeben. Die Führung des Lichts erfolgt durch *Totalreflexion. Anwendung vgl. *Evaneszentfeldsensor.

Numerische Apertur

$$A_N = \sin\theta_{max} = \sqrt{n_K^2 - n_M^2}$$

Bedingung für das Auftreten nur einer Mode

$$\frac{r_K}{\lambda} \leq \frac{2{,}405}{2\pi\, A_N}$$

r_K Kernradius, θ_{max} Akzeptanzwinkel.

Linse

Optisches Bauelement. Licht wird an einer Kugelfläche gebrochen.

Konvex- oder Sammellinse

Linsenradius: $r > 0$ (nach außen), Brennweite positiv.

bikonvex: beidseitig nach außen gewölbt ()
plankonvex: einseitig nach außen gewölbt |)
konkav-konvex: schwach + stark gekrümmte Fläche)⊃

Konkav- oder Zerstreuungslinse

Linsenradius: $r < 0$ (nach innen), Brennweite negativ.
Virtuelles, aufrechtes, verkleinertes Bild.

bikonkav: beidseitig nach innen gewölbt)(
plankonkav: einseitig nach innen gewölbt |(
konvex-konkav: stark + schwach gekrümmte Fläche ⊂(

1) Linsenformel. Gegenstandsweite und Bildweite addieren sich reziprok zur *Brennweite* f (in m).

$$\boxed{\frac{1}{f} = \frac{1}{g} + \frac{1}{b}} \quad \text{m}^{-1} = \text{dpt}$$

Bild von Sammellinsen (Konvexlinsen).

Gegenstands-weite	Bild-weite	Bild	Bild-größe
$g > 2f$	$b < 2f$	reell, kopf	$B < G$
	$b > f$	reell, kopf	$B < G$
$g > f$	$b > 2f$	reell, kopf	$B > G$
$g = 2f$	$b = 2f$	reell, kopf	$B = G$
$g < 2f$	$b > 2f$	reell, kopf	$B > G$
$g < f$	$b > g$	virtuell, aufrecht	$B > G$

Abbildungsmaßstab

$$\beta = \frac{B}{G} = \frac{b}{g} = \frac{b-f}{f} = \frac{f}{g-f} \quad \text{(Dim. 1)}$$

Bildgröße (hinter der Linse)

$$B = G\,\frac{b}{g} \quad \text{(m)}$$

Bildweite = Entfernung Linse–Detektor

$$b = \frac{g\,f}{g - f} \quad \begin{cases} > 0 & \text{reelles Bild} \\ < 0 & \text{virtuelles Bild} \end{cases}$$

G	Gegenstandsgröße (vor der Linse) (m)
g	Gegenstandsweite = Entfernung Objekt–Linse
f	Brennweite: Sammellinse (+), Zerstreuungslinse (−).

2) Dünne Linse. Abbildungsgleichung.

Brennweite

– bildseitig
$$\frac{1}{f'} = D' = \left(\frac{n}{n_{amb}} - 1\right)\left(\frac{1}{r_1} - \frac{1}{r_2}\right)$$

– gegenstandseitig
$$f = -f'$$

Abbildungsgleichung

– Linsenformel
$$\frac{1}{g} - \frac{1}{b} = \frac{1}{f}$$

– Newton'sche
$$z'\,z = -f'^2$$

Abbildungsmaßstab
$$\beta' = \frac{B}{G} = \frac{b}{g}$$

D'	Brechkraft	(dpt = m^{-1})
n	Brechzahl der Linse	(Dim. 1)
n_{amb}	Brechzahl der umgebenden Luft	
r_1	Krümmungsradius der linken Linsenfläche	
r_2	Krümmungsradius der rechten Linsenfläche	
z	Abstand Objekt – objektseitiger Brennpunkt	
z'	Abstand Bild – bildseitiger Brennpunkt	

3) Dicke Linse. Auf der (horizontalen) optischen Achse liegen die *Scheitel* der Linse. Hilfsweise werden zwei (vertikale) *Hauptebenen* definiert, um die Abbildungsgleichung dünner Linsen anzuwenden.

Brennweite und Brechkraft

$$\boxed{\frac{1}{f'} = D' = (n-1)\left(\frac{1}{r_1} - \frac{1}{r_2}\right) + \frac{(n-1)^2}{n}\,\frac{d'}{r_1 r_2}}$$

Falls die Brechzahl der umgebenden Luft $n_{amb} \neq 1$, muss für $n := n_{Linse}/n_{amb}$ eingesetzt werden.

Abstände der Brennpunkte von den Scheiteln

$$s'_{F'} = +f'\left(1 - \frac{(n-1)\,d'}{n\,r_1}\right)$$

$$s_F = -f'\left(1 + \frac{(n-1)\,d'}{n\,r_2}\right)$$

Abstände der Hauptebenen von den Scheiteln

$$s'_{H'} = -f'\,\frac{(n-1)\,d'}{n\,r_1}$$

$$s_H = -f'\,\frac{(n-1)\,d'}{n\,r_2}$$

d'	Linsendicke	(m)

4) Numerische Apertur. Sinus des Aperturwinkels σ, d. h. des halben Öffnungswinkels der Randstrahlen, die von einem Gegenstandspunkt gerade noch in ein optisches System eintreten.

$$\boxed{A = n\sin\sigma = n'\sin\sigma'} \quad \text{(Dim. 1)}$$

n, n'	Brechzahl im Objektraum/Bildraum (Dim. 1)
σ, σ'	halber Öffnungswinkel im Objektraum (Gegenstandsraum) bzw. Bildraum (rad)

Linsensystem

Systeme aus mehreren Linsen werden wie eine dicke Einzellinse beschrieben.

Abstände der Brennpunkte von den Scheiteln

$$\frac{1}{s'_{F'}} = \frac{1}{f'_2} + \frac{1}{f'_1 - d}$$

$$\frac{1}{s_F} = \frac{1}{f'_1} + \frac{1}{f'_2 - d}$$

Doppellinse. Kombination zweier dünner Linsen.

$$\frac{1}{f} = \frac{1}{f_1} + \frac{1}{f_2} - \frac{d}{f_1 f_2}$$

bildseitige Brennweite

$$f' = -f = \frac{f_1' f_2'}{f_1' + f_2' - d}$$

Brechkraft

$$D' = D_1' + D_2' - d\, D_1' D_2'$$

D'	Brechkraft	(dpt = m^{-1})
d	Abstand der Linsen	(m)
$f_1'.f_2'$	bildseitige Brennweite von Linse L_1 bzw. L_2 (m)	

Lupe

Optisches Instrument aus einer vor das (auf ∞ eingestellte) Auge gehaltenen Linse; erzeugt ein virtuelles Bild.

Vergrößerung	$V = \dfrac{\text{deutliche Sehweite } s \approx 25 \text{ cm}}{\text{Gegenstandsweite } g}$
Normalvergrößerung	$V_n = \dfrac{\text{deutliche Sehweite } s \approx 25 \text{ cm}}{\text{Brennweite } f}$

Metallografie

Optische *Gefügeuntersuchung* mit dem Mikroskop.
1. *Makroskopisch:* an Oberflächen und Schliffen im Lichtmikroskop.
2. *Mikroskopisch:* mit Licht- oder Elektronenmikroskop.

Mie-Streuung   *Streufunktion

Mikroskop

Optisches Instrument aus (mindestens) zwei Linsen. Das *Objektiv* (1) entwirft ein vergrößertes reelles Zwischenbild, das durch das *Okular* (2) betrachtet wird.

Vergrößerung	$V = \beta_1 V_2 = \dfrac{L\, s}{f_1 f_2}$
Auflösungsvermögen	$x_{min} = 0{,}61\,\dfrac{\lambda}{n \sin \alpha}$
Numerische Apertur	$A_N = n \sin \alpha$

L Tubuslänge, n Brechzahl der Luft zw. den Linsen,
s deutliche Sehweite (25 cm),
α halber Öffnungswinkel des Objektivs zum Objektpunkt,
β_1 Abbildungsmaßstab des Objektivs.

Im *Auflichtmikroskop* fällt Licht durch das Objektiv auf die Probenoberfläche, wird reflektiert und erzeugt ein Bild im Okular. Die *Tiefenschärfe* nimmt mit zunehmender Vergrößerung ab: 10 μm bei 100×, 0,2 μm bei 1000×. Die Probenoberfläche wird daher durch einen Schliff plan bearbeitet.

Das Auflösungsvermögen des Lichtmikroskopes ist durch die Wellenlänge des sichtbaren Lichtes auf ca. 280 nm beschränkt, die Vergrößerung auf 1500-fach. Besser ist das *Elektronenmikroskop.

Mikroskopisches Schliffbild

Stahlschliffe zeigen im Auflichtmikroskop die Gefügebestandteile:
1. *Ferrit* (krz α-Fe/C): hell.
2. *Austenit* (kfz γ-Fe/C): hell; viele und „spitze" Korngrenzen.
3. *Grafit*: schwarz.
4. *Zementit* (Eisencarbid, 6,67% C): netzartig auf den Korngrenzen. Primärzementit (>4,3 % C) aus der Schmelze, Sekundärzementit (>0,8 % C) aus Austenit,
Tertiärzementit (0,01 – 0,83 % C) aus Ferrit.
5. *Perlit*: Sekundärzementit (schwarz-lamellar) in Ferrit (hell).
6. *Ledeburit*: „gesprenkelt".

1) **Schliffherstellung** in der Werkstoffprüfung.
1. Probennahme mit *Trennverfahren* (Brennschneiden, Brechen, Sägen etc.)
2. *Einbetten:* bei unhandlichen Proben, oder wenn es auf Randschärfe ankommt:
- Eingießen in Kunstharz (Epoxidharz) oder Metall-Legierungen.
- Einbettpresse: thermohydraulisches Einpressen in Plexiglas-Granulat.
- Bearbeiten im Schliffhalter, z. B. bei Blechstreifen.
- galvanisches Einbetten, v. a. zum Randschutz.
3. *Schleifen:* auf Horizontalschleifmaschinen mit zun. Körnung (180, 240, 320, 400, 600, 1000). Probe plan aufsetzen, beim Übergang zum feineren Papier abwaschen, um 90° drehen, glatt schleifen. Starke Erwärmung vermeiden (Gefügeänderung)!
4. *Polieren:* Poliertuch mit Al_2O_3-Aufschlämmung oder ölgetränkte Diamantpaste, Spülen mit Wasser und Alkohol, an Warmluft trocknen.
Der ungeätzte Schliff zeigt noch kein Gefüge, erkennbar sind: Grafit (Lamellen-, Kugelgrafit, Temperkohle etc.), nichtmetallische Einschlüsse, Risse, Poren und Lunker.

2) **Schliffätzen.** Gefügeentwicklung für Stähle: kurz in 3%ige alkoholische Salpetersäure tauchen, Schlifffläche mit Wasser unf Alkohol abspülen, mit Warmluft trocknen.
- *Korngrenzenätzung:* universell, z. B. mit Pikrinsäure + alkoholische Salpetersäure. Im Auflicht erscheinen schwarze Linien an den Korngrenzen.
- *Kornflächenätzung:* An Korn- und Phasengrenzen sprunghafte Farb- oder Grautonänderung auf. Das Ätz- oder Beizmittel greift je nach kristallografischer Richtung der Körner unterschiedlich stark an. Im Auflicht erscheinen helle und dunkle Flächen.
- *Kristallfigurenätzung:* mit konzentrierten Säuren.
- *Farbätzung* (Identifizierungsätzung). Das Ätzmittel bildet dünne Sulfid- oder Selenidschichten. Gefügeentwicklung und Farbeindrücke, die von der Schichtdicke und Oberflächenenergie abhängen.
- *Elektrolytisches Ätzen:* z. B. bei säurebeständigen Stählen.

3) **Makroskopische Betrachtung von Schliffbildern** bei 2- bis 50-facher Vergrößerung.
- *Lunker:* Poren oder Hohlräume durch die ungleichmäßige Volumenverminderung beim Erstarren einer Schmelze. Die Lunkeroberfläche zeigt häufig *Dendriten*. Eine *Doppelung* liegt vor, wenn ein größerer Hohlraum mit Verunreinigungen gefüllt ist (dort spaltet das Werkstück beim einseitigen Erwärmen, Walzen oder Schmieden).
- *Einschlüsse:* z. B. Oxidschlacken und MnS im Automatenstahl; ausgeschiedene Sulfide, Carbide, Oxide; ungelöste Legierungselemente, sonstige Verunreinigungen (Ausmauerung etc.).
- *Seigerungen:* In Gussteilen werden Begleitelemente und Einschlüsse vor der Erstarrungszone hergeschoben und in der Restschmelze angereichert, z. B. P-, S-, Mn-, C-Gradienten in Stahlblöcken (Ätzung nach FRY).

Tabelle 6.2 Monochromatoren und Strahlungsempfänger von Spektralapparaten.

Wellenlängenbereich		Monochromator	Strahlungsdetektor
<10 nm	Röntgen	Kristallgitter	Sekundärelektronenvervielfacher (SEV), Fotoplatte, Zählrohr, Ionisationskammer
bis 180 nm	Vakuum-UV	Vakuum-Konkavgitter	Schumann-Fotoplatte, SEV
bis 400 nm	Quarz-UV	Quarzprisma, Gitter	Fotoplatte, SEV
bis 700 nm	VIS	Glasprisma, Gitter	Fotoplatte, Fotozelle, SEV
bis 1 μm	Foto-IR	Glasprisma, Gitter	IR-Film, SEV
bis 5 μm	kurzwelliges IR	Gitter	Fotowiderstand
bis 40 μm	mittelwelliges IR	Alkalihalogenidprisma, Gitter,	Thermoelement, Bolometer,
bis 400 μm	langwelliges IR	Echelette-Gitter	Golay-Zelle
> 400 μm	Mikrowellen	HF-Technik	

- *Niedrig schmelzende Verbindungen* (S, P, Mn) scheiden sich filmartig an den Korngrenzen ab.
- Beim Abkühlen der Stähle: interkristalline *Erstarrungsrisse*,
- Beim Aufschmelzen: *Rotbruch* bzw. *Heißbruch* (Aufschmelzungsrisse),
- Heißrisse beim Schweißen: Erstarrungsrisse im Schweißgut, Aufschmelzungsrisse in der Überhitzungszone.
- *Wasserstoffversprödung:* Seigerungs- und Kaltrisse, z. B. durch Schweißen, Beizen oder galvanische Behandung.
- *Härteriss:* durch Wärme- und Umwandlungsspannungen beim Abschrecken von Stahl. Im Schliffbild dunkle Bruchfläche mit interkristalliner Verästelung.
- *Schleifriss:* durch örtliche Überhitzug beim Schleifen gehärteter Stähle. Im Schiffbild parallele dunkle Streifen oder netzförmig.
- *Relaxationsversprödung:* interkristalline Risse durch Ausscheidungen an den Korngrenzen, z. B. in der Grobkornzone beim Schweißen von legierten Feinkornbaustählen.
- *Faserstruktur.* Durch Verunreinigungen im Gefüge (Schlacken, Seigerungen) erzeugte Anisotropie, z. B. „Schmiedefaser" (fadenförmige Streckung nichtmetallischer Einschlüsse bei der Warmumformung; hart-spröde Teilchen ordnen sich parallel zur Verformungsrichtung zum „Zeilengefüge" an: Zugfestigkeit und Dehnung in Längsrichtung erhöht, in Querrichtung verringert.).

4) Mikroskopische Betrachtung von Schliffbildern. Bei 50- bis 1500-facher Vergrößerung sind Gefügeaufbau, Anordnung, Verteilung, Orientierung und Struktur der Kristalle erkennen. Anwendung: vgl. *Korngröße.

Monochromator

*Spektralapparat zum Ausblenden eines schmalbandigen Wellenlängenbereichs aus einem Spektrum.
*Prisma, *Gitter, *Interferenzfilter, Farbgläser, Filterlösungen (NiSO$_4$, CoSO$_4$). Vgl. Tabelle.

Normlichtart

Für eine Reihe von *Lichtarten* sind Kurzzeichen definiert (DIN 5031 T3 und 5033 T7).

- *Normlichtart A:* Glühlampenlicht, entspr. dem Schwarzen Strahler bei 2855,6 K.
- *Lichtart B:* Sonnenlicht,

- *Normlichtart C:* Kunstlicht im sichtbaren Spektralbereich, entsprechend Tageslicht mit einer ähnlichsten Farbtemperatur von 6774 K.
- *Normlichtart D65:* Natürliches Tageslicht im sichtbaren Spektralbereich, entsprechend Tageslicht mit einer ähnlichsten Farbtemperatur von 6504 K.
- *Lichtart D55:* Tageslicht mit ähnlichster Farbtemperatur von ca. 5500 K,
- *Lichtart D75:* Tageslicht mit ähnlichster Farbtemperatur von ca. 7500 K.
- *Lichtart G:* Vakuum-Glühlampenlicht,
- *Lichtart P:* Petroleum- und Kerzenlicht,
- *Lichtart XE:* Xenon-Licht,

Oberfläche, fotometrische

Der Lichtdurchlässigkeit entsprechende Größe S_n (in m^2/mol) für Lösungen kugelförmiger Partikel.

$$S_n = 6 \int_{x_{min}}^{x_{max}} \tilde{\epsilon}(x)\, \frac{q(x)}{x}\,\mathrm{d}x = -\frac{4\ln T}{c\,d}$$

c Stoffmengenkonzentration, d Lichtweg durchs Medium, T Transmission, x Teilchendurchmesser, $\tilde{\epsilon}$ flächenbezog. Extinktionskoeffizient.

Die spezifische Oberfäche unregelmäßig geformter Partikel wird während der Sedimentation im Schwerefeld (laminare Partikelumströmung) bestimmt. Ein in die Suspension tretender Lichtstrahl wird durch Streuung und Absorption geschwächt:

$$I = I_0\, e^{-\epsilon c d} \quad \text{oder} \quad \boxed{E = \epsilon\, c\, d}$$

Für die Partikelgrößen-Verteilung setzt man das LAMBERT-BEER-Gesetz in differentieller Form an und integriert über alle Partikelgrößen x ($q(x)\,\mathrm{d}x = \mathrm{d}c(x)/c$), wobei:

$$\epsilon = \begin{cases} \dfrac{3}{2}\,\dfrac{\tilde{\epsilon}(x)}{x} & \text{kugelförmige Teilchen,} \\[2ex] \dfrac{3}{2}\,\dfrac{\tilde{\epsilon}(\bar{x})}{\bar{x}}\,\psi^{-\frac{3}{2}} & \text{unregelmäßige Teilchen.} \end{cases}$$

Oberflächenrissprüfung

Farbeindringverfahren oder Penetrationsverfahren. Zerstörungsfreies *Werkstoffprüfverfahren zum Nachweis offener 0,1 μm bis 3 mm großer Oberflächenfehler (Risse, Poren, Falten, Überlappungen etc.) mit Hilfe der Kapillarwirkung. Die Tiefe eines Risses ist allerdings nicht feststellbar.

1. Oberfläche von Rost, Zunder und Lack befreien; entfetten.

2. Aufsprühen des Eindringmittels (Fluoreszenzfarbstoff), das in Risse eindringt (5–15 min).

3. Zwischenreinigen (Wasser, Lösungsmittel, Emulgator) und Trocknen der Oberfläche von überschüssigem Eindringmittel.

4. Entwicklung: Dünn aufgesprühter Entwickler trocknet kreidig an und saugt (wie Löschpapier) das Eindringmittel aus den Rissen und macht sie deutlich sichtbar.

5. Bewertung im Tages- oder UV-Licht (Fluoreszenzfarbstoffe).

Optische Aktivität

Drehung der Polarisationsebene des linear polarisierten Lichtes. Optisch aktiv sind Kristalle und Lösungen von Molekülen mit einem Chiralitätszentrum (z. B. asymmetrisches C-Atom). Theorie: *polarisiertes Licht. Messgeräte: *Polarimeter.

1) Optische Rotationsdispersion (ORD). Drehung der Polarisationsebene (des $\vec{E}$-Vektors) eines linear polarisierten Lichtstrahls um den Winkel α'. Abhängig von Wellenlänge, Temperatur und Lösungsmittel.

Die beiden zirkular polarisierten Komponenten entgegengesetzten Drehsinns laufen unterschiedlich schnell durch das optische Medium; es resultiert eine Phasenverschiebung, die Komponenten überlagern sich in einer gegen die ursprüngliche Polarisationebene verdrehten Ebene.

2) Circulardichroismus (CD). Rechts- und linkszirkular polarisiertes Licht wird im optisch aktiven Medium unterschiedlich absorbiert. Linear polarisiertes Licht tritt hinter der Probe elliptisch polarisiert aus. Messgröße ist die Elliptizität.

Oktantenregel (für Carbonylverbindungen). Ins Zentrum der acht Oktanten eines Würfelvolumens wird das aktive Chromophor C=O des optisch aktiven Moleküls gelegt. C-Atome auf den trennenden Ebenen tragen zur Drehung nicht bei; symmetrisch zueinander liegende Atome kompensieren sich. Das verbleibende C-Atom erzeugt die längstwellige $n \rightarrow \pi^*$-Bande mit gleichem Vorzeichen.

3) Chiralität, *Spiegelbildisomerie.* Symmetrieeigenschaft von Molekülen wie Bild und Spiegelbild („optische Antipoden", Enantiomere); alle physikalisch-chemischen Eigenschaften (Schmelzpunkt, Siedepunkt, Molekülspektren) sind identisch. Chirale Moleküle haben:

• keine Symmetrieelemente (asymmetrische Moleküle: Punktgruppe $\mathbf{C_1}$).

• nur Drehachsen (dissymmetrische Moleküle: $\mathbf{C_n, D_n}$) Ein Substituent macht das ganze Molekül chiral.

Diastereomerenpaare (*R-R*, *R-S*), wie z. B. die Komplexsalze zweier Spiegelbildisomere, haben unterschiedliche phys.-chem. Eigenschaften und sind durch Kristallisation trennbar.

asymmetrisches C-Atom:	von vier versch. Substituenten umgebenes Kohlenstoffatom (C*).
spiroisomer:	bei symmetrisch substituierten Spiranen.
atropisomer:	Biphenyl mit unterschiedlichen o,o',p,p'-Substituenten.
allenisomer:	Cl–CH=C=CH–Cl
inhärent	Pentahelicen (fünf O-ringförmig kondensierte Benzolringe)
Chelat	Cr(oxalato)$_3$, oktadedrisch mit zweizähnigen Liganden

Optische Dichte

oder *Schwärzung*, engl. *optical density*.

$$D = \lg \frac{1}{\tau} \qquad \text{(Dim.1)}$$

τ Transmissionsgrad (Dim.1)

Optische Dicke

Auch: *optische Tiefe* oder *optische Weglänge* oder *Schwächungsmaß* einer Schicht entlang der Strecke d, Maß für die *Trübung* eines optischen Mediums.

opt. Dicke = Brechzahl · geometrische Dicke

$$\delta(s) = \int\limits_0^d \sigma_s(x)\,\mathrm{d}x \qquad \text{(Dim. 1)}$$

Optische Dicke, spektrale

oder *spektrale optische Tiefe*. Produkt aus Absorptionskoeffizient und Schichtdicke.

$$\tilde{\tau}(\lambda) = \int\limits_0^d a(x,\lambda)\,\mathrm{d}x \qquad \text{mit} \quad a(\lambda) = 1 - \mathrm{e}^{-\tilde{\tau}(\lambda)}$$

1) Optisch dünnes Medium. Die spektrale Strahldichte L_λ ist an der Oberfläche proportional zur Länge d der strahlenden Schicht.

$$\tilde{\tau}(\lambda) \ll 1 \Rightarrow \boxed{L_\lambda = a(\lambda,T)\,d\,L_{\lambda,S}(\lambda,T) = \tilde{\varepsilon}_\lambda\,d}$$

2) Optisch dickes Medium. Emittiert näherungsweise Hohlraumstrahlung.

$$\tilde{\tau}(\lambda) \gg 1 \Rightarrow \boxed{L_\lambda \approx L_{\lambda,S}}$$

$a(\lambda)$ spektraler Absorptionskoeffizient; S = schwarzer Strahler.

Optisch klares Medium

Isotropes, homogenes, nicht lumineszierendes Medium, in dem keine Richtungsänderung der Strahlung eintritt. An einer optisch klaren Platte (aus einem isotropen und homogenen Medium 2 mit der Brechzahl n_2) in einem Umgebungsmedium 1 mit der Brechzahl n_1 (z. B. Luft unter Normalbedingungen: $n_1 \approx 1{,}0003$) spaltet sich der auffallende Strahlungsfluss in Teilstrahlungsflüsse auf:

• Auftreffender Strahlungsfluss $\Phi_{e\lambda}$ unter dem *Einfallswinkel* ζ_1 (gemessen gegen die Flächennormale der Platte).

• Reflektierter Strahlungsfluss $\varrho_1 \Phi_{e\lambda}$ unter dem Reflexionswinkel ζ_1.

• Eingedrungener spektraler Strahlungsfluss $\Phi_{e\lambda,\text{in}} = [1 - \varrho_1]\,\Phi_{e\lambda}$ unter dem Brechungswinkel ζ_2 (gegen die Flächennormale).

• Ausdringender spektraler Strahlungsfluss $\Phi_{e\lambda,\text{ex}} = [1 - \varrho_1]\,\tau_i\,\Phi_{e\lambda}$, Brechungswinkel ζ_2 (gegen die Flächennormale).

• An der Grenzfläche ins Platteninnere reflektierter Strahlungsfluss $\varrho_2\,\Phi_{e\lambda,\text{ex}}$, Reflexionswinkel ζ_2 (gegen die Flächennormale).

• Durchgelassener spektraler Strahlungsfluss $[1 - \varrho_2]\,\Phi_{e\lambda,\text{ex}}$, Ausfallwinkel ζ_3 (gegen die Flächennormale).

Optode

Optischer Sensor. Zweiarmiger Lichtleiter, der in eine Membran (auf Quarzträger) mündet, in die fluoreszeierende oder pH-veränderliche Moleküle eingebaut sind. Gemessen wird das von den Sensormolekülen in Wechselwirkung mit dem Analyten ausgesandte oder reflektierte Licht. Anwendung: pH-, O_2-, CO_2-, Enzym-, Narkosegassensoren.

Penetrationsverfahren *Oberflächenrissprüfung.

Photon *Kap. „Aufbau der Materie".

Photonenanzahl

spektrale Photonendichte · Wellenlänge

$$N_p = \int N_{p\lambda}\, d\lambda$$

$$\frac{dN_p}{d\lambda} = \frac{Q_\lambda \lambda}{h\,c} \qquad \frac{dN_p}{d\nu} = \frac{Q_\nu}{h\,\nu}$$

Photonenbestrahlung

Photonenbestrahlungsstärke · Zeit

$$H_p = \int E_p\, dt \qquad m^{-2}$$

Photonenbestrahlungsstärke

$\dfrac{\text{auftreff. Photonenstrom}}{\text{Empfängerfläche}}$

$$E_p = \frac{d\Phi_p}{dA_\perp} \qquad s^{-1}m^{-2}$$

Photonenstromdichte

$$\vec{E}_p = \vec{j} = \int_{4\pi} L_p\, d\vec{\Omega} \qquad s^{-1}\,m^{-2}$$

Photonenflussdichte

$\dfrac{4 \cdot \text{Photonenstrom}}{\text{Kugeloberfläche}}$

$$E_{p0} = \phi = \int L_p\, d\Omega \qquad s^{-1}\,m^{-2}$$

Photonenraumbestrahlung

oder **Fluenz** $(m^{-2}s)$

Photonenraumbestrahlungsstärke · Zeit

$$H_{p0} = \Phi = \int E_{p0}\, dt$$

Photonenstrahldichte

oder *Photonenflussdichterichtungsverteilung*

$$\frac{\text{Photonenstrom}}{\text{Strahlerfläche} \cdot \text{Raumwinkel}}$$

$$L_p = (\varphi\Omega) = \frac{d^2\Phi_p}{dA_i\, d\Omega_i\, \cos\zeta_i} \qquad s^{-1}m^{-2}sr^{-1}$$

Photonenstrahlstärke

$\dfrac{\text{ausgesandter Photonenstrom}}{\text{durchstrahlter Raumwinkel}}$

$$I_p = \frac{d\Phi_p}{d\Omega} \qquad s^{-1}sr^{-1}$$

Photonenstrom

$\dfrac{\text{Photonenanzahl}}{\text{Zeit}}$

$$\Phi_p = \frac{dN_p}{dt} \qquad s^{-1}$$

Planck'sche...

*Strahlungskonstante, *Strahlungsgesetz.

Pockels-Effekt

*Doppelbrechung piezoelektrischer Kristalle im elektr. Feld ($U \approx 4$ kV), longitud. oder transv. zur Ausbreitungsrichtung des Lichtes. Modulierbar bis über 1 GHz. Feldabhängigkeit: $|n_o - n_{ao}| \sim E$

Gangunterschied zwischen ordentlichem und außerordentlichem Strahl bei longitudinaler Zelle

$$\Delta s = l\, n_o^3\, r_{63}\, E$$

Elektrooptische Konstante r und Brechungsindex n_o für den ordentlichen Strahl

KHDPO$_4$ $r_{63} = 24 \cdot 10^{-12}$ mV^{-1} $n_o = 1{,}5$
KH$_2$PO$_4$
NH$_4$H$_2$PO$_4$
LiNbO$_3$

Polarimeter

Gerät zur Bestimmung der *optischen Aktivität und des COTTON-Effekts (= ORD und CD im Bereich einer Absorptionsbande).

1) ORD-Geräte. Zur Bestimmung des Drehwinkels der Polarisationsebene von linear polarisiertem Licht. Nach der Null-Methode mit zwei gekreuzten Linearpolarisatoren; die Drehung der Polarisationsebene des hinter der Probe austretenden Lichtes wird durch Drehung des Analysators kompensiert (Messwert).

Das *ORD-Spektrum* $\Phi(\lambda)$ ähnelt der Wellenlängenabhängigkeit der Brechzahl.

Die Drehung der Polarisationsebene ist wellenlängen-, temperatur-, schichtdicke- und konzentrationsabhängig. Die *Drehwerte* aller optisch aktiven Moleküle in der Lösung *addieren* sich; evt. bestimmt das Lösungmittel den Drehwert.

2) CD-Geräte. Erzeugen alternierend links und rechts zirkular polarisiertes Licht und registrieren die Wechselspannung, die dieses nach Durchlaufen der Analysenprobe am Empfänger verursacht (Messgröße: Elliptizität). Das *CD-Spektrum* $\Delta\varepsilon(\lambda)$ ähnelt dem UV-Spektrum, die Banden tragen das spezifische Vorzeichen des im Überschuss vorhandenen Enantiomeren: (+) rechtsdrehend, (−) linksdrehend. Bei der *Elliptizität* hat jede Komponente einen charakteristischen Wellenlängenbereich, z. B. Carbonylverbindungen und Alkohole sind unterscheidbar.

BIOT-Gesetz: $\alpha' = \alpha_\lambda^t\, d\, w$

spezifische Drehung

$$\alpha(\lambda) = \frac{\alpha'}{\beta d}$$

Konvention in der Chemie: Beobachtung hinter der Probe (dem Lichtstrahl entgegen).
     (+) rechtsdrehend = im Uhrzeigersinn
     (−) linksdrehend = im Gegenuhrzeigersinn

molare Drehung: $M_\lambda^t = \alpha_\lambda^t\, c$

molare Rotation $\Phi(\lambda) = \alpha_\lambda\, M = \dfrac{\alpha'}{c\,d}$

molare Elliptizität $\Theta(\lambda) = \dfrac{\theta_\lambda}{c\,d}$

optische Reinheit: $r = \dfrac{\alpha_{\lambda,1}^t}{\alpha_{\lambda,2}^t}$

enantiomere Reinheit, enantiomeric excess, e.e. $P_{en} = \dfrac{c_\oplus - c_\ominus}{c_\oplus + c_\ominus}$
$\phantom{P_{en}} = \dfrac{\theta_\lambda}{\Theta(c_\oplus + c_\ominus)}$

Massenanteil $w = \dfrac{\alpha'}{\alpha_\lambda^t\, l}$

α'	gemessener Drehwinkel	(°, deg)
α_λ^t	spezifische Drehung (meist für $d = 0{,}1$ m)	
β	Massenkonzentration	(g/cm³)
θ	gemessene Elliptizität	(°)
c	molare Konzentration	(mol/ℓ)
	⊕ rechtsdrehendes Enantiomer	
	⊖ linksdrehendes Enantiomer	
d	durchstrahlte Schichtdicke.	
	Länge der Polarimeterröhre	(m)
w	Massenkonzentration (Gew.-% = kg/kg)	

Historische Angabe: $[\alpha]_{25}^D$ = bei 589 nm (Natrium-D-Linie) und 25 °C mit der Einheit:

$1 \deg \mathrm{cm}^3 \mathrm{dm}^{-1} \mathrm{g}^{-1} = 0{,}01 \deg \mathrm{m}^2/\mathrm{kg}$.

Umrechnung molarer Größen:

$1 \deg \mathrm{m}^2/\mathrm{mol} = 10^3 \deg \mathrm{cm}^2/\mathrm{dmol}$

3) Sekundärstruktur von Polypeptiden. ORD und CD sind neben der Röntgenstrukturanalyse die einzigen Methoden, die das „back bone" in Proteinen zeigen.

MOFFITT-YANG-Gleichung (empirisch) für die molare Rotation (ORD) von Peptiden abseits des Absorptionsgebietes.

$$\Phi(\lambda) \cdot (\lambda^2 - \lambda_0^2) = \frac{a_0 \lambda_0^2 + b_0 \lambda_0^4}{\lambda^2 - \lambda_0^2}$$

Eichung: Poly(γ-benzylglutamat), $\lambda_0 = 212$ nm, $a_0 = 205°$.

MOFFITT-Konstante $b_0 = -635°$ ($\hat{=}$ 100% Rechts-Helixgehalt).

molare Elliptizität: Zusammensetzung nach α-Helix (1), β-Struktur (2), und übrigen Strukturen (3).

$$\Phi(\lambda) = x\,\Phi_1(\lambda) + y\,\Phi_2(\lambda) + z\,\Phi_3(\lambda)$$

Polarisation des Lichtes

Natürliches Licht ist unpolarisiert; die Feldvektoren $\vec{E}$ und $\vec{H}$ (in einer Ebene senkrecht zur Ausbreitungsrichtung) nehmen regellos jede Richtung ein; bei *polarisiertem* Licht ist eine Schwingungsrichtung bevorzugt.

Polarisiertes Licht entsteht bei *Reflexion, *Brechung, *Doppelbrechung und *Dichroismus. Anwendungen: *Optische Aktivität, *Flüssigkristall, *Faraday-Effekt.

1) Linear polarisiertes Licht. Der Feldvektor $\vec{E}$ schwingt nur in einer Richtung senkrecht zur Ausbreitungsrichtung der Lichtwelle. Feldstärke $\vec{E}$ und Ausbreitungsrichtung $\vec{c}$ spannen eine raumfeste *Schwingungsebene* auf. Entspricht der Überlagerung von rechts und links zirkular polarisierten Lichtwellen gleicher Intensität und Phase.

Vektoraddition: $\vec{E} = \vec{E}_l + \vec{E}_r$

$\vec{E}_l$ rotiert im Gegenuhrzeigersinn,
$\vec{E}_r$ im Uhrzeigersinn um den Ursprung.

Ein *Polarisator* (spezielle Folie) lässt nur eine bestimmte Schwingungsrichtung des Lichtes durchtreten, stellt also polarisiertes Licht aus natürlichem Licht her. Mit einer nachgeschalteten *Analysator*-Folie kann man die Polarisationsrichtung feststellen, indem Polarisator und Analysator auf 90° verdreht (gekreuzt) werden, bis kein Licht mehr durchtritt.

Malus-Gesetz. Intensität linear polarisierten Lichtes hinter dem Analysator.

$$\boxed{I = I_0 \cos^2 \varphi}$$

I_0 Intensität des auftreffenden Lichtes,
φ Winkel zwischen Polarisator- und Analysator.

2) Zirkular polarisiertes Licht. Der Feldvektor $\vec{E}$ läuft bei seinen Schwingungen auf einer Spirale in Ausbreitungsrichtung. Überlagerung zweier senkrecht zueinander linear polarisierter, zeitlich versetzter Lichtstrahlen gleicher Intensität ($\vec{E}_x \perp \vec{E}_y$). Spezialform des elliptisch polarisierten Lichtes.

Rechts zirkular polarisiert: Phasenverschiebung +90°
Links zirkular polarisiert: Phasenverschiebung —90°

3) Elliptisch polarisiertes Licht. Feldvektor $\vec{E}$ läuft auf einer Schraubenlinie um die Ausbreitungsachse – und auf einer Ellipse in der Ebene senkrecht zur Ausbreitungsrichtung; und zwar im Uhrzeigersinn (bei *rechts*-elliptisch) oder Gegenuhrzeigersinn (bei *links*-elliptisch).

Aufzufassen als: zwei linear polarisierte Lichtstrahlen beliebiger Phase = zwei entgegengesetzt zirkular polarisierte Lichtstrahlen ungleicher Intensität.

Polarisation in durchlässiger Materie

Links und rechts zirkular polarisiertes Licht werden unterschiedlich gebrochen ($n_l \neq n_r$). Im optisch aktiven Medium sind die Phasengeschwindigkeiten nicht mehr gleich groß; die Vektoren $\vec{E}_l$ und $\vec{E}_r$ rotieren nicht mehr entgegengesetzt gleicht schnell – beim Lichtaustritt ist eine Phasenverschiebung φ festzustellen.

Im opt. akt. Medium:	$v_l = \frac{c}{n_l} \neq v_r = \frac{c}{n_r}$
Licht-Durchlaufzeit:	$t_l = \frac{d}{v_l} \neq t_r = \frac{d}{v_r}$
Verzögerung:	$\Delta t = t_l - t_r = \frac{d}{c}(n_l - n_r)$
	$T : 2\pi = \Delta t : \varphi$
Drehwinkel:	$\alpha = \frac{\varphi}{2} = \frac{\pi\,\Delta t}{T} = \frac{\pi\,d}{\lambda}(n_l - n_r)$
Brechzahlunterschied:	$\Delta n = n_l - n_r = \frac{\alpha\,\lambda}{\pi\,d}$

d Schichtdicke, λ Wellenlänge.

Polarisation in absorbierender Materie

Links und rechts zirkular polarisiertes Licht werden verschieden geschwächt. Aus der Probe tritt elliptisch polarisiertes Licht aus; $\vec{E}_r$ und $\vec{E}_l$ haben verschiedene Länge und addieren sich vektoriell. Die Elliptizität nimmt mit steigender Schichtdicke zu.

Intensität im Medium:
$$I_r = |\vec{E}_r|^2 = I_0 e^{\varepsilon_r\,c\,d}$$
$$I_l = |\vec{E}_l|^2 = I_0 e^{\varepsilon_l\,c\,d}$$

molare Rotation Ψ im Medium:

$$\tan \Phi = \frac{|\vec{E}_r| - |\vec{E}_l|}{|\vec{E}_r| + |\vec{E}_l|} = \frac{|\vec{E}_0|(e^{-\varepsilon_r cd/2} - e^{-\varepsilon_l cd/2})}{|\vec{E}_0|(e^{-\varepsilon_r cd/2} + e^{-\varepsilon_l cd/2})}$$

$$= \tanh \frac{\varepsilon_l - \varepsilon_r}{4} c\,d \approx (\varepsilon_l - \varepsilon_r)\frac{c\,d}{4} \quad \text{(in rad)}$$

$$\approx \frac{\ln 10 \cdot 180}{4\pi}(\varepsilon_l - \varepsilon_r)\,c\,d = 33\,\Delta E \quad \text{(in deg)}$$

molare Elliptizität
$$\Theta(\lambda) = 3300\,[\varepsilon_r(\lambda) - \varepsilon_l(\lambda)]$$
(in deg cm²/dmol)

molarer Extinktionskoeffiz.
$$\varepsilon(\lambda) = \frac{\varepsilon_r(\lambda) + \varepsilon_l(\lambda)}{2}$$

KUHN-Anisotropiefaktor
$$g = \frac{\Delta\varepsilon}{\varepsilon} = \frac{\Delta n}{n - 1}$$

a) Klassische Dispersionstheorie. ORD- und CD-Spektrum zeigen die konphase und phasenverzögerte Elektronenbewegung im Molekül unter Wirkung des po-

6

larisierten Lichtes.

KRAMERS-KRONIG-Beziehung

molare Rotation $\qquad \Phi(\lambda) = +\frac{2}{\pi} \int\limits_0^\infty \Theta(\lambda)\, \frac{\lambda'}{\lambda^2 - (\lambda')^2}\, d\lambda'$

molare Elliptizität $\qquad \Theta(\lambda) = -\frac{2}{\pi} \int\limits_0^\infty \Phi(\lambda)\, \frac{\lambda'}{\lambda^2 - (\lambda')^2}\, d\lambda'$

Die Bindungselektronen werden durch das elektrische Lichtfeld in erzwungene Schwingungen versetzt (Sekundärwelle). An einer chiralen Elektronenschwingung wird Licht kohärent gestreut:

helicaler Elektronenoszillator (Elektron auf einer Schraubenbahn); z. B. bei chiralen Helicenen, nichtebenen Dienen.

gekoppelte lineare Elektronenoszillatoren in „windschiefer" Anordnung (nicht senkrecht zueinander); z. B. bei *eq*-3-Methylcyclohexanon (C=O als Hauptoszillator, Restmolekül als Störoszillator).

b) Quantenmechanische Absorptionstheorie. Resonante Lichtkopplung von Grund- und Anregungszustand; Circulardichroismus beruht auf der relativen Orientierung der molekularen Übergangsmomente.

Übergangsmoment
- elektrisches $\qquad \bar{\mu}_{01}$
- magnetisches $\qquad \bar{m}_{01} \ll \bar{\mu}_{01}$
Oszillatorstärke $\qquad f_{01} \sim \bar{\mu}_{01}^2$ (Übergang $0 \to 1$)
Rotatorstärke der $\qquad R_{01} = \mathrm{Im}\,(\bar{\mu}_{01} \cdot \bar{m}_{01})$
optischen Aktivität

Polarisationswinkel

*Brechungsgesetz, Brewster'sches.

Polychromator

Gittermonochromator, der anstelle des Austrittsspaltes ein Fotodiodenfeld besitzt. Ortsabhängig (= wellenlängen-selektiv) werden die auftreffenden Photonen gezählt.

Prisma

Meist dreikantiger Glaskörper zur Zerlegung des sichtbaren Lichts (*Monochromator) oder Anwendungen als optisches Bauelement. Im kurzwelligen UV dem *Gitter an Auflösungsvermögen und Lichtstärke überlegen; jedoch teuer und nicht-lineare Dispersion. Vgl. *Brechung.

1. *Umlenkprisma:* für konstante Ablenkung von 90°: rechtwinkliges Umlenkprisma, Pentagonalprisma, BAUERNFEINDsches Prisma.

2. *Umkehrprisma:* zur Bildumkehr im optischen System (z. B. für Feldstecher); rechtwinkliges Umkehrprisma, geradsichtiges Wendeprisma, Dachkantprisma, SCHMID-PECHAN-Prisma, PORRO-Prismen, UPPENDAHL-Prisma.

Ablenkungswinkel
(Strahlenverlauf im Hauptschnitt des Prismas)
$$\delta = \varepsilon_1' - \alpha +$$
$$\arcsin\left[\sin\alpha\sqrt{\left(\frac{n}{n'}\right)^2 - \sin^2\varepsilon_1'} - \cos\alpha\,\sin\varepsilon_1'\right]$$

minimaler Ablenkwinkel bei symmetrischem Durchgang und Näherung für kleine Brechwinkel (*Auflösung, *Dispersion).

$$\delta_{\min} = 2\arcsin\left(\frac{n}{n'}\sin\frac{\alpha}{2}\right) - \alpha \approx \alpha\left(\frac{n}{n'} - 1\right)$$

n, n' $\qquad$ Brechzahl des Prismas; der Luft
α $\qquad$ Winkel des Dreikantprismas
ε_1' $\qquad$ Einfallwinkel Luft/Glas (gemessen zur Flächennormalen)

Quantenoptik

Beschreibung des Lichtes durch den Dualismus von Welle und Teilchen mit den Mitteln der Quantentheorie. Eine Lichtquelle transportiert Energie in diskreten Portionen (Quanten). Licht als Strom von Lichtquanten oder Photonen. Vgl. *Laser, *Materiewellen, *Wellenfunktion.

Raumbeleuchtungsstärke

Energieflussdichte ($\mathrm{lx} = \mathrm{W\,m^{-2}}$)

$$\frac{4 \cdot \text{Strahlungsleistung}}{\text{beleuchtete Kugeloberfläche}} \qquad \boxed{E_0 = \int\limits_{4\pi} L\, d\Omega_2}$$

Raumbestrahlung

oder *Energiefluenz* ($\mathrm{W\,m^{-2}s}$)

Raumbestrahlungsstärke · Zeit $\qquad \boxed{H_0 = \Psi = \int E_0\, dt}$

Raumindex

für *Innenbeleuchtung* nach der *Wirkungsgradmethode*
Direkte Beleuchtung über der Arbeitsebene

$$\boxed{k = \frac{l\,b}{h\,(l+b)}} \qquad (\text{Dim.}\,1)$$

Indirekte Beleuchtung (Reflexion an der Decke) über der Arbeitsebene

$$\boxed{k_\mathrm{i} = \frac{3\,l\,b}{2\,h'\,(l+b)}} \qquad (\text{Dim.}\,1)$$

l, b $\qquad$ Länge bzw. Breite des Raumes (m)
h, h' $\qquad$ Abstand der Leuchte bzw. der Decke (m)

Raumwinkel

Räumlicher Winkel.

1) Der Raumwinkel Ω, unter dem ein Gegenstand von einem Beobachtungspunkt aus erscheint, ist der Quotient aus der Zentralprojektion des Gegenstandes auf eine um den Punkt gelegte Kugel und dem Quadrat des Kugelradius.

Oder: Der Raumwinkel ist definiert als das Verhältnis der Fläche, den ein Kegelmantel aus einer Kugeloberfläche ausschneidet, zum Quadrat des Kugelradius. Die SI-Einheit heißt *Steradiant*.

$$\boxed{\Omega = \frac{A}{r^2}} \qquad \mathrm{sr} = \frac{\mathrm{m^2}}{\mathrm{m^2}}$$

A $\qquad$ Fläche auf der Kugeloberfläche
r $\qquad$ Kugelradius

$1\,\mathrm{sr} = 1\,\mathrm{m^2/m^2} = {}^1/_{4\pi}$ der Kugel
$\qquad = {}^2/_\pi \cdot$ rechter Raumwinkel
$\qquad = $ [veraltet] 3282,806 Quadratgrad.

Anwendung: Die Strahlungsphysik unterscheidet zwischen Strahlungsfluss (Einheit: W) und Strahlstärke

(W/sr), die Lichttechnik zwischen Lichtstrom (lm) und Lichtstärke (lm/sr = cd).

2) Raumwinkelelement

$$d\Omega = \frac{dA\,\cos\xi}{r^2}\,\Omega_0$$

$\Omega_0 = 1$ sr, dA Flächenelement, ξ ebener Winkel zwischen Flächennormaler (auf dA) und Richtung vom Scheitelpunkt.

3) Vektorieller Raumwinkel

$$\vec{\Omega} = \int d\vec{\Omega} = \tfrac{1}{2}\oint d\vec{\alpha}$$

α ebener Winkel,
$d\vec{\alpha} = \vec{r}_0/r\,d\vec{l}$ Linienelement der geschlossenen Kurve um die Fläche A,
r Abstand Kugelmittelpunkt und dl.

Raumwinkelprojektion

Integral zur Berechnung der Strahlungsleistung, die ein Flächenelement dA bei konstanter Strahldichte L unter dem Winkel ξ gegen die Flächennormale in den Raumwinkel Ω abstrahlt:

$$d\Phi = L\,dA\,\Omega_p \quad \text{mit} \quad \boxed{\Omega_p = \int\cos\xi\,d\Omega}$$

Raumwirkungsgrad

$$\eta_R = \frac{\text{Lichtstrom auf Nutzfläche } \Phi_N}{\text{Lichtstrom aus der Leuchte } \Phi_L} \quad \text{(Dim.1)}$$

Rayleigh-Streuung *Streufunktion

Reflexion, reguläre

„Zurückwerfen" des Lichtes auf einer Oberfläche.

1) Reflexionsgesetz. An spiegelnden Oberflächen gelten die geometrischen Reflexionsgesetze: Einfallender Strahl, reflektierter Strahl und Einfallslot liegen in einer Ebene. An einer ebenen Fläche (z. B. Spiegel):

Einfallswinkel ε = Ausfallwinkel ε'

($\alpha \neq$ Brechungswinkel); gemessen gegen die Lotrechte auf der Reflexionsfläche.

Ablenkungswinkel: $\quad \delta = \varepsilon + \varepsilon' = 2\,\varepsilon$

2) Totalreflexion. Vollkommene Spiegelung einer Welle an der Grenzfläche beim Übergang von einem optisch dichteren zum *dünneren* Medium (z. B. von Wasser zu Luft). Ein Strahl wird total reflektiert (statt gebrochen), wenn der Einfallswinkel größer als der *Grenzwinkel der Totalreflexion* ist.

Brechungsgesetz $\quad \dfrac{\sin\varepsilon_g}{\sin 90°} = \dfrac{\sin\varepsilon_g}{1}$

Grenzwinkel $\quad \boxed{\sin\varepsilon_g = \dfrac{n_1}{n_2}} \quad n_2 > n_1$

– gegen Luft $\quad \sin\varepsilon_{gr} = \dfrac{1}{n}$

3) Reflexion im absorbierenden Medium. Je stärker die Probe absorbiert, umso stärker ist die reguläre Reflexion; in verdünnter Lösung ($\kappa \ll n - 1$) vernachlässigbar, in undurchlässigen Proben ($\kappa \gg n - 1$) bis zur Totalreflexion ($R = 1$), bei organischen Kristallen und Filmen stark wellenlängenabhängig (Absorptionskoeffizient $a > 10^4$/cm).

SNELLIUSsches Brechungsgesetz

Brechzahl $\quad n = \dfrac{\sin\beta}{\sin\alpha}$

Reflektierter Anteil senkrecht zur Einfallsebene.

$$R_\perp = \left|\frac{n\cos\beta - \cos\alpha}{n\cos\beta + \cos\alpha}\right|^2$$

Reflektierter Anteil parallel zur Einfallsebene.

$$R_\parallel = \left|\frac{n\cos\alpha - \cos\beta}{n\cos\alpha + \cos\beta}\right|^2$$

Reflektierter Anteil für senkrechten Lichteinfall.

$$R(\alpha = 0) = \frac{(n-1)^2 + \kappa^2}{(n+1)^2 + \kappa^2}$$

Komplexe Brechzahl bei absorbierender Probe

$$\underline{n} = n\,(1 - i\,\kappa)$$

Spektraler *Absorptionskoeffizient* (Extinktionsmodul), auf die Schichtdicke bezogene Extinktion.

$$a(\lambda) = -\frac{1}{I(\lambda)}\frac{dI(\lambda)}{dx} = \varepsilon\,c \quad (\text{m}^{-1})$$

Absorptionsspektrum $a(\lambda)$: Vielfachreflexion und Interferenz sind zu korrigieren.

c	molare Konzentration	(mol/m^3)
ε	dekad. molarer Extinktionskoeffizient	(m^2/mol)
κ	Absorptionsindex	(Dim. 1)
n	Brechzahl	(Dim. 1)

Reflexion, diffuse

An *matten* Oberflächen oder feinkristallinen Proben ist die Leuchtdichte des reflektierten Lichtes in alle Richtungen gleich groß; die *Streulichtverteilung* ist isotrop und unabhängig von der Lichteinfallsrichtung, selbst wenn der Einzelstreuprozess anisotrop ist.

1) *Diffuses Reflexionsvermögen:* in den rückwärtigen Halbraum zurückgestrahlter Lichtstrom, bezogen auf den eingestrahlten Lichtstrom I_0 (Probenoberfläche $x = 0$, Polarwinkel ϑ).

$$R_{\text{diff}} = 2\pi \int\limits_{90°}^{180°} I(x = 0,\vartheta)\,\cos\vartheta\,\sin\vartheta\,\frac{d\vartheta}{I_0}$$

2) Spektraler *Schwächungskoeffizient.
3) *Kubelka-Munck-Funktion

Reflexionsfaktor

(Rho), Größe der Dimension 1.

$$P(\lambda) = \frac{[1 - \bar{\varrho}(\lambda)]^2}{1 - \bar{\varrho}(\lambda)^2} = \frac{1 - \bar{\varrho}(\lambda)}{1 + \bar{\varrho}(\lambda)}$$

Senkrechter Strahlungsfluss aus Luft:

$$\boxed{P(\lambda) = \frac{2n_2}{n_2^2 + 1}}$$

Reflexionsgrad

Stoffkennzahl der Dimension 1, die sich auf den *auftreffenden* Lichtstrom (auf ein optisch klares Medium) bezieht.

1) Reflektierter Anteil der Strahlung, im Gegensatz zur absorbierten und transmittierten. Nicht um Vielfachreflexion an den Küvettenfenstern korrigiert.

$$\frac{\text{reflektierter Lichtstrom}}{\text{einstrahlender Lichtstrom}}$$

$$\boxed{\varrho = \frac{\Phi_\varrho}{\Phi} = \frac{\Phi_\varrho}{\Phi_\varrho + \Phi_\alpha + \Phi_\tau} = 1 - \alpha - \tau}$$

Für Einfallswinkel $\zeta_1 < 45°$:

$$\boxed{\varrho(\lambda) \approx \left[1 + P(\lambda)\,\tau_i^2(\lambda)\right]\bar{\varrho}(\lambda)}$$

2) Spektraler Fresnel'scher Reflexionsgrad
Parallel zur Einfallsebene:

$$\bar{\varrho}_\parallel(\lambda) = \frac{\tan^2(\zeta_1 - \zeta_2)}{\tan^2(\zeta_1 + \zeta_2)}$$

Senkrecht zur Einfallsebene:

$$\bar{\varrho}_\perp(\lambda) = \frac{\sin^2(\zeta_1 - \zeta_2)}{\sin^2(\zeta_1 + \zeta_2)}$$

Senkrecht auffallender Strahlungsfluss:

$$\boxed{\bar{\varrho}(\lambda) = \left(\frac{n_2 - n_1}{n_2 + n_1}\right)^2}$$

ζ_1 Winkel des aus Medium 1 einfallenden Strahls (gegen Flächennormale),
ζ_2 Winkel des in Medium 2 gebrochenen Strahls (gegen Flächennormale).

3) Spektraler Reflexionsgrad für monochromatische Strahlung:

$$\varrho(\lambda) = \frac{\Phi_{\lambda,r}}{\Phi_\lambda} = \frac{\int \Phi_\lambda \, \varrho(\lambda)\,d\lambda}{\int \Phi_\lambda \, d\lambda}$$

$$= \bar{\varrho}_1 + \frac{(1 - \bar{\varrho}_1)^2 \, \bar{\varrho}_2 \, \tau_i^2}{1 - \bar{\varrho}_1 \bar{\varrho}_2 \tau_i^2}$$

Reflexionsspektroskopie

Spezialform der *UV/VIS- und *IR-Spektroskopie. In der Praxis (Zeichenpapier bis Lackpigmentfarben) sind reguläre und diffuse Reflexion meist überlagert und die Streulichtverteilung hat eine zum Ausfallwinkel abhängige Vorzugsrichtung. Auswertung der von einer beleuchteten, meist lichtundurchlässigen Probe zurückgeworfenen Strahlung nach Intensität, spektraler Zusammensetzung, Polarisation und Phase.

Grundlagen: Reguläre *Reflexion, *Streuung, Diffuse *Reflexion, spektraler *Schwächungskoeffizient, *Kubelka-Munck-Funktion.

1) Reflexionsspektrometer sind wie Absorptionsspektrometer aufgebaut, wobei das von der Probe reflektierte Licht über eine diffus reflektierende Fotometerkugel auf den Detektor trifft. Durch „Glanzfallen" sind regulär und diffus reflektierte Lichtströme trennbar. Als Standards dienen feinpulvriges Bariumsulfat und Magnesiumoxid ($K \approx 1$).

2) Farbkurve. Das wellenlängenabhängige Reflexionsvermögen von Pigmentpulvern; K/S gegen λ (weniger gut: $R(\lambda)$) ähnelt entfernt dem Transmissionsspektrum lichtdurchlässiger Proben. Stark absorbierende Stoffe (wie Cr_2O_3) werden mit $BaSO_4$ verdünnt. Tiefe Temperatur verbessert die spektrale Auflösung. Untersuchung lebender Systeme am natürlichen Ort möglich (in vivo, in situ); z. B. Reifegrad von Bananenschalen.

3) Farbmetrik. in situ-Charakterisierung farbiger Gegenstände, Textil- und Druckfarben, je nach Beleuchtung $I_B(\lambda)$ und Reflexionsgrad $R(\lambda)$.

Lichtstrom auf die Netzhaut

$$I_N(\lambda) = I_B(\lambda)\,R(\lambda)$$

Zwei Gegenstände sind unabhängig von der Beleuchtung in Ihrer Farbe nicht unterscheidbar, wenn die Reflexionsspektren $R(\lambda)$ oder K/S gleich sind.

4) Lateral aufgelöste Reflexionsmessung. Für Materialprüfung, Laserchirurgie und Auswertung von Dünnschichtchromatogrammen. Die Oberfläche wird punktförmig ausgeleuchtet (z. B. mit einem He-Ne-Laser), μm-genau abgerastert und das UV/VIS-Reflexionsspektrum registriert. Das $2\pi R(r)$ zeigt die Radialverteilung der Reflexion (in Photonen/cm·s).

5) Reflexionsspektrum fluoreszierender Proben. Im konventionellen *UV/VIS-Spektrometer erhöht Fluoreszenz F scheinbar die Transmission und Reflexion R; in optisch klaren Proben vernachlässigbar, in diffus reflektierenden Proben beträchtlich mit einer diffusen Winkelverteilung.

$$R_{eff} = R_{\lambda,1} + x\,F_{\lambda,2} = R_{\lambda,1} + x(1 - R_{\lambda,1})\,\varphi_F$$

Bei Druckpapieren mit optischen Aufhellern misst man $R_{eff} > 1$.

λ_1 Bestrahlungswellenlänge
λ_2 Emissionswellenlänge
φ_F Fluoreszenz-Quantenausbeute
$x \approx 1$ relative Detektor-Empfindlichkeit bei λ_1 und λ_2

6) „Richtige" Absorptionspektren in einer streuende Matrix misst man mit einem Spektrometer mit zwei wellenlängen-synchronen Monochromatoren, wodurch der Streulichtanteil $< 10^{-4}$ sinkt: Lampe – Monochromator – Probe – Monochromator – Detektor.

Rotverschiebung, kosmologische

Das Licht ferner Galaxien ist gegenüber irdischen Lichtquellen zu größeren Wellenlängen verschoben (*Doppler-Effekt) – ein Hinweis, dass das Universum sich ausdehnt.

Fluchtgeschwindigkeit $\sim$ Enfernung $\boxed{v = H\,r}$

HUBBLE-Konstante

$$H = 15 \text{ bis } 30 \; \frac{km}{s \cdot 10^6 \, Lj} = 50 \text{ bis } 100 \; \frac{km}{s\,Mpc}$$

1 pc (Parsec) = $3{,}0856 \cdot 10^{13}$ km = 3,2315 Lj (Lichtjahre).

Schwächungskoeffizient

Maß für die Schwächung einer Strahlung in einem Medium.

1) Charakteristischer Schwächungskoeffizient

$$\frac{\text{Strahldichteänderung}}{\text{Schichtdicke}} \quad \boxed{\mu_c(\lambda) = -\frac{1}{L_\lambda}\frac{dL_\lambda}{dd}} \quad m^{-1}$$

2) Spektraler Schwächungskoeffizient
Maß für die diffuse *Reflexion („Trübung") eines trüben Mediums.

$$\boxed{\mu(\lambda) = a(\lambda) + s(\lambda)} \quad m^{-2}$$

= Absorptionskoeffizient + Streukoeffizient.
Gültig für dekadische und natürliche Koeffizienten. Dekadische spektrale Koeffizienten gehen aus den „natürlichen" durch Division durch ln 10 $\approx$ 2,3 hervor.

Schwächungsmaß
*optische Dicke, *Trübungskoeffizient.

Sichtweite
Meteorologie: Die Sichtweite am Tage, bezogen auf einen Schwellenkontrast des Auges von 0,05.

$$\boxed{V_M = \frac{3{,}00}{\sigma_e}} \quad m$$

σ_e Extinktionskoeffizient (= Streu- + Absorptionskoeffizient).

1) Die *Normsichtweite* – für einen Schwellenkontrast des Auges von 0,02 – ist definiert als $V_N = 3{,}91/\sigma_e$.
2) *Horizontentfernung* oder *Kimmentfernung* bei Beobachtung auf der gekrümmten Erdoberfläche.

$$s = \sqrt{(R+h)^2 - R^2} \approx 3570\,\sqrt{h} \quad (m)$$

Mit Berücksichtigung der Lichtbrechung in der Atmosphäre

$$s' \approx 3840\,\sqrt{h}$$

h	Höhe des Standpunktes, Augenhöhe	(m)
R	mittlerer Erdradius	(m)

Solarkonstante

Energieeintrag auf die Erdoberfläche durch das natürliche Sonnenlicht bei gleicher Temperatur; Bestrahlungsstärke durch die extraterrestrische Sonnenstrahlung bei *mittlerem* Sonnenabstand R auf die zur Einfallsrichtung senkrechte Ebene.

$$\bar{E}_0 = E_0 \left(\frac{r}{R}\right)^2 = 1370\,\frac{W}{m^2}$$

E_0 Bestrahlungsstärke beim Sonnenabstand r.

Spektralapparat

*Spektroskop, *Spektrometer, *Monochromator, *Spektralfotometer.

Spektral...

Kennzeichnung der Abhängigkeit einer Größe von der Frequenz, Wellenlänge oder Wellenzahl. Vorsatz für Größen, die Funktionen der Wellenlänge $X(\lambda)$ oder Frequenz $X(\nu)$ sind.
Bezug auf einen differentiellen Bereich der Wellenlänge oder der Frequenz (*spektrale Dichte).
Spektrale Dichten sind Differentialquotienten von energetischen Größen nach der Wellenlänge oder Frequenz und tragen den Index λ.
Beispiel: $w(\lambda)$ ist zu unterscheiden von $w_\lambda = dw(\lambda)/d\lambda$.

Spektralbereiche

DIN 5031 T7 definiert für Strahlungsphysik und Lichttechnik.

Strahlung		Wellenlänge (nm)
Ultraviolett		
Vakuum-UV	UV-C (VUV)	100 bis 200
Fernes UV	UV-C (FUV)	200 bis 280
Mittleres UV	UV-B	280 bis 315
Nahes UV	UV-A	315 bis 380
Sichtb. *Licht*	VIS	380 bis 780
Infrarot		
Nahes IR	NIR (IR-A)	780 bis 1400
	NIR (IR-B)	1400 bis 3000
Mittleres IR	IR-C (MIR)	3000 bis 50 000
Fernes IR	IR-C (FIR)	50 000 bis 10^6

Spektrale Dichte

einer Strahlungsgröße X_e – oder einfacher: **spektrale Größe**; beschreibt die spektrale Verteilung einer Strahlung als Funktion der Wellenlänge λ.

$$X_{e\lambda} = \frac{dX_e}{d\lambda}$$

Bei der *relativen* spektralen Verteilung wird $X_{e\lambda}$ auf einen beliebigen Wert der spektralen Dichte der Strahlungsgröße bezogen. Beispiel: spektrale Strahldichte $L_{e\lambda} = dL_e/d\lambda$.

Spektrograf

*Spektralapparat zur Aufzeichnung eines Spektrums auf Fotoplatte; Linienzuordnung mit Eichspektren. Schwärzung als Maß für die Lichtintensität.

Spektrometer

*Spektralapparat mit Prisma oder Gitter zur Aufzeichnung eines Spektrums; Wellenlängenskala über Winkelmessung. *Gitterspektrometer* bestehen im Wesentlichen aus je zwei Spiegeln im Eintritts- und Austrittsstrahl und einem Gitter. *Prismenspektrometer* bestehen aus Eintrittsspalt, Linse, Prisma, Austrittslinse und Detektor.

Spektroskop

*Spektralapparat mit einem Prisma zur Beobachtung eines Spektrums mit dem Auge; z. B. Taschenspektroskop in der analytischen Chemie.

Spiegel

Reflektierender ebener oder gekrümmter Körper.
1) Ebener Spiegel. Erzeugt *virtuelle* Bilder; Gegenstand und Bild liegen symmetrisch zum Spiegel.

Gegenstandsweite = Bildweite $\boxed{g = b}$ m

Gegenstandsgröße = Bildgröße $\boxed{G = B}$ m

2) Sphärischer Spiegel oder *Hohlspiegel* oder *Konkavspiegel,* innen verspiegelte Kugelkalotte. *Reflexion an einer gekrümmten Fläche. *Paraxiale Strahlen* = parallel zur optischen Achse einfallende Strahlen, die nahe der optischen Achse verlaufen, treffen sich im *Brennpunkt.*

$$\boxed{\frac{1}{g} + \frac{1}{b} = \frac{1}{f} = r}$$

Gegenstandsweite: kürzer als Bildweite

$$g = \frac{b\,f}{b-f} \quad (m)$$

Gegenstandsgröße: kleiner als Bildgröße
Abbildungsmaßstab

$$\beta = \frac{B}{G} = -\frac{b}{g} = \frac{f}{g-f} = \frac{b-f}{f}$$

b Bildweite, g Gegenstandsweite, f Brennweite,
B Bildgröße, G Gegenstandsgröße, r Krümmungsradius.

Bild	Gegenstandsweite g	Bildweite b
umkehrt-reell	$> 2f$	$f \dots 2f$
umkehrt-reell	$= 2f$	$= 2f$
umkehrt-reell	$f \dots 2f$	$> 2f$
kein Bild	$= f$	$= \infty$
aufrecht-virtuell	$< f$	< 0

3) Wölbspiegel oder *Konvexspiegel,* verspiegelte Außenseite einer Kugelkalotte. Bild stets virtuell, aufrecht, verkleinert; z. B. Autorückspiegel.

Brennweite $f = -r/2$

4) Parabolspiegel. *Hohlspiegel, bei dem sich alle zur optischen Achse parallelen Strahlen im Brennpunkt treffen.

Strahl

Kontinuierlicher, räumlich scharf begrenzter Teilchen- oder Energiestrom; z. B. Elektronenstrahl, Lichtstrahl, Flüssigkeitsstrahl. Mathematisch durch einseitig begrenzte, gerichtete Linien dargestellt.

Strahldichte *Leuchtdichte.

Strahlenoptik

Geometrische Optik. Ohne Rücksicht auf Beugung und Interferenz wird elektromagnetische Strahlung durch geradlinig ausbreitende Strahlen beschrieben. Vgl. *Wellenoptik.

Strahler

*Temperaturstrahlung abgebener Körper.

1) Schwarzer Strahler oder *Planckscher Strahler.* Temperaturstrahler, dessen spektrale Strahldichte bei jeder Temperatur für alle Wellenlängen und Richtungen den maximal möglichen Wert hat (Emissionsgrad 1). Ein geschlossener Hohlraum, dessen wärmeundurchlässige Wände sich auf gleicher Temperatur (im thermodynamischen Gleichgewicht) befinden, ist von schwarzer Strahlung erfüllt. Die aus einer kleinen Öffnung des Hohlraums austretende Strahlung darf angenähert als Schwarze Strahlung angesehen werden (mindestens für einen begrenzten Raumwinkel).

2) Grauer Strahler. Nicht selektiver Strahler, dessen spektraler Emissionsgrad unabhängig von der Wellenlänge und kleiner als Eins ist: $\varepsilon(\lambda) = $ const (meist nur in einem begrenzten Spektralbereich).

Strahlstärke *Lichtstärke.

Strahlung, monochromatische

Elektromagnetische Strahlung einer bestimmten Wellenlänge – oder eines sehr kleinen Wellenlängenbereiches $\Delta\lambda$, der durch Angabe einer einzelnen Wellenlänge (*Schwerpunktswellenlänge*) gekennzeichnet werden kann.

Strahlungsäquivalent, fotometrisches

Zur Umrechnung strahlungsphysikalischer und lichttechnischer Größen; vgl. *fotometrische Bewertung.

$$\frac{\text{Lichtstrom}}{\text{Strahlungsfluss}} \qquad \boxed{K = \frac{\Phi_v}{\Phi_e}} \qquad \frac{\text{lm}}{\text{W}}$$

Für das Empfindlichkeitsmaximum des menschlichen Auges bei $\lambda = 555$ nm ist:

$$\Phi_v = K_{\max}\Phi_e = 683\,\frac{\text{lm}}{\text{W}}\,\Phi_e$$

Strahlungsaustausch

Gegenseitige Bestrahlung zweier grauer Körper unterschiedlicher Temperatur.

1) Fotometrisches Grundgesetz. Streng für das Vakuum und näherungsweise in Materie (wenn Absorption, Steuung und Lumineszenz vernachlässigbar sind) gilt für den Strahlungsaustausch zwischen einem Strahler (Index 1) und einem Empfänger (2):

$$\boxed{\mathrm{d}^2\Phi = L\,\frac{\mathrm{d}A_1\,\cos\xi_1\,\mathrm{d}A_2\,\cos\xi_2}{r^2}\,\Omega_0}$$

Φ Strahlungsleistung, $\mathrm{d}A$ Flächenelement, L Strahldichte, ξ_1 Ausstrahlungswinkel (zw. Flächennormale u. Strahlrichtung), ξ_2 Einstrahlungswinkel, r Abstand, $\Omega_0 = 1$ sr.

2) Spezialfälle des Stefan-Boltzmann-Gesetzes. Strahlungsaustausch zwischen zwei parallelen, ebenen, gleich großen Flächen ($A_2 \approx A_1$) ungleicher Temperatur.

$$\boxed{\begin{aligned}\Phi_{12} &= \sigma_{12}\,A\,(T_1^4 - T_2^4) = \dot{Q}_{12}\\[4pt]\sigma_{12} &= \frac{\sigma}{\dfrac{1}{\varepsilon_1} + \dfrac{1}{\varepsilon_2} - 1}\\[4pt]\frac{1}{\varepsilon_{12}} &= \frac{1}{\varepsilon_1} + \frac{1}{\varepsilon_2} - 1\end{aligned}}$$

Relativ kleiner Körper in einem großen Raum.

$$\varepsilon_{12} \approx \varepsilon_1 \text{ und } A_2 \gg A_1$$

Für konzentrische Kugeln ($A_2 > A_1$) bzw. Strahlungsaustausch zwischen einem grauen Strahler (Index 1) und einer ihn vollständig umschließenden, diffus reflektierenden und grau strahlenden Umhüllung (2).

$$\boxed{\sigma_{12} = \frac{\sigma}{\dfrac{1}{\varepsilon_1} + \dfrac{A_1}{A_2}\left(\dfrac{1}{\varepsilon_2} - 1\right)}}$$

$$\frac{1}{\varepsilon_{12}} = \frac{1}{\varepsilon_1} + \frac{A_1}{A_2}\left(\frac{1}{\varepsilon_2} - 1\right)$$

Weitere Spezialfälle: *Wärmestrahlung.

Strahlungsenergie *Lichtmenge.

Strahlungsenergiedichte

Volumenbezogene Strahlungsenergie.

$$\frac{\text{Strahlungsenergie}}{\text{Volumen}} \qquad \boxed{w = \frac{\mathrm{d}Q}{\mathrm{d}V}} \qquad \frac{\text{W s}}{\text{m}^3} = \frac{\text{J}}{\text{m}^3}$$

Spektrale Strahlungsenergie

$$\frac{\text{Strahlungsenergie}}{\text{Wellenlänge}} \qquad \boxed{Q_\lambda = \frac{\mathrm{d}Q}{\mathrm{d}\lambda}} \qquad \frac{\text{W s}}{\text{m}} = \frac{\text{J}}{\text{m}}$$

Spektrale Strahlungsenergiedichte = spektrale (Dichte der) Energiedichte der Strahlung in einem Raumelement eines *Volumenstrahlers* (in $\text{W s m}^{-4} = \text{J/m}^4$).

$$\boxed{w_\lambda = \frac{\mathrm{d}Q_\lambda}{\mathrm{d}V} = \frac{\mathrm{d}w}{\mathrm{d}\lambda} = \frac{n}{c}\int_0^{4\pi\Omega_0} L_\lambda\,\mathrm{d}\Omega = \frac{4\pi n L_\lambda}{c}\Omega_0}$$

c Lichtgeschwindigkeit, L_λ spektrale Strahldichte, n Brechzahl, Ω Raumwinkel ($\Omega_0 = 1$ sr).

Strahlungsfluss *Lichtstrom.

Strahlungsfluss, spektraler

$$\frac{\text{Strahlungsfluss}}{\text{Wellenlänge}} \qquad \boxed{\Phi_\lambda = \frac{\mathrm{d}\Phi}{\mathrm{d}\lambda}} \qquad \text{W/m}$$

Frequenzbezogen $\qquad \Phi_\nu = \dfrac{\mathrm{d}\Phi}{\mathrm{d}\nu} = -\Phi_\lambda\dfrac{\lambda}{\nu}$

Logarithmisch-spektral $\qquad \dfrac{\mathrm{d}\Phi}{\mathrm{d}\lambda/\lambda} = \dfrac{\mathrm{d}\Phi}{\mathrm{d}\lambda}\lambda = \Phi_\lambda\,\lambda$

Strahlungsflussdichte

oder *Raumbestrahlungsstärke*

$$E_{eO} = \frac{\text{Strahlungsleistung } \Phi_e}{\text{Fläche } A} \qquad (\text{W}/\text{m}^2)$$

bezogen auf die durchstrahlte Fläche oder die abstrahlende Oberfläche des Strahlers.

Strahlungsfunktion

$S(\lambda)$ kennzeichnet die spektrale Beschaffenheit einer Strahlung durch die relative spektrale Verteilung einer Strahlungsgröße; z. B. Beschreibung einer Lichtart durch die spektrale Verteilung von Strahlungsleistung oder Strahlstärke.

Strahlungsgesetz

Zusammenhänge für *Temperaturstrahler.

1) Kirchhoff'sches Strahlungsgesetz der Wärmestrahlung. *Strahlungsvermögen.*

$$\boxed{\frac{\varepsilon}{\alpha} = \frac{\alpha}{\varepsilon} = \varepsilon_s = \alpha_s = 1}$$

α	Absorptionsgrad	(Dim.1)
ε	Emissionsgrad	(Dim.1)
s	schwarzer Strahler; absolut schwarzer Körper	

2) Planck'sches Strahlungsgesetz. Spektrale spezifische Ausstrahlung $M_{e\lambda}$ (in W/m^3) bzw. die spektrale Strahldichte $L_{e\lambda}$ (in W m^{-3}sr^{-1}) der Temperaturstrahlung des schwarzen Strahlers (geschlossener Hohlraum mit winziger Öffnung).

$$M_{e\lambda,S}(T) = \frac{c_1}{n^2\lambda^5\left[e^{\frac{c_2}{n\lambda T}} - 1\right]}$$

$$L_{e\lambda,S}(T) = \frac{c_1}{n^2\lambda^5\left[e^{\frac{c_2}{n\lambda T}} - 1\right]\pi\Omega_0} = \frac{M_{e\lambda,S}}{\pi\Omega_0}$$

$$c_1 = 2\pi h c^2 \approx 3{,}7418\cdot10^{-16}\ \text{W m}^2$$

$$c_2 = \frac{h c}{k} \approx 0{,}01439\ \text{K m}$$

Für linear polarisierte Strahlung ist statt c_1 $c_1/2$ in obige Gleichung einzusetzen.

c Lichtgeschwindigkeit, h Planck'sches Wirkungsquantum, T thermodynamische Temperatur, k Boltzmann-Konstante, n Brechzahl des umgebenden Mediums, $\Omega_0 = 1$ sr Einheitsraumwinkel.

3) Rayleigh-Jeans- Strahlungsgesetz. Näherung des PLANCK'schen Strahlungsgesetzes für den schwarzen Strahler und große Werte $\lambda\,T \gg \frac{1}{2}$.

$$\boxed{L_{e\lambda,S}(T) = \frac{c_1 T}{c_2\lambda^4\pi\Omega_0}} \qquad \frac{\text{W}}{\text{m}^3\text{sr}}$$

4) Stefan-Boltzmann'sches Strahlungsgesetz für Temperaturstrahler. Durch Integration der für alle Richtungen gleichen Strahldichte $L_{e\lambda}$ über den ganzen Halbraum und den Wellenlängenbereich $\lambda = 0$ bis ∞ (siehe PLANCKsches Strahlungsgesetz) erhält man für die Temperaturabhängigkeit der spezifischen Ausstrahlung M_e eines schwarzen Strahlers (in W/m^2).

$$M_{e,S}(T) = \sigma\,T^4 = C_s\left(\frac{T}{100}\right)^4$$

$$\sigma = \frac{2\pi^5 k^4}{15\,h^3 c^2} \approx 5{,}670\cdot10^{-8}\ \frac{\text{W}}{\text{m}^2\text{K}^4}$$

$$C_s = 10^8\,\sigma = 5{,}67\ \frac{\text{W}}{\text{m}^2\text{K}^4}$$

Wärmestrom eines grauen Strahlers (in W)

$$\boxed{\Phi_{es} = \dot{Q} = \varepsilon\,\sigma\,A\,T^4 = \varepsilon\,C_s\,A\left(\frac{T}{100}\right)^4}$$

Anwendung: *Strahlungsaustausch, *Wärmestrahlung.

5) Wien'sches Strahlungsgesetz. Näherung des PLANCK'schen Strahlungsgesetzes für den schwarzen Strahler und kleine Werte $\lambda\,T \ll 1$.

$$\boxed{L_{e\lambda,S}(T) = \frac{c_1}{\lambda^5\pi\Omega_0}\,e^{-c_2/(\lambda T)}} \qquad \frac{\text{W}}{\text{m}^3\text{sr}}$$

WIEN-Konstante: Das Produkt aus der Temperatur T des schwarzen Strahlers und der Wellenlänge, bei der die spektrale Strahldichte des schwarzen Strahlers ihr Maximum hat, ist konstant.

$$\lambda_{\max}\,T \approx 2{,}8978\cdot10^{-3}\ \text{K m}$$

Strahlungskonstante

Proportionalstätsfaktor im *Strahlungsgesetz.

1) Stefan-Boltzmann-Konstante. Konstante σ des Stefan-Boltzmannschen Strahlungsgesetzes. Unsichere Stellen kursiv.

$$\sigma = \frac{\pi^2}{60}\,\frac{k^4}{\hbar^3 c^2} = 5{,}670\,400\cdot10^{-8}\ \frac{\text{W}}{\text{m}^2\text{K}^4}$$

2) Strahlungskonstante der vollkommen schwarzen Fläche (schwarzer Strahler).

$$C_s = 10^8\sigma \approx 5{,}670\,400\ \frac{\text{W}}{\text{m}^2\text{K}^4}$$

Strahlungskonstante des grauen Strahlers

$$\boxed{C = \varepsilon\,C_s}$$

ε Emissionsgrad (Schwärzegrad).

3) Strahlungsaustauschkonstante C_{12} zwischen zwei Flächen, die Strahlung austauschen; abhängig von gegenseitiger Lage und Emissionsgraden (*Wärmestrahlung). Vgl. *Strahlungsaustausch.

4) Planck'sche Strahlungskonstanten. Konstanten des *Strahlungsgesetzes. Unsichere Stellen kursiv.

$$c_1 = 2\pi h c_0^2 = 3{,}741\,771\,07\cdot10^{-16}\ \text{W m}^2$$

$$c_{1L} = 2h c_0^2 = 1{,}191\,042\,722\cdot10^{-16}\ \text{W m}^2/\text{sr}$$

$$c_2 = h c_0/k = 0{,}014\,387\,752\ \text{K m}$$

h Planck-Konstante, k Boltzmann-Konstante, c_0 Vakuumlichtgeschwindigkeit, c_{1L} Planck-Strahlungskonstante für die spektrale Strahldichte.

5) *Wien'sche Verschiebungskonstante.

Strahlungsleistung *Lichtstrom.

Strahlungsphysikalische Größen

Index e zur Abgrenzung von lichttechnischen Größen (Index v); ohne *fotometrische Bewertung.

Strahlungsenergie	Q_e	J
Strahlungsfluss, -leistung	Φ_e	W
Für die Quelle:		
Strahlstärke	I_e	W/sr
Strahldichte	L_e	W/sr/m^2
Für den Empfänger:		
Bestrahlungsstärke	E_e	W/m^2
Bestrahlung	H_e	J/m^2

Beziehungen vgl. *fotometrisches Grundgesetz, *fotometrisches Entfernungsgesetz, *Strahlstärke, *Raumwinkel.

Strahlungstransportgleichung

Für einen Volumenstrahler sind Emissionskoeffizient

Optik

und Absorptionskoeffizient Ortsfunktionen im Inneren des Mediums. Messbar ist nur die Strahldichte an der Oberfläche des Mediums. Die spektrale Strahldichte $L_\lambda(x)$ am Ort x im Medium berechnet man mit der Differentialgleichung:

$$\frac{dL_\lambda(x)}{dx} = \tilde{\varepsilon}_\lambda(x) - a(\lambda,x)\, L_\lambda(x)$$

Für den Sonderfall, dass längs der Richtung x die Temperatur konstant ist, folgt nach Integration von $x = 0$ bis d (Schichtdicke) die *spektrale Strahldichte*:

$$L_\lambda(T) = \left[1 - e^{-a(\lambda,T)\cdot d}\right] L_{\lambda,S}(T) = a(\lambda,T,d)\, L_{\lambda,S}(T) \quad \frac{W}{m^3 sr}$$

a spektraler Absorptionsgrad des Mediums, S = schwarzer Strahler, $\tilde{\varepsilon}_\lambda$ spektraler Emissionskoeffizient (W m^{-4}sr^{-1}).

Streufunktion

Für ein trübes Medium:

$$\frac{1}{4\pi\Omega_0} \int_{\Omega=0}^{4\pi\Omega_0} f(\varphi)\, d\Omega = 1$$

RAYLEIGH-Streuung: für Teilchen $\ll \lambda$

$$f(\varphi) \sim 1 + \cos^2\varphi$$

MIE-Streuung: für Teilchen $\approx \lambda$

$$f(\varphi) \sim L_\lambda(\varphi)_{streu}$$

f Streufunktion, φ Streuwinkel, $\Omega_0 = 1$ sr.

Streukoeffizient, spektraler

oder *Trübung* (m^{-2}). Maß für die diffuse *Reflexion eines trüben Mediums.

$$s(\lambda) = -\frac{1}{L_\lambda}\frac{dL_{\lambda,streu}}{dd}$$

Anwendung: *Kubelka-Munck-Funktion.

Spektraler Steukoeffizient $s(\lambda)$ bei 633 nm		
Kieselgel 60, DC-Platte	53	cm^{-1}
Filterpapier, weich	220	
Pulvercellulose	380	
Aluminiumoxid, DC-Platte	540	
Magnesiumoxid-Pulver p.a.	840	
Calciumfluorid-Pulver	1200	
Bariumsulfat-Weißstandard	1900	
Zinkoxid-Pulver	3200	
Titanoxid-Pigment (Rutil)	4500	

Streuung

1) Allgemein: Ablenkung eines Anteils eines gerichteten Teilchenstrahls oder einer Welle bestimmter Frequenz beim Durchgang durch eine dünne Materieschicht ($d \ll \lambda$ bis $d \approx \lambda$). Die Verteilung des Streulichtes charakterisiert das Target (vgl. *Kristallstrukturanalyse).

- elastische und unelastische Streuung
- kohärente und inhohärente Streuung
- Einfach- und Mehrfachstreuung
- RUTHERFORD- oder COULOMB-Streuung, Kernstreuung, Nucleon-Nucleon-Streuung, Röntgenstreuung.
- RAYLEIGH- und MIE-Streuung

2) Streuung von Licht. An kleinen Materieteilchen ($d \leq \lambda$) sind reguläre Reflexion, Brechung und Beugung nicht mehr unterscheidbar; Licht wird in Bezug auf die Einfallsrichtung in alle Richtungen gestreut.
1. RAYLEIGH-Streuung (für $d \ll \lambda$, sichtbares Licht): Vorwärts- und Rückwärtsstreuung sind gleich stark und doppelt so groß wie die Streuung senkrecht zur Einfallsrichtung. Langwelliges (rotes) Licht wird schwächer gestreut als kurzwelliges (blaues).
2. MIE-Streuung (für $d \approx \lambda$, kugelförmige Streukörper im sichtbaren Licht). Vorwärtsstreuung übertrifft die Rückwärtsstreuung; die Winkelverteilung ist anisotrop.

Temperaturstrahlung

Wärmestrahlung. Jede elektromagnetische Strahlung, die thermisch angeregt ist; von der Art der Temperatur des strahlenden Körpers bestimmt.

Jeder Körper sendet elektromagnetische Strahlung aus, deren Intensität und Farbe von seiner Temperatur abhängen. Der schwarze Strahler besitzt kein Reflexionsvermögen; technisch realisiert durch *Hohlraumstrahler.*

- *Temperaturstrahler.* Strahlungsquelle, die Temperaturstrahlung aussendet.
- *Strahler (schwarzer, grauer)
- *Lambertscher Strahler.* Strahler mit einer in allen Richtungen gleichen Strahldichte (Leuchtdichte).
- *Volumenstrahler.* Strahlung dringt aus dem Inneren eines beliebig transparenten Mediums, das sich im lokalen thermischen Gleichgewicht befindet. Im realen strahlungs-teildurchlässigen Körper treten Temperaturgradienten und Abweichungen vom thermischen Strahlungsgleichgewicht (d. h. dass pro Zeit- und Volumeneinheit gleich viel spektrale Energie absorbiert wie emittiert wird) auf.
- *Kontinuumsstrahler.* Strahler mit kontinuierlich über einen größeren Wellenlängenbereich verteilter Strahlung.
- *Selektivstrahler.* Strahler mit wellenlängenabhängigem spektralen Emissionsgrad $\varepsilon(\lambda)$ in einem vorgegebenen Spektralbereich.
- *Linienstrahler:* sendet Spektrallinien aus.

Vgl. charakteristische *Temperatur, *spektrale Größen, siehe Emissionskoeffizient.

Totalreflexion *Reflexion.

Transmission

Spektraler Reintransmissionsgrad, engl. (spectral internal) *Transmittance.*

Um die Vielfachreflexion an den Küvettenfenstern korrigierter *Durchlassgrad* der Analysensubstanz. Absorption des Lösungsmittels und Reflexion an den Küvettenscheiben werden durch eine Vergleichsmessung mit dem Lösungsmittel ohne Analysensubstanz korrigiert ($T_0 = 100\%$). Verhältnis des ausdringenden zum *eingedrungenen* spektralen Strahlungsfluss in einem optisch klaren Medium.

$$\frac{\text{ausdringender Strahlungsfluss}}{\text{eindringender Strahlungsfluss}}$$

$$\begin{aligned}
\tau_i(\lambda) &= \frac{\Psi_{e\lambda,ex}}{\Psi_{e\lambda,in}} = 1 - \alpha_i(\lambda) \\
&= 10^{-a(\lambda)\cdot d} = e^{-a_n(\lambda)\cdot d} = \\
&= 10^{-\varepsilon(\lambda)\cdot c\cdot d} = e^{-\kappa_n(\lambda)\cdot c\cdot d} = \\
&= 10^{-\kappa'(\lambda)\cdot \beta\cdot d} = e^{-\kappa'_n(\lambda)\cdot \beta\cdot d}
\end{aligned}$$

κ *Absorptionskoeffizienten.

Anwendung: *Lambert-Beer-Gesetz, *Extinktion.

Transmissionsgrad

Durchlassgrad oder *Durchlässigkeit* (Dim. 1) eines optisch klaren Mediums; engl. *Transmittance.*

1) Im Gegensatz zum Reintransmissionsgrad nicht um die Vielfachreflexion zwischen den Küvettenfenstern korrigiert und auf den *auftreffenden* Lichtstrom bezogen.

$$\frac{\text{durchgelassener Lichtstrom}}{\text{auftreffender Lichtstrom}}$$

$$\tau = \frac{\Phi_\tau}{\Phi} = \frac{\displaystyle\int \Phi_\lambda\, \tau(\lambda)\, d\lambda}{\displaystyle\int \Phi_\lambda\, d\lambda} = \frac{(1 - \bar{\varrho}_1)(1 - \bar{\varrho}_2)\tau_i}{1 - \bar{\varrho}_1\bar{\varrho}_2\tau_i^2}$$

Für Einfallswinkel $\zeta_1 < 45°$.

$$\tau(\lambda) \approx P(\lambda) \cdot \tau_i(\lambda)$$

Für Temperaturstrahler:

$$\varrho(T) + \alpha(T) + \tau(T) = 1$$

P (Rho) Reflexionsfaktor, α Absorptionsgrad,
ϱ Reflexionsgrad, $\bar{\varrho}$ Fresnel-Reflexionsgrad,
τ_i Reintransmissiongrad.

2) **Spektraler Transmissionsgrad.** Definiert für monochromatische Strahlung.

$$\tau(\lambda) = \frac{\Phi_{\lambda,tr}}{\Phi_\lambda}$$

Transmittancy

Relativer Transmissionsgrad.

$$\tau_s = \frac{\tau(\text{Lösung})}{\tau(\text{Lösungsmittel})}$$

Trübes Medium

Medium, in dem Absorption und Volumenstreuung (an mikroskopischen, statistisch gleichmäßig verteilten Inhomogenitäten) auftreten. Makroskopisch sei es homogen und optisch isotrop.

Trübung   *Streukoeffizient.

Trübungskoeffizient

Meteorologie: Koeffizient (Dim. 1) in der Definition des Schwächungsmaßes der Atmosphäre bezüglich Dunst- und Aerosolextinktion δ_D (*optische Dicke).

nach Ångström:	$\delta_D(\lambda) = \beta_A \cdot (\lambda/1\,\mu m)^{-a_A}$
nach Linke:	$T_L = \delta/\delta_R$
nach Schüepp:	$\delta_D(\lambda) = \beta_S \cdot (\lambda/0{,}5\,\mu m)^{-a_A\cdot \ln 10}$

a_A Ångströmscher Wellenlängenexponent.
δ Schwächungsmaß der Atmosphäre bzgl. Gesamtextinktion (Rayleigh-Streuung + Dunstextinktion + Wasserdampfabsorption + Ozonabsorption).
δ_R Schwächungsmaß der Atmosphäre bezgl. Rayleigh-Streuung (Molekülstreuung).

Vergrößerung

Größe des umgekehrten reellen Bildes auf der Netzhaut, in Abhängigkeit des Sehwinkels σ zwischen Linse und Objekt.

$$\frac{\text{Sehwinkel}}{\text{Normalsehwinkel}} \qquad V = \frac{\tan\sigma'}{\tan\sigma} \approx \frac{\sigma'}{\sigma} \qquad (\text{Dim.1})$$

σ' Sehwinkel mit Instrument (rad)
σ Sehwinkel ohne Instrument (Abstand 25 cm)

Diaprojektor:	$V = \frac{b}{f} - 1$
Lupe:	$V = \frac{s}{f} + 1$
Fernrohr:	$V = \frac{f_1}{f_2}$
Mikroskop:	$V = \frac{t\,s}{f_1 f_2}$ meist: $t = 160\,mm$

b Bildweite, f Brennweite (1 = Obektiv, 2 = Okular),
g Gegenstandsweite, s deutliche Sehweite (ca. 25 cm),
t Tubuslänge = Brennpunktabstand Objektiv–Okular.

Wellenoptik

Beschreibung elektromagnetischer Strahlung im Wellenbild (statt *Strahlenoptik); anstelle der „Strahlen" treten die Wellennormalen; Beugung und Interferenz sind erklärbar.

Wellenzahl

Neuerdings: *Repetenz.* Kehrwert der Wellenlänge:

$$\sigma = \tilde{\nu} = \frac{1}{\lambda} \qquad m^{-1}$$

$1\,cm^{-1} = 0{,}01\,m^{-1}$
$\hat{=} 100\,\{hc\}\,J = 1{,}986\,445\,44\cdot 10^{-23}\,J$
$\hat{=} 100\,\{hc\,N_A\}\,J/mol = 0{,}011\,962\,6\,kJ/mol$
$\hat{=} 100\,\frac{\{hc\}}{\{e\}}\,eV = 1{,}239\,841\,657\cdot 10^{-4}\,eV$
$\hat{=} 100\,\{c\}\,Hz = 2{,}997\,924\,58\cdot 10^{10}\,Hz$
$\hat{=} 100\,\frac{\{ch\}}{\{k\}}\,K = 1{,}438\,775\,2\,K$
$\hat{=} 100\,\frac{\{h\}}{\{m_u c\}}\,u = 1{,}331\,025\,042\cdot 10^{-13}\,u$
$\hat{=} 100\,\{h/c\}\,kg = 2{,}210\,218\,63\cdot 10^{-40}\,kg$
$\hat{=} 100\,\frac{1}{\{2R_\infty\}}\,E_h = 4{,}556\,335\,252\,750\cdot 10^{-6}\,\text{Hartree}$

Wien'sche Verschiebungssatz-Konstante

engl. *Wien displacement law constant*

$$b = \lambda_{max}T \approx \frac{c_2}{4{,}965\,114\ldots} = 2{,}897\,768\,6\cdot 10^{-3}\,K\,m$$

YAG

Yttrium-Aluminium-Granat, z. B. im Neodym-Laser.

Zirkularpolarimetrie

CD-Spektroskopie. Verfahren zur Strukturaufklärung *optisch aktiver Verbindungen mit Hilfe des Circulardichroismus (CD); vgl. *Polarimeter.

7 Elektrotechnik und Technische Informatik

Elektrizitätslehre – Elektronik – Nachrichtentechnik – Informationstechnik – Elektrische
Messtechnik – Regelungstechnik – Elektrische Maschinen – Leistungselektronik –
Antriebstechnik – Energieversorgung –
Elektrostatik – Magnetostatik – Elektromagnetismus – atmosphärische Elektrizität –
Erdmagnetismus –
Werkstoffe der Elektrotechnik – Leiter – Halbeiter – Dielektrika – elektronische Bauelemente –
Optoelektronik – Gasentladungsröhren

Formelzeichen

Physikalische Größe	Symbol	Einheit	Basiseinheiten	Englische Bezeichnung
Magnetisches Vektorpotential	$\vec{A}$	$\dfrac{\mathrm{Wb}}{\mathrm{m}} = \dfrac{\mathrm{V\,s}}{\mathrm{m}} = \mathrm{m\,kg\,s^{-2}A^{-1}}$		magnetic vector potential
Elektrischer Strombelag	$A, (\alpha)$	A/m		current per unit length
Leerlaufverstärkung	A	–	$= 1$	open-loop gain of an amplifier
magnetische Flussdichte, Induktion	$\vec{B}$	$\mathrm{T} = \dfrac{\mathrm{V\,s}}{\mathrm{m}^2} = \dfrac{\mathrm{Wb}}{\mathrm{m}^2} = \mathrm{kg\,s^{-2}A^{-1}}$		magnetic flux density, induction
Blindleitwert	B	$\mathrm{S} = \Omega^{-1} = \dfrac{\mathrm{A}}{\mathrm{V}} = \mathrm{m^{-2}kg^{-1}s^3A^2}$		susceptance
Polbogen	b_i	m		pol arc, pole-pitch percentage
Polschuhbreite	b_p	m		pole breadth
Elektrische Kapazität	C	$\mathrm{F} = \dfrac{\mathrm{C}}{\mathrm{V}} = \mathrm{m^{-2}kg^{-1}s^4A^2}$		capacitance
– flächenbezogen		$\dfrac{\mathrm{F}}{\mathrm{m}^2}$	$= \mathrm{m^{-4}kg^{-1}s^4A^2}$	per unit area
elektrische Flussdichte, Verschiebungsdichte	$\vec{D}$	$\mathrm{C/m}^2$	$= \mathrm{m^{-2}s\,A}$	electric flux density, displacement
Verzerrungsleistung	D	$\mathrm{W} = \mathrm{VA}$	$= \mathrm{m^2kg\,s^{-3}}$	power of distortion
Verlustfaktor	d, ϑ	–	$= 1$	dissipation factor
elektrische Feldstärke	$\vec{E}$	V/m	$= \mathrm{m\,kg\,s^{-3}A^{-1}}$	electric field strength (vector)
Thermoelektrische Kraft	E	V	$= \mathrm{m^2kg\,s^{-3}A^{-1}}$	thermoelectric force
Elementarladung	e	C	$= \mathrm{A\,s}$	elementary charge
Elektrischer Leitwert	G	$\mathrm{S} = \Omega^{-1} = \dfrac{\mathrm{A}}{\mathrm{V}} = \mathrm{m^{-2}kg^{-1}s^3A^2}$		conductance
Magnetfeldstärke	$\vec{H}$	A/m	$= \mathrm{m^{-1}A}$	magnetic field strength
Klirrfaktor, Oberschwingungsgehalt	h_u	–	$= 1$	harmonic factor, distortion factor
elektrische Stromstärke	I	A	Basiseinheit	electric current
Dauerkurzschlussstrom	I_k	A		continous short-circuit current
Übergangs-Kurzschlusswechselstrom	I_k'	A		transient ac short-circuit current
Anfangs-Kurzschlusswechselstrom	I_k''	A		initial ac short-circuit current
Wechselstromamplitude	$\hat{I}$	A		amplitude of an ac current
Imaginärteil der Impedanz	Im Z	Ω	$= \mathrm{V/A} = \mathrm{m^2kg\,s^{-3}A^{-2}}$	impedance imaginary part
Magnetische Polarisation	$\vec{J}$	$\mathrm{T} = \dfrac{\mathrm{V\,s}}{\mathrm{m}^2} = \dfrac{\mathrm{Wb}}{\mathrm{m}^2} = \mathrm{kg\,s^{-2}A^{-1}}$		magnetic polarization
Elektr. (Leitungs-)Stromdichte	j, J	$\mathrm{A/m}^2$	$= \mathrm{m^{-2}A}$	(conduction) current density
Klirrfaktor,	k	–	$= 1$	distortion factor, blur ∼, ratle ∼
(Selbst-)Induktivität	L	$\mathrm{H} = \Omega\mathrm{s} = \mathrm{Wb/A} = \mathrm{m^2kg\,s^{-2}A^{-2}}$		(self-)inductance
Magnetisierung	$\vec{M}$	A/m		magnetization
magnetisches Moment	$\vec{m}, \vec{m}_\mathrm{A}$	$\mathrm{A\,m}^2$	$= \mathrm{J/T}$	magnetic (area) momentum
Elektromagnetisches Moment	$\vec{m}, \vec{m}_\mathrm{C}$	$\mathrm{Wb\,m} = \mathrm{V\,s\,m}$	$= \mathrm{kg\,m^3s^{-2}A^{-1}}$	electromagnetic momentum
Windungzahl der Spule	N	–	$= 1$	number of turns
Windungzahlverhältnis	n	–	$= 1$	ratio of number of turns
Elektrische (Wirk-)Leistung	P	W	$= \mathrm{J/s} = \mathrm{m^2kg\,s^{-3}}$	real power, active power
Elektrische Blindleistung	P_q, Q	W	$= \mathrm{J/s} = \mathrm{m^2kg\,s^{-3}}$	reactive power
Scheinleistung	P_S, S	W	$= \mathrm{J/s} = \mathrm{m^2kg\,s^{-3}}$	apparent power
(Di)elektrische Polarisation	$P, \vec{P}$	$\mathrm{C/m}^2$	$= \mathrm{m^{-2}s\,A}$	dielectric polarization
Elektrisches Dipolmoment	$\vec{p}, \mu$	C m	$= \mathrm{m\,s\,A}$	electric dipole moment
Schwingungsgehalt	p	–	$= 1$	pulsation factor
Anzahl der Polpaare	p	–	$= 1$	number of pairs of poles
Elektr. Ladung, Elektrizitätsmenge	Q	C	$= \mathrm{A\,s}$	electric charge, quantity of electricity
Blindleistung	$Q, P_\mathrm{q}, P_\mathrm{b}$	W	$= \mathrm{J/s} = \mathrm{m^2kg\,s^{-3}}$	reactive power
Ladungsdichte,	q	$\mathrm{C/m}^2$	$= \mathrm{A\,s\,m^{-2}}$	surface electric charge density
elektrischer Feldgradient(tensor)	q	$\mathrm{V/m}^2$	$= \mathrm{kg\,s^{-3}A^{-1}}$	electric field gradient (tensor)

Physikalische Größe	Symbol	Einheit	Basiseinheiten	Englische Bezeichnung
elektr. (Wirk-)Widerstand	R	$\Omega = V/A$	$= m^2 kg\,s^{-3} A^{-2}$	electrical resistance
Hall-Konstante	R_H, (A_H)	m^3/C	$= m^3 s^{-1} A^{-1}$	Hall coefficient
magnetischer Widerstand, Reluktanz	R_m	$H^{-1} = A/Wb$	$= m^{-2} kg^{-1} s^2 A^2$	reluctance
Realteil der Impedanz	Re $\underline{Z}$	$\Omega = V/A$	$= m^2 kg\,s^{-3} A^{-2}$	impedance real part
(Komplexe) Scheinleistung	$\underline{S}$	W	$= J/s = m^2 kg\,s^{-3}$	apparent power, complex power
Schwingungsgehalt	s, p_U, p_I	$-$	$= 1$	pulsation factor
Schlupf	s	$-$	$= 1$	circle coefficient
Zeitkonstante, Abklingzeit	$(T), \tau$	s		time constant
elektrische Spannung	U	$V = J/As$	$= m^2 kg\,s^{-3} A^{-1}$	electric voltage, potential difference
induzierte Spannung	U_i	V	$= m^2 kg\,s^{-3} A^{-1}$	induced voltage
Potentielle Energie, Potential	V, φ	$J = Ws$	$= m^2 kg\,s^{-2}$	potential energy
magnetische Spannung	V	A		magnetic voltage
Blindwiderstand	X	$\Omega = V/A$	$= m^2 kg\,s^{-3} A^{-2}$	reactance
Übergangsreaktanz	X'_d	$\Omega = V/A$	$= m^2 kg\,s^{-3} A^{-2}$	direct-axis transient reactance
Anfangsreaktanz	X''_d	$\Omega = V/A$	$= m^2 kg\,s^{-3} A^{-2}$	direct-axis subtransient reactance
Querfeldreaktanz	X_q	$\Omega = V/A$	$= m^2 kg\,s^{-3} A^{-2}$	quadrature axis synchronous reactance
Gegen-, Inversreaktanz	X_2	$\Omega = V/A$	$= m^2 kg\,s^{-3} A^{-2}$	negative phase-sequence reactance
Nullreaktanz	X_0	$\Omega = V/A$	$= m^2 kg\,s^{-3} A^{-2}$	no-voltage reactance
Eigenreaktanz	X_{11}, X_{22}	$\Omega = V/A$	$= m^2 kg\,s^{-3} A^{-2}$	self-reactance
Hauptreaktanz	X_{1h}, X_{2h}	$\Omega = V/A$	$= m^2 kg\,s^{-3} A^{-2}$	main reactance
Streureaktanz	$X_{1\sigma}, X_{2\sigma}$	$\Omega = V/A$	$= m^2 kg\,s^{-3} A^{-2}$	stray reactance
Komplexer Widerstand, Impedanz	$\underline{Z}$	$\Omega = V/A$	$= m^2 kg\,s^{-3} A^{-2}$	impedance
Impedanzbetrag, Scheinwiderstand	$|\underline{Z}|$	Ω		modulus of impedance
Wellenwiderstand	Z, Γ	$\Omega = V/A$	$= m^2 kg\,s^{-3} A^{-2}$	image impedance, impedance level
– im Vakuum	Z_0, Γ_0	$\Omega = V/A$	$= m^2 kg\,s^{-3} A^{-2}$	in vacuum
Leiterzahl	z	$-$	$= 1$	number of conductors
Polarisierbarkeit	α	$C\,m^2 V^{-1}$	$= kg^{-1} s^4 A^2$	electric polarizability
Bürstenbedeckungsverhältnis	β	$-$	$= 1$	brush arc to pole pitch ratio
Elektr. Suszeptibilität	χ_e	$-$	$= 1$	(Chi) electric susceptibility
Magnet. Suszeptibilität	χ, χ_m, κ	$-$	$= 1$	magnetic susceptibility
Molare magnet. Suszeptibilität	χ_m	m^3/mol		molar magnetic susceptibility
Elektr. Potentialdifferenz	$\Delta\varphi, U$	V	$= m^2 kg\,s^{-3} A^{-1}$	electric potential difference
Verlustwinkel	δ	rad	$= 1$	loss angle
Permittivität, Dielelektrizitätskonstante	ε	F/m	$= m^{-3} kg^{-1} s^4 A^2$	permittivity
Elektrische Feldkonstante	ε_0	F/m	$= m^{-3} kg^{-1} s^4 A^2$	electric constant, absolute permittivity of vacuum
Dielektrizitätszahl	ε_r	$-$	$= 1$	relative permittivity
Leistungs- od. Verschiebungsfaktor	λ	$-$	$= 1$	(dielectric) power factor, displacement factor
magnetischer Leitwert	Λ	H	$= m^2 kg\,s^{-2} A^{-2}$	permeance
Elektrisches Dipolmoment	$\mu, \vec{p}$	Cm	$= m\,s\,A$	electric dipole moment
Magnetisches Dipolmoment	$\vec{\mu}, \vec{m}$	$A\,m^2 = J/T$		magnetic dipole moment
Permeabilität	μ	$H/m = N/A^2 = \dfrac{V\,s}{A\,m} = \dfrac{m\,kg}{s^2 A^2}$		permeability
magnetische Feldkonstante	μ_0	$H\,m^{-1}$	$= m\,kg\,s^{-2} A^{-2}$	absolute permeability of vacuum, magnetic constant
Permeabilitätszahl	μ_r	$-$	$= 1$	relative permeability
Thomson-Koeffizient	$\mu, (\tau)$	V/K	$= m^2 kg\,s^{-3} A^{-1} K^{-1}$	Thomson coefficient
magnetischer Fluss	Φ	$Wb = V\,s$	$= m^2 kg\,s^{-2} A$	magnetic flux
elektrisches Potential	$\varphi, (V)$	$V = J/C$	$= m^2 kg\,s^{-3} A^{-1}$	electric potential
magnetisches Potential	φ	A		magnetic potential
Phasenverschiebung(swinkel)	φ	rad	$= 1$	phase angle
Polrad-, Leitungswinkel	φ	rad	$= 1$	magnetwheel angle
Peltier-Koeffizient	Π	$V = J/As$	$= m^2 kg\,s^{-3} A^{-1}$	Peltier coefficient
Elektrischer Fluss	Ψ, Ψ_e	C	$= A\,s$	electric flux
Spezifischer Widerstand	ϱ	Ωm	$= m^3 kg\,s^{-3} A^{-2}$	resistivity
Widerstandstensor	ϱ, ϱ_{ik}	Ωm		resistivity tensor
(Raum-)Ladungsdichte	$\varrho(\vec{r})$	Cm^{-3}	$= m^{-3} s\,A$	(space) charge density
Elektrische Leitfähigkeit	σ	S/m	$= \Omega^{-1} m^{-1}$	conductivity
Leitfähigkeitstensor	σ, σ_{ik}	S/m	$= m^{-3} kg^{-1} s^3 A^2$	conductivity tensor
Flächenladungsdichte	σ	C/m^2	$= A\,s\,m^{-2}$	surface charge density
Streufaktor, Streugrad	σ	$-$	$= 1$	dispersion coefficient
Polteilung	τ	m		pole pitch
Elektrische Durchflutung	Θ	A		current linkage (with a closed path)
Wicklungsfaktor	ξ	$-$	$= 1$	space factor, copper factor
Widerstandserhöhungsfaktor	ζ_R	$-$	$= 1$	increase of resistance for current displacement
Induktivitätsverringerungsfaktor	ζ_i	$-$	$= 1$	decrease of inductance

Abgleichen

Justieren. Messgeräte od. Maßverkörperungen so einstellen, dass die Ausgangsgröße (z. B. Anzeige) vom richtigen Wert minimal abweicht oder die Abweichung innerhalb der Fehlergrenzen bleibt.

Beispiele: Justieren eines Gewichtsstückes durch Abfeilen, eines Widerstandes durch Ändern der Drahtlänge.

Abtasttheorem

Nach SHANNON: Ein zeitkontinuierl. Signal $s(t)$, dessen Spektrum durch die Bandbreite B begrenzt ist, wird eindeutig durch Abtastung in *diskrete* Signale umgewandelt, wenn:

Abtastintervall $\qquad T_A \leq \dfrac{1}{2B}$

Abtastfrequenz $\qquad f_A \geq 2B$

Admittanz

Scheinleitwert, Kehrwert der *Impedanz. Im Zeigerdiagramm: Pfeil der Länge $Y = |\underline{Y}|$, mit Winkel $-\varphi$ (IV. Quadrant der komplexen Ebene).

$$\underline{Y} = \operatorname{Re}\underline{Y} + \mathrm{j}\operatorname{Im}\underline{Y} = \frac{1}{\underline{Z}} = \frac{\underline{I}}{\underline{U}} = \frac{I}{U}\,\mathrm{e}^{\mathrm{j}\,(\varphi_\mathrm{i}-\varphi_\mathrm{u})}$$

$$= |\underline{Y}|\,\mathrm{e}^{-\mathrm{j}\varphi} = Y \angle -\varphi = G + \mathrm{j}$$

Wirkleitwert, *Konduktanz*

$$G = \operatorname{Re}\underline{Y} = Y' = |\underline{Y}|\cos\varphi = \frac{\operatorname{Re}\underline{Z}}{|\underline{Z}|^2}$$

$$= \frac{R}{Z^2} = \frac{R}{R^2 + X^2}$$

Blindleitwert, *Suszeptanz*

$$B = \operatorname{Im}\underline{Y} = Y'' = |\underline{Y}|\sin\varphi = -\frac{\operatorname{Im}\underline{Z}}{|\underline{Z}|^2} =$$

$$= \frac{X}{Z^2} = \frac{X}{R^2 + X^2} = \sqrt{Y^2 - G^2}$$

Scheinleitwert, Admittanzbetrag

$$Y = |\underline{Y}| = I_\mathrm{eff}/U_\mathrm{eff} = \sqrt{(\operatorname{Re}\underline{Y})^2 + (\operatorname{Im}\underline{Y})^2}$$

Phasenwinkel

$$\tan\varphi = \tan(\varphi_\mathrm{i} - \varphi_\mathrm{u}) = -\frac{X}{R} = -\frac{B}{G}$$

Parallelschaltung Widerstand–Spule

$$Y = \sqrt{G^2 + B_\mathrm{L}^2}$$

Parallelschaltung Widerstand–Kondensator

$$Y = \sqrt{G^2 + B_\mathrm{C}^2}$$

Parallelschaltung Widerstand–Spule–Kondensator

$$Y = \sqrt{G^2 + (B_\mathrm{L} - B_\mathrm{C})^2} = \frac{G}{\cos\varphi} = \frac{B}{\sin\varphi}$$

Alvén-Zahl

Kenngröße der Dimension 1.

$$Al = \frac{v\sqrt{\varrho\mu}}{B} = \sqrt{\frac{1}{\text{Cowling-Zahl}}}$$

B	Magnetische Induktion	$(\mathrm{T} = \mathrm{V\,s\,m^{-2}} = \mathrm{kg\,A^{-1}s^{-2}})$
v	Strömungsgeschwindigkeit	$(\mathrm{m/s})$
μ	Permeabilität	$(\mathrm{H/m} = \mathrm{Vs/Am})$
ϱ	Dichte	$(\mathrm{kg/m^3})$

Amperemeter *Strommessung.

Anpassung

Spannungsanpassung eines Widerstandes an den Innenwiderstand einer Stromquelle.

$$R_\mathrm{L} \gg R_\mathrm{i} \quad\text{und}\quad U \approx U_0$$

Leistungsanpassung (z. B. einer Batterie)

$$R_\mathrm{L} = R_\mathrm{i} \quad\text{und}\quad U = \frac{U_0}{2} \quad\text{und}\quad P_\mathrm{max} = \frac{U_0^2}{4\,R_\mathrm{i}}$$

Stromanpassung: $\quad R_\mathrm{L} \ll R_\mathrm{i} \quad\text{und}\quad I \approx I_\mathrm{k}$

Vgl. *Antenne.

$I; I_\mathrm{k}$	Laststrom; Kurzschlussstrom	(A)
P_max	größte Leistung an R_L	(W)
$R_\mathrm{L}; R_\mathrm{i}$	Lastwiderstand; Innenwiderstand	(Ω)
$U; U_0$	Lastspannung; Quellenspannung	(V)

Ansprechschwelle

Derjenige Wert einer erforderl. geringen Änderung der Messgröße, die eine erste eindeutig erkennbare Änderung der Anzeige hervorruft (bei Skalen- und Ziffernanzeigen *Auflösung* genannt). Die Ansprechschwelle am Nullpunkt heißt *Ansprechwert,* die Ansprechschwelle bei integrierenden Messgeräten *Anlaufwert.*

Antenne

Empfangseinrichtung für elektromagnetische Wellen.

1) *Anpassung einer Antenne.* Der Antennenwiderstand R_i soll so groß wie der Wellenwiderstand der Leitung Z und der Eingangswiderstand des Empfängers R_e sein.

$$\boxed{R_\mathrm{i} = Z = R_\mathrm{e}} \quad (\Omega)$$

2) *Dämpfung einer Antenne*
Dämpfungsfaktor

$$D = \frac{\text{Eingangsgröße } S_1}{\text{Ausgangsgröße } S_2} \quad (\text{z.B.V/V})$$

Dämpfungsmaß

$$\boxed{a = \sum_i a_i = 10\lg\frac{P_1}{P_2} = 20\lg\frac{U_1}{U_2}} \quad \mathrm{dB}$$

Dämpfungsmaß, natürliches

$$a = \ln\frac{U_1}{U_2} \quad (\mathrm{Np})$$

Antennen-*Freiraumdämpfungsmaß:* Logarithmiertes Verhältnis von Sendeleistung zu Empfangsleistung.

U_1, U_2	Eingangs-, Ausgangsspannung	(V)
P_1, P_2	Eingangs-, Ausgangsspannung	(W)

3) *Übertragungsfaktor einer Antenne*

$$T = \frac{\text{Ausgangsgröße } S_2}{\text{Eingangsgröße } S_1} \quad (\text{Dim.1})$$

4) *Verstärkung einer Antenne*
Verstärkungsfaktor

$$V = \frac{\text{Ausgangsgröße } S_2}{\text{Eingangsgröße } S_1} \quad (\text{Dim.1})$$

Verstärkungsmaß

$$\boxed{v = \sum_i v_i = -a = 10\lg\frac{P_2}{P_1} = 20\lg\frac{U_2}{U_1}} \quad \mathrm{dB}$$

$D; a$	Dämpfungsfaktor; Dämpfungsmaß	
S_1, S_2	Eingangs-, Ausgangsgröße (z. B. V)	

5) *Antennenleistung.* Aufgenommene Leistung der Empfangsantenne für Freiraumübertragung, d. h. hochfrequente Raumwellen (ab UKW-Bereich, $\lambda < 3$ m) zwischen optischen Sichtverbindungen.

$$P_e = P_s \left(\frac{\lambda}{4\pi r}\right)^2 G_e G_s$$

Kurz-, Mittel- und Langwellen werden an der Ionosphäre reflektiert. Über 100 m treten Bodenwellen entlang des gekrümmten Erdbodens auf. Im Mittelwellenbereich zusätzlich Interferenz zwischen Bodenwellen und an der Erdoberfläche reflektierten Raumwellen.

G_e Gewinn der Empfangsantenne. G_s der Sendeantenne.
r Abstand zw. Sende- und Empfangsantenne, P_s Sendeleistung.
λ Wellenlänge.

6) Wirksame *Antennenfläche* für Freiraumübertragung $\lambda < 3$ m.

HERTZscher Elementardipol $\qquad A_{w,H} = \dfrac{3\lambda^2}{8\pi}$

Kugelstrahler $\qquad A_{w,K} = \dfrac{\lambda^2}{4\pi}$

7) *Antennen-Reichweite*, quasiopt. Sichtweite.

$$d = \sqrt{2r_e}\left(\sqrt{h_s} + \sqrt{h_e}\right)$$

$r_e \approx 8470$ km effektiver Erdradius,
h_e Höhe der Empfangsantenne, h_s der Sendeantenne.

8) *Empfangsspannung einer Antenne*

$$\boxed{U = E\, l_w} \quad \text{(V)}$$

E	Empfangsfeldstärke	(V/m)
l_w	wirksame Antennenlänge	(m)

9) *Spannungspegel einer Antenne*

$$\boxed{L_u = 20\lg\frac{U}{U_0}} \quad \text{dB}$$

$U_0 \qquad$ Bezugsspannung: $1\ \mu$V an 75 Ω

Antennengewinn

In der Nachrichtentechnik: das Verhältnis zweier Leistungen (Dimension 1).
Bezogen auf den isotropen Strahler:

$$\boxed{G_i = \eta_t D_i = \frac{P_t}{P_{t0}} \cdot \frac{P_{\Omega max}}{P_{\Omega i}}}$$

η_t	Strahlenwirkungsgrad	
D_i	Richtfaktor bezogen auf den isotropen Strahler	
$P_{\Omega i}$	mittlere Strahlstärke	(W/sr),
P_t	Strahlungsleistung	(W),
P_{t0}	Eingangsleistung = aufgenommene Wirkleistung (W).	

Bezogen auf den Halbwellendipol:

$$\boxed{G_d = \eta_t D_d \approx \frac{R_r}{R_r + R_l} \cdot \frac{D_i}{1,643}}$$

R_r Strahlungswiderstand (Ω), R_l Verlustwiderstand (Ω).

Verhältnis der wirksamen Antennenfläche im Vergleich zum Kugelstrahler.

$$G = \frac{A_w}{A_{w,K}}$$

Antennengewinnmaß

Logarithmus des *Antennengewinns ($\lg G$).

$$\boxed{g \equiv a_G = 10\lg G = 20\lg\frac{U_2}{U_1}} \quad \text{dB}$$

U_1	Antennenspannung der Bezugsantenne	(V)
U_2	Antennenspannung in Vorzugsrichtung	(V)

Äquipotentiallinie

Linie gleichen Potentials um einen geladenen Körper; die Feldlinien $\vec{E}$ stehen dazu senkrecht.

Äquivalente Umwandlung

Bei gleicher Frequenz lässt sich jede Reihenschaltung von komplexen Widerständen in eine äquivalente Parallelschaltung umwandeln und umgekehrt.

Parallelschaltung: $\quad R_p \parallel X_p$, z. B. $R_p \parallel C_p$, $R_p \parallel L_p$
Reihenschaltung: $\quad R_s{-}X_s$, z. B. $R_s{-}C_s$, $R_s{-}L_s$

Parallelschaltung $\rightarrow$ Reihenschaltung

$$\boxed{R_s = \frac{R_p X_p^2}{R_p^2 + X_p^2}} \quad \text{und} \quad \boxed{X_s = \frac{R_p^2 X_p}{R_p^2 + X_p^2}}$$

Reihenschaltung $\rightarrow$ Parallelschaltung

$$\boxed{R_p = \frac{R_s^2 + X_s^2}{R_s}} \quad \text{und} \quad \boxed{X_p = \frac{R_s^2 + X_s^2}{X_s}}$$

R ohmscher Widerstand, X Blindwiderstand.

Arbeit, elektrische

Bei Verschiebung einer Ladung im elektr. Feld auf dem Weg $\vec{r}$ verrichten die Feldkräfte die Arbeit W_{AB}, die proportional zur Elektrizitätsmenge Q ist.

$$W_{AB} = UQ = (\varphi_B - \varphi_A)\,Q =$$
$$= \int_O^B \vec{F}(\vec{r})\,d\vec{r} - \int_O^A \vec{F}(\vec{r})\,d\vec{r}$$
$$= Q\int_O^B \vec{E}(\vec{r})\,d\vec{r} - Q\int_O^A \vec{E}(\vec{r})\,d\vec{r} = Q\int_A^B \vec{E}(\vec{r})\,d\vec{r}$$

Elektr. *Potential: $\varphi = W/Q$

Die Ladungsträger wandern unter der Triebkaft des elektr. Feldes durch den Leiter und verrichten dabei elektr. Arbeit. Bei konstanter Stromstärke bewegen sich alle Ladungsträger mit gleicher Geschwindigkeit. Die elektr. Arbeit wird als *Stromwärme W* frei.

Elektrische Arbeit	$W = \int_0^T u(t)\,i(t)\,dt = \int_0^T P(t)\,dt$
	$= \int_0^T \dfrac{u(t)^2}{R}\,dt = \int_0^T i(t)^2\,R\,dt$
Gleichstrom	$W = Pt = UIt = I^2Rt = \dfrac{U^2 t}{R} = UQ$
Wechselstrom	$W = UIt\cos\varphi$
Drehstrom	$W = \sqrt{3}\,UIt\cos\varphi$
Einheit:	$J = Ws = \frac{1}{3600}\,Wh$

U Spannung (V), I Strom (A), t Zeit (s), R Widerstand (Ω),
$\cos\varphi$ Leistungsfaktor (Dim. 1).

ASCII

American Standard Code for Information interchange.
*Code zur numerischen Darstellung von Buchstabenzeichen auf Rechnersystemen.

Dez.	Hex.	Zeichen
0–31	00–1F	Steuerzeichen
32	20	(Space)
33–47	20–2F	! " # \$ % & ' ( ) * + , – . /
48–57	30–39	Ziffern 0 bis 9
58–64	3A–40	: ; < = > ? @
65–90	41–5A	Buchstaben A bis Z
91–96	5B–60	[\ ] ^ _ `
96–122	61–7A	Buchstaben a bis z
123–126	7B–7E	{ | }
127	7F	(Delete)

128–168	80–A8	fremdsprachige Sonderzeichen und deutsche Umlaute
169–223	A9–DF	grafische Sonderzeichen
224–238	E0–EE	griechische Sonderzeichen
239–255	EF–FF	mathematische Sonderzeichen

ASIC

Application specific integrated circuit. Programmierbarer Schaltkreis für Digital- und Analogbausteine.

1) Semikunden-ASIC.

PAL (= Programmable Array Logic): Matrix aus vielen UND-Gattern, die über vorgegebene ODER-Gatter verknüpft werden.

FPLA (= Field Programmable Logic Array): UND-Matrix aus programmierbaren Verbindungen (wie PAL), die in einer ODER-Matrix verknüpft werden.

PML (= Programmable Macro Logic): Über eine programmierbare Verbindungsmatrix werden die Ein- und Ausgänge von NAND-Gattern miteinander verknüpft.

FPGA (= Field Programmable *Gate Array*): Konfigurierbare Logikblöcke und programmierbare Verdrahtung.

2) Kunden-ASIC: Chip nach Kundenwunsch als Standardzelle oder Vollkunden-ASIC.

Asynchronmaschine

Elektr. Maschine (*Drehfeldmaschine*) zur Stromerzeugung (G = Generator) oder für Antriebe (M = Motor).

Drehzahl	
– Synchrondrehzahl (Drehfeldzahl)	$n_1 = \dfrac{\text{Netzfrequenz } f_1}{\text{Polpaarzahl } p}$
– Läuferdrehzahl d. Welle	$n = n_1(1 - s) = \dfrac{f_1(1 - s)}{p}$
Frequenz des Läuferstroms	$f_2 = sf_1 = psn_1$
Schlupf	
– Motor	$s = 1 - \dfrac{n}{n_1}$
– Generator	$s = \dfrac{n}{n_1} - 1$
Leistung	
– Zugef. Wirkleistung	$P_1 = \sqrt{3}\,U_{1\mathrm{L}} I_{1\mathrm{L}} \cos\varphi = 3U_1 I_1 \cos\varphi$
– Luftspaltleistung	$P_\mathrm{L} = P_1 - P_{\mathrm{Cu},1} - P_{\mathrm{V,Fe}}$
	$P_\mathrm{L} = P + P_{\mathrm{Cu},2} = \dfrac{3I_2^2 R_2}{s}$
	$P_\mathrm{L} = P_\mathrm{L}(1 - s) + P_\mathrm{L}s$
– Mech. Leistung an Welle	$P = P_\mathrm{L} - P_{\mathrm{Cu},2} = P_\mathrm{L}(1 - s)$
	$P = \omega M = 2\pi n M$
– Drehstrom (M, G)	$P_{\mathrm{zu/ab}} = \sqrt{3}\,U I \cos\varphi$
– Wechselstrom (M, G)	$P_{\mathrm{zu/ab}} = U I \cos\varphi$
Stromwärmeverluste	
– des Ständers	$P_{\mathrm{Cu},1} = 3I_1^2 R_1$
– des Läufers	$P_{\mathrm{Cu},2} = 3I_2^2 R_2 = s\,P_\mathrm{L}$
Wirkungsgrad	$\eta = P/P_1$
Drehmoment	
– Kippmoment	$M_\mathrm{K} = M_{\max}$
– Kloß-Formel	$\dfrac{M}{M_\mathrm{K}} = \dfrac{2}{(s/s_\mathrm{K}) + (s_\mathrm{K}/s)}$
– Kippschlupf	$s_\mathrm{K} = R_2/X_{\sigma,2}$

I_2 Läuferstrom, $P_{\mathrm{V,Fe}}$ Ummagnetisierungsverluste,
R Widerstand (1 = Ständer, 2 = Läufer),
U_{1,I_1} Ständerstranggrößen, $U_{1\mathrm{L}}, I_{1\mathrm{L}}$ Ständernetzgrößen,
$X_{\sigma,2}$ Läuferstreureaktanz.

Aufnehmer

Erstes Glied in einer Messeinrichtung, das den Messwert der Messgröße registriert und ein Messsignal abgibt.

Ausgeber

Ausgabegerät. Letztes Glied einer Messeinrichtung.

Austrittsarbeit

Der *Ladungstransport im Vakuum* erfolgt durch Elektronen, die nach Zufuhr der *Austrittsarbeit* W_A aus dem Leitermaterial austreten.

1) *Thermische Emission* oder *Glühemission* (RICHARDSON-Gleichung)

$$j = A\,T^2\,e^{-W_\mathrm{A}/kT}$$

A	Richardson-Konstante:	
	Wolfram: 10^6, Metalloxide: 100	$(\mathrm{A\,m^{-2}K^{-2}})$
j	Stromdichte	$(\mathrm{A/m^2})$
T	Temperatur der Kathode	(K)
W_A	Austrittsarbeit	(J)

2) *Fotoeffekt.* Kinetische Energie freigesetzter Elektronen nach Auftreffen energiereicher Photonen ($h\nu \geq W_\mathrm{A}/h$).

$$E_\mathrm{kin} = \tfrac{1}{2} m_\mathrm{e} v^2 = h\nu - W_\mathrm{A}$$

Je energiereicher die Photonen, desto schneller die Elektronen. Je höher die Lichtintensität (Photonenstrom), umso größer der Elektonenstrom.

3) *Sekundärelektronenemission.* Schnelle Primärelektronen, die auf Materie treffen, vermögen 1 (Metalle) bis 2–15 (Halbleiter) Sekundärelektronen freizusetzen, sofern $h\nu \geq W_\mathrm{A}/h$. Technische Anwendung für *Fotomultiplier* (Sekundärelektronenvervielfacher SEV).

4) *Feldemission.* Die Feldstärke an Spitzen ($E \geq 10^9\,\mathrm{V/m}$) genügt, um Elektronen freizusetzen, Technische Anwendung: *Feldelektronenmikroskop.*

Automat

Informatik: Ein endlicher Automat ist ein Quintupel (X, Y, Z, f_y, f_z)

X Menge der möglichen Entscheidungsbelegungen mit n Entscheidungsvariablen x_i.

Y Menge der möglichen Steuerbelegungen mit m Steuervariablen y_i.

Z Menge der internen Zustände mit k Zustandsvariablen z_i.

f_y Ausgabefunktion

f_z Überführungsfunktion

1) Moore-Automat. Ausgabefunktion hängt nur vom Zustand a ab.

2) Mealy-Automat. Ausgabefunktion hängt von den Entscheidungsvariablen und dem Zustand ab.

Bandbreite

Durch die Frequenzen eines Spektrums vorgegebenes Frequenzintervall zw. oberer und unterer Grenzfequenz; in der Praxis z. B. die Frequenzanteile mit Amplituden größer als 10% der Maximalamplitude.

$$B = \Delta f = f_\mathrm{o} - f_\mathrm{u}$$

Die Zeitdauer eines Vorganges und seine spektrale Breite verhalten sich reziprok (*Fourier-Integral).
Rechteckimpuls der Einschaltdauer T.

Tabelle 7.1 Energiebändermodell: Leitungsmechanismus in Leitern, Halbleitern und Isolatoren.

LEITER	ISOLATOR	Eigenhalbleiter	Dotierte Halbleiter	
			n-Halbleiter	p-Halbleiter
Metalle	Nichtmetalle		Eigenhalbleiter dotiert mit	Eigenhalbleiter dotiert mit
Ag, Fe, Hg etc.	Hartgummi	Diamant	D o n a t o r e n	A k z e p t o r e n
	Glimmer	Ge	(P^V, As^V, Sb^V)	$(Al^{III}, B^{III},$
	Bernstein	Si		$Ga^{III}, In^{III})$
	Quarz, Glas	Se	Elektronen-	Elektronenlücke
	Keramik	Kupferoxid	überschuss	

Energiebändermodell

Leitungsband	Leitungsband	Leitungsband	Leitungsband	Leitungsband
Valenzband			$-\;-\ominus-\;-$	
	große verbotene Zone (≥ 3 eV)	kleine verbotene Zone	Donorniveaus $\uparrow$ $\uparrow$ $\uparrow$	Akzeptorniveaus $-\;-\oplus-\uparrow-$
	Valenzband	Valenzband	Valenzband	Valenzband

Untere vollbesetzte Bänder

Leitungsmechanismus

LEITER	ISOLATOR	Eigenhalbleiter	n-Halbleiter	p-Halbleiter
• Überlappung von vollen und leeren Bändern durch geringe Energie-unterschiede • teilbesetztes Valenzband • winzige od. keine verbotene Zone	• zu große Energiebarriere für Elektronen-übergang vom Valenz- ins Leitungsband	• Eigenleitung • kleine verbotene Zone • thermische oder photochemische Anregung	• Überschuss-elektronenleitung • Anregung der Überschuss-$e^\ominus$ in Donorniveaus • kleinere Anregungsenergie als Si-Valenz-$e^\ominus$ (geringere Kernanziehung)	• Defekt-elektronenleitung • Hüpfen der Elektronleerstelle („Loch") in ein Acceptorniveau

Spezifischer Widerstand

LEITER	ISOLATOR	HALBLEITER
sehr klein, steigt mit zun. Temp.	sehr hoch	sinkt mit zunehmender Temperatur Technische Anwendung: Heißleiter (Thermistor), NTC-Widerstand

$$B = \frac{1}{T} \quad \text{oder} \quad B\,T = 1$$

3-dB-Bandbreite: Frequenzbereich, in dem die *Übertragungsfunktion $H(\omega) = U_2(\omega)/U_1(\omega)$ weniger als $1/\sqrt{2} \approx 0{,}707$ vom Maximalwert abweicht.

U_1 Eingangsspannung, U_2 Ausgangsspannung, ω Kreisfequenz.

Beispiel	f_o/Hz	f_u/Hz	B/kHz
Fernsprechen (CCITT)	300	3400	3,1

Bändermodell

Energiebändermodell der Stromleitung im Festkörper. Durch gegens. Wechselwirkungen spalten die Energieniveaus der Einzelatome im Kristallgitter auf; sie entarten zu „Bändern". Jedes Energieband besteht aus einer Vielzahl von unmittelbar benachbarten Niveaus, die von je zwei Elektronen entgegengesetzten Spins besetzt werden.

• *Leitungsband:* teilweise besetztes Energieband mit frei beweglichen Elektronen.

• *Valenzband:* letztes vollbesetztes Energieband; bei Isolatoren und Halbleitern ohne freie Energiezustände.

• *Verbotene Zone* („energy gap"): unbesetzter Bereich zw. den Bändern.

• Die *inneren vollbesetzten Bänder* tragen nicht zur Leitfähigkeit bei; die Elektronen sind nicht frei beweglich.

Einzelne Energiebänder überlappen aufgrund der *Bandverbreiterung* bei

1) großer Atomzahl (viele Energieniveaus),

2) kleinem Atomabstand (große Orbitalüberlappung),

3) hohen Energiezuständen (große Raumerfüllung).

Verdeutlichung: Nähern sich zwei isolierte $^{23}_{11}$Na-Atome (Konfiguration: $1s^2\,2s^2\,2p^6\,3s^1$) von unendlichem Abstand auf den Kerngleichgewichtsabstand r_0, so überlappen ihre Potentiale; die 3s-Valenzelektronen-Orbitale – in großer Entfernung entartet – spalten in zwei Zustände auf: σ (bindend) und σ^* (antibindend). Betrachtet man viele Na-Atome, so verschmelzen die vielen 2s-Niveaus im Termschema zum 2s-Valenzband, quasi ein „Energiekontinuum". Nach dem Pauli-Prinzip besetzen zwei Elektronen (Fermionen) niemals dasselbe Energieniveau, sondern unterscheiden sich stets geringfügig in ihrer Energie, d. h. in mindestens einer Quantenzahl. Daher entstehen keine scharfen Linien, sondern Energiebänder. Infolge des Tunneleffekts kann sich ein Valenzelektron auch außerhalb des zugehörigen Atomorbitals (AO) aufhalten. Das Molekülorbital (MO) erstreckt sich daher über den ganzen Kristallverband.

- *Alkalimetalle:* metallische Leitung durch halbbesetzte s-Bänder.
- *Erdalkalimetalle:* vollbesetzte s-Bänder, jedoch metall. Leitung durch Überlappung mit p-Bändern.
- *Übergangsmetalle und -metalloxide:* metall. Leitung durch teilbesetzte d-Bänder.
- *Halbleiter

Belag Längenbezogene Größe.

Leitung	Kapazität pro Länge	Induktivität pro Länge
Doppelleitung	$C' = \frac{\varepsilon_0 \varepsilon_r \pi}{\ln(a/r)}$	$L' = \frac{\mu_0 \mu_r}{\pi} \ln \frac{a}{r}$
Koaxialleitung	$C' = \frac{2\varepsilon_0 \varepsilon_r \pi}{\ln(D/d)}$	$L' = \frac{\mu_0 \mu_r}{2\pi} \ln \frac{D}{d}$

a Leiterabstand, r Leiterradius,
d, D Innen- und Außendurchmesser.

Beweglichkeit

Ladungsträgerbeweglichkeit. Beweglichkeit von Elektronen und Ionen im elektr. Feld.

$$b = \frac{\text{Driftgeschwindigkeit } v}{\text{Feldstärke } E} \qquad \frac{\text{m}^2}{\text{V s}}$$

Binärcode

Code mit den Zeichen $\{0,1\}$. In *Binärdarstellung* werden Zahlen zur Basis 2 bezogen. Beim Rechnen können ungültige Codes (Pseudotetraden) entstehen; Korrekturadditionen sind nötig.

Zahl	BCD	Aiken	Gray	Excess-3
0	0000	0000	0000	0011
1	0001	0001	0001	0100
2	0010	0011	0011	0101
3	0011	0010	0010	0110
4	0100	0110	0110	0111
5	0101	0111	0111	1000
6	0110	0101	0101	1001
7	0111	1000	0100	1010
8	1000	1100	1100	1011
9	1001	1101	1101	1100

Binärdarstellung

Zahlendarstellung in Computern.

1) Festkommaformat. Für positive ganze Zahlen.

$$z := \sum_{i=0}^{N-1} b_i \, 2^i$$

Dreier- und Vierergruppen von Bits werden zur besseren Lesbarkeit auch als Oktal- bzw. Hexadezimalzahl geschrieben.

Zahlenbereich	Codierung
0 ... 255	8 bit
0 ... 65 536	16 bit
0 ... 4 294 967 296	32 bit

2) Einerkomplement. Für negative ganze Zahlen durch stellenweise Komplementierung der Binärdarstellung des Betrages.

$$z := -\left(b_{(n-1)} 2^{N-1}\right) + \left(\sum_{i=0}^{N-2} b_i \, 2^i\right) - 1$$

Zahlenbereich von $-2^{N-1} + 1$ bis $2^{N-1} - 1$.
Die Null hat alle Bits gleich 1 oder alle Bits gleich 0.

3) Zweierkomplement. Für negative ganze Zahlen durch Einerkomplement und anschließende Addition von Eins.

$$z := -\left(b_{(n-1)} 2^{N-1}\right) + \sum_{i=0}^{N-2} b_i \, 2^i$$

Zahlenbereich von -2^{N-1} bis 2^{N-1}.

Zahlenbereich	Codierung
−128 ... +127	8 bit
−32 768 ... +32 767	16 bit
−2 147 483 648 ... +2 147 483 647	32 bit

4) Gleitpunktformat. Auftrennung in Vorzeichen, Exponent und Mantisse.

Einfache Genauigkeit:	32 bit
Doppelte Genauigkeit:	64 bit

Normalisierung. Die Mantisse wird verschoben, bis (z.B.) an der ersten Stelle links vom Komma eine Eins steht. Bei der internen Repräsentation weggelassen (hidden bit).

5) IEEE-Gleitpunktformat. Für 32-Bit-Gleitpunktzahlen im Zweierkomplement.

Darstellung:	$z = (-1)^s 2^{e-127}(01 \cdot m)_2$
	$z = 0$ für $e = \{-128,0\}$ und $m = 0$
Sonderfälle:	$z = (-1)^s 2^{e-126}(0 \cdot m)_2$
	falls $e = 0$ und $m \neq 0$
	(nicht normalisierte Zahl)
	$z = (-1)^s$ (unendlich),
	falls $e = 255$ und $m = 0$
	keine Zahl (NaN, not a number),
	falls $e = 255$ und $m \neq 0$
Bit 31:	Vorzeichenbit s
Bit 30-23:	Exponent e
Bit 22-0:	Mantisse m mit einem Hidden bit vor dem Komma

Biot-Savart-Gesetz Magnet. *Feldstärke.

Blindfaktor

Blindleistungsfaktor; Verhältnis von Blindleistung zu Scheinleistung. Für sinusförmigen Wechselstrom:

$$\sin \varphi = \frac{Q}{S} = \sqrt{1 - \cos^2 \varphi} = \frac{\operatorname{Im} Z}{|Z|} \qquad \text{(Dim.1)}$$

Q	kapazitive oder induktive Blindleistung	(var = W)
S	Scheinleistung	(W = VA)

Blindleistung

Imaginärteil der komplexen elektrischen *Leistung; Produkt von Blindspannung und -strom. In einem Netzwerk durch nichtohmsche Komponenten (Kondensatoren, Spulen) verursacht. Vgl. *Impedanz, *Leistungsmessung, *Schallintensität.

$$Q = P_{\mathrm{q}} = \operatorname{Im} \underline{P} \qquad \text{W}$$

Gesetzliche Einheit neben dem SI-System ist das *Var* (Volt-Ampere reaktiv).

7

Elektrotechnik

$1 \text{ var} = 1 \text{ VAr} = 1 \text{ W} = 1 \text{ J/s} = 1 \text{ Nm/s} = 1 \text{ kg m}^2\text{s}^{-3}$

Für sinusförmige Signale:

$$Q = P \tan\varphi = \tfrac{1}{2}\hat{U}\hat{I}\,\sin\varphi = U_{\text{eff}}I_{\text{eff}}\sin\varphi$$
$$= \frac{U^2 \sin^2\varphi}{X} = S\,\sin\varphi = \sqrt{S^2 - P^2}$$

Kapazitive Blindleistung $\quad Q_C = I^2 X_C$

Induktive Blindleistung $\quad Q_L = I^2 X_L$

Einphasen-Wechselstrom

$$Q = U\,I\,\sin\varphi = I^2 R \tan\varphi = I^2 Z \sin\varphi = I^2 X$$

Drehstrom

$$Q = \sqrt{3}\,U\,I\,\sin\varphi = 3\,I^2 R\,\tan\varphi$$
$$= 3\,I^2 Z \sin\varphi = 3I^2 X$$

P	Wirkleistung: $P = U I \cos\varphi$	(W)
S	Scheinleistung: $S = U I$	(W = VA)
X	Blindwiderstand	(Ω)
Z	Scheinwiderstand, Impedanz	(Ω)
φ	Phasenverschiebungswinkel	(rad)

Blindleistung, reduzierte

Kehrwert des reduzierten Volumens eines technischen elektrischen Kondensators.

$$P_q' = \frac{P_q}{V} = \frac{\omega C U^2}{V} \qquad \frac{\text{W}}{\text{m}^3}$$

Blindleistungskompensation

Kompensation von Blindleistung, z. B. bei der Energieversorgung.

kapazitive Blindleistung (in var = VA)

$$Q_C = P\,(\tan\varphi_1 - \tan\varphi_2)$$
$$= U\,I_{bC} = \frac{U^2}{X_C} = I_{bC}^2 X_C$$

Kapazität des Kompensationskondensators

a) für *Parallelkompensation* $\quad C = \dfrac{Q_C}{2\pi\,f\,U^2}$

b) für *Reihenkompensation* $\quad C = \dfrac{I_{bC}^2}{2\pi\,f\,Q_C}$

I_{bC}	kapazitiver Blindstrom	(A)
X_C	kapazitiver Blindwiderstand	(Ω)
$\varphi_{1,2}$	Phasenwinkel: unkompensiert, kompensiert	(rad)

Blindleitwert

Suszeptanz, Imaginärteil der *Admittanz (Scheinleitwert).

$$B = \operatorname{Im}\underline{Y} = Y'' = |\underline{Y}|\sin\varphi = \frac{X}{Z^2}$$
$$= \frac{X}{R^2 + X^2} = \sqrt{Y^2 - G^2}\,\text{S} = \Omega^{-1}$$

Induktiver Blindleitwert: $B_L = 1/X_L$

Kapazitiver Blindleitwert: $B_C = 1/X_C$

RLC-Parallelschaltung

$$B = \frac{Q}{U^2} = Y\,\sin\varphi = \sqrt{Y^2 - G^2}$$

Y Admittanz (Scheinleitwert), G Wirkleitwert.

Blindpermeabilität *Permeabilitätszahl.

Blindspannung

Spannungsabfall an induktiven oder kapazitiven Bauelementen.

$$U_B = \frac{Q}{I} = U\,\sin\varphi = \sqrt{U^2 - U_w^2} \quad \text{(V)}$$

RC-Reihenschaltung: $\quad U_{bC} = U\,\sin\varphi$

RL-Reihenschaltung: $\quad U_{bL} = U\,\sin\varphi$

U_w Wirkspannung.

Blindstrom

Strom auf Grund der Auf- oder Entladung eines kapazitiven oder induktiven Bauelementes.

$$I_B = \frac{Q}{U} = I\,\sin\varphi = \sqrt{I^2 - I_w^2} \quad \text{(A)}$$

I_w Wirkstrom.

Blindwiderstand

Konduktanz, Imaginärteil der *Impedanz (Scheinwiderstand) (in Ω).

$$X = \operatorname{Im}\underline{Z} = Z'' = |\underline{Z}|\sin\varphi = \sqrt{Z^2 - R^2}$$

Induktiver Blindwiderstand $\quad X_L = \omega L$

Kapazitiver Blindwiderstand $\quad X_C = \dfrac{1}{\omega C}$

Einphasen-Wechselstrom

$$X = \frac{U\,\sin\varphi}{I} = \frac{P\,\tan\varphi}{I^2} = \frac{S\,\sin\varphi}{I^2} = \frac{Q}{I^2}$$

Dreiphasen-Wechselstrom (Drehstrom)

$$X = \frac{U\,\sin\varphi}{\sqrt{3}\,I} = \frac{P\,\tan\varphi}{3\,I^2} = \frac{S\,\sin\varphi}{3\,I^2} = \frac{Q}{3\,I^2}$$

Boole'sche Gesetze der Schaltalgebra

1) *Kommutativgesetz:* die Reihenfolge der Variablen darf getauscht werden.

$$A + B = B + A \quad \text{und} \quad A \cdot B = B \cdot A$$

2) *Assoziativgesetz:* die Reihenfolge gleichrangiger Operatoren darf getauscht werden.

$$A + B + C = (A + B) + C = A + (B + C) \quad \text{und}$$
$$A \cdot B \cdot C = (A \cdot B) \cdot C = A \cdot (B \cdot C)$$

3) *Distributivgesetz:* beim Ausmultiplizieren von Klammerausdrücken gilt „Punkt vor Strich".

$$A \cdot (B + C) = AB + AC \quad \text{und}$$
$$(A + B) \cdot C = AC + BC$$

Brückenschaltung

Wechselstrommessbrücke. Bestimmung von Widerständen, Leitfähigkeiten, Kapazitäten, Induktivitäten im Impedanzviereck (vgl. Tabelle und Bild).

$$\frac{\text{unbekannte Impedanz } Z_x}{\text{Vergleichsimpedanz } Z_1} = \frac{\text{Festimpedanz } Z_4}{\text{Festimpedanz } Z_3}$$

1) Wheatstone-Brücke. *Abgleichmessbrücke* mit diagonal gegenüber liegender Generatorspannung (<5 kHz) und Messspannung. Das Widerstandsviereck wird mittels Abgleichsimpedanz (Potentiometer, Drehkondensator) auf minimalen Stromfluss eingeregelt. Für die Messung nicht zu kleiner Widerstände.

$$I_3 R_3 = I_x Z_x \quad \text{und} \quad I_V Z_V = I_4 R_4$$

Die unbekannte Impedanz ist:

$$\operatorname{Re}\underline{Z}_x = \operatorname{Re}\underline{Z}_V \cdot \frac{R_3}{R_4}$$
$$\operatorname{Im}\underline{Z}_x = \operatorname{Im}\underline{Z}_V \cdot \frac{R_3}{R_4}$$

$\operatorname{Re}\underline{Z}_x$	unbekannter Wirkwiderstand (Ω)
$\operatorname{Im}\underline{Z}_x$	unbekannter Blindwiderstand (Ω)
Z_V	Vergleichsimpedanz (Ω)
R_3, R_4	Festwiderstände (Ω)

Tabelle 7.2 Brückenschaltungen: R Widerstand, $R_{\nearrow}$ variabler Widerstand (Potentiometer), C Kapazität, L Induktivität, Z_x unbekannte Impedanz, Z_1 Vergleichsimpedanz, Z_3, Z_4 Festimpedanzen, φ Phasenwinkel, $\|$ elektrische Parallelschaltung, $-$ Serienschaltung.

Brücke	Impedanzen im Brückenviereck				Gleichung
Wheatstone (allgemein)	Z_1	Z_x (unbekannt)	Z_3	Z_4	$Z_x Z_4 = Z_1 Z_3$ $\varphi_x + \varphi_4 = \varphi_1 + \varphi_3$
Wheatstone (R-Messung)	R_1	R_x	R_3	R_4	$R_x R_4 = R_1 R_3$
Wien-Brücke (C-Messung)	$R_1 \parallel C_1$	$R_x \parallel C_x$	R_3	R_4	$R_x = R_1 R_4 / R_3$ $C_x = C_1 R_3 / R_4$ $\tan\delta = [\omega C_x R_x]^{-1} = [\omega C_2 R_2]^{-1}$
Maxwell-Brücke (L-Messung)	$L_1 - R_{1\nearrow}$	$L_x - R_x$	$R_{3\nearrow}$	R_4	$R_x = R_1 R_4 / R_3$ $L_x = R_4 L_1 / L_3$ $R_3(R_x + i\omega L_x) = R_4(R_1 + i\omega L_1)$
Maxwell-Wien (L-Messung)	R_1	$L_x - R_x$	$R_{3\nearrow} \parallel C_3$	R_4	$R_x = R_1 R_4 / R_3$ $L_x = R_1 R_4 C_3$
Phasenschieber-brücke	R_1 (Poti)	C_2	$R_3 = R_4$	$R_4 = R_3$	$U_x = U_4 / 2$ $\varphi(U_4, U_x) \sim R_1$

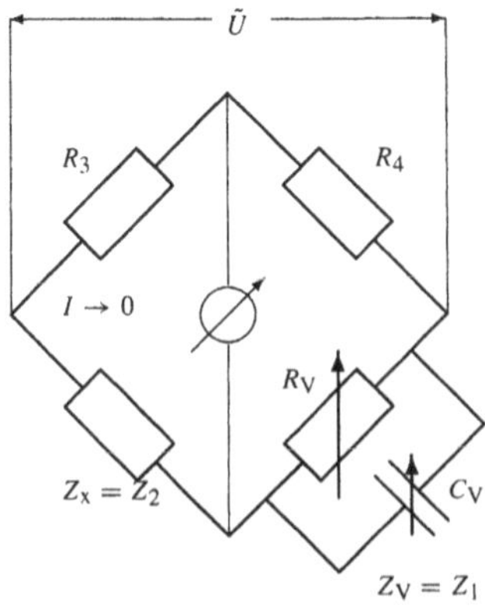

2) Thomson-Brücke. Für sehr kleine Widerstände ($<0{,}1\ \Omega$).

Für $R_1/R_2 = R_3/R_4$ gilt $$R_x = \frac{R_1 R_s}{R_2}$$

$R_s \approx R_x$ Normalwiderstand.

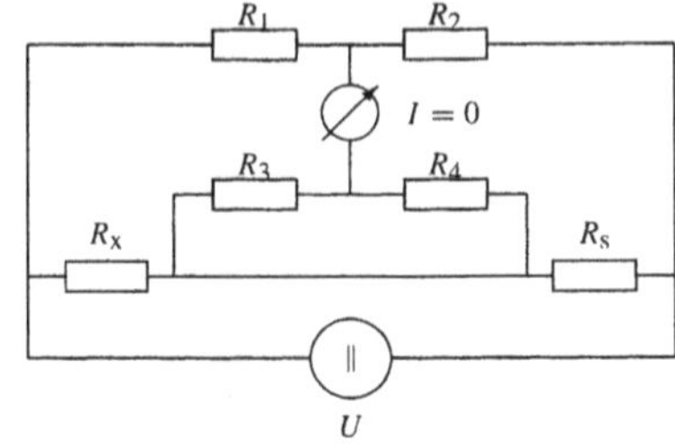

3) Wien-Brücke. Widerstandsviereck mit Abgleichsimpedanz zur Kapazitäts- und Frequenzmessung (siehe Tabelle).

4) Maxwell-Wien-Brücke. Widerstandsviereck mit Abgleichsimpedanz zur Induktivitätsmessung.

Bus
Datentechnik: Verbindungssystem (mit *Schnittstellen) zw. Teilnehmern eines Datensystems; dienen zum Datenaustausch aus unterschiedlichen Systemen.

1) *Paralleles Bussystem* (bis 20 m Entfernung, bis 20 MByte/s):

a) *Rechnerbus*
rechnerabhängig: Microchannel, PC-Bus, Q-Bus.
rechnerunabhängig: VME-Bus, STD-Bus, Multibus, EURO-Bus.

b) *Periferiebus*
Ein-/Ausgabe-Bus: SCSI, ESDI, HP-IB, SASI.
Instrumentierung: IEC-Bus, CANAC-Dataway.

2) *Serielles Bussystem* (bis 2000 m Entfernung, bis 1000 kbits/s):

a) *Lokales Netzwerk:* Ethernet, Token-Ring, Token-Bus, FDDI, DQDB, Hyperchannel, Ultrachannel.

b) *Komponentenbus:* BITBUS, Feldbus, Mil-STD-1553, Inter-IC-Bus, IEEE P896, Digital Data Bus.

c) *Prozessbus:* DIN PDV-Bus, PROWAY-Bus, Data-Highway, MODBUS.

Clausius-Mosotti-Gleichung
Grenzfall der Molpolarisation P_m für unpolare Moleküle, d. h. ohne den Beitrag der Orientierungspolarisation.

$$P_m = \tfrac{1}{3} N_A \bar{\alpha}' = P_V \qquad \mathrm{m^3/mol}$$

$\bar{\alpha}'$ mittleres Polarisierbarkeitsvolumen ($\mathrm{m^3}$).

CMOS Komplementäre *MOS-Technologie.
BiCMOS = bipolare CMOS-Technik; mit Ausgangstreibern in Bipolartechnik (TTL, ECL) und Ansteuerung in CMOS.

Code
Eingedeutscht: *Kode*. Zuordnung zw. zwei Zeichenvorräten nach einem Codierungsverfahren.

1) *Nicht redundanter Code:* nutzt den ganzen Darstellungsbereich des Zahlensystems.
1. *Zeichencode:* *ASCII-, Fernscheib-, Morse-Code.
2. *Zahlencode:* *GRAY-Code.

2) *Redundanter Code:* nutzt nicht den ganzen Darstellungsbereich des Zahlensystems; einzelne Codewörter dienen zur Fehlererkennung.

a) *Fehlererkennender Code:* 2-aus-5-Code, gerade/ungerade ergänzte Codes.

b) *Fehlerkorrigierender Code:* Hamming-Code.

3) *Codierung* ist die eindeutige Darstellung von Information durch eine vorgegebene Anzahl von Zeichen (Alphabet).

Codelänge, mittlere

Wahrscheinlichkeit p_i für das Auftreten des i-ten Codewortes mal Codewortlänge l_i über alle Codeworte.

$$\bar{l} = \sum_{i=1}^{N} p_i l_i$$

Coderedundanz *Redundanz

Codewort

Zusammenhängende, endliche Zeichenfolge (des zugrundeliegenden Alphabets) mit variabler oder fester Codewortlänge l.

Coulomb-Kraft

COULOMB-Gesetz: Kraft im elektrischen Feld.

1) Feldstärke um eine Punktladung

$$E = \frac{1}{4\pi\varepsilon_0\varepsilon_r} \frac{Q_1}{r^2}$$

2) Kraft auf eine Probeladung im elektr. Feld

$$F_C = E\,Q_2$$

Kraft im elektr. Feld zw. zwei Punktladungen im Abstand r; negativ = anziehende Kraft.

$$\boxed{F_C = \frac{1}{4\pi\varepsilon_0\varepsilon_r} \frac{Q_1 Q_2}{r^2}} \quad (N)$$

Gilt auch für Kugeln in großem Abstand ($\gg$ Kugelradius). Bei mehreren Ladungen addieren sich die Kräfte.

3) Elektrische Kräfte zw. zwei Platten

$$F = \frac{\varepsilon A U^2}{2d^2} = \frac{\varepsilon E^2 A}{d} = \frac{E D A}{2} = \frac{Q E}{2}$$

A Plattenfläche, *d* Plattenabstand, *D* elektr. Flussdichte, *Q* elektr. Ladung, *U* Spannung zw. den Platten.

Coulometer

Gerät zur Messung der elektr. *Ladungsmenge.

1) *Silbercoulometer.* Reinstsilberstabanode und Platintiegelkathode in 10–20%iger Silbernitratlösung. Ein Glasnapf fängt herabfallendes Silber auf. Anwendung bis 0,2 A/cm^2 (Anode), bis 0,02 A/cm^2 (Kathode), sehr genau. Früher zur *Ladungsmessung.

2) *Kupfercoulometer.* Eine konzentr. Anordnung einer dicken Reinstkupferanode (außen) und einer dünnen Platinkathode (innen) in einem Kunststoffgefäß mit schwefelsaurer wässrig-ethanol. Kupfersulfatlösung. Die durch Wägung bestimmte Massenzunahme der Kathode durch abgeschiedenes Kupfer korreliert nach dem 2. FARADAY-Gesetz mit der Ladung: $Q = mzF/M$. Anwendung bis 0,04 A/cm^2; relativ ungenau wegen leichter Ablösung des Kupferniederschlags, Bildung von Cu(I). Veraltet!

3) *Iodcoulometer.* Abscheidung von Iod aus Kaliumiodidlösung an einer Platinanode und Rücktitration des entstandenen KJ$_3$ mit Thiosulfat (Indikator: Blaufärbung mit Stärke); sehr genau. Veraltet!

4) *Oxalatcoulometer.* Oxidation von Oxalat zu CO$_2$ an einer Platinanode, Rücktitration der verbleibenden Oxalsäure oder Adsorption des entstandenen CO$_2$. Relativ genau. Veraltet!

5) *Knallgascoulometer.* In ein Vorratsgefäß taucht eine Glasbürette mit einer eingeschmolzenen U-bandförmigen Kathode, die eine rechteckige Blechanode umschließt. Elektrolyt ist 10–20%ige H$_2$SO$_4$ bei Platinelektroden oder 15%ige KOH bei Nickelelektroden. Durch Elektrolyse erzeugtes Knallgas steigt im Volumenmessrohr hoch. 1 F erzeugt 16,8 ℓ Knallgas = 5,6 ℓ O$_2$ = 11,2 ℓ H$_2$ bei Normaldruck. Wenig genau (Promillefehler), jedoch für kontinuierliche Messungen und starke Ströme geeignet. Fehlerquellen durch Nebenreaktionen, u. a. Bildung von O$_3$, H$_2$O$_2$, H$_2$SO$_5$.

6) *Wasserstoffcoulometer.* Ein U-Rohr: linker Schenkel mit Volumenskala und eingelassener Kathode, geschlossen; rechter Schenkel mit eingeschmolzener Anode, offen (O$_2$ entweicht). Elektrolyt ist H$_2$SO$_4$ (Platinelektroden) oder KOH (Nickelelektroden).

1 F erzeugt 11,2 ℓ H$_2$ bei Normaldruck. Anwendung für schwache Ströme. Der Druck der Elektrolytsäule muss korrigiert werden. Veraltet!

7) *Quecksilbercoulometer* (Stiazähler). Beidseitig geschlossenes, umgekehrtes U-Rohr; linker Schenkel mit Kohlekathode, nach unten zur Messkapillare mit Volumenskala hin verjüngt; rechter Schenkel als Quecksilberseeanode. Veraltet!

Abscheidung von anodisch aufgelöstem Quecksilber an der Kohlekathode aus gesättigtem K$_2$[HgI$_4$]-Elektrolyten. Durch Kippen der Anordnung wird verbrauchtes Quecksilber in den Anodenraum zurückbefördert. Fehler ca. 2% bei hohen Stromdichten infolge Erwärmung. Bei direkt anzeigenden Amperestundenzählern ist die Volumenskala auf Ah geeicht.

Technische Ausführung: Iridiumkathode (bildet kein Amalgam) und Quecksilbersee; ein Stromteiler lässt nur einen Teilstrom durch die Zelle fließen. Die Erwärmung eines Vorwiderstandes (Heißleiter, NTC) gleicht die Abnahme des Zellwiderstandes mit steigender Temperatur aus (Kaltleiter, PTC).

$$V_{Hg} = \frac{M_{Hg} I_Z t}{z F \varrho_{Hg}} = q\,l$$

$$\text{mit} \quad I_Z = \frac{I}{(R_Z + R_V)/R_N + 1}$$

$$\text{und} \quad U = \left[\frac{I}{R_Z + R_V} + \frac{I}{R_N}\right] - 1$$

I Gesamtstrom (A), I_Z Zellstrom (A),
l Länge der Ablesekapillare (m),
M_{Hg} Molare Masse des Quecksilbers: 200,61 g/mol,
q Kapillarquerschnitt (m^2), R_Z Zellwiderstand (Ω),
R_V Vorwiderstand (Ω), R_N Nebenwiderstand (Ω),
t Abscheidedauer (s), *U* Spannungsabfall (V),
$z = 2$ Äquivalentzahl; ϱ_{Hg} Dichte des Quecksilbers.

Cowling-Zahl

Kennzahl der Dimension 1.

$$Co = \frac{B^2}{\mu \varrho v^2} = \left(\frac{1}{\text{Alvénzahl}}\right)^2$$

Curie-Temperatur

Temperatur T_C (in Kelvin), oberhalb der ferromagnet. Stoffe paramagnetisch werden (CURIE-Gesetz):

$$\boxed{\chi_m\, T = \text{const}} \quad \text{für Paramagnetika}$$

χ_m dichtebezogene magnet. Suszeptibilität.

Curie-Temperatur einiger Ferromagnetika.

Dysprosium	87 K
Gadolinium	289 K = 16 °C
Eisencarbid (Zementit)	452 K = 215 °C
Cu$_2$MnAl	603 K = 876 °C
Nickel	631 K = 358 °C
Bariumferrit	708 K = 435 °C
Reineisen	1041 K = 768 °C
Cobalt	1348 K = 1075 °C
Ferrimagnetika	
Fe$_2$O$_3$	858 K = 585 °C

Dämpfungsmaß

Leistungsdämpfungsmaß

$$\boxed{a_P = 10\ \lg \frac{P_1}{P_0}\ \text{dB} = L_{P1} - L_{P2}}$$

Spannungsdämpfungsmaß

$$\boxed{a_U = 20\ \lg \frac{U_1}{U_2}\ \text{dB} = L_{U1} - L_{U2}}$$

De Morgan-Regeln

zur Vereinfachung negierter Ausdrücke.

1. Gesetz von de Morgan. Negiert man eine ODER-Verknüpfung, so ist dies einer UND-Verknüpfung der negierten Elemente gleich.

$$\overline{A + B + C + \dots} = \bar{A} \cdot \bar{B} \cdot \bar{C} \cdot \dots$$

2. Gesetz von de Morgan. Negiert man eine UND-Verknüpfung, so ist dies einer ODER-Verknüpfung der negierten Elemente gleich.

$$\overline{A \cdot B \cdot C \cdot \dots} = \bar{A} + \bar{B} + \bar{C} + \dots$$

Debye-Gleichung

Für die elektr. *Polarisation P polarer und unpolarer Moleküle gilt:

$$P = \frac{N}{V}\mu_i = \frac{N}{V}\left(\alpha + \frac{\mu^2}{3kT}\right) E$$

$$\boxed{\frac{\varepsilon_r - 1}{\varepsilon_r + 2} = \frac{N/V}{3\varepsilon_0}\left(\alpha + \frac{\mu^2}{3kT}\right)}$$

α Polarisierbarkeit (F m^2), μ_i induziertes Dipolmoment, E elektr. Feldstärke (V/m), N/V Teilchendichte (m^{-3}), P Polarisation, Flächenladungsdichte (C/m^2).

Deklination

Abweichung des Erdmagnetfeldes von der geograf. Nord-Süd-Richtung (für Deutschland ca. 2° westlich). In der Seefahrt: *Missweisung* (Mw), in der Luftfahrt: *Variation* (Var). Winkel zw. der astronom. Merdianebene als Bezugsebene und der Vertikalebene durch den magnet. Feldvektor (magnet. Meridianebene).

Winkel zw. rechtweisend Nord (True North) und missweisend Nord (Magnetic North), ausgehend von rechtsweisend Nord nach Osten (Benennung: E; Vorzeichen: plus) oder Westen (W; minus).

Depletion engl. für: Verarmungstyp eines Halbleiters.

Deviation

Magnetkompassablenkung. In der See- und Luftfahrt: Winkel zw. missweisend Nord (Magnetic North) und Magnetkompass-Nord (Compass Nord), ausgehend von missweisend Nord nach Osten (Benennung: E, Vorzeichen: plus) oder Westen (W, Vorzeichen: minus).

Dezibel (dB)

Dimensionslose Größe für das logarithm. Verhältnis zweier gleichartiger Leistungsgrößen.

$$1\ \text{dB} = \frac{\ln 10}{20} \approx 0{,}115129\ \text{Neper.}$$

Die Bezugsgröße steht in Klammern hinter dB.

1) *dB (mW)* oder *dB (re 1 mW)* oder *dBm*: Elektr. Leistungspegel $10\ \lg P/P_0$ dB mit der Bezugsgröße $P_0 = 10^{-3}$ W = 1 mW.

2) *dB (pW)* oder *dB (re 1 pW)* oder *dBp*: Elektr. Leistungspegel mit der Bezugsgröße 1 Picowatt.

3) *dB (W)* oder *dB (re 1 W)* oder *dBW*: Elektr. Leistungspegel mit der Bezugsgröße 1 Watt.

4) *dB(0,775 V)*. Spannungspegel $20\ \lg U/U_0$ dB mit Bezugsgröße $U_0 = \sqrt{0{,}6} \approx 0{,}775$ Volt; entspricht der Leistung 1 mW am Bezugswiderstand 600 Ω von Fernsprecheinrichtungen.

5) *dB (V)* oder *dbV*. Elektr. Spannungspegel mit der Bezugsgröße 1 Volt.

6) *dB (mA)*. Stromstärkepegel $20\ \lg I/I_0$ dB mit der Bezugsgröße $I_0 = 1$ Milliampere.

7) *dB (μV/m)*. Feldstärkepegel $20\ \lg E/E_0$ dB mit der Bezugsgröße $E_0 = 1$ Mikrovolt/Meter.

8) *dB (W/m^2)*. Pegel für eine flächenbezogene Leistung von $10\ \lg[(P/A)/P_0]$ dB mit der Bezugsgröße $P_0 = 1$ Watt/Meter^2.

9) *dB (W/4 kHz)*. Pegel der bandbreitenbezogenen Leistung $10\ \lg[(P/\Delta f)/P_0]$ dB mit der Bezugsgröße $P_0 = 1$ Watt/4 Kiloherz.

10) *dB (W/K)*. Pegel der temperaturbezogenen Leistung $10\ \lg[(P/T)/P_0]$ dB mit der Bezugsgröße $P_0 = 1$ Watt/Kelvin.

11) *dB (W/m^{2}kHz)*. Pegel der bandbreiten- und flächenbezogenen Leistung $10\ \lg[(P/(A \cdot \Delta f))/P_0]$ dB mit der Bezugsgröße $P_0 = 1$ Watt/Meter^2/Kiloherz.

12) Pegel mit besonderen Messbedingungen:

a) *dB (mW, 0)* oder *dBm0*. Pegel mit Bezugsleistung 1 Milliwatt, reduziert auf einen 0-dBr-Punkt (Übertragungsbezugspunkt).

b) *dB (mW, 0, p)* oder *dBm0p*. Geräuschleistungspegel mit Bezugsleistung 1 Milliwatt, reduziert auf einen 0-dBr-Punkt, frequenzbewertet nach Fernsprechbewertungskurve.

c) *dB (q, 0, ps)* oder *dBq0ps*. Rundfunk-Geräuschleistungspegel, gemessen mit Quasispitzenwertmesser; reduziert auf einen 0-dBr-Punkt, frequenzbewertet nach Bewertungskurve.

Diac Kurz für: *Zweirichtungsdiode*.

Diamagnetika

*Magnet. Stoffe, die ein äußeres Magnetfeld gering schwächen und leicht aus dem Feld gestoßen werden. Unpolare Stoffe mit einem induziertem magnet. Moment, z. B.: Silber, Kupfer, Bismut, Blei.

*Permeabilitätszahl $\quad \mu_r < 1$

*Suszeptibilität $\quad \chi_m < 0\,(B < H)$

$$\kappa \approx -10^{-9}\ \text{m}^3/\text{kg}$$

Dielektrizitätskonstante

veraltet für: *Permittivität ε.

Dielektrika

Isolatoren. Stoffe, die – anders als *Elektrolyte – den elektr. Strom nicht leiten. Im elektr. Feld findet allein eine Verschiebung innerer Ladungen statt.

Vgl. *Permittivität, *Ferroelektrika, *Kerr-Effekt. *Molpolarisation, *Molrefraktion, *Polarisation, *Polarisierbarkeit, *Verschiebungsdichte.

Diode

Elektronisches Bauelement.

1) Halbleiterdiode. Der Strom in Durchlass- und Sperr-Richtung ist temperaturabhängig. Der Sperrstrom verdoppelt sich etwa bei Temperaturerhöhung um 10 °C.

Durchlassstrom $\qquad I_D = I_S(T) \cdot \left[e^{eU/kT} - 1 \right]$

Sperrstrom $\qquad I_S(T) \approx 10^{-9}\text{A (bei Si)}$

statischer und differentieller *Durchlasswiderstand*

$$R_D = \frac{U_D}{I_D} \quad \text{und} \quad r_D = \frac{\Delta U_D}{\Delta I_D} \quad \Omega$$

statischer und differentieller *Sperrwiderstand*

$$R_S = \frac{U_S}{I_S} \quad \text{und} \quad r_S = \frac{\Delta U_S}{\Delta I_S} \quad \Omega$$

Vorwiderstand

$$R_v \geq \frac{U_a - U_{D,max}}{I_{D,max}} \quad (\Omega)$$

maximale Verlustleistung

$$P_{tot} = I_{D,max} \cdot U_{D,max} \quad (\text{W})$$

I_D	Durchlassstrom	(A)
I_S	Sperrstrom	(A)
U_a	Anschlussspannung	(V)

2) Schaltdiode: aus *pn*-Si oder *pn*-Ge; Ventilwirkung; schnell, klein, geringer Sperrstrom und Durchlasswiderstand, billig. Universell für Gleichstrom, NF, HF; Schalten, Begrenzen, Logikschaltungen.

3) Schottky-Diode: aus Metall-*n*-Si; Ventilwirkung; sehr schnell, klein, geringe Durchlassspannung. Für Gleichstrom bis HF; Gleichrichter, Logikschaltungen. *Schottky-Leistungsdiode:* aus Metall-*n*-Si; sehr schnell, kleine Sperrspannung, hoher Durchlassstrom, geringe Verluste. Für HF-Hochstrom-Gleichrichter, Freilaufdiode.

4) Gleichrichter-Diode: aus *pn*-Si; Ventilwirkung; hohe Sperrspannung, hoher Durchlassstrom, niederohmig, billig. – Anwendung: Gleichstrom, Netzfrequenz, NF; 50 Hz-Gleichrichter, Schaltregler.

5) Zener-Diode: Spezielle *pn*-Si-Diode mit sehr steilem Stromanstieg in Sperrrichtung; die $I(U)$-Kennlinie

verläuft in drei linearen, nahezu scharfkantig getrennten Abschnitten. Kontrollierter Durchbruch in Sperrrichtung (punktsymmetr. Kennlinie). – Anwendung: Gleichstrom bis NF, Spannungsstabilisierung, Spitzenspannungsbegrenzung.

6) Diac: aus *pnp*-Si; kontrollierter Durchbruch (punktsymmetr. Kennlinie mit stückweise negativem Widerstand). – Anwendung: Netzfrequenz, Triggerdiode für Triac-Phasenanschnittsteuerung.

7) Fotodiode: aus *pn*, *pin*, Metall-*n*-Si; lichtstärkeabhängiger Sperrstrom (Verschiebung der Diodenkenninie zu negativen Strömen). – Anwendung: Gleichstrom bis HF, Lichtstärkemessung, Datenempfänger in Glasfaserstrecken.

8) Kapazitätsdiode: aus *pn*, Si, GaAs; spannungsabhängige Sperrschichtkapazität ($C \sim U^{-1}$), hohe Güte. – Anwendung: HF, spannungsgesteuerte Schwingkreise, Frequenzfilter, Synthesizer, Phasenschieber.

9) pin-Diode:

aus *pin*-Si; stromabhängiger Durchlasswiderstand ($\lg R \sim \lg I_D$), hohe Güte. – Anwendung: HF, stromgesteuerte Dämpfungsglieder und Schalter.

10) Step-Recovery-Diode: aus *pn*-Si; ein Anfangs sinusförmige Sperrstrom wird im Wellental schlagartig null; typenabhängige Sperrverzögerungszeit. – Für HF bis GHz, Frequenzvervielfacher.

11) Tunnel-Diode: aus *pn*-Ge, hoch dotiert; wellenförmige Kennlinie mit negativem differentiellen Widerstandsbereich. – Für HF und Höchstfrequenz, sehr schnelle Triggerdiode, Schwingkreis-Entdämpfung.

12) Backward-Diode: aus *pn*-Ge, hoch dotiert; Ventilwirkung; winzige Sperrspannung, keine Schleusenspannung. – Für Gleichrichter bei kleinen HF-Spannungen.

Diodenkennlinie

SHOCKLEY-Gleichung für den pn-Übergang eines Halbleiters. Bei ca. >0,5 V wird die Diode durchlässig, der Strom steigt steil an.

$$I = I_S \left(e^{eU/kT} - 1 \right)$$

Temperaturabhängigkeit des *Sperrsättigungsstromes* (pA bei Si, μA bei Ge).

$$I_S \sim T^3\, e^{E_g/kT}$$

Dipol

Räumlich symmetr. Anordnung einer positiven und einer negativen permanenten, induzierten oder fluktuierenden Ladung mit verschwindendem Abstand.
Potential

$$\varphi(r) = \sum_i \frac{e_i}{|\vec{r} - \vec{r}_i|} \approx \varphi_1 + \varphi_2$$

Die Intensität der *Dipolstrahlung* ist proportional zu $(R/\lambda)^2$.

$\vec{r}_i$	Ortsvektor der Ladungen e_i.
$\vec{r} = (x,y,z)$	beliebiger Ort in der Ladungsverteilung;
R	lineare Ausdehnung der Quelle, λ Wellenlänge.

Dipolmoment

Elektrisches Dipolmoment. Eigenschaft eines Dipols. Unpolare Moleküle (induzierte Dipole) weisen momentan, polare Moleküle (permanente Dipole) dauerhaft eine unsymmetr. Elektronendichteverteilung, und damit ein Dipolmoment auf. Maß für die Polarität eines Lösungsmittels, damit die Fähigkeit, Ionen zu solvatisieren.

1) Permanentes Diplomoment. Ein *elektrischer Dipol* besteht aus zwei räumlich und elektr. getrennten, entgegengesetzt gepolten Punktladungen $\pm Q$ im Abstand r mit dem Dipolmoment = Moment erster Ordnung der Ladungsverteilung = über das Volumen integrierte Polarisation.

$$\vec{p} \equiv \vec{\mu} = Q \cdot \vec{r} = \sum q_i \vec{r}_i = \int_V \vec{P}\, dV$$

Q	Elektrische Ladung	(C)
q_i	Ladungen der Atomkerne und Elektronen	(C)
r	Abstand der Ladungsschwerpunkte, Bindungslänge	(m)
$\vec{p}$	Permanentes Dipolmoment für ein isoliertes Molekül in der Gasphase	(Cm)
$\vec{P}$	elektrische Polarisation	(C/m²).

Der *Dipolmomentvektor* ($\vec{p}$ oder $\vec{\mu}$) weist vom negativen zum positiven Ladungsschwerpunkt (*Moment). In einem Molekül vom elektronegativeren Atom (Nichtmetall) zum elektropositiveren (z. B. Wasserstoff, Metall).

Veraltete Einheit!

1 Debye (D) = $3{,}3356 \cdot 10^{-30}$ Cm.

---

2) Induziertes Dipolmoment. Bei unpolaren Molekülen ohne permanentes Dipolmoment im elektr. Feld (*dielektr. Polarisation). Die induzierte Ladungsverteilung wirkt dem äußeren Feld entgegen und schwächt es.

$$\vec{\mu}_i = \bar{\alpha}' \varepsilon_0 \vec{E}$$

Neutralmoleküle sind infolge der Elektronenbewegung Kurzzeit-Dipole, die im Nachbarmolekül synchron ein Dipolmoment induzieren. Zw. zwei *induzierten Dipolen* wirken anziehende, temperaturunabhängige *Dispersionswechselwirkungen*. *Chem. Bindung.

$$\mu_i = \alpha E_L = \alpha \left(E + \frac{P}{3\varepsilon_0}\right) = \alpha' \varepsilon_0 E$$

Ist das elektr. Feld sehr stark – z. B. das von Laserstrahlen – so tritt ein Term βE_L^2 hinzu, der die Orientierung der Moleküle relativ zum Feld berücksichtigt; β heißt *Hyperpolarisierbarkeit*.

α	Polarisierbarkeit	(F m²)
α'	Polarisierbarkeitsvolumen	(m³)
E_L	lokales elektrisches Feld auf ein Teilchen	(V/m)
P	Polarisation	(C/m²)

3) Mittleres Dipolmoment. *Elektrisches Moment* eines elektr. polarisierten Körpers heißt die vektorielle Summe seiner elementaren Dipolmomente, also das mittlere Dipolmoment in einem gegebenen Volumen.

$$\vec{p} = \sum \vec{\mu}_i$$

Für ein polares Moleküls:

$$\bar{\mu} = \sqrt{\frac{9\varepsilon_0 kT}{N/V} \cdot \frac{\varepsilon_r - 1}{\varepsilon_r + 2}}$$

k *Boltzmann-Konstante, ε_r Dielektrizitätszahl, N Teilchenzahl, V Volumen.

Dipolmoment μ (in 10^{-30} Cm).

	μ		μ
CO_2	0	Hexan	0
CO	0,4	Propen	1,2
NO	0,5	Toluol	1,2
NO_2	1,0	Propin	2,6
O_3	1,8	Chloroform	3,4
HCl	3,6	Methylamin	4,4
NH_3	4,9	Phenol	4,8
BrF_5	5,0	Anilin	5,1
SO_2	5,5	Ethanol	5,6
H_2O	6,2	Essigsäure	5,8
$AlCl_3$	6,6	Chlormethan	6,2
HCN	9,9	Acetaldehyd	9,0
AgCl	19,1	Aceton	9,6
KCl	34,3	Nitromethan	11,5
CsCl	34,8	Acetonitril	13,1
NaCl	30,0	Nitrobenzol	14,1

Dipolmoment μ (in Debye und SI-Einheiten) und Polarisierbarkeitsvolumen α'.

	μ (D)	μ (10^{-30} Cm)	α' (10^{-24} cm³)
H_2	0	0	0,819
HCl	1,08	3,6	2,63
H_2O	1,85	6,2	1,48
CCl_4	0	0	10,5

4) Messverfahren für das Dipolmoment.

a) *Debye-Gleichung:* Geradensteigung der P_m-$\frac{1}{T}$- oder ε-$\frac{1}{T}$-Kurve:

$$\underbrace{P_m}_{y} = \underbrace{\frac{1}{9}\frac{N_A \mu^2}{\varepsilon_0 k}}_{b} \cdot \underbrace{\frac{1}{T}}_{x} + \underbrace{\frac{N_A \alpha}{3\varepsilon_0}}_{a}$$

Der Achsenabschnitt für $T^{-1} \to 0$ liefert α. Die Wärmebewegung wirkt dem Beitrag der permanenten Dipolmomente entgegen. Das induzierte Dipolmoment wirkt in Richtung des erzeugenden Feldes, unabhängig von der Bewegungsrichtung des Moleküls.

b) Messung der Molpolarisation P_m bei einer Temperatur und Korrektur der fehlenden Atompolarisation durch eine Näherung.

$$P_V = P_m - P_O \approx 1{,}15 \cdot P_m$$

c) Aus *Mikrowellenspektren* (Rotationsspektren, STARK-Effekt).

Dipolmoment, magnetisches
Das Produkt aus magnet. Feldkonstante und magnet. *Moment:

$$\vec{j} = \mu_0 \vec{m} \qquad (\text{Wb m} = \text{V s m})$$

Drain engl. für: *Senke*, z. B. eines FET oder Vierpols.

Drehstrom
Dreiphasenwechselstrom. Erzeugung durch Dreieckschaltung oder Sternschaltung. Die fett gezeichneten Pfeile gehören zu widerstandsbehafteten Leitungen.

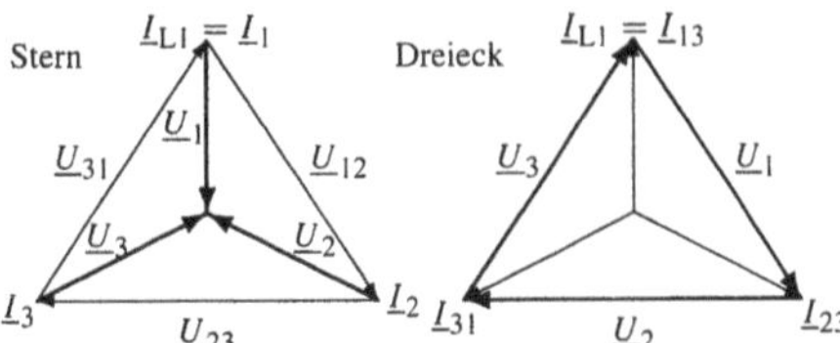

Außenleiter- und Strangspannung	
– Sternschaltung	$U_{12} = \sqrt{3}\,U_1$
– Dreieckschaltung	$U_{12} = U_1$
Außenleiter- und Strangstrom	
– Sternschaltung	$I_{L1} = I_1$
– Dreieckschaltung	$I_{L1} = \sqrt{3}\,I_{12}$
Wirkleistung	$P = \sqrt{3}\,U_{12}I_{L1}\cos\varphi$
Blindleistung	$Q = \sqrt{3}\,U_{12}I_{L1}\sin\varphi$
Scheinleistung	$S = \sqrt{3}\,U_{12}I_{L1} = \sqrt{P^2 + Q^2}$
Leistungsfaktor	$\cos\varphi = P/S$
Wirkungsgrad	$\eta = P_{ab}/P_{zu}$
Geleistete Arbeit	$W = Pt$

Drehstrombrückenschaltung

Leistungselektronik: Sechspulsige Drehstrombrückenschaltung (Bild vgl. *Gleichrichter, jedoch: D = Thyristoren, R = Diode $\parallel$ (Spule + Motor)). Mit steuerbaren Halbleiterbauelementen für gesteuerte Gleichrichter oder Wechselrichter; für höchste Leistungen einsetzbar.

Thyristorstrom	
– mittlerer	$I_{AV} = 0{,}33 \cdot I_{dc}$
– Effektivwert	$I_{eff} = 0{,}577 \cdot I_{dc}$
– Stromflusswinkel	120° (Thyristor)
Spannungswelligkeit:	0,042
Ausgangsspannung	$U_{dc,0} = 2{,}34 \cdot U_1$
–	$U_{dc}(\alpha) = U_{dc,0}\cos\alpha$
– Gleichrichterbetrieb	$U_{dc}(\alpha) \geq 0$ für $0° \leq \alpha \leq 90°$
– Wechselrichterbetrieb	$U_{dc}(\alpha) \leq 0$ für $90° \leq \alpha \approx 150°$

I_{dc} geglätteter Gleichstrom, α Zündverzögerung.

Dreieckschaltung

Für Dreiphasenwechselstrom (Drehstrom): drei Widerstände $R_1 = R_2 = R_3$ im Dreieck angeordnet. *Strang* bezeichnet den einzelnen Widerstand, *Leiter* die äußere Netzstromklemme.

Leiterspannung	U = Strangspannung U_{str}
Leiterstrom	$I = \sqrt{3}\cdot$Strangstrom I_{str}
Strangscheinleistung	$S_{str} = U\,I\,/\sqrt{3}$
Gleichmäßige Belastung:	
– gesamte Scheinleistung	$S = \sqrt{3}\,U\,I = \sqrt{P^2 + Q^2} = 3\,S_{str}$
– gesamte Wirkleistung	$P = S\cos\varphi$
– gesamte Blindleistung	$Q = S\sin\varphi$

Drossel Induktivität (Spule) mit Magnetkern.

Durchflutung

Elektrische Gesamtdurchflutung Θ (in Ampere), Summe aus Anstiegsgeschwindigkeit des elektr. Flusses $\dot{\Psi}$ und Gesamtstromstärke I durch den Querschnitt einer geschlossenen Umlauflinie.

$$\Theta = \dot{\Psi} + I$$

Falls $\dot{\Psi}$ vernachlässigbar, ist die Durchflutung einer Fläche, die von einem Strom N-mal in der gleichen Richtung durchflossen wird:

$$\Theta = N\,I$$

Durchflutungsgesetz

Die 1. MAXWELL-Gleichung für die *Feldgröße $\vec{H}$ in Integralform. Zusammenhang zw. Stromdichte $\vec{j}$ und Magnetfeldstärke $\vec{H}$ durch den Querschnitt A einer geschlossenen Umlauflinie $\vec{s}$.

$$\sum_{i=1}^{N} I_i = \int_A \vec{j}\,\mathrm{d}\vec{A} = \oint \vec{H}\,\mathrm{d}\vec{s}$$

Das Integral der Magnetfeldstärke längs einer geschlossenen Umlauflinie ist gleich dem Strom I („Durchflutung"), der durch die Fläche fließt. *Durchflutung* Θ bezeichnet die Summe aller Teilströme (mit Vorzeichen) durch die geschlossene Kurve bzw. abgegrenzte Fläche.

$$\Theta = \underbrace{\oint \vec{H}\,\mathrm{d}\vec{s}}_{\text{magn.Spannung}} = \overset{\circ}{V} = \underbrace{\oint_A \left(\frac{\partial \vec{D}}{\partial t} + \vec{j}\right)\mathrm{d}\vec{A}}_{\text{Durchflutung}}$$
$$= \underbrace{\oint_A \vec{j}_{ges}\,\mathrm{d}\vec{A} = \dot{\Psi} + I = \frac{\partial\Psi}{\partial t} + \sum_i I_i}_{\text{Durchflutung}}$$

1) Homogenes Magnetfeld

Feldstärke: $\qquad\qquad H = \Theta/s$

magnetischer Fluss: $\qquad \Phi = \dfrac{\Theta}{R_m} = \dfrac{V\,\mu A}{s}$

V magnetischer Spannungsabfall.

2) Maschensatz für Magnetkreis, z. B. für einen Hufeisenmagnet mit Luftspalt (1 = Eisenwerkstoff, 2 = Luftspalt).

$$\Theta = \oint_l H\,\mathrm{d}l = \sum_{i=1}^{N} H_i l_i = \sum_i \Theta_i = \sum_i V_i = I N$$

Magnetischer Widerstand

$$R_m = \sum_i R_{m,i} \qquad (\mathrm{H}^{-1} = \Omega^{-1}\mathrm{s}^{-1})$$

$\vec{A}$	Fläche einer geschlossenen Umlauflinie	(m²)
$\vec{D}$	elektrische Flussdichte	(C/m²)
H	magnetische Feldstärke	(A/m)
I	Stromstärke	(A)
$\vec{j}$	Stromdichtevektor, Leitungsstromdichte	(A/m²)
l	mittlere Feldlinienlänge	(m)
N	Windungszahl: der Strom fließt N-mal	
	in gleiche Richtung durch die Fläche A	(Dim.1)
$\mathrm{d}\vec{s}$	Linienelement, Länge der Magnetfeldlinie	(m)
Ψ	elektrischer Fluss	(C = A s)

Durchschlagfestigkeit

Elektrische Durchschlagfeldstärke.

$$E_d = \frac{\text{Durchschlagspannung } U_d}{\text{Elektrodenabstand } s}$$

Im homogenen vorentladungsfreien Feld.

Luft	3	kV/mm
Isolieröl	11,5	kV/mm
Porzellan	40	kV/mm
Polyethylen	70	kV/mm
Epoxidharz	100	kV/mm

ECL

Emitter Coupled Logic. Bipolare Schaltungstechnik zur Realisierung *logischer Verknüpfungen (z. B. ODER/NOR mit sechs Transistoren). Die Transistoren arbeiten nicht im Sättigungsbereich; dadurch kurze Schaltzeiten, aber hoher Leistungsbedarf. Spannungspegel: –0,8 V (High) und –1,7 V (Low).

Effektivleistung

Betrag der *Scheinleistung bei Sinusgrößen:

$$P_{\text{eff}} = U_{\text{eff}} I_{\text{eff}}$$

Effektivwert

quadratischer Mittelwert, engl. r.m.s.

$$Q = \sqrt{\frac{1}{b-a} \int_a^b f(x)^2 \, \mathrm{d}x}$$

Effektivstrom $\quad I_{\text{eff}} = \sqrt{\dfrac{1}{T} \int_0^T I(t)^2 \, \mathrm{d}t}$

1) Gleitender Effektivwert. Gleitender quadrat. Mittelwert:

$$X_{\text{eff}}(t) = \sqrt{\frac{1}{\Delta t} \int_{t-\Delta t}^t x^2(u) \, \mathrm{d}u}$$

2) Komplexer Effektivwert. Der ruhende *Zeiger $\underline{a}$ einer Sinusgröße, der sich durch Division der komplexen *Amplitude durch $\sqrt{2}$ ergibt:

$$\underline{a} = \frac{\hat{a}}{\sqrt{2}} = \tilde{a}\, e^{j\varphi_\text{a}} = \underline{A} = A\, e^{j\varphi_\text{a}} = A \angle \varphi_\text{a}$$

Beispiel: Komplexer Effektivwert $\bar{U}$ einer elektr. Sinusspannung $\underline{u}(t)$ mit dem Nullphasenwinkel φ_a.

Elektrisierung

Quotient aus Polarisation $\vec{P}$ (in C/m^2) und *elektr. Feldkonstante ε_0:

$$\boxed{\frac{\vec{P}}{\varepsilon_0} = \frac{\vec{D}}{\varepsilon_0} - \vec{E}} \quad \text{V/m.}$$

Elektromagnetische Verträglichkeit

EMV umschreibt die Fähigkeit einer elektr. Einrichtung, in ihrer elektromagnet. Umgebung zufriedenstellend zu funktionieren, ohne andere Einrichtungen unzulässig zu beeinflussen.

1) *Elektromagnetische Beeinflussung* (EMB) Einwirkung elektromagnet. Strahlung auf Stromkreise, Geräte, Systeme oder Lebewesen.

2) *Funkentstörung.* Maßnahme zur Vermeidung oder Minderung hochfrequenter, elektromagnet. Schwingungen von elektr. Betriebsmitteln und Anlagen, die Funkstörungen verursachen können.

3) *Grenzwertklasse.* Zuordnung von Geräten, Betriebsmitteln, Systemen und Anlagen zu verschiedenen Grenzwerten (die nicht überschritten werden).

Gerät der Klasse A: zum Gebrauch ausserhalb des Wohnbereichs und in Betrieben, die an ein Niederspannungsnetz angeschlossen sind, das auch Wohngebiete versorgt.

Gerät der Klasse B: zum Gebrauch im Wohnbereich und in Betrieben, die an ein Niederspannungsnetz angeschlossen sind, das auch Wohngebiete versorgt.

4) *Kopplung.* Wechselbeziehung zw. Stromkreisen, bei der Energie von einem Stromkreis auf einen anderen übertragen werden kann.

5) *Masse.* Gesamtheit der untereinander elektr. leitend verbundenen Metallteile einer elektr. Einrichtung, die in einem gegebenen Frequenzbereich den Ausgleich unterschiedlicher Potentiale bewirkt und ein Bezugspotential

bildet.

6) *Störaussendung.* Von Störquellen abgegebene Störgrößen.

7) *Störfestigkeit.* Fähigkeit einer elektr. Einrichtung, Störgrößen bestimmter Höhe ohne Fehlfunktion zu ertragen.

8) *Störgröße.* Elektromagnet. Größe, die eine elektr. Einrichtung unerwünscht beeinflussen kann, z. B. Störspannung, Störstrom, Störsignal, Störenergie, Störfeldstärke etc.

9) EMV-Gesetz (EMVG) vom 9. November 1992 für alle ab 1.1.1996 auf dem Gebiet der Europ. Union in den Markt eingeführten Produkte.

a) Alle „allgemein erhältlichen" *Produkte* mit elektr. oder elektron. Bauteilen müssen die Schutzanforderungen für Störaussendung und Störfestigkeit nach Europa-Norm erfüllen und mit dem EG-Konformitätszeichen (CE) gekennzeichnet sein.

b) „Betriebsfertige" *Komponenten* von Anlagen müssen die Schutzanforderungen erfüllen und von „Industrie, Handwerk und sonstigen EMV-fachkundigen Betrieben" weiterverarbeitet werden.

c) Für das Einhalten der Schutzvorschriften haftet der „Hersteller des Endproduktes".

Elektromotor

Entgegengesetzt zu einem *Generator betriebene elektrische Maschine.

1) Gleichstrommotor, Gleichstrommaschine.

a) *Fremderregter Elektromotor.*

Drehmoment:	$M = c\, I_\text{A} \Phi$
Winkelgeschwindigkeit:	$\omega = 2\pi n$
Motorspannung:	$U_\text{q} = c\, \omega \Phi$
Ankerspannungsgleichung:	
– Klemmenspannung	$U = U_\text{q} + I_\text{A} R_\text{A}$
Anlasswiderstand	$R_\text{v} = \dfrac{U - U_\text{B}}{I_2} - R_\text{A}$

c Maschinenkonstante, n Drehzahl, Φ Polfluss,
R_A Ankerkreiswiderstand (inkl. Bürstenübergang, Wendepol- und Kompensationswicklung),
U_B Bürstenspannung,
U_q im Motor induzierte Spannung (inkl. Bürstenspannung).

b) *Nebenschluss-Elektromotor*

Relatives Anlaufmoment:	$\dfrac{M_\text{A}}{M_\text{N}} = \dfrac{U}{I_\text{A} R_\text{A}}$
Winkelgeschwindigkeit:	$\omega = \dfrac{U}{c\,\Phi} - \dfrac{R_\text{A} M}{(c\,\Phi)^2}$
– im Leerlauf:	$\omega_0 = \dfrac{U}{c\,\Phi}$
– bezogene:	$\dfrac{\omega}{\omega_0} = 1 - \dfrac{I_\text{A} R_\text{A}}{U}$
Ankerspannungsgleichung	
– Klemmenspannung:	$U = I_\text{E} R_\text{E} = U_\text{q} + I_\text{A} R_\text{A}$
Ankerstrom:	$I_\text{A} = \dfrac{M}{c\,\Phi}$
Netzstrom	$I = I_\text{A} + I_\text{E}$
Anlasswiderstand:	$R_\text{v} = \dfrac{U - U_\text{B}}{I_2 - I_\text{E}} - R_\text{A}$

R_E Erregerwiderstand, I_2 Anlass-Spitzenstrom,
M_N Nennmoment

c) *Reihenschluss-Motor,* Reihenschlussmaschine.

Drehmoment:	$\dfrac{M_1}{M_2} = \left(\dfrac{I_{\text{A},1}}{I_{\text{A},2}}\right)^2$

7

Winkelgeschwindigkeit:	$\omega = \dfrac{U}{\sqrt{c\,k\,M}} - \dfrac{R_A - R_E}{c\,k}$
Klemmenspannung:	$U = U_q + I_A R_A$
Ankerstrom:	$I_A = \sqrt{\dfrac{M}{c\,k}}$
Anlasswiderstand:	$R_V = \dfrac{U - U_B}{I_2} - R_A - R_E$
Erregerkonstante:	$k = \Phi/I_E = \Phi/I_A$

2) Drehfeldmaschine

1. *Asynchronmaschine.
2. *Synchronmaschine.

3) Antriebstechnik

Dynamisches Grundgesetz:

– Motormoment	$M = M_{Last} + J\dfrac{d\omega}{dt}$
– stationärer Betrieb:	$M = M_{Last}$
– stabiler Arbeitspunkt:	$\dfrac{dM}{d\omega} + \dfrac{dM_{Last}}{d\omega} < 0$

Übergangszeit zw. zwei
stationären Zuständen: $\quad \Delta t = J(\omega_2 - \omega_1)/M$

Anlaufzeit aus Stillstand $\quad t_A = J\omega/M$

J Massenträgheitsmoment.

4) Betriebsarten eines Antriebs.

Typische Belastungsspiele nach DIN.

Äquivalentes Moment: $\quad M = \sqrt{\dfrac{M_1^2 t_1 + M_2^2 t_2 + \cdots + M_n^2 t_n}{t_1 + t_2 + \cdots + t_n}}$

Äquivalente Leistung: $\quad P = \sqrt{\dfrac{P_1^2 t_1 + P_2^2 t_2 + \cdots + P_n^2 t_n}{t_1 + t_2 + \cdots + t_n}}$

S1 *Dauerbetrieb.* Mit konstanter Belastung $P(t) =$ const; bis zum therm. Endzustand $T \to$ max.

S2 *Kurzzeitbetrieb.* Mit konstanter Belastung, ohne dass der therm. Endzustand erreicht wird.

S3 *Aussetzbetrieb.* Gleichartige Intervalle aus konstanter Belastung und Betriebspause.

Relative Einschaltdauer: $\quad t_r = \dfrac{t_{ein}}{t_{ein} + t_{aus}}$

S4 Aussetzbetrieb *mit Anlaufvorgang.* Intervalle aus Anlaufzeit $(0 \to P_{max} \to P)$, konstanter Belastung P und Betriebspause.

S5 Aussetzbetrieb *mit elektrischer Bremsung.* Anlaufzeit, konstante Belastung, Bremsung, Pause.

S6 Ununterbrochener periodischer *Betrieb mit Aussetzbelastung.* Konstante Belastung, Leerlaufzeit, keine Pause.

S7 Ununterbrochener period. *Betrieb mit elektrischer Bremsung.* Anlaufzeit, konstante Belastung, Leerlaufzeit, keine Pause.

S8 Ununterbrochener period. *Betrieb mit Drehzahländerung.* Zeiten konstanter Belastungen und Drehzahlen, Anlauf- und Bremsvorgänge folgen ohne Pause aufeinander.

S8 Ununterbrochener *Betrieb mit nichtperiodischer Last- und Drehzahländerung.* Verschiedene Belastungen und Drehzahlen im zulässigen Betriebsbereich; Belastungsspitzen über dem Nennbereich.

S8 *Betrieb mit einzeln konstanten Belastungen.* Konstante Belastungen in unterschiedlich langen Zeitintervallen.

Elektron im elektrischen Feld

Die *Stromleitung im Vakuum* erfolgt durch Ladungs-träger (Elektronen, Protonenen) die im elektr. Feld beschleunigt werden können.

1) Lineare Beschleunigung in Feldrichtung

Beschleunigungskraft in Feldrichtung: $\vec{F}_{el} = e\,\vec{E}$

Beschleunigung des Elektrons: $\quad \vec{a} = \dfrac{e}{m}\vec{E}$

Kinetische Energie des Elektrons

$$E_{kin} = \tfrac{1}{2}m_e v^2 = e\,U$$

klassische Geschwindigkeit des Elektrons

$$v = \sqrt{\dfrac{2\,e\,U}{m_e}} = 5{,}931 \cdot 10^5\, U\, \dfrac{m/s}{\sqrt{V}}$$

Relativistische Geschwindigkeit des Elektrons: ab $v > c_0/10$ Massenzuwachs berücksichtigen!

$$v = c_0 \sqrt{1 - \dfrac{1}{\left(\dfrac{e\,U}{m_0 c^2} + 1\right)^2}}$$

m_0 Ruhemasse des Elektrons, U Beschleunigungsspannung.

2) Beschleunigung senkrecht zum Feld.

Linear beschleunigte Elektronen (Geschwindigkeit v_{0x}) werden im Querfeld eines Plattenkondensators auf einer Wurfparabel zur positiven Platte hin abgelenkt.

Beschleunigungskraft in Feldrichtung (y-Richtung)

$$a_y = \dfrac{e\,E}{m}$$

Bahngleichung (Wurfparabel)

$$y = \dfrac{e\,\vec{E}}{2 m_e v_{0x}^2}\, x^2 = \dfrac{U_C}{4\,d\,U_a}\, x^2$$

Ablenkwinkel

$$\tan\varphi = \dfrac{v_y}{v_{0x}} = \dfrac{e\,E}{m_e v_{0x}\, t} = \dfrac{e\,E\,l}{m_e v_{0x}^2} = \dfrac{U_C\, l}{2\,d\,U_a}$$

Ablenkung von der Horizontalen am Schirm

$$\Delta y = \dfrac{e\,E\,l\,s}{m_e v_{0x}^2} = \dfrac{e\,U_C\,l\,s}{m_e d\, v_{0x}^2} = \dfrac{U_C\,l\,s}{2\,d\,U_a}$$

d	Plattenabstand des Kondensators	(m)
l	Plattenlänge des Kondensators	(m)
s	Abstand Plattenmitte – Schirm	(m)
U_C	Spannung zw. den Kondensatorplatten	(V)
U_a	Anoden-, Beschleunigungsspannung	(V)

3) Beschleunigung parallel zum Feld.

Elektron im Feld eines Plattenkondensators.

Kraft auf das Elektron $\qquad \vec{F}_{el} = e\,\vec{E}$

Geschwindigkeit $\qquad v_y = \dfrac{e\,E\,t}{m} = \sqrt{\dfrac{2\,e\,E}{m}\,y}$

Zurückgelegter Weg $\qquad y = \dfrac{e\,E\,t^2}{2m}$

Elektronengasmodell

Modell der Stromleitung in Metallen durch frei bewegliche Valenzelektronen, die sich zw. den positiv geladenen Atomrümpfen aufhalten („Elektronengas").

1) *Leitfähigkeit.* Mit steigender Temperatur steigt der Widerstand des Leiters; die Elektronenbeweglichkeit nimmt ab, die Gitterschwingungen zu.

Metallglanz. Anregung der Valenzelektronen über einen weiten Wellenlängenbereich.

Wärmeleitung. Die beweglichen Valenzelektronen nehmen kinetische Energie auf.

2) Kinetische Energie der Leitungselektronen

$$E = \dfrac{p^2}{2m} = \dfrac{\hbar^2 k^2}{2m}$$

Impuls und Materiewellenlänge der Elektronen

$$p = \frac{h}{\lambda} = \hbar\,\tilde{\nu}$$

FERMI-Energie: höchstes mit Elektronen gefülltes Energieniveau

$$E_{\mathrm{F}} = \frac{\hbar^2}{2m}\left(3\pi^2\frac{N}{V}\right)^{2/3}$$

Wellenzahl des FERMI-Niveaus: $\tilde{\nu}_{\mathrm{F}} = \sqrt[3]{3\pi^2\frac{N}{V}}$

FERMI-Geschwindigkeit: $\upsilon_{\mathrm{F}} = \frac{\hbar}{m}\sqrt[3]{3\pi^2\frac{N}{V}}$

Vgl. *Fermi-Dirac-Statistik

$\hbar = h/2\pi$	„h-quer", Planck-Konstante	(Js oder eV s)
m	Elektronenmasse	(kg)
N/V	Elektronendichte	(m^{-3})
$\tilde{\nu} = 2\pi/\lambda$	Wellenzahl	(m^{-1})
λ	Materiewellenlänge des Elektrons	(m)

Elektrostatische Wechselwirkung

Anziehende oder abstoßende Kräfte zw. permanenten oder induzierten elektrostat. Ladungen.

Kraft	Betrag	Reichweite
Ion-Ion	$F_{\mathrm{C}} = \dfrac{q_1 q_2}{4\pi\varepsilon r^2}$	50 nm
Ion-Dipol	$F_{\mathrm{ID}} = \dfrac{q_1\mu_2}{4\pi\varepsilon r^3}$	1,5 nm
Dipol-Dipol	$F_{\mathrm{DD}} = \dfrac{\mu_1\mu_2}{4\pi\varepsilon r^4}$	0,5 nm

Empfindlichkeit

Der Quotient einer beobachteten Änderung des Ausgangssignales (Anzeige ΔL) durch die verursachende Änderung des Eingangssignales (oder der Messgröße ΔM); in der Dosimetrie *Ansprechvermögen* genannt.

1) Bei Messgeräten mit Skalenanzeige gilt:

$$\text{Empfindlichkeit} \quad E = \frac{\Delta L}{\Delta M} \approx \frac{A}{S}.$$

A Teilstrichabstand e. linearen Skala, *S* Skalenteilungswert.

Beispiel: Die Empfindlichkeit eines Galvanometers ist $100\ \mathrm{mm}/\mu\mathrm{A} = 10^8\ \mathrm{mm/A}$; nicht $10^{-8}\ \mathrm{A/mm}$!

2) Bei Messgeräten mit Ziffernanzeige ist die Empfindlichkeit $E = \Delta Z/\Delta M$, d.h. die Anzahl der Ziffernschritte ΔZ, um die sich die Anzeige infolge einer Änderung der Messgröße ändert.

3) Bei Längenmessgeräten, z. B. Feinzeigern, bestimmt der Übertragungsfaktor („Übersetzung") die Empfindlichkeit:

$$E = \frac{\text{Weg des Anzeigeelementes}}{\text{Weg des Messelementes}}.$$

EMV *elektromagnetische Verträglichkeit.

Energie, elektrische

Im Strömungsfeld (Gleichstrom)

$$W = Q\,I\,t = I^2 R t = \frac{U^2}{R}t = P t$$

Feldenergie eines Plattenkondensators.

$$W = \tfrac{1}{2} U Q = \tfrac{1}{2} C U^2 \quad (\mathrm{J})$$

U Spannung, *Q* Ladung, *C* Kapazität.

Energie, magnetische

magnetische Feldenergie, im Magnetfeld gespeicherte Energie.

Inhomogenes Magnetfeld

$$W_{\mathrm{magn}} = \tfrac{1}{2}\int_V B H\,\mathrm{d}V = \tfrac{1}{2}\mu\int_V H^2\,\mathrm{d}V$$

Feldenergie einer Spule (homogenes Magnetfeld)

$$\begin{aligned}
W_{\mathrm{magn}} &= \int_0^t U_{\mathrm{ind}}(t)\,I(t)\,\mathrm{d}t = L\int I(t)\,\mathrm{d}I \\
&= \frac{LI^2}{2} = \frac{\Phi^2}{2L} = \frac{\Phi I N}{2} \\
&= \frac{\mu H^2 A l}{2} = \frac{\mu H^2 V}{2} = \frac{B H V}{2}
\end{aligned}$$

B	magnetische Flussdichte	$(\mathrm{T} = \mathrm{Vs/m^2})$
H	magnetische Feldstärke	(A/m)
L	Induktivität	$(\mathrm{H} = \Omega\mathrm{s})$
V	Volumen	$(\mathrm{m^3})$
Φ	magnetischer Fluss	$(\mathrm{Wb} = \mathrm{Vs})$

Energiebändermodell   *Bändermodell

Energiedichte

Volumenbezogene Energie eines dreidimensionalen Kontinuums.

$$\boxed{\text{Energiedichte } w = \frac{\text{Energie } W}{\text{Volumen } V}} \quad \frac{\mathrm{J}}{\mathrm{m}^3}$$

Für auf die Masse bezogene Größen: *spezifisch.

1) Elektromagnetische Energiedichte. Dichte der elektrischen und magnetischen Energie im elektromagnetischen Feld (in $\mathrm{J/m^3} = \mathrm{V\,A\,s/m^3}$),

$$w = \int_0^D \vec{E}\,\mathrm{d}\vec{D} + \int_0^B \vec{H}\,\mathrm{d}B = w_{\mathrm{e}} + w_{\mathrm{m}}$$

Dielektrisch und magnetisch ideale und ferner (*) isotrope Materialien:

$$w = \tfrac{1}{2}\left(\vec{E}\,\vec{D} + \vec{H}\,\vec{B}\right) \overset{*}{=} \tfrac{1}{2}\left(\varepsilon E^2 + \mu H^2\right)$$

2) Elektrische Energiedichte eines Kondensators im homogenen elektrischen Feld.

$$w = \frac{CU^2}{2V} = \frac{E^2\varepsilon_0\varepsilon_{\mathrm{r}}}{2} = \tfrac{1}{2} D E$$

3) Magnetische Energiedichte einer Spule im homogenen Magnetfeld.

$$w_{\mathrm{m}} = \tfrac{1}{2} B H = \frac{LI^2}{2V} = \tfrac{1}{2}\mu_0 H^2 = \frac{B^2}{2\mu}$$

B	magn. Flussdichte	$(\mathrm{T} = \mathrm{V\,s/m^2})$
H	magn. Feldstärke	(A/m)
I	elektr. Stromstärke	(A)
V	Volumen	$(\mathrm{m^3})$
μ	magnetische Feldkonstante	$(\mathrm{H/m} = \mathrm{V\,s/(A\,m)})$

Energiestromdichte

Elektromagnetische Leistungsdichte. Flächenbezogene Leistung des elektromagn. Feldes (vgl. *Poynting-Vektor).

$$\boxed{S = \frac{P}{A} = E H} \quad \frac{\mathrm{W}}{\mathrm{m}^2} = \frac{\mathrm{kg}}{\mathrm{s}^3} = \frac{\mathrm{V\,A}}{\mathrm{m}^2}$$

Enhancement   Anreicherungstyp e. Halbleiters.

Entropie

Mittlerer Informationsgehalt einer Nachricht aus n Elementen $x_1\ldots x_n$ (z. B. eine Zeichenfolge aus Buchstaben mit bekannter statist. Häufigkeit).

$$H = \sum_{i=1}^{n} P(x_i)\,I(x_i) = \sum_{i=1}^{n} P(x_i)\,\mathrm{ld}\!\left(\frac{1}{P(x_i)}\right)\,\mathrm{bit}$$

$I(x_i)$ Informationsgehalt, l Codewortlänge,
$P(x_i)$ Wahrscheinlichkeit für das Auftreten der Nachricht x_i (Zeichen etc.).

Für einen Optimalcode (z. B. Shannon-Fano- oder Huffman-Verfahren) gilt:

$$H \leq (\bar{l} = H - R) < H + 1$$

$\bar{l}$ mittlere Codewortlänge, R Redundanz.

Entscheidungsgehalt

Lorgarithmus der Anzahl n möglicher Ergebnisse.

$$H_0 = \lg n$$

Maximaler *Informationsgehalt einer Menge von n Zeichen.

$$H_0 = \operatorname{ld} n = \frac{\lg n}{\lg 2} \quad \text{bit}$$

Erdmagnetfeld

Magnetischer Südpol: nahe des geograf. Nordpols bei 74° nördlicher Breite, 100° westlicher Länge, auf der Halbinsel Boothia in Nordkanada.

Magnetischer Nordpol: nahe des geograf. Südpols bei 72° südlicher Breite, 155° östlicher Länge, in der Antarktis. Vgl. *Deklination, Inklination.

Richtungswahrnehmung bei Tieren. Bei Vögeln: Sehfarbstoff Rhodopsin in der Netzhaut, der im kurzwelligen Licht ein magnet. Moment erhält und mit dem Erdmagnetfeld in Wechselwirkung tritt. Bei Bienen, Pinguinen, Tauben, Delphinen: Magnetkriställchen im Gesichtsfeld. Bei Zugvögeln: Stand der Sterne, Polarisationsrichtung des Sonnenlichtes u. a. opt. Faktoren.

Erdradius, effektiver

Für die Ausbreitung von Funkwellen:

$$r_{\text{E,eff}} \approx \tfrac{4}{3} r_{\text{E}} \quad (\text{m})$$

Erdstromtiefe

Begriff der elektr. Energieversorgung:

$$\delta_{\text{E}} \approx 1{,}85 \sqrt{\frac{\varrho_{\text{E}}}{\omega \, \mu_0}} \quad (\text{m})$$

ϱ_{E} spezif. Erdwiderstand, ω Kreisfrequenz, μ_0 magnet. Feldkonstante.

Erregung   *Feldstärke, magnetische.

Ersatzschaltbild

Modellvorstellung für elektronische Bauteile, Batterien, elektrochemische Zellen u.s.w.

Feld, elektrisches

Unbewegte, elektrisch geladene Teilchen stehen vermittels des elektr. Feldes in Wechselwirkung. Durch die kollektive Bewegung elektr. geladener Teilchen entsteht das *konservative elektr. *Strömungsfeld*. Die Strömungslinien der bewegten Ladungsträger heißen *Feldlinien.

Die *elektrische Feldstärke* $\vec{E}$ ist in jedem Ort durch den Verlauf des Potentials φ beschrieben (*Gradient):

$$\vec{E} = -\operatorname{grad} \varphi = -\left(\frac{\partial}{\partial x} + \frac{\partial}{\partial y} + \frac{\partial}{\partial z}\right) \varphi = -\vec{\nabla}\varphi$$

Kenngrößen des elektrischen Feldes.

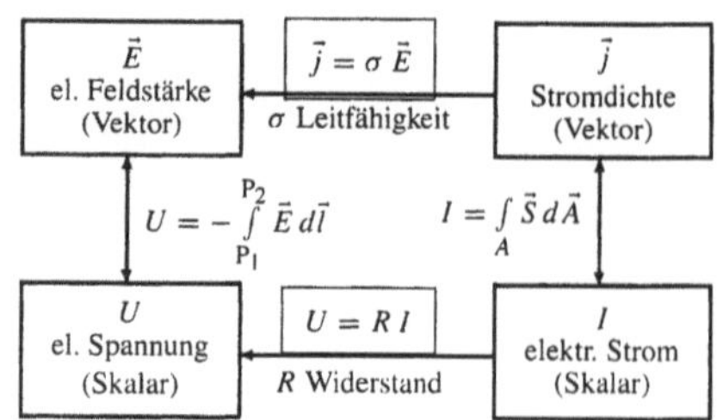

Feld, elektrostatisches

Kenngrößen des elektrostat. Feldes um geladene Körper oder Teilchen sind: *Feldstärke, *Flussdichte, *Permittivität.

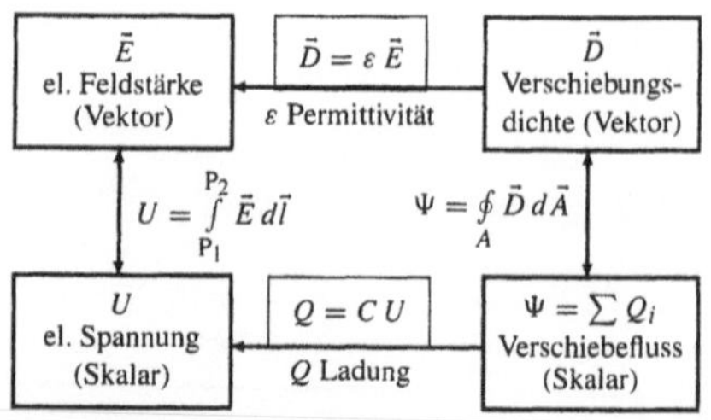

Feld, konservatives

Ein konservatives Kraftfeld, z. B. das elektr. Feld, ist ein wirbelfreies Vektorfeld, in dem gilt:

$$\operatorname{rot} \vec{E} = 0.$$

Feld, magnetisches

Magnetfeld. Vektorfeld um jeden stromdurchflossenen Leiter; es beschreibt die Wirkungslinien der magnet. Kräfte nach Betrag und Richtung. Weist der Daumen der rechten Hand in Stromrichtung, so deuten die gekrümmten Finger in Richtung der magnet. Feldlinien (Korkenzieherregel).

Analogie von Elektrizität und Magnetismus

	elektrisches Feld	magnetisches Feld
Urspannung	U_0 (V)	Θ (A)
Feldstärke	E (V/m)	H (A/m)
Spannung	U (V)	V (A)
Stromstärke	I (A)	U_{ind} (V)
Fluss	Q (A s)	Φ (V s)
Flussdichte	D (A s/m^2)	B (T = V s/m^2)
Feldkonstante	ε_0 (F/m = A s/(V m))	μ_0 (H/m = V s/(A m))
Permittivität	ε (F/m)	μ (H/m)
Widerstand	R (Ω)	R_{m} (A/Wb)
Spannungsabfall	U (V)	Θ (A)
Kapazität	C (F)	L (H)
Kraft	F_{el} (N)	F_{m} (N)
Dipolmoment	p (A s m)	m (V s m)
Energie	W_{C} (J = W s)	W_{L} (J)

Feld, wirbelfreies

Elektrisches Feld, in dem die Spannung zw. zwei Raumpunkten *wegunabhängig* ist.

(Elektr.) Feld, in dem die *Umlaufspannung für jeden beliebig geschlossenen Weg verschwindet, den man auf

stetige Weise, ohne ein bestimmtes Raumgebiet zu verlassen, in einen Punkt zusammenziehen kann.
In einem *Feld mit Wirbeln* ist die Spannung für benachbarte Wege, die zw. denselben Anfangs- und Endpunkten liegen, verschieden. Die Spannung lässt sich nicht mehr als *Potentialdifferenz zweier Feldpunkte auffassen.

Feldeffekttransistor (FET)
Unipolartransistor. Halbleiterbauelement mit aus Gate (G), Drain (D) und Source (S). Vgl. *Transistorschaltungen.

Gleichstromleistung	$P = U_{DS}\, I_D$
Drain-Source--Sättigungsspannung	$U_{DS,s} = U_{GS} - U_{GS,off}$
-Widerstand	$R_{DS} = \dfrac{U_{DS}}{I_D}$
-Impedanz	$Z_{DS} = \dfrac{\Delta U_{DS}}{\Delta I_D}$ für U_{GS} = const
Gate-Source-Widerstand	$R_{GS} = \dfrac{U_{GS}}{U_{GS,0}}$
Steilheit	$S = \dfrac{\Delta I_D}{\Delta U_{GS}}$ für U_{DS} = const

U_{GS}	Gate-Source-Spannung	(V)
$U_{GS,off}$	Abschnürspannung	(V)
I_D	Drainstrom	(A)
$I_{GS,0}$	Gate-Source-Reststrom	(A)
R_{GS}	Gate-Source-Widerstand	(Ω)

Feldgleichungen
*Maxwell-Gleichungen, verknüpfen elektr. *Feldgrößen.

Feldgröße
Größe, deren Quadrat der Leistung proportional ist (wenn die Größe auf eine lineare Impedanz wirkt); z. B. Spannung, Strom, Schalldruck, Schallschnelle, Kraft, Wechselgeschwindigkeit.
1) Feldgrößen des *elektromagnetischen Feldes* sind:
elektrische Feldstärke $\vec{E}$,
elektrische Flussdichte $\vec{D}$,
magnetische Flussdichte $\vec{B}$,
magnetische Feldstärke $\vec{H}$.
2) Definition:
differentiell: *Maxwell-Gleichungen.
Integralform: *Induktionsgesetz, *Durchflutungsgesetz.
3) *Quellengrößen* sind Raumladungsdichte ϱ und Stromdichte $\vec{j}$.

Feldkonstante, elektrische
engl. *electric constant.* Vakuumpermittivität, früher: Verschiebungskonstante Δ.

$$\varepsilon_0 = \frac{1}{\mu_0 c^2} = 8{,}854\,187\,817\,62\ldots \cdot 10^{-12}\ \text{F/m}$$

Einheitenumrechnung

$$10^{-12}\ \text{F/m} = 1\ \text{pF/m} = 10^{-12}\ \text{A s/(V m)}$$

Feldkonstante, magnetische
engl. *magnetic constant.* Durch die *Amperedefinition an stromdurchflossenen Leitern exakt festgelegt.

$$\mu_0 = \frac{2\pi a F}{I_1 I_2 l} = \frac{2\pi \cdot 1\,\text{m} \cdot 2 \cdot 10^{-7}\,\text{N}}{(1\,\text{A})^2 \cdot 1\,\text{m}} =$$
$$= 4\pi \cdot 10^{-7}\frac{\text{H}}{\text{m}} = 1{,}256\,637\,061\ \frac{\mu\text{H}}{\text{m}}$$

Dimensionsbetrachtung:

$$\frac{\text{H}}{\text{m}} = \frac{\text{V s}}{\text{A m}} = \frac{\text{N}}{\text{A}^2}$$

Magnet. und elektr. Feldkonstante sind mit der Lichtgeschwindigkeit im Vakuum c verknüpft:

$$c^2 = \frac{1}{\mu_0 \varepsilon_0}$$

Feldkraft   *Kraft, *Coulomb-Gesetz

Feldlinien, elektrische
Beschreiben Kräfte, die auf eine positive Ladung im Feld wirken.
• Verlaufen von der positiven zur negativen Ladung; in Richtung des größten Potentialgefälles. (Elektronen wandern entgegen der Feldlinienrichtung!)
• stehen senkrecht auf der Leiteroberfläche und den Äquipotentiallinien bzw. -flächen.
• Das Leiterinnere ist feldfrei.
• Auf den Feldlinien gilt: $\vec{E} \times \mathrm{d}\vec{s} = 0$.
• In Richtung der Feldlinien wirkt eine Zugkraft, quer dazu Druck.
$\vec{E}$ elektr. Feldstärke, $\mathrm{d}\vec{s}$ Wegelement.

Feldlinien, magnetische
Feldlinien verlaufen außerhalb des Magneten *von Nord nach Süd.* In Feldlinienrichtung wirkt auf ein hypothet. Teilchen „Zug", quer dazu „Druck". Es gibt keine magnet. Monopole (analog elektr. Ladungen), d. h. jeder Magnet besitzt zwei Pole. Gleichnamige Pole stoßen sich ab, ungleichnamige ziehen sich an.
• Magnet. Feldlinien sind in sich geschlossen, d. h. sie setzen sich im Inneren des Körpers fort (anders als elektrische).
• Die Tangente der magnet. Feldlinien gibt die Kraftrichtung eindeutig an. Magnet. Feldlinien schneiden sich nicht (wie elektrische).

Feldstärke, elektrische
Maß für die Zu- oder Abnahme des elektr. Feldes.
1) Anschaulich die elektr. Feldkraft auf eine Einheitsladung im elektr. Feld.

$$\vec{E} = \frac{\vec{F}}{Q} = \text{const} \cdot \vec{F}$$

Dimensionsbetrachtung:
$$1\ \text{V/m} = 1\ \text{kg m s}^{-3}\text{A}^{-1} = 1\ \text{N/C}$$

Auf eine ruhende oder bewegte Punktladung Q ausgeübte Kraft: $\vec{F} = Q\,\vec{E}$
2) Oberflächenintegral über eine geschlossene Fläche = Summe der Ladungen innerhalb der Fläche

$$\oint \vec{E}\,\mathrm{d}A = \frac{1}{\varepsilon_0}\sum Q_i \qquad \text{V m} = \frac{\text{C m}}{\text{F}}$$

3) Der Feldstärkevektor $\vec{E}$ zeigt in Richtung der Kraft $\vec{F}$, wenn die Ladung Q positiv ist.

$$\vec{E} = -\frac{\mathrm{d}\varphi}{\mathrm{d}\vec{s}} = -\vec{\nabla}\varphi = -\text{grad}\,\varphi$$

7

Elektrotechnik

$\vec{E}$ verläuft auf den Feldlinien, das Wegelement $d\vec{s}$ senkrecht dazu auf den Äquipotentiallinien.

Im *homogenen* Feld ist die Feldstärke an jedem Ort gleich, die Feldlinien verlaufen parallel. Im *inhomogenen* Feld ist die Feldstärke örtlich veränderlich, die Feldlinien verlaufen nicht parallel. Um Kugelladungen wirkt ein *radialsymmetrisches Feld*.

4) Feldstärke auf Kugeloberflächen.
Aus $E = F/Q$ mit $\sigma = Q/A$ und $A = 4\pi r^2$ und $\sigma = \varepsilon E$ und $Q = F/E$ folgt:

$$\boxed{|\vec{E}| = \frac{Q}{4\pi\varepsilon r^2}}$$

Im Inneren von Hohlkugeln ist $E = 0$.

σ Flächenladungsdichte (C/m²), Q gespeicherte Ladung (C),
A Kugeloberfläche (m²), r Kugelradius (m²).

5) Feldstärke an Spitzen. An Krümmungen und Spitzen ist die Feldstärke so groß, dass es zum spontanen Ladungsaustritt kommen kann (Spitzenentladung). Bei Krümmungen um 1 μm genügen Spannungen von 100 bis 1000 V.

6) Feldstärke an einfachen Körpern

Massivkugel im Radius r $\qquad E(r) = \dfrac{Q}{4\pi\varepsilon_0\, r^2}$

Zylinderstab außen (Länge l) $\qquad E = \dfrac{Q}{4\pi\varepsilon_0\, r\, l}$

Zylinderrohr innen $\qquad E = \dfrac{Q\, r_i}{4\pi\varepsilon_0\, r_a^2\, l}$

Oberfläche eines Leiters $\qquad E = \dfrac{Q}{\varepsilon_0\, A} = \dfrac{\sigma}{\varepsilon_0}$

dünne Platte $\qquad E = \dfrac{Q}{2\varepsilon_0\, A} = \dfrac{\sigma}{2\varepsilon_0}$

zw. zwei dünnen Platten $\qquad E = \dfrac{Q}{\varepsilon_0\, A} = \dfrac{\sigma}{\varepsilon_0}$

dicke Platte $\qquad E = \dfrac{Q\, x}{\varepsilon_0\, V} = \dfrac{\varrho\, x}{\varepsilon_0}$

r_i Innen-, r_a Außenradius, x Abstand vom Ladungsschwerpunkt,
σ Flächenladungsdichte, ϱ Raumladungsdichte.

7) Plattenkondensator, gefüllt mit *Dielektrikum.

$$\boxed{|\vec{E}| = \frac{U}{d}} \qquad \frac{\text{V}}{\text{m}}$$

d Plattenabstand (m), U Spannung zw. den Platten (V).

8) Feldstärke in elektrochemischen Zellen. Die Geometrie des elektr. Feldes wird durch die Verteilung der (gedachten) Feldlinien zw. den Elektroden beschrieben. Zw. ebenen Elektroden verlaufen parallele Feldlinien. Der *Durchgriff* des elektr. Feldes auf die Elektrodenrückseite – auch dort finden Elektrodenreaktionen statt – wächst mit (a) zunehmendem Bodenabstand der Elektroden, (b) zunehmendem Elektrodenabstand: bei sehr kleinem Abstand ist die Rückseite bis auf die Ober- und Unterkante fast feldfrei.

Feldstärke, magnetische
früher: *magnetische Erregung*.
1) Basisdefinition durch das *Durchflutungsgesetz.

$$\Theta = \oint \vec{H}\, d\vec{s}$$

$\dfrac{\text{magnetische Spannung}}{\text{Abstand}} \qquad \boxed{H = \dfrac{V}{d}} \qquad \dfrac{\text{A}}{\text{m}} = \dfrac{\text{J}}{\text{Wb}\,\text{m}}$

$\dfrac{\text{magn. Durchflutung}}{\text{mittl. Feldlinienlänge}} \qquad H = \dfrac{\Theta}{l}$

$\dfrac{\text{Strom} \cdot \text{Windungszahl}}{\text{mittl. Feldlinienlänge}} \qquad H = \dfrac{I\,N}{l}$

$\dfrac{\text{magn. Flussdichte}}{\text{Permeabilität}} \qquad H = \dfrac{B}{\mu}$

$\dfrac{\text{magn. Feldkraft}}{\text{magn. Fluss}} \qquad H = \dfrac{F}{\Phi}$

2) Biot-Savart-Gesetz. Magnetfeldstärke für beliebige Leitergeometrie. Beitrag des Leiterstücks ds im Punkt P in Entfernung r vom stromdurchflossenen Leiter.

$$dH = \frac{I\, ds}{4\pi r^2}\, \sin\varphi$$

$$\boxed{\vec{B} = \mu\vec{H} = \frac{\mu I}{4\pi} \int\limits_s \frac{d\vec{s} \times \vec{r}}{(\vec{r})^3}} \qquad \text{T} = \text{Vs/m}^2$$

I elektrische Stromstärke,
φ Winkel zw. Abstandsvektor zum Punkt P und dem Leiter.

3) Magnetfeld um einfache Leiter.
Gerader Leiter (Draht)
– außen: $\qquad H(x) = \dfrac{I}{2\pi x}$

– Leiterinneres: $\qquad H(x) = \dfrac{I\, x}{2\pi r^2}$

Kreisring $\qquad H = \dfrac{I}{2r}$

Ringspule (Toroid) $\qquad H = \dfrac{N\,I}{2\pi r}$

Zylinderspule (Solenoid)
– lange Spule ($l \gg d$) $\qquad H = \dfrac{N\,I}{l}$

– kurze Spule $\qquad H = \dfrac{N\,I}{\sqrt{4r^2 + l^2}}$

x senkrechter Abstand vom Leiter, r Radius (Ring od. Zylinder).

Feldstärkepegel
Logarithm. Verhältnis von elektr. Feldstärke und Bezugsfeldstärke.

$$\boxed{L_E = 20\,\lg\frac{E}{E_{\text{ref}}}} \qquad \text{dB}$$

Feldwellenwiderstand *Wellenwiderstand.
Fermi-Dirac-Statistik
Die Energiezustände der Elektronen im Leitungsband (*Bändermodell) sind mit zunehmender Energie immer dichter angeordnet.
Zustandsdichte: Energiezustände je Energieintervall und Volumeneinheit.

$$N(E) = \frac{1}{2\pi^2}\left(\frac{2m}{\hbar^2}\right)^{3/2} \sqrt{E} \quad (\text{eV}^{-1}\text{cm}^{-3})$$

Fermi-Dirac-Verteilungsfunktion

$$f(E) = \frac{1}{e^{(E-E_F)/kT} + 1}$$

Bei 0 K ist die Verteilungsfunktion eine Treppenstufe, bei hoher Temperatur eine ζ-förmige Kurve mit Wendepunkt bei $f(E) = 50\%$ (Ordinate) und $E/E_F = 1$ (Abszisse).

$\hbar = h/2\pi$ „h-quer": $6{,}5821 \cdot 10^{-16}$ eV s
$k \qquad$ Boltzmann-Konstante: $8{,}6174 \cdot 10^{-5}$ eV/K
$m \qquad$ Elektronenmasse $\qquad$ (kg)
$T \qquad$ absolute Temperatur $\qquad$ (K)

Ferroelektrika

Nichtlineare Dielektrika sind Stoffe, deren Permittivität von der Feldstärke abhängt: $\varepsilon(|\vec{E}|)$. Analog zu den Ferromagnetika sind definiert:

1) *Elektrisierungskurve:* Auftragung der *Flussdichte $D(E)$ oder Polarisation $P(E)$ in Abhängigkeit der Feldstärke.

2) *Neukurve:* Die im Punkt $E = 0$, $D = P = 0$ beginnende Elektrisierungskurve.

3) *Hystereschleife.* Zykl. Durchlauf einer Folge von Feldstärkewerten zw. zwei entgegengesetzt gleichgroßen Beträgen, so dass die Elektrisierungskurve einen aufsteigend und einen absteigend durchlaufenen Ast aufweist. Die von beiden Kurvenästen eingeschlossenen Fläche heißt *Hysteresefläche.*

4) *Remanenzflussdichte.* Der für $E = 0$ vorhandene Wert der Flussdichte und der Polarisation $D_r = P_r$.

5) Elektrische *Koerzitivfeldstärke* E_c, die Feldstärke beim Nulldurchang der Flussdichte.

6) *Anfangspermittivität* ε_a. Die Neigung der $D(E)$-Elektrisierungskurve im Anfangspunkt der Neukurve.

7) *Totale Permittivität.* Die Neigung der Ursprungsgeraden $D/E = \varepsilon$ zu einem Punkt auf der $D(E)$-Elektrisierungskurve.

8) *Totale Suszeptibilität.* Die Neigung der Ursprungsgeraden $P/E = \chi_e$ auf der $P(E)$-Elektrisierungskurve.

Ferromagnetismus

Ferromagnetika sind *magnet. Stoffe mit ungepaarten Eletronen (z. B. Fe, Co, Ni, Co, Gd, Er); sie stärken das äußere Magnetfeld erheblich und werden stark ins Feld gezogen.

*Permeabilitätszahl:	$\mu_r \gg 1$ (mit Maximum),
*Suszeptibilität:	$\chi_m \gg 0$.
Längenänderung:	*Magnetostriktion, *Ultraschall.
*Curie-Temperatur:	$T > T_C$ werden sie paramagnetisch.

Begriffliche Abgrenzung

a) *Ferromagnetismus:* ganze Kristallbereiche (WEISSsche Bezirke) haben die gleiche Magnetisierung. Die resultierenden Momente dieser Bezirke richten sich im äußeren Magnetfeld aus.

b) *Ferrimagnetismus.* Erscheinung, bei der <u>ohne</u> äußeres Magnetfeld die magnet. Momente der Nachbaratome oder -ionen infolge Wechselwirkung sich teilweise derart aufheben, dass ein resultierendes magnet. Moment verbleibt. Beim Anlegen eines äußeren Magnetfeldes nimmt die Ausrichtung der magnet. Momente in Feldrichtung zu.

Flächenladungsdichte

Elektrische Ladungsbedeckung. Auf die Leiteroberfläche A bezogene elektrische Ladung Q.

$$\boxed{\sigma = \frac{dQ}{dA} = |\vec{D}|} \quad \frac{C}{m^2} = \frac{As}{m^2}$$

Elektrische Ladung: $Q = \int_A \sigma \, dA$

Flächenmoment   *Moment, elektromagnet.

Flächenwiderstand

Nach DIN 1304 T 6 nicht das Produkt RA in $\Omega\,cm^2$,

sondern:

$$R_\square = \frac{\text{spezif. Widerstand } \varrho}{\text{wirksame Leiterdicke } d} \quad (\Omega)$$

Flankensteilheit

Anstieg oszillografischer Signale.

$$S = \frac{\text{Spannungsdifferenz } \Delta U}{\text{Zeitdifferenz } \Delta t} \quad (V/s)$$

Flipflop

Elektronisches Schaltelement. Bei flankengesteuerten Flipflops erfolgt ein Zustandswechsel bei einer positiven oder negativen Taktflanke (0-1-Übergang).

RS-Flipflop	$Q^{t+1} = S^t(\bar{R}^t \wedge Q^t)$
JK-Flipflop	$Q^{t+1} = (J^t \wedge \bar{Q}^t) \vee (\bar{K}^t \wedge Q^t)$
D-Flipflop	$Q^{t+1} = D^t$
T-Flipflop	$Q^{t+1} = (E^t \wedge \bar{Q}^t) \vee (\bar{E}^t \wedge Q^t)$

R, S, E, D = Eingänge, Q = Ausgänge.

FLOPS

Maß für die Rechenleistung von Mikroprozessoren. Gleitkommaoperationen je Sekunde = *floating point operations per second.*

1 kFLOPS = 1000 FLOPS = 1000/s

1 MFLOPS = 1000 kFLOPS = 10^6/s

1 GFLOPS = 1000 MFLOPS = 10^9/s

Fluss, elektrischer

Das Integral der Flussdichte über eine beliebige Fläche. Ist die Fläche eine geschlossene Hülle, heißt Φ *Hüllenfluss.*

elektrischer Fluss = Ladungsdichte · Fläche

$$\boxed{\Psi = \int_A D \, dA} \quad (C = As)$$

Das Vorzeichen von $D_n \, dA$ ist positiv, wenn der Flussdichtevektor einen spitzen Winkel mit der Normalenrichtung, die dem Flächenelement rechtswendig zugeordnet ist, bildet.

Fluss, magnetischer

Integral der magnet. Flussdichte $\vec{B}$ über eine Fläche A (Flächennormale).

$$\boxed{\Phi = \int_A \vec{B} \, d\vec{A}} \quad (Wb = Vs)$$

φ Winkel zw. Feldlinien $\vec{B}$ und Flächennormale $\vec{A}$.

Die abgeleitete SI-Einheit *Weber* ist festgelegt durch den magnet. Fluss in einer Leiterwindung, der die Spannung 1 Volt hervorruft und gleichmäßig innerhalb einer Sekunde auf Null abfällt.

1 Wb	$= V \cdot s = T \cdot m^2 = A \cdot H$
	$= [\text{veraltet}]\ 10^8$ M (Maxwell)
1 T	$= 1\ Wb/m^2 = [\text{veraltet}]\ 10\,000$ G (Gauß)

Im homogenen Feld: Flussdichte · Fläche

$$\boxed{\Phi = B_n A = B \cos \varphi \, dA}$$

Magnetische Flussänderung. Φ ändert sich, wenn sich das Magnetfeld zeitlich ändert oder Leiter sich im Magnetfeld bewegen.

$$\text{Flussänderung} = \frac{\text{magnetischer Fluss}}{\text{Zeit}} \qquad V = \frac{Wb}{s}$$

$$\boxed{\begin{aligned} \frac{d\Phi}{dt} &= \frac{\partial \Phi(x,t)}{\partial t} + \frac{\partial \Phi(x,t)}{\partial x}\frac{dx}{dt} \\ &= \int_A \frac{\partial \vec{B}}{\partial t}\, d\vec{A} + \oint (\vec{B} \times \vec{v})\, d\vec{r} \end{aligned}}$$

In einer bewegten Leiterschleife wird ein *Spannungs-stoß* induziert.

$$\Delta\Phi = \frac{\displaystyle\int U(t)\, dt}{N}$$

$d\vec{r}$ Vektor des Linienelementes dr der ganz in der leitenden Materie liegenden Raumkurve r (mit dem Vektor $d\vec{A}$ des Flächenelementes);
$\vec{v}$ Geschwindigkeit des Elementes $d\vec{r}$,
$\vec{B}$ magnet. Induktion (Koordinatensystem wie $\vec{v}$).

Fluss, verketteter

Allgemein und für elektrische Maschinen:

$$\boxed{\Psi = N \cdot \Phi} \qquad (Wb = V\,s)$$

N Windungszahl, Φ magnetischer Fluss.

Flussdichte, elektrische

Verschiebungsdichte $\vec{D}$, früher nach MAXWELL „Verschiebung".
1) Vektor mit dem Betrag der Flächenladungsdichte und der Richtung der Flächennormalen (Richtung von der positiven zur negativen Ladung).

$$|\vec{D}| = \frac{\text{elektrische Ladung } Q}{\text{Oberfläche } A} \qquad (C/m^2)$$

Für beliebige Stoffe und Dielektrika durch den „Satz vom elektrischen Hüllenfluss" (GAUSS'scher Satz) definiert.

$$\boxed{Q = \oint \vec{D}\, d\vec{A} = \varepsilon_0 \oint \vec{E}\, d\vec{A}}$$

$\vec{D}$ gibt die Richtung der elektrischen Feldstärke an: von Plus (positive Ladung) nach Minus (negative Ladung). Die Ladung Q kann beliebig in dem betrachteten Volumen V verteilt sein. Man betrachtet die Normale an jedem Flächenelement $d\vec{A}$ der Oberfläche (Hüllfläche, Begrenzungsfläche des Raumteiles) nach außen.

$$1\,C/m^2 = \frac{F\,V}{m^2} = \frac{A\,s}{m^2}$$

2) **Isotropes Dielektrikum,** konstante Spannung.

$$\boxed{\vec{D} = \varepsilon_0 \varepsilon_r\, \vec{E} = \varepsilon_0 \vec{E} + \vec{P}} \quad \text{und} \quad \boxed{\vec{D}_0 = \varepsilon_0\, \vec{E}_0}$$

3) **Plattenkondensator.** Die Ladung einer ebenen Leiteroberfläche $Q = \varepsilon_0 A E$ ist zur Feldstärke E proportional, so dass die Verschiebungsdichte $|\vec{D}| = dQ/dA_\perp$ gleich der Ladungsdichte der Kondensatoroberfläche σ (*Flächenladungsdichte* in C/m^2) ist.

$$\boxed{\sigma = \frac{Q}{A} = \varepsilon_0 \varepsilon_r\, E = |\vec{D}|}$$

A Oberfläche des Leiters (m^2), Q Oberflächenladung (C),
P dielektrische Polarisation ($C\,m^{-2}$), ε_0 *elektr. Feldkonstante.

4) **Messung.** Die Flussdichte ist messbar, indem man zwei gleiche, kleine, dünne Metallscheiben im ungeladenen Zustand aufeinanderlegt, an den Feldort bringt und nach Trennung der Scheiben die influenzierte Flächendichte $\pm\sigma$ bestimmt; sie ist gleich dem Betrag der elektrischen Flussdichte in Richtung der ursprünglichen Normale der Scheibe: $D_n = \sigma$.

Flussdichte, magnetische

Kraftflussdichte, früher: *magnetische Induktion*, „Induktion". Feldgröße des magnetostatischen Feldes.
1) Ortsabhängiges Maß für die Magnetfeldstärke.

$$\boxed{\vec{B} = \text{rot}\, \vec{A}_m = \mu_0 \mu_r\, \vec{H}}$$

Abgeleitete SI-Einheit ist TESLA, festgelegt bei einem gleichmäßigen magnetischen Fluss von 1 Weber senkrecht zu einer Fläche von $1\,m^2$.

$$1\,T = \frac{Wb}{m^2} = \frac{V\,s}{m^2} = \frac{H\,A}{m^2} = kg\,s^{-2}A^{-1}$$
$$= [\text{veraltet}]\ 10\,000\ \text{Gauß}$$

2) Normalkomponente ($\perp$ Magnetfeld) = magnetischer Fluss je Flächeneinheit. Entspricht dem Spannungsstoß in einer Leiterschleife im Magnetfeld.

$$B_n = \frac{d\Phi}{dA} = \frac{\displaystyle\int U\, dt}{N\,A} = B\,\cos(\vec{B}, \vec{B}_n)$$

Bei *anisotropen* Stoffen zeigen $\vec{B}$ und $\vec{H}$ nicht in dieselbe Richtung.

A	Querschnittsfläche	(m^2)
A_m	magnetisches Vektorpotential	
	$(Wb/m = V\,s/m = T\,m)$	
H	magnetische Feldstärke	(A/m)
N	Windungszahl der Schleife	(Dim. 1)
μ_0	magnetische Feldkonstante: $4\pi \cdot 10^{-7}$ H/m	
μ_r	Permeabilitätszahl	(Dim. 1)
Φ	magnetischer *Fluss	$(Wb = V\,s)$

3) B entspricht der *Kraft auf stromdurchflossene Leiter* im Magnetfeld (senkrecht zu den Feldlinien).

$$\boxed{B = \frac{F}{I\,l}}$$

I Stromstärke, l Leiterlänge.
Kraftwirkung auf eine Punktladung; *Lorentz-Kraft.

$$\boxed{\vec{F} = Q\left(\vec{v} \times \vec{B}\right)}$$

*Hall-Effekt.
4) Materie im Magnetfeld

$$\boxed{\vec{B} = \mu_0\left(\vec{H} + \vec{M}\right) = \mu_0 \vec{H} + \vec{J}}$$

H Magnetfeldstärke, M Magnetisierung, J magnetisches Dipolmoment.

Flussgleichung

Erhaltung des magnetischen Flusses

$$\oint \vec{B}\, dA = \text{const}$$

Flussquant

Magnetisches Flussquantum. Kehrwert der Josephson-Konstante; unsichere Stellen kursiv.

$$\Phi_0 = \frac{h}{2e} = 2{,}067\,833\,636 \cdot 10^{-15}\ \text{Wb}$$

Formfaktor

Verhältnis von Effektivwert zum Halbschwingungsmittelwert (Gleichrichtwert) einer Wechselspannung.

$$k_\mathrm{f} = \frac{U}{|u|} = \frac{I}{|i|} = \begin{cases} 1{,}00 & \text{(Rechteck)} \\ 1{,}11 = \dfrac{\pi}{2\sqrt{2}} & \text{(Sinus)} \\ 1{,}15 & \text{(Dreieck)} \\ 1{,}15 & \text{(Sägezahn)} \end{cases}$$

Fotodiode

*Optoelektronisches aktives Bauelement, das bei Bestrahlung eine Fotospannung oder einen Fotostrom abgibt (fotovoltaischer Effekt). Das in einem pn-Übergang absorbierte Photon erzeugt ein Elektron-Loch-Paar, das über den äußeren Stromkreis abfließt.

Fotostrom (Kurzschluss)	$I_\mathrm{k} = \dfrac{\Phi_\mathrm{e}\, e\, \varphi(\lambda)}{h\, \nu}$
Leerlaufspannung	$U_0 = \dfrac{kT}{e} \ln\left(\dfrac{I_\mathrm{k}}{I_\mathrm{s}} + 1\right)$
Kennlinie	$I = I_\mathrm{s}\left(e^{eU/kT} - 1\right) - I_\mathrm{k}$

I_s Sperrsättigungsstrom, φ Quantenausbeute, Φ_e Strahlungsleistung.

Fototransistor

*Optoelektronisches Bauelement, Halbleiter-Detektor mit innerer Verstärkung. Absorption eines Photons erzeugt ein Elektron-Loch Paar, das im elektrischen Feld der Basis-Kollektor-Elektrode getrennt wird.

$$I_\mathrm{C} = (B + 1)(I + I_{\mathrm{BC},0}) \approx B\, I$$

$B \approx 100$ bis 1000: Stromverstärkungsfaktor in Emitterschaltung,
$I_{\mathrm{BC},0}$ Dunkelstrom der Basis-Kollektor-Diode,
I Fotostrom.

Fotowiderstand

LDR = *Light Dependent Resistor*. *Optoelektronisches passives Bauelement, dessen elektrischer Widerstand bei Bestrahlung sinkt.

$$R \sim E_\mathrm{v}^{-\gamma} \quad \text{oder} \quad \lg R \sim -\gamma \lg E_\mathrm{v}$$

E_v Beleuchtungsstärke, $\gamma \approx 1$ Steilheit.

Fourier-Integral

Bei *nichtperiodischen Vorgängen* geht die Fourier-Reihe in das Fourier-Integral über; das diskrete Linienspektrum in ein *kontinuierliches Spektrum*.

Zeitfunktion:
$$f(t) = \frac{1}{\sqrt{2\pi}} \int\limits_{-\infty}^{\infty} \underline{F}(\omega)\, e^{-j\omega t}\, d\omega$$

Spektralfunktion:
$$\underline{F}(\omega) = \frac{1}{\sqrt{2\pi}} \int\limits_{-\infty}^{\infty} f(t)\, e^{j\omega t}\, dt$$

Spektraldichte: $\quad |\underline{F}|$

$\omega = 2\pi f$ Kreisfrequenz.

Fourier-Transformation

Mathematische Abbildung von zeitlichen Vorgängen im Frequenzbereich und umgekehrt.

$$\mathcal{F}\{f(t)\} = F(\omega) = \int\limits_{-\infty}^{\infty} f(t)e^{j\omega t} dt$$
$$\mathcal{F}^{-1}\{F(\omega)\} = f(t)$$

Zeitfunktion ⇔	Frequenzfunktion
zeitlicher Signalverlauf $f(t)$	Frequenz-, Amplituden-, Phasenspektrum $F(\omega)$
Amplitudenmodulation ⇔	Frequenzspektrum
z.B. $f(t) \cdot \cos(\omega_0 t)$	$\frac{1}{2} F(\omega \pm \omega_0)$

breite Zeitfunktion $\hat{=}$ schmale Frequenzfunktion
schmale Zeitfunktion $\hat{=}$ breite Frequenzfunktion

Abtasttheorem $T \cdot 2B = 1 \qquad \Delta t \cdot \Delta \omega = 1$

T Abtastintervall, B Bandbreite.

Beispiele

Zeitfunktion ⇔	Frequenzfunktion
Rechteckimpuls (ein = aus = $2T$)	$F(\omega) = \dfrac{2\sin(\omega T)}{\omega}$
Dreieckimpuls (auf+ab = $2T$)	$F(\omega) = \dfrac{4\sin^2(\omega T/2)}{T\,\omega^2}$
$\cos^2$-Impuls $f(t) = \cos^2\left(\dfrac{\pi\, t}{2T}\right)$	$F(\omega) = \dfrac{\sin(\omega T)}{\omega T}\dfrac{T}{1 - \left(\dfrac{\omega T}{\pi}\right)^2}$
Gauss-Impuls $f(t) = e^{-t^2/2T^2}$	$F(\omega) = \sqrt{2\pi}\, T\, e^{-(\omega T)^2/2}$
Exponentialimpuls $f(t) = e^{-t/T}$	$F(\omega) = \dfrac{T}{1 + j\omega T}$
Dirac-Impuls $f(t) = \delta(t) = \begin{cases} \infty; & t = 0 \\ 0; & t \neq 0 \end{cases}$	$F(\omega) = 1$

Frequenzbereiche

In der Nachrichten- und Elektrotechnik.

Kürzel	Frequenz	Wellenlänge
	bis 3 THz	Mikrometerwellen (<1 mm)
EHF	bis 300 GHz	Millimeterwellen (<1 cm) *extremely high frequencies*
SHF	bis 30 GHz	Mikrowellen (<10 cm) *super high frequencies*
UHF	bis 3 GHz	Ultrakurzwellen (<1 m) *ultra high frequencies*
VHF	bis 300 MHz	Meterwellen (UKW, < 10 m) *very high frequencies*
HF	bis 30 MHz	Kurzwellen (KW, <100 m) *high frequencies*
MF	bis 3 MHz	Mittelwellen (MW, <1 km) *medium frequencies*
LF	bis 300 kHz	Langwellen (LW, <10 km) *low frequencies*
VLF	bis 30 kHz	Längstwellen (<100 km) *very low frequencies*
ILF	bis 3 kHz	*Infra low frequencies*
ELF	bis 300 Hz	*Extremely low frequencies*

GaAs

Galliumarsenid. Halbleiter mit hoher Ladungsträgerbeweglichkeit; für Schaltkreise mit hoher Schaltgeschwindigkeit

Gasentladung

Stromleitung in Gasen. Gase sind Nichtleiter und werden durch Ionisation (Elektronenabgabe) elektrisch leitend.

1) Unselbstständige Gasentladung. Die Strom-Spannungs-Kurve eines ionisierten Gases zwischen zwei Elektroden zeigt:

• *Rekombinationsbereich* bei niedriger Spannung: entgegengesetzte Gasionen neutralisieren eineinander auf dem Weg zur Gegenelektrode (Stromanstieg nach dem OHMschen Gesetz).

• *Sättigungsbereich* bei mittlerer Spannung: Gasionen fliegen schneller zur Gegenelektrode, als sie rekombinieren können (Strom konstant).

• *Sekundärionisation* bei hoher Spannung (Stromanstieg).

2) Selbstständige Gasentladung. Ohne ständige Zufuhr von Ionen. Die kinetische Energie der Ionen ist so hoch, dass sie fortwährend neue Neutralatome ionisieren.

$$\text{Ionsierungsenergie} \quad W \sim \frac{e\,E}{p}$$

p Gasdruck, E Feldstärke.

Zur Strombegrenzung ($\sim$ Zahl der Ladungsträger) haben Gasentladungsröhren einen Vorwiderstand (Drossel).

3) Glimmentladung. Bei geringem Gasdruck entstehen Leuchtbereiche; nahe der Kathode durch Rekombination der auftreffenden Kationen.
Anwendung: Leuchtröhren, Glimmlampen, Elektronenblitz, Hg-Dampflampe.

4) Kathodenstrahlen. Bei geringem Gasdruck (1 bis 10 Pa) treten kaum Stoßprozesse auf; Elektronen verlassen die Kathode und prallen unbehindert auf die Gegenelektrode. Kathodenstrahlen schwärzen Fotoschichten, regen Leuchtstoffe (ZnS) an, werden durch elektr. und magnet. Felder abgelenkt. – Anwendung: Fernsehröhre.

Gate engl. *Tor,* z. B. eines FET oder Vierpols.

Gatterfunktionen *Logische Verknüpfung

Generator

Maschine, die mechanische Energie in elektrische Energie umwandelt, Umkehrung des *Elektromotors.

1) Wechselstromgenerator. Eine *Leiterschleife (Fläche A) rotiert mit konstanter Geschwindigkeit ω im Magnetfeld $\vec{B}$. Erzeugt eine sinusförmige Wechselspannung, die über Drehringe mit Schleifkontakten (am Anfang und am Ende der Leiterschleife) abgegriffen wird.

$$u_i(t) = N\,B\,A\,\omega\,\sin(\omega t) = \hat{u}\,\sin(\omega t)$$
$$i(t) = \hat{\imath}\,\sin(\omega t)$$

a) Für kleine Leistung: *Rotor* (= Läufer) eine Spule (Windungszahl N), *Stator* (= stehendes Teil) ein Elektro- oder Permanentmagnet.

b) *Innenpolmaschine* für große Leistung: Rotor ein Magnet, Stator eine Spule.

2) Gleichstromgenerator. Rotierende Leiterschleife im Magnetfeld. Erzeugt eine pulsierende Wechselspannung („Sinus absolut"), die durch einen mittig isolierten Drehring mit zwei Schleifkontakten abgegriffen wird.

$$u_i(t) = |\hat{u}\,\sin(\omega t)|$$

Fremderregter Generator

$$U = U_i - I\,(R_A + R_{wp} + R_k) - U_B$$

Gleichstrom-*Nebenschluss- Generator*

$$U = I_e\,R_e = U_i - U_B - I_A\,(R_A + R_{wp} + R_k)$$

$$I = I_A - I_e$$

Gleichstrom-*Reihenschluss- Generator*

$$U = U_i - U_B - I_A\,(R_A + R_e + R_{wp} + R_k)$$

$R_k = 0$ bzw. $R_{wp} = 0$ für eine Maschine ohne Kompensationswicklung bzw. Wendepole.

U	Klemmenspannung	(V)
U_B	Bürstenspannung	(V)
U_i	induzierte Spannung	(V)
I	Generatorstrom	(A)
I_A	Ankerstrom	(A)
I_e	Erregerstrom	(A)
R_e	Erregerwiderstand	(Ω)
R_k	Widerstand der Kompensationswicklung	(Ω)
R_{wp}	Widerstand der Wendepolwicklung	(Ω)

3) Drehstromgenerator. Erzeugt Drehstrom (= Überlagerung dreier, um den Phasenwinkel 120° verschobenen, sinusförmigen Wechselspannungen) mit einer stern- oder dreieckförmigen Anordnung dreier Spulen.

$$u_1 = \hat{u}\,\sin(\omega t)$$
$$u_2 = \hat{u}\,\sin(\omega t + 2\pi/3)$$
$$u_3 = \hat{u}\,\sin(\omega t + 4\pi/3)$$

Im öffentlichen Netz ist die Strangspannung 230 V, die Leiterspannung $\sqrt{3} \cdot 230\,\text{V} = 400\,\text{V}$.

	Dreieck-schaltung	Stern-schaltung
Leiter	$I_1 = I_2 = I_3 = \sqrt{3}\,I_s$	$U_{12} = U_{23} = U_{13} = \sqrt{3}\,U_s$
Strang	$U_{12} = U_{23} = U_{13}$	$U_{1N} = U_{2N} = U_{3N}$
		$I_1 = I_2 = I_3 = I_s$
Mittelpunkt		$I_N = 0$

I Leiterstrom, I_s Strangstrom.

4) *Synchronmaschine, *Asynchronmaschine.

Geräteklasse *elektromagnet. Verträglichkeit.

Gesamtstromdichte

Summe der Verschiebungsstromdichte und der elektrischen Stromdichte $\vec{J}$. Vgl. *Durchflutungsgesetz.

$$\boxed{\vec{J}_{tot} = \frac{\partial \vec{D}}{\partial t} + \vec{J}} \qquad \frac{\text{A}}{\text{m}^2}$$

Getter

Stoff mit hoher Affinität zu Sauerstoff und Stickstoff, dient zur Aufrechterhaltung des Vakuums in elektron. Bauteilen oder Getterpumpen.

GIPS

Maß für die Rechenleistung von Mikroprozessoren: Milliarden Maschinenbefehle pro Sekunde.

$$1\,\text{GIPS} = 1000\,\text{MIPS} = 10^9/\text{s}$$

Glättung

nach dem *Gleichrichten einer Spannung.

Brummspannung

– Effektivwert $\qquad U_p = \dfrac{u_p}{2\sqrt{3}} \quad$ (V)

– Spitze-Tal-Wert $\qquad u_p = \dfrac{3\,I_d}{4\,f_p\,C_G} \quad$ (V)

Brummfrequenz

– Pulsfrequenz $\qquad f_p = f\,z_p = \dfrac{1}{T_p} \quad$ (Hz = s^{-1})

f Netzfrequenz, C_G Glättungskapazität, I_d Laststrom, z_p Pulszahl je Periode T_p.

Glättungsfaktor

einer Stabilisierungsschaltung (Dimension 1).

$$G = \frac{\text{Eingangsspannungsschwankung } \Delta U_1}{\text{Ausgangsspannungsschwankung } \Delta U_2}$$

Gleichrichterschaltung

Umwandlung von Wechselstrom in Gleichstrom.

1) Einpuls-Mittelpunktschaltung. Einweggleichrichterschaltung, einpulsig (M1-Schaltung). Der negative Teil der Sinuswelle wird Null. Wegen Sättigung des Transformators nur für kleine Ströme geeignet.

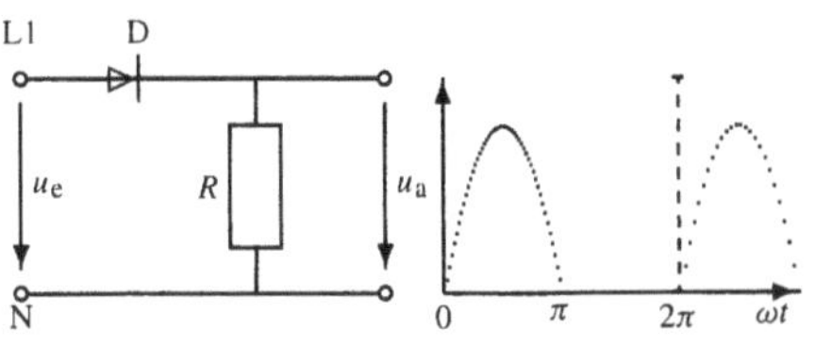

$$\frac{\bar{u}_a}{\hat{u}} = \frac{1}{\pi} \approx 0{,}32 \qquad \frac{\hat{u}_D}{\hat{u}} = 1$$

$$\frac{P_T}{P_{dc}} = 3{,}1 \qquad \frac{I_z}{I_{dc}} = 1$$

u	Eingangsspannung	(V)
$\bar{u}_a$	gleichgerichtete mittlere Spannung	(V)
$\hat{u}_D$	Spitzenspannung an der Diode	(V)
P_T	Transformatoren-Bauleistung	(W = V A)
P_{dc}	Gleichstromleistung	(W)
I_z	Stromstärke im Zweig	(A)
I_{dc}	Lastgleichstrom	(A)

2) Zweipuls-Mittelpunktschaltung, *Graetz-Brücke,* Zweiweggleichrichterschaltung; M2-Schaltung. Die Sinuswelle wird zum $|\sin \omega t|$. Bis zu Leistungen im kW-Bereich geeignet.

$$\frac{\bar{u}_a}{\hat{u}} = \frac{2}{\pi} \approx 0{,}64 \qquad \frac{\hat{u}_D}{\hat{u}} = 1$$

$$\frac{P_T}{P_{dc}} = 1{,}5 \qquad \frac{I_z}{I_{dc}} = \frac{1}{2}$$

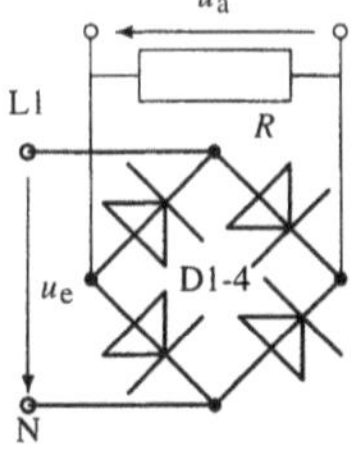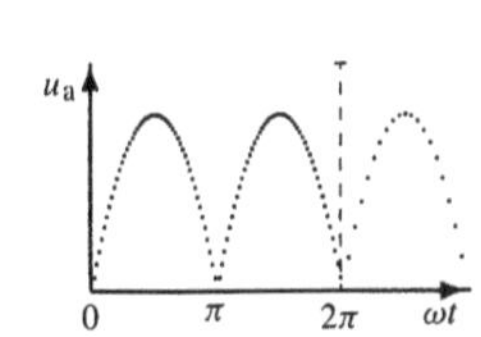

3) Dreipuls-Mittelpunktschaltung, Drehstrommittelpunktschaltung, M3-Schaltung. Wellenberg und Wellental der Sinuswelle werden zu drei positiven Sinusbergen mit halber Amplitude; beginnend bei der halben ursprünglichen Amplitude. Bis zu Leistungen im kW-Bereich geeignet; Sättigungsgefahr für Transformator.

$$\boxed{\bar{u}_{L1,L2} = \sqrt{3}\,\hat{u}} \qquad \boxed{\frac{\bar{u}_a}{\hat{u}} = \frac{3\sqrt{3}}{2\pi}} \qquad \boxed{\frac{\hat{u}_D}{\hat{u}} = \sqrt{3}}$$

$$\frac{P_T}{P_{dc}} = 1{,}5 \qquad \frac{I_z}{I_{dc}} = \frac{1}{3}$$

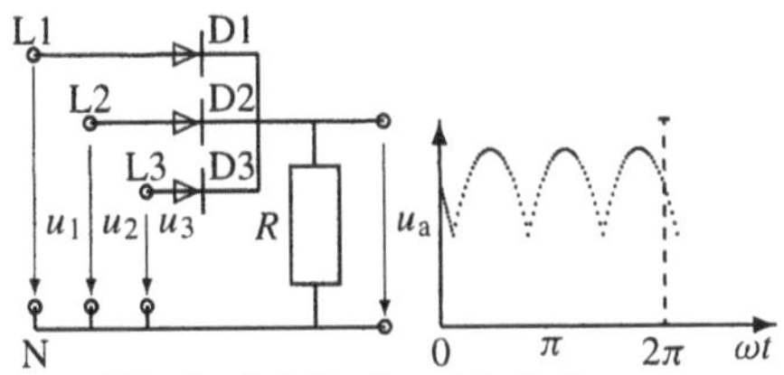

4) Doppel-Dreipuls-Mittelpunktschaltung, M3.2-Schaltung. Wellenberg und Wellental der Sinuswelle werden zu sechs positiven Sinusbergen kleiner Amplitude etwa in Höhe der ursprünglichen Amplitude.

$$\frac{U_{dc,i}}{U_e} = 0{,}58 \qquad \frac{P_T}{P_{dc}} = 1{,}3 \qquad \frac{I_z}{I_{dc}} = \frac{1}{3}$$

5) Zweipuls-Brückenschaltung, B2-Schaltung. Die Sinuswelle wird absolutiert zum $|\sin \omega t|$.

$$\frac{U_{dc,i}}{U_e} = 0{,}9 \qquad \frac{P_T}{P_{dc}} = 1{,}23 \qquad \frac{I_z}{I_{dc}} = \frac{1}{2}$$

6) Sechspuls- Brückenschaltung, Drehstrombrückenschaltung, B6-Schaltung. Die Sinuswelle wird zu sechs kleinen Sinusbergen etwa in Höhe der ursprünglichen Amplitude. Bis zu höchsten Leistungen genutzt.

$$\boxed{\hat{u}_{L1,L2} = \sqrt{3}\,\hat{u}} \qquad \boxed{\frac{\bar{u}_a}{\hat{u}} = \frac{3\sqrt{3}}{\pi}} \qquad \boxed{\frac{\hat{u}_D}{\hat{u}} = \sqrt{3}}$$

$$\frac{P_T}{P_{dc}} = 1{,}1 \qquad \frac{I_z}{I_{dc}} = \frac{1}{3}$$

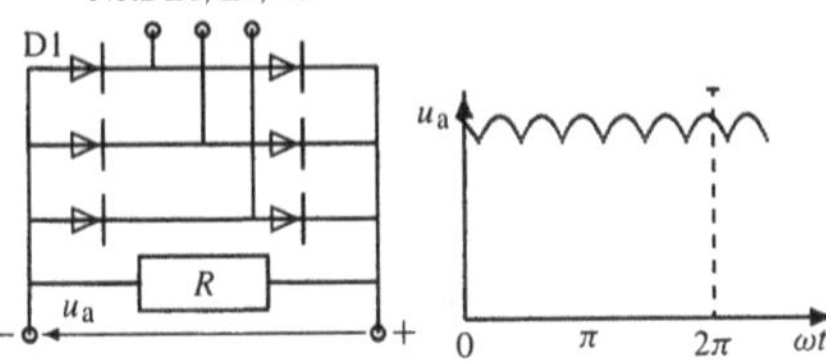

Gleichrichtwert

Arithmetischer Mittelwert über eine ganze Periode; für reine Sinus- und Cosinusschwingung null.

$$|\bar{x}| = \frac{1}{T} \int_0^T |x(t)|\,\mathrm{d}t$$

Gleichstromsteller mit Thyristor

1) *Thyristor-Einpulsgleichrichter:* Period. Signal: Totzeit (Zündwinkel α), sprunghafter Anstieg, sinusartiger Abfall auf Null, längere Totzeit.

$$U_{eff}(\alpha) = \frac{\hat{u}}{2} \sqrt{1 - \frac{\alpha}{180°} + \frac{\sin(2\alpha)}{2\pi}}$$

$$\bar{U}(\alpha) = \frac{\hat{u}}{2\pi} (1 + \cos\alpha)$$

2) *Thyristor-Zweipulsgleichrichter.* Periodisches Signal: Totzeit, sprunghafter Anstieg des Signals, sinusartiger Abfall auf Null.

$$U_{eff}(\alpha) = \frac{\hat{u}}{\sqrt{2}} \sqrt{1 - \frac{\alpha}{180°} + \frac{\sin(2\alpha)}{2\pi}}$$

$$\bar{U}(\alpha) = \frac{\hat{u}}{\pi} (1 + \cos\alpha)$$

Elektrotechnik

$U_{\text{eff}}(\alpha)$	Effektivwert beim Zündwinkel α		(V)
$\bar{U}(\alpha)$	Mittelwert beim Zündwinkel α		(V)
$\hat{u}$	Scheitelwert der Spannung		(V)

Gray-Code

Zahlencode zur Maschinensteuerung, z. B. durch Hell-Dunkel-Felder. Einschrittiger Code; beim Übergang benachbarter Zahlen ändert sich nur ein Bit (Vorteil gegenüber Dualzahlen).

Dezimal-wert	Gray-Code nicht-zyklisch	Gray-Glixon zyklisch	Gray-zyklisch
0	0000	0000	0000
1	0001	0001	0001
2	0011	0011	0011
3	0010	0010	0010
4	0110	0110	0110
5	0111	0111	0111
6	0101	0101	0101
7	0100	0100	0100
8	1100	1100	1100
9	1101	1000	1101
10			1111
11			1110
12			1010
13			1011
14			1001
15			1000

Güte

1) Kenngröße (Dimension 1) eines kapazitiven elektr. Netzwerkes; Vh. von Blind- zu Wirkleistung.

$$Q_\varepsilon = \frac{P_q}{P} = \tan\varphi = \frac{1}{\tan\delta}$$

2) Kehrwert der *Halbwertbreite, z. B. eines Senders oder Filters, auch *Resonanzschärfe* oder *Gütefaktor*.

$$Q = \frac{1}{2\vartheta} = \frac{1}{d}$$

d Verlustfaktor, δ Verlustwinkel,
ϑ Dämpfungsgrad, φ Phasenverschiebungswinkel.

Gütemaß

Figure of merit. Logarithmisches Größenverhältnis der Erde-Empfangsstation einer Satellitenverbindung.

$$M = 10\left(\lg\frac{g}{T}\right) = \left[G - 10\lg T\right] \text{ dB(K}^{-1})$$

g Antennengewinnfaktor, T thermodyn. Temperatur des Empfängereingangs (in K); $G = 10\lg g$ Gewinnmaß (in dB).

Halbleiter

Materialien mit einer elektr. Leitfähigkeit zw. metall. Leitern und nichtmetall. Isolatoren.

1) **Elementhalbleiter.** Die *Eigenleitung* von Kohlenstoff, Silicium, Germanium, Zinn u.a. erfolgt durch frei bewegliche, therm. angeregte Elektronen, die vom Valenzbanz ins Leitungsband wechseln und positiv geladene Löcher im Valenzband hinterlassen (*Bändermodell). Wichtig bei *hohen Temperaturen;* gegen 0 K wird die Eigenleitfähigkeit eines Halbleiters null.
Elektrische Leitfähigkeit (in S/cm)

$$\kappa = e\left(\underbrace{n_\ominus u_\ominus}_{\text{Elektronen}} + \underbrace{n_\oplus u_\oplus}_{\text{Löcher}}\right)$$

Eigenleitungsdichte, *intrinsische Ladungsträgerdichte*

$$n_i(T) = \sqrt{n_{\text{LB}}\,n_{\text{VB}}}\;e^{-E_g/2kT}$$

Produkt aus Elektronen- und Löcherdichte (unabhängig von der Dotierung)

$$n_\ominus\,n_\oplus = n_i^2 = n_{i,0}^2\left(\frac{T}{T_0}\right)^3 e^{-E_g/kT}$$

Temperaturabhängigkeit der Beweglichkeit

$$u(T) = u_0\left(\frac{T}{T_0}\right)^{-3/2}$$

Ohmscher Widerstand eines Halbleiters

$$R(T) \approx R_0\,e^{E_g/2kT}$$

E_g	Energielücke, band gap
$n = N/V$	Teilchendichte = Teilchen im Volumen (m^{-3})
n_{LB}	effektive Zustandsdichte im Leitungsband
n_{VB}	effektive Zustandsdichte im Valenzband
u	Beweglichkeit $(\text{m}^2\text{V}^{-1}\text{s}^{-1})$

2) **Verbindungshalbleiter.** Die sog. *Störstellenleitung* erfolgt durch *Dotierung* mit Fremdatomen.

a) *n-Halbleiter:* Elektronenleitung durch Elektronendonatoren (Pnicogene: N, P, As, Sb mit 5 Valenzelektronen) im Siliciumgitter (4 Valenzelektronen); somit Elektronenüberschuss in den Energieniveaus knapp unterhalb des Leitungsbandes (FERMI-Energie).

b) *p-Halbleiter:* Löcherleitung durch Elektronenakzeptoren (Erdmetalle: B, Al, Ga, In mit 3 Valenzelektronen) im Siliciumgitter; somit Elektronenlöcher in Energieniveaus knapp oberhalb des Valenzbandes (FERMI-Energie).

Gruppe	IV	Si, Ge, Sn (grau)
Gruppe	IV–IV	SiC
Gruppe	III–V	GaAs, InSb, InP, GaAlAs, GaInP
Gruppe	II–VI	ZnTe, CsSe, HgS

Störstellenreserve: Die freie Elektronendichte $n_\ominus$ steigt mit zunehmender Temperatur $\lg n \sim T^{-1}$.

n-Halbleiter: $\quad n_\ominus(T) = \sqrt{\dfrac{n_D n_{\text{LB}}}{2}}\;e^{-E_D/2kT}$

p-Halbleiter: $\quad n_\oplus(T) = \sqrt{\dfrac{n_A n_{\text{VB}}}{2}}\;e^{-E_A/2kT}$

Störstellenerschöpfung bei „hohen" Temperaturen (Raumtemperatur).

n-Halbleiter: $\quad n_\ominus = n_D \qquad \kappa = e\,n_D\,u_\ominus$
p-Halbleiter: $\quad n_\oplus = n_A \qquad \kappa = e\,n_A\,u_\oplus$

$n = N/V$ Teilchendichte, u Beweglichkeit,
A = Akzeptor, D = Donor, LB = Leitungs-, VB = Valenzband.

3) **pn-Halbleiter** bestehen aus einer n- und einer p-halbleitenden Schicht. Die dünne pn-Grenzschicht ist fast frei von beweglichen Ladungsträgern; ihre Dicke variiert mit der angelegten äußeren Spannung. Liegt die p-Schicht am Pluspol, die n-Schicht am Minuspol, so fließt ein *Durchlassstrom*, bei umgekehrter Polung ein winziger *Sperrstrom* (Gleichrichteffekt, Diode).
pnp- und *npn-Halbleiter:* bestehen aus einem in Durchlassrichtung und einem in Sperrichtung gepolten Gleichrichter (Transistor).

pn-Übergang. Bei Silicium liegt ein abrupter unsymmetrischer pn-Übergang vor (*Diode).
Diffusionsspannung eines Halbleiters

$$U_d = \frac{kT}{e}\ln\frac{n_A n_D}{n_i^2} = U_N\ln\frac{n_A n_D}{n_i^2}$$

Breite der Raumladungszone

Tabelle 7.3 Halbleiter: Silicium, Germanium und Galliumarsenid bei 300 K.

			Si	Ge	GaAs
Bandlücke	E_d	(in eV)	1,11	0,660	1,43
Eigenleitungsdichte	N_i/V	(in cm^{-3})	$1,14 \cdot 10^{10}$	$2,24 \cdot 10^{13}$	$2,0 \cdot 10^{6}$
Effektive Zustandsdichte					
– im Leitungsband	n_{LB}	(in cm^{-3})	$32,2 \cdot 10^{18}$	$10,4 \cdot 10^{18}$	$0,455 \cdot 10^{18}$
– im Valenzband	n_{VB}	(in cm^{-3})	$18,3 \cdot 10^{18}$	$6,03 \cdot 10^{18}$	$8,86 \cdot 10^{18}$
Elektronenbeweglichkeit	$u_\ominus$	(in cm^{2}V^{-1}s^{-1})	1350	3900	8500
Löcherbeweglichkeit	$u_\oplus$	(in cm^{2}V^{-1}s^{-1})	480	1900	435
Permittivitätszahl	ε_r		11,8	16	12,9
therm. Ausdehnungskoeffizient	α_l	(in K^{-1})	$2,6 \cdot 10^{-6}$	$5,8 \cdot 10^{-6}$	$6,9 \cdot 10^{-6}$
Spezif. Wärmekapazität	c_p	(in J kg^{-1}K^{-1})	700	310	350
Wärmeleitfähigkeit	λ	(in W K^{-1}m^{-1})	145	64	46
Schmelztemperatur	T_m	(in °C)	1415	937	1238
Kristallgitter			Diamant	Diamant	Zinkblende
Gitterkonstante	a	(in m)	$5,43095 \cdot 10^{-19}$	$5,64613 \cdot 10^{-19}$	$5,6533 \cdot 10^{-19}$
Atomdichte	N/V	(in cm^{-3})	$5,0 \cdot 10^{22}$	$4,42 \cdot 10^{22}$	$4,42 \cdot 10^{22}$
Dichte	ϱ	(in kg/m^3)	2328	5326,7	5320
Molare Masse	M	(in g/mol)	28,09	72,60	144,63

$$d = \sqrt{\frac{2\varepsilon_r \varepsilon_0 U_d}{e}} \; \frac{n_A + n_D}{n_A \, n_D}$$

***Diodenkennlinie**

$U_N = kT/e = RT/F$ Nernstspannung.

Halbleiterdetektor

*Optoelektron. Bauelement, z. B. *Fotowiderstand, *Fotodiode, *Fototransistor und *Solarzelle.

Strahlungsabsorption im Halbleiter. Beim Bestrahlen eines Halbleiters mit Licht werden Valenzelektronen ins Leitungsband angeregt (*Bändermodell).

$$E = h\nu \geq E_g \quad \Leftrightarrow \quad \lambda \geq \lambda_g = \frac{hc}{E_g} = \frac{1{,}24\,\mu\mathrm{m}\,\mathrm{eV}}{E_g}$$

$$\Phi = \Phi_0 \, d^{\alpha\,d}$$

g = Gap (Bandlücke), Φ Strahlungsleistung, α Absorptionskoeffizient, d Kristalldicke.

Halbschwingungsmittelwert *Mittelwert

Hall-Effekt

Kraftwirkung auf einen stromdurchflossenen Leiter im senkrechten Magnetfeld. Auf eine senkrecht zu einem Magnetfeld bewegte Ladung (Leiterelektron) wirkt die LORENTZ-Kraft:

$$\boxed{F_L = e\,v\,B} \quad \text{für} \quad \vec{v}\ (\text{oder}\ \vec{J}) \perp \vec{B} \perp \vec{F}_L$$

$\vec{v}$ Geschwindigkeit, $\vec{J}$ Stromdichtevektor, $\vec{B}$ magnetische Flussdichtevektor.

In einer stromdurchflossenen Leiterplatte im äußeren Magnetfeld werden die Leiterelektronen durch die LORENTZ-Kraft senkrecht zur Strom- und Feldrichtung abgelenkt. Zw. zwei Punkten quer zur Stromrichtung tritt eine Querspannung auf (HALL-Spannung). Eine Seite des Leiterplättchens verarmt an Elektronen, die andere reichert sich an, so dass sich ein elektr. Gegenfeld aufbaut ($F_{el} = eE$). Im Kräftegleichgewicht $F_L = F_{el}$ folgt $U_H = Eb = bvB$ und mit $I/bd = nve$ die HALL-Spannung:

$$\boxed{\begin{aligned} U_H &= B\,v\,b = \frac{I\,B}{ned} = \frac{j\,B\,b}{ne} = R_H\,\frac{I\,B}{d} = R_H\,B\,j\,b \\ |\vec{E}| &= R_H\,j\,B \end{aligned}}$$

Das Vorzeichen der HALL-Spannung kennzeichnet die Art der Ladungsträger, z. B. in Halbleitern. Zur Quanti-sierung *Klitzing-Konstante.

A	Leiterquerschnitt	(m^2)
B	Magnet. Flussdichte in z-Richtung	(T = Vs/m^2)
b	Breite des Leiterplättchens	(m)
d	Dicke des Leiterplättchens	(m)
F_L	Lorentz-Kraft	(N)
F_{el}	elektrische Gegenkraft	(N)
I	Steuerstrom	(A)
$j = I/A$	Stromdichte	(A/m^2)
n	Elektronendichte	(m^{-3})
R_H	Hall-Konstante	(m^{3}A^{-1}s^{-1})
$1/R_H$	Ladungsträgerdichte	(A s/m^3)
U_H	Hall-Spannung	(V)
v	Geschwindigkeit der Elektronen in x-Richtung	(m/s)

Hall-Koeffizient

Proportionalitätsfaktor in der Beziehung:

$$|\vec{E}| = R_H\,j\,B = U_H/b$$

Kehrwert der räumlichen Ladungsträgerdichte in einer stromdurchflossenen Leiterplatte im Magnetfeld.

$$\boxed{R_H = \frac{1}{\varrho} = \frac{1}{n\,e} = \frac{Q}{V}} \quad \left(\frac{\mathrm{m}^3}{\mathrm{C}} = \mathrm{m}^3\mathrm{A}^{-1}\mathrm{s}^{-1}\right)$$

Ladungsträgerbeweglichkeit: $u = \sigma\,R_H$
Zur Quantisierung. *Klitzing-Konstante.

Hall-Koeffizient		$R_H\ 10^{-11}\ \mathrm{m}^3/\mathrm{C}$
Elektronenleiter	Cu	+ 5,5
	Au	– 7,5
	Na	–25
	Cs	–28
Löcherleitung	Cd	+ 6
	Sn	+14
	Be	+24,4
Halbleiter	Bi	–50000
	InAs	-10^{7}

Hall-Sonde

Anordnung zur Strom- und Magnetfeldmessung mit dem Halleffekt.

1) *Aufbau.* Ein dünnes Leiterplättchen der Dicke d, Breite b und Länge a wird senkrecht von einem Magnetfeld durchsetzt. Durchfließt ein Steuerstrom längs a das Plättchen, so wird quer dazu (längs b) die Hall-Spannung gemessen.

Elektr. und Hall-Leitfähigkeit verschied. Materialien:
n Ladungsträgerkonzentration, u Beweglichkeit der Elektronen bzw.
Defektelektronen, σ elektr. Leitfähigkeit.

Mate-rial	n (cm^{-3})	$u(e)$	$u(h)$	σ
		$\mathrm{cm}^2/\mathrm{Vs}$		(S/cm)
Cu	$8{,}7\cdot10^{22}$	480	–	$6\cdot10^5$
Si	$1{,}5\cdot10^{10}$	1350	480	$5\cdot10^{-6}$
Ge	$2{,}4\cdot10^{13}$	3900	1900	0,02
InSb	$1{,}1\cdot10^{16}$	77 000	700	100
GaAs	$9\cdot10^6$	8500	450	$1\cdot10^{-8}$

Hall-Messungen dienen u. a. zur Charakterisierung von Halbleitern nach Vorzeichen, Konzentration und Beweglichkeit der Ladungsträger. Auch die magnet. Induktion B von Feldern lässt sich mit einer Hall-Sonde messen.

2) *Bestimmung von Ladungsträgerkonzentration und -beweglichkeit.*

Die Bewegung von Elektronen bzw. positiven Ladungsträgern im Magnetfeld erzeugt HALL-Spannungen entgegengesetzter Richtung; so sind Vorzeichen und Anzahl der Ladungsträger messbar. Ladungsträgerbeweglichkeit $u = vE$, Leitfähigkeit σ und Stromdichte I/bd stehen in wechselseitigem Zusammenhang:

$$\frac{I}{b\,d} = \sigma E = n\,v\,e \quad \text{und} \quad \frac{1}{n\,e} = \frac{u}{\sigma}$$

3) *Hall-Sonde zur potentialfreien Strommessung.* Der Messstrom durchfließt die Wicklung eines Elektromagneten; dessen magnetische Induktion wird mit einer Hall-Sonde bestimmt (Messung der Hall-Spannung im Leiterplättchen zw. den Polen des Elektromagneten). Genauer ist eine *Kompensationsschaltung:* Der Eisenkern des Elektromagneten trägt zwei Spulen mit entgegengesetztem Magnetfeld und unterschiedlicher Windungszahl; eine wird vom Messstrom durchflossen, die andere vom Kompensationsstrom (= durch empfindlichen U/I-Verstärker umgeformte Hall-Spannung der Sonde; $N_1 I_1 = N_2 I_2$).

4) *Hall-Multiplizierer zur Leistungsmessung.* Der Strom durch den Verbraucher fließt auch durch die Wicklung des in Serie geschalteten Elektromagneten der Hall-Sonde. Die Leistung durch den Verbraucher ist der Hall-Spannung proportional: $U_\mathrm{H} = \text{const} \cdot U\,I$.

5) *Hall-Sonde zur Ausmessung von Magnetfeldern.* Die magnet. Flussdichte B ist abhängig von der Stromrichtung; sie nimmt mit der Elektronenkonzentration n ab, mit der Elektronenbeweglichkeit $u = v/E$ zu.

6) *Hall-Magnetschranke zur Positionsmessung.* Das Hall-Leiterplättchen und eine bewegliche Weicheisenblende sitzen parallel in einem Dauermagnetfeld. Die Hall-Spannung hängt davon ab, wie weit das Eisenstück in die Anordnung eintaucht. Auswertung über eine elektron. Schaltung, z. B. 0 V (= oben) und 12 V (= unten).

Hartmann-Zahl

Kennzahl der Dimension 1.

$$Ha = Bl\sqrt{\frac{\kappa}{\eta}}$$

B magnetische Induktion $\quad(\mathrm{T} = \mathrm{V\,s/m^2} = \mathrm{kg\,A^{-1}s^{-1}})$
κ elektr. Leitfähigkeit $\quad(\mathrm{S/m} = \mathrm{A\,V^{-1}m^{-1}})$
η dynamische Viskosität $\quad(\mathrm{Pa\,s} = \mathrm{kg\,s^{-1}m^{-1}})$

Heterodyn-Technik

Überlagerungstechnik; Übertragung von Signalen mit Hilfe eines modulierten hochfrequenten Trägers.

Hexadezimaldarstellung

Zahlendarstellung zur Basis 16.
Algorithmus zur Umrechnung einer Dezimalzahl in ein anderes Zahlensystem.

```
x:= zahl;  i:=0;
while x<>0 do begin
  ziffer[i]:=x mod basis;
  x:=x div basis;
  i:=i+1;
end;
```

Dezimal	Hexadezimal	Binär	Dezimal	Hexadezimal	Binär
0	0	0000	8	8	1000
1	1	0001	9	9	1001
2	2	0010	10	A	1010
3	3	0011	11	B	1011
4	4	0100	12	C	1100
5	5	0101	13	D	1101
6	6	0110	14	E	1110
7	7	0111	15	F	1111

Hochpass

Vierpol mit Kapazität und Widerstand.

1) RC-Hochpass: Kondensator $Z_1 = C$ am Eingang (1), Widerstand $Z_2 = R$ am Ausgang (2).

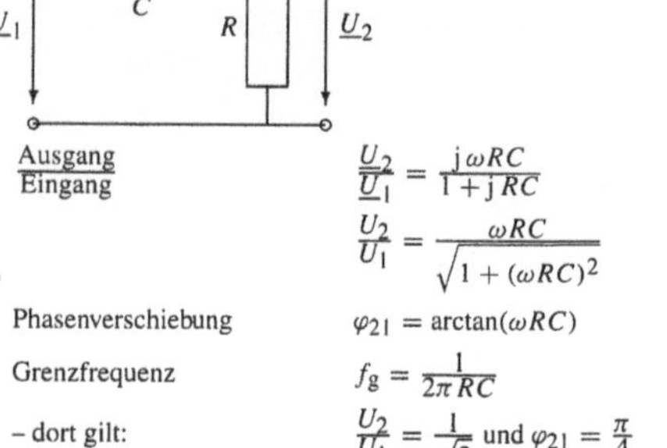

$$\frac{\text{Ausgang}}{\text{Eingang}}$$

$$\frac{U_2}{U_1} = \frac{\mathrm{j}\,\omega RC}{1 + \mathrm{j}\,RC}$$

$$\frac{U_2}{U_1} = \frac{\omega RC}{\sqrt{1 + (\omega RC)^2}}$$

Phasenverschiebung $\quad \varphi_{21} = \arctan(\omega RC)$

Grenzfrequenz $\quad f_\mathrm{g} = \dfrac{1}{2\pi RC}$

– dort gilt: $\quad \dfrac{U_2}{U_1} = \dfrac{1}{\sqrt{2}}$ und $\varphi_{21} = \dfrac{\pi}{4}$

2) RL-Hochpass (Widerstand $Z_1 = R$, Spule $Z_2 = L$)

$$\frac{U_2}{U_1} = \frac{1}{\sqrt{1 + \left(\dfrac{R}{\omega L}\right)^2}}$$

$$f_\mathrm{g} = \frac{R}{2\pi L}$$

3) CL-Hochpass (Kondensator $Z_1 = C$, Spule $Z_2 = L$)

$$\frac{U_2}{U_1} = \frac{1}{1 - \dfrac{1}{\omega^2 L C}} \quad \text{für } X_\mathrm{L} > X_\mathrm{C}$$

$$\frac{U_2}{U_1} = \frac{1}{\dfrac{1}{\omega^2 L C} - 1} \quad \text{für } X_\mathrm{L} < X_\mathrm{C}$$

$$f_\mathrm{g} = \frac{\dfrac{R}{\omega^2 L C}}{2\pi \sqrt{L C}}$$

f_g	Grenzfrequenz	(Hz)
U_1, U_2	Eingangs-, Ausgangsspannung	(V)

Hystereschleife

Zustandskurve $H(B)$ nicht linearer magnet. Stoffe; wird zw. zwei entgegengesetzt gleich großen Feldstärkewerten $\pm H$ zyklisch durchlaufen, wobei ein auf- und ein absteigender Kurvenast entsteht. Zw. den Ästen liegt die *Hysteresefläche*.

1) *Neukurve:* unmagnet. Material bei Versuchsbeginn, vom Ursprung ($H = 0$) bis zur Sättigung.

Bereich I: reversible magnet. Wandverschiebungen: Vergrößerung der magnet. Bereiche in Feldrichtung.

Bereich II: irreversible Wandverschiebung; Wendepunkt der $B(H)$-Kurve.

Bereich III: Drehprozesse; magnet. Bereiche richten sich in Feldrichtung aus.

2) *Sättigungsfeldstärke:* bei Sättigungsmagnetisierung M_s liegen alle magnet. Bereiche in Vorzugsrichtung.

$$B(H) = \mu_0(H + M_s) = \text{const}$$

3) *Entmagnetisierungskurve:* oberer Ast der Hysteresekurve (Rücklauf).

4) *Remanenzflussdichte:* bleibender Magnetismus der Probe nach Abschalten des Feldes; Achsenabschnitt der Hysteresekurve.

$$\pm B_R = B(H = 0).$$

5) *Koerzitivfeldstärke:* Gegenfeldstärke, um die Probe wieder unmagnet. zu machen; Abszissenschnittpunkt der Hysteresekurve:

$$\pm H_C = H(B = 0).$$

6) Spezialfälle

a) *Rayleigh-Schleife.* Bei sehr kleinen Feldstärkewerten verlaufen geringe Zustandsänderungen in der Umgebung eines magnet. Zustandspunktes reversibel und die Hysteresekurve ist eine schräg liegende Lanzette.

b) *Grenzschleife.* Im Bereich der magnet. Sättigung auftretende *äußerste Hystereseschleife*.

Hartmagnetwerkstoffe für Permanentmagnete

	B_R	$-H_c$	$(BH)_{max}$
	(T)	(kA/m)	$(10^6\,\text{kJ/m}^3)$
Stahl, gehärtet			
– 36% Co, 64% Fe	0,9	20	8
Legierungen,			
ausscheidungsgehärtet			
– 9 Al 15 Ni 23 Co 4 Cu			
– 35 Cu 24 Ni 41 Co			
– 52 Co 28 Fe 10 V			
– 68 Fe 20 Mo 12 Co	1,3	56	56
kaltbearbeitet			
– 60 Cu 20 Ni 20 Fe			
– 53 Co 14 V 33 Fe	1	42	28
Pulverlegierungen			
– Ba-, Sr-Ferrit	0,38	132	25
Ordnungsstrukturen			
– CoPt, FePt	0,6	360	64
Seltene Erden			
– SmCo5, CeCo5	0,9	700	160
– NdFeB	1,2	800	280

IGFET = Isolierschicht-Feldeffekt-Transistor.

Immittanz

Oberbegriff des komplexen Wechselstromwiderstandes (*Impedanz) und der daraus abgeleiteten Größen.

Impedanz

oder *Scheinwiderstand*. Komplexer Widerstand.

Der *elektr. Widerstand im Wechselstromkreis. Wechselstrom und -spannung ändern sich period. mit der Zeit; sie erreichen ihre Maximalwerte nicht gleichzeitig und sind daher um die Zeit $\varphi T/(2\pi)$ verschoben.

φ Phasenwinkel in rad, T Periodendauer.

• An Ohmschen Widerständen treten Verluste durch Wärmeentwicklung auf, sog. *Wirkwiderstände.

• Induktivitäten und Kapazitäten setzen keine Wärme frei; *Blindwiderstände.

Der Wechselstromwiderstand wird mathematisch als *komplexe Größe* behandelt und als Zeiger $\underline{Z}$ gekennzeichnet; im Zeigerdiagramm ein Pfeil der Länge $Z = |\underline{Z}|$ mit dem Winkel φ (I. Quadrant der komplexen Ebene).

Ohmsches Gesetz

$$\underline{Z} = \frac{U(t)}{I(t)} = \frac{\hat{U}}{\hat{I}} = \frac{\hat{U}}{\hat{I}}\,e^{j(\varphi_u - \varphi_i)} =$$
$$= |\underline{Z}|\,e^{j\varphi} = |\underline{Z}| \cdot \left[\cos\varphi + j\sin\varphi\right] = Z \angle \varphi$$
$$= \text{Re}\,\underline{Z} + j\,\text{Im}\,\underline{Z} = \underline{U}/\underline{I} = R + j\,X$$

Wirkwiderstand, Ohmscher Widerstand, Resistanz

$$R = \text{Re}\,\underline{Z} = Z' = |\underline{Z}|\cos\varphi$$

Blindwiderstand, Reaktanz

$$X = \text{Im}\,\underline{Z} = Z'' = |\underline{Z}|\sin\varphi$$

Impedanzbetrag

$$Z = |\underline{Z}| = \frac{U_{\text{eff}}}{I_{\text{eff}}} = \frac{\hat{U}}{\hat{I}} = \sqrt{(\text{Re}\,\underline{Z})^2 + (\text{Im}\,\underline{Z})^2}$$

Scheinleitwert, *Admittanz

$$\underline{Y} = \frac{1}{\underline{Z}}$$

Phasenverschiebungswinkel zw. Spannung u. Strom

$$\tan\varphi = \tan(\varphi_u - \varphi_i) = \frac{\text{Im}\,\underline{Z}}{\text{Re}\,\underline{Z}} = \frac{X}{R} = \arctan\frac{Q}{P}$$

$\underline{U}(t)$	(komplexer) Drehzeiger der elektr. Spannung,
$\underline{I}(t)$	(komplexer) Drehzeiger der elektr. Stromstärke,
$\hat{U}$	ruhender Zeiger der elektr. Spannung,
$\hat{I}$	ruhender Zeiger der elektr. Stromstärke,
φ	Winkel der (komplexen) Impedanz, Phasenverschiebungswinkel zw. Spannung und Strom (Vorzeichen wie X).
R	Ohmscher Widerstand, Wirkwiderstand, Resistanz,
X	Blindwiderstand, Reaktanz,
Z	Scheinwiderstand, Impedanzbetrag.

Ist der Blindwiderstand X negativ, ist die Impedanz $\underline{Z}$ *kapazitiv*, d. h. die Spannung eilt der Stromstärke nach; φ ist negativ.

Ist der Blindwiderstand X positiv, ist die Impedanz $\underline{Z}$ *induktiv*, d. h. die Spannung der Stromstärke voraus und φ ist positiv.

Impedanz einfacher Netzwerke

1) Reihenschaltung Widerstand R – Induktivität L

$$\underline{U} = \underline{U}_R + \underline{U}_L = I(R + j\,X_L) = I(R + j\,\omega L)$$
$$U = \sqrt{U_R^2 + U_{bL}^2}$$
$$U_R = U\cos\varphi$$
$$U_{bL} = U\sin\varphi$$

$$\underline{Z} = Z\,e^{j\varphi} = \frac{\underline{U}}{\underline{I}} = R + j\,X_L = R + j\,\omega L$$

$$Z = |\underline{Z}| = \sqrt{(\mathrm{Re}\,\underline{Z})^2 + (\mathrm{Im}\,\underline{Z})^2} = \sqrt{R^2 + X_L^2}$$

$$= \frac{R}{\cos\varphi} = \frac{X_L}{\sin\varphi} = \sqrt{R^2 + \left(\frac{1}{\omega L}\right)^2}$$

$$\tan\varphi = \frac{\omega L}{R}$$

2) Reihenschaltung Widerstand R – Kapazität C

$$\underline{U} = \underline{U}_R + \underline{U}_C = I\,(R - j\,X_C) = I\left(R - \frac{j}{\omega C}\right)$$

$$U = \sqrt{U_R^2 + U_{bC}^2}$$

$$U_R = U\,\cos\varphi$$

$$U_{bC} = U\,\sin\varphi$$

$$\underline{Z} = Z\,e^{j\varphi} = \frac{\underline{U}}{\underline{I}} = R - j\,X_C = R - \frac{j}{\omega C}$$

$$Z = |\underline{Z}| = \sqrt{(\mathrm{Re}\,\underline{Z})^2 + (\mathrm{Im}\,\underline{Z})^2} = \sqrt{R^2 + X_C^2}$$

$$= \frac{R}{\cos\varphi} = \frac{X_C}{\sin\varphi} = \sqrt{R^2 + \left(\frac{1}{\omega C}\right)^2}$$

$$\tan\varphi = -\frac{1}{\omega R C}$$

3) Reihenschaltung Widerstand R – Spule L - Kondensator C

$$\underline{U} = \underline{U}_R + \underline{U}_L + \underline{U}_C = I\,[R - j\,(X_L - X_C)]$$

$$= I\left[R + j\left(\omega L - \frac{1}{\omega C}\right)\right]$$

$$U = \sqrt{U_R^2 + (U_{bL}^2 - U_{bC})^2}$$

$$U_R = U\,\cos\varphi$$

$$U_b = U\,\sin\varphi$$

$$\underline{Z} = Z\,e^{j\varphi} = \frac{\underline{U}}{\underline{I}} = R + j\,(X_L - X_C)$$

$$= R + j\left(\omega L - \frac{1}{\omega C}\right)$$

$$Z = \sqrt{(\mathrm{Re}\,\underline{Z})^2 + (\mathrm{Im}\,\underline{Z})^2} = \sqrt{R^2 + (X_L - X_C)^2}$$

$$= \frac{R}{\cos\varphi} = \frac{X}{\sin\varphi} = \sqrt{R^2 + \left(\frac{1}{\omega L} - \frac{1}{\omega C}\right)^2}$$

$$\tan\varphi = \frac{\omega L - [\omega C]^{-1}}{R}$$

$$\omega_{\mathrm{res}} = \frac{1}{\sqrt{L C}} \quad \text{für } X_L = X_C$$

4) Parallelschaltung Widerstand R – Spule L

$$\underline{I} = \underline{I}_R + \underline{I}_L = \frac{\underline{U}}{R} + \frac{\underline{U}}{j\,X_L} = \underline{U}\,(G - j\,B_L)$$

$$I = \sqrt{I_R^2 + I_{bL}^2}$$

$$I_R = I\,\cos\varphi$$

$$I_{bL} = I\,\sin\varphi$$

$$Z = \frac{1}{Y} = \frac{1}{\sqrt{\dfrac{1}{R^2} + \dfrac{1}{X_L^2}}} = R\,\cos\varphi$$

$$= X_L\,\sin\varphi = \frac{1}{\sqrt{G^2 + B_L^2}}$$

$$R = \frac{Z}{\cos\varphi}$$

$$X_L = \frac{Z}{\sin\varphi}$$

$$\underline{Y} = Y\,e^{j\varphi} = \frac{\underline{I}}{\underline{U}} = G - j\,B_L = G - \frac{j}{\omega L}$$

$$Y = \sqrt{(\mathrm{Re}\,\underline{Y})^2 + (\mathrm{Im}\,\underline{Y})^2} = \sqrt{G^2 + \left(\frac{1}{\omega L}\right)^2}$$

$$\tan\varphi = \frac{\mathrm{Im}\,\underline{Y}}{\mathrm{Re}\,\underline{Y}} = -\frac{B_L}{G} = -\frac{R}{\omega L}$$

5) Parallelschaltung Widerstand R – Kapazität C

$$\underline{I} = \underline{I}_R + \underline{I}_C = \underline{U}\left(\frac{1}{R} - \frac{1}{j\,X_C}\right)$$

$$= \frac{\underline{U}}{R} + \frac{\underline{U}}{j\,X_L} = \underline{U}\,(G + j\,B_C)$$

$$I = \sqrt{I_R^2 + I_{bC}^2}$$

$$I_R = I\,\cos\varphi$$

$$I_{bC} = I\,\sin\varphi$$

$$Z = \frac{1}{Y} = \frac{1}{\sqrt{\dfrac{1}{R^2} + \dfrac{1}{X_C^2}}} = R\,\cos\varphi$$

$$= X_C\,\sin\varphi = \frac{1}{\sqrt{G^2 + B_C^2}}$$

$$\underline{Y} = Y\,e^{j\varphi} = \frac{\underline{I}}{\underline{U}} = G + j\,B_C = G + j\,\omega C$$

$$Y = \sqrt{(\mathrm{Re}\,\underline{Y})^2 + (\mathrm{Im}\,\underline{Y})^2} = \sqrt{G^2 + (\omega C)^2}$$

$$\tan\varphi = \frac{\mathrm{Im}\,\underline{Y}}{\mathrm{Re}\,\underline{Y}} = \frac{B_C}{G} = \omega R C$$

f) Parallelschaltung Widerstand R – Spule L – Kondensator C

$$\underline{I} = \underline{I}_R + \underline{I}_L + \underline{I}_C$$

$$= \underline{U}\left(\frac{1}{R} + \frac{1}{j\,X_L} - \frac{1}{j\,X_C}\right)$$

$$= \frac{\underline{U}}{R} + \frac{\underline{U}}{j\,X_L} = \underline{U}\,[G + j\,(B_C - B_L)]$$

$$I = \sqrt{I_R^2 + (I_{bL}^2 - I_{bC})^2}$$

$$I_R = I \cos\varphi$$

$$I_b = I \sin\varphi$$

$$Z = \frac{1}{Y} = \frac{1}{\sqrt{\dfrac{1}{R^2} + \left(\dfrac{1}{X_L} - \dfrac{1}{X_C^2}\right)}}$$

$$= \frac{1}{\sqrt{G^2 + (B_L - B_C)^2}}$$

$$R = \frac{Z}{\cos\varphi}$$

$$X_L = \frac{Z}{\sin\varphi}$$

$$\underline{Y} = Y\, e^{j\varphi} = \frac{I}{\underline{U}} = G + j\,(B_C - B_L)$$

$$= G + j\left(\omega C - \frac{1}{\omega L}\right)$$

$$Y = \sqrt{(\mathrm{Re}\,\underline{Y})^2 + (\mathrm{Im}\,\underline{Y})^2}$$

$$= \sqrt{G^2 + \left(\omega C - \frac{1}{\omega L}\right)^2}$$

$$\tan\varphi = \frac{\mathrm{Im}\,\underline{Y}}{\mathrm{Re}\,\underline{Y}} = \frac{B_C - B_L}{G} = R\left(\omega C - \frac{1}{\omega L}\right)$$

$$\omega_{\mathrm{res}} = \frac{1}{\sqrt{L\,C}} \quad \text{für } X_L = X_C$$

B Blindleitwert, G Wirkleitwert, I Gesamtstrom,
I_b Blindstrom, R Wirkwiderstand, Y Admittanz (Scheinleitwert),
L = induktiv, C =kapazitiv, b = Blind...

Impuls, elektrischer

Signal von kurzer Dauer mit steilem Anstieg.
Tastverhältnis

$$v = \frac{\text{Pulsperiodendauer } T}{\text{Impulsdauer } \tau} \quad (\text{Dim.1})$$

Tastgrad

$$g = \frac{\text{Pulsdauer } \tau}{\text{Pulsperiodendauer } T} \quad (\text{Dim.1})$$

Flankensteilheit

$$S = \frac{\text{Spannungsdifferenz } \Delta u}{\text{Zeitdifferenz } \Delta t} \quad (\text{V/s})$$

Pulsperiodendauer

$$T = \text{Impulsdauer } \tau \cdot \text{Impulsabstand } \tau_p \quad (\text{s})$$

Pulsfrequenz

$$f = \frac{1}{\text{Pulsperiodendauer } T} \quad (\text{Hz})$$

Impulsdichte, elektromagnetische

Der volumenbezogene Impuls zu einem elektromagnetischen Feld.

$$\boxed{\vec{p}_V = \frac{\vec{S}}{c^2} = \vec{D} \times \vec{B}} \qquad \frac{\mathrm{N\,s}}{\mathrm{m^3}} = \frac{\mathrm{V\,A\,s^2}}{\mathrm{m^4}}$$

$\vec{S}$ Poynting-Vektor (W/m^2), c Ausbreitungsgeschwindigkeit
elektromagnet. Energie (m/s), $\vec{B}$ magnet. Flussdichte (T),
$\vec{D}$ elektr. Flussdichte (C/m^2).

Index 0

Null..., leerer Raum, ohne Dämpfung, Leerlauf, fester
Bezugswert, Erdboden, Ruhezustand.

Index 1

Grundschwingung, Primär..., Eingang, mitdrehend, Anfangszustand.

Index 2

zweite Teilschwingung, Sekundär..., Ausgang, gegendrehend, invers, Endzustand.

Index 3

dritte Teilschwingung, Tertiär...

Index *

z. B. auf den Nennwert bezogene Spannung U_*.

Induktion, elektromagnetische

engl. *electromagnetic induction*. Bei zeitlicher Änderung des Magnetfeldflusses Φ durch eine offene Oberfläche wird auf deren Rand eine Spannung U induziert. Beispiel: Stromdurchflossener Leiter oder Leiter, der sich quer zu den Feldlinien eines Magnetfeldes bewegt.
Selbstinduktion bei einer Spule: Die *induzierte Spannung* in einer magnetfelderzeugenden Spule bei Änderung des magnet. Flusses wirkt der Stromänderung entgegen (LENZsche Regel).

$$\boxed{\begin{aligned} U(t) &= -N\,\dot\Phi = -N\,A\,\mu\,\frac{\mathrm{d}H}{\mathrm{d}t} \\ &= -\frac{N\,\Phi}{I}\,\frac{\mathrm{d}I}{\mathrm{d}t} = -L\,\frac{\mathrm{d}I}{\mathrm{d}t} \end{aligned}}$$

A	Fläche senkrecht zum Magnetfeld	(m^2)
I	Stromstärke	(A)
l	Länge der Spule bzw. Leiterlänge	(m)
N	Windungszahl	
$H = N\,I/l$	magnetische Feldstärke	(A/m)
$\mu = \mu_0\mu_r$	Permeabilität	(H/m = V s A^{-1} m^{-1})
$\Phi = \mu H A$	Magnetischer Fluss	(Wb = V s)

Induktion, magnetische   *Flussdichte.

Induktionsgesetz

Jede zeitliche Änderung des magnet. Flusses $\dot\Phi$ induziert eine elektrische Spannung U_i (siehe oben).
1) 2. Maxwell-Gleichung. Feldgröße $\vec{E}$ in Integralform.

$$\boxed{\oint_s \vec{E}\,\mathrm{d}\vec{s} = -\int_A \frac{\partial \vec{B}}{\partial t}\,\mathrm{d}\vec{A}}$$

mit

$$\oint_A \vec{D} \cdot \mathrm{d}\vec{A} = Q = \int_V \varrho\,\mathrm{d}V$$

$$\oint_A \vec{B} \cdot \mathrm{d}\vec{A} = 0$$

ϱ Raumladungsdichte (C/m^3),
$\vec{J}$ Stromdichte (A/m^2), t Zeit (s).

2) Induzierte Quellenspannung durch Ruhe- und Bewegungsinduktion (2. Maxwell-Gleichung).

$$u_{\mathrm{ind}} = -\int_A \frac{\partial \vec{B}}{\partial t}\,\mathrm{d}\vec{A} + \oint_l (\vec{v} \times \vec{B})\,\mathrm{d}\vec{l}$$

Ruheinduktion

Leiterschleife:

$$u_{\mathrm{ind}} = -\int_A \frac{\partial \vec{B}}{\partial t}\,\mathrm{d}\vec{A}$$

$$u_{\mathrm{ind}} = -N\,B\,A\,\omega\,\sin(\omega t)$$

Bewegungsinduktion

Leiter im Magnetfeld:

$$u_{\text{ind}} = \oint_l (\vec{v} \times \vec{B})\, d\vec{l}$$

Für $\vec{v} \perp \vec{B}$:

$$u_{\text{ind}} = -\dot{\Phi} = -N\,B\,l\,v$$

$\vec{v}$ Geschwindigkeit des Leiters im Magnetfeld.

a) Spule.

Induzierte Spannung = Produkt aus Windungszahl und zeitl. Änderung des magnet. Flusses.

$$\boxed{u_{\text{ind}} = -N\,\frac{d\Phi}{dt} = -N\left(\frac{dB}{dt}\,A_\perp + \frac{dA_\perp}{dt}\,B\right)}$$

Transformatorprinzip: $\dot{B}$ bei $A_\perp = \text{const}$
Generatorprinzip: $\dot{A}_\perp$ bei $B = \text{const}$

$A_\perp$	Fläche senkrecht zu den magn. Feldlinien	(m²)
N	Windungszahl	(Dim.1)
Δt	Zeitdauer der Flussänderung	(s)
$\Delta \Phi$	magnetische Flussänderung	(Wb = V s)

b) Generator.

Läuferstab im Magnetfeld: $u_{\text{ind}} = v\,B\,l$

Drehende Leiterschleife: $u_{\text{ind}} = 2v\,B\,l\sin\alpha$
$\qquad\qquad\qquad\qquad\quad v = \omega r$

l Stab- bzw. Spulenlänge, r Spulenradius.

b) Transformator.

Die stromdurchflossene Spule 1 induziert in der angekoppelten Spule 2 eine Spannung.

Selbstinduktion (Kreis 1): $u_1 = L\dfrac{di_1}{dt}$ und $i_2 = 0$

Gegeninduktion (Kreis 2): $u_2 = L_{mn}\dfrac{di_1}{dt}$

Selbst- und Gegen-
induktion (Kreis 1): $u_1 = L\dfrac{di_1}{dt} - L_{mn}\dfrac{di_2}{dt}$
$\qquad\qquad\qquad\qquad i_2 \neq 0$

L Induktivität, L_{mn} Gegenseitige Induktivität.

Induktivität

Selbstinduktivität einer Spule.

$$\text{Induktivität} = \frac{\text{magnet. Fluss } \Phi}{\text{Strom } I} = \frac{\text{Spannungsstoß}}{\text{Strom}}$$

$$\boxed{L = \frac{N\,\Phi}{I} = \frac{\Psi}{I}} \quad \text{H} = \text{V s/A}$$

Bemessungsgleichung einer Spule

$$\boxed{L = \frac{N^2}{R_{\text{m}}} = N\Lambda = \frac{N^2\mu A}{l}}$$

A	Querschnitt der Spule	(m²)
l	mittlere Feldlinienlänge	(m)
N	Windungszahl	(Dim.1)
R_{m}	magnetischer Widerstand	
Λ	magnetischer Leitwert	(H = Ω s)
μ	Permeabilität	(H/m)
Φ	magnetischer Fluss	(Wb = V s)
Ψ	verketteter Fluss	Wb = V s

Die SI-Einheit HENRY ist definiert durch einen Stromkreis, der 1 Volt Gegenspannung aufbaut, wenn sich der durchfließende Strom gleichmäßig mit 1 Ampere/Sekunde ändert.

$$1\,\text{H (Henry)} = \text{V s/A} = \text{Wb/A} = \Omega\,\text{s} = \text{Tm}^2/\text{A}$$
$$= \text{F}\,\Omega^2 = \text{s/S} = \text{m}^2\text{kg}\,\text{s}^{-2}\text{A}^{-2}$$

1) Induktivität einfacher Körper

a) Einlagige lange *Zylinderspule* ($l \gg d$)

$$L = \frac{\mu\,A_\perp\,N^2}{l}$$

l Spulenlänge, d Spulendurchmesser.

Kurze, einlagige Zylinderspule

$$L = f\,\frac{\mu\,A_\perp\,N^2}{l} \quad \text{mit } f \approx \frac{1}{1 + d/2l}$$

f Formfaktor für $l/d \geq 0{,}3$;
d Spulendurchmesser, l Spulenlänge.

Kurze mehrlagige Zylinderspule

$$\text{NF:} \quad L = \frac{21\,\mu\,N^2\,r}{4\pi}\left(\frac{r}{l+h}\right)^n$$

mit

$$n = \begin{cases} 0{,}75 \text{ wenn } & r/(l+h) < 1 \\ 0{,}5 \text{ wenn } & 1 < r/(l+h) \geq 3 \end{cases}$$

r Spulenradius, h Höhe der Wicklung, l Spulenlänge.

b) *Ringspule* (ringförmige Zylinderspule)

$$L = \frac{\mu\,A_\perp\,N^2}{l} = \frac{\mu N^2 r^2}{2R^2}$$

$A_\perp$ Spulenfläche, l mittlerer Spulenumfang, N Windungszahl, R Ringrdaius, r Leiterradius.

einfacher *Ring*

$$\text{NF:} \quad L = \mu R\left[\ln\frac{R}{r} + \frac{1}{4}\right]$$

$$\text{HF:} \quad L = \mu R \ln\frac{R}{r}$$

R Ringinnenradius, r Leiterradius.

dünnwandiges *Rohr*

$$\text{NF:} \quad L = \mu r\left[\ln\frac{r}{l} + \frac{3}{2}\right]$$

$$\text{HF:} \quad L = \mu r \ln\frac{r}{l}$$

r Rohrradius, l Rohrlänge.

c) einfache *Drahtleitung*

$$\text{NF:} \quad L = \frac{\mu l}{2\pi}\left[\ln\frac{2l}{r} - \frac{3}{4}\right]$$

$$\text{HF:} \quad L = \frac{\mu l}{2\pi}\ln\frac{2l}{r}$$

r Rohrradius, l Rohrlänge.

Doppelleitung ($r_1 = r_2 = r$)

$$\text{NF:} \quad L = \frac{\mu l}{\pi}\left[\ln\frac{d}{r} + \frac{1}{4}\right]$$

$$\text{HF:} \quad L = \frac{\mu l}{\pi}\ln\frac{d}{r}$$

r Leiterradius, d Leiterabstand.

Koaxialkabel (konzentrisches Kabel)

$$\text{NF:} \quad L = \frac{\mu l}{2\pi}\left[\ln\frac{r_{\text{a}}}{r_{\text{i}}} + \frac{1}{4}\right]$$

$$\text{HF:} \quad L = \frac{\mu l}{2\pi}\ln\frac{r_{\text{a}}}{r_{\text{i}}}$$

r_{i} Radius der Innenleiters, r_{a} Radius der Außenleiters.

d) *Spule mit Eisenkern.*

$$L = \frac{\mu A N^2}{l + \mu_{\text{r}}\delta_{\text{L}}}$$

δ_{L} Luftspalt, l Eisenweglänge.

2) Gegenseitige Induktivität, früher: *Gegeninduktivität*

Wechselwirkung zweier räumlich benachbarter Spulen (z. B. Leiterschleifen).

$$L_{12} = \frac{\Phi_{12}}{I_1} \Leftrightarrow L_{21} = \frac{\Phi_{21}}{I_2} \Leftrightarrow L_{12} = L_{21} = L_{mn}$$

$$\boxed{L_{mn} = k\sqrt{L_1 + L_2}} \quad \text{(H)}$$

Kopplungsfaktor $\qquad k = \sqrt{k_1 k_2}$
Streufaktor

$$\sigma = \frac{\Phi_{1,0}}{\Phi_{1,1}} = \frac{\Phi_{2,0}}{\Phi_{2,1}} = 1 - k^2 \quad \text{(Dim.1)}$$

zwei parallele Leitungen ($l \gg d$)

$$L_{mn} = \frac{\mu_0 l}{2\pi} \left(\ln \frac{2l}{d} - 1 \right)$$

zwei Spulen

$$L_{mn} = \frac{N_2\,\Phi_{1,1}}{i_1} = \frac{N_1\,\Phi_{2,1}}{i_2} = \frac{N_1 N_2}{R_m} = N_1 N_2 \Lambda$$

d, l	Leiterabstand bzw. Leiterlänge	(m)
k	Kopplungsfaktor	(Dim.1)
L	Induktivität der Spule	
N_i	Windungszahl der Spule i	(Dim.1)
R_m	magnet. Widerstand	(Ω)
Λ	magnet. Leitwert	(H)
$\Phi_{i,1}$	Fluss, erzeugt von Spule i	(Wb)
$\Phi_{i,0}$	Streufluss der Spule i	(Wb)
$\Phi_{i,1}$	Fluss, erzeugt von Spule i	(Wb)

3) Parallelschaltung von Induktivitäten

$$\frac{1}{L} = \frac{1}{L_1} + \frac{1}{L_2} + \frac{1}{L_3} + \cdots \qquad \text{H}$$

4) Reihenschaltung von Induktivitäten

$$L = L_1 + L_2 + L_3 + \cdots \qquad \text{H}$$

5) Induktivität im Wechselstromkreis. *Impedanz und induktiver Blindwiderstand* X_L einer Spule im Wechselstromkreis.

$$Z_L = \frac{U_L}{I_L} = j\,\omega L = j\,X_L$$
$$X_L = \text{Im}\,Z_L = \omega L$$
$$I_L = I_L\,e^{j(\omega t + \varphi)}$$
$$U_L = L\,\frac{dI_L}{dt} = j\,\omega L\,I_L$$

Zeitlicher Verlauf: Spannung $\underline{U}_L$ eilt dem Strom $\underline{I}_L$ um $\pi/2$ voraus.

Phasenverschiebung: $\varphi = \varphi_u - \varphi_i = 90°$.

Zeigerdiagramm: Spannung $\underline{U}_L$ und induktiver Blindwiderstand X_L auf der positiven Imaginärachse, Strom $\underline{I}_L$ auf der positiven reellen Achse.

Lineare Frequenzabhängigkeit: $X_L = \omega L$.

Influenz

Ladungsverschiebung im Leitermaterial auf Grund der elektr. Kraft im elektr. Feld. Bei Nichtleitern nur geringfügige Verschiebung: *Polarisation.

Informationsbelag, mittlerer

In der Informationstheorie: die Entropie pro Zeichen. Einheit: Shannon/Symbol.

Informationsfluss

Auf die Übertragungszeit bezogene Entropie; die pro Zeiteinheit herrschende Entropie in Shannon/Sekunde, früher *Bit/Sekunde.

$$F = \frac{H}{T_m} \qquad \text{Sh/s} = \text{s}^{-1}$$

H Entropie, T_m mittlere Zeit für die Übertragung eines Nachrichtenelements.

Informationsgehalt

einer Nachricht x_i.

$$I(x_i) = \text{ld}\,\frac{1}{P_i} = -\frac{\lg P(x_i)}{\lg 2} \qquad \text{bit}$$

P_i Wahrscheinlichkeit des Auftretens der Nachricht x_i (Zeichen, Symbol etc.).

1) Mittlerer Informationsgehalt = *Entropie

2) Informationsgehalt eines Ergebnisses. Logarithmus des Wahrscheinlichkeit p eines Einzelergebnisses x_i.

$$I(x_i) = \log_2 \frac{1}{p(x_i)} \qquad \text{bit}$$

3) Informationsgehalt einer Messung. *Messinformationsgehalt* einer Signalfunktion (Spektrum, Messkurve etc.); durch das Signaltrennvermögen (Auflösungsvermögen A) und das Signalrauschverhältnis S/R bestimmt.

$$M = A \log_2 \frac{S}{R}$$

Die Signalfunktion $f(t)$ zerfällt durch Fourier-Transformation in Nutzsignal $x(t)$ und Rauschfunktion $r(t)$.

Inklination

Abweichung des Erdmagnetfeldes von der Horizontalen. Winkel I (in rad) zw. der Horizontalebene als Bezugsebene und der Richtung des magnet. Feldvektors, positiv nach unten. Für einen Magnetkompass:

$$\tan I = \frac{B_z}{B_{xy}} = \frac{B_z}{B_x + B_y}$$

B_{xy} Horizontalkomp. der Flussdichte des erdmagnet. Feldes am Kompassort, B_x Nordkomponente, B_y Ostkomponente.

Intermodulation

Bei der *Aussteuerung* einer nicht linearen Kennlinie entstehen durch *Verzerrungen neue Harmonische zur Grundfrequenz (HD = Harmonic Distortion); mit einem Frequenzgemisch entstehen Summen- und Differenzfrequenzen (*Intermodulation*).

Beispiel: Modulation einer polynomialen Kennlinie 4. Grades liefert bei Modulation mit zwei Signalen $x(t) = \hat{x}\,(\cos \omega_1 t + \cos \omega_2 t)$ ein Spektrum mit 4 Linien (um f_1) + 7 Linien (um f_2) + 3 Linien (um $2f_2$) + 3 Linien (um $3f_2$) + eine um $4f_2$.

Intermodulationsfaktor

Verzerrungsfaktor in der Elektroakustik; nicht verwechseln mit *Klirrfaktor. Durch Ausmessen eines Zweitonspektrums mit einem Spektralanalyser bestimmt.

$$m = \frac{\sqrt{\displaystyle\sum_{n=1}^{n_{max}} \left(U_{f_2 - nf_1} + U_{f_2 + nf_1}\right)^2}}{U_{f_2}}$$

JFET Kurz für: *Sperrschicht-Feldeffekt-Transistor*.

Josephson-Konstante

Kehrwert des magnetischen Flussquants.

$$K_J = \frac{1}{\Phi_0} = \frac{2e}{h} = 483\,597{,}898 \cdot 10^9 \text{ Hz/V}$$

Kanalkapazität

Nach SHANNON: maximaler *Informationsfluss, der fehlerfrei über einen Kanal übertragen werden kann.

$$C = F_{max} = \left(\frac{H}{T_m}\right)_{max}$$
$$= B\,\text{ld}\left(1 + \frac{P_s}{P_n}\right) = \frac{10\,B}{\lg 2}\,\lg\left(1 + \frac{P_s}{P_n}\right)$$
$$\approx \frac{10\,B}{3}\,\lg\frac{P_s}{P_n} = \frac{B\,S}{3}$$

Näherung gilt für Signalleistung P_s viel größer als Rauschleistung P_n.

Kanal	B	S	C
	(kHz)	(dB)	(bit/s)
Fernsprechen (CCITT)	3,1	40	$4{,}1 \cdot 10^4$
UKW-Rundfunk	15	60	$3{,}0 \cdot 10^5$
Fernsehen	5000	45	$6{,}5 \cdot 10^7$

B Bandbreite des Kanals, H Entropie, S Störabstand, T_m mittl. Zeit für die Übertragung e. Nachrichtenelementes.

Kapazität, elektrische

Fähigkeit eines Kondensators zur Ladungsspeicherung; Proportionalitätsfaktor zw. gespeicherter Ladung Q und angelegter Spannung U.

$$C = \frac{Q}{U} \qquad \mathrm{F} = \frac{\mathrm{C}}{\mathrm{V}}$$

Dimensionsbetrachtung:

$$1\ \mathrm{F\ (Farad)} = \mathrm{C/V} = \mathrm{A\,s/V} = \mathrm{S\,s} = \mathrm{s\,\Omega}$$
$$= \mathrm{H}/\Omega^2 = \mathrm{s^4 A^2 m^{-2} kg^{-1}}$$

1) Beliebige Geometrie. Allgemein für zwei beliebig geformte Ladungen $+Q$ und $-Q$ im Abstand $\vec{s}$

$$C = \frac{\oint \vec{D}\,\mathrm{d}A}{\int \vec{E}\,\mathrm{d}\vec{s}} = \frac{\varepsilon_0 \varepsilon_\mathrm{r} \oint \vec{E}\,\mathrm{d}A}{\int\limits_s \vec{E}\,\mathrm{d}s} = C_0 + C_\mathrm{r}$$

C_0 geometr. Kapazität, C_r Randkapazität.

2) Inhomogenes Feld:

$$C = \frac{\Psi}{U_{1,2}} = \frac{Q}{U_{1,2}}$$

Elektr. Verschiebefluss Ψ = Summe aller Ladungen auf den Kondensatorplatten Q.

3) Plattenkondensator, homogenes Feld.

$$C = \varepsilon\,\frac{A}{d}$$

Wickelkondensator	$C = \frac{2\varepsilon A}{d}$
Drehkondensator:	$C \leq \frac{(n-1)\,\varepsilon A}{d}$
Kugel	$C = 4\pi\varepsilon\,r$
zwei konzentr. Hohlkugeln	$C = 4\pi\varepsilon\,\frac{r_1 r_2}{r_2 - r_1}$
zwei Kugeln im Abstand a	$C = 2\pi\varepsilon r \left[1 + \frac{r(a^2 - r^2)}{a(a^2 - ar - r^2)} \right]$
Zylinderrohr:	$C = \frac{2\pi\varepsilon l}{\ln(r_2/r_1)}$
Doppelleitung:	$C = \frac{\pi\varepsilon l}{\ln(d/r)}$

A wirksame Fläche, Feldschwerschnitt
n Zahl der Platten
r_1 Innen-, r_2 Außenradius.
d Abstand, l Länge, r Leiterradius.

4) Parallelschaltung von Kapazitäten

Spannung $U = \mathrm{const}$
Ladung $Q = Q_1 + Q_2 + Q_3 + \cdots + Q_n$
Kapazität $$C = C_1 + C_2 + \cdots + C_n$$

5) Reihenschaltung von Kapazitäten

Ladung $Q = \mathrm{const}$
Spannung $U = U_1 + U_2 + U_3 + \cdots + U_n$
Kapazität $$\frac{1}{C} = \frac{1}{C_1} + \frac{1}{C_2} + \cdots + \frac{1}{C_n}$$

6) Gespeicherte Ladungsmenge einer *Batterie.

Kapazität, differentielle

Bei nicht linearer $Q(U)$-Kennlinie ist in jedem Punkt

$$C = \frac{\mathrm{d}Q}{\mathrm{d}U}.$$

Kapazität, geometrische

Leerzellenkapazität oder *Vakuumkapazität* eines Kondensators.

$$C_0 = \varepsilon_0\,\frac{A}{d}$$

Kapazität, komplexe

Kenngröße für den Frequenzgang eines techn. Kondensators oder kapazitiven Netzwerkes (vgl. *Impedanz):

$$\underline{C} = \mathrm{Re}\,\underline{C} + \mathrm{j}\,\mathrm{Im}\,\underline{C} = \frac{\underline{Y}}{\mathrm{j}\,\omega}$$

Realteil, Wirkkapazität: $\mathrm{Re}\,\underline{C} = \dfrac{\mathrm{Im}\,\underline{Y}}{\omega}$

Imaginärteil, dielektrische Verluste: $\mathrm{Im}\,\underline{C} = \dfrac{\mathrm{Re}\,\underline{Y}}{\omega}$

Betrag

$$C = |\underline{C}| = \frac{|\underline{Y}|}{\omega} = \frac{1}{\omega\,|\underline{Z}|}$$
$$= \sqrt{(\mathrm{Re}\,\underline{C})^2 + (\mathrm{Im}\,\underline{C})^2} = C_\mathrm{P}(1 - \tan\delta)$$

C_P Gleichstromkapazität, δ Verlustwinkel.

Kapazität, spezifische

Technische Kenngröße eines Kondensators.

Volumenbezogen: $C' = \dfrac{C}{V} = \dfrac{\varepsilon_0 \varepsilon_\mathrm{r}}{d^2}$ in $\dfrac{\mathrm{F}}{\mathrm{m}^3}$

Massenbezogen: $C'' = \dfrac{C}{m}$ in $\dfrac{\mathrm{F}}{\mathrm{kg}}$

Kapazität, technische

Kapazität eines Kondensators mit zwei Elektroden unter Vernachlässigung aller ohmschen dielektr. Verluste:

$$C = C_0 + C_\mathrm{r} + C_\mathrm{s}$$

Die *geometrische Kapazität* C_0 ist einfach zu berechnen als $C_0 = \varepsilon_0 A/d$.

Die *Randkapazität* C_r folgt dem komplizierten Feldstärkeverlauf an den Rändern der Elektroden und ist für Spezialfälle analytisch berechenbar.

Die *Streukapazität* C_s wirkt zw. den Elektroden und umgebenden Leitern (Erde, Abschirmung etc.) ist schwer zu bestimmen.

1) Plattenkondensator mit dünnen Elektroden (Umfang $l + h$) im Abstand d.

$$C_0 = \varepsilon_0 \varepsilon_\mathrm{r} \frac{A}{d}$$

$$C_\mathrm{r} = (l + h)\left(0{,}0449\,\lg\frac{l+h}{d} - 0{,}037 \right)$$

2) Plattenkondensator mit runden Elektroden (Durchmesser D)

$$C_0 = \varepsilon_0 \varepsilon_\mathrm{r}\,\frac{D^2 \pi}{4d}$$

$$C_\mathrm{r} = \pi D\left(0{,}058\,\lg\frac{1{,}5}{d} + 0{,}0185 \right)$$

3) Plattenkondensator mit gegen das Dielektrikum nicht vernachlässigbarer Elektrodendicke b

$$C_\mathrm{r} = 3{,}25\cdot 10^{-12}\,\pi D\left[\lg\frac{8D}{d} + \left(1 + \frac{b}{d}\right)\lg\left(1 + \frac{b}{d}\right)\right.$$
$$\left. -\frac{b}{d}\,\lg\frac{b}{d} - 1{,}305\right]$$

Kapazität im Wechselstromkreis

*Impedanz und *kapazitiver Blindwiderstand* X_C eines Kondensators im Wechselstromkreis.

$$Z_C = \frac{U_C}{I_C} = \frac{1}{j\,\omega C} = -j\,X_C$$

$$X_C = \mathrm{Im}\,\underline{Z}_L = \frac{1}{\omega C}$$

$$U_C = U_C\, e^{j(\omega t + \varphi)}$$

$$I_C = C\,\frac{dU_C}{dt} = j\,\omega C\,\underline{U}_C$$

Zeitlicher Verlauf: Spannung $\underline{U}_C$ eilt dem Strom $\underline{I}_C$ um $\pi/2$ nach; der Strom eilt voraus.

Phasenverschiebung: $\varphi = \varphi_u - \varphi_i = -90°$.

Zeigerdiagramm: Spannung $\underline{U}_C$ und kapazitiver Blindwiderstand X_C auf der negativen Imaginärachse, Strom $\underline{I}_C$ auf der positiven reellen Achse.

Reziproke Frequenzabhängigkeit: $X_C = (\omega C)^{-1}$.

Kapazitätsmessung
*Impedanzmessung, *Coulometrie.

Kapazitivität *Permittivität.

Kippschaltung, astabile
Pausenzeit t_p und Impulszeit t_i

$$t_p \approx 0{,}69\,R_1 C_1 \text{ und } t_i \approx 0{,}69\,R_2 C_2$$

Taktdauer	$T \approx t_p + t_i$
Tastgrad	$g = \dfrac{t_i}{T}$
Taktfrequenz	$f = \dfrac{1}{0{,}69\,(R_1 C_1 + R_2 C_2)}$

$R_1 . R_2$ Basisvorwiderstände.

Kippschaltung, monostabile
Pausenzeit t_p und Impulszeit t_i

$$t_p \geq 5\,R_4 C_2 \text{ und } t_i \approx 0{,}69\,R_3 C_2$$

$R_3 . R_4$ Ladewiderstände

Kirchhoff-Regeln
Grundlage der Berechnung elektrischer Netzwerke.

1) Knotenpunktsatz (Knotensatz, Knotenpunktregel). Bei einer *Stromverzweigung* ist die Summe der zufließenden Ströme (positiv) gleich der Summe der abfließenden Ströme (negativ). Die Summe aller Ströme eines Stromknotens ist Null (Ladungserhaltung).

$$\underbrace{I_1 + I_2 + \ldots}_{\text{zufliessend}} = \underbrace{I_3 + I_4 + \ldots}_{\text{abfliessend}} \qquad \boxed{\sum_i I_i = 0}$$

2) Maschensatz (Maschenregel). In einem *Stromkreis* (Masche) ist die Summe der Erzeugerspannungen gleich der Summe der Verbraucherspannungen Die Summe aller vorzeichenbehafteten Spannungen eines Stromkreises ist null (Energieerhaltung).

$$\underbrace{U_{0,1} + U_{0,2} + \ldots}_{\text{Quellen}} = \underbrace{U_3 + U_4 + \ldots}_{\text{Senken}} \qquad \boxed{\sum_i U_i = 0}$$

In Zählrichtung (z. B. Uhrzeigersinn) zeigende Spannungen sind *positiv* (Senken), dagegen laufende *negativ* (Quellen).

Reihenschaltung	Parallelschaltung
S t r o m v e r z w e i g u n g (1. Kirchhoff-Gesetz)	
$I = $ const	$I = \sum I_i$
M a s c h e n s a t z (2. Kirchhoff-Gesetz)	
$U = \sum U_i$	$U = $ const
$R = \sum R_i$	$\dfrac{1}{R} = \sum \dfrac{1}{R_i}$

$\dfrac{1}{G} = \sum \dfrac{1}{G_i}$	$G = \sum G_i$
$Z = \sum Z_i$	$\dfrac{1}{Z} = \sum \dfrac{1}{Z_i}$
$\dfrac{1}{Y} = \sum \dfrac{1}{Y_i}$	$Y = \sum Y_i$
$\dfrac{1}{C} = \sum \dfrac{1}{C_i}$	$C = \sum C_i$
$L = \sum L_i$	$\dfrac{1}{L} = \sum \dfrac{1}{L_i}$

3) Zweigstromverfahren. Berechnung von Gleichstromnetzwerken mit Hilfe des Kirchhoff'schen Knoten- und Maschensatzes.

1. Netzwerk in n Stromkreise (Maschen) unterteilen. Zählrichtung festlegen (z. B. im Uhrzeigersinn).

2. Richtung der Quellenspannungen und Spannungsabfälle an Widerständen eintragen.

Positiv = in Zählrichtung (Senke).

Negativ = entgegen Zählrichtung (Quelle).

3. $k - 1$ Knotenpunktgleichungen aufstellen (k Knotenpunkte).

Positiver Strom = fließt in den Knoten.

Negativer Strom = fließt aus dem Knoten.

4. Aufstellen der n Maschengleichungen.

5. Lösen des Gleichungssystems.

Beispiel: Netzwerk mit zwei Knoten (A und B) aus drei parallel geschalteten Widerständen und einer Spannungsquelle in jeder Masche (I und II, Uhrzeigersinn).

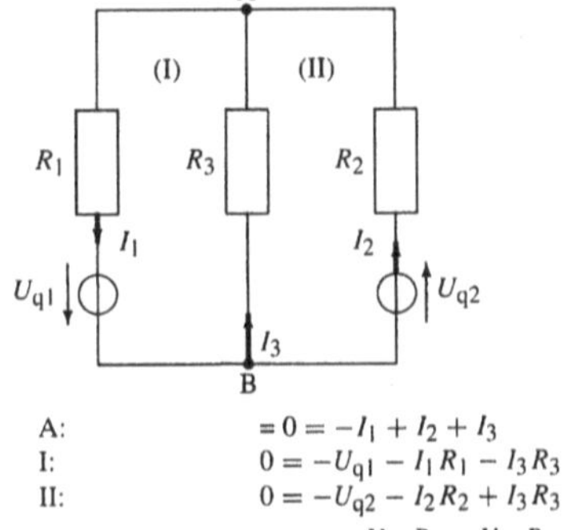

A:	$= 0 = -I_1 + I_2 + I_3$
I:	$0 = -U_{q1} - I_1 R_1 - I_3 R_3$
II:	$0 = -U_{q2} - I_2 R_2 + I_3 R_3$
Lösung:	$I_3 = \dfrac{U_{q2} R_1 - U_{q1} R_2}{R_1 R_2 + R_1 R_3 + R_2 R_3}$

4) Knotenspannungsverfahren. Netzwerkberechnung mit Hilfe des Ohm'schen-Gesetzes.

1. Netzwerk in n Stromkreise (Maschen) unterteilen. Dem 1. Knotenpunkt das Potential φ_A zuordnen.

2. Richtung der Zweigströme und Quellenspannungen festlegen.

3. $k - 1$ Knotenpunktgleichungen aufstellen (k Knoten A, B, C,...).

4. Für jeden Teilstrom I_i eine Zweistrombeziehung aus Leitwerten $1/R_i$, Potentialdifferenzen und Quellenspannungen aufstellen:

$$I_i = \frac{f(\varphi_A, \varphi_B, \ldots, U_{q,i})}{R_i}$$

Die Potentialdifferenz ist $\varphi_B - \varphi_A$ für einen positiven Strom von B nach A.

5. Lösen des Gleichungssystems: Einsetzen der Zweigstrombeziehungen in die Knotenpunktgleichungen.

Elektrotechnik

Beispiel wie oben.

B: $0 = I_1 - I_2 - I_3$

1:          $I_1 = (\varphi_A - \varphi_B - U_{q1})/R_1$

2:          $I_2 = (\varphi_B - \varphi_A - U_{q2})/R_2$

3:          $I_3 = (\varphi_A - \varphi_B)/R_3$

Lösung: $I_3 = \dfrac{U_{q2}R_1 - U_{q1}R_2}{R_1R_2 + R_1R_3 + R_2R_3}$

---

5) Maschenstromverfahren. Netzwerkberechnung mit Hilfe des Maschensatzes.

1. Netzwerk in n unabhängige Stromkreise (Maschen) unterteilen; z. B. eine äußere und innere Masche.

2. Zählrichtung (Uhrzeigersinn) festlegen. Richtung der Quellenspannungen und Spannungsabfälle an Widerständen eintragen.

3. Maschenstromgleichungen aufstellen; durch einen Zweig dürfen mehrere Maschenströme fließen.

4. Lösen des Gleichungssystems.

Beispiel: wie oben. Innere Masche (I) von Knoten B über U_{q1} und R_1 nach A und über R_3 zurück zu Knoten B. Äußere Masche (II) von B über U_{q1}, R_1 (nach A) und R_2, U_{q2} (zu B).

I: $0 = -U_{q1} + I_1(R_1 + R_3) + I_{II}R_1$

II: $0 = -U_{q1} - U_{q2} + I_1R_1 + I_{II}(R_1 + R_2)$

Lösung: $I_3 = -I_1 = \dfrac{U_{q2}R_1 - U_{q1}R_2}{R_1R_2 + R_1R_3 + R_2R_3}$

---

6) Überlagerungssatz. Netzwerkberechnung durch Zusammensetzung aus allen Quellen.

1. n Netzwerke mit jeweils nur einer Spannungsquelle bilden (die anderen kurzschließen).

2. Richtung der Zweigströme kennzeichnen.

3. Berechnen der Teilströme.

4. Addieren der vorzeichenbehafteten Teilströme zum Zweigstrom.

Beispiel: wie oben. Lösung:

a) Netzwerk mit U_{q2} kurzgeschlossen: I' durch R_1, Strom I'_3 (Knoten A) durch Parallelschaltung von R_3 und R_2.

b) Netzwerk II mit U_{q1} kurzgeschlossen: I'' durch R_2, Strom I''_3 (Knoten B) durch Parallelschaltung von R_1 und R_3.

---

a) $I'_3 = \dfrac{U_{q1}R_2}{R_1R_2 + R_1R_3 + R_2R_3}$

b) $I''_3 = \dfrac{U_{q2}R_1}{R_1R_2 + R_1R_3 + R_2R_3}$

Lösung: $I_3 = I''_3 - I'_3 = \dfrac{U_{q2}R_1 - U_{q1}R_2}{R_1R_2 + R_1R_3 + R_2R_3}$

---

7) *Zweipoltheorie.

Klemmenspannung

Elektrische Spannung U_{kl} zwischen den Polen einer Spannungsquelle bei geschlossenem Stromkreis, wenn der Strom I fließt und die galvanische Zelle nicht reversibel arbeitet.

Spezialfall: *Ruheklemmenspannung*, die Differenz der Elektrodenpotentiale, wenn kein Strom fließt.

$$E_0 = \Delta\varphi_{i=0}$$

1) Durch den Stromfluss ist das Gleichgewicht der Elektrodenvorgänge gestört, die Nutzarbeit der Quelle ist kleiner als die thermodynam. maximale Arbeit; *Wärme* wird frei.

2) Ein Teil der Quellenspannung fällt am *Innenwider-*

stand R_i der Spannungsquelle ab. Ursache des *inneren* oder *ohmschen Spannungsabfalls* („IR-Drop") sind die Widerstände von Elektrolyt und Elektroden, ferner die kinet. Hemmungen der Elektrodenreaktionen (*Polarisation, *Überspannung).

Maschensatz = 2. KIRCHHOFF-Gesetz: Die Quellenspannung ist gleich der Summe aller Spannungsabfälle U_a im Stromkreis.

> Quellenspannung $U_q =$
> = innerer Spannungsabfall der Quelle $U_i +$
> + äußere Spannungsabfälle U_a

3) Die Klemmenspannung sinkt umso mehr, je mehr Strom der Batterie entnommen wird. Sie ist gleich der Summe der äußeren Spannungsabfälle U_a, die sich aufgrund der äußeren Widerstände R_a ergeben.

$$U_{kl} = U_q - I\,R_i = U_q \frac{R_a}{R_i + R_a} = \sum_k U_{a,k}$$

Der innere Widerstand R_i der Batterie und der Widerstand des äußeren Leiterkreises R_a bestimmen die Stromstärke I. Ohne äußeren Widerstand, wenn nur der kleine Innenwiderstand der Stromquelle den Strom begrenzt, fließt der *Kurzschlussstrom*.

$$I_k = \frac{U_q}{R_i + R_a} \approx \frac{U_q}{R_i}$$

Klirrdämpfungsmaß

Logarithmus des *Klirrfaktors.

$$a_k = 20\,\lg\frac{1}{k}\ \text{dB}$$

Klirrdämpfungsmaß n-ter Ordnung

$$a_{k_n} = 20\,\lg\frac{1}{k_n}\ \text{dB}$$

Klirrfaktor

oder *Gesamtklirrfaktor.* Maß für die *Verzerrung durch Harmonische (HD = Harmonic Distortion) zur Grundfrequenz.

$$k = \sqrt{\frac{\sum\limits_{n=2}^{\infty} U_n^2}{\sum\limits_{n=1}^{\infty} U_n^2}} = \sqrt{\sum\limits_{n=2}^{\infty} k_n^2}$$

U_n Effektivspannung der n-ten Harmonischen.

1) Beispiel: Modulation der nichtlinearen Kennlinie

$$y = ax + bx^2 + cx^3 + dx^4$$

mit einem Signal $x(t) = \hat{x}\sin\omega t$ ergibt ein Spektrum mit vier Linien.

$$y(t) = \underbrace{\frac{1}{2}b\hat{x}^2 + \frac{3}{8}d\hat{x}^4}_{\text{Konstante}} + \underbrace{\left(a\hat{x} + \frac{3}{4}c\hat{x}^3\right)\cos\omega t}_{\text{Grundfrequenz}}$$

$$+ \underbrace{\left(\frac{1}{2}b\hat{x}^2 + \frac{1}{2}d\hat{x}^4\right)\cos 2\omega t}_{\text{2HD}} + \underbrace{\frac{1}{4}c\hat{x}^3\cos 3\omega t}_{\text{3HD}}$$

$$\underbrace{\frac{1}{8}d\hat{x}^4\cos 4\omega t}_{\text{4HD}}$$

2) Klirrfaktor n-ter Ordnung oder *Teilklirrfaktor.*

$$k_n = \sqrt{\dfrac{U_n^2}{\sum\limits_{n=1}^{\infty} U_n^2}} \qquad (n = 2,3,4,\dots)$$

Von-Klitzing-Konstante

Klitzing-Konstante R_K, Kehrwert der Quanten-Hall-Leitfähigkeit.

1) Bei tiefen Temperaturen und hohen Magnetfeldern zeigt sich der *Quanten-Hall-Effekt*. Die Ladungsträger nehmen diskrete Energieniveaus ein. Bei festem Magnetfeld und variabler Spannung (die die Ladungsträgerdichte n steuert) zeigt der HALL-Widerstand charakteristische Stufen:

$$R_{\mathrm{H},z} = \frac{B}{n\,e\,d} = \frac{h}{z e^2} = \frac{\mu_0 c}{2\alpha} = \frac{R_K}{z}$$

$$\boxed{R_K = 25\,812{,}807\,572\ \Omega}$$

($z = 1,2,3,\dots$). Das *Ohm ist ein Naturmaß; R_K ist geeignet als *Widerstandsnormal* (Messgenauigkeit 10^{-8}, stoff- und reinheitsunabhängig).

2) Kehrwert der Von-Klitzing-Konstante.

$$\frac{1}{R_K} = \frac{e^2}{h} = 3{,}874\,045\,848 \cdot 10^{-5}\ \mathrm{S}$$

Knoten

Stromverzweigung. Ein Punkt im Stromkreis, an dem sich der Gesamtstrom in Teilströme aufteilt; z. B. bei der Parallelschaltung von Widerständen. Vgl. *Kirchhoff-Regeln.

Koerzitivfeldstärke

der magnet. Polarisation bzw. magnet. Flussdichte. Feldstärke H_c bei $J = 0$ bzw. $B = 0$ in der Grenzschleife (*Hystereseschleife im Bereich der magnet. Sättigung).

Kondensator

Elektrisches Bauteil zur Ladungsspeicherung.

1) Mit zunehmender Auflagung steigt die Spannung zw. den Elektroden. Die Kapazität C beschleunigt die Stromänderung. I(t) eilt U(t) um 90° voraus ($\varphi = -90°$).

Für den *Plattenkondensator*:

Impedanz:	$Z = [\mathrm{j}\,\omega C]^{-1} = -\mathrm{j}\,X_C$
Admittanz:	$Y = \mathrm{j}\,\omega C = \mathrm{j}\,B_C$
Kapazität	$C = \dfrac{Q}{U} = \dfrac{D/A}{E\,d} = \varepsilon\,\dfrac{A}{d}$

A Plattenfläche (m^2), d Plattenabstand (m).

2) Kraft zwischen den Elektroden

Allgemein: $\mathrm{d}F = E\,\mathrm{d}Q$ und $\mathrm{d}Q = C\,\mathrm{d}U \Rightarrow$

$$F = \frac{C}{d} \int_0^{U'} U\,\mathrm{d}U$$

Plattenkondensator: $C = Q/U$ und $E = U/d$

$$\boxed{F = \frac{CU^2}{2d} = \frac{\varepsilon A U^2}{2d^2} = \tfrac{1}{2}QE}$$

3) Feldenergie. Arbeit zum Aufbau des elektr. Feldes (Ladungstrennung).

Allgemeiner Kondensator:

$$W = C \int_0^{U'} U\,\mathrm{d}U = \tfrac{1}{2}QU = \frac{Q^2}{2C} = \tfrac{1}{2}CU^2$$

Plattenkondensator: $C = \varepsilon A/d$, $E = U/d$, $D = \varepsilon E$

$$\boxed{W = \tfrac{1}{2}\varepsilon A d E^2 = \tfrac{1}{2}\varepsilon E^2 V = \tfrac{1}{2}DEV}$$

4) Energiedichte = volumenbezogener Energieinhalt.

$$w = \frac{W}{V} = \tfrac{1}{2}\varepsilon E^2 = \tfrac{1}{2}\vec{D}\,\vec{E}$$

Plattenkondensator: $V = Ad$

5) Lade- und Entladekurve bei konstanter Spannung. Für einen Kondensator C mit vorgeschaltetem Ladewiderstand R.

Einschaltvorgang (Laden)	Ausschaltvorgang (Entladen)
Differentialgleichung	
$\dfrac{\mathrm{d}Q}{\mathrm{d}t} = \dfrac{Q}{RC} - \dfrac{U}{R}$ $\quad U = \dot{Q}R + \dfrac{Q}{C}$	$\dfrac{\mathrm{d}Q}{\mathrm{d}t} = \dfrac{Q}{RC}$
Gespeicherte Ladung	
$\boxed{Q_C = CU_0\left(1 - e^{-t/RC}\right)}$	$\boxed{Q_C = Q_0\,e^{-t/RC}}$
Lade-/Entladestrom	
$\boxed{I = \dfrac{\mathrm{d}Q}{\mathrm{d}t} = \dfrac{U_0}{R}e^{-t/RC}}$	$\boxed{I = -\dfrac{U_0}{R}e^{-t/RC}}$
exponentiell abfallend von U/R bis 0	exponentiell abfallend von U_0/R bis 0
Kondensatorspannung	
$\boxed{\begin{aligned}U_C &= U_0\left(1 - e^{-t/RC}\right)\\ &= IR + \dfrac{Q}{C}\end{aligned}}$	$\boxed{U_C = U_0\,e^{-t/RC} = I\,R}$
exponentiell ansteigend von 0 bis U_C	exponentiell abfallend von U_0 bis 0
$\dfrac{U}{U_C} = \dfrac{1}{e} \approx 37\%$	$\dfrac{U}{U_0} = 1 - \dfrac{1}{e} \approx 63\%$
bei $t = \dfrac{1}{\tau} = \dfrac{1}{RC}$	

C Kapazität, R Serien- und Innenwiderstand, U angelegte Spannung, I Strom, t Zeit, τ Zeitkonstante.

6) Ladekurve bei Konstantstrom

Einschaltvorgang (Laden). Die Spannung

$$U = IR + \frac{I}{C}\int_0^t \mathrm{d}t = I\left(R + \frac{t}{C}\right)$$

steigt linear mit der Zeit t.

$$\boxed{C = \frac{\mathrm{d}Q}{\mathrm{d}U} = \frac{I}{U}}$$

7) Entladekurve bei Konstantstrom

Ausschaltvorgang (Entladen). Die Spannung

$$U = U_0\,e^{-t/RC} \approx U_0\left(1 - \frac{t}{RC}\right)$$

klingt exponentiell ab, für kleine Zeiten: fast linear. Bei kurzer Entladezeit fliesst nahezu konstanter Strom.

$$\boxed{C = \frac{\mathrm{d}Q}{\mathrm{d}U} = \frac{I}{U} \approx \frac{t}{R\ln[U_0/U_C]} = \frac{2}{R\,\mathrm{d}[\ln U]/\mathrm{d}t}}$$

8) Kondensator mit geschichtetem Dielektrikum (Quergrenzfläche aus mehreren Schichten).

Tabelle 7.4 Berechnung von Kondensatoren (d Elektrodenabstand, l Leiterlänge, r Radius, a = außen, i = innen).

Typ	Kapazität C	Spannung U	Feldstärke E
Plattenkondensator	$\dfrac{\varepsilon A}{d}$	$\dfrac{Qd}{\varepsilon A}$	$\dfrac{U}{d}$
Zylinderkondensator (z. B. Kabel)	$\dfrac{2\pi\varepsilon l}{\ln\frac{r_a}{r_i}}$	$\dfrac{Q}{2\pi\varepsilon l}\ln\frac{r_a}{r_i}$	$\dfrac{U}{r_i\ln\frac{r_a}{r_i}}$
Parallele Zylinder (z. B. Freileitung)	$\dfrac{\pi\varepsilon l}{\ln\frac{d}{r}}$	$\dfrac{Q}{\pi\varepsilon l}\ln\frac{d}{r}$	$\dfrac{U}{2r\ln(d/r)}$
Kugelkondensator (Kugeln ineinander)	$\dfrac{4\pi\varepsilon r_a r_i}{r_a + r_i}$	$\dfrac{Q}{4\pi\varepsilon}\left(\dfrac{1}{r_i}+\dfrac{1}{r_a}\right)$	$\dfrac{U r_a}{r_i(r_a + r_i)}$
Freie Kugel im Raum	$4\pi\varepsilon r$	$\dfrac{Q}{4\pi\varepsilon r}$	$\dfrac{U}{r}$

Schicht 1		Schicht 2
$D_1 = D_2 = D$	und	$Q_1 = Q_2 = Q$
$\sigma = Q/A$	und	$\varrho = Q/V$
$E_1 = \dfrac{D}{\varepsilon_0\varepsilon_{r,1}} = \dfrac{U_1}{d_1}$		$E_2 = \dfrac{D}{\varepsilon_0\varepsilon_{r,2}} = \dfrac{U_2}{d_2}$
$E_1 = \dfrac{U}{d_1 + d_2\varepsilon_{r,1}/\varepsilon_{r,2}}$		$E_2 = \dfrac{U}{d_2 + d_1\varepsilon_{r,2}/\varepsilon_{r,1}}$
$\dfrac{E_1}{E_2} = \dfrac{\varepsilon_{r,2}}{\varepsilon_{r,1}}$		
$\dfrac{U_1}{U_2} = \dfrac{\varepsilon_{r,2}d_1}{\varepsilon_{r,1}d_2} = \dfrac{C_2}{C_1}$		

9) Technischer Kondensator. Kenndaten vgl.
*Blindleistung, *Energiedichte, *Ersatzschaltbild, *Güte, *Kapazität, reduziertes *Volumen, *Leistung, *Scheinleistung, *Verlustleistung, *Verlustfaktor, *Verlustwinkel, *Wirkleistung.

Kondensatortypen
Technische Ausführungsformen von Kapazitäten.
1) Folienkondensator (Typ: K). Wickel aus zwei Metall- und zwei Kunststofffolien (abwechselnd versetzt geschichtet). Anwendung: dc und NF bis MHz-Bereich; Schwingkreise, Netzteile, Impulsschaltungen. Nennwerte: 50 bis 630 V, 2 pF bis 500 nF, $\tan\delta = 10^{-4}$ bis 10^{-3} (10 kHz), Güte 1000, Energiedichte mittel.
KC = Polycarbonat
KI = Polyphenylensulfid
KP = Polypropylen
KS = Polystyrol, „Styroflex"
KT = Polyethylenterephthalat.
2) Metall-Folien-Kondensator (Typ: M). Wickel aus metallisierter Polymerfolie. Anwendung: dc und NF bis MHz-Bereich; Motor-, Filter-, Stoß-, Funkentstörkondensator. Nennwerte: 50 bis 2000 V, 100 pF bis 10 μF, $\tan\delta = 2{,}5\cdot10^{-4}$ bis 0,01 (10 kHz), Güte 1000, Energiedichte mittel.
MKC = Polycarbonat, metallisiert
MKI = Polyphenylensulfid, metallisiert
MKP = Polypropylen, metallisiert
MKS = Polystyrol, metallisiert
MKT = Polyethylenterephthalat, metallisiert
MKU = Cellulose, metallisiert
3) Metall-Papier-Kondensator (Typ: MP). Anwen-

dung: dc und NF bis MHz-Bereich. Nennwerte: 200 bis 5000 V, 100 pF bis 10 mF, $\tan\delta = 4\cdot10^{-3}$ bis $15\cdot10^{-3}$ (1 kHz), Güte 1000, Energiedichte mittel.
4) Elektrolytkondensator (Elko). Wickel aus Anodenfolie (Aluminium oder Tantal) mit einer dünnen Oxidschicht (Al_2O_3 oder Ta_2O_5 als Dielektrikum), Elektrolytschicht, Kathodenfolie (Al oder Ta). Anwendung für dc und NF; Energiespeicher, Sieben, Kommunikations-, Daten-, Regel-Technik. Güte gering, Energiedichte hoch.
Al-Elko: 6 bis 600 V, 1 μF bis 1 F, $\tan\delta = 0{,}08$ (50 Hz).
Ta-Elko: 6 bis 125 V, 0,1 μF bis 1 mF, $\tan\delta = 0{,}04$ bis 0,35 (120 Hz).
5) Keramikkondensator (Sinterkondensator). Festkörperdielektrikum und Metallbeläge abwechselnd geschichtet, mit seitlichen PdAg-Anschlüssen. Anwendung für NF und HF (Kommunikations-, Daten-, Kfz-Technik). Nennwerte: 4 bis 500 V, 1 pF bis 1 μF, $\tan\delta \leq$ 0,06 (1 kHz), Energiedichte gering.
Klasse 1: *NDK* (niedrige Permittivität), hohe Güte
Klasse 2: *HDK* (hohe Permittivität), geringe Güte
Klasse 3: (höchste Permittivität), geringe Güte.

Kontaktspannung *Thermospannung.

Kontinuitätsgleichung, elektr. Feld
In differentieller Schreibweise (vgl. *Laplace-Gl.):

$$\operatorname{div}\vec{E} = \frac{\partial\vec{E}}{\partial x} + \frac{\partial\vec{E}}{\partial y} + \frac{\partial\vec{E}}{\partial z} = 0$$

$\vec{E}$ elektr. Feldstärke.

Konvektionsstrom *Verschiebestrom.

Kopplungsgrad
Verhältnis der gegenseitigen Induktivität L_{12} zum geometr. Mittel der Einzelinduktiviäten:

$$\boxed{k = \frac{L_{12}}{\sqrt{L_1 L_2}}} \quad \text{(Dimension 1)}$$

Vgl. *Grad, *elektromagnet. Verträglichkeit.

Kraftbelag
($\dot{W}/A$) für ein zweidimensionales Kontinuum.

Kraftdichte
Im elektromagnet. Feld: Kraftwirkung auf bewegte Ladungsträger, die eine Raumladungsdichte ϱ und eine Stromdichte $\vec{j}$ hervorrufen.

$$\boxed{\vec{f} = \varrho\,\vec{E} + \vec{j} \times \vec{B}} \qquad \frac{\mathrm{J}}{\mathrm{m}^4} = \frac{\mathrm{V\,A\,s}}{\mathrm{m}^4}$$

ϱ Raumladungsdichte (C/m^3), $\vec{E}$ Elektr. Feldstärke (V/m), $\vec{j}$ Stromdichtevektor (A/m^2), $\vec{B}$ magn. Flussdichte (T).

Kräfte im elektrischen Feld

1) Auf eine Punktladung: *Coulomb-Kraft, *Elektron.
2) Stromdurchflossener Leiter: *Induktion, *Lorentz-Kraft.
3) *Kondensator, *Feld.

Kräfte im Magnetfeld

Magnetische Feldkraft. Die Wirkung der magnet. *Flussdichte $\vec{B}$ auf einen stromdurchflossenen Leiter im Magnetfeld zeigt die *Rechte-Hand-Regel:* Stromrichtung $\vec{I}$ (gespreizter Daumen), Magnetfeld $\vec{B}$ (Zeigefinger), Kraft $\vec{F}$ (abgeknickter Mittelfinger).

1) Kraft zw. parallelen, stromdurchflossenen Leitern, Jede bewegte Ladung erzeugt ein Magnetfeld, hier die fließenden Elektronen in den Drähten, die gegenseitig ein Magnetfeld $H = I/(2\pi d)$ auf sich ausüben. Abstoßung, falls gegensinnig gepolt. Vgl. Definition der SI-Einheit Ampere.

$$F_{12} = I_1\,l\,B = I_1\,l\,\mu_0 H = \frac{\mu_0\,I_1\,I_2\,l}{2\pi\,d}$$

d Leiterabstand, *l* Leiterlänge.

2) Elektron im Magnetfeld. Auf eine bewegte Ladung im Magnetfeld wirkt die *Lorentz-Kraft. Geschwindigkeitsvektor $\vec{v}$, magnet. Flussdichte $\vec{B}$ und Kraft $\vec{F}$ bilden ein Rechtssystem.

Kraftvektor: $\vec{F} = e(\vec{v} \times \vec{B})$
Betrag: $F = e\,v\,B\,\sin(\vec{v}\,\vec{B})$

3) *Hall-Effekt

4) Stromdurchflossener Leiter im Magnetfeld. Leiter der Länge $l = |\vec{s}|$; z. B. Drahtschaukel im Hufeisenmagnet.

Kraftvektor: $\vec{F} = I \int_{l} (\mathrm{d}\vec{s} \times \vec{B})$

Betrag: $F = I\,l\,B\,\sin(\vec{s}\,\vec{B})$
Mehrere Leiter: $F = B\,I\,l\,z\,\sin\alpha$
Drehspulen: $z = 2\,N$

α Winkel α zwischen Leiter und Feldlinien.

5) Kraft auf eine Grenzfläche im Magnetfeld, z. B. beim Elektromagnet. $\vec{F}$ wirkt in Richtung zum Medium mit der kleineren Permeabilität μ.

$$\vec{F} = \tfrac{1}{2} A (\mu_2 - \mu_1) \vec{H}_1 \vec{H}_2$$

6) Stromdurchflossene *Leiterschleife* der Fläche A, z. B. ein Drahtring, erfährt im Magnetfeld ein Drehmoment (vgl. magnet. *Moment).

$$\mathrm{d}\vec{M} = I\,(\mathrm{d}\vec{A} \times \vec{B})$$

B	magnetische Flussdichte	(T = V s/m^2)
I	Stromstärke im Leiter	(A)
l	wirksame Leiterlänge	(m)
N	Windungszahl der Spule	(Dim.1)
v	Geschwindigkeit des Leiters	(m/s)

Ladung, elektrische

Ladungsmenge, Strommenge. Ladung ist quantisiert, immer an Materie gebunden und wird durch Elektronen oder Ionen transportiert. Vgl. *Elementarladung.

Elektrische Ladung = Strom · Zeit

$$\boxed{Q = \int_{0}^{t'} I(t)\,\mathrm{d}t} \qquad (\mathrm{C} = \mathrm{A\,s})$$

Bei konstantem Gleichstrom

$$Q = \frac{W}{U} = C\,U = I\,t$$

Berechnung aus: *Raumladungsdichte, *Flächenladungsdichte, *Ladungsbelag.

Ein *Coulomb* ist festgelegt als durch die bei 1 Ampere während 1 Sekunde transportierte Ladungsmenge.

   1 Coulomb (C) = 1 Amperesekunde (As)

Ladung, elektrostatische

Die Kräfte elektr. geladener Körper wirken unendlich weit (elektr. Feld). Gleichartig geladene Körper stoßen sich ab, ungleichartige ziehen sich an.

1) Coulomb-Gesetz. Kraft zw. zwei Punktladungen $\pm Q$. Anziehend bei entgegengesetztem Vorzeichen.

$$\boxed{F_{\mathrm{C}} = Q\,E = \frac{Q^2}{4\pi\,\varepsilon r^2}}$$

E Feldstärke, F_{C} Coulombkraft, *r* Abstand der Ladungen, $\varepsilon = \varepsilon_0 \varepsilon_r$ Permittivität.

2) Reibungselektrizität. Nichtleiter (Bernstein, Glas, Hartgummi u. a.) laden sich durch Reibung elektr. auf, positiv bei Elektronenmangel, negativ bei Elektronenüberschuss.

Die Ladungen sitzen auf der Oberfläche; das Körperinnere ist ladungs- und feldfrei. An Spitzen und Krümmungen verdichten sich die Ladungen („Spitzenentladung").

3) Elektrostatische Induktion oder *Influenz*, engl. *electric induction*. Im elektr. Feld richten sich die (gleichmässig verteilten) Ladungen eines ungeladenen Körpers aus. Daher werden ungeladene Körper von geladenen angezogen.

4) Ladungen werden mit einem **Elektroskop** nachgewiesen. Es besteht aus einem starren Metallstab und einem daran drehbar befestigten zweiten. Berührung des festen mit einem geladenen Körper lässt die – dann gleichgeladenen – Stäbe auseinanderspreizen.

5) Ladungsmessung: *Coulometer.

Ladungsbelag

Auf die Leiterlänge bezogene elektr. Ladung; die Liniendichte der auf einer Linie mit der Länge s vorhandenen Ladung Q.

$$\boxed{q_{\mathrm{L}} = \frac{\mathrm{d}Q}{\mathrm{d}s}} \qquad \frac{\mathrm{C}}{\mathrm{m}} = \frac{\mathrm{A\,s}}{\mathrm{m}}$$

Elektrische Ladung: $Q = \int_{s} q_{\mathrm{L}}\,\mathrm{d}s$

Ladungsdichte

*Flächenladungsdichte, *Raumladungsdichte, *elektr. Stromstärke.

Ladungserhaltung

In einem abgeschlossenen System bleibt die Nettoladung (Differenz der positiven und negativen Ladungen) konstant.

Ladungstransport

In Flüssigkeiten: *Faraday-Gesetz, *Elektrolyse.
In Gasen: Glühemission, Fotoemission, Feldemission
(*Austrittsarbeit, *Gasentladung).

Ladungsverschiebung

Bei Leitern: *Influenz.
Bei Nichtleitern: *Polarisation.

Laplace-Gleichung

Für das elektrische Feld:

$$\Delta \varphi = \mathrm{div}\,\vec{E} = -\mathrm{div}\,\mathrm{grad}\,\varphi = \frac{\partial^2 \varphi}{\partial x^2} + \frac{\partial^2 \varphi}{\partial y^2} + \frac{\partial^2 \varphi}{\partial z^2} = 0$$

$\vec{E}$ elektrische Feldstärke, φ Potential.

Laplace-Transformation

Regelungstechnik: Übergang vom Frequenzbereich s
(Bildbereich) in den Zeitbereich t. Verknüpfung von
Differentialgleichung und Frequenzgang.

$$\mathcal{L}\{f(t)\} = F(s) = \int\limits_0^\infty f(t)\,\mathrm{e}^{-st}\,\mathrm{d}t$$

Rücktransformation $\quad \mathcal{L}^{-1}\{F(s)\} = f(t)$
Beziehung zw. *Übergangsfunktion* $h(t)$ und *Übertragungsfunktion* $G(s)$.

$$h(t) = \mathcal{L}^{-1}\left\{\frac{G(s)}{s}\right\}$$

Beziehung zw. *Gewichtsfunktion* $g(t)$ und Übertragungsfunktion $G(s)$.

$$g(t) = \frac{\mathrm{d}h(t)}{\mathrm{d}t} = \mathcal{L}^{-1}\{G(s)\}$$

s komplexe Frequenz.

Bei komplizierten Funktionen vor Transformation eine
Partialbruchzerlegung vornehmen.

$x(t) = \mathcal{L}^{-1}\{F(s)\}$	$F(s) = \mathcal{L}\{f(t)\}$	$f(z)$
1	$\dfrac{1}{s}$	$\dfrac{z}{z-1}$
t	$\dfrac{1}{s^2}$	$\dfrac{T_0 z}{(z-1)^2}$
t^2	$\dfrac{2}{s^3}$	$\dfrac{T_0^2 z(z+1)}{(z-1)^3}$
e^{-at}	$\dfrac{1}{s+a}$	$\dfrac{z}{z-\mathrm{e}^{-aT_0}}$
$t\mathrm{e}^{-at}$	$\dfrac{1}{(s+a)^2}$	$\dfrac{T_0 z\mathrm{e}^{-aT_0}}{(z-\mathrm{e}^{-aT_0})^2}$
$t^2\mathrm{e}^{-at}$	$\dfrac{2}{(s+a)^3}$	$\dfrac{T_0^2 z\mathrm{e}^{-aT_0}(z+\mathrm{e}^{-aT_0})}{(z-\mathrm{e}^{-aT_0})^3}$
$1-\mathrm{e}^{-at}$	$\dfrac{a}{s(s+a)}$	$\dfrac{z(1-\mathrm{e}^{-aT_0})}{(z-1)(z-\mathrm{e}^{-aT_0})}$

Grenzwertsätze

$$\lim_{t\to 0} f(t) = \lim_{s\to\infty} s\,F(s) \qquad \lim_{t\to\infty} f(t) = \lim_{s\to 0} s\,F(s)$$

Laserdiode

*Optoelektron. Bauelement mit hoch dotiertem pn-Übergang. Vgl. Optik *Halbleiterlaser.

LC-Parallelglied

Parallelschaltung von Spule und Kondensator.

Impedanz: $\qquad Z = 1/Y$
Strom: $\qquad I = I_\mathrm{C} - I_\mathrm{L} = UB$
Admittanz: $\qquad Y = B_\mathrm{L} + B_\mathrm{C}$

LC-Reihenglied

Serienschaltung einer Spule mit einem Kondensator.

Impedanz: $\qquad Z = X_\mathrm{L} + X_\mathrm{C}$
Spannung: $\qquad U = U_\mathrm{L} - U_\mathrm{C} = IX$
Admittanz: $\qquad Y = 1/Z$

Leerlaufspannung

Spannung eines aktiven Zweipols (Stromquelle) bei offenen Klemmen; *Zellspannung. Ein passiver oder quellenloser Zweipol hat keine Leerlaufspannung und keinen Kurzschlussstrom.

Leistung, elektrische

Die pro Zeiteinheit verrichtete elektr. *Arbeit:

$$\boxed{P(t) = \frac{\mathrm{d}W}{\mathrm{d}t}}$$

Die abgeleitete SI-Einheit *Watt* ist definiert als die Leistung, um die Arbeit 1 Joule in einer Sekunde zu verrichten.

$$1\,\mathrm{W} = \mathrm{V\,A} = \mathrm{J/s} = \mathrm{Nms}^{-1} = \mathrm{kg\cdot m^2 \cdot s^{-1}}$$

1) Gleichstromkreis

$$\boxed{P = \frac{W}{t} = U\,I = \frac{U^2}{R} = I^2 R}$$

Im Volumen umgesetzte Leistung

$$P = j\,E\,V = \kappa E^2 V = \frac{j^2 V}{\kappa}$$

E Feldstärke, j Stromdichte, κ Leitfähigkeit

2) Im Wechselstromkreis komplexe *Leistung, *Wirk-, *Blind-, *Scheinleistung.

3) Momentanleistung. Produkt aus Spannung und Strom zu jeder Zeit.

$$\boxed{P(t) = U(t)\,I(t)} \qquad \text{kurz: } p = u\,i$$

Für sinusförmige Signale: $p(t)$ schwingt mit der doppelten Frequenz der Wechselspannung.

$$\begin{aligned}
u(t) &= \hat{u}\cos(\omega t + \varphi_\mathrm{u}) = \sqrt{2}\,U\cos(\omega t + \varphi_\mathrm{u}) \\
i(t) &= \hat{\imath}\cos(\omega t + \varphi_\mathrm{i}) = \sqrt{2}\,I\cos(\omega t + \varphi_\mathrm{i}) \\
p(t) &= \mathrm{Re}\left(\underline{U}\underline{I}^* + \underline{U}\underline{I}\mathrm{e}^{\mathrm{j}2\omega t}\right) = \\
&= \mathrm{Re}\left(UI\mathrm{e}^{\mathrm{j}\varphi} + UI\mathrm{e}^{\mathrm{j}(2\omega t + \varphi_\mathrm{u} + \varphi_\mathrm{i})}\right) = \\
&= UI\cos\varphi + UI\cos(2\omega t + \varphi_\mathrm{u} + \varphi_\mathrm{i})
\end{aligned}$$

U Effektivspannung, I Effektivstrom, $\varphi = \varphi_\mathrm{u} - \varphi_\mathrm{i}$ Phasenverschiebung.

4) Mittlere Leistung. Über den zeitlichen Verlauf von Spannung $U(t)$ und Strom $I(t)$ gemittelte Leistung.

$$\boxed{\bar{P} = \frac{1}{\Delta t}\int\limits_0^{\Delta t} U(t)\,I(t)\,\mathrm{d}t \neq \bar{U}\,\bar{I}}$$

Für sinusförmige Signale

$$\begin{aligned}
\bar{P} &= \frac{1}{T}\int\limits_0^T \hat{u}\,\hat{\imath}\,\sin(\omega t)\,\sin(\omega t + \varphi)\,\mathrm{d}t = \tfrac{1}{2}\hat{u}\,\hat{\imath}\cos\varphi \\
&= \tfrac{1}{2}\hat{\imath}^2 R = I^2 R = U\,I\cos\varphi
\end{aligned}$$

U Effektivspannung, I Effektivstrom, $\varphi = \varphi_\mathrm{u} - \varphi_\mathrm{i}$ Phasenverschiebung.

5) Komplexe Leistung. Im Wechselstromkreis komplexe Größe aus den Komponenten Wirkleistung P und Blindleistung Q. Ihr Betrag heißt *Scheinleistung S.

$$\underline{S} = \underline{U}\,\underline{I}^* = S\,\mathrm{e}^{\mathrm{j}\,\varphi} = U_{\mathrm{eff}}I_{\mathrm{eff}}\mathrm{e}^{\mathrm{j}\,\varphi}$$
$$= S\,(\cos\varphi + \mathrm{j}\,\sin\varphi)$$
$$= \operatorname{Re}\underline{S} + \mathrm{j}\operatorname{Im}\underline{S} = P + \mathrm{j}\,Q$$
$$= U^2\underline{Y}^* = -\mathrm{j}\,\omega\underline{C}^*U^2$$

$\varphi = \varphi_\mathrm{u} - \varphi_\mathrm{i}$ Phasenverschiebungswinkel.

Betrag: *Scheinleistung*

$$S = U_{\mathrm{eff}}I_{\mathrm{eff}} = \sqrt{P^2 + Q^2} = \frac{P}{\cos\varphi} = \frac{Q}{\sin\varphi}$$
$$= \omega U^2 C$$

Realteil: *Wirkleistung*

$$P = \operatorname{Re}\underline{S} = S\cos\varphi = \frac{Q}{\tan\varphi} = \sqrt{S^2 - Q^2}$$
$$= \omega U^2\,|\underline{C}|\,\cos\varphi$$

Imaginärteil: *Blindleistung*

$$Q = \operatorname{Im}\underline{S} = S\sin\varphi = P\tan\varphi = \sqrt{S^2 - P^2}$$
$$= -\omega U^2\,|\underline{C}|\,\sin\varphi$$

6) Wirkleistung. Komplexe Definition als Produkt aus Kraft $\underline{F}$ und Geschwindigkeit $\underline{v}$.

$$P = \operatorname{Re}\left(\tfrac{1}{2}\,\hat{\underline{F}}\,\hat{\underline{v}}^*\right) = \tfrac{1}{2}\,|\hat{\underline{F}}\,\hat{\underline{v}}|\,\cos\varphi$$

7) Spitzenleistung. Komplexe elektr. *Leistung beim Maximalwert von Spannung U und Strom I im Wechselstromkreis.

$$\boxed{\hat{P} = \hat{U}\,\hat{I}}$$

Leistungsbedeckung *Energiestromdichte.

Leistungsbelag

Zur energet. Beschreibung eines zweidimensionalen Kontinuums (z. B. Platte, Kugelschale):

$$\text{Leistungsbelag} = \frac{\text{Leistung } P}{\text{Länge } l}$$

Leistungsdichte

Volumenbezogene Leistung (in $\mathrm{W/m^3}$)

$$P_\mathrm{V} = \frac{P}{V} = \frac{w}{t} = j\,E = \kappa E^2 = \frac{j^2}{\kappa}$$

E Feldstärke, j Stromdichte, w Energiedichte, t Zeit, κ Leitfähigkeit.

Elektromagnet. Leistungsdichte: *Poynting-Vektor.

Leistungsfaktor

Wirkfaktor oder *Verschiebungsfaktor.* Verhältnis von Wirk- und Scheinleistung:

λ für nicht sinusförmige Größen, $\cos\varphi$ für Sinusgrößen:

$$\boxed{\lambda = \cos\varphi = \frac{P}{S} = \frac{P}{U\,I} = \frac{\operatorname{Re}\underline{Z}}{|\underline{Z}|}} \quad \text{(Dim. 1)}$$

Dreiphasenwechselstrom

$$\cos\varphi = \frac{P}{\sqrt{3}\,U\,I} \quad \text{(Dim.1)}$$

Phasenverschiebungswinkel

$\varphi = 0$	$\cos\varphi = 1$	$P = S$
$0 < \varphi < \pi/2$	$\cos\varphi < 1$	$P < S$
$\varphi = \pi/2$	$\cos\varphi = 0$	$P = 0$

U Effektivspannung, I Effektivstrom, P Wirkleistung, S Scheinleistung.

Leistungsflussdichte

oder *Strahlungsdichte*

$$S = \frac{\text{Leistung des Feldes } P}{\text{Fläche } A} \quad (\mathrm{W/m^2})$$

Leistungsmessung

Messgeräte für die elektrische Leistung.

1) Gleichspannungsleistung. Mit einem multiplizierenden elektrodynam. Messwerk (*Wattmeter*): eine Feldspule zur Strommessung und eine beweglichen Spule zur Spannungsmessung: $P = U\,I$.

a) *Stromrichtige Schaltung.* Widerstand der Stromspule R_A klein gegen den äußeren Verbraucherwiderstand.

$$P = U_\mathrm{q}I - R_\mathrm{A}I^2$$

b) *Spannungsrichtige Schaltung.* Widerstand der Spannungsspule R_V klein gegen den äußeren Verbraucherwiderstand.

$$P = U_\mathrm{q}I - \frac{U^2}{R_\mathrm{V}}$$

2) Scheinleistungsmessung

a) Multiplikation von getrennt gemessenen Effektivströmen und -spannungen.

b) *Elektronischer Multiplizierer.* Am Messobjekt (z.B. R‖C-Glied) liegt die Spannung $U_0 = \hat{U}_0\sin\omega t$ und erzeugt den Strom $I = I_\mathrm{X} + I_\mathrm{R} = \hat{U}_0\omega C\cos\omega t + \hat{U}_0/R\,\sin\omega t$, der mit dem um $0°$ (Wirkleistungsmessung) oder $90°$ (Blindleistungsmessung) phasenverschobenen Ausgangssignal U_1 verglichen und durch nachgeschalteten Tiefpass gemittelt wird.

c) *Hall-Multiplizierer.* Ein dünnes Leiterplättchen zw. den Polen eines Elektromagneten, in Reihenschaltung mit Messwiderstand R_S, Spule des Magneten und Messobjekt. Die Hallspannung ist proportional zur umgesetzten Leistung im Verbraucher.

3) Wirkleistungsmessung. Elektrodynam. Messwerk; Multiplizierer ($\bar{P}_\mathrm{W} = \hat{U}_0\hat{U}_1/2R$).

4) Blindleistungsmessung. Multiplizierer ($\bar{P}_\mathrm{B} = \omega C\hat{U}_0\hat{U}_1/2$).

5) Drehstromleistung. Mit einem Wattmeter WM (symmetrisch belastet) in einer Leitung L oder drei Wattmetern (unsymmetr. belastet).

4-Leiter-System (L1, L2, L3, N)
symmetrisch belastet
  Strommessung: L3
  Spannungsmessung: (L3-N) $P = 3P_{\mathrm{N,L}}$
unsymmetrisch belastet $P = P_{\mathrm{N,L1}} + P_{\mathrm{N,L2}} + P_{\mathrm{N,L3}}$

3-Leiter-System (L1, L2, L3)
– symm. belastet (Spannungskreis:
  L1-L2, L1-L3 mit Vorwiderstand) $P = 3P_{\mathrm{NL}}$
– unsymm. belastet (Spannungskreis:
  alle WM verbunden) $P = P_1 + P_2 + P_3$

Aronschaltung (L1, L2, L3)
Spannungskreis: von WM1 (in L1)
über L2 zu WM2 (in L3): $P = \mathrm{const}\,(\alpha_1 + \alpha_2)$

Blindleistung (L1, L2, L3)
Strommessung: L1
Spannungsmessung: (L2-L3) $Q = 3Q_1$

L = Leitung, N = Mittelpunkt der Sternschaltung.

Leistungspegel

Logarithm. Größenverhältnis, wobei die Nennergröße eine festgelegte Bezugsgröße $P_0 = 1\,\mathrm{mW}$ ist.

$$L_\mathrm{P}(\mathrm{re}\ 1\,\mathrm{mW}) = 10\left(\lg\frac{P}{1\,\mathrm{mW}}\right)\,\mathrm{dB}$$

7

Elektrotechnik

IEC-Kurzform: $\qquad L_\mathrm{P} = 10 \left(\lg \dfrac{P}{1\,\mathrm{mW}} \right) \mathrm{dB(mW)}$

Umkehrung: $\qquad \dfrac{P}{1\,\mathrm{mW}} = 10^{L_\mathrm{P}/10\,\mathrm{dB(mW)}}$

Die Differenz der Pegel zweier Signale am selben Punkt der Übertragungseinrichtung heißt *Pegelabstand*.

Leistungsspektralfunktion

kurz: *Leistungsspektrum*, spektrale Leistungsdichte; zeigt die quadrierten Amplituden der Spektralfunktion dividiert durch die Beobachtungszeit.

$$\Phi(\omega) = \lim_{\Delta t \to \infty} \frac{|X(\omega)|^2}{\Delta t}$$

Der Grenzübergang besagt, dass die Beobachtungszeit wenigstens so lang sein muss, dass sich der berechnete Φ-Wert im Rahmen der gegebenen Fehlergrenze bei längeren Zeiten nicht ändert. Das Leistungsspektrum ist die FOURIER-Transformierte der Autokorrelationsfunktion φ.

$$\Phi(\omega) = \mathcal{F}\{\varphi(\tau)\} = \int\limits_{-\infty}^{\infty} \varphi(\tau)\,e^{-j\,\omega\tau}\,d\tau$$

Leiter, elektrischer

Elektr. Leitung ist an bewegliche Ladungsträger gebunden, die unter Krafteinwirkung des elektr. Feldes stehen.

Leiter 1. Klasse (Elektronenleiter, Elektroden), z. B. Metalle, Grafit und Ruß, werden durch den Stromfluss nicht verändert (unterhalb des Auflösungspotentials, ausgenommen Oberflächenänderungen).

Leiter 2. Klasse (Ionenleiter, Elektrolyte) leiten den elektr. Strom aufgrund ihrer elektrolyt. Dissoziation in *Ionen*.

- *Kationen* (= positiv geladene Ionen) wandern zur Kathode (Minuspol einer Elektrolysezelle)
- *Anionen* (= negativ geladene Ionen) wandern zur Anode (Pluspol).

Vergleich von Elektronen- und Ionenleiter.

	Metalle	Elektrolyte
Ladungsträger	Elektronen	Ionen (Kationen, Anionen)
Leitfähigkeit	sehr gut (sinkt mit zun. Temp.)	mäßig (steigt mit zun. Temperatur)
Stoffänderung	keine	Zersetzung bei Stromdurchgang

Leitfähigkeit

Längenbezogene elektrische Leitfähigkeit, früher: *spezifische Leitfähigkeit.* Kehrwert des spezifischen Widerstandes ϱ. Auf den Querschnitt A und die Länge l bezogener Leitwert G.

$$\text{elektrische Leitfähigkeit} = \frac{\text{Stromdichte}}{\text{Feldstärke}}$$

$$\kappa = \frac{j}{|E|} = \frac{1}{\varrho} = \frac{1}{R}\frac{l}{A} = G\,k$$

k Zellkonstante, R elektr. Widerstand.

Praktische Einheiten: 1 S/cm entspricht der Leitfähigkeit eines Würfels von 1 cm^3 Volumen mit dem Widerstand 1 Ω.

$1\ \mathrm{S/cm} = 1\ \Omega^{-1}\,\mathrm{cm}^{-1} = 100\ \Omega^{-1}\mathrm{m}^{-1}$
$1\ \mathrm{S/m} = 1\ \Omega^{-1}\,\mathrm{m}^{-1} = 0{,}01\ \mathrm{S/cm} = 10^{-6}\ \mathrm{m}\ \Omega^{-1}\mathrm{mm}^{-2}$
$1\ \mathrm{MS/m} = 1\ \mu\Omega^{-1}/\mathrm{m}$

Anwendung vgl. Kapitel Elektrochemie.

Spez. Leitfähigkeit (bei 20 °C).

Stoff	κ (in S/m)
mäßige Leiter	
SiC	ca. $0{,}0002 \cdot 10^6$
Si	ca. $0{,}001 \cdot 10^6$
Kohle	$0{,}01 \cdot 10^6$
Grafit	$0{,}05 \cdot 10^6$
Mn	$0{,}54 \cdot 10^6$
Hg	$1{,}063 \cdot 10^6$
CrNi	$1{,}1 \cdot 10^6$
Ti	$1{,}25 \cdot 10^6$
Woodmetall	$1{,}85 \cdot 10^6$
CuNi44 (Konstantan)	$2{,}04 \cdot 10^6$
CuMn 12 Ni (Manganin)	$2{,}3 \cdot 10^6$
CuNi 30 Mn (Nickelin)	$2{,}3 \cdot 10^6$
Sb	$2{,}38 \cdot 10^6$
U	$3{,}1 \cdot 10^6$
Pb	$4{,}8 \cdot 10^6$
V	$5{,}0 \cdot 10^6$
Ta	$6{,}67 \cdot 10^6$
Cr	$7{,}7 \cdot 10^6$
Stahl	$7{,}7 \cdot 10^6$
Sn	$8{,}7 \cdot 10^6$
Fe	$10{,}0 \cdot 10^6$
Pt	$10{,}2 \cdot 10^6$
Ni	$10{,}5 \cdot 10^6$
Cd	$13{,}0 \cdot 10^6$
K	$14{,}3 \cdot 10^6$
Zn	$16{,}0 \cdot 10^6$
Co	$17{,}5 \cdot 10^6$
W	$18{,}2 \cdot 10^6$
Mo	$21{,}3 \cdot 10^6$
Mg	$22{,}7 \cdot 10^6$
Na	$23{,}3 \cdot 10^6$
AlMgSi (Aldrey)	$30{,}49 \cdot 10^6$
Al	$36{,}0 \cdot 10^6$
Au	$45{,}45 \cdot 10^6$
Cu 99,9%	$56{,}2 \cdot 10^6$
Ag	$59{,}9 \cdot 10^6$
Se	ca. $1000 \cdot 10^6$
hervorragende Leiter	

Leitfähigkeit in Metallen

Elektronenleitung. Im elektr. Feld werden Elektronen beschleunigt und im Kristall durch Stroßprozesse abgebremst (*Elektronengasmodell).

Differentialgleichung der Elektronenbeschleunigung

$$\frac{d\vec{v}_\mathrm{drift}}{dt} = -\frac{e\,\vec{E}}{m} - \frac{\vec{v}_\mathrm{drift}}{\tau}$$

stationäre *Driftgeschwindigkeit* bei konst. Feldstärke

$$\vec{v}_{\mathrm{drift},0} = -\frac{e}{m}\,\tau\,\vec{E}_0 = -u\,\vec{E}_0$$

elektrische Stromdichte (OHM'sches Gesetz)

$$\vec{j} = -e\,n\,\vec{v}_{\mathrm{drift},0} = \frac{e^2\,N}{m\,V}\,\tau\,\vec{E}_0$$

elektrische Leitfähigkeit: $\quad \kappa = e\,n\,u$

$\vec{E}$ $\quad$ elektrische Feldstärke $\hfill$ (V/m)
$n = N/V$ $\quad$ Elektronendichte = Teilchen im Volumen $\hfill$ (m^{-3})

u	Elektronenbeweglichkeit	$(\mathrm{m^2 V^{-1} s^{-1}})$
τ	Relaxationszeit	(s)

Leitungsgleichungen

Ersatzschaltbild eines *Übertragungsmediums

    Eingang: R–L–(C‖G) Ausgang

Differentialgleichung der ortsabhängigen komplexen Spannung

$$\frac{\mathrm{d}^2 \underline{U}(x)}{\mathrm{d}x^2} = (R' + \mathrm{j}\,\omega L')(G' + \mathrm{j}\,\omega C')\,\underline{U}(x)$$

Ausbreitungskonstante

$$\gamma = \alpha + \mathrm{j}\,\beta = \sqrt{(R' + \mathrm{j}\,\omega L')(G' + \mathrm{j}\,\omega C')}$$

  Verlustarme Leitung: $\omega L' \gg R'$ und $\omega C' \gg G'$

Dämpfungskonstante: längenbezogene Dämpfung der komplexen Spannung.

$$\alpha = \tfrac{1}{2}\left(R'\sqrt{\frac{C'}{L'}} + G'\sqrt{\frac{L'}{C'}}\right)$$

Phasenkonstante: längenbezogene Phasendrehung der komplexen Spannung.

$$\beta = \omega\sqrt{L'\,C'}$$

C' längenbezogene Kapazität, G' längenbezogener Querleitwert, L' längenbezogene Induktivität, R' längenbezogener Widerstand, ω Kreisfequenz.

Leitungsströmung, elektrische

Leitungsstromdichte: *Stromdichtevektor.

$$\text{Leitfähigkeit}\cdot\text{Feldstärke}\quad \boxed{\vec{J} = \kappa\,\vec{E}}\quad (\mathrm{A})$$

Leitungsverlust

Leistungsverlust und Spannungsabfall in Zuleitungen mit Länge l, Leiterquerschnitt A und Leitfähigkeit κ.
Gleichstromleitung

$$P_\mathrm{v} = \frac{2\,I^2 l}{\kappa\,A}\tag{W}$$

$$P_\mathrm{v,rel} = \frac{P_\mathrm{v}}{P} = \frac{2\,I\,l}{\kappa\,A\,U}\tag{1 = 100\%}$$

$$U_\mathrm{a} = U - U_\mathrm{E} = \frac{2\,I\,l}{\kappa\,A} = \frac{2\,P\,l}{\kappa\,A\,U}\tag{V}$$

Wechselstromleitung

$$P_\mathrm{v} = \frac{2\,I^2 l}{\kappa\,A}\tag{W}$$

$$P_\mathrm{v,rel} = \frac{P_\mathrm{v}}{P} = \frac{2\,I\,l}{\kappa\,A\,U\,\cos\varphi}\tag{1 = 100\%}$$

$$U_\mathrm{a} = \frac{2\,I\,l\,\cos\varphi}{\kappa\,A} = \frac{2\,P\,l}{\kappa\,A\,U}\tag{V}$$

Dreiphasenwechselstrom-Leitung

$$P_\mathrm{v} = \frac{3\,I^2 l}{\kappa\,A}\tag{W}$$

$$P_\mathrm{v,rel} = \frac{P_\mathrm{v}}{P} = \frac{\sqrt{3}\,I\,l}{\kappa\,A\,U\,\cos\varphi}\tag{1 = 100\%}$$

$$U_\mathrm{a} = \frac{\sqrt{3}\,I\,l\,\cos\varphi}{\kappa\,A} = \frac{P\,l}{\kappa\,A\,U}\tag{V}$$

U	Netzspannung	(V)
U_a	Spannungsabfall in den Leitungen zum und vom Verbraucher	(V)
U_E	Spannungsabfall am Leitungsende (Verbraucher)	
$\cos\varphi$	Wirkleistungsfaktor	(Dim.1)

Leitwert, elektrischer

Kehrwert des elektr. Widerstandes.

$$\frac{\text{Stromstärke}}{\text{Spannung}}\quad \boxed{G = \frac{I}{U} = \frac{1}{R}}\quad \mathrm{S} = \tfrac{\mathrm{A}}{\mathrm{V}}$$

Abgeleitete SI-Einheit ist SIEMENS.

$$1\,\mathrm{S} = \Omega^{-1} = \mathrm{A/V} = \mathrm{W/V^2} = \mathrm{A^2/W} = \mathrm{C/Wb}$$
$$= \mathrm{s/H} = \mathrm{s^3 A^2 m^{-2} kg^{-1}} = [\text{veraltet}]\ 1\,\text{mho} = 1\,\mho$$

Leitwert, magnetischer

Permeanz. Kehrwert des magnet. Widerstandes

$$\frac{\text{magnet. Fluss}}{\text{magnet. Spannung}}\quad \boxed{\Lambda = \frac{\Phi}{V} = \frac{1}{R_\mathrm{m}}}\quad \mathrm{H} = \frac{\mathrm{Vs}}{\mathrm{A}} = \Omega\,\mathrm{s}$$

Für eine Spule mit N Windungen

$$\Lambda_\mathrm{m} = \frac{L}{N^2} = \frac{\mu_0 \mu_\mathrm{r} A}{l_\mathrm{m}}$$

l_m	mittlere Feldlinienlänge	(m)
Φ	magnet. Fluss	(Wb)
$V = \Theta$	magnet. Spannung, Durchflutung	(A)

Leitwertquant

Kehrwert des magnet. *Flussquants mal Elementarladung. Unsichere Stellen kursiv.

$$G_0 = \frac{2e^2}{h} = 7{,}748\ 091\ 696{\cdot}10^{-5}\ \mathrm{S}$$

Leuchtdiode

Lumineszenzdiode (LED), *optoelektron. Bauelement, Mischkristalle mit *pn*-Übergang. Lichtemission bei Betrieb in Flussrichtung; Strahlungsleistung und Lichtstrom näherungsweise linear zum Flussstrom; spektrale Linienbreite $\Delta\lambda \approx 40$ nm.

Leuchtdioden (LED)

Material	Farbe	Wellen-länge λ (nm)	Fluss-spannung U (V)
GaAs + Si	IR	930	1,3
GaP + ZnO	rot	690	1,6
$\mathrm{GaAs_{0.6}P_{0.4}}$	rot	650	1,8
$\mathrm{GaAs_{0.35}P_{0.65}}$ + N	orange	630	2,0
$\mathrm{GaAs_{0.15}P_{0.85}}$ + N	gelb	590	2,2
GaP + N	grün	570	2,4
SiC + AlN	blau	470	4
GaN + Zn	blau	440	4,5

Lissajousfigur

Die Phasenverschiebung φ zw. Wechselstrom und -spannung erzeugt auf einem Zweikanal-Oszilloskop eine ellipt. Kurve. Ist der Widerstand des Stromkreises rein ohmsch, entsteht eine Gerade. Die Impedanz $\underline{Z} = |\underline{Z}|\mathrm{e}^{-\mathrm{j}\,\omega\varphi}$ ergibt sich mit der Gesamtbreite b der Ellipse, der Gesamthöhe c und der Breite a im Schwerpunkt.

$$|\underline{Z}| = \frac{b}{c}\qquad a = -2\,\hat{U}\sin\varphi =$$
$$= 2\,U_{(\omega t = -\varphi)}$$
$$\sin\varphi = a/b\qquad b = 2\,\hat{U} = 2\,U_{(\omega t = \pi/2)}$$
$$\cos\varphi = \sqrt{1 - \left(\frac{a}{b}\right)^2}\qquad c = \frac{2\hat{U}}{|\underline{Z}|} = 2I_{(\omega t = \pi/2 - \varphi)}$$

Logikfamilie

Digitale Bauelemente und Schaltkreise.

Elektrotechnik

Logikfamilie	Schalt-zeit (s)	Takt-frequenz (MHz)	Leistungs-aufnahme (mW)
CMOS = complementary MOS	35	7	10^{-5}
TTL = Transistor-Transistor-Logik	10	15	10
LSTTL = Low-Power-Schottky-TTL	8	30	2
HC und HCT = High-speed-CMOS, TTL-kompatibel	8	50	$25 \cdot 10^{-5}$
STTL = Schottky-TTL	4	75	20
AS = Advanced STTL	3,5		7
FAST = Fairchild-Advanced-STTL	3	100	4
AC und ACT = Advanced HC und HCT	3		$25 \cdot 10^{-5}$
ECL Emitter-Coupled-Logic	1	500	25

Logische Verknüpfung

*Logische Funktion*en zw. Eingang E und Ausgang A.

1) Identität, Buffer ohne besondere Verstärkung.

Funktionszeichen: $-\boxed{1}-$

$$A = E \qquad \begin{cases} 0 \text{ nein, kein Strom} \\ 1 \text{ ja, Stromfluss} \end{cases}$$

2) NICHT, Inverter, Negator, Negation.

Funktionszeichen: $-\boxed{1}\circ-$

$$A = \bar{E} \qquad \begin{array}{c|c} E & A \\ \hline 0 & 1 \\ 1 & 0 \end{array}$$

3) UND, Konjunktion

Symbol $=\boxed{\&}-$

$$A = E_1 \wedge E_2 \qquad \begin{array}{cc|c} E_1 & E_2 & A \\ \hline 0 & 0 & 0 \\ 0 & 1 & 0 \\ 1 & 0 & 0 \\ 1 & 1 & 1 \end{array}$$

4) ODER, Adjunktion, *Disjunktion*

Symbol $=\boxed{\geq 1}-$

$$A = E_1 \vee E_2 \qquad \begin{array}{cc|c} E_1 & E_2 & A \\ \hline 0 & 0 & 0 \\ 0 & 1 & 1 \\ 1 & 0 & 1 \\ 1 & 1 & 1 \end{array}$$

5) NAND = UND NICHT

Symbol $=\boxed{\&}\circ-$

$$A = \overline{E_1 \wedge E_2}$$
oder
$$\overline{A} = E_1 \wedge E_2 \qquad \begin{array}{cc|c} E_1 & E_2 & A \\ \hline 0 & 0 & 1 \\ 0 & 1 & 1 \\ 1 & 0 & 1 \\ 1 & 1 & 0 \end{array}$$

6) NOR = ODER NICHT

Symbol $=\boxed{\geq 1}\circ-$

$$A = \overline{E_1 \vee E_2}$$
oder
$$\overline{A} = E_1 \vee E_2 \qquad \begin{array}{cc|c} E_1 & E_2 & A \\ \hline 0 & 0 & 1 \\ 0 & 1 & 0 \\ 1 & 0 & 0 \\ 1 & 1 & 0 \end{array}$$

7) XOR = exklusives Oder, Antivalenz.

Symbol $=\boxed{=1}-$

$$A = E_1 \oplus E_2 = (E_1 \wedge \bar{E_2}) \vee (\bar{E_1} \wedge E_2) \qquad \begin{array}{cc|c} E_1 & E_2 & A \\ \hline 0 & 0 & 0 \\ 0 & 1 & 1 \\ 1 & 0 & 1 \\ 1 & 1 & 0 \end{array}$$

8) XNOR, Äquivalenz, Äquijunktion, Bisubjunktion.

Symbol $=\boxed{=}-$

$$A = E_1 \otimes E_2 = (\bar{E_1} \vee E_2) \wedge (E_1 \vee \bar{E_2}) \qquad \begin{array}{cc|c} E_1 & E_2 & A \\ \hline 0 & 0 & 0 \\ 0 & 1 & 0 \\ 1 & 0 & 0 \\ 1 & 1 & 1 \end{array}$$

9) Inhibition, Sperrgatter

$$A = \bar{E_1} \wedge E_2 \qquad \begin{array}{cc|c} E_1 & E_2 & A \\ \hline 0 & 0 & 0 \\ 0 & 1 & 1 \\ 1 & 0 & 0 \\ 1 & 1 & 0 \end{array}$$

10) Implikation, Subjunktion

$$A = \bar{E_1} \vee E_2 \qquad \begin{array}{cc|c} E_1 & E_2 & A \\ \hline 0 & 0 & 1 \\ 0 & 1 & 1 \\ 1 & 0 & 0 \\ 1 & 1 & 1 \end{array}$$

11) Absorptionsgesetz der Logik. Die Aussage A kann wahr (1) oder falsch (0) sein. Verknüpfung $\vee$ bedeutet „oder", Verknüpfung $\wedge$ bedeutet „und".

$A \vee 0 = A$	$A \wedge 0 = 0$
$A \vee 1 = 1$	$A \wedge 1 = A$
$A \vee A = A$	$A \wedge A = A$
$A \vee \bar{A} = 0$	$A \wedge \bar{A} = 0$
$A \vee (A \wedge B) = A$	$A \wedge (A \vee B) = A$
$A \vee \bar{A} \wedge B = A \vee B$	

Doppelte Negierung: eine verneinte Verneinung hebt sich auf; eine dreifache Negierung wird zur einfachen.

$$\bar{\bar{A}} = A$$

12) De Morgan'sche Regeln oder *Inversionsgesetze* der Schaltalgebra.

Umwandlung von UND in ODER

$$\boxed{E_1 \wedge E_2 = \overline{\bar{E_1} \vee \bar{E_2}} \text{ oder } \overline{E_1 \wedge E_2} = \bar{E_1} \vee \bar{E_2}}$$

Allgemein

$$E_1 \wedge E_2 \wedge \cdots \wedge E_n = \overline{E_1} \vee \overline{E_2} \vee \cdots \vee \overline{E_n}$$

Umwandlung von ODER in UND

$$E_1 \vee E_2 = \overline{\overline{E_1} \wedge \overline{E_2}} \quad \text{oder} \quad \overline{E_1 \vee E_2} = \overline{E_1} \wedge \overline{E_2}$$

Allgemein

$$E_1 \vee E_2 \vee \cdots \vee E_n = \overline{E_1} \wedge \overline{E_2} \wedge \cdots \wedge \overline{E_n}$$

Lorentz-Kraft

Kraft auf eine Ladung im Magnetfeld. Kraftwirkung auf einen Massepunkt mit positiver elektr. Ladung Q, der sich mit der Relativgeschwindigkeit $\vec{v}$ gegen den materiellen Träger (Erreger) eines Magnetfeldes bewegt.

$$\vec{F}_\text{L} = Q\,(\vec{v} \times \vec{B}) = Q\,v\,B\,\sin(\vec{v},\vec{B})$$

Das Teilchen beschreibt eine *Kreisbahn,* weil $F_\text{L} \perp \vec{v}$ wirkt – analog zur mechan. Zentripetalkraft.

Betrag: $\qquad\qquad\qquad F_\text{L} = Q\,v\,B$

Bahnradius $\qquad\qquad\quad r = \dfrac{m\,v}{Q\,B}$

Vgl. *Induktion.

B	magnetische Flussdichte	$(\text{T} = \text{Vs/m}^2)$
v	Geschwindigkeit des Ladungsträgers	(m/s)

Luftleitfähigkeit

Elektr. Leitfähigkeit einer atmosphär. Luftsäule.

$$\kappa = \kappa_\oplus + \kappa_\ominus = e(n_\oplus u_\oplus + n_\ominus u_\ominus) \quad \text{S/m}$$

n Teilchendichte (m^{-3}), u Ionenbeweglichkeit, $(\text{m}^2\text{s}^{-1}\text{V}^{-1})$, e Elementarladung, $\oplus$ positive und $\ominus$ negative Kleinionen.

Magnet

Ein *Dauermagnetsystem* besteht aus einem (hufeisenförmigen) Dauermagneten und zwei weichmagnet. *Polschuhen,* die den magnet. Fluss verlustarm zum Luftspalt leiten.

1) Stabmagnet Ein *ferromagnet., zylindr. Körper schwächt die Magnetfeldstärke im Inneren durch die entmagnetisierende Wirkung der Enden.

$$H = H_\text{a} - N\,M$$

H_a	äußere Magnetfeldstärke	(A/m)
M	Magnetisierung	(A/m)
N	Entmagnetisierungsfaktor	(Dim.1)

2) Hufeisenmagnet. *Magnetischer Kreis* aus 1 = Eisenwerkstoff und 2 = Luftspalt.
Durchflutungsgesetz für $\Theta = \oint \vec{H}\,\text{d}\vec{s} = 0$.

$$\underbrace{H_1\,l_1}_{\text{Magnet}} = -\gamma\,\underbrace{H_2\,l_2}_{\text{Luftspalt}}$$

$\gamma \approx 1$ bis $1{,}3$ Spannungsfaktor, berücksichtigt unmagnetische Bereiche, z. B. an Klebschichten.

Flussgleichung (Erhaltung des magnet. Flusses)

$$\underbrace{B_1\,A_1}_{\text{Magnet}} = \sigma\,\underbrace{B_2\,A_2}_{\text{Luftspalt}}$$

$\sigma = 1$ bis 10 Streufaktor, berücksichtigt Verlustflussdichte im Luftspalt.

Magnetischer Widerstand

$$\underbrace{R_\text{m} = R_{\text{m},1} + R_{\text{m},2}}_{}\qquad (\text{H}^{-1} = \Omega^{-1}\text{s}^{-1})$$
$$\hphantom{R_\text{m} = }\underbrace{\hphantom{R_{\text{m},1}}}_{\text{Magnet}}\ \underbrace{\hphantom{R_{\text{m},2}}}_{\text{Luftspalt}}$$

Maximal nutzbare Energiedichte (volumenbezog. magnet. Energie) am *Arbeitspunkt* $(-H; B)$ auf der Entmagnetisierungskurve (*Hystereschleife)

$$w_\text{V} = \frac{W}{V} = (B\,H)_{\max}$$

Steigung der Scherungsgerade vom Arbeitspunkt zum Ursprung $(H = 0;\ B = 0)$

$$s = -\frac{B_1}{H_1}$$

Die *Scherungsgerade* (folgt aus: Flussgleichung = Durchflutungsgesetz) ist unabhängig vom Werkstoff.

$$-B_1 = +s\,H_1 = \mu_0\,\underbrace{\frac{\sigma\,A_2 l_1}{\gamma\,A_1 l_2}}_{s}\,H_1 = -\frac{\mu_0 H_1}{N}$$

Entmagnetisierungsfaktor

$$N = \frac{\gamma\,A_1 l_2}{\sigma\,A_2 l_1}$$

Nutzbare Flussdichte im Luftspalt $\sim$ Magnetvolumen

$$\underbrace{(B_1\,H_1)V_1}_{\text{Magnet}} = \underbrace{B_2 H_2 V_2 \gamma \sigma = \mu_0 \gamma \sigma\,H_2^2 V_2}_{\text{Luftspalt}} \ \Rightarrow$$

$$B_2 = \sqrt{\frac{\mu_0\,V_1}{\gamma\,\sigma\,V_2}}\,(B_1\,H_1)$$

Erforderliche Länge des Permanentmagneten (parallel zum Luftspalt δ)

$$l = \frac{\delta\,B}{\mu_0 H}$$

B Flussdichte im Luftspalt zw. den Polschuhen,
H Feldstärke im Arbeitspunkt der $B(H)$-Kennlinie.

3) Elektromagnet

Tragkraft e. Elektromagneten, der hufeisenförmig auf ein ebenes Werkstück aufsetzt.

$$F_\text{magn} = \frac{\mu\,H^2\,A}{2} = \frac{B\,H\,A}{2} = \frac{B^2\,A}{2\mu}$$

Vgl. *Durchflutungsgesetz.
A ges. Polfläche, B Flussdichte, H Feldstärke, μ Permeabilität.

Entmagnetisierungsfaktor		
Geometrie	Magnetisierung	N
dünne Platte	in Plattenebene	0
	$\perp$ Plattenebene	1
langer Stab	in Längsrichtung	0
	in Querrichtung	$^1\!/_2$
Kugel		$^1\!/_3$

Magnetfeldstärke *Feldstärke.

Magnetika

Magnetische Stoffe, Moleküle mit einem magnet. Dipolmoment richten sich im Magnetfeld aus und erhöhen dadurch die Kraftflussdichte. Das permanente magnet. Moment $\vec{m}$ des Moleküls ist die Summe der magnet. Dipolmomente aller Molekülbausteine.

Nach der *Permeabilitätszahl und *Suszeptibilität werden unterschieden:
1. *Diamagnetika,
2. *Ferromagnetika,
3. *Paramagnetika.
Kennzahlen für: *nichtlineare Magnetika* vgl. *Zustandskurve, *Neukurve, *Sättigungspolarisation, *Hystereschleife, *Remanenzflussdichte, *Koerzitivfeldstärke, *Permeabilität, *Suszeptibilität.

Magnetisierung

Maß für die magnet. Stoffeigenschaften. Produkt aus magnet. Suszeptibilität χ_m und Feldstärke; räumliche Dichte der magnet. Flächenmomente; Anteil an der *Flussdichte $\vec{B}$, der von den magnet. Eigenschaften der Materie herrührt; scheinbare Änderung der magnet. Feldstärke $\vec{H}$ durch einen magnet. Stoff.

$$\vec{B} = \mu_0(\vec{H} + \vec{M}) = \mu_0\vec{H} + \vec{J}$$

$$\vec{M} = \vec{H} - \vec{H}_0 = \frac{\vec{B}}{\mu_0} - \vec{H}_0 =$$
$$= \frac{\vec{J}}{\mu_0} = \frac{1}{\mu_0}\frac{d\vec{j}}{dV} = (\mu_r - 1)\,\vec{H}$$
$$= \frac{d\vec{m}}{dV} = \chi_m\,\vec{H}$$

A/m

B	magnetisches Flussdichte	$(T = V\,s/m^2)$
m	magnetisches (Flächen-)Moment	$(A\,m^2)$
$J = \mu_0 M$	magnetische Polarisation	$(T = V\,s/m^2)$
$\vec{j} = \mu_0\vec{m}$	magnetisches Dipolmoment	$(Wb\,m = V\,s\,m)$
V	Volumen	(m^3)

Magnetomechanischer Parallelismus

Jeder elektr. geladene Körper mit einem mechan. Drehimpuls (z. B. ein Elektron im Atom) hat ein magnet. Moment – und umgekehrt. Jede rotierende Ladung ist ein magnet. Dipol mit einem magnet. Moment. Ein atomares System hat durch die umlaufenden Elektronen einen mechan. Drehimpuls.

Magnetostriktion

Ferromagnetika ändern je nach Magnetfeldstärke geringfügig ihre Länge, was im magnet. Wechselfeld zur Erzeugung von *Ultraschall genutzt wird.

Magnetpulverprüfung

Magnetisches Streuflussverfahren der zerstörungsfreien *Werkstoffprüfung für ferromagnet. Werkstoffe mit oberflächennahen Fehlern. Die Permeabilität von Werkstück und Luft ist unterschiedlich. An Fehlstellen (>1 μm breit) treten Feldlinien aus („Streufeld"); Eisenfeilspäne sammeln sich dort bevorzugt an.
Es wird eine Mischung aus Wasser oder Öl, Eisenfeilspänen (Ø 8 μm) und Fluoreszenzfarbstoff (365 nm) aufgesprüht: visuelle Betrachtung unter einer UV-Lampe (5 – 50 W/m^2) nach Abschalten des Magnetfeldes.
1) *Selbstdurchflutung* (Kreismagnetisierung).
Kreisförmiges Magnetfeld im Prüfling (Rechte-Hand-Regel, radialer Feldlinienverlauf); zum Nachweis von *Längsrissen*. Wechselfeldmagnetisierung vorteilhaft zur Begutachtung von Ecken und Kanten (Skineffekt).
2) *Spulenmagnetisierung* (Längsmagnetisierung).

Eine Ringspule mit Gleich- oder Wechselstromtrafo induziert im Probestab Ströme im kA-Bereich; axialer Feldlinienverlauf; macht Risse quer zum Magnetfeld deutlich.
3) *Jochmagnetisierung* (Polmagnetisierung). Das U-förmige Joch (mit dc- oder ac-Spule) wird auf das Werkstück aufgesetzt und erzeugt ein axiales Magnetfeld; v. a. für Schweißnahtprüfung.
4) Längs- und Querrisse sieht man, wenn zwei Magnetfelder durch Jochmagnetisierung und Stromdurchflutung erzeugt werden.

Masche

Ein geschlossener Umlauf innerhalb eines Stromkreises oder Netzwerkes; z. B. bei der Reihenschaltung von Widerständen. Vgl. *Kirchhoff-Regeln.

Maschine, elektrische

Überbegriff für Maschinen, die mechan. Energie in elektr. Energie umwandeln (*Generator) bzw. umgekehrt (*Elektromotor).

Materialgleichungen

Zusammenhang der elektromagnet. *Feldgrößen und Quellengrößen.

$$\boxed{\vec{J} = \kappa\,\vec{E}}\ ,\quad \boxed{\vec{D} = \varepsilon\,\vec{E}}\ ,\quad \boxed{\vec{B} = \mu\,\vec{H}}$$

Materialgrößen

Im elektromagnet. Feld die Größen: elektr. Leitfähigkeit κ, Permittivität ε und Permeabilität μ.

Maxwell-Gleichungen

Feldgleichungen, verknüpfen die elektr. *Feldgrößen $(\vec{E}, \vec{D}, \vec{B}, \vec{H})$.
a) In differentieller Schreibweise:

$$\operatorname{rot}\vec{E} = -\frac{\partial\vec{B}}{\partial t} \qquad \operatorname{div}\vec{D} = \varrho$$
$$\operatorname{rot}\vec{H} = -\frac{\partial\vec{D}}{\partial t} + \vec{J} \qquad \operatorname{div}\vec{B} = 0$$

b) Schreibweise in Integralform:
*Induktionsgesetz, *Durchflutungsgesetz.

Messanlage

Gesamtheit voneinander unabhäng. Messeinrichtungen, die räumlich od. funktional zusammen wirken.

Messbereich

Bereich von Messwerten der Messgröße, in dem vorgegebene, vereinbarte oder garantierte Fehlergrenzen nicht überschritten werden. Die Differenz zw. den Grenzen des Messbereichs (Endwert – Anfangswert) heißt *Messspanne*. Die Differenz der Anzeigewerte, wenn der festgelegte Messwert einmal von kleineren Werten her (zunehmend), und einmal von größeren Werten her (abnehmend) langsam eingestellt wird, nennt man *Umkehrspanne*.

Messeinrichtung

oder *Messanordnung*. Messgeräte und Zusatzeinrichtungen, z. B.: WHEATSTONE-Brücke, MICHELSON-Interferometer, Pyknometer, Viskosimeter.

Messen

oder *Bestimmen*. Experimenteller Vorgang, durch den

ein spezieller Wert einer Größe als Vielfaches einer Einheit oder eines Bezugswertes ermittelt und ggf. durch Rechnung ausgewertet wird.

Messergebnis

Messwerte einer oder verschiedenartiger Messgrößen, einschließlich Messunsicherheit oder Fehlergrenzen. Ferner: der funktionelle Zusammenhang zw. mehreren Messgrößen.

Messgerät

Liefert, verkörpert oder verknüpft Messwerte. Komponenten sind Aufnehmer, Messumformer und Ausgeber. Ein *registrierendes Messgerät* zeichnet einzelne Messwerte oder den (meist zeitlichen) Verlauf von Messwerten auf; z. B. Schreiber, Drucker.

Messgröße

Physikal. Größe, die durch die Messung erfasst wird.

Messkette

Messeinrichtung aus Aufnehmer, in Reihe geschalteten Übertragungsgliedern und Ausgeber.

Messprinzip

Die charakterist. Erscheinung, die bei der Messung benutzt wird. Beispiele:

Messgröße:	Messprinzip
Länge:	Lichtinterferenz, Kapazitätsänderung.
Temperatur:	Längenausdehnung, Thermoeffekt, Widerstandsänderung.
Kraft:	elastische Verformung, Beschleunigung.
Druck:	elast. Formänderung, Piezoeffekt.
Stromstärke:	Joule'sche Wärme, Magnetfeldänderung.

Messverfahren Methode des *Messens.

1) Analoges Messverfahren. Der Messgröße (Eingangsgröße) wird durch das Messgerät oder die Messeinrichtung eine Ausgangsgröße (z. B. Anzeige) zugeordnet, die im Idealfall eine eindeutige, punktweise stetige Darstellung der Messgröße ist. Beispiel: Drehspulmessgerät, Volumenmessung mit Auslaufbürette.

2) Digitales Messverfahren. Der Messgröße wird durch das Messgerät oder die Messeinrichtung eine Ausgangsgröße zugeordnet, die eine mit fest gegebenem kleinsten Schritt quantisierte, zahlenmäßige Darstellung der Messgröße ist. Beispiel: Digitalspannungsmesser, Drehzahlmessung durch Impulszählung, Volumenmessung mit Kolbenmesspumpe und Hubzähler.

3) Direktes Messverfahren. (Vergleichsverfahren, relatives Messverfahren). Der gesuchte Messwert einer Messgröße wird durch Vergleich mit einem Bezugswert derselben Messgröße gewonnen. Beispiele: Längenmessung mit Maßstab, Viskositätsmessung mit Referenzflüssigkeit, Widerstandsmessung mit Normalwiderstand, Temperaturmessung mit Thermometer.

4) Indirektes Messverfahren. Der gesuchte Messwert wird auf andersartige physikal. Größen zurückgeführt. Beispiel: Widerstandsbestimmung durch Strom- und Spannungsmessung, Arbeit als Zeitintegral der Leistung, Dichte als Masse pro Volumen.

Messwert

Der spezielle, zu ermittelnde Wert der Messgröße; als Produkt aus Zahlenwert und Einheit angegeben.

Mikrocontroller

Einchipcomputer; erweiterter Prozessor für Verarbeitungs- und Steuerungsaufgaben.

Mikroprozessor

Nach Art der Bausteine und Rechenleistung (*MIPS, *Flop) werden unterschieden:

1. *CISC-Rechner*
Single-Chip-Mikroprozessoren,
Mikroprozessoren (8, 16, 32, 64 Bit),
Transputer (16, 32 Bit).
2. *RISC-Rechner* (32-Bit-Architektur)
3. Peripherieprozessoren: I/O-Prozessor, Numeric Processor

1) CPU. Die Zentraleinheit (central processing unit) vereinigt auf einem Chip das Rechen- und Steuerwerk (ALU) und die Steuereinheit für den Datenaustausch. Über Steuer-, Adress- und Datenbus kommunizieren CPU, Speicher und Peripherie-Ein-Ausgabe-Geräte. *Pipeline.* Die CPU arbeitet die einzelnen Arbeitsschritte nach dem Fließbandprinzip parallel ab.
1. Holen des Befehls.
2. Programmzähler erhöhen (dort steht die Adresse des nächsten Befehls).
3. Befehl entschlüsseln.
4. Daten holen.
5. Befehl ausführen.
6. Resultat zurückschreiben.

2) Cache. Zwischenspeicher zur Anpassung der langsamen Hauptspeicher (meist DRAM) an die schnelle CPU (Daten- und Adressregister im Prozessor). *First Level Cache* direkt auf dem Prozessorchip, *Second Level Cache* (schnelle SRAM) für häufig benötigte Daten.

MIPS

Maß für die Rechenleistung von Mikroprozessoren: Millionen Maschinenbefehle pro Sekunde.

$$1\ \text{MIPS} = 10^6/\text{s}$$

Modul

Kehrwert der komplexen *Permittivität.

$$\underline{M} = \operatorname{Re}\underline{M} + \mathrm{j}\operatorname{Im}\underline{M} = \frac{1}{\underline{\varepsilon}} = \mathrm{j}\,\omega C_0 \underline{Z}$$

Realteil	$\operatorname{Re}\underline{M} = |\underline{M}|\cos\varphi$
Imaginärteil	$\operatorname{Im}\underline{M} = |\underline{M}|\sin\varphi$
Betrag	$M = |\underline{M}| = \sqrt{(\operatorname{Re}\underline{M})^2 + (\operatorname{Im}\underline{M})^2}$

Modulation

Veränderung von Signalparametern eines Trägers in Abhängigkeit von einem modulierenden Signal (Basisbandsignal). Das modulierte Signal wird übertragen und durch *Demodulation* das Basisbandsignal wieder gewonnen.

Basisbandsignal $s_M(t)$ + Träger $s_T(t)$
$\Rightarrow$ Modulationsprodukt $s_1(t)$

1) Modulation mit Pulsträgern.
a) Pulsmodulation: zeitdiskret, wertkontinuierlich.

7
Elektrotechnik

Nicht kodierende Verfahren

PAM Pulsamplitudenmodulation, *pulse amplitude modulation*, äquidistante kurze Pulse mit sinusförmiger Amplitude.
PDM Pulsdauermodulation, *pulse duration modulation*, zu- und abnehmende Pulsdauer (gleiche Amplitude)
PFM Pulsfrequenzmodulation, *pulse frequency modulation* zu- und abnehmende Pausenzeit (gleiche Ampl. und Pulsdauer)
PPM Pulsphasenmodulation, *pulse phase modulation*

Kodierende Verfahren

PCM Pulsecodemodulation, *pulse code modulation*

b) Pulscodemodulation (PCM).

Quantisierung wertkontinuerlicher Signale (z. B. der PAM mit GRAY-Codes) liefert *wertdiskrete* Signale. Hohe Störsicherheit, große Brandbreite erforderlich.

$$B \approx 0{,}75\, f_A$$

f_A Abtastfrequenz, Schrittgeschwindigkeit.

Anwendung: *Zeitmultiplex-Verfahren* zur Fernsprechübertragung (PCM30): Innerhalb $T_A = 125\mu s$ ($f_A = 8$ kHz) werden 32 Kanäle = $32 \cdot 64$ kbit/s = 2,040 Mbit/s übertragen; Quantisierung mit 8 bit (256 Amplitudenstufen), Bandbreite $B = 64$ kHz.

2) Modulation mit Sinusträgern

Analoge Verfahren

AM   Amplitudenmodulation, *amplitude modulation*
SSB Einseitenbandmodulation (EM),
        single sideband modulation
VSB Restseitenbandmodulation (RM),
        vestigial sideband modulation
FM   Frequenzmodulation (RM),
        frequency modulation
PM   Phasenmodulation (RM), *phase modulation*

Digitale Verfahren

ASK Amplitudenumtastung, *amplitude shift keying*
FSK Frequenzumtastung, *frequency shift keying*
PSK Phasenumtastung, *phase shift keying*

3) Amplitudenmodulation (AM).

Das Basissignal f_M wird „auf" die Amplitude eines Trägers moduliert f_T; es entsteht eine obere und untere Seitenbandfrequenz $f_T \pm f_M$. Enthält ein Signal Fourier-Koeffizienten im Frequenzband f_1 bis f_2, entsteht ein oberes und unteres *Seitenband* $f_T \pm f_1$ und $f_T \pm f_2$. Demodulation: mit Gleichrichterschaltung.

Amplitude des Sinusträgers

$$s_T(t) = \hat{s}_T \cos \omega_T t$$

moduliertes Basisbandsignal

$$s_M(t) = \hat{s}_M \cos \omega_M t$$

Zeitfunktion (moduliertes Signal)

$$
\begin{aligned}
s_{AM}(t) &= \left(\hat{s}_T + s_M \cos \omega_M t\right) \cos \omega_T t \\
&= \hat{s}_T \left[\cos \omega_M t + \frac{m}{2} \cos(\omega_T + \omega_M)t \right. \\
&\quad \left. + \frac{m}{2} \cos(\omega_T - \omega_M)t \right]
\end{aligned}
$$

Modulationsgrad $\qquad m = \dfrac{\hat{s}_M}{\hat{s}_T}$

benötigte Bandbreite $\qquad B_{AM} \approx 2\, B_{NF}$

B_{NF} Bandbreite d. niederfrequ. Basisbandsignals.

4) Einseitenbandmodulation (SSB).

Wie AM, aber Übertragung mit dem oberen (oder unteren) Seitenband (jedes trägt die volle Information des modulierten Signals); mit und ohne Träger möglich.

$$\text{Bandbreite } B_{SSB} \approx B_{NF}$$

5) Frequenzmodulation (FM).

Das Basissignal wird „auf" die Momentanfrequenz des Trägers moduliert; symmetr. zur Trägerfrequenz f_T entstehen Seitenbanden $\pm f_M$, $\pm 2 f_M$, $\pm 3 f_M$ u.s.w., deren Amplituden BESSEL-Funktionen $J_n(\eta)$ sind. Für Nullstellen der BESSEL-Funktionen – bei den Modulationsindices $\eta = 2{,}405$; $3{,}832$ u.s.w. – verschwinden der Träger oder bestimmte Seitenbänder. Anwendung im UKW-Bereich, weil die benötigte Bandbreite größer ist als bei AM.

Augenblicksfrequenz des Sinusträgers

$$\Omega_T(t) = \omega_T + \Delta\Omega \cos \omega_T t$$

moduliertes Basisbandsignal

$$s_M(t) = \hat{s}_M \cos \omega_M t$$

Zeitfunktion (moduliertes Signal)

$$s_{FM}(t) = \hat{s}_T \cos(\omega_M t + \eta \sin \omega_M t)$$

Modulationsindex

$$\eta = \frac{\Delta\Omega}{\omega_M} = \frac{\Delta F}{f_M}$$

FOURIER-Reihe

$$s_{FM}(t) = \hat{s}_T \sum_{n=-\infty}^{\infty} J_n(\eta) \cos(\omega_T + n\omega_M)t$$

benötigte Bandbreite

$$B_{FM} \approx 2(\Delta F + B_{NF}) = 2\,(\eta f_M + B_{NF})$$

B_{NF}	Bandbreite des niederfrequenten Basisbandsignals.
ΔF	Frequenzhub.
$J_n(\eta)$	Besselfunktionen 1. Art von n-ter Ordnung.
ω_M	Modulationskreisfrequenz,
$\Delta\Omega$	Kreisfrequenzhub.

6) Phasenmodulation (PM).

Das Basisbandsignal wird „auf" den Phasenwinkel des Trägers moduliert; ident. mit FM bei nur mit einer Sinusschwingung moduliertem Träger (sog. *Winkelmodulation*.)

Molpolarisation

Auf die Stoffmenge bezogene *elektr. Polarisation. Für polare und unpolare Moleküle – für Gase, näherungsweise auch für verdünnte Lösungen – schreibt man die *DEBYE-Gleichung in Abhängigkeit der Dichte, indem $N/V = \varrho\, N_A/M$.

$$
\begin{aligned}
P_m &= \frac{N_A}{3\varepsilon_0}\left(\alpha + \frac{\mu^2}{3kT}\right) = \\
&= \frac{\varepsilon - 1}{\varepsilon + 2} \frac{M}{\varrho} = \\
&= \underbrace{\frac{1}{3} N_A \bar{\alpha}'}_{P_V} + \underbrace{\frac{N_A \mu^2}{9\varepsilon_0 kT}}_{P_O} = P_V + P_O
\end{aligned}
$$

Einheit: m³/mol. Grenzfälle sind die *Clausius-Mosotti-Gleichung und *Maxwell-Gleichung.

k	Boltzmann-Konstante	(J/K)
M	Molekülmasse	(kg/kmol)
N_A	Avogadro-Konstante	(mol^{-1})
P_V	Verschiebungspolarisation	(m³/mol)
P_O	Orientierungspolarisation	(m³/mol)
α	Polarisierbarkeit	(F m²)
α'	Polarisierbarkeitsvolumen	(m³)
ε_0	Elektrische Feldkonstante	(F/m)
ϱ	Dichte des Mediums	(kg/m³).

Molrefraktion
Die *Molpolarisation eines Dielektrikums im opt. Bereich, wo gilt: $\varepsilon_r = n^2$.

$$R_m = \frac{n^2 - 1}{n^2 + 2} \cdot \frac{M}{\varrho}$$

n Brechungsindex.

1) Lorenz-Lorentz-Formel. Für die *Polarisation des Mediums durch das hochfrequente Wechselfeld der Lichtwellen (E = Elektronen, A = Atome):

$$R_m = \frac{n^2 - 1}{n^2 + 2} \frac{M}{\varrho} = R_E + R_A$$

Im UV/VIS-Bereich wird $R_m \approx R_E$ (Kerne starr, Elektronen schwingen im elektr. Wechselfeld):

$$\alpha = \frac{3\varepsilon_0 R_m}{N_A} \quad \text{oder} \quad \alpha' = \frac{3 R_m}{4\pi N_A}$$

2) Näherungsweise kann man R_m additiv aus Atomrefraktionen und Bindungsrefraktionen berechnen (vgl. Tabelle).

Molrefraktion R_m bei 589 nm in cm^3/mol.

C–H	1,65	$Li^\oplus$	0,07
C–C	1,20	$Na^\oplus$	0,46
C=C	2,79	$K^\oplus$	2,12
C≡C	4,79	$Mg^{2\oplus}$	0,24
C–O	1,41	$Ca^{2\oplus}$	1,19
C=O	3,34	$Al^{3\oplus}$	0,17
C≡N	4,69	$O^{2\ominus}$	7
O–H	1,85	$F^\ominus$	2,65
		$Cl^\ominus$	9,30
He	0,5	$Br^\ominus$	12,12

Moment, elektrisches
= *elektrisches Dipolmoment*. Die vektorielle Summe der elementaren *Dipolmomente μ_i (in C m) eines elektr. polarisierten Körpers = das mittlere Dipolmoment in einem gegebenen Volumen.

$$\vec{p} = \sum \vec{\mu}_i$$

Vgl. *elektr. Stromstärke.

Moment, magnetisches
Unterscheidung von Flächenmoment und Dipolmoment.
1) *Magnetisches Flächenmoment $\vec{m}$* oder *elektromagnetisches Moment*, früher: *amperesches magnetisches Moment*. Für ein durch die Flussdichte $\vec{B}$ bestimmtes äußeres Magnetfeld das Produkt aus Polstärke und Polabstand:

$$\vec{m} = p\vec{s} = \int_V \vec{M}\,dV \quad A m^2 = J/T$$

$\vec{M}$ Magnetisierung (A/m).

2) *Magnetisches Dipolmoment*, früher: *coulombsches magnetisches Moment*. Für ein durch die Feldstärke $\vec{H}$ bestimmtes äußeres Magnetfeld:

magnetischer Fluss · Weg

$$\vec{j} = \mu_0\vec{m} = \Phi\,\vec{s} = \mu_0 \int_V \vec{M}\,dV \quad Wb\,m = V\,s\,m$$

$\mu_0 \vec{M}$ magnetische Polarisation (T = V s/m²).

3) Umlaufintegral über die Momente erster Ordnung der Stromelemente $I\,d\vec{s}$ eines geschlossenen Stromfadens.

$$\vec{m} = \frac{\vec{j}}{\mu_0} = \frac{I}{2} \oint \vec{r} \times d\vec{s} \quad A m^2$$

I Stromstärke, $\vec{r}$ Ortsvektor von einem frei wählbaren Ursprung.

4) Stromdurchflossene Leiterschleife im Magnetfeld.
Ein Drahtring oder Leiterstück erfährt im Magnetfeld ein Drehmoment. Für einem geschlossenen Stromfaden, der eine ebene Fläche mit dem Flächenvektor $\vec{A}$ umfasst, ist: $\vec{m} = I\,\vec{A}$, der Quotient aus Drehmoment M und magnet. Flussdichte B.

$$\vec{M} = \vec{m} \times \vec{B}$$
$$\vec{m} = I\,\vec{A} = p\,\vec{s}$$
$$p = F/H = m/s$$

Feldlinien senkrecht zur Fläche $\quad m = \frac{M}{B} \quad$ ($A m^2 = N m/T$)

im Winkel α zur Fläche $\quad m = \frac{M}{B \sin\alpha}$

A	Fläche der Leiterschleife ($\vec{A}$ Flächennormale),	
B	magnetische Flussdichte, „Induktion"	($T = J/m^2$)
F	Kraft	(N)
H	Magnetfeldstärke	(A/m)
M	Drehmoment	($N m = J$)
p	magnetische Polstärke	(A m)
s	Polabstand: fiktiver Abstand zw. Nord- und Südpol (m)	

MOS
Schaltungstechnik mit Metalloxid-Silicium-Transistoren.

Auf den p- (oder n-) dotierten Siliciumträger (*Kanal*) ist das Oxid (SiO_2) aufgebracht. In den Kanal sind getrennt voneinander *Drain* und *Source* (Aluminiumkontakt auf n- (oder p-) dotiertem Silicium) eingelassen, die das Oxid durchbrechen. In das Oxid ist das *Gate* (Aluminiumkontakt auf Polysilicium) eingelassen.
Anreicherungstypen sperren bei spannunglosem Gate.
Verarmungstypen leiten bei spannungslosen Gate.

MOSFET
Metalloxid-Feldeffekt-*Transistor.
1) *Source:* p-Si-Schicht; Stromeingang.
2) *Gate:* n-SiO_2-Inversionsschicht; Gate-Spannung liegt an, HALL-Spannung kann abgegriffen werden.
3) *Drain:* n-Si-Schicht; Stromausgang.
4) Der Gate-Bereich zw. Source und Drain ist ein *zweidimensionales Elektronengas*; vgl. *Klitzing-Konstante, *Hall-Effekt.

Motor *Elektromotor.

Nachrichtentechnik
Übertragung, Vermittlung und Verarbeitung von Nachrichten, Informationen und Daten.
Vgl. *Abtasttheorem, *Antenne, *Bandbreite, *Dämpfungsmaß, *Entropie, *Entscheidungsgehalt, *Informationsfluss, *Informationsgehalt, *Kanalkapazität, *Leitungsgleichungen, *Modulation, *Pegel, *Rauschen, *Redundanz, *Übertragungsfunktion, *Verzerrung.

Nachrichtenübertragungssystem
System aus Sender, Übertragungskanal und Empfänger.

Néel-Temperatur
Temperatur T_N, unterhalb der *Antiferromagnetika* die magnet. Spinmomente der paramagnet. Zentren spontan

7
Elektrotechnik

parallel ausrichten. Bei 0 K ist die Ausrichtung vollkommen (diamagnet. Verhalten); mit zunehmender Temperatur wächst der Ferrimagnetismus.

Neel-Temperatur von Antiferromagnetika.

$\alpha - Fe_2O_3$	955 K
Cr	475 K
FeO	198 K
MnO	122 K
Mn	95 K
FeF_2	80 K (ca.)

Netz

Datentechnik: verbindet unabhängige Rechnersysteme durch Übergabeschnittstellen.

1) *Token-Passing-Verfahren:* Kommunikation zw. verschied. Sendern und Empfängern durch Austausch von Sendeberechtigungsmerkmalen (Token).

2) *Token-Bus:* *Busstruktur mit allein logischer Verkettung der Stationen.

3) *Token-Ring:* Ringstruktur mit physikal. und log. Verkettung der Stationen.

4) *Slotted-Ring-Verfahren:* Kommunikation über „Nachrichtencontainer", die an jeder Station gefüllt und entleert werden.

5) 7-Schichten-**OSI-Modell** der Netzwerkkommunikation: mit transportorientierten (1–4) und anwendungsorientierten Schichten (5–7).

---

7 Anwendungsschicht (Application Layer): Anwenderschnittstelle, Informationsverarbeitung, „Chef". Gate (Koppel-Bauteil zw. heterogenen Netzen, z. B. SNA-LAN).
6 Darstellungsschicht (Presentation Layer): Anpassung von Datenformaten, „Übersetzer".
5 Kommunikationssteuerungsschicht (Session Layer): Darstellung der Verbindung als virtuelle Einheit, „Sekretärin".
4 Transportschicht (Transport Layer): Umsetzen von Namen in Netzwerkadressen, Teilnehmerverbindungen, „Telefonvermittlung".
3 Vermittlungsschicht (Network Layer): Wegefindung, Endsystemverbindungen, „Nebenstellenanlage"; Router (Koppel-Bauteil zw. unterschiedl. Netzen, z. B. zw. öffentl. Netz und Zentralserver).
2 Sicherungsschicht (Data Link Layer): Datenversand und Empfang, Zugriffssteuerung, Systemverbindungen, Prüfsummenbildung; „Telefonanlage, Satelliten-Richtfunkstation"; Bridge (Koppel-Bauteil zw. protokoll-kompatiblen Netzen. z. B. FDDI-Ring).
1 Bitübertragungsschicht (Physical Layer): Erzeugen elektr. Signale; „Modem, Akustikkoppler, Telefon"; Repeater (Koppel-Bauteil im gleichen Netz, z. B. CSMA/CD-Bus).

Netzwerk

Verknüpfung von Datensystemen.

1) Global Area Networks (GAN) sind:

weltweit: Internet, BITNET, ARPANET-MILNET, NSN, NREN, USE net.

kontinental: EARN, EUNET, NORD-UNET, NSFNET.

2) Wide Area Networks (WAN) sind:

a) *landesweit:* Wählverbindungen, Teilstreckennetze; z. T. über öffentliche Netze verbundene LAN.
paketvermittelt: DATEX-P, ISDN; DFN, BELWÜ.
leitungsvermittelt: DATEX-L

b) *gebietsbeschränkt:* Metropolitan Area Networks (MAN), festgeschaltete Verbindungen; High-Speed-LAN-Verbindungen.

3) Local Area Networks (LAN) für einen begrenzten Bereich.

a) *nach Topologie:* Ring, Bus, Stern, Baum; Verkabelung durch Lichtwellenleiter, Koaxialkabel, verdrillte Kupferkabel.

b) *nach Zugriffsverfahren:*

• kollisionsfrei

– Tokenring (in beide Richtungen),

– Token-Bus (eine Richtung; 1, 4, 16 Mbit/s),

– Slotted-Ring (Nachrichtencontainer; 10 u. 43 Mbit/s)

– FDDI (Tokenring mit Glasfaser, 100 Mbit/s)

– QPSX/DQDB (Doppelbus, 150 Mbit/s).

• kollisionsbehaftet:

CSMA/CD, CSMA/CA (Mithören und Senden bei freier Leitung); Systeme: Ethernet, Fibernet.

Neukurve

Nichtlineare Magnetika; Vom unmagnet. Zustand ($H = 0$, $B = J = 0$) ausgehende *Zustandskurve.

NF

Abk. f.: niederfrequent, Niederfrequenz.

Nullphasenwinkel

Das Argument φ (in rad) der Sinus- oder Cosinusfunktion einer Sinusschwingung.

$$x(t) = \hat{x} \cos(\omega t + \varphi_0) \text{ bzw. } \underline{x}(t) = |\underline{x}|\, e^{j\,(\omega t + \varphi_0)}$$

Der zur Zeit $t = 0$ auftretende Phasenwinkel bzw. Drehwinkel der Ausgangsstellung des *Zeigers $\underline{x}$ (gegen die reelle Achse der komplexen Ebene):

$$\varphi_0 = \arctan \frac{x''}{x'} + \pi \text{ ord } (x' < 0)$$

x' Realteil von $\underline{x}$, x'' Imaginärteil,
ord = log. Funktion: liefert 1 für „wahr", 0 für „falsch".

Positiver Nullphasenwinkel bedeutet *Voreilung* = Verschiebung der Sinuswelle in negativer Richtung der Zeitachse = Verschiebung des Zeigers im Linkssinn.

Negativer Nullphasenwinkel bedeutet *Nacheilung* = Verschiebung der Sinuswelle in positiver Richtung der Zeitachse = Verschiebung des Zeigers im Rechtssinn.

Nullphasenzeit

Die Zeit nächst $t = 0$, bei der eine Sinusgröße $x(t)$ ihren Scheitelwert erreicht: $t_0 = \varphi_0/\omega$ (in Sekunden).

Oberschwingungsgehalt

oder *Klirrfaktor* = Oberschwingungsgehalt eines Wechselanteils (Spannung oder Strom). Kenngröße für period. Vorgänge mit Oberwellenanteil.

$$k_{\mathrm{u}} = \frac{\sqrt{U_2^2 + U_3^2 + \cdots}}{U} = \frac{\sqrt{U^2 + U_1^2}}{U} = \sqrt{1 - g_{\mathrm{u}}^2}$$

$$k_{\mathrm{i}} = \frac{\sqrt{I_2^2 + I_3^2 + \cdots}}{I} = \frac{\sqrt{I^2 + I_1^2}}{U} = \sqrt{1 - g_{\mathrm{i}}^2}$$

Allgemein

$$k = \frac{1}{X_{\mathrm{w}}} \sqrt{\sum_{i=2}^{\infty} X_i^2} = \sqrt{\sum_{i=2}^{\infty} k_i^2}$$

Gleichanteil, Mittelwert

$$X_0 = \frac{1}{T} \int_0^T f(t)\, dt$$

Effektivwert der *Mischgröße* (Spannung oder Strom)

$$X = \sqrt{\frac{1}{T}\int_0^T f^2(t)\,\mathrm{d}t} = \sqrt{X_0^2 + \sum_{i=1}^{\infty} X_i^2}$$

$$= \sqrt{X_0^2 + X_w^2}$$

Schwingungsgehalt der Mischgröße

$$S = \frac{\text{Effektivwert des Wechselanteils } X_w}{\text{Effektivwert der Mischgröße } X}$$

Grundschwingungsgehalt des Wechselanteils

$$g = \frac{\text{Effektivwert der Grundschwingung } X_1}{\text{Effektivwert des Wechselanteils } X_w}$$

Welligkeit der Mischgröße

$$w = \frac{\text{Effektivwert des Wechselanteils } X_w}{\text{Gleichanteil } X_0}$$

Klirrkoeffizient für die i-te Oberschwingung

$$k_i = \frac{\text{Effektivwert der Oberschwingung } X_i}{\text{Effektivwert des Wechselanteils } X_w}$$

Wirkleistung einer Mischgröße (alle Anteile)

$$P = \frac{1}{T}\int_0^T u(t)\,i(t)\,\mathrm{d}t = U_0 I_0 + \sum_{j=0}^{\infty} U_j I_j \cos(\varphi_{u,j} - \varphi_{i,j})$$

Effektivwerte der Oberschwingungen
U_1, U_2	– der Spannung U	(V)
I_1, I_2	– des Stromes I	(A)
X_i	– allgemein	
X_w	Effektivwert des Wechselanteils	
g^2	Grundschwingungsgehalt	(Dim.1)

Ohmsches Gesetz

Der Gleichstromwiderstand R (in Ω) eines stromdurchflossenen Leiters bewirkt einen Spannungsabfall $U = I\,R$. Haben Spannung und Strom das gleiche Vorzeichen ist $R > 0$ ein ohmscher Widerstand, bei verschiedenem Vorzeichen entspricht $R < 0$ einer Quelle.

Ohmscher Widerstand für *Gleichstrom*

$$\boxed{R = \frac{U}{I} = \frac{U^2}{P} = \frac{P}{I^2}} \qquad \Omega = \frac{V}{A}$$

*Impedanz für *Wechselstrom*

$$\boxed{\underline{Z} = \frac{U}{\underline{I}} = \frac{U}{I}\,e^{j(\varphi_u - \varphi_i)}} \qquad \Omega = \frac{V}{A}$$

Wirkwiderstand: $R = U_w/I = Z\cos\varphi$
Blindwiderstand: $X = U_b/I_b = Z\sin\varphi$

Operationsverstärker

Kenngrößen unbeschalteter Operationsverstärker.

Differenzverstärkung:	$10^4 \dots 10^7$
Differenzeingangswiderstand:	$10^6 \dots 10^{12}\ \Omega$
Gleichtakteingangswiderstand:	$10^9 \dots 10^{12}\ \Omega$
Ausgangswiderstand:	$50\ \Omega \dots 1\ \mathrm{k}\Omega$

1) Invertierender Operationsverstärker

Invertierender Verstärker
$Z_1 = R_1 = R_e$ $\qquad\qquad\qquad\qquad$ $Z_2 = R_2$

$$\frac{\text{Ausgang}}{\text{Eingang}}\quad\boxed{V = \frac{U_a}{U_e} = -\frac{R_2}{R_1}}$$

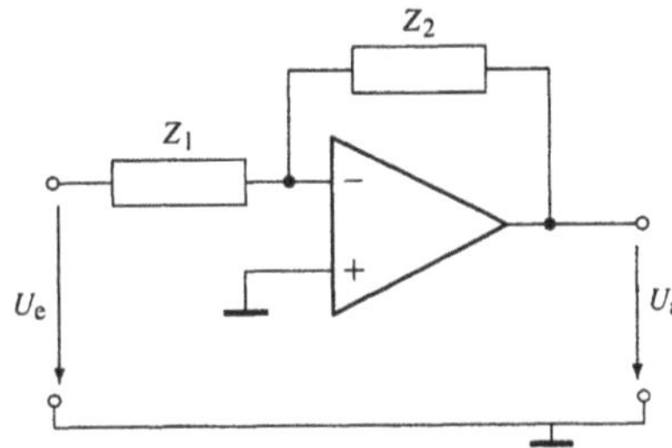

Integrierer
$Z_1 = R_1 = R_e$ $\qquad\qquad\qquad\qquad$ $Z_2 = C_2$

$$u_a = -\frac{1}{R_1 C_1}\int_0^t u_e\,\mathrm{d}t + U_{a,0}$$

Differenzierer
$Z_1 = C_1$ $\qquad\qquad\qquad\qquad\qquad$ $Z_2 = R_2$

$$u_a = -C_1 R_2 \frac{\mathrm{d}u_e}{\mathrm{d}t}$$
$$V = 2\pi f R_2 C_1 \text{ (für Sinus)}$$

Summierverstärker (Addierer)
$Z_1 \hat{=}$ parallele Widerstände $R_{1,i}$ $\qquad$ $Z_2 = R_2$

$$U_a = -R_2\left(\frac{U_{e1}}{R_{11}} + \frac{U_{e2}}{R_{12}} + \frac{U_{e3}}{R_{13}} + \dots\right)$$

Subtrahierverstärker (Differenzverstärker)
Eingang 1 ($-$): $Z_{1-} = R_1$ $\qquad\qquad$ $Z_2 = R_2$
Eingang 2 ($+$): $Z_{1+} = R_3$ und R_4 (zu Masse)

$$\frac{U_a}{U_{e2} - U_{e1}} = \frac{R_2}{R_1} \quad \text{für} \quad \frac{R_2}{R_1} = \frac{R_4}{R_3}$$

Tiefpass
$Z_1 = R_1$ $\qquad\qquad\qquad\qquad$ $Z_2 = (R_2 \parallel C)$

$$\frac{\underline{U}_a}{\underline{U}_e} = -\frac{R_2}{R_1}\frac{1}{1 + j\,(\omega/\omega_g)}$$
$$\omega_g = \frac{1}{R_2 C}$$

Hochpass (Wechselspannungsverstärker)
$Z_1 = (C \text{ seriell } R_1)$ $\qquad\qquad$ $Z_2 = R_2$

$$\frac{\underline{U}_a}{\underline{U}_e} = -\frac{R_2}{R_1}\frac{1}{1 + j\,(\omega_g/\omega)}$$
$$\omega_g = \frac{1}{R_1 C}$$

Bandpass
$Z_1 = (C_1 \text{ seriell } R_1)$ $\qquad\qquad$ $Z_2 = (R_2 \parallel C_2)$

$$\frac{\underline{U}_a}{\underline{U}_e} = -\frac{R_2}{R_1}\frac{j\,\omega T_1}{(1 + j\,\omega T_1)(1 + j\,\omega T_2)}$$
$$T_1 = R_1 C_1 \text{ und } T_2 = R_2 C_2$$

PID-Regler
$Z_1 = R_1$
$Z_2 = R_2\_C_2(C_3 \text{ zu Masse})\_R_3$

$$\frac{\underline{U}_a}{\underline{U}_e} = -\frac{(R_2 + R_3)}{R_1}\frac{(1 + j\,\omega T_n)(1 + j\,\omega T_v)}{j\,\omega T_n}$$
$$T_n = (R_2 + R_3)C_2$$
$$T_v = (R_2^{-1} + R_3^{-1})^{-1} C_3$$

Strom-Spannungs-Wandler
Eingang: Stromquelle $I_{q,e}$; kein Z_1 $\qquad$ $Z_2 = R$

$$U_a = -R\,I_{q,e}$$

$U_{a,0}$ Anfangswert, – Serienschaltung, $\parallel$ Parallelschaltung.

2) Nichtinvertierender Verstärker

(Elektrometerverstärker).

Nichtinvertierender Verstärker

$$\frac{\text{Ausgang}}{\text{Eingang}}\quad\boxed{V = \frac{U_a}{U_e} = 1 + \frac{R_2}{R_1}}$$

Spannungsfolger und *Impedanzwandler*

$$R_2 = 0 \Rightarrow R_e \to \infty \Rightarrow \frac{U_a}{U_e} = 1$$

Spannungs-Strom-Wandler
Eingang: Spannungsquelle $U_{q,e}$

Elektrotechnik

7

Ausgang: Strom I_a durch R_2 und R_1

$$I_a = \frac{U_{q,e}}{R_1}$$

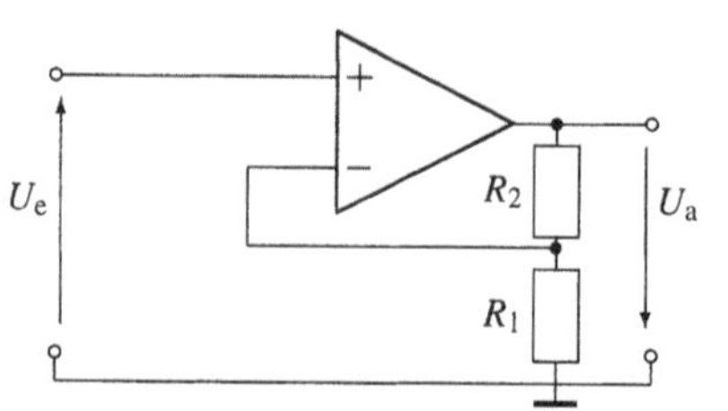

3) Binäre Schaltungen
a) *Komparator.*

$$U_e > U_{ref} \Rightarrow U_a = +U_B$$
$$U_e < U_{ref} \Rightarrow U_a = -U_B$$

U_B Versorgungsspannung.

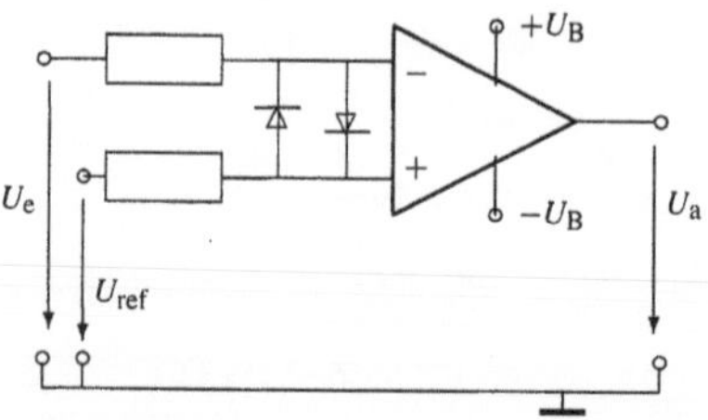

b) *Astabiler Multivibrator* (symmetrisch).
Schwingungsfrequenz
$$f = \frac{1}{2R_3 C \ln\left(1 + \frac{2R_1}{R_2}\right)}$$

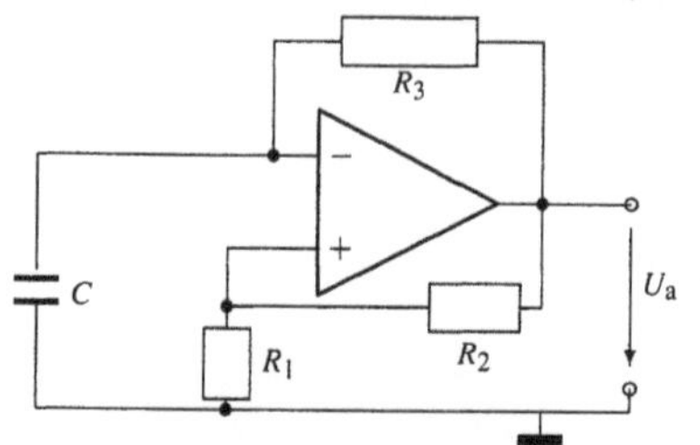

Optoelektronisches Bauteil
Halbleiterbauelement: *Leuchtdiode, *Laserdiode, *Fotowiderstand, *Fotodiode, *Fototransistor, *Halbleiterdetektor, *Optokoppler, *Solarzelle, *Optode, *Evaneszenzsensor.
Strahlungsemission im Halbleiter: bei Rekombination eines Leitungsband-Elektrons mit einem Valenzband-Loch.

$$E = h\nu \approx E_{LB} - E_{VB} = E_g$$

Rekombinationsprozesse in Halbleitern	
Valenzband-Loch	+ Leitungsband-Elektron
Valenzband-Loch	+ Donator (nahe Leitungsband)
Akzeptor (nahe VB)	+ Leitungsband-Elektron
Akzeptor	+ Donator (Paarübergang)

Optokoppler
Optoisolator. *Optoelektron. Bauelement, das zwei galvan. getrennte Stromkreise durch Infrarotstrahlung miteinander verbindet. Aufbau aus Leuchtdiode (GaAs-IRED) und Si-Detektor (z. B. Fotodiode, -transistor, -thyristor, -triac, Foto-Schmitt-Trigger, Foto-Darlington-Schaltung).
Stromübertragungsverhältnis (current transfer ratio, Koppelfaktor)

$$CTR = \frac{\text{Ausgangsstrom } I_C}{\text{Eingangsstrom } I_F}$$

Empfänger	CRT	Grenzfrequenz
Fotodiode	0,001 bis 0,008	5 bis 30 MHz
Diode + Transistor	0,05 bis 0,4	1 bis 9 MHz
Fototransistor	0,2 bis 1	20 bis 500 kHz
Fotodarlington	1 bis 10	1 bis 30 kHz

Paramagnetika
*Magnet. Stoffe, die ein äußeres Magnetfeld wenig verstärken und schwach ins Feld gezogen werden. Polare Stoffe mit ungepaarten Elektronen, z. B. Platin, Aluminium, Tantal, Luft.

*Permeabilitätszahl $\mu_r > 1$
*Suszeptibilität $\chi_m > 0$ (positiv klein), sinkt mit zun. Temperatur
$$\kappa \approx 10^{-7} \text{ m}^3/\text{kg}.$$

Parität
Codesicherungsverfahren.
1) Paritätsbit. Ergänzung eines Codewortes fester Länge um ein Bit; Einfach-Bitfehler werden erkannt. Gerade bzw. ungerade Parität $\hat{=}$ gerade bzw. ungerade Anzahl von Einsen.
2) Blockparität. Codewörter werden zu Blöcken zusammengefasst; Zeilen und Spalten erhalten ein Paritätsbit. Erkennung von Zweifach-Bitfehlern, Korrektur von Einfach-Bitfehlern.
3) Prüfsumme. *Cyclic Redundancy Check* (CRC). Berechnung einer Prüfsumme fester Länge aus einem seriellen Datenstrom.

Pegel
Logarithmiertes *Größenverhältnis.
1) *Leistungspegel*

$$L_P = 10 \lg \frac{P}{P_0} \text{ dB}$$

Bezugsgröße	Einheitenzeichen	
	IEC	UIT
$P_0 = 1$ mW	dB(mW)	dBm
$P_0 = 1$ W	dB(W)	dBW

2) *Spannungspegel*

$$L_U = 20 \lg \frac{U}{U_0} \text{ dB}$$

$U_0 = 0{,}775$ V	dB(0,755 V)	
$U_0 = 1$ V	dB(V)	dBV

Bei Fernsprecheinrichtungen: 0,775 V entspricht am Bezugswiderstand 600 Ω einer Leistung von 1 mW.

3) *Strompegel*

$$L_{\mathrm{I}} = 20\,\lg\frac{I}{I_0}\ \mathrm{dB}$$

$I_0 = 1\ \mathrm{mA}$ dB(mA)

Pegel, relativer

Auf einen Bezugspegel (z. B. Eingang oder Ausgang) bezogener Pegel. Hinweiszeichen: dBr.

Peltier-Effekt

Umkehrung des thermoelektr. Effekts (*Thermospannung): Temperaturänderung an der Nahtstelle zweier Leiter bei Stromfluss. Fließt ein Strom durch ein Thermopaar (z. B. Bismuttellurid), so kühlt die eine Lötstelle ab, die andere erwärmt sich.

PELTIER-Wärme. Erwärmung bzw. Abkühlung an der Phasengrenze zweier verschiedener elektron. oder ionischer Leiter bei Stromfluss (aufgrund der unterschiedlichen Ladungsträgerbeweglichkeit); zusätzlich zur JOULEschen Wärme (aufgrund des Widerstandes). Die eine Phase erwärmt sich, die andere kühlt ab.

$$Q_{\mathrm{P}} = \pi(T)\cdot I\,t \qquad (\mathrm{J} = \mathrm{Ws})$$

I Strom, *t* Zeit, π Peltier-Koeffizient $(\mathrm{J\,A^{-1}s^{-1}})$.

In der Technik: PELTIER-Elemente in Kühlschränken, Wärmepumpen, Kühlung integrierter Schaltkreise.

Peripherie

Bausteine und Zusatzgeräte eines Mikroprozessors bzw. Computers.

1) *Speicher:* RAM (dynamisch, statisch, bipolar), ROM (EPROM, EEPROM, Mask-ROM), Mehrtor-Speicher, Non-Volatile-RAM.

2) *Standard-I/O-Bausteine:* parallel (Centronics) oder seriell (RS 232 C, RS 422 A, Ethernet, LAN).

3) *Leistungs-I/O-Bausteine:*
direkt (parallele I/O-Ports, Transistorausgangsstufen), entkoppelt (Relais, Optokoppler).

4) *Systembausteine:*
Prozessunterstützung: Numerikprozessor, DMA-Controller, Interrupt-Controller, Timer, Spannungswächter, Watchdog.
Benutzerschnittstellen: Grafik-Interface, Keyboard-Controller, Drucker-Interface.

Permeabilität

Produkt aus magnet. Feldkonstante und relativer Permeabilität des Mediums.

$$\mu = \mu_0\mu_{\mathrm{r}} \qquad \mathrm{H/m} = \frac{\mathrm{V\,s}}{\mathrm{A\,m}} = \frac{\mathrm{Wb}^2}{\mathrm{J\,m}}$$

1) Vakuumpermeabilität, magnetische Feldkonstante, Permeabilitätskonstante.

$$\frac{\text{magnetische Flussdichte}}{\text{magnetische Feldstärke}} \qquad \mu_0 = \frac{|\vec{B}_0|}{|\vec{H}_0|}$$

$$\mu_0 = 4\pi\cdot10^{-7} \equiv 12{,}566\,370\,614...\cdot10^{-7}\ \mathrm{H/m}$$

2) Komplexe Permeabilität. *Magnet. Stoffkennzahl für sinusförmige Wechselmagnetisierung mit den komplexen Amplituden $\underline{B}$ und $\underline{H}$ (gleichfrequent, phasenverschoben).

$$\underline{\mu} = \frac{\underline{B}}{\underline{H}} = \mu_0\underline{\mu}_{\mathrm{r}} = \mu' - \mathrm{j}\,\mu''$$

Das Vorzeichen ist negativ gewählt, damit die Verlustgrößen μ' und μ'' positiv werden.

3) Bei nichtlinearen Magnetika:

a) *Anfangspermeabilität* μ_{a}. Neigung der $B(H)$-Kurve im Anfangspunkt der *Neukurve (vom unmagnet. Zustand ($H = 0$, $B = J = 0$) ausgehende *Zustandskurve).

b) *Totale Permeabilität.* Die Neigung der Ursprungsgeraden an einen Punkt der $B(H)$-Zustandskurve:
$\mu = B/H$.

c) *Differentielle Permeabilität.* Die Steigung der $B(H)$-Zustandskurve: $\mu = \mathrm{d}B/\mathrm{d}H$; ohne techn. Bedeutung.

d) *Überlagerungspermeabilität* μ_Δ. Bei Weicheisen, wenn dem magnet. Zustand eine reversible Zustandsänderung überlagert ist.

e) *Permanente Permeabilität* μ_{p} und *Permanente Polarisation* $\vec{J}_{\mathrm{p}}$. Bei stabilisierten Permanentmagneten sind reversible Zustandsänderungen näherungsweise linear:
$\vec{B} = \mu_{\mathrm{p}}\vec{H} + \vec{J}_{\mathrm{p}}$.

f) *Reversible Permeabilität.* In einer RAYLEIGH-Schleife (*Zustandskurve) die Steigung der Verbindungsgeraden der Lanzettenspitzen: $\mu_{\mathrm{rev}} = \Delta B/\Delta H$.

Permeabilitätszahl

oder *relative Permeabilität.*

1) Schwächung oder Verstärkung der magnet. Flussdichte durch einen magnet. Stoff im Vergleich zur magnet. Flussdichte B_0 im Vakuum.

$$\mu_{\mathrm{r}} = \frac{\mu}{\mu_0} = \frac{B}{B_0} \qquad (\mathrm{Dim.1})$$

≈ 1 für Luft, Dia- und Paramagnetika,
$\gg 1$ für Ferromagnetika.

2) Komplexe Permeabilitätszahl. Magnetische Stoffkennzahl $\underline{\mu}_{\mathrm{r}}$; berücksichtigt Hysterese-, Nachwirkungs- und Spinpräzessionsverluste in nichtlinearen Materialien, nicht jedoch von den Probenabmessungen abhängige Wirbelstromverluste.

$$\underline{\mu}_{\mathrm{r}} = \mu'_{\mathrm{r}} - \mathrm{j}\,\mu''_{\mathrm{r}} = \frac{\hat{B}}{\mu_0\hat{H}} \qquad (\mathrm{H/m})$$

B magn. Flussdichte, *H* magn. Feldstärke.

Wirkpermeabilität μ'_{r} erzeugt Magnetisierungs- oder Blindleistung,
Blindpermeabilität μ''_{r} ist Verlust- oder Wirkleistung.
Permeabilitäts-*Verlustfaktor* $\tan\delta_\mu = \mu''_{\mathrm{r}}/\mu'_{\mathrm{r}}$.
Beispiel: Spule mit Eisenkern (Selbstinduktivität L, Reihen-Gleichstromwiderstand R):

$$\underline{\mu}_{\mathrm{r}} = \frac{Z - R}{\mathrm{j}\,\omega L} = \mu'_{\mathrm{rs}} - \mathrm{j}\,\mu''_{\mathrm{rs}}$$

Kehrwert der komplexen Permeabilitätszahl

Tabelle 7.5 Permeabilitätszahl μ_r und dichtebezogene Suszeptibilität $\kappa = \chi_m/\varrho$ (in $10^{-9}\,\mathrm{m}^3/\mathrm{kg} = 10^{-6}\,\mathrm{cm}^3/\mathrm{g}$).

Paramagnetika	μ_r	κ	Diamagnetika	μ_r	κ
Al	1,000 0208	+8,2	Aceton	0,999 9864	-7,3
$CuCl_2$	1,003 42	+1120	Benzol		-8,2
$CuSO_4$		+77	Chloroform	0,999 9886	-7,7
Fe (800°C)	1,149	+18 900	CCl_4		-5,4
$FeCl_2$	1,003 93	+1320	Cyclohexan		-10,2
HCl	1,0156	+9500	Ethanol	0,999 9927	-9,3
K		+6,5	Ether	0.999 9916	-11,8
Mg	1,000 0174	+10,0	Essigsäure	0,999 9929	-6,8
$MnCl_2$	1,004 31	+1450	Schwefelsäure	0,999 990 83	-5,0
$MnSO_4$		+812	Wasser	0,999 990 97	-9,05
Na		+7,5	Al_2O_3	0,999 9864	-3,5
$NiSO_4$	1,001 21	+330	Cu	0,999 9904	-1,08
O_2	1,000 001 86	+1300	Hg		-2,1
Pt	1,000 257	+12,2	NaCl		-6,4
			S		-6,2

Ferromagnetika	ohne Feld μ_r	Sättigung μ_r
Gusseisen	50…100	500
Stahl	200	2000 bis 4000

Hartmagnetika	μ_r
AlNiCo 12 6	4 bis 5,5
AlNiCo 35 5	3 bis 4,5
FeCoVCr 11 2	2 bis 8
SeCo 112 100	1,1

Weichmagnetika	$\mu_{r.max}$
Mumetall	140 000
Trafoperm® N2	35 000
Hyperm® 36 M	16 000
Permenorm®	8 000

$$\frac{1}{\underline{\mu}_r} = \frac{\mu_0 \underline{H}}{\underline{B}} = \frac{1}{\mu'_{rp}} - \frac{1}{j\,\mu''_{rp}}.$$

Umrechnung zw. Serien- und Parallelschaltbild

$$\mu'_{rp} = \mu'_{rs}\,(1 + \tan^2 \delta)$$

B magnet. Flussdichte (Induktion), H magnet. Feldstärke,
Z Impedanz, ω Kreisfrequenz,
s = Serienschaltung, p = Parallelschaltung von R und L.

Permeanz = magnetischer Leitwert.

Permittivität

Früher: *Dielektrizitätskonstante* ε, selten: *Kapazitivität*.
1) Maß für die elektr. Ladung einer Substanz, die einem gegebenen elektr. Feld widersteht.

$$\text{Permittivität} = \frac{\text{Ladungsdichte}}{\text{Feldstärke}}$$

$$\varepsilon = \frac{|\vec{D}|}{|\vec{E}|} = \varepsilon_0 \varepsilon_r \qquad \frac{\mathrm{F}}{\mathrm{m}} = \frac{\mathrm{C}}{\mathrm{V\,m}}$$

Wahre Ladungen konstant: $\vec{D}$ ändert sich.
Spannung konstant: $\vec{E}$ ändert sich.
2) **Komplexe Permittivität,** früher *komplexe Dielektrizitätskonstante*. Materialkenngröße für nichtlineare Dielektrika; berücksichtigt die Leitungs- und Relaxationsverluste und die Verluste der Ionen- und Elektronenresonanzen, in piezoelektr. Materialien auch mechan. Resonanzen. In realen Stoffen treten dielektr. Verluste und

elektr. Leitfähigkeit σ auf; die Permittivität ist eine frequenzabhängige komplexe Größe. Falls die Feldvektoren Sinusschwingungen mit der Kreisfrequenz ω sind:

$$\underline{\varepsilon}(\omega) = \varepsilon_0 \underline{\varepsilon}_r = \varepsilon' - j\,\varepsilon'' =$$
$$= \frac{\underline{D} - j\,\omega \underline{J}}{\underline{E}} = \frac{\underline{D}}{\underline{E}} - j\,\frac{\sigma}{\omega}$$

mit Permittivitätszahl:

$$\underline{\varepsilon}_r = \varepsilon'_r - j\,\varepsilon''_r = \frac{\hat{\underline{D}}}{\varepsilon_0 \underline{\hat{E}}} - j\,\frac{\sigma}{\varepsilon_0 \omega}$$

$$\underline{\varepsilon}_r = \mathrm{Re}\,\underline{\varepsilon}_r + j\,\mathrm{Im}\,\underline{\varepsilon}_r = \frac{\underline{Y}}{j\,\omega C_0}$$

Realteil $\qquad \varepsilon'_r = \mathrm{Re}\,\underline{\varepsilon}_r = -\dfrac{\mathrm{Im}\,\underline{Z}}{\omega C_0 |\underline{Z}|^2}$

Imaginärteil $\qquad \varepsilon''_r = \mathrm{Im}\,\underline{\varepsilon}_r = -\dfrac{\mathrm{Re}\,\underline{Z}}{\omega C_0 |\underline{Z}|^2}$

Betrag $\qquad \varepsilon_r = |\underline{\varepsilon}_r| = \sqrt{(\mathrm{Re}\,\underline{\varepsilon}_r)^2 + (\mathrm{Im}\,\underline{\varepsilon}_r)^2}$

Verlustfaktor $\qquad \tan \delta_\varepsilon = \varepsilon''_r / \varepsilon'_r$

Die *Wirkpermittivität* ε'_r erzeugt Blindleistung, die *Blindpermittivität* ε''_r ist Verlust- oder Wirkleistung. Das Vorzeichen ist negativ gewählt, damit die durch ε' und ε'' gekennzeichneten Verlustgrößen positiv werden.

$\underline{E}$ komplexe Amplitude der Feldstärke,
$\underline{D}$ komplexe Amplitude der Flussdichte,
$\underline{J}$ komplexe Amplitude der elektr. Leitungsströmung.

3) Vakuumpermittivität = *elektr. Feldkonstante ε_0.

Permittivitätstensor

In anisotropen Stoffen haben $\vec{E}$ und $\vec{D}$ verschiedene Richtungen, besonders bei hohen Frequenzen.

$$\varepsilon_r = \begin{pmatrix} \varepsilon_{xx} & \varepsilon_{xy} & \varepsilon_{xz} \\ \varepsilon_{yx} & \varepsilon_{yy} & \varepsilon_{yz} \\ \varepsilon_{zx} & \varepsilon_{zy} & \varepsilon_{zz} \end{pmatrix}$$

Elektr. Flussdichte und Feldstärke

$$D_{xyz} = \varepsilon_0 \varepsilon_r E_{xyz}$$

Permittivitätszahl

oder *relative Permittivität*, früher: *Dielektrizitätszahl* (DK) oder „relative Dielektrizitätskonstante".

1) Temperatur-, frequenz- und stoffabhängige Größe eines *Dielektrikums. Im elektr. Feld $\vec{E}$ richten sich Dipolmoleküle aus (Polarisation) und schwächen es um den Faktor ε_r; Wärme wird frei. Der Faktor, um den die elektr. Feldstärke im Vakuum $\vec{E}_0$ diejenige im Medium $\vec{E}_r$ übersteigt. Das Vakuum ist ein ideales Dielektrikum.

$$\varepsilon_r = \begin{cases} \dfrac{E_0}{E} > 1 \\[2mm] \dfrac{D}{D_0} = \dfrac{D}{\varepsilon_0 E} \quad \text{für} \quad \vec{E} = \text{const} \\[2mm] \dfrac{\varepsilon}{\varepsilon_0} \end{cases}$$

D elektr. Flussdichte (C/m^2).

In *isotropen* Dielektika ist die *Verschiebungsdichte

$$\vec{D} = \varepsilon \vec{E} = \varepsilon_0 \varepsilon_r \vec{E}$$

In *anisotropen* Stoffen ist die Permittivität ein Tensor zweiter Stufe.

2) **Messverfahren.** Beim Einbringen des Dielektrikums in einen für die Aufnahme von Flüssigkeiten, Gasen oder Feststoffen geeigneten Plattenkondensator steigt die Verschiebungsdichte (bei konstanter Feldstärke $\vec{E}$). Das dielektr. Medium schwächt das äußere Feld durch ein induziertes Dipolmoment.

$$\varepsilon_r = \frac{C_r}{C_0} = \frac{E_0}{E_r}$$

Für nicht-magnetische, nicht-adsorbierende Stoffe gilt: $\varepsilon_r \approx n^2$ (MAXWELL-Gleichung).

C_0 Vakuumkapazität (F), C_r Kapazität mit Dielektrikum,
E_0 Feldstärke im Vakuum (V/m), E_r mit Dielektrikum, n Brechzahl.

Permittivitätszahl ε_r (Gase bei 101,3 kPa)

	ε_r	$T/°C$
Vakuum	1	0
He	1,000 066	0
Ar	1,000 504	0
Luft, trocken	1,000 594	0
CO_2	1,6	−5
Isolieröl	2 bis 2,4	
Petroleum	2,1	
Dioxan	2,2	25
Teflon	2,0	20
Paraffin	2,2	20
Polypropylen	2,2	20
Polystyrol	2,3 bis 2,5	20
Polyethylen	2,3	20
Polyamid	2,3	
Benzol	2,28	20

Kautschuk	2,5	
Pressspan	2,5 bis 4	
Polycarbonat	2,8	20
Hartgummi	2,8	
Glas	3 bis 15	20
Porzellan	3 bis 6	
Schellack	3,1	
Plexiglas	3,1	
Polyester	3,3	20
Polyurethan	3,4	
PVC	3,4 bis 4	
Acrylglas	3,5	
Quarz	3,5 bis 4,5	20
Epoxidharz	3,7 bis 4,2	
Zellulosepapier	4	
Kondensatorpapier	4 bis 6	20
Phosphor	4,1	
Cellulose	4,5	20
Mikanit	4,5 bis 5,5	
Phenolharz	5	
Glas	5 bis 16	
Hartgewebe	5 bis 6	
Glimmer	6 bis 8	
1,2-DME	7,2	25
MF	8,5	20
$SOCl_2$	9,1	22
SO_2Cl_2	9,2	22
Essigsäure	9,7	20
H_2S	10,2	0
Pyridin	12,0	22
Al_2O_3	12 (6 bis 9)	20
$POCl_3$	13,7	25
SO_2	13,8	0
Aceton	20,7	25
NH_3	22,0	−34
Ethanol	24,3	25
Ta_2O_5	27	20
Methanol	31,2	20
Glycerin	41,1	20
NM	36	25
Acetonitril	36,0	25
N,N-DMF	36,7	25
DMSO	46,6	25
PC	64	25
Glycerin	56	20
Wasser	78,54	25
Wasser	80,18	20
Wasser	81,1	18
HF	83,6	0
EC	89	40
H_2SO_4	101	25
HCN	123	0
NDK-Keramik	10 − 200	20
HDK-Keramik	$10^3 - 10^4$	20
$BaTiO_3$	bis 3000	

Abkürzungen: DMF Dimethylformamid, DME Dimethoxyethan, DMSO Dimethylsulfoxid, EC Ethylencarbonat, MF Methylformiat, NM Nitromethan, PC Propylencarbonat.

Phasenabweichung

Für Sinusmodulation in der Nachrichtentechnik.

$$\widehat{\Delta\varphi} = \delta \quad \text{rad}$$

$\Delta\varphi$ momentane Phasenabweichung, δ Abklingkoeffizient.

Phasenverschiebungswinkel

Fälschlich: „Phasenverschiebung". Die Differenz der *Nullphasenwinkel zweier Sinusgrößen gleicher Frequenz; auch Winkel der *Impedanz: $\underline{Z} = Z\,\mathrm{e}^{\mathrm{j}\,\varphi_{\mathrm{UI}}}$, d.h. Versetzung des zeitabhängigen Verlaufs von Wechselspannung $U(t)$ und Strom $I(t)$.

$$\varphi_{\mathrm{UI}} = \varphi_{\mathrm{U}} - \varphi_{\mathrm{I}}$$

$\varphi > 0$: Spannung eilt dem Strom voraus.

$\varphi < 0$: Spannung eilt dem Strom nach.

Phasenverschiebungszeit

Die Zeitdifferenz zw. vergleichbaren Punkten (z. B. Nulldurchgänge, Wellenberge) beim Vergleich zweier phasenverschobener Sinusschwingungen gleicher Frequenz.

$$\Delta t = \Delta\varphi/\omega \ \text{(in s)}$$

Phasenwinkel

*Nullphasenwinkel, *Phasenverschiebungswinkel.

Piezoelektrischer Effekt

*Zeitmessung, *Kraftmessgeräte.

Poisson-Gleichung

Elektr. Potential in einem räumlichen Dielektrikum.

$$\mathrm{div}\,[\varepsilon\,\mathrm{grad}\,\varphi] = \varrho$$

Falls Permittivität ε ortsunabhängig.

$$\nabla^2\varphi(\vec{r}) = -\frac{\varrho(\vec{r})}{\varepsilon}$$

Zentrosymmetrisches Feld

$$\vec{E}(r) = -\mathrm{grad}\,\varphi(\vec{r}) \ \Rightarrow \ -\frac{\partial\varphi(r)}{\partial r}\,\frac{\vec{r}}{r} = \frac{Q}{4\pi\varepsilon r}\,\vec{r}$$

$\vec{E}$	elektrische Feldstärke	(V/m)
Q	elektrische Ladung	(C)
$\vec{r}$	Ortsvektor	(m)
$r \equiv \lvert\vec{r}\rvert$	Ortsabstand	(m)
$\varepsilon = \varepsilon_0\varepsilon_r$	Dielektrizitätskonstante	(F/m)
φ	elektrisches Potential	(V)
ϱ	Ladungsdichte	(C/m^3)

Polarisation, elektrische

früher: *dielektrische Polarisation*. Volumenbezogenes mittleres *Dipolmoment; räumliche Dichte des elektr. Moments molekularer Dipole; Anteil an der elektr. *Flussdichte, der von der Materie herrührt. Ladung pro Oberflächeneinheit.

$$\text{elektrische Polarisation} = \frac{\text{elektrisches Moment}}{\text{Volumen}}$$

$$\vec{P} = \frac{\mathrm{d}\vec{p}}{\mathrm{d}V} = \vec{D} - \varepsilon_0\vec{E} \qquad \frac{\mathrm{C}}{\mathrm{m}^2} = \mathrm{A\,s/m^2}$$

1) Isotropes Dielektrikum

a) bei konstanter wahrer Ladung

$$\vec{P} = \varepsilon_0(\vec{E}_0 - \vec{E}) = \underbrace{(\varepsilon_r - 1)}_{\chi_e}\,\varepsilon_0\,\vec{E} = \chi_e\varepsilon_0\vec{E}$$

b) bei konstanter wahrer Spannung

$$\vec{P} = \vec{D} - \vec{D}_0 = \vec{D} - \varepsilon_0\vec{E} = \underbrace{(\varepsilon_r - 1)}_{\chi_e}\,\varepsilon_0\,\vec{E} = \chi_e\varepsilon_0\vec{E}$$

c) Für eine Plattenkondensator-Elektrode: $\lvert\vec{P}\rvert = \sigma$ (Oberflächenladungsdichte).

2) Ein starrer, elektr. Dipol in einem homogenen elektr. Feld im leeren Raum – mit einem Dipolmoment senkrecht zum äußeren elektr. Feld $(\vec{\mu}\perp\vec{E})$ – erfährt ein Drehmoment $\lvert\vec{\mu}\rvert\cdot\lvert\vec{E}\rvert$.

3) Verschiebungspolarisation P_V = die „induzierte Polarisation" bei *unpolaren* (und polaren) Molekülen durch Verschiebung der Elektronen zum Pluspol und der Atomkerne zum Minuspol im elektr. Feld.

> Verschiebungspolarisation P_V =
> = Elektronenpolarisation P_E +
> + Atompolarisation P_A

Die Atompolarisation verschwindet für hohe Frequenzen (UV/VIS). Bei unpolaren Stoffen ist die Molpolarisation gleich der Verschiebungspolarisation.

4) Orientierungspolarisation P_O = bei *polaren* Molekülen mit permanentem Dipolmoment infolge der Ausrichtung in Feldrichtung. Vgl. *Debye-Gleichung.

Polarisation, magnetische

Charakterist. Größe magnet. Stoffe. Produkt aus Feldkonstante μ_0 und *Magnetisierung $\vec{M}$ = räumliche Dichte der magnet. *Dipolmomente $\vec{j}$ = Änderung der Flussdichte durch einen magnet. Stoff gegenüber dem Vakuum = magnet. Moment pro Volumen.

$$\begin{aligned}
\vec{J} &= \mu_0\vec{M} = \vec{B} - \vec{B}_0 = \vec{B} - \mu_0\vec{H} \\
&= (\mu_r - 1)\,\mu_0\,\vec{H} = \chi_m\mu_0\vec{H} \\
&= \frac{\mathrm{d}\vec{j}}{\mathrm{d}V}
\end{aligned}$$

$$\mathrm{T} = \frac{\mathrm{Wb}}{\mathrm{m}^2} = \frac{\mathrm{V\,s}}{\mathrm{m}^2}$$

Para- und Diamagnetika:

$$\vec{J} = \chi_m\,\mu_0\,\vec{H}$$

Magnetische Induktion im Vakuum: B_0

Eigeninduktion, *intrinsic induction*: $\vec{B}_i \equiv \vec{J}$

Polarisierbarkeit

Nur bei kugelsymmetr. Molekülen (wie CCl_4) ist die Polarisierbarkeit α in alle Raumrichtungen (Molekülhauptachsen) gleich. Für anisotrope Moleküle ist der Mittelwert definiert:

$$\bar{\alpha} = \frac{\alpha_x + \alpha_y + \alpha_z}{3}$$

Das Polarisierbarkeitsellipsoid für isotrope Körper kann aus dem *Kerr-Effekt berechnet werden.

Polarisierbarkeit α und Polarisierbarkeitsvolumen α' von Gasen und Flüssigkeiten.

	α' (cm^3)	α (F m^2 = C^{2}m^2/J)
H_2	$8{,}19\cdot10^{-25}$	$9{,}11\cdot10^{-41}$
N_2	$1{,}77\cdot10^{-24}$	$1{,}97\cdot10^{-40}$
CO_2	$2{,}63\cdot10^{-24}$	$2{,}93\cdot10^{-40}$
H_2O	$1{,}48\cdot10^{-24}$	$1{,}65\cdot10^{-40}$
Benzol	$1{,}04\cdot10^{-23}$	$1{,}16\cdot10^{-39}$

Polpaarzahl

einer Wechselstrommaschine.

$$1\ \text{Polpaar} = 2\ \text{Pole} \qquad \boxed{p = \frac{f}{n}} \qquad (\text{Dim.}\,1)$$

f Frequenz, n Umdrehungsfrequenz (Drehzahl).

Polstärke, magnetische

Veraltet! Analog zur elektr. Ladung definiert:

$$p = \frac{\text{Kraft } \vec{F}}{\text{Magnetfeldstärke } \vec{H}} \quad \text{(A m)}$$

Quotient aus dem magnet. Moment m durch den Abstand der Pole eines magnet. Dipols; z. B. als fiktive Größe für einen Magnetkompass.

Polteilung

Für elektrische Maschinen.

$$\tau_p = \frac{\text{Nutenzahl } N}{2 \cdot \text{Polzahl } p} \quad \text{(Dim.1)}$$

Potential, elektrisches

Ladungsbezogene Arbeit φ (in Volt), um eine positive Ladung im inhomogenen elektrostat. Feld relativ zu einem Bezugspunkt gegen die elektr. Kraft $\vec{F} = Q\,\vec{E}$ zu verschieben.

$$\varphi = \frac{\text{Energie } W}{\text{Ladung } Q}$$

Im wirbelfreien *Feld das Linienintegral der elektr. Feldstärke längs eines Weges $\vec{s}$ zw. einem Feldpunkt P_1 und einem willkürlichen Bezugspunkt P_0, der z. B. unendlich fern ($\varphi(\infty) = 0$) oder auf der Leiteroberfläche ($\varphi(0) = \text{const}$) liegt.

$$W_{01} = \int_0^1 \vec{F}(\vec{r})\,\mathrm{d}\vec{r} = -Q \int_0^1 \vec{E}(\vec{r})\,\mathrm{d}\vec{r} \quad \Rightarrow$$

$$\varphi = \frac{W_{01}}{Q} = -\int_0^1 \vec{E}(\vec{r})\,\mathrm{d}\vec{r} = -U_{01}$$

Feldstärke = Gradient des Potentials

$$\vec{E} = -\operatorname{grad} \varphi$$

Die *Spannung zw. zwei Feldpunkten P_1 und P_2 ist die negative Potentialdifferenz von P_1 nach P_2

$$U_{12} = -(\varphi_2 - \varphi_1)$$

Allgemein: *Poisson-Gleichung.

$\vec{E}$	elektrische Feldstärke	(V/m),
$\vec{F} = Q\vec{E}$	Kraft	(N),
Q	elektrische Ladung	(C),
$\vec{r}$	Ortsvektor,	
$r \equiv \lvert\vec{r}\rvert$	Ortsabstand,	
U	Spannung	(V),
W_{OA}	Arbeit	(J),
φ	elektrisches Potential	(V),
O, A, B	Raumpunkte.	

Potentialdifferenz

*Elektrische Spannung. Bei Bewegung der Ladung Q im elektr. Feld von A nach B, ändert sich das Potential.

$$U_{AB} = \varphi_A - \varphi_B = \int_A^B \vec{E}\,\mathrm{d}\vec{s}$$

Potentialgefälle

Eine Ladung strebt zum Ort niedrigster potentieller Energie. Es herrscht ein Potentialgefälle $\Delta\varphi$ (in Volt) von Plus (positive Ladung) nach Minus (negative Ladung).

Eine *positive* Ladung wird *in* Feldlinienrichtung zum Ort niedrigeren Potentials beschleunigt.

Eine *negative* Ladung wird *gegen* Feldlinienrichtung zum Ort höheren Potentials beschleunigt.

Poynting-Vektor

Energiestromdichte, elektromagnetische Leistungsdichte; Vektorprodukt aus elektr. und magnet. Feldstärke eines elektromagnet. Feldes:

$$\boxed{\vec{S} = \vec{E} \times \vec{H}} \quad \frac{\text{W}}{\text{m}^2}$$

Programmiersprachen

1) Maschinennahe Sprachen

Maschinensprache, Assembler

2) Höhere Programmiersprachen

a) Problem- oder prozedurorientierte Sprachen:
- Mathematisch: FORTRAN, C, PASCAL, BASIC.
- Kaufmännisch: COBOL, APL, BASIC.
- Dialogsprachen: ADA, FORTH, PASCAL, BASIC, LIDIA.
- Datenbanksprachen: SQL
- Steuersprachen

b) Objektorientierte Sprachen (nicht prozedurale Sprachen): LISP, SMALLTALK, LOGO, PROLOG.

c) Simulationssprachen: SIMULA, GPSS, SIMSCRIPT, DYNAMO, (FORTRAN).

d) Maschinensteuerung: APT, EXAPT.

Prüfen

Feststellen, ob der Prüfgegenstand die vorgeschriebenen oder erwarteten Bedingungen erfüllt, insbes. ob vorgegebene Fehlergrenzen und Toleranzen eingehalten werden. Subjektive Prüfverfahren sind Sichtprüfung, Hörprüfung, Geruchsprüfung, Tastprüfung. Objektive Prüfverfahren nutzen Messgeräte. Durch *Lehren*, engl. *gauging*, wird festgestellt, ob ein Werkstück bestimmte Längen, Winkel oder Formen einhält, die durch Maß- oder Formverkörperungen (z. B. „Gut- und Ausschusslehren") vorgegeben sind.

Pulsperiodendauer

= Impulsdauer τ + Pausendauer τ_p

$$\boxed{T = \tau + \tau_p} \quad \text{(s)}$$

Quadrupol

Räumlich symmetr. Anordnung von zwei positiven und zwei negativen (permanenten, induzierten oder fluktuierenden) Ladungen mit verschwindendem Abstand. Potential

$$\varphi(r) = \sum_i \frac{e_i}{\lvert \vec{r} - \vec{r}_i \rvert} = \varphi_0 + \varphi_1 + \varphi_2 + \varphi_3$$

Die Intensität von *Quadrupolstrahlung* ist proportional zu $(R/\lambda)^4$.

$\vec{r}_i$ Ortsvektor der Ladungen e_i;
$\vec{r} = (x, y, z)$ beliebiger Ort in der Ladungsverteilung;
R lineare Audehnung der Quelle, λ Wellenlänge.

Quanten-Hall-Leitfähigkeit

Kehrwert der KLITZING-Konstante.

$$\frac{e^2}{h} = 3{,}874\,045\,848 \cdot 10^{-5}\ \Omega^{-1}$$

Quellengrößen

des elektr. Feldes sind: Raumladungsdichte ϱ und Stromdichte $\vec{j}$.

Rating engl. *Bemessungsdaten.

Raumladungsdichte

Volumenbezogene Ladung, auf das Leitervolumen bezogene elektr. Ladungsmenge; räuml. Dichte der elektr. Ladung Q in einem Raumgebiet vom Volumen V.

$$\frac{\text{Ladung}}{\text{Volumen}} \quad \boxed{\varrho = \frac{\mathrm{d}Q}{\mathrm{d}V}} \quad \frac{\text{C}}{\text{m}^3} = \frac{\text{A s}}{\text{m}^3}$$

Elektrische Ladung: $Q = \int\limits_V \varrho\,\mathrm{d}V$

Rauschen

engl. *noise*. Störung bei der Übertragung eines Nachrichtenssignals.

1. *Antennenrauschen* durch atmosphär. Störungen.

2. *Generations- und Rekombinationsrauschen:*
Schwankende Ladungsträgerdichte in Halbleitern.

3. *Modulationsrauschen:* $1/f$-Rauschen bei Halbleitern.

4. *Schrotrauschen:* Ladungsträger überqueren statist. regellos eine Sperrschicht.

5. *Widerstandsrauschen:* therm. Rauschen eines Widerstands.

Nach der Frequenzabhängigkeit:

1. *weißes Rauschen:* frequenzunabhängige Leistungsdichte.

2. *breitbandiges Rauschen:* frequenzabhängige Leistungsdichte bis zur oberen 3-dB-Grenzfrequenz.

3. *farbiges Rauschen:* durch Filterung aus breitbandigem Rauschen.

4. *rosa Rauschen:* Leistungsdichte umgekehrt proportional zur Frequenz.

Rauschleistung

Verfügbare Rauschleistung bei Anpassung.

$$P_\mathrm{n} = kTB \qquad (\text{W} = \text{J/s})$$

B Bandbreite, k Boltzmann-Konstante, T Rauschtemperatur.

Rauschspannung

eines Wirkwiderstandes R

$$U_\mathrm{n} = \sqrt{4kTRB} \qquad (\text{V})$$

B Bandbreite, k Boltzmann-Konstante, T Rauschtemperatur.

Rauschtemperatur

Der Rauschleistung äquivalentes Maß.

$$T_\mathrm{n} = \frac{P_\mathrm{n}}{kB} \qquad (\text{K})$$

B Bandbreite, k Boltzmann-Konstante, P_n Rauschleistung.

Rauschzahl eines Vierpols

$$F = \frac{(P_\mathrm{s}/P_\mathrm{n})_\mathrm{e}}{(P_\mathrm{s}/P_\mathrm{n})_\mathrm{a}} = 1 + \frac{P_\mathrm{n,v}}{G_\mathrm{L}\,P_\mathrm{n,e}} = 1 + \frac{T_\mathrm{n,v}}{T_\mathrm{n,q}}$$

Rauschmaß

$$F^* = 10\ \lg F\,\text{dB}$$

P_n Rauschleistung, P_s Signalleistung,
G_L Leistungsverstärkung,
e = Eingang, a = Ausgang, q = Signalquelle, v = Vierpol.

RC-Glied *Impedanz.

RCL-Glied *Schwingkreis.

rcf Index: Gleichrichtwert.

Redundanz

Differenz zw. dem maximal möglichen und dem tatsächl. genutzten *Informationsgehalt.

$$\boxed{R = H_0 - H} \quad \text{bit}$$

Mittlere Anzahl von Zeichen, die nicht für eine eindeutige Codierung aller Codewörter benötigt wird; Anwendung zur Übertragungssicherung.

$$R = H - \bar{l}$$

Relative Redundanz

$$\boxed{r = \frac{R}{H_0} = \frac{H_0 - H}{H_0}} \quad \text{bit/bit} = 100\% = 1$$

H Entropie = mittl. Informationsgehalt
H_0 Entscheidungsgehalt,
$\bar{l}$ mittlere Codelänge.

Regelkreis

Im geschlossenen *Regelkreis* wird die *Regelgröße* fortlaufend erfasst, mit dem *Sollwert* = Führungsgröße verglichen und die *Sollgröße* innerhalb des Stellbereichs korrigiert, bis Regel- und Führungsgröße übereinstimmen, d. h. die Sollwert–Istwert-Abweichung null wird.

$$e = \text{Sollwert } w - \text{Regelgröße } x$$

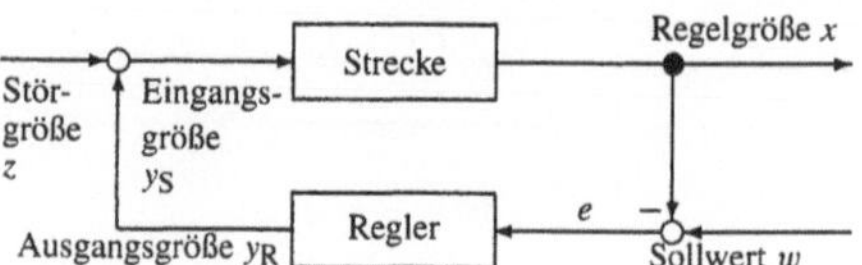

o Summierungspunkt, • Verzweigungspunkt.
Vgl. *Testfunktion, *Laplace-Transformation, nachfolgende Stichworte.

Regelkreisglied

Standardisiertes Element zur mathemat. und graf. Darstellung des Übertragungsverhaltens einer Regelstrecke.

Differentialoperator	$\mathrm{d}/\mathrm{d}t = s = \mathrm{j}\,\omega$
Übertragungsfunktion	$\underline{G}(s) = \dfrac{\text{Regelgröße } \underline{x}(s)}{\text{Streckeneingangsgröße } \underline{y}(s)}$
Frequenzgang	$\underline{G}(\mathrm{j}\,\omega) = \dfrac{\underline{x}(\mathrm{j}\,\omega)}{\underline{y}(\mathrm{j}\,\omega)}$
Ortskurve	$\text{Im }\underline{G}(\mathrm{j}\,\omega) = f[\text{Re }\underline{G}(\mathrm{j}\,\omega)]$
Amplitudengang	$|\underline{G}(\mathrm{j}\,\omega)| = \sqrt{[\text{Re }\underline{G}(\mathrm{j}\,\omega)]^2 + [\text{Im }\underline{G}(\mathrm{j}\,\omega)]^2}$
Phasenwinkel	$\varphi = \arctan \dfrac{\text{Im }\underline{G}(\mathrm{j}\,\omega)}{\text{Re }\underline{G}(\mathrm{j}\,\omega)}$

1) Zusammenschaltung von Regelkreisgliedern.

Reihenschaltung

Übertragungsfunktion	$G(s) = G_1(s) \cdot G_2(s) \cdot \ldots \cdot G_n(s)$
Amplitudengang	$|G(\mathrm{j}\,\omega)| = |G_1(\mathrm{j}\,\omega)| \cdot \ldots \cdot |G_n(\mathrm{j}\,\omega)|$
Phasenverschiebung	$\varphi = \varphi_1 + \varphi_2 + \cdots + \varphi_n$

Parallelschaltung

Übertragungsfunktion	$G(s) = G_1(s) + G_2(s) + \cdots + G_n(s)$

2) P-Glied, z. B. ein ohmscher Widerstand $R = K_\mathrm{S}$ und Übertragungsfunktion $\underline{G} = $ Impedanz $\underline{Z}$.

Übergangsfunktion	$h(t) = K_\mathrm{S}$ (Horizontale)
Übertragungsfunktion	$\underline{G}(s) = \dfrac{x(s)}{y(s)} = K_\mathrm{S} = \text{const}$
Ortskurve:	Punkt auf der reellen Achse.

– Real-, Imaginärteil	$\text{Re}\,\underline{G}(j\,\omega) = K_S$ und $\text{Im}\,\underline{G}(j\,\omega) = 0$

Bode-Diagramm:
– Amplitudengang $|\underline{G}(j\,\omega)| = K_S$ (Horizontale)
– Phasengang $\varphi(\omega) = 0$ (Horizontale)

3) I-Glied, z. B. ein idealer Kondensator $C = T_I$ (wenn $\underline{G}$ = Impedanz).

Übergangsfunktion $h(t) = t/T_I$ (Gerade)

Übertragungsfunktion $\underline{G}(s) = \dfrac{x(s)}{y(s)} = \dfrac{1}{sT_I}$

Ortskurve: Vertikale im 4. Quadranten
– Realteil $\text{Re}\,\underline{G}(j\,\omega) = 0$
– Imaginärteil $\text{Im}\,\underline{G}(j\,\omega) = -[\omega T_I]^{-1}$

Bode-Diagramm:
– Amplitudengang $|\underline{G}(j\,\omega)| = [\omega T_I]^{-1}$ (fallende Gerade)
– Phasengang $\varphi(\omega) = -90°$ (Horizontale)

4) D-Glied, z. B. ein ideale Spule $L = T_D$ (wenn $\underline{G}$ = Impedanz).

Übergangsfunktion $h(t) = \begin{cases} \infty & \text{für } t = 0 \\ 0 & \text{für } t \neq 0 \end{cases}$

Übertragungsfunktion $\underline{G}(s) = sT_D$
Ortskurve: Vertikale im 1. Quadranten.
– Realteil $\text{Re}\,\underline{G}(j\,\omega) = 0$
– Imaginärteil $\text{Im}\,\underline{G}(j\,\omega) = \omega T_D$

Bode-Diagramm:
– Amplitudengang $|\underline{G}(j\,\omega)| = \omega T_D$ (steigende Gerade)
– Phasengang $\varphi(\omega) = 90°$ (Horizontale)

5) Totzeitglied

Übergangsfunktion $h(t) = \begin{cases} 0 & \text{für } t < T_t \\ 1 & \text{für } t \geq T_t \end{cases}$

Übertragungsfunktion $\underline{G}(s) = e^{-sT_t}$
Ortskurve: Einheitskreis im Ursprung
– Realteil $\text{Re}\,\underline{G}(j\,\omega) = +\cos(\omega T_t)$
– Imaginärteil $\text{Im}\,\underline{G}(j\,\omega) = -\sin(\omega T_t)$

Bode-Diagramm:
– Amplitudengang $|\underline{G}(j\,\omega)| = 1$ (Horizontale)
– Phasengang $\varphi(\omega) = -\omega T_t$ (fallend; $0 \ldots -180°$)

6) P-T$_1$-Glied, z. B. ideales R‖C-Glied mit $R = K_S$ und $T_1 = RC$ (wenn $\underline{G}$ = Impedanz).

Übergangsfunktion $h(t) = K_S\left(1 - e^{-t/T_1}\right)$
     (Anklingfunktion)

Übertragungsfunktion $\underline{G}(s) = \dfrac{K_S}{1 + sT_1}$
Ortskurve: Halbkreis im 4. Quadranten
     (Ursprung: $\omega \to \infty$)
– Realteil $\text{Re}\,\underline{G}(j\,\omega) = \dfrac{K_S}{1 + (\omega T_1)^2}$
– Imaginärteil $\text{Im}\,\underline{G}(j\,\omega) = -\dfrac{\omega T_1 K_S}{1 + (\omega T_1)^2}$

Bode-Diagramm:
– Amplitudengang $|\underline{G}(j\,\omega)| = \dfrac{K_S}{\sqrt{1 + (\omega T_1)^2}}$
– lg G (lg ω) $\omega \to 0$ horizontale Asymptote,
     $\omega \to \infty$ fallende Gerade
– Phasengang $\varphi(\omega) = -\arctan(\omega T_t)$
     (Z-förmig-fallende Kurve: $0 \ldots -90°$)

7) P-T$_2$-Strecke, mit zwei Zeitkonstanten.

Übertragungsfkt. $\underline{G}(s) = \dfrac{K_S/(T_1 T_2)}{(1/T_1 + s)(1/T_2 + s)}$
Ortskurve: grob-halbkreisförmig im 3. + 4. Quadranten,
     für $\omega \to \infty$ in den Ursprung laufend.

– Realteil $\text{Re}\,\underline{G}(j\,\omega) = \dfrac{K_S(1 - \omega^2 T_1 T_2)}{(1 - \omega^2 T_1 T_2)^2 + \omega^2(T_1 + T_2)^2}$
– Imaginärteil $\text{Im}\,\underline{G}(j\,\omega) = \dfrac{-K_S\omega(T_1 + T_2)}{(1 - \omega^2 T_1 T_2)^2 + \omega^2(T_1 + T_2)^2}$

Bode-Diagramm:

– Amplitude $|\underline{G}(j\,\omega)| = \dfrac{K_S}{\sqrt{(1 - \omega^2 T_1 T_2)^2 + \omega^2(T_1 + T_2)^2}}$

– lg G (lg ω) $\omega \to 0$: horizontale Asymptote,
     mittleres ω: schwach geneigte Gerade,
     $\omega \to \infty$: stark geneigte Gerade,
     extrapolierte Knickpunkte bei $\omega_1 = 1/T_1$
     und $\omega_2 = 1/T_2$

– Phase $\varphi(\omega) = \arctan\dfrac{-\omega(T_1 + T_2)}{1 - \omega^2 T_1 T_2}$
     (Z-förmig-fallende Kurve: $0 \ldots -180°$)

8) D-T$_1$-Glied, z. B. ideales R‖L-Glied.

Übergangsfunktion $h(t) = \dfrac{T_D}{T_1}e^{-t/T_1}$ (Abklingfunktion)

Übertragungsfunktion $\underline{G}(s) = \dfrac{sT_1}{1 + sT_1}$
Ortskurve: Halbkreis im 1. Quadranten
     (Ursprung: $\omega \to \infty$)

– Realteil $\text{Re}\,\underline{G}(j\,\omega) = \dfrac{(\omega T_1)^2}{1 + (\omega T_1)^2}$

– Imaginärteil $\text{Im}\,\underline{G}(j\,\omega) = \dfrac{\omega T_1}{1 + (\omega T_1)^2}$

Bode-Diagramm:
– Amplitudengang $|\underline{G}(j\,\omega)| = \dfrac{\omega T_1}{\sqrt{1 + (\omega T_1)^2}}$

– lg G (lg ω) $\omega \to 0$: steigende Gerade,
     $\omega \to \infty$: horizontale Asymptote,
     extrapolierter Knickpunkt bei $\omega = 1/T_1$

– Phasengang $\varphi(\omega) = \arctan\dfrac{1}{\omega T_1}$
     (Z-förmig-fallende Kurve: $+90° \ldots 0$)

9) PI-Regler, z. B. ideales R-C-Serienglied mit $R = K_R$ und $T_n = RC$ (wenn $\underline{G}$ = Impedanz).

Übergangsfunktion $h(t) = K_R\left(1 + \dfrac{t}{T_n}\right)$ (Gerade)

Übertragungsfunktion $\underline{G}(s) = K_R\left(1 + \dfrac{1}{sT_n}\right)$
Ortskurve: Vertikale im 4. Quadranten;
     $\omega \to \infty$: Schnittpunkt mit reeller Achse
– Realteil $\text{Re}\,\underline{G}(j\,\omega) = K_R$
– Imaginärteil $\text{Im}\,\underline{G}(j\,\omega) = -\dfrac{K_R}{\omega T_n}$
Bode-Diagramm:
– Amplitudengang $|\underline{G}(j\,\omega)| = K_R\sqrt{1 + \dfrac{1}{(\omega T_n)^2}}$

– lg G (lg ω) $\omega \to 0$: fallende Gerade,
     $\omega \to \infty$: horizontale Asymptote K_R,
     extrapolierter Knickpunkt bei $1/T_n$

– Phasengang $\varphi(\omega) = -\arctan\dfrac{1}{\omega T_n}$
     (S-förmig-steigende Kurve: $-90° \ldots 0$)

10) PID-Regler, z. B. ideales L-R-C-Serienglied mit $R = K_R$, $T_n = RC$, $T_v = L/R$ und Übertragungsfunktion $\underline{G}$ = Impedanz $\underline{Z}$.

Übertragungsfunktion $\underline{G}(s) = K_R\left(1 + \dfrac{1}{sT_n} + sT_v\right)$
Ortskurve: Vertikale im 1. + 4. Quadranten;
     $\omega \to \infty$: Schnittpunkt mit reeller Achse
– Realteil $\text{Re}\,\underline{G}(j\,\omega) = K_R$
– Imaginärteil $\text{Im}\,\underline{G}(j\,\omega) = \dfrac{K_R(\omega^2 T_n T_v - 1)}{\omega T_n}$
Bode-Diagramm:

– Amplitudengang $|\underline{G}(j\,\omega)| = K_R\sqrt{1 + \dfrac{(\omega^2 T_n T_v - 1)^2}{(\omega T_n)^2}}$

– lg G (lg ω)   U-förmige Kurve;
     Minimum zw. $1/T_n$ und $1/T_v$

– Phasengang $\varphi(\omega) = \arctan\dfrac{\omega^2 T_n T_v - 1}{\omega T_n}$
     S-Kurve: $-90° \ldots +90°$)

11) Wärmetechnischer Prozess, P-T$_1$-Strecke, Strecke

Elektrotechnik   7

1. Ordnung.

Regelgröße:	$x = T$
Stellgröße:	$y_R = Q$
Störgröße:	$z = kT_{amb}$
Streckeneingangsgröße:	$y_S = y_R + z$
Zeitkonstante:	$T_1 = mc_p/k$

Wärmebilanz:
$$mc_p \frac{dT}{dt} = Q - k(T - T_{amb}) \Leftrightarrow$$
$$\frac{mc_p}{k} \frac{dT}{dt} + T = \frac{Q + kT_{amb}}{k} \Leftrightarrow$$
$$x + T_1 \dot{x} = K_S(y_R + z) = K_S y_S$$

Lösung:
$$T = \frac{C_0}{k}(Q + kT_{amb}) + C_1 e^{kt/(mc_p)}$$

Aufheizvorgang:
$$T(t = 0) = T_{amb}$$
$$T(t \to \infty) = T_{amb} + Q/k$$
$$C_0 = 1 \text{ und } C_1 = -Q/k$$
$$T(t) = T_{amb} + \frac{Q}{k}\left(1 - e^{-kt/(mc_p)}\right)$$

Abkühlvorgang:
$$T(t \to \infty) = T_{amb}$$
$$T(t = 0) = T_{amb} + Q/k$$
$$C_0 = \frac{kT_{amb}}{Q + kT_{amb}} \text{ und } C_1 = Q/k$$
$$T(t) = T_{amb} + \frac{Q}{k}e^{-kt/(mc_p)}$$

Übertragungskonstante:
$$K_S = \frac{\text{Ausgangsgröße}}{\text{Eingangsgröße}} = \frac{1}{k}$$

Gewichtsfunktion
$$g(t) = \frac{K_S}{T_1}e^{-t/T_1}$$

Übergangsfunktion
$$h(t) = K_S(1 - e^{-t/T_1})$$

Übertragungsfunktion
$$G(s) = \frac{x(s)}{y_S(s)} = \frac{K_S}{1 + sT_1}$$

Frequenzgang
$$G(j\omega) = \frac{x(j\omega)}{y_S(j\omega)} = \frac{K_S(1 - j\omega T_1)}{1 + (\omega T_1)^2}$$

Amplitudengang
$$|G(j\omega)| = \frac{K_S}{\sqrt{1 + \omega^2 T_1^2}}$$

Phasenwinkel
$$\varphi = \arctan(-\omega T_1)$$

T_{amb} Umgebungstemperatur.

Regelkreisdämpfung

Die *Dämpfung eines Regelkreises* oder einer Regelstrecke beeinflusst die Stabilität wesentlich. Sie hängt von der Polverteilung der Übertragungsfunktion ab; Nullstellen des Nennerpolynoms bestimmen!

Beispiel: p-T_2-Strecke

Übertragungsfunktion:
$$G_S = \frac{x(s)}{y(s)} = \frac{K_{S,1}K_{S,2}}{(1 + sT_1)(1 + sT_2)}$$

– umgeformt:
$$G_S(s) = \frac{K_S \beta^2}{s^2 + 2\alpha s + \beta^2}$$

Nennerpolynom:
$$s^2 + \frac{(T_1 + T_2)}{T_1 T_2} s + \frac{1}{T_1 T_2}$$

Abklingkonstante:
$$\alpha = \frac{1}{2}\frac{(T_1 + T_2)}{T_1 T_2}$$

Kreisfrequenz
– ungedämpfte Schwingung $\quad \beta = (T_1 T_2)^{-1}$
– gedämpfte Schwingung $\quad \omega = \sqrt{\beta^2 - \alpha^2}$
Dämpfung $\quad D = \alpha/\beta$

Pole
$$s_{1,2} = \begin{cases} -\alpha \pm \sqrt{\alpha^2 - \beta^2} \\ -\alpha \pm \beta\sqrt{D^2 - 1} \\ -\beta(D \pm \sqrt{D^2 - 1} \end{cases}$$

Nach der *Dämpfung D* werden unterschieden:
1) *Aperiodischer Grenzfall:*
a) $\alpha > \beta$ oder $D > 1$. Beide Pole negativ-reell.
b) $\alpha = \beta$ oder $D = 1$. Doppelte Polstelle.
Zeitbereich: Auf Maximum anwachsende Auslenkung.
Ortskurve: Zwei Punkte auf der reellen Achse; Imaginärteile null.
2) *Abklingende Schwingung.*

$\alpha < \beta; 0 < D > 1$. Beide Pole konjugiert-komplex.
Zeitbereich: Amplitude nimmt mit der Zeit ab.
Ortskurve: Zwei Punkte im 2. und 3. Quadranten.
3) *Ungedämpfte Schwingung.* $\alpha = 0$ oder $D = 0$. Beide Pole imaginär; Realteil null.
Zeitbereich: Amplitude bleibt zeitlich konstant.
Ortskurve: Zwei Punkte auf der $\pm$imaginären Achse.
4) *Aufklingende Schwingung.* $\alpha < 0$ oder $D < 0$. Negative Abklingkonstante; beide Pole mit positivem Realteil.
Zeitbereich: Amplitude wächst zeitlich.
Ortskurve: Zwei Punkte im 1. und 4. Quadranten.

Regelkreisstabilität

Zusammengesetzte Regelstrecken, besonders höherer Ordnung, oder Regeleinrichtungen mit falsch eingestellten Kenngrößen können instabil sein; d. h. die Regelgröße führt Schwingungen aus, ohne einen Beharrungszustand zu erreichen.

1) Stabilitätskriterium von Hurwitz. Für Regelstrecken ohne Nichtlinearitäten (z. B. Totzeit). Dämpfung und Stabilität hängen ab von der Polverteilung (im Nennerpolynom der Übertragungsfunktion) bzw. der homogenen Differentialgleichung, nicht aber von Sollwert $w(t)$ und Störgröße $z(t)$.

$$a_0 x(t) + a_1 \dot{x}(t) + a_2 \ddot{x}(t) + \cdots + a_n x^{(n)}(t) = 0$$

Der Regelkreis ist stabil, wenn:
a) Für ein System n-ter Ordnung sind alle Koeffizienten $a_0 \ldots a_n$ vorhanden und positiv.
b) Die HURWITZ-Determinante ist größer oder gleich null; ebenso die 1:1-, 2:2-, 3:3- und 4:4-Untermatrix.

$$D = \begin{vmatrix} a_1 & a_3 & a_5 & a_7 & \cdots \\ a_0 & a_2 & a_4 & a_6 & \cdots \\ 0 & a_1 & a_3 & a_5 & \cdots \\ 0 & a_0 & a_2 & a_4 & \cdots \\ 0 & 0 & a_1 & a_3 & \cdots \\ 0 & 0 & a_0 & a_2 & \cdots \\ \vdots & \vdots & \vdots & \vdots & \ddots \end{vmatrix} \geq 0$$

Regelkreis mit P-T_m-Strecke und PID-Regler.

Übertragungsfunktion
– P-T_m $\quad G_S(s) = \frac{x(s)}{y_S(s)} = \dfrac{K_S}{1 + sT_1 + (sT_2)^2 + \cdots + (sT_m)^m}$
– PID $\quad G_R(s) = \frac{y_R(s)}{e(s)} = K_R\left(\dfrac{1 + sT_n + s^2 T_n T_v}{sT_n}\right)$

Regelgröße im geschlossenen Regelkreis
$$x(s)\left[\frac{1}{G_S(s)} + G_R(s)\right] = w(s)G_R(s) + z(s)$$
1. Einsetzen von $G_S(s)$ und $G_R(s)$
2. Multiplikation mit $K_S T_n s$
3. Ordnen nach Potenzen von s
4. Einführen von Koeffizienten für $f(K_R, K_S, T_1, T_2, T_n, T_v)$
$$x(s)[a_0 + a_1 s + a_2 s^2 + a_3 s^3 + \ldots] =$$
$$= w(s)[b_0 + b_1 s + b_2 s^2] + z(s)c_1 s$$
5. Ausmultiplizieren, Ersatz von s durch d/dt
$$a_0 x(t) + a_1 \dot{x}(t) + a_2 \ddot{x}(t) + \cdots = 0 \text{ (linke Seite)}$$
6. Einsetzen in die Hurwitz-Determinante

$e(s)$ Regelabweichung, K_R Reglerverstärkung,
T_i Zeitkonstanten, $w(s)$ Sollwert, $z(s)$ Störgröße.

2) Stabilitätskriterium von Nyquist.
Ein geschlossener Regelkreis ist stabil, wenn:

a) Die Übertragungsfunktion des offenen Kreises $G_o(s) = G_S(s)\,G_R(s)$ hat n_r Pole mit positivem Realteil (rechte Halbebene) und n_i Pole auf der imaginären Achse.

b) Der vom krit. Punkt $(-1; 0)$ an die Ortskurve $G_o(j\,\omega)$ gezogene Fahrstrahl beschreibt im Frequenzbereich $0 \leq \omega \leq \infty$ eine Winkeländerung von $\Delta\varphi = (2n_r + n_i)\pi/2$.

Beispiel:	P-T_4-Strecke mit P-Regler
offener Regelkreis:	$G_o = \dfrac{K_R K_S}{(1 + sT_1)(1 + sT_2)(1 + sT_3)(1 + sT_4)}$
Pole:	$s_1 = -1/T_1$; $s_2 = -1/T_2$; $s_3 = -1/T_3$; $s_4 = -1/T_4$
Nyquist-Kriterium:	Alle vier Pole in der linken Halbebene, also: $n_r = 0$; $n_i = 0$
Winkeländerung:	$\Delta\varphi = 0 \Rightarrow$ stabil.
Ortskurve:	Kein Teil der Ortskurve links von $(-1, 0)$!

3) Vereinfachtes Nyquist-Kriterium.

Ein geschlossener Regelkreis ist stabil, wenn:
a) Die Übertragungsfunktion $G_o(s)$ des aufgeschnittenen Regelkreises besitzt keine Pole mit positivem Realteil ($n_r = 0$) und höchstens zwei Pole auf der imaginären Achse.
b) Bei der *Durchtrittsfrequenz* ω_d bei $|G_o(j\,\omega)|=1$ ist die Phasenverschiebung $\varphi_d > -180°$.

$|G_o(j\,\omega)|$ bei $\varphi = -180°$	< 1	stabil
	$= 1$	Stabilitätsgrenze
	> 1	instabil

4) Phasenreserve.

Winkel φ_R im BODE-Diagramm zw. dem Phasenwinkel bei der Durchtrittsfrequenz und $180°$.

$$\varphi_R = \varphi(\omega_d) - (-180°) = \varphi(\omega_d) + 180°$$

In der komplexen Ebene der Winkel zwischen reeller Achse und Schnittpunkt des Einheitskreises mit der Ortskurve bei negativen Realteilen.
Die *Dämpfung eines Regelkreises* ist umso kleiner, je mehr sich $\varphi(\omega_d)$ dem Wert $-180°$ nähert.

Stabilitätsgrenze (Dauerschwingung):	$\varphi_R = 0$
Erfahrungswert bei Führungsverhalten:	$\varphi_R > 40° \dots 70°$
Erfahrungswert bei Störverhalten:	$\varphi_R > 30° \dots 70°$

Regelkreisverhalten

Führungs- und Störverhalten eines Regelkreises, beschrieben durch die *Übertragungsfunktion* der Strecke $G_S(s)$ und des Reglers $G_R(s)$.
Führungsübertragungsfunktion

$$G_w(s) = \frac{\text{Regelgröße } x}{\text{Sollwert } w} = \frac{G_R(s)\,G_S(s)}{1 + G_R(s)\,G_S(s)} = G_z\,G_R$$

Störübertragungsfunktion

$$G_z(s) = \frac{\text{Regelgröße } x}{\text{Störgröße } z} = \frac{G_S(s)}{1 + G_R(s)\,G_S(s)}$$

1) P-T_1-Strecke mit P-Regler.

Sollwertsprung	$w(t) = w_0\,\sigma(t) \longrightarrow w(s) = w_0/s$
Führungsüber-tragungsfunktion	$\displaystyle \lim_{t\to\infty} x(t) = \lim_{s\to 0} sx(s) = \dfrac{w_0 K_R K_S}{1 + K_R K_S}$
Bleib. Regeldifferenz	$e_\infty = w_0 - x_\infty = w_0\left(1 - \dfrac{K_R K_S}{1 - K_R K_S}\right)$

2) P-T_1-Strecke mit PI-Regler. Mit einem PI-Regler sind Störungen vollständig ausregelbar!

Reglerübertragungs-funktion	$G_R(s) = 1 + \dfrac{1}{sT_n} = \dfrac{K_R(1 + sT_n)}{sT_n}$
Führungsüber-tragungsfunktion	$\displaystyle \lim_{t\to\infty} x(t) = \lim_{s\to 0} sx(s) = w_0$ (!)
Bleib. Regeldifferenz:	keine
Störübertragungs-funktion	$x_\infty = \displaystyle\lim_{s\to 0} sx(s) = 0$ (!)

Regelungsqualität

Beurteilung der *Qualität einer Regelung*:
1. *Anregelzeit:* Zeit nach der die Regelgröße nach Sollwertänderung oder Störung erstmals den Toleranzbereich erreicht (jedoch noch überschwingt).
2. *Ausregelzeit:* Zeit nach der die Regelgröße den Toleranzberieich nicht mehr verlässt.
3. *Überschwingweite:* Amplitude, mit der die Regelgröße den Toleranzbereich nach der Anregelungszeit überschreitet.

1) Lineare Regelfläche. Summe der positiven und negativen Abweichungen der Regelgröße vom Sollwert; keine eindeutige Aussage für die Qualität der Regelung.

$$Q_l = \int_0^\infty [w_0 - x(t)]\,dt$$

2) Quadratische Regelfläche. Summe der quadrierten positiven und negativen Abweichungen der Regelgröße vom Sollwert; Abbild der Regelqualität.

$$Q_q = \int_0^\infty [w_0 - x(t)]^2\,dt$$

Regler, analoger stetiger

Nichtdigitale Regeleinrichtung mit kontinuierlicher Erfassung der Messgröße.
1) Proportionalregler, *P-Regler*. Beantwortet Regelgrößenänderungen x mit einer proportionalen Stellgrößenänderung y. Schnell; bleibende Regelabweichung.

$$\textit{Übertragungsbeiwert}\quad \boxed{K_R = \frac{y}{x} = \frac{Y_h}{X_P}}$$

X_P Proportionalbereich, Y_h Stellbereich.

2) PI-Regler. Ändert die Stellgröße proportional der Regeldifferenz (Regelabweichung) und addiert einen dem zeitlichen Integral (I-Anteil) der Regeldifferenz entsprechenden Wert. Die Zeit, die der P-Regler bräuchte, um die Stellgrößenänderung des I-Anteils zu erzielen, heißt *Nachstellzeit* T_n.

3) PID-Regler. Realisiert als L-R-C–Serienschaltung oder mit Operationsverstärkern. Reagiert auf eine Regelgrößenänderung proportional dem *Betrag* (P-Anteil) und der *Geschwindigkeit* der Regelgrößenänderung (D-Anteil) und dem Produkt aus Regelabweichung und *Zeitdauer* (I-Anteil). Die *Vorhaltezeit* T_V ist die Zeit, die ein P-Regler bräuchte, um die Stellgröße wie der D-Anteil zu ändern.
Beispiele: Ansteuerung pneumat. Stellglieder mit I/P-Messumformern oder Thyristorstellern.

$$y = K_R \left(\underbrace{x}_{P} + \underbrace{\frac{1}{T_n} \int x \, dt}_{I} + \underbrace{T_V \frac{dx}{dt}}_{D} \right)$$

P-Anteil:	$y_0 = -(w - x)$
I-Anteil:	$y_1 = -\frac{1}{R_I C_I} \int (w - x)\, dt$
D-Anteil:	$y_2 = -R_D C_D \frac{d(w - x)}{dt}$
Reglerausgangsgröße:	$y_R = -\frac{R_v}{R}(y_0 + y_1 + y_2)$
Regeldifferenz:	$e = w - x$
Reglerverstärkung:	$K_R = R_v / R$
Nachstellzeit:	$T_n = R_I C_I$
Vorhaltezeit:	$T_V = R_D C_D$
Differentialoperator:	$s = d/dt$ und $s^{-1} = \int dt$
Übertragungsfunktion:	
– PID-Regler	$G_R(s) = K_R \left(1 + \frac{1}{sT_n} + sT_v \right)$
– PI-Regler	$G_R(s) = \frac{y_R(s)}{e(s)} = K_R \left(1 + \frac{1}{sT_n} \right)$
– P-Regler	$G_R(s) = \frac{y_R(s)}{e(s)} = K_R$

w Sollwert, x Regelgröße.

4) Ziegler-Nichols-Einstellregel. Prakt. Verfahren zur Ermittlung der Parameter eines PID-Reglers. Betrieb des Regelkreises mit reinem P-Regler ($T_n = T_v = \infty$) und Erhöhung des Verstärkungsfaktors, bis Dauerschwingungen auftreten (*kritische Verstärkung*).

P-Regler	$K_R = 0,5 \cdot K_{R,krit}$
PI-Regler	$K_R = 0,45 \cdot K_{R,krit}$ und $T_n = 0,83 \cdot T_{krit}$
PID-Regler	$K_R = 0,6 \cdot K_{R,krit}$ und
	$T_n = 0,5 \cdot T_{krit}$ und $T_v = 0,125 \cdot T_{krit}$

Experimentelle Bestimmung: Im BODE-Diagramm der Übertragungsfunktion $G_o(j\omega)$ des offenen P-Regelkreises (mit $K_R = 1$) wird der Amplitudengang vertikal verschoben, bis $|G(j\omega)| = 1$ bei $\varphi = -180°$.

$$K_{R,krit} = \frac{1}{K_{(\varphi - 180°)}} \quad \text{und} \quad T_{krit} = \frac{2\pi}{\omega_{krit}}$$

5) Chien-Hrones-Reswick-Einstellregel. Aufschalten einer Sprungfunktion auf die Regelstrecke. Aus der S-förmigen Sprungantwort $x(t)$ werden *Verzugszeit T_u* (unterer Knickpunkt), *Ausgleichszeit T_g* (Wendepunkt) und *Streckenverstärkung $K_S = x_{max}/y_{s0}$* (Endwert) ermittelt.
Das Verhältnis T_u/T_g ist umso kleiner, je kleiner die Schwankungsbreite des Reglers ist.

$$\frac{T_u}{T_g} \begin{cases} < 0,1 & \text{gut regelbare Strecke} \\ = 0,1 \text{ bis } 0,3 & \text{noch regelbar} \\ > 0,3 & \text{schwer regelbar} \end{cases}$$

Regler	Störung	Führung
Aperiodischer Regelverlauf		
P	$K_R = 0,3 \frac{T_g}{T_u K_S}$	$K_R = 0,3 \frac{T_g}{T_u K_S}$
PI	$K_R = 0,6 \frac{T_g}{T_u K_S}$	$K_R = 0,35 \frac{T_g}{T_u K_S}$
	$T_n = 4 T_u$	$T_n = 1,2 T_g$
PID	$K_R = 0,95 \frac{T_g}{T_u K_S}$	$K_R = 0,6 \frac{T_g}{T_u K_S}$
	$T_n = 2,4 T_u$	$T_n = T_g$
	$T_v = 0,42 T_u$	$T_v = 0,5 T_u$
Regelverlauf mit 20% Überschwingen		
P	$K_R = 0,7 \frac{T_g}{T_u K_S}$	$K_R = 0,7 \frac{T_g}{T_u K_S}$
PI	$K_R = 0,7 \frac{T_g}{T_u K_S}$	$K_R = 0,6 \frac{T_g}{T_u K_S}$
	$T_n = 2,3 T_u$	$T_n = T_g$
PID	$K_R = 1,2 \frac{T_g}{T_u K_S}$	$K_R = 0,95 \frac{T_g}{T_u K_S}$
	$T_n = 2 T_u$	$T_n = 1,35 T_g$
	$T_v = 0,42 T_u$	$T_v = 0,47 T_u$

Regler, analoger quasistetiger

Der **Impulslängen-Proportional-Regler** setzt die Stellgröße in Impulse um. Im *Proportionalbereich X_P* ändert sich die relative Einschaltdauer T_e/T zw. 0 und 100% proportional zur Regelabweichung (T Periodendauer). *Beispiel:* Dosiermittelzugabe mit Magnetventil.

Impulsfrequenz-Proportional-Regler.
Die Einschaltdauer T_e wird konstant gehalten; proportional zur Regelabweichung ändert sich die Impulsfrequenz $f = 1/T$. – *Beispiel:* Membrandosierpumpe (Impulsfrequenz-P- und -PID-Regler).

Regler, analoger unstetiger

Analoge Regeleinrichtung.

1) Zweipunktregler. Schaltender Regler mit Totzeit. Unterscheidet EIN (minimaler Stellbereich $Y = 0$) und AUS (maximaler Stellbereich Y_h), daher auch *Ein-/Aus-Regler* oder *Schwarz-Weiß-Regler* genannt.

Regelgröße:	$x_1 = w + (x_E - w)\left(1 - e^{T_t/T_1}\right)$
	$x_2 = w e^{-T_t/T_1}$
	$2x_0 = x_1 - x_2 = x_E(1 - e^{-T_t/T_1})$
Schaltzeit:	$t_1 = T_1 \ln\left[\frac{x_E}{w} + \left(1 - \frac{x_E}{w}\right) e^{-T_t/T_1}\right]$
	$t_2 = T_1 \ln \frac{x_E - w e^{-T_t/T_1}}{x_E - w}$
EIN + AUS:	$T_0 = T_t + t_1 + T_t + t_2$

2) Kaskadenregelung. Die Regelstrecke ist eine Reihenschaltung von Teilstrecken.

3) Drei-Punkt-Schrittregler. Bei der Ansteuerung elektromagnet. Stellglieder (Motorventile, Stelltransformatoren) antwortet ein Drei-Punkt-Regler auf die Regelabweichung AUF/HALT/ZU mit einer proportionalen Stellgrößenänderung. PD-Schrittregler und Stellmotor (I-Wirkung) erzeugen einen Regelkreis mit PI-Verhalten: Der Stellmotor macht als Regelgrößensprungantwort einen längeren Schritt mit konstanter Geschwindigkeit, sodann period. ansteigende Schritte (integraler Anstieg).

Regler, digitaler

Abtastregelung. Die Messgröße wird mit einer äquidistanten Abtastperiode diskret erfasst.

$$\text{Richtwert:} \quad T_0 = \left(\frac{1}{15} \text{ bis } \frac{1}{4} \right) T_{95}$$

T_{95} Zeit bis die Sprungantwort 95% des Endwertes erreicht.

1) Die Parameter der Differenzengleichung oder z-Übertragungsfunktion werden durch Diskretisierung der DGL oder z-Transformation der Übergangsfunktion berechnet.

Differenzengleichung:
abgetastete Regelgröße = diskrete Stellgröße:
$$y(k) + a_1 y(k-1) + a_2 y(k-2) + \cdots + a_m y(k-m) =$$
$$b_0 u(k) + b_1 u(k-1) + b_2 u(k-2) + \cdots + b_m u(k-m)$$

z-Übertragungsfunktion

$$G_S(z) = \frac{y(s)}{u(s)} = \frac{B(z^{-1})}{A(z^{-1})} = \frac{b_0 + b_1 z^{-1} + \cdots + b_m z^{-m}}{1 + a_1 z^{-1} + \cdots + a_m z^{-m}}$$

z-Transformation
$$z = e^{sT_0} \Leftrightarrow$$

$$\mathcal{Z}\{x(kT_0)\} = x(z) = \sum_{k=0}^{\infty} x(kT_0)\, z^{-k} \cdot 1s$$
$$= \left\{ x(0) + x(T_0)z^{-1} + x(2T_0)z^{-2} + \dots \right\} \cdot 1s$$

Halteglied 0. Ordnung

$1(t)$ für $0 \le t < T_0$
Zur Überführung der diskreten Signale $u(kT_0)$ in eine Treppenfunktion $m(t)$.

Übertragungsfunktion $\qquad H(s) = \frac{1}{s}\left(1 - e^{-sT_0}\right)$

z-Übertragungsfunktion $\quad HG_S(z) = (1 - z^{-1})\,\mathcal{Z}\left\{\frac{G_S(s)}{s}\right\}$

P-T$_1$-Strecke

Übertragungsfunktion $\qquad G_S(s) = \frac{K_S}{1 + sT_1} = \frac{K_S/T_1}{1/T_1 + s}$

z-Übertragungsfunktion

$$HG_S(s) = \frac{y(z)}{u(z)} = \frac{b_0 + b_1 z^{-1}}{1 + a_1 z^{-1}} = \frac{B(z^{-1})}{A(z^{-1})}$$

Differenzengleichung
$$y(k) = -a_1 y(k-1) + b_0 u(k) + b_1 u(k-1)$$
mit $b_0 = 0$, $b_1 = K_S(1 - e^{-T_0/T_1})$, $a_1 = -e^{-T_0/T_1}$

P-T$_2$-Strecke

Übertragungsfunktion $\qquad G_S(s) = \frac{K_S}{(1 + sT_1)(1 + sT_2)}$

z-Übertragungsfunktion

$$HG_S(s) = \frac{y(z)}{u(z)} = \frac{b_0 + b_1 z^{-1} + b_2 z^{-2}}{1 + a_1 z^{-1} + a_2 z^{-2}} = \frac{B(z^{-1})}{A(z^{-1})}$$

Differenzengleichung
$$y(k) = -a_1 y(k-1) - a_2 y(k-2) + $$
$$+ b_0 u(k) + b_1 u(k-1) + b_2 u(k-2)$$

Koeffizienten der Partialbruchzerlegung:
$$A_1 = K_S; \quad A_2 = \frac{-K_S T_1}{T_1 - T_2}; \quad A_3 = \frac{-K_S T_2}{T_1 - T_2}$$

Streckenparameter
$$b_0 = A_1 + A_2 + A_3$$
$$b_1 = -[A_1(B_1 + B_2) + A_2(1 + B_2) + A_3(1 + B_1)]$$
$$b_2 = A_1 B_1 B_2 + A_2 B_2 + A_3 B_1$$
$$a_1 = -(B_1 + B_2) \text{ und } a_2 = B_1 B_2$$
mit $B_1 = e^{-T_0/T_1}$ und $B_2 = e^{-T_0/T_2}$

Strecke mit Totzeit und Halteglied

Totzeit $\qquad\qquad\qquad T_t = N T_0$
$\qquad\qquad\qquad\qquad$ (Vielfaches der Abtastperiode)

z-Übertragungsfunktion

$$HG_S(s) = \frac{y(z)}{u(z)} = \frac{b_0 + b_1 z^{-1} + \cdots + b_m z^{-m}}{1 + a_1 z^{-1} + \cdots + a_m z^{-m}}\, z^{-N}$$

Differenzengleichung
$$y(k) + a_1 y(k-1) + \cdots + a_m y(k-m) = $$
$$b_0 u(k-d) + \cdots + b_m u(k-m-N)$$

Digitaler PID-Regler

Regeldifferenz $\qquad\quad e(t) = w(t) - y(t) \text{ mit } t = kT_0$

Stellgröße $\qquad u(t) = K_R \left(e(t) + \frac{1}{T_n} \int_0^{\infty} e(t)\,dt + T_V \frac{de(t)}{dt} \right)$

Differenzengleichung $\quad \Delta u(k) = u(k) - u(k-1) =$
$$= q_0 e(k) + q_1 e(k-1) + q_2 e(k-2)$$

– Parameter $\qquad\quad q_0 = K_R \left[1 + \frac{T_V}{T_0} \right]$
$$q_1 = K_R \left[\frac{T_0}{T_n} - 1 - \frac{2T_V}{T_0} \right]$$
$$q_2 = K_R T_V / T_0$$

z-Übertragungsfunktion

$$G_R(z) = \frac{u(z)}{e(z)} = \frac{q_0 + q_1 z^{-1} + q_2 z^{-2}}{1 - z^{-1}} = \frac{Q(z^{-1})}{P(z^{-1})}$$

Digitaler PI-Regler
Differenzengleichung
$$\Delta u(k) = K_R \left[e(k) + \left(\frac{T_0}{T_n} - 1 \right) e(k-1) \right]$$

Digitaler P-Regler
$$\Delta u(k) = K_R\,[e(k) - e(k-1)]$$

a_i, b_i Streckenparameter, K_S Streckenverstärkung,
m Ordnung der Strecke, $s = j\omega$ komplexe Kreisfrequenz,
T_0 Abtastperiode, T_1 Zeitkonstante,
T_n Nachstellzeit, T_V Vorhaltezeit, Δu Stellwertinkrement
$u(kT_0)$ (kurz $u(k)$) diskrete Stellgröße zum Zeitpunkt $t = kT_0$,
$y(kT_0)$ (kurz $y(k)$) diskrete Regelgröße,
z Verschiebeoperator.

2) Stabilität der Abtastregelung.

Das System ist stabil, wenn alle Pole – Nullstellen der charakterist. Gleichung – innerhalb des Einheitskreises in der z-Ebene liegen.

Führungsverhalten: Übertragungsfunktion des Sollwertes
$$G_w(z) = \frac{HG_S(z)\,G_R(z)}{1 + HG_S(z)\,G_R(z)}$$

Störverhalten: Übertragungsfunktion der Störgröße
$$G_n(z) = \frac{HG_S(z)}{1 + HG_S(z)\,G_R(z)}$$

Charakteristische Gleichung:
$$1 + HG_S(z)\,G_R(z) = 0$$

P-T$_1$-Strecke mit PID-Regler (Polvorgabe-Verfahren)

p-T_1-Strecke: $\qquad HG_S(z) = \frac{b_1 z^{-1}}{1 + a_1 z^{-1}}$

PID-Regler: $\qquad G_R(z) = \frac{q_0 + q_1 z^{-1} + q_2 z^{-2}}{1 - z^{-1}}$

Charakt. Gleichung: $\quad 1 + \frac{b_1 z^{-1}(q_0 + q_1 z^{-1} + q_2 z^{-2})}{(1 - z^{-1})(1 + a_1 z^{-1})} = 0$

1. auf gemeinsamen Nenner bringen.
2. Zähler null setzen.
3. Ansatz für stabilen Regelkreis
$$(z - z_1)(z - z_2)(z - z_3) = 0$$
oder 4. Ausmultiplizieren und
Koeffizientenvergleich mit 2.

PID-Parameter $\qquad q_0 = \frac{1 - a_1 - (z_1 + z_2 + z_3)}{b_1}$
$$q_1 = \frac{z_1 z_2 + z_1 z_3 + z_2 z_3 + a_1}{b_1}$$
$$q_2 = -\frac{z_1 z_2 z_3}{b_1}$$

$G_R(z)$ $\qquad$ z-Übertragungsfunktion des Reglers,
$G_S(z)$ $\qquad$ z-Übertragungsfunktion der Strecke,
H $\qquad\quad$ Halteglied.

3) Simulation der Regelstrecke.

Bei bekannten Streckenparametern a_i, b_i ist die umgeformte Differenzengleichung:

$$y(k) = -a_1 y(k-1) - a_2 y(k-2) - \cdots - a_m y(k-m)$$
$$+ b_0 u(k-N) + \cdots + b_m u(k-m-N)$$

k Laufvariable $(t = kT_0)$, m Ordnung der Strecke,
N Dauer der Totzeit $(N = 0$ keine Totzeit),
$u(k)$ beliebige diskrete Stellgröße.

4) Systemidentifikation.

Bestimmung der unbekannten Parameter der Differenzengleichungen aus den Ein- und Ausgangsgrößen der Strecken.
Gleichungen der Ein- und Ausgangsgrößen für jeden Abtastschritt
$$\vec{y}(k) = \Psi_k \vec{\Theta}$$

Vektor der abgetasteten Regelgrößen $\vec{y}(k)$ zum Zeitpunkt $t = kT_0$ und der unbekannten Streckenparameter $\vec{\Theta}$.

$$\vec{y}(k) = \begin{pmatrix} y(k) \\ y(k-1) \\ \vdots \\ y(k-n) \end{pmatrix} \quad \text{und} \quad \vec{\Theta} = \begin{pmatrix} a_1 \\ \vdots \\ a_m \\ b_0 \\ \vdots \\ b_m \end{pmatrix}$$

Matrix Ψ_k der Regelgrößen $y(k)$ und diskreten Stellgrößen $u(k)$ zum Zeitpunkt $t = kT_0$

$$\Psi_k = \begin{pmatrix} -y(k-1) & \ldots & -y(k-m) & u(k-N) & \ldots & u(k-m-N) \\ -y(k-2) & \ldots & -y(k-1-m) & u(k-1-N) & \ldots & u(k-1-m-N) \\ \vdots & & \vdots & \vdots & & \vdots \\ -y(k-1-n) & \ldots & -y(k-n-m) & u(k-n-N) & \ldots & u(k-m-n-N) \end{pmatrix}$$

Lösung: Schätzvektor für die Streckenparameter

$$\hat{\Theta} = (\Psi_k^T \Psi_k)^{-1} \Psi_k^T \bar{y}_k$$

T_0 Abtastzeit.

Relativistische Elektrodynamik

Ein rein elektr. Feld erhält im bewegten Koordinatensystem zusätzlich ein magnet. Feld; ein rein magnet. zusätzlich ein elektr. Feld.

$$\boxed{\vec{F}_{\mathrm{el}} = \gamma\,\vec{F}_{\mathrm{magn}}}$$

mit $\quad \gamma = \dfrac{1}{\sqrt{1-(v/c)^2}} \quad$ und $\quad c^2 = \dfrac{1}{\varepsilon_0\mu_0}$

Ortsfester Draht	Bewegter Draht
Ladungsdichte $\varrho_\oplus = -\varrho_\ominus$, d. h. elektrisch neutral	$\varrho'_\oplus + \varrho'_\ominus = \varrho_\oplus\,\gamma v^2/c^2$ elektrisch geladen (Längenkontraktion)
LORENTZ-Kraft	elektrostatische Kraft
$F = Q\,\lvert \vec{v} \times \vec{B}\rvert = Q\,v\dfrac{\mu_0 I}{2\pi r}$	$F' = Q\,E = \dfrac{v^2\varrho_\oplus A Q\gamma}{2\pi\,\varepsilon_0 r\,c^2}$

v Relativgeschwindigkeit, c Lichtgeschwindigkeit.

Reluktanz *Widerstand, magnetischer.

Remanente Größe

Der Wert einer magnet. Größe, der an einer Stelle verbleibt, wenn die magnet. Feldstärke an dieser Stelle (vom Sättigungszustand) auf Null verringert wird (magnetische Remanenz).

Remanenzflussdichte, magnetische

Flussdichte $B_r = J_r$ bei $H = 0$. in der Grenzschleife (*Hystereseschleife im Bereich der magnet. Sättigung).

Resonanzkreis *Schwingkreis.

Reynolds-Zahl, magnetische

Kennzahl für den Magnetismus.

$$Rm,\ Re_{\mathrm{m}} = v\mu\kappa l$$

Risstiefemessung

Vierpunkt-Widerstandsmessung (Potentialsonden- oder Vierspitzenverfahren). Man schickt einen Gleichstrom (max. 10 A) oder Wechselstrom (<1 A/>1 kHz) durch den Prüfling und misst quer zur Stromdichtung den Spannungsabfall. Ein Riss verringert den leitenden Querschnitt und erhöht den Spannungsabfall sprunghaft.

$$\text{Risstiefe} \sim \Delta U = U_r - U_0 = \dfrac{I\,(l_r - l_0)}{A\,\kappa}$$

$$\boxed{\dfrac{U_r}{U_0} = \dfrac{R_r}{R_0} = \dfrac{\varrho d/A_r}{\varrho d/A_0} = \dfrac{A_0}{A_r} = \dfrac{h_0}{h_0 - h_r}}$$

für $d = \text{const}$

Eichung mit einer Kennlinie (Plattendicke und Sondenabstand vorgegeben).

A_r, A_0	Leiterquerschnitt ($\perp$ Stromrichtung) mit und ohne Riss	(m^2)
h_r, h_0	Risstiefe und Probendicke	(m)
l_r, l_0	Stromweg mit und ohne Riss	(m)

R_r, R_0	Widerstand mit und ohne Riss	(V)
U_r, U_0	Spannungsabfall mit und ohne Riss	(V)
ϱ	spezif. Widerstand des Prüflings	($\Omega\,\mathrm{m}$)

rms *Effektivwert.

Sättigungspolarisation

Magnetische Sättigung in der *Zustandskurve nichtlinarer Magnetika; bei hoher Magnetfeldstärke näherungsweise konstante Polarisation J_s.

Säulenwiderstand

Atmosphär. Elektrizitätslehre: der elektr. Widerstand der Luftsäule zw. zwei Höhen über Grund z:

$$\boxed{R_S = \int_{z_1}^{z_2} \dfrac{\mathrm{d}z}{\gamma(z)}\,(z_2 - z_1)} \quad (\Omega\,\mathrm{m}^2)$$

γ *Luftleitfähigkeit (S/m).

Schaltalgebra *Log. Verknüpfung.

Scheingröße

Komplexer Zeiger $\underline{Z}$ einer Wechselgröße, z. B. *Impedanz, *Admittanz.

Scheinleistung

Betrag der komplexen elektr. *Leistung, Produkt aus komplexer Spannung und konjugiert komplexer Stromstärke.

$$\boxed{P_s = \lvert\underline{P}\rvert = \lvert\underline{U}\rvert \cdot \lvert\underline{I}^*\rvert} \quad \mathrm{W}$$

Bei sinusförmigen Größen: *Effektivleistung*.

$$P_{\mathrm{eff}} = U_{\mathrm{eff}} I_{\mathrm{eff}}.$$

Vgl. *Wirkleistung, *Blindleistung, *Impedanz, *Leistungsmessung.

1 Watt (W) = 1 VA = 1 Volt · 1 Ampere.

Scheitelfaktor

oder *Crestfaktor* F_C. Verhältnis der Amplitude (Scheitelwert) zum Effektivwert einer Wechselspannung.

$$\boxed{k_s = \dfrac{\hat{u}}{U} = \dfrac{\hat{i}}{I}} = \begin{cases} \sqrt{2} & \text{sinusförmig} \\ \sqrt{3} & \text{dreieckförmig} \\ \sqrt{3} & \text{sägezahnförmig} \\ 1 & \text{rechteckförmig} \end{cases}$$

Schichtdickemessung

Methoden zur Bestimmung von Schichtdicken.

1) *Wirbelstromverfahren: für nicht ferromagnetische Schichten auf nicht ferromagnetischem Träger.

2) Magnetische Schichtdickemessung.

Aufsatzmesssystem. Der Prüfling (als magnet. Widerstand) verzerrt das Feld zw. zwei gegeneinander gepolten Permanentmagneten.

Anwendung für: Isolator oder Leiter auf Eisenmetall.

3) Barkhausen-Rauschen

Jochmagnetisierung (0.1–100 Hz) induziert *Mikrowirbelströme* an Korngrenzen und Ausscheidungen. Mit einer Luftspule wird die Magnetisierung (M), mit einer HALL-Sonde die Tangentialfeldstärke H gemessen. Das $M(H)$-Diagramm zeigt zwei Maxima (Träger und Härtungsschicht).

Anwendung für: Eisenmetall auf Eisenmetall, z. B. lasergehärtete Randschichten.

Schlupf

Kinemat. Größe bei elektr. Maschinen:

$$s = \frac{\omega_s/p - \Omega_m}{\omega_s/p} \qquad \text{(Dimension 1)}$$

p Polpaarzahl, ω_s Stator-Kreisfrequenz, $\Omega_m = 2\pi n$ mechan. Wickelgeschwindigkeit.

bei Motoren $\qquad s = 1 - \dfrac{n}{n_s} \qquad\qquad (1 = 100\%)$

bei Generatoren $\quad s = \dfrac{n}{n_s} - 1 \qquad\qquad (1 = 100\%)$

Schlupfdrehzahl bei Wechselstrom- und Drehstrommaschinen

$$\boxed{n_{sch} = n_s - n} \qquad \text{s}^{-1}$$

n Läuferdrehzahl (s^{-1})
n_s synchrone Drehzahl, Drehfelddrehzahl (s^{-1})

Schmitt-Trigger

Schaltung aus zwei Transistoren und Widerständen. obere (1) und untere (2) Schwellenspannung

$$U_1 = I_{C2}\, R_E + U_{BE1} \qquad U_2 = I_{C1}\, R_E + U_{BE1}$$

Schaltdifferenz

$$\Delta U = U_1 - U_2 = (I_{C2} - I_{C1})\, R_E$$

I_C Kollektorstrom des Transistors (1 oder 2) (A)
R_E Emitterwiderstand (Ω)
U_{BE} Basis-Emitter-Spannung (V)

Schnittstelle

serielle Schnittstelle: sequentielle Datenübertragung, besonders über große Entfernungen.

- *RS-432:* bis 4 m Entfernung, Pegel >0 (logisch 0), <0 (logisch 1); bis 0,1 Mbit/s schnelle Übertragung.
- *RS-422:* bis 2 m Entfernung, bis 1 Mbit/s schnelle Übertragung.
- *RS-485:* bis 2 m Entfernung, bis 10 Mbit/s schnelle Übertragung.
- *V.24 bis V.28:* bis 1,2 m Entfernung, Pegel ±3 bis ±15 V, Übertragungsrate bis 20 kbit/s, v. a. PC-Peripherie.
- *TTY:* für große Entfernungen, Pegel 0 (logisch 1) und 20 mA (logisch 0), bis 9600 bit/s, sichere Übertragung.

parallele Schnittstelle: gleichzeitige Übertragung von 8 Datenbits.

- *Centronics:* bis 8 m Entfernung, Pegel 0–0,8 V (logisch 0), 2–5 V (logisch 1); bis 1 Mbit/s schnelle Übertragung; v. a. Druckerschnittstellen mit 36-Pol-„Amphenolstecker" oder 25-Pol-IBM-PC-Stecker.
- *IEEE-488* (IEC-Bus): bis 8 m Entfernung, Pegel 5 V (logisch 0), 0 V (logisch 1), bis 2 Mbit/s schnelle Übertragung; v. a. Laborautomatisierung.

Schrittmotor

$$z_u = 2\,p\,m; \qquad \alpha = \frac{360°}{2\,p\,m}; \qquad n = \frac{f_s}{2\,p\,m} = \frac{f_s}{z_u}$$

f_s	Schrittfrequenz	(s^{-1})
m	Strangzahl,= Phasenzahl	(Dim. 1)
n	Umdrehungsfrequenz, Drehzahl	(s^{-1})
p	Polpaarzahl des Läufers	(Dim. 1)
z_u	Schrittzahl je Umdrehung	(Dim. 1)
α	Schrittwinkel	(rad)

Schwingkreis

Resonanzkreis. Serien- oder Parallelschaltung aus Widerstand, Induktivität und Kapazität.

Serienschwingkreis	Parallelschwingkreis

Schaltung: R-L-C   Schaltung R‖L‖C

$$\underline{U} = \underline{U}_R + \underline{U}_L + \underline{U}_C \qquad \underline{I} = \underline{I}_G + \underline{I}_L + \underline{I}_C$$

$$\underline{Z} = R + j\left(\omega L - \frac{1}{\omega C}\right) \qquad \underline{Y} = G + j\left(\omega C - \frac{1}{\omega L}\right)$$

$$Z = \sqrt{R^2 + \left(\omega L - \frac{1}{\omega C}\right)^2} \qquad Y = \sqrt{G^2 + \left(\omega C - \frac{1}{\omega L}\right)^2}$$

$$\varphi = \arctan\frac{\omega L - [\omega C]^{-1}}{R} \qquad \varphi = -\arctan\frac{\omega C - [\omega L]^{-1}}{G}$$

Resonanz im Schwingkreis:

$$\boxed{\omega_0 = 2\pi f_0 = \frac{1}{\sqrt{LC}}} \quad \text{und} \quad \varphi = 0,\; X_L = X_C$$

Siebkreis, Strommaximum   *Sperrkreis*, Stromminimum.

Frequenz für ±45° Phasenverschiebung

$$\omega_{45} = \sqrt{\frac{1}{LC} + \left(\frac{R}{2L}\right)^2} \pm \frac{R}{2L} \qquad \omega_{45} = \sqrt{\frac{1}{LC} + \left(\frac{G}{2L}\right)^2} \pm \frac{G}{2C}$$

Kreisgüte im Schwingkreis

$$Q = \frac{\omega_0 L}{R} = \frac{1}{\omega_0 RC} = \frac{1}{R}\sqrt{\frac{L}{C}} \qquad Q = \frac{\omega_0 C}{G} = \frac{1}{\omega_0 LG} = \frac{1}{G}\sqrt{\frac{C}{L}}$$

Bandbreite im Schwingkreis

$$B = \frac{\Delta\omega_{45}}{2\pi} = \frac{R}{2\pi L} \qquad\qquad B = \frac{G}{2\pi C}$$

Relative Bandbreite

$$\frac{B}{f_0} = \frac{\Delta\omega_{45}}{\omega_0} = \frac{R}{\omega_0 L} \qquad\qquad \frac{B}{f_0} = \frac{G}{\omega_0 C}$$

Verstimmung im Schwingkreis

$$v = \frac{\omega}{\omega_0} - \frac{\omega_0}{\omega}$$

X_L, X_C induktiver, kapazitiver Blindwiderstand (Ω)

Schwingungspaketsteuerung

Leistung ohne Schwingungspaketsteuerung

$$P_0 = U\,I\,\cos\varphi$$

Leistung bei Schwingungspaketsteuerung

$$\boxed{P = \frac{t_E}{T_s}\,P_0}$$

t_E	Einschaltdauer des Verbrauchers	(s)
T_s	Dauer der Schaltperiode	(s)

Schwund, magnetischer

Abnahmegeschwindigkeit $-\dot\Phi$ (in V = Wb/s), des magnet. Flusses Φ in einem elektr. *Feld (vgl. *Umlaufspannung).

Shannon (Sh)

Einheit der Dimension 1 in der Informationstheorie für Entscheidungsgehalt H_0, Entropie H, Informationsgehalt I, Redundanz $R = H_0 - H$, mittleren Transinformationsgehalt T (Synentropie) u.s.w.

Frühere Einheit: 1 Bit = 1 Sh.

Siebschaltung

*Schwingkreis mit gleich großem kapazitiven und induktiven Widerstand.

Pulsfrequenz und Pulskreisfrequenz

$$f_p = f\,z_p \qquad\qquad \omega_p = 2\pi\,f_p$$

z_p Pulszahl je Periode.

Siebfaktor bei *RC-Siebung*

$$s = \frac{U_{p1}}{U_{p2}} = \sqrt{R_s^2\,\omega_p^2\,C_s^2 + 1} \approx \omega_p R_s C_s \qquad \text{(Dim. 1)}$$

bei *LC-Siebung*

$$s = \frac{U_{p1}}{U_{p2}} = \omega_p^2 L_s C_s - 1 \approx \omega_p^2 L_s C_s \quad (\text{Dim.1})$$

R_s	Siebwiderstand	(Ω)
C_s	Siebkapazität	$(F = s/\Omega)$
L_s	Siebinduktivität	$(H = \Omega\,s)$
U_p	Brummspannung am Kondensator.	

parallel: 1 = vor, 2 = hinter R_s bzw. L_s.

Skalenkonstante

oder *Gerätekonstante*. Bei Messgeräten mit Mehrbereichsskala derjenige Größenwert k, mit dem der Zahlenwert der Anzeige z_A multipliziert werden muss, um den gesuchten Messwert zu erhalten:

$$x = kz_A \text{ und } k = \frac{\text{Messbereichsendwert}}{\text{Skalenendwert}}$$

Skalenteil

Teilungseinheit einer Strichskale, z. B. der in Länge oder Winkel gemessene Abstand zweier benachbarter Teilstriche auf einer Skala (Teilstrichabstand).

Beispiel: Ein Amperemeter hat eine Skala 0, 20, 40, . . . , 100 mit Teilstrichen 0, 2, 4, 6,. . . und einen Messbereich von 0 bis 20 mA. Die Skalenkonstante ist $k = 20$ mA/100 $= 0,2$ mA. Der Skalenteilungswert ist $k \cdot 2 = 0,4$ mA.

Skineffekt

Bei hohen Frequenzen (> 10 MHz) führt nur die Außenhaut des Leiters Strom.

Beim Wechselstrom durchflossenen geraden Leiter fließen *Wirbelströme im Leiterinneren (gegen die Stromrichtung) und auf der Leiteroberfläche (in Stromrichtung).

Eindringtiefe: Entfernung von der Leiteroberfläche ins Leiterinnere, bis der Strom auf den e-ten Teil (37%) abgesunken ist.

$$\delta = \sqrt{\frac{2}{\kappa\,\mu\,\omega}}$$

κ Leitfähigkeit, μ Permeabilität, ω Kreisfrequenz.

Software-Engineering

Systemat. Anwendung von Werkzeugen und Methoden zur Herstellung und Verwendung von Software unter den Gesichtspunkten Kosten, Zeitaufwand, Qualitätsstandard.

Entstehungszyklus einer Software

1. Problemanalyse, Spezifikation (Pflichtenheft, Zeitplan)
2. Entwurf: System, Schnittstellen, Komponenten (Struktur, Daten, Prozeduren)
3. Implementierung: Programmierung, Codierung
4. Testen (Programm, System, Integration)
5. Installation: Abnahme und Einführung
6. Nutzung: Wartung und Pflege.

Solarzelle

*Optoelektronisches Halbleiter-Bauelement mit großflächigem *pn*-Übergang, das Sonnenenergie in elektr. Energie wandelt.

Strom-Spannungs-Kennlinie einer Silicium-Solarzelle: $I(U) \approx$const bis ca. 0,4 V, dann steiler Abfall. Der optimale Arbeitspunkt liegt bei maximaler Leistung und wird durch einen Lastwiderstand R_L eingestellt.

Füllfaktor (Kurvenfaktor) $\quad \varphi = \dfrac{(I\,U)_{max}}{I_k\,U_0} = \dfrac{P_{max}}{I_k\,U_0} \approx 75\%$

Leerlaufspannung	$U_0 \approx 0{,}5$ V
maximale Leistung	$P_{max} \approx 0{,}05$ W
Wirkungsgrad	$\eta = \dfrac{P_{max}}{\Phi_e} = \dfrac{I_k\,U_0\,\varphi}{E_e\,A}$
Widerstandsgerade	$I = U/R_L$

A Fläche, E_e Bestrahlungsstärke, I_k Kurzschlussstrom.

Source

engl. für: *Quelle*, z. B. eines FET oder Vierpols.

Spannung, elektrische

Verhältnis der umgesetzten Leistung zum durchfließenden Strom in einem Leiter. Potentialdifferenz zw. zwei Punkten eines Leiters.

$$U = \frac{P}{I} = \frac{W}{Q} = \varphi_1 - \varphi_2$$

Die SI-Einheit ein *Volt* liegt zw. zwei Punkten eines fadenförmigen, metall. Leiters an, durch den der Strom 1 Ampere fließt und die Wärmeleistung 1 Watt freigesetzt wird.

$$1\,\text{V} = \text{W/A} = \text{J/C} = \text{N\,m/(A\,s)} = \text{m}^2\text{kg\,s}^{-3}\text{A}^{-1}$$

Wird ein JOSEPHSON-Kontakt zw. zwei Supraleitern von einem Gleichstrom und einem Wechselstrom durchflossen, so nimmt die Spannung mit steigendem Strom stufenförmig zu: $\Delta U = h\nu/2e$.

ν charakteristische Frequenz.

1) Potentialdifferenz. Die *Spannung U_{12} im wirbelfreien elektr. Feld*, längs eines Weges $\vec{s}$ vom Anfangspunkt A (Index 1) zum Endpunkt B (Index 2), ist die *Potentialdifferenz* zw. den zwei Punkten im elektr. Feld.

Ein kleiner Körper, der die gleichbleibende Elektrizitätsmenge Q trägt, wird in einem elektr. Feld von seinem Anfangspunkt A zu einem Endpunkt B verschoben. Dabei verrichten die Feldkräfte an dem Körper eine Arbeit W_{AB}, die proportional zur Elektrizitätsmenge Q ist.

$$W_{AB} = U \cdot Q = (\varphi_B - \varphi_A) \cdot Q =$$
$$= \int_O^B \vec{F}(\vec{r})\,\mathrm{d}\vec{r} - \int_O^A \vec{F}(\vec{r})\,\mathrm{d}\vec{r}$$

mit $\vec{F}(\vec{r}) = Q \cdot \vec{E}(\vec{r})$ und $\varphi = W/Q$:

$$U_{12} = \varphi_B - \varphi_A = \int_A^B \vec{E}(\vec{r})\,\mathrm{d}\vec{r} = -\int_B^A \vec{E}(\vec{r})\,\mathrm{d}\vec{r}$$

$\vec{r}$ ist das Linienelement der Wegkurve.

2) *Umlaufspannung.

3) Quellenspannung (ohne Stromfluss) und *Klemmenspannung* (bei Stromfluss) beruhen auf Vorgängen im Inneren der Stromquelle, die durch den Innenwiderstand R_i beschrieben werden (*galvan. Stromquellen, *Überspannung, *Zersetzungsspannung).

4) Augenblickswert oder *Momentanspannung*. Speziell für Sinusgrößen:

$$u = U(t) = \hat{u}\,\sin\varphi = \hat{u}\,\sin(\omega t)$$

$\hat{u}$ Amplitude (Scheitelwert), φ Phasenwinkel.

5) Effektivspannung. Quadrat. Mittelwert einer sinusförmigen Wechselspannung.

$$U = U_{\text{eff}} = |\underline{U}| = \sqrt{\frac{1}{\Delta t} \int_0^{\Delta t} \left[\hat{u}\sin\omega t\right]^2 \mathrm{d}t} = \frac{\hat{u}}{\sqrt{2}}$$

6) Gleichrichtwert. Absoluter Mittelwert einer sinusförmigen Wechselspannung.

$$\bar{U} = \frac{1}{\Delta t} \int_0^{\Delta t} |\hat{u}\sin\omega t|\mathrm{d}t = \frac{2}{\pi}\hat{u} = 0{,}637\,\hat{u}$$

7) Komplexe Spannung, komplexe Wechselspannung

$$\begin{aligned}\underline{U} &= U\,\mathrm{e}^{\mathrm{j}(\omega t\,\varphi_{\mathrm{u}})} = U\,\mathrm{e}^{\mathrm{j}\omega t}\,\mathrm{e}^{\mathrm{j}\varphi_{\mathrm{u}}}\\ &= U\,\mathrm{e}^{\varphi_{\mathrm{u}}} \quad (t=0)\end{aligned}$$

$U = U_{\text{eff}} = |\underline{U}|$ Effektivspannung.

8) Mittlere Spannung. Linearer Mittelwert einer sinusförmigen Wechselspannung.

$$\bar{U} = \frac{1}{\Delta t} \int_0^{\Delta t} \hat{u}\sin\omega t\,\mathrm{d}t = 0$$

mit $\quad \Delta t = \dfrac{2\pi}{\omega}n \quad$ und $\quad n = 1,2,3,\dots$

Spannung, magnetische

Im *Durchflutungsgesetz analog zu elektr. Spannung definiert. Linienintegral der magnet. Feldstärke $\vec{H}$ längs des Weges $|\vec{s}|$ zw. zwei Raumpunkten P_1 und P_2.

$$\frac{\text{Arbeit}}{\text{magnet. Fluss}} \qquad \boxed{V = \frac{W}{\Phi} = \int_1^2 \vec{H}\,\mathrm{d}\vec{s}} \qquad A = \frac{J}{Wb}$$

magnetische Umlaufspannung, wenn Anfangs- und Endpunkt entlang des geschlossenen Weges $\vec{s}$ zusammenfallen.

$$\overset{\circ}{V} = \oint_s \vec{H}\,\mathrm{d}\vec{s}$$

Homogenes Feld: Bei einer Zylinder- oder Ringspule ändert sich die Magnetfeldstärke längs des Weges und wird über die Teilspannungen aufsummiert.

magnetische Urspannung = Strom · Windungszahl

$$V = \sum_i H_i\,l_i = H\,l = I\,N$$

l Länge, I Stromstärke, N Windungszahl.

Inhomogenes Magnetfeld

$$V_{12} = \int_1^2 \vec{H}\,\mathrm{d}\vec{s} \approx H\,l\cos(\vec{H},\vec{H}_{\mathrm{n}})$$

Spannungsamplitude

Scheitelwert einer Wechselspannung: $U_{\max} = \hat{U}$

Spannungsmessung

Anwendung elektr. Messgeräte und Schaltungen.

1) Voltmeter. In einem unverzweigten Stromkreis ist die Summe aller Spannungsabfälle gleich der Klemmenspannung. Das Messgerät muss daher parallel zum Verbraucher R_{V}, d. h. im *Nebenschluss,* liegen. Der Innenwiderstand des Voltmeters R_{M} soll groß, d. h. der Messstrom winzig sein (hochohmige Messung). Die angezeigte Spannung U_{M} ist:

$$U_{\mathrm{M}} = I\left(\frac{1}{R_{\mathrm{V}}^{-1} + R_{\mathrm{M}}^{-1}} - R_{\mathrm{i}}\right)$$

Für Spannungen, die über den Messbereich hinausgehen, wird ein Vorwiderstand in Reihe eingeschaltet, an dem die Hauptspannung abfällt.

2) Messbereichserweiterung eines *Voltmeters.* Vorwiderstand R_{s} in Serie zum Messwerkwiderstand R_{V}.

$$R_{\mathrm{s}} = \frac{U_{\mathrm{s}}}{I_{\mathrm{V}}} = \frac{U - U_{\mathrm{V}}}{I_{\mathrm{V}}} = R_{\mathrm{V}}\,(n-1)$$

Kenngröße des Voltmeters

$$r_{\mathrm{k}} = \frac{R_{\mathrm{V}}}{U_{\mathrm{V}}} = \frac{1}{I_{\mathrm{V}}}$$

$U \qquad$ zu messende Spannung $\hfill$ (V)
$n \qquad$ Faktor der Messbereichserweiterung: U/U_{V}

3) *Potentiometerschaltung* (*Spannungsteiler).
Man legt eine gleich große Gegenspannung an und regelt mittels Potentiometer und Amperemeter auf Nullstrom ein. Nachteil: Belastung der Messobjekts ($\sim \mu$A).
4) *Spannungsmessung im Wechselstromkreis.*
Wechselstrom und -spannung sind reelle Größen mit zeitabhängiger Phasenlage, die mathemat. als komplexe Größen beschrieben werden. Messgeräte zeigen die Beträge $|\underline{U}|$ und $|\underline{I}|$ an, im Fall sinusförmiger Signale sind dies die quadrat. Mittelwerte = Effektivwerte = [engl.] *root mean square* (rms).

Spannungspfeil

zur Kennzeichnung der Stromrichtung an ohmschen Bauelementen: von Plus nach Minus, vom hohen zum niedrigen Potential.

Spannungsquelle

oder *galvanisches Element* in einem Stromkreis.
1) Die reale Spannungsquelle hat einen Innenwiderstand R_{i}, der die theoret. Zellspannung U_{q} begrenzt.
Strom im Außenkreis

$$I = \frac{U_{\mathrm{q}}}{R_{\mathrm{i}} + R_{\mathrm{a}}}$$

Klemmenspannung (bei Belastung)

$$\boxed{U_{12} = I\,R_{\mathrm{a}} = U_{\mathrm{q}} - I\,R_{\mathrm{i}} = U_{\mathrm{q}}\frac{R_{\mathrm{a}}}{R_{\mathrm{i}} + R_{\mathrm{a}}}}$$

Leerlaufspannung (offene Klemmen)

$$U_{\mathrm{L}} = U_{\mathrm{q}}$$

Kurzschlussstrom ($U_{12} = 0$, $R_{\mathrm{a}} = 0$)

$$I_{\mathrm{K}} = \frac{U_{\mathrm{q}}}{R_{\mathrm{i}}} = \frac{U_{\mathrm{L}}}{R_{\mathrm{i}}}$$

Innenwiderstand der Quelle = Steigung der Strom-Spannungs-Kennlinie $U_{12}(I)$

$$\boxed{R_{\mathrm{i}} = \frac{1}{G_{\mathrm{i}}} = \frac{U_{\mathrm{L}}}{I_{\mathrm{k}}}}$$

Leistung im Außenkreis

$$P_{\mathrm{a}} = \frac{R_{\mathrm{a}}\,U_{\mathrm{q}}^2}{(R_{\mathrm{i}} + R_{\mathrm{a}})^2} = \frac{U_{\mathrm{q}}^2}{R_{\mathrm{i}}}\frac{v}{(1+v)^2}$$

Gesamte elektrische Leistung

$$P = P_{\mathrm{a}} + P_{\mathrm{i}}$$

Leistungsanpassung. Maximale Leistungsentnahme, wenn $R_{\mathrm{a}} = R_{\mathrm{i}}$.

$$P_{\mathrm{a,max}} = \frac{U_{\mathrm{q}}^2\,R_{\mathrm{i}}}{4}$$

7

Elektrotechnik

R_a Widerstand im Außenkreis,
$\nu = R_a/R_i$ Widerstandsverhältnis.

2) Überlagerung von Spannungsquellen.

HELMHOLTZsches Superpositionsprinzip oder *Überlagerungssatz* für ein Netzwerk mit mehreren Spannungsquellen. Jede Stromstärke I_m in einem Stromzweig ist die Summe aller durchfließenden Teilströme $I_{m,i}$, die durch die einzelnen Quellenspannungen U_q verursacht werden.

$$I_m = \sum_{i=1}^{n} I_{m,i} = \sum_{i=1}^{n} G_i\, U_{q,i}$$

G_i entspricht dem Leitwert des Netzwerkes, falls es ausschließlich von der Spannungsquelle $U_{q,i}$ versorgt würde.

Anwendung: Bei einem Netzwerk aus zwei Maschen (zwei Spannungsquellen) werden die Teilströme I_2' und I_2'' (jeweils für das ganze Netzwerk, aber unter Fortlassen der Spannungsquelle im anderen Zweig) berechnet und aufsummiert. Stromrichtung beachten!

Spannungsschutz

Schutzmaßnahmen gegen Berührungsspannung.

---

höchstzulässige Berührungsspannung
a) im TT-Netz $\qquad U_L \leq R_a\, I_a \quad$ (V)
b) im IT-Netz $\qquad U_L \leq R_a\, I_a \quad$ (V)
c) Fehlerstromschutzeinrichtung

$$U_L \leq R_A\, I_{\Delta n} \quad \text{(V)}$$

Impedanz der
Fehlerschleife $\qquad Z_s = \dfrac{U_{01} - U_{02}}{I} \quad$ (Ω)

Abschaltstrom $\qquad I_a \leq \dfrac{U_0}{Z_s} \quad$ (Ω)

Kurzschlussstrom $\qquad I_k = \dfrac{U_{01}}{Z_s} = \dfrac{U_{01}\, I}{U_{01} - U_{02}} \quad$ (Ω)

I	Belastungsstrom	(A)
I_d	Fehlerstrom im Fall des ersten Fehlers	
	zw. Körper und Außenleiter	(A)
$I_{\Delta n}$	Nennfehlerstrom	(A)
U_0	Nennspannung gegen PEN-Leiter	(V)
U_{01}	Spannung zwischen unbelastetem Außenleiter	
	und dem PE- oder PEN-Leiter	(V)
U_{02}	Spannung zwischen belastetem Außenleiter	
	und dem PE- oder PEN-Leiter	(V)

Spannungsstoß

Elektr. Spannungsstoß = Spannung · Zeit

$$\boxed{S_e = U\, t} \quad \text{V s}$$

In einer bewegten Leiterschleife im Magnetfeld: *magnet. Fluss.

Spannungsteiler

Potentiometerschaltung

1) Komplexer Spannungsteiler. Serienschaltung zweier Impedanzen.

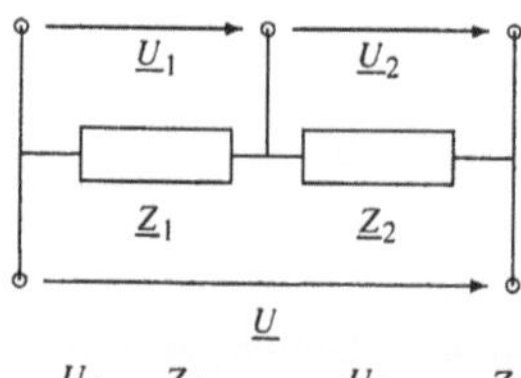

$$\frac{U_1}{U_2} = \frac{Z_1}{Z_2} \quad \text{und} \quad \frac{U_2}{U} = \frac{Z_2}{Z_1 + Z_2}$$

2) Unbelasteter Spannungsteiler. Zwei Widerstände in Serie (oder Unterteilung eines Widerstandes in zwei Teilwiderstände).

$$I = I_1 = I_2 = \text{const}$$

$$\frac{U_1}{U_2} = \frac{R_1}{R_2} \quad \text{und} \quad \frac{U_2}{U} = \frac{U_2}{U_1 + U_2} = \frac{R_2}{R_1 + R_2}$$

3) Belasteter Spannungsteiler. Zwei Widerstände (1 und 2) in Serie und an R_2 hängt parallel der Lastwiderstand R_L.

$$I_2' = I_2 + I_L$$

$$\frac{U_2}{U} = \frac{R_2 R_L}{R_1 R_2 + R_1 R_L + R_2 R_L}$$

Spannungsverhältnis bei der *Reihenschaltung* (vgl. *Kirchhoff-Regeln).

zwei Widerstände: $\qquad U_1 = U\,\dfrac{G_2}{G_1 + G_2} = U\,\dfrac{R_1}{R_1 + R_2}$

drei Widerstände: $\qquad U_1 : U_2 : U_3 = R_1 : R_2 : R_3$

4) Frequenzunabhängiger Spannungsteiler. Serienschaltung zweier RC-Parallelglieder, $Z_1 = (R_1 \parallel C_1)$ und $Z_2 = (R_2 \parallel C_2)$.
Für $R_1 C_1 = R_2 C_2$ ist:

$$\frac{U_2}{U} = \frac{R_2}{R_1 + R_2} \quad \text{und} \quad \varphi_2 = 0$$

5) Wien'scher Teiler. Serienschaltung von RC-Serienglied $Z_1 = (R_1{\_}C_1)$ und RC-Parallelglied $Z_2 = (R_2 \parallel C_2)$.

$$\frac{U_2}{U} = \frac{1}{\sqrt{9 + \left(\dfrac{\omega}{\omega_0} - \dfrac{\omega_0}{\omega}\right)^2}}$$

$$\varphi_2 = -\arctan\left[\frac{1}{3}\left(\frac{\omega}{\omega_0} - \frac{\omega_0}{\omega}\right)\right]$$

Maximales Teilungsverhältnis:

$$\left.\begin{array}{l} C_1 = C_2 = C \\ R_1 = R_2 = R \end{array}\right\} \quad \text{bei} \quad \omega = \omega_0 = \frac{1}{RC}$$

Spannungsteiler, mehrstufiger

Hintereinanderschaltung von Spannungsteilern im Vierpol.

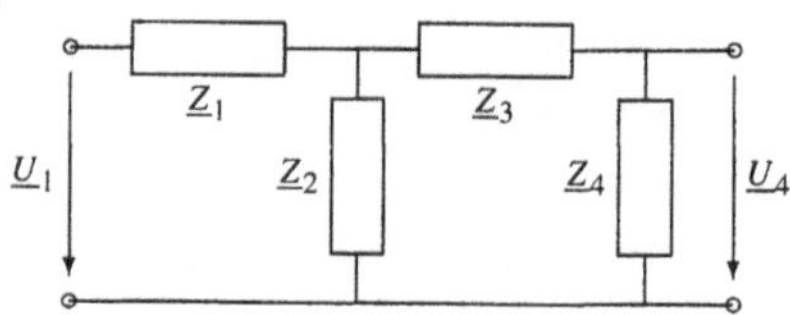

$$\frac{\text{Ausgang } U_4}{\text{Eingang } U_1} = \frac{U_4}{U_2}\frac{U_2}{U_1}$$

$$= \frac{Z_2 Z_4}{Z_1(Z_2 + Z_3 + Z_4) + Z_2(Z_3 + Z_4)}$$

1) Doppelte RC-Kombination: Anwendung zur 90°--Phasendrehung. Vierpol mit $Z_1 = Z_3 = C$ und $Z_2 = Z_4 = R$; Hintereinanderschaltung zweier *Hochpässe.

$$\frac{\text{Ausgang } U_2}{\text{Eingang } U_1} = j\,\frac{\omega C R^2}{3R + j\left(\omega C R^2 - \dfrac{1}{\omega C}\right)}$$

Spezialfall für $\varphi = 90°$:

$$\omega C R^2 - \frac{1}{\omega C} = 0 \Rightarrow R = \frac{1}{\omega C}; \ \frac{U_2}{U_1} = \frac{1}{3}; \ \varphi_{12} = \frac{\pi}{2}$$

2) Dreistufige RC-Kombination
zur 180°-Phasendrehung.

$$R = \frac{1}{\sqrt{6}\,\omega C}; \quad \frac{U_2}{U_1} = \frac{1}{29}; \quad \varphi_{21} = \pi$$

Speicherbauelemente

Halbleiterspeicher.

1) Speicherorganisation. Die *Speichermatrix* ist in Zeilen und Spalten organisiert. Mit der *Zeilenadresse* wählt der Adressdecoder eine Zeile und legt ihren Inhalt in der *Wortauswahl*-Zeile ab. Mit der *Spaltenadresse* wird aus der Wortauswahl ein *Wort* (Anzahl von Bits) für den E/A-Puffer ausgewählt. Zahl der Speicherzellen = Speichertiefe × Wortbreite

Wortbreite = Anzahl der Bits, die parallel gelesen od. geschrieben werden können.

Speichertiefe = Anzahl der adressierbaren Worte.

Zugriffszeit = Zeit vom Anlegen der gültigen Adresse bis zum Bereitstehen der Daten.

Zykluszeit = Zeit bis zum erneuten Zugriff auf den Speicher.

2) Flüchtige Speicher verlieren ihren Inhalt bei Zusammenbruch der Versorgungsspannung, engl. *random access memory* (RAM).

a) *Statisches RAM* (SRAM): bipolar (TTL, ECL) oder CMOS.

SyncRAM speichern die Adresse; während des Datenauslesens kann eine neue Adresse angelegt werden.

b) *Dynamisches RAM* (DRAM): CMOS, NMOS, Eintransistor-Speicherzelle mit Speicherkondensator. Ohne zyklisches Auffrischen Datenverlust!

VideoRAM (VRAM) schieben eine Zeile in ein Schieberegister; während dieses seriell ausgelesen wird, ist erneuter Datenzugriff möglich.

3) Nicht flüchtige Speicher behalten ihren Inhalt bei Abschalten der Versorgungsspannung; engl. *read only memory* (ROM, Nur-Lese-Speicher).

a) *Mask-ROM:* Maskenprogrammierte ROM; vom Hersteller programmierte NMOS-Technologie.

b) *PROM* (programmierbares ROM): bipolar (TTL, ECL) oder NMOS. Programmierung durch Zerstören von Verbindungen (Fuse-Technik) oder Diodenübergängen (Anti-Fuse-Technik).

c) *EPROM* (löschbares = erasable PROM): NMOS oder CMOS. Durch Bestrahlung im UV-Licht löschbar. Speicherung durch FAMOS-Transistoren (Floating Gate Avalanche Injection MOS); wobei „heiße" Elektronen aus dem MOS-Kanalbereich auf ein Floating Gate gehoben werden (räumlich getrennt vom Steuergate).

d) *EEPROM* (elektr. löschbares PROM): NMOS oder CMOS-Technik.

4) Sonderformen von Speichern: NV-RAM, Dual-Port-RAM, hybride Speicher.

Spule

Drahtschlinge oder auf einen Zylinder aufgewickelter Draht. Die *Induktivität L verzögert die Stromänderung. $U(t)$ eilt $I(t)$ um 90° voraus ($\varphi = +90°$).

Ideale Spule

Spannung:	$u_L = L\,\dfrac{di_L}{dt}$
Impedanz:	$\underline{Z} = j\omega L = j\,X_L$
Admittanz:	$\underline{Y} = [j\omega L]^{-1} = j\,B_L$

Reale Spule (R-L-Serienschaltung)

Spannung:	$U = \sqrt{U_R^2 + U_L^2} = I\,Z$
Impedanz:	$\underline{Z} = R + j\,\omega L$
Impedanzbetrag:	$Z = \sqrt{R + (\omega L)^2}$
Phasenwinkel:	$\varphi = \arctan \dfrac{U_L}{U_R} = \arctan \dfrac{\omega L}{R}$
Verlustwinkel:	$\delta = \arctan \dfrac{R}{\omega L}$
Verlustfaktor:	$d = \tan \delta$

1) Einschaltvorgang. Augenblickswerte des magnet. Feldes beim Einschalten des Stromflusses durch eine Spule L (mit Vor- bzw. Innenwiderstand R_e).

$$\boxed{\begin{aligned} u_L(t) &= U_q\,e^{-t/\tau} \\ i_K(t) &= \frac{U_q}{R_e}\left(1 - e^{-t/\tau}\right) \\ \tau &= L/R_e \end{aligned}}$$

2) Ausschaltvorgang. Augenblickswerte des magnet. Feldes beim Ausschalten des Stromflusses durch eine Spule L mit Vor- bzw. Innenwiderstand R_e (eingangseitig) und Entlade- oder Innenwiderstand R_a (ausgangseitig).

$$\boxed{\begin{aligned} u_L(t) &= -\frac{U_q R_a}{R_e}\,e^{-t/\tau} \\ i_L(t) &= \frac{U_q}{R_e}\,e^{-t/\tau} \\ \tau &= L/R_a \end{aligned}}$$

Maximal Strom und Spannung bei Stromunterbrechung an einer Spule.

$$U_{L,\max} = \frac{U_q R_a}{R_e} = I_{L,\max} R_a$$
$$I_{L,\max} = \frac{U_q}{R_e}$$

i	Augenblickswert des Stromes durch die Spule	(A)
U_q	angelegte Spannung	(V)
u_L	Gleichspannung an der Spule	(V)
R	Wirkwiderstand	(Ω)
t	Zeit nach dem Schalten	(s)
τ	Zeitkonstante	(s)

Einschaltvorgang (Laden)	Ausschaltvorgang (Entladen)
$\dfrac{dI}{dt} + \dfrac{R\,I}{L} - \dfrac{U}{L} = 0$	$\dfrac{dI}{dt} + \dfrac{R\,I}{L} = 0$
$I = \dfrac{U}{R}\left(1 - e^{-R\,t/L}\right)$	$I = I_0\,e^{-R\,t/L}$
exponentiell ansteigend von 0 bis U/R	exponentiell abfallend von I_0 bis 0.
$\dfrac{I}{U/R} = \dfrac{1}{e} \approx 37\%$	$\dfrac{I}{I_0} = 1 - \dfrac{1}{e} \approx 63\%$ bei $t = \dfrac{1}{\tau} = \dfrac{L}{R}$

Stern-Dreieck-Umwandlung

Zum Dreieck (Punkte 1, 2, 3) oder Stern (Ecken 1, 2, 3 und Kreuzungspunkt 0) angeordnete Widerstände.

Dreieckschaltung (D) $\rightarrow$ *Sternschaltung* (S)

$$R_{1N} = \frac{R_{12}\,R_{13}}{R_{12} + R_{23} + R_{13}}$$

$$R_{2N} = \frac{R_{12}\,R_{23}}{R_{12} + R_{23} + R_{13}}$$

$$R_{3N} = \frac{R_{13}\,R_{23}}{R_{12} + R_{23} + R_{13}}$$

Sternschaltung (S) → *Dreieckschaltung* (D)

$$R_{12} = R_{1N} + R_{2N} + \frac{R_{1N}\,R_{2N}}{R_{3N}}$$

$$R_{13} = R_{1N} + R_{3N} + \frac{R_{1N}\,R_{3N}}{R_{2N}}$$

$$R_{23} = R_{2N} + R_{3N} + \frac{R_{2N}\,R_{3N}}{R_{1N}}$$

für gleiche Widerstände

$$R_N = \frac{R_{ij}}{3} \quad \Leftrightarrow \quad R_{ij} = 3R_N$$

N Mittelpunkt der Sternschaltung.

Sternschaltung

Für Dreiphasenwechselstrom (Drehstrom): drei Widerstände $R_1 = R_2 = R_3$ wie ein Flugzeugpropeller angeordnet. *Strang* bezeichnet den einzelnen Widerstand, *Leiter* die äußere Netzstromklemme am Widerstand.

Leiterstrom I = Strangstrom I_{str}

Leiterspannung $U = \sqrt{3}\cdot$Strangspannung U_{str}

Strangscheinleistung $S_{str} = U\,I\,/\sqrt{3}$

gesamte Scheinleistung für gleichmäßige Belastung

$$S = \sqrt{3}\,U\,I = \sqrt{P^2 + Q^2} = 3\,S_{str}$$

gesamte Wirkleistung $\quad P = S\cos\varphi$

gesamte Blindleistung $\quad Q = S\sin\varphi$

Störabstand

Logarithm. Verhältnis von Rauschleistung P_n und Signalleistung P_s (vgl. *Rauschen),

$$S = 10\,\lg\frac{P_s}{P_n}\ \text{dB}$$

Strahlstärke einer Antenne

Durch den Raumwinkel Ω in eine gegebene Richtung abgestrahlte Leistung.

$$\boxed{P_\Omega = \frac{\mathrm{d}P_t}{\mathrm{d}\Omega}}\quad \frac{\text{W}}{\text{sr}}$$

Die *mittlere Strahlstärke* ist $P_{\omega i} = P_t/4\pi$
(i = isotrop, t = transmitted).

Streufaktor

Kennzahl von *Magneten.

$$\frac{\text{Streufluss}}{\text{Nutzfluss}}\quad \boxed{\sigma = \frac{\Phi_s}{\Phi_N}}\quad \text{Wb} = \text{V s}$$

Streufluss

Teil des magnet. Flusses Φ_s, der sich ausserhalb der betrachteten Fläche befindet, z. B. Luftzwischenräume in Magneten.

$$\text{Nutzfluss}\quad \boxed{\Phi_N = \Phi - \Phi_s}\quad \text{Wb} = \text{V s}$$

Strombelag

Auf die Länge bezogener Strom. Flächendichte des Produkts aus den Ladungen Q_i der freien Ladungsträger und deren Geschwindigkeiten $\vec{v}_i$.

$$\boxed{\vec{a} = \frac{\mathrm{d}}{\mathrm{d}A}\sum_{i=1}^{n} Q_i\,\vec{v}_i}$$

Lange Spule $\quad a = N\,I/l$

A Fläche, *N* Windungszahl, *l* Länge.

Stromdichte, elektrische

Strom pro Querschnittsfläche.

$$\boxed{j = \frac{I}{A} = \kappa\,E}\quad \text{A/m}^2$$

1) Stromdichtevektor.

$\vec{J}$ = Leitfähigkeit κ · Feldstärke $\vec{E}$

Räuml. Dichte des Produkts der elektr. Ladungen Q_i und Geschwindigkeiten $\vec{v}_i$ der freien Ladungsträger i:

$$\vec{J} = \frac{\mathrm{d}}{\mathrm{d}V}\sum_{i=1}^{n} Q_i\,\vec{v}_i$$

2) Gesamtstromdichte = Summe aus Verschiebungsstromdichte und Stromdichte der freien Ladungsträger.

$$\boxed{\vec{J}_{\text{tot}} = \frac{\partial D}{\partial t} + \vec{j}}$$

Stromleitung, selbständige

Die Stromleitung in Gasen ist selbständig (selbsttätig), wenn die Ladungsträger ohne Hilfe äußerer ionisierender Einwirkung erzeugt werden.

a) Elektr. *Lichtbogen:* die meisten Ladungsträger werden durch Emission von Primärelektronen geliefert.

b) *Glimmentladung:* die meisten Ladungsträger werden durch Emission von Sekundärionen geliefert.

c) *Koronaentladung:* Glimmentladung in einem sehr starken inhomogenen elektr. Feld.

Strommessgeräte

*Amperemeter und *elektromechan. Messwerke nutzen physikal. und elektrochem. Effekte des Stromes:

1) Kraftmessung an stromdurchflossenen Spulen (anstelle der unprakt. parallelen Leiter) in Abhängigkeit der lokalen Fallbeschleunigung, die aus Pendel- oder Fallzeitexperimenten bestimmt wird.

2) Spannungs- und Widerstandsmessung mit *Brückenschaltungen.

3) Kapazitätsmessung am Röhrenkondensator.

4) Spannungsmessung mit JOSEPHSON-Effekt.

5) *Hall-Sonde.

6) Messbereichserweiterung eines *Amperemeters* durch einen Nebenwiderstand R_s parallel zum Messwerkwiderstand R_A.

$$R_s = \frac{U}{I_s} = \frac{U}{I - I_A} = \frac{R_A}{n - 1}$$

$I\qquad$ zu messende Stromstärke $\qquad$ (A)

$n\qquad$ Faktor der Messbereichserweiterung: I/I_A

Stromquelle

Galvanisches Element in einem Stromkreis.

1) Die reale Stromquelle hat einen *Innenwiderstand* R_i bzw. Innenleitwert G_i, der den theoret. Strom I_q der Quelle begrenzt.

Strom im Außenkreis

$$I = I_q - I_i = I_q - \frac{U_{12}}{R_i} = I_q - U_{12}G_i$$

Klemmenspannung (bei Belastung)

$$U_{12} = \frac{I_q}{\dfrac{1}{R_a} + \dfrac{1}{R_i}} = \frac{I_q}{G_a + G_i}$$

Leerlaufspannung (offene Klemmen)

$$U_L = I_q\, R_i = \frac{I_q}{G_i}$$

Kurzschlussstrom ($R_a = 0$)

$$I_K = I_q$$

Innenleitwert der Quelle = Steigung der Strom-Spannungs-Kennlinie $U_{12}(I)$

$$G_i = \frac{1}{R_i} = \frac{I_q}{U_L}$$

Leistung im Außenkreis

$$P_a = \frac{G_a\, I_q^2}{(G_i + G_a)^2} = I_q^2\, R_i\, \frac{\nu}{(1 + \nu)^2}$$

Gesamte elektrische Leistung

$$P = P_a + P_i$$

Leistungsanpassung: Maximale Leistungsentnahme, falls $R_a = R_i$.

$$P_{a,\mathrm{max}} = \frac{I_q^2\, R_i}{4}$$

R_a Widerstand im Außenkreis,
$\nu = R_a / R_i$ Widerstandsverhältnis.

2) Parallelschaltung von n Stromquellen
gesamter Laststrom (in A)

$$I_{\mathrm{ges}} = \sum_i^n I_i = n\, I$$

Gesamtinnenwiderstand (in Ω)

$$R_{i,\mathrm{ges}} = \frac{1}{n}\sum_i^n R_{i,i} = \frac{R_i}{n}$$

Gesamtkapazität (in C = As)

$$Q_{\mathrm{ges}} = n\, Q$$

3) Reihenschaltung von n Stromquellen
Gesamtklemmenspannung (in V)

$$U_{\mathrm{ges}} = \sum_i^n U_i = n\, U$$

Gesamtinnenwiderstand (in Ω)

$$R_{i,\mathrm{ges}} = \sum_i^n R_{i,i} = n\, R_i$$

Gesamtkapazität (in C = As)

$$Q_{\mathrm{ges}} = Q$$

Stromrichtung, elektrische

Physikalische Stromrichtung. Elektronen (Ströme) wandern unter der Krafteinwirkung des elektr. Feldes im äußeren Leiterkreis vom Minuspol (Elektronenüberschuss) zum Pluspol (Elektronenmangel); im Inneren der Stromquelle vom Plus- zum Minuspol.
Technische Stromrichtung. „Strom fließt vom Plus- zum Minuspol". Historische Festlegung!

Stromstärke, elektrische

„Strom". Basisgröße des SI-Systems mit der Einheit Ampere. Pro Zeiteinheit fliessende elektr. Ladung Q. Integral der Stromdichte $\vec{j}$ über die Fläche A (Flächennormale).

$$I = \frac{\mathrm{d}Q}{\mathrm{d}t} = \int_A \vec{j}\, \mathrm{d}A \qquad \mathrm{A = C/s}$$

Gleichstrom

$$I = \frac{U}{R} = U\,G = j\,A = \frac{Q}{t} = \frac{P}{U} = \sqrt{\frac{P}{R}} = \frac{\Theta}{N}$$

A Querschnittsfläche, G Leitwert, j Stromdichte,
N Windungszahl, P Leistung, Q Ladung, R Widerstand,
U Spannung, Θ Durchflutung.

1) Augenblickswert, *Momentanstrom*. Für Sinusform:

$$i = I(t) = \hat{i}\,\sin\varphi = \hat{i}\,\sin(\omega t)$$

$\hat{i}$ Amplitude (Scheitelwert), φ Phasenwinkel.

2) Effektivwert oder *Effektivstrom*. Für Sinusform:

$$I = I_{\mathrm{eff}} = \frac{\hat{i}}{\sqrt{2}}$$

3) komplexer Wechselstrom.

$$\underline{I} = I\, \mathrm{e}^{\mathrm{j}\,(\omega t\, \varphi_i)} = I\, \mathrm{e}^{\mathrm{j}\,\omega t}\, \mathrm{e}^{\mathrm{j}\,\varphi_i}$$

$I = |\underline{I}|$ Effektivstrom.

Stromteiler

Stromverzweigung.
1) Stromteilerregel. Verzweigung eines Stromes in zwei Äste mit Widerständen (1 und 2).

$$U = U_1 = U_2 = \mathrm{const}$$

$$\frac{I_1}{I_2} = \frac{R_2}{R_1} \quad \text{und} \quad \frac{I_2}{I} = \frac{R_1}{R_1 + R_2}$$

Stromverhältnis bei der *Parallelschaltung* dreier Widerstände:

$$I : I_1 : I_2 : I_3 = G : G_1 : G_2 : G_3 = \frac{1}{R} : \frac{1}{R_1} : \frac{1}{R_2} : \frac{1}{R_3}$$

2) Komplexer Stromteiler. Parallelschaltung zweier Impedanzen.

$$\frac{\underline{I}_1}{\underline{I}_2} = \frac{\underline{Z}_2}{\underline{Z}_1} \quad \text{und} \quad \frac{\underline{I}_2}{\underline{I}} = \frac{\underline{Z}_1}{\underline{Z}_1 + \underline{Z}_2}$$

Supraleitung

Der *elektr. Widerstand einiger Materialien sinkt bei sehr tiefen Temperaturen auf Null.
- Quecksilber.
- Legierungen der Seltenen Erdmetalle: Niob-Titan (NbTi), Niob-Zinn (Nb$_3$Sn).
- Supraleitende Keramiken aus gesinterten Oxiden von Ba, Sr, Y, La, Nd, Eu, Dy, Cu(II) wie z. B. Ba/Sr-dotiertes La$_2$CuO$_4$.

MBa$_2$Cu$_3$O$_7$ (M = Sc, Y, Seltene Erden) wird aus den Oxiden, Carbonaten oder Oxalaten von Ba, La, Cu bei 900–1100°C über mehrere Stunden hergestellt.

Bei Supraleitung wandern die Elektronen paarweise als sogenannte COOPER-Paare durch den Leiter. Ein Supraleiter ist ein idealer Diamagnet, hat keinen Widerstand und existiert:
- unterhalb der *Sprungtemperatur* T_c,

- unterhalb der kritischen Flussdichte:
$B_\text{c} = B_0[1 - (T/T_\text{c})^2]$,
- unterhalb der kritischen Stromdichte j_c.

B_0 kritische Flussdichte für $T = 0$ K.

1) Supraleiter 1. Art: Sprunghafter Wechsel zw. Normal- und Supraleitung; geringe krit. Flussdichte.

Element	T_c (in K)	B_c(4,2 K) in T
Al	1,19	0,0091
Th	1,37	0,0162
Tl	2,39	0,0171
In	3,4	0,0293
Sn	3,72	0,0309
Hg	4,15	0,0412
Pb	7,2	0,0803

2) Supraleiter 2. Art: allmählicher Wechsel zw. Normal- und Supraleitung durch Eindringen normalleitender Flussschläuche; geringe krit. Flussdichte.

Stoff	T_c (in K)	B_c2(4,2 K) in T
Zn	0,9	0,0053
NbSn$_2$	2,6	0,062
Ta	4,39	0,18
V	5,3	0,34
Bi$_3$Sr	5,62	0,053
Bi$_3$Ba	5,69	0,074
Nb	9,2	0,2
Mo$_3$Re	9,8	0,053
Nb$_3$Au	11	–

3) Supraleiter 3. Art: Versetzungen im Kristallgitter behindern die Bewegung der normalleitenden Flussschläuche (deren Reibungswärme die Supraleitung zerstört); für höhere Ströme.

Stoff	T_c (in K)	B_c2(4,2 K) in T
NbTi	9,5	14
NbZr	10,8	
MoRe	12,6	
V$_3$Ga	14,5	
PbMo$_6$S$_8$	15	
V$_3$Si	17	
Nb$_3$Al	18	
Nb$_3$Sn	18	25
Nb$_3$Ge	23	

4) Hochtemperatur-Supraleiter sind Keramiken mit Perowskit-Struktur und Sprungtemperaturen über 135 K, so dass flüssiger Stickstoff zur Kühlung ausreicht.

Stoff	T_c (in K)	B_c2(4,2 K) in T
Bi$_2$Sr$_2$CaCu$_2$O$_8$	92	30 bis 60
Bi$_2$Sr$_2$Ca$_2$Cu$_3$O$_{10}$	110	100 bis 200
Te$_2$Ca$_2$Ba$_2$Cu$_3$O$_x$	125	100 bis 200
YBa$_2$Cu$_3$O$_{7...8}$	135	1730 bis 1760

5) Bei einem supraleitenden *Tunnelkontakt* sind die Stromstufen in der *U-I*-Kennlinie doppelt so hoch wie bei Normalleitern. JOSEPHSON-Schaltelemente bestehen aus zwei 1 μm dünnen supraleitenden Schichten, die durch eine noch dünnere keram. Isolatorschicht getrennt sind; sie arbeiten 10000mal schneller als heuti-

ge Transistorchips bei geringer Leistungsaufnahme und ohne Wärmeverluste.

6) Mögliche Anwendungen für Supraleiter: Computerchips; kleine Spulen mit hohem Wirkungsgrad für Generatoren, Elektromotoren, Elektromagnete, zur Energiespeicherung, zur magnet. Erzaufbereitung, zur Schmelzbadberuhigung bei der Herstellung dicker Einkristalle.

Suszeptibilität, elektrische

(chi). Quotient der Dimension 1 aus Polarisation $\vec{P}$ (in C/m^2), elektr. Feldkonstante ε_0 und Feldstärke $\vec{E}$ (in V/m).

$$\chi_\text{e} = \frac{P}{\varepsilon_0 E} = \varepsilon_\text{r} - 1 = \frac{\varepsilon}{\varepsilon_0} - 1 \qquad (\text{Dim.1})$$

ε Permittivität, ε_r Permittivitätszahl.

Messmethoden

a) *Curie-Cheveneau-Waage.* Die Probe befindet sich zw. den Polen eines beweglichen Permanentmagneten. Das inhomogene Magnetfeld beim Drehen des Magneten übt eine anziehende oder abstoßende Kraft auf die Probe aus.

$$\kappa_\text{x} = \kappa_\text{E} \frac{m_\text{E}}{m_\text{x}} \left(\frac{\Delta_\text{x} - \Delta_0}{\Delta_\text{E} - \Delta_0} \right)$$

κ Massenzuszeptibilität, Δ Differenz der Ablesungen bei größter Anziehung und grösster Abstoßung, m Einwaage: x Probe, E Eichstandard, 0 Leermessung.

b) *Gouy-Magnetwaage.* Die mit einer Waage verbundene Probe befindet sich zw. den Polen eines Permanentmagneten. Eine paramagnet. Probe wiegt scheinbar mehr, wenn sie sich im magnet. Feld befindet.

Suszeptibilität, magnetische

Kennzahl für nichtlineare Magnetika.

1) Volumensuszeptibiliät. Magnetische Polarisation oder Magnetisierung M, die ein Feld der Stärke H induziert; Dimension 1.

$$\chi_\text{m} = \frac{M}{H} = \frac{B - B_0}{B} = \frac{\mu - \mu_0}{\mu_0} = \mu_\text{r} - 1$$

2) Massensuszeptibiliät, *spezifische Suszeptibilität.*

$$\kappa = \chi_\text{m}/\varrho \qquad (\text{m}^3/\text{kg})$$

3) Molsuszeptibilität oder *molare Suszeptibilität*

$$\kappa_\text{m} = \chi_\text{m} M/\varrho = \kappa M \qquad (\text{m}^3/\text{mol})$$

Stoffkennzahl für einen paramagnetischen Stoff mit der molaren Masse M (in kg/kmol). Ursache sind die Spinmomente der ungepaarten Elektronen im Molekül. Nimmt mit steigender Temperatur, d. h. wachsender Unordnung der Spinorientierungen infolge der Wärmebewegung ab; *Van-Vleck-Gleichung.

4) Totale Suszeptibilität. Neigung der Ursprungsgeraden an einen Punkt der $J(H)$-Zustandskurve:

$$\chi_\text{m} = J/H \text{ bei nichtlinearen Magnetika.}$$

Ferromagnetika	χ_m
75 NiFe	bis 90000
Reineisen	10000
Fe-Si	6000
Ferrit, weich	1000
AlNiCo	3

Ferrit, hart	0,3
P a r a m a g n e t i k a	χ_m
O_2	$+1{,}5 \cdot 10^{-6}$
Al	$+2{,}4 \cdot 10^{-5}$
Pt	$+2{,}5 \cdot 10^{-4}$
O_2 flüssig	$+3{,}6 \cdot 10^{-3}$
D i a m a g n e t i k a	χ_m
N_2	$-6{,}75 \cdot 10^{-9}$
Wasser	$-7 \cdot 10^{-6}$
Au	$-2{,}9 \cdot 10^{-5}$
Cu	$-1 \cdot 10^{-5}$
Bi	$-1{,}5 \cdot 10^{-4}$

Synchronmaschine

Zur Stromerzeugung (Generator) oder für Antriebe (Elektromotor) eingesetzte elektr. Maschine.

Drehzahl (Läuferdrehzahl, Drehfeldzahl, synchrone Drehzahl)

$$n = n_1 = \frac{\text{Netzfrequenz } f_1}{\text{Polpaarzahl } p}$$

$$n = \frac{P_{ab}}{P_{zu}} = \frac{P_{mec}}{P_{ac} + P_{dc}}$$

Leistung
- zugeführte Wirkleistung $P_{zu} = P_{el} = P_{ac} + P_{dc}$
- für Einphasenwechselstrom: $P_{ac} = U_1 I_1 \cos\varphi_1$
- Dreiphasenwechselstrom: $P_{ac} = \sqrt{3}\, U_1 I_1 \cos\varphi_1$

Moment an der Welle $M = \frac{3p}{2\pi f_1} U_1 I_1 \sin\beta$

Kippmoment (Maximalmoment) $M_K = \frac{3p}{2\pi f_1} U_1 I_1$

Erregungsgrad $\varepsilon = \dfrac{\text{Polradspannung } U_P}{\text{Nennspannung } U_{N.1}}$

I_1	Ständerstrom (Leiterstrom),
P_{ac}	aufgenommene elektr. Wechsel- od. Drehstromleistung,
P_{dc}	Erregerleistung (aus Gleichstromnetz aufgenommen)
P_{mec}	mechanische Leistung (Dim.1)
p	Polpaarzahl (Dim.1)
U_1	Ständerspannung (Klemmenspannung)
$\cos\varphi_1$	Leistungsfaktor,
β	Polradwinkel.

Systemdämpfungsmaß

Nachrichtentechnik: Für Richtfunkverbindungen das logarithmierte Verhältnis der Sendeleistung (t = transmitted) zur Empfangsleistung (r = received):

$$A_s = 10 \lg \frac{P_t}{P_r} \quad \text{dB}$$

Tastverhältnis

engl. *duty cycle*. Bei Rechteckpulsen:

$$r = \text{Frequenz} \cdot \text{Pulsdauer} = \frac{\text{Pulslänge } t_p}{\text{Periodendauer } T}$$

Die mittlere Spannung bei Rechteckpulsen ist:

$$\bar{U} = r \cdot \hat{U}$$

Temperaturkoeffizient

Relative Änderung des Widerstandes im Verhältnis zur Temperatur. Umrechnung auf andere Temperaturen t (in °C).

Temperaturkoeffizient

$$\alpha = \frac{\Delta R}{R \cdot \Delta T} = \frac{\Delta \varrho}{\varrho \cdot \Delta T}$$

spezifischer Widerstand

$$\varrho_t = \varrho_{20}[1 + \alpha\,(t - 20)]$$

Widerstand

$$R_t = R_{20}[1 + \alpha\,(t - 20)]$$

Der Widerstand vom *Metallen* steigt mit der Temperatur. *Legierungen* wie Konstantan (60% Cu, 40% Ni) und Manganin (86% Cu, 2% Ni, 12% Mn) sind wenig temperaturabhängig.

Der Widerstand von *Halbleitern* und *Elektrolytlösungen* sinkt beim Erwärmen.

Temperaturkoeffizient (0...100°C).

	$\alpha\ (K^{-1})$
Grafit	$-0{,}000\,2$
CrAl 30 5	$0{,}000\,01$
Manganin	$0{,}000\,01$
Konstantan	$0{,}000\,01$ bis 3
CrAl 20 5	$0{,}000\,05$
Quecksilber	$0{,}000\,099$
$Ni_{60}Cr_{15}Fe$	$0{,}000\,13$
Grauguss	$0{,}000\,19$
Monel	$0{,}000\,2$
Bronze	$0{,}000\,5$
Messing CuZn	$0{,}001\,3$
Al-Bronze $Cu_{90}Al_{10}$	$0{,}003\,2$
Neusilber	$0{,}003\,2$
Palladium	$0{,}003\,3$
Tantal	$0{,}003\,5$
AlMgSi	$0{,}003\,6$
Magnesium	$0{,}003\,8$
Palladium	$0{,}003\,8$
Gold	$0{,}003\,9$
Iridium	$0{,}003\,9$
Platin	$0{,}003\,92$
Silber	$0{,}004\,1$
Blei	$0{,}004\,2$
Zink	$0{,}004\,2$
Aluminium	$0{,}004\,29$
Kupfer	$0{,}004\,3$
Stahl C10 0,5% Mn	$0{,}004\,5$
Dynamoblech	$0{,}004\,5$
Bismut	$0{,}004\,5$
Zinn	$0{,}004\,6$
Indium	$0{,}004\,9$
Eisen	$0{,}006\,1$
Nickel	$0{,}006\,8$

Testfunktion

Eingangsgröße zur Messung der Antwortfunktion eines Regelkreises.

Sprungfunktion	$x_e(t) = x_{e0}\sigma(t) = \begin{cases} 0 & \text{für } t < 0 \\ \text{const} & \text{für } t \geq 0 \end{cases}$
Einheitssprung	$\sigma(t) = \begin{cases} 0 & \text{für } t < 0 \\ 1 & \text{für } t \geq 0 \end{cases}$
Sprungantwort:	Übergangsfunktion $h(t)$
Impulsfunktion	$\delta(t) = \begin{cases} 0 & \text{für } t \neq 0 \\ \infty & \text{für } t = 0 \end{cases}$
	$\displaystyle\int_{-\infty}^{\infty} \delta(t)\,\mathrm{d}t = 1$ und $\delta(t) = \dfrac{\mathrm{d}\sigma(t)}{\mathrm{d}t}$
Impulsantwort:	Gewichtsfunktion $g(t)$
Sinusstörung:	$x_e(t) = \hat{x}_e e^{j\omega t}$
Systemantwort:	$x_a(t) = \hat{x}_a e^{j(\omega t + \varphi)}$
Streckenverstärkung:	$K_S = \hat{x}_a / \hat{x}_e$

K_S Übertragungskonstante.

Thermoelektrische Spannungsreihe

Thermoelektr. Spannung zw. zwei Metallen, bezogen auf Platin bei 0 °C und Temperaturdifferenz 100 K.

Elektrotechnik   **7**

Metall	U (in mV)
Bi	-7,7 bis -7,0
Konstantan	-3,47 bis -3,40
Co	-1,99 bis -1,52
Ni	-1,94 bis -1,20
Hg	-0,07 bis +0,04
Pt	±0
Grafit	+0,22
Ta	+0,34 bis +0,51
Al	+0,37 bis +0,41
Mg	+0,40 bis +0,43
Sn	+0,40 bis +0,44
Pb	+0,41 bis +0,46
Au	+0,56 bis +0,80
Mn	+0,57 bis +0,82
Zn	+0,60 bis +0,79
W	+0,65 bis +0,90
Rh	+0,65
Ir	+0,65 bis +0,68
Ag	+0,67 bis +0,79
Cu	+0,72 bis +0,77
V2A-Stahl	+0,77
Cd	+0,85 bis +0,92
Mo	+1,16 bis +1,13
Fe	+1,80 bis +1,89
CrNi	+2,20
Sb	+4,70 bis +4,86
Si	+44,8
Te	+50,0

Thermospannung

Von elektr. *Thermometern genutzter, sog. thermoelektr. Effekt (auch Thermoelektrizität, SEEBECK-Effekt). An der Berührungsfläche zweier innig verbundener Metalle oder Halbleiter tritt eine temperaturabhängige Kontaktspannung auf (Potentialdifferenz in Stromrichtung).
Ein *Thermoelement* besteht aus zwei verschiedenen Metalldrähten, die an beiden Enden durch Löten oder Schweißen verbunden werden. Eine Thermospannung liegt an, wenn die zwei Kontaktstellen verschiedene Temperatur haben.

Tiefpass

Vierpol mit Widerstand und Kapazität.
1) RC-Tiefpass. Widerstand $Z_1 = R$ am Eingang (1), Kondensator $Z_2 = C$ am Ausgang (2).

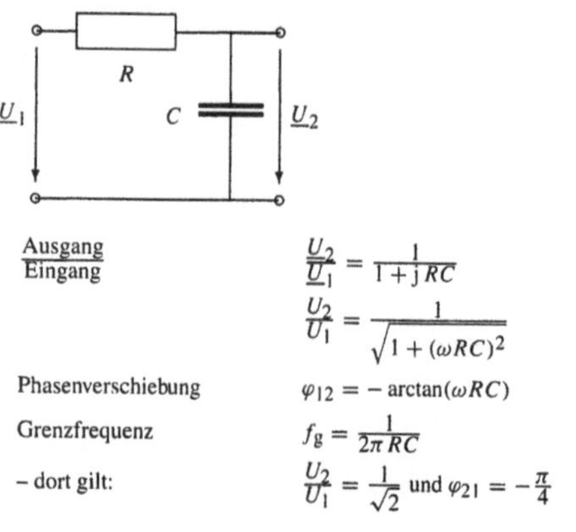

Ausgang / Eingang	

$$\frac{U_2}{U_1} = \frac{1}{1 + j\,RC}$$

$$\frac{U_2}{U_1} = \frac{1}{\sqrt{1 + (\omega RC)^2}}$$

Phasenverschiebung $\qquad \varphi_{12} = -\arctan(\omega RC)$

Grenzfrequenz $\qquad f_g = \dfrac{1}{2\pi RC}$

– dort gilt: $\qquad \dfrac{U_2}{U_1} = \dfrac{1}{\sqrt{2}}$ und $\varphi_{21} = -\dfrac{\pi}{4}$

2) RL-Tiefpass (Spule $Z_1 = L$, Widerstand $Z_2 = R$)

$$\frac{U_2}{U_1} = \frac{1}{\sqrt{1 + \left(\dfrac{\omega L}{R}\right)^2}}$$

$$f_g = \frac{R}{2\pi L}$$

3) LC-Tiefpass (Spule $Z_1 = L$, Kondensator $Z_2 = C$)

$$\frac{U_2}{U_1} = \frac{1}{\omega^2 L C - 1} \qquad \text{für } X_L > X_C$$

$$\frac{U_2}{U_1} = \frac{1}{1 - \omega^2 L C} \qquad \text{für } X_L < X_C$$

$$f_g = \frac{1}{2\pi \sqrt{L C}}$$

f_g	Grenzfrequenz	(Hz)
U_1, U_2	Eingangs-, Ausgangsspannung	(V)

Transformator

Trafo oder *Umspanner*. Formt durch elektromagnetische Induktion Ein- oder Mehrphasenwechselstrom gegebener Spannung (auf der Primärseite in Spule mit Eisenkern eingespeist) in eine andere Spannung (auf der Sekundärseite abgenommen) um.
1) Trafo-Gleichung. Leerlaufspannung; induzierte Spulenspannung.

$$\boxed{U_0 = \frac{2\pi}{\sqrt{2}}\, f\, N\, \Phi = 4{,}44 \cdot F\, N\, \hat{B}\, A_{\mathrm{Fe}}}$$

$$\text{mit} \qquad A_{\mathrm{Fe}} = \varphi_{\mathrm{Fe}} A_k$$

A Querschnitt (Fe = Eisen, k = Kern),
f Frequenz, N Windungszahl, φ Füllfaktor
Φ Scheitelwert des magn. Flusses.

2) Idealer Transformator.
Spannungsübersetzungsverhältnis zw. Eingangswicklung (1) und Ausgangswicklung (2) bei vernachlässigbaren Verlusten

$$\ddot{u} = \frac{N_1}{N_2} = \frac{U_1}{U_2} \approx \frac{I_2}{I_1} \approx \sqrt{\frac{Z_1}{Z_2}}$$

I Stromstärke, N Windungszahl, U Spannung, Z Impedanz.
Stromübersetzungsverhältnis

$$\frac{1}{\ddot{u}} = \frac{N_2}{N_1} = \frac{I_1}{I_2}$$

Nennscheinleistung
a) Einphasenwechselstrom: $\quad S_N = U_2 I_2 \quad$ (W = V A)
b) für Drehstrom $\qquad S_N = \sqrt{3}\, U_2 I_2$
Füllfaktor oder Eisenfüllfaktor.

$$\varphi_{\mathrm{Fe}} = \frac{\text{Eisenquerschnitt } A_{\mathrm{Fe}}}{\text{Kernquerschnitt } A_k} \qquad \text{(Dim.1)}$$

3) Realer Transformator.
Berücksichtigt Stromwärmeverluste R_1, R_2', Streuflüsse $X_{\sigma,1}, X_{\sigma,2}$, Hauptfluss X_h, Ummagnetisierungsverluste R_V. Gestrichene Größen: auf die Primärseite bezogene Sekundärgrößen.

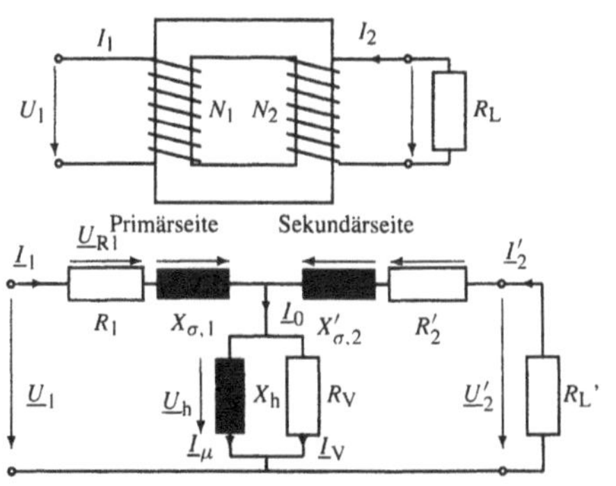

4) Transformator im Leerlauf (0). Sekundärseite ohne Last (nur Voltmeter). Auf Primärseite: Spannungsversorgung, Voltmeter, Amperemeter, Wattmeter.

Kennwerte	
– Leerlaufstrom:	I_0
– Relativer Leerlaufstrom	$i_0 = I_0/I_{N,1}$
– Leerlaufsspannungen:	$U_{0,1}$ und $U_{0,2}$
– Blindleistung	$Q_\mu = I_\mu^2 X_h = \dfrac{U_{0,1}^2}{X_h} = R_V \tan\varphi_0$
– Leerlaufleistungsfaktor	$\cos\varphi_0 = \dfrac{P_0}{I_0 U_{0,1}} = \dfrac{I_V}{I_0}$
– Nennübersetzungsverhältnis	$\ddot{u} = \dfrac{U_{0,1}}{U_{0,2}} = \dfrac{U_{N,1}}{U_{0,2}} \approx \dfrac{U_{N,1}}{U_{N,2}}$
Ummagnetisierungsverluste	
– Leerlaufverlustleistung:	$P_0 = P_{V,Fe}$
– Verlustwiderstand:	$R_V = U_{0,1}^2/P_0$
– Verluststrom:	$I_V = U_{0,1}/R_V$
Hauptreaktanz	$X_h = \omega L_h = U_{0,1}/I_\mu$
Magnetisierungsstrom	$I_\mu = \sqrt{I_0^2 - I_V^2}$

5) Transformator im Kurzschluss (k). Ausgang der Sekundärseite kurzgeschlossen. Auf Primärseite: Spannungsversorgung, Voltmeter, Amperemeter, Wattmeter.

Verlustleistung:	$P_k = P_{V,Cu}$ (Stromwärme)
Kurzschlussspannung:	U_k (bei Nennstrom)
– Relative Kurzschlussstrom:	$u_k = U_k/U_{N,1}$
– bei Nennspannung:	$I_k = I_{k,1} U_{N,1}/U_k = I_{N,1}/u_k$
– Nennübersetzungsverhältnis:	$\ddot{u} = \dfrac{I_{k,2}}{I_{k,1}} = \dfrac{I_{k,2}}{I_{N,1}} \approx \dfrac{I_{N,2}}{I_{N,1}}$
Kurzschlussimpedanz:	$Z_k = \sqrt{R_k^2 + X_\sigma^2} = U_{k,1}/I_{k,1}$
– Wirkwiderstand:	$R_{k0} = R_1 + R_2' = \dfrac{U_k}{I_{k,1}} \cos\varphi_k$
– Blindwiderstand:	$X_\sigma = \omega L_\sigma = X_{\sigma 1} + X_{\sigma 2}' = \dfrac{U_k}{I_{k,1}} \sin\varphi_k$
Kurzschlussleistungsfaktor:	$\cos\varphi_k = \dfrac{P_k}{U_k I_{k,1}}$

6) Transformator im Nennbetrieb.
Wirkungsgrad

$$\eta = \frac{P_{ab}}{P_{zu}} = \frac{P_{ab}}{P_{ab} + P_{V,Fe} + P_{V,Cu} + P_{V,zus}}$$

und $P_{ab} = S_2 \cos\varphi$
Spannungsänderung bei Nennbetrieb

$$U_{2\varphi}' = U_R \cos\varphi + U_X \sin\varphi$$

S_2	abgegebene Scheinleistung	(V A)
$P_{V,Fe}$	Eisenverlustleistung	(W)
$P_{V,Cu}$	Wicklungsverlustleistung	(W)
$P_{V,zus}$	sonstige Verlustleistung	(W)

7) Spartransformator. Primärwicklung (1) und Sekundärwicklung (2) sind auf demselben Spulenkörper hintereinandergeschaltet.

Bauleistung	$S_B = \dfrac{U_1 - U_2}{U_1} S_D$	(V A)
Durchgangsleistung	$S_D = U_2 I_2$	(V A)

8) Drehstromtransformator. Berechnung durch Umrechnung auf Stranggrößen wie beim Einphasentransformator.

Sternschaltung:	Dreieckschlatung:
$S_{str} = S/3$	$S_{str} = S/3$
$U_{12} = \sqrt{3} U_{str}$	$U_{12} = U_{1,str}$
$I_{L1} = I_{str}$	$I_{L1} = \sqrt{3} I_{12,str}$

I_{L1} Netz- bzw. Leiterstrom,
U_{12} Netz- bzw. Außenleiterspannung.

Träger-zu-Rauschdichte-Abstand
Logarithm. Größenverhältnis.

$$D_n = 10 \lg \frac{P_c}{P_n} \frac{\Delta f}{1 kHz} \ dB(kHz).$$

P_c Trägerleistung, Δf Bandbreite des Rauschspektrums,
$N_0 = P_n/\Delta f$ Rauschleistungsdichte.

Transistor
Bipolartransistor. Aktives Bauelement zum Verstärken elektr. Signale. Stromgesteuert, bewährt-universell. Drei *Halbleiterschichten übereinander.
1. *npn-Transistor:* n-Kollektor, p-Basis, n-Emitter. Linear-ansteigende Kennlinie $I_C \sim I_B$ (1. Quadrant) und $U_{CE} > 0$ (positiv).
2. *pnp-Transistor:* p-Kollektor, n-Basis, p-Emitter. Linear-ansteigende Kennlinie $I_C \sim I_B$ (3. Quadrant) und $U_{CE} < 0$ (negativ).
Der Basisstrom I_B (unabhängig von Basis-Emitter-Spannung U_{BE} und Schichttemperatur) treibt Ladungsträger in die isolierend-sperrende Basis-Kollektor-Diode; ein Kollektorstrom $I_C > I_B$ fließt über die Basis zum Emitter.

Betriebsbereich	Kennlinie
Übersteuerungsbereich	I_C fällt für $U_{CE} \to 0$
Aktiver Bereich	$I_C(U_{CE}) \approx$ const
Durchbruchbereich	I_C steigt für U_{CE} groß
Sperrbereich	$I_C(U_{CE}) \approx 0$
Versagensbereich	$I_C \geq I_{C,lim}$

Transistor, unipolarar
Feldeffekt-Transistor, FET, *Unipolartransistor*.
Ansteuerung leistungslos mit einem elektr. Feld (spannungsgesteuert); nahezu unendlicher Eingangswiderstand. Vielseitig; nur Ladungsträger einer Sorte (Elektronen oder Löcher) beteiligt.
1) Sperrschicht-FET oder *Junction-FET*: Ladungsträger fließen von der Quelle (*Source*) zur Senke (*Drain*) in dem Maße, wie am Tor (*Gate*) durch eine sperrende Querspannung der leitfähige Kanal erweitert oder eingeschnürt wird. (Bildlich: Der Mann am Gate steht auf dem Gartenschlauch.) Leitet bei $U_{GS} = 0$; selbstleitend.
a) *n-Kanal-FET:* p-Gate mit oberem Kontakt, Zwischenschicht n-Drain = n-Source, p-Gate mit unterem Kontakt. linear-ansteigende Kennlinie $I_D \sim U_{GS}$ (1.

Quadrant) mit Sättigungsbereich; U_{DS} positiv.

b) *p-Kanal-FET:* n-Gate, p-Drain = p-Source, n-Gate. linear-ansteigende Kennlinie $I_D \sim U_{GS}$ (4. Quadrant) mit Sättigungsbereich; U_{DS} negativ.

2) MOSFET (Metal oxide semiconductor FET) oder *Insulated-Gate-FET*. Source- und Drainschicht sind durch das Substrat getrennt und durch den Gatekontakt (metallisierte Oxidschicht auf dem Substrat) verbunden. Die Gatespannung steuert die Leitfähigkeit einer dünnen Oberflächenschicht und den Strom im Kanal. Der Doppel-Gate-MOSFET hat zwei Gate-Anschlüsse (regelbarer Verstärker).

a) *Verarmungstyp* (Depletion-Typ): leitet bei $U_{GS} = 0$; selbstleitend.

- *n-Kanal-MOSFET:* Gate, n-Drain = n-Source, p-Schicht. S-förmig ansteigende Kennlinie $I_D \sim U_{GS}$ (1./2. Quadrant); U_{DS} positiv.
- *p-Kanal-MOSFET:* Gate, p-Drain = p-Source, n-Schicht. S-förmig ansteigende Kennlinie $I_D \sim U_{GS}$ (3./4. Quadrant); U_{DS} negativ.

b) *Anreicherungstyp* (Enhancement-Typ): sperrt bei $U_{GS} = 0$, selbstsperrend.

- *n-Kanal-MOSFET:* Gate, n-Drain = n-Source, p-Schicht. S-förmig ansteigende Kennlinie $I_D \sim U_{GS}$ (1. Quadrant); U_{DS} positiv.
- *p-Kanal-MOSFET:* Gate, p-Drain = p-Source, n-Schicht. S-förmig ansteigende Kennlinie $I_D \sim U_{GS}$ (3. Quadrant); U_{DS} negativ.

Arbeitsbereich des FET

ohmscher Bereich:	$U_{DS} \to 0$, I_D klein. (steuerbarer Widerstand)
Triodenbereich:	ansteigende Kennlinie $I_{DS}(I_{DS})$
Abschnürbereich:	U_{GS} steuert I_D: $I_{DS}(U_{DS}) = \text{const}(U_{GS})$
Durchbruchbereich:	U_{GD} zerstört den FET

Transistorschaltungen

Elektron. Grundschaltungen von *Bipolartransistoren*.

1) Allgemeine Kenndaten

Basisstrom	$I_B = I_0 \left(e^{U_{BE}/U_T} - 1 \right)$
– B-E auf Durchlass	$I_B = I_0\, e^{U_{BE}/U_T}$
Temperaturspannung	$U_T = \dfrac{kT}{e}$ (Nernst-Spannung)
Eingangwiderstand	$R_{BE} = \dfrac{U_T}{I_B} = \dfrac{kT}{e\, I_B}$
Stromverstärkung	
– Gleichstrom	$B = \dfrac{I_C}{I_B}$
– differentielle	$\beta = \dfrac{dI_C}{dI_B}$
Ausgangsleitwert	$G_a = \dfrac{dI_C}{dU_{CE}}$
Spannungsrückwirkung	$D = \dfrac{dD_{CE}}{dU_{BE}}$
Rauschleistung	$P_R = 4kT\,\Delta f$
Rauschspannung	$U_R = \sqrt{P_R\, R} = \sqrt{4kT\,\Delta f\, R}$
Rauschzahl	$F = \dfrac{\text{Rauschleistung im Transistor } P_{RT}}{\text{Rauschleistung } P_R}$
Rauschmaß	$F^* = 10\lg \dfrac{P_{RT}}{P_R}\,\text{dB}$

Δf Frequenzbandbreite, I_0 Reststrom, k Boltzmann-Konstante, R Widerstand. B = Basis, C = Kollektor, E = Emitter.

2) Basisschaltung. Anwendung für: Impedanzwandler (niederohmig $\to$ hochohmig), HF-Verstärker.

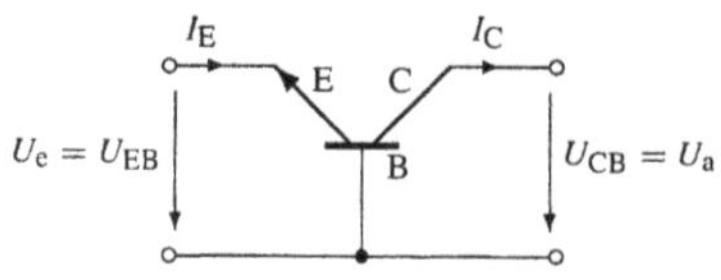

Stromverstärkung	$V_i = \alpha = \dfrac{I_C}{I_E} = \dfrac{\beta}{1+\beta}$ (klein: ≈ 1)
Spannungsverstärkung	$V_u = \dfrac{U_a}{U_e} = \dfrac{R\,\beta}{R_{BE}}$ (groß: 10 ... 500)
Eingangswiderstand	$R_e = \dfrac{kT}{e\, I_B\, \gamma} = \dfrac{R_{BE}}{\beta}$ (klein: 50 ... 200 Ω)
Ausgangswiderstand	$R_a = \left[\dfrac{1}{R} + G_a \right]^{-1} \approx R = \beta R_{CE}$ (groß: 20 ... 200 kΩ)
Frequenzgang	$\lg V_i = \text{const}$ für $f \le f_T$ $\lg V_i$ fällt nicht linear (hohe Frequenzen)
Leistungsverstärkung	mittel
Grenzfrequenz	hoch
Phasenverschiebung	$0°$

R Belastungswiderstand am Kollektor.

3) Emitterschaltung.

Universelle Verstärkerschaltung mit guter Strom- und Spannungsverstärkung; durch Gegenkopplung und Beschaltung variierbar.

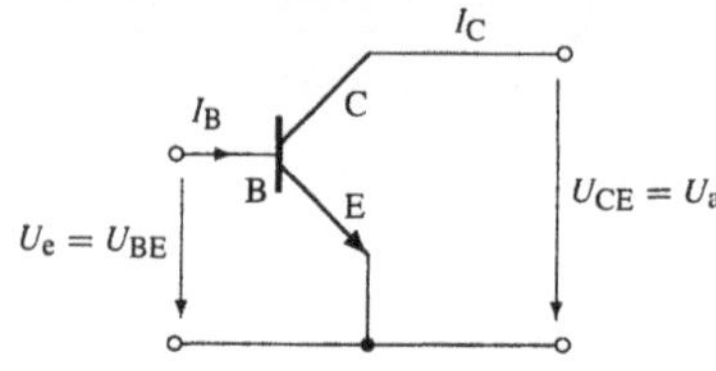

Spannung	$U_{BC} + U_{CE} - U_{BE} = 0$
Strom	$I_B + I_C + I_E = 0$
Max. Verlustleistung	$P_m = U_{CE}\, I_C + U_{BE}\, I_B$
Stromverstärkung	$V_i = \beta = \dfrac{I_C}{I_B}$ (groß: 20 ... 500)
Spannungsverstärkung	$V_u = \dfrac{U_a}{U_e} = \dfrac{R\,\beta}{R_{BE}} = \dfrac{R\, I_E}{U_T}$ (groß: 10 ... 500)
Eingangwiderstand	$R_e = R_{BE} = \dfrac{kT}{e\, I_B}$ (mittel: 0,4 ... 5 kΩ)
Ausgangswiderstand	$R_a = \dfrac{R}{1 + R\, G_a} = R_{CE}$ (mittel: 1 ... 10 kΩ)
Frequenzgang	$\lg V_u = \text{const}$ für $f \le f_T$ $\lg V_u \sim \lg f$ linear abfallend (hohe Frequenzen)
Leistungsverstärkung	sehr groß
Grenzfrequenz	niedrig
Phasenverschiebung	$180°$

R Belastungswiderstand am Kollektor, $R_{BE} \approx 1$ kΩ innerer Widerstand des Transistors, $G_a \approx 100\mu$S Ausgangsleitwert.

4) Kollektorschaltung.

Anwendung für: Impedanzwandler (hochohmig $\to$ niederohmig), Eingangsstufe für hochohmige Quellen, Ausgang in Leistungsverstärker, Leistungstransistor für längsgeregelte Netzgeräte.

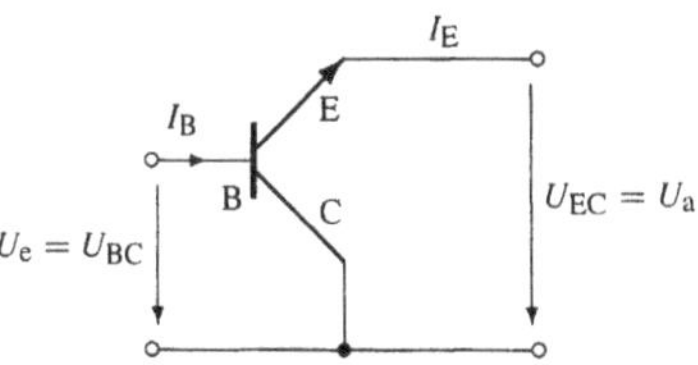

Stromverstärkung	$V_i = \gamma = \dfrac{I_C}{I_B} + 1 = \beta + 1$ (groß: 20 … 500)	
Spannungsverstärkung	$V_u = \dfrac{U_a}{U_e} = \dfrac{R_{BE} + (1+\beta)\,R}{(1+\beta)\,R}$ (klein: ≈ 1)	
Eingangwiderstand	$R_e = \dfrac{k\,T}{e\,I_B} + (1+\beta)\,R$ $= R_{BE} + (1+\beta)\,R \approx \beta\,R$ (groß: 0,1 … 0,5 MΩ)	
Ausgangswiderstand	$R_a = \left[\dfrac{1}{R} + \dfrac{R_G + R_{BE}}{\beta}\right]^{-1}$ $\approx \dfrac{R_G + R_{BE}}{\beta}$ (klein: 100 … 500 Ω)	
Frequenzgang	$\lg V_i = \text{const für } f \le f_T$ $\lg V_i \sim \lg f$ linear abfallend (hohe Frequenzen)	
Leistungsverstärkung	klein	
Grenzfrequenz	niedrig	
Phasenverschiebung	0°	

R_G Generatorinnenwiderstand (am Eingang), R Belastungswiderstand am Emitter (Ausgang).

Transistorschaltungen für FET

Grundschaltungen von *Feldeffekttransistoren*.

1) Allgemeine Ansteuerung

Linearer Bereich (ohmscher Bereich)	Abschnürbereich (Sättigungsbereich)
Ansteuerbedingung $U_{DS} < U_{GS} - U_P$	$U_{DS} > U_{GS} - U_P$
Übertragungskennlinie $I_{DS} = \dfrac{I_{DSS}[2(U_{GS} - U_P)U_{DS} - U_{DS}^2]}{U_P^2}$	$I_{DS} = I_{DSS}\left(1 - \dfrac{U_{GS}}{U_P}\right)^2$
Steuerbarer Widerstand $R_{DS} = \dfrac{U_P^2}{2I_{DSS}(U_{GS} - U_P)}$	Verstärkerschaltung $S = \dfrac{2I_{DSS}(U_{GS} - U_P)}{U_P^2}$ $U_{DS} = \text{const}$ Differentieller Ausgangswiderstand $r_{DS} = \dfrac{dU_{DS}}{dI_D}$ und $U_{GS} = \text{const}$

I_{DSS} Drainstrom bei $U_{GS} = 0$, U_P Schwellspannung, S Steilheit.

2) Gateschaltung bei FET.

Analog *Basisschaltung beim bipolaren Transistor.

Spannungsverstärkung	$V_u > 1$
Stromverstärkung	$V_i = 1$
Eingangwiderstand	klein
Anwendung	eingeschränkt (nur HF)
Vorteile	geringe Spannungsrückwirkung vom Ausgang auf den Eingang

3) Drainschaltung bei FET.

Analog *Kollektorschaltung beim bipolaren Transistor.

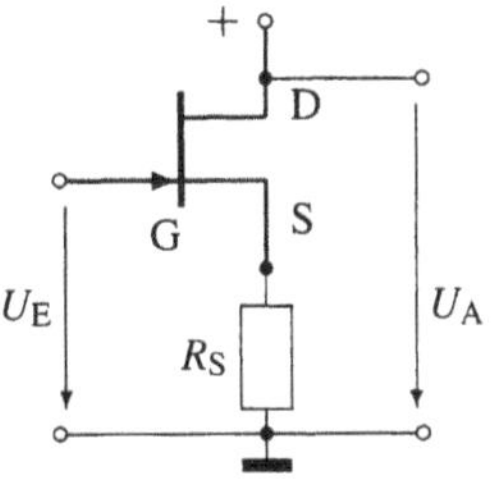

Spannungsverstärkung	$V_u \approx \dfrac{-S\,R_S}{1 + S\,R_S} < 1$
Eingangwiderstand	sehr groß ($\approx \infty$)
Ausgangswiderstand	$R_a = R_S \parallel (1/S)$
Anwendung	dc, NF, HF
Vorteile	geringes Rauschen, eigenstabile Schaltung

4) Sourceschaltung bei FET.

Analog *Emitterschaltung beim bipolaren Transistor.

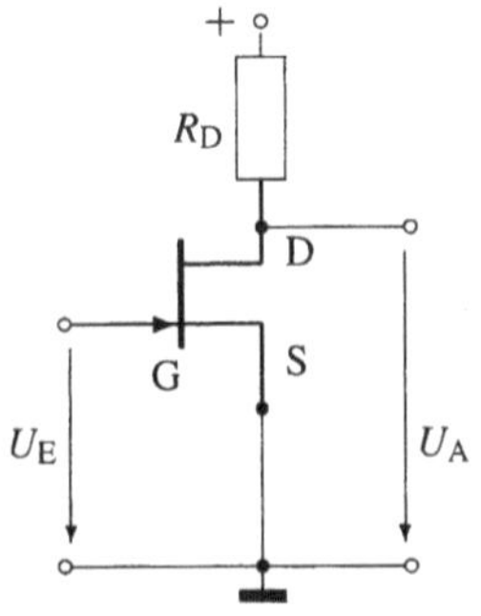

Spannungsverstärkung	$V_u = -S\,R_a > 1$
Eingangwiderstand	sehr groß ($\approx \infty$)
Ausgangswiderstand	$R_a = (R_D \parallel r_{DS})$
Anwendung	dc, NF, HF
Vorteile	gute Spannungsverstärkung, geringes Rauschen

r_{DS} differentieller Ausgangswiderstand, S Steilheit.

Triac

Zweirichtungsthyristor, *Diode, *Wechselstromsteller.

TTL

Transistor-Transistor-Logik. Bipolare Schaltungstechnik zur Realisierung *log. Verknüpfungen (z. B. NAND mit vier Transistoren). Betriebsspannung 5 V; Spannungspegel: 2 V (Highin), 0,8 V (Lowin).

Der *Lastfaktor* gibt an, wieviele TTL-Eingänge von einem Ausgang angesteuert werden können und wie stark ein Eingang den treibenden Ausgang belastet. Es muss gelten: Ausgangslastfaktor $\le$ Summe der Eingangslastfaktoren.

Übergangsfunktion

Sprungantwort. Die Reaktion $h(t)$ einer Regelstrecke oder des gesamten Regelkreises auf einen Einheitssprung (*Testfunktion).

Übersetzung

und *Übersetzungsverhältnis.* Größe, die mit einer anderen Größe multipliziert eine Energie oder Leistung ergibt.

a) *Nicht-orientierte Übersetzung:* Verhältnis des größeren Wertes einer Größe auf der einen Seite einer Anordnung zu ihrem kleineren Wert auf der anderen Seite, unabhängig davon, welche Seite Eingangs- oder Ausgangsseite ist. Die Wirkungsrichtung (Energieflussrichtung) ist nicht erkennbar.

$$\ddot{u} = \frac{\text{Größe auf Seite 1}}{\text{Größe auf Seite 2}} \geq 1.$$

Übersetzung aus:

elektr. Spannungen: $\quad\ddot{u} = \dfrac{U_1}{U_2} \geq 1.$

elektr. Strömen: $\quad\ddot{u} = \dfrac{I_1}{I_2} \geq 1.$

Kräften (hydraul. Presse): $\quad\ddot{u} = \dfrac{F_1}{F_2} \geq 1.$

b) *Orientierte Übersetzung,* wenn ein eindeutig gerichteter Energiefluss vorliegt:

$$\ddot{u} = \frac{\text{Eingangsgröße (1)}}{\text{Ausgangsgröße (2)}}$$

Spannungsübersetzung eines Trafos: $\quad\ddot{u}_{U12} = \dfrac{U_1}{U_2}$

Stromübersetzung eines Trafos: $\quad\ddot{u}_{I12} = \dfrac{I_1}{I_2}$

Drehzahlübersetzung e. Getriebes: $\quad i_{n12} = \dfrac{n_1}{n_2}$

Übertragungsfaktor

oder *Verstärkungsfaktor.* *Übertragungsfunktion für gleichartige Größen. Der Kehrwert Größen heißt *Dämpfungsfaktor.*

Übertragungsfunktion

Verhältnis der komplexen *Amplituden von Ein- und Ausgangssignal.

$$H = \frac{\text{Ausgangssignal } S_2}{\text{Eingangssignal } S_1}$$

Sind S_1 und S_2 gleichartige Größen, spricht man von *Übertragungsfaktor.

Übertragungsmaß

Imaginärteil des *Ausbreitungsmaßes: $B = \text{Im}\,\underline{\Gamma}.$

Übertragungsmedium

Leitungen, Drähte, Koaxialkabel, Hohlleiter, Lichtwellenleiter, freier Raum u.s.w.
Berechnung: *Leitungsgleichung.

Übertragungsstrecke.

Das Übertragungssystem zw. Aufnehmer und Ausgeber; Übertragungsglieder jeder Art, Messverstärker, Messumformer, Messkabel und sonstige Leitungsstrecken.

Umlaufspannung

Randspannung $\overset{\circ}{U}$ (in Volt): die *elektr. Spannung im elektr. *Feld mit Wirbeln längs eines geschlossenen Weges (= Randlinie; der Endpunkt fällt mit dem Anfangspunkt zusammen):

$$\overset{\circ}{U} = -\frac{d\Phi}{dt} \overset{1)}{=} I \cdot \overset{\circ}{R}$$

Φ magnet. Fluss (Fortschreitungsrichtung rechts).

Der Spezialfall 1) gilt für einen aus einem fadenförmigen Leiter beliebig geformten geschlossenen Stromkreis. Die rechtsschraubig zugeordnete Spannung heisst *induzierte Spannung* U_i. Man benutzt sie zweckmässig, wenn der magnet. Fluss überwiegend durch Vorgänge ausserhalb des Stromkreises bestimmt wird (*Fremdfluss*).

Der linksschraubigen Definition $\overset{\circ}{U} = +\dot{\Phi}$ ist die *induktive Spannung* U_L zugeordnet. Man benutzt sie zweckmässig, wenn der magnet. Fluss überwiegend Folge eines veränderlichen Stromes im geschlossenen Kreis ist (*Eigenerregung*).

Urspannung *Elektromotor. Kraft, *Zellspannung.

Van-Vleck-Gleichung

Molare Suszeptibilität eines Dielektrikums.

$$\kappa_{\mathrm{m}} = \frac{N_A \mu_0 m^2}{3kT}$$

$$m = \sqrt{g_e^2 S(S+1)\mu_B^2} \quad \text{und} \quad \mu_B = \frac{e\hbar}{4\pi m_e}$$

m	magnetisches Moment	$(\mathrm{A/m^2})$,
m_e	Elektronenruhemasse	(kg),
$g_e \approx 2$	Elektronen-g-Faktor,	
$S = n/2$	Gesamtspin,	
n	Zahl ungepaarter Elektronen,	
κ_m	Molsuszeptibilität	$(\mathrm{m^3/mol})$,
μ_B	Bohr-Magneton	(J/T).

Varistor Spannungsabhängiger *Widerstand.

Vektorpotential

Magnetisches Vektorpotential $\vec{A}$ (in Wb/m = V s/m), beschreibt in jedem Raumpunkt des Magnetfeldes die magnet. Flussdichte $\vec{B}$.

$$\vec{B} = \text{rot}\,\vec{A} = \begin{vmatrix} \vec{i} & \vec{j} & \vec{k} \\ \dfrac{\partial}{\partial x} & \dfrac{\partial}{\partial y} & \dfrac{\partial}{\partial z} \\ A_x & A_y & A_z \end{vmatrix}$$

Mit der MAXWELL-Gleichung $\text{rot}\,\vec{E} = -\dot{\vec{B}}$ folgt für die elektr. Feldstärke:

$$\vec{E} = -\left(\text{grad}\,\varphi + \frac{\partial \vec{A}}{\partial t}\right)$$

φ elektr. Potential.

Ebenso wie das elektr. Potential φ nicht eindeutig festgelegt. Durch sog. *Eichtransformationen*

$$\vec{A} \longrightarrow \vec{A}' = \vec{A} + \text{grad}\,\psi$$

$$\varphi \longrightarrow \varphi' = \varphi - \dot{\psi}$$

werden die Felder $\vec{E}$ und $\vec{B}$ nicht geändert.

$$\vec{E} = -\text{grad}\,\varphi - \dot{\vec{A}} \quad \text{und} \quad \vec{B} = \text{rot}\,\vec{A}$$

Verkehrswert

Traffic flow. Der zu verarbeitende Verkehrswert, der zugelassene Verlust und bei begrenzter Erreichbarkeit das Anordnungsprinzip der Leitungen bestimmen bei Wählvermittlungsanlagen die Anzahl der zu einem Bündel zusammengefassten Leitungen (Abnehmerleitungen).

$$y = A\,(1 - B)$$

y Belastung: Verkehrswert des verarbeiteten Verkehrs, mittl. Anzahl gleichzeitig belegter Leitungen (in VE).

A Verkehrsangebot: Verkehrswert des angebotenen Verkehrs.

B Verlustwahrscheinlichkeit.

Die *Verkehrseinheit* ist definiert als benützte Verbindungsleitungen mal mittlere Belegungsdauer durch Beobachtungszeit.

$$1\ \mathrm{TU} \;\hat{=}\; \frac{1}{T} \int\limits_{t_0}^{t_0+T} n\,\mathrm{d}t$$

1 Traffic Unit (TU) = 1 Verkehrseinheit (VE)

= [früher] 1 Erlang (Erl)

= 30 EBHC (Equated Busy Hour Call)

= 30 ARHC (Appels réduits à l'heure chargée)

= 36 CCS (Cent Call Second) = 36 UC (Unit Call).

Verkettung, elektromagnetische

$$\frac{\text{magnetischer Fluss}}{\text{Spannungsstoß}} \qquad \boxed{\gamma = \frac{\Phi}{U\,t} = \frac{I}{V}} \qquad \frac{\mathrm{Wb}}{\mathrm{V\,s}}$$

Verlustfaktor, elektrischer

oder *Permittivitäts-Verlustfaktor:*
1) Kennzahl für ein verlustbehaftetes Dielektrikum oder kapazitives Netzwerk; Verhältnis von elektr. Wirkleistung zu Blindleistung.

$$\tan\delta_\varepsilon = \frac{\text{Wirkleistung }P}{\text{Blindleistung }P_\mathrm{q}} = \frac{\text{Blindpermittivität }\varepsilon''}{\text{Wirkpermittivität }\varepsilon'}$$

δ_ε Verlustwinkel (für sinusförmige Belastung).
Kehrwert des Gütefaktors

$$\boxed{d = \frac{1}{Q}} \qquad (\text{Dim.1})$$

Sinusgrößen: Tangens des Verlustwinkels δ, Verhältnis von Imaginärteil zu Realteil einer komplexen Größe.

$$\boxed{d = \tan\delta = \tan(90° - |\varphi|) = \frac{\operatorname{Im} \underline{Z}}{\operatorname{Re} \underline{Z}}}$$

Verluste eines Kondensators: Verhältnis von Wirkleistung zu Blindleistung.

$$d = \frac{P}{|Q|} = \frac{X_\mathrm{C}}{R_\mathrm{p}}$$

Verluste einer Spule

$$d = \frac{P}{|Q|} = \frac{R_\mathrm{s}}{X_\mathrm{L}} = \frac{1}{Q}$$

R_s serieller, R_p paralleler Verlustwiderstand,
X_L induktiver, X_C kapazitiver Blindwiderstand.

2) Verlustfaktor eines Kondensators. Für das *Ersatz*schaltbild (vgl. Abbildung) gilt:

$$\tan\delta = \underbrace{\tan\delta_\mathrm{d}}_{\substack{\text{Dielek-}\\\text{trikum}}} + \underbrace{\omega(a\,R_\mathrm{e} + R_\mathrm{S})C}_{\substack{\text{Elektroden}\\ + \text{Zuleitungen}}} + \underbrace{\frac{1}{\omega R_\mathrm{p}C}}_{\substack{\text{Polarisation}\\ + \text{Gehäuse}}}$$

Der Widerstand der Zuleitungen R_L bestimmt den Frequenzgang bei hohen Frequenzen. Der Faktor $0 < a < 1$ berücksichtigt die Stromverteilung in den Elektroden. Der Oberflächen- und Polarisationswiderstand der Elektroden R_p erhöht $\tan\delta$ mit sinkender Frequenz.
Der zur Kapazität parallele Ableitwiderstand des Gehäuses ist bei kleiner Kapazität C zu berücksichtigen.

Spezialfälle

Parallelschaltung von Kapazitäten:

$$\tan\delta = \frac{C_1 \tan\delta_1 + C_2 \tan\delta_2}{C_1 + C_2}$$

Reihenschaltung von Kapazitäten:

$$\tan\delta = \frac{C_1 \tan\delta_2 + C_2 \tan\delta_1}{C_1 + C_2}$$

Ersatzschaltbild des techn. Kondensators.

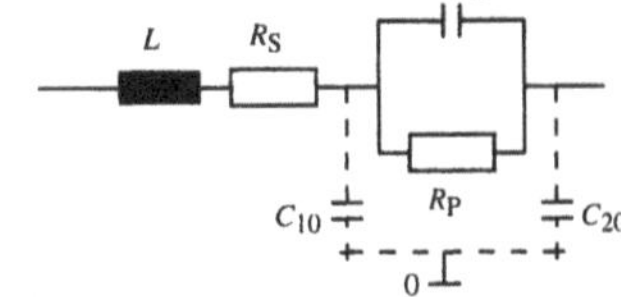

	Ursache	Wirkung
L	Zuleitungen, Magnetfeld	Induktiver Blindwiderstand (bei hohen Frequenzen)
R_S	Zuleitungen, Belegungen	Wärmeverluste; Skineffekt (hohe Frequenz)
R_P	Dielektrikum, Halterungen	Isolationswiderstand
C	Dielektrische Polarisation	Frequenzabhängigkeit der Kapazität
C_{i0}	Erdung, Gehäuse	„Streukapazität"

Verlustfaktor, magnetischer

oder *Permeabilitäts-Verlustfaktor.* Magnet. Stoffkennzahl für ein nichtlineares, verlustbehaftetes Magnetikum (vgl. komplexe *Permeabilität). Als Ersatzschaltbild dient eine Reihenschaltung (Index s) oder Parallelschaltung (Index p) einer Induktivität L und eines Widerstandes R.

$$\boxed{\tan\delta_\mu = \frac{\mu''_\mathrm{rs}}{\mu'_\mathrm{rs}} = \frac{\mu'_\mathrm{rp}}{\mu''_\mathrm{rp}}}$$

μ'_r Wirkpermeabilität, μ''_r Blindpermeabilität.
(Achtung: $d \neq \tan\delta$ bei Vorhandensein von Oberschwingungen oder Wechselpermeabilität.)

Verlustleistung

In einem elektr. Netzwerk durch dielektr. und ohmsche Verlustglieder verursachte Leistung:

$$P_\mathrm{v} = P_\mathrm{q} \tan\delta = \tfrac{1}{2}\hat{U}^2 \omega C_\mathrm{P} \tan\delta \quad (\text{in W})$$

Verschiebestrom

Beim Laden eines *Kondensators ist der *Konvektionsstrom* I_k im äußeren Leiterkreis gleich dem *Verschiebestrom* I_v im Inneren des Kondensators.

$$\boxed{I_\mathrm{k} = \frac{\mathrm{d}Q}{\mathrm{d}t} = U\,\frac{\mathrm{d}C}{\mathrm{d}U}\,\frac{\mathrm{d}U}{\mathrm{d}t} + C\,\frac{\mathrm{d}U}{\mathrm{d}t}}$$

Durch den Stromfluss wird ein Magnetfeld erzeugt, die Verschiebungsdichte $\vec{D}$ im Kondensator ändert sich (es gilt $\operatorname{rot}\vec{H} = \vec{j} + \dot{\vec{D}}$, worin $\vec{j}$ Stromdichte).
Falls die Kapazität nicht von der Spannung abhängt:

$$I_\mathrm{k} = C\,\frac{\mathrm{d}U}{\mathrm{d}t} \quad \text{und} \quad \boxed{I_\mathrm{v} = \frac{\mathrm{d}\Psi}{\mathrm{d}t} \equiv I_\mathrm{k}}$$

C Kapazität, $\vec{D}$ Verschiebungsdichtevektor, $\vec{H}$ Magnetfeldstärkevektor, $\vec{j}$ Stromdichtevektor, Ψ Verschiebefluss.

Verschiebungsdichte *Flussdichte.

Verschiebungskonstante *Feldkonstante.

Verschiebungsstromdichte

Verschiebungsdichteänderung, Anstieg der elektr. *Flussdichte. (Vgl. *Stromdichte).

$$\dot{D} = \frac{\partial \vec{D}}{\partial t} \quad \mathrm{A\,m^{-2}}$$

Verstärkung

= *Übertragungsfaktor. engl. *gain*, negatives *Dämpfungsmaß.

Verstärkungsmaß

Logarithm. Verhältnis von Ausgangsleistung P_2 zu Eingangsleistung P_1.

$$G = k \, \lg \frac{P_2}{P_1} \quad \mathrm{dB}$$

Verzerrung

Lineare Verzerrung: Amplituden- und Phasenverzerrungen (z. B. während einer Übertragung), wenn die verschiedenen Fourier-Komponenten eines Signals verschieden stark gedämpft werden oder unterschiedliche Laufzeiten aufweisen (keine neuen Frequenzanteile).

Nichtlineare Verzerrung: bei Aussteuerung eines Senders oder Netzwerks mit gekrümmter Kennlinie; z. B. Impedanzmessung an nicht-linearen Systemen. opt. Nachrichtenübertragung mit Halbleiterlaser. Kennzahlen: *Klirrfaktor, *Intermodulationsfaktor.

Vierpol

Ein (gedachtes) Bauelement oder Netzwerk mit Spannungsein- und -ausgang.

1) Vielpolgleichungen in Hybridform.

$$\underline{U}_1 = \underline{H}_{11}\underline{I}_1 + \underline{H}_{12}\underline{U}_2$$
$$\underline{I}_2 = \underline{H}_{21}\underline{I}_1 + \underline{H}_{22}\underline{U}_2$$

Koeffizientendeterminante

$$\Delta\underline{H} = \underline{H}_{11}\underline{H}_{22} - \underline{H}_{12}\underline{H}_{21}$$

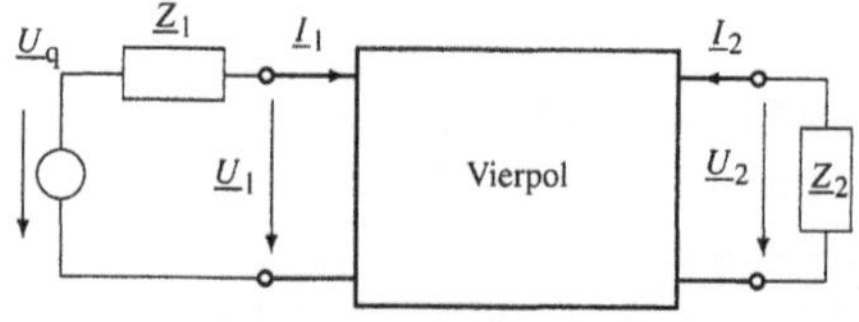

Eingang	Ausgang
Transistor als Vierpol	
$U_q, Z_1 = R_G$	$Z_2 = R_L$
Eingangskurzschlusswiderstand	
U_q, kein Z_1	kein Z_2

$$\underline{H}_{11} = \left(\frac{\underline{U}_1}{\underline{I}_1}\right)_{\underline{U}_2=0}$$

Leerlauf-Spannungsübersetzung rückwärts
offen, kein Z_1 U_q

$$\underline{H}_{12} = \left(\frac{\underline{U}_1}{\underline{U}_2}\right)_{\underline{I}_1=0}$$

Kurzschluss-Stromübersetzung vorwärts
U_q, kein Z_1 $Z_2 = 0$

$$\underline{H}_{21} = \left(\frac{\underline{I}_2}{\underline{I}_1}\right)_{\underline{U}_2=0}$$

Ausgangsleerlaufleitwert
offen, kein Z_1 $Z_2 = U_q$

$$\underline{H}_{22} = \left(\frac{\underline{I}_2}{\underline{U}_2}\right)_{\underline{I}_1=0}$$

2) Kenndaten des Vierpols

Statische Steilheit	$S = \dfrac{\underline{H}_{21}}{\underline{H}_{11}} = \dfrac{\underline{I}_2}{\underline{U}_1}\Big|_{\underline{U}_2=0}$
Differentieller Innenwiderstand	$r_i = \dfrac{\underline{H}_{11}}{\Delta\underline{H}} = \dfrac{\underline{U}_2}{\underline{I}_2}\Big|_{\underline{U}_1=0}$
Technischer Durchgriff	$D = \dfrac{\Delta\underline{H}}{\underline{H}_{21}} = -\dfrac{\underline{U}_1}{\underline{U}_2}\Big|_{\underline{I}_2=0}$
Eingangswiderstand	$\underline{Z}_1 = \dfrac{\underline{U}_1}{\underline{I}_1} = \dfrac{\underline{H}_{11} + \Delta\underline{H}\,R_L}{1 + \underline{H}_{22}R_L}$
Ausgangswiderstand	$\underline{Z}_2 = \dfrac{\underline{U}_2}{\underline{I}_2} = \dfrac{\underline{H}_{11} + R_G}{\Delta\underline{H} + \underline{H}_{22}R_G}$
Spannungsverstärkung	$V_u = \dfrac{\underline{U}_2}{\underline{U}_1} = -\dfrac{\underline{H}_{21}R_L}{\underline{H}_{11} + \Delta\underline{H}\,R_L}$
Stromverstärkung	$V_i = \dfrac{\underline{I}_2}{\underline{I}_1} = \dfrac{\underline{H}_{21}}{1 + \underline{H}_{22}R_L}$

Übertragungsfaktor

$$V_p = \frac{\underline{U}_2\underline{I}_2}{\underline{U}_1\underline{I}_1} = \frac{|\underline{H}_{21}|^2 R_L}{(1 + \underline{H}_{22}R_L)(\underline{H}_{11} + \Delta\underline{H}\,R_L)}$$

Leistungsverstärkung
a) bei Anpassung am Eingang

$$V_{p,\max} = \frac{4\underline{H}_{21}^2 R_L R_G}{[(1 + \underline{H}_{22}R_L)R_G + \underline{H}_{11} + \Delta\underline{H}\,R_L]^2}$$

b) bei Anpassung am Ein- und Ausgang

$$V_{p,\mathrm{opt}} = \left(\frac{\underline{H}_{21}}{\sqrt{\Delta\underline{H}} + \sqrt{\underline{H}_{11}\underline{H}_{22}}}\right)^2$$

Anpassung
a) am Eingang $R_G = Z_1 = \sqrt{\dfrac{\underline{H}_{11}}{\underline{H}_{22}}\Delta\underline{H}}$

b) am Ausgang $R_L = Z_2 = \sqrt{\dfrac{\underline{H}_{11}}{\underline{H}_{22}}\dfrac{1}{\Delta\underline{H}}}$

3) Spezielle Vierpole. *Hochpass, *Tiefpass.

Volumen, reduziertes

Techn. Kenngröße eines *Kondensators: bezogen auf die spezif. *Kapazität.

$$V' = \frac{1}{C'} \quad \text{in} \quad \frac{\mathrm{cm^3}}{\mathrm{F}}$$

bezogen auf den Energieinhalt 1 J:

$$V'' = \frac{V}{W} = \frac{2V}{U^2 C} = \frac{2}{E^2 \varepsilon_0 \varepsilon_r} \quad \text{in} \quad \frac{\mathrm{cm^3}}{\mathrm{J}}$$

bezogen auf die Blindleistung 1 W:

$$V''' = \frac{V}{P} = \frac{V}{U^2 \omega C} = \frac{1}{E^2 \omega \varepsilon_0 \varepsilon_r} \quad \text{in} \quad \frac{\mathrm{cm^3}}{\mathrm{W}}$$

Volumeneinheit (vu)

volume unit. Messtechn. Einheit für Ungleichgewichtsströme. Nullpunkt (vu = 0) ist die Gleichgewichts-Referenzleistung 1 Milliwatt in einem Stromkreis mit 600 Ohm charakterist. Impedanz.

Wechselleistung

Produkt der komplexen Wechselspannung $\underline{U}$ und des komplexen Wechselstroms $\underline{I}$; anschaulich die der Wirkleistung überlagerte Leistungsschwingung.

$$\underline{S}_{\sim} = \underline{U}\underline{I} = U I e^{j(\varphi_u + \varphi_i)}$$

Nicht zu verwechseln mit der komplexen *Leistung (Scheinleistung)!

Wechselpermeabilität

*Magnet. Stoffkennzahl bei periodischer Magnetisierung, definiert als der Quotient:

$$\frac{\hat{B}}{\mu_0 \hat{H}} \quad \text{oder} \quad \frac{B_{\text{eff}}}{\mu_0 H_{\text{eff}}}$$

Wechselstrom

$\bar{I}, I_{\text{eff}}, \underline{I}$ sind völlig analog definiert zur ac-*Spannung.

Wechselstromgrößen

*Impedanz, *Leistung, *Schallintensität.

Wechselstromsteller mit Triac

Schwingungspaketsteuerung. Das periodische Signal $U(t)$ zeigt: Pausenzeit (Zündwinkel α), vertikaler Anstieg, sinusförmiger Anstieg bis Maximum, sinusförmiger Abfall bis Null; Pausenzeit, vertikaler Abfall, sinusförmiger Abfall bis Minimum, sinusförmiger Anstieg bis Null.

$$U_\alpha = U_0 \sqrt{1 - \frac{\alpha}{180°} + \frac{\sin 2\alpha}{2\pi}}$$
$$I_\alpha = I_0 \sqrt{1 - \frac{\alpha}{180°} + \frac{\sin 2\alpha}{2\pi}}$$
$$P_\alpha = U_\alpha I_\alpha = \frac{U_\alpha^2}{R} = I_\alpha^2 R$$

U_α, I_α	Effektivwert beim Zündwinkel α	(V bzw. A)
U_0, I_0	Effektivwert beim Zündwinkel $\alpha = 0$	(V bzw. A)
P_α	Leistung beim Zündwinkel α	(W)
R	Lastwiderstand	(Ω)

Wechselstromwiderstand *Impedanz

Wellenausbreitung

Elektromagnet. Wellen wie *Funkwellen* im freien Raum erleiden durch zeitlich wechselnde Ausbreitungsbedingungen einen *Schwund* (sog. *Fading*).
1) *Bodenwelle*, an der Grenzfläche Erde–Luft geführt (wichtig für $\lambda > 100$ m).
2) *Raumwelle*
• mit Reflexion an der Erdoberfläche (UKW, Mikrowellen)
• ohne Reflexion: für opt. Sichtverbindungen (UKW, Mikrowellen)
• mit Reflexion an der Ionosphäre (Kurz-, Mittel-, Langwelle); tagsüber gedämpft.
• Interferenz von Bodenwellen und erdreflektierten Raumwellen (Mittelwelle)
3) Vgl. *Antenne, *Leitungsgleichung.

Wellenwiderstand, elektromagnetischer

Charakterisiert die Übertragungseigenschaften eines Mediums im nicht stationären elektromagnetischen Feld.

$$\frac{\text{magnetischer Fluss}}{\text{Ladung}} \qquad \boxed{Z = \frac{\Phi}{I\,t}} \qquad \Omega = \frac{\text{Wb}}{\text{C}}$$

1) Wellenwiderstand des leeren Raumes, engl. *characteristic impedance of vacuum.* Produkt aus magnet. Feldkonstante und Lichtgeschwindigkeit.

$$\boxed{\begin{aligned} Z_0 &= \sqrt{\frac{\mu_0}{\varepsilon_0}} = \mu_0 c_0 = \frac{1}{\varepsilon_0 c_0} \\ &= 376{,}730\,313\,461... \ \Omega \end{aligned}}$$

ε_0	elektr. Feldkonstante (F/m = A s V^{-1}m^{-1}),
μ_0	magnetische Feldkonstante (H/m = V s A^{-1}m^{-1})

2) Wellenwiderstand eines Leiters

$$\underline{Z} = (1 + \text{j}) \sqrt{\frac{\mu\omega}{2\kappa}}$$

Wellenwiderstand eines Isolators

$$\underline{Z} = Z_0 \sqrt{\frac{\mu_\text{r}}{\varepsilon_\text{r}} \left(1 + \text{j}\,\frac{\kappa}{2\omega\varepsilon}\right)}$$

$\varepsilon = \varepsilon_0 \varepsilon_\text{r}$ Permittivität (F/m), κ Leitfähigkeit (S/m),
$\mu = \mu_0 \mu_\text{r}$ Permeabilität (H/m), ω Kreisfrequenz (s^{-1}).

3) *Leitungsimpedanz* für digitale Signalleitungen in einem Umgebungsmedium der Permittivität ε_r.
a) Draht über Grund: frei verdrahtete Leitung (Durchmesser d) über einer Massefläche (Höhe h).

$$Z = \frac{60\ \Omega}{\sqrt{\varepsilon_\text{r}}} \ \ln \frac{4h}{d} \quad \text{für } h \gg d$$

b) *Koaxialkabel:* Innenleiter (Durchmesser d) – Isolationsschicht – Abschirmung (Durchmesser D).

$$Z = \frac{60\ \Omega}{\sqrt{\varepsilon_\text{r}}} \ \ln \frac{D}{d}$$

c) *verdrillte Leitung* (Twisted Pair): zwei verzwirbelte Drähte (Durchmesser d, Drahtabstand D); weiterer Einfluss: Anzahl der Schleifen pro Länge.

$$Z \approx \frac{120\ \Omega}{\sqrt{\varepsilon_\text{r}}} \ \ln \frac{2D}{d}$$

d) *Flachbandkabel:* abwechselnde Masse- und Signalleitungen; Z hängt von Geometrie und Material ab.
e) *Streifenleiter:* Microstrip-Leitung, Mehrlagen-Leiterplatte. Leiterbahn (Dicke d, Breite b) durch Epoxidharz (Abstand h) von der Leitergrundfläche getrennt.

$$Z = \frac{87\ \Omega}{\sqrt{\varepsilon_\text{r} + 1{,}41}} \ \ln \frac{5{,}98\,h}{0{,}8\,b + d}$$

f) *zweiseitig geschirmter Streifenleiter:* Strip-Leitung oder Triplate-Streifenleiter. Leiterbahn (Dicke d, Breite b) durch Epoxidharz (jeweils Abstand h) von einer unteren und oberen Leiterbahn (Abstand $\delta = 2h + d$) getrennt.

$$Z = \frac{60\ \Omega}{\sqrt{\varepsilon_\text{r}}} \ \ln \frac{4\delta}{0{,}67\,\pi\,b\,(0{,}8 + d/b)}$$

Welligkeitsfaktor

Stehwellenverhältnis, für periodische Vorgänge mit Oberwellenanteil.

$$\boxed{s = \frac{S_{\max}}{S_{\min}} = \frac{1 + |r|}{1 - |r|}} \qquad (\text{Dim. 1})$$

S Signal, r Reflexionsfaktor = Reflektanz (%).

Widerstand, elektrischer

Maß für die Hemmung des Ladungstransports in einem Leiter.

1) Der Ohmsche Widerstand R eines stromdurchflossenen Leiters bewirkt einen Spannungsabfall $U = I\,R$.

$$\text{elektrischer Widerstand} = \frac{\text{Spannung}}{\text{Strom}}$$

$$\boxed{R = \frac{U}{I} = \frac{d}{\kappa A} = \frac{\varrho\,d}{A}} \qquad \Omega = \frac{\text{V}}{\text{A}}$$

A Elektrodenquerschnitt, d Elektrodenabstand,
κ Leitfähigkeit, ϱ spezifischer Widerstand.

Die abgeleitete SI-Einheit OHM ist festgelegt durch den zeitlich unveränderlichen Strom 1 Ampere, der durch einen fadenförmigen, homogenen, gleichmäßig temperierten metall. Leiter nach Anlegen der Spannung 1 Volt fließt. Quantenphysikal. Realisierung vgl. *Klitzing-Konstante.

$1\,\Omega$	$= V/A = W/A^2 = J\,A^{-2}s^{-1} = S^{-1}$
	$= kg\,m^2 s^{-3} A^{-2}$
$1\,\Omega\,mm^2/m$	$= 10^{-6}\,\Omega\,m = \mu\Omega\,m$

2) Widerstand technischer Bauelemente.

Schichtwiderstand (homogenes Feld)	$R = \dfrac{d}{\kappa A}$
Zylinder ineinander (z. B. Kabel)	$R = \dfrac{1}{2\pi\kappa l}\ln\dfrac{r_a}{r_i}$
Kugeln ineinander	$R = \dfrac{r_a - r_i}{4\pi\kappa\, r_a r_i}$
Oberflächenerder (Halbkugel)	$R = \dfrac{1}{2\pi\kappa\, r}$
Tiefenerder (Kugel in Tiefe h)	$R = \dfrac{1}{2\pi\kappa\, r}\left(1 + \dfrac{r}{2h}\right)$
Rohrerder (senkrecht im Boden)	$R = \dfrac{1}{2\pi\kappa\, l}\ln\dfrac{2l}{r}$

d Schichtdicke, l Länge, r Radius.

3) Differentieller Widerstand.
Bei nicht linearer $U(I)$-Kennlinie ist in jedem Punkt:

$$R_d = \frac{dU}{dI} \approx \frac{\Delta U}{\Delta I} = \frac{1}{\tan\alpha}$$

4) Parallelschaltung von Widerständen.
Ersatzwiderstand einer *Stromverzweigung*. Bei Parallelschaltung von n Widerständen an einer Spannungsquelle ist der Gesamtleitwert gleich der Summe der Teilleitwerte. Die Teilströme verhalten sich wie die Teilleitwerte oder umgekehrt wie die Teilwiderstände.

$$\frac{1}{R_{ges}} = \sum_{i=1}^{n}\frac{1}{R_i} = \frac{1}{R_1} + \frac{1}{R_2} + \cdots + \frac{1}{R_n}$$

$$G_{ges} = \sum_{i=1}^{n} G_i = G_1 + G_2 + \cdots + G_n$$

$$I_{ges} = \sum_{i=1}^{n} I_i = I_1 + I_2 + \cdots + I_n$$

$$I_1 R_1 = I_2 R_2 = I_3 R_3 = \cdots = I_n R_n$$

$$\frac{I_m}{I_k} = \frac{G_m}{G_k} = \frac{R_k}{R_m} \quad (m,k = 1,2,3,\dots,n)$$

I_i Teilströme durch die Widerstände R_i.

Parallelschaltung zweier Widerstände

$$R_{ges} = \frac{R_1 R_2}{R_1 + R_2}$$

Parallelschaltung dreier Widerstände

$$R_{ges} = \frac{R_1 R_2 R_3}{R_1 R_2 + R_2 R_3 + R_1 R_3}$$

5) Reihenschaltung von Widerständen.
Ersatzwiderstand einer *Masche*. Bei Serienschaltung von n Widerständen in einem Stromkreis ist der Gesamtwiderstand gleich der Summe der Teilwiderstände. Teilspannungen verhalten sich wie die Teilwiderstände.

$$R_{ges} = \sum_{i=1}^{n} R_i = R_1 + R_2 + \cdots + R_n$$

$$U_{ges} = \sum_{i=1}^{n} U_i = U_1 + U_2 + \cdots + U_n$$

$$\frac{U_i}{U} = \frac{R_i}{R}$$

$$\frac{U_m}{U_k} = \frac{R_m}{R_k} \quad (m,k = 1,2,3,\dots,n)$$

U_i Teilspannungen = Spannungsabfall an den Widerständen R_i.

Widerstand, magnetischer
Kehrwert des magnet. Leitwerts Λ.

$$\frac{\text{magnetischer Spannungsabfall}}{\text{magnetischer Fluss}}$$

$$R_m = \frac{V}{\Phi} = \frac{1}{\Lambda} \qquad H^{-1} = \Omega^{-1}s^{-1}$$

Im homogenen Feld: $\quad R_m = \dfrac{l}{\mu_0 \mu_r\, A}$

Widerstand, spezifischer elektrischer
Resistivität. Kehrwert der elektr. *Leitfähigkeit.

$$\text{spezifischer Widerstand} = \frac{\text{Feldstärke}}{\text{Stromdichte}}$$

$$\varrho = \frac{|\vec{E}|}{i} = \frac{1}{\kappa} = R\,\frac{A}{d} \qquad \Omega\,m$$

$1\,\Omega\,m = 100\,\Omega\,cm = 1\,\Omega\,m^2/m = 10^6\,\Omega\,mm^2/m$

Leiter	$\varrho < 10^{-5}\,\Omega\,m = 10\,\mu\Omega\,m$
Halbleiter	$10^{-5} < \varrho < 10^7\,\Omega\,m$
Isolatoren	$\varrho > 10^7\,\Omega\,m = 10\,M\Omega\,m$

Für *Festkörper*: der Widerstand eines Leiters von $d = 1$ m Länge und $A = 1$ m² Querschnitt (senkrecht zur Stromrichtung).

Für *Elektrolyte*: der Widerstand eines Flüssigkeitswürfels zw. zwei planparallelen Elektroden im Abstand $d = 1$ m und 1 m² Fläche (Querschnitt der Grenzfläche Elektrode/Elektrolyt).

| S p e z . W i d e r s t a n d (bei 20 °C) | |
Stoff	ϱ (in Ω m) bei 20 °C
Se	ca. $0,001\cdot10^{-6}$ Leiter
Ag	$0,0167\cdot10^{-6}$
Cu 99,9%	$0,0178\cdot10^{-6}$
Au	$0,0204\cdot10^{-6}$
Al	$0,0278\cdot10^{-6}$
AlMgSi (Aldrey)	$0,0328\cdot10^{-6}$
Na	$0,043\cdot10^{-6}$
Mg	$0,046\cdot10^{-6}$
Mo	$0,047\cdot10^{-6}$
W	$0,049\cdot10^{-6}$
Ir	$0,053\cdot10^{-6}$
Co	$0,057\cdot10^{-6}$
Zn	$0,0625\cdot10^{-6}$
Ni	$0,0684\cdot10^{-6}$
Messing CuZn	$0,07\cdot10^{-6}$
K	$0,07\cdot10^{-6}$
Cd	$0,077\cdot10^{-6}$
In	$0,084\cdot10^{-6}$
Fe	$0,089\cdot10^{-6}$
Pt	$0,098\cdot10^{-6}$
Pd	$0,10\cdot10^{-6}$
Sn	$0,104\cdot10^{-6}$

Cr	$0{,}13 \cdot 10^{-6}$
Al-Bronze $Cu_{90}Al_{10}$	$0{,}13 \cdot 10^{-6}$
Dynamoblech	$0{,}13 \cdot 10^{-6}$
Stahl C10, 0,5% Mn	$0{,}13 \cdot 10^{-6}$
Ta	$0{,}16 \cdot 10^{-6}$
Stahl C25, 0,3% Si	$0{,}18 \cdot 10^{-6}$
Bronze (CuSn)	$0{,}18 \cdot 10^{-6}$
Pb	$0{,}19 \cdot 10^{-6}$
V	$0{,}20 \cdot 10^{-6}$
PtRh	$0{,}20 \cdot 10^{-6}$
Pb	$0{,}208 \cdot 10^{-6}$
Neusilber	$0{,}30 \cdot 10^{-6}$
PtIr	$0{,}32 \cdot 10^{-6}$
U	$0{,}32 \cdot 10^{-6}$
Sb	$0{,}42 \cdot 10^{-6}$
Monel	$0{,}42 \cdot 10^{-6}$
CuMn 12 Ni (Manganin)	$0{,}43 \cdot 10^{-6}$
CuNi 30 Mn (Nickelin)	$0{,}43 \cdot 10^{-6}$
CuNi44 (Konstantan)	$0{,}49 \cdot 10^{-6}$
Woodmetall	$0{,}54 \cdot 10^{-6}$
Grauguss	$0{,}80 \cdot 10^{-6}$
Ti	$0{,}8 \cdot 10^{-6}$
CrNi	$0{,}91 \cdot 10^{-6}$
Hg	$0{,}94 \cdot 10^{-6}$
$Ni_{60}Cr_{15}Fe$	$1{,}10 \cdot 10^{-6}$
Bi	$1{,}2 \cdot 10^{-6}$
CrAl 20 5	$1{,}37 \cdot 10^{-6}$
CrAl 30 5	$1{,}44 \cdot 10^{-6}$
Mn	$1{,}85 \cdot 10^{-6}$
Grafit	8 bis $20 \cdot 10^{-6}$
Kohle	$100 \cdot 10^{-6}$
Si	ca. $1000 \cdot 10^{-6}$ Halbleiter
SiC	ca. $5000 \cdot 10^{-6}$

B ö d e n

Ton	5 bis 20
Schlick	5 bis 30
Humus	10 bis 40
Mergel	10 bis 100
Schlamm	20 bis 100
Torf	80 bis 120
Schiefer	300 bis 700
Lehm	300 bis 1000
Kies	400 bis 2000
Schotter	400 bis 2000
Kalk	200 bis 3000
Sand	100 bis 5000
Wasser, dest.	10000 bis 40000
Erde, feucht	$> 10^6$

I s o l a t o r e n

Mikanit	$10^8 \dots 10^{12}$
Hartpapier	$10^9 \dots 10^{10}$
Marmor	10^{10}
Glas	$10^{11} \dots 10^{17}$
Hartprozellan	10^{14}
Hartgummi	$10^{15} \dots 10^{16}$
Kautschuk	10^{16}
Polystyrol	10^{16}
Bernstein	$10^{16} \dots 10^{22}$
Glimmer	10^{17}
Quarz	10^{19}
Porzellan	$10^{19} \dots 10^{20}$
Paraffin	$10^{20} \dots 10^{22}$

Widerstand, Temperaturabhängigkeit

Widerstandsänderung = Differenz von Warmwiderstand R_w und Kaltwiderstand R_k bei einer Temperaturände-

rung ΔT.

$$\boxed{\Delta R = R_w - R_k = \alpha\, R_k\, \Delta T} \quad (\Omega)$$

Metalle nahe 20 °C ($\Delta T = T - 293$ K)

$$R(T) = R_{20}\,[1 + \alpha\,\Delta T]$$

für hohe Temperaturen

$$R(T) = R_{20}\,[1 + \alpha\,\Delta T + \beta\,\Delta T^2]$$

Temperatur einer Wicklung

$$T = \frac{R(T)}{R(T_{\text{ref}})}(\Delta T + T_{\text{ref}}) - \Delta T \ \text{ mit } \ \Delta T = \frac{1}{\alpha} - 293\ \text{K}$$

ΔT	Temperaturdifferenz zu 20 °C (293 K),
T_{ref}	Bezugstemperatur,
α	*Temperaturkoeffizient, Temperaturbeiwert (K^{-1})

Stoff	α bei 20 °C (in K^{-1})
Al	$-0{,}004$
Kohle	$-0{,}000\,5$
Manganin	$+0{,}000\,01$
Konstantan	$+0{,}000\,04$
Nickelin	$+0{,}000\,15$
Hg	$+0{,}000\,9$
Pt	$+0{,}003\,8$
Cu	$+0{,}003\,9$
Au	$+0{,}003\,98$
Mg	$+0{,}004\,1$
Ag	$+0{,}004\,1$
Cd	$+0{,}004\,2$
Zn	$+0{,}004\,2$
Pb	$+0{,}004\,22$
W	$+0{,}004\,6$
Sn	$+0{,}004\,63$
Mo	$+0{,}004\,7$
Li	$+0{,}004\,9$
Gusseisen	$+0{,}005$
Mn	$+0{,}005\,3$
Ni	$+0{,}005\,5$
Cr	$+0{,}005\,9$
Fe	$+0{,}006\,57$
Co	$+0{,}006\,6$

Widerstand, thermischer

Bei der *Kühlung von Halbleiterbauelementen*: Summe aus Sperrschicht und Gehäuse (G), Kühlkörper und Kühlmittel (Ü), Gehäuse und Kühlmittel (K).

$$\boxed{R_{\text{th}} = \frac{1}{G_{\text{th}}} = \frac{\Delta T}{P_v} = R_{\text{th,G}} + R_{\text{th,Ü}} + R_{\text{th,K}}} \ \frac{\text{K}}{\text{W}}$$

thermische Verlustleistung

$$P_v = \frac{T_s - T_{\text{amb}}}{R_{\text{th}}} \quad (\text{W})$$

G_{th}	thermischer Leitwert	(W/K)
T_s	Sperrschichttemperatur	(K)
T_{amb}	Umgebungstemperatur	(K)

Widerstand im Wechselstromkreis

*Impedanz; ohmscher Widerstand oder Wirkwiderstand eines Widerstand-Bauelementes.

$$R = \text{Re}\,\underline{Z} = \frac{U_R}{I_R}$$

$$\underline{U}_R = U_R\, e^{j\,(\omega t + \varphi)}$$

$$\underline{I}_R = \frac{\underline{U}_R}{R} = \frac{U_R}{R}\, e^{j\,(\omega t + \varphi)}$$

Zeitlicher Verlauf: Spannung und Strom verlaufen mit gleicher Phase; nur die Amplitude ist verschieden.

Zeigerdiagramm: Spannung und Strom sind in Phase (auf der reellen Achse).

keine Phasenverschiebung: $\varphi = \varphi_u - \varphi_i = 0$.

keine Frequenzabhängigkeit: $R(\omega) = $ const.

Widerstandsmessung

Anwendung praktischer Messgeräte.

1) *Simultane Strom- und Spannungsmessung.* Analoge und digitale Messgeräte registrieren (bei definierter Spannung und bekanntem Innenwiderstand des Messgerätes) einen dem äußeren Widerstand proportionalen Strom.

2) *Spannungsrichtige Schaltung* oder *Stromfehlerschaltung.* Für kleine Widerstände R_x: Ein *Voltmeter mit großem Innenwiderstand* R_V wird parallel an R_x, das Amperemeter in Reihe zu R_x geschaltet.

$$R_x = \frac{U}{I - I_V} = \frac{U}{I - \dfrac{U}{R_V}}$$

R_V Innenwiderstand des Voltmeters.

3) *Stromrichtige Schaltung* oder *Spannungsfehlerschaltung.* Für große Widerstände R_x: Ein *Voltmeter mit vernachlässigbarem Innenwiderstand* wird parallel zur Reihenschaltung eines Amperemeters (Innenwiderstand R_A) und R_x geschaltet.

$$R_x = \frac{U}{I} - R_A = \frac{U - U_A}{I}$$

R_A Innenwiderstand des Amperemeters.

4) *Vergleich mit Referenzwiderständen.*

a) *Spannungsmessung* (Stromspeisung) an einer Reihenschaltung von unbekanntem Widerstand R_x und Vergleichwiderstand R_S:

$$R_x = R_S U_x / U_S.$$

b) *Strommessung* (Spannungsspeisung) an einer Parallelschaltung von unbekanntem Widerstand R_x und Vergleichwiderstand R_S:

$$R_x = R_S I_S / I_x.$$

c) *Stromverzweigung.* R_x und ein Amperemeter (Zweig 1), R_S und ein weiteres Amperemeter (Zweig 2) bilden eine Parallelschaltung. Man regelt R_S bei konstantem Strom so ein, dass er den unbekannten Widerstand kompensiert.

5) Spannungsabfall am konstantstrom-durchflossenen Widerstand.

a) *Vierpunktmethode.* Besonders bei kleinen Widerständen R_x werden die Klemmen der Stromzuführung von den Potentialmessklemmen getrennt, um störende Kontaktwiderstände auszuschließen. Man misst den Spannungsabfall U_x bei konstantem Strom: $R_x = U_x / I$.

b) *Invertierender Verstärker* als Konstantstromquelle. Eingangsstrom (über die Eingangsspannung variabel, $I_0 = U_0 / R_0$) und Rückführstrom (unbekannter Widerstand im Rückführkreis, $I_g = U_x / R_x$) heben sich auf:

$$R_x = -U_x / I_0 = -R_0 U_x / U_0$$

c) Messung der *Widerstandsdifferenz.* Zwei getrennte Stromquellen (gleiche Stromstärke) speisen zwei getrennte Widerstände R_1 und R_2; ein Kabel verbindet

die beiden Stromkreise so, dass die Widerstände in Serie liegen. Längs R_1 und R_2 liegt die Spannung $U_{12} = I_0 (R_1 - R_2)$ an.

6) Spannungsteiler: $R_x / R_0 = U_x / U_0$

7) *Brückenschaltung, *Leitfähigkeitsmessung.

Widerstandsnormal

Festlegung des *Ohms mit dem *Quanten-Hall-Effekt unabhängig von Geometrie und Werkstoff.

$$\text{von *Klitzing-Konstante:} \quad \frac{h}{e^2} \approx 25\,812{,}8\,\Omega$$

Widerstandstypen

Techn. Ausführungsformen von Widerständen.

1) Lineare Festwiderstände, es gilt $R = U / I$.

a) *Drahtwiderstand:* gewickelter Draht (Nickelin CrNi, Manganin, Konstantan); für Mess- und Starkstromtechnik, sehr temperaturbeständig, $\alpha = \pm30$ bis $140 \cdot 10^{-6}$ K^{-1}.

b) *Kohleschichtwiderstand,* v. a. für Datentechnik, -55 bis $+125\,°C$, $\alpha = -200$ bis $-800 \cdot 10^{-6}\,K^{-1}$.

Kohle-Lack-Widerstand: für hohe Spannungen, -55 bis $90\,°C$, $\alpha = -1000$ bis $-3000 \cdot 10^{-6}\,K^{-1}$

c) *Metallschichtwiderstand,* aus Legierungen oder Metalloxiden (CrNi, SnO_2); für extreme Klimabeanspruchung: -65 bis $+125\,°C$, $\alpha = 0$ bis $\pm300 \cdot 10^{-6}\,K^{-1}$.

Edelmetallschichtwiderstand (aus AuPt): z. B. für Temperaturkompensation; -65 bis $+165\,°C$, $\alpha = +250$ bis $350 \cdot 10^{-6}\,K^{-1}$.

2) Nicht lineare Festwiderstände

a) *NTC-Widerstand* (Negative Temperature Coefficient) oder *Heißleiter:* aus Mischoxidkeramik. Anwendung: -55 bis $+350\,°C$; für Temperaturfühler, Strömungsmessung u.a.

$$R(T) = R(T_N) \, \exp\left[B \left(\frac{1}{T} - \frac{1}{T_N} \right) \right]$$

$B = 2920 \ldots 3950\,K$ Materialkonstante, T_N Bezugstemperatur.

b) *PTC-Widerstand* (Positive Temperature Coefficient) oder *Kaltleiter:* aus $BaTiO_3$, $SrTiO_3$. Anwendung: -55 bis $+220\,°C$; für Temperaturfühler, Thermostaten u.a.

$$R = \frac{A}{B} \sim \frac{\ln(R_2 / R_1)}{T_2 - T_1}$$

A, B Konstanten; T_1, T_2 obere und untere Temperatur.

c) *VDR-Widerstand* (Voltage Dependent Resistor) oder *Varistor:* aus SiC oder ZnO. Anwendung: -40 bis $+85\,°C$; für Spannungsstabilisierung, Stoßspannungsbegrenzung.

$$R = \frac{U^{1-\alpha}}{K}$$

K Konstante, α Nichtlinearität.

d) *LDR-Widerstand* (Light Dependent Resistor) oder *Fotowiderstand:* aus CdS oder CdSe. Anwendung: -20 bis $+60\,°C$; für Lichtschranken etc.

$$R \sim E^{-\gamma} \quad \text{mit} \quad \gamma = \frac{\lg R_1 - \lg R_2}{\lg E_1 - \lg E_2}$$

E Beleuchtungsstärke, *γ* Steilheit.

3) Einstellbare Widerstände: linear, positiv oder negativ logarithmisch; aus Draht, Kohleschicht, *Cermet* (ceramic metal = Metalloxid- und Glaspulver in Keramikträger eingebrannt). Anwendung: Potentiometer, Trimmer, Lautstärkeregler.

Wirbelstrom
Induzierte Ströme (mit konzentrisch-geschlossenen Linien) in einem Leiter, der sich im Magnetfeld bewegt oder wechselnden Magnetfeldern ausgesetzt ist. Die Wirbelströme bauen ein Gegenfeld auf (LENZsche Regel) und schwächen das ursprüngliche Magnetfeld.

$$I_w \approx \frac{U}{2R}$$

U induzierte Spannung, *R* Widerstand des Leiters.

Anwendung: Wirbelstrombremse, Drehzahlmesser, kWh-Zähler.

Wirbelstrommessung
Magnetinduktives Verfahren. Zerstörungsfreies *Werkstoffprüfverfahren, z. B. zur *Schichtdickemessung für Isolator oder Nichteisenmetall auf Nichteisenmetall (Rohre, Schweißnähte, Bleche).
Hochfrequente Wechselströme induzieren Wirbelströme im Werkstück. Der Prüfling befindet sich zw. zwei Spulen. Das magnet. Wechselfeld der Magnetisierungsspule (Primärfeld) induziert im Prüfstück Wirbelströme (Gegenfeld, Sekundärfeld), die das äußere Feld schwächen. Risse, Poren, Lunker und Einschlüsse beeinflussen die lokale Ausbildung von Wirbelströmen. Man misst die *Impedanz* der Messspule. Der von der Spule auf das Werkstück übertragende Energiefluss ist ein Maß für die Leitfähigkeit des Materials.
Die Eindringtiefe der Wirbelströme ist frequenzabhängig (Skin-Effekt).

| Volumenprüfung: | ca. 50 Hz |
| Oberflächenprüfung: | 1 bis 5 MHz |

1) Tastspulverfahren; kombinierte Magnetisierungs- und Messspule, die auf den ebenen Prüfling augesetzt wird; z. B. zur Schichtdickemessung. *Defektometer* zeigen maximalen Zeigerausschlag, wenn sich der Fehler zentrisch unterhalb der Tastspule befindet. Eichung mit Proben bekannter Risstiefe bzw. Schichtdicke. An Objektkanten treten Fehlausschläge auf.
2) Durchlaufspulenverfahren. Der Prüfling (Stangenmaterial) befindet sich im Inneren der Messspule. Das Sekundärfeld hängt von chem. Zusammensetzung, Gefügezustand und Schichtdicke ab.
3) Gabelspulverfahren, z. B. für Bleche.
4) Innenspulverfahren, z. B. für Rohre.

Wirkleistung
Realteil der komplexen elektr. *Leistung; verursacht durch ohmsche Komponenten (Widerstände); vgl. *Impedanz, *Leistungsmessung, *Schallintensität.

$$P = P_w = \mathrm{Re}\,\underline{P}$$

Für sinusförmige Spannungen *U* und Ströme *I*:

$$P = \tfrac{1}{2}\hat{U}\hat{I}\,\cos\varphi = U_{\mathrm{eff}}I_{\mathrm{eff}}\cos\varphi$$

φ Phasenverschiebung zw. *U* Spannung und *I* Strom.

Wirkleistungsmessung *Multiplizierer.

Wirkleitwert
Konduktanz, ohmscher Leitwert, Realteil der *Admittanz (Scheinleitwert).

$$G = \mathrm{Re}\,\underline{Y} = Y\cos\varphi = \frac{R}{Z^2} = \frac{R}{R^2 + X^2} \qquad S = \Omega^{-1}$$

Wirkungsgrad
einer elektrischen Maschine

$$\eta = \frac{P_{\mathrm{ab}}}{P_{\mathrm{zu}}} = \frac{W_{\mathrm{ab}}}{W_{\mathrm{zu}}} \qquad (1 = 100\%)$$

eines elektrischen Verbrauchers

$$\eta = \frac{P_{\mathrm{n}}}{P_{\mathrm{n}} + P_{\mathrm{v}}} \qquad (1 = 100\%)$$

n = Nutz, v = Verlust, *W* Arbeit, *P* Leistung.

Wirkwiderstand
Reaktanz, ohmscher Widerstand, Realteil der *Impedanz (Scheinwiderstand).

$$R = \mathrm{Re}\,\underline{Z} = Z\cos\varphi \qquad (\Omega)$$

Zustandskurve, magnetische
*Hysteresekurve nichtlin. Magnetika: $B(H)$ od. $J(H)$. Vgl. *Neukurve, *Sättigungspolarisation, *Hystereschleife, *Koerzitivfeldstärke, *Permeabilität, *Suszeptibilität.

Zweipol
Geschlossener Teilraum oder abgeschlossenes System, das nur an zwei *Polen* oder *Klemmen* elektr. (nicht magnet.) zugänglich (gedacht) ist.
1) Ein *passiv wirkender Zweipol* nimmt von einem elektr. verbundenen anderen Zweipol elektromagnet. Energie auf. *Verbraucher* oder Empfänger ist ein Zweipol, der Wirkleistung aufnimmt.
2) Ein *aktiv wirkender Zweipol* gibt elektromagnet. Energie ab. *Erzeuger* (Generator, Sender) ist ein Zweipol, der Wirkleistung abgibt.
3) Ein *linear wirkender Zweipol* weist eine lineare Abhängigkeit von Strom und Spannung auf.
4) Ein *nichtlinearer Zweipol* hat keine lineare Abhängigkeit von Strom und Spannung. Er wirkt bei steigender Strom-Spannungs-Kurve passiv, bei fallender Kennlinie aktiv (mit „negativem Widerstand").

Zweipoltheorie
Zur Berechnung von Netzwerken, wenn Strom und Spannung nur an einem Bauelement gesucht sind.
1) Ersatzspannungsquelle. Das Netzwerk wird zum Grundstromkreis mit aktivem Zweipol (Ersatzspannungsquelle) und passivem Zweipol (Verbraucher mit Ersatzaußenwiderstand) vereinfacht.
Beispiel.

Elektrotechnik   **7**

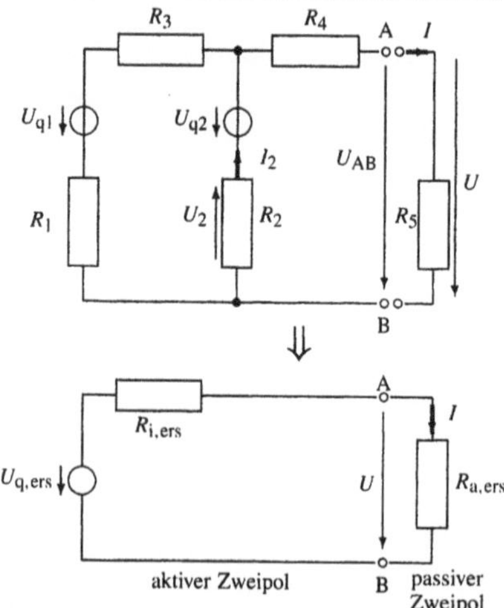

Leerlaufspannung des aktiven Zweipols

$$U_{AB} = U_{q2} - U_2$$

Ersatzspannung

$$U_{q,ers} = U_{AB} = U_{q2} - U_2 = \frac{U_{q2}(R_1 + R_3) + U_{q1} R_2}{R_1 + R_2 + R_3}$$

Spannungsabfall am Widerstand 2

$$U_2 = I_2 R_2 = \frac{(U_{q2} - U_{q1}) R_2}{R_1 + R_2 + R_3}$$

Ersatzinnenwiderstand = Innenwiderstand des aktiven Zweipols (Spannungsquellen kurgeschlossen).

$$R_{i,ers} = R_{AB} = R_4 + \frac{R_2(R_1 + R_3)}{R_1 + R_2 + R_3}$$

Ersatzkurzschlussstrom

$$I_{k,ers} = \frac{U_{q,ers}}{R_{i,ers}}$$

Ersatzaußenwiderstand für den Verbraucher

$$R_{a,ers} = R_5 = \frac{U_{q,ers}}{I}$$

Strom durch den Verbraucher

$$I = \frac{U_{q,ers}}{R_{i,ers} + R_{a,ers}} = \frac{U_{q2}(R_1 + R_3) + U_{q1} R_2}{(R_4 + R_5)(R_1 + R_2 + R_3) + R_2(R_1 + R_3)}$$

Spannungsabfall am Verbraucher

$$U = I R_5 = \frac{U_{q,ers} R_{a,ers}}{R_{i,ers} + R_{a,ers}}$$

2) Ersatzstromquelle. Aktiver Zweipol als Parallelschaltung der Ersatzstromquelle $I_{k,ers}$ mit dem Ersatzinnenwiderstand $R_{i,ers}$.

8 Thermodynamik, thermische Verfahren, Energietechnik

Klassische, technische und statistische Thermodynamik – Wärmelehre – Gase, Gasgemische, kinetische Gastheorie – Zustandsänderungen – Arbeits- und Kreisprozesse – Flüssigkeiten – Dampfdruck – feuchte Luft und Dämpfe – Mehrphasensysteme – Festkörper – Quantenstatistik – Wärmetechnik – Wärmetransport – Wärmeübertragung – Wärmestrahlung – Thermische Verfahrenstechnik – thermische Maschinen – Verbrennungstechnik – Klimatechnik

Formelzeichen

Physikalische Größe	Symbol	Einheit	Basiseinheiten	Englische Bezeichnung
Temperaturleitfähigkeit	a	m^2/s	$= m^2 s^{-1}$	thermal diffusivity
Van-der-Waals-Konstante	B, β	J	$= m^2 kg\, s^{-2}$	retarded van der Waals constant
2. Virialkoeffizient	B	m^3/mol	$= m^3 mol^{-1}$	second virial coefficient
Wärmekapazität	C	J/K	$= m^2 kg\, s^{-2} K^{-1}$	heat capacity
– bei Konstantdruck	C_p	J/K	$= m^2 kg\, s^{-2} K^{-1}$	at constant pressure
– bei Konstantvolumen	C_V	J/K	$= m^2 kg\, s^{-2} K^{-1}$	at constant volume
molare Wärmekapazität	C_m	$J\, mol^{-1} K^{-1}$		molar heat capacity
Teilchengeschwindigkeit	$\vec{c}, \vec{u}$	m/s		molecular velocity vector
– Geschwindigkeitsmittel	$\bar{c}, \langle c \rangle$	m/s		average speed
spez. Wärmekapazität	c_p	$J\, kg^{-1} K^{-1}$	$= m^2 kg\, s^{-2} K^{-1}$	specific heat capacity
Helmholtzsche Freie Energie	$F, (A)$	J	$= m^2 kg\, s^{-2}$	Helmholtz free energy
Spezif. Freie Energie	f	J/kg	$= m^2 s^{-2}$	specific free energy
Fugazität, realer Druck	f	$Pa = N m^{-2} = m^{-1} kg\, s^{-2}$		fugacity
Geschwindigkeitsverteilungsfunktion				
– Maxwellsche	$f(v_x)$	s/m		velocity distribution function
– Maxwell-Boltzmannsche	$F(v)$	s/m		speed distribution function
Gibbssche Freie Enthalpie	G	J	$= m^2 kg\, s^{-2}$	Gibbs energy
molare Freie Enthalpie	G, G_m	J/mol	$= m^2 kg\, s^{-2} mol^{-1}$	molar Gibbs energy
Freie Standardenthalpie	G^0	J/mol	$= m^2 kg\, s^{-2} mol^{-1}$	standard Gibbs energy
Spezifische Freie Enthalpie	g	J/kg	$= m^2 s^{-2}$	specific Gibbs energy
Statist. Gewicht, Entartungsgrad	g	–	$= 1$	statistical weight, degeneracy
Enthalpie	H	J	$= m^2 kg\, s^{-2}$	enthalpy
molare Enthalpie	H, H_m	J/mol	$= m^2 kg\, s^{-2} mol^{-1}$	molar enthalpy
Molare Standardenthalpie	H^0	J/mol	$= m^2 kg\, s^{-2} mol^{-1}$	standard partial molar enthalpy
spezifischer Heizwert	H_u	J/kg	$= m^2 s^{-2}$	calorific power, heating value
molarer Heizwert	$H_{u,m}$	J/mol	$= m^2 kg\, s^{-2} mol^{-1}$	molar calorific power
spezifischer Brennwert	H_o	J/kg	$= m^2 s^{-2}$	calorific power, thermal power
molarer Brennwert	$H_{o,m}$	J/mol	$= m^2 kg\, s^{-2} mol^{-1}$	molar calorific power
Spezifische Enthalpie	h	J/kg	$= m^2 s^{-2}$	specific enthalpy
Wärmefluss	J_q	W/m^2	$= kg\, s^{-3}$	heat flux
Massieu-Funktion	J	J/K	$= m^2 kg\, s^{-2} K^{-1}$	Massieu function
Wärmedurchgangszahl	k	$W\, m^{-2} K^{-1}$	$= kg\, s^{-3} K^{-1}$	heat transition coefficient
Boltzmann-Konstante	k, k_B	J/K	$= m^2 kg\, s^{-2} K^{-1}$	Boltzmann constant
Teilchenzahl, Ensemblezahl	N	–	$= 1$	number of particles, $\sim$ entities
Zustandsdichte	N_E	$J^{-1} m^{-3}$ od. m^{-3}		density of states
Teilchendichte	n, C	m^{-3}		number concentration, number density
Partialdruck	p_i	Pa		partial pressure
(Verallgemeinerter) Impuls	p	N s	$= m\, kg\, s^{-1}$	(generalized) momentum
Wärmemenge, Wärmeenergie	Q	J	$= m^2 kg\, s^{-2}$	quantity of heat, heat energy
Wärmestrom	$\dot{Q}$	W	$= m^2 kg\, s^{-3}$	heat flow
Kanonische Zustandssumme	$Q, (Z)$	–	$= 1$	sum over states for a canonical ensemble
Wärmestromdichte	q	$W\, m^{-2}$	$= kg\, s^{-3}$	heat flux density
spezifische Wärmemenge	q	J/kg	$= m^2 s^{-2}$	specific heat
Teilchen-Zustandssumme	$q, (z)$	–	$= 1$	sum over states for a single molecule

Physikalische Größe	Symbol	Einheit	Basiseinheiten	Englische Bezeichnung
Allgemeine Koordinate	q	(m)		generalized coordinate
(molare) Gaskonstante	R	$\frac{J}{\text{mol K}}$	$= m^2 kg\, s^{-2} K^{-1} mol^{-1}$	(molar) gas constant
Spezifische Gaskonstante	R_i	$\frac{J}{\text{kg K}}$	$= m^2 s^{-2} K^{-1}$	specific gas constant
Wärmewiderstand	R	K/W	$= m^{-2} kg^{-1} s^3 K$	thermal resistance
Entropie	S	J/K	$= m^2 kg\, s^{-2} K^{-1}$	entropy
Aktivierungsentropie	$S^{\ddagger}$	J/K	$= m^2 kg\, s^{-2} K^{-1}$	entropy of activation
molare Entropie	$S,\, S_m$	$J\, mol^{-1} K^{-1}$		molar entropy
Standard-Reaktionsentropie	S^0	$\frac{J}{\text{mol K}}$	$= m^2 kg\, s^{-2} K^{-1} mol^{-1}$	standard reaction entropy
Partielle Standardentropie	S_i^0	$\frac{J}{\text{mol K}}$	$= m^2 kg\, s^{-2} K^{-1} mol^{-1}$	standard partial molar entropy
spezifische Entropie	s	$J\, kg^{-1} K^{-1}$	$= m^2 s^{-2} K^{-1}$	specific entropy
Mittlere freie Weglänge	$\bar{s}, \lambda$	m		average free path
Temperatur	T	K	Basiseinheit	thermodynamic temperature
Curie-Temperatur	T_C	K		Curie temperature
Néel-Temperatur	T_N	K		Neel temperature
Celsius-Temperatur	$t,\, \vartheta$	°C	$= (t + 273,15)$ K	Celsius temperature
Innere Energie	U	J	$= m^2 kg\, s^{-2}$	internal energy
spezifische innere Energie	u	J/kg	$= m^2 s^{-2}$	specific internal energy
molare innere Energie	$U,\, U_m$	J/mol	$= m^2 kg\, s^{-2} mol^{-1}$	molar internal energy
Arbeit; Energie	W	J	$= m^2 kg\, s^{-2}$	work; energy
Allgemein: extensive Größe	X	versch.		extensive quantity
Allgemein: molare Größe	X_m	versch.		molar quantity
Allgemein: Partielle molare Größe	$X_{m,i}$	versch.		partial molar quantity
Allgemein: Zeitliche Änderung	$\dot{X}$	versch.		rate of change
Allgemein: spezifische Größe	x	versch.		quantity per mass unit
Planck-Funktion	Y	J/K	$= m^2 kg\, s^{-2} K^{-1}$	Planck function
Kanonische Zustandssumme	Z	–	$= 1$	sum over states for a canonical ensemble
Kompressibilitätsfaktor	Z	–	$= 1$	compression factor, compressibiliy factor
therm. Längenausdehnungskoeff.	$\alpha,\, \alpha_l$	K^{-1}		linear expansion coefficient
(rel.) therm. Spannungskoeffizient	α_p	K^{-1}		relative pressure coefficient
Wärmeübergangszahl	$\alpha,\, (h,k)$	$W\, m^{-2} K^{-1}$	$= kg\, s^{-3} K^{-1}$	heat transmission coefficient
Thermodynamischer Faktor	$\beta = (kT)^{-1} J^{-1}$		$= m^{-2} kg^{-1} s^2$	reciprocal temperature parameter
therm. Spannungskoeffizient	β	Pa/K	$= m^{-1} kg\, s^{-2} K^{-1}$	pressure coefficient
therm. Volumenausdehnungskoeff.	$\gamma,\, (\beta)$	K^{-1}		cubic expansion coefficient
Kompressibilität	κ	Pa^{-1}	$= m\, kg^{-1} s^2$	compressibility
isothermische Kompressibilität	κ_T	Pa^{-1}	$= m\, kg^{-1} s^2$	isothermal compressibility
isentropische Kompressibilität	κ_S	Pa^{-1}	$= m\, kg^{-1} s^2$	isentropic compressibility
Isentropenexponent, Wärmekapazitätsverhältnis	$\kappa,\, (\gamma)$	–	$= 1$	isentropic exponent, ratio of heat capacities
Wärmeleitwert	Λ_{th}	W/K	$= m^2 kg\, s^{-3} K^{-1}$	thermal conductance
Wärmeleitfähigkeit	λ	$W\, K^{-1} m^{-1}$	$= m\, kg\, s^{-3} K^{-1}$	thermal conductivity
Wärmeleitfähigkeitstensor	λ_{ik}	$W\, m^{-1} K^{-1}$	$= m\, kg\, s^{-3} K^{-1}$	thermal conductivity tensor
Mittlere freie Weglänge	$\lambda,\, (l,\bar{s})$	m		mean free path
Chemisches Potential (in Phase α)	$\mu_i^{(\alpha)}$	J/mol	$= m^2 kg\, s^{-2} mol^{-1}$	chemical potential in phase α
Chemisches Standard-Potential	μ^0	J/mol	$= m^2 kg\, s^{-2} mol^{-1}$	standard chemical potential
Joule-Thomson-Koeffizient	$\mu,\, \mu_{JT}$	K/Pa	$= m\, kg^{-1} s^2 K$	Joule-Thomson coefficient
Phasenraumvolumen	Ω	–	$= 1$	volume in phase space probability
Mikrokanonisches Ensemble	Ω	–	$= 1$	density of states of a microcanonical ensemble
Fugazitätskoeffizient	φ	–	$= 1$	fugacity coefficient
Wärmestrom	$\Phi,\, \dot{Q}$	W	$= m^2 kg\, s^{-3}$	heat flow (rate)
Peltier-Koeffizient	Π	V	$= m^2 kg\, s^{-3} A^{-1}$	Peltier coefficient
Zustandsdichte	$\varrho(E)$	J^{-1}	$= m^{-2} kg^{-1} s^2$	density of states
spezif. Wärmewiderstand	ϱ_{th}	K m/W	$= m^{-2} kg^{-1} s^3 K$	specific thermal resistance
Oberflächenspannung	$\sigma,\, (\gamma)$	$N/m = J/m^2$	$= kg/s^2$	surface tension
Charakteristische Temperatur	Θ	K		characteristic temperature
Celsius-Temperatur	$\vartheta,\, t$	°C		Celsius temperature
Weiss-Temperatur	$\theta,\, \theta_W$	K		Weiss temperature
Großkanonisches Ensemble	Ξ	–		grand canonical ensemble

Adiabatenexponent *Wärmekapazitätsvh.

Amortisationszeit, energetische

Kennzahl zur Beurteilung von *Energiewandlern.

$$\tau = \frac{\text{Energieaufwand zum Kraftwerksbau}}{\text{jährliche Nettoenergieerzeugung}}$$

Umstrittene Werte für Stromerzeugung durch Kohle-, Kern-, Wasser-, Windkraft: < 1 Jahr

Fotovoltaik: 20 Jahre.

Anergie

Bei der Energieumwandlung nicht nutzbarer Energieanteil; nicht in andere Energieformen umwandelbare Energie (Verlustwärme, Abwärme).

$$\text{Energie} = \text{Exergie} + \text{Anergie}$$

Anergie der Volumenänderungsarbeit

$$W_A = p_{amb}(V_1 - V_2)$$

Anergie der inneren Energie

$$W_A = c_V(T_{amb} - T_2) + T_{amb}(S_1 - S_{amb})$$

Anergie der Wärme

$$W_A = Q\,\frac{T_{amb}}{T_1}$$

Anergie der Reaktionsenergie

$$W_A = T_{amb}(S_1 - S_{amb})$$

Kinetische, potentielle und elektr. Energie ist immer *Exergie (Anergie = 0).

S_{amb} Entropie bei Umgebungsbedingungen,
T_{amb} Umgebungstemperatur, p_{amb} Umgebungsdruck.

Äquivalenttemperatur

In der Thermodynamik, Meteorologie, Geophysik.
1) Die Temperatur (in K) einer feuchten Luftmenge nach isobarer Zufuhr der Kondensationswärme für den gesamten vorhandenen Wasserdampf:

$$T_e = T + m\,\frac{\Delta H_v}{c_p}$$

ΔH_v latente Verdampfungswärme des Wassers (J/kg), c_p spez. Wärmekapazität trockener Luft bei konstantem Druck, m Mischungsverhältnis der feuchten Luft (kg/kg).
2) Potentielle Äquivalenttemperatur. Die Temperatur Θ_e (in K) einer feuchten Luftmenge, nachdem 1) durch Zufuhr von Kondensationswärme der enthaltene Wasserdampf isobar erwärmt und 2) die Luft trockenadiabat. auf einen Druck von $p_0 = 10^5$ Pa gebracht wurde.

Arbeitsgrad

Nutzungsgrad, *Arbeitsverhältnis*, *Energieverhältnis.* Verhältnis von genutzter Energie zu zugeführter Energie.

$$\zeta = \frac{W_{ab}}{W_{zu}} \qquad \text{(Dim.1)}$$

Arbeitsprozess   *Gasturbine, *Kompressor.

Ausdehnungskoeffizient, thermischer

Für Festkörper ist der *Längenausdehnungskoeffizient α, für Flüssigkeiten und Gase der *Volumenausdehnungskoeffizient $\gamma = 3\alpha$ definiert.

Bildungsenthalpie

Bildungswärme, die beim Entstehen einer chem. Verbindung oder eines Ions frei wird und zur Zersetzung aufzuwenden ist.
Standardbildungsenthalpie. Energieäußerung (ΔH_f^0 in kJ/mol), die bei kostantem Druck bei der Formierung einer chem. Verbindung frei wird oder aufzuwenden ist.
Bildungsenthalpie von Wasser: –285,89 kJ/mol

Bildungsenthalpie	ΔH_f^0 (kJ/mol, 25°C)
$Pb_{aq}^{2\oplus}$	–2
$NH_{4,(aq)}^{\oplus}$	–132
$Na_{aq}^{\oplus}$	–240
NH_4Cl	–314
$NaCl$	–411
$Al_{aq}^{3\oplus}$	–531
$Ba_{aq}^{2\oplus}$	–538
$Ca_{aq}^{2\oplus}$	–543
$PbSO_4$	–920
$BaSO_4$	–1473
Al_2O_3	–1676
$CaSO_4 \cdot 2H_2O$	–2023

Biot-Zahl

Dimensionslose Kenngröße für die Wärmeübertragung Festkörper/Fluid oder den Wärmetransport im Festkörper (analog Nusseltzahl im Fluid).

$$Bi = \frac{\alpha_a\,l}{\lambda_i} = \frac{\text{Wärmeübertragung}}{\text{Wärmeleitung}}$$

l charakteristische Länge
α_a Wärmeübergangskoeffizient außen (Fluid) (W $K^{-1}m^{-2}$)
λ_i Wärmeleitfähigkeit innen (Festkörper) (W $K^{-1}m^{-1}$)

Boltzmann-Konstante

Auf die Avogadro-Konstante bezogene molare Gaskonstante; entspricht der teilchenbezogenen Gaskonstante. Unsichere Stellen kursiv.

$$k = \frac{R}{N_A} = 1{,}380\,65\mathit{03}\cdot10^{-23} \quad \text{J/K}$$

$$= 8{,}617\,342\cdot10^{-5} \quad \text{eV/K}$$
$$k/h = 2{,}083\,664\,\mathit{4}\cdot10^{10} \quad \text{Hz/K}$$
$$k/hc = 69{,}503\,\mathit{56} \quad \text{m}^{-1}\text{K}^{-1}$$

Boltzmann-Verteilung

Statist. Modell der „Wärmebewegung" der kinet. *Gastheorie. Verteilung der Energiezustände

$$\frac{N_i}{N} = g_i\,e^{E_i/kT} = \frac{g_i\,e^{\Delta E_i/kT}}{\displaystyle\sum_{i=0}^{\infty} g_i\,e^{\Delta E_i/kT}} = \frac{g_i\,e^{\Delta E_i/kT}}{Q}$$

Energieunterschiede $\Delta E_i = E_i - E_0$
Zustandssumme oder „Verteilungsfunktion"

$$Q = \sum_{i=0}^{\infty} g_i\,e^{\Delta E_i/kT} = \frac{N}{N_0}$$

E_0 Energie von $g_0 N_0$ Teilchen bei $T = 0$ K
ΔE_i Energieunterschied $E_i - E_0$ des Zustandes i
g_i statistisches Gewicht des Energiezustandes i, Zahl d. Zustände gleicher Energie (Entartung)
N Gesamtzahl der Teilchen
N_i Zahl der Teilchen mit der Energie E_i

Born-Haber-Kreisprozess

Berechnung der *Gitterenergie von Salzen aus Sublimations- und Standardbildungswärmen (kalorimetrisch) und Dissoziationsenergien, Ionisierungsenergien, Elektronenaffinitäten (spektroskopisch).
Gitterenergie des NaCl. Ideales Ionengas ($Na^{\oplus}$ und $Cl^{\ominus}$) tritt zum Ionenkristall zusammen, die Gitterenergie wird frei. Freies $Na^{\oplus}$ entsteht aus Natriumdampf unter Aufwand der Ionisierungsenergie (E_{IP}, freies $Cl^{\ominus}$ aus atomarem Chlor unter Freisatz der Elektronenaffinität (EA). Na-Atome entstehen durch Sublimation aus

festem Natrium, Cl-Atome durch Dissoziation von Cl_2-Molekülen. Na und Cl_2 reagieren zu NaCl, die Bildungswärme ΔH_f wird frei.

$$NaCl(s) \quad\longleftarrow\quad Na^{\oplus}(g) + Cl^{\ominus}(g)$$
$$\uparrow \qquad\qquad\qquad \downarrow$$
$$Na(s) + \tfrac{1}{2}Cl_2(g) \quad\longleftarrow\quad Na(g) + Cl(g)$$

$$\boxed{E_{Gitter} = \Delta H_{subl} + \tfrac{1}{2}E_{Diss} + E_{IP} \\ -EA + \Delta H_f^0(NaCl)}$$

E_{Gitter} Gitterenthalpie (J/mol)
$E A$ Elektronenaffinität: $Cl^{\ominus}(g) \to Cl(g)$
ΔE_{diss} Dissoziationsenergie: $2\,Cl \to Cl_2$
ΔE_{IP} Ionisierungsenergie: $Na^{\oplus}(g) \to Na(g)$
ΔH_f^0 Standard-Bildungswärme (J/mol)
ΔH_f^0 Standardbildungswärme
ΔH_{subl} Sublimationswärme: $Na(g) \to Na(f)$

Boyle-Mariotte-Gesetz

Zustandsänderung eines idealen Gases bei konstanter Temperatur, d. h. isotherme Zustandsänderung.

$$\boxed{p V = \text{const}} \quad \text{oder } p_1 V_1 = p_2 V_2$$

$$\boxed{\frac{p}{\varrho} = \text{const}} \quad \text{oder } \frac{\varrho}{\varrho_n} = \frac{p}{p_n}$$

n = Normzustand (0 °C).

Brennwert

Verbrennungswärme, früher: *oberer Heizwert* H_o, engl. *higher heating value, gross heat of combustion, gross calorific value.*

1) Chem. Reaktionsenthalpie einschl. der Verdampfungswärme der Verbrennungsgase (Wasseranteil: Feuchte und Reaktionswasser) unter den Annahmen:

- Bezugstemperatur 25 °C für Edukte und Produkte,
- Edukt- und Produktwasser im *flüssigen* Zustand,
- Vollständige Verbrennung von Kohlenstoff zu gasförmigem CO_2, von Schwefel zu gasförmigem SO_2,
- keine Oxidation von Stickstoff zu Stickoxiden.

Bei *Gasen:* Vollständige Verbrennung bei Atmosphärendruck (incl. des geringen Überdrucks des Gases vor dem Brenner des Kalorimeters); Temperatur von Brennstoff, Verbrennungsluft und Produkten 25 °C; relative Feuchte aller Gase 100% vor und nach Verbrennung; entstehendes Produktwasser flüssig bei 25 °C (abzgl. Wasserdampf bei festgelegter Feuchte der Abgase).

2) *spezifischer Brennwert* für feste und flüssige Brennstoffe bei konstantem Druck = *spezifische Reaktionsenthalpie.*

$$\boxed{H_o = -\frac{\Delta_R H}{m} = H_{o,V} - \frac{RT\,\Delta n}{m}} \quad \frac{J}{kg}$$

3) Verbrennungskalorimetrischer Heizwert

$$\boxed{H_{o,V} = -\frac{\Delta_R U}{m}} \quad \text{für } V = \text{const} \quad (J/kg)$$

4) *Molarer Brennwert* für feste und flüssige Brennstoffe, wobei $M = m/n$ die molare Masse des Brennstoffes vor der Verbrennung ist.

$$\boxed{H_{o,m} = H_o\,M} \quad \frac{J}{mol}$$

5) Für *gasförmige Brennstoffe:* auf das Normvolumen oder die Stoffmenge des trockenen Gases im Normzustand (0 °C, 101 325 Pa) bezogen.

$$\boxed{H_{o,n} = -\frac{\Delta_R H}{V_n}} \quad \frac{J}{m^3}$$

Carnot-Grenze

Carnot-Faktor. Therm. Wirkungsgrad des *Carnot-Prozesses; die theoret. Obergrenze des Wirkungsgrades bei der Umwandlung von Wärme in mechan. Energie.

$$\boxed{\eta_{th} = 1 - \frac{T_{amb}}{T}}$$

Nutzenergie (Exergie) $W_E = \eta_{th}\,Q$
Abwärme (Anergie) $W_A = Q\,(1 - \eta_{th})$

Q Wärmemenge, T_{amb} Umgebungstemperatur.

Carnot-Prozess

Der wichtigste techn. *Kreisprozess; verläuft zw. zwei Isothermen und zwei Isentropen.

1) Rechtsläufiger Carnot-Prozess oder *Kraftmaschinenprozess* (z. B. bei Verbrennungsmotor, Wärmekraftmaschine). Wärmeaufnahme Q_{34} (von Wärmequelle) bei hoher Temperatur T_3, Wärmeabgabe Q_{12} (an Umgebung, Wärmesenke) bei niedriger Temperatur T_1. Die Differenz von zu- und abgeführter Wärme *leistet mechan. Nutzarbeit W* (= Fläche zw. den Kurven im $p(V)$-Diagramm oder $T(S)$-Diagramm).

$1 \to 2$: isotherme Kompression (Wärmeabgabe ins Wärmebad, p steigt, V sinkt stark)
$$W_{12,zu} = n\,R\,T_1 \ln\frac{V_1}{V_2} = -Q_{12,ab}$$

$2 \to 3$: isentrope Kompression (kein Wärmeaustausch, $\delta Q = 0$, p steigt stark, V sinkt)
$$W_{23,zu} = n\,C_{V,m}\,(T_3 - T_1)$$

$3 \to 4$: isotherme Expansion (Wärmezufuhr vom Wärmebad, p sinkt stark, V steigt)
$$W_{34,ab} = -n\,R\,T_3 \ln\frac{V_4}{V_3} = -Q_{34,zu}$$

$4 \to 1$: isentrope Expansion (kein Wärmeaustausch, $\delta Q = 0$, p sinkt, V steigt stark)
$$W_{41,ab} = -n\,C_{V,m}\,(T_3 - T_1)$$

Nutzarbeit je Zyklus (perfektes Gas)
$$\begin{aligned} W &= Q_{zu} - |Q_{ab}| = -\oint p\,\mathrm{d}V \\ &= W_{12} + W_{23} + W_{34} + W_{41} \\ &= T_1\,\Delta S_{12} - |T_3\,\Delta S_{34}| \\ &= -n\,R\,(T_3 - T_1)\ln\frac{V_4}{V_3} \\ &= -n\,R\,(T_3 - T_1)\ln\frac{p_4}{p_3} \end{aligned}$$

Zugeführte Wärme
$$Q_{zu} = |W| + Q_{ab}$$

thermischer Wirkungsgrad (CARNOT-Faktor): theoret. Obergrenze der Umwandlung von Wärme in mechan. Arbeit.

$$\boxed{\eta_{th} = \frac{|W|}{Q_{zu}} = \frac{T_3 - T_1}{T_3} = 1 - \frac{T_1}{T_3}}$$

T_1 Temperatur der Wärmesenke (Umgebung, Wärmebad)
T_3 Temperatur der Wärmequelle (Betriebstemperatur)
$|W|$ Exergie, Nutzarbeit.

2) Linksläufiger Carnot-Prozess

oder *Arbeitsmaschinenprozess* (z. B. bei Kältemaschine, Wärmepumpe). Wärmeaufnahme Q_{12} von Wärmequelle bei tiefer Temperatur T_1, Wärmeabgabe Q_{34} an Wärmesenke bei niedriger Temperatur T_3. Die Differenz von zu- und abgeführter Wärme wird als *mechanische Arbeit W zugeführt*.

Arbeitsaufwand $W = |Q_{ab}| - Q_{zu}$

Abwärme $Q_{ab} = |W| + Q_{zu}$

Leistungsziffer einer Kältemaschine

$$\varepsilon = \frac{Q_{zu}}{W} = \frac{\dot{Q}_{zu}}{P} = \frac{T_1}{T_3 - T_1}$$

Leistungsziffer einer Wärmepumpe

$$\varepsilon = \frac{|Q_{ab}|}{W} = \frac{|\dot{Q}_{ab}|}{P} = \frac{T_3}{T_3 - T_1} = \frac{1}{\eta_{th}}$$

Chemisches Potential

Partielle molare Freie Enthalpie einer Komponente i in einer Mischung (in J/mol).

1) Summe aus Grundpotential μ_i^0 (bei 25 °C, 101325 Pa, reine Komponente) und einem *Restpotential* (= konzentrationsabhängige Potential*differenz* zw. gelöster und reiner Komponente.

$$\mu_i = \left(\frac{\partial G}{\partial n_i}\right)_{T,p,n_k} = \left(\frac{\partial F}{\partial n_i}\right)_{T,V,n_k}$$

$$\mu_i = \mu_i^0 + RT \ln a_i$$

Offenes System

$$\mu_i = \left(\frac{\partial U}{\partial n_i}\right)_{S,V,n_{k \neq i}} = \left(\frac{\partial H}{\partial n_i}\right)_{S,p,n_{k \neq i}}$$

$$= \left(\frac{\partial F}{\partial n_i}\right)_{T,V,n_{k \neq i}} = \left(\frac{\partial G}{\partial n_i}\right)_{T,p,n_{k \neq i}}$$

1./2. Hauptsatz

$$S\,dT - V\,dp + \sum n_i\,d\mu_i = 0$$

Abhängigkeit von Druck und Temperatur

$$\mu = H(T_0, p_0) + \underbrace{\int_{T_0}^{T} C_p\,dT}_{\Delta H}$$

$$- T\,S(T_0, p_0) - \underbrace{T \int_{T_0}^{T} C_p\,d\ln T + RT \ln \frac{p}{p_0}}_{T\,\Delta S}$$

ideales Gas (1 mol bei T = const).

$$\mu = \mu_0 + RT \ln \frac{p}{p_0}$$

reales Gas mit Fugazität $f = \varphi\,p$

$$\mu = \mu_0 + RT \ln \frac{f}{p_0}$$

a *Aktivität; μ_i^0 chem. Potential des Reinstoffes i (bei 25 °C, 101 325 Pa).

2) Anschauliche Definitionen:

- Änderung der Freien Enthalpie einer unendlich großen Phase bei Zugabe von 1 mol eines Stoffes.
- Energie um 1 mol eines Stoffes aus dem wechselwirkungsfreien Unendlichen ins Phaseninnere zu bringen.
- Differenz der Freien Enthalpien eines Stoffes in reiner und gelöster Form.

3) Im thermodynam. Gleichgewicht ist das chem. Potential einer Komponente in allen Phasen gleich:

$$\mu_i^{(1)} = \mu_i^{(2)} = \mu_i^{(3)} = \cdots = \mu_i^{(n)}$$

Mit Hilfe des chem. Potentials werden definiert: *Gibbs'sche und *Helmholtz'sche Freie Enthalpie.

Clausius-Clapeyron-Gleichung

Der *Dampfdruck p (in Pa) über einer Flüssigkeit ist abhängig von der Temperatur T (in K) und der molaren *Verdampfungsenthalpie ΔH_v (vgl. *Trouton-Pictet-Regel).

1) Steigung der Dampfdruck-Temperatur-Kurve (Gleichgewicht flüssig–gasförmig)

$$\boxed{\frac{dp}{dT} = \frac{\Delta H_v}{(V_g - V_l)\,T} = \frac{\Delta S}{\Delta V}} \quad \Leftrightarrow$$

$$\ln \frac{p}{p_0} = -\frac{\Delta H_v}{RT} + A$$

Schreibweisen für kleine Drücke p (Näherung), nur für Verdampfungvorgänge gültig:

$$\frac{dp}{dT} = \frac{\Delta H_v\,p}{RT^2}; \quad \frac{d\ln p}{dT} = \frac{\Delta H_v}{RT^2}; \quad \frac{d\ln p}{d(1/T)} = -\frac{\Delta H_v}{R}$$

Für kleine Temperarurintervalle

$$\ln \frac{p_2}{p_1} = \frac{\Delta H_v}{R}\left(\frac{1}{T_1} - \frac{1}{T_2}\right)$$

p	Sättigungsdampfdruck	(Pa)
p_0	Sättigungsdampfdruck bei T_0	(Pa)
R	molare Gaskonstante	(J K^{-1} mol^{-1})
ΔH_v	molare Verdampfungsenthalpie (J/mol)	
ΔS	molare Entropieänderung	(J K^{-1} mol^{-1})
V_g	molares Volumen der Gasphase	(m^3/mol),
V_l	molares Volumen der Flüssigphase	(m^3/mol)

2) Dampfdruckformel für große Temperaturintervalle mit temperaturabhängiger Verdampfungsenthalpie (*Kirchhoff-Regel); Integrationskonstanten sind die Dampfdruckkonstanten.

$$\ln \frac{p_2}{p_1} = \frac{\Delta H_V(T_1)}{R}\left(\frac{1}{T_1} - \frac{1}{T_2}\right)$$

$$+ \int_{T_1}^{T_2} \frac{1}{RT^2}\left[\int_{T_1}^{T_2}\left(C_{p,\text{gasf.}} - C_{p,\text{fl}}\right)dT\right]dT$$

3) Haggenmacher-Korrektur für reale Gase und Dämpfe.

$$\boxed{\frac{dp}{dT} = \frac{\Delta H_v}{\dfrac{RT^2}{p}\Delta Z_V}} \quad \Leftrightarrow \quad \boxed{\frac{d\ln p}{d(1/T)} = -\frac{\Delta H_v}{R\,\Delta Z_V}}$$

mit

$$\Delta Z_V = \sqrt{1 - \frac{p/p_k}{(T/T_k)^3}} = \frac{p\,(V_g - V_l)}{RT} = Z - \frac{p}{RT}\,V_l$$

Z Kompressibilitätsfaktor.

Dalton-Gesetz

Der Gesamtdruck eines Gasgemisches ist die Summe der Partialdrücke der Komponenten.

$$\boxed{p = \sum_i p_i} \qquad \mathrm{Pa} = \mathrm{N/m^2}$$

Der Gesamtdampfdruck p über einem Stoffsystem mit N gasförmigen, flüssigen oder festen Komponenten i setzt sich aus den Partialdrücken der Einzelkomponenten p_i zusammen:

Dampfdruck

Der Druck p in Pascal (Pa) im Gasraum über einer Flüssigkeit oder einem Festkörper, der durch das Gleichgewicht von Verdapfung und Kondensation der Komponenten bei gegebener Temperatur verursacht wird.

1) Flüssigkeiten. Ist der Dampfdruck hoch, ist der Siedepunkt niedrig.

Mischbare Flüssigkeiten: *Raoult-Gesetz.

Nicht mischbare Flüssigkeiten (z. B. Wasserdampfdestillation)

$$p_i = p_i^*$$

p_i^* Dampfdruck des reinen Stoffes i

2) Gasblase. Der Dampfdruck in kleinen Tröpfchen ist wegen des Anteils der Oberflächenenergie γ (in $\mathrm{J\,mol^{-1}m^{-2}}$) größer als in einer kompakten Phase.

$$p' = p \left(1 + \frac{2V\gamma}{RT\,r}\right)$$

R molare Gaskonstante, r Tröpfchenradius,
V Volumen, γ Oberflächenenergie $(\mathrm{J\,mol^{-1}m^{-2}})$

Anwendung: *Grenzflächenspannung (Kap. Strömungslehre); Siede- und Kondensationsverzug, Alterung von Niederschlägen, Kapillarkondensation;
3) Vgl. *Aktivität, *Dalton-Gesetz, *Raoult-Gesetz, *Henry-Gesetz, *molare Masse. *Dampfdruckerniedrigung, *Clausius-Clapeyron-Gleichung.

Dampfdruckerniedrigung

Der Dampfdruck von Mehrstoffgemischen ist gegenüber den Reinkomponenten erniedrigt. Lösungen sieden bei höherer Temperatur als das Lösungsmittel und gefrieren bei niedrigerer Temperatur als das Lösungsmittel.
Raoult'sches Gesetz. Die Dampfdruckerniedrigung einer Lösung gegenüber dem reinen Lösungsmittel (Lm) ist proportional zur Konzentration (Molenbruch, Molalität etc.) des gelösten Stoffes.

$$\boxed{\frac{p_{\mathrm{Lm}} - p}{p_{\mathrm{Lm}}} = \frac{n_i}{n_{\mathrm{Lm}} + n_i}} \Leftrightarrow \boxed{\Delta p = p_{\mathrm{Lm}} x_i}$$

n Stoffmenge (mol), p Dampfdruck (Pa),
x Molenbruch, i = gelöster Stoff.

Anwendung: *Siedepunktserhöhung, *Gefrierpunkterniedrigung.

Dampfdruckgleichung

Stoffspezifische Beschreibung der *Dampfdruck-Temperatur-Kurve eines Mehrkomponentensystems, abgeleitet von der *CLAUSIUS-CLAPEYRON-Gleichung.
AUGUST-Gleichung

$$\lg(p/p^0) = A - \frac{B}{T}$$

mit $\quad B = -\dfrac{\mathrm{d}\lg(p/p^0)}{\mathrm{d}(1/T)} = \dfrac{T_1 T_2}{T_2 - T_1}\,\lg\dfrac{p_2}{p_1}$

ANTOINE-Gleichung

$$\lg(p/p^0) = A - \frac{B}{T + C}$$

mit $\quad T + C = \dfrac{t}{^\circ\mathrm{C}} + 230\,(\mathrm{COX})$

KIRCHHOFF-Gleichung

$$\lg(p/p^0) = A - \frac{B}{T} + D\,\lg T$$

VAN-LAAR-Gleichung

$$\lg(p/p^0) = A - \frac{B}{T} + D\,\lg T + E\,T$$

mit $\quad E = 1{,}75\,(\mathrm{NERNST})$

Dampfdruckgleichung, reduzierte

Für *alle Stoffe* gültige Beschreibung der *Dampfdruck-Temperatur-Kurve eines Mehrkomponentensystems; *reduzierte Größen* sind auf krit. Größen (Index k) bezogen.

$$p_\mathrm{r} = \frac{p}{p_\mathrm{k}}, \quad T_\mathrm{r} = \frac{T}{T_\mathrm{k}}, \quad V_\mathrm{r} = \frac{V}{V_\mathrm{k}}$$

PLANCK-RIEDEL-Gleichung

$$\lg p_\mathrm{r} = A + \frac{B}{T_\mathrm{r}} + C\,\ln T_\mathrm{r} + D T_\mathrm{r}^6$$

RIEDEL-Gleichung

$$\lg p_\mathrm{r} = -\Phi(T_\mathrm{r}) - [\alpha_\mathrm{r}(T_\mathrm{k}) - 7]\,\Psi(T_\mathrm{r})$$

RIEDEL-PLANCK-MILLER

$$\lg p_\mathrm{r} = -\frac{G}{T_\mathrm{r}}\left[1 - T_\mathrm{r}^2 + \frac{h/G - 1 + T_{\mathrm{r,S}}}{1 - T_{\mathrm{r,S}}^2}(1 - T_\mathrm{r})^3\right]$$

$$G = \left\{\begin{matrix} 0{,}2471 \\ 0{,}2271 \end{matrix}\right\} + 0{,}4525\,T_{\mathrm{r,S}}\,\frac{\lg(p_{\mathrm{r,k}}/p^0)}{1 - T_{\mathrm{r,S}}} \left\{\begin{matrix} p < 2\,\mathrm{bar} \\ p > 2\,\mathrm{bar} \end{matrix}\right.$$

KIRCHHOFF-Gleichung

$$\lg p_\mathrm{r} = T_{\mathrm{r,S}}\,\frac{\lg p_{\mathrm{k,r}}}{1 - T_{\mathrm{r,S}}}\left(1 - \frac{1}{T_\mathrm{r}}\right) \quad (p > 1\,\mathrm{bar})$$

Index S für Siedepunkt.

Dampfdruck-Molenbruch-Diagramm

Für konstante Temperatur wird der Dampfdruck p über der Flüssigkeit und der Dampfdruck p' der Gasphase gegen die Zusammensetzung x der Flüssigphase aufgetragen. Im realen System Abweichungen von der DALTONschen Geraden (vgl. *Reinkomponente:

$$p = x_1 p_1^* + x_2 p_2^*.$$

Vgl. *Raoult-Gesetz, *Henry-Gesetz, *Siedediagramm.

Dampfdruck-Temperatur-Kurve

Der Dampfdruck über einem Mehrkomponentensystem (z. B. wässrige Lösung) ist abhängig von der Temperatur und der Verdampfungsenthalpie ΔH_v des Lösungsmittels.
Vgl. *Clausius-Clapeyron-Gleichung, *Trouton-Pictet-Regel, *Temperaturskala.

Dampferzeuger

Dampfkesselanlagen bestehen aus: Feuerung, Kessel, Überhitzer, Luftvorwärmer.
1) Massen- und Energiebilanz

Speisewasserstrom $\dot m_\mathrm{W}$ = Dampfmassenstrom $\dot m_\mathrm{D}$

$$\eta(\dot m_\mathrm{B} H_\mathrm{u} + \dot m_\mathrm{L} h_\mathrm{L}) = \dot m_\mathrm{D}(h_\mathrm{D} - h_\mathrm{W})$$

Wärmeleistung (aus Brennstoff) $\quad \dot Q = \dot m_\mathrm{B} H_\mathrm{u}$

Tabelle 8.1 Feuerungssysteme für feste Brennstoffe.

	Rostfeuerung	Stationäre Wirbelschichtfeuerung	Zirkulierende	Staubfeuerung
Therm. Leistung (MW)	< 100	< 100	400	2000
Belastung (MW/m^2)	0,8 ... 1,4	1 ... 2	4 ... 6	3 ... 8
Dampfmassenstrom (kg/s)	< 20	< 20	< 250	bis 550
max. Dampfdruck (MPa)	< 10	< 10	3 ... 20	12 ... 25
Temperatur (°C)	1200 ... 1400	800 ... 900	800 ... 950	1200 ... 1400
Gasgeschwindigkeit (m/s)	< 2	1,5 ... 2,5	4 ... 7	5
Kohlequalität	grobkörnig	aschereich	aschereich	aschearm
– Körnung (mm)	15 ... 40	1 ... 10	0,1 ... 5	0,05 ... 1
– Aschegehalt	≤15%	≤30%	≤30%	≤30%
Schichthöhe (m)	0,15 ... 0,4	1 ... 1,5	0,3 ... 1	—
Rauchgasreinigung	nachgeschaltet	integriert	integriert	nachgeschaltet

H_u	Heizwert des Brennstoffes	(J/kg)
h	spezifische Enthalpie	(J/kg)
$\dot{m}$	Massenstrom	(kg/s)
	B = Brennstoff, L = Luft	
	W = Speisewasser, D = Dampf	

Kesselwirkungsgrad, Dampferzeugerwirkungsgrad

$$\eta = \frac{\text{nutzbare Dampfwärme}}{\text{abgegebene Brennstoffwärme}}$$

Braunkohle	0,85 ... 0,91
Steinkohle	0,89 ... 0,93
Heizöl, Erdgas	0,92 ... 0,96

2) Dimensionierung der Brennkammer. Optimierung der Wärmeleistung, Brenneranordnung, Brennkammergeometrie, Strömungsaerodynamik, Heizflächengestaltung, Wärmeübertragung vom Rauchgas auf die Heizflächen, Brennstoff- und Schlackeeigenschaften.

Brennkammerquerschnittsbelastung

$$q_A = \frac{\text{Wärmeleistung } \dot{Q}}{\text{Brennkammerquerschnitt } A}$$

Brennkammervolumenbelastung

$$q_V = \frac{\text{Wärmeleistung } \dot{Q}}{\text{Brennkammervolumen } A\,h}$$

spezif. Heizflächendampfbelastung:

$$\frac{\text{erzielbare Dampfmenge (kg/h)}}{\text{Heizfläche (m}^2)}$$

Bruttoverdampfungszahl

$$\frac{\text{erzeugte Dampfmasse}}{\text{eingesetzte Brennstoffmasse}}$$

3) Energieumwandlung im Feuerraum.
Luftmassenstrom zur Verbrennung (B = Brennstoff)

$$\dot{m}_L = \lambda\,\mu_L\,\dot{m}_B$$

Luftverhältnis

$$\lambda = \frac{\text{zugeführter Luftmassenstrom}}{\text{stöchiometrischer Luftmassenstrom}}$$

Kohlefeuerung mit Braunkohle	$\lambda = 1,2 ... 1,4$
Ölfeuerung mit Schweröl	$\lambda = 1,05 ... 1,2$
Gasfeuerung mit Erdgas	$\lambda = 1,05 ... 1,1$

Spezifischer Sauerstoffbedarf für stöchiometr. Verbrennung: theoret. benötigte Luftmenge (in kg) pro Kilogramm Brennstoff bei $\lambda = 1$; je nach prozentualer Zusammensetzung w aus C, H, S, O, N, Wasser, Asche.

$$\mu_{O_2} \geq 2{,}668\,w_C + 7{,}9365\,w_H + 0{,}998\,w_S - w_O$$

Luftbedarf für stöchiometrische Verbrennung.

trockene Luft: $\mu_{L.tr} \geq \mu_{O_2}/0{,}2321$ kg/kg

feuchte Luft: $\mu_{L.f} \geq \mu_{L.tr}(1 + w_{H_2O})$ kg/kg

w_{H_2O} Luftfeuchtigkeit (kg Wasser/kg Luft).

Brennstoff	Luftbedarf $\mu_{L,f}$	Rauchgas μ_R	Heizwert kJ/kg
Erdgas	8,9 m^3/m^3	9,9 m^3/m^3	33500
Heizöl	10,6 m^3/kg	11,4 m^3/kg	39700
Steinkohle	8,3 m^3/kg	8,6 m^3/kg	33000
Braunkohle			
– roh	2,6 m^3/kg	3,5 m^3/kg	9600
– Brikett	5,2 m^3/kg	5,7 m^3/kg	20000
Holz	4,1 m^3/kg	4,8 m^3/kg	15490

Spezif. *Rauchgasmassenstrom* (kg feuchtes Rauchgas pro kg Brennstoff)

Aus der Verbrennung: $\mu_R = \lambda\,\mu_{L,f} + 1 - \mu_{ash}$
Im Dampferzeuger: $\dot{\mu}_R = \mu_R\,\dot{m}_B$

L = Luft, f = feucht, ash = Asche

Brennstoff	λ	Rauchgaszusammensetzung (Vol.-%) (Rest = Stickstoff, Sauerstoff u.a.)			
		CO$_2$	H$_2$O	NO$_2$	SO$_2$
Erdgas	1,1	8,8	17,1	0,07	–
Heizöl	1,1	12,9	10,2	0,1	0,10
Steinkohle	1,3	14,1	3,8	0,2	0,15
Braunkohle	1,3	11,6	18,9	0,05	0,35

4) Feuerungssysteme (vgl. Tabellen)

Kesselanlage	Betriebsdruck (bar)	Heizfläche (m^2)	Dampfmenge (t/h)
Walzenkessel	10	bis 20	bis 2
Flammrohrkessel			
Ein-	≤ 20	bis 50	bis 3,5
Zwei-	≤ 20	bis 100	bis 4
Drei-	≤ 20	bis 200	bis 4
Rauchrohrkessel			
Heizrohr-	≤ 15	bis 200	
Flammrohr-	≤ 15	bis 500	bis 4,5
Rauchrohr-	≤ 15	bis 500	
Zwangsumlaufkessel	≤ 18	bis 1200	bis 60
Wasserrohrkessel			
Steilrohr-	≤ 18	bis 7000	bis 600
Löffler-	≤ 20	bis 1000	

Dampfturbine

Der im *Dampferzeuger bereitgestellt Dampf tritt über das Leitgitter (Ebene 1) auf das Laufgitter (Ebene 2) des Turbinenrotors.

Auslegung durch Mittelschnittrechnung.

1) Strömungsgeschwindigkeiten.

Leitgitter-Austrittsgeschwindigkeit

$$c_1 = \sqrt{2\,\Delta h_1 + c_0^2} = \sqrt{2\eta_1\,\Delta h_{s,1} + c_0^2}$$

Laufgitter-Eintrittsgeschwindigkeit u_1 und Austrittsgeschwindigkeit u_2

$$u_1 = \sqrt{u_{1,\mathrm{ax}}^2 + u_{1,\mathrm{u}}^2} = \sqrt{c_{1,\mathrm{ax}}^2 + (c_{1,\mathrm{u}} - v_1)^2}$$
$$= \sqrt{c_1^2 \sin^2 \alpha_1 + (c_1 \cos \alpha_1 - v_1)^2}$$
$$u_2 = \sqrt{2\,\Delta h_2 + u_1^2 + (v_2^2 - v_1^2)}$$
$$= \sqrt{2\eta_2\,\Delta h_{s,2} + u_1^2 + (v_2^2 - v_1^2)}$$

Stufen-Austrittsgeschwindigkeit (absolut)

$$c_2 = \sqrt{c_{2,\mathrm{ax}}^2 + c_{2,\mathrm{u}}^2} = \sqrt{u_{2,\mathrm{ax}}^2 + (v_2 - u_{2,\mathrm{u}})^2}$$
$$= \sqrt{u_2^2 \sin^2 \beta_2 + (v_2 - u_2 \cos \beta_2)^2}$$

Umfangsgeschwindigkeit am Laufgitterein- und -austritt

$$v_1 = \pi \bar{d}_1\, f \quad \text{und} \quad v_2 = \pi \bar{d}_2\, f$$

Umrechnung der Austrittswinkel

$$\sin \beta_2 = \sin \alpha_1 \frac{\dot{m}_2\, V_{s,2}\, c_1 \bar{d}_1 l_1}{\dot{m}_1\, V_{s,1}\, u_2 \bar{d}_2 l_2}$$

c_0	Leitgitter-Eintrittsgeschwindigkeit
$\bar{d}$	mittlerer Stufendurchmesser
f	Turbinendrehzahl (s^{-1})
Δh	verlustbehaftete spez. Enthalpiedifferenz (vor und hinter 1 = Leit- bzw. 2= Laufgitter)
Δh_s	isentrope spez. Enthalpiedifferenz $(\mathrm{m}^2/\mathrm{s}^2)$
l	Schaufellänge am Austritt
V_s	spezifisches Dampfvolumen
u	Laufgittergeschwindigkeit (1 = Eintritt, 2 = Austritt)
v	Umfangsgeschwindigkeit
α_1	Leitgitter-Austrittswinkel (z. B. $14° \ldots 28°$)
β_2	Laufgitter-Austrittswinkel
η	Leitgitterwirkungsgrad
1	= Laufgittereintritt
2	= Laufgitteraustritt
st	= Stufe
u	Umfang

2) Verluste und Wirkungsgrad.

Spezifische Arbeit (mit Strömungsverlusten) am Radumfang der Turbinenstufe.

$$w_\mathrm{u} = \Delta h_1 + \Delta h_2 + \frac{c_0^2 - c_2^2}{2}$$
$$= v_1 c_1 \cos \alpha_1 - v_2 c_2 \cos \alpha_2 = v_2 c_{1,\mathrm{u}} - v_2 c_{2,\mathrm{u}}$$

Spezif. innere Arbeit der Turbinenstufe (alle Verluste)

$$w_\mathrm{i} = w_\mathrm{u} - (\Delta w_\mathrm{sp} + \Delta w_\mathrm{rad} + \Delta w_\mathrm{V} + \Delta w_\mathrm{F})$$

Umfangsleistung und innere Leistung der Stufe

$$P_\mathrm{u,st} = \dot{m}_\mathrm{st} w_\mathrm{u} \quad \text{und} \quad P_\mathrm{i,st} = \dot{m}_\mathrm{st} w_\mathrm{i}$$

Umfangswirkungsgrad η_u und innerer Wirkungsgrad η_i der Stufe

a) Erste und mittlere Stufen einer Gruppe (bei Nutzung der Abströmenergie $c_2^2/2$ in der folgenden Stufe).

$$\eta_\mathrm{u} = \frac{w_\mathrm{u}}{\Delta h_{s,\mathrm{st}} + (c_0^2 - c_2^2)/2}$$

$$\eta_\mathrm{i} = \frac{w_\mathrm{i}}{\Delta h_{s,\mathrm{st}} + (c_0^2 - c_2^2)/2}$$

b) Einzelstufe oder Endstufe einer Gruppe (ohne Nutzung der Abströmenergie).

$$\eta_\mathrm{u}' = \frac{w_\mathrm{u}}{\Delta h_{s,\mathrm{st}} + c_0^2/2}$$

$$\eta_\mathrm{i}' = \frac{w_\mathrm{i}}{\Delta h_{s,\mathrm{st}} + c_0^2/2}$$

Leit- und Laufgitterwirkungsgrad: (Strömungsverluste)	$\eta_1 \approx \eta_2 \approx 0{,}92 \ldots 0{,}94$
Spaltverluste:	$\Delta w_\mathrm{sp} \le 0{,}045 \cdot \Delta h_{s,\mathrm{st}}$
Radreibungsverluste:	$\Delta w_\mathrm{rad} \le 0{,}005 \cdot \Delta h_{s,\mathrm{st}}$
Ventilationsverluste bei teilbeaufschlagten Stufen:	$\Delta w_\mathrm{V} \le 0{,}02 \cdot \Delta h_{s,\mathrm{st}}$
Feuchteverluste in Nassdampfstufen:	$\Delta w_\mathrm{F} \le 0{,}08 \cdot \Delta h_{s,\mathrm{st}}$

3) Auslegung.

Kriterium für günstige Energieumwandlung auf Basis der theoret. erreichbaren Strömungsgeschwindigkeit Δc_th bei verlustloser isentroper Enthalpiedifferenz $\Delta h_{s,\mathrm{st}}$ der Stufe.

Laufzahl der Stufe

$$\frac{v_2}{c_\mathrm{th}} = \frac{v_2}{\sqrt{2\,\Delta h_{s,\mathrm{st}}}} = \Psi^{-1/2}$$

Energieübertragungszahl und *Druckzahl* der Stufe

$$\Psi = \frac{2\,\Delta h_{s,\mathrm{st}}}{v_2^2} = \left(\frac{c_\mathrm{th}}{v_2}\right)^2 = 2 \ldots 6$$

Kontinuitätsgleichung (zur Berechung von $\bar{d}$)

$$\dot{V} = \dot{m}\, V_s = \pi \bar{d}\, l\, c_\mathrm{ax}$$

Leitgitteraustritt: $\quad \dot{m}_1 V_{s,1} = \pi \bar{d}_1 l_1 c_1 \sin \alpha_1$

Laufgitteraustritt: $\quad \dot{m}_2 V_{s,2} = \pi \bar{d}_2 l_2 u_2 \sin \beta_2$

Mittelschnittrechnung
ist ausreichend falls: $\quad \bar{d}/l > 8 \ldots 10$

Ist $\bar{d}/l < 8 \ldots 10$, ändern sich Fluidparameter und Umfangsgeschwindigkeit über die Schaufellänge stark; der Innen-, Mittel- und Außenschnitt muss separat betrachtet werden.

4) Kennwerte der Dampfturbine.

Hoch-, Mittel- und Niederdruckteil (HD, MD, ND) der Turbine werden unterschieden.

Dampfeintrittsparameter

Heißdampfturbosatz	
– überkritisch:	$24 \ldots 30$ MPa, $560 \ldots 600\,°\mathrm{C}$
– unterkritisch:	18 MPa, $530 \ldots 540\,°\mathrm{C}$
Sattdampfturbosatz	$4 \ldots 7$ MPa, ca. 1 kg/kg

Abdampfdrücke

Gegendruckturbine	
– mit Abdampfnutzung	$0{,}04 \ldots 0{,}2$ MPa
Kondensationsturbine	
– Frischwasserkühlung	ca. $3{,}5$ kPa
– Verdunstungskühlturm	ca. 7 kPa
– Trockenkühlturm	$9 \ldots 12$ kPa

Spezifisches Dampfvolumen
Änderung zw. Turbineneintritt und -austritt

Gegendruckturbine	$4:1$ bis $60:1$
Kondensationsturbine	
– Sattdampf	$300:1$ bis $1100:1$
– Heißdampf	$900:1$ bis $2500:1$

Innere Turbinenleistung

$$P_i = \sum_{i=1}^{n} P_{i,\text{st}} = \eta_{i,\text{HD}} \dot{m}_{\text{HD}} \Delta h_{s,\text{HD}} +$$
$$\eta_{i,\text{MD}} \dot{m}_{\text{MD}} \Delta h_{s,\text{MD}} + \eta_{i,\text{ND}} \dot{m}_{\text{ND}} \Delta h_{s,\text{ND}}$$

Effektive Turbinenleistung (Kupplungsleistung)

$$P_{\text{eff}} = P_i - P_{\text{verlust}} = \eta_{\text{mech}} P_i$$

Generator-Klemmenleistung bei Kraftwerksturbinen

$$P_{\text{kl}} = \eta_{\text{el}} P_{\text{eff}}$$

Innerer Turbinenwirkungsgrad

$$\eta_i = \frac{\sum P_{i,\text{st}}}{\sum \dot{m}_{\text{st}} \Delta h_{s,\text{st}}} \approx \frac{P_i}{\sum (\dot{m}\, \Delta h_s)_{\text{HD,MD,ND}}}$$

Dampfturbinenkraftwerk

Der Kraftwerksblock besteht aus: Dampferzeuger, Turbosatz (Turbine + Generator), Kondensator, Speisewasservorwärmer und Hilfsaggregaten.

Bruttowirkungsgrad (Kraftwerksblock)

$$\eta_{\text{ges}} = \frac{\text{Generatorleistung } P_{\text{kl}}}{\text{erzeugter Wärmestrom } Q_{\text{zu}}} \approx 0{,}34 \dots 0{,}44$$

thermischer Wirkungsgrad

$$\eta_{\text{th}} = \frac{Q_{\text{zu}} - Q_{\text{ab}}}{Q_{\text{zu}}} = \eta_C \eta_g \approx 0{,}40 \dots 0{,}50$$

Nettowirkungsgrad

$$\eta_{\text{net}} = \eta_{\text{ges}} \eta_{\text{eig}} \approx 0{,}32 \dots 0{,}40$$

spezif. Wärmeverbrauch (in kW/kW)

$$w_{\text{e,ges}} = \frac{Q_{\text{zu}}}{P_{\text{kl}}} = \frac{1}{\eta_{\text{ges}}} \quad \text{und} \quad w_{\text{e,net}} = \frac{1}{\eta_{\text{net}}}$$

Carnot-Wirkungsgrad	
– Heißdampfprozess	$\eta_C \approx 0{,}60$
– Sattdampfprozess	$\eta_C \approx 0{,}46 \dots 0{,}47$
Gütegrad	
– Heißdampfprozess	$\eta_g \approx 0{,}80$
– Sattdampfprozess	$\eta_g \approx 0{,}90$
Dampferzeuger	
– konventionell	$\eta_K \approx 0{,}85 \dots 0{,}90$
– Kernkraft	$\eta_K \approx 1{,}0$
Wirkungsgrad	
– Turbine	$\eta_{iT} \approx 0{,}86 \dots 0{,}88$
– Turbosatz	$\eta_{\text{mech}} \approx 0{,}995$
– Rohrreibung	$\eta_V \approx 0{,}99$
– Generator	$\eta_{\text{el}} \approx 0{,}98$
– Eigenbedarf	$\eta_{\text{eig}} \approx 0{,}92 \dots 0{,}94$

Debye-Gleichung

Für Kristalle: *Wärmekapazität.

Destillation

Therm. Verfahren zur Stofftrennung flüssig – flüssig. Trennung von Mehrstoffgemischen durch Verdampfen der Komponenten und Kondensieren der Dämpfe als Reinstoffe oder Fraktionen gleicher Siedebereiche.

a) *Gleichstromdestillation:* Verdampfen ohne Rücklauf und Kondensation der Dämpfe.

b) *Gegenstromdestillation = Rektifikation:* in Kolonnen mit großer Austauschfläche; ein Teil des Kondensates wird dem Dampf entgegengeführt, wobei der Flüssigkeitsstrom höhersiedende Anteile aufnimmt und leichtersiedende an den Dampf abgibt.

1) Ideale Mischung aus zwei völlig mischbaren Komponenten i und k (* Reinstoff).

Trennfaktor $\quad \alpha = \dfrac{p_i^*}{p_k^*}$

Flüssige Phase $\quad x_i = \dfrac{p_i}{p_i^*} = \dfrac{p - p_i^*}{p_k^* - p_i^*}$

Dampfphase $\quad y_i = \dfrac{p_i}{p} = x_i \dfrac{p_i^*}{p} = \dfrac{x_i \alpha}{1 + (\alpha - 1) x_i}$

2) Reale Mischung. Für Mischungen mit Homoazeotrop (*Siedediagramm) ist die Zusammensetzung von Dampf- und Flüssigphase nur experimentell zugänglich (chem. Analyse des Kondensats). Zusatz einer dritten Komponente kann das Verhältnis der Aktivitätskoeffizienten im Trennfaktor

$$\alpha = \frac{\gamma_i \, p_i^*}{\gamma_k \, p_k^*}$$

beeinflussen und so eine Trennung ermöglichen (Azeotropdestillation, Extraktivdestillation).

Homoazeotrop	$p_i < x_i p_i^*$ oder $p_i > x_i p_i^*$
Mischungslücke	$p_i = p_i^*$ und $y_i = p_i^*/p = \alpha/(1 + \alpha)$

Destillation: Rektifikation

Multiplikative Verdampfung und Kondensation im Gegenstrom von Dampf und Flüssigkeit (teilweiser Rückfluss des Destillats); Stoff- und Wärmeaustausch in der Kolonne.

Dampfzusammensetzung (mol Komp./mol Dampf)

$$y_i = \frac{r\, x_{\text{Blase}}}{1 + r} + \frac{x_{\text{Destillat}}}{1 + r}$$

Rücklaufverhältnis

$$r = \frac{\text{Rücklaufmenge}}{\text{Destillatmenge}}$$

Belastung = pro Zeiteinheit durchgesetzte Substanzmenge – Destillatmenge + Rücklaufmenge.

1) Theoretische Bodenzahl. Maß für die Trennleistung der Kolonne.

a) Graf. Bestimmung im MACCABE-THIELE-Diagramm: treppenförmiger Linienzug im $y(x)$-Diagramm zw. Gleichgewichtskurve und Bilanzlinie.

b) Abschätzung aus den Siedetemperaturen der Komponenten

$$n_{\text{th}} = \frac{T_2 + T_1}{K\,(T_2 - T_1)}$$

$K = 2{,}5\, n_{\text{th}}$	maximal
$K = 3\, n_{\text{th}}$	optimal
$K = 4\, n_{\text{th}}$	minimal

c) FENSKE-UNDERWOOD-Formel

$$n_{\text{th}} = \frac{\lg \dfrac{x_k(1 - x_i)}{x_i(1 - x_k)}}{\lg \alpha}$$

Scharfe Trennungen: $n_{\text{th}} = 4/\lg \alpha$

Stoffmengenanteil: der leichter siedende Komponente
$x_i \quad$ im Kolonnensumpf
$x_k \quad$ im Kolonnenkopf bzw. Destillat

d) Numerische Berechnung von n-Stoffgemischen: Gleichungssystem mit $2n + 3$ Gleichungen für jeden theoret. Boden. n Gleichungen für das Phasengleichgewicht, n Gleichungen für die Stoffbilanz jeder Komponente, 2 stöchiometr. Gleichungen für die Summe aller Komponenten, eine Wärmebilanzgleichung.

2) Praktische Bodenzahl = Trennstufenhöhe

Bodenkolonne $\quad n_{pr} = \dfrac{n_{th}}{S}$

Füllkörperkolonne

$$n_{pr} = HETP = \frac{Kolonnenlänge}{n_{th}}$$

S Verstärkungsverhältnis = Bodenwirkungsgrad.

Destillationskolonne

Eine typ. Fraktionierkolonne mit Mittelzulauf besteht aus: Obersäule, Verstärkungs- oder Rektifiziersäule und Unter- oder Antriebssäule.

a) *Bodenkolonne:* Zylinderbehälter mit festen Glocken-, Sieb-, Horden-, Kaskaden-, Zacken- oder Ventilböden.

b) *Füllkörperkolonne:* Zylinderbehälter mit Füllgutschüttung, z. B. RASCHIG-Ringe, Sattel-, Zwillingskörper, HALTMEIER-Rollen, Metallspiralen.

c) *Rotationskolonne:* Zylinderbehälter mit rotierenden Einsätzen, z. B. Metallspiralen, bürstenbesetzte Rotoren, durchbrochene Zylinder.

1) Gleichstromdestillation

a) *Einfache Destillation:* direkt oder indirekt beheizte Blase, Kondensator, Vorlage; vollständige Kondensation der Dämpfe.
Anwendung: Gemische mit großer Siedepunktsdifferenz.

b) *Teilkondensation:* beheizte Blase, Dephlegmator (Kühltemperatur wenig unter Siedetemperatur), Vorlage; teilweise Kondensation der Dämpfe.

c) *Dünnschichtdestillation:* Rotorverdampfer (Rotorsystem, Heizfläche, Kondensator); Verdampfen aus einem Flüssigkeitsfilm.
Anwendung: temperaturempfindliche Stoffe.

d) *Molekulardestillation* (Vakuumdestillation).
Verdampfung im Feinvakuum (0,01 bis 1 Pa) und Kondensation ohne Zusammenstoß mit anderen Molekülen; Abstand zw. Verdampfungs- und Kondensationsfläche kleiner als mittlere freie Weglänge.
Anwendung: temperaturempfindliche, hochmolekulare Stoffe.

2) Gegenstromdestillation, Rektifikation.

a) *Diskontinuierlicher Betrieb:* beheizbare Blase, Kolonne, Rücklaufkondensator, Rücklaufteiler, Destillatkühler, Vorlage.
In der Kolonne ständiger Wärme- und Stoffaustausch zw. aufsteigenden Dämpfen und rückfließender Flüssigkeit.
Anwendung: engsiedende Gemische.

b) *Kontinuierlicher Betrieb:* Vorwärmer, Flüssigkeitseingeber, Abtriebssäule, Verstärkersäule, Rücklaufkondensator, Rücklaufteiler, Destillatkühler, Destillatvorlage, Sumpfvorlage.
Im Bereich zwischen Verstärker- und Abtriebssäule wird das vorerhitzte Gemisch zugeführt und in Kopf- und Sumpfprodukt getrennt.
Anwendung: hohe Durchsatzleistung.

3) Spezielle Destillationsverfahren, Gleich- oder Gegenstrom.

a) *Wasserdampfdestillation* (Trägerdampfdestillation). In die Blase wird überhitzter Dampf eingeblasen, der flüchtige Komponenten austrägt und mit ihnen in der Vorlage kondensiert.
Anwendung: temperaturempfindliche, hochsiedende Stoffe.

b) *Azeoptropdestillation:* Destillation unter Zusatz eines flüchtigen Lösungsmittels (Aceton, Methanol), das zusammen mit der Zielkomponente abdestilliert (Siedepunktserniedrigung!).
Anwendung: Trennung von Aromaten/Nichtaromaten.

c) *Extraktivdestillation:* Zusatz eines schwer flüchtigen Lösungsmittels, das mit der Zielkomponente im Sumpf verbleibt, während die flüchtigen Komponenten abdestillieren.
Butadien mit DMF, Wasser mit Schwefelsäure.

Dichte

Massendichte.

1) Gase. Kehrwert des *spezif. Volumens.

$$Normdichte = \frac{Masse \ bei \ Normbedingungen}{Volumen \ bei \ Normbedingungen}$$

$$\boxed{\varrho_n = \frac{m}{V_n} = \frac{M}{V_m} = \frac{p}{R_B \, T}} \quad kg/m^3$$

Ideales Gas: $\qquad \varrho = \dfrac{p}{R_B \, T}$

Reales Gas: $\qquad \varrho = \dfrac{p}{Z \, R_B \, T}$

Gasgemisch: $\qquad \varrho = \dfrac{\sum \varrho_i \, V_i}{V}$

R_B	spezifische Gaskonstante des Stoffes B	$(J\,kg^{-1}K^{-1})$
M	molare Masse	(kg/mol)
V_m	*molares Volumen	(m^3/mol)
Z	Realgasfaktor.	

Normdichte realer Gase.

Stoff	$\dfrac{\varrho_n}{kg/m^3}$ (0 °C, 101325 Pa)
H_2	0,0899
He	0,178
CH_4	0,717
NH_3	0,772
H_2O	0,804
Ethin	1,171
N_2	1,250
CO	1,250
Ethen	1,261
Luft	1,293
NO	1,340
Ethan	1,356
O_2	1,429
HCl-Gas	1,642
Ar	1,784
CO_2	1,977
N_2O	1,978
CH_3Cl	2,307
Chlorethan	2,880
SO_2	2,931

2) Flüssigkeiten. WATSON-Regel für reduzierte Temperaturen $T/T_k < 0{,}65$ und Drücke $p < 10$ bar.

$$\varrho(T,p) = \varrho(T_k, p_k) \, \frac{0{,}1745 - 0{,}0838 \, (T/T_k)}{0{,}044}$$

Dichte von Wasser und Luft

bei 1 bar (in $kg/m^3 = 0{,}001\ g/cm^3$)

T	Wasser	Luft
$-100\,°C$		2,019
$-40\,°C$		1,495
$-20\,°C$		1,377
$0\,°C$		1,275
$0{,}01\,°C$	999,8	
$10\,°C$	999,7	1,230
$20\,°C$	998,3	1,188
$30\,°C$	995,7	1,149
$60\,°C$	983,1	1,045
$100\,°C$	958,1	0,9329
$200\,°C$	864,7	0,7356
$500\,°C$		0,4502
$1000\,°C$		0,2734

Dichteänderung, thermische

Stoffe dehnen sich bei Wärmezufuhr üblicherweise aus;
die Dichte nimmt ab.

$$\boxed{\varrho_1 V_1 = \varrho_2 V_2 = \text{const}} \quad \text{kg}$$

Feste und flüssige Körper

$$\boxed{\varrho_2 = \frac{\varrho_1}{1 + \alpha_V\,\Delta T}} \quad kg/m^3$$

Ideales Gas

$$\boxed{\varrho_2 = \varrho_1\,\frac{p_2 T_2}{p_1 T_1}}$$

α_V thermischer *Volumenausdehnungskoeffizient.

Diesel-Prozess

*Kreisprozess des Diesel-Verbrennungsmotors (Kolben-
maschine), zusammgesetzt aus zwei Isentropen, isobarer
Wärmezufuhr und isochorer Wärmeabgabe.

$1 \rightarrow 2$: isentrope Kompression ($\delta Q = 0$, p steigt,
  V sinkt, T steigt, S = const)

$2 \rightarrow 3$: isobare Wärmezufuhr (V steigt, $dp = 0$,
  T steigt, S steigt)

$3 \rightarrow 4$: isentrope Expansion ($\delta Q = 0$, V steigt, p sinkt,
  T fällt, S = const)

$4 \rightarrow 1$: isochore Wärmeabfuhr (p sinkt, $dV = 0$,
  T sinkt, S sinkt).

Verdichtungsverhältnis $\quad \varepsilon = \dfrac{V_1}{V_2} = \dfrac{V_h + V_k}{V_k}$

Einspritzverhältnis $\quad \varphi = \dfrac{V_3}{V_2} = \dfrac{T_3}{T_2}$

Nutzarbeit

$$|W| = Q_{zu} - |Q_{ab}| = mc_p(T_3 - T_2) - mc_V(T_4 - T_1)$$

$$= \frac{p_1 V_1}{1 - \kappa}\left[\kappa\varepsilon^{\kappa-1}(\varphi - 1) - (\varphi^\kappa - 1)\right]$$

thermischer Wirkungsgrad

$$\eta_{th} = \frac{|W|}{Q_{zu}} = \frac{c_p(T_3 - T_2) - c_V(T_4 - T_1)}{c_p(T_3 - T_2)}$$

$$= 1 - \frac{\varphi^\kappa - 1}{\kappa\,\varepsilon^{\kappa-1}\,(\varphi - 1)}$$

$$= 1 - \frac{\left(\dfrac{V_3}{V_2}\right)^\kappa - 1}{\kappa\left(\dfrac{V_3}{V_2} - 1\right)\left(\dfrac{V_1}{V_2}\right)^{\kappa-1}}$$

m Masse, V_h Hubvolumen
V_k Kompressionsvolumen, κ Isentropenexponent

Differential, totales

Beschreibt die Abhängigkeit thermodynam. Größen von
Temperatur, Druck und Volumen.

1) Volumenänderung

$$V = V(p,T) \quad \Rightarrow$$

$$dV = \left(\frac{\partial V}{\partial T}\right)_p dT + \left(\frac{\partial V}{\partial p}\right)_T dp$$

Energieänderung

$$U = U(V,T) \quad \Rightarrow$$

$$dU = \left(\frac{\partial U}{\partial T}\right)_V dT + \left(\frac{\partial U}{\partial V}\right)_T dV$$

2) Cauchy-Bedingungen, *Satz von Schwarz*. Vergleich
der vollständigen Differentiale,

$$\left(\frac{\partial U}{\partial T}\right)_V = c_V$$

$$\left(\frac{\partial H}{\partial T}\right)_p = c_p$$

$$\left(\frac{\partial S}{\partial T}\right)_V = \frac{c_V}{T}$$

$$\left(\frac{\partial S}{\partial T}\right)_p = \frac{c_p}{T}$$

$$\left(\frac{\partial F}{\partial T}\right)_V = -S$$

$$\left(\frac{\partial G}{\partial T}\right)_p = -S$$

$$\left(\frac{\partial U}{\partial V}\right)_T = T\left(\frac{\partial S}{\partial V}\right)_T - p = T\left(\frac{\partial p}{\partial T}\right)_V - p$$

$$\left(\frac{\partial H}{\partial p}\right)_T = T\left(\frac{\partial S}{\partial p}\right)_T + V = -T\left(\frac{\partial V}{\partial T}\right)_p + V$$

$$\left(\frac{\partial S}{\partial V}\right)_T = \left(\frac{\partial p}{\partial T}\right)_V$$

$$\left(\frac{\partial S}{\partial p}\right)_T = -\left(\frac{\partial V}{\partial T}\right)_p$$

$$\left(\frac{\partial F}{\partial V}\right)_T = -p$$

$$\left(\frac{\partial F}{\partial p}\right)_T = V$$

Dulong-Petit-Regel

Die molare Wärmekapazität vieler Metalle bei Raumtemperatur ist: $C_V \approx 25$ J/K.

8

Thermodynamik

Einstein-Gleichung

Für Kristalle: *Wärmekapazität.

Eispunkt

Zur Festlegung der *Temperaturskala benötigter Fundamentalpunkt; definiert als die Gleichgewichtstemperatur zw. Eis und luftgesättigtem Wasser bei Normdruck (101 325 Pa) und 0 °C. Seit 1948 ist stattdessen der *Tripelpunkt des Wassers als Fundamentalpunkt gebräuchlich (0,01 °C). Der Temperaturabstand zum Siedepunkt des Wassers heißt Fundamentalabstand.

Energie

Zustandsgröße: Die Fähigkeit eines Systems, Arbeit zu verrichten oder Wärme zu übertragen.
1. Mechanische Energie (Lage-, Spannungsenergie)
2. Elektrodynam. Energie (elektr. u. magn. Energie)
3. Thermodynamische Energie
– Therm. Energie (Translation, Rotation, Vibration)
– Innere Energie
– Freie und gebundene Energie
4. Bindungsenergie (chemische E., Kernenergie)
5. Feldenergie

Einheiten in der Energietechnik

Wattstunde	1 Wh = 3600 J
Kilowattstunde	1 kWh = $3{,}6 \cdot 10^6$ J
Terawattjahr	1 TWa = $8{,}76 \cdot 10^{12}$ kWh = $3{,}15 \cdot 10^{19}$ J
Steinkohleeinheit	1 SKE = 29,3076 MJ = 8141 Wh
	1 tSKE = $9{,}3 \cdot 10^{-10}$ TWa = $29{,}3 \cdot 10^9$ J

Energiedichte

Volumenbezogener Energieinhalt oder *Speicherdichte* eines Energiespeichers

$$W_\mathrm{V} = \frac{E}{V} \quad \mathrm{J/m^3}$$

Massenbezogener Energieinhalt, *spezifische Energie*

$$w = \frac{E}{m} \quad \mathrm{J/kg}$$

Energiespeicher (incl. Tank)	Energiedichte Wh/kg
Diesel	10 100
Benzin	9 700
Flüssig-Wasserstoff	5 000
Methanol	4 400
Ti-Fe-Hydrid	400
Hochdruck-Wasserstoff	300
Silber-Zink-Batterie	120
Bleiakku	35

Energie-Erntefaktor

Energietechn. Kennzahl zur Beurteilung von *Energiewandlern.

$$f_\mathrm{W} = \frac{t_\mathrm{N}\, P_\mathrm{t}}{E_\mathrm{i} + t_\mathrm{N}\, E_\mathrm{t}} = \frac{t_\mathrm{N}\, P_\mathrm{t}}{\tau\, P_\mathrm{t} + t_\mathrm{N}\, E_\mathrm{t}}$$

Umstrittene Werte für Stromerzeugung durch Kohle-, Kern-, Wasser-, Windkraft: > 10
Fotovoltaik: ca. 1.

E_i	Energieaufwand zum Kraftwerksbau	(kWh)
E_t	– zum Kraftwerksbetrieb pro Jahr	(kWh/a)
P_t	elektr. Nettoenergieerzeugung	(kWh/a)
t_N	Nutzungsdauer des Kraftwerks	(a)
τ	energetische Amortisationszeit	(a)

Energiekennzahl

Beurteilung des Energiebedarfs von *Energiewandlern. *Raumwärme-Energiekennzahl* für Wohngebäude: 50 bis 60 kWh/(m² a) sind anzustreben.

$$EKZ_\mathrm{W,F} = \frac{Q_\mathrm{h}}{A} \quad \mathrm{Wh/m^2}$$

$$EKZ_\mathrm{W,V} = \frac{Q_\mathrm{h}}{V} \quad \mathrm{Wh/m^3}$$

Elektroenergiekennzahl (für Wohngebäude)

$$EKZ_\mathrm{el} = \frac{Q_\mathrm{el}}{A} \quad \mathrm{Wh/m^2}$$

Produktivitäts-Energiekennzahl (für Industriebauten)

$$EKZ_\mathrm{P} = \frac{E_\mathrm{V}}{N} \quad \mathrm{Wh/Einheit}$$

Nutzungsgrad einer Heizanlage (für Wohngebäude): 75% bis 85% sind anzustreben.

$$\eta_\mathrm{h} = \frac{Q_\mathrm{h} + Q_\mathrm{ww}}{E_\mathrm{w}} \quad 1 = 100\%$$

A	Energiebezugsfläche, kurz: EBZ (Stockwerks-, Putz-, Nutzfläche)	(m²)
E_w	Heizenergiebedarf der Heizanlage	
E_V	Energieverbrauch	
N	Produktionseinheit (Stück, Kilogramm etc.)	
Q_el	elektrischer Energiebedarf	
Q_h	Heizwärmebedarf (pro Jahr)	
Q_ww	Heizwärmebedarf der Warmwasserbereitung	
V	Gebäudevolumen (wärmeübertrag. Hüllfläche)	

Energieresourcen

Geschätzte fossile Energievorräte 1990.

Kohle	784,8 TWa = $6{,}9 \cdot 10^{15}$ kWh
Erdöl	181,8 TWa = $1{,}6 \cdot 10^{15}$ kWh
Erdgas	133,0 TWa = $1{,}2 \cdot 10^{15}$ kWh

Regenerative Primärenergie (techn. nutzbares Potential)

Solarenergie	19 TWa/a = $1{,}7 \cdot 10^{14}$ kWh/a
Biomasse	2,1 TWa/a = $1{,}8 \cdot 10^{13}$ kWh/a
Wasserkraft	1,5 TWa/a = $1{,}3 \cdot 10^{13}$ kWh/a
Windenergie	1,0 TWa/a = $8{,}8 \cdot 10^{12}$ kWh/a
Geothermie	0,6 TWa/a = $5{,}3 \cdot 10^{12}$ kWh/a
Meeresenergie	0,5 TWa/a = $4{,}4 \cdot 10^{12}$ kWh/a

Energiespeicher *Energiewandler.

Energietechnik

Strom- und Wärmeversorgung für Industriegesellschaften: Primärenergieerzeugung, Energieumwandlung, -verteilung, -nutzung, Vermeidung von Umweltbelastungen.

Energieträger

Stoffe, die zur Energiewandlung dienen.
1) **Primärenergieträger.** Kohle, Erdöl, Gas etc. aus Lagerstätten, Bio- und Solarenergie.
• *fossile Energieträger:* Steinkohle, Braunkohle, Torf, Erdöl, Ölschiefer, Ölsand, Naturgas.
• *nukleare Energieträger:* Uran, Thorium, Lithium, Deuterium.
• *geotherme Energieträger:* Erdwärme

- *regenerative Energieträger:* Sonnen-, Wasser-, Wind-energie
- *nachwachsende Energieträger:* Holz, Flachs, Biomasse

2) Sekundärenergieträger. Brennstoffe zur Energienutzung in Wandlern; meist verlustbehaftet aufbereitet und veredelt.

- *leitungsgebundene Energieträger:* Elektrizität, Fernwärme, Erdgas, Wasserstoff.
- *nicht leitungsgebundene Energieträger:* Brikett, Koks, Kohleöl, Kohlegas, Torfbrikett, Heizöl, Dieselöl, Benzin, Flüssiggas.

Energieverbrauch

Welt-Primärenergieverbrauch 1990:

$$1 \text{ TWa} \approx 10^{14} \text{ kWh} \approx 3,5 \cdot 10^{20} \text{ J}$$

Energieverbrauch in Deutschland 1997

Primärenergie	
Mineralöl	41,3%
Kohle	28,2%
Erdgas	16,5%
Kernenergie	10,3%
Wasserkraft u.a.	10%
Primärenergieverbrauch	(39,3%)
Erzeugerverluste	20,7%
Export	6,1%
Erzeugereigenbedarf	4,1%
Bunkerung	2,0%
nichtenerget. Verbrauch	6,4%
Sekundärenergie	(60,7%)
Verluste	34,2%
Nutzenergie	26,5%
– Haushalte	10,6%
– Industrie	7,9%
– Kleinverbrauch	5,3%
– Verkehr	2,7%

Energiewandler

Strom- oder wärmeerzeugende Anlagen, kombinierte Anlagen (Kraft-Wärme-Kopplung). Vgl. *Amortisationszeit, *Energie-Erntefaktor.

1) *Mechanische Energiespeicher:*
Schwungrad-, Druckluft-, Pumpspeicher.

$$E = m\,g\,\Delta h = V\,\Delta p = \tfrac{1}{2}\,J\,(\Delta\omega)^2$$

2) *Elektrische Energiespeicher:* Kondensatoren, Magnetspulen, Batterien.

$$E = \Delta Q\,U = \tfrac{1}{2}C\,(\Delta U)^2 \text{ oder } \tfrac{1}{2}L\,(\Delta I)^2$$

3) *Reaktionswärmespeicher:* Kraftstoff-, Druckgastanks etc.

$$E = m\,H_\mathrm{u}$$

4) *Innere-Energie-Speicher:* Erdwärme-, Heißwasserspeicher etc.

$$E = c_p\,m\,\Delta T$$

5) *Latentwärmespeicher:* Phasenumwandlungswärme von Eis, Salzen, Dampf.

$$E = \Delta H$$

Enthalpie

Wärmetönung, Wärmeinhalt eines Systems bei konstantem Druck ($\mathrm{d}p = 0$).

Ideales Gas im abgeschlossenen System (d. h. nur reversible Volumenarbeit, kein Stoff- und Energieaustausch mit Umgebung): innere Energie U plus Volumenänderungsarbeit Vp.

$$\boxed{H = U + p\,V} \quad \text{J}$$

Differentielle Schreibweise für isobare Zustandsänderung. Kleinbuchstaben für spezifische Größen.

$$\boxed{\begin{aligned} \mathrm{d}H &= \delta Q|_p = T\,\mathrm{d}S + V\,\mathrm{d}p \\ &= C_p\,\mathrm{d}T + \left(\frac{\partial H}{\partial p}\right)_T \mathrm{d}p \\ &= m\,c_p\,\mathrm{d}T = n\,C_{p,\mathrm{m}}\,\mathrm{d}T \end{aligned}}$$

Offenes System (mit Stoffaustausch)

$$\mathrm{d}H(p,T,n) = T\,\mathrm{d}S + V\,\mathrm{d}p + \sum \mu_i\,\mathrm{d}n_i$$

Bezogene Größen

Enthalpie:	H	J
spezifische Enthalpie:	$h = H/m$	J/kg
molare Enthalpie:	$H_\mathrm{m} = H/n$	J/mol

Vorzeichenkonvention

	positiv	negativ
ΔT	Erwärmung	Abkühlung
ΔQ	Wärmeaufnahme	Wärmeabgabe
ΔW	leistet Arbeit	verbraucht Arbeit
ΔS	Unordnung wächst	Ordnung wächst
ΔH	endotherm	exotherm
ΔG	endergonisch	exergonisch
	(Energieaufwand)	(Energie wird frei)

Enthalpie, Gibbs'sche Freie

Gibbs'sche Freie Enthalpie, Gibbs energy.

1) *Nutzarbeit* eines Systems bei *konstantem Druck* ($\mathrm{d}p = 0$).
Ideales Gas im abgeschlossenen System.

$$\boxed{G = H - T\,S} = U + p\,V + T\,S$$

Differentielle Schreibweise

$$\mathrm{d}G = V\,\mathrm{d}p - S\,\mathrm{d}T$$

Offenes System

$$G(T,p,n) = H - T\,S = p\,V - T\,S$$

$$\mathrm{d}G = \underbrace{\left(\frac{\partial G}{\partial T}\right)_{p,n}\mathrm{d}T}_{-S\,\mathrm{d}T} + \underbrace{\left(\frac{\partial G}{\partial p}\right)_{T,n}\mathrm{d}p}_{V\,\mathrm{d}p\,(\text{Null!})}$$
$$+ \underbrace{\sum_{i=1}^{N}\left(\frac{\partial G}{\partial n_i}\right)_{T,p,n_{j\neq i}}\mathrm{d}n_i}_{\mu_i\,\mathrm{d}n_i}$$

$$\boxed{\mathrm{d}G(p,T,n) = -S\,\mathrm{d}T + V\,\mathrm{d}p + \sum \mu_i\,\mathrm{d}n_i}$$

a_i Ionenaktivität (mol/ℓ), H Enthalpie (J/mol), n Stoffmenge (mol), p Druck (Pa), S Entropie (J/K), T Temperatur (K), U Innere Energie, V Volumen, μ chem. Potential (J/mol).

Gibbs'sche Freie Enthalpie:	G	J
spezifische Freie Enthalpie:	$g = G/m$	J/kg
molare Freie Enthalpie:	$G_\mathrm{m} = G/n$	J/mol

8

Thermodynamik

Gleichgewichtsbedingung:
- Thermodynam. Gleichgewicht: $\quad dG = 0$ bzw. $\Delta G = 0$
- Spontan-irreversibler Vorgang: $\quad dG > 0$ bzw. $\Delta G > 0$

2) Gibbssche Freie Standardenthalpie. G^0 bei Normbedingungen (25 °C, 101 325 Pa).
Zusammenhang mit der Gleichgewichtskonstanten K:

$$\boxed{\Delta G^0 = -RT \ln K}$$

R molare Gaskonstante $J\,mol^{-1}K^{-1}$.

Enthalpie, Helmholtz'sche Freie
Nutzarbeit eines Systems bei *konstantem Volumen* ($dV = 0$).
Ideales Gas im abgeschlossenen System.

$$\boxed{F = U - TS}$$

Differentielle Schreibweise

$$dF = -S\,dT - p\,dV$$

Offenes System

$$F(T,V,n) = U - TS$$

$$dF = \underbrace{\left(\frac{\partial F}{\partial T}\right)_{V,n} dT}_{-S\,dT} + \underbrace{\left(\frac{\partial F}{\partial V}\right)_{T,n} dp}_{-p\,dV\;(\text{Null!})}$$

$$+ \underbrace{\sum_{i=1}^{N} \left(\frac{\partial F}{\partial n_i}\right)_{T,V,n_{j\neq i}} dn_i}_{\mu_i\,dn_i}$$

$$\boxed{dF(V,T,n) = -S\,dT - p\,dV + \sum \mu_i\,dn_i}$$

Helmholtz'sche Freie Enthalpie:	F	J
spezifische Freie Enthalpie:	$f = F/m$	J/kg
molare Freie Enthalpie:	$F_m = F/n$	J/mol

Gleichgewichtsbedingung:
- Thermodynam. Gleichgewicht: $\quad dF = 0$ bzw. $\Delta F = 0$
- Spontan-irreversibler Vorgang: $\quad dF > 0$ bzw. $\Delta F > 0$

n Stoffmenge (mol), p Druck (Pa), S Entropie (J/K), T Temperatur (K), U Innere Energie (J), V Volumen (m^3), μ chem. Potential (J/mol).

Entropie
Unordnung eines Systems; Quotient aus reversibler Wärmemengenänderung δQ und absol. Temperatur T.

Entropie:	S	J/K
spezifische Entropie:	$s = S/m$	$J\,kg^{-1}K^{-1}$
molare Entropie:	$S_m = S/n$	$J\,mol^{-1}K^{-1}$

1) Die Entropie im *abgeschlossenen System* nimmt niemals ab, im Gleichgewicht ist sie maximal (2. Hauptsatz). Wärmezufuhr erhöht die Entropie, Wärmeabgabe erniedrigt die Entropie. Da Verluste nicht umkehrbar sind, ist jede irreversible Entropieänderung stets positiv.

$$\boxed{dS \geq \frac{\partial Q_{rev}}{T}} \quad \begin{cases} = 0 & \text{reversibel, Gleichgewicht} \\ > 0 & \text{irreversibel, spontan} \end{cases}$$

In differentieller Schreibweise:

$$dS = \frac{c_V}{T}dT + \left(\frac{\partial S}{\partial V}\right)_T dV = \frac{c_p}{T}dT + \left(\frac{\partial S}{\partial p}\right)_T dp$$

Mit spezifischen Größen:

$$ds = \frac{dh - v\,dp}{T} = \frac{du + p\,dv}{T}$$

Für das ideale (perfekte) Gas

$$s_2 - s_1 = c_p \ln \frac{T_2}{T_1} - R \ln \frac{p_2}{p_1}$$
$$= c_V \ln \frac{T_2}{T_1} - R \ln \frac{v_2}{v_1}$$

$\Delta s = 0$	adiabat.-reversible (isentrope) Zustandsänderung
$\Delta s > 0$	adiabat.-irreversible Zustandsänderung

2) Entropie beim Kreisprozess

$$\oint \frac{\delta Q_{rev}}{T} = 0$$

Beispiel: *Carnot-Prozess

$$\frac{Q_{12,ab}}{T_1} + \frac{Q_{34,zu}}{T_3} = 0$$

Maß für die reversibel übertragene Wärme = Fläche unter $S(T)$-Zustandskurve.

$$\delta Q_{rev} = T\,dS \quad \Rightarrow \quad Q_{12,rev} = \int_1^2 T\,dS$$

Boltzmann-Formel. Thermodynam. Wahrscheinlichkeit P für den makroskop. Zustand eines Systems aus N-Teilchen, die nach ihrer Energie in Zellen aufgeteilt werden.

$$\boxed{S = k \ln P} \quad \text{mit } k = R/N_A$$

Entropieunterschied zweier Zustände

$$\delta S = S_2 - S_1 = k \ln \frac{P_2}{P_1}$$

Die Entropie eines idealen *Kristall*s am absoluten Nullpunkt (0 K) ist Null (3. Hauptsatz).

$$\lim_{T \to 0} S = 0 \quad (P = 1)$$

k Boltzmann-Konstante, S Entropie des Systems.

Entropieänderung
Entropiedifferenz zw. zwei Zuständen

$$\Delta S = S_2 - S_1 = \int_1^2 \frac{\partial Q_{rev}}{T} = \frac{\Delta Q}{T} \quad (J/K)$$

Ideales Gas

$$\Delta S = n \left[C_{V,m} \ln \frac{T_2}{T_1} + R \ln \frac{V_2}{V_1} \right]$$
$$= n \left[C_{p,m} \ln \frac{T_2}{T_1} + R \ln \frac{p_2}{p_1} \right]$$

ΔQ	reversibel zugeführte Wärme	(J)
C_m	molare Wärmekapazität	$(J\,mol^{-1}K^{-1})$

Ericsson-Prozess
*Kreisprozess der geschlossenen *Gasturbine* (Strömungsmaschine).

$1 \to 2$: isotherme Kompression (Wärmeabfuhr, p steigt, V sinkt)

$2 \to 3$: isobare Expansion (Wärmezufuhr, V steigt, $dp = 0$)

$3 \to 4$: isotherme Expansion (Wärmezufuhr, p sinkt, V steigt)

$4 \to 1$: isobare Kompression (Wärmeabfuhr, V sinkt, $dp = 0$).

thermischer Wirkungsgrad (= Carnot-Grenze).

$$\eta_{\text{th}} = 1 - \frac{T_1}{T_3}$$

Erstarrungsenthalpie

Energie, die beim *Phasenübergang flüssig–fest (Erstarren) frei wird und zum Schmelzen aufzuwenden ist Bei Reinstoffen ist die Temperatur während des Erstarrens konstant; Legierungen haben einen Erstarrungsbereich.

Exergie

Nutzenergie. Vollständig umwandelbare Energie, d. h. derjenige Anteil einer Energie, der unter Mitwirkung der Umgebung in jede andere Energieform umwandelbar ist.

$$\text{Energie} = \text{Exergie} + \text{Anergie}$$

1) Exergie = maximale Arbeitsfähigkeit eines Systems

$$\boxed{W_{\text{E}} = (H - H_{\text{amb}}) - T_{\text{amb}}(S - S_{\text{amb}})} \quad \text{J}$$

Beim durchströmten System

$$w_{\text{E}} = (h - h_{\text{amb}}) - T_{\text{amb}}(s - s_{\text{amb}}) + \frac{c^2}{2} + gz$$

Exergieverlust bei irreversiblen Vorgängen

$$W_{\text{E}} = T_{\text{amb}} \, \Delta S_{\text{irr}}$$

h spezif. Enthalpie, s spezif. Entropie,
c Strömungsgeschwindigkeit, g Fallbeschleunigung, z geodät. Höhe.

2) Exergie der Volumenänderungsarbeit

$$W_{\text{E}} = - \int\limits_{V_1}^{V_2} p \, dV - \underbrace{p_{\text{amb}}(V_1 - V_2)}_{\text{Anergie}}$$

Exergie der inneren Energie

$$W_{\text{E}} = \Delta U - \underbrace{[c_V(T_{\text{amb}} - T_2) + T_{\text{amb}}(S_1 - S_{\text{amb}})]}_{\text{Anergie}}$$

Exergieanteil der Wärme

$$W_{\text{E}} = Q \, \frac{T_1 - T_{\text{amb}}}{T_1}$$

Exergie der Wärme beim rechtsläufigen reversiblen Kreisprozess = Nutzarbeit des Carnot-Prozesses (Anergie = Abwärme).

$$W_{\text{E}} = \eta_{\text{C}} \, Q = \left(1 - \frac{T_{\text{amb}}}{T}\right) Q$$

Exergie der Reaktionsenergie

$$W_{\text{E}} = \Delta_{\text{R}} H - \underbrace{T_{\text{amb}}(S_1 - S_{\text{amb}})}_{\text{Anergie}}$$

Kinet., potentielle und elektr. Energie ist immer Exergie (Anergie = 0).

H und S: Enthalpie und Entropie bei best. Anfangszustand; amb = Umgebung.

Extensive Größe

Quantitätsgröße; von der Substanzmenge bzw. Masse abhängige Größe; z. B. Volumen, innere Energie. Bei Division durch die Substanzmenge entstehen *intensive Größen; z. B. spezifisches Volumen.

Feuchte

Restflüssigkeitsgehalt eines Gutes.

Feuchte	Bindungskräfte, Trocknungsverfahren
Abtropfwasser	nicht gebunden; Filtration, Zentrifugieren, Abpressen
Haftwasser	Kohäsionskräfte; Verdunsten, Verdampfen
Kapillarwasser	Kapillarkräfte; Verdampfen bei best. Temperatur.
Kristallwasser	Van-der-Waals-Kräfte; Zersetzen, Verdampfen.

1) Absolute Feuchte, *absolute Luftfeuchtigkeit.* Massenkonzentration des Wasserdampfes in feuchter Luft (oder einem anderen Fluid).

$$\boxed{\varrho_{\text{a}} = \frac{\text{Wasserdampfmasse } m_{\text{H}_2\text{O}}}{\text{Luftvolumen } V}} \quad \text{kg/m}^3$$

Druck der feuchten Luft:

$$p_{\text{L,hyg}} = p_{\text{L,xer}} + p_{\text{H}_2\text{O}}$$

hyg = feucht, xer = trocken, H_2O Wasserdampf.

2) Relative Feuchte, *relative Luftfeuchtigkeit,* Wassergehalt der Luft; tatsächliche zur maximal möglichen Feuchtigkeitsmenge in 1 m^3 Luft-Dampf-Gemisch.

$$\boxed{\varphi = \frac{\text{Wasserdampfpartialdruck } p_{\text{H}_2\text{O}}}{\text{Sättigungsdampfdruck } p_{\text{s,H}_2\text{O}}}} \quad (\text{Dim.1})$$

3) Spezifische Feuchte. Verhältnis der Masse des Wasserdampfes zur Masse der feuchten Luft im selben Volumen:

$$\boxed{s = \frac{\varrho_{\text{a}}}{\varrho_{\text{a}} + \varrho_{\text{L}}}} \quad \frac{\text{kg}}{\text{kg}}$$

ϱ_{a} absolute Feuchte, ϱ_{L} Dichte feuchter Luft.

Feuchte Luft

Gemisch aus Wasserdampf (D) und trockener gasförmiger Luft (L). Vgl. *Gasmischung. Im gesättigten Gemisch erreicht der Wasserdampf-Partialdruck p_{D} den Sättigungsdruck p_{s} (Feuchte $\varphi = 1$).

Masse	$m = m_{\text{L}} + m_{\text{D}} = m_{\text{L}}(1 + w)$
Volumen	$V = V_{\text{L}}\left(1 + w \dfrac{R_{\text{D}}}{R_{\text{L}}}\right)$
Dichte	$\varrho = \dfrac{p}{R_{\text{L}} T}\left(\dfrac{1 + w}{1 + (w R_{\text{D}})/R_{\text{L}}}\right)$
Gesamtdruck	$p = p_{\text{L}} + p_{\text{D}}$
Dampfdruck	$p_{\text{D}} = \dfrac{p}{1 + R_{\text{L}}/(w R_{\text{D}})}$
relative Feuchte	$\varphi = \dfrac{p_{\text{D}}}{p_{\text{s}}} = \dfrac{p}{p_{\text{s}}\left(1 + \dfrac{R_{\text{L}}}{w R_{\text{D}}}\right)}$
Wassergehalt	$w = \dfrac{m_{\text{D}}}{m_{\text{L}}} = \dfrac{R_{\text{L}}}{R_{\text{D}}\left(\dfrac{p}{p_{\text{D}}} - 1\right)}$
	$= \dfrac{R_{\text{L}}}{R_{\text{D}}\left(\dfrac{p}{\varphi\, p_{\text{s}}} - 1\right)}$
Spezifische Gaskonstante	$R_{\text{L}} = 287{,}2$ J/(kg K) Luft $R_{\text{D}} = 461{,}5$ J/(kg K) Wasserdampf
– feuchte Luft	$\bar{R}_{\text{B}} = \dfrac{R_{\text{L}} + w R_{\text{D}}}{1 + w}$
Gasgesetz	$p V = m \, \bar{R}_{\text{B}} \, T$

1) Enthalpie feuchter Luft.

Bezugszustand (0 °C)

$$H = 0 \quad (\text{trockene Luft und Wasser})$$

Ungesättigtes Luft-Wasserdampf-Gemisch ($\varphi < 1$)

$$H = m_{\text{L}} h \quad \text{mit } h = c_{\text{p,L}} T + w \left(\Delta h_{\text{V}} + c_{\text{p,D}} T\right)$$

Gesättigtes Luft-Wasserdampf-Gemisch ($\varphi = 1$)

$$h = c_{p,L}T + w_s\left(\Delta h_V + c_{p,D}T\right) + (w - w_s)c_W T$$

spez. Wärmekapazität	
– trockene Luft, 20 °C	$c_{p,L} = 1007$ J/(kg K)
– Wasserdampf, 20 °C	$c_{p,D} = 1882$ J/(kg K)
– Wasser, 20 °C	$c_{p,W} = 4183$ J/(kg K)
spez. Verdampfungsenthalpie	
von Wasser bei 0 °C	$\Delta h_V = 2442$ kJ/kg

2) Mischung feuchter Luftmengen. Der *Mischungspunkt* liegt im $h(w)$-Diagramm auf der Verbindungsgeraden der Ausgangsgemische (1 und 2). Im offenen System dürfen sämtliche Massen m durch Massenströme $\dot m$ ersetzt werden.

Gesamtmasse der Mischung

$$m = m_1 + m_2 = m_{L,1}(1 + w_1) + m_{L,2}(1 + w_2)$$

Feuchtegehalt der Mischung

$$w = \frac{w_1 m_{L,1} + w_2 m_{L,2}}{m_{L,1} + m_{L,2}}$$

Enthalpie der Mischung

$$h = \frac{m_{L,1}h_1 + m_{L,2}h_2}{m_{L,1} + m_{L,2}}$$

Mischungstemperatur feuchter Luftmengen

$$T_M = \frac{h - w \cdot 2500\ \text{kJ/kg}}{(1{,}007 + w \cdot 1{,}882)\ \text{kJ/kg}}$$

h spezif. Enthalpie, w Wassergehalt der Mischung (kg/kg).

Feuchte-Mischungsverhältnis

Verhältnis der Wasserdampfmasse zur Masse der trockenen Luft im gleichen Volumen:

$$m = \frac{\varrho_a}{\varrho_L}\quad \frac{\text{kg}}{\text{kg}} = \frac{\text{kg/m}^3}{\text{kg/m}^3}$$

ϱ_a absolute Feuchte, ϱ_L Dichte feuchter Luft.

Feuchte-Sättigungsmenge

$$f_{max} = \frac{\text{Sättigungsdampfmasse } m_{max}}{\text{Luftvolumen } V}\quad \frac{\text{kg}}{\text{m}^3}$$

Feuchteanteil

Wassergehalt oder Massenanteil Feuchte eines Stoffes.

$$w_f = \frac{\text{Wassermasse } (m_{hyg} - m_{xer})}{\text{Feuchtmasse } m_{hyg}}\quad \frac{\text{kg}}{\text{kg}} = 100\%$$

Trockenmasseanteil eines feuchten Stoffes

$$w_{xer} = \frac{\text{Trockenmasse } m_{xer}}{\text{Feuchtmasse } m_{hyg}}$$

Feuchtegrad: Massenverhältnis von Feuchte zu Trockenmasse

$$\zeta_f = \frac{\text{Wassermasse } (m_{hyg} - m_{xer})}{\text{Trockenmasse } m_{xer}}$$

hyg = feucht, xer = trocken.

Fixpunkt

Zur Festlegung der internat. *Temperaturskala:

● Fundamentalpunkte: Tripel- und Siedepunkt des Wassers.

● Primäre Fixpunkte: Sauerstoff-, Zink-, Silber-, Goldpunkt.

● Sekundäre Fixpunkte.

Flüssigkeit

Kondensierte Materie; höhere Dichte als Gase, geringe Kompressibilität, formunbeständig; nahe des Siedepunktes ungeordnete Struktur. In *Flüssigkristallen* weitreichende Parallelordnung und Beweglichkeit langgestreckter organ. Moleküle.

Vgl. therm. und kalor. *Zustandsgleichung, *Dampfdruck, *Oberflächenspannung, *Viskosität.

Fourier-Zahl

für instationäre Wärmeleitung

$$Fo = \frac{a\,t}{l^2} = \frac{\lambda t}{\varrho c_p l^2} = \frac{\text{Wärmeleitung}}{\text{Fläche}}$$

a	Temperaturleitfähigkeit	(m²/s)
c_p	spezif. Wärmekapazität	(J kg⁻¹K⁻¹)
λ	Wärmeleitfähigkeit	(W K⁻¹m⁻¹)

Freie Energie *Energie.

Freie Enthalpie *Enthalpie.

Freiheitsgrad

Jede nicht festgelegte *Zustandsgröße. Vgl. *Gibbs'sche Phasenregel.

1) *Gleichverteilungssatz der Energie: Auf jeden quadrat. *Freiheitsgrad eines Moleküls entfällt die Energie $^1/_2 RT$). vgl. *Maxwell-Boltzmann-Verteilung; *Wärmekapazitätsverhältnis.

2) Schwingungsfreiheitsgrade. Schwingungsmöglichkeiten der Atomkerne gegeneinander; der Schwerpunkt sei starr.

$$f_{vib} = \begin{cases} 3n - 5 & \text{lineares Molekül} \\ 3n - 6 & \text{nichtlineares Molekül} \end{cases}$$

Jede Schwingung in eine Raumrichtung hat zwei *quadratische Freiheitsgrade* ($2f_{vib}$), weil sich kinet. und potent. Energie überlagern.

3) Rotationsfreiheitsgrade. Drehungsmöglichkeiten des Moleküls um den Schwerpunkt.

$$f_{rot} = \begin{cases} 2 & \text{lineares Molekül} \\ 3 & \text{nichtlineares Molekül} \end{cases}$$

4) Translationsfreiheitsgrade. Bewegung des Molekülschwerpunktes in die Raumrichtungen.

$$f_{trans} = 3$$

Quadratische Freiheitsgrade des idealen Gases.
(Lineare Freiheitsgrade ohne Faktor 2 bei Vibrationen)

Molekül	Translation	Rotation	Vibration	C_V	C_p/C_V
1-atomig	3	0	0	$3R/2$	1,67
2-atomig					
– starr	3	2	0	$5R/2$	1,40
– schwingend	3	2	2·1	$7R/2$	1,29
3-atomig					
– linear	3	2	2·4	$13R/2$	
– gewinkelt	3	3	2·3	$6R$	1,33
n-atomig					
– starr	3	3	0	$3R$	1,33
– gewinkelt	3	3	$2(3n-6)$	$(3n-3)R$	$<1{,}33$

Fugazität

Realer Gasdruck. Ab 10 bar weicht ein reales Gas merklich vom Idealzustand ab.

$$\boxed{f = \varphi\, p}\quad \mathrm{Pa} = \mathrm{N/m^2}$$

Der tatsächliche Gasdruck f ist um einen Korrekturfaktor (Fugazitätskoeffizient φ) kleiner oder größer als der Druck $p = nRT/V$ nach dem idealen Gasgesetz.

Fugazitätskoeffizient

Konstante φ in der Definitionsgleichung der Fugazität $f = \varphi\, p$, analog zum *Aktivitätskoeffizienten γ von Lösungen definiert. Beispiel: Stickstoff

p/bar	$\varphi = f/p$	p/bar	$\varphi = f/p$
1	0,99955	300	1,006
10	0,9956	400	1,062
50	0,9812	600	1,239
100	0,9703	800	1,495
200	0,9721	1000	1,839

Fundamentalabstand

Temperaturunterschied zw. dem Tripelpunkt (früher: Eispunkt) und Dampfpunkt des Wassers. Vgl. Internat. *Temperaturskala.

Gas, ideales

Gas mit Realgasfaktor $Z = pV/(nRT) \approx 1$; üblicherweise mit niedrigem Kondensationspunkt wie H_2, N_2, O_2. Leicht kondensierbare Gase – wie Kohlendioxid, Ammoniak – haben geringeres Molvolumen, kommen dem idealen Gas bei Temperaturen ab 500 °C nahe.

Ideales Gasgesetz.
*Zustandsgleichung bei Vernachlässigung des Eigenvolumens und der Wechselwirkungen der Gasmoleküle und näherungsweise für Lösungen.

$$\boxed{p\,V = \frac{p_0 V_0}{T_0}\,T = n\,R\,T = N\,k\,T = m\,R_{\mathrm{B}}\,T}$$

oder $\quad\boxed{p = c\,R\,T}$

Mit dem spezif. Volumen $v = V/m = 1/\varrho$ gilt:

$$p v = R_{\mathrm{B}} T \quad\Rightarrow\quad \boxed{p = \varrho\,R_{\mathrm{B}}\,T}$$

Mit dem molaren Volumen $V_{\mathrm{m}} = V/n$ ist:

$$p V_{\mathrm{m}} = R T$$

Spezialfälle des idealen Gases

Normzustand	$T_0 = 273{,}15\ \mathrm{K} = 0\ ^\circ\mathrm{C}$ $p_0 = 101325\ \mathrm{Pa} = 1{,}01325\ \mathrm{bar}$
Boyle-Mariotte-Gesetz:	$p_1 V_1 = p_0 V_0 = \mathrm{const}$ (für $T = \mathrm{const}$)
Gay-Lussac-Gesetz:	$V_1/T_1 = V_0 T_0 = \mathrm{const}$ (für $p = \mathrm{const}$)
Avogadro-Gesetz:	$V_{\mathrm{mn}} = V_0/n = 22{,}414\ \ell/\mathrm{mol}$
Kompressibilität	$\kappa = 1/p$
Thermischer Ausdehnungskoeffizient	$\alpha = R/(pV) = 1/T$
Spannungskoeffizient	$\beta = \alpha = 1/T$
Molare Masse	$M = \dfrac{m}{n} = \dfrac{m\,RT}{pV} = \varrho\,\dfrac{RT}{p}$

Gas, perfektes

Ideales Gas, bei dem zusätzlich die spezif. *Wärmekapazitäten konstant sind. Dies erspart die Integration über den Temperaturbereich. Ideale Gase werden näherungsweise perfekt mit mittleren konstanten spezif. Wärmekapazitäten berechnet. – Beispiel:

Ideales Gas: $U_2 - U_1 = m \int_1^2 c_{\mathrm{V}}(T)\,\mathrm{d}T \approx m\,\overline{c_{\mathrm{V}}}\,(T_2 - T_1)$

Perfektes Gas: $U_2 - U_1 = m\,c_{\mathrm{V}}\,(T_2 - T_1)$

Gas, reales

Vgl. *Van-der-Waals-Gleichung, *Virialgleichung.

Gas-Dampf-Prozess

Kombinierter Kreisprozess. Die Abwärme eines Gasturbinenprozesses G (*Joule-Prozess) wird in einem Dampfturbinenprozess D (*Rankine-Prozess) genutzt. Leistung des Gesamtprozesses = Fläche im $T(S)$-Diagramm

$$P = P_{\mathrm{G}} + P_{\mathrm{D}}$$

Dem Dampfprozess zugeführter Wärmestrom

$$\dot{Q}_{\mathrm{zu,D}} = \eta_{\mathrm{K}}\left[(1 - \eta_{\mathrm{G}})\,\dot{Q}_{\mathrm{zu,G}} + \dot{Q}_{\mathrm{F}}\right]$$

Gesamtwirkungsgrad

$$\eta_{\mathrm{th}} = \frac{P_{\mathrm{G}} + P_{\mathrm{D}}}{\dot{Q}_{\mathrm{zu,G}} + \dot{Q}_{\mathrm{F}}} = \frac{\eta_{\mathrm{G}}(1 - \eta_{\mathrm{D}}\eta_{\mathrm{K}})}{1 + \dot{Q}_{\mathrm{F}}/\dot{Q}_{\mathrm{zu,G}}} + \eta_{\mathrm{D}}\eta_{\mathrm{K}}$$

$\dot{Q}_{\mathrm{F}}$ Wärmestrom durch Zusatzfeuerung (W)
η_{K} Ausnutzungsgrad des Dampferzeugers

Gasdichte   *Dichte

Gasgemisch

Gasmischung, *Mischung idealer Gase.*
1) Massenbilanz. *Dalton-Gesetz:* Die Partialdrücke p_i (ideales Gas) bzw. Fugazitäten (reales Gas) der Komponenten einer Mischung summieren sich zum Gesamtdruck des Systems.

$$p = \sum_{i=1}^{N} p_i = \frac{p_i}{x_i}\quad \text{bzw.}\quad f = \sum_{i=1}^{N} \varphi_i p_i = \frac{f_i}{x_i}$$

Gesamtmasse, -stoffmenge, -volumen und -druck addieren sich aus den $1,2,3,\dots N$ Komponenten.

$$\boxed{\begin{aligned}
m &= m_1 + m_2 + \cdots + m_{\mathrm{N}} \\
n &= n_1 + n_2 + \cdots + n_{\mathrm{N}} \\
V &= V_1 + V_2 + \cdots + V_{\mathrm{N}} \\
p &= p_1 + p_2 + \cdots + p_{\mathrm{N}}
\end{aligned}}$$

Massen-, Stoffmengen- und Volumenanteile

Massenanteil	$w_i = \dfrac{m_i}{m_{\mathrm{ges}}}$	$\displaystyle\sum_{i=1}^{N} w_i = 1$
Molenbruch	$x_i = \dfrac{n_i}{n_{\mathrm{ges}}} = \dfrac{c_i}{c_{\mathrm{ges}}}$	$\displaystyle\sum_{i=1}^{N} x_i = 1$
Volumenanteil	$\varphi_i = \dfrac{V_i}{V_{\mathrm{ges}}}$	$\displaystyle\sum_{i=1}^{N} \varphi_i = 1$
Umrechnung	$w_i = x_i\,\dfrac{M_i}{M_{\mathrm{ges}}}$	

2) Mittlere Stoffgrößen.
Mittlere *Dichte eines Gasgemisches*

$$\bar{\varrho} = \frac{V_1\varrho_1 + V_2\varrho_2 + \cdots + V_N\varrho_N}{V}\quad (\mathrm{kg/m^3})$$

Partielles Molvolumen einer Komponente i in der Gasmischung.

$$V_{\mathrm{m},i} = x_i\,V_{\mathrm{m}} = \left(\frac{V}{n_i}\right)_{n_j,\,p,\,T}$$

Scheinbare *mittlere molare Masse* der Gasmischung (in kg/mol)

$$\bar{M} = \sum_{i=1}^{N} x_i \, M_i = \frac{n_1 M_1 + n_2 M_2 + \cdots + M_N n_N}{n}$$

$$\bar{M} = \left[\sum_{i=1}^{N} \frac{w_i}{M_i} \right]^{-1} = \left[\frac{w_1}{M_1} + \frac{w_2}{M_2} + \cdots + \frac{w_N}{M_N} \right]^{-1}$$

Molare *Wärmekapazität eines Gasgemisches*

$$\bar{C}_m = \frac{V_1 C_{m,1} + V_2 C_{m,2} + \cdots + V_{m,N}}{V} \qquad \frac{J}{mol \, K}$$

Spezifische Wärmekapazität (in $J \, kg^{-1} K^{-1}$)

$$\bar{c}_p = \sum_{i=1}^{N} w_i c_{p,i} = \sum_{i=1}^{N} w_i \frac{M_i}{M} c_{p,i}$$
$$= \frac{m_1 c_{p,1} + m_2 c_{p,2} + \cdots + m_N c_{p,N}}{m}$$

$$\bar{c}_V = \sum_{i=1}^{N} w_i c_{V,i} = \sum_{i=1}^{N} w_i \frac{M_i}{M} c_{V,i}$$
$$= \frac{m_1 c_{V,1} + m_2 c_{V,2} + \cdots + m_N c_{V,N}}{m}$$

3) Thermische Zustandsgleichung

$$p \, V = \sum_{i=1}^{N} n_i \, R \, T = m \, \bar{R}_B \, T$$

Spezifische *Gaskonstante eines Gasgemisches*

$$\bar{R}_B = \frac{R}{\bar{M}} = \sum_{i=1}^{N} w_i R_{B,i}$$
$$= \frac{m_1 R_{B,1} + m_2 R_{B,2} + \cdots + m_N R_{B,N}}{m} \qquad \frac{J}{kg \, K}$$

$\bar{M}$ molare Masse der Gasmischung, R molare Gaskonstante.

4) Chemisches Potential

a) ideale Mischung

$$\mu_i = \mu_i^0 + RT \ln \frac{p_i}{p} = \mu_i^0 + RT \ln x_i$$

b) reale Mischung

$$\mu_i = \mu_i^0 + RT \ln \frac{f_i}{f} = \mu_i^0 + RT \ln \frac{p_i}{p} + RT \ln \frac{\varphi_i}{\varphi_i^0}$$

$$\mu_i = \mu_i^0 + RT \ln a_i = \mu_i^0 + RT \ln x_i + RT \ln \gamma_i$$

μ_i^0 chem. Standardpotential für das reine ideale Gas beim Systemdruck p und Temperatur T, φ Fugazitätskoeffizient, γ Aktivitätskoeffizient.

Aktivitätskoeffizient

$$\gamma_i = \frac{\varphi_i}{\varphi_i^0} = \frac{a_i}{x_i}$$

a_i Aktivität (hier: Dimension 1).

5) Thermodynamische Größen

Spezif. Innere Energie des Gemisches

$$\bar{u} = \sum_{i=1}^{N} w_i u_i \quad \text{und} \quad \bar{U} = m \, \bar{u}$$

Spezif. Enthalpie des Gemisches

$$\bar{h} = \sum_{i=1}^{N} w_i h_i \quad \text{und} \quad \bar{H} = m \, \bar{h}$$

Entropieänderung bei Zustandsänderung

$$\overline{\Delta s} = \bar{c}_p \ln \frac{T_2}{T_1} - \bar{R}_B \ln \frac{p_2}{p_1} = \bar{c}_V \ln \frac{T_2}{T_1} + \bar{R}_B \ln \frac{v_2}{v_1}$$

Isentropenexponent des Gemisches

$$\bar{\kappa} = \frac{\bar{c}_p}{\bar{c}_V}$$

6) Adiabate Mischungstemperatur (ideale Gase)

Geschlossenes System

$$T_M = \frac{\displaystyle\sum_{i=1}^{N} c_{V,i} \, m_i \, T_{1,i}}{\displaystyle\sum_{i=1}^{N} c_{V,i} \, m_i}$$

Durchströmtes System

$$T_M = \frac{\displaystyle\sum_{i=1}^{N} c_{p,i} \, \dot{m}_i \, T_{1,i}}{\displaystyle\sum_{i=1}^{N} c_{p,i} \, \dot{m}_i}$$

Spezifische *Mischungsentropie*

$$\Delta s_M = \sum_{i=1}^{N} w_i R_{B,i} \ln \frac{1}{x_i} + x_i c_{p,i} \ln \frac{T_M}{T_{1,i}}$$

Gaskonstante, molare

universelle Gaskonstante, stoffmengenbezogene Gaskonstante, kinetische Gaskonstante, allgemeine Gaskonstante. Konstante der *Zustandsgleichung des idealen Gases; Differenz der molaren *Wärmekapazitäten. Unsichere Stellen kursiv.

$$R = \frac{p_n \, V_{mn}}{n \, T_n} = N_A \, k = C_p - C_V$$

$R = 8{,}314\,472$	$J \, mol^{-1} K^{-1}$
$8{,}314\,472$	$Pa \, m^3 \, K^{-1} mol^{-1}$
$8314{,}472$	$J \, K^{-1} kmol^{-1}$
$0{,}083\,144\,72$	$\ell \, bar \, K^{-1} mol^{-1}$

k	Boltzmann-Konstante	(J/K)
N_A	Avogado-Konstante	(mol^{-1})
p_n	Normdruck: 10125 Pa = 1013,25 hPa	
T_n	Normtemperatur: 273,15 K = 0 °C	
V_{mn}	molares Normvolumen: 22,414 ℓ/mol.	

Gaskonstante, spezifische

auch: *individuelle Gaskonstante* oder *spezielle Gaskonstante*. Verhältnis der molaren Gaskonstante R zur molaren Masse M eines gegebenen Stoffes B:

$$R_B = \frac{R}{M_B} = \frac{p \, v}{T} = \frac{p}{\varrho \, T} \qquad \frac{J}{kg \, K}$$

Für ideales Gas

$$R_B = c_p - c_V = c_p \frac{\kappa - 1}{\kappa} = c_V (\kappa - 1)$$

M_B	molare Masses des Stoffes B	(kg/mol)
R	molare Gaskonstante	$(J \, mol^{-1} K^{-1})$
v	spezifisches Volumen	(m^3/kg)
ϱ	Gasdichte	(kg/m^3)
κ	Verhältnis der spezif. Wärmekapazitäten	$(Dim.1)$

Spezifische Gaskonstante.

Stoff	R_B in $J \, kg^{-1} K^{-1}$
Chlorethan	128,9
SO_2	129,8
CH_3Cl	164,7
N_2O	188,9

CO_2	188,9
Ar	208,2
HCl	228,0
O_2	259,8
Ethan	276,5
NO	277,1
Luft	287,1
CO	296,8
N_2	296,8
Ethen	296,6
Ethin	319,5
H_2O	461,5
NH_3	488,2
CH_4	518,3
He	2077,0
H_2	4124,0

Gastheorie, kinetische

Resultat der Stöße der Gasmoleküle auf die Gefäßwand ist der Gasdruck. Die Geschwindigkeit der Gasmoleküle ändert sich durch Stöße fortwährend und wird statist. beschrieben (*Zustandssumme, *Boltzmann-Verteilung).

1) Grundgleichungen der kinetischen Gastheorie

a) *Gasdruck* bei konstanter Temperatur in $Pa = N/m^2$

$$p = \frac{1}{3}\frac{N}{V}\,m\,\overline{v^2} = \frac{2}{3}\frac{N}{V}\,E_{kin} = \frac{1}{3}\frac{N_A}{V_m}\,m\,\overline{v^2} = \frac{1}{3}\varrho\,\overline{v^2}$$

b) *Volumenenergie* eines idealen Gases (*Gasgesetz)

$$p\,V = n\,R\,T = n\,N_A\,k\,T = N\,k\,T$$

c) Mittlere *kinetische Energie* der Moleküle

$$E_{kin} = \tfrac{1}{2}\,m\,\overline{v^2} = \tfrac{f}{2}\,k\,T \qquad J$$

> *Freiheitsgrad
> $f = 3$:   Atome
> $f = 5$:   zweiatomige Moleküle
> $f = 6$:   drei- und mehratomige Moleküle.

d) Molare *Innere Energie* (in J/mol)

$$U_m = \frac{f}{2}\,R\,T = \frac{f}{2}\,N_A\,k\,T$$

Innere Energie (in J)

$$U = N\,\bar{E}_{kin} = \frac{f}{2}\,n\,R\,T$$
$$= \frac{f}{2}\,m\,R_B\,T = \frac{f}{2}\,N\,k\,T = \frac{f}{2}\,N\,m\,v^2$$

2) Geschwindigkeitsverteilung

a) *mittlere Gasgeschwindigkeit,* quadratisches Geschwindigkeitsmittel, mittlere energetische Geschwindigkeit

$$v = \sqrt{\overline{v^2}} = \sqrt{\frac{3p}{\varrho}}$$
$$= \sqrt{\frac{3kT}{m}} = \sqrt{\frac{3RT}{M}} = \sqrt{3\,R_B\,T} \qquad m/s$$

Für zwei Gase bei $p_1 = p_2$ und $T_1 = T_2$

$$\frac{v_1}{v_2} = \sqrt{\frac{\varrho_2}{\varrho_1}}$$

durchschnittliche Gasgeschwindigkeit, arithmetisches Geschwindigkeitsmittel

$$\bar{v} = \sqrt{\frac{8\,k\,T}{\pi\,m}} = \sqrt{\frac{8\,R\,T}{\pi\,M}}$$
$$= \frac{2\,v_w}{\sqrt{\pi}} = \sqrt{\frac{8\,v}{3\pi}} \qquad m/s$$

Wahrscheinlichste Geschwindigkeit: Maximum der MAXWELL-Geschwindigkeitsverteilung.

$$v_w = \sqrt{\frac{2\,k\,T}{m}} = \sqrt{2\,R_B\,T} = \sqrt{\frac{2\,R\,T}{M}} = \sqrt{\frac{2}{3}}\,v$$

b) *Maxwell- Geschwindigkeitsverteilung:* Anteil aller Gasmoleküle dN/N, bei der Temperatur T mit Geschwindigkeiten von v bis $v + dv$.

$$f(v)\,dv = \frac{dN}{N} = \frac{4\,v^2}{\sqrt{\pi}\,v_w^2}\,e^{-(v/v_w)^2}\,dv$$
$$= 4\pi\,v^2\left(\frac{m}{2\pi\,k\,T}\right)^{3/2} e^{-mv^2/(2kT)}\,dv$$
$$= \frac{4\,v^2}{\sqrt{\pi}\,(2\,R_B\,T)^{3/2}}\,e^{-v^2/(2\,R_B\,T)}\,dv$$

Je höher die Temperatur, umso breiter die Verteilungsfunktion $f(v)$, und umso höher die mittleren Geschwindigkeiten.

c) *Mittlere freie Weglänge* eines Moleküls

$$\bar{s} = \frac{1}{\sqrt{2}\pi\,d^2\,N/V} = \frac{M}{\sqrt{2}\pi\,d^2\,N_A\varrho} = \frac{k\,T}{\sqrt{2}\pi\,d^2\,p}$$

Mittlere Stoßzahl: Zusammenstöße eines Moleküls je Zeiteinheit

$$\dot{N} = \frac{v}{\bar{s}} = \frac{\sqrt{2}\pi\,d^2\,N\,v}{V} = \frac{\sqrt{2}\pi\,d^2\,N_A\varrho\,v}{M}$$

Dynamische Viskosität eines idealen Gases

$$\eta = \frac{\bar{s}\,\varrho\,v}{3}$$

d	Molekülabstand: Abstand der Mittelpunkte zweier Moleküle beim Zusammenstoß	
k	Boltzmann-Konstante	(J/K)
M	molare Masse des Gasmoleküls	(kg/mol)
m	Masse eines Gasteilchens (nicht des Gases!)	(kg)
N/V	Teilchenzahl im Volumen	(m^{-1})
N_A	Avogadro-Konstante	(mol^{-1})
$\dot{N}$	mittlere Stoßzahl, Stoßfrequenz	(s^{-1})
n	Stoffmenge	(mol)
v	quadratischer Mittelwert der Geschwindigkeit	(m/s)
$\bar{v}$	Durchschnittsgeschwindigkeit	(m/s)
v_w	wahrscheinlichste Geschwindigkeit	(m/s)
ϱ	Gasdichte	(kg/m^3)
R	molare Gaskonstante	$(J\,mol^{-1}K^{-1})$
R_B	spezifische Gaskonstante	$(J\,kg^{-1}K^{-1})$
V_m	molares Volumen des Gases	(m^3/mol)
η	dynamische Viskosität	(Pa s)

Gasturbine

Eine Gasturbinenanlage besteht aus: Luftverdichter, Brennkammer, Gasturbine, Starteinrichtung (Anwurfmotor), Generator, Hilfsaggregaten (Ansaug-, Abgassystem, Brennstoffaufbereitung).

1) Arbeitsprozess. *Adiabate Expansion.* Unter Vernachlässigung der kinet. und potent. Energien setzt man den 1. Hauptsatz an.

Abgegebene Turbinenleistung

$$P = \dot{m}\,|w|$$

Reale spezif. techn. Arbeit (perfektes Gas)

$$w = h_2 - h_1 = c_p(T_2 - T_1)$$

Isentrope spezif. techn. Arbeit

8

Thermodynamik

$$w_{is} = h_{2,is} - h_1 = c_p(T_{2,is} - T_1)$$

$$= \frac{\kappa}{\kappa - 1} R T_1 \left[\left(\frac{p_2}{p_1} \right)^{(\kappa-1)/\kappa} - 1 \right]$$

Isentrope Endtemperatur

$$T_{2,is} = T_1 \left(\frac{p_2}{p_1} \right)^{(\kappa-1)/\kappa}$$

Isentroper Turbinenwirkungsgrad

$$\eta_{is} = \frac{w}{w_{is}} = \frac{P}{P_{is}} = \frac{T_2 - T_1}{T_{2,is} - T_1}$$

Polytroper Turbinenwirkungsgrad

$$\eta_{py} = \frac{w}{w_{py}} = \frac{P}{P_{py}} = \frac{k}{k - 1} R T_1 \left[\left(\frac{p_2}{p_1} \right)^{(k-1)/k} - 1 \right]$$

k	Polytropenexponent
$T_1.T_1$	Anfangs-, Endtemperatur
κ	Isentropenexponent

2) Kreisprozess: vgl. *Joule-Prozess.

3) Kennwerte (T = Turbine, V = Verdichter, G = Generator, B = Brennkammer).
Spezif. Kreisprozessarbeit: Das Optimum w_{opt} verläuft durch die Maxima der Kurven konstanter Temperatur im $w(\pi_V)$-Diagramm ($\pi_V = p_2/p_1$).

$$w = \frac{P}{m} = \Delta h_T - \Delta h_V = f(\pi_V, T_3)$$

Nutzleistung der Gasturbine

$$P_N = P_T - P_V = \eta_m \eta_{iT} \, \Delta h_{sT} \, \dot{m}_T - \frac{\Delta h_{sV} \, \dot{m}_V}{\eta_m \eta_{iV}}$$

Wirkungsgrad des realen Joule-Prozesses: Das Optimum $\eta_{J,opt}$ verläuft durch die Maxima der Kurven konstanter Temperatur im $\eta_J(\pi_V)$-Diagramm.

$$\eta_J = \frac{\eta_{iT} \, \Delta h_{sT} - \Delta h_{sV}/\eta_{iV}}{h_3 - h_2} = f(\pi_V, T_3)$$

Effektiver Prozesswirkungsgrad

$$\eta_{eff} = \frac{\text{Nutzleistung der Anlage}}{\text{zugeführte Wärmeleistung (Brennkammer)}}$$

$$\eta_{eff} = \frac{P_N}{P_B} = \frac{P_T - P_V}{P_B} = \eta_m \eta_A \eta_J \eta_L$$

$$= \frac{\eta_m \eta_A \left(\eta_{iT} \, \Delta h_{sT} \dot{m}_T - \Delta h_{sV} \dot{m}_V / \eta_{iV} \right)}{\dot{m}_B (h_3 - h_2)}$$

Innerer Turbinenwirkungsgrad

$$\eta_{iT} = \frac{h_3 - h_4}{h_3 - h_{4s}}$$

Innerer Verdichterwirkungsgrad

$$\eta_{iV} = \frac{h_{2s} - h_1}{h_2 - h_1}$$

h	spezifische Enthalpie	(J/kg)
T_3	Temperatur am Turbineneintritt	
η_A	Ausbrandwirkungsgrad der Brennkammer	
η_{iT}	innerer Turbinenwirkungsgrad: ca. 88%	
η_{iV}	innerer Verdichterwirkungsgrad: ca. 85%	
η_L	Wirkungsgrad: Kühlluft- und Leckverluste	
η_m	mechanischer Turbosatzwirkungsgrad	
π_V	Verdichterdruckverhältnis: p_2/p_1	

Brennstoffenergie	$\dot{m}_B H_u$	$\hat{=} 100\%$
Abgasverlust	ΔP_A	$\hat{=} 54,5\%$
Verlust in der Turbine	ΔP_V	$\hat{=} 10,4\%$
Verlust im Verdichter	ΔP_V	$\hat{=} 4,4\%$
Generatorverlust	ΔP_G	$\hat{=} 0,5\%$
Eigenbedarf	ΔP_{eig}	$\hat{=} 0,2\%$
$\Rightarrow$ Nutzleistung	ΔP_N	$\hat{=} 30\%$

4) Auslegung des Verdichters.
Meist Axial-*Turboverdichter für hohe Massen- und Volumenströme.

Relativgeschwindigkeit am Ein- und Austritt des Verdichtergitters

$$\frac{u_2}{u_1} \geq 0,70 \ldots 0,75$$

Druckverhältnis einer Verdichter- bzw. Turbinenstufe

$$\pi_{st,V} \approx 1,1 \ldots 1,3$$

Stufenzahl von Verdichter und Turbine

$$z_{st,V} = \frac{\pi_V}{\pi_{st,V}} > z_{st,T} = \frac{\pi_T}{\pi_{st,T}}$$

5) Auslegung der Gasturbine. Analog *Dampfturbine für Brennstoff (B), Kühl- und Sperrluft (K), Turbine (T), Verdichter (V).

Massenstrom:	$\dot{m}_T = \dot{m}_V + \dot{m}_B - \dot{m}_K$
Turbinenleistung:	$P_T = P_N + P_V$
Verdichterleistung;	$P_V \approx 67\% \cdot P_T$
Nutzleistung:	$P_N \approx 33\% \cdot P_T$

6) Auslegung der Brennkammer (B)
Ausbrandwirkungsgrad

$$\eta_A = \frac{\text{übertragene Wärme (Brennkammer)}}{\text{zugeführte Energie (Brennstoff)}}$$

$$\eta_A = \frac{T_3 - T_2}{T_{3,th} - T_2} \approx 96\% \ldots 98\%$$

$T_{3,th}$ Brennkammeraustrittstemperatur bei vollständ. Verbrennung.

Brennraumbelastung $\quad q = \dfrac{\dot{m}_B H_u}{V_B \, p_B}$

$\dot{m}_B$ Massenstrom des Brennstoffes in die Brennkammer.

stationäre Anlagen:	$q \leq 10^9 \ \text{kJ m}^{-3}\text{h}^{-1}\text{MPa}^{-1}$
Flugtriebwerk:	$q \leq 4 \cdot 10^9 \ \text{kJ m}^{-3}\text{h}^{-1}\text{MPa}^{-1}$

Gasturbine-Dampfturbine-Kopplung

Die nach- oder parallelgeschaltete Dampfturbine (DT) nutzt die Abwärme des Gasturbinenprozesses (GT).
Mittlere Temperatur der zu- und abgeführten Wärme

$$\bar{T}_{zu;GT} \gg \bar{T}_{zu,DT} \quad \text{und} \quad \bar{T}_{ab,DT} \ll \bar{T}_{ab,GT}$$

Effektiver Wirkungsgrad der Kopplung

$$\eta_{eff} = \frac{P_{N,GT} + P_{DT}}{P_B + P_{DE}} > \eta_{eff,GT}$$

ISO-Turbineneintrittstemperatur $T_{3,ISO}$ ist die mittlere Temperatur von Heißgas- und Kühlluftmassenstrom vor der Turbine (vollständige Vermischung).

Optimierung des Wirkungsgrades	
– Gasturbine:	$T_{3,ISO}$ groß, π_V groß
– Dampfturbine:	$T_{3,ISO}$ groß, π_V mittel (12…14)

π_V Verdichterdruckverhältnis.

Gay-Lussac-Gesetz

1. Gay-Lussac-Gesetz.
für *isobare Zustandsänderung* eines idealen Gases

$$\boxed{\frac{V_1}{V_2} = \frac{T_1}{T_2}} \quad \text{für } p = \text{const}$$

$$V = V_n \frac{T}{T_n} = V_n (1 + \alpha_V \, \Delta T)$$

für *isochore Zustandsänderung* eines idealen Gases

$$\boxed{\frac{p_1}{p_2} = \frac{T_1}{T_2}} \quad \text{für } V = \text{const}$$

$$p = p_n \frac{T}{T_n} = p_n (1 + \alpha_V \, \Delta T)$$

2. Gay-Lussac-Gesetz. Die innere Energie des idealen Gases ist vom Volumen unabhängig. Die latenten Wärmen (innerer Druck, innere Volumen) sind Null.

$$\pi = \left(\frac{\partial U}{\partial V}\right) = 0; \quad \Phi = \left(\frac{\partial H}{\partial p}\right)_T = 0$$

Gefrierpunktserniedigung

Schmelzpunkterniedrigung. Lösungen haben eine niedrigere Erstarrungstemperatur als das reine Lösungsmittel (*Dampfdruckerniedrigung). Schmelzen erstarren unterhalb der Erstarrungstemperatur der Komponenten. Dampfdruck- und Gefrierpunktserniedrigung ΔT einer Lösung sind proportional zur *Molalität b (in mol/K) des gelösten Stoffes und spezif. für das verwendete Lösungsmittel.

$$\boxed{\Delta T = T_{\mathrm{Lm}} - T = K_{\mathrm{m}}\, b} \quad \text{K}$$

Nichtelektrolyte

$$\Delta T = \frac{K_{\mathrm{m}}\, m_i}{M_i\, m_{\mathrm{Lm}}} = K_{\mathrm{m}}\, b_i$$

Elektrolyte: Kation und Anion zählen als unabhängige Teilchen.

$$\Delta T = K_{\mathrm{m}}\, b_i\, [1 + (1 - z)\,\alpha]$$

Kryoskopische Konstante des reinen Lösungsmittels

$$\boxed{K_{\mathrm{m}} = \frac{R\, T_{\mathrm{Lm}}^2}{\Delta H_{\mathrm{s}}}} \quad \frac{\text{kg K}}{\text{mol}}$$

b_i	Molalität des Stoffes i in der Lösung	(mol/kg)
ΔH_{s}	spezifische Schmelzenthalpie	
	(Schmelzwärme) des Lösungsmittels	(J/kg)
M_i	molare Masse des gelösten Stoffes i	(kg/mol)
m_{Lm}	Masse des Lösungsmittels	(kg)
m_i	Masse des Stoffes	(kg)
T_{Lm}	Siedepunkt des Lösungsmittels	(K)
T	Siedepunkt der Lösung	(K)
z	Zahl dissoziierter Ionen pro Molekül	(Dim.1)
α	Dissoziationsgrad	(Dim.1)

Kryoskopische Konstante.

Lösungsmittel	K_{m} (kg K/mol)
Diethylether	1,79
Wasser	1,853
Essigsäure wasserfrei	3,59
Trichlormethan	4,9
Benzen (Benzol)	5,1
Aminobenzen (Anilin)	5,87
Nitrobenzol	6,89
Naphthalin	6,9
Phenol	7,3
Brom	8,31
Dibromethan	12,5
Natriumchlorid	18,0
Cyclohexan	20,2
Zinnbromid	28,0
Tetrachlormethan	29,8
Campher, Kampfer	40,0

Gibbs'sche Freie Enthalpie *Enthalpie.

Gibbs'sche Phasenregel

Anzahl der Zustandsgrößen (z. B. Druck, Temperatur, Volumen), die frei variierbar sind, um einen bestimmten Zustand einzustellen. Zur Beschreibung eines p-Phasensystems mit k Komponenten benötigt man f intensive Größen (Freiheitsgrade).

$$\boxed{f = k + 2 - p}$$

Gleichgewichtsbedingung für k Komponenten in einer Phase

$$\nu_1\mu_1 + \nu_2\mu_2 + \nu_3\mu_3 + \cdots + \nu_k\mu_k = 0$$

ν_i Stöchiometriekoeffizienten (Edukte negativ, Produkte positiv).

Gitterenergie

Enthalpie (H_{G} in kJ/mol), die beim Aufbau eines Kristallgitters frei wird und bei Zerlegung aufzuwenden ist (z. B. *Lösungswärme).

Berechnung: *Born-Haber-Kreisprozess.

Gitterenthalpie ionischer Kristalle ΔH_{298} (kJ/mol, 25°C).

	F	Cl	Br	I
Li	1039	850	802	742
Na	920	780	740	692
K	816	710	680	639
Cs	749	651	630	599
Mg	2949	2502	2402	2293
Ca	2617	2231	3134	2043
Ba	2330	2024	1942	1838

Gitterschwingung

Die Schwingungen der regelmäßig angeordneten Atome des *Kristallgitters um ihre Ruhelagen sind quantisiert (*Phononen).

Gleichgewicht

Zustand, in dem der physikal. Zustand des Systems gleich bleibt.

1) Stabiles Gleichgewicht. Echter, d. h. nicht durch Hemmungen behinderter Gleichgewichtszustand. Die treibenden Kräfte sind Null, die potentielle Energie minimal.

2) Metastabiles Gleichgewicht: durch Hemmungen bedingte unvollständige, noch nicht stabile Gleichgewichtseinstellung; z. B. unterkühlte Flüssigkeit.

3) Thermisches Gleichgewicht. Alle Teile des Systems befinden sich auf gleicher Temperatur; notwendige Bedingung für thermodynam. Gleichgewicht.

4) Thermodynamisches Gleichgewicht.
Die Freie Enthalpie G ist minimal ($dG = 0$); das System verrichtet keine Arbeit. Im Ungleichgewicht stets $dG < 0$ und $dG + dW < 0$ (ein abgeschlossenes System leistet keine andere Arbeit als reversible Volumenarbeit).

- Alle natürlichen Vorgänge sind *irreversibel*, verlaufen *spontan* (wenn $\Delta S > 0$) und streben dem Gleichgewicht zu.
- Irreversible Prozesse verrichten *Nutzarbeit*, reversible nicht.
- Im Gleichgewicht verrichtet das System keine Arbeit ($\Delta G = 0$).
- In infinitesimaler Nähe des Gleichgewichtes können irreversible Vorgänge durch reversible beschrieben werden.

Gleichgewichtsbedingung

Kriterium für den Gleichgewichtszustand eines Systems.

1) Abgeschlossenes adiabatisches System

($\delta Q = 0$). Die Entropie bei spontanen Prozessen steigt, bis das Gleichgewicht erreicht ist. Im Gleichgewicht ist die Entropie maximal ($\mathrm{d}S = 0$).

$$\boxed{\mathrm{d}S \geq \frac{\partial Q}{T}} \quad \begin{cases} = 0 \;\; \text{reversibel, Gleichgewicht} \\ > 0 \;\; \text{irreversibel, spontan} \end{cases}$$

2) Abgeschlossenes isothermes, isochores System

(mechanisch isoliert, $\mathrm{d}T = 0$). Im Gleichgewicht ist die HEMHOLTZ'sche Freie Energie minimal ($\mathrm{d}F = 0$).

3) Abgeschlossenes isothermes, isobares System

mit Nutzarbeit. Bei einem spontanen Prozess nimmt die GIBBS'sche Freie Enthalpie ab, bis das Gleichgewicht erreicht ist. Im Gleichgewicht ist G minimal ($\mathrm{d}G = 0$). W ist reversible Volumenarbeit.

$$\boxed{\mathrm{d}G \leq 0} \quad \text{und} \quad \boxed{\mathrm{d}G + \delta W < 0}$$

4) Mehrphasensystem.

Im Gleichgewicht ist das chem. Potential einer Komponente in allen Phasen gleich.

$$\boxed{\mu_i^{(1)} = \mu_i^{(2)} = \mu_i^{(3)} = \cdots = \mu_i^{(n)}}$$

*Gibbs'sche Phasenregel. Gleichgewichtsbedingung für k Komponenten in einer Phase. (ν_i Stöchiometriekoeffizienten, Edukte negativ, Produkte positiv):

$$\boxed{\nu_1\mu_1 + \nu_2\mu_2 + \nu_3\mu_3 + \cdots + \nu_k\mu_k = 0}$$

Chemisches Potential μ und Aktivität a:

$$\mu_i = \mu_i^0 + RT \ln a_i$$

Freie Standardenthalpie G und Gleichgewichtskonstante K

$$\Delta G^0 = -RT \ln K$$

Gleichverteilungssatz der Energie

Energiegleichverteilungssatz oder *Äquipartitionsprinzip*. Die mittlere kinet. Energie jedes Gasmoleküls ist bei gegebener Temperatur konstant und nur von der Temperatur abhängig.

Translationsenergie: $\bar{E}_{\mathrm{kin}} = \frac{3}{2}kT$

> Auf jeden quadrat. *Freiheitsgrad der Energie jedes Moleküls im therm. Gleichgewicht entfällt die gleiche Energie $^1\!/_2 kT$ (pro Teilchen) oder $^1\!/_2 RT$ (pro mol).

Molekül	Quadratische Freiheitsgrade Translation + Rotation + Vibration			
1-atomig	3			$= 3$
2-atomig	3	$+2$	$+ (1+1)$	$= 7$
3-atomig				
– linear	3	$+2$	$+ (4+4)$	$= 13$
– gewinkelt	3	$+3$	$+ (3+3)$	$= 12$
n-atomig				
– gewinkelt	3	$+3$	$+2(3n-6)$	$= 6n - 6$

Quadratischer Freiheitsgrad bedeutet den x-, y-, oder z-Term der Energie. Die Schwingung in eine Raumrichtung hat zwei quadrat. Freiheitsgrade, weil sich kinet. und potent. Energie überlagern.

Translation	$E_{\mathrm{tr}} = \dfrac{mv_x^2}{2} + \dfrac{mv_y^2}{2} + \dfrac{mv_z^2}{2}$
Rotation	$E_{\mathrm{rot}} = \dfrac{I_x\omega_x^2}{2} + \dfrac{I_y\omega_y^2}{2} + \dfrac{I_z\omega_z^2}{2}$
Schwingung	$E_{\mathrm{vib}} = \dfrac{\mu_x v_x^2 + kx^2}{2} + \cdots$

I_x Trägheitsmoment um die x-Achse,
k Federkonstante, μ reduzierte Masse.

Grashof-Zahl

Kennzahl der Dimension 1 für den konvektiven *Wärmeübergang strömender Fluide. Verhältnis der therm. bedingten Auftriebskraft zur Trägheitskraft.

$$\boxed{Gr = \frac{l^3\, g\, \alpha_V\, \Delta T}{\nu^2}}$$

L	Charakteristische Länge	(m)
g	Fallbeschleunigung	(m/s^2)
ΔT	Temperaturdifferenz Wandoberfläche – Fluidinneres	
α_V	Volumenausdehnungskoeffizient	(K^{-1})
ν	kinematische Viskosität	$(\mathrm{m}^2/\mathrm{s})$

Guggenheimsches Merkschema

Von der gesuchten thermodynam. Größe zu den gegenüberliegenden Ecken peilen; das Vorzeichen gilt für die $\mathrm{d}X$-Komponente.

$$\oplus \begin{vmatrix} S & U & V \\ H & & F \\ p & G & T \end{vmatrix} \ominus$$

Beispiele:

$\mathrm{d}G = -S\,\mathrm{d}T + V\,\mathrm{d}p; \quad \mathrm{d}F = -S\,\mathrm{d}T - p\,\mathrm{d}V$
$\mathrm{d}H = +V\,\mathrm{d}p + T\,\mathrm{d}S; \quad \mathrm{d}U = -p\,\mathrm{d}V + T\,\mathrm{d}S.$

Guldberg-Regel

Das Verhältnis von Siedetemperatur und krit. Temperatur einer Flüssigkeit ist konstant.

$$\frac{T_S}{T_k} = \frac{2}{3}$$

Gütegrad

Kenngröße eines Energiewandlers.

1) *Energetischer Gütegrad*. Verhältnis der Wärmeverluste eines Energiewandlers zu den eintretenden Energieströmen.

$$\boxed{\eta = 1 - \frac{\dot{Q}_v}{\dot{H}_e + \dot{Q}_e + \dot{P}_e}} \quad (\text{Dim.1})$$

$\dot{H}_e$	eintretende Enthalpieströme,
$\dot{Q}_e$	eintretende Wärmeströme,
P_e	zugeführte mechanische Leistungen.

2) *Exergetischer Gütegrad*. Verhältnis der Energieumwandlungsverluste ΔP_v eines Energiewandlers zur eintretenden Gesamtleistung.

$$\boxed{\zeta = 1 - \frac{\Delta P_v}{\dot{E}_e + \dot{W}_{E,e} + \dot{P}_e}} \quad (\text{Dim.1})$$

$\dot{E}_e$	eintretende Energieströme,
$\dot{W}_{E,e}$	eintretende Exergieströme,
P_e	zugeführte mechanische Leistungen.

0. Hauptsatz der Thermodynamik

Erfahrungssatz über die Zusammenhänge zw. den thermodynam. Größen. Die Temperatur T im Gleichgewichtssystem ist konstant. Im thermodynam. Gleichgewicht haben alle Systembestandteile die gleiche Temperatur.

1. Hauptsatz der Thermodynamik

Spezialfall der *Energieerhaltung*.

1) In einem abgeschlossenen System bleibt die *innere Energie konstant*. Führt man dem System Wärmeenergie Q zu, steigt dessen innere Energie U und es wird Arbeit W verrichtet. Die Arbeit ist meist *Volumenarbeit* (Volumenänderungsarbeit).

$$\boxed{\begin{aligned} \mathrm{d}U &= \delta Q + \delta W = \delta Q - p\,\mathrm{d}V \\ \Delta U &= U_2 - U_1 = Q_{12} + W_{12} \end{aligned}}$$

Mit spezifischen Größen

$$q_{12} + w_{12} = u_2 - u_1$$

Abgeschlossenes System:	$\Delta U = 0$
Adiabat. Zust.änderung:	$\Delta U = W_{12}$ und $Q_{12} = 0$
Wärme:	$Q_{12} = m\,q_{12}$
Arbeit:	$W_{12} = W_{V,12} + W_{W,12} + W_{el,12}$
	$W_{12} = m\,w_{12}$
Reversible Volumenarbeit:	$W_{V,12} = -\int_1^2 p\,\mathrm{d}V = -m\int_1^2 p\,\mathrm{d}v$
Wellenarbeit:	$W_{W,12} = \int_1^2 M_w\,\omega\,\mathrm{d}t$
Elektrische Arbeit:	$W_{el,12} = \int_1^2 U_{el}\,I\,\mathrm{d}t$
Enthalpie:	$\mathrm{d}H = \mathrm{d}U + p\,\mathrm{d}V$
	(für $p = $ const)
Innere Energie:	$\Delta U = m c_V\,\Delta T$

Q	zu-/abgeführte Wärme	(J)
ΔU	Änderung der inneren Energie	(J)
v	spezifisches Volumen: $v = V/m$	

2) Folgerung: Verbot eines *Perpetuum mobile* 1. Art, bei dem durch einen Kreisprozess Energie aus dem Nichts geschaffen wird. Die Änderung der inneren Energie ist gleich der Summe der mit der Umgebung ausgetauschten Arbeit und Wärme.

3) **Durchströmtes System.** Der Massenstrom überschreitet die Systemgrenze.

Absolute Form

$$\dot{Q}_{12} + P_{12} = \dot{m}\left[(h_2 - h_1) + \frac{c_2^2 - c_1^2}{2} + g(z_2 - z_1)\right]$$

Mit spezifischen Größen

$$\dot{q}_{12} + w_{12} = (h_2 - h_1) + \frac{c_2^2 - c_1^2}{2} + g(z_2 - z_1)$$

Für mehrere Massenströme

$$\dot{Q}_{12} + P_{12} = \underbrace{\sum_{i=1}^{n} \dot{m}_i\left[h + \frac{c^2}{2} + gz\right]_i}_{\text{ausströmend}}$$

$$\underbrace{-\sum_{k=1}^{N} \dot{m}_k\left[h + \frac{c^2}{2} + gz\right]_k}_{\text{einströmend}}$$

$\dot{m}$	Massenstrom	(kg/s)
g	örtliche Fallbeschleunigung	(m/s^2)
h	spezifische Enthalpie	(J/kg)
c	Strömungsgeschwindigkeit	(m/s)
v	spezifisches Volumen	(m^3/kg)
w	spezifische technische Arbeit	(J/kg)
z	gedätische Höhe	(m)

Kontinuitätsgleichung:	$\dot{m} = \varrho_1 c_1 A_1 = \varrho_2 c_2 A_2$
Wärmestrom	$\dot{Q}_{12} = \dot{m}\,q_{12}$
Leistung	$P_{12} = P_{W,12} + P_{el,12} = \dot{m}\,w_{12}$
Reversible spez. Arbeit:	$w_{12} = \int_1^2 v\,\mathrm{d}p + \frac{c_2^2 - c_1^2}{2} + g(z_2 - z_1)$
Spezifische Enthalpie:	$h = u + p\,v$
	$\mathrm{d}h = \mathrm{d}u + p\,\mathrm{d}v + v\,\mathrm{d}p$
– ideales Gas:	$h_2 - h_1 = \int_1^2 c_p(T)\,\mathrm{d}T$
– perfektes Gas:	$h_2 - h_1 = c_p(T_2 - T_1)$

2. Hauptsatz der Thermodynamik

Erfahrungssatz über die Unordnung eines Systems. Alle natürlichen Prozesse sind irreversibel (nicht umkehrbar) und damit verlustbehaftet.

1) Unmöglichkeit eines *Perpetuum mobile* 2. Art: Es gibt keine period. arbeitende Maschine, die Wärme vollständig in mechan. Arbeit umwandelt; zw. Vor- und Rücklauf eines thermodynam. Kreisprozesses klafft ein Temperaturgefälle.

$$T_{hin} > T_{rück}$$

2) Die Umwandlung von Wärmeenergie in mechan. Arbeit erfordert die Übertragung von Wärme von einem wärmeren auf einen kälteren Körper (Prinzip der Wärmekraftmaschine).

Die *Übertragung von Wärme* von einem kälteren auf einen wärmeren Körper *erfordert* den *Aufwand mechanischer Energie* (Prinzip der Kältemaschine).

3) Die *Entropie* in einem abgeschlossenen System nimmt niemals ab; im adiabat. System laufen Vorgänge freiwillig nur unter Entropiezunahme ab.

$$\boxed{\mathrm{d}S = \frac{\partial Q_{rev}}{T} \geq 0}$$

Ein Maß für den Erhalt der Volumenänderungsenergie ist der therm. *Wirkungsgrad.

$$\eta = \left|\frac{W}{Q_1}\right| = \left|\frac{Q_1 - Q_2}{Q_1}\right| = \left|\frac{T_1 - T_2}{T_1}\right|$$

4) Formulierung nach BAEHR.

Bei irreversiblen Prozessen wird aus *Exergie („Nutzenergie") Anergie („Verlustenergie"). Bei reversiblen Prozessen bleibt die Exergie konstant. Anergie kann nicht in Exergie umgewandelt werden.

5) Folgerung: *Thermodynamische Gleichgewichtsbedingung:* Ein abgeschlossenes System ist im Gleichgewicht, wenn seine Entropie maximal ist.

Gleichgewicht:	$\mathrm{d}S = 0$, $\mathrm{d}F = 0$, $\mathrm{d}G = 0$
Freie Energie:	$F = U - T\,S$ für $V = $ const
Freie Enthalpie	$G = H - T\,S$ für $p = $ const

6) *Entropie, *Exergie, *Anergie.

3. Hauptsatz der Thermodynamik

NERNSTsches Wärmetheorem: Die Entropieänderung eines reinen kondensierten Stoffes im inneren Gleichgewicht geht bei Annäherung an den absoluten Nullpunkt gegen Null. Oder: Beim absoluten Nullpunkt (0 K) verschwinden die Entropieunterschiede zw. versch. Phasen eines Stoffes. Die spezif. Wärmen und Wärmekapazitäten aller Stoffe gehen gegen Null.

$$\lim_{T \to 0} \Delta S = 0$$

Nach PLANCK: Die Entropie eines idealen Kristalls (Reinstoffes) bei 0 K ist Null.

$$\boxed{S_0 = \lim_{T \to 0} S = 0}$$

Der absolute Nullpunkt ist nicht erreichbar!

Heizung

Direkte Beheizung durch Verbrennung von Heizgütern oder elektr. Heizquellen.

Indirekte Beheizung durch stoffliche Wärmeträger (Wasserdampf, Öle, Salz-, Metallschmelzen).

Elektrische Heizmethoden

Widerstandsheizung	Heizwiderstand (Heizgut), Heizleiter
Lichtbogenheizung	Elektroden (Strahlungswärme) über oder durch das Heizgut
Induktivheizung	Stromdurchflossene Spule um die Behälterwand
Dielektroheizung	HF-Feld zw. Kondensatorplatten, Heizgut als Dielektrikum
Strahlungsheizung	IR-Strahler

Heizungs-Nutzungsgrad

Wirkungsgrad einer Heizungsanlage.

$$\boxed{\eta_h = \frac{Q_h + Q_{WW} + Q_{V,H} + Q_{V,WW}}{E_w}} \quad \text{(in \%)}$$

Warmwasser-Energiebedarf

$$Q_{WW} = c_p\, \dot{m}\, N\, \Delta T\, t_d \quad \text{(Wh)}$$

Energieverlust Raumheizung: Wärmeverluste im Betrieb (1), Stillstand (2), bei der Wärmeverteilung (3).

$$Q_{V,H} = Q_{V,1} + Q_{V,2} + Q_{V,3} \quad \text{(Wh)}$$

Energieverlust Warmwasser: Wärmeverlust des Speichers (4), der Zirkulationsleitung (5), der Stichleitungsunterverteilung (6).

$$Q_{V,WW} = Q_{V,4} + Q_{V,5} + Q_{V,6} \quad \text{(Wh)}$$

c_p	spezifische Wärmekapazität des Wassers: 1,16 Wh/(kg K)
E_w	Sekundärenergiebedarf der Heizanlage
$\dot{m}$	Warmwasserverbrauch pro Person und Tag
N	Personenzahl der Warmwassernutzung
Q_h	Heizwärmebedarf
t_d	Warmwasserbereitstellungszeit (365 Tage)
ΔT	Warmwasser- minus Kaltwassertemperatur an der Entnahmestelle

Heizwert

früher: *unterer Heizwert* H_u, engl. *lower heating value, net heat of combustion, net calorific value.*

1) Nutzbare spezif. *Verbrennungswärme eines Brennstoffes; chem. Reaktionsenthalpie abzüglich der nicht nutzbaren Verdampfungswärme der Brenngase (d. h. desjenigen Teils der Verbrennungswärme, der zum Verdampfen von Reaktionsprodukten und Wasser verbraucht wird).

$$\text{Heizwert} = \text{Brennwert} - \text{Verdampfungswärme}$$

Brennwert H_o:	Verbrennung und Abkühlung auf Raumtemperatur, Wasser als Kondensat
Heizwert H_u:	Verbrennung zu gasförmigen Endprodukten und Wasserdampf

---

Als Feuchte und Reaktionsprodukt enthaltenes Wasser wird auf Wasserdampf bei 25 °C bezogen; üblicherweise nicht gemessen, sondern mit der spezif. Verdampfungsenthalpie des Wassers berechnet.

Spezifischer Heizwert (in J/kg)

$$h_u = h_0 - \Delta h_{V,H_2O}\, w_{H_2O}$$

Molarer Heizwert (in J/mol)
– fest und flüssig:

$$H_{u,m} = h_u\, M$$
$$H_{u,m} = H_{0,m} - \Delta H_{V,H_2O}\, x_{H_2O}$$

– Brenngase:

$$H_{u,m} = h_u\, V_n/n = H_{u,n}\, V_{mn}$$

Normvolumenbezogener Heizwert (in J/m^3)
– Brenngase:

$$H_{u,n} = H_{0,n} - \Delta H'_{V,H_2O}\, \varphi_{H_2O}$$

Verdampfungsenthalpie von Wasser
– spezifische: $\quad \Delta h_{V,H_2O} = 2442$ kJ/kg
– molare: $\quad \Delta H_{V,H_2O} = 40{,}651$ kJ/mol (100 °C)
– volumenbezogene: $\quad \Delta H'_{V,H_2O} = 1990$ kJ/m^3 bei 25 °C

Normdichte von Wasserdampf
– theoretisch $\quad \varrho_n = 0{,}815$ kg/m^3

---

m	Masse des Fest- oder Flüssigbrennstoffes	(kg)
V	Volumen des Brenngases	(m^3)
V_{mn}	Molares Normvolumen für ideale Gase: 22,414 m^3/kmol.	
w_{H_2O}	Wassergehalt (Massenanteil) im Brennstoff.	
x_{H_2O}	Molenbruch des Wassers im Brennstoff.	
φ_{H_2O}	Feuchte; Volumenanteil des Wassers im Verbrennungsgas zum Normvolumen des trockenen.	

2) Notwendige Ölmenge zur Erwärmung von Warmwasser (nach Heizkostenverordnung):

$$V_b = \frac{2{,}5\,\text{kWh}\,\text{K}^{-1}\text{m}^{-3} \cdot V_w \cdot (t_w - 10)\,\text{K}}{10\,\text{kWh}/\ell}$$

Fernwärme: Faktor 2,0 statt 2,5.

V_b Ölmenge (ℓ), V_w Wasservolumen (m^3), t_w Warmwassertemperatur (°C).

3) Berechnung aus der Elementaranalyse
a) für *Steinkohle*

$$H_u = 339\,C + 1442\,(H - O/8) + 104{,}7\,S$$
$$-25{,}1\,(9\,H + H_2O)\ \text{in kJ/kg}$$

b) für Braunkohle, Torf, Holz.

$$H_u = 339\,(C - 3\,O/8) + 238 \cdot 3\,O/8$$
$$+14445\,(H - O/16) + 104{,}5\,S$$
$$-25{,}1\,(9\,H + H_2O)\ \text{in kJ/kg}$$

C Massenanteil Kohlenstoff, H Wasserstoff, O Sauerstoff.

---

spezif. Brennwert H_o und Heizwert H_u
(1 MJ = 1000 kJ = 10^6 J).

Brennstoff	$\dfrac{H_o}{(\text{MJ/kg})}$	$\dfrac{H_u}{(\text{MJ/kg})}$
Braunkohle	–	9,6 (8 – 11)
Holz	–	14,6 (9 – 15)
Torf	–	13,8 (10 – 15)
Brikett	–	19 (17 – 20)
Methanol	–	19,51
Pechkohle	–	22,9

Ethanol	–	29,96
Steinkohle	–	31,5
Kohlenstoff	–	33,82
Benzol	41,94	40,23
Heizöl S	42,3	40,2
Petroleum	42,9	40,8
Dieselöl	44,8	41,64
Benzin	46,7	42,5
Heizöl EL	45,4	42,7
Wasserstoff	–	119,97

Normvolumenbezogener Brennwert H_0 und Heizwert H_u
(1 MJ = 1000 kJ = 10^6 J).

Brennstoff	$\dfrac{H_{0,n}}{(MJ/m^3)}$	$\dfrac{H_{u,n}}{(MJ/m^3)}$
Gichtgas	4,08	3,98
Wasserstoff	–	10,78
Stadtgas	–	16,12
Koksofengas	19,67	17,37
Erdgas L	–	32,8
Methan	39,85	35,88
Erdgas H	41,3	37,3
Propan	100,89	93,21
Butan	–	123,8

Henry-Gesetz

Der *Partialdruck p_2 eines *leicht flüchtigen Stoffes* im
Dampfraum über einer ideal verdünnten Lösung entspricht dem Molenbruch x_2 des gelösten Stoffes (Index
2) in der Lösung. Beispiele: gelöste oder absorbierte Gase, CO_2 im Bier, Br_2 in CCl_4.

$$\boxed{p_2 = H\,x_2} \quad \text{und} \quad H = \frac{\partial p_2}{\partial x_2} \neq p_2^*$$

H	Henry-Konstante	(Pa^{-1})
p_2^*	Partialdruck des reinen Gelöststoffes	
x_2	Molenbruch des Gelöststoffes	(Dim. 1)

Andere Formulierungen:

$$c_{2,(fl)} = \alpha\, p_{2,(g)} \qquad \alpha \text{ BUNSEN-Absorptionskoeffizient}$$

$$c_{2,(fl)} = \beta\, c_{2,(g)} \qquad \beta \text{ OSTWALD-Absorptionskoeffizient}$$

Henry-Konstante H (Pa^{-1}) bei 298 K.

Gas	in Wasser	in Benzol
CO_2	$1,67 \cdot 10^8$	$1,14 \cdot 10^7$
CH_4	$4,19 \cdot 10^7$	$5,69 \cdot 10^7$
O_2	$4,40 \cdot 10^9$	–
H_2	$7,12 \cdot 10^9$	$3,67 \cdot 10^8$
N_2	$8,68 \cdot 10^9$	$2,39 \cdot 10^8$

Innere Energie Wärmeinhalt.

1) *Zustandsgröße eines Systems bei konstantem Volumen $dV = 0$ (im Gegensatz zur *Enthalpie).

Innere Energie =
Gesamtenergie eines abgeschlossenen Systems =
kinetische Energie der Teilchenbewegung
+ potentielle Energie der Wechselwirkungen.

Innere Energie:	U	J
spezifische innere Energie:	$u = U/m$	J/kg
molare innere Energie:	$U_m = U/n$	J/mol

Führt man Wärmeenergie Q zu, steigt die innere Energie
$U(V,T)$ und es wird reversible Volumenarbeit W verrichtet (1. Hauptsatz der Thermodynamik).

$$\Delta U = U_2 - U_1 = Q_{12} + W_{12}$$

2) Ideales Gas im abgeschlossenen System (d. h. nur
reversible Volumenarbeit, kein Stoff- und Energieaustausch mit Umgebung).

$$U = U(V,T) \Rightarrow dU = \left(\frac{\partial U}{\partial T}\right)_V dT + \left(\frac{\partial U}{\partial V}\right)_T dV$$

$$\boxed{\begin{aligned} dU &= \delta Q + \delta W = T\,dS - p\,dV \\ &= C_V dT + \left(\frac{\partial U}{\partial V}\right)_T dV \\ &= n\,C_{V,m}\,dT = m\,c_{V,m}\,dT \end{aligned}}$$

δQ und δW sind keine totalen Differentiale, weil Wärme und Arbeit nicht Zustandsgrößen, sondern wegabh. Prozessgrößen sind.

3) Offenes System, d. h. mit Stoffaustausch mit der Umgebung.

$$dU(V,T,n) = T\,dS - p\,dV + \sum \mu_i\,dn_i$$

Intensive Größe

masse*un*abhängige Qualitätsgröße; nicht von der Substanzmenge abhängig; z. B. Druck, Temperatur.

irreversibel

unumkehrbar; nicht über Gleichgewichtszustände ver-
laufend; im abgeschlossenen System nur in eine Richtung möglich.

Irreversibler Prozess

Nicht umkehrbarer Vorgang: der Prozess läuft *nicht*
rückwärts zum Ausgangszustand zurück und führt eine
Änderung der Umgebung herbei.
Beispiele: Diffusion, Wärmeübergang, Überströmpro-
zesse (freie Expansion), gedämpfte Schwingungen.

Isentropenexponent *Wärmekapazitätsverhältnis.

isobar = bei konstantem Druck.

isochor = bei konstantem Volumen.

isotherm = bei konstanter Temperatur.

Joule-Prozess

Gasturbinenprozess. *Kreisprozess der offenen Gasturbine (Strömungsmaschine). Für jedes Temperaturver-
hältnis T_3/T_1 existiert ein optimales Druckverhältnis
π_{opt} und eine maximale Nutzarbeit.

1 → 2: isentrope Kompression ($\delta Q = 0$, p steigt,
$\quad\quad\quad$ V sinkt, T steigt, S = const)

2 → 3: isobare Expansion (Wärmezufuhr,
$\quad\quad\quad$ V steigt, $dp = 0$, T steigt, S steigt)

3 → 4: isentrope Expansion ($\delta Q = 0$,
$\quad\quad\quad$ p sinkt, V steigt, T fällt, S = const)

4 → 1: isobare Kompression (Wärmezufuhr,
$\quad\quad\quad$ V sinkt, $dp = 0$, T sinkt, S sinkt)

Spezifische Nutzarbeit

$$\begin{aligned} |w| &= q_{zu} - |q_{ab}| = c_p[(T_3 - T_2) - (T_4 - T_1)] \\ &= c_p T_1 \left[\frac{T_3}{T_1}\left(\frac{1}{\pi} - 1\right) + (\pi - 1) \right] \end{aligned}$$

Druckverhältnis und optimales Druckverhältnis

$$\pi = \left(\frac{p_2}{p_1}\right)^{(\kappa-1)/\kappa} \quad \text{und} \quad \pi_{opt} = \sqrt{\frac{T_3}{T_1}}$$

thermischer Wirkungsgrad

$$\eta_{th} = \frac{|w|}{q_{zu}} = 1 - \frac{T_4 - T_1}{T_3 - T_2}$$
$$= 1 - \frac{1}{\pi} = 1 - \left(\frac{p_1}{p_2}\right)^{(\kappa-1)/\kappa}$$

m	Masse
V_h	Hubvolumen
V_k	Kompressionsvolumen
κ	Isentropenexponent

Joule-Thomson-Effekt

Effekt zur *Gasverflüssigung*. Beim Entspannen kühlt ein reales Gas ab, sofern es keine Wärme überträgt oder Arbeit verrichtet und die Anfangstemperatur unterhalb der *Inversionstemperatur* T_i liegt. Die zwischenmolekularen Anziehungskräfte werden aus dem Vorrat an innerer Energie überwunden; dadurch kühlt das Gas ab.

$$T_i \approx \frac{2a}{R\,b} = 490\ °C\ (Luft)$$

a,b Van-der-Waals-Konstanten.

Oberhalb der *Inversionstemperatur* erwärmt sich das Gas beim Entspannen. Bei adiabat. Entspannung bleibt die Enthalpie konstant (*isenthalpischer Drosseleffekt*).
Anwendung
a) Herstellung von *Trockeneis*: Abkühlung und Erstarrung von CO_2, das aus einer Gasflasche ausströmt.
b) *Luftverflüssigung:* Beim LINDE-Verfahren wird Luft wiederholt von 200 bar über ein Drosselventil auf 20 bar entspannt und kühlt dabei jedesmal um 45 K ab.
JOULE-THOMSON-Koeffizient für Luft:

$$\frac{\Delta T}{\Delta p} = 0{,}25\ \frac{K}{bar}$$

c) Grenze des JOULE-THOMSON-Effekts: Helium bei 0,84 bis 4,2 K (druckabhängig).

Joule-Thomson-Koeffizient

Bei konstanter Enthalpie:

$$\boxed{\mu = \frac{\text{Temperaturänderung}}{\text{Druckänderung}}\ \frac{dT}{dp}}\quad (K/Pa)$$

Aus der kalorischen *Zustandsgleichung
$H = f(p,T,n)$ für $dH = 0$ folgt:

$$\left(\frac{\partial T}{\partial p}\right)_H = -\frac{1}{C_p}\left(\frac{\partial H}{\partial p}\right)_T dT$$

Mit der VAN-DER-WAALS-Gleichung

$$\left(\frac{\partial T}{\partial p}\right)_H = -\frac{1}{C_p}\left(\frac{2a}{RT} - b\right)$$

C_p molare Wärmekapazität bei Konstantdruck.

Kalorimeter

Mischungskalorimeter zur Bestimmung von Wärmekapazitäten. Im Inneren eines wärmeisolierten DEWAR-Gefäßes (K) befindet sich eine Eichflüssigkeit (1 = Wasser), in die ein Probekörper (2) eingetaucht wird. Es stellt sich eine Mischungstemperatur ein.
Wärmekapazität der Probe

$$c_2 = \frac{(m_1 c_1 + C_K)(T_m - T_1)}{m_2(T_2 - T_m)}$$

C_K	Wärmekapazität des Kalorimeters	(J/K)
c_1,c_2	spezifische Wärmekapazität	$(J\,kg^{-1}K^{-1})$
m_1,m_2	Masse von Wasser bzw. Probe	(kg)
T_1,T_2	Temperatur von Wasser bzw. Probe	(K)
T_m	Mischungstemperatur	(K)

Kälteerzeugung

Allgemeine Betriebsmittel zur Kühlung sind Elektroenergie, Dampf, Druckluft, Inertgas, Heizgas.

1) *Schmelzen fester Stoffe,* z. B. Eis, Kunststoffe. Durch Entzug der Schmelzwärme kühlt die Umgebung ab.
2) *Kältemischungen:* Auflösen fester Stoffe; durch Entzug der Lösungswärme kühlt die Umgebung ab.
3) *Sublimation:* Verdampfen fester Stoffe (z. B. CO_2); durch Entzug der Sublimationswärme kühlt die Umgebung ab.
4) *Verdampfen* flüssiger Stoffe; durch Entzug der Verdampfungswärme kühlt die Umgebung ab.

Kälteanlage	Komponenten
Kompressions-kälteanlage	1. Kompressor (Verdichten)
	2. Verflüssiger (durch Kühlung)
	3. Ventil
	4. Verdampfer (Wärmeentzug aus Kühlsole)
Absorptions-kälteanlage	1. Verdampfung von NH_3 (Abkühlung)
	2. Absorber (NH_3 in Wasser)
	3. Pumpe (Verdichten)
	4. Wärmetauscher (Abkühlung)
	5. Austreiben von NH_3 (Wärmezufuhr)
	6. Kondensator (Verflüssigung)
Dampfstrahl-kälteanlage	1. Vakuumerzeugung (Saugpumpe)
	2. Verdampfen der Flüssigkeit (Abkühlen)
Expansion komprimierter Gase	Linde-Verfahren (Luftverflüssigung)
	1. Turbokompressor (Verdichten)
	2. Kühler
	3. Wärmetauscher (Abkühlung)
	4. Drosselventil (Entspannung)
	5. Phasentrennung flüssig/Gas

Kaltdampfprozess

Fünfstufiger *Kreisprozess; ähnlich einem linksläufigen *Rankine-Prozess.

$1 \to 2$: isentrope Kompression ($S = const$, T steigt)

$2 \to 3$: T sinkt, S sinkt

$3 \to 4$: $T = const$, S sinkt

$4 \to 5$: T sinkt, S steigt

$5 \to 1$: $T = const$, S steigt)

Spezifische Abwärme $\quad q_{ab} = w + q_{zu}$
1) Kältemaschine
Zuzuführende Arbeit

$$w = |q_{ab}| - q_{zu} = (h_2 - h_4) - (h_1 - h_5)$$

Leistungsziffer

$$\eta = \frac{q_{zu}}{w} = \frac{h_1 - h_5}{(h_2 - h_4) - (h_1 - h_5)}$$

2) Wärmepumpe
Nutzarbeit

$$w = |q_{ab}| - q_{zu} = (h_2 - h_4) - (h_1 - h_5)$$

Leistungsziffer

$$\eta = \frac{|q_{ab}|}{w} = \frac{h_2 - h_4}{(h_2 - h_4) - (h_1 - h_5)}$$

h spezif. Enthalpie (J/kg); $T_1 = T_6$ untere, T_5 obere Temperatur

Kältemaschine

und deren Umkehrung: *Wärmepumpe*.
1) Kennwerte

Energiebilanz	$\dot{Q}_{zu} + P = \dot{Q}_{ab}$
– Kälteleistung (KM)	$\dot{Q}_{zu} \equiv \dot{Q}_0,\quad T_{zu} \equiv T_0$

– Wärmeleistung (WP) $\dot{Q}_{ab} \equiv \dot{Q}_W,\ \ T_{ab} \equiv T_W$

Leistungszahl $\varepsilon = \text{Nutzen/Antriebsleistung}$
– Kältemaschine $\varepsilon_{KM} = \dot{Q}_0 / P$
– Wärmepumpe $\varepsilon_{WP} = \dot{Q}_W / P$

Spezif. Heizwärmebedarf
– Kältemaschine $1/\zeta = \dot{Q}_H / \dot{Q}_0$

Wärmeverhältnis $\zeta = \text{Nutzen/Heizaufwand}\ \dot{Q}_H$
– Kältemaschine $\varepsilon_{KM} = \dot{Q}_0 / \dot{Q}_H$
– Wärmepumpe $\varepsilon_{WP} = \dot{Q}_W / \dot{Q}_H$

$$\dot{Q}_W = \dot{Q}_{zu} + \dot{Q}_H$$

Ideale Leistungszahl (Carnot-Prozess)
    $\varepsilon_C = T_{ab} / (T_{ab} - T_{zu})$
– Kältemaschine $\varepsilon_{C.KM} = T_0 / (T_{ab} - T_0)$
– Wärmepumpe $\varepsilon_{C.WP} = T_W / (T_W - T_{zu})$

Prakt. erreichbare Leistungszahl
$$\varepsilon \approx (0{,}45 \dots 0{,}60) \cdot \varepsilon_C$$
$$\Delta T = T_{ab} - T_{zu} \approx 30 \dots 70 \text{ K}$$

Spezif. Energiebedarf
– Kältemaschine   Antriebsleistung/Kälteleistung
$$1/\varepsilon = P / \dot{Q}_0$$

2) Typen von Kältemaschinen.

Verdichter-Kältemaschinen

Kühlschrank	$-30 \dots +10\,°C$	$\dot{Q}_0 > 10$ W
Klimaanlage		bis 40 MW
Laborkryostat	$-100 \dots -150\,°C$	100 W … 3 kW
Erdgasverflüssigung	$-162\,°C$	1 … 100 MW

Gaskältemaschine

Stirling-	$-80 \dots -200\,°C$	1 W … 100 kW
Flüssig-H_2	$-253\,°C$	1 W … 1200 kW
Flüssig-He	$-269\,°C$	1 W … 12 kW

Dampfstrahlkältemaschine

| (Wasser) | $0 \dots +10\,°C$ | 30 … 3000 kW |

Absorptionskältemaschine

Kühlschrank	$-20 \dots 0\,°C$	10 … 200 W
($NH_3/H_2O/H_2$)		
Kühltruhen	$-65 \dots +10\,°C$	10 kW … 10 MW

Elektrothermisches Kälteaggregat

| | $-40 \dots +10\,°C$ | 1 … 1000 W |

3) Verdichter-Kältemaschine.
Aufbau: Verdichter, Verflüssiger (Kompressor, Wärmeabgabe), Drosselventil, Verdampfer (Wärmezufuhr).
Kälteleistung (Ansaugzustand)
$$\dot{Q}_0 = \frac{\lambda\, q_0 \dot{V}_{th}}{v} = \frac{q_0 \dot{V}}{v}$$
Theoret. Förderstrom (Kolbenverdichter)
$$\dot{V}_{th} = z A_K h_{hub} n$$
umlaufender Massenstrom
$$\dot{m} = \frac{\lambda\, \dot{V}_{th}}{v} = \frac{\dot{Q}_0}{q_0}$$
Theoret. (isentrope) Antriebsleistung des Verdichters
$$P_{th} = \dot{m}\, w_s$$
effektive Antriebsleistung (an Verdichterwelle oder Kupplung)
$$P_{eff} = \frac{\lambda\, \dot{V}_{th} w_s}{\eta_{eff} v}$$
Klemmenleistung des Elektromotors

$$P_{el} = \frac{P_{eff}}{\eta_{el}} = \frac{\lambda\, V_{th} w_s}{\eta_{el} \eta_{eff} v}$$
Klemmen-/Gesamtwirkungsgrad des Verdichters
$$\eta_{ges} = \eta_{eff} \eta_{el} = \frac{P_{th}}{P_{el}}$$
Leistungszahl (bezogen auf Antriebs- oder Klemmenleistung)
$$\varepsilon_{eff} = \frac{\dot{Q}_0}{P_{eff}} = \frac{\eta_{eff} q_0}{w_s} \qquad \varepsilon_{ges} = \frac{\dot{Q}_0}{P_{el}} = \frac{\eta_{ges} q_0}{w_s}$$
Mit steigendem Druckverhältnis p_c/p_0 sinkt der Liefergrad λ; der effektive Wirkungsgrad ist bei mittlerem Druckverhältnis (4 … 5) maximal.

A_K	Kolbenfläche	
n	Drehzahl	
p_0	Ansaugdruck (Verdampfer)	
p_c	Kompressionsenddruck (Verflüssiger)	
q_0	spezifische Wärme	(kJ/kg)
$\dot{V}$	Volumenstrom	
v	spezifisches Volumen	(m^3/kg)
w_s	spezif. isentrope technische Arbeit	
z	Zylinderzahl	
η_{el}	Wirkungsgrad des Elektromotors: 70 … 95%	
λ	Liefergrad: 0,2 … 1 $= f(p_c, p_0)$	

Kältemischung
Eine Substanz, die sich in einer Flüssigkeit löst, entzieht Energie (zum Aufbruch des Kristallgitters); die Lösung kühlt ab.

Kältemischung		Smp.
1 kg $NaNO_3$	+ 1 kg Wasser	$-5\,°C$
1 kg NaCl	+ 3 kg Wasser	$-10\,°C$
1 kg KCl	+ 4 kg Wasser	$-12\,°C$
1 kg NH_4NO_3	+ 1 kg Wasser	$-15\,°C$
1 kg NaCl	+ 3 kg Eis	$-21\,°C$
1 kg $NaNO_3$ + 1 kg NH_4Cl + 1 kg Wasser		$-24\,°C$
1 kg $MgCl_2$	+ 3 kg Eis	$-33\,°C$
1 kg $CaCl_2 \cdot 6H_2O$	+ 0,8 kg Eis (gemahlen)	$-40\,°C$
1 kg $CaCl_2 \cdot 6H_2O$	+ 0,7 kg Eis (gemahlen)	$-55\,°C$
Aceton	+ Trockeneis (festes CO_2)	$-78\,°C$

Kälteträger
Trägermedium in Wärmetauschern: Kühlsole, Wasser, leicht verflüssigbare Gase.

Ammoniak, Dichlordifluormethan, Chlortrifluormethan, Chlormethan, Diechlormethan, Schwefeldioxid, Kohlendioxid

Kinetische Gaskonstante *Gaskonstante.

Kirchhoff-Regel
für die *Verdampfungsenthalpie.
$$\frac{d\Delta_V H}{dT} = C_{p,\text{gasf.}} - C_{p,\text{flüssig}}$$

Klimatechnik
Verfahrenstechnik der Luftbefeuchtung, Lufttrocknung, Luft-Wasserdampf-Gemische u.a.

Kolbenmaschine
1. Verbrennungsmotoren: *Carnot-Prozess, *Diesel-Prozess, *Otto-Prozess, *Seiliger-Prozess.
2. Heißluftmotor: *Stirling-Prozess.
3. Kolbenpumpen und Kolbenverdichter.

Kolbenverdichter
Verdrängerverdichter. Die indizierte Arbeit pro Arbeitsspiel ist die eingeschlossene Fläche im $p(V)$-Diagramm.

Thermodynamik

1) Kennwerte.

Wirkungsgrad

$$\eta = \frac{\text{Vergleichsleistung } P_{\text{th}}}{\text{Kupplungsleistung } P_{\text{K}}}$$

Kupplungsleistung bei N Stufen

$$P_{\text{K}} = \sum_{i=1}^{N} P_{\text{i},i} + P_{\text{mec}}$$

Vergleichsleistung: $\quad P_{\text{th}} = \dot{m}\, Y_{\text{th}}$

Spezifische Vergleichsarbeit (s = Sog, d = Druck)	
ungekühlter Verdichter	$Y_{\text{th}} \approx RT_{\text{s}} \dfrac{\kappa}{\kappa - 1}\left(\dfrac{p_{\text{d}}}{p_{\text{s}}}^{(\kappa-1)/\kappa} - 1\right)$
gekühlter Verdichter	$Y_{\text{th}} \approx RT_{\text{s}} \ln \dfrac{p_{\text{d}}}{p_{\text{s}}}$

2) Hubkolbenverdichter (s = Ansaugzustand)

$1 \to 2$: Kompression (p steigt, V sinkt)

$2 \to 3$: grob-isobare Kompression ($p \approx$ const, V sinkt)

$3 \to 4$: Expansion (p fällt, V steigt)

$4 \to 1$: grob-isobare Expansion ($p \approx$ const, V steigt).

Förderstrom $\sim$ Verdichterdrehzahl

$$\dot{V} = \frac{\dot{m}}{\varrho_{\text{s}}} = \lambda_{\text{ges}} V_{\text{hub}}\, n$$

Ausnutzungsgrad	$\lambda_{\text{ges}} = \varphi\, \vartheta\, \delta$
Indizierter Liefergrad	$\varphi = V_{\text{i}}/V_{\text{hub}} \approx 1 - \varepsilon_0 (p_3/p_4)^{-k_{\text{r}}}$
Aufheizungsgrad	$\vartheta = T_{\text{s}}/T_{\text{l}}$
Dichtheitsgrad	$\delta = \dot{m}/\dot{m}_{\text{i}}$
Ausschubtemperatur	$T_2 = T_{\text{l}}\left(\dfrac{p_2}{p_1}\right)^{(k_{\text{c}}-1)/k_{\text{c}}}$

Innenleistung = Wärmestrom im Zwischenkühler
(100%ige Rückkühlung)

$$P_{\text{i}} = n \oint p\, \mathrm{d}V = n W_{\text{i}} = \dot{Q}$$

Mittlerer indizierter Kolbendruck

$$\bar{p}_{\text{i}} = \frac{P_{\text{i}}}{n\, V_{\text{hub}}}$$

k_{c}	Polytropenexponent der Kompression; bei gekühlten Verdichtern kleiner als der Isentropenexponent κ.
k_{r}	Polytropenexponent der Rückexpansion.
ε_0	Schadraumverhältnis.

3) Umlaufkolbenverdichter.

Förderstrom $\sim$ Verdichterdrehzahl

$$\dot{V} = \frac{\dot{m}}{\varrho_{\text{s}}} = \lambda_{\text{ges}} V_{\text{u}}\, n$$

Umlaufvolumen	
– Zellverdichter	$V_{\text{u}} < 2\pi\, e\, bd$
– Schraubenverdichter	$V_{\text{u}} < A\, p$
Ausnutzungsgrad	$\lambda_{\text{u}} \approx \delta$
Dichtheitsgrad	$\delta = \dot{m}/\dot{m}_{\text{i}}$

b Zellenbreite, d Durchmesser, e Exzentrizität,
A Zahnlückenquerschnitt, p Steigung.

Kolbenpumpe

Verdrängerpumpe. Berechnung wie *Kreiselpumpe.
Die indizierte Arbeit pro Arbeitsspiel ist die eingeschlossene Fläche im $p(V)$-Diagramm (näherungsweise Parallelogramm).

$1 \to 2$: Kompression (p steigt, V sinkt etwas)

$2 \to 3$: grob-isobare Kompression ($p \approx$ const, V sinkt)

$3 \to 4$: Expansion (p fällt, V steigt etwas)

$4 \to 1$: grob-isobare Expansion ($p \approx$ const, v steigt).

1) Hubkolbenpumpen

Förderstrom $\sim$ Pumpendrehzahl

$$\dot{V} = \frac{\dot{m}}{\varrho} = \lambda_{\text{ges}} V_{\text{hub}}\, n$$

Ausnutzungsgrad	$\lambda_{\text{ges}} = \varphi\, \delta$
Indizierter Liefergrad	$\varphi = V_{\text{i}}/V_{\text{hub}}$
Dichtheitsgrad	$\delta = \dot{m}/\dot{m}_{\text{i}}$
Innenleistung	$P_{\text{i}} = n \oint p\, \mathrm{d}V = n W_{\text{i}}$

Kupplungsleistung = innere Leistung + mechan. Verlustleistung
$$P_{\text{K}} = P_{\text{i}} + P_{\text{mec}}$$

Gesamtrückhaltedruckhöhe	$NPSHR = \dfrac{\Delta p_{\text{as}} + \Delta p_{\text{Vs}}}{\varrho\, g}$

Δp_{as} max. Beschleunigungsdruckabfall vor dem Saugventil;
Δp_{Vs} max. Druckabsenkung im Saugventil; i = innen.

Erforderliches Windkesselvolumen

$$V_{\text{W}} = V_{\text{W,stat}} + V_{\text{W,res}}$$

Statisches Windkesselvolumen

$$V_{\text{W,stat}} = \frac{\nu\, A_{\text{k}} h_{\text{hub}}}{\Delta p}$$

Resonanzwindkesselvolumen

$$V_{\text{W,res}} = \frac{p_{\text{W}}}{\varrho\, \omega_2} \sum_{i=1}^{N} \frac{A_i}{l_i}$$

A_{k}	wirksame Kolbenfläche
A_i	Rohrleitungsquerschnitt
l_i	Rohrleitungslänge
p_{W}	mittlerer Druck im Windkessel
Δp	zulässige rel. Druckschwankung: 2% ... 10%
ν	Kennzahl für Volumenfluktuation: je nach Bauart: 0,55 ... 0,01
ϱ	Dichte des Fluids
ω	Erregerkreisfrequenz der Pumpe

2) Umlaufkolbenpumpen

Förderstrom $\sim$ Pumpendrehzahl

$$\dot{V} = \frac{\dot{m}}{\varrho} = \lambda_{\text{u}} V_{\text{u}}\, n$$

Umlaufvolumen	
– Zahnradpumpe	$V_{\text{u}} \approx \pi\, b m^2 (z + 0{,}256)$
	für Profilwinkel $\alpha = 20°$
– Spindelpumpe	$V_{\text{u}} < A\, p$
Ausnutzungsgrad	$\lambda_{\text{u}} \approx \delta$
Dichtheitsgrad	$\delta = \dot{m}/\dot{m}_{\text{i}}$

b Zahnradbreite, m Modul, z Zähnezahl,
A Zahnlückenquerschnitt, p Steigung.

Komponente

Bestandteile eines Systems. Nach Zahl der unabhängigen Komponenten k werden *Einstoff-* und *Mehrstoffsysteme* unterschieden.

$$\boxed{k = c - (r + b)}$$

b	Zahl der Bedingungsgleichungen,
c	Zahl der chemischen Teilchenarten,
r	Zahl der Reaktionsgleichungen zwischen den Teilchenarten.

Kompressibilität

Zusammendrückbarkeit. Formelzeichen κ nicht mit *Isentropenexponent verwechseln.

1) Isothermische Kompressibilität

Kompressibilitätskoeffizient. Druckabhängige Volumenänderung bei konstanter Temperatur.

$$\kappa \equiv \chi_T = -\frac{1}{V}\left(\frac{\partial V}{\partial p}\right)_T = \frac{\alpha}{\beta\, p} \qquad \mathrm{Pa}^{-1}$$

Spezialfall: ideales Gas

$$\kappa = \frac{1}{p}, \text{ weil } \alpha = \beta$$

2) Isentropische Kompressibilität. Änderung der inneren Energie pro Volumen bei Druckänderung und konstanter Entropie:

$$\chi_S = -\frac{1}{V}\left(\frac{\partial V}{\partial p}\right)_S = \left(\frac{\partial U}{\partial p}\right)_S \qquad \mathrm{Pa}^{-1}$$

α thermischer Längenausdehnungskoeffizient   (K^{-1})
β thermischer Spannungskoeffizient   (K^{-1})
κ Kompressibilitätskoeffizient   (K^{-1})
V Volumen, U innere Energie, S Entropie.

Werkstoff		κ ($\mathrm{bar}^{-1} = 10^{-5}\,\mathrm{Pa}^{-1}$)
Stahl	0 °C	$0{,}6 \cdot 10^{-6}$
Quecksilber	0 °C	$6 \cdot 10^{-6}$
Wasser	0 °C	$51 \cdot 10^{-6}$
	10 °C	$49 \cdot 10^{-6}$
	18 °C	$47 \cdot 10^{-6}$
	25 °C	$46 \cdot 10^{-6}$
	43 °C	$45 \cdot 10^{-6}$
	53 °C	$45 \cdot 10^{-6}$
Meerwasser	17,5 °C	$45 \cdot 10^{-6}$
Hydrauliköl	20 °C	$63 \cdot 10^{-6}$
Ethanol	7,3 °C	$86 \cdot 10^{-6}$

Kompressionsmodul

Raumelastizitätsmodul, Kehrwert *Kompressibilität.

$$K = \frac{1}{\kappa} \qquad \mathrm{Pa} = \mathrm{N/m}^2$$

Volumenänderung (1 → 2)

$$\Delta V = V_1 - V_2 = \kappa\, V_1\,(p_1 - p_2) \qquad (\mathrm{m}^3)$$

Kompressor

Arbeitsprozess: Adiabates Verdichten eines Gases. Unter Vernachlässigung der kinet. und potent. Energien gilt der 1. Hauptsatz. Einstufige oder ungekühlt-mehrstufige Maschinen werden zur isentropen Verdichtung verglichen. Der isotherme Verdichtungprozess ist energetisch optimal.

Reale Antriebsleistung des Verdichters

$$P = \dot{m}\, w$$

Reale spezif. Arbeit (perfektes Gas)

$$w = h_2 - h_1 = c_p(T_2 - T_1)$$

Isentrope Verdichtungsarbeit

$$w_{is} = h_{2,is} - h_1 = c_p(T_{2,is} - T_1)$$

$$= \frac{\kappa}{\kappa - 1} R T_1\left[\left(\frac{p_2}{p_1}\right)^{(\kappa-1)/\kappa} - 1\right]$$

Isentrope Endtemperatur

$$T_{2,is} = T_1\left(\frac{p_2}{p_1}\right)^{(\kappa-1)/\kappa}$$

Isentroper Verdichterwirkungsgrad

$$\eta_{is} = \frac{w_{is}}{w} = \frac{P_{is}}{P}$$

Polytroper Verdichterwirkungsgrad

$$\eta_{py} = \frac{w_{py}}{w} = \frac{P_{py}}{P} = \frac{k}{k-1} R T_1\left[\left(\frac{p_2}{p_1}\right)^{(k-1)/k} - 1\right]$$

Isothermer Verdichterwirkungsgrad

$$\eta_T = \frac{w_T}{w} = \frac{P_T}{P} = R T_1 \ln\frac{p_2}{p_1}$$

k Polytropenexponent
κ Isentropenexponent

Kontakttemperatur

Temperatur, die sich bei Berührung zweier Körper mit unterschiedlicher Temperatur einstellt.

$$T_0 = \frac{b_1 T_1 + b_2 T_2}{b_1 + b_2} \qquad \mathrm{K}$$

b *Wärmeeindringungskoeffizient   ($\mathrm{J K^{-1} m^{-2} s^{1/2}}$)

Kontinuitätsgleichung *Wärmefeld

Kontinuumstrahler *Temperaturstrahlung.

Konvektion

Konvektive Wärmeübertragung. *Wärmeübertragung mit gleichzeitigem Stofftransport durch freie oder erzwungene Strömung von Materie. Vgl. *Wärmeübergang.

1) *freie Konvektion:* Fluidströmung durch Auftriebskräfte infolge eines temperaturabhängigen Dichtegefälles im Fluid. – Beispiel: Heizkörper.
Kennzahlen: *Nusselt-, *Reynolds-, *Prandtl-Zahl.

2) *erzwungene Konvektion:* gerichtete Zwangsströmung eines Fluids durch äußere Kräfte; z. B. Auftriebskräfte von Pumpen, Ventilatoren, Winddruck. Vgl. *Nusselt, *Reynolds-, *Prandtl-, *Grashof-Zahl.

3) Beim konvektiven *Wärmeübergang von einem strömenden Fluid auf eine Wand kann die Strömung sein:

a) *Laminare Strömung:* Stromfäden der Fluidströmung parallel zur Wand; Wärmetransport durch Wärmeleitung senkrecht zu den Stromfäden (keine konvektive Wärmeübertragung in Richtung auf die parallele Wand). Für einfache Fälle mathemat. Lösungen bekannt.

b) *Turbulente Strömung:* ungeordnete Querbewegung durch Turbulenzballen in der Fluidbewegung, die in die laminare Grenzschicht zur Wand eindringt. Berechnung mit empir. Näherungsgleichungen aus Modellversuchen.

4) Energiesatz, Wärmeleitungsgleichung für konvektiven Wärmetransport.

$$c_p\, \varrho\left[\frac{\partial T}{\partial t} + \left(v_x \frac{\partial T}{\partial x} + v_y \frac{\partial T}{\partial y} + v_z \frac{\partial T}{\partial z}\right)\right]$$
$$= \lambda\left(\frac{\partial^2 T}{\partial x^2} + \frac{\partial^2 T}{\partial y^2} + \frac{\partial^2 T}{\partial z^2}\right)$$

Spezialfall $\lambda = $ const: *Fourier-Gleichung.

5) Impulssatz, Bewegungsgleichung der Hydromechanik für die x-Komponente der Strömungsgeschwindigkeit.

$$v_x \frac{\partial v_x}{\partial x} + v_x \frac{\partial v_x}{\partial y} + v_z \frac{\partial v_x}{\partial z}$$
$$= -\frac{1}{\varrho}\frac{\mathrm{d}p}{\mathrm{d}x} + \nu\left(\frac{\partial^2 v_x}{\partial x^2} + \frac{\partial^2 v_x}{\partial y^2} + \frac{\partial^2 v_x}{\partial z^2}\right)$$
$$+ \frac{\nu}{3}\frac{\partial}{\partial x}\left(\frac{\partial v_x}{\partial x} + \frac{\partial v_y}{\partial y} + \frac{\partial v_z}{\partial z}\right) + \gamma\, g\, \Delta T$$

Spezialfall $\varrho = $ const:

8

Thermodynamik

Navier-Stokes-Gleichung (x-Komponente).

$$v_x \frac{\partial v_x}{\partial x} + v_y \frac{\partial v_x}{\partial y} + v_z \frac{\partial v_x}{\partial z}$$
$$= -\frac{1}{\varrho} \frac{\mathrm{d}p}{\mathrm{d}x} + \nu \left(\frac{\partial^2 v_x}{\partial x^2} + \frac{\partial^2 v_x}{\partial y^2} + \frac{\partial^2 v_x}{\partial z^2} \right)$$

Spezialfall für inkompressible Fluide ($\varrho = $ const und $\nu = 0$) ist die Euler-Gleichung (x-Komponente).

$$v_x \frac{\partial v_x}{\partial x} + v_x \frac{\partial v_y}{\partial y} + v_z \frac{\partial v_x}{\partial z} = -\frac{1}{\varrho} \frac{\mathrm{d}p}{\mathrm{d}x}$$

6) Massenerhaltungssatz, Kontinuitätsgleichung.

$$\frac{\partial \varrho}{\partial t} + \varrho \left(\frac{\partial v_x}{\partial x} + \frac{\partial v_y}{\partial y} + \frac{\partial v_z}{\partial z} \right) +$$
$$\left(v_x \frac{\partial \varrho}{\partial x} + v_y \frac{\partial \varrho}{\partial y} + v_z \frac{\partial \varrho}{\partial z} \right) = 0$$

Spezialfall $\varrho = $ const

$$\frac{\partial v_x}{\partial x} + \frac{\partial v_y}{\partial y} + \frac{\partial v_z}{\partial z} = 0$$

c_p	spezifische Wärmekapazität	$(\mathrm{J\,kg^{-1}\,K^{-1}})$
T	absolute Temperatur	(K)
ΔT	Temperaturgefälle für thermischen Auftrieb	
v_x, v_y, v_z	Komponenten der Strömungsgeschwindigkeit	
g	Fallbeschleunigung	$(\mathrm{m/s^2})$
γ	thermischer Ausdehnungskoeffizient	$(\mathrm{K^{-1}})$
λ	Wärmeleitfähigkeit	$(\mathrm{W\,K^{-1}\,m^{-1}})$
ν	kinematische Viskosität	$(\mathrm{m^2/s})$
ϱ	Dichte	$(\mathrm{kg/m^3})$

Kreisprozess

Ein System durchläuft eine Folge von Zustandsänderungen; Anfangs- und Endzustand stimmen überein. Die innere Energie ändert sich insgesamt nicht. Nach dem 2. Hauptsatz ist Wärme nicht vollständig in Arbeit umwandelbar; Abwärme wird frei.

$$\oint \mathrm{d}U = 0 = \oint \delta W + \oint \delta Q = W + Q$$

W	je Zyklus umgesetzte Arbeit
Q	je Zyklus umgesetzte Wärme

Anwendung

1. Verbrennungsmotoren: *Carnot-Prozess, *Diesel-Prozess, *Otto-Prozess, *Seiliger-Prozess.

2. Heißluftmotor: *Stirling-Prozess.

3. Gasturbine; *Joule-Prozess, *Ericsson-Prozess.

4. Dampfkraftanlagen: *Clausius-Rankine-Prozess.

Kristallisation

Thermisches Verfahren zur Stofftrennung fest – flüssig auf Grund der begrenzten Löslichkeit von Feststoffen in Flüssigkeiten.

1) *Kühlungskristallisation* (Ausfrieren): Auskristallisieren beim Abkühlen übersättigter Lösungen; z. B. Entparaffinieren von Schmierölen, Gewinnung von Natriumsulfat.

2) *Verdampfungskristallisation:* Auskristallisieren beim Abziehen des Lösungsmittels; z. B. Kochsalz- oder Zuckerlösungen.

3) *Vakuumkristallisation:* Verdampfen des Lösungsmittels ohne Wärmezufuhr; z. B. Gewinnung von Saccharose, Kaliumchlorid, Natriumsulfat, Terephthalsäure.

4) Adduktive Kristallisation: Bildung kristalliner Anlagerungsverbindungen, z. B. an Harnstoff oder Thioharnstoff.

konischer Kristallisator	durch ein Tauchrohr zugeführte übersättigte Lösung wirbelt den Kristallbrei auf; grobes Kristallisat sinkt zu Boden; kristallfreie Lösung wird oben abgezogen.
Rührkristallisator	Rührgefäß mit Heiz- und Kühlmantel
Kristallisierwiege	muldenförmige Rinne in schaukelnder Bewegung
Rohrkristallisator	ummanteltes Drehrohr
Säulenkristallisator	Zylinder mit Innenkühlspirale und Außenmantel durch den die heiße Lösung aufsteigt und einläuft
Sprühkristallisator	Versprühen im Kalt- oder Warmluftstrom
Kristallisierkaskade	fraktionierte Kristallisation

Kritische Temperatur

Gase lassen sich durch Druck nur unterhalb der krit. Temperatur T_k verflüssigen. Vgl. *Zustandsgleichung des realen Gases.

Kryoskopische Konstante *Gefrierpunktserniedrigung

Längenausdehnung, thermische

Thermische Längenänderung bei Änderung der Temperatur: Erwärmung (+) oder Abkühlung (−).

$$\Delta l = l_1 - l_0 = l_0 \alpha_l \Delta T$$
$$l(T) = l_0 \left[1 + \alpha_l (T - T_0) \right] \quad \mathrm{m}$$

Wärmeausbiegung eines *Bimetallstreifens* (einseitig eingespannt).

$$\alpha = \frac{\Delta y\, d}{\Delta T\, l_0} \quad (\mathrm{K^{-1}})$$

d	Dicke des Bimetallstreifens	(m)
l_0, l_1	Ausgangs- und Endlänge	(m)
Δy	vertikale Ausbiegung	(m)
α_l	therm. Längenausdehnungskoeffizient	$(\mathrm{K^{-1}})$
ΔT	Temperaturänderung	(K)

Längenausdehnungskoeffizient

Linearer Ausdehnungskoeffizient: für Festkörper im Bereich 0 °C bis 100 °C definierter Mittelwert.

$$\alpha \equiv \alpha_l = \frac{1}{l} \frac{\mathrm{d}l}{\mathrm{d}T} \quad \mathrm{K^{-1}}$$

Thermischer Längenausdehnungskoeffizient

Stoff	α_l in $\mathrm{K^{-1}}$ 0 ... 100 °C	α_l in $\mathrm{K^{-1}}$ 0 ... 500 °C
Quarzglas	$0{,}51 \cdot 10^{-6}$	$0{,}61 \cdot 10^{-6}$
Invarstahl	$0{,}9 \cdot 10^{-6}$	
Diamant	$1{,}0 \cdot 10^{-6}$	
Quarz	$1{,}0 \cdot 10^{-6}$	
Stahl, 36% Ni	$1{,}5 \cdot 10^{-6}$	
Porzellan	$4{,}0 \cdot 10^{-6}$	
Supremax 8409	$4{,}1 \cdot 10^{-6}$	
Geräteglas; Wolfram	$4{,}5 \cdot 10^{-6}$	
Quarzglas; Ziegel	$5{,}0 \cdot 10^{-6}$	
Mo	$5{,}2 \cdot 10^{-6}$	
Kohle	$6{,}0 \cdot 10^{-6}$	
Thermometerglas 2954	$6{,}2 \cdot 10^{-6}$	
Ti	$6{,}2 \cdot 10^{-6}$	
Ir; Ta	$6{,}5 \cdot 10^{-6}$	
Flintglas; Grafit	$7{,}9 \cdot 10^{-6}$	
Holz	$8{,}0 \cdot 10^{-6}$	
Cr	$8{,}5 \cdot 10^{-6}$	
Normalglas 16/III	$8{,}8 \cdot 10^{-6}$	$10{,}2 \cdot 10^{-6}$

Pt	$9{,}0 \cdot 10^{-6}$	
Kronglas	$9{,}5 \cdot 10^{-6}$	
Cr-Stahl; Fensterglas	$10{,}0 \cdot 10^{-6}$	
Gusseisen	$10{,}4 \cdot 10^{-6}$	
Sb	$10{,}9 \cdot 10^{-6}$	
Stahl C60	$11{,}1 \cdot 10^{-6}$	$13{,}9 \cdot 10^{-6}$
Pd	$11{,}9 \cdot 10^{-6}$	
Stahl; Stahlbeton;	$12{,}0 \cdot 10^{-6}$	
Bruchstein	$12{,}0 \cdot 10^{-6}$	
Fe	$12{,}3 \cdot 10^{-6}$	
Co	$12{,}7 \cdot 10^{-6}$	
Ni; Flussstahl	$13{,}0 \cdot 10^{-6}$	
Bi	$13{,}4 \cdot 10^{-6}$	
Au	$14{,}2 \cdot 10^{-6}$	
Konstantan	$15{,}2 \cdot 10^{-6}$	
Cu	$16{,}4 \cdot 10^{-6}$	$17{,}9 \cdot 10^{-6}$
Stahl rostfrei	$16{,}4 \cdot 10^{-6}$	$18{,}2 \cdot 10^{-6}$
Manganin	$17{,}5 \cdot 10^{-6}$	
Neusilber; Bronze	$18{,}0 \cdot 10^{-6}$	
Messing	$18{,}4 \cdot 10^{-6}$	
Ag	$20{,}0 \cdot 10^{-6}$	
Mn	$23{,}0 \cdot 10^{-6}$	
AlCuMg	$23{,}5 \cdot 10^{-6}$	
Al	$23{,}8 \cdot 10^{-6}$	$27{,}4 \cdot 10^{-6}$
Gips	$25{,}0 \cdot 10^{-6}$	
Mg	$26{,}1 \cdot 10^{-6}$	
Sn	$26{,}7 \cdot 10^{-6}$	
Pb	$29{,}0 \cdot 10^{-6}$	
Cd	$30{,}8 \cdot 10^{-6}$	
Zn	$36{,}0 \cdot 10^{-6}$	
PVC	$80{,}0 \cdot 10^{-6}$	
K	$83{,}0 \cdot 10^{-6}$	
S	$90{,}0 \cdot 10^{-6}$	

Laplace-Gleichung   *Wärmefeld

Latente Wärme

Umwandlungswärme beim (isothermen) Übergang eines Stoffes von einer Phase in eine andere, speziell beim Wechsel des Aggregatzustands; meist als spezif. Größen angegeben; z. B. spezif. Verdampfungsenthalpie, Sublimationswärme.

a) bei Volumenänderung (*innerer Druck*)

$$\pi = \left(\frac{\partial U}{\partial V}\right)_T = T \left(\frac{\partial p}{\partial T}\right)_V - p$$

b) bei konstantem Druck (*inneres Volumen*)

$$\Phi = \left(\frac{\partial H}{\partial p}\right)_T = V - T \left(\frac{\partial V}{\partial T}\right)_p$$

Leistungsziffer

für einen Arbeitsmaschinenprozess (*Carnot-Prozess).

Kältemaschine	Wärmepumpe
$\varepsilon = \dfrac{Q_{zu}}{W} = \dfrac{\dot{Q}_{zu}}{P}$	$\varepsilon = \dfrac{\lvert Q_{ab}\rvert}{W} = \dfrac{\lvert \dot{Q}_{ab}\rvert}{P}$

$\dot{Q}_{zu}$ zugeführter Wärmestrom; dem Wärmebad entzogen
P zugeführte Leistung
$\dot{Q}_{ab}$ abgegebener Wärmestrom (an das Wärmebad hoher Temperatur)

Leitfähigkeit, thermische

*Wärmeleitfähigkeit, *Wärmetransport.

Lösungswärme   *Kap. Analyt. Chemie

Luft

Stoffdaten für Luft bei Normalnull (Meereshöhe, 15 °C).

molare Masse	$M_L = 28{,}964\ 420$ g/mol
Spezifische Gaskonstante	$R_L = 287{,}052\ 87$ J kg^{-1}K^{-1}
Molare Gaskonstante	$R = 8{,}314\ 32$ J mol^{-1}K^{-1}
Isentropenexponent	$\kappa = c_p/c_V = 1{,}4$
mittl. gaskinetischer	
Moleküldurchmesser	$\bar{d} = 0{,}365 \cdot 10^{-9}$ m $= 365$ pm
mittl. freie Weglänge	$\bar{s}_n = 6{,}6328 \cdot 10^{-8}$ m
Schallgeschwindigkeit	$c_n = 340{,}294$ m/s
Teilchenzahl	$n_n = N/V = 2{,}5471 \cdot 10^{25}$ m^{-3}
mittl. Teilchengeschwindigkeit	$v = 458{,}94$ m/s
kinemat. Viskosität	$\nu_n = 1{,}4607 \cdot 10^{-5}$ m^2/s
Wärmeleitfähigkeit	$\lambda_n = 0{,}025343$ W K^{-1}m^{-1}
Eispunkt	$T_{m,0} = 0\ °\mathrm{C} = 273{,}15$ K

Weitere Daten: *Normatmosphäre, *feuchte Luft.

Makrozustand

Gesamtheit von N Teilchen mit Mikrozuständen mit Energien zw. E und $E + dE$. Wahrscheinlichster Makrozustand ist derjenige mit der größten Zahl von Mikrozuständen.

Maxwell-Beziehungen

Vergleich der 2. Ableitungen thermodynam. Größen in verschiedener Reihenfolge; z. B.

$$\left.\left[\frac{\partial}{\partial V}\left(\frac{\partial U}{\partial S}\right)_V\right]_S = \left(\frac{\partial T}{\partial V}\right)_S \atop \left[\frac{\partial}{\partial S}\left(-\frac{\partial U}{\partial V}\right)_S\right]_V = -\left(\frac{\partial p}{\partial S}\right)_V\right\}$$

$$\left(\frac{\partial T}{\partial V}\right)_S = -\left(\frac{\partial p}{\partial S}\right)_V$$

Mischung von Flüssigkeiten

a) chemisches Potential (reale Mischung)

$$\mu_i = \mu_i^0 + RT \ln a_i = \mu_i^0 + RT \ln x_i + RT \ln \gamma_i$$

γ Aktivitätskoeffizient der Kompoente i.

Ideale Mischungen: $\gamma_i \to 1$
Gebiet geringer Löslichkeit: $\ln \gamma_i \approx$ const.

b) Mittleres molares Volumen

$$\bar{V}_m = x_1 V_{m,1} + x_1 V_{m,1} + \dots$$

Partielles molares Volumen im Zweistoffsystem (*GIBBS-DUHEM-Beziehung)

$$V_{m,1} = \bar{V}_m + x_2 \frac{d\bar{V}_m}{dx_1} \quad \text{und} \quad V_{m,2} = \bar{V}_m + x_1 \frac{d\bar{V}_m}{dx_2}$$

$$\frac{d\bar{V}_m}{dx_1} = -\frac{d\bar{V}_m}{dx_2} = V_{m,1} - V_{m,2}$$

c) Mittlere molare Mischungsenthalpie

$$\Delta \bar{H} = x_1 \Delta H_1 + x_2 \Delta H_2$$

Ideale Lösung: $\Delta H = 0$

d Partielle molare Mischungsenthalpie

$$\Delta H_1 = \Delta \bar{H} + x_2 \frac{d\Delta \bar{H}}{dx_1} \quad \text{und}$$

$$\Delta H_2 = \Delta \bar{H} + x_1 \frac{d\Delta \bar{H}}{dx_2}$$

$$\frac{d\Delta \bar{H}}{dx_1} = -\frac{d\Delta \bar{H}}{dx_2} = \Delta H_1 - \Delta H_2$$

Mischungsgröße, partielle molare

Molare Zustandsgröße, bezogen den reinen Stoff im Standardzustand:

$$\Delta Z_i \equiv Z_i - Z^0$$

Für die Komponente i in einer Mischung leitet sich vom *chem. Potential ab:

---

part. mol. freie Mischungsenthalpie:
$$\Delta G_i = \Delta \mu_i = RT \ln a_i$$

part. molare Mischungsentropie:
$$\Delta S_i = -\left(\frac{\partial \Delta \mu_i}{\partial T}\right)_{p,x_i} = -R \ln a_i - RT \left(\frac{\partial \ln \gamma_i}{\partial T}\right)_{p,x_i}$$

partielle molare Enthalpie:
$$\Delta H_i = \Delta \mu_i - T \left(\frac{\partial \Delta \mu_i}{\partial T}\right)_{p,x_i} = -RT^2 \left(\frac{\partial \ln \gamma_i}{\partial T}\right)_{p,x_i}$$

partielles molares Volumen:
$$\Delta V_{m,i} = \left(\frac{\partial \Delta \mu_i}{\partial p}\right)_{T,x_i} = RT \left(\frac{\partial \ln \gamma_i}{\partial p}\right)_{p,x_i}$$

Mischungsregel, kalorische

Beim Mischen ist die von einem System abgegebene Wärmemenge gleich der vom anderen System aufgenommenen Wärmemenge (ohne Wärmeverluste an die Umgebung).

$$\boxed{Q_{ab} = Q_{zu}} \quad \text{J}$$

Mischungsentropie vgl. *Gasmischung.

Mischungstemperatur

RICHMANN-Mischungsregel für zwei Stoffe oder Lösungen aus zwei unterschiedlich temperierten Komponenten (*Kalorimeter).

$$m_1 c_1 (T_1 - T_m) = m_2 c_2 (T_m - T_2) \Rightarrow$$

$$\boxed{T_m = \frac{m_1 c_1 T_1 + m_2 c_2 T_2}{m_1 c_1 + m_2 c_2}} \quad (\text{K}, \,^\circ\text{C})$$

Allgemein für n Stoffe

$$\boxed{T_m = \frac{\sum\limits_{i=1}^{n} m_i c_i T_i}{\sum\limits_{i=1}^{n} m_i c_i}} \quad (\text{K}, \,^\circ\text{C})$$

c	spezifische Wärmekapazität	$(\text{J kg}^{-1}\text{K}^{-1})$
$m_{1,2}$	Massen der Komponenten	(kg)
$T_{1,2}$	Temperaturen der Komponenten	$(\text{K}, \,^\circ\text{C})$
T_m	Mischungstemperatur	$(\text{K}, \,^\circ\text{C})$

Mischungswärme

Verdünnungsvorgänge sind entropiebestimmt und setzen meist Wärme frei. Die *Mischungswärme* wird von zwischenmolekularen Kräften im Gemisch bestimmt; sie kann sein:

1) *athermisch* (Vermischung ohne Energieänderung): Benzol/Chloroform, Brombenzol/Chlorbenzol, Methanol/Ethanol, Toluol/Tetrachlorkohlenstoff, Methylacetat/Ethylacetat, Anilin/Wasser.

2) *negativ* (Erwärmung): Wasser/Aceton, Wasser/Methanol, Wasser/Propanol, Chloroform/Aceton

3) *positiv* (Abkühlung): Chloroform/Schwefelkohlenstoff,

Aceton/Schwefelkohlenstoff, Benzin/Schwefelkohlenstoff,

Molares Volumen *Kap. Analyt. Chemie.

Mollier-Diagramm

Temperatur-Feuchtegrad-Diagramm der feuchten Luft mit Linien konstanter spezif. Enthalpie. Aus zwei Größen ergeben sich die anderen: Wärmeinhalt, Temperatur, Feuchtegrad, relative Feuchtigkeit, absolute Luftfeuchtigkeit. Wichtig zur Verfolgung des *Trocknungsverlaufs.

Feuchtegrad

$$x = \frac{m_{H_2O}}{m_{L,xer}}$$

Dichte der feuchten Luft

$$\varrho_{L,hyg} = \varrho_{L,xer} + \varrho_{H_2O} = \frac{1}{T}\left(\frac{p_{L,hyg} - p_{H_2O}}{R_{L,xer}} + \frac{p_{H_2O}}{R_{H_2O}}\right)$$

m Masse, p Partialdruck, R spezifische Gaskonstante, L = Luft, xer = trocken, hyg = feucht, H_2O = Wasserdampf.

Neumann-Kopp-Regel

Die molare Wärmekapazität eines Stoffes summiert sich aus den Wärmekapazitäten der Atome. Vgl. *Wärmekapazitätsdifferenz.

Normatmosphäre

Die Zusammensetzung der *Luft* ist bis ca. 95 km Höhe praktisch konstant. Konstanten der ISO-Normatmosphäre (DIN 2533).

1) Dichte der Atmosphäre.

Normdichte, Luft bei Normalnull

$$\varrho_n = 1{,}225\,\text{kg/m}^3$$

Dichte der Luft in Höhe h der Normatmosphäre.

$$\boxed{\varrho(h) = \frac{p(h)}{R_L\,T(h)}} \quad \text{kg/m}^3$$

2) Temperatur der Atmosphäre.

Thermodynam. Normtemperatur, Luft bei Normalnull

$$T_n = 288{,}15\,\text{K} = 15\,^\circ\text{C}$$

Lufttemperatur in Höhe h der Normatmosphäre. Für die Troposphäre bis ca. 11 km Höhe ist $H \approx h$, oberhalb ist die geopotentielle Höhe H einzusetzen.

$$\boxed{T = T_b + \beta\,(H - H_b) \quad \text{mit} \quad H = \frac{r\,h}{r + h}}$$

Für die Troposphäre (bis 11 km Höhe)

$$T \approx T_n + \beta\,h = 15\,^\circ\text{C} - 0{,}0065 \cdot h$$

H_b	geopotentielle Höhe der Schichtuntergrenze	(m)
h	Höhe über dem Meeresspiegel	(m)
r	nomineller Erdradius: 6 356,766 km	
T_b	Temperatur an Schichtuntergrenze	(K)
β	vertikaler Temperaturgradient der Schicht	(K/m)

3) Luftdruck der Atmosphäre.

Normluftdruck

$$p_n = 101\,325\,\text{Pa} = 1{,}01325\,\text{bar}$$

Luftdruck in Höhe h über dem Meeresspiegel.

$$\ln p = \ln p_b - \frac{g_n}{\beta\,R_L} \ln \frac{T_b + \beta\,(H - H_b)}{T_b}; \quad \beta \neq 0$$

$$\ln p = \ln p_b - \frac{g_n}{\beta\,T}\,(H - H_b) \quad \text{für } \beta = 0$$

Für die Troposphäre (bis 11 km Höhe)

Tabelle 8.3 Temperatur T_b, Druck p_b und vertikaler Temperaturgradient β (zw. Schicht i und $i + 1$) der Normatmosphäre in Abh. der geopotentiellen Höhe H.

i	H (in m)	T_b (in K)	p_b (in Pa)	β (in K/m)
	−2000	301,15	127 774	−0,0065
0	0	15 °C = 288,15	101 325	−0,0065
1	1000	281,65	89 875	−0,0065
2	3000	268,65	70 109	−0,0065
3	5000	255,65	54 020	−0,0065
4	11000	216,65	22 632	0
5	20000	216,65	5 475	+0,0010
6	32000	228,65	868	+0,0028
7	47000	270,65	111	0
8	51000	270,65	67	−0,0028
9	71000	214,65	4	−0,0020
10	80000	196,65	0,9	

$$\ln p = \ln p_n - \frac{g_n}{\beta R_L} \ln \frac{T_n + \beta h}{T_n}$$
$$= 11{,}526 + 5{,}256 \cdot \ln \frac{288{,}15 - 0{,}0065 \cdot h}{288{,}15}$$

p_b Luftdruck an der Schichtuntergrenze   (Pa, mbar)
R_L spezifische Gaskonstante der Luft $(\mathrm{J\,K^{-1}mol^{-1}})$

4) Stoffkonstanten der Atmosphäre; vgl. *Luft.

Normdichte

Dichte eines Gases ϱ_n (in kg/m^3) im Normzustand (0 °C, 101 325 Pa). Vgl. *Normvolumen, rel. *Dichte.

Normdruck

Standarddruck, Atmosphärendruck bei Normbedingungen. Referenzdruck für das ideale Gasgesetz.

$$p_n = p^0 = p_0 = 101\ 325\ \text{Pa} = 1{,}01325\ \text{bar}$$
$$= 1013{,}25\ \text{mbar (hPa)} = 1\ \text{Normatmosphäre}$$

Normtemperatur

Vereinbarte Temperatur für den Normzustand physikal. und chem. Systeme.

Chemische Thermodynamik: $T^0 = 298{,}15\ \text{K} = 25°\text{C}$
Ideales Gas: $T^0 = 273{,}15\ \text{K} = 0°\text{C}$
Atmosphäre bei Normalnull: $T_n = 299{,}15\ \text{K} = 15°\text{C}$

Normvolumen

Volumen eines idealen Gases im *Normzustand.

$$V_n \equiv V_0 = \frac{m\,V_{mn}}{M} = n\,V_{mn} = \frac{V}{n} = \frac{M}{\varrho_n}$$
$$= \frac{V\,T_n\,p}{T\,p_n} = \frac{m\,R_B\,T_n}{p_n} = \frac{n\,R\,T_n}{p_n}$$

V_{mn} molares Normvolumen: $22{,}4 \cdot 10^{-3}$ m^3/mol
M molare Masse des Gases   (kg/mol)
ϱ_n Normdichte des Gases   (kg/m^3)

Veraltet sind *Normkubikmeter* und *Normliter*.

Richtig: $V_n = 1\ \text{m}^3 = 1000\ \ell$
Falsch: $V = 1\ \text{Nm}^3 = 1000\ \text{N}\ell$

Normzustand

Normbedingungen, Standardzustand. Durch *Normtemperatur und *Normdruck festgelegter Zustand eines festen, flüssigen oder gasförmigen Stoffes.

Nusselt-Zahl

Kennzahl der Dimension 1 für den stationären *konvektiven *Wärmeübergang* in einem Fluid (analog *Biot-Zahl im Festkörper).

1) Verhältnis der tatsächlichen Wärmestromdichte zur reinen Wärmeleitung durch eine Schicht der Dicke l.

$$Nu = \frac{\alpha\,l}{\lambda} = f(Re,\,Pr,\,Gr) = \frac{\text{Wärmeübertragung}}{\text{Wärmeleitung}}$$

Kennzeichnende Länge l ist der Durchmesser des Rohres oder Wärmetauscher-Behälters. Stoffwerte bei Mitteltemperatur des Fluids einsetzen!

$$T_m = \frac{T_{in} + T_{ex}}{2}$$

T_{in} Eintrittstemperatur (in das Rohr)
T_{ex} Ausströmtemperatur
α Wärmeübergangskoeffizient $(\mathrm{W\,K^{-1}m^{-2}})$
λ Wärmeleitfähigkeit $(\mathrm{W\,K^{-1}m^{-1}})$

2) Für **erzwungene Konvektion**:
Turbulente Strömung längs ebener Wand:

$$Nu = \frac{\alpha\,l}{\lambda} = 0{,}037\,Re^{0.8}Pr^{0.4}$$

l = Wandlänge entlang der Strömung,
λ = Wärmeleitfähigkeit des strömenden Fluids.

Turbulente Strömung durch Rohr mit Kreisquerschnitt:

$$Nu = \frac{\alpha\,d}{\lambda} = 0{,}023\,Re^{0.8}Pr^{0.4}$$

d = lichter Rohrdurchmesser.

3) Umströmter Tropfen. Für den Wärmeübergang.

$$Nu = \frac{\alpha\,d_T}{\lambda} = 2{,}0 + 0{,}6\,\sqrt{Re}\,\sqrt[3]{Pr}$$

Osmotischer Druck

VAN'T-HOFF-Gesetz für ideale Lösungen

$$\pi = c\,R\,T = \frac{n}{V}\,R\,T \qquad \text{Pa} = \text{N/m}^2$$

Schwache Elektrolyte $\pi = c\,R\,T\,[1 + \alpha\,(z - 1)]$
Starke Elektrolyte $\pi = c\,R\,T\,[1 + \alpha\,(\gamma z - 1)]$
Osmotischer Koeffizient $\gamma = \dfrac{\pi_{real}}{\pi_{ideal}}$

c Stoffmengenkonzentration   (mol/ℓ)
n Stoffmenge des gelösten Stoffes   (mol)
V Volumen der Lösung   (m^3)
z Dissoziierte Ionen pro Molekül   (Dim. 1)
α Dissoziationsgrad   (1 = 100%)
γ Aktivitätskoeffizient   (Dim. 1)

Otto-Prozess

*Kreisprozess des Viertakt-Verbrennungsmotors (Kolbenmaschine).

$1 \rightarrow 2$: isentrope Kompression ($\delta Q = 0$, p steigt, V sinkt, T steigt, $S = $ const)

$2 \rightarrow 3$: isochore Wärmezufuhr (p steigt, $dV = 0$, T steigt, S steigt)

$3 \rightarrow 4$: isentrope Expansion ($\delta Q = 0$, V steigt, p sinkt, T fällt, $S = $ const)

$4 \rightarrow 1$: isochore Wärmeabfuhr (p sinkt, $dV = 0$, T fällt, S fällt)

Verdichtungsverhältnis

$$\varepsilon = \frac{V_1}{V_2} = \frac{V_h + V_k}{V_k}$$

Spezifische Nutzarbeit

$$w = q_{zu} - |q_{ab}| = c_V[(T_3 - T_2) - (T_4 - T_1)]$$
$$= c_V(T_3 - T_2)(1 - \varepsilon^{1-\kappa})$$

thermischer Wirkungsgrad ($T_2/T_1 = T_3/T_4$)

$$\eta_{th} = \frac{|w|}{q_{zu}} = 1 - \frac{T_1}{T_2} = 1 - \frac{1}{\varepsilon^{\kappa-1}}$$
$$= 1 - \frac{1}{\left(\dfrac{V_1}{V_2} - 1\right)^{\kappa-1}}$$

V_h	Hubvolumen
V_k	Kompressionsvolumen
κ	Isentropenexponent

Partialdruck

Nach dem *Dalton*-Gesetz der Teildruck p_i (in Pascal) einer gasförmigen, flüssigen oder festen Komponente i zum Gesamtdruck p einer Mischung.

$$p_i = x_i\, p = p\, \frac{m_i}{m}\, \frac{R_{B,i}}{R_B} \quad \text{Pa}$$

m, m_i	Gesamtmasse; Masse der Komponente	(kg)
p	Gesamtdruck	(Pa)
p_i	Partialdruck der Komponente	(Pa)
R_B	spezifische Gaskonstante	($J\,kg^{-1}K^{-1}$)
x	Molenbruch der Komponente	(Dim.1)
i	Komponente in der Gasmischung	

In einer Lösung der Dampfdruck des Lösungsmittels (1) im Gasraum (Raoult'sches Gesetz)

$$p_1 = x_1 p_1^* \quad \text{für } x_1 \rightarrow 1$$

bzw. der Dampfdruck des gelösten Stoffes (2) im Gasraum (HENRY'sches Gesetz):

$$p_2 = H x_2 \quad \text{für } x_2 \rightarrow 0$$

H Henry-Konstante, p^* Dampfdruck des reinen Lösungsmittels, x Molenbruch.

GIBBS-DUHEM-MARGULES-Gleichung: gegens. Abh. der Partialdrücke in einem Zweistoffsystem.

$$x_1 \frac{d \ln p_1}{dx_1} + x_2 \frac{d \ln p_2}{dx_1} = 0$$

Péclet-Zahl für Wärmetransport

für instationäre *erzwungene Konvektion.*

$$Pe = Re \cdot Pr = \frac{v\, l}{a}$$

Phase

1) Eine homogene gasförmige, flüssige oder feste Stoffportion. Eine *Mischphase* besteht aus mehreren Komponenten. Gasförmige Mischphasen nennt man auch *Gasgemische,* flüssige Mischphasen *Lösungen,* feste Mischphasen *Mischkristalle* oder *feste Lösung*en.

2) Bereich innerhalb dessen keine sprunghafte Änderung irgend einer physikal. Größe auftritt – im Gegensatz zur Phasengrenzfläche.

3) Ein einheitlicher = homogener Anteil im uneinheitlichen heterogenen System.

Phasenregel *Gibbs'sche Phasenregel.

Phasenübergang

Änderung des Aggregatzustandes unter Abgabe oder Aufnahme von Energie (*latente Wärme*) – bei Reinstoffen ohne Änderung der Temperatur!

Phasenübergang	Enthalpieäußerung
fest–fest	Modifikationsenthalpie
fest-flüssig	Schmelzenthalpie ΔH_s
flüssig–fest	Erstarrungsenthalpie $-\Delta H_s$
flüssig–gasförmig	Verdampfungsenthalpie ΔH_v
gasförmig–flüssig	Kondensationsenthalpie $-\Delta H_v$
fest-gasförmig	Sublimationsenthalpie
	$\Delta H_{subl} = \Delta H_s + \Delta H_v$
gasförmig–fest	Desublimationsenthalpie $-\Delta H_{subl}$

Phonon

Quantum der *Gitterschwingungen eines *Kristallgitters, das sich mit Schallgeschwindigkeit durch den Kristall bewegt.

Energie $\quad E = h\nu = \hbar\omega$

Impuls $\quad p = \frac{h}{\lambda} = \hbar\tilde{\nu}$

Phononenspektrum

Schwingungsspektrum eines Kristallgitters.

Dispersion (Wellenlängenabhängigkeit der Frequenz) einer linearen Atomkette.

$$\omega = \sqrt{\frac{2c}{m}}\,(1 - \cos\tilde{\nu}\,a)$$

Alle Wellenzahlen liegen innerhalb der ersten Brillouin-Zone.

BRILLOUIN-Zone:	$-\pi/a \leq \tilde{\nu} \leq \pi/a$
maximale Wellenzahl:	$\tilde{\nu}_{max} = \pi/a$
minimale Wellenlänge:	$\lambda_{min} = 2a$

Gruppengeschwindigkeit u. *Phasengeschwindigkeit*

$$c_{gr} = a\sqrt{\frac{c}{2m}}\,\frac{\sin\tilde{\nu}\,a}{\sqrt{1 - \cos\tilde{\nu}\,a}}$$

$$c_{ph} = \sqrt{\frac{c}{2m}}\,\frac{\sqrt{1 - \cos\tilde{\nu}\,a}}{k}$$

Maximale Schallgeschwindigkeit und Kreisfrequenz

$$c_{s,max} = \sqrt{\frac{a^3 E}{m}} = \frac{E}{\varrho}$$

$$\omega_{max} = 2\pi\, f_{max} = 2\sqrt{\frac{c}{m}} = 2\sqrt{\frac{a E}{m}}$$

a	Atomabstand, Gitterkonstante	(m)
c	Federkonstante	(kg/s^2)
E	Elastizitätsmodul	(N/m^2)
$\tilde{\nu} = 2\pi/\lambda$ Wellenzahl		(m^{-1})

Dispersionsreaktionen bei ≥ 2 Atomen pro Elementarzelle (z. B. in Germanium).

TA	transversal akustisch
LA	longitudinal akustisch
TO	transversal optisch
LO	longitudinal optisch

Prandtl-Zahl

Kennzahl der Dimension 1 für den *Wärmetransport. Verhältnis des Impulstransportes durch Reibung zum Wärmetransport durch Leitung.

$$Pr = \frac{v}{a} = \frac{\eta}{\varrho\, a} = \frac{\eta\, c_p}{\lambda} = \frac{\text{Impulstransport}}{\text{Wärmetransport}}$$

a	Temperaturleitfähigkeit	(m^2/s)
c_p	spezifische Wärmekapazität	(J kg^{-1}K^{-1})
η	dynamische Viskosität	(Pa s)
λ	Wärmeleitfähigkeit	(W K^{-1}m^{-1})
v	kinematische Viskosität	(m^2/s)

Prandtl-Zahl

Temperatur	Wasser	trockene Luft
−100 °C		0,7423
−40 °C		0,7258
−20 °C		0,7215
−10 °C		0,7196
0 °C		0,7179
0,01 °C	13,44	
10 °C	9,42	0,7163
20 °C	6,99	0,7148
30 °C	5,42	0,7134
60 °C	3,00	0,7100
100 °C	1,76	0,7070
200 °C	0,91	0,7051
300 °C	0,91	0,7083
500 °C		0,7194
1000 °C		0,7458

Prozessgröße

Von der Prozessführung abhängige (wegabhängige) Größe, z. B. Wärme und Arbeit. Differentiell kleine Prozessgrößen sind keine totalen Differentiale; daher Schreibweise δQ und δW (im Gegensatz zu dX bei den wegunabhängigen *Zustandsgrößen).

Psychrometerkoeffizient

Charakterist. Konstante bei der Feuchtemessung:

$$C_{\text{Ps}} = \frac{p_{\text{H}_2\text{O}} - p_{\text{s,H}_2\text{O}}}{p\,(T - T_{\text{f}})} \quad \text{K}^{-1}$$

$p_{\text{H}_2\text{O}}$ Wasserdampfpartialdruck, p_{s} Sättigungsdampfdruck, p Atmosphärendruck; T Temperatur des trockenen, T_{f} des feuchten Thermometers.

Ramsey-Young-Regel

Das Vh. der Siedetemperaturen zweier chem. ähnlicher Flüssigkeiten (A und B) ist bei versch. Drücken konstant.

$$\left(\frac{T_{\text{A}}}{T_{\text{B}}}\right)_{p_1} = \left(\frac{T_{\text{A}}}{T_{\text{B}}}\right)_{p_2} = \text{const}$$

Rankine-Prozess

Clausius-Rankine-Prozess oder *Dampfkraftprozess*. Sechsstufiger *Kreisprozess bei der Stromerzeugung mit *Dampfkraftanlagen* (Strömungsmaschine). Enthalpiewerte siehe Dampftafeln.

1 → 2: isentrope Kompression ($\delta Q = 0$, p steigt, $V \approx$ const, S = const, T steigt)

2 → 3: T steigt, S steigt

3 → 4: isobare Expansion (Wärmezufuhr, V steigt, d$p = 0$, T = const, S steigt)

4 → 5: T steigt, S steigt

5 → 6: isentrope Expansion (p sinkt, V steigt, S = const, T fällt)

6 → 1: isobare Kompression (Wärmeabfuhr, V sinkt, d$p = 0$, T = const, S fällt).

Nutzarbeit

$$|w| = q_{\text{zu}} - |q_{\text{ab}}| = (h_5 - h_2) - (h_6 - h_1)$$

thermischer Wirkungsgrad

$$\eta_{\text{th}} = \frac{|w|}{q_{\text{zu}}} = 1 - \frac{h_6 - h_1}{h_5 - h_2}$$

h spezif. Enthalpie (J/kg); $T_1 = T_6$ untere, T_5 obere Temperatur.

Raoult'sches Gesetz

Der *Dampfdruck über Mischungen *schwerflüchtig*er Stoffe (z. B. Salzlösungen) sinkt mit steigender Konzentration der Mischungskomponenten. Im reinen Lösungsmittel (Index 1, * für „rein") sind die chem. Potentiale μ_i (in kJ/mol) und Partialdrücke p_i der Komponenten i in der Dampf- und in der Flüssigphase gleich.

$$\mu^*_{1,(\text{fl})} \equiv \mu_{1,(\text{g})} = \mu_1^0 + RT\,\ln\frac{p_1^*}{p^0}$$

In einer Mischung trägt jede Komponente i mit dem Partialdruck p_i zum Gesamtdruck bei:

$$\mu_{i,(\text{fl})} \equiv \mu_{i,(\text{g})} = \mu_i^0 + RT\,\ln\frac{p_i}{p^0}$$

$$\text{R{\small AOULT}'sches Gesetz} \qquad \boxed{p_1 = x_1\, p_1^*}$$

Definition der *Aktivität* a des gelösten Stoffes (Index 2) mittels der *Dampfdruckerniedrigung Δp der Lösung:

$$\boxed{\frac{\Delta p}{p^*} = \frac{p_1 - p_1^*}{p_1^*} = \gamma_2 x_2 \,\hat{=}\, a_2}$$

a	Aktivität	(mol/ℓ)
p_1	Dampfdruck über der Lösung	(Pa)
p^*	Dampfdruck der reinen Komponente,	(Pa)
	in binären Mischungen: des Lösungsmittels (1)	
Δp	Dampfdruckerniedrigung der Lösung	(Pa)
x_i	Molenbruch der Komponente in der Mischung	(Dim. 1)
γ	Aktivitätskoeffizient	(Dim. 1)
μ	chemisches Potential	(J/mol)
1 = Lösungsmittel		
2 = gelöster Stoff		

Rayleigh-Zahl

Kennzahl für *freie Konvektion* im Temperaturgradienten.

$$Ra = Gr \cdot Pr = \frac{l^3 g\,\gamma\,\Delta T\,\varrho}{\eta\,a} = \frac{l^3 g\,\gamma\,\Delta T}{v\,a}$$

a	Temperaturleitfähigkeit	(m^2/s)
γ	Volumenausdehnungskoeffizient	(K^{-1})
v	kinematische Viskosität	(m^2/s)

Reversibler Prozess

Umkehrbarer Vorgang: der Prozess läuft vorwärts wie rückwärts zum gleichen End- bzw. Ausgangszustand; verändert die Umgebung nicht.

Beispiele: isotherme Expansion, quasistat. Prozessführung (über Gleichgewichtszustände, ohne Reibung).

Richards-Regel   *Schmelzentropie

Sackur-Tetrode-Gleichung

Entropie eines einatomigen idealen Gases ($Nk = nR$) der relativen Atommasse A_r

$$S = S_0 + \tfrac{3}{2} R \ln A_r - R \ln \frac{p}{p_0} + \tfrac{5}{2} R \ln T$$

oder

$$\frac{S_0}{nR} = \ln \frac{e^{5/2} k T_1}{p_0 \Lambda^3} = \tfrac{5}{2} + \ln \left[\left(\frac{2\pi m_u k T_1}{h^2} \right)^{\frac{3}{2}} \frac{k T_1}{p_0} \right]$$

Für $T_1 = 1$ K, $p_0 = 101325$ Pa: $S_0/R = -1{,}164\,8678$ SACKUR-TETRODE-Konstante, *absolute Entropiekonstante.*

$$\Lambda = \left(\frac{h^2}{2\pi m_u k T_1} \right)^{\frac{1}{2}} \quad \text{(m)}$$

m_u atomare Masseneinheit, k Boltzmann-Konstante.

Schmelz- und Siedepunkt

Schmelzpunkt, Siedepunkt, Brechungsindex, Dichte und Kristallform sind einfach zu bestimmende und charakteristische Stoffeigenschaften.

1) Feststoffe

Scharfer Schmelzpunkt: Reinsubstanz, evt. Kristallwasserabspaltung.

Unscharfer Schmelzpunkt: unreine Substanz oder Gemisch.

Zersetzlich: Carbonsäuresalze, Alkoholate, Phenolate; metallorgan. Verbindungen; Polymere.

2) Flüssigkeiten

Destillierbar, konstanter Siedepunkt: Reinsubstanz oder Azeotrop.

Verschiedene Siedepunkte: fraktionierbares Stoffgemisch.

Zersetzliche Stoffe evt. vakuumdestillierbar.

Unzersetzlich: z. B. höhermolekulare Öle.

Schmelzdruckkurve

Der *Dampfdruck p über einem Festkörper ist abhängig von der Temperatur T und der molaren Verdampfungsenthalpie ΔH_v; analog zur *Dampfdruck-Temperatur-Kurve definiert.

Steigung der Schmelzdruckkurve

$$\frac{\mathrm{d}p}{\mathrm{d}T} = \frac{\Delta H_{fus}}{(V_l - V_s)\, T} \quad \Leftrightarrow \quad \ln \frac{p}{p_0} = -\frac{\Delta H_{fus}}{R\,T} + A$$

p	Schmelzdampfdruck	(Pa)
R	molare Gaskonstante	(J K^{-1}mol^{-1})
ΔH_{fus}	molare Schmelzenthalpie	(J/mol)
V_s	molares Volumen der festen Phase	(m^3/mol)
V_l	molares Volumen der Flüssigphase	(m^3/mol)

Schmelzenthalpie

Schmelzwärme kristalliner Stoffe bei konstantem Druck. Reine Stoffe haben einen Schmelzpunkt (konstante Schmelztemperatur), Legierungen einen Schmelzbereich.

1) Molare Schmelzenthalpie.

Energie, die beim *Phasenübergang fest–flüssig (Schmelzen) aufzuwenden ist und beim Erstarren frei wird.

$$\Delta H = H_{flüssig} - H_{fest} \quad (p, T = \text{const})$$

Schmelzenthalpie von Wasser: 6,0131 kJ/mol (0 °C)

CLAUSIUS-CLAPEYRON-Gleichung für die Schmelztemperatur-Dampfdruck-Kurve.

$$\frac{\mathrm{d}T}{\mathrm{d}p} = \frac{T\,(V_{flüssig} - V_{fest})}{\Delta H}$$

Wegen der geringen Volumenarbeit ist die Schmelzenthalpie ΔH etwa gleich der inneren Schmelzenergie ΔU.

2) Spezifische Schmelzwärme.

Wärmemenge, um 1 kg eines Stoffes bei 101325 Pa bei seiner Schmelztemperatur vom festen in den flüssigem Zustand zu überführen. Beim Erstarren wird die Schmelzwärme frei.

$$h_m \equiv q = \frac{\text{Schmelzwärme } Q}{\text{Masse } m} \quad \text{J/kg}$$

Stoff	Schmelzenthalpie Δh_m (kJ/kg)	Schmelztemperatur T_m (°C)
He	3,52	−270,7
Hg	11,8	
O$_2$	13,82	−218,75
Pb	24,79	
N$_2$	25,75	−209,85
Luft		−213
Bi	52,3	
Cd	54,43	
H$_2$	58,6	−259,15
Sn	58,6	
CH$_4$	58,6	−182,45
Au	64,48	
K	65,7	
Butan	77,5	−138,35
CHCl$_3$	79,5	
Propan	80,0	−187,65
Cl$_2$	90,4	−100,95
Ag	104,7	
Zn	104,7	
Ethanol	108,02	
Pt	111,4	
Na	114,7	
Paraffin	146,5	
Sb	164,96	
Messing	167,5	
Wachs	175,8	
CO$_2$	184,2	−56,55
Cl$_2$	188,40	
W	192,6	
Cu	204,8	
Mn	251,2	
Co	268	
Fe	272,14	
Ni	299,8	
Wasser	333,7	
NH$_3$	339,13	−80
Mg	372,6	
Al	396,07	

Schmelzentropie

RICHARDS-Regel für viele Elemente:

$$\Delta S = \frac{\Delta H}{T} \approx 6{,}7 \text{ bis } 14{,}2 \text{ J mol}^{-1}\text{K}^{-1}$$

GRÜNEISEN-Regel für viele Metalle:

$$\alpha\, T \approx 0{,}06$$

ΔH Schmelzenthalpie, ΔS Schmelzentropie, α Ausdehnungskoeffizient, T Schmelztemperatur.

Schwarzer Strahler

Charakterist. *Temperatur, *Temperaturstrahlung.

Seiliger-Prozess

Spezieller *Kreisprozess einer Kolbenmaschine (Verbrennungsmotor).

1 → 2: isentrope Kompression ($\delta Q = 0$, p steigt, V sinkt)

2 → 3: isochore Wärmezufuhr (p steigt, $dV = 0$)

3 → 4: isobare Wärmezufuhr (V steigt, $dp = 0$)

4 → 5: isentrope Expansion ($\delta Q = 0$, p sinkt, V sinkt)

5 → 1: isochore Wärmeabfuhr (p sinkt, $dV = 0$)

thermischer Wirkungsgrad

$$\eta_{th} = 1 - \frac{T_5 - T_1}{T_3 - T_2 + \kappa(T_4 - T_3)}$$

Siedediagramm

Isobares Siedediagramm eines binären Systems. Auftragung der Siedetemperatur bei konstantem Druck gegen den Molenbruch der gelösten Komponente. Der Siedepunkt einer Mischung ist von der Zusammensetzung abhängig.

1) Völlig mischbare ideale Flüssigkeiten, ohne Mischungswärme. Linsenförmiges $x(T)$-Diagramm.

• Obere Kurve: Kondensationskurve = Zusammensetzung der Gasphase y (Anreicherung der Komponente mit dem größeren Dampfdruck).

• Mitte: Zweiphasengebiet.

• untere Kurve: Siedekurve = Zusammensetzung der flüssigen Phase x.

Beispiele: Benzol/Toluol, Ethan/Butan.

2) Endotherme Mischung mit Azeotrop, völlig mischbar. Zwei Linsen, die im azeotropen Punkt (Minimum bei T_{min}) verschmelzen.

Im azeotropen Punkt sind die Zusammensetzung von Dampf und Flüssigkeit gleich ($x_i = y_i$), eine Trennung durch fraktionierte Destillation nicht mehr möglich; das Gemisch verhält sich wie ein Reinstoff.

Beispiele: Ethanol/Wasser, Essigsäure/n-Octan, CS_2/Aceton.

3) Exotherme Mischung mit Azeotrop, völlig mischbar. Zwei Linsen, die im azeotropen Punkt (Maximum bei T_{max}) verschmelzen.

Beispiele: Salzsäure/Wasser, Salpetersäure/Wasser, Cyclohexanol/Phenol.

4) Mischungslücke, teilweise mischbare Komponenten. Zwei Linsen, jedoch statt eines azeotropen Punktes im Minimum eine Horizontale (Mischungslücke).

Beispiel: Butanol/Wasser.

5) Nicht mischbare Komponenten; getrennt verdampfbar und kondensierbar. Obere Kurve mit Knick, unter Kurve Waagrechte (analog: Eutektikum bei Schmelzen).

Beispiel: Benzol/Wasser, Xylol/Wasser.

6) Hebelregel. Berechnung der Zusammensetzung bei gegebener Temperatur. Die waagrechte Verbindungslinie der oberen und unteren Kurve (*Konnode*, Isotherme, T = const) sei im gegebenen Punkt x wie ein Hebel der Länge $l = l_1 + l_2$ gelagert. Der gegenüberliegende Hebelarm gehört zur jeweiligen Komponente.

$$x_2 = \frac{l_2}{l_1 + l_2} \quad \text{und} \quad x_1 = \frac{l_1}{l_1 + l_2}$$

l_1, l_2 Länge der Hebelarme.

7) Zustandsgrößen im Nassdampfgebiet. Gestrichene Größen werden *Dampftafeln* entnommen, zweifach gestrichene Größen gelten für die Flüssigphase.

Zustandsgrößen auf der Siedelinie

– absolut	H', U', V', S'
– spezifisch	h', u', v', s'
– Siededruck	p_s
– Siedetemperatur	T_s

Zustandsgrößen auf der Taulinie

– absolut	H'', U'', V'', S''
– spezifisch	h'', u'', v'', s''

Dampfanteil $\quad x = \dfrac{m_d}{m_d + m_{fl}} = \dfrac{m''}{m' + m''}$

Zustandgrößen im Nassdampfgebiet

– spez. Volumen	$v(x) = v' + x(v'' - v')$
– spez. innere Energie	$u(x) = u' + x(u'' - u')$
– spez. Enthalpie	$h(x) = h' + x(h'' - h')$
– spez. Entropie	$s(x) = s' + x(s'' - s')$
– Verdampfungenthalpie	$h_V(p_s, T_s) = h'' - h'$

Überhitzter Dampf nahe der Taulinie

– spez. Enthalpie	$h = h'' + \Delta h = h'' + \bar{c}_p(T - T_s)$
– spez. Entropie	$s = s'' + \Delta s = s'' + \bar{c}_p \ln(T / T_s)$

Siedepunktserhöhung

Lösungen haben eine höhere Siedetemperatur T als das reine Lösungsmittel (Lm). *Dampfdruckerniedrigung und Siedepunktserhöhung ΔT in einer Lösung sind proportional zur *Molalität b (in mol/kg) des gelösten Stoffes und spezifisch für das Lösungsmittel. Nichtelektrolyte

$$\boxed{\Delta T = T - T_{Lm} = K_b \, b_i = \frac{K_b \, m_i}{M_i \, m_{Lm}}} \quad \text{(K)}$$

Elektrolyte

$$\Delta T = K_b \, b_i \, [1 + (z - 1)\alpha]$$

Ebullioskopische Konstante des reinen Lösungsmittels

$$K_b = \frac{R \, T_{Lm}^2}{\Delta H_v}$$

b_i	Molalität des Stoffes i in der Lösung	(mol/kg)
ΔH_v	spez. Verdampfungsenthalpie des Lm	(J/kg)
M_i	molare Masse des Stoffes i	(kg/mol)
m_{Lm}, m_i	Masse des Lösungsmittels; des Stoffes i	(kg)
T_{Lm}, T	Siedepunkt des Lösungsmittels; der Lösung	(K)
z	Zahl dissoziierter Ionen pro Molekül	(Dim.1)
α	Dissoziationsgrad	(Dim.1)

Ebullioskopische Konstante

Lösungsmittel	K_m (kg K/mol)
Ammoniak	0,34
Wasser	0,52
Ethanol	1,07
Diethylether	1,83
Schwefelkohlenstoff	2,29
Benzol (Benzen)	2,64
Essigsäure	3,07
Chloroform	3,80
Tetrachlorkohlenstoff	4,88

Spannungskoeffizient, thermischer

Temperaturabhängige Druckänderung bei konstantem Volumen.

$$\boxed{\beta \equiv \alpha_p = \frac{1}{p} \frac{dp}{dT}} \quad K^{-1}$$

Spezialfall: ideales Gas

$$\alpha = \beta = \frac{R}{pV} = \frac{R\kappa}{V} = \frac{1}{T}$$

α thermischer Ausdehnungskoeffizient (K^{-1})
κ Kompressibilitätskoeffizient (Pa^{-1})

Spezifische Größe
Auf die Masse bezogene Größe; z. B. spezifische Wärmekapazität c_p, Enthalpie h, Entropie s etc. Darstellung mit Kleinbuchstaben.

Stanton-Zahl I
Kennzahl für Wärmeübergang durch instationäre, *erzwungene Konvektion*.

$$St = \frac{Nu}{Re \cdot Pr} = \frac{Nu}{Pe} = \frac{\alpha}{\varrho\, v\, c_p}$$

Stirling-Prozess
*Kreisprozess des Heißluftmotors (Verbrennungsmotor, Kolbenmaschine).

$1 \rightarrow 2$: isotherme Kompression (Wärmeabfuhr, V sinkt, p steigt, T = const, S sinkt)

$2 \rightarrow 3$: isochore Kompression (Wärmezufuhr, p steigt, $\mathrm{d}V = 0$, T steigt, S steigt)

$3 \rightarrow 4$: isotherme Expansion (Wärmeabfuhr, p sinkt, V sinkt, T = const, S steigt)

$4 \rightarrow 1$: isochore Expansion (Wärmeabfuhr, p sinkt, $\mathrm{d}V = 0$, T fällt, S sinkt)

Nutzarbeit

$$\begin{aligned}
|w| &= q_{\mathrm{zu}} - |q_{\mathrm{ab}}| = T_3 \Delta s_{34} - |T_1\, \Delta s_{12}| \\
&= R_{\mathrm{B}}(T_3 - T_1) \ln\frac{p_3}{p_4} = R_{\mathrm{B}}(T_3 - T_1) \ln\frac{v_4}{v_3}
\end{aligned}$$

thermischer Wirkungsgrad (Carnot-Grenze).

$$\eta_{\mathrm{th}} = \frac{|w|}{q_{\mathrm{zu}}} = 1 - \frac{T_1}{T_3}$$

R_{B} spezifische Gaskonstante $(\mathrm{J\,kg^{-1}K^{-1}})$
$T_1 = T_2$ untere Temperatur
$T_3 = T_4$ obere Temperatur
v spezifisches Volumen $(\mathrm{m^3/kg})$

Strahler   *Wärmestrahlung.

Strömungsmaschine
Gasturbine; *Joule-Prozess, *Ericsson-Prozess. Dampfkraftanlagen: *Clausius-Rankine-Prozess.

Sublimationsenthalpie
Umwandlungswärme bei konstantem Druck, wenn ein Feststoff ohne Verflüssigung verdampft; sinngemäß gilt die CLAUSIUS-CLAPEYRON-Gleichung.

$$\Delta_{\mathrm{S}} H = \Delta_{\mathrm{F}} H + \Delta_{\mathrm{V}} H$$

S = Sublimation, F = Schmelzen, V = Verdampfen.

System
Gegen die Umwelt abgegrenzter Teil des physikal.-chem. Geschehens. Bestandteile sind die *Komponenten, charakterist. Größen die *Zustandsgrößen.

1) *abgeschlossenes System:* keinerlei Stoff- und Energieaustausch mit der Umgebung (z. B. Thermoskanne). Eine ideales Gas leistet nur reversible Volumenarbeit. Wärme und Arbeit sind keine Zustandsgrößen, sondern wegabhängige Prozessgrößen.

2) *geschlossenes System:* Energie-, aber kein Stoffaustausch mit der Umgebung (z. B. Wärmeübertrager, Gasturbine).

3) *adiabatisches System:* geschlossenes System mit Energieaustausch in Form von Arbeit (nicht Wärme), kein Stoffaustausch mit der Umgebung (z. B. Kompression im Gasmotor).

4) *offenes System:* Energie- und Stoffaustausch mit der Umgebung (z. B. Kühlschrank, Warmwasserheizung, Heißluftmotor).

Gibbs-Duhem-Beziehung (für jede Phase; T, p = const)

$$n_1\, \mathrm{d}V_1 + n_2\, \mathrm{d}V_2 + \cdots = 0$$

5) *Homogenes System:* gleiche physikal.-chem. Eigenschaften an allen Stellen im Inneren des Systems; der thermodynam. Zustand ist durch (gewöhnlich: drei) *Zustandsgrößen eindeutig festgelegt.

6) *Heterogenes System:* mehrere homogene Teilsysteme (Phasen), die durch Phasengrenzen voneinander getrennt sind.

Teilchenzahl
Anzahl der Atome, Moleküle, Ionen, Elektronen etc. in einer Stoffportion.

$$\boxed{\; N = n\, N_{\mathrm{A}} = \frac{m\, N_{\mathrm{A}}}{M} \;} \qquad (\mathrm{Dim.1})$$

m Masse der Stoffportion, M molare Masse,
N_{A} Avogadro-Konstante, n Stoffmenge.

Teilchenzahldichte
Teilchenkonzentration. Nicht verwechseln mit *Teilchenzahlkonzentration; Formelzeichen n nicht verwechseln mit *Stoffmenge! Besser Formelzeichen C nach DIN 1310.

$$\boxed{\; n \equiv C = \frac{N}{V} = \frac{N_{\mathrm{A}}\,\varrho}{M} \;} \qquad (\mathrm{m}^{-1})$$

für ein ideales Gas

$$\boxed{\; n \equiv C = \frac{N_{\mathrm{A}}}{V_{\mathrm{m}}} = \frac{p}{kT} \;} \qquad (\mathrm{m}^{-1})$$

LOSCHMIDT-Konstante: Teilchenzahl im idealen Gas bei Normbedingungen.

$$N_{\mathrm{L}} = \frac{N_{\mathrm{A}}}{V_{\mathrm{mn}}} = \frac{p_{\mathrm{n}}}{k\,T_{\mathrm{n}}} \qquad (\mathrm{m}^{-1})$$

k Boltzmann-Konstante, M molare Masse, N Teilchenzahl,
N_{A} Avogadro-Konstante, p Druck, T absolute Temperatur,
V Volumen, V_{m} molares Volumen, V_{mn} molares Normvolumen, ϱ Dichte.

Temperatur
Maß für die kinet. Energie eines Systems oder Körpers, auf Grund der ungeordneten Bewegung seiner Moleküle. Durch Zufuhr von Energie (z. B. als mechan., elektr. oder elektromagnet. Arbeit) steigt die Temperatur.

1) Die **thermodynamische Temperatur** T ist SI-Basisgröße mit der Basiseinheit Kelvin. Beruht auf einem einzigen Fundamentalpunkt, dem Tripelpunkt des Wassers bei $0{,}01\,°\mathrm{C} = 273{,}16\,\mathrm{K}$. Der Schmelzpunkt von Eis und der Siedepunkt von Wasser sind als experimentell zu ermittelnde Größen nicht *per definitionem* festgelegt.

$1\,\mathrm{K}$ ist das $^1/_{273{,}16}$-fache der thermodynam. Temperatur des Tripelpunktes von Wasser ($273{,}16\,\mathrm{K} = 0{,}01\,°\mathrm{C}$).

$$1 \text{ K (Kelvin)} \;\hat{=}\; \{k\} \text{ J} \qquad\qquad = 1{,}380\,650\,3\cdot10^{-23} \text{ J}$$

$$\hat{=}\; \{k\,N_A\} \text{ J/mol} \qquad = 8{,}314\,51\cdot10^{-3} \text{ kJ/mol}$$

$$\hat{=}\; \tfrac{\{k\}}{\{hc\}} \text{ m}^{-1} \qquad\;\; = 0{,}695\,035\,6 \text{ cm}^{-1}$$

$$\hat{=}\; \tfrac{\{k\}}{\{h\}} \text{ Hz} \qquad\quad\; = 2{,}083\,664\,4\cdot10^{10} \text{ Hz}$$

$$\hat{=}\; \tfrac{\{k\}}{\{e\}} \text{ eV} \qquad\quad\; = 8{,}617\,342\cdot10^{-5} \text{ eV}$$

$$\hat{=}\; \tfrac{\{k\}}{\{c^2\}} \text{ kg} \qquad\quad = 1{,}536\,180\,7\cdot10^{-40} \text{ kg}$$

$$\hat{=}\; \tfrac{\{k\}}{\{m_u c^2\}} \text{ u} \qquad\;\; = 9{,}251\,098\cdot10^{-14} \text{ u}$$

$$\hat{=}\; \tfrac{\{k\}}{\{2R_\infty hc\}} E_h \quad = 3{,}166\,815\,3\cdot10^{-6} \text{ Hartree}$$

2) Umrechnung der Thermometerskalen

Kelvin	$T_K = 273{,}15 + t_C = \tfrac{5}{9} T_R$
Rankine	$T_R = 459{,}67 + t_F = 1{,}8\,T_K$
Celsius	$t_C = \tfrac{5}{9}\,(t_F - 32) = T_K - 273{,}15$
Fahrenheit	$t_F = 1{,}8\,t_C - 32 = T_R - 459{,}67$

3) Erzeugung hoher Temperaturen

elektrische Bogenentladung:	4000 K
Stoßwellenfronten:	20 000 K (kurz)
Hochstromlichtbogen:	50 000 K (kurz)
elektrische Gasentladung:	$6\cdot10^7$ K (kurz)

4) Erzeugung tiefer Temperaturen (vgl. *Kälte)

a) Kältemischungen (bis –77 °C)

b) Kältemaschinen (unter –100 °C)

c) Kühlmittel: flüssiger Stickstoff (–196 °C)

d) JOULE-THOMSON-Effekt: bis 0,84 bis 4,2 K (Helium, druckabhängig).

e) *Magneto-kalorischer Effekt* und *Adiabatische Entmagnetisierung*. Für Temperaturen nahe des absoluten Nullpunkts ($< 10^{-5}$K) magnetisiert man paramagnet. Kristalle in einem starken Magnetfeld. Nach Abschalten des Felds gehen die Kristallatome in einen ungeordneten Zustand über. Dabei verbrauchen sie Wärme aus ihrer unmittelbaren Umgebung und kühlen weiter ab. Magnet. Bereiche werden in ungeordnete überführt, dadurch dem Stoff Wärme entzogen; z. B. Cerfluorid (0,13 K), Kaliumchromalaun (0,05 K), Atomkernmagnete (10^{-6} K).

Temperatur, charakteristische

In der Strahlungsphysik definierte Größen (*Temperaturstrahlung).

1) *Farbtemperatur* T_f: diejenige Temperatur des Schwarzen Strahlers, die den gleichen Farbeindruck hervorruft wie der betrachtete Strahler. Nicht jeder Strahler hat eine Farbtemperatur.

2) *Spektrale Strahlungstemperatur* oder *Schwarze Temperatur* T_S: diejenige Temperatur für jede Wellenlänge des Schwarzen Strahlers, bei der dieser die gleiche Strahldichte hat wie der betrachtete Temperaturstrahler. T_S ist stets niedriger als die wahre Temperatur des Strahlers. In der visuellen Pyrometrie dient die *wirksame Wellenlänge* $\lambda = 655$ nm als Bezugspunkt.

3) *Verhältnistemperatur* T_r: diejenige Temperatur des Schwarzen Strahlers, bei der das Verhältnis der spektralen Strahldichten für zwei verschiedene Wellenlängen $L(\lambda_1)/L(\lambda_2)$ gleich groß ist wie bei dem betrachteten

Strahler.

4) *Verteilungstemperatur* T_v: diejenige Temperatur des Schwarzen Strahlers, die der (annähernd) proportionalen spektralen Verteilung der Strahldichte des betrachteten Strahlers entspricht; im sichtbaren Spektralbereich gleich der Farbtemperatur.

5) *Wahre Temperatur*. Bei grauen Strahlern fallen Farb-, Verteilungs-, Verhältnis- und wahre Temperatur zusammen:

$$T_f = T_v = T_r = T$$

Temperatur, feuchtpotentielle

Temperatur einer Luftmenge, nachdem sie ausgehend von der Feuchttemperatur *feucht*adiabatisch auf einen Druck von $p_0 = 10^5$ Pa gebracht wurde.

Temperatur, potentielle

Temperatur Θ (in K) oder ϑ (in °C) einer Luftmenge, nachdem sie *trocken*adiabatisch auf einen Druck von $p_0 = 10^5$ Pa gebracht wurde:

$$\boxed{\Theta = T \left(\frac{p_0}{p}\right)^{R_L/c_p}} \quad \text{K}$$

R_L spezifische Gaskonstante der Luft, p Luftdruck, c_p spez. Wärmekapazität.

Temperatur, pseudopotentielle

Temperatur T_p (in K) einer Luftmenge, nachdem sie 1) trockenadiabat. bis zum Kondensationsniveau gehoben, 2) der enthaltene Wasserdampf vollständig kondensiert und 3) trockenadiabat. auf einen Druck von 10^5 Pa gebracht wurde.

Temperatur, virtuelle

Temperatur von trockener Luft, die unter demselben Druck dieselbe Dichte hat wie feuchte Luft von gegebener spezif. Feuchtigkeit s:

$$\boxed{T_v = T\,(1 + 0{,}608\,s)} \quad \text{K}$$

s spezifische Feuchte (kg/kg).

Temperatur, wahre   *Temperatur, char.

Temperaturadvektion

Produkt aus Windgeschwindigkeit $\vec{v}$ und Temperaturgradient.

$$\boxed{A_T = -\vec{v}\cdot\nabla T} \quad \tfrac{\text{K}}{\text{s}}$$

Temperaturdifferenz, mittlere logarithmische

z. B. beim Wärmetauscher

$$\boxed{\Delta T_m = \frac{\Delta T_{max} - \Delta T_{min}}{\ln\dfrac{\Delta T_{max}}{\Delta T_{min}}}} \quad \text{(K)}$$

Temperaturgefälle

Beim Wärmetransport durch *Wärmeleitung* innerhalb einer Phase.

Stationärer Fall, eindimensional.

$$\frac{\partial T}{\partial t} = a\,\frac{\partial^2 T}{\partial z^2}$$

$$T(z,t) = T^b - (T^* - T^b)\,\mathrm{erf}\,\frac{z}{2\sqrt{at}}$$

Räumlich

$$\boxed{\frac{\partial T}{\partial t} = a\,\nabla^2 T}\quad \frac{K}{s}$$

a Temperaturleitzahl, b = Phaseninneres, * = Phasengrenze

Temperaturleitfähigkeit

Temperaturleitzahl. Verhältnis der Wärmeleitfähigkeit λ zur Dichte ϱ und spezif. Wärmekapazität c_p eines Stoffes; Kennzahl für *Wärmeübertragung bei schnellen oder zykl. Temperaturänderungen.

$$\frac{\text{Wärmeleitfähigkeit}}{\text{Dichte} \cdot \text{Wärmekapazität}}\quad \boxed{a = \frac{\lambda}{\varrho\, c_p}}\quad \frac{m^2}{s}$$

Temperaturleitfähigkeit

Stoff	a (m²/s)	T
Kältemittel R12	$0{,}065{\cdot}10^{-6}$	$-20\ °C$
Heizöl	$0{,}078{\cdot}10^{-6}$	$20\ °C$
Wärmeträgeröl	$0{,}084{\cdot}10^{-6}$	$20\ °C$
Ethanol	$0{,}091{\cdot}10^{-6}$	$20\ °C$
Fichtenholz	$0{,}11{\cdot}10^{-6}$	$10\ °C$
Polystyrol	$0{,}125{\cdot}10^{-6}$	$20\ °C$
Wasser	$0{,}1333{\cdot}10^{-6}$	$0{,}01\ °C$
Wasser	$0{,}1436{\cdot}10^{-6}$	$20\ °C$
Wasser	$0{,}1516{\cdot}10^{-6}$	$40\ °C$
Wasser	$0{,}1582{\cdot}10^{-6}$	$60\ °C$
Wasser	$0{,}1635{\cdot}10^{-6}$	$80\ °C$
Wasser	$0{,}1677{\cdot}10^{-6}$	$100\ °C$
Wasser	$0{,}1730{\cdot}10^{-6}$	$150\ °C$
Mineralfaser	$0{,}3{\cdot}10^{-6}$	$10\ °C$
Schamotte	$0{,}35{\cdot}10^{-6}$	$100\ °C$
Glas	$0{,}4{\cdot}10^{-6}$	$20\ °C$
Kies	$0{,}42{\cdot}10^{-6}$	$20\ °C$
Gasbeton	$0{,}5{\cdot}10^{-6}$	$10\ °C$
Ziegelstein	$0{,}5{\cdot}10^{-6}$	$10\ °C$
Schnee	$0{,}53{\cdot}10^{-6}$	$0\ °C$
Schaumglas	$0{,}6{\cdot}10^{-6}$	$10\ °C$
Normalbeton	$1{,}0{\cdot}10^{-6}$	$10\ °C$
Eis	$1{,}25{\cdot}10^{-6}$	$0\ °C$
Wasserdampf	$5{,}21{\cdot}10^{-6}$	$150\ °C$
Quecksilber	$5{,}62{\cdot}10^{-6}$	$0\ °C$
CO_2	$9{,}08{\cdot}10^{-6}$	$0\ °C$
Luft	$7{,}851{\cdot}10^{-6}$	$-100\ °C$
Luft	$16{,}33{\cdot}10^{-6}$	$-20\ °C$
Luft	$18{,}83{\cdot}10^{-6}$	$0\ °C$
Luft	$21{,}47{\cdot}10^{-6}$	$20\ °C$
Luft	$27{,}13{\cdot}10^{-6}$	$60\ °C$
Luft	$33{,}26{\cdot}10^{-6}$	$100\ °C$
Luft	$50{,}30{\cdot}10^{-6}$	$200\ °C$
Luft	$113{,}1{\cdot}10^{-6}$	$500\ °C$
Luft	$249{,}2{\cdot}10^{-6}$	$1000\ °C$
Stahl C60	$12{,}78{\cdot}10^{-6}$	$20\ °C$
Grauguss	$13{\cdot}10^{-6}$	$20\ °C$
Fe	$18{,}33{\cdot}10^{-6}$	$20\ °C$
Al	$88{,}89{\cdot}10^{-6}$	$20\ °C$
Kupfer	$113{,}34{\cdot}10^{-6}$	$20\ °C$
Gold	$130{,}57{\cdot}10^{-6}$	$20\ °C$
Wasserstoff	$135{\cdot}10^{-6}$	$0\ °C$
Helium	$153{\cdot}10^{-6}$	$0\ °C$

Temperaturskala

Die *Internationale Temperaturskala* ITS-90 ersetzt die Internat. Praktische Temperaturskala IPTS-68 und die Provisor. Temperaturskala EPT-76.

1) *0,65 – 3,2 Kelvin.* Dampfdruck-Temperatur-Kurve von Helium-3; Koeffizienten vgl. Tabelle.

$$\frac{T_{90}}{K} = A_0 + \sum_{i=1}^{9} A_i \left[\frac{\ln p/\text{Pa} - B}{C}\right]^i$$

2) *1,25 – 2,1768 K* (λ-Punkt) und weiter bis *5,0 K*: Dampfdruck-Temperatur-Kurve von Helium-4.

3) *3,0 – 24,5561 K*: Helium-3 oder Helium-4 im Konstantvolumen-*Gasthermometer*; auf drei Temperaturen kalibriert:

a) Tripelpunkt von Neon (24,5561 K),

b) Tripelpunkt v. Wasserstoff (13,8033 K),

c) 3,0 – 5,0 K: ^{3}He- oder ^{4}He-Dampfdruckthermometrie.

4) *13,8033 K* ($-259{,}3467\ °C$) bis *1234,93 K* ($961{,}78\ °C$): Fixpunkte, mit denen Platin-Widerstandsthermometer kalibriert werden.

5) *Oberhalb 1234,93 K*: Planck'sches Strahlungsgesetz. Erstarrungspunkte geschmolzener Metalle als Referenzwert. Oberhalb des *Goldpunktes* bis 2700 °C werden opt. *Pyrometer* eingesetzt. Es gilt die Näherungsformel (Referenztemperatur 1337,58 K und $C_2 = 0{,}014388$ K m nach IPTS-68):

$$\ln\frac{I}{I_{Au}} = \frac{C_2}{\lambda}\left(\frac{1}{T_{Au}} - \frac{1}{T}\right)$$

Theorem der übereinstimmenden Zustände

Für gleiche reduzierte Zustandsgrößen (= auf die krit. Daten bezogen) stimmen Dampfdruck, molare Verdampfungsenthalpie, Siede- und Erstarrungstemperatur für alle Flüssigkeiten und Gase (näherungsweise) überein.

Thermische Verfahren

Grundoperationen der therm. Verfahrentechnik: Verfahren, die thermodynam. Zustandsgrößen zur Stofftrennung nutzen.

fest – flüssig	Verdampfen, Trocknen, Kristallisieren, Feststoffextraktion
flüssig – flüssig	Destillation, Rektifikation Lösungsmittelextraktion Absorption, Adsorption Membranverfahren

Thermochemisches Gesetz

1) LAVOISIER-Gesetz (1. thermochem. Gesetz): Bei der Bildung und Zerlegung einer Verbindung wird derselbe Wärmebetrag freigesetzt bzw. aufgewendet.

2) HESS-Satz (2. thermochem. Gesetz): Die bei einer chem. Reaktion auftretende Wärme ist gleich der Summe der Wärmen aller Teilreaktionen, die von den gleichen Edukten ausgehen und zu denselben Produkten führen.

Thermodynamik

Wärmelehre; Wärmetransport und Energieumwandlung in makroskop. und mikroskop. Betrachtung (statist. Thermodynamik).

ITS-90 von 1 bis 5 K: Koeffizienten der Dampfdruckgleichungen für Helium.

Koeffi-zient	Helium-3 (0,65 bis 3,2 K)	Helium-4 (1,25 bis 2,1 768 K)	Helium-4 (2,1 768 bis 5,0 K)
A_0	1,053 447	1,392 408	3,146 631
A_1	0,980 106	0,527 153	1,357 655
A_2	0,676 380	0,166 756	0,413 923
A_3	0,372 692	0,050 988	0,091 159
A_4	0,151 656	0,026 514	0,016 349
A_5	-0,002 263	0,001 975	0,001 826
A_6	0,006 596	-0,017 976	-0,004 325
A_7	0,088 966	0,005 409	-0,004 973
A_8	-0,004 770	0,013 259	0
A_9	-0,054 943	0	0
B	7,3	5,6	10,3
C	4,3	2,9	1,9

Fixpunkte der ITS-90: Tp = Tripel-, Smp = Schmelz-, Ep = Erstarrungspunkt.

Stoff		T/K	$t/\,^\circ\text{C}$
o-/p-H_2	Tp	13,8033	−259,3467
o-/p-H_2	–	17 (ca.)	−256,15 (ca.)
o-/p-H_2	–	20,3 (ca.)	-252,85 (ca.)
Ne	Tp	24,5561	−248,5939
O_2	Tp	54,3584	−218,7916
Ar	Tp	83,8058	−189,3442
Hg	Tp	234,3156	−38,8344
H_2O	Tp	273,16	0,01 (!)
Ga	Smp	302,9146	29,7646
In	Ep	429,7485	156,5985
Sn	Ep	505,078	231,928
Zn	Ep	692,677	419,527
Al	Ep	933,473	660,323

Pyrometrische Fixpunkte.

Stoff	Erstarrungspunkt		
Silber	1234,93 K	=	961,78 °C
Gold	1337,33 K	=	1064,18 °C
Kupfer	1357,77 K	=	1084,62 °C

Thermometrische Fixpunkte bzw. Dampfdruckgleichungen der prakt. Temperaturskala von 1968: Tp = Tripelpunkt, Smp = Schmelzpunkt, Sp = Siedepunkt, Subl = Sublimationspunkt, Ep = Erstarrungspunkt, Umw = Umwandlungspunkt, f = fest, fl = flüssig, gas = gasförmig.

		Fixpunkt (°C)
H_2	Sp	(20,28 K)
O_2	fl-gas	-182,97
Hg	Ep	-38,87
H_2O	f-fl	0,00
Hg	Ep	-38,87
H_2O	f-fl	0,00
$Na_2SO_4 \cdot 10\,H_2O$	Umw	32,38
CO_2	Subl	$-78,5 + 12,12\,(p/p_0 - 1) - 6,4\,(p/p_0 - 1)^2$
H_2O	fl-g	100,00
Benzoe-säure	Tp	122,36
Naph-thalin	Sp	$218,0 + 44.4\,(p/p_0 - 1) - 19\,(p/p_0 - 1)^2$
Benzo-phenon	Sp	$305,9 + 48,8\,(p/p_0 - 1) - 21\,(p/p_0 - 1)^2$
Cd	Ep	320,9
Pb	Ep	327,3
Hg	Sp	$356,58 + 55,552\,(p/p_0 - 1) - 23,03\,(p/p_0 - 1)^2 + 14(p/p_0 - 1)^3$
Zn	Ep	419,5
S	fl-gas	444,6
Sb	Ep	630,5
Ni	Ep	1453
Co	Ep	1492
Pd	Ep	1552
Pt	Ep	1769
Rh	Ep	1960
Ir	Ep	2443
W	Ep	3380

Klass. und statist. Beschreibung makroskop. Stoffeigenschaften unter Gleichgewichtsbedingungen oder für irreversible Prozesse.

Die statist. Termodynamik teilt ein System von N unterscheidbaren Teilchen in Zellen gleicher Teilchenenergie auf.

Thermodynamische Größen

Vgl. *Energie, *Enthalpie, *Entropie, *ideales Gas, *spezif. Größen, *Wärmekapazität, *Zustandsgröße.

Thermometer

Zur Temperaturmessung werden verschiedene Effekte genutzt: Phasenumwandlungen, Druck- und Volumenänderungen von Gasen, Ausdehnung von Flüssigkeiten, spezif. Wärmen der Elemente, therm. Rauschen oder elektr. Widerstand, Strahlungsdichte und -verteilung, Schallgeschwindigkeit in Gasen u.a. Prakt. Temperaturmessungen werden mit Normalgeräten (Widerstandsthermometer etc.) durchgeführt, die bei bestimmten reproduzierbaren Temperaturen kalibriert werden.

1) Ausdehnungsthermometer beruhen auf der Wärmeausdehnung der Körper.

Flüssigkeitsthermometer bestehen aus einer luftleeren Glaskapillare mit einer flüssigkeitsgefüllten Vorratskugel. Dehnt sich das Volumen aus, so wächst die Länge der Flüssigkeitssäule in der Kapillare und ist damit Maß für die Temperatur.

Thermometerflüssigkeiten.

Füllung	Messbereich (°C)	Ausdehnung $\alpha\,(\text{K}^{-1})$
Quecksilber	−38,87 bis 357 (−58 bis 357)	0,000 160 (bei 150 °C)
Thallium Gallium	0 bis 1200	0,000158 (0°C) 0,00010 (800°C)
Pentan	−200 bis 30	0,0009 (−180°C)
Ethanol	−11 bis 50	0,001 (−50°C)
Toluol	−100 bis 100	0,001 (−50°C)

2) Temperaturmesskörper.

Metallegierungen zeigen durch thermomechanische Verformung Temperaturänderungen an.

Das *Bimetallthermometer* ist ein Streifen von zwei übereinander gewalzten Metallen unterschiedlicher *Längenausdehnung, der sich temperaturabhängig krümmt.

3) Gasthermometer. Eingeschlossene Gase wie Wasserstoff, Helium und Stickstoff dehnen sich beim Erwärmen aus.

a) Volumenänderung der Gasmenge bei konstantem Druck: $T/T_0 = V_t/V_0$,

b) Druckänderung der Gasmenge bei konstantem Volumen: $T/T_0 = p_t/p_0$,

c) Dampfdruckänderung beim *Thalpotasimeter*.

4) Elektrische Thermometer

a) *Widerstandsthermometer* sind Metalldrähte, deren temperaturabhängiger Widerstand mit einer Brückenschaltung gemessen wird. *Platin-Widerstandsthermometer* sind zw. etwa $-259°C$ bis $+630°C$ einsetzbar (Messunsicherheit: 0,001 bis 0,1 Grad).

b) *Thermistoren* sind Widerstandsthermometer aus Halbleiterbauelementen:

NTC-Widerstand (Negative Temperature Coeffizient): der Widerstand nimmt mit steigender Temperatur ab.

PTC-Widerstand (Positive Temperature Coeffizient): der Widerstand nimmt mit steigender Temperatur zu.

c) *Thermoelemente* messen die Thermospannung, die zw. zwei Leitern unterschiedlicher Temperatur besteht, z. B. das *Platin-Rhodium-Thermopaar*. Bevorzugt im Bereich sehr hoher und sehr niedriger Temperaturen eingesetzt. Wegen ihrer kleinen Dimensionen (kleine Wärmekapazität) beeinflussen sie das Messergebnis kaum.

Thermopaare: Grundwerte der Thermospannung (in mV). Bezugstemperatur 0 °C (0 mV). Für Bezugstemperatur 20 °C von allen Werten die Spalte bei 20 °C subtrahieren.

Thermopaar	-50 °C	20 °C	100 °C	400 °C
Pt/10% Rh	$-0,236$	0,113	0,645	3,260
Cu/CuNi	$-1,819$	0,789	4,277	20,869
NiCr/Ni	$-1,899$	0,798	4,095	16,395
Fe/CuNi	$-2,431$	1,019	5,268	21,846

5) Strahlungsthermometer, opt. Pyrometer, messen die von festen, flüssigen oder gasförmigen Körpern im thermodynam. Gleichgewicht abgegebene Wärmestrahlung nach dem Planckschen Strahlungsgesetz.

Bolometer (Barretteranordnung). Der elektr. Widerstand dünner Metalldrähte – platiniertes Platin, Eisen, Wolfram, Heißleiter etc.; in eine mit Wasserstoff geringen Drucks gefüllte Röhre eingeschmolzen – ändert sich infolge der Strahlungswärme und wird mit einer Brückenschaltung gemessen. In einem bestimmten Spannungsbereich wächst der temperaturabhängige Widerstand und die Stromstärke bleibt nahezu konstant.

Thermometerkorrektur

Fadenkorrektur eines Flüssigkeitsthermometers, das bis zu einer bestimmten Skalenteil in eine Flüssigkeit eintaucht.

Tatsächliche Temperatur

$$\boxed{T = T_a + n\,\alpha_V\,(T_a - T_f)} \quad K,°C$$

Quecksilberfaden im Glas: $\alpha_V \approx 0{,}001\,\mathrm{K}^{-1}$
Ethanol od. Toluol in Glas: $\alpha_V \approx 0{,}000\,164\,\mathrm{K}^{-1}$

T_a	abgelesene Temperatur	(K,°C)
T_f	Fadentemperatur = mittlere Umgebungstemperatur neben der nicht eintauchenden Thermometersäule	

n	Thermometergrade des herausragenden Fadens, Skalendifferenz Ablesung–Flüssigkeitsspiegel	
α_V	thermischer Volumenausdehnungskoeffizient	

Thring-Zahl

Kennzahl der Dimension 1 für den Wärmetransport.

$$Th = \frac{\varrho\,c_p\,v}{C_{12}\,T^3} = \frac{\text{Wärmetransport}}{\text{Wärmestrahlung}}$$

c_p	Wärmekapazität	$(\mathrm{J\,kg^{-1}\,K^{-1}})$
C_{12}	Strahlungskonstante	$(\mathrm{kg\,K^{-4}\,s^{-3}})$
v	Strömungsgeschwindigkeit	(m/s)
ϱ	Dichte	$(\mathrm{kg/m^3})$

Tripelpunkt

Genauer Eispunkt.

a) Fundamentalpunkt der internationalen Temperaturskala bei 0,01 °C; Wasser liegt gleichzeitig in allen drei Aggregatzuständen vor (festes Eis, flüssiges Wasser, gasförmiger Wasserdampf); es herrscht heterogenes thermodynam. Gleichgewicht.

$$T_t = 271{,}16\,\mathrm{K} = 0{,}01\,°C$$

$$p_r = 6{,}12\,\mathrm{mbar} = 0{,}612\,\mathrm{kPa} = 612\,\mathrm{Pa}$$

b) Im Gegensatz dazu liegen beim *Eispunkt* (0 °C) Eis, luftgesättigtes flüssiges Wasser und Luft beim Normdruck 101 325 Pa und festgesetzter Luftzusammensetzung im heterogenen Gleichgewicht vor. Die flüssige und die gasförmige Phase sind hier Mischphasen.

c) Schnittpunkt von Dampfdruck-, Schmelzdruck- und Sublimationsdruckkurve im Zustandsdiagramm (Dampfdruck-Temperatur-Diagramm). Bei Reinstoffen können nie mehr als drei Phasen gleichzeitig koexistieren.

Trocknung

Thermisches Verfahren der Stofftrennung fest – flüssig (seltener: flüssig – flüssig; flüssig – Gas). Entfernen der *Feuchte eines Trockengutes durch Zu- oder Abführen von Wärme (physikal. Trocknen).

$$\text{Trockenluftbedarf} = \frac{\text{Trockenluftmasse}}{\text{Feuchtigkeitsmasse}} \quad \frac{m}{m_{H_2O}}$$

Spezifischer Wärmebedarf

$$q = \frac{\text{Wärmemmenge}}{\text{Feuchtigkeitsmenge}} = q_L + q_V$$

L = Luft, V = Verlustwärme.

Spezifischer Wärmebedarf der Trockenluft

$$q_L = \frac{Q_2 - Q_1}{x_2 - x_1}\,Q_1 Q_2$$

1 = Anfang, 2 = Ende der Trocknung.

Wärmeinhalt der Trockenluft (in kJ/kg)

$$Q = (1 + 1{,}97 \cdot x)\,t + 2490\,x$$

x absolute Feuchtigkeit $(\mathrm{kg/m^3})$.

Trocknungsverfahren

Nach der Energiezufuhr werden unterschieden:

1. Konvektionstrockung (Warmlufttrockung): Wärmeübergang vom Trockenmittel (Luft) auf das Gut.

2. Kontakttrockung: durch Wärmeleitung im Trockengut.

3. Strahlungstrockung

4. Hochfrequenztrockung

Nach der Dampfabfuhr: Luft-, Vakuum-, Heißdampftrockung.

Diskontinuierliche Warmlufttrockner

Trockenschrank	Ausbreiten auf Horden; universell, evakuierbar
Chargentrockner	Siebbleche in Hordengestellen; pastig bis grobstückige Proben

Kontinuierliche Warmlufttrockner

Kanaltrockner	Hordenwagen im Luftkanal: teigige bis grobstückige Güter
Bandtrockner	Endlosband im Gegen- oder Kreuzstrom; breiige bis grobstückige Güter
Etagentrockner	Krälarme befördern das Nassgut im Kreuz- od. Gegenstrom; Trockenmittel zw. den Etagen; rieselfähige Güter.
Stromtrockner	pneumatisches Fördern im Heißluftstrom. Für feinkörnige, pulvrige, kristalline Güter.
Fließbetttrockner	Wirbelschicht; feinkörnige Güter.
Sprühtrockner	Versprühen im Heißluftstrom; feinkörnige Güter.
Trommeltrockner	geneigte rotierende Trommel; Trockengas; Parallel- od. Gegenstrom; rieselfähige oder pastige Güter.

Kontakttrockner

(Vakuum-) Walzentrockner	an rotierender Heizwalze; flüssige bis pastige Güter.
Röhrentrockner	in von Heizgasen umspülte Röhren in einer rotierenden Trommel; schüttbare Güter.
Schneckentrockner	beheizte Schnecken und Gehäuse, die das Gut gleichzeitig fördern; flüssige bis pastige Güter.

Trockungsgeschwindigkeit

Die pro Zeiteinheit t und Trochengutoberfkäche A verdampfte Wassermenge.

$$v = \frac{m_{\mathrm{H_2O}}}{A\,t}$$

1. Trockenabschnitt: Der Feuchtigkeitsgehalt des Trockengutes nimmt linear ab; konstante Trockengeschwindigkeit.
2. Trockenabschnitt: Der Feuchtigkeitsgehalt sinkt nicht-linear; abnehmende Trocknungsgeschwindigkeit.

Trouton-Regel

Die Verdampfungsentropie nicht assoziierter Flüssigkeiten ist konstant.

$$\Delta_{\mathrm V} S = \frac{\Delta_{\mathrm V} H}{T_{\mathrm S}} \approx 84 \text{ bis } 92 \text{ J mol K}^{-1}$$

$T_{\mathrm S}$ Siedetemperatur (in K).

Trouton-Pictet-Regel

Die molare Verdampfungsenthalpie $\Delta_{\mathrm V} H$ (in kJ/mol bei $T_{\mathrm S}$) eines Lösungsmittels ist proportional zur Siedetemperatur $T_{\mathrm S}$ (in K); vgl. *Watson-Regel:

$$\Delta_{\mathrm V} H \approx 83{,}74 \cdot T_{\mathrm S}\ \frac{\mathrm J}{\mathrm{mol}}$$

Umwandlungswärme *latente Wärme

Van-der-Waals-Gleichung

Zustandsgleichung für ein *reales Gas* und Flüssigkeiten; berücksichtigt das Eigenvolumen der Moleküle:

Covolumen b = 4-faches Eigenvolumen

und die zwischenmolekularen Anziehungskräfte:

Kohäsionsdruck (Binnendruck) $a/V_{\mathrm m}^2$

$$\left(p + \frac{a\,n^2}{V} \right) (V - n\,b) = n\,R\,T$$

stoffmengenbezogen

$$\left(p + \frac{a}{V_{\mathrm m}^2} \right) (V_{\mathrm m} - b) = RT$$
$$p V_{\mathrm m} \approx RT + p\left(b - \frac{a}{RT} \right)$$

Im *Zweiphasengebiet* nicht gültig (durch Gerade ersetzen)!

Bei der BOYLE-Temperatur ist $b - a/RT = 0$ und das Gas verhält sich scheinbar ideal.

1) Van-der-Waals-Isothermen. Parabeln 3. Grades für gegebene Temperaturen im $p(V)$-Phasendiagramm.

$$V^3 - \left(b + \frac{RT}{p} \right) V^2 + \frac{a}{p} V - \frac{ab}{p} = 0$$

Das $p(V)$-*Zustandsdiagramm* zeigt eine Isothermenschar.

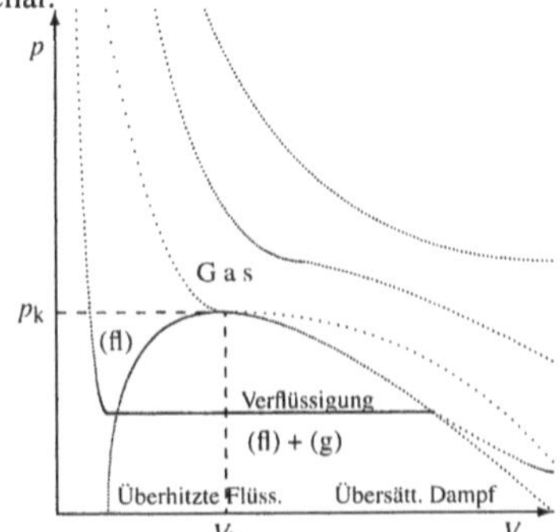

$T > T_{\mathrm k}$: $p(V)$ fällt nicht linear.
Kritischer Punkt $T_{\mathrm k}$ = Sattelpunkt $p_{\mathrm k}(V_{\mathrm k})$.
$T < T_{\mathrm k}$, V klein: Koexistenz feste + flüssige Phase.
$T < T_{\mathrm k}$ und V groß: $p(V)$-Kurve fällt nicht linear.

2) Kritische Zustandsgrößen

Kritischer Punkt $(p_{\mathrm k}, V_{\mathrm k}, T_{\mathrm k})$; die Eigenschaften von Flüssigkeit und Gas werden identisch. Oberhalb $T > T_{\mathrm k}$ ist das Gas auch bei höchsten Drücken nicht verflüssigbar.

Kritisches Volumen	$V_{\mathrm k} = 3b$
Kritisches Druck	$p_{\mathrm k} = \dfrac{a}{27\,b^2}$
Kritisches Temperatur	$T_{\mathrm k} = \dfrac{8}{27}\dfrac{a}{b\,R}$
Gasgesetz	$\dfrac{p_{\mathrm k}\,V_{\mathrm{m,k}}}{T_{\mathrm k}} = \dfrac{3}{8}\,R$

Realgasfaktor = kritischer Koeffizient

$$Z_{\mathrm k} = \frac{p_{\mathrm k}\,V_{\mathrm{m,k}}}{R\,T_{\mathrm k}} = \frac{3}{8}$$

Gasdichte $\varrho = \dfrac{p}{Z\,R_{\mathrm B}\,T}$

Oberhalb des kritischen Punktes ($p > p_{\mathrm k}$, $T > T_{\mathrm k}$) liegt ein *überkritisches Fluid* vor mit einer Dichte zw. Flüssigkeit und Gas; gasähnliche Viskosität und Diffusionskoeffizienten; flüssigkeitsähnliches Lösungsverhalten.

Anwendung: *überkritisches* CO_2 als Lösungsmittel für Alkane, Terpene, PAK, PCB, Aldehyde, Ester, Fette, Organochlorverbindungen.

Stoff	T_k (°C)	p_k (MPa)
N_2	–147,1	3,39
Luft	–140,7	3,65 (36,5 bar)
O_2	–118,8	5,05
CO_2	+ 32,3	7,37
Methanol	+239,4	8,09
H_2O	+374,2	22,06

3) Van-der-Waals-Konstanten. Stoffspezifisch.

$$a = 3\, p_k\, V_{m,k}^2 = \frac{27\, T_k^2\, R^2}{64\, p_k}$$

$$b = \frac{T_k\, R}{8\, p_k} = \frac{V_{m,k}}{3}$$

$V_{m,k}$	kritisches molares Volumen	(m^3/mol)
p_k	kritischer Druck	$(Pa = N/m^2)$
R	molare Gaskonstante	$(J\,mol^{-1}K^{-1})$
T_k	kritische Temperatur	(K)

4) Reduzierte Van-der-Waals-Gleichung, auf die krit. Werte bezogen; näherungsweise für alle Gase und Flüssigkeiten (Theorem der übereinstimmenden Zustände).

$$\left(\frac{p}{p_k} + 3\frac{V_k^2}{V^2}\right)\left(\frac{3V}{V_k} - 1\right) = 8\frac{T}{T_k}$$

$$\left(\pi + \frac{3}{\Phi^2}\right)(3\Phi + 1) = 8\Theta$$

$\pi = p/p_k$	reduzierter Druck	(Dim. 1)
$\Phi = V/V_k$	reduziertes Volumen	(Dim. 1)
$\Theta = T/T_k$	reduzierte Temperatur	(Dim. 1)

5) Redlich-Kwong-Zustandsgleichung, bezogen auf 1 mol reales Gas.

$$p = \frac{R\,T}{V_m - b} - \frac{a}{\sqrt{T}\, V_m\,(V_m + b)}$$

REDLICH-KWONG-Konstanten (stoffspezifisch)

$$a = \frac{0{,}4278 \cdot R^2\, T_k^{2,5}}{p_c}$$

$$b = \frac{0{,}0867 \cdot R\, T_k}{p_c}$$

Kritische Daten und VAN-DER-WAALS-Konstanten

Gas	T_k (K)	p_k (bar)	a $(\ell^2\,bar/$ $/mol^2)$	b (ℓ/mol)
He	5,2010	2,275	0,03457	0,02376
Ne			0,2135	0,02709
Kr			2,352	0,03981
H_2	33,240	12,96	0,2476	0,02661
N_2	126,20	34,00	1,366	0,03858
Luft	132,507	37,66	1,360	0,03657
O_2	154,576	50,43	1,382	0,03186
CH_4	190,56	45,950	2,3047	0,04310
CO_2	304,2	73,825	3,656	0,04282
CO			1,505	0,03985
Propan	370	42,60	9,37	0,0903
NH_3	405,6	113,0	4,246	0,03730
Cl_2	417	77,0	6,59	0,0563
Butan	425,18	37,96	13,89	0,1164
H_2O	647,30	221,20	5,5242	0,03041

$1\,\ell^2 bar/mol = 1\,dm^6 bar/mol^2 = 10^5\,N\,m^4/kmol^2$
$1\,m^3/kmol = 1\,dm^3/mol = 1\,\ell/mol$
$1\,bar = 10^5\,Pa = 0{,}1\,MPa$

Verbrennungsenthalpie

Verbrennungswärme (*Brennwert) von festen, flüssigen oder gasförmigen Energieträgern.

- Reaktionsenthalpien $\Delta_R H = H_2 - H_1$: bei Verbrennung unter konstantem Druck, oder
- Reaktionsenergien $\Delta_R U = U_2 - U_1$: bei Verbrennung unter konstantem Volumen,

die vom System abgegeben wird (negatives Vorzeichen!). Die Temperatur der Edukte und Produkte vor und nach der Verbrennung sei gleich (sämtliche Stoffe auf 25 °C bezogen). Die bei der Verbrennung verrichtete *Volumenarbeit* ist bei den festen und flüssigen Komponenten meist vernachlässigbar.

$$\Delta_R H - \Delta_R U = p\,(V_2 - V_1) = p\,\Delta V \approx 0$$

Für die gasförmigen Anteile:

$$\boxed{\Delta_R H - \Delta_R U = (n_2 - n_1)\,R\,T = \Delta n\,R\,T}$$

Abgrenzung: *Heizwert.

R	molare Gaskonstante $(J\,mol^{-1}K^{-1})$,
T	thermodynamische Bezugstemperatur,
n_1	Stoffmenge der gasförmigen Edukte,
n_2	gasförmigen Verbrennungsprodukte.

Verbrennungsmotor

Kolbenmaschine auf Basis eines *Otto-, *Diesel- oder *Seiliger-Prozess.

1) Therm. Wirkungsgrad (idealer Kreisprozess)

$$\eta_{th} = 1 - \frac{q_{ab}}{q_{zu}}$$

Otto:
$$\eta_{th} = 1 - \frac{1}{\varepsilon^{\kappa - 1}}$$

Diesel:
$$\eta_{th} = 1 - \frac{\varphi^{\kappa} - 1}{\kappa\,\varepsilon^{\kappa - 1}(\varphi - 1)}$$

Seiliger:
$$\eta_{th} = 1 - \frac{\psi\varrho^{\kappa} - 1}{\varepsilon^{\kappa - 1}[\psi - 1 + \psi\kappa(\varrho - 1)]}$$

κ Isentropenexponent

Verdichtungsverhältnis

$$\varepsilon = \frac{\text{entspanntes Volumen } V_1}{\text{verdichtetes Volumen } V_2}$$

Füllungsgrad (Diesel-Prozess)

$$\varepsilon = \frac{\text{Volumen nach Wärmezufuhr } V_3}{\text{Volumen vor Wärmezufuhr } V_2}$$

Drucksteigerungsverhältnis (Diesel: $\psi = 1$)

$$\psi = \frac{\text{Druck nach Wärmezufuhr } p_3}{\text{Druck vor Wärmezufuhr } p_2}$$

Volldruckverhältnis (Seiliger-Prozess)

$$\varrho = \frac{\text{Volumen nach isobarer Wärmezufuhr } V_4}{\text{Volumen vor isobarer Wärmezufuhr } V_3}$$

2) Idealer Motor (Idealprozess)
Mitteldruck des Idealmotors

$$p_{th} = \frac{\varepsilon}{\varepsilon - 1}\,\frac{q_{zu}\eta_{th}}{v_{in}} = \frac{\varepsilon\,\varrho_1 q_{zu}\eta_{th}}{\varepsilon - 1}$$

v_{in}	spezifisches Ansaugvolumen.
ϱ_1	Dichte der Zylinderfüllung vor Kompression.

Leistung des Idealmotors

$$P_{th} = \frac{2\,p_{th}V_{hub}n}{t}$$

$t = 2$ Zweitaktmotor, $t = 4$ Viertaktmotor; n Motordrehzahl.

Wirkungsgrad des Idealmotors

$$\eta_{th} = 1 - \frac{q_{ab}}{q_{zu}} = \frac{w_{th}}{H_u} = \frac{P_{th}}{\dot{m}_B H_u}$$

Luftverhältnis

$$\lambda = \frac{\text{tatsächlicher Luftbedarf } m_L}{\text{stöchiometrischer Luftbedarf } m_{th}}$$

Frischladungsmenge

Diesel- und Ottomotor
mit Einspritzung $m_G = \lambda\, m_{L,th}$

Ottomotor mit Ansaugen
des Benzin-Luft-Gemisches $m_G = \lambda\, m_{L,th} + 1$

H_u	Heizwert des Brennstoffes	(J/kg)
$\dot{m}_B$	Brennstoffmassenstrom	(kg/s)
q	spezifische Wärme	(J/kg)
w_{th}	spezifische Arbeit (J/kg Brennstoff)	

3) Realer Motor (z Zylinderzahl)

Hubvolumen des Motors („Hubraum")

$$V_{hub} = z\, V_{hub,z} = \frac{z \pi d^2 h}{4}$$

Hubverhältnis (eines Zylinders)

$$x_h = \frac{\text{Kolbenhub } h}{\text{Zylinderdurchmesser } d}$$

Verdichtungsverhältnis (eines Zylinders)

$$\varepsilon = \frac{\text{Hub-und-Verdichtungsvolumen } V_{hub} + V_c}{\text{Verdichtungsraum } V_c}$$

Liefergrad (eines Zylinders)

$$\varphi = \frac{\text{Frischladungsmasse } m_F}{\text{Brennstoffdichte } \varrho_F \cdot \text{Hubvolumen } V_{hub}}$$

Mittlere Kolbengeschwindigkeit

$$\bar{v} = 2hn$$

Mittlerer Nutzdruck $\sim$ innerer Wirkdruck

$$p_{eff} = \frac{H_u\, \varphi\, \varrho_F\, \eta_{eff}}{m_G} = p_i \eta_{mec}$$

$$\frac{p_{eff}}{\varphi\, \eta_{eff}} = \frac{p_i}{\varphi\, \eta_i} = \frac{(\varepsilon - 1)\, p_{th}}{\varepsilon\, \eta_{th}}$$

Nutzdrehmoment d. Motors ($t = $ 2- oder 4-Takt)

$$M = \frac{V_{hub}\, p_{eff}}{\pi\, t}$$

Innere (indizierte) Motorleistung (z Zylinder)

$$P_i = \frac{2V_{hub}\, n\, p_i}{t} = \frac{z\, \pi\, d^2 h\, n\, p_i}{2t}$$

Nutzleistung des Motors

$$P_{eff} = \frac{2V_{hub}\, n\, p_{eff}}{t} = \frac{z\, \pi\, d^2 h\, n\, p_{eff}}{2t}$$

Mechan. Wirkungsgrad

$$\eta_{mec} = \frac{\text{Nutzleistung}}{\text{innere Leistung}}\, \frac{P_{eff}}{P_i} = \frac{P_{eff}}{P_{eff} + P_V}$$

P_V Verlustleitung (Reibung, Hilfsaggegate).

Innerer (indizierter) Wirkungsgrad

$$\eta_i = \frac{\text{innere Leistung}}{\text{Verbrennungsleistung}}\, \frac{P_i}{\dot{m}_B H_u} = \eta_g \eta_{th}$$

Gütegrad e. Motors

$$\eta_g = \frac{\text{innere Leistung}}{\text{theoret. Leistung}}\, \frac{P_i}{P_{th}} = \frac{p_i}{p_{th}} = \frac{\eta_i}{\eta_{th}}$$

Nutzwirkungsgrad e. Motors

$$\eta_{eff} = \frac{\text{Nutzleistung}}{\text{Verbrennungsleistung}}\, \frac{P_{eff}}{\dot{m}_B H_u}$$

$$\eta_{eff} = \eta_i \eta_{mec} = \eta_g \eta_{th} \eta_{mec} = \frac{1}{b_{eff} H_u}$$

Spezif. Kraftstoffverbrauch

$$b_{eff} = \frac{\dot{m}_B}{P_{eff}} = \frac{1}{\eta_{eff} H_u}$$

4) Realer Zweitaktmotor (Diesel-Prozess)

$1 \rightarrow 2$:   isentrope Verdichtung (Druckanstieg) Kolbenbewegung zum oberen Totpunkt.

$2 \rightarrow 3 \rightarrow 4$: Einspritzung: isobare Wärmezufuhr + isentrope Expansion.

$4 \rightarrow 5$:   Expansion

$5 \rightarrow 6 \rightarrow 7$: Auslass: Druckabfall auf 1 bar, Erreichen des unteren Totpunktes der Kolbenbewegung.

$8 \rightarrow 9$:   Spülen und Frischladen.

5) Realer Viertaktmotor (Diesel-Prozess)

$1 \rightarrow 2$:   isentrope Verdichtung (Druckanstieg).

$2 \rightarrow 3 \rightarrow 4$: Einspritzung: isobare Wärmezufuhr + isentrope Expansion.

$5 \rightarrow 6$:   Druckabfall auf 1 bar, Erreichen des unteren Totpunktes der Kolbenbewegung.

$6 \rightarrow 7$:   Ausschieben der Verbrennungsgase (1 bar), Kolbenbewegung zum oberen Totpunkt. Auslassventil auf.

$8 \rightarrow 1$:   Ansaugen (1 bar): Kolbenbewegung zum unteren Totpunkt. Einlassventil auf.

Verdampfen

Thermisches Verfahren der Stofftrennung fest/flüssig und flüssig/flüssig auf Grund unterschiedl. *Dampfdrücke. Einfluss auf die Verdampfung haben: Temperaturgefälle zw. Heizmedium und Lösung, Beheizung, Heizfläche, Wärmeübertragung, Strömungswiderstände, Viskosität, Siedepunktserhöhung, Schaumbildung, Kristallisationsneigung, Höhe der Lösungssäule (Siedetemperaturgefälle).

Übertragene Wärmemenge pro Zeiteinheit

$$\dot{Q} = \text{const} \cdot A$$

Verdampfungsverfahren

a) *Vertikalrohrverdampfer:* universell für Trink- und Speisewasser; Heizkammer mit senkrechtem Röhrensystem und Brüdenkammer.

b) *Horizontalrohrverdampfer:* Kessel mit waagrechtem Röhrensystem und separater Brüdenkammer.

c) *Schrägrohrverdampfer.* Heizraum mit Röhrensystem, um 45° gegen den anschließenden Brüdenraum geneigt.

d) *Fallfilmverdampfer:* für temperaturempfindliche oder schäumende Lösungen. Verteilung der Lösung über Düsen auf die Innenwände der Siederohre.

e) *Rotorverdampfer:* Verteilung der Lösung über eine senkrechtes Rotorsystem als Film an der Heizmantelinnenwand.

f) *Zentrifugalverdampfer:* rotierende Kammer mit kegelförmig angelegten Heizsegmenten, auf denen die Lösung durch Zentrifugalkraft als Film verteilt wird.

g) *Schneckenverdampfer:* für dickflüssige bis teigige Lösungen. Fördern, Verteilen und Verdampfen auf beheizten Schneckenpaaren.

Verdampfungsenthalpie

Energie, die beim *Phasenübergang flüssig-gasförmig (Verdampfen) aufzuwenden ist und beim Kondensieren frei wird. Bei Reinstoffen ändert sich die Siede- bzw. Kondensationstemperatur während des Siedens bzw. Kondensierens nicht.

$$\boxed{\Delta_\mathrm{V} H = m\,\Delta_\mathrm{V} h} \quad \mathrm{J}$$

$\Delta_\mathrm{V} h$ spezif. Verdampfungsenthalpie (J/kg)

1) Molare Verdampfungsenthalpie von Wasser: 40,651 kJ/mol (bei 100 °C),

2) Summe aus innerer Verdampfungsenergie $\Delta_\mathrm{V} U$ (zur Überwindung der molekularen Anziehungskräfte) und der molaren Volumenarbeit („äußere Verdampfungswärme"); wobei meist $V_\mathrm{flüss.}$ vernachlässigbar und mit $pV = nRT$ (∗).

$$\Delta_\mathrm{V} H = \Delta_\mathrm{V} U + p\,(V_\mathrm{gaf.} - V_\mathrm{flüss.}) \overset{*}{\approx} \Delta_\mathrm{V} U + RT$$

Vgl. *Clausius-Clapeyron-Gleichung, *Kirchhoff-Gleichung.

3) Watson-Regel. Die Verdampfungsenthalpie $\Delta_\mathrm{V} H$ (in kJ/mol) eines Lösungsmittels ist abhängig von der Temperatur T (in K) und kann aus seiner krit. Temperatur T_k (in K) abgeschätzt werden:

$$\frac{\Delta_\mathrm{V} H(T_2)}{\Delta_\mathrm{V} H(T_1)} = \left(\frac{T_\mathrm{k} - T_2}{T_\mathrm{k} - T_1}\right)^{0{,}38}$$

Stoff	Verdampfungs-enthalpie $\Delta_\mathrm{V} h$ (kJ/kg)	Siede-temperatur T_b (°C)
He	20,9	−268,94
Luft	197	−192,3
N_2	201	−195,75
O_2	213,5	−182,95
$CHCl_3$	247	
Hg	284,7	
Cl_2	289	− 34,45
Terpentin	293,1	
Toluen	347,5	
Butan	386	− 0,65
SO_2	401,9	
Propan	426	− 42,05
H_2	467,2	−252,75
CH_4	510	−161,45
CO_2	572,8	− 78,45
Bi	837,4	
Ethanol	858	
Pb	921	
Cd	1005	
Sb	1256	
NH_3	1369	− 33,45
Au	1758	
Zn	1800,3	
K	2051,5	
Ag	2177,1	
H_2O	2256,2	100,00
Pt	2512	
Sn	2595,8	
Mn	4186,8	
Na	4186,8	
Cu	4647,3	
W	4814,8	

Mg	5652,2
Ni	6196,5
Fe	6364
Co	6489,5
Al	11723

Verdichter *Kompressor.

Verdichtung

Bei Kolbenmaschinen zw. unterem Totpunkt (UT) und oberem Totpunkt (OT).

Verdichtungsverhältnis

$$\boxed{\varepsilon = \frac{V_\mathrm{h} + V_\mathrm{c}}{V_\mathrm{c}} = 1 + \frac{V_\mathrm{h}}{V_\mathrm{c}}} \quad (\mathrm{Dim.1})$$

Höhenänderung des Hubraumes (Abstand UT-OT)

$$\Delta h = \frac{s}{\varepsilon_1 - 1} - \frac{s}{\varepsilon_2 - 1} \quad (\mathrm{m})$$

s	Kolbenhub	(cm)
V_c	Verdichtungsraum; zw. OT und Zylinderwand	(cm^3)
V_h	Hubraum	(cm^3)
$\varepsilon_1, \varepsilon_2$	Verdichtungsverhältnis am UT bzw. OT	

Virialgleichung

Exakte Beschreibung des *realen Gases mit empir., temperaturabh. *Virialkoeffizienten* $A, B, C, \dots$.

$$pV = RT + Bp + Cp^2 + Dp^3 + \dots$$

Näherung: *Van-der-Waals-Gleichung.

Volumen

Abgeschlossenes System

$$V = V(p,T) \Rightarrow \mathrm{d}V = \left(\frac{\partial V}{\partial T}\right)_p \mathrm{d}T + \left(\frac{\partial V}{\partial p}\right)_T \mathrm{d}p$$

Offenes System (d. h. Stoff- und Energieaustausch mit der Umgebung).

$$V(p,T,n) = \left(\frac{\partial V}{\partial T}\right)_{p,n} \mathrm{d}T +$$

$$\left(\frac{\partial V}{\partial p}\right)_{T,n} \mathrm{d}p + \sum_i \left(\frac{\partial V}{\partial n_i}\right)_{T,p,n_{j \neq i}} \mathrm{d}n_i$$

molares Volumen im offenen System

$$V_m(p,T) = \left(\frac{\partial V}{\partial n}\right)_{T,p}$$

Volumenarbeit

Volumenänderungsarbeit. Ein ideales Gas im abgeschlossenen System (kein Stoff- und Energieaustausch mit Umgebung) leistet nur reversible Volumenarbeit; Fläche unter der Kurve der Zustandsänderung im $p(V)$-Diagramm. δW ist kein totales Differential, weil W keine Zustandsgröße, sondern wegabhängige Prozessgröße ist.

$$\boxed{\delta W = -p\,\mathrm{d}V} \Leftrightarrow W_{12} = -\int_{V_1}^{V_2} p(V)\,\mathrm{d}V$$

Anwendung: Kolbenmaschine

$$W = F\,\Delta s = p\,\Delta V$$

Volumenausdehnung, thermische

Volumenänderung von Gasen und Flüssigkeiten bei Änderung der Temperatur.

$$\boxed{V(T) = V_0\,(1 + \alpha_\mathrm{V}\,\Delta T)}$$

für Gase: GAY-LUSSAC-Gesetz.

$$V(T) = V_0 \frac{T}{T_0}$$

V_0 Volumen bei Bezugstemperatur
       (Flüssigkeiten: 20 °C = 293 K; Gase: 0 °C)
T_0 Normtemperatur (0 °C = 273,15 K),
ΔT Temperaturänderung (K).

Volumenausdehnungskoeffizient

Kubischer Ausdehnungskoeffizient, Raumausdehnungskoeffizient. Temperaturabhängige Volumenänderung bei konstantem Druck.

$$\boxed{\alpha = \frac{1}{V} \left(\frac{\partial V}{\partial T}\right)_p} \quad K^{-1}$$

Spezialfall: ideales Gas

$$\alpha = \beta = \frac{R}{pV} = \frac{R\,\kappa}{V} = \frac{1}{T}$$

Ideales Gas bei Normtemperatur

$$\alpha_0 = \frac{1}{273,15\ \text{K}} = 0,003\ 661\ K^{-1}$$

Feste und flüssige Stoffe

$$\boxed{\alpha_V \approx 3\,\alpha_l} \quad K^{-1} = \frac{m^3}{m^3\,K}$$

β thermischer Spannungskoeffizient (K^{-1})
κ Kompressibilitätskoeffizient (Pa^{-1})

Thermischer Volumenausdehnungskoeffizient (20 °C)

Stoff	α_V (in K^{-1})	Temp.
Wasser	—0,000 0852	0,01 °C
Wasser	+0,000 2066	20 °C
Wasser	+0,000 5288	60 °C
Wasser	+0,000 7547	100 °C
Wasser	+0,001 3721	200 °C
Quecksilber	+0,000 182	20 °C
Glycerin	+0,000 50	20 °C
Petroleum	+0,000 92	20 °C
Benzin	+0,001 00 (ca.)	20 °C
Terpentin	+0,001 00	20 °C
Toluol	+0,001 08	20 °C
Ethanol	+0,001 10	20 °C
Pentan	+0,001 58	20 °C
Luft	+0,005 852	–100 °C
Luft	+0,003 968	–20 °C
Luft	+0,003 674	0 °C
Luft	+0,003 421	20 °C
Luft	+0,003 007	60 °C
Luft	+0,002 683	100 °C
Luft	+0,002 115	200 °C
Luft	+0,001 293	500 °C
Luft	+0,000 7853	1000 °C

Wärme

Wärmeenergie, Wärmemenge Q, die wegen eines Temperaturunterschieds zw. zwei Körpern ausgetauscht wird. Wärme fließt stets vom „heißeren" zum „kälteren" System. Wärmeübertragung bewirkt Temperaturerhöhung, sofern keine Phasenübergänge stattfinden.

$$\delta Q = m\,c\,dT = n\,C_m\,dT$$
$$Q_{12} = m \int_{T_1}^{T_2} c(T)\,dT = m\,\bar{c}\,(T_2 - T_1)$$
$$= n \int_{T_1}^{T_2} C_m(T)\,dT = n\,\bar{C}_m\,(T_2 - T_1)$$

Bei konstantem Druck: *Enthalpie.
Bei konstantem Volumen: *innere Energie.

$\bar{c}$ mittlere spezif. Wärmekapazität $(J\,kg^{-1}K^{-1})$
$\bar{C}_m$ mittlere molare Wärmekapazität $(J\,mol^{-1}K^{-1})$
m Masse   (kg)
n Stoffmenge   (mol)

Reversibel übertragene Wärme.

Bei *Kreisprozessen die Fläche unter der Kurve der Zustandsänderung im $S(T)$-Diagramm.

$$\boxed{\delta Q_{rev} = T\,dS \quad \Rightarrow \quad Q_{12.rev} = \int_1^2 T\,dS}$$

Wärmeaustausch

Übertragung von Wärmeenergie von einem heißeren auf ein kälteres Medium zum Heizen oder Kühlen; Triebkraft des Wärmestroms ist das Temperaturgefälle.

Wärmebilanz

Für eine chemische Reaktion.

$$\frac{\partial T}{\partial t} = -\frac{1}{\varrho c_p}\,\nabla q - \nabla(vT) - \frac{-\Delta H_R}{\varrho c_p}\,r$$

r Reaktionsgeschwindigkeit

Wärmedämmstoff

Porosierte, luft- oder schwergasgeschäumte oder faserartige Materialien mit einer Wärmeleitfähigkeit $\lambda < 0{,}1\ W\,K^{-1}m^{-1}$; abhängig von Dichte, elektr. Leitfähigkeit, Temperatur und Feuchte.

Wärmedichte

oder *volumenbezogene Wärme*

$$\boxed{w_{th} = \frac{Q}{V}} \quad \frac{J}{m^3}$$

Wärmedurchgang

Wärmeübertragung durch ein Medium in drei Schritten:
1. Wärmeübergang (durch Konvektion und Strahlung) von einem Fluid auf eine Wand,
2. Wärmeleitung durch die Wand,
3. Wärmeübergang (durch Konvektion und Strahlung) von der Wand auf ein Fluid.

1) Wärmedurchgang durch ebene Wand.
Transmissionswärmestrom zw. zwei Fluiden (F1, F2), die durch eine Wand voneinander getrennt sind.

$$\boxed{\dot{Q} = k\,A\,(T_1 - T_2)} \quad W$$

k Wärmedurchgangskoeffizient

Äquivalente Temperatur der Wandflächen = Anteil durch Konvektion (K) und Wärmestrahlung (S).

$$T_1 = \frac{\alpha_{K,1} T_{F,1} + \alpha_{S,1} T_{U,1}}{\alpha_1} \approx T_{F,1}$$
$$T_2 = \frac{\alpha_{K,2} T_{F,2} + \alpha_{S,2} T_{U,2}}{\alpha_2} \approx T_{F,2}$$

fluidseitige Wärmeübergangskoeffizienten

$$\alpha_1 = \alpha_{K,1} + \alpha_{S,1}$$
$$\alpha_2 = \alpha_{K,2} + \alpha_{S,2}$$

OHMsches Gesetz des Wärmedurchgangs

$$\boxed{\Delta T = R_k\,\dot{Q}} \quad \Leftrightarrow \quad \boxed{\dot{Q} = \frac{\Delta T}{R_k}}$$

R_k Wärmedurchgangswiderstand
T_1, T_2 äquiv. Temperatur der strömenden Medien

8

Thermodynamik

T_U Oberflächentemp. d. Umschließungsflächen
d. Fluids (Strahlungsaustausch mit Wandseite)

2) Wärmedurchgang durch mehrschichtige Wand

Wärmestromdichte

$$q = \frac{\dot{Q}}{A} = k\,(T_i - T_a) \qquad \text{W/m}^2$$

i = innen. a = außen.

Wärmedurchgangswiderstand

$$\frac{1}{k} = \frac{1}{\alpha_i} + \sum_{i=1}^{n} \frac{s_i}{\lambda_i} + \frac{1}{\alpha_a}$$
$$\underbrace{\qquad\qquad}_{1/\Lambda}$$

Temperaturverlauf

Innenwand: $T_0 = T_i - \dfrac{1}{\alpha_i}\,q$

1. Schicht: $T_1 = T_0 - \dfrac{s_1}{\lambda_1}\,q$

i-te Schicht: $T_i = T_{i-1} - \dfrac{s_i}{\lambda_i}\,q$

Außenwand: $T_n = T_a + \dfrac{1}{\alpha_a}\,q$

T_0 Oberflächentemperatur der Innenwand, T_n der Außenwand.

3) Wärmedurchgang durch Rohrwand

Ein- oder N-mehrschichtige zylindr. Wand

$$\dot{Q} = 2\pi l\,k\,(T_i - T_a) =$$
$$= \frac{2\pi\,l\,\Delta T}{\dfrac{1}{\alpha_i\,r_i} + \left[\displaystyle\sum_{i=1}^{N} \frac{1}{\lambda_i}\ln\frac{r_{a,i}}{r_{i,i}}\right] + \dfrac{1}{\alpha_a\,r_a}}$$

r_i, r_a Innen- und Außenradius,
l Rohr- bzw. Behälterlänge, α Wärmeübergangskoeffizient.

Überschlagsformel für Wärmeverlust: *isoliertes Rohr* ($\alpha_i \gg \alpha_a$)

$$\dot{Q} \approx \frac{2\pi\,l\,\Delta T}{\dfrac{1}{\lambda}\left(\ln\dfrac{r_a}{r_i} + \dfrac{1}{\alpha_a\,r_a}\right)}$$

Temperaturänderung des Mediums im Rohr durch Wärmeverlust.

$$\ln\frac{T(x) - T_{amb}}{T_{in} - T_{ex}} = \frac{\dot{Q}_{in}}{\dot{m}\,c_p\,(T_{in} - T_{amb})}$$

amb = Umgebung, ex = Austritt, in = Eintritt, l Länge.

4) Wärmedurchgang durch Kugelschale

Ein- oder N-mehrschichtige Wand auf der Hohlkugel.

$$\dot{Q} = k\,(T_i - T_a) =$$
$$= \frac{4\pi\,\Delta T}{\dfrac{1}{\alpha_i\,r_i^2} + \left[\displaystyle\sum_{i=1}^{N}\frac{1}{\lambda_i}\left(\frac{1}{r_{1,i}} - \frac{1}{r_{2,i}}\right)\right] + \dfrac{1}{\alpha_a\,r_a^2}}$$

d_i, d_a Innen- und Außendurchmesser,
l Rohr- bzw. Behälterlänge, α Wärmeübergangskoeffizient.

Wärmedurchgangskoeffizient

Wärmedurchgangszahl oder *k-Wert*. Maß für den *Wärmedurchgang, d. h. die Wärmeübertragung zw. zwei strömenden Medien, die durch eine feste Wand voneinander getrennt sind. Eine mehrschichtige Wand stellt man sich aus Teilschichten der Dicke d_i vor.

mehrschichtige, ebene Wand

$$k = \frac{1}{\dfrac{1}{\alpha_1} + \underbrace{\displaystyle\sum \frac{d_i}{\lambda_i}}_{R_\lambda\,A} + \dfrac{1}{\alpha_2}} \qquad \frac{\text{W}}{\text{m}^2\,\text{K}}$$

zylindrisches, dickes Rohr

$$k = \frac{1}{A}\,\frac{\pi\,l}{\dfrac{1}{\alpha_1 d_1} + \dfrac{1}{2\lambda}\ln\dfrac{d_2}{d_1} + \dfrac{1}{\alpha_2 d_2}}$$

d Rohrdurchmesser (1 = innen, 2 = außen)
α Wärmeübergangskoeffizient der Wandseite
λ Wärmeleitfähigkeit der Wand, des Rohrmantels.

Wärmedurchgangskoeffizient k $(\text{W}\,\text{m}^{-2}\text{K}^{-1})$

Fluid im Rohr	Äußeres Fluid	k-Wert
Luft	Rauchgas	6 … 12
Wasser	Kühlsole	8 … 16
Wasser	Luft	8 … 14
Öl	Wasser	90 … 140
Wasser	Wasser	850 … 1700

Wärmedurchgangsstrom

~ Temperaturgefälle · Fläche

$$\mathrm{d}\dot{Q} = k\,(T_1 - T_0)\,\mathrm{d}A \qquad \text{W}$$

Wärmedurchgangswiderstand

Wärmeübergangswiderstand (innen $R_{\alpha,i}$ und außen $R_{\alpha,a}$) und Summe der Wärmeleitwiderstände $R_{\lambda,i}$ aller Teilschichten.

$$R_k = \frac{1}{k\,A} = R_{\alpha,i} + \sum_i R_{\lambda,i} + R_{\alpha,a} \qquad \text{K/W}$$

Wärmedurchgangswiderstand, spezifischer

Flächenbezogener Wärmedurchgangswiderstand R_k, Kehrwert des Wärmedurchgangskoeffizienten.

$$\varrho_k = R_k\,A = \frac{1}{k} \qquad \frac{\text{m}^2\,\text{K}}{\text{W}}$$

Wärmedurchlasswiderstand

Wärmeleitungswiderstand mal durchströmte Fläche.

einschichtige Wand $\dfrac{1}{\Lambda} = \dfrac{d}{\lambda}$ $\text{K}\,\text{m}^2/\text{W}$

Mehrschichtige Wand $\dfrac{1}{\Lambda} = \dfrac{d_1}{\lambda_1} + \dfrac{d_2}{\lambda_2} + \cdots + \dfrac{d_n}{\lambda_n}$

d Dicke der Wand.

Wärmeeindringungskoeffizient

Maß für die Wärme, die nach plötzlicher Erhöhung der Oberflächentemperatur und definierter Zeit (z. B. beim Aufheizen, Abkühlen) in einen Körper eingedrungen ist.

$$b = \sqrt{\lambda \varrho c_p} \qquad \text{JK}^{-1}\text{m}^{-2}\text{s}^{1/2}$$

Wärmeleitfähigkeit λ, Dichte ϱ, spezif. Wärmekapazität c_p.

Wärmeenergiedichte

$\dfrac{\text{Wärmemenge}}{\text{Volumen}}$ $q = \dfrac{Q}{V}$ J/m^3

Wärmeerzeugung

*Verbrennung, *Heizwert, *Brennwert, *Dampferzeugung, *Heizung, *Wärmeträger.

Wärmefeld

1) Laplace-Gleichung des Wärmefeldes

$$\Delta\varphi = \operatorname{div}\vec{E}_w = -\operatorname{div}\operatorname{grad}T$$
$$= \frac{\partial^2 T}{\partial x^2} + \frac{\partial^2 T}{\partial y^2} + \frac{\partial^2 T}{\partial z^2} = 0$$

$\vec{E}_w$ Transportfeldstärke, T Temperatur.

2) Kontinuitätsgleichung des Wärmefeldes in differentieller Schreibweise:

$$\operatorname{div}\vec{E}_w = \frac{\partial\vec{E}_w}{\partial x} + \frac{\partial\vec{E}_w}{\partial y} + \frac{\partial\vec{E}_w}{\partial z} = 0$$

$\vec{E}_w$ Transportfeldstärke.

Wärmekapazität

Verhältnis von Wärmemengenänderung durch Temperaturänderung bei konstantem Druck (*isobare Wärmekapazität*) oder konstantem Volumen (*isochore Wärmekapazität*).

Allgemein:	$C = \frac{\Delta Q}{\Delta T} = m\,c$	J/K
Konstantdruck:	$C_p = \left(\frac{\mathrm{d}H}{\mathrm{d}T}\right)_p = T\left(\frac{\mathrm{d}S}{\mathrm{d}T}\right)_p$	
Konstantvolumen:	$C_V = \left(\frac{\mathrm{d}U}{\mathrm{d}T}\right)_V = T\left(\frac{\mathrm{d}S}{\mathrm{d}T}\right)_V$	

c	spezifische Wärmekapazität	$(\mathrm{J\,kg^{-1}K^{-1}})$
H	Enthalpie = Wärme bei Konstantdruck	(J)
m	Masse	(kg)
Q	Wärme	(J)
ΔT	Temperaturdifferenz	(K)
U	Innere Energie = Wärme bei Konstantvolumen	(J)
S	Entropie	(J/K)

Wärmekapazität, molare

oder *Molwärme*, stoffmengenbezogene Wärmekapazität bei konstantem Druck bzw. Volumen. Index m für molare Größen darf entfallen, wenn Verwechslungen ausgeschlossen sind (IUPAC).

Definition:	$C_m = \frac{C}{n} = M\,c \qquad \frac{\mathrm{J}}{\mathrm{mol\,K}}$
Konstantdruck:	$C_{p,m} = \frac{C_p}{n} = \left(\frac{\mathrm{d}H_m}{\mathrm{d}T}\right)_p = T\left(\frac{\mathrm{d}S_m}{\mathrm{d}T}\right)_p$
	$C_{p,m} = \left(\frac{\partial U}{\partial T}\right)_p + p\left(\frac{\partial V}{\partial T}\right)_p$
Konstantvolumen:	$C_{V,m} = \frac{C_V}{n} = \left(\frac{\mathrm{d}U_m}{\mathrm{d}T}\right)_V = T\left(\frac{\mathrm{d}S_m}{\mathrm{d}T}\right)_V$
	$C_V = \left(\frac{\partial H}{\partial T}\right)_V - V\left(\frac{\partial p}{\partial T}\right)_V$

Ideales Gas im abgeschlossenen System

$$C_{p,m} - C_{V,m} = R$$

für einatomige Gase (vgl. *Freiheitsgrad)

$$C_{V,m} = \frac{3}{2}R \approx 12{,}5\,\frac{\mathrm{J}}{\mathrm{mol\,K}}$$

für mehratomige Gase

$$C_{V,m} = \frac{6}{2}R \approx 25\,\frac{\mathrm{J}}{\mathrm{mol\,K}}$$

DULONG-PETIT-Regel für Metalle (für hohe Temperatur)

$$C_{V,m} = 3R \approx 24{,}9\,\mathrm{J\,mol^{-1}K^{-1}}$$

DEBYE-Regel für Festkörper nahe des absoluten Nullpunkts

$$C_{V,m} \sim T^3$$

H_m	molare Enthalpie	(J/mol)
M	molare Masse	(kg/mol)
n	Stoffmenge	(mol)
U_m	molare innere Energie	(J/mol)
R	molare Gaskonstante	$(\mathrm{J\,mol^{-1}K^{-1}})$
S_m	molare Entropie	$(\mathrm{J\,mol^{-1}K^{-1}})$

molare Wärmekapazität (20 °C, 101325 Pa).

Stoff	$\dfrac{C_{p,m}}{\mathrm{J\,mol^{-1}K^{-1}}}$	$\dfrac{C_{V,m}}{\mathrm{J\,mol^{-1}K^{-1}}}$	κ
He	20,80	12,47	1,67
Ar	20,80	12,47	1,67
H_2	28,76	20,43	1,41
N_2	29,09	20,76	1,40
Luft	29,10	20,77	1,40
O_2	29,43	21,06	1,40
CH_4	34,59	26,19	1,32
Cl_2	34,70	25,74	1,35
NH_3	36,84	27,84	1,31
CO_2	36,96	28,46	1,30
SO_2	40,39	31,40	1,29
Ethan	51,70	43,12	1,20

Wärmekapazität, spezifische

Massenbezogene Wärmekapazität bei konstantem Druck bzw. Volumen.

Definition:	$c = \frac{C}{m} \qquad \frac{\mathrm{J}}{\mathrm{kg\,K}}$
Konstantdruck:	$c_p = \frac{C_p}{m} = \left(\frac{\mathrm{d}h}{\mathrm{d}T}\right)_p = T\left(\frac{\mathrm{d}s}{\mathrm{d}T}\right)_p$
Konstantvolumen:	$c_V = \frac{C_V}{m} = \left(\frac{\mathrm{d}u}{\mathrm{d}T}\right)_V = T\left(\frac{\mathrm{d}s}{\mathrm{d}T}\right)_V$

h	spezifische Enthalpie	(J/kg)
u	spezifische innere Energie	(J/kg)
s	spezifische Entropie	$(\mathrm{J\,kg^{-1}K^{-1}})$

Ideales Gas im abgeschlossenen System

$$c_p - c_V = R_B$$

für Teilchen mit f Freiheitsgraden

$$c_p = \left(\frac{f}{2} + 1\right)R_B \quad \text{und} \quad c_V = \frac{f}{2}R_B$$

R_B spezifische Gaskonstante des Stoffes B.

spezifische Wärmekapazität (20 °C).

Stoff	$\dfrac{c_p}{\mathrm{J\,kg^{-1}K^{-1}}}$	$\dfrac{c_V}{\mathrm{J\,kg^{-1}K^{-1}}}$
Bi	24	
Pb	27	
Pt	31	
Au	125	
W	134	
Hg	138	
Sb	206	
Sn	226	
Cd	234	
Ag	251	
Cu	385	
Zn	385	
Messing	389	
Konstantan	419	
Co	427	

8

Thermodynamik

Ni	431	
Stahl C60	460	
Fe	465	
Mn	469	
Cl_2	481	
Ar (0 °C)	520	320
Grauguss	545	
SO_2 (0 °C)	610	480
SO_2	632	
CH_3Cl (0 °C)	730	
K	758	
Porzellan	795	
Glas	800	
Schaumglas (10 °C)	800	
Mineralfaser (10 °C)	800	
HCl-Gas (0 °C)	810	580
CO_2 (0 °C)	827	630
Schamotte (100 °C)	835	
Ziegel	837	
Kies	840	
CO_2	846	
Gasbeton (10 °C)	850	
Normalbeton (10 °C)	880	
N_2O (0 °C)	890	700
O_2	913	650 (0 °C)
Al	920	
NO (0 °C)	1000	720
$CHCl_3$	1005	570 (0 °C)
Chlorethan (0 °C)	1005	718
Luft (−100 °C)	1011	
Luft (0 °C)	1006	
Luft (20 °C)	1007	720
Luft (+100 °C)	1012	
Luft (+200 °C)	1026	
Luft (+300 °C)	1046	
N_2 (0 °C)	1040	740
CO	1040	740
Mg	1047	
Na	1218	
Polystyrol	1300	
Ethin (0 °C)	1510	1220
Ethen (0 °C)	1610	1290
Heizöl	1675	
Ethan (0 °C)	1730	1440
Toluol	1750	
Terpentin	1800	
Wärmeträgeröl	1830	
H_2O-Dampf (0 °C)	1860	1400
Eis (0 °C)	1930	
Fichtenholz (10 °C)	2000	
Wasserdampf (100 °C)	2010	
NH_3 (0 °C)	2050	1560
Schnee (0 °C)	2093	
CH_4 (0 °C)	2160	1630
NH_3	2219	
Ethanol	2415	
Paraffin	2135	
Wachs	3433	
Wasser (0,01 °C)	4217	
Wasser (15 °C)	4185,5	
Wasser (20 °C)	4182	
Wasser (60 °C)	4185	
Wasser (100 °C)	4216	
Wasser (150 °C)	4310	
Wasser (200 °C)	4497	
He (0 °C)	5240	3160
He	5275	
H_2	14268	
H_2 (0 °C)	14380	10260

Wärmekapazität im Festkörper

Die Schwingungsenergie im *Kristallgitter verteilt sich gleichmäßig auf potentielle und kinet. Energie.

Die molare Wärmekapazität beruht auf der Anregung der inneren Schwingungen im Kristall, die am absoluten Nullpunkt „einfrieren".

$$\lim_{T \to 0} C_V = 0$$

1) Einstein-Kristall. Der Kristall sei ein linearer Oszillator mit der Frequenz ν_0. Die Schwingungsenergie ist gequantelt.

$$C_V = 3R \frac{(\Theta/T)^2 \, e^{\Theta/T}}{(e^{\Theta/T} - 1)^2}$$

EINSTEIN-Temperatur, charakt. Temperatur.

$$\Theta = \frac{h \, \nu_0}{k}$$

BOLTZMANN-Verteilung der inneren Energie

$$U = \frac{3 \, N \, h \, \nu}{e^{h\nu/kT} - 1}$$

Spezialfall: hohe Temperatur ($T \gg \Theta$)

$$U \approx 3 \, N \, k \, T = 3nRT \quad \text{und} \quad C = 3R$$

Spezialfall: niedrige Temperatur ($T \ll \Theta$)

$$U \approx 3 \, N \, h \, \nu \, e^{h\nu/kT} \text{ und } C = 3R \left(\frac{h\nu}{kT}\right)^2 e^{h\nu/kT}$$

2) Debye-Kristall. Die Schwingungsenergie ist in den stehenden Wellen von N Gitterschwingungen gespeichert. Der Kristall schwinge mit Frequenzen zwischen $\nu = 0$ und ν_{max}.

$$C_V = 9R \left[4 \left(\frac{T}{\Theta_{max}}\right)^3 \int_0^{\Theta_{max}/T} \frac{(h\nu/kT)^3}{e^{h\nu/kT} - 1} \, d\left(\frac{h\nu}{kT}\right) - \frac{\Theta_{max}}{T \left(e^{\Theta_{max}/T} - 1\right)} \right]$$

Nahe des absoluten Nullpunkts: $C_V \approx \text{const} \cdot T^3$

Innere Energie

$$U = 9NkT \frac{T^3}{T_D^3} \int_0^{z_D} \frac{z^3 \, dz}{e^z - 1}$$

$$z = \frac{h\nu}{kT} \quad \text{und} \quad z_D = \frac{T_D}{T}$$

DEBYE-Temperatur $\quad \Theta_D = \dfrac{h \, \nu_{max}}{k}$

Spezialfall: hohe Temperatur ($T \gg \Theta_D$)

$$U \approx 3 \, N \, k \, T = 3nRT \quad \text{und} \quad C = 3R$$

Spezialfall: niedrige Temperatur ($T \ll \Theta_D$)

$$U \approx \frac{3}{5}\pi^4 \, N \, k \, T \left(\frac{T}{\Theta_D}\right)^3 \text{ und } C = \frac{12}{5}\pi^4 \, R \left(\frac{T}{\Theta_D}\right)^3$$

C	molare Wärmekapazität
k	Boltzmann-Konstante
N	Zahl der schwingenden Gitterpunkte
n	Stoffmenge
R	molare Gaskonstante
ν	Frequenz

3) Dulong-Petit-Regel, im Grenzfall hoher Temperatur ist $C = 3R$.

DEBYE-Temperatur	Θ_D	
Blei	88 K	= −185 °C
Natrium	172 K	= −101 °C
Silber	226 K	= − 47 °C
Natriumchlorid	281	= + 7,9 °C

Kupfer	345 K	= 72 °C
Magnesium	405 K	= 132 °C
Aluminium	428 K	= 155 °C
Lithiumfluorid	740 K	= 467 °C
Diamant	1860 K	= 1587 °C

Wärmekapazitätsdifferenz

molare Wärmekapazitäten

$$C_p - C_V = (\pi + p)\left(\frac{\partial V}{\partial T}\right)_p = (V - \Phi)\left(\frac{\partial p}{\partial T}\right)_V$$
$$= T\left(\frac{\partial p}{\partial T}\right)_V\left(\frac{\partial V}{\partial T}\right)_p$$

für ideale Gase: innerer Druck $\pi = 0$ und inneres Volumen $\Phi = 0$, so dass:

$$\boxed{R = C_p - C_V}$$

$\pi = p/p_k$ reduzierter Druck, Φ reduziertes Volumen.

Wärmekapazitätsverhältnis

Isentropenexponent oder *Adiabatenexponent,*
1) Verhältnis von Druck- und Volumenänderung eines Fluids bei konstanter Entropie S. Vh. der spezifischen Wärmekapazitäten.

$$\boxed{\kappa = -\frac{V}{p}\left(\frac{\partial p}{\partial V}\right)_S = \frac{c_p}{c_V} = \frac{C_p}{C_V} = \frac{f+2}{f}}\quad (\text{Dim.1})$$

2) LAPLACE-Formel

$$\kappa = c^2\,\frac{M}{RT} = \frac{C_p}{C_V}$$

f	Freiheitsgrade im Molekül	(Dim. 1)
c	Schallgeschwindigkeit	(m/s)
c_p, c_V	spezifische Wärmekapazität	$(\mathrm{J\,kg^{-1}K^{-1}})$
C_p, C_V	molare Wärmekapazität	$(\mathrm{J\,mol^{-1}K^{-1}})$

3) Für ideale Gase

spezifische Größen	molare Größen
$R_B = c_p - c_V$	$R = C_{p,m} - C_{V,m}$
$c_p = \dfrac{\kappa}{\kappa - 1}R_B$	$C_{p,m} = \dfrac{\kappa}{\kappa - 1}R$
$c_V = \dfrac{R_B}{\kappa - 1}$	$C_{V,m} = \dfrac{R}{\kappa - 1}$

	Atome im Molekül			
	1	2	2	≥ 3
		starr	schwingend	starr
Freiheitsgrade				
– Translation	3	3	3	3
– Rotation	–	2	2	3
– Oszillation	–	–	2	–
– gesamt	3	5	7	6
Wärmekapazität				
– C_V $(\mathrm{J\,mol^{-1}K^{-1}})$	12,47	20,79	29,10	24,94
– C_p $(\mathrm{J\,mol^{-1}K^{-1}})$	20,79	29,10	37,41	33,26
– κ	1,67	1,40	1,29	1,33

Isentropenexponent κ (0 °C)

Stoff	κ	Stoff	κ
Chlorethan	1,16	H_2O	1,33
Ethan	1,20	NO	1,39
Ethen	1,25	CO	1,40
Ethin	1,26	N_2	1,40
N_2O	1,27	O_2	1,40
SO_2	1,27	HCl-Gas	1,40
CH_3Cl	1,29	Luft	1,40
CO_2	1,30	H_2	1,41
NH_3	1,31	Ar	1,65
CH_4	1,32	He	1,66

Wärmeleistungsdichte

Auf das Körpervolumen bezogener Wärmestrom.

$$\boxed{\varphi = \frac{\Phi}{V} = \frac{\dot{Q}}{V}}\quad \mathrm{W/m^3}$$

Φ Wärmestrom.

Wärmeleitfähigkeit

früher: *Wärmeleitzahl.* Maß für die Geschwindigkeit des *Wärmetransports im Inneren eines festen, flüssigen oder gasförmigen Körpers durch *Wärmeleitung*; stark temperaturabhängig! Stoffkonstante des Wärmekontakts zw. Bereichen unterschiedlicher Temperatur. Statt Formelzeichen λ, international auch k.

$$\frac{\text{Wärmemenge}}{\text{Temperaturgefälle}}\qquad \boxed{\lambda = \frac{q\,\delta}{\Delta T}}\quad \frac{\mathrm{W}}{\mathrm{K\,m}}$$

q Wärmestromdichte, δ Schichtdicke.

Wärmeleitfähigkeit

Stoff	$\dfrac{\lambda}{\mathrm{W\,K^{-1}m^{-1}}}$	Temperatur
Wärmeisolatoren (*) = Rechenwert nach DIN		
Luft	0,01602	–100 °C
Luft	0,02263	– 20 °C
Luft	0,02418	0 °C
Luft	0,02569	20 °C
Luft	0,02860	60 °C
Luft	0,03139	100 °C
Luft	0,03795	200 °C
Luft	0,05564	500 °C
Luft	0,08077	1000 °C
CO_2	0,015	0 °C
Wasserdampf	0,031	150 °C
Mineralfaser	0,04 *	10 °C
Schaumglas	0,045 *	10 °C
Holzkohle	0,08	20 °C
Kältemittel R12	0,086	–20 °C
Schnee	0,11	0 °C
Heizöl	0,12	20 °C
Maschinenöl	0,126	20 °C
Fichtenholz	0,13 *	10 °C
Wärmeträgeröl	0,134	20 °C
Benzol	0,135	20 °C
Holz, Kiefer	0,14	20 °C
Quecksilber	0,143	0 °C
Helium	0,143	0 °C
Leder	0,16	20 °C
Asbest	0,17	20 °C
Holz, Rotbuche	0,17	20 °C
Polystyrol	0,17	20 °C
Wasserstoff	0,171	0 °C
Ethanol	0,173	20 °C
Holz, Eiche	0,21	20 °C
Gasbeton	0,22 *	10 °C
Schwefel	0,27	20 °C
Glycerin	0,28	20 °C
Glimmer	0,41	20 °C
Schamotte	0,5	100 °C
Ziegelstein	0,5 *	10 °C
Wasser	0,562	0,01°C
Wasser	0,582	10 °C
Wasser	0,600	20 °C
Wasser	0,615	30 °C
Wasser	0,629	40 °C
Wasser	0,651	60 °C
Wasser	0,667	80 °C
Wasser	0,677	100 °C
Wasser	0,683	150 °C

Kies	0,64	20 °C
Glas	0,8 (0,6 bis 0,9)	20 °C
Porzellan	0,8 bis 1,9	20 °C
Quarz	1,09	20 °C
Kesselstein	1,16 bis 3,5	20 °C
Normalbeton	2,1 *	10 °C
Eis	2,2	0 °C
Marmor	2,9	20 °C
Hg	8,4	20 °C
Sb	22,53	20 °C
Neusilber	29	20 °C
Pb	35,01	20 °C
Weißmetall	35 bis 70	20 °C
Flussstahl	46,5	20 °C
Grauguss	48,8	20 °C
Stahlguss	52	20 °C
Roheisen, weiß	52	20 °C
Ni	52	20 °C
Bronze	58,15	20 °C
Sn	64	20 °C
Fe	67	20 °C
Pt	80	20 °C
Messing	81 bis 105	20 °C
Tombak	93 bis 116	20 °C
Zn	110	20 °C
Grafit	140	20 °C
Al	221	20 °C
Au	314	20 °C
Cu	393	20 °C
Ag	418,7	20 °C

gute Wärmeleiter

Wärmeleitfähigkeit von Baustoffen

Der *Rechenwert der Wärmeleitfähigkeit* λ_R zur Anwendung im Hochbau enthält Zuschläge zur experimentell bei 10 °C im trockenen Zustand bestimmten Wärmeleitfähigkeit von Materialien (*Wärmedämmstoff).
Lufttrockene, porosierte Baustoffe mit Dichte $\varrho = 400$ bis 2500 kg/m^3.

$$\lambda = A\,e^{B\varrho} \quad \text{mit} \quad \begin{cases} A = 0,072\ \text{W K}^{-1}\text{m}^{-1} \\ B = 1,16\cdot 10^{-3}\ \text{m}^3/\text{kg} \end{cases}$$

Wärmeleitfähigkeit von Elektrolyten

Die Wärmeleitfähigkeit von Elektrolytlösungen nimmt meist mit steigender Konzentration *ab,* bei KOH mit einem Maximum bei 3 mol/ℓ; jedoch bei NaOH, LiOH, Na$_2$SO$_4$ *zu.*

Wärmeleitfähigkeit von idealen Gasen

Einfache Theorie $\quad \lambda = DC_V\dfrac{N}{V} = \dfrac{1}{3\sqrt{2}}\dfrac{v\,C_V}{A_\sigma}$

Verbesserte Theorie $\quad \lambda = \dfrac{25\pi}{64}\,\bar{s}v\,C_V\dfrac{N}{V}$

A_σ	Stoßquerschnitt	(m^2)
C_V	Wärmekapazität	(J K^{-1})
D	Diffusionskoeffizient	(m^2/s)
N/V	Teilchendichte	(m^{-3})
v	Translationsgeschwindigkeit	(m/s)

Wärmeleitfähigkeit von Isolatoren

Isolatoren übertragen Wärme durch Gitterschwingungen (Phononen).

$$\lambda = \frac{N}{2V}\,k\,c\,l = \tfrac{1}{3}\varrho\,c_p\,c\,l \quad \begin{cases} \sim T^{-3} & (T \ll T_D) \\ \sim T^{-1} & (T \gg T_D) \end{cases}$$

Wärmestromdichte

$$q = \tfrac{1}{2}\frac{N}{V}\,k\,c\,l\,\frac{\Delta T}{\Delta x} \quad (\text{W/m}^2)$$

c	Schallgeschwindigkeit der Phononen	(m/s)

c_p	spezifische Wärmekapazität	(J/kg/K)
k	Boltzmann-Konstante	(J/K)
l	mittlere freie Weglänge der Phononen	(m)
(N/V)	Phononendichte	(m^{-3})
T_D	Debye-Temperatur	(K)
ϱ	Dichte	(kg/m^3)
τ	Relaxationszeit	(s)

Wärmeleitfähigkeit von Metallen

Metalle übertragen Wärme durch *Phononen und das Elektronengas.

$$\lambda = \frac{\pi^2\,(N/V)\,k^2\,\tau\,T}{3m}$$

WIEDEMANN-FRANZ-Gesetz

$$\lambda = L\,T\,\kappa$$

LORENZ-Konstante: $L = 2,45\cdot 10^{-8}\ \text{V}^2/\text{K}^2$

k	Boltzmann-Konstante	(J/K)
(N/V)	Elektronendichte	(m^{-3})
T	Temperatur	(K)
κ	elektrische Leitfähigkeit	(S/m)
τ	Relaxationszeit	

Wärmeleitfähigkeitsstrom

Flächenbezogene Wärmeleistung.

$$\mathrm{d}\dot{Q} = -\lambda\,\frac{\partial T}{\partial x}\,\mathrm{d}A \qquad \text{W = J/s}$$

räumlich: $\qquad \vec{\gamma} = \dfrac{\mathrm{d}\dot{Q}}{\mathrm{d}A} = -\lambda\,\text{grad}\,T$

durch ebene Wand $\quad \dot{Q} = \dfrac{\lambda A\,\Delta T}{d}$

durch Rohrwand $\quad \dot{Q} = \dfrac{2\pi\,\lambda\,l\,\Delta T}{\ln(d_a/d_i)}$

d Wanddicke, d_i Innen-, d_a Außendurchmesser, l Länge.

Wärmeleitung

Wärmetransport im Inneren eines Körpers oder einer Phase. Energieübertragung durch gekoppelte Gitterschwingungen (Phononentransport) und bewegliche Ladungsträger („Elektronengas").

1) Fourier-Gesetz des Wärmetransports

a) Differentialgleichung für die Wärmestromdichte

$$\varrho\,c_p\,\frac{\partial T}{\partial t} = \dot{f} - \underbrace{\left(\frac{\partial q_x}{\partial x} + \frac{\partial q_y}{\partial y} + \frac{\partial q_z}{\partial z}\right)}_{\text{Wärmestromdichtegradient}}$$

b) Differentialgleichung für das *Temperaturfeld* $T(x,y,z,t)$

$$\varrho\,c_p\,\frac{\partial T}{\partial t} = \dot{f} - \lambda\underbrace{\left(\frac{\partial^2 T}{\partial x^2} + \frac{\partial^2 T}{\partial y^2} + \frac{\partial^2 T}{\partial z^2}\right)}_{\text{Temperaturgradient}}$$

stationär: $\qquad \dfrac{\mathrm{d}T}{\mathrm{d}t} = 0$

wärmequellenfrei: $\quad \dot{f} = 0$

c) FOURIER-Gesetz (eindimensional)

$$j_q = \frac{\dot{Q}}{A} = -\lambda\,\frac{\partial T}{\partial x} \qquad \text{W/m}^2$$

c	spezifische Wärmekapazität	(J kg^{-1}K^{-1})
$\dot{f}$	Energiedichte der internen	

	Wärmequellen und Senken	(W/m^3)
q	Wärmestromdichte	(W/m^2)
$\dot Q$	Wärmestrom	(W)
λ	Wärmeleitfähigkeit	$(W\,K^{-1}m^{-1})$

2) Laplace-Gleichung des Wärmetransports für stationäre, wärmequellenfreie Wärmeleitung.

$$\left(\frac{\partial^2 T}{\partial x^2} + \frac{\partial^2 T}{\partial y^2} + \frac{\partial^2 T}{\partial z^2}\right) = 0$$

3) Ohm'sches Gesetz der Wärmeleitung

Wärmemenge $Q = \dfrac{\text{Temperaturgefälle}}{\text{Wärmewiderstand}}$

$$\boxed{\Delta T = R_\lambda\,\dot Q} \quad \text{oder} \quad \boxed{\dot Q = \frac{\Delta T}{R_\lambda}}$$

$\dot Q$	Wärmestrom	$(W = J/s)$
R_λ	Wärmeleitwiderstand	(K/W)
ΔT	Temperaturänderung	(K)
α	Wärmeübergangskoeffizient	$(W\,m^{-2}K^{-1})$

4) Wärmeleitung in ebener Wand (stationär)
Temperaturverlauf in der Wand (Dicke d)

$$T(x) = \frac{(T_a - T_i)\,x}{d} + T_i$$

Wärmestrom durch die Wand (i = innen, a = außen)

$$\dot Q = \frac{\lambda A}{d}(T_i - T_a) = j_q \cdot A$$

Wärmestrom durch mehrschichtige Wand

$$\dot Q = \frac{A\,(T_i - T_a)}{\displaystyle\sum_{i=1}^{N}\frac{d_i}{\lambda_i}}$$

Wärmestrom durch parallele Wandelemente

$$\dot Q = \sum_{i=1}^{N}\dot Q_i$$

5) Wärmeleitung in Rohrwand (stationär)
Temperaturverlauf (Dicke $d = r_a - r_i$)

$$T(r) = T_i - \frac{(T_i - T_a)}{\ln\frac{r_a}{r_i}}\ln\frac{r}{r_i}$$

Wärmestrom durch die Rohrwand

$$\dot Q = \frac{2\pi\lambda L}{\ln\frac{r_a}{r_i}}(T_i - T_a) = j_q\,2\pi\,r_m L$$

$$= \frac{2\pi\lambda L r_m}{d}(T_i - T_a) = \frac{\lambda A_m}{d}(T_i - T_a)$$

Wärmestrom durch mehrschichtige Rohrwand

$$\dot Q = \frac{2\pi L(T_i - T_a)}{\displaystyle\sum_{i=1}^{N}\frac{d_i}{\lambda_i\,r_{m,i}}}$$

Mittlerer logarithmischer Rohrradius

$$r_m = \frac{r_a - r_i}{\ln\frac{r_a}{r_i}}$$

Mittlere Querschnittsfläche

$$A_m = 2\pi\,r_m L$$

r_i, r_a Innen- und Außenradius, L Rohrlänge.

6) Wärmeleitung in Kugelschale
Temperaturverlauf (Dicke $d = r_a - r_i$)

$$T(r) = T_i - \frac{(T_i - T_a)}{\frac{1}{r_i} - \frac{1}{r_a}}\left(\frac{1}{r_i} - \frac{1}{r}\right)$$

Wärmestrom durch Kugelschale

$$\dot Q = \frac{4\pi\lambda(T_i - T_a)}{\frac{1}{r_i} - \frac{1}{r_a}}$$

mehrschichtige Kugelschale

$$\dot Q = \frac{4\pi\lambda(T_i - T_a)}{\displaystyle\sum_{i=1}^{N}\frac{1}{\lambda_i}\left(\frac{1}{r_{1,i}} - \frac{1}{r_{2,i}}\right)}$$

Wärmeleitung, instationäre
Näherungen für kurze Aufheiz- und Abkühlzeiten t.
Aufheizverlauf an einer planparallelen Platte = ebenen Wand.

$$T^s(t) = T^s(t=0) + \frac{2q}{b}\sqrt{\frac{t}{\pi}}$$

Aufheizverlauf am dünnen Draht

$$T^s(t) = T^s(t=0) + \frac{\dot Q/l}{2\pi\lambda}\ln\frac{4at}{1{,}781\,r^2} \quad (t \gg 0)$$

Wärmeeindringungskoeffizient: $b = \sqrt{\lambda\,c_p\,\varrho}$

a	Temperaturleitfähigkeit	(m^2/s)
$\dot Q/l$	längenbezogene Heizleistung	(W/m)
q	Wärmestromdichte	(W/m^2)
T^s	Oberflächentemperatur	(K)

Wärmeleitungswiderstand
einschichtige Wand

$$\boxed{R_\lambda = \frac{d}{\lambda A}} \quad K/W$$

Mehrschichtige Wand

$$R_\lambda = \sum_{i}^{n} R_{\lambda,i} = R_{\lambda,1} + R_{\lambda,2} + \cdots + R_{\lambda,n}$$

A durchströmte Fläche, d Dicke der Wand.

Wärmeleitwert
Thermischer Leitwert, Kehrwert des Wärmewiderstandes:

$$\boxed{G_{th} = \frac{1}{R_{th}} = \frac{\dot Q}{\Delta T}} \quad \frac{W}{K}$$

spezifischer Wärmeleitwiderstand

$$\boxed{\varrho_\lambda = R_\lambda A = \frac{d}{\lambda}} \quad \frac{m^2 K}{W}$$

d Dicke der Wand, λ Wärmeleitfähigkeit.

Wärmemenge *Wärme.

Wärmenutzungsgrad
früher: *Wärmewirkungsgrad* (zeta).

$$\boxed{\zeta = \frac{\text{Nutzwärme } Q_N}{\text{Stromwärme } Q_S}} \quad 1 = 100\%$$

Wärmespannung
Mechan. Spannung auf Grund einer Temperaturänderung.

$$\boxed{\sigma = E\,\alpha_l\,\Delta T = \frac{\Delta l}{l_0}\,E = \frac{F}{S}} \quad N/mm^2$$

E	Elastizitätsmodul	(N/mm^2)
F/S	Kraft pro Bauteil-Querschnitt	(N/mm^2)
$\Delta l/l_0$	Dehnung = Längenänderung/Ausgangslänge	$(\%)$
α_l	therm. Längenausdehnungskoeffizient	(K^{-1})

8

Thermodynamik

Wärmestrahlung

Temperaturstrahlung. Wärmeübertragung durch elektromagnet. Strahlung (Photonentransport). Im Vakuum die einzige Form des Wärmetransports; in Gasen zusätzlich zur *Konvektion. Vgl. Kapitel „Optik": *Strahlungsgesetze, *Emissionsgrad.

Strahlender Körper	$\dot{Q} = \varepsilon\, A\, C_s T^4$
Strahlungsaustausch	$\dot{Q} = C_{12} A (T_1^4 - T_2^4)$

1) Strahlungsaustausch zw. Körpern. Formal zur Wärmeübertragung behandelt.

a) *Wärmestrom* durch Strahlungsaustausch zw. zwei Körpern unterschiedlicher Temperatur (1 = Quelle, 2 = Empfänger) = *Austauschstrahlungsfluss.*

$$\dot{Q}_{12} = \alpha_s A_1 (T_1 - T_2)$$
$$= C_{12} A_1 (T_1^4 - T_2^4) = q_s A_1 \qquad \text{W}$$
$$= C'_{12} A_1 \left[\left(\frac{T_1}{100}\right)^4 + \left(\frac{T_2}{100}\right)^4 \right]$$

$$C_{12} = \frac{\varepsilon_1 \varepsilon_2 c_s \varphi_{12}}{1 - (1 - \varepsilon_1)(1 - \varepsilon_2)\dfrac{A_1}{A_2}\varphi_{12}^2}$$
$$\approx \varepsilon_1 \varepsilon_2 c_s \varphi_{12} \qquad (\varepsilon \geq 0{,}9)$$
$$\varphi_{12} = \frac{1}{\pi A_1} \int_{A_1}\int_{A_2} \frac{\cos\beta_1 \cos\beta_2}{r^2}\, dA_1\, dA_2$$

b) *Wärmeübergangskoeffizient der Strahlung* α_s und *Temperaturfaktor f* zur Berechnung des Wärmestroms.

$$\alpha_s = C_{12} f = C_{12}(T_1^2 + T_2^2)(T_1 + T_2) = \frac{1}{A_1 R_s}$$
$$q_s = \frac{\dot{Q}_{12}}{A_1} = C_{12} f (T_1 - T_2) = \alpha_s (T_1 - T_2)$$
$$f = \frac{T_1^4 - T_2^4}{T_1 - T_2} = (T_1^2 + T_2^2)(T_1 + T_2)$$

A_1, A_2	Oberfläche des Körpers 1 bzw. 2	(m^2)
C_1, C_2	Stahlungskonstante Fläche 1 bzw. 2	$(\text{W m}^{-2}\text{K}^{-4})$
C_{12}	Strahlungsaustauschkonstante	$(\text{W m}^{-2}\text{K}^{-1})$
C_s, σ	Strahlungskonstante: schwarzer Strahler	$(\text{W m}^{-2}\text{K}^{-4})$
C'_s	In der Technik: $10^8 \cdot \sigma$	
q_s	Wärmestromdichte der Strahlung	(W/m^2)
R_s	Übertragungswiderstand bei Strahlung	(K/W)
T_1, T_2	absolute Temperatur des Körpers 1 bzw. 2	(K)
α_s	Wärmeübergangskoeffizient	
	durch Strahlung	$(\text{W m}^{-2}\text{K}^{-1})$
$\varepsilon_1, \varepsilon_2$	Emissionsgrad der Fläche 1 bzw. 2	$(1 = 100\%)$
β	Winkel zw. Strahlungsrichtung und Flächennormale (rad)	
φ	Einstrahlzahl	(Dim. 1)
σ	Stefan-Boltzmann-Konstante: $\sigma = 5{,}67\cdot 10^{-8}\ \text{W m}^{-2}\text{K}^{-4}$	

2) Strahlungsaustauschkonstante

a) *Strahlungskonstante* für zwei parallele, sich gegenseitig bestrahlende, ebene, gleich große Flächen ($A_2 \approx A_1$) ungleicher Temperatur.

$$C_{12} = \frac{1}{\dfrac{1}{C_1} + \dfrac{1}{C_2} - \dfrac{1}{C_s}}$$
$$= \frac{C_s}{\dfrac{1}{\varepsilon_1} + \dfrac{1}{\varepsilon_2} - 1}$$

b) Körper im geschlossenen Raum: Fläche A_1 von A_2 kreisförmig umschlossen.

$$C_{12} = \frac{1}{\dfrac{1}{C_1} + \dfrac{A_1}{A_2}\left(\dfrac{1}{C_2} - \dfrac{1}{C_s}\right)}$$
$$= \frac{C_s}{\dfrac{1}{\varepsilon_1} + \dfrac{A_1}{A_2}\left(\dfrac{1}{\varepsilon_2} - 1\right)}$$

Halbraum A_2 über ebener Fläche A_1 (z. B. Halbkugelschale).

$$C_{12} = \frac{\varepsilon_1 \varepsilon_2 C_s}{1 - \dfrac{1}{2}(1 - \varepsilon_1)(1 - \varepsilon_2)}$$

c) Ungleiche Flächen ($A_1 \ll A_2$)

$$C_{12} = C_1 = \varepsilon_1 C_s$$

d) kleine Flächen in beliebiger Lage zueinander

$$C_{12} = \frac{C_1 C_2}{C_s} = C_1 \varepsilon_2 = C_2 \varepsilon_1 = \varepsilon_1 \varepsilon_2 C_s$$

Rechteckfläche $A_2 = ab$, parallel zu einem winzigen Flächenelement ΔA_1

$$C_{12} = \frac{\sigma\,\varepsilon_1\varepsilon_2}{2\pi}\left[\frac{b}{\sqrt{a^2 + b^2}}\arctan\frac{c}{\sqrt{a^2 + b^2}} \right.$$
$$\left. + \frac{c}{\sqrt{a^2 + c^2}}\arctan\frac{b}{\sqrt{a^2 + c^2}}\right]$$

Rechteckfläche $A_2 = ab$, senkrecht zu einem winzigen Flächenelement ΔA_1

$$C_{12} = \frac{\sigma\,\varepsilon_1\varepsilon_2}{2\pi}\left(\arctan\frac{b}{a} - \frac{a}{\sqrt{a^2 + c^2}}\arctan\frac{b}{\sqrt{a^2 + c^2}}\right)$$

Wärmestrom

Wärmeleistung.

$$\frac{\text{Wärmemenge senkrecht durch die Fläche } A}{\text{Zeit}} \qquad \Phi = \dot{Q} = \frac{dQ}{dt} \qquad \text{W}$$

Die SI-Einheit *Watt* ist definiert als die Leistung, um die Arbeit 1 Joule in einer Sekunde zu verrichten.

$$1\ \text{W} = \text{J/s} = \text{Nms}^{-1} = \text{kg}\cdot\text{m}^2\cdot\text{s}^{-1}$$
$$= [\text{veraltet}]\ 0{,}238\,846\ \text{cal/s} = 0{,}859\,845\ \text{kcal/h}$$

Für den Wärmedurchgang: $\quad \dot{Q} = k\, A\, \Delta T$

A durchströmte Fläche, *k* Wärmedurchgangskoeffizient.

elektrische Wärmeleistung

$$P = \frac{\dot{Q}}{\eta} = \frac{1}{\eta}\frac{dQ}{dt} = \frac{1}{\eta}\sum_i \dot{m}_i\, c_i\, \Delta T_i$$

c_p spezif. Wärmekapazität, $\dot{Q}$ Wärmestrom, η Wirkungsgrad.

Konvektiver Wärmestrom: $\nabla(vT)$

Wärmestromdichte

speziell: *Heizflächenbelastung*

$$q = \frac{\Phi}{A} = \frac{\dot{Q}}{A} \qquad \text{W/m}^2$$

$\dot{Q}$ Wärmestrom, A durchströmte Fläche.

Im homogenen Wärmefeld:

$$\frac{\text{Wärmemenge}}{\text{Fläche}\cdot\text{Zeit}} \qquad q = \frac{Q}{A\,t} \qquad \frac{\text{W}}{\text{m}^2} = \frac{\text{J}}{\text{m}^2\,\text{s}}$$

örtliche Änderung:

Tabelle 8.4 Wärmedurchgangskoeffizient k (in $\mathrm{W\,m^{-2}K^{-1}}$) für verschiedene Wärmetauscher und Medien.

Bauart	Gas/ Gas (1 bar)	Hochdruckgas/ Hochdruckgas (200–300 bar)	Flüssigkeit/ Flüssigkeit	kondensieren- der Dampf/ Flüssigkeit	kondensieren- der Dampf/ verdampfende Flüssigkeit	Flüssigkeit/ Gas (1 bar)
Rohrbündel	15 ... 35	150 ... 500	150 ... 1400	300 ... 1800 (... 4000)	300 ... 1700 (... 3000)	15 ... 18
Doppelrohr	10 ... 35	150 ... 500	200 ... 1400			
Spiral			250 ... 2500	750 ... 3500		
Platten			350 ... 3500			20 ... 60
Rührkessel mit						
– Außenmantel			150 ... 350	500 ... 1700		
– Schlange innen			500 ... 1200	700 ... 3500		

$$q = \text{Wärmeleitung } q_\mathrm{L} + \text{Diffusionsthermoeffekt } q_\mathrm{T}$$
$$+\text{Wärmebewegung } q_\mathrm{U} + \text{Wärmestrahlung } q_\mathrm{S}$$

Wärmeleitungsstromdichte:

$$\frac{\nabla q_\mathrm{L}}{\varrho\, c_p} = \frac{\nabla(\lambda\, \nabla T)}{\varrho c_p}$$

Wärmetauscher

Apparat zum Heizen oder Kühlen eines Mediums durch Wärmeübertragung auf ein Kühlfluid.

1) Typen von Wärmetauschern. Wärme wird vom strömenden heißen Medium (2) auf das strömende kalte (1) übertragen.

$$\dot{Q} = k\, A\, \Delta T_\mathrm{m}$$

a) *Gleichstromwärmetauscher* (Wirkungsgrad 50%): die Temperaturen beider Medien gleichen sich zum Ausgang hin an.

$$\Delta T_\mathrm{m} = \frac{(T_2 - T_1) - (T_2' - T_1')}{\ln \dfrac{T_2 - T_1}{T_2' - T_1'}}$$

T Eingangtemperatur, T' Ausgangstemperatur.

b) *Gegenstromwärmetauscher* (Wirkungsgrad 80–90%): der Temperaturunterschied zw. beiden Medien wächst zum Ausgang hin.

$$\Delta T_\mathrm{m} = \frac{(T_2 - T_1') - (T_2' - T_1)}{\ln \dfrac{T_2 - T_1'}{T_2' - T_1}}$$

T Eingangtemperatur, T' Ausgangstemperatur.

Wärmetauscher

Mantel-	thermostatisierter Behälter
Schlangen-	Kühlschlange; Querstrom
Rohrbündel-	parallele Rohre; Querstrom
Doppelrohr-	ummanteltes Rohr
Rippenrohr-	
Regenerator	Winderhitzer; Luftstrom
Cowper	kühlt heißen Schamotte

---

2) Wärmetausch ohne Phasenübergang

Wärmestrom (in W): vom heißeren Medium (1) *ohne* Änderung des Aggregatzustandes an das kältere Medium (2) abgegeben; ohne Verlustwärmestrom.

$$\begin{aligned}
\dot{Q}_1 &= \dot{m}_1\, c_{p,1}\, (T_{1,\mathrm{in}} - T_{1,\mathrm{ex}}) \\
\dot{Q}_2 &= \dot{m}_2\, c_{p,2}\, (T_{2,\mathrm{ex}} - T_{2,\mathrm{in}}) \quad \text{(Gegenstrom)} \\
\dot{Q}_2 &= \dot{m}_2\, c_{p,2}\, (T_{2,\mathrm{ex}} - T_{2,\mathrm{in}}) \quad \text{(Gleichstrom)}
\end{aligned}$$

Bilanz des Wärmetauschers (mit Verlustwärmestrom)

$$\boxed{\dot{Q}_1 = \dot{Q}_2 + \dot{Q}_\mathrm{v}} \qquad \mathrm{W = J/s}$$

Erforderliche Wärmeaustauschfläche

$$\boxed{A = \frac{\dot{Q}}{k\, \Delta T_\mathrm{m}}} \quad \mathrm{m^2}$$

Mittl. logarithm. Temperaturdifferenz

$$\boxed{\Delta T_\mathrm{m} = \frac{\Delta T_\mathrm{max} - T_\mathrm{min}}{\ln \dfrac{\Delta T_\mathrm{max}}{\Delta T_\mathrm{min}}}}$$

3) Wärmetausch mit Kondensation, *kondensierender Sattdampf*.

Wärmestrom: vom heisseren Medium (1) unter Kondensation an das kältere Medium (2) abgegeben (ohne Verlustwärmestrom).

$$\boxed{\begin{aligned}
\dot{Q} &= k\, A\, \Delta T_\mathrm{m} \\
&= \dot{m}_1\, \Delta h_{\mathrm{v},1} + \dot{m}_1\, c_{p,1}\, (T_{1,\mathrm{in}} - T_{1,\mathrm{ex}}) \\
&= \dot{m}_2\, c_{p,2}\, (T_{2,\mathrm{ex}} - T_{2,\mathrm{in}}) \quad \text{(Gegenstrom)}
\end{aligned}}$$

1 =	Medium mit der höheren Temperatur	
2 =	Medium mit der niedrigeren Temperatur	
in	Eingangszustand	
ex	Ausgangszustand	
k	Wärmedurchgangskoeffizient	$(\mathrm{W\,m^{-2}K^{-1}})$
T_m	mittl. logarithm. Temperaturdifferenz	(K)
Δh_v	Verdampfungs- bzw. Kondensationsenthalpie, spezifische Verdampfungswärme	(J/kg)

Wärmeträger

Dampfheizung = indirekte *Heizung.

Wärmeträger

Wasserdampf	
Brüdendampf, bis 1 bar	bis 100 °C
Niederdruck, bis 2,5 bar	bis 120 °C
Mitteldruck, bis 17 bar	bis 210 °C
Hochdruck, bis 225 bar	bis 375 °C
Diphenylether + Biphenyl	200 bis 400 °C
Rauchgas	über 250 °C

Wärmetransport

Überbegriff für den Transport von Wärmeenergie durch Wärmeleitung, Wärmeübergang, Wärmedurchgang und Wärmestrahlung.

Für die Temperatur des strömenden Mediums:

- Bei Rohrströmung: die *Mischungstemperatur,*
- bei angeströmten Körpern: *Freistromtemperatur* (des

Umgebungsmediums außerhalb der Temperaturgrenzschicht des Körpers).

• Bei Strömungsgeschwindigkeiten im Bereich der Schallgeschwindigkeit, wenn durch Druckschwankungen und Reibung Temperaturänderungen auftreten: die *Eigentemperatur* (der unbeheizten, therm. isolierten Körperoberfläche).

Kennzahlen zur theoret. Behandlung der Wärmeübertragung mit einer begrenzten Zahl von Einflussgrößen vgl. *Fourier, *Grashof, *Nusselt-, *Prandtl-, *Rayleigh-, *Reynolds-, *Peclet-, *Stanton-Zahl.

Wärmeübergang

Konvektive Wärmeübertragung.

1) Ebene Wand.

NEWTONsches Gesetz des Wärmeübergangs und *Filmmodell des Wärmeübergangs*. Wärmetransport von einem strömendem Medium (F) auf eine wärmeübertragende Wand (W). Der Temperaturgradient $\partial T/\partial n$ liegt in der fluidseitigen Grenzschicht δ. Stoffwerte sind für die Mitteltemperatur des Fluids anzusetzen.

Konvektiver Wärmestrom $\boxed{\dot{Q} = \alpha\, A\, (T_\mathrm{W} - T_\mathrm{F})}$ W

Wärmestromdichte $q = \dfrac{\mathrm{d}\dot{Q}}{\mathrm{d}A} = -\lambda\left(\dfrac{\partial T}{\partial n}\right)_\delta$
$q \approx \alpha\,(T_\mathrm{W} - T_\mathrm{F})$ (W/m²)

OHMsches Gesetz des Wärmeübergangs

$\boxed{\Delta T = R_\alpha\,\dot{Q}}$ $\Leftrightarrow$ $\boxed{\dot{Q} = \dfrac{\Delta T}{R_\alpha}}$

Wärmeübergangskoeffizient $\alpha = \dfrac{Nu\,\lambda}{l}$

– Übergangsbereich $\alpha \approx \sqrt{a_\mathrm{lam}^2 + a_\mathrm{turb}^2}$

Mitteltemperatur des Fluids $T_\mathrm{m} = \dfrac{T_\mathrm{in} + T_\mathrm{ex}}{2}$

Temperaturdifferenz für
*Grashof-Zahl $\Delta T = T_0 - T_\infty$

A	durchströmte Fläche	(m²)
R_α	Wärmeübergangswiderstand	(K/W)
T_0	Oberflächentemperatur in Flächenmitte	(K)
T_in	Eintrittstemperatur	(K)
T_ex	Ausströmtemperatur	(K)
T_∞	Fluidtemperaur außerhalb der Grenzschicht.	
ΔT	Temperaturänderung	(K)
α	Wärmeübergangskoeffizient	(W m⁻²K⁻¹)
	Berechnung: *Nusselt-Zahl.	

2) Kühlrippe.

Von einer quaderförmigen Rippe – Höhe h (vom Fuß F ins Umgebungsmedium), Länge l, Breite b – an die Umgebung (amb) abgegebener Wärmestrom.

$$\dot{Q} = \lambda bl\, M (T_\mathrm{F} - T_\mathrm{amb})$$

Maß für den Wärmeübergang

$$M = \sqrt{\dfrac{2(b+l)\,\alpha}{bl\,\lambda}}$$

Temperatur an der Rippenspitze

$$T(h) = T_\mathrm{amb} + \dfrac{T_\mathrm{F} - T_\mathrm{amb}}{\cosh(Mh)}$$

3) Konvektion und Strahlung zw. zwei Körpern:

1 = höhere, 2 = niedrigere Temperatur.

$$\boxed{\dot{Q} = (\alpha + \alpha_\mathrm{s})\, A_1\,(T_1 - T_2)}\quad \text{W}$$

4) Erzwungene Konvektion längs einer Platte

laminare Strömung

$$Nu = 0{,}664\, Re^{1/2}\, Pr^{1/3}$$

turbulente Strömung

$$Nu = \dfrac{0{,}037\, Re^{0.8}\, Pr}{1 + 2{,}443\, Re^{-0,1}\, (Pr^{2/3} - 1)}$$

l = Plattenlänge in Strömungsrichtung. Kennzahlen für Mittelwert aus Eintritts- und Ausströmtemperatur berechnen.

5) Erzwungene Strömung im Rohrinneren

laminare Strömung

$$Nu = 0{,}664 \left(Re\,\dfrac{d}{l}\right)^{1/2} Pr^{1/3}$$

turbulente Strömung

$$Nu = \dfrac{0{,}125\,\chi\,(Re - 1000)\,Pr}{1 + 4{,}49\,\sqrt{\chi}\,(Pr^{2/3} - 1)} \left[1 + \left(\dfrac{d}{l}\right)^{2/3}\right]$$

$$\chi = [1{,}82\,\lg Re - 1{,}64]^{-2}$$

d Rohrinnendurchmesser, l Rohrlänge.

6) Freie Konvektion an senkrechter Wand oder um ein senkrechtes Rohr.

laminare Strömung

$$Nu = \left[0{,}825 + \dfrac{0{,}387\, Gr\, Pr}{\left[1 + \left(\dfrac{0{,}492}{Pr}\right)^{9/16}\right]^{8/27}}\right]^2$$

turbulente Strömung

$$Nu = 0{,}15 \left[\dfrac{Gr\, Pr}{\left[1 + \left(\dfrac{0{,}322}{Pr}\right)^{11/20}\right]^{20/11}}\right]^{1/5}$$

l = Höhe der Wand bzw. des Rohres. Kennzahlen für Mittelwert aus Oberflächentemperatur und Fluidtemperatur außerhalb der Grenzschicht berechnen.

7) Freie Konvektion an waagrechter Platte (nach oben)

laminare Strömung

$$Nu = 0{,}766 \left[\dfrac{Gr\, Pr}{\left[1 + \left(\dfrac{0{,}322}{Pr}\right)^{11/20}\right]^{20/11}}\right]^{1/5}$$

turbulente Strömung

$$Nu = \left[0{,}825 + \dfrac{0{,}387\, Gr\, Pr}{\left[1 + \left(\dfrac{0{,}492}{Pr}\right)^{9/16}\right]^{8/27}}\right]^2$$

l = kurze Seitenlänge der horizontalen Platte.

Wärmeübergangskoeffizient

Maß für den *konvektiven Wärmeübergang* zw. einem festen Körper und einem strömenden Fluid (Flüssigkeit, Gas, Umgebungsluft etc.).

$$\boxed{\alpha = \dfrac{\lambda\, Nu}{l} = \dfrac{\dot{Q}}{A\,\Delta T}}\quad \dfrac{\text{W}}{\text{K m}^2}$$

Wärmestrahlung

$$\alpha_s = C_{12}(T_1^2 + T_2^2)(T_1 + T_2)$$

Konvektion und Strahlung $\boxed{\alpha_{\text{ges}} = \alpha + \alpha_s}$

A	durchströmte Fläche	(m^2)
C_{12}	Strahlungsaustauschkonstante	$(\text{W}\,\text{m}^{-2}\text{K}^{-1})$
$\dot{Q}$	Wärmestrom	(W)
T_1, T_2	höhere; niedrigere Temperatur	(K)
ΔT	Temperaturdifferez	(K)
λ	Wärmeleitfähigkeit des strömenden Fluids	$(\text{W}\,\text{m}^{-1}\text{K}^{-1})$

Wärmeübergangskoeffizient α $(\text{W}\,\text{m}^{-2}\text{K}^{-1})$

Freie Konvektion:	
– in Gasen	$2 \dots 50$
– in Flüssigkeiten	$100 \dots 800$
Zwangskonvektion:	
– in Gasen	$10 \dots 250$
– in Flüssigkeiten	$500 \dots 2500$
– in Ölen	$50 \dots 1000$
– in flüss. Metallen	$10000 \dots 30000$
Verdampfung:	
– Wasser (Blasen)	$2500 \dots 50000$
Kondensation:	
– Wasser (Film)	$5000 \dots 15000$
– Wasser (Tropfen)	$\dots 45000$
– organische Stoffe	$1000 \dots 2000$

Für lackierte Metalloberflächen bei 40 bis 50 °C:
- $\alpha \approx 11 \dots 12\ \text{W}/(\text{K}\,\text{m}^2)$ bei völlig ungestörter Konvektion.
- $\alpha \approx 15\ \text{W}/(\text{K}\,\text{m}^2)$ bei normalen Umgebungsverhältnissen.

Wärmeübergangswiderstand

$$\boxed{R_\alpha = \frac{1}{\alpha\,A}}\quad \text{K}/\text{W}$$

A durchströmte Fläche, α Wärmeübergangskoeffizient.

Spezifischer Wärmeübergangswiderstand.
Flächenbezogener Wärmeübergangswiderstand R_k, Kehrwert des Wärmeübergangskoeffizienten.

$$\boxed{\varrho_\alpha = R_\alpha\,A = \frac{1}{\alpha}}\quad \frac{\text{m}^2\,\text{K}}{\text{W}}$$

Wärmeübertragung

Übergang von Wärmeenergie von Fluiden auf feste Körper oder zw. Fluiden; ferner Wärmetransport durch Festkörper, Flüssigkeiten und Gase auf Grund räumlicher Temperaturunterschiede (durch Wärmeleitung, *Konvektion, *Wärmestrahlung).

Wärmewert

oder *thermischer Leitwert.* Kehrwert des Wärmewiderstandes.

$$\boxed{G_{\text{th}} = \frac{1}{R_{\text{th}}}}\quad \text{W}/\text{K}$$

Wärmewiderstand

Thermischer Widerstand.
1) Auf den Wärmestrom bezogene Temperaturdifferenz.

$$\boxed{R_{\text{th}} = \frac{\Delta T}{\dot{Q}} = \frac{d}{\lambda\,A} = \frac{1}{G_{\text{th}}} = \frac{\Delta T}{P_{\text{v}}}}\quad \text{K}/\text{W}$$

OHMsches Gesetz der Wärmelehre

$$\Delta T = R_{\text{th}}\,\dot{Q}$$

$\dot{Q}$	Wärmestrom	(W)
G_{th}	thermischer Leitwert	(W/K)
P_{v}	Verlustleistung	(W)
ΔT	Temperaturdifferenz Anfang – Ende	(K)

2) Spezifischer Wärmewiderstand. Kehrwert der Wärmeleitfähigkeit.

$$\boxed{\varrho_{\text{th}} = \frac{1}{\lambda} = \frac{R_{\text{th}}\,A}{d}}\quad \frac{\text{K}\,\text{m}}{\text{W}}$$

3) Wärmewiderstand der Strahlung. Übertragungswiderstand der Wärmestrahlung, analog zum Wärmeübergang.

$$\boxed{R_{\text{s}} = \frac{1}{\alpha_{\text{s}}\,A_1}}\quad \frac{\text{K}}{\text{W}}$$

Wasser

Thermodynam. Daten und physikal. Eigenschaften siehe Tabelle.

Widerstand, thermischer *Wärmewiderstand.

Wirkungsgrad, exergetischer

Zur Beurteilung von Energiewandlern und der Primärenergienutzung besser geeignet als der therm. Wirkungsgrad; insbes. wenn das Nutzwärmeniveau durch Umgebungstemperatur oder minimale Abgastemperatur begrenzt ist.

$$\zeta = \frac{\text{abgegebene Nutzarbeit }|W|}{\text{Exergie der zugeführten Wärme }\eta\,Q_{\text{zu}}}$$

$$\zeta = \frac{\text{abgegebene Nutzleistung }|P_{\text{ab}}|}{\text{eintretende Exergieströme }P_{\text{E,zu}}}$$

η therm. Wirkungsgrad, z. B. Carnot-Grenze.

Energiewandler	energetischer Wirkungsgrad	exergetischer Wirkungsgrad
Heizung		
– Elektro	0,9	0,035
– Öl oder Gas	0,6	0,07
– Wärmepumpe	$2-3$	0,1 bis 0,2
Warmwasserbereitung		
– Elektro	0,75	0,016
– Heizöl od. Gas	0,50	0,032
– Solarenergie	0,6	0,04
Stromerzeugung		
– Windenergiepark		0,3
– Dampfkraftwerk		0,33
– Wasserkraftwerk		0,8
Maschinen		
– Ottomotor		0,1
– Dieselmotor		0,15
– Elektroantrieb		0,1 bis 0,15
– Elektromotor		0,6 bis 0,9
– Dampfmaschine	0,5	0,8
– Wasserturbine		0,8

Wirkungsgrad, thermischer

Verhältnis von tatsächlicher Nutzwärme oder Nutzarbeit zu aufgewendeter Wärme.

$$\boxed{\eta_{\text{th}} = \frac{Q_{\text{n}}}{Q_{\text{zu}}} = \frac{W_{\text{n,ab}}}{Q_{\text{zu}}}}\quad (\text{Dim.}\,1)$$

Kreisprozess eines Energiewandlers

$$\boxed{\eta_{\text{th}} = \frac{|P_{\text{ab}}|}{\dot{Q}_{\text{zu}}}}\quad (\text{Dim.}\,1)$$

Tabelle 8.5 Physikalische Eigenschaften des Wassers in Abhängigkeit der Temperatur.

Temperatur °C	Dichte g/cm^3	Wärmekapazität J/g K	Dampfdruck Pa	Viskosität μPa s	Wärmeleitfähigkeit W/K m	Dielektrizitätszahl	Oberflächenspannung N/m
0	0,99984	4,2176	611,3	1793	0,5610	87,90	75,64
10	0,99970	4,1921	1228,1	1307	0,5800	83,96	74,23
20	0,99821	4,1818	2338,8	1002	0,5984	80,20	72,75
30	0,99565	4,1784	4245,5	797,7	0,6154	76,60	71,20
40	0,99222	4,1785	7381,4	653,2	0,6305	73,17	69,60
50	0,98803	4,1806	12344	547,0	0,6435	69,88	67,94
60	0,98320	4,1843	19932	466,5	0,6543	66,73	66,24
70	0,97778	4,1895	31176	404,0	0,6631	63,73	64,47
80	0,97182	4,1963	47373	354,4	0,6700	60,86	62,67
90	0,96535	4,2050	70117	314,5	0,6753	58,12	60,82
100	0,95840	4,2159	101325	281,8	0,6791	55,51	58,91

Tabelle 8.6 Physikalische Eigenschaften von Wasser und schwerem Wasser.

		H_2O	D_2O	T_2O
Relative Molekülmasse		18,0 150	20,0 276	22,0 315
Dichte bei 25 °C	(g/cm^3)	0,99 701	1,1 044	1,2 138
Schmelzpunkt	(°C)	0,00	3,82	4,49
Siedepunkt	(°C)	100,00	101,42	101,51
Dielektrizitätskonstante (20 °C)		81,5	80,7	
Spezifische Wärmekapazität	(J kg^{-1}K^{-1})	4182	4212	
pK_W-Wert (24 °C)		14,000	14,869	15,2 150
Neutralpunkt	pH	7,00	7,43	7,61

P_{ab} = abgegebene mechan. Leistung (Ausgang),
$\dot{Q}_{zu}$ zugeführter Wärmestrom (Eingang).

Wobbe-Zahl

Kenngröße des Brennverhaltens von Gasen:

$$\text{Wobbezahl} = \frac{\text{Heizwert}}{\sqrt{\text{Dichte}}}$$

Zustand

In der Physik die Erscheinungsform der Materie (Aggregatszustand), die durch Zustandsgrößen wie Druck, Volumen und Temperatur bestimmt ist und durch Zustandsgleichungen beschrieben wird. Vgl. *Normzustand.

Zustandsänderung

Im *thermodynamischen Gleichgewicht* sind die Zustandsgrößen konstant (d$Z = 0$). Wenn das System den Zustand (1 → 2) wechselt, ändern sich die Zustandsgrößen, *wegunabhängig* von der Prozessführung.

$$\Delta Z = \int\limits_1^2 \mathrm{d}Z = Z_2 - Z_1$$

Ein *Kreisprozess* erreicht nach einer Folge von Zustandsänderungen wieder den Ausgangszustand.

$$\oint \mathrm{d}Z = 0$$

Das *ideale *Gas* sei in einem Zylinder mit reibungsfrei laufendem Kolben (geschlossenes System); Druck und Temperatur des Gases sind im Gleichgewicht mit der Umgebung (reversibler Prozess).

Beim *perfekten Gas* sind die spezif. Wärmekapazitäten konstant, beim idealen Gas werden näherungsweise mittlere konstante spezif. Wärmekapazitäten angesetzt.

Spezifische Wärmekapazitäten: $c_p - c_V = R_B$
Molare Wärmekapazitäten: $C_p - C_V = R$
Umrechnung: $n R = m R_B$

c_p	spezif. Wärmekapazität bei konst. Druck	(J kg^{-1}K^{-1})
c_V	– bei konstantem Volumen	(J kg^{-1}K^{-1})
ΔH	Enthalpieänderung	(J)
k	Polytropenexponent	(Dim.1)
n	Stoffmenge	(mol)
Q	Wärmeenergie	(J)
q	spezifische Wärme	(J/kg)
R	molare Gaskonstante	(J mol^{-1}K^{-1})
R_B	spezifische Gaskonstante	(J kg^{-1}K^{-1})
ΔS	Entropieänderung	(J/K)
ΔU	Änderung der inneren Energie	(J)
u	spezif. Innere Energie	(J/kg)
W	reversible Volumenänderungsarbeit	(J)
κ	Isentropenexponent	(Dim.1)
1, 2	vor, nach der Änderung	

Zustandsänderung, isobare

bei konstantem Druck, d$p = 0$, GAY-LUSSAC-Gesetz.

a) Geschlossenes System. Leistet Volumenarbeit. Spezifische Größen in Kleinbuchstaben, absolute Größen in Großbuchstaben.

$$\frac{V_1}{T_1} = \frac{V_2}{T_2} = \text{const}$$

$$\mathrm{d}U = \delta Q + \delta W = n\, C_{p,m}\, \mathrm{d}T - p\, \mathrm{d}V$$

$$Q_{12} = n\, C_{p\,m}\,(T_2 - T_1) = m\, c_p\,(T_2 - T_1)$$

$$q_{12} = u_2 - u_1 + p(v_2 - v_1)$$
$$= c_V\,(T_2 - T_1) + R(T_2 - T_1) = c_p\,(T_2 - T_1)$$

$$W_{12} = -\int\limits_1^2 p\,\mathrm{d}V = -p(V_2 - V_1) = -m\,R_B\,(T_2 - T_1)$$

$$w_{12} = -\int\limits_1^2 p\,\mathrm{d}v = -p(v_2 - v_1) = -R_B\,(T_2 - T_1)$$

$$\Delta S = m\,c_p\,\ln\frac{T_2}{T_1} = m\,c_p\,\ln\frac{V_2}{V_1}$$

$$\Delta H = m\,c_p\,(T_2 - T_1) = Q_{12}$$

$$\Delta U = m\,c_{\mathrm{V}}\,(T_2 - T_1) = Q_{12} + W_{12}$$
$$k = 0$$

b) Durchströmtes System. Druckänderungsarbeit ist null.

$$W'_{12} = \int_1^2 V\,\mathrm{d}p = 0$$

$$Q_{12} = (H_2 - H_1) = m\,c_{\mathrm{p}}\,(T_2 - T_1)$$
$$q_{12} = (h_2 - h_1) = c_{\mathrm{p}}\,(T_2 - T_1)$$

c) Diagramme.

Arbeitsdiagramm: $p(V) = $ const (Horizontale).
                    $W = $ Fläche unter $p(V)$-Kurve.
Wärmediagramm: $T(S)$ exponentiell ansteigend.
                    $Q = $ Fläche unter $S(T)$-Kurve.

Zustandsänderung, isochore

inkompressible Zustandsänderung. CHARLES-Gesetz, bei konstantem Volumen, $\mathrm{d}V = 0$, $v = 1/\varrho = $ const.

a) Geschlossenes System.   Leistet keine Volumenarbeit.

$$\frac{p_1}{T_1} = \frac{p_2}{T_2} = \text{const}$$

$$\delta Q = \mathrm{d}U = n\,C_{V,\mathrm{m}}\,\mathrm{d}T$$

$$Q_{12} = U_2 - U_1 = n\,C_{V,\mathrm{m}}\,(T_2 - T_1) = m\,c_{\mathrm{V}}\,(T_2 - T_1)$$

$$W_{12} = -\int_1^2 p\,\mathrm{d}V = 0$$

$$\Delta S = m\,c_{\mathrm{V}}\,\ln\frac{T_2}{T_1} = m\,c_{\mathrm{V}}\,\ln\frac{p_2}{p_1}$$
$$= m\,c_{\mathrm{p}}\,\ln\frac{T_2}{T_1} - m\,R_{\mathrm{B}}\,\ln\frac{p_2}{p_1}$$

$$\Delta H = m\,c_{\mathrm{p}}\,(T_2 - T_1)$$
$$\Delta U = m\,c_{\mathrm{V}}\,(T_2 - T_1) = Q_{12}$$
$$k = \pm\infty$$

b) Durchströmtes System. Leistet Druckänderungsarbeit.

$$W'_{12} = \int_1^2 V\,\mathrm{d}p = V(p_2 - p_1)$$

$$w'_{12} = \int_1^2 v\,\mathrm{d}p = v(p_2 - p_1) = \frac{p_2 - p_1}{\varrho}$$

$$Q_{12} = m c_{\mathrm{p}}(T_2 - T_1) - V(p_2 - p_1) = m c_{\mathrm{V}}(T_2 - T_1)$$
$$q_{12} = c_{\mathrm{p}}(T_2 - T_1) - v(p_2 - p_1) = c_{\mathrm{V}}(T_2 - T_1)$$

c) Diagramme
Arbeitsdiagramm: $p(V)$ (Vertikale).
Wärmediagramm: $T(S)$ exponentiell ansteigend.

Zustandsänderung, isotherme

BOYLE-MARIOTTE-Gesetz, bei konstanter Temperatur, $\mathrm{d}T = 0$.

a) Geschlossenes System.   Leistet Volumenarbeit.

$$p_1 V_1 = p_2 V_2 = \text{const}$$
$$pV = n\,R\,T = m\,R_{\mathrm{B}}\,T$$
$$\delta Q = -\delta W = p\,\mathrm{d}V$$

$$W_{12} = -\int_1^2 p\,\mathrm{d}V = p_1 V_1 \ln\frac{V_2}{V_1} = p_1 V_1 \ln\frac{p_1}{p_2}$$
$$= n\,R\,T_1 \ln\frac{V_1}{V_2} = m\,R_{\mathrm{B}}\,T_1 \ln\frac{V_1}{V_2}$$
$$= n\,R\,T_1 \ln\frac{p_2}{p_1} = m\,R_{\mathrm{B}}\,T_1 \ln\frac{p_2}{p_1}$$

$$Q_{12} = -W_{12} = \int_1^2 T\,\mathrm{d}S$$
$$= n\,R\,T_1 \ln\frac{V_2}{V_1} = m\,R_{\mathrm{B}}\,T_1 \ln\frac{V_2}{V_1}$$

$$\Delta S = -m\,R_{\mathrm{B}}\,\ln\frac{p_2}{p_1} = m\,R_{\mathrm{B}}\,\ln\frac{V_2}{V_1}$$
$$\Delta s = -R_{\mathrm{B}}\,\ln\frac{p_2}{p_1} = R_{\mathrm{B}}\,\ln\frac{v_2}{v_1}$$
$$\Delta H = \Delta U = 0$$
$$k = 1$$

b) Durchströmtes System.   Leistet Druckänderungsarbeit.

$$W'_{12} = \int_1^2 V\,\mathrm{d}p = p_1 V_1 \ln\frac{V_1}{V_2} = p_1 V_1 \ln\frac{p_2}{p_1}$$
$$= n\,R\,T_1 \ln\frac{V_1}{V_2} = m\,R_{\mathrm{B}}\,T \ln\frac{V_1}{V_2}$$
$$= n\,R\,T_1 \ln\frac{p_2}{p_1} = m\,R_{\mathrm{B}}\,T \ln\frac{p_2}{p_1}$$

$$Q_{12} = -W'_{12}$$

c) Diagramme.
Arbeitsdiagramm: $p(V)$ exponentiell abfallend.
Wärmediagramm: $T(S) = $ const (Horizontale).

Zustandsänderung, isentrope

oder *adiabate Zustandsänderung.*
a) Bei konstanter Entropie, $\mathrm{d}S = 0$ und $\mathrm{d}Q = 0$. Beim *perfekten Gas* ist der Identropenexponent κ konstant; beim idealen Gas genügt näherungsweise der Mittelwert $\bar{\kappa}$.

$$\frac{p_2}{p_1} = \left(\frac{V_2}{V_1}\right)^{-\kappa} \quad \text{oder} \quad p\,V^{\kappa} = \text{const}$$
$$\frac{T_2}{T_1} = \left(\frac{V_2}{V_1}\right)^{1-\kappa} = \left(\frac{p_2}{p_1}\right)^{(\kappa-1)/\kappa}$$
$$\mathrm{d}U = \delta W = n\,C_{V,\mathrm{m}}\,\mathrm{d}T$$
$$Q_{12} = 0$$

$$W_{12} = -\int_1^2 p\,\mathrm{d}V = n\,C_{V,\mathrm{m}}\,(T_2 - T_1)$$
$$= m\,c_{\mathrm{V}}\,(T_2 - T_1)$$

$$= \frac{m\,R_{\mathrm{B}}\,(T_2 - T_1)}{\kappa - 1} = \frac{p_2 V_2 - p_1 V_1}{\kappa - 1}$$
$$= \frac{R T_1}{\kappa - 1}\left[\left(\frac{V_2}{V_1}\right)^{1-\kappa} - 1\right]$$
$$= \frac{p_1 V_1}{\kappa - 1}\left[\left(\frac{V_2}{V_1}\right)^{1-\kappa} - 1\right]$$
$$= \frac{R T_1}{\kappa - 1}\left[\left(\frac{p_2}{p_1}\right)^{(\kappa-1)/\kappa} - 1\right]$$

$$\Delta S = 0$$
$$\Delta H = m\,c_{\mathrm{p}}\,(T_2 - T_1)$$
$$\Delta U = m\,c_{\mathrm{V}}\,(T_2 - T_1) = W_{12}$$
$$k = \kappa = \frac{c_{\mathrm{p}}}{c_{\mathrm{V}}}$$

b) Durchströmtes System. Leistet Druckänderungsarbeit.

c) Diagramme
Arbeitsdiagramm: $p(V)$ fallende Kurve.
Wärmediagramm: $T(S)$ Vertikale.

Zustandsänderung, polytrope
($k \neq 0$, $k \neq 1$, $k \neq \infty$, $k \neq \kappa$).

a) Geschlossenes System. Im isentropen Fall ($k = \kappa$) keine Wärmeäußerung des Systems ($Q_{12} = 0$).

$$\frac{p_2}{p_1} = \left(\frac{V_2}{V_1}\right)^{-k} \quad \text{oder} \quad p\,V^k = \text{const}$$

$$\frac{T_2}{T_1} = \left(\frac{V_2}{V_1}\right)^{1-k} = \left(\frac{p_2}{p_1}\right)^{(k-1)/k}$$

$$\mathrm{d}U = \delta Q + \delta W = \delta Q - p\,\mathrm{d}V$$

$$Q_{12} = nR(T_2 - T_1)\left(\frac{1}{\kappa - 1} - \frac{1}{k - 1}\right)$$

$$= \left[m\,c_V - \frac{m\,R_B}{k-1}\right](T_2 - T_1)$$

$$W_{12} = \frac{n\,R\,(T_2 - T_1)}{k-1} = \frac{m\,R_B\,(T_2 - T_1)}{k-1}$$

$$= \frac{p_2 V_2 - p_1 V_1}{k-1}$$

$$= \frac{p_1 V_1}{k-1}\left[\left(\frac{V_2}{V_1}\right)^{1-k} - 1\right]$$

$$= \frac{R T_1}{k-1}\left[\left(\frac{V_2}{V_1}\right)^{1-k} - 1\right]$$

$$= \frac{R T_1}{k-1}\left[\left(\frac{p_2}{p_1}\right)^{(k-1)/k} - 1\right]$$

$$\Delta S = m\,c_p \ln\frac{T_2}{T_1} - m\,R_B \ln\frac{p_2}{p_1}$$

$$= m\,c_V \ln\frac{T_2}{T_1} + m\,R_B \ln\frac{V_2}{V_1}$$

$$\Delta H = m\,c_p\,(T_2 - T_1)$$

$$\Delta U = m\,c_V\,(T_2 - T_1)$$

b) Durchströmtes System. Leistet Druckänderungsarbeit.

$$W'_{12} = \int_1^2 V\,\mathrm{d}p = \frac{k}{k-1}R(T_2 - T_1)$$

$$= \frac{p_1 V_1}{(k-1)/k}\left[\left(\frac{p_2}{p_1}\right)^{(k-1)/k} - 1\right]$$

$$= \frac{R T_1}{(k-1)/k}\left[\left(\frac{p_2}{p_1}\right)^{(k-1)/k} - 1\right]$$

$$Q_{12} = \left[m\,c_p - \frac{m\,R_B}{(k-1)/k}\right](T_2 - T_1)$$

c) Diagramme
Arbeitsdiagramm: $p(V)$ fallende Kurve.
Wärmediagramm: $T(S)$ steigende Kurve.

d) Polytropenexponent. Aus Messwerten realer Prozesse berechnet. In der Literatur auch Formelzeichen n (nicht mit Stoffmenge verwechseln!).

$$k = \frac{\ln(p_1/p_1)}{(\ln V_1/V_2)} = \frac{\ln(p_2/p_1)}{\ln(T_1/T_2) + \ln(p_2/p_1)}$$

$k = 0$	$p = \text{const}$	Isobare Zustandsänderung
$k = 1$	$T = \text{const}$	Isotherme Zustandsänderung
$k = \kappa$	$S = \text{const}$	Isentrope Zustandsänderung
$k \to \infty$	$V = \text{const}$	Isochore Zustandsänderung

Zustandsdiagramm
Isobare Schmelzdiagramme $x(T)$ von binären Systemen. Vgl. *Gibbs-Phasenregel.
1) Flüssige Systeme: *Siedediagramm.
2) Feste Systeme: Kapitel „Aufbau der Materie".
3) Untersuchungsmethoden für Phasenumwandlungen: Dilatometrie (Volumensprung), Aufheiz- und Abkühlungskurven (Knick- und Haltepunkte), Differenzthermoanalyse (Peaks), Röntgenbeugung, Impedanzmessung.

Zustandsfunktion, partielle molare
Auf die Stoffmenge bezogene thermodynam. Größe. Für die Komponente i in einer Mischung leitet sich vom *chem. Potential ab:

partielle molare Entropie:	$S_i = -\left(\frac{\partial \mu_i}{\partial T}\right)_{p,x_j}$
partielles molares Volumen:	$V_i = \left(\frac{\partial \mu_i}{\partial p}\right)_{T,x_j}$
partielle molare Enthalpie:	$H_i = \mu_i - T\left(\frac{\partial \mu_i}{\partial T}\right)_{p,x_j}$

Zustandsgleichung: Ideales Gas
Vereinigtes Gasgesetz, „Ideales Gasgesetz" mit den Zustandsgrößen p, V und T. Näheres vgl.: ideales *Gas.

$$\frac{p\,V}{T} = \text{const} \quad \text{oder}$$

$$\frac{p_n V_n}{T_n} = \frac{p_1 V_1}{T_1} = \frac{p_2 V_2}{T_2} = \dots$$

Bezogen auf:	extensiv	intensiv
Stoffmenge	$p\,V = n\,R\,T$	$p\,V_m = R\,T$
Masse	$p\,V = m\,R_B\,T$	$p\,v = R_B\,T$
Teilchen	$p\,V = N\,k\,T$	$p = \varrho\,R_B\,T$

Gasdichte in Abhängigkeit von Druck und Temperatur

$$\varrho = \varrho_n\,\frac{T_n\,p}{T\,p_n} \quad \text{kg/m}^3$$

k	Boltzmann-Konstante	(J/K)
m	Masse des Gases	(kg)
n	Stoffmenge	(mol)
n/V	Teilchenzahldichte	(m^{-3})
R	molare Gaskonstante	($\text{J mol}^{-1}\text{K}^{-1}$)
R_B	spezifische Gaskonstante	($\text{J kg}^{-1}\text{K}^{-1}$)
T	absolute Temperatur	(K)
V	Volumen des Gases	(m^3)
$v = V/m$	spezif. Volumen des Gases	(m^3/kg)
V_m	molares Volumen des Gases	(m^3/mol)
α_V	Volumenausdehnungskoeffizient	(K^{-1})
n	Normzustand (0 °C, 101325 Pa)	

Zustandsgleichung: Reales Gas
Im realen Gas werden die Wechselwirkungen zw. den Molekülen berücksichtigt. Näheres vgl. *Van-der-Waals-Gleichung, *Virialgleichung.

Zustandsgleichung, kalorische
Spezifische oder molare innere Energie. Aus $U = f(V, T, n)$ folgt:

$$dU = \left(\frac{\partial U}{\partial V}\right)_T dV + \left(\frac{\partial U}{\partial T}\right)_V dT$$

Spezifische oder molare Enthalpie.
Aus $H = f(p,T,n)$ folgt:

$$dH = \left(\frac{\partial H}{\partial p}\right)_T dp + \left(\frac{\partial H}{\partial T}\right)_p dT$$

Zustandsgleichung, thermische

Ausdruck für das spezif. Volumen $v = f(T,p,n_i)$.
1) Gase. *Gasgesetz, *Van-der-Waals-Gleichung, *Virialgleichung.
2) Flüssigkeiten bei geringem Druck und T = konst.

$$v = v(p \to 0)\, e^{-\kappa p} \approx v(p \to 0)\,(1 - \kappa\, p)$$

Grob: $C_{V,\text{flüss.}} \approx 2\, C_{V,\text{gasf.}}$.

Zustandsgröße

Beschreibt den thermodynam. Zustand eines Systems (vgl. *Prozessgröße) oder eine makroskopische Eigenschaft einer Phase.
- *thermische Zustandsgrößen:* Druck, Volumen, Temperatur.
- *kalorische Zustandsgrößen:* innere Energie, Enthalpie, Entropie.

Zustandssumme

oder BOLTZMANN-Verteilungsfunktion; abhängig von der Art des Systems und der betrachteten Energie.

$$Q = \sum_{i=0}^{\infty} g_i\, e^{\Delta E_i / kT} = \frac{N}{N_0}$$

a) Änderung der molaren inneren Energie

$$U - U_0 = RT^2 \left(\frac{\partial \ln Q}{\partial T}\right)_V$$

Molare *Wärmekapazität*

$$C_V = \frac{d\Delta U}{dT} = \frac{\partial}{\partial T}\left[RT^2 \left(\frac{\partial \ln Q}{\partial T}\right)_V\right]$$

Änderung der molaren *Entropie*

$$S - S_0 = \int_0^T C_V \, d\ln T$$

$$= \int_0^{\infty} \frac{\partial}{\partial T}\left[RT^2 \left(\frac{\partial \ln Q}{\partial T}\right)_V\right] d\ln T$$

Molare *freie Energie* eines idealen Gases

$$F = U_0 - RT \left(\ln \frac{Q}{N} + 1\right)$$

Molare *freie Enthalpie* eines idealen Gases

$$G = U_0 - RT \ln \frac{Q}{N}$$

b) Vollständige Verteilungsfunktion für Translations-, Rotations- und Schwingungsenergie.

$$Q = Q_{\text{tr}}\, Q_{\text{rot}}\, Q_{\text{vib}}$$

entsprechend: $\Delta E = \Delta E_{\text{tr}} + \Delta E_{\text{rot}} + \Delta E_{\text{vib}}$
Translationszustandssumme

$$Q_{\text{tr}} = \left[\frac{(2\pi m\, kT)^{3/2}}{h^3}\right] V$$

Rotationszustandssumme für unsymmetr. lineare Moleküle

$$Q_{\text{rot}} = \frac{8\pi^2 J\, kT}{h^2}$$

Schwingungszustandssumme für zweiatomige Moleküle

$$Q_{\text{vib}} = \frac{e^{-h\nu/2kT}}{1 - e^{-h\nu/kT}}$$

E_0	Energie von $g_0 N_0$ Teilchen bei $T = 0$ K
ΔE_i	Energieunterschied $E_i - E_0$ des Zustandes i
g_i	statist. Gewicht des Energiezustandes i
	= Zahl der Zustände gleicher Energie (Entartung)
h	Plancksches Wirkungsquantum
J	Trägheitsmoment des Moleküls
k	Boltzmann-Konstante
m	Masse des Teilchens
N	Gesamtzahl der Teilchen
N_i	Zahl der Teilchen mit der Energie E_i
V	Volumen des Systems

8

Thermodynamik

9 Stofftransport und Reaktionstechnik

Adsorption – Diffusion – Stoffübertragung – Katalyse –
chemisches Gleichgewicht – Reaktionskinetik – Enzymkinetik –
Radikalreaktionen – Fotochemische Reaktionen –
Reaktoren – Extraktion – Chromatografie – Membranverfahren

Formelzeichen

Physikalische Größe	Symbol	Einheit	Basiseinheiten	Englische Bezeichnung
(Reaktions-)Affinität	A	J/mol	$= \mathrm{m^2 kg\,s^{-2} mol^{-1}}$	affinity of reaction
Arrhenius-Faktor	A	versch.	$(\mathrm{mol^{-1} m^3})^{n-1}\mathrm{s^{-1}}$	pre-exponential frequency factor
Stoffmengenkonzentration				
– im Phaseninneren	$c_i^{\mathrm{b}}, c_i^*, c_i^0$	mol/ℓ		bulk concentration
– an Oberfläche	c_i^{s}	mol/ℓ		surface concentration
– örtlich, zeitlich	$c_i(x,t)$	mol/ℓ		at distance x, at time t
Diffusionskoeffizient	D	$\mathrm{m^2/s}$	$= \mathrm{m^2 s^{-1}}$	diffusion coefficient
Aktivierungsenergie	$E_{\mathrm{A}}, E_{\mathrm{a}}$	J/mol	$= \mathrm{m^2 kg\,s^{-2} mol^{-1}}$	activation energy
Dissoziationsenergie	E_{d}, D	J	$= \mathrm{m^2 kg\,s^{-2}}$	dissociation energy
Elektronenaffinität	E_{ea}	J	$= \mathrm{m^2 kg\,s^{-2}}$	electron affinity
Fugazität, realer Druck	f	$\mathrm{Pa = N\,m^{-2} = m^{-1} kg\,s^{-2}}$		fugacity
Fluss	J, J_{X}	versch.		flux
Stoffstromdichte	j	$\mathrm{mol\,m^{-2} s^{-1}}$		mass transfer
Gleichgewichtskonstante				equilibrium constant
– konzentrationsbezogen	K_c	$(\mathrm{mol\,m^{-3}})^{\Sigma\nu}$		– concentration basis
– molalitätsbezogen	K_b	$(\mathrm{mol\,kg^{-1}})^{\Sigma\nu}$		– molality basis
– druckbezogen	K_p	$\mathrm{Pa}^{\Sigma\nu}$		– pressure basis
Geschwindigkeitskonstante	k	$(\mathrm{mol^{-1} m^3})^{n-1}\mathrm{s^{-1}}$		rate constant
Stoffübergangskoeffizient	k_{d}	m/s		mass transfer coefficient
Diffusionslänge	L, l	m		diffusion length
Massenstrom	$\dot{m}, (q)$	kg/s		mass flow (rate)
Stoffmengenstrom	$\dot{n}, (J)$	mol/s		flow rate
Reaktionsordnung	n	–	$= 1$	overall order of reaction
Reaktionsgeschwindigkeit	r	$\mathrm{mol\,s^{-1} m^{-3}}$		rate of reaction
Oberflächenbelegungsgrad	θ	–	$= 1$	surface coverage
Volumenstrom, Durchfluss	$\dot{V}$	$\mathrm{m^3/s}$		volume flow (rate)
Stoßhäufigkeit	Z_{A}	$\mathrm{s^{-1}}$		collision frequency
Stoßzahl	$Z_{\mathrm{AB}}, Z_{\mathrm{AA}}$	$\mathrm{m^{-3} s^{-1}}$		collision number
Molare Stoßzahl	$z_{\mathrm{AB}}, z_{\mathrm{AA}}$	$\mathrm{m^3 mol^{-1} s^{-1}}$		collision frequency factor
Stoffübergangskoeffizient	β	m/s	$= \mathrm{m\,s^{-1}}$	mass transfer coefficient
Schichtabstand, Filmdicke	δ	m		distance, film thickness
Diffusionsschicht-Dicke	δ	m		thickness of diffusion layer
Reaktionsschichtdicke	δ_{r}	m		thickness of reaction layer
Standard-Reaktionsenergie	$\Delta_{\mathrm{r}} G^0$	J/mol	$= \mathrm{m^2 kg\,s^{-2} mol^{-1}}$	standard reaction energy
Freie Übergangszustandsenergie	$\Delta G^{\ddagger}, \Delta^{\ddagger} G^0$	J/mol	$= \mathrm{m^2 kg\,s^{-2} mol^{-1}}$	standard Gibbs energy of activation
Standard-Reaktionswärme	$\Delta_{\mathrm{r}} H^0$	J/mol	$= \mathrm{m^2 kg\,s^{-2} mol^{-1}}$	standard reaction enthalpy
Übergangszustandsenthalpie	$\Delta H^{\ddagger}, \Delta^{\ddagger} H^0$	J/mol	$= \mathrm{m^2 kg\,s^{-2} mol^{-1}}$	standard enthalpy of activation
Standard-Reaktionsentropie	$\Delta_{\mathrm{r}} S^0$	$\mathrm{J\,mol^{-1} K^{-1}}$		standard reaction entropy
Übergangszustandsentropie	$\Delta S^{\ddagger}, \Delta^{\ddagger} S^0$	$\mathrm{J\,mol^{-1} K^{-1}}$		standard entropy of activation
Aktivierungsvolumen	$\Delta^{\ddagger} V, \Delta V^{\ddagger}$	$\mathrm{m^3/mol}$		volume of activation
kinematische Viskosität	ν	$\mathrm{m^2/s}$	$= \mathrm{m^2 s^{-1}}$	kinematic viscosity
Stöchiometriefaktor	ν_i	–	$= 1$	stoichiometric number
Fugazitätskoeffizient	φ	–	$= 1$	fugacity coefficient
Stoßquerschnitt	σ	$\mathrm{m^2}$		collision cross-section
Relaxationszeit	τ	s		relaxation time
Reaktionslaufzahl, Umsatz	ξ	mol		extent of reaction, advancement
Umsatzrate	$\dot{\xi}$	$\mathrm{mol\,s^{-1}}$		rate of conversion

Abgas

An die Umwelt abgegebene anthropogene Luftverunreinigung (*Emission).

Abgaskatalysator

Dreiwege-Katalysator im Auto: wandelt bei 300 bis 850 °C die Schadstoffe CO, Kohlenwasserstoffe und Stickoxide in CO_2, Wasser und Stickstoff um.

Platin (für Oxidationsprozesse) und Rhodium (für Reduktionsprozesse) befinden sich feinverteilt auf einem Aluminiumoxid-Wabenkörper („wash coat").

Die Reaktion erfolgt mit stöchiometrischem Lufteinsatz; sonst Nebenprodukte wie SO_3, H_2S, NH_3 u.a.

$$CO \quad + \tfrac{1}{2}O_2 \longrightarrow CO_2$$

$$NO \quad + CO \longrightarrow \tfrac{1}{2}N_2 + CO_2$$

$$C_nH_m \quad + \left(n + \tfrac{m}{4}\right) O_2 \longrightarrow n\,CO_2 + \tfrac{m}{2} H_2O$$

Das *Kraftstoff-Luft-Verhältnis* λ wird durch die *Lambda-Sonde* (ein Sauerstoffsensor aus ZrO_2-Keramik) gemessen und auf $\lambda \approx 1$ eingeregelt.

$$\lambda = \frac{\text{zugeführte Luftmenge}}{\text{stöchiometrische Luftmenge}}$$

> 1 *mageres Gemisch* (Luftüberschuss)
  $\Rightarrow$ viel Rest-NO_x wegen CO-Mangel.
= 1 *stöchiometrisches Gemisch*
  $\Rightarrow$ vollständige Umsetzung.
< 1 *fettes Gemisch*
  $\Rightarrow$ viel Rest-KWst wegen O_2-Mangel.

Umweltproblematik: Voraussetzung ist bleifreies Benzin. Keine vollständige Entstickung, enger Arbeitsbereich (300–500 °C), Schwefel behindert die NO_x-Reduktion. Platinverlust ca. 1 mg/1000 km, Toxikologie unklar; Jahresbedarf weltweit ca. 50 t Platinmetalle.

Abgasreinigung in Dieselmotoren

Dieselruß ist gefährlich wegen anhaftender PAK und seiner Lungengängigkeit. Vereinzelte Serienanwendungen.

1. *Direkteinspritzung:* Benzin wird direkt in den Brennraum gespritzt; es entfallen (a) die Vorkammer im Zylinderkopf (zur Luftkompression und Kraftstoffmischung), (b) Glühkerzen als Anlasshilfe und (c) der Kraftaufwand für das Ansaugen des Diesel-Luft-Gemisches. Eine muldenförmige Vertiefung im Kolbenboden bildet den Brennraum.

Common Rail-Vierventiltechnik: Eine Hochdruckpumpe (1350 bar) verteilt den Kraftstoff durch eine „gemeinsame Leitung" auf vier Einspritzdüsen; dadurch gute Verwirbelung auch bei niedrigen Drehzahlen und drastische Kraftstoffeinsparung.

2. *Turbolader* arbeiten mit Luftüberschuß ($\lambda > 1{,}5$) und führen zu etwa 50%iger Emissionsminderung.

3. *Oxidationskatalysatoren* arbeiten prinzipiell schlechter als die Reduktionskatalysatoren beim Ottomotor und können „ausbrennen".

4. *Rußfilter* (z. B. aus Keramik).

5. *Diesel-Wasser-Emulsionen* (85% Diesel + 15% Wasser, Frostschutzmittel, Stabilisatoren) erzeugen bei der Verbrennung bis 30% weniger NO_x und 80% weniger Ruß. Verdampfendes Wasser „kühlt" Temperaturspitzen im Zylinder und steigert die Motorleistung. – Nachteil: Umbau des Einspritzsystems bei Serienmotoren notwendig, Entmischung der Emulsion beim Stehen und Instabilität im Winter.

Abluft *Abgas, dessen Trägergas Luft ist.

Absorption

Aufnahme der abzutrennenden Komponente (Absorptiv: Gas, Dampf) im Sorptionsmittel (Absorbens: fest oder flüssig) unter Bildung einer molekular-dispers verteilten Mischphase (Absorbat). Teilschritte:

1. Diffusion des Gases zur Grenzfäche

2. Stoffübergang durch die Grenzfläche zwischen Gasraum und Absorbens

3. Diffusion im Absorbens bzw. Chemisorption

Technische Maßnahmen

- hohes Konzentrationsgefälle im Gas und Absorbens
- große Grenzfläche und Verteilung des Absorbens
- Absorbentien mit niedriger Viskosität (erleichtert Diffusion).

Absorption: Gaswäsche

Lösen eines flüchtigen Stoffes (z. B. Gas, Dampf) in einer Flüssigkeit durch chemische Reaktion oder physikalische Kräfte.

Dalton-Gesetz:	$p \approx c_2 RT$
Henry-Gesetz:	$p = H\,x_2$
Bunsen-Gesetz:	$c_2 = \alpha\,p$
Ostwald-Gesetz:	$c_2 = \beta\,c$

2 = gelöster Stoff in der Lösung; ohne Index: in der Gasphase.
α, β Absorptionskoeffizienten.

Absorptionsverfahren

1. *Oberflächenabsorber* (Quarzrohrabsorber, Dünnschichtabsorber): das Absorptionsmittel läuft als Dünnfilm im Gegenstrom zum Absorptiv herab.

2. *Kolonnenabsorber:* Hordenturm, Bodenfüllkörper-, Rotationskolonne. Flüssigkeitsverteilung durch Sprüh-, Tropfen- oder Rieselfilm im Gegenstrom zum Gas.

3. *Rotationsabsorber:* Zerstäubung des Absorptionsmittels durch rotierende Wellen.

Technische Beschreibung einer Absorptionskolonne. Die Zahl der theoretischen *Trennstufen* entspricht den grafisch bestimmten „Treppenstufen" zwischen Bilanzgerade und Gleichgewichtskurve.

Gleichgewichtskurve: obere Gerade des $\zeta_{AS}(\zeta_{AG})$-Diagramms.

$$\zeta_{AS} = \frac{\dfrac{M_A}{M_S}\,p\,\zeta_{AG}}{\left(\zeta_{AG} + \dfrac{M_A}{M_G}\right) H - p\,\zeta_{AG}} \qquad \text{(Dim.1)}$$

Bilanzgerade bei Gegenstrom: untere Gerade des $\zeta_{AS}(\zeta_{AG})$-Diagramms.

$$\zeta_{AS,aus} = \frac{\dot{m}_G}{\dot{m}_S}\,\zeta_{AG,ein} + \zeta_{AS,ein} - \frac{\dot{m}_G}{\dot{m}_S}\,\zeta_{AG,aus}$$

Mindestverhältnis von Absorptionsmittel zu Trägergasstrom

$$\frac{\dot{m}_S}{\dot{m}_G} \geq \frac{\zeta_{AG,ein} - \zeta_{AG,aus}}{\zeta_{AS,aus,max} - \zeta_{AS,ein}}$$

ζ_{AS}	Massenverhältnis m_{AS}/m_S	(Dim.1)
ζ_{AG}	Massenverhältnis m_{AG}/m_G	(Dim.1)
H	Henry-Konstante	(Pa)
M	Molare Masse	(kg/mol)
$\dot{m}$	Massenstrom	(kg/s)
p	Betriebsdruck der Anlage	(Pa)
A	zu absorbierendes Gas, Absorptiv	
G	Medium: Trägergas	
S	Medium: Solvent, Absorptionsmittel	
AG	Absorptiv(Gas) im Trägergas	
AS	Absorptiv (Gas) in Absorptionsmittel	

Absorptionskoeffizient

Kennzahl der *Absorption.

1) *Henry-Konstante.

2) **Ostwald-Koeffizient.** Proportionalitätsfaktor β (Dimension 1) zwischen der Konzentration eines gelösten Stoffes in einer Flüssigkeit und im Gasraum:

$$c_{2,(fl)} = \beta\, c_{2,(g)}$$

3) **Bunsen-Koeffizent.** Proportionalitätsfaktor α (in mol m^{-3}Pa^{-1} = mol/J) zwischen der Konzentration eines gelösten Stoffes in einer Flüssigkeit und dessen Partialdruck im Gasraum.

$$c_{2,(fl)} = \alpha\, p_{2,(g)}$$

Adsorption

Anreicherung der abzutrennenden Komponente (*Adsorptiv:* Gas, Flüssigkeit) an der Oberfläche des Sorptionsmittel (*Adsorbens:* meist fest) unter Bildung des *Adsorbats* (nicht verwechseln mit: *Absorption). Wichtig bei heterogen-katalytischen Reaktionen.
Ein Knick im Adsorptionsdiagramm (adsorbierte Menge gegen Temperatur) deutet auf einen Übergang zwischen *Physisorption und *Chemisorption hin.
Anwendung: Abgasreinigung, Trocknung, Entfärbung, Atemschutz, Rückgewinnung von Chemikalien, Trinkwasseraufbereitung.
Zum Überblick vgl. *Chemisorption, *Physisorption, *London-Potential, *Adsorptionsenthalpie und folgende Stichwörter.

Adsorptionsverfahren   in der Technik
1. *Festbettabsorber:* Adsorbens auf Siebböden im gasdurchströmten Kessel; Desorption in einem zweiten Kessel mit Spüldampf.
2. *Adsorptionskolonne:* Adsorbens als Fettbettwanderschicht (Hypersorptionsverfahren) oder Fließbett (Fließbettadsorption) im Gegenstrom zum Gas. Die Kolonne teilt sich in Verteiler-, Adsorptions-, Desorptions- und Fraktionierzone.
3. *Adsorptionsbatterie:* Serienschaltung von Apparaten; zyklisch betrieben mit Adsorptionsphase, Spülphase, Desorptionsphase, Spülphase.

Adsorption, dissoziative
Das chemisorbierte Teilchen wird bei der Absorption gespalten und ist auf der Oberfläche beweglich. Die *Adsorptionskinetik nach der Reaktion

$$\tfrac{1}{2}A_2 \rightleftharpoons A \xrightarrow{\ S\ } A \cdot S$$

gehorcht einer *Langmuir-Isotherme.

Adsorption $r_1 = k_1\,p_{A_2}(1-\theta)^2$
Desorption $r_{-1} = k_{-1}\theta^2$ $\left.\right\}$ $\boxed{\theta = \dfrac{\sqrt{K p_{A_2}}}{1 + \sqrt{K p_{A_2}}}}$

Vgl. isosterische *Adsorptionsenthalpie.

K Gleichgewichtskonstante, k Geschwindigkeitskonstante, p Partialdruck (Pa), r Reaktionsgeschwindigkeit (s^{-1}) θ Oberflächenbelegungsgrad (Dim. 1).

Adsorption, nichtdissoziative

Absorption ohne Spaltung des Teilchens.
1) Die *Adsorptionskinetik nach dem Schema $A + S \rightleftharpoons A \cdot S$ (wobei S ein Oberflächenplatz und A die adsorbierte Spezies ist) folgt einer *Langmuir-Isotherme. Ähnlich *Elektrosorption.

Adsorption $r_1 = k_1\,p_A(1-\theta)$
Desorption $r_{-1} = k_{-1}\theta$ $\left.\right\}$ $\boxed{\theta = \dfrac{K p_A}{1 + K p_A}}$
Gleichgewicht $r = r_1 - r_{-1} = 0$

2) **Mit mehreren Teilchen.** Nach dem Reaktionsschema
$A + B + \cdots + S \rightleftharpoons AB \cdots S$ führt der allgemeine Ansatz für thermodynamisches Gleichgewicht zu einem linearen Gleichungssystem.

$$r_i = \underbrace{k_i\,p_i\left(1 - \sum \theta_i\right)}_{\text{Adsorption}} - \underbrace{k_{-i}\theta_i}_{\text{Desorption}} = 0$$

mit der Lösung

$$\boxed{\theta_i = \frac{1}{\det \mathcal{A}} \sum_k \mathcal{A}_{ik}\, k_k\, p_k}$$

k_k Geschwindigkeitskonstanten, p_k Partialdrücke (Pa),
r_i Reaktionsgeschwindigkeit bzgl. der Komponente i (s^{-1}),
$\mathcal{A}$ Reaktionsmatrix.

3) **Mit zwei Teilchen.** Nach dem Reaktionsschema $A + B + S \rightleftharpoons AB \cdot S$ gilt:
• für Teilchen A:
$$r_1 = k_1 p_1(1 - \theta_1 - \theta_2) - k_{-1}\theta_1$$
$$k_1 p_1 = (k_1 p_1 + k_{-1})\theta_1 + k_1 p_1\theta_2$$
$$\det \mathcal{A} = k_1 k_{-2} p_1 + k_{-1} k_2 p_2 + k_{-1} k_{-2}$$
$$\theta_1 = \frac{K_1 p_1}{1 + K_1 p_1 + K_2 p_2}$$
$$K_1 = k_1 / k_{-1}$$

für Teilchen B:
$$r_2 = k_2 p_2(1 - \theta_1 - \theta_2) - k_{-2}\theta_2$$
$$k_2 p_2 = (k_2 p_2 + k_{-2})\theta_2 + k_2 p_2\theta_1$$
$$\theta_2 = \frac{K_2 p_2}{1 + K_1 p_1 + K_2 p_2}$$
$$K_2 = k_2 / k_{-2}$$

Adsorption, physikalische   *Physisorption.

Adsorptionsenthalpie

Adsorptionswärme bei der *Adsorption.
1) Die *isosterische Adsorptionsenthalpie* ΔH_{ad}^0 ist die Adsorptionswärme bei konstanter Belegung; sie wird als Geradensteigung eines $\ln p\text{-}T^{-1}$-Diagrammes bestimmt.

$$\left.\frac{\partial \ln p}{\partial T}\right|_{\theta} = \left.\frac{\partial \ln K}{\partial T}\right|_{\theta} = \frac{\Delta H_{ad}^0}{RT^2}$$

$$\frac{\theta}{1-\theta} = pe^{-\Delta G_{ad}/RT}$$

2) Die Adsorptionsenthalpie ΔH_{ad} der Chemisorption von *Wasserstoff auf Metallen* lässt sich nach PAULING aus Dissoziationsenergien D und Elektronegativitäten EN abschätzen.

$$\Delta H_{ad} = 2D_{MH} - D_{HH}$$

$$D_{MH} = \tfrac{1}{2}(D_{MM} + D_{HH}) + 97000\,(EN_M - EN_H)^2$$

$$D_{MM} = \tfrac{1}{6} \cdots \tfrac{1}{4} \cdot \Delta H_{subl}$$

Intermolekulare Wechselwirkungen von Substrat und Adsorbat beschreibt das *London-Potential.

Adsorptionsgeschwindigkeit

Geschwindigkeit der *Adsorption, abhängig von Oberflächendiffusion im Kräftebereich des Adsorbens und der Kapillardiffusion. Vgl. *Langmuir-Isotherme. Experimentelle Messmethoden:

- *Strömungsmethoden:* Die Probe saugt durch Adsorption Teilchen aus dem Gasraum auf. Die Differenz der Gasflüsse ins Messsystem hinein und heraus entspricht der Geschwindigkeit der Gasaufnahme, Integration der Geschwindigkeiten der Bedeckung.
- Druckmessung im abgeschlossenen Gasraum.
- *Schock-Desorption:* Messung des Druckanstiegs beim plötzlichen elektrischen Erhitzen.
- Differenzwägung des Adsorbens.
- *Quarzmikrowaage:* Wägung des Adsorbats.
- *Molekularstrahlmethoden.*
- quantitative Analyse der Lösung.

Adsorptionsisotherme

Beschreibt die Temperaturabhängigkeit und Geschwindigkeit der Adsorption; meist empirisch bestimmt; wichtig in der chemischen Kinetik und Reaktionstechnik.
Vgl. *Langmuir-Isotherme, *Freundlich-Isotherme, *Frumkin-Isotherme, *BET, *Gibbs-Isotherme, *Henry-Isotherme, *Hill-de Boer-Isotherme.

Adsorptionskinetik

Mathematische Beschreibung der *Adsorptionsgeschwindigkeit bei chemischen Reaktionen. Für reaktionskinetische Spezialfälle, bei denen Adsorption geschwindigkeitsbestimmend ist, lässt sich der Oberflächenbelegungsgrad θ für den Gleichgewichtszustand aus den Sorptionsgeschwindigkeiten r der Hin- und Rückreaktion einfach ableiten. Vgl. dissoziative und nichtdissoziative *Adsorption, *Elektrosorption.

Adsorptionsmittel

Adsorbentien

1) Aktivkohle. vom Nichtkohlenstoffanteil gereinigte Holzkohle; spezif. Oberfläche bis 2000 m²g.

2) Ruß

Flammruß: unvollständige Verbrennung flüssiger Brennstoffe in Pfannen.
Gasruß: unvollständige Verbrennung von Methan oder Leuchtgas
Ofenruß: thermische Zersetzung der unvollständigen Verbrennungsprodukte fossiler Brennstoffe.

Spaltruß: thermische Zersetzung von Erdgas.
Acetylenruß: thermische Spaltung von Ethin.

3) Silikate

4) *Kieselgur:* Diatomeenerde.

5) *Kieselgel:* mineralsaure Hydrolyse gelöster Alkalisilicate (Wasserglas); 400 bis 800 m²/g, Korngröße 2 bis 6 mm.

6) *Aktive Tonerde:* Thermolyse von Bauxit oder getrocknete Aluminiumhydroxid-Fällungen; 200 bis 500 m²/g.

7) Ionenaustauscher

a) *Anorganische Kationenaustauscher* (Molekularsiebe): z. B. Zeolithe (Schmelzen aus Quarz, Tonerdesilicaten, Alkalicarbonaten; mit Nano-Porenhohlräumen definierter Größe).

b) *Organische Kationenaustauscher:* Polysulfon-, Phenolformaldehydharze, Styrolharze, Torf, Lignin, Casein.

c) *Anorganische Anionenaustauscher:* Aluminiumoxidgel, Eisenoxidgel; Dolomit, Apatit, Bauxit; Schwermetallsilicate.

d) *Organische Anionenaustauscher:* Formaldehyd-Amin-Kondensate, Aminostyrolharze.

8) Molekularsiebe: Zeolithe.

Adsorptionswärme *Adsorptionsenthalpie.

Affinität

Mit den Stöchiometriefaktoren ν_i gewichtete Summe der chemischen Potentiale μ_i einer chemischen Reaktion. Im Gleichgewicht ist $A = 0$.

$$A = \left(\frac{\partial G}{\partial \zeta}\right)_{T,p} = -\sum_i \nu_i \mu_i \qquad \frac{J}{mol}$$

ζ Reaktionslaufzahl.

Aktinometrie

Messung von Lichtmengen oder Strahlungsintensitäten zur Bestimmung des fotochemischen Umsatzes; bei bekannter *Quantenausbeute.

Aktivierter Komplex

Reaktionskinetik: EYRING-*Theorie des Übergangszustands.* Bei Annäherung formen die Reaktionspartner unter Aufwand der *Aktivierungsenergie einen Übergangszustand (*aktivierter Komplex*, Maximum der potentiellen Energie), der in die Produkte zerfällt.

$$A + B \rightleftharpoons AB^{\neq} \longrightarrow \text{Produkte}$$

1) *Schichtliniendiagramm.* Bei linearer Atomanordnung

$$A + BC \rightleftharpoons A \cdots B \cdots C \longrightarrow AB + C$$

lässt sich die potentielle Energie als Funktion der Kernabstände (r_{AB} und r_{BC}) quantenmechanisch berechnen und dreidimensional auftragen. Die *Reaktionskoordinate*, der wahrscheinlichste Reaktionsweg, verläuft über den Berg der kleinsten Aktivierungsenergie.

2) *Geschwindigkeitskonstante* der Reaktion (= Zerfall des aktiviertes Komplexes).

$$k = \frac{k_B T}{h} K^{\neq} = \underbrace{\frac{k_B T}{h}\, e^{\Delta S^{\neq}/R}}_{P\,A}\, e^{-\Delta H^{\neq}/RT}$$

A Arrheniusfaktor, h Plancksches Wirkungsquantum, k_B Boltzmann-Konstante, P sterischer Faktor.

Tabelle 9.1 Definitionen der Ausbeute bei chemischen Reaktionen.

Theor. Ausbeute (Bildungsgrad) $= \dfrac{\text{Eduktkoeffizient} \cdot \text{Produktstoffmenge}}{\text{Produktstoffkoeffizient} \cdot \text{Eduktmenge}}$	$B_P = \dfrac{\nu_E}{\nu_P}\dfrac{n_P}{n_E}$	$100\% = \dfrac{\text{mol}}{\text{mol}}$
Selektivität $= \dfrac{\text{Ausbeute}}{\text{Umsatz}}$	$S = \dfrac{B}{U} = \dfrac{\nu_E\,\Delta n_P}{\nu_P\,\Delta n_E}$	$100\% = \dfrac{\text{mol}}{\text{mol}}$
Umsatz(grad) $= \dfrac{\text{Stoffmengenänderung}}{\text{Ausgangsmenge}}$	$U = \dfrac{n - n_0}{n_0} = \dfrac{\Delta n}{n_0}$	$100\% = \dfrac{\text{mol}}{\text{mol}}$
Raum-Zeit-Ausbeute $= \dfrac{\text{gewonnene Produktmenge}}{\text{Zeit} \cdot \text{Volumen}}$	$\dfrac{\dot n_P B_P}{V} = \dfrac{B_P}{V}\dfrac{dn_P}{dt}$	$\dfrac{\text{kmol}}{\text{m}^3\,\text{s}}$
Stromausbeute $= \dfrac{\text{abgeschiedene Stoffmasse}}{\text{theoretische Stoffmasse}}$	$\alpha = \dfrac{m}{m_{th}}$	$100\% = \dfrac{\text{kg}}{\text{kg}}$
Energieausbeute $= \dfrac{\text{thermodynamisch nötige Energie}}{\text{verbrauchte Energie}}$	$\eta = \dfrac{E_{th}}{E}$	$100\% = \dfrac{\text{J}}{\text{J}}$
Spezifischer Energiebedarf $= \dfrac{\text{Energieaufwand des Prozesses}}{1\ \text{kg Produkt}}$		$\dfrac{\text{J}}{\text{kg}}$

Thermodynamische Gleichgewichtskonstante $K^{\neq}$ zw. Edukten und aktiviertem Komplex; definiert für molare Größen im Standardzustand.

$$\Delta G^{\neq} = -RT \ln K^{\neq} = \Delta H^{\neq} - T\,\Delta S^{\neq}$$

Es ist: $\Delta H^{\neq} \approx E_A^0$.

Der sterische Faktor P (*Stoßtheorie) ist wesentlich durch die (meist negative) Aktivierungsentropie $\Delta S^{\neq}$ bestimmt; je komplizierter die Reaktionspartner, desto kleiner ist P.

Aktivierungsenergie

E_A (in J/mol) eines physikalisch-chemischen Vorgangs. Steigung der *Arrhenius-Geraden.

$$\left(\frac{\partial \ln\{k\}}{\partial T}\right)_p = \frac{E_A}{RT^2} \quad \text{K}^{-1}$$

$\{k\}$ Zahlenwert der Geschwindigkeitskonstanten (beliebige zulässige Einheit), R molare Gaskonstante, T thermodynamische Temperatur.

Apparat

Verfahrenstechnisches Gerät zur Aufbereitung, zum Heizen, Kühlen, Mischen, Trennen; dem Reaktionsapparat vor- oder nachgeschaltet; durch Grundoperationen beschrieben.

Abgrenzung: *Maschinen* liefern Energie für bewegte Apparateteile.

Arrhenius-Gleichung

Für die Geschwindigkeitskonstante einer chemischen Reaktion (hier 1. Ordnung) oder der Adsorption:

$$k = A e^{-E_A/RT} = \frac{\ln 2}{t_{1/2}}$$

E_A Aktivierungsenergie, k Geschwindigkeitskonstante, R molare Gaskonstante, T thermodynamische Temperatur, $t_{1/2}$ Halbwertszeit (z.B. Verweilzeit des Adsorbates auf Substrat).

Arrhenius-Zahl

Kennzahl für die Reaktionsgeschwindigkeit

$$A = \frac{E_A}{RT} = \frac{\text{Aktivierungsenergie}}{\text{Wärmebewegung}}$$

E_A Aktivierungsenergie   (J/mol)
R molare Gaskonstante   (J mol^{-1}K^{-1})
T thermodynamische Temperatur (K)

Auflösung

Peak resolution von Trennsäulen, z. B. in der Chromatografie. Abstand benachbarter Peaks zur mittleren Basisbreite.

$$R_S = \frac{2(t'_{R,2} - t'_{R,1})}{w_{b,2} + w_{b,1}} = \frac{t'_{R,2} - t'_{R,1}}{2(\sigma_2 + \sigma_1)}$$
$$\approx 1{,}177\,\frac{t'_{R,2} - t'_{R,1}}{w_{h,2} + w_{h,1}}$$

Abhängigkeit von der Trennstufenzahl für aufeinanderfolgende Peaks

$$R_S = \frac{1}{4}\frac{r-1}{r}\frac{k}{k+1}\sqrt{N} = \frac{1}{4}\frac{r-1}{r}\sqrt{N_{\text{eff}}}$$

mit $r = t'_{R,2}/t'_{R,1}$ und $\sigma_i = t'_{R,i}/\sqrt{N_{\text{eff}}}$.

w_b Basisbreite, w_h Halbwertsbreite.

Ausbeute

Bildungsgrad. Kennzahl, die den Gewinn an Substanz oder den Wirkungsgrad einer chem. Reaktion beschreibt. Bruchteil der stöchiometrischen Menge an Ausgangsstoffen, der reagiert hat.

Für ein chemisches Präparat im Laborbereich

$$B_i = \frac{m}{m_{\text{stöch}}} \quad \text{mit} \quad m_{\text{stöch}} = m_E\frac{M_E}{M_P} \mathrel{\hat=} 100\%$$

m tatsächliche Auswaage (g oder kg)
$m_{\text{stöch}}$ theoretische Ausbeute   (g oder kg)
M_E molare Masse des Edukts   (g/mol = kg/kmol)
M_P molare Masse des Produkts (g/mol = kg/kmol).

Kontinuierlicher Betrieb (Fließbetrieb)

$$B_i = \frac{\dot{m}_{i,\text{aus}} - \dot{m}_{i,\text{ein}}}{\dot{m}_{k,\text{ein}}} \quad (\text{Dim.}\,1)$$

Diskontinuierlicher Betrieb (Chargen- oder Satzbetrieb)

$$B_i = \frac{m_{i,\text{aus}} - m_{i,\text{ein}}}{m_{k,\text{ein}}} \quad (\text{Dim.}\,1)$$

$\dot{m}$ Massenstrom (kg/s); i,k Komponenten

Ausschleppung

Stoffaustrag aus einem Wirkbad, z. B. durch *Spülprozesse.

Gegenmaßnahmen beim Lackieren: Oberflächenhydrophobierung, Verdünnen des Wirkbads (Lösungsmittelanteil im Lacksystem); elektrostatisches Lackieren, Overspray-Recycling, Airless-Verfahren; Optimierung von Warenbewegung und Abtropfzeit; Abblasen.

Basisbreite

*Chromatografie: Breite w_b des Peaks bei 13,4% der vollen Höhe (= 4σ-Wert der GAUSS-Kurve).

Bedeckungsgrad *Oberflächenbelegungsgrad.

Belastbarkeit

Chromatografie: *capacity*; Probenmenge, die einen Rückgang der maximalen Trennstufenzahl auf 90% bewirkt. Vgl. *Peakverzerrung.

präparativ gepackte Säule:	1 mg … 1 g
analytisch gepackte Säule:	1 µg … 1 mg
analytische Kapillarsäule:	1 ng … 1 µg

BET-Isotherme

Brunauer-Emmet-Teller-Isotherme. *Adsorptionsisotherme für *Mehrschichtadsorption*. Die adsorbierte Schicht dient als Substrat für weitere physisorbierte Moleküle. Die adsorbierte Menge steigt kontinuierlich mit zunehmendem Druck bzw. Konzentration an, zeigt aber keine Sättigung. Die n/m_A-p-Kurve strebt zunächst scheinbar einem Grenzwert (entsprechend der Monoschicht n_m) zu, steigt dann aber weiter an.

Isotherme:
$$\frac{p}{n(p^*-p)} = \frac{1}{n_m b} + \frac{b-1}{n_m b} \cdot \frac{p}{p^*}$$

Geradengleichung:
$$\underbrace{\frac{z}{(1-z)V}}_{y} = \underbrace{\frac{1}{bV_m}}_{a'} + \underbrace{\frac{b-1}{bV_m}}_{b'} z$$

Konstante: $b = e^{(\Delta H_{ad} - \Delta H_V)/RT}$

$$\frac{V}{V_m} = \frac{bz}{(1-z)\,[1-(1-b)\,z]}$$

Hochdruck ($b \to \infty$)
$$\frac{V}{V_m} \approx \frac{1}{1-z}$$

p	Gleichgewichtsdruck des adsorbierten Stoffes	(Pa)
p^*	Sättigungsdampfdruck des reinen Adsorptiv	(Pa)
n	Adsorbierte Stoffmenge	(mol)
n_m	Stoffmenge in Monoschicht	(mol)
n/m_A	Adsorb. Menge im Adsorber	(mol/kg)
ΔH_V	Kondensationswärme	(J/mol)
ΔH_{ad}	Adsorptionswärme	(J/mol)
z	Druckverhältnis $= p/p^*$	

Auftragung von $\dfrac{p}{n(p^*-p)}$ gegen p/p^* ergibt eine Gerade, aus deren Steigung b und n_m ermittelt werden. BET-Methode auch zur *Oberflächenbestimmung poröser Körper durch Adsorption inerter Gase wie Stickstoff, Argon, Kohlenmonoxid. Der Grenzfall $b \to \infty$

beschreibt z. B. inerte Gase auf polaren Oberflächen.

Bilanz

Reaktormodell. Die Lösung der Stoff-, Energie- und Impulsbilanzgleichungen liefern Konzentrations-, Temperatur-, Geschwindigkeits- und Druckprofile im Reaktor. Im heterogenen System hat jede Phase ein eigenes Gleichungssystem.

Bildungsgrad *Ausbeute.

Bodenstein-Zahl

Péclet-Zahl II der Stoffübertragung (Diffusion + Strömung).

$$Bo = \frac{v\,l}{D} = Re\cdot Sc = Pe^* = \frac{\text{bewegte Masse}}{\text{rückvermischte Masse}}$$

D	Diffusionskoeffizient	(m²/s)
l	charakteristische Länge	(m)
v	Strömungsgeschwindigkeit	(m/s)

Bunsen-Koeffizent *Absorptionskoeffizient.

Chemisches Potential

Vgl. Kap. Thermodynamik. Für jeden Reaktionspartner:
$$\mu_i = \mu_i^0 + RT \ln a_i$$

μ_i^0 chemisches Standardpotential der Komponente i in 1-aktiver Lösung unter Standardbedingungen.

Chemisorption

*Adsorption unter Ausbildung einer chemischen Bindung. Das Adsorbat bildet mit dem Substrat eine chemische Bindung aus. Adsorptionswärmen bis −600 kJ/mol liegen im Bereich der Reaktionsenthalpie chemischer Reaktionen. Beispiel: Wasserstoff auf Palladium oder Eisen. Vgl. *Adsorptionsenthalpie, *London-Potential.

Chromatografie

Analytische Methode zur Trennung und Anreicherung fester, flüssiger und gasförmiger Stoffe.

1) Trennung eines Stoffgemisches mit Hilfe einer Trennsäule. Die Probe wird durch eine *mobile Phase* mitgeführt – ein Trägergas oder eine Flüssigkeit (Eluent). Die Komponenten bleiben je nach Siedepunkt, Adsorptionsvermögen oder Löslichkeit an der Säulenfüllung (*stationäre Phase*) haften und treten zeitlich verzögert zum Detektor aus.

	(Mobile Phase)–(stationäre Phase)
GLC	Gas-Flüssig-Chromatografie, gas-liquid cromatography
GSC	Gas-Fest-Chromatografie, S = solid
LLC	Flüssig-Flüssig-Chromatografie, L = liquid
LSC	Flüssig-Fest-Chromatografie
SFC	Chromatografie mit überkritischer Phase, supercritical phase; z. B. CO_2
GC	Gaschromatografie (GLC oder GSC)
LC	Flüssigchromatografie (LLC oder LSC)
DC	Dünnschichtchromatografie

Trennprinzipien
- Adsorption (Adsorptionschromatografie)
- Verteilung (Verteilungschromatografie)
- Siebeffekt = Gelpermeation (Gel- oder Ausschlusschromatografie)
- Ionenaustausch (Ionenaustauschchromatografie)
- Selektive Bindung (Affinitätschromatografie)

Molekularsiebsäulen (GSC), Gel- und Affinitätschromatografie trennen nach der Molekülgröße.

Zur Trennleistung der Säule vgl. *Van-Deemter-Gleichung, *Darcy-Gleichung.

2) Verteilungschromatografie. Verteilung eines Stoffes zwischen zwei Phasen (*Nernst-Verteilungsgleichgewicht).

$$k = \frac{\text{Konzentration in Phase 1}}{\text{Konzentration in Phase 2}}$$

a) *Gas-Flüssigkeits-Chromatografie* (GLC): stationäre Phase ist eine mit einer hochsiedenden Flüssigkeit gefüllte Trägersubstanz; mobile Phase ist Helium oder Wasserstoff.

b) *Dünnschichtchromatografie:* feste stationäre Phase (Kieselgelplatte)

c) *Papierchromatografie:* veraltet; analog zur DC.

3) Adsorptionschromatografie. Adsorption eines Stoffes an einer stationären Phase.

a) *Gas-Fest-Chromatografie* (GSC): stationäre Phasen sind Al_2O_3, Aktivkohle oder Molekularsiebe.

b) *Säulenchromatografie:* Adsorption an festen Trägern (Al_2O_3); anschließend Elution mit einem Lösungsmittel.

c) *Gelchromatografie:* Absorption an porösen Adsorbentien (Molekularsiebe, Stärke).

4) Reversed-Phase-Chromatografie

Umkehrphasen-Chromatografie. Die stationäre Phase wird unpolarer eingestellt als die mobile; z. B. bei DC und HPLC.

Chromatografie: GC

Gaschromatografie.

1) Analog zur Destillation Trennung nach dem Dampfdruck der Komponenten (i, k) über der Mischung.

$$\frac{p_i/x_i}{p_k/x_k} = \frac{p_i^* \gamma_i}{p_k^* \gamma_k} \approx \frac{t_{R,k}}{t_{R,i}}$$

t_R Rententionszeit; * reines Lösungsmittel

Vorteile gegenüber der Destillation: kleine Probenmenge; keine azeotropen Störungen; Aktivitätskoeffizienten γ durch Polarität der Säule einstellbar. Säulentemperatur bis 30 °C (gepackte Säulen) bzw. 100 °C (Kapillarsäulen) unter dem Siedepunkt der Komponente. Bei 30 K Temperaturerhöhung verdoppelt sich der Dampfdruck der Komponente über der Mischung (CLAUSIUS-CLAPEYRON-Gleichung); die Retentionszeit halbiert sich.

Unbekannte Mischungen werden mit *Temperaturprogramm* getrennt: z. B. linearer Temperaturanstieg der Säule mit optimaler Heizrate: 13 K/Durchbruchzeit.

2) GC-Säule. Eine *Trennsäule* besteht aus Rohrmantel (Edelstahl oder Glas) und Adsorbens (Silicagel, Aluminiumoxid, Aktivkohle, Polymere, Zeolithe).

Gepackte GLC-Säulen: Kieselgur-Körner oder Glaskugeln, imprägniert mit einer flüssigen stationären Phase:

- Silicone,
- Alkohole, Glycole, Polyethylenglycole (PEG),
- Amide (z. B. Nylon); Amine; Nitrile,
- Ether; Ester und Polyester,
- Kohlenwasserstoffe, Halogenverbindungen.

Bei geringen Siedetemperaturunterschieden ist hohe Trennstufenzahl (Kapillarsäule) oder extrem hohe oder niedrige Polarität erforderlich.

Existiert keine geeignete Säule, kann man eine polare und eine unpolare Säule hintereinander schalten; die Retentionszeiten addieren sich. Mit einer DEANS-Schaltung sind die Signale am Detektor jeder Säule im Chromatogramm unterscheidbar.

3) GC-Detektoren

WLD	Wärmeleitfähigkeitsdetektor (universell anwendbar)
FID	Flammenionisationsdetektor (für Kohlenstoffverbindungen)
ECD	Elektroneneinfangdetektor (für Halogene, NO_2, Schwermetalle, Schwefel)
PND	thermoionischer Detektor (Stickstoff-, Phosphorverbindungen)
FPD	Flammenfotometer (Schwefel-, Phosphorverbindungen
PID	Fotoionisationsdetektor
HeD	Heliumdetektor

Der WLD (mit Helium oder Wasserstoff als Trägergas) misst den Temperaturunterschied (Widerstand) der stromdurchflossenen Heizdrähte in Mess- und Referenzzelle (Helium).

Der FID misst die elektrische Ladung der Reaktion $CH + O \rightarrow CHO^{\oplus} + e^{\ominus}$; 0,02 As/g Kohlenstoff; Stickstoff, Helium oder Wasserstoff als Trägergas.

Der ECD misst die elektrische Ladung infolge Ionisation des Trägergases durch einen β-Strahler.

4) Probennahme und Probenaufbereitung

1. *Gradientenfalle.* Zur Spurenbestimmung in Gasproben. Der Mantel einer Sammelsäule wird im Gegenstrom durch Luft gekühlt, wodurch die adsorbierten Substanzen in engen Zonen angereichert (fokussiert) werden; durch Heißdampf werden die Stoffe zur GC-Analyse mobilisiert.

2. *Head-Space-Analyse:* flüchtige Stoffe in unverdampfbaren Proben werden im Dampfraum über dem Gemisch entnommen.

3. Verdampfbare Feststoffe: mit Feststoffspritze oder in Lösung.

4. Zersetzlich-verdampfbare Stoffe: Derivatisierung in verdampfbare Stoffe, z. B. bei Zuckern, Aminosäuren, Steroiden, Fetten.

5. Polymere: thermische Spaltung in verdampfbare Bestandteile.

Chromatografie: DC

Dünnschichtchromatografie, engl. (High Performance) *Thin Layer Chromatography* (HPTLC).

1. *Stationäre Phasen:*

Kieselgel; modifiziertes Kieselgel, seltener: Aluminiumoxid, Magnesiumsilicat (Florisil), Polyamid, Cellulose, Kieselgur, Ionenaustauscher.

2. *Fließmittel:* inert, rein, ungiftig, ausreichend flüchtig, wenig vikos, mischbar mit anderen Komponenten.

In Normalphasen: n-Hexan, Ether; Alkohole; Eisessig; Halogenkohlenwasserstoffe; Ethylacetat; Toluol.

In Umkehrphasen: Wasser, Methanol, Acetonitril.

3. *Auswertung:* Ausmessen der Laufstrecke der Substanzflecken im UV-Licht oder nach Farbreaktion (z. B. Ninhydrin bei Aminosäuren); Auswertegeräte: Densitometer, Scanner, Videokamera, FTIR.

Rf-Wert, *retardation factor*, Verzögerungsfaktor.

$$R_F = \frac{\text{Laufhöhe der Substanz}}{\text{Laufhöhe der mobilen Phase}}$$

$h\,R_F\text{-Wert} = R_F \cdot 100$

$$R_M\text{-Wert} = \lg \frac{1 - R_F}{R_F}.$$

Chromatografie: HPLC

Hochleistungschromatografie. Schnelle Flüssigkeitschromatografie mit hoher Auflösung. *High Performance Liquid Chromatography.*

1. Gegenüber der klassischen LC schneller und Detektoren empfindlicher. Hohe Trennleistung und kurze Analysenzeit durch geringe Partikelgröße der stationären Phase, entsprechend 10^4 bis 10^5 theoretischen Böden (bei 20 – 25 cm langen Säulen, Strömungsgeschwindigkeit ca. 1 mm/s, Arbeitsdruck 50 bis 250 bar). Unter 5 μm Partikeldurchmesser Arbeitsdrücke bis 500 bar erforderlich (Material-, Sicherheits-, Verschmutzungsprobleme).

2. *Trennprinzip:* Verteilung der Probenmoleküle zwischen der mobilen Phase und einem Grenzflächenfilm auf der stationären Phase.

Wegen der hydrophoben, unpolaren Säule und dem meist polaren Elutionsmittel üblicherweise eine Reversed-Phase-Chromatografie.

3. *Detektoren:* Refraktometer, UV-Fotodiodenarray, Fluoreszenz, IR, elektrochemische Detektoren etc.

4. *Stationäre Phasen:* Silicagel, Aluminiumoxid.

Silicagel bildet reaktive Silanolgruppen (-Si–O-H) als Adsorptionszentren; über H-Brücken kann Wasser anlagern und eine polare stationäre Verteilungsphase bilden. Bei 200–400 °C kondensieren Silanolgruppen zu Siloxan-Bindungen; es kann kein Wasser mehr anlagern. *Modifiziertes Silicagel* für stark unpolare Säulen; z. B. mit Octadecylsilan (ODS, C-18) zu *Silicon* umgesetzte Silanolgruppen.

5. Säulen

a) Für höchste Trennleistung und Selektivität: kleine Poren (10 nm), extrem unpolare Phase (ODS).

b) Für kurze Analysenzeit: große Poren (30 nm), weniger unpolare Phase (C-8 oder C-4).

6. Anwendungen: organische Spurenanalyse; z. B. PAK, Pestizide. Ionenanalytik mit Ionenaustauschchromatografie.

Chromatografie: Kopplung

Direkte messtechnische Kombination instrumenteller Methoden.

Gaschromatografie

GC/MS	Online: Massenspektrometer als Detektor
GC/IR	Online mit Infrarot-Gasküvetten
GC/NMR	Offline: manuell getrenntes Kernspinresonanz-Spektrometer
GC/DC	Online mit Kapillare zur Dünnschichtplatte

Flüssigchromatografie

LC/MS	Online oder Offline
LC/IR	Online mit Durchflussküvette
LC/AAS	Online
LC/AFS	(Atomfluoreszenzspektrometrie)

---

1) GC/MS-Kopplung.
Direkte Zufuhr der gasförmigen Eluatphase in eine Elektronenstoß- oder CI-Ionenquelle. Vgl. *Massenspektrometrie.

2) LC/MS-Kopplung. Kombinierte Flüssigkeitschromatografie-Massenspektrometrie. Die polarste Komponente verlässt als erste die Säule; das polare Lösungsmittel muss abgetrennt, die Verbindungen verdampft und ionisiert werden (*Ionenverdampfung*). Das Eluationsmittel (meist Acetonitril/Wasser mit Ammoniumacetat-Puffer) stellt sicher, dass die Substanzen ionisch vorliegen.

1. *Thermospray-Technik.* Zerstäubung des LC-Eluats durch Überhitzung und Kavitation in einer bis 350 °C heißen, evakuierten 0,15 mm-Kapillare (in einem beheizten Kupferblock). Der entstehende nebelförmige Ultraschalldampfstrahl – aus Ionen und Oberflächenladungen mit statistisch fluktuierender Anzahl – tritt quer über Ionenlinsen zum Massenanalysator aus.

2. *Plasmaspray-Technik:* Ionisation durch Corona-Entladung hinter der Heizkapillare.

3. *Electrospray-* und *Ion-Spray-Verfahren:* Zerstäubung im elektrischen Hochspannungsfeld; bei Ion-Spray durch einen Hochgeschwindigkeits-Stickstoffstrom unterstützt. Vorteilhaft ohne thermische Belastung der Probe; hochgeladene Ionen entstehen – daraus z. B. bei Albuminen bis hundertfach geladene Quasimolekülionen $[M + nH]^{n\oplus}$.

4. *Particle-Beam-Verfahren.* Zerstäubung im Heliumstrom und Trocknung in einer Ausdehnungskammer; die leichten Lösungsmittelmoleküle werden abgesaugt, die schweren Moleküle fliegen träge im Gasstrom weiter in die Ionisationskammer (Elektronenstoß, CI).

5. *Continous-Flow-FAB-Technik.* Fast Atom Bombardment des Eluats; mit Glycerin als Matrixzusatz (vgl. *Massenspektroskopie)

Chromatografie: SFC

Superkritische Flüssigkeitschromatografie. Chromatografie mit einem überkritischen Fluid als mobile Phase (z. B. überkritisches CO_2). Anwendung für thermolabile Verbindungen und Stoffe ohne Chromophore: Oligomere, Biopolymere, Kunststoffe, Additive, Pestizide, Pharmaka, Aromaten.

Damköhler-Zahl

Kennzahl der Dimension eins.

1) für den statischen Umsatz

$$Da_I = k_1\tau = \frac{\text{abreagierende Masse}}{\text{zuströmende Masse}}$$

2) Damköhler-Zahl II für chemische Reaktionen

$$Da_{II} = \frac{k_1 l^2}{D} = Da_I \cdot Bo = \frac{\text{Reaktion}}{\text{Diffusion}}$$

3) Damköhler-Zahl III

$$Da_{III} = Da_I \frac{c\,\Delta H_r}{c_p \varrho T_0} = \frac{\text{Reaktionswärme}}{\text{Konvektion}}$$

Tabelle 9.2 Transporteigenschaften des idealen Gases.

Größe		einfache Theorie	verbesserte Theorie	Einheiten
Stofftransport:	Diffusion	$D = \frac{1}{3}\bar{s}v$	$\frac{3}{16}\bar{s}v$	$\frac{m^2}{s}$
Energietransport:	Wärmeleitfähigkeit	$\lambda = Dc_v\frac{N}{V} = \frac{1}{3\sqrt{2}}\frac{vc_v}{A_\sigma N_A}$	$\frac{25\pi}{64}\bar{s}v\frac{N}{V}$	$\frac{J}{K\,m\,s}$
Impulstransport:	Viskosität	$\eta = Dm\frac{N}{V} = \sqrt{\frac{1}{18}}\frac{mv}{A_\sigma}$	$0.499\,\bar{s}vm\frac{N}{V}$	$\frac{kg}{m\,s} = Pa\,s$

A_σ Stoßquerschnitt (m^2), c_v molare Wärmekapazität (J mol^{-1}K^{-1}), N/V Teilchendichte (m^{-3}), v Translationsgeschwindigkeit (m/s), $\bar{s}$ mittlere freie Weglänge (m).

4) Damköhler-Zahl IV

$$Da_{IV} = \frac{k_1 c\,\Delta H_r\,l^2}{\lambda T_0}$$
$$= Da_{III}Re\,Pr = \frac{\text{Reaktionswärme}}{\text{Wärmeleitung}}$$

c	Stoffmengenkonzentration	(mol/m^3)
D	Diffusionskoeffizient	(m^2/s)
ΔH_r	molare Wärmemenge	(J/mol)
c_p	spezifische Wärmekapazität	(J kg^{-1}K^{-1})
k_1	Geschwindigkeitskonstante 1. Ordnung	(s^{-1})
l	charakt. Länge	(m)
T	absolute Temperatur	(K)
v	Strömungsgeschwindigkeit	(m/s)
λ	Wärmeleitfähigkeit	(W K^{-1}m^{-1})
τ	Verweilzeit	(s)

Darcy-Gleichung

Druckabfall in einer gepackten Schicht (z. B. *Chromatografiesäule) auf Grund des Widerstandes des Füllmaterials ($\sim$ Partikelgröße) und der Kompressibilität des Trägergases.

$$\boxed{\frac{dp}{dL} = -\frac{\eta\,v}{\chi}} \qquad \frac{Pa}{m} = \frac{kg}{s^2 m^2}$$

Permeabilität der Packung für geringen Druckabfall (kurze Säule, geringer Strömungswiderstand).

$$\chi = \frac{2p_a v_a \eta L}{p_e^2 - p_a^2} \approx \frac{v\,L\,\eta}{\Delta p} \sim d_P^2$$

gepackte Säulen:	$\chi \approx 10^{-7}\,cm^2$
Kapillarsäulen:	$\chi \approx 10^{-5}\,cm^2$

Trägergasgeschwindigkeit

$$v \approx \frac{\chi\,(p_e - p_a)}{\eta\,L}$$

d_P	Partikeldurchmesser (Trägermaterial)	
L	Säulenlänge	(m)
p	Druck des Trägergases	(Pa)
v	Strömungsgeschwindigkeit	(m/s)
η	Viskosität des Gases	(Pa s)
a	Säulenausgang	
e	Säuleneingang	

Denoxierung

Entstickung, Senkung des Gehaltes an Stickoxiden in Verbrennungsabgasen.

1. *Selektive katalytische Reduktion* (SCR) und *selektive nicht-katalytische Reduktion* (SNCR). Eindüsen von Ammoniak reduziert Stickoxide zu Stickstoff. Anwendung in Heiz- und Müllkraftwerken, Motoren.

$$4\,NO + 4\,NH_3 + O_2 \xrightarrow[350\,°C]{TiO_2} 4\,N_2 + 6\,H_2O$$

$$2\,NO_2 + 4\,NH_3 + O_2 \longrightarrow 3\,N_2 + 6\,H_2O$$

Feuchtigkeit und Schwefel im Abgas schaden dem Katalysator. Silber-Zeolith-Katalysatoren reduzieren nur NO_2.

2. *Oxidationsverfahren:* Eindüsen von Ozon oxidiert Stickoxide zu NO_2, das als Salpetersäure ausgewaschen wird.

Desorption

Umkehrung der *Adsorption unter Wiedergewinnung des Adsorbens und des Adsorptivs; z. B. durch Druckerniedrigung, Glühen, Spülen mit Hilfsgasen.

Dialyse

*Membranverfahren. Dialysepressen tragen – analog zu Filterpressen – statt der Filterschicht eine Membran. Trennung von Kolloiden oder Kristalliten nach dem Diffusionsvermögen: kleine Teilchen treten durch die Membran, große nicht.

Diffusion

Materietransport infolge eines Konzentrationsgefälles in einem System ohne Phasengrenzen. Vgl. *Stofftransport. Mathematisch analog zur *Fourier-Gleichung der Wärmeleitung.

1) Natürliche Konvektion: Vermischung durch lokale Dichteunterschiede. In Gasen merklich. In Flüssigkeiten sehr langsam; $5\cdot10^{-6}$ cm^2/s entspricht $\sim$1 cm/Tag. Stationärer Fall; vgl. *Fick'sche Gesetze.

$$\frac{\partial c}{\partial t} = \frac{\dot{n}}{V} = D_{12}\frac{\partial^2 c}{\partial z^2}$$
$$c(z,t) = c^b - \left(c^* - c^b\right)\,\text{erf}\,\frac{z}{2\sqrt{Dt}}$$

2) Erzwungene Diffusion (Konvektion). Spürbarer Teilchentransport durch Rühren oder Schütteln mit der Strömungsgeschwindigkeit v.

Konvektiver Teilchenfluss
$$\frac{1}{A}\frac{dN}{dt} = \frac{(N/V)\,A\,v\,\Delta t}{A\,\Delta t} = \frac{N}{V}\,v$$

Allgemeine Diffusionsgleichung
$$\boxed{\frac{\partial c}{\partial t} = D\,\underbrace{\frac{\partial^2 c}{\partial x^2}}_{\text{Diffusion}} - \underbrace{v\,\frac{\partial c}{\partial x}}_{\text{Konvektion}}}$$

Diffusion, ideales Gas siehe Tabelle nächste Seite.

Diffusionskoeffizient

Maß für die Geschwindigkeit der Diffusion. Formelzeichen D, SI-Einheit m^2/s.

Messmethoden:

1. *Kapillarrohrmethode*. Eine lösungsgefüllte Kapillare taucht in eine gut gerührte Lösungsmittelvorlage. Man misst zeitlich die Konzentration im Kapillarrohr, während gelöste Substanz austritt.

2. *Diaphragma-Methode*. Durch die Poren eines Sinterglas-Diaphragmas tritt Lösung in eine Lösungsmittelvorlage aus, in der die Konzentrationsänderung zeitlich verfolgt wird. Lösung und Lösungsmittel werden gut gerührt.

3. In bewegten Fluiden: Laserspektroskopie.

4. In Elektrolyten: *Nernst-Einstein-Gleichung, *Stokes-Einstein-Gleichung.

Gemessene Diffusionskoeffizienten D_{12} (10^{-5} cm^2/s).

	25 °C	20 °C	15 °C
In W a s s e r			
H_2	9,75	4,8	
He	6,3		
NO	2,67		
Wasser	2,44		
O_2	2,41		
CO_2	2,0		
NH_3			1,64 (12 °C)
Methanol	1,58		1,26
Oxalsäure		1,53	
Propen	1,44		
Harnstoff	1,38	1,20	
Acetonitril			1,26
Aceton	1,28	1,16	1,22
Cl_2	1,25		
Ethanol	1,24		1,00 0,84 (5 °C)
Benzoesäure	1,21		
Essigsäure		1,19	
Benzol	1,09		
Glycin	1,06		
Ethylenglycol		1,04	
Furfural		1,04	
Ethylacetat		1,00	
Diethylamin		0,97	
Acetamid			0,96
Anilin		0,92	
1,2-Propylenglycol		0,88	
Allylalkohol			0,90
Propanol			0,87
Benzylalkohol		0,82	
Urethan			0,80
Butanol		0,8	0,77
Glycerin		0,83	0,72
i-Amylalkohol			0,69
Glucose	0,673		
Weinsäure			0,61
Mannitol		0,6	
Pyridin			0,58
Saccharose	0,521		
Hämoglobin	0,067		
In T e t r a c h l o r k o h l e n s t o f f			
H_2	9,75		
N_2	3,42		
O_2	3,82		
Ar	3,63		
CH_4	2,89		
In H e x a n			
Iod	4,05		
In H e p t a n			
CCl_4	3,17		
In B e n z o l			
Iod	2,13		

Diskontinuierlicher Betrieb

Reaktionskinetik: Arbeitsweise eines Reaktors; Druck, Temperatur, Konzentration und Reaktionsgeschwindigkeit ändern sich mit dem Umsatz; geringe Anlagekosten.

Dosieren

a) Trennung einer Menge in Teilmengen im Rahmen vorgegebener Toleranzgrenzen.

b) Herstellen eines Gemisches bestimmter Zusammensetzung durch Zugabe von Stoffen; z. B. Wägen, Pipettieren.

Durchbruchzeit

„Totzeit", *hold-up time*, die die mobile Phase zum Durchlaufen einer Säule benötigt, z. B. *Chromatografie.

$$t_M = \frac{\text{mobiles Volumen } V_M}{\text{Volumenstrom } \dot{V}_M}$$

Einstein-Gleichung   *Nernst-Einstein-Gl.

Einstein-Schmoluchowski-Gleichung

Die *statistische Beschreibung* der Diffusion durch Teilchen, die ungeordnet von Ort zu Ort springen mit der Aufenthaltswahrscheinlichkeit

$$P(x,t) = \sqrt{\frac{2\tau}{\pi t}}\; e^{-\frac{\tau}{2t}\left(\frac{x}{d}\right)^2}$$

führt zur Einstein-Schmoluchowski-Gleichung.

$$D = \frac{\text{Sprungweite } r_i^2}{\text{Sprungzeit } 2\tau}$$

Energiebilanz

Reaktionstechnik: Änderung der Enthalpie im Volumen durch Strömung, Wärmeleitung und Reaktion. Bei konstantem Druck: Wärmebilanz.

Enzym

Biokatalysator; globuläres Eiweiß (10^4 bis 10^6 g/mol; und mehr); Makromoleküle im kolloiden Zustand (mikroheterogene Katalyse). Liegen in Kompartimenten (Reaktionsräume: Zellkern, Mitochondrien etc.) oder Überstrukturen (Multienzymkomplexe: z. B. Atmungskettenenzyme) vor.

1) Aufbau eines Enzyms

- *Apoenzym* = räumliche Makropeptidkette.

- *aktives Zentrum:* in einer Furche des Apoenzyms; mit dem Bindungszentrum (substratspezifisch!) und dem katalytischen Zentrum (wirkungsspezifisch!).

- *Coenzym:* mit dem Apoenzym verknüpftes niedermolekulares Teilchen, das Wasserstoff aufnimmt oder abgibt. (Begriff prosthetische Gruppe veraltet!)

Erklärung der Substratspezifität:

Schlüssel-Schloss-Prinzip: Modell des *Induced Fit*, d. h. Anpassung des Enzyms durch Konformationsänderungen an das Substratteilchen.

Enzymklasse	Typ der katalysierten Reaktion
1. Oxidoreduktasen	$AH_2 + B \rightleftharpoons A + BH_2$
2. Transferasen	$AB + C \rightleftharpoons A + CB$
3. Hydrolasen	$AB + H_2O \rightleftharpoons AOH + BH$
4. Lyasen (Synthasen)	$AB \rightleftharpoons A + B$
5. Isomerasen	$ABC \rightleftharpoons BAC$
6. Ligasen (Synthetasen)	$A + B + ATP \rightleftharpoons AB + ADP + P$

2) *Isocyme* (Isoenzyme) sind Enzyme, die die gleiche Reaktion katalysieren, aber in der Primärstruktur u. a. (Konformation, Kinetik, IEP) verschieden sind. Beispiel: Lactat-Dehydrogenase kommt in verschiedenen Geweben in fünf Formen vor.

3) *Immobilisierte Enzyme* sind an einen Träger gebundene Enzyme, z. B. in Analyseautomaten. Die Enzymaktivität ist geringer als beim freien Enzym, aber die Stabilität höher; Reinigungs- und Wiedergewinnungsschritte entfallen.

Enzymaktivität

Geschwindigkeit des Substratumsatzes.

1) Die SI-Einheit *Katal* ersetzt die veraltete *Internationale Einheit* (I. E.) bzw. Unit U.

$$1\ \text{kat} = 1\ \text{mol/s} = 60\ \text{mol/min} = 60 \cdot 10^6\ \text{U}$$

Enzymmenge, die 1 mol Substrat pro Sekunde unter Standardbedingungen (konstante Temperatur, pH-Optimum, Substratsättigung) katalysiert.

2) *Wechselzahl* (turnover number) = Zahl der umgesetzten Substratmoleküle pro Enzymmolekül und Sekunde.

3) Einflussgrößen auf die Enzymaktivität

- *Milieufaktoren:* pH, Temperatur.
- *Cofaktoren:* Coenzyme, Effektoren (Aktivator, Inhibitor, Destruktor).
- *Metabolitkonzentration:* Hemmung durch Substrat-, Cofaktor-, Produktkonzentration
- *Enzymkonkurrenz* um das gleiche Substrat
- *allosterische Regulation* (Konformationsänderung der Enzyms)
- *kovalent-modulierte Enzyme:* chemische veränderte Enzyme durch: Phosphat- oder Adenylatreste, Oxidation/Reduktion von SH-Gruppen.)
- *Genregulation* (Syntheserate, Existenz oder Fehlen eines Enzyms).

Enzymatische Analyse

Konzentrationsbestimmung eines Substrates unter Einsatz von Enzymen; spezifisch und genau; Biolumineszenztechnik bis fmol-Bereich.

1) Optischer Test. Fotometrische Konzentrationsbestimmung von NADP und NADPH bei 340 nm; wo $NAD^{\oplus}$ und $NADP^{\oplus}$ keine Absorption zeigen. Vgl. *Lambert-Beer-Gesetz.

$$NAD^{\oplus} + 2\,\langle H\rangle \rightleftharpoons NADH + H^{\oplus} \quad \text{und} \quad E = \varepsilon\,c\,d$$

Indikator- und Hilfsenzyme werden stets im Überschuss zugesetzt! Beispiele:

a) Milchsäure- oder *Pyruvatbestimmung* mit Lactatdehydrogenase (LDH).

$$\text{Pyruvat} + NADH + H^{\oplus} \rightleftharpoons \text{Lactat} + NAD^{\oplus}$$

Pyruvatbestimmung mit NADH bei pH 7: Extinktionsabnahme (340 nm).

Lactatbestimmung mit $NAD^{\oplus}$ bei pH 8,9: Extinktionszunahme (340 nm).

b) *GOT-Bestimmung.* Die Aktivität der Glutamat-Oxalacetat-Transaminase wird durch Indikatorreaktion mit NADH und Malat-Dehydrogenase (MDH) bestimmt.

$$\text{Aspartat} + \alpha\text{-Ketoglutarat} \overset{GOT}{\rightleftharpoons} \text{Glutamat} + \text{Oxalacetat}$$
$$\text{Oxalacetat} + NADH + H^{\oplus} \overset{MDH}{\rightleftharpoons} \text{Malat} + NAD^{\oplus}$$

c) *Glucosebestimmung.* Hexokinase katalysiert eine Hilfsreaktion (Phosphorylierung der Glucose), Indikatorenzym ist Glucose-6-phosphat-dehydrogenase (Extinktionszunahme).

$$(1)\ \text{Glucose} + ATP \overset{HK}{\rightleftharpoons} \text{G-6-P} + ADP$$

$$(2)\ \text{G-6-P} + NADP^{\oplus} \overset{G6PDH}{\rightleftharpoons} \text{Gluconat-6-P} + NADH + H^{\oplus}$$

G = Glucose, P = Phosphat.

2) Enzymanalyse mit chromogenen Gruppen. Das Peptid trägt einen Farbstoffrest, z. B. *p*-Nitroanilin (pNA) am Carboxyende des Arginins. Die Bindung wird durch ein Enzym gespalten und bei 405 nm die Extinktionszunahme durch freien Farbstoff gemessen. Bei der Endpunktmethode wird die Reaktion mit Säure gestoppt.

Beispiel: Makroglobulin-Bestimmung mit Trypsin, Sojabohnen-Trypsin-Inhibitor (SBTI) und einem chromogenen Substrat jeweils im Überschuss.

(1) α_1-Makroglobulin + Trypsin $\rightarrow$ Komplex

(2) Rest-Trypsin + SBTI $\rightarrow$ Trypsin-SBTI-Komplex

(3) Substrat S-2677 + Globulin-Trypsin-Komplex $\rightarrow$

freier Farbstoff + Nebenprodukte.

Enzymatische Regulation

Die *Stoffwechselregulation* im lebenden Organismus erfolgt typisch durch *Feedback-Regelung* (Rückkopplung). Jede Zelle ist ein im Fließgleichgewicht stehenden offenes System.

- Regelgröße Produkt- oder Substratkonzentration: Der Istwert wird von der Störgröße (Umwelt) bestimmt.
- Fühler: misst den Istwert.
- Regler (Enzym-Substrat-Komplex): vergleicht Sollwert (Führungsgröße) und Istwert.
- Stellglied (Enzym): stellt den Sollwert nach dem Programm des Reglers ein.

Bei *negativer Rückkopplung* löst der Regelkreis bei jeder Abweichung der Regelgröße vom Sollwert selbsttätig Vorgänge aus, die die Regelgröße in der Gegenrichtung der Abweichung bis zum Sollwert treiben.

Negative Rückkopplung	Regler
Produkthemmung	Enzym-Produkt-Komplex
allosterische Hemmung	Enzym-Metabolit-Komplex
Enzym-Repression	Repressor-Produkt-Komplex
Enzym-Induktion	Repressor-Substrat-Komplex

1) Kompetitive Hemmung. Inhibitor und Substrat konkurrieren um die Bindung an das aktive Zentrum des Enzyms; z. B. Produkthemmung.

2) Nicht-kompetitive Hemmung. Der Inhibitor verändert das aktive Zentrum des Enzyms, dass das Substrat zwar gebunden, aber die Reaktion gebremst wird; z. B. Blockade von reaktiven SH-Gruppen durch Schwermetalle.

3) Allosterische Regulation. Hemmung oder Aktivierung eines Enzyms (negative Rückkopplung) durch einen Metaboliten (allosterischer Effektor, Modulator), der an das *allosterische Zentrum* bindet, worauf das Enzym die Konformation ändert und inaktiv wird.

Feed back inhibition = Rückkopplungshemmung mit Inhibitor (z. B. das Produkt einer Reaktionsfolge).
Feed back stimulation = Rückkopplungsaktivierung mit Aktivator (z. B. das Substrat selbst).

Glutaminsäure-Dehydrogenase bei der oxidativen Desaminierung wird inhibiert durch ATP, GTP, $NADH/H^{\oplus}$; aktiviert durch ATP.
6-Phosphofructokinase bei der Glycolyse wird inhibiert durch Citrat, ATP: aktiviert durch ADP, cAMP.
Glycogensynthase wird inhibiert durch UDP; aktiviert durch Glucose-6-phosphat.
Acetyl-CoA-Carbocylase bei der Fettsäuresynthese wird inhibiert durch Acetyl-CoA; aktiviert durch Citrat, Isocitrat, α-Ketoglutarat.
Citrat-Synthase im Citratzyklus wird inhibiert durch ATP; Isocitrat-Dehydrogenase wird aktiviert durch ADP.

---

4) Enzymrepression. Ein Protein (Repressor) blockiert die Biosynthese eines Enzyms, indem es sich an ein Operatorgen anlagert und die Transkription des zugehörigen Strukturgens verhindert. Manchmal ist ein Corepressor notwendig (Repressor-Corepressor-Komplex), z. B. das Produkt einer Enzymreaktion (negative Rückkopplung).

5) Enzyminduktion. Aufhebung der Repression durch einen Induktor (z. B. das Enzymsubstrat). „Anschalten" der Enzymbiosynthese durch Bildung eines Enzym-Induktor-Komplexes, der sich nicht mehr an das Operatorgen anlagern kann (negative Rückkopplung).

Beispiel:

β-Galactosidase in E. coli wird erst gebildet, wenn Lactose (Induktor) in der Nahrung die Repression der Strukturgens der β-Galactosidase aufhebt. Glucose (Repressor) blockiert die Enzymsynthese.

Tryptophan-2,3-Dioxygenase in der Rattenleber wird durch L-Tryptophan induziert.

Enzymimmunoassay (EIA)

Markierung von Substraten (Hormone, Pharmaka, Antikörper etc.) mit einem Enzym.

Enzym	Substrat	Messgröße
Malatdehydrogenase	Malat	$NADH_2$
Peroxidase	H_2O_2	*o*-Dianisidin
Alkalische oder saure Phosphatase	*p*-Nitrophenyl-phosphat	*p*-Nitro-phenol
G-6-P-Dehydrogenase	Glucose-6-phosphat	$NADPH_2$
Glucoseoxidase	Glucose	Farbstoff mit Peroxidase
Lysozym	Streptokokken	Trübung

1) ELISA. *Enzyme Linked Immuno Sorbent Assay*, „heterogener Enzymimmunotest". Antikörper oder Antigene werden an eine *Festphase* gebunden, mit einem *Enzym* (z. B. POD = Peroxidase aus Meerrettich) markiert, ein Substrat mit *Chromogen* – z. B. ABTS = 2,2-Azino-di[3-ethylbenzthiazolinsulfonsäure(6)]-diammoniumsalz (405 oder 420 nm) oder *o*-Phenylendiamin (492 nm) – zugesetzt und fotometrisch bestimmt.
Vorteile: universell für Haptene und Antigene; haltbare Reagentien; genau, sensitiv und spezifisch; automatisierbar; Einfachbestimmung und Rekalibration möglich.

---

(1) *Immunreaktion*: Serumprobe (Antigen: Ag) und enzymmarkiertes Antigen (Inkubationslösung) konkurrieren um Bindungsplätze am wandfixierten Antikörper (AK auf Mikrotiterplatte oder Röhrchen).
2 Wand-AK + Ag + Ag-Enzym $\longrightarrow$ Wand-AK-Ag + Wand-AK-Ag-Enzym
(2) *Bound-free-Trennung* und *Waschschritt*: Entfernung nicht gebundener Enzym-Antigen-Komplexe und Serumbestandteile. Die Antigen-Antikörper-Komplexe bleiben an der Wand hängen.
(3) *Indikatorreaktion*: Zusatz von Substrat-Chromogen-Lösung (H_2O_2, ABTS) und fotometrische Bestimmung der Enzymaktivität (Peroxidase zersetzt das H_2O_2).
Hohe Extinktion = niedrige Analytkonzentration. Eichung mit Konzentrationseichkurve (Standards).

---

2) Sandwich-Prinzip. Bestimmung von Antigenen mit mehreren Antikörperbindungsstellen (Determinanten) in einem Zwei-Schritt-Assay.

---

(1) *1. Immunreaktion:* freies Antigen reagiert mit wandgebundenem enzymmarkiertem Antikörper.
$$\text{Wand-AK} + \text{Ag} \rightarrow \text{Wand-AK-Ag}$$
(2) Waschschritt: Serumbestandteile entfernen.
(3) *2. Immunreaktion:* das gebundene Antigen reagiert über eine weitere Determinante mit einem überschüssigen enzymmarkierten Antikörper; Bildung eines *Sandwich-Komplexes*.
Wand-AK-Ag + AK-Enzym $\rightarrow$ Wand-AK-Ag-AK-Enzym
(4) Waschschritt
(5) *Indikatorreaktion:* das chromogene Substrat (z. B. H_2O_2 und ABTS) wird vom AK-Enzym zersetzt. Die Reaktion wird durch Säurezusatz gestoppt.
Wand-AK-Ag-AK-Enzym + S-F $\rightarrow$ F + Nebenprodukte
Auswertung: Enzymaktivität $\sim$ Antigenkonzentration.

---

3) IEMA. Immuno-enzymometrischer Assay; wie ELISA, aber Kompetition um Festphasenanalyt.

---

(1) *Immunreaktion:* Der enzymmarkierte Antikörper (Inkubationslösung) konkurriert um Bindungsplätze am wandfixierten Antigen und im Probeanalyten.
Wand-Ag + Ag + 2 AK-Enzym $\longrightarrow$ Wand-Ag-AK-Enzym + Ag-AK-Enzym
(2) Waschschritt
(3) Indikatorreaktion: wie ELISA.

---

4) Streptavidin-Biotin-Technologie. Mit einer Fängerkomponente (Streptavidin an einem Klettprotein) beschichtete Festphase. Ein Antikörper wird mit Biotin, ein zweiter Antikörper mit Peroxidase gekoppelt.
(1) Wand-Streptavidin + Biotin-AK + Peroxidase-AK + Probe (CEA) $\rightarrow$ Ag-AK-Komplex
(2) Indikatorreaktion mit chromogenem Substrat.

Enzyminhibitor

Hemmstoff für die Enzymaktivität; wirkt auf Enzymprotein, Coenzym oder Substrat. Wichtig bei Proteinsynthese, Atmungskette, Komplementsystemen, Blutgerinnung.

Proteinase-Inhibitoren: hemmen die Blutgerinnung (das Fibrinolyse- und Kallikrein-Kinin-System).
Aprotinin: Proteinase-Inhibitor (in Lunge, Milz, Leber u.a.) schützt durch kompetitive Hemmung vor fremden und körpereigenen Proteinasen (Trypsin, Chymotrypsin, Kallikrein), unterdrückt Bildung von Kallidin und Gerinnungsfaktoren, Bradykinin, Plasmin (Fibrinolysesystem).
Thrombin-Inhibitoren: gerinnungshemmende Arzneimittel (Antikoagulantien), z. B. Antithrombin aus Plasma, Peptidomimetika, Peptide.

Enzymkinetik

Enzyme zeigen wie Heterogenkatalysatoren eine Sättigung; d. h. die Reaktionsgeschwindigkeit hängt von der Substratkonzentration ab. Geschwindigkeitsbestimmender Schritt ist die Bildung des Enzym-Substrat-Komplexes.

1) Michaelis-Menten-Kinetik

Die Reaktionsgeschwindigkeit $v = k_2\,[ES]$ folgt abhängig von der Substratkonzentration einer Hyperbel (vgl. Langmuir-Isotherme). Man misst die Anfangsgeschwindigkeit mit gleicher Enzymmenge und steigenden Substratmengen.

$$E + S \rightleftharpoons ES \rightleftharpoons EP \rightleftharpoons E + P$$

BODENSTEIN-Näherung: Quasistationaritätsprinzip.

$$\frac{d[ES]}{dt} \overset{!}{=} 0 = k_1[E]\,[S] - k_{-1}[ES] - k_2[ES]$$

mit $[E] = [E]_0 - [ES] \Rightarrow$

$$[ES] = \frac{k_1[E]_0[S]}{k_1[S] + k_2 + k_{-1}} = \frac{[E]_0[S]}{[S] + (k_2 + k_{-1})/k_1}$$

Reaktionsgeschwindigkeit

$$v = k_2[ES]; \quad K_M = \frac{k_2 + k_{-1}}{k_1} \text{ und } v_{max} = k_2[E]_0$$

$$\boxed{\,v = v_{max}\,\frac{[S]}{K_M} + [S]\,}$$

MICHAELIS-MENTEN-Konstante: Bei halbmaximaler Reaktionsgeschwindigkeit $v = v_{max}/2 = k_2[E]_0/2$ ist $[S] = K_M = (k_2 + k_{-1})/k_1$.

2) Lineweaver-Burk-Diagramm.

Kehrwert der MICHAELIS-MENTEN-Gleichung, wodurch die Hyperbel zur Geraden wird; empfindlich gegen Messfehler.

$$\underbrace{\frac{1}{v}}_{y} = \underbrace{\frac{K_M}{v_{max}}\frac{1}{[S]}}_{b\,x} + \underbrace{\frac{1}{v_{max}}}_{a}$$

Achsenabschnitt auf der negativen x-Achse ist $-K_M^{-1}$, auf der y-Achse $-v_{max}^{-1}$.

3) Eisenthal-Cornish-Bowden-Diagramm.

Umformung der MICHAELIS-MENTEN-Gleichung, wobei sich die Geraden im Punkt $[S] = K_M$ und $v = v_{max}$ schneiden; wenig empfindlich gegen Messfehler.

$$\underbrace{v_{max}}_{y} = \underbrace{\frac{v}{[S]}\,K_M}_{b\,x} + \underbrace{v}_{a}$$

Achsenabschnitte auf der negativen x-Achse sind $-[S_1]$, $-[S_2]$, $-[S_3]$ u.s.w., auf der y-Achse v_1, v_2, v_3 u.s.w.

4) Allosterische Enzyme

folgen nicht der hyperbolischen Michaelis-Menten-Gleichung, sondern haben eine S-förmige (sigmoide) v-$[S]$-Kurve, die in Gegenwart von Aktivatoren bei kleinerer Substratkonzentration $[S]$, mit Inhibitoren bei höherer $[S]$ ansteigt und sich v_{max} nähert.

HILL-Gleichung: $v = v_{max}\,\dfrac{[S]^h}{K_{0.5} + [S]^h}$

HILL-Koeffizient:

     $h < 1$ negative Kooperativität

     $h = 1$ Michaelis-Menten-Kinetik

     $h > 1$ positive Kooperativität

     $K_{0.5}$ halbmax. Geschwindigkeit bei Halbsättigung.

Allosterische Enzyme bestehen aus 2, 4, 6,... Untereinheiten mit je einem *aktiven Zentrum*. Bei der Substratbindung gehen alle Untereinheiten von der *inaktiven T-Form* (tensed) in die *aktive R-Form* (relaxed) über. Daher sigmoide Kinetik.

An das *allosterische Zentrum* (in jeder Untereinheit) binden allosterische Effektoren (Modulatoren: Aktivatoren, Inhibitoren), die über eine Tertiärstruktur-Änderung die Enzymkinetik beeinflussen. Bei der *allosterischen Feedback-Hemmung* wirkt das Endprodukt einer Reaktionsfolge als Inhibitor am Kettenanfang; z. B. entstandenes Isoleucin hemmt die Threonin-Deaminase.

Exsorption

Umkehrung der *Absorption unter Rückgewinnung des Absorbens und des Absorptivs; z. B. durch Verdampfen, Vakuum- oder Wasserdampfdestillation, Druckwäsche.

Extraktion: Solventextraktion

Lösungsmittelextraktion.

1) Trennung eines Flüssigkeitsgemisches durch eine Zusatzflüssigkeit, die eine Komponente des Gemisches selektiv aufnimmt und mit der anderen eine Mischungslücke bildet (vgl. *Siedediagramm). Stoffaustausch durch Diffusion durch die Phasengrenzfläche zwischen Abgeber (Extraktionsgut y) und Aufnehmer x (Extraktionsmittel).

$$\text{Abgeber + Aufnehmer} \longrightarrow \text{Extrakt + Raffinat}$$

NERNST-Verteilungssatz (verdünnte Lösung)

$$k = \frac{\text{Konzentration in Phase 2}}{\text{Konzentration in Phase 1}}$$

Höhere Konzentrationen: parabelförmige Verteilungskurven $y(x)$.

$$\text{Belastung} = \frac{\text{Masse Extrakt}}{\text{Masse Lösungsmittel}}$$

Einfache Extraktion: Anreicherung des Extraktes im Extraktionsmittel

$$x_1 = x_0 \left(\frac{1}{1 + \dfrac{V_{Lm}}{K\,V_F}} \right)$$

Mehrmalige Extraktion: fraktionierte Verteilung.

$$x_n = x_0 \left(\frac{1}{1 + \dfrac{V_{Lm}}{K\,V_F}} \right)^n$$

K	Konstante
V_F	Volumen Extaktionsgut
V_{Lm}	Volumen Extaktionsmittel
x_1	Molenbruch des Extraktes im Extraktionsmittel
x_0	Ausgangskonzentration des Extraktes im Extraktionsgut

2) Gegenstromextraktion. Analog der *Rektifikaton mit teilweisem Rückfluss des Extraktes und ständigem Stoffaustausch in Extraktionsbatterien oder Kolonnen im Gegenstrom von Extraktionsmittel und Extraktionsgut.

Theoretische Trennstufe: ideal wirkender Kolonnenabschnitt, in dem sich das Verteilungsgleichgewicht einstellt.

3) Extraktionsverfahren

1. *Einzelextraktor:* diskontinuierlich; stehender, zylindrischer Rührwerksbehälter; Extraktionsgut auf Siebböden oder rotierenden Trommeln; Trennung von Extrakt und Lösungsmittel durch Destillation.

2. *Extraktorbatterie:* halbkontinuierlich; das Extraktionsmittel durchfließt eine Serienschaltung von Extraktoren, in denen sich das Extraktionsgut befindet.

3. *Schnecken oder Becherwerksextraktor:* kontinuierlich. Fördern des Extraktionsgutes im Gegenstrom zum Extraktionsmittel.

4. *Extraktionsbatterie* (Mixer-Settler), kontinuierlich. Serienschaltung von Mischern (Rührwerkkessel oder Pumpe) und Abscheidern (zur Phasentrennung); Extraktionsmittel und Extraktionsgut im Gegenstrom.

5. *Extraktionskolonne:* kontinuierlich; Boden-, Rotations-, Rühr-, Pulsations-, Füllkörperkolonne; Gegenstrom von Extraktionsmittel und Extraktionsgut, wobei die schwerere Phase am Kopf, die leichtere am Boden zugeführt wird.

6. *Zentrifugalextraktor:* kontinuierlich; ähnlich Tellerzentrifuge; Mischungen und Trennen der im Gegenstrom geführten Phasen durch Zentrifugalkraft.

Extraktion: Feststoffextraktion

Thermisches Verfahren zur Stofftrennung fest – flüssig. Ein Lösungsmittel löst eine Komponente selektiv aus einem festen Gemisch heraus.

1. Zerkleinern der Probe
2. Extraktion in Rührbehälter oder Kaskade
3. Trennung: *Raffinat* (fester Rückstand) und Extrakt
4. Regenerierung des Lösungsmittels

Extraktion: SFE

Supercritical fluid extraction. Extraktion mit überkrtischem CO_2.

Fallfilm *Sherwood-Zahl.

Fick'sches Gesetz, 1.

Für *stationäre Diffusion.* An der Phasengrenzfläche zweier verschieden konzentrierter Fluide kommt es zum Konzentrationsausgleich, solange sich die chemischen Potentiale der Komponenten μ_i in den einzelnen Phasen unterscheiden. Der Stoffstrom $\dot{n}$ ist proportional dem Konzentrationsgradienten dc/dx und fließt in Richtung abnehmender Konzentration (Minuszeichen!). Stoffmengenstrom $\dot{n}$ (Einheit: mol/s):

$$\frac{\partial n}{\partial t} = -DA\frac{dc}{dx} \approx -D\frac{A}{\delta}(c^b - c^*)$$

Konzentrationsstrom $\dot{c}$ ($kmol\ m^{-3}s^{-1}$).

$$\frac{\partial c}{\partial t} \approx -D\frac{a}{\delta}(c^b - c^*) = k \cdot (c^b - c^*)$$

Massenstromdichte ($kg\ s^{-1}m^2$) $\sim$ Dichteänderung

$$i = \frac{\dot{m}}{A} = -D\frac{d\varrho}{dx} \approx k \cdot (\varrho^b - \varrho^*)$$

Massenstromdichte eines idealen Gases

$$i = \frac{\dot{m}}{A} = -\frac{D\,M}{RT}\frac{d\varrho}{dx}$$

A	Oberfläche der Phasengrenzschicht = Strömungsquerschnitt	(m^2)
a	spezifische Grenzfläche (m^2/m^3 =	m^{-1})

c^b	Konzentration im Phaseninneren	(mol/ℓ)
c^*	Konzentration an Phasengrenze	(mol/ℓ)
D	Diffusionskoeffizient	(m^2/s)
k	Geschwindigkeitskonstante	(s^{-1})
M	molare Masse	(kg/mol)
t	Zeit	(s)
x	Richtung (z. B. x-Achse, Flächennormale)	
δ	Grenzschichtdicke	(m)

Fick'sches Gesetz, 2.

Für *instationäre Diffusion;* die Konzentration ist örtlich <u>und</u> zeitlich nicht konstant: $c(x,t) \neq$ const.

eindimensional   räumlich

$$\boxed{\frac{dc}{dt} = D\frac{d^2c}{dx^2}} \qquad \boxed{\frac{\partial c}{\partial t} = D\,\nabla^2 c}$$

Reales Fluid

$$\frac{\partial\varrho}{\partial t} = -\left(\frac{\partial i_x}{\partial x} + \frac{\partial i_y}{\partial y} + \frac{\partial i_z}{\partial z}\right)$$

Ideales Fluid ($\eta = 0$)

$$\frac{\partial\varrho}{\partial t} = -D\left(\frac{\partial^2\varrho}{\partial x^2} + \frac{\partial^2\varrho}{\partial y^2} + \frac{\partial^2\varrho}{\partial z^2}\right)$$

Ideales Gas

$$\frac{\partial\varrho}{\partial t} = -\frac{RT}{M}\left(\frac{\partial i_x}{\partial x} + \frac{\partial i_y}{\partial y} + \frac{\partial i_z}{\partial z}\right)$$

$\vec{i}$ Massenstromdichte, ϱ Dichte des Fluids.

Spezialfall: löslicher Stoff. Lösung der Differentialgleichung für eine Grenzfläche, von der eine gelöste Substanz abdiffundiert (z. B. Bodensatz einer Lösung) mit N_0 Gesamtzahl der Teilchen, V Lösungsvolumen:

eindimensionale Teilchendichte

$$\frac{N(x,t)}{V} = \frac{N_0}{A\sqrt{\pi Dt}}\,e^{-x^2/4Dt}$$

3-dimensionale Teichendichte (Kugelsymmetrie)

$$\frac{N(r,t)}{V} = \frac{N_0}{8(\pi Dt)^{3/2}}\,e^{-r^2/4Dt}$$

Teilchenzahl in einer Schicht:

$$\cdot N\,A\,dx$$

mittl. Diffusionsweg während Zeit t:

$$<x> = \int_0^\infty x\,\frac{N}{N_0}\frac{A}{V}\,dx = 2\sqrt{\frac{Dt}{\pi}}$$

Diffusionsweg (quadrat. Mittel)

$$\bar{x} = \sqrt{<x>} = \sqrt{2Dt}$$

Fließgesetz

Geschwindigkeit einer Lösungsmittelfront gegen die Schwerkraft auf einem Träger infolge von Kapillarkräften; z. B. bei Dünnschichtchromatografie.

$$v_F = k\,\frac{\sigma}{2\pi h}$$

σ Oberflächenspannung, h Laufstrecke;
k Konstante für Korngröße, Packungsdichte, Schichtdicke.

Fließgleichgewicht

Flowing equilibrium; open system equilibrium. *Stationärer Zustand, bei dem Edukte und Produkte in äquivalenten Mengen zu- bzw. abgeführt werden; z. B. biochemische Prozesse in Zellen oder technische Folgeprozesse. Im Anfangsstadium (*pre steady state*) wird der Enzym-Substrat-Komplex aufgebaut.

Fotochemisches Äquivalent

1 mol Photonen: $N_A\,h\nu$.

Fotochemische Reaktion

Chemische Reaktion unter dem Einfluss elektromagnetischer Strahlung.

1. *Primärreaktion:* Absorption von Strahlungsenergie (*Quantenausbeute).

• fotoaktivierte Reaktion

- fotosynthetische Reaktion (Speicherung in chemischer Energie)

2. *Physikalische Sekundärreaktion:* Folgeprozesse mit Einfluss auf die *Quantenausbeute.

- *Fluoreszenz:* Übergang in den Grundzustand binnen 10^{-8} s unter Strahlungsemission; direkt (Resonanzfluoreszenz) oder über Zwischenniveaus.

- Umwandlung von Strahlungsenergie in thermische Energie (Molekülbewegung).

- *Sensibilisierung:* Energieabgabe durch Stöße an andere Teilchen, die in dem Spektralgebiet selbst nicht absorbieren.

3. *Chemische Sekundäreaktion*

- Zerfallsreaktion: Bildung freier Atome oder Radikale; z. B. $Cl_2 \rightarrow 2\,Cl\cdot$

- Isomerisierung

- Reaktion mit nicht angeregten Molekülen: z. B. $NOCl^* + NOCl \rightarrow 2\,NO + Cl_2$

Fourier-Zahl II

Kennzahl für den Stofftransport

$$Fo^* = \frac{D\,t}{l^2} = \frac{\text{Diffusion}}{\text{Fläche}}$$

Fowler-Frumkin-Isotherme

*Adsorptionsisotherme für lokalisierte *Adsorption mit Wechselwirkungen kurzer Reichweite zwischen den adsorbierten Spezies.

$$p = \frac{\theta}{b(1-\theta)}\, e^{-k\theta/RT}$$

p Gasdruck, θ Oberflächenbelegungsgrad.

Freundlich-Zeldowitsch-Isotherme

*Adsorptionsisotherme für monomolekulare Adsorbatschicht und logarithmisch mit der Belegung θ abnehmende Adsorptionswärme. Anwendung für Adsorption aus flüssigen Lösungen und heterogene Oberflächen.

$$\theta(p) = \frac{B}{\alpha}\left[\left(\frac{p}{\beta}\right)^{\alpha RT} - e^{-\alpha q_2}\right] \approx a_1 p^{1/a_2}$$

Geradengleichung:

$$\underbrace{\ln V}_{y} = \underbrace{\ln(a_1 V_{\mathrm{m}})}_{a} + \underbrace{a_2^{-1}\ln p}_{bx}$$

$a_1, a_2, \alpha, \alpha', \beta$ sind temperaturunabhängige Konstanten.
β liegt zwischen 0 und 1, p Gasdruck (Pa).

Frumkin-Temkin-Isotherme

*Adsorptionsisotherme, beschreibt die *Adsorption unter den Annahmen:

1. Heterogene Oberflächen und mittlere Bedeckungsgrade $0{,}2 < \theta < 0{,}8$. Plätze mit der größten Adsorptionsenthalpie werden zuerst belegt, d. h. die Adsorptionswärme ΔH_{ad} sinkt mit zunehmender Belegung.

2. TEMKIN-Näherung für Gleichgewichts-Bedeckungsgrade $\theta \approx 0{,}5$ und nicht für kleine und sehr hohe Drücke.

$$\theta(p) = b_1 \ln \frac{1 + b_2 p}{1 + b_2 p e^{b_1}} \approx b_1 \ln(b_2 p)$$

$$\frac{\theta}{1-\theta} = p e^{-(\Delta G_{\mathrm{ad}}^0 - \gamma\theta)/RT} \approx 1$$

Vgl. *Fowler-Frumkin-Isotherme.

Füllkörperkolonne   *Sherwood-Zahl.

Geschwindigkeitskonstante

Reaktionsgeschwindigkeitskonstante k, engl. *rate constant*. Beschreibt die Geschwindigkeit chem. Reaktionen; vgl. *Reaktionskinetik, *Gleichgewichtskonstante.

Zeitgesetz	Geschwindigkeitskonstante
$1.\ -\dfrac{dc}{dt} = k\,c$	$k = \dfrac{\ln 10}{t}\,\lg\dfrac{c_0}{c}$
$2.\ -\dfrac{dc_A}{dt} = k\,c_A c_B$	$k = \dfrac{\ln 10}{t(c_{A,0} - c_{B,0})}\left(\lg\dfrac{c_{B,0}}{c_{A,0}} + \lg\dfrac{c_A}{c_B}\right)$
$n.\ -\dfrac{dc_A^n}{dt} = k\,c_A c_B\ldots$	$k = \dfrac{1}{(n-1)t}\left(\dfrac{1}{c_A^{n-1}} - \dfrac{1}{c_A}c_{A,0}^{n-1}\right)$
$(c_A = c_B = \ldots)$	

c_0 Ausgangskonzentration, n Reaktionsordnung.

Einheitenumrechnung: 2. Ordnung.

$$1\,\frac{\mathrm{m}^3}{\mathrm{kmol\,s}} = 0{,}001\,\frac{\mathrm{m}^3}{\mathrm{mol\,s}} = 1\,\frac{\ell}{\mathrm{mol\,s}} = 3600\,\frac{\mathrm{m}^3}{\mathrm{kmol\,h}}$$

$$N_A\,\frac{\mathrm{m}^3}{\mathrm{s\,Molekül}} = \frac{RT}{\mathrm{Pa\,s}} = \frac{10^5\,RT}{\mathrm{bar\,s}} = \frac{10^6\,p}{RT}\,\mathrm{ppm}^{-1}\mathrm{s}^{-1}$$

Gibbs-Isotherme

*Adsorptionsisotherme für An- und Abreicherung eines gelösten Stoffes an der Grenzfläche zweier ideal verdünnter homogener Phasen; vgl. *Oberflächenspannung.

$$\Gamma_2^\delta = -\frac{1}{RT}\left(\frac{\partial\sigma}{\partial \ln x_2}\right)_{p,T} = -\frac{x_2}{RT}\left(\frac{\partial\sigma}{\partial x_2}\right)_{p,T}$$

$$d\sigma = -\sum \Gamma_i^\delta\, d\mu_i$$

$$n_i^\delta = n_{\mathrm{ges},i} - (n_i^{(I)} + n_i^{(II)})$$

n_i^δ	Stoffmenge in der Grenzschicht	(mol)
$n_{\mathrm{ges},i}$	Stoffmenge im System	(mol)
$n_i^{(\alpha)}$	Stoffmenge in Phase α	(mol)
x_i	Molenbruch der Komponente i	
$\Gamma_i = \frac{n_i}{A}$	Oberflächenkonzentration	(mol/m^2)
$\Gamma_i > 0$	bei Anreicherung der Komponente i	
$\Gamma_i < 0$	bei Verarmung an Komponente i	
μ_i	chemisches Potential der Komponente i	(J/mol)
σ	Grenzflächenspannung	(J/m^2)

Gleichgewicht, chemisches

Chemische Reaktionen sind meist Gleichgewichtsreaktionen, d. h. die Ausgangsstoffe (Edukte) werden nicht 100%ig umgewandelt und die Produkte können zurückreagieren. Wird pro Zeiteinheit genauso viel Produkt gebildet, wie durch Rückreaktion wieder zerfällt, ist das chemische *Gleichgewicht* erreicht. Vgl. *Massenwirkungsgesetz.

Gleichgewichtskonstante

Quotient der Geschwindigkeitskonstanten von Hin- und Rückreaktion; das Verhältnis der Gleichgewichtsaktivitäten bzw. -konzentrationen der Produkte zu denen der Edukte. Produkte im Zähler, Edukte im Nenner. Produkte mit positiven Stöchiometriekoeffizienten ν_i, Edukte mit negativen.

Bezugsbasis:		Aktivität
Aktivitätsbezogen:	$K_{\mathrm{a}} = \prod a_i^{\nu_i}$	
Molenbruchbezogen:	$K_{\mathrm{x}} = \prod x_i^{\nu_i}$	$a_i = \gamma_{\mathrm{x},i}\, x_i$
Konzentrationsbezogen:	$K_{\mathrm{c}} = \prod c_i^{\nu_i}$	$a_i = \gamma_i\, c_i$

Druckbezogen:
$$K_\mathrm{p} = \prod p_i^{\nu_i} \qquad a_i = \varphi_i\, p_i$$

Umrechnung:

$$K_c = (RT)^{-\Delta\nu}\, K_p = c^{\Delta\nu} K_x = \frac{K_a}{\gamma_\pm^2}$$

Bei Reaktion ohne Molzahländerung ($\Delta\nu = 0$):

$$K_c = K_p = K_x$$

Molzahländerung

$$\Delta\nu = \sum_{i=1}^{P} \nu_{i,\mathrm{Produkte}} - \sum_{i=1}^{E} \nu_{i,\mathrm{Edukte}}$$

Aktivitätskoeffizient.

1) Aktivitätsbezogene Gleichgewichtskonstante oder *Thermodynamische Gleichgewichtskonstante*. Für die *Dissoziationsreaktion $AB \rightleftharpoons A^\oplus + B^\ominus$:

$$
\begin{aligned}
K_\mathrm{a} &= K_\gamma K_\mathrm{c} = \frac{a_{A^\oplus} a_{B^\ominus}}{a_{AB}} = \\
&= \frac{\gamma_{A^\oplus}\gamma_{B^\ominus}}{\gamma_{AB}} \cdot \frac{c_{A^\oplus} c_{B^\ominus}}{c_{AB}} = \gamma_\pm^2 K_\mathrm{c}
\end{aligned}
$$

Freie Standardenthalpie G

$$\Delta G^0 = -RT\,\ln K_\mathrm{a}$$

Druckabhängigkeit

$$\left(\frac{\partial \ln K_\mathrm{a}}{\partial p}\right)_T = -\frac{1}{RT}\left(\frac{\partial \Delta G}{\partial p}\right)_T = -\frac{\Delta_\mathrm{R} V}{RT}$$

$\Delta_\mathrm{R} V$ Änderung des Reaktionsvolumens.

2) Druckbezogene Gleichgewichtskonstante. Für eine gasentwickelnde Reaktion wie z. B. $CaCO_3 \rightleftharpoons CaO + CO_2$, wobei der Dampfdruck der Feststoffe vernachlässigt wird.

$$K_\mathrm{p} = \frac{p_{CaO}\, p_{CO_2}}{p_{CaCO_3}} \approx p_{CO_2}$$

3) Konzentrationsbezogene Gleichgewichtskonstante Näherung für die aktivitätsbezogene Gleichgewichtskonstante. Messung durch *Leitfähigkeitsmessung (Geradensteigung der logarithmierten Debye-Hückel-Gleichung):

$$\lg K_c = \lg K_a + 2 \cdot 0{,}5091\,|z_\oplus z_\ominus|\,\sqrt{I}$$

I Ionenstärke, z_i Ionenwertigkeit, $\gamma_\pm$ mittlerer Aktivitätskoeffizient.

4) Gleichgewichtskonstante zusammengesetzter Reaktionen. Die freie Enthalpie einer chemische Reaktion ist die Summe (auch: Differenz) der Enthalpien aller Teilschritte; die Gleichgewichtskonstanten werden multipliziert (bzw. dividiert).

(1) $\quad 2\,H_2O \rightleftharpoons 2\,H_2 + O_2 \qquad K_{\mathrm{p},1} = \dfrac{p_{H_2}^2\, p_{O_2}}{p_{H_2O}^2}$

(2) $\quad 2\,CO_2 \rightleftharpoons 2\,CO + O_2 \qquad K_{\mathrm{p},1} = \dfrac{p_{CO}^2\, p_{O_2}}{p_{CO_2}^2}$

(1-2) $\quad CO + H_2O \rightleftharpoons H_2 + CO_2 \qquad K_{\mathrm{p},1} = \dfrac{p_{H_2}\, p_{CO_2}}{p_{CO}\, p_{H_2O}} = \sqrt{\dfrac{K_{\mathrm{p},1}}{K_{\mathrm{p},2}}}$

5) Pseudoordnung. Ändert sich die Konzentration eines Reaktionsteilnehmers praktisch nicht (z. B. großer Überschuss), kann sie in die Gleichgewichtkonstante einbezogen werden. Die Reaktion ist dann von scheinbar niedrigerer Ordnung (Pseudoordnung).

Beispiel: Einbeziehung der Konzentration von Wasser $c \approx 55{,}5$ mol/ℓ bei der Definition von Säure- und Basekonstanten, Löslichkeitsprodukten etc.

6) Temperaturabhängigkeit der Gleichgewichtskonstante.

a) *Reaktionsisobare.* Bei konstantem Druck.

$$\left(\frac{\partial \ln K_\mathrm{a}}{\partial T}\right)_p = \left(\frac{\partial \ln K_p}{\partial T}\right)_p = \frac{\Delta_\mathrm{R} H^0}{RT^2}$$

Für kleine Temperaturintervalle

$$\ln \frac{K_\mathrm{a}(T_2)}{K_\mathrm{a}(T_1)} = \ln \frac{K_\mathrm{p}(T_2)}{K_\mathrm{p}(T_1)} = \frac{\Delta_\mathrm{R} H^0}{R}\left(\frac{1}{T_1} - \frac{1}{T_2}\right)$$

Kirchhoff-Gleichung: größerer Temperaturbereich

$$\left(\frac{\partial \Delta_\mathrm{R} H^0}{\partial T}\right)_p = \Delta_\mathrm{R} C_p = \sum_{i=1}^{N} \nu_i\, C_{p,i}$$

$$\ln K_\mathrm{a} = -\frac{\Delta_\mathrm{R} H^0}{RT} - \frac{1}{RT}\int_{T^0}^{T} \Delta_\mathrm{R} C_p\, dT + \frac{\Delta_\mathrm{R} S}{R} + \frac{1}{R}\int_{T^0}^{T} \frac{\Delta_\mathrm{R} C_p}{T}\, dT$$

Für Standardbedingungen (298,15 K; 102325 Pa)

$$\ln K_\mathrm{a}^0 = \frac{-\Delta_\mathrm{R} H^0}{RT} + \frac{\Delta_\mathrm{R} S^0}{R}$$

b) *Reaktionsisochore.* Bei konstantem Volumen.

$$\left(\frac{\partial \ln K_\mathrm{c}}{\partial T}\right)_V = \frac{\Delta_\mathrm{R} U^0}{RT^2}$$

Für kleine Temperaturintervalle

$$\ln \frac{K_\mathrm{c}(T_2)}{K_\mathrm{c}(T_1)} = \frac{\Delta_\mathrm{R} U^0}{R}\left(\frac{1}{T_1} - \frac{1}{T_2}\right)$$

Kirchhoff-Gleichung: größerer Temperaturbereich

$$\left(\frac{\partial \Delta_\mathrm{R} U^0}{\partial T}\right)_V = \Delta_\mathrm{R} C_V = \sum_{i=1}^{N} \nu_i\, C_{V,i}$$

$$\ln K_\mathrm{c} = -\frac{\Delta_\mathrm{R} U^0}{RT} - \frac{1}{RT}\int_{T^0}^{T} \Delta_\mathrm{R} C_V\, dT + \frac{\Delta_\mathrm{R} S}{R} + \frac{1}{R}\int_{T^0}^{T} \frac{\Delta_\mathrm{R} C_V}{T}\, dT$$

Für Standardbedingungen (298,15 K; 102325 Pa)

$$\ln K_\mathrm{c}^0 = \frac{-\Delta_\mathrm{R} U^0}{RT} + \frac{\Delta_\mathrm{R} S^0}{R}$$

Gleichgewichtskonzentration

Im chemischen Gleichgewicht $A \rightleftharpoons B + C$ vorliegende Konzentration z. B. des Stoffes A mit der Ausgangskonzentration $c_{A,0}$ (in mol/ℓ).

$$c_A = c_{A,0} + \frac{K}{2} - \sqrt{\left(\frac{K}{2}\right)^2 + K c_{A,0}}$$

K Gleichgewichtskonstante.

Grashof-Zahl II

Kennzahl für den Stofftransport.

$$Gr^* = \frac{l^3 g}{\nu^2}\left(\frac{\varrho_\infty}{\varrho^*} - 1\right)$$

ν	kinematische Viskosität	(m²/s)
ϱ_∞	Dichte im Fluidinneren	(kg/m³)
ϱ^*	Dichte an der Phasengrenze	(kg/m³)

Halbwertsbreite

Breite w_h in halber Höhe des Peaks = $2{,}354\,\sigma$-Wert der GAUSS-Verteilungskurve. Anwendung z. B. Chromatografie.

Hatta-Zahl

Kennzahl der Dimension 1 für die Absorption von Gasen in Flüssigkeiten (*Gaswäsche*). Läuft bei $Hat > 3$ vollständig in der Grenzschicht δ ab.

$$Hat = \frac{\sqrt{k_1 D}}{\beta_L} = \frac{\text{Stoffübergang mit chem. Reaktion}}{\text{Stoffübergang ohne chem. Reaktion}}$$

D	Diffusionskoeffizient des Gases	(m^2/s)
k_1	Geschwindigkeitskonstante 1. Ordnung	(s^{-1})
β_L	Stoffübergangskoeffizient in der Flüssigphase (Liquid side) für physikalische Absorption	(m/s)

Henry-Gesetz   s. Kap. Thermodynamik.

Henry-Isotherme

*Adsorptionsisotherme für ideale Adsorption bei niedrigem Bedeckungsgrad.

$$\theta = b\,p$$

θ Oberflächenbelegungsgrad, b Konstante, p Gasdruck

Heterogene Reaktion

Bei einer heterogenen Reaktion liegen die Reaktionspartner in verschiedenen Phasen vor (z. B. MgO in verdünnter HCl). Der langsamste Teilschritt bestimmt die Geschwindigkeit des Gesamtvorgangs.
1. Antransport der Edukte
2. chemische Reaktion
3. Abtransport der Produkte
Vgl. *Frumkin-Temkin-Isotherme.

1) Reaktionskinetik 1. Ordnung. Für viele heterogen-katalytische Oberflächenreaktionen mit Adsorption als geschwindigkeitsbestimmenden Schritt nach dem ELEY-RIDEAL-Mechanismus $A + B \to P$ ist die Reaktionsgeschwindigkeit:

$$\frac{dc_P}{dt} = kp_B\theta_A = k\,\frac{p_A p_B K}{1 + K p_A}$$

$$= \begin{cases} kp_B & (p_A \to \infty) \\ kp_A p_B K & (p_A \to 0) \end{cases}$$

K Gleichgewichtskonstante, k Geschwindigkeitskonstante, p Partialdruck.

2) Reaktionskinetik 2. Ordnung, z. B. die katalytische Hydrierung von Alkenen oder die Zersetzung von Phosphin an Wolfram verlaufen nach einem LANGMUIR-HINSHELWOOD-Mechanismus durch nicht-dissoziative Adsorption.

$$\frac{dc_P}{dt} = k\theta_A\theta_B = k\,\frac{k_A k_B p_A p_B}{1 + [k_A p_A + k_B p_B]^2}$$

Hill-de-Boer-Isotherme

*Adsorptionsisotherme für mobile Adsorption mit wechselwirkenden Molekülen.

$$p = \frac{\theta}{b(1 - \theta)}\,e^{\theta/(1-\theta)-k\theta/(RT)}$$

θ Oberflächenbelegungsgrad, b,k Konstanten, p Gasdruck.

Immunreaktion

Reaktion von Antigen und Antikörper zum Antigen-AK-Komplex.

1) Antigen. Vom Organismus als artfremd erkanntes hochmolekulares Immunogen ($M_r \geq 5000$ u), mit einer spezifischen Oberflächenstruktur (immunogene Determinante); löst eine Antikörperreaktion aus.
Beispiele: TSH (Thyreoidea-stimulierendes Hormon), AFP (α-Fetoprotein), CEA (carcinoembryonales Antigen), hCG (humanes Choriongonadotropin), Ferritin.

2) Hapten. Niedermolekulares „Immunogen" ($M_r <$ 5000 u); kann im Organismus keine Antikörperreaktion auslösen! Für immunologische Eigenschaften muss es an ein Trägerprotein (z. B. Rinderserumalbumin) gebunden werden.

3) Antikörper. Hochmolekulares Protein (Immunoglobulin) mit Y-förmiger Gestalt und zwei Bindungsstellen („Zange") für das Antigen.

a)   *Polyklonale Antikörper.* Nach wiederholtem Immunisieren (Boostern) mit einem Antigen im Verlauf mehrerer Wochen aus dem Blut von Tieren (Schaf, Ziege, Rind) gewonnene Antiseren-Fraktionen (Ig-Fraktionen) mit den spezifischen Antikörpern. Jede Plasmazelle erzeugt Antikörper mit gering *unterschiedlicher Spezifikation* für das gleiche Antigen.

b)   *Monoklonale Antikörper.* Antikörper eines Typus (Klon) mit exakt gleicher Struktur und Spezifität für ein Antigen.

Herstellung nach KÖHLER und MILSTEIN:
1. Fusion von Tumorzellen (Myelomzellkultur) und B-Lymphozyten (aus der Milz von immunisierten Mäusen) zu Hybridzellen („Hybridom").
2. Auswahl positiver Kulturen durch Antikörpertest.
3. Wiederholte Klonierung und Analyse durch Gelelektrophorese.
4. MAK-Produktion im Bioreaktor oder Aszitesflüssigkeit der Maus.

Impulsbilanz

Reaktionstechnik: Gleichgewicht der äußeren Kräfte (Druck, Schwerkraft etc.) und der Trägheitskraft im Reaktionssystem.

Inhibitor

negativer Katalysator; verzögert eine chem. Reaktion.

Instationärer Betrieb

Reaktionskinetik: zeitlich veränderlicher Zustand der Reaktionsmasse; Auftreten von Temperatur-, Konzentrations-, Druckgradienten.

Kapazitätsverhältnis

retention factor. Chromatografie: Verhältnis der Aufenthaltszeiten in der stationären und mobilen Phase (typisch $k > 2$); Maß für die Analysendauer.

$$k = \frac{\text{Nettoretentionszeit}}{\text{Durchbruchzeit}}\,\frac{(t_R - t_M)}{t_M} = \frac{K}{\beta}$$

K NERNST-Verteilungskonstante, β Phasenverhältnis.

Katalysator

Erhöht die Reaktionsgeschwindigkeit, beschleunigt die Einstellung des Gleichgewichts, erniedrigt die Aktivierungsenergie – ohne die Lage des Gleichgewichtes zu verändern. Sterische Faktoren wirken auf die Reaktionsentropie, energetisch-elektronische Faktoren auf die Enthalpie.

Beispiel:	Reaktion $2\,H_2O_2 \longrightarrow 2\,H_2O + O_2$	
Katalysator	Aktivierungsenthalpie $\Delta G_r^{\neq}$ (kJ/mol)	relative Reaktionsgeschwindigkeit
ohne Kat.	75,3	1
Iodid	58,5	800
kolloides Pt	50,2	20 000
Katalase	<8,4	>3·10^{11}

Tabelle 9.3 Homogen-katalytische Reaktionen.

Reaktion	Katalysator	Entdecker	
Acetylen			
– Hydroxycarbonylierung	$Ni(CO)_4$	Reppe 1936	
– Hydroformylierung	$Co_2(CO)_8$ oder [Rh]/Phosphin	Roelen 1938	$RCH{=}CH_2 + CO/H_2 \longrightarrow RCH_2{-}CH_2{-}CHO$
Alkin-Oligomerisierung	$Ni(CN)_2$	Reppe 1939	
Butadien-Hydrocyanierung	$Ni(0)$-Phosphite	Arthur, Pratt 1951	$CH_2{=}CH{-}CH{=}CH_2 + 2\,HCN \longrightarrow NC(CH_2)_4CN$
Alken-Polymerisation	$TiCl_4/AlEt_3$	Ziegler, Natta 1955	
Wacker-Oxidation	$PdCl_2/CuCl_2$	Schmidt 1959	$CH_2{=}CH_2 + O_2 \longrightarrow CH_3CHO$
Alken-Metathese	W/Mo	Banks, Bailey 1964	
selektive Hydrierung	$(PPh_3)_3RhCl$	Wilkinson 1965	
Essigsäuresynthese	$[Rh(CO)_2I_2]^{\ominus}$	Monsanto 1970	$CH_3OH + CO \longrightarrow CH_3COOH$
α-Olefinsynthese (SHOP)	Ni-Chelate	Shell 1972	$CH_2{=}CH_2 \longrightarrow$ Alken
Allylaminisomerisierung	[RH], P		Allylamin $\longrightarrow$ chirales Enamin

Tabelle 9.4 Elementarschritte metallorganisch-katalytischer Reaktionen (Cp = Cyclopentadienyl).

Reaktion	Änderung der Zahl der			Beispiel
	Valenz-elektronen	Oxidations-zahl	Koordina-tionszahl	
Lewis-Säure-Dissoziation	0	0	−1	$CpRh(CH_2CH_2)_2SO_2 \rightleftharpoons CpRh(CH_2CH_2)_2 + SO_2$
	0	−2	−1	
Lewis-Säure-Assoziation	0	0 (+2)	+1	$HCo(CO_4) \rightleftharpoons H^{\oplus} + Co(CO)_4^{\ominus}$
Lewis-Base-Dissoziation	−2	0	−1	$NiL_4 \rightleftharpoons NiL_3 + L$
Lewis-Base-Assoziation	+2	0	+1	
reduktive Eliminierung	−2	−2	−2	$H_2IrCl(CO)L_2 \rightleftharpoons H_2 + IrCl(CO)L_2$
oxidative Addition	+2	+2	+2	
Insertion	−2	0	−1	$CH_3Mn(CO)_5 \rightleftharpoons CH_3{-}CO{-}Mn(CO)_4$
Deinsertion	+2	0	+1	
oxidative Kupplung	−2	+2	0	$CpCo(CH{\equiv}CH)_2 \rightleftharpoons CpCo(CH{=}CH{-}CH{=}CH{-})$
reduktive Entkupplung	+2	−2	0	

1) Kennzeichen für die technische Eignung: Aktivität, Selektivität, Lebensdauer, Regenerierbarkeit, mechanische Festigkeit (heterogene Katalysatoren).

- *Mischkatalysator:* Katalysatorgemische mit Zusatz von Aktivatoren (Promotoren); synergetische Wirkung.
- *Trägerkatalysator:* hochdisperse Veteilung des katalytisch wirksamen Stoffes auf einer großen, meist porösen Oberfläche (z. B. Zeolith).

2) Homogene Katalysatoren. Beispiele.

Veresterung, Verseifung, Alkylierung, Acylierung.	Brönsted-Säuren (H_2SO_4, HF) oder Lewis-Säuren ($AlCl_3$)
Kondensation	Basen (NaOH, KOH, $Ca(OH)_2$)
Oligomerisation, Polymerisation	Metallorganyle, Ziegler-Natta-Katalysatoren

3) Heterogene Katalysatoren. Beispiele.

Redox-Katalyse	
– Oxidationen	Metalloxide (V_2O_5, MoO_3, Cr_2O_3) Edelmetalle (Pt/Rh, Ag)
– Hydrierung, Dehydrierung	Metalle (Pt, Ni) Metalloxide (Cr_2O_3, MoO_3, WO_3) Metallsulfide (CoS, ZnS, MoS_2, WS_2)
Säure-Base-Katalyse	
– Substitution, Aminierung, Halogenierung	saure Katalysatoren (Zeolithe, H_3PO_4 auf Aktivkohle)

– Addition, Eliminierung, Cracken.	basische Katalysatoren (Na auf Al_2O_3)
– Reforming, Hydrocracken.	bifunktionelle Katalysatoren (Pt auf saurem Träger, Ni auf $CaCO_3$).

4) Katalysator im Auto *Abgaskatalysator.

Katalysatornutzungsgrad *Thiele-Modul.

Katalyse

Homogene oder heterogene chemische Reaktion, die durch einen *Katalysator* – der die *Aktivierungsenergie senkt und selbst (meist nicht) verbraucht wird – beschleunigt wird.

Autokatalyse: ein Produkt der katalytischen Reaktion wirkt als Katalysator.

Katalyse, heterogene

Katalysator und Reaktionspartner liegen in verschiedenen Phasen vor; z. B. Oberflächen- oder Kontaktkatalyse. Konstante Reaktionsgeschwindigkeit; mit Substratsättigung.

1) Einfache Zerfallsreaktion

$$K + A \longrightarrow K \cdots A \longrightarrow K \cdots B \longrightarrow K + B$$

Die Teilschritte 3 und 4 der heterogenen Katalyse sind meist geschwindigkeitsbestimmend.

1. Stofftransport (Diffusion, Konvektion) der Reaktionspartner an die Katalysatoroberfläche,

2. *Adsorption (Chemisorption) der Reaktionpartner an der Oberfläche,
3. chemische Reaktion der adsorbierten Stoffe,
4. Desorption der Reaktionsprodukte,
5. Stofftransport (Diffusion, Konvektion) der Reaktionsprodukte aus der Reaktionszone.
Zwischen den Grenzfällen hoher und niedriger Katalysatorkonzentration treten gebrochene Reaktionsordnungen (0 bis 1) auf.

Reaktionsgeschwindigkeit:
$$-\frac{\mathrm{d}c_A}{\mathrm{d}t} = k(T)\,\frac{a_{max}\,c_A}{b(T) + c_A}$$

für c_A klein:
$$-\frac{\mathrm{d}c_A}{\mathrm{d}t} \approx \frac{k(T)\,a_{max}}{b(T)}\,c_A = \text{const} \cdot c_A$$

für c_A groß:
$$-\frac{\mathrm{d}c_A}{\mathrm{d}t} \approx k(T)\,a_{max}$$

a_{max} maximale Oberflächenkonzentration,
k, b temperaturabhängige Konstanten.

2) Bimolekulare Oberflächenreaktion

1. Häufiger Fall: beide Reaktionspartner adsorbieren auf der Oberfläche, reagieren und das Produkt desorbiert.

$$\left.\begin{array}{l} K + A \to K \cdot A \\ K + B \to K \cdot B \end{array}\right\} \longrightarrow K \cdot C \longrightarrow K + C$$

2. Seltener Fall: ein Reaktionspartner adsorbiert und reagiert mit der Gasphase.

$$K + A \to K \cdot A \xrightarrow{B} K \cdot C \longrightarrow K + C$$

Bei hohen Temperaturen kann gleichzeitig eine unkatalysierte homogene Gasreaktion ablaufen; bei niedrigeren Temperaturen überwiegt die Oberflächenreaktion (meist Säure-Base- oder Redoxmechanismus).

3) Eigenschaften. Strenge Reaktionsbedingungen (meist >250 °C), Oberflächenreaktion (d. h. ungenutzte Katalysatorzentren im Inneren), Diffusionsprobleme, gezieltes Modifizieren der Katalysatoren schwierig, Reproduzierbarkeit oft schwierig, Analytik unter Reaktionsbedingungen schwierig.
Vorteil: einfache Katalysatorrückführung.
Speziell: **Spillover-Effekt.** In einer Phase wird nach Adsorption eine aktive Spezies erzeugt; sie wandert in eine wenige Mikrometer entfernte, zweite Phase und reagiert dort.

Katalyse, homogene

Katalysator und Reaktionspartner liegen in der gleichen Phase (Gas, Lösung) vor. Die Reaktionsgeschwindigkeit hängt von der Katalysatorkonzentration ab; keine Substratsättigung.
Beispiele:
1. Gasreaktion mit Zwischenstufe als Katalysator:

z. B. $NO + \frac{1}{2}O_2 \longrightarrow NO_2 \xrightarrow{SO_2} SO_3 + NO$.

2. Säure- oder basenkatalysierte Reaktion (Proton als Katalysator); abhängig von Katalysatorkonzentration oder pH.
3. *Autokatalyse:* der Katalysator bildet sich im Verlauf der Reaktion; die Reaktionsgeschwindigkeit wächst auf einen Maximalwert und nimmt wieder ab.
Vorteile: milde Reaktionsbedingungen (50–200 °C), hohe Selektivität, Volumenreaktion (d. h. alle Katalysator-

zentren werden genutzt), meist keine Diffusionsprobleme, maßgeschneiderte Katalysatoren durch Ligandenvariation, hohe Reproduzierbarkeit, Analytik unter Reaktionsbedingungen möglich (NMR, IR).
Nachteil: Katalysatorrückführung schwierig und aufwendig.

Katalyse, mikroheterogene

Katalysator im kolloiden Zustand (z. B. Makromoleküle, kolloide Metalle); Übergang zwischen homogener und heterogener Katalyse. Bei geringer Substratkonzentration wie homogene Katalyse, bei hoher Substratkonzentration Sättigungseffekt und konstante Reaktionsgeschwindigkeit.

Katalyse: Selektiviät *Selektivität.

Kolloid

Disperses System mit einem Verteilungsgrad zwischen Lösung (molekular) und Suspension (grobdispers); der disperse Stoff ist im Dispersionsmittel nicht sichtbar (Teilchengröße: 1 bis 1000 nm).

Bezeichnung	disperse Phase	Dispersionsmittel
festes Sol	fest	fest
	flüssig	fest
fester Schaum	Gas	fest
Sol	fest	flüssig
Emulsion	flüssig	flüssig
Schaum	Gas	flüssig
Aerosol	fest, flüssig	Gas

Kolloide liegen molekular vor (z. B. Hochpolymere) oder als Assoziate (z. B. Mizelle bei Seifenlösungen).
• *Lyophiles Kolloid:* starke WW mit dem Dispersionsmittel (z. B. zwischen polaren Gruppen oder VAN-DER-WAALS-Kräfte); meistens stabil.
• *Lyophobes Kolloid:* WW mit dem Dispersionsmittel nur bei Zusatz von Stabilisatoren (adsorbierte Ionen, grenzflächenaktive Stoffe); meist instabil, Tendenz zur Bildung gröberer Partikel.
Herstellung von Kolloiden
• Kondensation, z. B. bei Hydroxidfällung.
• *Dispersion:* Zerteilung durch Lösen, Mahlen, Zerstäuben, Ultraschall, Rühren, Schütteln.
• *Peptisation:* Zerteilung durch elektrostatische Aufladung nach Elektrolytzusatz (z. B. $Fe_2O_3 \cdot aq + HCl$)
• *Koagulation:* Zusammenlagerung zu lockeren Assoziaten (Sol $\to$ Gel)
• *Koaleszenz:* Bildung einer kompakten Phase aus Kolloidteilchen.

Trennung und Unterscheidung von Kolloiden
• Dialyse: Abtrennung niedermolekularer Bestandteile; z. B. mit Membranfiltern oder Elektrodialyse.
• Ultrafiltration; z. B. feinporigen Ultrafiltern.
• TYNDALL-Effekt: Bei seitlicher Beleuchtung ist der Beugungskegel jedes Teilchens mikroskopisch als heller Fleck erkennbar. Nach RAYLEIGH:

$$\frac{I}{I_0} = \frac{\pi^2(1 + \cos^2\vartheta)}{2r^2}\,(\varepsilon - 1)^2\,\frac{V^2}{\lambda^4}$$

für kugelförmige Teilchen ($r \ll \lambda$).
I Streulicht-Intensität, r Teilchenradius, Beobachtungsabstand; V Teilchenvolumen, ε Permittivität eines Teilchens

(relativ zur Umgebung), ϑ Streuwinkel.

- *Sedimentation:* Absetzen der Teilchen in einer Flüssigkeit (F) im Erdschwerefeld (g):

$$\ln \frac{N_1}{N_2} = \frac{g\,M}{RT}\,(h_2 - h_1)\left(1 - \frac{\varrho}{\varrho_F}\right)$$

In der Zentrifuge (Winkelgeschwindigkeit ω)

$$\ln \frac{N_1}{N_2} = \frac{\omega^2 M}{2RT}\,(r_1^2 - r_2^2)\left(1 - \frac{\varrho}{\varrho_F}\right)$$

M scheinbare molare Masse, N Teilchendichte,
h Abstand vom Boden. r Abstand von der Drehachse.

- *Osmose, *Donnan-Gleichgewicht.
- *Viskosität

Kontinuierlicher Betrieb

Reaktionskinetik: Arbeitsweise eines Reaktors mit geringer Änderung der Betriebsparameter; hoher Automatisierungsgrad, einheitlichere Produkte, größere Anlagekosten.

Konvektion

Stofftransport in einem Fluid mit gleichzeitiger Wärmeübertragung. Vgl. *Diffusion.

Konzentrationsgefälle

Zeitliche Änderung bei Transport innerhalb einer Phase; vgl. *Diffusion.

Lambdasonde

Sauerstoffsensor. Oxidionenleiter (ZrO_2 bei >400 °C) zur Sauerstoffmessung im Abgas von Verbrennungsmotoren und Einstellung des *Luftüberschusszahl* λ. Eine fingerhutförmige Zirkondioxid-Membran mit zwei Platin-Ableitelektroden; die unterschiedlichen Sauerstoffkonzentrationen in Luft (auf der Innenseite) und Abgas (außen) werden als Spannung gemessen (*Potentiometrie).

$$U = \frac{RT}{2\,F}\,\frac{p(O_2 \text{ in Luft})}{p(O_2 \text{ im Abgas})}$$

p Partialdruck.

Die Luftzufuhr wird so begrenzt, bis die Membranspannung U steil ansteigt, d. h. der Sauerstoffanteil im Abgas gegen Null geht.

Langmuir-Isotherme

*Adsorptionsisotherme mit den Annahmen:

- Adsorbat und Substrat im dynamischen Gleichgewicht, $A + S \rightleftharpoons A \cdot S$.
- Ideale Adsorption; dichte, monomolekulare Adsorbatschicht auf den aktiven Substratzentren.
- Gleichgewichtsbelegungsgrade nahe Null und Eins.
- Alle Oberflächenplätze gleich, Belegung unabhängig von den Nachbarn, Adsorptionswärme ΔG_{ad} unabhängig von der Belegung. Bei Adsorption *stark polarer* Ionen und Moleküle ist diese Annahme einer belegungsgradunabhängigen Freien Adsorptionsenthalpie *nicht* gerechtfertigt!

Im Gleichgewicht von Adsorptionsgeschwindigkeit v_{ad} und Desorptionsgeschwindigkeit v_{des} ist die Gleichgewichtskonstante K:

$$\left.\begin{array}{l} v_{ad} = k_{ad}\,p(1-\theta)e^{-(G^{\ddagger}-G^{b})/RT} \\[2mm] v_{des} = k_{des}\,p\,\theta\,e^{-(G^{\ddagger}-G_{ad})/RT} \end{array}\right\} \quad K = \frac{k_{des}}{k_{ad}}$$

Mit dem Oberflächenbelegungsgrad θ ist die LANGMUIR-Isotherme (ohne Dissoziation):

$$\boxed{\begin{array}{c} \dfrac{\theta}{1-\theta} = p\,e^{-\Delta G_{ad}/RT} = K\,p \\[3mm] \theta(p) = \dfrac{Kp}{1+Kp} = \dfrac{p}{b+p} = \dfrac{V}{V_m} \end{array}}$$

Als Geradengleichung (p/V-p-Diagramm):

$$\underbrace{\frac{p}{V}}_{y} = \underbrace{\frac{1}{V_m\,p}}_{bx} + \underbrace{\frac{1}{K\,V_m}}_{a}$$

$b = {}^1/_K$	Konstante: $\sim T$, $\sim \Delta H_{ad}^{-1}$	(Pa)
c^b	Bulkkonzentration	(mol/ℓ)
N	Zahl adsorbierter Moleküle	
N_m	Teilchenzahl der Monoschicht	
m	Konstante	
K	Gleichgewichtskonstante	(Pa^{-1})
p	Gasdruck	(Pa)
V	ads. Volumen bei 101 325 Pa	(m^3)
V_m	Volumen der Monoschicht	(m^3)
	= ads. Volumen bei Vollbelegung	

Le-Chatelier-Prinzip

Prinzip des kleinsten Zwangs. Das chemische Gleichgewicht weicht einem äußeren Zwang aus. Die Hin- oder Rückreaktion verläuft bevorzugt so, dass eine vorhandene Komponente verbraucht wird oder der Gasdruck abnimmt.

1. *Temperaturerhöhung* begünstigt die endotherme Reaktion, Temperatursenkung die exotherme.

Erhitzen begünstigt die endotherme Reaktion $Cl_2 + 2\,O_2 \rightleftharpoons ClO_2 - 110\,kJ$; Abkühlen die exotherme Reaktion: $H_2 + S \rightleftharpoons H_2S + 40\,kJ$.

2. *Druckerhöhung* (Kompression) verschiebt das Gleichgewicht auf die Seite mit dem kleineren Volumen; Druckerniedrigung (Expansion) begünstigt die Seite mit dem größeren Volumen.

Druckerhöhung begünstigt die Ammoniaksynthese $N_2 + 3\,H_2 \rightleftharpoons NH_3$; kein Einfluss besteht bei einer Gasreaktion ohne Molzahländerung: $N_2 + O_2 \rightleftharpoons 2\,NO$.

3. *Konzentrationserhöhung* begünstigt die stoffverbrauchende Reaktion, Konzentrationssenkung die stoffbildende. Aufkonzentrierung der Eduktseite begünstigt die Hinreaktion, ebenso wenn ein Produkt aus dem Gemisch entfernt wird.

Essigsäure dissoziiert bereitwilliger, wenn die entstehenden Hydroniumionen durch Zugabe einer Lauge neutralisiert werden: $CH_3COOH + H_2O \rightleftharpoons H_3O^{\oplus} + CH_3COO^{\ominus}$.

Lewis-Zahl

Kennzahl für Stoff- und Wärmetransport; Anwendung z. B. bei Trocknung und Verdunstungskühlung.

$$Le = \frac{a}{D} = \frac{Sc}{Pr} = \frac{\text{Wärmeleitung}}{\text{Diffusion}}$$

Verhältnis von Stoffübergangszahl β zu Wärmeübergangszahl α und Lewis-Zahl einiger Stoffgemische (Atmosphärendruck, 0 °C).

Diffusion von	in:	β/α laminar	β/α turbulent	$Le = Sc/Pr$
Benzol	Luft	1,292	3,222	2,49
Benzol	CO_2	1,454	2,682	1,72
Ethanol	Luft	1,751	3,222	1,84
Ethanol	CO_2	1,900	2,682	1,32
Methanol	Luft	2,282	3,222	1,41
Wasser	Luft	3,971	3,222	0,81

London-Potential

Intermolekulare Wechselwirkung von Molekülen, z. B. bei der Adsorption von Stoffen auf Oberflächen.

$$V(r) = \underbrace{V_R(r)}_{\text{abstoßend}} - \underbrace{\left(\frac{C_1}{r^6} + \frac{C_2}{r^8} + \frac{C_3}{r^{10}} + \ldots\right)}_{\text{anziehend}}$$

Konstante C_1 für harmonische Oszillatoren:

$$C_1 = \frac{3h}{4}\,\frac{\nu_1\alpha_1^2\,\nu_2\alpha_2^2}{\nu_1\alpha_1^2 + \nu_2\alpha_2^2}$$

ν charakt. Frequenz, α molekulare Polarisierbarkeit.

Makrokinetik

Bezeichnung für die erweiterte Betrachtung der chemischen Kinetik (Mikrokinetik) in der chemischen Reaktionstechnik: Makrokinetik = Mikrokinetik + Stoff- und Wärmetransport.

Ähnlich wird zwischen Makro- und Mikrorheologie unterschieden.

Massenwirkungsgesetz s.Kap. Analyt. Chemie.

McReynolds-Konstante

Chromatografie: *Retentionsindex I einer Modellsubstanz (bei gegebener Säule), bezogen auf eine völlig unpolare Säule (mit Squalan).

$$x = I(\text{Substanz, Säule}) - I(\text{Substanz, Squalan})$$

• Konstante x' für Benzol: nur Dispersionskräfte (LONDON-Kräfte zwischen momentanen Dipolen)
• Konstante y' für Butanol: Orientierungskräfte mit Protonendonor- und Akzeptoreigenschaften.
• Konstante z' für Pentan-2-on: Orientierungskräfte ohne Protonendonor- und Akzeptoreigenschaften.
• Konstante u' für 1-Nitropropan: Dipolorientierung (KEESOM-Kräfte zwischen permanenten Dipolen)
• Konstante s' für Pyridin: Protonenakzeptor.

Maß für die *Polarität* einer stationären Phase ist die Summe der MCREYNOLDS-Konstanten der fünf Modellsubstanzen.

$$\text{Polarität} = x' + y' + z' + u' + s'$$

Membranverfahren

Stofftrennverfahren mit halbdurchlässiger Membran: *Dialyse, *Umkehrosmose, *Permeation.

Molekularität

Reaktionskinetik: Zahl der Ausgangsteilchen im Elementarschritt.

unimolekulare Reaktion	A $\longrightarrow$ Produkte
bimolekulare Reaktion	A + B $\longrightarrow$ Produkte
trimolekulare Reaktion	A + B + C $\longrightarrow$ Produkte

Nernst-Einstein-Gleichung

Individueller Diffusionskoeffizient für die Diffusion in festen und flüssigen Elektrolyten.

$$D_i = \frac{u_i\,RT}{zF} = \frac{u_i kT}{ze} = \frac{\lambda_i\,RT}{(zF)^2} = \frac{\lambda_i kT}{Fz^2 e}$$

Mittlerer Diffusionskoeffizient:

$$D_{12} = \frac{RT\,(z_\oplus^{-1} + z_\ominus^{-1})}{F^2\,(\lambda_\oplus^{-1} + \lambda_\ominus^{-1})}$$

Vgl. Kapitel Elektrochemie.

D	Diffusionskoeffizient	(m^2/s)
F	Faraday-Konstante	(C/mol)
k	Boltzmann-Konstante	(J/K)
N_A	Avogadro-Konstante	(mol^{-1})
R	molare Gaskonstante	$(\text{J mol}^{-1}\text{K}^{-1})$
r_i	effektiver Ionenradius	(m)
T	thermodynamische Temperatur	(K)
u	Ionenbeweglichkeit	$(\text{m}^2\text{s}^{-1}\text{V}^{-1})$
z	Ionenwertigkeit	(Dim. 1)
η	dynamische Viskosität	(Pa s)
λ	Ionenleitfähigkeit	$(\text{S m}^2/\text{mol})$.

Oberflächenbelegungsgrad

Belegungsgrad oder *Bedeckungsgrad* θ (Dimension 1) einer Oberfläche mit einem Adsorptiv; i. a. im Gleichgewicht von Adsorption und Desorption:

$$\theta = \frac{N}{N_\text{ges}} = \frac{V}{V_\text{ges}}$$

N Zahl besetzter Adsorptionsplätze, N_ges vorhandene Ads.plätze, V besetztes Volumen, V_ges gesamtes Adsorptionsvolumen.

Oberflächenkonzentration

GIBBS-Gleichung: Differenz der Konzentrationen (Aktivitäten a_2) des gelösten Stoffes in der Oberfläche und im Volumen.

$$\Gamma = -\frac{a_2}{RT}\,\frac{d\sigma}{da_2} \qquad \frac{\text{mol}}{\text{m}^2}$$

Kapillaraktive Stoffe: $d\sigma/da_2 < 0$; werden an der Oberfläche adsorbiert.

SZYSKOWSKI-Gleichung: Spreitungsdruck; Konzentrationsabhängigkeit der Oberflächenspannung.

$$\Delta\sigma = \sigma^* - \sigma = A\,\lg(1 + B\,c_2)$$

σ^* molare Oberflächenspannung (J/mol) d. reinen Lösemittels.

Adsorptionsisotherme

$$\Gamma = \frac{0{,}4343}{RT}\,\frac{A\,B\,c_2}{1 + B\,c_2}$$

Oberflächenfilme verhalten sich wie ein *zweidimensionales Gas*.

$$\Delta\sigma = R\,T$$

Osmotischer Druck

Der Druck, der sich zwischen zwei Lösungen, die durch eine Membran getrennt sind, einstellt. Ursache ist die *Diffusion von Teilchen (z. B. Lösungsmittelmoleküle), die das Konzentrationsgefälle ausgleichen will.

VAN'T-HOFF-Gesetz für ideal gelöste Stoffe. Nichtelektrolyte

$$\Pi = \frac{n\,R\,T}{V} = \frac{R\,T}{V_\text{m}} = c\,R\,T \qquad \text{Pa} = \text{N/m}^2$$

Schwache Elektrolyte

$$\Pi = \frac{n\,R\,T}{V}\,[1 + \alpha\,(z - 1)]$$

c	Stoffmengenkonzentration des gelösten Stoffes	(mol/m^3)
V_m	molares Volumen	(m^3/mol)
z	Zahl dissoziierter Ionen pro Molekül	(Dim.1)
α	Dissoziationsgrad	(Dim.1)

Peakverbreiterung

Signale bei der *Chromatografie folgen der *Gauß-Verteilung (vgl. *Auflösung, *Basisbreite, *Halbwertsbreite). Ursachen sind:

- *Streudiffusion:* unterschiedl. Weglänge der Probenmoleküle durch die großen bzw. kleinen Poren des Absorbens; abh. vom Teilchendurchmesser d_P.
- *Strömungsprofil* in den Kanälen und Poren.
- *Diffusion* in und aus nicht durchströmten Poren

Peakverzerrung

Chromatografie: Bei Überlastung der Säule tritt Deformation und Verbreiterung der Peaks auf.

1) *Tailing:* verzerrter Peakabfall; die stationäre Phase nimmt aus der Dampfphase nichts mehr auf; Aktivitätskoeffizient γ_i steigt mit wachsendem Molenbruch x_i; v. a. bei hoher Temperatur (GLC) und Vollbesetzung der aktiven Adsorberzentren (GSC).

2) *Heading:* verzerrter Peakanstieg; die stationäre Phase reichert Kondensat aus der Dampfphase an. γ_i sinkt mit wachsendem x_i.

Permeation

*Membranverfahren. Trennung von Gasgemischen durch eine selektive Membran; je nach Löslichkeit und Diffusion der Permeanten in der Membran.

Anwendung: Wasserstoffabtrennung aus Gasgemischen mit Palladiummembran.

Volumenstrom

$$\frac{\mathrm{d}V}{\mathrm{d}t} = H\,D\,A\,\frac{\Delta p}{d}$$

A	Membranquerschnittsfläche	(m^2)
D	Diffusionskoeffizient	$(\mathrm{m}^2/\mathrm{s})$
d	Membrandicke	(m)
H	Löslichkeits- oder Henry-Konstante	(Pa^{-1})
Δp	Druckabfall über die Membran	(Pa)
t	Zeit	(s)

Permeationsfaktor

Dünnschichtchromatografie: Quotient σ/η aus Oberflächenspannung und Viskosität des Laufmittels.

Phasenverhältnis

Chromatografie: Verhältnis der Volumina von mobiler zu stationärer Phase.

$$\beta = \frac{\text{Volumen mobile Phase}}{\text{Volumen stationäre Phase}}\; \frac{V_\mathrm{M}}{V_\mathrm{S}}$$

Physisorption

Physikalische Adsorption. Durch VAN-DER-WAALS-Kräfte – das sind Dispersions- und Dipol-Wechselwirkungen – auf Oberflächen anhaftende Teilchen werden Adsorptionswärmen bis –40 kJ/mol frei; also in der Größenordnung der Kondensationsenthalpie. Das fixierte Molekül erleidet keine chemische Veränderung, wird allenfalls auf der Oberfläche polarisiert. Beispiel: Edelgase bei tiefen Temperaturen. Vgl. *Arrhenius-Gleichung.

Polymerisationsgrad

Anzahl der Monomereinheiten in einem Makromolekül; i. d. R. eine Verteilungsfunktion.

Quantenausbeute

Fotochemie: Zahl der fotochemisch umgesetzten Photonen zur Zahl der absorbierten Photonen.

$\varphi < 1$ Desaktivierung der angeregten Moleküle durch Folgeprozesse oder Rekombination.

$\varphi = 1$ alle fotochemisch erzeugten Moleküle reagieren gleichartig und ohne Rückreaktion weiter.

$\varphi > 1$ Photonenvervielfachung, z. B. bei Kettenreaktionen.

Radioimmuoassay (RIA).

Enzymatische Reaktion: Antigen oder Anikörper werden mit radioaktivem Iod-125 markiert, der Überschuss an freier markierter Substanz entfernt, die Radioaktivität des Antigen-AK-Komplexes bestimmt. Festphasengebundene Antikörper erleichtern die Trennschritte. Nachteile: kurze Haltbarkeit der Reagentien, schlecht automatisierbar, Autoradiolyse, Kontaminationsgefahr, Entsorgungsproblematik.

Alternative: *Enzymimmunoassay.

Rauchgas *Abgas von Feuerungsanlagen.

Rauchgasentschwefelung

Trockenes, halbtrockenes und nasses Verfahren zur chem. Bindung von SO_2 im Abgas von Feuerungsanlagen; z. B. durch Absorption in Kalkmilch.

rds

Abk. f.: *rate-determining step,* geschwindigkeitsbestimmender Schritt.

Reaktion, chemische

Chemischer Vorgang. Prozess, bei dem aus Ausgangsstoffen (Edukten) neue Stoffe (Produkte) entstehen; jedoch keine neuen Elemente!

Chemische Reaktionen sind stets von physikalischen Vorgängen begleitet (Energieabgabe oder -aufnahme, Phasenübergänge, Farbänderungen etc.). Die Vorgänge spielen sich in der Elektronenhülle der Atome ab.

Ausgangsstoffe	Reaktionsprodukte
(Edukte) $\longrightarrow$	(Produkte)

1) Heterogene Reaktion. Die Reaktionspartner liegen in verschiedenen Phasen vor; z. B. Reaktionen von Fluiden mit Feststoffen, Festkörperreaktionen, Reaktionen nicht mischbarer Flüssigkeiten. Diffusion ist meist der langsamste Teilschritt und bestimmt die Reaktionsgeschwindigkeit.

1. Stofftransport (Diffusion) der Reaktionspartner in die Reaktionszone
2. chemische Reaktion
3. Abtransport der Produkte

Reaktionsgeschwindigkeit einer *Grenzflächenreaktion*; in einer dünnen Schicht δ nahe der Phasengrenze; z. B.

$$MgO + 2\,HCl \rightarrow MgCl_2 + H_2O.$$

$$r = -\frac{\mathrm{d}c}{\mathrm{d}t} = -\frac{1}{V}\frac{\mathrm{d}n}{\mathrm{d}t} = \frac{A\,D}{\delta\,V}\,(c - c^*) = k\,(c - c^*)$$

c	Konzentration im Lösungsinneren, Bulkkonzentration;
c^*	Konz. an der Phasengrenze (Festkörperoberfläche).

2) Homogene Reaktion. Die Reaktionspartner liegen in derselben Phase vor.

Reaktionsenthalpie

Reaktionswärme. Die Energieäußerung bei einer chemischen Reaktion.

1) *(Integrale) Reaktionsenthalpie,* über den *Umsatz aufintegrierte differentielle Reaktionsenthalpie bei $T =$ const und $p =$ const.

$$\Delta_\mathrm{r} H = \int h_\mathrm{r}\,\mathrm{d}\xi \quad (\mathrm{J})$$

2) *Differentielle molare Reaktionsenthalpie,* die mit den Stöchiometriefaktoren ν_i gewichtete Summe der partiellen molaren Enthalpien H_i der beteiligtene Stoffe i.

$$h_r = \sum_i \nu_i H_i = u_r + p \sum_i \nu_i V_{m,i} \quad \text{(J/mol)}$$

3) *Differentielle molare Reaktionsenergie,* die mit den Stöchiometriefaktoren ν_i gewichtete Summe der inneren Energien U_i der beteiligten Stoffe i:

$$u_r = \sum_i \nu_i U_i \quad \text{(J/mol)}$$

Reaktionsenthalpie, Gibbs'sche freie

Maß für die Triebkraft (Affinität) einer chemischen Reaktion unter isotherm-isobaren Bedingungen.

$$\Delta_R G = \left(\frac{\partial G}{\partial \xi}\right)_{p,T} = \sum_{i=1}^{N} \nu_i \mu_i$$

Im thermodynamischen Gleichgewicht: $\Delta G = 0$
Spontane, freiwillige Reaktion: $\Delta G < 0$
Irreversible, unfreiwillige Reaktion: $\Delta G > 0$

ξ Reaktionslaufzahl (mol), μ chemisches Potential (J/mol),
ν Stöchiometriekoeffizient: Edukte negativ, Produkte positiv.

Reaktionsenergie, Helmholtz'sche freie

Maß für die Triebkraft (Affinität) einer chemischen Reaktion unter isotherm-isochoren Bedingungen.

$$\Delta_R F = \left(\frac{\partial F}{\partial \xi}\right)_{V,T} = \sum_{i=1}^{N} \nu_i \mu_i$$

Im thermodynamischen Gleichgewicht: $\Delta F = 0$
Spontane, freiwillige Reaktion: $\Delta F < 0$

Reaktionsgeschwindigkeit

Reaktionsrate. Volumenbezogene Umsatzgeschwindigkeit einer chemischen Reaktion. Hängt von der Zahl der Zusammenstöße zwischen den reagierenden Teilchen ab; folglich proportional zur Konzentration der Edukte.

$$r = \frac{\dot{\xi}}{V} = \frac{1}{\nu_i}\frac{dc_i}{dt} \qquad \frac{\text{mol}}{\text{m}^3\,\text{s}}$$

Im Gleichgewicht ist $r = 0$.
Bei konstanter Temperatur eine Funktion der Konzentration der Reaktionspartner (Geschwindigkeits- oder Zeitgesetz).
Beispiel: Für $a\,\text{A} + b\,\text{B} \longrightarrow c\,\text{C}$ ist:

$$-\frac{1}{a}\frac{dc_A}{dt} = -\frac{1}{b}\frac{dc_B}{dt} = \frac{1}{c}\frac{dc_C}{dt}$$

Allgemein für den Stoffumsatz:

$$\frac{dx}{dt} = k\,c_A^a\,c_B^b \quad \text{mit} \quad dx = \frac{c_A}{a} = \frac{c_B}{b}$$

Vgl. *Reaktionskinetik, *Geschwindigkeitskonstante, *Aktivierungsenergie, *Zellspannung.
1) Temperaturerhöhung um 10 K beschleunigt die Reaktion grob um das Doppelte, weil mit steigender Teilchenbewegung die Wahrscheinlichkeit für viele Kollisionen pro Zeiteinheit steigt. Die optimale Reaktionstemperatur beschleunigt die Einstellung des Gleichgewichts, ohne seine Lage allzu sehr in die unerwünschte Richtung zu verschieben.
2) Messung der Reaktionsgeschwindigkeit.
Bestimmung der Konzentrationsänderung der Reaktionsteilnehmer in Abhängigkeit der Zeit.

1. Chemische Analyse
2. Physikalische Methoden: Druck-, Leitfähigkeitsmessung, Spektralfotometrie.
3. *Relaxationsmethoden:* Verfolgen der Gleichgewichtseinstellung nach einer sprunghaften oder periodischen Störung (Druck-, Temperaturänderung).
4. Spektroskopische Methoden: NMR, ESR, Blitzlichtfotolyse, Neutronenstreuung.

Reaktionsgleichung

Im homogenen Medium (Lösung, Gaszustand):

$$a\,\text{A} + b\,\text{B} + \ldots \rightleftharpoons c\,\text{C} + d\,\text{D} + \ldots$$

a,b Stöchiometriekoeffizienten der Edukte;
c,d Stöchiometriekoeffizienten der Produkte.

Chemische Gleichungen wie mathematische Gleichungen behandeln! Links und rechts des Reaktionspfeiles stehen gleich viele Atome eines Elementes, gleichgültig in welcher Verbindung es vorliegt.
1. Anschreiben der Ausgangs- und Endstoffe (Summenformeln) beiderseits des Reaktionspfeiles.
2. Reaktionspfeil:
$\rightarrow$ irreversible Reaktion (nicht umkehrbar),
$\rightleftharpoons$ reversible Reaktion (umkehrbar)
3. Ausgleich durch *Koeffizienten* oder *Stöchiometriefaktoren* (= Ziffern <u>vor</u> einer chemischen Formel); beziehen sich stets auf die gesamte Formel!
Beispiel: $2\,\text{NaCl} + \text{H}_2\text{SO}_4 \longrightarrow \text{Na}_2\text{SO}_4 + 2\,\text{HCl}$
Beispiel: $2\,\text{H}_2 + \text{O}_2 \rightarrow \text{H}_2\text{O}$; zwei Moleküle Wasserstoff und ein Molekül Sauerstoff reagieren zu Wasser.

Reaktionsisotherme

Aus molare freier *Reaktionsenthalpie und *chemischem Potential ergibt sich:

$$\Delta_R G^0 = -RT \ln K = -RT \ln \frac{a_A^a a_B^b \cdots}{a_C^c a_D^d \cdots}$$

K thermodynamische Gleichgewichtskonstante.

Reaktionskinetik

Beschreibung der Geschwindigkeit chem. Reaktionen.
1. Im Gaszustand: *Stoßtheorie, *akt. Komplex.
2. In Lösung: *Salzeffekt (Kap. Elektrochemie).
3. Heterogenes System: *Katalyse, *Adsorption.
4. Fotochem. Reaktion: *Lumineszenz, *Quantenausbeute.

1) Folgereaktion. Ein Stoff A reagiert über eine Zwischenstufe B zum Endprodukt C.

$$\text{A} \xrightarrow{k_1} \text{B} \xrightarrow{k_2} \text{C}$$

Die Teilreaktionen seien 1. Ordnung und vergleichbar schnell.

$$\frac{dc_A}{dt} = -k_1 c_A$$
$$\frac{dc_B}{dt} = +k_1 c_A - k_2 c_B$$
$$\frac{dc_C}{dt} = +k_2 c_B$$

$$c_A = c_{A,0}\,e^{-k_1 t}$$
$$c_B = c_{A,0}\left[\frac{k_1}{k_2 - k_1}(e^{-k_1 t} - e^{-k_2 t})\right]$$
$$c_C = c_{A,0}\left[1 - \frac{1}{k_2 - k_1}(k_2 e^{-k_1 t} - k_1 e^{-k_2 t})\right]$$

Bodenstein'sches Quasistationaritätsprinzip. Ist die Bildung der Zwischenstufe der limitierende Schritt (z. B. bei Enzymreaktionen), darf die zeitliche Änderung des Zwischenproduktes $dc_B/dt \approx 0$ gegen die Ausgangsstoffe vernachlässigt werden.

2) Kettenreaktion. Folgereaktionen verlaufen vielfach radikalisch; bei Kettenverzweigungen ab einem bestimmten Druck auch explosionsartig.

1. *Startreaktion:* Bildung reaktionsfähiger Kettenträger (Radikale).

z. B. $Cl_2 \longrightarrow 2\,Cl\cdot$

2. *Fortpflanzung:* Bei jedem Reaktionsschritt entstehen neue Radikale; z. B.

$Cl\cdot + COCl_2 \longrightarrow COCl\cdot Cl_2$

$COCl\cdot \longrightarrow CO + Cl\cdot$

3. *Abbruch:* Rekombination von Radikalen (Energieabfuhr durch Dreierstöße oder Wandreaktionen) oder Reaktion mit Inhibitoren.

z. B. $Cl\cdot + Cl\cdot \longrightarrow Cl_2$

3) Parallelreaktion. Ein Stoff A reagiert auf versch. Reaktionswegen zu unterschiedl. Produkten.

$$B \xleftarrow{k_1} A \xrightarrow{k_2} C$$

Die Teilreaktionen seien 1. Ordnung.

$$\frac{dc_A}{dt} = -k_1 c_A - k_2 c_A$$
$$\frac{dc_B}{dt} = +k_1 c_A$$
$$\frac{dc_C}{dt} = +k_2 c_A$$

$$\left.\begin{aligned}
c_A &= c_{A,0}\, e^{-(k_1+k_2)t}\\
c_B &= \frac{k_1}{k_1+k_2}\, c_{A,0}\,[1 - e^{-(k_1+k_2)t}]\\
c_C &= \frac{k_2}{k_1+k_2}\, c_{A,0}\,[1 - e^{-(k_1+k_2)t}]
\end{aligned}\right\} \quad \frac{k_1}{k_2} = \frac{c_B}{c_C}$$

Reaktionskinetik 1. Ordnung

a) *Irreversible Reaktion.* Die Rückreaktion ist venachlässigbar. Innerhalb der Halbwertszeit ist die Konzentration des Ausgangsstoffes auf die Hälfte gesunken.

Reaktionsgleichung	$A \longrightarrow$ Produkte
Zeitgesetz	$-\dfrac{dc_A}{dt} = k\,c_A$
Geschwindigkeitskonstante	$k = \dfrac{\ln 10}{t}\lg\dfrac{c_{A,0}}{c_A}$
Halbwertszeit	$\tau = \dfrac{\ln 2}{k}$

b) *Reversible Reaktion.* Hinreaktion (k_1) und Rückreaktion (k_{-1}) laufen beide mit merklicher Geschwindigkeit.

Reaktionsgleichung	$A \rightleftharpoons B$
Zeitgesetz	$-\dfrac{dc_A}{dt} = k_1 c_A - k_{-1} c_B = (k_1 + k_{-1})\,c_A - k_{-1}\,c_{A,0}$
	$c_B = c_{A,0} - c_A$
	$(k_1 + k_{-1})\,t = \ln\dfrac{k_1\,c_{A,0}}{(k_1 + k_{-1})\,c_A - k_{-1}\,c_{A,0}}$
Im Gleichgewicht:	$-\dfrac{dc_A}{dt} = 0$
Gleichgewichtskonstante	$K_c = \dfrac{k_1}{k_{-1}} = \dfrac{c_B}{c_A}$

Reaktionsenergie $\Delta_R U$ = Differenz der Aktivierungsenergien von Hin- und Rückreaktion.

Reaktionskinetik 2. Ordnung

a) Stoff reagiert mit sich selbst (z. B. Dimerisation).

Reaktionsgleichung	$2\,A \longrightarrow$ Produkte
Zeitgesetz	$-\dfrac{dc_A}{dt} = k\,c_A^2$
Geschwindigkeitskonstante	$k = \dfrac{1}{t}\left(\dfrac{1}{c_A} - \dfrac{1}{c_{A,0}}\right)$
Halbwertszeit	$\tau = \dfrac{1}{k\,c_{A,0}}$

b) Zwei Stoffe in verschiedener Ausgangskonzentration reagieren miteinander.

Reaktionsgleichung	$A + B \longrightarrow$ Produkte
Zeitgesetz	$-\dfrac{dc_A}{dt} = k\,c_A c_B$
Geschwindigkeitskonstante	$k = \dfrac{\ln 10}{t\,(c_{A,0} - c_{B,0})}\left(\lg\dfrac{c_{B,0}}{c_{A,0}} + \lg\dfrac{c_A}{c_B}\right)$

Reaktionskinetik 3. Ordnung

Drei Stoffe mit (Spezialfall) <u>gleicher</u> Ausgangskonzentration reagieren miteinander.

Reaktionsgleichung	$A + B + C \longrightarrow$ Produkte
Zeitgesetz	$-\dfrac{dc_A}{dt} = k\,c_A^3$
Geschwindigkeitskonstante	$k = \dfrac{1}{2t}\left[\dfrac{1}{c_A^2} - \dfrac{1}{c_{A,0}^2}\right]$
Halbwertszeit	$\tau = \dfrac{3}{2k\,c_{A,0}^2}$

Reaktionskinetik n-ter Ordnung

Viele Stoffe mit (Spezialfall) <u>gleicher</u> Ausgangskonzentration reagieren miteinander.

Reaktionsgleichung	$A + B + C + \ldots \longrightarrow$ Produkte
Zeitgesetz	$-\dfrac{dc_A}{dt} = k\,c_A^n$
Geschwindigkeitskonstante	$k = \dfrac{1}{(n-1)\,t}\left[\dfrac{1}{c_A^{n-1}} - \dfrac{1}{c_{A,0}^{n-1}}\right]$
Halbwertszeit	$\tau = \dfrac{2^{n-1} - 1}{(n-1)\,k\,c_{A,0}^{n-1}}$

Reaktionsmechanismus

Vorstellung über den molekularen Ablauf einer chemischen Umsetzung über die Gesamtheit der Reaktionsstufen.

Aminierung:	Einführung einer NH_2-Gruppe
Carboxylierung:	Einführung einer COOH-Gruppe
Formylierung:	Einführung einer CHO-Gruppe
Halogenierung:	Einführung eines Halogens
Hydratisierung:	Einführung von Wasser
Hydrohalogenierung:	Einführung von Halogenwasserstoff
Hydrierung:	Einführung von H_2
Nitrierung:	Einführung einer NO_2-Gruppe
Sulfonierung:	Einführung einer SO_3H-Gruppe
Dehydratisierung:	Abspaltung von Wasser
Dehydrierung:	Abspaltung von H_2

1) Addition. Anlagerung von Atomen oder Atomgruppen.

a) *Elektrophile Addition* (A_E); typisch bei Alkenen und Alkinen (Halogenierung, Hydratisierung etc.). Angriff eines *Elektrophils* (Teilchen mit Elektronenmangel, LEWIS-Säure, z. B. $H^{\oplus}$) an einem Ort hoher Elektronendichte (z. B. Doppelbindung) und Addition eines Nucleophils $X^{\ominus}$ im zweiten Teilschritt. Nach der *Regel von Markownikoff* tritt das Elektrophil $H^{\oplus}$ bevorzugt an das H-reichere C-Atom einer Doppelbindung, weil dadurch das stabilere Carbokation als Zwischenstufe entsteht – mit der pos. Ladung am mittleren C-Atom, die durch die +I-Effekte zweier Alkylreste abgeschwächt (stabilisiert) wird.

Beispiel: $CH_3-CH=CH_2 + HBr \longrightarrow CH_3-CH(Br)-CH_3$

b) *Nucleophile Addition* (A_N); typisch bei Carbonylverbindungen. Angriff eines *Nucleophils* (Teilchen mit freien Elektronenpaaren, LEWIS-Base; z. B. $H_2\overline{O}$, $\overline{N}H_3$) an einem Ort mit Elektronenmangel (z. B. Carbonyl-C-Atom).

Beispiel: $CH_3-CHO + NH_3 \longrightarrow CH_3-CH(OH)-NH_2$

2) Substitution. Ersatz einer Atomgruppe durch eine andere.

a) *Elektrophile Substitution* (S_E), typisch bei Aromaten. Angriff eines Elektrophils am Benzolkern und Austritt eines Protons im zweiten Schritt.

Beispiel: $ArH + Cl_2 \longrightarrow ArCl + HCl$

b) *Nucleophile Substitution* (S_N): typisch bei Halogenalkanen und Alkoholen. Eintritt eines Nucleophils $X^{\ominus}$ ins Molekül unter

- gleichzeitigem ($S_N 2$ mit Übergangszustand und WALDEN-Umkehr) oder
- darauffolgendem ($S_N 1$ mit Carbokation)

Austritt einer Gruppe $Y^{\ominus}$. Oder innermolekular ($S_N i$) unter Konfigurationserhalt über einen cyclischen Übergangszustand.

Beispiel: $CH_3Cl + NaOH \longrightarrow CH_3OH + NaCl$

c) *radikalische Substitution* (S_R), typisch bei Alkanen; homolytische Spaltung der chemischen Bindung, d. h. jedes Molekülbruchstück erhält ein ehemals bindendes Elektron.

Beispiel: $CH_4 + Cl_2 \rightarrow CH_3Cl + HCl$ (u.s.w)

3) Eliminierung. Abspaltung einer Atomgruppe – z. B. HCl, H_2O, NR_3, SR_2 – in einem Schritt (E_2) oder in zwei Teilschritten (E_1).

Beispiel: $CH_3CH_2Cl \longrightarrow CH_2=CH_2 + HCl$

Reaktionsordnung

Reaktionskinetik: Summe der ganzen oder gebrochenen Stöchiometriekoeffizienten $a,b,c,\ldots$ der Ausgangsstoffe (für die Hinreaktion) bzw. Endstoffe (für die Rückreaktion) im Elementarschritt.

Reaktionsgleichung: $a\,A + b\,B + c\,C\ldots \rightarrow$ Produkte
Reaktionsordnung: $n = a + b + c + \ldots$

Komplizierte Reaktionen können in Teilschritten niedriger Molekularität ablaufen, die Gesamtreaktion hat eine gebrochene Reaktionsordnung.

Reaktion 1. Ordnung	A	$\longrightarrow$ Produkte
Reaktion 2. Ordnung	A + B	$\longrightarrow$ Produkte
	2 A	$\longrightarrow$ Produkte
Reaktion 3. Ordnung	A + B + C	$\longrightarrow$ Produkte

Messung der Reaktionsordnung

1. Steigung bei grafischer Auftragung des Zeitgesetzes: $\lg c$, $1/c$, c^{-2} u.s.w. gegen die Zeit t.

2. *Halbwertszeitmethode:* Messung von $t_{1/2}$ für verschiedene Ausgangskonzentrationen c_0; Auswertung der Geradensteigung:

$$\underbrace{\lg t_{1/2}}_{y} = \underbrace{-(n-1)\,\lg c_{A,0}}_{b\,x} + \underbrace{\lg \left[\frac{2^{n-1}-1}{(n-1)\,k} \right]}_{a}$$

Reaktionen 1. Ordnung sind unabhängig von c_0.

3. Bei Reaktionen $-dc_A/dt = k\,c_A^a\,c_B^b\,c_C^c\ldots$ werden c_B, c_C etc. konstant gehalten (großer Überschuss) und die *Pseudoreaktionsordnung a* bestimmt. Analog erfolgt die Bestimmung von b und c.

4. *Methode der Anfangsgeschwindigkeiten:* Die Reaktionsgeschwindigkeit kurz nach Beginn ist durch die Ausgangskonzentrationen gegeben.

$$v_0 = - \left.\frac{dc_A}{dt}\right|_0 = k\,c_{A,0}^a\,c_{B,0}^b\,c_{C,0}^c \cdots$$

Man variiert $c_{A,0}$ für gleiche $c_{B,0} = c_{C,0}$.

$$\ln \frac{v_0''}{v_0'} = a\,\ln \frac{c_{A,0}''}{c_{A,0}'}$$

Analog werden die Reaktionsordnungen b und c bestimmt.

Reaktionstechnik

Technische Durchführung von Reaktionen, Auslegung und Ausrüstung von Reaktoren unter Berücksichtigung von Reaktionskinetik, Thermodynamik, Strömungsmechanik, Stoff- und Energietransport, Apparate- und Automatisierungstechnik.

1. *Bilanz:* *Stoffbilanz, *Energiebilanz, *Impulsbilanz.

2. *Thermodynamik:* Reaktionstemperaturen, -drücke, -enthalpie, Gleichgewichtskonstante; *Temperaturführung; Aggeregatszustände.

3. *Reaktionskinetik:* Geschwindigkeitsgesetz, -konstanten, Phasenverhältnisse, Reaktionsfolgen; *Katalyse.

4. *Reaktionsführung.*

*Strömungsführung: *Verweilzeit, *Reaktortyp.

Zeitliche Betriebsführung: stationär, instationär.

Arbeitsweise: kontinuierlich, diskontinuierlich.

Reaktor

Apparat zur technischen Durchführung chemischer Reaktionen.

1) Grundtypen verfahrenstechnischer Reaktoren.

Rührreaktor	
Idealtyp:	vollständige Vermischung, keine örtl. Konzentrationsgradienten.
Beispiele:	Rührkessel mit Außenmantel, Rührkesselkaskade

Rohrreaktor	
Idealtyp:	Propfenströmung, keine radialen Konzentrations- und Geschwindigkeitsgradienten.
Beispiele:	Strömungsrohr mit Außenmantel
	Vollraumreaktor
	Rohrbündelreaktor
	Wirbelschichtreaktor, -kolonne
	Etagenofen
	Schweberöstofen

9

Drehrohrofen
Blasensäule
Füllkörperkolonne
Strahldüsenreaktor

2) Geeignete Reaktortypen für technische Reaktionsprozesse.

a) Homogene Gasreaktion

1. Endotherme *Pyrolyse* (Alkane, Ethen, Ethin etc.).

• Rohrreaktor: mit Außenheizung.

• Regenerativofen: für feinkörnige, umlaufende, inerte Wärmeträger.

• Wirbelschichtreaktor: für gasf. Wärmeträger (H_2).

• Lichtbogenofen: kontinuierlicher Betrieb.

2. Exotherme Reaktion (Chlorierung, Nitrierung von Alkanen): Zusammenführen der Reaktanden über Mischdüsen.

b) Homogene Flüssigreaktion. Nitrierung von Aromaten, Veresterung von Carbonsäuren, Hyrolyse von Ethylenoxid, Sulfatierung von Fettalkohol.

— Rührkessel

— Rohrrektor

— Glockenbodenreaktor

— Dünnschichtreaktor

— Reaktor mit Umlaufpumpe.

c) Heterogene Gas-Flüssig-Reaktion. Oxidation, Sulfochlorierung, Alkylierung von Aromaten, hydrierende Raffination, Butindiol-Synthese aus Formaldehyd und Acetylen.

— Blasenreaktor,

— Rührkessel,

— Rieselofen od. Füllkörperreaktor,

— Glockenbodenreaktor,

— Dünnschichtreaktor,

— Strahldüsenreaktor.

Berechnung: Reaktion, Konvektion, Stoffübergang, Rückvermischung.

d) Heterogene Gas-Fest-Reaktion

1) Mit Erhalt des Feststoffs: Rösten sulfidischer Erze, Reduktion von Metalloxiden, Kalkbrennen, Schwelung, Kokung, SOLVAY-Verfahren (Soda).

2) Mit Verbrauch des Feststoffs: Verbrennung, Vergasung.

3) Reaktoren:

— Schachtofen,

— Etagenofen,

— Wirbelschichtreaktor,

— Drehrohrofen.

Einflussgrößen: Morphologie und Anordnung des Feststoffs, Temperatur, Druck, Diffusion in der Gasphase, Relativgeschwindigkeit des Gas/Feststoff-Transports, Wärmeleitung in der Festphase (Schichtdicke, Partikelgröße, Porenwirkungsgrad).

e) Heterogen-katalytische Reaktion. Der Katalysator liegt als Festbett, Wirbelschicht oder suspendiert vor; z. B. Isomerisierung, Reforming von KWSt, Ethenoxidation, Addition an Ethin, Cracken, Oxosynthese, DEACON-Verfahren. Reaktionen:

— Vollraumofen,

— Rohrbündelreaktor,

— Etagenofen,

— Wirbelschichtreaktor,

— Blasenreaktor.

Einflussgrößen: Austauschgeschwindigkeit zwischen den Phasen.

f) Heterogene Flüssig-Fest-Reaktion.
Fällungs-, Emulsions-, Suspensions-, Auflösungsreaktionen, Polymerisation.

— Rührkessel,

— Rührkesselkaskade,

— Kneter, Mischer.

Einflussgrößen: Stofftransport, Feststoffverteilung, Ablagerungen.

Retention, relative

Chromatografie: Retentionzeit einer Substanz, bezogen auf einen Standard.

$$r = \frac{\text{Nettoretentionszeit}}{\text{Referenzwert}} \quad \frac{t'_{R,i}}{t'_{R,\text{ref}}}$$

Retentionsindex

KOVÁTS-Index: relative Retention mit dem Bezugssystem der homologen Reihe der *n*-Alkane; definitionsgemäß: Methan = 100, Ethan = 200, Propan = 300, Butan = 400, Pentan = 500, Hexan = 600 etc. für gleiches Säulenmaterial und konstante Temperatur.

Beispiel: Wasser eluiert auf einer KWSt-Säule zusammen mit Pentan ($I = 500$), auf einer Alkohol-Säule erst mit Pentadecan ($I = 1500$).

Retentionszeit

Zeit t_R, die eine Substanz zum Durchlaufen einer Säule benötigt; speziell bei der Chromatografie.

Nettoretentionszeit, *adjusted retention time*; Bruttoretentionszeit minus Durchbruchzeit der mobilen Phase.

$$t'_R = t_R - t_M$$

RGT-Regel

Reaktionsgeschwindigkeits-Temperatur-Regel. Temperaturerhöhung um 10 K verdoppelt (bis verdreifacht) die Reaktionsgeschwindigkeit. Vgl. *Arrhenius-Gleichung.

Scale-up

Maßstabsübertragung. Empirisches Vorgehen der Übertragung von Prozessen von der Laborapparatur, über Technikums- und Pilotanlagen in die Großtechnik; gestützt auf mathematische Modelle des Stoff-, Wärme- und Impulstransportes und des *Ähnlichkeitsprinzips.

Schmidt-Zahl

Kennzahl für Wärmetransport mit Diffusion; analog zur *PRANDTL-Zahl.

$$\boxed{Sc = \frac{\nu}{D}} = \frac{\eta}{\varrho D} = \frac{\text{Impulstransport}}{\text{Stofftransport}}$$

D Diffusionskoeffizient.

Selektivität

Eigenschaft eines *Katalysators, von konkurrierenden Parallelreaktionen eine ganz bestimmte zu begünstigen. Eigenschaft, dass bei einer chemischen Reaktion ausschließlich das gewünschte Produkt entsteht.

1) Chemoselektivität.
a) Eine reaktive Funktionalität im Molekül wird vorwiegend umgesetzt; z. B. Hydrierung der Doppelbindung statt der Carbonylgruppe bei ungesättigten Aldehyden.
b) Von zwei Substraten im Reaktionsgemisch wird eines bevorzugt umgesetzt; z. B. Oligomerisierung von Ethen statt Propen.
2) Regioselektivität. Ein Reaktionsmechanismus wird vorwiegend umgesetzt; z. B. MARKOWNIKOFF-Addition an Propen
3) Stereoselektivität. Ein chirales Produkt (Enantiomer) entsteht bevorzugt; z. B. enantioselektive Synthese von L-Dopa.
Die höchste Selektivität zeigen Enzymreaktionen.

Beispiel:	Reaktion von CO und H_2
Katalysator	Produkte
Cu/Cr oder Zn/Cr, 350 bar	Methanol
Cu/Cr od. Zn/Cr	
+ Alkaliionen, 250 bar	höhere Alkohole
Ni, 250 °C, Druck	Essigsäure
Ni, 250 °C, Normaldruck	Methan
Fe, Ni, Co; 15 bar	Benzin
Ru, 150 bar	feste Alkane
Al/Th od. Zn/Th, 300 bar	Isoalkane

4) Chromatografie. Differenz der *Retentionsindices zweier Substanzen für eine stationäre flüssige Phase: $S = I_2 - I_2$.

Sherwood-Zahl

Nusselt-Zahl II der Stoffübertragung. Verhältnis der Stoffstromdichten bei konvektivem Stoffaustausch und reiner Diffusion.

$$\boxed{Sh = \frac{\beta\,l}{D}} = Nu^* = \frac{\text{Stofftransport}}{\text{Diffusion}}$$

β Stoffübergangszahl.

1) Fallfilm, *Rieselfilm.*
Anwendungen des *Stoffübergangsmodells. Aus der Stoffübergangszahl

$$\beta = \sqrt{\frac{6D\bar{v}_x}{\pi h}}$$

(h Höhe der Säule) ergibt sich nach Erweitern des Bruches mit v/l, Einführen der charakteristischen Länge „Filmdicke"

$$l = \sqrt[3]{\frac{3v\dot{V}}{\pi g d}} = \sqrt[3]{\frac{3v\bar{v}_x l}{g}}$$

und Multiplikation beider Seiten der Gleichung mit L/D die dimensionslose Gleichung für die Rieselfilmphase:
für laminare Strömung:

$$Sh = 1,15\,Re^{1/3}Sc^{1/2}Ga^{1/6}(l/h)^{1/2}$$

für turbulente Strömung ($Re > 590$)

$$Sh = 0,19\,Re^{2/3}Sc^{1/2}Ga^{1/6}(l/h)^{1/2}$$

2) Füllkörpersäule. Für die Flüssigphase gilt

$$Sh = 0,32\,Re^{0.59}Sc^{0.5}Ga^{0.17}$$

für $3 < Re = d_n v/v < 3000$, Füllkörperdurchmesser d_n als charakteristische Länge, v Leerraumgeschwindigkeit der Flüssigkeit.

3) Umströmter Tropfen. Charakteristische Länge für die Re- und Sc-Zahl ist der Tropfendurchmesser d_T. Filmmodell für Transport über Grenzflächen hinweg (Stoffübergang).
Für die kontinuierliche Phase:

$$Sh = \frac{\beta d_T}{D} = 2,0 + 0,6\,\sqrt{Re}\,\sqrt[3]{Sc}$$

für laminare Strömung ($Re = d_T v/v < 200$ mit v Relativgeschwindigkeit zwischen Tropfen und kontinuierlicher Phase). Die Oberflächenspannung kann durch Einführen der WEBER-Zahl berücksichtigt werden.

Sorption   *Absorption, *Adsorption.

Spezifität

Eigenschaft eines Katalysators, von konkurrierenden Parallelreaktionen eine ganz bestimmte zu begünstigen.

Stanton-Zahl II

Kennzahl der Dim. 1 für den Stofftransport.

$$St^* = \frac{Sh}{Re \cdot Sc} = \frac{\beta}{v}$$

β Stoffübergangskoeffizient, v kinemat. Viskosität.

Stationärer Betrieb

Reaktionskinetik: zeitlich konstanter Zustand der Reaktionsmasse, Gradienten treten nicht auf.

Stationärer Zustand

Steady state. Makroskopisch ohne Veränderungen, obwohl submikroskopisch Vorgänge und Transportprozesse über die Systemgrenzen ablaufen; z. B. chemisches Gleichgewicht (d$G = 0$).

Stoffbilanz

Reaktionstechnik: Änderung der Masse oder Konzentration der Komponenten einer Mischung durch Konvektion, Diffusion und Reaktion.
Für Transport innerhalb einer Phase.

$$\boxed{\frac{\partial c}{\partial t} = -\nabla J - \nabla(v\,c) + r} \quad \frac{\text{mol}}{\text{s}\,\text{m}^3}$$

Konzentrationsgefälle = Stoffmengenstromdichte (natürliche und erzwungene Diffusion)
+ konvektiver Stoffstrom
+ Reaktionsgeschwindigkeit.

Stoffdurchgang

Stoffübertragung analog zum Wärmedurchgang definiert (vgl. k-Wert). Technisch z. B. bei der *Dampfdiffusion* durch feste Bauteile, speziell Wasserdampfdiffusion durch eine Membran.

Dampfdruckgefälle	$\Delta p = p_1 - p_2$
Diffusionsstromdichte	$i = \frac{\dot{m}}{A} = k_D(\varrho_1 - \varrho_2) = \frac{k_D}{RT}\,\Delta p$
Stoffdurchgangszahl	$k_D = \dfrac{1}{\frac{1}{\beta_1} + \frac{1}{\Delta} + \frac{1}{\beta_2}}$
Dampfdurchlasswiderstand	$\frac{1}{\Delta} = \sum\limits_i \frac{s_i}{D_i}$

D	Dampfleitfähigkeit	(m²/s)
s	Schicht- oder Membrandicke	(m)
β	Stoff- bzw. Dampfübergangswiderstand	(m/s)
ϱ	Dichte: 1 = links, 2 = rechts der Membran	(kg/m³)

Stoffdurchgangszahl

oder *totale Stoffübergangszahl.* Proportionalitätsfaktor k (in m/s) für den diffusiven Stofftransport zwischen zwei

Tabelle 9.5 Analogie von Stoff- und Wärmetransport.

	Stofftransport	Wärmetransport
	Transport innerhalb einer Phase (Diffusion und Wärmeleitung)	
zeitl. Änderung	Konzentrationsgefälle: $\frac{\partial c}{\partial t} = \frac{\dot n}{V}$	Temperaturgefälle: $\frac{\partial T}{\partial t}$
örtliche Änderung	Stoffmengenstromdichte $J = \dot n / A =$ Diffusion J_c + Thermodiffusion J_T + Druckdiffusion J_T + erzw. Diffusion J_b	Wärmestromdichte $\dot q$ = Wärmeleitung $\dot q_L$ + Diffusionsthermoeffekt $\dot q_T$ + Wärmebewegung $\dot q_U$ + Wärmestrahlung $\dot q_S$
	diffusive Stoffstromdichte: $\nabla J_c = \nabla(D\,\nabla c)$	Wärmeleitungsstromdichte: $\frac{\nabla \dot q_L}{\varrho\,c_p} = \frac{\nabla(\lambda\,\nabla T)}{\varrho c_p}$
	konvektiver Stoffstrom: $\nabla(vc)$	konvektiver Wärmestrom: $\nabla(vT)$
Bilanz (r Reaktionsrate)	$\frac{\partial c}{\partial t} = -\nabla J - \nabla(uc) + r$	$\frac{\partial T}{\partial t} = -\frac{1}{\varrho c_p}\nabla\dot q - \nabla(vT) - \frac{-\Delta H_R}{\varrho c_p}\,r$
Kenngröße	Diffusionskoeffizient D	Temperaturleitzahl $a = \frac{\lambda}{\varrho c_p}$
Stationärer Fall	$\frac{\partial c}{\partial t} = D_{12}\frac{\partial^2 c}{\partial z^2}$	$\frac{\partial T}{\partial t} = a\frac{\partial^2 T}{\partial z^2}$
	$c(z,t) = c^b - \left(c^* - c^b\right)\operatorname{erf}\frac{z}{2\sqrt{Dt}}$	$T(z,t) = T^b - (T^* - T^b)\operatorname{erf}\frac{z}{2\sqrt{at}}$
	Transport über Grenzflächen (Stoffübergang und Wärmeübergang im Filmmodell)	
Laminarer Grenzfilm l	$\frac{\dot n}{A} = \beta\,(c^* - c^b) = \frac{D}{l}\,(c^* - c^b)$ $\frac{\beta}{\alpha} = \frac{D}{\lambda}$	$\frac{\dot Q}{A} = \alpha\,(T^* - T^b) = \frac{a}{l}\,(T^* - T^b)$
Turbulenter Austausch	$\frac{\dot n}{A} = \frac{\dot V}{A}\,(c^* - c^b) = \beta\,(c^* - c^b)$ $\frac{\beta}{\alpha} = \frac{1}{\varrho c_p} = \frac{a}{\lambda} = Le\,\frac{D}{\lambda}$	$\frac{\dot Q}{A} = \frac{\dot V}{A}\,\varrho c_p\,(T^* - T^b) = \alpha\,(T^* - T^b)$
Umströmter Tropfen	$Sh = \frac{\beta d_T}{D} = 2{,}0 + 0{,}6\sqrt{Re}\sqrt[3]{Sc}$	$Nu = \frac{\alpha d_T}{\lambda} = 2{,}0 + 0{,}6\sqrt{Re}\sqrt[3]{Pr}$

Fluiden (I und II) über eine Phasengrenze hinweg. Zweifilmmodell:

$$\frac{d\dot n}{dA} = k_I\left(c_I^f - c_I^b\right) = -k_{II}\left(c_{II}^f - c_{II}^b\right) = \frac{1}{R_k}$$

Für ungehemmten Stofftransport

$$\boxed{\frac{1}{k_I} = \frac{1}{\beta_I} + \frac{K_N}{\beta_{II}}}$$

c Stoffmengenkonzentration (b = Phaseninneres, f = Phasengrenze, I = in Phase I),
K_N Konstante des Nernst-Verteilungsgesetzes
β Stoffübergangszahl   (m/s)

Stoffmengenänderung

Molzahländerung bei einer chemischen Reaktion.

$$dn_i = \nu_i\,d\xi$$

ξ Reaktionslaufzahl,
ν Stöchiometriekoeffizient (Edukte negativ, Produkte positiv).

Stoffmengenstromdichte

Örtliche Änderung $J = \dot n / A$ (in $\mathrm{mol\,s^{-1}m^{-2}}$) bei Transport innerhalb einer Phase durch: natürliche Diffusion, Thermodiffusion, Druckdiffusion und erzwungene Diffusion. Vgl. Übersicht.

Stoffstrom, konvektiver

Zeitliche Konzentrationsänderung durch erzwungene Diffusion. Teil der *Stoffbilanz.

$$\frac{\partial c}{\partial t} \mathrel{\widehat=} \nabla J_c = \nabla(v\,c) \quad (\mathrm{mol\,s^{-1}m^{-3}})$$

c molare Konzentration, v Strömungsgeschwindigkeit.

Stofftransport

Transport von Materie durch *Diffusion, *Adsorption, *Stoffübergang, *heterogene Reaktion.

Diffusion und Stoffübergang fallen unter den Begriff *Stoffübertragung*. Stoff- und Wärmetransport werden theoretisch analog behandelt, sofern nicht Thermodiffusion, Wärmestrahlung oder Konvektion auftreten (vgl. Übersicht).

• Die Sherwood-Zahl beim Stofftransport entspricht der Nusselt-Zahl beim Wärmetransport,

• die Reynolds-Zahl für den Impulstransport gilt in beiden Fällen.

• Die Lewis-Zahl $Le = Sc/Pr$ nimmt bei laminarer Strömung den Wert 1 an.

Stoffübergang

Materietransport durch eine Phasengrenze.

1) Filmmodell des Stoffübergangs.

Zweifilmmodell nach WHITMAN und LEWIS für den Stofftransport durch fluide Grenzflächen.

Die Phasengrenze bestehe aus zwei angrenzenden laminaren Filmen (nicht experimentelle Realität!). Stoffaustausch in der Grenzschicht durch Molekulardiffusion; an der Phasengrenze keine chemische Reaktion. Für einen betrachteten Stoff herrschen:

• im turbulent vermischten Phaseninneren (Bulk) die

konstanten Konzentrationen c_I^b und c_{II}^b,
- an der Phasengrenze die Gleichgewichtskonzentrationen c_I^*, c_{II}^*,
- beim Stoffdurchgang die fiktive Konzentration c^f in der einen Phase (für eine gegebene Gleichgewichtskonzentration in der anderen Phase).

Stoffübergangszahl β und Diffusionskoeffizient D sind linear abhängig.

Stoffübergang
Phase →
Phasengrenze

$$\frac{\mathrm{d}\dot{n}}{\mathrm{d}A} = \beta_I(c_I^* - c_I^b) = \\ = -\beta_{II}(c_{II}^* - c_{II}^b)$$

Partielle
Stoffübergangszahl

$$\beta_i = \frac{D_i}{\delta_i}$$

$$\frac{\beta_{II}}{\beta_I} = -\frac{c_I^* - c_I^b}{c_{II}^* - c_{II}^b}$$

Nernst'sches Verteilungsgesetz:

a) Flüssig/flüssig-
Phasengrenze

$$\frac{c_I^*}{c_{II}^*} = K_N = \frac{c_I^b}{c_{II}^*} = \frac{c_I^* - c_I^*}{c_{II}^b - c_{II}^*}$$

b) Gas$_I$/flüssig$_{II}$-
Phasengrenze

$$K_N \approx RT\,H$$

Stoffdurchgang
durch
Phasengrenze

$$\frac{\mathrm{d}\dot{n}}{\mathrm{d}A} = k_I\left(c_I^* - c_I^b\right) = \\ = -k_{II}\left(c_{II}^* - c_{II}^b\right) = \frac{1}{R_k}$$

Stoffdurchgangszahl
a) ungehemmter
Stofftransport

$$k_I = \frac{1}{\dfrac{1}{\beta_I} + \dfrac{K_N}{\beta_{II}}}$$

b) mit Stofftrans-
portwiderstand

$$k_I = \frac{1}{\dfrac{1}{\beta_I} + \dfrac{K_N}{\beta_{II}} + \dfrac{1}{\beta_r}}$$

K_N	Nernst-Verteilungskonstante	
$\dot{n}/A$	Stoffmengenstromdichte	$(\mathrm{mol\,m^{-2}s^{-1}})$
β	Stoffübergangszahl	$(\mathrm{m/s})$,
δ	Grenzschichtdicke	(m).

Die **Stoffdurchgangszahl** oder *totale Stoffübergangszahl k* bzw. der *Stoffdurchgangswiderstand* R_k werden als messbare Größen eingeführt, weil die Phasengrenzkonzentrationen c^* nicht bekannt sind. Sie korrelieren mit der Grenzschichtdicke δ, die ihrerseits von der Strömungsgeschwindigkeit abhängt (REYNOLDSzahl). Das Verhältnis β_{II}/β_I entspricht geometrisch der Neigung der Verbindungsgeraden zwischen der NERNSTschen Gleichgewichtskurve und der Betriebsgeraden (beim Stoffübergang herrscht ein Ungleichgewicht an der Phasengrenze!).

Im **heterogenen Gleichgewicht** beider Phasen sind die chemischen Potentiale (nicht die Konzentrationen!) beider Stoffe gleich. Der Materiestrom durch die Phasengrenze ist annähernd der Differenz der chemischen Potentiale in beiden Phasen proportional. In unmittelbarer Nähe der Phasengrenze herrscht in jeder Phase näherungsweise lokales heterogenes Gleichgewicht und man kann die Differenz der Stoffmengenkonzentrationen zwischen Phasengrenze c^* und Phaseninnerem

(Bulk) c^b – oder in besser Näherung $\ln(c^*/c^b)$ – ansetzen: denn in diesem Fall bestimmen Konzentrationsdifferenzen direkt die Abweichung der chemischen Potentiale vom Gleichgewichtswert.

Das um den **Stofftransportwiderstand** erweiterte Filmmodell berücksichtigt, dass der Stofftransport über die Grenzfläche gehemmt sein kann, z. B. durch Umsolvatisierungsvorgänge, Bildung von Wasserstoffbrückenbindungen, Assoziation und Dissoziation in Lösungen. Der zusätzliche Stofftransportwiderstand $1/\beta_r$ kann bei sehr langsamer Grenzflächenreaktion und raschem (turbulentem) Stofftransport geschwindigkeitsbestimmend werden.

2) Penetrationsmodell des Stoffübergangs.
Turbulenztheorie von HIGBIE. Stoffübergang zwischen zwei laminaren Phasen durch zeitlich begrenzte, instationäre Diffusion ohne Wandeffekte. An der Phasengrenze gleiten die Fluide wie starre Körper aneinander vorbei; es herrsche eine Pfropfströmung (flaches Geschwindigkeitsprofil).

Realistischer als beim Filmmodell gilt $\boxed{\beta \sim \sqrt{D}}$.

Anwendungen: Rieselfilm, Aufstieg von Blasen in beweglichen, formstabilen Grenzflächen.

3) Erweitertes Penetrationsmodell des Stoffübergangs. *Theorie der Oberflächenerneuerung*, betrachtet die theoretische Häufigkeit der Oberflächenerneuerung (= Kehrwert der mittleren Aufenthaltsdauer τ an der Phasengrenze). Im Mittel übergehender Stoffmengenstrom:

$$J = (c_{1a} - c_{1e})\sqrt{\frac{D_{12}}{\tau}} = \frac{\dot{n}_1}{A}$$

Der Term $\sqrt{D/\tau}$ entspricht formal einer Stoffübergangszahl β.

Die *Grenzschichttheorie* berücksichtigt auch die Impulsbilanz und kann für einfache Fälle numerisch gelöst werden (z.B. Strömung längs ebener Fläche).

4) Kenngrößengleichungen des Stoffübergangs. Beim Stofftransport zwischen zwei Phasen werden die Stoffübergangszahlen von den Stoffeigenschaften, der Hydrodynamik und der Geometrie des Systems bestimmt. Die komplizierten Verhältnisse werden durch empirische Kenngrößengleichungen beschrieben.

FOURIER-Zahl	$Fo^* = \dfrac{D\,t}{l^2}$
GRASHOF-Zahl	$Gr^* = \dfrac{g l^3}{\nu^2}\left(\dfrac{\varrho^b}{\varrho^*} - 1\right)$
SHERWOOD-Zahl	$Sh = Nu^* = \dfrac{\beta l}{D}$
REYNOLDS-Zahl	$Re = \dfrac{\upsilon l}{\nu} = \dfrac{\varrho \upsilon l}{\eta}$
SCHMIDT-Zahl	$Sc = \dfrac{\nu}{D} = \dfrac{\eta}{\varrho D}$
GALILEI-Zahl	$Ga = \dfrac{g l^3}{\nu^2}$
WEBER-Zahl	$We = \dfrac{\varrho \upsilon^2 l}{\sigma}$
PECLET-Zahl, BODENSTEIN-Zahl	$Pe^* = Bo = \dfrac{\upsilon l}{D} = Re \cdot Sc$

STANTON-Zahl $\quad St^* = \dfrac{\beta}{v} = \dfrac{Sh}{Re\,Sc} = \dfrac{Nu^*}{Re\,Sc}$

FROUDE-Zahl $\quad Fr = \dfrac{v^2}{gl} = \dfrac{Re^2}{Ga}$

LEWIS-Zahl $\quad Le = \dfrac{a}{D} = \dfrac{Sc}{Pr}$

PRANDTL-Zahl $\quad Pr = \dfrac{v}{a}$

CHILTON-COLBURN-Faktor $\quad j_D = \dfrac{\beta}{v}\left(\dfrac{v}{D}\right)^{2/3} = \dfrac{Sh}{Re\,Sc^{1/3}}$

Die SHERWOOD-Zahl – deutsch auch NUSSELTzahl der Stoffübertragung – wird je nach Prozess auf die flüssige, gasförmige, kontinuierliche, tropfen- oder blasenförmige, abgebende oder aufnehmende Phase bezogen. Sie wird aus *empirischen Kenngrößengleichungen* abgeleitet:

$$Sh = C\,Re^a Sc^b Ga^c We^d (l_1/l_2)^e.$$

Die Steigungen a bis e bestimmt man auf doppeltlogarithmischem Papier aus Messreihen, in denen immer nur eine Kennzahl verändert wird.

a Temperaturleitfähigkeit, g Fallbeschleunigung, l char. Länge, t char. Zeit, v char. Geschwindigkeit, v kinemat. Viskosität.

Stoffübergangszahl

Stoffübergangskoeffizient. Proportionalitätsfaktor β (in m/s) für den diffusiven Transport von Materie aus dem Phaseninneren an eine Phasengrenze (*) zwischen zwei angrenzenden Fluiden (I und II).

$$\frac{d\dot{n}}{dA} = \beta_I(c_I^* - c_I^b) = -\beta_{II}(c_{II}^* - c_{II}^b)$$

$\dot{n}/A$ $\quad$ Stoffmengenstromdichte (mol m^{-2}s^{-1})
c^b $\quad$ Bulkkonzentr. im turbulent vermischten Phaseninneren
c^* $\quad$ Gleichgewichtskonzentration an der Phasengrenze

1) Im Filmmodell: $\quad \boxed{\beta_i = \dfrac{D_i}{\delta_i}}$

D Diffusionskoeffizient, δ Grenzschichtdicke .

2) Messung der Stoffübergangszahl. Eine *Rieselfilm*-Apparatur besteht aus einem senkrechten Rohr, das ein Gas von unten nach oben durchströmt. Der Film wird am Rohroberteil erzeugt: Aus einem Sammelbehälter strömt die Flüssigphase durch die Öffnung eines Schieberspaltes definiert über den Rohrrand ein. Am Rohrunterteil läuft der Film durch einen Spalt in den Auslauf-Sammelbehälter. Man misst den Volumenstrom der Gasphase (Rotameter) und die örtliche Konzentrationsänderung längs des Fallfilms. Für eine mittlere Stoffübergangszahl genügt es, die Konzentration am Ein- und Auslauf zu bestimmen und logarithmisch zu mitteln.

$$\boxed{\frac{\dot{n}_1}{A} = \beta_1\,(c_1 - c_{1,\text{ein}}) \approx \beta_1\,\frac{c_{\text{ein}} - c_{\text{aus}}}{\ln\dfrac{c_1 - c_{\text{aus}}}{c_1 - c_{\text{ein}}}}}$$

Austauschfläche A je nach Länge des Fallfilms, Rohrdurchmesser und Filmdicke. Verformungen und Schwingungen der Grenzfläche und Turbulenzen aufgrund lokaler Störungen der Grenzflächenspannung (MARANGONI-Instabilität) erhöhen den Stoffübergang.

Stoffübertragung

Stofftransport in Fluiden durch *Diffusion oder *Konvektion (auf Grund von räumlichen Konzentrations-, Dichte- oder Druckunterschieden) oder *Stoffübergang

zwischen zwei Phasen.

Stokes-Einstein-Gleichung

Diffusionskoeffizient in flüssigen Elektrolyten.

$$D = \frac{RT}{6\pi\,\eta\,r_i\,N_A} = \frac{kT}{6\pi\,\eta\,r_i}$$

D $\quad$ Diffusionskoeffizient $\quad$ (m^2/s),
k $\quad$ Boltzmann-Konstante $\quad$ (J/K),
N_A $\quad$ Avogadro-Konstante $\quad$ (mol^{-1}),
R $\quad$ molare Gaskonstante $\quad$ (J mol^{-1}K^{-1}),
r_i $\quad$ Ionenradius $\quad$ (m),
T $\quad$ Temperatur $\quad$ (K)
η $\quad$ dynamische Viskosität $\quad$ (Pa s)

Stoßtheorie

Stoßen zwei – als starre Kugeln gedachte – Moleküle in Richtung der Molekülmittelpunkte zusammen und überschreitet die Translationsenergie die Aktivierungsenergie, so findet eine chemische Reaktion statt.

Monomolekulare Reaktion: $\quad$ ohne Stoßmechanismus
Bimolekulare Reaktion: $\quad$ A + B $\longrightarrow$ Produkte
Trimolekulare Reaktion: $\quad$ A + B + C $\rightarrow$ Produkte

1) Bimolekulare Reaktion

Stoßzahl: Zahl der Zusammenstöße der Moleküle A und B pro Zeit- und Volumeneinheit.

$$Z_{AB} = \sqrt{\frac{8\pi kT}{m_{\text{red}}}}\,(r_A + r_B)^2\,\frac{N_A N_B}{V^2}$$

k Boltzmann-Konstante, m_{red} reduzierte Masse, N/V Teilchendichte, r Molekülradius.

Reaktionsgeschwindigkeit: Stoßzahl, wenn die Translationsenergie die Aktivierungenergie übersteigt.

$$r \;\hat{=}\; Z_{AB}\,e^{-E_A/RT} \quad (\text{s}^{-1}\text{m}^{-3})$$

Mit Konzentrationen: $\quad r = -\dfrac{dc_A}{dt} = k\,c_A c_B$

ARRHENIUS-Gleichung: Geschwindigkeitskonstante

$$k = P\underbrace{\sqrt{\frac{8\pi kT}{m_{\text{red}}}}\,(r_A + r_B)^2\,N_A^2\,e^{-E_A/RT}}_{A}$$

$$= P A e^{-E_A/RT}$$

A Arrhenius-Faktor, N_A Avogadro-Konstante.

Die Aktivierungsenergie E_A wird aus der Steigung des $\ln k$–$(1/T)$-Diagramms ermittelt.

Sterischer Faktor P korrigiert experimentelle Abweichungen von der Stoßtheorie.

Einfache Moleküle: $\quad P = 0{,}1$ bis 1
Größere Moleküle: $\quad P \geq 10^{-8}$

2) Trimolekulare Reaktion. *Dreierstoß*, statistisch selten; theoretische Behandlung schwierig. Häufig nimmt der dritte Stoßpartner überschüssige Energie von einem Reaktionsprodukt auf, das andernfalls wieder dissoziieren würde.

$$A + B \longrightarrow AB^* \xrightarrow{M} AB + M^*$$

3) Monomolekulare Reaktion

Der spontane Zerfall von Molekülen erfolgt analog dem radioaktiven Zerfall ohne Stoßmechanismus; k ist temperaturunabhängig.

LINDEMANN-Mechanismus: Monomolekulare chemische Reaktionen mit temperaturabhängiger Geschwindigkeitskonstante laufen über einen bimolekularen Aktivierungsschritt.

$$A + A \underset{k_{-1}}{\overset{k_1}{\rightleftharpoons}} A^* + A \quad \text{und} \quad A^* \xrightarrow{k_2} B + C$$

Anregung: $\dfrac{dc_{A^*}}{dt} = k_1 c_A^2 - k_{-1} c_{A^*} c_A - k_2 c_{A^*} \overset{!}{\approx} 0$

$$c_{A^*} = \frac{k_1 c_A^2}{k_{-1} c_A + k_2}$$

Reaktion: $\dfrac{dc_B}{dt} = k_2 c_{A^*} = \dfrac{k_1 k_2 c_A^2}{k_{-1} c_A + k_2}$

c_A groß: $\dfrac{dc_B}{dt} \approx \dfrac{k_1 k_2}{k_{-1}} c_A$

c_A klein: $\dfrac{dc_B}{dt} \approx k_1 c_A^2$

Strömungsführung

Reaktionstechnik:
ideale Propfströmung (Strömungsrohr),
ideale Rückvermischung (Rührkessel),
*Verweilzeitverhalten,
Gleich-, Kreuz- oder Gegenstrom.

Temperaturführung

Reaktionstechnik:
isotherm: ohne Wärmetönung,
adiabat: thermisch isoliert,
polytrop: begrenzte Wärmeübertragung zur Umgebung.

Thiele-Modul

Katalysatorkennzahl für chemische Reaktion am Festkörper, Wurzel der *Damköhler-Zahl. Dimensionslose Kennzahl mit qualitativer Beziehung zur aktiven Oberfläche und Schichtdicke.

$$\varphi = \sqrt{Da_{IV}} = \sqrt{\frac{\text{Reaktionswärme}}{\text{Wärmeleitung}}}$$

Katalysatornutzungsgrad

$$\eta = \frac{\tanh \varphi}{\varphi}$$

Trennstufenhöhe

Kenngröße für Trennsäulen, speziell bei der *Chromatografie.

1) Theoretische Trennstufenhöhe, *height equivalent of a theoretical plate; plate height.*

$$H = HEPT = L \left(\frac{\sigma}{t_R}\right)^2 = \frac{L}{5{,}54} \left(\frac{w_h}{t_R}\right)^2$$

L Säulenlänge, t_R Bruttoretentionszeit,
w_h Halbwertsbreite, σ Standardabweichung.

2) Effektive Trennhöhe, *effective plate height.* Wie H, aber auf die Nettoretentionszeit bezogen.

$$H_{\text{eff}} = L \left(\frac{\sigma}{t_R'}\right)^2 = \frac{L}{5{,}54} \left(\frac{w_h}{t_R'}\right)^2 = H \left(\frac{1+k}{k}\right)^2$$

Trennstufenzahl

Kenngröße für Chromatografie-Trennsäulen.
1) Theoretische Trennstufenzahl, *plate number.* Säulenlänge durch Trennstufenhöhe.

$$N = \frac{L}{H} = \left(\frac{t_R}{\sigma}\right)^2 = 5{,}54 \left(\frac{t_R}{w_h}\right)^2$$

in Abhängigkeit der Auflösung

$$N = 16 R_S^2 \left(\frac{r}{r-1}\right)^2 \left(\frac{k+1}{k}\right)^2$$

präparativ gepackte Säule:	500 bis 2 000
analytisch gepackte Säule:	1 000 bis 10 000
analytische Kapillarsäule:	20 000 bis 500 000

2) Effektive Trennstufenzahl, *effective plate number.*
Wie N, aber auf die Nettoretentionszeit bezogen.

$$N_{\text{eff}} = \left(\frac{t_R'}{\sigma}\right)^2 = 5{,}54 \left(\frac{t_R'}{w_h}\right)^2 = N \left(\frac{k}{1+k}\right)^2$$

3) Notwendige Trennstufenzahl. Maß für die geforderte Trennleistung einer Säule für das am schwersten zu trennende (am engsten beieinander liegende) Stoffpaar; ausreichend für eine Trennung in 90% der Peakhöhe.

$$N_{\text{notw.}} = 6 \cdot \frac{t_{R,2}/t_{R,1} + 1}{t_{R,2}/t_{R,1} - 1}$$

t_R Retententionszeit.

Trennzahl, notwendige

Maß für die Trennleistung und Trennstufenzahl einer Säule für ein gegebenes Stoffpaar.

$$SN = \frac{100}{I_2 - I_1} - 1$$

I KOVÁTS-Index (*Retentionsindex) der Substanz.

Umkehrosmose

*Membranverfahren. Wasser-, Lösungsmittelreinigung, Meerwasserentsalzung durch eine semipermeable Membran (z. B. Celluloseacetat); unter hohem hydrostatischen Druck ($\gg$ osmotischer Druck) dringt das Lösungsmittel durch die Membran, die Lösungsbestandteile bleiben zurück.

Umsatz

kontinuierlicher Betrieb (Fließbetrieb)

$$U = \frac{\dot{n}_{\text{ein}} - \dot{n}_{\text{aus}}}{\dot{n}_{\text{ein}}} = \frac{\dot{m}_{\text{ein}} - \dot{m}_{\text{aus}}}{\dot{m}_{\text{ein}}} \qquad \text{(Dim.1)}$$

diskontinuierlicher Betrieb (Satzbetrieb, Chargenbetrieb)

$$U = \frac{n_{\text{ein}} - n_{\text{aus}}}{n_{\text{ein}}} = \frac{m_{\text{ein}} - m_{\text{aus}}}{m_{\text{ein}}} \qquad \text{(Dim.1)}$$

m Masse, $\dot{m}$ Massenstrom, n Stoffmenge, $\dot{n}$ Stoffmengenstrom,
ein = einströmend, vorher; aus = ausströmend, nach Reaktion.

Umsatzgeschwindigkeit

Umsatzrate. Zeitliche Änderung der *Umsatzvariable bei einer chemischen Reaktion. Produkt aus Reaktionsgeschwindigkeit r und Volumen V.

$$\omega = \frac{\dot{n}}{v_i} = \frac{d\xi_i}{dt} = r V \qquad \frac{\text{mol}}{\text{s}}$$

Umsatzvariable

(xi). Auf den *Stöchiometriefaktor v_i bezogene Stoffmenge n_i eines Ausgangsstoffes i im Reaktionsgemisch.

$$\xi_i = \frac{n_i}{v_i} \qquad \text{mol}$$

Umströmter Tropfen *Sherwood-Zahl.

Van-Deemter-Gleichung

Für die *Trennstufenhöhe einer *Chromatografiesäule in Abhängigkeit der Strömungsgeschwindigkeit u.

$$H(u) = A + \frac{B}{u} + C\,u$$

Je kleiner die Konstanten A und C, umso besser trennt die Säule (kleine Trennstufenhöhe, große Trennstufenzahl). Kleine Partikel in der Säulenfüllung sind vorteilhaft ($A \rightarrow 0$), jedoch auf Kosten der Permeabilität $\chi \sim d_\mathrm{P}^2$ der Säule (*Darcy-Gleichung), so dass bei gegebenem Eingangsdruck die Strömungsgeschwindigkeit unter das Optimum sinkt. Kapillar-GC-Säulen (kleine Partikel) müssen daher lang sein;

$$u \sim \chi\,\Delta p \sim L^{-1}.$$

Konstante für die Streudiffusion im Absorbens:

$$A = 2\lambda\,d_\mathrm{P} \quad \text{(m)}$$

Konstante für die Längsdiffusion in der mobilen Phase; Peakverbreiterung v. a. bei langsamer Strömung.

$$B = 2\lambda\,D_\mathrm{M} \quad (\mathrm{m^2/s})$$

Massenübergangsterm für gepackte Säulen: strömungsabhängige Verzögerung der Gleichgewichtseinstellung zwischen mobiler und stationärer Phase.

$$C = \frac{16\,r}{\pi(1+L)}\,\frac{d_\mathrm{P}^2}{D_\mathrm{S}} \quad \text{(s)}$$

Optimale Trennstufenhöhe: Die Säule trennt optimal am Minimum der $H(u)$-Kurve bei der optimalen Strömungsgeschwindigkeit

$$u_\mathrm{min} = \left.\frac{\mathrm{d}H(u)}{\mathrm{d}u}\right|_\mathrm{min} = \sqrt{\frac{B}{C}} \quad (\mathrm{m/s})$$

Dort ist die Trennstufenhöhe minimal, die Zahl der Trennstufen maximal.

$$H_\mathrm{min} = A + 2\sqrt{B\,C} \quad \text{(m)}$$

D	Diffusionskoeffizient ($\mathrm{m^2/s}$) in der mobilen Phase (M) bzw. stationären Phase (S).	
d_P	Teilchendurchmesser (Absorbens)	
L	Säulenlänge, r Säulenradius,	
u	Strömungsgeschwindigkeit	(m/s),
λ	Labyrinthfaktor	(Dim. 1).

Van't-Hoff-Gleichung

Temperaturabhängigkeit der *Gleichgewichtskonstanten.

$$\frac{d\ln K_\mathrm{a}}{dT} = \frac{\Delta H_\mathrm{R}^0}{R\,T^2} \quad \text{und} \quad \Delta G_\mathrm{R} = -R\,T\,\ln K_\mathrm{a}$$

ΔH_R^0	Reaktionsenthalpie bei Normdruck	(J/mol),
ΔG_R	freie Reaktionsenthalpie	(J/mol),
R	molare Gaskonstante	(J/(mol K))
T	thermodynamische Temperatur	(K).

Verweilzeit

Reaktionstechnik: bei kontinuierlichen Prozessen.

Kinetik	Mittlere Verweilzeit bei volumenkonstanter Reaktion
1. Ordnung	$t_\mathrm{m} = \dfrac{c_0 - c}{k\,c}$
n. Ordnung	$t_\mathrm{m} = \dfrac{c_0 - c}{k\,c^n}$
Kaskade: 1. Ordnung	$t_\mathrm{m} = \dfrac{2\sqrt{c_0 c} - c}{k\,c}$

k Geschwindigkeitskonstante.

Wärmebilanz

Reaktionstechnik: *Energiebilanz bei konstantem Druck.

10   Analytische Chemie, Arbeits- und Umweltschutz

**Konzentration – pH – Säuren und Basen – Lösungen – Löslichkeit –
Stöchiometrie – Maßanalyse – Analytische Vorproben – Summenparameter –
Gefahrstoffe – Arbeitsschutz – Abfalltechnik und Entsorgung – Umweltchemie**

Formelzeichen

Physikalische Größe	Symbol	Einheit	Basiseinheiten	Englische Bezeichnung
Aktivität	a	mol/ℓ	$= \mathrm{m^{-3}\,kmol}$	activity
– relative (Raoultsches Gesetz)	a	–	$= 1$	relative activity (Raoult's law)
– mittlere	$a_\pm$	mol/ℓ	$= \mathrm{m^{-3}\,kmol}$	mean ionic activity
– des Ions i in Phase α	$a_i^{(\alpha)}$	mol/ℓ	$= \mathrm{m^{-3}\,kmol}$	activity of an ion in a phase
Molalität	$b, (m)$	mol/kg		molality
Teilchenzahlkonzentration	$C, (n)$	$\mathrm{m^{-3}}$		number concentration, $\sim$ density
(Stoffmengen-)Konzentration	c	mol/ℓ	$= \mathrm{m^{-3}\,mol}$	concentration
Ionenstärke				ionic strength
– konzentrationsbezogen	I, I_c	mol/ℓ	$= \mathrm{m^{-3}\,kmol}$	– concentration basis
– molalitätsbezogen	I, I_m	mol/kg	$= \mathrm{kg^{-1}\,mol}$	– molality basis
Dissoziationskonstante	K_a	mol/ℓ	$= \mathrm{m^{-3}\,kmol}$	dissociation constant
molare Masse, „Molmasse"	M	kg/mol		molar mass
– relative	M_r	–	$= 1$	relative molar mass
Molmassenmittel				average molar mass
– massenbezogen	M_m	kg/mol		mass-average
– teilchenbezogen	M_n	kg/mol		number-average
– Z-Mittel	M_Z	kg/mol		Z-average
Masse	m	kg		mass
Teilchenzahl	N	–	$= 1$	number of entities
Avogadro-Konstante	$N_\mathrm{A}, (L)$	$\mathrm{mol^{-1}}$		Avogadro constant
Loschmidt-Konstante	N_L	$\mathrm{m^{-3}}$		Loschmidt constant
Stoffmenge	n	mol		amount of substance
(Gesamt-)Druck	p	$\mathrm{Pa} = \mathrm{N\,m^{-2}} = \mathrm{m^{-1}\,kg\,s^{-2}}$		(total) pressure
Partialdruck	p_i	Pa		partial pressure
molare Löslichkeit	s	mol/ℓ	$= \mathrm{m^{-3}\,kmol}$	solubility
Atomare Masseneinheit	u, m_u	kg		atomic mass constant
Molares Volumen	V_m	$\mathrm{m^3/mol}$		molar volume
Molares Normvolumen	V_mn	$\mathrm{m^3/mol}$		molar standard volume
Massenanteil, Gew.-%	w	–	$= 1$	mass fraction
Teilchenzahlanteil	X	–	$= 1$	particle number fraction
Molenbruch, Stoffmengenanteil	x	–	$= 1$	mole fraction
Dissoziationsgrad	α	–	$= 1$	degree of dissociation
Massenkonzentration	β	g/ℓ	$= \mathrm{kg/m^3}$	mass concentration
Aktivitätskoeffizient	$\gamma, (f)$	–	$= 1$	activity coefficient
– konzentrationsbezogen	γ_c	–	$= 1$	(concentration basis)
– molalitätsbezogen	γ_b	–	$= 1$	molality basis
– molenbruchbezogen	γ_x	–	$= 1$	mole fraction basis
– mittlerer	$\gamma_\pm$	–	$= 1$	mean ionic
Volumenanteil	φ	–	$= 1$	volume fraction
Osmotischer Druck	Π	Pa	$= \mathrm{m^{-1}\,kg\,s^{-2}}$	osmotic pressure
osmotischer Koeffizient	φ	–	$= 1$	osmotic coefficient

Abdampfrückstand

Nicht abfiltrierbare Inhaltsstoffe, die bis 105 °C (Trinkwasser), 120 °C (Abwasser) bzw. 180 °C (Mineral- und Kesselwässer) nicht flüchtig oder zersetzlich sind. Vorher wird vom Ungelösten abfiltriert. Vgl. *Glührückstand.

Wassergüteklassen: <500 mg/ℓ (I), <800 mg/ℓ (II), <1200 mg/ℓ (III), Trinkwasser <1500 mg/ℓ (EG-Richtlinie).

Abfall

Bewegliche Sachen oder Stoffe, derer sich der Besitzer entledigen will, und deren geordnete Entsorgung zum Allgemeinwohl geboten ist.

Abrauchen

Austreiben flüchtiger Bestandteile aus Stoffen.

Verdünnte Schwefelsäure setzt frei: H_2S (bräunt Bleiacetatpapier), Essigsäure (Geruch).

Konz. Schwefelsäure setzt frei: nitrose Gase (braun), Iod (rotviolett; auf Filterpapier braun), Brom (braun; Fluorescein-Filterpapier: rot), HCl (Salmiaknebel).

Abwasser

Industrielle Abwasser- und Schadstoffemissionen durch Verwerfen oder Ausschleppen von Stoffen aus Wirkbädern (z. B. Galvanik, Härterei, Lackierbetrieb, Fertigung).

Abwasserbehandlung

Abwasser kann ölhaltige, saure oder alkalische, chromathaltige oder cyanidische Konzentrate enthalten. Stufen der Aufbereitung sind:

– Ölabscheidung
– Cyanidoxidation
– Nitritoxidation oder -reduktion
– Chromatreduktion
– Neutralisation
– Schwermetallfällung
– Flockung
– Sedimentation
– Schlammentwässerung
– Schlussfiltration.

Die Standzeit eines Wirkbades wird durch Vor- und Nachreinigungsschritte erhöht, die Abwassermenge ingesamt verringert.

Vorreinigungsverfahren: z. B. Entölen, mechanisches Reinigen; mehrstufige Spültechnik, Wirkbadkaskade.

Nachreinigungsverfahren: Ionenaustausch, Dialyse, Membranverfahren, Entschlammung, thermische Behandlung (Kristallisation, Eindampfen).

Acidität

*Säurestärke, Dissoziationsneigung einer Säure, *pK-Wert.

Ampholyt

Neutrale oder geladene Teilchen, die je nach pH als Säure oder Base wirken; sie sind *amphoter.* Je nach Brönsted-Verhalten des Lösungsmittels. Ampholyte sind Wasser, NH_3, CH_3COOH, H_2SO_4, HF, Aminosäuren u. a. Siehe Tabelle.

Ampholyt	Vorliegende Spezies	
	in starker Base	in starker Säure
H_2O	$OH^{\ominus}$	$H^{\oplus}$
$H_2PO_4^{\ominus}$	$HPO_4^{2\ominus}$	H_3PO_4
$M(OH)_3$ (Al,Ga,In)	$M(OH)_4^{\ominus}$	$[M(H_2O)_6]^{3\oplus}$
$M(OH)_2$ (Cu,Zn)	$M(OH)_4^{2\ominus}$	$[M(H_2O)_6]^{2\oplus}$
$Be(OH)_2$	$Be(OH)_4^{2\ominus}$	$[Be(H_2O)_4]^{2\oplus}$
$M(OH)_2$ (Cu,Zn)	$M(OH)_{3,(aq)}^{\ominus}$	$[Mn(H_2O)_6]^{2\oplus}$
$Au(OH)_3$	$Au(OH)_4^{\ominus}$	$Au^{III}L_4$ (kein $Au^{3\oplus}$)
„$M(OH)_2$" (Sn,Pb)	$M(OH)_3^{\ominus}$	$[M(H_2O)_6]^{2\oplus}$
„$M(OH)_4$" (Ti,Zr)	K_2MO_3 (Schmelze)	$[M(OH)_2]^{2\oplus}$ u. a.
GeO_2	$K_4[GeO_4]$ u.a.(Schmelze)	H_4GeO_4
TeO_2	$TeO_3^{2\ominus}$	$Te_{(aq)}^{4\oplus}$
UO_3	$U_2O_7^{2\ominus}$	$UO_2^{\oplus}$

Aktivität s. Kap. Elektrochemie.

Analyseverfahren

Grundaufgabe der chemischen Analytik ist die ökonomische und treffende Kombination des analytischen *Objekts* (Isotop, Atom, Ion, funktionelle Gruppe, Molekül, Kristallgitter, Gestein, Zelle) mit der richtigen *Methode*.

Makroverfahren	über 100 mg Probemasse
Halbmikroverfahren	1 bis 100 mg
Mikroverfahren	1 μg bis 1 mg
Submikroverfahren	unter 1 μg

Anteil

Verhältnis zweier mess- oder zählbarer Größen gleicher Dimension mit dem Grösstwert höchstens 100% = 1. Verhältnis der Massen, Volumina, Stoffmengen oder Teilchenzahlen von einer Stoffportion i und der Summe aller Stoffe in der Mischphase.

Massenanteil	$w_i = m_i/m,$
Volumenanteil	$\varphi_i = V_i/V,$
Stoffmengenanteil	$x_i = n_i/n,$
Teilchenzahlanteil	$X_i = N_i/N$

Zähler- und Nennergröße haben gleiche Einheiten (z. B. kg/kg), so dass man die Größe auch als Bruchteil von eins, in Prozent oder Promille angeben kann.

AOX An Aktivkohle adsorbierbare Halogenkohlenwasserstoffe.

Äquivalent

Äquivalentteilchen eines Stoffes; Bruchteil eines Teilchens, einer Atomart, eines Ions oder Moleküls.

$$1 \text{ Äquivalent} = \frac{1}{z} \text{ Teilchen}$$

z Äquivalentzahl = „Wertigkeit".

Beispiele: $\frac{1}{2}Mg^{2\oplus}, \frac{1}{2}H_2SO_4, \frac{1}{5}KMnO_4$.

	Teilchen	Äquivalent
Stoffmenge	$n(X) =$	$^1/_z\, n(\frac{1}{z}X)$
molare Masse	$M(X) =$	$z\, M(\frac{1}{z}X)$
Konzentration	$c(X) =$	$^1/_z\, c(\frac{1}{z}X)$

Veraltet ist das Grammäquivalent.

Tabelle 10.1   Äquivalenzahl z verschiedener Stoffe zur Berechnung der *Äquivalentkonzentration. Gleichungen siehe *Normalpotential.

Redoxtitration		$KNO_3 \rightarrow NO$	3	$C_4H_6O_6$ (Weinsäure)	2
		$KMnO_4 \rightarrow Mn(II)$	5	$C_6H_8O_7 \cdot H_2O$ (Citronensre.)	3
Ag	1	$KMnO_4 \rightarrow Mn(VI)$	1	$CuSO_4 \cdot 5H_2O$	2
$As_2O_3 \rightarrow As(V)$	4	$KMnO_4 \rightarrow MnO_2$	3	HCl	1
$BaO_2 \rightarrow O_2$	2	$MnClO_3 \rightarrow {}^1\!/_2Cl_2$	5	HNO_3	1
$BaO_2 \cdot 8H_2O$	2	$MnNO_3 \rightarrow NO$	3	H_3PO_4	3
$Ca(OCl)_2 \rightarrow Cl_2$	2	$MnO_2 \rightarrow Mn^{2\oplus}$	2	H_2SO_4	2
$C_2H_2O_4$ (Oxalsäure)	2	$Na_2C_2O_4 \rightarrow CO_2$	2	$HgCl_2$	2
$C_2H_2O_4 \cdot 2H_2O$	2	$Na_2S_2O_3 \rightarrow {}^1\!/_2S_4O_6$	1	KCl	1
$CrO_3 \rightarrow Cr(III)$	3	$N_2H_4 \cdot H_2SO_4 \rightarrow NH_4^{\oplus}$	2	$K_2C_4H_4O_6$ (Kaliumtartrat)	2
Hg	2	$(NH_4)_2Fe(SO_4)_2 \cdot 6H_2O$	1	K_2CO_3	2
HgO	2	$O_2 \rightarrow 2\,H_2O$	4	$KHCO_3$	1
$HNO_3 \rightarrow NO$	3	$PbO_2 \rightarrow Pb^{2\oplus}$	2	KOH	1
$H_2S \rightarrow S$	2			$MgCl_2$	2
$I_2 \rightarrow 2\,I^{\ominus}$	2	*Neutralisationstritration*		$MgCl_2 \cdot 6H_2O$	2
$KBr \rightarrow {}^1\!/_2Br_2$	1			$MgCO_3$	2
$KBrO_3 \rightarrow {}^1\!/_2Br_2$	5	$AgNO_3$	1	$MnSO_4$	2
$KClO_3 \rightarrow {}^1\!/_2Cl_2$	5	$BaCl_2 \cdot 2H_2O$	2	$NaCl$	1
$KClO_4 \rightarrow KClO_3$	2	$BaCO_3$	2	Na_2CO_3	2
$K_2CrO_4 \rightarrow Cr(III)$	3	$Ba(OH)_2$	2	$NaHCO_3$	1
$K_2Cr_2O_7 \rightarrow 2\,Cr(III)$	6	$CaCl_2 \cdot 6H_2O$	2	$NaOH$	1
$K_4[Fe(CN)_6] \rightarrow Fe(III)$	1	$CaCO_3$	2	NH_3	1
$K_4[Fe(CN)_6] \cdot 3H_2O$	1	$Ca(OH)_2$	2	NH_4Cl	1
$K_3[Fe(CN)_6] \rightarrow Fe(II)$	1	$C_2H_4O_2$ (Essigsäure)	1	NH_4SCN	1
$KI \rightarrow {}^1\!/_2I_2$	1	$C_2H_2O_4$ (Oxalsäure)	2	$(NH_4)_2SO_4$	2
$KIO_3 \rightarrow {}^1\!/_2I_2$	5	$C_2H_2O_4 \cdot 2H_2O$	2	$ZnSO_4 \cdot 7H_2O$	2

Äquivalent bei chemischen Reaktionen

1) *Stoffe gleicher Wertigkeit* (Äquivalenzahl) reagieren miteinander in gleichen Stoffmengen, d. h. im Verhältnis ihrer molaren Massen M. Gleiche Stoffmengen sind einander äquivalent.

A	+ B	$\rightarrow$ C
1 Teilchen	1 Teilchen	1 Teilchen
1 mol	1 mol	1 mol
M_A kg	M_B kg	$M_C = (M_A + M_B)$

M Zahlenwert der molaren Masse oder relative Molekülmasse.
z *Äquivalenzahl.

2) *Stoffe verschiedener Wertigkeit* (Äquivalenzahl) reagieren in Stoffmengen, die ihren Äquivalentfaktoren entsprechen.
Äquivalenzfaktor ${}^1\!/_{z_i}$ nennt man den Kehrwert der Wertigkeit z_i eines Stoffes für eine bestimmte Reaktion.

α A	+ β B +...	$\rightarrow$ γ C +...
α Teilchen	β Teilchen	γ Teilchen
${}^1\!/_{z_A}$ mol	${}^1\!/_{z_B}$ mol	${}^1\!/_{z_C}$ mol
${}^{\alpha}\!/_z$ mol	${}^{\beta}\!/_z$ mol	${}^{\gamma}\!/_z$ mol
$\frac{M_A}{z_A}$ kg	$\frac{M_B}{z_B}$ kg	$\frac{M_C}{z_C}$ kg

Äquivalentbeziehung

Basis der *Maßanalyse. Vgl. *Titrationsformel.

• Gleiche Volumina gleich-äquivalenter Lösungen heben sich in ihrer chemischen Wirkung gegenseitig vollständig auf (*Äquivalentkonzentration).

• Gleiche Volumina gleich-äquivalenter Säuren und Basen neutralisieren einander.

• Lösungen gleich-äquivalenter Säuren und Basen enthalten dieselbe Konzentration von $H_3O^{\oplus}$- bzw. $OH^{\ominus}$-Ionen.

Äquivalentkonzentration

Früher: *Normalität.*

$$c_e = c \cdot z = \frac{mz}{MV} \quad \text{mol/}\ell$$

c molare Konzentration (mol/ℓ), z Äquivalenzahl, M molare Masse (g/mol).

Normgerechte Angabe, z. B. in der Wasseranalytik:

Stoffmengenkonzentration $\quad c(H_2SO_4) = 0{,}5$ mol/ℓ

Äquivalentkonzentration $\quad c\left(\frac{1}{2}H_2SO_4\right) = 1$ mol/ℓ

Veraltet! $\qquad 1\,N = \frac{1}{z}$ mol/$\ell = 1$ val/ℓ

Beispiel: 1-normale Schwefelsäure enthält ${}^1\!/_2$ mol = 49,04 g H_2SO_4 im Liter ($z = 2$).

1-normale Kaliumpermanganatlösung enthält ${}^1\!/_5$ mol = 31,6 g $KMnO_4$ im Liter ($z = 5$).

Äquivalentmasse

$$\frac{\text{molare Masse}}{\text{Äquivalenzahl}} \quad M_e = \frac{M}{z} = \frac{m}{z\,n} \quad \text{kg/kmol}$$

Äquivalentmenge

Stoffmenge · Äquivalenzahl

$$n_e = n\,z = \frac{m\,z}{M} \quad \text{mol}$$

Äquivalenzahl

Früher *Wertigkeit* oder *Reaktionswertigkeit* z. Für eine bestimmte Reaktion das kleinste gemeinsame Vielfache der Wertigkeiten aller Reaktionspartner.

$$z = \alpha z_A = \beta z_B = \dots$$

1) Neutralisationsäquivalent. z = Zahl abdissozierter Protonen (bei Säuren) oder Hydroxidionen (bei Basen):
z. B. $HCl, \frac{1}{2}H_2SO_4, \frac{1}{3}H_3PO_4$ ($z = 1,2,3$),
$KOH, \frac{1}{2}Ca(OH)_2, \frac{1}{3}Al(OH)_3$ ($z = 1,2,3$).

2) Ionenäquivalent. z = Zahl der Ladungen von Kationen oder Anionen (in Salzen oder Lösungen):

Analytische Chemie

10

z. B. $Na^\oplus$, $\frac{1}{2}Ca^{2\oplus}$, $\frac{1}{3}Fe^{3\oplus}$ und $F^\ominus$, $\frac{1}{2}SO_4^{2\ominus}$, $\frac{1}{3}PO_4^{3\ominus}$ ($z = 1,2,3$).

3) Redoxäquivalent. z = Zahl ausgetauschter Elektronen bei Redoxreaktionen = Änderung der Oxidationszahl von Oxidations- und Reduktionsmitteln:
z. B. KI, $\frac{1}{2}N_2H_4$, $\frac{1}{3}CrO_3$, $\frac{1}{4}Ca(OCl)_2$, $\frac{1}{5}KMnO_4$, $\frac{1}{6}K_2Cr_2O_7$, $\frac{1}{8}KClO_4$ ($z = 1,2,3,4,5,6,8$).

Asbest

Magnesiumsilicatfasern. Lungenkrebs lösen stäbchenförmige Partikel mit $>5\ \mu$m Länge, $<2\ \mu$m Dicke und einem Länge/Dicke-Verhältnis $L/D > 3$ aus.

Aufschluss

Präparatives Verfahren, um das gesuchte Ion in einer Analysenprobe in den Lösungszustand zu überführen.

1) Soda-Pottasche-Aufschluss. Schwerlösliche Proben im Nickeltiegel mit der 5-fachen Menge K_2CO_3/Na_2CO_3 ca. 10 min schmelzen. (Platintiegel für Silberhalogenide; Aluminiumoxid und Silicate nicht im Porzellantiegel.) Schmelze mehrfach waschen und zentrifugieren, in HCl lösen. Weitgehend aufgeschlossen werden: Erdalkalisulfate ($\rightarrow$ Carbonate), Silicate, Silberhalogenide ($\rightarrow$ Carbonate) und Oxide (z. B. $Al_2O_3, Fe_2O_3, Cr_2O_3$).

2) Freiberger-Aufschluss. Schwerlösliche Oxide (wie Zinnstein) im Porzellantiegel mit der 6fachen Menge Schwefel + Soda schmelzen.

$$2\,SnO_2 + 2\,Na_2CO_3 + 9\,S \longrightarrow$$
$$2\,Na_2SnS_3 + 3\,SO_2 + 2\,CO_2$$

Schmelze mit Wasser auslaugen, HCl zugeben: SnS_2 fällt hellgelb aus.

3) Saurer Aufschluss. Alternative zum Soda-Pottasche-Aufschluss für schwerlösliche Oxide (z. B. Eisen- und Titanoxide); mit der 6fachen Menge Kaliumhydrogensulfat schmelzen und auf Rotglut erhitzen, bis die Probe farblos erscheint. Lösen in Schwefelsäure, abzentrifugieren.

4) Sodaauszug. Kationen, die den Nachweis von Anionen erschweren, werden durch den Sodauszug weitgehend in schwerlösliche Carbonate und Hydroxide überführt. $^1/_2$ g Probensubstanz mit 20 mℓ konz. Sodalösung ca. 10–30 min auf dem Wasserbad kochen (bis sich der Bodensatz selbständig durchmischt hat), abkühlen lassen, dekantieren oder zentrifugieren. Im Filtrat bleiben: Anionen, Alkalimetalle, amphotere Hydroxide, Aluminat $[Al(OH)_4]^\ominus$, Zinkat $[Zn(OH)_3]^\ominus$, Arsenat $AsO_3^{3\ominus}$, Chromat und Permanganat.

5) Natriumaufschluss für organische Verbindungen. Ein Stück Natrium im Oberteil eines Schmelzgläschens unter gelindem Erwärmen schmelzen, auf die Probensubstanz tropfen lassen, zum Glühen erhitzen, in ein kleines Becherglas mit kaltem Wasser werfen. Hinweise auf Stoffklassen:
- H_2-Entwicklung in der Kälte: C-H-acide Verbindung, Alkohole, Säuren.
- *explosiv:* Nitroalkane, Azide, Diazoester, Diazoniumverb., aliphatische Polyhalogenide.
Die wässrige Lösung wird analysiert.
- LASSAIGNE-Probe: grünblaue Färbung beim Auf-

kochen mit $FeSO_4$ und $FeCl_3$, Ansäuern: *Stickstoff*verbindung.
- *Schwefelnachweis* (Thioverbindungen)
1. schwarzer Niederschlag mit Bleiacetatlösung
2. Violettfärbung mit Dinatriumpentacyanonitrosylferrat(III) (Nitroprussidnatrium).
- *Halogennachweis:* Mit salpetersaurer Silbernitratlösung (evt. nach Verkochen von Blausäure):
weißer Niederschlag: Chlorverbindung
gelblicher Niederschlag: Bromverbindung
gelber Niederschlag: Iodverbindung.
- *Eosinprobe:* Erwärmen mit konz. schwefelsaurer Permanganatlösung; Absorption der Dämpfe an gelbem Fluoresceinpapier, das sich über Ammoniak gehalten rosa färbt = Bromverbindung.
- *Zirkon-Alizarin-Test:* Entfärbung oder Gelbfärbung durch die essigsaure aufgekochte Probelösung = Fluorverbindung.

Auslöseschwelle (ALS)

Konzentration unterhalb des MAK- oder TRK-Wertes (z. B. BAT-Wert), ab der ein Gefahrstoff Schutzmaßnahmen erforderlich macht.

Avogadro-Hypothese

Gleiche Volumina aller Gase enthalten unter gleichen äußeren Bedingungen (Temperatur, Druck) die gleiche Anzahl Moleküle. *Avogadro-Konstante (in mol^{-1}).
Die Teilchenzahl in einem Kubikmeter Gas unter Normbedingungen (0 °C, 101325 Pa) heißt heute *Loschmidt-Konstante (in m^{-3}).

Avogadro-Konstante

In der Stoffmenge $n = 1$ mol eines beliebigen Stoffes enthaltene Teilchenzahl. Unsichere Stellen kursiv.

$$N_A = 6,022\,14\textit{1}\,\textit{99} \cdot 10^{23}\ mol^{-1}$$

Base

Zur Protonenaufnahme fähiger Stoff; vgl. *Säuren und Basen. Bildung von Basen:

1. unedles Metall + Wasser	$\longrightarrow$ Metallhydroxid + Wasserstoff
2. Metalloxid + Wasser	$\longrightarrow$ Metallhydroxid

Beispiele
1. $2\,Na + 2\,H_2O$	$\longrightarrow 2\,NaOH + H_2 \uparrow$
2. $CaO + H_2O$	$\longrightarrow Ca(OH)_2$

Basizität Dissoziationsneigung einer Base, *pK-Wert.

BAT

Biologischer Arbeitsstoff-Toleranzwert, Grenzwert f. die Konzentration e. Schadstoffes od. Umwandlungsproduktes im menschl. Körper (Blut, Urin etc.), bei der i. a. die Gesundheit nicht beeinträchtigt wird.

Betriebsanweisung

Nach §20 GefStoffV (TRGS 555) arbeitsbereich- und stoffbezogene Beschreibung des sachgerechten Umgangs mit Gefahrstoffen am Arbeitsplatz, einschließlich Zusammenfassung der jährlichen *Sicherheitsunterweisung* durch den Arbeitgeber. Für alle verwendeten oder freigesetzten Arbeitsstoffe nach neuen wissenschaftlichen und betrieblichen Kenntnissen zu erstellen und auszuhängen. Für Arbeitsplätze und Tätigkeiten mit vergleichbaren Gefahren auch gemeinsame Betriebsanweisungen.

Arbeitgeber bzw. Sicherheitsbeauftragte müssen sich bei Spezialisten für Arbeitssicherheit, Betriebsärzten oder Gewerbeaufsicht beraten. Arbeitnehmer haben die Betriebsanweisung zu beachten.

Inhalt der Betriebsanweisung

1. *Arbeitsbereich und Arbeitsplatz.* Bezeichnung von Betrieb, Arbeitsbereich, Arbeitsplatz, Tätigkeit.

2. *Gefahrstoffbezeichnung:* geläufiger Name und chemische Bezeichnung, bei Zubereitungen und Erzeugnissen mindestens der gefährlichen Inhaltsstoffe. Stoffe mit gleichem Gefahrenpotential werden zu *Stoffgruppen* zusammengefasst.

3. *Gefahr für Mensch und Umwelt:* Gefahrstoffsymbol und Gefahrenbezeichnung, leichtverständliche Beschreibung der Gesundheitsgefahren, Hinweis auf besondere Risiken; zusätzliche Angaben (vgl. Sicherheitsdatenblatt, Produktinformation, Gefahrstoffverordnung (R-Sätze), Unfallmerkblatt, Betriebserfahrungen, Literatur).

4. *Schutzmaßnahmen, Verhaltensregeln, Hygiene.* Symbolschilder nach Unfallverhütungsvorschrift, Sicherheitsratschläge (S-Sätze); vgl. technische Regeln für Gefahrstoffe (TRGS 003), Betriebserfahrungen und Arbeitsanweisungen.

5. *Verhalten im Gefahrfall:* z. B. bei ungewöhnlichem Druck- oder Temperaturanstieg, Leckage, Brand, Explosion: technische und persönliche Schutzmaßnahmen, Verhaltensregeln, Flucht- und Rettungspläne, geeignete Löschmittel.

6. *Erste Hilfe:* Maßnahmen untergliedert nach (a) Haut- oder Augenkontakt, (b) Einatmen oder Verschlucken, (c) Verbrennungen.

Innerbetriebliche Regelungen für (a) Erste Hilfe-Einrichtungen, (b) Ersthelfer, (c) Notrufnummern.

7. *Entsorgung:* Hinweise zur sachgerechten Beseitigung oder Wiederverwertung.

Biochemischer Sauerstoffbedarf

Kurz **BSB$_5$**. Gelöstsauerstoffmenge (in mg/ℓ) zum mikrobiellen Abbau organischer Stoffe im Abwasser innerhalb von 5 Tagen bei 20 °C im Dunkeln; je nach Bakterienflora, Nährstoffangebot, Temperatur- und Lichteinwirkung.

$$\text{Organ. Stoffe} + O_2 \xrightarrow[\text{Dissimilation}]{\text{Bakterien}} CO_2 + H_2O$$

Nach DIN 38 409 T 51 wird die Wasserprobe mit sauerstoffgesättigtem, bakterienhaltigem Wasser versetzt, verschlossen und nach fünf Tagen die Änderung des Sauerstoffgehaltes gegenüber der frischen Probe ermittelt. Die Reproduzierbarkeit ist gering (im Vergleich zum CSB). Amperometrische Sauerstoffsensoren und manometrische Messsysteme liefern <u>nicht</u> vergleichbare Ergebnisse! Verfäschung insbesondere bei geklärtem Abwasser durch Nitrifikation ($NH_4^\oplus \rightarrow NO_2^\ominus \rightarrow NO_3^\ominus$).

Güteklasse	I	I–II	II	II–III	III	III–IV	IV
BSB$_5$ (mg/ℓ)	<1	1–2	2–6	5–10	7–13	10–20	>15

Kommunales Abwasser hat BSB$_5$ 100 (schwach verschmutzt), 200 (mittel) bis 300 (stark verschmutzt). Fließgewässer um 6, geklärtes Abwasser um 20.

Biomasse

Gesamtmasse organischer Materie (Pflanzen, Tiere, Mikroorganismen etc.) auf einer bestimmten Fläche oder in einem Volumen; gebildet durch Vermehrung, Wachstum und Stoffwechsel der Organismen.

Boraxperle

An e. Magnesiastäbchen Borax zu e. Perle schmelzen, Analysensubstanz aufnehmen, in der Oxidationsflamme glühen. Färbungen nach Erkalten: *Cobalt* (blau), *Chrom* (grün), *Molybdän* (gelb-braun), *Zinn* (rot, in leuchtender Flamme, etwas $CuSO_4$ zugeben).

Brennprobe

Vorprobe für organische Stoffe.

1. *rußende Flamme:* Aromaten, (Alkine, Alkane).

2. *blauleuchtende Flamme:* sauerstoffhaltige Verbindungen: Alkohole, Ether u.a.

3. *gelbleuchtende Flamme:* Kohlenwasserstoffe, Olefine, (höhere Alkohole u.a.)

4. *Glührückstand:* Salze v. Carbonsäuren, Phenolen, höherhalogen. Kohlenwasserstoffen u.a.; auf Metalle, Carbonat, Sulfid, Sulfat (Carbonylbisulfite, Sulfin-, Sulfonsäuren, Mercaptide) untersuchen.

5. BEILSTEIN-Probe: Grünfärbung am ausgeglühten Kupferdraht durch $CuCl_2$ aus Halogenverbindungen; selten: organische Stickstoffverbindung.

Zonen des *Bunsenbrenners* sind:

- *Reduktionsflamme:* unteres Drittel Mitte – oder die *leuchtende Flamme*spitze.
- *Oxidationsflamme:* rechts außen oben.

Carbonathärte

Kohlensäure liegt im Wasser vor:

- *frei:* Lösung von CO_2 in Wasser; korrosiv!
- *gebunden:* Carbonat, Hydrogencarbonat.
- *zugehörige Kohlensäure:* CO_2-Menge, um Calciumhydrogencarbonat im Kalk-Kohlensäure-Gleichgewicht zu stabilisieren:

$$CaCO_3 + H_2O + CO_2 \rightleftharpoons Ca(HCO_3)_2$$

(Kohlensäure löst Kalkstein auf! Wenig CO_2 begünstigt die Kalkausscheidung.)

- *aggressive Kohlensäure:* überschüssiges CO_2, das den zugehörigen Anteil übersteigt.

Die Titrationskurve einer CO_2-haltigen Lösung zeigt zwei Stufen bei pH 3–5 und pH 7,8–9,0.

                                 Indikator:

(1) $CO_3^{2\ominus} + H^\oplus \rightleftharpoons HCO_3^\ominus$ Phenolphthalein

(2) $HCO_3^\ominus + H^\oplus \rightleftharpoons CO_2 + H_2O$ Methylorange

m-Wert (gegen Methylorange), Titration bis pH 4,3. Säurekapazität bis pH 4,3:

$$\boxed{K_{a\,4.3} \approx [HCO_3^\ominus] \approx m}$$

p-Wert (gegen Phenolphthlein), Titration bis pH 8,2. Basenkapazität bis pH 8,2:

$$\boxed{K_{b\,8,2} \approx [CO_2] \approx -p}$$

Anorganischer Kohlenstoff (total inorganic carbon):

$$TIC = [CO_2] + [HCO_3^{\ominus}] + [CO_3^{2\ominus}]$$

Auf der **Tillmans-Kurve** liegt der zum m- und p-Wert gehörige *Gleichgewichts-pH* der Calciumcarbonatsättigung = LANGELIER-pH (pH_L. Der pH des Wassers muss darunter liegen (Trinkwasserverordnung 1991), sonst schwimmt Kalk im Wasser!

Sättigungsindex: $SI = pH - pH_L$

Chemikalien, unverträgliche

Zur Laborsicherheit werden Chemikalien, die heftig miteinander reagieren können, getrennt aufbewahrt.

1) Vorsicht beim Verdünnen konzentrierter Säuren:
Erst das Wasser, dann die Säure!

- Niemals Säuren auf Alkali*cyanide* geben (HCN!).
- *Explosionsgefahr* bei Perchlorsäure, Chloraten, Aziden, schwefelsaurem Permanganat, Ether (Peroxide), Alkalimetallen mit Wasser oder chlorhaltigen Lösungsmitteln!
- *Vergiftungsgefahr* bei H_2S, NO_x, PH_3, AsH_3, CO, CS_2, HCN, Hg, Bleiorganylen, organischen Lösungsmitteln.

2) Vorsicht mit Mischungen von:

- *Acetylen* + Cl_2,Br_2,F_2, Cu, Ag, Hg.
- *Aktivkohle* + $Ca(OCl)_2$, Oxidationsmittel.
- *Alkalimetalle* + Wasser, CCl_4, Halogenalkane, CO_2, Halogene.
- *Aluminiumalkyle* + Wasser.
- *Ammoniakgas* + Hg, Cl_2, $Ca(OCl)_2$, I_2, Br_2, HF.
- *Ammoniumnitrat* + Säuren, Metallpulver, brennbare Flüssigkeiten, Chlorate, Nitrate, Schwefel, feinverteilte organische Stoffe.
- *Anilin* + HNO_3,H_2O_2.
- *Brennbare Flüssigkeit* + NH_4NO_3,CrO_3, H_2O_2, HNO_3,NaO_2, Halogene.
- *Chlor* + NH_3, Acetylen, Butadien, Butan, CH_4, Propan, H_2, Petroleum, Benzol, Metallpulver.
- *Chlorate* + Ammoniumsalze, Säuren, Metallpulver, Schwefel, fein verteilte organ. od. brennbare Stoffe.
- *Chrom(VI)-oxid* + Essigsäure, Naphthalin, Campher, Glycerin, Petroleumbenzin, Alkohole, brennbare Flüssigkeiten.
- *Cumolhydroperoxid* + org. und anorg. Säuren.
- *Cyanide* + Säuren.
- *Essigsäure* + CrO_3,HNO_3, Alkohole, Ethylenglycol, $HClO_4$, Peroxide, Permanganate.
- *Fluor* + nahezu jede andere Substanz.
- *Fluorwasserstoff* + NH_3 (Gas und Lösung).
- *Iod* + Acetylen, NH_3 (Gas und Lösung).
- *Kaliumpermanganat* + Glycerin, Ethylenglycol, Benzaldehyd, H_2SO_4.
- *Kohlenwasserstoffe* + F_2, Cl_2, Br_2, CrO_3, NaO_2.
- *Kupfer* + Acetylen, H_2O_2.
- *Natriumperoxid* + Methanol, Ethanol, Eisessig, Essigsäureanhydrid, Benzaldehyd, CS_2, Glycerin, Ethylenglycol, Ethylacetat, Methylacetat, Furfurol.
- *Oxalsäure* + Ag, Hg.
- *Perchlorsäure* + Essigsäureanhydrid, Bi (auch Legierungen), Alkohole, Papier, Holz.
- *Phosphor* + Schwefel, Sauerstoffverb., Chlorate.
- *Quecksilber* + Acetylen, NH_3.
- *Salpetersäure (konz.)* + Essigsäure, Anilin, Chrom(VI)-oxid, Blausäure, H_2S, brennbare Flüssigkeiten und Gase.
- *Schwefelsäure* + $KClO_3$,$KClO_4$,$KMnO_4$.
- *Schwefelwasserstoff* + rauchende HNO_3, oxidierende Gase.
- *Silber* + Acetylen, Oxalsäure, Weinsäure, Ammoniumverbindungen.
- *Wasserstoffperoxid* + Cu, Cr, Fe, Metalle, Metallsalze, Alkohole, Aceton, organ. Substanzen, Anilin, Nitromethan, brennb. Stoffe (fest od. flüssig).

Chemikalienentsorgung

Richtlinien für Laboratorien.

1) Ins Abwasser dürfen unter starker Verdünnung nur wasserlösliche Stoffe gelangen, die nicht kennzeichnungspflichtig reizend, mindergiftig, giftige oder sehr giftig sind, also prinzipiell Bestandteile von Lebensmitteln sein können:
Säuren (HCl, H_2SO_4, HNO_4, H_3PO_4),
Laugen (NaOH, KOH, NH_3),
keine organ. Lösungsmittel außer Ethanol.

2) Chemische Abfälle werden in Spezialbehältern zum Abtransport als Sondermüll gesammelt.
Organische Lösungsmittel (halogenhaltig),
Schwermetallsalze (und Lösungen),
Altöl,
Alt-Quecksilber,
Filter, Aufsaugmassen, Chromatografieplatten, Säulenfüllungen.
Feste Rückstände, einzeln verpackt.
Ist ein Sondermüllbehälter nicht mehr aufnahmefähig, hat der Benutzer umgehend Ersatz zu veranlassen.

3) Entgiftung. Hochreaktive und stark giftige Stoffe vor Beseitigung in den Sondermüll inaktivieren.

- *Nitrit:* mit Ammoniak oder Amidosulfonsäure umsetzen (zu N_2 + H_2O, H_2SO_4).
- *Chromate* und *Chromschwefelsäure:* bei pH 2–3 mit $NaHSO_3$ (zu $Cr^{3\oplus}$, $SO_4^{2\ominus}$ und H_2O).
- *Natrium:* mit Alkohol (Propanol, Ethanol, Methanol) zum Alkoholat; nicht in Wasser werfen!
- *Chlor, Schwefeldioxid, Chlorwasserstoff, Phosgen:* in verd. Natronlauge einleiten. Chlor disproportioniert zu Chlorid und Hypochlorit.
Hypochlorit ($OCl^{\ominus}$): mit Thiosulfat (zu $Cl^{\ominus}$ und $SO_4^{2\ominus}$).
- *Brom:* mit Thiosulfat reduzieren (zu Bromid).
- *Cyanide:* bei pH 10–11 mit Natriumhypochlorit (NaOCl) zu Cyanat + Chlorid oxidieren; durch weiteres NaOCl bei pH 8–9 zu CO_2 und N_2.
- *Weißer Phosphor:* Insbes. an Glaswandungen; mit $KMnO_4$ zu Phosphat und Mn(II).

4) Feuergefährliche Lösungsmittel und selbstentzündliche Stoffe nicht in Abfallkübel!

Chemikaliengesetz

Gesetz zum Schutz vor gefährlichen Stoffen (ChemG), ergänzt durch die Gefahrstoffverordnung (GefStoffV) und die Technischen Regeln für Gefahrstoffe (TRGS).

Chemikalien-Lagerung

Richtlinien für Laboratorien.

1. Chemikalien, Gefahrstoffe und Gifte, für Unbefugte unzugänglich aufzubewahren, nicht zu anderweitigen Zwecken verwenden oder außer Haus bringen. Am Arbeitsplatz nur Kleinmengen aufbewahren, übersichtlich anordnen.

2. Behältnisse mit eindeutigen Bezeichnungen der enthaltenen Stoffe und mit Gefahrensymbolen oder -hinweisen versehen. Keine handelsüblichen Lebensmittelverpackungen, Getränkeflaschen oder Zeitungspapier verwenden.

- *Polyethylenflaschen:* für Flüssigkeiten, Feststoffe, Alkalien und Flusssäure; NICHT für konz. HCl, konz. HNO_3, organ. Lösungsmittel.
- *Glasflaschen:* für Säuren, organ. Lösungsmittel, bedingt für Laugen; NICHT für Flusssäure.
- *Braunglasflaschen:* lichtempfindliche Substanzen wie Silber- und Iodverbindungen, Kohlenstoffdisulfid, Ether.

Öffnet ein Glasstopfen nicht, vorsichtig mit Holzgegenstand an den Stopfen klopfen, evt. Flaschenhals mit Fön erwärmen. VORSICHT bei brennbaren Chemikalien!

3. Hautkontakt mit Chemikalien vermeiden. Gummihandschuhe verwenden (außerhalb des Labors ausziehen)!

4. Beim Umfüllen von Chemikalien Trichter verwenden, Wanne oder Karton unterstellen! Chemikalientransport in Kübeln mit Henkel!

5. Verschüttete Chemikalien, Flüssigkeiten und Quecksilber mit Absorptionsgranulat aufnehmen, aufkehren, verpacken, Sondermüll zuführen.

6. Chemikalien und Lösungen nicht mit dem Mund ansaugen. Peleusball verwenden!

7. Selbstentzündliche Stoffe getrennt von brennbaren lagern.

8. Chemikalien, die gesundheitsschädliche Gase oder Dämpfe abgeben, im Abzug aufbewahren.

- *Königswasser* nur im Abzug herstellen/verarbeiten.
- *Natrium* und Kalium unter Petroleum oder Paraffin aufbewahren.
- Weißen *Phosphor* unter Wasser aufbewahren (Glasgefäß in eine mit Sand gefüllte Blechbüchse stellen).

Chemische Formel

Beschreibung des Aufbaus einer Verbindung nach Art und Verhältnis der Elemente; Zusammensetzung der Moleküle (bzw. Ionen) aus Atomen.

Aufstellen von Summenformeln:

1. Anschreiben der beteiligten Elemente und der Oxidationsstufen (Wertigkeiten) der Elemente. Komplexionen zusammenfassen!

2. Kleinstes gemeinsames Vielfaches (kgV) aller Oxidationsstufen.

3. Berechnen des *Atommultiplikators* (Index, tiefgestellte Ziffer) für jedes Element: n = kgV/Oxidationsstufe. Atommultiplikatoren gelten für das Atom, *hinter* dessen Symbol sie stehen. Um Komplexionen Klammern setzen.

Beispiel: Phosphorpentoxid: Oxidationsstufen: P (+5), O (–2); kgV = 10; Formel: P_2O_5.

Chemischer Sauerstoffbedarf

CSB. Maß für die Summe organischer Verunreinigungen in Wasser. Sauerstoffmenge (in mg/ℓ) zur vollständigen Oxidation der organischen Wasserinhaltsstoffe (mit *Kaliumdichromat* oder Ozon).

$$\text{Organ. Stoffe} + Cr_2O_7^{2\ominus} \xrightarrow[148\,°C,\,2h]{Ag^{\oplus}} CO_2,\ H_2O,\ 2Cr^{3\oplus}$$

Zur Gebührenberechnung für häusliches Abwasser in Deutschland.

$$1\ \text{mg}\ O_2\ (\text{CSB}) \mathrel{\hat=} 1{,}2\ \text{mg organische Stoffe.}$$

Nach DIN 38 409 T 41 werden 50 mℓ Wasserprobe mit Schwefelsäure, Silberionen (Katalysator) und Kaliumdichromat (Oxidationsmittel) zwei Stunden bei 148 °C unter Rückfluss gekocht; überschüssiges Dichromat mit $Fe^{2\oplus}$ rücktitriert; störendes Chlorid mit $Hg^{2\oplus}$ als $[HgCl_4]^{2\ominus}$ maskiert.

CSB			
2–10	mg/ℓ O_2:		Regenwasser
$\approx$20	mg/ℓ O_2:		Fließgewässer (Güteklasse II)
$\approx$100	mg/ℓ O_2:		geklärtes Abwasser
$\approx$200	mg/ℓ O_2:		Allgemein anerkannte Regeln d. Technik
$\approx$500	mg/ℓ O_2:		kommunales Abwasser

Rückschluss auf die Wasserzusammensetzung ist unmöglich, weil jede Substanz zum Abbau verschieden viel O_2 benötigt. In stark schwefelsaurer Lösung und in Gegenwart von Hg- oder Ag-sulfat werden 95–98% der organischen Stoffe zu CO_2 und Wasser abgebaut. Ausnahmen sind Pyridin, einige N-Heterozyklen, Kohlenwasserstoffe.

Dissoziation

Elektrolytische Dissoziation. Zerfall salzartiger Stoffe in polaren Lösungsmitteln in geladene Bruchstücke (Ionen). Nach dem COULOMB-Gesetz sinkt die Ionenanziehung mit steigender Permittivität des Lösungsmittels, so dass das Ionengitter zerfällt. Welches Teilchen zu einem bestimmten Zeitpunkt zerfällt, ist – wie beim radioaktiven Zerfall – nicht vorhersagbar. Die BROWNsche Wärmebewegung führt Anionen und Kationen pinzipiell auch wieder zusammen (Rekombination). Stark dissoziieren *Leitsalze* wie $NaBF_4$, $LiCl$, $LiAlCl_4$, $[Bu_4N]^{\oplus}I^{\ominus}$, $NaClO_4$, $[Et_4N]^{\oplus}[ClO_4]^{\ominus}$.

Dissoziationsgleichgewicht

Der Acidität und Basizität von Säuren und Basen zugrundeliegende Reaktion.

Einbasige Säure:	$HX \rightleftharpoons H^{\oplus} + X^{\ominus}$
Zweibasige Säure:	$H_2X \rightleftharpoons H^{\oplus} + HX^{\ominus}$

Hydratisiertes Metallion:
$$[M(H_2O)_n]^{m\oplus} \rightleftharpoons H^{\oplus} + [M(H_2O)_{n-1}(OH)]^{(m-1)\oplus}$$

Konjugate Säure od. Base: $BH^{\oplus} \rightleftharpoons H^{\oplus} + B$

Dissoziationsgrad

Protolysegrad (Dimension 1).

1) Kennzahl für das Ausmaß der *Dissoziation.

$$\boxed{\alpha = \frac{N_{\text{diss}}}{N_{\text{ges}}}} = 0\ldots100\,\%$$

N_{diss} Zahl dissoziierter Teilchen; N_{ges} Gesamtzahl der Teilchen.

Analytische Chemie   **10**

Ein *starker Elektrolyt* liegt praktisch vollständig, ein *schwacher Elektrolyt* unvollständig dissoziiert vor.

- α steigt: mit zunehmender *Verdünnung*,
- zunehmender *Temperatur*,
- bei Entfernung einer Komponente aus dem Dissoziationsgleichgewicht (Gasentwicklung, Niederschlag),
- bei Einwirkung hoher Feldstärke durch Lockerung der Bindung zwischen Proton und Säurerest: *Dissoziationsfeldeffekt.

2) Ostwald'sches Verdünnungsgesetz. Das Massenwirkungsgesetz für das Dissoziationsgleichgewicht $AB \rightleftharpoons A^{\oplus} + B^{\ominus}$ eines schwachen Elektrolyten ergibt:

Dissoziierter Anteil: $\quad c_{A^{\oplus}} = c_{B^{\ominus}} = \alpha c_0$

Undissoziierter Anteil: $c_{AB} = c_0 - c_{A^{\oplus}} = c_0(1 - \alpha)$

Dissoziationskonstante: $K = \dfrac{c_{A^{\oplus}} c_{B^{\ominus}}}{c_{AB}} = \dfrac{\alpha^2 c_0}{1-\alpha} \approx \alpha^2 c_0$

$$\alpha = \frac{-K + \sqrt{K^2 + 4c_0 K}}{2c_0} \stackrel{(\alpha \ll 1)}{\approx} \sqrt{\frac{K}{c_0}}$$

Für K ist die Säurekonstante K_a bzw. Basenkonstante K_b einzusetzen.

c_i	Gleichgewichtskonzentration,	(mol/ℓ)
c_0	Ausgangs-Elektrolytkonzentration,	(mol/ℓ)
$c_{X^{\ominus}}, c_{BH^{\oplus}}$	dissoziierte Substanz	(mol/ℓ)
c_{HX}, c_B	undissozierte Säure od. Base	(mol/ℓ)

3) Anwendung.

1. Welche Konzentration hat eine Ammoniaklösung ($K_b = 1{,}8 \cdot 10^{-5}$), die zu 15% dissoziiert ist?

$$c_0 = K_b (1 - \alpha)/\alpha^2 = 0{,}00068 \text{ mol}/\ell \text{ (exakt)}.$$
$$c_0 \approx K_b/\alpha^2 = 0{,}0008 \text{ mol}/\ell \text{ (Näherung)}.$$

2. Wie groß ist der Dissoziationsgrad von Essigsäure ($K_a = 1{,}742 \cdot 10^{-5}$) in 0,01 mol/$\ell$ NaCl?

$$K_a = \gamma_{\pm}^2 \frac{\alpha^2 c}{1-\alpha} \approx \gamma_{\pm}^2 \alpha^2 c \text{ und } \gamma_{\pm} = 0{,}986$$

(*Debye-Hückel-Theorie, $I \approx c_{NaCl}$) $\Rightarrow \alpha = 4{,}2\%$

4) Messung des Dissoziationsgrads

a) *Leitfähigkeitsmessung* schwacher Elektrolyte in verdünnter Lösung mit Hilfe tabellierter Grenzleitfähigkeiten Λ_{∞}.

Idealer Elektrolyt: $\quad \alpha = \dfrac{\Lambda_m}{\Lambda_{\infty}} = \dfrac{\kappa_{Lsg} - \kappa_{Lm}}{zc \sum \lambda_{\infty,i}}$

Realer Elektrolyt: $\quad \Lambda = \alpha \Lambda_{\infty} \left(1 - \text{const}\sqrt{I}\right)$

κ Leitfähigkeit, Λ_m molare Leitfähigkeit, λ Ionenleitfähigkeit, c Stoffmengenkonzentration, z Ionenwertigkeit, Lsg = Lösung, Lm = Lösungsmittel.

b) *Fotometrische Messung.* Für ein Paar gefärbter, starker und schwacher Elektrolyte, z. B. 2,4-Dinitrophenolat und 2,4-Dinitrophenol, mit dem LAMBERT-BEER-Gesetz.

$$\underbrace{A_1 = \epsilon \alpha cd}_{\text{schwacher E.}}; \quad \underbrace{A_2 = \epsilon cd}_{\text{starker E.}} \Rightarrow \alpha = \frac{A_1}{A_2}$$

A Extinktion, α Dissoziationsgrad, c Konzentration, d Schichtdicke, ϵ Extinktionskoeffizient.

Dissoziationsgrad des Wassers

Reinstwasser reagiert neutral (pH 7). Das Autoprotolysegleichgewicht lautet:

$$H_2O \rightleftharpoons H^{\oplus} + OH^{\ominus}$$

Ein Liter enthält

$$n = \frac{m}{M} = \frac{1000 \text{ g}}{18 \text{ g/mol}} = 55{,}5 \text{ mol Wasser}$$

Damit ist der Dissozationsgrad:

$$\alpha_{H_2O} = \frac{c_{H^{\oplus}}}{c_{H_2O}} = \frac{10^{-7} \text{ mol}/\ell}{55{,}5 \text{ mol}/\ell} = 1{,}8 \cdot 10^{-9}$$

Dissoziationskonstante

Gleichgewichtskonstante. Maß für die Stärke von Säuren (Acidität) und Basen (Basizität) sind die Säuredissoziationskonstante K_a bzw. Basendissoziationskonstante K_b.

$$K_a = \frac{a_{H^{\oplus}} a_{X^{\ominus}}}{a_{HX}} \quad \text{bzw.} \quad K_b = \frac{a_{BH^{\oplus}} a_{OH^{\ominus}}}{a_B}$$

Anwendung und Messung vgl. *pK-Wert,

Dosis

Konzentrationsangabe f. die Giftwirkung e. Stoffes.

	Letale Dosis LD_{50}		Letale Konzentration LC_{50} inhal.
	oral (mg/kg)	dermal (mg/kg)	(mg/15 min)
giftig	25 ... 200	50 ... 400	0.5 ... 2
sehr giftig	≤ 25	≤ 50	≤ 0.5

Einwohnergleichwert (EWG)

Tägliche Abwassermenge mit 60 g Sauerstoffverzehr pro Einwohner, einschließlich Gewerbe und Industrie.

$$EWG = BSB_5/60$$

Für den Wasserverbrauch nimmt man 200 ℓ/d an. Istverbrauch in Deutschland ca. 131 ℓ/d.

Emission

An die Umwelt abgegebene Luftverunreinigung.

Entsorgung

Verwertung, Behandlung, Lagerung, Deponierung von *Abfällen und *Reststoffen. Grundsatz der Abfallwirtschaft: Vermeiden vor Verwerten vor Entsorgen. Maßnahmen der Abfallvermeidung: Primärmaßnahmen (Stoffersatz), Sekundärmaßnahmen: Schaffen v. Stoffkreisläufen; Sortierung; Sammlung und Verwertung; Recycling.

Explosionsgrenze

Sicherheitstechn. Kenngröße: Konzentrationsgrenze, bei der ein Gemisch brennbarer Gase, Dämpfe od. Stäube mit Luft (Normaldruck, 20 °C) explosionsfähig ist. Diejenige Mischung mit Luft, mit der ein Stoff bei Zündung zur Explosion gebracht werden kann.

Stoff	Explosionsgrenze (Vol.-% in Luft)		Zündtemperatur (°C)
	untere	obere	
CS_2	1,0	60	102
Benzol	1,2	8	555
Ethanol	3,5	15	425
Essigsäure	4,0	17	485
H_2	4,0	76	560
H_2S	4,3	46	270
CH_4	5,0	15	595

Explosionsklasse

Veraltet! Grenzspaltweite, durch die ein Durchschlag zur Zündung eines Gas- oder Dampf-Luft-Gemisches nicht mehr erfolgt:

> 1 mm, > 0,9 mm, 0,5 bis 0,9 mm, < 0,5 mm.

Tabelle 10.2   Wasserdampf-Partialdruck über Wasser und Kalilauge (in mbar).

t in °C	Wasser p_{H_2O}	30% KOH p_{H_2O}	t in °C	Wasser p_{H_2O}	30% KOH p_{H_2O}	t in °C	Wasser p_{H_2O}	30% KOH p_{H_2O}
0	6,10		12	14,02	8,5	24	29,83	18,3
1	6,57		13	14,97	9,2	25	31,67	19,5
2	7,06		14	15,98	9,7	26	33,62	
3	7,58		15	17,05	10,4	27	35,65	
4	8,13		16	18,17	11,2	28	37,79	
5	8,72		17	19,37	11,9	29	40,05	
6	9,35		18	20,63	12,7	30	42,45	
7	10.02		19	21,97	13,5	31	44,92	
8	10,73		20	23,38	14,4	32	47,55	
9	11,48		21	24,86	15,2	33	50,30	
10	12,29	7,5	22	26,43	16,3	34	53,19	
11	13,12	8,0	23	28,09	17,2	35	56,23	

Ex-Schutz

Im explosionsgefährdeten *Ex-Betrieb* sind verboten: Rauchen u. offenes Feuer; Schweißen, Löten, Schleifen; Betrieb v. Verbrennungsmotoren, Ölöfen.

Es sind zu verwenden: nichtfunkende Werkzeuge (Cu-Be-Legierungen), elektrisch leitfähige Fußböden und Arbeitsschuhe, elektrische Erdung aller Anlagenteile, ex-geschützte elektrische Betriebsmittel (Elektromotoren, Mess- u. Regelgeräte, Schalter, Lampen etc.).

Feststoffgehalt

Trockenmasse einer Analysenprobe, z. B. Abwasserschlamm nach 24 h bei 105 °C.

Flammpunkt

Niedrigste Temperatur, bei der ein Dampf-Luft-Gemisch an einer offenen Flamme abbrennt.

Fracht

Begriff der Abwassertechnik: „Schmutzfracht", Schadstoffmassenstrom im Zu- oder Ablauf (in kg/s).

Gasvolumetrie

Volumenbestimmung bei Reaktionen mit Gasen.

1) Volumen von Gasen

● Molares *Normvolumen* trockener idealer Gase bei 0°C und 1013,25 mbar (Normbedingungen) nach dem idealen Gasgesetz.

$$V_{mn} = \frac{V_n}{M} = \frac{M}{\varrho_n} = \frac{RT_n}{p_n} = 22{,}414\ \text{m}^3/\text{kmol}$$

● Ein *feuchtes Gas* beansprucht mehr Volumen.

$$V_m(T,p) = \frac{V(T,p)}{M} = \frac{M}{\varrho(T,p)} = \frac{RT}{p}$$

● Werden Gase über *Sperrflüssigkeiten* (Wasser, Kalilauge etc.) aufgefangen, ist der Sättigungsdruck des Wasserdampfes vom korrigierten Barometerstand abzuziehen.

$$V_n = \frac{p\,V(T,p)}{p_n(1 + \alpha\,\Delta T)} = \text{const} \cdot V(T,p)$$

$$p = p' - p_{H_2O} - p'\frac{(\gamma - \alpha_S)\,\Delta T}{1 + \beta\,\Delta T}$$

M	Molare Masse	(kg/kmol)
m	unbekannte Gasmasse	(kg)
p	(korrigierter) Gasdruck	(Pa)
p'	abgelesener Barometerstand	(Pa)
p_n	Normdruck: 101325 Pa	
p_S	Sättigungsdampfdruck Sperrfluid	(Pa)
R	Gaskonstante: 8314,4 J kmol^{-1}K^{-1}	

T	Versuchstemperatur	(K)
T_n	Normtemperatur: 0°C = 273,15 K	
ΔT	Differenz Messtemperatur–0°C	(K)
V	Gasvolumen bei Messbedingungen	(m^3)
V_m	gemessenes molares Gasvolumen	(m^3/kmol)
V_n	Gasvolumen bei 0°C	(m^3)
V_{mn}	molares Normvolumen	(m^3/kmol)
α	Gas-Volumenausdehnungskoeffizient	(K^{-1})
α_S	Längenausdehnung Barometerskala: 1,84·10^{-5} (Messing), 8,5·10^{-5} (Glas)	(K^{-1})
β	Raumausdehnung der Skala, ≈0,002	(K^{-1})
γ	Raumausdehnung des Quecksilbers: $\gamma_{Hg} = 1{,}818 \cdot 10^{-4}$	(K^{-1})
ϱ	Dichte des Gases	(kg/m^3)
ϱ_n	Gasdichte bei Normbedingungen	(kg/m^3)

Umrechung der Einheiten:

$1\ \text{m}^3/\text{kmol} = 1\ \text{mol}/\ell = 1\ \text{mmol}/\text{m}\ell$
$1\ \text{mbar} = 1\ \text{hPa} = 100\ \text{Pa}$
$1\ \text{kg/m}^3 = 0{,}001\ \text{g/cm}^3 = \text{mg/cm}^3$
$0{,}001\ \text{m}^3 = 1\ \ell = 1000\ \text{m}\ell$

2) Volumetrische Gasbestimmung. Bei unbekannter Dichte wird ein fiktives ideales Gas angenommen.

$$\varrho = 1/V_{nm} = 44{,}614\ \text{kg/m}^3$$

Mit dem idealen Gasgesetz $p_n V_n / T_n = pV/T$ ist für beliebige Temperaturen und Drücke die unbekannte Gasmasse in der Probe (m_1 Einwaage):

$$m = \varrho_n\,V_n = \varrho_n\,\frac{p_{korr}\,V}{T}\,\frac{273{,}15\ \text{K}}{101325\ \text{Pa}}$$

Massenanteil der gesuchten Substanz

$$w = \frac{V_n\,\varrho_n \cdot 100\%}{m_1}$$

Volumetrische Stickstoffbestimmung. 35,7 mℓ Stickstoff werden über Wasser aufgefangen: 25°C, 1015 mbar, Messingskala, Normdichte $\varrho_{n,N_2} = 1250{,}5\ \text{kg/m}^3$, Raumausdehnung $\alpha_{N_2} = 0{,}003671\ \text{K}^{-1}$. Wie groß ist der Stickstoffgehalt der Probe? (Vgl. Tabelle)

$$p_{korr} = p - p_{H_2O} - \Delta p = $$
$$= 1015 - 31{,}67 - 4{,}1 = 979{,}2\ \text{mbar}$$
$$V_n = \frac{p_{korr} \cdot 35{,}7\ \text{m}\ell}{1013{,}25\ \text{mbar} \cdot \left(1 + \dfrac{0{,}003671}{\text{K}^{-1}} \cdot 25\ \text{K}\right)} = 34{,}5\ \text{m}\ell$$

3) Volumetrische Bestimmung gasentwickelnder Stoffe. Gasanalytisch bestimmbar sind: Calciumcarbid + Wasser (Acetylen); Carbonate (CO$_2$); Carbide + Wasser (Methan); Peroxide, Permanganat (Sauerstoff); Nitrate, Nitrite, Stickstoffoxide (Stickstoff); unedle Metalle, Al, Fe, Mg, Ni, Zn (Wasserstoff).

Analytische Chemie   **10**

Eine Verbindung A, die eine stöchiometr. Gasmenge entwickelt, kann quantitativ aus dem gasförmigen Reaktionsprodukt B bestimmt werden.

$$\nu_1 \text{ mol A} \;\hat{=}\; \nu_2 \text{ mol Gas} \;\hat{=}\; \nu_2 V_n \text{ m}^3 \text{ Gas}$$

$$w_A = \frac{V_{n,A}\, f \cdot 100\%}{m_A} \quad \text{mit} \quad f = \frac{\nu_A M_A}{\nu_B V_{mn}}$$

m_A Einwaage, M_A Molekülmasse des Edukts.
w_A Massenanteil der Substanz, ν_A, ν_B Stöchiometriefaktoren

Zur Volumenmessung: vgl. *molares Volumen.
Rechenbeispiel: 0.33 g einer zinkhaltigen Probe entwickeln nach Säurezusatz 88,6 mℓ Wasserstoff (23°C, 990 mbar korrigiert). Wie groß ist der Zinkgehalt?

$$f = \frac{\nu_{Zn} M_{Zn}}{\nu_{H_2} V_n} = \frac{1 \cdot 65,39 \text{ kg/kmol}}{1 \cdot 22,414 \text{ m}^3/\text{kmol}} = 2,917 \frac{\text{mg}}{\text{m}\ell}$$

$$w_{Zn} = \frac{V_{H_2} p_{korr} T_0}{T\, p_0} \frac{f \cdot 100\%}{m_{Zn}} =$$

$$= \frac{88,6 \text{ m}\ell \cdot 990 \text{ mbar} \cdot 273,15 \text{ K}}{(273,15+23) \text{ K} \cdot 1013,25 \text{ mbar}} \frac{f \cdot 100\%}{330 \text{mg}} = 70,6\%$$

Gefährdungsgruppe

Einteilung von Lösungsmitteln nach ihrer physiologischen Wirkung.

Gruppe I	sehr gesundheitsschädigend
Gruppe II	mäßig gesundheitsschädigend
Gruppe III	wenig gesundheitsschädigend

Gefahrenklasse

Verordnung über brennbare Flüssigkeiten (VbF).

Gefahrenklasse A: Flammpunkt $<100\,°C$, nicht oder begrenzt mit Wasser mischbar, leichter als Wasser; nicht mit Wasser löschbar! Schaum- oder Pulverlöscher verwenden! Beispiele: Benzin, Benzol, Ether, Anilin, Heizöl, Phenol.

Gefahrenklasse B: Flammpunkt $<21\,°C$, löslich in Wasser bei $15\,°C$; mit Wasser mischbar und löschbar, z. B. Alkohole.

Flammpunkt	$<21\,°C$	$21 \ldots 55\,°C$	$>55\,°C$
mit Wasser			
nicht mischbar	A I	A II	A III
mischbar	B I	B II	B III

Gefahrstoffverordnung

„Verordnung über gefährliche Stoffe" (GefStoffV). Kernaussagen:

1. *Ermittlungspflicht* (§16 GefStoffV) des Arbeitgebers vor Einsatz von Stoffen, Zubereitungen, Erzeugnissen; Gefahrenbeurteilung auf Basis von Herstellerangaben (ggf. Einbeziehung Gewerbeaufsichtsamt); Festlegung von Schutzmaßnahmen, Überwachung von MAK- und TRK-Werten.

2. *Auskunftspflicht* (§16 Abs. 3) von Herstellern oder Importeuren gegenüber dem Verwender; z. B. durch Übergabe des DIN-Sicherheitsblattes über Stoffe und Zubereitungen.

3. *Kennzeichnungspflicht* und Verpackungspflicht (§23 GefStoffV) von Gefahrstoffen, Zubereitungen und Erzeugnissen. Nichtkennzeichnung schließt Gefahr nicht aus.

Richtige Kennzeichnung und Verpackung auch bei Verwendung! Für Chemikalienflaschen und Behälter: Stoffbezeichnung, Bestandteile, Gefahrensymbole. Ausgangsstoffe und Zwischenprodukte im Produktionsgang nicht kennzeichnungspflichtig, wenn Arbeitnehmern die Gefahrstoffe bekannt.

4. *Rangfolge der Schutzmaßnahmen* (§19 GefStoffV): Sicherheitstechnische Maßnahmen (Abkapseln, Absaugen, Belüften) haben Vorrang vor persönlicher Schutzausrüstung (z. B. Augen-, Gehör-, Atem-, Hautschutz).

5. *Betriebsanweisung* (§20 GefStoffV). Für jeden Arbeitsplatz Gefahren, Schutzmaßnahmen, Verhaltensregeln, Entsorgungsmaßnahmen schriftlich festzulegen. Einmal jährlich mündliche arbeitsplatzbezogene Unterweisung zwingend.

6. *Aufbewahrung und Lagerung* (§24 GefStoffV).

- Geeignete und zumutbare Vorkehrungen treffen, um Gesundheit und Umwelt nicht zu gefährden, Miss- und Fehlgebrauch verhindern; Risiken der Verwendung kennzeichnen.
- Verwechslung mit Lebensmitteln ausschließen! Gefahrstoffe übersichtlich und nicht neben Arznei-, Lebens-, Futtermitteln lagern.
- Giftige Stoffe (T, T+) unter Verschluss oder nur für fachkundige Personen zugänglich aufbewahren.

Gehalt

Zusammensetzung von Mischungen: Vgl. *Massenanteil, *Massenkonzentration, *Konzentration, *Volumenanteil, *Stoffmengenateil, *ppm.

Gelöst-Sauerstoff

Kennwert für die Wassergüte. Je kälter Wasser ist, umso mehr Sauerstoff ist nach dem HENRYschen Gesetz gelöst.

$T\,/\,°C$	0	5	10	15	20	25	30
mg/ℓ	14	12	11	9,8	8,8	8,1	7,5

Güteklasse III (stark verschmutzt)	>2 mg/ℓ O_2
Güteklasse II-III (kritisch verschmutzt)	>4
Trinkwasser	>5
Güteklasse II (mäßig belastet)	>6
Güteklasse I (gering belastet)	>8
Meerwasser	bis 8,5

In sauerstoffreichen Wässern flocken Eisen- und Manganhydroxide aus. Unter 4 mg/ℓ O_2 Rohrleitungen korrosionsgefährdet, oberhalb schützende Rostschicht.

Gemenge

Gemisch. Mischung beliebig vieler Bestandteile in beliebigem Massenverhältnis. Zerlegbar durch *physikalische Trennverfahren* in Reinstoffe.

Gemischanalyse

Indirekte Analyse. Quantitative Aufspaltung von Stoffgemischen ohne Trennung der Bestandteile. Für ein Gemisch zweier bekannter Stoffe A und B und deren Reaktionsprodukte A' und B':
Einwaage

$$m_1 = m_A + m_B$$

Auswaage

$$m_2 = m'_A + m'_B = m_A \underbrace{\frac{M_A/z_A}{M_{A'}/z_{A'}}}_{f_A} = m_B \underbrace{\frac{M_B/z_B}{M_{B'}/z_{B'}}}_{f_B}$$

Massen der Ausgangsstoffe

$$\boxed{m_A = \frac{m_2 - f_B m_1}{f_A - f_B}} \quad \text{und} \quad \boxed{m_B = m_1 - m_A}$$

Massenanteil:

$$w_A = \frac{m_A \cdot 100\%}{m_1} \quad \text{und} \quad w_B = 100\% - w_A$$

Rechenbeispiel: Ein Gemisch von 5,4 g Natriumchlorid und Kaliumchlorid wird mit Silbernitrat zu 10,8 g Silberchlorid umgesetzt. Wie groß ist der Gehalt der Ausgangskomponenten?

$$f_{NaCl} = \frac{M_{AgCl}/z_{AgCl}}{M_{NaCl}/z_{NaCl}} = \frac{143,32/1}{58,44/1} = 2,452$$

$$m_{NaCl} = \frac{10,8\,g - f_{KCl} \cdot 5,4\,g}{f_A - f_B} = 0,79\,g$$

$$w_{NaCl} = m_{NaCl}/5,4\,g = 14,6\,\%$$

$$f_{KCl} = \frac{M_{AgCl}/z_{AgCl}}{M_{KCl}/z_{KCl}} = \frac{143,32/1}{74,55/1} = 1,923$$

$$m_{KCl} = 5,4\,g - m_{NaCl} = 4,6\,g$$

$$w_{KCl} = 1 - w_{NaCl} = 85,4\%$$

Geruch

Olfaktorisches Merkmal von Stoffen.

- *terpenartig:* z. B. Camphen, Caren, Pinen; Cyclohexanon, Pinakolon, tert. Butanol.
- *stechend:* nied. Alkohole; Ameisen-, Essigsäure.
- *schweißartig:* Propion-, Buttersäure und höhere Carbonsäuren.
- *süßlich:* niedere Ketone, Aldehyde, Halogenkohlenwasserstoffe.
- *carbolartig:* Phenole
- *Anis/Fenchel:* Phenolether
- *Bittermandel:* aromat. Nitroverb.; Benzaldehyd.
- *fruchtig:* Ester
- *faule Eier:* Mercaptane, Thioether.
- *widerlich:* Isonitrile.

Gelb-braun sind: Nitro-, Nitroso-, Azoverbindungen, Chinone, arom. Amine, Phenole.

Gesetz der Äquivalentmassen

Zwei Elemente verbinden sich im Verhältnis ihrer Äquivalentmassen oder ganzzahliger Vielfacher davon. Die *Äquivalentmasse* gibt an, wieviele Gramm eines Stoffes sich mit 1 g Wasserstoff umsetzen oder 1 g Wasserstoff in einer Verbindung ersetzen können.

Beispiel: Chlorwasserstoff H : Cl = 1 : 35,5.

Gesetz der konstanten Proportionen

Gesetz der konstanten Massenverhältnisse. Die Zusammensetzung chemischer Verbindungen ist konstant. Die Massen der beteiligten Elemente stehen in konstantem Massenverhältnis („konstanten Proportionen", PROUST) zueinander.

$$\frac{m(A)}{m(B)} = const$$

Das Massenverhältnis im Kochsalz ist immer Na : Cl = 1 : 1,542. Bei der Elektrolyse von Wasser entstehen Wasserstoff und Sauerstoff stets im Massenverhältnis 2 : 15,88 = 1 : 7,94.

Gesetz der multiplen Proportionen

In chem. Verbindungen stehen die Massen zweier Elemente im Verh. kleiner ganzer Zahlen (DALTON).

Beispiel: 14 g Stickstoff verbinden sich mit 8, 16, 24, 32 oder 40 g Sauerstoff, d. h. im Verhältnis 1 : 2 : 3 : 4 : 5, zu den Stickstoffoxiden N_2O, NO, NO_2, N_2O_3, NO_2, N_2O_5.

Gesetz von der Erhaltung der Masse

Massenerhaltung. Bei einer chem. Reaktion ist die Gesamtmasse der beteiligten Stoffe konstant. Die Masse aller Reaktionsprodukte ist gleich der Masse aller Ausgangsstoffe. Links und rechts des Reaktionspfeiles steht dieselbe Masse.

Die an der Reaktion beteiligten Atome ändern Anzahl und Masse nicht, sondern kombinieren zu neuen Molekülen. Bei Kernreaktionen gilt das Gesetz wegen des Massendefekts nicht.

Das Volumen kann sich bei einer chemischen Reaktionen wohl ändern ($V \sim m$).

Gesetze für die Analytik

Die wichtigsten Bundesgesetze.

1. Abwasserabgabengesetz (AbwAG); hierin Schadeinheit und CSB.
2. Arzneimittelgesetz (AMG)
3. Bundes-Immissionsschutzgesetz (BImSchG) u. Bundes-Immissionsschutzverordnung mit Verwaltungsvorschriften (TA Luft etc.).
4. Bundesseuchengesetz
5. Chemikaliengesetz (ChemG), Gefahrstoffverordnung (GefStoffV), Verordnung zum Schutz vor gefährlichen Stoffen. Festlegung von MAK- und TRK-Werten.
6. Düngemittelgesetz (DMG)
7. Klärschlammverordnung (AbfKlärV)
8. Kreislaufwirtschafts- und Abfallgesetz (AbfG)
9. Lebensmittel- und Bedarfsgegenständegesetz, Höchstmengenverordnungen (Pflanzenschutzmittel, Lebensmittel, Aflatoxin), Kosmetik-Verordnung.
10. Pflanzenschutzgesetz (PflSchG) und Verordnungen über Prüfung und Zulassung von Pflanzenschutzmitteln.
11. Strahlenschutzverordnung (StrlSchV)
12. Trinkwasserverordnung (TrinkwV)
13. Wasch- u. Reinigungsmittelgesetz (WRMG)
14. Wasserhaushaltsgesetz (WHG)

Giftklasse

Einteilung von chemischen Stoffen nach ihrer toxischen Wirkung im Organismus.

Abteilung I: hochgiftig;   Abteilung II: giftig

Schweizer Giftklassen

1*	sehr starke Gifte
	(cancerogen, mutagen, teratogen)
1 – 2	sehr starke Gifte
3	starke Gifte
4	nicht unbedenkliche Stoffe
5	geringste Gefährlichkeit
5S	für Selbstbedienung zugelassen
F	Giftklassenfrei
BT	Betäubungsmittel
RA	radioaktiv

Glührückstand

Der auf Rotglut (600–650 °C) erhitzte *Abdampfrückstand. Organische Stoffe veraschen; Nitrate, Carbonate u.a. Salze zersetzen sich.

Glühverlust

Δm_G = Abdampfrückstand – Glührückstand.

Gesamtrückstand = Abdampfrückstand der unfiltrierten Probe (einschließlich ungelöster Stoffe).

Gleichgewichtskonstante

*Dissoziationskonstante, *Massenwirkungsgesetz. Vgl. Kapitel Stofftransport.

Gravimetrie

Gewichtsanalyse durch Fällungsreaktion

$$a\,A + b\,B \longrightarrow A_a B_b \downarrow$$

Die gesuchte Substanz wird durch Zugabe überschüssiger Reagentien gefällt, abfiltriert, gewaschen, getrocknet und gewogen.

Masse des zu bestimmenden Stoffes A

$$m_2 = \frac{z_2 M_1 m_{2,A}}{z_1 M_2} = \text{const} \cdot m_{2,A}$$

Massenanteil (Gehalt) des Stoffes

$$w_2 = \frac{z_2 M_1 m_{2,A}}{z_1 M_2 m_{2,E}} = \frac{f\, m_{2,A} \cdot 100\%}{m_{2,E}}$$

Stöchiometriefaktor: Anteil eines Elementes an der Substanz; z. B. Eisengehalt von Eisenoxid.

$$f = \frac{2\, M_{Fe}}{M_{Fe_2O_3}}$$

$m_{2,E}$	Einwaage	(kg)
$m_{2,A}$	Auswaage	(kg)
M_1	molare Masse: Niederschlag	(kg/kmol)
M_2	molare Masse: gesuchter Stoff	(kg/kmol)

Beispiel: Aus 1,2 kg eines schwefelsäurehaltigen Gemisches werden mit Bariumchlorid 0,74 kg Bariumsulfat gefällt. Wieviel Schwefelsäure enthält die Probe je Kilogramm?

$$m_{H_2SO_4} = \frac{z_{BaSO_4} M_{H_2SO_4} m_{BaSO_4}}{z_{H_2SO_4} M_{BaSO_4}}$$

$$= \frac{2 \cdot 98,07 \text{ kg/kmol} \cdot 0,74 \text{ kg}}{2 \cdot 233,39 \text{ kg/kmol}} = 31 \text{ g}$$

$$w = 0,31 \text{ kg/Probe} = 0,26 \text{ kg/kg} = 0,26\%$$

Grenzkonzentration (GK)

Verdünnungsgrenze. Kleinste Konzentration, bei der ein analytischer Nachweis mit einem bestimmten Verfahren noch positiv ist. *pD-Wert.

$$GK = \frac{\text{Masse des Stoffes (in g)}}{\text{Probenvolumen (in m}\ell)}$$

Hammett-Gleichung

Für die Säurestärke von *Supersäuren.

$$H_0 = pK_I - \lg \frac{c_{BH^\oplus}}{c_B} \quad \text{mit} \quad pK_I = -\lg \frac{c_B c_{H^\oplus}}{c_{BH^\oplus}}$$

In verdünnter, wässriger Lösung ist:

$$H_0 = pH - \lg \frac{\gamma_B}{\gamma_{BH^\oplus}}$$

c_B Konzentration einer sehr schwachen Indikatorbase (z. B. p-Nitranilin, aromat. Nitroverbindungen) in der hochverdünnten Säure, spektroskop. bestimmt.
$c_{BH^\oplus}$ Konzentration der korrespond. Indikatorsäure;
H^0 Hammett-Säurefunktion; pK_I Säureexponent des Indikatorsystems;
γ Aktivitätskoeffizient.

Hammett-Säurefunktion

Entspricht dem *pK einer Supersäure (Tabelle).

Säure	H^0
HSO_3F + 25 mol-% SbF_5	−21,5
HF + 0.6 mol-% SbF_5	−21,1
HSO_3F	−15
$H_2S_2O_7$	−15
H_2SO_4	−12
HF	−11
HF + 1 mol/ℓ NaF	+8,4
H_3PO_4	+5,0
H_2SO_4 63%	+4,9
HCOOH	+2,2

Hydrolyse

Zerlegung eines Salzes durch Wasser (in einem Lösungsmittel: *Solvolyse*). Nach BRÖNSTED die Säure-Base-Reaktion des Lösungsmittels mit einem aciden oder basischen Stoff. Das Lösungsmittel wirkt selbst als Säure oder Base und bestimmt die Acidität des gelösten Stoffes. Vgl. *pH.

Beispiel: Natriumacetat als Salz der starken Natronlauge und der schwachen Essigsäure reagiert in wässriger Lösung alkalisch.

$$NaOOCCH_3 + H_2O \rightleftharpoons \underbrace{Na^\oplus + OH^\ominus}_{\text{starke Base}} + \underbrace{CH_3COO^\ominus + H^\oplus}_{\text{schwache Säure}}$$

Hydrolysekonstante

*Dissoziationskonstante eines Salzes in einem Lösungsmittel (meist Wasser).

● Säurekonstante K_a: bei Kationsäuren oder Salzen, die in wässriger Lösung $H^\oplus$ freisetzen.

● Basenkonstante K_b: bei Anionbasen oder Salzen, die in wässriger Lösung $OH^\ominus$ freisetzen oder $H^\oplus$ binden.
Je kleiner K_a bzw. K_b sind, umso stärker ist die Hydrolyse, d. h. die Säure- bzw. Base-Wirkung eines Salzes. Berechnung: *pK.

Hydrolyseempfindlichkeit

Wasserbeständigkeit von Salzen.
1. *Anionbase:* $A^\ominus + H_2O \rightleftharpoons OH^\ominus + HA$
Vollständige Hydrolyse, wasser<u>un</u>beständig:
falls $pK_a(HA) > 14$; z.B: $NaNH_2$, NaH.
Geringe Hydrolyse, relativ wasserbeständig:
falls $pK_a(HA) < 14$; z.B. NaCN, Na-acetat.
2. *Kationsäure:* $BH^\oplus + H_2O \rightleftharpoons H_3O^\oplus + B$
Vollständige Hydrolyse, wasser<u>un</u>beständig:
falls $pK_a(HA) < 0$; z.B. H_2FClO_4.
Geringe Hydrolyse, wasserbeständig: falls $pK_a(HA) \gg 0$; z.B. NH_4ClO_4.
3. *Binäres Salz.* Zersetzung durch Reaktion der Ionen untereinander, falls $pK_a(\text{Anion}) > pK_a(\text{Kation})$.
Beispiel: NH_4SH, NH_4-acetat: wasserbeständig.
$(NH_4)_2S$, $(NH_4)_2CO_3$, NH_4CN <u>un</u>beständig.
4. *Disproportionierung* amphoterer Ionen.

$$M(H_2O)_m(OH)^{n\oplus} \rightleftharpoons M(H_2O)_{m+1}^{(n+1)\oplus} + M(H_2O)_{m-1}(OH)_2^{(n-1)\oplus}$$

Falls $pK_a(n{+}1.\ \text{Stufe}) \gg pK_a(n.\ \text{Stufe})$,
liegt das Disproportionierungsgleichgewicht links und die Verbindung ist stabil.

Komproportionierung der höheren und der niedrigeren Aciditätsstufe zur einer mittleren ist energetisch bevorzugt. Ionen wie $HCO_3^\ominus$, $HSO_4^\ominus$, $HPO_4^{2\ominus}$, $H_2PO_4^\ominus$, $SH^\ominus$, $OH^\ominus$ sind daher recht stabil (und mehrwertige Säuren stufenweise tritrierbar).

Hydroxid-Fällung

Quantitativer Niederschlag von gelösten Metallionen durch einen Überschuss von Alkalilauge; z. B. Fällen von $Mg(OH)_2$ mit Natronlauge.

$$M^{n\oplus} + n\,OH^\ominus \rightleftharpoons M(OH)_n \downarrow$$

Konzentrationsprodukt

$$K_I = c_{M^{n\oplus}} c_{OH^\ominus}^n = c_{M^{n\oplus}} \cdot 10^{n\,(pH-14)}$$

Optimaler Fällungs-pH

$$pH_F \geq 14 - \frac{1}{n} \lg \frac{K_{L,M(OH)_n}}{c_{M^{n\oplus}}}$$

Übersteigt K_I das *Löslichkeitsproduktes $K_{L,M(OH)_n}$, fällt Hydroxid aus. Liegt der pH unterhalb des Fällungs-pH, bleibt die Fällung aus.
Ein *puffernder Fremdionenzusatz* verhindert die Hydroxidfällung, z. B. Ausbleiben des $Mg(OH)_2$-Niederschlages bei $NH_4^\oplus$-Zusatz.

$$c_{NH_4^\oplus} \geq K_{b,NH_3} \frac{c_{NH_3}}{c_{OH^\ominus}} \quad \text{mit} \quad c_{OH^\ominus} = \sqrt[n+1]{K_{L,Mg(OH)_2}}$$

Immission

Einwirkung der Luftverunreinigung (*Emission) auf die Umwelt.

Ionenaustauscher

Organische Harze oder Membranen, die Kationen oder Anionen des Wassers gegen $H^\oplus$ bzw. $OH^\ominus$ austauschen. Anwendung für Wasserentsalzung. 1 Äquivalent Salzbeladung auf der Austauschersäule verursacht bei der Regeneration etwa 14 ℓ Abwasser.

1) Kationenaustauscher bestehen aus einem unlöslichen, makroporösen Polymergerüst (z. B. ein Copolymerisat von Styrol und Divinylbenzol) und <u>sauren</u> Gruppen:

stark sauer: Sulfonsäureharze $-SO_3H$,

schwach sauer: Carbonsäuregruppen $-COOH$.

Harz	+ hartes Wasser	→ Harz	+ weiches Wasser
$2\,R\text{-}SO_3H$ +	$Ca^{2\oplus}$ →	$(R\text{-}SO_3)_2Ca$ +	$2\,H^\oplus$
			Ansäuerung!

Entscheidend für den Austausch sind elektrostatische Kräfte. Kleine, hoch geladene Ionen werden besonders fest gebunden. (aq) = aquotisiert, mit Hydrathülle.

$$H^\oplus < Na^\oplus_{aq} < K^\oplus_{aq} < Mg^{2\oplus}_{aq} < Ca^{2\oplus}_{aq} < Al^{3\oplus}_{aq}$$

Gleichzeitig *Entcarbonisierung*, d. h. säurelabiles Hydrogencarbonat entweicht als Kohlendioxid: $HCO_3^\ominus + H^\oplus \rightarrow CO_2 + 2H_2O$

2) Anionenaustauscher tragen <u>basische</u> Gruppen am Polymergerüst:

stark: quartäre Ammoniumsalze $[-^\oplus NR_3]OH$

schwach: tertiäre Ammoniumgruppe $-NR_2OH$

Harz	+ hartes Wasser	→ Harz	+ weiches Wasser
$R\text{-}NMe_3OH$ +	$Cl^\ominus$ →	$R\text{-}NMe_3Cl$ +	$OH^\ominus$
			Anbasung!

3) Zur Wasservollentsalzung wird dem Kationenaustauscher ein Anionenaustauscher nachgeschaltet.
Rekombination: $2\,H^\oplus + OH^\ominus \rightarrow H_2O$.
Verbrauchte Austauschersäulen werden mit verd. Schwefelsäure bzw. Natronlauge regeneriert.

Ionenprodukt s. Kap. Elektrochemie.

Ionenstärke s. Kap. Elektrochemie.

Kalibrieren

Messung von Standardproben mit bekanntem Gehalt und Aufstellen einer *Ausgleichsgerade zw. Messwerten und Konzentrationen; z. B. Fotometrie und AAS.

Kaliumpermanganatverbrauch

Permanganatverbrauch. Kennzahl für den *Reinheitsgrad* von Trink-, Mineral- und Oberflächenwasser (nicht Abwasser). Sauerstoffmenge (in mg/ℓ) zur vollständigen Oxidation der organischen Wasserinhaltsstoffe durch $KMnO_4$ (schwächeres Oxidationsmittel als $K_2Cr_2O_7$ beim *CSB). Nicht erfasst werden Ketone, Ether, Aminosäuren, Säureamide, gesättigte Carbonsäuren außer Oxalsäure. $Fe^{2\oplus}$, Chlorid, Sulfid werden oxidiert.
Beispiel: Bestimmung von Oxalsäure.

$$\overset{+7}{Mn}O_4^\ominus + 5\,e^\ominus + 8\,H^\oplus \; \rightleftharpoons \; \underbrace{Mn^{2\oplus}}_{rosa} + 4\,H_2O$$
$$\underbrace{}_{violett}$$

$$(\,\overset{+3}{C}OO^\ominus)_2 \; \rightleftharpoons \; 2\,\overset{+4}{C}O_2 + 2\,e^\ominus$$

$$2\,MnO_4^\ominus + 5\,C_2O_4^{2\ominus} + 16\,H^\oplus \; \rightleftharpoons \; 2\,Mn^{2\oplus} + 8H_2O + 10\,CO_2$$

2 – 5	mg/ℓ:	EG-Trinkwasser-Richtwert
3 – 8	mg/ℓ:	Quell- und Grundwasser
<10	mg/ℓ:	Güteklasse I (Schwimmbadwasser)
8 – 12	mg/ℓ:	reines Oberflächenwasser
<12	mg/ℓ:	Trinkwassergrenzwert
<15	mg/ℓ:	Wassergüteklasse II
<25	mg/ℓ:	Wassergüteklasse III
20 – 35	mg/ℓ:	mäßig verunreinigte Flüsse

Kohlenwasserstoffe

Organ. Kohlenstoff-Wasserstoff-Verbindungen: gesättigt, ungesättigt, aliphatisch oder aromatisch, auch halogenhaltig. Verantwortlich für den stratosphärischen Ozonabbau, Treibhauseffekt u.a.
Verfahren der *Luftreinhaltung* sind:
1. *thermische* (TNV) oder *katalytische Nachverbrennung* (KNV).
2. *Adsorption* an Aktivkohle (*AOX).
3. *Ausfrieren* (Kondensieren) in Kältefallen.
4. Membranverfahren
5. biologische Verfahren

Konzentration

Molarität, molare Konzentration, *Stoffmengenkonzentration*. Gelöste Stoffmenge im Volumen der Lösung. Temperatur<u>ab</u>hängig, entsprechend der Volumenausdehnung der Lösung beim Erwärmen.

$$c \;=\; \frac{n}{V} = \frac{m}{MV} = \frac{\beta}{M} = \frac{\varrho\,w}{M} =$$
$$=\; \frac{\varrho\,x_i}{\displaystyle\sum_{i=1} x_i M_i} = \frac{\varrho\,b}{1 + M\,b}$$

Einheit:

$$mol/\ell = mmol/m\ell = kmol/m^3 = 0{,}001\,mol/cm^3$$

Umrechnung von Gasdrücken

$$c = \frac{p}{R\,T} \;\Leftrightarrow\; 1\,mbar\ (25\,°C) \;\hat{=}\; 4{,}034\cdot 10^{-5}\,mol/\ell$$

Veraltet ist die Angabe: 1 M = 1 mol/ℓ.
Eine 1-molare Lösung wird hergestellt im Messkolben durch Auflösen einer Einwaage von 1 mol eines Stoffes auf exakt 1 ℓ Lösung (bei 20 °C). 1-molare Schwefelsäure enthält 1 mol = 98,08 g Schwefelsäure im Liter.

b	Molalität	(mol/kg)
c	Stoffmengenkonzentration	(mol/ℓ)
n	Stoffmenge	(mol)
M	molare Masse: m/n	(g/mol)
m	eingewogene Masse	(g)
V	Lösungsvolumen	(ℓ)
w	Massenanteil	(%)
x	Molenbuch	(Dim. 1)
β	Massenkonzentration	(g/ℓ)
ϱ	Dichte der Lösung (g/cm³ = 1000 kg/m³)	
i	Komponente (gelöster Stoff, Lösungsmittel).	

Konzentrationsmaße

Quotient von Masse, Volumen, Stoffmenge oder Teilchenzahl für eine Stoffportion i und dem Volumen der Mischphase.

Analytische Chemie
1C

Tabelle 10.3 Umrechnung von Konzentrationsmaßen.

gegeben	gesucht Molenbruch x	gesucht Konzentration c (mol/ℓ)	gesucht Molalität b (mol/kg)
Massenanteil w	$\dfrac{w/M_S}{w/M_S + (1-w)/M_{Lm}}$	$\dfrac{1000\,\varrho\,w}{M_S}$	$\dfrac{1000\,\varrho\,w}{M_S(1-w)}$
Molenbruch x	–	$\dfrac{1000\varrho x}{x M_S + (1-x)M_{Lm}}$	$\dfrac{1000x}{M_{Lm} - x M_{Lm}}$
Molalität b	$\dfrac{M_{Lm}b}{M_{Lm}b + 1000}$	$\dfrac{1000\varrho b}{1000 + M_S\,b}$	–
Konzentration c	$\dfrac{M_{Lm}c}{c(M_{Lm} - M_S) + 1000\varrho}$	–	$\dfrac{1000c}{1000\varrho - c M_{Lm}}$
Gehalt β	$\dfrac{M_{Lm}\beta}{\beta(M_{Lm} - M_S) + 1000\,\varrho M_S}$	β/M_S	$\dfrac{1000\,\beta}{M_S(1000\,\varrho - \beta)}$

M_{Lm} molare Masse d. Lösungsmittels (g/mol = kg/kmol), M_S d. gelösten Stoffes,
ϱ Dichte (g/cm^3 = 1000 kg/m^3), w Massenanteil (1 Gew.-% = 0,01).

Tabelle 10.4 Handelsübliche Konzentrationen verschiedener Säuren.

Substanz		Gew.-%	Dichte (g/cm^3)	Konzentration c (mol/ℓ)
Ameisensäure		98–100	1,22	26
Essigsäure	Eisessig (DAB 7)	96	1,06	17
	Eisessig (konz.)	99-100	1,06	18
	verdünnt (DAB 7)	30	1,04	5
Essigsäureanhydrid		–	1,08	—
Phosphorsäure	(DAB 7)	25	1,15	3
	konz. (1,71)	85	1,71	15
	konz. (1,75)	89	1,75	16
Salzsäure	(DAB 7)	25	1,12	8
	konz. (1,16)	32	1,16	10
	konz. (1,18)	36	1,18	12
	rauchend	37	1,19	12,5
Salpetersäure	(DAB 7)	25	1,15	5
	konz.	65	1,40	14
	rauchend	100	1,52	21
Schwefelsäure	konz.	95–97	1,84	18
	verdünnt	25	1,18	6
	rauchend, >64% SO$_3$	–	1,99	—

Massenkonzentration $\quad \beta_i = m_i/V$
Volumenkonzentration $\quad \sigma_i = V_i/V$
Stoffmengenkonzentration $\quad c_i = n_i/V$
Teilchenzahlkonzentration $\quad C_i = N_i/V$

Weitere Konzentrationsbegriffe: *Stoffmenge, *molare Masse, *molares Volumen, *Stoffmengenanteil, *Massenanteil, *Volumenanteil, *Teilchenzahlanteil, *Stoffmengenverhältnis, *Massenverhältnis, *Volumenverhältnis, *Teilchenzahlverhältnis.

Konzentrationsmessgeräte

Klassische u. instrumentell-analytische Methoden.

1. *Volumetrische Verfahren*: Messbecher, Pipette, Bürette etc.

2. *Optische Verfahren:* IR-Absorption, Chemolumineszenz, Fotometrie, UV/vis-Spektroskopie, Trübungsmessung, Refraktometrie.

3. *Nicht-optische Verfahren:* magnetomechan., thermomagnet., akustische Methoden.

4. *Elektrochemische Verfahren* und Gassensoren.

5. *Radiometrische Verf.*, Aktivierungsanalyse.

6. *Summenparameter.

Kopp-Regel *molares Volumen.

Korrespondenzprinzip *pK-Wert

Ladung, formale

Nicht mit Partialladungen ($\delta^{\oplus}$ und $\delta^{\ominus}$) verwechseln! Die Elektronen einer Atombindung werden formal auf die bindenden Atome aufgeteilt (hingegen: bei Oxidationszahl beide dem elektronegativeren Atom zugeordnet).

$$\frac{\text{Formale}}{\text{Ladung}} = \frac{\text{Valenz-}}{\text{elektronen}} - \frac{\text{bindende}}{\text{Elektronen}}$$

Im Ammoniumion [NH$_4$]$^{\oplus}$ ist die formale Ladung des Stickstoffs N$^{\oplus}$, weil von 5 Valenzelektronen nur vier gebunden sind.

Ladungszahl $\;$ = Ionenwertigkeit z.

Letale Dosis

LD 50. Für 50% der Versuchstiere tödliche *Dosis.

Letale Konzentration

LC 50. Für 50% der Versuchstiere (z. B. Fischtest) tödl. Konz. im Umgebungsmedium (Wasser, Luft).

Loschmidt-Zahl

In einem Kubikmeter eines idealen Gases enthaltene Teilchenzahl. Unsichere Stellen kursiv.

$$n_0 = N_L = \frac{N_A}{V_m} = 2{,}686\,777\,5 \cdot 10^{25}\ \text{m}^{-3}$$

Fälschlich für *Avogadro-Zahl.

Löslichkeit

Maß für das *Dissoziationsvermögen einer Substanz in einem Lösungsmittel und die Bildung einer Lösung ohne Bodensatz.

$$s = \frac{\text{aufgelöste Stoffmasse (kg)}}{\text{Masse der gesättigten Lösung (kg)}}$$

$$s = \frac{\text{aufgelöste Stoffmasse (kg)}}{\text{Masse des Lösungsmittels (kg)}}$$

1) Bestimmung der Löslichkeit

a) *Wägung* der löslichen Stoffmenge bis zur Sättigung der Lösung.

b) *Leitfähigkeitsmessung.* Für schwerlösliche Salze: $c_L = \kappa / z \Lambda_\infty$. (s. Kap. Elektrochemie)

2) Molare Löslichkeit.
In einem Lösungsvolumen maximal lösliche Stoffmenge.

$$c_L = \sqrt[a+b]{\frac{K_L}{a^a b^b}} = \frac{\beta_L}{M} \quad \text{mol}/\ell$$

K_L Löslichkeitsprodukt, β Massenkonzentration (g/ℓ).

3) Temperaturabhängigkeit.
In der Hitze
steigt die Löslichkeit von Feststoffen,
sinkt die Löslichkeit von Gasen in wässriger Lösung.
(VAN'T-HOFF-Gleichung für gesättigte Lösung:

$$\ln \frac{m(T_2)}{m(T_1)} = \frac{\Delta H_{sol}}{R} \left(\frac{1}{T_1} - \frac{1}{T_2} \right)$$

$\Delta H_G \approx \Delta H_{sol}$ Stoff löst sich/dissoziiert
$\Delta H_{subl} \approx \Delta H_{sol}$ Stoff dissoziiert nicht
$\Delta H_{subl} \gg \Delta H_{sol}$ Stoff unlöslich

ΔH_G Gitterenthalpie, ΔH_{sol} Lösungswärme,
ΔH_{subl} Sublimationsenthalpie, m gelöste Stoffmasse,
R universelle Gaskonstante.

Löslichkeit anorganischer Salze

Gut lösliche Salze bestehen aus mittelgroßen, hoch geladenen, symmetrisch gebauten, wenig polarisierbaren, wenig deformierbaren Ionen.
Die Löslichkeit eines Salzes *sinkt* mit

- zunehmender Abschirmung der Ionenladung durch das Lösungsmittel,
- ausgedehnter Hydrathülle, d. h. Abschirmung der Ionenladung (z. B. LiCl>CsCl),
- zunehmender Polarisierbarkeit der Ionen (z. B. AgCl>AgJ),
- zunehmender Deformation der Elektronenhülle bei großen Ionen (z. B. ZnS>HgS).

Leicht lösliche Salze.

Anion	Ausnahmen
	Dennoch schwer löslich sind:
$F^\ominus$	$Mg^{2\oplus}, Ca^{2\oplus}, Sr^{2\oplus}, Ba^{2\oplus}, Pb^{2\oplus}$
$Cl^\ominus, Br^\ominus, I^\ominus$	$Cu^\oplus, Ag^\oplus, Hg_2^{2\oplus}, Tl^\oplus, Pb^{2\oplus}$
$SO_4^\ominus$	$Ca^{2\oplus}, Sr^{2\oplus}, Ba^{2\oplus}, Pb^{2\oplus}$
$NO_3^\ominus$	–
$ClO_4^\ominus$	$NH_4^\oplus, K^\oplus, Rb^\oplus, Cs^\oplus$
$AcO^\ominus$	–

Schwer lösliche Salze.

Anion	Ausnahmen
	Dennoch leicht löslich sind:
$O^{2\ominus}$	$NH_4^\oplus$, Alkali-, Erdalkalioxide
$OH^\ominus$	$NH_4^\oplus$, Alkali-, Erdalkalihydroxide
$CO_3^{2\ominus}$	$NH_4^\oplus$, Alkalicarbonate
$PO_4^{2\ominus}$	$NH_4^\oplus$, Alkaliphosphate
$S^{2\ominus}$	$NH_4^\oplus$, Alkali-, Erdalkalisulfide
$CN^\ominus$	$NH_4^\oplus$, Alkali-, Erdalkalicyanide
$C_2O_4^\ominus$	$NH_4^\oplus$, Alkalioxalate

Löslichkeit organischer Verbindungen

Polare funktionelle Gruppen erleichern die Löslichkeit in polaren Lösungsmitteln. Anwendung zur Reinigung von Feststoffen durch Umkristallisation.

1) wasserlöslich + etherunlöslich

sauer: Carbon- u. Dicarbonsäuren, Hydroxy- und Ketosäuren, mehrwertige Phenole, (Aminophenole)
basisch: Stickstoffverbindungen: aliphatische Amine, Pyridine, (Aminophenole)
neutral: polare und unpolare Reste: niedere Alkohole, Aldehyde und Ketone, Nitrile, Säureamide, Oxime, cyclische Ether, (Aminophenole).

2) wasserunlöslich + etherlöslich

sauer veränderlich: Stickstoffverbindungen: Amine, Nitrile, Nitroverbindungen; Ether (veränderlich in konz. Säuren).
basisch veränderlich: höhere Carbonsäuren und Carbonsäureanhydride, Ester (veränderlich in der Hitze), Lactone, Phenole, Thiophenole, (Chinone).
unveränderlich: Kohlenwasserstoffe, Aromaten; höhere Ether und Ketone;
Stickstoffverbindungen: Säureamide, Azoverbindung.

3) wasserlöslich + etherlöslich

sauer: Hydroxy-, Di- und Polycarbonsäuren; Stickstoffverbindungen: Aminosäuren, Aminsalze; Thioverbindungen: Sulfonsäuren.
basisch: Aminoalkohole, Aminosäuren, Aminsalze (Carbonate); Carbonsäuresalz, Alkoholat, Phenolat.
neutral: polare Reste: Polyole, Zucker; neutrale Salze von Sauerstoff-, Stickstoff-Schwefel- und Halogen-Stickstoffverbindungen: Aminhydrochloride, Chloramine, Imidchloride.

4) wasserunlöslich + etherunlöslich

sauer veränderlich: Stickstoffverbindungen: höhere Amine, Aminosäuren, Urotropin.
basisch veränderlich: Carbonsäuren (wie z.B. Terephthalsäure), Aminosäuren;
Stickstoff-Schwefel-Verbindungen: Sulfanilsäure, Aminothiophenole, S-Aminosäuren, Aminsulfate.
unveränderlich: kondensierte Kohlenwasserstoffe, Säureamide, Anthrachinone; Stickstoffverbindungen: Purinderivate.

5) Löslichkeit in Basen

Natronlauge setzt org. Basen aus ihren Salzen frei (Geruch, Ölbildung). Höhere Fettsäuren bilden Seifen.
β-Dicarbonylverbindungen bilden mit alkohol. KOH Salze, jedoch mit 5% NaOH nicht neutralisierbar.

5% NaOH	5% NaHCO$_3$	Stoffgruppen
löslich	löslich	Säuren, Carbonsäuren, Sulfonsäuren, Nitrophenole, 4-Hydroxycumarin u. a.
löslich	unlöslich	Phenole, Nitroverbindungen, Enole, Imide, Arylsulfonamide, Amine, Thioverbindungen u.a.

O-Verbindungen = Carbonsäuren, Alkohole, Phenole, best. metallorgan. Verb.

N-Verbindungen = Aminosäuren, Amine, Amide, Nitrile, Hydrazide, Imine, Oxime, Hydrazone, Enamine, Aminale, N-Heterozyklen, Nitroverbindungen.

S-Verbindungen = Thio-, Sulfon-, Sulfinsäuren u. Ester; Sulfoxide, Mercaptane, Thiophenole, Sulfide, Sulfone, S-Heterozyklen.

6) Löslichkeit in konz. Schwefelsäure.

- Ungesättigte Stoffe bilden Schwefelsäureester.
- Nied. Sauerstoffverbindungen bilden Oxoniumsalze.
- Alkohole werden verestert oder dehydratisiert.
- Olefine können polymerisieren.
- Einige Kohlenwasserstoffe werden sulfoniert.
- Triphenylcarbinol, Phenolphthalein u. a. zeigen Farbänderungen.
- Iodverbindungen scheiden Iod aus.

7) Löslich in Säuren und Basen sind amphotere Verbindungen: Aminosäuren, Aminophenole, Aminosulfonsäuren u. a.

Löslichkeitsparameter

Kennzahl für die innermolekularen Kräfte in einem Lösungsmittel; berücksichtigt Dispersionskräfte δ_d, Dipolkräfte δ_p und Wasserstoffbrückenbindungen δ_H. Je geringer die Differenz $\Delta\delta$ ist, umso besser sind zwei Lösungsmittel mischbar.

$$\delta = \sqrt{\delta_d^2 + \delta_p^2 + \delta_H^2} \quad \sqrt{\mathrm{J/cm^3}}$$

γ *Wasserstoffbindungsparameter.

Lösungsmittel	Löslichkeitsparameter			
	δ_d	δ_p	δ_H	γ
Diethylether	14,3	5,1	2,0	13,0
n-Hexan	14,7	0	0	0
n-Heptan	15,1	0	0	0
Isobutylacetat	15,1	3,7	7,6	8,8
Ethylacetat	15,1	5,3	9,2	8,4
n-Propanol	15,1	6,1	17,6	18,7
Ethanol	15,1	8,0	20,1	18,7
Methanol	15,1	11,3	22,9	18,7
Isobutanol	15,3	5,7	15,8	17,9
Methylisobutylketon	15,3	6,1	4,1	7,7
Isopropanol	15,3	6,1	17,2	18,7
Aceton	15,6	11,7	4,1	9,7
Butylacetat	15,8	3,7	6,3	8,8
2-Ethylhexanol	16,0	3,3	11,9	18,7
Diisobutylketon	16,0	3,7	4,1	8,4
Ethylglycolacetat	16,0	4,7	10,6	9,4
n-Butanol	16,0	6,1	15,8	18,7
Butylglycol	16,0	6,3	12,1	13,0
Butyldiglycol	16,0	7,0	10,6	13,0
Methylethylketon	16,0	9,0	5,1	7,7
Nitroethan	16,0	15,6	4,5	2,5
Ethyldiglycol	16,2	7,6	12,3	13,0
Ethylglycol	16,2	9,2	14,3	13,0
Methylglycol	16,2	9,2	16,4	
2-Nitropropan	16,2	12,1	4,1	2,5
Mesityloxid	16,4	7,2	6,1	9,7
Nitromethan	16,4	18,4	5,2	2,5
Isophoron	16,6	8,2	7,4	14,9
Cyclohexan	16,8	0	0	0
Tetrahydrofuran	16,8	6,8	7,2	12,0
Dimethylacetamid	16,8	11,5	10,2	12,3
1,1,1-Trichlorethan	17,0	4,3	2,0	
Cyclohexanol	17,4	4,1	13,5	18,7
Dimethylformamid	17,4	13,7	11,3	11,7
Dioxan	17,6	8,6	4,1	9,7
Nitrobenzol	17,6	12,3	4,1	2,8
Tetrachlorkohlenstoff	17,8	0	0	0
Ethylbenzol	17,8	0,6	1,4	1,5
Xylol	17,8	1,0	3,1	4,5
Cyclohexanon	17,8	7,0	7,0	11,7
Toluol	18,0	1,4	2,0	4,5
Methylenchlorid	18,2	6,1	6,3	1,5
Benzol	18,4	1,0	2,9	0
Styrol	18,6	1,0	4,1	1,5
1,2-Dichlorethan	18,8	5,3	4,1	1,5
Chlorbenzol	19,0	4,3	2,0	1,5
Dimethylsulfoxid	19,2	13,3	12,1	7,7
Ethylencarbonat	19,4	21,7	5,1	4,9
Propylencarbonat	20,1	18,0	4,1	4,9
Schwefelkohlenstoff	20,5	0	0	0

Löslichkeitsprodukt

Maß für die Restlöslichkeit wasserunlöslicher Festkörper und Niederschläge. Auch schwerstlösliche Salze dissoziieren gering, so dass die Konzentration c_L in der Lösung nicht Null ist.

1) Für einen Bodensatz im ionischen Gleichgewicht mit der gesättigten wässrigen Lösung ist das Löslichkeitsprodukt gleich dem Konzentrationsprodukt der gelösten Ionen (exakt: Gleichgewichtsaktivitäten a_i). Solange das Konzentrationsprodukt in Lösung größer als K_L ist, fällt Niederschlag aus.

Binäres Salz mit Aktivität a

Lösungsgleichgewicht: $\quad AB\!\downarrow \ \rightleftharpoons A^{\oplus} + B^{\ominus}$

Massenwirkungsgesetz: $\quad K_{L,AB} = \dfrac{a_{A^{\oplus}} a_{B^{\ominus}}}{a_{AB}}$

und für Reinstoff: $a_{AB} \equiv 1$

Löslichkeitsprodukt: $\quad \boxed{K_{L,AB} = a_{A^{\oplus}} a_{B^{\ominus}}}$ (25 °C)

Niederschlag fällt $\quad$ wenn $a_{A^{\oplus}} a_{B^{\ominus}} \geq K_{L,AB}$

Salz mit Konzentration c

Lösungsgleichgewicht: $\quad A_a B_{b,(s)} \rightleftharpoons a\,A^{b\oplus} + b\,B^{a\ominus}$

Massenwirkungsgesetz: $\quad K = \dfrac{[c_{A^{b\oplus}}]^a \cdot [c_{B^{a\ominus}}]^b}{c_{A_a B_b}}$

Für den Bodensatz: $\quad c_{A_a B_b} = \mathrm{const} \ \Rightarrow$

Löslichkeitsprodukt: $\quad \boxed{K_L = [c_{A^{b\oplus}}]^a \cdot [c_{B^{a\ominus}}]^b}$

Gelöste Konzentration: $\quad c_L = \sqrt[a+b]{\dfrac{K_L}{a^a b^b}}$ (g/mol)

Gelöste Massenkonzentration: $\quad \beta_L = c_L M$ (g/ℓ)

ungesättigte Lösung: $\quad c_{A^{\oplus}}^b c_{B^{\ominus}}^a < K_L$

gesättigte Lösung: $\quad c_{A^{\oplus}}^b c_{B^{\ominus}}^a = K_L$

Niederschlag fällt: $\quad c_{A^{\oplus}}^b c_{B^{\ominus}}^a > K_L$

c_L	molare Löslichkeit des Stoffes	(mol/ℓ)
M	Molare Masse	(g/mol)
a, b	Stöchiometriefaktoren	(Dim. 1)

2) Bestimmung des Löslichkeitsprodukts

a) *Verdünnungsreihe.* Extrapolation im $c_\pm$-$\sqrt{I}$-Diagramm zu unendlicher Verdünnung.

$$K_L = c_\pm(\sqrt{I} \to 0) \quad \Rightarrow \quad \lg K_L = 2 \lg c_\pm(\sqrt{I} \to 0)$$

In verdünnter Lösung:

$$K_L = a_\oplus a_\ominus = \gamma_\oplus \gamma_\ominus c_\oplus c_\ominus = c_\pm^2 \cdot \gamma_\pm^2 \approx c_\oplus c_\ominus$$

I Ionenstärke, $c_\pm$ mittlere Konzentration,
a Aktivität, γ Aktivitätskoeffizient.

b) *Leitfähigkeitsmessung* in stark verdünnten Elektrolyten bei bekannter molarer Leitfähigkeit $\Lambda \approx \Lambda_\infty$).

$$K_L = c_\oplus c_\ominus = c^2 = \left[\frac{\kappa}{z\Lambda_\infty}\right]^2$$

mit $\Lambda_\infty = \lambda_{\infty,\oplus} + \lambda_{\infty,\ominus}$ und $\kappa = \kappa_{Lsg} - \kappa_{Lm}$.

c) *Potentiometrische Messungen*:

$$\Delta G = -zFE = -RT \ln K_{eq}$$

Beispiel: Potentiometrische Titration von AgNO$_3$-Lösung mit Halogenidlösungen (mit Ag-Arbeitselektrode und Ag/AgCl-Bezugselektrode).

$$E = E^0 + \frac{RT}{F}\ln a_{M\oplus} = E^{0'} + \frac{RT}{F}\ln a_{X\ominus}$$
$$K_L = a_{M\oplus} a_{X\ominus} \quad \Rightarrow$$

$$E = E^0 + \frac{RT}{F}\ln K_L - \frac{RT}{F}\ln a_{X\ominus}$$

E_1 Startpotential, $E_{\ddot{A}}$ Potential am Äquivalenzpunkt,
c vorgelegte Ag$^\oplus$-Konzentration.

$$E_{\ddot{A}} = E^\star + 0{,}059\lg\sqrt{K_L} \quad \text{mit}$$
$$E^\star = E_1 - 0{,}059\lg c_{Ag\oplus}$$

d) *Löslichkeit.* Gelöste Substanzmasse β (in g/ℓ). Binäre Verbindungen AB

$$K_L = c_A + c_B \approx \left(\frac{\beta_{AB}}{M_{AB}}\right)^2$$

Ternäre Verbindungen AB$_2 \rightleftharpoons$ A$^\oplus$ + 2B$^\ominus$

$$K_L = c_A + c_B^2 \approx \left(\frac{\beta_{AB}}{M_{AB}}\right)\left(2\frac{\beta_{AB}}{M_{AB}}\right)^2$$

Löslichkeitsprodukt K_L (mol/ℓ)^n (25°C).

Ag$_2$S	$6\cdot10^{-50}$	nahezu unlöslich
Fe(OH)$_3$	$4\cdot10^{-40}$	
TiO(OH)$_2$	$1\cdot10^{-29}$	
CdS	$2\cdot10^{-28}$	
ZnS (Zinkblende)	$2\cdot10^{-24}$	
ZnS (Wurtzit)	$3\cdot10^{-22}$	
Hg$_2$Cl$_2$	$1\cdot10^{-18}$	
FeS	$5\cdot10^{-18}$	
AgI	$8\cdot10^{-17}$	
AgBr	$5\cdot10^{-13}$	
CaF$_2$	$3\cdot10^{-11}$	
Mg(OH)$_2$	$1\cdot10^{-11}$	
AgCl	$2\cdot10^{-10}$	
BaSO$_4$	$1\cdot10^{-10}$	schwer löslich
CaCO$_3$	$5\cdot10^{-9}$	
BaCO$_3$	$5\cdot10^{-9}$	
Ca-oxalat	$2\cdot10^{-9}$	
PbSO$_4$	$2\cdot10^{-8}$	
CuCl	$2\cdot10^{-7}$	
CaSO$_4$	$2\cdot10^{-5}$	mäßig löslich

3) Löslichkeit bei Salzzusatz. Fremdionische Zusätze (der Konzentration c_L in mol/ℓ) erhöhen die Ionenstärke, und damit die Löslichkeit. Gleichionige Zusätze senken die Löslichkeit.

a) *Fremdionenzusatz*, z. B. CaF$_2$ zu Ca$^{2\oplus}$- und F$^\ominus$-freier Lösung. Mit der DEBYE-HÜCKEL-Gleichung folgt für die Lösung mit Elektrolytzusatz (Index E) und ohne (Index H$_2$O):

$$\frac{c_{L,H_2O}}{c_{L,E}} = \frac{\gamma_{\pm,H_2O}}{\gamma_\pm}$$
$$\Rightarrow \lg\left(\frac{c_{L,H_2O}}{c_{L,E}}\right) = Az_\oplus z_\ominus(\sqrt{I} - \sqrt{I_0})$$

b) *Gleichionischer Zusatz.* Molare Löslichkeit eines binären Salzes AB; z. B. BaSO$_4$ in Na$_2$SO$_4$-Lösung oder AgCl in AgNO$_3$-Lösung:

$$K_L = c_{L,H_2O}^2 \gamma_{H_2O}^2 = c_{L,E}(c_{L,E} + c_E)\cdot\gamma_\pm^2$$

$$c_{AB} = \frac{K_{L,AB}}{\sqrt{K_{L,AB} + c_{zus}}} \approx \frac{K_{L,AB}}{c_{zus}}$$

Grob gilt $I \approx c_{L,E} \approx c_{L,H_2O}$ zur Abschätzung von $\lg\gamma_\pm = Az_i^2\sqrt{I}$.

I Ionenstärke (mol/ℓ); I_0 Ionenstärke ohne Zusatz.
$\gamma_\pm$ mittl. Aktivitätskoeffizient (Dim. 1)

4) Löslichkeit bei Hydrolyse
Die molare Löslichkeit ist durch Hydrolyse der Ionen erhöht, z. B. bei schwerlöslichen Sulfiden.

$$MS \rightleftharpoons \begin{cases} M_{(aq)}^{2\oplus} \overset{H_2O}{\rightleftharpoons} M(OH)_{(aq)}^\oplus + H^\oplus \\ S^{2\ominus} \overset{H_2O}{\rightleftharpoons} HS^\ominus \overset{H_2O}{\rightleftharpoons} H_2S + OH^\ominus \end{cases}$$

$$c_{M^{2\oplus}} + c_{M(OH)_{aq}^\oplus} = c_{S^{2\ominus}} + c_{HS^\ominus} + c_{H_2S}$$

$$\boxed{c_{M(OH)_{aq}^\oplus} = K_{H,1}\frac{c_{M^{2\oplus}}}{c_{H^\oplus}}}$$

$$\boxed{c_{M^{2\oplus}} = \sqrt{\frac{K_{L,MS}\left[1 + \frac{K_{H,2}}{c_{OH^\ominus}}\left(1 + \frac{K_{H,3}}{c_{OH^\ominus}}\right)\right]}{1 + K_{H,1}/c_{H^\oplus}}}}$$

mit

$$c_{HS^\ominus} = \frac{K_{H,2}c_{S^{2\ominus}}}{c_{OH^\ominus}}; \quad c_{S^{2\ominus}} = \frac{K_{L,MS}}{c_{M^{2\oplus}}}$$

$$c_{H^\oplus} = c_{OH^\ominus} = 10^{-7}\,\text{mol}/\ell$$

Hydrolysekonstanten

$$K_{H,1} = \frac{c_{M(OH)_{aq}^\oplus}c_{H^\oplus}}{c_{M^{2\oplus}}} = \frac{K_W}{K_b}$$
$$K_{H,2} = \frac{c_{HS^\ominus}c_{OH^\ominus}}{c_{S^{2\ominus}}} = \frac{K_W}{K_a}$$
$$K_{H,3} = \frac{c_{H_2S}c_{OH^\ominus}}{c_{HS^\ominus}} = \frac{K_W}{K_a}$$

Molare Löslichkeit des Niederschlages mit Berücksichtigung der Hydrolyse.

$$\boxed{c_{MS} = c_{M^{2\oplus}} + c_{M(OH)_{aq}^\oplus}}$$

K_L Löslichkeitsprodukt
K_W Ionenprodukt des Wassers, 10^{-14} (mol/ℓ)^2
K_I Ionenprodukt des Salzes

5) Komplexbildung. Auflösung von Niederschlägen durch komplexbildende Zusätze, z. B. AgCl in Ammoniak.

$$MX\downarrow + \underbrace{n\,L}_{c_{Lig}-2x} \rightleftharpoons \underbrace{ML_n^\oplus}_{x} + \underbrace{X^\ominus}_{x}$$

Tabelle 10.5 Lösungen und disperse Systeme im Überblick.

	Echte Lösung		Kolloid(al)e Lösung			Suspension
System	molekular-	iondispers	k o l l o i d d i s p e r s			grobdispers
			Molekül-kolloid	Mizell- oder Assoziations-kolloid	Dispersions-kolloid	
				Koagulation Sol $\rightleftharpoons$ Gel Peptisation		
Disperse Phase	Moleküle	Ionen, Elektrolyte	Makro-moleküle	Molekül-assoziate	Aggregate	
Beispiele	Glucose-lösung	Salz-lösungen	Eiweiße, Kunststoffe	Seifen, Tenside	Dispersions-farbe	
Teilchengröße	<1 nm mikroskopisch unsichtbar		1 nm ... 0,5 μm im Elektronenmikroskop unterscheidbar			>0,5 μm mit Auge/Lupe sichtbar
Tyndall-Effekt	n e i n		ja; optische Trübung wg. Lichtstreuung an den Teilchen			
Filtrierbarkeit	n e i n		j a (Membran-, Pergamentfilter)			ja (Papierfilter)

$$K_{eq} = \frac{K_L}{K_D} = K_L \left(\frac{c_{M^\oplus} c_{Lig}^2}{c_{Komplex}} \right)^{-1} = \left(\frac{x}{c_{Lig} - 2x} \right)$$

$$x = \frac{c_{Lig}}{\sqrt{\dfrac{1}{K_{eq}} + 2}} = \frac{c_{Lig}}{\sqrt{K_D/K_L} + 2}$$

c_{Lig}	Ligandkonzentration	(mol/ℓ)
K_{eq}	Gleichgewichtskonstante	
K_D	Komplex-Dissoziationskonstante	
x	Löslichkeit d. Niederschlages	(mol/ℓ)

Lösung

Lösungen im engeren Sinn sind homogene Gemenge aus einem

1. flüssigen Lösungsmittel (Dispersionsmittel) und
2. einem gelösten Stoff (disperse Phase):

fest, flüssig oder gasförmig;

molekular oder salzartig.

Nach den Wechselwirkungen der Teilchen werden unterschieden:

1. *Ideale Lösung:* ideal-viskos, inkompressibel, homogen, wechselwirkungsfrei.
2. *Reale Lösung:* Durch Wechselwirkungen zwischen den Teilchen scheinbare Konzentrationserniedrigung (*Aktivität); *Aktivitätskoeffizienten sind zu berücksichtigen.

Nach der Teilchengröße werden unterschieden

1. echte Lösung
2. *Disperses System:* Im *Sol* sind die kolloiden Teilchen weitgehend frei beweglich; im gallertartig steifen *Gel* sind sie raumnetzartig miteinander verbunden.

Flockungsmittel sind Salzlösungen, die *Koagulation* (Ausflockung von Solen zu Gelen) beschleunigen, indem sie die elektrostatische Abstoßung zwischen gleichgeladenen Teilchen aufheben.

Schutzkolloide (Makromoleküle wie Stärke, Gelatine u.a.) verhindern die Flockung und stabilisieren kolloide Lösungen.

Lösungsvorgang

Wirkung von Lösungsmitteln. Der Löseprozess schreitet von der Kristalloberfläche ins Kristallinnere fort.

• Das Lösungsmittel schwächt nach dem COULOMB-Gesetz die interkristallinen Anziehungskräfte, denn die Permittivität des lösenden Mediums ändert sich von $\varepsilon_r = 1$ im Vakuum auf 78,3 in Wasser. Das Kristallgitter zerfällt durch die thermische Bewegung.

• Lösungsmittelmoleküle umhüllen die freien Ionen und Dipole des gelösten Stoffes unter Ausbildung von Ion-Dipol-Komplexen und Dipol-Dipol-Aggregaten (sog. *Solvatation*, in Wasser: *Hydratation*).

Wasser ist das Lösungsmittel der Wahl für ionische Reaktionen.

• hoher Siedepunkt und niedriger Schmelzpunkt infolge der Assoziation von Wassermolekülen über Wasserstoffbrückenbindungen zu Molekülverbänden.

• hohe Permittivität, d. h. großes Solvatationsvermögen für Ionen.

Lösungswärme

Enthalpieänderung (ΔH_{sol} in kJ/mol) beim Lösen einer Substanz in einem Lösungsmittel.

1) Energiebilanz des Lösevorgangs. Der Energiegewinn (durch Ladungsvereinigung und Solvatation) übertrifft den Energieaufwand (Gitterenergie) beim Lösungsvorgang.

$$A_a B_b \longrightarrow a\, A^{b\oplus} + b\, B^{a\ominus}$$

$$\Delta H_{sol} = \Delta H_{hyd} - \Delta H_G =$$
$$= a\, \Delta H^0_{f,M^{b\oplus}(aq)} + b\, \Delta H^0_{f,B^{b\ominus}(aq)} -$$
$$- \Delta H^0_{f,AB,(s)}$$
$$\Delta H_{hyd} = \sum \Delta H^0_{f,Ionen(aq)} - \sum \Delta H^0_{f,Ionen(g)}$$

- *Gitterenergie* ΔH_G (in kJ/mol): groß bei kleinem Ionenradius (und großer Ionenladung).
- *Hydratationswärme* ΔH_{hyd} (in kJ/mol): groß bei (kleinem Ionenradius und) großer Ionenladung.
- *Löslichkeit*: groß, wenn Gitterenergie, Solvatationswärme oder Ionenladung klein und bei großen Ionen.
- *Lösungswärme* ΔH_{sol} (in kJ/mol).

Solvatationswärme > Gitterenergie: Lösung erwärmt sich (konz. H_2SO_4).
Solvatationswärme < Gitterenergie: Lösung kühlt ab ($CaCl_2 \cdot 6H_2O$).

2) Van't-Hoff-Gleichung. *Löslichkeit.

3) Berechnung: *Born-Haber-Kreisprozess.

4) Integrale molare Mischungswärme

$$\Delta \bar{H} = x_1(H_1 - H_1^*) + x_2(H_2 - H_2^*)$$
$$= x_1 \Delta H_1 + x_2(\Delta H_2 + \Delta_F H_2)$$

$\Delta_F H_2$ molare Schmelzenthalpie des gelösten Stoffes.

Differentielle Verdünnungswärme = partielle molare Mischungswärme des Lösungsmittels

$$\Delta H_1 = \left(\frac{\partial \Delta \bar{H}}{\partial x_1}\right)_{x_2, p, T} = H_1 - H_1^*$$

Differentielle Lösungswärme

$$L_2 = \Delta H_2 + \Delta_F H_2$$

Temperaturabhängigkeit

$$\left(\frac{\partial \ln a_2}{\partial T}\right)_p = \frac{L_2}{RT^2}$$

Integrale Lösungswärme

$$L = \Delta \bar{H} / x_2$$

Luft

Trockene, reine *Luft* besteht aus:

Stoff	Volumenanteil φ in %	Massenanteil w in %
N_2	78,084	75,52
O_2	20,946	23,15
Ar	0,934	1,28
CO_2	0,0314	0,05
Ne	0,0018	0,0013
He	0,00052	$7 \cdot 10^{-5}$
Kr	0,0001	0,0003
Xe	$8,7 \cdot 10^{-6}$	$4 \cdot 10^{-5}$
H_2	$5 \cdot 10^{-5}$	$4 \cdot 10^{-6}$

Ferner ortsabhängig schwankende Mengen von Wasserdampf, Ozon (ca. $2 \cdot 10^{-6}$ Vol.-%), NO_2, N_2O, Methan, SO_2, gewerblichen Abgasen, Staub, Schwebstoffen, Mikroorganismen.

Luftanalytik

1) Nachweis von *Luftverunreinigungen.

a) *Gasspürgeräte* („DRÄGER-Röhrchen"): praktikabel für gas- und dampfförmige Verunreinigungen in Arbeitsräumen und an Unglücksstellen. Das Prüfröhrchen – mit einem Reagenz auf Silicagel gefüllt – verfärbt sich in Abhängigkeit der Schadstoffkonzentration, wenn belastete Luft mit einer Handpumpe durchgesaugt wird. Wenig genau!

b) *Absorption* von Gasen:
Gasanalyse nach ORSAT: Luft wird durch eine Absorptionslösung in einer Waschflasche gesaugt und die gelöste Konzentration maßanalytisch oder fotometrisch bestimmt. Genaue Volumen- oder Volumenstrommessung erforderlich.

c) *Gasprobennehmer* (nach VDI-Richtlinie 2453) besteht aus: Ansaugsonde, Gaswaschflaschen, Natronkalk-Trockenpatrone, Manometer, Gasmengenzähler mit Thermometer, Drosselventil, Pumpe.

2) Absorptionslösungen für die Gasabsorption

CO: ammoniakalische Kupfer(I)-chlorid-Lösung:
$CuCl + CO \longrightarrow Cu(CO)Cl$.
Sperrflüssigkeit: 20% Na_2SO_4 mit 5% Schwefelsäure, gefärbt m. Methylorange.

CO_2:   30%ige Kalilauge: $CO_2 + 2\,KOH \longrightarrow K_2CO_3 + H_2O$.

NO_2:   0,1 mol/ℓ Natronlauge (+ 0,2% Butanol als Schaummittel, + etwas H_2O_2 zur Oxidation von SO_2-Verunreinigungen).
$2\,NO_2 + 2\,OH^{\ominus} \rightleftharpoons NO_3^{\ominus} + NO_2^{\ominus} + H_2O$
Fotometrie des roten Azokomplexes aus: Sulfanilsäure + N-(1-Naphthyl)-ethylendiamindihydrochlorid + Eisessig.

H_2S: Cadmiumhydroxidsuspension ($CdSO_4 + NaOH$). Fotometrische Bestimmung als Methylenblau (mit N,N-Dimethyl-p--phenylen-diamin in H_2SO_4).
$H_2S + Cd(OH)_2 \longrightarrow CdS + 2\,H_2O$

$$H_2S + 2\,[Ph(\overset{\oplus}{N}H_3)NMe_2]Cl_2 \xrightarrow{+6\,FeCl_3}$$
$$[Me_2N(C_6H_3)NS(C_6H_3)\overset{\oplus}{N}Me_2]Cl^{\ominus} \text{ Methylenblau}$$
$$+6\,FeCl_2 + NH_4Cl + 8\,HCl$$

SO_2:   Tetrachloromercurat-Lösung ($HgCl_2 + NaCl$). Fotometrische Bestimmung von Sulfit als rotes Sulfonsäurederivat (mit Parafuchsin = p,p',p"-Triaminotriphenyl-carbinolhydrochlorid und Formaldehyd).
$[HgCl_4]^{2\ominus} + 2\,SO_2 + 2\,H_2O \longrightarrow [Hg(SO_3)_2]^{2\ominus} + 4HCl$

O_2:   alkalische Pyrogallol-Lösung (1,2,3-Trihydroxybenzol).

HCl: 0,01-molarer Natronlauge. Fotometrische Bestimmung von Chlorid als roter Eisenthiocyanatkomplex (mit Quecksilberthiocyanat und Ammoniumeisen(III)-sulfat).
$2\,Cl^{\ominus} + Hg(SCN)_2 \longrightarrow HgCl_2 + 2\,SCN^{\ominus}$
$6\,SCN^{\ominus} + Fe^{3\oplus} \longrightarrow [Fe(SCN)_6]^{3\ominus}$

Luftverunreinigung

Alle Stoffe, die die natürliche Zusammensetzung der Luft verändern; z. B. NO_x, SO_2, Treibhausgase (CO_2, CH_4), Kohlenwasserstoffe (HC, PAK, FCKW), Stäube. *Anthropogene Noxen* sind vom Menschen verursacht. Bei der Verbrennung fossiler Energieträger entstehen Kohlenstoffoxide, aus schwefelhaltiger Kohle Schwefeloxide, aus halogenhaltigen Stoffen (z. B. PVC im Müll) Halogenkohlenwasserstoffe, in Verbrennungsmotoren Stickoxide (durch Oxidation des Luftstickstoffs).

CO: Verbrennungsmotoren, Feuerungsanlagen, Zigarettenrauch (bis 2%), Autoabgase (im Leerlauf <4,5%). MAK: 50 ppm = 55 mg/m^3.

CO_2:   Verbrennungsmotoren, Feuerungsanlagen.

NO_2:   Verbrennungsmotoren, Gasturbinen, Heiz- und Kraftwerke, Salpetersäurefabriken, Zigarettenrauch (bis 1000 ppm). MAK: 5 ppm = 9 mg/m^3; 600 mg/m^3 tödlich. Dauer-MIK 0,5 ppm, Kurzzeit-MIK 1 ppm. Geruchsgrenze 0,1 ppm, Augenreiz >20 ppm.

H_2S: Vulkane, Erdgas, Kokerei-, Wassergas, Fäulnis schwefelhaltiger Aminosäuren, Zellstoffindustrie. MAK 10 ppm = 15 mg/m^3; Dauer-MIK 0,1 ppm, Kurzzeit-MIK 0,2 ppm. Geruchsschwelle 0,025–0,1 ppm.

SO_2:   Vulkane, Rauchgas, Schwefelsäurefabriken. Smog-Alarm: 5 mg/m^3. MAK 5 ppm = 13 mg/m^3, Dauer-MIK 0,2 ppm, Kurzzeit-MIK 0,3 ppm, Toleranzgrenze: 0,15 ppm.

Analytische Chemie

Tabelle 10.6 Zusammensetzung und Wirkung der wichtigsten Luftverunreinigungen.

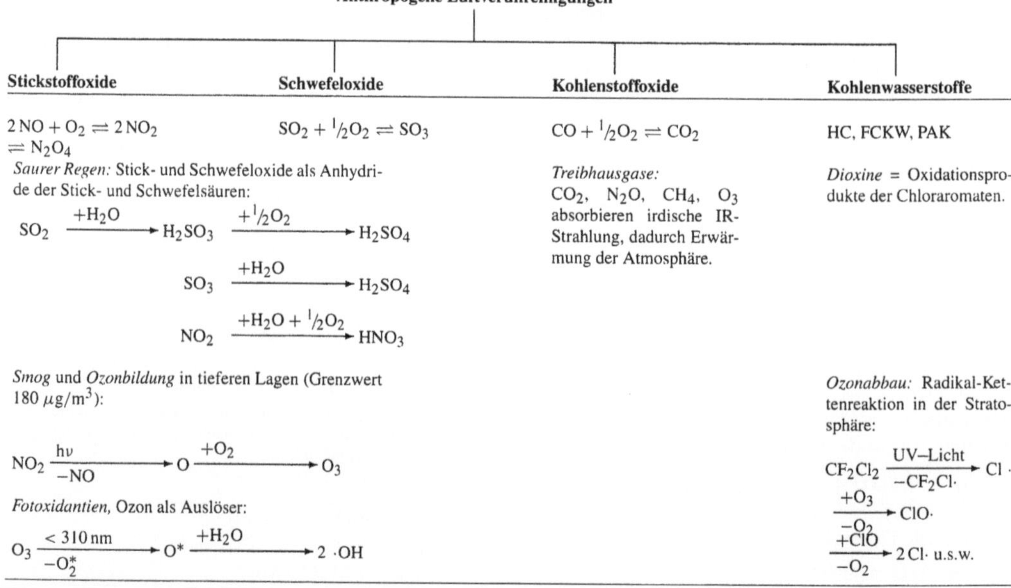

Stickstoffoxide	Schwefeloxide	Kohlenstoffoxide	Kohlenwasserstoffe
$2\,NO + O_2 \rightleftharpoons 2\,NO_2$ $\rightleftharpoons N_2O_4$	$SO_2 + {}^1\!/_2O_2 \rightleftharpoons SO_3$	$CO + {}^1\!/_2O_2 \rightleftharpoons CO_2$	HC, FCKW, PAK

Saurer Regen: Stick- und Schwefeloxide als Anhydride der Stick- und Schwefelsäuren:

$$SO_2 \xrightarrow{+H_2O} H_2SO_3 \xrightarrow{+{}^1\!/_2O_2} H_2SO_4$$

$$SO_3 \xrightarrow{+H_2O} H_2SO_4$$

$$NO_2 \xrightarrow{+H_2O + {}^1\!/_2O_2} HNO_3$$

Treibhausgase: CO_2, N_2O, CH_4, O_3 absorbieren irdische IR-Strahlung, dadurch Erwärmung der Atmosphäre.

Dioxine = Oxidationsprodukte der Chloraromaten.

Smog und *Ozonbildung* in tieferen Lagen (Grenzwert $180\ \mu g/m^3$):

$$NO_2 \xrightarrow[-NO]{h\nu} O \xrightarrow{+O_2} O_3$$

Fotoxidantien, Ozon als Auslöser:

$$O_3 \xrightarrow[-O_2^*]{<310\,nm} O^* \xrightarrow{+H_2O} 2 \cdot OH$$

Ozonabbau: Radikal-Kettenreaktion in der Stratosphäre:

$$CF_2Cl_2 \xrightarrow[-CF_2Cl\cdot]{UV-Licht} Cl \cdot$$
$$\xrightarrow[-O_2]{+O_3} ClO\cdot$$
$$\xrightarrow[-O_2]{+ClO} 2\,Cl\cdot \text{ u.s.w.}$$

HCl: chemische Industrie, PVC-Fabriken, Müllverbrennung. MAK 5 ppm = 7 mg/m³, Dauer-MIK 0,5 ppm, Kurzzeit-MIK 1 ppm.

MAK

Maximale Arbeitsplatzkonzentration. Höchstzulässige Konzentration eines Arbeitsstoffes als Gas, Dampf oder Schwebstoff in der Luft am Arbeitsplatz, der die Gesundheit der Beschäftigten (i. a.) nicht beeinträchtigt und zudem nicht unangemessen belästigt.

Durchschnittswert über einen Arbeitstag oder eine Arbeitsschicht bei

- wiederholter, langfristiger, täglich 8-stündiger Exposition bei einer durchschnittlichen Wochenarbeitszeit von 40 Stunden,
- in Vielschichtbetrieben 42 Stunden pro Woche im Durchschnitt von vier aufeinanderfolgenden Wochen.

Umrechnung von Massenanteilen in Volumenanteile (bei 20 °C, 101325 Pa):

$$\boxed{\frac{MAK}{mg/m^3} = \frac{M}{V_m}\,\frac{MAK}{m\ell/m^3}}$$

M molare Masse (g/mol), V_m molares Volumen (ℓ/mol).

Beispiel: In einem Labor von $12 \times 8 \times 3{,}6$ m³ Volumen dürfen für Schwefelwasserstoff (MAK 15 mg/m³) im zeitlichen Mittelwert über die gesamte Arbeitszeit 5200 mg gemessen werden. Die Geruchschwelle liegt bei 4 mg (0,012 mg/m³).

Maßanalyse

Titration oder *Volumetrie.* Quantitative Bestimmung gelöster Stoffe durch stöchiometrisches Zudosieren des Titrationsmittels. Vgl. *Titrationsformel , *Äquivalentbeziehung.

1) Acidimetrie. *Neutralisationstitration* von basischen Stoffen mit Säuren.

- Maßlösungen: HCl, HNO₃, H₂SO₄, Oxalsäure (für Calciumsalze)
- Indikatoren: *Neutralindikator* (starke Basen und Säuren) oder *Methylorange* (für Oxalsäure als Maßlösung oder Alkalicarbonate als Titrand).
- Beispiele für Titranden: Hydrogencarbonate, Carbonate, Hydroxide und basische Oxide der Alkali- und Erdalkalimetalle u. a., Ammoniumsalze, Borate, Eiweißstoffe.

Rechenbeispiel: Titration von Kalilauge mit 0,1 mol/ℓ Schwefelsäure, Verbrauch 32 ml. Wie groß ist der Gehalt an KOH in der Probe?

$$m_{KOH} = V_{H_2SO_4}\,c_{H_2SO_4}\,\frac{z_{H_2SO_4}}{z_{KOH}}\,M_{KOH} =$$
$$= 32\,m\ell \cdot 0{,}1\,mmol/m\ell \cdot {}^2\!/_1 \cdot 56{,}1\,mg/mmol =$$
$$= 359{,}0\ mg$$

2) Alkalimetrie. Neutralisationstitration von sauren Stoffen mit Basen.

- Maßlösungen: KOH, NaOH, NH₃.
- Indikatoren: *Neutralindikator* (starke Säuren, starke Basen), *Phenolphthalein* [P] (schwache Säuren), *Methylorange* (für NH₃ als Maßlösung).
- Beispiele für Titranden:

starke Säuren (HBr, HCl, HF, HI, HIO₃, HIO₄, HNO₃, H₃PO₃),

schwache Säuren (H₃BO₃, Ameisen-, Essig-, Oxal-, Wein-, Benzoesäure),

saure Salze (Hydrogenoxalate, -tartrate, -phthalate [P], -sulfate; Alkali- und Erdalkalinitrate nach ARND; Sulfite, Peroxodisulfate, NH₄OH·HCl, H₂SiF₆ nach SALBOM-HINRICHSEN, TREADWELL),

saure Oxide (Al₂O₃, B₂O₃, P₂O₅ [P], SO₃), „Phosphor" in Molybdatophosphorsäuren [P].

Rechenbeispiel: Titration von Phosphorsäure mit 0,1 mol/ℓ Natronlauge gegen Phenolphthalein (Verbrauch 23 mℓ, Vorlage 50 mℓ, Titrationsstufen $H_3PO_4 \rightarrow H_2PO_4^{\ominus} \rightarrow HPO_4^{2\ominus}$). Wie groß ist die Massenkonzentration an Phosphorsäure?

$$\beta_{H_3PO_4} = \frac{V_{NaOH} c_{NaOH} z_{KOH} M_{H_3PO_4}}{V_{H_3PO_4} z_{H_3PO_4}} =$$
$$= \frac{0{,}1\,\text{mmol/m}\ell \cdot 23\,\text{m}\ell \cdot 1 \cdot 98{.}0\,\text{mg/mmol}}{50\,\text{m}\ell \cdot 2} =$$
$$= 2{,}35\,\text{mg/m}\ell$$

3) Argentometrie. *Fällungstitration* mit Silbernitratlösung unter Bildung schwerlöslicher Silbersalze.
Beispiele für Titranden: Chloride, Bromide, Iodide, Cyanide nach MOHR und LIEBIG; Thiocyanate (Titration mit AgNO₃); Silber (Titration mit NaCl); Silber-, Kupfer-, Quecksilberverbindungen (Titration mit NH₄SCN).

4) Bromatometrie. *Redoxtitration* mit Kaliumbromat.
Beispiele für Titranden: (a) Arsen-, Antimon-, Zinn-, Thalliumverbindungen, Sulfide. (b) als Oxin sind bestimmbar Salze der Elemente: Al, Bi, Cd, Ce, Co, Cu, Fe, Ga, In, Mg, Mn, Ni, Pb, Sb, Th, Ti, U, V, Zn, Zr.

5) Cerimetrie.
Redoxtitration mit Cer(IV)-sulfatlösung.
Beispiele für Titranden: Reduktionsmittel (Oxalate, Oxal-, Weinsäure, Glucose, NO₂); Ba-, Ca-, Sr- (nach Fällung der Oxalate), As(III u. VI)-, Ce(IV)-, Fe(II u. III)-, Hg(II)-, Sb(III)-, Sn(II)-, Tl-, U-, V-Salze.

6) Chromatometrie. Redoxtitration mit Kaliumdichromatlösung.
Beispiele für Titranden: Fe(II), Pb(II), *CSB.

7) Chromometrie.
Redoxtitration mit Chrom(III)-sulfatlösung in schwefel- oder salzsaurer Lösung.
Beispiele für Titranden: Ag-, Bi-, Cu-, Hg-Salze, Dichromat.

8) Iodometrie. Nach Zusatz von Kaliumtriiodid im Überschuss wird das ausgeschiedene Iod mit Natriumthiosulfatlösung rücktitriert.
Beispiele für Titranden: As-, Cr-, Cu-, Fe(II u. III)-, Hg, Sb-, Sn(II)-Salze, Ethanol, Phenol, Brom, Chlor, H_2O_2, HI, MnO_2, N_2H_4, O_3, PbO_2, H_2S, SO_2, SO_3, H_2SO_3.

9) Permanganometrie. Redoxtitration mit Kaliumpermanganatlösung.
Beispiele für Titranden: Oxal-, Ameisensäure, Oxalate, Ca-, Cr(III u. IV)-, Fe(II)-Salze, Cu_2O (Zuckerreduktion).

Rechenbeispiel: 0,7 g festes Natriumoxalat wird mit 0.02-molarer Kaliumpermanganatlösung titriert (Verbrauch 70,4 ml). Wie groß ist der Massenanteil an Oxalat in der Probe?

$$MnO_4^{\ominus} + 5\,e^{\ominus} + 8\,H^{\oplus} \;\rightleftharpoons\; Mn^{3\oplus} + 4\,H_2O$$
$$(COOH)_2 \;\rightleftharpoons\; 2\,CO_2 + 2\,e^{\ominus} + 2\,H^{\oplus}$$

$$w = V_{KMnO_4} c_{KMnO_4} \frac{z_{KMnO_4} M_{KMnO_4}}{z_{Oxalat} m_{Oxalat}}$$

$$= 70{,}4\,\text{m}\ell \cdot \frac{0{,}02\,\text{mmol}}{\text{m}\ell} \cdot \frac{5 \cdot 134{,}0\,\text{mg/mmol}}{2 \cdot 700\,\text{mg}} = 67{,}4\%$$

10) Titanometrie. Redoxtitration mit Titan(III)-chlorid.
Beispiele für Titranden: Au(III), Cu(II), Fe(III), Hg(II), Sb(V), U(VI).

11) Komplexometrie. Titration mit Ethylendiamintetraessigsäure (EDTA) unter Bildung von Chelatkomplexen. Beispiele für Titranden:
• Al-, Ca Cd, Hg(II)-, Mg-, Mn-, Na-, Pb-, Tl-, Zn-Salze, Phosphate (Indikator: Eriochromschwarz T);
• Ba-, Ca-, Sr-Salze, Sulfite, Sulfate (Indikator: Phthal-

einpurpur);
• Bi-, Cd-, Cu-, Tl-, Zn-Salze (Indikator: Pyridyl-β-azonaphthol);
• Fe(III)-Verbindungen (Sulfosalicylsäure);
• Al-, Bi-, Cd-, Fe(III)-, Ga-, Hg-, La-, Pb-, Sn-, Th-, Tl-, Zr-Salze (Xylenolorange);
• Ag-, Ca-, Co-, Cu-, Ni-, Fe(II u. III)-, Mn- nach VOLHART-WOLFF, HAMPE, Mo- nach AUCHY, KASSLER, Ni-, Pb-, Sb-, Ti-, U-, V-Salze (Murexid);
• MnO_2 mit Oxalsäure od. Fe(II)-sulfat, NH_2OH nach RASCHIG, Schwefel nach PINSL, Phosphor als $(NH_4)_3PO_4 \cdot 12\,MoO_3$ (Murexid); indirekt Brom, Chlor, Iod, Sauerstoff (Murexid).

Massenanteil
Massenbruch, „Gehalt"; früher: Gewichtsprozent, Massenprozent.

$$\text{Masse der Komponente} \atop \text{Masse des Gemisches} \qquad \boxed{w_i = \frac{m_i}{\sum m_i} = \frac{\beta_i}{\varrho}} \quad \frac{\text{kg}}{\text{kg}} = 1$$

β Massenkonzentration (g/ℓ), ϱ Dichte.

Eine 5%-ige Kochsalzlösung ($w = 5\%$) entsteht durch Lösen von 5 g NaCl in 95 g Wasser (100 g Lösung).

$$w = 1\% \;\hat{=}\; 1\,\text{g Stoff in } 100\,\text{g Gemisch}$$

1) Umrechnung einer Gasmenge m (in kg) auf Massenanteil w nach dem idealen Gasgesetz.

$$\boxed{w = \frac{m\,R\,T}{M\,p\,V} = \frac{c\,R\,T}{p}}$$

M	Molare Masse des Gases	(g/mol)
p	Gasdruck	(Pa = 0,1 mbar)
T	Temperatur	(K)
V	Probenvolumen	(m³)

2) *ppm, *Prozent, *Promille.

Massenbeladung
Massenverhältnis.

$$\text{Masse der Komponente } i \atop \text{Masse der Komponente } k \qquad \boxed{\zeta_{ik} = \frac{m_i}{m_k}} \quad \frac{\text{kg}}{\text{kg}} = 1$$

Massenkonzentration
auch: *Partialdichte.* Von der Temperatur abhängiges *Konzentrationsmaß, gibt die Masse eines Stoffes im Volumen Lösung an. Nicht zu verwechseln mit der Dichte!

$$\text{gelöste Masse} \atop \text{Volumen Lösung} \qquad \boxed{\beta_i = \frac{m_i}{V_{Lsg}} = \varrho w_i} \quad \frac{\text{kg}}{\text{m}^3} = \frac{\text{g}}{\ell}$$

w Massenanteil, ϱ Dichte.

Massenverhältnis
Für ein binäres System:

$$\boxed{\zeta_{ik} = \frac{m_i}{m_k}} \qquad \text{kg/kg} = 1$$

m_i	Masse des Stoffes i in der Mischphase (kg)
m_k	Masse des Stoffes k in der Mischphase (kg)

Massenwirkungsgesetz
MWG, GULDBERG und WAAGE 1867. Das Verhältnis der Gleichgewichtskonzentrationen der Produkte und Edukte ist konstant, und zwar gleich dem Verhältnis der Geschwindigkeitskonstanten der Hin- und Rückreaktion k_1 und k_{-1}.

1) Die *Gleichgewichtskonstante* einer chemischen Reaktion

$$\underbrace{a\,\mathrm{A} + b\,\mathrm{B} + \ldots}_{\text{Edukte}} \rightleftharpoons \underbrace{c\,\mathrm{C} + d\,\mathrm{D} + \ldots}_{\text{Produkte}}$$

für ein homogenes System bei konstanter Temperatur ist das Verhältnis der Gleichgewichtskonzentrationen [..] der Produkte zu denen der Edukte.

$$K = \frac{[\mathrm{D}]^d\,[\mathrm{E}]^e}{[\mathrm{A}]^a\,[\mathrm{B}]^b} = \text{const} \qquad \mathrm{mol}^{c+d-a-b}$$

Gleichgültig, von welchen Ausgangskonzentrationen man ausgeht, stellt sich dieses Verhältnis im Lauf der Reaktion ein. In konzentrierten Lösungen *Aktivitäten einsetzen!

Reaktionsgeschwindigkeit: $r = \dfrac{\text{Konzentrationsänderung}}{\text{Zeitintervall}}$

– der Hinreaktion: $r_1 = k_1 c_\mathrm{A} c_\mathrm{B}$

– der Rückreaktion: $r_{-1} = k_{-1} c_\mathrm{C} c_\mathrm{D}$

Im Gleichgewicht: $r_1 = r_{-1} \Rightarrow$

$$k_1 c_\mathrm{A} c_\mathrm{B} = k_{-1} c_\mathrm{C} c_\mathrm{D}$$

Gleichgewichtskonstante $\qquad K = \dfrac{k_1}{k_{-1}} = \dfrac{c_\mathrm{C}\,c_\mathrm{D}}{c_\mathrm{A}\,c_\mathrm{B}}$

Im Zähler der Gleichgewichtskonstanten stehen die Produkte, im Nenner die Edukte. Ist die Gleichgewichskonstante

- K groß, liegt das Gleichgewicht rechts (produktseitig),
- K klein, liegt das Gleichgewicht links (eduktseitig).

Die Koeffizienten der Reaktionsgleichung stehen im MWG als Exponenten.

z. B. $\mathrm{N_2} + 3\,\mathrm{H_2} \rightleftharpoons 2\,\mathrm{NH_3} \quad \Rightarrow \quad K = \dfrac{c_{\mathrm{NH_3}}^2}{c_{\mathrm{N_2}}\,c_{\mathrm{H_2}}^2}$

2) Bei einer Reaktion aus mehreren Teilschritten dürfen die Gleichgewichtskonstanten der Teilreaktion zur Gesamt-Gleichgewichtskonstante multipliziert werden.

Beispiel:

	(1)	$\mathrm{H_2S}$	+	$\mathrm{H_2O}$	$\rightleftharpoons$	$\mathrm{H_3O^\oplus}$	+	$\mathrm{HS^\ominus}$
	(2)	$\mathrm{HS^\ominus}$	+	$\mathrm{H_2O}$	$\rightleftharpoons$	$\mathrm{H_3O^\oplus}$	+	$\mathrm{S^\ominus}$
	(1+2)	$\mathrm{H_2S}$	+	$2\,\mathrm{H_2O}$	$\rightleftharpoons$	$2\,\mathrm{H_3O^\oplus}$	+	$\mathrm{S^{2\ominus}}$

$$K_1 = \frac{c_{\mathrm{H_3O^\oplus}}\,c_{\mathrm{HS^\ominus}}}{c_{\mathrm{H_2S}}} = 8{,}4 \cdot 10^{-8}$$

$$K_2 = \frac{c_{\mathrm{H_3O^\oplus}}\,c_{\mathrm{S^{2\ominus}}}}{c_{\mathrm{HS^\ominus}}} = 1{,}2 \cdot 10^{-13}$$

$$K_1 K_2 = \frac{c_{\mathrm{H_3O^\oplus}}^2\,c_{\mathrm{S^{2\ominus}}}}{c_{\mathrm{H_2S}}} = 1{,}0 \cdot 10^{-20}$$

3) Das MWG gilt für verdünnte Lösungen. In konzentrierter Lösung müssen *Aktivitäten* a_i statt Konzentrationen c_i ins MWG eingesetzt werden, um die Wechselwirkungen der reagierenden Teilchen zu berücksichtigen.

$$a_i = \gamma_i c_i$$

a Aktivität (mol/ℓ), c Stoffmengenkonzentration (mol/ℓ), γ Aktivitätskoeffizient, i Komponente des Reaktionsgemisches.

- In stark verdünnter Lösung ist $a \approx c$ oder $\gamma \approx 1$.
- Reinstoffe haben per definitionem: Aktivität $a = 1$.

Das MWG kann mit Konzentrationen, Aktivitäten, Fugazitäten, Drücken und Molenbrüchen formuliert werden.

Bezugsgröße		Standardzustand
Molenbruch:	$a_i = \gamma_{\mathrm{x},i}\,x_i$	Reinstoff bei p, T des Systems
Konzentration:	$a_i = \gamma_i\,c_i$	gelöster Stoff (p, T) in unendlicher Verdünnung
Fugazität:	$a_i = \varphi\,p_i$	ideales Gas bei Normaldruck und System-T

4) Bei einem offenen System (z. B. Verschwinden einer Komponente bei Zersetzungsreaktionen) ist das MWG nicht anwendbar.

Mischung

Gemenge. Stoffensemble (Mischphase) aus z Komponenten (Stoffen), ohne dass beim Mischen durch chemische Reaktion neue Stoffe entstehen. Das Volumen kann sich ändern ($V \neq V_0$).

Gesamtmasse: $\qquad m = \displaystyle\sum_{i=1}^{z} m_i$

Gesamtvolumen vor dem Mischen: $\qquad V_0 = \displaystyle\sum_{i=1}^{z} V_i$

Gesamtstoffmenge: $\qquad n = \displaystyle\sum_{i=1}^{z} n_i$

Gesamtteilchenzahl: $\qquad N = \displaystyle\sum_{i=1}^{z} N_i = \sum_{i=1}^{z} N_\mathrm{A}\,n_i$

N_A Avogadro-Konstante.

Mischungsformel

Massenanteil nach dem Mischen für ein binäres System (Lösung von 1 in 2)

$$w_\mathrm{M} = \frac{m_1 w_1 + m_2 w_2}{m_1 + m_2} \qquad 1 = 100\%$$

Allgemein für n-Stoff-Systeme

$$m_\mathrm{M} w_\mathrm{M} = m_1 w_1 + m_2 w_2 + \cdots + m_n w_n$$

Verdünnen eines binären Systems (z. B. eine Lösung des Stoffes B mit dem Lösungsmittel L)

$$m_\mathrm{B} w_\mathrm{B} = (m_\mathrm{B} + m_\mathrm{L})\,w_\mathrm{M}$$

Aufkonzentrieren einer Lösung durch weitere Zugabe m' des Inhaltsstoffes B.

$$m_\mathrm{B} w_\mathrm{B} + m'_\mathrm{B} = (m_\mathrm{B} + m_\mathrm{A})\,w_\mathrm{M}$$

Aufkonzentrieren (*Einengen*) einer Lösung durch Entzug des Lösungsmittels (K = Konzentrat).

$$m_\mathrm{B} w_\mathrm{B} = (m_\mathrm{B} - m_\mathrm{L})\,w_\mathrm{K}$$

Mischungskreuz

MEYENDORFsches Mischungskreuz. Berechnung der Konzentration eines Gemisches aus zwei Komponenten (A und B) in gegebenen Massenanteilen.

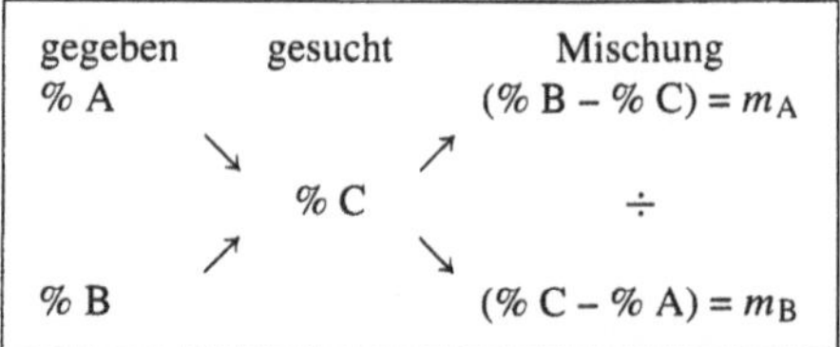

Um 10 ℓ w_C = 37.36%ige Schwefelsäure der Dichte 1,28 aus w_A = 97,5%iger, konzentrierter Säure herzustellen, sind m_B = 7,895 kg Wasser und m_A = 4,905 kg

Säure nötig.

Für Berechnungen dieser Art gelten die Formeln:

$$m_A = m_C - m_B$$

$$m_B = \frac{m_C(w_A - w_C)}{w_A - w_B} \qquad m_C = \frac{m_B(w_A - w_B)}{w_A - w_C}$$

m_A Masse der Ausgangsflüssigkeit
m_B Masse Zusatzflüssigkeit (Lösungsmittel)
m_C Masse der Mischung
w_A Gehalt der Ausgangsflüssigkeit
w_B Gehalt der Zusatzflüssigkeit (für Wasser ist $w_B = 0$)
w_C Gehalt der Mischung: 1 Gew.-% = 0,01

Mol

Stoffmenge eines Systems mit ebenso vielen Teilchen wie Atome in $^{12}/_{1000}$ Kilogramm = 12 Gramm Kohlenstoff-12 enthalten sind (*Avogadro-Konstante).

$$1 \text{ mol} \approx 6{,}023 \cdot 10^{23} \text{ Teilchen}$$

Die Art der Teilchen ist jeweils zu spezifizieren, z. B. Atome, Moleküle, Ionen, Elektronen, Radikale, Verbindungen etc.

Molalität

Früher „Kilogramm-Molarität". Temperaturunabhängiges *Konzentrationsmaß für Lösungen, weil auf die Lösungsmittelmasse (nicht das Volumen) bezogen. Zahl der Mole an, die in 1 kg Lösungsmittel (nicht Lösung!) gelöst sind. Nicht mit *Molarität verwechseln!

$$\frac{\text{gelöste Stoffmenge}}{\text{Masse Lösungsmittel}} \qquad b_i = \frac{n_i}{m_{Lm}} \qquad \frac{\text{mol}}{\text{kg}}$$

Eine 1-molale H_2SO_4 enthält 1 mol = 98,08 g Schwefelsäure pro kg Wasser.

Molare Masse

kurz: *Molmasse,*; *stoffmengenbezogene Masse* eines Stoffes; fälschlich: „Molekülmasse".

$$\frac{\text{Masse}}{\text{Stoffmenge}} \qquad M = \frac{m}{n} = N_A m_u \qquad \frac{\text{kg}}{\text{kmol}} = \frac{\text{g}}{\text{mol}}$$

Molare Masse von Kohlenstoff-12

$$M(^{12}C) = 12\,M_u = 12 \cdot 10^{-3} \text{ kg/mol} = 12 \text{ g/mol}$$

Ideales Gas im Normzustand

$$M = \varrho\,V_m = \varrho\,\frac{RT}{p} = \frac{m\,RT}{p\,V} \qquad \text{(g/mol)}$$

Beispiel: normgerechte Angabe

$$M\,(H_2SO_4) = 98{,}08 \text{ g/mol}$$

Für ein Äquivalentteilchen

$$M\left(\tfrac{1}{2}\,H_2SO_4\right) = 49{,}04 \text{ g/mol}$$

m_u absolute Molekülmasse   (kg)
$m(X)$ abgewogene Stoffmasse   (kg)
$n(X)$ Stoffmenge des Stoffes   (mol)
N_A Avogadro-Konstante: $6{,}023 \cdot 10^{23} \text{ mol}^{-1}$
R universelle Gaskonstante: $8{,}31 \text{ J mol}^{-1}\text{K}^{-1}$
V_{mn} molares Normvolumen: $22{,}41 \cdot 10^{-3} \text{ m}^3/\text{mol}$
ϱ_n Normdichte (m^3/mol)
n   Normbedingungen: 0 °C, 101325 Pa

1) Dampfdruckerniedrigung. Lösungen zeigen gegenüber dem reinen Lösungsmittel einen niedrigeren Gefrierpunkt und einen höheren Siedepunkt (RAOULT-Gesetz).

$$M = \frac{K}{\Delta T}\,\frac{m_1}{m_2}$$

K *ebullioskopische bzw. kryoskopische Konstante (K kg/mol),
m_1 Masse des gelösten Stoffes (kg),
m_2 Masse des Lösungsmittels (kg),
ΔT Siedepunktserhöhung bzw. Gefrierpunktserniedrigung (K).

2) Dampfdichtebestimmung
a) nach VICTOR MEYER (historisch!). Ein Wägegläschen fällt durch einen Auslösemechanismus in das mit einer pneumatischen Wanne verbundene und mit einem Heizmantel umgebene Verdampfungsrohr. Die Probe verdampft, das Dampfvolumen steigt ins Gasmessrohr. Bei der *Barometerkorrektur ist der Wasserdampfpartialdruck p_{H_2O} und der Druck der Wassersäule $p_{WS} = \varrho_{H_2O} g h_{H_2O}$ zu berücksichtigten. Vgl. *Gasvolumetrie.

$$M = \varrho_n\,V_{mn} = \frac{V_{mn}m}{V_0} = \frac{m\,RT}{p\,V}$$

$$V_0 = \frac{(p(T) - p_{H_2O} - p_{WS})\,V \cdot 273{,}15\text{ K}}{101325\,\text{Pa} \cdot T}$$

M unbekannte molare Masse   (kg/kmol),
m Einwaage der Probe   (kg),
$p(T)$ abgelesener Barometerstand   (Pa),
T absolute Temperatur   (K),
V gemessenes Gasvolumen (m^3),
V_{mn} molares Normvolumen (m^3/mol),
V_0 Gasvolumen bei 0°C (m^3),
ϱ_0 Gasdichte bei Normbedingungen.

b) Nach DUMAS: Die Flüssigkeit in einen Kolben mit bekanntem Volumen V vollständig verdampfen, m durch Wägung ermitteln (Siedepunkt T, p = konstant).
c) Nach GAY-LUSSAC und HOFMANN: Eine bekannte Masse m Flüssigkeit im Vakuum verdampfen, das Dampfvolumen V und Druck p messen.
3) Feldflussfraktionierung (FFF). Bestimmung der Verteilung von Molekülmassen, Dichten, Teilchengrößen von gelösten und suspendierten Stoffen (v.a. Polymere, Kolloide, Emulsionen). Die Probe fließt in einer Trägerflüssigkeit durch einen 0,005–10 cm breiten, etwa 50 cm langen Trennkanal mit zugespitzen Enden; quer dazu wirkt ein Kraftfeld, das die Teilchen zur Substanzansammlungswand zwingt, wo sie mit UV/VIS-, IR-Spektrometern, Refraktometern oder Viskosimetern nachgewiesen werden.
4) vgl. *Chromatografie, *Massenspektroskopie.

Molare Massenkonstante

Zur Berechnung der molaren Masse aus der „dimensionslosen" relativen Atommasse.

$$M_u = 10^{-3} \text{ kg/mol} = 1 \text{ g/mol}$$

$$M(X) = A_r(X)\,M_u$$

Molares Normvolumen

Stoffmengenbezogenes Normvolumen. Auf die Stoffmenge bezogenes Volumen eines idealen Gases bei 273,15 K und 101 325 Pa. Unsichere Stellen kursiv,

$$V_{mn} = \frac{R\,T_n}{p_n} = \frac{N_A}{N_L} = 22{,}413\,996 \cdot 10^{-3}\text{m}^3/\text{mol}$$

$$1 \text{ m}^3/\text{kmol} = 10^{-3} \text{ m}^3/\text{mol} = 1 \text{ } \ell/\text{mol}.$$
Für 1 bar = 100 kPa: $V_m = 22{,}710\,981 \cdot 10^{-3} \text{ m}^3/\text{mol}$

Tabelle 10.7 Molares Volumen feuchter und trockener i d e a l e r Gase (ℓ/mol) bei verschiedenen Temperaturen und Drücken (in mbar).

$t/°C$	feuchtes Gas								trockenes Gas							
	0	5	10	15	20	25	30	35	0	5	10	15	20	25	30	35
p_{H_2O} mbar	6,10	8,72	12,29	17,05	23,38	36,67	42,45	56,23	0	0	0	0	0	0	0	0
p	V_m in ℓ/mol															
893	25,60	26,15	26,72	27,34	28,02	28,77	29,62	30,61	25,42	25,89	26,36	26,82	27,29	27,75	28,22	28,68
906	25,22	25,76	26,32	26,93	27,60	28,33	29,17	30,13	25,05	25,51	25,99	26,43	26,88	27,34	27,80	28,26
920	24,85	25,38	25,94	26,54	27,19	27,91	28,72	29,66	24,69	25,14	25,59	26,04	26,50	26,95	27,40	27,85
933	24,50	25,01	25,56	26,15	26,79	27,50	28,29	29,21	24,34	24,78	25,23	25,67	26,12	26,56	27,01	27,45
946	24,15	24,66	25,20	25,77	26,40	27,09	27,88	28,78	23,99	24,43	24,87	25,31	25,75	26,19	26,63	27,07
960	23,81	24,31	24,84	25,41	26,03	26,71	27,47	28,35	23,66	24,09	24,53	24,96	25,39	25,82	26,26	26,69
973	23,48	23,98	24,50	25,06	25,66	26,33	27,08	27,94	23,34	23,34	24,20	24,61	25,04	25,47	25,90	26,33
986	23,16	23,65	24,16	24,71	25,30	25,96	26,70	27,54	23,02	23,44	23,86	24,28	24,71	25,13	25,55	25,97
1000	22,85	23,33	23,84	24,38	24,96	25,60	26,32	27,15	22,71	23,13	23,54	23,96	24,38	24,79	25,21	25,62
1013	22,55	23,02	23,52	24,05	24,62	25,25	25,96	26,77	22,41	22,82	23,23	23,64	24,06	24,47	24,88	25,29
1026	22,26	22,72	23,21	23,73	24,30	24,92	25,61	26,40	22,12	22,53	23,93	23,34	23,74	24,15	24,55	24,96
1039	21,97	22,43	22,91	23,42	23,98	24,59	25,27	26,05	21,84	22,24	22,64	23,04	23,44	23,84	24,24	24,64

N_A	Avogadro-Konstante: $6{,}023 \cdot 10^{23}$ mol^{-1}
N_L	Loschmidt-Konstante: $2{,}687 \cdot 10^{25}$ m^{-3}
R	universelle Gaskonstante: $8{,}31$ J mol^{-1}K^{-1}
n	Normbedingungen: 0 °C, 101325 Pa

Molares Volumen

„Molvolumen", *stoffmengenbezogenes Volumen* eines Stoffes. Quotient aus Normvolumen V_n durch Stoffmenge n oder molare Masse M durch Normdichte ϱ_n.

$$V_m = \frac{M}{\varrho_n} = \frac{M \, V_n}{m} = \frac{V_n}{n} \quad \text{m}^3/\text{mol}$$

M molare Masse (kg/mol), Dichte (m^3/mol)

Stoffkonstante der AVOGADRO-Hypothese.
1. Ein Mol jedes Stoffes enthält die gleiche Anzahl Moleküle (N_A).
2. Die gleiche Anzahl Moleküle nimmt unter Normbedingungen das gleiche Volumen ein.
3. Ein Mol jedes (idealen) Gases hat das gleiche Volumen. Unter Normbedingungen 22,4 ℓ/mol.
Für viele trockene Gase gilt näherungsweise das ideale Gasgesetz, für feuchte Gase sind Korrekturen notwendig (Tabelle).

$$V_m = \frac{R\,T}{p} \quad \text{(m}^3/\text{mol)}$$

Ideales Gas: *molares Normvolumen.
Kopp-Regel. Die Molvolumina von Flüssigkeiten am Siedepunkt summieren sich aus den Atomvolumina.

Molares Volumen und Dichte r e a l e r Gase bei 0 °C und 101325 Pa.

	ϱ kg/m^3 = g/ℓ	$V_m = M/\varrho$ m^3/kmol = ℓ/mol
1 g/mol $\hat{=}$	0,044615	–
H$_2$	0,089870	22,442
He (20 °C)	0,138	
He	0,17847	22,43
CH$_4$ (20 °C)	0,554	
NH$_3$ (20 °C)	0,596	
Stadtgas	~0,6	
Ne (20 °C)	0,697	
CH$_4$	0,7168	22,381
H$_2$O	0,768	23,459
NH$_3$	0,77154	22,078
Ne	0,9002	

CH≡CH (20 °C)	0,91	
CO$_2$ (20 °C)	0,967	
N$_2$ (20 °C)	0,967	
O$_2$ (20 °C)	1,105	
Acetylen	1,1709	22,238
H$_2$S (20 °C)	1,191	
CO	1,2500	22,409
N$_2$	1,2505	22,402
Ethen	1,2605	22,256
Luft	1,2927–1,2933	22,468
NO	1,3402	22,389
Ethan	1,3566	22,176
CH$_3$OH	1,4268	22,470
O$_2$	1,42895	22,393
SiH$_4$	1,44	22,307
H$_2$S	1,5392	22,139
CH$_3$F	1,5452	22,028
HCl	1,6391	22,245
F$_2$	1,696	22,406
Ar	1,7837	22,374
Propen	1,937	21,974
CO$_2$	1,9768	22,263
N$_2$O	1,9780	22,255
Ethanol	2,043	22,550
NOCl	2,9919	21,879
O$_3$	2,144	22,388
Propan	2,0096	22,008
CH$_3$-O-CH$_3$	2,1098	21,836
SO$_2$ (20 °C)	2,23	
CH$_3$Cl	2,3073	21,0885
Cl$_2$ (20 °C)	2,488	
n-Butan	2,5190	21,504
N(CH$_3$)$_3$	2,580 (4 °C)	22,912 (4 °C)
i-Butan	2,6726	21,786
SO$_2$	2,9263	21,891
Cl$_2$	3,220	22,037
n-Pentan	3,457	20,871
HBr	3,64457	22,204
Kr	3,708	22,60
SiF$_4$	4,684	22,222
n-Octan	5,030	22,710
CHCl$_3$	5,283	22,598
CF$_2$Cl$_2$	5,510	21,944
HI	5,7891	22,096
Xe	5,897	

Molarität *Konzentration.

Molbeladung oder *Stoffmengenverhältnis.*

$$\frac{\text{Stoffmenge d. Komponente } i}{\text{Stoffmenge d. Komponente } k} \quad r_{ik} = \frac{n_i}{n_k} \; \frac{\text{mol}}{\text{mol}} = 1$$

Molekülmasse

Summe der Atommassen der beteiligten Elemente in einer Verbindung. *Absolute Molekülmasse* in Kilogramm (Gebrauch unüblich). *Relative Molekülmasse* dimensionslos. Nicht verwechseln mit der *molaren Masse M!

Absolut	$m_u = \dfrac{m}{N} = \dfrac{M}{N_A} = M_r\,u$	(kg)
Relativ	$M_r = \sum\limits_{i=1}^{n} A_{r,i}\,z_i$	(Dim. 1)
Molar	$M = M_r \cdot g/mol$	

Beispiel: Schwefelsäure hat die absolute Molekülmasse

$$m_u(H_2SO_4) = \underbrace{2 \cdot 1{,}01}_{H} + \underbrace{32{,}06}_{S} + \underbrace{4 \cdot 16{,}00}_{O} \cdot u$$
$$= 98{,}08\ u = 162{,}9 \cdot 10^{-27}\ kg$$

A_r	relative Atommassen, siehe PSE	(Dim. 1)
M_r	relative Molekülmasse	(Dim. 1)
m	abgewogene Masse des Stoffes	(kg)
N	Teichenzahl	(Dim. 1)
N_A	Avogadro-Konstante: $6{,}023 \cdot 10^{23}$ mol^{-1}	
u	atomare Masseneinheit: $1{,}660 \cdot 10^{-27}$ kg	
z	Stöchiometriefaktor	

Molenbruch

Stoffmengenanteil. *Konzentrationsmaß für Mehrstoffsysteme. Zahl der Mole eines Stoffes im Verhältnis zur Gesamtmenge aller Stoffe im Gemisch. (mol/mol = 1).

$$\frac{\text{gelöste Stoffmenge}}{\text{Gesamtstoffmenge}} \quad \boxed{x_i = \frac{n_i}{\sum\limits_{i=1}^{N} n_i} = \frac{c_i}{\sum\limits_{i=1}^{N} c_i}} \; \frac{mol}{mol} = 1$$

N Zahl der Komponenten, c_i Stoffmengenkonzentration (mol/ℓ), n_i Stoffmenge der Komponente i (mol).

Neutralisation

Chemische Reaktion von Säuren und Basen zu Salzen. Nach BRÖNSTED reagieren zwei korrespondierende Säure-Base-Paare.

$$\boxed{Sre + Bse \; \underset{\text{Hydrolyse}}{\overset{\text{Neutralisation}}{\rightleftharpoons}} \; Salz + H_2O}$$

$$\begin{array}{ll} Sre & \rightleftharpoons Bse' + H^{\oplus} \\ Bse + H^{\oplus} & \rightleftharpoons Sre'_2 \\ \hline Sre + Bse & \rightleftharpoons Bse' + Sre' \end{array}$$

$$\boxed{pH = pK_a + \lg\frac{[Bse']}{[Sre]}} = \underbrace{14 - pK_b}_{p'_{K_K}} + \lg\frac{[Bse]}{[Sre']}$$

Die Differenz der pK-Werte von Säure und korrespondierender Säure ist logarithmisch mit der Gleichgewichtskonstante K der Neutralisationsreaktion verknüpft.

$$pK_a - pK_a' = -\lg K = -\lg\frac{[Bse'][Sre']}{[Sre][Bse]}$$

Der **Äquivalenzpunkt** der Neutralisationstitration liegt nicht zwingend bei pH 7, sondern beim pH der entstehenden Salzlösung. Denn Salze einer schwachen Säure oder Base reagieren aufgrund der *Hydrolyse in wässriger Lösung basisch (z.B. $CO_3^{2\ominus}$) oder sauer (z.B. $NH_4^{\oplus}$).

Säure	Base	pH am Äquivalenzpunkt
stark	stark	neutral (keine Hydrolyse)
stark	schwach	sauer
schwach	stark	basisch
schwach	schwach	sauer (Säure stärker)
		basisch (Base stärker)

Normalität *Äquivalentkonzentration.

Normalpotential s. Kap. Elektrochemie.

Norm... siehe Kap. Thermodynamik

Ostwald-Gesetz *Dissoziationsgrad.

Oxidationsschmelze

Analytische Vorprobe: Ursubstanz + doppelte Menge Soda + KNO_3 innig verreiben. Auf Magnesiarinne Rotglühen, bis Gasentwicklung aufhört. Nach dem Abkühlen treten Färbungen auf.

- *Chrom:* gelb. Mit HNO_3 + Ether überschichten + H_2O_2: ultramarinblaues Peroxochromat.
- *Aluminium + Cobalt:* THÉNARDS Blau $CoAl_2O_3$.
- *Mangan:* grün. Mit Essigessig abwaschen: violettes $MnO_4^{\ominus}$.

Oxidationsstufe

Oxidationszahl, früher: *Wertigkeit.*

Beschreibt die Bindungsverhältnisse in Molekülen und Komplexionen. Die Gruppe des Periodensystems gibt die höchste Oxidationsstufe eines Elementes gegenüber Sauerstoff an. Besonders die Übergangsmetalle treten in mehreren Stufen auf.

- *Freie Elemente* – auch H_2, N_2, O_2, Cl_2 etc. – haben die Oxidationszahl Null.
- *Metalle:* pos. Oxidationszahl (geben Elektronen ab).
- *Nichtmetalle:* negative Oxidationszahl (nehmen Elektronen auf).
- *Moleküle:* Die Summe der Oxidationszahlen der Atome einer ungeladenen Verbindung ist Null.

$$\boxed{\sum_{i=1}^{N} \text{Oxidationszahl}_i = 0}$$

- *Ionen:* Oxidationszahl = Ionenwertigkeit z.
- *Komplexionen:* Summe der Oxidationszahlen = Ladung des Komplexions.

Spezialfälle:

- Bor und Silicium: positive Oxidationszahl.
- Fluor: F -1
- Sauerstoff: O -2, Peroxide $O_2^{\ominus}\ -1$
- Wasserstoff: H $+1$, Hydride $H^{\ominus}\ -1$

Moleküle denkt man sich in Ionen aufgespalten, indem man die Elektronenpaarbindung zum elektronegativeren Atom verlagert.

Oxidationszahl von Chrom im Kaliumdichromat?
$K_2Cr_2O_7$: $2 \cdot (+1) + 2x + 7 \cdot (-2) = 0 \Rightarrow x = +6$.

p.a.

Abk. für: *pro analysi* = „für die Analyse", höherer im Handel befindlicher Reinheitsgrad chemischer Substanzen.

Tabelle 10.8 Bestimmung der maximalen Oxidationsstufe aus dem Periodensystem.

+1	+2	+3	+4	+5	+6	+7	(+8) +2 u.a.			+1 u.a.	+2	+3	+4	(+5) −3	+6 −2	+7 −1	0
H																	He
Li	Be											B	C	N	O	F	Ne
Na	Mg											Al	Si	P	S	Cl	Ar
K	Ca	Sc	Ti	V	Cr	Mn	Fe	Co	Ni	Cu	Zn	Ga	Ge	As	Se	Br	Kr
Pb	Sr	Y	Zr	Nb	Mo	Tc	Ru	Rh	Pd	Ag	Cd	In	Sn	Sb	Te	I	Xe
Cs	Ba	La	Hf	Ta	W	Re	Os	Ir	Pt	Au	Hg	Tl	Pb	Bi	Po	At	Rn
Fr	Ra	Ac															

Wichtige Ausnahmen

Hydrid: −1

Fe(II)	Cu(I)	Sn(II)	Pb(II)
Fe(III)	Cu(II)	Sn(IV)	Pb(IV)

Partialstoffmenge, spezifische

Stoffmenge n eines Bestandteiles X in einem Gemisch der Masse m. Unabhängig von Temperatur und Druck.

$$q(\mathrm{X}) = \frac{n(\mathrm{X})}{m} \quad \text{mol/kg}$$

Beispiel: $q(\mathrm{NaOH}) = 0{,}2$ mol/kg

Parts per... *ppb, *ppm, *ppq, *ppt.

pD-Wert

Negativer dekadischer Logarithmus der *Grenzkonzentration: $pD = -\lg GK$.

pH

pH-Wert, früher: p_H, von lat. *pondus hydrogenii* (Wasserstoff-Gewicht) oder *potentia hydrogenii* (Wasserstoff-Wirksamkeit).

1) Maß für die Acidität bzw. Basizität einer Lösung. Der negative dekadische Logarithmus der aktuellen Hydroniumionenaktivität.

$$pH = -\lg a_{\mathrm{H_3O^\oplus}} \quad \begin{cases} < 7 & \text{sauer} \\ = 7 & \text{neutral} \\ > 7 & \text{basisch} \end{cases}$$

$$pOH = -\lg a_{\mathrm{OH^\ominus}} \quad = 14 - pH \quad (25°C)$$

Ursprüngliche SÖRENSEN-Definition mit Protonenkonzentration: $pH = -\lg c_{\mathrm{H^\oplus}}$.

2) Man unterscheidet:

- *Aktuelle $H^\oplus$-Konzentration.* durch Dissoziation entstandene Acidität; Konzentration freier (dissoziierter) $H^\oplus$. Bestimmung durch Indikatoren, potentiometrische pH- oder Leitfähigkeitsmessung.
- *Potentielle $H^\oplus$-Konzentration.* Maximal neutralisierbare Acidität durch Titration mit Basen.

Eine 0,1-N Essigsäure hat aktuell $c_{\mathrm{H^\oplus}} = \sqrt{K_a c_a} = 0.00134$, potentiell $c_{\mathrm{H^\oplus}} = 0.1$ mol/ℓ.

- *Gleichionische Zusätze* – z. B. Acetat zu Essigsäure – senken den pH-Wert und verschieben das Dissoziationsgleichgewicht zur undissoziierten Säure (bzw. Base).

$$pH = -\lg\left(K\,\frac{c}{c_{\mathrm{zus}}}\right)$$

3) Kennwert der Wassergüte

pH < 5,5	stark betonschädigend, Erliegen der biologischen Reinigung
pH 4,9–6,8	Regenwasser
pH 6,7–7,5	natürliches Wasser (Güteklasse I)
pH 6,5–8,5	Trinkwasser (Güteklasse II, EG-Richtwert)
pH 6,5–9,5	Trinkwasser (TVO)
pH 6 – 9	Badegewässer (Güteklasse II/III, EG-Wert)
pH 7–8,3	Sollwert für Schwimmbadewasser
pH > 8,5	Korrosion von Eisenwerkstoffen, biologische Reinigung geht zurück

4) pH-Rechnung in wässriger Lösung.

a Säure, b Base, S Salz, z Zahl der „starken" Dissoziationsstufen, c Konzentration, $+x$ Zugabe von Base, $-x$ Zugabe von Säure in mol/ℓ).

starke Säure	$pH \approx -\lg(c_a z)$
starke Base	$pH \approx 14 - \lg(c_b z)$
schwache Säure	$pH \approx \dfrac{pK_a - \lg c_a}{2}$
schwache Base	$pH \approx 14 - \dfrac{pK_b - \lg c_b}{2}$
saures Salz einer starken Säure + schwache Base	$pH \approx \dfrac{14 - pK_b - \lg c_S}{2}$
basisches Salz einer starken Base + starken Säure	$pH \approx \dfrac{14 + pK_a + \lg c_S}{2}$
Salz einer schwachen Säure + schwachen Base	$pH \approx \dfrac{(14 - pK_b) + pK_a}{2}$
saurer Puffer	$pH = pK_a + \lg \dfrac{c_S \pm x}{c_a \mp x}$
basischer Puffer	$pH = 14 - pK_b + \lg \dfrac{c_S \pm x}{c_b \mp x}$

pH-Indikator

Neutralisationsindikator, kurz „Indikator". Zeigt durch Farbumschlag den Endpunkt einer Titration an. Farbige, schwache, organische Säure oder Base mit dem Protolysegleichgewicht:

Indikatorsäure: $\mathrm{HIn} \rightleftharpoons \mathrm{H^\oplus} + \mathrm{In^\ominus}$

Indikatorbase: $\mathrm{In} \rightleftharpoons \mathrm{HIn^\oplus} + \mathrm{OH^\ominus}$

$$\boxed{\frac{c_{\mathrm{In}^{\ominus}}}{c_{\mathrm{HIn}}} = \frac{K_{\mathrm{I}}}{c_{\mathrm{H}^{\oplus}}}} \quad \begin{cases} < 1 \text{ im Sauren} \\ = 1 \text{ Umschlag} \\ > 1 \text{ im Basischen} \end{cases}$$

Anteil des gefärbten Indikators

$$\frac{c_{\mathrm{In}^{\ominus}}}{c_{\mathrm{In}^{\ominus}} + c_{\mathrm{HIn}}} = \frac{1}{1 + \dfrac{c_{\mathrm{HIn}}}{c_{\mathrm{In}^{\ominus}}}} = \frac{1}{1 + \dfrac{c_{\mathrm{H}^{\oplus}}}{K_{\mathrm{I}}}}$$

Beispiel: Welcher Bruchteil von Phenolphthalein ist gefärbt in 0,1 mol/ℓ Natriumacetatlösung?

$K_{\mathrm{I}} = 3{,}16 \cdot 10^{-10}$ und $K_{\mathrm{a}}(\mathrm{HAc}) = 1{,}8 \cdot 10^{-5}$.

Aus $K_{\mathrm{H}} = \dfrac{\alpha^2 c_{\mathrm{s}}}{1 - \alpha} \approx \alpha^2 c_{\mathrm{s}}$ und $K_{\mathrm{H}} = K_{\mathrm{w}}/K_{\mathrm{a}}$ folgt $\alpha = 7{,}5 \cdot 10^{-5}$ mit $c_{\mathrm{OH}^{\ominus}} = \alpha c_{\mathrm{s}}$ und $c_{\mathrm{H}^{\oplus}} = K_{\mathrm{w}}/c_{\mathrm{OH}^{\ominus}} = 1{,}35 \cdot 10^{-9}$ mol/ℓ. Der gefärbte Anteil ist ca. 19%.

Säure-Base-Indikator	Farbe sauer	Farbe basisch	Umschlag- pH	$\mathrm{p}K_{\mathrm{a}}$
Malachitgrün(oxalat)	gelb	blaugrün	0–2,0	
Pikrinsäure	farblos	gelb	0,2–1,0	
Kresolrot	rosa	gelb	0,2–1,8	
Kristallviolett	gelb	blauviolett	0,8–2,6	
Fuchsin	gelb	magenta	1,0–3,1	
2,3-Dinitrophenol	farblos	gelb	2,8–4,7	
4-(Dimethylamino)--azobenzol	rot	gelborange	2,9–4,0	
Bromphenolblau	gelb	purpur	3,0–4,6	
Kongorot	blauviolett	rotorange	3,0–5,2	
Methylorange	rot	gelborange	3,1–4,4	3,7
2,5-Dinitrophenol	farblos	gelb	4,0–5,8	
Alizarinsulfonsre.	gelb	violett	4,3–6,3	
Methylrot	rot	gelborange	4,4–6,2	5,1
2-Nitrophenol	farblos	gelb	5,0–7,0	
Lackmus	rot	blau	5,0–8,0	
4-Nitrophenol	farblos	gelb	5,4–7,5	
Alizarin	gelb	rot	5,8–7,2	
Bromthymolblau	gelb	blau	6,0–7,6	7,0
Phenolrot	gelb	rot	6,4–8,2	
3-Nitrophenol	farblos	gelborange	6,6–8,6	
Kresolrot	gelborange	purpurrot	7,0–8,8	8,3
Curcumin	gelb	rot	7,4–8,8	
Phenolphthalein	farblos	rotviolett	8,2–9,8	9,6
Anilinblau WS	blau	farblos	9,4–14,0	
Alizaringelb	hellgelb	orangebraun	10,0–12,1	
Alizarin	rot	purpur	10,1–12,1	
Anilinblau WS	blau	farblos	9,4–14,0	
Alizaringelb	hellgelb	orangebraun	10,0–12,1	
Alizarin	rot	purpur	10,1–12,1	
Curcumin	rot	orange	10,2–11,8	
Titangelb	gelb	rot	11,0–13,0	
Indigocarmin	blau	gelb	11,5–14,0	

pH in nichtwäßrigen Lösungen

Für wasserähnliche = „protonenhaltige" = ampholytische Lösungsmittel mit Eigendissoziation $2\mathrm{HY} \rightleftharpoons \mathrm{H_2Y^{\oplus}} + \mathrm{Y^{\ominus}}$ gilt der erweiterte pH-Begriff:

Neutralpunkt

$$\boxed{\mathrm{pH_N} = -\lg \sqrt{c_{\mathrm{H_2Y^{\oplus}}} c_{\mathrm{Y^{\ominus}}}}}$$

pH-Definition

$$\boxed{\mathrm{pH_P} = -\lg a_{\mathrm{H_2Y^{\oplus}}}}$$

Beispiel: *Flüssiger Ammoniak* als Lösungsmittel
- Schwache Säuren dissoziieren praktisch vollständig, d. h. sind stärker acid als in Wasser.
- Basen wirken schwächer als in Wasser.
- Ammonolyse von Säuren:
$\mathrm{HY} + \mathrm{NH_3} \rightleftharpoons \mathrm{NH_4^{\oplus}} + \mathrm{Y^{\ominus}}$
- Ammonolyse von Basen:

$\mathrm{Y^{\ominus}} + \mathrm{NH_3} \rightleftharpoons \mathrm{HY} + \mathrm{NH_2^{\ominus}}$

Wasserähnliche Lösungsmittel und ihre Träger von Acidität und Basizität.

Lösungs-mittel	stärkste		$\mathrm{pH_N}$
	Säure	Base	
fl. $\mathrm{NH_3}$	$\mathrm{NH^{\oplus}}$	$\mathrm{NH_2^{\ominus}}$	12
abs. EtOH	$\mathrm{C_2H_5OH_2^{\oplus}}$	$\mathrm{C_2H_5O^{\ominus}}$	10
abs. MeOH	$\mathrm{CH_3OH_2^{\oplus}}$	$\mathrm{CH_3O^{\ominus}}$	8
$\mathrm{H_2O}$	$\mathrm{H^{\oplus}}$	$\mathrm{OH^{\ominus}}$	7
Eisessig	$\mathrm{AcOH_2^{\oplus}}$	$\mathrm{AcO^{\ominus}}$	6
HCOOH	$\mathrm{HCOOH_2^{\oplus}}$	$\mathrm{HCOO^{\ominus}}$	3,1
fl. HF	HF	$\mathrm{F^{\ominus}}$	
fl. $\mathrm{SO_2}$	$\mathrm{SO^{\oplus}}$	$\mathrm{SO_3^{2\ominus}}$	
$\mathrm{H_2SO_4}$	$\mathrm{H_3SO_4^{\oplus}}$	$\mathrm{HSO_4^{\ominus}}$	

pH-Messung *pH-Glaselektrode, Kap. Elektrochem.

pH-Skala, konventionelle

Da der individuelle *Aktivitätskoeffizient $\gamma_{\mathrm{H_3O^{\oplus}}}$ gemeinhin unbekannt und der aktivitätsbezogene pH nicht exakt bestimmbar ist, wurde die konventionelle pH-Skala auf Basis von *Eichpufferlösungen* eingeführt. Grundlage der pH-Messung mit der Glaselektrode.

Wichtige Standardpufferlösungen bei 20 °C sind: Kaliumhydrogenphthalat (pH 4,002), Phosphatpuffer I (pH 6,881), Borax (pH 9,225).

pH-Titrationskurve

Gegen das zudosierte Volumen der Maßlösung aufgetragener pH-Wert der Lösung.

1) Starke Säure + starke Base. Die Titrationskurve verläuft symmetrisch S-förmig mit einem Wendepunkt bei pH 7.

Start (Vorlage V_0)	pH(starke Säure) ≈ 0
Neutralisation (Vol. V_1)	$c_{\mathrm{H}^{\oplus}} = \dfrac{V_0 c_{\mathrm{a}} - V_1 c_{\mathrm{b}}}{V_0 + V_1}$
Äquivalenzpunkt	pH = 7
Überschuss (Vol. V_2)	$c_{\mathrm{OH}^{\ominus}} = \dfrac{(V_1 + V_2) c_{\mathrm{b}}}{V_0 + V_1 + V_2}$

2) Starke Base + starke Säure Die Titrationskurve verläuft symmetrisch S-förmig.

Start	pH(starke Base) ≈ 14
Neutralisation	$c_{\mathrm{OH}^{\ominus}} = \dfrac{V_0 c_{\mathrm{b}} - V_1 c_{\mathrm{a}}}{V_0 + V_1}$
Äquivalenzpunkt	pH = 7
Überschuss	$c_{\mathrm{H}^{\oplus}} = \dfrac{(V_1 + V_2) c_{\mathrm{a}}}{V_0 + V_1 + V_2}$

3) Schwache Säure + starke Base Die Titrationskurve verläuft unsymmetrisch S-förmig.

Start	pH(schwache Säure) < 7
Neutralisation	$\mathrm{pH} = \mathrm{p}K_{\mathrm{a}} + \lg \dfrac{c_{\mathrm{a}}}{c_{\mathrm{s}}}$
Halbtitrationspunkt	$\mathrm{pH} = \mathrm{p}K_{\mathrm{a}}$
Äquivalenzpunkt	pH(Salz) > 7
Überschuss	$c_{\mathrm{OH}^{\ominus}} = \dfrac{(V_1 + V_2) c_{\mathrm{b}}}{V_0 + V_1 + V_2} + \sqrt{\dfrac{K_{\mathrm{w}} c_{\mathrm{a}}}{K_{\mathrm{a}}}}$

4) Schwache Base + starke Säure Die Titrationskurve verläuft unsymmetrisch S-förmig.

Start	pH(schwache Base) > 7
Verlauf	$\mathrm{pH} = 14 - \mathrm{p}K_{\mathrm{b}} + \lg \dfrac{c_{\mathrm{b}}}{c_{\mathrm{s}}}$
Halbtitrationspunkt	$\mathrm{pH} = \mathrm{p}K_{\mathrm{b}}$
Äquivalenzpunkt	pH(Salz) < 7
Überschuss	$c_{\mathrm{H}^{\oplus}} = \dfrac{(V_1 + V_2) c_{\mathrm{a}}}{V_0 + V_1 + V_2} + \sqrt{\dfrac{K_{\mathrm{w}} c_{\mathrm{b}}}{K_{\mathrm{b}}}}$

5) Salz einer sehr schwachen Säure + starke Base

Start	$c_{\mathrm{OH}^{\ominus}} = \sqrt{\dfrac{K_{\mathrm{w}} c_{\mathrm{s}}}{K_{\mathrm{a}}}}$
Verlauf	$\mathrm{pH} = \mathrm{p}K_{\mathrm{a}} + \lg \dfrac{c_{\mathrm{a}}}{c_{\mathrm{s}}}$

Äquivalenzpunkt $\quad c_{H^{\oplus}} = \sqrt{K_a c_a}$

Überschuss $\quad c_{H^{\oplus}} = \dfrac{(V_1 + V_2)\, c_b}{V_0 + V_1 + V_2} + \sqrt{K_a c_a}$

6) Salz einer sehr schwachen Base + starke Säure

Start $\quad c_{H^{\oplus}} = \sqrt{\dfrac{K_W c_s}{K_b}}$

Verlauf $\quad \text{pH} = 14 - pK_b + \lg \dfrac{c_b}{c_s}$

Äquivalenzpunkt $\quad c_{OH^{\ominus}} = \sqrt{K_b c_b}$

Überschuss $\quad c_{OH^{\ominus}} = \dfrac{(V_1 + V_2)\, c_a}{V_0 + V_1 + V_2} + \sqrt{K_b c_b}$

7) Potentiometrische Titration. Auftragung der gemessenen Zellspannung gegen das zudosierte Volumen der Maßlösung.

Start	pH der Lösung
Redoxreaktion	$E = E^0 - \dfrac{0{,}059}{z} \lg \dfrac{c_{red}}{c_{ox}}$
Halbtritrationspunkt	$E = E^0$
Äquivalenzpunkt	$E = E^0 - \dfrac{0{,}059}{z} \lg K_{eq}$
Überschuss	$E = E^0 - \dfrac{0{,}059}{z} \lg \dfrac{c_{red}}{c_{ox}}$

Phosphat

Wasserchemisches Maß für die Eutrophierung („Überdüngung") der Gewässer. Der mikrobielle Abbau abgestorbener Planktonalgen und Wasserpflanzen, die Dank des Nährstoffangebots wuchern, dezimiert den Sauerstoffgehalt in tieferen Lagen bis zum „Umkippen" des Gewässers. Unter anaeroben Verhältnissen entsteht Schwefelwasserstoff.

$\sim 0{,}02$	mg/ℓ $H_2PO_4^{\ominus}$:	Mineralwasser
$<0{,}03 - 0{,}1$	mg/ℓ $PO_4^{3\ominus}$:	reine Gebirgswässer
$> 0{,}3$	mg/ℓ $PO_4^{3\ominus}$:	Oberflächenwässer
$0{,}35 - 6{,}1$	mg/ℓ $PO_4^{3\ominus}$:	Trinkwasser (EG-Richtwert)
<5	mg/ℓ P_2O_5:	Trinkwasserverordnung

Nachweis. Phosphat bildet mit Ammoniumheptamolybdat gelb gefärbte Heteropolysäuren. Durch Reduktion mit p-Methylamino-phenolsulfat und Disulfit entsteht Molybdänblau.

$$\underbrace{HPO_4^{2\ominus} + 23\,H^{\oplus} + 3\,NH_4^{\oplus} + 12\,MoO_4^{2\ominus}}$$
$\downarrow$
$(NH_4)_3[P(Mo_3O_{10})_4 \cdot aq] + 12\,H_2O$
$\downarrow$
Farbreaktion: $MoO_{3-x}(OH)_x$

pK-Wert

Säureexponent bzw. *Basenexponent.* Maß für die Acidität bzw. Basizität, d. h. die Dissoziationsneigung von Säuren oder Basen.

1) Negativer dekadischer Logarithmus der *Dissoziationskonstante K*.

Für Säuren:

$$\boxed{K_a = \dfrac{a_{H^{\oplus}} a_{X^{\ominus}}}{a_{HX}}} \quad \Leftrightarrow \quad \boxed{pK_a = -\lg K_a}$$

Für Basen:

$$\boxed{K_b = \dfrac{a_{BH^{\oplus}} a_{OH^{\ominus}}}{a_B}} \quad \Leftrightarrow \quad \boxed{pK_b = -\lg K_b}$$

Je kleiner der pK-Wert ist, umso stärker ist die Säure bzw. Base. Die stärkere Säure verdrängt die schwächere aus ihren Salzen. Eine starke Säure (Base) hat eine schwache korrespondierende Base (Säure).

2) Korrespondenzprinzip. Je stärker eine Säure (Base), umso schwächer ist ihre korrespondierende Base (Säure). Die stärkere Säure verdrängt die schwächere aus ihren Salzen.

Säure- und Basenkonstante multiplizieren sich zum *Ionenprodukt* des Wassers.

$$\boxed{K_a \cdot K_b = K_W} \quad \Leftrightarrow \quad \boxed{pK_a + pK_b = pK_W}$$

In wässrigen Lösungen: $pK_W \approx 14$ bei 25 °C.

3) Grobeinteilung der Säurestärke.

extrem stark	pK_a $< -3{,}5$
sehr stark	$-3{,}5$
stark	0
mittelstark	$+3{,}5$
schwach	$3{,}5 \ldots 7 \ldots 10{,}5$
sehr schwach	$10{,}5 \ldots 14 \ldots 17{,}5$
extrem schwach	$> 17{,}5$

Beispiele für Säuren und Basen und die zugrundeliegenden Dissoziationsgleichgewichte.

Einbasige Säure:	$HX \rightleftharpoons H^{\oplus} + X^{\ominus}$
Zweibasige Säure:	$H_2X \rightleftharpoons H^{\oplus} + HX^{\ominus}$
Hydratisiertes Metallion:	$[M(H_2O)_n]^{m\oplus} \rightleftharpoons H^{\oplus} + [M(H_2O)_{n-1}(OH)]^{(m-1)\oplus}$
Konjugate Säure einer Base:	$BH^{\oplus} \rightleftharpoons H^{\oplus} + B$

4) Protochemische Spannungsreihe. Anordnung der Säuren nach ihrem pK_a. Vgl. *Hammett-Funktion.* Säureexponent (konjugierter) Säuren (25 °C).

Stärke	Säure $\rightleftharpoons$ Base + $H^{\oplus}$	pK_a
sehr	$HS^{\ominus}$	12,98
schwach	$HPO_4^{2\ominus}$	12,36
	$HAsO_4^{2\ominus}$	11,50
	H_2O_2	11,65
	$C_2H_5NH_3^{\oplus}$	10,67
	HIO	10,64
	$CH_3NH_3^{\oplus}$	10,59
	$HCO_3^{\ominus}$	10,33
	Phenol	9,98
	H_2SiO_3	9,91
	$NH_2CH_2COO^{\ominus}$	9,78
	$HP_2O_7^{3\ominus}$	9,32
	H_3AsO_3	9,29
	$NH_4^{\oplus}$	9,24
	H_3BO_3	9,24
	HCN	9,22
	$HOBr$	8,62
	$HSO_3^{\ominus}$	8,32
	$N_2H_5^{\oplus}$	7,94
	$Pb_{aq}^{2\oplus}$	7,8
	$HOCl$	7,54
	$Cu_{aq}^{2\oplus}$	7,34
	$H_2PO_4^{\ominus}$	7,20
	$HSO_3^{\ominus}$	7,20
	H_2S	7,02
schwach	$H_2AsO_4^{\ominus}$	6,94
	$H_2P_2O_7^{2\ominus}$	6,70
	H_2CO_3	6,35
	$HClO$	6,02
	$[NH_3OH]^{\oplus}$	5,96

	$C_5H_5NH^{\oplus}$	5,18
	CH_3CH_2COOH	4,87
	$Al^{3\oplus}_{aq}$	4,85
	$CH_3CH_2CH_2COOH$	4,82
	CH_3COOH	4,76
	HN_3	4,72
	$C_6H_5NH_3^{\oplus}$	4,61
	$HOOC\text{-}COO^{\ominus}$	4,29
	C_6H_5COOH	4,21
	$Cr^{3\oplus}_{aq}$	3,95
	$HCOOH$	3,74
	HF	3,17
	HNO_2	3,14
	$V^{3\oplus}_{aq}$	2,9
	$ClCH_2COOH$	2,87
	$CH_2(COOH)_2$	2,85
	H_2SeO_3	2,62
	$^{\oplus}NH_3CH_2COOH$	2,35
mittel- stark	H_3AsO_4	2,19
	$Fe^{3\oplus}_{aq}$	2,17
	H_3PO_4	2,13
	$H_3P_2O_7^{\ominus}$	2,10
	$HSO_4^{\ominus}$	1,99
	$HClO_2$	1,94
	H_2SO_3	1,90
	$H_2SeO_4^{\ominus}$	1,7
	$(COOH)_2$	1,25
	H_3PO_2	1,23
	$H_4P_2O_7$	0,91
	$HSCN$	0,85
	$U^{4\oplus}_{aq}$	0,68
stark	H_2CrO_4	-0,98
	HNO_3	-1,37
	H_2SO_4	-3
	HCl	-3
	$HClO_3$	-3
sehr stark	$HClO_4$	-8

pK-Messung

Messung von *Dissoziationskonstante und pK-Wert.

1) Säure-Base-Titration. Am Halbtitrationspunkt der Titrationskurve (bei halbem Volumen des Äquivalenzpunktes) ist:

$$pH \approx pK_a$$

Für genaue Messungen sind Aktivitätskoeffizienten zu berücksichtigen.

2) pH-Messung (grob)

$$pK_a = -\lg\left(\frac{10^{-2\,pH}}{c_a}\right)$$

$$pK_b = -\lg\left(\frac{10^{2\,(pH-14)}}{c_b}\right)$$

3) Potentiometrie nach HARNED mit verdünnter Säure (HA), deren Natriumsalz (NaA) und Kochsalz. Näheres Kap. Elektrochemie.

Halbzelle und Zellreaktion:

$$NHE|HA(c),NaA(c_{A\ominus}),NaCl(c_{Cl\ominus}),AgCl|Ag$$
$$\tfrac{1}{2}H_2 + AgCl \rightleftharpoons Ag + H^{\oplus} + Cl^{\ominus} \quad (z=1)$$

$$\begin{aligned}
E &= E^0 - \frac{RT}{F}\ln a_{H\oplus}a_{Cl\ominus} = \\
&= E^0 - \frac{RT}{F}\ln\left(K_a\frac{c_{HA}c_{Cl\ominus}}{a_{A\ominus}} \cdot \frac{\gamma_{HA}\gamma_{Cl\ominus}}{\gamma_{A\ominus}}\right)
\end{aligned}$$

Extrapolation der Messgröße y (Ordinate) gegen $\sqrt{I}$ für unendliche Verdünnung ($I \to 0$) liefert als Achsenabschnitt den pK_a.

$$y \equiv \left(\frac{E - E^0}{RT/F} - \ln\frac{c_{HA}c_{Cl\ominus}}{c_{A\ominus}}\right) = \text{const}\,\sqrt{I} - \ln K_a$$

mit $I = c_{H\oplus} + c_{Cl\ominus} + c_{A\ominus} \approx c_{H\oplus} + c_{Cl\ominus}$.

a Aktivität, c Stoffengenkonzentration, E Zellspannung, F *Faraday-Konstante, I *Ionenstärke, K_c Gleichgewichtskonstante, α Dissoziationsgrad, γ *Aktivitätskoeffizient, Λ molare Leitfähigkeit.

4) Leitfähigkeitsmessung nach dem Ostwaldschen Verdünnungsgesetz.

$$K_c = \frac{\alpha^2 c}{1 - \alpha} = \frac{\Lambda^2 c}{\Lambda_\infty(\Lambda_\infty - \Lambda)}$$

Für schwache, verdünnte Elektrolyten über dekadischen Konzentrationsbereich; Mittelung der berechneten Konstanten.

POC

*Summenparameter. *Particulate Total Organic Carbon*, dispergierter organisch gebundener Kohlenstoff.

ppb

[amerik.] *parts per billion*. milliardstel Teile. Veraltete Konzentrationsangabe.

$$\boxed{1\ ppb = \frac{1\ \text{Teil}}{10^9\ \text{Teile}}} \quad (\text{Dim.1})$$

1 ppb $\hat{=}$ Massenanteil $w = 10^{-9} = 10^{-7}\%$
1 ppb $\hat{=}$ Volumenanteil $\varphi = 10^{-9} = 10^{-7}\%$
Beispiele: ng/g, μg/kg, mg/t; $\mu\ell/m^3$, μmol/kmol
Fälschlich für: $\mu g/\ell$.

ppm

parts per million, millionstel Teile. Veraltet! Keine SI-Einheit!

$$\boxed{1\ ppm = \frac{1\ \text{Teil}}{10^6\ \text{Teile}}} \quad (\text{Dim.1})$$

1 ppm $\hat{=}$ Massenanteil $w = 10^{-6} = 10^{-4}\%$
1 ppm $\hat{=}$ Volumenanteil $\varphi = 10^{-6} = 10^{-4}\%$
Beispiele: $cm^3/m^3 = m\ell/m^3 = \mu\ell/\ell$ etc.
             g/t = mg/kg = μg/g
Fälschlich für: $\mu g/m\ell = mg/\ell = g/m^3$

ppq

[amerik.] *parts per quadrillion*, billiardstel Teile.

$$1\ ppq = 10^{-15}\ \text{Teile/Einheit}$$

z. B. fg/g, pg/kg, ng/t; $p\ell/\ell$, pmol/ℓ.

ppt

[amerik.] *parts per trillion*, billionstel Teile.

$$1\ ppt = 10^{-12}\ \text{Teile/Einheit}$$

z. B. pg/g, ng/kg, μg/t; $n\ell/\ell$, nmol/ℓ.

Promille

Tausendstel Anteil; Größenverhältnis.

$$1\ ^0\!/\!_{00} = {}^1\!/\!_{1000} = 0,1\% = 10^{-3}$$

Blutalkoholwert: $1\ ^0\!/\!_{00} = 1$ mg/ℓ.

Protolysegrad *Dissoziationsgrad.

Prozent

Hundertster Teil; Größenverhältnis.

$$1\% = {}^1\!/\!_{100} = 0,01 = 10^{-2}$$

Puffer

pH-Puffer sind Gemische einer

• schwachen Säure und deren Salz einer starken Base (*saurer Puffer*) bzw.

- schwachen Base und deren Salz einer starken Säure (*basischer Puffer*).

Puffer dämpfen pH-Änderungen bei Säure- oder Laugenzusatz in wässriger Lösung.

1) HENDERSON-HASSELBALCH-Gleichung

$$pH = pK_a + \lg \frac{c_s}{c_a}$$

Am Halbtitrationspunkt: $c_s = c_a$ und $pH = pK_a$.

pK_a Säureexponent; c_a Säurekonzentration (mol/ℓ);
$c_s \approx c_{A^\ominus}$ Salzkonzentration (mol/ℓ).

2) Erst beim Überschreiten der *Pufferkapazität* ändert sich der pH-Wert sprunghaft; z. B. wenn man mehr als 0,08 mol/ℓ HCl oder NaOH zum 0,1-äquimolaren Natriumacetat/Essigsäure-Puffer zusetzt.

3) *pH-Glaselektrode (Kap. Elektrochemie).

Pufferkapazität

Maß für die Fähigkeit einer Lösung, pH-Änderungen auszugleichen; als Tangente der Titrationskurve definiert:

$$\beta = \frac{\partial c}{\partial\, pH}$$

β ist maximal am Halbtitrationspunkt $V_E/2$, minimal am Endpunkt V_E (Wendepunkt).

Beim Überschreiten der Pufferkapazität ändert sich der pH-Wert sprunghaft.

Äquivalente Pufferlösungen zeigen die größte Pufferkapazität β.

Qualitätssicherung

Analytische Labors müssen *Vergleichbarkeit* (mit anderen Labors im Ringversuch) und *Wiederholbarkeit* (im gleichen Labor) für ein bestimmtes Verfahren sicherstellen.

Durch regelmäßige Analyse zertifizierter Referenzmaterialien prüft das Labor die *Rückführbarkeit* (Anbindung an internationale Standards).

Reproduzierbarkeit und Richtigkeit bestimmen die Genauigkeit des Verfahrens.

1) Standardverfahrensvorschrift (SOP, standard operating procedure). Gliederung:

1. Laborbezeichnung, Verantwortlicher, Datum, Versionsnr., Titel.
2. Warn- und Sicherheitshinweise
3. Einleitung
4. Zweck und Anwendungsbereich
5. Referenzen
6. Definition
7. Grundzüge des Verfahrens und der Reaktionen
8. Reagentien und Materialien
9. Geräte
10. Probennahme und Prüfling
11. Durchführung
12. Berechnung, Darstellung der Resultate, zulässige Abweichungen.
13. Spezialfälle
14. Anmerkungen zur Durchführung
15. Prüfbericht
16. schematische Darstellung des Prüfverfahrensablaufs
17. Literaturverzeichnis
18. Anhang: Methodenvalidierung, Ensorgungshinweise.

2) Validierung.

Methodenvalidierung. Laufende Perfektionierung eines ausgereiften, schriftlich dokumentierten analytischen Verfahrens hinsichtlich des stabilen Laborbetriebs und der Richtigkeit, einschließlich Personal, Messgeräte, Chemikalien.

Verfahrensvalidierung. Einbeziehung aller relevanten Einflüsse auf das Ergebnis: Probenvorbereitung, Messung, Messgeräte, Datengenerierung.

Die Spezifikation einer validierten Methode umfasst folgende Leistungsmerkmale (DIN 55350 T 3).

1. Genauigkeit, *accuracy*: Aussage über systematische und zufällige Fehler; Oberbegriff für Richtigkeit und Präzision.
2. Richtigkeit, *trueness, accuracy of the mean*. Aussage über systematische Fehler.
3. Präzision, *precision*. Zufällige Fehler.
4. Wiederholpräzision, *repeatability*. Laborinterne Präzision.
5. Vergleichspräzision, *reproducibility*. Präzision im Vergleich unterschiedlicher Labors.
6. Linearität, *linearity*. Zusammenhang zwischen Signal und Konzentration.
7. Wiederfindungsrate, *recovery*. Ausbeute der Probenvorbereitung.
8. Spezifität: Verfälschung d. Begleitstoffe.
9. Selektivität, *selectivity*. Störung d. Begleitstoffe,
10. Robustheit, *ruggedness*. Störanfälligkeit durch veränderte Parameter.
11. Nachweisgrenze, *limit detection*. kleinste nachweisbare Menge.
12. Bestimmungsgrenze, *limit of quantitation*. kleinste quantifizierbare Menge.

3) Inhalt eines Qualitätssicherungshandbuches. Gewährleistung der *Rückverfolgbarkeit* durch Dokumentation der Arbeitsabläufe (Labor, Probennahme).

1. Allgemeines, Vorwort, Inhaltsverzeichnis
2. Qualitätspolitik
3. Terminologie
4. *Laborbeschreibung.* Ort, Eigentümer, Tätigkeitsbereich, Organigramm, Verantwortlichkeiten, Vertretungen, leitendes techn. Personal, Maßnahmen gg. ungebührl. Einflussnahme, Eigentumsrechte, vertrauliche Information.
5. *Personal.* Aufgaben (auch im QS-System), Personalakten, Aufsicht, Weiterbildung.
6. *Ausrüstung, Prüfung, Messung.* Inventar, Wartung, überlastete und fehlbediente Geräte, Kalibrierung und Überprüfung, Verwendung von Referenzmaterialien, Überprüfung der Geräte während des Betriebs.
7. Umwelt- und Laborbedingungen
8. *Testmethoden und -prozeduren.* Verzeichnis der Prüfdokumente, spez. Prüfmethoden, Ergebnisse d. Basisvalidierung, Auswahl d. Prüfmethoden, Prüfabfolge.
9. Aktualisierung und Kontrolle der Qualitätsdokumente.
10. *Probenhandhabung.* Erhalt, Entsorgung, Schutz gegen Beschädigung, Lagerung.
11. *Ergebnisverifizierung.* Daten, Leistungs- u. Vergleichsprüfungen mehrerer Laboratorien, EDV.
12. *Prüfberichte:* Format, Korrektur.
13. *Kontroll- und Korrekturmaßnahmen:* Rückmeldung und korrigierende Maßnahmen, Verwendung von Referenzmaterialien, Behandlung von Reklamationen über technische Fragen, interne Überprüfung des QS-Systems.
14. *Dokumentation.* Aufbewahrung, Vertraulichkeit, Sicherheit von Aufzeichnngen.
15. *Auftragsweitergabe:* externe Gerätschaften, Verwendung externer Einrichtungen.
16. Zusammenarbeit mehrerer Laboratorien.

Reinheitsgrad

Verhältnis der Masse der Reinsubstanz zur Gesamtmasse einer Stoffportion.

Reinstoff

Chem. Elemente und Verbindungen, die physikalisch nicht weiter zerlegt werden können.

Reststoff

*Abfall, der einer stofflichen oder sonstigen Verwertung zugeführt wird.

R- und S-Sätze

Gefahrenhinweise (R-Sätze), *Sicherheitshinweise* (S-Sätze): als Ziffern codierte Ratschläge zum Umgang mit Gefahrstoffen, üblicherweise auf Chemikalienflaschen aufgedruckt.

Salzgehalt

Wasserbelastung durch anorganische Salze. Bestimmung durch Ionenaustausch und Säure-Base-Titration der freigesetzten Protonen mit Natronlauge.

$$n \text{ R–SO}_3\text{H} + \text{Me}^{n\oplus} \rightleftharpoons (\text{R–SO}_3)_n\text{Me} + n \text{ H}^{\oplus}$$

Kationenaustauscher bestehen aus aus einem Polymerskelett (Polystyrol, Cellulose) und Sulfonsäuregruppen ($-\text{SO}_3\text{H}$).

Sauerstoffgehalt

Maß für die Wassergüte.
Sättigungswert 14,6 mg/ℓ (0 °C), 8,8 mg/ℓ (20 °C).
fischkritisch <4 mg/ℓ
für Rohrleitungen günstig 6–8 mg/ℓ.
Messung: *Amperometrie, Kap. Elektrochem.

Sauerstoffzehrung

Sauerstoffabnahme in einer Wasserprobe ohne Vorbehandlung (Zusatz von Bakterien oder Sauerstoff) innerhalb von zwei Tagen bei pH 7–8.

d (Tage)	2	3	4	5	6	7	8
f_d	1,852	1,370	1,136	1	0,909	0,854	0,813

Säure-Base-Reaktion *Neutralisation, *Hydrolyse.

Säuren und Basen

Acide bzw. basische Verbindungen, die in Wasser dissoziieren und durch *Neutralisation miteinander *Salze bilden.

1) Liebig-Definition (historisch)

- Säure = Stoff mit *H-Atom*, das durch ein Metall ersetzt werden kann, wobei sich Salze bilden.
- Lauge = im weitesten Sinne jede wässrige Lösung, z. B. Mutterlauge, Sulfitablauge.

2) Arrhenius-Ostwald-Definition (historisch)

- Säure = sauer schmeckende H-Verbindung, die in wässriger Lösung in *Proton* und Säurerest dissoziiert: HA $\rightleftharpoons$ H$^{\oplus}$ + A$^{\ominus}$.
- Base = seifig schmeckende Hydroxidverbindung, die in wässriger Lösung in *Hydroxidion* u. Metallkation dissoziiert: MOH $\rightleftharpoons$ M$^{\oplus}$ + OH$^{\ominus}$.
- Salze bestehen aus Metallatom und Säurerest.

3) Brönsted-Definition

- Säure = *Protonendonator:*

$$\text{HA} + \text{H}_2\text{O} \rightleftharpoons \text{H}_3\text{O}^{\oplus} + \text{A}^{\ominus}$$

- Base = *Protonenakzeptor:*

$$\text{B} + \text{H}_2\text{O} \rightleftharpoons \text{BH}^{\oplus} + \text{OH}^{\ominus}$$

Die *Dissoziation* ist eine exotherme chemische Reaktion. H$^{\oplus}$ und H$_3$O$^{\oplus}$ sind gleichwertige Schreibweisen. Massenspektroskopisch wurde u.a. $[\text{H}_3\text{O} \cdot 3\text{H}_2\text{O}]^{\oplus}$ = H$_9$O$_4^{\oplus}$ nachgewiesen.
Brönsted-Säuren und Basen können Neutralmoleküle oder Ionen sein:

- Neutralsäure: z. B. HCl.
- Neutralbase: z. B. NH$_3$, NH$_2$OH.

- Anionsäure: HSO$_4^{\ominus}$.
- Anionbase: OH$^{\ominus}$, H$^{\ominus}$, O$^{2\ominus}$, ClO$^{\ominus}$.
- Kationsäure: NH$_4^{\oplus}$, H$_3$O$^{\oplus}$, [Al(H$_2$O)$_5$(OH)]$^{2\oplus}$

4) Lewis-Definition

- Lewis-Säure = *Elektronenpaarakzeptor* = Elektrophil, Oxidationsmittel; Stoff mit „Elektronenloch"; z.B. BF$_3$, AlCl$_3$, SO$_3$, TiCl$_4$.
- Lewis-Base = *Elektronenpaardonator* = Nukleophil, Reduktionsmittel; Stoff mit freiem Elektronenpaar; z.B. BF$_3$, AlCl$_3$, SO$_3$, TiCl$_4$, NH$_3$, Cl$^{\ominus}$, O$^{2\ominus}$, Ether.

5) Pearson-Konzept (HSAB-Prinzip)

- *hart* = schwer polarisierbar (mehr ionisch)
- *weich* = leicht polarisierbar (mehr kovalent)
- *harte Säure:* kleine, hoch geladene Kationen mit Edelgasschale; häufig *oxidisches* Vorkommen; z. B. H$^{\oplus}$, M$^{\oplus}$ (Alkalimetalle), M$^{2\oplus}$ (Erdalkalimetalle), M$^{3\oplus}$ (B, Al), E$^{4\oplus}$ (C, Si, Ti, Lanthaniden, Actiniden);
- *harte Base:* kleine, elektronegative Anionen; binden an hochoxidiertes Zentralatom; z. B. Donoratome: F > O (hart) $\gg$ N,Cl (mittelhart).
- *weiche Säure:* große, niedrig geladene Kationen mit freien Valenzelektronen; M$^{\oplus}$ (Cu, Ag, Au), M$^{2\oplus}$ (Zn, Cd, Hg, Ni, Pd, Pt), M$^{3\oplus}$ (Ga, In, Tl), E$^{4\oplus}$ (Ge, Sn, Pb).
- *weiche Base:* große Anionen binden an niedrig oxidiertes Zentralatom; häufig *sulfidisches* Vorkommen. Donoratome: Br,H > S,C > I,Se > P,Te > As > Sb.

Weiche (harte) Säuren und weiche (harte) Basen bilden stabile Verbindungen:
z. B. BH$_3 \cdot$R$_2$S, Ni(CO)$_4$ bzw. BF$_3 \cdot$ROR, SF$_6$, MnO$_4^{\ominus}$.
Weiche (harte) Säuren u. harte (weiche) Basen bilden instabile Verbindungen.

6) *Supersäuren.

7) Bildung von Säuren

1. Nichtmetalloxid + Wasser	$\longrightarrow$ Säure
2. Halogen + Wasserstoff	$\longrightarrow$ Säure

Beispiele

1. SO$_3$ + H$_2$O	$\longrightarrow$ H$_2$SO$_4$
2. H$_2$ + Cl$_2$	$\longrightarrow$ 2 HCl

8) Nomenklatur anorganischer Säuren

Halogenwasserstoffsäuren

HClO	Hypochlorige Säure, Chlor(I)-säure
HClO$_2$	Chlorige Säure, Chlor(III)-säure
HClO$_3$	Chlorsäure, Chlor(V)-säure
HClO$_4$	Perchlorsäure, Chlor(VII)-säure
HCl	Chlowasserstoffsäure, Salzsäure
HBrO	Hypobromige Säure, Brom(I)-säure
HBrO$_2$	Bromige Säure, Brom(III)-säure
HBrO$_3$	Bromsäure, Brom(V)-säure
HBrO$_4$	Perbromsäure, Brom(VII)-säure
HBr	Bromwasserstoffsäure
HIO	Hypoiodige Säure, Iod(I)-säure
HIO$_2$	Iodige Säure, Iod(III)-säure
HIO$_3$	Iodsäure, Iod(V)-säure
HIO$_4$	Periodsäure, Iod(VII)-säure
H$_5$IO$_6$	Orthoperiodsäure
HI	Iodwasserstoffsäure
HF	Fluorwasserstoff-, Flusssäure

Schwefelsäuren

H$_2$SO$_2$	Sulfoxylsäure, Schwefel(II)-säure
H$_2$S$_2$O$_3$	Thioschwefelsäure, Dischwefel(II)-säure
H$_2$S$_2$O$_4$	Dithionige Säure, Dischwefel(III)-säure

H_2SO_3	Schweflige Säure, Schwefel(IV)-säure
$H_2S_2O_5$	Dischweflige Säure, Dischwefel(IV)-säure
$H_2S_2O_6$	Dithionsäure, Dischwefel(V)-säure
H_2SO_4	Schwefelsäure, Schwefel(VI)-säure
$H_2S_2O_7$	Dischwefelsäure, Dischwefel(VI)-säure
$H_2S_2O_8$	Peroxodischwefelsäure
H_2SO_5	Peroxoschwefelsäure
H_2S	Schwefelwasserstoff

Stickstoffsäuren

NH_2OH	Hydroxylamin
HNO	Hyposalpetrige Säure, Stickstoff(I)-säure
$(HNO)_2$	Hypodisalpetrige Säure
$H_2N_2O_3$	Oxyhyposalpetrige S., Stickstoff(II)-säure
HNO_2	Salpetrige Säure, Stickstoff(III)-säure
HNO_3	Salpetersäure, Stickstoff(V)-säure
HNO_4	Peroxosalpetersäure, Peroxostickstoff(V)-s.
HN_3	Stickstoffwasserstoffsäure

Phosphorsäuren

H_3PO_2	Phosphinsäure, Phosphor(I)-säure (veraltet: Hypophosphorige Säure)
H_3PO_3	Phosphonsäure, Phosphor(III)-säure (Phosphorige Säure)
H_3PO_4	Phosphorsäure, Phosphor(V)-säure
H_3PO_5	Peroxophosphor-(V)-säure
$H_4P_2O_4$	Hypodiphosphonsäure, Diphosphor(II)-säure (Hypodiphosphorige Säure)
$H_4P_2O_5$	Diphosphonsäure, Diphosphor(III)-säure (Diphosphorige Säure)
$H_4P_2O_6$	Hypodiphosphorsäure, Diphosphor(IV)-s. (Hyperdiphosphorige Säure)
$H_4P_2O_7$	Diphosphorsäure, Diphosphor(V)-säure
$H_4P_2O_8$	Peroxodiphosphorsäure, ~(V)-säure
$H_{n+2}P_nO_{3n+1}$	Polyphosphorsäuren
$H_3PO_{4n-n}S_n$	Thiophosphorsäuren

Siliciumwasserstoffsäuren

$H_2[SiF_6]$	Hexafluorokieselsäure
H_4SiO_4	Orthokieselsäure
$H_6Si_2O_7$	Orthodikieselsäure
H_2SiO_3	Metakieselsäure
$H_{2n+2}Si_nO_{3n+1}$	Polykieselsäure

9) Nomenklatur von Säureresten und Ionen

Gruppe	Kation $X^{z\oplus}$	Anion $X^{z\ominus}$
H	Proton	Hydrid
F	Fluor	Fluorid
Cl	Chlor	Chlorid
ClO	Chlorosyl	Hypochlorit
ClO_2	Chloryl	Chlorit
ClO_3	Perchloryl	Chlorat
ClO_4		Perchlorat
Br	Brom	Bromid
I	Iod	Iodid
IO	Iodosyl	Hypoiodit
IO_2	Iodyl	
$IO_3^{\ominus}$		Iodat
IO_4		Periodat
$IO_6^{5\ominus}$		Orthoperiodat
ICl_2		Dichloroiodat(I)
O		Oxid
O_2	Disauerstoff $O_2^{\oplus}$	Peroxid $O_2^{2\ominus}$
		Hyperoxid $O_2^{\ominus}$
O_3		Ozonid
H_3O	Oxonium	
OH		Hydroxid
OH_2		Hydrogenperoxid
S		Sulfid
HS		Hydrogensulfid
S_2	Dischwefel(1+)	Disulfid
SO	Sulfinyl (Thionyl)	
SO_2	Sulfonyl (Sulfuryl)	Sulfoxylat
SO_3		Sulfit
HSO_3		Hydrogensulfit
SO_4		Sulfat
$SO_5^{2\ominus}$	Peroxosulfat	
S_2O_3		Thiosulfat
$S_2O_4^{2\ominus}$	Dithionit	
$S_2O_5^{2\ominus}$	Disulfit	
$S_2O_6^{2\ominus}$	Dithionat	
$S_2O_7^{2\ominus}$	Disulfat	
$S_2O_8^{2\ominus}$	Peroxodisulfat	
Se		Selenid
SeO	Seleninyl	Selenoxid
SeO_2	Selenonyl	
SeO_3		Selenit
SeO_4		Selenat
Te		Tellurid
CrO_2	Chromyl	
UO_2	Uranyl	
N		Nitrid
N_2	Distickstoff $N_2^{\oplus}$	
N_3		Azid
NH	Aminylen	Imid
NH_2	Aminyl	Amid
NH_4	Ammonium	
N_2H_3	Hydrazyl	Hydrazid
N_2H_5	Hydrazinium(1+)	
N_2H_6	Hydrazinium(2+)	
NO	Nitrosyl	
NO_2	Nitryl	Nitrit
NO_3		Nitrat
$NO_4^{\ominus}$	Peroxonitrat	
$HN_2O^{\ominus}$	Hydroxylamid	
$HN_2O_2^{\ominus}$	Hypodinitrit	
$N_2O_2^{2\ominus}$	(neutrales) Hypodinitrit	
$HN_2O_3^{\ominus}$	Oxyhyponitrit	
P		Phosphid
H_2P		Dihydrogenphosphid
PH_4	Phosphonium	
PO	Phosphoryl	
PS	Thiophosphoryl	
H_2PO_2		Phosphinat
HPO_3		Phosphonat
$HPO_4^{2\ominus}$	Hydrogenphosphat	
PO_4		Phosphat
$PO_5^{3\ominus}$	Peroxophosphat(V)	
$H_2PO_4^{2\ominus}$	Dihydrogenphosphat	
$H_2P_2O_4^{2\ominus}$	Hypodiphosphat	
$H_2P_2O_5^{2\ominus}$	Diphosphonat	
$P_2O_6^{4\ominus}$	Hypodiphosphat	
$P_2O_8^{4\ominus}$	Peroxodiphosphat	
P_2O_7		Diphosphat
AsO_4		Arsenat
CO	Carbonyl	
CS	Thiocarbonyl	
H_2NCO_2		Carbamat
CH_3O		Methoxid, Methanolat
C_2H_5O		Ethoxid, Ethanolat
CH_3S		Methanthiolat
C_2H_5S		Ethanthiolat
CN	Cyan	Cyanid
OCN		Cyanat
ONC		Fulminat
SCN	Thiocyan	Thiocyanat
$SeCN$		Selenocyanat
CO_3		Carbonat

HCO_3		Hydrogencarbonat
CH_3CO_2	Acetoxyl	Acetat
CH_3CO	Acetyl	
C_2O_4		Oxalat
$[SiF_6]^{2\ominus}$	Fluorosilicat	
$SiO_4^{4\ominus}$	(Ortho)Silicat	
$Si_2O_7^{6\ominus}$	Disilicat	
$[SiO_3^{2\ominus}]_x$	Metasilicat	

Säureexponent *pK-Wert.

Säurekonstante *Dissoziationskonstante.

Säurestärke

1) Säurestärke von *Sauerstoffsäuren* $EO_n(OH)_m = H_mEO_{n+m}$ nach BELL:

$$pK_a \approx 8 - 5n$$

Die Acidität von Sauerstoffsäuren wächst mit
- abnehmender Zahl von H-Atomen:
$HClO_4 > H_2SO_4 > H_3PO_4 > H_4SiO_4$.
- zunehmender Zahl von O-Atomen:
$HClO_4 > HClO_3 > HClO_2 > HClO$.
Die Acidität von *Nicht-Sauerstoffsäuren* steigt mit zunehmender Zahl von polarisierbaren Elementen („rechts unten" im PSE).
Beispiel: $HI > HBr > HCl > HF$.
2) Vgl. *pK, *Hammett-Gleichung.

Schlammvolumenindex (JSV)

Begriff der Abwassertechnik:

$$\frac{\text{Blähschlammvolumen}}{\text{g Trockensubstanz} \cdot 30 \text{ min Absetzzeit}}$$

Sicherheitskennzeichen

1) Hinweisschilder zur Arbeitssicherheit
a) *Rettungszeichen:* weißes Bildzeichen auf grünem Grund (Rechteck): Rettungsweg (Pfeilrichtung), Erste Hilfe, Notdusche, Krankentrage, Notausgang.
b) *Gebotszeichen:* weißes Bildzeichen auf blauem Grund (rund): Augen-, Gehör-, Atem-, Hand-, Kopf-, Fußschutz tragen etc.
c) *Warnzeichen:* schwarzes Bildzeichen auf orangem Grund (dreieckig): Feuer-, Explosions-, Vergiftungs-, Verätzungsgefahr, Laserstrahlen, Radioaktivität, Hochspannung, Fahrzeuge, schwebende Lasten, Gefahrenstelle (z. B. Baustellen, Arbeitsgerüste, Druckbehälter) etc. Vgl. *Ex-Schutz.
d) *Verbotszeichen:* schwarzes Bildzeichen auf weißem Grund (rund) mit rotem Rahmen und Durchstreichung: Rauch-, Zugangs-, Durchfahrverbot, Löschverbot mit Wasser, kein Trinkwasser etc.
2) Kennzeichnung von Gefahrstoffen nach der GefStoffV. Gefahrensymbole, -bezeichnungen und -kennbuchstaben für Chemikaliengefäße.

E *Explosionsgefährlich:* Risiko z. B. durch Erwärmen oder Schlag.
Brennbare Gasgemische besitzen eine untere und eine obere *Explosionsgrenze (Vol.-% in Luft); innerhalb dieser können Sie oberhalb der Zündtemperatur entzünden und explodieren.

O *Brandfördernd:* Bei Kontakt mit anderen, insbes. entzündl. Stoffen wird viel Wärme frei.

F *Hochentzündlich:* Gefahr der Erhitzung, Selbstentzündung oder Entzündung durch Zündquellen. Flammpunkt 0...21 °C (*Gefahrenklasse).

F+ *Leichtentzündlich:* Flammpunkt <0 °C, Siedepunkt <35 °C.

C *Ätzend:* Zerstörung der Haut durch Berührung. Schwere Verätzung liegt vor, wenn die Haut von Versuchstieren in weniger als 180 s in ihrer gesamten Dicke zerstört ist.

T *Giftig:* Erhebliche Gesundheitsschäden oder Tod durch Einatmen (Inhalation), Verschlucken (oral) oder Aufnahme durch die Haut (dermal).

T+ *Sehr Giftig:* Erhebliche Gesundheitsschäden oder Tod durch Inhalation, orale oder dermale Aufnahme.

Xn *Mindergiftig* oder *gesundheitsschädlich.* Geringe Gesundheitsschäden durch Inhalation, orale oder dermale Aufnahme.

Xi *Reizend:* Entzündungen der Haut nach ein- oder mehrmaliger Berührung, ohne ätzende Wirkung.

a *Asbesthaltig:* weißes „a" auf schwarzem Grund mit Zusatz „Achtung enthält Asbest" (schwarz auf rotem Grund).

Sicherheitstechnische Kennzahl

*Brandgefahrenklasse, *Explosionsgrenze, *Explosionsklasse, *Flammpunkt, *Gefährdungsgruppe, *Gefahrenklasse, *Giftklasse, *Zündgruppe.

Sicherheitsunterweisung

Anhand der *Betriebsanweisung sind Arbeitnehmer vor der Beschäftigung (und anschließend mindestens einmal jährlich) mündlich und arbeitsplatzbezogen über auftretende Gefahren, Schutzmaßnahmen und Beschäftigungsbeschränkungen für werdende Mütter aufzuklären. Inhalt und Zeitpunkt der Unterweisungen sind schriftlich festzuhalten und von den Unterwiesenen durch Unterschrift zu bestätigen. Der Nachweis der Unterweisung ist zwei Jahre aufzubewahren.

Smog

Hohe *Immissionskonzentration von Schadstoffen mit nebelhaftem Erscheinungsbild (smoke = Rauch, fog = Nebel).

Sonderabfall

Überwachungsbedürftiger *Abfall mit besonderem Gefahrenpotential (z. B. giftig, ergut- oder umweltgefährlich). Problemabfälle sind: Halogenhaltige Lösungsmittel, Asbest, Cyanide, Schwermetalle (z.B. Quecksilber, Cadmium).

Staub

Feinverteilte Träger toxischer Stoffe (z. B. Blei, Pestizide, Dioxine, Nickel, Cadmium, PAK).

Stöchiometrie

Lehre von der Zusammensetzung chemischer Verbindungen und den Massenverhältnissen bei chemischen

Reaktionen.

Für jede <u>vollständig</u> verlaufende Reaktion kann man aus den gegebenen Massen der Edukte die Massen der Produkte berechnen und umgekehrt.

1. Chemische Gleichung aufstellen.

2. Molare Massen M der Reaktanden berechnen.

3. Produkt aus molarer Masse und Stoffmenge $n\,M$ berechnen.

4. Bekannte Massen m der Edukte oder Produkte notieren.

5. Verhältnisgleichung oder Dreisatz.

$$\frac{m_A}{m_B} = \frac{n_A M_A}{n_B M_B}$$

A unbekannte, B bekannte Komponente,
m Masse, n Stoffmenge, M molare Masse.

Stöchiometriekoeffizient

Stöchiometrischer Faktor. Anzahl der reagierenden Teilchen. Gewichtungsfaktor ν_i für den Stoff i in einer chemischen Reaktionsgleichung, wobei Produkte positiv, Edukte negativ gezählt werden:

$$|\nu_1|\,B_1 + |\nu_2|\,B_2 + \cdots \rightleftharpoons \ldots |\nu_n|\,B_n$$

Beispiel: $2\,H_2 + O_2 \longrightarrow H_2O$.

Stöchiometrischer Index

In Summenformeln: Anzahl gleichartiger Atome oder Atomgruppen.

Beispiel: Cl_2, H_2O, $[Co(NH_3)_6]_2(SO_4)_3$.

Stoff

Stoffe bestehen aus *Teilchen* und unterscheiden sich durch physikalisch-chemische Eigenschaften (wie Dichte, Härte, Schmelzpunkt, Kristallstruktur, Modifikation). Die Anzahl der Stoffe ist unerschöpflich. Ständig werden neue Stoffe entdeckt oder künstlich hergestellt (synthetisiert). Vgl. *Element, *Verbindung, *Reinstoff, *Mischung (Gemenge).

Stoffeigenschaften

Der atomare und strukturelle Aufbau der Materie erklärt viele Stoff- und Werkstoffeigenschaften.

Physikalische Eigenschaften beschreiben z. B. Belastbarkeit u. Einsatzmöglichkeiten e. Werkstoffes; durch Kennzahlen und Messgrößen ausgedrückt.

Technologische Eigenschaften kennzeichnen das Werkstoffverhalten beim Verarbeiten; meist allgemeine Angaben.

1) Physikalische Eigenschaften

1. *Mechanisch-technologische Eigenschaften* (mit typischen Anwendungen):

- Bruchfestigkeit und Bruchdehnung (Keramikgeräte, Hochspannungsisolatoren),
- Dichte (Leichtbau),
- Druckfestigkeit (Brückenfundament),
- Elastizität, E-Modul (Federn, Membranen),
- Härte = Widerstand gegen Eindringen (Werkzeuge),
- Kaltzähigkeit (Kältetechnik, Flüssiggastanks)
- Plastizität = bleibende Verformbarkeit,
- Schall- und Schwingungsdämpfung,
- Sprödigkeit,
- Streckgrenze,

- Tribologische Beanspruchung: Reibungs- und Verschleißfestigkeit (Messer, Gleitager, Reifen),
- Warmfestigkeit (Kesselrohr, Turbinenschaufel)
- Wechselfestigkeit (Antriebswelle, Flugzeugteil)
- Zugfestigkeit = Widerstand gegen Zerreißen, Biegefestigkeit (Drahtseile, Brückenträger),
- Zähigkeit (Karosserieblech, Druckbehälter).

2. *Elektromagnetische Eigenschaften:*

- Dielektrizitätskonstante ε,
- Hysteresekurve (Trafobleche, Schaltelemente),
- Koerzitivfeldstärke (Permanentmagnete),
- Kriechstromfestigkeit,
- Leitfähigkeit (Starkstromkabel, Halbleiter),
- Remanenz (Magnete),
- spezif. Widerstand (Shunt, Isolatoren)
- Thermospannung (Thermoelemente).

3. *Optisch-akustische Eigenschaften:*

- Absorption (Sonnenbrillen),
- Brechung,
- Oberflächengüte (Bleche, Folien, Platinen),
- Reflexion (Farbe, Glanz),
- Transparenz (Lichtdurchlässigkeit),
- Schallabsorption,
- Schallreflexion,
- Wirkungsquerschnitt (Kernreaktoren).

4. *Thermische Eigenschaften:*

- Schmelzpunkt (reine Metalle),
- Schmelzbereich (Legierungen),
- Schmelzwärme (Gießen, Löten, Schweißen),
- Siedepunkt,
- Thermoschockbeständigkeit,
- Wärmeleitfähigkeit (Wärmetauscher),
- Wärmekapazität,
- Wärmeausdehnungskoeffizient (Gussteile, Glasschmelzen, Stahlhochbau, Bimetalle).

2) Chemische Stoffeigenschaften

- Brennbarkeit (Kunststoffe, Isoliermaterial),
- Chemikalien-, Laugen-, Säurebeständigkeit,
- Entflammbarkeit (Flugzeugsitze),
- Katalytische Aktivität oder Reaktionsgift,
- Korrosionsbeständigkeit (Chemieanlagen, Rohrleitungen, Chirurgiebesteck, Schiffbau),
- Löslichkeit (Wasserleitungen),
- Oxidationsbeständigkeit (Heizleiter, Triebwerke),
- Reaktionsfreudigkeit (reaktionsträge = inert),
- Zunderbeständigkeit,

3) Fertigungstechnische Eigenschaften

beschichtbar, formfüllend, gießbar, härtbar, kaltumformbar, klebbar, lötbar, scherbar, schweißbar, tiefziehbar, warmumformbar, zerspanbar.

4) Ökologische Stoffeigenschaften, einschl. volkswirtschaftl. und soziolog. Faktoren:

Arbeitssicherheit

Energieverbrauch

Entsorgung, Beseitigungsmöglichkeit

Kosten

Logistik und Standortbindungen

Nutzungsdauer

Tabelle 10.9   Einteilung der Stoffe mit Beispielen für unterschiedliche Aggregatzustände.

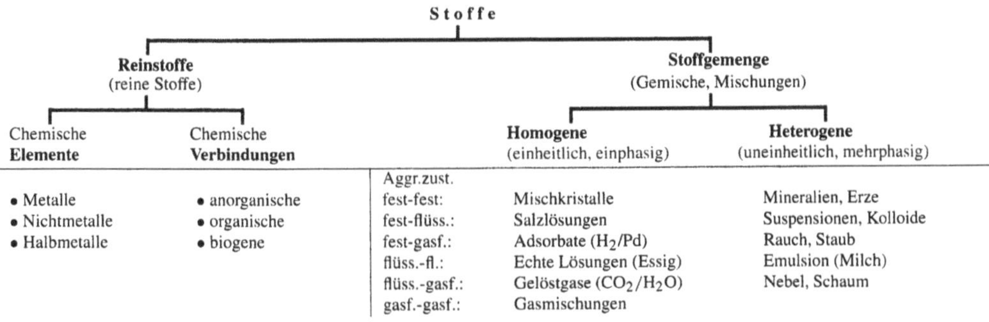

		Aggr.zust.	Homogene	Heterogene
• Metalle	• anorganische	fest-fest:	Mischkristalle	Mineralien, Erze
• Nichtmetalle	• organische	fest-flüss.:	Salzlösungen	Suspensionen, Kolloide
• Halbmetalle	• biogene	fest-gasf.:	Adsorbate (H_2/Pd)	Rauch, Staub
		flüss.-fl.:	Echte Lösungen (Essig)	Emulsion (Milch)
		flüss.-gasf.:	Gelöstgase (CO_2/H_2O)	Nebel, Schaum
		gasf.-gasf.:	Gasmischungen	

Recycling, Wiederverwertbarkeit
Rohstoffverbrauch
Toxizität = Giftigkeit
Umweltbelastung
Verfügbarkeit
Wartungsfreundlichkeit.

Stoffmenge

Auf die molare Masse bezogene Stoffmasse.

$$\frac{\text{Masse}}{\text{molare Masse}} \quad \boxed{n = \frac{m}{M}} \quad \text{mol}$$

1 mol eines Stoffes enthält ebenso viele Teilchen (Atome, Moleküle, Elektronen etc.), wie Atome in 0,012 kg des Kohlenstoffisotops ^{12}C enthalten sind, nämlich:

$N_A \approx 6,0220 \cdot 10^{23}$ Teilchen/mol
(AVOGADRO-Konstante)

Mit der Stoffmenge ist die Art der Teilchen anzugeben, z. B. $n(Fe^{2\oplus}) = 0,12$ mol; $n(NaCl) = 2,5$ kmol; $n(K_2Cr_2O_7) = 61$ mmol.
1 mol/ℓ enthält N_A Teilchen im Liter.
1 mol/g enthält N_A Teilchen in einem Gramm.

Stoffmengenanteil

früher: Molprozent, Atomprozent.

$$n = 1\% \,\hat{=}\, \frac{1 \text{ mol Stoff}}{100 \text{ mol Gemisch}}$$

Stoffmengenkonzentration   *Konzentration.

Stoffmengenverhältnis

Quotient der Stoffmengen zweier Komponenten i und k in einer Mischphase.

$$\boxed{r_{ik} = \frac{n_i}{n_k}} \quad \frac{\text{mol}}{\text{mol}} = 1$$

Sulfid-Fällung

Quantitativer Nachweis von Metallionen durch Umsatz mit Schwefelwasserstoff; z. B. Fällen von PbS aus H_2S-gesättigter Lösung.

Gleichgewicht: $a\,M^{n\oplus} + b\,S^{2\ominus} \rightleftharpoons M_aS_b \downarrow$

Ionenprodukt: $K_1 = c_{M^{n\oplus}}^a\, c_{S^{2\ominus}}^b$

mit $c_{S^{2\ominus}} = \dfrac{K_{a,H_2S}}{10^{-2}\,\text{pH}}$

Fällungs-pH: $\text{pH}_F \geq -\frac{1}{2}\lg \dfrac{K_{a,H_2S}}{c_{S^{2\ominus}}}$

Restsulfid: $c_{S^{2\ominus}} = \sqrt[b]{K_{L,M_aS_b}/(c_{M^{n\oplus}})^a}$

Restmetall: $c_{M^{n\oplus},\text{rest}} = \sqrt[a]{K_{L,M_aS_b}/(c_{S^{2\ominus}})^b}$

Übersteigt K_1 das Löslichkeitsproduktes K_{L,M_aS_b}, fällt Sulfid aus. Unterhalb des Fällungs-pH bleibt die Fällung aus ($K_{a,H_2S} = 1,1\cdot 10^{-22}$). Der pH steigt (zwei freie Protonen pro H_2S-Molekül). Nach vollständiger Ausfällung des Metallkations verbleibt die Restkonzentration $c_{M^{n\oplus},\text{rest}}$.

Summenparameter

Oberbegriff für *Konzentrationen umweltrelevanter Stoffe in der chemischen Analytik. *CSB, *BSB, *TOC, *POC, *VOC, *Feststoffgehalt, NO_3-N, NH_4-N, PO_4-P.

Supersäure

Gemische starker LEWIS-Säuren (SO_3, BF_3, AsF_5, SbF_4) und starker BRÖNSTED-Säuren (HSO_3F, $HClO_4$) können saurer als Schwefelsäure sein.
Beispiel: *Magische Säure* (SbF_5/HSO_3F) protoniert selbst Schwefel-, Kohlen-, Ameisensäure, Formaldehyd, Fluorbenzol; erzwingt die Hydridabspaltung aus H_2. Das extrem acide $H_2SO_3F^{\oplus}$-Kation entsteht durch Autoprotolyse der Fluorsulfonsäure HSO_3F, wenn das $SO_3F^{\ominus}$-Anion durch Adduktbildung aus dem Gleichgewicht abgezogen wird. *Hammett-Gleichung.

TC   engl. *Total Carbon*, Gesamtkohlenstoff; *Total Organic Carbon.

Teilchen

Allgemein für ein reales oder gedachtes Stück Materie.
1. *Reale Teilchen* (Partikel, Korpuskel)
Elementteilchen: Atome, Ionen
Verbindungsteilchen: Molekül, Molekülion
2. *Formale Teilchen*
formale Atome, Moleküle, Ionen
Äquivalentteilchen
3. *Elementarteilchen:* Grundbausteine der Materie.

Teilchendichte

Teilchenzahlkonzentration. Volumenbezogene Teichenanzahl. Anzahl der Teilchen eines Stoffes i im Volumen V der Mischphase.

$$\frac{\text{Teilchenzahl}}{\text{Volumen}} \quad \boxed{C_i = \frac{N_i}{V} = N_A c_i} \quad \text{m}^{-3}$$

c Konzentration (mol/ℓ), N_A Avogadro-Konstante mol^{-1}.

Teilchenzahlanteil

Anzahl der Teilchen (Atome, Moleküle, Ionen, Elektronen etc.) des Stoffes i in einer Mischphase mit insgesamt N Teilchen. Zahlenwert $\{X_i\}$ gleich dem *Molenbruch $\{x_i\}$.

$$\frac{\text{Teilchenzahl}}{\text{Gesamtteilchenzahl}} \quad \boxed{X_i = \frac{N_i}{N_{\text{ges}}} = \frac{N_i}{\Sigma\, N_i}} \quad 1 = 100\%$$

Teilchenzahlverhältnis

Verhältnis der Teilchenzahlen zweier Stoffe i und k in einer Mischphase.

$$\frac{\text{Teilchen der Komponente } i}{\text{Teilchen der Komponente } k} \quad \boxed{R_{ik} = \frac{N_i}{N_k}} \quad 1 = 100\%$$

Zahlenwert $\{R_{ik}\}$ = Stoffmengenverhältnis r_{ik}.

Titer

früher: *Normalfaktor*. Quotient aus der tatsächlich vorliegenden Stoffmengenkonzentration c einer Maßlösung und dem Sollwert:

$$\boxed{t = \frac{c}{c_{\text{soll}}}} \quad (\text{Dim. } 1)$$

Bestimmung durch Titration einer genau eingewogenen Urtitersubstanz $\underline{2}$ mit der einzustellenden Maßlösung $\underline{1}$.

$$\boxed{t = \frac{c_{\text{ist}}}{c_{\text{soll}}} = \frac{m_2 z_2}{M_2 V_1 c_1 z_1} = \frac{m_2}{f\, V_1}}$$

Rechenbeispiele:

1. Der Titer einer 0,2-molaren HCl ist durch Titration von 0,18 g wasserfreiem Natriumcarbonat zu bestimmen; Verbrauch: 17,7 mℓ.

$$t = \frac{0{,}18\text{ g} \cdot 2}{105{,}99\text{ g/mol} \cdot 0{,}0177\, \ell \cdot 0{,}2\text{ mol}/\ell} = 0{,}959$$

2. *Wasserbestimmung* durch KARL-FISCHER-Titration. Einstellen der Maßlösung $\underline{1}$ gegen eine genau eingewogene Menge Natriumtartrat-Dihydrat $\underline{2}$.

$$f = \frac{m_2/\text{mg} \cdot 15{,}65}{V_1/\text{m}\ell \cdot 100} \quad \frac{\text{mg Wassergehalt}}{\text{m}\ell \text{ Maßlösung}}$$

Einstellen der Maßlösung mit 10 mℓ trockenem Methanol $\underline{1}$ und 10 mℓ feuchtem Methanol $\underline{2}$ (0,1 ml Wasser auf 100 mℓ Methanol).

$$f = \frac{10}{V_1 - V_2} \quad \frac{\text{mg Wassergehalt}}{\text{m}\ell \text{ Maßlösung}}$$

3. *Bestimmung lithiumorganischer Verbindungen*. Bei der „doppelten Titration" von Methyl-, Butyl-, Phenyllithium u. a. nach GILMAN wird die Differenz von

a) Gesamtalkali nach Umsetzung mit Wasser (Maßlösung: HCl, H_2SO_4; Indikator: Phenolphthalein; Verbrauch V_1) und

b) Restalkali nach Umsetzung mit 1,2-Dibrommethan und anschließender Wasserzugabe (Verbrauch V_1') im Probenvolumen V_2 bestimmt.

$$c_{\text{LiR}} = \frac{(V_1 - V_1')\, c_1}{V_2}$$

Titrationsformel

Gleiche Volumina gleich äquivalenter Säuren und Basen neutralisieren einander.

1 Äquivalent Maßlösung	$\hateq$ 1 Äquivalent Titrand
$\frac{1}{z_1}$ mol Maßlösung	$\hateq \frac{1}{z_2}$ mol Titrand
$1\,\ell\, \frac{1}{z_1}$-molare Lösung	$\hateq \frac{1}{z_2}$ mol/ℓ Titrand

$$\boxed{V_1 c_1 z_1 = V_2 c_2 z_2} = \frac{m_2 z_2}{M_2} = \frac{V_2 \beta_2 z_2}{M_2} = \frac{m_2 w_2 z_2}{M_2}$$

c_1 Konzentration der Maßlösung (Titrator),
c_2 Konzentration vorgelegte Probelösung (Titrand)
M_2 Molekülmasse des zu bestimmenden Stoffes
m_2 Einwaage der zu bestimmenden Substanz
V_1, V_2 Volumen Maßlösung bzw. Probelösung
w_2 Massenanteil, Gew.-%
z_1, z_2 Äquivalenzzahl von Maßlösung bzw. Probelösung
β_2 Massenkonzentration (kg/m^3 = g/ℓ = mg/mℓ)

TN

Total nitrogen = Gesamtstickstoff, Weitere Unterscheidung: Nitrat-Stickstoff (NO_3-N), Ammoniumstickstoff (NH_4-N).

TOC

Total Organic Carbon, gesamter organisch gebundener Kohlenstoff (in mg/ℓ); Bestimmung durch Verbrennung und CO_2-Bestimmung.

DOC (dissolved = gelöst),
POC (particulate = dispergiert),
VOC = leicht flüchtig.

Transmission

Ausbreitung der Luftverunreinigung zwischen *Emissionsquelle und *Immissionsort.

TRGS

Technische Regeln für Gefahrstoffe. Hinweise zum sicheren Umgang mit Gefahrstoffen, herausgegeben vom „Ausschuß für Gefahrstoffe". Enthält die jährlich aktualisierte MAK-Liste der Senatskommission der Deutschen Forschungsgemeinschaft.

TRK

Technische Richtkonzentration, minimale Konzentration eines Gefahrstoffes (Gas, Dampf, Schwebstoff) in der Luft am Arbeitsplatz, der nach dem Stand der Technik erreicht werden kann. Anhalt für Schutzmaßnahmen und die messtechnische Überwachung am Arbeitsplatz für (z. B. krebserzeugende) Stoffe, denen noch keine toxikologisch-arbeitsmedizinisch begründeten MAK-Werte zugeordnet wurden.

Trockenmasse *Feststoffgehalt.

Umweltbelastung

Schadstoffeintrag in Ökosysteme und Nahrungsketten durch *Emission, *Imission u.s.w.

1. *Stäube und Ruß* (Kraftwerke, Verkehr, Industrie) verursachen: Luftverschmutzung, Korrosion, Atemwegserkrankungen.

2. *Abwässer und Aerosole* (Rauchgaskondensation, Tankleckagen) verursachen: Gewässerschäden, Klärstörung, Hautallergien.

3. *SO_2, NO_x, Kraftstoffadditive, Spurenstoffe* (Verkehr, Kraftwerke, Indudustrie): Gewässer-, Wald-, Bodenschäden; Atemwegserkrankungen.

4. *CO_2* (Kraftwerke, Haushalte, Verkehr, Industrie): Treibhauseffekt. Vgl. *Luftverunreinigung

5. *CH_4* (Tierhaltung, Reisfelder, Erdölfelder): Treibhauseffekt.

6. *Fluor-Chlor-Kohlenwasserstoffe* (Industrie, Haushalte, Reinigungsbetriebe): stratosphär. Ozonabbau.

7. *Radionuklide* (Kern- und Kohlekraftwerke): Strahlschäden, Krebs.

Tabelle 10.10   Korrekturfaktoren f für die Volumenausdehnung von Maßlösungen in Laborglasgefäßen gemäß $V_{20} = V_t(1+f)$. Das Volumen wässriger Lösungen ist bei 25 °C grob 0.1 % größer als bei 20 °C.

Temperatur in °C	Korrekturfaktor f						
	Wasser, Lösungen bis 0,1 mol/ℓ	HCl 1 mol/ℓ	Oxalsäure 0,5 mol/ℓ	H_2SO_4 0,5 mol/ℓ	HNO_3 1 mol/ℓ	Na_2CO_3 0,5 mol/ℓ	NaOH 1 mol/ℓ
5	–0,00 136	–0,00 223	–0,00 238	–0,00 324	–0,00 330	–0,00 332	–0,00 351
10	–0,00 122	–0,00 173	–0,00 186	–0,00 239	–0,00 241	–0,00 240	–0,00 251
15	–0,00 076	–0,00 097	–0,00 105	–0,00 130	–0,00 130	–0,00 129	–0,00 133
18	–0,00 034	–0,00 041	–0,00 044	–0,00 055	–0,00 054	–0,00 056	–0,00 055
19	–0,00 017	–0,00 021	–0,00 023	–0,00 028	–0,00 027	–0,00 027	–0,00 028
20	0	0	0	0	0	0	0
21	+0,00 019	+0,00 022	+0,00 024	+0,00 028	+0,00 028	+0,00 028	+0,00 029
22	+0,00 038	+0,00 044	+0,00 049	+0,00 056	+0,00 057	+0,00 056	+0,00 059
25	+0,00 103	+0,00 117	+0,00 129	+0,00 146	+0,00 148	+0,00 146	+0,00 152
30	+0,00 230	+0,00 255	+0,00 277	+0,00 313	+0,00 314	+0,00 309	+0,00 319

Umweltgesetze

Die wichtigsten deutschen Vorschriften:

1. *Wasserhaushaltsgesetz* (WHG): Stand der Technik, Umgang mit wassergefährdenden Stoffen u.a. – Ergänzt durch: *Landeswassergesetze* und *Verordnungen:* Rahmenabwasser-VwV, Indirekteinleiter-Verordnung (VGS), Abwasserherkunftverordnung, Verordnungen über Anlagen, DIN 38405 (Abwasseranalytik).

2. *Bundesimmisionsschutzgesetz* (BImSchG): anlagen-, produkt- und gebietsbezogener Imississionsschutz.

1. BImSchV: Kleinfeuerungsanlagen.
2. BImSchV: Halogenkohlenwasserstoffe.
3. BImSchV: Schwefelgehalt von Heizöl.
4. BImSchV: Genehmigungsbedürftige Anlagen.
5./6. BImSchV: Immissionsschutzbeauftragter.
7. BImSchV: Holzstaub.
9. BImSchV: Genehmigungsverfahren.
10. BImSchV: PCB, PCT, Vinylchlorid.
11. BImSchV: Emissionserklärung.
12. BImSchV: Störfallverordnung.
13. BImSchV: Großfeuerungsanlagen.
17. BImSchV: Abfallverbrennungsanlagen.

3. *Allgemeine Verwaltungsvorschriften zum Bundesimmisionsschutzgesetz.*

1. BImSchVwV: TA Luft
4. BImSchVwV: Immissionsmessung
5. BImSchVwV: Emissionskataster
VDI-Richtlinie 2310: MIK-Werte.

4. *Abfallgesetz* (AbfG): Abfallsammlung, -beförderung, -entsorgung, -verbringung; Reststoffverwertung, Betriebsbeauftragter für Abfall, Rücknahmepflichten, Pfandsysteme. Ergänzt durch *Landesabfallgesetze* und Verordnungen.

Abfallbestimmungs-Verordnung (AbfBestV),
Reststoffbestimmung-Verordnung (RestBestV),
Abfall- und Reststoffüberwachungs-Verordnung (AbfRestÜberwV),
Verpackungsverordnung (VerpackV),
Altöl-Verordnung (AltölV),
V. ü. Verbot des Einsatzes von PCB, PCT und VC.

Allg. Verwaltungvorschrift zum AbfG: TA Abfall.

UVV

Unfallverhütungsvorschriften, Von den Berufsgenossenschaften rechtsverbindlich festgelegte Maßnahmen zur Vermeidung von Arbeitsunfällen.

Verbindung

Stoff, chemische Verbindung. Durch Synthese aus mindestens zwei Elementen oder Ausgangsverbindungen entstandenes Molekül oder Salz.

Aus Elementen in *bestimmtem* Massenverhältnis zusammengesetzt; mit anderen chemisch-physikalische Eigenschaften als die Elemente selbst; durch chemische Reaktionen zerlegbar (analysierbar).

Verdünnungsformel

Die Stoffmengenkonzentration c_2 nach dem Verdünnen von V_1 (mℓ) c_1-molarer Lösung mit V_{Lm} (mℓ) Wasser ist:

$$c_2 = \frac{V_1 c_1}{V_1 + V_{Lm}}$$

Verdünnungsgesetz   *Dissoziationsgrad.

Verdünnungsgrenze   *Grenzkonzentration.

Verseifungszahl (VZ)

Kennzahl für den Fettgehalt, bestimmt durch die Milligramm Kalilauge zur Spaltung von 1 Gramm Fett oder Öl. Verseifung ist die chemische Reaktionen, bei der ein Ester in Alkohol und Säure gespalten wird.

VOC

Abk. f.: leichtflüchtige organische Verbindungen. Nachweis z. B. durch Ausblasen (Strippung) und Verbrennung an einer Platinspirale. Konzentrationsmessung durch IR-Absorption.

Volumenanteil

Volumenbruch, früher: Volumenprozent.

$$\frac{\text{Volumen des Stoffes}}{\text{Gesamt-Ausgangsvolumen}} \quad \boxed{\varphi_i = \frac{V_i}{\sum V_{0,i}}} \quad \frac{m^3}{m^3} = 1$$

$$\varphi = 1\% \mathbin{\hat=} \frac{1 \text{ cm}^3 \text{ Stoff}}{100 \text{ cm}^3 \text{ Gemisch}}$$

φ_i berücksichtigt nicht eine Volumenänderung beim Mischen, die *Volumenkonzentration schon.

Beispiel: 100 cm^3 40%-iger Branntwein enthalten 40 cm^3 Alkohol.

V_i	Volumen der Komponente i vor dem Mischen (m^3)
V	Gesamtvolumen <u>vor</u> dem Mischen (m^3)

Volumengesetz, chemisches

Bei chemischen Reaktionen stehen die Volumina der beteiligten Gase (Edukte wie Produkte) in einfachen ganzzahligen Verhältnissen zueinander (GUY-LUSSAC

1808). Die strenge Auslegung des Volumengesetzes führte zu der Erkenntnis, dass die elementaren Gase als zweiatomige Moleküle auftreten.

Volumenkonzentration

Berücksichtigt im Gegensatz zum *Volumenanteil eine Volumenänderung beim Mischen.

$$\frac{\text{Volumen des Stoffes}}{\text{Volumen der Lösung}} \quad \sigma_i = \frac{V_i}{V_{\text{ges}}} = \frac{V_i}{\Sigma V_i} \quad \frac{m^3}{m^3} = 1$$

V_i Volumen der Komponente *i* vor dem Mischen.
V Volumen der Mischphase (nach dem MIschen)

Volumenmessung

Umgang mit Messgeräten im Labor.

1) Volumenmessgeräte

- Messkolben (10 000–10 mℓ, Fehler 0,02–0,25% auf Einguss).
- Büretten (100–1 mℓ, 0,08–1% auf Auslauf)
- Pipetten (100–0,1 mℓ, 0,08–2% auf Auslauf).

2) Thermische Ausdehnung. Für genaue Volumenmessungen *Längenausdehnungskoeffizient* α des Messgefäßes und *Volumenausdehnungskoeffizient* γ des Messmediums berücksichtigen.

$$V(T) = V_0 \left(1 + \gamma\, \Delta T\right)$$

V_0 Volumen bei Bezugstemperatur (meist 20 °C),
ΔT Temperaturänderung (K), $\alpha = 4{,}5 \cdot 10^{-6}\,\text{K}^{-1}$ (Geräteglas).

3) Volumenbestimmung durch Auswägen. Das Probengefäß (z. B. WINKLER-Flasche, Pyknometer) wird randvoll mit Wasser oder Quecksilber gefüllt. Mit der Dichte des Eichfluids ϱ_{ref} und der ausgewogenen Masse m ist das Volumen bei gegebener Messtemperatur:

$$V = m / \varrho_{\text{ref}}$$

4) Überlaufgefäß. Verdrängung einer Flüssigkeit bekannter Dichte; geeignet zur Volumenbestimmung unregelmäßig geformter Körper oder Gase.

Auswägen von Wasser.

Temperatur °C	Wägung g/mℓ Auftrieb korr.	Dichte g/mℓ
20,0	0,99 714	0,998 203
22,0	0,99 671	0,997 769
25,0	0,99 598	0,997 043

Auswägen von Quecksilber.

Temperatur °C	Wägung g/mℓ Auftrieb korr.	Dichte g/mℓ
20,0	13,5466	13,5459
22,0	13,5416	13,5410
25,0	13,5343	13,5336

Volumenverhältnis

Größenverhältnis zweier Volumina in einer Mischphase vor dem Mischen.

$$\frac{\text{Volumen der Komponente } i}{\text{Volumen der Komponente } k} \quad \psi_{ik} = \frac{V_i}{V_k} \quad \frac{m^3}{m^3} = 1$$

Wasseranalytik

Nachweis von Schadstoffen in Trink- und Abwasser, Boden und Schlamm. Standardverfahren sind:

1. Physikalisch-chemische Messungen:
Temperatur,
pH, O_2-Gehalt *(Potentiometrie)*,
Leitfähigkeit *(Konduktometrie)*,
UV-Absorption *(Fotometrie)*, BSB.

2. Untersuchungen nach dem Eindampfen:
Gravimetrie: Abdampf-, Glührückstand, Glühverlust.
IR-Spektroskopie

3. Trennmethoden

- *Ionenaustausch:* Gesamtsalzgehalt.
- *Extraktion:* PAK, Phenole, KWSt, Tenside, Fe, Cu, Zn, Cd.
- *Chromatografie:* Metalle, PAK, Phenole, KWSt.

4. *Maßanalyse:* Titrimetrische Bestimmung von z. B. HCl, O_2, Wasserhärte, Salzgehalt, *CSB, Kaliumpermanganatverbrauch, $Cl^{\ominus}$, $SO_4^{2\ominus}$.

5. *Fotometrie:* Colorimetrische Bestimmung von z. B. H_2S, SO_2, NO_x, HCl, Phenole, Tenside, $PO_4^{3\ominus}$, $NO_2^{\ominus}/NO_3^{\ominus}$, $F^{\ominus}$, $NH_4^{\oplus}$, Fe, Mn, Cu, Zn, Cd; Summenparameter.

6. *Fluoreszenzanalyse* (PAK, KWSt).

7. Das Probengefäß soll aus Glas, Polyethylen oder Hart-PVC (ohne Weichmacher) sein. Zur Konservierung werden zugesetzt:

- Für Stickstoffverbindungen: einige Milliliter Chloroform oder Quecksilberchloridlösung.
- Für Gelöst-Sauerstoff: Mangan(II)-salze in alkalischer Lösung.
- Für Phenole: Natronlauge (Stabilisierung als Phenolat).
- Für Sulfid: Fällung mit Cadmiumacetat.

Wassergefährdungsklasse

Bewertung wassergefährdender Stoffe durch biologische Testverfahren (Säugetier-, Bakterien-, Fischtoxizität, biologisches Abbauverhalten, Bioakkumulation, Mutagenität, Cancerogenität).
Die Giftigkeit einzelner Wasserinhaltsstoffe wird durch Dosisangaben ausgedrückt: *Letale Dosis, *Letale Konzentration.
Quellwasser ist sauerstoffreich (korrosiv!), klar, artenreich an Wasserlebewesen und arm an Bakterien.
Stark *belastetes Wasser* ist arm an Sauerstoff und Lebewesen, reich an Bakterien („*Blaualgen*"); Mineralsalzen (Algen) und Schlamm (*Biomasse).

Wasserhärte

Maß für den „Kalkgehalt" des Wassers; Konzentration der gelösten Erdalkaliionen in mmol/ℓ.
1) Natürliches Wasser ist stets verunreinigt. Regenwasser und Schnee enthalten Staub, gelösten Sauerstoff, Stickstoff und Kohlendioxid und Ammoniumnitrat. Quell-, Fluss- und Grundwasser sind reich an gelösten Salzen (Härtebildner).

1. *Weiches Wasser* ist Regenwasser oder entspringt aus Ur- und Silikatgestein.
Granit: körniges Gefüge aus Quarz (SiO_2), Feldspat ($KAlSi_3O_8$) und Glimmer (ein Silicat).
Oberflächenwässer sind meist weich: Durch die Photosynthese (CO_2-Verbrauch) autotropher Wasserlebewe-

Tabelle 10.11 Güteeinteilung von Fließgewässern: $SI = \sum (S\,H)/\sum H$ = Saprobienindex. S = Saprobität (Organismen leben: 1 in reinem Wasser ... 4 in stark verunreinigten Gewässern). H = Häufigkeit = Abundanz (1 vereinzelt ... 7 massenhaft).

Güteklasse		Belastung	Saprobität	SI	Organismen
I	(blau)	unbelastet	oligosaprob	ab 1	Kieselalgen, Köcher-, Eintags- und Steinfliegenlarven ($S = 1$).
I–II				ab 1,5	
II	(grün)	mäßig	β-mesosaprob	ab 1,8	Flohkrebs ($S = 2$), Flussnapfschnecken.
II–III				ab 2,3	Mikroorganismen fressen sich gegenseitig.
III	(gelb)	stark	α-mesosaprob	ab 2,7	Massenhaft: Wasserasseln ($S = 2,8$), Wimpertierchen, Glockenbäumchen ($S = 3$), Abwasserbakterien (Sphaerotilus natans, $S = 3,5$).
III–IV				ab 3,2	Absterben von Organismen durch Sauerstoffmangel.
IV	(rot)	übermäßig	polysaprob	ab 3,5	Fische selten. Massenhaft: Mikroorganismen, Wimper- und Geißeltierchen, Bakterien, rote Zuckmückenlarven ($S = 3,5$), Schlammröhrenwürmer ($S = 3,5$).

Tabelle 10.12 Güteeinteilung stehender Gewässer aufgrund des Nährstoffangebotes (N, P, C, Metalle), insbesondere durch intensive Landwirtschaft.

	Nährstoffgehalt und Planktonproduktion	Beispiel
oligotroph	gering	Königssee, Tegernsee
mesotroph	gering ... mäßig	Starnberger See
eutroph	hoch, „überdüngt"	Chiemsee
polytroph	sehr hoch – O_2-Übersättigung an der Oberfläche (wg. Photosynthese der Algen) und O_2-Verlust in der Tiefe (bakteriell-aerober Abbau des abgestorbenen Planktons)	Waginger See

sen findet eine *biogene Entkalkung* der Oberflächengewässer statt. In Mülldeponien nimmt versickerndes Regenwasser hingegen durch Fäulnis entstandenes Kohlendioxid auf.

2. *Hartes Wasser* stammt aus kalk- und gipshaltigen Böden und Kalkgebirgen.

Calcit, Kalkspat oder Kalkstein ($CaCO_3$),
Dolomit ($CaCO_3 \cdot MgCO_3$),
Gips ($CaSO_4 \cdot 2\,H_2O$).

3. Kohlensäurehaltiges Wasser (Regenwasser) löst Kalk- und Magnesiumgestein in erheblichem Ausmaß.

$$\underbrace{CaCO_3}_{\text{Lsl. 14 mg/}\ell} + CO_2 + H_2O \rightleftharpoons \underbrace{Ca(HCO_3)_2}_{\text{1086 mg/}\ell}$$

2) Der Härtegrad hängt vom Kalkgehalt ab.

- *Gesamthärte* = mmol/ℓ gelöste Erdalkaliionen.
- *Temporäre Härte* (vorübergehende Härte, *Carbonathärte*) = lösliche Erdalkaliionen. Calcium- und Magnesiumhydrogencarbonat, die beim Kochen als unlöslicher „Kesselstein" ausfallen.

$Ca(HCO_3)_2 \rightleftharpoons CaCO_3 + CO_2 + H_2O$

- *Permanente Härte* oder *Sulfathärte*, (bleibende Härte, Nichtcarbonathärte) = gelöste Sulfate, Chloride, Nitrate, Phosphate, Silicate; z. B. Magnesium- und Calciumsulfat, die sich durch Abkochen nicht beseitigen lassen. Wasser mit hohem Magnesiumanteil schmeckt bitter.

3) Trinkwasser darf 100 mg/ℓ Ca^{2+} und 30–50 mg/ℓ Mg^{2+} nicht überschreiten (EG-Richtzahl).

4) Komplexometrische Titration. Bestimmung der gelösten Erdalkaliionen mit EDTA = Ethylendiamintetraessigsäure Dinatriumsalz, Titriplex®.

$$Ca^{2+} + \begin{matrix} ^{\ominus}OOC{-}CH_2 \\ ^{\ominus}OOC{-}CH_2 \end{matrix} \overset{\oplus}{N}H{-}CH_2CH_2{-}\overset{\oplus}{N} \begin{matrix} CH_2{-}COO^{\ominus} \\ CH_2{-}COO^{\ominus} \end{matrix}$$

$$\rightleftharpoons [Ca^{2+}(EDTA)]^{2-}$$

$EDTA^{4-}$ ist ein sechszähniger Chelatligand und bildet oktaedrische Komplexe: das Metallion wird zwischen den O- und N-Atomen eingeschlossen. Die Komplexbindung ist so stabil, dass Calciumoxalat- und Bariumsulfat-Niederschläge aufgelöst werden. Barium- und Strontiumionen werden miterfasst!

5) Wasserhärte nach DIN 38409 als mmol/ℓ gelöste Erdalkaliionen.

Härtegrad	1	sehr weich	< 1,3	mmol/ℓ
	2	weich	bis 2,5	mmol/ℓ
	3	hart	bis 3,8	mmol/ℓ
	4	sehr hart	> 3,8	mmol/ℓ

6) Grad deutscher Härte (veraltet!)

0 ... 4 °dH	sehr weich
4 ... 8 °dH	weich (Regenwasser: 4,9–6,8)
8 ... 12 °dH	mittelhart
12 ... 18 °dH	ziemlich hart (Fischwasser-Richtwert, Güteklasse I: <20)
18 ... 30 °dH	hart (Güteklasse II: <30)
über 30 °dH	sehr hart (Güteklasse III: <40)

$1\,°dH = 0,1785$ mmol/ℓ Erdalkaliionen
$= 7,19$ mg/ℓ $Ca^{2+} = 4,34$ mg/ℓ $Mg^{2+} = 17,85$ ppm $CaCO_3$
$= 10$ mg/ℓ CaO = mg CaO/100 cm³ Wasser

7) Grenzwerte: Trinkwasserverordnung 1986.

Ion	mg/ℓ	Ion	mg/ℓ
Mn^{2+}	0,05	F^{-}	1,5
Al^{3+}	0,2	NO_3^{-}	50
Fe^{2+}	0,2	SO_4^{2-}	240
NH_4^{+}	0,5		
K^{+}	12		
Mg^{2+}	50		
Na^{+}	150		

Wasservollentsalzung
Beseitigung der Folgen der Wasserhärte durch *Ionenaustauscher oder *Membranverfahren.

1. *Kesselstein.* Ablagerungen von Calciumcarbonat und -sulfat, vornehmlich in Dampfkesseln und Rohrleitungen, sind schlechte Wärmeleiter. GEFAHR der Zerstörung des Kessels: durch lokale Überhitzung der Wände (bis zum Glühen) und explosionsartiges Verdampfen von Wasser nach Abplatzen von Kesselstein.

2. *Kalkseife.* Die Härtebildner machen Seife waschunwirksam; Schaumbildung bleibt aus; das Textilgut vergilbt. Moderne Waschmittel enthalten daher keine Seifen, sondern Fettalkoholsulfate und andere Tenside. $\underset{\text{Seife}}{2\,RCOONa} + Ca(HCO_3)_2 \rightarrow (RCOO)_2Ca \downarrow$

$+2\,NaHCO_3$

3. *Pektine* bilden mit hartem Wasser unlösliche Verbindungen, so dass Obst- und Hülsenfrüchte in hartem Wasser nicht weichgekocht werden können.

Wertigkeit

auch *Oxidationszahl oder *Äquivalenzahl.

1) Stöchiometrische Wertigkeit, neuere Begriffe *Äquivalenzahl* oder *Oxidationszahl.* Gibt an,

- mit wievielen einwertigen Atomen sich ein Atom eines Elementes verbindet,
- wieviele Wasserstoffatome ein Atom eines Elementes binden oder ersetzen kann.

2) Ionenwertigkeit. Die positive oder negative Ladung eines Ions.

- Positive Ionenwertigkeit = Zahl der abgegebenen Valenzelektronen (bei Kationen).
- Negative Ionenwertigkeit = Zahl der aufgenommen Valenzelektronen (bei Anionen).

3) Bindigkeit oder *Bindungswertigkeit* eines Atoms = *Zahl der Atombindungen* (gemeinsame Elektronenpaare) zu den Nachbaratomen im Molekül. Bindungsstriche abzählen!

Im Orbitalmodell:

Bindigkeit = Zahl der bindenden Molekülorbitale.

Die Bindigkeit hängt von der Zahl der Valenzelektronen ab und stimmt meist – nicht immer – mit der stöchiometrischen Wertigkeit überein.

Stickstoff $|N \equiv N|$ ist dreibindig,

Sauerstoff in $\langle O{=}O \rangle$ ist zweibindig,

Chlor in $|\overline{\underline{Cl}}{-}\overline{\underline{Cl}}|$ ist einbindig.

Zündgruppe

Veraltet! Dampf-Luft-Gemische mit Zündtemperaturen innerhalb eines bestimmten Bereiches.

	Zündtemperaturbereich
Zündgruppe 1	> 450 °C
Zündgruppe 2	300 bis 450 °C
Zündgruppe 3	200 bis 300 °C
Zündgruppe 4	135 bis 200 °C
Zündgruppe 5	100 bis 135 °C
Zündgruppe 6	85 bis 100 °C

Zündtemperatur

Sicherheitstechnische Kenngröße: Konzentrationsgrenze, bei der ein Gemisch brennbarer Gase, Dämpfe oder Stäube mit Luft unter Normaldruck bei 20 °C explosionsfähig ist.

11 Elektrochemie und Oberflächentechnik

**Elektrolyte – Elektroden – Elektrolyse – Doppelschicht
– Reale und ideale Lösung – Aktivität – Ionenstärke
– Batterien und Akkumulatoren – Elektroanalytik – Elektrodenkinetik – Korrosion –
– Oberflächentechnik – Galvanotechnik – Fotoelektrochemie**

Formelzeichen

Physikalische Größe	Symbol	Einheit	Basiseinheiten	Englische Bezeichnung
Debye-Hückel-Faktor	A		$= m^{3/2} mol^{-1/2}$	Debye-Huckel factor
Tafel-Steigung	b	V/dec	$= m^2 kg\, s^{-3} A^{-1}$	Tafel slope
Doppelschichtkapazität	C_D, C_{dl}	$F = C/V$	$= s^4 A^2 m^{-2} kg^{-1}$	double-layer capacitance
Raumladungskapazität	C_{sc}	F		space charge capacitance
Elektromotorische Kraft, EMK	E	V	$= m^2 kg\, s^{-3} A^{-1}$	emf, electromotive force
Zellspannung	E	V	$= m^2 kg\, s^{-3} A^{-1}$	electric potential difference of a galvanic cell
Zersetzungsspannung	E_Z	V	$= m^2 kg\, s^{-3} A^{-1}$	decomposition voltage
Elektrodenpotential	E	V	$= m^2 kg\, s^{-3} A^{-1}$	electrode potential
Normalpotential	E^0	V	$= m^2 kg\, s^{-3} A^{-1}$	standard potential
Diffusionspotential	E_d, E_j	V	$= m^2 kg\, s^{-3} A^{-1}$	junction potential
Gleichgewichtspotential	E_{eq}	V	$= m^2 kg\, s^{-3} A^{-1}$	equilibrium potential
Membranpotential	E_m	V	$= m^2 kg\, s^{-3} A^{-1}$	membrane potential
Nulladungspotential	E_z	V	$= m^2 kg\, s^{-3} A^{-1}$	potential of zero charge
Halbstufenpotential	$E_{1/2}$	V	$= m^2 kg\, s^{-3} A^{-1}$	half-wave potential
Flachband-Potential	E_{fb}	J	$= kg\, m^2 s^{-2}$	flat-band potential
Bandabstand e. Halbleiters	E_g, E_Δ	J		bandgap of a semiconductor
Fermi-Energie	E_F	J, eV		Fermi level
Anregungsenergie	E_g	J		excitation energy, gap energy
Elementarladung	e	C	$= A\, s$	elementary charge
Faraday-Konstante	F	C/mol	$= s\, A\, mol^{-1}$	Faraday constant
Diffusionsgrenzstrom	I_{lim}	A		limiting current
kathodischer Strom	$I_\ominus$, I_c	A		cathodic current
anodischer Strom	$I_\oplus$, I_a	A		anodic current
Faradayscher Strom	I_F	A		faradaic current
Peakstrom, Spitzenstrom	I_p	A		peak current
elektr. Stromdichte	i, (j)	A/m^2		electric current density
Austauschstromdichte	i_0	A/m^2		exchange current density
Zellkonstante	k	m^{-1}		cell constant
Elektrochem. Äquivalent	k	kg/C	$= kg\, A^{-1} s^{-1}$	electrochemical equivalent
Geschwindigkeitskonstante	k	$(mol^{-1} m^3)^{n-1} s^{-1}$		electrode reaction rate constant
Stoffübergangskoeffizient	k_d	m/s		mass transfer coefficient
Durchtrittswiderstand	R_D, R_{ct}	$\Omega = V/A$	$= kg\, m^2 s^{-3} A^{-2}$	charge transfer resistance
Elektrolytwiderstand	R_{el}, R_Ω	Ω		electrolyte resistance
Polarisationswiderstand	R_P	Ω		polarization resistance
Ionenradius	r_i	m		ionic radius
Überführungszahl	t	–	$= 1$	transport ~, transference number
Ionenwanderungsvektor	$\vec{u}$	m		displacement vector of an ion
Beweglichkeit (eines Ladungsträgers)	u	$m^2 V^{-1} s^{-1}$	$= kg^{-1} s^2 A$	electric mobility (of a charge carrier)
Diffusionsimpedanz	Z_d	Ω		mass transfer impedance
Faraday-Impedanz	Z_F	Ω		faradaic impedance
Warburg-Impedanz	Z_W	Ω		Warburg impedance
Ionenladungszahl, Wertigkeit	z, $z_\oplus$, $z_\ominus$	–	$= 1$	charge number of an ion
Elektrochemische Wertigkeit	z, n	–	$= 1$	charge number of an electrochemical cell reaction
Stromausbeute	α	–	$= 1$	current efficiency
Elektrochem. Symmetriekoeffizient	α	–	$= 1$	transfer coefficient
Chi-, Oberflächenpotential	χ	V		surface electric potential
Grenzschichtdicke	δ	m		thickness of diffusion layer

Physikalische Größe	Symbol	Einheit	Basiseinheiten	Englische Bezeichnung
Elektrodenpotential	ε	V	$= m^2 kg\, s^{-3} A^{-1}$	electrode potential
Überspannung	η	V	$= m^2 kg\, s^{-3} A^{-1}$	overpotential
Oberflächenkonzentration	Γ, Γ^σ	mol/m^2		surface excess, $\sim$ concentration
elektrische Leitfähigkeit	$\kappa, (\sigma)$	$S/m = \Omega^{-1} m^{-1} = m^{-3} kg^{-1} s^3 A^2$		conductivity
Debye-Länge	κ	m^{-1}		reciprocal radius of ionic atmosphere
Molare Leitfähigkeit	Λ_m	$S\, m^2/mol$	$= kg^{-1} s^3 A^2 mol^{-1}$	molar conductivity
Äquivalentleitfähigkeit	Λ_e	$S\, m^2 val^{-1}$	$= kg^{-1} s^3 A^2 mol^{-1}$	equivalent conductivity
Ionen-Leitfähigkeit	λ	$S\, m^2/mol$	$= kg^{-1} s^3 A^2 mol^{-1}$	ionic conductivity
Grenzleitfähigkeit	Λ_∞	$S\, m^2/mol$	$= kg^{-1} s^3 A^2 mol^{-1}$	molar conductivity in infinitely diluted solution
Elektrochemisches Potential	$\tilde{\mu}_i$	J/mol	$= m^2 kg\, s^{-2} mol^{-1}$	electrochemical potential
Galvani-Potential	φ	V	$= m^2 kg\, s^{-3} A^{-1}$	inner electric potential
Galvani-Spannung	$\Delta\varphi$	V	$= m^2 kg\, s^{-3} A^{-1}$	Galvani potential difference
Gleichgewichtspotential	φ_{eq}	V	$= m^2 kg\, s^{-3} A^{-1}$	equilibrium potential
Volta-Potential	ψ	V	$= m^2 kg\, s^{-3} A^{-1}$	outer electric potential
Volta-Spannung	$\Delta\psi$	V	$= m^2 kg\, s^{-3} A^{-1}$	Volta potential difference
Ober-, Grenzflächenspannung	$\sigma, (\gamma)$	N/m	$= kg/s^2$	surface $\sim$, interfacial tension
(Ober-)Flächenladungsdichte	σ	C/m^2	$= A\, s\, m^{-2}$	(surface) charge density
Oberflächenbelegungsgrad	θ	–	$= 1$	surface coverage
Zeta-Potential	ζ	V	$= m^2 kg\, s^{-3} A^{-1}$	electrokinetic potential

Abschirmpotential *Poisson-Boltzmann-Gleichung.

Abwasserreinigung

Elektrochemische Entfernung unerwünschter Inhaltsstoffe im Trink- und Abwasser.

1) Oxidationsmittel, z. B. FENTONs-Reagenz ($Fe^{2\oplus}$ + H_2O_2).

2) Indirekte elektrochemische Oxidation durch Chlor, Hypochlorit, Ozon oder OH-Radikale, die anodisch erzeugt werden (an Grafit, dimensionsstabilen Titananoden, Bleidioxid). Beispiele sind:
Cyanidoxidation

$$2\,CN^\ominus + 5\,ClO^\ominus + H_2O \longrightarrow N_2 + 2\,CO_2 + 5\,Cl^\ominus + 2\,OH^\ominus$$

Zersetzung von Phenolen, Thiolen, Naphthenaten, Schwerölspuren, Aldehyden, Carbonsäuren, Nitrilen, Aminen u.a.

3) Direkte elektrochemische Oxidation.
Elektrolytische Entwässerung von Lösungsmitteln wie Acetonitril, Dimethylsulfoxid u.a. (mit hoher Zersetzungsspannung).
Entfernung von Thiophen aus Benzol, Tetrachlorkohlenstoff aus Eisessig, Chlorierungsprodukte aus Caprolactam.
In der Abwassertechnik selten.

4) Kathodische Abwasserreinigung. Abscheidung von Schwer- und Edelmetallen an Elektroden mit hoher Wasserstoffüberspannung in möglichst alkalischer Lösung und bei niedriger Stromdichte (sonst Konzentrationsüberspannungen, die die Wasserstoffabscheidung begünstigen).
Einsatz von Festbett- oder Wirbelschichtreaktoren (große Elektrodenfläche bei kleinem Bauvolumen).
Je kleiner die Metallionenkonzentration, umso niedriger das Abscheidungspotential:

$$E = E_0 + (RT/zF)\ln a_{Me^{z\oplus}}$$

Je höher der pH, umso höher das Potential der Wasserstoffabscheidung.

$$E(H_2) = 0{,}059 \cdot \lg a_{H_3O^\oplus} = -0{,}059 \cdot pH$$

Beispiele: Edelmetallrückgewinnung in der Fotoindustrie; Kupferabscheidung aus schwefelsauren Sulfatlösungen.

5) *Elektrodialyse, *Elektroflotation.

6) *Elektrophorese.

ad-Atom

Auf der Elektrodenoberfläche adsorbiertes, bewegliches Atom; auch partiell solvatisiert oder geladen. Wichtig bei der *Metallabscheidung*, wo Oberflächendiffusion oder Keimbildung geschwindigkeitbestimmend sind.
Galvanische Schichten wachsen aus zweidimensionalen Keimen schichtweise spiralig in monoatomaren Stufen und pyramidenförmigen Denditen auf die Fläche eines Einkristalles auf.

• Ionenübergang, *ad-Atom-Bildung, Oberflächendiffusion zu den Wachstumslinien. Oder:

• Diffusion in Lösung, Ionenübergang bzw. Entladung am Ort des Gittereinbaus.

Adsorption, spezifische

Bildung der elektrolytischen *Doppelschicht durch
1. VAN-DER-WAALS-Kräfte zw. (kleinen) Molekülen und Ionen und der Elektrodenoberfläche.
2. COULOMB-Kräfte zwischen Elektrolytkationen und Elektronen der Elektrode (die wegen des Tunneleffekts auch vor der Elektrode eine gewisse Aufenthaltswahrscheinlichkeit haben).

Adsorptionsimpedanz

Netzwerkelement im *Ersatzschaltbild einer Elektrode mit Stofftransporthemmung durch Adsorption einer Spezies aus dem Elektrolyten. Serienschaltung aus Adsorptionswiderstand, Adsorptionskapazität und Diffusionsimpedanz: R_{ad}–C_{ad}–W.
Annahmen: 1. Ladungsänderung (Durchtrittsstrom), 2. LANGMUIR-Isotherme, 3. Gleichgewicht.

$$Z_{ad} = R_{ad} + \frac{1}{i\omega C_{ad}} + \frac{A}{\sqrt{i\omega}} =$$

$$= \frac{\left[\dfrac{1}{i\omega}\dfrac{\partial U_r}{\partial \Gamma} + \dfrac{1}{\sqrt{i\omega D}} \cdot \dfrac{\partial U_r}{\partial c}\right]}{\left[zF + \dfrac{1}{A} \cdot \dfrac{\partial Q}{\partial \Gamma}\right]}$$

$$R_{ad} = \left[\left(zF + \frac{1}{A}\frac{\partial Q}{\partial \Gamma}\right)\frac{\partial j}{\partial U}\right]^{-1}$$

$$C_{ad} = Q_{mono}zF\theta(1-\theta)/RT$$

$$Z_W = \frac{(i\omega)^{-1/2}}{\left(zFA + \dfrac{\partial Q}{\partial \Gamma}\right)\sqrt{D}}$$

$$j = A\,\partial\Gamma/\partial t$$

A Warburg-Parameter, A Elektrodenfläche, c Stoffmengenkonzentr., C_{ad} Adsorptionskapazität, D Diffusionskoeff., j Adsorptionsrate, R_{ad} Ads.widerstand, Z_{ad} Ads.impedanz, Z_W Diffusionsimpedanz, Γ Oberflächenkonzentration, $\theta = \Gamma/\Gamma_\infty$ Oberflächenbelegungsgrad.

Akkumulator

Sekundärelement. Wiederaufladbare *galvanische Stromquelle. Speichert elektrische Energie in Form von chem. Energie. Durch den Ladevorgang erst entsteht das galvanische Element, wenn die Elektroden durch Anlegen einer äußeren Spannung unterschiedliche Potentiale annehmen.

1) Kenngrößen. Theoretische Literaturdaten beziehen sich auf die aktiven Massen – ohne Separatoren, Elektrodengerüste, Stromableiter, Lösungsmittel, Abstandshalter, Batteriegehäuse etc. – unter Annahme 100%iger Masseausnutzung. Real sinken Masseausnutzung, Kapazität und Energieinhalt mit steigender Stromdichte und hängen, wegen zeitabhängiger Überspannungen, von den Entladebedingungen ab (z. B. 1-, 2- oder 5-stündige Entadung bei konstanter Stromstärke). Zahlenwerte ohne Entladebedingungen sind unseriös!

Theor. *spezifische Kapazität* (Faraday-Gesetz)

$$C_{th} = \frac{zF}{M} \quad \text{Ah/kg}$$

Theoretische *Energiedichte*; spezif. Energie.

$$W_{th} = C_{th} \cdot E_0 \quad \text{Wh/kg}$$

Obergrenze grob 200 Wh/kg (wässrige Systeme) bzw. 300 Wh/kg (Festelektrolyte).

E_0 Ruheklemmenspannung
F Faraday-Konstante
M Molekülmasse aller aktiven Spezies,
z Elektrodenreaktionswertigkeit

Elektrische Leistung (an einem Punkt der Strom-Spannung-Kurve) bei konstantem Entladestrom und gegebener Klemmenspannung.

$$P = I_E \cdot U_{kl} \quad \text{W = J s}$$

Die maximale Leistung ist: $P_{max} = \frac{1}{2}I_E U_{kl}$
Leistungsdichte, besser: spezifische Leistung.

$$P_m = \frac{\text{Entladeleistung}}{\text{Batteriemasse}}$$

Entladekapazität und Ladekapazität (in Ah)

$$Q_E = \int_0^{t_E} I_E(t)\,dt \qquad Q_L = \int_0^{t_L} I_L(t)\,dt$$

Stromausbeute, Ladungsnutzungsgrad, Ladungsverhältnis, Amperestunden-Wirkungsgrad.

$$\alpha = \frac{Q_E}{Q_L} < 1 \qquad \text{(Dim.1)}$$

Energieausbeute, Energienutzungsgrad, Energieverhältnis, Wattstunden-Wirkungsgrad.

$$\eta = \frac{W_E}{W_L} = \frac{\displaystyle\int_0^{t_E} U_E(t)\,I_E(t)\,dt}{\displaystyle\int_0^{t_L} U_L(t)\,I_L(t)\,dt} < \alpha \qquad \text{(Dim.1)}$$

Ladefaktor

$$a = \frac{\text{Ladekapazität } Q_L}{\text{entnommene Kapazität } Q_E} \qquad \text{(Dim.1)}$$

Ladestrom, je nach Ladedauer (z. B. 5 h).

$$I_L = Q_L/t_L$$

Amperestunde	1 Ah = 3600 A s = 3600 C
Wattstunde	1 Wh = 2300 W s = 3600 J

Leistungsdichte-Energiedichte-Kurve bei Raumtemperatur. In der Kälte Leistungsabfall wegen Verlangsamung von Durchtritts- und Diffusionsvorgängen.

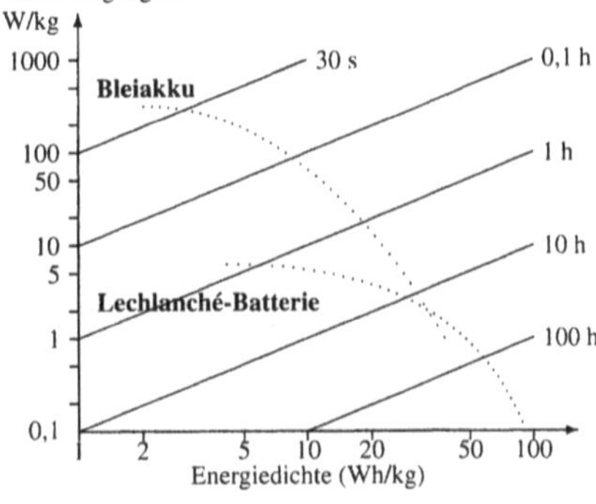

Ladekennlinie eines Bleiakkus: In der Praxis mit Konstantstrom bis 2,4 V, sodann mit Konstantspannung 2,4 V bei sinkender Stromstärke.

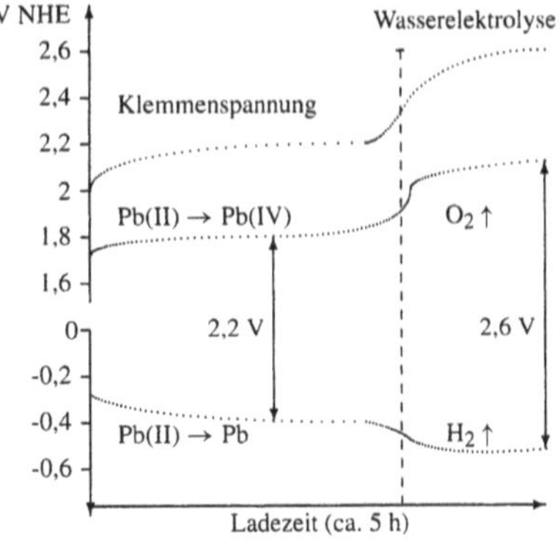

2) Bleiakkumulator

Hintereinanderschaltung von Bleiplatten-Anoden (Minuspol) und bleidioxid-beschichteten Bleinetz-Kathoden (Pluspol) in 28%iger Schwefelsäure (Dichte 1,28

Elektrochemie

g/cm^3; Bildung von $PbSO_4$).

Bei *Masseelektroden* wird wässrig-schwefelsaure Pb-PbO-Paste in ein Hartbleigitter (Pb-Sb-Legierung) eingestrichen und getrocknet. Zwischen den Elektroden befinden sich poröse Kunststoff-Separatoren als Abstandshalter und Berührungsschutz. Mehrere positive und negative Platten werden abwechselnd über Polbrücken parallel zur kompakten Einzelzelle gestapelt; sechs abgeschlossene Einzelzellen (für eine 12 V-Batterie) mit Zellenverbindern in Serie geschaltet in einem Polypropylen-Gehäuse.

Beim *Formieren* in Schwefelsäure erzeugt der Ladestrom anodisch poröses PbO_2, kathodisch elementaren Bleischwamm (Vorteil: hohe Oberfläche und Wasserstoffüberspannung).

Entladevorgang (vereinfacht):

$$A\ominus \quad \boxed{Pb} + SO_4^{2\ominus} \rightleftharpoons PbSO_4 + 2\,e^\ominus$$

$$K\oplus \quad \boxed{PbO_2} + SO_4^{2\ominus} + 4\,H^\oplus \rightleftharpoons PbSO_4 + 2\,H_2O$$

$$\overline{PbO_2 + Pb + 2\,H_2SO_4 \rightleftharpoons 2\,PbSO_4 + 2\,H_2O}$$

Theoretische Zellspannung

$$E = \underbrace{1{,}685\text{ V NHE}}_{\text{Kathode}} - \underbrace{(-0{,}356)\text{ V NHE}}_{\text{Anode}} = 2{,}06\text{ V}$$

Die Zellspannung ist pH-abhängig:

$$E = 2{,}04 + 0{,}059\lg a_{H^\oplus}^2 \; a_{SO_4^{2\ominus}}$$

Klemmenspannung und Ladezustand des Akkus korrelieren mit der Dichte der Schwefelsäure.

$$U \approx \left\{ \frac{\varrho_{H_2SO_4}}{g/cm^3} + 0{,}84 \right\} \text{ V}$$

Theoretische spezifische Kapazität

$$\text{Kathode:}\ \frac{zF}{M(Pb)} = \frac{2\cdot 26{,}8\text{ Ah/mol}}{207\text{ g/mol}} = 259\text{ Ah/kg Blei}$$

$$\frac{zF}{M(Pb) + M(H_2SO_4)} = 176\text{ Ah/kg}$$

$$\text{Anode:}\ \frac{zF}{M(PbO_2)} = \frac{2\cdot 26{,}8\text{ Ah/mol}}{239\text{ g/mol}} = 224\text{ Ah/kg}$$

$$\frac{zF}{M(PbO_2) + M(H_2SO_4)} = 159\text{ Ah/kg}$$

$$\text{Gesamt:}\ \frac{zF}{M(Pb, PbO_2, 2H_2SO_4)} = 83{,}5\text{ Ah/kg Zelle}$$

Theor. spezifische Energie („Energiedichte")

$$W_{th} = C_{th} \cdot E_0 = 83{,}5\text{ Ah/kg} \cdot 2\text{ V} = 167\text{ Wh/kg}$$

Theoretische Energiedichte:	167 Wh/kg
Incl. Massenausnutzung 50%:	109 Wh/kg
Incl. Säureverdünnung (36% H_2SO_4):	85 Wh/kg
Incl. Überschusssäure für Restleitfähigkeit:	64 Wh/kg
Incl. Bauteile (Elektrodengitter, Ableiter, Separatoren, Batteriegehäuse etc.)	45 Wh/kg
Für 5-stündige Entladung erreicht:	40 Wh/kg
Für 2-stündige Entladung erreicht:	35 Wh/kg

Nennwerte: Typisch: 12 V, 45 Ah, 500 Wh, 14 kg, maximal 3600 W oder 250 W/kg; 35 Wh/kg (nach 2-stündiger Entladung), <10 Wh/kg (Hochstromentladung).

Allgemein: bis 63 Ah, 100 Wh/ℓ, 40 Wh/kg (5 h), 35 Wh/kg (1 h), 250 W/kg = 300 mA/cm^2; Lebensdauer: 300 bis 2000 Lade-Entlade-Zyklen, insbes. bei gutem Ladezustand und Niedrigstrom-Entladung. Stromausbeute um 90%, Energieausbeute 80%, Selbstentladung wg. Gasabscheidung <0,5%/Tag.

Massenausnutzung ca. 50%, d. h. die Hälfte Blei wird in Bleisulfat umgewandelt; senkrechte Anströmung der Elektrode vorteilhaft.

Anwendung: Kfz-Starter, Antriebe, Notstrom. Preiswerte Batterie.

$$\frac{60\text{ EUR}}{500\text{ Wh} \cdot 600\text{ Zyklen}} = 0{,}20\text{ EUR/kWh}$$

3) Wartungsfreier Bleiakku. Stand der Technik.

a) Blei-Calcium-Legierungen als Elektrodengitter mit hoher Wasserstoffüberspannung, so dass es beim Laden nicht zur Elektrolyse kommt.

b) Katalysator (Palladium- oder Platinschwamm), oberhalb der Entlüftung, an dem Wasserstoff und Sauerstoff zu Wasser rekombinieren.

c) Sauerstoffkreislauf, analog zum Ni-Cd-Akku.

PbO_2-Elektrode:$\quad 2\,H_2O \longrightarrow O_2 + 4\,H^\oplus + 4\,e^\ominus$

Pb-Elektrode:$\quad\quad O_2 + 4\,H^\oplus + 4\,e^\ominus \longrightarrow 2\,H_2O$

d) Festlegung der Schwefelsäure mit Siliciumdioxid-Gel; Haarrisse stellen Gasverbindungen zw. den Elektroden her, 1) unterstützen Sauerstoffkreislauf und 2) verhindern Säureschichtung.

Die **Lebensdauer** des Bleiakkus begrenzen:

a) *Abschlammen:* Durch Bleisulfatbildung beim Entladen Zunahme von Volumen und Innenwiderstand; Elektrodenreaktion wandert ins Masseninnere, Diffusionsüberspannung steigt, aktive Masse bröckelt ab. Abhilfe: *Röhrchen- od. Panzerplatten* (positive Elektrode) aus parallel angeordneten, säuredurchlässigen Kunststoffröhrchen mit aktiver Masse um einen Hartbleistab herum.

b) *Gitterkorrosion:* Das Bleigitter korrodiert beim Stehen in niedrigem Ladezustand.

Luftkühlung oder Elektrolytumwälzung (mit Gasheberpumpe) bei Traktionsbatterien.

c) *Sulfatieren:* Bleisulfatkristallite bilden schwerlösliche Kristalle; die aktive Masse sinkt. 0,5% $BaSO_4$ in der Elektrodenpaste als Kristallisationskeime.

d) *Verbleien:* Partikelvergrößerung im Bleischwamm. Expander („Spreizmittel", ca. 1% Ligninsulfonsäuren) in der Anodenpaste verhindern dies; jedoch Zersetzung bei hohen Temperaturen.

e) *Säureschichtung:* Mangels Rührung sammelt sich konz. Schwefelsäure im Zellenboden; Korrosion u. Sulfatierung nehmen zu. Abhilfe: Umwälzpumpe.

4) Stahlakku = Nickel-Cadmium- und Nickel-Eisen-Akku.

5) Nickel-Cadmium-Akku (JUNGNER-Akku)

Aufbau: Ni-Kathode (Pluspol) und Cd-Anode (Minuspol) in 21%iger KOH (Dichte 1,17 g/cm^3), wobei kathodisch Nickel(III)oxid-hydroxid und höhere Hydroxide vorliegen. Zellspannung: 1,2 bis 1,4 V; theoretisch: 1,35 V, 244 Wh/kg; wiederaufladbar.

• *Cd-Anode:* feinkristallines CdO-Pulver.

Theoretisch: −0,809 V NHE, 477 Ah/kg.

• *Ni-Kathode:* Nickelhydroxidmasse mit Leitfähigkeitszusätzen (Grafit, Nickelfilz) zwischen perforierten Stahlblechen (Taschen-, Röhrenplatten: *Masseelektroden*) oder auf porösem Sinternickel (*Sinterelektroden*). Theor. +0,450 V NHE, 294 Ah/kg.

Herstellung: Tränken der Träger mit Nickel- bzw. Cadmiumnitratlösung, Fällen der Hydroxide mit Alkalilauge oder beim Formieren (pH-Verschiebung bei kathodischer Wasserstoffentwicklung).

• Entladevorgang (Laden umgekehrt)

Tabelle 11.1 *Oben:* Strom-Spannung-Kennlinie. Jeder Messpunkt mit voll geladener Batterie bei konstantem Entladestrom bis 0,93 V (Lechlanché) bzw. 2 V (Bleibatterie). – *Unten:* Konstantstrom-Entladekurve (Einzelzelle). Kein Rechteck, weil die Elektrodenoberfläche zeitlich abnimmt und die Elektrodenreaktion ins Masseninnere wandert.

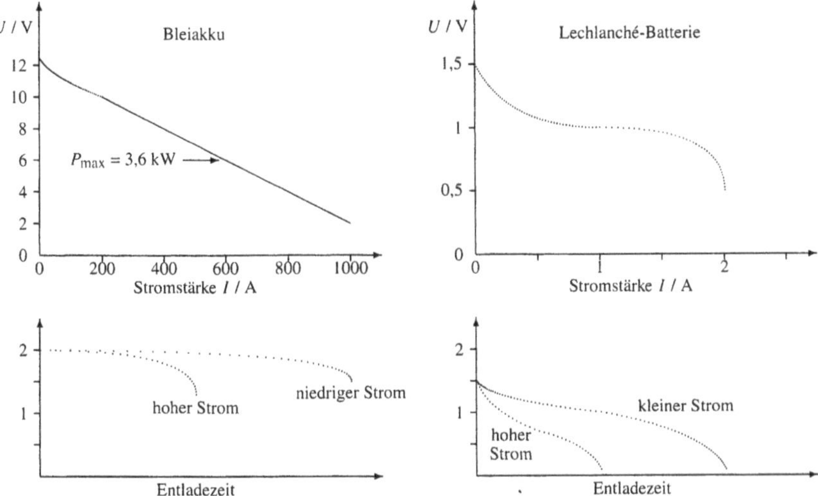

$$A\ominus \quad \boxed{Cd} + 2\,OH^{\ominus} \rightleftharpoons Cd(OH)_2 + 2\,e^{\ominus}$$

$$K\oplus \quad \boxed{NiO(OH)} + H_2O + e^{\ominus} \rightleftharpoons Ni(OH)_2 + OH^{\ominus} \;|\cdot 2$$

$$\overline{Cd + 2\,NiO(OH) + 2\,H_2O \rightleftharpoons Cd(OH)_2 + 2\,Ni(OH)_2}$$

Die wahren Elektrodenvorgänge sind kompliziert und verlaufen über die Lösungsphase (Cadmiumhydroxid, höhere Nickelhydroxide).

$$8\,Ni(OH)_2 + 2\,K^{\oplus} + 12\,OH^{\ominus}$$
$$\rightleftharpoons 2\,[Ni_4O_4(OH)_4](OH)_2K + 8\,H_2O + 10\,e^{\ominus}$$

Nennwerte: 1,2 V (bei 5 h-Nominalstrom), bis 15 Ah, 35 [bis 49] Wh/kg (5 h), 32 Wh/kg (1 h), 134 Wh/ℓ (5 h); bis 700 W/kg, bis 8000 Zyklen, 65% Energiewirkungsgrad, Selbstentladung 15–20%/Monat. Höhere mechan. Stabilität u. Zuverlässigkeit als Bleiakku; Betriebstemp. –40 bis +60 °C.
Die Dichte des Elektrolyten (Hydroxidkonzentration) ist <u>kein</u> Maß für den Ladezustand. Bei Lagerung unvollständig geladener Akkus sinkt die verfügbare Kapazität drastisch (*Memory-Effekt*).
Durch Wasserelektrolyse beim fortgesetzten Laden verbrauchtes Wasser muss ersetzt werden. Wegen Gasventilen nicht kippsicher und wartungsfrei.
Anwendung: Konsumelektronik, Cameras, Hörgeräte, Datensicherung, Luft- und Raumfahrt.

6) Gasdichter Nickel-Cadmium-Akku.
Aufbau: Cd-Sinteranode, KOH-getränkter Separator (Kunststoffvlies), Ni-Sinterkathode. Ladespannung 1,4 – 1,5 V; Ladeschlussspannung ca. 1,7 V.
Die Cd-Elektrode hat größere Kapazität als die Ni-Elektrode, so dass (1) beim Überladen Sauerstoffentwicklung an Nickel vor der Wasserstoffentwicklung an Cadmium einsetzt, (2) Gelöstsauerstoff an der Cadmiumelektrode reduziert wird,

$$O_2 + 2\,H_2O + 4\,e^{\ominus} \rightleftharpoons 4\,OH^{\ominus}$$

(3) Wasserstoffabscheidung an Cadmium setzt erst ab 90% Ladezustand ein, der in geschlossenen Zellen nicht erreicht wird („negative Ladereserve").
Nenndaten: max. 50 Ah wegen Abwärme beim Überladen; Explosionsgefahr durch Gasdruck beim Umpolen; jedoch umpolsichere Zellen im Handel.

Idealisierte Ladekurve eines wartungsfreien Nickel-Cadmium-Akkus.

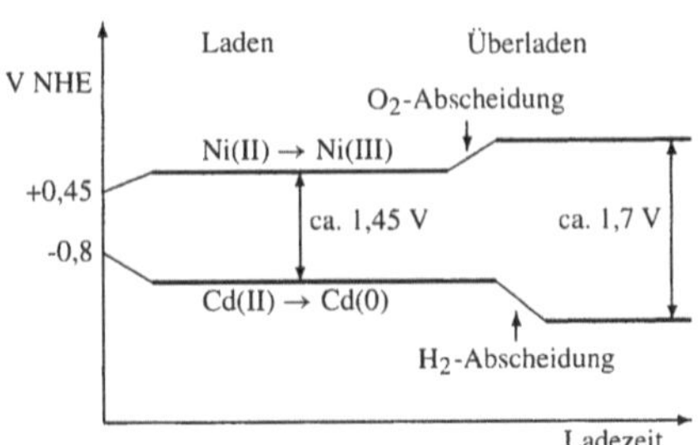

7) Nickel-Eisen-Akku (EDISON-Akku, Stahlakku)
Wiederaufladbares Ni(OH)₂|KOH|Fe-Element analog zum Nickel-Cadmium-Akku.
Zellspannung 1,36 V; theor. 265 Wh/kg.
Entladevorgang:

$$A\ominus \qquad Fe + 2\,OH^{\ominus} \rightleftharpoons Fe(OH)_2 + 2\,e^{\ominus}$$

$$K\oplus \quad NiOOH + H_2O + e^{\ominus} \rightleftharpoons Ni(OH)_2 + OH^{\ominus} \;|\cdot 2$$

$$\overline{Fe + 2\,NiOOH + 2\,H_2O \rightleftharpoons Fe(OH)_2 + 2\,Ni(OH)_2}$$

Nenndaten: bis 100 Ah, bis 70 Wh/ℓ, 30 Wh/kg (5 h), 23 Wh/kg (1 h); 100 W/kg, >2000 Zyklen, 50% Energienutzungsgrad; billiger als Ni-Cd.
Wegen geringer Wasserstoffüberspannung der Eisenelektrode: schlechter Energiewirkungsgrad (50%), hohe Selbstentladung, gast vom Beginn der Ladung an.
Anwendung: Bahn- und Schiffsverkehr, Flurförderfahrzeuge; wenig eingesetzt.

8) Silber-Zink-Akku (Leichtakku).
Zink-Masseanode in alkalischer Lösung. Normalpotential –1,25 V; wegen Wasserstoffabscheidung jedoch merkliche Selbstentladung.
Entladevorgang (1,85 V):

Elektrochemie

11

$$A\ominus \qquad Zn + 2\,OH^{\ominus} \rightleftharpoons Zn(OH)_2 + 2e^{\ominus}$$
$$K\oplus \; AgO + H_2O + 2\,e^{\ominus} \rightleftharpoons Ag + 2OH^{\ominus}$$
$$\overline{Zn + AgO + H_2O \rightleftharpoons Ag + Zn(OH)_2}$$

Es bilden sich Zinkationen $[Zn(OH)_3]^{\ominus}$, $[ZnO(OH)]^{\ominus}$, $[Zn(OH)_4]^{2\ominus}$ und ZnO. „AgO" ist in Wirklichkeit ein Silber(I,III)-oxid.

Nenndaten: theoretisch 478 Wh/kg; praktisch 120 Wh/kg (5 h), 100 Wh/kg (1 h), 800 W/kg. ca. 100 Zyklen; teuer.

Anwendung: Raumfahrt (russische bemannte Satelliten; amerikanisches Mondauto); Wehrtechnik (Torpedobatterie).

9) Nickel-Zink-Akkumulator

Nicht kommerziell! Ersatz von Silber im Leichtakku durch Nickel; Zink als negative Masse.

$$2\,NiOOH + Zn + 2\,H_2O \rightleftharpoons 2\,Ni(OH)_2 + Zn(OH)_2$$

Ruheklemmenspannung 1,73 V; theor. 323 Wh/kg, realisiert 80 Wh/kg (5 h), 60 Wh/kg (1 h); 200 W/kg; max. 200 Zyklen, 55% Energienutzungsgrad.

10) Nickel-Metallhydrid-Akku (NiMH)

Moderner Leistungsakkumulator mit Wasserstoffspeicherelektrode (statt der Cd-Elektrode beim NiCd-Akku). Nickel-Stahl-Becher mit gerollten Elektroden in 30% KOH.

- Anode (Minuspol): Nickel-Hydrid-Speicherelektrode ($LaNi_5$, $NiTi_2$, Legierungen aus Ni, Co, Ce, La, Nd, Pr, Sm).
- Kathode (Pluspol): Nickelschaum. Separator: Kunststoffvlies.

Beim Laden entsteht atomarer Wasserstoff, der ins Kristallgitter der Speicherelektrode dringt.

Entladevorgang (1,3 V):

$$A\ominus \qquad MH + OH^{\ominus} \rightleftharpoons H_2O + M + e^{\ominus}$$
$$K\oplus \; NiOOH + H_2O + e^{\ominus} \rightleftharpoons Ni(OH)_2 + OH^{\ominus}$$
$$\overline{NiOOH + MH \rightleftharpoons Ni(OH)_2 + M}$$

Nenndaten: 1,2 V (bei 5 h-Nominalstrom); 76 Wh/kg (5 h), 275 Wh/ℓ (5 h); 210 W/kg (20 min); >700 Zyklen; Betriebstemperatur –20 bis +60 °C.
Selbstentladung ca. 20%/Monat.

a) der geladenen Nickelelektrode

$$6\,NiOOH \longrightarrow 2\,Ni_3O_4 + 3\,H_2O + {}^1\!/_2O_2$$

b) durch das Nitrit/Ammoniak-Redoxsystem

$$6\,NiOOH + NH_3 + H_2O + OH^{\ominus} \longrightarrow 6\,Ni(OH)_2 + NO_2^{\ominus}$$
$$NO_2^{\ominus} + 6\,MH \longrightarrow NH_3 + H_2O + OH^{\ominus} + 6\,M$$

c) durch desorbierten Wasserstoff

$$2\,NiOOH + H_2 \longrightarrow 2\,Ni(OH)_2$$

geringerer Memory-Effekt als Ni/Cd-Akku.

11) Nickel-Wasserstoff-Akku

Wasserstoff-Druckbehälter (30–40 bar).
Anode: Wasserstoffelektrode (Pt/Ni, PFTE/Pt).
Kathode: NiO-Elektrode + 5% $Co(OH)_2$; durch Vorladen entsteht β-$Ni(OH)_2$. Elektrolyt: 30% KOH.
Hohe Selbstentladerate, Zellspannung 1,32 V.
Normalbetrieb

$$A\ominus\; NiOOH + H_2O + e^{\ominus} \rightleftharpoons Ni(OH)_2 + OH^{\ominus}$$
$$K\oplus \qquad {}^1\!/_2\,H_2 + OH^{\ominus} \rightleftharpoons H_2O + e^{\ominus}$$
$$\overline{{}^1\!/_2\,H_2 + NiOOH \rightleftharpoons Ni(OH)_2}$$

Überladung

$$A\ominus \qquad 2OH^{\ominus} \rightleftharpoons 2e^{\ominus} + {}^1\!/_2\,O_2 + H_2O$$
$$K\oplus \; 2H_2O + 2e^{\ominus} \rightleftharpoons 2OH^{\ominus} + H_2$$
$$\overline{2H_2O \rightleftharpoons 2H_2O}$$

12) Lithium-Akkumulator

Wiederaufladbare Batterie mit reversibler Lithiumauflösung und -abscheidung.

a) *Lithiummetall-Batterie:* Minuspol = Lithiummetall.
b) *Lithiumionen-Batterie:* Minuspol = Interkalationselektrode (z. B. Grafit, Ruß) mit eingelagertem Lithium.
c) Pluspol ist eine Interkalationselektrode aus Perowskit ($LiCoO_2$, $LiNiO_2$, $LiMn_2O_4$ u.a.); das Übergangsmetall wird beim Laden oxidiert und Lithium tritt aus dem Gitter.

$$Li_x\overset{+3}{Co}O_2 \longrightarrow Li_{x-1}\overset{+4}{Co}O_2 + Li^{\oplus} + e^{\ominus}$$

d) Aprotisches *Lösungsmittel:* Propylen-, Ethylen-, Diethyl-, Dimethyl-, Ethylmethylcarbonat; mit Leitsalz ($LiPF_6$, $LiBF_4$).

Nenndaten: Zellspannung 4,2 V (Leerlauf), 3,6 V (5 h-Nominalstrom); Kapazität 1,2 Ah (5 h); Arbeitstemperatur –20 bis 60 °C; Energiedichte 120 Wh/kg, 285 Wh/L; Leistungsdichte 230 W/kg (0,5 h); Selbstentladung 5–10%/Monat, >700 Zyklen.

Anwendung: Mobiltelefone.

13) Zink-Brom-Akkumulator

Nicht kommerziell! Bipolare Zinkelektroden in einer gekühlten Zinkbromidlösung. die fortwährend durch den Zellstapel gepumpt wird. Die bipolare Elektrode besteht aus poröser Kohlenstofffolie; einseitig ist die negative Zinkmasse, elektrolytseitig ein Separator aufgebracht. Geringe Lebensdauer der Zinkelektrode wegen unförmiger Abscheidung und Dendritenbildung. Katholyt und Anolyt sind durch eine Membran getrennt. Theoretische Energiedichte 440 Wh/kg.

$$K\oplus\; Zn^{2\oplus} + 2\,e^{\ominus} \rightleftharpoons Zn$$
$$A\ominus \qquad 2\,Br^{\ominus} \rightleftharpoons Br_2 + 2\,e^{\ominus}$$
$$\overline{ZnBr_2 \rightleftharpoons Zn + Br_2 \qquad 1,8\;V}$$

Beim Laden abgeschied. Brom wird durch *N*-Methylod. *N*-Ethylmorpholin gebunden und außerhalb der Zelle gespeichert. Abtrennung vom Elektrolyten durch die Schwerkraft. Zum Entladen wird der „Polybromid"-Komplex wieder mit dem Elektrolyten vermischt.

14) Zink-Chlor-Akkumulator

Nicht kommerziell! Bipolare Zinkelektroden in Zinkchloridlösung. Chlorgas wird in <9,6 °C kaltem Wasser als Chlorhydrat Cl_2·5,75 H_2O abgeschieden und d. Erwärmen wieder freigesetzt. Handhabung schwierig!

15) Metall-Luft-Akkumulator.

Aufbau analog zur Zink-Luft-Batterie mit bifunktioneller Sauerstoffelektrode.

- pastöse Metallanode (z. B. ZnO + PTFE + PbO + Cellulose)
- Alkalischer Elektrolyt

- Platin-Aktivkohle-Kathode (Sauerstoffreduktion); elektrolytseitig mit Nickel überzogen (so dass Sauerstoffabscheidung beim Laden nicht an den reduktionsaktiven Kohle-Zentren).

Entladevorgänge

$$A\ominus \qquad Zn + 2\,OH^{\ominus} \rightleftharpoons Zn(OH)_2 + 2\,e^{\ominus}$$
$$\underline{K\oplus \;^1\!/_2 O_2 + H_2O + 2\,e^{\ominus} \rightleftharpoons 2\,OH^{\ominus}}$$
$$Zn + {}^1\!/_2 O_2 + H_2O \rightleftharpoons Zn(OH)_2$$

16) Natrium-Nickelchlorid-Akkumulator

Zebra-Batterie (von: Zero Emission Battery Research Acitivities). Moderne Hochenergiebatterie für Elektrofahrzeuge.

- *Positive Masse:* Nickelpulver-Natriumchlorid-Gemisch im Festelektrolytbecher, der mit flüssigem $NaAlCl_4$ (300 °C) überzogen ist. Beim Laden reagiert Chlorid mit Nickel zu $NiCl_2$.
- Festelektrolyt: β-Al_2O_3, becherförmig ausgeformt, leitet Natriumionen.
- *Negative Masse:* zwischen Festelektrolyt und Stahlaußenwand. Metallisches Natrium bildet sich beim Laden aus Kochsalz und wandert durch den Festelektrolyt.

Betriebstemperatur: 300 °C; Energiedichte: 78 Wh/kg (incl. Gehäuse); Leistungsdichte 150 W/kg; über 500 Zyklen.

Normale Zellreaktion

$$A\ominus \qquad 2\,Na \rightleftharpoons 2\,Na^{\oplus} + 2\,e^{\ominus}$$
$$\underline{K\oplus \; NiCl_2 + 2\,e^{\ominus} \rightleftharpoons Ni + 2\,Cl^{\ominus}}$$
$$2\,Na + NiCl_2 \rightleftharpoons 2\,NaCl + Ni \qquad 2{,}58\;V$$

Überladen (3,05 V)

$$2\,Na + 2\,AlCl_3 + NiCl_2 \rightleftharpoons Ni + 2\,NaAlCl_4$$

Tiefentladung (1,58 V)

$$3\,Na + NaAlCl_4 \rightleftharpoons Al + 4\,NaCl$$

17) Natrium-Schwefel-Akkumulator

Nicht kommerzielle Hochtemperaturbatterie!

- Negative Masse: schmelzflüssiges Natrium bei ca. 350 °C im Elektrolytbecher und Stahlreservoir.
- Festelektrolyt: β-Alumina $= Na_2O \cdot 11\,Al_2O_3$, becherförmig ausgeformt, leitet Natriumionen (350 °C).
- Positive Masse: flüssiger Schwefel in Grafit-Filz (zur Stromableitung).

Beim Entladen wandern Natriumionen durch die Membran und reagieren mit Schwefel zu Polysulfiden Na_2S_x ($x = 2$ bis 5).

$$A\ominus \qquad 2\,Na \rightleftharpoons 2\,Na^{\oplus} + 2\,e^{\ominus}$$
$$\underline{K\oplus \; 3\,S + 2\,Na^{\oplus} + 2\,e^{\ominus} \rightleftharpoons Na_2S_3}$$
$$2\,Na + 3\,S \rightleftharpoons Na_2S_3 \qquad 2{,}1\;V$$

Theoretisch 790 Wh/kg, praktisch 120 Wh/kg (5 h), 100 Wh/kg (1 h), bis 100 W/kg; ca. 1000 Zyklen, 55% Energienutzungsgrad. Sicherheitstechnik, thermische Isolierung, Lagerung und Standzeiten problematisch!

18) Lösungsakkumulator.

Nicht kommerziell! Sekundärelement, dessen aktive Masse im geladenen Zustand fest und im entladenen Zustand gelöst vorliegt. Vorteilhafte Ausnutzung der aktiven Masse und gutes Tieftemperaturverhalten.

- Lösliche positive Masse: PbO_2, MnO_2, TiO_2, NiO_2, CoO_2.
- Lösliche negative Masse: Pb, Fe, Zn, Mn.
- Elektrolyt: $HClO_4$, HBF_4, H_2SiF_6, in denen die gebildeten Metallkationen lösliche Salze bilden.

Beispiel: $Pb/HBF_4/PbO_2$.

19) Redoxspeicher.

Nicht kommerziell! An bipolaren, inerten Elektroden (z. B. kunstoffgebundener Grafit) laufen Redoxvorgänge ab. Elektrolyt ist eine salzsaure Lösung von Metallchloriden; Katholyt und Anolyt, die durch eine chloriddurchlässige Membran getrennt sind, werden in separate Speicher gepumpt und den Elektroden beim Entladevorgang wieder zugeführt.

Beispiel: *Chrom-Eisen-Redoxspeicher.*

$$A\ominus \qquad Fe^{2\oplus} \rightleftharpoons Fe^{3\oplus} + e^{\ominus} \qquad +0{,}77\;V$$
$$\underline{K\oplus \quad Cr^{3\oplus} + e^{\ominus} \rightleftharpoons Cr^{2\oplus} \qquad\qquad -0{,}41\;V}$$
$$Fe^{2\oplus} + Cr^{3\oplus} \rightleftharpoons Fe^{3\oplus} + Cr^{2\oplus}$$

Beim Laden tritt neben der Cr(III)-Reduktion Wasserstoffentwicklung auf, dadurch entsteht weniger Cr(II) als Fe(III), das in einer Ausgleichszelle kathodisch „vernichtet" werden muss (wobei anodisch Chlor entsteht).

Aktivierungsenergie

In der *Elektrodenkinetik mit der *Arrhenius-Gleichung als Steigung der Strom-Temperatur-Kurve ermittelt.

$$E_A(\eta) = -R\,\frac{\partial \ln I}{\partial (1/T)} \qquad (J/mol)$$

η Überspannung, R Gaskonstante.

Aktivität

Die scheinbare oder reale Konzentration einer Elektrolytlösung. Oberhalb 10^{-4} mol/ℓ weichen Lösungen vom idealen Verhalten ab; es sind Aktivitäten statt Konzentrationen in das Massenwirkungsgesetz einzusetzen.

$$\boxed{a = \gamma\,c} \qquad \frac{mol}{\ell} = \frac{kmol}{m^3} = \frac{mmol}{m\ell}$$

Mit steigender Konzentration wachsen gegenseitige Behinderung und Abschirmung der Ionen; der *Aktivitätskoeffizient γ weicht von Eins ab. Nur in idealer, unendlich verdünnter Lösung sind Aktivität und Konzentration gleich.

$$a = c \quad \text{und} \quad \gamma = 1.$$

1) Aktivität idealer und realer Systeme.

	Ideal	Real
Chemisches Potential		$\mu_i = \mu_i^0 + RT \ln a_i$
Gas	$a_i \;\hat{=}\; x_i = \dfrac{p_i}{p^0}$	$a_i \;\hat{=}\; \dfrac{f_i}{f^0} = \dfrac{\phi p_i}{p^0}$
Lösungsmittel	$a_1 \;\hat{=}\; x_1 = \dfrac{p_1}{p_1^*}$	$a_1 \;\hat{=}\; \gamma_1 x_1 = \dfrac{f_1}{f_1^*}$
Gelöster Stoff	$a_2 = c_2 \;\hat{=}\; x_2$	$f_2 = H x_2$

a Aktivität (mol/ℓ; hier: Dim. 1), f Fugazität (Pa), H Henry-Konstante, p Dampfdruck (Pa), p_1^* Dampfdruck des reinen Lösungsmittels (Pa), x Molenbruch, γ Aktivitätskoeffizient, μ chemisches Potential (J/mol), ϕ Fugazitätskoeffizient

2) Mittlere Aktivität.

Gemessenes geometrisches Mittel der individuellen Aktivitäten der Kationen $a_{\oplus}$ und Anionen $a_{\ominus}$ in der Lösung (die meist nicht bekannt sind).

11

Elektrochemie

a-molarer m-n-Elektrolyt $A_m B_n$	$a_\pm = \sqrt[m+n]{a_\oplus^m \cdot a_\ominus^n} =$ $= \sqrt[m+n]{(ma)^m \cdot (na)^n}$
1-1-Elektrolyt AB (z. B. HCl)	$a_\pm = \sqrt{a_\oplus \cdot a_\ominus} = \sqrt{a}$
1-2-Elektrolyt AB$_2$ (z. B. BaCl$_2$)	$a_\pm = \sqrt[3]{a_\oplus \cdot a_\ominus^2} = \sqrt[3]{a(2a)^2}$

3) Messung der Aktivität. Der tatsächliche Dampfdruck im Gasraum über einer realen Lösung korreliert mit der Aktivität (RAOULT'sches Gesetz).

$$p_1/p_1^* = \gamma_1 x_1 \,\hat{=}\, a_1$$

Die „Aktivität" a_1 bezeichnet hier eine Art effektiven Molenbruch (Dimension 1 statt mol/ℓ).

Aktivitätskoeffizient

Enthält *per definitionem* alle Abweichungen einer realen Lösung vom Idealzustand.

1) Standardzustand des Lösungsmittels (Index 1); so gewählt, dass der Aktivitätskoeffizient Eins ist der Molenbruch Eins ist, also reines Lösungsmittel vorliegt: $\gamma_1(x_1 \to 1) \to 1$.

$$x_1 = \frac{p_1}{p_1^*} \quad \text{und} \quad \gamma_1 = \frac{a_1}{x_1}$$

Chemisches Potential des reinen Lösungsmittels in *realer* Lösung.

$$\mu_{1,(fl)} = \mu_{1,(fl)}^* + RT \ln a_1 =$$
$$= \mu_{1,(fl)}^* + RT \ln x_1 + RT \ln \gamma_1$$

$$\text{mit} \quad a_1 = \frac{\varphi p_1}{p^*} = \gamma_1 x_1$$

„Aktivität" $a = \gamma c/c^0$ hier effektiver Molenbruch (Dimension 1 statt mol/ℓ); μ^* chemisches Potential des reinen Lösungsmittels, μ_2 des gelösten Stoffes, p_i Partialdruck der Komponente i in der Lösung, x Molenbruch.

2) Standardzustand des gelösten Stoffes (Index 2). Standardzustand ist die unendlich verdünnte Lösung: $x_2 \to 0$ und $a_2 \to x_2$ und $\gamma_2 \to 1$ (Reinstoff). Die HENRY-Konstante H wird als Steigung einer Dampfdruckkurve $p_2(x_2)$ ermittelt.

$$x_2 = \frac{p_2}{H} \quad \text{und} \quad H = \frac{p_2}{x_2}$$

Chemisches Potential der gelösten Substanz in *realer* Lösung:

$$\mu_2 = \mu_2^* + RT \ln \frac{p_2}{H} = \mu^+ + RT \ln a_2$$

$$\text{mit} \quad a_2 = \frac{\varphi p_2}{H} = \gamma_2 x_2$$

3) Bezugszustand einer realen Lösung. Bei der Definition von *Aktivitätskoeffizienten ist der Bezugszustand eine hypothetische Lösung der Konzentration

$$c^0 = 1 \text{ mol}/\ell \text{ oder Molalität } b^0 = 1 \text{ mol/kg},$$

in der keine Wechselwirkungen der Komponenten auftreten. Für eine reale Lösung der Aktivität a mit der Dimension einer Konzentration (mol/ℓ).

$$\mu = \mu^0 + RT \ln a \quad \text{mit} \quad \boxed{a = \gamma \frac{c}{c^0}}$$

Damit wird das Argument des Logarithmus dimensionslos. In der Praxis wird ungeachtet $a = \gamma c$ (in mol/ℓ) gesetzt.

4) Individueller Aktivitätskoeffizient. Beitrag eines Ions zum nicht idealen Charakter einer realen Lösung. Aus der reversiblen Arbeit (Freie Enthalpie) zur Aufladung eines Zentralions in der umgebenden Ladungswolke von Gegenionen folgt die *Debye-Hückel-Gleichung:

$$\Delta G = \int_0^{q'} \varphi(r)\, dq \overset{!}{=} kT \ln \gamma_i = -\frac{bq^2}{8\pi\varepsilon}$$

$$\text{mit} \quad \varphi(r) = \frac{q}{4\pi\varepsilon r} - \frac{qb}{4\pi\varepsilon}$$

$$\lg \gamma_i = -\frac{be^2 z_i^2}{8\pi\varepsilon kT \cdot \ln 10} =$$
$$= -4{,}808 \cdot 10^{-11} z_i^2 \left(\frac{1}{\varepsilon T}\right)^{\frac{3}{2}} \sqrt{I}$$

$$\boxed{\lg \gamma_i = -A z_i^2 \sqrt{I}}$$

mit $A = 0{,}5091$ für wässrige Lösungen bei 25 °C. Individuelle Aktivitätskoeffizienten γ_i sind nicht messbar, sondern nur der mittlere Aktivitätskoeffizient $\gamma_\pm$.

b Kehrwert der Debye-Länge, I Ionenstärke, z Ionenwertigkeit, φ Abschirmpotential

5) Mittlerer Aktivitätskoeffizient
Für starke Elektrolyte $A_n B_m$ das geometrische Mittel der (unbekannten) individuellen Aktivitätskoeffizienten. Damit Berechnung der *Ionenstärke von Lösungen.

n-m-Elektrolyt	$\gamma_\pm = \sqrt[n+m]{\gamma_\oplus^n \cdot \gamma_\ominus^m}$
1-1-Elektrolyt	$\gamma_\pm = \sqrt{\gamma_\oplus \cdot \gamma_\ominus}$
1-2-Elektrolyt	$\gamma_\pm = \sqrt[3]{\gamma_\oplus \cdot \gamma_\ominus^2}$

6) Messung von Aktivitätskoeffizenten
Vgl. *EMK, *Potentiometrie, *Leitfähigkeit.
1. *EMK-Messung* mit *Konzentrationszellen:* $\ln a_2$ als Achsenabschnitt der y–c_2-Kurve mit $\gamma_2 = a_2/c_2$. a_2 konzentrierte, a_1 die verdünnte Lösung.

$$E = -\frac{RT}{zF} \ln \frac{a_1}{a_2} \quad \Rightarrow$$
$$y = \left(-\frac{zFE}{RT} - \ln c_2\right) = -\ln \gamma_2 - \ln a_2$$

2. *EMK-Messung mit verschieden konzentrierten 1-1-Elektrolyten:* E^0 folgt als Achsenabschnitt der y–$c_\pm$-Kurve.

$$E = E^0 - \frac{RT}{zF} \ln a \quad \text{mit} \quad a = \gamma_\pm^2 c_\pm^2$$
$$y \equiv \left(E + \frac{RT}{F} \ln c_\pm^2\right) = E - \frac{RT}{F} \ln \gamma_\pm^2$$
$$\ln \gamma_\pm = -\frac{1}{2}\left[\frac{zF}{RT}(E - E^0) + \ln c_\pm\right]$$

3. *Potentiometrische pH-Messung*, z. B. Bestimmung von $\gamma_\pm$(HCl) gegen NHE oder Ag/AgCl.
Zelle: Pt|H$_2$|HCl||Ag$^\oplus$|AgCl|Ag-Zelle ($E^0 = 0{,}2225$ V). Formeln wie 2.

4. *EMK-Messung mit schwerlöslichen Salzen*, vgl. *Löslichkeitsprodukt.

$$E = -\frac{RT}{zF} \ln K_L$$

5. *Leitfähigkeitsmessung* von schwachen 1-1-Elektrolyten (Ostwald'sches Verdünnungsgesetz). Mit $\alpha = \Lambda / \Lambda_\infty$ ist:

$$\lg \gamma_\pm = \tfrac{1}{2} \lg K_a - \tfrac{1}{2} \lg \frac{\alpha^2 c}{1 - \alpha}$$

6. Gefrierpunktserniedrigung von Lösungen.

Gemessene mittlere Aktivitätskoeffizienten $\gamma_\pm$ in wässriger Lösung bei 25°C.

Elektrolyt	Molalität (mol/kg)			
	0,01	0,1	0,5	1,0
	1-1-Elektrolyte			
AgNO$_3$		0,734	0,536	0,429
HCl	0,9043	0,7964	0,757	0,809
HNO$_3$		0,791	0,720	0,724
KNO$_3$	0,8982	0,738		
KOH		0,798	0,732	0,756
KCl	0,902	0,770	0,649	0,604
LiF	0,889			
NaCl		0,778	0,681	0,657
Na-acetat		0,791	0,735	0,757
NaOH		0,766	0,690	0,678
	1-2- und 2-1-Elektrolyte			
CaCl$_2$	0,732	0,524	0,510	0,725
H$_2$SO$_4$	0,544	0,266	0,155	0,131
Na$_2$SO$_4$	0,714	0,453		
	2-2-Elektrolyte			
CdSO$_4$	0,432	0,166		
CuSO$_4$	0,41	0,149		
	1-3- und 2-3-Elektrolyte			
LaCl$_3$	0,560	0,356	0,303	0,387
In$_2$(SO$_4$)$_3$	0,11	0,025	0,014	

7) Berechnung. *Gibbs-Duhem-Gleichung, *Debye-Hückel-Theorie, *Onsager-Theorie.
8) Konzentrationsabhängigkeit. Die U-förmige $\gamma_\pm(c)$-Kurve erreicht ein rundes Minimum bei 0,5–1 mol/ℓ und steigt bis $\gamma_\pm > 1$ wieder an (hohe Ionenaktivität, unvollständ. Solvatation, Lösungsmittelmangel).

Amalgamelektrode
Mit Quecksilber legierte Metallelektrode; stofftransportlimitierte *Elektrodenreaktion. Beispiel: Natriumamalgamelektrode.

$$\mathrm{NaHg} \rightleftharpoons \mathrm{Na}^\oplus + \mathrm{Hg} + \mathrm{e}^\ominus$$

Amalgamieren früher als Schutz vor Säurekorrosion (hohe Wasserstoffüberspannung).

Amperometrie
Elektroanalytik: Strommessung bei konstantem Elektrodenpotential, z. B. an einem bekannten Punkt der Strom-Spannungs-Kurve. Beispiele für *amperometrische Detektoren* sind:
1. CLARK-Sonde: Amperometr. Sauerstoffsensor mit PTFE-Membran, Goldkathode, KCl-Elektrolyt und Ag/AgCl-Anode; Betriebsspannung 0,8 V. Durch die Membran tretender Gelöstsauerstoff wird reduziert:

$$\mathrm{O}_2 + 2\mathrm{H}^\oplus + 4\mathrm{e}^\ominus \rightleftharpoons 2\mathrm{OH}^\ominus.$$

Der gemessene Strom korreliert mit dem Sauerstoffpartialdruck der Lösung.

2. Amperometrischer *Glucosesensor.* *Biosensor. Glucose diffundiert durch eine semipermeable Membran vor die Arbeitselektrode und wird von Glucoseoxidase zu Gluconolacton oxidiert. Zw. Analyt und Reaktionsraum liegt eine Spannung an.
Ferrocen im Reaktionsraum als *Mediator* transportiert Elektronen von der GOD zur Arbeitsanode.
Glucose + GOD$_\mathrm{ox}$ $\longrightarrow$ Gluconolacton + GOD$_\mathrm{red}$
GOD$_\mathrm{red}$ + Ferrocen$_\mathrm{ox}$ $\longrightarrow$ GOD$_\mathrm{ox}$ + Ferrocen$_\mathrm{red}$
entspricht: GOD$_\mathrm{red}$ + O$_2$ $\longrightarrow$ GOD$_\mathrm{ox}$ + H$_2$O$_2$
H$_2$O$_2$ wird mit einer Pt-Redoxelektrode od. verbrauchter Sauerstoff mit pO$_2$-Elektrode gemessen.
3. *HPLC-Detektor*: feste Amalgamelektroden (Hg-Au, Hg-Pt) in Durchflusssystem.

Äquivalent, elektrochemisches
Proportionalitätsfaktor k (in kg/C) des 1. Faradayschen Gesetzes.
1) Metallabscheidung. Die bei Gleichstromelektrolyse und 100%-iger Stromausbeute von der elektr. Ladung $Q = 1$ Coulomb abgeschiedene Stoffmasse.

$$m = k \cdot Q = \frac{M}{zF} \int I \, dt$$

2) Gasabscheidung. Für das durch Elektrolyse abgeschiedene Gasvolumen V gilt das ideale Gasgesetz.

$$V = \frac{T}{p} \cdot \frac{p^0}{T^0} \cdot \frac{V_\mathrm{mn}}{zF} \cdot Q$$

F Faraday-Konstante, I Strom (A), M molare Masse des abgeschiedenen Stoffes (kg/kmol), p^0 Normdruck (101 325 Pa), T^0 Normtemperatur (273,15 K), t Elektrolysierzeit (s), V_mn molares Normvolumen (22,4 m^3/kmol), z Ionenwertigkeit.

Elektrochemisches Äquivalent verschiedener Ionen.

	$\dfrac{k}{\mathrm{mg/C}}$		$\dfrac{k}{\mathrm{mg/C}}$		$\dfrac{k}{\mathrm{mg/C}}$
H$_2$	0,01045	Ag$^\oplus$	1,1179	Fe$^{2\oplus}$	0,2894
O$_2$	0,0829	Al$^{3\oplus}$	0,0932	Fe$^{3\oplus}$	0,1929
Knallgas	0,09337	Au$^{3\oplus}$	0,6812	Hg$_2^{2\oplus}$	2,0789
		Cu$^\oplus$	0,6588	Ni$^{2\oplus}$	0,3041
Cl$^\ominus$	0,3674	Cu$^{2\oplus}$	0,3294	Pb$^{2\oplus}$	1,0737
OH$^\ominus$	0,1763	Cr$^{3\oplus}$	0,1797	Pt$^\mathrm{IV}$	0,5057

Äquivalentleitfähigkeit
Veraltet! Spezifische Leitfähigkeit κ, bezogen auf die Äquivalentkonzentration $z \cdot c$ (früher: Normalität). Berücksichtigt mit der Ionenladung z, dass mehrfach geladene Teilchen ein Vielfaches der Elementarladung transportieren.

$$\Lambda_e = \frac{\kappa}{z\,c} = \frac{\Lambda}{z}$$

Umrechnung in SI-Einheiten:
$$1\ \Omega^{-1}\mathrm{val}^{-1}\mathrm{cm}^2 = 10/z\ \Omega^{-1}\mathrm{kmol}^{-1}\mathrm{m}^2$$

Austauschstromdichte
Elektrodenkinetik: Im elektrochemischen *Gleichgewicht ($\Delta \mu = 0$) fließt kein äusserer Strom; die Teilstromdichten von Anionen und Kationen durch die Phasengrenze sind gleich.

$$i_0 = i_\oplus = |i_\ominus| \approx 0 \qquad \mathrm{A/cm}^2$$

Für eine *Durchtrittsreaktion:
$$i_0 = zFk(c_\mathrm{ox}^\mathrm{b})^{1-\alpha}(c_\mathrm{red}^\mathrm{b})^\alpha \approx zFkc^\mathrm{b}$$

c_{ox}^b molare Konzentration der oxidierten Spezies an der Elektrodenoberfläche, α Transferkoeffizient.

Aymmetrieelement

Cole-Cole-Impedanz. Empirisches Netzwerkelement im *Ersatzschaltbild einer Elektrode zur Modellierung induktiv verschobener Ortskurven.

$$Z(\omega) = [1 + i\omega\tau]^{-n}$$

Batterie

*Galvanische Stromquelle, *Primärelement.* Wandelt chemische Energie irreversibel in elektrische Energie und Wärme um; nicht-wiederaufladbar.

1) Daniell-Element, $Cu|CuSO_4|ZnSO_4|Zn$-Element. Historisch! Minuspol: Kupferplatte in porösem Tonzylinder mit Kupfersulfat-Elektrolyt. Pluspol: umgebender Zinkzylinder mit Zinksulfatlösung.

$$A\ominus \qquad Zn \rightleftharpoons Zn^{2\oplus} + 2\,e^{\ominus} \quad -(-0{,}76)\ V$$
$$\underline{K\oplus\ Cu^{2\oplus} + 2\,e^{\ominus} \rightleftharpoons Cu \qquad\quad +0{,}35\ V}$$
$$Zn + Cu^{2\oplus} \rightleftharpoons Zn^{2\oplus} + Cu \quad +1{,}11\ V$$

Maximale Nutzenergie: $\qquad \Delta G = -zFE = -212\ kJ.$

2) Leclanché-Element, *Zink-Braunstein-Batterie.* Älteste käufliche Trockenbatterie für Konsumtechnik, Taschenlampen u.v.m.

Minuspol: Zinkbecher, ausgekleidet mit porösem Papier, gefüllt mit neutraler $NH_4Cl(25\%)/ZnCl_2$-Feuchtmasse (Quellmittel z. B. Methylcellulose).

Pluspol: Grafitstab, von Braunstein (+ Acetylenruß) im Gazebeutel umgeben. Auslaufsichere Zellen haben einen äußeren Stahlmantel.

Anode $(\ominus)$

$$Zn \rightleftharpoons Zn^{2\oplus} + 2\,e^{\ominus}$$
$$Zn^{2\oplus} + 2NH_4Cl + 2OH^{\ominus} \rightleftharpoons Zn(NH_3)_2Cl_2 + 2H_2O$$

Kathode $(\oplus)$

$$\underline{2MnO_2 + 2H_2O + 2e^{\ominus} \rightleftharpoons 2MnO(OH) + 2OH^{\ominus}}$$
$$2MnO_2 + Zn + 2NH_4^{\oplus} \rightleftharpoons 2MnO(OH)$$
$$+[Zn(NH_3)_2]Cl_2$$

Theoretische Zellspannung:
$$E = E_{red} - E_{ox} = 1{,}1\ V - (-0{,}76\ V) = 1{,}86\ V$$
theor. spezifische Kapazität: $\qquad$ 155 Ah/kg
theor. spezifische Energie: $\qquad$ 245 Wh/kg

Zinkchlorid im Elektrolyten bindet aus MnO_2 freigesetztes Kristallwasser.

$$4Zn^{2\oplus} + ZnCl_2 + 8OH^{\ominus} + H_2O \longrightarrow ZnCl_2 \cdot 4ZnO \cdot 5H_2O$$

Bei *Tiefenentladung* entstehen andere Produkte:

$$2MnO_2 + Zn + NH_4Cl + H_2O \rightleftharpoons 2MnOOH + NH_3 + Zn(OH)Cl$$

Selbstentladung tritt durch Zinkkorrosion und Wasserstoffabscheidung (−0,4 V NHE, pH 7) auf, wenngleich Zink eine gewisse Wasserstoffüberspannung aufweist. Bis 1990 waren die Zinkbecher innen amalgamiert (hohe Wasserstoffüberspannung des Quecksilbers)!

$$Zn \rightleftharpoons Zn^{2\oplus} + 2\,e^{\ominus}$$
$$2\,H_2O + 2\,e^{\ominus} \rightleftharpoons H_2 + 2\,OH^{\ominus}$$

Nenndaten: 1,5 bis 1,6 V; theoretisch 245 Wh/kg; praktisch 120 bis 190 Wh/ℓ, 25 bis 80 Wh/kg, 10 W/kg, bis 2 mA/cm². Lagerfähigkeit 3 Jahre; Betriebstemperatur −15 bis 40 °C.

3) Alkalisches Zink-Braunstein-Element (Alkali-Mangan-Zelle). Alkalisches Leclanché-Zelle, jedoch invers gebaut. Anwendungen bei höheren Strömen, z. B. Spielzeug, Sender, Rechner, Messgeräte, Großuhren.

- *Negative Elektrode:* Zinkflitter in verdickter Kalilauge, um den $\oplus$-Ableitstab gewickelt.
- kalilauge-getränkter Separator
- *Positive Elektrode:* MnO_2-Folienelektrode.
- Gehäuse: vernickelter Stahlbehälter.

Entladevorgang (2. Stufe schlecht reversibel).

$$A\ominus \qquad Zn + 2\,OH^{\ominus} \rightleftharpoons ZnO + H_2O + 2e^{\ominus}$$
$$K\oplus \quad MnO_2 + H_2O + e^{\ominus} \rightleftharpoons MnO(OH) + OH^{\ominus}$$
$$\underline{MnOOH + H_2O + e^{\ominus} \longrightarrow Mn(OH)_2 + OH^{\ominus}}$$
$$MnO_2 + Zn + 2\,H_2O \rightleftharpoons Mn(OH)_2 + ZnO$$

Nenndaten: 1,58 V; theoretisch 450 Wh/kg; 200 bis 300 Wh/ℓ, 80 bis 120 Wh/kg, 30 W/kg; bis 2 mA/cm²; lagerbeständig 2–4 Jahre; preiswert, verfügbare Rohstoffe.

4) Zink-Silberoxid-Element. Kommerzielle Batterie für Hörgeräte und Armbanduhren.

$$A\ominus \qquad Zn + 2\,OH^{\ominus} \rightleftharpoons ZnO + H_2O + 2e^{\ominus}$$
$$\underline{K\oplus\ Ag_2O + H_2O + 2e^{\ominus} \rightleftharpoons 2\,Ag + 2\,OH^{\ominus}}$$
$$Zn + Ag_2O \rightleftharpoons ZnO + 2\,Ag$$

Nenndaten: 1,55 V; 350 bis 650 Wh/ℓ, 70 bis 100 Wh/kg, bis 2 mA/cm².

5) Zink-Luft-Batterie

Aufbau ähnlich der Leclanché-Zelle: äußerer Zinkbecher, Ammoniumchlorid- oder Kalilauge-Elektrolyt, hydrophob-poröser Aktivkohlezylinder (stirnseitig tritt Außenluft ein).

Neuere Entwicklung: zentrale pastöse Zink-Masseanode, taschenformig von einer Gasdiffusions-Folienelektrode umschlossen. Separator mit Kalilauge.

- Alkalisches Zink-Luft-Element

$$A\ominus \qquad Zn + 2\,OH^{\ominus} \rightleftharpoons Zn(OH)_2 + 2e^{\ominus}$$
$$\underline{K\oplus\ {}^1\!/_2O_2 + H_2O + 2\,e^{\ominus} \rightleftharpoons 2\,OH^{\ominus}}$$
$$Zn + {}^1\!/_2O_2 + H_2O \rightleftharpoons Zn(OH)_2$$

Nenndaten: 1,45–1,5 V; theoretisch 960 Wh/kg; praktisch 650 bis 800 Wh/ℓ, 300 bis 380 Wh/kg; bis 80 W/kg (konventioneller Aufbau nur 1 W/kg; 2 mA/cm² wg. diffusionslimiertem Sauerstofftransport).
Anwendung: Hörgeräte, Uhren, Notstrom.

- Saures Zink-Luft-Element

$$A\ominus \qquad\qquad Zn \rightleftharpoons Zn^{2\oplus} + 2e^{\ominus}$$
$$\underline{K\oplus\ O_2 + NH_4^{\oplus} + e^{\ominus} \rightleftharpoons 2\,OH^{\ominus} + NH_3}$$
$$Zn + 2\,O_2 + 2\,NH_4Cl \rightleftharpoons Zn(NH_3)Cl_2 + 2\,H_2O$$

Nenndaten: 1,45 V; 200 bis 300 Wh/ℓ, 130 bis 170 Wh/kg, bis 2 mA/cm².
Anwendung: Fernmeldegeräte, Baustellenbeleuchtung, Weidezaun.

6) Aluminium-Luft-Batterie

Theoretisch 3000 Ah/kg (Al)! Betrieb mit neutralem Elektrolyten (Meerwasser). Verbrauchtes Aluminium ist mechanisch ersetzbar. Verbesserte Zellspannung durch Zulegieren von In, Ga, Tl, Cd, Zn oder Amalgamierung (Durchbrechen der Oxidschicht).

$$A\ominus \qquad 2\,Al + 6\,H_2O \rightleftharpoons 2\,Al(OH)_3 + 6\,H^\oplus + 6e^\ominus$$
$$K\oplus \;{}^3\!/\!_2O_2 + 3\,H_2O + 6e^\ominus \rightleftharpoons 6\,OH^\ominus$$
$$\overline{\qquad 2\,Al + {}^3\!/\!_2O_2 + 3\,H_2O \rightleftharpoons 2\,Al(OH)_3 \qquad}$$

In alkalischer Lösung problematisch wg. lebhafter Wasserstoffentwicklung und Korrosion.

7) Lithium-Braunstein-Element.

Wichtige kommerzielle Batterie für Konsumtechnik, Fotoapparate, Blitzgeräte, Computer.
Lithium intercaliert in das Kristallgitter von Braunstein oder Perowskiten.

$$A\ominus \qquad\qquad Li \rightleftharpoons Li^\oplus + e^\ominus$$
$$K\oplus\; MnO_2 + Li^\oplus + e^\ominus \rightleftharpoons MnO_2(Li)$$
$$\overline{\qquad Li + MnO_2 \rightleftharpoons MnO_2(Li) \qquad}$$

Nenndaten: 1,5 bis 3,8 V; 500 bis 800 Wh/ℓ, 300 bis 500 Wh/kg, <0,5 mA/cm^2.

8) Lithium-Thionylchlorid-Element.

Kommerziell für Uhren, Herzschrittmacher und Bojenbeleuchtungen. Um den Pluspol gewickelt sind: poröse Kohlefolie auf Metallstrecknetz, Polypropylen-Separator, Lithiumfolie. Elektrolyt und gleichzeitig positive Masse ist Thionylchlorid; Leitsalz LiAlCl$_4$.

$$A\ominus \qquad\qquad Li \rightleftharpoons Li^\oplus + e^\ominus$$
$$K\oplus\; 2\,SOCl_2 + 4\,e^\ominus \rightleftharpoons SO_2 + S + 4\,Cl^\ominus$$
$$\overline{\qquad 4\,Li + 2\,SOCl_2 \rightleftharpoons 4\,LiCl + SO_2 + S \qquad}$$

Nenndaten: 3,65 V; theoretisch 1470 Wh/kg, praktisch 700 bis 900 Wh/ℓ, 500 bis 700 Wh/kg, einige 100 W/kg; <0,5 mA/cm^2; gutes Selbstentladeverhalten (keine Korrosionsreaktionen); gutes Tieftemperaturverhalten, Beriebsbereich –40 bis +50 °C. Lagerfähigkeit 5–10 Jahre. Kurzschluss- und Explosionsgefahr (Gasdruck) beim Erhitzen!

9) Lithium-Schwefeldioxid-Element.

Pluspol: poröse Kohlefolie auf Metallstrecknetz (gewickelt); Polypropylen-Separator, Lithiumfolie; unter 3 bar in ein Gehäuse eingeschlossen. Elektrolyt ist Propylencarbonat, Acetonitril, Schwefeldioxid (gleichz. positive Masse) mit 1,8 mol/ℓ Lithiumbromid.

$$2\,Li + 2\,SO_2 \longrightarrow Li_2S_2O_4 \qquad 2,9\ V$$

Nenndaten: Theoretisch 1095 Wh/kg, praktisch ca. 300 Wh/kg; bis 100 W/kg; Lagerfähigkeit 5–10 Jahre. Betriebsbereich –40 bis +40 °C.
Anwendung: Militärtechnik.

10) Quecksilberknopfzelle. Veraltet!

Zink-Quecksilber-Element oder *Mallory-Batterie*. Unter dem (–)-Zelldeckel eine Zinkpulveranode, poröse Papierschicht mit feuchtem HgO/KOH-Elektrolyt, Separator, HgO/Grafit-Kathode im (+)-Zellgehäuse.

$$K\oplus\; HgO + H_2O + 2e^\ominus \rightleftharpoons Hg + 2\,OH^\ominus$$
$$A\ominus \qquad Zn + 2\,OH^\ominus \rightleftharpoons Zn(OH)_2 + 2e^\ominus$$
$$\overline{\qquad Zn + HgO \rightleftharpoons Hg + ZnO \qquad}$$

Nenndaten: 1,35 V; theoretisch 241 Wh/kg, praktisch 110 Wh/kg, >10 W/kg, <2 mA/cm^2; Lagerfähigkeit 3–8 Jahre; Betriebstemperatur 0 bis 40 °C.
Anwendung: früher Blitzgeräte, Belichtungsmesser, Uhren, Taschenrechner, Herzschrittmacher.

11) Quecksilber-Cadmium-Element. Früher für militärische Anwendungen.

$$A\ominus \qquad Cd + 2\,OH^\ominus \rightleftharpoons CdO + H_2O + 2e^\ominus$$
$$K\oplus\; HgO + H_2O + 2e^\ominus \rightleftharpoons Hg + 2\,OH^\ominus$$
$$\overline{\qquad Cd + HgO \rightleftharpoons Hg + CdO \qquad}$$

Nenndaten: 1,03 V, 250 bis 350 WH/ℓ, 50 bis 70 Wh/kg, <2 mA/cm^2.

12) Weston-Normalelement

Kombination einer Cadmiumamalgam/Cadmiumsulfat-Elektrode und einer Quecksilber/Quecksilbersulfat-Elektrode im gleichen Elektrolyten (gesättigte Cadmiumsulfatlösung). Zweischenkelzelle, links HgSO$_4$/Hg-Paste auf Hg-See (Pluspol), rechts festes CdSO$_4$ auf Cadmiumamalgam (13% Cd, Minuspol) mit Platinkontakten; gesättigtes CdSO$_4$ in beiden Teilzellen und der verbindenden Glasbrücke.

$$(+)Hg|HgSO_4|CdSO_4||CdSO_4 \cdot {\textstyle\frac{8}{3}}H_2O|CdHg(-)$$
$$Cd + Hg_2^{2\oplus} \rightleftharpoons Cd^{2\oplus} + 2Hg$$

Zellspannung: –1,01830 V (20°C)

Eichnormal für die elektrische Spannung (Volt); wenig temperaturabhängige Zellspannung.

Beweglichkeit *Ionenbeweglichkeit.

Bezugselektrode

Referenzelektrode. Unpolarisierbare *Elektrode (meist 2. Art) mit konstantem Gleichgewichtspotential E_{ref} gegen die Normalwasserstofffelektrode (NHE); Referenzpunkt zur Messung von Elektrodenpotentialen E.

$$\boxed{E_{\mathrm{NHE}} = E + E_{\mathrm{ref}}}$$

Umrechnung: gegen Bezugspotential $E_{\mathrm{ref},1}$ gemessene Spannung E auf Bezugspotential $E_{\mathrm{ref},2}$.

$$E' = E + E_{\mathrm{ref},1} - E_{\mathrm{ref},2}$$

1) Silber-Silberchlorid-Elektrode

Mit AgCl überzogene Ag-Spirale in gesättigter oder 3-molarer KCl-Lösung; über ein Schliffdiaphragma in Kontakt mit der Messlösung. Bis 105°C stabil, kurzzeitig als stromdurchflossene Elektrode einsetzbar.

Kurz:	$Ag\|AgCl\|Cl^\ominus$
Reaktion:	(1) $Ag^\oplus + e^\ominus \rightleftharpoons Ag$
	(2) $AgCl \rightleftharpoons Ag^\oplus + Cl^\ominus$
	$\Rightarrow AgCl + e^\ominus \rightarrow Ag + Cl^\ominus$
	$\tilde\mu(AgCl) + \tilde\mu(e^\ominus) = \tilde\mu(Ag) + \tilde\mu(Cl^\ominus)$
	wobei $a(AgCl) = 1$ und $K_L = a_{Ag^\oplus} a_{Cl^\ominus}$.
Nernst-Gl.:	$E = E^0 + \dfrac{RT}{F} \ln a_{Ag^\oplus}$
	$E = E^0 - \dfrac{RT}{F} \ln \dfrac{a_{Cl^\ominus}}{K_{L,AgCl}}$
	mit $E^0 = 0{,}7996$ V NHE, und $K_{L,AgCl} = 1{,}78 \cdot 10^{-10}$ $(\mathrm{mol}/\ell)^2$
	$\boxed{E = E^{0'} - \dfrac{RT}{F} \ln a_{Cl^\ominus}}$
	mit $E^{0'} = +0{,}2224$ V NHE
Potential:	+0,1976 V NHE (ges. KCl, 25 °C)
	+0,2368 V NHE (1 mol/ℓ KCl, 25 °C)
	+0,2894 V NHE (0,1 mol/ℓ KCl, 25 °C)

Die Löslichkeit von AgCl wächst mit steigender Temperatur und Cl$^\ominus$-Konzentration, deshalb ist ein Vorrat an festem AgCl nötig. Elektrodengifte sind Chlorid, Sulfid,

Tabelle 11.2 Referenzpotential v. Bezugselektroden (mV) incl. Diffusionspotential des Diaphragmas bei versch. Temperaturen ($M = mol/\ell$).

Bezugssystem	0 °C	10 °C	20 °C	25 °C	30 °C	40 °C	50 °C	60 °C	70 °C	80 °C	90 °C	95 °C
Hg, Hg_2Cl_2, KCl sat. (SCE)	260,2	254,1	247,7	244,4	241,1	234,3	227,2	219,9	212,4	204,7		
Hg, Hg_2Cl_2, KCl 3,5 M				252								
Hg, Hg_2Cl_2, KCl 1 M				283								
Hg, Hg_2Cl_2, KCl 0,1 M				335,6								
Ag, AgCl, KCl sat.	220,5	211,5	201,9	197,0	191,9	181,4	170,7	159,8	148,8	137,8	126,9	121,5
Ag, AgCl, KCl 3,5 M				203,7								
Ag, AgCl, KCl 3 M	225,7	218,9	211,5	207,6	203,6	195,3	186,7	177,9	169,1	160,3	151,6	147,4
Ag, AgCl, KCl 1 M				238,9								
Ag, AgCl, KCl 0,1 M				291,6								
Ag, AgCl, KNO_3 sat.				467								
Ag, AgCl, $LiCl_3$ sat. (in EtOH)				143								
Ag, AgCl, $NaClO_4$ sat. (in Eisessig)				350								
Ag, $AgNO_3$ 0,1 M (in CH_3CN)				630								
Pt, Hg, Hg_2SO_4 sat., K_2SO_4 sat.				658								
Pt,Cd(Hg), $CdCl_2$(s), NaCl sat. (in DMF)				−390								
Pt,Hg,Tl, TlCl(s), KCl sat.				−576,6								

starke Oxidations- und Reduktionsmittel.
Das Diaphragma verhindert Vermischung mit der Messlösung, damit Störungen des Bezugspotentials durch veränderliches Diffusionspotential (durch Ein- und Ausstrom von Ionen). Im Diaphragma abgeschied. schwarzes AgCl mit NH_3-Wasser entfernen.

In 0,1 mol/ℓ Salzsäure beträgt das Diffusionspotential –0,027 V, wegen der schnell wandernden $H^\oplus$-Ionen; es geht in die gemessene Zellspannung ein.

2) Kalomelelektrode. Mit Quecksilber(I)-chlorid („Kalomel") überschichteter Hg-Tropfen in gesätt. KCl-Lösung (kurz: *SCE*) od. 1-molarer KCl-Lösung (kurz: *NCE*) und Platinableitelektrode. Belastbar bis 10 $\mu A/cm^2$ und 70°C (oberhalb disproport. Kalomel); auch f. nichtwässr. Lösungen (nicht Acetonitril). Chloridaktivitä durch KCl-Innenelektrolyt festgelegt; Löslichkeit stark temperaturabhängig (SCE: 1 mV/K; NCE: 0,1 mV/K).

Kurz:	$Hg|Hg_2Cl_2|Cl^\ominus$
Reaktion:	$Hg_2Cl_2 + 2\,e^\ominus \longrightarrow 2\,Hg + 2\,Cl^\ominus$

Nernst-Gl.:
$$E = E^{0'} - \frac{RT}{F}\ln a_{Cl^\ominus}$$
mit $E^{0'} = +0{,}2682$ V NHE

Potential: +0,2415 V NHE (ges. KCl, 25 °C)
+0,2807 V NHE (1 mol/ℓ KCl, 25 °C)
+0,3337 V NHE (0,1 mol/ℓ KCl, 25 °C)

Elektrodengifte: Hg(I)-komplexierende Stoffe, Sulfide, starke Oxidations- und Reduktionsmittel; evt. Zwischenelektrolytgefäß vorsehen. KCl bildet mit $ClO_4^\ominus$, $Hg_2^{2\oplus}$, $Ag^\oplus$, $Pb^{2\oplus}$, $Cu^\oplus$ Niederschläge.

3) Quecksilbersulfat-Elektrode, *Mercurosulfat-Elektrode.* Hg-Tropfen, überschichtet mit Hg_2SO_4/K_2SO_4-Aufschwemmung. Sulfataktivität durch Innenelektrolyt K_2SO_4 festgelegt.

Kurz:	$Hg|Hg_2SO_4|SO_4^{2\ominus}$
Reaktion:	$Hg_2SO_4 + 2e^\ominus \rightleftharpoons 2Hg + SO_4^{2\ominus}$

Nernst-Gl.:
$$E = E^{0'} - \frac{RT}{F}\ln a_{SO_4^{2\ominus}}$$
mit $E^{0'} = +0{,}6158$ V NHE

Potential: +0,650 V NHE (ges. K_2SO_4, 25 °C)
+0,682 V NHE (0,5 mol/ℓ K_2SO_4, 25 °C)

4) Quecksilberoxid-Elektrode. Ein Quecksilbertropfen, überschichtet mit Quecksilberoxidpaste und Natronlauge.

Kurz:	$Hg|HgO|OH^\ominus$
Reaktion:	$HgO + H_2O + 2\,e^\ominus \rightleftharpoons Hg + 2\,OH^\ominus$

Nernst-Gl.:
$$E = E^{0'} - \frac{RT}{F}\ln a_{OH^\ominus}$$
mit $E^{0'} = +0{,}097$ V NHE

Potential: +0,140 V NHE (1,0 mol/ℓ NaOH, 25 °C)
+0,165 V NHE (0,1 mol/ℓ NaOH, 25 °C)

5) Bleisulfat-Elektrode. Ungebräuchlich! Blei, überschichtet mit Bleisulfat in Kaliumsulfatlösung.

Kurz:	$Pb|PbSO_4|SO_4^{2\ominus}$
Reaktion:	$PbSO_4 + 2\,e^\ominus \rightleftharpoons Pb + SO_4^{2\ominus}$

Nernst-Gl.:
$$E = E^{0'} - \frac{RT}{F}\ln a_{SO_4^{2\ominus}}$$
mit $E^{0'} = -0{,}276$ V NHE

6) *Normalwasserstoffelektrode.

7) Reversible Wasserstoffelektrode (RHE).
Mit Wasserstoffgas (101325 Pa) umspültes Platinblech im sauren od. basischen Arbeitselektrolyt; stromlos.

$$E_{NHE} = E_{RHE} - 0{,}0592\cdot pH$$

8) Dynamische Wasserstoffelektrode (DHE).
Platiniertes Platinblech (in alkalischer Lösung auch: RANEY-Nickel) und Platinstiftanode bei Gleichstrom von 0,1–1 mA/cm^2. Einige mV von der Normalwasserstoffelektrode (NHE) verschieden; auch für methanolische Lösung geeignet.

9) Bezugselektroden in nicht wässrigen Medien. Bezugssystem, Messzelle und Salzbrücken müssen dasselbe Lösungsmittel enthalten, sonst große Diffusionsspannungen.

- *Kalomelelektrode:* allgemein anwendbar, ausgenommen mit Acetonitril als Innenelektrolyt (Disproportionierung).
- *Dynamische Wasserstoffelektrode:* in Lösung mit kathod. Wasserstoffentwicklung, z. B. Methanol.

Billiter-Potential

Spannung beim Eintauchen einer Metallelektrode in eine Salzlösung des Metalls, gemessen gegen eine große Gegenelektrode desselben Metalls, die sich bereits im Elektrolyten befindet.

$$\Delta\varphi_B = 0,475 \text{ V } \underline{\text{un}}\text{abhängig vom Metall.}$$

Potential der ladungsfreien Elektrode ohne adsorbierte Dipolschicht, d. h. der elektrolytischen Doppelschicht der Metalloberfläche.

Biosensor

Auf einer gas- oder ionensensitiven Membran befindet sich eine immobilisierte bioaktive Schicht (Enzym, Mikroorganismus, Gewebeschnitt); eine potentialbestimmende Ionen- oder Gasart wird gemessen.

1. *Harnstoffsensor:* Harnstoff wird durch Urease zersetzt, die Reaktionsprodukte NH_3 und CH_4 mit der pH-, pCO$_2$- pNH$_3$- oder pNH$_4^\oplus$-Elektrode potentiometrisch gemessen.

2. *Amperometrischer Glucosesensor.*

Blindwiderstand

Netzwerkelement eines *Ersatzschaltbildes.

1) Induktiver Blindwiderstand, modelliert die Selbstinduktion im stromdurchflossenen Leiter, z. B. Kabelinduktivitäten.

$$Z_L = i\,\omega L \quad \text{und} \quad U = -L\,\frac{dI}{dt}$$

2) Kapazitiver Blindwiderstand, modelliert Ladeprozesse aufgrund einer Spannungsänderung; z. B. elektrolytische Doppelschicht, Adsorption, Deckschichten.

$$Z_C = [i\,\omega C]^{-1} \quad \text{und} \quad C = \frac{dQ}{dU}$$

Blocking electrode   *Durchtrittselektrode.

Brennstoffzelle

Umweltfreundliche „stille, kalte" Verbrennung durch elektrochemische Oxidation fossiler Energieträger mit Luftsauerstoff zu Wasser und CO_2. Wirkungsgrad 60 bis 70% (theoretisch 100%), keine CARNOT-Grenze wie bei Wärmekraftmaschinen. Vgl. *Gasdiffusionselektrode.

Wasserstoff als Brenngas durch *Dampfreformierung* aus schwefelfreien Kohlenwasserstoffen (bei 750 °C) oder Methanol (300 °C):

$$C_nH_{2n+2} + n\,H_2O \longrightarrow n\,CO + (2n+1)\,H_2$$
$$CO + H_2O \longrightarrow CO_2 + H_2$$

Stationäre Brennstoffzellen stehen in Konkurrenz zu herkömmlichen Gasturbinen.

1) Alkalische Brennstoffzelle.

Niedertemperatur-*Knallgaszelle*, BACON-Zelle, *alkaline fuel cell* (AFC). Wasserstoff und Sauerstoff strömen bei 60–120°C unter Druck durch poröse Nickel-Elektroden oder teflongebundenen Kohlenstoff. Der Elektrolyt (30%ige Kalilauge) wird zwischen den Elektroden durchgepumpt. Auf der Wasserstoffseite gebildetes Reaktionswasser wird ausgeschleust.

$$\begin{array}{ll} A\ominus & 2\,H_2 + 4\,OH^\ominus \rightleftharpoons 4\,H_2O + 4\,e^\ominus \\ K\oplus & O_2 + 2\,H_2O + 4\,e^\ominus \rightleftharpoons 4\,OH^\ominus \\ \hline & 2\,H_2 + O_2 \rightleftharpoons H_2O \end{array}$$

Zellspannung 1,2 V; Wirkungsgrad bis 55%, jedoch CO_2-Unverträglichkeit (Verstopfungen durch gebildetes Kaliumcarbonat). Beispiel: Apollo-Zelle des US-Mondfahrtprogramms. Kreisförmige Doppelschichtelektroden aus Sinternickel mit Edelmetall-katalysator (200 mm Ø, 2 mm dick; Dicht-, Isolierringe aus PFTE, Nickelblechgehäuse). Arbeitstemperatur 200–230 °C durch Stromwärme. Elektrolyt 75%ige KOH (oberhalb 100 °C flüssig). Serienschaltung von 31 Zellen („Cell stack" von 110 kg) erbrachte 1120 W Nennleistung bei 28 V. Wasserstoff und Sauerstoff wurden aus Kryospeichern zugeführt; aus dem H_2-Reststrom wurde Reaktionswasser abgetrennt u. in den Kreislauf rückgeführt. Temperaturregelung des Stacks durch elektr. Heizung und Druckmantel aus Stickstoff (mit Strahlungskühler außerhalb des Raumschiffs). Drei Stacks mit 810 kg Systemgewicht lieferten in 10 Tagen 500 kWh elektr. Energie.

2) PEM-Brennstoffzelle.

Solid polymer (electrolyte) fuel cell (SPEFC, PEMFC). Saure Niedertemperatur-Knallgaszelle mit protonenleitender Festelektrolytmembran (PEM).

An platinierten Kohlepapier-Elektroden werden Wasserstoff oder Methanol (bei DMFC) oxidiert, auf der Luftseite findet Sauerstoffreduktion und Wasserbildung statt.

$$\begin{array}{ll} A\ominus & H_2 \rightleftharpoons 2\,H^\oplus + 2\,e^\ominus \\ K\oplus & O_2 + 2\,H^\oplus + 2\,e^\ominus \rightleftharpoons 2\,H_2O \\ \hline & H_2 + O_2 \rightleftharpoons 2\,H_2O \end{array}$$

Brenngase werden befeuchtet, damit Membran nicht austrocknet. Zusatz von Rutheniummetall verbessert CO-Empfindlichkeit des Platins.

Wirkungsgrad 55%; Betriebstemperatur um 80 °C, Leistungsdichte bis ca. 1000 W/kg. Anwendung: Elektrofahrzeuge, U-Boote.

3) Phosphorsaure Brennstoffzelle

Phosphoric acid fuel cell (PAFC).

Schematische Strom-Spannung-Kennlinie einer PAFC.

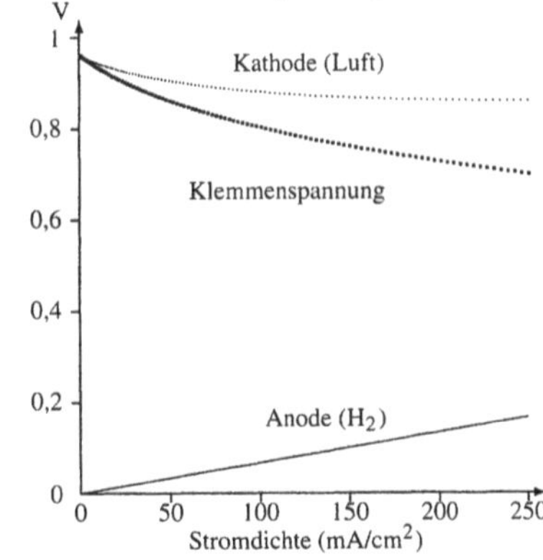

Zwischen porösen Graphitfilz-Elektroden mit Platinkatalysator liegt eine mit konz. Phosphorsäure getränkte Elektrolytmatrix. Betriebstemperatur 150–220°C.

Brennstoff: Wasserstoff (aus Kohle oder Erdöl), Methan, Erdgas; Oxidationsmittel Luft. CO wird zu CO_2 umgesetzt und gast aus. >1% CO vergiftet die Pt-Anode.

$$CO + H_2O \longrightarrow CO_2 + 2\,H^\oplus + 2\,e^\ominus$$

Zellspannung 0,64 V.

Wirkungsgrad: 55% (Zelle), 40% (mit Reformer), 80% bezogen auf Erdgas (Gasturbine: 85% bzw. 33%). Prototypanlagen im MW-Bereich realisiert.

Schwefelsaure Brennstoffzelle. Besserer Elektrolytwiderstand; doch Phosphorsäure erleichtert höhere Arbeitstemperaturen und Abfuhr des Reaktionswassers (Sauerstoffseite).

4) Carbonatschmelzen-Brennstoffzelle

Molten carbonate fuel cell (MCFC). Experimentell! Elektrolyt ist eine $Li_2CO_3/(K_2CO_3$ oder $Na_2CO_3)$-Schmelze in einer hitzefesten Matrix $(LiAlO_2)$.

Anode: poröse Nickelplatten. Brenngas ist wasserstoffreiches Gas, z. B. von einer vorgeschalteten Erdgas-Konvertierung oder Benzin-Reformierung.

Kathode: lithiiertes Nickeloxid; O_2/CO_2-Gemisch wird zugeführt.

Brenngas ist Wasserstoff, Methan, Erdgas; Oxidationsmittel Sauerstoff oder Luft.

$$\begin{aligned} A\ominus \quad & H_2 + CO_3^{2\ominus} \rightleftharpoons H_2O + CO_2 + 2\,e^\ominus \\ & (CO + CO_3^{2\ominus} \rightleftharpoons 2\,CO_2 + 2\,e^\ominus) \\ K\oplus \quad & O_2 + 2\,CO_2 + 4\,e^\ominus \rightleftharpoons 2\,CO_3^{2\ominus} \\ \hline & H_2 + O_2 \rightleftharpoons 2\,H_2O \end{aligned}$$

Ruheklemmenspannung 1,04 V. Betriebstemperatur um 600 °C, Reaktionswasser und CO_2 gasen aus. CO_2-Rückführung notwendig, Korrosionsprobleme. Wirkungsgrad 55-65% (Zelle), 55% (mit Reformer). Nutzung der Abwärme als Prozesswärme oder zur Raumheizung (*Kraft-Wärme-Kopplung*).

5) Hochtemperatur-Brennstoffzelle

Solid oxide fuel cell (SOFC).

a) *Anode:* Nickel auf YSZ (aktiver als Fe, Co, Edelmetalle).

b) Festelektrolyt: Oxidionenleitendes Yttriumoxid-Zirkondioxid (YSZ, vgl. Lambdasonde).

c) *Kathode:* dotierte Perowskite $(LaMnO_3, LaSrMnO_3, LaCoO_3)$ mit fein verteiltem Pt od. Pd.

d) *Interconnection:* Verbindungsschicht zwischen Anode und Kathode benachbarter Einzelzellen; Mischoxid-Keramik $(LaMnO_3, LaSrMnO_3, CoCr_2O_4)$.

Brenngas: Wasserstoff aus fossilen Brennstoffen, Methan oder Erdgas.

Ruheklemmenspannung ca. 1 V (1000 °C, H_2 + Luft). Wirkungsgrad 55-65% (Zelle), 55% (mit Reformer).

Hohe Anforderungen an temperaturbeständige Werkstoffe und Dichtungen. Mit der Abwärme kann eine Dampfturbine betrieben werden.

6) Direkt-Methanol-Brennstoffzelle (DMFC).

Methanol (aus Kohle leicht zugänglich; 6 kWh/kg) wird verdampft und in einer PEMFC direkt verstromt. Schlechtere Leistungsdaten als Wasserstoff-PEMFC.

$$\begin{aligned} A\ominus \quad & CH_3OH + H_2O \longrightarrow CO_2 + 6\,H^\oplus + 6\,e^\ominus \\ K\oplus \quad & {}^3/_2O_2 + 6\,H^\oplus + 6\,e^\ominus \rightleftharpoons 3\,H_2O \\ \hline & CH_3OH + {}^3/_2O_2 \longrightarrow CO_2 + 2\,H_2O \end{aligned}$$

Klemmenspannung um 0,5 V bei 1–3 bar Sauerstoff-Überdruck. Intermediär entsteht CO, das Platinkatalysatoren vergiftet.

7) Brennstoffzelle für flüssige Brennstoffe

Der flüssige Brennstoff – Formiat, Methanol, Glycol,

Formaldehyd, Hydrazin – wird von der porösen Elektrodenrückseite zugeführt oder ist im Elektrolyten gelöst und wird direkt verstromt.

Als Oxidationsmittel kann statt Luft Salpetersäure (saure Zellen) oder Wasserstoffperoxid (alkalische Zellen) eingesetzt werden.

Ameisensäure-Brennstoffzelle

$$\begin{aligned} A\ominus \quad & HCOOH \longrightarrow CO_2 + 2\,H^\oplus + 2\,e^\ominus \\ K\oplus \quad & {}^1/_2O_2 + 2\,H^\oplus + 2\,e^\ominus \rightleftharpoons H_2O \\ \hline & HCOOH + {}^1/_2O_2 \longrightarrow CO_2 + H_2O \end{aligned}$$

8) Füllelemente.

Elektrochem. Umsatz flüss. Brennstoffe (Methanol, Formiat) an Luftsauerstoff-Kathode in der Wand eines Brennstofftanks; Anode im Tank. Geringe Leistungsdichte. Veraltet!

Butler-Volmer-Gleichung

Modell der Stromdichte-Überspannung-Kurve $i(\eta)$ e. *durchtrittslimitierten Elektrodenreaktion $S_{ox} + z\,e^\ominus \rightleftharpoons S_{red}$.

$$i = i_0 \left[\frac{c_{ox}(0,t)}{c_{ox}^b} e^{\alpha z F\eta/RT} - \frac{c_{red}(0,t)}{c_{red}^b} e^{-(1-\alpha)z F\eta/RT} \right]$$

Näherung für ungehemmten Stofftransport (gerührte Lösung), d. h. Oberflächen- und Bulkkonzentrationen sind gleich.

$$\begin{aligned} i &\approx i_0 \left[e^{\alpha z F\eta/RT} - e^{-(1-\alpha)z F\eta/RT} \right] \\ &= i_0 \left[e^{\ln 10 \cdot \eta/b_\oplus} - e^{-\ln 10 \cdot \eta/b_\ominus} \right] \\ &= i_\oplus + i_\ominus \end{aligned}$$

Für große Überspannung, d. h. vernachlässigbare Rückreaktion, vgl. *Tafel-Gleichung.

α *Transferkoeffizient, b Konstante,
η Überspannung (+ anodisch, − kathodisch).

Chinhydronelektrode

Organische *Redoxelektrode; Platinstab in einer mit Chinon und Hydrochinon (1 mol : 1 mol) gesättigten wässrigen Lösung; bis pH 8 zur pH-Messung geeignet.

$$p\text{-}C_6H_4(OH)_2 \rightleftharpoons p\text{-}C_6H_4O_2 + 2H^\oplus + 2e^\ominus$$

$$E = E^0 - \frac{RT}{2F} \ln c_{H^\oplus}^2 \approx 0,6994 - 0,0592\,\text{pH}$$

Bezugspotential (mV)	pH 3,99	pH 7,02
vs. Ag/AgCl/3 mol/ℓ KCl	259	85
vs. Ag/AgCl/sat. KCl	267	93
vs. Kalomel/sat. KCl	223	49

Chi-Potential

Oberflächenpotential χ, verursacht vom Dipolanteil der Doppelschicht, d. h. von adsorbierten Lösungsmittelmolekülen, deren Dipole sich auf der Elektrodenoberfläche ausrichten.

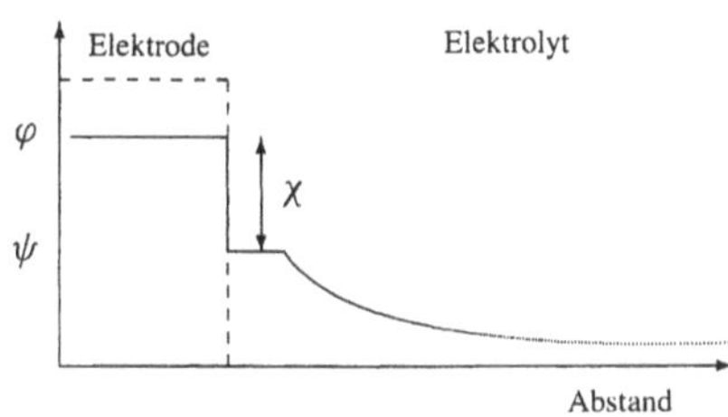

GALVANI-Potential φ und VOLTA-Potential ψ sind nur dann verschieden, wenn zwischen Elektrode und Elektrolyt eine Potentialdifferenz besteht.
Bei Gaselektroden ist $\chi_{H_2O} = -0,45$ V.

Chloralkalielektrolyse

Großtechnisches *Elektrolyseverfahren zur Produktion von Chlor und Natronlauge.
- *Membranverfahren.* Anoden- und Kathodenraum sind durch eine Kationenaustauschermembran (PEM, Nafion®) getrennt, die nahezu keine Anionen passieren lässt. Chloridfreie Natronlauge entsteht im Kathodenraum. Stromausbeute >95%, energetisch günstig.
- *Amalgamverfahren* (veraltet). In Zellen mit schrägem Boden wird Quecksilber im Kreislauf umgepumpt und Kochsalzlösung elektrolysiert.
1. An Boden-Quecksilberkathode (hohe Wasserstoffüberspannung, Amalgambildung) wird Natrium abgeschieden. An der *dimensionsstabilen Anode Chlorabscheidung.
2. Amalgamzersetzer außerhalb der Zelle: Natriumamalgam mit Wasser zu NaOH und H_2.
Umweltrisiken: Quecksilberaustrag in Abwasser und Abluft (ca. 3 g Hg/t Cl_2).
- *Diaphragmaverfahren.* Anoden- und Kathodenraum durch ein Diaphragma (früher: Asbest) getrennt. Wasserstoff und Chlor können sich nicht vermischen, $Cl^\ominus$ und $OH^\ominus$ treten durch. Die erzeugte Natronlauge ist nicht chloridfrei!

Chlorelektrode

*Elektrode, die oberhalb der *Zersetzungsspannung aus chloridhalt. Elektrolyten Chlor abscheidet. Im sauren Medium 2b) geschwindigkeitsbestimmend.

(1)	$Cl^\ominus$	$\rightleftharpoons$	$Cl_{ad} + e^\ominus$
(2a)	$2\,Cl_{ad}$	$\rightleftharpoons$	Cl_2
(2b)	$Cl_{ad} + Cl^\ominus$	$\rightleftharpoons$	$Cl_2 + e^\ominus$
	$2\,Cl^\ominus$	$\rightleftharpoons$	$Cl_2 + 2\,e^\ominus$ +1,37 V NHE

Eingesetzt werden Elektroden mit hoher Sauerstoffüberspannung (z. B. Graphit, Blei, Platin, DSA), sonst wird O_2 abgeschieden (+0,825 V NHE bei pH 7).

Coulometrie

Messverfahren zur Bestimmung der elektrischen Ladung, z. B. mit einem *Coulometer.
Bei der *coulometrischen Titration* in der Spurenanalytik wird das Reagens durch den fließenden Strom elektrochemisch erzeugt und die verbrauchte Ladung aufgezeichnet (2. FARADAYsches Gesetz).

$$Q = \int I \, \mathrm{d}t = \frac{F\,m\,z}{M}$$

Anwendung – anstatt der *Elektrogravimetrie –, wenn der abgeschiedene Stoff nicht wägbar (hygroskopisch, oxidationsempfindlich, nicht festhaftend) ist. Die Stromausbeute muss 100% sein!

1. *Vorteile:* Strom als Reagenz ist extrem genau dosierbar (Spurenanalytik im μg-Bereich); genaueste Absolutmethode; keine Volumenfehler durch Bürette und Pipette.

2. *Messaufbau:* Generatorelektrode (Pt-Blechanode), Galvanostat/Coulometer, Kathode (Pt-Spirale); Endpunktbestimmung potentiometrisch (Indikator- und Bezugselektrode; oder Doppelplatinelektrode).

3. *Coulometrisch erzeugbare Reagentien*
mit Platin-Generatorelektrode: $H^\oplus$ und $OH^\ominus$, Ce(IV), $MnO_4^\ominus$, $BrO^\ominus$, Fe(II), Cu(I), Ti(III), Cl_2, Br_2, I_2.
mit Silber-Generatorelektrode: Ag(I)
mit Bodenquecksilberelektrode: Hg(I), EDTA (aus Cd-EDTA).

4. 100%ige Stromausbeute wird erreicht durch Zusatz eines Hilfsredoxsystems; z. B. Ce(III) im Überschuss bei der Fe(II)-Bestimmung, so dass das Elektrodenpotential die unerwünschte Sauerstoffabscheidung nicht erreicht.
Für ausreichende Leitfähigkeit: Leitsalz-Zusatz und intensives Rühren.

Anwendungbeispiele
1. Coulometrische *Säure-Base-Titration;* z. B. CO_2-Bestimmung in Wässern. Kathodische Wasserstofferzeugung an einem Pt-Netz wobei stöchiometrische Mengen $OH^\ominus$ entstehen. Bestimmung von Basen durch anodische Sauerstoffabscheidung, wobei Protonen verbleiben.
2. Coulometrische *Wasserbestimmung* nach KARL FISCHER: anodische Iodabscheidung aus Kaliumiodid.
3. coulometrische *Bromzahlbestimmung:* anodische Bromabscheidung aus Kaliumbromid; Brom wird an Doppelbindungen addiert. Am Endpunkt fällt die Spannung an der Indikatorelektrode sprunghaft ab (dead stop, reversibles $Br^\ominus$/Br_2-System).
4. Halogenidbestimmung, z. B. Chlorid im Blutplasma. Gleichzeitige Bestimmung von Chlorid und Iodid. An einer von positivem Strom durchflossenen Silberspirale erzeugte $Ag^\oplus$-Ionen bilden mit den gelösten Halogenidionen schwerlösliche Silberhalogenide; an der Gegenelektrode entsteht Wasserstoff. Silberiodid mit dem kleineren Löslichkeitsprodukt fällt zuerst quantitativ aus, sodann folgt Silberchlorid. Der Endpunkt wird durch Potentialmessung an einer Silberelektrode gegen eine Mercurosulfat-Bezugselektrode bestimmt; er hängt nach der NERNST-Gleichung von der $Ag^\oplus$-Konzentration der Lösung ab.

Cyclovoltammetrie

CV, *Dreieckspannungsmethode*, zyklische Voltamperometrie. Potentiodynamische Messmethode. Das Elektrodenpotential wird als zeitliche Dreiecksrampe angelegt, der Strom gemessen. Bei bestimmten Spannungen treten infolge des Stoffumsatzes an den Elektroden Stromspitzen (Peaks) auf; weil die Lösung rasch an aktiver Substanz verarmt, folgt der diffusionslimitierte Strom dem 1. FICK-Gesetz

$$\dot{n} = -D\,A\,\frac{\mathrm{d}c}{\mathrm{d}x}$$

Abh. von Spannungsvorschub (Scanrate 0,0001 – 10000 V/s), Spannungsbereich und Temperatur treten Peaks auf. Qualitative Merkmale des Cyclovoltammogramms:
- Hinlauf zu positiven Potentialen = anodischer Halbzyklus, Oxidationsreaktionen laufen ab.
- Rücklauf zu negativen Potentialen = kathodischer Halbzyklus, Reduktionsreaktionen.

- *Reversible Elektrodenreaktionen* führen zu symmetrischen – ideal um 59 mV verschobenen – Oxidations- und Reduktionspeaks.
- *Irreversible Elektrodenreaktionen* entsprechen unsymmetrischen Oxidations- oder Reduktionspeaks.

Charakteristische Größen des reversiblen 1-Elektronentransfers sind:

$$\Delta E = 58{,}5 \text{ mV (bei } 25°\text{C)}$$

$$I_{p,\oplus} = I_{p,\ominus} \qquad I_p = \text{const } \sqrt{v}$$

E_p Peakpotential (V), ΔE Peakabstand (V), I_p Peakstrom (A), v Spannungsvorschub (V/s), $\oplus$ anodisch, $\ominus$ kathodisch.

Beispiel: *Ferrocen* wird reversibel oxidiert und reduziert: $\text{FeCp}_2 \rightleftharpoons [\text{FeCp}_2]^{\oplus} + e^{\ominus}$. Ansteigende Spannungsrampe = Oxidationsstrom des gebildeten Ferriciniumkations; absteigende Rampe = Reduktionspeak des zurückgebildeten Ferrocens. Bei extrem langsamer Scanrate diffundiert das Kation von der Elektrodenoberfläche weg und Rückreduktion zum Ferrocen bleibt aus.

Debye-Falkenhagen-Effekt

Dispersionseffekt in realen *Elektrolytlösungen. Im hochfrequenten Wechselfeld (10–100 MHz) verhält sich die *Ionenwolke starr und symmetrisch (Relaxationszeit $\sim 10^{-8}$ s); das Zentralion schwingt im Takt der Störung. Die Leitfähigkeit nimmt zu.

Debye-Hückel-Theorie

Elektrostat. Modell zur Berechnung von *Aktivitätskoeffizienten starker *Elektrolyte in verd. wässr. Lösungen.

1) Annahmen. Jedes solvatisierte Ion ist von einer *Ladungswolke* von Gegenionen umgeben, im ruhenden Elektrolyten symmetrisch, bei wandernden Ionen verzerrt. Mit zunehm. Konzentration wächst diese *Nahordnung* und die Abschirmung der Zentralladung. Zur Herleitung vgl.
1. *Poisson-Gleichung,
2. *Ladungsdichte,
3. *Poisson-Boltzmann-Gleichung,
4. *Debye-Länge,
5. individueller *Aktivitätskoeffizient.

2) Verdünnte Lösung starker Elektrolyte.
Mittlerer *Aktivitätskoeffizient

$$\lg \gamma_\pm = \frac{v_\oplus \lg \gamma_\oplus + v_\ominus \lg \gamma_\ominus}{v_\oplus + v_\ominus} \text{ und}$$

$v_\oplus z_\oplus = v_\ominus z_\ominus$ oder
$v_\oplus z_\oplus^2 + v_\ominus z_\ominus^2 = -(v_\oplus + v_\ominus)\, z_\oplus z_\ominus$

Debye-Hückel-Gleichung

$$\lg \gamma_\pm = -A|z_\oplus z_\ominus|\sqrt{I}$$
$$\text{mit} \quad A = 0{,}5091 (\text{bei } 25°\text{C}, I \leq 0{,}02)$$

I *Ionenstärke, z Ionenladung, v Stöchiometriekoeffizient des Kations $\oplus$ bzw. Anions $\ominus$ eines Salzes $A_{v\oplus}B_{\ominus}$.

Gültigkeitsbereich. Für Ionenradien $r_i \approx 0{,}1$ nm ist die Debye-Länge $\beta \gg r_i$ bei Konzentrationen $c < 0{,}01$ mol/ℓ gegeben. Für *1-1-Elektrolyten* stimmen Theorie und Experiment gut überein; bei mehrwertigen Elektrolyten Abweichungen nach unten (durch Solvatation, Ionengröße etc.).

Beispiel. Aktivität von 0,001 mol/ℓ MgCl$_2$-Lösung:

$z_\oplus = 2, z_\ominus = -1,$
$c_\ominus = 2{\cdot}0{,}001$ mol/ℓ, $c_\oplus = 0{,}001$ mol/ℓ,
$c_\pm = \sqrt[3]{c_\oplus c_\ominus^2} = 0{,}00158$ mol/ℓ, somit:
$I = (z_\oplus^2 c_\oplus + z_\ominus^2 c_\ominus)/2 = 0{,}003$ und
$\gamma_\pm = 10^{-A|z_\oplus z_\ominus|\sqrt{I}} = 0{,}985$, also
$a = \gamma_\pm c_\pm = 0{,}00156$ mol/ℓ.

3) Debye-Hückel-Theorie für mittlere Konzentrationen. Im mittl. Konzentrationsbereich ($I = 0{,}02$ bis $0{,}25$) ist der wirksame Ionenradius r_i (ca. 0,15–0,2 nm) wichtig.

$$\lg \gamma_\pm = -A\, \frac{z_\oplus z_\ominus \sqrt{I}}{1 + 2r_i B\sqrt{I}}$$

$$\text{mit} \quad A = 0{,}5091 \qquad (25°\text{C})$$
$$B = 3{,}30{\cdot}10^7$$

Bei *Ionenstärken I $> 0{,}25$ mol/ℓ steigt die Aktivität; Aktivitätskoeffizienten können $\gamma_\pm > 1$ werden. Das Modell der Ionenwolke versagt, Ionenverbände mit bestimmtem Ion/Ion-Abstand treten auf.

Konstanten der Debye-Hückel-Gleichung für mittlere Konzentrationen.

t (°C)	A	B
0	0,4883	$0{,}3241{\cdot}10^8$
15	0,5002	$0{,}3267{\cdot}10^8$
20	0,5046	$0{,}3276{\cdot}10^8$
25	0,5092	$0{,}3286{\cdot}10^8$
30	0,5141	$0{,}3297{\cdot}10^8$
40	0,5241	$0{,}3318{\cdot}10^8$
50	0,5351	$0{,}3341{\cdot}10^8$
60	0,5471	$0{,}3366{\cdot}10^8$
80	0,5739	$0{,}3420{\cdot}10^8$

Debye-Länge

In der *Debye-Hückel-Theorie der effektive Radius β der Ionenwolke; Maß für den Abstand, ab dem keine Wechselwirkungen zw. zwei entgegenges. Ladungen im Elektrolyten auftreten. In Lösung halten sich stets andere Ionen zwischen zwei wechselwirkenden Ladungen auf, so dass die Reichweite der zwischenionischen Wechselwirkung endlich ist. Ionenstärke und Elektrolytkonzentration vergrößern den Abschirmeffekt.

$$\beta = \frac{1}{b} = \sqrt{\frac{\varepsilon_0 \varepsilon_r kT}{2N_A e^2 I}}$$
$$= \begin{cases} 2{,}1132 \cdot 10^{-9}\sqrt{\dfrac{\varepsilon_0 \varepsilon_r T}{I}} & \text{m} \\ 3{,}0428 \cdot 10^{-10}/\sqrt{I} & \text{m} \end{cases}$$

Der Radius der Ionenwolke in wässriger Lösung ($\varepsilon_r = 78{,}54$; 25 °C) beträgt rund 0,304 nm (1 mol/ℓ) bzw. 0,96 nm (0,1 mol/ℓ).

e Elementarladung, k Boltzmann-Konstante (J/K), I Ionenstärke (mol/ℓ), T absolute Temperatur (K), $\varepsilon = \varepsilon_0 \varepsilon_r$ Permittivität (F/m).

Depolarisator

An einer Elektrode elektrochemisch umgesetzter Stoff, wobei trotz des Stromanstieges (Stoffumsatzes) das Potential konstant bleibt.

Diaphragma

Dünne, poröse, semipermeable = halbdurchlässige Trennwand od. Membran. Verhindert Durchmischung zweier Lösungen. Wichtig bei *Bezugselektroden für konstantes Diffusionspotential.

In geteilter Zelle heißt die Elektrolytlösung im Anodenraum *Anolyt*, im Kathodenraum *Katholyt*.

1) Mechanisches Diaphragma. Die Porosität bestimmt die Durchflussgeschwindigkeit der Ionen.

• *Keramikdiaphragma:* allgemein anwendbar in wässriger Lösung (>10 μS/cm), nicht für Dauermessungen in alkalischen Elektrolyten.

• *Asbestdiaphragma:* robust, allgemein anwendbar, auch Dauermessungen in alkalischen Elektrolyten; arbeitsmedizinisch bedenklich.

• *Glasfritte:* für Bezugselektroden, Zwischenelektrolytgefäße bei nichtwässrigen Titrationen, versteifte Elektrolytlösungen.

• *Schliffdiaphragma:* für ionenarme Medien (<10 μS/cm^2); leichte Reinigung.

2) Ionenaustauschermembran. *Festelektrolyte wie Nafion®trennen nach der Ionengröße: kleine Ionen passieren, große werden zurückgehalten.

Dielektrometrie

Dekametrie. Messung der Permittivität oder Impedanz in Lösungen. Anwendung: Bestimmung von Wasserspuren in Lösungsmitteln, Ranzigwerden von Fetten.

Diffusion in Lösung

Stofftransport in Elektrolytlösungen.
Vgl. *Migration, *Nernst-Planck-Gleichung, *Fick'sches Gesetz, *Diffusionskoeffizient.

Diffusionsgrenzschicht

Endliche Grenzschicht

$$\delta_N = zFDc^b/i_{lim} \approx 0,1 \ldots 0,001 \text{ mm}$$

Rotierende Scheibenelektrode

$$\delta = 1,61\, D^{1/3}\omega^{-1/2}\nu^{1/6}$$

c^b Bulkkonzentration (Lösungsinneres), D Diffusionskoeffizient,
F Faraday-Konstante, ν kinemat. Viskosität, ω Drehkreisfrequenz.

Diffusionsgrenzstrom

*Diffusionhemmung limitiert den fließenden Strom oberhalb eines bestimmten Potentials, wenn der Massentransport des *Depolarisators zur Elektrode durch Diffusion geschwindigkeitsbestimmend für die Elektrodenreaktion ist. Trotz Erhöhung der Spannung fließt maximal der Diffusionsgrenzstrom.

$$I_{lim} \approx zFA\beta c^b = zFA\sqrt{\frac{D}{\delta}}\, c^b$$

A Elektrodenfläche, c^b Bulkkonzentration, D Diffusionskoeffizient,
F Faraday-Konstante, β Stoffübergangskoeffizient, δ Grenzschichtdicke.

Der Diffusionsgrenzstrom wächst mit steigender Rührgeschwindigkeit – bei der rotierenden Scheibenelektrode ist $i_{lim} \sim \sqrt{\omega}$ – und zeigt bei turbulenter Strömung kleine Schwankungen. Vgl. *Reaktionshemmung, *Konzentrationspolarisation, *Polarografie.

Diffusionshemmung

Limitierter Stofftransport der Reaktanden von und zur Elektrode durch die Diffusionsgrenzschicht, die sich nach Einschalten des Stromes langsam aufbaut.

• *natürliche Konvektion* in ruhender Lösung infolge lokaler Dichteunterschiede,

• *erzwungene Konvektion* in gerührter Lösung.

Diffusionsimpedanz

*Warburg-Impedanz, *Nernst-Impedanz.

Diffusionskoeffizient, individueller

Beschreibt Stromtransport im Elektrolyten durch Ladungsträger i; analog zur Ionenbeweglichkeit u. Aufenthaltswahrscheinlichkeit eines Teilchens, das ungeordnet von Ort zu Ort springt.

$$P(x,t) = \sqrt{\frac{2\tau}{\pi t}}\, e^{-\frac{\tau}{2t}\left(\frac{x}{d}\right)^2}$$

Die EINSTEIN-SCHMOLUCHOWSKI-Gleichung für den Diffusionskoeffizienten D (in m^2/s) folgt daraus.

Einstein-Schmoluchowski	$D = \dfrac{\text{Sprungweite } r_i^2}{\text{Sprungzeit } 2\tau}$
Stokes-Einstein-Gleichung	$D = \dfrac{RT}{6\pi\,\eta r_i N_A} = \dfrac{kT}{6\pi\,\eta r_i}$
Einstein-Diffusionsgleichung	$D = \dfrac{ukT}{ez} = \dfrac{uRT}{zF}$
Nernst-Einstein-Gleichung	$D = \dfrac{\lambda RT}{(zF)^2} = \dfrac{u_i kT}{ze}$
Mittl. Diffusionskoeffizient	$D_{12} = \dfrac{RT\,(z_\oplus^{-1} + z_\ominus^{-1})}{F^2\,(\lambda_\oplus^{-1} + \lambda_\ominus^{-1})}$

F	Faraday-Konstante	(C/mol)
k	Boltzmann-Konstante	(J/K)
N_A	Avogadro-Konstante	(mol^{-1})
R	Gaskonstante	(J mol^{-1}K^{-1})
r_i	Ionenradius	(m)
T	absolute Temperatur	(K)
u	Ionenbeweglichkeit	(m^{2}s^{-1}V^{-1})
z	Ionenwertigkeit	(Dim. 1)
η	dynamische Viskosität	(Pa s)
λ	Ionenleitfähigkeit	(S m^2/mol)

Diffusionskoeffizienten von Ionen in Wasser D (10^{-5} cm^2/s = 10^{-9} m^2/s), 25°C.

Kation	$D_\oplus$	Anion	$D_\ominus$
H$^\oplus$	9,31	OH$^\ominus$	5,30
Li$^\oplus$	1,03	F$^\ominus$	1,46
K$^\oplus$	1,96	Cl$^\ominus$	2,03
Na$^\oplus$	1,33	Br$^\ominus$	2,08
		I$^\ominus$	2,05

Diffusionspotential

An der Phasengrenze zweier Elektrolyte (engl. *Liquid Junction*) unterschiedlicher Zusammensetzung oder Konzentration tritt ein Potentialsprung von rund 10 mV auf – je nach Temperatur, Ionenart und Ionenkonzentration. In den angrenzenden Lösungen sind die chemische Potentiale und Ionenwanderungsgeschwindigkeiten unterschiedlich. Zur Phasengrenze hin besteht ein Konzentrationsgradient. Geht in das Potential von *Bezugselektroden ein.

• Das Diffusionspotential E_d ist *klein* bei: vergleichbarer molarer Ionenleitfähigkeit von Anionen und Kationen in beiden Lösungen, konzentrierten Elektrolyten wie KCl und KNO$_3$, mittlerem pH-Wert.

• E_d ist *groß* bei: sehr verschiedenen Ionenleitfähigkeiten in den Lösungen, stark sauren oder stark basischen Lösungen, großem Konzentrationsunterschied zwischen den angrenzenden Lösungen, kolloidalen Systemen, Suspensionen, Emulsionen (behinderte Anionenbeweglichkeit, v. a. des Cl$^\ominus$, infolge negativer Aufladung der dispergierten Phase), verschmutzen oder un-

11

Elektrochemie

Tabelle 11.3 Bezugspotential: gesätt. Kalomelelektrode (SCE) mit/ohne Diffusionspotential (Quelle: Metrohm).

Temperatur	(°C)	0	10	20	30	40	50	60	70
E_{SCE}	(mV)	256,8	250,7	244,4	237,8	230,7	223,3	215,4	207,1
$E_{SCE} + E_d$, pH 7	(mV)	260,1	254,0	247,6	241,0	234,2	227,1	219,8	212,3

geeigneten Diaphragmen.

1) McInnes-Gleichung mit Überführungszahl t_i.

$$E_d = -\frac{RT}{zF} \int_{a_i^{(I)}}^{a_i^{(II)}} \sum \frac{t_i}{z_i}\, d\ln a_i \quad \text{mit}$$

$$t_i = \frac{a_i u_i |z_i|}{\sum a_i u_i |z_i|}$$

2) Henderson-Gleichung. Diffusionspotential an der Phasengrenze zweier *verschiedener* Elektrolyte (Näherung: linearer Konzentrationsgradient).

$$E_d = -\frac{RT}{F} \cdot \frac{A}{B} \cdot \ln \frac{C}{D}$$

$$\text{mit} \quad \begin{cases} A = \sum \frac{1}{z_i}\left[(a_i^{(I)} - a_i^{(II)}) \cdot u_i \cdot |z_i| \right] \\[4pt] B = \sum \left[(a_i^{(I)} - a_i^{(II)}) \cdot u_i \cdot |z_i| \right] \\[4pt] C = \sum a_i^{(I)} u_i |z_i| \\[4pt] D = \sum a_i^{(II)} u_i |z_i| \end{cases}$$

a_i	Ionenaktivität	(mol/ℓ)
E_d	Diffusionspotential	(V)
t_i	Überführungszahl	(Dim. 1)
u_i	Ionenbeweglichkeit	(m^{2}s^{-1}V^{-1})
z_i	Ionenwertigkeit	(Dim. 1)
Λ	molare Leitfähigkeit	S cm^2/mol
(I), (II)	Phase	

Spezialfall: verschiedene Konzentration *gleicher* gelöster Stoffe.

1-1-Elektrolyt
$$E_d = \sum \frac{t_i}{z_i} \frac{RT}{F} \ln \frac{a_2}{a_1}$$

z-z-Elektrolyt
$$E_d = \frac{u_\oplus - u_\ominus}{u_\oplus + u_\ominus} \frac{RT}{zF} \ln \frac{a_2}{a_1}$$

Spezialfall: Zwei z-z-Elektrolyten *gleicher* Konzentration mit einem gleichen Ion, z.B. HCl/HNO$_3$ oder HCl/KCl oder CuCl$_2$/ZnCl$_2$:

$$E_d = \frac{RT}{zF} \ln \frac{u_2^\oplus + u_2^\ominus}{u_1^\oplus + u_1^\ominus} = \frac{RT}{zF} \ln \frac{\Lambda_2}{\Lambda_1}$$

3) Messung von Diffusionspotentialen.

1. *Konzentrationszelle,* z. B. Cu/CuSO$_4$, denn es gilt $t_\ominus + t_\oplus = 1$.

$$E = E' + E_d =$$
$$= \frac{RT}{zF} \ln \frac{a^{(I)}}{a^{(II)}} - \frac{RT}{zF}(t_\oplus - t_\ominus) \ln \frac{a^{(I)}}{a^{(II)}}$$
$$= 2t_\ominus \frac{RT}{zF} \ln \frac{a^{(I)}}{a^{(II)}}$$

2. *Leitfähigkeitsmessung* von 1-1-Elektrolyten, z. B. in einer Zelle Ag|AgCl|KCl||HCl|AgCl|Ag:

$$E = E^0 + \frac{RT}{zF} \ln K_{eq} + E_d$$

$$\text{mit} \quad E_d = -\frac{RT}{zF} \ln \frac{\Lambda_{KCl}}{\Lambda_{HCl}}$$

4) Elimination von Diffusionspotentialen

a) *Salzbrücke.* Verbindung von Halbzellen durch einen „Stromschlüssel", ein U-Rohr, gefüllt mit einem Elektrolyten aus Ionen ähnlicher Überführungszahl ($t_\oplus \approx t_\ominus \approx 0{,}5$), z. B. KCl. Es entstehen zwei Grenzflächen mit kleinem Diffusionspotential, häufig sogar entgegengesetzter Polarität.

b) *Leitsalz.* Definierte Ionenstärke durch *Fremdelektrolytzusatz* im Überschuß in beide Halbzellen, so dass der Ladungstransport hauptsächlich von den Fremdionen getragen wird.

c) HELMHOLTZ-Doppelzelle: Konzentrationskette, bei der die Salzbrücke durch eine zweiseitig wirkende Amalgamelektrode ersetzt ist: Ag,AgCl|NaCl|Na,Hg|NaCl|AgCl,Ag.

Diffusionswiderstand

Elektrodenkinetik: Beschreibt die Konzentrationsverarmung vor der Elektrodenoberfläche (^{s}) gegenüber dem Elektrolytinneren. Folgt aus der NERNST-Gleichung mit $c_i^s/c_i = 1 - I/I_{lim}$ und $c_i = c_{ox}$ und $c_{red} = 1$.

$$R_d = \eta_d I = \frac{RT}{zF\,|I_{lim}|}$$

I_{lim} Diffusionsgrenzstrom, η_d Diffusionsüberspannung.

Dimensionsstabile Anode

DSA. Mit Ruthenium- od. Iridiumdioxid beschichtete Titannetzelektrode; niedrige Chlorüberspannung. Ersatz für Grafit bei *Chloralkalielektrolyse.

Dispersionseffekt *Debye-Falkenhagen-Effekt.

Disproportionierung

Eine Verbindung mit einem Element in mittlerer Oxidationsstufe zerfällt in Bruchstücke mit höherer und niedrigerer Oxidationsstufe.

Die Umkehrung – Bildung der mittleren Oxidationsstufe aus einer höheren und einer niedrigeren Stufe – heißt *Komproportionierung*.

Disproportionierung.

Edukt	Produkte	Bedingungen
$Au^\oplus$	$Au^{3\oplus}$, Au	wässrig
$Cu^\oplus$	$Cu^{2\oplus}$, Cu	wässrig
Hal_2	$HalO_3^\oplus$, $Hal^\ominus$	heiß, $OH^\ominus$
$HalO^\ominus$	$HalO_3^\oplus$, $Hal^\ominus$	heiß, $OH^\ominus$
ClO_2	$ClO_2^\ominus$, $ClO_3^\ominus$	$OH^\ominus$
$ClO_3^\ominus$	$ClO_4^\ominus$, $Cl^\ominus$	Salze erhitzen
$(CN)_2$	$CN^\ominus$, $OCN^\ominus$	$OH^\ominus$
HNO_2	HNO_3, NO	warme Lösung
$H_4P_2O_6$	H_3PO_3, H_3PO_4	warm, $H^\oplus$
P_4	PH_3, $H_2PO_2^\ominus$	warm, $OH^\ominus$
Si_2F_6	SiF_2, SiF_4	Erhitzen
$Sn(OH)_3^\ominus$	$Sn(OH)_6^{2\ominus}$, Sn	warm, wässrig
$S_2O_6^{2\ominus}$	H_2SO_4, $SO_3^{2\ominus}$	warm, $H^\oplus$
$TiCl_3$	$TiCl_2$, $TiCl_4$	Erhitzen
H_2O_2	H_2O, O_2	Katalyse

Dissoziation s. Kap. Analytische Chemie.

Dissoziationseffekt

1. *Wien-Effekt.* Im starken elektrischen Feld ($> 2 \cdot 10^7$ V/m) bewegt sich ein Ion schneller als sich die *Ionenwolke der umgebenden Gegenionen aufbauen kann (ca. 1 m/s). Vgl. *Debye-Hückel-Theorie.

2. *Wien-Effekt.* Im starken elektrischen Feld steigt der Dissoziationsgrad eines schwachen Elektrolyten. Die Leitfähigkeit erreicht die molare *Grenzleitfähigkeit.

Doppelschicht, elektrolytische

An der Phasengrenzfläche zw. Elektronenleiter (Elektrode) und Ionenleiter (Elektrolyt) ausgebildete Raumladungsschicht; modelliert durch einen Plattenkondensator von 5 bis 50 μF/cm^2 an glatten und einigen Millifarad an rauhen Oberflächen.

1) Helmholtz-Modell der starren Doppelschicht. Die geladene Elektrodenoberfläche zieht entgegenges. geladene Ionen aus dem Elektrolyten an, wobei sich die starre Doppelschicht von ca. 0,2 nm Dicke bildet. Die Oberflächenladungsdichte von Elektrode σ und Elektrolytseite $-\sigma$ sind betragsmäßig gleich.

$$\sigma \equiv |\vec{D}| = \frac{Q}{A} = \varepsilon_r \varepsilon_0 \, |\vec{E}| = \frac{\varepsilon U}{d}$$

$\vec{D}$ Verschiebungsdichte (C m^{-2})

Elektrode und Elektrolyt haben verschiedene Potentiale; in der Doppelschicht fällt die GALVANI-Spannung $U = \Delta\varphi$ ab; die *Doppelschichtkapazität $C = Q/U$ bildet sich aus.

2) Gouy-Chapman-Modell der diffusen Doppelschicht. Durch Wärmebewegung und osmotischen Druck verschmieren die Überschussladungen vor der Elektrode auf <1 nm bis 10 nm Dicke in den Elektrolyten hinein. Die diffuse Schicht wächst mit steigender Elektrolytverdünnung.

a) *Elektrostatisches Modell:* punktladungsförmige Ionen, unbeschränkt beweglich im Elektrolyten, beliebig nahe der Elektrodenoberfläche ($x = 0$).

Doppelschichtdicke verschwindet bei hoher Spannung, d. h. Kapazität wächst.

Die POISSON-BOLTZMANN-Gleichung gilt: Die Elektrolytlösung sei in parallele Schichten dx unterteilt, im therm. Gleichgewicht miteinander. Die Energie der Ionen in einer Schicht ändere sich kontinuierlich in Abh. des lokalen elektrischen Potentials.

b) *Ladungsdichte* in der diffusen Doppelschicht

$$\varrho(x) = \sum \frac{N_i}{V} z_i e = -\varepsilon_0 \varepsilon_r \frac{d^2\varphi}{dx^2} \quad \text{(Poisson)}$$

$$N_i = N_i^b e^{-ze\varphi/kT} \quad \text{(Boltzmann)}$$

$$\frac{\partial^2\varphi}{\partial x^2} = -\frac{e}{\varepsilon_0 \varepsilon_r} \sum_i \frac{N_i^b}{V} z_i e^{-z_i e\varphi/kT}$$

$$= \frac{1}{2} \frac{\partial}{\partial\varphi} \left(\frac{\partial\varphi}{\partial x}\right)^2$$

N_i^b Bezugszustand im Elektrolytinneren (Bulk).

c) *Potentialgradient,* bezogen auf ein Teilchen (mit k) oder die Stoffmenge (R).

$$\left(\frac{\partial\varphi}{\partial x}\right)^2 = \frac{2kT}{\varepsilon_0 \varepsilon_r} \sum \frac{N_i^b}{V} \left[e^{-ze\varphi/kT} - 1\right] =$$

$$= \frac{2RT}{\varepsilon_0 \varepsilon_r} \sum c_i^b \left[e^{-N_A ze\varphi/RT} - 1\right]$$

d) *Feldstärke* in der diffusen Doppelschicht, für *symmetrische Elektrolyte* ($z{:}z$-Elektrolyte, z.B. HCl, NaCl, CaSO$_4$).

$$|\vec{E}| = \frac{d\varphi}{dx} = -\sqrt{\frac{8kT N^b/V}{\varepsilon_0 \varepsilon_r}} \sinh\left(\frac{ze\varphi}{2kT}\right) =$$

$$= -\sqrt{\frac{8RT c^b}{\varepsilon_0 \varepsilon_r}} \sinh\left(\frac{N_A ze\varphi}{2RT}\right)$$

e) *Lineares Potentialprofil* f. symmetr. Elektrolyte.

$$\frac{\tanh\left(\frac{ze\varphi}{4kT}\right)}{\tanh\left(\frac{ze\varphi_0}{4kT}\right)} = e^{-Bx} \quad \text{mit}$$

$$B = \sqrt{\frac{2z^2 e^2 N^b/V}{\varepsilon kT}} \approx 3{,}288 \cdot 10^9 \, z\sqrt{c^b} \text{ m}^{-1}$$

für wässrige Lösungen, 25°C, $\varepsilon_r = 78{,}49$, Elektrolytkonzentration c^b in mol/ℓ. Konstante B beschreibt den räumlichen Abfall des Potentials in der diffusen Schicht.

φ_0 groß $\hat{=}$ steiler Potentialabfall $\hat{=}$ hohe Elektrodenladung $\hat{=}$ kompakte Doppelschicht (<100 nm bei 1 V).

φ_0 klein $\hat{=}$ exponentieller Potentialabfall ins Elektrolytinnere $\hat{=}$ ausgedehnte Doppelschicht (>800 nm bei 10 mV).

$$\varphi = \varphi_0 \, e^{-Bx} \qquad \text{für} \quad \varphi_0 \leq \frac{50}{z} \text{ mV}$$

f) *Oberflächenladungsdichte* für symmetrische Elektrolyte. Wenn kein Strom fließt, ist die Feldstärke auf allen Punkten der Elektrodenoberfläche Null; ebenso die Nettoladung der Phasengrenze.

$$Q = \sigma A = \varepsilon_0 \varepsilon_r \int_A |\vec{E}| \, d\vec{A} = \varepsilon_0 \varepsilon_r A \left(\frac{d\varphi}{dx}\right)_{x=0}$$

$$\sigma_{\text{elode}} = -\sigma_{\text{elyt}} = \sqrt{\frac{8kT\varepsilon N^b}{V}} \sinh\left(\frac{ze\varphi_0}{2kT}\right)$$

Speziell für wässrige Lösungen, 25°C:

$$\sigma_{\text{elode}} = 0{,}1174 \frac{\text{A s}}{\text{m}^2} \cdot \sqrt{c^b} \, \sinh(19{,}47 \cdot z\varphi_0)$$

Dicke der diffusen Doppelschicht eines wässrigen 1-1-Elektrolyten bei 25 °C.

c^b (mol/ℓ)	1	0,1	0,01	0,001	0,0001
Dicke β (nm)	0,3	0,96	3,04	9,62	30,4

3) Stern'sches Doppelschichtmodell. Kombination von HELMHOLTZ- und GOUY-CHAPMAN-Modell.

Doppelschicht = starre Schicht + diffuse Schicht

Vor der Elektrode sei eine Lösungsmittelschicht; spezif. *Adsorption von Ionen an der äußeren Helmholtzfläche (OHP = solvatis. Ionenradius); dazwischen Ladungsdichte Null; Wärmebewegung vernachlässigbar.

a) *Galvani-Spannung.* Die Maxwell-Boltzmann-Verteilung mit elektr. Potential $E = q_i(\varphi(x + r_i) - \varphi_{el})$ und Ionenstärke $I = \frac{1}{2} \sum z_i^2 c_i$ führt zur DGL:

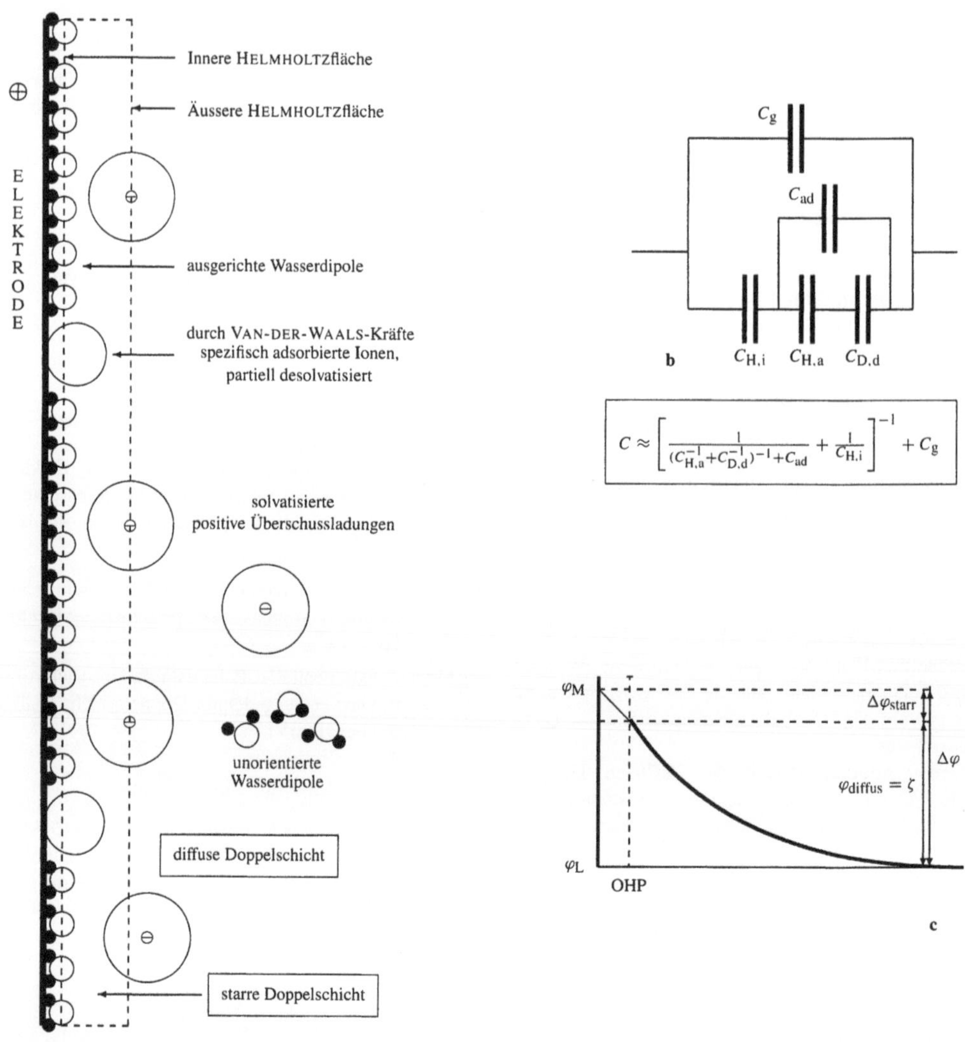

$$C \approx \left[\frac{1}{(C_{H,a}^{-1}+C_{D,d}^{-1})^{-1}+C_{ad}} + \frac{1}{C_{H,i}} \right]^{-1} + C_g$$

Abbildung 11.1 a Stern-Modell mit starrer und diffuser Doppelschicht. – **b** Elektrodenkapazität aus innerer und äusserer Helmholtz-Kapazität $C_{H,i}$, $C_{H,a}$, diffuser Doppelschichtkapazität $C_{D,d}$, faradayscher Adsorptionskapazität C_{ad} und geometrischer Kapazität C_g. – **c** Potentialverlauf durch die Doppelschicht: OHP = äussere Helmholtzfläche, ζ Zeta-Potential, $\Delta\varphi$ Galvani-Spannung, L Lösung, M Metallelektrode.

$$\frac{\partial^2\varphi}{\partial(x+r_i)^2} = \beta^2[\varphi(x+r_i) - \varphi_{el}]$$

Lösung mit den Randbedingungen $\varphi(x = r_i) = \varphi_{OHP}$ und $\varphi(x + r_i \to \infty) = \varphi_{el}$, also auch $\varphi_{OHP} - \varphi_{el} =$ const.

$$\Delta\varphi = \Delta\varphi_{starr} + \Delta\varphi_{diffus} = \Delta\varphi_{starr} + \zeta$$

ζ Zetapotential = Galvani-Spannung d. diffusen Schicht.

Für große Ionenstärken (ab 0,1 mol/ℓ) und hohe Potentiale ist die Doppelschicht praktisch *starr* (ca. 0,1 nm bei 100 kV/m), sonst diffus.

b) *Potentialprofil* für symmetrische Elektrolyte (*Poisson-Gleichung).

$$\frac{\tanh\left(\frac{ze\varphi}{4kT}\right)}{\tanh\left(\frac{ze\varphi_0}{4kT}\right)} = e^{-B(x-x_{OHP})} \quad \Leftrightarrow$$

$$\varphi = \frac{4kT}{ze} \arctan\left[\tanh\left(\frac{ze\varphi_0}{4kT}\right) e^{-B(x-x_{OHP})}\right]$$

Potential in der starren Schicht:

$$\varphi_0 = \varphi_{OHP} - \left(\frac{d\varphi}{dx}\right)_{OHP} \cdot x_{OHP}$$

Überschussladungsdichte

$$\sigma = -\sigma_{elyt} = -\varepsilon\left(\frac{d\varphi}{dx}\right)_{OHP} =$$

$$= \sqrt{\frac{8kT\varepsilon N^b}{V}} \sinh\left(\frac{ze\varphi_{OHP}}{2kT}\right)$$

A	wirksame Elektrodenoberfläche	(m^2)
C_D	differentielle Doppelschichtkapazität	(F)
c_i	molare Ionenkonzentration	(mol/ℓ)
d	Dicke der Helmholtzschicht	(m)
$\vec{D}$	Verschiebungsdichte	$(C\,m^{-2})$
$\vec{E}$	elektrische Feldstärke	(V/m)
e	Elementarladung	(C)
k	Boltzmann-Konstante	(J/K)
N/V	Teilchendichte	(m^{-3})
N_A	Avogadro-Konstante	(mol^{-1})
Q	Ladung der Elektrodenoberfläche	(C)
R	kinetische Gaskonstante	$(J\,mol^{-1}\,K^{-1})$
r_i	solvatisierter Ionenradius	(m)
T	thermodynamische Temperatur	(K)
t	Zeit	(s)
U	angelegte Spannung	(V)
x	Abstand von der Elektrode	(m)
z	Zahl übertragener Elektronen	(Dim. 1)
z_i	Ionenladung	(Dim. 1)
β	Debye-Länge = Radius der	
	solvatisierten Überschussionen	(m)
ε	Permittivität des Elektrolyten	(F/m)
φ	Galvani-Potential	(V)
	= Potential im Elektrodeninneren	
φ_0	Potentialabfall in der elektrolyt-	
	seitigen Doppelschicht	(V)
ψ	Volta-Potential	(V)
	= Potential der Elektrodenoberfläche	
σ	Flächenladungsdichte	$(C\,m^{-2})$
OHP	äussere Helmholtz-Fläche	
i	Index: Ionensorte	
b	Bulk, Elektrolytinneres	

Doppelschichtkapazität

Die Elektrode im Elektrolyten verhält sich wie ein elektrischer Kondensator.

1) Starre Doppelschicht (Helmholtz-Modell).

$$C_{D,H} = \frac{\partial Q}{\partial U} = A\,\frac{\partial^2 \sigma}{\partial U^2} = \frac{\varepsilon_0 \varepsilon_r A}{d}$$

Formelzeichen siehe oben.

2) Diffuse Doppelschicht. Differentielle Kapazität für symmetrische Elektrolyte (Gouy-Chapman-Modell).

$$\begin{aligned}
C_{D,d} &= A\,\frac{d\sigma}{d\varphi_0} = \\
&= A\sqrt{\frac{2z^2 e^2 \varepsilon N^b/V}{kT}}\,\cosh\left(\frac{ze\varphi_0}{2kT}\right) = \\
&= AF\sqrt{\frac{2z^2 \varepsilon c^b}{RT}}\,\cosh\left(\frac{zF\varphi_0}{2RT}\right)
\end{aligned}$$

Verdünnte wässrige Lösung (25°C)

$$C_{D,d}/A = 2{,}285\,z\sqrt{c^b}\,\cosh(19{,}47\,z\varphi_0)\ \text{F/cm}^2$$

3) Stern'sche Doppelschicht. Starre und diffuse Doppelschicht (Stern-Modell) in F/m^2.

$$\frac{1}{C_D} = \left(\frac{d\sigma}{d\varphi_0}\right)^{-1} = \frac{1}{C_{D,H}} + \frac{1}{C_{D,d}} =$$

$$= \underbrace{\frac{x_{OHP}}{\varepsilon}}_{\text{starr}} + \underbrace{\left[\sqrt{\frac{2z^2 e^2 \varepsilon N^b/V}{kT}}\,\cosh\left(\frac{ze\varphi_0}{2kT}\right)\right]^{-1}}_{\text{diffus}}$$

4) Kapazitätsminimum. Das Minimum der flach-U-förmigen Kapazität-Spannung-Kurve $C_D(U)$ liegt beim *Nulladungspotential φ_z.

$$C_{D,d} = \frac{Q}{\varphi - \varphi_z} \approx \frac{\varepsilon_{Lm}}{2\pi\beta}$$

β Debye-Länge = Dicke der diffusen Schicht.

Durchtrittselektrode

charge transfer electrode oder *nonblocking electrode*. Strom und Reaktionsgeschwindigkeit sind der transportierten Ladung durch die Elektrode-Elektrolyt-Grenzfläche nach dem *Faraday-Gesetz proportional. An einer *blocking electrode* laufen zusätzlich nichtfaradaysche Prozesse (Adsorption, Desorption) ab.

Durchtrittsfaktor

*Transferkoeffizient, Symmetriekoeffizient α. Maß für die Symmetrie des Aktivierungsberges der *Durchtrittsreaktion und der Strom-Spannungs-Kurve. Vgl. *Tafel-Gleichung.

$\alpha = 0{,}5$ symmetrisch,

$\alpha < 0{,}5$ seitig der reduzierten Spezies; flache i-E-Kurve.

$\alpha > 0{,}5$ seitig der oxidierten Spezies; steile i-E-Kurve.

Durchtrittshemmung

Elektronen- oder Ionentransfer durch eine Phasengrenze; z. B. Elektronenübergang vom Elektrolyten durch die *Doppelschicht ins Leitungsband der Elektrode (Tunneleffekt).

Durchtrittswiderstand

Für eine *Durchtrittsreaktion folgt aus der *Butler-Volmer-Gleichung für kleine Überspannung η (und $e^x \approx 1 + x$).

$$R_D = \frac{\eta_D}{I} = \frac{RT}{zFI_0}$$

R_D Durchtrittswiderstand, η_D Durchtrittsüberspannung, I Stromstärke, I_0 Austauschstrom.

Eisenelektrode

*Korrosionselement in wässriger Lösung. Schritt 2 ist geschwindigkeitsbestimmend. Vgl. *Sauerstoffreduktion, *Korrosion.

$$
\begin{array}{lrcl}
(1) & Fe + H_2O & \rightleftharpoons & [FeOH] + H^{\oplus} + e^{\ominus} \\
(2) & [FeOH] & \rightleftharpoons & FeOH^{\oplus} + e^{\ominus} \\
(3) & FeOH^{\oplus} + H^{\oplus} & \rightleftharpoons & Fe^{2\oplus} + H_2O \\
\hline
 & Fe & \rightleftharpoons & Fe^{2\oplus} + 2e^{\ominus}
\end{array}
$$

Elektrochemisches Potential

Nach GUGGENHEIM (1929) die Summe aus elektrischem Potential und chemischem Potential.

$$\tilde{\mu} = \varphi + \mu$$

Um dem elektrochemischen System 1 mol Ionen aus unendlicher Entfernung zuzuführen, ist die Arbeit $zeN_A\varphi = zF\varphi$ aufzuwenden.

$$\boxed{\tilde{\mu}_i = \mu_i^0 + z_i F \varphi_i} \quad \text{und} \quad \boxed{\sum \nu_i \tilde{\mu}_i = 0}$$

über alle Phasen. Speziell für eine *Metallelektrode* im Phasengleichgewicht mit der Elektrolytlösung:

$$\underbrace{\mu_{M^{2\oplus}}^0 + RT \ln a_{M^{z\oplus}} + zF\varphi_{M^{z\oplus}}}_{\text{Elektrolyt}} =$$

$$= \underbrace{\mu_M^0 + RT \ln a_M + zF\varphi_M}_{\text{Elektrode}}$$

$\tilde{\mu}$ elektrochemisches Potential (J/mol), F Faraday-Konstante, z_i Ionenwertigkeit.

Elektrode

Elektrischer Leiter (Elektronenleiter), der sich gegenüber einem Elektrolyten (Ionenleiter) positiv oder negativ auflädt.

1. An der *Anode*: definitionsgemäß *Oxidation* (elektronenliefernder Vorgang); Anionen werden entladen.
Kathode: *Reduktion* (elektronenverbrauchender Vorgang) ab; Kationen werden entladen.
2. Die Kombination von Anode und Kathode in einem Elektrolyten heisst *elektrochemische Zelle*. In der *galvanischen Zelle* (Batterie) ist die Anode Minuspol (= Elektronenquelle) und die Kathode Pluspol (= Elektronenverbraucher). In der *Elektrolysezelle* ist es umgekehrt.
3. *Anodische* Ströme tragen positives Vorzeichen (Elektronenfluss: Elektrolyt → Elektrode).
Kathodische Ströme haben negatives Vorzeichen (Elektronenfluss: Elektrode → Elektrolyt).
Definition von Anode und Kathode.

	Anode	Kathode
Vorgang:	Oxidation	Reduktion
Entladung von:	Anionen	Kationen
Elektrolyse:	Pluspol	Minuspol
Batterie:	Minuspol	Pluspol
Normalpotential:	negativer	positiver
Im Vakuum:	Elektronensog	Elektronendruck
Stromstärke:	$I > 0$	$I < 0$

Elektrodenarten

Einteilung der Elektronenleiter nach dem potentialbestimmenden Vorgang.
1) Elektrode 1. Art. Metallionen treten vom Elektrodenmaterial in die Elektrolytlösung aus; die Ionenaktivität $a_{M^{z\oplus}}$ bestimmt das Potential.
- Metallionenelektrode: $M \rightarrow M^{z\oplus} + ze^{\ominus}$.
(z. B. Zinkblech in Zinksulfatlösung).
- *Amalgamelektrode*: $K(Hg) \rightleftharpoons K^{\oplus} + e^{\ominus} + Hg$
2) Elektrode 2. Art. Ein Metall, gelöste Metallionen und ein schwerlösliches Salz stehen im Gleichgewicht. Anwendung als *Bezugselektrode*.
3) Elektrode 3. Art. Ein Metall, kombiniert mit schwer und mäßig löslichen Salzen desselben Anions; z. B. $Hg/Hg_2J_{2,(s)}, TlJ_{(s)}, TlNO_3$.
4) Inerte Elektrode. Reagiert auf äußere Gleichspannung (unterhalb der Zersetzungsspannung der Lösung) allein mit Umladung der Doppelschicht.
5) Nicht polarisierbare Elektrode, engl. *ideal depolarized electrode, nonpolarizable electrode*. Ändert ihr Potential bei Stromfluss nicht (senkrechte Strom-Spannungs-Kennlinie); ungehemmter Elektronen- und Ionenaustausch zwischen Elektrode und Elektrolyt; kleine Überspannung, hohe Austauschstromdichte; z. B. $Ag/Ag^{\oplus}$-, Kalomel-, Pt/H_2-Elektrode.
6) Polarisierbare Elektrode, engl. *ideal polarizable electrode*. Bei allen Potentialen fließt kaum Strom (waagrechte Strom-Spannungs-Kennlinie); z. B. Quecksilber in Kochsalzlösung.
7) *Durchtritts-, Redox-, *Mischelektrode.

Elektrodenkinetik *Elektrodenvorgänge.

Elektrodenmaterial

*Amalgamelektrode, *Bezugselektrode, *Dimensionsstabile Elektrode, *Eisenelektrode, *Goldelektrode, *Kohlenstoffelektrode, *Platinelektrode, *Quecksilberelektrode, *Sauerstoffelektrode, *Silberelektrode, *Wasserstoffelektrode.

Elektrodenpotential

Potentialdifferenz (= GALVANI-Spannung $\Delta\varphi$) an der Grenzfläche zw. Elektrode und Elektrolyt; als Zellspannung E gegen *Bezugselektrode gemessen.

$$\boxed{E = \Delta\varphi - \Delta\varphi_{\text{ref}}} \quad \text{V}$$

Internat. definierte Bezugselektrode ist die Normalwasserstoffelektrode (NHE) mit dem Bezugspotential $\varphi^0_{\text{NHE}} \equiv 0$.

$$\boxed{E = \Delta\varphi - \Delta\varphi_{\text{NHE}} = E^0 + \frac{RT}{zF} \ln a_{M^{z\oplus}}}$$

E^0 heißt Standard-Elektrodenpotential oder *Normalpotential*, und ist die gegen NHE bei 25 °C in 1-aktiver Lösung gemessene Zellspannung.

$$\boxed{E^0 \equiv \Delta\varphi(25\,°C, 101325\,Pa, 1\,mol/\ell)}$$

Spezialfälle sind:
1. *Ruhepotential: E im stromlosen Zustand.
2. *Gleichgewichtspotential: Potential im elektrochemischen Gleichgewicht.
3. *Redoxpotential
4. *Membranpotential

Elektrodenpotential, absolutes

Nicht messbar! *Normalpotentiale sind gegen NHE gemessene Zellspannungen; das willkürlich Null gesetzte Potential des Vorgangs $H_2 \rightleftharpoons 2H^{\oplus} + 2e^{\ominus}$ liegt tatsächlich bei ca. +4,73 mV (freie Enthalpie 868 J/mol).

Elektrodensteilheit

Thermodynamischer Faktor.
1) *Theoretische Elektrodensteilheit* oder *Nernst-Faktor*: $E_N = RT/F$
2) Ionenmeter. Geradensteigung der Elektrodenspannung gegen die logarithmische Ionenaktivität ermittelt. Positives Vorzeichen für Kationen, negatives für Anionen.

$$E_N = \frac{\partial E}{\partial \ln a_i} = 2{,}303\,\frac{\partial E}{\partial \log a_i}$$

3) pH-Meter. Die *praktische Steilheit S*

$$\boxed{S = \frac{F}{RT}\left(\frac{\partial E}{\partial \text{pH}}\right)}$$

wird am Steilheitspotentiometer, die *theoretische Steilheit* (Nernst-Spannung) am Temperaturpotentiometer eingestellt. Übliche pH-Meter sind auf einwertige Ionen ausgelegt.

Elektrodenvorgänge

An der Elektrodenoberfläche finden kinetisch gehemmte Prozesse statt, die durch ein *Ersatzschaltbild beschrieben werden.
1. Stofftransport (Diffusion, Konvektion),

Tabelle 11.4 Typen von Elektrodenreaktionen (r reversibel, q quasireversibel, i irreversibel).

Elektrodenreaktion	$Ox + z\,e^{\ominus}$	$\rightleftharpoons$	Red
Vorgelagerte chemische Reaktion (1. Ordnung)	$Y \rightleftharpoons Ox$	$\overset{ze^{\ominus}}{\rightleftharpoons}$	Red
Katalytische Reaktion (1. Ordnung)	$A + e^{\ominus}$	$\rightleftharpoons$	$B \longrightarrow A + C$
(2. Ordnung)	$2\,A + 2\,e^{\ominus}$	$\rightleftharpoons$	$2\,B \longrightarrow A + C$
$EC_{r,q,i}$-Mechanismus	$Ox + z\,e^{\ominus}$	$\rightleftharpoons$	$Red \longrightarrow P$
$ECE_{r,q,i}$-Mechanismus	$Ox + z\,e^{\ominus}$	$\rightleftharpoons$	$Red \longrightarrow A \overset{ze^{\ominus}}{\longrightarrow} B$
Dimerisation	$Ox + z\,e^{\ominus}$	$\rightleftharpoons$	$Red \overset{Red}{\longrightarrow} Red_2$
Polymerisation	$Ox + z\,e^{\ominus}$	$\rightleftharpoons$	$Red \cdots \overset{n\,Ox}{\longrightarrow} Red{\cdot}Ox_n \longrightarrow B$
Parallelreaktion an der Elektrode…	$Ox \rightleftharpoons Ox_{ad}$	$\overset{+ze^{\ominus}}{\longrightarrow}$	B_1
…und in Lösung	Ox	$\overset{+ze^{\ominus}}{\longrightarrow}$	B_2
geschwindigkeitsbest. Adsorption/Desorption	Ox	$\overset{+ze^{\ominus}}{\longrightarrow}$	$Red \longrightarrow Red_{ad}$
Adsorption	Ox	$\rightleftharpoons$	Ox_{ad}
Vorausgehende Reaktion und Adsorption	Y	$\rightleftharpoons$	$Ox \rightleftharpoons Ox_{ad}$

2. Elektronentransfer an der Elektrodenoberfläche (Durchtrittsvorgang),

3. homogen oder heterogen-katalytische chemische Reaktion vor oder nach dem Durchtrittsvorgang,

4. Oberflächenreaktionen (Adsorption, Desorption, Kristallisation).

Der langsamste Teilschritt bestimmt den Strom.

● *Irreversible Elektrodenvorgänge* wirken wie ohmsche Widerstände und setzen Wärme frei; z. B. Durchtritt, heterogene Reaktion.

● *Reversible Elektrodenvorgänge* wirken wie Blindwiderstände und folgen dem Faraday-Gesetz; z. B. Diffusions- und Reaktionshemmung.

Man unterscheidet: *Durchtrittshemmung, *Diffusionshemmung, *Reaktionshemmung, *Konzentrationspolarisation, *Migration, *Kristallisationshemmung.

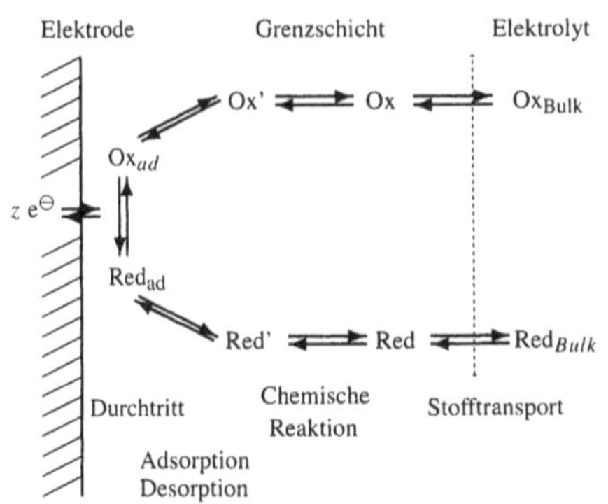

Auf die Elektrodenkinetik, d. h. die Geschwindigkeit der potentialbestimmenden Elektrodenreaktion, haben Einfluss:

1. *Externe Variablen:* Temperatur, Druck, Zeit, Gleichgewichtslage.

2. *Elektrische Größen:* Potential, Strom, Ladung, Polarisation.

3. *Elektrodeneigenschaften:* Material, Geometrie, Oberfläche, Reversibilität.

4. *Stofftransport:* Diffusion, Konvektion, Oberflächenkonzentration, Adsorption.

5. *Elektrolyteigenschaften:* Bulkkonzentration, pH, Lösungsmittel.

6. *Messverfahren:* Amplitude, Änderung des Systems unter Belastung.

Gleichungen der Reaktionskinetik: *Poisson-Gleichung, *Stofftransport, *Heterogene Reaktion, *Reaktionsgeschwindigkeit, *Faraday-Stromdichte *Elektrochem. Reaktionsordnung, *Aktivierungsenergie, *Nernst-Gleichung, *Überführungszahl.

Durchtrittskinetik: *Butler-Volmer-Gleichung, *Durchtrittswiderstand, *Austauschstromdichte, *Tafel-Gleichung,

Stofftransport-limitierte Kinetik: *Fick'sches Gesetz, *Diffusionswiderstand, *Diffusionsgrenzstrom, *Diffusionsgrenzschicht.

Elektrodialyse

Analyt.-techn. Verfahren zur Stofftrennung flüssig/flüssig; z. B. zur Entsalzung von Meer- und Brackwasser (küstennahes Grundwasser). Ionische Verunreinigungen werden durch selektive Membranen unter Triebkraft eines elektr. Feldes abgetrennt.

1) Wasserentsalzung. Elektrodialyse-Modul aus 100–200 Dreikammereinheiten bei mehreren hundert Volt. Aufbau von links nach rechts:

1. Graphitanode in aufkonzentrierter NaCl-Lösung (Chlorabscheidung).

2. Dreikammereinheit:

a) *Anionenaustauscher-Membran:* $Cl^{\ominus}$ treten zur Anode durch, Kationen aus Anodenraum nicht.

b1) Kathodenraum mit Zulauf NaCl-Sole, Ablauf entsalztes Wasser.

b2) *Kationenaustauscher-Membran:* $Na^{\oplus}$ wandern zur Kathode durch, Anionen aus dem benachbarten rechten Anodenraum nicht.

c) Anodenraum mit Zu- u. Ablauf: NaCl-Sole.

3. Weitere Dreikammereinheiten (a bis c).

4. Eisenkathode in NaCl-Sole (H_2-Abscheidung).

Die Salzsole wird zur Kochsalzgewinnung eingedampft oder durch Chloralkalielektrolyse zu Chlor und Natronlauge weiterverarbeitet.

Elektrochemie

11

2) Anwendungen. Entmineralisierung von Glucose- u. Rohrzuckerlösungen, Glycerin, Fruchtsäften, Lösungsmitteln, Molke, Sulfitablauge. Gewinnung freier Säuren aus Salzen ohne Chemikalienbedarf.

Beispiel: Sebacinsäure-Synthese aus Natriumsebacinat in Zweikammerzelle mit Kationenautauschermembran (kathodisch H_2 und NaOH, anodisch O_2 und Ausfall schwerlöslicher Sebacinsäure.)

Elektroflotation

Techn. Verfahren zur Stofftrennung fest/fest, z. B. zur Erzaufbereitung. Kolloidale oder schlammartige Verunreinigungen werden durch elektrolytisch erzeugten Wasserstoff und Sauerstoff zur Flüssigkeitsoberfläche transportiert und dort abgeräumt.

Elektrogravimetrie

Kathodische Abscheidung an einer Platinelektrode; z. B. Edelmetalle (Au, Pt, Ag, Cu), Blei, Zink. Es wird bis zur Massenkonstanz abgeschieden und ausgewogen. Spurenanalytik besser: *Coulometrie.

Elektrokatalyse

Heterogene chemische Reaktion an einer Elektrodenoberfläche. Vgl. *Elektrodenkinetik.

Elektrolyse

Die Zersetzung eines festen, flüssigen oder schmelzflüssigen Ionenleiters (*Elektrolyt) durch den elektrischen Strom.

1) Bei der *Elektrolyse wässriger Lösungen* (Säuren, Basen, Salzlösungen) wird stets Wasser zersetzt.

• An der *Kathode* scheiden sich edle Metalle oder Wasserstoff ab.

• An der *Anode* scheidet sich Sauerstoff ab (auch chloridhaltigen Lösungen: Chlor) oder es werden andere Anionen entladen.

Elektrolyt	Abscheidung	
	Anode	Kathode
HCl	Cl_2	H_2
H_2SO_4	O_2	H_2
$CuSO_4$	O_2	Cu
$ZnCl_2$	O_2	H_2
NaOH	O_2	H_2

*Faraday-Gesetze, *Coulometrie, *Ausbeute, *Wasserelektrolyse.

2) Elektrolysearten.
*Gewinnungselektrolyse, *Raffinationselektrolyse, *Chloralkalielektrolyse, *Schmelzflusselektrolyse, *Elektrosynthese, *Galvanotechnik, *Eloxieren, *Metallbearbeitung, *Opferanode.

Elektrolyt

Ionenleiter; fest, flüssig oder schmelzflüssig; leitet den elektrischen Strom durch Wanderung von *Ionen.

• *Starker Elektrolyt* (z. B. starke Säure oder Base, Salzlösung), leitet gut; *Dissoziationsgrad hoch.

• *Schwacher Elektrolyte* (z. B. Reinstwasser, organische Verbindung, schwache Säure oder Basen), leitet schlecht; Dissoziationsgrad niedrig.

• *Echter Elektrolyt:* liegt ionisch vor, bevor er in Schmelze oder Lösung geht, z. B. Salze.

• *Potentieller Elektrolyt:* bildet Ionen in wässriger Lösung, z. B. stark polare Moleküle (HCl).

• *Nichtelektrolyt* (Isolator, Dielektrikum): leitet den elektr. Strom nicht; unpolare Moleküle (Benzol).

Beispiele für Elektrolyte

• *Salzlösungen* in wässr. und organ. Lösungsmitteln (*Aktivität, *Lösung).

• *Schmelzelektrolyte,* eutektische Salzschmelzen (Erstarrungspunkt unterhalb demjenigen der Einzelkomponenten).

• *Anorganische Festelektrolyte:* Leitfähig durch in der Festmatrix bewegliche Ionen.

• *Oxidionenleiter,* z. B. Zirkondioxidkeramik ($ZrO_2 \cdot Y_2O_3$ bei 1000°C als Sauerstoffsensor, *Lambdasonde im Kfz-Abgaskatalysator). β-Alumina ($Na_2O \cdot x\,Al_2O_3$ bei 350°C).

• *Silberionenleiter,* z. B. $RbAg_4I_5$ (bei 25°C).

• *gemischte Leiter:* PbO_2, PbS, ZnO u. a. sind bei Raumtemperatur Elektronenleiter, bei hohen Temperaturen zusätzlich ionische Leiter.

• *Organische Festelektrolyte* (SPE, *solid polymer electrolyte*). Leitfähige Polymere, Protonenaustauschermembranen (PEM, *proton exchange membrane*) für Chloralkalielektrolyse, Wasserelektrolyse und Elektrodialyse.

Struktur einer PEM-Membran aus perfluorierten Sulfonsäuren (Nafion®).

$$-[(CF_2CF_2)_{6.6}(CF_2-CF)]_n-$$
$$|$$
$$(OCF_2-CFCF_3)_{0...3}$$
$$|$$
$$O-(CF_2)_{2...5}-SO_3^{\ominus}H^{\oplus}$$

Elektrolyteffekte

*Relaxationseffekt, *Elektrophoretischer Effekt, *Debye-Falkenhagen-Effekt, *Dissoziationseffekt, *Fremdionenzusatz, *Ionenwolke.

Elektrolytleitfähigkeit

Elektr. *Leitfähigkeit κ_{el} (in S/m) eines Ionenleiters (Elektrolyt). Maß für den Stromtransport durch Mobilität von Ionen im festen, flüssigen oder schmelzflüssigen Medium. Vgl. *Ionenbeweglichkeit, *Überführungszahl, *Diffusionskoeffizient, *Onsager-Theorie.

Elektrolyttheorie

*Debye-Hückel-Theorie, *Onsager-Theorie, *Doppelschicht, *Gouy-Chapman-Modell, *Stern-Modell, *Elektrolyteffekte.

Elektrolytwiderstand

Ohmscher Widerstand des Ladungsträgertransports durch Ionenleiter im elektr. Feld. Speziell: Ohmscher Widerstand der Lösung zw. den Messelektroden, $R_{el} = \varrho_{el} l / A$.

Elektrometrisches Messverfahren

Elektroanalytik. Abgeleitet von den elektr. Messgrößen:

1. *Spannung:* *Potentiometrie = EMK-Messung, Voltametrie, Polarografie.

2. *Ladungsmenge:* *Coulometrie, *Elektrogravimetrie.

3. *Strom:* *Amperometrie.

4. *Widerstand:* *Konduktometrie.

Grundsätzlich werden unterschieden:

• *Stationäre Methoden:* Strom oder Spannung zeitlich konstant.

Tabelle 11.5 Elektrometrische Messverfahren: AE Arbeitselektrode, BE Bezugselektrode, GE Gegenelektrode, V Reagenzvolumen, U Spannung, I Stromstärke, κ elektrische Leitfähigkeit, G Leitwert, Q Ladung, n Stoffmenge.

Verfahren	Messgröße	Messbereich	Bestimmungsverfahren	Endpunktverfahren	Messaufbau			
					AE	BE	GE	AE$_2$
Amperometrie								
– Direkt	I	1 nA–10 μA	•		•	•		
– Titration	$I = f(V)$			•	•			•
Voltametrie								
– Direkt	U	1 mV–1 V		•	•	•		
– Titration	$U = f(V)$			•	•			•
Potentiometrie								
– Direkt	U, pH	1 mV–1 V	•		•	•		
– Titration	$U = f(V)$			•	•	•		
Polarografie	I_d	0,1 nA–10 mA	•	•	•	•	•	
Voltammetrie			•	•	•	•	•	
Konduktometrie								
– Direkt	G, κ	10 nS–1 S	•		•			•
– Titration	$\kappa = f(V)$			•	•	•		
Coulometrie								
– galvanostatisch	Q, n	1 nmol–0,1 mol	•		•	•		
– potentiostatisch			•		•	•	•	

• *Instationäre Methoden:* zeitlich veränderliche Ströme oder Spannungen.

• *Quasistationäre Methoden:* Anregung in Gleichgewichtsnähe, z. B. mit einer Wechselspannung kleiner Amplitude oder einer zeitlich linear veränderlichen Spannung (*Potentiodynamische Methoden*).

• *Direkte* oder *absolute Bestimmung:* Der elektrische Strom wirkt selbst als Reagenz.

• *Indirekte* oder *relative Messung:* Elektrische Signale dienen nur zur Bestimmung des Äquivalenzpunktes.

Elektromotorische Kraft (EMK)

Veraltet für: *Urspannung* = reversible *Zellspannung (in Volt)*. Im Inneren der Quelle dasselbe Vorzeichen wie die Stromstärke. Der Begriff „EMK-Messung" wurde durch „Potentiometrie" ersetzt.

Elektroneutralität

Elektrolytlösungen sind nach aussen ungeladen, weil es gleich viele positive wie negative Ladungen gibt. Für eine binäre Verbindung $A_{\nu\oplus}B_{\nu\ominus}$:

$$z = \nu_\ominus z_\ominus = \nu_\oplus z_\oplus$$

Elektrophorese

Analyt. Trennverfahren unter Wanderung – durch spezifische Adsorption von Ionen – geladener Kolloidteilchen (z. B. Kaolin, Biomoleküle) im elektrischen Feld; und bei stehender Trennplatte der Schwerkraft. Wegen der Abstoßung gleichsinnig geladener Teilchen, sind Kolloidlösungen sehr stabil.

• ohne Träger (z. B. Isotachophorese)
• auf Celluloseacetatfolie
• Gel- und Disk-Elektrophorese (auf Stärke, Polyacrylamid)
• Kapillarelektrophorese (HPCE = *high performance capillary electrophoresis*).

Die *Beweglichkeit der Ladungsträger hängt ab von Feldstärke, Teilchenladung, -größe und -form, *Zetapotential, Permittivität und Viskosität des Elektrolyten (vgl. *Stokes-Gesetz); Beeinflussung durch pH-Wert und Temperatur des Trennmediums.

1. *Anwendung:* Kaolingewinnung (am positiv geladenen, rotierenden Bleizylinder), Proteintrennung (z. B. Serumproteine im Blut), DNA-Analyse („Vaterschaftstest" u.a.).

2. *Isoelektrische Fokussierung.* Elektrophoret. Trennung von Ampholyten (z. B. Aminosäuren) nach ihrem isoelektr. Punkt; auf Fertigplatten mit pH-Gradient.

3. *Isotachophorese* oder *Moving Boundary Analysis,* Elektromigrationsanalyse. Trennung kleiner Molekülionen (z. B. Oxalat, Ascorbat, Citrat) nach der *Überführungszahl (Wanderungsgeschwindigkeit). In eine thermostatisierte, bis 1 m lange PTFE-Kapillare ohne Trägermaterial wird der hochbewegliche Leitelektrolyt gefüllt, sodann die Probe und der wenig bewegliche Folgelektrolyt injiziert, das elektrische Konstantstromfeld (ca. 100 μA bei bis zu 30000 V) angelegt. Detektion der Ionenfraktionen am Ende der Laufstrecke: durch UV-Absorption, Leitfähigkeit, Thermoelement.

Elektrophoretischer Effekt

Auf eine bewegte Ladung wirkt bremsend die STOKES'sche Reibungskraft, besonders auf Ionen mit großer Solvathülle. Zwei in entgegengesetzte Richtung wandernde Ionenwolken bremsen einander.

Elektroraffination   *Raffinationselektrolyse.

Elektrosorption

*Adsorption von Teilchen während einer elektrochemischen Reaktion. Kinetische Beschreibung der nicht-dissoziativen Adsorption mit Hilfe einer *Langmuir-Isotherme:

Adsorption	$I_1 = zFk_1(1 - \theta)c_\mathrm{A}\,e^{-\beta U F/RT}$
Desorption	$I_{-1} = zFk_{-1}\theta e^{(1-\beta)U F/RT}$
Gleichgewicht	$\dfrac{\theta}{1 - \theta} = K c_\mathrm{A}\,e^{U F/RT}$

$$\text{mit } K = \frac{k_1}{k_{-1}}$$

F	Faraday-Konstante	(C)
I	Strom	(A)
K	Gleichgewichtskonstante	
k	Geschwindigkeitskonstante	
p	Partialdruck	(Pa)
R	kinetische Gaskonstante	
r	Reaktionsgeschwindigkeit	(s^{-1})
T	absolute Temperatur	(K)
U	Elektrodenspannung	(V)
α	Durchtrittsfaktor	(Dim. 1)
θ	Oberflächenbelegungsgrad	(Dim. 1)

Elektrotauchlackierung

Elektrophoretisches Lackieren. Das üblicherw. kathodisch geschaltete Werkstück, z. B. eine Autokarosserie, taucht in wasserlösl. Lackvorstufen. Unmittelbar an der Metalloberfläche entsteht durch lokale pH-Verschiebung der unlösliche Epoxy- oder Acryllack.

Kathodische Lackierung (pH > 7)

$$R_3NH^{\oplus}RCOO^{\ominus} \longrightarrow R\text{–}COOH + R_3N$$

Anodische Lackierung (pH < 7)

$$RCOO^{\ominus}R_3N^{\oplus} \longrightarrow R\text{–}COOH + R_3N$$

Die Lackteilchen wandern im elektr. Feld bevorzugt zu Stellen hoher Feldstärke (Spitzen, Ecken, Kanten). Da der Überzug isolierend ist, wandern Feldlinien und Abscheidung zu weniger exponierten Flächen und Bauteilrückseite. Ein gleichmäßiger, ca. 10 μm dicker Überzug entsteht binnen Minuten.

Eloxieren

Eloxal-Verfahren (= *E*lektrolytische *Ox*idation des *Al*uminiums) für oberflächenharte, korrosions- und verschleißfeste Aluminiumteile. In 25%iger H_2SO_4 oder 5%iger Oxalsäure bei ca. 10 mA/cm^2 und 13 V (anodisch) und <25°C wird die natürliche Oxidschicht auf 0,2 bis 20 μm verstärkt.

$$\begin{aligned}
\text{(A)} \quad & 2\,OH^{\ominus} \longrightarrow H_2O + \langle O\rangle + 2\,e^{\ominus}\\
& 2\,Al + 3\,\langle O\rangle \longrightarrow Al_2O_3\\
\text{(K)} \quad & 2\,H^{\oplus} + 2\,e^{\ominus} \rightarrow H_2 \uparrow\\
\hline
& 2\,Al + 3\,H_2O \longrightarrow Al_2O_3 + 6\,H^{\oplus} + 6\,e^{\ominus}
\end{aligned}$$

Glanzeloxierung nach elektrolyt. Polieren; anodisch in 75%iger Phosphorsäure und Chrom(IV)-oxid.
Farbige Schichten mit organischen Beizenfarbstoffen; Goldton mit $(NH_4)_3Fe(C_2O_4)_3\cdot 3H_2O$.

eq Abk. f.: *equilibrium*, Gleichgewicht.

Ersatzschaltbild

*Elektrodenvorgänge werden durch elektrotechnische Netzwerke aus Widerständen, Kapazitäten, Induktivitäten etc. modelliert, der Frequengang der *Impedanz interpretiert.

a) Allgemeines Ersatzschaltbild einer wechselstromdurchflossenen Elektrode.

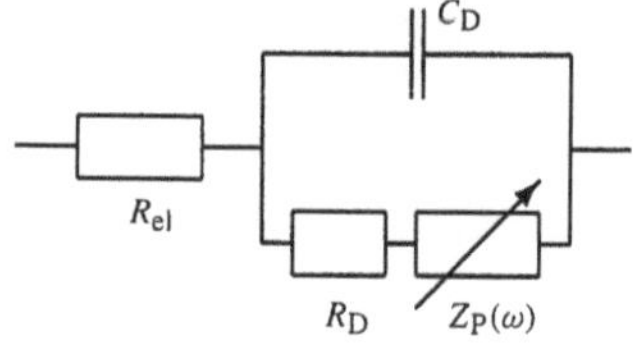

b) Ersatzschaltbild: *Durchtrittselektrode.

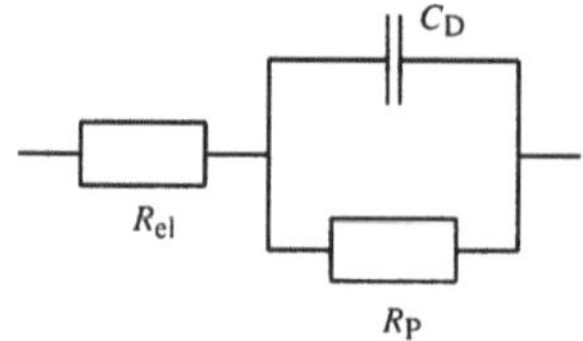

C_D Doppelschichtkapazität, R_D Durchtrittswiderstand, $Z_P(\omega)$ Polarisationsimpedanz, R_{el} Elektrolytwiderstand.

Weitere Netzwerkelemente vgl. *Blindwiderstand, *Verlustkapazitanz, *Young-Impedanz, *Warburg-Impedanz, *Nernst-Impedanz, *Reaktionsimpedanz, *Adsorptionsimpedanz, *Konstantphasenelement, *Asymmetrieelement.

Faraday'sche Gesetze

Theorie der *Elektrolyse und Metallabscheidung.

1) 1. Faraday-Gesetz. Die aus einem Elektrolyten bei der Gleichstromelektrolyse abgeschiedene Stoffmasse – bei eindeutiger Reaktion und 100%-iger Stromausbeute – ist direkt proportional zur durchgeflossenen Ladungsmenge $Q = I\,t$; unabhängig von Elektrodengeometrie und Elektrolytkonzentration. Der Proportionalitätsfaktor k heißt *elektrochemisches Äquivalent* und folgt aus dem 2. FARADAY-Gesetz.

$$\boxed{m = k \cdot Q = k\,I\,t}$$

I Strom (A), Q Ladungsmenge (C = As), t Elektrolysierzeit (s), m abgeschiedene Masse (kg).

2) 2. Faraday-Gesetz. Von gleichen Ladungsmengen abgeschiedene Massen (elektrochemische Äquivalente) verhalten sich wie die molaren Äquivalentmassen.

$$\boxed{\frac{n_1}{n_2} = \frac{z_1}{z_2}} \quad \text{oder} \quad \boxed{\frac{m_1}{m_2} = \frac{M_1/z_1}{M_2/z_2} = \frac{k_1}{k_2}}$$

- Gleiche Strommengen scheiden aus verschiedenen Elektrolyten dieselbe äquivalente Masse ab.
- Zur Abscheidung von einem „Grammäquivalent" ist die Ladungsmenge 96485 C nötig.

Das *elektrochemische Äquivalent k gibt die Stoffmasse an, die von der Ladung 1 C abgeschieden wird.

Die *Stromausbeute* α berücksichtigt, dass Elektrodenreaktionen nicht 100% vollständig ablaufen und Energieverluste auftreten. α ist demnach die Elektrolyseproduktmenge, bezogen auf die nach dem 2. FARADAY-Gesetz zu erwartende Masse.

Abgeschiedene Masse	$m = \alpha\,\dfrac{M I t}{z F} =. \alpha\,k\,Q$
Abgeschiedene Stoffmenge	$n = \alpha\,\dfrac{Q}{z F} = \alpha\,\dfrac{I t}{z F}$
Faraday-Konstante	$F = N_A e \approx 96485$ C
Elektrochem. Äquivalent	$k = \dfrac{M}{z F}$ (in kg/C)
Stromausbeute	$\alpha = \dfrac{m}{m_{\text{faraday}}}$

3) Gasabscheidung. Bei *Elektrolyse wässriger Lösungen entstehen Wasserstoff und Sauerstoff bzw. Chlor; näherungsweise ideale Gase.

Abgeschied. Gasmasse	$m = \dfrac{V^0 M}{V_m} = \dfrac{pV}{T} \cdot \dfrac{T^0}{p^0} \cdot \dfrac{M}{V_m}$
Abgeschied. Volumen	$V = \dfrac{T}{p} \cdot \dfrac{p^0}{T^0} \cdot \dfrac{V_m}{zF} \cdot Q$
Molares Volumen	$V_m = \dfrac{RT}{p^0} = 22{,}4 \ \mathrm{m^3/kmol}$

Bei Normbedingungen (0 °C, 1023 hPa):

Knallgas:	0,1743 mℓ/C = 0,6273 ℓ/Ah
Sauerstoff:	0,05802 mℓ/C = 0,2089 ℓ/Ah
Wasserstoff:	0,1162 mℓ/C = 0,4185 ℓ/Ah

I	Stromstärke	(A)
M	molare Masse (g/mol = kg/kmol)	
n	abgeschiedene Stoffmenge	(mol)
N_A	Avogadro-Konstante: $6{,}022{\cdot}10^{23}\ \mathrm{mol^{-1}}$	
p^0	Normdruck: 101325 Pa = 1,01325 bar	
Q	Ladungsmenge	(C)
T^0	Normtemperatur: 0°C = 273,15 K	
t	Elektrolysierzeit	(s)
z	Ionenwertigkeit	(Dim. 1)
α	Stromausbeute	(%)

Faraday-Konstante

Elektrische Ladung von einem Mol Elektronen.

$$ F = N_A e = 96\,485{,}341\ 9 \ \mathrm{C/mol} $$

Elementarladung e, Boltzmann-Konstante k, Faraday-Konstante F und Gaskonstante R verknüpfen teilchen- und stoffmengenbezogene Betrachtung:

$$ \frac{e}{k} = \frac{F}{R} \quad \text{und} \quad R = N_A k $$

Faraday-Stromdichte

An einer *Durchtrittselektrode fließender Strom.

$$ i = \frac{I}{A} = \frac{1}{A}\frac{\mathrm{d}Q}{\mathrm{d}t} = \frac{zF}{A}\frac{\mathrm{d}n}{\mathrm{d}t} = zFr $$

A Elektrodenfläche, n Stoffmenge, r Reaktionsgeschwindigkeit.

Flüssigphasengrenze

*Diffusionspotential, *Membranpotential.

Flüssigkeitspotential

Potentialsprung an der Phasengrenze zweier Elektrolytlösungen.
An einem Diaphragma: *Diffusionspotential.
An einer Membran: *Membranpotential.

Fotoelektrochemie

Stromerzeugung an Halbleiterelektroden bei Bestrahlung mit Licht.

1. Anregung eines *Elektronendonors* im Elektrolyten $S_{red} \xrightarrow{h\nu} S_{red}^*$. Elektronen treten in den Halbleiter über, wenn das FERMI-Niveau $E_F + h\nu$ des Elektrolyt-Redoxsystems das Elektroden-Leitungsband E_L übertrifft.

2. Anregung eines *Elektronenakzeptors* im Elektrolyten $S_{ox} \xrightarrow{h\nu} S_{ox}^*$. Defektelektronen treten in den Halbleiter über, wenn das FERMI-Niveau $E_F - h\nu$ des Elektrolyt-Redoxsystems das Elektroden-Valenzband E_L unterschreitet.

3. Elektronische Anregung des *Halbleiters*, z. B. fotograf. Prozess, Fotohalbleiter, *Solarzelle.

Fotogalvanische Zelle

Elektrochemische Fotozelle, Solarzelle. Im Experimen-

talstadium!

1) Bei Lichteinstrahlung werden in einer *Halbleiterelektrode* Elektron-Loch-Paare gebildet durch Elektronenanregung vom Valenz- ins Leitungsband.

Sonnenlicht von 477 nm $\widehat{=}$ 2,6 eV Bandabstand

Es kommt zur Ladungstrennung zwischen Elektronen und Löchern, die ins Halbleiterinnere bzw. an die Oberfläche wandern – um die ursprüngliche Raumladung auszugleichen. Leitungs- und Valenzbandkante verbiegen sich zu höheren Energien, dass Rekombination des $e^\ominus$-h-Paares unterbleibt. Die FERMI-Kante des Halbleiters steigt um $eU = h\nu$.

Leitungsband-Elektronen vom Halbleiter können nun auf die oxidierte Spezies eines Redoxsystem im Elektrolyten übertreten; und Löcher nehmen Elektronen von der reduzierte Spezies auf.

2) Ein *fotogalvanisches Element* besteht aus Halbleiterelektrode (z. B. Ti/TiO$_2$), Redoxelektrolyt (z. B. Fe$^{2\oplus}$/Fe$^{3\oplus}$) und Redox-Gegenelektrode (z. B. Platin) und liefert <30 mA/cm^2 bei 0,4 V Klemmenspannung. Die Lebensdauer ist gering (Korrosion, Fotodegradation).

TiO$_2$	Bandlücke: 3,2 eV (UV-Licht)
MoS$_2$	1,8 eV
CdSeS	1,7 eV

Fremdionenzusatz

Ionenreaktionen verlaufen schnell und diffusionskontrolliert. Fremdionen (z. B. Zusatz eines *Leitsalzes*) erhöhen die Ionenstärke und *Löslichkeit von Salzen. Gleichionische Zusätze senken die Löslichkeit.

● *Primärer Salzeffekt*. Ein gleichionischer Elektrolytzusatz steigert, ein verschiedenionischer Zusatz vermindert die Reaktionsgeschwindigkeit einer Ionenreaktionen (schnell, niedrige Aktivierungsenergie, meist diffusionskontrolliert). Ein neutraler Zusatz bleibt ohne Wirkung.

$$ \log k = \log k_\infty + 2z_\oplus z_\ominus \sqrt{I} $$

k Geschwindigkeitskonstante, k_∞ bei unendl. Verdünnung.

● *Sekundärer Salzeffekt*. Bei säure- oder basenkatalysierten Reaktionen kann ein Salzzusatz den *Dissoziationsgrad und pH-Wert beeinflussen.

Galvani-Potential

Inneres Potential, elektr. Potential im Phaseninneren. Nach SCHOTTKY, ROTHE, LANGE (1928) Summe aus Volta- und Oberflächenpotential.

$$ \varphi = \psi + \chi $$

Arbeitsaufwand $W = e\,\varphi$ zum Transport einer Ladung aus unendlicher Entfernung (Vakuum) ins Phaseninnere (Elektrode, Elektrolyt etc.).
Nicht messbar! Spannungsmessung erfordert Stromkreis mit zwei Kontakten. Berechnung aus elektrochem. Potentialen im Phasengleichgewicht.

Galvanisches Element

Elektrochem. *Halbzelle* (Elektrode + Elektrolyt), die

durch freiwillig (spontan) ablaufende elektrochem. Prozesse Strom abgibt. Zwei galv. Elemente (Halbzellen) bilden eine *galvanische Zelle* oder *Volta-Zelle.*

1) Kurzschreibweise. Von links nach rechts von der Anode (Minuspol) zur Kathode (Pluspol). Senkrechter Strich | für Phasengrenze oder Diaphragma; Doppelstrich || für Salzbrücke.

($-$) Anode   Kathode ($+$)

$Pt|H_2(g)|HCl(aq)|AgCl(s)|Ag$

$Zn(s)|Zn^{2\oplus}(1\ mol/\ell)||Cu^{2\oplus}(1\ mol/\ell)|Cu$

$Pt(s)|H_2|H^{\oplus}\ ||\ Cu^{2\oplus}|Cu$

$Pt|H_2(g)|HCl(aq,c_1)||HCl(aq,c_2)|H_2(g)|Pt$

(Konzentrationszelle)

2) Abwärme einer reversiblen galvanischen Zelle.

$$\boxed{Q = \Delta G - \Delta H = -T\,\Delta S}$$

Vgl. *Joulesche Wärme, *Peltier-Effekt.

3) *Zellspannung, *Leistung, *Wirkungsgrad.

4) *Konzentrationszelle.

Galvanische Stromquellen

Primärelement oder **Batterie*: wandelt chemische Energie unumkehrbar in elektrische Energie und Wärme um; nicht-wiederaufladbar.

Sekundärelement oder **Akkumulator*: speichert elektrische Energie in Form von chemischer Energie; wiederaufladbar. Erst durch den Ladevorgang wird das galvanisches Element geschaffen; die Elektroden werden beim Laden polarisiert und bekommen dadurch unterschiedliche Potentiale. *Konzentrationzelle.

Galvani-Spannung

Die messbare Potentialdifferenz $\Delta\varphi$ an der Grenzfläche Elektrode/Elektrolyt.

Spezialfall: *Metallelektrode* im Phasengleichgewicht mit der Elektrolytlösung:

(Elektrode)   (Elektrolyt)

$$M\ \rightleftharpoons\ M^{z\oplus} + z\,e^{\ominus}$$

$$\tilde{\mu}_M = \tilde{\mu}_{M^{z\oplus}} + z\,\tilde{\mu}_{e^{\ominus}}$$

$$\mu_M^0 + \underbrace{RT\ln a_M}_{0} + zF\varphi_M = \mu_{M^{z\oplus}}^0 + RT\ln a_{M^{z\oplus}}$$

$$+ zF\varphi_{M^{z\oplus}} + z\tilde{\mu}_{e^{\ominus}}$$

$$\Rightarrow\quad \boxed{\Delta\varphi = \Delta\varphi_0 + \frac{RT}{zF}\ln a_{M^{z\oplus}}}$$

$\Delta\varphi^0$ heißt Standard-GALVANIspannung und ist für 25 °C, 101325 Pa definiert.

Galvanoplastik

Herstellung metallischer Formkörper durch elektrolyt. Metallabscheidung auf Negativformen, möglichst ohne begleitende Wasserstoffentwicklung. Nichtmetallische Unterlagen (z. B. Wachs) werden durch Graphitbestäubung leitend gemacht.

Abscheidung bei geringer Lösungskonzentration (Fremdelektrolytzusatz, Komplexbildung), hoher Stromdichte, evt. mit Kristallwachstum-Inhibitoren (Gelatine).

Historisch: Automobilkühler (Kupfer), Matrizen, Schallplatten.

Galvanotechnik

Elektrochem. Oberflächenbehandlung zum *Korrosionsschutz u.a.

1) Kathodisches Metallisieren. Elektrolytische Erzeugung von Metallüberzügen. Das zu beschichtende Werkstück taucht als Abscheidungselektrode (Kathode) in eine Metallsalzlösung des gewünschten Überzugs. Anodisch wird das Überzugsmetall aufgelöst (nicht bei Verchromung).

● Galvanisches *Versilbern*: Silberlösungsanode in Silbersalzlösung.

● *Vernickeln* und *Verchromung* (als Korrosionsschutz von Stahl, Messing, Zinkspritzguss).

● Galvanisches *Verzinken* und (früher) *Cadmieren* aus cyanidischer Lösung.

● *Kunststoffmetallisierung*, z. B. von Fotocameragehäusen. In ABS-Propfpolymerisate – Acrylnitril-Butadien-Styrol: kautschukelastische kugelförmige Polybutadienteilchen in einer Harzphase aus Styrol-Acrylnitril-Copolymerisat – werden durch Chromschwefelsäure bis 1 μm große Poren eingeätzt; sodann durch Tauchen in Reduktionsmittel (z. B. $SnCl_2$) und Metallsalzlösungen ($AgNO_3$, $PdCl_2$) bekeimt; auf die chemische Metallabscheidung mit $CuSO_4$/Formaldehyd oder $NiSO_4$/NaH_2PO_2 (mit Stabilisatoren, Beschleuniger) folgt die galvanische Metallisierung.

2) Anodisieren. *Eloxieren.

3) *Metallabscheidung.

Gasdiffusionselektrode

Poröse Elektrode mit einer möglichst großen Dreiphasengrenze von Elektronenleiter, Elektrolyt und Gasphase. Anwendung z. B. in *Brennstoffzellen. Das Elektrodenmaterial soll elektrokatalytisch hochaktiv sein; die Poren fixieren den Elektrolyten durch Kapillarkräfte, ohne die Elektrode vollzusaugen oder dass durch den Gasdruck Elektrolyt ausgetragen wird.

1. *Wasserstoff-Diffusionselektroden:* Platinmetalle (Pt, Pd, Ru) u. Legierungen; Nickel (im alkal. Medium); Wolframcarbid (im sauren Medium).

2. *Sauerstoff-Diffusionselektroden:* Platinmetalle; Nickel und Silber (alkalische Lösung).

Der Elektrokatalysator wird elektrolytseitig auf poröses Kohlenstoffpapier oder Sinternickel aufgebracht oder in Aktivkohle eingepresst (evt. zusätzliches feinmaschiges Metallnetz als Stromableiter).

● *Doppelschichtelektrode*: feinporöse, kapillaraktive Schicht (elektrolytseitig) und grobporöse, kalpillarinaktive Schicht (gasseitig).

● *hydrophobierte Elektroden* haben eine durch PTFE-Suspension wasserabweisende Gasseite.

Gaslöslichkeit

Durch *Elektrolyse im Elektrolyten gelöste Gase.

1) Gelöstwasserstoff. Nach dem HENRY'schen Gesetz

$$x_{H_2} = \frac{p_{H_2}}{H} = \frac{n_{H_2}}{n_{H_2} + n_{H_2O}} \approx \frac{n_{H_2}}{n_{H2O}}$$

beträgt die molare Löslichkeit in Wasser bei 0 °C:

$$\frac{101325\ Pa \cdot 55{,}55\ mol/\ell}{7{,}12 \cdot 10^9/Pa} = 780\ \mu mol/\ell$$

Gemessene Löslichkeit: 86 μmol/ℓ (20°C), 84,8 μmol/ℓ (25°C), 83,2 μmol/ℓ (30°C).

Bereits in 0,0008-molarer wässriger Lösung ist der Wasserstoffpartialdruck $p_{H_2} = 1$ bar bei Elektrolyse.

2) Gelöstsauerstoff. Als parasitärer Energieträger der Wasserelektrolyse bei höheren Stromdichten unbedeutend: 0,0393 g/kg = 1,2 mmol/ℓ (25°C).

Geschwindigkeitskonstante

In der *Elektrodenkinetik durch die *Arrhenius-Gleichung gegeben.

$$k = \mathcal{A}e^{-E_A/RT} = \mathcal{A}'e^{-\Delta G^{\neq}/RT} \sim I$$

Gewinnungselektrolyse

*Elektrolyse mit dem Ziel der Metallgewinnung aus Erzen. Kathodische Abscheidung aus Metallsalzlösungen, die laufend nachkonzentriert werden (durch „Umlauf" bei der wässrigen Elektrolyse, durch Einrühren bei der Schmelzflusselektrolyse). Die Anoden sollen unlöslich und inert sein.

Beispiel: *Kupferraffination*

Anode $H_2O \rightleftharpoons \frac{1}{2}O_2 + 2H^{\oplus} + 2e^{\ominus}$ +1,23 V

Kathode $Cu^{2\oplus} + 2e^{\ominus} \rightleftharpoons Cu$ +0,34 V

Gibbs-Duhem-Beziehung

Berechnung von *Aktivitätskoeffizienten aus extensiven (= masseabhängigen) Zustandsgrößen (G, H, U, V, n etc.).

1) Freie Enthalpie G einer Mischung mit N Komponenten

(1) $G = G(n_1, n_2, \dots) \Rightarrow$

$$dG = \left(\frac{\partial G_1}{\partial n_1}\right) dn_1 + \left(\frac{\partial G_2}{\partial n_2}\right) dn_2 + \dots =$$
$$= \mu_1 \, dn_1 + \mu_2 \, dn_2 + \dots$$

(2) $G = n_1\mu_1 + n_2\mu_2 + \dots \Rightarrow$
$$dG = d(n_1\mu_1) + d(n_2\mu_2) + \dots =$$
$$= \mu_1 dn_1 + n_1 d\mu_1 + \mu_2 dn_2 + n_2 d\mu_1 + \dots$$

$$(1{=}2) \quad n_1 \, d\mu_1 + n_2 \, d\mu_2 + \dots = \sum_{k=1}^{N} n_k \, d\mu_k = 0$$

2) Zweistoffsystem. Speziell gilt:

$n_1 \, d\mu_1 + n_2 \, d\mu_2 = 0 \Rightarrow$

$$x_1 \, d\mu_1 + x_2 \, d\mu_2 = 0$$

Die chemischen Potentiale μ der Komponenten in einer Mischung können sich <u>nicht</u> unabhängig voneinander verändern. Kennt man den Aktivitätskoeffizienten einer Komponente, so folgt derjenige der anderen aus der GIBBS-DUHEM-Beziehung.

Mit $\mu_i = \mu_i^0 + RT \ln a_i \Rightarrow x_1 d \ln a_1 + x_2 d \ln a_2 = 0$
Hierbei trägt die Aktivität die Dimension eines Molenbruches. Mit $dx_1 = -dx_2$ (weil $x_1 + x_2 = 1$) und $a_i = \gamma_i x_i$ folgt:

$$x_1 d \ln \gamma_1 + x_2 d \ln \gamma_2 = 0$$

Praktischer Nutzen. Auftragung von x_2/x_1 gegen $\ln \gamma_2 = \ln \frac{a_2}{x_2}$ ergibt eine Kurve, deren Fläche $-\ln \gamma_1 = -\ln \frac{a_1}{x_1}$ ist (grafische Integration).

Gibbs'sche Freie Enthalpie

Für einen anodischen ($\oplus$) oder kathodischen ($\ominus$) Elektrodenvorgang.

$$\Delta G_{\oplus}^{\neq} = \Delta G_{\oplus}^{0\neq} + \alpha z F E \quad \text{und}$$
$$\Delta G_{\ominus}^{\neq} = \Delta G_{\oplus}^{0\neq} - (1-\alpha)z F E$$

Gleichgewicht, elektrochemisches

Zustand beim *Gleichgewichtspotential ohne äusseren Stromfluss (*Austauschstromdichte).

Gleichgewichtskonstante

Redoxgleichgewichtskonstante. Maß für die relative Elektronenaktivität in einer elektrochemischen Halbzelle M/M$^{z\oplus}$.

$$K_{eq} = K_{NHE}K_M = \underbrace{\frac{a_{H^{\oplus}}a_{e^{\ominus}}}{\sqrt{p_{H_2}}}}_{def=1} \frac{1}{a_{M^{z\oplus}}a_{e^{\ominus}}}$$

$$\lg K_{eq} = \frac{zFE^0}{\ln 10 \, RT} \approx \frac{zE^0}{0,0592}(25°C)$$

K_{NHE}	Gleichgewichtskonstante der H$_2$–Halbzelle	
K_M	– der M/M$^{n\oplus}$–Halbzelle	
a_i	Aktivität	(mol/ℓ)
E^0	Normalpotential	(V)
F	Faraday-Konstante	(C/mol)
p_{H_2}	Wasserstoffpartialdruck	(Pa)
z	Redoxreaktions-Wertigkeit.	

Gleichgewichtspotential

*Elektrodenpotential im elektrochemischen Gleichgewicht bei Stromfluss nach „unendlicher" Zeit, das sich sowohl von höheren, als auch von niedrigeren Überspannungen her einstellt, wenn kein elektrochemischer Stoffumsatz an der Phasengrenze stattfindet.
Beispiele: *Redoxpotential, *Membranpotential.

Goldelektrode

Gutes Kathodenmaterial, adsorbiert nahezu keinen Wasserstoff. Vgl. *Galvanotechnik.

Gouy-Chapman-Modell   *Doppelschicht

Grenzleitfähigkeit

Theoret. Maximalwert der molaren *Leitfähigkeit Λ_{∞} (in S m^{2}kmol^{-1}) bei unendlicher Verdünnung. Vgl. *Kohlrausch-Gesetz.

Halbzelle   *Galvanisches Element.

Helmholtzfläche

Gedachte Fläche im *Doppelschichtmodell.
1) Äußere Helmholtzfäche. OHP = *outer Helmholtz plane.* Verbindungsfläche durch die Ladungsschwerpunkte der solvatisierten Überschussionen im Abstand des effektiven Ionenradius r_i (*Debye-Länge) von der Elektrode.
2) Innere Helmholtzfläche. IHP = *inner Helmholtz plane.* Verbindungsfläche durch die auf der Elektrodenoberfläche haftenden Wasserdipole und partiell desolvatisierten, spezifisch adsorbierten Ionen.

Helmholtz-Modell   *Doppelschicht

Henderson-Gleichung   *Diffusionspotential.

IHP   *Helmholtzfläche, innere.

Ilkovich-Gleichung

Zusammenhang von Diffusionsgrenzstrom und Depolarisatorkonzentration; vgl. *Polarografie.

$$I_{\lim} = \frac{z\,F\,D\,A}{\delta}\,c_i = 708\,z\,\dot{m}^{2/3}t^{1/6}D^{1/2}\,c_i$$

in μA bei 25 °C; $\dot{m}$ Quecksilber-Massenstrom (mg/s), t Tropfzeit (s),
D Diffusionskoeffizient des Depolarisators (cm^2/s),
c_i Depolarisatorkonzentration (mmol/ℓ).

Innenwiderstand

Innerer Widerstand R_i (in Ohm) einer Zweipolquelle, unabhängig von der Belastung. In einer nichtlinearen Zweipolquelle ist der innere Widerstand spannungsabhängig.

$$R_i = \frac{U_L - U_K}{I} = \frac{U_L}{I_k} = \frac{-E - U_K}{I} = \frac{U_q(I)}{I_q(U)}$$

U_L Leerlauf-, U_K Klemmenspannung, U_q Quellenspannung,
E elektromot. Kraft, I_q Quellenstromstärke, I_k Kurzschlussstrom.

Ionenbeweglichkeit

*Ionenwanderungsgeschwindigkeit v eines Ions i im elektrischen Feld von $E = 1$ V/m. Aus $I = NeAv/V = U/R$ mit $R = \varrho l/A$; $\varrho = 1/\kappa$; $E = U/d$; $c_i = N_i/(N_A V)$ folgt:

$$u_i = \frac{v_i}{E} = \frac{\kappa V}{eN} = \frac{\lambda_i}{F z_i}$$

Ionenbeweglichkeit $u = \lambda/zF$ in unendlich verd. wässr. Lösung (10^{-8} m^{2}V^{-1}s^{-1}).

Kation	$u_\oplus$	Anion	$u_\ominus$
		Temperatur 18 °C	
H$^\oplus$	33	OH$^\ominus$	18,2
Li$^\oplus$	3,5	Cl$^\ominus$	6,85
Na$^\oplus$	4,6	Br$^\ominus$	7,0
K$^\oplus$	6,75	I$^\ominus$	6,95
Ag$^\oplus$	5,7	NO$_3^\ominus$	6,5
NH$_4^\oplus$	6,7	MnO$_4^\ominus$	5,6
Zn$^{2\oplus}$	4,8	SO$_4^{2\ominus}$	6,1
Fe$^{3\oplus}$	4,8	CO$_3^{2\ominus}$	6,2
		Temperatur 20 °C	
H$^\oplus$	36,23	OH$^\ominus$	20,64
Li$^\oplus$	4,01	Cl$^\ominus$	7,91
Na$^\oplus$	5,19	Br$^\ominus$	8,09
K$^\oplus$	7,62	I$^\ominus$	7,96
Ag$^\oplus$	6,42	NO$_3^\ominus$	7,40
NH$_4^\oplus$	7,63	CH$_3$COO$^\ominus$	4,24
Cu$^{2\oplus}$	5,56	SO$_4^{2\ominus}$	8,29
Zn$^{2\oplus}$	5,47	CO$_3^{2\ominus}$	7,46

Elektronen- und Defektelektronenbeweglichkeit in Halbleitern $u_\oplus$ und $u_\ominus$ (m^{2}V^{-1}s^{-1}), bei 18°C (*Halleffekt).

	$u_\oplus$	$u_\ominus$
Diamant		0,14
Si	0,13	0,048
Ge	0,38	0,18
Se		0,000 01
Te	0,1	0,14
GaAs	0,85	0,04
SiC	0,0060	0,0008
PbSe	0,102	0,093
CdS	0,02	

Individueller *Diffusionskoeffizient: $D_i = u_i kT/(ze)$

Einheitenbetrachtung:

1 cm^{2}h^{-1} V^{-1} = 2,778$\cdot$10^{-8} m^{2}s^{-1} V^{-1}

F Faraday-Konstante, N_i/V Ionendichte,
$V = Av_i t$ durchströmtes Volumen (A Leiterquerschnitt, t Zeit),
z_i Ionenwertigkeit, κ elektr. Leitfähigkeit,
λ molare Ionenleitfähigkeit.

Ionenladung

Vielfaches der Elementarladung $q = z\,e$; aus dem ungeladenen Atom durch Elektronenaufnahme oder -abgabe entstanden. Als *Ladungszahl* z am Atomsymbol rechts hochgestellt.
Kationen: Na$^\oplus$,Ca$^{2\oplus}$,Al$^{3\oplus}$,Sn$^{4\oplus}$ u.s.w.
Anionen: Cl$^\ominus$,SO$_4^{2\ominus}$,PO$_4^{3\ominus}$ u.s.w.

Ionenleitfähigkeit

Beitrag der molaren *Leitfähigkeit eines Ions i ($\oplus$ für Kation, $\ominus$ für Anion) zur *molaren Leitfähigkeit Λ einer Elektrolytlösung.

$$\lambda_i = F u_i z_i \qquad \text{S m}^2\text{kmol}^{-1}$$

F Faraday-Konstante, u_i Ionenbeweglichkeit, z_i Ionenwertigkeit.

In stark verdünnter Lösung summieren sich Ionengrenzleitfähigkeiten λ_∞ der Anionen und Kationen zur molaren Grenzleitfähigkeit. Mit $\Lambda = \kappa/c$ und $\Lambda = \lambda_\oplus + \lambda_\ominus$ ist:

$$\lambda_\oplus = F z_\oplus u_\oplus \qquad \text{und} \qquad \lambda_\ominus = F z_\ominus u_\ominus$$

Allgemein: $\quad \Lambda_\infty = (v_\oplus z_\oplus u_\oplus + v_\ominus z_\ominus u_\ominus)\,F$
Symmetrischer Elektrolyt: $\quad \Lambda_\infty = z\,(u_\oplus + u_\ominus)\,F$

F Faraday-Konstante, u_i Ionenbeweglichkeit, z_i Ionenwertigkeit,
v_i Stöchiometriekoeffizient.

Molare Ionengrenzleitfähigkeit λ_∞ (S m^{2}kmol^{-1} = mS m^2/mol = 10 S cm^2/mol) bei unendlicher Verdünnung, 25°C.

Kation	$\lambda_{\oplus,\infty}$	Anion	$\lambda_{\ominus,\infty}$
H$^\oplus$	34,96	OH$^\ominus$	19,92
Li$^\oplus$	3,87	F$^\ominus$	5,54
K$^\oplus$	7,350	Cl$^\ominus$	7,635
Na$^\oplus$	5,010	Br$^\ominus$	7,81
Rb$^\oplus$	7,78	I$^\ominus$	7,68
Cs$^\oplus$	7,73	Oxalat	14,6
NH$_4^\oplus$	7,35	CH$_3$COO$^\ominus$	4,09
Mg$^{2\oplus}$	10,61	CO$_3^{2\ominus}$	13,86
Ca$^{2\oplus}$	11,90	HCO$_3^\ominus$	4,45
Sr$^{2\oplus}$	11,89	ClO$_3^\ominus$	6,46
Ba$^{2\oplus}$	12,73	ClO$_4^\ominus$	6,74
Al$^{3\oplus}$	18,3	CN$^\ominus$	8,2
Pb$^{2\oplus}$	14,0	NO$_3^\ominus$	7,146
Cr$^{3\oplus}$	20,1	SO$_4^{2\ominus}$	16,00
Mn$^{2\oplus}$	10	Fe(CN)$_6^{4\ominus}$	44,20
Fe$^{2\oplus}$	10,8	Fe(CN)$_6^{3\ominus}$	30,27
Fe$^{3\oplus}$	20,5	CrO$_4^{2\ominus}$	16,6
Co$^{2\oplus}$	11	C$_7$H$_5$O$_2^\ominus$	3,24
Ni$^{2\oplus}$	10		
Cu$^{2\oplus}$	10,72		
Ag$^\oplus$	6,19		
Zn$^{2\oplus}$	10,56		
Cd$^{2\oplus}$	10,8		
Hg$^{2\oplus}$	12,72		
[NMe$_4$]$^\oplus$	4,49		
[NEt$_4$]$^\oplus$	3,26		

1) **Grotthus-Mechanismus.** Hoppingmechanismus; in wässr. Lösung sind H$^\oplus$ und OH$^\ominus$ sind extrem beweglich; im dynam. Gleichgewicht mit Wasser bauen sie rasend schnell H$_3$O$^\oplus$ bzw. H$_3$O$_2^\ominus$ auf und ab.

$H^\oplus$-Übergang zw. Wassermolekülen durch Tunneleffekt. Solvatisierte Protonen wandern nicht durch die Lösung, sondern $H^\oplus$ hüpft durch Bindungsverschiebung zwischen $H_3O^\oplus/H_2O$-Paaren.

Ionenprodukt

Ausmaß der *Autoprotolyse* oder *Eigendissoziation des Wassers.*

$$H_2O + H_2O \rightleftharpoons H_3O^\oplus + OH^\ominus$$

Gleichgewichtskonstante der Autoprotolyse des Wassers $H_2O \rightleftharpoons H^\oplus + OH^\ominus$:

$$K_a = \frac{a_{H^\oplus} a_{OH^\ominus}}{a_{H_2O}^2} \quad \text{mit} \quad a_{H_2O} = 55,5 \text{ mol}/\ell$$

Ionenprodukt des Wassers

$$\boxed{K_W = a_{H^\oplus}\, a_{OH^\ominus} = c_{H^\oplus}\gamma_{H^\oplus} c_{OH^\ominus}\gamma_{OH^\ominus}}$$

bzw.

$$\boxed{pH + pOH = pK_W = 13{,}9965 \ (25\,^\circ C)}$$

Hydroniumionenkonzentration in reinem Wasser

$$K_w \approx a_{H_3O^\oplus}^2 \Rightarrow a_{H_3O^\oplus} = \sqrt{K_w} = 10^{-7}\text{mol}/\ell.$$

Messung:

1. *Potentiometrie* für verschiedene Konzentrationen und Extrapolation im $y - \sqrt{I}$-Diagramm gegen unendliche Verdünnung (Ionenstärke Null).

$pK_W = y(\sqrt{I} \to 0).$

Messzellen: $Pt(H_2), KOH|Ag, AgCl, KCl.$
              $Pt, H_2(a=1)|Ba(OH)_2(5\text{ mmol}/\ell),$
              $BaCl_2(\text{variabel})|AgCl, Ag$

Zellvorgang: $\frac{1}{2}H_2 + AgCl \rightleftharpoons Ag + H^\oplus + Cl^\ominus$
              $(E^0 = +0{,}22239 \text{ V})$

$Ba(OH)_2$ und $BaCl_2$ seien vollständig dissoziiert: $c_{OH^\ominus} = c_{Cl^\ominus} = 2c_{Ba^{2\oplus}} = 0.01 \text{ mol}/\ell.$

$$E = E^0 - \frac{RT}{F} \ln \underbrace{\frac{K_w}{a_{OH^\ominus}}}_{a_{H^\oplus}} a_{Cl^\ominus} \quad \Rightarrow$$

$$y = \left[\frac{E - E^0}{RT/F} + \ln \frac{c_{Cl^\ominus}}{c_{OH^\ominus}}\right] =$$
$$= -\ln K_W - \ln \frac{\gamma_{Cl^\ominus}}{\gamma_{OH^\ominus}}$$

2. *Leitfähigkeitsmessung:* Wg. Verunreinigungen ist der gefundene Wert etwas höher als der potentiometr. thermodynam. (aktivitätsbezogene) Wert.

$$K_1 = \left(\frac{\kappa}{\lambda_{H^\oplus} + \lambda_{OH^\ominus}}\right)^2$$

Ionenprodukt K_W und Leitfähigkeit κ von Reinstwasser.

T (°C)	κ (μS/m)	K_W	pK_W
0	1,2	$0{,}114 \cdot 10^{-14}$	13,06
10	2,3	$0{,}292 \cdot 10^{-14}$	13,46
20	4,2	$0{,}681 \cdot 10^{-14}$	13,83
25	5,5	$1{,}008 \cdot 10^{-14}$	14,00
30	7,1	$1{,}47 \cdot 10^{-14}$	14,16
40	11,3	$2{,}92 \cdot 10^{-14}$	14,46
50	17,1	$5{,}5 \cdot 10^{-14}$	14,74
100	55		

Ionenradius

Für ein *solvatisiertes Ion* (einschließlich Hydrathülle) – z. B. große Ionen ($Li_{aq}^\oplus$, organische Ionen), *nicht* für $H^\oplus$ und $OH^\ominus$ – gilt bei konstanter Temperatur (STOKES'sches Gesetz).

$$\boxed{F = 6\pi \eta v r}$$

Messmethoden für solvatisierte Ionenradien.

- *Leitfähigkeitsmessung.
- *Relative Hydratationszahlen*, bezogen auf ein $H_3O^\oplus$, misst man in einer Salzlösung mit Saccharosezusatz. Die Konzentrationsänderung der Saccharoselösung im Anodenraum aufgrund der unterschiedlichen Hydrathülle der zu- und abwandernden Ionen wird über die *optische Aktivität* verfolgt.

  Beispiele: Li$^\oplus$ 14, Mg$^{2\oplus}$ 10–12, K$^\oplus$ 5,4, Na$^\oplus$ 8,4 Wassermoleküle in der Hydrathülle.

- *Differenz effektiver Ionenradien* aus Leitfähigkeitsmessungen und röntgenografischen Kristallgitterabständen: $r_H = r_{i,eff} - r_{i,Gitter}.$

Ionensensitive Elektrode

Ionenselektive Elektrode. *Potentiometr. Konzentrationsmessung mittels Membranpotential, das sich bei Kontakt zur Analytlösung einstellt. Nach NERNST hängt es vom Logarithmus der Aktivität a_i der freien Ionen in der Lösung ab, auf welche die Elektrode anspricht.

$$\boxed{E = E^0 + \frac{RT}{zF} \ln a_i}$$

Die Ionenwertigkeit z ist für Anionen positiv, für Kationen negativ einzusetzen. Querempfindlichkeit vgl. *Nernst-Nikolsky-Gleichung.

$$E = E^0 \pm S \ln \left(a_M + \sum_i K_{M,i} a_i^{z_M/z_i}\right)$$

S empirische Steilheit: theoretisch $\pm RT/(z_M F)$, Anionen $-$, Kationen $+$. a_M Messionenkonzentration in der Lösung, a_i Störionenkonzentration, K_M empir. Selektivitätskoeffizient (Mession zu Störionen), z_M Ladung des Messions, z_i des Störions.

1) Kristallmembranelektrode. Einkristall od. Pressling aus schwerlösl. Salzen. Eine $Cl^\ominus$-sensitive Elektrode besteht aus einem Pressling von Silberchlorid und Silbersulfid und darf daher niemals eine $I^\ominus$-haltige Lösung „sehen"; sonst AgI-Bildung auf der Membran. Technisch wichtig: fluoridsensitive Elektrode (Lanthantrifluorid-Einkristall).

Ion	Kristallmembran
$F^\ominus$	LaF_3, CaF_2
$Cl^\ominus$	$AgCl/Ag_2S$
$Br^\ominus$	$AgBr/Ag_2S$
$I^\ominus$	AgI/Ag_2S
$CN^\ominus$	AgI/Ag_2S
$SCN^\ominus$	$AgSCN/Ag_2S$
$S^{2\ominus}$	Ag_2S
$Cu^{2\oplus}$	Cu_xS/Ag_2S
$Pb^{2\oplus}$	PbS/Ag_2S
$Cd^{2\oplus}$	CdS/Ag_2S
Sonstige	PbS

2) Polymermembranelektrode. Organische Ionenaustauscher (*PEM) oder in einem Kunststoffgel immobilisierte Komplexbildner. Empfindlich z. B. für $K^\oplus$, $Ca^{2\oplus}$, $Hal^\ominus$, $BF_4^\ominus$, $NO_3^\ominus$, $ClO_4^\ominus$.

Kalium-sensitive Elektrode: Neutraler Ionencarrier (z. B. Valinomycin) im Lösungsmittel (z. B. Dibutylsebacat, 2-Nitrophenyloctytether) e. Polymermembran (z. B.

PVC) vermittelt zw. Innen- und Außenlösung.

3) Ionenaustauscherelektrode. Flüssige Ionenaustauscher sind durch eine hydrophobe, poröse Keramikmembran von der Messlösung getrennt; eine Ableitelektrode taucht in die Austauscherflüssigkeit. Die potentialbestimmenden Ionen sind in der Matrix fixiert; die frei beweglichen Gegenionen stehen im Gleichgewicht mit der Elektrolytlösung. Empfindlich z. B. für Alkali- und Erdalkali-, $ClO_4^\ominus$-, $BF_4^\ominus$-Ionen.

Ion	Ionenaustauscher
$Ca^{2\oplus}$	Ca-di-(n-decyl)phosphat in Di-(n-octyl)phosphonat
$NO_3^\ominus$	Tridodecylhexadecylammoniumnitrat in n-Octyl-2-nitrophenylether

4) Enzymelektrode. Immobilisierte Enzyme katalysieren Bioreaktionen, deren ionische Produkte potentiometrisch erfasst werden. Vgl. *Biosensor.

Bei der Hydrolyse von Harnstoff entstehen Ammoniumionen, die ionensensitiv bestimmt werden:

$$NH_2CONH_2 + H_2O \rightarrow CO_3^{2\ominus} + 2\,NH_4^\oplus$$

5) pNa-Glaselektrode. Membrangläser mit ausgeprägtem Alkalieffekt bilden sind für $Na^\oplus$ und $H^\oplus$ empfindlich. Andere Glasmembranen für einwertige Kationen.

6) Eichung und Querempfindlichkeit. Die Membranpotentiale in verschiedenen Eichstandards bekannter Ionenaktivität werden bei konstanter Temperatur in einer *Eichkurve* aufgetragen. Die *Ionenstärke wird durch Zusatz eines Leitsalzes (Natriumnitrat) konstant gehalten. Die Elektroden folgen dem Übergang von niedrigen zu höheren Konzentrationen schneller als umgekehrt („Membrangedächtnis"). Die Einstellung des Elektrodenpotential benötigt wenige Sekunden für 0,1 molare Lösungen bis zu einigen Minuten in stark verdünnten Lösungen. Rühren beschleunigt die Potentialeinstellung, doch müssen bei allen Messungen gleiche Rührgeschwindigkeit – Strömungspotentiale am Diaphragma der Bezugselektrode – herrschen.

Ionenstärke

Summe der Konzentrationsbeiträge c_i der vorhandenen Ionen mit der Ladungszahl z_i zum realen Verhalten einer *Elektrolytlösung (*Aktivitätskoeffizient).

$$I = \tfrac{1}{2} \sum_{i=1}^{N} z_i^2 c_i \quad \text{(in mol/\ell)}$$

Starke Elektrolyte

$$I = c \qquad \text{(1-1-Elektrolyt)}$$
$$I = \tfrac{1}{2}(4c_\oplus + 2c_\ominus) \qquad \text{(2-1-Elektrolyt)}$$

Schwache Elektrolyte (α *Dissoziationsgrad):

$$I = \tfrac{1}{2}(\alpha c + \alpha c) = \alpha c \qquad \text{(1-1-Elektrolyt)}$$
$$I = \tfrac{1}{2}(4\alpha c + \alpha c) = \tfrac{5}{2}\alpha c \qquad \text{(2-1-Elektrolyt)}$$

c Gleichgewichts-Konzentration (mol/ℓ), N Zahl der Ionensorten, z Ionenwertigkeit.

Faktoren f zur Berechnung der Ionenstärke $I = fc$ der Salze $A_a B_b$.

a	$b =$	1	2	3	4
1		1	3	6	10
2		3	4	15	12
3		6	15	9	42
4		10	22	42	16

Bei analytischen Messungen wird ein inertes *Leitsalz* im Überschuss zugesetzt (z. B. $Mg(NO_3)_2$), und so ein konstanter Aktivitätskoeffizient der Lösung festgelegt, dass Konzentrationen statt Aktivitäten in Titrationskurven aufgetragen werden dürfen.

Ionenwanderungsgeschwindigkeit

Die *Migration gelad. Teilchen im elektr. Feld sinkt mit zun. Konzentration und Solvatation.

$$v = u \cdot E = u \cdot \frac{U}{d}$$

d Elektrodenabstand, E elektr. Feldstärke, U Spannung, u Ionenbeweglichkeit ($m^2 s^{-1} V^{-1}$).

Abh. von der Feldstärke, d. h. mit wachs. Spannung und abnehm. Elektrodenabstand, bewegen sich die Ionen im Elektrolyten zu den entgegenges. geladenen Elektroden hin. Im elektr. Feld bei 1 Volt passiert ein Ion pro Sekunde rund 10 000 Lösungsmittelmoleküle, was e. Geschwindigkeit von $\sim$6 μm/s entspricht.

Ionenwolke

In der *Debye-Hückel-Theorie: Ladungswolke aus Gegenionen um ein solvatisiertes Ion in wässriger Lösung. Mit zunehmender Konzentration wächst die *Nahordnung* und die Abschirmung der Zentralladung.

IR-Drop

Widerstandspolarisation. Der ohmsche Spannungsabfall im Elektrolyten und in Oberflächenadsorbatschichten; keine kinetische Hemmung, stromdichteunabhängig; durch Potentialabgriff über eine HABER-LUGGIN-Kapillare weitgehend auszuschalten. Vgl. *Elektrolytwiderstand.

Isothermenschnittpunkt

Für die *Glaselektrode der Schnittpunkt bei (E_{IS}, pH_{IS}) aller temperaturabhängigen Steilheitsgeraden im pH-E-Eichdiagramm. Bei symmetrischen Messketten sind Kettennullpunkt und Isothermenschnittpunkt weitgehend identisch.

Jonscher-Element

Empirisches, nicht anschauliches Netzwerkelement im *Ersatzschaltbild einer Elektrode mit zwei Zeitkonstanten für induktiv verschobene Impedanz-Ortskurven.

$$Z_{J1} = B\left[(i\omega\tau_1)^{-n_1} + (i\omega\tau_2)^{-n_2}\right]$$
$$Z_{J2} = -iB\left[\left(\frac{\omega}{\omega_m}\right)^{-n_1} + \left(\frac{\omega}{\omega_m}\right)^{-n_2}\right]^{-1}$$

Zeitkonstante $\tau = \omega_m^{-1}$.

Joule'sche Wärme

Stromwärme. In einem stromdurchflossenen Leiter oder einer galvanischen Zelle aufgrund des Innenwiderstandes freigesetzte Wärme.

$$Q_J = UIt = I^2 R_i t$$

I	Stromstärke	(A)
R_i	innerer Widerstand	(Ω)

| U | Klemmenspannung | (V) |
| t | Zeit | (s) |

Kettennullpunkt

pH-Wert, bei dem die Elektrodenspannung der Messkette Null ist; z.B. bei der *Glaselektrode.

Kinetische Hemmung *Elektrodenkinetik.

Kohlenstoffelektrode

Breit verwendetes inertes Elektrodenmaterial mit hoher Wasserstoffüberspannung.

1) *Kohlepasteelektrode* (CPE) aus Kohlepulver und Binder (Paraffin, PTFE). Leicht erneuerbare, reproduzierbare Oberfläche, niedriger Grundstrom, kathodisch und anodisch bis ca. ± 1 V, auch zur Abscheidung von Ag, Au, Hg und Pd.

2) *Glaskohlenstoff, Glassy Carbon* (GC), für Voltammetrie und Spurenanalytik; chem. resistent, gasdicht, polierbar (z. B. feuchtes $Al(OH)_3$), reproduzierbar glatte Oberfläche; hoher Grundstrom. Als Anodenmaterial auch in organ. Lösungsmitteln. Bei hohen Stromdichten irreversible Oxidation der Oberfläche und Aufrauhung durch Rekristallisation.

3) *Grafit* „brennt" bei hohen Stromdichten an Luft oder in Fluor ab.

Kohlrausch-Gesetz, 1.

Die molare Leitfähigkeit erreicht bei unendlicher Verdünnung die *Grenzleitfähigkeit.

$$\Lambda = \Lambda_\infty - \text{const} \cdot \sqrt{c}$$

Oberhalb $c = 0{,}1$ mol/ℓ fällt die Leitfähigkeit nicht mehr linear. Λ_∞ hängt ab von Temperatur, Dielektrizitätskonstante, Elektrolyttyp (AB, AB_2 etc.), evt. Elektrolytzusätzen. Jedes Ion in der Lösung trägt additiv mit seiner Ionenleitfähigkeit λ bei.

Kohlrausch-Gesetz, 2.

der unabhängigen Ionenwanderung.

Starke Elektrolyte

$$\Lambda_\infty = z_\oplus \lambda_{\infty\oplus} + z_\ominus \lambda_{\infty\ominus}$$

Schwache Elektrolyte

$$\Lambda_\infty = \alpha[z_\oplus \lambda_{\infty\oplus} + z_\ominus \lambda_{\infty\ominus}]$$

λ_∞ Ionen-Grenzleitfähigkeit, z Ionenwertigkeit.

Konduktometrie

Leitfähigkeitstitration, konduktometrische Titration. Messung der Leitfähigkeitsänderung eines verd. *Elektrolyten in Abh. der Zugabe eines Titrationsmittels. Die *Leitfähigkeit κ ändert sich bei konstanter Temperatur linear mit der Konzentration c. Aus Gesamtstrom mit $F = N_A e$ und $z = \nu_\oplus z_\oplus = \nu_\ominus z_\ominus$ folgt

$$\kappa = \frac{1}{\varrho} = e\left[\frac{N_\oplus}{V} z_\oplus u_\oplus + \frac{N_\ominus}{V} z_\ominus u_\ominus\right] =$$
$$= cF(u_\oplus \nu_\oplus z_\oplus + u_\ominus \nu_\ominus z_\ominus)$$

e Elementarladung, F Faraday-Konstante, N_i/V Teilchendichte, u_i Ionenbeweglichkeit, z_i Ionenwertigkeit, ϱ spezif. Widerstand.

1) Klassische Leitfähigkeitstitration.

Zur gemessenen Leitfähigkeit κ tragen alle Ionen in der Lösung bei. Die V-förmige Titrationskurve erreicht am Titrationsendpunkt ein Leitfähigkeitsminimum, wenn

besonders bewegliche Ionen (wie $H^\oplus$ oder $OH^\ominus$) durch Reaktion verbraucht oder weniger bewegliche gebildet werden.

Beispiele: gleichzeitige Bestimmung von Chlorid, Bromid und Iodid durch konduktometr. Fällungstitration mit Silbernitatlösung; Neutralisationstitration in gefärbten oder verdünnten Lösungen; Redoxtitration von $Fe^{2\oplus}$ mit $Ce^{4\oplus}$.

Konduktometrische Titrationskurve von Salzsäure mit Natronlauge.

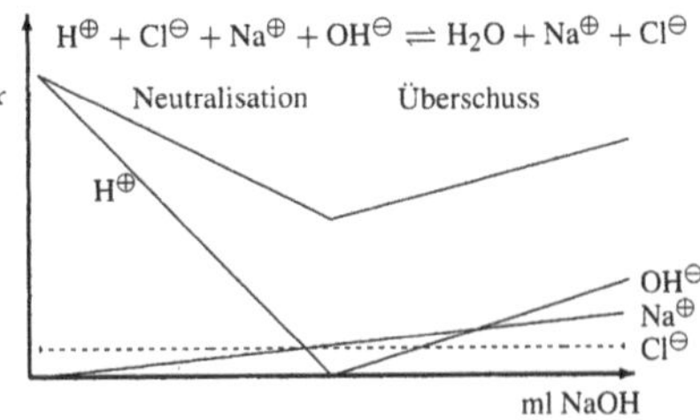

Spezifität. Die Leitfähigkeitsmessung ist nicht stoffspezifisch. Alle Ionen in der Lösung tragen zur gemessenen Leitfähigkeit bei, und zwar je nach Ionenart und Konzentration (Ionengrenzleitfähigkeit) versch. stark. Die Konzentration eines best. Ions ist messbar (a) für eine vorherrschende Ionenart im Elektrolyten, falls (b) sich sämtliche Bestandteile in gleichem Verhältnis ändern, (c) Nebenbestandteile kaum zur Leitfähigkeit beitragen.

2) Hochfrequenztitration. Die Endpunktbestimmung kapazitiv-kontaktlos. Titrationskurve: S-förmige C_{res}-lg κ- oder nicht-lineare $1/R_{res}$-lg κ-Kurve. Anwendung: Fällungstitration, in organ. Lösungsmitteln.

HF-Titration: Wirk- und Blindkomponentenmethode.

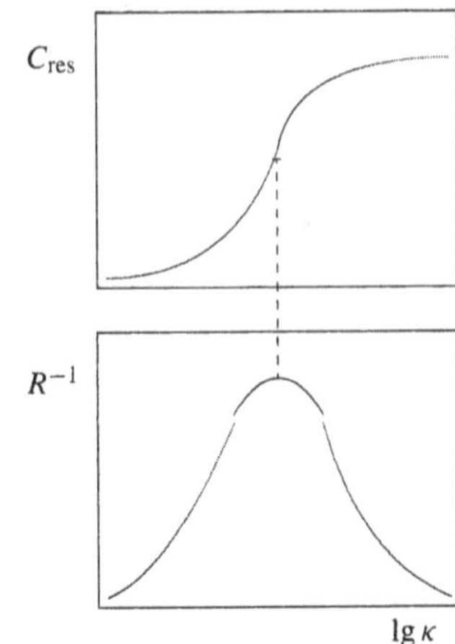

3) Leitfähigkeitstitration in organ. Lösungsmitteln. Für sehr schwache Säuren (bis pK_a 20) und Basen (bis pK_b 15), wenn die Titration in wässr. Lösung keine eindeutige Endpunktbestimmung erlaubt. – *Beispiel:* Gleichzeit. Bestimmung von Malein- und Fumarsäure in Pyridin mit Tetrabutylammoniumhydroxid (vier Äquivalenzpunkte).

4) Verdünnungs-Konduktometrie. In konzentrierten Elektrolyten ist die Leitfähigkeit häufig kein eindeutiges Maß für die Konzentration mehr: sowohl 7,5%-ige als auch 30%-ige Natronlauge leiten mit 300 mS/cm. Hochkonzentrierte Messlösungen werden vor der Leitfähigkeitsmessung daher verdünnt, bis kein Maximum mehr auftritt.

Konstantphasenelement

CPE, *Constant Phase Element.* Empir. Netzwerkelement im *Ersatzschaltbild für eine verlustbehaftete Kapazität ($B = 0 \ldots 1$).
Speziell: WARBURG-Impedanz für $B = 0{,}5$.

$$Y_{\text{CPE}} = A(\mathrm{i}\omega)^B =$$
$$= A\omega^B \left[\cos(\varphi\pi/2) + \mathrm{i}\,\sin(\varphi\pi/2) \right]$$

Konzentrationsgefälle

Konzentrationsverarmung an der Elektrodenoberfläche (^{s}) gegenü. dem Elektrolytinneren (Bulk ^{b}) bei e. stofftransportlimitierten *Elektrodenreaktion. Vgl. *Elektrodenkinetik.

$$\frac{c^s}{c^b} = 1 - \frac{I}{I_{\text{lim}}}$$

I Strom, I_{lim} Diffusionsgrenzstrom.

Konzentrationspolarisation

Konzentrationshemmung, v. a. im ruhenden Elektrolyten bei hoher Stromdichte, kleiner Elektrodenfläche und in der Kälte.

$$\boxed{\begin{aligned}
&\text{Konzentrationsüberspannung } \eta_{\text{c}} = \\
&= \text{Diffusionsüberspannung } \eta_{\text{d}} + \\
&+ \text{Reaktionsüberspannung } \eta_{\text{r}}
\end{aligned}}$$

Konzentrationszelle

Galvan. Zelle mit zwei gleichen, durch ein poröses Diaphragma getrennte, versch. konzentrierte Halbzellen ($a_2 > a_1$).

$$(\ominus)\ \text{M} | \text{M}^{z\oplus}(a_1) ||\ \text{M}^{z\oplus}(a_2) | \text{M}\ (\oplus)$$

Das System strebt nach dem LE CHATELIER-Prinzip des kleinsten Zwanges den Konzentrationsausgleich an.
- Kathode (Pluspol) = Halbzelle mit der *höheren* Konzentration.
- Anode (Minuspol) = Halbzelle mit der *niedrigeren* Konzentration.

1) Konzentrationszelle ohne Überführung
(= ohne Diffusionspotential). Im Überschuss zuges. Fremdelektrolyt (in beiden Halbzellen in gleicher Konzentration) übernimmt den Ladungstransport; das Diffusionspotential wird Null. Das Glied ΔE^0 entfällt, wenn jede Halbzelle dieselben Elektroden besitzt.

$$\boxed{\Delta E = -\frac{RT}{zF} \ln \frac{a_1(\text{verd.})}{a_2(\text{konz.})}}$$

Anwendung. Bestimmung mittlerer Aktivitätskoeffizienten. Die Halbzellen werden durch ein Metall leitend verbunden; verhindert Elektrolytkontakt und Ionenüberführung bei Stromfluss.
$\text{Pt}(\text{H}_2) | \text{H}_2\text{SO}_4(c_1), \text{Hg}_2\text{SO}_4 | \text{Hg} | \text{Hg}_2\text{SO}_4 | \text{H}_2\text{SO}_4(c_2) | \text{Pt}(\text{H}_2)$.

2) Konzentrationszelle mit Überführung (= mit Diffusionspotential). Zur Überführung von Ionen bei Stromfluss aus einer Halbzelle (Lösung 1) in die andere (Lösung 2) wird reversible Verdünnungsarbeit frei oder aufgewandt. Der Gesamtstoffumsatz ist durch die Überführungszahlen $t_\oplus + t_\ominus = 1$ gegeben.

$$E = \underbrace{(\varphi_1 - \varphi_{\text{L.}1})}_{\text{Elektrode 1}} + \underbrace{(\varphi_2 - \varphi_{\text{L.}2})}_{\text{Elektrode 2}} + \underbrace{(\varphi_{\text{L.}2} - \varphi_{\text{L.}1})}_{\text{Diaphragma}}$$

$$= \frac{RT}{zF} \ln \frac{a_1(\text{verd.})}{a_2(\text{konz.})} + E_{\text{d}}$$

$$\boxed{E = 2t_\ominus \frac{RT}{zF} \ln \frac{a_1(\text{verd.})}{a_2(\text{konz.})}}$$

Anwendung. Nachweis der 2-Wertigkeit des $\text{Hg}_2^{2\oplus}$-Ions mit einer Konzentrationszelle
$\text{Hg} | \text{HgClO}_4(a_1)\text{HClO}_4 ||,\ \text{HClO}_4(a_2) | \text{Hg}$.

Korrosion

Örtlich getrennte Oberflächenzonen eines Werkstückes bilden ein kurzgeschlossenes galvan. Element = *Lokalelement.* Elektronen fließen vom unedlen zum edlen Metall; das unedlere Metall wird zerstört (*Normalpotential). Fremdeinschlüsse genügen.

1. anodische Teilreaktion: *Metallauflösung,*
2. kathodische Teilreaktion: Wasserstoffabscheidung (bei Säurekorrosion) oder Sauerstoffreduktion (Rostbildung).
3. Elektrolytlösung: kohlensäurehaltiges Regenwasser, Salzwasser, industrielle Medien.

1) Korrosionsarten. Nach dem Erscheinungsbild:
a) *Risskorrosion:* Metall-Luftsauerstoff-Kurzschlusselement an der schadhaften Passivierungsschicht, z. B. an Eisen. Metallauflösung, Sauerstoffreduktion, Rostbildung verlaufen räumlich getrennt.
b) *Lochfraß:* Spuren Chlorid zerstören die Passivschicht, z. B. Stahl in Salzwasser.
c) *Tropfenkorrosion:* an der Dreiphasengrenze Metall/Salzlösung/Sauerstoff. Sauerstoffreduktion bevorzugt am Tropfenrand, Metallauflösung im Tropfenzentrum.

2) Korrosionsmechanismen
a) *Säurekorrosion* unedler Metalle mit H_2-Abscheidung; z. B. Zinkamalgam in wässr. Salzsäure.

Anode: $\text{Zn}(\text{Hg}) \rightarrow \text{Zn}^{2\oplus} + 2\mathrm{e}^\ominus$
Kathode: $2\text{H}^\oplus + 2\mathrm{e}^\ominus \rightarrow \text{H}_2$

Thermodyn. Triebkraft bei Zink:

$$E^0_{\text{Zn}/\text{Zn}^{2\oplus}} - E^0_{\text{H}_2/\text{H}^\oplus} = \Delta G/zF.$$

Edle Metalle (Kupfer) zeigen keine Säurekorrosion; an Eisen in neutraler Lösung unbedeutend.
b) *Sauerstoffkorrosion,* z. B. Rosten von Stahl (Lokalelement aus Regenwasser, Luftsauerstoff, Eisen, edle Einschlüsse).
- Neutrale/basische Lösung

Kathode: $2\,\text{H}_2\text{O} + \text{O}_2 + 4\,\mathrm{e}^\ominus \rightleftharpoons 4\,\text{OH}^\ominus$
Anode: $\text{Fe} \rightarrow \text{Fe}^{2\oplus} + 2\,\mathrm{e}^\ominus$

- Saure Lösung

Kathode:
$$4\,H_2O \rightleftharpoons 4\,H^{\oplus} + 4\,OH^{\ominus}$$
$$4\,H^{\oplus} + 4\,e^{\ominus} \rightleftharpoons 4\,\langle H\rangle$$
$$\underline{4\,\langle H\rangle + O_2 \rightleftharpoons 2\,H_2O}$$
$$4H^{\oplus} + O_2 + 4e^{\ominus} \rightleftharpoons 2H_2O$$

Anode: $\quad Fe \rightarrow Fe^{2\oplus} + 2e^{\ominus}$

3) Interkristalline Korrosion. Bei nichtrostenden Stählen: Folge der Chromverarmung an den Korngrenzen durch $Cr_{23}C_6$-Ausscheidung.

4) Aktiv-Passiv-Übergang. Empirische Deutung der Korrosion anhand der Strom-Spannungs-Kurve.

- *Aktivbereich:* Korrosion.
- *Passivbereich:* verminderte anodische Metallauflösung durch passive *Deckschichten* aus Metallhydroxiden und -oxiden, häufig *n*-halbleitend (bei Fe, Ni, Co, Zn). FLADE-Potential am Aktiv-Passiv-Übergang

$$\varphi_F(Fe/\gamma\text{-}Fe_2O_3) = 0{,}58\ V - 0{,}059\ pH$$

Reststrom: durch den Deckschichtwiderstand begrenzter den Stromfluss (behinderter $Fe^{3\oplus}$-Transport).

- *Transpassivbereich:* Anstieg des Stromes; beginnende Sauerstoffabscheidung.

Die Korrosionsstrom-Spannungs-Kurve zeigt den Aktiv-Passiv-Übergang der anod. Metallauflösung.

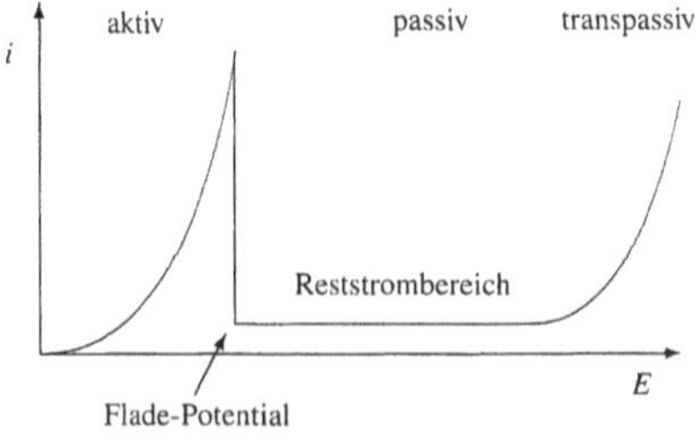

Korrosionsdiagramm

Pourbaix-Diagramm. Das Elektrodenpotential-pH-Phasendiagramm nach POURBAIX zeigt die thermodynam. stabilsten Phasen eines Korrosionssystems.
Beispiel: Zink in wässr. Lösung zeigt vier Phasen: Zn, $Zn^{2\oplus}$ (sauer) und $Zn(OH)_2$, $HZnO_2^{\ominus}$ (alkalisch). Drei Geradenabschnitte definieren Phasenübergänge: die pH-abhängigen Gleichgewichtspotentiale der Zn-, H_2- und O_2-Elektrode.

Korrosionspotential

Das Ruhepotential ist ein *Mischpotential* mehrerer Gleichgewichtspotentiale (*Durchtrittsreaktionen).

Das Mischpotential einer verkupferten Elektrode liegt zw. Kupferauflösung und Sauerstoffreduktion. An Platin liegt das Sauerstoffpotential an. Wird die edle Schutzschicht verletzt, korrodiert das darunter liegende unedle Metall umso stärker; das freigelegte Grundmetall wird in die Nähe des Potentials des Edelmetallüberzugs gezogen.
Ein unedler Übezug (Zink) schützt das Grundmetall auch bei verletzter oder poröser Schicht.

Rostfreie Stähle passivieren durch eine hauchdünne Oxidschicht; das Mischpotential wandert wg. der Sauerstoffreduktion in den Passivbereich.
Sauerstoffkorrosion von Stahl:

$$E = 1{,}23\ V - 0{,}059\cdot pH$$

zwischen den Gleichgewichtspotentialen von $Fe/Fe^{2\oplus}$ und O_2/H_2O.

Mischpotential φ_M bei Säurekorrosion, φ_1 Metallauflösung, φ_2 Wasserstoffabscheidung.

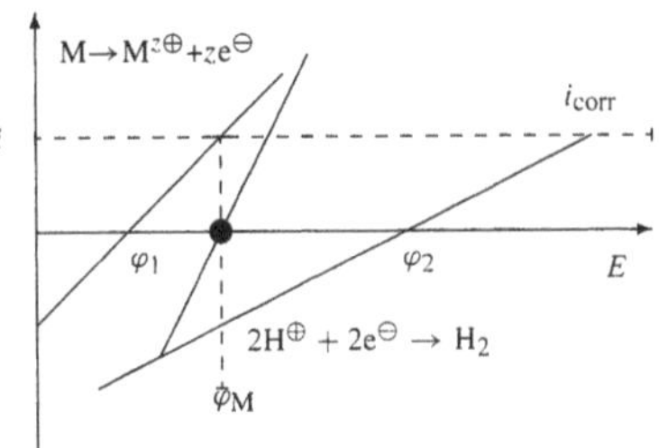

Korrosionsschutz

Technische Schutzmaßnahmen für Bauteile, Schiffe und Pipelines.

1) Schutzüberzüge (Lacke, metallische oder polymere Überzüge) verhüten den Zutritt von Elektrolytlösung und minimieren die exponierte Werkstofffläche.

2) *Phosphatieren, *Eloxieren, *Amalgamieren, *Elektrotauchlackierung.

3) Korrosioninhibitoren. Auf der Werkstoffoberfläche chemi- oder physisorbierte oder aus Korrosionschutzpapier ausdampfende
Ionen (Nitrit, Chromat),
anorganische Stoffe (As_2O_3, CS_2, H_2S, CO),
organische Stoffe (Phenole, Alkohole, Amine).
ca. 10^{-5} mol/ℓ sind ausreichend.
Anodische Inhibitoren blockieren die aktiven Zentren der Metallauflösung, *kathodische Inhibitoren* hemmen Wasserstoffabscheidung oder Sauerstoffreduktion.
In Wasserleitungen bewirkt *Kalkzusatz* lokale $CaCO_3$-Abscheidung und pH-Anstieg, wodurch Sauerstoffreduktion und Korrosion abnehmen.

4) Galvanisieren. Elektrolytisches Beschichten.

a) *Verzinken:* Zink als *Opferanode, unedel, löst sich vor Eisen auf. Zink passiviert durch eine hydratisierte Oxidschicht. Die Wasserstoffabscheidung ist kinetisch gehemmt; mit Kupferspuren korrodiert Zink jedoch augenblicklich.

b) *Verzinnen.* Zinn, edler als Eisen, als Schutzüberzug. Bei Beschädigung wird der Basiswerkstoff heftig angegriffen.

c) *Aluminium:* Schutzüberzug, über weiten pH-Bereich resistente, passive Oxidschicht.

5) Kathodischer Korrosionsschutz

Schutz eines Bauteiles durch eine Elektronenquelle; ggf. hohe Ströme notwendig (ca. $10\ \mu A/cm^2$).

a) *Opferanode.* Das Bauteil (z. B. Pipeline, Brücke, Schiff) wird mit einem unedlen Metallblock (z. B. Magnesium, Zink) leitend verbunden, welches sich auflöst und Elektronen abgibt. Anode bei Betonbrücken ist aufgedübeltes Streckmetall.

b) *Äußere Stromquelle.* Anlegen einer negativen Spannung am Werkstück (Minuspol, Elektronendruck zur Sauerstoffreduktion). Gegenelektrode: Alteisen.

6) Anodischer Korrosionsschutz. Bei passivierbaren Metallen wird das Potential potentiostatisch im Passivbereich fixiert; z. B. Innenschutz von Stahltanks.

11

Elektrochemie

Tabelle 11.6 Allgemeine Korrosionsbeständigkeit der Metalle in wässrigen Säuren und Laugen. „Bedingt" im Spannungsbereich $< |0{,}5|$ V.

Einsatz als	in Säuren (pH 0)			in Alkalien (pH 14)		
	gut	bedingt	schlecht	gut	bedingt	schlecht
Anode	Ti, Nb, Ta, W, Ru, Os, Ir, Pt, Au	Re, Co, Rh, Ni, Pd, Ag, Hg, C, PbO_2	Zr, Hf, V, Cr, Mo, Mn, Tc, Fe, Cu, Zn, Cd, Ga, In, Tl, Sn, Pb, Al, Alkali- und Erdalkalimetalle	Ti, Hf, Fe, Rh, Ni, Pd, Pt, Tl, PbO_2, MoO_x, WO_x	Zr, Nb, Ta, Mn, Co, Ir, Ag, Au, C	V, Cr, Mo, W, Tc, Re, Ru, Os, Cu, Zn, Cd, Hg, Ga, In, Pb
Kathode	Nb, Ta, W, WO_x, MoO_x, Ru, Rh, Pd, Os, Ir, Pt, Cu, Ag, Au, Hg, C	Ti (Wasserstoffversprödung), Zr, Tc, Fe, Ni, Cd, Ga, In, Tl, Ge, Sn, Pb	Hf, V, Cr, Mo, Mn, Re, Co, Zn, PbO_2, Al, Alkali- und Erdalkalimetalle	Ti, Hf, Ni, Ru, Rh, Pd, Ir, Pt, Ag, Au, Hg	Nb, Ta, Cr, Fe, Cu, C	Zr, V, Mo, W, Mn, Tc, Re, Co, Os, Zn, Cd, Ga, In, Tl, Ge, Sn, Pb, PbO_2, Al, Alkali- und Erdalkalimetalle

Korrosionsstrom

Die Stromdichte der Metallauflösung beim Korrosionspotential ist unbekannt; in der Praxis wird der *Reststrom* (beim *Ruhepotential) gemessen.

$$I_{korr} = i_\oplus A_\oplus = i_\ominus A_\ominus = i\,A = A\,i_0 e^{FE/2RT}$$

Sauerstoffkorrosion von Stahl: Korrosionsstromdichte im Sauerstoff-Diffusionsgrenzstrombereich:

$$i_M = i_{O_2,d}$$

i Stromdichte, i_0 Austauschstromdichte, A exponierte Fläche, E Spannung des Lokalelements.

Kristallisationshemmung

Meist der *Reaktionshemmung zugerechneter schneller *Elektrodenvorgang ($\gg$ 100 kHz) beim Einbau abgeschiedener Substanzen (ad-Atome) ins Kristallgitter, Keimbildung und Kristallwachstum.

Kristallisationsüberspannung

Bei Metallabscheidung durch Oberflächendiffusion von *ad-Atomen und Keimbildung auftretende kinet. Hemmung.

$$\eta_K = \frac{RT}{zF}\ln\frac{c_{ad}(x \to 0, i = 0)}{c_{ad}(x \to \infty, i)}$$

c_{ad} ad-Atom-Konzentration (mol/ℓ),
D_{ad} Oberflächendiffusionskoeffizient (m^2/s),
$i_{0,ad}$ Austauschstromdichte der Reaktion ad-Atom $\rightleftharpoons$ Kation,
x Abstand von der Wachstumskante (m).

Kugeldiffusionsimpedanz

Spezialfall der *Warburg-Impedanz für Stofftransporthemmung durch nicht-lineare Diffusion bei kugelförmiger Elektrodenoberfläche, z. B. Quecksilbertropfen oder isolierende poröse Deckschichten.

$$Z_d = \frac{A}{\sqrt{i\,\omega} + \sqrt{k_d}}$$

Geschwindigkeitskonstante $k_d = D_k/r^2$.

Kupferelektrode

Die anodische Auflösung von Kupfer in wässr. Lösung ist eine stofftransportkontroll. Elektrodenreaktion (Schritt 3 geschwindigkeitsbest., Schritt 4 Diffusion).

(1) $\mathrm{Cu(krist.)} \rightleftharpoons \mathrm{Cu_{ad}}$
(2) $\mathrm{Cu_{ad}} \rightleftharpoons \mathrm{Cu^\oplus} + e^\ominus$
(3) $\mathrm{Cu^\oplus} \rightleftharpoons \mathrm{Cu^{2\oplus}} + e^\ominus$
(4) $\mathrm{Cu^{2\oplus}_{Oberfl.}} \rightleftharpoons \mathrm{Cu^{2\oplus}_{Bulk}}$
$$\overline{\mathrm{Cu} \rightleftharpoons \mathrm{Cu^{2\oplus}} + 2e^\ominus}$$

Ladungsdichte

Raumladungsdichte. Volumenbezog. elektr. Ladung ϱ (in C/m^3) um einen Ladungsträger im Elektrolyten, z. B. Ionen in wässriger Lösung.

1) Definition: *Poisson-Gleichung
2) Maxwell-Boltzmann-Ansatz: Wärmebewegung wirkt der elektrostat. Energie der Ladungswolke $E_{el} = ez_i\varphi(r) \ll kT$ entgegen.

$$\varrho(r) = \sum_i^{N_i} q_i N_i(r) = -\frac{2N_A e^2 I}{kT}\varphi(r) = B \cdot \varphi(r)$$

3) *Poisson-Boltzmann-Gleichung als Grundlage der *Debye-Hückel-Theorie.

E elektr. Feldstärke (V/m), e Elementarladung, I Ionenstärke, k Boltzmann-Konstante N_i Ionen der Sorte i im Volumen (m^{-3}), N_A Avogadro-Konstante, q_i Ionenladung (C), r Abstand vom Zentralion (m), T absolute Temperatur (K), z_i Ionenwertigkeit.

Ladungszahl *Ionenladung

Leistung einer galvanischen Zelle

Vgl. *Batterien und *Akkumulatoren.

1) Elektr. Momentanleistung: Produkt aus Klemmenspannung und Strom.

$$P = U\,I = \underbrace{I\,E_0}_{\text{reversibel}} - \underbrace{I^2\,R_i}_{\text{Wärmeverlust}}$$

2) *Maximale Nutzleistung:* Kurz bevor die Zellspannung bei hohen Stromdichten abrupt auf Null abfällt, wird die Leistung $P = U\,I = U x E/R_i = (1 - x)x\,E^2/R_i$ maximal, d. h. $\frac{dP}{dx} = 0$ für $x = {}^1/_2$.
Klemmenspannung U bei max. Leistung:

$$U \leq \tfrac{1}{2}E = I\,R_i = I\,R_a$$

Die max. Leistung fließt, wenn Verbraucher R_a und Innenwiderstand R_i gleich groß sind.

E Urspannung, EMK; U Klemmenspannung.

Leitfähigkeit

Längenbezogene Leitfähigkeit. κ oder σ (in S/m). Früher: *spezifische* Leitfähigkeit, auch *Konduktivität*. Kehrwert des *spezif. Widerstandes ϱ fester od. flüssiger Elektronenleiter und Elektrolyte. Die Lf. von Elektrolytlösungen wird üblicherweise in einer Messzelle mit bekannter *Zellkonstante k bestimmt.

$$\kappa = \frac{1}{\varrho} = \frac{1}{R}\frac{l}{A} = G\,k$$

A Elektrodenquerschnitt (m^2), G Leitwert (Ω^{-1}),
k Zellkonstante (m^{-1}), l Elektrodenabstand (m),
R elektr. Widerstand (Ω).

Die Leitfähigkeit hängt ab von (a) Art des Leiters oder Elektrolyten, (b) Ladungsträger- od. Elektrolytkonzentration, (c) Temperatur. Gute Ionenleiter sind konzentr., vollständig dissoziierte Elektrolyte (bis 1 S/cm); organ. Verbindungen um den Faktor 100–1000 schlechter. Die Leitfähigkeit wässr. Elektrolytlösungen erreicht mit zunehm. Konzentration ein Maximum und fällt wieder ab (Bildung von Assoziaten und Ionenabstoßung).

Leitfähigkeit, molare

Längenbezogene Leitfähigkeit im Einheitsvolumen.

$$\Lambda = \frac{\kappa}{c}$$

Praktische Einheiten:

κ	c	Λ_m	
S/m	kmol/m^3	S m^2/kmol	$= \Omega^{-1}$m^{2}kmol^{-1}
S/m	mol/ℓ	mS m^2/mol	$= $ S m^{2}kmol^{-1}
S/cm	mol/ℓ	S cm^2/mol	$= 10^7$ S m^{2}kmol^{-1}

Molare *Ionenleitfähigkeit* λ_i (in S m^{2}kmol^{-1}): Beitrag eines Ladungsträgers i ($\oplus$ für Kation, $\ominus$ für Anion) zur molaren Leitfähigkeit des Mediums.

$$\lambda_i = F u_i z_i = \frac{D_i F z^2 e}{kT}$$

F Faraday-Konstante, u_i Ionenbeweglichkeit,
z_i Ionenwertigkeit, D_i Diffusionskoeffizient.

Molare Leitfähigkeit Λ_m wässriger Lösungen (mS m^2/mol, 25°C).

Elektrolyt	c / mol/ℓ			
	0,001	0,01	0,1	1
HCl	42,12	41,19	39,11	33,22
H$_2$SO$_4$		61,60	46,86	
HNO$_3$		40,60	38,50	
Essigsäure	4,8	1,6	0,52	
Na-acetat	8,85	8,38	7,28	4,92
NaOH	24,47	23,80	21,82	
NaCl	12,37	11,85	10,67	8,58
Na$_2$SO$_4$	24,46	21,36	16,3	
NH$_4$Cl	14,76	14,13	12,88	10,7
KCl	14,71	14,13	12,90	11,19
KNO$_3$	14,18	13,58	12,04	9,25
AgNO$_3$	13,05	12,48	10,91	7,78

Leitfähigkeit von Mischungen

Heterogene Pulverpresslinge und zusammenges. Phasen werden aus den Leitfähigkeiten der Komponenten additiv berechnet.

1) Serien-Schichtenmodell. Hintereinander liegende Zonen unterschiedlicher Leitfähigkeit (im Bild unterschiedlich schraffiert). Leiten die Korngrenzen schlecht und die Kornphase gut ($\sigma_\mathrm{K} \gg \sigma_\mathrm{G}$), fließt der Strom senkrecht durch die Schichten.

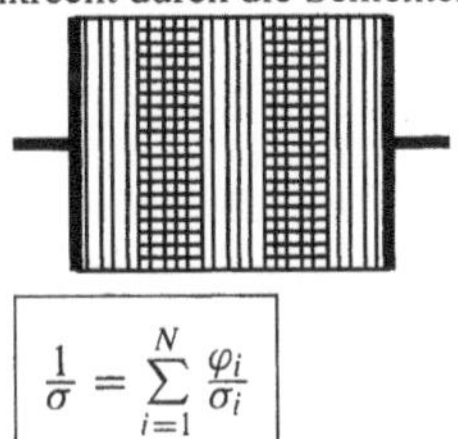

$$\frac{1}{\sigma} = \sum_{i=1}^{N} \frac{\varphi_i}{\sigma_i}$$

2) Parallel-Schichtenmodell. Leitet die Kornphase schlecht und die Korngrenzen gut ($\sigma_\mathrm{G} \gg \sigma_\mathrm{K}$), fließt der Strom im wesentlichen längs der Korngrenzen, z. B. in polykristallinen Materialien.

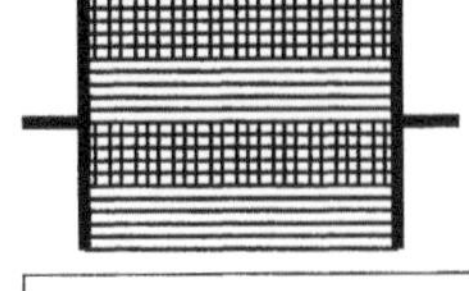

$$\sigma = \sum_{i=1}^{N} \varphi_i\,\sigma_i = \left[1 - \frac{2d}{D}\right]\sigma_\mathrm{K} + \frac{2d}{D}\,\sigma_\mathrm{G}$$

d	Dicke der Korngrenze	(m),
D	Korndurchmesser	(m),
φ_i	Volumenanteil	(100% = 1),
σ	Leitfähigkeit	(S m^{-1}),
K, G	Korn, Korngrenze.	

3) Empirische Formeln für gemischte Serien- ($n = -1$) und Parallel-Leitfähigkeit ($n = +1$).

$$\sigma^n = \sum \varphi_i \sigma_i^n \qquad \text{für} \quad n = -1 \cdots +1$$

$$\lg \sigma = \sum \varphi_i \lg \sigma_i \qquad \text{für} \quad n \to 0$$

4) Fricke-Formel für wenige kugelförmige und ellipsoide Teilchen in kontinuierlicher Matrix (bis 15% Volumenteile dispergierte Phase).

$$\sigma = \sigma_\mathrm{M}\frac{\sigma_\mathrm{T} + x\sigma_\mathrm{M} + x\varphi_\mathrm{T}(\sigma_\mathrm{T} - \sigma_\mathrm{M})}{\sigma_\mathrm{T} + x\sigma_\mathrm{M} - \varphi_\mathrm{T}(\sigma_\mathrm{T} - \sigma_\mathrm{M})}$$

x Formfaktor (2: Kugeln); M Matrix; T Teilchen.

5) Bruggeman-Gleichung für kugelförmige Teilchen B in dispergierter Phase A. *Nicht* für breite Verteilung der Teilchengrößen. Unsymmetr. Funktion, daher verschiedene Ergebnisse, ob z. B. 40% A in 60% B dispergiert sind oder 60% B in 40% A.

$$\left(\frac{\sigma}{\sigma_\mathrm{A}}\right)^{1/3} = \frac{\sigma - \sigma_\mathrm{B}}{(1 - V_\mathrm{B})(\sigma_\mathrm{A} - \sigma_\mathrm{B})}$$

6) Hashin-Shtrikman-Gleichung für makroskopisch homogenes und isotropes 2-Phasen-Material willkürlicher Geometrie. Ober- und Untergrenze der effektiven Leitfähigkeit ($\sigma_\mathrm{A} < \sigma_\mathrm{B}$):

$$\sigma_\mathrm{max} = \sigma_\mathrm{B} + \frac{V_\mathrm{A}}{[\sigma_\mathrm{A} - \sigma_\mathrm{B}]^{-1} + \dfrac{V_\mathrm{B}}{3\sigma_\mathrm{B}}}$$

$$\sigma_\mathrm{min} = \sigma_\mathrm{A} + \frac{V_\mathrm{B}}{[\sigma_\mathrm{B} - \sigma_\mathrm{A}]^{-1} + \dfrac{V_\mathrm{A}}{3\sigma_\mathrm{A}}}$$

7) Ungesinterter Pulververband (HASHIN-SHTRIK-MAN). Leitfähigkeitsgrenzen einer polykristallinen 1-Phasen-Probe aus anisotropen Einkristallen in wahlloser Orientierung. $\sigma_x, \sigma_y, \sigma_z$ sind die Leitfähigkeiten der anisotropen Körner in die Raumrichtungen.

$$\sigma_{\max} = \sigma_z \frac{4\sigma_z^2 + 8\sigma_y\sigma_z + 8\sigma_x\sigma_z + 7\sigma_x\sigma_y}{16\sigma_z^2 + 5\sigma_y\sigma_z + 5\sigma_x\sigma_z + \sigma_x\sigma_y}$$

$$\sigma_{\min} = \sigma_x \frac{4\sigma_x^2 + 8\sigma_x\sigma_y + 8\sigma_x\sigma_z + 7\sigma_y\sigma_z}{16\sigma_x^2 + 5\sigma_x\sigma_y + 5\sigma_x\sigma_z + \sigma_y\sigma_z}$$

Leitfähigkeit von Wasser

Eigenleitfähigkeit κ von Reinstwasser aufgrund der Autoprotolyse $2\,H_2O \rightleftharpoons H_3O^{\oplus} + OH^{\ominus}$.

$$\Lambda = \lambda_{H_3O^{\oplus}} + \lambda_{OH^{\ominus}} \approx 549\ S\,cm^2/mol$$

$$c = \sqrt{K_W} \approx 10^{-7}\ mol/\ell$$

$$\kappa = \Lambda\,c = 5{,}49 \cdot 10^{-8}\ S/cm$$

c Ionenkonzentration, K_W Ionenprodukt, T Temperatur, λ Ionenleitfähigkeit.

T (°C)	Eigenleitfähigkeit von Reinstwasser.				
	0	18	25	34	50
κ (μS/cm)	0,010	0,038	0,0635	0,090	0,170

Leitfähigkeitsmessung

Für feste und flüssige Elektronen- und Ionenleiter.

1) Leitfähigkeitsmesszellen. Handelsübl. Konduktometer bestehen aus Aufnehmer (Messwertgeber), Messzusatz (Messverstärker, Messumformer, Wechselstromgenerator) u. Temperaturfühler. KOHLRAUSCH-Zelle: zwei parallele Elektroden aus platiniertem Platin, Grafit, Edelstahl, Titan- od. Wolframcarbid.

Gebräuchliche Messwertgeber sind:

a) *Tauchgeber:* zwei *planparallele,* gleichgroße oder zwei *konzentrische* Elektroden in definiertem Abstand in Glas eingeschmolzen. Damit der gemessene Leitwert zwisch. $k/\kappa = 100\ \mu$S bis 20 mS liegt, werden kleine Zellkonstanten ($k < 0{,}1$) mit großflächigen, engdistanzierten, konzentrischen Elektroden realisiert.

b) *Durchflusszelle* (Durchlaufgeber). Anwendung in Rohrleitungen; parallel od. konzentrisch angeordnete Elektroden. Große Zellkonstante ($k < 10$) durch langen Stromweg.

2) Brückenschaltungen.

a) Wheatstone-Brücke (Kap. Elektrotechnik).

b) *Ausschlagmessbrücke.* Ein Wheatstone-Viereck oder ein invertierender Operationsverstärker wird abgeglichen und die zunehmende Verstimmung der Brückenspannung (bei Änderung der Leitfähigkeit) aufgezeichnet: $R_x = R_0 U/U_0$.

c) *Blindkomponentenmethode.* Ein Schwingkreis wird mittels Drehkondensator auf Resonanz abgestimmt (Vollausschlag eines parallel zur Messimpedanz geschalteten Voltmeters). Mit ΔC-$\lg \kappa$-Eichkurve für z. B. ölhaltige Proben.

d) *Wirkkomponentenmethode.* Schwingkreis (parallel zur Messzelle) wird – bis zum Vollausschlag e. Voltmeters – auf Resonanz abgestimmt. $U(\kappa)$-Eichkurve (nicht-linear mit Maximum, das mit zun. Messfrequenz

zu höheren Leitfähigkeiten κ wandert).

3) Differenz-Leitfähigkeitsmessung. Kleine Leitfähigkeitsänderungen bei stark rauschendem Hintergrund misst man mit zwei unabhängigen Messverstärkern. *Anwendung:* Nachweis chlorierter Kohlenwasserstoffe; Gasanalyse.

4) Quotienten-Leitfähigkeitsmessung. Eine Brückenschaltung mit zwei räumlich getrennten Messwertgebern registriert das Verhältnis der Widerstände R_1/R_2 an den Messorten; ungenauer, aber einfacher als die Differenz-Leitfähigkeitsmessung. *Anwendung.* Ionenaustauscher für die Wasserentsalzung: Ein Messwertgeber sitzt im Unterteil des Harzbettes, der zweite im Auslauf. Ist das Harz erschöpft, wird dies früher erkannt als mit der Ein-Sensor-Messung.

5) Kontaktlose Leitfähigkeitsmessung,

ohne galvanische Verbindung zw. Elektrodenoberfläche und Messfluid, v. a. für *Durchflussmessungen.

a) *Hochfrequenzleitfähigkeitsmessung.* Zwei Ringelektroden auf der Außenwand eines nichtmetall. Rohres stehen parallel zum Drehkondensator eines LC-Parallel-Schwingkreises (3–100 MHz). Eichung mit Lösungen bekannter Leitfähigkeit nach Blind- oder Wirkkomponentenmethode (nicht-lineare Eichkurven); Zellkonstante nicht definiert.

b) *Induktive Methoden.* Das Fluid koppelt zwei magnetisch gegeneinander geschirmte Trafospulen; die von der Primär- auf die Sekundärwindung übertragene Spannung entspricht dem Leitwert $G = U_2/U_1$ (Messfrequenz 50–500 Hz). Der Leitfähigkeitsaufnehmer ist ein kurzes, dickwandiges, nichtmetallisches Röhrchen, das in die Strömung taucht. Die lineare Eichkurve überstreicht einen weiten Messbereich (10 μS... 1 S); eine Zellkonstante lässt sich bestimmen. Anwendung für ölhaltige oder stark verschmutzte Medien.

6) Technische Anwendung

a) Leitfähigkeitsmessungen werden eingesetzt für:

• *Feuchtigkeitsbestimmung,* z. B. in Eisessig, Granulaten, Textilien, Papier, Getreide, Seife.

• *Bodenfeuchte:* (a) An Gipselektroden bildet sich durch Kapillarsog eine ges. Gipslösung, deren Leitfähigkeit gemessen wird. – (b) Leitfähigkeitsänderung einer NH_4Cl/Propanol-Lösung vor u. nach Ausschütteln der Bodenprobe.

• *Gasanalyse:* Saure Gase (HCl, CO_2, H_2S etc.) werden in verdünnten Laugen, basische Gase (NH_3 etc.) in verdünnten Säuren gelöst und differenz-konduktometrisch bestimmt. – Medizinische Blutgasbestimmung durch die Haut.

• *Salzgehalt*: Verunreinigungen in Reinstwasser, Aschegehalt von Zucker, Qualität v. Ionenaustauschern.

• *Ammoniak,* z. B. Detektion in Kesselspeisewässern, denen zur Bindung von Gelöstsauerstoff Hydrazin zusetzt wird.

• *Chlorierte Kohlenwasserstoffe* im Trinkwasser; nach Hydrolyse zu HCl (300°C, 180 bar, Autoklav).

• *Emulsionen:* Zw. zwei nicht-mischbaren Fluiden treten Oberflächenladungen auf. Die Phase mit der höheren Dielektrizitätszahl lädt sich positiv, die andere negativ (COEHNsche Regel). Die zeitl. Änderung der Leitfähigkeit charakt. die Stabilität von Emulsionen.

b)Prozess- und Reinheitskontrolle

• *Chemische Industrie:* Schwefelsäureherstellung, Esterverseifung.

• *Elektro- und Galvanotechnik:* Beizlösungen, Phosphatierbäder (H_2SO_4-Messung), Elektrotauchlackierung, Formierbäder zur Kondensatorherstellung, Spülwässer zur Halbleiterfertigung, Gewinnungselektrolyse (Zink).

• *Getränkeindustrie:* Pfandflaschenreinigung.

- *Hüttenwesen:* Erz-, Bauxitverarbeitung.
- *Lebensmittelindustrie:* Prüfung auf Konservierungsmittel, Ablaugen (z. B. Kartoffelschalen), Salz- und Kühlsolen, Spül- und Reinigungslaugen; Salzlösungen für Gemüsekonserven.
  Brauereien und *Hefefabriken:* Reinigung, Filtration, Kochsalzdosierung.
  Milchwirtschaft: Reinigung von Rohrleitungen mit HNO_3, NaOH, Wasser.
- *Papier- und Textilindustrie:* Seifen- und Waschlösungen; Beizen, Bleichen.
- *Verfahrenstechnik:* Kesselspeisewasser; Ionenaustauscher, Verdampfer. Kondensatoren, Kühlwasserkreisläufe. Filterpressen, Lecksuche bei Wärmetauschern.
- *Waschmittelindustrie:* Seifen und Restlaugen.
- *Wasserwirtschaft:* Brauch- und Abwasser

Leitfähigkeitsstandard

Internationale Vergleichslösungen zur Festlegung der *Zellkonstante bei *Leitfähigkeitsmessungen.

- *Primärstandards*, z. B. Kaliumchlorid.
- *Sekundärstandards*, z. B. das Leitfähigkeitsmaximum von 30%-iger H_2SO_4.

Leitfähigkeitsstandard: Leitfähigkeit wässriger Kaliumchloridlösungen.

c	κ (in S/cm $= \Omega^{-1}\mathrm{cm}^{-1}$) bei Temperatur			
mol/ℓ	18 °C	20 °C	22 °C	25 °C
1,0	0,09 822	0,10 207	0,10 554	0,11 180
0,1	0,01 119	0,01 167	0,01 215	0,01 288
0,02	0,002 397	0,002 501	0,002 606	0,002 765
0,01	0,001 255	0,001 278	0,001 332	0,001 413

Eichlösungen für die Leitfähigkeitsmessung (außer Kaliumchlorid).

Leitfähigkeitsstandard	κ (in S/cm)
NaCl, sat.	0,251
NaOH, 15%	0,406
KOH, 27,5%	0,626
H_2SO_4, 367 g/ℓ	0,826

Leitfähigkeitstitration   *Konduktometrie.

Leitsalz

*Dissoziation, *Fremdionenzusatz, *Migration, *Diffusionshemmung.

Levich-Gleichung   *Nernst-Impedanz.

Membran

Semipermeable Membranen, Ionenaustauschermembranen od. poröse Diaphragmen zur mechan. Trennung von Anoden- und Kathodenraum in elektrochem. Zellen. Die Phasengrenze ist infolge der Porenweite der Membran nicht für alle Ionen durchlässig; aufgrund des Konzentrationsgefälles ist eine Potentialdifferenz zw. den getrennten Phasen messbar. Je *ähnlicher* die Ionenbeweglichkeiten von Anion und Kation, umso *kleiner* das Membranpotential.

1) Das **Donnan-Potential** entsteht, wenn Anionen und Kationen beiderseits der Membran im Gleichgewicht der Aktivitäten stehen.

$$a_{\oplus}^{(I)}\, a_{\ominus}^{(I)} = a_{\oplus}^{(II)}\, a_{\ominus}^{(II)}$$

Der Potentialsprung an der Phasengrenze Membran/Elektrolyt berechnet sich als Gleichgewichtspotential von durchtrittsfähigen Ionen desselben Bindungszustandes im Phasengleichgewicht: $\tilde{\mu}^{(I)} = \tilde{\mu}^{(II)}$

$$E_M = \varphi^{(I)} - \varphi^{(II)} = \pm \frac{RT}{zF} \ln \frac{a^{(I)}}{a^{(II)}}$$

$-$ für Anionenaustausch, $+$ für Kationenaustausch.

2) Membran- und Diffusionspotential (MEYER, SIEVERS 1938):

$$E_M = \frac{RT}{F}\left[\underbrace{B \ln \frac{x_2 - AB}{x_1 - AB}}_{\text{Henderson}} + \underbrace{\frac{1}{2} \ln \frac{(x_1 - A)(x_2 + A)}{(x_1 + A)(x_2 - A)}}_{\text{Donnan}}\right]$$

$$B = \frac{u_{\oplus} - u_{\ominus}}{u_{\oplus} + u_{\ominus}}, \qquad A = z_i c_i$$

$$x_{1,2} = \sqrt{4 c_{1,2}^2 + A^2}$$

3) Allgemein für $z : z$-Elektrolyte:

$$E_M = \frac{RT}{z_{\oplus} F} \ln \left| \frac{z_{\oplus} a_{\oplus}^{(II)}}{z_i c_i \gamma_{\oplus}^{(I)}} \right| \quad \text{bzw.} \quad \frac{RT}{z_{\ominus} F} \ln \left| \frac{z_{\ominus} a_{\ominus}^{(II)}}{z_i c_i \gamma_{\ominus}^{(I)}} \right|$$

$a_{\oplus}, a_{\ominus}$ Aktivität des durchtrittsfähigen Kations, Anions,
c_i Konzentration der <u>nicht</u> durchtrittsfähigen Stoffe (mol/ℓ);
z_i Ionenwertigkeit: <u>nicht</u> durchtrittsf. Stoffe (mit Vorzeichen);
$z_{\oplus}, z_{\ominus}$ Ionenwertigkeit (mit Vorzeichen) d. durchtrittsf. Ionen;
$\gamma_{\oplus}, \gamma_{\ominus}$ Aktivitätskoeffizient des Kations, Anions.

Metallabscheidung

Elektrolyt. Herstellung von Metallen od. Überzügen durch kathodische Abscheidung. *Galvanotechnik, *Abwasserreinigung.

Herstellung von Metallpulvern. Je höher die Stromdichte, umso mehr wird die begleitende Sauerstoffabscheidung zurückgedrängt. Der Metallniederschlag (z. B. Kupfer) ist umso feinkörniger,

- je höher die Überspannung der Metallabscheidung (umso schneller werden Keime gebildet),
- je geringer die Konzentration der Metallsalzlösung,
- bei Zusatz von Inhibitoren für das Keimwachstum (z. B. Gelatine).

Ferner: pulverförmiges Fe, Sn, Zn, Cd, Sb, Ag, Ni, Mn, W, Ti und Ta (aus Schmelzelektrolyt). Hohe Reinheit, unregelmäßige Gestalt, katalytische Aktivität (Gitterstörungen).

Metallbearbeitung, elektrochemische

Prozesse, bei denen das Werkstück (als *Opferanode) abgetragen wird.

1) Elektrochemisches Senken, *Elektrochemical Machining* (ECM). Durch einen 0,1 bis 0,5 mm breiten Spalt zw. Werkstück und Gegenelektrode wird konz. Elektrolyt (KNO_3, KCl) mit 5–50 m/s gepumpt, um Reaktionsprodukte und Stromwärme abzuführen; bei 5 bis 30 V fließen an der Anode Auflösungsstromdichten bis 500 mA/cm^2 (wobei die begleitende Sauerstoffabscheidung bei hohen Strömen zurückgedrängt wird). Die als Negativ geformte Kathode wird analog zu einem mechan. Bohrer nachgeführt.

$$\text{Werkstoffabtrag} \quad \frac{dV}{dt} = \frac{M}{\varrho\, z\, F} I$$

M Molare Masse, *z* Wertigkeit, *ϱ* Dichte des Metalls.
Anwendung: komplizierte Werkstücke ohne Materialspannungen der spanabhebenden Bearbeitung; z. B. Schmiedegesenke für Kfz-Kurbelwellen, Turbinenläufer (Superlegierungen), Reaktorbrennstabhalterungen (Zirkonlegierungen), Kühlluftbohrungen in Turbinenschaufeln.

Elektrochemie

2) Erodieren. Elektrochem. Schneiden und Bohren.

3) Elektropolieren. Glättung von Metalloberflächen in ruhender Lösung in konz. Säuren (Elektrodenabstand >1 cm, Stomdichte 0,01 bis 0,5 A/cm^2). Vorstehende Oberflächenteile werden wg. höherer Feldstärke an Spitzen schneller abgetragen.

4) Elektrochem. Verrunden, Entgraten, Schleifen.

Migration

Ionenwanderung; im flüssigen Elektrolyten schnell (engl. *supported situation*); limitierend im Festelektrolyten, wo zumeist nur ein Ion mobil ist, das unter dem Zwang des elektrischen Feldes Ladung transportiert (engl. *unsupported situation*).

Zur Abhilfe setzt man dem Elektrolyten ein inertes *Leitsalz* – wie KCl, $[R_4N^{\oplus}][ClO_4^{\ominus}]$ – zu, das den Stromtransport übernimmt und keine Elektrodenreaktionen eingeht; vgl. *Diffusion. Wichtig bei der *Polarografie, sonst unerwünschte An- und Abreicherung des Messions an der Hg-Tropfelektrode.

Mikroelektrode

Elektrode mit winziger Oberfläche, bei einer *Ultramikroelektrode* ein Drahtdurchmesser < 20 μm.

1. Statt linearer Diffusion tritt *sphärische Diffusion* auf (nach ca. 0,1 s), wenn

$$\text{Spitzenradius} \quad r \leq \sqrt{\pi D t} = \delta_N$$

δ_N Diffusionsschichtdicke.

2. *Schneller Stofftransport*, hohe Diffusionsgrenzstromdichte, schnelle Gleichgewichteinstellung, hohe Stromdichte an der Elektrodenoberfläche. Kurze Messzeit, hohe Empfindlichkeit für Elektroanalytik.

3. *Geringer Stromfluss* und geringer ohmscher Spannungsabfall im Elektrolyten.

4. *Winzige Doppelschichtkapazität*, verbessertes Nutzsignal (faradaysche Ströme).

5. Kathodischer Strom an einer Mikroelektrode (mit halbkugelförmiger Spitze)

$$I(t) = -z F c^0 D \left(2r^2 \sqrt{\frac{\pi}{D t}} + 2\pi r\right)$$

Für $t \to \infty$ ist: $I = -2\pi r z F c^0 D$.

Mischelektrode

*Elektrode, an der mehrere elektrochemische Reaktionen gleichzeitig ablaufen; es stellt sich ein *Mischpotential ein. Vgl. *Korrosion.

NEMCA

Non-faradaic electrochemical modification of catalytic activity. „Elektrochemische Katalysatorsteuerung". Die katalyt. Aktivität eines heterogenen Katalysators für eine chem. Reaktion – speziell FERMI-Niveau und Austrittsarbeit (1 V $\hat{=}$ 1 eV) – wird durch eine angelegte Spannung verändert und hat ein Optimum (Vulkan-Kurve).

z.B. Formaldehyzersetzung an Ag und Au; Knallgasreaktion an Pt, CO-Oxidation an Pt/ZrO$_2$ in SOFC-Brennstoffzellen.

Nernst-Gleichung

Konzentrationsabh. des *Normalpotentials (Elektrode) bzw. *Redoxpotentials (Halbzelle).

1) Herleitung: Eine elektrochem. Zelle

$$(\text{Ox}) \quad a\,\text{A} + b\,\text{B} +... \rightleftharpoons c\,\text{C} + d\,\text{D} +... \quad (\text{Red})$$

leistet die max. reversible Nutzarbeit ΔG.

$$\Delta G = \sum_{i-1}^{N} G_{i,\text{Produkte}} - \sum_{i=1}^{N} G_{i,\text{Edukte}}$$

$$\Delta G^0 = \sum_{i-1}^{N} G^0_{i,\text{Produkte}} - \sum_{i=1}^{N} G^0_{i,\text{Edukte}}$$

$$\Delta G = \Delta G^0 + RT \ln \frac{a_C^c a_D^d \cdots}{a_A^a a_B^b \cdots}$$

$$\boxed{\Delta G = \Delta G^0 + RT \ln K_{\text{eq}}}$$

Mit $\Delta G = -z F E$ ergibt sich die NERNST-Gleichung für die reversible *Zellspannung E.

$$\boxed{\begin{aligned} E &= E^0 - \frac{RT}{zF} \ln \frac{a_C^c a_D^d \cdots (\text{Red})}{a_A^a a_B^b \cdots (\text{Ox})} = \\ &= E^0 - \frac{RT}{zF} \ln K_{\text{eq}} \end{aligned}}$$

2) Metallionenelektrode.

Einfaches Redoxsystem $M^{z\oplus} + ze^{\ominus} \rightleftharpoons M$. Definitionsgemäß ist die Aktivität von Reinelementen, Feststoffen und Bodensätzen $a_i = 1$, ebenfalls der Elektronen in der Elektrode $a_{e^{\ominus}} = 1$. Freie Metallelektronen in Lösung sind vernachlässigbar (außer „solvatisierte Elektronen" z. B. in fl. NH$_3$). Mit $\tilde{\mu}(M) = \tilde{\mu}(M^{z\oplus}) + z\tilde{\mu}(e^{\ominus})$ folgt:

$$\boxed{E = E^0 + \frac{RT}{zF} \ln a_i} \quad \begin{cases} z < 0 & \text{Kation} \\ z > 0 & \text{Anion} \end{cases}$$

a_i Ionenaktivität, E Halbzellenpotential, E^0 Normalpotential, z Ionenwertigkeit (hier mit Vorzeichen!).

Metalle wirken umso stärker *reduzierend*, je weniger Metallkationen in Lösung gehen.

Nichtmetalle wirken umso stärker *oxidierend*, je weniger Nichtmetallanionen in Lösung vorliegen.

3) Redoxelektrode oder elektrochem. *Halbzelle* (Halbelement). $\text{Ox} + z\,e^{\ominus} \rightleftharpoons \text{Red}$

$$E = \Delta\varphi_{\text{Kathode}} - \Delta\varphi_{\text{Anode}}, \quad \text{wobei}$$

$$\Delta\varphi_i = \Delta\varphi_i^0 + \frac{RT}{zF} \ln \frac{[\text{Ox}_i]}{[\text{Red}_i]}$$

Gleichgewichtskonz. an der Elektrodenoberfl. einsetzen.

$$\boxed{\begin{aligned} E &= E^0 - \frac{RT}{zF} \ln \frac{[\text{Red}]}{[\text{Ox}]} = \\ &= E^0 - \frac{0,05916}{z} \lg \frac{[\text{Red}]}{[\text{Ox}]} \quad (\text{bei } 25°\text{C}) \end{aligned}}$$

ΔE Zellspannung, K_{eq} Gleichgewichtskonstante, $\Delta\varphi$ Galvanispannung, z Reaktionswertigkeit = ausgetauschte Elektronen in der Redoxgleichung.

Beispiel: Das Potential der Halbzelle Zn|Zn$^{2\oplus}$ (0,1 mol/ℓ) mit $E^0 = -0,76$ V beträgt:

$$E = E^0 - \frac{0,05916}{2} \lg \left(\frac{1}{0,1}\right) = -0,79 \text{ V}$$

Redoxpotentiale werden durch *Komplexierung* oder *Ausfällen* von Ionen beeinflusst. Metalle mit *schwerlöslichen Hydroxiden* wirken in alkal. Lösung stärker *reduzierend* als in saurer (Abzug von $M^{z\oplus}$). Bei Verschiebung des Gleichgewichts ändern sich *Ionenstärke*, Aktivitätskoeffizienten und Zellspannung. Zusatz eines Leitsalzes in hoher Konzentration für definierte Ionenstärke.

4) pH-Abhängigkeit des Redoxpotentials. Redoxgleichgewichte mit Protonen oder $OH^\ominus$.

$$E = E^0 - \ln 10 \, \frac{RT}{zF} \, \lg c_{H^\oplus}$$

$$E = E^0 - \frac{0{,}05916}{z} \cdot \text{pH} \quad (\text{bei } 25\,°C)$$

Beispiel: Mit steigendem pH sinkt das Redoxpotential des Redoxpaars $MnO_4^\ominus/Mn^{2\oplus}$ (ebenso $Cr_2O_7^{2\ominus}/Cr^{3\oplus}$).

$$MnO_4^\ominus + 5\,e^\ominus + 8\,H^\oplus \rightleftharpoons Mn^{2\oplus} + 4\,H_2O$$

$$E = E^0 + \frac{RT}{5\,F} \ln \frac{[MnO_4^\ominus][H^\oplus]^8}{[Mn^{2\oplus}]}$$

$$E \begin{cases} \text{steigt,} & \text{falls } [H^\oplus] \text{ groß} \\ \text{fällt,} & \text{falls } [H^\oplus] \text{ klein} \\ E = E^0 & \text{falls } K_{eq} = 1 \end{cases}$$

5) Elektrochemische Zelle mit der Zellreaktion Edukte $\rightleftharpoons$ Produkte im Gleichgewicht:

$$\Delta E = \Delta E^0 - \frac{RT}{zF} \ln K_{eq} \quad \text{mit}$$

$$\Delta E^0 = E^0_{\text{Kathode}} - E^0_{\text{Anode}}$$

Im Standardzustand (alle Aktivitäten $a_i = 1$, $25°C$) ist $\Delta E = \Delta E^0$.

6) Gaselektrode $X_2 + 2e^\ominus \rightleftharpoons 2X^\ominus$. Potentialbildende Reaktion unter Beteiligung von Gasen, z. B. mit Chlor umspültes Platinblech in HCl. Mit den elektrochem. Potentialen $\tilde{\mu}(X^\ominus) + \tilde{\mu}(e^\ominus) = {}^1/_2\tilde{\mu}(X_2)$ folgt:

$$E = E^0 - \frac{RT}{F} \ln \frac{a_{X^\ominus}^2}{a_{X_2}} =$$

$$= E^0 + \frac{RT}{F} \ln \frac{\sqrt{p_{X_2}/p^0}}{a_{X^\ominus}}$$

$\tilde{\mu}$ elektrochem. Potential, p Partialdruck, p^0 Standarddruck (101325 Pa).

7) Wasserstoffelektrode. Von Wasserstoffgas umspültes platiniertes Platinblech mit dem potentialbestimmenden Vorgang $H^\oplus + e^\ominus \rightleftharpoons H_2$.

$$E = E^0 - \frac{RT}{F} \ln \frac{\sqrt{p_{H_2}/p^0}}{a_{H^\oplus}}$$

$$E(25\,°C) = -0{,}05916 \cdot \left[\text{pH} + \frac{1}{2} \lg \left(\frac{p_{H_2}}{p^0} \right) \right]$$

8) Sauerstoffelektrode. Von Sauerstoffgas umspültes Platinblech mit dem potentialbestimmenden Vorgang: $O_2 + 2H_2O + 4e^\ominus \rightleftharpoons 4OH^\ominus$.

$$E = 1{,}229 - 0{,}05916 \left[\text{pH} + \frac{1}{2} \lg \left(\frac{p_{O_2}}{p^0} \right) \right]$$

bei $25\,°C$. In saurer Lösung wegen kinetischer Hemmungen ein Potential $E^0 \approx 1{,}15$ V (und nicht das theoretische von $1{,}23$ V).

9) Silber-Silberchlorid-Elektrode. Setzt man für den potentialbestimmenden Vorgang

$$AgCl + e^\ominus \rightleftharpoons Ag + Cl^\ominus$$

die elektrochemischen Potentiale an:

$$\tilde{\mu}(MX) + \tilde{\mu}(e^\ominus) = \tilde{\mu}(M) + \tilde{\mu}(X^\ominus),$$

wobei $a(MX) = 1$ und $L = a_M a_X$, ergibt sich das Bezugspotential E.

$$E = E^0 - \frac{RT}{F} \ln a_{Cl^\ominus}$$

mit $E^0 = +0{,}2224$ V. Chloridaktivität durch KCl-Innenelektrolyt festgelegt.

$$E_{SCE} = \begin{cases} 0{,}1976\,V & (\text{sat. KCl}) \\ 0{,}2368\,V & (1\,\text{mol}/\ell\,\text{KCl}) \end{cases}$$

10) Kalomelelektrode. Ein Platinableitstab taucht in einen Quecksilbertropfen, darüber sind Hg_2Cl_2-Paste und KCl-Lösung geschichtet. Chloridaktivität durch KCl-Innenelektrolyt festgelegt. Potentialbest. Vorgang:

$$Hg_2Cl_2 + 2\,e^\ominus \rightleftharpoons 2\,Hg + 2\,Cl^\ominus$$

$$E = E^0 - \frac{RT}{F} \ln a_{Cl^\ominus}$$

$$= 0{,}2415\,V \ (25\,°C, \text{sat. KCl})$$

wobei $E^0 = +0{,}2682$ V.

11) Mercurosulfat-Elektrode. Ein Quecksilbertropfen, überschichtet mit Hg_2SO_4/K_2SO_4-Aufschwemmung; Sulfataktivität durch Innenelektrolyt K_2SO_4 festgelegt. Potentialbest. Vorgang:

$$Hg_2SO_4 + 2e^\ominus \rightleftharpoons 2Hg + SO_4^{2\ominus}$$

$$E = E^0 - \frac{RT}{2F} \ln a_{SO_4^{2\ominus}}$$

$$= 0{,}650\,V \ (25\,°C, \text{sat. } K_2SO_4)$$

wobei $E^0 = +0{,}6158$ V.

12) Anwendungen d. NERNST-Gleichung: *Redoxsystem, *Elektrolyse, *rH-Wert, *Potentiometrie, *pH-Glaselektrode, *Diffusionspotential.

Nernst-Impedanz

Netzwerkelement eines *Ersatzschaltbildes.

1) Diffusionsimpedanz. Stofftransporthemmung zw. Elektrodenoberfläche und Lösungsinnerem durch lineare Diffusion mit endl. Diffusionsschichtdicke δ_N.

$$Z_N = \tanh \left[\sqrt{\frac{i\omega}{k_N}} \right] \frac{A}{\sqrt{i\omega}}$$

Die Eindringtiefe der Konzentrationswelle

$$d_k = \sqrt{2D_k/\omega} = \delta_N \sqrt{2k_N/\omega}$$

ist nicht klein gegen δ_N, bes. bei Gleichstrom.

- Ruhende Elektrode: $\delta_N = \dfrac{zFDc^b}{I_{\lim}}$

- Rotierende Scheibenelektrode bei laminarer Strömung (LEVICH-Gleichung):

$$\delta_N = 1{,}75 \cdot (2\pi f)^{-0{,}5} \nu^{1/6} D^{1/3}$$

Geschwindigkeitskonstante $k_N = D_k/d_k^2 = 1/\tau_N$.

A Warburg-Parameter, ν kinematische Viskosität, ω Kreisfrequenz.

2) Cotangens-Diffusion. Diffusionshemmung mit endlicher Grenzschichtdicke und Blockierung (Adsorption) der Spezies; z. B. bei Ionenleitern mit zusätzlich elektronischer Leitfähigkeit.

$$Z_d = \frac{A \coth \sqrt{i\omega\tau}}{\sqrt{i\omega}}$$

Nernst-Nikolsky-Gleichung

für die Querempfindlichkeit *ionenenselektiver Elektroden. *Störionen* können die Aktivität des zu bestimmenden Ions durch Fällung oder Komplexbildung vermindern oder das Membranpotential verfälschen.

$$E = E^0 + E_N \ln a_i + \sum K_{ij} a_i^{z_i/z_j}$$

Je kleiner der Selektivitätskoeffizient K_{ij}, umso selektiver die Elektrode für das Ion.

a_i Aktivität des Messions, a_j des Störions, E_N Nernst-Spannung.

Nernst-Planck-Gleichung

Für die *Migration* im Elektrolyten. Fluss J der Spezies i mit der Konzentration c_i im Abstand x von der Elektrode beim Potential φ (in mol s^{-1}m^{-2}).

$$J_i = \underbrace{-D_i \frac{\partial c(x)}{\partial x}}_{\text{Diffusion}} \underbrace{- \frac{z_i F}{RT} D_i c_i \frac{\partial \varphi(x)}{\partial x}}_{\text{Migration}} + \underbrace{c_i\, v(x)}_{\text{Konvektion}}$$

D Diffusionskoeffizient, v Strömungsgeschwindigkeit.

Nernst-Spannung

Nernst-Faktor, thermodynamischer Faktor, theoretische *Elektrodensteilheit*. Verquickung von Faraday-Konstante F, abs. Temperatur $T = 298$ K und molarer Gaskonstante R. Geradensteigung der Elektrodenspannung gg. die logarithm. Ionenaktivität.

$$\frac{RT}{F} = 0{,}025\,693 \text{ V } (25\,°C)$$
$$\frac{RT}{F} \ln 10 = 0{,}059\,159 \text{ V } (25\,°C)$$

Das Vorzeichen von E_N ist positiv für Kationen und negativ für Anionen. Übliche pH-Meter sind auf einwertige Ionen ausgelegt.

Nernst-Spannung für einwertige Ionen.

t (°C)	E_N (mV)	t (°C)	E_N (mV)
0	54,20	40	62,13
10	56,18	50	64,12
20	58,16	60	66,10
25	59,16	80	70,07
30	60,15	95	73,04

NHE Normal Hydrogen Electrode, Normalwasserstoffelektrode.

Normalpotential

Standardpotential, Standard-Elektrodenpotential.

1) Gegen die *Normalwasserstoffelektrode (NHE) gemess. Zellspannung einer galvan. Halbzelle bei 25 °C, Normdruck und 1-molarer Lösung. Maß für die Neigung eines Atoms, unter Elektronenabgabe Ionen zu bilden. Bei Redoxsystemen analog *Redoxpotential*.

$$\begin{array}{llll} (1) & {}^1\!/_2\,H_2 & \rightleftharpoons & H^\oplus + e^\ominus \;\mid\; \cdot\, z \\ (2) & M^{z\oplus} + z\,e^\ominus & \rightleftharpoons & M \\ \hline & M^{z\oplus} + \frac{z}{2} H_{2,(g)} & \rightleftharpoons & M + z\,H^\oplus \end{array}$$

$$E^0 = \varphi^0 - \varphi_{\text{NHE}}$$

Zelle: Pt,H$_2$|H$^\oplus$||M$^{z\oplus}$|M

Die NHE wird direkt od. über *Salzbrücke* (z. B. KCl-gefüllter Glasrohrbogen) mit dem Halbelement ionisch leitend verbunden. *Standardbedingungen:*

- Protonenaktivität: $a_{H^\oplus} \equiv 1$
- Festkörper: $a_M \equiv 1$, stabilste Modifikation.
- Temperatur: 298,15 K = 25°C.
- Wasserstoffpartialdruck: $p_{H_2} = 101\,325$ Pa, d. h. Abscheidung bei Atmosphärendruck.

In praxi statt der umständlichen NHE: *Bezugselektroden wie Ag/AgCl. Absolute Elektrodenpotentiale φ sind nicht messbar, nur Potentialdifferenzen $E = \Delta \varphi$ zw. zwei Elektroden (Halbelementen).

2) Internationale Vorzeichenkonvention. Das potentialbestimmende Redoxgleichgewicht wird als *Reduktionsgleichung* formuliert (IUPAC).

*Ox*idierte Spezies + Elektronen $\rightleftharpoons$ *Red*uzierte Spezies
Eine Halbzelle lädt sich gegenüber der NHE mit dem *Vorzeichen* des Normalpotentials.

- *Positives* Normalpotential bedeutet: spontane Elektrodenreaktion von *Ox* nach *Red*, z. B. bei edlen Metallen (Cu$^{2\oplus}$/Cu), Kathoden.
- *Negatives* Normalpotential bedeutet: spontane Elektrodenreaktion von *Red* nach *Ox*, z. B. bei unedlen Metallen (Zn/Zn$^{2\oplus}$), Anoden.

In elektrochemischen Zellen gilt:
Kathode: positiveres Normalpotential (edler),
Anode: negativeres N. (unedler).

Das Normalpotential ist <u>un</u>abhängig von Stöchiometriefaktoren der Zellreaktion.

Beispiel: $^1\!/_2$H$_2 \rightleftharpoons$ H$^\oplus$ + e$^\ominus$ und H$_2 \rightleftharpoons$ 2H$^\oplus$ + 2e$^\ominus$ haben dasselbe Normalpotential! Bei der Berechnung Freier Enthalpien ist die elektrochem. Wertigkeit aber zu beachten: $\Delta G = -FE$ bzw. $\Delta G = -2FE$.

3) Messung des Standardpotentials *Potentiometrie.
1. Normalwasserstoffelektrode
2. HARNED-Zelle: Pt|H$_2(p)$,HCl(a_1)|BE
$^1\!/_2$H$_2$ + AgCl $\rightleftharpoons$ HCl + Ag
Für Silber-Silberchlorid-Bezugselektrode (BE) gilt
$c = c_{H^\oplus} = c_{Cl^\ominus}$.

$$\begin{aligned} E &= E_{\text{BE}}^0 - \frac{RT}{F} \ln \frac{[H^\oplus][Cl^\ominus]}{\sqrt{p}} \approx \\ &\approx E_{\text{BE}}^0 - \frac{RT}{F} \ln c^2 - \frac{RT}{F} \ln \gamma_\pm^2 \quad \Rightarrow \\ y &\equiv E + \frac{2RT}{F} \ln c = E_{\text{BE}}^0 - \frac{2RT}{F} \ln \gamma_\pm^2 \end{aligned}$$

Extrapolation der Messgröße y zu hoher Verdünnung $c \to 0$ ergibt das Normalpotential E^0.

Normalpotential bei 25 °C und pH 0 (bzw. pH 14). Bei Redoxvorgang ohne H$^\oplus$ bzw. OH$^\ominus$, ist E^0 pH-unabhängig. Hier: M = mol/ℓ.

Halbzelle: Ox + z e$^\ominus$ $\rightleftharpoons$ Red		E^0 / V
Ag$^\oplus$	+e$^\ominus$ $\rightleftharpoons$ Ag	+0,7996
Ag$^{2\oplus}$, 4 M HClO$_4$	+e$^\ominus$ $\rightleftharpoons$ Ag$^\oplus$	+2,00
AgBr	+e$^\ominus$ $\rightleftharpoons$ Ag + Br$^\ominus$	+0,0713
AgCl	+e$^\ominus$ $\rightleftharpoons$ Ag + Cl$^\ominus$	+0,2223
AgCN	+e$^\ominus$ $\rightleftharpoons$ Ag + CN$^\ominus$	−0,14
Ag(CN)$_2^\ominus$	+e$^\ominus$ $\rightleftharpoons$ Ag + 2CN$^\ominus$	−0,38
Ag(NH$_3$)$_2^\ominus$	+e$^\ominus$ $\rightleftharpoons$ Ag + 2NH$_3$	+0,37
AgI	+e$^\ominus$ $\rightleftharpoons$ Ag + I$^\ominus$	−0,1519
Ag$_2$O + 2H$^\oplus$	+2e$^\ominus$ $\rightleftharpoons$ 2Ag + H$_2$O	+1,17
Ag$_2$O + H$_2$O	+2e$^\ominus$ $\rightleftharpoons$ 2Ag + 2OH$^\ominus$	+0,342
Ag$_2$O$_3$ + 6H$^\oplus$	+4e$^\ominus$ $\rightleftharpoons$ 2Ag$^\oplus$ + 3H$_2$O	+1,76
2AgO + 2H$^\oplus$	+2e$^\ominus$ $\rightleftharpoons$ Ag$_2$O + H$_2$O	+1,40
Ag$_2$S + 2H$^\oplus$	+2e$^\ominus$ $\rightleftharpoons$ 2Ag + H$_2$S	−0,0366

Halbzelle: $Ox + z\,e^{\ominus} \rightleftharpoons Red$	E^0 / V
$Al^{3\oplus} \quad +3e^{\ominus} \rightleftharpoons Al$	$-1{,}662$
$Al^{3\oplus},\,0{,}1\,M\,NaOH \;+3e^{\ominus} \rightleftharpoons Al$	$-1{,}706$
$As + 3H^{\oplus} \quad +3e^{\ominus} \rightleftharpoons AsH_3$	$-0{,}60$
$H_3AsO_3 + 3H^{\oplus} \quad +3e^{\ominus} \rightleftharpoons As + 3H_2O$	$+0{,}2475$
$H_3AsO_4 + 2H^{\oplus} \quad +2e^{\ominus} \rightleftharpoons H_3AsO_3 + H_2O$	$+0{,}56$
$Au^{\oplus} \quad +e^{\ominus} \rightleftharpoons Au$	$+1{,}68$
$Au^{3\oplus} \quad +2e^{\ominus} \rightleftharpoons Au^{\oplus}$	$+1{,}41$
$p\text{-Benzochinon} + 2H^{\oplus} \quad +2e^{\ominus} \rightleftharpoons \text{Hydrochinon}$	$+0{,}6992$
$H_3BO_3 + 3H^{\oplus} \quad +3e^{\ominus} \rightleftharpoons B + 3H_2O$	$-0{,}87$
$Ba^{2\oplus} \quad +2e^{\ominus} \rightleftharpoons Ba$	$-2{,}90$
$Be^{2\oplus} \quad +2e^{\ominus} \rightleftharpoons Be$	$-1{,}97$
$BiO^{\oplus} + 2H^{\oplus} \quad +3e^{\ominus} \rightleftharpoons Bi + H_2O$	$+0{,}32$
$BiOCl + 2H^{\oplus} \quad +3e^{\ominus} \rightleftharpoons Bi + 2H_2O + Cl^{\ominus}$	$+0{,}1583$
$Br_{2,(aq)} \quad +2e^{\ominus} \rightleftharpoons 2Br^{\ominus}$	$+1{,}087$
$Br_{2,(fl)} \quad +2e^{\ominus} \rightleftharpoons 2Br^{\ominus}$	$+1{,}07$
$2BrO_3^{\ominus} + 12H^{\oplus} \quad +10e^{\ominus} \rightleftharpoons Br_2 + 6H_2O$	$+1{,}52$
$2HOBr + H^{\oplus} \quad +e^{\ominus} \rightleftharpoons {}^1\!/_2 Br_2 + H_2O$	$+1{,}59$
$Ca^{2\oplus} \quad +2e^{\ominus} \rightleftharpoons Ca$	$-2{,}866$
$Cd^{2\oplus} \quad +2e^{\ominus} \rightleftharpoons Cd$	$-0{,}4026$
$Cd^{2\oplus} \quad +2e^{\ominus} \rightleftharpoons Cd(Hg)$	$-0{,}3521$
$Ce^{3\oplus} \quad +3e^{\ominus} \rightleftharpoons Ce$	$-2{,}48$
$Ce^{4\oplus},\,1\,M\,HClO_4 \quad +e^{\ominus} \rightleftharpoons Ce^{3\oplus}$	$+1{,}74$
$Ce^{4\oplus},\,1\,M\,H_2SO_4 \quad +e^{\ominus} \rightleftharpoons Ce^{3\oplus}$	$+1{,}44$
$Ce^{4\oplus},\,1\,M\,HCl \quad +e^{\ominus} \rightleftharpoons Ce^{3\oplus}$	$+1{,}28$
$Cl_{2,(g)} \quad +2e^{\ominus} \rightleftharpoons 2Cl^{\ominus}$	$+1{,}3583$
$Cl_{2,(aq)} \quad +2e^{\ominus} \rightleftharpoons 2Cl^{\ominus}$	$+1{,}40$
$ClO_4^{\ominus} + 2H^{\oplus} \quad +2e^{\ominus} \rightleftharpoons ClO_3^{\ominus} + H_2O$	$+1{,}19$
$ClO_3^{\ominus} + 2H^{\oplus} \quad +e^{\ominus} \rightleftharpoons ClO_{2,(g)} + H_2O$	$+1{,}15$
$ClO_3^{\ominus} + 3H^{\oplus} \quad +2e^{\ominus} \rightleftharpoons HClO_2 + H_2O$	$+1{,}21$
$2ClO_3^{\ominus} + 12H^{\oplus} \quad +10e^{\ominus} \rightleftharpoons Cl_2 + 6H_2O$	$+1{,}47$
$2HOCl + H^{\oplus} \quad +e^{\ominus} \rightleftharpoons Cl_{2,(g)} + H_2O$	$+1{,}63$
$Co^{2\oplus} \quad +2e^{\ominus} \rightleftharpoons Co$	$-0{,}28$
$Co^{3\oplus} \quad +e^{\ominus} \rightleftharpoons Co^{2\oplus}$	$+1{,}81$
$Co^{3\oplus},\,3\,M\,HNO_3 \quad +e^{\ominus} \rightleftharpoons Co^{2\oplus}$	$+1{,}842$
$Co(NH_3)_6^{3\oplus} \quad +e^{\ominus} \rightleftharpoons Co(NH_3)_6^{2\oplus}$	$+0{,}1$
$Co(NH_3)_6^{2\oplus} \quad +2e^{\ominus} \rightleftharpoons Co + 6NH_3$	$+0{,}43$
$CO_2 + 2H^{\oplus} \quad +2e^{\ominus} \rightleftharpoons CO + H_2O$	$-0{,}12$
$CO_2 + 2H^{\oplus} \quad +2e^{\ominus} \rightleftharpoons HCOOH$	$-0{,}20$
$CO_2 + 2H^{\oplus} \quad +2e^{\ominus} \rightleftharpoons H_2C_2O_4$	$-0{,}49$
$Cr^{2\oplus} \quad +2e^{\ominus} \rightleftharpoons Cr$	$-0{,}91$
$Cr^{3\oplus} \quad +3e^{\ominus} \rightleftharpoons Cr$	$-0{,}74$
$Cr^{3\oplus} \quad +e^{\ominus} \rightleftharpoons Cr^{2\oplus}$	$-0{,}41$
$Cr_2O_7^{2\ominus} + 14H^{\oplus} \quad +6e^{\ominus} \rightleftharpoons 2Cr^{3\oplus} + 7H_2O$	$+1{,}33$
$HCrO_4^{\ominus} + 7H^{\oplus} \quad +3e^{\ominus} \rightleftharpoons Cr^{3\oplus} + 4H_2O$	$+1{,}20$
$Cs^{\oplus} \quad +e^{\ominus} \rightleftharpoons Cs$	$-2{,}923$
$Cu^{2\oplus} \quad +2e^{\ominus} \rightleftharpoons Cu$	$+0{,}3402$
$Cu^{2\oplus} \quad +2e^{\ominus} \rightleftharpoons Cu(Hg)$	$+0{,}345$
$Cu^{\oplus} \quad +e^{\ominus} \rightleftharpoons Cu$	$+0{,}522$
$Cu^{2\oplus} \quad +e^{\ominus} \rightleftharpoons Cu^{\oplus}$	$+0{,}158$
$Cu^{2\oplus} + Cl^{\ominus} \quad +e^{\ominus} \rightleftharpoons CuCl(s)$	$+0{,}57$
$Cu^{2\oplus} + Br^{\ominus} \quad +e^{\ominus} \rightleftharpoons CuBr(s)$	$+0{,}66$
$Cu^{2\oplus} + I^{\ominus} \quad +e^{\ominus} \rightleftharpoons CuI(s)$	$+0{,}88$
$CuCl \quad +e^{\ominus} \rightleftharpoons Cu + Cl^{\ominus}$	$+0{,}12$
$Cu^{2\oplus} + 2CN^{\ominus} \quad +e^{\ominus} \rightleftharpoons Cu(CN)_2^{\ominus}$	$+1{,}12$
$Cu(NH_3)_4^{2\oplus} \quad +e^{\ominus} \rightleftharpoons Cu(NH_3)_2^{\oplus} + 2NH_3$	$+0{,}05$
$Cu(NH_3)_4^{2\oplus} \quad +2e^{\ominus} \rightleftharpoons Cu + 4NH_3$	$-0{,}04$
$Cu(NH_3)_2^{\oplus} \quad +e^{\ominus} \rightleftharpoons Cu + 2NH_3$	$-0{,}14$
$Eu^{3\oplus} \quad +e^{\ominus} \rightleftharpoons Eu^{2\oplus}$	$-0{,}43$
$F_2 \quad +2e^{\ominus} \rightleftharpoons 2F^{\ominus}$	$+2{,}87$

Halbzelle: $Ox + z\,e^{\ominus} \rightleftharpoons Red$	E^0 / V
$F_2 + 2H^{\oplus} \quad +2e^{\ominus} \rightleftharpoons 2HF$	$+3{,}06$
$Fe^{2\oplus} \quad +2e^{\ominus} \rightleftharpoons Fe$	$-0{,}409$
$Fe^{3\oplus} \quad +3e^{\ominus} \rightleftharpoons Fe$	$-0{,}02$
$Fe^{3\oplus} \quad +e^{\ominus} \rightleftharpoons Fe^{2\oplus}$	$+0{,}770$
$Fe(CN)_6^{3\ominus} \quad +e^{\ominus} \rightleftharpoons Fe(CN)_6^{4\ominus}$	$+0{,}36$
$Ga^{3\oplus} \quad +3e^{\ominus} \rightleftharpoons Ga$	$-0{,}560$
$Ga^{3\oplus} \quad +2e^{\ominus} \rightleftharpoons Ga^{\oplus}$	$-0{,}4$
$Ge^{2\oplus} \quad +2e^{\ominus} \rightleftharpoons Ge$	$+0{,}23$
$2H^{\oplus} \quad +2e^{\ominus} \rightleftharpoons H_2$	$0{,}000$
$2D^{\oplus} \quad +2e^{\ominus} \rightleftharpoons D_2$	$-0{,}044$
$2H_2O \quad +2e^{\ominus} \rightleftharpoons H_2 + 2OH^{\ominus}$	$-0{,}82806$
$H_2O_2 + 2H^{\oplus} \quad +2e^{\ominus} \rightleftharpoons 2H_2O$	$+1{,}776$
$Hg^{2\oplus} \quad +2e^{\ominus} \rightleftharpoons Hg_{fl}$	$+0{,}851$
$2Hg^{2\oplus} \quad +2e^{\ominus} \rightleftharpoons Hg_2^{2\oplus}$	$+0{,}905$
$Hg_2^{2\oplus} \quad +2e^{\ominus} \rightleftharpoons 2Hg$	$+0{,}7986$
$Hg_2Cl_2 \quad +2e^{\ominus} \rightleftharpoons 2Hg + 2Cl^{\ominus}$	$+0{,}2682$
$Hg_2Cl_2,\,\text{ges. KCl} \quad +2e^{\ominus} \rightleftharpoons 2Hg + 2Cl^{\ominus}$	$+0{,}2444$
$Hg_2Br_2 \quad +2e^{\ominus} \rightleftharpoons 2Hg + 2Br^{\ominus}$	$+0{,}14$
$Hg_2I_2 \quad +2e^{\ominus} \rightleftharpoons 2Hg + 2I^{\ominus}$	$-0{,}04$
$HgO + H_2O \quad +2e^{\ominus} \rightleftharpoons Hg + 2OH^{\ominus}$	$-0{,}0984$
$Hg_2SO_4 \quad +2e^{\ominus} \rightleftharpoons Hg + SO_4^{2\ominus}$	$+0{,}6158$
$I_{2,(aq)} \quad +2e^{\ominus} \rightleftharpoons 2I^{\ominus}$	$+0{,}62$
$I_{2,(s)} \quad +2e^{\ominus} \rightleftharpoons 2I^{\ominus}$	$+0{,}535$
$I_3^{\ominus} \quad +2e^{\ominus} \rightleftharpoons 3I^{\ominus}$	$+0{,}5338$
$2IO_3^{\ominus} + 12H^{\oplus} \quad +10e^{\ominus} \rightleftharpoons I_2 + 6H_2O$	$+1{,}20$
$2HOI + 2H^{\oplus} \quad +2e^{\ominus} \rightleftharpoons I_2 + 2H_2O$	$+1{,}45$
$In^{3\oplus} \quad +3e^{\ominus} \rightleftharpoons In$	$-0{,}338$
$In^{\oplus} \quad +e^{\ominus} \rightleftharpoons In$	$-0{,}22$
$In^{3\oplus} \quad +2e^{\ominus} \rightleftharpoons In^{\oplus}$	$-0{,}40$
$K^{\oplus} \quad +e^{\ominus} \rightleftharpoons K$	$-2{,}924$
$La^{3\oplus} \quad +3e^{\ominus} \rightleftharpoons La$	$-2{,}52$
$Li^{\oplus} \quad +e^{\ominus} \rightleftharpoons Li$	$-3{,}045$
$Mg^{2\oplus} \quad +2e^{\ominus} \rightleftharpoons Mg$	$-2{,}37$
$Mg(OH)_2 \quad +2e^{\ominus} \rightleftharpoons Mg + 2OH^{\ominus}$	$-2{,}69$
$Mn^{2\oplus} \quad +2e^{\ominus} \rightleftharpoons Mn$	$-1{,}180$
$Mn(OH)_2 \quad +2e^{\ominus} \rightleftharpoons Mn + 2OH^{\ominus}$	$-1{,}55$
$Mn^{3\oplus},\,7{,}5\,M\,H_2SO_4 \quad +e^{\ominus} \rightleftharpoons Mn^{2\oplus}$	$+1{,}49$
$MnO_4^{\ominus} + 8H^{\oplus} \quad +5e^{\ominus} \rightleftharpoons Mn^{2\oplus} + 4H_2O$	$+1{,}51$
$MnO_4^{\ominus} + 4H^{\oplus} \quad +3e^{\ominus} \rightleftharpoons MnO_2 + 2H_2O$	$+1{,}679$
$MnO_4^{\ominus} \quad +e^{\ominus} \rightleftharpoons MnO_4^{2\ominus}$	$+0{,}588$
$MnO_2 + 4H^{\oplus} \quad +2e^{\ominus} \rightleftharpoons Mn^{2\oplus} + 2H_2O$	$+1{,}22$
$3N_2 + H^{\oplus} \quad +e^{\ominus} \rightleftharpoons HN_3$	$-3{,}1$
$N_2 + 2H_2O + 4H^{\oplus} \quad +2e^{\ominus} \rightleftharpoons 2NH_3OH^{\oplus}$	$-1{,}87$
$N_2 + 5H^{\oplus} \quad +4e^{\ominus} \rightleftharpoons N_2H_5^{\oplus}$	$-0{,}23$
$NO_3^{\ominus} + 3H^{\oplus} \quad +2e^{\ominus} \rightleftharpoons HNO_2 + H_2O$	$+0{,}94$
$NO_3^{\ominus} + 10H^{\oplus} \quad +8e^{\ominus} \rightleftharpoons NH_4^{\oplus} + 3H_2O$	$+0{,}88$
$NO_3^{\ominus} + 4H^{\oplus} \quad +3e^{\ominus} \rightleftharpoons NO + 2H_2O$	$+0{,}96$
$2NO_3^{\ominus} + 4H^{\oplus} \quad +2e^{\ominus} \rightleftharpoons N_2O_{4,(g)} + H_2O$	$+0{,}80$
$HNO_2 + H^{\oplus} \quad +e^{\ominus} \rightleftharpoons NO + H_2O$	$+0{,}98$
$2NO + 2H^{\oplus} \quad +2e^{\ominus} \rightleftharpoons N_2O_{(g)} + H_2O$	$+1{,}59$
$N_2O + 2H^{\oplus} \quad +2e^{\ominus} \rightleftharpoons N_{2(g)} + H_2O$	$+1{,}77$
$NH_3OH^{\oplus} + 2H^{\oplus} \quad +2e^{\ominus} \rightleftharpoons NH_4^{\oplus} + H_2O$	$+1{,}35$
$N_2H_5^{\oplus} + 3H^{\oplus} \quad +2e^{\ominus} \rightleftharpoons 2NH_4^{\oplus}$	$+1{,}28$
$Na^{\oplus} \quad +e^{\ominus} \rightleftharpoons Na$	$-2{,}71(09)$
$Ni^{2\oplus} \quad +2e^{\ominus} \rightleftharpoons Ni$	$-0{,}23$
$Ni(OH)_2 \quad +2e^{\ominus} \rightleftharpoons Ni + 2OH^{\ominus}$	$-0{,}66$
$Ni(NH_3)_6^{2\oplus} \quad +2e^{\ominus} \rightleftharpoons Ni + 6NH_3$	$-0{,}52$
$O_2 + 2H_2O \quad +4e^{\ominus} \rightleftharpoons 4OH^{\ominus}$	$+0{,}401$
$O_2 + 4H^{\oplus} \quad +4e^{\ominus} \rightleftharpoons 2H_2O$	$+1{,}229$
$O_2 + 2H^{\oplus} \quad +2e^{\ominus} \rightleftharpoons H_2O_2$	$+0{,}682$
$O_3 + 2H^{\oplus} \quad +2e^{\ominus} \rightleftharpoons O_2 + H_2O$	$+2{,}07$

11

Elektrochemie

Halbzelle: $Ox + z\,e^\ominus \rightleftharpoons Red$		E^0 / V
$H_2O_2 + 2H^\oplus$	$+2e^\ominus \rightleftharpoons 2H_2O$	+1,77
$P + 3H^\oplus$	$+3e^\ominus \rightleftharpoons PH_{3,(g)}$	−0,06
$H_3PO_4 + 2H^\oplus$	$+2e^\ominus \rightleftharpoons H_3PO_3 + H_2O$	−0,276
$H_3PO_3 + 2H^\oplus$	$+2e^\ominus \rightleftharpoons H_2PO_2 + H_2O$	−0,50
$H_3PO_2 + H^\oplus$	$+e^\ominus \rightleftharpoons P + 2H_2O$	−0,51
$Pb^{2\oplus}$	$+2e^\ominus \rightleftharpoons Pb$	−0,1263
$Pb^{2\oplus}$	$+2e^\ominus \rightleftharpoons Pb(Hg)$	−0,1205
$Pb^{4\oplus}.\ 1.1\ M\ HClO_4$	$+2e^\ominus \rightleftharpoons Pb^{2\oplus}$	+1.66
$PbO_2 + 4H^\oplus$	$+2e^\ominus \rightleftharpoons Pb^{2\oplus} + 2H_2O$	+1,455
$PbO_2 + 4H^\oplus + {}+SO_4^{2\ominus}$	$+2e^\ominus \rightleftharpoons PbSO_4 + 2H_2O$	+1,685
$PbO + 2H^\oplus$	$+2e^\ominus \rightleftharpoons Pb + H_2O$	+0,25
$PbSO_4$	$+2e^\ominus \rightleftharpoons Pb + SO_4^{2\ominus}$	−0,356
$Pd^{2\oplus}$	$+2e^\ominus \rightleftharpoons Pd$	+0,92
$Pd(OH)_2$	$+2e^\ominus \rightleftharpoons Pd + 2OH^\ominus$	−0,07
$Pt^{2\oplus}$	$+2e^\ominus \rightleftharpoons Pt$	+1,2
$Pt(OH)_2$	$+2e^\ominus \rightleftharpoons Pt + 2OH^\ominus$	+0,15
$PtCl_4^{2\ominus}$	$+2e^\ominus \rightleftharpoons Pt + 4Cl^\ominus$	+0,73
$PtCl_6^{2\ominus}$	$+2e^\ominus \rightleftharpoons PtCl_4^{2\ominus} + 2Cl^\ominus$	+0,7
$Ra^{2\oplus}$	$+2e^\ominus \rightleftharpoons Ra$	−2,92
$Rb^\oplus$	$+e^\ominus \rightleftharpoons Rb$	−2,925
S	$+2e^\ominus \rightleftharpoons S^{2\ominus}$	−0,5
$S + 2H^\oplus$	$+2e^\ominus \rightleftharpoons H_2S$	+0,17
$SO_4^{2\ominus} + 4H^\oplus$	$+2e^\ominus \rightleftharpoons H_2SO_3 + H_2O$	+0,172
$2H_2SO_3 + 2H^\oplus$	$+4e^\ominus \rightleftharpoons S_2O_3^{2\ominus} + 3H_2O$	+0,40
$H_2SO_3 + 4H^\oplus$	$+4e^\ominus \rightleftharpoons S + 3H_2O$	+0,45
$S_2O_8^{2\ominus}$	$+2e^\ominus \rightleftharpoons 2SO_4^{2\ominus}$	+2,01
$S_4O_6^{2\ominus}$	$+2e^\ominus \rightleftharpoons 2S_2O_3^{2\ominus}$	+0,08
$Sb + 3H^\oplus$	$+3e^\ominus \rightleftharpoons SbH_3$	−0,51
$Sb_2O_5 + 4H^\oplus$	$+4e^\ominus \rightleftharpoons Sb_2O_3 + 2H_2O$	+0,69
$Sb_2O_3 + 6H^\oplus$	$+6e^\ominus \rightleftharpoons 2Sb + 3H_2O$	+0,1445
$SbO^\oplus + 2H^\oplus$	$+3e^\ominus \rightleftharpoons Sb + H_2O$	+0,212
$Sc^{3\oplus}$	$+3e^\ominus \rightleftharpoons Sc$	−2,12
$Se + 2H^\oplus$	$+2e^\ominus \rightleftharpoons H_2Se_{(g)}$	−0,37
Se	$+2e^\ominus \rightleftharpoons Se^{2\ominus}$	−0,92
$SeO_4^{2\ominus} + 4H^\oplus$	$+2e^\ominus \rightleftharpoons H_2SeO_3 + H_2O$	+1,15
$H_2SeO_3 + 4H^\oplus$	$+4e^\ominus \rightleftharpoons Se + 3H_2O$	+0,74
$Si + 4H^\oplus$	$+4e^\ominus \rightleftharpoons SiH_{4,(g)}$	+0,10
$SiO_2 + 4H^\oplus$	$+4e^\ominus \rightleftharpoons Si + 2H_2O$	−0,86
$Sn^{2\oplus}$	$+2e^\ominus \rightleftharpoons Sn$	−0,1364
$Sn(OH)_3^\ominus$	$+2e^\ominus \rightleftharpoons Sn + 3OH^\ominus$	−0,909
$Sn^{4\oplus}$	$+2e^\ominus \rightleftharpoons Sn$	−0,14
$Sn^{4\oplus}$	$+2e^\ominus \rightleftharpoons Sn^{2\oplus}$	+0,154
$Sr^{2\oplus}$	$+2e^\ominus \rightleftharpoons Sr$	−2,89
$Te + 2H^\oplus$	$+2e^\ominus \rightleftharpoons H_2Te$	−0,51
Te	$+2e^\ominus \rightleftharpoons Te^{2\ominus}$	−0,95
$TeO_2 + 4H^\oplus$	$+4e^\ominus \rightleftharpoons Te + 2H_2O$	+0,53
$Te(OH)_6 + 2H^\oplus$	$+2e^\ominus \rightleftharpoons TeO_2 + 4H_2O$	+1,02
$Ti^{2\oplus}$	$+2e^\ominus \rightleftharpoons Ti$	−1,63
$Ti^{3\oplus}$	$+e^\ominus \rightleftharpoons Ti^{2\oplus}$	−2,0
$Ti(OH)^{3\oplus} + H^\oplus$	$+e^\ominus \rightleftharpoons Ti^{3\oplus} + H_2O$	−0,06
$Tl^\oplus$	$+e^\ominus \rightleftharpoons Tl$	−0,3363
$Tl^\oplus$	$+e^\ominus \rightleftharpoons Tl(Hg)$	−0,3338
$Tl^{3\oplus}$	$+2e^\ominus \rightleftharpoons Tl^\oplus$	+1,247
$TlCl$	$+e^\ominus \rightleftharpoons Tl + Cl^\ominus$	−0,56
$TlBr$	$+e^\ominus \rightleftharpoons Tl + Br^\ominus$	−0,66
TlI	$+e^\ominus \rightleftharpoons Tl + I^\ominus$	−0,77
$U^{3\oplus}$	$+3e^\ominus \rightleftharpoons U$	−1,80
$U^{4\oplus}$	$+e^\ominus \rightleftharpoons U^{3\oplus}$	−0,61
$UO_2^{2\oplus} + 4H^\oplus$	$+e^\ominus \rightleftharpoons U^{4\oplus} + 2H_2O$	+0,33

Halbzelle: $Ox + z\,e^\ominus \rightleftharpoons Red$		E^0 / V
$UO_2^{2\oplus}$	$+e^\ominus \rightleftharpoons UO_2^\oplus$	+0,05
$V^{2\oplus}$	$+2e^\ominus \rightleftharpoons V$	−1,18
$V^{3\oplus}$	$+e^\ominus \rightleftharpoons V^{2\oplus}$	−0,255
$VO_2^\oplus + 2H^\oplus$	$+e^\ominus \rightleftharpoons VO^{2\oplus} + H_2O$	+1,00
$VO_2^\oplus + 2H^\oplus$	$+e^\ominus \rightleftharpoons V^{3\oplus} + H_2O$	+0,337
$Zn^{2\oplus}$	$+2e^\ominus \rightleftharpoons Zn$	−0,7628
$Zn(OH)_4^{2\ominus}$	$+2e^\ominus \rightleftharpoons Zn + 4OH^\ominus$	−1,36
$ZnO_2^{2\ominus} + 2H_2O$	$+2e^\ominus \rightleftharpoons Zn + 4OH^\ominus$	−1,216
$Zn(NH_3)_4^{2\oplus}$	$+2e^\ominus \rightleftharpoons Zn + 4NH_3$	−1,04

4) Normalpotential in nicht-wässriger Lösung. Festlegung nach PLESKOW.

$$E^0(H_2/H^\oplus \text{ in } H_2O) = 0$$

Die Freie Überführungsenthalpie ΔG_t für nicht-wässrige Halbzellen und die Freien Solvatationsenthalpien der Einzelionen sind selten bekannt.

$$\Delta G_t^0 = zF[E_{Lm}^0 - E_{H_2O}^0]$$

Daher gelten folgende Annahmen für ΔG_t^0:

5) Pleskow-Näherung. Die Freie Solvatationsenthalpie des Rubidiumions ist in allen Lösungsmitteln nahezu gleich, denn $Rb^\oplus$ ist wegen seiner Größe kaum solvatisiert.

$$\Delta G_t^0(Rb/Rb^\oplus) = 0$$

$$E_{Rb/Rb^\oplus}^0(Lm) \approx E_{Rb/Rb^\oplus}^0(H_2O) \approx -2,92 \text{ V NHE}$$

In der Praxis: Rubidiumamalgam-Elektroden, wobei Quecksilber in nicht-wässr. Lösungsmitteln keine hohe Wasserstoffüberspannung zeigt. Korrosionseffekte können die Potentialeinstellung stören.

6) Strehlow-Näherung für Redoxsysteme mit großen, kugelförmigen Molekülen der Wertigkeiten 0/+1:

$$\Delta G_{t,\oplus}^0 \approx \Delta G_t^0$$

Annähernd lösungsmittelunabhängige Bezugssysteme, die diese Annahme erfüllen, sind:
Ferrocen/Ferricinium-System:
$Cp_2Fe/Cp_2Fe^\oplus$ ($E^0 \approx 0,40$ V NHE).
Cobaltocen/Cobalticinium-System:
$Cp_2Co/Cp_2Co^\oplus$ ($E^0 \approx -0,9$ V NHE);
$Cp = C_5H_5$ (Cyclopentadienylrest).

Elektrodenpotential in aprotischen Lösungsmitteln bei 25 °C gg. gesättigt-wässrige Kalomelelektrode (SCE).
Umrechnung: V NHE = V SCE + 0,2412 V.
⋆) Ag/ges.AgNO$_3$ in SO$_2$ bei -40 °C.
•) Quasireferenz Ag/0,01 M Ag$^\oplus$ in NH$_3$, −50 °C.
Leitsalz stets 0,1 mol/ℓ.

Halbzelle: $Ox + z\,e^\ominus \rightleftharpoons Red$	Lösungsmittel, Leitsalz	E^0 V SCE
Anthracen		
$An + e^\ominus \rightleftharpoons An^{\ominus\cdot}$	DMF + TBAI	−1,92
$An^{\ominus\cdot} + e^\ominus \rightleftharpoons An^{2\ominus}$	DMF + TBAI	−2,5
$An^{\oplus\cdot} + e^\ominus \rightleftharpoons An$	MeCN + TBAP	+1,3

Azobenzol Ph-N=N-Ph

$AB + e^\ominus \rightleftharpoons AB^{\ominus\cdot}$	DMF + TBAP	−1,36
	MeCN + TEAP	−1,40
	PC + TBAP	−1,40
$AB^{\ominus\cdot} + e^\ominus \rightleftharpoons AB^{2\ominus}$	DMF + TBAP	−2,0

Benzophenon Ph-CO-Ph

$BP + e^\ominus \rightleftharpoons BP^{\ominus\cdot}$	MeCN + TBAP	−1,88
	THF + TBAP	−2,06
	NH_3 + KI	−1,23 ●
$BP^{\ominus\cdot} + e^\ominus \rightleftharpoons BP^{2\ominus}$	NH_3 + KI	−1,76 ●

Benzochinon

$BQ + e^\ominus \rightleftharpoons BQ^{\ominus\cdot}$	MeCN + TEAP	−0,54
$BQ^{\ominus\cdot} + e^\ominus \rightleftharpoons BQ^{2\ominus}$	MeCN + TEAP	−1,4

Ferrocen

$Cp_2Fe^\oplus + e^\ominus \rightleftharpoons Cp_2Fe$	MeCN + 0,2 $LiClO_4$	+0,307

Nitrobenzol Ph-NO_2

$NB + e^\ominus \rightleftharpoons NB^{\ominus\cdot}$	MeCN + TEAP	−1,15
	DMF + $NaClO_4$	−1,01
	NH_3 + KI	−0,42
$NB^{\ominus\cdot} + e^\ominus \rightleftharpoons NB^{2\ominus}$	NH_3 + KI	−1,24

Sauerstoff

$O_2 + e^\ominus \rightleftharpoons O_2^{\ominus\cdot}$	DMF + 0,2 TBAP	−0,87
	MeCN + 0,2 TBAP	−0,82
	DMSO + TBAP	−0,73

Bipyridinruthenium $Ru(bpy)_3^{2\oplus}$

$RuL_3^{3\oplus} + e^\ominus \rightleftharpoons RuL_3^{2\oplus}$	MeCN + $TBABF_4$	+1,32
$RuL_3^{2\oplus} + e^\ominus \rightleftharpoons RuL_3^{\oplus}$	MeCN + $TBABF_4$	−1,30
$RuL_3^{\oplus} + e^\ominus \rightleftharpoons RuL_3$	MeCN + $TBABF_4$	−1,49
$RuL_3 + e^\ominus \rightleftharpoons RuL_3^{\ominus}$	MeCN + $TBABF_4$	−1,73

Tetracyanochinodimethan $(NC)_2C(CH_2{=}CH_2)_2C(CN)_2$

$TCNQ + e^\ominus \rightleftharpoons TCNQ^{\ominus\cdot}$	MeCN + $LiClO_4$	+0,127
$TCNQ^{\ominus\cdot} + e^\ominus \rightleftharpoons TCNQ^{2\ominus}$	MeCN + $LiClO_4$	−0,291

N,N,N',N'-Tetramethyl-p-Phenylendiamin

$TMPD^{\oplus\cdot} + e^\ominus \rightleftharpoons TMPD$	DMF + TBAP	+0,21

Tetrathiafulvalen $[(SCH_2{=}CH_2S)C]_2$

$TTF^{\oplus} + e^\ominus \rightleftharpoons TTF$	MeCN + TEAP	+0,30
$TTF^{2\oplus} + e^\ominus \rightleftharpoons TTF^{\oplus\cdot}$	MeCN + TEAP	+0,66

Thianthren $Ph(S)_2Ph$

$TH^{\oplus\cdot} + e^\ominus \rightleftharpoons TH$	MeCN + $TBABF_4$	+1,23
	SO_2 + TBAP	+0,30 ⋆
$TH^{2\oplus} + e^\ominus \rightleftharpoons TH^{\oplus\cdot}$	MeCN + $TBABF_4$	+1,74
	SO_2 + TBAP	+0,88 ⋆

Tri-N-p-Tolylamin $N(Ph\text{-}CH_3)_3$

$TPTA^{\oplus\cdot} + e^\ominus \rightleftharpoons TPTA$	THF + 0,2 TBAP	+0,98

Normalwasserstoffelektrode

Internationales Bezugssystem für Elektrodenpotentiale; engl. *normal* oder *standard hydrogen electrode* (NHE, SHE). Ein mit Wasserstoffgas umspültes platiniertes Platinblech in 1-aktiver Salzsäure bei 25 °C und 101325 Pa Luftdruck. Dem Elektrodenvorgang

$$\tfrac{1}{2}H_2 \rightleftharpoons H^\oplus + e^\ominus$$

wird willkürlich das Potential Null zugeordnet.

$$E^0_{H_2/2H^\oplus} = \varphi^0_{NHE} = 0 \text{ für } \textit{alle} \text{ Temperaturen.}$$

Die tats. freie Enthalpie $\Delta G^0 = 868$ J/mol entspräche dem realen „Wasserstoffpotential" 0,0045 V.

Das Potential der Wasserstoffelektrode bei anderen Temperaturen, Säurekonzentrationen oder Wasserstoffdrücken ist:

$$\varphi_{NHE} = \underbrace{\varphi^0_{NHE}}_{0} + \frac{RT}{zF} \ln \frac{a_{H^\oplus}}{\sqrt{p_{H_2}}}$$

Vgl. *Nernst-Gleichung.

Nulladungspotential

LIPPMANN -POTENTIAL, *potential of zero charge* (pzc), φ_z (in Volt). An Pt(111) in 0,1 mol/ℓ $HClO_4$ um 300 mV NHE.

1. Galvani- oder Elektrodenpotential der ungeladenen Elektrodenoberfläche (Ladungsnullpunkt),

2. beim Zetapotential $\zeta = 0$,

3. Minimum der Doppelschichtkapazität: ohne freie Überschussladungen, nur starre Doppelschicht.

Integrale Doppelschichtkapazität

$$C_i = \frac{Q}{\varphi - \varphi_z} = \frac{\int_{\varphi_z}^{\varphi} C_d \, d\varphi}{\int_{\varphi_z}^{\varphi} d\varphi} \to \min.$$

Differentielle Doppelschichtkapazität

$$C_d = -\frac{dQ}{d\varphi} = \frac{d^2\gamma}{d\varphi^2} \to \min.$$

4. Wasserdipole in der 1. Monolage vor der Elektrodenoberfläche klappen von der Adsorption mit den H-Atomen ($< \varphi_z$) zu den O-Atomen um ($> \varphi_z$).

5. Größte Oberflächenspannung (*elektrokapillares Minimum*, ECM); geringste Abstoßung gleichnamiger Ladungen.

$$\gamma = \frac{1}{A} \iint_{\varphi_z}^{\varphi} C_d \, d\varphi \qquad (N/m = kg/s^2)$$

Elektrokapillarität. Das Quecksilber- oder Galliumniveau in einer Kapillare, die in einen Elektrolyten taucht, kann durch Anlegen einer Spannung angehoben oder gesenkt werden. Ein Quecksilbertropfen flacht in Schwefelsäure sichtbar ab, weil beim Ausbilden der elektrolyt. Doppelschicht die Oberflächenspannung abnimmt.

Nulladungspotential (V NHE) von Quecksilber				
c (mol/ℓ)	NaF	NaCl	KBr	KI
1	0,192	0,276	0,37	0,54
0,1	0,192	0,225	0,30	0,44
0,01	0,200	–	0,26	0,38

Oberfläche, elektrochemische

Kennzahl mit qualitativer Beziehung zur aktiven Elektrodenoberfläche.

$$\frac{\text{Elektrolytwiderstand } R_{el}}{\text{Durchtrittswiderstand } R_{ct}} = \frac{i_0 \, S_V \, d^2 z F}{\kappa \, RT}$$

$$\frac{\text{Diffusionshemmung } R_d}{\text{Durchtrittshemmung } R_{ct}} = \frac{i_0 \, S_V \, d^2}{z F \, c \, D}$$

c Stoffmengenkonzentration, D Diffusionskoeffizient, F Faraday-Konstante, i_0 Austauschstromdichte, k Geschwindigkeitskonstante, R molare Gaskonstante, S_V volumenbezogene Oberfläche, T abs. Temperatur, κ Elektrolytleitfähigkeit.

Oberflächentechnik

Elektrochemische Bearbeitung von Werkstücken und Oberflächen durch *Galvanotechnik, *Metallabscheidung, *Metallbearbeitung, *Galvanoplastik.

OHP *Helmholtzfläche, äussere

Onsager-Theorie

Verbesserung der *Debye-Hückel-Theorie.

1) Die molare *Leitfähigkeit – als Maß der interionischen Wechselwirkungen und *Elektrolyteffekte – steigt mit abnehmendem Ionenwolkenradius, zunehmender Konzentration und Ionenwertigkeit des Elektrolyten.

● Starke 1-1-Elektrolyte

$$\Lambda = \Lambda_\infty - (A_1\Lambda_\infty - A_2)\sqrt{c}$$

$A_1 = 0{,}0229$; $A_2 = 60{,}3$ (wässrige Lösung, 25°C)

● Schwache 1-1-Elektrolyte

$$\Lambda = \alpha[\Lambda_\infty - (A_1\Lambda_\infty - A_2)\sqrt{\alpha c}]$$

Gültig bis $c \leq 0{,}01$ mol/ℓ,
mit Abweichungen bis $c \leq 0{,}1$ mol/ℓ.

2) Erweiterte Onsager-Theorie für 1–1-Elektrolyte bis 0,1 mol/ℓ mit 0,02% Abweichung vom Experiment.

$$\Lambda = \Lambda_\infty - (A_1\Lambda_\infty + A_2)\frac{\sqrt{c}}{1 + 2r_i B\sqrt{c}}$$

Λ	molare Leitfähigkeit	(S m^2/mol)
Λ_∞	Grenzleitfähigkeit	(S m^2/mol)
A_1, A_2, B	Onsager-Konstanten	
c	Konzentration	(mol/ℓ)
α	Dissoziationsgrad	(100% = 1)
r_i	Ionenwolkenradius	(m)

Debye-Hückel-Onsager-Konstanten von 1-1-Elektrolyten bei 298 K.

Lösungsmittel	A_1	A_2
Methanol	156,1	0,923
Nitromethan	125,1	0,708
Ethanol	89,7	1,83
Wasser	60,20	0,229
Nitrobenzol	44,2	0,776
Acetonitril	22,9	0,716
Aceton	32,8	1,63

Konstanten der erweiterten Onsager-Theorie für die molare Leitfähigkeit wässriger 1-1-Elektrolyten.

t / °C	A_1	A_2	B
0	0,2196	29,67	$0{,}3241 \cdot 10^8$
10	0,2231	40,86	$0{,}3258 \cdot 10^8$
18	0,2261	50,84	$0{,}3273 \cdot 10^8$
20	0,2269	53,48	$0{,}3276 \cdot 10^8$
25	0,2289	60,32	$0{,}3286 \cdot 10^8$
30	0,2311	67,54	$0{,}3297 \cdot 10^8$
38	0,2347	79,78	$0{,}3314 \cdot 10^8$
50	0,2406	99,77	$0{,}3341 \cdot 10^8$

Opferanode

Angreifbare Anode für *Elektroraffination der Metalle, *Galvanotechnik und *Korrosionsschutz.

Organische Elektrosynthese

Elektroorganische Synthesen haben die Freiheitsgrade Strom und Potential – neben Druck, Temperatur und Konzentration –, um die Reaktion zu steuern. Potentiostatische Elektrosynthesen verlaufen mit hoher Selektivität, nicht immer kostengünstig; zuweilen Stofftransportprobleme.

Beispiel. *Kolbe-Kondensation* von Carbonsäuren zu langkettigen Alkanen an Grafitelektroden in ungeteilter Zelle (Methanol, 20 °C, 100 mA/cm^2).

$$2\,Y-(CH_2)_n-COO^\ominus \xrightarrow{-2e^\ominus} 2\,Y-(CH_2)_n-COO$$
$$\longrightarrow Y-(CH_2)_{2n}-Y + 2\,CO_2$$

Oxidationsmittel

Oxidierende Substanzen; werden bei Redoxreaktionen reduziert, nehmen Elektronen auf.

Blaufärbung mit HCl + KI + Stärkelösung (oder Kaliumiodidstärkepapier) zeigen:
$ClO^\ominus$, $[Fe(CN)_6]^{3\ominus}$, $CrO_4^{2\ominus}$, $AsO_4^{3\ominus}$ (schwach),
$NO_2^\ominus$, $S_2O_8^{2\ominus}$, $ClO_2^\ominus$, $BrO_3^\ominus$, $IO_3^\ominus$, $MnO_4^\ominus$, H_2O_2, $Fe^{3\oplus}$,
$Cu^{2\oplus}$, $NO_3^\ominus$ (stark sauer).

Vgl. *Spannungsreihe, *Normalpotential.

Relative Stärke gebräuchlicher Oxidationsmittel in saurer und basischer wässriger Lösung (25°C).

E^0 (V)	im Sauren	im Basischen
	milde Oxidationsmittel	
–0,67		$AsO4^{3\ominus}$
–0,48		S
–0,13		$CrO4^{2\ominus}$
–0,05		MnO_2
+0	$H^\oplus$	
+0,05		$SeO_2^{2\ominus}$
+0,10		HgO
+0,17	H_2SO_4	
+0,28		PbO_2
+0,31		$NO_3^\ominus$
+0,34		Ag_2O
+0,40		O_2
+0,54	I_2	I_2
+0,56	H_3AsO_4	
+0,59		$MnO_4^\ominus$
+0,61		$ClO_4^\ominus$
+0,77	$Fe^{3\oplus}$	
+0,88		$O_2^{2\ominus}$
+0,96	HNO_3	
+1,00	HNO_2	
+1,07	Br_2	Br_2
+1,15	H_2SeO_4	
+1,23	O_2, MnO_2	
+1,24		O_3
+1,36	H_2CrO_4, Cl_2	Cl_2
+1,44	$HClO_3$	
+1,46	PbO_2	
+1,51	H_2MnO_4	
+1,59		⟨O⟩
+1,77	H_2O_2	
+1,98	Ag^{II}	
+2,01		$S_2O_8^{2\ominus}$
+2,07	O_3	
+2,15	F_2O	
+2,18	$H_2S_2O_8$	
+2,42	⟨O⟩	
+2,87		F_2
+3,00	H_4XeO_6	
+3,06	F_2	
	starke Oxidationsmittel	

pH-Glaselektrode

Potentiometrische pH-Messung mit der Glaselektrode.

1) Quellfähiges SiO_2-CaO-Na_2O-Glas tauscht im Silikatnetzwerk gebundene Kationen gegen $H^\oplus$ aus einer umgebenden wässrigen Lösung solange aus, bis sich die chemischen Potentiale der Protonen in der Glasschicht und in der Lösung nicht mehr unterscheiden. An einer Glasmembran bildet sich innerhalb von 24–48 Stunden die 5 bis 500 nm dicke, kationenleitende HABER-

HAUGAARD-Quellschicht aus. In nicht-wässriger Lösung ist ein Umquellen erforderlich, um die potentialbestimmende Spezies ins Glas einzubauen.

In Glas und Lösung herrschen unterschiedliche $H^{\oplus}$-Aktivitäten, so dass sich eine Spannung zwischen Glasoberfläche und Lösungsinnerem aufbaut.

$$E = \varphi_{\text{Lösung}} - \varphi_{\text{Glas}} = \frac{RT}{zF} \ln \frac{a_{H\oplus}(\text{Glas})}{a_{H\oplus}(\text{Lösung})}$$

Zur pH-Messung setzt man eine μm-dünne Glasmembran als Trennwand zw. zwei Lösungen mit bekannter bzw. unbekannter Protonenkonzentration. Mit zwei Ag/AgCl-Ableitelektroden greift man die Potentialdifferenz E zwischen Lösung I und II ab.

$$E_{\text{I--II}} = \frac{RT}{F} \ln \frac{a_{H\oplus}(\text{Glas I})}{a_{H\oplus}(\text{Lösung I})} - \frac{RT}{F} \ln \frac{a_{H\oplus}(\text{Glas II})}{a_{H\oplus}(\text{Lösung II})}$$

Die gemessene Spannung E addiert sich aus:

$\Delta\varphi_1$ GALVANIspannung zw. Membran und Lösung

$+ \Delta\varphi_2$ zwischen Membran und Innenelektrolyt

$+ \Delta\varphi_3$ der inneren Elektrode

$+ \Delta\varphi_4$ der äußeren Elektrode

$+ E_d$ Diffusionspotential des Diaphragmas.

Käufliche *pH-Einstabmessketten* bestehen aus einer Mess- und einer Bezugselektrode, die konstruktiv zu einer Einheit zusammenfasst sind.

2) Asymmetriespannung. Selbst bei gleichem pH von Innen- und Außenelektrolyt, ist die Potentialdifferenz an der Membran nicht Null. Die unterschiedl. $H^{\oplus}$-Aktivitäten der Quellschichten beiderseits der Membran rufen die zeitlich wenig stabile Asymmetriespannung hervor; durch pH-Vergleich bestimmt:

$$E = E_{\text{as}} + 0{,}05916 \cdot (\text{pH} - \text{pH}_i) + E_d$$

mit $E_{\text{as}} = \frac{RT}{F} \ln \frac{a_{H\oplus,\text{aussen}}}{a_{H\oplus,\text{innen}}}$.

Die Klemmenspannung der Glaselektrode ist daher nicht absolut definiert, sie muss gegen pH-Standardlösungen geeicht werden.

3) Eichung der Glaselektode mit Standard-Pufferlösungen auf pH 7 und einen pH im Messbereich. Der pH-Wert der Probe wird relativ dazu bestimmt.

$$\text{pH} = \text{pH}_S - \frac{E - E_S}{RT/F} \text{ mit}$$

$$E = (\text{pH}_{\text{IS}} - \text{pH}) \left(\frac{\partial E}{\partial \text{pH}}\right) + E_{\text{IS}}$$

Die *praktische Steilheit* $S = \frac{1}{RT/F}\left(\frac{\partial E}{\partial \text{pH}}\right)$ wird am Steilheitspotentiometer, die theoretische Steilheit $E_N = F/RT$ am Temperaturpotentiometer eingestellt. Die Messgröße ist:

$$\text{pH} = \text{pH}_{S,1} + \frac{\text{pH}_{S,1} - \text{pH}_{S,2}}{E_{S,1} - E_{S,2}}(E - E_{S,1})\frac{\partial E}{\partial \text{pH}} =$$

$$= \frac{E_{S,1} - E_{S,2}}{\text{pH}_{S,1} - \text{pH}_{S,2}}$$

E gemessene Zellspannung
E^0 Messkettenspannung im Eichpuffer (V)
E_S Potential der Standard-Pufferlösung
E_{IS} Potential am Isothermenschnittpunkt
pH   pH-Wert der Probe
pH_S Eichpuffer-pH
pH_{IS} pH am Isothermenschnittpunkt

Standard-pH-Pufferlösungen bei verschiedenen Temperaturen (DIN 19266).

Standard	15 °C	20 °C	25 °C	30 °C
Kalium-oxalat	1,672	1,675	1,679	1,683
Kalium-hydrogen-tartrat	3,557	3,552	3,547	3,560
Kalium-hydrogen-phthalat	3,999	4,002	4,008	4,015
Phosphat-puffer I	6,900	6,881	6,865	6,853
Phosphat-puffer II	7,448	7,429	7,413	7,400
Borax	9,276	9,225	9,180	9,139
Ca(OH)$_2$	12,810	12,627	12,454	12,289

4) Am *Kettennullpunkt* (pH) ist die Elektrodenspannung der Messkette Null.

5) Am *Isothermenschnittpunkt* (E_{IS}, pH_{IS}) treffen sich alle temperaturabhängigen Steilheitsgeraden des pH-E-Eichdiagramms. Bei symmetrischen Messketten sind Kettennullpunkt und Isothermenschnittpunkt weitgehend identisch.

6) Fehlerquellen der Glaselektrode.

- HF, $F^{\ominus}$ (pH < 4) zerstören Gelschicht und Membran.
- Starke Säuren: Säurefehler.
- Heiße, basische Salzlösungen: Alkalifehler, Membranabtrag.
- Wasserfreie Lösungsmittel, hygroskopische Substanzen: Entquellen der Membran bei längerer Einwirkung, Steilheitsverlust.
- Proteine, Tenside: Adsorption an Membran, Steilheitsverlust.
- Fette, Öle, übersättigte Lösungen: Filmbildung auf der Membran; träge Spannungseinstellung.
- Temperaturen unter 10 °C: Anstieg des Membranwiderstands; Spannungsteilereffekt.
- Diffusionsspannung: Spannungsabfall am Diaphragma der Bezugselektrode, je nach Probenlösung.
- Statische Aufladungen: Entladungsströme auf der Membran; Spannungsdrift.

Phosphatieren

*Korrosionsschutz von Eisenwerkstoffen durch Eintauchen in eine phosphorsaure Zinkdihydrogenphosphat--Lösung. Durch örtliche Säurekorrosion entsteht Fe(II) und durch pH-Verschiebung schützendes Zinkphosphat.

$$3\,\text{Zn}^{2\oplus} + 2\,\text{H}_2\text{PO}_4^{2\ominus} \longrightarrow \text{Zn}_3(\text{PO}_4)_2 + 4\,\text{H}^{\oplus}$$

$$3\,\text{Zn}(\text{H}_2\text{PO}_4)_2 + 2\,\text{Fe} \longrightarrow \text{Zn}_3(\text{PO}_4)_2 + 2\,\text{Fe}(\text{H}_2\text{PO}_4) + 2\,\text{H}_2$$

11

Elektrochemie

Tabelle 11.7 Elektrodenvorgänge an Platin in Abhängigkeit des Potentials, wie sie das *Cyclovoltagramm abbildet. Umrechnung: V NHE = V RHE − 0,059 pH.

mV RHE	im sauren Milieu	im basischen Mileu
450–550		Aufladung der **Doppelschicht**
		Ausbildung der **Sauerstoffchemisorptionsschicht**. Hält man das Potential an, kommt der Strom zum Erliegen, weil das Gleichgewichtspotential erreicht ist.
>550	$Pt + H_2O \rightleftharpoons Pt\text{-}OH + H^\oplus + e^\ominus$	$Pt + OH^\ominus \rightleftharpoons Pt\text{-}OH + e^\ominus$
>800	$2\ Pt\text{-}OH \rightleftharpoons Pt\text{-}O + Pt + H_2O$ $Pt\text{-}H^\oplus + e^\ominus \rightleftharpoons Pt\text{-}H$	$2\ Pt\text{-}OH \rightleftharpoons Pt\text{-}O + Pt + H_2O$
>1600		Anodische **Sauerstoffabscheidung** über intermediäre OH-Radikale (und mögliche peroxidische Zwischenstufen)
	$4\ (\ H_2O \rightleftharpoons OH_{ad} + H^\oplus + e^\ominus\ )$ $2\ (\ 2\ OH^\ominus \rightleftharpoons H_2O + O_{ad}\ )$ $2\ O_{ad} \rightleftharpoons O_2 \uparrow$ $H_2O \rightleftharpoons O_2 + 4\ H^\oplus + 4\ e^\ominus$	$OH_{ad} + OH^\ominus \rightleftharpoons 2\ OH_{ad} + e^\ominus$ $4\ (\ OH^\ominus \rightleftharpoons OH_{ad} + e^\ominus\ )$ $2\ (\ 2\ OH_{ad} \rightleftharpoons H_2O + O_{ad}\ )$ $2\ O_{ad} \rightleftharpoons O_2 \uparrow$ $4\ OH^\ominus \rightleftharpoons O_2 + 2\ H_2O + 4\ e^\ominus$
Rücklauf		Abbau der Sauerstoffbelegung (<800 mV) und Doppelschichtbereich (450–550 mV)
<350		**Wasserstoffentwicklung:** (a) VOLMER-TAFEL, (b) VOLMER-HEYROVSKY
>350	(a) $2\ H^\oplus + 2\ e^\ominus \rightleftharpoons 2\ H_{ad} \rightleftharpoons H_{2,ad}$ (b) $H^\oplus + e^\ominus \rightleftharpoons H_{ad}$ (b') $H_{ad} + H^\oplus + e^\ominus \rightleftharpoons H_{2,ad}$ $2\ H^\oplus + 2\ e^\ominus \rightleftharpoons H_2 \uparrow$	(a) $Pt + H_2O + e^\ominus \rightleftharpoons Pt\text{-}H + OH^\ominus$ (b) $H_{ad} + OH^\ominus \rightleftharpoons H_2O + e^\ominus$ (b') $H_{2,ad} + OH^\ominus \rightleftharpoons H_2O + H_{ad} + e^\ominus$ $2\ H_2O + 2\ e^\ominus \rightleftharpoons H_2 \uparrow + 2\ OH^\ominus$
Zweiter Hinlauf		Oxidation des gebildeten molekularen Wasserstoffs und der atomaren Belegungen (Wasserstoffelektode)
>0		$H_2 \rightleftharpoons H_{2,ad}$
	Tafel-Reaktion Volmer-Reaktion Heyrovský-Reaktion	$H_{2,ad} \rightleftharpoons 2\ H_{ad}$ $H_{ad} \rightleftharpoons H^\oplus + e^\ominus$ $H_{2,ad} \rightleftharpoons H_{ad}\cdot H^\oplus + e^\ominus \rightleftharpoons H_{ad} + H^\oplus + e_\ominus$ $H_{ad} \rightleftharpoons H^\oplus + e^\ominus$
	$H_2 \rightleftharpoons H^\oplus + e^\ominus$	$H_2 + 2\ OH^\ominus \rightleftharpoons 2\ H_2O + 2\ e^\ominus$

Platinelektrode

Edles *Elektrodenmaterial; inert, z. B. für Redoxpotentialmessung. In Glas einschmelzbar, gutes Anodenmaterial (v. a. bei komplexierenden Ionen, ausgen. Chlorid). Nach kurzem Stromfluss herrscht zw. zwei Pt-Elektroden in wässr. Schwefelsäure das Potential der *Knallgaskette* $H_2(Pt)|H_2SO_4|O_2(Pt)$; oberhalb davon Elektrolyse. Elektrodenvorgänge vgl. Tabelle.

Poisson-Gleichung

Beschreibt den Ladungstransport in Elektrolyten der ortsunabhängigen Permittivität ε.

1) Aus $\vec{\nabla}\vec{E}(\vec{r}) = \varrho/\varepsilon$ mit $\vec{E}(\vec{r}) = -\mathrm{grad}\,\varphi(\vec{r})$:

$$\boxed{\Delta\varphi(\vec{r}) = -\frac{\varrho}{\varepsilon}}$$

Der Elektrolyt im Ganzen ist elektroneutral: $\vec{\nabla}\vec{E} = 0$.

2) *Debye-Hückel-Theorie: Feldstärke in der anionischen Ladungswolke um ein Kation (nicht-polarisierbare Punktladung mit kugelsymmetrischem Feld).

$$E(r) = \frac{q}{4\pi\varepsilon r^2} = \frac{\displaystyle\int_0^{r'} 4\pi r^2\, \varrho(r)\mathrm{d}r}{4\pi\varepsilon r^2}$$

$$\Rightarrow\quad \boxed{\frac{1}{r^2}\frac{\mathrm{d}}{\mathrm{d}r}\left(r^2\,\frac{\mathrm{d}\varphi(r)}{\mathrm{d}r}\right) = -\frac{\varrho(r)}{\varepsilon}}$$

φ elektr. Potential, ϱ Raumladungsdichte, ε Permittivität, E Feldstärke, q Ionenladung, r Abstand.

Poisson-Boltzmann-Gleichung

*Ladungsdichte um ein solvatisiertes Ion in wässriger Lösung mit Berücksichtigung der Wärmebewegung (*Debye-Hückel-Theorie).

$$\boxed{\frac{1}{r^2}\frac{\mathrm{d}}{\mathrm{d}r}\left(r^2\frac{\mathrm{d}\varphi(r)}{\mathrm{d}r}\right) = -b^2\,\varphi(r)}$$

Lösung: *Abschirmpotential*

$$\varphi(r) = \frac{A}{r}\,\mathrm{e}^{-br} + \frac{B}{r}\,\mathrm{e}^{br} = \frac{q_i}{4\pi\varepsilon r}\left(\frac{\mathrm{e}^{Ab}}{1+Ab}\right)\mathrm{e}^{-br}$$

Rand- 1) $\varphi(r \to \infty) = 0 \quad \Rightarrow B = 0$

bedingungen 2) $\varphi(r \to 0) = A/r \Rightarrow A = \dfrac{q}{4\pi\varepsilon}$

$$\boxed{\varphi(r) = \frac{q_i}{4\pi\varepsilon r}\mathrm{e}^{-br} \approx \frac{q_i}{4\pi\varepsilon r}(1 - br) = \varphi_1 + \varphi_2}$$

Das Abschirmpotential $\varphi(r)$ besteht aus dem coulombschen Anteil des Zentralions $\varphi_1(r)$ und dem Korrekturfaktor $\varphi_2(r)$ für die reale Ionenwolke. Die Ladungsdichte der Gegenionen in der Ionenwolke nimmt exponentiell ab. In stark verdünnter Lösung reichen die elektrostatischen Kräfte weit, das Zentralion wird wenig abgeschirmt. *Debye-Länge.

A, B, b	Konstanten	
E	elektrische Feldstärke	(V/m)
$E_{el} = q_i \varphi_i$	potentielle elektr. Energie	(V)
r	Abstand vom Zentralion	(m)
z_i	Ionenwertigkeit	(Dim. 1)
$\varepsilon = \varepsilon_0 \varepsilon_r$	Permittivität	(F/m)
$\varphi(r)$	elektrisches Potential	(V)
$\varrho(r)$	Ladungsdichte	(C/m^3)

Polarisationswiderstand

Die Gesamtheit des Elektrodengeschehens in einer elektrochem. Zelle wird durch den komplexen Wechselstromwiderstand Z (*Impedanz) beschrieben. Ohmsche Widerstände (Elektrolyt-, Leitungs-, Kontakt-, Deckschichtwiderstände) und Blindwiderstände (reversible und irreversible Elektrodenreaktionen) tragen zu Z bei.

$$Z(\omega) = Z_L + R_{el} + Z_D + Z_d + Z_r + Z_k + \dots$$

Z ist frequenzabhängig und steigt mit sinkender Frequenz. Für den Gleichstromfall definiert man den *Polarisationswiderstand* oder „Gleichstromwiderstand".

$$R = R_L + R_{el} + \underbrace{R_D + R_d + R_r + R_k + \dots}_{R_P}$$

R_P ist die Summe der Widerstände aller elektrokinetischen Hemmungen und ursächlich für die *Zersetzungsspannung* bei der Elektrolyse.

R_P	Polarisationswiderstand,	Ω
$R_{P,i}$	Teilpolarisationswiderstand,	Ω
R_L	Widerstand der Zuleitungen/Kontakte,	Ω
	meist R_{el} zugerechnet	
R_{el}	Elektrolytwiderstand,	Ω
R_D	Durchtrittswiderstand,	Ω
R_d	Diffusionswiderstand,	Ω
R_k	Kristallisationswiderstand,	Ω
$Z(\omega)$	Zellimpedanz,	Ω
Z_L	Leitungsimpedanz: Widerstände und	
	Induktivitäten der Zuleitungen/Kontakte,	Ω
Z_D	Durchtrittsimpedanz,	Ω
Z_d	Diffusionsimpedanz,	Ω
Z_k	Kristallisationsimpedanz,	Ω
ω	Kreisfrequenz: $\omega = 2\pi f$,	s^{-1}

Polarisationswiderstände und -kapazitäten werden häufig auf die Elektrodenfläche bezogen und mit der Einheit Ω cm^2 bzw. F cm^{-2} angegeben.

Polarografie

Elektroanalyt. Verfahren zur qualitativen und quantitativen spurenanalyt. Simultanbestimmung von Metallionen und organ. Verbindungen mit *Quecksilbertropfelektrode.

Die Lösung wird gerührt, damit NERNSTsche Diffusionsschicht bzw. Konzentrationsgradient von der Hg-Elektrode ins Lösungsinnere klein sind und die Hg-Elektrode nicht an *Depolarisator verarmt.

Gelöst-Sauerstoff wird durch Einblasen von Stickstoff entfernt, damit die irreversible Sauerstoffreduktion nicht den Potentialbereich –0,5 bis –1,2 V SCE überlagert. Tenside werden zugesetzt (z. B. bis zu 0,1% Triton X 100), um Adsorptionseffekte und Oberflächenströmungen im Quecksilbertropfen zu unterbinden.

1) Gleichstrompolarografie nach HEYROVSKÝ.

Das Potential einer Quecksilber-Tropfelektrode wird kontinuierlich abgesenkt, wobei nacheinander die Abscheidungspotentiale der Ionen in der Probe erreicht werden. Das *Polarogramm* – gemessener Strom gegen das Potential der Hg-Elektrode – verläuft stufenförmig.

- Das *Halbstufenpotential* $E_{1/2}$ ist elementspezifisch wie das Normalpotential.
- Die *Stufenhöhe* (= Betrag des Diffusionsgrenzstromes I_{gr}) ist konzentrationsabhängig.

Migrationshemmung wird durch Zusatz eines Leitsalzes, Konvektion durch Zugabe grenzflächenaktiver Stoffe vermieden; damit ist die Elektrodenreaktion im Grenzstrombereich diffusionskontrolliert und der Diffusionsgrenzstrom nach dem 1. FICKschen Gesetz proportional zum Gehalt des gesuchten Ions.

Derivativ-Gleichstrom-Polarografie. Statt Wendepunkten treten Spitzen auf, deren Höhe konzentrationsproportional sind. Unübersichtlich große Oszillationen des Schreibers werden vermieden.

2) Wechselstromvoltammetrie. Um eng benachbarte Signale besser aufzulösen, wird der Gleichspannungsrampe eine sinus- oder rechteckförmige Wechselspannung überlagert (bei *Square-Wave-Polarografie*: meist 225 Hz). Das differenzierte Polarogramm zeigt Stromspitzen anstelle der Halbstufen.

Der faradaysche Strom klingt mit $1/\sqrt{t}$, der kapazitive Entladestrom der Doppelschicht mit $e^{-t/RC}$ ab. Nach 5 Zeitkonstanten ($\tau = RC$) misst man den nahezu reinen faradaysche Anteil.

3) Pulspolarografie. Das Elektrodenpotential wird sprunghaft verändert (Puls von 10–100 mV auf einer Gleichspannungsrampe); der Strom nach ca. 40 ms Wartezeit gemessen, wenn der kapazitive Doppelschichtladestrom abgefallen ist (sample-and-hold-Technik). So wird nur der faradaysche, mit der Depolarisatorkonzentration verknüpfte Strom gemessen.

a) Bei der *Normalpulspolarografie* (NPP) werden statt der Gleichspannungsrampe Rechteckimpulse von etwa 50 ms Dauer und steigender Amplitude kurz vor dem Abschlagen des Tropfens aufgeprägt.

b) Bei der *Differentialpulspolarografie* (DPP) werden einer Gleichspannungsrampe synchron mit der Tropfenbildung Pulse konstanter Amplitude (ca. 50 mV) überlagert. Gemessen wird die Differenz der Ströme kurz vor und am Ende des Pulses.

c) *Tastpolarografie.* Man misst den Strom gegen Ende des Tropfenlebens in einem kurzen Zeitintervall, um den kapazitiven Ladestrom der elektrolytischen Doppelschicht abzutrennen. Der Quecksilbertropfen wächst zu Beginn schnell, am Ende recht langsam; entsprechend nimmt der zur Doppelschicht-Aufladung benötigte Strom zeitlich ab, während der faradaysche Strom der Redoxreaktion wächst.

4) Inverse Polarografie, *Stripping-Analyse.* Amalgambildende Kationen werden im Hg-Tropfen bei stark negativem Potential angereichert, dann eine anodische Spannungsrampe angelegt; die Metalle gehen nacheinander in Lösung und erzeugen messbare Ströme.

a) *Anodic Stripping Voltammetry* (ASV). Differentielle *Pulspolarografie* (DPP) für die Ultraspurenanalytik (ppb, pg). Bei 200 mV negativeren Potential wird der Depolarisator (spez. Amalgambildner) in gerührter Lösung angereichert; dann in ungerührter Lösung anodisch wieder aufgelöst (Strompeak).

Alternative zur Quecksilbertropfelektrode: *Glaskohlenstoff* (glassy carbon).

b) Cathodic Stripping: anodisch werden Oxide erzeugt (z. B. SeO_2) und wieder kathodisch reduziert. Anwendung auch für Metallchelate und Anionen (mit Silberelektrode).

Potential

*Elektrochemisches Potential, *Ruhepotential, *Elektrodenpotential, *Redoxpotential,

Potentiometrie

EMK-Messung. Messung der *Zellspannung E – früher: *elektromotorische Kraft* (EMK) – zw. Indikatorelektrode (z. B. Pt, Ag, Hg) und *Bezugselektrode, die in denselben Elektrolyten tauchen. Absolute Elektrodenpotentiale sind nicht messbar!

Anwendungen: *pH-Messung mit der Glaselektrode, *Ionensensitive Elektroden, *Galv. Stromquellen.

1) Thermodynamische Stoffgrößen.

GIBBSsche Freie Enthalpie

$$\Delta G^0 = -zFE^0$$

Gleichgewichtskonstante

$$K_{eq} = e^{-\Delta G^0/RT} = e^{zFE^0/RT}$$

Standard-Entropieänderung

$$\Delta S^0 = zF \frac{\partial E^0}{\partial T}$$

Standard-Reaktionswärme

$$\Delta H^0 = -zF \left(E^0 - T \frac{\partial E^0}{\partial T} \right)$$

Freie Bindungsenthalpie von Ionen

$$\Delta G^0_{f,M^{z\oplus}} = -\Delta G^0_r = -(-zF \,\Delta E^0)$$

Konvention für $H^\oplus_{aq}$ in wässriger Lösung

$$S^0 = \Delta H^0_f = \Delta G^0_f = 0$$

2) Messung von Normalpotentialen. Halbzelle od. Redoxsystem gg. Normalwasserstoffelektrode (NHE).

$$E = E_M - E_{NHE} =$$
$$= E^0_M - \frac{RT}{zF} \ln \frac{a_{red}}{a_{ox}} - \frac{RT}{F} \ln a_{H\oplus}$$
$$a_{H\oplus} = a_\pm = \gamma_\pm c_{HCl}$$

Der mittlere Aktivitätskoeffizient von Salzsäure $\gamma_\pm$ (Elektrolyt der NHE) wird nach DEBYE-HÜCKEL berechnet. Das gesuchte Halbzellenpotential E^0_M folgt im E–$\sqrt{c}$-Diagramm durch Extrapolation gegen unendliche Verdünnung (Achsenabschnitt).

3) Potentialmessung mit Bezugselektroden. Die unhandliche Normalwasserstoffelektrode wird in der Praxis durch Elektroden 2. Art ersetzt, z. B. die Silber-Silberchlorid-Bezugselektrode. Gemessene Zellspannung zw. Arbeits- u. Bezugselektrode:

$$E = E_M - E_{Ag/AgCl} =$$
$$= E^0_M - \frac{RT}{zF} \ln \frac{a_{red}}{a_{ox}} - \frac{RT}{F} \ln a_{Cl\ominus}$$

4) Potentiometrische pH-Messung

a) *pH-Glaselektrode.

b) Normalwasserstoff- (NHE) + Kalomelelektrode (SCE), über eine KCl-Salzbrücke verbunden.

$$Pt|H_2|H^\oplus(a = 1)||Cl^\ominus(1 \text{ mol}/\ell)|Hg_2Cl_2|Hg$$
$$H_2 + Hg_2Cl_2 \rightleftharpoons 2H^\oplus + 2Cl^\ominus + 2Hg$$

$$E = E^0_{NHE} - E^0_{SCE} - \frac{RT}{2F} \lg \frac{a^2_{H\oplus} a^2_{Cl\ominus}}{a_{H_2}} + E_d$$
$$\approx E^0_{SCE} - 0{,}05916 \cdot pH + E_d$$

mit E^0_{SCE}(Luft, 25°C) = 0,2825 V. In alkalischer Lösung ist E_{NHE} = –0,8277 V, in saurer 0 V. Das Diffusionspotential $E_d \approx 2$ mV. Damit der gemessene pH-Wert der internationalen Konvention entspricht, muss die Messzelle mit Eichpuffern geeicht werden (Relativmessung); *Glaselektrode.

c) Mit einer Konzentrationszelle
$Pt|H_2|H^\oplus(a)||HCl||H^\oplus(a = 1)||H_2|Pt$ bei 25 °C:

$$E \approx -0{,}05916\, pH + E_d$$

d) *Chinhydron-Elektrode* + Kalomelelektrode (SCE).

$$Hg|HgCl_2, KCl|Elektrolyt, Chinhydron|Pt$$

$$\Delta E = (E^0_{Ch} - E^0_{SCE}) - 0{,}05916 \cdot pH + E_d$$
mit E^0_{SCE} = 0,2415 V und E^0_{Ch} = 0,6994 V.

5) Potentiometrische pK-Messung.

a) Stärke von Säuren und Basen durch *pH-Messung während einer Neutralisationstitration.

$$\boxed{pH = pK_a + \lg \frac{c_{bse}}{c_{sre}} \sim E}$$

Am *Halbtitrationspunkt* (bei halbem Volumen des Äquivalenzpunktes) ist: $pH \approx pK_a$. Für genaue Messungen sind Aktivitätskoeffizienten zu berücksichtigen.

b) EMK-Messung nach HARNED mit verschiedenen Konzentrationen einer Säure (HA), deren Natriumsalz (NaA) und Kochsalz:

Halbzelle und Zellreaktion:
$$NHE|HA(c), NaA(c_{A\ominus}), NaCl(c_{Cl\ominus}), AgCl|Ag$$
$$\tfrac{1}{2}H_2 + AgCl \rightleftharpoons Ag + H^\oplus Cl^\ominus \ (z=1)$$

$$E = E^0 - \frac{RT}{F} \ln a_{H\oplus} a_{Cl\ominus} =$$
$$= E^0 - \frac{RT}{F} \ln \left(K_a \frac{c_{HA} c_{Cl\ominus}}{a_{A\ominus}} \cdot \frac{\gamma_{HA} \gamma_{Cl\ominus}}{\gamma_{A\ominus}} \right)$$

Extrapolation der Messgröße y (Ordinate) gegen $\sqrt{I}$ für unendliche Verdünnung ($I \to 0$) liefert als Achsenabschnitt den pK_a-Wert der Säure.

$$y \equiv \left(\frac{E - E^0}{RT/F} - \ln \frac{c_{HA} c_{Cl\ominus}}{c_{A\ominus}} \right) =$$
$$= const\sqrt{I} - \ln K_a$$

mit $I = c_{H\oplus} + c_{Cl\ominus} + c_{A\ominus} \approx c_{H\oplus} + c_{Cl\ominus}$.

6) Löslichkeitsprodukt. Bestimmung für schwerlösliche Salze, z. B. Silberhalogenide.
Beispiel: Man titriert Silbernitratlösung mit Halogenidlösung und misst das Elektrodenpotential einer Silberelektrode (gg. Silber-Silberchlorid-Referenz).

$$E = E^0 + \frac{RT}{F} \ln a_{M\oplus} = E^{0'} + \frac{RT}{F} \ln a_{X\ominus}$$
$$K_L = a_{M\oplus} a_{X\ominus} \quad \Rightarrow$$

$$E = E^0 + \frac{RT}{F} \ln K_\mathrm{L} - \frac{RT}{F} \ln a_{X^\ominus}$$

Aus dem Startpotential E_1, dem Potential am Äquivalenzpunkt $E_\mathrm{\ddot{A}}$ und der vorgelegten $Ag^\oplus$-Konzentration in der Lösung berechnet sich das Löslichkeitsprodukt.

$$E_\mathrm{\ddot{A}} = E^* + 0{,}059 \cdot \lg \sqrt{K_\mathrm{L}} \quad \text{mit}$$
$$E^* = E_1 - 0{,}059 \cdot \lg c_{Ag^\oplus}$$

7) *Pufferkapazität, *Redoxbeschwerung, *Ionenprodukt von Wasser.

8) Mittlerer Aktivitätskoeffizient.

Beispiel: Bestimmung von $\gamma_\pm(\mathrm{HCl})$ durch EMK-Messung gegen NHE oder Ag/AgCl.

$$\Delta E = E_\mathrm{M}^0 - \frac{RT}{F} \ln \gamma_\pm^2 c_{Cl^\ominus} \quad \Rightarrow$$
$$\ln \gamma_\pm = \left[-\frac{F}{2RT} (\Delta E - E_\mathrm{M}^0) \right] - \ln c_{Cl^\ominus}$$

Potentiometrische Titration

*Elektroanalytik. Konzentrationsänderungen, absolute Konzentrationen und pH-Werte bestimmen nach NERNST das Elektrodenpotential.

Beispiel: Silber-Elektrode in $Ag^\oplus$-haltiger Lösung:

$$E = E^0 + \frac{RT}{zF} \ln a_{Ag^\oplus}.$$

E^0 ist das tabellierte Normalpotential, wobei die Aktivität der potentialbestimmenden Ionen gleich 1 mol/ℓ beträgt. Zur Bestimmung von Konzentrationen ist die Kenntnis von E^0 nicht nötig; man misst das Potential in Lösungen bekannter Ionenkonzentration und berechnet die unbekannte Konzentration in der Probe aus der Spannungsdifferenz (Konzentrations-Eichkurve).

Die gemessene Zellspannung E zw. Indikator- und Bezugselektrode wird gegen das verbrauchte Volumen V der Maßlösung aufgetragen. Anwendung für pH-, Neutralisations-, Fällungs- und Redoxtitration.
Beispiele für potentiometrische Titrationen in der Elektroanalytik.

Reagenz	Elektrode
Säuren	pH-Glaselektrode
Basen	pH-Glaselektrode
$AgNO_3$	Silber
$Fe^{3\oplus}$	Platin
I_2	Platin
$KBrO_3$	Platin
$NaNO_2$	Platin
$Na_2S_2O_3$	Platin
KSCN	Platin
$KMnO_4$	Platin
$(COOH)_2$	Platin
Sulfanilsäure	Platin
$PbClO_4$	Ionensensitive Bleielektrode
Komplexbildner	Ionensensit. Cu-, Ca-Elektrode

Potentiometrischer Endpunkt im Wendepunkt der Titrationskurve (Punkt größter Steilheit); bei starken Elektrolyten punktsymmetrisch. Die Ableitung dE/dV erreicht am Äquivalenzpunkt ein Maximum. In der Praxis Potentialänderung im Äquivalenzpunkt oft schleppend.

Purex-Prozess, elektrochemischer

Elektrochem. gepulste Siebbodenkolonne zur Uran-Plutonium-Trennung bei Wiederaufbereitung von Kernbrennstoffen.

1. Zerkleinern des Brennstoffs und Lösen in heißer HNO_3 zu Uran(VI)-dioxid-nitrat und Pu(IV)-nitrat.

2. Abtrennung nichtflüchtiger Spaltprodukte durch Komplexierung und Extraktion mit Tributylphosphat (TBP) in Kerosin als $UO_2(NO_3)_2(TBP)_2$ bzw. $Pu(NO_3)_4(TBP)_2$.

3. Flüssig-Flüssig-Extraktion mit *kathodischer Reduktion* von Pu(IV) im Mittelteil der Kolonne an Siebböden und Kolonnenwänden aus Titan (Anode: Zentralstab aus platiniertem Tantal; Zellspannung 2–3 V). Extraktion von Pu(III) mit Wasser.

Der Gegenstromkolonne werden zugeführt: oben die wässrige Phase, unten die leichte organische TBP-Phase mit Pu(IV) mit U(VI). Unten läuft die schwere Phase mit Pu(III) ab, oben die leichte Phase mit U(VI).

Spaltbar sind die ca. 3% U-235 im Kernbrennstab. Aus U-238 entsteht durch Neutroneneinfang Pu-239. Bei 1% U-235 bzw. Pu-239 erlahmt die Geschwindigkeit der Kernspaltung und Wiederaufbereitung ist erforderlich.

Quecksilberelektrode

In den meisten Lösungsmitteln indifferent; hohe Wasserstoffüberspannung, gutes Kathodenmaterial. Elektrodengifte: Oxidationsmittel, adsorbierbare Stoffe (Cu^I, Fe^{II}, Vitamin C), Komplexbildner ($Hal^\ominus$, $CN^\ominus$, $SCN^\ominus$, $OH^\ominus$, $S_2O_3^{2\ominus}$).

1. *Quecksilbertropfelektrode* (DME, *dropping mercury electrode*) für die Polarografie. Tropfen werden reproduzierbar aus einer Vorratskapillare gedrückt, in exakten Zeitintervallen abgeschlagen (Rapid-Technik). Saubere, gleichbleibend große Elektrodenoberfläche.

2. *Hängender Quecksilbertropfen* (HMDE, KEMULA-Elektrode); für Inversvoltammetrie und Cyclovoltammetrie.

3. *Quecksilberfilmelektrode*, v. a. auf Glaskohlenstoff (MTFE).

4. *Quecksilberpoolelektrode* („Quecksilbersee", Bodenquecksilberelektrode).

Raffinationselektrolyse

*Elektrolyse zur Metallreinigung. Das Rohmetall wird anodisch aufgelöst (Lösungselektrode, *Opferanode) und kathodisch abgeschieden (Niederschlagselektrode).

Beispiel: *Elektroraffination* von Kupfer: Garkupferplatten (99% Cu) als Anoden, Feinkupferbleche als Kathoden in einer Kupfersulfatlösung. Kathoden- und Anodenpotential heben sich auf.

$$\text{Anode} \quad Cu \rightleftharpoons Cu^{2\oplus} + 2\,e^\ominus \quad -0{,}34 \text{ V}$$
$$\text{Kathode} \quad Cu^{2\oplus} + 2\,e^\ominus \rightleftharpoons Cu \quad +0{,}34 \text{ V}$$

Edelmetalle (Ag, Au etc.) sammeln sich im Bodenschlamm. Unedle Metalle (Pb, Fe, Zn etc.) gehen anodisch in Lösung, werden aber kathodisch nicht reduziert, da ihr Abscheidungspotential über dem von Kupfer liegt.

Reaktionsgeschwindigkeit

Allgemein für einen Elektrodenvorgang:

$$r = \underbrace{\frac{i}{zF}}_{\text{Reaktion}} + \underbrace{-D\frac{dc}{dx}}_{\text{Diffusion}} + \underbrace{t_\mathrm{i}\frac{i}{zF}}_{\text{Migration}} + \underbrace{c_\mathrm{i}v_\mathrm{x}}_{\text{Konvektion}}$$

$$r = k_1 (c_1^\mathrm{s})^m - k_{-1}(c_2^\mathrm{s})^m$$

m Reaktionsordnung.

Elektrochemie

Reaktionshemmung

Kinetische Hemmung einer homogenen oder heterogenen chemischen Reaktion vor oder nach der *Durchtrittsreaktion an der Phasengrenze, häufig begleitet von Adsorption und Desorption. Der Reaktionsgrenzstrom ist <u>un</u>abhängig davon, ob die Lösung gerührt wird.

Reaktionsimpedanz

Netzwerkelement im *Ersatzschaltbild einer Durchtrittsreaktion mit vorgelagerter chemischer Reaktion.

1) Homogenreaktionsimpedanz

$\nu_1 S_1 + \cdots \rightleftharpoons \nu S$ (gekoppelt mit Diffusion).

$$Z_r = R_D + \frac{\mathcal{A}_1'}{\sqrt{i\,\omega}} + \frac{\mathcal{A}'}{\sqrt{k + i\,\omega}}$$

WARBURG-Parameter

$$\mathcal{A}_1' = \frac{RT\,|I_k|}{(zF)^2 A\sqrt{D c_1}(1 + q)I}$$

Durchtritts-Reaktionsordnung $m = \pm 2$, alle anderen Reaktionspartner in großem Überschuss, Gleichgewicht, gleiche Diffusionskoeffizienten $D_1 = D$. Warburg-Parameter $\mathcal{A}$ und $\mathcal{A}' = \mathcal{A}_1'/q$, Hilfskonstante $q = m_1 \nu_1 c/(m \nu c_1)$, Geschwindigkeitskonstante $k = r m \nu (1 - q)/c$, Reaktionsgeschwindigkeit r.

2) Heterogenreaktionsimpedanz

Durchtrittsreaktion mit vorgelagerter heterogener Reaktion: $R_D - C_{ad} \parallel R_r$,

Heterogenreaktion gekoppelt mit Diffusion: $R_D - W - C_{ad} \parallel (R_r - W)$.

$$Z_r = \left[\frac{1}{R_r} + i\,\omega C_{ad}\right]^{-1} = \frac{1}{(k + i\,\omega)C_{ad}}$$

$$R_r = \frac{1}{C_{ad}k}$$

Reaktionsordnung, elektrochemische

Molekularität einer elektrochemischen Reaktion.

$$m = \left.\frac{\partial \lg i}{\partial \lg c}\right|_E$$

Redoxbeschwerung

Theoretische „Redoxkapazität" von Redoxsystemen, analog zur *Pufferkapazität definiert; als Steigung der potentiometrischen Titrationskurve bestimmt.

$$\boxed{\beta_r = \frac{dc}{dE}}$$

Redoxelektrode

*Elektrode mit stofftransportlimitierter oder komplizierter *Elektrodenreaktion. Das inerte Elektrodenmaterial (z. B. Platin) wirkt als Elektronendonator oder -akzeptor; elektrolytseitig läuft eine Redoxreaktion ab: $Ox + z\,e^{\ominus} \rightleftharpoons Red$. Beispiele:

- Redoxpaare wie $Fe^{2\oplus}/Fe^{3\oplus}$ und $MnO_4^{\ominus}/Mn^{2\oplus}$ an Platin.
- *Chinhydronelektrode.
- Hypochloritsynthese: Stofftransport + chemische Reaktion + Migration.

$$Cl^{\ominus} + 2OH^{\ominus} \rightleftharpoons ClO^{\ominus} + H_2O + 2e^{\ominus}$$

Redoxgleichung

Stöchiometrisch richtige Beschreibung von Redoxreaktionen nach folgendem Rezept.

1. Anschreiben von Edukt und Produkt mit *Oxidationszahlen*

- Die Summe der Oxidationszahlen der Atome einer *ungeladenen Verbindung* ist Null.
- Bei *Ionen* entspricht die Oxidationszahl der Ionenwertigkeit z.
- Die Elemente – auch H_2, O_2, Cl_2 etc. – haben die Oxidationszahl Null.
- Fluor: $F -1$
- Sauerstoff: $O -2$, Peroxide $O_2^{\ominus} -1$
- Wasserstoff: $H +1$, Hydride $H^{\ominus} -1$

2. Ausgleich der Differenz der Oxidationszahlen mit *Elektronen*.

3. Ausgleich der Differenz der Ladungen mit

- $H^{\oplus}$ (bzw. $H_3O^{\oplus}$) im sauren Milieu
- $OH^{\ominus}$ im basischen Milieu
- $O^{2\ominus}$ in Schmelze

4. Ausgleich der $H^{\oplus}$, $OH^{\ominus}$ bzw. $O^{2\ominus}$ mit H_2O.

Beispiel: Das violette Permanganat ist ein starkes Oxidationsmittel, das bei Redoxreaktionen in farbloses Mn(III) übergeht.
1. Oxidationsstufen: $MnO_4^{\ominus}$ (Mn +7) $\rightarrow$ $Mn^{3\oplus}$ (+3)
2. Ausgleich mit $7 - 3 = 4$ Elektronen
3. Ausgleich der Ladungen mit $3 - (-5) = 8\,H^{\oplus}$
4. $MnO_4^{\ominus} + 4e^{\ominus} + 8H^{\oplus} \longrightarrow Mn^{3\oplus} + 4H_2O$

Redoxgleichgewichtskonstante

Gleichgewichtskonstante K in der *Nernst-Gleichung. Maß für die relative Elektronenaktivität in einer elektrochemischen Halbzelle $M/M^{z\oplus}$.

$$K = K_{NHE}K_M = \underbrace{\frac{a_{H^{\oplus}}a_{e^{\ominus}}}{\sqrt{p_{H_2}}}}_{def\,1}\,\frac{1}{a_{M^{z\oplus}}a_{e^{\ominus}}}$$

$$\lg K = \frac{zFE^0}{RT\ln 10} \approx \frac{zE^0}{0{,}0592} \quad (25\,°C)$$

K_{NHE} Gleichgewichtskonstante der H_2-Halbzelle,
K_M Gleichgewichtskonstante der $M/M^{n\oplus}$-Halbzelle,
a_i Aktivität (mol/ℓ), E^0 Normalpotential (V), F Faraday-Konst.,
p_{H_2} Wasserstoffpartialdruck, z Redoxreaktions-Wertigkeit.

Redoxindikator

Redoxaktiver Farbstoff, der durch Farbumschlag ein bestimmtes *Redoxpotential anzeigt.

Redoxpotential

*Zellspannung E einer elektrochem. Reaktion

$$(Ox)\,a\,A + b\,B + \ldots \rightleftharpoons c\,C + d\,D + \ldots (Red)$$

gegen die *Normalwasserstoffelektrode gemessen (z. B. für eine Batterie oder ein Korrosionssystem). Zur Richtung der Redoxreaktion vgl. *Normalpotential. Konzentrationsabhängigkeit (NERNST-Gleichung)

$$E = E^0 - \frac{RT}{zF}\ln\frac{a_C^c a_D^d \ldots (Red)}{a_A^a a_B^b \ldots (Ox)}$$

$$= E^0 - \frac{RT}{zF}\ln K_{eq}$$

Ox = oxidierte, Red = reduzierte Spezies, a Aktivität,
K_{eq} Gleichgewichtskonstante.

1. Berechnung aus thermodynamischen Daten:

$$\Delta E^0 = -\frac{\sum G_{i,Produkte}^0 - \sum G_{i,Edukte}^0}{zF}$$

2. Redoxpotential für einen nicht-tabellierten Vorgang, berechnet sich aus einer Redoxkette: $\sum z_i E_i^0 = 0$.

Tabelle 11.8   Redox-Indikatoren: Farbänderung in Abh. des Potentials (s. = saure Lösung, alk. = alkalisch).

Redoxindikator	Redoxpotential E^0 (Volt)		rH-Wert	Farbe ox-Form	Farbe red-Form
	pH 0 (20°C)	pH 7 (30°C)			
3 , 3-Dimethylnaphthidin	-0,78			purpurrot	farblos
Neutralrrot	+0,24	-0,29	3	violettrot	farblos
Safranin	+0,24	-0,29	4	blauviolett (sauer)	farblos
				braun (alkalisch)	farblos
Indigocarmin	+0,29	-0,11	10	blau	gelblich
Nilblausulfat	+0,41	-0,12		blau (sauer)	farblos
				rot (alkalisch)	farblos
Kakothelin	+0,525		18,1	gelb	rotviolett
Methylenblau	+0,53	+0,01	14,5	blau	farblos
Thionin	+0,56	+0,06	16	violett	farblos
Amidoschwarz 10 B	+0,57	+0,84		gelblichbraun	blau
Brillantkresylblau	+0,58	+0,05		blau	farblos
2,6-Dichlorphenolindophenol	+0,67	+0,23	22	blau	farblos
Variaminblausalz B	+0,712	+0,31		blauviolett (sauer)	farblos
				gelb (alkalisch)	farblos
N,N-Dimethyl-1,4-phenylendi-ammoniumdichlorid	+0,751			dunkelblau	farblos
Diphenylamin	+0,76			blauviolett	farblos
Diphenylamin-4-sulfonsäure (Ba-Salz, 0,5 mol/ℓ H$_2$SO$_4$)	+0,84		28,5	rotviolett	farblos
N-Phenylanthranilsäure	+0,89			purpurrot	farblos
2 , 2 ' -Bipyridin-Fe^{II}-Komplex	+1,03			blassblau	rot
Ferroin-Indikatorlösung				gelb (alkalisch)	farblos
(1,10-Phenanthrolin-Fe^{II}-Komplex in 0,5 mol/ℓ H$_2$SO$_4$)	+1,06	+1,12		blau	orangerot
1,10-Phenanthrolin	+1,06	+1,12		blau	orangerot
1,10-Phenanthroliniumchlorid	+1,06	+1,12		blau	orangerot
2 , 2 ' : 6 ' , 2 " -Terpyridin-Eisen(II)-Komplex	+1,25			blassblau	rot

Beispiel. Gesucht Normalpotential für $Cu^{\oplus}/Cu^{2\oplus}$.

Bekanntes Paar	E^0	z
$Cu/Cu^{\oplus}$	+0,52	1
$Cu/Cu^{2\oplus}$	+0,35	2
$Cu^{\oplus}/Cu^{2\oplus}$	$2 \cdot 0,35 = x + 0,52$	
	$x = 0,18$ V	

Redoxstandard

*Redoxindikator zur Eichung des Bezugspotentials von Redoxelektroden; z. B. *Chinhydronelektrode.

Redoxsystem

Paar von Teilchen mit unterschiedl. Oxidationsstufe. Durch den Austausch von Elektronen gehen oxidierte (Ox) und reduzierte (Red) Form ineinander über.

$$\text{Ox} + z \, e^{\ominus} \; \underset{\text{Oxidation}}{\overset{\text{Reduktion}}{\rightleftharpoons}} \; \text{Red}$$

Das *Oxidationsmittel* (Ox): nimmt Elektronen auf, wird reduziert (Elektronensog).
Das *Reduktionsmittel* (Red): gibt Elektronen ab, wird oxidiert (Elektronendruck).
Ein starkes Oxidationsmittel (Reduktionsmittel) hat ein schwaches korrespondierendes Reduktionsmittel (Oxidationsmittel).
Oxidation (= Elektronenabgabe) findet an der Anode (= unedles Metall = negatives Normalpotential = in der Spannungsreihe oben) statt.

Reduktion (= Elektronenaufnahme) findet an der Kathode (= edles Metall = positives Normalpotential = in der Spannungsreihe unten) statt.

Reduktion *Redoxsystem, *Kathode.

Reduktionsmittel

Reduzierende Substanzen werden bei einer Redoxreaktion oxidiert; geben Elektronen ab.
1. Salzsaure Iodlösung wird entfärbt durch:
$S^{2\ominus}, SO_3^{2\ominus}, S_2O_3^{2\ominus}, AsO_3^{3\ominus}, N_2H_4, NH_2OH$;
schwach auch: $CN^{\ominus}, SCN^{\ominus}, [Fe(CN)_6]^{4\ominus}$.
2. Schwefelsaure KMnO$_4$-Lösung wird entfärbt durch: $Br^{\ominus}, I^{\ominus}, [Fe(CN)_6]^{4\ominus}, SCN^{\ominus}, S^{2\ominus}$, $SO_3^{2\ominus}$, $S_2O_3^{2\ominus}, C_2O_4^{2\ominus}, NO_2^{\ominus}, S_2O_8^{2\ominus}$, $AsO_3^{3\ominus}$, H_2O_2, Tartrat (nach Erwärmen). – Chlorid entfärbt NICHT.
Vgl. *Normalpotential, *Spannungsreihe.

Relative Stärke gebräuchlicher Reduktionsmittel in saurer und basischer wässriger Lösung (25°C).

E^0 (V)	im Sauren	im Basischen
	starke Reduktionsmittel	
-3,05	Li	Li
-3,03		Ca
-2,93	K, H$^{\ominus}$	K, (H)
-2,87	Ca	
-2,71	Na	Na
-2,69		Mg
-2,37	Mg	

Elektrochemie

$-2{,}35$		Al
$-2{,}10$	$\langle$H$\rangle$	
$-2{,}05$		P
$-1{,}66$	Al	
$-1{,}21$		Zn
$-1{,}12$		$PO_3^{2\ominus}$
$-0{,}91$		$SO_3^{2\ominus}$
$-0{,}90$		$Sn(OH)_3^{\ominus}$
$-0{,}89$		Fe
$-0{,}83$		H_2
$-0{,}76$	Zn	
$-0{,}67$		$AsO3^{3\ominus}$
$-0{,}58$		$S_2O_3^{2\ominus}$
$-0{,}48$		$S^{2\ominus}$
$-0{,}41$	Cr^{II}, Fe	
$-0{,}08$		$O_2^{2\ominus}$
$+0$	H_2	
$+0{,}05$		$SeO_3^{2\ominus}$
$+0{,}14$	H_2S	
$+0{,}15$	$Sn^{2\oplus}$	
$+0{,}17$	H_2SO_3	
$+0{,}40$		$OH^{\ominus}$
$+0{,}54$	HI	$I^{\ominus}$
$>0{,}54$	$\downarrow$ KI-Stärke-Reaktion	
$+0{,}56$	H_3AsO_3	
$+0{,}68$	H_2O_2	
$+0{,}77$	$Fe^{2\oplus}$	
$+0{,}96$	HNO_2	
$+1{,}07$	HBr	
$+1{,}15$	H_2SeO_3	
$<1{,}51$	$\uparrow$ $KMnO_4$ wird entfärbt	

milde Reduktionsmittel

Relaxationseffekt

Asymmetrieffekt der *Ionenwolke in realen *Elektrolytlösungen. Bei der Ionenwanderung im elektrischen Feld eilt das Zentralatom dem Ladungsschwerpunkt der umgebenden Ionenwolke – die sich innerhalb der Relaxationszeit ständig neu aufbauen muss – voraus. Das Zentralion wird durch die nachhinkende, elektrostatisch anziehende Ionenwolke gebremst.

RHE Reversible Wasserstoffelektrode, ein von Wasserstoffgas umspültes Platinblech.

rH-Wert

Wasserstoff-Redoxexponent. Analog zum pH definierte CLARK den rH für die Reduktionskraft von Redoxsystemen.

rH 5 entspricht der Reduktionskraft von Wasserstoff bei 10^{-5} bar an Platin bei pH 0. p_{H_2} ist der hypothetische Wasserstoffdruck des Redoxsystems.

$$\boxed{\; rH = -\lg\left(\frac{p_{H_2}}{p^0}\right) \overset{25°C}{=} \frac{E_{H_2}}{2 \cdot 0{,}05916} + 2\,pH \;}$$

rH $<$ 0	Wasserstoffabscheidung
rH $=$ 0	Normal-Wasserstoffelektrode
rH $=$ 42	Sauerstoffelektrode (1,229 V)
rH $>$ 42	Sauerstoffabscheidung

Zur optischen Bestimmung von rH und Redoxpotentialen dienen *Redoxindikatoren.

Ruhepotential

*Elektrodenpotential im <u>stromlosen</u> Zustand, ohne elektrochem. Stoffumsatz an der Phasengrenze.

Die Differenz der Ruhepotentiale zwischen zwei Elektroden einer Zelle heißt *Ruheklemmenspannung*:
$$E_0 = \Delta\varphi_{i=0}.$$

Salzeffekt *Fremddionenzusatz.

Sauerstoffelektrode

*Elektrode, die oberhalb der *Zersetzungsspannung aus einem wässrigen *Elektrolyten Sauerstoff abscheidet. Schritt 2 ist geschwindigkeitsbestimmend.

- In saurer Lösung

$$\begin{aligned}
(2) \quad H_2O &\rightleftharpoons O_{ad} + H^{\oplus} + e^{\ominus} \qquad |\cdot 2\\
(3) \quad 2\,O_{ad} &\rightleftharpoons \tfrac{1}{2}O_2 + H_2O\\
\hline
H_2O &\rightleftharpoons \tfrac{1}{2}O_2 + 2H^{\oplus} + 2e^{\ominus}
\end{aligned}$$

- In basischer Lösung

$$\begin{aligned}
(1) \qquad OH^{\ominus} &\rightleftharpoons OH_{ad} + e^{\ominus}\\
(2) \quad OH_{ad} + OH^{\ominus} &\rightleftharpoons O_{ad} + H_2O + e^{\ominus}\\
(3) \qquad 2\,O_{ad} &\rightleftharpoons O_2 \qquad |:2\\
\hline
2\,OH^{\ominus} &\rightleftharpoons H_2O + \tfrac{1}{2}O_2 + 2e^{\ominus}
\end{aligned}$$

Das Potential der O_2-Abscheidung hängt nach der *Nernst-Gleichung vom pH des Elektrolyten ab.

	pH 0	pH 7	pH 14
E^0 (V NHE)	$+1{,}229$	$+0{,}185$	$+0{,}401$

Sauerstoffreduktion

Anodische Teilreaktion der *Sauerstoffkorrosion.

In saurer Lösung

$$\begin{aligned}
(1) \quad H_2O_2 &\rightleftharpoons O_2 + 2\,H^{\oplus} + 2\,e^{\ominus}\\
(2) \quad 2\,H_2O &\rightleftharpoons H_2O_2 + 2\,H^{\oplus} + 2\,e^{\ominus}\\
\hline
2\,H_2O &\rightleftharpoons O_2 + 4\,H^{\oplus} + 4\,e^{\ominus}
\end{aligned}$$

In basischer Lösung

$$\begin{aligned}
(1) \quad HO_2^{\ominus} + OH^{\ominus} &\rightleftharpoons O_2 + H_2O + 2\,e^{\ominus}\\
(2) \qquad 3\,OH^{\ominus} &\rightleftharpoons HO_2^{\ominus} + H_2O + 2\,e^{\ominus}\\
\hline
4\,OH^{\ominus} &\rightleftharpoons O_2 + 2\,H_2O + 4\,e^{\ominus}
\end{aligned}$$

SCE Saturated Calomel Electrode, gesättigte Kalomelelektrode. *Bezugselektrode. ·

Scheibenelektrode *Nernst-Impedanz.

Schmelzflusselektrolyse

*Elektrolyse im schmelzflüssigen Elektrolyten.

1. *Aluminiumgewinnung.* Kathod. Reduktion von Aluminiumoxid in einem Eutektikum mit Kryolith Na_3AlF_6.

Beim *Anodeneffekt* – Verarmung des Elektrolyten an Al_2O_3 – steigt die Badspannung von 3,2–3,6 V bis zum 10-fachen Wert; es bildet sich eine CF_4-Gasschicht unter den Grafitanoden und der Ofen „funkt" unter Überspringen eines Lichtbogens. Abhilfe: Einrühren von Al_2O_3, Einblasen von Luft unter die Elektroden, Verdrängen des CF_4 durch Verbrennungsgase beim Eintauchen einer Holzstange.

2. *Magnesiumgewinnung.* Schmelzflusselektrolyse eines $NaCl$-KCl-$CaCl_2$-$MgCl_2$ (8–22%)-Elektrolyten. Anodeneffekt bei Verarmung des Elektrolyten an $MgCl_2$ ($<$5%), mangelnder Benetzung der Anoden, störenden Sauerstoffverbindungen.

Sensor

Chemosensor. Elemente eines Sensors:
evt. vorgeschalteter Filter,

Sensor (Erkennungsebene),
Transducer (Wandlung in elektrische Signale),
Elektronik (Signalverarbeitung).

1) Messprinzip und Beispiele

1. Amperometrischer CO-Sensor: Strommessung in Lösungen.
2. λ-Sonde: Potentiometrischer Sauerstoffsensor (oxidionenleitende ZrO_2/Y_2O_3-Keramik)
3. SnO_2-Gassensor: Leitfähigkeit von reduzierenden Gasen.
4. *Pellistor:* Reaktionswärmemessung, z. B. Oxidation brennbarer Gase an inerten Oxiden (ThO_2, Al_2O_3) mit eingebautem Heizdraht (Pt, Ir).
5. pH-Elektrode: Glaselektrode (Potentiometrie)
6. ISFET: ionensensitiver Feldeffekttransistor
7. Clark-Sonde: *amperometrischer Sauerstoffsensor
8. Fluoreszenzsensor: z. B. zur NADH-Bestimmung
9. massensensitiver Sensor: Massenänderung durch absorbierte Teilchen (Quarzmikrowaage)

2) Sensitive Materialien

- Katalysatoren: Pt, Pd, Ni, Ag, Au, Sb, Rh.
- Halbleiter: Si, GaAs, InP.
- Elektronenleiter: SnO_2, TiO_2, Ta_2O_5, IrO_2.
Ionenleiter: ZrO_2, LaF_3, CeO_2, CaF_2, Na_2CO_3, β-Alumina.
gemischte Leiter: $SrTiO_3$, Perowskite, Ga_2O_3.
- Molekülkristalle, z. B. Phthalocyanine.
- Langmuir-Blodgett-Filme: Polydiacetylene, Cd-Arachidat, Phthalocyanine.
- Käfigverbindungen: Zeolithe, Cyclodextrine, Kronenether, Cyclophane.
- Polymere: Polypyrrol, Silicone, Thiophene, PTFE, Polyurethan, PEM.
- Biomoleküle: Phospholipide, Cellulose, Enzyme, Transportproteine, Zellmembranen, Rezeptoren, Zellen, Epitope (vollsynthetische Erkennungsstrukturen). *Biosensor.

3) Sensortypen

1. *Oberflächendefekt- und Katalysesensor.* Intrinsische Effekte (z. B. Sauerstofflücken in TiO_2 und SnO_2) wirken als Elektronendonatoren und aktive Zentren oberhalb 200 °C; z. B. beim CO-Sensor ($CO + {}^1\!/_2 O_2 \rightarrow CO_2$).
Extrinsische Defekte – z. B. Oberflächendotierungen von Edelmetallen (Pd, Pt, Rh) – wirken als heterogenkatalytische Zentren.

2. *Volumendefektsensor.* Sauerstofflücken V_0 in Elektronen- und Ionenleitern bestimmen bei hohen Temperaturen den Elektronentransport. – Beispiel: TiO_2-Einkristall-Hochtemperatur-Dünnschicht-Sauerstoffsensor. Im logarithmischen Leitfähigkeit–pO_2-Diagramm zeigen 2⊕-geladene Sauerstofflücken V_0'' die Steigung $-1/6$, einfach geladene V_0' $-1/4$.

3. *Grenzflächensensor.* Metallatome werden an der Oberfläche oxidiert und diffundieren in einen Halbleiter. – Beispiel: Platin wird bei ca. 900 °C an Luft oxidiert ($Pt \rightarrow Pt^{z\oplus} + z\,e^{\ominus}$) und dringt zwischen die erste und zweite Atomlage von $TiO_2(110)$; der Sensor zeigt eine ohmsche Kennlinie. (Aufgedampftes Platin hingegen wirkt als SCHOTTKY-Barriere; die Kennlinie ist nichtlinear.)
Korngrenzen. Kristallite in Halbleiterpresslingen (SnO_2) wirken als lokale Dioden; tragen zur Impedanz des Sensors bei. Bei nanokristallinen Sensoren ist der Korndurchmesser kleiner als die DEBYE-Länge der Ladungsträger.

SHE Standard Hydrogen Electrode, Normalwasserstoffelektrode.

Silberelektrode

Edelmetallelektrode zur Halogenidbestimmung od. Bezugselektrode in organischen Lösungsmitteln (Acetonitril). Als Kathodenmaterial begrenzt durch die Sauerstoffreduktion (Arbeiten unter Inertgas); mit Quecksilber Amalgambildung.
Die Strom-Spannungs-Kurve eines Silberdrahtes in salpetersaurer Silbernitratlösung zeigt:
(1) Anodische Silberauflösung: $Ag \rightarrow Ag^{\oplus} + e^{\ominus}$
(2) Nullpunkt = Ruhepotential.
(3) Kathodische Reduktion: $Ag^{\oplus} + e^{\ominus} \rightarrow Ag$ mit Diffusionsgrenzstrom.

Spannungsreihe, elektrochemische

Anordnung der Metalle nach steigendem *Normalpotential, d. h. ihrer Fähigkeit edlere Metalle durch Reduktion aus wässrigen Salzlösungen abzuscheiden.
- Jedes Metall verdrängt die in der Spannungsreihe *rechts* (unten) von ihm stehenden Metalle aus ihren Salzlösungen. Das unedlere Metall vermag alle edleren zu reduzieren.
- Unedle Metalle (negativer als = links vom Wasserstoff) lösen sich in Säuren unter H_2-Entwicklung.
Edle Metalle (positiver als = rechts vom Wasserstoff) lösen sich in verdünnten Säuren nicht und setzen aus konz. HNO_3 nitrose Gase frei ($E^0 < 0{,}96$ V).
Beispiel: An einem Zinkstab in Kupfersulfatlösung scheidet sich metallisches Kupfer ab, $Zn^{2\oplus}$-Ionen gehen in Lösung. Ein Kupferstab in Zinksulfatlösung bleibt unverändert; in Silbernitratlösung aber wird er versilbert, $Cu^{2\oplus}$ geht in Lösung.

Anode:	Zn	$\rightarrow Zn^{2\oplus} + 2\,e^{\ominus}$
Kathode:	$Cu^{2\oplus} + 2\,e^{\ominus}$	$\rightarrow Cu$
Zelle:	$Zn + Cu^{2\oplus}$	$\rightarrow Zn^{2\oplus} + Cu$

Vgl. *Oxidationsmittel, *Reduktionsmittel.

Steilheit *Elektrodensteilheit.

Stern-Modell *Doppelschicht

Stofftransport an Elektroden

Gleichung der *Elektrodenkinetik für den Stoffumsatz an einer Elektrode.

$$\frac{\partial c_i}{\partial t} = \underbrace{D_i \nabla^2 c_i}_{\text{Diffusion}} - \underbrace{v_i \nabla c_i}_{\text{Konvektion}} + \underbrace{F z_i \mu_i \nabla(c_i \nabla E)}_{\text{Migration}} + \underbrace{r_i}_{\text{Reaktion}}$$

Migration ist vernachlässigbar bei Leitsalzzugabe und *Konvektion* bei $Sc = v/D \gg 1000$.
Spannungsreihe der Metalle und einiger Nichtmetalle in saurer Lösung bei 25°C.

E^0 (V)	Metalle	Nichtmetalle	Redoxsysteme
	u n e d e l (heftige Ionenbildung)		
-3	Li		
	Rb		
	Cs		
	K		
	Ba		

11

−2,9	Sr		
−2,8	Ca		
−2,7	Na		
−2,4	La		
	Mg		
−2,1	Y		
	Th^{IV}		
−2,0	Sc		
−1,8	Ti^{II}		
−1,7	Be		
	U^{III}		
	Al		
−1,5	V^{II}		
−1,4	U^{IV}		
−1,1	Nb^{III}		
−1,0	Mn^{II}		
−0,9		$Te^{2\ominus}$	
−0,8	Zn	$Te_2^{2\ominus}$	$Sm^{2\oplus/3\oplus}$
−0,7	Cr^{III}	$Se^{2\ominus}$	$Ga^{2\oplus/3\oplus}$
−0,5	Ga	$S^{2\ominus}$	$S/S_2^{2\ominus}$
−0,4	Fe^{II}	$OH^{\ominus}/O_2$	$In^{2\oplus/3\oplus}$
	Cd		$Cr^{2\oplus/3\oplus}$
			$Ti^{2\oplus/3\oplus}$
−0,3	In		$In^{\oplus/2\oplus}$
	Tl^{I}		
	Co^{II}		$Mo^{3\oplus/5\oplus}$
−0,2	Ni		$V^{2\oplus/3\oplus}$
	Mo^{III}		
−0,1	Sn^{II}		
	Pb^{II}		
	Fe^{III}		
+0	H		
	edle Metalle		
+0,2	Bi		$Sn^{2\oplus/4\oplus}$
	Sb^{III}		$Cu^{\oplus/2\oplus}$
+0,3	As^{III}		
	Cu^{I}		
+0,4	Co^{II}		$U^{4\oplus/6\oplus}$
	Ru^{II}		
+0,5	Cu^{I}		$Mo^{5\oplus/6\oplus}$
	Te^{IV}	$I^{\ominus}$	$I^{\ominus}/I_3^{\ominus}$
+0,6	Rh^{II}		
+0,7	Os^{II}		
	Rh^{III}		
	Tl^{III}	$CNS^{\ominus}$	
+0,8	Hg_2^{I}		$Fe^{2\oplus/3\oplus}$
	Ag		
	Pb^{IV}		
	Pd^{II}		
	Hg^{II}		$Hg_2^{2\oplus}/Hg^{2\oplus}$
+1,0	Ir^{III}	$Br^{\ominus}$	
+1,2	Pt^{II}	$ClO_2^{\ominus}$	$Tl^{\oplus/3\oplus}$
+1,3			$Au^{\oplus/3\oplus}$
+1,4	Au^{III}	$Cl^{\ominus}$	$Ce^{3\oplus/4\oplus}$
+1,5			$Mn^{2\oplus/3\oplus}$
+1,7	Ce^{III}		$Pb^{2\oplus/4\oplus}$
	Au^{I}		
+1,9			$Co^{2\oplus/3\oplus}$
+2,9		$F^{\ominus}$	

Stokes-Gesetz

Für große Ionen – wie $Li^{\oplus}(aq)$, organ. Ionen, nicht $H^{\oplus}$ und $OH^{\ominus}$ – gilt bei konst. Temperatur:

$$F = 6\pi\eta v r$$

F Reibungskraft des Fluids, η Viskosität, r Ionenradius.

Kernresonanzmessungen zeigen, dass der Stokes'sche Ionenradius zumindest die Größenordnung richtig wiedergibt. Anwendung zur Bestimmung von *Ionenradien.

Stromdichte

In Elektronen- und Ionenleitern die pro Zeiteinheit t durch den Leiterquerschnitt transportierte Ladung Q

(Ionenmenge); bestehend aus den Teilströmen I_i der einzelnen Kationen und Anionen i (*Überführungszahl).

$$i = \frac{dQ}{dt} = e\left[\frac{N_\oplus}{V}z_\oplus v_\oplus + \frac{N_\ominus}{V}z_\ominus v_\ominus\right] =$$
$$= F\left[z_\oplus v_\oplus c_\oplus + z_\ominus v_\ominus c_\ominus\right] =$$
$$= i_\oplus + i_\ominus$$

c_i Stoffmengenkonzentration des Ions, e Elementarladung.
F Faraday-Konstante. N_i/V Ionendichte. V Volumen.
v_i Ionenwanderungsgeschwindigkeit, z_i Ionenwertigkeit.

Maß für die *Reaktionsgeschwindigkeit einer Elektrodenreaktion.

$$i = i_{lim}\left[1 - e^{-zF\eta/RT}\right]$$

i_{lim} Diffusionsgrenzstrom, η Überspannung.

Tafel-Gleichung

Näherung zur Beschreibung der Strom-Spannungs-Kurve einer *Durchtrittsreaktion.

1) Irreversible Durchtrittskinetik ohne Stofftransporthemmung. Herleitung aus der *Butler-Volmer-Gleichung für große Überspannung ($\eta \gg 70$ mV, $RT/F \ll 1$).

$$|\eta| = \frac{RT \ln 10}{\alpha z F}\left(\lg i - \lg i_0\right) \qquad \text{(anodisch)}$$

$$|\eta| = \underbrace{\frac{RT \ln 10}{(1-\alpha)zF}}_{b_\ominus}\left(\underbrace{\lg i}_{x} - \underbrace{\lg i_0}_{a/b_\ominus}\right) \qquad \text{(kathodisch)}$$

2) Mit Diffusion (Anode, große Überspannung)

$$\eta = \frac{\ln 10\, RT}{\alpha z F}\left[\lg\frac{i_0}{i_{lim}} + \lg\frac{i_{lim}-i}{i}\right] = I\,(R_D + R_d)$$

η Überspannung, i Stromdichte, i_{lim} Grenzstromdichte, α Durchtrittsfaktor.

Überführungszahl

Anteil $t_i = Q_i/Q$ (Dim. 1) eines Ions am Strom- bzw. Ladungstransport in einem *Elektrolyten; vgl. *Leitfähigkeit, *Diffusionskoeffizient. Hängt stark vom Gegenion, wenig von der Elektrolytkonzentration ab.

$$t_i = \frac{I_i}{I} = \frac{|z_i|u_i c_i}{\sum|z_i|u_i c_i} = \frac{|z_i|\lambda_i c_i}{\sum|z_i|\lambda_i c_i}$$

$$t_\oplus = \frac{z_\oplus c V F}{It} = \begin{cases} \dfrac{Q_\oplus}{Q} = \dfrac{I_\oplus}{I} = \dfrac{v_\oplus \lambda_\oplus}{\Lambda} \\[2mm] \dfrac{z_\oplus v_\oplus u_\oplus}{z_\oplus v_\oplus u_\oplus + z_\ominus v_\ominus u_\ominus} \end{cases}$$

Analog ist $t_\ominus$ für das Anion definiert.

$$t_\ominus = \begin{cases} \dfrac{\lambda_{e,\ominus}}{\lambda_{e,\oplus}+\lambda_{e,\ominus}} = \dfrac{\lambda_{e,\ominus}}{\Lambda_e} = \dfrac{v_\ominus\lambda_\ominus}{\Lambda} \\[2mm] \left|\dfrac{Q_\ominus}{Q}\right| = \left|\dfrac{I_\ominus}{I}\right| \\[2mm] \left|\dfrac{u_\ominus}{u_\oplus+u_\ominus}\right| \qquad \text{(symm. Elektrolyte)} \\[2mm] \left|\dfrac{z_\ominus v_\ominus u_\ominus}{z_\oplus v_\oplus u_\oplus + z_\ominus v_\ominus u_\ominus}\right| \end{cases}$$

$$t_\oplus + t_\ominus = 1$$

$I_\oplus, I_\ominus$	transportierter Strom,	A
$N_\oplus, N_\ominus$	Zahl der Kationen/Anionen,	–
Q	(Gesamt-)Ladungsmenge,	C
$Q_\oplus, Q_\ominus$	transportierte Ionenladung,	C

$t_\oplus, t_\ominus$	Überführungszahl Kation, Anion,	–
$u_\oplus, u_\ominus$	Ionenbeweglichkeit,	$m^2 s^{-1} V^{-1}$
z	Ionenwertigkeit	
Λ	molare Leitfähigkeit,	mS m²/mol
Λ_e	Äquivalentleitfähigkeit,	mS m²/mol
λ	molare Ionenleitfähigkeit,	mS m²/mol
λ_e	Ionen-Äquivalentleitfähigkeit,	mS m²/mol
ν	Stöchiometriekoeffizient,	–

1) Methode der wandernden Grenzschicht nach

NERNST: mit zwei Elektrolytlösungen eines gleichen Ions und zwei unterschiedlich färbenden Gegenionen. In einem U-Rohr befinden sich, durch einen Hahn getrennt, links eine Platinkathode in Elektrolyt 1 (z. B. $KMnO_4$), rechts eine Platinanode in Elektrolyt 2 (z. B. KNO_3). Man misst die Ausbreitungsgeschwindigkeit der farbigen Grenzschicht während der Elektrolyse.

Durch Gleichsetzen der beschleunigenden Kraft des elektrischen Feldes und der STOKES'schen Reibungskraft gilt für große Ionen wie $R_4N^\oplus$ und $RCOO^\ominus$:

$$q E \overset{!}{=} 6\pi\eta\nu r_i \quad \Rightarrow \quad \boxed{v = \frac{zeE}{6\pi\eta r_i}}$$

$$t_\oplus = 1 - t_\oplus = \frac{F\,c}{I}\ \underbrace{A\,\Delta h}_{\Delta V}\ \Delta t$$

A	Gefäßquerschnitt	m^2
E	elektrische Feldstärke	V/m
h	Wanderungsweg der Schicht	m
I	Stromstärke	A
$q = ze$	Ladung des Teilchens	C
r_i	effektiver Ionenradius	m
t	Zeit	s
$t_\oplus, t_\ominus$	wahre Überführungszahl	Dim. 1
$t_{H,\oplus}, t_{H,\ominus}$	Hittorf-Überführungszahl	
v	Ionenwanderungsgeschwkt.,	m/s
ΔV	bewegtes Volumen	m^3
η	dynamische Viskosität	Pa s

2) Hittorf'sche Überführungszahl.

Man misst die Konzentrationsänderung im Kathoden- und Anodenraum einer dreiteiligen Diaphragmen-Elektrolysezelle. Kathodisch wird die Stoffmenge $\frac{It}{z_\oplus F}$ entladen, während $\frac{t_\oplus It}{z_\oplus F}$ mol Kationen aus dem Mittelteil der Zelle nachwandern. Die Kationenmenge im Kathodenraum ändert sich somit um $\Delta n_K = \frac{(t_\oplus - 1)It}{z_\oplus F}$, analog die Anionenmenge im Anionenraum um $\Delta n_A = -\frac{t_\ominus It}{z_\ominus F}$.

Die HITTORFschen Überführungszahlen

$$t_{H,\oplus} = \frac{\Delta c_A}{\Delta c_A + \Delta c_K} \qquad t_{H,\ominus} = \frac{\Delta c_K}{\Delta c_A + \Delta c_K}$$

weichen um etwa 10% – um den Betrag der Solvatation – von den wahren Überführungszahlen ab, und zwar umso mehr bei hoher Konzentration und niedriger Temperatur.

$$\boxed{t_\oplus = t_{H,\oplus} + \Delta n_{Lm} \cdot \frac{n_E}{z\,n_{Lm}}}$$

$$\boxed{t_\ominus = t_{H,\ominus} - \Delta n_{Lm} \cdot \frac{n_E}{z\,n_{Lm}}}$$

n Stoffmenge, Lm Lösungsmittel, E Elektrolyt.

Hittorf'sche Überführungszahlen (bei 25°C, unendliche Verdünnung).

Elektrolyt	$t_\oplus$	$t_\ominus$
KOH	0,247	0,726
HCl	0,821	0,179
KCl	0,4906	0,5095
NaCl	0,3962	0,6038
NH_4Cl	0,4909	0,5091
Na-acetat	0,5507	0,4493
K-acetat	0,6427	0,3573
$CuSO_4$	0,375	0,625

3) *Überführungszahl fester Stoffe nach* TUBANDT.

Presst man drei Festkörper hintereinander zwischen zwei Elektroden, ist die Masseänderung der beiden äußeren Körper durch den Elektrolysestrom ähnlich der HITTORF-Methode bestimmbar.

4) *Überführungszahl aus Leitfähigkeitsmessungen:*

$$\boxed{\Lambda_e = \frac{\kappa}{zc} = \frac{\lambda_{\oplus e}}{z_\oplus t_\oplus} = \frac{\lambda_{\ominus e}}{z_\ominus t_\ominus}}$$

$z_\oplus, z_\ominus$	Ionenwertigkeit,	
κ	Leitfähigkeit (S/m),	
Λ_e	Äquivalentleitfähigkeit (mS m²/mol),	
$\lambda_{\oplus e}, \lambda_{\ominus e}$	Äquiv.-Ionenleitfähigkeit (mS m²/mol).	

5) *Galvanische Ketten mit und ohne „Überführung"*

$$\boxed{E' = t_\oplus\, E}$$

E' EMK einer Zelle *mit* Diffusionspotential,
z.B. $Ag/AgCl/HCl(c_1)|Ag/AgCl/HCl(c_2)$

E EMK einer Zelle *ohne* Diffusionspotential:
$Ag/AgCl/HCl(c_1)|H_2/Pt|Ag/AgCl/HCl(c_2)$

Überspannung

engl. *overpotential*, früher: *Polarisationsspannung*; die Abweichung des tatsächlichen Elektrodenpotentials bei Stromfluss vom reversiblen Ruhepotential in einer elektrochemischen Zelle.

Überspannung einer Elektrode

$$\boxed{\eta = \varphi(I) - \varphi_{eq}(I=0)}$$

Überspannung einer elektrochem. Zelle

$$\boxed{\eta_{Anode} + |\eta_{Kathode}| = E(I) - E_{eq}(I=0)}$$

Ursache sind kinetisch gehemmte Elektrodenvorgänge, die wie *Impedanzen wirken und den Ladungstransport begrenzen. Die „Polarisation" wirkt dem aufgezwungenen äußeren Strom entgegen. Um die kinetischen Hemmungen zu überwinden, muss ein um die Überspannung höheres Elektrodenpotential als das theoretisch ausreichende Gleichgewichtspotential angelegt werden, um eine gewünschte Elektrodenreaktion ablaufen zu lassen. Die Überspannung setzt sich aus den Teilüberspannungen der einzelnen Elektrodenprozesse zusammen; der ohmsche Spannungsabfall („IR-Drop") im Elektrolyten zählt nicht dazu.

$$\boxed{\eta = \eta_D + \eta_d + \eta_r + \eta_k + \cdots}$$

η	Gesamtüberspannung	(V)
η_D	Durchtrittsüberspannung	(V)
η_d	Diffusionsüberspannung	(V)
η_r	Reaktionsüberspannung	(V)
η_k	Kristallisationsüberspannung	(V)
E	Zellspannung	(V)
E_{eq}	Gleichgewichtspotential, Ruheklemmenspannung	(V)
I	Strom	(A)

Tabelle 11.9 Wasserstoff- und Sauerstoffüberspannung der Metalle in Kalilauge bei 80°C (in V).

η	Sc	Ti	V	Cr	Mn	Fe	Co	Ni	Cu	Zn	Ga	Ge	As	Se
H_2		0,5	0,35	0,4	0,6	0,2	0,25	0,12	0,35	0,55	0,67			
O_2						0,3		0,23						

	Y	Zr	Nb	Mo	Tc	Ru	Rh	Pd	Ag	Cd	In	Sn	Sb	Te
H_2		0,65	0,5	0,33			0,1	0,05	0,35	0,45	0,55	0,56	0,40	
O_2							0,3	0,3						

		Hf	Ta	W	Re	Os	Ir	Pt	Au	Hg	Tl	Pb	Bi	Po
H_2		0,8	0,5	0,35	0.18		0,1	0,07	0,4	0,78		0,6	0,72	
O_2							0,3	0,3	0,32					

φ	Elektrodenpotential	(V)
φ_{eq}	thermodynamisches Ruhepotential	(V)

Die Überspannung η

- steigt mit zunehmender Temperatur,
- steigt mit zunehmender Stromdichte,
- sinkt mit zunehmender Elektrodenoberfläche,
- hängt ab vom Elektrodenmaterial,
- hängt ab von Art, Konzentration, pH und Strömung des Elektrolyten,
- verringert die *Energieausbeute* $E/(E+\eta)$ einer Elektrodenreaktion.

Die Überspannung ist ein Maß für die Passivität oder Reaktivität in wässriger Lösung, d. h. das Korrosionsverhalten der Elemente. Unedle Metalle mit einer hohen Wasserstoffüberspannung können vor Wasserstoff aus wässrigen Lösungen abgeschieden werden.

- Alkali- und Erdalkalimetalle zeigen ungehemmte Wasserstoffentwicklung; eine haftende Oxidschutzschicht fehlt und das gebildete Hydroxid ist löslich.
- Magnesium, Aluminium, Zink: unlösliche Hydroxide behindern die Wasserstoffabscheidung und erlauben die Metallabscheidung (Abhilfe: Säurezugabe). Bei der Gewinnungselektrolyse von *Zink* sinkt die Wasserstoffüberspannung mit zunehmendem Zinkgehalt des Elektrolyten.
- Blei: hohe Wasserstoffüberspannung und die Bildung von Bleisulfat verhindern die Wasserstoffabscheidung im Bleiakku.

Vgl. *Polarisationswiderstand.

Verlustkapazitanz

Netzwerkelement eines *Ersatzschaltbildes, das Ladeprozesse mit verlustbehafteter Kapazität modelliert (vgl. *CPE).

$$Z_\delta = \frac{1}{\omega_0 C\,[i\omega/\omega_0]^{1-\delta}} \text{ und } \delta = -\left(\frac{2}{\pi}\,\varphi - 1\right)$$

Standardkreisfrequenz ω_0 willkürlich aus Dimensionsgründen.
Kapazität: $C = |Z_\delta(\omega=\omega_0)|$.

Voltametrie

*Elektrometrisches Messverfahren: Spannungsmessung bei konstantem Gleichstrom; nicht verwechseln mit *Voltammetrie.

Übliche Zweielektroden-Messanordnungen bestehen aus einer polarisierbaren Arbeitselektrode und einer Bezugs-Gegenelektrode oder zwei polarisierbaren Arbeitselektroden (*Bivoltametrie*).

Voltametrische Titration, Polarisationsspannungs-Titration. Titrationskurven (gemessene Zellspannung ge-

gen Reagensvolumen) verlaufen V-förmig; der Endpunkt liegt im Kurvenminimum.

Messaufbau: Platinelektrode, pH-Meter, Konstantstromquelle (ca. 10 μA); gerührte Lösung.

Voltametrische Wasserbestimmung nach KARL FISCHER. Die Oxidation der Maßlösung (SO_2 mit Iod) bindet eine stöchiometrische Menge Wasser.

$$SO_2 + I_2 + 2\,H_2O \longrightarrow H_2SO_4 + 2\,HI.$$

Am Endpunkt fällt die Zellspannung ab (dead stop).

$$E = \underbrace{E(2H^{\oplus}/H_2)}_{\text{Kathode}} - \underbrace{E(2I^{\ominus}/I_2)}_{\text{Anode}}.$$

Voltammetrie

Voltamperometrie. *Elektrometr. Messverfahren: Strom als Funktion der linear veränderlichen Spannung (potentiodynamische Methode). Spezialfälle: *Cyclovoltammetrie, *Polarografie.

Volta-Potential

„Psi-Potential" ψ.

= „äußeres Potential", verursacht vom *Ionenanteil* der Doppelschicht, d. h. den Überschussladungen auf der Elektrode.

= Potential der Phasenoberfläche (Elektrode)

$\hat{=}$ Energie $e\,\psi$, um eine Ladung aus unendlicher Entfernung an die Phasenoberfläche zu transportieren (genauer: auf 10^{-4} cm, wo noch keine Influenzkräfte wirksam sind)

vs. Abk. f.: [lat.] *versus,* gegen.

Warburg-Impedanz

Netzwerkelement eines *Ersatzschaltbildes: Stofftransporthemmung zw. Elektrodenoberfläche und Lösungsinnerem durch lineare Diffusion mit unendlicher Grenzschichtdicke.

$$Z_W = \frac{A}{\sqrt{i\omega}} = \frac{A}{\sqrt{2\omega}} - i\,\frac{A}{\sqrt{2\omega}}$$

WARBURG-Parameter

$$A = \frac{|v_k|m_k RT}{(zF)^2 c_k\sqrt{D_k A}}\,\frac{|I_k|}{I}$$

Eindringtiefe der Konzentrationswelle

$$d_k = \sqrt{2D_k/\omega} \ll d_N$$

Reaktionsordnung der Adsorption m_k (= 1, Langmuir-Isotherme), Konzentration c_k, Diffusionskoeffizient D_k der aktiven Spezies k, Elektrodenfläche A, Teilstrom von Anion oder Kation I_k.

Spezialfall: *Kugeldiffusionsimpedanz.

Wasserelektrolyse

Zerlegung wässriger Säuren, Basen oder Salzlösungen

durch den elektr. Strom. Bedeutung für die Wasserstofferzeugung als Speicher- und Transportform für fotovol-
taische Solarenergie.

1) Elektrodenreaktion.
Alkalische Wasserelektrolyse (E = Energie)

$$\text{(A)} \quad 4\,OH^\ominus \xrightarrow{0,401\,V} O_2 + 2\,H_2O + 4\,e^\ominus$$

$$\underline{\text{(K)}\ 4\,H_2O + 4\,e^\ominus \xrightarrow{-0,828\,V} 2\,H_2 + 4\,OH^\ominus}$$

$$2\,H_2O + E \longrightarrow 2\,H_2 + O_2$$

Saure Wasserelektrolyse

$$\text{(A)} \quad 2\,H_2O \xrightarrow{-1,229\,V} O_2 + 4\,H^\oplus + 4\,e^\ominus$$

$$\underline{\text{(K)}\ 4\,H^\oplus + 4\,e^\ominus \xrightarrow{0,000\,V} 2\,H_2}$$

$$2\,H_2O + E \longrightarrow 2\,H_2 + O_2$$

Der Anodenraum wird während der Elektrolyse saurer,
der Kathodenraum basischer. Vgl. *Wasserstoffelektrode, *Sauerstoffelektrode, *Zersetzungsspannung.

2) Energiebilanz der Wasserelektrolyse. Praktische
*Zersetzungsspannung aus der Enthalpie berechnet.

$$\Delta H = \underbrace{(1+x)\left[\bar{H}_T - H^0_{T_1}\right]}_{\text{Elektrolyterwärmung}}$$

$$+ \left[H^0_{H_2(g),T} + \frac{1}{2}H^0_{O_2(g),T} + \underbrace{x H^0_{H_2O(g),T}}_{\text{Elektrolyse}} - (1+x)\bar{H}_T\right]$$

$$=(1+x)\left[(\bar{H})_{T_2} + \underbrace{\int_{T_1}^{T} c^0_{p,H_2O(l)}\,dT}_{\Delta H^0_Q}\right]$$

$$+ \left[-\Delta H^0_{f,H_2O(l),T} + x\Delta H^0_{V,T} - (1+x)\Delta\bar{H}_T\right]$$

$$= -\Delta H^0_{f,H_2O(l),T} + x\Delta H^0_{V,T} + (1+x)\Delta H^0_Q$$

$$\text{mit}\quad x = \frac{1,5\,p_{H_2O}}{p - p_{H_2O}}$$

3) Kinetik der Wasserelektrolyse Die anodische *Sauerstoffabscheidung* ist geschwindigkeitsbestimmend; sie
läuft an einer oxidischen Deckschicht ab, während die
kathodische Reduktion eine von Gelöstsauerstoff freie
Oberfläche benötigt. Die *Wasserstoffabscheidung* verläuft in 5 Schritten, geschwindigkeitsbestimmend sind
Schritt 2 und 3.
1. *Stofftransport* von $H^\oplus$-Ionen zur kathodischen Doppelschicht.
2. *Adsorption* und Entladung von $H^\oplus$-Ionen zu atomarem Wasserstoff (VOLMER-Reaktion)
3. Bildung von adsorbiertem *molekularen Wasserstoff*
(TAFEL- oder HEYROVSKY-Reaktion)
4. *Desorption* des adsorbierten $H_{2,ad}$ und Übergang in
den Elektrolyten
5. *Stoffabtransport* des gebildeten Wasserstoffgases
(Gasblasen).

Elektrodenreaktionen an der Kathode bei der Wasserelektrolyse.

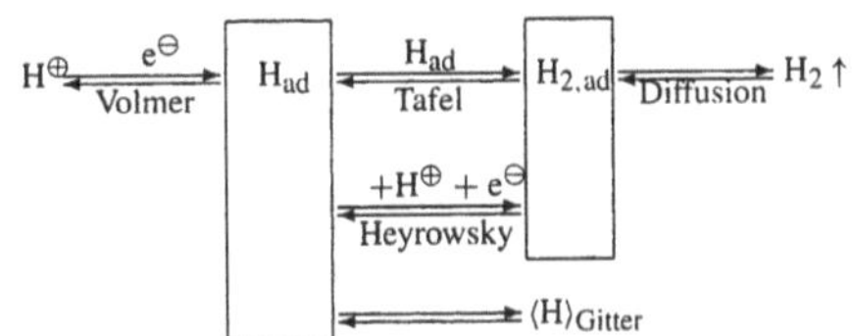

Wasserstoffelektrode
*Elektrode, die oberhalb der *Zersetzungsspannung aus
wässrigen *Elektrolyten Wasserstoff abscheidet.
*Elektrodenvorgänge: 1) Diffusion, 2) Durchtritt, ge-
schw.bestimmend; 3) Rekombination.

● Im sauren Medium

$$\text{(1)}\quad H^\oplus(\text{Bulk}) \rightleftharpoons H^\oplus(\text{Doppelschicht})$$

$$\text{(2)}\quad H^\oplus + e^\ominus \rightleftharpoons H_{ad}$$

$$\underline{\text{(3)}\quad H_{ad} + H_{ad} \rightleftharpoons H_2 \qquad |:2}$$

$$H^\oplus + e^\ominus \rightleftharpoons \tfrac{1}{2}H_2$$

● Im basischen Medium

$$\text{(1)}\quad H^\oplus(\text{Bulk}) \rightleftharpoons H^\oplus(\text{Doppelschicht})$$

$$\text{(2)}\quad H_2O + e^\ominus \rightleftharpoons H_{ad} + OH^\ominus$$

$$\underline{\text{(3)}\quad H_{ad} + H_{ad} \rightleftharpoons H_2 \qquad |:2}$$

$$H_2O + e^\ominus \rightleftharpoons \tfrac{1}{2}H_2 + OH^\ominus$$

Das Potential der H_2-Abscheidung hängt nach der
*Nernst-Gleichung vom pH des Elektrolyten ab.

	pH 0	pH 7	pH 14
E^0 (V NHE)	0	–0,414	–0,828

Speziell: *Normalwasserstoffelektrode,
*Bezugselektrode.

Wasserstoff-Redoxexponent *rH-Wert.

Widerstandspolarisation *IR-Drop.

Wien-Effekt *Dissoziationseffekt.

Wirkungsgrad
Wirkungsgrad einer galvanischen Zelle
1) Thermodynamischer oder idealer Wirkungsgrad.
Verhältnis der elektrischen Nutzarbeit $\Delta G = -zFE$ zur
Reaktionsenthalpie ΔH (*Heizwert*).

$$\eta_{th} = \frac{\Delta G}{\Delta H} = \frac{\Delta H - T\,\Delta S}{\Delta H}$$

Bei Entropiezunahme $\Delta S > 0$ sind Wirkunggrade über
100% möglich, und die Nutzenergie ist größer als die
Reaktionsenthalpie (Zelle oder Umgebung kühlen ab).
Bei einer Wärmekraftmaschine unmöglich!
Bei Entropieabnahme $\Delta S < 0$ ist der Wirkungsgrad < 1,
in der Zelle wird Wärme frei.
Fiktive *Heizwertspannung*

$$E_{0,H} = -z\,F\,\Delta H$$

Wärmeleistung einer Batterie

$$P = -I\,\frac{T\,\Delta S}{z\,F} + I\,|\eta| + I^2 R_{el}$$

η Summe der Überspannungen an den Elektroden, R_{el} Elektrolytwiderstand.

Knallgas-Brennstoffzelle:	$E_0 = 1,23$ V;
	$E_{0,H} = 1,48$ V $\Rightarrow \eta_{th} = 85\%$
Methanol-Brennstoffzelle:	$\eta_{th} = 97\%$
$2\,C + O_2 \to 2\,CO$:	$\eta_{th} = 124\%$

11

Elektrochemie

2) Lastwirkungsgrad. Verhältnis der elektrischen Nutzarbeit zur Reaktionsenthalpie.

$$\eta_\mathrm{L} = \frac{\Delta G + z F \, |\eta|}{\Delta H} = \frac{E_{\mathrm{kl}}(I)}{-z F \, \Delta H}$$

3) Effektiver oder tatsächlicher Wirkungsgrad. Berücksichtigt die Ausnutzung der aktiven Massen und für Hilfssysteme abgegebene Energie.

Beispiel: alkalische Brennstoffzelle bei 95%iger Ausnutzung der Gase: η_L = 95%·(0,9 V/1,48 V) = 58%.

Young-Impedanz

Netzwerkelement eines *Ersatzschaltbildes: realer Kondensator mit exponentiell ins Dielektrikumsinnere abnehmender Leitfähigkeit.

$$Z_\mathrm{Y} = \frac{\delta}{i\omega C} \, \frac{1 + i\omega\tau \, e^{1/\delta}}{1 + i\omega\tau}$$

Zeitkonstante an der Grenzfläche $\tau = \varepsilon_0 \varepsilon / \kappa$,

relative Eindringtiefe $\delta = d_0/d$, Leitfähigkeit κ.

Zellkonstante

Gefäßkonstante, Widerstandskapazität. Bei *Leitfähigkeitsmesszellen das Verhältnis $k = l/A$ (in m^{-1}) von Elektrodenabstand l und -oberfläche A. Mit *Leitfähigkeitsstandards bestimmt.

Zellspannung

Klemmenspannung bei geschlossenem Stromkreis (stromdurchflossener Zelle)

1) Potentialdifferenz zw. den Elektroden einschl. Überspannungen η und Spannungsabfall im Elektrolyten („IR-Drop").

$$U = U_\mathrm{q} \pm \eta_\mathrm{Anode} \pm |\eta_\mathrm{Kathode}| \pm I R$$

Vorzeichen: Elektrolysezelle (+), Batterie (−).

2) *Reale Zellspannung* einer stromerzeugenden *galvan. Zelle $M|M_\mathrm{aq}^\oplus||M_\mathrm{aq}^{\oplus\prime}M'$ unter den Annahmen:
zwei gleich große Elektroden,
Ein-Elektronen-Mechanismus,
Durchtritt und Konzentrationspolarisation,
Durchtrittsfaktor $\alpha = 0.5$,
Butler-Volmer-Näherung (große Überspannung).

$$E_\mathrm{real} = E_\mathrm{th} - I R_\mathrm{i} + 2\frac{RT}{zF} \ln B$$

mit:

$$B = \frac{\left[\dfrac{I}{A}\sqrt{\dfrac{i_0'}{i_0}}\right]^{2z}}{\left[1 - \dfrac{I}{A\, i_\mathrm{lim}}\right]^{0.5}\left[1 - \dfrac{I}{A\, i_\mathrm{lim}'}\right]^{0.5}}$$

A	Elektrodenfläche	(m^2)
E	thermodyn. Urspannung, EMK	(V)
I	Stromstärke	(A)
i_0	Austauschstromdichte	(A/m^2)
i_lim	Grenzstromdichte	(A/m^2)
R	Gaskonstante: 8,31	J/mol/K
R_i	innerer Widerstand	(Ω)
z	ausgetauschte Elektronen	
η	Überspannung	(V)
$'$	Kathode.	

Zellspannung, reversible

Urspannung, früher: *Elektromotorische Kraft* (EMK). negativ genommene *Quellenspannung* $-U_\mathrm{q}$ bzw. *Leerlaufspannung* $-U_\mathrm{L}$; die Spannung zwischen den Polen einer Stromquelle (= Potentialdifferenz zwischen zwei Halbzellen) bei offenem Stromkreis, wenn kein Strom fließt und die Zelle reversibel arbeitet.

1) Messbare Potentialdifferenz zw. zwei Elektroden eines galvan. Elementes bei offenem Stromkreis.
Die Differenz der *Normalpotentiale von Kathode und Anode (*Elektrode): Die Summe von Oxidations- und Reduktions-Halbzellenpotential.

$$\begin{aligned} E = -U_\mathrm{q} &= E_\mathrm{Kathode} - E_\mathrm{Anode} = \\ &= E_\mathrm{Reduktion} - E_\mathrm{Oxidation} = \\ &= E_\mathrm{Kathode} + E_\mathrm{ox,Anode} \end{aligned}$$

Regel: $\quad E_\mathrm{Anode} < E_\mathrm{Kathode}$

$$\begin{aligned} E = 0, \quad &\Delta G = 0 \quad \text{Gleichgewicht, stromlos} \\ E > 0, \quad &\Delta G < 0 \quad \text{spontane Zellreaktion} \\ E < 0, \quad &\Delta G > 0 \quad \text{keine Zellreaktion} \end{aligned}$$

Das *unedlere* Metall ist die *Anode* (Minuspol, Elektronenquelle),

das *edlere* Metall ist die *Kathode* (Pluspol, Elektronenverbraucher).

2) Bezug zur thermodyn. *Gleichgewichtskonstante K_eq und GIBBS'schen Freien Enthalpie G.

$$(1) \qquad \Delta G = -z F E = \sum \nu_i \mu_i$$

$$(2) \qquad \Delta G^0 = -RT \ln K_\mathrm{eq}$$

$$\Rightarrow \qquad E^0 = \frac{RT}{zF} \lg K_\mathrm{eq}$$

F Faraday-Konstante, ΔG maximale Nutzarbeit,
R molare Gaskonstante, T thermodyn. Temperatur,
z Elektrodenreaktionswertigkeit (ausgetauschte Elektronen),
ν Stöchiometriekoeffizient, μ chemisches Potential.

Zellspannung E aus dem Potential φ von Anode (A), Kathode (K), Elektrolyt (el).

Anode | Elektrolyt | Kathode

$$E = E_\mathrm{K} - E_\mathrm{A}$$
$$E_\mathrm{A} = \varphi_\mathrm{A} - \varphi_\mathrm{el}$$
$$E_\mathrm{K} = \varphi_\mathrm{K} - \varphi_\mathrm{el}$$

3) Beispiele.
1. Ein Eisenstab taucht in eine Zinn-(II)-chlorid-Lösung. Was passiert? Eisen geht in Lösung, Zinn wird abgeschieden. Die Elektrodenreaktion läuft spontan ab, weil $E > 0$.

(K)	$\mathrm{Sn}^{2\oplus} + 2\,e^\ominus \rightleftharpoons \mathrm{Sn}$	$-0{,}14$ V
(A)	$\mathrm{Fe} \rightleftharpoons \mathrm{Fe}^{2\oplus} + 2\,e^\ominus$	$-(-0{,}44)$ V
	$\mathrm{Fe} + \mathrm{Sn}^{2\oplus} \rightleftharpoons \mathrm{Fe}^{2\oplus} + \mathrm{Sn}$	$+0{,}30$ V

2. Reduziert Zinn(II)-chlorid Brom zu Bromid? Ja. Brom wird entfärbt. Spontane Elektrodenreaktion, weil $E > 0$.

$$
\begin{array}{lll}
\text{(K)} & Br_2 + 2e^{\ominus} \rightleftharpoons 2\,Br^{\ominus} & +1{,}07 \\
\text{(A)} & Sn^{2\oplus} \rightleftharpoons Sn^{4\oplus} + 2e^{\ominus} & -(+0{,}15) \\
\hline
& Br_2 + Sn^{2\oplus} \rightleftharpoons 2\,Br^{\ominus} + Sn^{4\oplus} & +0.92
\end{array}
$$

4) Temperaturabhängigkeit. Zellspannung sinkt mit steig. Temperatur (Entropieabnahme).

Aus $\Delta G = \Delta H - T\Delta S$ mit $\Delta G^0 = -zFE^0$:

$$
\left(\frac{\partial \Delta E}{\partial T}\right)_p = -\frac{1}{zF}\left(\frac{\partial \Delta G}{\partial T}\right)\frac{\Delta S}{zF}
$$

5) Druckabhängigkeit. Bei Gaselektroden oberhalb 10 bar nicht mehr vernachlässigbar.

$$
\left(\frac{\partial \Delta E}{\partial p}\right)_{T,a} = -\frac{\Delta V}{zF}
$$

Zersetzungsspannung

Mindestpannung zur chem. Zersetzung eines Ionenleiters (*Elektrolyt) durch den elektr. Strom durch kontinuierliche Elektrolyse.

- Unterhalb der Zersetzungsspannung kommt die Elektrolyse zum Stillstand. Je nach Redoxsystem fließt ein geringer *Reststrom*.
- Oberhalb der Zers.spannung stellt sich eine Gleichgewichts-Stromstärke ein (*stationäre Elektrolyse*).

Mindestspannung zur Überwindung der

- *Überspannung an den Elektroden,
- *Konzentrationspolarisation durch Konzentrationsänderungen im Elektrolytraum und
- Gegen-EMK des galvanischen Elementes, das sich während der Abscheidung aufbaut (bei der Wasserelektrolyse eine „Knallgaszelle").

Wässr. Lösungen zersetzen sich theor. oberhalb 1,23 V (*Elektrolyse). Polare aprotische, wasserfreie Lösungsmittel chemisorbieren kaum Sauerstoff und haben daher ein breiteres *Potentialfenster*.

1) Theoretische Zersetzungsspannung

Zellspannung E_0 zur Spaltung des Wassers:

$$
\Delta G = -zFE_0 \quad \Rightarrow \quad E_0 = 1{,}23 \text{ V (25 °C)}
$$

2) Thermoneutrale Spannung.

Zersetzungsspannung, oberhalb der die Wasserelektrolyse als endothermer Prozess (wegen Entropiezunahme $\Delta S > 0$) kontinuierlich abläuft.

$$
\Delta H = \Delta G + T\,\Delta S \quad \Rightarrow \quad E_n = 1{,}48 \text{ V (25 °C)}
$$

3) Praktische Zersetzungsspannung gemäß der Energiebilanz der *Wasserelektrolyse:

$$
E_z(T) = \frac{\Delta H_z}{2F} \quad \Rightarrow \quad E_z = 1{,}54 \text{ V (25 °C)}
$$

4) Wahre Zersetzungsspannung, einschließlich der *Überspannungen η der Wasserstoff- und Sauerstoffabscheidung an den Elektroden und dem ohmschen Spannungsabfall IR_{el} im Elektrolytraum.

$$
E = E_z(T) + \eta_{\text{Anode}} + \eta_{\text{Kathode}} + IR_{el} > 1{,}6\text{V}
$$

Nutzbarer Spannungsbereich (E vs. SCE) verschiedener Lösungsmittel (TEAP = Tetraethylammoniumperchlorat, DMF = Dimethylformamid, DMSO = Dimethylsulfoxid, PC = Propylencarbonat).

Elektrode	Elektrolyt	Arbeitsbereich (V)
C	1 mol/ℓ HClO$_4$	$-1{,}3 - 0{,}9$
C	1 mol/ℓ NaOH	$-0{,}8 - 1{,}4$
Pt	1 mol/ℓ HClO$_4$	$-1{,}2 - 0{,}2$
Pt	1 mol/ℓ NaOH	$-0{,}4 - 1{,}0$
Pt	CH$_3$CN/TEAP	$-1{,}8 - 2{,}3$
Pt	PC/TEAP	$-1{,}7 - 2{,}0$
Pt	DMF/TEAP	$-1{,}6 - 2{,}1$
Pt	DMSO/TEAP	$-1{,}4 - 1{,}8$
Hg	1 mol/ℓ HClO$_4$	$-0{,}4 - 1{,}0$
Hg	1 mol/ℓ NaOH	$0{,}05 - 2{,}8$
Hg	CH$_3$CN/TEAP	$-0{,}6 - 2{,}8$
Hg	PC/TEAP	$-0{,}4 - 2{,}5$
Hg	DMF/TEAP	$-0{,}5 - 2{,}9$
Hg	DMSO/TEAP	$-0{,}8 - 2{,}8$

Zeta-Potential

„elektrokinetisches Potential"

$$
\zeta = \varphi_{\text{OHP}} - \varphi_{\text{el}}
$$

= „elektrokinetisches Potential"

= Potentialdifferenz zw. äußerer HELMHOLTZfläche und Elektrolyt im *bewegten* System

= GALVANIspannung der diffusen Doppelschicht im STERNschen Doppelschichtmodell

= elektrisches Potential an der Kugeloberfläche eines von einer fest anhaftenden Ionenhülle umgebenen *Kolloidteilchens*, bezogen auf das Lösungsinnere.

φ Galvani-Potential, OHP äußere Helmholtzfläche, el Elektrolyt.

Quellen und weiterführende Literatur

Technische Normen und Begriffe

[1]   *Brockhaus Enzyklopädie*, 5 Bände, Leipzig [9]2000.

[2]   W. E. Clason, *Elsevier's Lexicon of International and National Units*, Amsterdam.

[3]   DIN Taschenbuch 22, *Einheiten und Begriffe für physikalische Grössen*, Beuth Verlag Berlin [7]1990.

[4]   DIN Taschenbuch 202, *Formelzeichen, Formelsatz, Mathematische Zeichen und Begriffe*, Beuth Verlag Berlin 1994.

[5]   *Der Fischer Weltalmanach 2001*, Fischer TB Frankfurt 2000.

[6]   IUPAC, *Atomic Weights of the Elements* (1995), *Pure and Applied Chemistry* 68 (1996) 2239-59.

[7]   IUPAC, *Manual of Symbols and Terminology for Physicochemical Quantities and Units*, Vol. 41 (1969).

[8]   IUPAP, *Symbole, Einheiten und Nomenklatur in der Physik*, Dokument U.I.P. 20 (1978), Deutsche Ausgabe: Weinheim 1980; *Quantities and Units*, Vol. 41 (1969).

[9]   M. Klein, *Einführung in die DIN-Normen*, Berlin [12]1997.

[10]   P. Kurzweil, *Das Vieweg Einheiten-Lexikon. Begriffe, Formeln und Konstanten aus Naturwissenschaften, Technik und Medizin*, 469 Seiten, Verlag Vieweg Wiesbaden [2]2000.

[11]   Siemens, *Technische Tabellen: Grössen, Formeln, Begriffe*, Erlangen 1997.

Lehr- und Handbücher der Physik

[12]   *ABC Lexikon Astronomie*, Hrsg.: A. Zimmermann, A. Weigert; Spektrum Heidelberg [8]1995.

[13]   F. Engelke, *Aufbau der Moleküle*, Teubner Stuttgart 1996.

[14]   *Fischer Lexikon Astronomie*, Hrsg: K. Stumpf, H.-H. Voigt; Hamburg 1972.

[15]   H. Franke (Hrsg.), *Lexikon der Physik*, Stuttgart 1969.

[16]   C. Gerthsen, *Physik*, Springer Berlin [20]1999.

[17]   H. Henn, G. R. Sinambari, M. Fallen, *Ingenieurakustik*, Vieweg Wiesbaden [2]1999.

[18]   E. Hering, R. Martin, M. Stohrer, *Physik für Ingenieure*, Springer Berlin [7]1999.

[19]   E. Hering, R. Martin, M. Stohrer, *Physikalisch-technisches Taschenbuch*, VDI-Verlag Düsseldorf [2]1995.

[20]   F. K. Kneubühl, *Repetitorium der Physik*, Teubner Stuttgart [5]1994.

[21]   K. Kohler (Hrsg.), *Laser, Technologie und Anwendungen*, Vulkan Verlag Essen [3]1993.

[22]   H. Kuchling, *Taschenbuch der Physik*, Fachbuchverlag Leipzig [16]1999. (Guter Tabellenanhang.)

[23]   Landolt-Börnstein, *Zahlenwerte und Funktionen aus Physik, Chemie, Astronomie, Geophysik und Technik* und *Numerical Data and Functional Relationships in Science and Technology*, mehrbändig; Springer Berlin.

[24]   *Lexikon der Optik*, 2 Bände, Spektrum Akad. Verlag Berlin 1999.

[25]   *McGraw-Hill Encyclopedia of Science & Technology*, New York.

[26]   R. A. Meyers (ed.), *Encyclopedia of Physical Science and Technology*, 18 Bände, Academic Press New York 1992.

[27]   H. Schmidt, *Schalltechnisches Taschenbuch*, VDI Verlag Düsseldorf [5]1996.

[28]   A. E. Siegman, *Lasers*, University Science Books Sausalito 1986.

Chemie, Arbeits- und Umweltschutz

[29] P. W. Atkins, *Physikalische Chemie*, Wiley-VCH Weinheim [2]1996. (Guter Tabellenanhang.)

[30] G. H. Aylward, T. J. V. Findlay, *Datensammlung Chemie in SI-Einheiten*, Wiley-VCH Weinheim [3]1999.

[31] A. J. Bard, L. R. Faulkner, *Electrochemical Methods*, J. Wiley New York 1980.

[32] D. Bernabei, *Sicherheit, Handbuch für das Labor*, GIT Verlag, Darmstadt 1991.

[33] H. Beyer, W. Walter, *Lehrbuch der Organischen Chemie*, S. Hirtzel Verlag Stuttgart [21]1988.

[34] C. Bliefert, *Umweltchemie*, Wiley-VCH Weinheim [2]1997.

[35] H. R. Christen, G. Meyer, *Allgemeine und Anorganische Chemie*, 2 Bände, O. Salle Verlag Frankfurt 1994.

[36] J. D'Ans, E. Lax, *Taschenbuch für Chemiker und Physiker*, 3 Bände, Springer Berlin [4]1996.

[37] D. Forst, M. Kolb, H. Roßwag, *Chemie für Ingenieure*, Springer-VDI Berlin 1993.

[38] *Handbook of Chemistry and Physics*, Hrsg: D. R. Lide, CRC-Press Cleveland [82]2001.

[39] C. H. Hamann, W. Vielstich, *Elektrochemie*, Wiley-VCH Weinheim [3]1998.

[40] D. C. Harris, *Lehrbuch der Quantitativen Analyse*, Springer Berlin [1]1997.

[41] M. Hesse, H. Meier, B. Zeeh, *Spektroskopische Methoden in der organischen Chemie*, Thieme Stuttgart [5]1999.

[42] A. F. Holleman, E. Wiberg, *Lehrbuch der Anorganischen Chemie*, 91.-100. Auflage, de Gruyter Berlin 1985.

[43] Jander-Blasius, *Lehrbuch der analytischen und präparativen anorganischen Chemie*, S. Hirzel Stuttgart [14]1995.

[44] H.-A. Kiehne, *Batterien*, Expert-Verlag Renningen [4]2000.

[45] P. Kurzweil, L. Pittrow, *Vom Schlafmohn zu den synthetischen Opiaten*, Verlag Shaker Aachen 1995.

[46] F. W. Küster, A. Thiel, *Rechentafeln für die chemische Analytik*, de Gruyter Berlin [104]1993.

[47] H. P. Latscha, G. Schilling, H. A. Klein, *Chemie-Datensammlung*, Springer Berlin [2]1993.

[48] Naumer-Heller, *Untersuchungsmethoden in der Chemie*, Thieme Stuttgart [3]1996.

[49] *Organikum. Organisch-chemisches Grundpraktikum*, VEB Verlag der Wissenschaften Berlin [2]1981.

[50] Pschyrembel, *Klinisches Wörterbuch*, Berlin [258]1998.

[51] *Römpp Chemie Lexikon*, J. Falbe, M. Regitz (Hrsg.), 9. Aufl., Stuttgart 1989–1993.
Römpps Chemie Lexikon, O.-A. Neumüller (Hrsg.), 8. Aufl., Stuttgart 1979.
Chemie Lexikon, 6. Aufl., Stuttgart 1966.

[52] Sommer, Schmidt, Töpner, *Gefährliche Stoffe*, Loseblattsammlung, Deutscher Fachschriften Verlag Heidelberg 1996.

[53] D. A. Skoog, J. J. Leary, *Instrumentelle Analytik*, Springer Berlin 2001.

[54] *Ullmann's Encyclopedia of Industrial Chemistry*, 5. Auflage Weinheim.

[55] *Ullmanns Enzyklopädie der Technischen Chemie*, 4. Auflage Weinheim.

[56] G. Wedler, *Lehrbuch der Physikalischen Chemie*, Wiley-VCH Weinheim [4]1997.

Werkstofftechnik

[57] H.-J. Bargel, G. Schulze u.a., *Werkstoffkunde*, Springer Berlin [7]2000.

[58] W. Bergmann, *Werkstofftechnik*, Teil 1 und 2, C. Hanser Verlag München [3]2000.

[59] H. Blumenauer, *Werkstoffprüfung*, Dt. Verlag für Grundstoffindustrie, Leipzig [6]1994.

[60] R. Bürgel, *Handbuch Hochtemperatur-Werkstofftechnik*, Vieweg Wiesbaden [2]2001.

[61] *The CRC Materials Science and Engineering Handbook*, Hrsg.: J. F. Shackelford, W. Alexander; CRC Press [3]1999.

[62] *Encyclopedia of Materials Science and Engineering*, M. B. Bever (Ed.), Oxford.

[63] W. Jähnicke u.a., *Werkstoffkunde Stahl*, Band 1 und 2, Springer Berlin 1985.

[64] E. Macherauch, *Praktikum Werkstoffkunde*, Vieweg Wiesbaden [10]1992.

[65] Mannesmannröhrenwerke, *Lexikon der Korrosion*, Düsseldorf 1971.

[66] K.-P. Müller, *Praktische Oberflächentechnik*, Vieweg Wiesbaden [3]1999.

[67] W. Weißbach, *Werkstoffkunde und Werkstoffprüfung*, Vieweg Wiesbaden [13]2000.

Elektrotechnik

[68] E. Böhmer, *Elemente der angewandten Elektronik*, Vieweg Wiesbaden [12]2000.

[69] L. Constantinescu-Simon (Hrsg.), *Handbuch der elektrischen Energietechnik*, Vieweg Wiesbaden [2]1997.

[70] E. Hering, A. Vogt, K. Bressler, *Handbuch der Elektrischen Anlagen und Maschinen*, Springer-VDI Berlin [1]1999.

[71] J. D. Jackson, *Klassische Elektrodynamik*, de Gruyter Berlin [4]1993.

[72] H. Lindner, *Taschenbuch der Elektrotechnik und Elektronik*, Fachbuchverlag Leipzig [6]1995.

[73] Meinke-Gundlach, *Taschenbuch der Hochfrequenztechnik*, 3 Bände, Springer Berlin [5]1992.

[74] Profos-Pfeifer, *Handbuch der Industriellen Messtechnik*, Oldenbourg München [6]1994.

[75] M. Reuter, *Regelungstechnik für Ingenieure*, Vieweg Wiesbaden [9]1994.

[76] E. Schrüfer, *Elektrische Messtechnik*, Hanser München [6]1995.

[77] Tietze-Schenk, *Halbleiter-Schaltungstechnik*, [11]2000.

[78] H. Unbehauen, *Regelungstechnik*, Band I bis III, Vieweg Wiesbaden [10,8,6]2000.

[79] W. Weißgerber, *Elektrotechnik für Ingenieure*, Band 1 bis 3, Vieweg Wiesbaden 1999-2000.

Maschinenbau

[80] A. Arndt, *Formellexikon*, Europa-Lehrmittel Haan-Gruiten [2]1992.

[81] H. Blumenauer, G. Pusch, *Technische Bruchmechanik*, Dt. Verlag für Grundstoffindustrie Leipzig [3]1993.

[82] A. Böge, *Das Techniker Handbuch*, Vieweg Wiesbaden [16]2000.

[83] H.-H. Braess, U. Seiffert, *Vieweg Handbuch Kraftfahrzeugtechnik*, Wiesbaden [1]2000.

[84] Dubbel, *Taschenbuch für den Maschinenbau*, Springer Berlin [20]2001.

[85] K.-F. Fischer u.a., *Taschenbuch der Technischen Formeln*, Fachbuchverlag Leipzig, C. Hanser München [2]1999.

[86] Göldner, *Lehrbuch Höhere Festigkeitslehre*, Band 1 und 2, Fachbuchverlag Leipzig 1992.

[87] P. Hagedorn, *Technische Mechanik*, Band 1 bis 3, Harri Deutsch, Frankfurt 1988.

[88] Hütte, *Die Grundlagen der Ingenieurwissenschaften*, Springer Berlin ^{31}2000.

[89] W. König, *Fertigungsverfahren*, Band 1 bis 5, VDI Verlag Düsseldorf ^{5}1995.

[90] F. Kreith (Hrsg.), *The CRC Handbook of Mechanical Engineering*, CRC Press 1998.

[91] G. Niemann, *Maschinenelemente*, 3 Bände, Springer Berlin ^{3}2000.

[92] W. Matek, D. Muhs, H. Wittel, M. Becker, D. Jannasch, *Roloff/Matek Maschinenelemente*, Vieweg Wiesbaden ^{14}2000.

[93] G. Spur, T. Störferle, *Handbuch der Fertigungstechnik*, Band 1 bis 6, C. Hanser Verlag, München 1994.

[94] R. Trostel, *Mathematische Grundlagen der Technischen Mechanik*, Band I bis III, Vieweg Wiesbaden 1993-1996.

[95] M. Weck, *Werkzeugmaschinen, Fertigungssysteme*, Band 1 bis 4, VDI Verlag Düsseldorf ^{5}1995.

Verfahrenstechnik, Strömung, Thermodynamik

[96] H. D. Baehr, *Thermodynamik*, Springer Berlin, ^{8}1992.

[97] H. D. Baehr, K. Stephan, *Wärme- und Stoffübertragung*, Springer Berlin ^{3}1998.

[98] R. H. Perry, *Chemical Engineers' Handbook*, McGraw Hill New York ^{7}1998.

[99] *Chimica, ein Wissensspeicher*, Hrsg.: H. Keune, Band 2, Wiley-VCH Weinheim 1983.

[100] K. Dialer, K. Leschonski, U. Onken, *Grundzüge der Verfahrenstechnik und Reaktionstechnik*, Hanser München 1986.

[101] N. Elsner, A. Dittmann, *Grundlagen der Technischen Thermodynamik*, Band 1 und 2, Akademie Verlag Berlin ^{8}1993.

[102] K. Gersten, H. Herwig, *Strömungsmechanik*, Vieweg Wiesbaden 1992.

[103] R. W. Johnson, *The Handbook of Fluid Dynamics*, CRC-Press & Springer Berlin 1998.

[104] P. Präve, U. Faust, W. Sittig, D. A. Sukatsch, *Handbuch der Biotechnologie*, München ^{4}1994.

[105] H. Oertel, *Prandtl – Führer durch die Strömungslehre*, Vieweg Wiesbaden ^{10}2001.

[106] R. C. Reid, J. M. Prausnitz, B. E. Poling, *The Properties of Gases and Liquids*, McGraw Hill New York ^{4}1987.

[107] J. H. Spurk, *Fluid Mechanics*, mehrbändig, Springer Berlin 1997.

[108] W. R. Vauck, H. A. Müller, *Grundoperationen chemischer Verfahrenstechnik*, Leipzig ^{11}2000.

[109] *VDI-Wärmeatlas*, Springer Berlin, ^{8}1997.

[110] N. Wutz, H. Adam, W. Walcher, *Handbuch Vakuumtechnik*, Vieweg Wiesbaden ^{7}2000.

Mathematik – Informatik

[111] H.-J. Bartsch, *Taschenbuch mathematischer Formeln*, Fachbuchverlag Leipzig [18]1999.

[112] I. N. Bronstein, K. A. Semendjajew, *Taschenbuch der Mathematik*, Harri Deutsch Frankfurt [5]2000.

[113] W. Gellert, H. Küstner, M. Hellwich, H. Kästner (Hrsg.), *Handbuch der Mathematik*, Köln.

[114] E. Hering, E. Bappert, J. Rasch, *Turbo Pascal für Ingenieure*, Verlag Vieweg [3]1996.

[115] G. Küveler, D. Schwoch, *Informatik für Ingenieure*, Verlag Vieweg [3]2001.

[116] *Lehr- und Übungsbuch Mathematik*, Band I bis IV, Fachbuchverlag Leipzig, 1991–1995.

[117] L. Papula, *Mathematik für Ingenieure und Naturwissenschaftler*, Band I bis III, Vieweg Wiesbaden, 1999–2000.

[118] W. Schiffmann, R. Schmitz, *Technische Informatik*, Band 1 und 2, Springer Berlin [2]1994.

Technikgeschichte

[119] S. Neufeldt, *Chronologie der Chemie 1800–1980*, Weinheim 1987.

[120] R. Maldener *Schlaglichter der Chemiegeschichte*, Thun/Frankfurt 1998

[121] R. Pötsch, *Lexikon bedeutender Chemiker*, Thun/Frankfurt 1988.

Stichwortverzeichnis

G

Stichwortverzeichnis

Q

Stichwortverzeichnis

Stichwortverzeichnis

FACHHOCHSCHULE
AMBERG - WEIDEN

Die Praxis braucht qualifizierte Ingenieure und Betriebswirte !

WIR BIETEN FOLGENDE DIPLOM-STUDIENGÄNGE
UND SCHWERPUNKTE EINER JUNGEN HOCHSCHULE
IN EINER REGION MIT LEBENSQUALITÄT :

Abteilung Amberg

Elektro- und Informationstechnik
- Allgemeine Elektrotechnik
- Energie- und Automatisierungstechnik
- Multimedia-Technik

Maschinenbau

- Konstruktiver Maschinenbau/
  Automatisierungstechnik
- Kunststoffverarbeitungstechnik
- Lasertechnik
- Neue Werkstoffe

Umwelttechnik
- Recycling- und Abfalltechnik
- Technischer Umweltschutz
- Technik der Wasser-, Boden- und Luftreinhaltung
- Energietechnik

Patentingenieurwesen

Software-Systemtechnik

Abteilung Weiden

Betriebswirtschaft
- Logistik
- Marketing
- Organisation und
  Wirtschaftsinformatik
- Controlling
- Wirtschaftsrecht
- Unternehmensbesteuerung
- Internat. Management mit
  besonderer Berücksich-
  tigung Osteuropas
- Finanzmärkte und -dienst-
  leistungen

Wirtschaftsingenieurwesen
- Umwelttechnik
- Informations- und Kommuni-
- kationstechnik
- Integrierte Logistiksysteme
- Innovationsmanagement

Bitte wenden Sie sich bei Fragen an die Studienberatung :

Kaiser-Wilhelm-Ring 23
92224 Amberg
Tel. 09621/482-0

Hetzenrichter Weg 15
92637 Weiden i.d.OPf.
Tel. 0961/382-0

http://www.fh-amberg-weiden.de